U0358520

执业资格考试丛书

全国注册岩土工程师基础考试培训教材及历年真题精讲（一本速成）（上册）

孙　超　主编

中国建筑工业出版社

图书在版编目（CIP）数据

全国注册岩土工程师基础考试培训教材及历年真题精讲：一本速成：上、下册/孙超主编．—北京：中国建筑工业出版社，2019.5
（执业资格考试丛书）
ISBN 978-7-112-23563-6

Ⅰ.①全… Ⅱ.①孙… Ⅲ.①岩土工程-资格考试-自学参考资料 Ⅳ.①TU4

中国版本图书馆 CIP 数据核字（2019）第 058989 号

本书以新考试大纲为依据，以新规范、新理论为基础进行编写，指导考生进行系统复习，编写内容重点突出、简单明了。本书侧重对理论概念的理解和应用，力求帮助考生缩短备考时间，以最快的速度顺利通过考试。全书分为上、下两册，共计 19 章，每节后附有相关的历年真题及详尽的解析答案，帮助考生在复习过程中，能够全面准确地把握考试动向，迅速掌握重要考点，并通过历年真题针对性训练，快速适应考试，全面提高复习效率。

本书适合于参加注册岩土工程师基础考试的人员使用，亦可作为岩土工程专业人员的工具书使用。

责任编辑：曹丹丹
责任校对：党　蕾

执业资格考试丛书
全国注册岩土工程师基础考试培训教材及历年真题精讲（一本速成）
孙　超　主编

*

中国建筑工业出版社出版、发行（北京海淀三里河路 9 号）
各地新华书店、建筑书店经销
北京佳捷真科技发展有限公司制版
北京建筑工业印刷厂印刷

*

开本：787×1092 毫米　1/16　印张：69¾　字数：1736 千字
2019 年 7 月第一版　　2019 年 7 月第一次印刷
定价：188.00 元（上、下册）
ISBN 978-7-112-23563-6
（33843）

本书编委会

主　编：孙　超

副主编：邵艳红　郭浩天

编　委：孟凡超　孙法德　周艳生　原利明
史迪菲　孟祥博　姜洪峰　许成杰
史日磊　单喜垒　孙益哲　岳广泽
杨天翼　沈　琪　陈军君　魏发达

前　　言

住房城乡建设部从2002年开始实施全国注册土木（岩土）工程师执业资格考试制度，至今已举办了15次考试。

为帮助考生们准备考试，依据《注册岩土工程师基础考试大纲》和现行规范、教材和考试真题，特编写了本书，本书的特点是简明扼要、联系实际、重点突出、省时高效，帮助广大备考的技术人员在最短的时间里全面掌握大纲要求的知识点及考点，达到事半功倍的备考效果。

本书分为上、下两册，上册共十一章，主要为公共基础考试内容，内容包括高等数学、普通物理、普通化学、理论力学、材料力学、流体力学、电气与信息、信息与信号技术、工程经济、计算机应用基础和法律法规；下册共八章，主要为专业基础考试内容，内容包括结构力学与结构设计、工程测量、土木工程材料、土木工程施工与管理、岩体力学与岩体工程、工程地质、土力学与基础工程和职业法规。

在本书中，每一章的开头部分设置有考试大纲，帮助考生在复习之前了解考试中的复习重点、有的放矢；每一重要知识点后附有相应的例题，帮助考生对重要知识点的理解更为深刻，加强巩固；每一节后汇总了相对应这一节知识点的历年真题，帮助考生对真题系统、全面地把握，对真题考点和命题方式有直观的认识。

考生在使用本书的时候，建议结合阅读相应的规范和教材等内容，并把书中的例题、课后真题反复练习，从题中巩固知识点并检验复习效果。

为了配合考生的备考复习，我们开通了答疑QQ群：607031636，配备了专家答疑团队，联系方式：18543011906（同微信号），以便及时解答考生所提的问题。

本书在编写过程中得到了许多专家学者的支持和帮助，在此表示衷心感谢。因编者水平有限及编写时间仓促，书中难免存在诸多不足，敬请有关专家和广大读者批评指正。

总　目　录

(上册)

(下册)

上　册

第一章

高等数学

◆第一节　空间解析几何与向量代数
◆第二节　微分学
◆第三节　积分学
◆第四节　无穷级数
◆第五节　常微分方程
◆第六节　线性代数
◆第七节　概率论与数理统计

第一节　空间解析几何与向量代数

一、考试大纲

向量的线性运算；向量的数量积、向量积及混合积；两向量垂直、平行的条件；直线方程；平面方程；平面与平面、直线与直线、平面与直线之间的位置关系；点到平面、直线的距离；球面、母线平行于坐标轴的柱面、旋转轴为坐标轴的旋转曲面的方程；常用的二次曲面方程；空间曲线在坐标面上的投影曲线方程。

二、知识要点

（一）向量代数

1.向量的概念

① 向量。既有大小，又有方向的量称为向量，例如位移、速度、力等，可用字母 $\overrightarrow{AB}$ 、$\vec{a}$ 或 $\boldsymbol{a}$ 表示，其中 A 为起点，B 为终点。

② 向量坐标表示法。若起点 A 、终点 B 的坐标分别为 $A(x_1, y_1, z_1)$，$B(x_2, y_2, z_2)$，则向量 $\overrightarrow{AB}$ 可表示为：

$$\overrightarrow{AB}=(x_2-x_1, y_2-y_1, z_2-z_1)。$$

③ 向量的模。向量的大小叫做向量的模，向量 $\overrightarrow{AB}$ 、$\vec{a}$ 的模依次记作 $|\overrightarrow{AB}|$ 、$|\vec{a}|$ 。

④ 单位向量。模等于 1 的向量称为单位向量，用 $\vec{e_a}$ 表示，即：$\vec{e_a}=\dfrac{\vec{a}}{|\vec{a}|}$ 。

⑤ 零向量。模等于 0 的向量称为零向量。

2.向量的运算

设向量 $\vec{a}=(x_1, y_1, z_1)$，$\vec{b}=(x_2, y_2, z_2)$，$\vec{c}=(x_3, y_3, z_3)$ 。

① 和、差计算：

$$\vec{a}\pm\vec{b}=(x_1\pm x_2, y_1\pm y_2, z_1\pm z_2) \tag{1-1-1}$$

② 向量与数的乘法：

$$\lambda\vec{a}=(\lambda x_1, \lambda y_1, \lambda z_1) \tag{1-1-2}$$

当 $\lambda>0$，$|\lambda\vec{a}|=\lambda|\vec{a}|$ ；当 $\lambda<0$，$|\lambda\vec{a}|=|\lambda||\vec{a}|$ ；当 $\lambda=0$，$\lambda|\vec{a}|=0$。

③ 数量积：

$$\vec{a}\cdot\vec{b}=|\vec{a}||\vec{b}|\cos(a^{\wedge}, b)=(x_1x_2+y_1y_2+z_1z_2) \tag{1-1-3}$$

④ 向量积：

$$\vec{a}\times\vec{b}=\begin{vmatrix}\vec{i} & \vec{j} & \vec{k}\\ x_1 & y_1 & z_1\\ x_2 & y_2 & z_2\end{vmatrix}=y_1z_2\vec{i}+z_1x_2\vec{j}+x_1y_2\vec{k}-x_2y_1\vec{k}-z_1y_2\vec{i}-z_2x_1\vec{j}$$

$$=(y_1z_2-z_1y_2)\vec{i}+(z_1x_2-z_2x_1)\vec{j}+(x_1y_2-x_2y_1)\vec{k} \tag{1-1-4}$$

$$|\vec{a}\times\vec{b}|=|\vec{a}||\vec{b}|\sin(a^{\wedge}, b) \tag{1-1-5}$$

⑤ 向量模及方向余弦的计算：

$$|\vec{a}|=\sqrt{x_1^2+y_1^2+z_1^2} \tag{1-1-6}$$

设 α、β、γ 为向量 $\vec{a}$ 的方向角，则

$$\cos\alpha=\frac{x_1}{|\vec{a}|}=\frac{x_1}{\sqrt{x_1^2+y_1^2+z_1^2}}$$

$$\cos\beta=\frac{y_1}{|\vec{a}|}=\frac{y_1}{\sqrt{x_1^2+y_1^2+z_1^2}} \tag{1-1-7}$$

$$\cos\gamma=\frac{z_1}{|\vec{a}|}=\frac{z_1}{\sqrt{x_1^2+y_1^2+z_1^2}}$$

且 $\cos^2\alpha+\cos^2\beta+\cos^2\gamma=1$。

⑥ 向量的混合积。

定义：$(\vec{a}\times\vec{b})\cdot\vec{c}$ 称为向量 $\vec{a}$、$\vec{b}$、$\vec{c}$ 的混合积，记为 $[\vec{a}\ \vec{b}\ \vec{c}]$。

几何意义：表示以向量 $\vec{a}$、$\vec{b}$、$\vec{c}$ 为棱的平行六面体的体积。

$$\begin{aligned}[\vec{a}\vec{b}\vec{c}]&=(\vec{a}\times\vec{b})\cdot\vec{c}\\&=[(y_1z_2-z_1y_2)\vec{i}+(z_1x_2-z_2x_1)\vec{j}+(x_1y_2-x_2y_1)\vec{k}]\cdot(x_3,\ y_3,\ z_3)\\&=(y_1z_2-z_1y_2)x_3+(z_1x_2-z_2x_1)y_3+(x_1y_2-x_2y_1)z_3\end{aligned} \tag{1-1-8}$$

当向量共面时混合积为 0。

【例 1-1-1】 若向量 $\vec{a}=2\vec{i}+\vec{j}-\vec{k}$、$\vec{b}=\vec{i}-\vec{j}+2\vec{k}$，求 $\vec{a}\cdot\vec{b}$ 和 $\vec{a}\times\vec{b}$。

解：因为 $\vec{a}\cdot\vec{b}=2\times1+1\times(-1)+(-1)\times2=-1$；

$$\vec{a}\times\vec{b}=\begin{vmatrix}\vec{i}&\vec{j}&\vec{k}\\2&1&-1\\1&-1&2\end{vmatrix}=1\times2\times\vec{i}+(-1)\times1\times\vec{j}+(-1)\times2\times k$$

$$-1\times1\times\vec{k}-(-1)\times(-1)\times\vec{i}-2\times2\times\vec{j}=\vec{i}-5\vec{j}-3\vec{k}$$

3. 向量的运算性质

① 交换律：$\vec{a}+\vec{b}=\vec{b}+\vec{a}$，$\lambda\vec{a}=\vec{a}\lambda$，$\vec{a}\cdot\vec{b}=\vec{b}\cdot\vec{a}$，$\vec{a}\times\vec{b}\neq\vec{b}\times\vec{a}$

② 结合律：$(\vec{a}+\vec{b})+\vec{c}=\vec{a}+(\vec{b}+\vec{c})$，$(\lambda\mu)\vec{a}=\lambda(\mu\vec{a})$

$\lambda(\vec{a}\cdot\vec{b})=(\lambda\vec{a})\cdot\vec{b}=\vec{a}\cdot(\lambda\vec{b})$，$\lambda(\vec{a}\times\vec{b})=(\lambda\vec{a})\times\vec{b}=\vec{a}\times(\lambda\vec{b})$

③ 分配律：

$(\lambda+\mu)\vec{a}=\lambda\vec{a}+\mu\vec{a}$，$\lambda(\vec{a}+\vec{b})=\lambda\vec{a}+\lambda\vec{b}$，$(\vec{a}+\vec{b})\cdot\vec{c}=\vec{a}\cdot\vec{c}+\vec{b}\cdot\vec{c}$，

$(\vec{a}+\vec{b})\times\vec{c}=\vec{a}\times\vec{c}+\vec{b}\times\vec{c}$

4. 向量间的数量关系，设 $\vec{a}=(x_1,\ y_1,\ z_1)$，$\vec{b}=(x_2,\ y_2,\ z_2)$。

① $\vec{a}$，$\vec{b}$ 之间的夹角 β：

$$\cos\beta=\frac{\vec{a}\cdot\vec{b}}{|\vec{a}||\vec{b}|}=\frac{x_1x_2+y_1y_2+z_1z_2}{\sqrt{x_1^2+y_1^2+z_1^2}\sqrt{x_2^2+y_2^2+z_2^2}} \tag{1-1-9}$$

② $\vec{a}$ 与 $\vec{b}$ 垂直：

$$\vec{a}\cdot\vec{b}=0\Leftrightarrow=x_1x_2+y_1y_2+z_1z_2=0 \tag{1-1-10}$$

③ $\vec{a}$ 与 $\vec{b}$ 平行：

$$\vec{a}\times\vec{b}=0\Leftrightarrow\frac{x_1}{x_2}=\frac{y_1}{y_2}=\frac{z_1}{z_2} \tag{1-1-11}$$

【例 1-1-2】 若向量 $\vec{a}=\vec{i}-3\vec{j}+6\vec{k}$ 与 $\vec{b}=-2\vec{i}+6\vec{j}+l\vec{k}$ 平行，则字母 l 值为多少？

解： 因为 $\vec{a}\,/\!/\,\vec{b}$，所以 $\dfrac{1}{-2}=\dfrac{-3}{6}=\dfrac{6}{l}$，因此 $l=-12$。

（二）平面

1. 平面方程

① 平面的一般方程：

$$Ax+By+Cz+D=0 \tag{1-1-12}$$

其中，平面法向量为 $\vec{n}=(A,\ B,\ C)$。

② 平面的点法式方程：过平面一点 $M(x_0,\ y_0,\ z_0)$，法向量 $\vec{n}=(A,\ B,\ C)$，则其方程为

$$A(x-x_0)+B(y-y_0)+C(z-z_0)=0 \tag{1-1-13}$$

③ 平面的截距式方程：

$$\frac{x}{a}+\frac{y}{b}+\frac{z}{c}=1 \tag{1-1-14}$$

其中，a、b、c 为平面在 x、y、z 轴上的截距。

2. 两平面之间的关系

设平面 π_1 方程为 $A_1x+B_1y+C_1z+D_1=0$，π_2 方程为 $A_2x+B_2y+C_2z+D_2=0$。

① 两平面之间夹角（通常为锐角）余弦为：

$$\cos\theta=\frac{|A_1A_2+B_1B_2+C_1C_2|}{\sqrt{A_1^2+B_1^2+C_1^2}\sqrt{A_2^2+B_2^2+C_2^2}} \tag{1-1-15}$$

② $\pi_1\,/\!/\,\pi_2$ 或重合的充分必要条件为：$\dfrac{A_1}{A_2}=\dfrac{B_1}{B_2}=\dfrac{C_1}{C_2}$。

$\pi_1\perp\pi_2$ 的充分必要条件为：$A_1A_2+B_1B_2+C_1C_2=0$。

【例 1-1-3】 求两平面 $x-y+2z-6=0$，$2x+y+z-5=0$ 的夹角。

解： 代入公式得：$\cos\theta=\dfrac{|1\times2+(-1)\times1+2\times1|}{\sqrt{1^2+(-1)^2+2^2}\sqrt{2^2+1^2+1^2}}=\dfrac{1}{2}$，故所求夹角 $\theta=\dfrac{\pi}{3}$。

【例 1-1-4】 一平面通过两点 $M_1=(1,\ 1,\ 1)$ 和 $M_2=(0,\ 1,\ -1)$ 且垂直于平面 $x+y+z=0$，求它的方程。

解： 设所求平面的一个法向量为：$\vec{n}=(A,\ B,\ C)$，因为 $\overrightarrow{M_1M_2}=(-1,\ 0,\ -2)$ 在所求平面上，它必与 n 垂直，所以 $-A-2C=0$，又因所求平面垂直于已知平面 $x+y+z=0$，

所以 $A+B+C=0$，解得 $A=-2C$，$B=C$，根据平面的点法式方程可知，

所求平面方程为 $A(x-1)+B(y-1)+C(z-1)=0$，将 $A=-2C$，$B=C$ 代入约去 $C(C\neq0)$，得到 $-2(x-1)+(y-1)+(z-1)=0$。

（三）直线

1. 直线方程

（1）空间直线的一般方程

空间直线 l 可以看成是两平面的交线，设平面 π_1：$A_1x+B_1y+C_1z+D_1=0$，π_2：

$A_2x+B_2y+C_2z+D_2=0$。

则直线 l 的方程可表示为：

$$\begin{cases}A_1x+B_1y+C_1z+D_1=0\\A_2x+B_2y+C_2z+D_2=0\end{cases}\tag{1-1-16}$$

（2）空间直线的对称式方程

方向向量：平行于一条已知直线的非零向量，称为该条直线的方向向量，记为$\vec{s}$。

假设直线过点 $M(x_0,\ y_0,\ z_0)$，方向向量$\vec{s}=(m,\ n,\ p)$，则直线的对称式方程为：

$$\frac{x-x_0}{m}=\frac{y-y_0}{n}=\frac{z-z_0}{p}\tag{1-1-17}$$

（3）空间直线的参数方程

当设 $\frac{x-x_0}{m}=\frac{y-y_0}{n}=\frac{z-z_0}{p}=t$ 时，则直线 l 的参数方程为：

$$\begin{cases}x=x_0+mt\\y=y_0+nt\\z=z_0+pt\end{cases}\tag{1-1-18}$$

2. 两直线之间的关系

直线 l_1、l_2 的方程为$\begin{cases}\frac{x-x_1}{m_1}=\frac{y-y_1}{n_1}=\frac{z-z_1}{p_1}\\\frac{x-x_2}{m_2}=\frac{y-y_2}{n_2}=\frac{z-z_2}{p_2}\end{cases}$。

① 两直线之间的夹角（通常为锐角）余弦为：

$$\cos\alpha=\frac{|m_1m_2+n_1n_2+p_1p_2|}{\sqrt{m_1^2+n_1^2+p_1^2}\cdot\sqrt{m_2^2+n_2^2+p_2^2}}\tag{1-1-19}$$

② $l_1 /\!/ l_2$ 或重合的充分必要条件为：$\frac{m_1}{m_2}=\frac{n_1}{n_2}=\frac{p_1}{p_2}$；

$l_1\perp l_2$ 的充分必要条件为：$m_1m_2+n_1n_2+p_1p_2=0$。

③ l_1 与 l_2 共面的条件为：

$$\begin{vmatrix}x_2-x_1 & y_2-y_1 & z_2-z_1\\m_1 & n_1 & p_1\\m_2 & n_2 & p_2\end{vmatrix}=0\tag{1-1-20}$$

【例 1-1-5】 已知两条空间直线 L_1：$\begin{cases}3x+z=4\\y+2z=9\end{cases}$，$L_2$：$\begin{cases}6x-y=7\\3y+6z=1\end{cases}$，这两条直线的位置关系为（　　）。

A. 平行但不重合　　B. 重合　　C. 垂直　　D. 相交但不垂直

解： 直线 L_1：$\begin{cases}3x+z=4\\y+2z=9\end{cases}$ 的方向向量 $\vec{S}_1=\vec{n}_1\times\vec{n}_2=\begin{vmatrix}\vec{i} & \vec{j} & \vec{k}\\3 & 0 & 1\\0 & 1 & 2\end{vmatrix}=-\vec{i}-6\vec{j}+3\vec{k}$，同理得到直线 L_2：$\begin{cases}6x-y=7\\3y+6z=1\end{cases}$ 的方向向量 $\vec{S}_2=-6\vec{i}-36\vec{j}+18\vec{k}$，向量 $\vec{S}_1$ 与 $\vec{S}_2$ 的对应

坐标成比例，则 $\vec{S}_1 // \vec{S}_2$，因此 $L_1 // L_2$ 或重合，在 L_1 上任取一点（2，13，−2）代入 L_2，不满足 L_2 方程，则 L_1 与 L_2 平行但不重合，选 A。

（四）直线与平面之间的关系

设直线 $l: \dfrac{x-x_0}{m}=\dfrac{y-y_0}{n}=\dfrac{z-z_0}{p}$，平面 $\pi: Ax+By+Cz+D=0$。

直线与平面之间夹角的正弦值为：

$$\sin\alpha=\frac{|Am+Bn+Cp|}{\sqrt{A^2+B^2+C^2}\sqrt{m^2+n^2+p^2}} \tag{1-1-21}$$

$l \perp \pi$ 的充分必要条件为：$\dfrac{A}{m}=\dfrac{B}{n}=\dfrac{C}{p}$；

$l // \pi$ 或重合的充分必要条件为：$Am+Bn+Cp=0$。

【例 1-1-6】 直线 L：$\dfrac{x+3}{2}=\dfrac{y+4}{1}=\dfrac{z}{3}$ 与平面 $\pi: 4x-2y-2z=3$ 的位置关系为（　　）

A. 相互平行　　B. L 在 π 上　　C. 垂直相交　　D. 相交但不垂直

解： 直线 L：$\dfrac{x+3}{2}=\dfrac{y+4}{1}=\dfrac{z}{3}$ 的方向向量 $\vec{S}_1=\vec{n}_1\times\vec{n}_2=(2,\ 1,\ 3)$，平面 π 的法向量为：$\vec{n}=(4,\ -2,\ -2)$，则 $\vec{S}_1\cdot\vec{n}=0$，则 $\vec{S}_1 \perp \vec{n}$，因此直线与平面平行或重合，在 L 上任取一点（3，−1，9）代入平面方程 π：$4\times3-2\times(-1)-2\times9=-4\neq3$，不满足平面方程，因此直线 L 与平面平行，选 A。

（五）点到直线、平面的距离公式

设直线 $l: \dfrac{x-x_0}{m}=\dfrac{y-y_0}{n}=\dfrac{z-z_0}{p}$，平面 $\pi: Ax+By+Cz+D=0$，平面外一点 $M_0(x_0,\ y_0,\ z_0)$，直线上一点 $M_1(x_1,\ y_1,\ z_1)$。

① 点到直线的距离：

$$d=\frac{|\overrightarrow{M_0M_1}\times\vec{s}|}{|\vec{s}|}=\frac{\begin{vmatrix}\vec{i} & \vec{j} & \vec{k}\\ x_1-x_0 & y_1-y_0 & z_1-z_0\\ m & n & p\end{vmatrix}}{|\sqrt{m^2+n^2+p^2}|} \tag{1-1-22}$$

② 点到平面的距离：

$$d=\frac{|Ax_1+By_1+Cz_1+D|}{\sqrt{A^2+B^2+C^2}} \tag{1-1-23}$$

【例 1-1-7】 点 $P(3,\ -1,\ 2)$ 到直线 $L\begin{cases}x+y-z+1=0\\2x-y+z-1=0\end{cases}$ 的距离为（　　）。

解： 已知直线 $L\begin{cases}x+y-z+1=0\\2x-y+z-1=0\end{cases}$ 上的任意一点 $M(0,\ -1,\ 0)$，直线 L 的方向向量

$\vec{S}_1=\vec{n}_1\times\vec{n}_2=(0,\ -3,\ -3)$，因此

$|\vec{S_1}|=\sqrt{0^2+(-3)^2+(-3)^2}=3\sqrt{2}$，$\overrightarrow{PM}\times\vec{S_1}=\begin{vmatrix}\vec{i} & \vec{j} & \vec{k}\\ -3 & 0 & -2\\ 0 & -3 & -3\end{vmatrix}=(-6,-9,9)$，

$|\overrightarrow{PM}\times\vec{S_1}|=\sqrt{(-6)^2+(-9)^2+9^2}=3\sqrt{22}$。

(六) 曲面（柱面、锥面、旋转曲面、二次曲面）

1.柱面

平行于定直线并沿定曲线 C 移动的动直线 L 形成的轨迹图形称为柱面，其中动直线 L 叫做柱面的母线，定曲线 C 叫做柱面的准线。在直角坐标系中，柱面方程由两个变量构成，缺少哪个变量，母线就平行哪个轴。例如，柱面方程 $f(x, y)=0$，表示母线平行于 z 轴，准线是 xOy 面上的曲线 C 。

2.锥面

直线 l_1 绕另一条与之相交的直线 l_2 旋转一周所形成的曲面图形叫做圆锥面。

锥面方程：$\frac{x^2}{a^2}+\frac{y^2}{b^2}-\frac{z^2}{c^2}=0$，当 a、b、c 为 1 时，为圆锥面。

3.旋转曲面

一条平面曲线绕其平面上的一条定直线旋转一周所形成的曲面叫旋转曲面，这条定直线称为旋转曲面的轴。

设曲线 L：$\begin{cases}f(x, y)=0\\ z=0\end{cases}$，则曲线 L 绕 x 轴旋转一周所形成的旋转曲面方程为 $f(x, \pm\sqrt{y^2+z^2})=0$；曲线 L 绕 y 轴旋转一周所形成的旋转曲面方程为 $f(y, \pm\sqrt{x^2+z^2})=0$。

4.二次曲面

用三元二次方程所表示的曲面叫做二次曲面，常见的二次曲面如下。

① 椭球面：$\frac{x^2}{a^2}+\frac{y^2}{b^2}+\frac{z^2}{c^2}=1$；

② 球面：$(x-a)^2+(y-b)^2+(z-c)^2=R^2$；

③ 椭圆抛物面：$\frac{x^2}{p^2}+\frac{y^2}{q^2}=z$ ；

④ 双曲抛物面（马鞍面）：$\frac{x^2}{p^2}-\frac{y^2}{q^2}=z$ ；

⑤ 单叶双曲面：$\frac{x^2}{a^2}+\frac{y^2}{b^2}-\frac{z^2}{c^2}=1$；

⑥ 双叶双曲面：$\frac{x^2}{a^2}-\frac{y^2}{b^2}-\frac{z^2}{c^2}=1$。

(七) 空间向量、空间曲线在坐标面上的投影

1.空间向量在坐标面上的投影

向量 $\overrightarrow{AB}$ 分别以端点 A、B 向指定坐标轴 u 轴作垂线，与其交点记为 A_1、B_1，则线段 A_1B_1 称为向量 $\overrightarrow{AB}$ 在 u 轴上的投影，记作 $P_{rj_u}\overrightarrow{AB}$ 。

$$P_{rj_u}\overrightarrow{AB}=|\overrightarrow{AB}|\cos\alpha\text{（}\alpha\text{ 为向量}\overrightarrow{AB}\text{ 与 }u\text{ 轴的夹角）}\tag{1-1-24}$$

2.空间曲线在坐标面上的投影

空间曲线在坐标面上的投影所形成的曲线，称为空间曲线在坐标面上的投影曲线。

设空间曲线 C 的一般方程为 $\begin{cases}M(x,\ y,\ z)=0\\N(x,\ y,\ z)=0\end{cases}$，二者联立消去变量 z 后得到的方程为 $\begin{cases}H(x,\ y)=0\\z=0\end{cases}$，此方程为空间曲线 C 在坐标面 xOy 上的投影曲线方程，同理，分别消去变量 x 或 y 得到方程 $\begin{cases}D(y,\ z)=0\\x=0\end{cases}$ 和 $\begin{cases}F(x,\ z)=0\\y=0\end{cases}$，则表示曲线在坐标面 yOz 和 xOz 上的投影曲线方程。

【例 1-1-8】 空间曲线 L：$\begin{cases}z=x^2+2y^2\\z=4-3x^2-2y^2\end{cases}$ 在 xOy 坐标平面上的投影曲线为（　　）。

A. $x^2+y^2=1$　　B. $x^2+2y^2=1$　　C. $4-3x^2-2y=0$　　D. $\begin{cases}x^2+y^2=1\\z=0\end{cases}$

解： 将空间曲线方程消去 z 得到 $x^2+y^2=1$，即空间曲线在母线平行 z 轴的柱面 $x^2+y^2=1$ 上，在 xOy 坐标平面上投影，即得到投影曲线为 $\begin{cases}x^2+y^2=1\\z=0\end{cases}$，选 D。

历年真题

1-1-1. 设直线方程 $x=y-1=z$，平面方程为 $x-2y+z=0$，则直线与平面（　　）。(2011A1)

A. 重合　　B. 平行不重合　　C. 垂直相交　　D. 相交不垂直

1-1-2. 在三维空间中，方程 $y^2-z^2=1$ 所表示的图形是（　　）。(2011A2)

A. 母线平行 x 轴的双曲柱面　　B. 母线平行 y 轴的双曲柱面

C. 母线平行 z 轴的双曲柱面　　D. 双曲线

1-1-3. 曲线 $x^2+4y^2+z^2=4$ 与平面 $x+z=a$ 的交线在 yOz 平面上的投影方程为（　　）。(2012A16)

A. $\begin{cases}(a-z)^2+4y^2+z^2=4\\x=0\end{cases}$　　B. $\begin{cases}x^2+4y^2+(a-x)^2=4\\z=0\end{cases}$

C. $\begin{cases}x^2+4y^2+(a-x)^2=4\\x=0\end{cases}$　　D. $(a-z)^2+4y^2+z^2=4$

1-1-4. 方程 $x^2-\frac{y^2}{4}+z^2=1$，表示（　　）。(2012A17)

A. 旋转双曲面　　B. 双叶双曲面　　C. 双曲柱面　　D. 锥面

1-1-5. 设直线 L 为 $\begin{cases}x+3y+2z+1=0\\2x-y-10z+3=0\end{cases}$，平面 π 为 $4x-2y+z-2=0$，则直线和

平面的关系是（ ）。(2012A18)

A. L 平行于 π　　B. L 在 π 上

C. L 垂直于 π　　D. L 与 π 斜交

1-1-6. 已知向量 $\vec{\alpha}=(-3, -2, 1)$，$\beta=(1, -4, -5)$，则 $|\alpha\times\beta|$ 等于（ ）。(2013A1)

A. 0　　B. 6

C. $14\sqrt{3}$　　D. $14i+16j-10k$

1-1-7. 已知直线 L：$\frac{x}{3}=\frac{y+1}{-1}=\frac{z-3}{2}$，平面 π：$-2x+2y+z-1=0$，则（ ）。(2013A15)

A. L 与 π 垂直相交　　B. L 平行于 π，但 L 不在 π 上

C. L 与 π 非垂直相交　　D. L 在 π 上

1-1-8. 在空间直角坐标系中，方程 $x^2+y^2-z=0$ 表示的图形是（ ）。(2014A2)

A. 圆锥面　　B. 圆柱面　　C. 球面　　D. 旋转抛物面

1-1-9. 设有直线 L_1：$\frac{x-1}{1}=\frac{y-3}{-2}=\frac{z+5}{1}$ 与 L_2：$\begin{cases}x=3-t\\y=1-t\\z=1+2t\end{cases}$，则 L_1 与 L_2 的夹角 θ 等于（ ）。(2014A9)

A. $\frac{\pi}{2}$　　B. $\frac{\pi}{3}$　　C. $\frac{\pi}{4}$　　D. $\frac{\pi}{6}$

1-1-10. 若向量 $\boldsymbol{\alpha}$、$\boldsymbol{\beta}$ 满足 $|\boldsymbol{\alpha}|=2$，$|\boldsymbol{\beta}|=\sqrt{2}$，且 $\boldsymbol{\alpha}\cdot\boldsymbol{\beta}=2$，则 $|\boldsymbol{\alpha}\times\boldsymbol{\beta}|$ 等于（ ）。(2016A4)

A. 2　　B. $2\sqrt{2}$　　C. $2+\sqrt{2}$　　D. 不能确定

1-1-11. yOz 坐标面上的曲线 $\begin{cases}y^2+z=1\\x=0\end{cases}$ 绕 Oz 轴旋转一周所生成的旋转曲面方程是（ ）。(2016A8)

A. $x^2+y^2+z=1$　　B. $x^2+y^2+z^2=1$

C. $y^2+\sqrt{x^2+z^2}=1$　　D. $y^2-\sqrt{x^2+z^2}=1$

1-1-12. 设 $\boldsymbol{\alpha}$、$\boldsymbol{\beta}$ 均为非零向量，则下面结论正确的是（ ）。(2017A3)

A. $\boldsymbol{\alpha}\times\boldsymbol{\beta}=0$ 是 $\boldsymbol{\alpha}$ 与 $\boldsymbol{\beta}$ 垂直的充要条件

B. $\boldsymbol{\alpha}\cdot\boldsymbol{\beta}=0$ 是 $\boldsymbol{\alpha}$ 与 $\boldsymbol{\beta}$ 平行的充要条件

C. $\boldsymbol{\alpha}\times\boldsymbol{\beta}=0$ 是 $\boldsymbol{\alpha}$ 与 $\boldsymbol{\beta}$ 平行的充要条件

D. 若 $\boldsymbol{\alpha}=\lambda\boldsymbol{\beta}$（$\boldsymbol{\alpha}$ 是常数），则 $\boldsymbol{\alpha}\cdot\boldsymbol{\beta}=0$

1-1-13. 过点 $(-1, -2, 3)$ 且过平行于 z 轴的直线的对称方程是（ ）。(2017A9)

A. $\begin{cases}x=1\\y=-2\\z=-3t\end{cases}$　　B. $\frac{x-1}{0}=\frac{y+2}{0}=\frac{z-3}{1}$

C. $z=3$　　D. $\frac{x+1}{0}=\frac{y-2}{0}=\frac{z+3}{1}$

1-1-14. 设向量 $\boldsymbol{\alpha}$ 与向量 $\boldsymbol{\beta}$ 的夹角 $\theta=\frac{\pi}{3}$，模 $|\boldsymbol{\alpha}|=1$，$|\boldsymbol{\beta}|=2$，则模 $|\boldsymbol{\alpha}+\boldsymbol{\beta}|$ 等于（　　）。(2018A7)

A. $\sqrt{8}$　　B. $\sqrt{7}$　　C. $\sqrt{6}$　　D. $\sqrt{5}$

1-1-15. 下列平面中，平行于且非重合于 yOz 坐标面的平面方程是（　　）。(2018A11)

A. $y+z+1=0$　　B. $z+1=0$　　C. $y+1=0$　　D. $x+1=0$

答　案

1-1-1.【答案】(B)

直线方向向量 $\vec{s}=(1,1,1)$，平面法线向量 $\vec{n}=(1,-2,1)$，计算 $\vec{s}\cdot\vec{n}=0$，得到 $\vec{s}\perp\vec{n}$，判断直线//平面，或者直线与平面重合，在直线上任取一点 $(0,1,0)$，验证该点是否满足平面方程。

1-1-2.【答案】(A)

方程中缺少一个字母，在空间解析几何中这样的曲面表示为柱面。本方程中缺少字母 x，柱面的母线平行于 x 轴。

1-1-3.【答案】(A)

方程组 $\begin{cases}x^2+4y^2+z^2=4\\x+z=a\end{cases}$ 消去字母 x，即 $x=a-z$ 代入原方程组得：$(a-z)^2+4y^2+z^2=4$，则曲线在 yOz 平面上投影方程为 $\begin{cases}(a-z)^2+4y^2+z^2=4\\x=0\end{cases}$。

1-1-4.【答案】(A)

方程 $x^2-\frac{y^2}{4}+z^2=1$，即 $x^2+z^2-\frac{y^2}{4}=1$，可由 xOy 平面上双曲线 $\begin{cases}x^2-\frac{y^2}{4}=1\\z=0\end{cases}$ 绕 y 轴旋转得到，可由 yOz 平面上双曲线 $\begin{cases}z^2-\frac{y^2}{4}=1\\x=0\end{cases}$ 绕 y 轴旋转得到，所以 $x^2-\frac{y^2}{4}+z^2=1$。

1-1-5.【答案】(C)

直线 L 的方向向量 $\vec{s}=\begin{bmatrix}\vec{i}&\vec{j}&\vec{k}\\1&3&2\\2&-1&-10\end{bmatrix}=-28\vec{i}+14\vec{j}-7\vec{k}$，$\vec{s}=(-28,14,-7)$，平面 π：$4x-2y+z-2=0$ 的法线向量 $\vec{n}=(4,-2,1)$，$\vec{s}$，$\vec{n}$ 坐标成比例，$\frac{-28}{4}=\frac{14}{-2}=\frac{-7}{1}$，则 $\vec{s}\,//\,\vec{n}$，直线 L 垂直于平面 π。

1-1-6.【答案】(C)

$$\vec{\alpha}\times\vec{\beta}=\begin{vmatrix}\vec{i} & \vec{j} & \vec{k}\\ -3 & -2 & 1\\ 1 & -4 & -5\end{vmatrix}=14\vec{i}-14\vec{j}+14\vec{k}，\ |\vec{\alpha}\times\vec{\beta}|=\sqrt{14^2+(-14)^2+14^2}=$$

$14\sqrt{3}$，

1-1-7.【答案】(C)

直线 L 的方向向量 $\vec{S}=(3, -1, 2)$，平面 π 的法向量 $\vec{n}=(-2, 2, 1)$，$\vec{S}\cdot\vec{n}\neq 0$，$\vec{S}$ 与 $\vec{n}$ 不垂直，故 L 不平行于 π，从而 B、D 项不成立，又因为 $\vec{S}$ 与 $\vec{n}$ 不平行，所以不垂直，L 与 π 非垂直相交，交点为 (0，−1，3)。

1-1-8.【答案】(B)

椭圆抛物面的基本形式：$\frac{x^2}{2p}+\frac{y^2}{2q}=z$（$p$、$q$ 同号）。

1-1-9.【答案】(B)

直线 L_1 的方向向量为 (1，−2，1)，直线 L_2 的方向向量为 (−1，−1，2)，两向量夹角的余弦值为 $\cos\theta=\frac{1\times(-1)+(-2)\times(-1)+1\times 2}{\sqrt{1^2+(-2)^2+1^2}\sqrt{(-1)^2+(-1)^2+2^2}}=\frac{1}{2}$，即 $\theta=\frac{\pi}{3}$。

1-1-10.【答案】(A)

设两向量 $\boldsymbol{\alpha}$、$\boldsymbol{\beta}$ 的夹角为 θ，根据 $\boldsymbol{\alpha}\cdot\boldsymbol{\beta}=2$ 得到：

$\cos\theta=\frac{\boldsymbol{\alpha}\cdot\boldsymbol{\beta}}{|\boldsymbol{\alpha}||\boldsymbol{\beta}|}=\frac{\sqrt{2}}{2}$，$\sin\theta=\frac{\sqrt{2}}{3}$，$|\boldsymbol{\alpha}\times\boldsymbol{\beta}|=|\boldsymbol{\alpha}||\boldsymbol{\beta}|\sin\theta=2$。

1-1-11.【答案】(A)

一条平面曲线绕其平面上的一条直线旋转一周所形成的曲面为旋转曲面，若 yOz 平面上的曲线方程为 $f(y, z)=0$，将此曲线绕 Oz 轴旋转一周得到的旋转曲面方程为：$f(\pm\sqrt{x^2+y^2}, z)=0$，因为 $\begin{cases}y^2+z=1\\ x=0\end{cases}$，所以 $x^2+y^2+z=1$。

1-1-12.【答案】(C)

$\boldsymbol{\alpha}\times\boldsymbol{\beta}=0$ 是 $\boldsymbol{\alpha}$ 与 $\boldsymbol{\beta}$ 平行的充分必要条件。

1-1-13.【答案】(B)

由题意可得此直线的方向向量为 (0，0，1)，此直线过点 (1，−2，3)，所以此直线的方程为 $(\frac{x-1}{0}, \frac{y+2}{0}, \frac{z-3}{1})$。

1-1-14.【答案】(B)

$|\vec{\alpha}+\vec{\beta}|^2=|\vec{\alpha}|^2+|\vec{\beta}|^2+2|\vec{\alpha}\backslash\backslash\vec{\beta}|=1^2+2^2+2|\vec{\alpha}\backslash\backslash\vec{\beta}|\cos(\vec{\alpha}, \vec{\beta})=5+2\times1\times 2\cos60^\circ=7$，所以 $|\vec{\alpha}+\vec{\beta}|=\sqrt{7}$。

1-1-15.【答案】(D)

根据平面夹角判定，已知平面的法向量为 $\vec{n_0}=(1, 0, 0)$，A 项：平面的法向量为 $\vec{n_1}=(0, 0, 1)$ 夹角余弦值 $\cos\theta=\frac{|A_1A_2+B_1B_2+C_1C_2|}{\sqrt{A_1^2+B_1^2+C_1^2}\cdot\sqrt{A_2^2+B_2^2+C_2^2}}=\frac{|1\times0+0\times1+0\times1|}{\sqrt{1^2+0^2+0^2}\cdot\sqrt{0^2+1^2+1^2}}=0$，$\theta=90^\circ$。同理，B 项：$\vec{n_2}=(0, 0, 1)$，$\cos\theta=0$，$\theta=90^\circ$。C 项：$\vec{n_3}=(0, 1, 0)$，$\cos\theta=$

1，$\theta=90°$。D项：$\overrightarrow{n_4}=(1, 0, 0)$，$\cos\theta=1$，$\theta=90°$。

第二节 微分学

一、考试大纲

函数的有界性、单调性、周期性和奇偶性；数列极限与函数极限的定义及其性质；无穷小和无穷大的概念及其关系；无穷小的性质及无穷小的比较；极限的四则运算；函数连续的概念；函数间断点及其类型；导数与微分的概念；导数的几何意义和物理意义；平面曲线的切线和法线；导数和微分的四则运算；高阶导数；微分中值定理；洛必达法则；一元函数的切线与法线；空间曲线的切线和法平面；曲面的切平面和法线；函数单调性的判别；函数的极值；函数曲线的凹凸性、拐点；偏导数与全微分的概念；二阶偏导数；多元函数的极值和条件极值；多元函数的最大、最小值及其简单应用。

二、知识要点

（一）一元函数微分学

1.函数

（1）函数的定义

设变量 x 在某一实数集合 D 中每取一个值，均有一变量 y 按一定法则与之对应，则称 y 是 x 的函数，记为 $y=f(x)$，其中集合 D 是定义域，$R=\{y|y=f(x), x\in D\}$ 是函数的值域。

（2）函数的分类

① 基本初等函数：幂函数（$y=x^{\mu}$）、对数函数（$\log a^{x}$）、指数函数（$y=a^{x}$）、三角函数（$\sin x$）和反三角函数（$\arcsin x$）。

② 初等函数：由基本初等函数经过有限次的四则运算和有限次的函数复合可用一个式子表示的函数称为初等函数。

③ 分段函数：由多个式子表示，当自变量的取值不同时，对应的函数表达式不同。

（3）函数的几种特性

1）函数的有界性

设函数 $f(x)$ 的定义域为 D，若存在正数 M，使得 $|f(x)|\leqslant M$，$x\in D$ 成立，则称函数 $f(x)$ 在 D 上有界，否则无界。

2）函数的单调性

设函数 $f(x)$ 的定义域为 D，区间 $I\subset D$，对区间 I 上任意两点 x_1、x_2，当 $x_1<x_2$ 时，恒有 $f(x_1)<f(x_2)$[或 $f(x_1)>f(x_2)$]，则称函数在区间 I 上单调递增（或递减）。

3）函数的奇偶性

设函数 $f(x)$ 的定义域 D 关于原点对称，如果对于任一 $x\in D$，恒有 $f(-x)=f(x)$，则称 $f(x)$ 为偶函数，如果对于任一 $x\in D$，恒有 $f(-x)\leqslant -f(x)$，则称 $f(x)$ 为奇函数。

4）函数的周期性。设函数 $f(x)$ 的定义域为 D ，如果存在一个正数 T ，若对任一 $x \in D$ ，有 $f(x \pm T)=f(x)$ 成立，则称 $f(x)$ 为周期函数，通常周期函数所指的周期为最小正周期。

【例 1-2-1】 判定函数 $f(x)=\ln(x+\sqrt{x^2+1})$ 的奇偶性。

解： $f(-x)=\ln(-x+\sqrt{(-x)^2+1})=\ln(-x+\sqrt{x^2+1})=\ln\dfrac{x^2+1-x^2}{\sqrt{x^2+1}+x}$

$$=\ln\frac{1}{\sqrt{x^2+1}+x}=\ln(x+\sqrt{x^2+1})^{-1}=-\ln(x+\sqrt{x^2+1})=-f(x)$$

$f(-x)=-f(x)$ ，则此函数为奇函数。

2. 极限

（1）极限的定义

函数极限：设函数 $f(x)$ 在点 x_0 的某一去心邻域内有定义，如果存在常数 A ，对于任意给定的正数 $\varepsilon>0$，总存在正整数 N ，使得当 $x>N$ 时，不等式 $|x_n-A|<\varepsilon$ 恒成立，对应的函数式满足 $|f(x)-A|<\varepsilon$ ，那么常数 A 就叫做函数 $f(x)$ 当 $x\to x_0$ 时的极限，记作：

$$\lim_{x\to x_0} f(x)=A \text{ 或 } f(x)\to A(x\to x_0) \tag{1-2-1}$$

根据 x 的变化范围将函数极限分为 $x\to\infty$ 和 $x\to x_0$ 两种情况。

① 当 $x\to\infty$ 时，函数 $f(x)$ 无限接近某一常数 A ，则称常数 A 为函数 $f(x)$ 的极限，记作：$\lim\limits_{x\to\infty} f(x)=A$ 。

当 x 沿正轴远离原点，则称 A 为函数 $f(x)$ 在 $x\to+\infty$时的极限，记作：

$$\lim_{x\to+\infty} f(x)=A \tag{1-2-2}$$

当 x 沿负轴远离原点，则称 A 为函数 $f(x)$ 在 $x\to-\infty$时的极限，记作：

$$\lim_{x\to-\infty} f(x)=A \tag{1-2-3}$$

② 当 $x\to x_0$ 时，函数 $f(x)$ 无限趋近某一常数 A ，则称常数 A 为函数 $f(x)$ 的极限。记作：$\lim\limits_{x\to x_0} f(x)=A$ 。

当 x 从 x_0 左侧趋近 x_0（记作 $x\to x_0^-$），则称 A 为函数 $f(x)$ 在 $x\to x_0$ 时的左极限，记作：

$$f(x_0^-)=\lim_{x\to x_0^-} f(x)=A \tag{1-2-4}$$

当 x 从 x_0 右侧趋近 x_0（记作 $x\to x_0^+$），则称 A 为函数 $f(x)$ 在 $x\to x_0$ 时的右极限，记作：

$$f(x_0^+)=\lim_{x\to x_0^+} f(x)=A \tag{1-2-5}$$

函数在某一点的极限与其左、右极限之间的关系：$\lim\limits_{x\to x_0} f(x)=A \Leftrightarrow \lim\limits_{x\to x_0^+} f(x)=\lim\limits_{x\to x_0^-} f(x)$ 。

（2）无穷小与无穷大

若 $\lim\limits_{\substack{x\to\infty\\(x\to x_0)}} f(x)=0$，则称 $f(x)$ 为当 $x\to+\infty$（或 $x\to x_0$）时的无穷小；若 $\lim\limits_{\substack{x\to\infty\\(x\to x_0)}} f(x)=$

∞，则称 $f(x)$ 为当 $x \to +\infty$（或 $x \to x_0$）时的无穷大。

无穷大与无穷小的关系如下：

在自变量的同一变化过程中，若 $\lim f(x)=\infty$，则 $\lim \dfrac{1}{f(x)}=0$；若 $\lim f(x)=0$，且 $f(x)\neq 0$，则 $\lim \dfrac{1}{f(x)}=\infty$。

1）无穷小的性质

有限个无穷小的和是无穷小；有界函数与无穷小的乘积是无穷小；常数与无穷小的乘积是无穷小；有限个无穷小的乘积也是无穷小。

2）无穷小的比较

设 α、β 为同一个自变量在变化过程中的无穷小，且 $\alpha \neq 0$，$\lim \dfrac{\beta}{\alpha}$ 也是极限，则：

若 $\lim \dfrac{\beta}{\alpha}=0$，称 β 是比 α 高阶的无穷小；

若 $\lim \dfrac{\beta}{\alpha}=\infty$，称 β 是比 α 低阶的无穷小；

若 $\lim \dfrac{\beta}{\alpha}=c\neq 0$，称 β 与 α 是同阶无穷小；

若 $\lim \dfrac{\beta}{\alpha^k}=c\neq 0$，$k>0$，称 β 是关于 α 的 k 阶无穷小；

若 $\lim \dfrac{\beta}{\alpha}=1$，称 β 与 α 是等阶无穷小，记作 $\alpha \sim \beta$。

为使计算简化，在求解两个无穷小之比的极限时，分子、分母可用等价无穷小代替，当 $x\to 0$ 时，常见的等价无穷小如下：

$\sin x \sim x$、$\tan x \sim x$、$\arcsin x \sim x$、$\arctan x \sim x$、$\ln(1+x)\sim x$、$e^x+1\sim x$、$1-\cos x \sim \dfrac{x^2}{2}$、$\sqrt[n]{1+x}-1\sim \dfrac{1}{n}x$。

3）极限四则运算法则

设 $\lim f(x)=\mathrm{A}$，$\lim g(x)=\mathrm{B}\neq 0$，$c$ 为常数，n 为正整数，则：

$\lim[f(x)\pm g(x)]=\lim f(x)\pm \lim g(x)=A\pm B$；$\lim[f(x)\cdot g(x)]=\lim f(x)\cdot \lim g(x)=A\cdot B$；

$\lim \dfrac{f(x)}{g(x)}=\dfrac{\lim f(x)}{\lim g(x)}=\dfrac{A}{B}$；$\lim[f(x)]^n=[\lim f(x)]^n=A^n$。

4）两个重要极限

$$\begin{cases}\lim\limits_{x\to 0}\dfrac{\sin x}{x}=1\\[2ex] \lim\limits_{x\to\infty}(1+\dfrac{1}{x})^x=e \text{ 或} \lim\limits_{x\to 0}(1+x)^{\frac{1}{x}}=e\end{cases} \tag{1-2-6}$$

5）求极限的方法

利用极限四则运算法则进行计算；利用等价无穷小代替；利用两个重要极限；利用洛必达法则求解。

【例 1-2-2】　求极限 $\lim\limits_{n\to\infty}\dfrac{\sqrt[3]{n^2}\sin n!}{n+1}$。

解：$\lim\limits_{n\to\infty}\dfrac{\sqrt[3]{n^2}\sin n!}{n+1}=\lim\limits_{n\to\infty}\dfrac{n^{\frac{2}{3}}}{n+1}\cdot\sin n!$，当 $n\to\infty$ 时，$\dfrac{n^{\frac{2}{3}}}{n+1}\to 0$，$|\sin n!|\leqslant 1$，因此原式$=0$。

【例 1-2-3】　求极限 $\lim\limits_{x\to 3}\dfrac{x^3-27}{x-3}=$(　　)。

A. 3　　　　B. 9　　　　C. 27　　　　D. 81

解：$\lim\limits_{x\to 3}\dfrac{x^3-27}{x-3}=\lim\limits_{x\to 3}\dfrac{(x-3)(x^2+3x+9)}{x-3}=\lim\limits_{x\to 3}(x^2+3x+9)=27$，选 C。

3. 函数的连续性

(1) 函数连续的定义

若 $\lim\limits_{x\to x_0}f(x)=f(x_0)$ 或 $\lim\limits_{\Delta x\to 0}\Delta y=\lim\limits_{\Delta x\to 0}[f(x_0+\Delta x)-f(x_0)]=0$，则称函数 $f(x)$ 在点 x_0 处连续。

如果 $\lim\limits_{x\to x_0^-}f(x)=f(x_0)$，则称函数 $f(x)$ 在点 x_0 处左连续；

如果 $\lim\limits_{x\to x_0^+}f(x)=f(x_0)$，则称函数 $f(x)$ 在点 x_0 处右连续。

函数连续的充分必要条件为：

$$\lim_{x\to x_0^-}f(x)=\lim_{x\to x_0^+}f(x)=f(x_0)\Leftrightarrow\lim_{x\to x_0}f(x)=f(x_0)\tag{1-2-7}$$

(2) 函数的间断点及类型

设函数 $f(x)$ 在点 x_0 的某去心邻域内有定义，当函数 $f(x)$ 满足以下条件时：

① 在 $x=x_0$ 没有定义；

② 虽在 $x=x_0$ 有定义，但 $\lim\limits_{x\to x_0}f(x)$ 不存在；

③ 虽在 $x=x_0$ 有定义，且 $\lim\limits_{x\to x_0}f(x)$ 存在，但 $\lim\limits_{x\to x_0}f(x)\neq f(x_0)$

则称函数 $f(x)$ 在点 x_0 不连续，点 x_0 称为函数 $f(x)$ 的不连续点或者间断点。

间断点类型有以下几种：

① 若点 x_0 为函数 $f(x)$ 的一个间断点，当 $\lim\limits_{x\to x_0^-}f(x)$、$\lim\limits_{x\to x_0^+}f(x)$ 均存在时，则称点 x_0 为函数 $f(x)$ 的第一类间断点；

② 若 $f(x_0^+)=f(x_0^-)$，则称 x_0 为 $f(x)$ 的可去间断点；

③ 若 $f(x_0^+)\neq f(x_0^-)$，则称 x_0 为 $f(x)$ 的跳跃间断点。

④ 左、右极限至少有一个不存在时，则称点 x_0 为函数 $f(x)$ 的第二类间断点，分为无穷间断点和振荡间断点。

(3) 连续函数的性质

连续函数的和、差、积、商（分母不为零）仍是连续函数；连续函数的复合函数仍是连续函数；基本初等函数在它们的定义域内都是连续的；一切初等函数在其定义区间内都是连续的。

(4) 闭区间上连续函数的性质

① 有界性与最大值、最小值定理：在闭区间上连续的函数在该区间上有界且一定能

取得它的最大值和最小值。

② 零点定理：设函数 $f(x)$ 在闭区间 $[a、b]$ 上连续，且 $f(a)$ 与 $f(b)$ 异号，即 $f(a)\cdot f(b)<0$，那么在开区间 $(a、b)$ 内至少存在一点 x_0，使得 $f(x_0)=0$。

③ 介值定理：设函数 $f(x)$ 在闭区间 $[a、b]$ 上连续，且 $f(a)=A$ 与 $f(b)=B$，对于 A、B 之间的任意数 C，在开区间 $(a、b)$ 内至少存在一点 x_0，使得 $f(x_0)=C$。

【例 1-2-4】 判断 $f(x)=\dfrac{x^2-1}{x-1}$ 在 $x=1$ 处的间断性。

解： 当 $x=1$ 时，函数没定义，所以 $x=1$ 是函数的间断点，

$\lim\limits_{x\to1}f(x)=\lim\limits_{x\to1}\dfrac{x^2-1}{x-1}=\lim\limits_{x\to1}\dfrac{(x+1)(x-1)}{(x-1)}=\lim\limits_{x\to1}(x+1)=2$，因此 $x=2$ 是函数的可去间断点。

4. 导数

（1）导数的定义

设函数 $f(x)$ 在点 x_0 的某一邻域内有定义，当自变量 x 在点 x_0 处取得增量，即点 $(x_0+\Delta x)$ 也在该邻域内时，相应的函数取得增量 $\Delta y=f(x_0+\Delta x)-f(x_0)$，当 $\Delta x\to0$ 时，$\lim\limits_{\Delta x\to0}\dfrac{\Delta y}{\Delta x}$ 存在，则称函数 $f(x)$ 在点 x_0 处可导，此极限为函数在点 x_0 处的导数，记作 $f'(x_0)$，也可记作 $y'\Big|_{x=x_0}$、$\dfrac{\mathrm{d}y}{\mathrm{d}x}\Big|_{x=x_0}$ 或 $\dfrac{\mathrm{d}f(x)}{\mathrm{d}x}\Big|_{x=x_0}$。函数 $f(x)$ 在点 x_0 处可导，则函数 $f(x)$ 在点 x_0 处必连续，反之，不一定成立。

（2）导数定义式表示

$$f'(x_0)=\lim_{\Delta x\to0}\frac{\Delta y}{\Delta x}=\lim_{\Delta x\to0}\frac{f(x_0+\Delta x)-f(x_0)}{\Delta x} \tag{1-2-8}$$

$$f'(x_0)=\lim_{x\to x_0}\frac{f(x)-f(x_0)}{x-x_0} \tag{1-2-9}$$

（3）单侧导数

设函数 $f(x)$ 在点 x_0 处可导，则函数 $f(x)$ 在点 x_0 处存在的左、右极限分别称为函数 $f(x)$ 在点 x_0 处的左导数和右导数，左导数和右导数统称为单侧导数。

函数可导的充分必要条件为左、右导数都存在且相等。

左导数记作 $f'_-(x_0)$，定义式为：

$$f'_-(x_0)=\lim_{\Delta x\to0^-}\frac{f(x_0+\Delta x)-f(x_0)}{\Delta x}\text{ 或 }f'_-(x_0)=\lim_{x\to x_0^-}\frac{f(x)-f(x_0)}{x-x_0} \tag{1-2-10}$$

右导数记作 $f'_+(x_0)$，定义式为：

$$f'_+(x_0)=\lim_{\Delta x\to0^+}\frac{f(x_0+\Delta x)-f(x_0)}{\Delta x}\text{ 或 }f'_+(x_0)=\lim_{x\to x_0^+}\frac{f(x)-f(x_0)}{x-x_0} \tag{1-2-11}$$

（4）导数的物理意义和几何意义

物理意义：设物体运动的时间为 t，距离为 s，s 与 t 之间的函数关系为 $s=s(t)$，其导数 $s'(t_0)$ 为物体在 t_0 时刻的瞬时速度。

几何意义：$f'(x_0)$ 表示函数 $f(x)$ 在点 $(x_0,\ f(x_0))$ 处的切线的斜率。

则曲线 $y=f(x)$ 在点 $(x_0,\ y_0)$ 处的切线方程及法线方程如下。

切线方程：

$$y-y_0=f'(x_0)(x-x_0) \tag{1-2-12}$$

法线方程：

$$y-y_0=-\frac{1}{f'(x_0)}(x-x_0)[f'(x_0)\neq 0] \tag{1-2-13}$$

（5）求导法则

1）基本初等函数的导数公式

① $(c)'=0$；　② $(x^\mu)'=\mu x^{\mu-1}$；

③ $(\sin x)'=\cos x$；　④ $(\cos x)'=-\sin x$；

⑤ $(\tan x)'=\sec x^2$；　⑥ $(\cot x)'=-\csc^2 x$；

⑦ $(\sec x)'=\sec x\tan x$；　⑧ $(\csc x)'=-\csc x\cot x$；

⑨ $(a^x)'=a^x\ln a$；　⑩ $(e^x)'=e^x$；

⑪ $(\log_a x)'=\dfrac{1}{x\ln a}$；　⑫ $(\ln x)'=\dfrac{1}{x}$；

⑬ $(\arcsin x)'=\dfrac{1}{\sqrt{1-x^2}}$；　⑭ $(\arccos x)'=-\dfrac{1}{\sqrt{1-x^2}}$；

⑮ $(\arctan x)'=\dfrac{1}{1+x^2}$；　⑯ $(\mathrm{arccot}\, x)'=-\dfrac{1}{1+x^2}$。

2）函数的和、差、积、商求导法则

设 $u=u(x)$，$v=v(x)$ 可导，则：① $(u\pm v)'=u'\pm v'$；② $(Cu)'=Cu'$（C 是常数）；③ $(uv)'=u'v+uv'$；④ $\left(\dfrac{u}{v}\right)'=\dfrac{u'v-uv'}{v^2}(v\neq 0)$。

3）反函数求导

设 $y=f(u)$ 在区间 D_u 内单调、可导，且 $f'(u)=\dfrac{\mathrm{d}y}{\mathrm{d}u}\neq 0$，其反函数 $u=f^{-1}(y)$ 在区间 D_u 内也可导，则有 $\dfrac{\mathrm{d}u}{\mathrm{d}y}=\dfrac{1}{\dfrac{\mathrm{d}y}{\mathrm{d}u}}$。

4）复合函数求导

设 $y=f(u)$，$u=g(x)$，且 $f(u)$、$g(x)$ 均可导，则复合函数 $y=f[g(x)]$ 的求导公式为：$y=\{f[g(x)]\}'=f'(u)\cdot g'(x)$

5）隐函数求导

显函数：形如 $y=\sin x$，$y=\sqrt[3]{1-x}$ 等形式的函数称为显函数。

隐函数：形如 $y-\sin x=0$，$x+y^3-1=0$ 等形式的函数称为隐函数。

隐函数求导方法：在方程的两边同时对 x 求导，其中 y 为中间变量，$y=y(x)$，按复合函数求导法则进行。

6）参数方程所确定的函数的求导

设 y 与 x 的函数关系由参数方程 $\begin{cases}x=\varphi(t)\\y=\psi(t)\end{cases}$［其中 $\varphi(t)$、$\psi(t)$ 均可导］确定，则 $\dfrac{\mathrm{d}y}{\mathrm{d}x}=$

$\frac{\psi'(t)}{\varphi'(t)}$。

7）高阶导数

二阶及二阶以上的导数称为高阶导数，n 阶导数记作 y^n 或$\frac{d^n y}{dx^n}$。

隐函数的二阶求导：

设 y 与 x 的函数关系由参数方程 $\begin{cases} x=\varphi(t) \\ y=\psi(t) \end{cases}$［其中 $\varphi(t)$、$\psi(t)$ 均可导］确定，则

$$\frac{d^2 y}{dx^2}=\frac{d\left[\frac{dy}{dx}\right]}{dx}=\frac{d\left[\frac{\psi'(t)}{\varphi'(t)}\right]}{dt}\cdot\frac{dt}{dx}=\frac{\psi''(t)\varphi'(t)-\psi'(t)\varphi''(t)}{\varphi'^3(t)} \tag{1-2-14}$$

【例 1-2-5】 设函数 $f(x)=\begin{cases} e^{-x}+1, & x\leqslant 0 \\ ax+2, & x>0 \end{cases}$，若 $f(x)$ 在 $x=0$ 处可导，则 a 的值是（　　）。

A. 1　　　　B. 2　　　　C. 0　　　　D. −1

解： 因为 $f'(0)=\lim\limits_{x\to 0}\frac{f(x)-f(0)}{x}=\lim\limits_{x\to 0}\frac{f(x)-2}{x}$，

所以 $\lim\limits_{x\to 0^-}\frac{e^{-x}+1-2}{x}=\lim\limits_{x\to 0^-}\frac{-x-1}{x}=-1$，$\lim\limits_{x\to 0^+}\frac{ax+2-2}{x}=a$，所以 $a=-1$。

【例 1-2-6】 若方程 $\arctan\frac{y}{x}=\ln\sqrt{x^2+y^2}$ 确定了隐函数 $y=y(x)$，求 y'。

解： $\frac{1}{1+\left(\frac{y}{x}\right)^2}\frac{xy'-y}{x^2}=\frac{1}{2}\frac{1}{x^2+y^2}(2x+2yy')$，即 $y'=\frac{x+y}{x-y}$。

5. 微分

设函数 $y=f(x)$ 在某一区间上有定义，点 x_0 及其增量 $x_0+\Delta x$ 在此区间内，若增量 $\Delta y=f(x_0+\Delta x)-f(x_0)$，可用 $\Delta y=A\Delta x+o(\Delta x)$（$A$ 为不依赖于 Δx 的常数，$o(\Delta x)$ 是比 Δx 的高阶无穷小）表示时，则称函数 $f(x)$ 在点 x_0 处可微。

通常把增量 Δx 称为自变量的微分，记作 dx，则函数 $y=f(x)$ 的微分为：

$$dy=f'(x)dx \tag{1-2-15}$$

求解函数的微分就是求解函数的导数 $f'(x)$ 再乘以 dx。

（1）罗尔定理

若函数 $f(x)$ 在 $[a, b]$ 上连续，在 (a, b) 内可导，端点处 $f(a)=f(b)$，那么在区间 (a, b) 内至少存在一点 $\varepsilon(a<\varepsilon<b)$，使得 $f'(\varepsilon)=0$。

（2）拉格朗日中值定理

若函数 $f(x)$ 在 $[a, b]$ 上连续，在 (a, b) 内可导，那么在区间 (a, b) 内至少存在一点 $\varepsilon(a<\varepsilon<b)$，使得 $f(b)-f(a)=f'(\varepsilon)(b-a)$。

（3）柯西中值定理

若函数 $f(x)$、$F(x)$ 在 $[a, b]$ 上连续，在 (a, b) 内可导，且 $F'(x)\neq 0$，那么在区间 (a, b) 内至少存在一点 $\varepsilon(a<\varepsilon<b)$，使得 $\frac{f(b)-f(a)}{F(b)-F(a)}=\frac{f'(\varepsilon)}{F'(\varepsilon)}$ 成立。

（4）洛必达法则

洛必达法则：在一定条件下将分子、分母分别求导再求极限来确定未定式的值。

适用于 $x \to a$（或 $x \to \infty$）时的未定式 $\frac{0}{0}$ 、$\frac{\infty}{\infty}$ 的情形，对其他形式的未定式，如 1^{∞}、$0 \cdot \infty$、∞^0、$\infty - \infty$、0^0 均可化为 $\frac{0}{0}$ 或 $\frac{\infty}{\infty}$ 的形式。

应用洛必达法则对未定式 $\frac{0}{0}$ 、$\frac{\infty}{\infty}$ 的求解过程：

当 $x \to a$（或 $x \to \infty$）时，$f(x) \to 0$、$F(x) \to 0$；在点 a 的某去心邻域内，$f'(x)$ 及 $F'(x)$ 均存在，且 $F'(x) \neq 0$；$\lim \frac{f'(x)}{F'(x)}$ 存在或为无穷大；则

$$\lim_{\substack{x \to a \\ (x \to \infty)}} \frac{f(x)}{F(x)} = \lim_{\substack{x \to a \\ (x \to \infty)}} \frac{f'(x)}{F'(x)} \tag{1-2-16}$$

6.导数的应用

（1）判定函数单调性

设函数 $y=f(x)$ 在 $[a, b]$ 上连续，在 (a, b) 内可导，当 $a<x<b$ ，$f'(x)>0$ 时，$y=f(x)$ 在 $[a, b]$ 上单调递增；当 $a<x<b$ ，$f'(x)<0$ 时，$y=f(x)$ 在 $[a, b]$ 上单调递减。

（2）判定函数极值

设函数 $y=f(x)$ 在点 x_0 的某邻域内有定义，对于此去心邻域内的任一点 x ，恒有 $f(x)<f(x_0)$（或 $f(x)>f(x_0)$），则称 $f(x_0)$ 为函数 $f(x)$ 的极大值（或极小值），极大值与极小值统称为函数的极值，使函数取得极值的点 x_0 称为极值点。

函数取得极值的充分必要条件有以下几点。

① 必要条件。设函数 $f(x)$ 在点 x_0 处可导，且在 x_0 处取得极值，则 $f'(x_0)=0$。点 x_0 称为函数的驻点，函数的极值点即为驻点，但驻点并非一定是极值点。

② 充分条件。

第一充分条件：设函数 $f(x)$ 在点 x_0 处连续，且在点 x_0 的某去心邻域内可导，当 $x \in (x_0-\delta, x_0)$ 时，$f'(x)>0$（或 $f'(x)<0$）；当 $x \in (x_0, x_0+\delta)$ 时，$f'(x)<0$（或 $f'(x)>0$），则 $f(x)$ 在点 x_0 处可取得极大值（极小值）。

第二充分条件：设函数 $f(x)$ 在点 x_0 处具有二阶导数且 $f'(x)=0$，$f''(x_0) \neq 0$，则当 $f''(x_0)<0$（或 $f''(x_0)>0$）时，则 $f(x)$ 在点 x_0 处可取得极大值（极小值）。

（3）判断函数最大值、最小值

当函数在其区间上连续，则该函数在此区间上必有最大值和最小值。

确定函数的最大（小）值的方法：

① 求解函数在驻点、端点、导数不存在的点处的函数值，比较数值大小，最大者即为最大值，最小者即为最小值。

② 函数的极值并非函数的最值，只有当函数在闭区间上连续，开区间内有唯一极值时，此极值才为最值。

③ 当函数在闭区间上单调递增或递减时，在区间端点处取得最值。

（4）曲线的凹凸性与拐点

设函数 $f(x)$ 在区间 I 上连续，对区间上任意两点 x_1、x_2，恒有 $f(\frac{x_1+x_2}{2})<\frac{f(x_1)+f(x_2)}{2}$ 成立，则称 $f(x)$ 在 I 上是凹的；若 $f(\frac{x_1+x_2}{2})>\frac{f(x_1)+f(x_2)}{2}$ 恒成立，则称 $f(x)$ 在 I 上是凸的。

曲线凹凸性求解方法：求解函数二阶导数，当 $f''(x)>0$ 时，函数在区间 I 上的图形是凹的；当 $f''(x)<0$ 时，函数在区间 I 上的图形是凸的。

曲线凹凸性改变的分界点称为曲线的拐点。拐点确定方法：

① 求解 $f''(x_0)$；

② 令 $f''(x_0)=0$，解出这方程在区间 I 上的实根，并求出在区间 I 内 $f''(x_0)$ 不存在的点；

③ 对于②中求出的每一个实根或二阶导 $f(x)=\frac{x}{1+x^2}$ 处不存在的点 x_0 左、右两侧邻近的符号，若符号相反，则点 $(x_0, f(x_0))$ 是拐点，否则不是拐点。

【例 1-2-7】 求 $f(x)=(x^2-1)^3+1$ 的极值。

解： $f'(x)=6x(x^2-1)^2$，令 $f'(x)=0$ 求得驻点 $x_1=-1$，$x_2=0$，$x_3=1$，因 $f''(0)=6>0$，所以在 $x=0$ 处取得极小值，极小值为 $f(0)=0$，当 x 取 -1 左侧和右侧的邻近值时，$f'(x)$ 均小于 0，无极值；同理当 x 取 1 时也没有极值。

【例 1-2-8】 求曲线 $y=x^3-3x^2-5x+6$ 的凹凸区间与拐点。

解： $y'=3x^2-6x-5$，$y''=6x-6$，令 $y''=0$，得到 $x=1$，在 $(-\infty, 1)$ 内，$y''<0$，曲线是凸弧；在 $(1, +\infty)$ 内，$y''>0$，曲线是凹弧，曲线的拐点为 $(1, -1)$。

（二）多元函数微分学

1. 偏导数

（1）二元函数

若对定义域 D 内的任一点 (x, y)，变量 z 都有唯一确定的数与之对应，则称 z 是 x，y 的二次函数，记作 $z=f(x, y)$，$(x, y)\in D$，二元函数在空间上是一张曲面。

（2）二元函数的偏导数

1）对 x 的偏导数

设函数 $z=f(x, y)$ 在点 (x_0, y_0) 的某一邻域内有定义，当 $\lim\limits_{\Delta x\to 0}\frac{f(x_0+\Delta x, y_0)-f(x_0, y_0)}{\Delta x}$ 存在，则称此极限为函数 $z=f(x, y)$ 在点 (x_0, y_0) 处对 x 的偏导数，记作 $f_x(x_0, y_0)$[或 $f'_x(x_0, y_0)$]、$z_x\Big|_{\substack{x=x_0\\y=y_0}}$（或 $z'_x\Big|_{\substack{x=x_0\\y=y_0}}$）、$\frac{\partial z}{\partial x}\Big|_{\substack{x=x_0\\y=y_0}}$、$\frac{\partial f}{\partial x}\Big|_{\substack{x=x_0\\y=y_0}}$。

2）对 y 的偏导数

设函数 $z=f(x, y)$ 在点 (x_0, y_0) 的某一邻域内有定义，当 $\lim\limits_{\Delta y\to 0}\frac{f(x_0, y_0+\Delta y)-f(x_0, y_0)}{\Delta y}$ 存在，则称此极限为函数 $z=f(x, y)$ 在点 (x_0, y_0) 处对 y 的

偏导数，记作：$f_y(x_0, y_0)$[或 $f'_y(x_0, y_0)$] $z_y\Big|_{\substack{x=x_0\\y=y_0}}$（或 $z'_y\Big|_{\substack{x=x_0\\y=y_0}}$）、$\dfrac{\partial z}{\partial y}\Big|_{\substack{x=x_0\\y=y_0}}$、$\dfrac{\partial f}{\partial y}\Big|_{\substack{x=x_0\\y=y_0}}$ 。

3）二阶偏导数

若函数 $z=f(x, y)$ 在定义域内的偏导数 $f_x(x, y)$、$f_y(x, y)$ 也具有偏导数，则称二者的偏导数为二阶偏导数，记作 $f_{xx}(x, y)$、$f_{yy}(x, y)$、$f_{xy}(x, y)$、$f_{yx}(x, y)$，其中 $f_{xy}(x, y)$ 和 $f_{yx}(x, y)$ 称为二阶混合偏导数，若 $f_{xy}(x, y)$ 和 $f_{yx}(x, y)$ 在定义域内连续，则有 $f_{xy}(x, y)=f_{yx}(x, y)$。

【例 1-2-9】 $z=x\cos y-2ye^x+2^x$，求 $\dfrac{\partial z}{\partial x}$，$\dfrac{\partial z}{\partial y}$。

解： $\dfrac{\partial z}{\partial x}=\cos y-2y\mathrm{e}^x+2^x\ln 2$，$\dfrac{\partial z}{\partial y}=-\sin yx-2\mathrm{e}^x$ 。

2. 全微分

函数 $z=f(x, y)$ 的全微分可表示为：$\mathrm{d}z=\dfrac{\partial z}{\partial x}\mathrm{d}x+\dfrac{\partial z}{\partial y}\mathrm{d}y$ 。

二元函数在点 (x, y) 处可微、偏导存在和函数连续之间的关系为：

$$\text{连续}\underset{\text{一定}}{\overset{\text{不一定}}{\Longleftarrow\!\Longrightarrow}}\text{可微}\underset{\text{不一定}}{\overset{\text{一定}}{\Longleftarrow\!\Longrightarrow}}\text{偏导存在}$$

3. 多元复合函数求导

（1）一元函数复合

若函数 $u=\varphi(t)$ 及 $v=\psi(t)$ 都在点 t 处可导，函数 $z=f(u, v)$ 在对应点 (u, v) 具有连续偏导数，则复合函数 $z=f[\varphi(t), \psi(t)]$ 在点 t 处可导，则有：

$$\frac{\mathrm{d}z}{\mathrm{d}t}=\frac{\partial z}{\partial u}\frac{\mathrm{d}u}{\mathrm{d}t}+\frac{\partial z}{\partial v}\frac{\mathrm{d}v}{\mathrm{d}t} \tag{1-2-17}$$

（2）二元函数复合

若函数 $u=\varphi(x, y)$ 及 $v=\psi(x, y)$ 在点 (x, y) 具有对 x 及对 y 的偏导数，函数 $z=f(u, v)$ 在对应点 (u, v) 具有连续偏导数，则复合函数 $z=f[\varphi(x, y), \psi(x, y)]$ 在点 (x, y) 处的两个偏导数存在，则有：

$$\frac{\partial z}{\partial x}=\frac{\partial z}{\partial u}\frac{\partial u}{\partial x}+\frac{\partial z}{\partial v}\frac{\partial v}{\partial x};\quad \frac{\partial z}{\partial y}=\frac{\partial z}{\partial u}\frac{\partial u}{\partial y}+\frac{\partial z}{\partial v}\frac{\partial v}{\partial y} \tag{1-2-18}$$

（3）多元函数复合

若函数 $u=\varphi(x, y)$、$v=\psi(x, y)$、$w=w(x, y)$ 在点 (x, y) 具有偏导数，函数 $z=f(u, v)$ 在对应点 (u, v, w) 具有连续偏导数，则复合函数 $z=f[\varphi(x, y), \psi(x, y), w(x, y)]$ 在点 (x, y) 处的偏导数存在，则有：

$$\frac{\partial z}{\partial x}=\frac{\partial z}{\partial u}\frac{\partial u}{\partial x}+\frac{\partial z}{\partial v}\frac{\partial v}{\partial x}+\frac{\partial z}{\partial w}\frac{\partial w}{\partial x};\quad \frac{\partial z}{\partial y}=\frac{\partial z}{\partial u}\frac{\partial u}{\partial y}+\frac{\partial z}{\partial v}\frac{\partial v}{\partial y}+\frac{\partial z}{\partial w}\frac{\partial w}{\partial y} \tag{1-2-19}$$

特例：当 $z=f(u, x, y)$，$u=\varphi(x, y)$，则复合函数 $z=f[(\varphi(x, y), x, y)]$ 的偏导数为

$$\frac{\partial z}{\partial x}=\frac{\partial z}{\partial u}\frac{\partial u}{\partial x}+\frac{\partial f}{\partial x};\quad \frac{\partial z}{\partial y}=\frac{\partial z}{\partial u}\frac{\partial u}{\partial y}+\frac{\partial f}{\partial y}$$

【例 1-2-10】 设 $z=e^u\sin v$，$u=xy$，$v=x+y$，求 $\frac{\partial z}{\partial x}$，$\frac{\partial z}{\partial y}$。

解： $\frac{\partial z}{\partial x}=\frac{\partial z}{\partial u}\frac{\partial u}{\partial x}+\frac{\partial z}{\partial v}\frac{\partial v}{\partial x}=e^u\sin v\cdot y+e^u\cos v=e^{xy}[y\sin(x+y)+\cos(x+y)]$；

$\frac{\partial z}{\partial y}=\frac{\partial z}{\partial u}\frac{\partial u}{\partial y}+\frac{\partial z}{\partial v}\frac{\partial v}{\partial y}=e^u\sin v\cdot x+e^u\cos v=e^{xy}[x\sin(x+y)+\cos(x+y)]$。

4. 隐函数的求导公式

① 设函数 $F(x, y)=0$ 在点 (x_0, y_0) 的某一邻域内具有连续的偏导数，且 $F(x_0, y_0)=0$，$F_y(x_0, y_0)\neq 0$，则其偏导数公式为：

$$\frac{\mathrm{d}y}{\partial x}=-\frac{F_x}{F_y} \tag{1-2-20}$$

② 设函数 $F(x, y, z)=0$ 在点 (x_0, y_0, z_0) 的某一邻域内具有连续的偏导数，且 $F(x_0, y_0, z_0)=0$，$F_z(x_0, y_0, z_0)\neq 0$，则其偏导数公式为：

$$\frac{\partial z}{\partial x}=-\frac{F_x}{F_z},\ \frac{\partial z}{\partial y}=-\frac{F_y}{F_z} \tag{1-2-21}$$

5. 空间曲线的切线与法平面

设空间曲线的参数方程为 $x=x(t)$，$y=y(t)$，$z=z(t)$，$M(x_0, y_0, z_0)$ 为曲线上一点，点 M 对应的参数为 $t=t_0$，当 $x=x(t)$，$y=y(t)$，$z=z(t)$ 可导，且 $x'(t)$，$y'(t)$，$z'(t)$ 不同时为零时，曲线在点 $M(x_0, y_0, z_0)$ 处的切线及法平面方程如下。

切线方程：

$$\frac{x-x_0}{x'(t_0)}=\frac{y-y_0}{y'(t_0)}=\frac{z-z_0}{z'(t_0)} \tag{1-2-22}$$

法平面方程：

$$x'(t_0)(x-x_0)+y'(t_0)(y-y_0)+z'(t_0)(z-z_0)=0 \tag{1-2-23}$$

其中，$x'(t_0)$、$y'(t_0)$、$z'(t_0)$ 为曲线在点 M 处的一个切向量和法平面的法向量。

【例 1-2-11】 求曲线 $x=t-\sin t$，$y=1-\cos t$，$z=4\sin\frac{t}{2}$ 在点 $M_0(\frac{\pi}{2}-1, 1, 2\sqrt{2})$ 处的切线方程和法平面方程。

解： 点 $M_0(\frac{\pi}{2}-1, 1, 2\sqrt{2})$ 所对应的参数 $t=\frac{\pi}{2}$，

$x'(\frac{\pi}{2})=(1-\cos t)\big|_{\frac{\pi}{2}}=1$，$y'(\frac{\pi}{2})=1$，$z'(\frac{\pi}{2})=\sqrt{2}$，

因此切线方程为：$\dfrac{x-\frac{\pi}{2}+1}{1}=\dfrac{y-1}{1}=\dfrac{z-2\sqrt{2}}{\sqrt{2}}$；

法平面方程为：$(x-\frac{\pi}{2}+1)+(y-1)+\sqrt{2}(z-2\sqrt{2})=0$，即 $x+y+\sqrt{2}z-\frac{\pi}{2}-4=0$。

6. 曲面的切平面与法线

设空间曲面方程为 $F(x, y, z)=0$，$M(x_0, y_0, z_0)$ 为曲面上一点，$F(x, y, z)=0$ 可微，且 $F_x'(x_0, y_0, z_0)$、$F_y'(x_0, y_0, z_0)$、$F_z'(x_0, y_0, z_0)$ 不全为零，曲线在点

$M(x_0, y_0, z_0)$ 处的法线及切平面方程如下。

法线方程：

$$\frac{x-x_0}{F_x'(x_0, y_0, z_0)}=\frac{y-y_0}{F_y'(x_0, y_0, z_0)}=\frac{z-z_0}{F_z'(x_0, y_0, z_0)} \qquad (1\text{-}2\text{-}24)$$

切平面方程：

$$F_x'(x_0, y_0, z_0)(x-x_0)+F_y'(x_0, y_0, z_0)(y-y_0)+F_z'(x_0, y_0, z_0)(z-z_0)=0 \qquad (1\text{-}2\text{-}25)$$

其中，$F_x'(x_0, y_0, z_0)$、$F_y'(x_0, y_0, z_0)$、$F_z'(x_0, y_0, z_0)$ 为曲面在点 M 处法线的切向量和切平面的法向量。

【例 1-2-12】　求曲面 $x^2+2y^2+3z^2=6$ 在点 $(1, 1, 1)$ 处的切平面和法线方程。

解：$F(x, y, z)=x^2+2y^2+3z^2-6$，曲面的法向量：$\vec{n}=\{F_x, F_y, F_z\}_{(1,1,1)}=\{2, 4, 6\}$

因此在点 $(1, 1, 1)$ 处的切平面方程为：

$2(x-1)+4(y-1)+6(z-1)=0$，即 $x+2y+3z-6=0$；

法线方程为：$\dfrac{x-1}{1}=\dfrac{y-1}{2}=\dfrac{z-1}{3}$。

7. 多元函数的极值

(1) 无条件极值

设函数 $z=f(x, y)$ 在点 (x_0, y_0) 的某邻域内具有一阶二阶连续偏导数，当函数在点 (x_0, y_0) 处存在极值时，则有 $f_x'(x_0, y_0)=0$、$f_y'(x_0, y_0)=0$ 成立。

判断函数是否存在极值的方法有以下几步。

① 求解函数驻点，即令 $\begin{cases}f_x(x, y)=0\\ f_y(x, y)=0\end{cases}$，得到驻点 (x_0, y_0)，使式 $\begin{cases}f_x(x, y)=0\\ f_y(x, y)=0\end{cases}$ 同时成立的点 (x_0, y_0) 称为函数的驻点。

② 对每一个驻点 (x_0, y_0)，求解二阶偏导数，记为 $A=f''_{xx}(x_0, y_0)$，$B=f''_{xy}(x_0, y_0)$，$C=f''_{yy}(x_0, y_0)$。

③ 根据 $AC-B^2$ 的符号判断函数是否存在极值，即：

当 $AC-B^2>0$ 时，函数具有极值，且当 $A<0$ 时有极大值，当 $A>0$ 时有极小值；

当 $AC-B^2<0$ 时，函数没有极值；

当 $AC-B^2=0$ 时，无法确定。

(2) 条件极值

确定函数 $z=f(x, y)$ 在附加条件 $\varphi(x, y)=0$ 条件下可能存在的极值点时，可利用拉格朗日乘数法，构造辅助函数 $L(x, y)=f(x, y)+\lambda\varphi(x, y)$，将条件极值转化为无条件极值，再分别对 x，y，λ 求一阶偏导，令其值为零，得到如下方程组：

$$\begin{cases}f_x(x, y)+\lambda\varphi_x(x, y)=0\\ f_y(x, y)+\lambda\varphi_y(x, y)=0\\ \varphi(x, y)=0\end{cases}$$

解出 x，y，λ 数值，代入函数，得到驻点，根据实际问题判断是否为极值点。

【例 1-2-13】　求函数 $f(x, y)=x^3-y^3+3x^2+3y^2-9x$ 的极值。

解：(1) 求函数驻点：令 $\begin{cases} f_x(x, y)=3x^2+6x-9=0 \\ f_y(x, y)=-3y^2+6y=0 \end{cases}$，则驻点为 (1，0)、(1，2)、(−3，0)、(−3，2)；

(2) 求二阶偏导数：$f_{xx}(x, y)=6x+6$，$f_{xy}(x, y)=0$，$f_{yy}(x, y)=-6y+6$；

(3) 判断极值点：

在点 (1，0) 处，$AC-B^2=12\times 6>0$，因为 $A>0$，所以函数在点 (1，0) 处有极小值 $f(1, 0)=-5$；

在点 (1，2) 处，$AC-B^2=12\times(-6)<0$，所以 $f(1, 2)$ 不是极值；

在点 (−3，0) 处，$AC-B^2=-12\times 6<0$，所以 $f(-3, 0)$ 不是极值；

在点 (−3，2) 处，$AC-B^2=-12\times(-6)>0$，因为 $A<0$，所以函数在点 (−3，2) 处有极大值 $f(-3, 2)=31$。

【例 1-2-14】 求函数 $u=xyz$ 在附加条件 $\frac{1}{x}+\frac{1}{y}+\frac{1}{z}=\frac{1}{a}(x>0, y>0, z>0, a>0)$ 下的极值。

解：(1) 作拉格朗日函数：$L(x, y, z)=xyz+\lambda(\frac{1}{x}+\frac{1}{y}+\frac{1}{z}-\frac{1}{a})$；

(2) 令 $L_x(x, y, z)=yz-\frac{\lambda}{x^2}=0$、$L_y(x, y, z)=xz-\frac{\lambda}{y^2}=0$、$L_z(x, y, z)=xy-\frac{\lambda}{z^2}=0$；

(3) 判断极值点：将方程 $yz-\frac{\lambda}{x^2}=0$、$xz-\frac{\lambda}{y^2}=0$、$xy-\frac{\lambda}{z^2}=0$ 的方程两边分别乘以变量 x、y、z，使各方程左端的第一项都成为 xyz，将三个方程的左右两端相加，得 $3xyz-\lambda(\frac{1}{x}+\frac{1}{y}+\frac{1}{x})=0$，将式 $\frac{1}{x}+\frac{1}{y}+\frac{1}{z}=\frac{1}{a}$ 代入 $3xyz-\lambda(\frac{1}{x}+\frac{1}{y}+\frac{1}{x})=0$ 得 $xyz=\frac{\lambda}{3a}$，分别代入 L_x、L_y、L_z 中，解得 $x=y=z=3a$，由此得到 $(3a, 3a, 3a)$ 是函数 $u=xyz$ 在条件 $\frac{1}{x}+\frac{1}{y}+\frac{1}{z}=\frac{1}{a}(x>0, y>0, z>0, a>0)$ 下唯一可能的极值点，把条件 $\frac{1}{x}+\frac{1}{y}+\frac{1}{z}=\frac{1}{a}(x>0, y>0, z>0, a>0)$ 确定的隐函数记作 $z=z(x, y)$，将目标函数看作 $u=xyz(x, y)=F(x, y)$，再应用二元函数极值的充分条件判断，可知点 $(3a, 3a, 3a)$ 是函数在条件 $\frac{1}{x}+\frac{1}{y}+\frac{1}{z}=\frac{1}{a}(x>0, y>0, z>0, a>0)$ 下的极小值点。

历年真题

1-2-1. 当 $x\to 0$ 时，3^x-1 是 x 的（　　）。(2011A3)

A. 高阶无穷小　　　　B. 低阶无穷小

C. 等价无穷小　　　D. 同阶但非等价无穷小

1-2-2. 函数 $f(x)=\dfrac{x-x^2}{\sin\pi x}$ 的可去间断点的个数为（　）。(2011A4)

A. 1个　　B. 2个　　C. 3个　　D. 无穷多个

1-2-3. 如果 $f(x)$ 在 x_0 点可导，$g(x)$ 在 x_0 点不可导，则 $f(x)g(x)$ 在 x_0 点（　）。(2011A5)

A. 可能可导也可能不可导　　　B. 不可导

C. 可导　　　D. 连续

1-2-4. 当 $x>0$，下列不等式中正确的是（　）。(2011A6)

A. $e^x<1+x$　　B. $\ln(1+x)>x$　　C. $e^x<ex$　　D. $x>\sin x$

1-2-5. 若函数 $f(x, y)$ 在闭区域 D 上连续，下列关于极值点的陈述中正确的是（　）。(2011A7)

A. $f(x, y)$ 的极值点一定是 $f(x, y)$ 的驻点

B. 如果 P_0 是 $f(x, y)$ 的极值点，则 P_0 点处 $B^2-AC<0$，$A=\dfrac{\partial^2 f}{\partial x^2}$，$B=\dfrac{\partial^2 f}{\partial x\,\partial y}$，$C=\dfrac{\partial^2 f}{\partial y^2}$

C. 如果 P_0 是可微函数 $f(x, y)$ 的极值点，则在 P_0 点处 $\mathrm{d}f=0$

D. $f(x, y)$ 的最大值点一定是 $f(x, y)$ 的极大值点

1-2-6. 设 $f(x)=\begin{cases}\cos x+x\sin\dfrac{1}{x}, & x<0\\ x^2+1, & x\geqslant 0\end{cases}$，则 $x=0$ 是 $f(x)$ 的下面哪一种情况（　）。(2012A1)

A. 跳跃间断点　　B. 可去间断点　　C. 第二类间断点　　D. 连续点

1-2-7. 设 $\alpha(x)=1-\cos x$，$\beta(x)=2x^2$，当 $x\to 0$ 时，下列结论中正确的是（　）。(2012A2)

A. $\alpha(x)$ 与 $\beta(x)$ 是等价无穷小

B. $\alpha(x)$ 是 $\beta(x)$ 的高阶无穷小

C. $\alpha(x)$ 是 $\beta(x)$ 是低阶无穷小

D. $\alpha(x)$ 与 $\beta(x)$ 是同阶无穷小但不是等价无穷小

1-2-8. 设 $y=\ln(\cos x)$，则微分 $\mathrm{d}y$ 等于（　）。(2012A3)

A. $\dfrac{1}{\cos x}\mathrm{d}x$　　　B. $\cot x\,\mathrm{d}x$

C. $-\tan x\,\mathrm{d}x$　　　D. $-\dfrac{1}{\cos x\sin x}\mathrm{d}x$

1-2-9. $f(x)$ 的一个原函数为 e^{-x^2}，则 $f'(x)=$（　）。(2012A4)

A. $2(-1+2x^2)e^{-x^2}$　　　B. $-2xe^{-x^2}$

C. $2(1+2x^2)e^{-x^2}$　　　D. $(1-2x^2)e^{-x^2}$

1-2-10. 当 $a<x<b$ 时，有 $f'(x)>0$，$f''(x)<0$，则在区间 (a, b) 内，函数 $y=$

$f(x)$ 的图形沿 x 轴正向是（　　）。（2012A8）

A. 单调减且凸的　　B. 单调减且凹的

C. 单调增且凸的　　D. 单调增且凹的

1-2-11. 下列函数在给定区间上不满足拉格朗日定理条件的是（　　）。（2012A9）

A. $f(x)=\dfrac{x}{1+x^2}$，$[-1,\ 2]$　　B. $f(x)=x^{\frac{2}{3}}$，$[-1,\ 1]$

C. $f(x)=e^{\frac{1}{x}}$，$[1,\ 2]$　　D. $f(x)=\dfrac{x+1}{x}$，$[1,\ 2]$

1-2-12. 若 $\lim\limits_{x\to1}\dfrac{2x^2+ax+b}{x^2+x-2}=1$，则必有（　　）。（2013A2）

A. $a=-1$，$b=2$　　B. $a=-1$，$b=-2$

C. $a=-1$，$b=-1$　　D. $a=1$，$b=1$

1-2-13. 若 $\begin{cases}x=\sin t\\ y=\cos t\end{cases}$，则 $\dfrac{dy}{dx}$ 等于（　　）。（2013A3）

A. $-\tan t$　　B. $\tan t$　　C. $-\sin t$　　D. $\cot t$

1-2-14. 设 $f(x)$ 有连续导数，则下列关系中正确的是（　　）。（2013A4）

A. $\int f(x)dx=f(x)$　　B. $[\int f(x)dx]'=f(x)$

C. $\int f'(x)dx=f(x)dx$　　D. $[\int f(x)dx]'=f(x)+c$

1-2-15. 已知 $f(x)$ 为连续的偶函数，则 $f(x)$ 的原函数中（　　）。（2013A5）

A. 有奇函数　　B. 都是奇函数

C. 都是偶函数　　D. 没有奇函数也没有偶函数

1-2-16. 设 $f(x)=\begin{cases}3x^2 x\leqslant1\\ 4x-1,\ x>1\end{cases}$，则 $f(x)$ 在点 $x=1$ 处（　　）。（2013A6）

A. 不连续　　B. 连续但左、右导数不存在

C. 连续但不可导　　D. 可导

1-2-17. 函数 $y=(5-x)x^{\frac{2}{3}}$ 的极值可疑点的个数是（　　）。（2013A7）

A. 0　　B. 1　　C. 2　　D. 3

1-2-18. 若 $f(-x)=-f(x)(-\infty<x<+\infty)$，且在 $(-\infty,\ 0)$ 内 $f'(x)>0$，$f''(x)<0$，则 $f(x)$ 在 $(0,\ +\infty)$ 内是（　　）。（2013A13）

A. $f'(x)>0$，$f''(x)<0$　　B. $f'(x)<0$，$f''(x)>0$

C. $f'(x)>0$，$f''(x)>0$　　D. $f'(x)<0$，$f''(x)<0$

1-2-19. 若 $z=f(x,\ y)$ 和 $y=\varphi(x)$ 均可微，则 $\dfrac{dz}{dx}=$（　　）。（2013A18）

A. $\dfrac{\partial f}{\partial x}+\dfrac{\partial f}{\partial y}$　　B. $\dfrac{\partial f}{\partial x}+\dfrac{\partial f}{\partial y}\dfrac{d\varphi}{dx}$　　C. $\dfrac{\partial f}{\partial x}\dfrac{d\varphi}{dx}$　　D. $\dfrac{\partial f}{\partial x}-\dfrac{\partial f}{\partial y}\dfrac{d\varphi}{dx}$

1-2-20. 若 $\lim\limits_{x\to0}(1-x)^{\frac{k}{x}}=2$，则常数 k 等于（　　）。（2014A1）

A. $-\ln2$　　B. $\ln2$　　C. 1　　D. 2

1-2-21. 点 $x=0$ 是函数 $y=\arctan\frac{1}{x}$ 的（　　）。(2014A3)

A. 可去间断点　　B. 跳跃间断点

C. 连续点　　D. 第二类间断点

1-2-22. 设 $a_n=\left(1+\frac{1}{n}\right)^n$，则数列 $\{a_n\}$ 是（　　）。(2014A7)

A. 单调增而无上界　　B. 单调增而有上界

C. 单调减而无上界　　D. 单调减而有上界

1-2-23. 下列说法中正确的是（　　）。(2014A8)

A. 若 $f'(x_0)=0$，则 $f(x_0)$ 必是 $f(x)$ 的极值

B. 若 $f(x_0)$ 是 $f(x)$ 的极值，则 $f(x)$ 在点 x_0 处可导，且 $f'(x_0)=0$

C. 若 $f(x)$ 在点 x_0 处可导，则 $f'(x_0)=0$ 是 $f(x)$ 在 x_0 取得极值的必要条件

D. 若 $f(x)$ 在点 x_0 处可导，则 $f'(x_0)=0$ 是 $f(x)$ 在 x_0 取得极值的充分条件

1-2-24. 设方程 $x^2+y^2+z^2=4z$ 确定可微函数 $z=z(x,y)$，则全微分 dz 等于（　　）。(2014A15)

A. $\frac{1}{2-z}(y\mathrm{d}x+x\mathrm{d}y)$　　B. $\frac{1}{2-z}(x\mathrm{d}x+y\mathrm{d}y)$

C. $\frac{1}{2+z}(\mathrm{d}x+\mathrm{d}y)$　　D. $\frac{1}{2-z}(\mathrm{d}x-\mathrm{d}y)$

1-2-25. 设 $z=e^{xe^y}$，则 $\frac{\partial^2 z}{\partial x^2}$ 等于（　　）。(2014A18)

A. e^{xe^y+2y}　　B. $e^{xe^y+y}(xe^y+1)$　　C. e^{xe^y}　　D. e^{xe^y+y}

1-2-26. 下列极限式中，能够使用洛必达法则求极限的是（　　）。(2016A1)

A. $-\lim\limits_{x\to 0}\frac{1+\cos x}{e^x-1}$　　B. $\lim\limits_{x\to 0}\frac{x-\sin x}{\sin x}$

C. $\lim\limits_{x\to 0}\frac{x^2\sin\frac{1}{x}}{\sin x}$　　D. $\lim\limits_{x\to\infty}\frac{x+\sin x}{x-\sin x}$

1-2-27. 设 $\begin{cases}x=t-\arctan t\\ y=\ln(1+t^2)\end{cases}$，则 $\frac{\mathrm{d}y}{\mathrm{d}x}\Big|_{x=1}$ 等于（　　）。(2016A2)

A. 1　　B. −1　　C. 2　　D. 1/2

1-2-28. $f(x)$ 在点 x_0 处的左、右极限存在且相等是 $f(x)$ 在点 x_0 处连续的（　　）。(2016A5)

A. 必要非充分的条件　　B. 充分非必要的条件

C. 充分且必要的条件　　D. 既非充分又非必要的条件

1-2-29. 若函数 $z=f(x,y)$ 在点 $P_0(x_0,y_0)$ 处可微，则下面结论中错误的是（　　）。(2016A9)

A. $z=f(x,y)$ 在 P_0 处连续

B. $\lim\limits_{x\to x_0}f(x,y)$ 存在

C. $f'_x(x_0, y_0)$，$f'_y(x_0, y_0)$ 均存在

D. $f'_x(x_0, y_0)$，$f'_y(x_0, y_0)$ 在 P_0 处连续

1-2-30. 设 $f(x)=x(x-1)(x-2)$，则方程 $f'(x)=0$ 的实根个数是（　　）。（2016A11）

A. 3　　B. 2　　C. 1　　D. 0

1-2-31. 设函数 $f(x)$ 在 (a, b) 内可微，且 $f'(x)\neq 0$，则 $f(x)$ 在 (a, b) 内（　　）。（2016A13）

A. 必有极大值　　B. 必有极小值

C. 必无极值　　D. 不能确定有还是没有极值

1-2-32. 设 $z=\frac{3^{xy}}{x}+xF(u)$，其中 $F(u)$ 可微，且 $u=\frac{y}{x}$，则 $\frac{\partial z}{\partial y}$ 等于（　　）。（2016A18）

A. $3^{xy}-\frac{y}{x}F'(u)$　　B. $\frac{1}{x}3^{xy}\ln 3+F'(u)$

C. $3^{xy}+F'(u)$　　D. $3^{xy}\ln 3+F'(u)$

1-2-33. 要使得函数 $f(x)=\begin{cases}\frac{x\ln x}{1-x}, & x>0\\ \alpha, & x=1\end{cases}$ 在 $(0, +\infty)$ 上连续，则常数 α 等于（　　）。（2017A1）

A. 0　　B. 1　　C. −1　　D. 2

1-2-34. 函数 $y=\sin\frac{1}{x}$ 是定义域内的（　　）。（2017A2）

A. 有界函数　　B. 无界函数　　C. 单调函数　　D. 周期函数

1-2-35. 函数 $f(x, y)$ 在点 $P_0(x_0, y_0)$ 处有一阶偏导函数是函数在该点连续的（　　）。（2017A8）

A. 必要条件　　B. 充分条件

C. 充分必要条件　　D. 既非充分又非必要

1-2-36. 函数 $f(x)=\sin(x+\frac{\pi}{2}+\pi)$ 在区间 $[-\pi, \pi]$ 上的最小值点 x_0 等于（　　）。（2017A11）

A. $-\pi$　　B. 0　　C. $\frac{\pi}{2}$　　D. π

1-2-37. 曲线 $f(x)=xe^{-x}$ 的拐点（　　）。（2017A14）

A. $(2, 2e^{-2})$　　B. $(-2, -2e^{2})$

C. $(-1, e)$　　D. $(1, e^{-1})$

1-2-38. 设 $z=y\varphi''(\frac{x}{y})$，其中 $\varphi(u)$ 具有二阶连续导数，则 $\frac{\partial^2 z}{\partial x\partial y}$ 等于（　　）。（2017A18）

A. $\frac{1}{y}\varphi''(\frac{x}{y})$　　B. $-\frac{1}{y^2}\varphi''(\frac{x}{y})$

C. 1　　D. $\varphi'(\frac{x}{y})-\frac{x}{y}\varphi''(\frac{x}{y})$

1-2-39. 下列等式中不成立的是（　　）。(2018A1)

A. $\lim\limits_{x\to0}\frac{\sin x^2}{x^2}=1$　　B. $\lim\limits_{x\to\infty}\frac{\sin x}{x}=1$

C. $\lim\limits_{x\to0}\frac{\sin x}{x}=1$　　D. $\lim\limits_{x\to\infty}x\sin\frac{1}{x}=1$

1-2-40. 设 $f(x)$ 为偶函数，$g(x)$ 为奇函数，则下列函数中为奇函数的是（　　）。(2018A2)

A. $f[g(x)]$　　B. $f[f(x)]$　　C. $g[f(x)]$　　D. $g[g(x)]$

1-2-41. 若 $f'(x)$ 存在，则 $\lim\limits_{x\to x_0}\frac{xf(x_0)-x_0f(x)}{x-x_0}=$（　　）。(2018A3)

A. $f'(x_0)$　　B. $-x_0f'(x_0)$

C. $f(x_0)-x_0f'(x_0)$　　D. $x_0f'(x_0)$

1-2-42. 若 $x=1$ 是函数 $y=2x^2+ax+1$ 的驻点，则常数 a 等于（　　）。(2018A6)

A. 2　　B. -2　　C. 4　　D. -4

1-2-43. 设函数 $f(x)$、$g(x)$ 在区间 [a，b] 上均可导（a＜b)，且恒正，若 $f'(x)g(x)+f(x)g'(x)>0$，则当 $x\in(a,b)$ 时，下列不等式中成立的是（　　）。(2018A9)

A. $\frac{f(x)}{g(x)}>\frac{f(a)}{f(b)}$　　B. $\frac{f(x)}{g(x)}>\frac{f(b)}{f(b)}$

C. $f(x)g(x)>f(a)g(a)$　　D. $f(x)g(x)>f(b)g(b)$

1-2-44. 函数 $f(x,y)$ 在点 $P_0(x_0,y_0)$ 处的一阶偏导数存在是该函数在此点可微的（　　）。(2018A12)

A. 必要条件　　B. 充分条件

C. 充分必要条件　　D. 既非充分条件也非必要条件

1-2-45. 设函数 $z=f(x^2y)$，其中 $f(u)$ 具有二阶导数，则 $\frac{\partial^2z}{\partial x\partial y}$ 等于（　　）。(2018A18)

A. $f''(x^2y)$　　B. $f'(x^2y)+x^2f''(x^2y)$

C. $2x[f'(x^2y)+yf''(x^2y)]$　　D. $2x[f'(x^2y)+x^2yf''(x^2y)]$

答　案

1-2-1.【答案】(D)

可通过求 $\lim\limits_{x\to0}\frac{3^x-1}{x}$ 的极限判断，计算过程为：$\lim\limits_{x\to0}\frac{3^x-1}{x}\left(\frac{0}{0}\right)=\lim\limits_{x\to0}\frac{3^x\ln3}{1}=\ln3\neq1$。

1-2-2.【答案】(A)

使分母为 0 的点位间断点，可知 $\sin\pi x=0$，$x=0$，±1，±2，… 为间断点，再利用可去间断点定义，找出可去间断点，计算当 $x=0$ 时，$\lim\limits_{x\to0}\frac{x-x^2}{\sin\pi x}\left(\frac{0}{0}\right)=\lim\limits_{x\to0}\frac{1-2x}{x\cos\pi x}=\frac{1}{\pi}$，

极限存在，可知 $x=0$ 为函数的一个可去间断点。

1-2-3.【答案】(A)

举例如下：如 $f(x)=x$ 在 $x=0$ 可导，$g(x)=|x|=\begin{cases}x, & x\geqslant 0\\ -x, & x<0\end{cases}$ 在 $x=0$ 不可导，$f(x)g(x)=x|x|=\begin{cases}x^2, & x\geqslant 0\\ -x^2, & x<0\end{cases}$，通过计算 $f'_+(0)=f'_-(0)=0$ 知 $f(x)g(x)$ 在 $x=0$ 可导。如在 $f(x)=2$ 在 $x=0$ 可导，$g(x)=|x|$ 在 $x=0$ 不可导，$f(x)g(x)=2|x|=\begin{cases}2x, & x\geqslant 0\\ -2x, & x<0\end{cases}$，通过计算函数 $f(x)g(x)$ 的右导为 2，左导为 -2，可知 $f(x)g(x)$ 在 $x=0$ 不可导。

1-2-4.【答案】(D)

记 $f(x)=x-\sin x$ 当 $x>0$ 时，$f'(x)=1-\cos x\geqslant 0$，$f(x)$ 单调增，因此 $f(x)>f(0)=0$。

1-2-5.【答案】(C)

在题目中只给出 $f(x,y)$ 在闭区域 D 上连续这一条件，并未讲函数 $f(x,y)$ 在 P_0 是否具有一阶、二阶连续偏导，而 A、B 项判定中均利用此条件，则 A、B 项成立，选项 D 中，$f(x,y)$ 的最大值点可以在 D 的边界曲线上取得，因而不一定是 $f(x,y)$ 极大值点，D 项错误。C 项中，给出 P_0 是可微函数的极值点这个条件，因而 $f(x,y)$ 在 P_0 偏导存在，且 $\left.\frac{\partial f}{\partial x}\right|_{P_0}=0$，$\left.\frac{\partial f}{\partial y}\right|_{P_0}=0$，$\mathrm{d}f=\left.\frac{\partial f}{\partial x}\right|_{P_0}dx+\left.\frac{\partial f}{\partial y}\right|_{P_0}\mathrm{d}y=0$。

1-2-6.【答案】(D)

函数在某一点处，左右极限相等且有定义，则函数在此点处连续，函数的左右极限分别为：$\lim\limits_{x\to 0^+}(x^2+1)=1$，$\lim\limits_{x\to 0^-}(\cos x+x\sin\frac{1}{x})=1+0=1$，$f(0)=f(x^2+1)|_{x=0}=1$，所以 $\lim\limits_{x\to 0^+}f(x)=\lim\limits_{x\to 0^-}f(x)=f(0)$。

1-2-7.【答案】(D)

$\lim\limits_{x\to 0}\frac{1-\cos x}{2x^2}=\lim\limits_{x\to 0}\frac{\frac{1}{2}x^2}{2x^2}=\frac{1}{4}\neq 1$，当 $x\to 0$，$1-\cos x\sim\frac{1}{2}\times 2$，故 $\alpha(x)$ 与 $\beta(x)$ 是同阶无穷小，但不是等价无穷小，只有当极限比值为 1 时，才为等价无穷小。

1-2-8.【答案】(C)

此题为隐函数求导，需要对等式两边同时微分；即：$y=\ln\cos x$，$y'=\frac{\sin x}{\cos x}-\tan x$，$dy=-\tan x\,\mathrm{d}x$。

1-2-9.【答案】(A)

$f(x)=(\mathrm{e}^{-x^2})'=-2x\mathrm{e}^{-x^2}$，$f'(x)=-2[\mathrm{e}^{-x^2}+x\mathrm{e}^{-x^2}(-2x)]=2\mathrm{e}^{-x^2}(2x^2-1)$。

1-2-10.【答案】(C)

$f'(x)>0$ 为单增；$f''(x)<0$ 为凸，所以函数沿 x 轴正向是单调且凸的。

1-2-11.【答案】(B)

$f(x)=x^{\frac{2}{3}}$ 在 $[-1,1]$ 连续。$f'(x)=\frac{2}{3}x^{-\frac{1}{3}}=\frac{2}{3}\cdot\frac{1}{\sqrt[3]{x}}$ 在 $(-1,1)$ 不可导，因为 $f'(x)$ 在 $x=0$ 的导数不存在，所以不满足拉格朗日定理的条件。

1-2-12.【答案】(C)

$\lim\limits_{x\to1}(x^2+x-2)=0$，$\lim\limits_{x\to1}(2x+ax+b)=0$，即：$2+a+b=0$，代入原式得到：

$\lim\limits_{x\to1}\frac{(2x^2+ax-2-a)}{x^2+x-2}=\lim\limits_{x\to1}\frac{2(x+1)(x-1)+a(x-1)}{(x=2)(x-1)}=\lim\limits_{x\to1}\frac{2\times2+a}{3}=1$，所以

$4+a=\Rightarrow a=-1$，$b=-1$。

1-2-13.【答案】(A)

可通过求 $\frac{dy}{dx}=\frac{\frac{dy}{dt}}{\frac{dx}{dt}}=\frac{-\sin t}{\cos t}=-\tan t$ 。

1-2-14.【答案】(B)

$f(x)$ 有连续的导数，积分函数必然都是连续的，则有 $[\int f(x)dx]'=f(x)$ 。

1-2-15.【答案】(A)

举例 $f(x)=x^2$，$\int x^2dx=\frac{1}{3}x^3+C$ ，当 $C=0$ 时，为奇函数，当 $C=1$ 时，$\int x^2dx=\frac{1}{3}x^3+1$ 为非奇非偶函数。

1-2-16.【答案】(C)

$\lim\limits_{x\to1}f(x)=\lim\limits_{x\to1}3x^2=3$，$\lim\limits_{x\to1^+}(4x-1)=3$，$f(1)=3$，所以 $x=1$ 处连续。

$f'_+(1)=\lim\limits_{x\to1^+}\frac{4x-1-3\times1}{x-1}=\lim\limits_{x\to1^+}\frac{4(x-1)}{x-1}=4$；

$f'_-(1)=\lim\limits_{r\to1^-}\frac{3x^2-3}{x-1}=\lim\limits_{r\to1^-}\frac{3(x+1)(x-1)}{x-1}=6$；

$f'_+(1)\neq f'_-(1)$

所以在 $x=1$ 处不可导，故 $f(x)$ 在 $x-1$ 处连续不可导。

1-2-17.【答案】(C)

极值可疑点为导数不存在或者导数为零的点，函数求导得

$y'=-1\cdot x^{\frac{2}{3}}+(5-x)\frac{2}{3}x^{-\frac{1}{3}}=-x^{\frac{2}{3}}+\frac{2}{3}\cdot\frac{5-x}{x^{\frac{1}{3}}}=\frac{-3x+2(5-x)}{3x^{\frac{1}{3}}}=\frac{-3x+10-2x}{3x^{\frac{1}{3}}}=\frac{5(2-x)}{3x^{\frac{1}{3}}}$，可知 $x=0$ 处导数不存在，在

$x=2$ 处导数为零，所以有两个极值可疑点。

1-2-18.【答案】(C)

已知 $f(-x)=-f(x)$，函数在 $(-\infty,+\infty)$ 为奇函数，可配合图形说明在 $(-\infty,0)$，$f'(x)>0$，$f''(x)<0$，凸增。故在 $(0,+\infty)$，$f'(x)>0$，$f''(x)>0$。

1-2-19.【答案】(B)

逐层进行微分：$z=f(x, y)$，$\begin{cases}x=x\\y=\varphi(x)\end{cases}$，$\dfrac{dz}{dx}=\dfrac{\partial f}{\partial x}\cdot 1+\dfrac{\partial f}{\partial y}\cdot\dfrac{d\varphi}{dx}$。

1-2-20.【答案】(A)

根据重要极限 $\lim\limits_{x\to\infty}\left(1+\dfrac{1}{x}\right)^{x}=e$，及变形 $\lim\limits_{x\to\infty}(1+x)^{\frac{1}{x}}=e$，

有 $\lim\limits_{x\to 0}(1-x)^{\frac{k}{x}}=\lim\limits_{x\to 0}(1+(-x))^{\left(-\frac{1}{x}\right)^{-k}}=e^{-k}=2\Rightarrow k=-\ln 2$。

1-2-21.【答案】(B)

判断函数在某点的连续或者间断首先要求函数在该点的左极限和右极限，本题中：左极限：$\lim\limits_{x\to 0^-}\arctan=\dfrac{1}{x}=-\dfrac{\pi}{2}$，右极限：$\lim\limits_{x\to 0^+}\arctan\dfrac{1}{x}=\dfrac{\pi}{2}$，左右极限存在但不相等，为跳跃间断点，属于第一类间断点。第一类间断点：左右极限存在，若相等为可去间断点，不相等，为跳跃间断点；第二类间断点：左右极限至少有一个存在，当其中有一个为无穷大，称为无穷间断点，若在该点函数值振荡变化，称为振荡间断点。

1-2-22.【答案】(B)

$\lim\limits_{n\to\infty}a_n=\lim\limits_{n\to\infty}\left(1+\dfrac{1}{n}\right)^{n}=e$，因此，该数列有上界，考试中可带入数据法判别数列单调增。

1-2-23.【答案】(C)

可导函数的极值点必定是它的驻点，但是函数的驻点不一定是极值点，例如，$y=x^3$，在点(0，0)是它的驻点，但不是极值点；不可导点也不可能是函数的极值点，例如 $y=|x|$，在点(0，0)导数不存在，却是它的极小值点。

1-2-24.【答案】(B)

$dz=\dfrac{\partial z}{\partial x}dx+\dfrac{\partial z}{\partial y}dy$，对原方程 x 求偏导得：

$2x+2z\dfrac{\partial z}{\partial x}-4\dfrac{\partial z}{\partial x}=0\Rightarrow\dfrac{\partial z}{\partial x}=\dfrac{x}{2-z}$，$\dfrac{\partial z}{\partial y}=\dfrac{y}{2-z}$，$dz=\dfrac{1}{2-z}(x\,dx+y\,dy)$。

1-2-25.【答案】(A)

$\dfrac{\partial z}{\partial x}=e^{xe^y}\cdot e^y=e^{xe^y+y}$，$\dfrac{\partial^2 z}{\partial x^2}=e^{xe^y}\cdot e^y=e^{xe^y+2y}$。

1-2-26.【答案】(B)

求极限时，洛必达法则使用的条件有：①属于0/0型或者无穷型的未定式；②变量所趋向的值的去心邻域内，分子和分母均可导；③分子分母求导后的商的极限存在或趋向无穷大。A项属于1/0型。C项，分子在 $x=0$ 处的去心邻域处不可导，不符合条件。D项不符合条件③。

1-2-27.【答案】(C)

根据参数方程分别求 x，y 对 t 的导数：$\dfrac{dx}{dt}=\dfrac{t^2}{1+t^2}$，$\dfrac{dy}{dt}=\dfrac{2t}{1+t^2}$，因此 $\dfrac{dy}{dx}=\dfrac{dy/dt}{dx/dt}=\dfrac{2}{t}$，当 $t=1$ 时，$\dfrac{dy}{dx}=2$。

1-2- 28.【答案】(A)

函数 $f(x)$ 在点 x_0 处连续的充要条件为：在该点处的左右极限存在且相等，并等于函数在该点处的函数值，即 $\lim\limits_{x\to x_0^+}=\lim\limits_{x\to x_0^-}=f(x_0)$。因此函数 $f(x)$ 在点 x_0 处的左、右极限存在且相等，但不能得出函数 $f(x)$ 在点 x_0 处连续，有可能是可去间断点，为必要非充分条件。

1-2-29.【答案】(D)

二元函数 $z=f(x, y)$ 在点 (x_0, y_0) 处一定连续，所以 A、B 两项正确；可微，可推出一阶偏导存在，但一阶偏导存在不一定一阶偏导在 p_0 点连续，也有可能是可去或跳跃间断点，D 项错误。

1-2-30.【答案】(B)

先对方程求导，得：$f'(x)=2x^2-6x+2$，再根据二元函数的判别式 $\Delta=b^2-4ac=12>0$ 判断可知方程有两个实根。

1-2-31.【答案】(C)

可导函数极值的判断：若函数 $f(x)$ 在 (a, c) 上的导数小于零，则 $f(x)$ 在 c 点处取得极大值；若函数 $f(x)$ 在 (a, c) 上的导数小于零，在 (c, b) 上的导数大于零，则 $f(x)$ 在 c 处取得极小值，即可导函数极值点处，$f'(x)=0$，函数 $f(x)$ 在 (a, b) 内可微，则函数在 (a, b) 内可导且连续；又 $f'(x)\neq 0$，则在 (a, b) 内必有 $f'(x)>0$ 或 $f'(x)<0$，即函数 $f(x)$ 在 (a, b) 内单调递增或单调递减，必无极值。

1-2-32.【答案】(D)

多元函数求偏导要遵循“明确求导路径，一求到底的原则”。$\dfrac{\partial z}{\partial y}=\dfrac{1}{x}\cdot x3^{xy}\ln 3+xF'(u)\cdot\dfrac{1}{x}=3^{xy}\ln 3+F'(u)$。

1-2-33.【答案】(C)

由函数连续定义：$a=\lim\limits_{x\to 1}f(x)=\lim\limits_{x\to 1}\dfrac{x\ln x}{1-x}=\lim\limits_{x\to 1}\dfrac{\ln x+1}{-1}=-1$。

1-2-34.【答案】(A)

$y=\sin x$ 是有界函数，与 $y=\dfrac{1}{x}$ 复合后仍是有界函数。

1-2-35.【答案】(D)

偏导数在某点存在，此函数在该点不一定连续，如：$f(x, y)=\begin{cases}\dfrac{xy}{x^2+y^2} & (x, y)\neq 0\\ 0 & (x, y)=0\end{cases}$，则求导后得到 $f'_x(0, 0)=f'_y(0, 0)=0$，但 $\lim\limits_{\substack{x\to 0\\ y\to 0}}f(x, y)$ 不存在，因而不连续。函数在该点连续，也不能保证偏导数存在，如：$f(x, y)=\begin{cases}(x^2+y)\sin\dfrac{1}{x^2+y^2} & (x, y)\neq 0\\ 0 & (x, y)=0\end{cases}$，因无穷小量与有界函数相乘仍为无穷小量，所以函数在 $(0, 0)$ 处连续，而 $f'_y(0, 0)=\lim\limits_{y\to 0}\dfrac{f(0, y)-f(0, 0)}{y}=\lim\limits_{y\to 0}\sin\dfrac{1}{y^2}$（不存在）。因而函数 $f(x, y)$ 在点 $P_0(x_0, y_0)$ 外有一阶

偏导数是函数在该点连续的既非充分业非必要条件。

1-2-36.【答案】(D)

对函数求导得 $f'(x)=\cos(x+\frac{\pi}{2}+\pi)$，令 $f'(x)=\cos(x+\frac{\pi}{2}+\pi)=0$，计算得 $x+\frac{\pi}{2}+\pi=\frac{\pi}{2}\pm\pi$，$k=0$，1，2，3…，得到 $x=\pm k\pi-\pi$，根据区间 $[-\pi,\pi]$ 知：①当 $k=0$ 时，$x=-\pi$，函数有最大值1；当 $k=1$ 时，$x=0$，函数有最小值-1；当 $k=\pi$ 时，函数有最大值1，综上，最小值为 $x_0=0$。

1-2-37.【答案】(A)

$f'(x)=e^{-x}(1-x)$，$f''(x)=e^{-x}(2-x)$，令 $f''(x)=0$，解得 $x=2$，$y=2e^{-2}$，经验证在 $x=2$ 附近两侧，$f''(x)=e^{-x}(2-x)$ 变号，$(2,2e^{-2})$ 是拐点。

1-2-38.【答案】(B)

$\frac{\partial z}{\partial x}=y\cdot\varphi'(\frac{x}{y})\cdot\frac{1}{y}=\varphi'(\frac{x}{y})$，$\frac{\partial^2 z}{\partial x\,\partial y}=-\frac{x}{y^2}\varphi''(\frac{x}{y})$。

1-2-39.【答案】(B)

据重要极限定义 $\lim\limits_{x\to 0}\frac{\sin x}{x}=1$，可知A、C项正确。D项 $x\to\infty$，$\frac{1}{x}\to 0$，原式可转化成 $\lim\limits_{x\to\infty}\frac{\sin\frac{1}{x}}{\frac{1}{x}}=1$，正确。

1-2-40.【答案】(D)

A项：$f[g(-x)]=f[-g(x)]=f[g(x)]$ 为偶函数。B项：$f[f(-x)]=f[f(x)]$ 为偶函数。C项：$g[f(-x)]=g[f(x)]$ 为偶函数。D项：$g[g(-x)]=g[-g(x)]=-g[g(x)]$ 为奇函数。还可找符合要求的函数直接代入。

1-2-41.【答案】(C)

根据导数定义求解：

$$\begin{aligned}\lim_{x\to x_0}\frac{xf(x_0)-x_0f(x)}{x-x_0}&=\lim_{x\to x_0}\frac{xf(x_0)-xf(x)+xf(x)-x_0f(x)}{x-x_0}\\&=\lim_{x\to x_0}\frac{x[f(x_0)-f(x)]+f(x)(x-x_0)}{x-x_0}\\&=-x_0f'(x_0)+f(x_0)\end{aligned}$$

1-2-42.【答案】(B)

一阶导数等于0的点为驻点，则令 $y'=4x+a=0$，$a=-4x=-4\times 1=-4$。

1-2-43.【答案】(C)

设 $F(X)=f(x)g(x)$，$F'(X)=f'(x)g(x)+f(x)g'(x)>0$，则 $F(X)=f(x)g(x)$ 单调递增，由于 $x\in(a,b)$，$x>a$，则 $f(x)g(x)>f(a)g(a)$。

1-2-44.【答案】(A)

可微，偏导一定存在，偏导存在不一定可微。

1-2-45.【答案】(D)

$\frac{\partial z}{\partial x}=f'(x^2y)\cdot 2xy$，$\frac{\partial^2 z}{\partial x\partial y}=f''(x^2y)\cdot x^2\cdot 2xy+f'(x^2y)\cdot 2x=2x[f''(x^2y)\cdot x^2y+f'(x^2y)]$。

第三节　积分学

一、考试大纲

原函数与不定积分的概念；不定积分的基本性质；基本积分公式；定积分的基本概念和性质（包括定积分中值定理）；积分上限函数及其导数；牛顿——莱布尼兹公式；不定积分和定积分的换元积分法与分部积分法；有理函数、三角函数的有理式和简单无理函数的积分；广义积分；二重积分与三重积分的概念、性质、计算和应用；两类曲线积分的概念、性质和计算；求平面图形的面积、平面曲线的弧长和旋转体的体积。

二、知识要点

（一）不定积分

1.原函数

若在区间 I 上，对任一 $x\in I$，可导函数 $F(x)$ 的导函数为 $f(x)$，有 $F'_x(x)=f(x)$ 或 $\mathrm{d}F(x)=f(x)\mathrm{d}x$ 成立，则称 $F(x)$ 是 $f(x)$ 在区间 I 上的原函数。

若函数 $f(x)$ 在区间 I 上连续，则其原函数 $F(x)$ 必存在，在整个区间 I 上 $f(x)$ 的原函数可表示为 $F(x)+C$，任意两个原函数之间相差一个常数。

2.不定积分

在区间 I 上，$f(x)$ 的全体原函数称为 $f(x)$ 的不定积分，记作 $\int f(x)\mathrm{d}x$，其中 $\int$ 称为积分号，$f(x)$ 为被积函数，$f(x)\mathrm{d}x$ 为被积表达式，x 为积分变量。

原函数与不定积分之间的关系：

$$\int f(x)\mathrm{d}x=F(x)+C \tag{1-50}$$

3.不定积分的性质

① $\int[f(x)\pm g(x)]\mathrm{d}x=\int f(x)\mathrm{d}x\pm\int g(x)\mathrm{d}x$；② $\int kf(x)\mathrm{d}x=k\int f(x)\mathrm{d}x\quad(k\neq 0)$；

③ $\mathrm{d}(\int f(x)\mathrm{d}x)=f(x)\mathrm{d}x$；④ $\int \mathrm{d}f(x)=f(x)+c$。

4.不定积分的计算

（1）不定积分表

① $\int k\mathrm{d}x=kx+c$（k 为常数）；　② $\int x^{\mu}\mathrm{d}x=\frac{x^{\mu+1}}{\mu+1}+c(\mu\neq 1)$；

③ $\int\frac{1}{x}\mathrm{d}x=\ln|x|+c$；　④ $\int\frac{1}{1+x^2}\mathrm{d}x=\arctan x+c$；

⑤ $\int\frac{1}{\sqrt{1-x^2}}\mathrm{d}x=\arcsin x+c$；　⑥ $\int\cos\mathrm{d}x=\sin x+c$；

⑦ $\int \sin x \, dx = -\cos x + c$ ；　　⑧ $\int \frac{1}{\cos^2 x} dx = \int \sec^2 x \, dx = \tan x + c$ ；

⑨ $\int \frac{1}{\sin^2 x} dx = \int \csc^2 x \, dx = -\cot x + c$ ；　　⑩ $\int \sec x \tan x \, dx = \sec x + c$ ；

⑪ $\int \csc x \cot x \, dx = -\csc x + c$ ；　　⑫ $\int e^x dx = e^x + c$ ；

⑬ $\int a^x dx = \frac{a^x}{\ln a} + c$ ；　　⑭ $\int \frac{1}{a^2 + x^2} dx = \frac{1}{a} \arctan \frac{x}{a} + c$ ；

⑮ $\int \frac{1}{x^2 - a^2} dx = \frac{1}{2a} \ln \left| \frac{x-a}{x+a} \right| + c$ ；　　⑯ $\int \frac{1}{\sqrt{a^2 - x^2}} dx = \arcsin \frac{x}{a} + c$ ；

⑰ $\int \frac{1}{\sqrt{x^2 + a^2}} dx = \ln(x + \sqrt{x^2 + a^2}) + c$ ；

⑱ $\int \frac{1}{\sqrt{x^2 - a^2}} dx = \ln \left| x + \sqrt{x^2 - a^2} \right| + c$ 。

（2）换元积分法

求不定积分，利用中间变量的代换，得到复合函数的积分法，称为换元积分法。

1）第一类换元法

设 $f(u)$ 具有原函数，$u = \varphi(x)$ 可导，则有换元公式：

$$\int f[\varphi(x)]\varphi'(x) dx = \int f(u) du = F(u) + c = F[\varphi(x)] + c \qquad (1\text{-}3\text{-}2)$$

2）第二类换元法

设 $x = \varphi(t) \neq 0$ 单调可导，且 $f[\varphi(t)]\varphi'(t)$ 具有原函数，则有换元公式：

$$\int f(x) dx = \int f[\varphi(t)]\varphi'(t) dt = F[\varphi^{-1}(x)] + c \qquad (1\text{-}3\text{-}3)$$

其中，$\varphi^{-1}(x)$ 为 $x = \varphi(t)$ 的反函数。

（3）分部积分法

$$\int uv' dx = uv - \int u'v dx \quad 或 \quad \int u dv = uv - \int v du \qquad (1\text{-}3\text{-}4)$$

u、v 选取原则：

① 当被积函数为幂函数和指数（或正、余弦）函数的乘积，设幂函数为 u ，其余为 v；

② 当被积函数为幂函数和对数（或反三角）函数的乘积，设对数（或反三角函数）为 u ，其余为 v 。

【例 1-3-1】 求 $\int \sin 5x dx$ 。

解： 原式 $= \frac{1}{5}\int \sin 5x \, d5x \overset{u=5x}{=} \frac{1}{5}\int \sin u \, du = -\frac{1}{5}\cos u + c = -\frac{1}{5}\cos 5x + c$ 。

【例 1-3-2】 求 $\int \frac{1}{\sqrt{x^2 + a^2}} dx \, (a > 0)$ 。

解： 令 $x = a\tan t$，$dx = a\sec^2 t dt$ 。

原式 $=\int \frac{a\sec^2 t\,dt}{a\sec t}=\int \sec t\,dt=\ln|\sec t+\tan t|+c=\ln\left|\frac{\sqrt{x^2+a^2}}{a}+\frac{x}{a}\right|+c=\ln|x+\sqrt{x^2+a^2}|+c$ 。

【例 1-3-3】 求 $\int x^2 e^x dx$ 。

解： 令 $u=x^2$，$dv=e^x dx=d(e^x)$ 。

原式 $=\int x^2 e^x dx=\int x^2 d(e^x)=x^2e^x-\int e^x d(x^2)=x^2e^x-2\int e^x d(x)=x^2e^x-2\int x d(e^x)$

$=x^2e^x-2(xe^x-e^x)+c=e^x(x^2-2x+2)+c$ 。

(二) 定积分

1. 定义

设函数 $f(x)$ 在区间 $[a, b]$ 上有界，在 $[a, b]$ 中插入若干分点 $a=x_0<x_1<x_2\cdots<x_n=b$，将区间 $[a, b]$ 分成 n 个小区间 $[x_0, x_1]$，$[x_1, x_2]$，…，$[x_{i-1}, x_i]$，各个小区间的长度为 Δx_i，在每个小区间上任取一点 $\varepsilon_i(x_{i-1}<\varepsilon_i<x_i)$，将 $f(\varepsilon_i)$ 与 Δx_i 作积并求和，即：$\sum_{i=1}^{n} f(\varepsilon_i)\Delta x_i (i=1, 2, \cdots, n)$，令 $\lambda=\max(\Delta x_1, \Delta x_2, \cdots, \Delta x_n)$，当 $\lambda\to 0$ 时，和式 $\sum_{i=1}^{n} f(\varepsilon_i)\Delta x_i (i=1, \cdots, n)$ 的极限存在，则称此极限为函数 $f(x)$ 在区间 $[a, b]$ 上的定积分，记作：

$$\int_a^b f(x)dx=\lim_{\substack{n\to\infty\\ \lambda\to 0}}\sum_{i=1}^{n} f(\varepsilon_i)\Delta x_i \tag{1-3-5}$$

其中，$f(x)$ 为被积函数，$f(x)dx$ 为被积表达式，x 为积分变量，$[a, b]$ 为积分区间，a 为积分下限，b 为积分上限。

2. 几何意义

$\int_a^b f(x)dx$ 表示由曲线 $y=f(x)$，直线 $x=a$，$x=b$ 和 x 轴所围成的各部分面积的代数和。

3. 定积分的性质

当 $a=b$ 时，$\int_a^b f(x)dx=0$；当 $a>b$ 时，$\int_a^b f(x)dx=-\int_b^a f(x)dx$

① $\int_a^b [f(x)\pm g(x)]dx=\int_a^b f(x)dx\pm\int_a^b g(x)dx$；

② $\int_a^b kf(x)dx=k\int_a^b f(x)dx$；

③ $\int_a^b f(x)dx=\int_a^c f(x)dx+\int_c^b f(x)dx (a<c<b)$；

④ 当 $f(x)=1$ 时，则 $\int_a^b f(x)dx=\int_a^b dx=b-a$；

⑤ 当 $f(x)\geqslant 0$ 时，则 $\int_a^b f(x)dx\geqslant 0(a<b)$；

⑥ 当 $f(x) \leqslant g(x)$ 时，则 $\int_a^b f(x)\mathrm{d}x \leqslant \int_a^b g(x)\mathrm{d}x$ ；

⑦ 当 $m \leqslant f(x) \leqslant M$ 时，则 $m(b-a) \leqslant \int_a^b f(x)\mathrm{d}x \leqslant M(b-a)$ ；

4. 定积分中值定理

若函数 $f(x)$ 在区间 $[a, b]$ 上连续，则在区间 $[a, b]$ 上至少存在一点 ε ，使下列等式成立，此公式称为积分中值公式。

$$\int_a^b f(x)\mathrm{d}x = f(\varepsilon)(b-a)(a \leqslant \varepsilon \leqslant b) \tag{1-3-6}$$

5. 积分上限函数、积分上限函数的导数及牛顿—莱布尼兹公式（微积分基本公式）

若函数 $f(x)$ 在区间 $[a, b]$ 上连续，则积分上限函数可表示为：

$$\Phi(x) = \int_a^x f(t)\mathrm{d}t \quad (a \leqslant x \leqslant b) \tag{1-3-7}$$

若函数 $f(x)$ 在区间 $[a, b]$ 上连续，则积分上限函数的导数可表示为：

$$\Phi'(x) = \frac{\mathrm{d}}{\mathrm{d}x}\int_a^x f(t)\mathrm{d}t = f(x) \quad (a \leqslant x \leqslant b) \tag{1-3-8}$$

若函数 $f(x)$ 在区间 $[a, b]$ 上连续，$h(x)$ 可导，则：

$$[\int_a^{h(x)} f(t)\mathrm{d}t]' = f(u) \cdot h'(x) = f[h(x)] \cdot h'(x) \tag{1-3-9}$$

若 $F(x)$ 是连续函数 $f(x)$ 在区间 $[a, b]$ 上的一个原函数，则牛顿—莱布尼兹公式为：

$$\int_a^b f(x)\mathrm{d}x = F(b) - F(a) \tag{1-3-10}$$

【例 1-3-4】 求 $\frac{\mathrm{d}}{\mathrm{d}x}\int_{x^2}^{x^3}\ln(1+t^2)\mathrm{d}t$ 。

解： 原式 $= \frac{\mathrm{d}}{\mathrm{d}x}[\int_{x^2}^{0}\ln(1+t^2)\mathrm{d}t + \int_0^{x^3}\ln(1+t^2)\mathrm{d}t] = -2x\ln(1+x^4) + 3x^2\ln(1+x^6)$。

【例 1-3-5】 求 $\int_{-\frac{\pi}{2}}^{\frac{\pi}{2}} |\sin x| \mathrm{d}x$（$|\sin x|$ 为偶函数）。

解： 原式 $= \int_{-\frac{\pi}{2}}^{\frac{\pi}{2}} |\sin x| \mathrm{d}x = 2\int_0^{\frac{\pi}{2}} \sin x \mathrm{d}x = -2\cos x |_{-\frac{\pi}{2}}^{0} = 2$。

6. 定积分的计算

（1）定积分的换元法

若函数 $f(x)$ 在区间 $[a, b]$ 上连续，设函数 $x = \varphi(t)$ 在 $[a, b]$ 上具有连续导数且满足 $\varphi(\alpha) = a$，$\varphi(\beta) = b$ ，则：

$$\int_a^b f(x)\mathrm{d}x = \int_a^\beta f[\varphi(t)]\varphi'(t)\mathrm{d}t \tag{1-3-11}$$

（2）定积分的分部积分法

$$\int_a^b u(x)\mathrm{d}v(x) = u(x)v(x)\Big|_a^b - \int_a^b v(x)\mathrm{d}u(x) \tag{1-3-12}$$

或

$$\int_a^b u(x)v'(x)\mathrm{d}x = u(x)v(x)\Big|_a^b - \int_a^b v(x)u'(x)\mathrm{d}x \tag{1-3-13}$$

（3）常用的定积分公式

① $\int_{-a}^{+a} f(x)\mathrm{d}x = \begin{cases} 2\int_{0}^{a} f(x)\mathrm{d}x & f(x)\text{为偶函数} \\ 0 & f(x)\text{为奇函数} \end{cases}$；

② $\int_{a}^{a+T} f(x)\mathrm{d}x = \int_{0}^{T} f(x)\mathrm{d}x$（$T$ 为函数 $f(x)$ 的周期）；

③ $\int_{0}^{\pi} x f(\sin x)\mathrm{d}x = \pi\int_{0}^{\frac{\pi}{2}} f(\sin x)\mathrm{d}x$；

④ $\int_{0}^{\pi} \sin x\,\mathrm{d}x = 2\int_{0}^{\frac{\pi}{2}} \sin x\,\mathrm{d}x$；

⑤ $\int_{0}^{\frac{\pi}{2}} \sin^{m} x\,\mathrm{d}x = \int_{0}^{\frac{\pi}{2}} \cos^{m} x\,\mathrm{d}x = \begin{cases} \frac{m-1}{m}\times\frac{m-3}{m-2}\times\cdots\times\frac{3}{4}\times\frac{1}{2}\times\frac{\pi}{2} & (m\text{为正偶数}) \\ \frac{m-1}{m}\times\frac{m-3}{m-2}\times\cdots\times\frac{4}{5}\times\frac{2}{3}\times 1 & (m\text{为大于1的奇数}) \end{cases}$。

7. 广义积分（反常积分）

（1）无穷区间上的广义积分

设函数 $f(x)$ 在区间 $[a,+\infty)$ 上连续，取 $t>a$，若 $\lim\limits_{t\to+\infty}\int_{a}^{t} f(x)\mathrm{d}x$ 存在，则称此极限为函数 $f(x)$ 在无穷区间 $[a,+\infty)$ 上的反常积分，记作：

$$\int_{a}^{+\infty} f(x)\mathrm{d}x = \lim_{t\to+\infty}\int_{a}^{t} f(x)\mathrm{d}x \tag{1-3-14}$$

这时也称广义积分 $\int_{a}^{+\infty} f(x)\mathrm{d}x$ 收敛，否则为发散或不存在。

类似地，在区间 $(-\infty,b]$、$(-\infty,+\infty)$ 上也可将广义积分定义为：

$$\int_{-\infty}^{b} f(x)\mathrm{d}x = \lim_{t\to-\infty}\int_{t}^{b} f(x)\mathrm{d}x \tag{1-3-15}$$

$$\int_{-\infty}^{+\infty} f(x)\mathrm{d}x = \int_{-\infty}^{0} f(x)\mathrm{d}x + \int_{0}^{+\infty} f(x)\mathrm{d}x = \lim_{t\to-\infty}\int_{t}^{0} f(x)\mathrm{d}x + \lim_{t\to+\infty}\int_{0}^{t} f(x)\mathrm{d}x$$

（2）无界函数的广义积分

若函数 $f(x)$ 在点 a 的任一邻域内都无界，则称点 a 为函数 $f(x)$ 的瑕点。

设函数 $f(x)$ 在区间 $(a,b]$ 上连续，点 a 为 $f(x)$ 的瑕点，取 $t>a$，若 $\lim\limits_{t\to a^{+}}\int_{t}^{b} f(x)\mathrm{d}x$ 存在，则称此极限为函数 $f(x)$ 在区间 $(a,b]$ 上的反常积分，记作：

$$\int_{a}^{b} f(x)\mathrm{d}x = \lim_{t\to a^{+}}\int_{t}^{b} f(x)\mathrm{d}x \tag{1-3-16}$$

这时则称广义积分 $\int_{a}^{b} f(x)\mathrm{d}x$ 收敛，否则为发散或不存在。

类似在区间 $[a,b)$、$[a,b]$ 上可将广义积分定义为：

$$\int_{a}^{b} f(x)\mathrm{d}x = \lim_{t\to b^{-}}\int_{a}^{t} f(x)\mathrm{d}x \tag{1-3-17}$$

$$\int_{a}^{b} f(x)\mathrm{d}x = \int_{a}^{c} f(x)\mathrm{d}x + \int_{c}^{d} f(x)\mathrm{d}x = \lim_{t\to c^{-}}\int_{a}^{t} f(x)\mathrm{d}x + \lim_{t\to c^{+}}\int_{t}^{b} f(x)\mathrm{d}x \tag{1-3-18}$$

【例 1-3-6】 求 $\int_{1}^{+\infty}\frac{1}{\sqrt{x}}\mathrm{d}x$。

解： $\int_{1}^{+\infty}\frac{1}{\sqrt{x}}dx=\lim\limits_{b\to+\infty}2\sqrt{x}\,dx\ |_{1}^{b}=\lim\limits_{b\to+\infty}2[\sqrt{b}-1]=\infty$。

8. 定积分的应用

主要计算平面图形的面积、旋转体的体积、平行截面面积为已知的立体的体积、平面曲线的弧长。

（1）平面图形的面积

1）直角坐标方程

曲线 $y=f(x)(f(x)\geqslant 0)$ 与直线 $x=a$、$x=b(a<b)$ 及 x 轴所围成的曲边梯形的面积为：

$$A=\int_{a}^{b}f(x)dx \tag{1-3-19}$$

曲线 $y=f(x)$，$y=g(x)(f(x)\geqslant g(x))$ 与直线 $x=a$、$x=b(a<b)$ 所围成的曲边梯形的面积为：

$$A=\int_{a}^{b}[f(x)-g(x)]dx \tag{1-3-20}$$

曲线 $x=f(y)$，$x=g(y)(f(y)\geqslant g(y))$ 与直线 $y=c$、$y=d(c<d)$ 所围成的曲边梯形的面积为：

$$A=\int_{c}^{d}[f(y)-g(y)]dy \tag{1-3-21}$$

【例 1-3-7】 求曲线 $y=x^2-1$ 和曲线 $y=x+1$ 围成的图形的面积。

解： 求曲线交点，由 $\begin{cases}y=x^2-1\\y=x+1\end{cases}$，得到交点 $(-1,0)$，$(2,3)$，则面积 $S=\int_{-1}^{2}[(x+1)-(x^2-1)]dx=\frac{9}{2}$。

2）极坐标方程

设曲线 $r=r(\theta)$ 与射线 $\theta=\alpha$、$\theta=\beta(\alpha<\beta)$ 所围成的曲边梯形的面积为：

$$A=\frac{1}{2}\int_{\alpha}^{\beta}r^2(\theta)d\theta \tag{1-3-22}$$

设曲线 $r=r_1(\theta)$、$r=r_2(\theta)$ 与射线 $\theta=\alpha$、$\theta=\beta(\alpha<\beta)$ 所围成的曲边梯形的面积为：

$$A=\frac{1}{2}\left|\int_{\alpha}^{\beta}[r_2^2(\theta)-r_1^2(\theta)]d\theta\right| \tag{1-3-23}$$

【例 1-3-8】 求圆 $\rho=2a\cos\theta(a>0)$ 介于 x 轴与射线 $\theta=\frac{\pi}{6}$ 间的图形的面积。

解： $S=\frac{1}{2}\int_{0}^{\frac{\pi}{6}}(2a\cos\theta)^2d\theta=2a^2\int_{0}^{\frac{\pi}{6}}\cos^2\theta d\theta=a^2(\frac{\pi}{6}+\frac{\sqrt{3}}{4})$。

（2）旋转体的体积

曲线 $y=f(x)(f(x)\geqslant 0)$ 与直线 $x=a$、$x=b(a<b)$ 及 x 轴所围成的曲边梯形绕 x 轴旋转形成旋转体的体积为：

$$V=\int_{a}^{b}\pi f^2(x)dx \tag{1-3-24}$$

绕 y 轴旋转形成旋转体的体积为：

$$V=2\pi\int_a^b xf(x)\mathrm{d}x \tag{1-3-25}$$

曲线 $y=f(x)$，$y=g(x)[f(x)\geqslant g(x)]$ 与直线 $x=a$、$x=b(a<b)$ 绕 x 轴旋转形成旋转体的体积为：

$$V=\pi\int_a^b [f^2(x)-g^2(x)]\mathrm{d}x \tag{1-3-26}$$

曲线 $x=\varphi(y)[\varphi(y)\geqslant 0]$ 与直线 $y=c$、$y=d(c<d)$ 绕 y 轴旋转形成旋转体的体积为：

$$V=\pi\int_c^d \varphi^2(y)\mathrm{d}y \tag{1-3-27}$$

【例 1-3-9】 求 $y=x^2/4$，$y=1$ 所围成的平面图形绕 y 轴旋转一周所生成的旋转体体积。

解： 因为 $x=\sqrt{4y}$，所以利用公式 $V=\pi\int_0^1 x^2\mathrm{d}y$ 得 $V=\pi\int_0^1 x^2\mathrm{d}y=\pi\int_0^1 4y\mathrm{d}y=2\pi$。

(3) 平行截面面积为已知的立体的体积

设立体由曲面 Y，平面 $x=a$，$x=b$ 围成，在区间 $[a, b]$ 上过一点 x 作垂直截面，得到过点 x 且垂直于 x 轴的截面面积 $A=A(x)$，假设 $A(x)$ 为 x 的连续函数，则得到立体的体积为：

$$V=\int_a^b A(x)\mathrm{d}x \tag{1-3-28}$$

(4) 平面曲线的弧长

1) 直角坐标方程

设曲线 $y=f(x)(a\leqslant x\leqslant b)$，其曲线弧长为 $s=\int_a^b \sqrt{1+(y')^2}\mathrm{d}x$。

2) 极坐标方程

设曲线 $r=r(\theta)(\alpha\leqslant\theta\leqslant\beta)$，其曲线弧长为 $s=\int_\alpha^\beta \sqrt{[r(\theta)]^2+[r'(\theta)]^2}\mathrm{d}\theta$。

3) 参数方程

设曲线 $\begin{cases}x=\varphi(t)\\ y-\psi(t)\end{cases}(t_1\leqslant t\leqslant t_2)$，其曲线弧长为 $s=\int_{t_1}^{t_2}\sqrt{[\varphi'(t)]^2+[\psi'(t)]^2}\mathrm{d}t$。

【例 1-3-10】 计算曲线 $y=\sqrt{1-x^2}$ 相应于 $0\leqslant x\leqslant \frac{1}{2}$ 的一段弧的长度。

解： $s=\int_0^{\frac{1}{2}}\sqrt{1+y'^2}\mathrm{d}x=\int_0^{\frac{1}{2}}\sqrt{1+\frac{x^2}{1-x^2}}\mathrm{d}x=\int_0^{\frac{1}{2}}\frac{1}{\sqrt{1-x^2}}\mathrm{d}x=\arcsin x\ \Big|_0^{\frac{1}{2}}=\frac{\pi}{6}$。

(三) 重积分

1. 二重积分

(1) 定义

设函数 $f(x, y)$ 在区域 D 上有界，将区间 D 分成 n 个小区间 $\Delta\sigma_1$，$\Delta\sigma_2$，…，$\Delta\sigma_n$，其中 $\Delta\sigma_i$ 表示第 i 个小闭区域的面积，在每个 $\Delta\sigma_i$ 上任取一点 (ε_i, η_i)，将 $f(\varepsilon_i, \eta_i)$ 与 $\Delta\sigma_i$ 作积并求和，即：$\sum_{i=1}^{n} f(\varepsilon_i, \eta_i)\Delta\sigma_i$，令 λ 为各小闭区域的直径中的最大值，当 $\lambda\to 0$

时，和式 $\sum_{i=1}^{n} f(\varepsilon_i, \eta_i)\Delta\sigma_i$ 的极限存在，则称此极限为函数 $f(x, y)$ 在区域 D 上的二重积分，记作：

$$\iint_D f(x, y)\mathrm{d}\sigma = \lim_{\lambda \to 0}\sum_{i=1}^{n} f(\varepsilon_i, \eta_i)\Delta\sigma_i \tag{1-3-29}$$

其中，$f(x, y)$ 为被积函数，$f(x, y)\mathrm{d}\sigma$ 为被积表达式，$\mathrm{d}\sigma$ 为面积元素，x，y 为积分变量，D 为积分区域。

（2）几何意义

当函数 $f(x, y)\geqslant 0$ 时，二重积分 $\iint_D f(x, y)\mathrm{d}\sigma$ 表示以曲面 $z=f(x, y)$ 为顶面，区域 D 为底面的曲顶柱体的体积。

（3）性质

① $\iint_D [f(x, y)\pm g(x, y)]\mathrm{d}\sigma = \iint_D f(x, y)\mathrm{d}\sigma \pm \iint_D g(x, y)\mathrm{d}\sigma$；

② $\iint_D kf(x, y)\mathrm{d}\sigma = k\iint_D f(x, y)\mathrm{d}\sigma$；

③ $\iint_D f(x, y)\mathrm{d}\sigma = \iint_{D_1} f(x, y)d\sigma \pm \iint_{D_2} f(x, y)\mathrm{d}\sigma (D = D_1 + D_2)$；

④ 当 $f(x, y)=1$，σ 为 D 的面积，则有 $\sigma = \iint_D 1\mathrm{d}\sigma = \iint_D \mathrm{d}\sigma$；

⑤ 当 $f(x, y)\leqslant g(x, y)$ 时，则有 $\iint_D f(x, y)\mathrm{d}\sigma \leqslant \iint_D g(x, y)\mathrm{d}\sigma$；

特殊地，当 $-|f(x, y)|\leqslant f(x, y)\leqslant |f(x, y)|$，则有 $\left|\iint_D f(x, y)\mathrm{d}\sigma\right| \leqslant \iint_D |f(x, y)|\mathrm{d}\sigma$。

① 设 M，m 为 $f(x, y)$ 在区域 D 上的最大值和最小值，σ 为区域 D 的面积，则有 $m\sigma \leqslant \iint_D f(x, y)\mathrm{d}\sigma \leqslant M\sigma$；

② 设函数 $f(x, y)$ 在区域 D 上连续，σ 为区域 D 的面积，则在区域 D 上至少存在一点 (ε, η)，使得 $\iint_D f(x, y)\mathrm{d}\sigma = f(\varepsilon, \eta)\sigma$。

（4）计算

步骤：画出积分域的图形；根据被积函数积分域选定坐标系；选择累次积分顺序，是先 $x(y)$ 后 $y(x)$，还是先 r 后 θ 来计算积分。

1）直角坐标系

先对 y，后对 x 积分。

若 D：$\begin{cases} a \leqslant x \leqslant b \\ y_1(x) \leqslant y \leqslant y_2(x) \end{cases}$，则 $\iint_D f(x, y)\mathrm{d}x\mathrm{d}y = \int_a^b \mathrm{d}x\int_{y_1(x)}^{y_2(x)} f(x, y)\mathrm{d}y$；

先对 x，后对 y 积分。

若 D：$\begin{cases} c \leqslant y \leqslant d \\ x_1(y) \leqslant x \leqslant x_2(y) \end{cases}$，则 $\iint_D f(x, y)\mathrm{d}x\mathrm{d}y = \int_c^d \mathrm{d}y\int_{x_1(y)}^{x_2(y)} f(x, y)\mathrm{d}x$；

【例 1-3-11】　计算 $\iint\limits_D xe^{xy}\mathrm{d}x\mathrm{d}y$，其中 D：$0\leqslant x\leqslant 1$，$0\leqslant y\leqslant 1$。

解： 原式 $=\int_0^1\mathrm{d}x\int_0^1\mathrm{e}^{xy}\mathrm{d}(xy)=\int_0^1\mathrm{e}^{xy}\Big|_0^1\mathrm{d}x=\int_0^1(\mathrm{e}^x-1)\mathrm{d}x=(\mathrm{e}^x-x)\Big|_0^1=\mathrm{e}-2$。

2）极坐标系

若 D：$\begin{cases}\alpha\leqslant\theta\leqslant\beta\\ \varphi_1(\theta)\leqslant\rho\leqslant\varphi_2(\theta)\end{cases}$，则 $\iint\limits_D f(\rho\cos\theta,\ \rho\sin\theta)\rho\mathrm{d}\rho\mathrm{d}\theta=\int_\alpha^\beta\mathrm{d}\theta\int_{\varphi_1(\theta)}^{\varphi_2(\theta)}f(\rho\cos\theta,$ $\rho\sin\theta)\rho\mathrm{d}\rho$；

【例 1-3-12】　计算 $\iint\limits_D \mathrm{e}^{x^2+y^2}\mathrm{d}\sigma$，其中 D 由 $y=\sqrt{1-x^2}$，$y=x(x>0)$，$y=0$ 围成。

解： 原式 $=\int_0^{\frac{\pi}{4}}\mathrm{d}\theta\int_0^1\mathrm{e}^{r^2}r\mathrm{d}r=\dfrac{\pi}{8}(\mathrm{e}-1)$。

【例 1-3-13】　交换二次积分 $I=\int_0^2\mathrm{d}y\int_{y^2}^{2y}f(x,\ y)\mathrm{d}x$ 积分次序。

解： D：$y^2\leqslant x\leqslant 2y$，$0\leqslant y\leqslant 2$，则 $I=\int_0^4\mathrm{d}x\int_{\frac{x}{2}}^{\sqrt{x}}f(x,\ y)\mathrm{d}y$。

2. 三重积分

（1）定义

设函数 $f(x,\ y,\ z)$ 在空间区域 Ω 上有界，将区域 Ω 任意分成 n 个小区域 Δu_1，Δu_2，…，Δu_n，其中 Δu_i 表示第 i 个小闭区域的体积，在每个 Δu_i 内任取一点（x_i，y_i，z_i），将（x_i，y_i，z_i）与 Δu_i 作积并求和，即：$\sum\limits_{i=1}^{n}f$（x_i，y_i，z_i）Δu_i，令 λ 为各小闭区域直径中的最大值，当 $\lambda\to 0$ 时，和式 $\sum\limits_{i=1}^{n}f(x_i,\ y_i,\ z_i)\Delta u_i$ 的极限存在，称此极限为函数 $f(x,\ y,\ z)$ 在区域 Ω 上的三重积分，记作：

$$\iiint\limits_\Omega f(x,\ y,\ yz)\mathrm{d}u=\lim_{\lambda\to 0}\sum_{i=1}^{n}f(x_i,\ y_i,\ z_i)\Delta u_i \tag{1-3-30}$$

其中，$\mathrm{d}u$ 为体积元素。

（2）计算

1）直角坐标系

若 Ω：$\begin{cases}a\leqslant x\leqslant b\\ y_1(x)\leqslant y\leqslant y_2(x)\\ z_1(x,\ y)\leqslant z\leqslant z_2(x,\ y)\end{cases}$，则 $\iiint\limits_\Omega f(x,\ y,\ z)\mathrm{d}x\mathrm{d}y\mathrm{d}z=\int_a^b\mathrm{d}x\int_{y_1(x)}^{y_2(x)}\mathrm{d}y\int_{z_1(x,\ y)}^{z_2(x,\ y)}f(x,$ $y,\ z)\mathrm{d}z$；

2）柱面坐标系

若 Ω：$\begin{cases}\alpha\leqslant\theta\leqslant\beta\\ r_1(\theta)\leqslant r\leqslant r_2(\theta)\\ z_1(r,\ \theta)\leqslant z\leqslant z_2(r,\ \theta)\end{cases}$，则 $\iiint\limits_\Omega f(x,\ y,\ z)\mathrm{d}x\mathrm{d}y\mathrm{d}z=\int_\alpha^\beta\mathrm{d}\theta\int_{r_1(\theta)}^{r_2(\theta)}r\mathrm{d}r\int_{r_1(r,\ \theta)}^{z_2(r,\ \theta)}f(r\cos\theta,$ $r\sin\theta,\ z)\mathrm{d}z$；

直角坐标与柱面坐标系之间的转化关系：$x=r\cos\theta$、$y=r\sin\theta$、$z=z$。

3）球面坐标系

若Ω：$\begin{cases}\alpha\leqslant\theta\leqslant\beta\\ r_1(\theta,\varphi)\leqslant r\leqslant r_2(\theta,\varphi)\\ \varphi_1(\theta)\leqslant\varphi\leqslant\varphi_2(\theta)\end{cases}$，则

$$\iiint_{\Omega}f(x,y,z)\mathrm{d}x\mathrm{d}y\mathrm{d}z=\int_{\alpha}^{\beta}\mathrm{d}\theta\int_{\varphi_1(\theta)}^{\varphi_2(\theta)}\sin\varphi\mathrm{d}\varphi\int_{r_1(\theta,\varphi)}^{z_2(\theta,\varphi)}f(r\sin\varphi\cos\theta,r\sin\varphi\sin\theta,r\cos\varphi)r^2\mathrm{d}r$$

直角坐标与球坐标系之间的转化关系：$x=r\sin\varphi\cos\theta$、$y=r\sin\varphi\sin\theta$、$z=r\cos\varphi$。

（四）两类曲线积分

1.第一类曲线积分(对弧长的曲线积分)

（1）定义

设L为xOy面内的一条光滑曲线弧，函数$f(x,y)$在L上有界，将L分成n个小弧段M_1M_2，…，$M_{n-1}M_n$，其中$M_{i-1}M_i$表示第i个小弧长，长度为Δs_i，在每个$M_{i-1}M_i$内任取一点(ε_i,η_i)，将(ε_i,η_i)与Δs_i作积并求和，即：$\sum\limits_{i=1}^{n}f(\varepsilon_i\eta_i)\Delta s_i$，令$\lambda$为各小弧段中的最大值，当$\lambda\to0$时，和式$\sum\limits_{i=1}^{n}f(\varepsilon_i,\eta_i)\Delta s_i$的极限存在，则称此极限为函数$f(x,y)$在曲线弧$L$上对弧长的曲线积分，记作：

$$\int_L f(x,y)\mathrm{d}s=\lim_{\lambda\to0}\sum_{i=1}^{n}f(\varepsilon_i,\eta_i)\Delta s_i \tag{1-3-31}$$

其中，$f(x,y)$为被积函数，L为积分弧段。

（2）性质

① $\int_L[\alpha f(x,y)+\beta g(x,y)]\mathrm{d}s=\alpha\int_L f(x,y)\mathrm{d}s+\beta\int_L g(x,y)\mathrm{d}s$；

② $\int_L kf(x,y)\mathrm{d}s=k\int_L f(x,y)\mathrm{d}s$ （k为常数）；

③ 当$f(x,y)\leqslant g(x,y)$时，$\int_L f(x,y)\mathrm{d}s\leqslant\int_L g(x,y)\mathrm{d}s$；

④ $\left|\int_L f(x,y)\mathrm{d}s\right|\leqslant\int_L|f(x,y)|\mathrm{d}s$；

⑤ $\int_{AB}f(x,y)\mathrm{d}s=\int_{BA}f(x,y)\mathrm{d}s$；

⑥ $\int_L f(x,y)\mathrm{d}s=\int_{L_1}f(x,y)\mathrm{d}s+\int_{L_2}f(x,y)\mathrm{d}s$ （$L=L_1+L_2$）。

（3）计算

① 若曲线弧参数方程为$\begin{cases}x=\varphi(t)\\ y=\psi(t)\end{cases}(\alpha\leqslant t\leqslant\beta)$，则曲线弧长为：

$$\int_L f(x,y)\mathrm{d}s=\int_{\alpha}^{\beta}f[\varphi(t),\psi(t)]\sqrt{\varphi'^2(t)+\psi'^2(t)}\mathrm{d}t\ (\alpha<\beta) \tag{1-3-32}$$

② 若曲线弧方程为$y=y(x)$，$a\leqslant x\leqslant b$，则曲线弧长为：

$$\int_L f(x,y)\mathrm{d}s=\int_a^b f[x,y(x)]\sqrt{1+[y'(x)]^2}\mathrm{d}x \tag{1-3-33}$$

③ 若曲线弧方程为$x=x(y)$，$a\leqslant y\leqslant b$，则曲线弧长为：

$$\int_L f(x, y)\mathrm{d}s = \int_a^b f[x(y), y]\sqrt{1+[x'(y)]^2}\,\mathrm{d}y \tag{1-3-34}$$

【例 1-3-14】 求$\int_L (x+y)\mathrm{d}s$，其中 L 为半径为 a、圆心在原点的上半圆周。

解：L：$\begin{cases} x = a\cos t \\ y = a\sin t \end{cases} 0 \leqslant t \leqslant \pi$，则 $\mathrm{d}s = \sqrt{x'^2 + y'^2}\,\mathrm{d}t = a\sqrt{(-\sin t)^2 + (\cos t)^2}\,\mathrm{d}t = a\,\mathrm{d}t$，

$\int_L (x+y)\mathrm{d}s = \int_0^{\pi} (a\cos t + a\sin t)a\,\mathrm{d}t = a^2(\sin t - \cos t)\Big|_0^{\pi} = 2a^2$。

2.第二类曲线积分(对坐标的曲线积分)

(1) 定义

设 L 为 xOy 面内的一条有向光滑曲线弧，函数 $P(x, y)$、$Q(x, y)$ 在 L 上有界，将 L 分成 n 个有向小弧段 M_1M_2，…，$M_{n-1}M_n$，设 $\Delta x_i = x_i - x_{i-1}$，$\Delta y_i = y_i - y_{i-1}$，在弧 $M_{i-1}M_i$ 上取一点 (ε_i, η_i)，将 (ε_i, η_i) 与 Δx_i 作积并求和，即：$\sum_{i=1}^{n} P(\varepsilon_i, \eta_i)\Delta x_i$，令 λ 为各小弧段中的最大值，当 $\lambda \to 0$ 时，和式 $\sum_{i=1}^{n} P(\varepsilon_i, \eta_i)\Delta x_i$ 的极限存在，则称此极限为函数 $P(x, y)$ 在有向曲线弧 L 上对坐标 x 的曲线积分，记作：

$$\int_L P(x, y)\mathrm{d}x = \lim_{\lambda \to 0} \sum_{i=1}^{n} P(\varepsilon_i, \eta_i)\Delta x_i \tag{1-3-35}$$

类似函数 $Q(x, y)$ 在有向曲线弧 L 上对坐标 y 的曲线积分，记作：

$$\int_L Q(x, y)\mathrm{d}y = \lim_{\lambda \to 0} \sum_{i=1}^{n} Q(\varepsilon_i, \eta_i)\Delta y_i \tag{1-3-36}$$

其中，$P(x, y)$、$Q(x, y)$ 为被积函数，L 为积分弧段。

(2) 性质

① $\int_L P\mathrm{d}x + Q\mathrm{d}y = -\int_{-L} P\mathrm{d}x + Q\mathrm{d}y$ (L 与 $-L$ 反向)；

② $\int_L P\mathrm{d}x + Q\mathrm{d}y = \int_{L_1} P\mathrm{d}x + Q\mathrm{d}y + \int_{L_2} P\mathrm{d}x + Q\mathrm{d}y$ ($L = L_1 + L_2$)。

(3) 计算

① 若曲线参数方程为 $\begin{cases} x = \varphi(t) \\ y = \psi(t) \end{cases} (\alpha \leqslant t \leqslant \beta)$，函数 $P(x, y)$、$Q(x, y)$ 连续，则曲线弧长为：

$$\int_L P(x, y)\mathrm{d}x + Q(x, y)\mathrm{d}y = \int_{\alpha}^{\beta} \{P[\varphi(t), \psi(t)]\varphi'(t) + Q[\varphi(t), \psi(t)\psi'(t)]\}\mathrm{d}t \tag{1-3-37}$$

② 若曲线弧方程为 $y = y(x)$，$a \leqslant x \leqslant b$，则曲线弧长为：

$$\int_L P(x, y)\mathrm{d}x + Q(x, y)\mathrm{d}y = \int_a^b \{P[x, y(x)] + Q[x, y(x)]y'(x)\}\mathrm{d}x \tag{1-3-38}$$

③ 若曲线弧方程为 $x = x(y)$，$a \leqslant y \leqslant b$，则曲线弧长为：

$$\int_L P(x, y)\mathrm{d}x + Q(x, y)\mathrm{d}y = \int_a^b \{P[x(y), y]x'(y) + Q[x(y), y]\}\mathrm{d}y \tag{1-3-39}$$

【例 1-3-15】 求$\int_L y^2\mathrm{d}x - x^2\mathrm{d}y$，其中$L$是$y=x^2$上从$x=-1$到$x=1$上的一段弧。

解：$\int_L y^2\mathrm{d}x - x^2\mathrm{d}y = \int_{-1}^{1}[(x^2)^2 - x^2\cdot 2x]\mathrm{d}x = \int_{-1}^{1}(x^4-2x^3)\mathrm{d}x = \frac{2}{5}$。

④ 格林公式。

设闭区域D由分段光滑的曲线L围成，函数$P(x，y)$、$Q(x，y)$具有连续偏导，则有：

$$\oint_L P\mathrm{d}x + Q\mathrm{d}y = \iint_D\left(\frac{\partial Q}{\partial x} - \frac{\partial P}{\partial y}\right)\mathrm{d}x\,\mathrm{d}y \tag{1-3-40}$$

L为D的取正向的边界条件。

当曲线$L=L_1+L_2$时，则有：

$$\oint_L P\mathrm{d}x + Q\mathrm{d}y = \oint_{L_1} P\mathrm{d}x + Q\mathrm{d}y + \oint_{L_2} P\mathrm{d}x + Q\mathrm{d}y = \iint_D\left(\frac{\partial Q}{\partial x} - \frac{\partial P}{\partial y}\right)\mathrm{d}x\,\mathrm{d}y \tag{1-3-41}$$

3. 平面曲线积分与路径无关的条件

单连通区域指不含有“洞”的区域，如平面上的圆形区域：$\{(x，y)\mid x+y<1\mid\}$。

设G为单连通区域，$P(x，y)$、$Q(x，y)$在G内一阶连续偏导存在，若对G内任意点A、B，从A点到B点任意两条曲线L_1、L_2，使$\int_{L_1} P\mathrm{d}x + Q\mathrm{d}y = \int_{L_2} P\mathrm{d}x + Q\mathrm{d}y$恒成立，则曲线积分与路径无关，充要条件为：$\frac{\partial P}{\partial y} = \frac{\partial Q}{\partial x}$；当$\oint_L P\mathrm{d}x + Q\mathrm{d}y = 0$时，则$L$是$G$内任意一条光滑闭曲线。

【例 1-3-16】 设L是上半圆域$x^2+y^2\leqslant 1$，$y\geqslant 0$的周界，求曲线积分$\oint_L(\mathrm{e}^x\sin 2y - y)\mathrm{d}x + 2\mathrm{e}^x\cos 2y - 1)\mathrm{d}y$，$L$取正向。

解：$P(x，y)=\mathrm{e}^x\sin 2y - y$，$Q(x，y)=2\mathrm{e}^x\cos 2y - 1$，

$\frac{\partial Q}{\partial x} - \frac{\partial P}{\partial y} = 2\mathrm{e}^x\cos 2y - 2\mathrm{e}^x\cos 2y + 1 = 1$，

因此，$\oint_L(\mathrm{e}^x\sin 2y - y)\mathrm{d}x + (2\mathrm{e}^x\cos 2y - 1)\mathrm{d}y = \iint_D\left(\frac{\partial Q}{\partial x} - \frac{\partial P}{\partial y}\right)\mathrm{d}x\,\mathrm{d}y = \iint_D \mathrm{d}x\,\mathrm{d}y = \frac{1}{2}(\pi\cdot 1^2) = \frac{\pi}{2}$。

历年真题

1-3-1. $\int\frac{\mathrm{d}x}{\sqrt{x}(1+x)} =$（　　）。（2011A8）

A. $\arctan\sqrt{x} + C$　　B. $2\arctan\sqrt{x} + C$

C. $\tan(1+x)$　　D. $\frac{1}{2}\arctan x + C$

1-3-2. 设 $f(x)$ 是连续函数，且 $f(x)=x^2+2\int_0^2 f(t)\mathrm{d}t$，则 $f(x)=$（　　）。(2011A9)

A. x^2　　B. x^2-2　　C. $2x$　　D. $x^2-\frac{16}{9}$

1-3-3. $\int_{-2}^{2}\sqrt{4-x^2}\,\mathrm{d}x=$（　　）。(2011A10)

A. π　　B. 2π　　C. 3π　　D. $\frac{\pi}{2}$

1-3-4. 设 L 为连接(0，2)和(1，0)的直线段，则对弧长的曲线积分 $\int_L (x^2+y^2)\mathrm{d}S=$（　　）。(2011A11)

A. $\frac{\sqrt{5}}{2}$　　B. 2　　C. $\frac{3\sqrt{5}}{2}$　　D. $\frac{5\sqrt{5}}{3}$

1-3-5. 曲线 $y=e^{-x}(x\geqslant 0)$ 与直线 $x=0$，$y=0$ 所围图形，绕 ox 轴旋转所得旋转体的体积为（　　）。(2011A12)

A. $\frac{\pi}{2}$　　B. π　　C. $\frac{\pi}{3}$　　D. $\frac{\pi}{4}$

1-3-6. $f'(x)$ 连续，则 $\int f'(2x+1)\mathrm{d}x$ 等于（　　）。(C 为任意常数)。(2012A5)

A. $f(2x+1)+C$　　B. $\frac{1}{2}f(2x+1)+C$

C. $2f(2x+1)+C$　　D. $f(x)+C$

1-3-7. 定积分 $\int_0^{\frac{1}{2}}\frac{1+x}{\sqrt{1-x^2}}\mathrm{d}x=$（　　）。(2012A6)

A. $\frac{\pi}{3}+\frac{\sqrt{3}}{2}$　　B. $\frac{\pi}{6}-\frac{\sqrt{3}}{2}$　　C. $\frac{\pi}{6}-\frac{\sqrt{3}}{2}+1$　　D. $\frac{\pi}{6}+\frac{\sqrt{3}}{2}+1$

1-3-8. 若 D 是由 $y=x$，$x=1$，$y=0$ 所围成的三角形区域，则二重积分 $\iint_D f(x,y)\mathrm{d}x\mathrm{d}y$ 在极坐标系下的二次积分是（　　）。(2012A7)

A. $\int_0^{\frac{\pi}{4}}\mathrm{d}\theta\int_0^{\cos\theta}f(r\cos\theta, r\sin\theta)r\mathrm{d}r$　　B. $\int_0^{\frac{\pi}{4}}\mathrm{d}\theta\int_0^{\frac{1}{\cos\theta}}f(r\cos\theta, r\sin\theta)r\mathrm{d}r$

C. $\int_0^{\frac{\pi}{4}}\mathrm{d}\theta\int_0^{\frac{1}{\cos\theta}}r\mathrm{d}r$　　D. $\int_0^{\frac{\pi}{4}}\mathrm{d}\theta\int_0^{\frac{1}{\cos\theta}}f(x,y)\mathrm{d}r$

1-3-9. 曲线 $y=(\sin x)^{\frac{3}{2}}(0\leqslant x\leqslant\pi)$ 与 x 轴围成的平面图形绕 x 轴旋转一周而成的旋转体的体积等于（　　）。(2012A15)

A. $\frac{4}{3}$　　B. $\frac{4}{3}\pi$　　C. $\frac{2}{3}\pi$　　D. $\frac{2}{3}\pi^2$

1-3-10. 下列广义积分中发散的是（　　）。(2013A8)

A. $\int_0^{+\infty}e^{-x}\mathrm{d}x$　　B. $\int_0^{+\infty}\frac{1}{1+x^2}\mathrm{d}x$

C. $\int_0^{+\infty}\frac{\ln x}{x}\mathrm{d}x$　　D. $\int_0^{1}\frac{1}{\sqrt{1-x^2}}\mathrm{d}x$

1-3-11. 二次积分$\int_0^1 dx\int_{x^2}^{x} f(x, y)dy$ 交换积分次序后的二次积分是(　　)。(2013A9)

A. $\int_{x^2}^{x} dy\int_0^1 f(x, y)dx$　　B. $\int_0^1 dy\int_{y^2}^{y} f(x, y)dx$

C. $\int_y^{\sqrt{y}} dy\int_0^1 f(x, y)dx$　　D. $\int_0^1 dy\int_y^{\sqrt{y}} f(x, y)dx$

1-3-12. 设L是连接点A（1，0）及点B（0，−1）的直线段，则对弧长的曲线积分$\int_L (y-x)ds=$(　　)。(2013A16)

A. −1　　B. 1　　C. $\sqrt{2}$　　D. $-\sqrt{2}$

1-3-13. $\frac{d}{dx}\int_{2x}^{0} e^{-t^2} dt$ 等于(　　)。(2014A4)

A. e^{-4x^2}　　B. $2e^{-4x^2}$　　C. $-2e^{-4x^2}$　　D. e^{-x^2}

1-3-14. 不定积分$\int \frac{x^2}{\sqrt[3]{1+x^3}}dx$ 等于(　　)。(2014A6)

A. $\frac{1}{4}(1+x^3)^{\frac{4}{3}}$　　B. $(1+x^3)^{\frac{1}{3}}+C$

C. $\frac{3}{2}(1+x^3)^{\frac{2}{3}}+C$　　D. $\frac{1}{2}(1+x^3)^{\frac{2}{3}}+C$

1-3-15. 抛物线$y^2=4x$与直线$x=3$所围成的平面图形绕x轴旋转一周形成的旋转体的体积是(　　)。(2014A11)

A. $\int_0^3 4x\,dx$　　B. $\pi\int_0^3 (4x)^2 dx$　　C. $\pi\int_0^3 4x\,dx$　　D. $\pi\int_0^3 \sqrt{4x}\,dx$

1-3-16. 设L为从点$A(0, -2)$到点$B(2, 0)$的有向直线段，则对坐标的曲线积分$\int_L \frac{1}{x-y}dx+y\,dy$ 等于(　　)。(2014A14)

A. 1　　B. −1　　C. 3　　D. −3

1-3-17. 设D是由$y=x$，$y=0$及$y=\sqrt{a^2-x^2}$ $(x\geqslant 0)$所围成的第一象限区域，则二重积分$\iint_D dx\,dy$ 等于(　　)。(2014A16)

A. $\frac{1}{8}\pi a^2$　　B. $\frac{1}{4}\pi a^2$　　C. $\frac{3}{8}\pi a^2$　　D. $\frac{1}{2}\pi a^2$

1-3-18. 设$\int_0^x f(t)dt=\frac{\cos x}{x}$，则$f(\frac{\pi}{2})$等于(　　)。(2016A6)

A. $\frac{\pi}{2}$　　B. $\frac{-2}{\pi}$　　C. $\frac{2}{\pi}$　　D. 0

1-3-19. 若$\sec^2 x$是$f(x)$的一个原函数，则$\int xf(x)dx$ 等于(　　)。(2016A7)

A. $\tan x+C$　　B. $x\tan x-\ln|\cos x|+C$

C. $x\sec^2 x+\tan x+C$　　D. $x\sec^2 x-\tan x+C$

1-3-20. 若$\int_{-\infty}^{+\infty}\frac{A}{1+x}dx=1$，则常数$A$等于(　　)。(2016A10)

A. $\frac{1}{\pi}$　　B. $\frac{2}{\pi}$　　C. $\frac{\pi}{2}$　　D. π

1-3-21. 若D是由$x=0$，$y=0$，$x^2+y^2=1$所围成在第一象限的区域，则二重积分$\iint_D x^2y\,dx\,dy$等于(　　)。(2016A15)

A. $-\frac{1}{15}$　　B. $\frac{1}{15}$　　C. $-\frac{1}{12}$　　D. $\frac{1}{12}$

1-3-22. 设L是抛物线$y=x^2$上从点$A(1，1)$到点$O(0，0)$的有向弧线，则对坐标的曲线积分$\int_L x\,dx+y\,dy$等于(　　)。(2016A16)

A. 0　　B. 1　　C. -1　　D. 2

1-3-23. 设函数$f(x)=\int_x^2\sqrt{5+t^2}\,dt$，则$f'(x)$等于(　　)。(2017A5)

A. $2-\sqrt{6}$　　B. $2+\sqrt{6}$　　C. $\sqrt{6}$　　D. $-\sqrt{6}$

1-3-24. $\int f(x)dx=\ln x+c$，则$\int \cos x f(\cos x)dx$等于(　　)。(2017A7)

A. $\cos x+c$　　B. $x+c$　　C. $\sin x+c$　　D. $\ln\text{co}x+c$

1-3-25. 定积分$\int_{\frac{1}{x}}^{2}\frac{1-\frac{1}{x}}{x^2}$等于(　　)。(2017A10)

A. 0　　B. -1　　C. 1　　D. 2

1-3-26. 设L是椭圆$\begin{cases}x=a\cos\theta\\y=b\cos\theta\end{cases}(a>0，b>0)$的上半椭圆周，顺时针方向，则曲线积分$\int_L y^2dx$等于(　　)。(2017A12)

A. $\frac{5}{3}ab^2$　　B. $\frac{4}{3}ab^2$　　C. $\frac{2}{3}ab^2$　　D. $\frac{1}{3}ab^2$

1-3-27. 若圆域D：$x^2+y^2\leqslant 1$，则二重积分$\iint_D\frac{dx\,dy}{1+x^1+y^2}$等于(　　)。(2017A16)

A. $\frac{\pi}{2}$　　B. π　　C. $2\pi\ln 2$　　D. $\pi\ln 2$

1-3-28. 已知$\varphi(x)$可导，则$\frac{d}{dx}\int_{\varphi(x^2)}^{\varphi(x)}e^{t^2}dt$等于(　　)。(2018A4)

A. $\varphi'(x)e^{[\varphi(x)]^2}-2x\varphi'(x^2)e^{[\varphi(x^2)]^2}$　　B. $e^{[\varphi(x)]^2}-e^{[\varphi(x^2)]^2}$

C. $\varphi'(x)e^{[\varphi(x)]^2}-\varphi'(x^2)e^{[\varphi(x^2)]^2}$　　D. $\varphi'(x)e^{\varphi(x)}-2x\varphi'(x^2)e^{\varphi(x^2)}$

1-3-29. 若$\int f(x)dx=F(x)+C$，则$\int xf(1-x^2)dx$等于(　　)。(2018A5)

A. $F(1-x^2)+C$　　B. $-\frac{1}{2}F(1-x^2)+C$

C. $\frac{1}{2}F(1-x^2)+C$　　D. $-\frac{1}{2}F(x)+C$

1-3-30. 由曲线 $y=\ln x$，y 轴与直线 $y=\ln a$，$y=\ln b(b>a>0)$ 所围成的平面图形的面积等于（　　）。(2018A10)

A. $\ln b-\ln a$　　B. $b-a$　　C. e^b-e^a　　D. e^b+e^a

1-3-31. 设 L 是从点 $A(0, 1)$ 到点 $B(1, 0)$ 的直线段，则对弧长的曲线积分 $\int_L \cos(x+y)ds$ 等于（　　）。(2018A15)

A. $\cos 1$　　B. $2\cos 1$　　C. $\sqrt{2}\cos 1$　　D. $\sqrt{2}\sin 1$

1-3-32. 若正方形区域 D：$|x\leqslant 1|$，$|y|\leqslant 1$，则二重积分 $\iint_D(x^2+y^2)dxdy$ 等于（　　）。(2018A16)

A. 4　　B. $\frac{8}{3}$　　C. 2　　D. $\frac{2}{3}$

答　案

1-3-1.【答案】(B)

换元：设 $\sqrt{x}=t$，$x=t^2$，$dx=2tdt$，原式 $=\int\frac{2t}{t(1+t^2)}dt$，再利用公式计算，求出结果，并回代 $t=\sqrt{x}$。

1-3-2.【答案】(D)

$f(x)$ 是连续函数，$\int_0^2 f(t)dt$ 的结果为一常数，设为 A，则 $f(x)=x^2+2A$，两边作定积分，$\int_0^2 f(x)dx=\int_0^2(x^2+2A)dx$，$A=\int_0^2 x^2dx+2A\int_0^2 dx$，$A=-\frac{8}{9}$，所以 $f(x)=x^2+2\times\left(-\frac{8}{9}\right)=x^2-\frac{16}{9}$。

1-3-3.【答案】(B)

利用偶函数在对称区间的积分公式得原式 $=2\int_0^2\sqrt{4-x^2}dx$，而积分 $\int_0^2\sqrt{4-x^2}dx$ 为圆 $x^2+y^2=4$ 面积的 $\frac{1}{4}$，即为 $\frac{1}{4}\cdot\pi\cdot 2^2=\pi$，从而原式 $=2\cdot\pi=2\pi$。

1-3-4.【答案】(B)

利用已知两点求出直线 L：$y=-2x+2$，L 的参数方程为：

$\begin{cases}y=-2x+2\\x=x\end{cases}(0\leqslant x\leqslant 1)$，$dS=\sqrt{5}dx$，$\int_L(x^2+y^2)dS=\int_0^1[x^2+(-2x+2)^2]\sqrt{5}dx=\frac{5\sqrt{5}}{3}$。

1-3-5.【答案】(A)

$y=e^{-x}$，即 $y=\left(\frac{1}{e}\right)^x$，画出平面图形(见解图)，根据 $V=\int_0^{+\infty}\pi(e^{-x})dx$，可计算结

果。$V=\int_0^{+\infty}\pi(e^{-2x})dx=-\frac{\pi}{2}\int_0^{+\infty}(e^{-2x})d(-2x)=-\frac{\pi}{2}e^{-2x}\Big|_0^{+\infty}=$

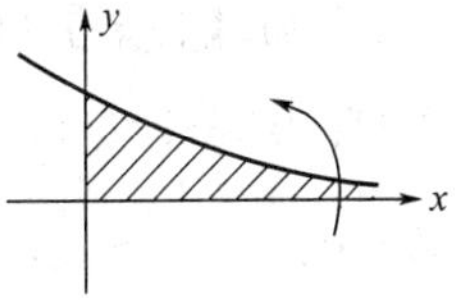

$\frac{\pi}{2}$。

1-3-6.【答案】(B)

$$\int f'(2x+1)dx=\frac{1}{2}\int f'(2x+1)d(2x+1)=\frac{1}{2}f(2x+1)$$

$+C$。

1-3-7.【答案】(C)

$$\int_0^{\frac{1}{2}}\frac{1+x}{\sqrt{1-x^2}}dx=\int_0^{\frac{1}{2}}\frac{1}{\sqrt{1-x^2}}dx+\int_0^{\frac{1}{2}}\frac{x}{\sqrt{1-x^2}}dx$$

$$=\arcsin x\Big|_0^{\frac{1}{2}}+\int_0^{\frac{1}{2}}\frac{1}{\sqrt{1-x^2}}d\left(\frac{1}{2}x^2\right)$$

$$=\arcsin\frac{1}{2}+(-\frac{1}{2})\times\int_0^{\frac{1}{2}}\frac{1}{\sqrt{1-x^2}}d(1-x^2)$$

$$=\frac{\pi}{6}+\left(-\frac{1}{2}\right)\times 2(1-x^2)^{\frac{1}{2}}\Big|_0^{\frac{1}{2}}=\frac{\pi}{6}-\left(\frac{\sqrt{3}}{2}-1\right)=\frac{\pi}{6}-\frac{\sqrt{3}}{2}+1。$$

1-3-8.【答案】(B)

采用三角还原法求解定积分，先画出区域 D 的图形，区域 D 可以表示为 D：$\begin{cases}0\leqslant\theta\leqslant\frac{\pi}{4}\\0\leqslant r\leqslant\frac{1}{\cos\theta}\end{cases}$，因为 $x=r\cos\theta$，$y=r\sin\theta$，$dxdy=rdrd\theta$，故原式$=\int_0^{\frac{\pi}{4}}d\theta\int_0^{\frac{1}{\cos\theta}}f(r\cos\theta,r\sin\theta)rdr$。

1-3-9.【答案】(B)

$$V=\int_0^{\pi}\pi[(\sin x)^{\frac{3}{2}}]^2dx=\pi\int_0^{\pi}\sin^3x\,dx=\pi\int_0^{\pi}\sin^2x\,d(-\cos x)$$

$$=-\pi\int_0^{\pi}(1-\cos^2x)d\cos x=\frac{4}{3}\pi。$$

1-3-10.【答案】(C)

A 项：$\int_0^{+\infty}e^{-x}dx=-\int_0^{+\infty}e^{-}x\,d(-x)=-e^{-x}\Big|_0^{+\infty}=-(\lim\limits_{x\to\infty}e^{-x}-1)=1$；

B 项：$\int_0^{+\infty}\frac{1}{1+x}dx=\arctan x\Big|_0^{+\infty}=\frac{\pi}{2}$；

C 项：$\int_0^{+\infty}\frac{\ln x}{x}dx=\int_0^1\frac{\ln x}{x}dx+\int_1^{+\infty}\frac{\ln x}{x}dx=\int_0^1\ln x\,d\ln x+\int_1^{+\infty}\ln x\,d\ln x$，注意 $\lim\limits_{x\to 0^+}\frac{\ln x}{x}=\infty$，$x=0$ 为 $=\frac{1}{2}(\ln x)^2\Big|_0^1+\frac{1}{2}(\ln x)^2\Big|_1^{+\infty}=+\infty$

无穷间断点；

D 项：$\int_0^1\frac{1}{\sqrt{1-x^2}}dx=\arcsin x\Big|_0^1=\frac{\pi}{2}$。

1-3-11.【答案】(B)

D：$0\leqslant y\leqslant 1$，$y\leqslant x\leqslant\sqrt{y}$，$y=x\Rightarrow x=y$；$y=x^2\Rightarrow x=\sqrt{y}$，所以二次积分交换后为$\int_0^1 dy\int_y^{\sqrt{y}} f(x, y)dx$。

1-3-12.【答案】(B)

L：$y=x-1$，所以 L 的参数方程$\begin{cases}x=x\\y=x-1\end{cases}0\leqslant x\leqslant 1$，$ds=\sqrt{1^2+1^2}dx=\sqrt{2}dx$，故$\int_L (y-x)ds=\int_0^1 (x-1-x)\sqrt{2}dx=-2\cdot 1=-\sqrt{2}$。

1-3-13.【答案】(C)

$\frac{d}{dx}\int_{2x}^0 e^{-x^2}dt=-\frac{d}{dx}\int_0^{2x} e^{-x^2}dt=-2e^{-4x^2}$。

1-3-14.【答案】(D)

$\int\frac{x^2}{\sqrt[3]{1+x^3}}dx=\frac{1}{3}\int\frac{1}{\sqrt[3]{1+x^3}}d(1+x^3)=\frac{1}{3}\cdot\frac{3}{2}(1+x^3)^{\frac{2}{3}}+C=\frac{1}{2}(1+x^3)^{\frac{2}{3}}+C$。

1-3-15.【答案】(C)

旋转体的体积$V=\pi\int_a^b [f(x)]^2dx=\pi\int_0^3 4x\,dx$。

1-3-16.【答案】(B)

题中点 A、B 所在的直线方程为：$y=x-2$，

$\int_L\frac{1}{x-y}dx+ydy=\int_0^2\left[\frac{1}{2}+(x-2)\right]dx=\int_0^2(x-\frac{3}{2})dx=-1$。

1-3-17.【答案】(A)

利用二重积分的几何性质：当被积函数为 1 时，二重积分表示积分区域 D 的面积，本题中，曲线所围成的图形在第一象限内为八分之一的圆，圆半径为 a，因此，所求二重积分为八分之一圆面积。

1-3-18.【答案】(B)

将方程两边分别对 x 取一阶导数得：

$$f(x)=\frac{-x\sin x-\cos x}{x^2}f\left(\frac{\pi}{2}\right)=\frac{-\frac{\pi}{2}\sin\frac{\pi}{2}-\cos\frac{\pi}{2}}{\frac{\pi^2}{2}}=-\frac{2}{\pi}。$$

1-3-19.【答案】(D)

由于 $\sec^2 x$ 是 $f(x)$ 的一个原函数，令 $F(x)=\sec^2 x=C$，则：

$\int xf(x)dx=\int x\,d[F(x)]=xF(x)-\int F(x)dx=x\sec^2 x-\tan x+C$。

1-3-20.【答案】(A)

反常积分上下限均为无穷，在 0 处分开求，即：

$\int_{-\infty}^{+\infty}\frac{A}{1+x^2}dx=\int_{-\infty}^0\frac{A}{1+x^2}dx+\int_0^{+\infty}\frac{A}{1+x^2}dx=A\arctan x\Big|_{+\infty}^{0}+A\arctan x\Big|_0^{+\infty}=\pi A$，

$A=\frac{1}{\pi}$。

1-3-21.【答案】(B)

采用极坐标法求解，$\iint_D x_2 y\mathrm{d}x\mathrm{d}y=\int_0^{\frac{\pi}{2}}\mathrm{d}\theta\int_0^1\rho^2\cos^2\theta\rho\sin\theta\rho\mathrm{d}\theta=\frac{1}{5}\int_0^{\frac{\pi}{2}}\cos^2\theta\sin\theta\mathrm{d}\theta=\frac{1}{15}$。

1-3-22.【答案】(C)

选择 x 的积分路线，有：$\int x\mathrm{d}x+y\mathrm{d}y=\int_1^0(x+2x^3)\mathrm{d}x=\frac{1}{2}x^2+\frac{1}{2}x^4\Big|_1^0=-1$。

1-3-23.【答案】(B)

由 $f(x)=\int_x^2\sqrt{5+t^2}\mathrm{d}t$ 可得：

$f'(x)=2\times\sqrt{5+2^2}-x\times\sqrt{5+x^2}=0-\sqrt{5+x^2}=-\sqrt{5+x^2}$，即：$f'(1)=-\sqrt{6}$。

1-3-24.【答案】(B)

由$\int f(x)\mathrm{d}x=\ln x+C$ 可得 $f(x)=\frac{1}{x}$，$\int\cos x f(\cos x)\mathrm{d}x=\int\cos x\,\frac{1}{\cos x}\mathrm{d}x=x+C$。

1-3-25.【答案】(D)

令 $t=\frac{1}{x}$，$\int_{\frac{1}{\pi}}^{\frac{2}{\pi}}\frac{\sin\frac{1}{x}}{x^2}\mathrm{d}x=\int_{\frac{1}{\pi}}^{\frac{2}{\pi}}\frac{\sin t}{\frac{1}{t^2}}\mathrm{d}\left(\frac{1}{t}\right)=-\int_{\frac{1}{\pi}}^{\frac{2}{\pi}}\sin t\mathrm{d}(t)=\cos t+C\Big|_{\frac{1}{\pi}}^{\frac{2}{\pi}}=\cos\frac{\pi}{2}-\cos\pi=1$。

1-3-26.【答案】(B)

由题意可得：$\frac{x^2}{a^2}+\frac{y^2}{b^2}$，即 $y^2=b^2-\frac{b^2}{a^2}x^2$，即：

$\int_L y^2\mathrm{d}x=\int_{-a}^{a}(b^2-\frac{b^2}{a^2}x^2)\mathrm{d}x=[b^2x-\frac{b^2}{3a^2}x^3]\Big|_{-a}^{a}=\frac{4}{3}ab^2$。

1-3-27.【答案】(D)

$\iint_D\frac{\mathrm{d}x\mathrm{d}y}{1+x^2+y^2}=\iint_D\frac{r\mathrm{d}r\mathrm{d}\theta}{1+r^2}=\int_0^{2\pi}\mathrm{d}\theta\int_0^1\frac{r\mathrm{d}r}{1+r^2}=\pi\ln 2$。

1-3-28.【答案】(A)

$\frac{\mathrm{d}}{\mathrm{d}x}\int_{\varphi(x^2)}^{\varphi(x)}\mathrm{e}^{t^2}\mathrm{d}t=\frac{1}{2}\cdot\frac{\mathrm{d}}{\mathrm{d}x}\int_{\varphi(x^2)}^{\varphi(x)}\mathrm{e}^{t^2}\mathrm{d}t^3=\frac{1}{2}\cdot\frac{\mathrm{d}}{\mathrm{d}x}\mathrm{e}^{t^2}\Big|_{\varphi(x^2)}^{\varphi(x)}-\frac{1}{2}\cdot\frac{\mathrm{d}}{\mathrm{d}x}[\mathrm{e}^{[\varphi(x)]^2}-\mathrm{e}^{[\varphi(x^2)]^2}]$

$=\frac{1}{2}\cdot\mathrm{e}^{[\varphi(x)]^2}\cdot 2\varphi'(x)-\frac{1}{2}\cdot\mathrm{e}^{[\varphi(x^2)]^2}\cdot 2\varphi'(x^2)\cdot 2x=\mathrm{e}^{[\varphi(x)]^2}\varphi'(x)-2x\mathrm{e}^{[\varphi(x^2)]^2}\varphi'(x^2)$。

1-3-29.【答案】(B)

$\int xf(1-x^2)\mathrm{d}x=-\frac{1}{2}\int f(1-x^2)\mathrm{d}(1-x^2)=-\frac{1}{2}F(1-x^2)+C$。

1-3-30.【答案】(B)

由 $y=\ln x$ 得 $x=\mathrm{e}^y$，所围平面图形的面积为 $A=\int_{\ln a}^{\ln b}\mathrm{e}^y\mathrm{d}y=\mathrm{e}^y\Big|_{\ln a}^{\ln b}=b-a$。

1-3-31.【答案】(C)

利用已知两点求出直线 L：$y=-x+1$，L 的参数方程$\begin{cases}y=-x+1\\x=x\end{cases}(0\leqslant x\leqslant 1)$，$\mathrm{d}s$

$=\sqrt{+1y'^2}\,dx=\sqrt{1+(-1)^2}\,dx=\sqrt{2}\,dx$，$\int_L \cos(x+y)ds=\int_0^1 \cos[x+(-x+1)]\sqrt{2}\,dx$

$=\sqrt{2}\cos 1\int_0^1 dx=\sqrt{2}\cos 1$。

1-3-32.【答案】(B)

将二重积分转为二次积分，积分域 D：$\{-1\leqslant x\leqslant 1,\ -1\leqslant y\leqslant 1\}$，

$\iint_D (x^2+y^2)dx\,dy=\int_{-1}^1 dx\int_{-1}^1 (x^2+y^2)dy=\int_{-1}^1 \left(x^2y+\frac{1}{3}y^3\right)\Big|_{-1}^1 dx=\int_{-1}^1 \left(2x^2+\frac{2}{3}\right)$

$dx=\frac{8}{3}$。

第四节　无穷级数

一、考试大纲

数项级数的敛散性概念；收敛级数的和；级数的基本性质与级数收敛的必要条件；几何级数与 p 级数及其收敛性；正项级数敛散性的判别法；任意项级数的绝对收敛与条件收敛；幂级数及其收敛半径、收敛区间和收敛域；幂级数的和函数；函数的泰勒级数展开；函数的傅里叶系数与傅里叶级数。

二、知识要点

(一) 常数项级数

1. 常数项级数的概念

给定一数列$\{a_n\}$，由其构成的表达式 $a_1+a_2+\cdots+a_n$，叫做常数项无穷级数，简称（常数项）级数，记作：$\sum\limits_{n=1}^{\infty}a_n=a_1+a_2+\cdots+a_n+\cdots$，其中第 n 项 a_n 叫做级数的一般项（或通项）。

2. 常数项级数的和及其敛散性

若记 $S_n=\sum\limits_{i=1}^{n}a_i=a_1+a_2+\cdots+a_n$。当$\lim\limits_{n\to\infty}S_n=S$ 存在，则级数 $\sum\limits_{n=1}^{\infty}a_n$ 收敛；当$\lim\limits_{n\to\infty}S_n$ 不存在，则级数 $\sum\limits_{n=1}^{\infty}a_n$ 发散。级数收敛的必要条件是$\lim\limits_{n\to\infty}a_n=0$。

3. 常数项级数的性质

① 若级数 $\sum\limits_{n=1}^{\infty}a_n$ 收敛，且 $\sum\limits_{n=1}^{\infty}a_n=s$，则级数 $\sum\limits_{n=1}^{\infty}ka_n$ 也收敛，$\sum\limits_{n=1}^{\infty}ka_n=ks$。

② 若级数 $\sum\limits_{n=1}^{\infty}a_n$、$\sum\limits_{n=1}^{\infty}b_n$ 收敛，且 $\sum\limits_{n=1}^{\infty}a_n=s$、$\sum\limits_{n=1}^{\infty}b_n=u$，则级数 $\sum\limits_{n=1}^{\infty}(a_n\pm b_n)$ 也收敛，$\sum\limits_{n=1}^{\infty}(a_n\pm b_n)=s\pm u$。

③ 若级数 $\sum\limits_{n=1}^{\infty}a_n$ 收敛（或发散），级数 $\sum\limits_{n=1}^{\infty}b_n$ 发散（或收敛），则级数 $\sum\limits_{n=1}^{\infty}(a_n\pm b_n)$ 发散。

④ 在级数中加上、去掉或改变有限项，不改变级数的敛散性。

⑤ 若级数$\sum_{n=1}^{\infty} a_n$收敛，则对此级数的项任意加括号后所形成的级数仍收敛，且其和不变。

4. 几何级数、P 级数及调和级数的概念及其敛散性判别

(1) 几何级数

级数$\sum_{n=0}^{\infty} aq^n = a + aq + aq^2 + \cdots + aq^n + \cdots$叫等比级数(或几何级数)，其中$a \neq 0$，$q$为公比。

当$|q| < 1$，级数收敛，和为$\frac{a}{1-q}$；当$|q| \geqslant 1$时，级数发散。

(2)P 级数

级数$1 + \frac{1}{2^p} + \frac{1}{3^p} + \frac{1}{4^p} + \cdots + \frac{1}{n^p} + \cdots$叫 P 级数。当$p > 1$时，级数收敛；当$p \leqslant 1$时，级数发散。

(3) 调和级数

级数$\sum_{n=1}^{\infty} \frac{1}{n} = 1 + \frac{1}{2} + \frac{1}{3} + \cdots + \frac{1}{n} + \cdots$叫调和级数，此级数为发散级数。

(二) 正项级数及其敛散性判别

若级数$\sum_{n=1}^{\infty} a_n$的通项$a_n \geqslant 0 (n = 1, 2, \cdots)$，则称此级数为正项级数。

正项级数收敛的充分必要条件：它的部分和数列$\{S_n\}$有界。

正项级数敛散性的判别方法有以下三种。

1. 比较审敛法

级数$\sum_{n=1}^{\infty} a_n$、$\sum_{n=1}^{\infty} b_n$均为正项级数，且$a_n \leqslant b_n$，若级数$\sum_{n=1}^{\infty} b_n$收敛，则级数$\sum_{n=1}^{\infty} a_n$收敛，若级数$\sum_{n=1}^{\infty} a_n$发散，则级数$\sum_{n=1}^{\infty} b_n$也发散。

若级数$\sum_{n=1}^{\infty} a_n$和$\sum_{n=1}^{\infty} b_n$均为正项级数，设$\lim_{n \to \infty} \frac{a_n}{b_n} = l$，则有：当$0 \leqslant l \leqslant +\infty$时，若$\sum_{n=1}^{\infty} a_n$收敛，则$\sum_{n=1}^{\infty} b_n$也收敛；当$l = +\infty$或$l > 0$时，若$\sum_{n=1}^{\infty} a_n$发散，则$\sum_{n=1}^{\infty} b_n$也发散。

2. 比值审敛法

若级数$\sum_{n=1}^{\infty} a_n$为正项级数，设$\lim_{n \to \infty} \frac{a_{n+1}}{a_n} = q$，则有：$q < 1$时，级数$\sum_{n=1}^{\infty} a_n$收敛；$q > 1$时，级数$\sum_{n=1}^{\infty} a_n$发散；$a = 1$时，敛、散性无法确定。

3. 极值审敛法

若级数$\sum_{n=1}^{\infty} a_n$为正项级数，设$\lim_{n \to \infty} \sqrt[n]{a_n} = \rho$，则有：$\rho < 1$时，级数$\sum_{n=1}^{\infty} a_n$收敛；$\rho < 1$

时，级数$\sum_{n=1}^{\infty} a_n$发散；$\rho=1$时，敛、散性无法确定。

【例 1-4-1】 判断正项级数$\sum_{n=1}^{\infty}\left(\frac{n}{2n+1}\right)^n$的敛散性。

解：因为$\frac{n}{2n+1}=\frac{1}{2+\frac{1}{n}}<\frac{1}{2}$，所以$u_n=\left(\frac{n}{2n+1}\right)^n<\left(\frac{1}{2}\right)^n$，而$\sum_{n=1}^{\infty}\left(\frac{1}{2}\right)^n$收敛，由比较审敛法判断原级数收敛。

(三) 交错级数及其敛散性判别

级数$\sum_{n=1}^{\infty}(-1)^n a_n=a_1-a_2+a_3-\cdots+(-1)^n a_n-\cdots$，称为交错级数。当满足$a_n\geqslant a_{n+1}(n=1,2,3,\cdots)$，$\lim\limits_{n\to\infty}a_n=0$时，此级数收敛，其和$s\leqslant a_1$。

(四) 绝对收敛与条件收敛

绝对收敛：若$\sum_{n=1}^{\infty}|a_n|$收敛，则$\sum_{n=1}^{\infty}a_n$也收敛，则称$\sum_{n=1}^{\infty}a_n$为绝对收敛。

条件收敛：若$\sum_{n=1}^{\infty}|a_n|$发散，但$\sum_{n=1}^{\infty}a_n$收敛，则称$\sum_{n=1}^{\infty}a_n$为条件收敛。

若对$\sum_{n=1}^{\infty}|a_n|$采用比值法或根值法判断其为发散级数时，则级数$\sum_{n=1}^{\infty}a_n$必发散。

【例 1-4-2】 判断级数$\sum_{n=1}^{\infty}\frac{\sin\frac{n\pi}{3}}{n^2}$的敛散性，若收敛，是绝对收敛还是条件收敛。

解：因为$\sum_{n=1}^{\infty}\left|\frac{\sin\frac{n\pi}{3}}{n^2}\right|\leqslant\sum_{n=1}^{\infty}\frac{1}{n^2}$，而$\sum_{n=1}^{\infty}\frac{1}{n^2}$收敛，故$\sum_{n=1}^{\infty}\left|\frac{\sin\frac{n\pi}{3}}{n^2}\right|$收敛，因此原级数绝对收敛。

(五) 幂级数

1. 定义

称$\sum_{n=0}^{\infty}a_n x^n=a_0+a_1x+a_2{}^2+\cdots+a_nx^n+\cdots$为$x$的幂级数。

2. 敛散性判别

若级数$\sum_{n=0}^{\infty}a_nx^n$在$x=x_0\neq0$时收敛，则适合不等式$|x|<|x_0|$的一切$x$使这幂级数绝对收敛；

若级数$\sum_{n=0}^{\infty}a_nx^n$在$x=x_0$时发散，则适合不等式$|x|>|x_0|$的一切$x$使这幂级数发散。

3. 幂级数的和函数及收敛域

级数$\sum_{n=0}^{\infty}a_nx^n$的和$s(x)$称为该级数的和函数，和函数的定义域即为级数的收敛域。

4.幂级数的收敛区间及收敛半径

若幂级数$\sum\limits_{n=0}^{\infty}a_nx^n$不是仅在$x=0$一点收敛，也不是在整个数轴上都收敛，则必有一个确定的正数R存在，使得当$|x|<R$时，幂级数绝对收敛；当$|x|>R$时，幂级数发散；当$|x|=R$时，敛散性不确定。

则此正数R称为幂级数的收敛半径，$(-R,R)$为收敛区间，其收敛域为$(-R,R)$、$[-R,R)$、$(-R,R]$和$[-R,R]$。

收敛半径确定方法：

若幂级数为$\sum\limits_{n=0}^{\infty}a_nx^n$，令$\lim\limits_{n\to\infty}\left|\dfrac{a_{n+1}}{a_n}\right|=\rho$，当$\rho=0$时，$R=+\infty$；当$\rho=+\infty$时，$R=0$；当$0<\rho<\infty$时，$R=\dfrac{1}{\rho}$。

【例 1-4-3】 求幂级数$\sum\limits_{n=1}^{\infty}\dfrac{(x-1)^n}{2^n\cdot n}$的收敛区间。

解： 令$t=x-1$，则$\sum\limits_{n=1}^{\infty}\dfrac{(x-1)^n}{2^n\cdot n}=\sum\limits_{n=1}^{\infty}\dfrac{t^n}{2^n\cdot n}\lim\limits_{n\to\infty}\left|\dfrac{a_n+1}{a_n}\right|=\lim\limits_{n\to\infty}\dfrac{2^n\cdot n}{2^{n+1}\cdot(n+1)}=\dfrac{1}{2}=\rho$，$R=2$，所以收敛区间为$|t|<2$时，即$-1<x<3$。当$x=-1$时，级数成为$\sum\limits_{n=1}^{\infty}\dfrac{1}{n}(-1)^n$收敛；当$x=3$时，级数成为$\sum\limits_{n=1}^{\infty}\dfrac{1}{n}$，级数发散。

5.幂级数的性质

若$\sum\limits_{n=0}^{\infty}a_nx^n$收敛半径为$R$，$\sum\limits_{n=0}^{\infty}b_nx^n$收敛半径为$R'$，则有：

① $\sum\limits_{n=0}^{\infty}a_nx^n\pm\sum\limits_{n=0}^{\infty}b_nx^n=\sum\limits_{n=0}^{\infty}(a_n\pm b_n)x^n$敛半径$R=\min\{R,R'\}$。

② 幂级数$\sum\limits_{n=0}^{\infty}a_nx^n$的和函数$s(x)$在其收敛域上连续、可积，其逐项积分公式为$\int_0^x s(x)\mathrm{d}x=\int_0^x\sum\limits_{n=0}^{\infty}a_nx^n\mathrm{d}x=\sum\limits_{n=0}^{\infty}\dfrac{a_n}{n+1}x^{n+1}(x\in I)$，得到新的幂级数与原级数具有相同的收敛半径。

③ 幂级数$\sum\limits_{n=0}^{\infty}a_nx^n$的和函数$s(x)$在其收敛域$(-R,R)$内可导，其逐项求导公式为$s'(x)=(\sum\limits_{n=0}^{\infty}a_nx^n)'=\sum\limits_{n=0}^{\infty}na_nx^{n-1}(|x|<R)$，得到新的幂级数与原级数具有相同的收敛半径。

6.函数展开成幂级数

(1) 泰勒级数及其展开式

若函数$f(x)$在点$x=x_0$的任意邻域内具有任意阶导数，则将幂级数$f(x_0)+f'(x_0)(x-x_0)+\cdots+\dfrac{1}{n!}f^n(x_0)(x-x_0)^n+\cdots=\sum\limits_{n=0}^{\infty}\dfrac{1}{n!}f^n(x_0)(x-x_0)^n$称为函数

$f(x)$ 在点 $x=x_0$ 的泰勒级数。

将 $f(x)=\sum_{n=0}^{\infty}\frac{1}{n!}f^n(x_0)(x-x_0)^n$，$x\in U(x_0)$ 称为函数 $f(x)$ 在点 $x=x_0$ 的泰勒级数展开式。当 $x_0=0$ 时，称为麦克劳林公式，即：

$$f(x)=f(0)+\frac{f'(0)}{1!}x+\frac{f'(0)}{2!}x^2+\frac{f'(0)}{3!}x^3+\cdots+\frac{f'(0)}{n!}x^n+\cdots \quad (1\text{-}4\text{-}1)$$

泰勒级数收敛的条件为：余项 $\lim_{n\to\infty}R_n(x)=\lim_{n\to\infty}\frac{f^{(n+1)}(\varepsilon)}{(n+1)!}(x-x_0)^{n+1}=0$。

(2) 常用的函数的幂级数展开式

$$e^x=1+x+\frac{1}{2!}x^2+\frac{1}{3!}x^3+\cdots+\frac{1}{n!}x^n+\cdots=\sum_{n=0}^{\infty}\frac{1}{n!}x^n(\infty<x<+\infty)$$

$$\sin x=x-\frac{1}{3!}x^3+\frac{1}{5!}x^5+\cdots+(-1)^n\frac{x^{2n+1}}{(2n+1)!}+\cdots=\sum_{n=0}^{\infty}(-1)^n\frac{x^{2n+1}}{(2n+1)!}$$
$(-\infty<x<\infty)$

$$\cos x=1-\frac{1}{2!}x^2+\frac{1}{4!}x^4+\cdots+(-1)^n\frac{x^{2n}}{(2n)!}+\cdots=\sum_{n=0}^{\infty}(-1)^n\frac{x^{2n}}{(2n)!}(-\infty<x<+\infty)$$

$$\ln(1+x)=x-\frac{x^2}{2}+\frac{x^3}{3}-\cdots+(-1)^n\frac{x^{n+1}}{n+1}+\cdots=\sum_{n=1}^{\infty}(-1)^{n-1}\frac{x^n}{n}(-1<x\leqslant 1)$$

$(1+x)^m=1+mx+\frac{m(m-1)}{2!}x^2+\cdots+\frac{m(m-1)\cdots(m-n+1)}{n!}x^n+\cdots$（$m$ 为意常数）

$$\frac{1}{1+x}=1-x+x^2-\cdots+(-1)^nx^n+\cdots=\sum_{n=0}^{\infty}(-1)^nx^n(-1<x<1)$$

$$\frac{1}{1-x}=1+x+x^2+\cdots+x^n+\cdots=\sum_{n=0}^{\infty}x^n(-1<x<1)$$

(六) 傅里叶级数

1. 傅里叶系数

若函数 $f(x)$ 是以 $2l$ 为周期的函数，则有：

$$a_n=\frac{1}{l}\int_{-l}^{l}f(x)\cos\frac{n\pi}{l}x\,dx\,(n=0,1,2,\cdots) \quad (1\text{-}4\text{-}2)$$

$$b_n=\frac{1}{l}\int_{-l}^{l}f(x)\sin\frac{n\pi}{l}x\,dx\,(n=0,1,2\cdots) \quad (1\text{-}4\text{-}3)$$

将 a_n、b_n 称为函数 $f(x)$ 的傅里叶系数。

2. 傅里叶级数

将级数 $\frac{a_0}{2}+\sum_{n=1}^{\infty}(a_n\cos\frac{n\pi}{l}x+b_n\sin\frac{n\pi}{l}x)$ 称为函数 $f(x)$ 的傅里叶级数。

3. 傅里叶级数敛散性判定(利用狄利克雷收敛定理判断)

若函数 $f(x)$ 是周期为 2π 的周期函数，且满足：

① 函数 $f(x)$ 在区间 $[-\pi,\pi]$ 上连续、逐段单调；

② 在区间上至多有有限个第一类间断点。

则 $f(x)$ 傅里叶级数收敛，当 x 是 $f(x)$ 的连续点时，级数收敛于 $f(x)$，当 x 是 $f(x)$ 的间断点时，级数收敛于$\frac{f(x-0)+f(x+0)}{2}$。

4.正弦级数、余弦级数

若函数 $f(x)$ 是以 2π 为周期的满足收敛定理的奇函数，若 $a_n=0(n=0,1,2\cdots)$，$b_n=\frac{2}{\pi}\int_0^{\pi}f(x)\sin nx\,\mathrm{d}x(n=0,1,2\cdots)$，则傅里叶级数 $f(x)=\sum_{n=1}^{\infty}b_n\sin nx\,\mathrm{d}x(n=0,1,2\cdots)$ 称为正弦级数。

若函数 $f(x)$ 是以 2π 为周期的满足收敛定理的偶函数，则

$a_n=\frac{2}{\pi}\int_0^{\pi}f(x)\cos nx\,\mathrm{d}x(n=0,1,2\cdots)$，$b_n=0(n=1,2,3\cdots)$，则傅里叶级数 $f(x)=\frac{a_0}{2}+\sum_{n=1}^{\infty}a_n\cos nx$ 称为余弦级数。

5.傅里叶函数

若函数 $f(x)$ 在区间$[-l,l]$有定义，且满足收敛条件，可在$[-l,l]$或$[-l,l]$上将函数 $f(x)$ 做周期延拓，使它变为以周期为 $2l$ 的周期函数，再将此函数展开成傅里叶函数。

【例 1-4-4】 求级数$\sum_{n=1}^{\infty}(-1)^{n-1}x^n$ 的和函数。

解：

$$\begin{aligned}\sum_{n=1}^{\infty}(-1)^{n-1}x^n&=x-x^2+x^3-\cdots+(-1)^{n-1}x^n+\cdots\\&=x[1-x+x^2-\cdots+(-1)^{n-1}x^{n-1}\cdots+\cdots]\\&=\frac{x}{1+x}(-1<x<1)\end{aligned}$$

历年真题

1-4-1.若级数 $\sum_{n=1}^{\infty}u_n$ 收敛，则下列级数中不收敛的是(　　)。(2011 年上午第 13 题)

A. $\sum_{n=1}^{\infty}ku_n(k\neq 0)$　B. $\sum_{n=1}^{\infty}u_{n+100}$　C. $\sum_{n=1}^{\infty}(u_{2n}+\frac{1}{2^n})$　D. $\sum_{n=1}^{\infty}\frac{50}{u_n}$

1-4-2.设幂级数 $\sum_{n=0}^{\infty}a_nx^n$ 的收敛半径为 2，则幂级数$\sum_{n=1}^{\infty}na_n(x-2)^{n+1}$ 的收敛区间是(　　)。(2011 年上午第 14 题)

A. $(-2,2)$　B. $(-2,4)$　C. $(0,4)$　D. $(-4,0)$

1-4-3.下列级数中，条件收敛的是（　　）。(2012 年上午第 10 题)

A. $\sum_{n=1}^{\infty}\frac{(-1)^n}{n}$　B. $\sum_{n=1}^{\infty}\frac{(-1)^n}{n^3}$

C. $\sum_{n=1}^{\infty}\frac{(-1)^n}{n(n+1)}$　D. $\sum_{n=1}^{\infty}(-1)^n\frac{n+1}{n+2}$

1-4-4. 当 $|x|<\frac{1}{2}$ 时，函数 $f(x)=\frac{1}{1+2x}$ 的麦克劳林展开式正确的是（　　）。（2012 年上午第 11 题）

A. $\sum_{n=0}^{\infty}(-1)^{n+1}(2x)^n$　　B. $\sum_{n=0}^{\infty}(-2)^n(x)^n$

C. $\sum_{n=1}^{\infty}(-1)^n 2^n x^n$　　D. $\sum_{n=1}^{\infty}2^n x^n$

1-4-5. 正项级数 $\sum_{n=1}^{\infty}a_n$ 的部分和数列 $\{S_n\}$（$S_n=\sum_{i=1}^{\infty}a_i$）有上界是该级数收敛的（　　）。（2013 年上午第 12 题）

A. 充分必要条件　　B. 充分条件而非必要条件

C. 必要条件而非充分条件　　D. 既非充分又非必要条件

1-4-6. 下列幂级数中，收敛半径 $R=3$ 的幂级数是（　　）。（2013 年上午第 17 题）

A. $\sum_{n=0}^{\infty}3x^n$　　B. $\sum_{n=0}^{\infty}3^n x^n$　　C. $\sum_{n=0}^{\infty}\frac{1}{3^{\frac{n}{2}}}x^n$　　D. $\sum_{n=0}^{\infty}\frac{1}{3^{n+1}}x^n$

1-4-7. 级数 $\sum_{n=1}^{\infty}(-1)^n\frac{1}{n^{p-1}}$（　　）。（2014 年上午第 12 题）

A. 当 $1<p\leqslant 2$ 时条件收敛　　B. 当 $p>2$ 时条件收敛

C. 当 $p<1$ 时条件收敛　　D. 当 $p>1$ 时条件收敛

1-4-8. 级数 $\sum_{n=1}^{\infty}\frac{(2x+1)^n}{n}$ 的收敛域是（　　）。（2014 年上午第 17 题）

A. $(-1，1)$　　B. $[-1，1]$　　C. $[-1，0)$　　D. $(-1，0)$

1-4-9. 下列级数中，绝对收敛的级数是（　　）。（2016 年上午第 14 题）

A. $\sum_{n=1}^{\infty}(-1)^{n-1}\frac{1}{n}$　　B. $\sum_{n=1}^{\infty}(-1)^{n-1}\frac{1}{\sqrt{n}}$　　C. $\sum_{n=1}^{\infty}\frac{n^2}{1+n^2}$　　D. $\sum_{n=1}^{\infty}\frac{\sin\frac{3n}{2}}{n^2}$

1-4-10. 幂级数 $\sum_{n=0}^{\infty}\frac{(-1)^n}{2^n}x^n$ 在 $|x|<2$ 的和函数是（　　）。（2016 年上午第 17 题）

A. $\frac{2}{2+x}$　　B. $\frac{2}{2-x}$　　C. $\frac{1}{1-2x}$　　D. $\frac{1}{1+2x}$

1-4-11. 级数 $\sum_{n=1}^{\infty}\frac{(-1)^n}{a_n}(a>0)$ 满足下列什么条件时收敛（　　）。（2017 年上午第 13 题）

A. $\lim\limits_{n\to\infty}a_n=\infty$　　B. $\lim\limits_{n\to\infty}\frac{1}{a_n}=0$

C. $\sum_{n=1}^{\infty}a_n$ 发散　　D. a_n 单调增且 $\lim\limits_{n\to\infty}a_n=\infty$

1-4-12. 幂级数 $\sum_{n=1}^{\infty}\frac{x^n}{n!}$ 的和函数 $s(x)$ 等于（　　）。（2017 年上午第 17 题）

A. e^x　　B. e^x+1　　C. e^x-1　　D. $\cos x$

1-4-13. 下列级数中，发散的是（　　）。（2018A13）

A. $\sum_{n=1}^{\infty}\frac{1}{n(n+1)}$　　B. $\sum_{n=1}^{\infty}\frac{1}{n^{3/2}}$

C. $\sum_{n=1}^{\infty}\left(\frac{n}{2n+1}\right)^2$　　D. $\sum_{n=1}^{\infty}(-1)^n\frac{1}{\sqrt{n}}$

1-4-14. 函数 $f(x)=a^x(a>0, a\neq 1)$ 的麦克劳林展开式中的前三项是(　)。(2018A17)

A. $1+x\ln a+\frac{x^2}{2}$　　B. $1+x\ln a+\frac{\ln a}{2}x^2$

C. $1+x\ln a+\frac{(\ln a)^2}{2}x^2$　　D. $1+\frac{x}{\ln a}+\frac{x^2}{2\ln a}$

答　案

1-4-1.【答案】(B)

利用级数性质易判定A、B、C项均收敛，对于D项，因 $\sum_{n=1}^{\infty}u_n$ 收敛，则有 $\lim\limits_{x\to\infty}u_n=0$，而级数 $\sum_{n=1}^{\infty}\frac{50}{u_n}$ 的一般相为 $\frac{50}{u_n}$，计算 $\lim\limits_{x\to\infty}\frac{50}{u_n}\to\infty$，则级数D发散。

1-4-2.【答案】(C)

由已知条件可知 $\lim\limits_{n\to\infty}\left|\frac{a_n+1}{a_n}\right|=\frac{1}{2}$，设 $x-2=t$，幂级数 $\sum_{n=1}^{\infty}na_n(x-2)^{n+1}$ 化为 $\sum_{n=1}^{\infty}na_nt^{n+1}$，求系数比的极限确定收敛半径，$\lim\limits_{x\to\infty}\left|\frac{(n+1)a_{n+1}}{na_n}\right|=\lim\limits_{x\to\infty}\left|\frac{(n+1)}{n}\cdot\frac{a_{n+1}}{a_n}\right|=\frac{1}{2}$，即 $|t|\leqslant 2$ 收敛，代入得 $-2<x-2<2$，收敛。

1-4-3.【答案】(A)

若级数各项和收敛，但各项绝对值的和发散，则该级数条件收敛，根据莱布尼兹，$\sum_{n=1}^{\infty}\frac{(-1)^n}{n}$ 条件收敛，而 $\sum_{n=1}^{\infty}\frac{(-1)^n}{n^3}$、$\sum_{n=1}^{\infty}\frac{(-1)^n}{n(n+1)}$ 绝对收敛，$\sum_{n=1}^{\infty}(-1)^n\frac{n+1}{n+2}$ 一般项不趋近于零，发散。

1-4-4.【答案】(B)

$|x|<\frac{1}{2}$，即 $-\frac{1}{2}<x<\frac{1}{2}$，$f(x)=\frac{1}{1+2n}$，已知 $\frac{1}{1+x}=1-x+x^2-x^3+\cdots+(-1)^nx^n+\cdots=\sum_{n=0}^{\infty}(-1)^nx^n(-1<x<1)$，$\frac{1}{1+2x}=1-2x+(2x)^2-(2x)^3+\cdots+(-1)^n(2x)^n+\cdots=\sum_{n=0}^{\infty}(-1)^n(2x)^n=\sum_{n=0}^{\infty}(-2)^n(x)^n(-\frac{1}{2}<x<\frac{1}{2})$。

1-4-5.【答案】(A)

正项级数 $\sum_{n=1}^{\infty}a_n$ 收敛的充分必要条件是，它的部分和数列 $\{S_n\}$ 有界。

1-4-6.【答案】(D)

幂级数收敛半径 $R=\frac{1}{\rho}$，D 项，$\rho=\lim\limits_{n\to\infty}\left|\frac{a_{n+1}}{a_n}\right|=\frac{3^{n+1}}{3^{n+2}}=\frac{1}{3}$，$R=3$。

1-4-7.【答案】(A)

根据莱布尼兹判敛法判断交错级数的敛散性，当 $p>1$ 时，$\lim\limits_{n\to\infty}\frac{1}{n^{p-1}}=0$，并且有 $\frac{1}{(n+1)^{p-1}}\leqslant\frac{1}{n^{p-1}}$，因此交错级数 $\sum\limits_{n=1}^{\infty}(-1)^n\frac{1}{n^{p-1}}$ 收敛；判断级数 $\sum\limits_{n=1}\frac{1}{n^{p-1}}$ 的敛散性，该级数为 p 级数，当 $p-1\leqslant 1$，$p\leqslant 2$ 时，该级数发散。综上所述，当 $1<p\leqslant 2$，级数条件收敛。

1-4-8.【答案】(C)

令 $t=2x+1$，则原级数变为 $\sum\limits_{n=1}^{\infty}\frac{t^n}{n}$，新级数的收敛半径为 $\rho=\lim\limits_{n\to\infty}\left|\frac{a_{n+1}}{a_n}\right|=\lim\limits_{n\to\infty}\left|\frac{n}{n+1}\right|=1$，当 $t=1$ 时，级数 $\lim\limits_{n\to\infty}\frac{1}{n}$ 发散；当 $t=-1$ 时，级数 $\lim\limits_{n\to\infty}\frac{(-1)^n}{n}$ 收敛，所以，当 $-1\leqslant t<1$，$-1\leqslant 2x+1<1$，$-1\leqslant x<0$ 时原级数收敛。

1-4-9.【答案】(D)

可将各项分别取绝对值后判别敛散性，A 项，取绝对值后为调和级数，发散。B 项，取绝对之后为 p 级数，且 $p=1/2<1$，发散。C 项，由 $\lim\frac{a_n}{a_{n+1}}\neq 0$，级数发散。D 项，$\frac{\sin\frac{3}{2}n}{n^2}<\frac{1}{n^2}$，由于 $\sum\limits_{n=1}\frac{1}{n^2}$ 收敛，因此 $\frac{\sin\frac{3}{2}n}{n^2}$ 收敛。

1-4-10.【答案】(A)

根据和函数的计算公式，得：$\sum\limits_{n=0}^{\infty}\frac{(-1)^n}{2^n}x^n=\sum\limits_{n=0}^{\infty}(-\frac{1}{2}x)^n=\frac{1}{1-\left(-\frac{1}{2}x\right)}=\frac{2}{2+x}$。

1-4-11.【答案】(D)

当 a_n 单调增且 $\lim\limits_{x\to\infty}a_n=+\infty$ 时，有 $\frac{1}{a_n}$ 单调减且 $\lim\limits_{n\to\infty}\frac{1}{a_n}=0$，这时 $\sum\limits_{n=1}^{+\infty}\frac{(-1)^n}{a_n}(a_n>0)$，收敛。

1-4-12.【答案】(D)

$\sum\limits_{n=0}^{x}\frac{x^n}{n!}$ 为 e^x 的展开式，$S(x)=\sum\limits_{n=1}^{\infty}\frac{x^n}{n!}=\sum\limits_{n=0}^{\infty}-1=e^x-1$。

1-4-13.【答案】(C)

A 项：交错级数，满足 $a_n=\frac{1}{n}>a_{n+1}=\frac{1}{n+1}$，$\lim\limits_{n\to\infty}a_n=\lim\limits_{n\to\infty}\frac{1}{n}=0$，根据交错级数收敛判定条件得，此级数收敛。B 项：P 级数，$P=\frac{3}{2}>1$，级数收敛。D 项：交错级数，满足 $a_n=(-1)^n\frac{1}{\sqrt{n}}>a_{n+1}=(-1)^{n+1}\frac{1}{\sqrt{n+1}}$，$\lim\limits_{n\to\infty}a_n=\lim\limits_{n\to\infty}(-1)^n=\frac{1}{\sqrt{n}}=0$，收敛。

1-4-14.【答案】(C)

求某一函数的麦克劳林展开式步骤：

第一步：求出函数 $f(x)$ 的各阶导数 $f'(x)$、$f''(x)$、$f^3(x)$、…、$f^n(x)$；

第二步：求出函数及其各阶导数在 $x=0$ 处的值 $f(0)$、$f'(0)$、$f''(0)$、$f^3(0)$、…、$f^n(0)$；

第三步：写出幂级数 $f(0)+f'(0)x+\dfrac{f''(0)}{2!}x^2+\cdots+\dfrac{f''(0)}{n!}x^n+\cdots$。

本题 $f'(x)=a^x\ln a$，$f''(x)=a^x(\ln a)^2$，$f(0)=1$，$f'(0)=\ln a$，$f''(0)=(\ln a)^2$，前三项展开式为 $f(0)+f'(0)x+\dfrac{f''(0)}{2!}x^2=1+\ln a\cdot x+\dfrac{\ln(a)^2}{2}x^2$。

第五节 常微分方程

一、考试大纲

常微分方程的基本概念；变量可分离的微分方程；齐次微分方程；一阶线性微分方程；全微分方程；可降阶的高阶微分方程；线性微分方程解的性质及解的结构定理；二阶常系数齐次线性微分方程。

二、知识要点

(一) 微分方程基本概念

① 微分方程：表示未知函数及其导数与自变量之间的关系的方程，称为微分方程。

② 微分方程的阶：微分方程中出现未知函数的最高阶导数的阶数，叫微分方程的阶。

③ 微分方程的解：代入微分方程使方程成为恒等式的函数叫做微分方程的解。

④ 微分方程的通解：若微分方程的解中含有任意常数，且任意常数的个数与微分方程的阶数相同，则称此解为微分方程的通解。

⑤ 微分方程的特解：通解中任意常数被初始条件确定后的解为微分方程的特解。

⑥ 线性微分方程：若微分方程中未知函数对自变量的各阶导数的乘方次数都是一次，称为线性微分方程，否则为非线性微分方程。

⑦ 齐次方程：在微分方程中，不含未知函数及其导数的项称为自由项，自由项为零的方程称为齐次方程，否则称为非齐次方程。

(二) 一阶微分方程的解法

1.可分离变量的微分方程

若一个一阶微分方程可写成：$g(y)\mathrm{d}y=f(x)\mathrm{d}x$，则称原方程为可分离变量的微分方程。

将方程写成$\dfrac{\mathrm{d}y}{g(y)}=f(x)\mathrm{d}x$后，对方程两边积分$\int\dfrac{\mathrm{d}y}{g(y)}=\int f(x)\mathrm{d}x$，得到的解即为原方程的通解。

【例 1-5-1】 解微分方程$\dfrac{dy}{dx}=\dfrac{x+xy^2}{y+x^2y}$。

解： $\dfrac{y}{1+y^2}dy=\dfrac{x}{1+x^2}dx$，$\dfrac{1}{2}\ln(1+y^2)=\dfrac{1}{2}\ln(1+x^2)+\dfrac{1}{2}\ln c$，$1+y^2=c(1+x^2)$。

2. 齐次方程

若一阶微分方程可化为$\dfrac{dy}{dx}=\varphi\left(\dfrac{y}{x}\right)$的形式，则称此方程为齐次方程。

设$u=\dfrac{y}{x}$，则$\dfrac{dy}{dx}=u+x\dfrac{du}{dx}$代入原式并积分得$\displaystyle\int\frac{du}{\varphi(u)-u}=\int\frac{dx}{x}$，将$u=\dfrac{y}{x}$代回原方程，即得到原方程的通解。

3. 一阶线性微分方程

若方程可化为$\dfrac{dy}{dx}+P(x)y=Q(x)$的形式，则称此方程为一阶线性微分方程。

当$Q(x)=0$时，方程为一阶线性齐次微分方程；当$Q(x)\neq0$时，方程为一阶线性非齐次微分方程。

一阶线性非齐次微分方程的通解＝对应的齐次方程的通解＋非齐次线性方程的特解。即：

$$y=e^{-\int P(x)dx}\left[\int Q(x)e^{\int P(x)dx}dx+c\right] \tag{1-5-1}$$

【例 1-5-2】 解微分方程$y'+2xy=0$。

解： $y=ce^{-\int 2x dx}=ce^{-x^2}$。

【例 1-5-3】 解微分方程$y'+\dfrac{1}{x}y=x^2$。

解： $y=ce^{-\int\frac{1}{x}dx}\left(x^2e^{\int\frac{1}{x}dx}dx+c\right)=e^{-\ln x}\left(\int x^2e^{\ln x}dx+c\right)=\dfrac{1}{x}\left(\int x^2\cdot x dx+c\right)$

$=\dfrac{1}{x}\left(\dfrac{x^4}{4}+c\right)$。

4. 全微分方程

若方程$P(x, y)dx+Q(x, y)dy=0$的左边恰好是某一函数$u(x, y)$的全微分，使得方程$du=P(x, y)dx+Q(x, y)dy$成立，则称此方程为全微分方程，其通解为$u(x, y)=c$。

当函数$P(x, y)$、$Q(x, y)$在单连通域G内具有一阶连续偏导数时，即有式$\dfrac{\partial P}{\partial y}=\dfrac{\partial Q}{\partial x}$成立，则全微分方程的通解：

$$u(x, y)=\int_{x_0}^{x}P(x, y)dx+\int_{y_0}^{y}Q(x_0, y)dy=c \tag{1-5-2}$$

其中，$(x_0$、$y_0)$为在区域G内选定的点。

（三）可降阶的高阶微分方程

1. $y^{(n)}=f(x)$型的微分方程

通过积分n次求其通解，每积分一次，方程阶数降低一次，方程出现一常数，则积分

n 次出现 n 个任意常数的通解。

2. $y^{n}=f(x, y')$ 型的微分方程

方程右边不显含未知函数 y。设 $y'=p$，则 $y''=p'$，原方程可化为 $p'=f(x, p)$，此方程是关于变量 x、p 的一阶微分方程，设其通解为 $p=\varphi(x, c_1)$，代入 $y'=p$，得到一阶微分方程 $\dfrac{\mathrm{d}y}{\mathrm{d}x}=\varphi(x, c_1)$，积分后得到原方程的通解为 $y=\int\varphi(x, c_1)\mathrm{d}x+c_2$。

3. $y''=f(y, y')$ 型的微分方程

方程右边不显含未知函数 x。设 $y'=p$，则 $y''=\dfrac{\mathrm{d}p}{\mathrm{d}x}=\dfrac{\mathrm{d}p}{\mathrm{d}y}\cdot\dfrac{\mathrm{d}y}{\mathrm{d}x}=p\dfrac{\mathrm{d}p}{\mathrm{d}y}$，原方程可化为 $p\dfrac{\mathrm{d}p}{\mathrm{d}y}=f(y, p)$，此方程是关于变量 y、p 的一阶微分方程，设其通解为 $p=\varphi(y, c_1)$，分离变量并积分得到原方程的通解为 $y=\int\dfrac{\mathrm{d}y}{\varphi(y, c_1)}=x+c_2$。

(四) 二阶线性微分方程

方程 $y''+P(x)y'+Q(x)y=f(x)$ 称为二阶线性非齐次方程；方程 $y''+P(x)y'+Q(x)y=0$ 称为二阶线性齐次方程。

1. 二阶线性齐次方程解的结构

① 若函数 $y_1(x)$、$y_2(x)$ 是方程 $y''+P(x)y'+Q(x)y=0$ 的两个解，则：$y=c_1y_1+c_2y_2$(c_1、c_2 为任意常数) 也是此方程的解。

② 若函数 $y_1(x)$、$y_2(x)$ 是方程 $y''+P(x)y'+Q(x)y=0$ 的两个线性无关的特解，则：

$y=c_1y_1+c_2y_2$(c_1、c_2 为任意常数) 则是此方程的通解。

2. 二阶线性非齐次方程解的结构

① 若 $y^*(x)$ 是方程 $y''+P(x)y'+Q(x)y=f(x)$ 的一个特解，$Y(x)$ 是方程 $y''+P(x)y'+Q(x)y=0$ 的通解，则方程 $y''+P(x)y'+Q(x)y=f(x)$ 的通解为 $y=Y(x)+y^*(x)$。

② 设方程 $y''+P(x)y'+Q(x)y=f_1(x)+f_2(x)$，$y_1^*(x)$、$y_2^*(x)$ 分别是方程 $y''+P(x)y'+Q(x)y=f_1(x)$、$y''+P(x)y'+Q(x)y=f_2(x)$ 的特解，则方程 $y''+P(x)y'+Q(x)y=f_1(x)+f_2(x)$ 的特解为 $y^*=y_1^*(x)+y_2^*(x)$。

(五) 二阶常系数线性齐次方程

方程 $y''+py'+qy=0$(p、q 为常数) 称为二阶常系数线性齐次方程。

方程 $r^2+pr+q=0$ 称为二阶常系数线性齐次方程的特征方程。

二阶常系数线性齐次方程通解的求解过程如下。

① 根据特征方程求出特征根：$r_{1,2}=\dfrac{-p\pm\sqrt{p^2-4p}}{2}$。

② 根据特征根，写出方程通解。

当 $r_1\neq r_2$，即特征方程有两个不同的特征根时，方程的通解为：

$$y=c_1\mathrm{e}^{r_1x}+c_2\mathrm{e}^{r_2x} \tag{1-5-3}$$

当 $r_1=r_2$，即特征方程有两个相同的特征根时，方程的通解为：

$$y=e^{r_1x}(c_1+c_2x) \tag{1-5-4}$$

当 $r_{1,2}=\alpha\pm i\beta$，即特征方程有共轭复根时，方程的通解为：

$$y=e^{\alpha x}(c_1\cos\beta x+c_2\sin\beta x) \tag{1-5-5}$$

【例 1-5-4】 求方程 $y''-\pi y=0$ 的通解。

解：特征方程为 $r^2-\pi=0$，特征根为 $r_{1,2}=\pm\sqrt{\pi}$，所以方程的通解为 $y=c_1e^{-\sqrt{\pi}x}+c_2e^{\sqrt{\pi}x}$。

【例 1-5-5】 求方程 $y''+2y'+5y=0$ 的通解。

解：方程的特征方程为 $r^2+2r+5=0$，特征根为 $r_{1,2}=\dfrac{-2\pm\sqrt{4-20}}{2}=-1\pm 2i$，所以方程的通解为 $y=e^{-x}(c_1\cos 2x+c_2\sin 2x)$。

【例 1-5-6】 求方程 $y''-2y'+y=2x$ 的通解。

解：方程的特征方程为 $r^2-2r+1=0$，$r_{1,2}=1$，$Y=(c_1+c_2x)e^x$，设 $y^*=Ax+B$ 代入方程，得 $-2A+Ax+B=2x$，$A=2$，$B=4$，$y^*=2x+4$，方程通解为：$y=Y+y^*=(c_1+c_2x)e^x+2x+4$。

历年真题

1-5-1. 微分方程 $xy\mathrm{d}x=\sqrt{2-x^2}\mathrm{d}y$ 的通解是（　　）。（2011A15）

A. $y=e^{-C\sqrt{2-x^2}}$　　B. $y=e^{-\sqrt{2-x^2}}+C$

C. $y=Ce^{-\sqrt{2-x^2}}$　　D. $y=C-\sqrt{2-x^2}$

1-5-2. 微分方程 $\dfrac{\mathrm{d}y}{\mathrm{d}x}-\dfrac{y}{x}=\tan\dfrac{y}{x}$ 的通解为（　　）。（2011A16）

A. $\sin\dfrac{y}{x}=Cx$　　B. $\cos\dfrac{y}{x}=Cx$　　C. $\sin\dfrac{y}{x}=C+x$　　D. $Cx\sin\dfrac{y}{x}=1$

1-5-3. 已知微分方程 $y'+p(x)y=q(x)[q(x)\neq 0]$ 有两个不同的特解 $y_1(x)$，$y_2(x)$，C 为任意常数，则该微分方程的通解是（　　）。（2012A12）

A. $y=C(y_1-y_2)$　　B. $y=C(y_1+y_2)$

C. $y=y_1+C(y_1+y_2)$　　D. $y=y_1+C(y_1-y_2)$

1-5-4. 若以 $y_1=e^x$，$y_2=e^{-3x}$ 为特解的二阶线性常系数齐次微分方程是（　　）。（2012A13）

A. $y''-2y'-3y=0$　　B. $y''+2y'-3y=0$

C. $y''-3y'+2y=0$　　D. $y''+3y'+2y=0$

1-5-5. 微分方程 $\dfrac{\mathrm{d}y}{\mathrm{d}x}+\dfrac{x}{y}=0$ 的通解是（　　）。（2012A14）

A. $x^2+y^2=C(C\in R)$　　B. $x^2-y^2=C(C\in R)$

C. $x^2+y^2=C^2(C\in R)$　　D. $x^2-y^2=C^2(C\in R)$

1-5-6. 微分方程 $xy'-y\ln y=0$ 满足 $y(1)=e$ 的特解是（　　）。（2013A10）

A. $y=ex$　B. $y=e^x$　C. $y=e^{2x}$　D. $y=\ln x$

1-5-7. 设 $z=z(x, y)$ 是由方程 $xz-xy+\ln(xyz)=0$ 所确定的可微函数，则 $\frac{\partial z}{\partial y}=$ (　　)。(2013A11)

A. $\frac{-xz}{xz+1}$　B. $-x+\frac{1}{2}$　C. $\frac{z(-xz+y)}{x(xz+1)}$　D. $\frac{z(xy-1)}{y(xz+1)}$

1-5-8. 微分方程 $y''-3y'+2y=xe^x$ 的待定特解的形式是(　　)。(2013A14)

A. $y=(Ax^2+Bx)e^x$　B. $y=(Ax+B)e^x$

C. $y=Ax^2e^x$　D. $y=Axe^x$

1-5-9. 微分方程 $xy'-y=x^2e^{2x}$ 的通解 y 等于(　　)。(2014A10)

A. $x\left(\frac{1}{2}e^{2x}+C\right)$　B. $x(e^{2x}+C)$

C. $x\left(\frac{1}{2}x^2e^{2x}+C\right)$　D. $x^2e^{2x}+C$

1-5-10. 函数 $y=C_1e^{-x+C_2}$ (C_1, C_2 为任意常数) 是微分方程 $y''-y'-2y=0$ 的(　　)。(2014A13)

A. 通解　B. 特解

C. 不是解　D. 解，既不是通解又不是特解

1-5-11. 微分方程 $\frac{dy}{dx}=\frac{1}{xy+y^3}$ 是(　　)。(2016A3)

A. 齐次微分方程　B. 可分离变量的微分方程

C. 一阶线性微分方程　D. 二阶微分方程

1-5-12. 微分方程 $y''-2y'+y=0$ 的两个线性无关的特解是(　　)。(2016A12)

A. $y_1=x$，$y_2=e^x$　B. $y_1=e^{-x}$，$y_2=e^x$

C. $y_1=e^{-x}$，$y_2=xe^{-x}$　D. $y_1=e^x$，$y_2=xe^x$

1-5-13. 微分方程 $y'-y=0$ 满足 $y(0)=2$ 的特解是(　　)。(2017A4)

A. $y=2e^{-x}$　B. $y=2e^x$　C. $y=e^x+1$　D. $y=e^{-x}+1$

1-5-14. 若 $y=g(x)$ 由方程 $e^y+xy=e$ 确定，则 $y'(0)$ 等于(　　)。(2017A6)

A. $-\frac{y}{e^y}$　B. $-\frac{y}{x+e^y}$　C. 0　D. $-\frac{1}{e}$

1-5-15. 微分方程 $y''+y'+y=e^x$ 的特解(　　)。(2017A15)

A. $y=e^x$　B. $y=\frac{1}{2}e^x$　C. $y=\frac{1}{3}e^x$　D. $y=\frac{1}{4}e^x$

1-5-16. 微分方程 $y''=\sin x$ 的通解 y 等于(　　)。(2018A8)

A. $-\sin x+C_1+C_2$　B. $-\sin x+C_1x+C_2$

C. $-\cos x+C_1x+C_2$　D. $\sin x+C_1x+C_2$

1-5-17. 在下列微分方程中，以函数 $y=C_1e^{-x}+C_2e^{4x}$ (C_1, C_2 为任意常数) 为通解的微分方程是(　　)。(2018A14)

A. $y''+3y'-4y=0$　B. $y''-3y'-4y=0$

C. $y''+3y'+4y=0$　D. $y''+y'-4y=0$

答　案

1-5-1.【答案】（C）

分离变量，化为可分离变量方程$\frac{x}{\sqrt{2-x^2}}dx=\frac{1}{y}dy$，两边进行不定积分，得最后结果。左边积分$\int\frac{x}{\sqrt{2-x^2}}dx=-\frac{1}{2}\int\frac{d(2-x^2)}{\sqrt{2-x^2}}=-\sqrt{2-x^2}$，右边积分$\int\frac{1}{y}dy=\ln y+C$，所以$-\sqrt{2-x^2}=\ln y+C_1$，$y=Ce^{-\sqrt{2-x^2}}$。

1-5-2.【答案】（A）

微分方程为一阶齐次方程，设$u=\frac{y}{x}$，$y=xu$，$\frac{dy}{dx}=u+x\frac{du}{dx}$代入简化得$\cot u du=\frac{1}{x}dx$，两边积分$\int\cot u du=\int\frac{1}{x}dx$，$\ln|\sin u|=\ln 1\times 1+C$，$\sin u=Cx$，代入$u$，得$\sin\frac{y}{x}=Cx$。

1-5-3.【答案】（D）

非齐次微分方程通解的求解$y'+p(x)y=q(x)$，$y_1(x)-y_2(x)$为对应齐次方程的解。所以微分方程$y'+p(x)y=q(x)$的通解为$y=y_1+C(y_1-y_2)$。

1-5-4.【答案】（B）

$y''+2y'-3y=0\Rightarrow r^2+2r-3=0\Rightarrow r_1=-3$，$r_2=1$，所以$y_1=e^x$，$y_2=e^{-3x}$为$B$项的特解。

1-5-5.【答案】（C）

$\frac{dy}{dx}=-\frac{x}{y}\Rightarrow ydy=-xdx$，两边积分得：$\frac{1}{2}y^2=-\frac{1}{2}x^2+C\Rightarrow y^2=-x^2+2C$，可得$y^2+x^2=C_1$，这里常数$C_1$必须满足$C_1\geqslant 0$，故方程的通解为$x^2+y^2=C^2(C\in R)$。

1-5-6.【答案】（B）

将各项答案代入已知条件判断如下：A项，$ex-ex\ln(ex)\neq 0$，不满足。B项，$e^x x-e^x x=0$，当$x=1$时，$y(1)=e$，满足。C项，$2e^{2x}x-2e^{2x}x=0$，$y(1)=e^2$，满足。D项，$1-\ln x\ln(\ln x)\neq 0$，不满足。

1-5-7.【答案】（D）

$F(x, y, z)=xz-xy+\ln(xyz)$，

$F_x=z-y+\frac{yz}{xyz}=z-y+\frac{1}{x}$，$F_y=-x+\frac{xz}{xyz}=-x+\frac{1}{y}$，$F_z=x+\frac{yx}{xyz}=x+\frac{1}{z}$，

$$\frac{\partial z}{\partial y}=-\frac{F_x}{F_z}=-\frac{-\frac{xy+1}{y}}{\frac{xz+1}{z}}=\frac{z(xy-1)}{y(xz+1)}。$$

1-5-8.【答案】（A）

当形如$y''+PY'+QY=P(x)e^{\lambda x}$的非齐次方程的特解为：$y^*=x^kQ(x)e^{\lambda x}$，其中$k$的取值视$\lambda$在特征方程中的根的情况而定，此方程对应的齐次方程的特征方程为：$r^2-3r+2=0$，特征根为$r=2$，$r=1$为单根形式，$\lambda=1$，故$k=1$。

1-5-9.【答案】(A)

一阶齐次线性方程组的通解为 $y=e^{-\int P(x)dx}\left[\int Q(x)e^{\int P(x)dx}dx+C\right]$，原方程可变形为 $y'-\frac{1}{x}y=xe^{2x}$，因此 $P(x)=-\frac{1}{x}$，$Q(x)=xe^{2x}$，代入通解公式，得到原方程的通解为 $y=x\left(\frac{1}{2}e^{2x}+C\right)$。

1-5-10.【答案】(D)

特征方程为 $\lambda^2-\lambda-2=0\Rightarrow\lambda_1=2$，$\lambda_2=-1$，二阶齐次微分方程的通解为：$y=C_1e^{2x}+C_2e^{-x}$，特解：根据初始条件确定待定系数 C_1、C_2 的值，将 $y=C_1e^{-x+C_2}$ 代入原方程，等式成立，因此是方程的解，但它既不是通解也不是特解。

1-5-11.【答案】(C)

一阶线性微分方程一般有两种形式：$\frac{dy}{dx}+P(x)y=Q(x)$，或 $\frac{dy}{dx}+P(y)x=Q(y)$，对题中方程两边分别取倒数，整理得：$\frac{dx}{dy}-yx=y^3$，显然属于第二种类型的一阶线性微分方程。

1-5-12.【答案】(D)

特征方程为：$r^2-2r+1=0$，得到 $r_1=r_2=1$，因此方程的通解为：$y=e^x(c_1+c_2x)$，则两个线性无关解为 c_1e^x、c_2xe^x，c_1、c_2 为常数。

1-5-13.【答案】(B)

对 $\frac{dy}{dx}=y$ 分离变量并积分得 $y=ce^x$，把 $y(0)=2$ 代入得 $c=2$。

1-5-14.【答案】(D)

将 $x=0$ 代入 $e^y+xy=e$，解得 $y=1$，再对 $e^y+xy=e$ 两边关于 x 求导得 $e^yy'+y+xy'=e$，将 $x=0$，$y=1$ 代入得 $ey'(0)+1=0$，得到 $y'(0)=-\frac{1}{e}$。

1-5-15.【答案】(C)

求解特征方程，1 并非特征方程的根，设特解 $y=Ae^x$ 代入原方程得到 $A=\frac{1}{3}$，$y=\frac{1}{3}e^x$。

1-5-16.【答案】(B)

$y''=\sin x$，$y'=-\cos x+C_1$，$y=-\sin x+C_1x+C_2$。

1-5-17.【答案】(B)

A 项：特征方程为 $r^2+3r-4=0$，$r_1=1$，$r_2=-4$，两个不相等实根，其通解为 $y=C_1e^x+C_2e^{-4x}$。同理，B 项特征方程为 $r^2-3r-4=0$，$r_1=-1$，$r_2=4$，两个不相等实根，其通解为 $y=C_1e^{-x}+C_2e^{4x}$。C 项特征方程为：$r^2+3r+4=0$，$r_1=-1$，$r_2=-3$，两个不相等实根，其通解为 $y=C_1e^{-x}+C_2e^{-3x}$，选 B。

第六节 线性代数

一、考试大纲

行列式的性质及计算；行列式按行展开定理的应用；矩阵的运算；逆矩阵的概念、性质及求法；矩阵的初等变换和初等矩阵；矩阵的秩；等价矩阵的概念和性质；向量的线性表示；向量组的线性相关和线性无关；线性方程组有解的判定；线性方程组求解；矩阵的特征值和特征向量的概念与性质；相似矩阵的概念和性质；矩阵的相似对角化；二次型及其矩阵表示；合同矩阵的概念和性质；二次型的秩；惯性定理；二次型及其矩阵的正定性。

二、知识要点

(一) 行列式及其计算

二阶行列式：$D_2=\begin{vmatrix}a_{11} & a_{12}\\ a_{21} & a_{22}\end{vmatrix}=a_{11}a_{22}-a_{12}a_{21}$。

三阶行列式：$D_3=\begin{vmatrix}a_{11} & a_{12} & a_{13}\\ a_{21} & a_{22} & a_{23}\\ a_{31} & a_{32} & a_{33}\end{vmatrix}$

$$=a_{11}a_{22}a_{33}+a_{12}a_{23}a_{31}+a_{13}a_{21}a_{32}-a_{13}a_{22}a_{31}-a_{11}a_{23}a_{32}-a_{12}a_{21}a_{33}。\tag{1-6-1}$$

n 阶行列式：

$$D_n=\begin{vmatrix}a_{11} & a_{12} & \cdots & a_{1n}\\ \vdots & \vdots & & \vdots\\ a_{n1} & a_{n2} & \cdots & a_{nn}\end{vmatrix}\tag{1-6-2}$$

1. n 阶行列式的计算

余子式：在 n 阶行列式 D 中划去元素 a_{ij} 所在的第 i 行第 j 列后，余下的 $n-1$ 阶行列式叫做元素 a_{ij} 的余子式，记作 M_{ij}，再记 $A_{ij}=(-1)^{i+j}M_{ij}$ 称为元素 a_{ij} 的代数余子式。

2. 行列式按行展开定理

n 阶行列式 $D=|a_{ij}|$ 等于它的任意一行(列)的各元素与其对应代数余子式乘积的和，即：

$$D_n=\begin{vmatrix}a_{11} & a_{12} & \cdots & a_{1n}\\ \vdots & \vdots & & \vdots\\ a_{n1} & a_{n2} & \cdots & a_{nn}\end{vmatrix}=a_{i1}A_{i1}+a_{i2}A_{i2}+\cdots+a_{in}A_{in}=a_{1j}A_{1j}+a_{2j}A_{2j}+\cdots+a_{nj}A_{nj}\tag{1-6-3}$$

记 $D=\begin{vmatrix}a_{11} & a_{12} & \cdots & a_{1n}\\ a_{21} & a_{22} & \cdots & a_{2n}\\ \vdots & \vdots & & \vdots\\ a_{n1} & a_{n2} & \cdots & a_{nn}\end{vmatrix}$，$D^{\mathrm{T}}=\begin{vmatrix}a_{11} & a_{21} & \cdots & a_{n1}\\ a_{12} & a_{22} & \cdots & a_{n2}\\ \vdots & \vdots & & \vdots\\ a_{1n} & a_{2n} & \cdots & a_{nn}\end{vmatrix}$，行列式 D^{T} 称为行列式 D

的转置行列式。

3. 行列式的性质

① 若行列式中有一行(列)元素为0、有两行(列)元素相同、有两行(列)元素成比例，则行列式等于0。

② 行列式与它的转置行列式相等。

③ 互换行列式的两行(列)，行列式变号。

④ 行列式的某一行(列)中所有元素都乘以同一数 k，等于用数 k 乘此行列式。

⑤ 把行列式的某一行(列)各元素乘以同一数后加到另一行(列)的对应的元素上，行列式的值不变。

(二) 矩阵及其计算

1. 定义

由 $m\times n$ 个数 a_{ij}($i=1$, 2, 3, …, m; $j=1$, 2, 3, …, n)排成的 m 行 n 列的数表

$$A_{m\times n}=\begin{bmatrix} a_{11} & a_{12} & \cdots & a_{1n} \\ a_{21} & a_{22} & \cdots & a_{2n} \\ \vdots & \vdots & & \vdots \\ a_{m1} & a_{m2} & \cdots & a_{mn} \end{bmatrix}=(a_{ij})_{m\times n} \tag{1-6-4}$$

称为 m 行 n 列矩阵。

2. 几种常见的矩阵

① 行矩阵。只有一行的矩阵，即：$A=(a_1, a_2, \cdots, a_n)$ 称为行矩阵。

② 列矩阵。只有一列的矩阵，即：

$$B=\begin{pmatrix} b_1 \\ b_2 \\ \vdots \\ b_m \end{pmatrix} \tag{1-6-5}$$

③ 零矩阵。所有元素都是零的矩阵，记作0。

④ n 阶方阵。若矩阵 m 与 n 相等，则称此矩阵为 n 阶方阵。

⑤ 单位矩阵。若 n 阶方阵的主对角元素都是1，其余元素都是0，则称此矩阵为 n 阶单位矩阵，记为 E。

⑥ 对角矩阵。若 n 阶方阵的主对角元素以外的元素都是0，则称此矩阵为对角矩阵。

⑦ 三角矩阵。将矩阵

$$\begin{bmatrix} a_{11} & \cdots & a_{1n} \\ & \ddots & \vdots \\ 0 & & a_{nn} \end{bmatrix} \quad \begin{bmatrix} a_{11} & & 0 \\ \vdots & \ddots & \\ a_{n1} & \cdots & a_{nn} \end{bmatrix} \tag{1-6-6}$$

分别称为上三角矩阵和下三角矩阵。

⑧ 转置矩阵。把矩阵 A 的行依次换成同序数的列所排成的新矩阵，叫做 A 的转置矩阵，记作 A^{T}，即：

$$A=\begin{bmatrix}a_{11} & a_{12} & \cdots & a_{1n}\\ a_{21} & a_{22} & \cdots & a_{2n}\\ \vdots & \vdots & & \vdots\\ a_{m1} & a_{m2} & \cdots & a_{mn}\end{bmatrix} A^{T}=\begin{bmatrix}a_{11} & a_{21} & \cdots & a_{m1}\\ a_{12} & a_{22} & \cdots & a_{m2}\\ \vdots & \vdots & & \vdots\\ a_{1n} & a_{2n} & \cdots & a_{mn}\end{bmatrix} \tag{1-6-7}$$

⑨ 对称矩阵、反对称矩阵。若 n 阶方阵 A 与它的转置矩阵 A^T 相等，即 $A=A^T$，则称 A 为对称矩阵，若 $A=-A^T$，则称 A 为反对称矩阵。

⑩ 奇异矩阵、非奇异矩阵。对于 n 阶方阵 A，当 $|A|=0$ 时，A 为奇异矩阵；当 $|A|\neq 0$ 时，A 为非奇异矩阵。

⑪ 正交矩阵。若 n 阶方阵满足：$A^TA=AA^T=E$，则称 A 为正交矩阵。

3.矩阵的运算

① 矩阵相等。若矩阵 $A_{m\times n}=(a_{ij})$ 与 $B_{m\times n}=(b_{ij})$ 对应的元素相等，即：

$$a_{ij}=b_{ij}(i=1,2,3,\cdots,m;\ j=1,2,3,\cdots,n) \tag{1-6-8}$$

则称矩阵 A 与 B 相等，记为 $A=B$。

② 矩阵的加法。设矩阵 $A=(a_{ij})_{m\times n}$ ：$B=(b_{ij})_{m\times n}$，则 $A+B=(a_{ij}+b_{ij})_{m\times n}$，即：

$$A+B=\begin{bmatrix}a_{11}\pm b_{11} & \cdots & a_{1n}\pm b_{1n}\\ a_{21}\pm b_{21} & \cdots & a_{2n}\pm b_{2n}\\ \vdots & & \vdots\\ a_{m1}\pm b_{m2} & \cdots & a_{mn}\pm b_{mn}\end{bmatrix} \tag{1-6-9}$$

$A+B=B+A$；$(A+B)+C=A+(B+C)$。

③ 数与矩阵相乘。数 λ 与矩阵 A 的乘积记作 λA，即：

$$\lambda A=\begin{bmatrix}\lambda a_{11} & \lambda a_{12} & \cdots & \lambda a_{1n}\\ \lambda a_{21} & \lambda a_{22} & \cdots & \lambda a_{2n}\\ \vdots & \vdots & & \vdots\\ \lambda a_{m1} & \lambda a_{m2} & \cdots & \lambda a_{mn}\end{bmatrix} \tag{1-6-10}$$

$\lambda(A+B)=\lambda A+\lambda B$；$(\lambda+\mu)A=\lambda A+\mu A$；$(\lambda\mu)A=\lambda(\mu A)$。

④ 矩阵的乘法。设矩阵 $A=(a_{ij})_{m\times s}$、$B=(b_{ij})_{s\times n}$，则 $C=AB=(c_{ij})_{m\times n}$，即：

$$C=AB=a_{i1}b_{1j}+a_{i2}b_{2j}+\cdots+a_{is}b_{sj}=\sum_{k=1}^{s}a_{ik}b_{kj} \tag{1-6-11}$$

$ABC=(AB)C=A(BC)$；$\lambda(AB)=(\lambda A)B=A(\lambda B)$；$A(B+C)=AB+AC$，$(B+C)A=BA+CA$。

⑤ 矩阵的转置计算。

$(A^T)^T=A$；$(A+B)^T=A^T+B^T$；$(\lambda A)^T=\lambda A^T$（$\lambda$ 为常数）；$(AB)^T=B^TA^T$

⑥ 方阵的幂计算。

设 A 为 n 阶方阵，则 A^k 表示 k 个 A 相乘，$(A^k)^l=A^{kl}$；$A^kA^l=A^k+A^l$。

对于两个 n 阶方阵 A、B，$(AB)^k\neq A^kB^k$。

⑦ 方阵的行列式

由 n 阶方阵 A 的元素所构成的行列式，称为方阵 A 的行列式，记作 $|A|$，n 阶方阵是 n^2 个数按一定方式排列成的数表，n 阶行列式则是一个数。

若 A、B 为 n 阶方阵，则 $|A|$ 和 $|B|$ 满足如下关系：

$|A^{T}|=|A|$；$|kA|=k^{n}|A|$（k 为常数）；$|AB|=|A||B|$；$|AB|=|BA|$；$|A^{k}|=|A|^{k}$；$|A^{-1}|=|A|^{-1}=\frac{1}{|A|}$。

注意：

a. 矩阵的乘法不满足交换律，即 $AB\neq BA$。

b. 当矩阵 $AB=0$ 时，不能推出 $A=0$ 或 $B=0$，如 $\begin{bmatrix}1 & 1\\-1 & -1\end{bmatrix}\begin{bmatrix}-1 & -1\\1 & 1\end{bmatrix}=\begin{bmatrix}0 & 0\\0 & 0\end{bmatrix}$。

c. 当 $A^{2}=0$，不能推出 $A=0$，如 $A=\begin{bmatrix}1 & -1\\1 & -1\end{bmatrix}$，$A^{2}=\begin{bmatrix}1 & -1\\1 & -1\end{bmatrix}\begin{bmatrix}1 & -1\\1 & -1\end{bmatrix}=\begin{bmatrix}0 & 0\\0 & 0\end{bmatrix}$。

d. 当 $AB=AC$，且 $A\neq 0$，无法确定 $B=C$。当 A 可逆，结论成立。

e. $A^{2}=A$，无法确定 $A=0$ 或 $A=E$。当 A 可逆时，$A=E$；当 $A-E$ 可逆时，$A=0$。

(三) 逆矩阵

1. 定义

设 A 为 n 阶方阵，若存在 n 阶方阵 B，使得 $AB=BA=E$，则称方阵 A 为可逆矩阵，并称 B 为 A 的可逆矩阵，记作 $B=A^{-1}$。

2. 逆矩阵的性质

① 若 A 可逆，A^{-1} 可逆，则 $(A^{-1})^{-1}=A$。

② 若 A、B 均可逆，则 AB 可逆，且 $(AB)^{-1}=B^{-1}A^{-1}$。

③ 若 A 可逆，数 $\lambda\neq 0$，则 λA 可逆，且 $(\lambda A)^{-1}=\frac{1}{\lambda}A^{-1}$。

④ 若 A 可逆，则 A^{T} 也可逆，且 $(A^{T})^{-1}=(A^{-1})^{T}$。

⑤ 若 A 可逆，则 $|A^{-1}|=|A|^{-1}=\frac{1}{|A|}$。

⑥ 若 A、B 均可逆，则 $\begin{bmatrix}A & \\ & B\end{bmatrix}^{-1}=\begin{bmatrix}A^{-1} & 0\\0 & B^{-1}\end{bmatrix}^{-1}$，$\begin{bmatrix}A & 0\\0 & B\end{bmatrix}^{-1}=\begin{bmatrix}0 & B^{-1}\\A^{-1} & 0\end{bmatrix}$。

3. 方阵可逆的充分必要条件

伴随矩阵：设 n 阶方阵 $A=(a_{ij})$，元素 a_{ij} 在 $|A|$ 中的代数余子式为 A_{ij}，则矩阵

$$A^{*}=\begin{bmatrix}A_{11} & A_{21} & \cdots & A_{n1}\\A_{12} & A_{22} & \cdots & A_{n2}\\\vdots & \vdots & & \vdots\\A_{1n} & A_{2n} & \cdots & A_{nn}\end{bmatrix} \tag{1-6-12}$$

称为 A 的伴随矩阵。

伴随矩阵的性质：

① $AA^{*}+A^{*}A=|A|E$。

② 若 A 为 n 阶方阵，则 $|A^{*}|=|A|^{n-1}$。

③ 若 A 可逆，则 $A^{*}=|A|A^{-1}$，$(A^{-1})^{*}=(A^{*})^{-1}$，$(A^{*})^{-1}=\frac{A}{|A|}$。

④ 若A、B为n阶方阵，则$(kA)^*=k^{n-1}A^*$，$(A^k)^*=(A^*)^k$，$(A^*)^*=|A|^{n-2}$，$(AB)^*=B^*A^*$。

方阵A可逆的充分必要条件是$|A|\neq 0$，当$|A|\neq 0$时，则有：

$$A^{-1}=\frac{1}{|A|}A^* \tag{1-6-13}$$

【例 1-6-1】 求$A=\begin{bmatrix}7 & 4\\ -1 & 2\end{bmatrix}$的伴随矩阵$A^*$。

解：$A^*=\begin{bmatrix}A_{11} & A_{21}\\ A_{12} & A_{22}\end{bmatrix}=\begin{bmatrix}2 & -4\\ 1 & 7\end{bmatrix}$。

4. 求逆矩阵的方法

① 利用伴随矩阵求解，即：

$$A^{-1}=\frac{1}{|A|}A^* \tag{1-6-14}$$

② 利用初等变换求解

设n阶方阵A与单位矩阵E构成如下矩阵：

$$(A\mid E)=\begin{bmatrix}a_{11} & a_{12} & \cdots & a_{1n}\\ a_{21} & a_{22} & \cdots & a_{2n}\\ \vdots & \vdots & & \vdots\\ a_{n1} & a_{n2} & \cdots & a_{nn}\end{bmatrix}\begin{bmatrix}1 & 0 & \cdots & 0\\ 0 & 1 & \cdots & 0\\ \vdots & \vdots & & \vdots\\ 0 & 0 & \cdots & 1\end{bmatrix} \tag{1-6-15}$$

将此矩阵化成$(E\mid A^{-1})$，原来的E即变化为A^{-1}。

【例 1-6-2】 求$A=\begin{bmatrix}2 & 1\\ 5 & 3\end{bmatrix}$的逆矩阵$A^{-1}$。

解：$A^{-1}=\frac{1}{|A|}A^*=\frac{1}{1}\begin{bmatrix}3 & -1\\ -5 & 2\end{bmatrix}=\begin{bmatrix}3 & -1\\ -5 & 2\end{bmatrix}$。

(四) 初等矩阵

1. 矩阵的初等变换

① 初等行变换：交换元素的两行，记作$r_i\leftrightarrow r_j$。

② 初等列变换：交换元素的两列，记作$c_i\leftrightarrow c_j$。

③ 用一个非零常数k乘以A的某一行(列)，记作$r_i(c_i)\times k$。

④ 用一个数乘以A的某一行(列)的各元素后再加到A的另一行(列)的元素上，记作$kr_i+r_j(kc_i+c_j)$。

2. 初等矩阵

对单位矩阵$E=\begin{bmatrix}1 & 0 & \cdots & 0\\ 0 & 1 & \cdots & 0\\ \vdots & \vdots & & \vdots\\ 0 & 0 & \cdots & 1\end{bmatrix}$施行一次初等变换后得到的矩阵称为初等矩阵。

初等矩阵的性质：

① 初等矩阵的转置矩阵仍为初等矩阵；

② 初等矩阵均为可逆矩阵，其逆矩阵仍为同类型的初等矩阵，即：

$E(i, j)^{-1}=E(i, j)$；$E(i(k))^{-1}=E(i(\frac{1}{k}))(k \neq 0)$；$E(i, j(k))^{-1}=E(i, j(-k))$

3.矩阵的初等变换与初等矩阵之间的关系

矩阵左乘一个初等矩阵，相当于对 A 施行一次初等行变换；矩阵右乘一个初等矩阵，相当于对 A 施行一次初等列变换。

4.阶梯矩阵

当矩阵的所有元素全为 0 的行都集中在矩阵的最下边，每行左起第一个非零元素的下方元素全为 0 的矩阵，称为阶梯矩阵，如：

$$\begin{bmatrix} 1 & 2 & -4 & 5 \\ 0 & 3 & 6 & 0 \\ 0 & 0 & -2 & 3 \\ 0 & 0 & 0 & 0 \end{bmatrix}$$

5.等价矩阵

若矩阵 A 通过有限次的初等变换转成矩阵 B，则称矩阵 A 与 B 等价，记作 $A \sim B$。

等价矩阵的性质有以下几点：① 对称性，若 $A \sim B$，则 $B \sim A$；② 反身性，$A \sim A$；③ 传递性，若 $A \sim B$，$B \sim C$，则 $A \sim C$。

6.矩阵的标准形

若矩阵可表示为 $\begin{bmatrix} E_r & \cdots & 0 \\ 0 & \cdots & 0 \\ \vdots & & \vdots \\ 0 & \cdots & 0 \end{bmatrix}$，$E_r$ 为单位矩阵，则称此为矩阵的标准形。

任何矩阵都可以通过一系列的初等变换转化成标准形。

(五) 矩阵的秩

1.矩阵的秩的概念

若矩阵 A 中有一个 r 阶子式 $D_r \neq 0$，而所有 $r+1$ 阶子式(如果存在的话) 的值全都等于 0，则称 D_r 为矩阵 A 的一个最高阶非零子式，其阶数 r 为矩阵 A 的秩，记作 $R(A)$。

2.矩阵的秩的性质

① 若矩阵 A 中有一个 s 阶非零子式，t 阶子式全为零，则 $s \leqslant R(t) < t$。

② $R(A)=R(A^{\mathrm{T}})$。

③ $\max\{R(A), R(B)\} \leqslant R(A, B) \leqslant R(A)+R(B)$。

④ $R(A+B) \leqslant R(A)+R(B)$。

⑤ $R(AB) \leqslant \min\{R(A), R(B)\}$。

⑥ 若 A 可逆，则 $R(AB)=R(B)$。

⑦ 若 $AB=0$，则 $R(A)+R(B) \leqslant n$。

⑧ 若 $|A| \neq 0$，则 $R(A)>0$。

3.矩阵的秩的求法

① 利用定义：若矩阵中至少有 k 阶子式不为零，而 $k+1$ 阶子式为零，则矩阵的秩为 k。

② 利用初等变换：将矩阵经初等变换转为行(列) 阶梯矩阵，则行阶梯矩阵的秩是非

零行的行数，列阶梯矩阵的秩是非零列的列数，阶梯矩阵的秩即为原矩阵的秩。

【例 1-6-3】 求矩阵 $B=\begin{bmatrix}2 & -1 & 0 & 3 & -2\\ 0 & 3 & 1 & -2 & 5\\ 0 & 0 & 0 & 4 & -3\\ 0 & 0 & 0 & 0 & 0\end{bmatrix}$ 的秩。

解： 因为 B 是一个行阶梯矩阵，其非零行只有三行，B 的所有 4 阶子式全为零，此外又存在一个三阶子式：$\begin{vmatrix}2 & -1 & 3\\ 0 & 3 & -2\\ 0 & 0 & -4\end{vmatrix}\neq 0$，所以 $R(B)=3$。

（六）向量组的线性相关性

1. n 维向量

（1）n 维向量的概念

n 个有序数 a_1，a_2，a_3，…，a_n 所组成的数组称为 n 维向量，记作 $\boldsymbol{\alpha}=(a_1, a_2, a_3, \cdots, a_n)$，写成一行的叫做 n 维行向量 $(a_1, a_2, a_3, \cdots, a_n)$，写成一列的叫做 n 维列向量，记作 $\vec{\boldsymbol{\alpha}}^{\mathrm{T}}=\begin{pmatrix}a_1\\ a_2\\ \vdots\\ a_n\end{pmatrix}$。

零向量：向量的分量均为 0 的向量称为零向量，即 $0=(0, 0, 0, \cdots, 0)$。

相等向量：若向量 $\boldsymbol{\alpha}=(a_1, a_2, a_3, \cdots, a_n)$、$\boldsymbol{\beta}=(b_1, b_2, b_3, \cdots, b_n)$，当 $a_i=b_i$ $(i=1, 2, 3, \cdots, n)$，两向量相等，记作 $\boldsymbol{\alpha}=\boldsymbol{\beta}$。

负向量：若向量 $\boldsymbol{\alpha}=(a_1, a_2, a_3, \cdots, a_n)$、其相反数组成的向量 $-\boldsymbol{\alpha}=(a_1, a_2, a_3, \cdots, a_n)$，称为向量 $\boldsymbol{\alpha}$ 的负向量。

（2）向量的运算

若向量 $\boldsymbol{\alpha}=(a_1, a_2, a_3, \cdots, a_n)$、向量 $\boldsymbol{\beta}=(b_1, b_2, b_3, \cdots, b_n)$，则：

$$\boldsymbol{\alpha}\pm\boldsymbol{\beta}=(a_1\pm b_1, a_2\pm b_2, a_3\pm b_3, \cdots, a_n\pm b_n) \tag{1-6-16}$$

$$\lambda\boldsymbol{\alpha}=(\lambda a_1, \lambda a_2, \lambda a_3, \cdots, \lambda a_n)\ (\lambda\text{ 为任意常数}) \tag{1-6-17}$$

（3）向量的运算性质

$\boldsymbol{\alpha}+\boldsymbol{\beta}=\boldsymbol{\beta}+\boldsymbol{\alpha}$；$(\boldsymbol{\alpha}+\boldsymbol{\beta})+\boldsymbol{\gamma}=\boldsymbol{\alpha}+(\boldsymbol{\beta}+\boldsymbol{\gamma})$；$\mathrm{d}(\boldsymbol{\alpha}+\boldsymbol{\beta})=\mathrm{d}\boldsymbol{\alpha}+\mathrm{d}\boldsymbol{\beta}$（d 为常数）；$(l+k)\boldsymbol{\alpha}=l\boldsymbol{\alpha}+k\boldsymbol{\alpha}$。

2. 向量的线性相关性

（1）向量的线性运算

若向量 $\alpha=(a_1, a_2, a_3, \cdots, a_n)$、向量 $\beta=(ka_1, ka_2, ka_3, \cdots, ka_n)$，则称 β 可由向量 α 线性表示，向量的加法和数乘运算称为向量的线性运算。

（2）向量线性相关与无关

对于 m 个 n 维向量 $\boldsymbol{a}_1$，$\boldsymbol{a}_2$，$\boldsymbol{a}_3$，…，$\boldsymbol{a}_m$，有 m 个不全为 0 的实数 k_1，k_2，k_3，…，k_m，使得 $k_1\alpha_1+k_2\alpha_2+k_3\alpha_3+\cdots+k_m\alpha_m=0$ 成立，则称 $\boldsymbol{a}_1$，$\boldsymbol{a}_2$，$\boldsymbol{a}_3$，…，$\boldsymbol{a}_m$ 线性相关，否则线性无关。

向量相关的充分必要条件：向量 $\boldsymbol{a}_1$，$\boldsymbol{a}_2$，$\boldsymbol{a}_3$，…，$\boldsymbol{a}_m$ 中至少有一个向量可由其余 m

−1 个向量表示。

向量无关的充分必要条件：向量 $\boldsymbol{a}_1$，$\boldsymbol{a}_2$，$\boldsymbol{a}_3$，…，$\boldsymbol{a}_m$ 中任意一个向量不能由其余 $m-1$ 个向量表示。

（3）向量相关性判别

① 若向量组 $\boldsymbol{a}_1$，$\boldsymbol{a}_2$，$\boldsymbol{a}_3$，…，$\boldsymbol{a}_m$ 中有一部分向量线性相关，则此向量组也线性相关。

② 若向量组 $\boldsymbol{a}_1$，$\boldsymbol{a}_2$，$\boldsymbol{a}_3$，…，$\boldsymbol{a}_m$ 线性无关，而向量组 $\boldsymbol{\beta}$，$\boldsymbol{a}_1$，$\boldsymbol{a}_2$，$\boldsymbol{a}_3$，…，$\boldsymbol{a}_m$ 线性相关，则 $\boldsymbol{\beta}$ 可由 $\boldsymbol{a}_1$，$\boldsymbol{a}_2$，$\boldsymbol{a}_3$，…，$\boldsymbol{a}_m$ 线性表示，且表示法唯一。

③ 若向量组 $\boldsymbol{a}_1$，$\boldsymbol{a}_2$，$\boldsymbol{a}_3$，…，$\boldsymbol{a}_m$ 线性相关，当它们各去掉相同的若干分向量之后，得到的新向量也线性相关。

④ 单独一个零向量，线性相关；单独一个非零向量，线性无关。

⑤ 若向量 $\boldsymbol{\alpha}=(0, 0, \cdots, 1, 0, 0)^{\mathrm{T}}$ 含有零向量，则此向量线性无关。

⑥ 若向量组 $\boldsymbol{a}_1$，$\boldsymbol{a}_2$，$\boldsymbol{a}_3$，…，$\boldsymbol{a}_m$ 线性无关，当它们各添加相同的若干分向量之后，得到的新向量也线性无关。

⑦ 若一个向量组线性无关，则其任意一部分向量组也线性无关。

⑧ 若 n 个 n 维向量组满足 $\begin{vmatrix} a_{11} & a_{12} & \cdots & a_{1n} \\ a_{21} & a_{22} & \cdots & a_{2n} \\ \vdots & \vdots & & \vdots \\ a_{n1} & a_{n2} & \cdots & a_{nn} \end{vmatrix}=0$，则此向量组线性相关，若此行列式不等于 0，则为线性无关。

⑨ 当 $\boldsymbol{A}$ 的行（列）向量个数大于 $\boldsymbol{A}$ 的秩时，该向量组线性相关，当 $\boldsymbol{A}$ 的行（列）向量个数等于 $\boldsymbol{A}$ 的秩时，该向量组线性无关。

（4）向量组的秩

若向量组 $\boldsymbol{A}$ 中的一个部分组 $\boldsymbol{a}_1$，$\boldsymbol{a}_2$，$\boldsymbol{a}_3$，…，$\boldsymbol{a}_r$ 线性无关，而任意 $r+1$ 个向量都线性相关，则称 $\boldsymbol{a}_1$，$\boldsymbol{a}_2$，$\boldsymbol{a}_3$，…，$\boldsymbol{a}_r$ 是向量组 $\boldsymbol{A}$ 的一个最大线性无关向量组，最大无关组所含的向量个数 r 称为向量组 $\boldsymbol{A}$ 的秩，记作 $R(\boldsymbol{A})$。

向量组等价指若向量组 A：$\boldsymbol{a}_1$，$\boldsymbol{a}_2$，$\boldsymbol{a}_3$，…，$\boldsymbol{a}_n$ 中的每一个向量可由向量组 B：$\boldsymbol{a}_1$，$\boldsymbol{a}_3$，$\boldsymbol{a}_3$，…，$\boldsymbol{a}_m$ 线性表示，则称向量组 $\boldsymbol{A}$ 可由向量组 $\boldsymbol{B}$ 线性表示，若向量组 $\boldsymbol{A}$、$\boldsymbol{B}$ 可以相互表示，则称 $\boldsymbol{A}$、$\boldsymbol{B}$ 等价。

若向量组 $\boldsymbol{A}$：$\boldsymbol{a}_1$，$\boldsymbol{a}_2$，$\boldsymbol{a}_3$，…，$\boldsymbol{a}_n$ 可由向量组 $\boldsymbol{B}$：$\boldsymbol{a}_1$，$\boldsymbol{a}_2$，$\boldsymbol{a}_3$，…，$\boldsymbol{a}_m$ 线性表示，且向量组 $\boldsymbol{A}$ 的秩为 p、向量组 $\boldsymbol{B}$ 的秩为 q，则有 $p\geqslant q$。

矩阵的秩＝A 的行向量组的秩＝A 的列向量组的秩。

【例 1-6-4】 讨论向量组 $\alpha_1=(1, 1, 1)$，$\alpha_2=(0, 2, 5)$，$\alpha_3=(1, 3, 6)$ 的线性相关性。

解： 设有一组数 x_1、x_2、x_3 使 $x_1\alpha_1+x_1\alpha_2+x_1\alpha_3=0$，

即 $(x_1+x_3, x_1+2x_2+3x_3, x_1+5x_2+6x_3)=(0, 0, 0)$，

从而得到 $\begin{cases} x_1+x_3=0 \\ x_1+2x_2+3x_3=0 \\ x_1+5x_2+6x_3=0 \end{cases}$，令 $x_3=-1$，则有 $x_1=x_2=1$，即得到一组不全为 0 的数 1、

1、−1，使 $1\boldsymbol{\alpha}_1+1\boldsymbol{\alpha}_2+(-1)\boldsymbol{\alpha}_3=0$，所以 $\boldsymbol{\alpha}_1$、$\boldsymbol{\alpha}_2$、$\boldsymbol{\alpha}_3$ 线性相关。

（七）线性方程组

1. 齐次线性方程组

若方程 $\begin{cases} a_{11}x_1+a_{12}x_2+\cdots+a_{1n}x_n=0 \\ a_{21}x_1+a_{22}x_2+\cdots+a_{2n}x_n=0 \\ \vdots \qquad \vdots \qquad\qquad \vdots \\ a_{m1}x_1+a_{m2}x_2+\cdots+a_{mn}x_n=0 \end{cases}$，其中 $\boldsymbol{A}=\begin{bmatrix} a_{11}+a_{12}+\cdots+a_{1n} \\ a_{21}+a_{22}+\cdots+a_{2n} \\ \vdots \quad \vdots \quad \vdots \\ a_{m1}+a_{m2}+\cdots+a_{mn} \end{bmatrix}$，$X=\begin{bmatrix} x_1 \\ x_2 \\ \vdots \\ x_n \end{bmatrix}$

即：$\boldsymbol{A}X=0$，则称此方程为齐次线性方程组，$\boldsymbol{A}$ 为方程组的系数矩阵，X 为未知量。

（1）齐次线性方程组有解的判断

① 方程组 $\boldsymbol{A}X=0$ 有非零解的充分必要条件为：系数矩阵的秩 $R(\boldsymbol{A})<n$；

方程组 $\boldsymbol{A}X=0$ 只有零解的充分必要条件是：$R(\boldsymbol{A})=n$。

② 若 $\boldsymbol{\alpha}_1$、$\boldsymbol{\alpha}_2$ 是 $\boldsymbol{A}X=0$ 的两个解，则 $k_1\boldsymbol{\alpha}_1+k_2\boldsymbol{\alpha}_2$（$k_1$、$k_2$ 为任意常数）也是它的解。

（2）齐次线性方程组的基础解系

1）基础解系的定义

若 $\boldsymbol{\alpha}_1$，$\boldsymbol{\alpha}_2$，$\boldsymbol{\alpha}_3$，…，$\boldsymbol{\alpha}_n$ 是 $AX=0$ 的解向量，且线性无关，方程 $\boldsymbol{A}X=0$ 的任意一个解向量可由 $\boldsymbol{\alpha}_1$，$\boldsymbol{\alpha}_2$，$\boldsymbol{\alpha}_3$，…，$\boldsymbol{\alpha}_t$ 线性表示，则称 $\boldsymbol{\alpha}_1$，$\boldsymbol{\alpha}_2$，$\boldsymbol{\alpha}_3$，…，$\boldsymbol{\alpha}_t$ 是 $\boldsymbol{A}X=0$ 的一个基础解系。

2）基础解系的性质

设矩阵 $\boldsymbol{A}$ 为 $m\times n$ 矩阵，当 $R(\boldsymbol{A})=r<n$ 时，则齐次线性方程组 $\boldsymbol{A}X=0$ 存在基础解系，基础解系含有 $n-r$ 个解向量。

3）基础解系的求法

① 将系数矩阵经初等变换化为阶梯矩阵，确定矩阵的秩及解向量的个数。

② 确定自由变量的数值。

③ 代入原方程求解变量。

④ 得到一个基础解系 $\boldsymbol{\xi}_1$，$\boldsymbol{\xi}_2$，…，$\boldsymbol{\xi}_{n-r}$。

（3）齐次线性方程组的通解

若 $\boldsymbol{\xi}_1$，$\boldsymbol{\xi}_2$，…，$\boldsymbol{\xi}_{n-r}$ 是齐次方程 $AX=0$ 的一个基础解系，则齐次方程 $AX=0$ 的通解为 $x=k_1\xi_1+k_2\xi_2+\cdots+k_{n-r}\xi_{n-r}$（$k_1$，$k_2$，…，$k_{n-r}$ 为任意常数）。

2. 非齐次线性方程组

若方程 $\begin{cases} a_{11}x_1+a_{12}x_2+\cdots+a_{1n}x_n=b_1 \\ a_{21}x_1+a_{22}x_2+\cdots+a_{2n}x_n=b_2 \\ \vdots \qquad \vdots \qquad\qquad \vdots \\ a_{m1}x_1+a_{m2}x_2+\cdots+a_{mn}x_n=b_m \end{cases}$，其中 $\boldsymbol{A}=\begin{bmatrix} a_{11}+a_{12}+\cdots+a_{1n} \\ a_{21}+a_{22}+\cdots+a_{2n} \\ \vdots \quad \vdots \quad \vdots \\ a_{m1}+a_{m2}+\cdots+a_{mn} \end{bmatrix}$，$X=\begin{bmatrix} x_1 \\ x_2 \\ \vdots \\ x_n \end{bmatrix}$，$b=\begin{bmatrix} b_1 \\ b_2 \\ \vdots \\ b_n \end{bmatrix}$

即：$\boldsymbol{AX}=b$，称此方程为非齐次线性方程组，A 为方程组的系数矩阵，X 为未知量，b 为常数项。

将矩阵（A，b）$=\begin{bmatrix} a_{11}+a_{12}+\cdots+a_{1n} & b_1 \\ a_{21}+a_{22}+\cdots+a_{2n} & b_2 \\ \vdots \quad \vdots \qquad \vdots & \vdots \\ a_{m1}+a_{m2}+\cdots+a_{mn} & b_n \end{bmatrix}$称为方程组的增广矩阵。

（1）非齐次线性方程组有解的判断

① 方程组 $\boldsymbol{AX}=b$ 有解的充分必要条件为：系数矩阵的秩 R（$\boldsymbol{A}$）与其增广矩阵的秩 R（$\boldsymbol{A}$，b）相等，若 R（$\boldsymbol{A}$）$\neq R$（$\boldsymbol{A}$，B），方程组无解。

② 当 R（$\boldsymbol{A}$）$=R$（$\boldsymbol{A}$，b）$=r=n$ 时，方程组 $\boldsymbol{AX}=b$ 有唯一解，当 R（$\boldsymbol{A}$）$=R$（$\boldsymbol{A}$，b）$=r<n$ 时，方程组 $\boldsymbol{AX}=b$ 有无穷解。

若 $\boldsymbol{\alpha}_1$、$\boldsymbol{\alpha}_2$ 是 $\boldsymbol{AX}=b$ 的两个解，则 $\boldsymbol{\alpha}_1-\boldsymbol{\alpha}_2$ 也是它的解；若 $\boldsymbol{\alpha}_1$ 是 $\boldsymbol{AX}=b$ 的解，$\boldsymbol{\xi}$ 是 $\boldsymbol{AX}=0$ 的解，则 $\boldsymbol{\alpha}_1+\boldsymbol{\xi}$ 也是方程组 $\boldsymbol{AX}=b$ 的解。

（2）非齐次线性方程组的求法

1）采用克莱姆法则判定——适用变量个数较少。

设方程$\begin{cases} a_{11}x_1+a_{12}x_2+\cdots+a_{1n}x_n=b_1 \\ a_{21}x_1+a_{22}x_2+\cdots+a_{2n}x_n=b_2 \\ \vdots \qquad \vdots \qquad\qquad \vdots \\ a_{m1}x_1+a_{m2}x_2+\cdots+a_{mn}x_n=b_m \end{cases}$，当系数行列式 $D=|A|\neq 0$ 时，此方程有唯一解，解为：$x_k=\dfrac{D_k}{D}$（$k=1$，2，$\cdots$，n），D_k 为 D 中第 k 列用方程组的常数列替换后得到的 k 阶行列式。

2）线性方程组的消元解法。

消元解法就是将增广矩阵（A，b）做初等行变换，化为阶梯矩阵，

$$(A,b)=\begin{bmatrix} c_{11} & c_{12} & \cdots & c_{1n} & d_1 \\ 0 & c_{12} & \cdots & c_{2n} & d_2 \\ & & & \vdots & \vdots \\ & & \cdots & c_{rn} & d_r \\ & & & 0 & d_{r+1} \\ & & & \vdots & \vdots \\ & & & 0 & 0 \end{bmatrix}$$

，设其中 $c_i\neq 0$（$i=1$，2，3，$\cdots$，r），若：$d_{r+1}\neq 0$，此时 R（$\boldsymbol{A}$）$\neq R$（$\boldsymbol{A}$，$\boldsymbol{b}$），则方程无解；$d_{r+1}\neq 0$，且 R（$\boldsymbol{A}$）$=R$（$\boldsymbol{A}$，$\boldsymbol{b}$）$=n$，则方程有唯一解；$d_{r+1}=0$，且 R（$\boldsymbol{A}$）$=R$（$\boldsymbol{A}$，$\boldsymbol{b}$）$<n$，则方程有无穷多解。

（3）非齐次线性方程组的通解

若 $\boldsymbol{\xi}_1$，$\boldsymbol{\xi}_2$，$\cdots$，$\boldsymbol{\xi}_{n-r}$，是齐次方程 $\boldsymbol{AX}=0$ 的一个基础解系，$\boldsymbol{\alpha}_1$ 是 $\boldsymbol{AX}=b$ 的一个解，则非齐次方程 $\boldsymbol{AX}=b$ 的通解为 $x=\boldsymbol{\alpha}_1+k_1\boldsymbol{\xi}_1+k_2\boldsymbol{\xi}_2+\cdots+k_{n-r}\boldsymbol{\xi}_{n-r}$（$k_1$，$k_2$，$\cdots$，$k_{n-r}$ 为任意常数）。

【例 1-6-5】 当 λ 为何值时，方程组 $\begin{cases}(\lambda-1)(\lambda+2)x_3=(\lambda+1)^2(\lambda-1)\\(\lambda-1)x_2+(1-\lambda)x_3=\lambda(\lambda-1)\\x_1+x_2+\lambda x_3=\lambda^2\end{cases}$ 有唯一解、无解和无穷多个解。

解：方程组的增广矩阵为：$\begin{bmatrix}0&0&(\lambda-1)(\lambda+2)\\0&(\lambda-1)&(1-\lambda)\\1&1&\lambda\end{bmatrix}\begin{bmatrix}(\lambda+1)^2(\lambda-1)\\\lambda(\lambda-1)\\\lambda^2\end{bmatrix}$

（1）当 $\lambda\neq1$，$\lambda\neq-2$ 时，方程组系数行列式 $|A|\neq0$，有唯一解；

（2）当 $\lambda=-2$，$R(\boldsymbol{A})=2$，$R(\overline{\boldsymbol{A}})=3$，$R(\boldsymbol{A})\neq R(\overline{\boldsymbol{A}})$ 方程组无解；

（3）当 $\lambda=1$ 时，$R(\boldsymbol{A})=R(\overline{\boldsymbol{A}})=1<3$，有无穷多解。

（八）方阵的特征值与特征向量

1. 特征值、特征向量定义

设 $\boldsymbol{A}$ 为 n 阶方阵，若存在数 λ 和一非零向量 X，使得 $\boldsymbol{A}X=\lambda X$ 成立，则称 λ 为方阵 $\boldsymbol{A}$ 的特征值，非零向量 X 为方阵 $\boldsymbol{A}$ 的对应于特征值 λ 的特征向量。

2. 特征值、特征向量的求法

将式 $\boldsymbol{A}X=\lambda X$ 转化为 $(\lambda\boldsymbol{E}-\boldsymbol{A})X=0$，方程有非零解的充要条件为 $|\lambda\boldsymbol{E}-\boldsymbol{A}|=0$，得特征值 λ_i，将 λ_i 代入 $(\lambda_i\boldsymbol{E}-\boldsymbol{A})X=0$，解得基础解系的线性组合即为对应于特征值 λ_i 的特征向量。

3. 特征值、特征向量的性质

① 若 n 阶方阵 A 的特征值为 λ_1，λ_2，…，λ_n，则

$\lambda_1+\lambda_2+\cdots+\lambda_n=a_{11}+a_{22}+\cdots+a_{nn}$（$a_{11}$，$a_{22}$，…，$a_{nn}$ 为 $\boldsymbol{A}$ 的主对角线上的元素）；$\lambda_1\lambda_2\cdots\lambda_n=|\boldsymbol{A}|$。

② 若 n 阶方阵 $\boldsymbol{A}$ 的特征值为 λ，特征向量为 X，则 $k\boldsymbol{A}$、$\boldsymbol{A}^m$、$\boldsymbol{A}^{-1}$、$\boldsymbol{A}^*$、$a\boldsymbol{A}+b\boldsymbol{E}$ 的特征值为 $k\lambda$、λ^m、λ^{-1}、$\dfrac{|A|}{\lambda}$（$\lambda\neq0$）、$a\lambda+b$，特征向量为 X。

③ $\boldsymbol{A}$ 与 $\boldsymbol{A}^{\mathrm{T}}$ 有相同的特征值。

④ 若矩阵 $\boldsymbol{A}$ 的特征值为 λ，特征向量为 X_1、X_2，X_1 与 X_2 线性无关，则 $k_1X_1+k_2X_2$ 也是矩阵 $\boldsymbol{A}$ 对应于特征值为 λ 的特征向量。

⑤ 矩阵 $\boldsymbol{A}$ 的属于不同特征值的特征向量是线性无关的。

【例 1-6-6】 求 $\boldsymbol{A}=\begin{bmatrix}3&-1\\-1&3\end{bmatrix}$ 的特征值和特征向量。

解：$|\boldsymbol{A}-\lambda\boldsymbol{E}|=\begin{vmatrix}3-\lambda&-1\\-1&3-\lambda\end{vmatrix}=(3-\lambda)^2-1=0$，解出 $\lambda_1=2$，$\lambda_2=4$。

当 $\lambda_1=2$ 时，对应的特征向量应满足 $(\boldsymbol{A}-2\boldsymbol{E})X=0$，即 $\begin{bmatrix}3-2&-1\\-1&3-2\end{bmatrix}\begin{bmatrix}x_1\\x_2\end{bmatrix}=\begin{bmatrix}0\\0\end{bmatrix}$，

即 $\begin{cases}x_1-x_2=0\\-x_1+x_2=0\end{cases}$，解得 $x_1=x_2$，所以对应的特征向量可取 $p_1=\begin{bmatrix}1\\1\end{bmatrix}$；

当 $\lambda_1=4$ 时，由 $\begin{bmatrix}3-4&-1\\-1&3-4\end{bmatrix}\begin{bmatrix}x_1\\x_2\end{bmatrix}=\begin{bmatrix}0\\0\end{bmatrix}\rightarrow\begin{bmatrix}-1&-1\\-1&-1\end{bmatrix}\begin{bmatrix}x_1\\x_2\end{bmatrix}=\begin{bmatrix}0\\0\end{bmatrix}$，

解得 $x_1=-x_2$，所以对应的特征向量可取 $p_1=\begin{bmatrix}1\\-1\end{bmatrix}$。

（九）相似矩阵

1. 相似矩阵的概念

设 A、B 均为 n 阶矩阵，若存在 n 阶可逆矩阵 P，使得 $P^{-1}AP=B$，则称 A 与 B 相似，记作 $A\sim B$，对 A 进行运算，$P^{-1}AP$ 称为对进行相似变换，P 称为将 A 变成 B 的相似变换矩阵。

2. 相似矩阵具有的关系

① 反身性：$A\sim A$。

② 对称性：若 $A\sim B$，则有 $B\sim A$。

③ 传递性：若 $A\sim B$，$B\sim C$，则有 $A\sim C$。

3. 相似矩阵的性质

① 相似矩阵的特征值、秩及行列式相同。

② 相似矩阵的特征多项式相同，即 $|\lambda E-A|=|\lambda E-B|$。

4. 矩阵的相似对角化

若 n 阶方阵 A 与对角阵 $\Lambda=\begin{bmatrix}\lambda_1 & & & \\ & \lambda_2 & & \\ & & \ddots & \\ & & & \lambda_n\end{bmatrix}$（$\lambda_1$，$\lambda_2$，…，$\lambda_n$ 为矩阵 A 的 n 个特征值）相似，则称方阵 A 可相似对角化。

（1）n 阶方阵 A 可相似对角化的判定

① n 阶方阵 A 与对角矩阵相似的充分必要条件是 A 有 n 个线性无关的特征向量。

② 若 n 阶方阵 A 有 n 个互不相同的特征值，则 A 可相似对角化。

③ 若方阵 A 的每个特征值对应的特征向量线性无关的最大个数等于该特征值的重数，则 A 可相似对角化。

④ 若 λ_0 是 n 阶方阵 A 的一个 k 重特征值，对应于 λ_0 的线性无关的特征向量的最大个数为 l，当 $k\geqslant 1$ 时，则 A 不可相似对角化。

（2）实对称矩阵的对角化

若方阵 A 满足 $A=A^{\mathrm{T}}$，则称 A 为对称矩阵，若对称矩阵内的元素均为实数，则为实对称矩阵。

若矩阵 A 满足 $A^{\mathrm{T}}A=E$，则称 A 为正交矩阵，此时 $A^{-1}=A^{\mathrm{T}}$。

实对称矩阵的性质有以下几点。

① 任意特征值都是实数；

② 对应于不同特征值的特征向量正交；

③ 对任一 n 阶实对称矩阵，存在 n 阶正交矩阵 T，使得下式成立：

$$T^{-1}AT=\Lambda=\begin{bmatrix}\lambda_1 & & & \\ & \lambda_2 & & \\ & & \ddots & \\ & & & \lambda_n\end{bmatrix}$$（λ_1，λ_2，…，λ_n 为常数）。

求实对称矩阵的正交矩阵的步骤：

① 令 $|\lambda E-A|=0$，解出矩阵互不相等的特征值 λ_1，λ_2，…，λ_n；

② 将每个特征值代入齐次方程（$\lambda E-A$）$x=0$，求得基础解系；

③ 将特征值为单根的特征向量单位化；

④ 将特征值为重根的特征向量进行施密特正交化，再单位化；

⑤ 将所有正交和单位化后的特征向量重新排列，构成一个新的矩阵 $P=(q_1, q_2, \cdots, q_n)$，此时有 $P^{-1}AP=P^{\mathrm{T}}AP=\Lambda=\begin{bmatrix}\lambda_1 & & & \\ & \lambda_2 & & \\ & & \ddots & \\ & & & \lambda_n\end{bmatrix}$成立，称矩阵 P 为正交矩阵，P 内特征向量的排列顺序与特征值的排列顺序一致。

（十）二次型

1. 二次型的概念

将含有 n 个变量 x_1，x_2，x_3，…，x_n 的二次齐次多项式称为二次型。

2. 二次型的矩阵表示

设二次型

$$f(x_1, x_2, \cdots, x_n)=a_{11}x_1^2+2a_{12}x_1x_2+2a_{13}x_1x_3+\cdots+2a_{1n}x_1x_n+a_{22}x_2^2+2a_{23}x_2x_3+\cdots+2a_{2n}x_2x_n+\cdots a_{nn}x_n^2=(x_1, x_2, \cdots, x_n)\begin{bmatrix}a_{11} & a_{12} & \cdots & a_{1n}\\ a_{21} & a_{22} & \cdots & a_{2n}\\ \vdots & \vdots & & \vdots\\ a_{n1} & a_{n2} & \cdots & a_{nn}\end{bmatrix}\begin{bmatrix}x_1\\ x_2\\ \vdots\\ x_n\end{bmatrix},$$

其中 $X=(x_1, x_2, \cdots, x_n)^{\mathrm{T}}$，$A=\begin{bmatrix}a_{11} & a_{12} & \cdots & a_{1n}\\ a_{21} & a_{22} & \cdots & a_{2n}\\ \vdots & \vdots & & \vdots\\ a_{n1} & a_{n2} & \cdots & a_{nn}\end{bmatrix}$，称 A 为二次型对应的矩阵，原二次型可记作 $f(x_1, x_2, \cdots, x_n)=X^{\mathrm{T}}AX$，$A$ 的秩即为二次型的秩。

3. 二次型的标准型、规范型

只含平方项的二次型称为二次型的标准型，即 $f=k_1y_1^2+k_2y_2^2+\cdots+k_ny_n^2$，若 k_1，k_2，…，k_n 为 1，-1 或 0，则称此二次型为规范型。

将实二次型化为标准型的步骤：

（1）配方法

先将含 x_1^2 及 x_1x_i 的项配成完全平方，再将含 x_2^2 及 x_2x_i 的项配成完全平方，继续直到化为平方和为止，即：

$$f(x_1, x_2, x_3, \cdots, x_n)=a_{11}(x_1+b_{12}x_2+\cdots+b_{1n}x_n)^2+a_{22}(x_2+b_{23}x_3+\cdots+b_{2n}x_n)^2+\cdots+a_{nn}x_n^2。$$

如果 $f(x_1, x_2, x_3, \cdots, x_n)$ 中没有 x_1^2，x_2^2，…，x_n^2 的项，却有 $a_{12}x_1x_2$ 的项，则可令 $x_1=y_1+y_2$，$x_2=y_1-y_2$，$x_i=y_i$（$i=3, \cdots, n$），将二次型 $f(x_1, x_2, x_3, \cdots, x_n)$ 化为 $g(y_1, y_2, y_3, \cdots, y_n)$，然后再用配方法。

【例 1-6-7】 将二次型 $f(x_1, x_2, x_3)=x_1^2+2x_1x_2+2x_1x_3+2x_2^2+4x_2x_3+x_3^2$ 化为标准型。

解：
$$\begin{aligned}f(x_1, x_2, x_3)&=x_1^2+2x_1x_2+2x_1x_3+2x_2^2+4x_2x_3+x_3^2\\&=x_1^2+2x_1(x_2+x_3)+(x_2+x_3)^2-(x_2+x_3)^2+2x_2^2+4x_2x_3+x_3^2\\&=(x_1+x_2+x_3)^2+x_2^2+2x_2x_3\\&=(x_1+x_2+x_3)^2+(x_2+x_3)^2-x_3^2\end{aligned}$$

令 $\begin{cases}y_1=x_1+x_2+x_3\\y_2=\quad\ \ x_2+x_3\\y_3=\qquad\quad x_3\end{cases}$，即 $\begin{cases}x_1=y_1-y_2\\x_2=\quad\ \ y_2-y_3\\x_3=\qquad\quad y_3\end{cases}$，其系数行列式 $\begin{vmatrix}1&-1&0\\0&1&-1\\0&0&1\end{vmatrix}\neq0$，则此二次型的标准型为 $f=y_1^2+y_2^2-y_3^2$。

（2）正交变换法（针对实对称矩阵）

若线性变换的系数矩阵是正交矩阵，则称其为正交变换。

对于二次型 $f(x)=x^{\mathrm{T}}Ax$，一定存在正交矩阵 Q，使得经过正交变换 $x=Qy$ 后将其化为标准型 $f=\lambda_1^2y_1^2+\lambda_2^2y_2^2+\cdots+\lambda_n^2y_n^2$（$\lambda_1$，…，$\lambda_n$ 为矩阵 A 的全部特征值）。

步骤：

① 求二次型矩阵的特征值、特征向量；

② 将特征向量正交单位化，得到正交矩阵；

③ 进行正交变换 $x=Qy$ 代入二次型，得到

$f=x^{\mathrm{T}}Ax=(Qy)^{\mathrm{T}}AQy=y^{\mathrm{T}}Q^{\mathrm{T}}AQy=y^{\mathrm{T}}\Lambda y=\lambda_1^2y_1^2+\lambda_2^2y_2^2+\cdots+\lambda_n^2y_n^2$。

【例 1-6-8】 将二次型 $f(x_1, x_2, x_3)=2x_1^2+4x_1x_2-4x_1x_3+5x_2^2-8x_2x_3+5x_3^2$ 采用正交变换化为标准型。

解： 此二次型的矩阵为 $A=\begin{bmatrix}2&2&-2\\2&5&4\\-2&-4&5\end{bmatrix}$，利用公式 $|\lambda E-A|=0$，求得此矩阵的特征值为 $\lambda_1=\lambda_2=1$，$\lambda_3=10$，得到使 A 相似于对角矩阵的正交阵 $Q=\begin{bmatrix}-\frac{2}{5}\sqrt{5}&\frac{2}{15}\sqrt{5}&\frac{1}{3}\\\frac{1}{5}\sqrt{5}&\frac{4}{15}\sqrt{5}&\frac{2}{3}\\0&\frac{1}{3}\sqrt{5}&-\frac{2}{3}\end{bmatrix}$，作正交变换 $x=Qy$，就可以将二次型化为标准型 $f=y_1^2+y_2^2+10y_3^2$。

4. 惯性定理

设有二次型 $f=x^{\mathrm{T}}Ax$，它的秩为 r，存在两个可逆变换 $x=Py$，$x=Qz$，使得：

$f=k_1y_1^2+k_2y_2^2+\cdots+k_ry_r^2\ (k_i\neq0)$，$f=m_1y_1^2+m_2y_2^2+\cdots+m_ry_r^2\ (m_i\neq0)$，

当 k_1，k_2，…，k_r 与 m_1，m_2，…，m_r 中的正数个数相等时，则称此为惯性定理。

二次型的标准型中正系数的个数称为二次型的正惯性指数，负系数的个数称为二次型的负惯性指数。

5. 二次型与对称矩阵的正定性

对于二次型 $f=x^{\mathrm{T}}Ax$，若对任一 $x\neq 0$，恒有 $f(x)>0$，则称 f 为正定二次型，称 A 是正定矩阵；若对任一 $x\neq 0$，恒有 $f(x)<0$，则称 f 为负定二次型，称 A 为负定矩阵。

判断二次型正定的充要条件：A 的特征值都为正；A 的各阶主子式都为正。

判断二次型负定的充要条件：奇数阶主子式为负，偶数阶主子式为正。

6. 合同矩阵

设 A、B 为 n 阶矩阵，若存在一非奇异矩阵 D，使得 $D^{\mathrm{T}}AD=B$，则称矩阵 A 合同于矩阵 B，记作：$A\cong B$

合同矩阵的性质：①自反性，$A\cong A$；②对称性，$A\cong B$，则 $B\cong A$；③传递性：$A\cong B$，$B\cong C$，则有 $A\cong C$；④合同变换不改变矩阵的秩；⑤任何一个实对称矩阵都合同于对角矩阵。

历年真题

1-6-1. 设 $A=\begin{bmatrix}1&0&1\\0&1&2\\-2&0&-3\end{bmatrix}$，则 $A^{-1}=$（　　）。(2011A17)

A. $\begin{bmatrix}3&0&1\\4&1&2\\2&0&1\end{bmatrix}$　　B. $\begin{bmatrix}3&0&1\\4&1&2\\-2&0&-1\end{bmatrix}$

C. $\begin{bmatrix}-3&0&-1\\4&1&2\\-2&0&-1\end{bmatrix}$　　D. $\begin{bmatrix}3&0&1\\-4&-1&-2\\2&0&1\end{bmatrix}$

1-6-2. 设 3 阶矩阵 $A=\begin{bmatrix}1&1&a\\1&a&1\\a&1&1\end{bmatrix}$，已知 A 的伴随矩阵的秩为 1，则 $a=$（　　）。(2011A18)

A. -2　　B. -1　　C. 1　　D. 2

1-6-3. 设 A 为三阶矩阵，$P=(a_1, a_2, a_3)$ 是 3 阶可逆矩阵，且 $P^{-1}AP=\begin{bmatrix}1&0&0\\0&2&0\\0&0&0\end{bmatrix}$，若矩阵 $Q=(a_2, a_1, a_3)$，则 $Q^{-1}AQ=$（　　）。(2011A19)

A. $\begin{bmatrix}1&0&0\\0&2&0\\0&0&0\end{bmatrix}$　　B. $\begin{bmatrix}2&0&0\\0&1&0\\0&0&0\end{bmatrix}$　　C. $\begin{bmatrix}0&1&0\\2&0&0\\0&0&0\end{bmatrix}$　　D. $\begin{bmatrix}0&2&0\\1&0&0\\0&0&0\end{bmatrix}$

1-6-4. 齐次线性方程组 $\begin{cases}x_1-x_2+x_4=0\\x_1-x_3+x_4=0\end{cases}$ 的基础解系是（　　）。(2011A20)

A. $a_1=(1,\ 1,\ 1,\ 0)^T$，$a_2=(-1,\ -1,\ 1,\ 0)^T$

B. $a_1=(2,\ 1,\ 0,\ 1)^T$，$a_2=(-1,\ -1,\ 1,\ 0)^T$

C. $a_1=(1,\ 1,\ 1,\ 0)^T$，$a_2=(-1,\ 0,\ 0,\ 1)^T$

D. $a_1=(2,\ 1,\ 0,\ 1)^T$，$a_2=(-2,\ -1,\ 0,\ 1)^T$

1-6-5. 已知 n 阶可逆矩阵 A 的特征值为 λ_0，则矩阵 $(2A)^{-1}$ 的特征值是（　　）。(2012A19)

A. $\dfrac{2}{\lambda_0}$　　B. $\dfrac{\lambda_0}{2}$　　C. $\dfrac{1}{2\lambda_0}$　　D. $2\lambda_0$

1-6-6. 设 $\vec{\alpha}_1$，$\vec{\alpha}_2$，$\vec{\alpha}_3$，$\vec{\beta}$ 为 n 维向量组，已知 $\vec{\alpha}_1$，$\vec{\alpha}_2$，$\vec{\beta}$ 线性相关，$\vec{\alpha}_2$，$\vec{\alpha}_3$，$\vec{\beta}$ 线性无关，则下列结论中正确的是（　　）。(2012A20)

A. $\vec{\beta}$ 必可用 $\vec{\alpha}_1$，$\vec{\alpha}_2$ 线性表示　　B. $\vec{\alpha}_1$ 必可用 $\vec{\alpha}_2$，$\vec{\alpha}_3$，$\vec{\beta}$ 线性表示

C. $\vec{\alpha}_1$，$\vec{\alpha}_2$，$\vec{\alpha}_3$ 必线性无关　　D. $\vec{\alpha}_1$，$\vec{\alpha}_2$，$\vec{\alpha}_3$ 必线性相关

1-6-7. 要使得二次型 $f(x_1,\ x_2,\ x_3)=x_1^2+2tx_1x_2+x_2^2-2x_1x_3+2x_2x_3+2x_3^2$ 为正定的，则 t 的取值条件是（　　）。(2012A21)

A. $-1<t<1$　　B. $-1<t<0$　　C. $t>0$　　D. $t<-1$

1-6-8. 已知向量组 $\boldsymbol{\alpha}_1=(3,\ 2,\ -5)^T$，$\boldsymbol{\alpha}_2=(3,\ -1,\ 3)^T$，$\boldsymbol{\alpha}_3=(1,\ -\dfrac{1}{3},\ 1)^T$，$\boldsymbol{\alpha}_4=(6,\ -2,\ 6)^T$ 则该向量的一个极大线性无关组是（　　）。(2013A19)

A. α_2，α_4　　B. α_3，α_4　　C. α_1，α_2　　D. α_2，α_3

1-6-9. 若非齐次线性方程组 $AX=b$ 中，方程的个数少于未知量的个数，则下列结论中正确的是（　　）。(2013A20)

A. $AX=0$ 仅有零解　　B. $AX=0$ 必有非零解

C. $AX=0$ 一定无解　　D. $AX=b$ 必有无穷多解

1-6-10. 已知矩阵 $A=\begin{bmatrix}1 & -1 & 1\\ 2 & 4 & -2\\ -3 & -3 & 5\end{bmatrix}$ 与 $B=\begin{bmatrix}\lambda & 0 & 0\\ 0 & 2 & 0\\ 0 & 0 & 2\end{bmatrix}$ 相似，则 $\lambda=$（　　）。(2013A21)

A. 6　　B. 5　　C. 4　　D. 14

1-6-11. 设 A、B 为三阶方阵，且行列式 $|A|=-\dfrac{1}{2}$，$|B|=2$，A^* 为 A 的伴随矩阵，则行列式 $|2A^*B^{-1}|$ 等于（　　）。(2014A19)

A. 1　　B. -1　　C. 2　　D. -2

1-6-12. 下列结论中正确的是（　　）。(2014A20)

A. 如果矩阵 A 中所有顺序主子式都小于零，则 A 一定为负定矩阵

B. 设 $A=(a_{ij})_{m\times n}$，若 $a_{ij}=a_{ji}$，且 $a_{ij}>0$ $(i,\ j=1,\ 2\cdots,\ n)$，则 A 一定为正定矩阵

C. 如果二次型 $f(x_1,\ x_2,\ x_3,\ \cdots,\ x_n)$ 中缺少平方向，则它一定不是正定二次型

D. 二次型 $f(x_1,\ x_2,\ x_3)=x_1^2+x_2^2+x_3^2+x_1x_2+x_1x_3+x_2x_3$ 所对应的矩

阵是$\begin{bmatrix}1&1&1\\1&1&1\\1&1&1\end{bmatrix}$

1-6-13. 已知 n 元非齐次线性方程组 $Ax=B$，秩 $r(A)=n-2$，α_1，α_2，α_3 为其线性无关的解向量，k_1，k_2 为任意常数，则 $Ax=B$ 的通解等于（　　）。(2014A21)

A. $x=k_1(\alpha_1-\alpha_2)+k_1(\alpha_1+\alpha_3)+\alpha_1$

B. $x=k_1(\alpha_1-\alpha_3)+k_1(\alpha_2+\alpha_3)+\alpha_1$

C. $x=k_1(\alpha_2-\alpha_1)+k_1(\alpha_2-\alpha_3)+\alpha_1$

D. $x=k_1(\alpha_2-\alpha_3)+k_2(\alpha_1+\alpha_2)+\alpha_1$

1-6-14. 若使向量组 $\alpha_1=(6,t,7)^T$，$\alpha_2=(4,2,2)^T$，$\alpha_3=(4,1,0)^T$ 线性相关，则 t 等于（　　）。(2016A19)

A. -5　　B. 5　　C. -2　　D. -2

1-6-15. 下列结论中正确的是（　　）。(2016A20)

A. 矩阵 A 的行秩与列秩可以不等

B. 秩为 r 的矩阵中，所有 r 阶子式均不为零

C. 若 n 阶方阵 A 的秩小于 n，则该矩阵 A 的行列式必等于零

D. 秩为 r 的矩阵中，不存在等于零的 $r-1$ 阶子式

1-6-16. 已知矩阵 $A=\begin{bmatrix}5&-3&2\\6&-4&4\\4&-4&a\end{bmatrix}$ 的两个特征值为 $\lambda_1=1$，$\lambda_2=3$，则常数 a 和另一特征值 λ_3 为（　　）。(2016A21)

A. $a=1$，$\lambda_3=-2$　　B. $a=5$，$\lambda_3=2$

C. $a=-1$，$\lambda_3=0$　　D. $a=-5$，$\lambda_3=-8$

1-6-17. 矩阵 $A=\begin{bmatrix}0&0&-2\\0&3&0\\1&0&0\end{bmatrix}$ 的逆矩阵 A^{-1} 是（　　）。(2017A19)

A. $A=\begin{bmatrix}-\frac{1}{2}&0&0\\0&\frac{1}{3}&0\\0&0&1\end{bmatrix}$　　B. $A=\begin{bmatrix}0&0&-\frac{1}{2}\\0&\frac{1}{3}&0\\1&0&0\end{bmatrix}$

C. $A=\begin{bmatrix}0&0&1\\0&\frac{1}{3}&0\\-\frac{1}{2}&0&1\end{bmatrix}$　　D. $A=\begin{bmatrix}0&0&6\\0&2&0\\3&0&0\end{bmatrix}$

1-6-18. 设 A 为 $m\times n$ 矩阵，则齐次线性方程组 $Ax=0$ 有非零解的充分必要条件是（　　）。(2017A20)

A. 矩阵 A 的任意两个列向量线性相关

B. 矩阵 A 的任意两个列向量线性无关

C. 矩阵 A 的任一列向量是其余列向量的线性组合

D. 矩阵 A 必有一个列向量是其余列向量的线性组合

1-6-19. 设 $\lambda_1=6$，$\lambda_2=\lambda_3=3$ 为三阶实对称矩阵 A 的特征值，属于 $\lambda_2=\lambda_3=3$ 的特征向量为 $\xi_2=(-1,0,1)^T$，$\xi_3=(1,2,1)^T$，则属于 $\lambda_1=6$ 的特征向量为（　　）。(2017A21)

A. $(1,-1,1)^T$　　B. $(1,1,1)^T$　　C. $(0,2,2)^T$　　D. $(2,2,0)^T$

1-6-20. 设 A、B 均为三阶方阵，且行列式 $|A|=1$，$|B|=-2$，A^T 为 A 的转置矩阵，则行列式 $|-2A^TB^{-1}|$ 等于（　　）。(2018A19)

A. -1　　B. 1　　C. -4　　D. 4

1-6-21. 要使齐次线性方程组方程 $\begin{cases}ax_1+x_2+x_3=0\\x_1+ax_2+x_3=0\\x_1+x_2+ax_3=0\end{cases}$ 有非零解，则 a 应满足（　　）。(2018A20)

A. $-2<a<1$　　B. $a=1$ 或 $a=-2$

C. $a\neq1$ 且 $a\neq-2$　　D. $a>1$

1-6-22. 矩阵 $A=\begin{pmatrix}1&-1&0\\-1&3&0\\0&0&0\end{pmatrix}$ 所对应的二次型的标准形是（　　）。(2018A21)

A. $f=y_1^2-3y_2^2$　　B. $f=y_1^2-2y_2^2$　　C. $f=y_1^2+2y_2^2$　　D. $f=y_1^2-y_2^2$

答　案

1-6-1.【答案】(B)

用一般方法求解 $A^{-1}=\dfrac{1}{|A|}A^*$。

1-6-2.【答案】(A)

$$A^*=\begin{bmatrix}a-1&a-1&-(a-1)(a+1)\\a-1&-(a-1)(a+1)&a-1\\-(a-1)(a+1)&a-1&a-1\end{bmatrix}$$，将选项 A、B、C、D 的值分别代入，当 $a=-2$ 时 $R(A^*)=1$。

1-6-3.【答案】(B)

当 $P^{-1}AP=\Lambda$ 时，$P=(a_1,a_2,a_3)$ 中 a_1、a_2、a_3 的排列满足对应关系，a_1 对应 λ_1，a_2 对应 λ_2，a_3 对应 λ_3，可知 a_1 对应特征值 $\lambda_1=1$，a_2 对应特征值 $\lambda_2=2$，a_3 对应特征值 $\lambda_3=0$，由此可知当 $Q=(a_2,a_1,a_3)$ 时，对应 $\Lambda=\begin{bmatrix}2&0&0\\0&1&0\\0&0&0\end{bmatrix}$。

1-6-4.【答案】(C)

对方程组的系数矩阵进行初等变换，得到方程组的同解方程组 $\begin{cases}x_1=x_3-x_4\\x_2=x_3+0x_4\end{cases}$。当 x_3

$=1$，$x_4=0$ 时，得 $x_1=1$，$x_2=1$；当 $x_3=0$，$x_4=1$，得 $x_1=-1$，$x_2=0$。写成基础解系 ξ_1，ξ_2。

1-6-5.【答案】(C)

A 的特征值为 λ_0，$2A$ 的特征值为 $2\lambda_0$，$(2A)^{-1}$ 的特征值为 $\dfrac{1}{2\lambda_0}$。

1-6-6.【答案】(B)

$\vec{\alpha}_1$，$\vec{\alpha}_2$，$\vec{\beta}$ 线性相关（已知），$\vec{\alpha}_2$，$\vec{\alpha}_3$，$\vec{\beta}$ 线性无关，由性质可知：$\vec{\alpha}_1$，$\vec{\alpha}_2$，$\vec{\alpha}_3$，$\vec{\beta}$ 线性相关（部分相关，全体相关），$\vec{\alpha}_2$，$\vec{\alpha}_3$，$\vec{\beta}$ 线性无关。故 $\vec{\alpha}_1$ 可用 $\vec{\alpha}_2$，$\vec{\alpha}_3$，$\vec{\beta}$ 线性表示。

1-6-7.【答案】(B)

$$A=\begin{bmatrix}1 & t & -1\\ t & 1 & 1\\ -1 & 1 & 2\end{bmatrix}\quad |\ 1\ |>0,\quad \begin{vmatrix}1 & t\\ t & 1\end{vmatrix}=1-t^2>0,\quad \begin{vmatrix}1 & t & -1\\ t & 1 & 1\\ -1 & 1 & 2\end{vmatrix}=$$

$$\begin{vmatrix}1 & t+1 & -1\\ t & 1+1 & 1\\ -1 & 0 & 0\end{vmatrix}=-2t\ (t+1)$$，得到 $-1<t<1$，由 $-2t<t\ (t+1)>0$，$t\ (t+1)<0$，得到 $-1<t<0$，则公共解为 $-1<t<0$。

1-6-8.【答案】(C)

以 $\boldsymbol{\alpha}_1$，$\boldsymbol{\alpha}_2$，$\boldsymbol{\alpha}_3$，$\boldsymbol{\alpha}_4$ 为列向量作矩阵 A。

$$A=\begin{bmatrix}3 & 3 & 1 & 6\\ 2 & -1 & -\frac{1}{3} & -2\\ -5 & 3 & 1 & 6\end{bmatrix}\xrightarrow{-r_1+r_2}\begin{bmatrix}3 & 3 & 1 & 6\\ 2 & -1 & -\frac{1}{3} & -2\\ -8 & 0 & 0 & 0\end{bmatrix}\xrightarrow{-\frac{1}{8}r_3}$$

$$\begin{bmatrix}3 & 3 & 1 & 6\\ 2 & -1 & -\frac{1}{3} & -2\\ 1 & 0 & 0 & 0\end{bmatrix}\xrightarrow{(-3)\ r_3+r_1/\ (-2)\ r_3+r_1}\begin{bmatrix}0 & 3 & 1 & 6\\ 0 & -1 & -\frac{1}{3} & -2\\ 1 & 0 & 0 & 0\end{bmatrix}\xrightarrow{3r_2+r_1}$$

$$\begin{bmatrix}0 & 0 & 0 & 0\\ 0 & -1 & -\frac{1}{3} & -2\\ 1 & 0 & 0 & 0\end{bmatrix}$$ 极大无关组为 $\vec{\alpha}_1$，$\vec{\alpha}_2$。

1-6-9.【答案】(B)

$AX=0$ 必有非零解，在解方程 $AX=0$ 时，对系数矩阵进行行的初等变换，必有一非零的 r 阶子式，而未知数的个数为 n，$n>r$，基础解系的向量个数为 $n-r$，则有非零解。

1-6-10.【答案】(A)

矩阵相似有相同的特征多项式，有相同的特征值。因为 A 与 B 相似，所以它们有相同的特征值，又因为特征值之和等于矩阵的迹，即矩阵对角线元素之和相等，故 $1+4+5=\lambda+2+2$，$\lambda=6$。

1-6-11.【答案】(A)

伴随矩阵行列式的性质：$|A^*|=|A|^{n-1}$ $(n\geqslant2)$；数列行列式与数乘矩阵的关

系：$|kA_n|=k^n|A|$；行列式乘法关系：$|A_nB_n|=|A||B|$，A、B 都是 n 阶方阵。$|2A^nB^{-1}|=2^3|A^n||B^{-1}|=8|A|^{(3-1)}\dfrac{1}{|B|}=1$。

1-6-12.【答案】(C)

负定矩阵：奇数阶顺序主子式全小于零，偶数阶顺序主子式全大于零；各元素大于零是矩阵正定的必要条件，非充分条件；对于缺少平方向则一阶顺序主子式等于零，因此一定是正定二次型。D 项中二次型对应的矩阵为 $\begin{bmatrix}1 & 1/2 & 1/2\\1/2 & 1 & 1/2\\1/2 & 1/2 & 1\end{bmatrix}$。

1-6-13.【答案】(C)

非齐次线性方程组解的结构：齐次方程通解＋导出组（对应非齐次方程）的特解，$\alpha_2-\alpha_1$，$\alpha_2-\alpha_3$ 为对应齐次方程的两个解，且线性无关。根据非齐次线性方程组解的结构，选 C。

1-6-14.【答案】(B)

α_1、α_2、α_3 三个向量线性相关，则由三个向量组成的行列式对应的值为零，即 $\begin{vmatrix}6 & 4 & 4\\t & 2 & 1\\7 & 2 & 0\end{vmatrix}=8t-40=0$，所以 $t=5$。

1-6-15.【答案】(C)

A 项，矩阵 A 的行秩与列秩一定相等。B 项，由矩阵秩的定义可知若矩阵 A（$m\times n$）中至少有一个 r 阶子式不等于零，且 $r<\min$（m，n）时，矩阵 A 中所有的 $r+1$ 阶子式全为零，则矩阵 A 的秩为 r。即秩为 r 的矩阵中，至少有一个 r 阶子式不等于零，不必满足所有 r 阶子式均不为零。C 项，矩阵 A 的行列式不等于零，意味着矩阵 A 不满秩，n 阶矩阵的秩为 n 时，所对应的行列式的值大于零；当 n 阶矩阵的秩小于 n 时，所对应的行列式的值等于零。D 项，秩为 r 的矩阵中，有可能存在等于零的 $r-1$ 阶子式。

1-6-16.【答案】(B)

矩阵 A 的特征行列式和特征方程具体计算如下：

$\begin{bmatrix}5-\lambda & -3 & 2\\6 & -4-\lambda & 4\\4 & -4 & a-\lambda\end{bmatrix}=(5-\lambda)(4+\lambda)(\lambda-a)-96+8(a-\lambda)+16(5-\lambda)=0$，将 $\lambda_1=1$ 代入特征方程，得到 $a=5$，由特征值性质：$\lambda_1+\lambda_2+\lambda_3=5-4+a$，$\lambda_3=2$。

1-6-17.【答案】(C)

用矩阵的基本变换求矩阵的逆矩阵，计算如下：

$\begin{bmatrix}0 & 0 & -2 & 1 & 0 & 0\\0 & 3 & 0 & 0 & 1 & 0\\1 & 0 & 0 & 0 & 0 & 1\end{bmatrix}\rightarrow\begin{bmatrix}1 & 0 & 0 & 0 & 0 & 1\\0 & 1 & 0 & 0 & \frac{1}{3} & 0\\0 & 0 & 1 & -\frac{1}{2} & 0 & 0\end{bmatrix}$，则有矩阵 A 的逆矩阵

为$\begin{bmatrix} 0 & 0 & 1 \\ 0 & \frac{1}{3} & 0 \\ -\frac{1}{2} & 0 & 0 \end{bmatrix}$。

1-6-18.【答案】(D)

齐次线性方程组有非零解的充分必要条件是系数矩阵的秩小于未知量的个数，即小于列向量的个数。由于系数矩阵的秩等于列向量组的秩，所以列向量组线性相关，线性相关向量组中必有一个向量能由其余向量线性表示。

1-6-19.【答案】(A)

矩阵A为实对称矩阵，实对称矩阵不同特征向量相互正交，设$\lambda_1=6$的特征向量$(x_1, x_2, x_3)^T$ $(-1, 0, 1)(x_1, x_2, x_3)=0$；$(1, 2, 1)(x_1, x_2, x_3)=0$，解得$\begin{cases} x_2=-x_3 \\ x_1=x_3 \end{cases}$，令$x_3=1$，得$(x_1, x_2, x_3)^T=(1, -1, 1)^T$。

1-6-20.【答案】(D)

$|-2A^TB^{-1}|=(-2)^3|A||B|^{-1}=-8\times1\times(-2)^{-1}=4$。

1-6-21.【答案】(B)

$A=\begin{bmatrix} a & 1 & 1 \\ 1 & a & 1 \\ 1 & 1 & a \end{bmatrix} \Rightarrow \begin{bmatrix} 1 & 1 & a \\ 1 & a & 1 \\ a & 1 & a \end{bmatrix} \Rightarrow \begin{bmatrix} 1 & 1 & a \\ 0 & a-1 & 1-a \\ a & 1-a & 1-a^2 \end{bmatrix} \Rightarrow \begin{bmatrix} 1 & 1 & a \\ 0 & a-1 & 1-a \\ 0 & 0 & 2-a^2-a \end{bmatrix}$若方程有非零解，则有$R(A)<n=3$，则有$2-a^2-a=0$，解得$a=1$或$a=-2$。

1-6-22.【答案】(C)

采用配方法，矩阵A对应的二次型为：

$f(x_1, x_2, x_3)=x_1^2+3x_2^2-2x_1x_2=x_1^2+x_2^2-2x_1x_2+2x_2^2=(x_1-x_2)^2+2x_2^2$，令$\begin{cases} y_1=(x_1-x_2)^2 \\ y_2=2x_2^2 \end{cases}$，则标准型为$y=y_1^2+2y_2^2$。

第七节　概率论与数理统计

一、考试大纲

随机事件与样本空间；事件的关系与运算；概率的基本性质；古典型概率；条件概率；概率的基本公式；事件的独立性；独立重复试验；随机变量；随机变量的分布函数；离散型随机变量的概率分布；连续型随机变量的概率密度；常见随机变量的分布；随机变量的数学期望、方差、标准差及其性质；随机变量函数的数学期望；矩；协方差、相关系数及其性质；总体；个体；简单随机样本；统计量；样本均值；样本方差和样本矩；χ^2分布；t分布；F分布；点估计的概念；估计量与估计值；矩估计法；最大似然估计法；估计量的评选标准；区间估计的概念；单个正态总体的均值和方差的区间估计；两个正态总体的均值差和方差比的区间估计；显著性检验；单个正态总体的均值和方差的假设检验。

二、知识要点

（一）随机事件与概率

1. 随机试验与样本空间

随机试验有以下三个特点：

① 试验在相同条件下可重复进行；

② 每次试验可能结果不止一个，但事先知道可能结果；

③ 试验前无法确定会出现哪个结果。

将试验所有可能结果组成的集合叫做样本空间，记作 Ω，把试验中的每个可能结果称为基本事件，用 w 表示。

2. 随机事件

随机事件指试验中可能发生也可能不发生、在多次重复试验中呈现某种规律性的事件，用 A、B、C…表示。每次试验必然发生的事件称作必然事件（记作 Ω），必然不发生的事件称作不可能事件（记作 ϕ）。

3. 随机事件的关系与运算

随机事件的关系有以下几种。

① 包含事件。若事件 A 发生必然导致事件 B 发生，则称事件 B 包含事件 A，记作 $A\subset B$。

② 相等。若 $A\subset B$ 且 $B\subset A$，则称事件 A 与 B 相等，记作 $A=B$。

③ 和事件。事件 A、B 中至少有一个发生的事件叫做 A 与 B 的和事件，记作 $A\cup B$（或 $A+B$）。

④ 差事件。事件 A 发生而事件 B 不发生的事件叫做 A 与 B 的差事件，记作 $A-B$。

⑤ 积事件。事件 A、B 同时发生的事件叫做 A 与 B 的积事件，记作 $A\cap B$（或 AB）。

⑥ 互不相容。事件 A、B 不能同时发生，则称事件 A 与 B 互不相容或互斥，记作 $AB=\phi$。

⑦ 对立事件。事件 A 与 B 满足 $A\cup B=\Omega$ 且 $AB=\phi$ 成立，则称事件 A 与 B 互为对立事件，记作 $B=\overline{A}$，即事件 B 发生，事件 A 一定不发生。

随机事件的运算律有以下几条。

① 交换律，$A\cup B=B\cup A$，$AB=BA$。

② 结合律，$A\cup(B\cup C)=(A\cup B)\cup C$，$A\cap(B\cap C)=(A\cap B)\cap C$。

③ 分配律，$A\cup(B\cap C)=(A\cup B)\cap(A\cup C)$，$A\cap(B\cup C)=(A\cap B)\cup(A\cap C)$。

④ $\overline{AB}=\overline{A}\cup\overline{B}$，$\overline{A\cup B}=\overline{A}\cap\overline{B}$。

4. 概率的公理化定义和统计定义

若随机事件 A 是样本空间 Ω 的子集，$P(A)$ 是实值函数，且满足以下三条公理：①对于任一随机事件 A，有 $P(A)\geqslant 0$ 成立；②对于必然事件 Ω 有 $P(\Omega)-1$；③对于一系列两两互不相容的事件 A_1，A_2，A_3，…，A_n…，有 $P(\bigcup\limits_{i=1}^{\infty})=\sum\limits_{i=1}^{\infty}P(A_i)$ 成立，则称 $P(A)$ 为随机事件 A 的概率。

统计定义：若在 n 次重复试验中事件 A 出现了 m 次，则将 $\frac{m}{n}$ 称为事件 A 在 n 次重复试验中出现的频率，当 n 无限大时，比值趋于某一常数，则此常数称为事件 A 的概率，记作 $P(A)=\frac{m}{n}$。

5. 概率的性质

① $P(\overline{A})=1-P(A)$。

② 若 $A\subset B$ 时，则 $P(B-A)=P(B)-P(A)$，且 $P(A)\leqslant P(B)$。

③ 对互不相容事件 A、B，则有 $P(A\cup B)=P(A)+P(B)$。

④ 对任意事件 A、B，则有 $P(A\cup B)=P(A)+P(B)-P(AB)$。

⑤ $P(\overline{AB})=P(A-B)=P(A)-P(AB)$。

⑥ 对任意事件 A，则有 $0\leqslant P(A)\leqslant 1$，$P(\Omega)=1$，$P(\phi)=0$。

6. 古典型概率

若 B_1，B_2，B_3，…，B_n 是一个等概率基本事件组，事件 A 是由其中的某 m 个基本事件组成，则事件 A 的概率为：

$$P(A)=\frac{m}{n} \tag{1-7-1}$$

则 $P(A)$ 就称为古典型概率。

【例 1-7-1】 有 10 件产品，其中有 4 件是次品，今任取 3 件，求其中恰好有一件次品的概率。

解： 设 $B=$"恰好 1 件次品"，基本事件的总数为 C_{10}^3，使 B 发生的基本事件为 $C_4^1\cdot C_6^2$，则 $P(B)=\frac{C_4^1\cdot C_6^2}{C_{10}^3}=\frac{6}{120}=\frac{1}{2}$。

7. 条件概率与事件的相互独立性

（1）条件概率

若事件 A、B 满足 $P(B)>0$，$P(A|B)=\frac{P(AB)}{P(B)}$ 成立，则称 $P(A|B)$ 为事件 B 发生的条件下，事件 A 的条件概率。

1）乘法公式

若 $P(B)>0$，有 $P(AB)=P(B)P(A|B)$；若 $P(A)>0$，有 $P(AB)=P(A)P(B|A)$。

2）全概率公式

设事件 A_1，A_2，A_3，…，A_n，满足 A_1，A_2，A_3，…，A_n 互不相容、$\bigcup\limits_{i=1}^{\infty}A_i=\Omega$，且 $P(A_i)>0$，$i=1, 2, 3, \cdots, n$，则对任一事件 B 有：

$$P(B)=\sum_{i=1}^{\infty}P(A_i)P(B|A_i) \tag{1-7-2}$$

3）贝叶斯公式

设 A_1，A_2，A_3，…，A_n 满足全概率公式中的条件，且 $P(B)>0$ 则有：

$$P(A_i \mid B)=\frac{P(A_i)P(B \mid A_i)}{\sum_{j=1}^{n}P(A_j)P(B \mid A_j)} \quad i=1, 2, 3, \cdots, n \tag{1-7-3}$$

(2) 事件的相互独立性

若事件A、B满足$P(AB)=P(A)P(B)$，则A与B相互独立，事件A与$\overline{B}$、$\overline{A}$与B、$\overline{A}$与$\overline{B}$也相互独立。

若事件A、B相互独立，且$0<P(B)<1$，则$P(A \mid B)=P(A \mid \overline{B})=P(A)$。

【例 1-7-2】 从5个球（3个新球、2个旧球）中，每次取一个，无放回地取两次，试求：第一次取到新球的概率；在第一次取到新球的条件下，第二次取到新球的概率。

解：设A=“第一次取到新球”，B=“第二次取到新球”。

$P(A)=\frac{3}{5}$，$P(B \mid A)=\frac{2}{4}=\frac{1}{2}$。

【例 1-7-3】 有一批电子元件，其中一等品占95%，二等品占4%，三等品占1%，它们能正常工作3000小时以上的概率分别为0.9，0.8，0.6，在这批元件中任取一个，求它能正常工作3000小时以上的概率。

解：设事件A_i表示“取得的元件为i等品”，$i=1, 2, 3$，事件B为“取得的元件能正常工作3000小时以上”。

由题意可得：$P(A_1)=0.95$，$P(A_2)=0.04$，$P(A_3)=0.01$；

$P(B \mid A_1)=0.9$，$P(B \mid A_2)=0.8$，$P(B \mid A_3)=0.6$

由全概率公式得：$P(B)=0.95\times0.9+0.04\times0.8+0.01\times0.6=0.893$。

8. 独立重复试验

在一次试验中，事件A发生的概率为p（且$0<p<1$），则在n个独立重复试验事件中，事件A发生k次的概率为$P_n(k)=C_n^k p^k (1-p)^{n-k}$，$k=0, 1, \cdots, n$，也称$P_n(k)$为二项概率。

（二）随机变量

若对于随机试验的每一个试验结果都有唯一确定的实数值与此对应，则称此变量为一个随机变量，记为X。

1. 随机变量的分布函数及其性质

(1) 随机变量分布函数的定义

对随机变量X、任意实数x，把随机变量X取值不大于x的概率$P(X\leqslant x)$叫做随机变量X的分布函数，记作$F(x)$，即$F(x)=P(X\leqslant x)$ $(-\infty<x<+\infty)$。

(2) 分布函数的性质

① $0\leqslant F(x)\leqslant 1$ $(-\infty, +\infty)$；

② 当$x_1<x_2$时，有$F(x_1)\leqslant F(x_2)$；

③ $\lim\limits_{x\to-\infty}F(x)=0$，$\lim\limits_{x\to+\infty}F(x)=1$；

④ $F(x)$是右连续函数，$\lim\limits_{x\to a^-}F(x)=F(a)$；

⑤ 若随机变量X对应的分布函数为$F(x)$，则变量X落在任意区间$(a, b]$内的概率为$P(a<X\leqslant b)=F(b)-F(a)$。

2. 离散型随机变量及其分布律

若随机变量 X 的可能取值都能一一列举出来，则称 X 为离散型随机变量。

其随机变量 X 的分布律与相应单位概率关系如下表所示：

X_i	x_1	x_2	x_3	$\cdots$	x_i	$\cdots$
P_i	p_1	p_2	p_3	$\cdots$	p_i	$\cdots$

其中 x_i（$i=1$，2，…）为 X 的所有可能取值，$p_i=P$（$X=x_i$）（$i=1$，2，…），则 p_i 满足：$0\leqslant p_i\leqslant 1$；$\sum\limits_{i=1}^{\infty}p_i=1$。

3. 连续型随机变量及概率密度

（1）定义

对随机变量 X，若存在非负可积函数 f（x），使得对任一 x 有 $F(x)=\int_{-\infty}^{x}f(t)\mathrm{d}t$ 成立，则称 X 为连续型随机变量，F（x）为连续函数，f（x）为 X 的概率密度。

（2）概率密度 f（x）的性质

① f（x）$\geqslant 0$；

② $\int_{-\infty}^{+\infty}f(x)\mathrm{d}x=1$；

③ 在 f（x）的一切连续点处有 f（x）$=F'$（x）；

④ 对任一实数 a，有 P（$X=a$）$=0$；

⑤ $P(x_1<X\leqslant x_2)=F(x_2)-F(x_1)=\int_{x_1}^{x_2}f(x)\mathrm{d}x$；

⑥ f（x）是一个连续函数。

4. 随机变量的数学期望

（1）数学期望定义

设离散型随机变量 X 的概率分布是：

X_i	x_1	x_2	x_3	$\cdots$	x_i	$\cdots$
P_i	p_1	p_2	p_3	$\cdots$	p_i	$\cdots$

若级数 $\sum\limits_{i=1}^{\infty}x_ip_i$ 绝对收敛，则称 $\sum\limits_{i=1}^{\infty}x_ip_i$ 为 X 的数学期望，记作 $E(X)$，$E(X)=\sum\limits_{i=1}^{\infty}x_ip_i$。

设连续型随机变量 X 的概率密度为 $f(x)$，当 $\int_{-\infty}^{+\infty}xf(x)\mathrm{d}x$ 绝对收敛，则称 $\int_{-\infty}^{+\infty}xf(x)\mathrm{d}x$ 为 X 的数学期望，记作 $E(X)$，$E(X)=\int_{-\infty}^{+\infty}xf(x)\mathrm{d}x$。

（2）随机变量函数的期望

离散型随机变量 X 的函数 g（X）的数学期望为：

$$E(g(X))=\sum_{i=1}^{\infty}g(x_i)p_i\text{（绝对收敛）}\tag{1-7-4}$$

连续型随机变量 X 的函数 g（X）的数学期望为：

$$E(g(X))=\int_{-\infty}^{+\infty}g(x_i)f(x)\mathrm{d}x\text{（绝对收敛）}\tag{1-7-5}$$

（3）数学期望的性质

① $E(k)=k$（k 为常数）；

② $E(kX)=kE(X)$（k 为常数）；

③ $E(kX+b)=kE(X)+b$（k、b 为常数）；

④ $E(X_1\cdot X_2)=E(X_1)\cdot E(X_2)$（$X_1$、$X_2$ 相互独立）；

⑤ $E(X_1+X_2)=E(X_1)+E(X_2)$。

5. 随机变量的方差

若 $D(X)=E(X-E(X))^2$，则称 $D(X)$ 为随机变量 X 的方差，$\sqrt{D(X)}$ 为随机变量 X 的标准差。

对于离散型随机变量：

$$D(X)=\sum_{i=1}^{\infty}(x_i-E(X))^2p_i\text{（级数收敛）}\tag{1-7-6}$$

对于连续型随机变量：

$$D(X)=\int_{-\infty}^{+\infty}(x-E(X))^2f(x)\mathrm{d}x\text{（级数收敛）}\tag{1-7-7}$$

6. 方差的性质

① $D(k)=0$，k 为常数；

② $D(kX)=k^2D(X)$，k 为常数；

③ $D(k+X)=D(X)$，k 为常数；

④ $D(X_1\pm X_2)=D(X_1)+D(X_2)$。

7. 协方差

设 (X, Y) 为二维随机变量，则称 $\mathrm{cov}(X, Y)=E[(X-E(X))(Y-E(Y))]$ 为随机变量 (X, Y) 的协方差。

协方差的计算公式：

① $\mathrm{cov}(X, Y)=E(XY)-E(X)E(Y)$；

② 当 $X=Y$ 时，$\mathrm{cov}(X, Y)=\mathrm{cov}(X, X)=D(X)$。

协方差的性质：

① $\mathrm{cov}(X, c)=0$（c 是常数）；

② $\mathrm{cov}(X, Y)=\mathrm{cov}(Y, X)$；

③ $\mathrm{cov}(kX, lY)=kl\,\mathrm{cov}(X, Y)$（$k$，$l$ 是常数）；

④ $\mathrm{cov}(X_1+X_2, Y)=\mathrm{cov}(X_1, Y)+\mathrm{cov}(X_2, Y)$；

⑤ 若 X 与 Y 相互独立，则 $\mathrm{cov}(X, Y)=0$。

8. 相关系数

若 (X, Y) 为二维随机变量，则称 $\rho_{XY}=\dfrac{\mathrm{cov}(X, Y)}{\sqrt{D(X)}\sqrt{D(Y)}}$（$D(X)>0$，$D(Y)>0$）为随机变量 X、Y 的相关系数，它描述了 X、Y 之间的线性关联程度。$|\rho_{XY}|$ 越大，X 与 Y 之间关系越密切；$\rho_{XY}=0$ 时称 X 与 Y 不相关。

相关系数的性质有以下几点。

① $|\rho_{XY}|\leqslant 1$。

② $|\rho_{XY}|=1$ 的充要条件是 $P(Y=aX+b)=1$（a、b 为常数，且 $a\neq 0$）。

③ 若随机变量 X、Y 相互独立，则 X 与 Y 不相关，即 $\rho_{XY}=0$，但 $\rho_{XY}=0$，却不能推断 X 与 Y 独立。

④ 下列 5 个命题是等价的：

$\rho_{XY}=0$；$\mathrm{cov}(X,Y)=0$；$E(XY)=E(X)E(Y)$；$D(X+Y)=D(X)+D(Y)$；$D(X-Y)=D(X)-D(Y)$。

常用计算公式：

$$D(X\pm Y)=D(X)+D(Y)\pm 2\mathrm{cov}(X,Y)$$
$$=D(X)+D(Y)\pm 2\rho_{XY}\sqrt{D(X)}\sqrt{D(Y)}$$

9. 常用随机变量的分布和数字特征

① 二点分布（0，1 分布），其分布律为

X	0	1
P_i	$1-p$	p

其中 $0<p<1$；

$$E(k)=p,\ D(k)=p(1-p)。$$

② 二项分布 $B(n,p)$，其分布律为：

$$P(X=k)=C_n^k p^k(1-p)^{n-k},\ k=0,1,2,\cdots,n,\ 0<p<1;$$
$$E(X)=np,\ D(X)=np(1-p)。$$

③ 泊松分布 $P(\lambda)$，其分布律为：

$$P(X=k)=\frac{\lambda^k}{k!}e^{-\lambda},\ k=0,1,2,\cdots,\lambda,\ \lambda>0;$$
$$E(X)=D(X)=\lambda。$$

④ 均匀分布 $R(a,b)$，其概率密度为：

$$f(x)=\begin{cases}\dfrac{1}{b-a} & (a<x<b)\\ 0 & 其余\end{cases};$$
$$E(X)=\frac{a+b}{2},\ D(X)=\frac{(b-a)^2}{12}。$$

⑤ 指数分布 $E(\lambda)$，其概率密度为：

$$f(x)=\begin{cases}\lambda e^{-\lambda x} & x>0\\ 0 & 其余\end{cases},\ \lambda>0;$$
$$E(X)=\frac{1}{\lambda},\ D(X)=\frac{1}{\lambda^2}。$$

⑥ 正态分布 $N(\mu,\sigma^2)$，其概率密度为：

$$f(x)=\frac{1}{\sqrt{2\pi}\sigma}e^{-\frac{(x-\mu)^2}{2\sigma^2}},\ -\infty<x<+\infty,\ -\infty<\mu<+\infty,\ \sigma>0;$$
$$E(X)=\mu,\ D(X)=\sigma^2。$$

当 $\mu=0$，$\sigma^2=1$ 时，称为标准正态分布 $N(0, 1)$，其概率密度为：

$$f(x)=\frac{1}{\sqrt{2\pi}}e^{-\frac{x^2}{2}}, -\infty<x<+\infty$$

分布函数记为 $\Phi(x)$，有 $\Phi(x)=\int_{-\infty}^{x}\frac{1}{\sqrt{2\pi}}e^{-\frac{x^2}{2}}dt$。

$\Phi(x)$ 有如下性质：① $\Phi(0)=\frac{1}{2}$；② $\Phi(-b)=1-\Phi(b)$。

当 $X\sim N(0, 1)$ 时，$P(a<X\leqslant b)=\Phi(b)-\Phi(a)$。

当 $X\sim N(\mu, \sigma^2)$ 时，$P(a<X\leqslant b)=\Phi\left(\frac{b-\mu}{\sigma}\right)-\Phi\left(\frac{a-\mu}{\sigma}\right)$。

10. 原点矩与中心矩的定义

随机变量 X 的 k 阶原点矩为 $E(X^k)$；

随机变量 X 的 k 阶中心矩为 $E[(X-E(X))^k]$；

随机变量 (X, Y) 的 (k, l) 阶混合原点矩为 $E(X^kY^l)$；

随机变量 (X, Y) 的 (k, l) 阶混合中心矩为 $E[(X-E(X))^k(Y-E(Y))^l]$。

（三）数理统计的基本概念

1. 总体与样本

将数理统计中所研究的对象的全体（或指某项指标 X）称为总体，从 X 中抽取的 n 个个体叫作样本，记作 $(X_1, X_2, \cdots, X_n)$。样本 $X_1, X_2, \cdots, X_n$ 相互独立，$X_1, X_2, \cdots, X_n$ 同总体 X 的分布。

2. 统计量

把不含未知参数的样本 $X_1, X_2, \cdots, X_n$ 的函数 $g(X_1, X_2, \cdots, X_n)$ 称为统计量。

常用统计量有：

① 样本平均值 $\overline{X}=\frac{1}{n}\sum_{i=1}^{n}X_i$；

② 样本方差 $S^2=\frac{1}{n-1}\sum_{i=1}^{n}(X_i-\overline{X})^2$；

③ 样本标准差 $S=\sqrt{\frac{1}{n}\sum_{i=1}^{n}(X_i-\overline{X})^2}$。

样本均值 $\overline{X}$ 与样本方差 S^2 有如下性质：

设 $E(X)=\mu$，$D(X)=\sigma^2$，则 $E(\overline{X})=\mu$，$D(\overline{X})=\frac{\sigma^2}{n}$，$E(S^2)=\sigma^2$。

3. 数理统计中的常用分布

(1) χ^2 分布

设 $X_1, X_2, \cdots, X_n$ 相互独立，且服从 $N(0, 1)$ 分布，则称 $\chi^2=\sum_{i=1}^{n}X_i^2$ 为服从自由度为 n 的 χ^2 分布，记为 $\chi^2\sim\chi^2(n)$。

χ^2 分布的性质：

① 若 $X \sim \chi^2(n)$，则 $E(X)=n$，$D(X)=2n$；

② 若 $X\sim\chi^2(n_1)$、$Z\sim\chi^2(n_2)$，$X+Z\sim\chi^2(n_1+n_2)$，则 $E(X)=n$，$D(X)=2n$；

(2) t 分布

设 X，Y 相互独立且 $X\sim N(0,1)$，$Y\sim\chi^2(n)$，则称随机变量 $T=\dfrac{X}{\sqrt{Y/n}}$ 为服从自由度为 n 的 t 分布，记为 $T\sim t(n)$。

(3) F 分布

设 X，Y 相互独立且 $X\sim\chi^2(n_1)$，$Y\sim\chi^2(n_2)$，则称 $F=\dfrac{X/n_1}{Y/n_2}$ 为服从自由度为 (n_1,n_2) 的 F 分布，记为 $F\sim F(n_1,n_2)$。

4. 正态总体下的常用抽样分布

(1) 设 $(X_1,X_2,\cdots,X_n)$ 为正态总体 $N(\mu,\sigma^2)$ 的一个样本，则有如下公式成立：

① 若 $\overline{X}\sim N\left(\mu,\dfrac{\sigma^2}{n}\right)$，则 $\dfrac{\sqrt{n}(\overline{X}-\mu)}{\sigma}\sim N(0,1)$；

② $\dfrac{1}{\sigma^2}\sum_{i=1}^{n}(X_i-\mu)^2\sim\chi^2(n)$；

③ $\dfrac{\sqrt{n}(\overline{X}-\mu)}{S}\sim t(n-1)$；

④ $\dfrac{(n-1)S^2}{\sigma^2}\sim\chi^2(n-1)$；

⑤ $\overline{X}$ 与 S^2 相互独立。

(2) 设 $(X_1,X_2,\cdots,X_m)$、$(Y_1,Y_2,\cdots,Y_n)$ 相互独立且服从 $N(\mu_1,\sigma_1^2)$ 和 $N(\mu_2,\sigma_2^2)$ 分布，令 $\overline{X}=\dfrac{1}{m}\sum_{i=1}^{m}X_i$，$\overline{Y}=\dfrac{1}{m}\sum_{i=1}^{m}Y_i$，$S_1^2=\dfrac{1}{m-1}\sum_{i=1}^{m}(X_i-\overline{X})^2$，$S_2^2=\dfrac{1}{n-1}\sum_{i=1}^{m}(Y_i-\overline{Y})^2$，则有：

a. $\dfrac{(\overline{X}-\overline{Y})-(\mu_1-\mu_2)}{\sqrt{\dfrac{\sigma_1^2}{m}+\dfrac{\sigma_n^2}{n}}}\sim N(0,1)$，即 $\overline{X}-\overline{Y}\sim N\left(\mu_1-\mu_2,\dfrac{\sigma_1^2}{m}+\dfrac{\sigma_2^2}{n}\right)$；

b. $\dfrac{S_1^2/\sigma_1^2}{S_2^2/\sigma_2^2}\sim F(m-1,n-1)$；

c. 当两个正态总体等方差，即 $\sigma_1^2=\sigma_2^2$ 时，有：

$$\frac{(\overline{X}-\overline{Y})-(\mu_1-\mu_2)}{S_w\sqrt{\dfrac{1}{m}+\dfrac{1}{n}}}\sim t(m+n-2);$$

其中，$S_w=\sqrt{\dfrac{1}{m+n-2((m-1)S_1^2+(n-1)S_2^2)}}$。

(四) 参数估计

用样本函数去估计未知参数，即为参数估计，包括点估计和区间估计。

1.点估计

设总体 X 服从函数 $F(x,\theta)$，θ 为未知参数，取样本的某个函数 $g(X_1, X_2, \cdots, X_n)$ 作为未知参数的估计量，则称 $g(X_1, X_2, \cdots, X_n)$ 为 θ 的点估计量，称 $g(x_1, x_2, \cdots x_n)$ 为 θ 的点估计值，记作 $\hat{\theta}$。

（1）矩估计

总体均值 $E(X)$ 用样本均值 $\overline{X}$ 来估计，即：

$$\overline{X}=\frac{1}{n}\sum_{i=1}^{n}X_i \tag{1-7-8}$$

总体方差 $D(X)$ 用 $\frac{1}{n}\sum_{i=1}^{n}(X_i-\overline{X})^2$ 来估计，即：

$$S_n^2=\frac{1}{n}\sum_{i=1}^{n}(X_i-\overline{X})^2 \tag{1-7-9}$$

（2）极大似然估计

设总体 X 服从 $P(X=x_k)=p_k$ $(k=1, 2, \cdots)$，则称 $L(\theta)=\prod_{i=1}^{n}f(x_i, \theta)$ 为似然函数。若解方程 $\frac{\partial L}{\partial\theta}=0$ 或 $\frac{\partial \ln L}{\partial\theta}=0$，得到 $\hat{\theta}=\hat{\theta}(X_1, X_2, \cdots, X_n)$，则它是 θ 的极大似然估计量。

2.估计量的评选标准

（1）无偏性

若 θ 估计量 $\hat{\theta}=\hat{\theta}(X_1, X_2, \cdots, X_n)$ 满足 $E[\hat{\theta}(X_1, \cdots, X_n)]=\theta$，则 $\hat{\theta}$ 为 θ 的无偏估计量。

样本均值 $\overline{X}$ 是总体均值 $E(X)$ 的无偏估计量；样本方差 S^2 是总体方差 $D(X)$ 的无偏估计量。

（2）有效性

若 $\hat{\theta}_1$，$\hat{\theta}_2$ 均是 θ 的无偏估计量，当 $D(\hat{\theta}_1)<D(\hat{\theta}_2)$ 时，则称 $\hat{\theta}_1$ 比 $\hat{\theta}_2$ 有效。

（3）一致性

$\hat{\theta}=\hat{\theta}(X_1, X_2, \cdots, X_n)$ 是 θ 的估计量，若 $\lim\limits_{n\to\infty}P\,|\hat{\theta}-\theta|>\varepsilon=0$ $(\varepsilon>0, \theta\in$ 样本空间所有取值)，则称 $\hat{\theta}(X_1, X_2, \cdots, X_n)$ 是 θ 的一致估计量。

3.区间估计

① 设 $\hat{\theta}_1(X_1, X_2, \cdots, X_n)$ 与 $\hat{\theta}_2(X_1, X_2, \cdots, X_n)$ 为两个统计量，若满足 $P(\hat{\theta}_1\leqslant\theta\leqslant\hat{\theta}_2)=1-\alpha$，则称 $[\hat{\theta}_1, \hat{\theta}_2]$ 为 θ 的置信度为 $1-\alpha$ 的置信区间。

② 一个正态总体的均值和方差的置信区间。

设 $(X_1, X_2, \cdots, X_n)$ 是取自正态总体 $N(\mu, \sigma^2)$ 的一个样本，置信度为 $1-\alpha$。

a. 当 $\sigma^2=\sigma_0^2$ 时，μ 的置信区间是 $\left[\overline{X}-z_{\frac{\alpha}{2}}\frac{\sigma}{\sqrt{n}},\ \overline{X}+z_{\frac{\alpha}{2}}\frac{\sigma}{\sqrt{n}},\right]$；

b. 当 σ^2 未知时，μ 的置信区间是 $\left[\overline{X}-t_{\frac{\alpha}{2}}(n-1)\frac{S}{\sqrt{n}},\ \overline{X}+t_{\frac{\alpha}{2}}(n-1)\frac{S}{\sqrt{n}},\right]$；

c. 当 μ 未知时，σ^2 的置信区间是 $\left[\frac{(n-1)S^2}{\chi^2_{\frac{\alpha}{2}}(n-1)},\ \frac{(n-1)S^2}{\chi^2_{1-\frac{\alpha}{2}}(n-1)}\right]$，$S^2=\frac{1}{n-1}\sum_{i=1}^{n}(X_i-\overline{X})^2$。

③ 两个正态总体的均值差和方差比的置信区间。

设 X_1，X_2，…，X_m，Y_1，Y_2，…，Y_n 相互独立且满足 $N(\mu_1, \sigma_1^2)$、$N(\mu_2, \sigma_2^2)$，置信度为 $1-\alpha$。

a. 当 σ_1^2，σ_2^2 已知时，$\mu_1-\mu_2$ 的双侧置信区间为：

$$\left[\overline{X}-\overline{Y}-z_{\frac{\alpha}{2}}\sqrt{\frac{\sigma_1^2}{m}+\frac{\sigma_2^2}{n}},\ \overline{X}-\overline{Y}+z_{\frac{\alpha}{2}}\sqrt{\frac{\sigma_1^2}{m}+\frac{\sigma_2^2}{n}}\right]。$$

b. 当 σ_1^2，σ_2^2 均未知，但 $\sigma_1^2=\sigma_2^2$ 时，$\mu_1-\mu_2$ 的双侧置信区间为：

$$\left[\overline{X}-\overline{Y}-t_{\frac{\alpha}{2}}(m+n-2)\sqrt{\frac{1}{m}+\frac{1}{n}}S_W,\ \overline{X}-\overline{Y}+t_{\frac{\alpha}{2}}(m+n-2)\sqrt{\frac{1}{m}+\frac{1}{n}}S_W\right]。$$

（五）假设检验

假设检验是根据样本观察值，来判断某个假设是否成立。

1. 假设检验的一般步骤

① 根据实际问题提出原假设 H_0；

② 在原假设 H_0 成立的条件下，确定该统计量的分布；

③ 选取适当的显著性水平 α 及 H_0 的一个否定域 W_a，使 $P(T\in W_a)=\alpha$，当 $T\in W_a$ 时，则否定 H_0，可能犯第一类错误（即弃真错误）；当 $T\notin W_a$ 时，则接受 H_0，可能犯第二类错误（即取伪）。

2. 正态总体中未知参数的假设检验

① 正态总体 $N(\mu, \sigma^2)$ 中均值 μ 的假设检验，α 是显著性水平。

$$H_0: \mu=\mu_0,\ H_1: \mu\neq\mu_0$$

a. 若 $\sigma^2=\sigma_0^2$ 已知，当 x_1，x_2，…，x_n 满足 $\frac{|\bar{x}-\mu_0|}{\sigma}\sqrt{n}>k$ 时拒绝 H_0，k 满足 $P(|U|>k)=\alpha$，$U\sim N(0, 1)$。

b. 若 σ^2 未知，则 x_1，x_2，…，x_n 满足 $\frac{|\bar{x}-\mu_0|}{S}\sqrt{n}>k$ 时拒绝 H_0，k 满足 $P(|T|>k)=\alpha$。T 为服从自由度为 $n-1$ 的 t 分布。

② 正态总体 $N(\mu, \sigma^2)$ 中方差 σ^2 的假设检验，μ 未知，α 是显著性水平。

$$H_0: \sigma^2=\sigma_0^2,$$
$$H_1: \sigma^2\neq\sigma_0^2$$

当 x_1，x_2，…，x_n 满足 $\frac{1}{\sigma_0^2}\sum_{i=1}^{n}(x_i-\bar{x})^2<k_1$ 或 $\frac{1}{\sigma_0^2}\sum_{i=1}^{n}(x_i-\bar{x})^2<k_2$ 时拒绝 H_0，其中 k_1，k_2 满足 $P(\chi^2<k_1)=\frac{\alpha}{2}$，$P(\chi^2<k_2)=\frac{\alpha}{2}$，$\chi^2$ 服从自由度为 $n-1$ 的 χ^2 分布。

历年真题

1-7-1. 设 A，B 是两个事件，$P(A)=0.3$，$P(B)=0.8$，则当 $P(A\cup B)$ 为最小值时，$P(AB)=$（　　）。(2011A21)

A. 0.1　　B. 0.2　　C. 0.3　　D. 0.4

1-7-2. 三人独立地破译一份密码，每人能独立译出这份密码的概率分别为 $\frac{1}{5}$、$\frac{1}{3}$、$\frac{1}{4}$，则这份密码被译出的概率是（　　）。(2011A22)

A. $\frac{1}{3}$　　B. $\frac{1}{2}$　　C. $\frac{2}{5}$　　D. $\frac{3}{5}$

1-7-3. 设随机变量 X 的概率密度为 $f(x)=\begin{cases}2x & 0<x<1\\ 0 & \text{其他}\end{cases}$，则 Y 表示对 X 的 3 次独立重复观察事件 $\{X\leqslant\frac{1}{2}\}$ 出现的次数，则 $P\{Y=2\}$ 等于（　　）。(2011A23)

A. $\frac{3}{64}$　　B. $\frac{9}{64}$　　C. $\frac{3}{16}$　　D. $\frac{9}{16}$

1-7-4. 设随机变量 X 和 Y 都服从 $N(0,1)$ 分布，则下列叙述中正确的是（　　）。(2011A24)

A. $X+Y\sim$ 正态分布　　B. $X^2+Y^2\sim\chi^2$ 分布

C. X^2 和 Y^2 都 $\sim\chi^2$ 分布　　D. $\frac{X^2}{Y^2}\sim F$ 分布

1-7-5. 若事件 A、B 互不相容，且 $P(A)=p$，$P(B)=q$，则 $P(\overline{AB})$ 等于（　　）。(2012A22)

A. $1-p$　　B. $1-q$　　C. $1-(p+q)$　　D. $1+p+q$

1-7-6. 设随机变量 X 和 Y 相互独立，且 X 在区间 $[0,2]$ 上服从均匀分布，Y 服从参数为 3 的指数分布，则数学期望 $E(XY)$ 等于（　　）。(2012A23)

A. $\frac{4}{3}$　　B. 1　　C. $\frac{2}{3}$　　D. $\frac{1}{3}$

1-7-7. 设 x_1，x_2，…，x_n 是来自总体 $N(\mu,\sigma^2)$ 的样本，μ，σ^2 未知，$\overline{x}=\frac{1}{n}\sum_{i=1}^{n}x_i$，$Q^2=\sum_{i=1}^{n}(x_i-\overline{x})^2$，$Q>0$。则检验假设 H_0：$\mu=0$ 时应选取的统计量是（　　）。(2012A24)

A. $\sqrt{n(n-1)}\frac{\overline{x}}{Q}$　　B. $\sqrt{n}\frac{\overline{x}}{Q}$　　C. $\sqrt{(n-1)}\frac{\overline{x}}{Q}$　　D. $\sqrt{n}\frac{\overline{x}}{Q^2}$

1-7-8. 若事件 A、B 相互独立，且 $P(A)=0.4$，$P(B)=0.5$，则 $P(A\cup B)=$（　　）。(2013A22)

A. 0.9　　B. 0.8　　C. 0.7　　D. 0.6

1-7-9. 下列函数中，可以作为连续型随机变量的分布函数的是（　　）。(2013A23)

A. $\Phi(x)=\begin{cases}0, & x<0\\ 1-e^{x}, & x\geqslant 0\end{cases}$　　B. $F(x)=\begin{cases}e^{x}, & x<0\\ 1, & x\geqslant 0\end{cases}$

C. $G(x)=\begin{cases}e^{-x}, & x<0\\ 1, & x\geqslant 0\end{cases}$　　D. $H(x)=\begin{cases}0, & x<0\\ 1+e^{-x}, & x\geqslant 0\end{cases}$

1-7-10. 设总体 $X\sim N(0,\sigma^2)$，X_1，X_2，…，X_n 是来自总体的样本，则 σ^2 的矩估计是（　　）。(2013A24)

A. $\dfrac{1}{n}\sum\limits_{i=1}^{n}X_i$　　B. $n\sum\limits_{i=1}^{n}X_i$

C. $\dfrac{1}{n^2}\sum\limits_{i=1}^{n}X_i^2$　　D. $\dfrac{1}{n}\sum\limits_{i=1}^{n}X_i^2$

1-7-11. 设 A 与 B 是互不相容的事件，$P(A)>0$，$P(B)>0$，则下列式子一定成立的是（　　）。(2014A22)

A. $P(A)=1-P(B)$　　B. $P(A|B)=0$

C. $P(A|\overline{B})=1$　　D. $P(\overline{AB})=0$

1-7-12. 设 (X,Y) 的联合密度为 $f(x,y)=\begin{cases}k, & 0<x<1,\ 0<y<x\\ 0 & \text{其他}\end{cases}$，则数学期望 $E(XY)$ 等于（　　）。(2014A23)

A. $\dfrac{1}{4}$　　B. $\dfrac{1}{3}$　　C. $\dfrac{1}{6}$　　D. $\dfrac{1}{2}$

1-7-13. 设 X_1，X_2，X_3，…，X_n 与 Y_1，Y_2，Y_3，…，Y_n 都是来自正态总体 $X\sim N(\mu,\sigma^2)$ 的样本，并且相互独立，$\overline{X}$ 与 $\overline{Y}$ 分别是其样本均值，则 $\dfrac{\sum\limits_{i=1}^{n}(X_i-\overline{X})^2}{\sum\limits_{i=1}^{n}(Y_i-\overline{Y})^2}$ 服从的分布是（　　）。(2014A24)

A. $t(n-1)$　　B. $F(n-1,n-1)$

C. $\chi^2(n-1)$　　D. $N(\mu,\sigma^2)$

1-7-14. 设 A 与 B 为两事件，已知 $P(A)=0.8$，$P(B)=0.7$，则 $P(A|B)=0.8$，则下列式子一定成立的是（　　）。(2016A22)

A. A 与 B 独立　　B. A 与 B 互斥

C. $B\supset A$　　D. $P(A\cup B)=P(A)+P(B)$

1-7-15. 某店有 7 台电视机，其中 2 台次品。现从中随机地取 3 台，设 X 为其中的次品数，则数学期望 $E(X)$ 等于（　　）。(2016A23)

A. $\dfrac{3}{7}$　　B. $\dfrac{4}{7}$　　C. $\dfrac{5}{7}$　　D. $\dfrac{6}{7}$

1-7-16. 设 X_1，X_2，X_3，…，X_n 是来自总体 $X\sim N(\mu,\sigma^2)$ 的样本，则 $\hat{\sigma}^2=\dfrac{1}{n}\sum\limits_{i=1}^{n}X_i^2$，则下面结论中正确的是（　　）。(2016A24)

A. $\hat{\sigma}^2$ 不是 σ^2 的无偏估计量　　B. $\hat{\sigma}^2$ 是 σ^2 的无偏估计量

C. $\hat{\sigma}^2$ 不一定是 σ^2 的无偏估计量　　D. $\hat{\sigma}^2$ 不是 σ^2 的估计量

1-7-17. 设 A、B、C 三个事件与事件 A 互斥的事件是（　　）。(2017A22)

A. $\overline{B\cup C}$　　B. $\overline{A\cup B\cup C}$

C. $\overline{A}B+A\overline{C}$　　D. $A(B+C)$

1-7-18. 设二维随机变量（X，Y）的概率密度为 $f(x, y)=\begin{cases} e^{-2ax+by} \\ 0 \end{cases}$ （$x>0$，$y>0$），则常数 a，b 应满足的条件是（　　）。(2017A23)

A. $ab=-\frac{1}{2}$ 且 $a>0$，$b>0$　　B. $ab=\frac{1}{2}$ 且 $a>0$，$b>0$

C. $ab=-\frac{1}{2}$ 且 $a<0$，$b>0$　　D. $ab=\frac{1}{2}$ 且 $a<0$，$b<0$

1-7-19. 设 θ 是参数 θ 的一个无偏估计量，又方程 $D(\theta)>0$，下面结论中正确的是（　　）。(2017A24)

A. $(\theta)^2$ 是 θ^2 的无偏估计量

B. $(\theta)^2$ 不是 θ^2 的无偏估计量

C. 不能确定（θ）是不是 θ^2 的无偏估计量

D. $(\theta)^2$ 不是 θ^2 的估计量

1-7-20. 已知事件 A 与 B 相互独立，且 $P(\overline{A})=0.4$，$P(\overline{B})=0.5$，则 $P(A\cup B)$ 等于（　　）。(2018A22)

A. 0.6　　B. 0.7　　C. 0.8　　D. 0.9

1-7-21. 设随机变量 X 的分布函数为 $F(x)=\begin{cases} 0, & x\leqslant 0 \\ x^3, & 0<x\leqslant 1 \\ 1, & x>1 \end{cases}$，则数学期望 $E(X)$ 等于（　　）。(2018A23)

A. $\int_0^1 3x^2\mathrm{d}x$　　B. $\int_0^1 3x^3\mathrm{d}x$

C. $\int_1^1 \frac{x^2}{4}\mathrm{d}x+\int_0^{+\infty} x\,\mathrm{d}x$　　D. $\int_0^{+\infty} 3x^3\mathrm{d}x$

1-7-22. 若二维随机变量（X，Y）的分布规律为

x / y	1	2	3
1	$\frac{1}{6}$	$\frac{1}{9}$	$\frac{1}{18}$
2	$\frac{1}{3}$	β	α

且 X 与 Y 相互独立，则 α、β 取值为（　　）。(2018A24)

A. $\alpha=\frac{1}{6}$，$\beta=\frac{1}{6}$　　B. $\alpha=0$，$\beta=\frac{1}{3}$

C. $\alpha=\frac{2}{9}$，$\beta=\frac{1}{9}$　　D. $\alpha=\frac{1}{9}$，$\beta=\frac{2}{9}$

答 案

1-7-1.【答案】(C)

$P(A\cup B)=P(A)+P(B)-P(AB)$，$P(A\cup B)$ 取最小值时，$P(AB)$ 取最大值，因 $P(A)<P(B)$，所以 $P(AB)=P(A)$。

1-7-2.【答案】(B)

设每个独立译出密码分别为 A，B，C，则这份密码被译出表示为 $A\cup B\cup C$，$\overline{A\cup B\cup C}=\overline{ABC}$，$P(A\cup B\cup C)=1-P(\overline{ABC})=1-P(\overline{A})P(\overline{B})P(\overline{C})=1-(1-\frac{1}{5})(1-\frac{1}{3})(1-\frac{1}{4})=\frac{3}{5}$。

1-7-3.【答案】(B)

$P(x\leqslant\frac{1}{2})=\int_0^{\frac{1}{2}}2x\mathrm{d}x=\frac{1}{4}$，$Y\sim B(3,P)$，$P(Y=2)=C_3^2(\frac{1}{4})^2\frac{3}{4}$。

1-7-4.【答案】(C)

由 χ^2 分布定义知，$X^2\sim\chi^2(1)$，$Y^2\sim\chi^2(1)$，X 与 Y 独立时，A、B、D 项才正确。

1-7-5.【答案】(C)

A、B 互不相容时 $P(AB)=0$，$\overline{AB}=\overline{A\cup B}$，$P(\overline{AB})=P(\overline{A\cup B})=1-(A\cup B)=1-[P(A)+P(B)-P(AB)]=1-(p+q)$。

1-7-6.【答案】(B)

X 与 Y 独立时，$E(XY)=E(X)E(Y)$，X 在 $[a,b]$ 上服从均匀分布时，$E(X)=\frac{a+b}{2}$，Y 服从参数为 λ 的指数分布时，$E(Y)=\frac{1}{\lambda}=\frac{1}{3}$，$E(XY)=E(X)E(Y)=\frac{1}{3}$。

1-7-7.【答案】(A)

由 σ^2 未知时检验假设 H_0：$\mu=\mu_0$，应选取统计量：

$$T=\frac{\overline{x}-\mu_0}{s}\sqrt{n},\ s^2=\frac{1}{n-1}\sum_{i=1}^{n}(x_i-\overline{x})^2=\frac{1}{n-1}Q^2,\ s=\frac{Q}{\sqrt{n-1}}。$$

1-7-8.【答案】(C)

A、B 相互独立，则 $P(AB)=P(A)P(B)$，$P(A\cup B)=P(A)+P(B)-P(AB)$，所以 $P(A\cup B)=0.7$。

1-7-9.【答案】(B)

根据分布函数 $F(x)$ 的性质，有：$\lim\limits_{x\to-\infty}F(x)=0$，$\lim\limits_{x\to+\infty}F(x)=1$ 可知 A、C 两项错误；又因为是连续型随机变量的分布函数，故 $H(x)$ 必须单调不减，所以 D 项错误。

1-7-10.【答案】(B)

样本 K 阶矩阵公式为：$A_k=\frac{1}{n}F(x)=0$，$\lim\limits_{x\to\infty}F(x)=1$，$k=1,2,3,\cdots$，$k=2$，逐项相加的平均值为 $\frac{1}{n}\sum\limits_{i=1}^{n}X_i^2$。

1-7-11.【答案】(B)

A 与 B 是互不相容的事件，所以 $P(A\mid B)=\frac{P(AB)}{P(B)}=0$，$P(AB)=0$。

1-7-12.【答案】(A)

$E(XY)=\iint\limits_D xy\cdot f(x,y)\mathrm{d}x\mathrm{d}y=k\int_0^1 x\mathrm{d}x\int_0^x y\mathrm{d}y=\frac{k}{8}$，根据联合概率密度的性质知：$\iint\limits_D f(x,y)\mathrm{d}x\mathrm{d}y=1$，$\iint\limits_D k\mathrm{d}x\mathrm{d}y=k\int_0^1\mathrm{d}x\int_0^x\mathrm{d}y=\frac{k}{2}=1\Rightarrow k=2$，因此 $E(XY)=\frac{k}{8}=\frac{1}{4}$。

1-7-13.【答案】(B)

若 X、Y 相互独立，且 $X\sim\chi^2(n_1)$，$Y\sim\chi^2(n_2)$，则称 $F=\frac{X/n_1}{Y/n_2}$ 服从 F 分布，记作：$F\sim F(n_1,n_2)$，本题中 $\frac{1}{\sigma^2}\sum_{i=1}^{n}(X_i-\overline{X})^2\sim\chi^2(n-1)$，$\frac{1}{\sigma^2}\sum_{i=1}^{n}(Y_i-\overline{Y})^2\sim\chi^2(n-1)$，二者相互独立，因此 $\frac{\frac{1}{\sigma^2}\sum_{i=1}^{n}(X_i-\overline{X})^2}{\frac{1}{\sigma^2}\sum_{i=1}^{n}(Y_i-\overline{Y})^2}\sim F(n-1,n-1)$。

1-7-14.【答案】(A)

条件概率的计算公式为：$P(A\mid B)=\frac{P(AB)}{P(B)}$。$P(AB)=0.56=P(A)P(B)$ 所以事件 A 和 B 相互独立。

1-7-15.【答案】(D)

随机变量 X 的取值为 0，1，2，则相应的概率分布分别为：

$P(X=0)=\frac{C_2^0C_5^3}{C_7^3}=\frac{2}{7}$，$P(X=1)=\frac{C_2^1C_5^2}{C_7^3}=\frac{4}{7}$，$P(X=2)=\frac{C_2^2C_5^1}{C_7^3}=\frac{1}{7}$，所以 $E(X)=0\times\frac{2}{7}+1\times\frac{4}{7}+2\times\frac{1}{7}=\frac{6}{7}$。

1-7-16.【答案】(A)

总体 $X\sim N(0,\sigma^2)$，σ^2 的无偏估计量为 $\hat{\sigma}_s^2=\frac{1}{n-1}\sum_{i=1}^{n}X_i^2$，$\hat{\sigma}^2=\frac{1}{n}\sum_{i=1}^{n}X_i^2$ 不是 σ^2 的无偏估计量，是渐进无偏估计量。

1-7-17.【答案】(B)

若事件 A 与 B 不能同时发生，则称事件 A 与 B 互不相容或互斥，记作：$AB=\phi$。A 项，如图 (1) 所示，$\overline{B\cup C}$ 与 A 相交于 A。B 项，如图 (2) 所示，$\overline{A\cup B\cup C}$ 与 A 相交于 ϕ，与 A 相互斥。C 项，如图 (3) 所示，图中阴影部分与 A 相交于 A。D 项，$A(B+C)$ 与 A 相交于 $A(B+C)$。

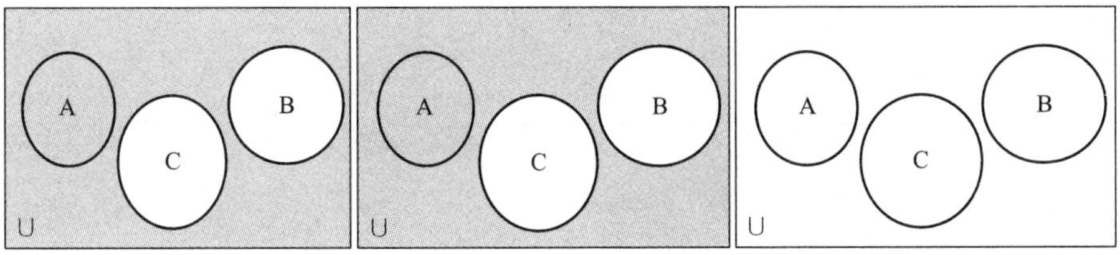

图(1)　图(2)　图(3)

1-7-18.【答案】（A）

$\int_{-\infty}^{+\infty}\int_{-\infty}^{+\infty} e^{-2ax+by}\mathrm{d}x\mathrm{d}y=1$，$\int_{-\infty}^{+\infty} e^{-2ax}\mathrm{d}x\int_{-\infty}^{+\infty} e^{by}\mathrm{d}y=-\frac{1}{2a}e^{-2ax}\Big|_{0}^{+\infty}\cdot\frac{1}{b}e^{by}\Big|_{0}^{+\infty}=1$，只有当 $a>0$，$b<0$ 时，该积分可解，则有 $(0+\frac{1}{2a})\cdot(0-\frac{1}{b})=-\frac{1}{2ab}=1\Leftrightarrow ab=-\frac{1}{2}$。

1-7-19.【答案】（B）

若 $E(\hat{\theta})=\theta$，则称 $\hat{\theta}$ 是 θ 的无偏估计量。由于 $D(\hat{\theta})>0$，可得 $D(\hat{\theta})=E(\hat{\theta}^2)-E^2(\hat{\theta})>0$，即：$E(\hat{\theta}^2)>E^2(\hat{\theta})=\theta^2$，所以 $(\hat{\theta}^2)$ 不是 θ^2 的无偏估计量。

1-7-20.【答案】（C）

$P(A)=1-P(\overline{A})=0.6$，$P(B)=1-P(\overline{B})=0.5$，$P(A\cup B)=P(A)+P(B)-P(AB)=0.6+0.5-0.5\times0.6=0.8$。

1-7-21.【答案】（B）

随机变量 X 的密度函数为 $f(x)=F'(x)=\begin{cases}3x^2 & (0<x\leqslant1)\\ 0 & \text{其他}\end{cases}$，$E(X)=\int_{-\infty}^{+\infty}xf(x)\mathrm{d}x=\int_0^1 x\cdot3x^2\mathrm{d}x=\int_0^1 3x^3\mathrm{d}x$。

1-7-22.【答案】（D）

因为 X 与 Y 相互独立，所以 $P(2,1)=P(2)\cdot P(1)=\frac{1}{9}=(\frac{1}{9}+\beta)(\frac{1}{6}+\frac{1}{9}+\frac{1}{18})$，解得 $\beta=\frac{2}{9}$；同理 $P(1,2)=P(1)\cdot P(2)=\frac{1}{3}=(\frac{1}{6}+\frac{1}{3})(\frac{1}{3}+\frac{1}{\beta}+\frac{1}{\alpha})$，解得 $\alpha=\frac{1}{9}$。

第二章

普通物理

第一节　热学

一、考试大纲

气体状态参量；平衡态；理想气体状态方程；理想气体的压强和温度的统计解释；自由度；能量按自由度均分原理；理想气体内能；平均碰撞频率和平均自由程；麦克斯韦速率分布律；方均根速率；平均速率；最概然速率；功；热量；内能；热力学第一定律及其对理想气体等值过程的应用；绝热过程；气体的摩尔热容量；循环过程；卡诺循环；热机效率；净功；制冷系数；热力学第二定律及其统计意义；可逆过程和不可逆过程。

二、知识要点

（一）基本概念

1.平衡态

热力学系统按所处状态不同，分为平衡态系统和非平衡态系统，对于一个不受外界影响的系统，当其宏观性质（指压强 p 、温度 T 、体积 V ）不随时间变化的稳定状态称为平衡态。

2.状态参量

常用体积 V 、压强 p 和温度 T 等作为状态参量。

体积 V ——气体分子运动时能达到的空间，对于理想气体，则指容器的容积。

压强 P ——气体作用在容器器壁单位面积上的垂直力，单位为帕斯卡（Pa），即牛顿/米^2（N/m^2）。

温度 T ——表示物体的冷热程度，单位开尔文（K），热力学温度 T 和摄氏温度 t℃之间有如下关系：

$$T = t + 273.15 \tag{2-1-1}$$

3.气体分子热运动

所有气体分子都在做永恒的、无规则的运动，气体分子间发生频繁碰撞，运动的剧烈程度与温度有关，称为分子的热运动。

4.气体分子的自由度

气体分子分为单原子分子（如 He、Ne）和多原子分子（O_2、H_2）。

物体的自由度（ i ）是指决定某物体在空间的位置所需的独立坐标数目。

单原子分子自由度为 $i=3$、刚性双原子的自由度为 $i=5$、刚性三原子的自由度为 $i=6$。

5.理想气体的内能

理想气体是指分子之间相互作用的势能极小，基本可以忽略。

气体内能是指气体分子热运动的动能与分子势能的总和，对于理想气体，分子势能可忽略不计，因此，理想气体的内能仅是其所有分子热运动动能的总和。

6.分子的平均碰撞频率 $\overline{Z}$ 和平均自由程 $\overline{\lambda}$

单位时间内一个分子和其他分子碰撞的平均次数称为分子的平均碰撞次数，以 $\overline{Z}$ 表示，计算式如下：

$$\overline{Z}=\sqrt{2}\pi d^2 n\overline{v} \qquad (2\text{-}1\text{-}2)$$

式中　n——分子数密度；d——分子有效直径；$\overline{v}$——平均速率。

一个分子在两次连续碰撞间自由运动所走过的平均路程叫做分子的平均自由程，以 $\overline{\lambda}$ 表示，计算式如下：

$$\overline{\lambda}=\frac{\overline{v}}{\overline{Z}}=\frac{1}{\sqrt{2}\pi d^2 n}=\frac{kT}{\sqrt{2}\pi d^2 p} \qquad (2\text{-}1\text{-}3)$$

（二）基本公式

1.理想气体状态方程

$$pV=\frac{m}{M}RT \qquad (2\text{-}1\text{-}4)$$

式中　m——气体质量；

M——气体的摩尔质量；

R——摩尔气体常数，大小为 $8.31\mathrm{J}\cdot\mathrm{K}^{-1}\cdot\mathrm{mol}^{-1}$。

当质量为 m 的气体分子数为 N，则 $(\frac{m}{M})$mol 气体的分子数为 $N=\frac{m}{M}N_0$，1mol 气体的分子数为 $N_0=6.022\times10^{23}$（阿伏伽德罗常数），则理想气体的状态方程又可写成：

$$p=nkT \qquad (2\text{-}1\text{-}5)$$

式中　n——单位体积内的分子数（或称分子数密度），$n=\frac{N}{V}$；

k——玻尔兹曼常数，$k=\frac{R}{N_0}$，大小为 $1.38\times10^{-23}\mathrm{J/K}$。

2.理想气体压强公式

$$p=\frac{2}{3}n\overline{w} \qquad (2\text{-}1\text{-}6)$$

式中　n——单位体积内分子数，$n=\frac{N}{V}$；

$\overline{w}$——分子的平均平动动能，$\overline{w}=\frac{3}{2}\mathrm{kT}$

3.理想气体的温度公式（或能量公式）

根据理想气体状态方程式（2-5）和压强公式（2-6）可求得理想气体的温度公式：

$$\overline{w}=\frac{3}{2}kT \qquad (2\text{-}1\text{-}7)$$

4.能量按自由度均分原理

气体处于平衡状态时，分子的任何一个自由度的平均动能都相等均为 $\frac{1}{2}kT$，气体分子能量按这样分配的原理，叫作能量按自由度均分原理。

若气体分子有 i 个自由度，则分子的平均动能为：

$$\overline{\varepsilon}_k=\frac{i}{2}kT \qquad (2\text{-}1\text{-}8)$$

质量为 $m$kg（摩尔质量为 Mmol）的理想气体的内能为：

$$E=\frac{m}{M_{\mathrm{mol}}}\frac{i}{2}RT=\frac{i}{2}PV \tag{2-1-9}$$

【例 2-1-1】 一容器内贮有氧气，其温度为27℃，求分子的平均平动动能和分子的平均动能。

解：根据公式 $\overline{w}=\frac{3}{2}kT=\frac{3}{2}\times1.38\times10^{-23}\times(273+27)=6.21\times10^{-21}\mathrm{J}$；

$\overline{w}=\frac{3+2}{2}kT=\frac{5}{2}\times1.38\times10^{-23}\times(273+27)=1.04\times10^{-21}\mathrm{J}$。

5.麦克斯韦分子速率分布律

（1）分子的速率分布函数

分子的速率分布函数 $f(v)$ 表示如下：

$$f(v)=\frac{1}{N}\frac{\mathrm{d}N}{\mathrm{d}v} \tag{2-1-10}$$

式中 N——理想气体的分子数；

dN——表示速率在 v 至 $v+\mathrm{d}v$ 区间内的分子数；

v——速率。

$f(v)$ 指某一分子在速率 v 附近的单位速率区间内出现的概率，$f(v)$ 愈大，分布的分子数愈多。

（2）麦克斯韦速率分布函数

麦克斯韦速率分布函数 $f(v)$ 表示如下：

$$f(v)=4\pi\left(\frac{m}{2\pi kT}\right)^{\frac{3}{2}}\cdot e^{-\frac{mv^2}{2kT}}\cdot v^2 \tag{2-1-11}$$

（3）由麦克斯韦速率分布函数得到速率的三个统计平均值

① 最概然速率 v_{p}：

$$v_{\mathrm{p}}=\sqrt{\frac{2kT}{m}}=\sqrt{\frac{2RT}{M_{\mathrm{mol}}}} \tag{2-1-12}$$

② 算术平均速率 $\overline{v}$：

$$\overline{v}=\sqrt{\frac{8kT}{\pi m}}=\sqrt{\frac{8RT}{\pi M_{\mathrm{mol}}}} \tag{2-1-13}$$

③ 方均根速率 $\sqrt{\overline{v^2}}$：

$$\sqrt{\overline{v^2}}=\sqrt{\frac{3kT}{m}}=\sqrt{\frac{3RT}{M_{\mathrm{mol}}}} \tag{2-1-14}$$

6.功、热量、内能

（1）理想气体的内能和内能变化量

理想气体内能公式如下：

$$E=\frac{m}{M_{\mathrm{mol}}}\frac{i}{2}RT \tag{2-1-15}$$

当系统从状态温度 T_1 变化到状态温度 T_2 时，其内能增量为：

$$\Delta E=E_2-E_1=\frac{m}{M_{\mathrm{mol}}}\frac{i}{2}R(T_2-T_1) \tag{2-1-16}$$

显然，对一定量理想气体的内能增量只取决于系统的初态和终态，与过程无关。

（2）功和热量

对系统做功或向系统传递热量都将引起系统状态的改变，二者相互等效。它们都是过程量，是系统内能变化的度量，系统从外界进行的热交换，不仅取决于系统的初态和终态，也取决于初、终态的过程。

7. 热力学第一定律

（1）热力学第一定律

热力学第一定律表述如下：

$$Q=(E_2-E_1)+A=\Delta E+A \tag{2-1-17}$$

式中 Q——系统吸收的热量，$Q>0$ 为吸热，$Q<0$ 为放热；

A——$A>0$，系统对外做正功；$A<0$，外界对系统做功。

ΔE——系统内能增量，增加时 $\Delta E>0$，减少时 $\Delta E<0$。

（2）热力学第一定律在理想气体等值过程和绝热过程中的应用

① 等体过程（V 恒定），则有：

$$Q_V=(E_2-E_1)+A=\frac{m}{M}\frac{i}{2}R\Delta T \tag{2-1-18}$$

② 等压过程（p 恒定），则有：

$$Q_p=\Delta E+A=\frac{m}{M}\left(\frac{i+2}{2}\right)R(T_2-T_1) \tag{2-1-19}$$

③ 等温过程（T 恒定），则有：

$$Q_T=A=\frac{m}{M}RT\ln\frac{V_2}{V_1}=\frac{m}{M}RT\ln\frac{p_1}{p_2} \tag{2-1-20}$$

④ 绝热过程（$Q=0$），则有：

$$A=-\Delta E=-\frac{i}{2}\frac{m}{M}R(T_2-T_1) \tag{2-1-21}$$

8. 热容量

① 定义：系统每升高单位温度所吸收的热量，用 C 表示，即：

$$C=\frac{\mathrm{d}Q}{\mathrm{d}T} \tag{2-1-22}$$

② 摩尔热容量：指系统为 1mol 时产生的热容量。

③ 定容摩尔热容量 C_V：指 1mol 系统在等容过程，每升高单位温度所吸收的热量，即：

$$C_V=\frac{Q}{T_2-T_1}=\frac{i}{2}R \tag{2-1-23}$$

④ 定压摩尔热容量 C_p：指 1mol 系统在等压过程，每升高单位温度所吸收的热量，即：

$$C_p=\frac{Q}{T_2-T_1}=\frac{i+2}{2}R \tag{2-1-24}$$

⑤ C_p 与 C_V 的关系：

$$C_p - C_V = R, \quad \gamma = \frac{C_p}{C_V} = \frac{i+2}{i} \tag{2-1-25}$$

⑥ 绝热过程做功的表达式可改写为：

$$A = \frac{1}{\gamma - 1}(p_1 V_1 - p_2 V_2) \tag{2-1-26}$$

9. 循环过程和卡诺循环

(1) 循环过程

循环过程指物质系统由初始状态经过一系列变化过程后又回到初始状态。系统内能不变，在 $p-V$ 图上，循环过程是一条封闭曲线。

如图 2-1-1 所示，在过程 abc 中，系统对外做正功，其数值等于 $abcV_cV_aa$ 所围的面积，在 cba 过程中，系统对外界做负功，其数值等于 $cdaV_aV_cc$ 所围面积，因此，在一次循环过程中系统正、负功的代数和等于封闭曲线 $abcd$ 所包围的面积。

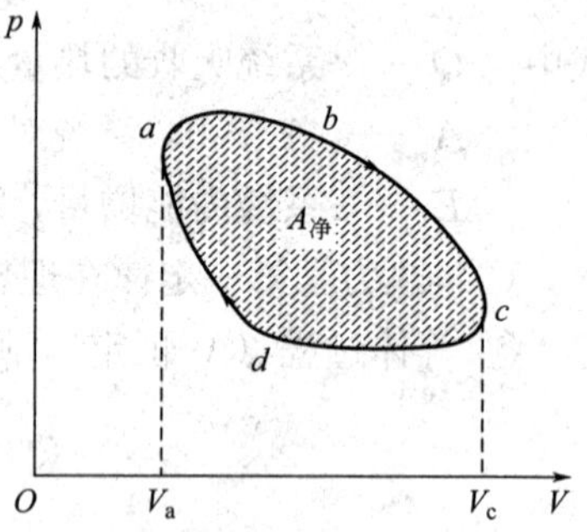

图 2-1-1

净功是指整个循环过程曲线所包围的面积，将热力学第一定律用于整个循环过程得到：

$$Q = A \tag{2-1-27}$$

式中 Q ——循环过程中净吸收的热量；

A ——循环过程中各分过程对外做功的代数和，若 $A > 0$，则为热机。

(2) 热机效率热机效率

$$\eta = \frac{A}{Q_1} = \frac{Q_1 - Q_2}{Q_1} = 1 - \frac{Q_2}{Q_1} \tag{2-1-28}$$

式中 Q_1——系统在循环过程中吸收的热量；

Q_2 ——循环过程中放出的热量。

(3) 卡诺循环

卡诺循环包括两个绝热过程和两个等温过程，是一个理想循环，卡诺循环效率为：

$$\eta_{卡} = 1 - \frac{Q_2}{Q_1} = 1 - \frac{T_2}{T_1} \tag{2-1-29}$$

式中 T_1——高温热源的温度；

T_2 ——低温热源的温度。

(4) 制冷循环

当气体从低温吸收热量，接收外界做功，又向高温热源放热，此过程称为卡诺制冷循环。制冷系数如下：

$$\omega = \frac{Q_2}{A} = \frac{Q_2}{Q_1 - Q_2} = \frac{T_2}{T_1 - T_2} \tag{2-1-30}$$

【例 2-1-2】 1mol 的氢气做如图所示的循环过程，其中 ab 是等温膨胀过程，bc 是等容冷却过程，ca 是绝热压缩过程。已知：$T_a = 400\text{K}$，$T_c = 300\text{K}$，$\ln 2 = 0.693$，求 (1) 各过程吸收或放出的热量；(2) 循环的净功；(3) 循环的效率。

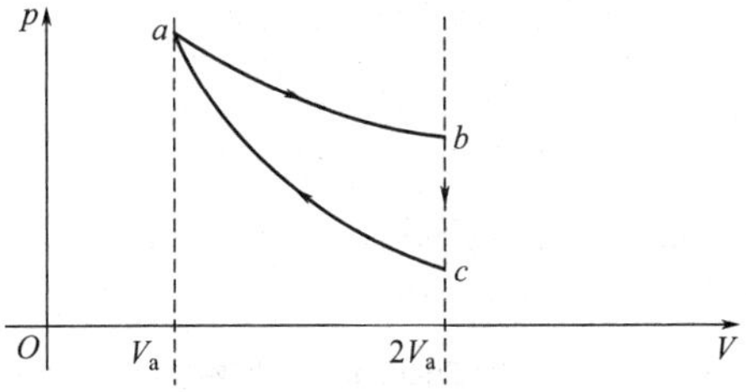

解：（1）等温膨胀过程：$Q_{ab}=A=RT_a\ln\dfrac{2V_a}{V_a}=8.31\times400\times0.693=2303.5\text{J}$；

等容冷却吸收热量：$Q_{bc}=\Delta E=E_c-E_b=\dfrac{i}{2}R(T_c-T_a)=-\dfrac{5}{2}\times8.31\times100=-2077.5\text{J}$；

绝热过程：$Q_{ca}=0$。

（2）循环净功：$A_{净}=Q_{ab}+Q_{bc}=2303.5-2077.5=226\text{J}$；

（3）循环效率：$\eta=\dfrac{A}{Q_{吸}}=\dfrac{226}{2303.5}=9.8\%$。

10. 热力学第二定律及其统计意义

公认的两种热力学第二定律表述如下。

① 开尔文表述（永动机无法制成）：不可能制成一种循环工作的热机，它只能从单一温度的热源吸取热量，并使其全部变成有用功，而不引起其他变化。

② 克劳修斯表述：热量不可能自动地由低温物体传向高温物体。

③ 热力学第二定律的统计规律：一切自然过程总是沿着无序性增大的方向进行，总是由热力学概率小的宏观状态向热力学概率大的宏观状态进行。

11. 可逆过程和不可逆过程

一个系统，由某一状态出发，经过一过程达到另一状态，如果存在一个逆过程，该逆过程能使系统和外界同时复原（即系统回到原来状态，同时消除了原来过程对外界引起的一切影响），则原来的过程称为可逆过程；反之，如果逆过程不具有上述性质，即任何方法都不能使系统和外界同时完全复原，则原来的过程称为不可逆过程。

历年真题

2-1-1. 一瓶氦气和一瓶氮气，它们每个分子的平均平动动能相等，而且都处于平衡态，则它们（　　）。(2011A25)

A. 温度相同，氦分子和氮分子的平均动能相同

B. 温度相同，氦分子和氮分子的平均动能不同

C. 温度不同，氦分子和氮分子的平均动能相同

D. 温度不同，氦分子和氮分子的平均动能不同

2-1-2. 最概然速率 v_p 的物理意义为（　　）。(2011A26)

A. v_p 是速率分布中给的最大速率

B. v_p 是大多数分子的速率

C. 在一定的温度下，速率与 v_p 相近的气体分子所占的百分率最大

D. v_p 是所有分子速率的平均值

2-1-3. 1mol 理想气体从平衡态 $2p_1$、V_1 沿直线变化到另一平衡态 p_1、$2V_1$，则此过程

中系统的功和内能的变化为（　　）。(2011A27)

A. $W>0$，$\Delta E>0$　　B. $W<0$，$\Delta E<0$

C. $W>0$，$\Delta E=0$　　D. $W<0$，$\Delta E>0$

2-1-4. 在保持高温热源温度 T_1 和低温热源温度 T_2 不变的情况下，使卡诺热机的循环曲线所包围的面积增大，则会（　　）。(2011A28)

A. 净功增大，效率提高　　B. 净功增大，效率降低

C. 净功和效率都不变　　D. 净功增大，效率不变

2-1-5. 一定量的理想气体由 a 状态经过一过程到达 b 状态，吸热为 335J，系统对外做功 126J，若系统经过另一过程由 a 状态到 b 状态，系统对外做功 42J，则过程中传入系统的热量为（　　）。(2012A27)

A. 530J　　B. 167J　　C. 251J　　D. 335J

2-1-6. 一定量的理想气体，经过等体过程，温度增量 ΔT，内能变化 ΔE_1，吸收热量 Q_1；若经过等压过程，温度增量也为 ΔT，内能变化 ΔE_2，吸热热量 Q_2，则一定是（　　）。(2012A28)

A. $\Delta E_2=\Delta E_1$，$Q_2>Q_1$　　B. $\Delta E_2=\Delta E_1$，$Q_2<Q_1$

C. $\Delta E_2>\Delta E_1$，$Q_2>Q_1$　　D. $\Delta E_2<\Delta E_1$，$Q_2<Q_1$

2-1-7. 气体做等压膨胀，则（　　）。(2013A27)

A. 温度升高，气体对外做正功　　B. 温度升高，气体对外做负功

C. 温度降低，气体对外做正功　　D. 温度降低，气体对外做负功

2-1-8. 一定量的理想气体（P_1、V_1、T_1）经等温膨胀到达终态（P_2、V_2、T_1），则气体吸收的热量 Q 为（　　）。(2013A28)

A. $Q=P_1V_1\ln\frac{V_2}{V_1}$　　B. $Q=P_1V_2\ln\frac{V_2}{V_1}$

C. $Q=P_1V_1\ln\frac{V_1}{V_2}$　　D. $Q=P_2V_1\ln\frac{P_2}{P_1}$

2-1-9. 在标准状态下，当氢气和氦气的压强与体积都相等时，氢气与氦气的内能之比为（　　）。(2014A25)

A. $\frac{5}{3}$　　B. $\frac{3}{5}$　　C. $\frac{1}{2}$　　D. $\frac{3}{2}$

2-1-10. 速率分布函数 $f(v)$ 的物理意义为（　　）。(2014A26)

A. 几何速率 v 的分子数占总分子数的百分比

B. 速率分布在 v 附近的单位速率间隔中的分子数占总分子数的百分比

C. 具有速率 v 的分子数

D. 速率分布在 v 附近的单位速率间隔中的分子数

2-1-11. 有 1mol 的刚性双原子分子理想气体，在等压过程中对外做功为 W，则其温度变化 ΔT 为（　　）。(2014A27)

A. $\frac{R}{W}$　　B. $\frac{W}{R}$　　C. $\frac{2R}{W}$　　D. $\frac{2W}{R}$

2-1-12. 理想气体在等温膨胀过程中（　　）。(2014A28)

A. 气体做负功，向外界放出热量　　B. 气体做负功，从外界吸收热量

C. 气体做正功，向外界放出热量　　D. 气体做正功，从外界吸收热量

2-1-13. 假定氧气的热力学温度提高一倍，氧分子全部离解为氧原子，则氧原子的平均速率是氧分子平均速率的（　　）。(2016A25)

A. 4 倍　　B. 2 倍　　C. $\sqrt{2}$ 倍　　D. $\frac{1}{\sqrt{2}}$ 倍

2-1-14. 容积恒定的容器内有一定量的某种理想气体，分子的平均自由程为 $\overline{\lambda_0}$，平均碰撞频率为 $\overline{Z_0}$，若气体的温度降低为原来的 1/4 倍时，此时分子的平均自由程 $\overline{\lambda}$ 和平均碰撞频率 $\overline{Z}$ 为（　　）。(2016A26)

A. $\overline{\lambda}=\overline{\lambda_0}$，$\overline{Z}=\overline{Z_0}$　　B. $\overline{\lambda}=\overline{\lambda_0}$，$\overline{Z}=\frac{1}{2}\overline{Z_0}$

C. $\overline{\lambda}=2\overline{\lambda_0}$，$\overline{Z}=2\overline{Z_0}$　　D. $\overline{\lambda}=\sqrt{2}\overline{\lambda_0}$，$\overline{Z}=4\overline{Z_0}$

2-1-15. 有一定量的某种理想气体由初态经等温膨胀变化到末态时，压强为 P_1，若由相同的初态经绝热膨胀变到另一末态时，压强为 P_2。若两过程体积相同，则（　　）。(2016A27)

A. $P_1=P_2$　　B. $P_1>P_2$　　C. $P_1<P_2$　　D. $P_1=2P_2$

2-1-16. 在卡诺循环过程中，理想气体在一个绝热过程中所做的功为 W_1，内能变化为 ΔE_1，而在另一绝热过程中气体做功为 W_2，内能变化为 ΔE_2，则由 W_1、W_2、ΔE_1、ΔE_2 之间的关系为（　　）。(2016A28)

A. $W_1=W_2$，$\Delta E_1=\Delta E_2$　　B. $W_1=-W_2$，$\Delta E_1=\Delta E_2$

C. $-W_1=W_2$，$-\Delta E_1=\Delta E_2$　　D. $W_1=W_2$，$-\Delta E_1=\Delta E_2$

2-1-17. 有两种理想气体，第一种的压强为 P_1，体积为 V_1，温度为 T_1，总质量为 M_1，摩尔质量为 μ_1；第二种的压强为 P_2，体积为 V_2，温度为 T_2，总质量为 M_2，摩尔质量为 μ_2。当 $V_1=V_2$，$T_1=T_2$，$M_1=M_2$ 时，则（　　）。(2017A25)

A. $\frac{\mu_1}{\mu_2}=\sqrt{\frac{P_1}{P_2}}$　　B. $\frac{\mu_1}{\mu_2}=\frac{P_1}{P_2}$　　C. $\frac{\mu_1}{\mu_2}=\sqrt{\frac{P_2}{P_1}}$　　D. $\frac{\mu_1}{\mu_2}=\frac{P_2}{P_1}$

2-1-18. 在恒定不变的压强下，气体分子的平均碰撞频率 $\overline{Z}$ 与温度 T 的关系为（　　）。(2017A26)

A. $\overline{Z}$ 与 T 无关　　B. $\overline{Z}$ 与 $\sqrt{T}$ 无关

C. $\overline{Z}$ 与 $\sqrt{T}$ 呈反比　　D. $\overline{Z}$ 与 $\sqrt{T}$ 呈正比

2-1-19. 一定量的理想气体对外做了 500J 的功，如果过程是绝热的，气体内能的增量为（　　）。(2017A27)

A. 0　　B. 500J　　C. −500J　　D. 250J

2-1-20. 热力学第二定律的开尔文表述和克劳修斯表述中（　　）。(2017A28)

A. 开尔文表述指出了功热转换的过程是不可逆的

B. 开尔文表述指出了热量由高温物体传向低温物体的过程是不可逆的

C 克劳修斯表述指出通过摩擦而使功变成热的过程是不可逆的

D. 克劳修斯表述指出气体的自由膨胀过程是不可逆的

2-1-21. 1mol 理想气体（刚性双原子分子），当温度为 T 时，每个分子的平均平动动能为（　　）。(2018A25)

A. $\frac{3}{2}RT$　　B. $\frac{5}{2}RT$　　C. $\frac{3}{2}kT$　　D. $\frac{5}{2}kT$

2-1-22. 一密闭容器中盛有 1mol 氦气（视为理想气体），容器中分子无规则运动的平均自由程仅决定于（　　）。(2018A26)

A. 压强 P　　B. 体积 V

C. 温度 T　　D. 平均碰撞频率 $\overline{Z}$

2-1-23. "理想气体和单一恒温热源接触做等温膨胀时，吸收的热量全部用来对外界做功。"对此说法，有以下几种讨论，其中正确的是（　　）。(2018A27)

A. 不违反热力学第一定律，但违反热力学第二定律

B. 不违反热力学第二定律，但违反热力学第一定律

C. 不违反热力学第一定律，也不违反热力学第二定律

D. 违反热力学第一定律，也违反热力学第二定律

2-1-24. 一定量的理想气体，由一平衡态（P_1，V_1，T_1）到另一平衡态（P_2，V_2，T_2），若 $V_2>V_1$，但 $T_2=T_1$ 无论气体经历怎样的过程（　　）。(2018A28)

A. 气体对外做功的功一定为正值　　B. 气体对外做功一定为负值

C. 气体的内能一定增加　　D. 气体的内能保持不变

答　案

2-1-1.【答案】(B)

分子的平均平动动能 $\varepsilon_{平均}=\frac{3}{2}kT$，分子的平均动能 $\overline{w}=\frac{i}{2}kT$。

2-1-2.【答案】(C)

2-1-3.【答案】(C)

理想气体从平衡态 $A(2p_1, V_1)$ 变化到平衡态 $B(p_1, 2V_1)$，体积膨胀，做功 $W>0$。判断内能变化情况，画 p-V 图，注意到平衡态 $A(2p_1, V_1)$ 和平衡态 $B(p_1, 2V_1)$ 都在同一等温线上，$\Delta T=0$，故 $\Delta E=0$。

2-1-4.【答案】(D)

循环过程的净功数值上等于闭合循环曲线所围成的面积。若循环曲线所包围的面积增大，则净功增大。而卡诺循环的循环效率由式 $\eta_{卡诺}=1-\frac{T_2}{T_1}$ 决定，若 T_1，T_2 不变，则循环效率不变。

2-1-5.【答案】(C)

注意内能的增量 ΔE 只与系统的起始和终了状态有关，与系统所经历的过程无关。$Q_{ab}=335=\Delta E_{ab}+126$，$\Delta E_{ab}=209\text{J}$，$Q'_{ab}=\Delta E_{ab}+42=251\text{J}$。

2-1-6.【答案】(A)

等体过程：$Q_1=Q_V=\Delta E_1=\frac{M}{\mu}\frac{i}{2}R\Delta T$；等压过程：$Q_2=Q_P=\Delta E_2+A=\frac{M}{\mu}\frac{i}{2}R\Delta T+A$

对于给定的理想气体，内能的增量只与系统的起始和终了状态有关，与系统所经历的过程无关，$\Delta E_1=\Delta E_2$，当 $A>0$ 时，$Q_2>Q_1$。

2-1-7.【答案】(A)

根据 $pV=nRT$，其他条件不变，等压膨胀时，温度升高，压强不变，体积增大，$W=\int_{v_1}^{v_2}p\mathrm{d}v=p(v_2-v_1)>0$，气体对外做正功。

2-1-8.【答案】(A)

气体吸收的热量，一部分用来对外做功，另一部分用来增加内能，即：$Q=\Delta E+W$，其中 $E=\frac{i}{2}\frac{m}{M}RT$，等温过程中，$\Delta E=0$，$Q=W=\int_{v_1}^{v_2}p\mathrm{d}v=\int_{v_1}^{v_2}\frac{nRT}{V}\mathrm{d}v=nRT\ln\frac{V_2}{V_1}=p_1V_1\ln\frac{V_2}{V_1}$。

2-1-9.【答案】(A)

标准状态温度相同，压强与体积也相等，单原子分子有 3 个自由度，双原子分子有 5 个自由度，即氢气的内能为 $E_{氢气}=\frac{5}{2}p_{氢气}V_{氢气}$；氧气的内能为 $E_{氧气}=\frac{3}{2}p_{氧气}V_{氧气}$，二者的内能之比为 $\frac{E_{氢气}}{E_{氧气}}=\frac{\frac{5}{2}p_{氢气}V_{氢气}}{\frac{3}{2}p_{氧气}V_{氧气}}=\frac{5}{3}$。

2-1-10.【答案】(B)

由速率分布函数 $f(v)$ 的定义，它的物理意义是：速率在 v 附近的单位速率间隔内的分子数占总分子数的百分比，或一个分子速率在速率 v 附近单位速率区间的概率。

2-1-11.【答案】(B)

质量一定的理想气体处于平衡状态时的状态参量 P、V、T 之间的关系称为理想气体的状态方程，即：$PV=nRT$，本题中 $W=\int_{V_1}^{V_2}p\mathrm{d}V=p(V_2-V_1)$，$pV=\frac{M}{\mu}RT\Rightarrow W=\frac{M}{\mu}R\Delta T$，当 $\frac{M}{\mu}=1$ 时，$\Delta T=\frac{W}{R}$。

2-1-12.【答案】(D)

系统吸收或放出的热量等于系统内能的增量与系统对外做功之和，理想气体在等温膨胀过程中，体积增大做正功，内能不变；系统从外界吸收的热量等于系统内能的增加和系统对外做功之和，气体对外做功的能量来源于系统从外界吸收的热量。

2-1-13.【答案】(B)

气体的平均速率公式为：$\bar{v}=\sqrt{\frac{8RT}{\pi M}}$，若热力学温度提高一倍，且氧分子全部理解为氧原子，则氧原子的摩尔质量 M 为氧分子摩尔质量的一半，根据公式可知，氧原子的平均速率是氧分子平均速率的 2 倍。

2-1-14.【答案】(B)

气体的平均速率 $\bar{v}=\sqrt{\frac{8RT}{\pi M}}=\overline{\lambda_0}\cdot\overline{Z}$，温度降为原来的 1/4，则平均速率为原来的 1/2，又因平均碰撞频率 $\overline{Z}$ 的计算公式为：$\overline{Z}=\sqrt{2}\pi d^2n\bar{v}$，容积恒定，则分子数密度 n 不变，

因此平均碰撞频率 $\overline{Z}$ 为原来的 1/2，根据 $\overline{v}=\overline{\lambda_0}\cdot\overline{Z}$，$\overline{v}$、$\overline{Z}$ 均变为原来的 1/2，可知平均自由程 $\overline{\lambda_0}$ 不变。

2-1-15.【答案】(B)

绝热过程中，气体体积膨胀，对外界做功为正值，因此最终温度降低，由理想气体方程 $PV=nRT$ 可知，末态经过等温、绝热过程体积相同，且两过程中分子总数并未发生变化，则绝热过程温度降低，压强减小，$P_1>P_2$。

2-1-16.【答案】(C)

卡诺循环由两条等温线（高温线的温度为 T_1，低温线的温度为 T_2）与两条绝热线构成，第一个绝热过程，温度降低，系统做正功，$W_1>0$，内能降低，$\Delta E_1<0$。第二个绝热过程，温度升高，系统做负功，$W_2<0$，内能升高，$\Delta E_2>0$，所以，$W_2=-W_1$，$\Delta E_2=-\Delta E_1$。

2-1-17.【答案】(D)

理想气体状态方程：$PV=\dfrac{M}{\mu}RT$，因为 $V_1=V_2$，$T_1=T_2$，$M_1=M_2$，所以 $\dfrac{\mu_1}{\mu_2}=\dfrac{p_2}{p_1}$。

2-1-18.【答案】(C)

气体分子的平均碰撞频率：$\overline{Z}=\sqrt{2}n\pi d^2\overline{v}$，$\overline{v}=1.6\sqrt{\dfrac{RT}{M}}$，$p=nKT$，$\overline{Z}=\sqrt{2}n\pi d^2\overline{v}=\sqrt{2}\dfrac{p}{kT}\pi d^2\times1.6\sqrt{\dfrac{RT}{M}}\propto\dfrac{1}{\sqrt{T}}$。

2-1-19.【答案】(C)

由热力学第一定律 $Q=W+\Delta E$，绝热过程做功等于内能增量的负值，$\Delta E=-W=-500\text{J}$。

2-1-20.【答案】(A)

开尔文表述是关于热功转换过程中的不可逆性，克劳修斯表述则是指热传导过程中的不可逆性。

2-1-21.【答案】(C)

分子平均平动动能为 $\overline{w}=\dfrac{3}{2}kT$。

2-1-22.【答案】(C)

平均自由程：$\overline{\lambda}=\dfrac{\overline{v}}{\overline{Z}}$，$\overline{Z}=\sqrt{2}\pi d^2n\overline{v}$，容积恒定，则分子数密度不变，$\overline{v}=\sqrt{\dfrac{8RT}{\pi M}}$，$M$ 为气体的摩尔质量，1mol，R 为摩尔气体常数，大小为 $8.31\text{J}\cdot\text{K}^{-1}\cdot\text{mol}^{-1}$，只有 T 为变量。

2-1-23.【答案】(C)

热力学第一定律：$Q=(E_2-E_1)+A=\Delta E+A$，式中　Q——为系统吸收的热量，$Q>0$ 为吸热，$Q<0$ 为放热；A——$A>0$ 时系统对外做正功，$A<0$ 时外界对系统做正功；ΔE——系统内能增量，增加时 $\Delta E>0$，减少时 $\Delta E<0$。

热力学第二定律：开尔文表述（永动机无法制成），不可能制成一种循环工作的热机，它只能从单一温度的热源吸取热量，并使其全部变成有用功，而不引起其他变化。

2-1-24.【答案】(D)

$T_2=T_1$，$\Delta T=0$，$\Delta E=0$，内能不变。

第二节　波动学

一、考试大纲

机械波产生的条件和传播机理；描述波动的物理量及其相互关系；在无限大的、均匀的、无吸收的弹性介质中传播的平面简谐行波的表达式；波的能量、能流及能流密度；波的传播规律——惠更斯原理；波的叠加原理、波的干涉、驻波；多普勒效应；声波、超声波、次声波。

二、知识要点

(一) 机械波的产生与传播

1.产生机械波的条件

产生机械波的条件有 2 个：①有做机械振动的物体，称为波源；②有连续的介质。

2.波的分类

① 按介质质点的振动方向与波的传播方向之间的关系可分为横波和纵波，振动方向与传播方向垂直的波称为横波，平行的称为纵波。

② 按波阵面的形状，波可分为平面波和球面波。波阵面为平面的称为平面波，如图 2-2-1 (a) 所示；波阵面为球面的称为球面波，如图 2-2-1 (b) 所示。

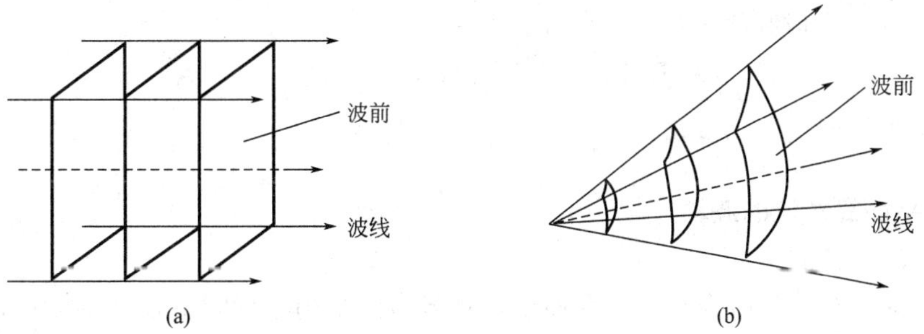

图 2-2-1

波在传播过程中，同一时刻波到达的各点所连成的曲面称为波阵面，波阵面中最前面的波面称为波前，波的传播方向称为波线，在各向同性均匀介质中，波线与波阵面相互垂直。

(二) 描述波的物理量及其相互联系

描述波动的物理量有：振幅、周期、频率、初相、位相、位移、速度和加速度等。

波长 (λ) ——同一波线上相位相差为 2π 的相邻两质点之间的距离。

周期 (T) ——一个完整波形通过波线上一点所需的时间。

频率 (υ) ——指周期的倒数，单位赫兹 (Hz)，大小与波源有关。

波速（u）——振动相位在单位时间内传播的距离，由介质性质决定。

① 在液体和气体中只能传播纵波，波速为：

$$u=\sqrt{\frac{B}{\rho}} \tag{2-2-1}$$

式中　B——介质的容变弹性模量；

ρ——密度。

② 在理想气体中，声速为：

$$u=\sqrt{\frac{\mu p}{\rho}}=\sqrt{\frac{\gamma RT}{M}} \tag{2-2-2}$$

式中　γ——气体定压摩尔热容量与定容摩尔热容量的比值；

p——气体压强；

R——摩尔气体恒量；

T——热力学温度；

M——摩尔质量，单位为 mol 。

③ 在固体中既可传播纵波又可传播横波，横波、纵波的波速分别为：

$$u_{纵}=\sqrt{\frac{Y}{\rho}} \tag{2-2-3}$$

$$u_{横}=\sqrt{\frac{F}{\mu}} \tag{2-2-4}$$

式中　Y——固体的杨氏弹性模量；

ρ——固体的密度；

F——绳索或弦线中的张力；

μ——绳索或弦线单位长度的质量。

波长（λ）、频率（v）和波速（u）之间满足下式：

$$u=\lambda v=\frac{\lambda}{T} \tag{2-2-5}$$

（三）平面简谐波的波动方程

1. 平面简谐波的定义

平面简谐波指波阵面为平面、介质质点在各自的平衡位置附近连续不断地做简谐振动的波。

2. 平面简谐波的表达式

平面简谐波的表达式（波动方程）指定量描述介质中各质点的位移随平衡位置、时间而变化的函数表达式。

设有一平面简谐波，在理想介质中以速度 u 沿 x 轴正向传播，在此波线上任取一坐标原点，并在原点振动位相为零时开始计时，则原点的振动方程为：

$$y=A\cos\omega t \tag{2-2-6}$$

式中　y——$x=0$ 处的质点在 t 时刻偏移平衡位置的位移；

A——振幅；

w——角频率。

设 P 为 x 轴上任一点，其坐标为 x，用 y 表示该处质点偏离平衡位置的位移，则 P 点的振动方程求解如下。

设波动在介质中的传播速度为 u，则原点的振动状态传到 P 点所需要的时间为 $\Delta t = \frac{x}{u}$，因此 P 点在 t 时刻将重复原点 $(t-\frac{x}{u})$ 时刻的振动状态，则此质点在 t 时刻的振动方程为：

$$y = A\cos\omega(t-\frac{x}{u}) \tag{2-2-7}$$

根据 $w=2\pi v$，$v=\frac{1}{T}$，$u=\frac{\lambda}{T}$，可获得平面谐波的等价公式：

$$\begin{aligned} y &= A\cos(2\pi vt - \frac{2\pi x}{\lambda}) \\ &= A\cos 2\pi(\frac{t}{T}-\frac{x}{\lambda}) \\ &= A\cos\frac{2\pi}{\lambda}(x-ut) \end{aligned} \tag{2-2-8}$$

若平面谐波沿 x 轴负方向以波速 u 传播，则 P 点的振动超前于原点的振动，超前的时间为 $+\frac{x}{u}$，此时 P 点的振动方程为：

$$y = A\cos\omega(t+\frac{x}{u}) \tag{2-2-9}$$

根据 $w=2\pi v$，$v=\frac{1}{T}$，$u=\frac{\lambda}{T}$，可获得平面谐波的等价公式：

$$\begin{aligned} y &= A\cos(2\pi vt + \frac{2\pi x}{\lambda}) \\ &= A\cos 2\pi(\frac{t}{T}+\frac{x}{\lambda}) \\ &= A\cos\frac{2\pi}{\lambda}(x+ut) \end{aligned} \tag{2-2-10}$$

若波源（原点）的振动初相位在开始计时不为零，则在 $x=x_0$ 处质点的振动方程为：

$$y = A\cos(\omega t+\varphi) \tag{2-2-11}$$

则波沿 x 轴正向以波速 u 传播，波动方程为：

$$y = A\cos[\omega(t-\frac{x-x_0}{u})+\varphi] \tag{2-2-12}$$

则波沿 x 轴负向以波速 u 传播，波动方程为：

$$y = A\cos[\omega(t+\frac{x-x_0}{u})+\varphi] \tag{2-2-13}$$

【例 2-2-1】 已知波动方程为 $y=0.1\cos\frac{\pi}{10}(25t-x)$，其中 x，y 的单位为 m，t 的单位为 s，求（1）振幅、波长、周期、波速；（2）距原点为 8m 和 10m 两点处质点振动的位相差。

解：(1) 用比较法，将题目给出的波动方程改写成如下形式：$y=0.1\cos\frac{25}{10}\pi(t-\frac{x}{25})$，并与波动方程的标准形式 $y=A\cos[\omega(t-\frac{x}{u})+\varphi]$ 比较，得到：$A=0.1\text{m}$，$w=\frac{25}{10}\pi s^{-1}$，

$u=25\text{m/s}$，$\varphi=0$，所以 $T=\frac{2\pi}{w}=0.8\text{s}$，$\lambda=uT=20\text{m}$。

(2) 同一时刻波线上坐标为 x_1、x_2 两点处质点振动的位相差：

$$\Delta\varphi=-\frac{2\pi}{\lambda}(x_2-x_1)=-2\pi\frac{(x_2-x_1)}{\lambda}=-2\pi\frac{2}{20}=-\frac{\pi}{5}。$$

【例 2-2-2】 一平面简谐波以 $u=400\text{m/s}$ 的波速在均匀介质中沿 x 轴正向传播，位于坐标原点的质点的振动周期为 0.01s，振幅为 0.1m，取原点处质点经过平衡位置且向正方向运动时作为计时起点，求（1）波动方程；（2）写出距原点为 2m 处的质点 P 的振动方程。

解：(1) 由题意知，坐标原点 O 处质点的振动初始条件为：$t=0$ 时，$y_0=0$，$v_0>0$，设原 O 处质点的振动方程为 $y_0=A\cos(wt+\varphi)$，将初始条件代入，可求出原点处质点的振动初位相 $\varphi=\frac{3}{2}\pi$，原点的振动方程为：$y_0=0.01\cos(200t+\frac{3}{2}\pi)$。故可写出波动方程为：

$$y_0=0.01\cos\left[200\pi\left(t-\frac{x}{400}\right)+\frac{3}{2}\pi\right]。$$

(2) P 点 $x_p=2m$ 代入上面波动方程既可以写出 P 质点的振动方程为：

$$y_P=0.01\cos\left[200\pi\left(t-\frac{2}{400}\right)+\frac{3}{2}\pi\right]=0.1\cos\left(200\pi t+\frac{\pi}{2}\right)。$$

(四) 波的能量

1. 波的能量、能量密度

波在介质中振动，产生动能 dW_K，同时该处介质体积元发生形变，产生势能 dW_P，当动能与势能达到最大值时，体积元处于平衡位置，达到最小值时，体积元处于最大位移处。任一体积元都在不断吸收和放出能量，波的传播过程是能量传播的一种形式，体积元的能量增加时，它从相邻介质中吸收能量，体积元的能量减少时，它向相邻介质释放能量。

体积元的总机械能为：

$$dW=dW_K+dW_P=\rho dVA^2\omega^2\sin^2\omega\left(t-\frac{x}{u}\right) \quad (2\text{-}2\text{-}14)$$

能量密度指介质中单位体积所贮存的机械能，随时间周期性变化，表达式如下：

$$\omega=\frac{dW}{dV}=\rho A^2\omega^2\sin^2\omega\left(t-\frac{x}{u}\right) \quad (2\text{-}2\text{-}15)$$

波的平均能量密度指能量密度在一个周期内的平均值为恒量，即：

$$\overline{\omega}=\frac{1}{T}\int_0^T\omega dt=\frac{1}{2}\rho A^2\omega^2 \quad (2\text{-}2\text{-}16)$$

2. 波的能流密度

能流密度指与波的传播方向垂直的单位面积的平均能流，亦称波强，以 I 表示，单位 $W \cdot m^{-2}$，表达式如下：

$$I = \frac{1}{2}\rho A^2 \omega^2 u \tag{2-2-17}$$

（五）波的叠加原理、波的干涉、驻波、半波损失

1. 波的叠加原理

当 n 个波源激发的波在同一介质中相遇时，各列波在相遇前和相遇后都保持自己原有的特性（频率、波长、振动方向等）不变，与各列波单独传播时一样；而在相遇处各质点的振动则是各列波在该处激起的振动的合成，称为波的叠加原理。

2. 波的干涉

两列波若频率相同、振动方向相同、在相遇点的位相相同或位相差恒定，则在合成波场中会出现某些点的振动始终加强，另一些点的振动始终减弱（或完全抵消），这种现象称为波的干涉，满足上述条件的波源叫做相干波源，相干波源发出的波称为相干波。

设 S_1 和 S_2 是两个相干波源，它们的振动表达式分别为 $y_1 = A_1\cos(wt + \varphi_1)$ 和 $y_2 = A_2\cos(wt + \varphi_2)$，它们发出的相干波在介质中 P 点相遇，并产生两个同方向、同频率的振动，其振动表达式分别为 $y_{1P} = A_1\cos\left[w\left(t - \frac{2\pi r_1}{\lambda}\right) + \varphi_1\right]$ 和 $y_{2P} = A_2\cos\left[w\left(t - \frac{2\pi r_2}{\lambda}\right) + \varphi_2\right]$

P 点的合振动为：

$$y = A\cos(wt + \varphi)$$

其中：

$$A = \sqrt{A_1^2 + A_2^2 + 2A_1A_2\cos\left[\varphi_2 - \varphi_1 - \frac{2\pi(r_2 - r_1)}{\lambda}\right]} \tag{2-2-18}$$

$$\tan\varphi = \frac{A_1\sin\left(\varphi_1 - \frac{2\pi r_1}{\lambda}\right) + A_2\sin\left(\varphi_2 - \frac{2\pi r_2}{\lambda}\right)}{A_1\cos\left(\varphi_1 - \frac{2\pi r_1}{\lambda}\right) + A_2\cos\left(\varphi_2 - \frac{2\pi r_2}{\lambda}\right)} \tag{2-2-19}$$

两相干波在介质中该点所引起的振动的相位差为：

$$\Delta\varphi = \varphi_2 - \varphi_1 - \frac{2\pi}{\lambda}(r_2 - r_1)$$

判断干涉的条件如下：

$$\Delta\varphi = \begin{cases} \pm 2k\pi(k = 0,1,2,\cdots),\ A = A_1 + A_2,\ \text{干涉加强(合振幅最大)} \\ \pm(2k+1)\pi(k = 0,1,2,\cdots),\ A = |A_1 - A_2|,\ \text{干涉减弱(合振幅最小)} \end{cases} \tag{2-2-20}$$

若 $\varphi_2 = \varphi_1$，上述条件可简化为

$$\delta = r_1 - r_2 = \begin{cases} \pm k\lambda(k = 0,1,2,\cdots),\ A = A_1 + A_2,\ \text{干涉加强} \\ \pm(2k+1)\lambda(k = 0,1,2,\cdots),\ A = |A_1 - A_2|,\ \text{干涉减弱} \end{cases} \tag{2-2-21}$$

式中　δ——从 S_1 和 S_2 发出的两相干波到达相遇点时所经过的路程之差，称为波程差。

3. 驻波

两列振幅相同、频率相同、相向传播的相干波的叠加称为驻波，属于特殊的干涉现象。

（1）驻波的特征

振幅为零的点称为波节，振幅最大的点称为波腹。相邻两波节之间各质点的振动是同位相的，同一波节两侧各质点的振动是反位相的。相邻两波节（或波腹）间的距离等于半波长，驻波不传递能量。

（2）驻波方程

设一列平面简谐波沿 x 正向传播，另一列沿 x 负向传播，波动方程为 $y_1 = A\cos 2\pi(\upsilon t - \frac{x}{\lambda})$，$y_2 = A\cos 2\pi(\upsilon t + \frac{x}{\lambda})$，则驻波方程为：

$$y = 2A\cos\frac{2\pi x}{\lambda}\cos 2\pi\upsilon t \tag{2-2-22}$$

（3）半波损失

波从波疏介质入射而从波密介质反射，界面处形成波节；波从波密介质入射而从波疏介质反射，界面处形成波腹。若在界面处入射波的位相与反射波的位相始终存在着 π 的相位差，这种现象称为半波损失。

（六）多普勒效应

当波源、观测者或两者都相对介质运动时，观测者接收到的波的频率与相对静止状态获得的频率有所区别，频率改变的现象称为多普勒效应。

设波源、观测者在同一直线上运动，波源频率 υ，波速 u，观测者运动速度为 υ_B，波源运动速度为 υ_s（接近观测者为正，背离观测者为负），观测者接收到的频率为 υ'，则有：

① 波源不动，观察者运动，即 $\upsilon_B \neq 0$，$\upsilon_s = 0$，则 $\upsilon' = (1 + \frac{\upsilon_B}{u})\upsilon$。

② 波源运动，观察者静止，即 $\upsilon_B = 0$，$\upsilon_S \neq 0$，则 $\upsilon' = \frac{u}{u - \upsilon_s}\upsilon$。

③ 波源、观察者同时运动，即 $\upsilon_B \neq 0$，$\upsilon_s \neq 0$，则 $\upsilon' = \frac{u \pm \upsilon_B}{u \pm \upsilon_s}\upsilon$。

（七）声波和声强级

声波：指在弹性介质中传播的机械纵波，频率为 20～20000Hz 之间可引起人的听觉。频率小于 20Hz 的声波叫次声波，大于 20000Hz 的声波叫超声波。

声强（或音量）：是描述声音大小的物理量，取决于声波的能流密度 I，单位为 $W \cdot m^{-2}$，一般正常人听觉的上限声强约为 $10^{-4} W \cdot m^{-2}$，声强再大会引起痛感，听觉的下限声强约为 $10^{-12} W \cdot m^{-2}$，声强再小会听不见，通常把下限声强作为测定声强的标准，以 I_0 表示。

声强级：由于声强的数量级相差悬殊，故常用对数标度作为声强级的变量，用 I_L 表示，单位为贝尔（Bel）或分贝（dB），计算式如下：

$$I_L = \log\frac{I}{I_0}(\text{单位：B}) \text{ 或 } I_L = 10\log\frac{I}{I_0}(\text{单位：dB}) \tag{2-2-23}$$

历年真题

2-2-1. 一平面简谐波的波动方程是 $y=0.01\cos10\pi(25t-x)$(SI)，则在 $t=0.1s$ 时刻，$x=2m$ 处质元的振动位移为（　　）。(2011A29)

A. 0.01cm　　　　B. 0.01m

C. −0.01m　　　　D. 0.01mm

2-2-2. 对于机械横波而言，下面说法正确的是（　　）。(2011A30)

A. 质元处于平衡位置时，其动能最大，势能为零

B. 质元处于平衡位置时，其动能为零，势能最大

C. 质元处于波谷位置时，动能为零，势能最大

D. 质元处于波峰位置时，动能与势能均为零

2-2-3. 在波的传播方向上，有相距为 3m 的两质元，两者的相位差为 $\frac{\pi}{6}$，若波的周期为 4s，则此波的波长和波速分别为（　　）。(2011A31)

A. 36m 和 6m/s　　　　B. 36m 和 9m/s

C. 12m 和 6m/s　　　　D. 12m 和 9m/s

2-2-4. 一平面简谐波的波动方程是 $y=2\times10^{-2}\cos2\pi(10t-\frac{x}{5})$(SI)，则在 $t=0.25s$ 时，处于平衡位置，且与坐标原点 $x=0$ 最近的质元的位置是（　　）。(2012A29)

A. $x=\pm5m$　　　　B. $x=5m$

C. $x=\pm1.25m$　　　　D. $x=1.25m$

2-2-5. 一平面简谐波沿 x 轴正方向传播，振幅 $A=0.02m$，周期 $T=0.05s$，波长 $\lambda=100m$，原点处于质元的初相位 $\phi=0$，则波动方程的表达式为（　　）。(2012A30)

A. $y=0.02\cos2\pi(\frac{t}{2}\quad 0.01x)$(SI)

B. $y=0.02\cos2\pi(2t-0.01x)$(SI)

C. $y=0.02\cos2\pi(\frac{t}{2}-100x)$(SI)

D. $y=0.02\cos2\pi(2t-100x)$(SI)

2-2-6. 两人轻声谈话的声强级为 40dB，热闹市场上噪声的声强级为 80dB。市场上噪声的声强与轻声谈话的声强之比为（　　）。(2012A31)

A. 2　　　　B. 20　　　　C. 10^2　　　　D. 10^4

2-2-7. 一横波沿一根弦线传播，波的波动方程是 $y=-0.02\cos\pi(4x-50t)$(SI)，该波的振幅与波长分别为（　　）。(2013A29)

A. 0.02cm，0.5cm　　　　B. −0.02cm，−0.5m

C. −0.02cm，0.5m　　　　D. 0.02cm，0.5m

2-2-8. 一列机械波在 t 时刻的波形曲线如图所示，则该时刻能量处于最大值的媒质质

元的位置是（　　）。(2013A30)

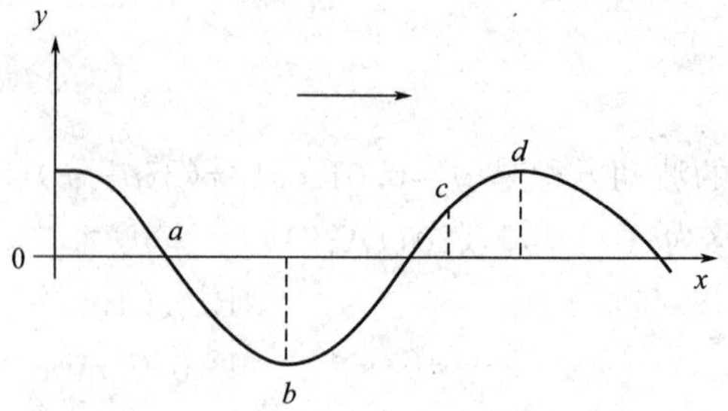

A. a　　B. b　　C. c　　D. d

2-2-9. 在波长为 λ 的驻波中，两个相邻波腹之间的距离为（　　）。(2013A31)

A. $\lambda/2$　　B. $\lambda/4$　　C. $3\lambda/4$　　D. λ

2-2-10. 一横波的波动方程是 $y=2\times10^{-2}\cos2\pi(10t-\frac{x}{5})$(SI)，$t=0.25$s 时，距离原点 ($x=0$) 处最近的波峰位置为（　　）。(2014A29)

A. ±2.5m　　B. ±7.5m　　C. ±4.5m　　D. ±5m

2-2-11. 一平面简谐波在弹性媒质中传播，在某一瞬时，某质元正处于其平衡位置，此时它的（　　）。(2014A30)

A. 动能为零，势能最大　　B. 动能为零，势能为零

C. 动能最大，势能最大　　D. 动能最大，势能为零

2-2-12. 通常人耳可听到的声波的频率范围是（　　）。(2014A31)

A. 20～200Hz　　B. 20～2000Hz

C. 20～20000Hz　　D. 20～200000Hz

2-2-13. 波的能量密度的单位是（　　）。(2016A29)

A. $J\cdot m^{-1}$　　B. $J\cdot m^{-2}$　　C. $J\cdot m^{-3}$　　D. J

2-2-14. 两相干波源，频率为 100Hz，相位差为 π，两者相距 20m，若两波发出的简谐波的振幅均为 A，则在两波源连线的中垂线上各点振动的振幅为（　　）。(2016A30)

A. $-A$　　B. 0　　C. A　　D. $2A$

2-2-15. 一平面简谐波的波动方程为 $y=2\times10^{-2}\cos2\pi(10t-\frac{x}{5})$(SI)，对 $x=-2.5$m 处的质元，在 $t=0.25$s 时，它的（　　）。(2016A31)

A. 动能最大，势能最大　　B. 动能最大，势能最小

C. 动能最小，势能最大　　D. 动能最小，势能最小

2-2-16. 已知平面简谐波的方程为 $y=A\cos(Bt-Cx)$，式中 A、B、C 为正常数，此波的波长和波速分别为（　　）。(2017A29)

A. $\frac{B}{C}$，$\frac{2\pi}{C}$　　B. $\frac{2\pi}{C}$，$\frac{B}{C}$

C. $\frac{\pi}{C}$，$\frac{B}{C}$　　D. $\frac{2\pi}{C}$，$\frac{C}{B}$

2-2-17. 对平面简谐波而言，波长 λ 反映（　　）。(2017A30)

A. 波在时间上的周期性　　B. 波在空间上的周期性

C. 波中质元振动位移的周期性　　D. 波中质元振动速度的周期性

2-2-18. 在波的传播方向上，有相距 2m 的两质元，两者的位相差为 $\frac{\pi}{6}$，若波的周期为 4s，则此波的波长和波速分别为（　　）。(2017A31)

A. 36m 和 6m/s　　B. 36m 和 9m/s　　C. 12m 和 6m/s　　D. 12m 和 9m/s

2-2-19. 双缝干涉实验中，入射光的波长为 λ，用透明玻璃纸遮住双缝中的一条缝（靠近屏一侧），若玻璃纸中光程比相同厚度的空气的光程大 2.5λ，则屏上原来的明纹处（　　）。(2017A32)

A. 仍为明条纹　　B. 变为暗条纹

C. 既非明条纹也非暗条纹　　D. 无法确定是明纹还是暗纹

2-2-20. 一平面简谐波的波动方程为 $y=0.01\cos10\pi(25t-x)$(SI)，则在 $t=0.1$s 时刻，$x=2$m 处质元的振动位移是（　　）。(2018A29)

A. 0.01cm　　B. 0.01m　　C. −0.01m　　D. 0.01mm

2-2-21. 一平面简谐波的波动方程为 $y=0.02\cos\pi(50t+4x)$(SI)，此波的振幅和周期分别为（　　）。(2018A30)

A. 0.02m，0.04s　　B. 0.02m，0.02s

C. −0.02m，0.02s　　D. 0.02m，25s

2-2-22. 当机械波在媒质中传播，一媒质质元的最大形变量发生在（　　）。(2018A31)

A. 媒质质元离开其平衡位置的最大位移处

B. 媒质质元离开其平衡位置的 $\frac{\sqrt{2}}{2}A$ 处（A 为振幅）

C. 媒质质元离开其平衡位置的 $\frac{A}{2}$ 处

D. 媒质质元在其平衡位置处

答　案

2-2-1.【答案】(C)

按题意，$y=0.01\cos10\pi(25\times0.1-2)=0.01\cos5\pi=-0.01$m。

2-2-2.【答案】(D)

质元在机械波动中，动能和势能是同相位的，同时达到最大值，同时达到最小值，质元在最大位移处（波峰或波谷），速度为零，“形变”为零，此时质元的动能为零，势能为零。

2-2-3.【答案】(B)

由 $\Delta\phi=\frac{2\pi V\Delta x}{u}$，$v=\frac{1}{T}=\frac{1}{4}=0.25$，$\Delta x=3$m，$\Delta\phi=\frac{\pi}{6}$，所以 $u=9$m/s，$\lambda=\frac{u}{v}=36$m。

2-2-4.【答案】(C)

处于平衡位置，即 $y=2\times10^{-2}\cos2\pi(10t-\frac{x}{5})=0$，即：

$\cos\left(20\pi\times0.25-\frac{2\pi x}{5}\right)=\cos\left(5\pi-\frac{2\pi x}{5}\right)=\cos\left(\pi-\frac{2\pi x}{5}\right)=0$，$\pi-\frac{2\pi x}{5}=(2k+1)\frac{\pi}{2}$，当 $x=0$ 时，

$k=\frac{9}{2}$，所以 k 取4或5；当 $x=\pm1.25$ 时，与坐标原点 $x=0$ 最近，取 $k=0$，$x=1.25\text{m}$。

2-2-5.【答案】(B)

当初相位 $\phi=0$ 时，波动方程的表达式为 $y=A\cos w\left(1-\frac{x}{u}\right)$，利用 $w=2\pi v$，$v=\frac{1}{T}$，$u=\lambda v$，波动方程的表达式为 $y=A\cos2\pi\left(\frac{t}{T}-\frac{x}{\lambda}\right)$，题中 $A=0.02\text{m}$，$T=0.5\text{s}$，$\lambda=100\text{m}$。

2-2-6.【答案】(D)

声强级 $L=10\lg\frac{I}{I_0}\text{dB}$，由 $40=10\lg\frac{I}{I_0}$，$\frac{I}{I_0}=10^4$，$\frac{I'}{I_0}=10^8$，所以 $\frac{I'}{I}=10^4$。

2-2-7.【答案】(D)

波动方程标准式 $y=A\cos\left[w\left(t-\frac{x-x_0}{u}\right)+\phi_0\right]$，本题方程

$$y=-0.02\cos\pi(4x-50t)=-0.02\cos[\pi(4x-50t)+\pi]=-0.02\left[50\pi\left(t-\frac{x}{\frac{50\pi}{4}}\right)\right],$$

所以

$w=50\pi=2\pi v$，$v=25\text{Hz}$，$u=\frac{50}{4}$，$\lambda=\frac{u}{v}=0.5\text{m}$，$A=0.02\text{m}$，取 $k=0$，$x=1.25\text{m}$。

2-2-8.【答案】(A)

a、b、c、d 处质元都垂直于 x 轴上下振动，由图可知，t 时刻 a 处质元位于振动的平衡位置，此时速率最大，动能最大，势能也最大。

2-2-9.【答案】(A)

驻波为两个振幅、波长、周期皆相同的正弦波相向行进干涉而成的合成波，此种波的波形无法前进，因此无法传播能量，驻波通过时，每一个质点皆做简谐运动，各质点振荡的幅度不相等，振幅为零的点称为节点或波节，振幅最大的点位于两节点之间，称为腹点或波腹，根据驻波的特点，相邻的波节或波腹的距离等于半个波长，即 $x_{k+1}-x_k=(k+1)\frac{\lambda}{2}-k\frac{\lambda}{2}=\frac{\lambda}{2}$。

2-2-10.【答案】(A)

把 $t=0.25\text{s}$ 代入波动方程，平面简谐波处于波峰位置时 $y=2\times10^{-2}\cos2\pi\left(2.5-\frac{x}{5}\right)$，

相位方程 $\varphi=2\pi\left(2.5-\frac{x}{5}\right)$，将选项中的数值代入相位方程，满足 2π 整数倍的数值，即为波峰位置，选项 A 及 B 能够达到波峰位置，选项 C 和 D 无法达到，选项 A 距原点最近。

2-2-11.【答案】(C)

波动能量特征是动能与势能是同相的，同时达到最大最小，质元处于其平衡位置时动能最大，势能也最大，处于最大位移时，动能与势能同时达到最小值。

2-2-12.【答案】(C)

在弹性媒质中传播的机器波，其频率在 20～20000Hz 范围内，能够引起人的听觉，这种波叫做声波；频率高于 20000Hz 的称为超声波，低于 20Hz 的称为次声波。

2-2-13.【答案】(C)

波的能量密度是指媒质中每单位体积具有的机械能，单位为 $J\cdot m^{-3}$。

2-2-14.【答案】(B)

当两相干波源发出的波在某一点的相位差 $\Delta\Phi=\varphi_2-\varphi_1-2\pi(r_2-r_1)/\lambda$ 为 2π 的整数倍时，合振动的振幅为：$A=A_1+A_2$；当为 π 的奇数倍时，合振动的振幅为：$A=|A_2-A_1|$。在波源连线的中垂线上，$r_2-r_1=0$，相位差 $\Delta\Phi=\varphi_2-\varphi_1=\pi$，因此合振幅为 $A=|A_2-A_1|=0$。

2-2-15.【答案】(D)

在 $x=-2.5$m 处的质元的波动方程为 $y=2\times10^{-2}\cos2\pi(10t+0.5)$，当 $t=0.25$s 时，$y=2\times10^{-2}\cos6\pi$，此时质点处于最大位移处，速度最小，动能最小，在波动中，质元的动能和势能的变化是同相位的，同时达到最大、最小值，因此势能也最小。

2-2-16.【答案】(B)

波动方程：$y=A\cos(Bt-Cx)=A\cos B\left(t-\frac{x}{B/C}\right)$，$u=\frac{B}{C}$，$\omega=B$，$T=\frac{2\pi}{\omega}=\frac{2\pi}{B}$，$\lambda=u\cdot T=\frac{B}{C}\cdot\frac{2\pi}{B}=\frac{2\pi}{C}$。

2-2-17.【答案】(B)

波长反映的是波在空间上的周期性。

2-2-18.【答案】(D)

$\frac{\lambda}{3}=\frac{2\pi}{\pi/6}$，$\lambda=36$，$u=\frac{\lambda}{T}=\frac{36}{4}=9$。

2-2-19.【答案】(B)

光的干涉，光程差变化为半波长的奇数倍时，原明纹处变为暗条纹。

2-2-20.【答案】(C)

按题意，$y=0.01\cos10\pi(25\times0.1-2)=0.01\cos5\pi=-0.01$m。

2-2-21.【答案】(A)

波动方程标准式 $y=A\cos\left[\omega\left(t-\frac{x-x_0}{u}\right)+\varphi_0\right]$，本题方程 $y=0.02\cos\pi(50t+4x)=0.02\cos[\pi(50t+4x)+\pi]=0.02\left[50\pi\left(t+\frac{x}{\frac{50\pi}{4}}\right)\right]$，所以 $\omega=50\pi$，$T=\frac{2\pi}{w}=\frac{2\pi}{50\pi}=0.04$s

$A=0.02$m。

2-2-22.【答案】(C)

如图所示为平面简谐波的波动方程，其中 a 点位平衡位置，则距离平衡位置的 $A/2$ 处发生最大变形。

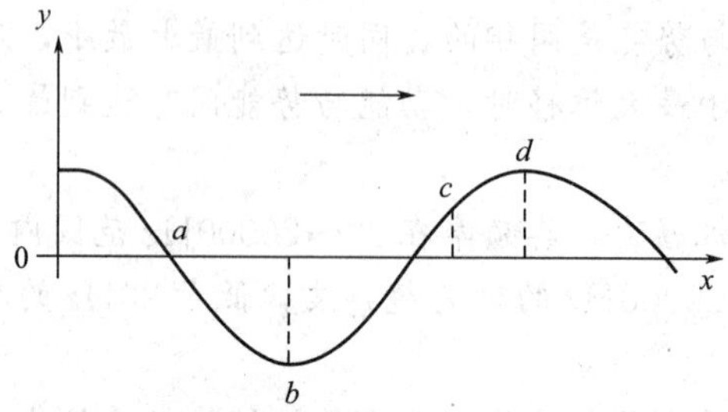

第三节 光学

一、考试大纲

相干光的获得；杨氏双缝干涉；光程和光程差；薄膜干涉；光疏介质；光密介质；迈克尔逊干涉仪；惠更斯-菲涅尔原理；单缝衍射；光学仪器分辨本领；衍射光栅与光谱分析；x 射线衍射；喇格公式；自然光和偏振光；布儒斯特定律；马吕斯定律；双折射现象。

二、知识要点

(一) 相干光的获得

1.光波

光波是发光体中大量原子（或分子）所辐射的一种电磁波，属于横波，它不依赖于空间是否存在媒介，光速 3.0×10^8m/s，在媒介中的传播速度为 $v=c/n$，n 为媒质折射率。其特点是振动方向、频率和位相各不相同，为非相干光。

2.相干光源需满足的条件

相干光源需满足的三个条件是频率相同、光振动方向相同、相遇点的位相差恒定。

3.光程

光程指光在某一媒质中所经过的几何路程 r 与该介质折射率 n 的乘积，记作：光程 $=nr$。

4.位相差

位相差指将光在某一媒质中所经过的路程折算为光在真空中的路程，用波长 λ 表示两束光在经历不同介质时所引起的位相改变，即：$\Delta\varphi=\varphi_2-\varphi_1+\frac{2\pi}{\lambda}(n_1r_1-n_2r_2)$。

5.相干光的获取方法

相干光的获取方法有杨氏双缝干涉、菲涅耳双镜干涉、双棱镜干涉、洛埃镜干涉、薄膜干涉（迈克尔逊干涉仪、劈尖干涉、牛顿环）。

（1）杨氏双缝干涉

如图 2-3-1 所示，单色光源沿缝 S 发出，透过双缝 S_1、S_2 时可视为两相干光源，相干光在屏幕上 P 点相遇，此时，$\overline{OP}=x$，$\overline{S_1P}=r_1$，$\overline{S_2P}=r_2$。

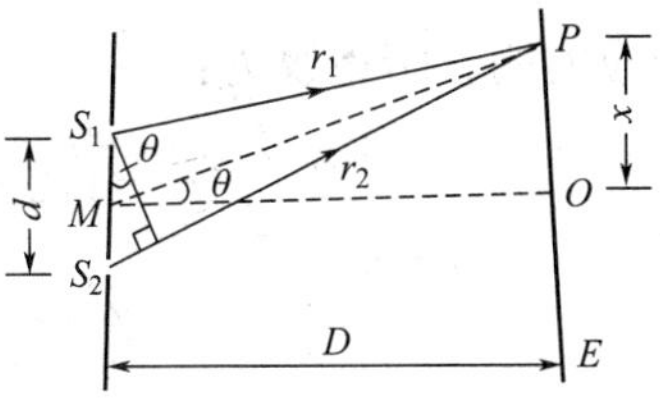

图 2-3-1

在介质为 n 的媒质中，两相干光形成的光程差为：

$$\delta=n(r_2-r_1)=nd\sin\theta=nd\frac{x}{D} \quad (2\text{-}3\text{-}1)$$

明暗条纹的位置为：

$$x=\begin{cases}\pm k\lambda D/(nd)(k=0,1,2\cdots),\text{明条纹}\\ \pm(2k+1)\dfrac{\lambda}{2}D/(nd)(k=0,1,2\cdots),\text{暗条纹}\end{cases} \quad (2\text{-}3\text{-}2)$$

屏幕上明纹中心的位置为：

$$x=\pm k\frac{D}{d}\lambda(k=0,1,2\cdots) \quad (2\text{-}3\text{-}3)$$

其中，若 $k=0$ 表示中央（零级）明纹；$k=1$ 表示为一级明纹中心，其余依次类推。

屏幕上的暗纹中心的位置为：

$$x=\pm(2k-1)\frac{D}{d}\lambda(k=1,2\cdots) \quad (2\text{-}3\text{-}4)$$

其中，若 $k=1$，则为一级暗纹；$k=2$，则为二级暗纹，依次类推。

条纹间距（指相邻明或暗条纹之间的距离）为：

$$\Delta x=\frac{D}{nd}\lambda \quad (2\text{-}3\text{-}5)$$

若用白光照射缝 S，除中央明纹呈白色外，其余各级明纹沿中间向两侧呈紫到红的彩色分布。

【例 2-3-1】 在双缝干涉实验中，用钠光灯作光源（$\lambda=589.3$nm），双缝距屏 $D=500$mm，双缝间距为 $d=1.2$mm，计算相邻明条纹或相邻暗条纹的间距 Δx。

解： 代入公式 $\Delta x=\dfrac{D}{nd}\lambda=\dfrac{500}{1.2}\times589.3\times10^{-6}=0.25$mm。

（2）菲涅耳双镜干涉、双棱镜干涉和洛埃镜干涉

菲涅耳双镜干涉、双棱镜的干涉条纹与杨氏双缝干涉条件相似；洛埃镜由于有一束光需考虑半波损失，所以其两束光的光程差中增加（或减少）$\lambda/2$。

（3）薄膜干涉

1）半波损失

光从光疏介质射向光密介质而在界面上反射时，反射光在界面上存在半个波长 $\lambda/2$ 的损失，称为半波损失。

2）匀厚薄膜的干涉——等倾干涉

图 2-3-2 中，厚度为 e、折射率为 n_2 的匀厚薄膜处在折射率为 n_1 的介质中，且 $n_2>n_1$，一单色光以入射角 i 射向薄膜，在薄膜上、下表面反射并在薄膜上表面相遇且在无穷远处产生干涉。得到两条反射光的光程差为：

$$\delta = 2e\sqrt{n_2^2 - n_1^2 \sin^2 i} + \frac{\lambda}{2} \quad (2\text{-}3\text{-}6)$$

相应的明、暗条纹为：

$$\delta = \begin{cases} 2k\,\dfrac{\lambda}{2}(k=1,2\cdots)\text{，明} \\ (2k+1)\,\dfrac{\lambda}{2}(k=0,1,2\cdots)\text{，暗} \end{cases} \quad (2\text{-}3\text{-}7)$$

由式（2-3-6）可知，当 e，n_1，n_2 一定时，两条反射光线的光程差随入射角 i 的变化而变化，干涉图样在无穷远处显示，若用透镜进行观察，在置于透镜平面的屏上，可以看到干涉图样，由于干涉图样中同一干涉条纹均是来自膜面的等倾角经透镜聚焦后的轨迹，因此称为等倾干涉条纹。

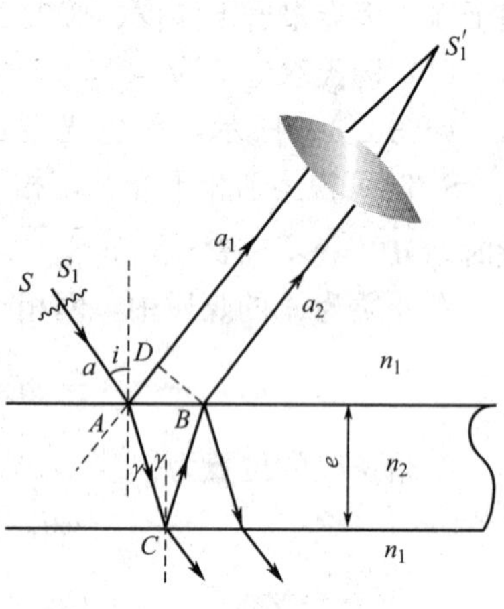

图 2-3-2

3）等厚干涉——劈尖干涉。

若薄膜厚度不均，如图 2-3-3（a）所示，在两玻璃片之间形成的空气薄膜称为劈尖。设劈尖的折射率为 n_2，其周围介质的折射率为 $n_1(n_2 < n_1)$，θ 极微小。若波长为 λ 的单色光垂直入射，则在劈尖上、下表面反射的反射光线在劈尖上表面相遇，其光程差为：

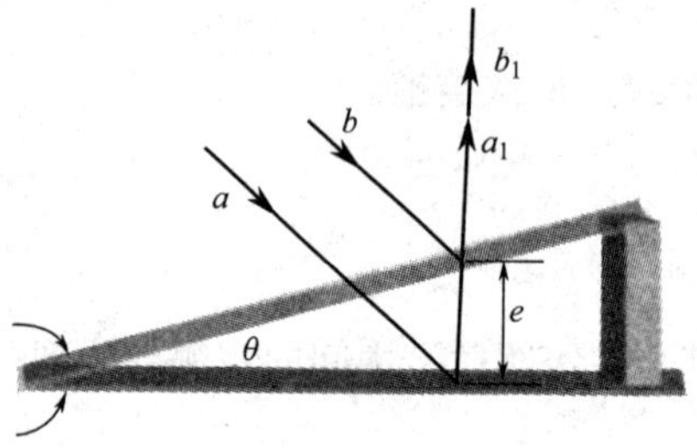

(a)

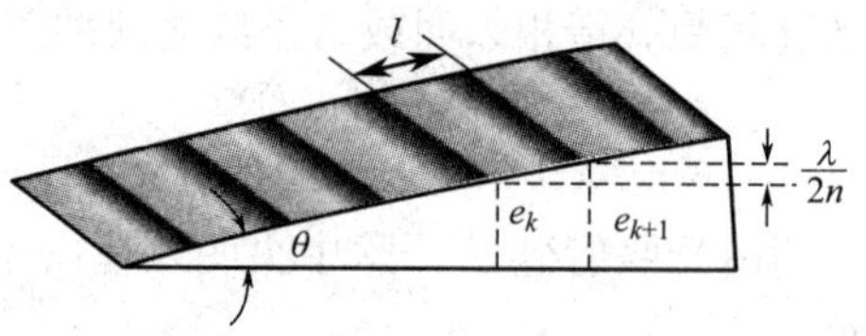

(b)

图 2-3-3

$$\delta = 2n_2 e + \frac{\lambda}{2}$$

$$\delta = \begin{cases} 2k\,\dfrac{\lambda}{2}(k=1,2\cdots)\text{ 明条纹} \\ (2k+1)\,\dfrac{\lambda}{2}(k=0,1,2\cdots)\text{ 暗条纹} \end{cases} \quad (2\text{-}3\text{-}8)$$

由上述可知，同一劈尖厚度对应同一条干涉条纹，所以干涉条纹为一系列平行于棱边的明暗相间等距分布的平行线，这种干涉称为等厚干涉。

由式（2-3-8）可知，$e=0$ 时棱边是暗纹，其余依次是一级明纹、一级暗纹、二级明纹、二级暗纹……。相邻两明（或暗）纹对应的劈尖厚度差为：

$$d_{k+1} - d_k = \frac{\lambda}{2n_2}$$

当劈尖介质厚度每增加（或减少）$\lambda/2n_2$，明（或暗）纹的级次将增加（或减少）

一级。

由图 2-3-3（b）可知，相邻明纹（或暗纹）中心距离 l 称为条纹宽度，l 满足下式：

$$l\sin\theta=\frac{\lambda}{2n_2} \tag{2-3-9}$$

由式（2-3-9）可知，θ 角越大（或越小），条纹宽度 l 将越密（或越宽）。

注意：上述结论均是对 $n_2<n_1$，且 n_2 为空气时得出的，此时 $n_2=1$。

4）牛顿环

将一曲率半径相当大的平凸透镜叠放在一平板玻璃上，如图 2-3-4 所示，则在透镜与平板玻璃之间形成一个上表面为球面、下表面为平面的空气薄层，当单色平行光垂直照射时，由于空气薄层上、下表面两反射光发生干涉，在空气薄层的上表面可以观察到以接触点 O 为中心的明暗相间的环形干涉条纹，若用白光照射，则条纹呈彩色，这些圆环状干涉条纹叫做牛顿环，它是等厚条纹的又一特例。

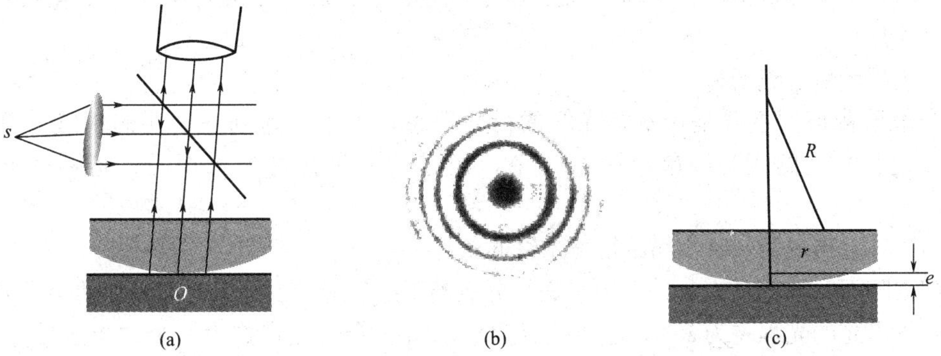

图 2-3-4

假定明暗环的半径为 r、波长为 λ、透镜的曲率半径为 R，可推得干涉明暗环的半径如下：

$$r=\sqrt{\frac{(2k-1)R\lambda}{2}}\quad k=1,\ 2,\ \cdots\ \text{明环；}$$

$$r=\sqrt{kR\lambda}\quad k=0,\ 1,\ 2,\ \cdots\ \text{暗环。}$$

k 值越大，环的半径越大，但相邻明环（暗环）的半径之差越小，即条纹变得越来越密。

6. 迈克尔逊干涉仪

迈克尔逊干涉仪主要是利用光的干涉原理制成，可用来测量微小长度和光波波长，其主要构造和光路如图 2-3-5 所示。M_1、M_2 为相互垂直的平面镜，G_2 是一补偿镜，G_1、G_2 与 M_1、M_2 均成 45°，且 G_1M_1 的长度近似等于 G_1M_2。当平行光入射 G_1 后，分成两束光，其中一束射向 M_2，经 M_2 反射后穿过 G_1 到达 F 点；另一束穿过 G_2、M_1、G_1 也到达 A 点。则薄银层形成的 M_1 的虚像 M'_1 在 M_2 附近，且平行于 M_2，M'_1 与 M_2 之间形成等厚空气层，在望远镜 F 中将观察到相应的环状等倾条纹。当 M_1 不严格垂直 M_2 时，则在 M'_1 与 M_2 之间形成空气劈尖，在望远镜中将观察到相应的等厚条纹。

每当 M_2 平移 $\lambda/2$，在望远镜的视场中就有一条明条纹移过，当有 N 条明条纹移过

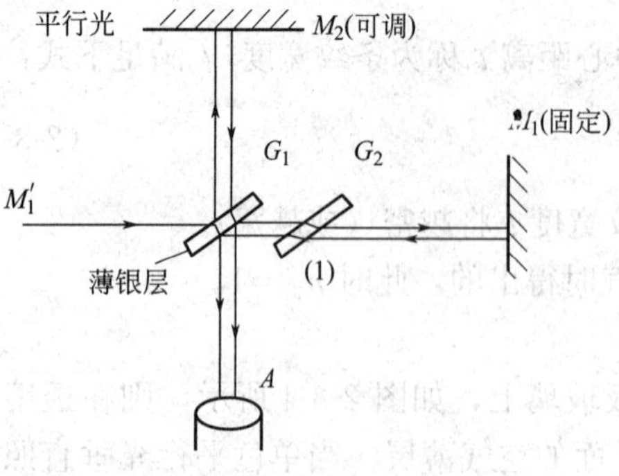

图 2-3-5

时，M_2 平移的距离为：

$$\Delta d = N\frac{\lambda}{2} \tag{2-3-10}$$

（二）光的衍射

通常光沿直线传播，当光通过一窄缝时，将不遵循直线传播定律，其中的一部分光线将绕过单缝的边缘到达偏离直线的传播区域，并出现明暗相间的条纹，此种现象称为光的干涉。

1. 惠更斯-菲涅耳原理

惠更斯原理可解释光不沿直线传播的现象，却无法解释出现的明、暗条纹。菲涅耳在惠更斯原理的基础上进行假定，指出在衍射波场中出现明、暗相间的衍射条纹，实质上是子波干涉的结果，子波经传播而在空间某点相遇时产生的叠加是一种相干叠加，被称为惠更斯-菲涅耳原理。

2. 夫琅禾费单缝衍射

夫琅禾费衍射主要是指平行光线的衍射现象，垂直入射到一极狭的单缝（其缝宽远小于缝长）上的光为一单色平行光束，经透镜聚焦在屏上出现明、暗相间的衍射条纹。

（1）屏上出现明、暗相间的衍射条纹的条件

将波阵面（即宽度为 a 的单缝平面）分成若干个等分的发光带，而相邻两个发光带对应位置发出光的光程差为 $\lambda/2$，这样被等分成的每一个发光带称为一个“半波带”。如图 2-3-6 所示，平行光到达宽度为 a 的单缝 AB 后，其中衍射角为 φ 的一束平行光经透镜会聚在屏幕中央上方的 P 处，则缝边缘两条光线间的光程差为：

$$\delta = a\sin\varphi = \frac{3\lambda}{2} \tag{2-3-11}$$

半波带的数目为：

$$N = 2a\sin\varphi/\lambda \tag{2-3-12}$$

$$a\sin\varphi = \frac{3\lambda}{2} \tag{2-3-13}$$

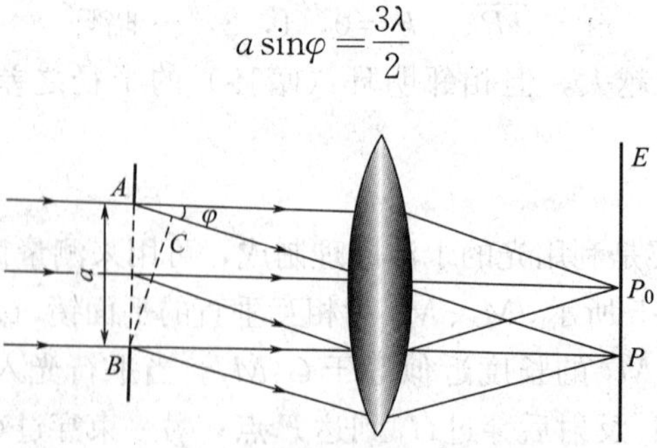

图 2-3-6

当缝 AB 被分成奇数个波带时，屏上 P 处为明纹，所以单缝从 A 点和 B 点沿 φ 角方向发出的两条边缘光线的光程差满足：

$$\delta = a\sin\varphi = \pm(2k+1)\frac{\lambda}{2} \quad (k=1,2,3\cdots),明 \tag{2-3-14}$$

其中，$k=1$，称一级衍射明纹，其余依次类推。

当缝 AB 被分成偶数个波带时，相邻两波带的对应光线在屏上相遇处两两相消，因此该处为暗纹，其光程差满足：

$$\delta = a\sin\varphi = \pm 2k\frac{\lambda}{2} \quad (k=1,2,3),\cdots 暗 \tag{2-3-15}$$

其中，$k=1$，称一级衍射暗纹，其余依次类推。

（2）明纹宽度

相邻两级衍射暗纹中心之间的长度就是明纹宽度，除中央明纹外，其余各级明纹宽度为：

$$l = \frac{f\lambda}{a} \tag{2-3-16}$$

式中　f ——透镜的焦距；

λ ——入射单色光的波长；

a ——单缝的宽度。

中央明纹的宽度为其他各级明纹宽度的 2 倍，条纹亮度随级次增大而减弱。

【例 2-3-2】 用波长 $\lambda=632.8$nm 的平行光，垂直入射于宽度为 $a=0.15$mm 的狭缝上，缝后以焦距 $f=40$cm 的凸透镜把衍射光会聚于屏幕上，试求中央明条纹及其他各级明条纹宽度。

解： 各级明条纹宽度为 $l=\frac{f\lambda}{a}=\frac{400\times6.328\times10^{-4}}{0.15}=1.7$mm，中央明条纹的宽度为其他各级明条纹宽度的 2 倍。

（3）单缝宽度 a 对衍射条纹的影响

对于波长为 λ 的单色光，单缝宽度 a 愈小，各级衍射明纹的 φ 角就愈大，相邻条纹的间距越大，光衍射现象愈显著；反之，a 愈大，φ 角愈小，各级明纹向中央明纹靠拢，衍射现象不明显。若 $a \gg \lambda$ 时，各级衍射明纹都并入中央明纹区域，衍射现象消失，光为直线传播。

（4）光学仪器的分辨本领

若夫琅禾费单缝用直径为 D 的圆孔代替，则衍射图样的中央为一明亮的圆斑，其外为一组暗环和明环，则此中央圆斑称为爱里斑，如图 2-3-7 所示，其半角宽度为：

$$\theta = 1.22\frac{\lambda}{D} \tag{2-3-17}$$

若一个光源的爱里斑的中心与另一个光源的爱里斑的第一暗环相重合，则称这两个光源为恰好能被光学仪器所分辨，其最小分辨角 δ_φ（图 2-3-8）与爱里斑的半角宽度 θ 相等，即 $\delta_\varphi=\theta=1.22\frac{\lambda}{D}$。

分辨角 δ_φ 越小，仪器分辨率越高，取其倒数记为光学仪器的分辨本领，即：

$$光学仪器分辨率 = \frac{1}{\delta_\varphi} = \frac{D}{1.22\lambda} \tag{2-3-18}$$

要提高光学仪器分辨率可增大仪器孔径 D 或减小入射光波长 λ。

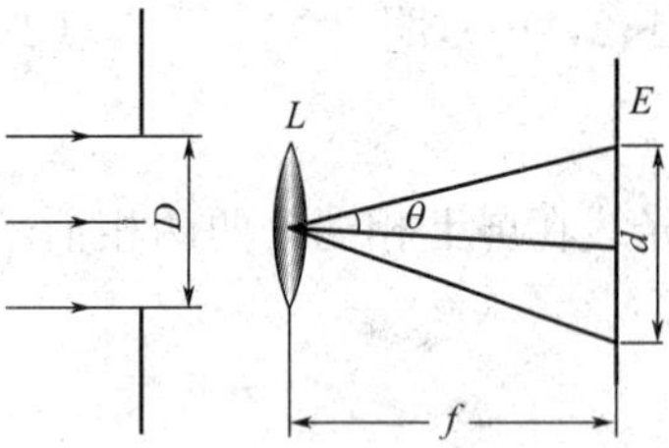

图 2-3-7

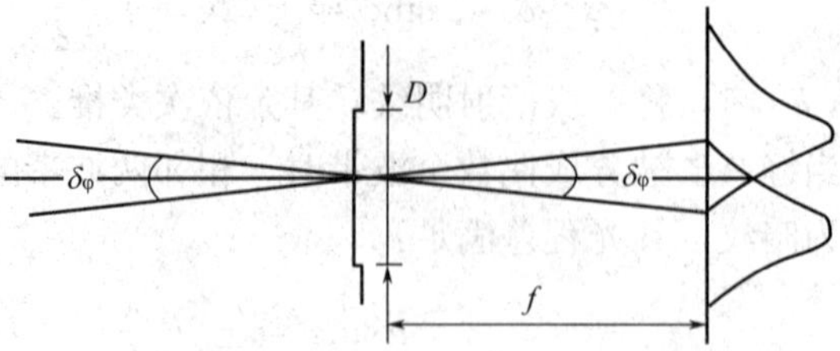

图 2-3-8

【例 2-3-3】 在通常亮度下，人眼睛瞳孔直径约为 3mm，视觉感受最灵敏的光波波长为 550nm，问人眼的最小分辨率是多少。

解：由公式可得 $\delta_\varphi=\theta=1.22\dfrac{\lambda}{D}=1.22\times\dfrac{5.5\times10^{-4}}{3}=2.24\times10^{-4}$rad。

（三）衍射光栅

1. 光栅常数

单缝衍射形成的明条纹不太理想，为使明条纹又窄又亮且相邻明条纹容易区分，则使用衍射光栅。衍射光栅是由大量等宽、等间距的平行单缝所组成的光学器件。缝宽（单缝透光部分）a 与缝间距（两相邻单缝之间不透光部分）b 之和（$a+b$）称为光栅常数，光栅常数越小，光栅越精致。

2. 光栅衍射在屏上出现明、暗条纹的条件

单色平行光垂直照射在光栅上，经凸透镜会聚，在屏幕上出现明暗相间的光栅衍射条纹，如图 2-3-9 所示。光栅衍射条纹的明、暗是单缝衍射和光栅各缝间干涉的总效果。

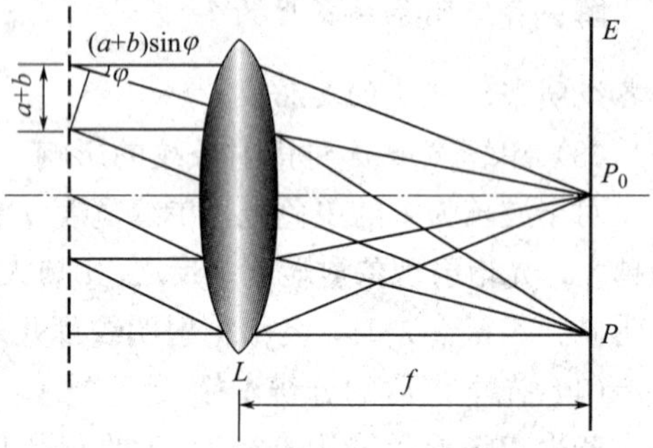

图 2-3-9

光栅相邻两个单缝的对应光线到达屏上的 P 点的光程差，若满足

$$(a+b)\sin\varphi=k\lambda\,(k=0,1,2,\cdots)\tag{2-3-19}$$

则屏上的 P 点出现明条纹，（$a+b$）越小，遮光缝数越多，条纹越细、越亮，条纹之间分得越开。

若光程差满足

$$(a+b)\sin\varphi=\pm m\frac{\lambda}{N}\tag{2-3-20}$$

$$m=1,2,\cdots,(N-1)$$

式中　N——光栅缝总数；

　　　m——正整数。

则 P 点为暗条纹，所以在光栅两条明条纹之间出现（$N-1$）条暗条纹。

光栅公式：$(a+b)\sin\varphi=\pm k\lambda$　（$k=0$，1，2，…）

【例 2-3-4】 波长为 $\lambda=546.1$nm 的绿光垂直照射于每厘米有 3000 条刻线的光栅上，该光栅的刻痕与透射光缝宽相等，问能看到几条光谱线。

解：光栅常数 $a+b=\frac{1}{3000}$cm，且 $a=b$，入射光波长 $\lambda=546.1\text{nm}=5.461\times10^{-5}$cm，根据光栅公式 $(a+b)\sin\varphi=\pm k\lambda$，当 $\varphi=\pm\frac{\pi}{2}$ 时，$k=6.1$，但 k 值只能取整数，所以最多只能看到从中央明文到第六级光谱线，题中又给出条件 $a=b$，这表明 $k=2$，4，6 的谱线缺级，因此只能看到 $k=0$，±1，±3，±5 的各级谱线，共有 7 条。

3. 光谱分析

白光通过光栅后，将产生各自分开的条纹，形成光栅的衍射光谱，中央明纹仍为白色，而在两侧，对应排列着第一级、第二级等光谱。由于不同元素或化合物有各自特定的光谱，因此可根据谱线的形式及强度分析物质所含的元素、化合物的类型及含量。

（四）X 射线衍射

伦琴射线亦称 X 射线。X 射线通过晶体时，也会产生衍射现象。

若一束平行相干 X 射线，以入射角 φ 射向原子表面，一部分将被表面层原子散射，其余部分将被原子层内部所散射，设各原子层之间的距离为 d，则被相邻的上、下两原子层散射的 X 射线的光程差满足：

$$2d\sin\varphi=k\lambda \quad (k=0,1,2,\cdots) \tag{2-3-21}$$

式（2-3-21）称为乌莫夫-布喇格公式。

（五）光的偏振

1. 基本概念

（1）自然光

光是电磁波，是横波，以光矢量（振动）E 表示，其光振动在垂直于光的传播方向的平面内各方向的取向概率、强度及振幅相等，具有这种性质的光称为自然光，自然光不具有偏振性，所以是非偏振光。

自然光可正交分解为相互垂直、振幅相等且无固定的位相关系方向的两个的分振动（E），然后各自相加，以“·”表示垂直于纸面的光振动，以“|”表示在纸面内的光振动，如图 2-3-10 所示。

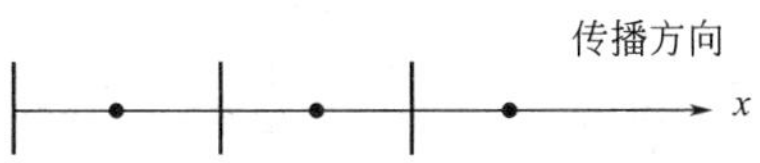

图 2-3-10

（2）偏振光

把自然光的两个互相垂直的光振动中的一个全部去掉，只剩一个单一方向的光振动，这种光称为（线）偏振光，其强度为自然光强度的一半。如图 2-3-11（a）所示，为光振动垂直纸面的偏振光；如图 2-3-11（b）所示，为光振动在纸面的偏振光。

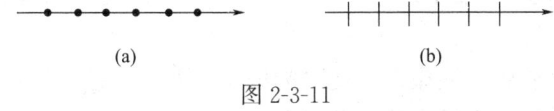

图 2-3-11

（3）部分偏振光

若把自然光里两个互相垂直的光振动中的一个去掉其中的一部分，则为部分偏振光。

如图 2-3-12（a）所示，为垂直纸面光振动较强的部分偏振光；如图 2-3-12（b）所示，为在纸面内光振动较强的部分偏振光。

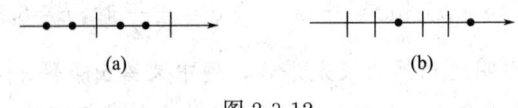

图 2-3-12

2. 反射、折射时光的偏振

如图 2-3-13 所示，当自然光以入射角 i 在介质 n_1、n_2 界面分别进行反射和折射时，产生的反射光为垂直于入射面的光振动较强的部分偏振光，折射光为平行于入射面的光振动较强的部分偏振光，偏振程度与入射角有关。

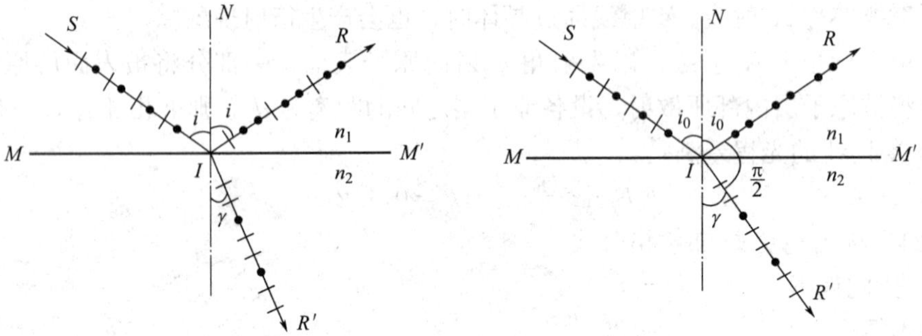

图 2-3-13

当入射角 i 满足：

$$\tan i_0=\frac{n_2}{n_1} \tag{2-3-22}$$

在分界面上反射光为光振动垂直入射面的全偏振光，折射光仍为平行于入射面的光振动较强的部分偏振光，i_0 称为布儒斯特角，式（2-75）称为布儒斯特定律。其中，入射角 i_0 与折射角 γ 的关系为：

$$i_0+\gamma=\frac{\pi}{2} \tag{2-3-23}$$

【例 2-3-5】 水的折射率为 1.33，玻璃的折射率为 1.50，当自然光从水中射向玻璃而反射时，起偏振角（布儒斯特角）为多少。

解： 由布儒斯特定律可知：$\tan i_0=\frac{n_2}{n_1}=\frac{1.50}{1.33}=1.128$，所以 $i_0=48.44°$。

3. 偏振片的起偏和检偏及检测方法

在透明薄膜或玻璃片上涂上一层具有吸收某一个方向光振动的物质后，就成为偏振片。

自然光通过偏振片后成为偏振光，此时的偏振片即为起偏振器，为检查通过偏振片的光是否为偏振光，在偏振片之后光的传播方向上再放一个偏振片，当二者偏振化方向一致时，屏上的光点亮度最大，如图 2-3-14（a）所示；当二者的偏振化方向正交时，屏上亮点消失，如图 2-3-14（b）所示，这说明通过偏振片 N 的光为偏振光。如果入射到偏振片

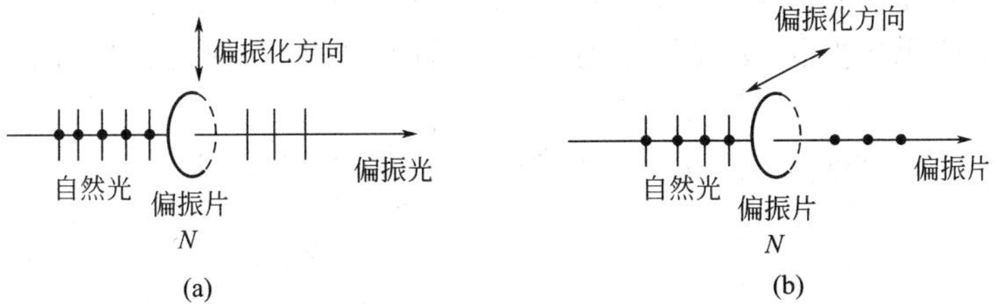

图 2-3-14

N' 的光为自然光，则以光的传播方向为轴，转动偏振片 N'（改变 N' 的偏振化方向），透过 N' 的光强不发生变化，则偏振片 N' 起着检偏振器的作用，把 N' 称为检偏振器。

4. 马吕斯定律

若起偏振器的偏振化方向与检偏振器的偏振化方向之间的夹角为 α，通过起偏器后入射偏振光的强度为 I_0，透过检偏器后偏振光的强度为 $I=I_0\cos\alpha$，则：

$$I=I_0\cos^2\alpha \tag{2-3-24}$$

【例 2-3-6】 一束自然光垂直穿过两个偏振片，两个偏振片的偏振化方向呈 45°，已知通过此两偏振片后的光强为 I，则入射至第二个偏振片的线偏振光的强度为（　　）。

A. I　　B. $2I$　　C. $3I$　　D. $\dfrac{I}{2}$

解： 由公式可得：$I=I_0\cos^2\alpha=I_0\cos^2 45°$，则入射至第二个偏振片的线偏振光的强度为 $I_0=\dfrac{I}{\cos^2\alpha}=\dfrac{I}{\cos^2 45°}=\dfrac{I}{\frac{1}{2}}=2I$。

（六）光的双折射

1. 光的双折射现象

一束光在通过各向异性的晶体时，会出现两束折射光线，这种现象称为晶体的双折射现象。其中一束光遵从折射定律，为寻常光，即 o 光；另一束光则不遵从折射定律，称为非常光，即 e 光。

2. 光轴

在方解石、石英等晶体中，光沿一特定方向透过各向异性晶体时，不产生双折射现象，此方向上的 o、e 光传播速度相同，将此方向称为晶体的光轴，光轴仅代表双折射晶体的一个特定方向，而不是一条直线。

只有一个光轴方向的晶体称为单轴晶体，如方解石、石英；有两个光轴方向的晶体称为双轴晶体，如云母，硫黄等。

3. 主截面

通过光轴并与晶体的任一晶面正交的面称为该晶体的主截面。当入射光线在主截面内时，o、e 光均在主截面内，但 o 光的振动方向垂直于主截面，e 光的振动方向平行于主截面，两者都是偏振光。

（七）偏振光的干涉

振幅为 A_1 的偏振光通过晶体后将形成 o、e 光，两束光频率相同，但存在位相差，由于振动方向相互垂直而不相干，利用偏振片Ⅱ（偏振化方向与偏振片Ⅰ的偏振化方向正交，如图 2-3-15 所示）把 o 、e 光的振动方向引到同一方向，使之成为两束相干的偏振光。

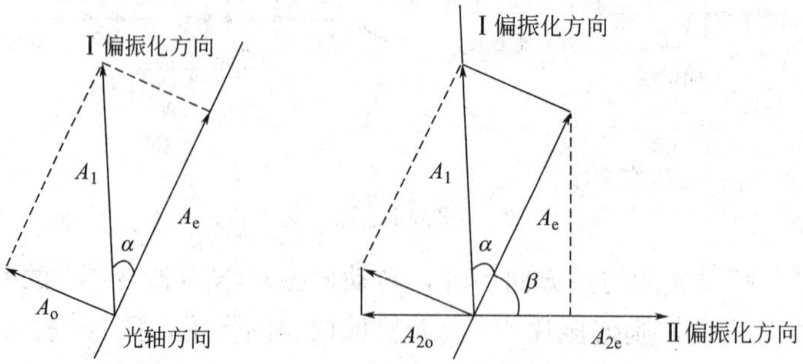

图 2-3-15

o 、e 光的总位相差为：

$$\Delta\varphi = 2\pi \frac{d(n_0 - n_e)}{\lambda} + \pi$$

$$\Delta\varphi = \begin{cases} 2k\pi & \text{明条纹} \\ (2k+1)\pi & \text{暗条纹} \end{cases} \quad (k=1,2,\cdots) \tag{2-3-25}$$

历年真题

2-3-1. 在双缝干涉试验中，入射光的波长为 λ ，用透明玻璃纸遮住双缝中的一条缝（靠近屏一侧），若玻璃纸中光程比相同厚度的空气的光程大 2.5λ ，则屏上原来的明纹处（　　）。(2011A32)

A. 仍为明条纹　　B. 变为暗条纹

C. 既非明纹也非暗纹　　D. 无法确定是明纹还是暗纹

2-3-2. 在真空中可见光的波长范围是（　　）。(2011A33)

A. 400 ～ 760nm　　B. 400 ～ 760mm　　C. 400 ～ 760cm　　D. 400 ～ 760m

2-3-3. 有一玻璃劈尖，置于空气中，劈尖角为 θ ，用波长为 λ 的单色光垂直照射时，测得相邻明纹间距为 l ，若玻璃的折射率为 n ，则 θ、λ、l 与 n 之间的关系为（　　）。(2011A34)

A. $\theta = \frac{\lambda n}{2l}$　　B. $\theta = \frac{l}{2\lambda n}$　　C. $\theta = \frac{\lambda l}{2n}$　　D. $\theta = \frac{\lambda}{2nl}$

2-3-4. 一束自然光垂直穿过两个偏振片，两个偏振片的偏振化方向呈 45°，已知通过此两偏振片后的光强为 I ，则入射至第二个偏振片的线偏振光的强度为（　　）。(2011A35)

A. I　　B. $2I$　　C. $3I$　　D. $\frac{I}{2}$

2-3-5. 一单缝宽度 $a=1\times10^{-4}$m ，透镜焦距 $f=0.5$m ，若用 $\lambda=400$nm 的单色平行光垂直入射，中央明纹的宽度为（　　）。(2011A36)

A. 2×10^{-3}m　　B. 2×10^{-4}m　　C. 4×10^{-4}m　　D. 4×10^{-3}m

2-3-6. P_1 和 P_2 为偏振化方向相互垂直的两个平行放置的偏振片，光强为 I_0 的自然光垂直入射在第一个偏振片 P_1 上，则透过 P_1 和 P_2 的光强分别为（　　）。(2012A32)

A. $\frac{I_0}{2}$ 和 0　　B. 0 和 $\frac{I_0}{2}$　　C. I_0 和 I_0　　D. $\frac{I_0}{2}$ 和 $\frac{I_0}{2}$

2-3-7. 一束自然光自空气射向一块平板玻璃，设入射角等于布儒斯特角，则反射光是（　　）。(2012A33)

A. 自然光　　B. 部分偏振光　　C. 完全偏振光　　D. 圆偏振光

2-3-8. 波长 $\lambda=550$nm($1\text{nm}=10^{-9}$m) 的单色光垂直入射于光栅常数为 2×10^{-4}cm 的平面衍射光栅上，可能观察到光谱线的最大级次为（　　）。(2012A34)

A. 2　　B. 3　　C. 4　　D. 5

2-3-9. 在单缝夫琅禾费衍射实验中，波长为 λ 的单色光垂直入射到单缝上，对应于衍射角为 30°的方向上，若单缝处波振面可分成 3 个半波带。则缝宽 $a=$（　　）。(2012A35)

A. λ　　B. 1.5λ　　C. 2λ　　D. 3λ

2-3-10. 在双缝干涉实验中，波长为 λ 的单色平行光垂直入射到缝间距为 a 的双缝上，屏到双缝的距离为 D，则某一明纹与其相邻的一条暗纹的间距为（　　）。(2012A36)

A. $\frac{D\lambda}{a}$　　B. $\frac{D\lambda}{2a}$　　C. $\frac{2D\lambda}{a}$　　D. $\frac{D\lambda}{4a}$

2-3-11. 两偏振片叠放在一起，欲使一束垂直入射的线偏振光经过两个偏振片后振动方向转过 90°，且使出射光强尽可能大，则入射光的振动方向与前后两偏振片的偏振化方向夹角分别为（　　）。(2013A32)

A. 45°和 90°　　B. 0°和 90°　　C. 30°和 90°　　D. 60°和 90°

2-3-12. 光的干涉和衍射现象反映了光的（　　）。(2013A33)

A. 偏振性质　　B. 波动性质　　C. 横波性质　　D. 纵波性质

2-3-13. 若在迈克尔逊干涉仪的可动反射镜 M 移动了 0.620mm 的过程中，观察到干涉条纹移动了 2300 条，则所用光波的波长为（　　）。(2013A34)

A. 269nm　　B. 539nm　　C. 2690nm　　D. 5390nm

2-3-14. 在单缝夫琅禾费衍射实验中，屏上第三级暗纹对应的单缝处波振面可分成半波带的数目为（　　）。(2013A35)

A. 3　　B. 4　　C. 5　　D. 6

2-3-15. 波长为 λ 的单色光垂直照射在折射率为 n 的劈尖薄膜上，在由于反射光形成的干涉条纹中，第五级明条纹与第三级明条纹所对应的薄膜厚度差为（　　）。(2013A36)

A. $\frac{\lambda}{2n}$　　B. $\frac{\lambda}{n}$　　C. $\frac{\lambda}{5n}$　　D. $\frac{\lambda}{3n}$

2-3-16. 在空气中用波长为 λ 的单色光进行双缝干涉实验时，观测到相邻明条纹的间距为 1.33mm，当把实验装置放入水中（水的折射率为 $n=1.33$）时，则相邻明条纹的间距变为（　　）。(2014A32)

A. 1.33mm　　B. 2.66mm　　C. 1mm　　D. 2mm

2-3-17. 在真空中可见光的波长范围是（　　）。（2014A33）

A. 400 ～ 760nm　　B. 400 ～ 760mm　　C. 400 ～ 760cm　　D. 400 ～ 760m

2-3-18. 在单缝夫琅禾费衍射实验中，单缝宽度 $a=1\times10^{-4}$m，透镜焦距 $f=0.5$m，若用 $\lambda=400$nm 的单色平行光垂直入射，中央明纹的宽度为（　　）。（2014A35）

A. 2×10^{-3}m　　B. 2×10^{-4}m　　C. 4×10^{-4}m　　D. 4×10^{-3}m

2-3-19. 一单色平行光垂直入射到光栅上，衍射光谱中出现了五条明纹，若已知此光栅的缝宽 a 与不透光部分 b 相等，那么在中央明纹一侧的两条明纹级次分别是（　　）。（2014A36）

A. 1 和 3　　B. 1 和 2　　C. 2 和 3　　D. 2 和 4

2-3-20. 一束自然光自空气射向一块玻璃，设入射角等于布儒斯特角 i，则光的折射角为（　　）。（2016A32）

A. $\pi+i$　　B. $\pi-i$　　C. $\frac{\pi}{2}+i$　　D. $\frac{\pi}{2}-i$

2-3-21. 两块偏振片平行放置，光强为 I_0 的自然光垂直入射在第一块偏振片上，若两偏振片的偏振化方向夹角为 45°，则从第二块偏振片透出的光强为（　　）。（2016A33）

A. $\frac{I_0}{2}$　　B. $\frac{I_0}{4}$　　C. $\frac{I_0}{8}$　　D. $\frac{\sqrt{2}}{4}I_0$

2-3-22. 在单缝夫琅禾费衍射实验中，单缝宽度为 a，透镜焦距为 f，所用单色光波为 λ，则中央明纹的半宽度为（　　）。（2016A34）

A. $\frac{f\lambda}{a}$　　B. $\frac{2f\lambda}{a}$　　C. $\frac{a}{f\lambda}$　　D. $\frac{2a}{f\lambda}$

2-3-23. 通常亮度下，人眼睛瞳孔的直径约为 3mm，视觉感受到的最灵敏的光波波长为 550mm（$1\text{nm}=1\times10^{-9}\text{m}$），则人的眼睛的最小分辨角约为（　　）。（2016A35）

A. 2.24×10^{-3}rad　　B. 1.12×10^{-4}rad

C. 2.24×10^{-4}rad　　D. 1.12×10^{-3}rad

2-3-24. 在光栅光谱中，假如所有偶数级次的主极大都恰好在每透光缝衍射的暗纹方向上，因而实际上不出现，若已知此光栅的缝宽 a 与相邻两缝间不透光部分宽度 b 的关系是（　　）。（2016A36）

A. $a=2b$　　B. $b=3a$　　C. $a=b$　　D. $b=2a$

2-3-25. 一束自然光垂直通过两块叠放在一起的偏振片，若两偏振片的偏振化方向间夹角由 α_1 到 α_2，则转动前后透射光强度之比为（　　）。（2017A33）

A. $\frac{\cos^2\alpha_2}{\cos^2\alpha_1}$　　B. $\frac{\cos\alpha_2}{\cos\alpha_1}$　　C. $\frac{\cos^2\alpha_1}{\cos^2\alpha_2}$　　D. $\frac{\cos\alpha_1}{\cos\alpha_2}$

2-3-26. 若用衍射光栅准确测定一单色可见光的波长，在下列各种光栅常数中，最好选用（　　）。（2017A34）

A. 1.0×10^{-1}mm　　B. 5.0×10^{-1}mm　　C. 1.0×10^{-2}mm　　D. 1.0×10^{-3}mm

2-3-27. 在双缝干涉实验中，光的波长为 600mm，双缝间距为 2mm，双缝与屏的间距为 300cm，则屏上形成的干涉图样的相邻明条纹间距为（　　）。（2017A35）

A. 0.45mm　　B. 0.9mm　　C. 9mm　　D. 4.5mm

2-3-28. 一束自然光从空气投射到玻璃表面上，当折射角为 30°时，反射光为完全偏振光，则此玻璃板的折射率为（　　）。(2017A36)

A. 2　　B. 3　　C. $\sqrt{2}$　　D. $\sqrt{3}$

2-3-29. 双缝干涉实验中，若在两缝后（靠近屏一侧）各覆盖一块厚度均为 d，但折射率分别为 n_1 和 n_2（$n_2>n_1$）的透明薄片，则从两缝发出的光在原来中央明纹处相遇时，光程差为（　　）。(2018A32)

A. $d(n_2-n_1)$　　B. $2d(n_2-n_1)$　　C. $d(n_2-1)$　　D. $d(n_1-1)$

2-3-30. 在空气中做牛顿环实验，当平凸透镜垂直向上缓慢平移而远离平面镜时，可以观察到这些环状干涉条纹（　　）。(2018A33)

A. 向右平移　　B. 静止不动　　C. 向外扩张　　D. 向中心收缩

2-3-31. 真空中波长为 λ 的单色光，在折射率为 n 的均匀透明媒质中，从 A 点沿某一路径传播到 B 点，路径的长度为 l，A、B 两点光振动的相位差为 $\Delta\varphi$，则（　　）。(2018A34)

A. $l=\frac{3\lambda}{2}$，$\Delta\varphi=3\pi$　　B. $l=\frac{3\lambda}{2n}$，$\Delta\varphi=3n\pi$

C. $l=\frac{3\lambda}{2n}$，$\Delta\varphi=3\pi$　　D. $l=\frac{3n\lambda}{2}$，$\Delta\varphi=3n\pi$

2-3-32. 空气中用白光垂直照射一块折射率为 1.50、厚度为 0.4×10^{-6}m 的薄玻璃片，在可见光范围内，光在反射中被加强的光波波长是（$1m=1\times10^9$nm）（　　）。(2018A35)

A. 480nm　　B. 600nm　　C. 2400nm　　D. 800nm

2-3-33. 有一玻璃劈尖，置于空气中，劈尖角 $\theta=8\times10^{-5}$rad（弧度），用波长 $\lambda=589$nm 的单色光垂直照射此劈尖，测得相邻干涉条纹间距 $l=2.4$mm，此玻璃的折射率为（　　）。(2018A36)

A. 2.86　　B. 1.53　　C. 15.3　　D. 28.6

答　案

2-3-1.【答案】(B)

考虑 O 处的明纹怎样变化。①玻璃纸未遮住时：光程差 $\delta=r_1-r_2=0$，O 处为零级明纹；②玻璃纸遮住后：光程差 $\delta'=\frac{5}{2}\lambda=(2\times2+1)\frac{\lambda}{2}$，满足暗纹条件。

2-3-2.【答案】(A)

光学常识，注意 $1nm=10^{-9}m$。

2-3-3.【答案】(D)

玻璃劈尖的干涉条件为 $\delta=2ne+\frac{\lambda}{2}=k\lambda(k=1,2\cdots)$（明纹），相邻两明（暗）纹对应的空气层厚度为 $e_{k+1}-e_k=\frac{\lambda}{2n}$（见图解）。若劈尖的夹角为 θ，则相邻两（暗）明纹的间距 l 应满足关系式：

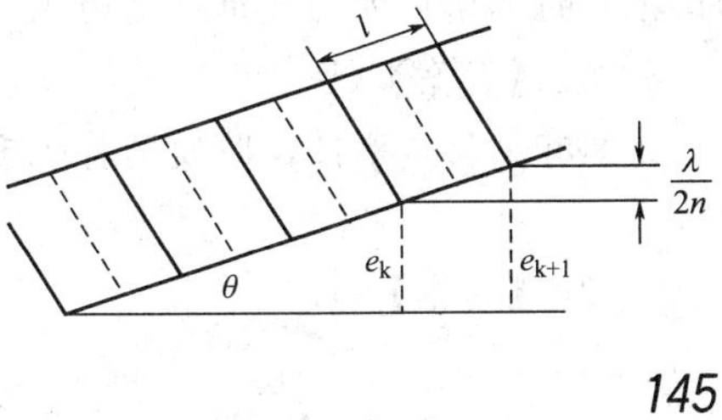

$l\sin\theta=e_{k+1}-e_k=\dfrac{\lambda}{2n}$ 或 $l\theta=\dfrac{\lambda}{2n}$，$l=\dfrac{\lambda}{2n\sin\theta}\approx\dfrac{\lambda}{2n\theta}$。

2-3-4.【答案】(B)

根据公式 $I=I_0\cos^2\alpha$，可得出B选项。

2-3-5.【答案】(D)

中央明纹宽度$=\dfrac{2\lambda f}{a}$，$1\text{nm}=10^{-9}\text{m}$。

2-3-6.【答案】(A)

自然光 I_0 通过 P_1 偏振片后光强减半为 $I_0/2$，通过 P_2 偏振片后光强减半为 $I=I_0/2\cos^2 90°=0$。

2-3-7.【答案】(C)

光线以布儒斯特角入射到介质界面时，反射光为垂直入射振动的线偏振光又称平面偏振光或完全偏振光，折射光仍为部分偏振光。

2-3-8.【答案】(B)

由光栅公式 $d\sin\theta=\pm k\lambda(k=1, 2, 3, \cdots)$ 可知，在波长、光栅常数不变的情况下，要使 k 最大，$\sin\theta$ 必最大，取1，此时 $d=\pm k\lambda$，$k=\pm\dfrac{d}{\lambda}=\times\dfrac{2\times10^{-4}\times10^{-2}}{550\times10^{-9}}=3.636$，取整后可得最大级次为3。

2-3-9.【答案】(D)

根据单缝夫琅禾费衍射明纹条件 $a\sin\varphi=(2k+1)\dfrac{\lambda}{2}$，当衍射角为30°时，单缝处波面可分成3个半波带，即 $2k+1=3$，$\delta=a\sin30°=\pm3\times\dfrac{\lambda}{2}$，$a=3\lambda$。

2-3-10.【答案】(B)

$x_{明}=\pm k\dfrac{D\lambda}{a}$，$x_{暗}=\pm(2k+1)\dfrac{D\lambda}{2a}$，间距$=x_{暗}-x_{明}=\dfrac{D\lambda}{2a}$。

2-3-11.【答案】(A)

设线偏振光的光强为 I，线偏振光的第一个偏振片的夹角为 φ，因为线偏振光的振动方向要转过90°，所以第一个偏振片与第二个偏振片的夹角为 $\dfrac{\pi}{2}-90°$，根据马吕斯定律，线偏振光通过第一块偏振片后的光强为 $I_1=I\cos^2\varphi$，线偏振光通过第二块偏振片后的光强为 $I_2=I_1\cos^2\left(\dfrac{\pi}{2}-\varphi\right)=I\cos^2\varphi\cos^2\left(\dfrac{\pi}{2}-\varphi\right)=I\cos^2\varphi\sin^2\varphi=\dfrac{I}{4}\sin^2 2\varphi$，要使透射光强达到最强，令 $\sin2\varphi=1$，$\varphi=\dfrac{\pi}{4}$，透过光强的最大值为 $\dfrac{I}{4}$，入射光的振动方向与前后两偏振片的偏振化方向夹角分别为45°和90°。

2-3-12.【答案】(B)

光具有波粒二象性，即波动特性和粒子特性，光的干涉和衍射现象反映了光的波动性质。

2-3-13.【答案】(B)

由迈克尔逊干涉原理可知，当可动反射镜 M 移动 $\frac{\lambda}{2}$ 的距离，视场中看到干涉条纹 1 条，则有 $\Delta x=\Delta n\frac{\lambda}{2}$，有 $0.62=2300\frac{\lambda}{2}$，$\lambda=5.39\times10^{-4}\mathrm{mm}=539\mathrm{nm}$。

2-3-14.【答案】(D)

在单缝衍射中，光程差 $\delta=a\sin\varphi=\pm k\lambda$，若光程差为半波长的偶数倍，所有光波带的作用将成对相互抵消，形成暗纹，对暗纹有 $a\sin\varphi=2k\frac{\lambda}{2}$，令 $k=3$，得到半波带数目为 6。

2-3-15.【答案】(B)

劈尖干涉的光程差为：$\delta=2ne\cos\gamma=\frac{\lambda}{2}$，当光垂直入射时，$\gamma=0$，产生明纹的条件是 $\delta=2k\frac{\lambda}{2}$，则第三级明纹 $3\lambda=2ne_1+\frac{\lambda}{2}$，第五级明纹 $5\lambda=2ne_2+\frac{\lambda}{2}$，故其对应的薄膜厚度差为：$\Delta e=\frac{\lambda}{n}$。

2-3-16.【答案】(C)

单色光源 S 发出的光波到达距离 S 相等的双缝 S_1 和 S_2 后，再从 S_1 和 S_2 发出的光为两相干光源（频率相同、光振动的方向相同、相遇点相位差恒定），在空间叠加形成干涉现象，若在双缝前放置一屏幕，则屏幕将出现一系列趋于稳定的明暗相间的条纹，称为杨氏双缝干涉，明暗条纹的位置由光程差决定，若光程差为 $k\lambda$，则形成明条纹；若光程差为 $(2k+1)/2\lambda$，则形成暗条纹，在空气中相邻明（暗）纹中心的间距为 $\Delta x=\frac{D}{d}\lambda$，其中狭缝间距为 a，双缝与屏幕间的间距为 D，波长为 λ，$\Delta x=\frac{D}{d}\lambda=1.33\mathrm{mm}$；在水中相邻明纹中心的间距为 $\Delta x=\frac{D}{nd}\lambda=1.33/1.33=1\mathrm{mm}$。

2-3-17.【答案】(A)

光波（可见光）通常指波长在 400-760nm（频率在 $4.3\times10^{14}\sim7.5\times10^{14}\mathrm{Hz}$）之间的电磁波。波长大于可见光的为红外线，波长小于可见光的为紫外线。

2-3-18.【答案】(D)

平行光的衍射现象称为单缝夫琅禾费衍射，单缝夫琅禾费衍射中央明纹的宽度计算公式为：$\Delta x_0=2\frac{f\lambda}{a}=2\times\frac{0.5\times400\times10^{-9}}{1\times10^{-4}}=4\times10^{-3}\mathrm{m}$，$a$ 为单缝宽度，f 为透镜焦距，λ 为入射波波长，相邻两级衍射暗纹中心的间距就是明纹的宽度，其余各级的明纹宽度为：$l=f\lambda/a$。

2-3-19.【答案】(A)

当 $\frac{a+b(\text{光栅常数})}{a(\text{缝宽})}=$ 整数倍时，根据夫琅禾费多缝衍射缺级原理可知，所有的 $2k$ 级（$k=1$，2，3，4…）将缺级，根据题目可知，干涉条纹只有 0 级、1 级、3 级、-1 级、-3 级五条明纹，则 0 级边上是 1 级、3 级或 -1 级、-3 级。

2-3-20.【答案】(D)

根据布儒斯特角的表达式可知，$I_0+\gamma=\frac{\pi}{2}$，所以 $\gamma=\frac{\pi}{2}-I_0$。

2-3-21.【答案】(B)

马吕斯定律：$I=I_0\cos^2\alpha$ 。通过两片偏振片的最终光强为：$I=I_0\cos^2\alpha\cos^2\alpha=\frac{I_0}{4}$ 。

2-3-22.【答案】(A)

单缝衍射明、暗条纹位置的计算公式为：$a\frac{x}{f}=\begin{cases}k\lambda & (k=1,2,3\cdots)\text{暗纹}\\(2k+1)\frac{\lambda}{2} & (k=1,2,3\cdots)\text{明纹}\end{cases}$，

相邻明纹（暗纹）的间距为：$\Delta x=\frac{f\lambda}{a}$ ，通常以±1级暗纹之间所夹的宽度作为中央明纹的宽度，因此其半宽度为：$\Delta x=\frac{f\lambda}{a}$ 。

2-3-23.【答案】(C)

最小分辨角的计算公式为：$\varphi_R=1.22\lambda/D=1.22\times550\times10^{-6}/3=2.24\times10^{-4}\text{rad}$ 。

2-3-24.【答案】(C)

根据缺级条件，因为偶数级缺级，所以光栅常数 d 和缝宽的比为：$d/a=2$，又因 $d=a+b$ ，所以 $a=b$ 。

2-3-25.【答案】(C)

根据马吕斯定律：$I=I_0\cos^2\alpha$ ，光强为 I_0 的自然光通过第一个偏振片光强为入射光强的一半，通过第二个偏振片光强为：$I=\frac{I_0}{2}\cos^2\alpha$ 。则 $\frac{I_1}{I_2}=\frac{\frac{I_0}{2}\cos^2\alpha_1}{\frac{I_0}{2}\cos^2\alpha_2}=\frac{\cos^2\alpha_1}{\cos^2\alpha_2}$。

2-3-26.【答案】(D)

光栅公式 $d\sin\theta=k\lambda$ ，对同级条纹，光栅常数小，衍射角大。

2-3-27.【答案】(B)

由双缝干涉条纹间距公式：$\Delta x=\frac{D}{d}\lambda=\frac{3000}{2}\times600\times10^{-6}=0.9\text{mm}$ 。

2-3-28.【答案】(D)

根据布儒斯特角定义：当折射角为30°时，入射角为60°，则：$\tan60°=\frac{n_2}{n_1}=\sqrt{3}$ 。

2-3-29.【答案】(A)

2-3-30.【答案】(D)

据干涉明暗环半径分别为：$r=\sqrt{\frac{(2k-1)R\lambda}{2}}$，$k=1,2,\cdots$ 明环；$r=\sqrt{kR\lambda}$，$k=0,1,2,\cdots$ 暗环，当平凸透镜垂直向上缓慢平移而远离平面镜时，R 减小，r 变小，则圆环向中间收缩。

2-3-31.【答案】(C)

$\Delta\varphi=\frac{2\pi\delta}{\lambda}$（$\delta$ 为光程差），依题意得：$\delta=nl$，即 $\Delta\varphi=\frac{2\pi nl}{\lambda}$，当 $\Delta\varphi=3\lambda$ 时，$l=\frac{3\lambda}{2n}$，只有 C 选项符合。

2-3-32.【答案】(B)

根据薄膜干涉产生明纹条件：$2k\cdot\frac{\lambda}{2}=2n\cdot d$，$k$ 取 2 或 3，n 为折射率，d 为薄膜厚度。即：$2\times2\times\frac{\lambda}{2}=2\times1.5\times0.4\times10^{-6}\times10^{9}$，$\lambda=600\text{nm}$。

2-3-33.【答案】(B)

若劈尖的夹角为 θ，则相邻两（暗）明纹的间距 l 应满足关系式：

$l\sin\theta=e_{k+1}-e_k=\frac{\lambda}{2n}$ 或 $l\theta=\frac{\lambda}{2n}$，$l=\frac{\lambda}{2n\sin\theta}\approx\frac{\lambda}{2n\theta}$，$n\approx\frac{\lambda}{2l\theta}=\frac{589\times10^{-6}}{2\times2.4\times8\times10^{-5}}=1.53$。

第三章

普通化学

第一节　物质的结构与物质的状态

一、考试大纲

原子结构的近代概念；原子轨道和电子云；原子核外电子分布；原子和离子的电子结构；原子结构和元素周期律；元素周期表；周期；族；元素性质及其氧化物的酸碱性。离子键的特征；共价键的特征和类型；杂化轨道与分子空间构型；分子结构式；键的极性和分子的极性；分子间力与氢键；晶体与非晶体；晶体类型与物质性质。

二、知识要点

（一）原子核外电子排布

1.原子核外电子运动的特性

原子核外电子运动具有量子化和波粒二象性，波粒二象性是微粒兼具粒子和波的特性。

2.核外电子运动状态的描述

核外电子运动状态采用波函数 ψ 和电子云来描述。

（1）波函数 ψ

表示原子中单个电子运动状态的数学函数式，单一确定的波函数 ψ 表示一个原子轨道，不同波函数则代表电子在核外出现的不同原子轨道或运动状态。

（2）电子云

用黑点的疏密程度代表原子核外电子概率密度（ψ^2）分布规律的具体图形，s 轨道的角度分布平面图形为圆形；p_x、p_y、p_z 轨道为哑铃型（双球形），伸展方向不同；d 轨道为花瓣形。

（3）量子数

波函数 ψ 由主量子数（n）、角量子数（l）、磁量子数（m）、自旋量子数（m_s）四个量子数决定。

① 主量子数 n：$n=1$，2，3，…，7。$n=1$，2，3，…，7 代表电子层数，分别为第一层、第二层至第七层电子，可用符号 K、L、M、N、O 等分别表示；n 的大小决定原子的能级和电子离核的远近，n 越大，能级越大、电子离核的距离越远。

② 角量子数 l：$l=0$，1，2，3。其表示电子的亚层，分别为 s，p，d，f 亚层，其对应关系如下：

$\begin{matrix} l=0, & 1, & 2, & 3 \\ s, & p, & d, & f \end{matrix}$；$l$ 可确定原子轨道的形状，当 $l=0$，1，2，时，其轨道形状为球形、双球形、四橄榄形等；当 n 一定，l 越大，亚层能量越大；同一亚层原子轨道的能量相等，称为等价轨道。

③ 磁量子数 m：$m=0$，±1，±2，±3，可确定原子轨道的空间取向和亚层中的轨道数目，一个 m 值可确定轨道在空间的一种取向，对应关系如下：

$l=0$，$m=0$，s 轨道空间取向为 1；

$l=1$，$m=0$，±1，p 轨道空间取向为 3；

$l=2$，$m=0$，±1，±2，d 轨道空间取向为 5；

④ 自旋量子数 $m_s=\begin{cases}+\dfrac{1}{2}\\-\dfrac{1}{2}\end{cases}$，代表电子的自旋方向，表示顺、逆两个自旋方向。

⑤ n，l，m，与亚层符号之间的关系

$n=1$，$l=0$，$m=0$ $1s$

$n=2$，$l=0$，1，$m=0$，±1 $2s$，$2p$

$n=3$，$l=0$，1，2，$m=0$，±1，±2 $3s$，$3p$，$3d$

$n=4$，$l=0$，1，2，3…，$m=0$，±1，±2，±3… $4s$，$4p$，$4d$，$4f$

量子数与核外电子运动状态见表 3-1-1。

量子数与核外电子运动状态 **表 3-1-1**

主量子数 n	主层符号	角量子数 l	亚层符号	磁量子数 m	亚层轨道数	电子层中轨道数	自旋量子数 m_s	电子层中电子容量
1	K	0	$1s$	0	1	1	$\pm1/2$	2
2	L	0	$2s$	0	1	4	$\pm1/2$	8
		1	$2p$	0,±1	3		$\pm1/2$	
3	M	0	$3s$	0	1	9	$\pm1/2$	18
		1	$3p$	0,±1	3		$\pm1/2$	
		2	$3d$	0,±1,±2	5		$\pm1/2$	
4	N	0	$4s$	0	1	12	$\pm1/2$	32
		1	$4p$	0,±1	3		$\pm1/2$	
		2	$4d$	0,±1,±2	5		$\pm1/2$	
		3	$4f$	0,±1,±2,±3	7		$\pm1/2$	

【例 3-1-1】 下列各套量子数，不合理的是（ ）。

A. $n=2$，$l=1$，$m=-1$　　B. $n=2$，$l=0$，$m=-1$

C. $n=3$，$l=1$，$m=0$　　D. $n=3$，$l=0$，$m=0$

解： 选 B。

（4）原子核外电子分布原则

泡利不相容原理、最低能量原理和洪特规则是核外电子分布的原则

① 泡利不相容原理：一个原子轨道只能容纳两个自旋方向相反的电子，每个电子层里最多能容纳 $2n^2$ 个电子。

② 最低能量原理：电子总是尽先占据能量最低的轨道，电子依据近似能级图排布，如图 3-1-1 所示，即 ns、$(n-2)f$、$(n-1)d$、np 排布。

③ 洪特规则：在等价轨道中，电子总是尽可能占据不同轨道且自旋方向相同。洪特规则特例：当电子的分布处于全充满 p^6 或 d^{10} 或 f^{14}，半充满 p^3 或 d^5 或 f^7；全空 p^0 或 d^0 或 f^0 时，比较稳定。

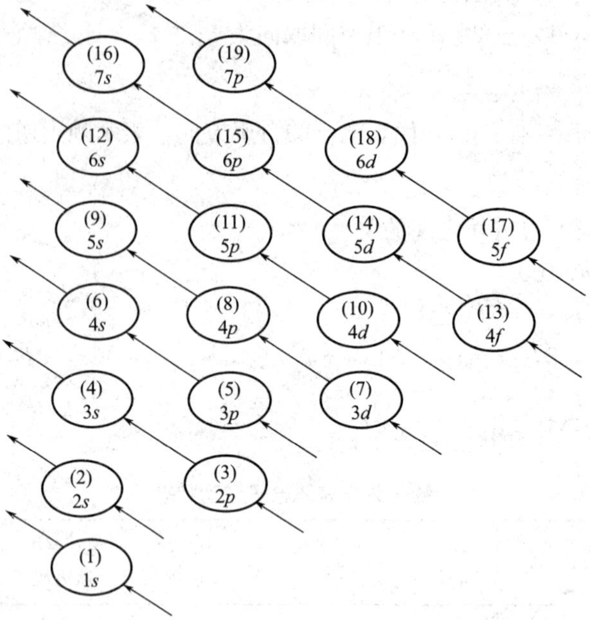

图 3-1-1

（5）核外电子分布式

核外电子分布式见表 3-1-2。

核外电子分布式 **表 3-1-2**

原子(或离子)	原子(或离子)的电子分布式	原子(或离子)的外层电子分布式
$_{11}Na$	$1s^2 2s^2 2p^6 3s^1$	$3s^1$
$_{16}S$	$1s^2 2s^2 2p^6 3s^2 3p^4$	$3s^2 3p^1$
$_{26}Fe$	$1s^2 2s^2 2p^6 3s^2 3p^6 3d^6 4s^2$	$3d^6 4s^2$
$_{24}Cr$	$1s^2 2s^2 2p^6 3s^2 3p^6 3d^5 4s^1$	$3d^5 4s^1$
$_{29}Cu$	$1s^2 2s^2 2p^6 3s^2 3p^6 3d^{10} 4s^1$	$3d^{10} 4s^1$
Na^+	$1s^2 2s^2 2p^6$	$2s^2 2p^6$
S^{2-}	$1s^2 2s^2 2p^6 3s^2 3p^6$	$3s^2 3p^6$
Fe^{3+}	$1s^2 2s^2 2p^6 3s^2 3p^6 3d^5$	$3s^2 3p^6 3d^5$
Cr^{3+}	$1s^2 2s^2 2p^6 3s^2 3p^6 3d^3$	$3s^2 3p^6 3d^3$
Cu^{2+}	$1s^2 2s^2 2p^6 3s^2 3p^6 3d^9$	$3s^2 3p^6 3d^9$

【例 3-1-2】 13 号 Al 的基态原子核外电子分布正确的是（　　）。

A. $1s^2 2s^2 2p^6 3s^2$　　B. $1s^2 2s^2 2p^6 3s^1 3p^4$

C. $1s^2 2s^2 2p^6 3s^2 3p^1$　　D. $1s^2 2s^2 2p^3 3s^2 3p^4$

解： 选 C。

（二）周期表

1. 原子核外电子分布和元素周期表

元素周期表是元素周期律的表现形式，由周期和族组成。

（1）每周期元素的数目等于相应能级组所容纳的最多电子数（表 3-1-3）

每周期元素数目与能级组的关系　　**表 3-1-3**

周期	能级组	元素数目	周期	能级组	元素数目
1	$1s^2$	2	5	$5s^2 4d^{10} 5p^6$	18
2	$2s^2 2p^6$	8	6	$6s^2 4f^{10} 5d^{10} 6p^6$	32
3	$3s^2 3p^6$	8	7	$7s^2 5f^{10} 6d^{10} \cdots$	未完成
4	$4s^2 3d^{10} 4p^6$	18			

由表可知：

① 同主族元素，原子最外层电子数相等，同周期主族元素最外层电子数由 1 逐步增加至 8；

② 根据元素在周期表中的周期和族，可以写出原子的电子分布式和外层电子分布式，元素所在周期数等于该元素原子的电子层数，等于原子中的最高主量子数；

③ 核外电子排布与族的关系：

族数
- 主族和ⅠB、ⅡB 的族数＝最外层电子数
- ⅢB～ⅦB 的族数＝最外层 s 电子＋次外层 d 电子数
- 零族的最外层电子数＝2 或 8
- ⅧB 的最外层 S 电子＋次外层 d 电子数＝8～10

④ 根据原子的外层电子构型可将元素分成 5 个区，见表 3-1-4。

元素分区　　**表 3-1-4**

族数	ⅠA，ⅡA	ⅡB，ⅢB	ⅠB，ⅡB	ⅢA ～ ⅦA	镧系：57～71 号元素 锕系：89～103 号元素
外层电子构型	$ns^{1\sim2}$	$(n-1)d^{1\sim8}ns^2$	$(n-1)d^{10}ns^{1\sim2}$	$ns^2np^{1\sim6}$	$(n-1)d^{0\sim2}ns^2$
分区	s 区	d 区	ds 区	p 区	f 区
族	主族	副族＋Ⅷ＝过渡元素		主族	

（2）元素周期表中的元素性质递变规律

元素性质包括原子半径、电离能、电负性、还原性、氧化性、氢化物稳定性、最高价氧化物的水化物酸碱性等。

① 原（离）子半径：同周期主族元素，从左→右，原（离）子半径递增，从上→下，原（离）子半径递减。

② 电离能：同周期主族元素，从左→右，电离能递增，从上→下，电离能递减。基态的气态原子失去一个电子形成＋1 价气态离子所需要的最低能量称为该原子的第一电离能（I_1）；从＋1 价气态离子再失去一个电子形成＋2 价气态离子所需要的最低能量称为该原子的第二电离能（I_2）。

③ 电负性：同周期主族元素，从左→右，电负性递增；从上→下，电负性递减。电负性越大，吸引电子的能力越强。

④ 金属性：同周期主族元素，从左→右，金属性逐渐减弱；从上→下，金属性逐渐增强。

⑤ 非金属性：同周期主族元素，从左→右，金属性逐渐增强；从上→下，金属性逐渐减弱。

⑥ 还原性：同周期主族元素，从左→右，金属性逐渐减弱；从上→下，金属性逐渐增强。

⑦ 氧化性：同周期主族元素，从左→右，金属性逐渐增强；从上→下，金属性逐渐减弱。

⑧ 气态氢化物稳定性：同周期主族元素，从左→右，逐渐增强；从上→下，逐渐减弱。

⑨ 最高价氧化物水化物酸碱性：同周期主族元素，从左→右，碱性渐弱、酸性渐强，从上→下，碱性渐强、酸性渐弱。碱性氧化物指活泼金属的氧化物。酸性氧化物：指非金属氧化物。两性氧化物主要是指 Be、Al、Pb、Sb 等对角线上元素的氧化物和一些金属氧化物。

⑩ 含氧酸酸性强弱的判断——鲍林规则

鲍林将含氧酸写成（HO）$_m$RO$_n$，n 为不与氢结合的氧原子数，n 越大，酸性越强。

【例 3-1-3】 下列元素电负性大小顺序正确的是（　　）。

A. N＜O＜P　　B. O＜N＜P　　C. P＜N＜O　　D. P＜O＜N

解： 选 C。

【例 3-1-4】 下列物质中酸性最强的是（　　）。

A. $HMnO_4$　　B. H_3AsO_4　　C. H_3BO_3　　D. H_2SO_3

解： 选 A。

（三）化学键和分子结构

1. 化学键

化学键指分子或晶体中相邻原子（或离子）间的强烈作用力，分为离子键、共价键和金属键。

2. 离子键

离子键指阴、阳离子间通过静电作用形成的化学键，无方向性，无饱和性，由离子键形成的化合物叫做离子化合物，如：NaCl、MgO。

① 离子半径：同周期不同元素离子的半径随离子电荷数代数值的增大而减小；同族元素电荷数相同，随电子层数增大而增大；同种元素的离子半径随电荷数增大而减小。

② 晶格能：指在温度和压强分别为 298K、101325Pa 的条件下，由气态正负离子生成 1mol 离子晶体时所放出的能量。

影响晶格能的因素主要有正负离子的电荷数和半径。

离子电荷数越多、半径越小，晶格能越大，离子键越强，晶格越牢固，破坏时消耗的能量也就越大。

③ 离子的极化力：是指某离子使其他离子变形的能力，电荷数越多，极化力越强；

半径越小，极化力越强。

④ 离子的变形性：指离子在外电场作用下电子云变形的程度，离子半径越大，变形性越大；正离子电荷数越多，变形性越小；负离子电荷数越多，变形性越大。8 电子构型的离子的变形性小于其他电子构型。

每种离子都具有极化力和变形性，但在一般情况下，主要考虑正离子的极化力和负离子的变形性，只有当正离子也容易变形时才考虑正负离子间的相互极化作用。

3. 共价键

共价键由原子间通过共用电子对形成，有方向性，有饱和性，包括 σ 键、π 键和杂化轨道理论。

σ 键：成键轨道沿两原子核间连线方向以“头碰头”的方式重叠，重叠部分以键轴为对称轴呈圆柱形对称分布，重叠程度越大、键能越大、越稳定。

π 键：成键轨道沿两原子核间连线方向以“肩并肩”的方式重叠，重叠部分垂直键轴镜面呈反对称分布，其重叠部分少于 σ 键，没有 σ 键牢固、稳定性较差、易发生化学反应。共价单键一般为 σ 键，双键包括 1 个 σ 键、1 个 π 键。三键中有 1 个 σ 键，2 个 π 键。

共价键极性判断：相邻原子间共用电子对有偏移的是极性共价键，否则为非极性共价键；其次，电负性不等于零的为极性共价键，否则为非极性共价键。

4. 杂化轨道

杂化轨道是指原子轨道经杂化后所形成的新的原子轨道，原子在成键时，受外力作用使原子间能级相近的原子轨道重新组合成新的原子轨道，这一过程称为轨道杂化，常用来解释分子的空间构型，其类型见表 3-1-5。

杂化轨道类型 **表 3-1-5**

杂化轨道类型	sp	sp^2	sp^3	sp^3 不定性	
杂化轨道数	2	3	4	4	
空间构型	直线形	平面正三角形	正四面体	三角锥形	V 字形
实例	$BeCl_2$ $HgCl_2$	BCl_3 BF_3	CH_4 SiH_4	NH_3 PH_3	H_2O H_2S
分子极性	非极性	非极性	非极性	极性	极性
价电子对数	2	3	4		

杂化轨道分为等性杂化轨道和不等性杂化轨道，凡能量相等、成分相同的杂化轨道称为等性杂化轨道；凡原子中有孤对电子占据杂化轨道而不成键的杂化叫做不等性杂化，成分不完全相同，称为不等性杂化轨道。

分子极性判断：分子中正负电荷重合的为非极性分子，不重合的为极性分子；偶极矩等于极上电荷乘以偶极长度，偶极矩等于零的非极性分子，不等于零的极性分子，偶极矩越大、分子的极性越强。

对双原子分子，分子的极性取决于键的极性；多原子分子，分子的极性取决于键的极性和分子的空间构型，当键有极性，分子空间构型对称，则分子无极性；当键有极性，而分子空间构型不对称，则分子有极性。

5. 金属键

金属键是指金属中的自由电子与原子（或离子）间的作用力，无方向性、无饱和性，价电子数越多，原子半径越小，金属键越强，主要存在于金属和合金中。

【例 3-1-5】 下列物质中既存在离子键又存在共价键的是（　　）。

A. NaCl　　B. K_2O　　C. KF　　D. Na_2O_2

解： 选 D。

【例 3-1-6】 用杂化理论推测，分子的空间构型为平面三角形的是（　　）。

A. NF_3　　B. BF_3　　C. AsH_3　　D. SbH_3

解： 选 B。

【例 3-1-7】 BF_3 分子中，B 原子成键的杂化轨道类型为（　　）。

A. sp^3 杂化　　B. sp 杂化　　C. sp^2 杂化　　D. sp^3 不等性杂化

解： 选 D。

（四）分子间力

分子间力指在分子和分子间存在一种较弱的相互作用力，又称范德华力，包括色散力、诱导力和取向力，以色散力为主。同类型分子中，由于色散力与摩尔质量成正比，因此可近似认为分子间力与摩尔质量、分子半径成正比。分子间力比化学键小，无方向性和饱和性。它的存在主要影响物质的熔沸点和硬度，同类型分子中，分子量越大、色散力越大、熔沸点越高、硬度越大。

1. 非极性分子与非极性分子之间——只有色散力

色散力：瞬时偶极和瞬时偶极之间产生的相互作用力，分子量越大、色散力越大。

2. 非极性分子与极性分子间——有色散力、诱导力

诱导力：由固有偶极和诱导偶极之间所产生的分子间力，固有偶极越大、诱导力越大。

3. 极性分子与极性分子间——色散力、诱导力、取向力

取向力：由固有偶极之间所产生的分子间力，分子极性越大，取向力越大。

【例 3-1-8】 下列物质中，只需要克服色散力就能沸腾的是（　　）。

A. H_2O（l）　　B. Br_2（l）　　C. $CHCl_3$（l）　　D. NH_3（l）

解： 选 B。

（五）氢键

氢键是指氢原子除能和电负性较大的 X 原子（如 F、O、N）形成强的极性共价键外，还能吸引另一个电负性较大的 Y 原子（如 F、O、N）中的孤电子对形成氢键（X—H…Y），氢键和分子间力的强度、数量级相同，具有方向性和饱和性。分子间氢键使物质的熔沸点升高，分子内氢键使物质的熔沸点降低，若溶质与溶剂之间存在氢键，则溶质的溶解度增大。

【例 3-1-9】 下列物质存在氢键的是（　　）。

A. HBr　　B. C_2H_6　　C. H_2SO_4　　D. $CHCl_3$

解： 选 C。

（六）理想气体定律

1. 理想气体的状态方程

理想气体压力、温度和体积之间的关系称为理想气体的状态方程，存在如下关系：

$$pV = nRT = \frac{m}{M}RT \tag{3-1-1}$$

式中　p——压强（Pa）；

V——气体体积（L）；

R——摩尔气体常数，取值 8.314J/(mol·K)；

T——体系温度（K）；

m——气体质量（g）；

M——摩尔质量（g/mol）；

n——摩尔数（mol）。

2.混合气体分压定律

由于气体间密度小，分子间空隙大，造成不同气体之间可以以任意比例相互混合。

混合气体的总压强 $p_{总}$ 等于各组分气体的分压强 p_{n} 之和，某组分的分压强 p_{n} 正比于它在气体混合物中的体积分数 $\frac{V_{\mathrm{n}}}{V_{总}}$ 或摩尔分数 $\frac{n_{\mathrm{n}}}{n_{总}}$，计算公式如下：

$$p_{总} = p_1 + p_2 + \cdots + p_{\mathrm{n}} \tag{3-1-2}$$

$$p_{\mathrm{n}} = p_{总}\frac{V_i}{V_{总}} \tag{3-1-3}$$

$$p_{\mathrm{n}} = p_{总}\frac{n_i}{n_{总}} \tag{3-1-4}$$

分压定律可用来计算混合气体中组分气体的分压、摩尔数或在给定条件下的体积。

【例 3-1-10】 将 1 体积氮气和 3 体积氢气相互混合并发生反应，反应的总压强为 1.42×10^6 Pa，当原料有 9%反应时，求各组分的分压和混合气体的总压。

解：(1) 分别先求反应前各物质的分压，根据 $p_{\mathrm{n}} = p_{总}\frac{V_i}{V_{总}}$

对氮气：$p_{N_2} = 1.42 \times 10^6 \times \frac{1}{1+3} = 3.55 \times 10^5$ Pa；

对氢气：$p_{H_2} = 1.42 \times 10^6 \times \frac{3}{1+3} = 1.065 \times 10^6$ Pa。

(2) 求反应后各物质的分压，由于氮气和氢气已有 9%起了反应，因此它们的分压比反应前减小了 9%。

对氮气：$p_{N_2} = 3.55 \times 10^5 \times (1-9\%) = 3.23 \times 10^5$ Pa；

对氢气：$p_{H_2} = 1.065 \times 10^6 \times (1-9\%) = 9.69 \times 10^5$ Pa。

对氨气：根据化学反应方程式 $N_2 + 3H_2 = 2NH_3$

氨的生成量是氮消耗量的 1 倍，因此生成的氨的分压为氮气分压减少值的 1 倍，即：

$$p_{NH_3} = 2 \times (3.55 - 3.23) \times 10^5 = 6.4 \times 10^4 \text{Pa}$$

因此混合气体的总压强为：

$$p_{总} = p_{H_2} + p_{N_2} + p_{NH_3} = (3.23 + 9.69 + 0.64) \times 10^5 = 1.36 \times 10^6 \text{Pa}$$

则氮的分压为 3.23×10^5 Pa，氢的分压为 9.69×10^5 Pa，氨的分压为 6.4×10^4 Pa，混合气体的总压为 1.36×10^6 Pa。

（七）晶体结构和物质的性质

固态物质可分为晶体和非晶体。晶体是指具有规则的几何外形、固定的熔点和各向异性，根据晶格结点上微粒种类和粒子间作用力的不同，将晶体分为离子晶体、原子晶体、分子晶体和金属晶体四种基本类型，见表 3-1-6。

晶体的基本类型及其性质 **表 3-1-6**

晶体类型	离子晶体	原子晶体	分子晶体	金属晶体
晶格结点上的微粒	正、负离子	原子	分子	金属原子或离子
粒间作用力	离子键	共价键	分子间力	金属键
熔点、沸点	较高	极高	低	一般高，部分低
硬度	较硬	极大	低	一般高，部分低
导电性	固态不导电、熔化或水溶液导电	不导电	不导电	导电
导热性	差	差	差	良好
延展性	差	差	差	良好
实例	NaCl NaOH MgO	C、Si、Ge、 灰 Sn、SiC、 SiO_2、GaAs、AlN、BN	CO_2、H_2 H_2O、HCl	金属或合金
应用	耐火材料电解质	高硬材料半导体	低温材料绝缘材料溶剂	金属及合金材料

① 离子晶体：主要由正、负离子构成晶格微粒，晶格点之间以离子键相互结合，具有较高的熔沸点，绝大多数盐类、强碱和许多金属氧化物都属于离子晶体。

离子晶体的熔沸点、与晶格连接的牢固程度与晶格能的大小有关，晶格能是指在 298.15K 和标准压力下，由气态正、负离子生成 1mol 离子晶体所释放出的能量。离子电荷数越多、离子半径越小、离子晶格能越大、物质的熔沸点越高、硬度越大。

② 原子晶体：组成晶格节点的微粒为原子，原子间以共价键结合，此类晶体的熔点高、硬度差，金刚石、硅、锗、灰锡、碳化硅、氮化铝等化合物为原子晶体。

③ 分子晶体：组成晶格的微粒为分子，以分子间力相互结合，熔沸点很低，多数单质如 H_2、O_2、N_2、I、硫（S_3）、白磷（P_4）、冰（H_2O）、氨（NH_3）和氯化氢（HCl）等形成的固体都是分子晶体。

④ 金属晶体：由金属原子和正离子组成晶格结点，以金属键相互连接，包括金属和合金。

【例 3-1-11】 下列物质中，硬度最大的是（　　）。

A. NaCl　　B. $CaCl_2$　　C. H_2O　　D. SiC

解： 选 D。

【例 3-1-12】 下列晶体融化时要破坏共价键是（　　）。

A. SiC　　B. MgO　　C. CO_2　　D. Cu

解： 选 A。

历年真题

3-1-1. 29 号元素的核外电子分布式是（　　）。(2011A37)

A. $1s^2 2s^2 2p^6 3s^2 3p^6 3d^9 4s^2$　　B. $1s^2 2s^2 2p^6 3s^2 3p^6 3d^{10} 4s^1$

C. $1s^2 2s^2 2p^6 3s^2 3p^6 4s^1 3d^{10}$　　D. $1s^2 2s^2 2p^6 3s^2 3p^6 4s^2 3d^9$

3-1-2. 下列各组元素的原子半径从小到大排序错误的是（　　）。(2011A38)

A. Li＜Na＜K　　B. Al＜Mg＜Na　　C. C＜Si＜Al　　D. P＜As＜Se

3-1-3. 某第 4 周期的元素，当该元素原子失去一个电子成为正 1 价离子时，该离子的价层电子排布式为 $3d^{10}$，则该元素的原子序数是（　　）。(2011A41)

A. 19　　B. 24　　C. 29　　D. 36

3-1-4. 价层电子构型为 $4d^{10}5s^1$ 的元素在周期表中属于（　　）。(2011A43)

A. 第四周期ⅦB 族　B. 第五周期ⅠB 族　C. 第六周期ⅦB 族　D. 镧系元素

3-1-5. 钴的价层电子构型是 $3d^7 4s^2$，钴原子外层轨道中未成对电子数为（　　）。(2012A37)

A. 1　　B. 2　　C. 3　　D. 4

3-1-6. 在 HF、HCl、HBr、HI 中，按熔点、沸点由高到低顺序排列正确的是（　　）。(2012A38)

A. HF、HCl、HBr、HI　　B. HI、HBr、HCl、HF

C. HCl、HBr、HI、HF　　D. HF、HI、HBr、HCl

3-1-7. 量子数 $n=4$，$l=1$，$m=0$ 的原子轨道数目是（　　）。(2013A37)

A. 1　　B. 2　　C. 3　　D. 4

3-1-8. 在 PCl_3 分子空间几何构型及中心原子杂化类型分别为（　　）。(2013A38)

A. 正四面体，sp^3 杂化　　B. 三角锥形，不等性 sp^3 杂化

C. 正方形，dsp^2 杂化　　D. 正三角形，sp^2 杂化

3-1-9. 下列元素，电负性最大的是（　　）。(2014A37)

A. F　　B. Cl　　C. Br　　D. I

3-1-10. 在 NaCl、$MgCl_2$、$AlCl_3$、$SiCl_4$ 四种物质中，离子极化作用最强的是（　　）。(2014A38)

A. NaCl　　B. $MgCl_2$　　C. $AlCl_3$　　D. $SiCl_4$

3-1-11. 多电子原子中同一电子层原子轨道能级（量）最高的亚层是（　　）。(2016A37)

A. s 亚层　　B. p 亚层　　C. d 亚层　　D. f 亚层

3-1-12. 在 CO、N_2 分子之间存在的分子间力有（　　）。(2016A38)

A. 取向力、诱导力、色散力　　B. 氢键

C. 色散力　　D. 色散力、诱导力

3-1-13. 某原子序数为 15 的元素，其基态原子的核外电子分布中，未成对电子数是（　　）。(2017A37)

A. 0　　B. 1　　C. 2　　D. 3

3-1-14. 下列晶体中熔点最高的是（　　）。（2017A38）

A. NaCl　　B. 冰　　C. SiC　　D. Cu

3-1-15. 某元素正二价离子（M^{2+}）的电子构型是 $3s^23p^6$，该元素在元素周期表中的位置是（　　）。（2018A37）

A. 第三周期，第Ⅷ族　　B. 第三周期，第ⅥA 族

C. 第四周期，第ⅡA 族　　D. 第四周期，第Ⅷ族

3-1-16. 在 Li^+、Na^+、K^+、Rb^+ 中，极化力最大的是（　　）。（2018A38）

A. Li^+　　B. Na^+　　C. K^+　　D. Rb^+

答　案

3-1-1.【答案】(B)

根据原子核外电子排布三大原则排布核外电子。

3-1-2.【答案】(C)

在元素周期表中，同一主族元素从上往下随着原子序数增加，原子半径增大；同一周期元素主族元素随着原子虚设增加，原子半径减小。

3-1-3.【答案】(C)

原子首先失去最外层电子，使电子层数减小而使离子稳定。所以失去的为 4s 上的一个电子，该原子价电子构型 $3d^{10}4s^1$，为 29 号 Cu 原子的电子构型。

3-1-4.【答案】(B)

元素的周期数为价电子构型中的最大主量子数，最大主量子数为 5，元素为第五周期；元素价电子构型特点为 $(n-1)d^{10}ns^1$，为ⅠB 族元素特征价电子构型。

3-1-5.【答案】(C)

7 个电子填充到 d 轨道的 5 个简并轨道中，按照洪特规则有 3 个未成对电子。

3-1-6.【答案】(C)

HF 有分子间氢键，沸点最大。其他三个没有分子间氢键，HCl、HBr、HI 分子量逐渐增大，极化率逐渐增大，分子间力逐渐增大，沸点逐渐增大。

3-1-7.【答案】(A)

主量子数 n 是描述电子离核的远近，决定电子层数的；角量子数 l 描述原子轨道或电子云的形状；磁量子数 m 决定角动量原子轨道或电子云在空间的伸展方向，量子数 $n=4$，$l=2$，$m=0$ 的原子轨道描述磁量子数为 0 的 d 轨道，因此其原子轨道数目为 1。

3-1-8.【答案】(B)

P 和 N 为同主族元素，PCl_3 中 P 的杂化类型与 NH_3 中的 N 原子杂化类型相同，为不等性 sp^3 杂化，四个杂化轨道呈四面体型，有一个杂化轨道被孤对电子占据，其余三个杂化轨道与三个 Cl 原子形成三个共价单键，分子为三角锥形。

3-1-9.【答案】(A)

电负性是周期表中各元素的原子吸引电子能力的一种相对标度，元素的电负性越大，吸引电子的倾向愈大，非金属性越强，同一周期从左向右，主族元素的电负性逐渐增大；

同一主族从上到下，元素的电负性逐渐减小。此四种元素为卤素元素，同为ⅦA，因此F>Cl>Br>I。

3-1-10.【答案】(D)

影响离子极化作用的主要因素有离子的构型、离子的电荷、离子的半径，当离子层的电子构型相同，半径相同，电荷高的阳离子有较强的极化作用；当离子的构型相同，电荷相等，半径越小，离子的极化作用越大，Na^+，Mg^{2+}，Al^{3+}，Si^{4+}四种离子均为8电子构型且半径依次减小，电荷越高，半径越小，离子极化作用越强，因此离子极化作用的大小顺序为$Si^{4+}>Al^{3+}>Mg^{2+}>Na^+$。

3-1-11.【答案】(D)

用l表示电子亚层，$l=0$，1，2，3分别对应s，p，d，f亚层，在多原子中，l决定亚层的能量，l越大亚层能量越大，所以f亚层能量最大。

3-1-12.【答案】(D)

CO为极性分子，N_2为非极性分子，色散力存在于非极性分子与非极性分子、非极性分子与极性分子、极性分子与极性分子之间；诱导力存在于非极性分子与极性分子、极性分子与极性分子之间；取向力存在于极性分子与极性分子之间，因此极性分子CO与非极性分子N_2之间存在色散力和诱导力，另外形成氢键需要氢原子，因此CO和N_2分子之间无氢键。

3-1-13.【答案】(D)

原子序数为15的元素核外电子分布式为：$1s^2 2s^2 p^2 3s^2 3p^3$，根据洪特规则，有3个未成对电子。

3-1-14.【答案】(C)

NaCl为离子晶体，冰为分子晶体，SiC为原子晶体，Cu为金属晶体，其熔点高低顺序：SiC>Cu>NaCl>冰。

3-1-15.【答案】(C)

此元素的电子分布式为$1s^2 2s^2 2p^6 3s^2 3p^6 3d^2$，为Ca原子，在元素周期表中的位置为第四周期，第ⅡA族。

3-1-16.【答案】(A)

离子极化力指某离子使其他离子变形的能力，电荷数越多，极化力越强；半径越小，极化力越强。四种离子电荷数相等，同主族元素、半径随电子层数增大而增大，Li^+半径最小，极化力最大。

第二节　溶液

一、考试大纲

溶液的浓度；非电解质稀溶液通性；渗透压；弱电解质溶液的解离平衡；分压定律；解离常数；同离子效应；缓冲溶液；水的离子积及溶液的pH值；盐类的水解及溶液的酸碱性；溶度积常数；溶度积规则。

二、知识要点

（一）溶液的浓度及计算

溶液的浓度一般指一定量的溶剂（或溶液）中包含的溶质量，计算式有以下几种。

1. 质量百分数

$$A=\frac{m_1}{m_1+m_2}\times 100\% \tag{3-2-1}$$

式中 A——溶液中组分 A 的质量百分比浓度（%）；

m_1——溶质的质量（g）；

m_2——溶剂的质量（g）。

2. 物质的量浓度

$$C_A=\frac{n_A}{V} \tag{3-2-2}$$

式中 C_A——物质的量浓度（mol/L）；

n_A——物质的量（mol）；

V——溶液体积（L）。

3. 质量摩尔浓度

$$m_A=\frac{n_A}{m} \tag{3-2-3}$$

式中 m_A——质量摩尔浓度（mol/kg）；

n_A——物质的量（mol）；

m——溶剂质量（kg）。

4. 物质的量分数

$$Y_A=\frac{n_A(\text{或}\, n_B)}{n_A+n_B} \tag{3-2-4}$$

式中 Y_A——物质的量分数；

n_A——溶质的物质的量（mol）；

n_B——溶剂的物质的量（mol）。

【例 3-2-1】 20%HCl 的密度为 1.10g·cm^{-3}，试计算该溶液的物质的量浓度、质量摩尔浓度和摩尔分数。

解：（1）1L20%HCl 溶液中含 HCl 的物质的量为（HCl 的摩尔质量分数为 36.5g·mol^{-1}）

$$\frac{1000\times 20\%\times 1.10}{36.5}\approx 6.0\text{mol}$$

HCl 的物质的量浓度为：$\frac{6.0}{1}=6.0\text{mol}\cdot\text{L}^{-1}$。

（2）1000gH_2O 中含 HCl 的物质的量为

$$\frac{1000\times\frac{20}{80}}{36.5}\approx 6.9\text{mol}$$

HCl 的质量摩尔浓度为：$\frac{6.9}{1000}=6.9mol\cdot kg^{-1}$。

（3）在 100g20%HCl 中

$$n(HCl)=\frac{20}{36.5}=0.55mol$$

$$n(H_2O)=\frac{80}{18}=4.4mol$$

$$Y_{HCl}=\frac{0.55}{0.55+0.4}=0.11$$

该溶液物质的量浓度为 $6.0mol\cdot L^{-1}$，质量摩尔浓度为 $6.9mol\cdot kg^{-1}$，摩尔质量分数为 0.11。

（二）稀溶液的通性及计算

稀溶液的通性与溶质的粒子数有关，包括溶液的蒸汽压下降、沸点升高、凝固点下降以及渗透压。

1.溶液的蒸汽压下降

（1）蒸汽压

蒸汽压是指在一定温度下，液体和它的蒸汽处于平衡状态时蒸汽所具有的压强。

（2）拉乌尔定律

在一定温度下，难挥发的非电解质稀溶液的蒸汽压下降（Δp）与溶质的物质的量分数成正比，计算公式如下：

$$\Delta p=\frac{n_A}{n_A+n_B}p^0 \tag{3-2-5}$$

式中 p^0——纯溶剂的蒸汽压。

难挥发的非电解质稀溶液的蒸汽压下降与溶质的物质的量分数成正比。

2.溶液的沸点上升和凝固点下降

① 沸点：液相蒸汽压与外界压力相等时的温度。

② 凝固点：液相蒸汽压与固相蒸汽压相等时的温度。

③ 拉乌尔定律。

溶液蒸汽压下降将导致溶液的沸点高于纯溶剂的沸点，凝固点低于纯溶剂的凝固点，溶液的沸点上升（ΔT_b）、凝固点下降（ΔT_f）与溶液的质量摩尔浓度（m）存在如下关系：

$$\begin{aligned}\Delta T_b&=k_b m\\ \Delta T_f&=k_f m\end{aligned} \tag{3-2-6}$$

水溶液凝固点由高到低排序如下：

$0.1mol/L C_6H_{12}O_6 > 0.1mol/L HAc > 0.1mol/L NaCl > 0.1mol/L CaCl_2$

$> 1mol/L C_6H_{12}O_6 > 1mol/L HAc > 1mol/L NaCl > 1mol/L H_2SO_4$

【例 3-2-2】 将 3.0g 尿素 $CO(NH_2)_2$ 溶于 200g 水中，计算此溶液的沸点和凝固点，已知 $k_b=0.52$，$k_f=1.86$。

解：尿素的摩尔质量为 60g/mol，尿素的物质的量为 $n=3.0/60=0.05mol$，则质量摩尔浓度：$m=\frac{0.05}{200}\times 1000=0.25\text{mol/kg}$，$\Delta T_b=k_b m=0.52\times 0.25=0.13℃$。

此溶液的沸点为：$100+0.13=100.13℃$，$\Delta T_f=k_f m=1.86\times 0.25=0.47℃$。

此溶液的凝固点为：$0.00-0.47=-0.47℃$。

【例 3-2-3】 下列溶液中，沸点最高的为（　　），凝固点最高的为（　　）。

A. $0.1\text{mol}\cdot L^{-1}$ HAc　　B. $0.1\text{mol}\cdot L^{-1}$ $CaCl_2$

C. $0.1\text{mol}\cdot L^{-1}$ NaCl　　D. $0.1\text{mol}\cdot L^{-1}$ 的葡萄糖

解： 以上四个溶液的浓度均为 $0.1\text{mol}\cdot L^{-1}$，但是弱电解质 $CaCl_2$、NaCl 的粒子数分别近于原来的 3 倍和 2 倍，弱电解质 HAc 的粒子浓度也略大于 $0.1\text{mol}\cdot L^{-1}$，葡萄糖为非电解质，粒子浓度为 $0.1\text{mol}\cdot L^{-1}$，由此可知，一定量溶剂中，溶质粒子数增加的顺序为葡萄糖＜HAc＜NaCl＜$CaCl_2$，与沸点升高的顺序及凝固点下降的顺序相同，所以沸点最高的为 B，凝固点最高的为 D。

3. 渗透压 $p_{渗}$

① 半透膜指只允许溶剂分子通过，不允许溶质分子通过的薄膜。

② 渗透指溶剂分子透过半透膜进入溶液的现象。

③ 渗透压指阻止溶剂分子通过半透膜进入溶液所施加的最小额外压力，计算公式如下：

$$p_{渗}=CRT \tag{3-2-7}$$

式中　C ——物质的量浓度（mol/L）；

R ——数值为 $8.31\text{Pa}\cdot m^3/(\text{mol}\cdot K)$；

T ——绝对温度，（K）。

（三）弱电解质溶液的解离平衡

电解质：在水溶液或在熔融状态下能形成离子并导电的物质。

弱电解质：在水溶液中不能完全电离的电解质。

强电解质：在水溶液中能完全电离的电解质。

1. 一元弱酸的电离平衡

如：乙酸（简写为 HAc）$HAc(aq) \rightleftharpoons H^+(aq)+Ac^-(aq)$

$$弱酸的电离常数：K_a=\frac{c^{eq}(H^+)\cdot c^{eq}(Ac^-)}{c^{eq}(HAc)} \tag{3-2-8}$$

式中　K_a ——电离常数，与温度有关、浓度无关，K_a 越大，酸性越强；

$c^{eq}(H^+)$ —— H^+ 浓度。

电离度：当弱电解质在溶液中达到电离平衡时，已电离的分子数占溶质分子总数的百分比，称为电离度，用 α 表示，与物质的温度和浓度有关，计算式为：

$$\alpha=\frac{已电离的容质量}{电离前容质的总量}\times 100\%$$

K_a 与 α 均可用来反映弱电解质的电离程度，二者存在如下关系：

$$K_a=C\,\frac{\alpha^2}{1-\alpha} \tag{3-2-9}$$

式中　C ——溶液起始浓度。

溶液的稀释定律：当 $C/Ka \geqslant 500$ 时，α 很小，可将上式进行改写，得到稀释定律，即：

$$\alpha = \sqrt{K_a / c_{酸}} \tag{3-2-10}$$

溶液越稀，电离度越大。

若弱酸比较弱，$K_a < 10^{-4}$ 则：

$$c^{eq}(H^+) = \sqrt{K_a \cdot c_{酸}} \tag{3-2-11}$$

2.一元弱碱的电离平衡

如：$NH_3(aq) + HO(l) \rightleftharpoons NH_4^+(aq) + OH^-(aq)$

弱碱的电离常数：$K_b = \dfrac{c^{eq}(NH_4^+) \cdot c^{eq}(OH^-)}{c^{eq}(NH_3)}$

若弱碱比较弱，$K_b < 10^{-4}$ 则：

$$c^{eq}(OH^-) = \sqrt{K_b \cdot c_{碱}} \tag{3-2-12}$$

3. H_2O 的电离平衡

离子积 K_w 如下式：

$$c^{eq}(H^+) \cdot c^{eq}(OH^-) = K_w = 1.0 \times 10^{-14} \tag{3-2-13}$$

在 $298K$ 纯水中：$c^{eq}(H^+) = c^{eq}(OH^-) = 1.0 \times 10^{-7}$ mol/L 。

4.多元弱酸电离平衡

多元弱酸的电离是分级进行的，二级电离往往比一级电离弱得多，近似按一级电离处理。

如： $H_2S(aq) \rightleftharpoons H^+(aq) + HS^-(aq)$，$K_{a1} = 9.1 \times 10^{-8}$ 一级电离

$HS^-(aq) \rightleftharpoons H^+(aq) + S^{2-}(aq)$，$K_{a2} = 1.1 \times 10^{-12}$ 二级电离

$K_{a1} \gg K_{a2}$，忽略二级电离，按一级电离处理：

$$c^{eq}(H^+) = \sqrt{K_{a1} \cdot c_{酸}}$$

因 $c^{eq}(H^+) = c^{eq}(HS^-)$，根据二级电离平衡，故 $c^{eq}(S^{2-}) = K_{a2}$。

总式的 $K_a = K_{a1} \cdot K_{a2} = \dfrac{C_{H^+}^2 \cdot C_{S^{2-}}}{C_{H_2S}}$

5.单向同离子效应

在弱电解质溶液中，加入具有相同离子的强电解质时，造成弱电解质电离度降低的现象称为单向同离子效应。

例如，在 HAc 溶液中加入 NaAc，使 HAc 解离平衡向左移动，即：

$$HAc(aq) \rightleftharpoons H^+(aq) + Ac^-(aq)$$

Ac^- 增加（加入 NaAc），从而使 HAc 电离度降低（解离常数 K_a 不变），H^+ 浓度降低，溶液 pH 值升高。

6.缓冲溶液

缓冲溶液指由弱酸及弱酸盐或弱碱及其弱碱盐所组成的混合溶液，其 pH 值不受少量酸、碱或稍加稀释的影响，大小不发生显著变化的溶液。

缓冲溶液的缓冲能力有一定限度，若加入大量的酸或碱溶液，溶液的 pH 值将改变。

（1）缓冲溶液种类

① 弱酸——弱酸盐：如 HAc－NaAc，HF－NH_4F；

② 弱碱——弱碱盐：如 NH_3－NH_4Cl；

③ 多元酸——酸式盐：$NaHCO_3$－Na_2CO_3、NaH_2PO_4－Na_2HPO_4。

（2）缓冲溶液 pH 值的计算

①酸性缓冲溶液：

$$c^{eq}(H^+)=K_a\frac{c_{酸}}{c_{盐}}$$

$$pH=pK_a-\lg\frac{c_{酸}}{c_{盐}}=-\lg K_a-\lg\frac{c_{酸}}{c_{盐}} \tag{3-2-14}$$

② 碱性缓冲溶液：

$$c^{eq}(OH^-)=K_a\frac{c_{碱}}{c_{盐}}$$

$$pH=14-pK_b+\lg\frac{c_{碱}}{c_{盐}}=14+\lg K_b+\lg\frac{c_{碱}}{c_{盐}} \tag{3-2-15}$$

【例 3-2-4】 计算 0.1mol·L^{-1}HAc 和 0.1mol·L^{-1}NaAc 组成的缓冲溶液的 pH 值（已知 $K_{HAc}=1.77\times10^{-5}$）。

解： $HAc \rightleftharpoons H^+ + Ac^-$

平衡浓度/（mol·L^-）　　0.10－x　　x　　0.10＋x

$$K_{HAc}=\frac{c(H^+)\cdot c(Ac^-)}{c(HAc)}=\frac{x(0.10+x)}{0.1-x}\approx x=1.77\times10^{-5}$$

$$pH=-\lg c(H^+)=5-\lg1.77=4.75。$$

（3）缓冲溶液的配制

缓冲溶液的 pH 值与 pK_a、pK_b、$\frac{c_{酸}}{c_{盐}}$和$\frac{c_{碱}}{c_{盐}}$有关，配制时，将弱酸（或碱）的 pK_a（或 K_b）大小尽量与要求的 pH 接近，后调节$\frac{c_{酸}}{c_{盐}}\left(或\frac{c_{碱}}{c_{盐}}\right)$，缓冲溶液的缓冲范围为 $pH=pK_a=\pm1$，－1 时缓冲能力最低，＋1 时缓冲能力最大。

7. 盐类水解平衡及溶液的酸碱性

盐类水解是指盐类离子与水作用生成弱酸（或弱碱）的反应。

（1）强碱弱酸盐的水解

如 NaAc 水解：　　$Ac^-+H_2O \rightleftharpoons HAc+OH^-$

水解常数：　　$$K_h=\frac{C_{HAc}\cdot C_{OH^-}}{C_{Ac^-}}=\frac{K_w}{K_a} \tag{3-2-16}$$

（2）强酸弱碱盐的水解

如 NH_4Cl 水解：　　$NH_4^+ +H_2O \rightleftharpoons NH_3\cdot H_2O+H^+$

$$K_h=\frac{C_{NH_3\cdot H_2O}\cdot C_{H^+}}{C_{NH_4^+}}=\frac{K_w}{K_b} \tag{3-2-17}$$

（3）弱酸弱碱盐水解

如 NH_4Ac 水解：　　$NH_4Ac+H_2O \rightleftharpoons NH_3\cdot H_2O+HAc$

$$K_h=\frac{C_{NH_3\cdot H_2O}\cdot C_{HAc}}{C_{NH_4^+}\cdot C_{Ac^-}}=\frac{K_w}{K_a\cdot K_b} \tag{3-2-18}$$

水解常数越大，水解程度越高。水解平衡移动的快慢与水解离子的本性、温度、盐的浓度和溶液的酸度有关。

(四) 难溶电解质的沉淀解离平衡

难溶电解质在平衡时离子浓度的乘积为一常数，称为溶度积。每升水溶液中含溶质的摩尔数，称为溶解度。难溶电解质在任意状态下离子浓度的乘积，称为离子积。溶度积和溶解度都可以表示物质的溶解能力。

$$A_nB_m \rightleftharpoons nA^{m+}(aq)+mB^{n-}(aq)$$

1. 溶度积（K_{sp}）

$$K_{sp}(A_nB_m)=\{c^{eq}(A^{m+})\}^n\{c^{eq}(B^{n-})\}^m \tag{3-2-19}$$

在一定温度下，溶度积 K_{sp} 为一常数。

2. 溶解度 S（mol/L）与溶度积 K_{sp} 的关系

对于 AB 型沉淀：如 AgCl、AgBr、AgI、$CaCO_3$、$CaSO_4$，则：

$$S=\sqrt{K_{sp}} \tag{3-2-20}$$

对于 A_2B、AB_2 型沉淀，如 Ag_2CrO_4、$Mg(OH)_2$，则：

$$S=\sqrt[3]{\frac{K_{sp}}{4}} \tag{3-2-21}$$

3. 离子积 Q 与溶度积 K_{sp} 的关系

$$Q(A_nB_m)=\{c^{eq}(A^{m+})\}^n\{c^{eq}(B^{n-})\}^m \tag{3-2-22}$$

当 $Q>K_{sp}$ 时为过饱和溶液，有沉淀析出；

当 $Q=K_{sp}$ 时为饱和溶液，溶液处于平衡状态；

当 $Q<K_{sp}$ 时为不饱和溶液，无沉淀析出。

4. 沉淀的溶解

若使沉淀溶解，则可降低离子浓度，促使溶液平衡向溶解的方向移动，可采用酸碱溶解法、氧化还原法和配合溶解法。

5. 沉淀的转化

由一种沉淀向另一种沉淀转化的过程称为沉淀的转化，同一类型的难溶电解质，反应物的 K_{sp} 与生成物的 K_{sp} 比值越大，沉淀转化越完全。

【例 3-2-5】 298K，氯化银的溶解度为 $1.33\times10^{-5}mol\cdot L^{-1}$，铬酸银的溶度积为 1.12×10^{-12}，试计算 AgCl 的溶度积和 Ag_2CrO_4 的溶解度（以 $mol\cdot L^{-1}$ 为单位）。

解：(1) 难溶电解质 AgCl 的饱和溶液中 AgCl (s) $\rightleftharpoons Ag^++Cl^-$

所以　$[Ag^+]=[Cl^-]=1.33\times10^{-3}mol\cdot L^{-1}$

$$K_{spAgCl}=[Ag^+]=[Cl^-]=(1.33\times10^{-5})^2=1.77\times10^{-10}$$

(2) 设 Ag_2CrO_4 的溶解度为 S，根据 $Ag_2CrO_{4(s)} \rightleftharpoons 2Ag^++CrO_4^{2-}$

可得

$$(CrO_4^{2-})=S,\ (Ag^+)=2S$$

$$K_{spAg_2CrO_4}=[Ag^+]^2[CrO_4^{2-}]=(2S)^2\cdot(S)=1.12\times10^{12}$$

所以

$$S=6.54\times10^{-5}mol\cdot L^{-1}$$

历年真题

3-2-1. 下列混合溶液，属于缓冲溶液的是（　　）。(2011A39)

A. 50mL0.2mol·$L^{-1}$$CH_3COOH$与50mL0.1mol·$L^{-1}$NaOH

B. 50mL0.1mol·$L^{-1}$$CH_3COOH$与50mL0.1mol·$L^{-1}$NaOH

C. 50mL0.1mol·$L^{-1}$$CH_3COOH$与50mL0.2mol·$L^{-1}$NaOH

D. 50mL0.2mol·L^{-1}HCl与50mL0.1mol·$L^{-1}$$NH_3H_2O$

3-2-2. 对于HCl气体溶解于水的过程，下列说法正确的是（　　）。(2012A39)

A. 这仅是一个物理变化过程

B. 这仅是一个化学变化过程

C. 此过程既有物理变换又有化学变化

D. 此过程中溶质的性质发生了变化，而溶剂的性质未变

3-2-3. 在$BaSO_4$饱和溶液中，加入$BaCl_2$，利用同离子效应使$BaSO_4$的溶解度降低，体系中c（SO_4^{2-}）的变化是（　　）。(2013A40)

A. 增大　　B. 减小　　C. 不变　　D. 不能确定

3-2-4. 现有100mL浓硫酸，测得其质量分数为98%，密度为1.84g·mL^{-1}，其物质的量的浓度为（　　）。(2014A39)

A. 18.4mol·L^{-1}　　B. 18.8mol·L^{-1}　　C. 18.0mol·L^{-1}　　D. 1.84mol·L^{-1}

3-2-5. 已知$K_b^{\oplus}(NH_3\cdot H_2O)=1.8\times10^{-5}$，0.1mol·$L^{-1}$的$NH_3\cdot H_2O$的溶液的pH为（　　）。(2016A39)

A. 2.87　　B. 11.13　　C. 2.37　　D. 11.63

3-2-6. 通常情况下，$K_a^{\oplus}$、$K_b^{\oplus}$、$K^{\oplus}$、$K_{sp}^{\oplus}$，它们的共同特性为（　　）。(2016A40)

A. 与气体分压有关　　B. 与温度有关

C. 与催化剂的种类有关　　D. 与反应物浓度有关

3-2-7. 将0.1mol·L^{-1}的HOAc溶液稀释一倍，下列叙述正确的是（　　）。(2017A39)

A. HOAc的解离度增大　　B. 溶液中有关离子浓度增大

C. HOAc的解离常数增大　　D. 溶液的pH值降低

3-2-8. 已知K_b^{a}（$NH_3\cdot H_2O$）$=1.8\times10^{-4}$，将0.2mol·L^{-1}的$NH_3\cdot H_2O$溶液和0.2mol·L^{-1}的HCl溶液等体积混合，其混合溶液的pH为（　　）。(2017A40)

A. 5.12　　B. 8.87　　C. 1.63　　D. 9.73

3-2-9. 浓度均为0.1mol·L^{-1}的NH_4Cl、NaCl、NaOAc、Na_3PO_4溶液，其pH从小到大正确的是（　　）。(2018A39)

A. NH_4Cl、NaCl、NaOAc、Na_3PO_4　　B. Na_3PO_4、NaOAc、NaCl、NH_4Cl

C. NH_4Cl、NaCl、Na_3PO_4、NaOAc　　D. NaOAc、Na_3PO_4、NaCl、NH_4Cl

答 案

3-2-1.【答案】(A)

CH_3COOH过量，和NaOH反应生成CH_3COONa，形成CH_3COOH/CH_3COONa缓冲溶液。

3-2-2.【答案】(C)

HCl溶于水既有物理变化又有化学变化，HCl的微粒向水中扩散的过程是物理变化，HCl的微粒解离生成氢离子和氯离子的过程就是化学变化。

3-2-3.【答案】(B)

在$BaSO_4$饱和溶液中，存在$BaSO_4 \rightleftharpoons Ba^{2+} + SO_4{}^{2-}$平衡，加入$BaCl_2$，溶液中$Ba^{2+}$增加，平衡向左移动，$SO_4^{2-}$的浓度减小。

3-2-4.【答案】(A)

物质的量浓度指1L溶液中的含有的溶质的物质的量，单位为$mol \cdot L^{-1}$，物质的量的浓度c（$mol \cdot L^{-1}$）$=\dfrac{100\times1.84\times98\%}{98\times0.1}=18.4mol \cdot L^{-1}$。

3-2-5.【答案】(B)

根据电离常数求氢氧根离子OH^-的溶度为：

$C_{OH^-}=\sqrt{K_bC}=\sqrt{1.8\times10^{-5}\times0.1}=1.3416\times10^{-3}$，pH＝14－［－lg（$1.3416\times10^{-3}$）］＝11.13。

3-2-6.【答案】(B)

$K_a^{\oplus}$、$K_b^{\oplus}$、$K^{\oplus}$分别为弱酸溶液的电离常数、弱碱溶液的电离常数和溶液的电离常数，只与温度有关，与物质的量的浓度无关，$K_{sp}^{\oplus}$为溶度积只与温度有关，温度越高，溶度积越大。

3-2-7.【答案】(A)

根据解离度公式：$\alpha-\dfrac{\sqrt{K_a}}{C}$，其中温度不变，酸的解离常数$K_a$不变，因此随酸的浓度降低，酸的解离度增大，由于浓度减少，溶液中有关离子浓度减少，氢离子浓度减少，溶液pH值升高。

3-2-8.【答案】(A)

$NH_3 \cdot H_2O+HCl=NH_4Cl+H_2O$，$0.2mol \cdot L^{-1}$的$NH_3 \cdot H_2O$溶液和$0.2mol \cdot L^{-1}$的HCl溶液等体积混合后，$NH_3 \cdot H_2O$与HCl完全反应，生成的$NH_4Cl$浓度为$0.1mol \cdot L^{-1}$，$NH_4Cl$解离出的氢离子浓度为$C(H^+)=\sqrt{K_aC}$。其中，$K_a=\dfrac{K_W}{K_b}=\dfrac{1.0\times10^{-14}}{1.77\times10^{-5}}=5.65\times10^{-10}$，又因$C=0.1mol \cdot L^{-1}$，则$C(H^+)=\sqrt{K_aC}=\sqrt{5.65\times10^{-10}\times0.1}=7.52\times10^{-6}$，pH＝5.12。

3-2-9.【答案】(A)

根据溶液电离的酸碱性判断，强酸弱碱，溶液呈酸性；强碱弱酸，溶液呈碱性；强酸强碱，溶液呈中性。酸性溶液，PH<7；中性溶液，PH=7；碱性溶液，PH>7。NH_4Cl 为强酸弱碱，溶液呈酸性，PH<7；NaCl 为强酸强碱，溶液呈中性，PH=7；Na_3PO_4 溶液介于强酸与弱酸之间，也称为中强酸，PH<7；NaOAc 强碱弱酸，溶液呈碱性，PH>7。

第三节　化学反应速率与化学平衡

一、考试大纲

反应热与热化学方程式；化学反应速率；温度和反应物浓度对反应速率的影响；活化能的物理意义；催化剂；化学反应方向的判断；化学平衡的特征；化学平衡移动原理。

二、知识要点

(一) 系统、环境及热化学方程式

1. 系统、环境

系统：被研究的物质及其所占空间。

环境：处在系统外部与系统相关联的空间。

根据系统与环境之间的能量交换关系，将系统分为敞开系统（既有能量交换、又有物质交换）、封闭系统（无物质交换、有能量交换）、隔离系统（既无能量交换、又无物质交换）。

2. 化学反应方程式

化学反应方程式的书写步骤如下：

① 将反应物的分子式或离子式写在左边，生成物的分子式或离子式写在右边。

② 根据反应物、生成物的原子总数和电荷总数均相等的原则配平反应方程式。

③ 化学计量数用来表示化学反应中的质量守恒关系，反应物的化学计量数为负，生成物为正。

对于已配平的化学反应，参加反应的各物质的物质量之比等于其化学计量系数之比，

$$\begin{gathered} a\mathrm{A}+b\mathrm{B}=g\mathrm{G}+d\mathrm{D} \\ a:b=n_{\mathrm{A}}:n_{\mathrm{B}} \end{gathered} \tag{3-3-1}$$

④ 写出物质的聚集状态，g 表示气体，l 表示液体，aq 表示水溶液。

⑤ 反应进度是描述化学反应进行的程度，在反应进行到任意时刻时，可用任一反应物与产物来表明反应进行的程度，所得的值相等；反应进度与化学计量式匹配，对于同一化学反应计量式，用任何物质的物质的量的变化量来计算反应进度都是相等的，当反应进度等于 1 时，反应按所给的反应式的系数比例进行了一个单位的化学反应。

3. 热与功

热：系统与环境间因温度不同而交换或传递的能量，称为热，以 Q 表示。系统吸热，$Q>0$；系统放热，$Q<0$。

功：系统被其他（除热）传递的能量叫功，以 W 表示。环境对系统做功，$W>0$；系统对环境做功，$W<0$。

系统热力学能的变化量 $\Delta U=Q+W$。

4.化学反应热及热化学方程式

（1）反应热

反应热：化学反应热是等温过程热，当系统发生变化后，使反应物的温度回到反应前始态的温度，化学反应时吸收或放出的热量叫做反应热，以 q 表示。$q>0$ 放热，$q<0$ 吸热。根据反应条件的不同，可分为恒压反应热和恒容反应热。

由热力学第一定律得到：

恒容反应热　　$Q_V=\Delta U$　　(3-3-2)

恒压反应热　　$Q_P=\Delta U+p(V_2-V_1)$　　(3-3-3)

（2）焓

焓是状态函数 U、p、V 的组合，以 H 表示，即 $H=U+pV$。

焓变是焓的增量，以 ΔH 表示，$\Delta H<0$，系统放热（放热反应）；$\Delta H>0$，系统吸热（吸热反应）。

（3）热化学反应方程式的写法

1）热化学反应方程式

热化学反应方程式是表明化学反应方程式与反应热关系的方程式。

2）热化学反应方程式的书写

① 标明反应温度及压力，若 $T=298.15K$，$P=101.325kPa$ 时，可省略。

② 标明物质聚集状态。气态：g；液态：l；固态：s；水溶液：aq。

③ 配平反应方程式。物质前面的计量系数代表物质的量，可为分数。

④ 标明反应热，正、逆反应的反应热数值相等，符号相反。

【例 3-3-1】　在 298K，100kPa 条件下，已知氢气和氧气合成 1mol 的水，放出 285.83kJ 的热量，下列热化学方程式正确的是（　　）。

A. $H_2(g)+\frac{1}{2}O_2(g)=H_2O(l)$　　$\Delta H=-285.83kJ\cdot mol^{-1}$

B. $H_2(g)+\frac{1}{2}O_2(g)=H_2O(l)$　　$\Delta H=285.83kJ\cdot mol^{-1}$

C. $H_2(g)+\frac{1}{2}O_2(g)=H_2O(g)$　　$\Delta H=-285.83kJ\cdot mol^{-1}$

D. $H_2+\frac{1}{2}O_2=H_2O$　　$\Delta H=-285.83kJ\cdot mol^{-1}$

解：选 A。

5.反应热效应的理论计算

盖斯（Hess）定律：在恒容或恒压条件下，化学反应的反应热只与反应的始态和终态有关，而与变化的途径无关。

推论：若化学反应分多步完成，相应的反应热为各步反应的反应热之和。

6.反应的标准摩尔焓变 $\Delta_r H_m^{\ominus}$

在标准状态下反应的摩尔焓变称为该物质的标准摩尔焓变，以 $\Delta_r H_m^{\ominus}$ 表示，单位 $kJ\cdot mol^{-1}$。

规定：水合氢离子的标准摩尔焓变为零时，以 $\Delta_f H_m^{\ominus}$ 表示

$\Delta_r H_m^{\oplus}$ 与 $\Delta_f H_m^{\oplus}$ 的计算关系：

$$aA+bB=gG+dD$$

$$\Delta_r H_m^{\oplus}(298.15K)=\{g\Delta_f H_m^{\oplus}(G,298.15K)+d\Delta_f H_m^{\oplus}(D,298.15K)\} -\{a\Delta_f H_m^{\oplus}(A,298.15K)+b\Delta_f H_m^{\oplus}(B,298.15K)\} \tag{3-3-4}$$

（二）化学反应速率

1. 化学反应速率

化学反应速率是指单位时间内反应物或生成物的浓度变化量，计算公式如下：

$$v=\frac{1}{n_B}\frac{dc(B)}{dt} \tag{3-3-5}$$

式中 $\frac{1}{n_B}$ ——物质的化学计量数，反应物取负值，生成物取正值。

对于反应 $aA+bB=gG+dD$

$$v=-\frac{1}{a}\frac{dc\ (A)}{dt}=-\frac{1}{b}\frac{dc\ (B)}{dt}=+\frac{1}{g}\frac{dc\ (G)}{dt}=+\frac{1}{d}\frac{dc\ (D)}{dt}$$

例如：$N_2+3H_2=2NH_3$

$$v=\frac{dc\ (N_2)}{dt}=-\frac{1}{3}\frac{dc\ (H_2)}{dt}=+\frac{1}{2}\frac{dc\ (NH_3)}{dt}$$

2. 反应速率的影响因素

（1）浓度对反应速率的影响

增加反应物或减少生成物的浓度，反应速率加大，二者之间的定量关系方程称为速率方程，分为基元反应速率方程和非基元反应速率方程。

① 基元反应速率方程——又称质量作用定律，指在一定温度下，一步完成的反应，反应速率与反应物浓度的乘积成正比即速率方程式。

基元反应： $aA+bB=gG+dD$ （3-3-6）

速率方程式： $v=k\{c(A)\}^a\{c(B)\}^b$ （3-3-7）

式中 k——速率常数，大小与反应物的本质和反应温度有关；

a、b——反应物 A、B 的化学计量数，表示反应级数。

② 非基元反应：反应分多步进行，由多个元反应构成。

反应式： $aA+bB=gG+dD$

速率方程式： $v=k\{c(A)\}^x\{c(B)\}^y$ （3-3-8）

式中 x、y——通常由试验确定，可为零、小数或整数。

【例 3-3-2】 某基元反应的速率方程为 $v=kc_A\cdot c_B^2$，当 $c'_A=2c_A$；$c'_B=2c_B$ 时，其速率方程为（　　）。

A. $v'=v$　　B. $v'=4v$　　C. $v'=8v$　　D. $v'=16v$

解：选 C。

（2）温度对反应速率的影响

温度直接影响速率常数 k，温度升高，速率常数增大，反应速率增大。温度与速率常数 k 之间的关系如下式（阿仑尼乌斯公式）：

$$k=Ze^{-\frac{E_a}{RT}}$$

$$或\ \ln k=-\frac{E_a}{RT}+\ln Z \tag{3-3-9}$$

式中　Z——指前因子；

E_a——活化能，活化能越低，反应速率越大。

（3）活化能与催化剂

1）有效碰撞、活化分子、活化能、活化分子百分数

有效碰撞：使反应能够发生的碰撞。

活化分子：可以发生有效碰撞的分子。

活化能 E_a：活化分子的平均能量与反应物分子平均能量之差，即反应发生所必需的最低能量，由反应物自身性质决定。

活化分子百分数：活化分子占反应分子总数的百分比。

加快反应速率的方法为：反应的活化能越低、活化分子百分数越大、反应越快；活化分子百分数一定，浓度增大，单位体积内的分子总数增加，反应速率加快；升高温度，活化分子百分数增加，反应速率加快。

2）催化剂

催化剂指可改变反应速率，不改变反应前后的组成、质量、化学性质及化学平衡的物质。催化剂可改变反应历程，降低反应活化能，加快反应速率。

对可逆反应，正反应活化能为 a，逆反应活化能为 b，则正、逆反应的热效应如下所示：

$$\Delta H_{正反应}=a-b=-\Delta H_{逆反应} \tag{3-3-10}$$

【例 3-3-3】 反应 $S(s)+O_2(g) \longrightarrow SO_2(g)$ 的 $\Delta_r H^{\ominus}<0$，欲增加正反应速率，下列措施中无用的是（　　）。

A. 增加氧的分压　　　　B. 升温

C. 使用催化剂　　　　D. 减少 SO_2 的分压

解： 选 D。

（三）化学反应的方向

在给定条件下能自动进行的反应（或过程）称为自发反应。

1. 化学反应方向的判断

（1）焓变（ΔH）

在等温、等压条件下，对于放热反应，即 $\Delta H<0$，化学反应能自发进行；但对某些吸热反应，即 $\Delta H>0$，在一定条件下，化学反应也能自发进行。

（2）熵（S）

熵表示系统内部物质微观粒子的混乱度（或无序度）的量度，为状态函数，用 S 表示，与反应的初态、终态有关、与反应的途径无关，系统混乱度越大，熵值越大。

熵增原理：在隔离系统中发生的自发反应必然伴随着熵增加。

在绝对零度时，一切纯物质的完美晶体的熵值均等于零，即 $S(0K)=0$。

熵值大小比较：

① 对同一物质而言，$S_{g(气态)}>S_{l(液态)}>S_{s(固态)}$；

② 同一物质，聚集状态相同时，温度升高熵增大，即 $S_{(高温)}>S_{(低温)}$；

③ 当温度和聚集状态相同时，结构较复杂的物质的熵值大于结构简单的，即 $S_{(复杂分子)}$

$>S_{(简单分子)}$。

物质的标准摩尔熵：单位物质的量的纯物质在标准状态下的规定熵，以 S_m^{\oplus} 表示，单位 $J \cdot mol \cdot K^{-1}$。

反应的标准摩尔熵变 $\Delta_r S_m^{\oplus}$，计算公式如下：

$$a A + b B = g G + d D$$

$$\Delta_r S_m^{\oplus}(298.15K) = \{g S_m^{\oplus}(G, 298.15K) + d S_m^{\oplus}(D, 298.15K)\}$$
$$- \{a S_m^{\oplus}(A, 298.15K) + b S_m^{\oplus}(B, 298.15K)\} \tag{3-3-11}$$

反应的熵变基本不随温度而变。

（3）吉布斯函数（G）

把焓和熵合在一起的热力学函数，是状态函数，称为吉布斯函数，记作 G，计算公式为：

$$G = H - TS \tag{3-3-12}$$

吉布斯函数变（ΔG），对于等温过程，有

$$\Delta G = \Delta H - T\Delta S \tag{3-3-13}$$

将上式称为吉布斯等温方程。

$\Delta G < 0$，反应正向自发；$\Delta G = 0$，平衡状态；$\Delta G > 0$，反应逆向自发。

2. 反应自发性的判断：

① $\Delta H < 0$，$\Delta S > 0$，$\Delta G < 0$ 正向自发；

② $\Delta H > 0$，$\Delta S > 0$，$\Delta G > 0$ 正向非自发；

③ $\Delta H > 0$，$\Delta S > 0$，升高至某温度时 ΔG 由正变负，高温有利于正向自发；

④ $\Delta H < 0$，$\Delta S < 0$，降温至某温度时 ΔG 由正变负，低温有利于正向自发。

（四）化学平衡

当 $v_{正} = v_{逆}$ 时，系统达到平衡状态，化学平衡是有条件的、相对的、暂时的动态平衡，条件改变，平衡会发生移动，当外界条件不变时，反应物和生成物的浓度不再随时间改变，平衡状态可以从正逆两个方向到达。

1. 经验平衡常数（K_c、K_p）

对任何可逆反应：$a A + b B \rightleftharpoons d D + g G$，在一定温度下，反应达到平衡时生成物的浓度的乘积与反应物浓度的乘积之比是一个常数，对于液体，此常数称为浓度平衡常数（K_c）；对于气体，此常数称为分压平衡常数（K_p），计算公式如下：

$$K_c = \frac{c_G^g \cdot c_D^d}{c_A^a \cdot c_B^b} \tag{3-3-14}$$

$$K_p = \frac{p_G^g \cdot p_D^d}{p_A^a \cdot p_B^b} \tag{3-3-15}$$

$$K_p = K_c (RT)^{(g+d-a-b)} \tag{3-3-16}$$

式中　R——常数，为 $8.314Pa \cdot m^3/(K \cdot mol)$。

2. 标准平衡常数（K^{\oplus}）

标准平衡常数指化学反应进行到最大程度时反应进行程度的一个常数，以 K^{\oplus} 表示，K^{\oplus} 越大，反应进行的越完全，计算式如下：

对于气体反应：
$$aA+bB=gG+dD$$
$$K^{\ominus}=\frac{\{p^{eq}(G)/p^{\ominus}\}^{g}\{p^{eq}(D)/p^{\ominus}\}^{d}}{\{p^{eq}(A)/p^{\ominus}\}^{a}\{p^{eq}(B)/p^{\ominus}\}^{b}} \quad (3\text{-}3\text{-}17)$$

对于溶液反应：
$$aA(aq)+bB(aq)=gG(aq)+dD(aq)$$
$$K^{\ominus}=\frac{\{c^{eq}(G)/c^{\ominus}\}^{g}\{c^{eq}(D)/c^{\ominus}\}^{d}}{\{c^{eq}(A)/c^{\ominus}\}^{a}\{c^{eq}(B)/c^{\ominus}\}^{b}} \quad (3\text{-}3\text{-}18)$$

其中，$p^{\ominus}=100kPa$，$c^{\ominus}=1mol \cdot dm^{-3}$。

注意：

① $K^{\ominus}$是关于温度的函数，对于可逆放热反应，$K^{\ominus}$随温度升高而减小；对于可逆吸热反应，$K^{\ominus}$随温度升高而增大。

② 纯固体、纯液体的浓度不列入表达式。

③ $K^{\ominus}$表达式与化学方程式的书写方式有关。

若：
$$N_2+3H_2 \rightleftharpoons 2NH_3；K_1^{\ominus}$$
$$\frac{1}{2}N_2+\frac{3}{2}H_2 \rightleftharpoons NH_3；K_2^{\ominus}$$
$$2NH_3 \rightleftharpoons N_2+3H_2；K_3^{\ominus}$$

则：
$$K_1^{\ominus}=\{K_2^{\ominus}\}^2=\frac{1}{K_3^{\ominus}}$$

多重平衡规则指当多个反应相加（或相减）得到一个总反应时，总反应$K^{\ominus}$等于各分反应平衡常数的乘积，即：

反应（3）=反应（1）+反应（2）；$K_3^{\ominus}=K_1^{\ominus}K_2^{\ominus}$

反应（3）=反应（1）−反应（2）；$K_3^{\ominus}=K_1^{\ominus}/K_2^{\ominus}$

【例 3-3-4】 某温度下，下列反应的平衡常数

$2SO_2$（g）$+O_2$（g）$=2SO_3$（g）　$K_1^{\ominus}$

SO_3（g）$\rightleftharpoons SO_2$（g）$+\frac{1}{2}O_2$（g）　$K_2^{\ominus}$，$K_1^{\ominus}$、$K_2^{\ominus}$ 的关系为（　　）。

A. $K_1^{\ominus}=K_2^{\ominus}$　　B. $K_1^{\ominus}=\frac{1}{K_2^{\ominus}}$　　C. $(K_2^{\ominus})^2=K_1^{\ominus}$　　D. $K_2^{\ominus}=2K_1^{\ominus}$

解： 选 B。

3. 平衡常数与标准吉布斯函数的关系
$$\ln K^{\ominus}=\frac{\Delta rG_m^{\ominus}}{-RT} \quad (3\text{-}3\text{-}19)$$

4. 平衡转化率 α
$$\alpha=\frac{\text{某物已转化的浓度}}{\text{该物起始浓度}}\times 100\% \quad (3\text{-}3\text{-}20)$$

5. 化学平衡的移动

化学平衡的移动指因反应条件的变化，使化学反应从一个平衡状态转变到另一个平衡状态的过程，与浓度、压强和温度有关。

① 浓度。增加反应物或降低生成物的浓度，平衡向右移动，反之，相反；

② 压强。若反应前后气体分子相等，改变压强，平衡不移动；若反应前后气体分子

数不相等，增加总压强，平衡向气体分子数减小的方向移动，反之，相反。

③ 温度。升高温度，平衡向吸热方向移动；降低温度，平衡向放热反应方向移动，若正反应为吸热反应，则逆反应为放热反应。

吕·查德里原理：若改变平衡系统的条件之一，如浓度、压力或温度，平衡就向着减弱这个改变的方向移动。

历年真题

3-3-1. 对于一个化学反应，下列各组中关系正确的是（　　）。(2011A42)

A. $\Delta_r G_m^{\oplus}>0$，$K_m^{\oplus}<1$　　B. $\Delta_r G_m^{\oplus}>0$，$K_m^{\oplus}>1$

C. $\Delta_r G_m^{\oplus}<0$，$K_m^{\oplus}=1$　　D. $\Delta_r G_m^{\oplus}<0$，$K_m^{\oplus}<1$

3-3-2. 体系与环境之间只有能量交换而没有物质交换，这种体系在热力学上称为（　　）。(2012A40)

A. 绝热体系　B. 循环体系　C. 孤立体系　D. 封闭体系

3-3-3. 反应 PCl_3 (g)+Cl_2 (g) $\rightleftharpoons$ PCl_5 (g)，298K 时 $K^{\oplus}=0.767$，此温度下平衡时，如 (p) PCl_5 = (p) PCl_3，则 p (Cl_2) = （　　）。(2012A41)

A. 130.38kPa　　B. 0.767kPa

C. 7607kPa　　D. 7.67×10^{-3}kPa

3-3-4. 催化剂可加快反应速率，下列叙述正确的是（　　）。(2013A41)

A. 降低了反应的 $\Delta_r H_m^{\oplus}$　　B. 降低了反应的 $\Delta_r G_m^{\oplus}$

C. 降低了反应的活化能　　D. 使反应的平衡常数 $K^{\oplus}$减小

3-3-5. 已知反应 (1) H_2 (g)+S (s) $\rightleftharpoons$ H_2S (g)，其平衡常数为 $K_1^{\oplus}$。

(2) S (s)+O_2 (g) $\rightleftharpoons$ SO_2 (g)，其平衡常数为 $K_2^{\oplus}$。

(3) H_2 (g)+SO_2 (g) $\rightleftharpoons$ O_2 (g)+H_2S (g)，其平衡常数为 $K_3^{\oplus}$ 是（　　）。(2014A40)

A. $K_1^{\oplus}+K_2^{\oplus}$　　B. $K_1^{\oplus}\cdot K_2^{\oplus}$

C. $K_1^{\oplus}-K_2^{\oplus}$　　D. $K_1^{\oplus}/K_2^{\oplus}$

3-3-6. 某化学反应在任何温度下都可以自发进行，此反应需满足的条件是（　　）。(2016A43)

A. $\Delta_r H_m<0$，$\Delta_r S_m>0$　　B. $\Delta_r H_m>0$，$\Delta_r S_m<0$

C. $\Delta_r H_m<0$，$\Delta_r S_m<0$　　D. $\Delta_r H_m>0$，$\Delta_r S_m>0$

3-3-7. 反应 A (s)+B (g) $\rightleftharpoons$ C (g) 的 $\Delta H<0$，欲增大其平衡常数，可采取的措施是（　　）。(2017A41)

A. 增大 B 的分压　B. 降低反应温度　C. 使用催化剂　D. 减小 C 的分压

3-3-8. 某温度下，在密闭容器中进行如下反应 2A(g)+B(g) $\rightleftharpoons$ 2C(g)，开始时 p(A)=p(B)=300kPa，p(C)=0kPa，平衡时，p(C)=100kPa，在此温度反应的标准平衡常数 K^{θ} 是（　　）。(2018A40)

A. 0.1　　　B. 0.4　　　C. 0.001　　　D. 0.002

3-3-9. 在酸性介质中，反应 $MnO_4^- + SO_3^{2-} + H^+ \longrightarrow Mn^{2+} + SO_4^{2-} + H_2O$，配平后，$H^+$ 前的系数为（　　）。(2018A41)

A. 8　　　B. 6　　　C. 0　　　D. 5

3-3-10. 下列各反应的热效应等于 CO_2（g）的 $\Delta_f H_m^\theta$ 的是（　　）。(2018A43)

A. C(金刚石) $+ O_2(g) \longrightarrow CO_2(g)$　　　B. $CO_2(g) + 1/2O_2(g) \longrightarrow CO_2(g)$

C. C(石墨) $+ O_2(g) \longrightarrow CO_2(g)$　　　D. 2C(石墨) $+ 2O_2(g) \longrightarrow 2CO_2(g)$

答　案

3-3-1.【答案】(A)

根据关系式 $\Delta_r G_m^\oplus = -RT\ln K^\oplus$ 推断，$K^\oplus < 1$，$\Delta_r G_m^\oplus > 0$。

3-3-2.【答案】(D)

系统与环境间只有能量交换，没有物质交换是封闭系统；既有物质交换，又有能量交换的是敞开系统；没有物质交换，也没有能量交换的是孤立系统。

3-3-3.【答案】(A)

$$K^\oplus = \frac{\dfrac{p_{PCl_5}}{P^\oplus}}{\dfrac{p_{PCl_3}}{P^\oplus}\dfrac{p_{PCl_2}}{P^\oplus}} = \frac{p_{PCl_5}}{p_{PCl_3} \cdot p_{PCl_2}} P^\oplus = \frac{P^\oplus}{p_{PCl_2}}，\ p_{PCl_2} = \frac{p^\oplus}{k^\oplus} = \frac{100\text{kPa}}{0.767} = 130.38\text{kPa}。$$

3-3-4.【答案】(C)

催化剂之所以加快反应的速率，是因为它改变了反应的历程，降低了反应的活化能，增加了活化分子百分数，能够同等程度的改变正、反向反应速率，但不会使平衡移动。

3-3-5.【答案】(D)

当化学反应达到平衡时，生成物的相对浓度以计量数为指数的乘积与反应物的相对浓度以计量数为指数的乘积的比值为一常数，此常数称为该反应在该温度下的标准平衡常数，用 $K^\oplus$ 表示，它表示反应进行的程度，越大，反应进行的越彻底，若某反应可以表示两个或多个反应的总和，则总的反应的平衡常数等于各反应平衡常数的乘积，题中 (3) = (1) − (2)，因此 $K_3^\oplus = K_1^\oplus / K_2^\oplus$。

3-3-6.【答案】(A)

化学反应的自发性判断依据是吉布斯函数变，当吉布斯函数变 $\Delta G = \Delta H - T\Delta S < 0$ 时，反应在任何温度下均能自发进行。

3-3-7.【答案】(B)

对于放热反应，$\ln K^\theta = \dfrac{-\Delta_r H_m}{RT} + \dfrac{-\Delta_r S_m^\theta}{R}$，平衡常数减小，随温度 T 降低，平衡常数增大。

3-3-8.【答案】(A)

对于气体反应：　　　$aA + bB = gG + dD$

$$K^\oplus = \frac{\{p^{eq}(G)/p^\oplus\}^g \{p^{eq}(D)/p^\oplus\}^d}{\{p^{eq}(A)/p^\oplus\}^a \{p^{eq}(B)/p^\oplus\}^b} = \frac{\{100/100\}^2}{\{250/100\}\{200/100\}^2} = 0.1。$$

3-3-9.【答案】（B）

3-3-10.【答案】（C）

第四节　氧化还原反应和电化学

一、考试大纲

氧化还原的概念；氧化剂与还原剂；氧化还原电对；氧化还原反应方程式的配平；原电池的组成和符号；电极反应与电池反应；标准电极电势；电极电势的影响因素及应用；金属腐蚀与防护。

二、知识要点

（一）氧化还原反应

氧化还原反应指反应中有电子转移的反应，根据元素的氧化数（某元素一个原子的电荷数）将氧化还原反应分为氧化反应和还原反应。

氧化数确定方法：

离子化合物中，氧化数等于离子电荷；共价化合物中，把共用电子对指定给电负性大的原子后，原子的表观电荷数就是氧化数；分子或离子的总电荷数等于各元素氧化数的代数和，分子的总电荷为零。

单质中，元素的氧化数为0；金属氢化物中，氢的氧化数为－1，氢在其余化合物中的氧化数均为＋1；氧的氧化数一般为－2，过氧化物中为－1，氟化物中为＋1或＋2；化合物中，碱金属的氧化数为＋1，氟的氧化数为－1。

1.氧化反应、氧化剂、还原反应、还原剂

① 氧化反应：物质失电子的反应，如 $Zn-2e=Zn^{2+}$。

氧化剂：得电子的物质是氧化剂，如 Cu^{2+}，在反应中被还原。

② 还原反应：物质得电子的反应，如 $Cu^{2+}+2e=Cu$。

还原剂：失电子的物质是还原剂，如Zn，在反应中被氧化。

2.氧化还原反应方程式的配平

配平原则：根据氧化剂和还原剂得失电子总数相等的原则配平。

配平步骤：

① 写出反应物和生成物的离子方程式；

② 根据离子式，写出氧化还原反应的两个半反应，即还原剂失电子被氧化（氧化反应），氧化剂得电子被还原（还原反应）；

③ 将半反应式配平，使反应式两侧各元素原子总数和电荷总数相等；

④ 合并半反应式，使得失电子总数相等，得到配平的氧化还原反应的离子方程式。

【例3-4-1】 已知反应 $3Cl_2+6NaOH \xlongequal{} NaClO_3+5NaCl+3H_2O$，对于 Cl_2 在反应中所起的作用描述正确的是（　　）。

A. Cl_2 既是氧化剂、又是还原剂　　B. Cl_2 是氧化剂、不是还原剂

C. Cl_2 是还原剂、不是氧化剂　　D. Cl_2 既不是氧化剂，也不是还原剂

解：选 A。

(二) 原电池与电极反应

1. 原电池

原电池是一种利用氧化还原反应将化学能转化为电能的装置。原电池由电极（或称半电池）、金属导线和盐桥三部分组成。

盐桥作用：参与溶液导电、保持溶液电中性、沟通内电路、产生持续电流。

（1）原电池的电极反应（半反应）、电池反应（总反应）

如铜锌原电池：

负极 Zn 发生氧化反应，$Zn-2e=Zn^{2+}$；

正极 Cu 发生还原反应，$Cu^{2+}+2e=Cu$；

原电池的总反应，$Zn+Cu^{2+}=Cu+Zn^{2+}$。

（2）原电池的图式：$(-)B|B^{+}(c_1)\parallel A^{+}(c_2)|A(+)$

规定：负极写在左边，正极写在右边，以“|”表示两相的界面，以“| |”表示盐桥，盐桥两边为组成原电池的溶液。如铜锌原电池：$(-)Zn|Zn^{2+}(c)\parallel Cu^{2+}(c)|Cu(+)$。

（3）电极类型及符号

① 金属——金属离子电极，如负极：$Zn|Zn^{2+}$；正极：$Zn^{2+}|Zn$；

② 非金属——非金属离子电极，如负极：$Pt|H_2|H^{+}$；正极：$H^{+}|H_2|Pt$；

③ 金属离子电极，如负极：$Pt|Fe^{3+}, Fe^{2+}$；正极：$Fe^{3+}, Fe^{2+}|Pt$；

④ 金属——金属难溶盐电极，如负极：$Ag|AgCl(s)|Cl^{-}$；正极：$Cl^{-}|AgCl(s)|Ag$。

【例 3-4-2】 将反应 $5Fe^{2+}+MnO_4^{-}+8H^{+}=Mn^{2+}+5Fe^{3+}+4H_2O$ 设计为原电池，电池符号为（　　）。

A. (－) Fe | Fe^{3+}，Fe^{2+} ‖ MnO_4^{-}，Mn^{2+}，H^{+} | Mn（＋）

B. (－) Pt | Fe^{3+}，Fe^{2+} ‖ MnO_4^{-}，Mn^{2+}，H^{+} | Pt（＋）

C. (－) Pt | MnO_4^{-}，Mn^{2+}，H^{+} | Fe^{3+}，Fe^{2+} ‖ Pt（＋）

D. (－) Pt | Fe^{3+}，Fe^{2+} ‖ MnO_4^{-}，Mn^{2+} | Pt（＋）

解：选 B。

2. 电极电势

金属（或非金属）与溶液中自身离子达到平衡时产生的电势称为电极的电极电势，以 φ 表示。在标准状态（即温度为 298K，离子浓度为 1mol/L，气体分压为 100kPa，固体为纯固体、液体为纯液体）下的电极电动势称为标准电极电势，记作 $\varphi^{\ominus}$，非标准状态下的电势称为电极电势，用 φ 表示。

（1）标准电极电势（$\varphi^{\ominus}$）的物理意义

① $\varphi^{\ominus}$的代数值越大，越易得电子，氧化性越强；$\varphi^{\ominus}$的代数值越小，越易失电子，还原性越强。

② $\varphi^{\ominus}$的代数值与反应中的化学计量数无关。

③ $\varphi^{\ominus}$的代数值与反应方向无关，无论物质在实际反应中的转化方向如何，$\varphi^{\ominus}$的代数值不变。

（2）电动势（E）

原电池中电子由负极流到正极，电流由正极流到负极，产生的电动势如下：

$$E=\varphi_{正}-\varphi_{负} \tag{3-4-1}$$

（3）电极电势的能斯特方程

物质的本性，所处的温度、浓度对电极电势将产生影响，温度对其影响较小，对某一电对而言，浓度的影响用能斯特方程表示，即：

$$a\mathrm{A}(氧化态)+n\mathrm{e}^-=b\mathrm{B}(还原态) \tag{3-4-2}$$

在 298K 时，公式为：

$$\varphi=\varphi^{\oplus}+\frac{0.05917}{n}\lg\frac{c_{氧化型}^{a}}{c_{还原型}^{b}} \tag{3-4-3}$$

式中 φ——指定浓度下的电极电势；

$\varphi^{\oplus}$——标准电极电势；

n——反应中得失电子数；

$c_{氧化型}$——氧化态物质的浓度，浓度升高，φ 值增大；

$c_{还原型}$——还原态物质的浓度，浓度升高，φ 值减小。

注意：

① 若反应物为纯物质或纯液体，则浓度取 $1\mathrm{mol\cdot dm^{-3}}$；

② 若反应有气体，则相对浓度$\frac{c}{c^{\oplus}}$用相对分压$\frac{p}{p^{\oplus}}$代替，其中 $p^{\oplus}=100\mathrm{kPa}$；

③ 参加反应的 H^+，OH^- 的浓度应列入方程。

【例 3-4-3】 计算当 H^+ 浓度为 3.0mol/L，其他离子浓度为 1mol/L 时，求电对 $Cr_2O_7^{2-}/Cr^{3+}$ 的电极电势，已知 $\varphi^{\oplus}_{Cr_2O_7^{2-}/Cr^{3+}}=1.33\mathrm{V}$。

解： $Cr_2O_7^{2-}+14H^++6e^-\rightleftharpoons 2Cr^{3+}+7H_2O$

能斯特方程 $\varphi^{\oplus}_{Cr_2O_7^{2-}/Cr^{3+}}=\varphi^{\oplus}_{Cr_2O_7^{2-}/Cr^{3+}}+\frac{0.059}{n}\lg\frac{c_{Cr_2O_7^{2-}}\,c+\mathrm{H}}{c^2_{Cr^{3+}}}=1.33+\frac{0.059}{6}\lg 3^{14}=1.40\mathrm{V}$。

（4）电极电势的应用

1）比较氧化剂、还原剂的相对强弱

φ 值越大，氧化态物质的氧化性越强，是强氧化剂，易发生还原反应；φ 值越小，还原态物质的还原性越强，是强还原剂，易发生氧化反应。

2）判断氧化还原反应的进行方向

① 若电动势 $E=\varphi_{氧化剂}-\varphi_{还原剂}>0$，反应正向进行；

② 若电动势 $E=\varphi_{氧化剂}-\varphi_{还原剂}=0$，处于平衡状态；

③ 若电动势 $E=\varphi_{氧化剂}-\varphi_{还原剂}<0$，反应逆向进行。

【例 3-4-4】 判断下列反应在标准状态下能否向右进行？

$MnO_2+4HCl\rightleftharpoons MnCl_2+Cl_2+2H_2O$（已知 $\varphi^{\oplus}_{MnO_2/Mn^{2+}}=1.22\mathrm{V}$，$\varphi^{\oplus}_{Cl_2/Cl^-}=1.36\mathrm{V}$）。

解： 由 $E=\varphi^{\oplus}_{氧化剂}-\varphi^{\oplus}_{还原剂}=\varphi^{\oplus}_{Cl_2/Cl^-}-\varphi^{\oplus}_{MnO_2/Mn^{2+}}=1.36\mathrm{V}-1.22\mathrm{V}=0.14\mathrm{V}>0$，所以在标准状态下，反应不能向右进行。

3）判断原电池正负极

φ 值大的为正极，φ 值小的为负极。

（5）氧化还原反应进行程度的恒量

可用标准平衡常数 $K^{\oplus}$ 恒量，计算式如下：

$$\lg K^{\oplus}=\frac{nE^{\oplus}}{0.059}；E^{\oplus}=\varphi^{\oplus}_{(氧氧化剂)}-\varphi^{\oplus}_{(还原剂)} \quad (3\text{-}4\text{-}4)$$

式中 n——反应中得失电子数；

$E^{\oplus}$——标准电动势。

【例 3-4-5】 在 298K 时，对反应 $2Fe^{3+}(1mol/L)+Cu \rightleftharpoons 2Fe^{2+}(0.2mol/L)+Cu^{2+}(0.1mol/L)$（已知 $\varphi^{\oplus}_{Cu^{2+}/Cu}=0.34V$，$\varphi^{\oplus}_{Fe^{3+}/Fe^{2+}}=0.77V$），计算 298K 时反应的平衡常数 $K^{\oplus}$。

解：由公式 $\lg K^{\oplus}=\frac{nE}{0.059}=\frac{2\times(0.77-0.34)}{0.059}=14.58$ 得到 $K^{\oplus}=3.80\times10^{14}$。

（三）电解

1.电解池

电解池指将电能转化为化学能的装置，电解池中有两个极，与直流电源正极相连的极叫做阳极，阳极上发生氧化反应；与直流电源的负极相连的极叫做阴极，阴极上发生还原反应。

2.实际分解电压、理论分解电压

实际分解电压：使电解顺利进行的最低电压。

理论分解电压：指电解产物在电极上形成原电池所产生的反向电动势。

一般情况下，受电极极化的影响，实际分解电压大于理论分解电压。

3.极化

极化指电流通过阴、阳两极时电极电势偏离平衡电极电势的现象，包括浓差极化和电化学极化。

浓差极化：由于电极反应速度快，离子扩散速度慢，导致离子浓度大于电极表面浓度而引起电极电势的偏差，可通过搅拌电解液和加热等方法进行消除。

电化学极化：由于电极反应速率慢而引起的电极电势偏离平衡电势的现象。

浓差极化和电化学极化均可使阴极电势更负、阳极电势更正。

4.超电势与超电压

超电势指电极实际放电电势与平衡电势之差，用 η 表示，计算式如下：

$$\eta_{阳}=|\varphi_{阳(实)}-\varphi_{阳(理)}|$$
$$\eta_{阴}=|\varphi_{阴(实)}-\varphi_{阴(理)}| \quad (3\text{-}4\text{-}5)$$

超电压指阴极超电势与阳极超电势之和，即：

$$E(超)=\eta(阴)+\eta(阳) \quad (3\text{-}4\text{-}6)$$

5.电解产物判断

阴极：电极电势代数值大的氧化态物质首先在阴极得电子被还原。

电极电势比 Al 大的金属离子首先得电子，电极电势比 Al（包括 Al）小的金属离子不放电，而是 H^+ 离子放电得到 H_2。

阳极：电极电势代数值小的还原态物质首先在阳极失电子被氧化。

金属阳极（除 Pt，Au 外）失电子氧化大于简单负离子（如 S^{2}、I^-、Cl^- 等）氧化，

大于 OH^- 离子氧化。

【例 3-4-6】 用铜电极电解 $CuCl_2$ 水溶液时，其阳极的电极反应主要为（　　）。

A. $4OH^- -4e = 2H_2O + O_2$　　B. $2Cl^- -2e = Cl_2$

C. $2H^+ +2e = H_2$　　D. $Cu-2e = Cu^{2+}$

解：选 D。

6. 电解的应用

电镀：将一种金属镀在另一种金属零件上的过程。

电抛光：被抛光的工件作阳极，电解时使粗糙的阳极表面得以平整。

阳极氧化：金属在电解过程中作为阳极，使之氧化并形成一定厚度的氧化膜。

（四）金属的腐蚀与防止

1. 金属的腐蚀

金属的腐蚀指金属表面由于化学或电化学作用而引起的金属破坏，分为化学腐蚀和电化学腐蚀。

① 化学腐蚀：单纯由化学作用引起的腐蚀。如金属在干燥气体或无导电的非水溶液中的腐蚀，原油管道中的有机硫化物对金属输油管道及容器的腐蚀。

② 电化学腐蚀：由电化学作用而引起的腐蚀。分为析氢腐蚀、吸氧腐蚀和差异充气腐蚀。

析氢腐蚀：酸性溶液中，阴极主要以 H^+ 得到电子被还原成 H_2 而引起的腐蚀。电极反应式为 $2H^+ +2e = H_2$

吸氧腐蚀：在碱性或中性介质中，阴极主要以 O_2 得电子生成 OH^- 离子而引起的腐蚀。

电极反应式为 $O_2 + 2H_2O + 4e^- = 4OH^-$

差异充气腐蚀：金属表面因氧气浓度分布不均而引起的电化学腐蚀，属于吸氧腐蚀，这种腐蚀危害性极大，在金属加工接口或金属表面不光滑的情况下易发生。

2. 金属腐蚀的防止

金属腐蚀的防止包括缓蚀剂法、阴极保护法、组成合金法和表面涂层法。

缓蚀剂法：在腐蚀介质中加入腐蚀剂的方法。

缓蚀剂：能防止或延缓腐蚀过程的物质，分为有机缓蚀剂和无机缓蚀剂。有机缓蚀剂如乌洛托品（六次甲基四胺）、若丁等。无机缓蚀剂如亚硝酸、重铬酸盐、铬酸盐、磷酸盐等。

阴极保护法：将被保护的金属作为腐蚀电池的阴极或作为电解池的阴极而不受腐蚀的方法，分为牺牲阳极保护法和外加电流法。

① 牺牲阳极保护法。将较活泼金属或其合金连接与被保护的金属相互连接，使较活泼金属失去电子作为腐蚀电池的阳极而被腐蚀，被保护的金属得到电子作为阴极而得到保护，常用于保护海轮外壳、锅炉和海底设备。常用的牺牲阳极材料：铝合金、镁合金、锌合金等，

② 外加电流法。在外加直流电源的作用下，用废钢或石墨等难溶性导电物质作为阳极，将被保护的金属作为电解池的阴极而达到保护的目的，常用于保护海湾建筑物、地下建筑物等。

【例 3-4-7】 下列防止金属腐蚀的方法中错误的是（　　）。

A. 金属表面涂刷油漆

B. 在外加电流保护法中，被保护的金属直接与电源正极相连

C. 在外加电流保护法中，被保护的金属直接与电源负极相连

D. 为了保护铁质管道可使其与芯片相连

解： 选 B。

历年真题

3-4-1. 在一容器中，反应 $2NO_2(g) \rightleftharpoons 2NO(g) + O_2(g)$，恒温条件下达到平衡后，加一定量 Ar 气体保持总压力不变，平衡会（　　）。(2011A40)

A. 向正方向移动　　B. 向逆方向移动　　C. 没有变化　　D. 不能判断

3-4-2. 在铜锌原电池中，将铜电极的 $c(H^+)$ 由 1mol/L 增大到 2mol/L，则铜电极的电极电势（　　）。(2012A42)

A. 变大　　B. 变小　　C. 无变化　　D. 无法确定

3-4-3. 元素的标准电极电势图如下：

$$Cu^{2+} \xrightarrow{0.159} Cu^{+} \xrightarrow{0.52} Cu$$

$$Au^{2+} \xrightarrow{1.36} Au^{+} \xrightarrow{1.83} Au$$

$$Fe^{3+} \xrightarrow{0.771} Fe^{2+} \xrightarrow{-0.44} Fe$$

$$MnO_4^- \xrightarrow{1.51} Mn^{2+} \xrightarrow{-1.18} Mn$$

在空气存在的条件下，下列离子在水溶液中最稳定的是（　　）。(2012A43)

A. Cu^{2+}　　B. Au^{+}　　C. Fe^{2+}　　D. Mn^{2+}

3-4-4. 已知 $Fe^{3+} \xrightarrow{0.771} Fe^{2+} \xrightarrow{-0.44} Fe$，则 $E^{\ominus}(Fe^{3+}/Fe)$ 等于（　　）。(2013A39)

A. 0.331V　　B. 1.211V　　C. −0.036V　　D. 0.110V

3-4-5. 已知反应 $C_2H_2(g) + 2H_2(g) \rightleftharpoons C_2H_6(g)$ 的 $\Delta_r H_m^{\ominus} < 0$，当反应平衡后，欲使反应向右进行，可采取的方法是（　　）。(2013A42)

A. 升温，升压　　B. 升温，减压　　C. 降温，升压　　D. 降温，减压

3-4-6. 向原电池 (−) Ag，AgCl | Cl^- ‖ Ag^+ | Ag (+) 的负极中加入 NaCl，则原电池电动势的变化是（　　）。(2013A43)

A. 变大　　B. 变小　　C. 不变　　D. 不能确定

3-4-7. 有原电池 (−) Zn | $ZnSO_4(c_1)$ ‖ $CuSO_4(c_2)$ | Cu (+)，如向铜半电池中通入硫化氢，则原电池电动势变化趋势是（　　）。(2014A41)

A. 变大　　B. 变小　　C. 不变　　D. 无法判断

3-4-8. 电解 NaCl 水溶液时，阴极上放电的离子是（　　）。(2014A42)

A. H^+　　B. OH^-　　C. Na^+　　D. Cl^-

3-4-9. 已知反应 $N_2(g) + 3H_2(g) \rightleftharpoons 2NH_3(g)$ 的 $\Delta_r H_m < 0$，$\Delta_r S_m < 0$，则该反

应为（　　）。(2014A43)

A. 低温易自发，高温不易自发　　B. 高温易自发，低温不易自发

C. 任何温度都易自发　　D. 任何温度都不易自发

3-4-10. 下列各电对的电极电势与 H^+ 浓度有关的是（　　）。(2016A41)

A. Zn^{2+}/Zn　　B. Br_2/Br^-

C. AgI/Ag　　D. MnO_4^-/Mn^{2+}

3-4-11. 电解 Na_2SO_4 水溶液时，阳极上放电的离子是（　　）。(2016A42)

A. H^+　　B. OH^-　　C. Na^+　　D. SO_4^{2-}

3-4-12. 两个电极组成原电池，下列叙述正确的是（　　）。(2017A42)

A. 作正极的电极 $E_{(+)}$ 值必须大于零

B. 作负极的电极的 $E_{(-)}$ 值必须小于零

C. 必须是 $E^0_{(+)} > E^0_{(-)}$

D. 电极电势 E 值大的是正极，E 值小的是负极

3-4-13. 金属钠在氯气中燃烧生成氯化钠晶体，其反应的熵变是（　　）。(2017A43)

A. 增大　　B. 减小　　C. 不变　　D. 无法判断

3-4-14. 已知，酸性介质中 E^θ（ClO_4^-/Cl_2）$=1.39V$，E^θ（ClO_3^-/Cl^-）$=1.45V$，E^θ（$HClO/Cl^-$）$=1.49V$，E^θ（Cl_2/Cl^-）$=1.36V$，以上各电对中氧化型物质氧化能力最强的是（　　）。(2018A42)

A. ClO_4^-　　B. ClO_3^-　　C. HClO　　D. Cl_3

答　案

3-4-1.【答案】(A)

总压力不变，加入惰性气体 Ar，反应方程式中各气体的分压减小，平衡向气体分子数增加的方向移动。

3-4-2.【答案】(C)

铜电极的电极反应为：$Cu^{2+}+2e^-=Cu$，氢离子没参与反应，所以铜电极的电极电势不受氢离子影响。电极电势与物质的本性、参加反应的物质的浓度、温度有关，一般温度影响较小，对某一电对而言，浓度的影响可用能斯特方程表示：$\varphi=\varphi^{\oplus}+\frac{0.059}{n}\lg\frac{C^a_{氧化型}}{C^b_{还原型}}$，式中 $\varphi^{\oplus}$ 为标准电极电势，n 为电极反应中得失电子数，$C^a_{氧化型}$、$C^b_{还原型}$ 分别为氧化态物质和还原态物质的浓度。

3-4-3.【答案】(A)

Au^+ 具有强氧化性，易和还原性物质发生反应，由于 Cu^{2+} 达到最高氧化数，最不易失去电子，所以最稳定。

3-4-4.【答案】(C)

由已知条件可知 $Fe^{3+}\xrightarrow{0.771,\ z_1=1}Fe^{2+}\xrightarrow{-0.44,\ z_2=1}Fe$，$z=3$，

$E^{\oplus}(Fe^{3+}/Fe)=\frac{z_1E^{\oplus}(Fe^{3+}/Fe^{2+})+z_2E^{\oplus}(Fe^{2+}/Fe)}{z}=\frac{0.771+2\times(-0.44)}{3}\approx$

$-0.036V$。

3-4-5.【答案】(C)

此反应为气体分子数减小的反应，升压向右进行；反应的 $\Delta_r H_m<0$，为放热反应，降温，反应向右进行。

3-4-6.【答案】(A)

负极，氧化反应：$Ag+Cl^-=AgCl+e$；正极，还原反应：$Ag^++e=Ag$。电池反应为 $Ag^++Cl^-=AgCl$。原电池负极能斯特方程式为：$\varphi_{AgCl/Ag}=\varphi^{\ominus}_{AgCl/Ag}+0.059\lg\dfrac{1}{c(Cl^-)}$，由于负极中加入 NaCl，$Cl^-$ 浓度增加，则负极电极电势减小，正极电极电势不变，则电池的电动势增大。

3-4-7.【答案】(B)

锌半电池作为原电池的负极，铜半电池作为原电池的正极，正极反应为：$Cu^{2+}(c_2)+2e^-=Cu$，其电极电势为：$\varphi(+)=\varphi'+\dfrac{0.05917}{2}\lg c(Cu^{2+})$，当铜半电极中通入硫化氢后，发生如下反应：$Cu^{2+}+H_2S=CuS+2H^+$，由于 Cu^{2+} 浓度降低，因此正极电势减小，此时原电池电动势减小。

3-4-8.【答案】(A)

盐类溶液水解时，阳离子在阴极放电析出，由于 Na^+/Na 电极电势很小，Na^+ 离子在阴极不易被还原，而是 H^+ 被还原析出 H_2，因此在阴极放电。

3-4-9.【答案】(A)

根据 $\Delta_r G_m=\Delta_r H_m-T\Delta_r G_m$，当 $\Delta_r H_m<0$，$\Delta_r G_m<0$，低温趋向于 $\Delta_r G_m<0$，反应正向自发；高温趋向于 $\Delta_r G_m>0$，反应正向非自发。因此当 $\Delta_r H_m<0$，$\Delta_r G_m<0$，低温易自发，高温不易自发。对于 $\Delta H<0$，$\Delta S>0$ 的反应，不管温度高低，$\Delta G<0$，反应能自发进行；对于 $\Delta H<0$，$\Delta S<0$ 的反应，不管温度高低，$\Delta G>0$，反应能自发进行；对于 $\Delta H>0$，$\Delta S>0$ 的反应，常温 $\Delta G<0$，反应不能自发进行；对于 $\Delta H<0$，$\Delta S<0$ 的反应，高温 $\Delta G<0$，反应能自发进行；对于 $\Delta H<0$，$\Delta S<0$ 的反应，常温 $\Delta G<0$，反应能自发进行；对于 $\Delta H<0$，$\Delta S<0$ 的反应，高温 $\Delta G>0$，反应不能自发进行。

3 4 10.【答案】(D)

离子的浓度对电极电势有影响，四个选项的电极反应分别为：

$Zn^{2+}+2e^-=Zn$，$Br_2+2e^-=2Br^-$，$AgCl+e^-=Ag+Cl^-$，$MnO_4^-+8H^++5e^-=Mn^{2+}+4H_2O$，D 项当 H^+ 浓度变化时，电极电势才会有变化，H^+ 浓度升高，电极电势升高。

3-4-11.【答案】(B)

Na_2SO_4 水溶液的电解实际上是电解水，阳极：$4OH^--4e^-=O_2(\uparrow)+2H_2O$；阴极：$2H^++2e^-=H_2(\uparrow)$，$Na^+$、$SO_4^{2-}$ 均不参与放电。

3-4-12.【答案】(D)

一个正常工作的原电池，其电动势一定要大于零，因此电极电势 E 值大的作正极，小的作负极，以保证原电池电动势是正值。

3-4-13.【答案】(B)

Na（s）+Cl_2（g）=NaCl（s），反应物有气体，生成物没有气体只有固体，反应正向混乱度减少，熵值减少，熵变为负值。

3-4-14.【答案】（C）

氧化态物质的氧化性越强是强氧化剂。

第五节 有机化学

一、考试大纲

有机物特点、分类及命名；官能团及分子构造式；同分异构；有机物的重要反应：加成、取代、消去、氧化、催化加氢、聚合反应、加聚与缩聚；基本有机物的结构、基本性质及用途：烷烃、烯烃、炔烃、芳烃、卤代烃、醇、苯酚、醛和酮、羧酸、酯；合成材料：高分子化合物、塑料、合成橡胶、合成纤维、工程塑料。

二、知识要点

（一）有机化合物的特点

构成有机化合物的主要元素是碳、氢，其次是氧、氮、硫、磷和卤素。特点：数目庞大、结构复杂；反应速率慢、产物种类多；难溶于水，易溶于有机溶剂；受热易分解，易燃烧；不易导电、绝缘性好，熔、沸点低。

① 普遍存在同分异构体。一种分子式可以同时表示成几种性能完全不同的化合物，这些化合物叫做同分异构体。如正丁烷和异丁烷，结构式如下：

$CH_3—CH_2—CH_2—CH_3$ 正丁烷

$CH_3—CH(CH_3)—CH_3$ 异丁烷

根据碳原子连接方式的不同，所构成的异构体称为碳骼异构体，如 C_2H_6O 的乙醇和甲醚，结构式如下：

$CH_3—CH_2—OH$ 乙醚

$CH_3—OH—CH_3$ 甲醚

官能团异构体指由官能团不同而构成的异构体。

② 碳原子间可以形成 C—C 单键、C═C 双键和 C≡C 叁键，碳原子的连接方式有长短不等的直链、支链和首尾相连的环链。

（二）有机化合物的分类

1. 按碳原子的连接方式分类

① 开链化合物：碳原子相互连接成两端张开的链，开链化合物又称脂肪类化合物。如乙醇：$CH_3—CH_2—OH$；1,3-丁二烯：$H_2C═CH—CH═CH_2$。

② 碳环化合物：在石油和煤焦油中普遍存在，与碳链化合物的性质类似，如环烷 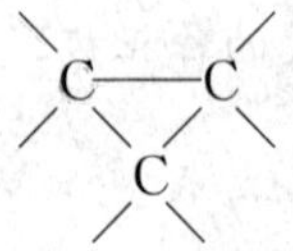

③ 芳香族化合物：化合物中含有苯环结构，如苯。

④ 杂环化合物：环上除了含有碳原子以外，还有其他原子（如 O、N、S 等）。

2.烃

烃的分类及结构特征见表 3-5-1。

烃的分类及结构特征　　　　表 3-5-1

类别		通式及例子	结构特点
链烃	烷烃	通式 C_nH_{2n+2}，甲烷 CH_4	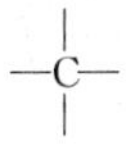
	烯烃	通式 C_nH_{2n}，乙烯 C_2H_4	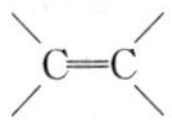
	炔烃	通式 C_nH_{2n-2}，乙炔 C_2H_2	—C≡C—
环烃	环烷	通式 C_nH_{2n}，环丙烷 C_3H_6	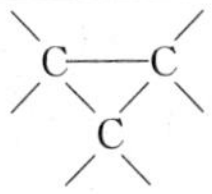
	苯	苯 C_6H_6	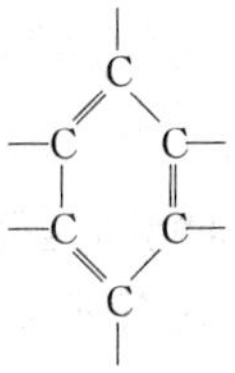

3.烃的衍生物

烃的衍生物的分类及结构特征见表 3-5-2。

烃的衍生物的分类及结构特征　　　　表 3-5-2

类别	举例	官能团
卤代烃	卤甲烷 CH_3X	—X(F、Cl、Br、I)
醇	乙醇 C_2H_5OH	—OH
酚	苯酚 C_6H_5OH	—OH
醛	甲醛 HCHO	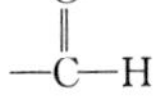
酮	丙酮 CH_3COCH_3	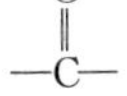
羧酸	乙酸 CH_3COOH	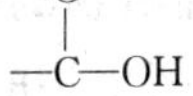
醚	二乙醚 $C_2H_5OC_2H_5$	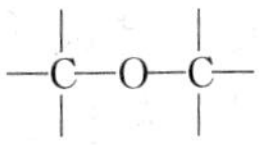

续表

类别	举例	官能团
酯	乙酸乙酯 $CH_3COOC_2H_5$	$-\overset{\overset{\large O}{\|}}{C}-O-$
胺	乙胺 $C_2H_5NH_2$	$-NH_2$
腈	乙腈 CH_3CN	$-CN$

典型有机物的分子式总结如下。

① 烷烃：只含有碳-碳单键的饱和链烃，通式为 C_nH_{2n+2}，随相对分子质量的增加，烷烃熔沸点升高，密度增大，不溶于水，易溶于有机溶剂，化学性质稳定，常用作溶剂、润滑剂。

② 烯烃：含有碳碳双键的碳氢化合物，属于不饱和烃，通式为 C_nH_{2n}，随相对分子质量的增加，烯烃熔沸点升高，易发生加成反应。

③ 炔烃：含有碳碳三键的一类不饱和脂肪烃，通式为 C_nH_{2n-2}，熔沸点低，密度小，难溶于水，易溶于有机溶剂，能被高锰酸钾氧化成羧酸。

④ 芳烃：含有一个或多个苯环的烃类化合物，如甲苯、二甲苯，不溶于水，密度小于水，无极性。

⑤ 卤代烃：烃分子中的氢原子被卤素（氟、氯、溴、碘）取代后生成的产物，大多数不溶于水，溶于有机溶剂，一般难燃或不燃。

⑥ 醇：其官能团是羟基，沸点高于同数碳原子的烷烃、卤代烷，随碳原子数的增加沸点增加，随相对分子质量的增加，溶解度降低。

⑦ 酚：—OH 基与芳烃基直接连接的化合物，通式为 Ar—OH，大多数为无色晶体，难溶于水，易溶于乙醇和乙醚。

⑧ 醛和酮：含有羟基的化合物，沸点高于烯烃，低于醇和羧酸，易溶于有机溶剂，具有芳香性气味，可用于制作香水。

⑨ 羧酸：通式为 RCOOH 或 $R(COOH)_n$，式中 R 为脂烃或芳烃基，沸点高于相对分子质量相近的烃、卤代烃、醇、醛和酮。

⑩ 酯：由酸与醇相互反应后生成的一类有机化合物，难溶于水，易溶于乙醇和乙醚等有机溶剂，密度小于水，在有酸或碱的条件下，能发生水解反应，生成相应的酸或醇。

【例 3-5-1】 下列基团不是烃基的是（　　）。

A. 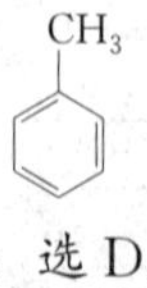　　B. $-CH_2-CH_3$　　C. $-CH=CH_2$　　D. $-O-CH_3$

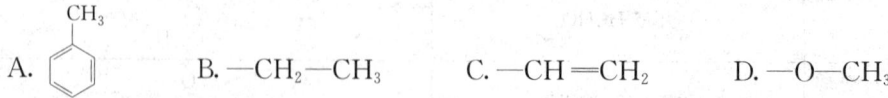

解： 选 D。

（三）有机化合物的命名

1. 链烃及其衍生物的命名原则

① 选择主链，选最长的碳链为主链、选含有不饱和键的最长碳链为主链、选含有官能团的最长的碳链为主链。

② 主链编号，对碳原子用阿拉伯数字 1，2，3 等等，从距支链、不饱和链和官能团

最近的一端开始编号。

③ 有多个取代基时，简单的在前，复杂的在后。

④ 相同的取代基和官能团的数目，用二、三等数字表示。

例如：

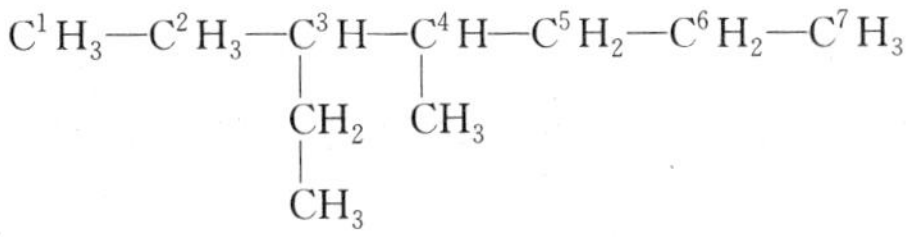

4-甲基-3-乙基庚烷

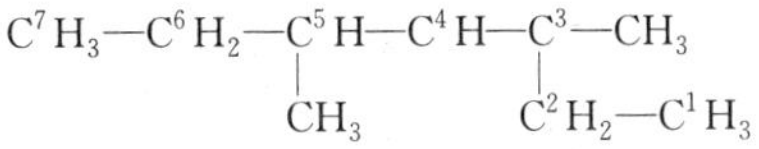

3,5-二甲基-3-庚烯

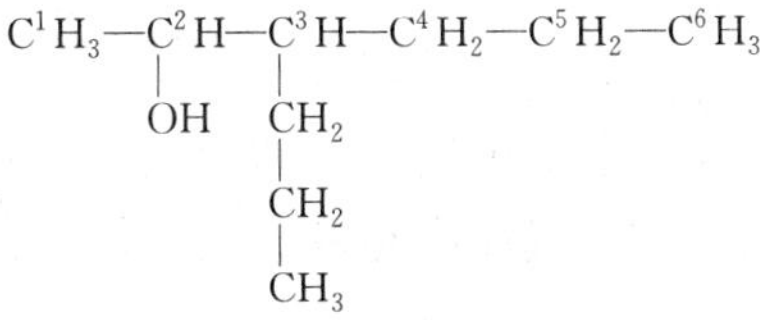

3-丙基-2-己醇

2.芳烃及其衍生物的命名原则

① 苯环上氢原子被烷基取代，在命名时以苯为母体，烷基为取代基。

例如：

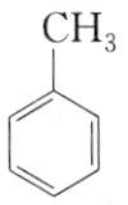

甲苯

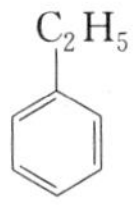

乙苯

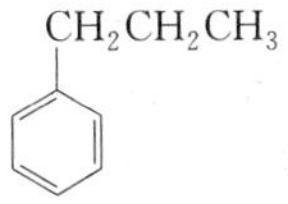

正丙苯

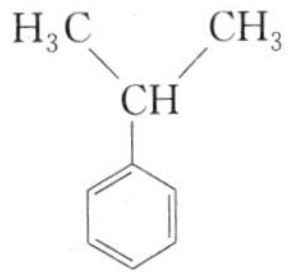

异丙烷

② 苯的二元取代物有三种异构件。由于取代基的位置不同，在命名时应在名称前加邻、间、对等字，或用“1，2”-、“1，3”-及“1，4”-表示。

例如：

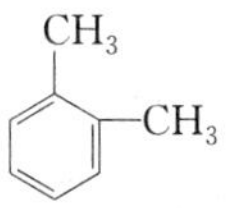

邻二甲苯
(1,2-二甲苯)

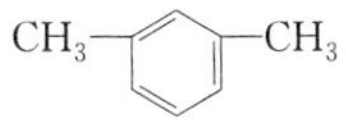

间二甲基
(1,3-二甲苯)

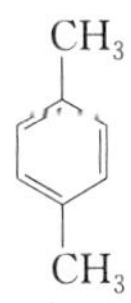

对二甲苯
(1,4-二甲苯)

甲苯可生成三元取代物，例如：

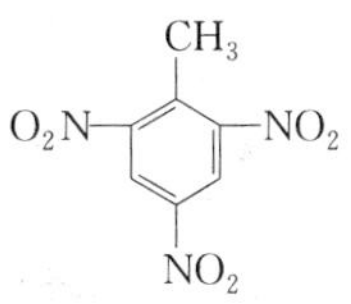

三硝基甲苯

③ 对于结构复杂或支链上有官能团的化合物，可将支链作为母体、苯环作为取代基

来命名，例如：

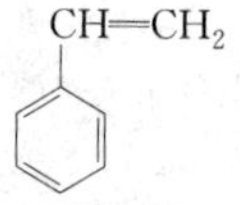

苯乙烯 苯乙炔 苯胺

【例 3-5-2】 对化合物

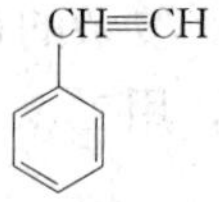

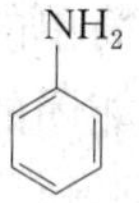

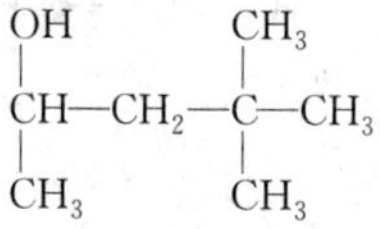

的命名正确的是（ ）。

A. 4,4-二甲基-2 戊醇 B. 2,2-二甲基-4 戊醇

C. 2-羟基-4,4-二甲基戊醇 D. 2,2-二甲基-4-羟基戊烷

解：选 A。

（四）有机化合物的重要反应

1. 加成反应

具有不饱和键的有机化合物，在双键、三键断裂处加上两个一价的原子或原子团的反应叫作加成反应，包括不饱和烃的加成反应和醛、酮的加成反应。

（1）不饱和烃的加成反应

1）烯烃

结构不对称的烯烃与极性化合物（如 H_2O、HCl、HClO 等）加成时，极性化合物中带正电的部分（如 H 原子）加到双键含氢较多的碳原子，带负电的部分加到双键含氢较少或不含氢的碳原子上，此规律为马氏规律。

例如：

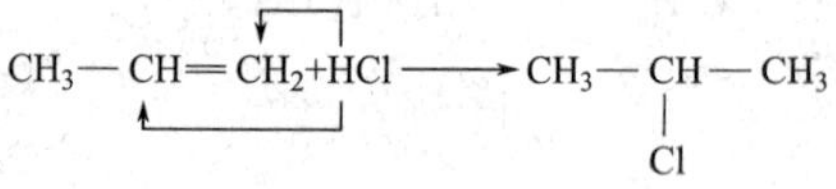

$$CH_3-CH=CH_2+HCl \longrightarrow CH_3-CH-CH_3$$
$$|$$
$$Cl$$

2）炔烃

例如生成氯乙烯：

$$CH\equiv CH + HCl \longrightarrow CH_2=CH$$
$$|$$
$$Cl$$

生成丙烯腈：

$$CH\equiv CH + HCN \longrightarrow CH_2=CH$$
$$|$$
$$CN$$

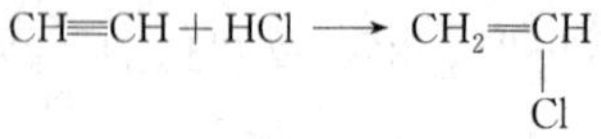

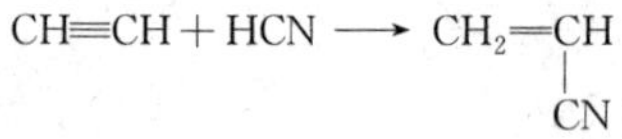

氯乙烯与丙烯腈是重要的高聚物单体。

（2）醛和酮的加成反应

当醇、酮与结构对称的化合物加成反应时，类似烯烃加成，例如，

醛、酮在催化剂（N_i、C_r、C_u）作用下发生加成反应：

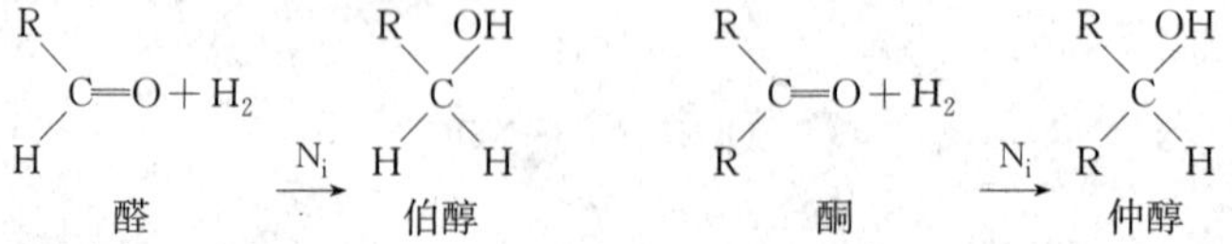

醛 伯醇 酮 仲醇

（伯、仲、叔、季分别表示某原子与 1 个、2 个、3 个、4 个碳原子直接相连）

当醇、酮与结构不对称的化合物加成反应时，带负电部分加到羰基的碳原子上，带正电部分加到羰基的氧原子上。

例如羟基腈（又称氰醇）：

$$\begin{array}{c} R \\ | \\ C=O \\ | \\ R \end{array} + H-CH \longrightarrow \begin{array}{c} R \quad OH \\ \quad | \quad | \\ \quad C \\ \quad | \quad | \\ H \quad CN \end{array}$$

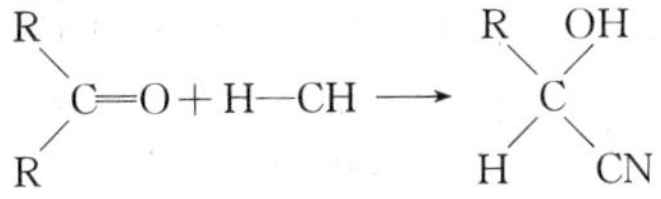

2. 取代反应

取代反应指反应物中的一个原子或原子团被其他原子或原子团代替的反应。

（1）烷烃的取代

例如：

$$CH_4 + Cl_2 \xrightarrow{日光} CH_3Cl + HCl$$

式中 H 原子被 Cl 取代，得到 CH_3Cl、CH_2Cl_2、$CHCl_3$、CCl_4 的混合物，主要产物为 $CHCl_3$ 和 CCl_4。$CHCl_3$ 为一氯取代物，CH_2Cl_2 为二氯取代物。

（2）芳烃的取代

苯的取代主要是卤化、硝化、磺化和烷基化等。

例如卤化：

$$\bigcirc + X_2 \xrightarrow{FeX_3} \bigcirc^{X} + HX(X=Br\text{ 或 }Cl)$$

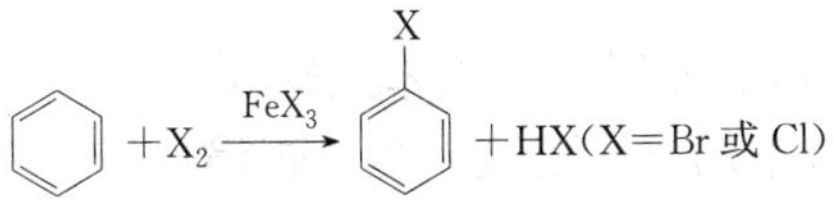

取代生成硝基苯（如 $C_6H_5NO_2$）、苯磺酸（如 $H_6H_5SO_3H$）和烷基苯（如甲苯 $C_6H_5CH_3$ 等。

当苯环上有一个取代基，又进入一个取代基以后，可在苯环的结构上进入邻位、间位和对位三种形式，第二个取代基的位置决定于原有取代基的位置，苯环上原有取代基对新进入取代基的定位作用称为取代基的定位效应，分为邻位、对位取代基和间位定位基。

3. 消去反应

消去反应指在有机物分子中失去一个简单分子（如 HCl、H_2O 等），同时生成不饱和化合物的反应，包括卤代烃的消去反应和醇的消去反应。

（1）卤代烃的消去反应

卤代烃与 NaOH（或 KOH）的乙醇溶液共热发生消去反应。

例如：

$$\begin{array}{c} R-CH-CH_2 \\ \quad | \quad \quad | \\ \quad H \quad Cl \end{array} + NaOH \xrightarrow{C_2H_5OH} R-CH=CH_2 + NaCl + H_2O$$

叔、仲卤代烃易脱氢，伯卤代烃最难，脱氢主要是从含氢较少的碳原子上脱氢。

（2）醇的消去反应

醇在一定高温、并有催化剂的条件下发生消去反应，醇脱水主要从含氢较少的碳原子上脱氢。

例如：

$$\begin{array}{c} CH_2 \quad + \quad CH_2 \\ \quad | \quad \quad \quad | \\ \quad H \quad \quad \quad OH \end{array} \xrightarrow{浓 H_2SO_4,170℃} H_2C=CH_2 + H_2O$$

4. 氧化还原反应

氧化反应是指分子加氧或失氢的反应，还原反应是指分子失氧或加氢的反应。

（1）烯烃氧化

在一般氧化剂（O_2、$KMnO_4$ 或 $K_2Cr_2O_7$ 等）的作用下，可使双键完全断裂，例如：

$$H_2C=CH_2 \xrightarrow[\text{碱性溶液}]{KMnO_4} \underset{\displaystyle HO}{\underset{|}{H_2C}}-\underset{\displaystyle OH}{\underset{|}{CH_2}}$$

（2）炔烃氧化

炔烃氧化可在叁键处完全断裂，例如：

$$RC\equiv CR' \xrightarrow[\text{碱性溶液}]{KMnO_4} RCOOH+R'COOH$$

使紫红色的 $KMnO_4$ 溶液褪色，并生成棕色 MnO_2 沉淀的现象，可用于判断不饱和键。

（3）烷烃的氧化

烷烃在高温下可氧化成醇、醛、酮和酸等，例如：

$$CH_4+O_2 \xrightarrow{\text{Ni（873K）}} HCHO+H_2O$$

（4）醛的氧化

醛很容易被氧化成酸，可利用以下反应来鉴别醛。

① 加入土伦试剂（硝酸银的氨水溶液）形成银镜反应。

$$RCHO+2[Ag(NH_3)_2]OH \xrightarrow{\text{加热}} RCOONH_4+2Ag\downarrow+3NH_3+H_2O$$

② 加入费林试剂（硫酸铜溶液与酒石酸钾钠的碱性溶液混合而成），生成红色的氧化铜沉淀，但苯甲醛不能与费林试剂反应。

$$RCHO+2Cu(OH)_2+NaOH \xrightarrow{\text{加热}} RCOONa+Cu_2O\downarrow+3H_2O$$

（5）醇的氧化

伯醇先氧化成醛，再氧化成酸，仲醇直接氧化成酮。例如：

$$CH_3CH_2OH \xrightarrow{[O]} CH_3CHO \xrightarrow{[O]} CH_3COOH$$

$$\underset{\text{异丙醇}}{CH_3-\underset{\displaystyle OH}{\underset{|}{CH}}-CH_3} \xrightarrow{[O]} \underset{\text{丙酮}}{CH_3-\underset{\displaystyle O}{\underset{\|}{C}}-CH_3}$$

（6）芳烃的氧化

当苯环带有侧链，发生氧化时，侧链上的碳原子将被氧化成羧酸。

5. 裂化反应

烷烃在高温条件下发生分解的反应，一般为 C—C、C—H 键的断裂，碳原子越多，产物越复杂。

例如：$CH_3CH_2CH_2CH_3 - \left[\begin{array}{l} \rightarrow CH_3-CH=CH_2+CH_4 \\ \rightarrow CH_2=CH_2+CH_3-CH_3 \\ \rightarrow CH_3-CH_2-CH=CH_2+H_2 \end{array} \right.$

【例 3-5-3】 某有机物含有下列哪种官能团时，既能发生氧化反应、酯化反应，又能发生消去反应（　　）。

A. —COOH　　B. —OH　　C. —Cl　　D. $>C=C<$

解： 选 B。

(五）高分子化合物的合成反应

由低分子化合物（单体）通过加成反应，结合形成高分子化合物（高聚物）的反应称为聚合反应，分为加成聚合（简称加聚）和缩合聚合（简称缩聚）。

由两种或两种以上单体参加的加聚反应称为共聚反应，生成的高聚物叫共聚物。如丁腈橡胶、丁苯橡胶、ABS 树脂等。

1. 加成聚合（加聚）

加成聚合指由一种或多种含不饱和键的单体，通过加成反应相互结合形成高聚物的反应，高聚物的化学成分与单体相同，例如：

$$nCH_2{=}\underset{\underset{x}{|}}{CH} \rightarrow \left[CH-\underset{\underset{x}{|}}{CH} \right]_n$$

式中　x——不同原子或原子团。

甲基丙烯酸甲酯可聚合成聚甲基丙烯酸甲酯（又称有机玻璃）。反应如下：

$$nCH_2{=}\overset{\overset{CH_3}{|}}{C}-COOCH_3 \rightarrow \left[CH_2-\overset{\overset{CH_3}{|}}{\underset{\underset{COOCH_3}{|}}{C}}- \right]_n$$

表 3-5-3 列出了一些常见的碳链聚合物及其单体。

一些碳链聚合物及其单体　　**表 3-5-3**

单体		聚合物		
名称	结构(简)式	名称	符号	结构(简)式
乙烯	$CH_2{=}CH_2$	聚乙烯	PE	$\left[CH_2-CH_2 \right]_n$
丙烯	$CH_2{=}\underset{\underset{CH_3}{|}}{CH}$	聚丙烷	PP	$\left[CH_2-\underset{\underset{CH_3}{|}}{CH} \right]_n$
苯乙烯	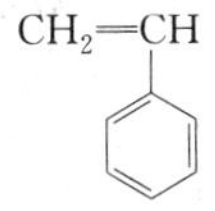	聚苯乙烯	PS	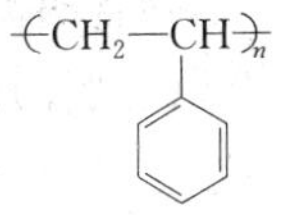
氯乙烯	$CH_2{=}\underset{\underset{Cl}{|}}{CH}$	聚氯乙烯	PVC	$\left[CH_2-\underset{\underset{Cl}{|}}{CH} \right]_n$
四氟乙烯	$CF_2{=}CF_2$	聚四氟乙烯	PTFE	$\left[CF_2-CF_2 \right]_n$
丙烯腈	$CH_2{=}\underset{\underset{CN}{|}}{CH}$	聚丙烯腈	PAN	$\left[CH_2-\underset{\underset{CN}{|}}{CH} \right]_n$
甲基丙烯酸甲酯	$CH_2{=}\overset{\overset{CH_3}{|}}{\underset{\underset{COOCH_3}{|}}{C}}$	聚甲基丙烯酸甲酯	PMMA	$\left[CH_2-\overset{\overset{CH_3}{|}}{\underset{\underset{COOCH_3}{|}}{C}} \right]_n$
异戊二烯	$CH_2{=}\underset{\underset{CH_3}{|}}{C}-CH{=}CH_3$	聚异戊二烯	PIP	$\left[CH_2-\underset{\underset{CH_3}{|}}{C}{=}CH-CH_2 \right]_n$

2.缩合聚合（缩聚）

缩合聚合指具有2个及2个以上官能团的一种或多种单体相互聚合，失去低分子物质（如H_2O、NH_3、卤化氢等）生成高聚物的反应，高聚物的化学成分与单体不同。

例如：己二胺和己二酸相互缩合并有水析出，形成高聚物聚己二酰己二胺（或称聚酰胺66，即尼龙-66），反应式如下：

$$nNH_2—(CH_2)_6—NH_2—nHOOC—(CH_2)_4—COOH \xrightarrow{-H_2O} \text{[}NH—(CH_2)_6—NH—CO—(CH_3)_4—CO\text{]}_n$$

【例 3-5-4】 下列化合物中不能进行缩聚反应的是（　　）。

A. $—HOOC—CH_2CH_2CH_2—COOH$　　B. $HO—CH_2CH_2—OH$

C. $H_2N—(CH_2)_5—COOH$　　D. $HN—(CH_2)_5—CO$（HN与CO相连成环）

解：选D。

（六）几种重要的高分子化合物

合成高分子化合物，按工艺性质和用途分为塑料、合成纤维、合成橡胶等。主要成分是合成树脂，常见的有ABS树脂、聚乙烯、聚苯乙烯、聚氯乙烯、聚酰胺、环氧树脂等。

1. ABS树脂

由丙烯腈（A）、丁二烯（B）和苯乙烯（S）制成的共聚物，称为丙烯腈-丁二烯-苯乙烯共聚物，其结构式如下：

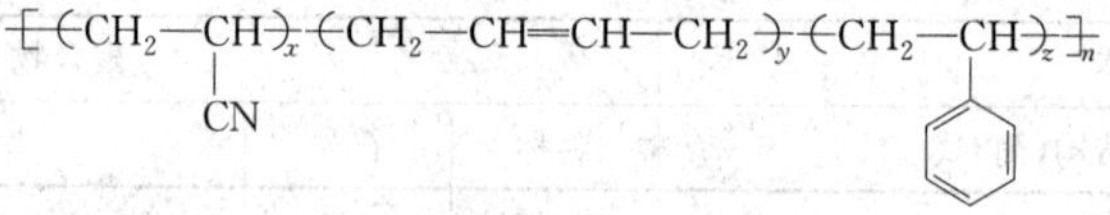

ABS树脂绝缘性能好、具有良好的加工成型性，弹性大、冲击强度高、耐热、耐腐蚀、硬度大。可用作工程塑料，制作齿轮、汽车零件、水管等。

2.环氧树脂

环氧树脂指含有环氧基团树脂的总称，常见的有环氧氯丙烷和双酚A构成的二酚基丙烷，在碱性催化剂作用下形成的线性高聚物，结构式如下：

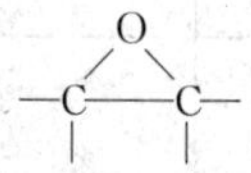

环氧基团

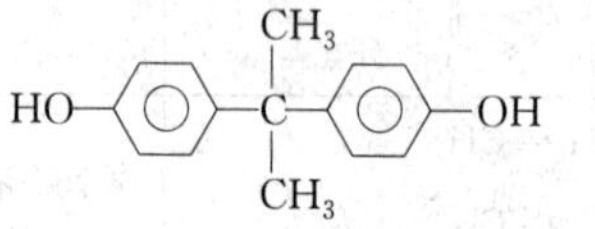

二酚基丙烷

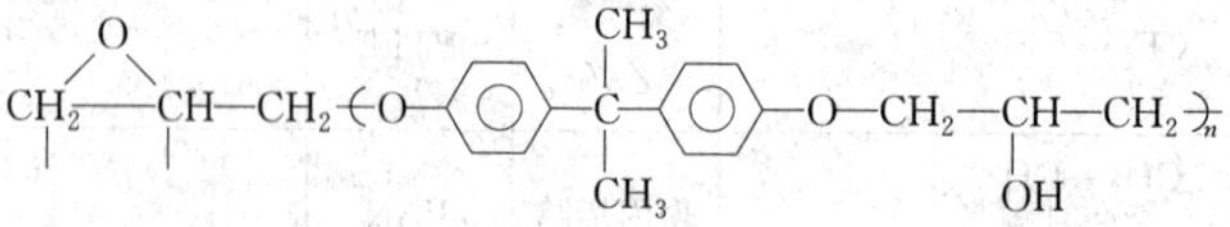

3.合成橡胶

（1）天然橡胶

天然橡胶的化学组成是聚异戊二烯，结构简式如下：

$$\text{(}CH_2—\underset{\underset{CH_3}{|}}{C}H=CH—CH_2\text{)}_n$$

（2）合成橡胶

合成橡胶是由1,3-丁二烯及其衍生物加聚而成的丁二烯类高聚物，分为顺丁橡胶、丁苯橡胶和丁腈橡胶。

1）顺丁橡胶

由1,3-丁二烯聚合形成-1,4-聚丁二烯，习惯上称为顺丁橡胶，结构式如下：

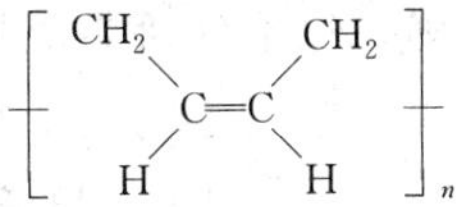

2）丁苯橡胶

由1,3-丁二烯与苯乙烯两种单体加聚而成，结构式如下：

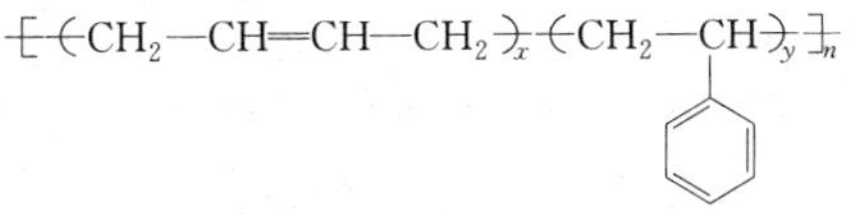

3）丁腈橡胶

由1,3-丁二烯与丙烯腈共聚而成，结构式如下：

$$\lbrack (CH_2-CH=CH-CH_2)_x(CH_2-\underset{\large CN}{\underset{|}{CH}})_y \rbrack_n$$

4）聚酰胺（尼龙）

聚酰胺是许多重复的酰胺基的高聚物的总称，商品名为尼龙。酰胺基结构式如下：

$$-\overset{\overset{\large O}{\|}}{C}-\overset{\overset{\large H}{|}}{N}-$$

尼龙-66主要由己二胺与己二酸聚合而成，拉伸强度大，弹性好。结构式如下：

$$nNH_2-(CH_2)_6-NH_2+nHOOC-(CH_2)_4-COOH\xrightarrow{-H_2O}\lbrack NH-(CH_2)_6-NH-CO-(CH_2)_4-CO\rbrack_n$$

涤纶是由苯二酸和乙二醇聚合而成，它的织物挺括、易洗涤，吸水性差，结构式如下：

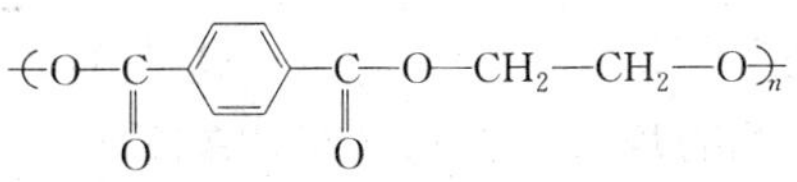

5）聚乙烯

聚乙烯主要由单体乙烯加聚而成，无色、无毒、无臭、耐水，可用作润滑油，结构式如下：

$$(CH_2-CH_2)_n$$

6）聚氯乙烯

聚氯乙烯由氯乙烯加聚而成，具有热塑性，用于制造塑料、薄膜、电线套路，结构式如下：

$$(CH_2-CHCl)_n$$

7）聚丙烯腈

聚丙烯腈由丙烯腈加聚而成，耐老化强度高、绝缘性能好，用于制造人造羊毛，结构式如下：

$$(CH_2-\underset{\large CN}{\underset{|}{CH}})_n$$

【例 3-5-5】 苯乙烯与丁二烯反应后的产物是（　　）。

A. 合成纤维　　B. 丁苯橡胶　　C. 合成树脂　　D. 聚苯乙烯

解： 选 B。

【例 3-5-6】 ABS 单体属于下列哪一组单体的共聚物（　　）。

A. 丁二烯、苯二烯、丙烯腈　　B. 丁二烯、氯乙烯、苯烯腈

C. 苯乙烯、氯丁烯、丙烯腈　　D. 苯烯腈、丁二烯、苯乙烯

解： 选 A。

历年真题

3-5-1. 下列物质中，属于酚类的是（　　）。（2011A44）

A. C_3H_7OH　　B. $C_6H_5CH_2OH$

C. C_6H_5OH　　D. $\underset{\large OH}{\underset{|}{CH_2}}—\underset{\large OH}{\underset{|}{CH}}—\underset{\large OH}{\underset{|}{CH_2}}$

3-5-2. 有机化合物 $H_3C—\underset{\large CH_3}{\underset{|}{CH}}—\underset{\large CH_3}{\underset{|}{CH}}—CH_2—CH_3$ 的名称是（　　）。（2011A45）

A. 2-甲基-3-乙基丁烷　　B. 3，4-二甲基戊烷

C. 2-乙基-3-甲基丁烷　　D. 2，3-二甲基戊烷

3-5-3. 下列物质中，两个氢原子的化学性质不同的是（　　）。（2011A46）

A. 乙炔　　B. 甲酸　　C. 甲醛　　D. 乙二酸

3-5-4. 按系统命名法，下列有机化合物命名正确的是（　　）。（2012A44）

A. 2-乙基丁烷　　B. 2，2-二甲基丁烷

C. 3，3-二甲基丁烷　　D. 2，3，3-三甲基丁烷

3-5-5. 下列物质使溴水褪色的是（　　）。（2012A45）

A. 乙醇　　B. 硬脂酸甘油酯　　C. 溴乙烷　　D. 乙烯

3-5-6. 昆虫能分泌信息素，下列是一种信息素的结构简式：$CH_3(CH_2)_5CH=CH(CH_2)_9CHO$，下列说法正确的是（　　）。（2012A46）

A. 这种信息素不可以与溴发生加成反应　B. 它可以发生银镜反应

C. 它只能与 $1molH_2$ 发生加成反应　　D. 它是乙烯的同系物

3-5-7. 下列各组物质在一定条件下反应，可以制得比较纯净的 1，2-二氯乙烷的是（　　）。（2013A44）

A. 乙烯通入浓盐酸中　　B. 乙烷与氯气混合

C. 乙烯与氯气混合　　D. 乙烯与卤化氢气体混合

3-5-8. 下列物质中，不属于醇类的是（　　）。（2013A45）

A. C_4H_9OH　　B. 甘油　　C. $C_6H_5CH_2OH$　　D. C_6H_5OH

3-5-9. 人造象牙的主要成分是$\mathrm{+\!\!\!\!-}CH_2—O\mathrm{-\!\!\!\!+}_n$，它是经加聚反应制得的，合成此高聚物的单体是（　　）。（2013A46）

A. $(CH_3)_2O$　　B. CH_3CHO　　C. HCHO　　D. HCOOH

3-5-10. 下列有机物中，对于可能处于同一平面上的最多原子数目的判断，正确的是（　　）。(2014A44)

A. 丙烷最多有 6 个原子处于同一平面上

B. 丙烯最多有 9 个原子处于同一平面上

C. 苯乙烯最多有 16 个原子处于同一平面上

D. $CH_3CH{=}CH{-}C{\equiv}C{-}CH_3$ 最多有 12 个原子处于同一平面上

3-5-11. 下列有机物中，既能发生加成反应和酯化反应，又能发生氧化反应的化合物是（　　）。(2014A45)

A. $CH_3CH{=}CHCOOH$　　B. $CH_3CH{=}CHCOOC_2H_5$

C. $CH_3CH_2CH_2CH_2OH$　　D. $HOCH_2CH_2CH_2CH_2OH$

3-5-12. 人造羊毛的结构简式为 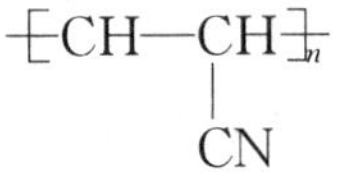，它属于（　　）。(2014A46)

①共价化合物　②无机化合物　③有机化合物　④高分子化合物　⑤离子化合物

A. ②④⑤　　B. ①④⑤　　C. ①③④　　D. ③④⑤

3-5-13. 按系统命名法，下列有机化合物命名正确的是（　　）。(2016A44)

A. 3-甲基丁烷　　B. 2-乙基丁烷

C. 2,2-二甲基戊烷　　D. 1,1,3-三甲基戊烷

3-5-14. 苯胺酸和山梨酸（$CH_3CH{=}CHCH{=}CHCOOH$）都是常见的食品防腐剂，下列物质中只能与其中一种酸发生化学反应的是（　　）。(2016A45)

A. 甲醇　　B. 溴水　　C. 氢氧化钠　　D. 金属钾

3-5-15. 受热到一定程度就能软化的高聚物是（　　）。(2016A46)

A. 分子结构复杂的高聚物　　B. 相对摩尔质量较大的高聚物

C. 线性结构的高聚物　　D. 体型结构的高聚物

3-5-16. 某液体烃与溴水发生加成反应生成 2,3-二溴-2-甲基丁烷，该液体烃是（　　）。(2017A44)

A. 2-丁烷　　B. 2-甲基-1-丁烷

C. 3-甲基-1-丁烷　　D. 2-甲基-2-丁烷

3-5-17. 下列物质中与乙醇互为同系物的是（　　）。(2017A45)

A. $CH_2{=}CHCH_2OH$　　B. 甘油

C. $C_6H_5CH_2OH$　　D. $CH_3CH_2CH_2CH_2OH$

3-5-18. 下列有机物不属于烃的衍生物的是（　　）。(2017A46)

A. $CH_2{=}CHCl$　　B. $CH_2{=}CH_2$　　C. $CH_3CH_2NO_2$　　D. CCl_4

3-5-19. 下列物质在一定条件下不能发生银镜反应的是（　　）。(2018A44)

A. 甲醛　　B. 丁醛　　C. 甲酸甲酯　　D. 乙酸乙酯

3-5-20. 下列物质一定不是天然高分子的是（　　）。(2018A45)

A. 蔗糖　　B. 塑料　　C. 橡胶　　D. 纤维素

3-5-21. 某不饱和烃催化加氢反应后，得到 $(CH_3)_2CHCH_2CH_3$，该不饱和烃是

（　　）。（2018A46）

A. 1-戊炔　　B. 3-甲基-1-丁炔　　C. 2-戊炔　　D. 1，2-戊二烯

答　案

3-5-1.【答案】（C）

酚类化合物为苯环直接和羟基相连。

3-5-2.【答案】（C）

根据有机化合物命名原则命名。

3-5-3.【答案】（B）

甲酸结构式为 $H-\overset{\overset{O}{\|}}{C}-O-H$ ，两个氢原子处于不同的化学环境。

3-5-4.【答案】（B）

参见系统命名原则，2-乙基丁烷的正确命名为 3-甲基戊烷，3-3-二甲基丁烷正确命名为 2,2-二甲基丁烷，2,3,3-三甲基丁烷正确命名为 2,2,3-三甲基丁烷。

3-5-5.【答案】（C）

含有不饱和键的有机物、含有醛基的有机物可使溴水褪色。

3-5-6.【答案】（B）

信息素为醛，可以发生银镜反应。A 项，含有双键，可使溴水褪色。C. 项，含双键和醛基，可以发生加成反应。D 项，有机物是醛类物质，不是乙烯的同系物。

3-5-7.【答案】（C）

A 项，乙烯与氯化氢加成反应得到一氯乙烷。B 项，乙烷与氯气取代产物有多种。D 项，乙烯与卤化氢气体混合，卤素原子不同，生成不同的卤代乙烷。

3-5-8.【答案】（D）

羟基与烷基直接相连为醇，通式为 R—OH（R 为烷基），羟基与芳香基直接相连为酚，通式为 Ar—OH（Ar 为芳香基）。

3-5-9.【答案】（C）

A 项，该分子式不存在不饱和键，不能发生加聚反应。B 项，碳氧双键发生加聚反应应含有甲基。D 项，碳氧双键发生加聚反应后应含有羟基。

3-5-10.【答案】（C）

A 项中丙烷 CH_3CH_2，CH_3 的每一个 C 原子，采取 sp^3 杂化成键，因此不可能有 6 个原子在同一个平面上。B 项中丙烷 $CH_3CH{=}CH_2$ 中双键碳，采取 sp^2 杂化成键，键角 120°，但 3 号碳，采取 sp^3 杂化成键，因此不可能有 9 个原子在同一平面。C 项中苯乙烯 $C_6H_5-CH{=}CH_2$ 中苯环 6 个碳原子的电子都采取 sp^2 杂化成键，键角 120°，所有 6 个碳原子都是在同一个平面上相互连接起来，另外苯环上的取代基乙烯，也采取 sp^2 杂化成键，键角 120°，因此苯乙烯中所有 16 个原子都可能处在同一个平面上。D 项中 $CH_3-CH{=}CH-C{=}C-CH_3$ 中两端的碳，采取 sp^3 杂化成键，不可能有 12 个碳在同一个平面上。

3-5-11.【答案】（A）

A 项中 $CH_3CH{=}CHCOOH$ 含有双键，可发生加成和氧化反应，含有—COOH，可

发生酯化反应。B 项可发生加成反应，但不能发生酯化反应。C 项可发生酯化反应，但不能发生加成反应，发生氧化反应的有机物必须含有羟基（—OH）或者醛基（—CHO）。

3-5-12.【答案】(C)

由低分子有机物（单体）相互连接形成高分子化合物的过程称为聚合反应。该物质为聚丙烯腈，属于共价化合物、有机物、高分子化合物，一般有机化合物都是以共价键结合形成。

3-5-13.【答案】(C)

A 项应为 2-甲基丁烷。B 项应为 3-甲基戊烷。D 项应为 2,4-二甲基己烷。

3-5-14.【答案】(A)

A 项，醇类有机物中的羟基与酸中的羧基会发生酯化反应，苯甲酸与山梨酸均含有羧基，甲醇与二者均能发生反应。B 项，溴水和山梨酸中的不饱和键发生加成反应，苯甲酸中没有不饱和键，不发生反应。C 项，强碱氢氧化钠与酸均能发生中和反应。D 项，活泼金属钾与酸均能发生反应。

3-5-15.【答案】(C)

线性结构的高聚物具有热塑性，受热时先软化，后变成流动的液体；体型结构的高聚物具有热固性，一经加工成型就不会受热融化。

3-5-16.【答案】(D)

2-甲基-2-丁烯，其结构式为 $CH_3—C(CH_3)═CH—CH_3$，与溴水发生加成反应，双键加成后生成 $CH_3—CBr(CH_3)—CBr—CH_3$，即为 2,3-二甲基丁烷。

3-5-17.【答案】(D)

同系物指结构相似，分子组成上相关一个或若干个 CH_2 原子团的一系列化合物。A 项为乙烯醇，B 项甘油为丙三醇，C 项为苯甲醇，D 项为丁醇，丁醇与乙醇均为烷基，相差两个 CH_2 原子团。

3-5-18.【答案】(B)

烃的衍生物指烃分子中的氢原子被其他原子或原子团所取代而生成的一系列化合物，$CH_2═CH_2$ 是烃而不是烃的衍生物。

3-5-19.【答案】(C)

银镜反应是银与化合物溶液被还原为金属银的化学反应，由于生成的银附着在容器内壁上，光亮如镜，故称为银镜反应。能发生银镜反应的物质有甲醛、乙醛、乙二醛、甲酸及其盐、甲酸酯（如甲酸甲酯、甲酸丙酯）、葡萄糖、麦芽糖等分子中含有醛基的糖。

3-5-20.【答案】(A)

蔗糖，即食糖，是双糖的一种，由一分子葡糖糖的半缩醛羟基与一分子果糖的半缩醛基彼此缩合脱水而成。塑料，是以单体为原料，通过加聚或缩聚反应聚合而成的高分子化合物。橡胶有天然橡胶和合成橡胶。纤维素是由葡萄糖组成的大分子多糖。

3-5-21.【答案】(C)

第四章

理论力学

第一节　静力学

一、考试大纲

平衡；刚体；力；约束及约束力；受力图；力矩；力偶及力偶矩；力系的等效和简化；力的平移定理；平面力系的简化；主矢；主矩；平面力系的平衡条件和平衡方程式；物体系统（含平面静定桁架）的平衡；摩擦力；摩擦定律；摩擦角；摩擦自锁。

二、知识要点

(一) 静力学的基本概念

静力学主要研究物体的受力分析、力系的简化及力系的平衡。

1.质点、刚体及质点系

将考察物体抽象成三种模型：质点、刚体和质点系。

质点：具有一定质量、几何位置，不计大小形状的物体。

质点系：由一些相互联系的质点组成，又称系统。

刚体：在力的作用下其内任意两点间的距离保持不变的物体，是一个理想化的模型。

2.力

力是物体间相互的机械作用，改变物体的运动状态或形状，单位牛顿（N）或千牛（kN）。

力是矢量，符合矢量运算法则，力对物体的作用效应主要由力的三要素决定，即力的大小、方向和作用点，力系是作用在物体上的一组力。

3.静力学公理

公理 1：力的平行四边形法则

作用在物体上同一点的两个力，可以合成一个合力，合力大小和方向由此二力矢量所构成的平行四边形对角线来确定，合力作用点仍在该点，表达式如下：

$$\vec{F}=\vec{F_1}+\vec{F_2} \tag{4-1-1}$$

公理 2：二力平衡公理

作用在同一刚体的两个力，使刚体保持平衡的必要与充分条件是二力大小相等、方向相反、且作用在同一直线上，表达式如下：

$$\vec{F_1}=-\vec{F_2} \tag{4-1-2}$$

公理 3：加减平衡力系公理

在任一力系中加上或减去一个平衡力系，并不改变原力系对刚体的作用。

公理 4：作用力与反作用力

物体间的作用力与反作用力同时存在，大小相等、方向相反、并沿着同一条直线分布，分别作用在这两个物体上。

4.约束与约束反力

阻碍物体自由运动的限制条件称为约束，约束对于物体的机械作用称为约束反力或约束力。表 4-1-1 列出了工程中常见的几种典型的约束类型、简图及其对应约束反力的表示法。

典型约束和约束反力 **表 4-1-1**

约束类型	简图	约束反力	约束性质
柔 索	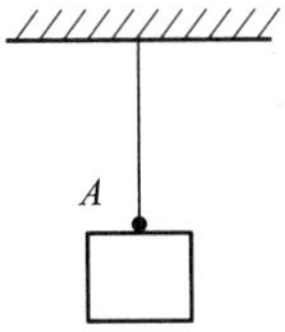	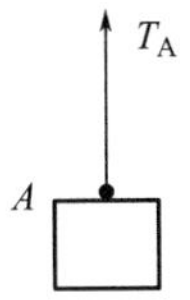	作用点是接触点,方向沿着柔体背离物体
光滑接触	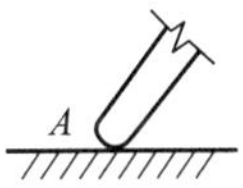	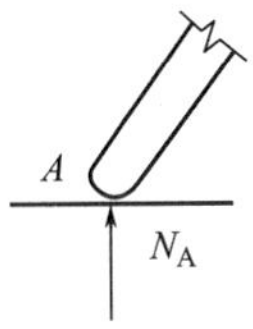	接触点为约束力的作用点,沿接触点的公法线,指向被约束的物体
链 杆	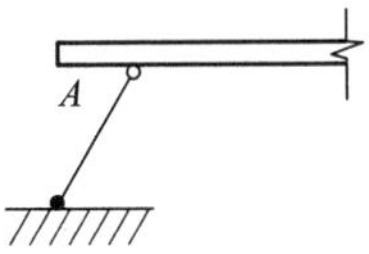	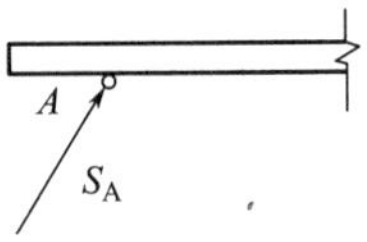	约束力沿链杆轴线,指向不定,假设
圆柱铰链	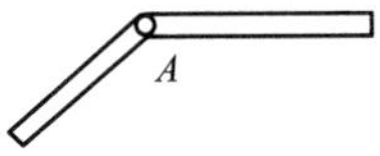	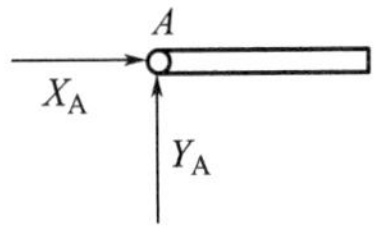	约束力通过销钉中心,方向不定,可分解成相互垂直的两个力
铰链支座	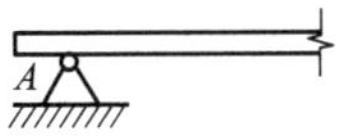	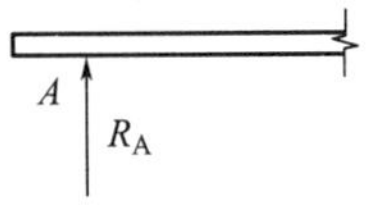	约束力过销钉中心,方向不定,可分解成相互垂直的两个力
辊轴支座	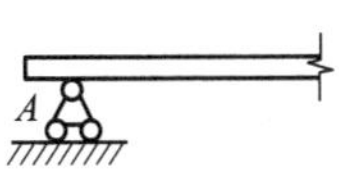	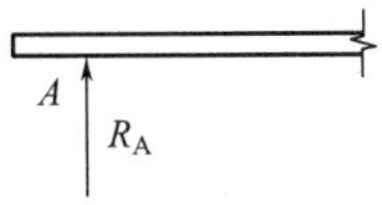	约束力通过销钉中心并垂直支承面,指向不定
固定端支座		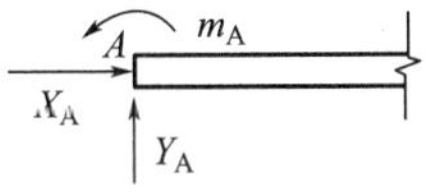	约束力分解成两个相互垂直的分力和一个约束力偶
向心轴承	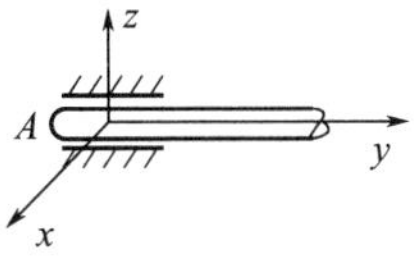	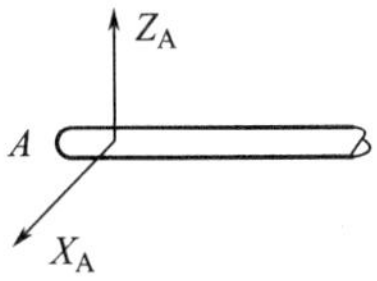	约束力通过销钉中心,方向不定,可分解成相互垂直的两个力
止推轴承	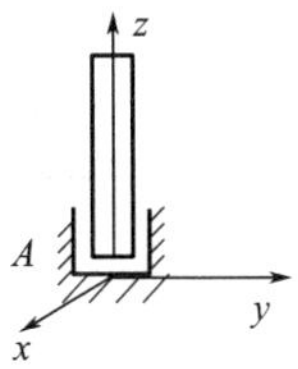	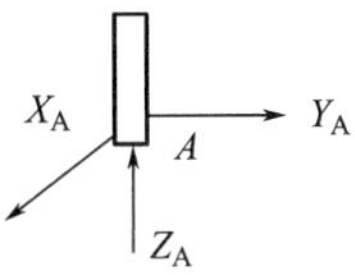	约束力通过销钉中心,方向不定,可分解成相互垂直的三个力

续表

约束类型	简图	约束反力	约束性质
球形铰链	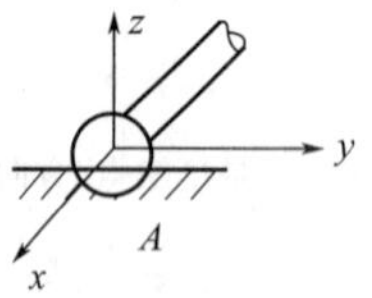	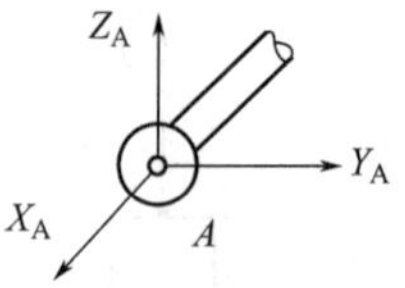	约束力的作用线沿接触点和球心的连线，指向不定，分解成三个方向的力
空间固定端支座	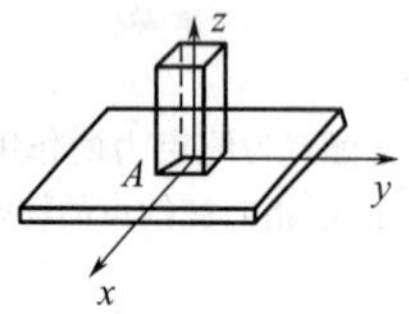	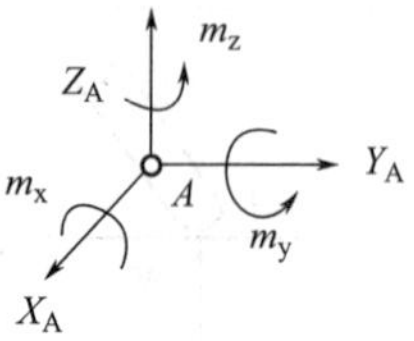	分解成三个方向的力和力偶

【例 4-1-1】 如图所示结构由 AB、BC、CE 三杆铰接而成，A 处为固定端，各杆重不计，铰 C 上作用一铅垂力 $\boldsymbol{P}$，则二力杆为（　　）。

A. AB、BC、CE　　B. BC、CE　　C. AB　　D. 均不是二力杆

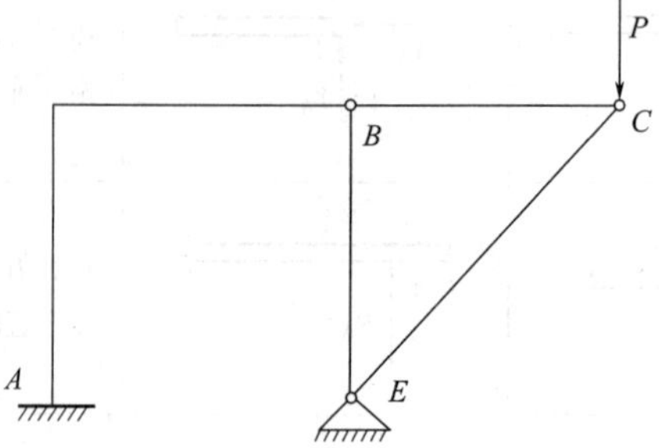

解：选 B。

【例 4-1-2】 试确定如图所示系统中 A、B 处约束力的方向。

解：在图（a）中，BC 杆为二力杆，根据二力平衡原理，B 处约束力 $\boldsymbol{F}_B$ 必沿杆 BC 方向；因为系统整体受三个力作用，由三力平衡汇交定理知，A 处约束力 $\boldsymbol{F}_A$ 与 $\boldsymbol{F}_B$、$\boldsymbol{F}$ 汇交于一点，受力图见图（c）所示；在图（b）中，AC 杆为二力杆，只在 A、C 处受力，根据二力平衡原理，A 处约束力 $\boldsymbol{F}_A$ 必沿杆 AC 方向；由力偶的性质（力偶只能与力偶平衡）知，B 处约束力 $\boldsymbol{F}_B$ 应与力 $\boldsymbol{F}_A$ 组成一力偶，与 m 平衡，受力图见图（d）所示。

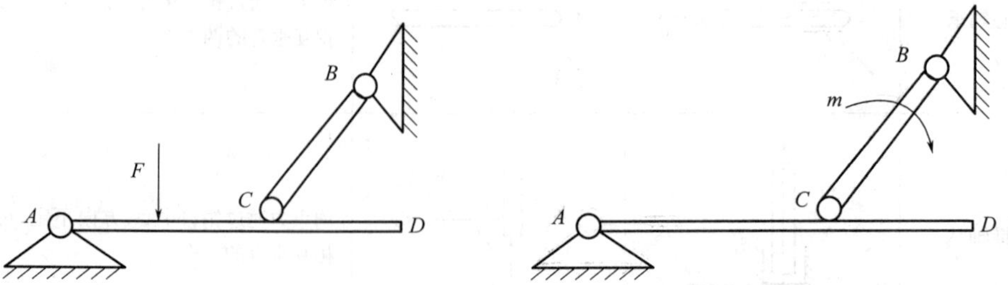

(a)　　(b)

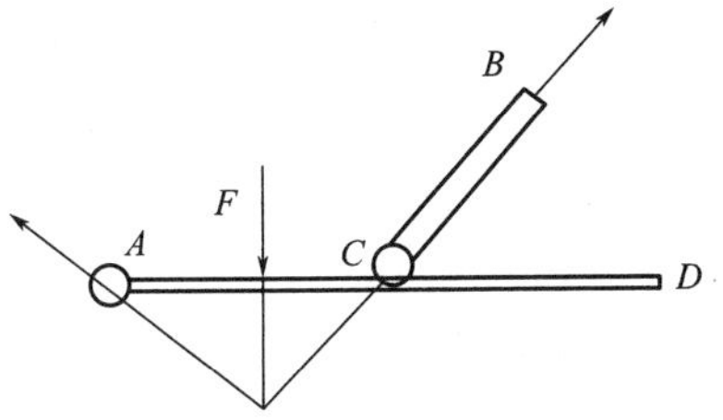

(c)

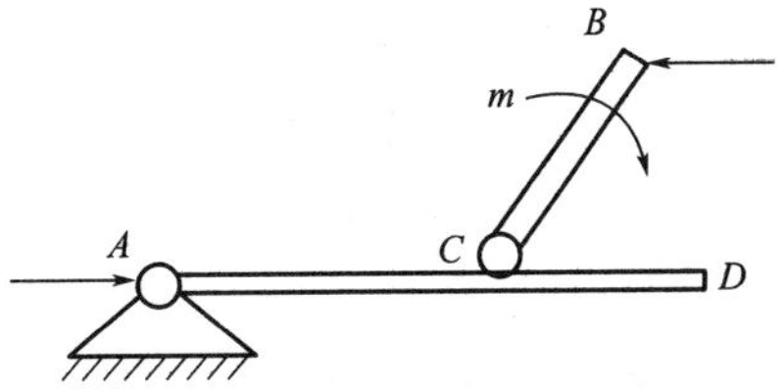

(d)

(二) 力的投影、力对点的矩和力对轴的矩

力在坐标轴上的投影定义为力矢量与该坐标轴单位矢量的标量积，分为直接投影法和间接投影法（图 4-1-1）。

1. 直接投影法

$$\boldsymbol{F}=\boldsymbol{F}_x i+\boldsymbol{F}_y j+\boldsymbol{F}_z k \tag{4-1-3}$$

式中 i，j，k——沿 x，y，z 轴的单位矢量。

2. 间接投影法

$$\begin{aligned}\boldsymbol{X}&=\boldsymbol{F}\cos\alpha\\ \boldsymbol{Y}&=\boldsymbol{F}\cos\beta\\ \boldsymbol{Z}&=\boldsymbol{F}\cos\gamma\end{aligned} \tag{4-1-4}$$

式中 α、β、γ——力 $\boldsymbol{F}$ 与各轴正向间的夹角。

3. 力对点的矩

如图 4-1-2 所示，O 为坐标原点，空间力 $\boldsymbol{F}$ 对作用点 A 的矢径为 γ，则力 $\boldsymbol{F}$ 对 O 点的矩为力 $\boldsymbol{F}$ 的大小与矩心 O 作用线距离 γ 的乘积，是代数和，符号为 $\boldsymbol{M}_0$，单位为 $N\cdot m$（牛·米），即：

$$\boldsymbol{M}_0(\boldsymbol{F})=\boldsymbol{M}_0=\gamma\times\boldsymbol{F} \tag{4-1-5}$$

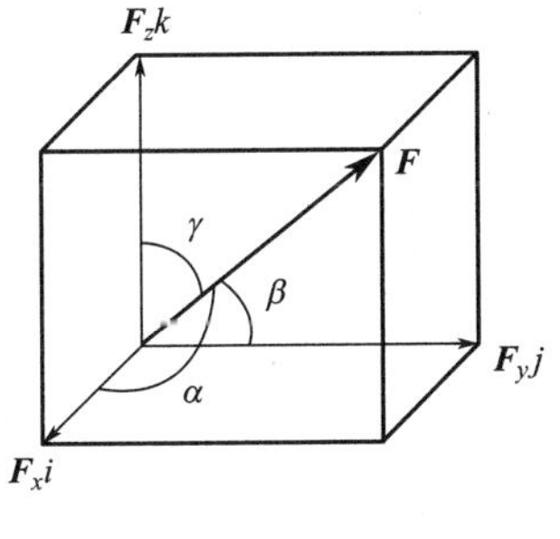

图 4-1-1

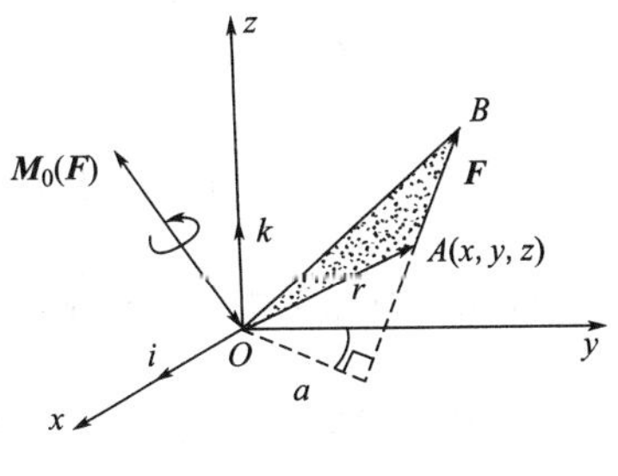

图 4-1-2

解析表达式为：

$$\boldsymbol{M}_0=\begin{vmatrix} i & j & k\\ x & y & z\\ \boldsymbol{F}_x & \boldsymbol{F}_y & \boldsymbol{F}_z\end{vmatrix}=(y\boldsymbol{F}_z-z\boldsymbol{F}_y)i+(z\boldsymbol{F}_x-x\boldsymbol{F}_z)j+(x\boldsymbol{F}_y-y\boldsymbol{F}_x)k \tag{4-1-6}$$

$\boldsymbol{M}_0$ 的方向按右手螺旋法则确定，力使物体绕矩心逆时针转动时为正，顺时针转动为负。

4. 力对轴的矩

表示力 $\boldsymbol{F}$ 对任意轴 z 的矩称为力对轴之矩。符号规定：从 z 轴的正向看，若力使物体逆时针旋转，符号为正，反之为负，或用右手螺旋法则确定。用 $\boldsymbol{M}_z$（$\boldsymbol{F}$）表示，单位为 N·m（牛·米），表达式如下：

$$\boldsymbol{M}_z(\boldsymbol{F})=\boldsymbol{M}_0(\boldsymbol{F}_{xy})_z=\pm \boldsymbol{F}_{xy}h=\pm 2\triangle OAB\ 面积 \tag{4-1-7}$$

合力矩定理指汇交力系的合力对某点（或某轴）之矩等于力系中各分力对同一点（或同一轴）之矩的代数和，即：

$$\boldsymbol{M_0}(\boldsymbol{F}_{\mathrm{R}})=\sum \boldsymbol{M_0}(\boldsymbol{F}_i) \tag{4-1-8}$$

空间力对点的矩与对轴的矩二者关系如下：

$$\boldsymbol{M}_x(\boldsymbol{F})=y\boldsymbol{F}_z-z\boldsymbol{F}_y$$
$$\boldsymbol{M}_y(\boldsymbol{F})=z\boldsymbol{F}_x-x\boldsymbol{F}_z$$
$$\boldsymbol{M}_z(\boldsymbol{F})=x\boldsymbol{F}_y-y\boldsymbol{F}_x \tag{4-1-9}$$

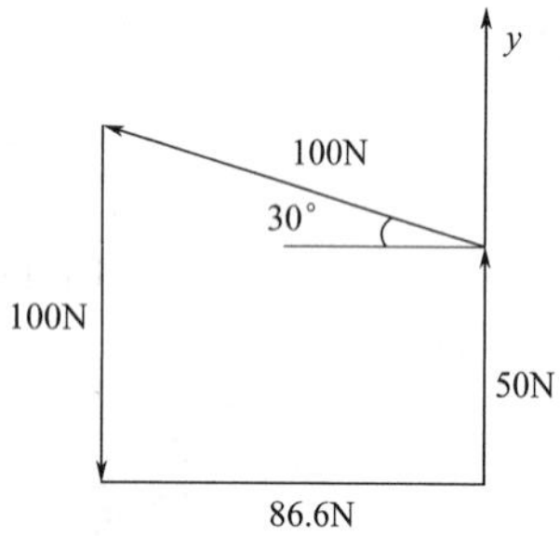

【例 4-1-3】 平面汇交力系的力多边形如图所示，此四个力在 y 轴投影之和为（　　）。

A. 86.6N　　B. 0

C. −100N　　D. 50N

解：选 B，力多边形封闭，此汇交力系合力等于零，根据合力投影定理，合力在任一轴上的投影等于各分力在同一轴上投影的代数和，此四力在 y 轴投影之和等于零。

（三）空间汇交力系

各力作用线交于一点的力系称为汇交力系，根据矢量投影定理，得到合（力）矢量在 x、y、z 轴上的投影如下：

$$\boldsymbol{F}_{\mathrm{R}x}=\boldsymbol{F}_{x1}+\boldsymbol{F}_{x2}+\boldsymbol{F}_{x3}+\cdots+\boldsymbol{F}_{xn}=\sum_{i=1}^{n}\boldsymbol{F}_{xi}$$
$$\boldsymbol{F}_{\mathrm{R}y}=\boldsymbol{F}_{y1}+\boldsymbol{F}_{y2}+\boldsymbol{F}_{y3}+\cdots+\boldsymbol{F}_{yn}=\sum_{i=1}^{n}\boldsymbol{F}_{yi} \tag{4-1-10}$$
$$\boldsymbol{F}_{\mathrm{R}z}=\boldsymbol{F}_{z1}+\boldsymbol{F}_{z2}+\boldsymbol{F}_{z3}+\cdots+\boldsymbol{F}_{zn}=\sum_{i=1}^{n}\boldsymbol{F}_{zi}$$

合力 $\boldsymbol{F}_{\mathrm{R}}$ 在空间直角坐标系中的解析式为：

$$\boldsymbol{F}_{\mathrm{R}}=\boldsymbol{F}_{\mathrm{R}x}\boldsymbol{i}+\boldsymbol{F}_{\mathrm{R}y}\boldsymbol{j}+\boldsymbol{F}_{\mathrm{R}z}\boldsymbol{k}=\sum_{i=1}^{n}\boldsymbol{F}_{xi}i+\sum_{i=1}^{n}\boldsymbol{F}_{yi}j+\sum_{i=1}^{n}\boldsymbol{F}_{zi}k \tag{4-1-11}$$

（四）力偶与力偶矩矢

大小相等、方向相反且不共线的平行力组成的力系称为力偶，记为（$\boldsymbol{F}$，$\boldsymbol{F}'$），$\boldsymbol{F}=-\boldsymbol{F}'$。

力偶没有合力，不能用一个力代替，力偶只能与另一力偶平衡。力偶对物体只有转动效应，没有移动效应，力偶矩与矩心点位置无关。

力偶矩矢表示力偶的两个力对某点的矩之和，如图 4-1-3 所示，即：

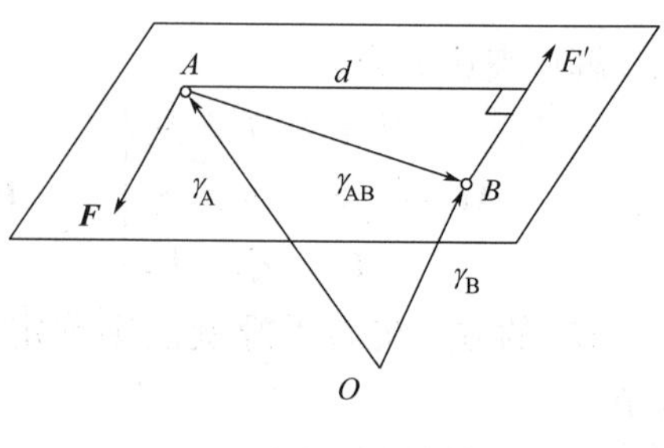

图 4-1-3

$$\boldsymbol{M}=\boldsymbol{M}_0(\boldsymbol{F},\boldsymbol{F}')=\boldsymbol{M}_0(\boldsymbol{F})+\boldsymbol{M}_0(\boldsymbol{F}')=\gamma_A\times\boldsymbol{F}+\gamma_B\times\boldsymbol{F}'=\gamma_{AB}\times\boldsymbol{F} \tag{4-1-12}$$

力偶矩矢的大小为：

$$|\boldsymbol{M}|=Fd \tag{4-1-13}$$

式中：d——力偶中两个力之间的垂直距离，称为力偶臂，方向按右手螺旋法则确定。

【例 4-1-4】 如图所示简支梁，受力偶矩 M 的作用，试求支座处的约束力（ ）。

A. 2kN　　B. 2.5kN　　C. 5kN　　D. 2.8kN

解：(1) 选杆 AB 为研究对象，由于支座 B 为链杆支座，其约束力 $\boldsymbol{F}_{By}$ 与 A 处的约束力 $\boldsymbol{F}_{Ay}$ 构成一个力偶且与外力偶 M 平衡，则 $\boldsymbol{F}_{By}$ 垂直向下，$\boldsymbol{F}_{Ay}$ 铅锤向上，如图（b）所示。

(2) 列力偶的平衡方程：$\sum_{i=1}^{n}\boldsymbol{M}_i=0$，$\boldsymbol{M}-\boldsymbol{F}_{Ay}\times 4=0$，解得 $\boldsymbol{F}_{Ay}=\boldsymbol{F}_{By}=2.5\text{kN}$，选 B。

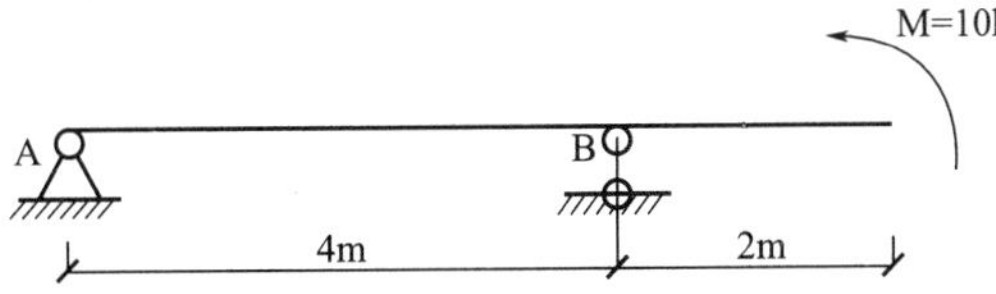

(a)

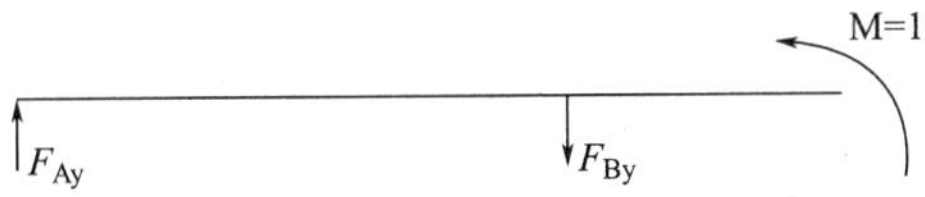

(b)

（五）受力分析与受力图

正确的对物体进行受力分析和画受力图是力学计算的前提和关键，步骤如下：

① 确定研究对象，将其从周围物体中分离出来，并画出简图；

② 画出全部主动力和约束力；

③ 不画内力，只画外力；

④ 正确分析物体间的作用力和反作用力，当作用力的方向确定，反作用力的方向必与之相反。

（六）平面力系的简化与平衡

将作用在物体上的一个力系用另一个对物体作用效果相同的力系代替，则称此二力系互为等效力系，若用一个简单的力系等效替换另一个复杂的力系，将此过程称为力系的简化。

1. 力的平移定理

力的平移定理是指作用在刚体上的任意力可以向任意点 A 处平移，但须附加一个力偶，其力偶的力矩等于原力对 A 点的矩。如图 4-1-4 所示：将力 $\boldsymbol{F}$ 移到 B 点处，在刚体的另一点 B 加一平衡力系 $\boldsymbol{F}'=-\boldsymbol{F}''$，令 $\boldsymbol{F}=\boldsymbol{F}'=-\boldsymbol{F}''$，则 $\boldsymbol{F}$ 和 $\boldsymbol{F}''$ 构成一个力偶，其矩 $\boldsymbol{M}$（m）为

$$m=\pm Fd \tag{4-1-14}$$

2. 平面力系的简化

设平面力系 $\boldsymbol{F}_1$、$\boldsymbol{F}_2$、$\cdots\boldsymbol{F}_n$，分别作用于 A_1、A_2、$\cdots A_n$ 点，如图 4-1-5（a）所示。平面任一点 O，称为简化中心，将各力按力的平移定理平行移动至该点，并附加相应的力

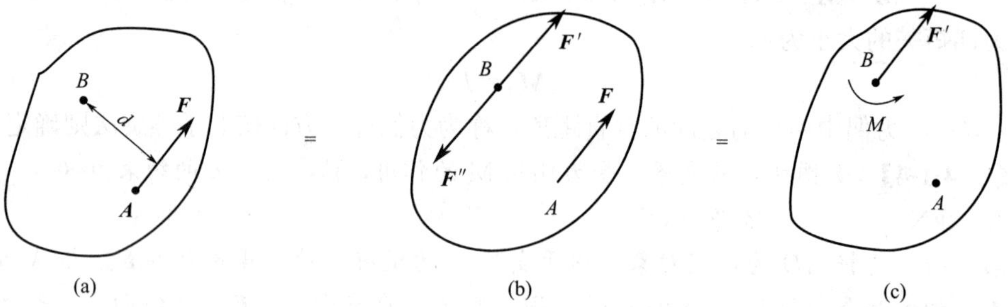

图 4-1-4

偶 $\boldsymbol{m}_1$、$\boldsymbol{m}_2$、…、$\boldsymbol{m}_n$。于是原力系与一个通过 O 点的平面汇交力系和一个附加的平面力偶系等效，如图 4-1-5（b）所示，则作用于 O 点的合力 $\boldsymbol{F}'_R$ 及合力偶 $\boldsymbol{M}$（$\boldsymbol{O}$）如图 4-1-5（c）所示，计算式如下：

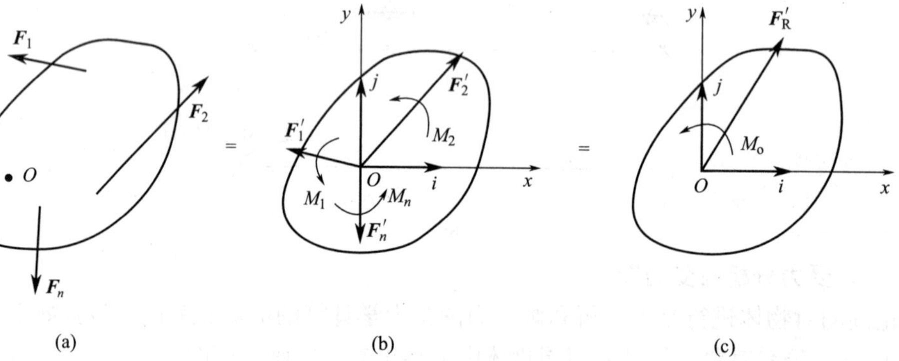

图 4-1-5

$$\boldsymbol{F}'_R=\boldsymbol{F}'_1+\cdots+\boldsymbol{F}'_n=\sum_{i=1}^{n}\boldsymbol{F}_i \tag{4-1-15}$$

$$M_O=\boldsymbol{M}_1+\boldsymbol{M}_2+\cdots+\boldsymbol{M}_n=\sum_{i=1}^{n}\boldsymbol{M}_O(F_i) \tag{4-1-16}$$

平面力系的简化结果：

① 当 $\boldsymbol{F}'_R=0$，$\boldsymbol{M}_O\neq0$ 时，可简化为一个力偶，此力偶矩与简化位置无关，主矩 M_O 为原力系的合力偶矩；

② 当 $\boldsymbol{F}'_R\neq0$，$\boldsymbol{M}_O=0$ 时，可简化为一个力，此主矢为原力系的合力，合力作用线通过简化中心；

③ 当 $\boldsymbol{F}'_R\neq0$，$\boldsymbol{M}_O\neq0$ 时，可简化为一个力，此主矢为原力系的合力，合力作用线到 O 点的距离为 $d=\dfrac{\boldsymbol{M}_O}{\boldsymbol{F}'_R}$。

【例 4-1-5】 某平面任意力系向作用面内任一点简化，得主矢、主矩均不为零，则其简化的最后结果为（　　）。

A. 一力偶　　B. 一合力　　C. 平衡　　D. 不能确定

解： 选 B。

3. 平面力系的平衡条件和平衡方程式

平面力系平衡的必要与充分条件是力系的主矢量及对于任一点的主矩同时为零，把这两个条件用代数方程式表示，即得平衡方程式。

1）平面任意力系

① 平衡条件：力系的主矢和对任意点的主矩均等于零，即 $\boldsymbol{F}'_{\mathrm{R}}=0$，$\boldsymbol{M}_{\mathrm{O}}=0$；

② 平衡方程：

$$\begin{cases}\sum\limits_{i}^{n}\boldsymbol{F}_{xi}=0\\ \sum\limits_{i}^{n}\boldsymbol{F}_{yi}=0\\ \sum\limits_{i}^{n}\boldsymbol{M}_{\mathbf{O}}(\boldsymbol{F}_{i})=0\end{cases} \tag{4-1-17}$$

③ 二力矩形式和三力矩形式的平衡方程：

$$\begin{cases}\sum\limits_{i}^{n}\boldsymbol{F}_{xi}=0\\ \sum\limits_{i}^{n}\boldsymbol{M}_{\mathbf{A}}(\boldsymbol{F}_{i})=0,\text{条件}:O_1、O_2\text{ 的连线不垂直 }x\text{ 轴}\\ \sum\limits_{i}^{n}\boldsymbol{M}_{\mathbf{B}}(\boldsymbol{F}_{i})=0\end{cases} \tag{4-1-18}$$

$$\begin{cases}\sum\limits_{i}^{n}\boldsymbol{M}_{\mathbf{A}}(\boldsymbol{F}_{i})=0\\ \sum\limits_{i}^{n}\boldsymbol{M}_{\mathbf{B}}(\boldsymbol{F}_{i})=0,\text{条件}:O_1、O_2、O_3\text{ 三点不共线}\\ \sum\limits_{i}^{n}\boldsymbol{M}_{\mathbf{C}}(\boldsymbol{F}_{i})=0\end{cases} \tag{4-1-19}$$

【例 4-1-6】 水平梁 AB，A 端为固定铰支座，B 端为水平面上的滚动铰支座，受力为 q，$\boldsymbol{M}=qa^2$，几何尺寸如图（a）所示，试求 A、B 端的约束力。

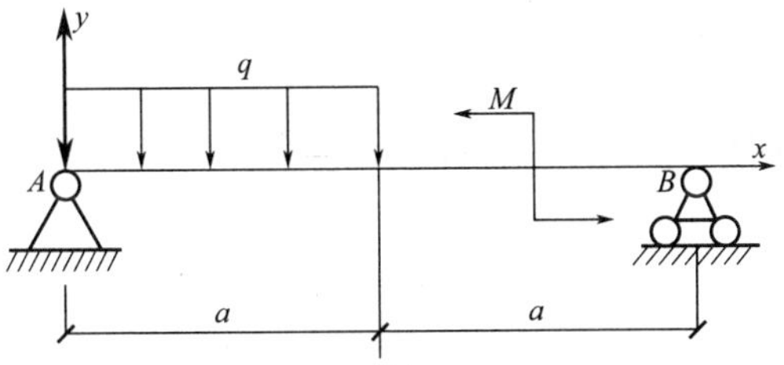

(a)

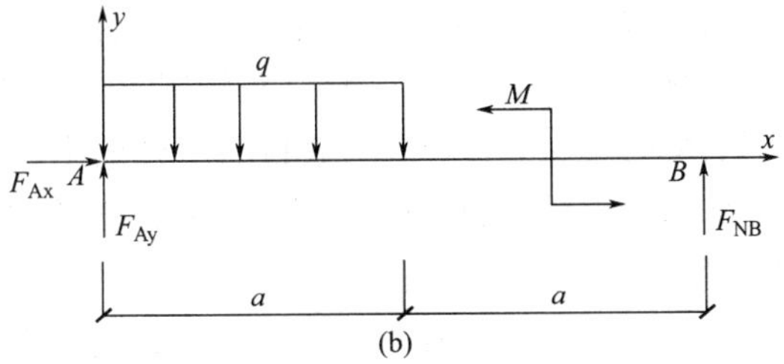

(b)

解：（1）选取 AB 为研究对象，设作用于它的主动力有均布荷载 q，力偶矩 $\boldsymbol{M}$；约束力为固定铰支座 A 端的 $\boldsymbol{F}_{Ax}$、$\boldsymbol{F}_{Ay}$ 两个分力，滚动铰支座 B 端的铅垂向上的法向力 $\boldsymbol{F}_{NB}$，如图（b）所示。

（2）建立坐标系，列平衡方程：

$$\sum_{i=1}^{n}\boldsymbol{M}_A(\boldsymbol{F}_i)=0,\ \boldsymbol{F}_{NB}\cdot 2a+\boldsymbol{M}-\frac{1}{2}qa^2=0$$

$$\sum_{i=1}^{n}\boldsymbol{F}_{xi}=0,\ \boldsymbol{F}_{Ax}=0$$

$$\sum_{i=1}^{n}\boldsymbol{M}_B(\boldsymbol{F}_i)=0,\ \boldsymbol{F}_{Ay}\cdot 2a-\boldsymbol{M}-\frac{3}{2}qa=0$$

解得 A、B 端的约束力为 $\boldsymbol{F}_{NB}=\dfrac{qa}{4}$（↓），$\boldsymbol{F}_{Ax}=0$，$\boldsymbol{F}_{Ay}=\dfrac{5qa}{4}$（↑）。

2）平面平行力系（取 y 轴与各力作用线平行）

① 平衡条件：主矢、主矩均等于零，即 $\boldsymbol{F}'_R=0$，$\boldsymbol{M}_O=0$

② 平衡方程：

$$\sum\boldsymbol{F}_y=0,\sum\boldsymbol{m}_O(\boldsymbol{F})=0 \tag{4-1-20}$$

③ 二力矩形式的平衡方程：

$$\begin{cases}\sum\boldsymbol{m}_A(\boldsymbol{F})=0\\ \sum\boldsymbol{m}_B(\boldsymbol{F})=0\end{cases} \tag{4-1-21}$$

A、B 两点的连线不与各力平行。

3）平面汇交力系

① 平衡条件：合力等于零，即 $\boldsymbol{F}_R=0$

② 平衡方程：

$$\sum\boldsymbol{F}_x=0,\sum\boldsymbol{F}_y=0 \tag{4-1-22}$$

③ 二力矩形式的平衡方程：

$$\begin{cases}\sum\boldsymbol{m}_A(\boldsymbol{F})=0\\ \sum\boldsymbol{m}_B(\boldsymbol{F})=0\end{cases} \tag{4-1-23}$$

A、B 两点的连线与力系的汇交点不在同一直线上。

4）平面力偶系

① 平衡条件：合力偶矩等于零，即 $\boldsymbol{M}=0$

② 平衡方程：

$$\sum\boldsymbol{m}_i=0 \tag{4-1-24}$$

（七）物体系统的平衡

物体系统指由两个或两个以上的物体通过一定的约束条件联系在一起而组成的系统。

若该物体系统由 n 个物体组成，在平面一般力系作用下，可列出 $3n$ 个独立的平衡方程，可解 $3n$ 个未知量。物体系统全部未知力的数目与所列的平衡方程的数目，此类问题为静定问题；物体系统全部未知力的数目多于所列的平衡方程的数目，此类问题为超静定问题，在理论力学里，一般我们只求解静定问题。

在解物体系统题目时，首先应明确考察对象是静定问题还是超静定问题，然后再选取研究对象，进行受力分析并画出受力图，根据平衡条件，建立平衡方程求解计算。

【例 4-1-7】 在图示三铰钢架上作用有力 $\overrightarrow{P_1}$ 和 $\overrightarrow{P_2}$，且 $\overrightarrow{P_1}=-\overrightarrow{P_2}$，则支座 A、B 的约束反力 $\overrightarrow{R_A}$ 和 $\overrightarrow{R_B}$ 为（　　）。

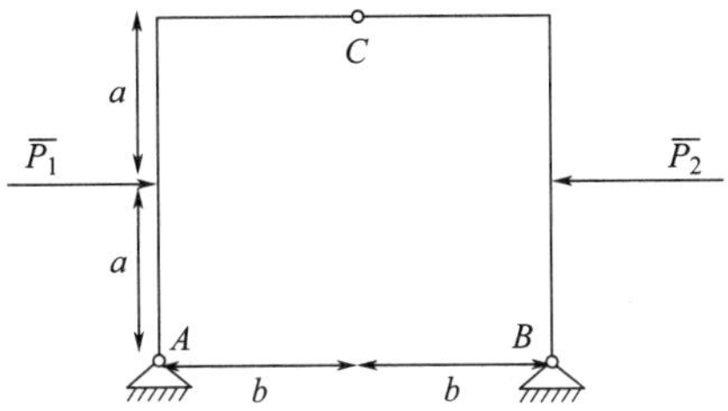

A. $\overrightarrow{R_A}=\overrightarrow{R_B}$　　B. $\overrightarrow{R_A}=-\overrightarrow{R_B}=-\dfrac{\overrightarrow{P_1}}{2}$　　C. $\overrightarrow{R_A}=-\overrightarrow{R_B}=-\overrightarrow{P_1}$　　D. $\overrightarrow{R_A}\neq\overrightarrow{R_B}$

解： 选 B。

（八）平面静定桁架

① 桁架：在若干直杆的端部彼此用铰链链接而成的杆系结构，铰链连接的点称为节点。

② 平面桁架：所有桁架均在同一平面上。

③ 桁架受力特点：各杆无自重、在节点处受力，桁架中的各杆均为二力杆。

④ 平面静定桁架的内力计算方法：节点法和截面法。

节点法：以每个节点为研究对象，该节点处构成平面汇交力系，则可列两个平衡方程，求出杆内力。

截面法：选择一截面假想地将该杆件截开，使桁架成为两部分，并选其中一部分作为研究对象，则所受力系为平面一般力系，通过平衡方程求出全部未知力。

（九）摩擦

1. 摩擦、摩擦力

摩擦按运动性质分为滑动摩擦和滚动摩擦。

滑动摩擦：当两物体沿接触点处的公切面有相对滑动或有相对滑动趋势时，彼此作用阻碍相对滑动，称为滑动摩擦。形成的力称为滑动摩擦力，简称摩擦力。根据物体的运动状态，将摩擦力分为静摩擦力、动摩擦力和极限摩擦力三种。

静摩擦力：物体接触面之间有相对滑动的趋势，但物体保持静止，方向与相对滑动方向相反，大小介于零和极限摩擦力之间，由平衡方程确定。

动摩擦力：物体接触面之间开始相对滑动，方向与相对滑动方向相反，计算式如下：

$$\boldsymbol{F}_{\mathbf{d}}=f_{\mathrm{d}}\boldsymbol{F}_{\mathbf{N}} \tag{4-1-25}$$

式中 f_{d}——滑动摩擦因数；

F_{N}——接触面法向反力。

极限摩擦力：物体接触面之间有相对滑动的趋势，但物体处于要滑而未滑动的临界平衡状态，方向与相对滑动方向相反，计算式如下：

$$\boldsymbol{F}_{\mathrm{L}}=f\boldsymbol{F}_{\mathrm{N}} \tag{4-1-26}$$

式中 f——静摩擦系数，它与接触面性质有关，对于重要工程，或摩擦力作为控制性数

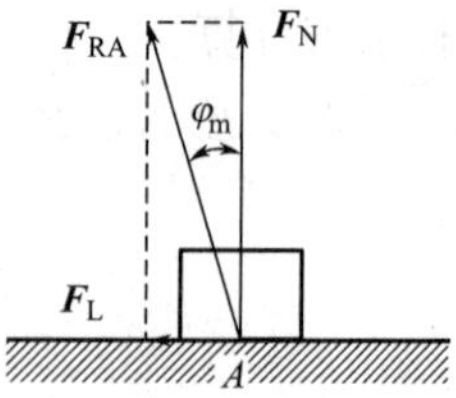

图 4-1-6

据，则应亲自做试验来确定 f 值，或查工程手册确定。

2. 摩擦角

如图 4-1-6 所示，摩擦角 φ_m 是摩擦力与接触面法向反力的合力与支承面法向线间夹角的最大值，摩擦角的正切等于摩擦系数。即：

$$\tan\varphi_m = \boldsymbol{F_L}/\boldsymbol{F_N} = \boldsymbol{f_N}/\boldsymbol{F_N} = f \quad (4\text{-}1\text{-}27)$$

3. 自锁现象

若作用于物体上的全部主动力的合力作用线在摩擦角 φ_m 之内，无论此力变的多大，都会产生与之平衡的条件的全部约束力，使物块保持静止，此种情况称为自锁现象。

4. 有摩擦的平衡问题

加上摩擦力之后，解题的步骤和方法和没有摩擦的平衡问题一样，其大小在零与极限值 $\mathbf{F}_L$ 之间变化，即 $0 \leqslant \boldsymbol{F} \leqslant \boldsymbol{F_L}$。

【例 4-1-8】 如图所示，物块重为 $W=70\text{kN}$，作用力 $T=20\text{kN}$，A、B 间的摩擦系数 $\mu=0.3$，物块 A 所受的摩擦力为（　　）。

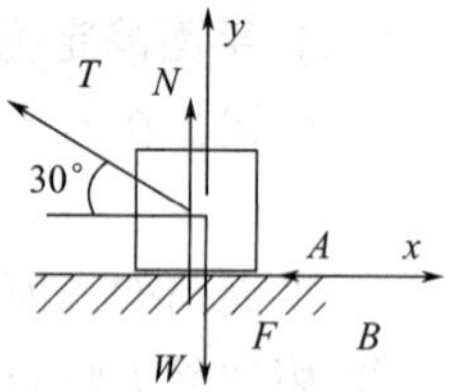

A. $F=25\text{kN}$　　B. $F=18\text{kN}$

C. $F=17.32\text{kN}$　　D. $F=20\text{kN}$

解：物块 A 在 T、W 作用下的运动状态未知，对此首先假设物块是平衡状态，因此有：$\begin{cases}\sum X=0 & F=20\cos30°=17.32\text{kN}\\ \sum Y=0 & N=70-20\sin30°=60\text{kN}\end{cases}$，因此，只要摩擦面提供 7.32kN 的摩擦力，物块即平衡，下面要验证摩擦面能提供的最大摩擦力是多少，因此有 $F_{max}=\mu N=0.3\times60=18\text{kN}$，$F=17.32\text{kN}<F_{max}$ 平衡，摩擦力 $F=17.32\text{kN}$，选 C。

历年真题

4-1-1. 两直角刚杆 AC、CB 支承如图所示，在铰 C 处受力 $\boldsymbol{F}$ 作用，则 A、B 两处约束力的作用线与 x 轴正向所成的夹角分别为（　　）。(2011A47)

A. 0°；90°　　B. 90°；0°　　C. 45°；60°　　D. 45°；135°

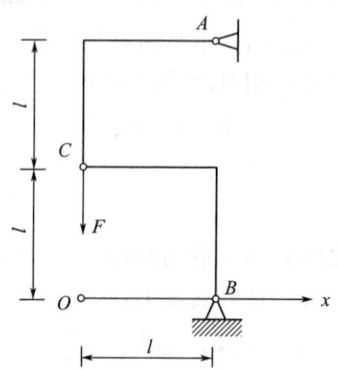

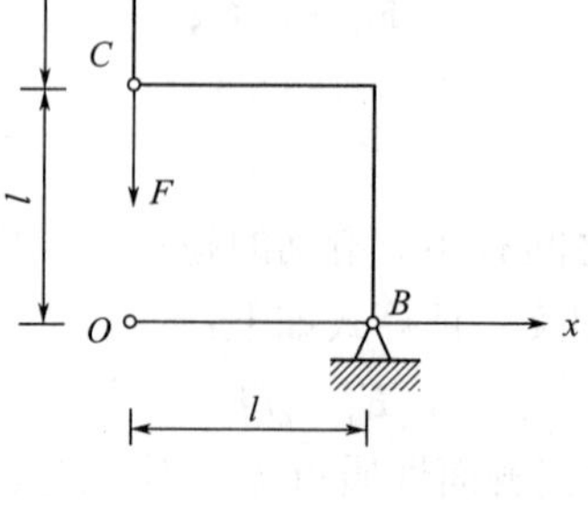

4-1-2. 在图示四个力三角形中，表示 $\boldsymbol{F}_R=\boldsymbol{F}_1+\boldsymbol{F}_2$ 的图是（　　）。(2011A48)

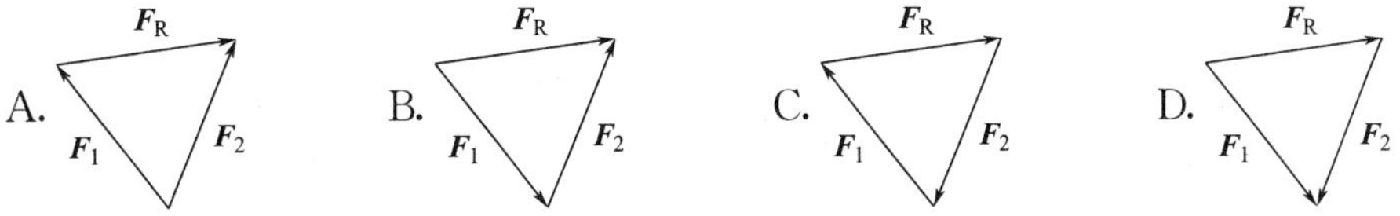

4-1-3. 均质杆 AB 长为 l，重为 $\boldsymbol{W}$，受到如图所示的约束，绳索 ED 处于铅垂位置，A、B 两处为光滑接触，杆的倾角为 α，又 $CD=l/4$，则 A、B 两处对杆作用的约束力大小关系为（　　）。(2011A49)

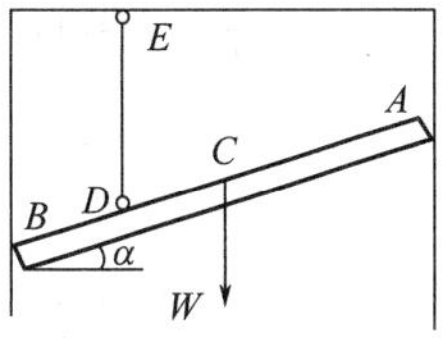

A. $\boldsymbol{F}_{NA}=\boldsymbol{F}_{NB}=0$

B. $\boldsymbol{F}_{NA}=\boldsymbol{F}_{NB}\neq0$

C. $\boldsymbol{F}_{NA}\leqslant\boldsymbol{F}_{NB}$

D. $\boldsymbol{F}_{NA}\geqslant\boldsymbol{F}_{NB}$

4-1-4. 一重力大小为 $W=60\text{kN}$ 的物块自由放置在倾角为 $\alpha=30°$的斜面上，如图所示，若物块与斜面间的静摩擦系数 $f=0.4$，则该物块的状态为（　　）。(2011A50)

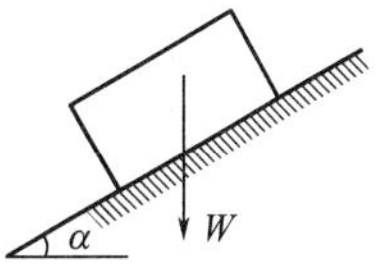

A. 静止状态

B. 临界平衡状态

C. 滑动状态

D. 条件不足，不能确定

4-1-5. 图示刚架中，若将作用于 B 处的水平力 $\boldsymbol{P}$ 沿其作用线移至 C 处，则 A、D 处的约束力（　　）。(2012A47)

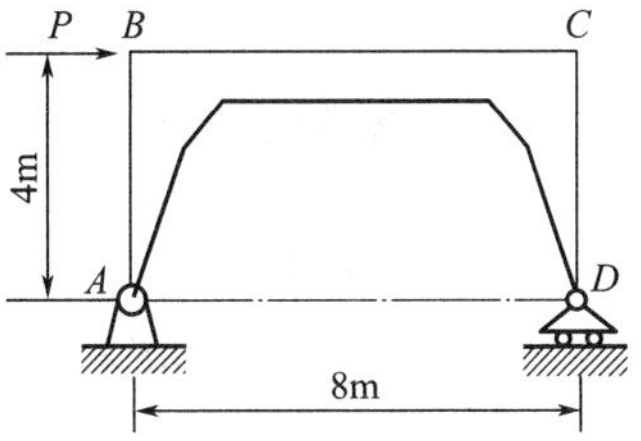

A. 都不变

B. 都改变

C. 只有 A 处改变

D. 只有 D 处改变

4-1-6. 图示绞盘有三个等长为 l 的柄，三个柄均在水平面内，其间夹角都是 120°。如在水平面内，每个柄端分别作用一垂直于柄的力 $\boldsymbol{F}_1$、$\boldsymbol{F}_2$、$\boldsymbol{F}_3$，且有 $\boldsymbol{F}_1=\boldsymbol{F}_2=\boldsymbol{F}_3=\boldsymbol{F}$，该力系向 O 点简化后的主矢及主矩应为（　　）。(2012A48)

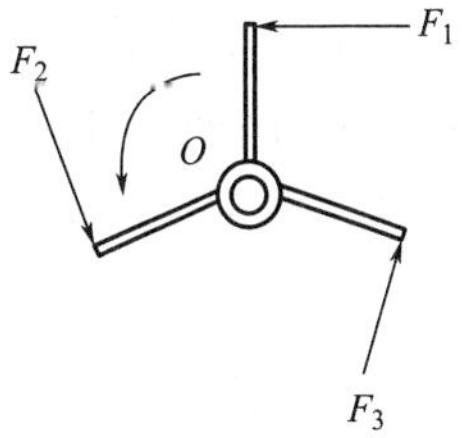

A. $\boldsymbol{F}_R=0$，$\boldsymbol{M}_O=3\boldsymbol{F}l$（顺时针）

B. $\boldsymbol{F}_R=0$，$\boldsymbol{M}_O=3\boldsymbol{F}l$（逆时针）

C. $\boldsymbol{F}_R=2\boldsymbol{F}$（水平向右），$\boldsymbol{M}_O=3\boldsymbol{F}l$（顺时针）

D. $\boldsymbol{F}_R=2\boldsymbol{F}$（水平向左），$\boldsymbol{M}_O=3\boldsymbol{F}l$（逆时针）

4-1-7. 图示起重机的平面构架，自重不计，且不计滑轮质量，已知：$F=100\text{kN}$，$L=70\text{cm}$，B、D、E 为铰链连接，则支座 A 的约束力为（　　）。(2012A49)

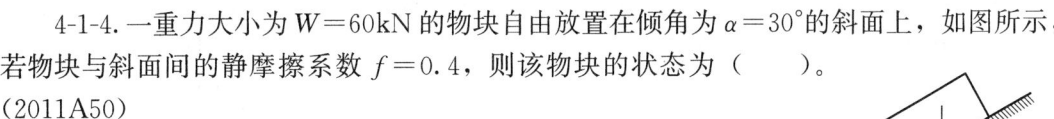

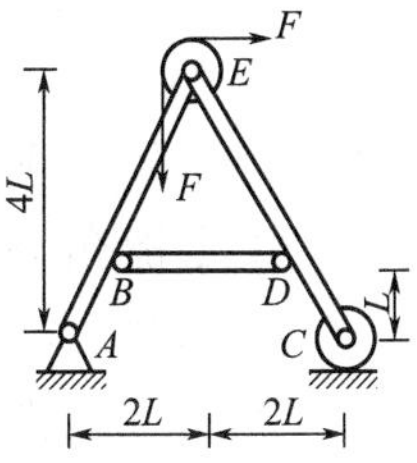

A. $\boldsymbol{F}_{Ax}=100\text{kN}$（←）$\boldsymbol{F}_{Ay}=150\text{kN}$（↓）

B. $\boldsymbol{F}_{Ax}=100\text{kN}$（→）$\boldsymbol{F}_{Ay}=50\text{kN}$（↑）

C. $\boldsymbol{F}_{Ax}=100$kN（←） $\boldsymbol{F}_{Ay}=50$kN（↓）

D. $\boldsymbol{F}_{Ax}=100$kN（←） $\boldsymbol{F}_{Ay}=100$kN（↓）

4-1-8. 平面结构如图所示，自重不计，已知：$\boldsymbol{F}=100$kN，判断图示 BCH 桁架结构中，内力为零的杆数是（　　）。

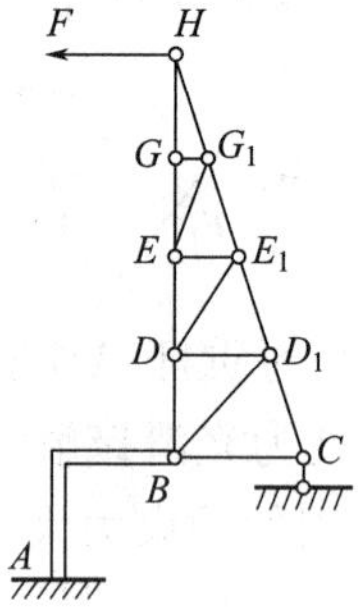

A. 3 根杆

B. 4 根杆

C. 5 根杆

D. 6 根杆

4-1-9. 图示刚架由 AC、BD、CE 三杆组成，A、B、C、D 处为铰接，E 处光滑接触，已知：$\boldsymbol{F}_{\mathbf{P}}=2$kN，$\theta=45°$，杆及轮重均不计，则 E 处约束力的方向与 x 轴正向所成的夹角为（　　）。(2013A47)

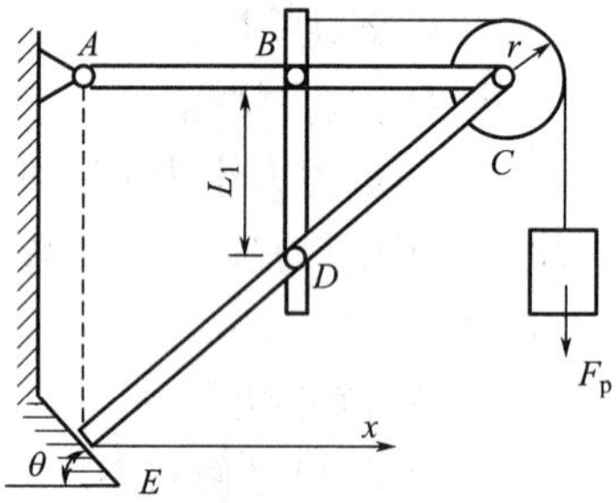

A. 0°

B. 45°

C. 90°

D. 225°

4-1-10. 图示结构直杆 BC，受载荷 F、q 作用，$BC=L$，$F=qL$，其中 q 为荷载集度，单位为 N/m，集中力以 N 计，长度以 m 计。则该主动力系数对 O 点的合力矩为（　　）。(2013A48)

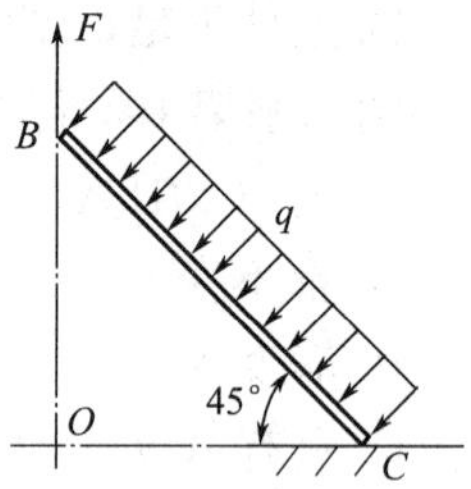

A. $\boldsymbol{M}_{\mathbf{O}}=0$

B. $\boldsymbol{M}_{\mathbf{O}}=\dfrac{qL^2}{2}$N·m（逆时针）

C. $\boldsymbol{M}_{\mathbf{O}}=\dfrac{3qL^2}{2}$N·m（逆时针）

D. $\boldsymbol{M}_{\mathbf{O}}=qL^2$kN·m（顺时针）

4-1-11. 图示平面构架，自重不计，已知：物块 M 重 $\boldsymbol{F}_{\mathbf{P}}$，悬挂如图示，不计小滑轮 D 的尺寸与质量，A、E、C 均为光滑铰链，$L_1=1.5$m，$L_2=2$m，则支座 B 的约束力为（　　）。(2013A49)

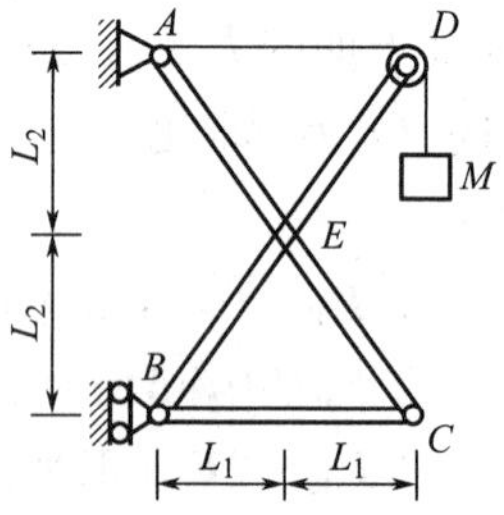

A. $\boldsymbol{F}_{\mathbf{B}}=3\boldsymbol{F}_{\mathbf{P}}/4$（→）

B. $\boldsymbol{F}_{\mathbf{B}}=3\boldsymbol{F}_{\mathbf{P}}/4$（←）

C. $\boldsymbol{F}_{\mathbf{B}}=\boldsymbol{F}_{\mathbf{P}}$（←）

D. $\boldsymbol{F}_{\mathbf{B}}=0$

4-1-12. 物体重为 W，置于倾角为 α 的斜面上，如图所示，已知摩擦角 $\varphi_m>\alpha$，则物块处于的状态是（　　）。(2013A50)

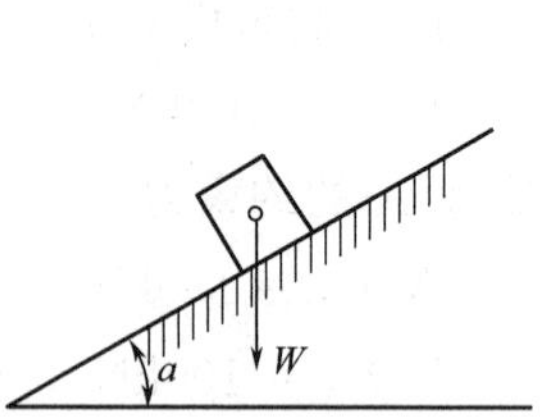

A. 静止状态

B. 临界平衡状态

C. 滑动状态

D. 条件不足，不能确定

4-1-13. 将大小为 100N 的力 $\boldsymbol{F}$ 沿 x、y 方向分解，若 $\boldsymbol{F}$ 在 x 轴上的投影为 50N、而沿 x 方向的分力的大小为 200N，则 $\boldsymbol{F}$ 在 y 轴上的投影为（　　）。(2014A47)

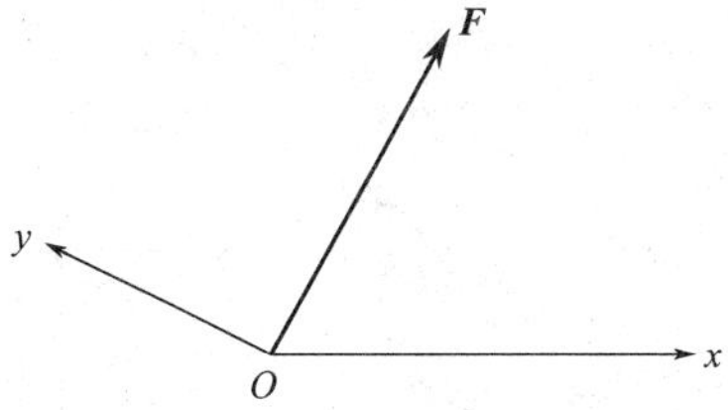

A. 0　　B. 50N　　C. 200N　　D. 100N

4-1-14. 图示边长为 a 的正方形物块 $OABC$，已知：力 $\boldsymbol{F}_1=\boldsymbol{F}_2=\boldsymbol{F}_3=\boldsymbol{F}_4=\boldsymbol{F}$，力偶矩 $\boldsymbol{M}_1=\boldsymbol{M}_2=\boldsymbol{F}a$，则力系 O 点简化后的主矢及主矩应为（　　）。(2014A48)

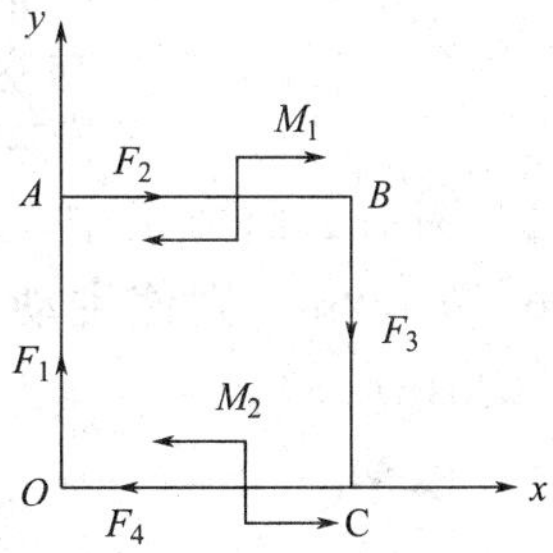

A. $\boldsymbol{F}_{\mathbf{R}}=0\text{N}$，$\boldsymbol{M}_{\mathbf{O}}=4\boldsymbol{F}a$（顺时针方向）

B. $\boldsymbol{F}_{\mathbf{R}}=0\text{N}$，$\boldsymbol{M}_{\mathbf{O}}=3\boldsymbol{F}a$（逆时针方向）

C. $\boldsymbol{F}_{\mathbf{R}}=0\text{N}$，$\boldsymbol{M}_{\mathbf{O}}=2\boldsymbol{F}a$（逆时针方向）

D. $\boldsymbol{F}_{\mathbf{R}}=0\text{N}$，$\boldsymbol{M}_{\mathbf{O}}=2\boldsymbol{F}a$（顺时针方向）

4-1-15. 在图示机构中，已知：$\boldsymbol{F}_{\mathbf{P}}$，$L=2\text{m}$，$r=0.5\text{m}$，$\theta=30°$，$BE=EG$，$CE=EH$，则支座 A 的约束力为（　　）。(2014A49)

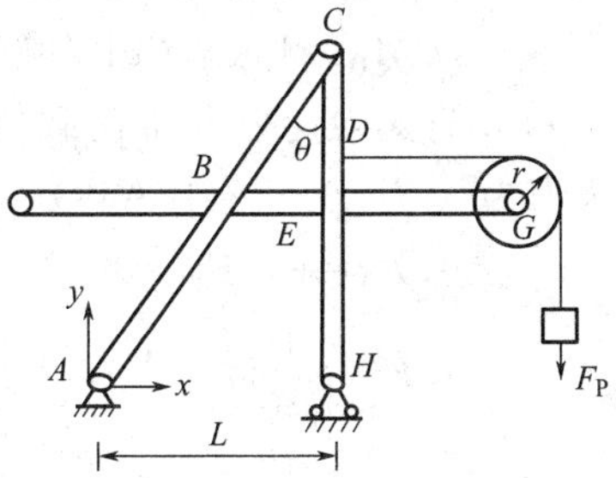

A. $\boldsymbol{F}_{\mathbf{Ax}}=\boldsymbol{F}_{\mathbf{P}}$（←），$\boldsymbol{F}_{\mathbf{Ay}}=1.75\boldsymbol{F}_{\mathbf{P}}$（↓）

B. $\boldsymbol{F}_{\mathbf{Ax}}=0$，$\boldsymbol{F}_{\mathbf{Ay}}=0.75\boldsymbol{F}_{\mathbf{P}}$（↓）

C. $\boldsymbol{F}_{\mathbf{Ax}}=0$，$\boldsymbol{F}_{\mathbf{Ay}}=0.75\boldsymbol{F}_{\mathbf{P}}$（↑）

D. $\boldsymbol{F}_{\mathbf{Ax}}=\boldsymbol{F}_{\mathbf{P}}$（→），$\boldsymbol{F}_{\mathbf{Ay}}=1.75\boldsymbol{F}_{\mathbf{P}}$（↑）

4-1-16. 图示为不计自重的水平梁与桁架 B 点铰接，已知：荷载 $\boldsymbol{F}_1$、$\boldsymbol{F}$ 均与 BH 垂直，$\boldsymbol{F}_1=8\text{kN}$，$\boldsymbol{F}=4\text{kN}$，$\boldsymbol{M}=6\text{kN}\cdot\text{m}$，$q=1\text{kN/m}$，$L=2\text{m}$，则杆件 1 的内力为（　　）。(2014A50)

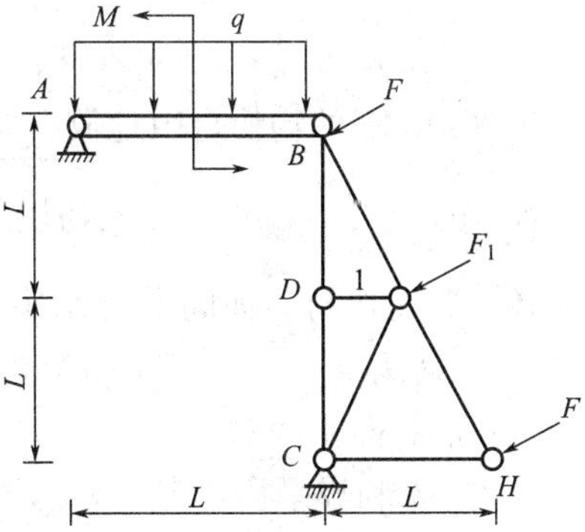

A. $\boldsymbol{F}_1=0$

B. $\boldsymbol{F}_1=8\text{kN}$

C. $\boldsymbol{F}_1=-8\text{kN}$

D. $\boldsymbol{F}_1=-4\text{kN}$

4-1-17. 结构由直杆 AC、DE 和直角弯杆 BCD 所组成，自重不计，受荷 F 与 $M=Fa$ 作用下，则 A 处约束力的作用线与 x 轴正向所成的夹角为（　　）。(2016A47)

A. 135°

B. 90°

C. 0°

D. 45°

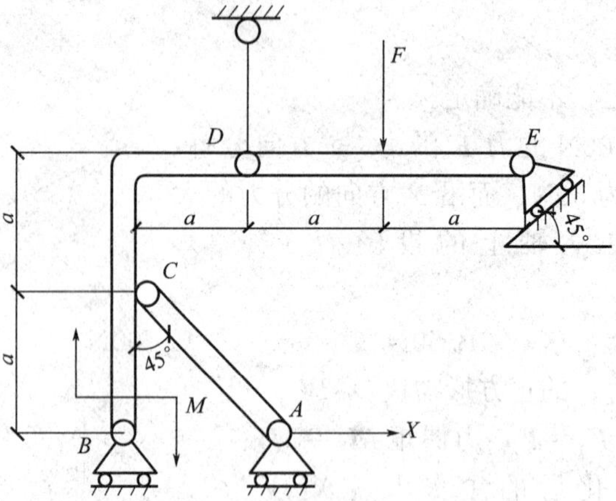

4-1-18. 图示平面力系中，已知 $q=10$kN/m，$\boldsymbol{M}=20$kN·m，$a=2$m，则该主动力系对 B 点的合力矩为（　　）。(2016A48)

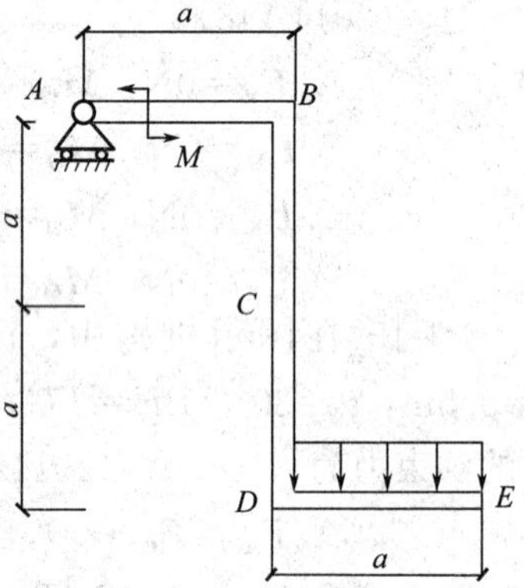

A. $\boldsymbol{M}_\mathbf{O}=0$

B. $\boldsymbol{M}_\mathbf{O}=20$kN·m（逆时针方向）

C. $\boldsymbol{M}_\mathbf{O}=40$kN·m（逆时针方向）

D. $\boldsymbol{M}_\mathbf{O}=40$kN·m（顺时针方向）

4-1-19. 简支梁受力分布荷载如图所示，支座 A、B 的约束力为（　　）。(2016A49)

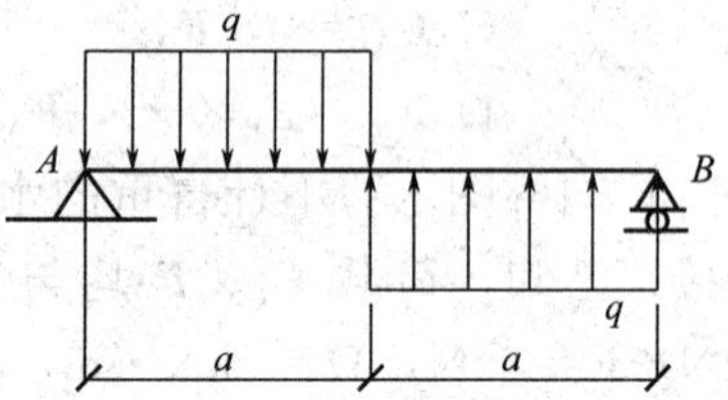

A. $\boldsymbol{F}_\mathbf{A}=0$，$\boldsymbol{F}_\mathbf{B}=0$

B. $\boldsymbol{F}_\mathbf{A}=\dfrac{1}{2}qa$（↑），$\boldsymbol{F}_\mathbf{B}=\dfrac{1}{2}qa$（↑）

C. $\boldsymbol{F}_\mathbf{A}=\dfrac{1}{2}qa$（↑），$\boldsymbol{F}_\mathbf{B}=\dfrac{1}{2}qa$（↓）

D. $\boldsymbol{F}_\mathbf{A}=\dfrac{1}{2}qa$（↓），$\boldsymbol{F}_\mathbf{B}=\dfrac{1}{2}qa$（↑）

4-1-20. 重 $\boldsymbol{W}$ 的物块自由地放在倾角为 α 的斜面上如图所示，$\sin\alpha=\dfrac{3}{5}$，$\cos\alpha=\dfrac{4}{5}$，物块上作用一水平力 $\boldsymbol{F}$，且 $\boldsymbol{F}=\boldsymbol{W}$。若物块与斜面间的静摩擦系数为 $\mu=0.2$，则该物块的状态为（　　）。(2016A50)

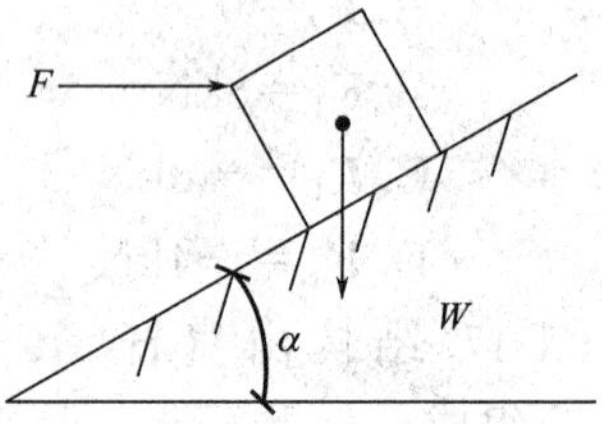

A. 静止状态

B. 临界平衡状态

C. 滑动状态

D. 条件不足，不能确定

4-1-21. 力 $\boldsymbol{F}_1$、$\boldsymbol{F}_2$、$\boldsymbol{F}_3$、$\boldsymbol{F}_4$ 分别作用在刚体上同一平面内 A、B、C、D 四点，各力矢首位相连形成一矩形如图所示，该力系的简化结果为（　　）。(2017A48)

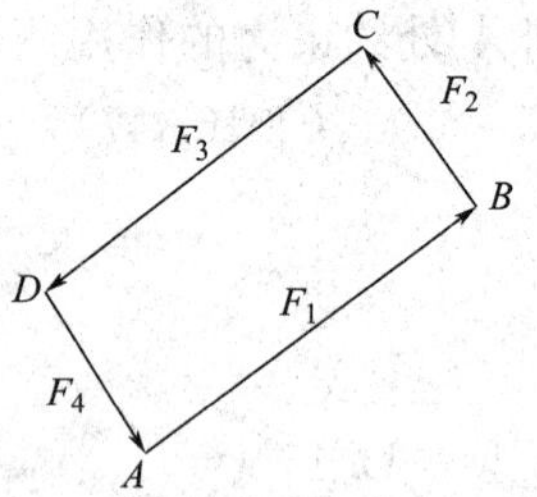

A. 平衡

B. 一合力

C. 一合力偶

D. 一力和一力偶

4-1-22. 均质圆柱体重 P，直径为 D，圆柱体的质量为 m，半径为 r，置于两光滑的斜面上，设有图示方向力 $\boldsymbol{F}$ 作用，当圆柱不移动时，接触面 2 处的约束力大小为（　　）。(2017A49)

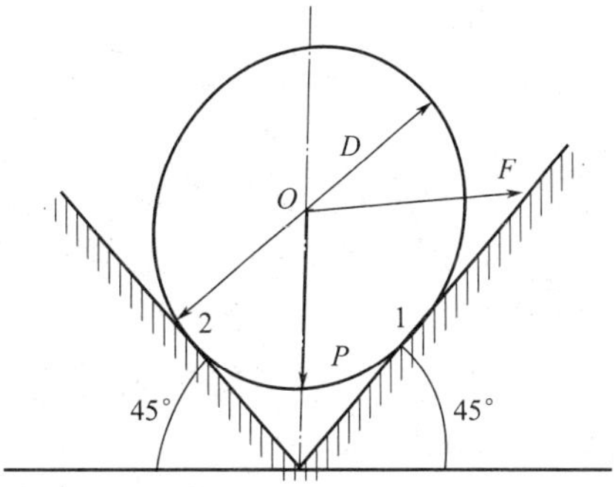

A. $N_2=\frac{\sqrt{2}}{2}(mg-F)$

B. $N_2=\frac{\sqrt{2}}{2}F$

C. $N_2=\frac{\sqrt{2}}{2}mg$

D. $N_2=\frac{\sqrt{2}}{2}(mg+F)$

4-1-23. 杆 AB 的 A 端置于光滑水平面上，AB 与水平面夹角为 30°，杆重为 P，如图所示。B 处有摩擦，则杆 AB 平衡时，B 处的摩擦力与 x 方向间的夹角为（　　）。(2017A50)

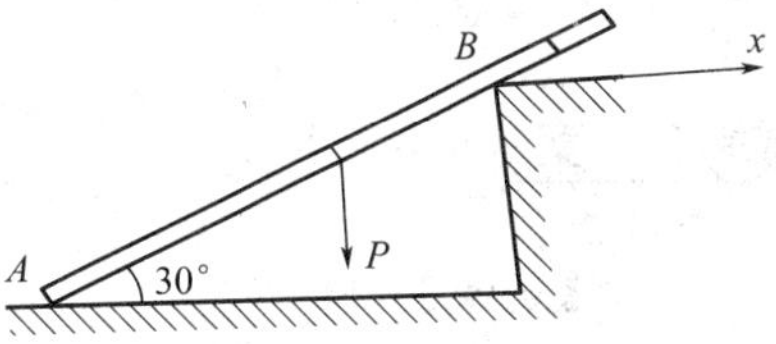

A. 90°

B. 30°

C. 60°

D. 45°

4-1-24. 设力 F 在 x 轴上的投影为 F，则该力在与 x 轴共面的任一轴上的投影（　　）(2018A47)

A. 一定不等于零　B. 不一定等于零　C. 一定等于零　D. 等于 F

4-1-25. 在图示平面力系中，已知：力 $F_1=F_2=F_3=10\text{N}$，$a=1\text{m}$，力偶的转向如图所示，力偶矩的大小为 $M_1=M_2=10\text{N}\cdot\text{m}$，则力系向 O 点简化的主矢、主矩为（　　）(2018A48)

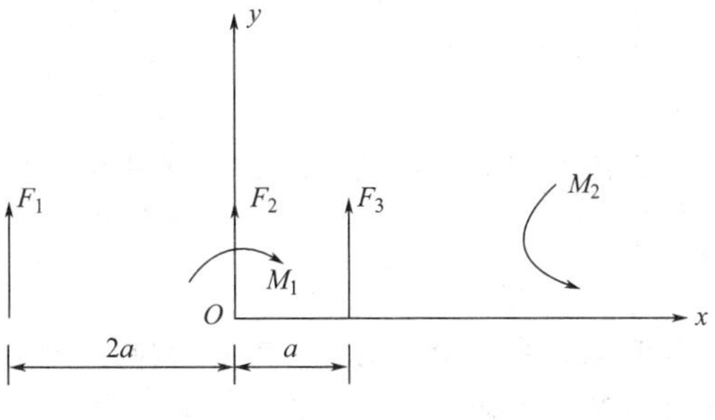

A. $F_R=30\text{N}$（方向铅垂向上），$M_O=10\text{N}\cdot\text{m}$（顺时针）

B. $F_R=30\text{N}$（方向铅垂向上），$M_O=10\text{N}\cdot\text{m}$（逆时针）

C. $F_R=50\text{N}$（方向铅垂向上），$M_O=30\text{N}\cdot\text{m}$（顺时针）

D. $F_R=10\text{N}$（方向铅垂向上），$M_O=10\text{N}\cdot\text{m}$（逆时针）

4-1-26. 在图示结构中，已知 $AB=AC=2r$，物重 F_p，其余重量不计，则支座 A 的约束力为（　　）（2018A49）

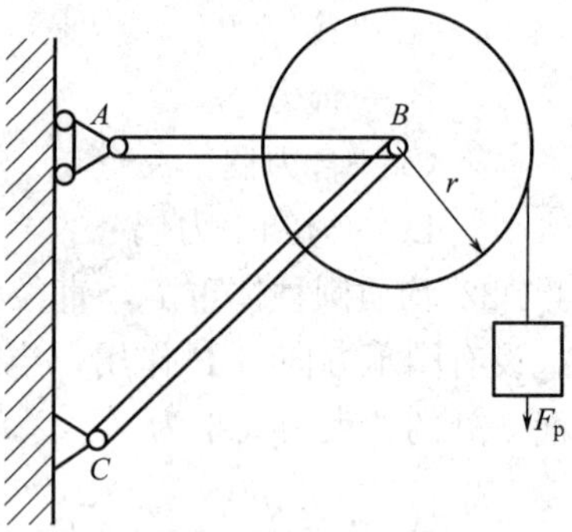

A. $F_A=0$

B. $F_A=\frac{1}{2}F_P$（←）

C. $F_A=\frac{1}{2}\cdot 3F_P$（→）

D. $F_A=\frac{1}{2}\cdot 3F_P$（←）

4-1-27. 图示平面结构，各杆自重不计，已知 $q=10kN/m$，$F_p=20kN$，$F=30kN$，$L_1=2m$，$L_2=5m$，B、C 处为铰链联结。则 BC 杆的内力为（　　）（2018A50）

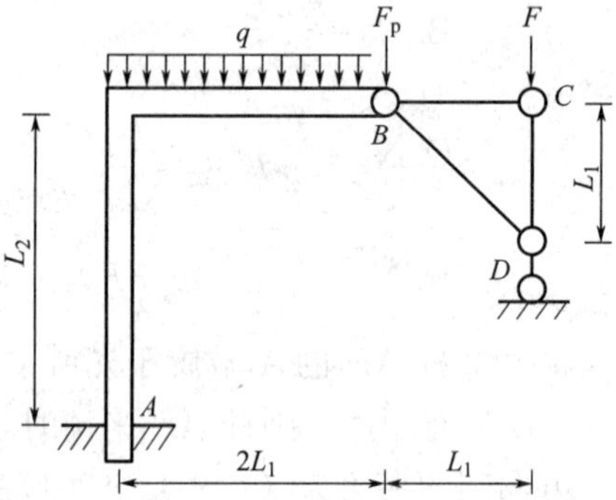

A. $F_{BC}=-30kN$

B. $F_{BC}=30kN$

C. $F_{BC}=10kN$

D. $F_{BC}=0$

答　案

4-1-1.【答案】(D)

AC 与 BC 均为二力杆件，分析铰链 C 的受力即可。

4-1-2.【答案】(B)

根据力的多边形法则，分力首尾相连，合力为力三角形的封闭边。

4-1-3.【答案】(B)

A、B 处为光滑约束，其约束力均为水平并组成一力偶，与力 W 和 DE 杆约束力组成的力偶平衡。

4-1-4.【答案】(C)

根据摩擦定律 $F_{max}=W\cos30°\times f=20.8kN$，沿斜面向下的主动力为 $W\sin30°=30kN>F_{max}$，所以为滑动状态。

4-1-5.【答案】(A)

根据力的可传性判断，作用在刚体上的力可沿其作用线滑移至刚体内任意点而不改变力对刚体的作用效应。

4-1-6.【答案】(B)

主矢为三力的矢量和，汇交力系的合力为 0，对 O 点的主矩为三力分别对 O 点力矩的代数和，力偶系的合力偶为 $3Fl$（逆时针）。

4-1-7.【答案】(C)

取整体为研究对象，由三力平衡可列方程：$\begin{cases}\boldsymbol{F}_{\mathrm{C}}\cdot\dfrac{L}{4}=\boldsymbol{F}\cdot 2L+\boldsymbol{F}\cdot 4L\\ \boldsymbol{F}_{\mathrm{Ax}}=\boldsymbol{F}\\ \boldsymbol{F}_{\mathrm{Ay}}=\boldsymbol{F}_{\mathrm{c}}-\boldsymbol{F}\end{cases}$，得到 $\boldsymbol{F}_{\mathrm{Ax}}=100kN$（←），$\boldsymbol{F}_{\mathrm{Ay}}=50kN$（↓）。

4-1-8.【答案】(D)

不在同一条直线上的两杆节点上若没有荷载作用，两杆均为零杆；不共线的两杆结点，若荷载沿一杆作用，则另一杆为零杆；无荷载的三杆结点，若两杆在一直线上，则第三杆为零杆；对称桁架在对称荷载作用下，对称轴上的 K 形结点，若无荷载，则该结点上的两根斜杆为零杆；对称桁架在反对称荷载作用下，与对称轴重合或者垂直相交的杆件为零杆，根据平面桁架结构的零杆判别法，依次分析各个杆件结点 G、G_1、E、E_1、D、D_1 可知 GG_1、G_1E、EE_1、E_1D、DD_1、D_1B 这 6 根杆都是零杆。

4-1-9.【答案】(B)

图中 AB 杆为二力杆，对 BCD 刚片进行受力分析，AB 杆内力大小为 F_{P}，水平受拉，所以 CD 杆内力沿 ED 轴线方向，故 E 处约束反力与 x 轴夹角为 45°。

4-1-10.【答案】(A)

根据静力学分析，对点的取矩是指力和距离的乘积，因为各主动力的作用线（F 力和均布力 q 的合力作用线）均通过 O 点，故合力矩为零。

4-1-11.【答案】(A)

取构架整体作为研究对象，列两个平衡方程：$\sum \boldsymbol{M}_{\mathrm{A}}(\boldsymbol{F})=0$，$\boldsymbol{F}_{\mathrm{B}}\cdot 2L_2-\boldsymbol{F}_{\mathrm{P}}\cdot 2L_1=0$，代入数据后得到，$B$ 点的支反力为 $3\boldsymbol{F}_{\mathrm{P}}/4$，水平向右。

4-1-12.【答案】(A)

根据斜面的自锁条件，当 $\varphi_{\mathrm{m}}=\alpha$ 时，摩擦角等于临界摩擦角，物块处于平衡状态，当 $\varphi_{\mathrm{m}}>\alpha$，斜面倾角小于摩擦角时，物体静止。

4-1-13.【答案】(A)

按平行四边形法则，把力 $\boldsymbol{F}$ 沿 x、y 轴向分解，得到两分力 $\boldsymbol{F}_x$、$\boldsymbol{F}_y$ 如图所示，其中 x 为力 $\boldsymbol{F}$ 在 x 轴上的投影，由 $x=50\mathrm{N}$，$\boldsymbol{F}=100\mathrm{N}$ 可知 $\boldsymbol{F}$ 力与 x 轴的夹角为 60°，$\boldsymbol{F}_x=200\mathrm{N}$ 可知力 F 与 y 轴垂直，因此力 $\boldsymbol{F}$ 在 y 轴上的投影为 0。

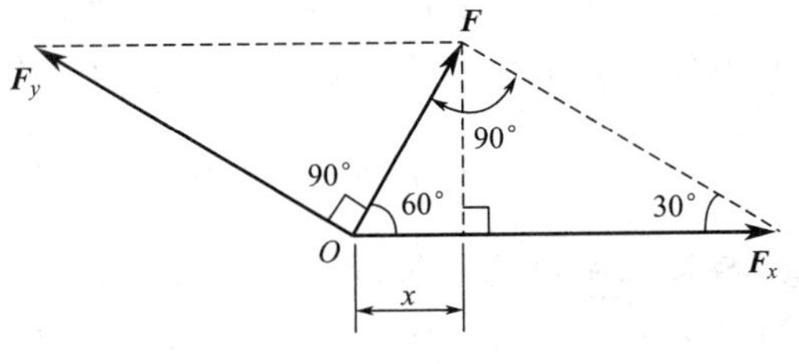

4-1-14.【答案】(D)

根据力的平移定理，作用在刚体上的力可以向任一点平移，但必须同时附加一个力偶，这一附加力偶矩等于平移前的力对平移点的距。所以该力系将 A、B 点的力平移到某 O 点需加一个顺时针方向、大小为 $\boldsymbol{F}a$ 的力矩。因此：

$\boldsymbol{F}_x=\boldsymbol{F}_2-\boldsymbol{F}_4=0$，$\boldsymbol{F}_y=\boldsymbol{F}_1-\boldsymbol{F}_3=0$，$\boldsymbol{F}_R=\sqrt{\boldsymbol{F}_x^2+\boldsymbol{F}_y^2}=0$，

$\boldsymbol{M}_O=\boldsymbol{M}_1-\boldsymbol{M}_2+\boldsymbol{M}_O(\boldsymbol{F}_1,\boldsymbol{F}_3)+\boldsymbol{M}_O(\boldsymbol{F}_2,\boldsymbol{F}_4)=2\boldsymbol{F}a$（顺时针）。

4-1-15.【答案】(B)

取整体为研究对象，根据比例关系可得：$BE=EG=1\text{m}$，由$\sum \boldsymbol{M}_H=0$得$\boldsymbol{F}_{Ay}\times 2\text{m}=\boldsymbol{F}_P\times 1.5\text{m}$，$\boldsymbol{F}_{Ay}=0.75F_P$（↓）由$\sum \boldsymbol{F}_x=0$得$\boldsymbol{F}_{Ax}=0$。

4-1-16.【答案】(A)

取节点D为研究对象，根据桁架结构中的零杆判别法，可知节点D是三杆节点，其中DB和DC两杆在一条直线上，则第三根杆杆1必为零杆，$\boldsymbol{F}_1=0$。

4-1-17.【答案】(A)

先对ED部分进行受力分析，根据平衡条件可求得：E支座处的水平力为$\boldsymbol{F}/2$（←），竖向力为$F/2$（↑），根据B处约束形式可知，B支座处只有竖向反力，对整体结构进行受力分析，根据水平方向力的平衡关系得：AC杆为二力杆，A处约束力沿杆身向下，与水平夹角为45°。

4-1-18.【答案】(A)

平面力系中主动力不包括约束反力，因此主动力系数对B点的合力矩为：

$\boldsymbol{M}-qa^2/2=20-20=0\text{kN}\cdot\text{m}$。

4-1-19.【答案】(C)

设B点的竖向反力竖直向上，对A点取矩得：$\sum \boldsymbol{M}_A=0$，即：$\boldsymbol{F}_B\cdot 2a+qa\cdot\dfrac{3a}{2}-\dfrac{qa^2}{2}=0$，得到：$\boldsymbol{F}_B=\dfrac{1}{2}qa$（↓），根据简支梁竖向力平衡，$\sum \boldsymbol{F}_y=0$，$\boldsymbol{F}_B+\boldsymbol{F}_A=0$，得到$\boldsymbol{F}_A=\dfrac{1}{2}qa$（↑）。

4-1-20.【答案】(A)

进行受力分析，重力与外力沿斜面方向上的合力为：$\boldsymbol{W}\sin\alpha-\boldsymbol{F}\cos\alpha<0$，则滑块有沿斜面向上滑动的趋势，产生的静摩擦力应沿斜面向下，故物块沿斜面方向上的受力为：$(\boldsymbol{W}\sin\alpha-\boldsymbol{F}\cos\alpha)\mu-\boldsymbol{F}\sin\alpha<0$，所以物块静止。

4-1-21.【答案】(C)

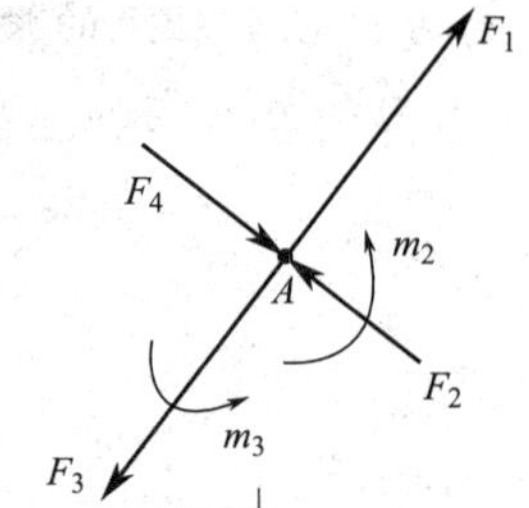

力F_1和F_4保持不动，把力F_2和F_3向A点平移，得到一个平面汇交力系和一个平面力偶系，如右图所示，这个平面汇交力系的主矢为零，但平面力偶系的主矩不为零，故可简化为一个合力偶。

4-1-22.【答案】(A)

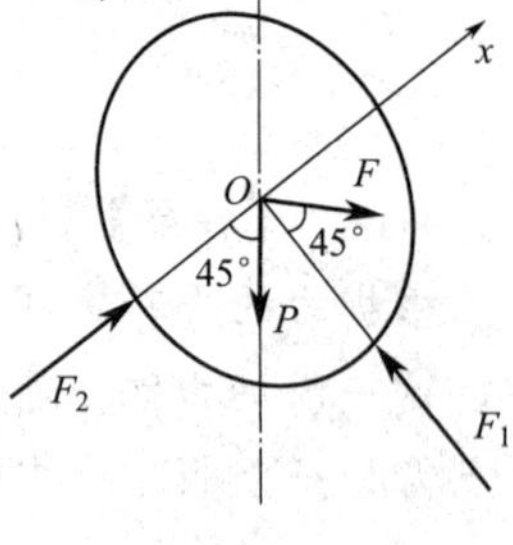

光滑接触面的约束力与接触面垂直，并指向圆心O点，如图所示。把圆柱体所受的力向x轴方向投影，由$\sum F_x=0$，可得

$F_2=P\cos 45°-F\cos 45°=\dfrac{\sqrt{2}}{2}(mg-F)$。

4-1-23.【答案】(B)

AB杆受力如图所示，A端光滑面无摩擦力，而B端摩擦

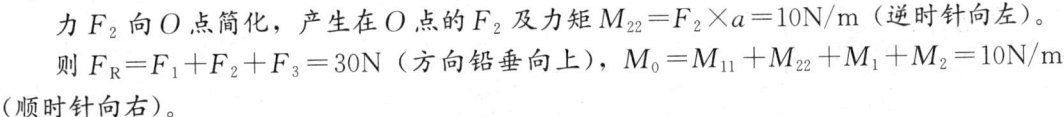

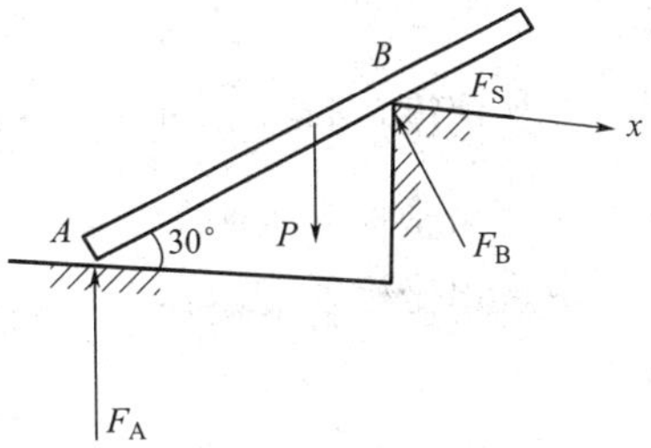

力的方向与 AB 杆的运动趋势相反，沿 AB 杆接触面杆的方向上，与 x 轴的方向夹角为 30°。

4-1-24.【答案】(C)

F 在 x 轴上的投影为 F，则力 F 与 x 轴共线，所以力 F 在其他轴的投影为零。

4-1-25.【答案】(A)

力 F_1 向 O 点简化，产生在 O 点的 F_1 及力矩 $M_{11}=F_1\times 2a=20\text{N/m}$（顺时针向右）。

力 F_2 向 O 点简化，产生在 O 点的 F_2 及力矩 $M_{22}=F_2\times a=10\text{N/m}$（逆时针向左）。

则 $F_R=F_1+F_2+F_3=30\text{N}$（方向铅垂向上），$M_0=M_{11}+M_{22}+M_1+M_2=10\text{N/m}$（顺时针向右）。

4-1-26.【答案】(D)

对 C 取合力矩为零，则 $F_p\times 3r=F_A\times 2r$，$F_A=\dfrac{1}{2}\cdot 3F_P$（←）。

4-1-27.【答案】(D)

A 处为刚节点，所以 B 处左侧受力对 BCD 无影响，BCD 的受力只有 C 处的 F 且通过支座 D，F 与支座反力平衡，所以 BC 内力为 0。

第二节　运动学

一、考试大纲

点的运动方程；轨迹；速度；加速度；切向加速度和法向加速度；平动和绕定轴转动；角速度；角加速度；刚体内任一点的速度和加速度。

二、知识要点

点的运动学主要研究点相对于某一参考系的运动量随时间的变化情况，包括点的位置、速度和加速度之间的关系。

（一）点的运动

描述点的运动有自然表示法、直角坐标法和矢量法。

1. 自然表示法

已知动点的运动轨迹，则点的弧坐标形式的运动方程式为：

$$s=f(t) \tag{4-2-1}$$

弧坐标 s 的单位为 cm、m、km。

速度：$v=\dfrac{ds}{dt}$。

加速度：$\begin{cases} a_\tau=\dfrac{dv}{dt}=s'' & \text{沿切线方向} \\ a_n=\dfrac{v^2}{\rho}=\dfrac{(s')^2}{\rho} & \text{恒指向曲率中心} \end{cases}$，其中，$a_\tau$ 为切线加速度，a_n 为法向加

速度。

全加速度：$a=\sqrt{a_\tau^2+a_n^2}$，$\tan\beta=\dfrac{|a_\tau|}{a_n}$，$\beta$ 为 a 与法线轴 n 正向间的夹角。

2. 直角坐标表示法

取直角坐标系 $Oxyz$，动点 M 的位置可由坐标 x、y、z 表示，即：

$$\begin{cases}x=f_1(t)\\ y=f_2(t)\\ z=f_3(t)\end{cases} \tag{4-2-2}$$

轨迹方程为

$$\begin{cases}F_1(x,y)=0\\ F_2(y,z)=0\end{cases} \tag{4-2-3}$$

速度：$v_x=\dfrac{dx}{dt}$，$v_y=\dfrac{dy}{dt}$，$v_z=\dfrac{dz}{dt}$，$v=\sqrt{v_x^2+v_y^2+v_z^2}$。

加速度：$a_x=\dfrac{dv_x}{dt}=x''$，$a_y=\dfrac{dv_y}{dt}=y''$，$a_z=\dfrac{dv_z}{dt}=z''$。

全加速度：$a=\sqrt{a_x^2+a_y^2+a_z^2}$。

3. 矢量表示法

若动点 M 在某瞬时的位置用从坐标原点 O 到 M 的矢径 r 进行描述，当 M 运动时，r 的大小和方向都随 t 而变，则 M 的运动方程如下：

$$\boldsymbol{r}=\boldsymbol{r}(t) \tag{4-2-4}$$

速度：$\boldsymbol{v}=\dfrac{d\boldsymbol{r}}{dt}=\boldsymbol{r}'$。

全加速度：$\boldsymbol{a}=\dfrac{d\boldsymbol{v}}{dt}=\dfrac{d^2\boldsymbol{r}}{dt^2}=\boldsymbol{r}''$。

几种方法之间存在如下关系：

① 运动方程：$\boldsymbol{r}=x\boldsymbol{i}+y\boldsymbol{j}+z\boldsymbol{k}$；

② 速度：$\boldsymbol{v}=v_x\boldsymbol{i}+v_y\boldsymbol{j}+v_z\boldsymbol{k}=s'\boldsymbol{\tau}$，$v=s'=\sqrt{v_x^2+v_y^2+v_z^2}$；

③ 加速度：$\boldsymbol{a}=a_x\boldsymbol{i}+a_y\boldsymbol{j}+a_z\boldsymbol{k}=s''\tau+\dfrac{(s')^2}{\rho}\boldsymbol{n}$，$a=\sqrt{a_x^2+a_y^2+a_z^2}=\sqrt{(s'')^2+\dfrac{(s')^4}{\rho^2}}$。

【例 4-2-1】 如图所示，点做直线运动，已知运动方程 $S=5t-2.5t^2$（m，s），其轨迹方程为 $3x-4=0$，$t=2$s 时点走过的路程为（　　）。

A. 1.25m　　B. 2.5m

C. 5m　　D. 6.25m

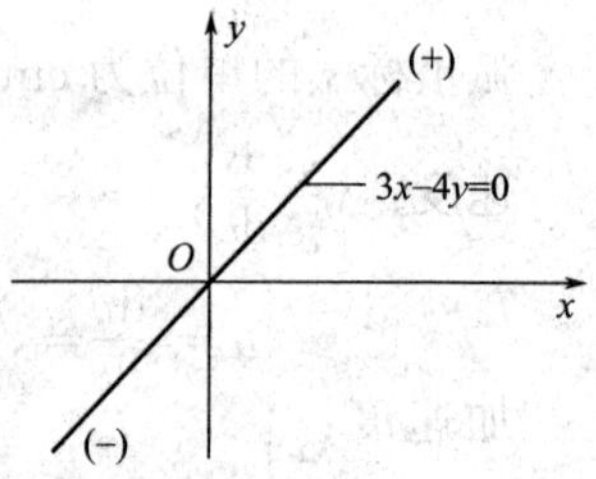

解： 运动方程 $S=5t-2.5t^2$，取 O 点为参考点，$v=\dfrac{ds}{dt}=5-5t$，$a_\tau=-5$，$a_n=0$。当 $t=0$ 时，$S=0$，$v=5$，$a_\tau=-5$，点沿轨迹正向以 5m/s 的运动做减速运动。$v=0$ 时，$t=1$s，此时 $v=0$，$a_\tau=-5\text{m/s}^2$，点开始变向，沿负方向加

速运动，当 $t=1\text{s}$ 时，点走过 2.5m，$t=2\text{s}$ 时，$S=10-10=0$，点在原点 O 的位置，即在 $t=1\text{s}$ 至 $t=2\text{s}$ 间，点又走过 2.5m，路程 $S=5\text{m}$，选 C。

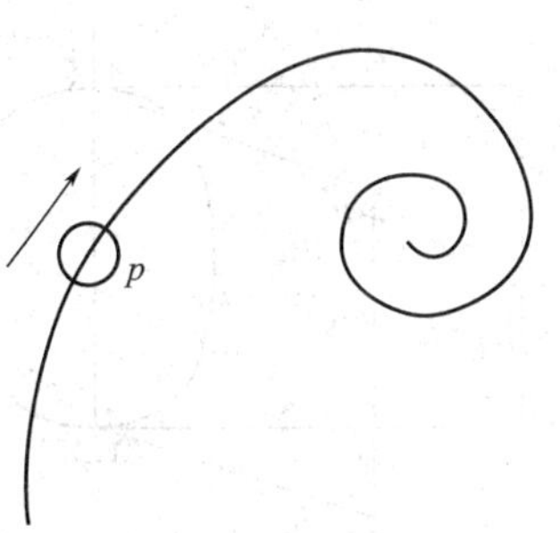

【例 4-2-2】 如图所示点 P 沿螺旋线自外向内运动。它走过的弧长与时间的一次方呈正比。则该点的运动情况为（　　）。

A. 速度越来越快　　　　B. 速度越来越慢

C. 加速度越来越大　　　D. 加速度越来越小

解： 由于运动轨迹的弧长与时间的一次方呈正比，即 $s=kt$，k 为常数，对 s 求一阶导得到点的速度 $v=k$，可见该点做匀速运动，但此仅为速度的大小，由于运动的轨迹为曲线，速度方向不断发生改变，因而需继续分析加速度，因而对速度求一阶导，即：$a_\tau=\frac{\mathrm{d}v}{\mathrm{d}t}=0$，$a_n=\frac{v^2}{\rho}$，总加速度为 $a=\sqrt{a_\tau^2+a_n^2}=a_n=\frac{v^2}{\rho}$，当点由外向内运动时，运动轨迹的曲率半径 ρ 逐渐变小，所以加速度越来越大，选 C。

（二）刚体的平行移动与定轴转动

根据刚体的运动特征将刚体运动分为刚体的平行移动和定轴转动。

1. 刚体的平行移动

刚体的平行移动指刚体运动时其内任一直线始终与其初始位置平行。

刚体做平动时，体内各点的运动轨迹相同，在每一瞬时，各点的速度和加速度都相同。

如图 4-2-1 所示，在做平动的刚体内任取一直线段 AB，在运动过程的各个瞬时，分别到达 A_1B_1、A_2B_2、…、A_iB_i 等位置。线段 A_iB_i 的长度和方向均不变，即 A、B 两点的运动轨迹相同。取一固定坐标点 O，连接 OA、OB，则矢径 $\boldsymbol{r}_A$ 和 $\boldsymbol{r}_B$ 存在如下关系：

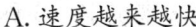

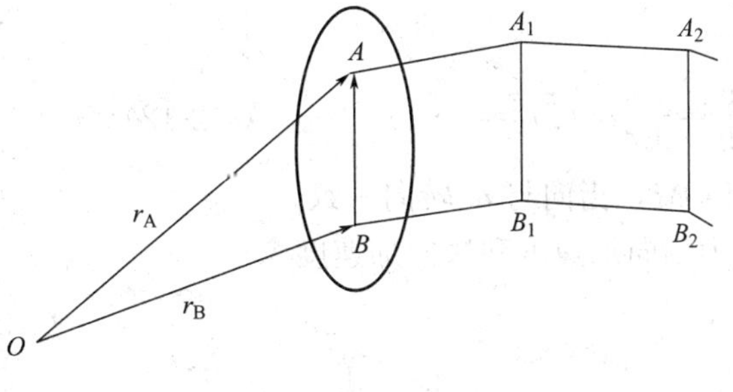

图 4-2-1

$$\boldsymbol{r}_A=\boldsymbol{r}_B+\overline{\boldsymbol{BA}} \tag{4-2-5}$$

式中　$\overline{BA}$——常矢量，不随 t 变化，把上式对 t 求导，可得速度和加速度的关系：

$$\boldsymbol{v}_A=\boldsymbol{v}_B \tag{4-2-6}$$

$$\boldsymbol{a}_A=\boldsymbol{a}_B \tag{4-2-7}$$

物体内其他各点的运动情况与 A、B 两点相同，所以刚体做平动可归结为研究点的运动。

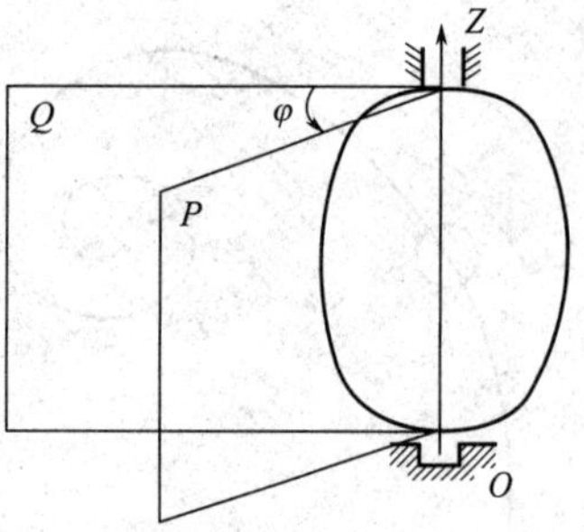

图 4-2-2

2. 刚体的定轴转动

刚体的定轴转动指刚体运动时体内有一条直线始终保持固定不动。此直线叫做转轴，转轴上各点的速度和加速度均等于零，而其他各点绕转轴做圆周运动。

如图 4-2-2，设刚体绕固定轴 z 转动，过 z 轴作固定平面Q、另一平面 P，使平面 P 与刚体一起转动，其中平面 P 的位置可由平面 P、Q 之间的夹角 φ 来确定，φ 称为位置角，φ 角从 z 轴的正向看，以逆时针为正，顺时针为负，单位为弧度。当刚体转动时，φ 角随时间发生改变，是时间的单值连续函数，即：

$$\varphi=\varphi(t) \tag{4-2-8}$$

此式称为刚体绕定轴转动的运动方程式。

把上式对 t 分别求一阶导、二阶导，得到角速度 w 和角加速度 α。w 单位为 rad/s（弧度/秒），w 逆时针转向为正，顺时针转向为负；α 单位为 rad/s^2（弧度/秒^2），逆时针转向为正，顺时针转向为负，即：

$$w=\frac{d\varphi}{dt}=\varphi' \tag{4-2-9}$$

$$\alpha=\frac{dw}{dt}=w'=\varphi'' \tag{4-2-10}$$

3. 转动刚体内各点的速度和加速度

设一刚体绕定轴转动，如图 4-2-3 所示，点 M 为刚体上的一点，O 为定轴，OM 的距离为转动半径 ρ，刚体的角速度为 w，角加速度为 α，则动点 M 的弧坐标为：

$$s=\rho\varphi \tag{4-2-11}$$

此式即为 M 点的运动方程式。

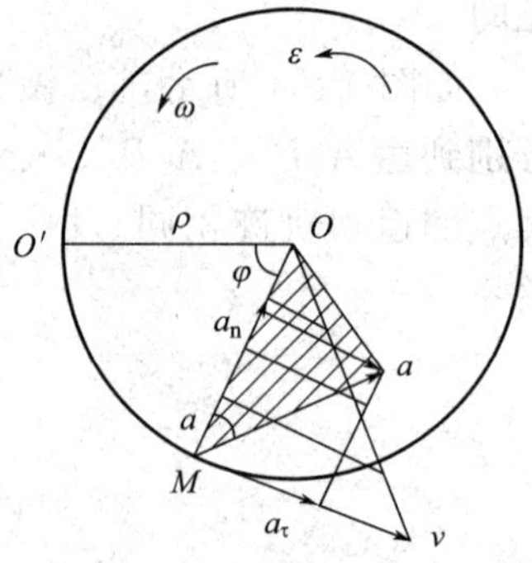

图 4-2-3

M 点的速度为：

$$v=\frac{ds}{dt}=\frac{d}{dt}[\rho\varphi(t)]=\rho\cdot w \tag{4-2-12}$$

式中　v——方向垂直 OM，指向与 w 转向一致。

M 点的加速度分为切向加速度和法向加速度。

① 切向加速度 a_τ：

$$a_\tau=\frac{dv}{dt}=\frac{d}{dt}(\rho w)=\rho\alpha \tag{4-2-13}$$

式中　a_τ——方向垂直 OM，指向与 α 转向一致。

② 法向加速度 a_n：

$$a_n=\frac{v^2}{\rho}=\rho w^2 \tag{4-2-14}$$

式中　a_n——方向指向圆心 O。

③ M 点的总加速度为：

$$a=\sqrt{a_\tau^2+a_n^2}=\rho\sqrt{\alpha^2+w^4} \tag{4-2-15}$$

a 的方向可用α 角表示，有

$$\tan\beta=\frac{|a_\tau|}{a_n}=\frac{|\alpha|}{w^2} \tag{4-2-16}$$

式中 β——加速度 a 与法向加速度之间的夹角。

【例 4-2-3】 圆轮上绕一细绳，细绳悬挂物块，如图所示，物块的速度为 v、加速度为 a。圆轮与绳的直线段相切点为 P，则圆轮上该点速度与加速度的大小分别为（　　）。

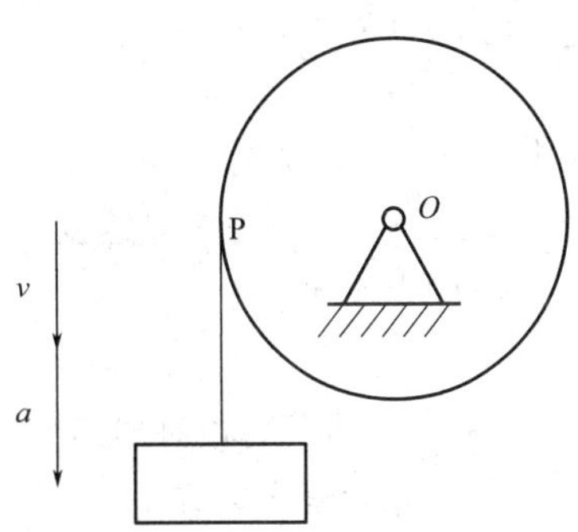

A. $v_P=v$，$a_P>a$　　　　B. $v_P=v$，$a_P<a$

C. $v_P>v$，$a_P<a$　　　　D. $v_P>v$，$a_P>a$

解： 圆轮为定轴转动刚体，其轮缘上 P 点的速度、切向加速度应与物块的速度、加速度相等，而 P 点还有法向加速度，即 $a_P=\sqrt{a^2+\frac{v^2}{R^2}}>a$，选 A。

（三）点的合成运动

通常点或刚体对于不同坐标系的运动不同。根据动点、动坐标系和静坐标系之间的相互作用关系，将动点的运动分为绝对运动、相对运动和牵连运动。

1. 绝对运动、相对运动和牵连运动

静坐标系与动坐标系是相对的，可以任意选定，但在具体解题时以某参照体为静坐标，以另一参照体为动坐标。

绝对运动：是指动点相对于静坐标系的运动，属于点的运动。

相对运动：是指动点相对于动坐标系的运动，属于点的运动。

牵连运动：是指动坐标系相对于静坐标系的运动，属于刚体的运动。

牵连点：指在任一瞬时，动坐标系上与动点相重合的点。牵连点上的速度和加速度称为牵连速度和牵连加速度。

点的运动合成：指通过相对运动和运动坐标系的运动来求质点相对固定坐标系的运动。

2. 点的速度合成

点的速度合成表达式如下：

$$v_a=v_e+v_r \tag{4-2-17}$$

式中 v_a——动点的绝对速度；

v_e——动点的牵连速度；

v_r——动点的相对运动。

3. 牵连运动为转动时点的加速度合成

点的加速度合成表达式如下：

$$a_a=a_e+a_r+a_c \tag{4-2-18}$$

式中　a_a——动点的绝对加速度；

a_e——动点的牵连加速度；

a_r——动点的相对加速度；

a_c——动点的科氏加速度，它是由于动点的相对运动和牵连运动对牵连速度产生附加的作用结果。

a_c 的计算式为：

$$a_c=2w\cdot v_r \tag{4-2-19}$$

式中　w——动系的转动角速度；

v_r——动点的相对速度。

a_c 的大小为：

$$|a_c|=2w\cdot v_r\sin\beta \tag{4-2-20}$$

式中　β——动点的相对加速度 v_r 与角速度 w 之间的夹角。

a_c 的方向确定：在 v_r 垂直于 w 的条件下，v_r 顺着 w 的方向旋转 90°即为 a_c 的方向。

注意：当牵连运动为平移平动、相对速度 $v_r=0$ 或 $v_r \parallel w$ 时，$a_c=0$。

【例 4-2-4】 如图（a）所示，曲柄 OA 以瞬时 ω 的角速度绕轴 O 转动，并带动直角曲杆 O_1BC 在图示平面内运动，若取套筒 A 为转点，杆 O_1BC 为动系，则牵连速度大小为（　　），杆 O_1BC 的角速度为（　　）。

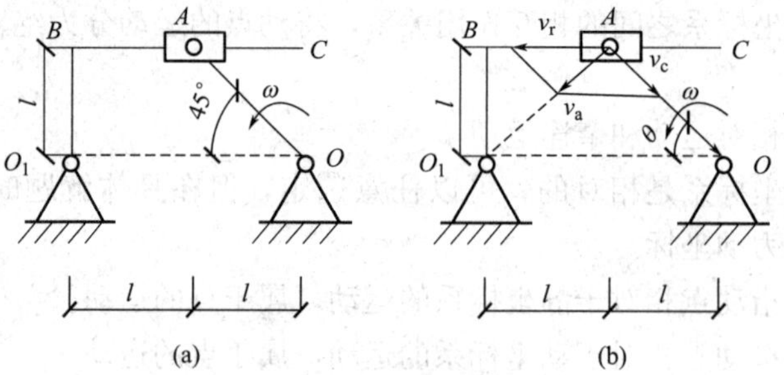

A. ω　　B. $\sqrt{2}l\omega$　　C. 2ω　　D. $\dfrac{\sqrt{2}}{2}l\omega$

解： 以滑块 A 为动点，动系固结在直角曲杆 O_1BC 上，速度分析图如图（b）所示，则有 $v_a=\sqrt{2}l\omega$；$v_a=v_e=\sqrt{2}l\omega$；$\omega_{O_1BC}=\dfrac{v_e}{O_1A}=\omega$（顺时针），选 B、A。

【例 4-2-5】 如图所示，已知直角弯杆 OAB 以 ω 的角速度绕轴 O 转动，并带动小环 M 沿 OD 杆运动，已知 $OA=l$，取小环 M 为动点，杆 OAB 为动系，当 $\theta=60°$时，M 点的牵连加速度大小为（　　）。

A. $\dfrac{1}{2}l\omega^2$　　B. $l\omega^2$　　C. $\sqrt{3}l\omega^2$　　D. $2l\omega^2$

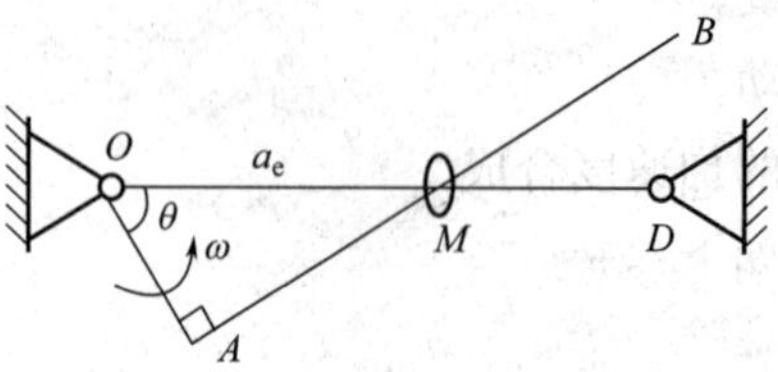

解：动系绕 O 轴作匀角速度转动，牵连点位于 M 处，其牵连加速度为 $a_e=OM\cdot\omega^2=2l\omega^2$，为动系上 M 点的法向加速度，方向指向 O 轴，选 D。

（四）刚体的平面运动

平面运动：是平动与转动的合成，在运动中，刚体内各点始终与某一固定平面相平行，即体内各点到该固定平面的距离始终保持不变的平面运动。

1. 刚体平面运动的运动方程

刚体的平面运动可简化为平面图形在其所在的平面内的运动，如图 4-2-4 所示，其运动方程如下：

$$x_A=x_A(t),y_A=x_A(t),\varphi=\varphi(t) \tag{4-2-21}$$

式中　x_A、y_A——平面内任取一点 A 的坐标；

φ——坐标轴 OP 与 x 轴的夹角。

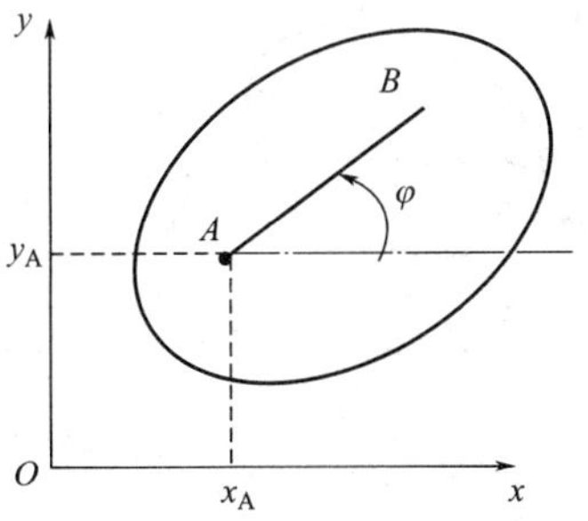

图 4-2-4

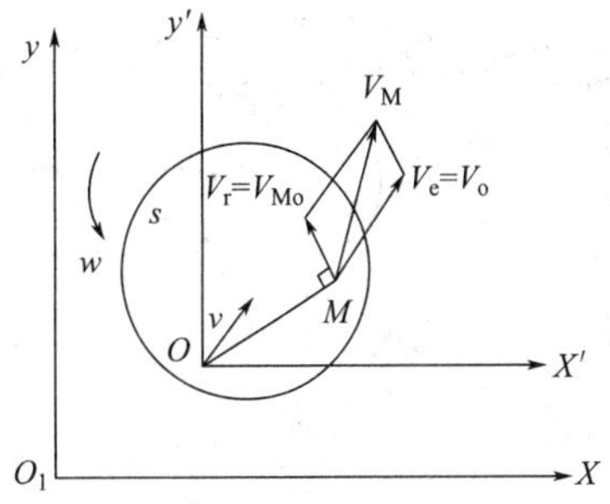

图 4-2-5

2. 平面图形内各点的速度、加速度和速度瞬心

如图 4-2-5 所示，设图内一点 O 的速度为 v_O，图形角速度为 ω，则图内任一点 M 的速度有以下几种计算方法。

（1）基点法

平面图形内任一点的速度等于基点的速度与该点绕基点转动的速度的矢量和：

$$\boldsymbol{v}_M=\boldsymbol{v}_e+\boldsymbol{v}_r=\boldsymbol{v}_O+\boldsymbol{v}_{MO} \tag{4-2-22}$$

式中：$\boldsymbol{v}_{MO}$——垂直 OM，其方向与 ω 的转向有关。

$$\boldsymbol{a}_M=\boldsymbol{a}_e+\boldsymbol{a}_r=\boldsymbol{a}_O+\boldsymbol{a}_{MO}=\boldsymbol{a}_O+\boldsymbol{a}_{MO}^{\tau}+\boldsymbol{a}_{MO}^{n} \tag{4-2-23}$$

式中：$\boldsymbol{a}_{MO}^{\tau}$——等于 OM・$\omega$，垂直 OM，指向与 ω 转向有关。

$\boldsymbol{a}_{MO}^{n}$——等于 OM・ω^2。

（2）投影法

平面图形内任意两点的速度在其连线上的投影相等：

$$(v_M)_{OM}=(v_O)_{OM} \tag{4-2-24}$$

（3）瞬心法

在某一瞬时，平面图形内一点 I 的速度为零，称 I 为该瞬时的瞬时速度中心，简称速度瞬心。其图形内任一点的速度等于该点绕速度瞬心 I 点转动的速度：

$$v_M=v_I+v_{MI}=v_{MI} \tag{4-2-25}$$

式中：v_M——垂直 MI，指向由 ω 的转向决定且 $v_{MI}=MI\omega$。

速度瞬心确定方法：

① 当轮子在直线轨道上做纯滚动时，其速度瞬心为轮子与轨道的接触点。

② 已知图内一点的速度 v_A 及图的转速 ω，瞬心 I 如图 4-2-6（a）所示。

③ 已知图内 A、B 两点的速度方向，并作 v_A、v_B 方向线的垂线，则其速度瞬心为垂线的交点，瞬心 I 如图 4-2-6（b）所示。

④ 已知图内两点 A、B 的速度 v_A、v_B，但 $v_A \neq v_B$，v_A、v_B 的方向相同，且垂直于两点连线，瞬心 I 如图 4-2-6（c）所示。

⑤ 已知图内两点 A、B 的速度 v_A、v_B，且 v_A、v_B 反向，其瞬心 I 为 A、B 的连线，如图 4-2-6（d）所示。

⑥ 已知图内两点 A、B 的速度 v_A、v_B，且 v_A 与 A、B 不垂直，则瞬时平动为 $v_A = v_B$，如图 4-2-6（c）所示。

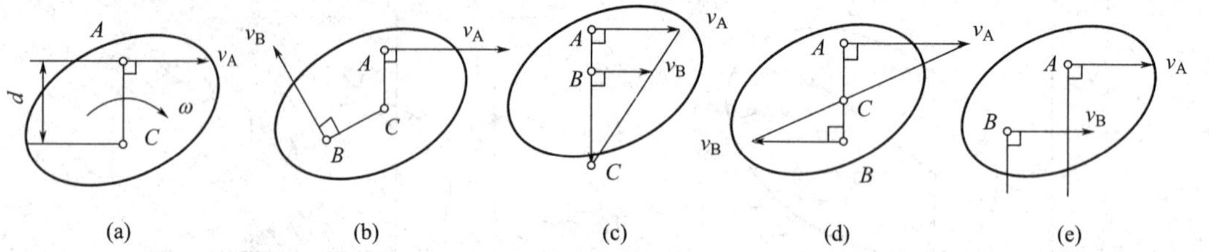

图 4-2-6

历年真题

4-2-1. 当点运动时，若位置矢大小保持不变，方向可变，则其运动轨迹为（　　）。(2011A51)

A. 直线　　B. 圆周　　C. 任意曲线　　D. 不能确定

4-2-2. 刚体做平动时，某瞬时体内各点的速度与加速度为（　　）。(2011A52)

A. 体内各点速度不同，加速度相同

B. 体内各点速度相同，加速度不相同

C. 体内各点速度相同，加速度也相同

D. 体内各点速度不相同，加速度也不相同

4-2-3. 在图示机构中，杆 $O_1A = O_2B$，$O_1A \parallel O_2B$，杆 $O_2C = O_3D$，$O_2C \parallel O_3D$ 且 $O_1A = 20$cm，$O_2C = 40$cm，若杆 O_1A 以角速度 $w = 3$rad/s 匀速转动，则杆 CD 上任意点 M 速度及加速度的大小分别为（　　）。(2011A53)

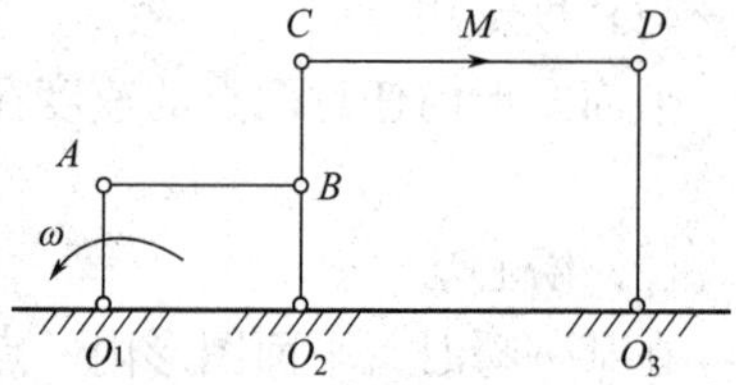

A. 60cm/s；180cm/s^2

B. 120cm/s；360cm/s^2

C. 90cm/s；270cm/s^2

D. 120cm/s；150cm/s²

4-2-4. 动点以常加速度 $2m/s^2$ 做直线运动。当速度 5m/s 增加到 8m/s 时，则点运动的路程为（　　）。(2012A51)

A. 7.5m　　B. 12m　　C. 2.25m　　D. 9.75m

4-2-5. 物体做定轴转动的运动方程为 $\varphi=4t-3t^2$（φ 以 rad 计，t 以 s 计）。此物体内，转动半径 $r=0.5m$ 的一点，在 $t_0=0$ 时的速度和法向加速度的大小分别为（　　）。(2012A52)

A. 2m/s，$8m/s^2$　　B. 3m/s，$3m/s^2$　　C. 2m/s，$8.54m/s^2$　　D. 0，$8m/s^2$

4-2-6. 一木板放在两个半径 $r=0.25m$ 的传输鼓轮上面。在图示瞬时，木板具有不变的加速度 $a=0.5m/s^2$，方向向右；同时，鼓动边缘上的点具有一大小为 $3m/s^2$ 的全加速度。如果木板在鼓轮上无滑动，则此木板的速度为（　　）。(2012A53)

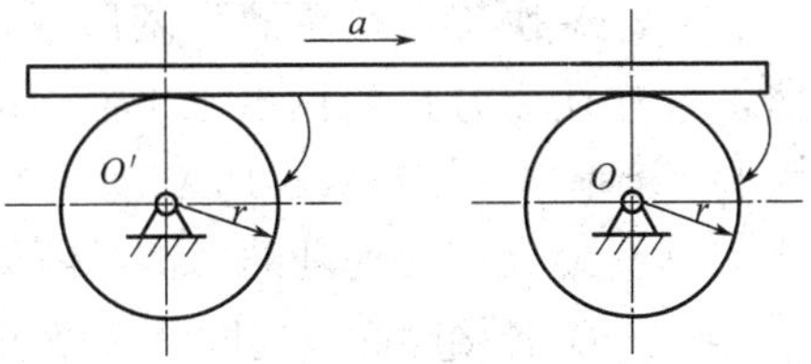

A. 0.86m/s

B. 3m/s

C. 0.5m/s

D. 1.67m/s

4-2-7. 重为 W 的人乘电梯铅垂上升，当电梯加速上升、匀速上升及减速上升时，人对地板的压力分别为 p_1、p_2、p_3，它们之间的关系为（　　）。(2012A54)

A. $p_1=p_2=p_3$　　B. $p_1>p_2>p_3$　　C. $p_1<p_2<p_3$　　D. $p_1<p_2>p_3$

4-2-8. 已知动点的运动方程为 $x=t$，$y=2t^2$ 则其轨迹方程为（　　）。(2013A51)

A. $x=t^2-t$　　B. $y=2t$　　C. $y-2x^2=0$　　D. $y+2x^2=0$

4-2-9. 一炮弹以初速度和仰角 α 射出，对于图示直角坐标的运动方程为 $x=v_0\cos\alpha t$，$y=v_0\sin\alpha t-\dfrac{1}{2}gt^2$，则当 $t=0$ 时的速度和法向加速度的大小分别为（　　）。(2013A52)

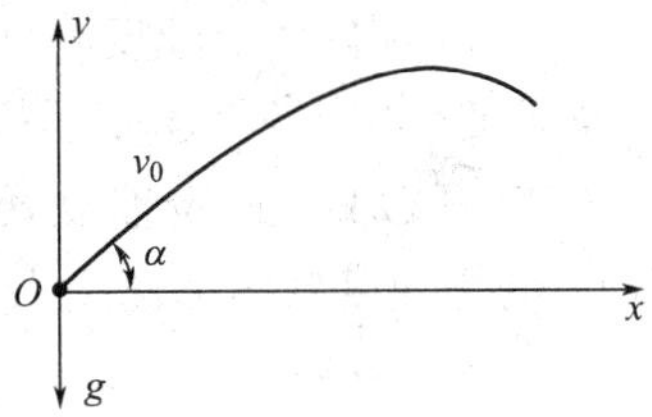

A. $v=v_0\cos\alpha$，$a=g$

B. $v=v_0$，$a=g$

C. $v=v_0\sin\alpha$，$a=-g$

D. $v=v_0$，$a=-g$

4-2-10. 两摩擦轮如图所示，则两轮的角速度与半径关系的表达式为（　　）。(2013A53)

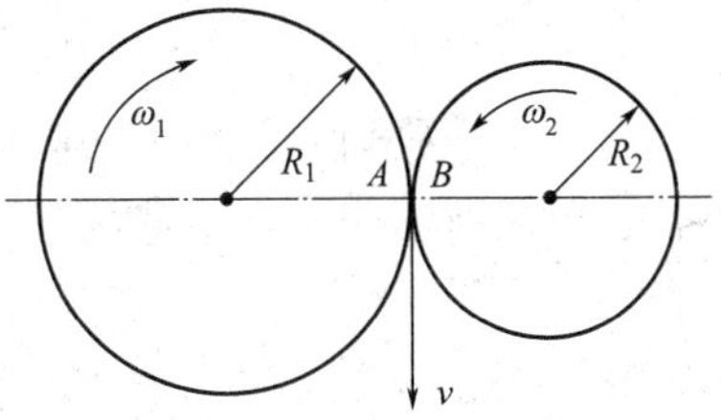

A. $\dfrac{\omega_1}{\omega_2}=\dfrac{R_1}{R_2}$

B. $\dfrac{\omega_1}{\omega_2}=\dfrac{R_2}{R_1^2}$

C. $\dfrac{\omega_1}{\omega_2}=\dfrac{R_1}{R_2^2}$

D. $\frac{\omega_1}{\omega_2}=\frac{R_2}{R_1}$

4-2-11. 质量为 m 的物块 A，置于与水平面成 θ 角的斜面 B 上，如图所示，A 与 B 间的摩擦系数为 f，为保持 A 与 B 一起以加速度 a 水平向右运动，则所需的加速度 a 至少是（　　）。(2013A54)

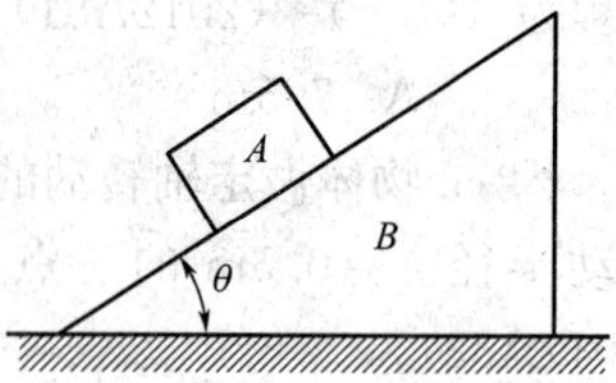

A. $a=\frac{g(f\cos\theta+\sin\theta)}{\cos\theta+f\sin\theta}$　B. $a=\frac{gf\cos\theta}{\cos\theta+f\sin\theta}$

C. $a=\frac{g(f\cos\theta-\sin\theta)}{\cos\theta+f\sin\theta}$　D. $a=\frac{gf\sin\theta}{\cos\theta+f\sin\theta}$

4-2-12. A 块与 B 块叠放如图所示，各接触面处均考虑摩擦，当 B 块受力 F 作用沿水平面运动时，A 块仍静止于 B 块上，于是（　　）。(2013A55)

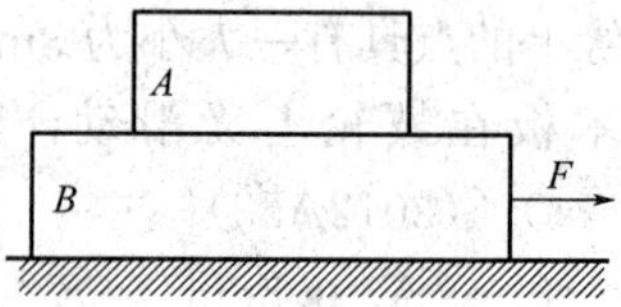

A. 各接触面处的摩擦都做负功

B. 各接触面处的摩擦都做正功

C. A 块上的摩擦力做正功

D. B 块上的摩擦力做正功

4-2-13. 动点 A 和 B 在同一坐标系中的运动方程分别为 $\begin{cases}x_A=t\\y_A=2t^2\end{cases}$，$\begin{cases}x_B=t^2\\y_B=2t^4\end{cases}$，其中 x，y 以 cm 计，t 以 s 计，则两点相遇的时刻为（　　）。(2014A51)

A. $t=1$s　B. $t=0.5$s　C. $t=2$s　D. $t=1.5$s

4-2-14. 刚体做平动时，某瞬时体内各点的速度与加速度为（　　）。(2014A52)

A. 体内各点速度不同，加速度相同

B. 体内各点速度相同，加速度不相同

C. 体内各点速度相同，加速度也相同

D. 体内各点速度不相同，加速度也不相同

4-2-15. 杆 OA 绕固定轴 O 转动，长为 l，某瞬时杆端 A 点的加速度 a 如图所示，则该瞬时 OA 的角速度及角加速度为（　　）。(2014A53)

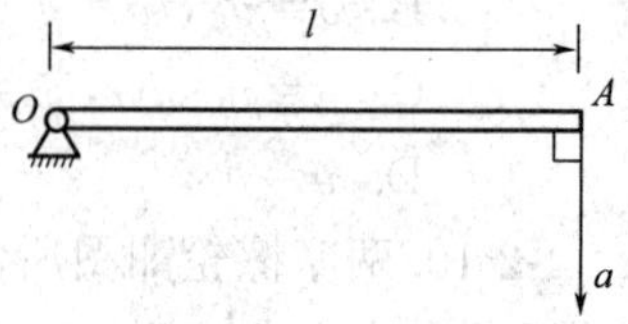

A. 0，$\frac{a}{l}$　B. $\sqrt{\frac{a\cos\alpha}{l}}$，$\frac{a\sin\alpha}{l}$

C. $\sqrt{\frac{a}{l}}$，0　D. 0，$\sqrt{\frac{a}{l}}$

4-2-16. 在图式圆锥摆中，球 M 的质量为 m，绳长 l，若 α 角保持不变，则小球的法向加速度为（　　）。(2014A54)

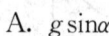

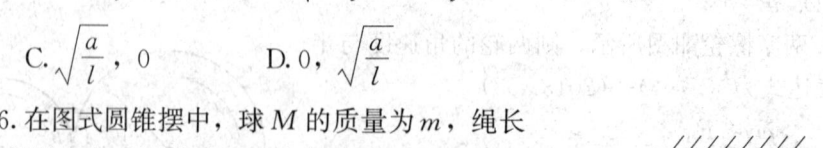

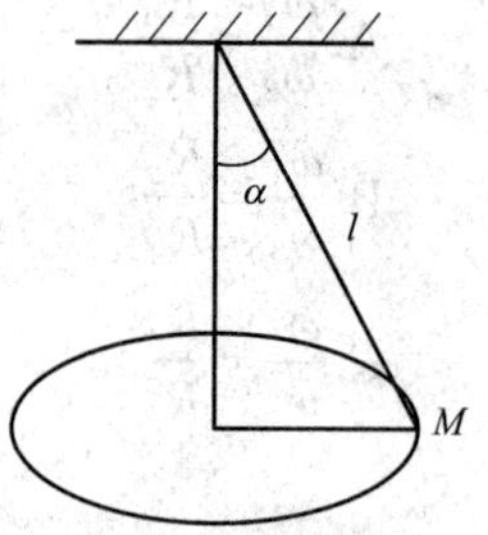

A. $g\sin\alpha$

B. $g\cos\alpha$

C. $g\tan\alpha$

D. $g\cot\alpha$

4-2-17. 一车沿直线轨道 $s=3t^2+t+2$ 的规律波动（s 以 m 计，t 以 s 计）当 $t=4s$ 时，点的位移、速度和加速度分别为（　　）。(2016A51)

A. $x=54\text{m}$，$v=145\text{m/s}$，$a=18\text{m/s}^2$

B. $x=198\text{m}$，$v=145\text{m/s}$，$a=72\text{m/s}^2$

C. $x=198\text{m}$，$v=49\text{m/s}$，$a=72\text{m/s}^2$

D. $x=192\text{m}$，$v=145\text{m/s}$，$a=12\text{m/s}^2$

4-2-18. 点在具有直径为 6m 的轨道上运动，走过的距离是 $s=3t^2$，则点在 $2s$ 末的切向加速度为（　　）。(2016A52)

A. 48m/s^2　　B. 4m/s^2　　C. 96m/s^2　　D. 6m/s^2

4-2-19. 杆 OA 绕固定轴 O 转动，长为 l，某瞬时杆端 A 点的加速度 a 如图所示，则该瞬时 OA 的角速度及角加速度为（　　）。(2016A53)

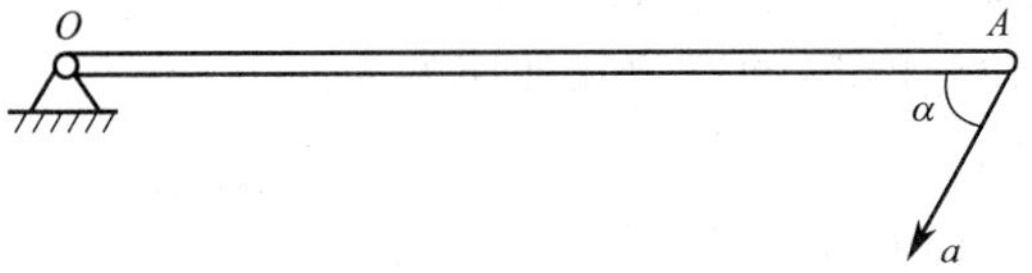

A. 0，$\frac{a}{l}$　　B. $\sqrt{\frac{a\cos\alpha}{l}}$，$\frac{a\sin\alpha}{l}$

C. $\sqrt{\frac{a}{l}}$，0　　D. 0，$\sqrt{\frac{a}{l}}$

4-2-20. 质量为 m 的物体 M 在地面附近自由降落，它所受的空气阻力的大小为 $F=Kv^2$，其中 K 为阻力系数，v 为物体速度，该物体所能达到的最大速度为（　　）。(2016A54)

A. $v=\sqrt{\frac{mg}{K}}$　　B. $v=\sqrt{mgK}$　　C. $v=\sqrt{\frac{g}{K}}$　　D. $v=\sqrt{gK}$

4-2-21. 点沿直线运动，其速度 $v=20t+5$，已知：当 $t=0$ 时，$x=5\text{m}$，则点的运动方程为（　　）。(2017A51)

A. $x=10t^2+5t+5$　　B. $x=20t+5$

C. $x=10t^2+5t$　　D. $x=20t^2+5t+5$

4-2-22. 杆 OA 绕固定轴 O 转动，长为 l，某瞬时杆端 A 点的加速度 a 如图所示。则该瞬时 OA 的角速度及角加速度为（　　）。(2017A52)

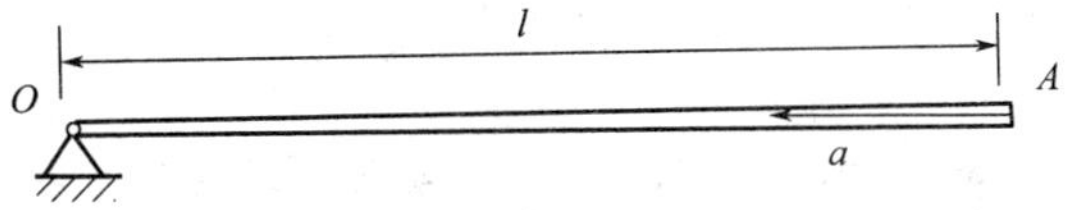

A. 0，$\frac{a}{l}$　　B. $\sqrt{\frac{a\cos a}{l}}$，$\frac{a\cos a}{l}$

C. $\sqrt{\frac{a}{l}}$，0　　D. 0，$\sqrt{\frac{a}{l}}$

4-2-23. 一绳缠绕在半径为 r 的鼓轮上，绳端系一重物 M，重物 M 以速度 v 和加速度 a 向下运动（如图），则绳上两点 A、D 和轮缘上两点 B、C 的加速度是（　　）。（2017A53）

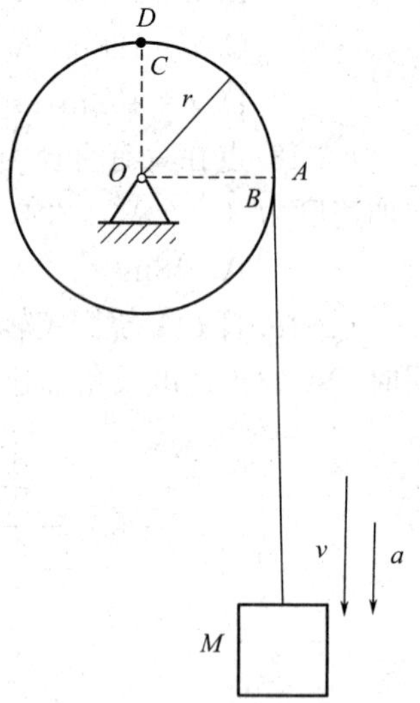

A. A、B 两点的加速度相同，C、D 两点的加速度相同

B. A、B 两点的加速度不相同，C、D 两点的加速度不相同

C. A、B 两点的加速度相同，C、D 两点的加速度不相同

D. A、B 两点的加速度相同，C、D 两点的加速度相同

4-2-24. 点的运动由关系式 $S=t^4-3t^3+2t^2-8$ 决定（S 以 m 计，t 以 s 计）。则 t=2s 时的速度和加速度为（　　）（2018A51）

A. -4m/s，16m/s^2

B. 4m/s，12m/s^2

C. 4m/s，16m/s^2

D. 4m/s，-16m/s^2

4-2-25. 质点以常速度 15m/s 绕直径为 10m 的圆周运动，则其法向量加速度为（　　）（2018A52）

A. 22.5m/s^2　　B. 45m/s^2

C. 0　　D. 75m/s^2

4-2-26. 小物块质量为 m 在转动的圆桌上，其离心力转轴的距离为 r，如图所示。设物块与圆桌之间的摩擦系数为 μ，为使物块不产生滑动，则应具有多大的速度（　　）（2018A54）

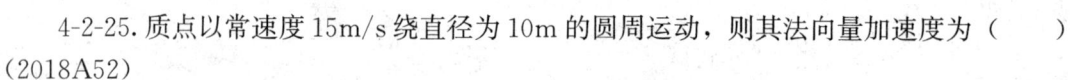

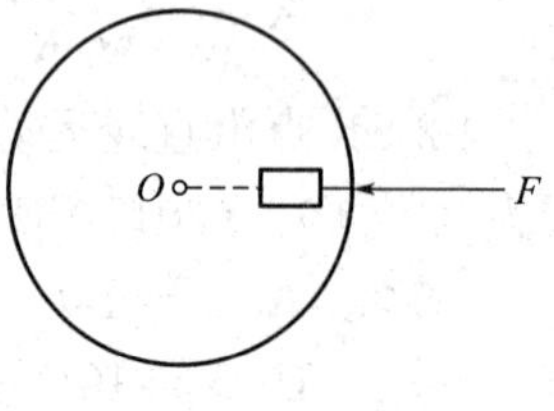

A. $\sqrt{\mu g}$

B. $2\sqrt{\mu gr}$

C. $\sqrt{\mu gr}$

D. $\sqrt{\mu r}$

答　案

4-2-1. 答案【B】

若位置矢大小保持不变、方向可变，则点到原点的距离为常数，只可能是圆周运动。

4-2-2. 答案【C】

可根据平行移动刚体的定义判断。

4-2-3. 答案【B】

杆 AB 和 CD 均为平行移动刚体。

4-2-4. 答案【D】

根据公式 $v_t=v_0+at$ 得到：$t=\frac{v_t-v_0}{a}=\frac{8-5}{2}=1.5\text{s}$，再根据公式：$S=v_0t+\frac{1}{2}at^2$ 可得 $S=v_0t+\frac{1}{2}at^2=5\times1.5+\frac{1}{2}\times1.5^2=9.75\text{m}$。

4-2-5. 答案【A】

物体转动的角速度为 $\omega=\frac{\mathrm{d}\varphi}{\mathrm{d}t}=4-6t$，当 $t_0=0$，$\omega_0=4(\text{s}^{-1})$，所以所求点的速度为 $v=r\omega_0=0.5\times4=2\text{m/s}$；$a_n=rw_0^2=0.5\times4^2=8\text{m/s}^2$。

4-2-6. 答案【A】

由于木板在鼓轮上无滑动，因此木板的速度与其相切点的速度相同，鼓轮边缘上点的切向加速度与木板加速度相同，即 $a_\tau=a=0.5\text{m/s}^2$，由于鼓轮全加速度为 3m/s^2，因此鼓轮法向加速度为：$a_n=\sqrt{3^2-0.5^2}=2.985\text{m/s}^2$，因 $a_n=rw_0^2$，所以 $w=\sqrt{\frac{a_n}{r}}=3.4398(\text{s}^{-1})$，因此木板的速度为：$v=r\omega=0.86\text{m/s}$。

4-2-7. 答案【B】

地板对人的支撑力等于人对地板的压力 p_1、p_2、p_3，根据牛顿第二定律加速度的定义可知：$p-W=ma$，$p=W+ma$，因此，当电梯加速上升时 p_1 最大，当电梯减速上升时 p_3 最小。

4-2-8. 答案【C】

点的轨迹方程和运动方程相互对应，将公式：$t=x$ 代入 $y=2t^2$ 的表达式，可得到轨迹方程 $y-2x^2=0$。

4-2-9. 答案【D】

当 $t=0$ 为平抛运动的初始时刻，此时炮弹的速度为初速度 v_0，加速度大小为 g，方向向下。

4-2-10. 答案【D】

两轮啮合点 A、B 的速度相同，且 $v_A=R_1\omega_1$；$v_B=R_2\omega_2$，所以 $\frac{\omega_1}{\omega_2}=\frac{R_2}{R_1}$。

4-2-11. 答案【C】

可在 A 上加一水平向左的惯性力，根据达朗贝尔原理，物块 A 上作用的重力 mg、法向约束力 F_N、摩擦力 F 以及大小为 ma 的惯性力组成平衡力系，沿斜面列平衡方程，当摩擦力 $F=ma\cos\theta+mg\sin\theta\leqslant F_Nf(F_N=mg\cos\theta-ma\sin\theta)$ 时可保证 A 与 B 一起以加速度 a 水平向右运动，此时 $a=\frac{g(f\cos\theta-\sin\theta)}{\cos\theta+f\sin\theta}$。

4-2-12. 答案【C】

力所做的功等于力与沿力的作用方向上位移的乘积，可见物块 A 与 B 之间的摩擦力水平向右，使其向右运动，故做正功，B 与地面之间的摩擦力做负功。

4-2-13. 答案【A】

两点相遇时 $x_A=x_B$，$y_A=y_B$，即 $\begin{cases}t=t^2\\2t^2=2t^4\end{cases}$，$\begin{cases}x_B=t^2\\y_B=2t^4\end{cases}$，则公共解为 $t=1$，$t=$

0(舍去)

4-2-14. 答案【C】

刚体做平动时，某瞬时体内各点的运动轨迹、运动方程、速度和加速度完全相同。

4-2-15. 答案【A】

杆 OA 绕固定轴 O 转动，只有切向加速度 a，无法向加速度，由于 $a_\tau=a=l\varepsilon$，角加速度 $\varepsilon=\dfrac{a}{l}$，$a_n=l\omega^2$，所以角加速度 $\omega^2=0$。

4-2-16. 答案【C】

根据小球的受力图，得到 $F_n=mg\tan\alpha$，由于 $F_n=ma_n$，即 $mg\tan\alpha=ma_n$，$a_n=g\tan\alpha$。

4-2-17. 答案【B】

当 $t=4s$ 时，点的位移：$x=3\times4^3+4+2=198m$，位移对时间取一阶导数得到速度：$v=9t^2+1$，则当 $t=4s$ 时，$v=145m/s$；速度对时间取一阶导数得到加速度，$a=18t$，当 $t=4s$ 时，$a=72m/s^2$。

4-2-18. 答案【D】

曲线运动时的法向加速度为：$a_n=\dfrac{v^2}{\rho}$，切向加速度为：$a_\tau=\dfrac{dv}{dt}=\dfrac{dx^2}{dt^2}=6m/s^2$。

4-2-19. 答案【B】

点 A 的法向加速度为：$a_n=l\omega^2=a\cos\alpha$，$\omega=\sqrt{\dfrac{a\cos\alpha}{l}}$，令角加速度为 β，则点 A 的切向加速度为：$a_\tau=l\beta=a\sin\alpha$，$\beta=\sqrt{\dfrac{a\sin\alpha}{l}}$。

4-2-20. 答案【A】

在降落过程中，物体首先做加速度逐渐减小的加速运动；当空气阻力等于重力时，加速度为零，之后开始做匀速直线运动，故空气阻力等于重力时，速度即为最大速度：$mg=Kv^2$，$v=\sqrt{\dfrac{mg}{K}}$。

4-2-21. 答案【A】

因 $v=\dfrac{dx}{dt}=20t+5$，所以 $x=10t^2+5t+C$，当 $t=0$ 时，$x=C=5$，即 $x=10t^2+5t+5$。

4-2-22. 答案【C】

$a_n=a=l\omega^2$，$\omega=\sqrt{\dfrac{a}{l}}$，因 $a_\tau=l\varepsilon=0$，所以 $\varepsilon=0$。

4-2-23. 答案【D】

A 点在绳子上做直线运动，加速度就等于 a；而 B 点在鼓轮上做圆周运动，其切向加速度等于 a，全加速度等于 $\sqrt{a^2+a_n^2}>a$，所以 A、B 两点的加速度不相同。C、D 两点都是做相同的圆周运动，所以加速度相同。

4-2-24. 答案【C】

由公式 $v=\frac{\mathrm{d}s}{\mathrm{d}t}$，$a=\frac{\mathrm{d}v}{\mathrm{d}t}$ 可求得。

4-2-25. 答案【B】

由公式 $a_{\mathrm{n}}=\frac{v^2}{\rho}$ 可求得，注意 ρ 为运动轨迹的曲率半径。

4-2-26. 答案【C】

不产生滑动则离心力等于摩擦力，即 $\mu mg=ma=m\frac{v^2}{r}$，得 $v=\sqrt{\mu gr}$

第三节　动力学

动力学是研究物体的运动与受力及其力学性能之间的普遍规律。

一、考试大纲

牛顿定律；质点的直线振动；自由振动微分方程；固有频率；周期；振幅；衰减振动；阻尼对自由振动振幅的影响——振幅衰减曲线；受迫振动；受迫振动频率；幅频特性；共振；动力学普遍定理；动量；质心；动量定理及质心运动定理；动量及质心运动守恒；动量矩；动量矩定理；动量矩守恒；刚体定轴转动微分方程；转动惯量；回转半径；平行轴定理；功；动能；势能；动能定理及机械能守恒；达朗贝原理；惯性力；刚体做平动和绕定轴转动（转轴垂直于刚体的对称面）时惯性力系的简化；动静法。

二、知识要点

（一）动力学基本定律——牛顿三定律

第一定律（惯性定律）：任何物体如不受外力作用，将保持静止或匀速直线运动。

第二定律：质点受外力作用时，所产生的加速度与质点的质量有如下关系

$$\sum \boldsymbol{F}_i=m\boldsymbol{a} \tag{4-3-1}$$

第三定律（反作用定律）：两物体间相互作用的力同时存在，且大小相等、方向相反、并处在同一条直线上。

（二）质点运动微分方程

从动力学基本方程 $\sum \boldsymbol{F}_i=m\boldsymbol{a}$ 可导出下列质点运动微分方程。

1. 矢量形式

$$m\frac{\mathrm{d}^2\boldsymbol{r}}{\mathrm{d}t^2}=\sum \boldsymbol{F}_i \text{ 或 } m\frac{\mathrm{d}v}{\mathrm{d}t}=\sum \boldsymbol{F}_i \tag{4-3-2}$$

2. 直角坐标形式

$$m\frac{\mathrm{d}^2x}{\mathrm{d}t^2}=\sum X_i\text{；或 } m\frac{\mathrm{d}^2y}{\mathrm{d}t^2}=\sum Y_i\text{；或 } m\frac{\mathrm{d}^2z}{\mathrm{d}t^2}=\sum Z_i \tag{4-3-3}$$

3. 自然坐标形式

$$m\frac{\mathrm{d}^2s}{\mathrm{d}t^2}=\sum F_{\mathrm{a}}\text{；}m\frac{s^2}{\rho}=\sum F_{\mathrm{n}i}\text{；}0=F_{\mathrm{h}} \tag{4-3-4}$$

质点运动微分方程可用来求解：已知质点的运动，求质点所受的力；已知作用于质点

的力，求质点的运动规律两类问题。

【例 4-3-1】 如图所示小球重 W，用 $\alpha=60°$ 的两绳 AC 和 BD 悬挂处于静止状态，现将 BD 绳剪断，剪断瞬间 AC 绳的张力为（　　）。

A. $T=W$　　B. $T=2W$　　C. $T=\frac{\sqrt{3}}{2}W$　　D. $T=\frac{1}{2}W$

(a)　　(b)

解：剪断 BD 绳前是静力学问题，由剪断 BD 绳瞬时变为动力学问题，小球初速度为 $\vec{v}_O=0$，初加速度的法向分量 $a_{On}=0$，切向加速度为 $a_{O\tau}\neq 0$，根据质点运动微分方程的自然形式，可得张力 T 即：$\frac{v^2}{P}=\sum F_n$，$T-W\cos 60°=0$，$T=\frac{W}{2}$。

（三）动力学普遍定理

动力学普遍定理主要以简明的数学公式，表明与运动特征相关的量（动量、动量矩、动能等）和同力相关的量（冲量、力矩、功等）之间的关系。包括动量定理（或质心运动定理）、动量矩定理和动能定理。

1. 基本概念

动量：指物体的质量与速度的乘积，是物体机械运动强弱的一种度量，单位 N·s（牛·秒），计算公式如下。

① 质点动量（$\boldsymbol{K}$），计算式为：

$$\boldsymbol{K}=m\boldsymbol{v} \tag{4-3-5}$$

式中　m——质点的质量；

v——质点的速度。

② 质点系动量，计算式为：

$$\boldsymbol{K}=\sum \mathrm{m_i}\boldsymbol{v}_i=M\boldsymbol{v}_\mathbf{c} \tag{4-3-6}$$

式中　M——各质点质量和；

$\boldsymbol{v}_c$——质心的速度，$\boldsymbol{v}_c=\sum m_i\boldsymbol{r}_i/\sum m_i$（$m_i$、$\boldsymbol{r}_i$ 分别为质点系内第 i 个质点的质量和矢径）。

质心（r_c）：表示质点系质量分布的一个概念，$r_c=\sum m_i r_i/\sum m_i$。

冲量：表示力在一段时间内对物体的运动所产生的累积效应。常力冲量 $S=F_t$，变力冲量 $\boldsymbol{S}=\int_{t_1}^{t_2}\boldsymbol{F}\mathrm{d}t$，单位 N·s（牛·秒）。

【例 4-3-2】 如图所示，质量为 M，长为 l 的均质细长杆置于相互垂直的水平和铅垂面上，若 A 端速度为 $\vec{v}$，水平向右，则杆 AB 的动量为（　　）。

A. $\boldsymbol{P}_x=\frac{Mv}{2}$，$\boldsymbol{P}_y=\frac{Mv}{2}$

B. $\boldsymbol{P}_x=-\frac{Mv}{2}$，$\boldsymbol{P}_y=-\frac{Mv}{2}$

C. $\boldsymbol{P}_x=-\frac{Mv}{2}$，$\boldsymbol{P}_y=\frac{Mv}{2}$

D. $\boldsymbol{P}_x=\frac{Mv}{2}$，$\boldsymbol{P}_y=-\frac{Mv}{2}$

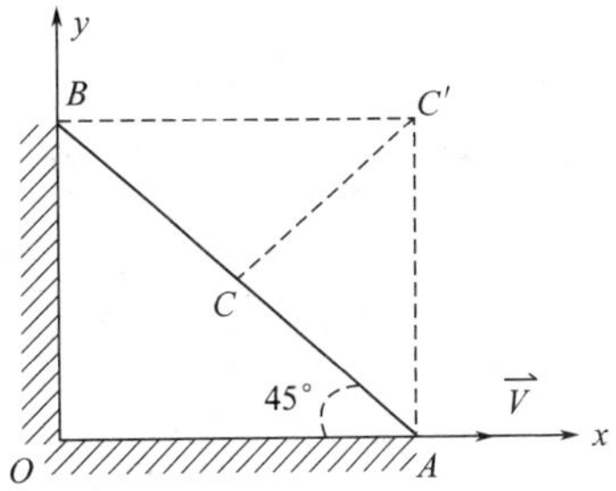

解：AB 杆做平面运动，瞬心在 C' 点，则此时 $\boldsymbol{v}=\frac{\sqrt{2}}{2}\boldsymbol{l\omega}$，$\boldsymbol{\omega}=\frac{2\boldsymbol{v}}{\sqrt{2}l}$。

AB 杆质心速度，$\boldsymbol{v}_C=\frac{1}{2}\boldsymbol{l\omega}=\frac{\boldsymbol{v}}{\sqrt{2}}$，指向 BA 方向。

AB 杆动量，$\boldsymbol{P}=M\frac{\boldsymbol{v}}{\sqrt{2}}$，指向$\boldsymbol{v}_C$ 方向，在 x，y 轴的投影分别为：$\boldsymbol{P}_x=\frac{Mv}{2}$，$\boldsymbol{P}_y=-\frac{Mv}{2}$，选 D 。

2.转动惯量

① 计算图如图 4-3-1（a）所示，计算式如下：

$$J_u=\sum_{i=1}^{n}m_i\rho_i^2 \tag{4-3-7}$$

式中 J_u——表示质点系对 u 轴的转动惯量；

m_i——各质点的质量；

ρ_i——表示质点到 u 轴的距离。

② 对于等截面均质细杆 z_c，如图 4-3-1（b），则细杆 z_c 的转动惯量计算如下：

$$J_{cz}=\frac{m}{12}l^2 \tag{4-3-8}$$

式中 m——均质细杆的质量；

l——均质细杆的长度；

J_{cz}——过质心 C 与杆垂直轴的转动惯量。

对过 A 端的垂直 AB 的轴的转动惯量为：$J_{z'}=\frac{1}{3}ml^2$。

③ 对于等厚的均质薄圆板，如图 4-3-1（c）所示，对过质心 C 与板面垂直轴的转动惯量为：

$$J_{cz}=\frac{1}{2}mR^2 \tag{4-3-9}$$

式中 R——圆板半径；

m——圆板质量。

④ 对刚体而言，转动惯量是刚体转动时惯性的量度，计算式如下：

$$J_u=m\rho^2 \text{ 或 } \rho=\sqrt{J_u/m}$$

式中 ρ——表示物体对 u 轴的回转半径，或称惯性半径；

m——表示整个物体的质量。

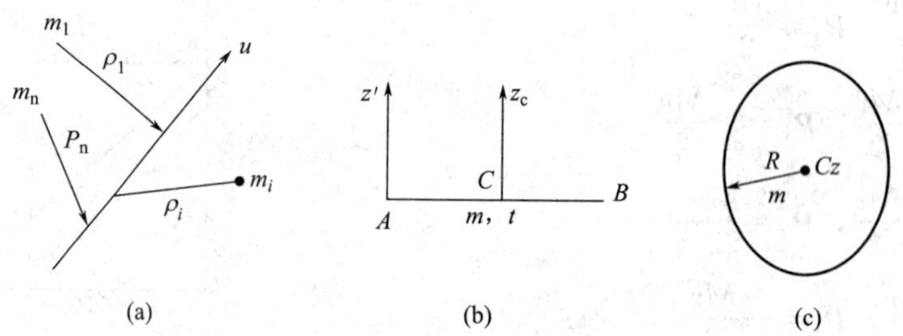

图 4-3-1

对均质物体，转动惯量及回转半径可在工程手册中查到；对形状复杂或非均质物体，可用实验法求得。

3. 转动惯量的平行轴定理

物体对两平行轴的转动惯量有如下计算关系：

$$J_{z'}=J_{cz}+mh^2 \tag{4-3-10}$$

式中 $J_{z'}$ ——物体对 z' 轴的转动惯量；

J_{cz} ——物体对通过其质心并与 z' 轴平行的 cz 轴的转动惯量；

m ——物体的质量；

h ——两轴间的距离。

4. 动量定理和质心运动定理

① 对于质点：$\boldsymbol{F}=\dfrac{d}{dt}(m\boldsymbol{v})$；

② 对于质点系：$\sum\boldsymbol{F}^{(e)}=\dfrac{d}{dt}(\boldsymbol{p})$；

③ 质心运动定理：$\sum\boldsymbol{F}^{(e)}=m\boldsymbol{a}_c$。

5. 动量矩定理

动量矩定理表示质点、质点系（包括刚体）的转动效应，单位：千克·米^2/秒，kg·m^2/s。

（1）动量矩

① 对于质点，动量矩的计算式为：$M_O(mv)=rmv$ 。

② 对于质点系，动量矩的计算式为：$L_O=\sum(m_iv_i)=\sum r_im_iv_i$。

③ 定轴转动刚体对转动轴 z 的动量矩为：$L_O=M_O(mv_c)=r_cmv_c$ 。

④ 对于转动刚体，动量矩为：$L_z=J_z\omega$ 。

（2）动量定理

① 对于质点，计算式为：$\dfrac{d}{dt}M_O(mv)=M_O(F)$ 。

② 对于质点系，计算式为：$\dfrac{dL_O}{dt}=M_O^{(e)}=\sum M_O(F^{(e)})$。

③ 定轴转动刚体，计算式为：$J_{z\alpha}=\sum M_z(F^{(e)})$。

④ 对于平面转动刚体，计算式为：$J_{C\alpha}=\sum M_c(F^{(e)})$。

6. 动能定理

(1) 动能

物体由于速度而具有能量，是物体机械运动的另一种量度，恒为正值，单位与功相同。

① 对于质点，动能表达式为：$T=\frac{1}{2}mv^2$。

② 对于质点系，动能表达式为：$T=\sum\frac{1}{2}m_iv_i^2$。

③ 对于平动刚体，动能表达式为：$T=\frac{1}{2}mv_c^2$，v_c 为平动刚体质心速度。

④ 对于定轴转动刚体，动能表达式为：$T=\frac{1}{2}J_z w^2$，J_z 为刚体对于通过质心且垂直于运动平面轴的转动惯量。

⑤ 对于平面运动刚体，动能表达式为：$T=\frac{1}{2}Mv_c^2+\frac{1}{2}J_z\omega^2$。

(2) 力的功

力的功是力在一段路程中对物体作用的累积效应，单位 N・m，称为焦耳（J）。

① 对于重力，计算式为：

$$W=\pm mg(h_1-h_2) \tag{4-3-11}$$

式中 h_1、h_2——质点的起、止位置。

② 对于弹性力，计算式为：

$$W=+\frac{1}{2}k(\delta_1^2-\delta_2^2) \tag{4-3-12}$$

式中 k——弹簧的刚性系数；

δ_1、δ_2——弹簧的始末变形量。

③ 对于定轴转动，作用于转动刚体上的力矩的功为：

$$W=\int_{\varphi_1}^{\varphi_2}M_z\mathrm{d}\varphi \text{ 。}$$

(3) 势能

势能是指质点或质点系在势力场中从某一位置运动到零位置所产生的势力的功。

① 对于重力场，计算式如下：

$$V=W(z_c-z_\infty) \text{ 。} \tag{4-3-13}$$

式中 z_∞——零势能的位置，表示某一水平面。

② 对于弹性力场，计算式如下：

$$V=\frac{1}{2}k\delta^2 \text{ 。} \tag{4-3-14}$$

式中 δ——弹簧自然长度。

③ 对于万有引力场，计算式如下：

$$V=Gm_0m\left(\frac{1}{r_0}-\frac{1}{r}\right) \text{ 。} \tag{4-3-15}$$

式中　r_0——质点矢径。

（4）动能定理

动能定理描述质点与质点系动能的变化与作用力的功之间的关系。

1）对于质点

微分形式：

$$d\left(\frac{1}{2}mv^2\right)=dW \tag{4-3-16}$$

积分形式：

$$\frac{1}{2}mv_2^2-\frac{1}{2}mv_1^2=W_{12} \tag{4-3-17}$$

2）对于质点系

微分形式：

$$dT=\sum\delta W_i \tag{4-3-18}$$

积分形式：

$$T_2-T_1=\sum W_{12i} \tag{4-3-19}$$

【例 4-3-3】 如图所示，质量为 M，长为 l 的均质细杆 OA，由初始水平位置转到 OA' 时，其角速度和角加速度 ω 分别为（　　）。

A. $\omega=\sqrt{\frac{3g}{l}\sin\varphi}$，$\alpha=\frac{3g}{2l}\cos\varphi$　　B. $\omega=\sqrt{\frac{3g}{l}\cos\varphi}$，$\alpha=\frac{3g}{2l}\sin\varphi$

C. $\omega=\sqrt{\frac{2g}{l}\sin\varphi}$，$\alpha=\frac{3g}{l}\cos\varphi$　　D. $\omega=\sqrt{\frac{2g}{l}\cos\varphi}$，$\alpha=\frac{3g}{2l}\sin\varphi$

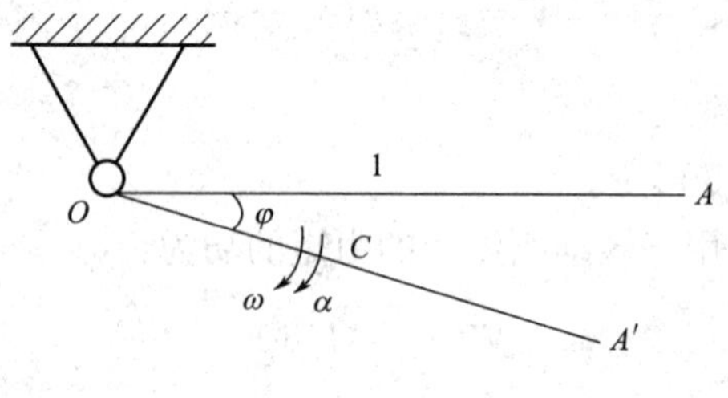

解： 初始时，动能 $T_O=0$，当转至与水平成 φ 角时，其动能为 $T=\frac{1}{2}J_O w^2=\frac{1}{2}\times\frac{1}{3}Ml^2w^2$，动能方程为 $\frac{1}{6}Ml^2w^2=Mg\ \frac{l}{2}l\sin\varphi$，$\omega^2=\frac{3}{l}g\sin\varphi$，求导有 $2\omega\ \frac{d\omega}{dt}=\frac{3}{l}g\cos\varphi\ \frac{d\varphi}{dt}$，$\alpha=\frac{3g}{2l}\cos\varphi$，选 A。

（四）达朗贝原理

达朗贝原理通过引用惯性力，根据静力平衡条件即采用静力法来求解动力学问题。

1. 惯性力的概念

当一质量为 m 的质点，受到外力 $\boldsymbol{F}$ 以后，由于质点具有保持原来运动状态不变的惯性。根据牛顿第二定律及反作用定律可知，质点将给予施力物体一反作用力 $\boldsymbol{F}'$，其大小与外力 $\boldsymbol{F}$ 相等，方向相反，即 $F'=-F=-ma$，则 F' 称为质点M 的惯性力。

2.刚体惯性力系的简化

把刚体分为无数个质点的集合，根据力系简化理论，按刚体的各种运动形式，将刚体无数个质点上虚加的惯性力向一点简化，并利用简化结果等效原来的惯性力系，其结果如下。

① 当刚体的运动形式为平移刚体时，其质心为 C，则其零势能的位置为：$\boldsymbol{R}^{\mathrm{I}}=-ma_{\mathrm{c}}$。

② 对于定轴转动刚体，转轴为 O，惯性力为：$\boldsymbol{R}^{\mathrm{I}}=-ma_{\mathrm{c}}$，惯性力偶 $M_{\mathrm{IO}}=-J_{\mathrm{O}}\alpha$。

③ 对于定轴转动刚体，质心为 C，惯性力：$\boldsymbol{R}^{\mathrm{I}}=-ma_{\mathrm{c}}$，惯性力偶 $M_{\mathrm{IC}}=-J_{\mathrm{c}}\alpha$。

④ 对于平面运动刚体，质心为 C，惯性力：$\boldsymbol{R}^{\mathrm{I}}=-ma_{\mathrm{c}}$，惯性力偶 $M_{\mathrm{IC}}=-J_{\mathrm{c}}\alpha$。

3.质点的达朗贝原理

质点的达朗贝原理计算式如下：

$$\boldsymbol{F}+\boldsymbol{N}+\boldsymbol{F}'=0 \tag{4-3-20}$$

式中 $\boldsymbol{F}$——质点受到的主动力合力；

$\boldsymbol{N}$——约束力合力；

$\boldsymbol{F}'$——惯性力。

4.质点系达朗贝原理

质点系达朗贝原理计算式如下：

$$\sum_{i=1}^{n}\boldsymbol{F}_i+\sum_{i=1}^{n}\boldsymbol{N}_i+\sum_{i=1}^{n}\boldsymbol{F}'_i=0(i=1,2,3,\cdots,n) \tag{4-3-21}$$

【例 4-3-4】 如图（a）所示，三角形物块沿水平地面运动的加速度为 a，物块的倾角为 θ，重力大小为 $\boldsymbol{W}$ 的小球在斜面上用细绳拉住，绳子的另一端固定在斜面上，设物块运动中绳子不松软，则小球对斜面的压力 $\boldsymbol{F}_{\mathrm{N}}$ 的大小为（ ）。

A. $\boldsymbol{F}_{\mathrm{N}}<\boldsymbol{W}\cos\theta$ B. $\boldsymbol{F}_{\mathrm{N}}>\boldsymbol{W}\cos\theta$ C. $\boldsymbol{F}_{\mathrm{N}}=\boldsymbol{W}\cos\theta$ D. 无法确定

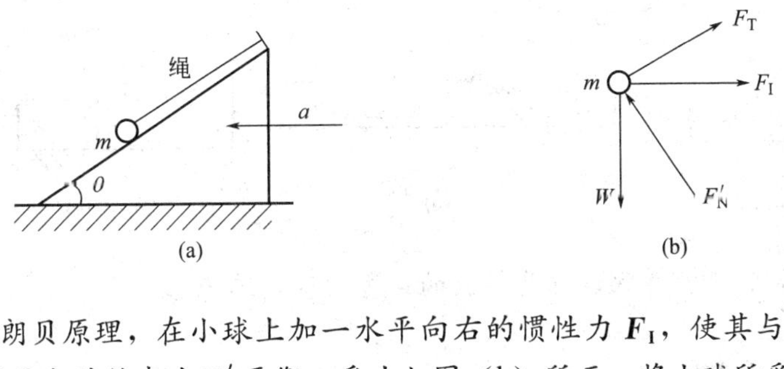

解： 根据达朗贝原理，在小球上加一水平向右的惯性力 $\boldsymbol{F}_{\mathrm{I}}$，使其与绳子的拉力 $\boldsymbol{F}_{\mathrm{T}}$、物块重力 $\boldsymbol{W}$ 及斜面上的约束力 $\boldsymbol{F}'_{\mathrm{N}}$ 平衡，受力如图（b）所示，将小球所受的力沿垂直于斜面的方向列力的投影平衡方程，有 $\boldsymbol{F}'_{\mathrm{N}}-\boldsymbol{F}_{\mathrm{I}}\sin\theta-\boldsymbol{W}\cos\theta=0$，则 $\boldsymbol{F}'_{\mathrm{N}}=\boldsymbol{F}_{\mathrm{N}}=\boldsymbol{F}_{\mathrm{I}}\sin\theta+\boldsymbol{W}\cos\theta$，选 B。

（五）单自由度系统的振动

1.自由振动

自由振动指仅受恢复力（或恢复力矩）作用而产生的振动。

① 自由振动的微分方程为：$\dfrac{\mathrm{d}^2x}{\mathrm{d}t^2}+\omega_0^2x=0$，其解为 $x=A\sin(\omega_0t+\varphi)$。

② 自由振动的振幅 $A=\sqrt{x_0^2+\dfrac{v_0^2}{\omega_0^2}}$，初相位 $\varphi=\arctan\dfrac{w_0 x_0}{v_0}$，固有圆频率 $\omega_0=\sqrt{\dfrac{k}{m}}$，周期 $T=\dfrac{2\pi}{\omega_0}$。

2. 振动系统固有圆频率的计算方法

① 直接法：设已知质量 m 和弹簧刚性系数 k，直接代入公式 $w_0=\sqrt{\dfrac{k}{m}}$ 即可求得。

② 平衡法：在平衡时有式 $k\delta_{st}=\omega_0=mg$ 成立，则

$$\omega_0=\sqrt{\frac{k}{m}}=\sqrt{\frac{g}{\delta_{st}}} \tag{4-3-22}$$

式中 δ_{st} ——静变形。

③ 等效弹簧刚度，系统的固有频率为：

$$\omega_0=\sqrt{\frac{k}{m}} \tag{4-3-23}$$

当弹簧并联时，$k=k_1+k_2+\cdots+k_n=\sum\limits_{i=1}^{n}k_i$；

当弹簧串联时，$\dfrac{1}{k}=\dfrac{1}{k_1}+\dfrac{1}{k_2}+\cdots+\dfrac{1}{k_n}=\sum\limits_{i=1}^{n}\dfrac{1}{k_i}$。

④ 能量法，根据 $T_{\max(动能)}=V_{\max(势能)}$，可推得 $T_{\max}=\dfrac{1}{2}kA^2$，得到 $\omega_0=\sqrt{\dfrac{k}{m}}$。

【例 4-3-5】 如图（a）、（b）、（c）所示，三个质量弹簧系统的固有频率分别为 w_1、w_2、w_3，则三者关系为（　　）。

A. $w_1<w_2=w_3$　B. $w_1=w_3>w_2$　C. $w_1=w_2<w_3$　D. $w_1=w_2=w_3$

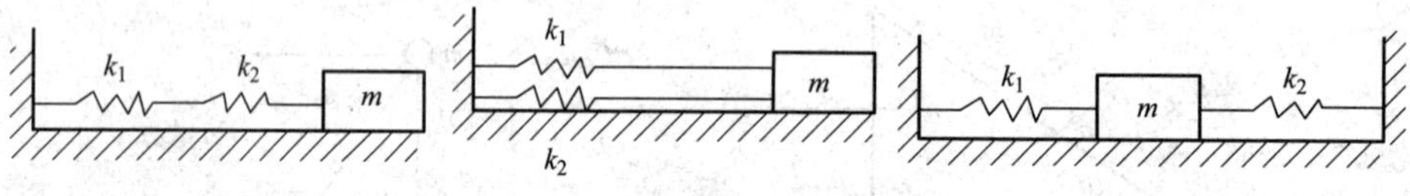

(a)　(b)　(c)

解： 根据弹簧的串、并联计算其等效的弹簧刚度，选 A。

历年真题

4-3-1. 图示均质圆轮，质量为 m，半径为 r，在铅垂图面内绕通过圆轮中心 O 的水平轴以匀角速度 ω 转动，则系统动量、对中心 O 的动量矩、动能的大小分别为（　　）。(2011A54)

A. 0；$\dfrac{1}{2}mr^2\omega$；$\dfrac{1}{4}mr^2\omega^2$

B. $mr\omega$；$\frac{1}{2}mr^2\omega$；$\frac{1}{4}mr^2\omega^2$

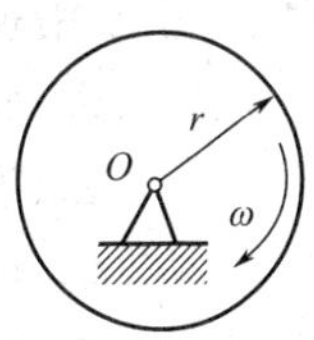

C. 0；$\frac{1}{2}mr^2\omega$；$\frac{1}{2}mr^2\omega^2$

D. 0；$\frac{1}{4}mr^2\omega$；$\frac{1}{4}mr^2\omega^2$

4-3-2. 如图所示，两重物 M_1 和 M_2 的质量分别为 m_1 和 m_2，两重物系在不计质量的软绳上，绳绕过均质定滑轮，滑轮半径为 r，质量为 m，则此滑轮系统的动量为（　　）。（2011A55）

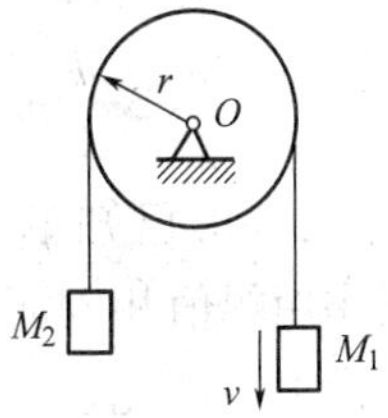

A. $(m_1-m_2+\frac{1}{2}m)rv\downarrow$

B. $(m_1-m_2)rv\downarrow$

C. $(m_1+m_2+\frac{1}{2}m)rv\uparrow$

D. $(m_1-m_2)rv\uparrow$

4-3-3. 均质细杆 AB 重力为 P、长 $2L$，A 端铰支，B 端用绳系住，处于水平位置，如图所示，当 B 端绳突然剪断瞬间，AB 杆的角加速度大小为（　　）。（2011A56）

A. 0　　　　B. $\frac{3g}{4L}$

C. $\frac{3g}{2L}$　　　　D. $\frac{6g}{L}$

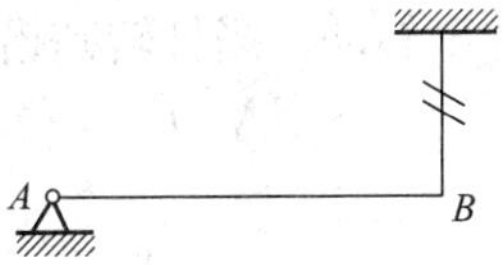

4-3-4. 质量为 m，半径为 R 的均质圆盘，绕垂直于图面的水平轴 O 转动，其角速度为 ω。在图示瞬间，角加速度为 0，盘心 C 在其最低位置，此时将圆盘的惯性力系向 O 点简化，其惯性力主矢和惯性力主矩的大小分别为（　　）。（2011A57）

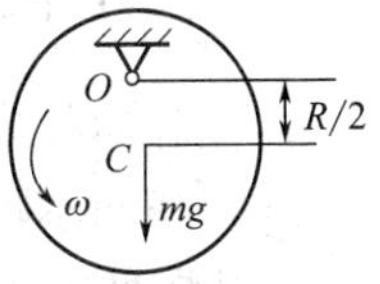

A. $m\frac{R}{2}\omega^2$，0　　　　B. $mR\omega^2$，0

C. 0，0　　　　D. 0，$\frac{1}{2}m\frac{R}{2}\omega^2$

4-3-5. 图示装置中，已知质量 $m=200\text{kg}$，弹簧刚度 $k=100\text{N/cm}$，则图中各装置的振动周期为（　　）。（2011A58）

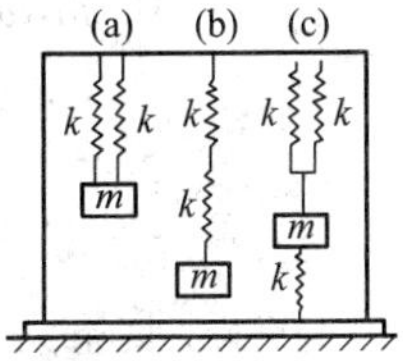

A. 图（a）装置振动周期最大

B. 图（b）装置振动周期最大

C. 图（c）装置振动周期最大

D. 三种装置振动周期相等

4-3-6. 均质细杆 AB 重力为 W，A 端置于光滑水平面上，B 端用绳悬挂，如图所示。当绳断后，杆在倒地的过程中，质心 C 的运动轨迹为（　　）。（2012A55）

A. 圆弧线　　　　B. 曲线

C. 铅垂直线　　　　D. 抛物线

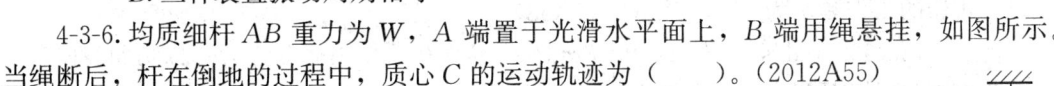

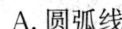

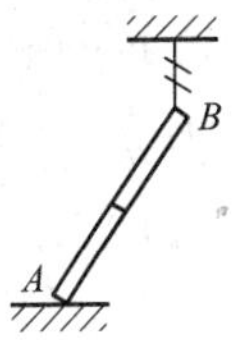

4-3-7. 杆 OA 与均质圆轮的质心用光滑铰链 A 连接，如图所示，初始时

它们静止于铅垂面内，现将其释放，则圆轮 A 所做的运动为（　　）。(2012A56)

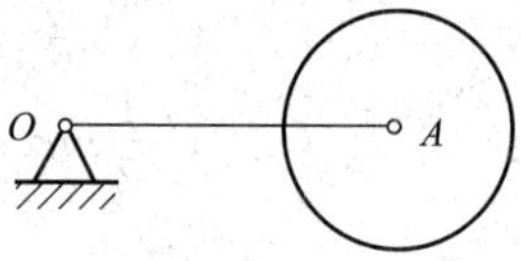

A. 平面运动

B. 绕轴 O 的定轴转动

C. 平行移动

D. 无法判断

4-3-8. 图示质量为 m，长为 l 的均质杆 OA 绕 O 轴在铅垂面内做定轴转动。已知某瞬时杆的角速度为 ω，角加速度为 α，则杆惯性力系合力的大小为（　　）。(2012A57)

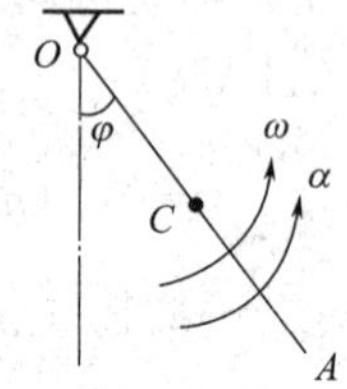

A. $\frac{l}{2}m\sqrt{\alpha^2+\omega^2}$　　B. $\frac{l}{2}m\sqrt{\alpha^2+\omega^4}$

C. $\frac{l}{2}m\alpha$　　D. $\frac{l}{2}m\omega^2$

4-3-9. 已知单自由度系统的振动固有频率 $w_0=2\text{rad/s}$，若在其上分别作用幅值相同而频率为 $w_1=1\text{rad/s}$，$w_2=2\text{rad/s}$，$w_3=3\text{rad/s}$ 的简谐干扰力，则此系统强迫振动的振幅为（　　）。(2012A58)

A. $w_1=1\text{rad/s}$ 时振幅最大　　B. $w_2=2\text{rad/s}$ 时振幅最大

C. $w_3=3\text{rad/s}$ 时振幅最大　　D. 不能确定

4-3-10. 质量为 m，长为 $2l$ 的均质杆初始于水平位置，如图所示，A 端脱落后，杆绕轴 B 转动，当杆转到铅垂位置时，AB 杆 B 处的约束力大小为（　　）。(2013A56)

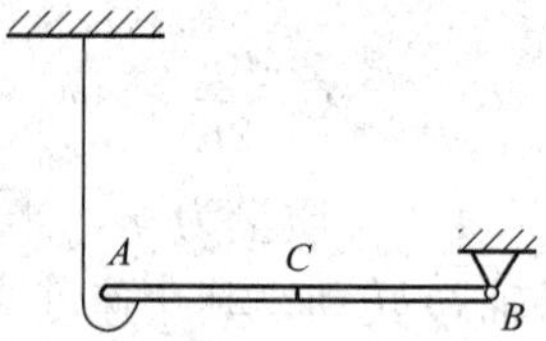

A. $F_{Bx}=0$，$F_{By}=0$

B. $F_{Bx}=0$，$F_{By}=\frac{mg}{4}$

C. $F_{Bx}=l$，$F_{By}=mg$

D. $F_{Bx}=0$，$F_{By}=\frac{5mg}{2}$

4-3-11. 质量为 m，半径为 R 的均质杆圆轮，绕垂直于图面的水平轴 O 转动，其角速度为 ω，在图示瞬时，角加速度为 0，轮心 C 在其最低位置，此时将圆轮的惯性力向 O 点简化，其惯性力主矢和惯性力主矩的大小分别为（　　）。(2013A57)

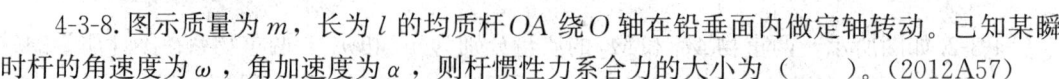

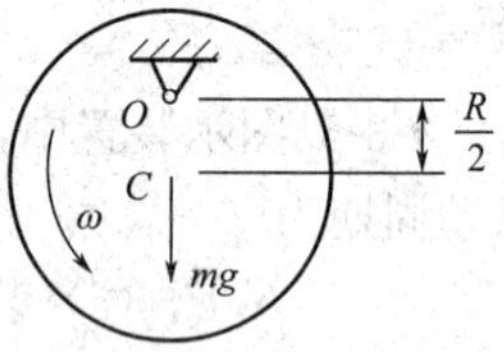

A. $m\frac{R}{2}\omega^2$，0

B. $mR\omega^2$，0

C. 0，0

D. 0，$m\frac{R^2}{2}\omega^2$

4-3-12. 质量为 110kg 的机器固定在刚度为 $2\times10^6\text{N/m}$ 的弹性基础上，当系统发生共振时，机器的工作频率为（　　）。(2013A58)

A. 66.7rad/s　　B. 95.3rad/s　　C. 42.6rad/s　　D. 134.8rad/s

4-3-13. 图式均质链条传动机构的大齿轮以角速度 ω 转动，已知大齿轮半径为 R，质量为 m_1，小齿轮半径为 r，质量为 m_2，链条质量不计，则此系统的动量为（　　）。(2014A55)

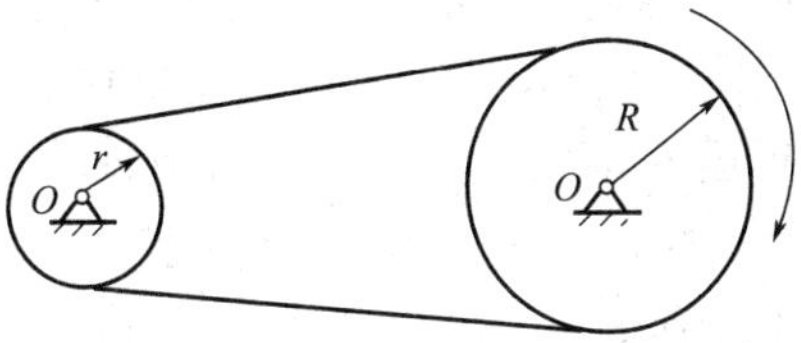

A. $(m_1+2m_2)v\rightarrow$　　B. $(m_1+m_2)v\rightarrow$

C. $(2m_2-m_1)v\rightarrow$　　D. 0

4-3-14. 均质圆柱体半径为R，质量为m，绕关于对纸面垂直的固定水平轴自由转动，初瞬时静止（G在O轴的铅锤线上），如图所示，则圆柱体在位置$\theta=90°$时的角速度是（　　）。(2014A56)

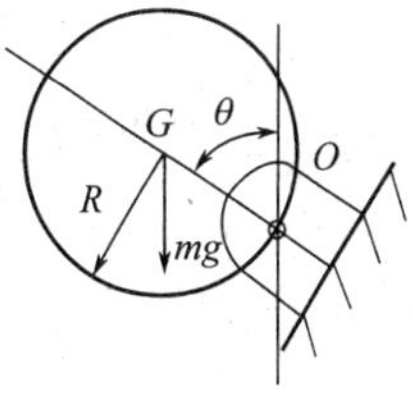

A. $\sqrt{\frac{g}{3R}}$　　B. $\sqrt{\frac{2g}{3R}}$

C. $\sqrt{\frac{4g}{3R}}$　　D. $\sqrt{\frac{g}{2R}}$

4-3-15. 质量不计的水平细杆AB长为L，在铅垂面内绕A轴转动，其另一端固连质量为m的质点B，在图式水平位置静止释放，则此瞬时质点B的惯性力为（　　）。(2014A57)

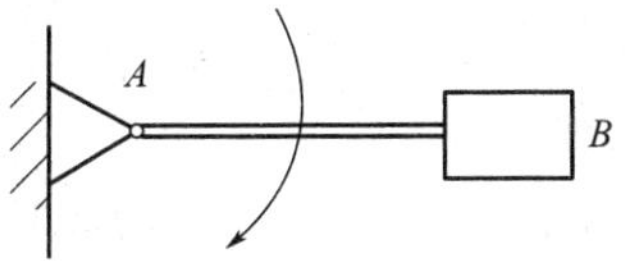

A. $F_g=mg$

B. $F_g=\sqrt{2}mg$

C. 0

D. $F_g=\frac{\sqrt{2}}{2}mg$

4-3-16. 如图所示系统中，当物体振动的频率比为1.27时，k的值是（　　）。(2014A58)

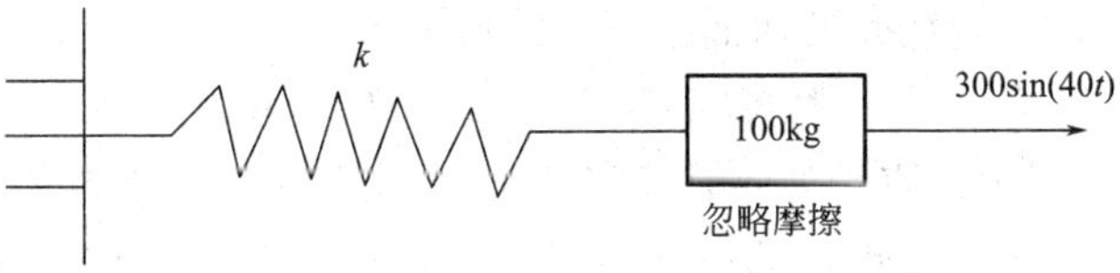

A. 1×10^5N/m　　B. 2×10^5N/m

C. 1×10^4N/m　　D. 1.5×10^5N/m

4-3-17. 质点受弹簧力作用而运动，l_0为弹簧自然长度，k为弹簧刚度系数，质点由位置1到位置2和由位置3到位置2弹簧力所做的功为（　　）。(2016A55)

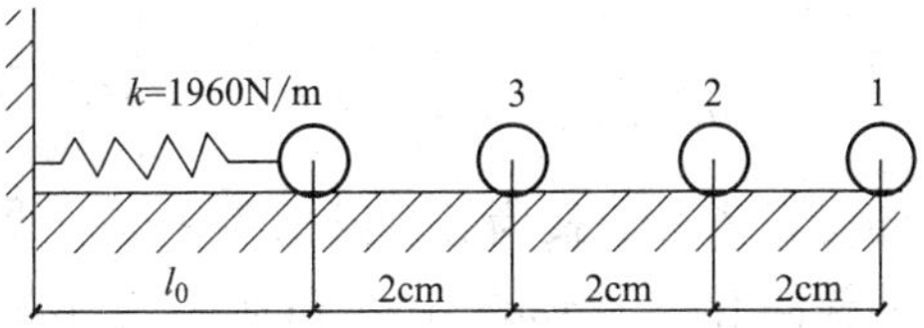

A. $W_{12}=-1.96\text{J}$，$W_{32}=1.176\text{J}$　　B. $W_{12}=1.96\text{J}$，$W_{32}=1.176\text{J}$

C. $W_{12}=1.96\text{J}$，$W_{32}=-1.176\text{J}$　　D. $W_{12}=-1.96\text{J}$，$W_{32}=-1.176\text{J}$

4-3-18. 如图所示圆环以角速度 ω 绕铅直线 AC 自由转动，圆环的半径为 R，对转角的转动惯量为 I_y，在圆环中的 A 点有一质量为 m 的小球，设由于微小的干扰，小球离开 A 点，忽略一切摩擦，则当小球达到 B 点时，圆环的角速度是（　　）。(2016A56)

A. $\dfrac{mR^2\omega}{I+mR^2}$

B. $\dfrac{I\omega}{I+mR^2}$

C. ω

D. $\dfrac{2I\omega}{I+mR^2}$

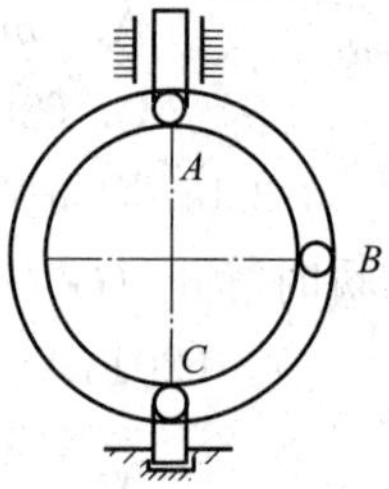

4-3-19. 图示均质圆轮，质量为 m，半径为 r，在铅垂图面内通过圆盘中心 O 的水平轴转动，角速度为 ω，角加速度为 ε，此时将圆轮的惯性力系向 O 点简化，其惯性力主矢和惯性力主矩的大小分别为（　　）。(2016A57)

A. 0；0

B. $mr\varepsilon$；$\dfrac{1}{2}mr^2\varepsilon$

C. 0；$\dfrac{1}{2}mr^2\varepsilon$

D. 0；$\dfrac{1}{4}mr^2\omega^2$

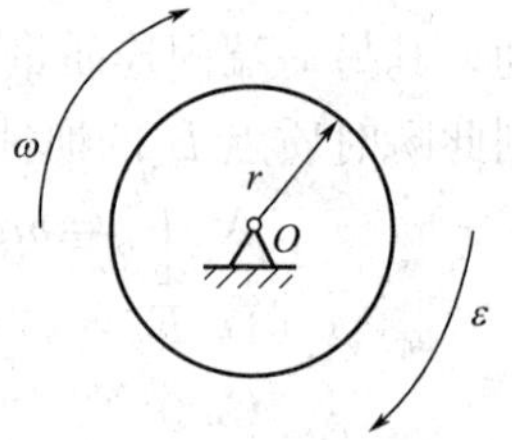

4-3-20. 5kg 质量块振动，其自由振动规律是 $x=X\sin\omega I$，如果振动的圆频率为 30rad/s，则此系统的刚度系数为（　　）。(2016A58)

A. 2500N/m　　B. 4500N/m　　C. 180N/m　　D. 150N/m

4-3-21. 汽车重 2.8t，并以匀速 10m/s 的行驶速度，撞入刚性洼地，此路的曲率半径是 5m，取 $a=10\text{m/s}^2$，则在此处地面给汽车约束力大小为（　　）。(2017A54)

A. 5600N　　B. 2800N　　C. 3360N　　D. 8400N

4-3-22. 图示均质圆轮，质量为 m，半径为 R 由挂在绳上的重为 W 的物块使其绕 O 运动，设重物速度为 v，不计绳重，则系统动量、动能大小是（　　）。(2017A55)

A. $\dfrac{W}{g}v$；$\dfrac{1}{2}\dfrac{R^2W^2}{g}\left(\dfrac{1}{2}mg+W\right)$

B. mv；$\dfrac{1}{2}\dfrac{R^2W^2}{g}\left(\dfrac{1}{2}mg+W\right)$

C. $\dfrac{W}{g}v+mv$；$\dfrac{1}{2}\dfrac{R^2W^2}{g}\left(\dfrac{1}{2}mg-W\right)$

D. $\dfrac{W}{g}v-mv$；$\dfrac{W}{g}v+mv$

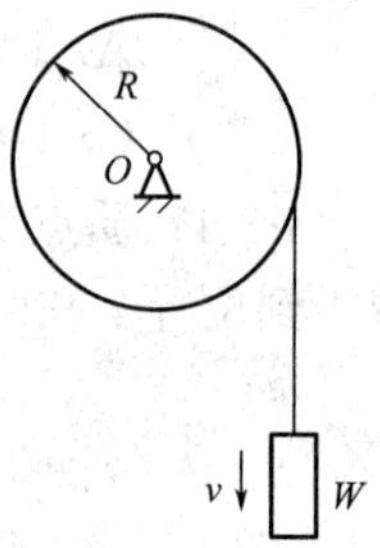

4-3-23. 均质直杆 OA 的质量为 m，长为 L，以匀角速度 ω 绕 O 轴转动，如图所示。此时将 OA 的惯性力系向 O 点简化。其惯性主矢和惯性力主矩的数值分别为（　　）。

（2017A57）

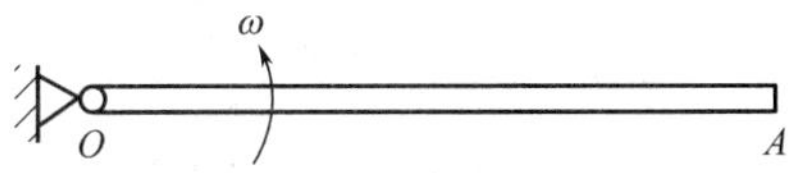

A. 0，0　　　　B. $\frac{1}{2}ml\omega^2$，$\frac{1}{3}ml^2\omega^2$

C. $ml\omega^2$，$\frac{1}{2}ml^2\omega^2$　　　　D. $\frac{1}{2}ml\omega^2$，0

4-3-24. 重为 W 的质点，由长为 l 的绳子连接，如图所示。则单摆运动的固有频率为（　　）。（2017A58）

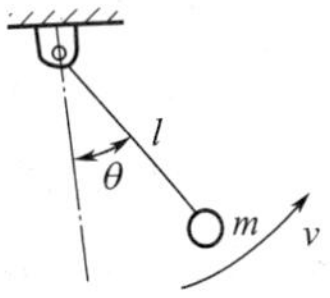

A. $\sqrt{\frac{g}{2l}}$　　　　B. $\sqrt{\frac{W}{l}}$

C. $\sqrt{\frac{g}{l}}$　　　　D. $\sqrt{\frac{2g}{l}}$

4-3-25. 重 10N 的物块沿水平面滑行 4m，如果摩擦系数是 0.3，则重力及摩擦系数各做的功是（　　）（2018A55）

A. 40N·m，40N·m　　　　B. 0，40N·m

C. 0，12N·m　　　　D. 40N·m，12N·m

4-3-26. 质量 m_1 与半径 r 均相同的三个均质滑轮，在绳端作用有力或挂有重力，如图所示。已知均质滑轮的质量为 $m_1 = 2\text{kN}\cdot\text{s}^2/\text{m}$，重物的质量分别为 $m_2 = 2\text{kN}\cdot\text{s}^2/\text{m}$，$m_3 = 1\text{kN}\cdot\text{s}^2/\text{m}$，重力加速度按 $g = 10\text{m/s}^2$ 计算，则各轮转动的角加速度 α 间的关系是（　　）（2018A56）

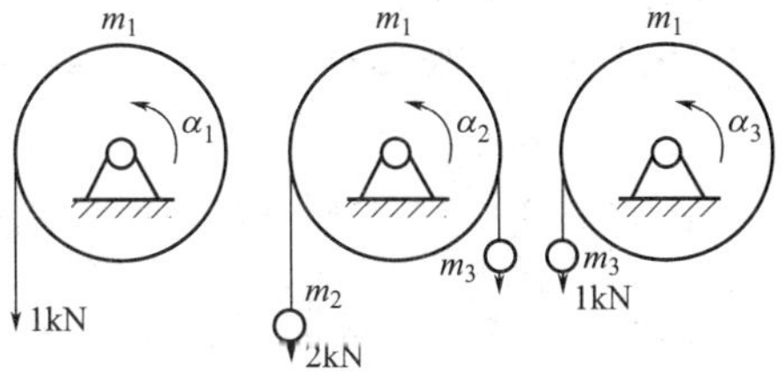

A. $\alpha_1 = \alpha_3 > \alpha_2$　　　　B. $\alpha_1 < \alpha_2 < \alpha_3$

C. $\alpha_1 > \alpha_3 > \alpha_2$　　　　D. $\alpha_1 \neq \alpha_2 = \alpha_2$

4-3-27. 均质细杆 OA，质量为 m，长 l。在如图示水平位置静止释放，此时轴承 O 施加于杆 OA 的附加动反力为（　　）（2018A57）

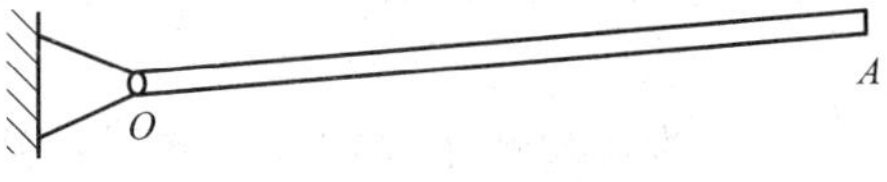

A. 3mg↑　　　　B. 3mg↓

C. $\frac{3}{4}$mg↑　　　　D. $\frac{3}{4}$mg↓

答 案

4-3-1. 答案【A】

根据动量、动量矩、动能的定义，刚体做定轴转动时：$p=mv_c$、$L_O=J_O w$，$T=\frac{1}{2}J_O w^2$。

4-3-2. 答案【B】

根据动量的定义 $p=\sum m_i v_i$。

4-3-3. 答案【B】

可用动静法将惯性力向 A 点简化，主矢大小 $F_1=mL$（铅垂向上），主矩大小 $M_{IO}=J_O$（顺时针转向），再列对 B 点力矩的平衡方程即可。

4-3-4. 答案【A】

根据定轴转动刚体惯性力简化的主矢和主矩结果，其大小为 $F_1=ma_c$，$M_{IO}=J_O\alpha$。

4-3-5. 答案【B】

装置（a）、（b）、（c）的自由振动频率分别为 $w_{oa}=\sqrt{\frac{2k}{m}}$；$w_{ob}=\sqrt{\frac{k}{2m}}$，$w_{oc}=\sqrt{\frac{3k}{m}}$，且周期为 $T=\frac{2\pi}{w_0}$。

4-3-6. 答案【C】

因为杆在水平方向的受力为零，故水平方向质心运动守恒，质心无运动，竖直方向受重力作用，故质心 C 的运动轨迹为铅垂直线。

4-3-7. 答案【B】

因为 $\sum M_A(F)=0$，则对轮应用相对质心的动量矩定理：$J_{A\alpha}=0$，圆轮由静止释放产生速度，在重力和 OA 杆轴力的作用下做绕轴 O 的定轴转动。

4-3-8. 答案【B】

惯性力系的合力为 $\boldsymbol{F}_1=m\boldsymbol{a}_c$，而质心 C 有切向和法向加速度，因此：

$\boldsymbol{a}_c=\sqrt{\boldsymbol{a}_n^2+\boldsymbol{a}_\tau^2}$，$\boldsymbol{a}_n=\frac{1}{2}\cdot w^2$，$\boldsymbol{a}_\tau=\frac{1}{2}\cdot\boldsymbol{\alpha}$，所以 $\boldsymbol{a}_c=\frac{1}{2}\sqrt{\omega^4+\boldsymbol{\alpha}^2}$。

4-3-9. 答案【B】

根据共振原理，当干扰力的频率与系统固有频率相等时将发生共振，此时振幅最大。

4-3-10. 答案【D】

杆位于铅垂位置时有 $J_{B\alpha}=M_B=0$，故角加速度 $\boldsymbol{\alpha}=0$，而角速度可由动能定理：$\frac{1}{2}J_B w^2=mgl$，$w^2=\frac{3g}{2l}$。达到铅垂位置时，向心加速度为：$l\omega^2=\frac{3g}{2}$，根据达朗贝尔原理有：$F_{By}=mg+ml\omega^2=\frac{5mg}{2}$，又因为水平方向合力为零，则 $F_{Bx}=0$。

4-3-11. 答案【A】

因角加速度为 0，故质心处无切向加速度，法向加速度大小为 $\frac{R}{2}\omega^2$，因此惯性力的大

小为 $\frac{R}{2}\omega^2 m$，方向竖直向下，作用线通过 O 点。根据定义，惯性力系的主矢大小为 $ma_c=m\frac{R}{2}\omega^2$，主矩的大小为：$J_{O\alpha}=0$。

4-3-12. 答案【D】

发生共振时，系统的工作频率与其固有频率相等，为 $\sqrt{\frac{k}{m}}=\sqrt{\frac{2\times10^6}{110}}=134.8\text{rad/s}$。

4-3-13. 答案【D】

由于链条质量不计，此系统的动量就等于两个齿轮的动量之和，由于两齿轮的质心速度为零，故其动量 $m_1v_{c1}+m_2v_{c2}=0$。

4-3-14. 答案【C】

根据动量定理，$J_0=J_G+mR^2=\frac{1}{2}mR^2+mR^2=\frac{3}{2}mR^2$，由于 $T_2-T_1=W_{12}$，$T_1=0$，所以 $\frac{1}{2}J_0\omega^2-0=mgR$，$\frac{1}{2}\cdot\frac{3}{2}mR^2\omega^2=mgR$，所以 $\omega=\sqrt{\frac{4g}{3R}}$。

4-3-15. 答案【A】

质点惯性力的大小等于质点的质量与加速度的乘积，在水平位置静止释放的瞬时速度和角速度都为 0，因此质点只有一个重力加速度 g，惯性力的大小为 mg。

4-3-16. 答案【A】

图示系统是一个受迫振动模型，有外激振函数 $F=300\sin40t$ 可知，其圆频率 $w=40$，因此频率 $\frac{w}{w_0}=1.27$，$w_0=\frac{w}{1.27}=\frac{40}{1.27}=31.50$，由于固有频率 $w_0^2=\frac{k}{m}$，$k=mw_0^2=100\times31.5^2=0.992\times10^5\approx1\times10^5\text{N/m}$。

4-3-17. 答案【C】

弹簧做正功，弹性势能减少；弹簧做负功，弹性势能增大，质点由位置 1 到位置 2，弹簧伸长量减小，弹性势能减小，弹簧做正功，大小为：

$\frac{1}{2}k\Delta x_1^2-\frac{1}{2}k\Delta x_2^2=\frac{1}{2}\times1960\times0.06^2-\frac{1}{2}\times1960\times0.04^2=1.96J$；位置 3 到位置 2，弹簧势能增加，弹簧做负功，大小为：

$\frac{1}{2}k\Delta x_1^2-\frac{1}{2}k\Delta x_2^2=\frac{1}{2}\times1960\times0.02^2-\frac{1}{2}\times1960\times0.04^2=-1.176J$。

4-3-18. 答案【B】

系统初始总动量为 Iw，小球到达 B 点的系统总动量为 $(I+mR^2)w_B$，根据动量守恒定理，

有：$(I+mR^2)w_B=Iw$，所以 $w_B=\frac{Iw}{I+mR^2}$。

4-3-19. 答案【C】

圆周运动其惯性力提供其转动的力，即：$F_I=ma_0$，已知 $F_I=0$，则惯性力主矩为：$M_{IO}=J_0\varepsilon=\frac{1}{2}mr^2\varepsilon$。

4-3-20. 答案【B】

自由振动的圆频率计算公式为：$w=\sqrt{\dfrac{k}{m}}$，则刚度系数 $k=mw^2=5\times900=4500\text{N/m}$。

4-3-21. 答案【D】

向心加速度 $a_n=\dfrac{v^2}{R}=\dfrac{10^2}{5}=20\text{m/s}^2$，又因 $\sum F_n=F_N-W=ma_n$，所以

$$F_N=W+ma_n=W+\frac{W}{g}a_n=W\left(1+\frac{a_n}{g}\right)=2800\left(1+\frac{20}{10}\right)=8400\text{N}$$ 。

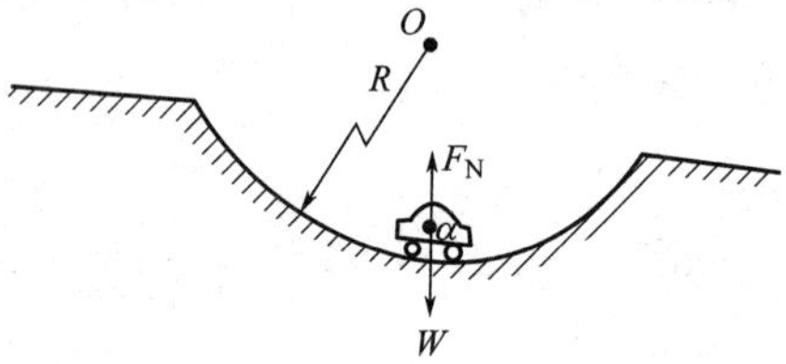

4-3-22. 答案【A】

滑轮质心加速度为零，其动量为零，系统的动量等于重物的动量 $\dfrac{W}{g}v$，系统的动能为圆轮的动能与重物的动能之和，绕 O 轴转动的圆轮的动能为 1/2J，$\omega^2=\dfrac{1}{2}\times\dfrac{1}{2}mR^2\omega^2=\dfrac{1}{4}mR^2\omega^2$ 重物的动能为 $\dfrac{1}{2}\dfrac{W}{g}v^2=\dfrac{1}{2}\dfrac{W}{g}R^2\omega^2$，故系统的总动能为 $\dfrac{m}{4}R^2\omega^2+\dfrac{1}{2}\dfrac{W}{g}R^2\omega^2=\dfrac{1}{2}\dfrac{R^2\omega^2}{g}\left(\dfrac{1}{2}mg+W\right)$。

4-3-23. 答案【D】

该杆以匀角速度 ω 绕 O 轴转动，质心加速度为 $a_\tau=a_n=\dfrac{1}{2}\omega^2$，惯性力主矢 $ma_c=\dfrac{m}{2}l\omega^2$，该杆转动的角加速度 $\varepsilon=0$，其惯性力主矩的大小 $M_0=J_0\varepsilon=0$。

4-3-24. 答案【C】

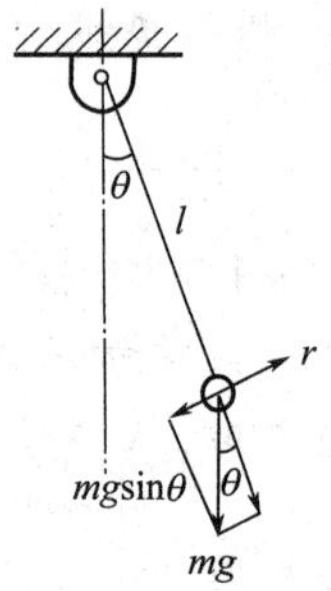

质点的切向加速度 $a_\tau=l\varepsilon=l\ddot{\theta}$，向质点的运动轨迹的切线方向投影，根据 $\sum F_\tau=ma_\tau$ 可知 $ml\ddot{\theta}=-mg\sin\theta$，当 θ 很小趋近于零时，$\sin\theta=\theta$，进而 $l\ddot{\theta}+g\theta=0$，即 $\ddot{\theta}+\omega^2\theta=0$，其中 $\omega^2=\dfrac{g}{l}$，则 $\omega=\sqrt{\dfrac{g}{l}}$ 为质点单摆运动的固有圆周率。

4-3-25. 答案【C】

物块水平运动，则重力不做功，摩擦力做功为 $\mu Fs=0.3\times10\times4=12\text{N}\cdot\text{m}$

4-3-26. 答案【C】

图 1 的角加速度 α_1 由外力 1kN 产生，图 2 的合外力 1kN，即产生角加速度 α_2，也产

生 m_2 m_3 的线加速度 $\alpha_{22}\alpha_{33}$。图 2 的合外力 1kN，即产生角加速度 α_3，也产生 m_3 的线加速度 α_{33}。所以 $\alpha_1>\alpha_3>\alpha_2$。

4-3-27. 答案【D】

附加动反力与惯性矩主矢方向相反，惯性矩主矢为 $\frac{3}{4}mg$ 则 D 项正确。

第五章

材料力学

第一节 轴向拉伸与压缩

一、考试大纲

轴力和轴力图；杆件横截面和斜截面上的应力；强度条件；胡克定律；变形计算；低碳钢，铸铁拉伸、压缩实验的应力—应变曲线；力学性能指标。

二、知识要点

（一）轴向拉伸与压缩的定义

直杆各横截面上所受外力合力的作用线均在其轴线上且产生沿轴线方向上的伸长或缩短现象，称为轴向拉伸或压缩变形，如图 5-1-1 所示。

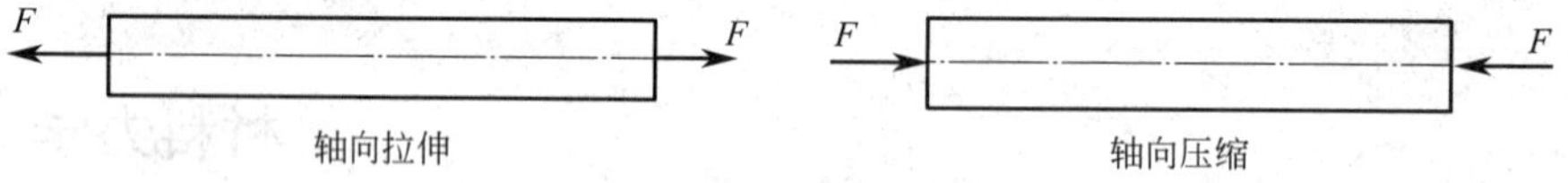

图 5-1-1

受力特征：作用在等直杆两端的合力，大小相等，方向相反，沿杆件轴线作用。

变形特征：受力后沿杆轴向方向均匀伸长或缩短。

（二）轴力、轴力图

1. 轴力

轴力：杆件横截面上的轴向合内力，作用线与杆轴重合，用 N 表示。轴力拉力为正，压力为负。轴力 N，在数值上等于该截面左侧（或右侧）杆上所有轴向外力的代数和，即：

$$N=\sum X_{(一侧)} \tag{5-1-1}$$

无论是在左侧还是在右侧杆上，方向背离截面的轴向外力均为正值，反之为负值。

2. 轴力图

表示轴力随横截面在轴线上位置而变化的函数图形。

【例 5-1-1】 画出图（a）所示直杆的轴力图。

解： 此直杆在 A、B、C、D 点承受轴向外力，先求 AB 段轴力，在段内任一截面 1-1 处将杆截开，考察左段（图 b），在截面上设出正轴力 N_1，由此段的平衡方程 $\sum X=0$ 得到：$N_1-6=0$，$N_1=+6\text{kN}$，N_1 为正值，说明原假设拉力是正确的，同时也就表明轴力是正的。AB 段内任一截面的轴力都等于 $+6\text{kN}$。再求 BC 段轴力，在 BC 段任一截面 2-2 处将杆件截开，仍考察左段（图 c），在截面上仍设正的轴力 N_2，由 $\sum X=0$ 得 $-6+18+N_2=0$，$N_2=-12\text{kN}$，N_2 为负，说明原假设拉力是不对的（应为压力），同时表明轴力 N_2 是负的，BC 段内任一截面的轴力都等于 -12kN；同理得到 CD 段内任一截面的轴力都是 -4kN，画内力图，以水平 x 轴表示杆的截面位置，以垂直 x 的坐标表示截面的轴力，按一定比例尺画出轴力图，如图（d）所示，由此可知，数值最大的轴力发生在 BC 段内。

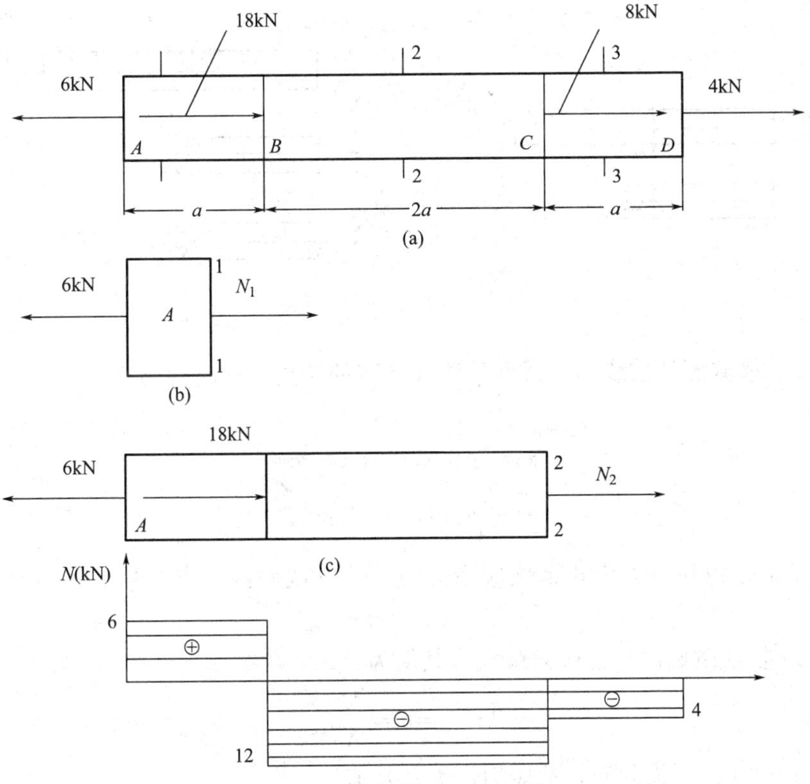

（三）拉压杆横截面和斜截面上的应力

1.拉压杆横截面上的应力

如图 5-2-2 所示，横截面上各点的正应力 σ 垂直于截面，沿截面均匀分布，拉应力为正，压应力为负，计算公式如下：

$$\sigma=\frac{N}{A} \tag{5-1-2}$$

式中　N——轴力；

A——横截面面积；

σ——正应力，常用单位为 MPa，$1\text{MPa}=10^6\text{Pa}=10^6\text{N/m}^2=1\text{N/mm}^2$。

2.拉压杆斜截面上的应力

如图 5-1-2 所示，应力 p_a 在斜截面上均匀分布，与杆轴平行，计算式如下：

总应力

$$p_a=\frac{P\cos\alpha}{A}=\sigma\cos\alpha \tag{5-1-3}$$

式中　p_a——斜截面上的总应力；

P——轴力；

σ——横截面上的正应力；

A——斜截面的截面积；

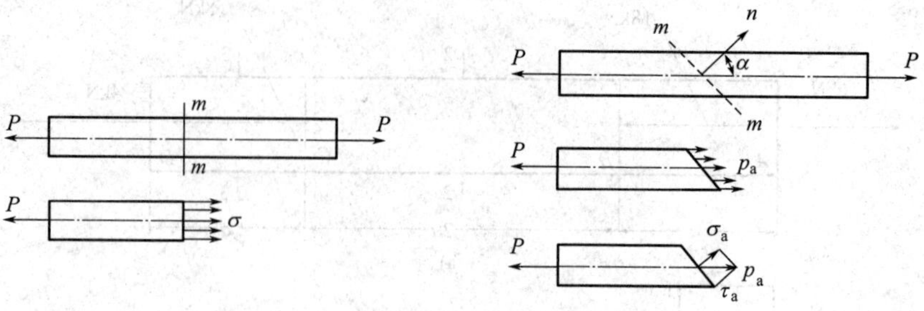

图 5-1-2

α ——横截面外法线与斜截面外法线之间的转角，逆时针为正。

斜截面上

正应力
$$\sigma_a = p_a\cos\alpha = \sigma\cos^2\alpha \tag{5-1-4}$$

剪应力
$$\tau_a = p_a\sin\alpha = \frac{\sigma}{2}\sin2\alpha \tag{5-1-5}$$

符号规定：σ_α 以拉应力为正、压应力为负；τ_α 以截面内一点产生的顺时针力矩为正，逆时针为负。

当 $\alpha=0$ 时，（横截面）正应力最大，其值为：

$$\sigma_{max}=\sigma=\frac{N}{A} \tag{5-1-6}$$

当 $\alpha=\pm45°$ 时，（横截面）剪应力最大，其值为：

$$\tau_{max}=\frac{\sigma}{2}=\frac{N}{2A} \tag{5-1-7}$$

【例 5-1-2】 如图所示，拉杆承受轴向拉力 P 的作用，设斜截面 $m-m$ 的面积为 A，则 $\sigma=P/A$ 为（　　）。

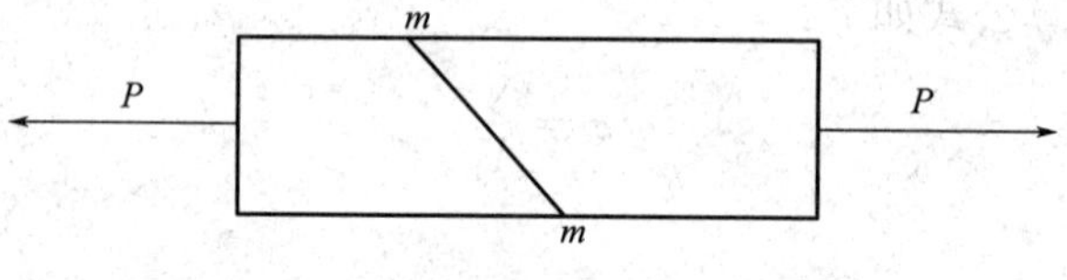

A. 横截面上的正应力　　　　B. 斜截面上的正应力

C. 斜截面上的应力　　　　　D. 斜截面上的剪应力

解：由于斜截面 $m-m$ 的面积为 A，轴向拉力 P 沿斜截面是均匀分布的，所以 $\sigma=\frac{P}{A}$ 应为斜截面上沿轴线方向的总应力，而不是垂直于斜截面的正应力，选 C。

（四）强度条件

保证抗压杆在工作时不因强度不够而破坏，最大工作应力 σ_{max} 小于材料的许用应力 $[\sigma]$，即

$$\sigma_{max}=\left(\frac{N}{A}\right)_{max}\leqslant[\sigma] \tag{5-1-8}$$

许用应力 $[\sigma]$ 的计算式为：

$$\begin{cases}[\sigma]=\dfrac{\sigma_s}{n_s}(\text{塑性材料}) \\ [\sigma]=\dfrac{\sigma_b}{n_b}(\text{脆性材料})\end{cases} \tag{5-1-9}$$

式中 σ_s——塑性材料的屈服极限；

σ_b——脆性材料的抗拉强度；

n_s、n_b——安全系数。

强度条件可解决以下三类问题：

1. 校核强度

$$\sigma_{max}=\left(\frac{N}{A}\right)_{max}\leqslant[\sigma]$$

2. 选择截面尺寸

若已知拉压杆所受的外力和许用应力，由强度条件可确定该杆所需的截面面积，即

$$A\geqslant\frac{N_{max}}{[\sigma]} \tag{5-1-10}$$

3. 确定承载能力

若已知拉压杆截面尺寸和许用应力，由强度条件可确定该杆所能承受的最大轴力，即

$$[N_{max}]\leqslant[\sigma]A \tag{5-1-11}$$

（五）轴向拉压变形——胡克定律

如图 5-1-3 所示，设杆件原长为 l，宽为 b，横截面面积为 A，受轴向拉力 P 的作用后，杆长变为 l_1，宽变为 b_1，在比例极限内，线应变与正应力成正比，即：

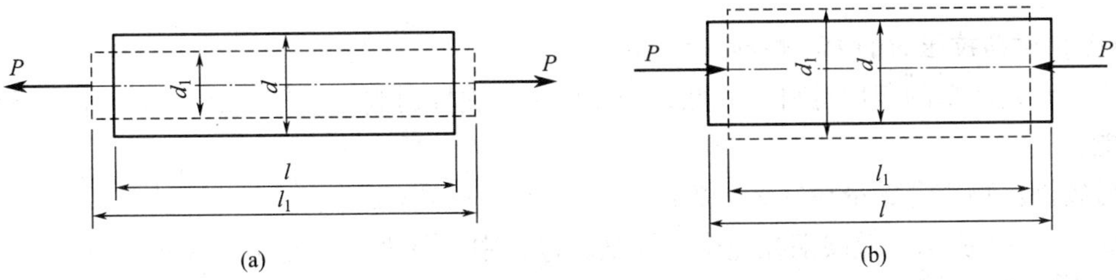

图 5-1-3

$$\varepsilon=\frac{\sigma}{E} \tag{5-1-12}$$

式中 E——弹性模量。

或利用杆件的变形量表示：

$$\Delta l=\frac{Nl}{EA} \tag{5-1-13}$$

式中 Δl——杆的轴向变形；

l——杆长；

N——轴力；

EA——杆截面的抗拉压刚度。

此式即为等直杆件轴向拉伸或压缩的胡克定律。

轴向变形：

$$\Delta l = l_1 - l \tag{5-1-14}$$

轴向线应变：

$$\varepsilon = \frac{\Delta l}{l} \tag{5-1-15}$$

横向变形：

$$\Delta d = d_1 - d \tag{5-1-16}$$

横向线应变：

$$\varepsilon' = \frac{\Delta d}{d} \tag{5-1-17}$$

（六）泊松比 v

在比例极限内，横向线应变 ε' 与纵向线应变 ε 之比，即

$$v = \left|\frac{\varepsilon'}{\varepsilon}\right| = -\frac{\varepsilon'}{\varepsilon} \tag{5-1-18}$$

【例 5-1-3】 两拉杆的材料和所受的拉力都相同，且均处在弹性范围内，若两杆长度相等，横截面面积 $A_1 > A_2$，则（　　）。

A. $\Delta l_1 > \Delta l_2$，$\varepsilon_1 = \varepsilon_2$　　B. $\Delta l_1 = \Delta l_2$，$\varepsilon_1 < \varepsilon_2$

C. $\Delta l_1 < \Delta l_2$，$\varepsilon_1 < \varepsilon_2$　　D. $\Delta l_1 = \Delta l_2$，$\varepsilon_1 = \varepsilon_2$

解： 根据 $\Delta l_1 = \frac{F_N l}{EA_1}$，$\Delta l_2 = \frac{F_N l}{EA_2}$，因为 $A_1 > A_2$，所以 $\Delta l_1 < \Delta l_2$，又因 $\varepsilon_1 = \frac{\Delta l_1}{l}$，$\varepsilon_2 = \frac{\Delta l_2}{l}$，所以 $\varepsilon_1 < \varepsilon_2$，选 C。

（七）材料拉压时的力学性能

主要介绍典型的塑性材料——低碳钢和典型的脆性材料——铸铁在常温、常压下的力学性能。

低碳钢：物质含碳量在 0.3%以下。

如图 5-1-4 所示，低碳钢在整个拉伸试验过程中，应力—应变曲线（$\sigma-\varepsilon$）大致分为如下 4 个阶段：

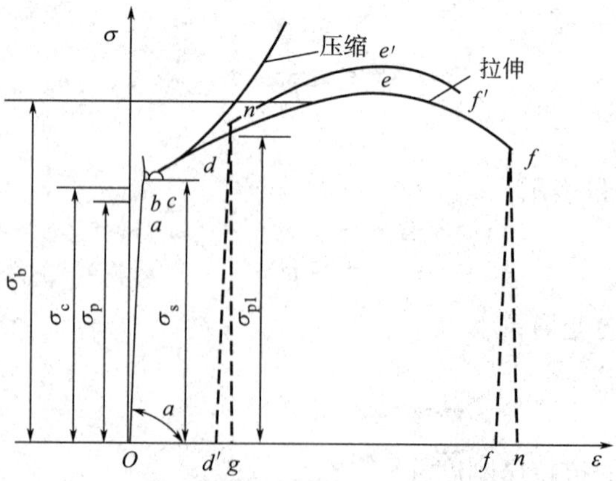

图 5-1-4

1.弹性阶段（Ob 段）

此阶段试样变形完全是弹性的，卸除全部荷载后，试样将恢复原长，此阶段有两个显著的特点：

① Oa 段是一条直线，应力 σ 与应变 ε 呈正比，即

$$\sigma = E\varepsilon \tag{5-1-19}$$

式中　E ——弹性模量，$E=\tan\alpha$ 。

此式所表明的关系即胡克定律，最高点 a 点所对应的应力值 σ_p 称为比例极限。

② ab 非直线段，σ 与 ε 为非线性关系，最高点 b 点所对应的应力值 σ_c 称为弹性极限。

2.屈服阶段（bc 段）

若试样荷载保持不变，则试样不断伸长，产生塑性变形，在试样表面，出现与轴线大致成 45°的滑移线，这是由于材料在 45°斜面上出现最大剪应力导致，将此阶段应力的最低点称为屈服极限，记作 σ_s ，它是衡量材料强度的一个重要指标，对于无明显屈服阶段的其他材料，通常将 0.2%塑性应变时的应力作为名义屈服极限，记作 $\sigma_{0.2}$。

3.强化阶段（ce 段）

此阶段材料的应力、应变继续上升，升到最高点 e 点为止，这一现象称为强化，将最高点 e 所对应的应力称为强度极限，记作 σ_b 。

若在强化阶段的某点停止加载，并逐渐卸除荷载，则材料变形将减少，此时若重新加载，材料变形增大，并超过原数值，通过卸载方式使材料的性质获得改变的做法称为“冷作硬化”。

4.局部变形阶段（ef 段）

试样从开始变形到 $\sigma-\varepsilon$ 曲线的最高点 e ，在工作长度范围内沿横、纵向的变形是均匀的，但在 e 之后，变形将集中在试样的某一较薄弱的区域内，该处截面纵向急剧伸长，横向面积显著收缩，产生“颈缩”，至 e 点试样拉断破坏。

试样拉断后，可获得两个反映材料塑性性能的指标：延伸率 δ 和截面收缩率，δ 越大，材料的塑性性能越好。

延伸率 δ ：

$$\delta=\frac{l_1 \quad l}{l}\times 100\% \tag{5-1-20}$$

式中　l ——试样原长；

l_1 ——试样拉断后的长度。

截面收缩率 ψ ：

$$\psi=\frac{A-A_1}{A}\times 100\% \tag{5-1-21}$$

式中　A ——试样原横截面面积；

A_1 ——试样拉断后的最小截面积。

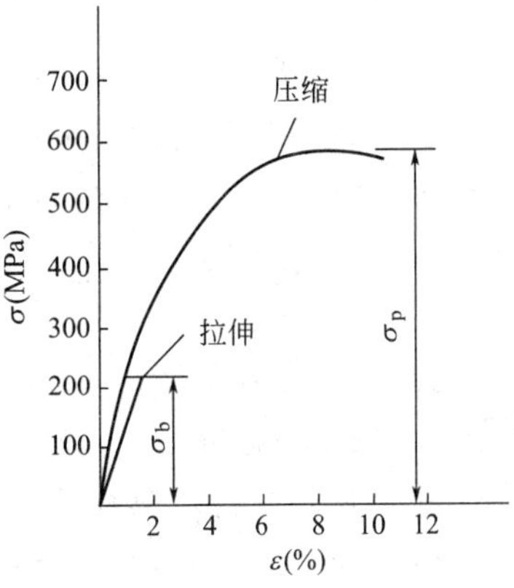

图 5-1-5

如图 5-1-5 所示，铸铁在拉伸与压缩时的应力—应变曲线：

$\sigma-\varepsilon$ 曲线为一条微弯曲线，应力与应变不成正比，

无屈服阶段、强化阶段和局部变形阶段。通常取总应变为 0.1%时 $\sigma-\varepsilon$ 曲线的割线斜率来确定其弹性模量，称作割线弹性模量，铸铁是一种典型的脆性材料。

【例 5-1-4】 选择拉伸曲线中三个强度指标的正确名称是（　　）。

A. 强度极限、弹性极限、屈服极限　　B. 屈服极限、强度极限、比例极限

C. 屈服极限、比例极限、强度极限　　D. 弹性极限、屈服极限、比例极限

解： 选 D。

历年真题

5-1-1. 圆截面杆 ABC 轴向受力如图，已知 BC 杆的直径 $d=100\text{mm}$，AB 杆的直径为 $2d$，杆的最大拉应力是（　　）。(2011A59)

A. 40MPa

B. 30MPa

C. 80MPa

D. 120MPa

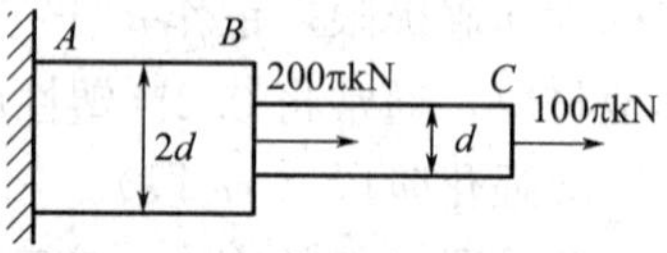

5-1-2. 截面面积为 A 的等截面直杆，受轴向拉力作用。杆件的原始材料为低碳钢，若将材料改为木材，其他条件不变，下列结论中正确的是（　　）。(2012A59)

A. 正应力增大，轴向变形增大　　B. 正应力减小，轴向变形减小

C. 正应力不变，轴向变形增大　　D. 正应力减小，轴向变形不变

5-1-3. 图示等截面直杆，材料的拉压刚度为 EA，杆中距离 A 端 1.5L 处横截面的轴向位移是（　　）。(2012A60)

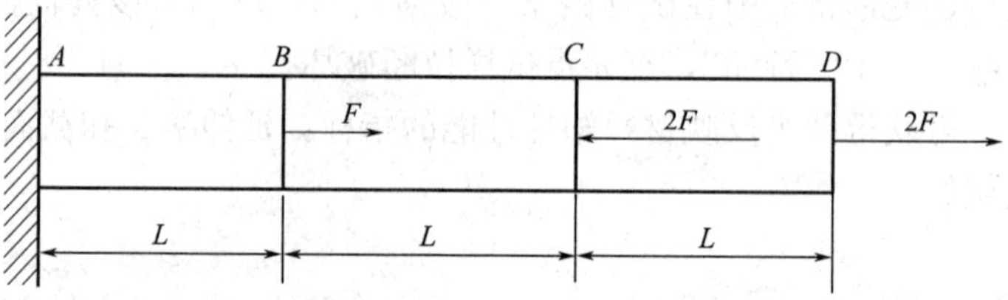

A. $\dfrac{4FL}{EA}$　　B. $\dfrac{3FL}{EA}$　　C. $\dfrac{2FL}{EA}$　　D. $\dfrac{FL}{EA}$

5-1-4. 图示结构的两杆面积和材料相同，在铅直力 F 作用下，拉伸正应力最先达到许用应力的杆是（　　）。(2013A59)

A. 杆 1

B. 杆 2

C. 同时达到

D. 不能确定

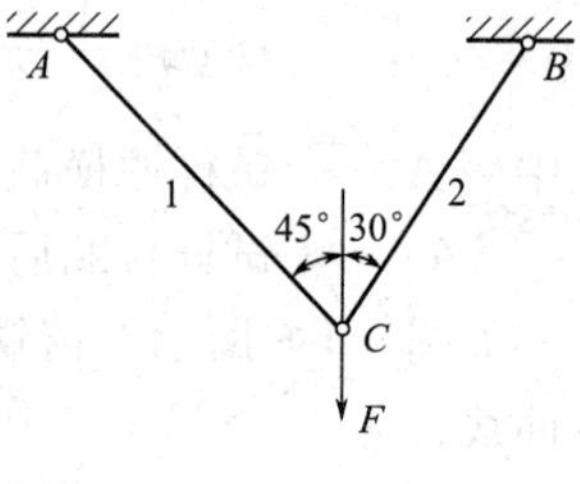

5-1-5. 图示结构的两杆许用应力 $[\sigma]$，杆 1 的面积为 A，杆 2 的面积为 $2A$，则该结构的许用载荷是（　　）。(2013A60)

A. $[F]=A[\sigma]$

B. $[F]=2A[\sigma]$

C. $[F]=3A[\sigma]$

D. $[F]=4A[\sigma]$

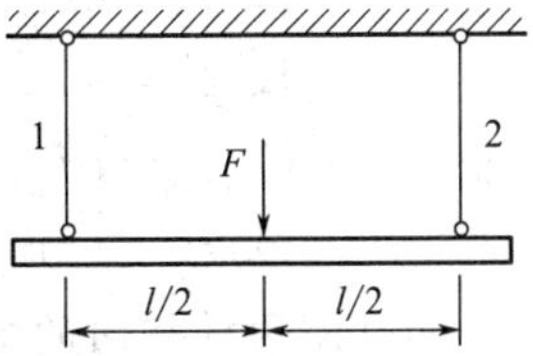

5-1-6. 图示结构的两杆面积和材料相同，在铅直向下的力 F 作用下，下面正确的结论是（　　）。(2014A59)

A. C 点位移向下偏左，杆 1 轴力不为零

B. C 点位移向下偏左，杆 1 轴力为零

C. C 点位移铅直向下，杆 1 轴力为零

D. C 点位移向下偏右，杆 1 轴力不为零

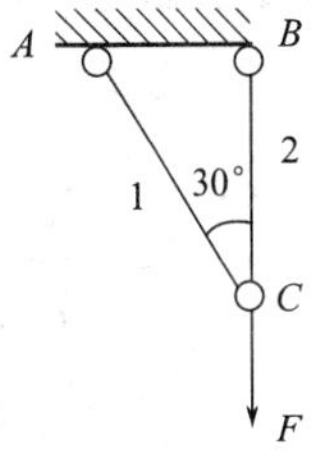

5-1-7. 圆截面杆 ABC 轴向受力如图，已知 BC 杆的直径 $d=100\text{mm}$，AB 杆的直径为 $2d$，杆的最大拉应力是（　　）。(2014A60)

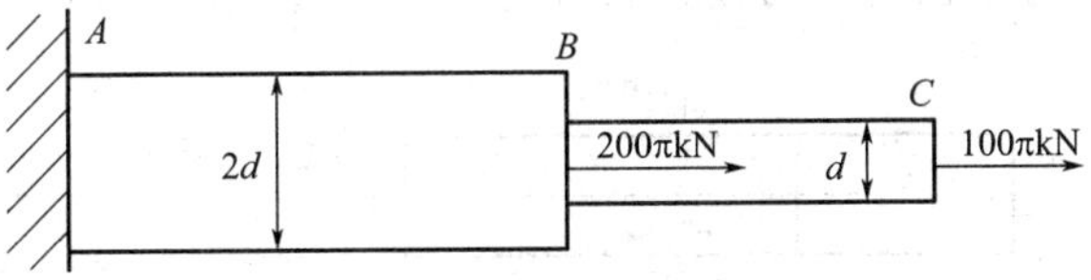

A. 40MPa　　B. 30MPa　　C. 80MPa　　D. 120MPa

5-1-8. 桁架由 2 根细长直杆组成，杆的截面尺寸相同，材料分别是结构钢和普通铸铁。在下列桁架中，布局比较合理的是（　　）。(2014A61)

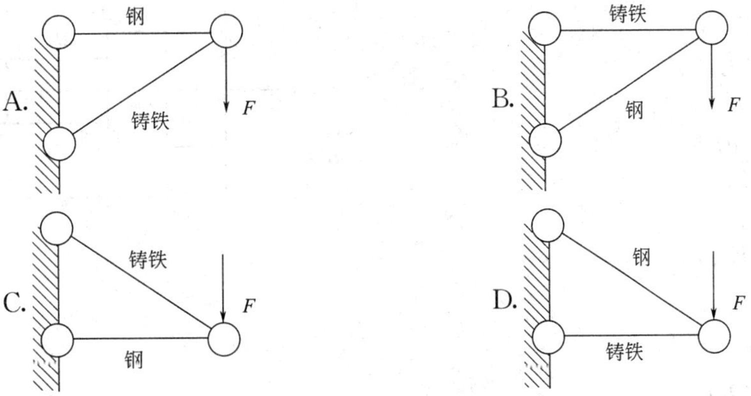

5-1-9. 截面直杆，轴向受力如图，杆的最大拉伸轴力是（　　）。(2016A59)

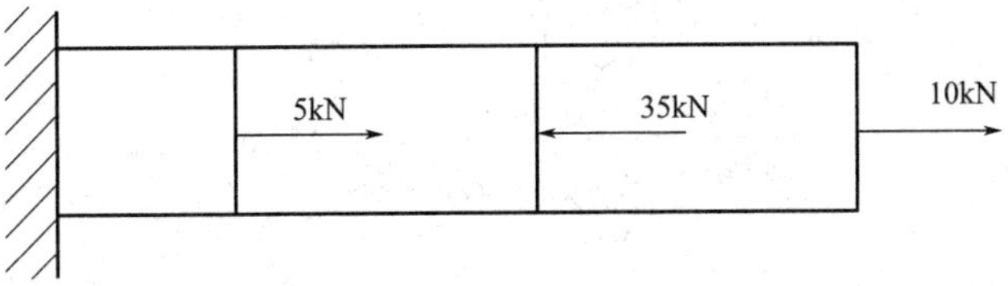

A. 10kN　　B. 25kN　　C. 35kN　　D. 20kN

5-1-10. 已知拉杆横截面 $A=100\text{mm}^2$，弹性模量 $E=200\text{GPa}$，横向变形系数 $\mu=0.3$，轴向拉力 $F=20\text{kN}$，拉杆的横向应变 ε' 是（　　）。(2017A59)

A. $\varepsilon' = 0.3 \times 10^{-3}$

B. $\varepsilon' = -0.3 \times 10^{-3}$

C. $\varepsilon' = 10^{-3}$

D. $\varepsilon' = -10^{-3}$

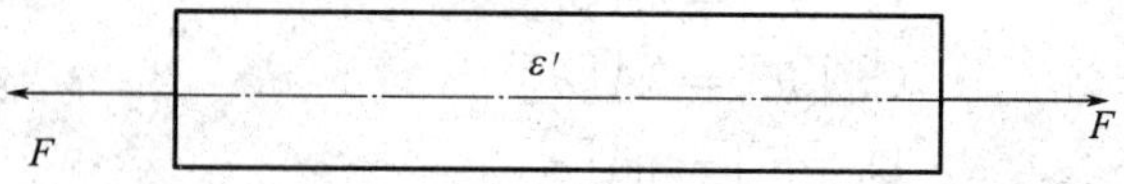

5-1-11. 两根相同的脆性材料等截面直杆，其中一根有沿横截面的微小裂纹（如下图所示）。承受图示拉伸荷载时，有微小裂纹的杆件比没有裂纹的杆件承载能力明显降低，其主要原因是（　　）。(2017A60)

A. 横截面积小

B. 偏心拉伸

C. 应力集中

D. 稳定性差

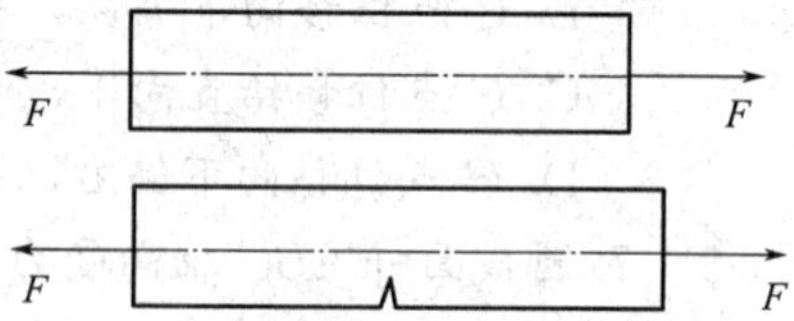

5-1-12. 等截面杆，轴向受力如图。杆的最大轴力是（　　）。(2018A59)

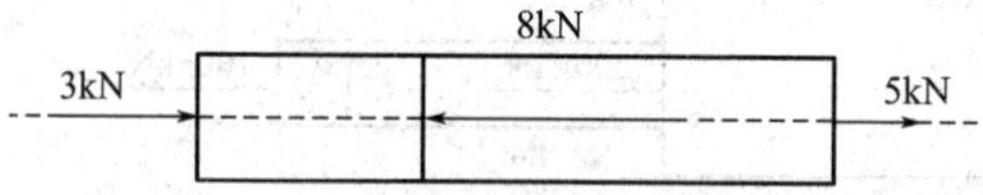

A. 8kN　　B. 5kN　　C. 3kN　　D. 13kN

5-1-13. 变截面杆 AC 受力如图。已知材料弹性模量为 E，杆 BC 段的截面积为 A，杆 AB 段的截面积为 $2A$，杆 C 截面的轴向位移是（　　）。(2018A60)

A. $\dfrac{FL}{2EA}$

B. $\dfrac{FL}{EA}$

C. $\dfrac{2FL}{EA}$

D. $\dfrac{3FL}{EA}$

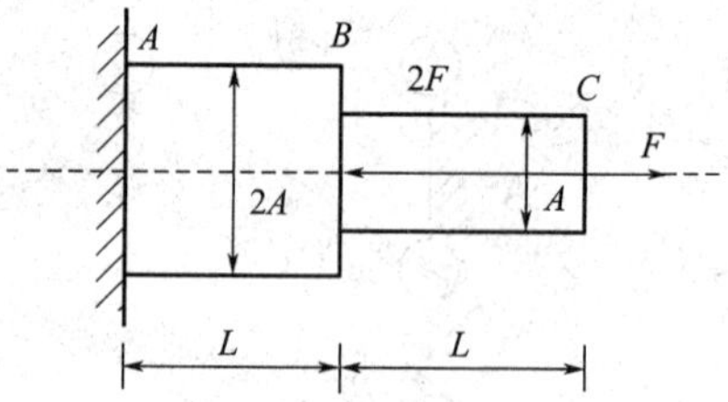

答　案

5-1-1.【答案】(A)

$$\sigma_{AB} = \frac{F_{NAB}}{A_{AB}} = \frac{300\pi \times 10^3}{\frac{\pi}{4} \times (200)^2} = 30\text{MPa}$$

$$\sigma_{BC} = \frac{F_{NBC}}{A_{BC}} = \frac{100\pi \times 10^3}{\frac{\pi}{4} \times (100)^2} = 40\text{MPa} = \sigma_{max}$$

5-1-2.【答案】(C)

若将材料由低碳钢改为木材，则改变的只是弹性模量 E，而正应力计算公式 $\sigma = \dfrac{F_N}{A}$ 中没有 E，故正应力不变，但是由于轴向变形计算公式 $\Delta l = \dfrac{F_N l}{EA}$ 中，Δl 与 E 呈反比，当木材的弹性模量减小时，轴向变形 Δl 增大。

5-1-3.【答案】(D)

由杆的受力分析可知 A 截面受到一个约束反力为 F，方向向左，由于 BC 段杆轴力为零，没有变形，故杆中距离 A 端 $1.5l$ 处横截面的轴向位移等于 AB 段杆的伸长量 $\Delta l=\dfrac{F_N l}{EA}$。

5-1-4.【答案】(B)

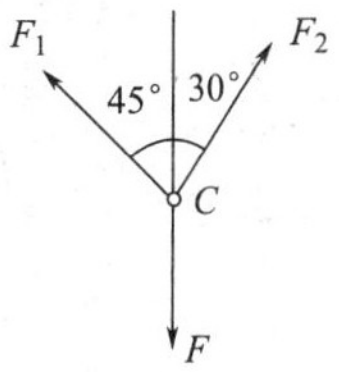

取节点 C，画 C 点的受力图，如图所示，$\sum F_x=0$，$F_1\sin45°=F_2\sin30°$，$\sum F_y=0$，$F_1\cos45°+F_2\sin30°=F$，得到：

$F_1=\dfrac{\sqrt{2}}{1+\sqrt{3}}F$，$F_2=\dfrac{2}{1+\sqrt{3}}F$，$F_2>F_1$，$\sigma_2=\dfrac{F_2}{A}>\sigma_1=\dfrac{F_1}{A}$，所以杆 2 最先达到许用应力。

5-1-5.【答案】(B)

此时受力是对称的，故 $F_1=F_2=\dfrac{F}{2}$，由杆 1 得：$\sigma_1=\dfrac{F_1}{A_1}=\dfrac{\frac{F}{2}}{A}=\dfrac{F}{2A}\leqslant[\sigma]$，$F\leqslant 2A[\sigma]$；由杆 2 得：$\sigma_2=\dfrac{F_2}{A_2}=\dfrac{\frac{F}{2}}{A_2}=\dfrac{F}{4A}\leqslant[\sigma]$，$F\leqslant 4A[\sigma]$，由两者取小值，所以 $[F]=2A[\sigma]$。

5-1-6.【答案】(B)

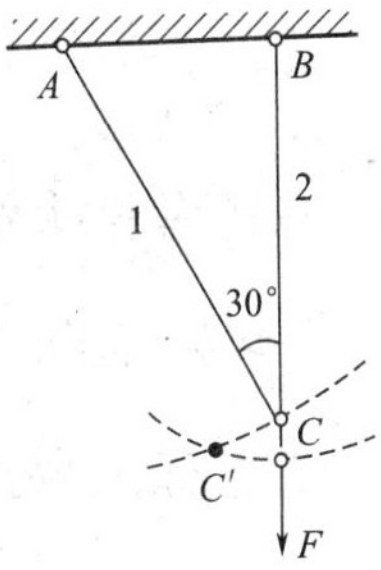

取节点 C 为研究对象，由节点 C 的平衡可知，杆 1 受力为零，杆 2 的轴力为拉力 F，杆 1 无变形，杆 2 受拉伸长，由于变形后两根杆仍然连在一起，因此 C 点变形后的位置应该在以 A 点为圆心，以杆 1 原长尾半径的圆弧和以 B 点为圆心，以伸长后的杆 2 长度为半径的圆弧，这两条圆弧的交点 C' 上，如图，它在 C 点向下偏左的位置。

5-1-7.【答案】(A)

$$\sigma_{bs}=\frac{F_{NAB}}{A_{AB}}=\frac{300\pi\times10^3}{\frac{\pi}{4}\times200^2}=30\text{MPa},$$

$\sigma_{BC}=\dfrac{F_{NBC}}{A_{BC}}=\dfrac{100\pi\times10^3}{\frac{\pi}{4}\times100^2}=40\text{MPa}$，各杆应力不变，因此最大拉应力为 40MPa。

5-1-8.【答案】(D)

对于 A 图的铰链进行受力分析可知，钢杆受拉力，铸铁杆受压力。对于 B 图的铰链进行受力分析可知，钢杆受压力，铸铁杆受拉力。对于 C 图的铰链进行受力分析可知，钢杆受压力，铸铁杆受拉力。对于 D 图的铰链进行受力分析可知，钢杆受拉力，铸铁杆受压力。根据脆性材料和塑性材料的特性，铸铁的抗压性能是抗拉性能的 4～5 倍，而钢的抗压性能与抗拉性能相同，A、D 项更合理。对于受压的构件，长细比不宜过大，因此铸铁的构件长度应短些，所以选 D。

5-1-9.【答案】(A)

设拉应力为正，压力为负，从左向右截面轴力依次为：+10kN、−25kN、−20kN，所以最大拉力为10kN。

5-1-10.【答案】(B)

$$\varepsilon' = -\mu\varepsilon = -\mu\frac{\sigma}{E} = -\mu\frac{F_N}{AE} = -0.3\times\frac{20\times10^3}{100\times200\times10^3} = -0.3\times10^{-3}。$$

5-1-11.【答案】(B)

由于沿横截面有微小裂纹，使得横截面的形心有变化，杆件由原来的拉伸变为偏心拉伸，其应力 $\sigma = \frac{F_N}{A} + \frac{M_z}{W_z}$ 明显变大，因此有裂纹的杆件比没有裂纹的杆件的承载能力明显降低。

5-1-12.【答案】(B)

在3kN和8kN之间作第一截面，杆的轴力为3kN，在8kN和5kN之间作第二截面，杆的轴力为5kN，所以最大轴力为5kN。

5-1-13.【答案】(A)

AB 段：轴力 $F_{AB} = -2F + F = -F$，变形 $\Delta_{AB} = \frac{-FL}{2EA}$。$BC$ 段：轴力 $F_{BC} = F$，变形 $\Delta_{BC} = \frac{FL}{EA}$。总位移 $\Delta_{AC} = \Delta_{AB} + \Delta_{BC} = -\frac{FL}{2EA} + \frac{FL}{EA} = \frac{FL}{2EA}$。

第二节 剪切和挤压

一、考试大纲

剪切和挤压的实用计算；剪切面；挤压面；剪切强度；挤压强度；剪切胡克定律。

二、知识要点

（一）剪切的实用计算

如图5-2-1所示，当作为连接件的铆钉、螺栓、销钉、键等承受一对大小相等、方向相反、作用线互相平行且相距很近的力的作用时，沿剪切面物体将发生剪切破坏，暴露在剪切面上的内力，即为剪力 Q，构件发生相对错动的面为剪切面。

在剪切实用计算中，假设剪切面上的应力是均匀分布的，其名义剪应力 τ 为：

$$\tau = \frac{Q}{A_Q} \tag{5-2-1}$$

式中 Q ——剪切面上的剪力；

A_Q ——剪切面的面积。

剪切强度条件，如下式：

$$\tau = \frac{Q}{A_Q} \leqslant [\tau] \tag{5-2-2}$$

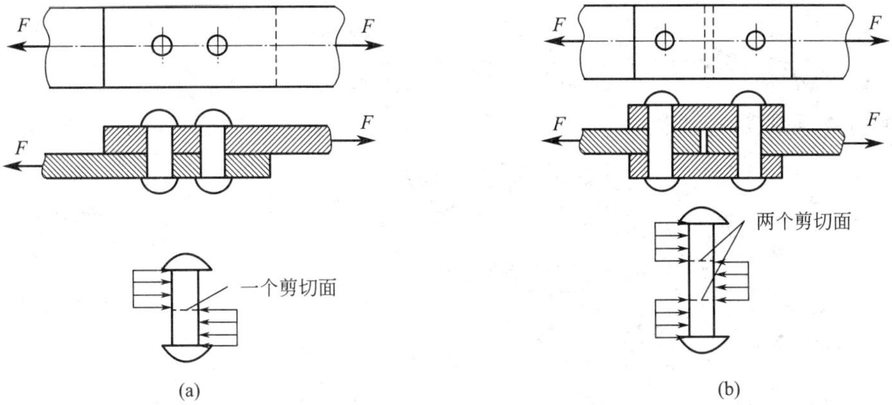

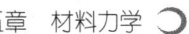

图 5-2-1

式中　[τ]——许用剪应力，等于连接件的剪切强度极限 τ_h 除以安全系数。

(二) 挤压的实用计算

如图 5-2-2 所示，物体承载时，连接件与其所连接的构件在相互接触的表面上发生挤压，挤压面上形成的应力称为挤压应力，记作 F_{bs}，两构件相互接触的面称为挤压面。

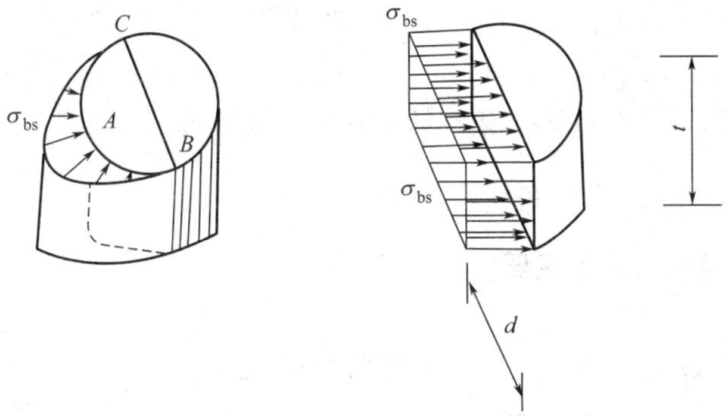

图 5-2-2

在挤压实用计算中，假设挤压面上的应力是均匀分布的，其名义挤压应力 σ_{bs} 为：

$$\sigma_{bs}=\frac{F_{bs}}{A_{bs}} \tag{5-2-3}$$

式中　F_{bs}——挤压面上的挤压力；

A_{bs}——挤压面的面积。

挤压强度条件，如下式：

$$\sigma_{bs}=\frac{F_{bs}}{A_{bs}}\leqslant[\sigma_{bs}] \tag{5-2-4}$$

式中　[σ_{bs}]——许用挤压应力。

【例 5-2-1】 如图所示，螺钉承受的轴向拉力为 F，已知许可切应力 [τ] 和拉伸许可切应力 [σ] 之间的关系为 $[\tau]=0.6[\sigma]$，许可挤压应力 [σ_{bs}] 和拉伸许可应力 [σ] 之间的关系为 $[\sigma_{bs}]=2[\sigma]$，试建立 D、d、t 之间的关系。

解：螺钉的拉伸强度：

$$\sigma=\frac{F}{A}=\frac{F}{\pi d^2/4}\leqslant[\sigma],\ d^2=\frac{4F}{\pi[\sigma]},\ d=2\sqrt{\frac{F}{\pi[\sigma]}};$$

螺帽的挤压强度：

$$\sigma_{bs}=\frac{F_{bs}}{A_c}=\frac{F}{\frac{\pi}{4}(D^2-d^2)}\leqslant[\sigma_c],\ D^2=\frac{4F}{\pi[\sigma_{bs}]}+d^2=\frac{2F}{\pi[\sigma]}+\frac{4F}{\pi[\sigma]}=\frac{6F}{\pi[\sigma]},$$

$$D=\sqrt{6}\times\sqrt{\frac{F}{\pi[\sigma]}}=2.45\times\sqrt{\frac{F}{\pi[\sigma]}};$$

螺帽的剪切强度：$\tau=\frac{Q}{A_Q}=\frac{F}{\pi dt}\leqslant[\tau]$；

$$t=\frac{F}{\pi d[\tau]}=\frac{F}{2\pi\sqrt{\frac{F}{\pi[\sigma]}}\times 0.6[\sigma]}=0.83\times\sqrt{\frac{F}{\pi[\sigma]}};$$

因此，$D:d:t=1.225:1:0.415$。

【例 5-2-2】 要用冲床在厚度为 t 的钢板上冲出一圆孔，则冲力的大小（　　）。

A. 与圆孔直径的平方成正比　　B. 与圆孔直径的平方根成正比

C. 与圆孔直径成正比　　D. 与圆孔直径的三次方成正比

解：设冲力为 F，剪力为 V，钢板的剪切强度极限为 τ_b，圆孔的直径为 d，根据公式得到 $\tau=\frac{V}{\pi dt}=\tau_b$，所以冲力 $F=V=\tau dt\tau_b$，选 C。

（三）纯剪切与剪应力互等定理

1. 纯剪切

如图 5-2-3（a）所示，单元体上只有剪应力无正应力。

2. 剪应力互等定理

如图 5-3-3（b）所示，在互相垂直的两个平面上，垂直于两平面交线的剪应力，大小相等，方向相反，即

$$\tau=-\tau' \tag{5-2-5}$$

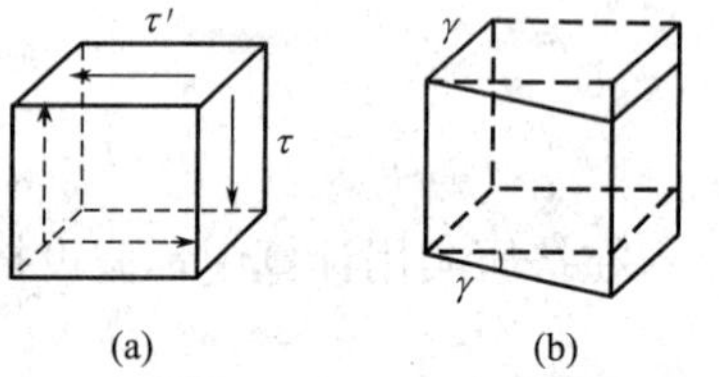

图 5-2-3

3. 剪切胡克定律

弹性范围内，当剪应力不超过材料的剪应力比例极限时，剪应力 τ 与剪应变 γ 成正比，即

$$\tau=G\gamma \tag{5-2-6}$$

将此式称为剪切胡克定律。

式中　G——材料的剪切弹性模量。

对各向同性材料，材料的三个弹性常数，E、G、v 有下列关系：

$$G=\frac{E}{2(1+v)} \tag{5-2-7}$$

历年真题

5-2-1. 已知铆钉的许可切应力为$[\tau]$，许可挤压应力为$[\sigma_{bs}]$，钢板的厚度为t，则图示铆钉直径d与钢板厚度t的关系是（　　）。(2011A60)

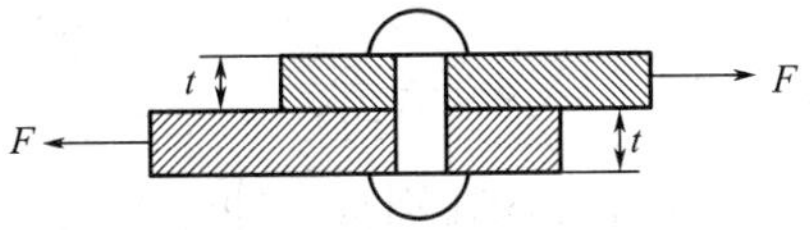

A. $d=\dfrac{8t[\sigma_{bs}]}{\pi[\tau]}$

B. $d=\dfrac{4t[\sigma_{bs}]}{\pi[\tau]}$

C. $d=\dfrac{\pi[\tau]}{8t[\sigma_{bs}]}$

D. $d=\dfrac{\pi[\tau]}{4t[\sigma_{bs}]}$

5-2-2. 图示冲床的冲压力$F=300\pi\text{kN}$，钢板的厚度$t=10\text{mm}$，钢板的剪切强度极限$\tau_b=300\text{MPa}$。冲床在钢板上可冲圆孔的最大直径d是（　　）。(2012A61)

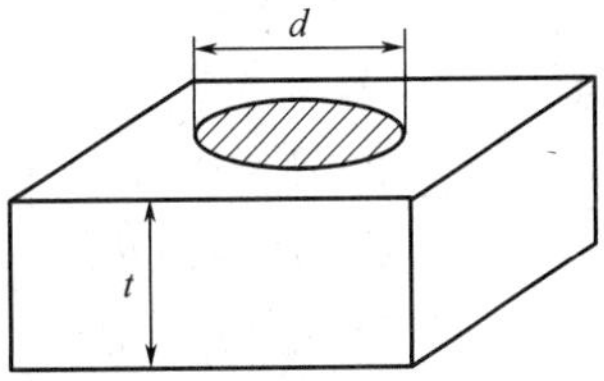

A. $d=200\text{mm}$

B. $d=100\text{mm}$

C. $d=4000\text{mm}$

D. $d=1000\text{mm}$

5-2-3. 图示两根木杆连接构件，已知木材的许用切应力$[\tau]$，许用挤压应力为$[\sigma_{bs}]$，则a与h的合理比值是（　　）。(2012A62)

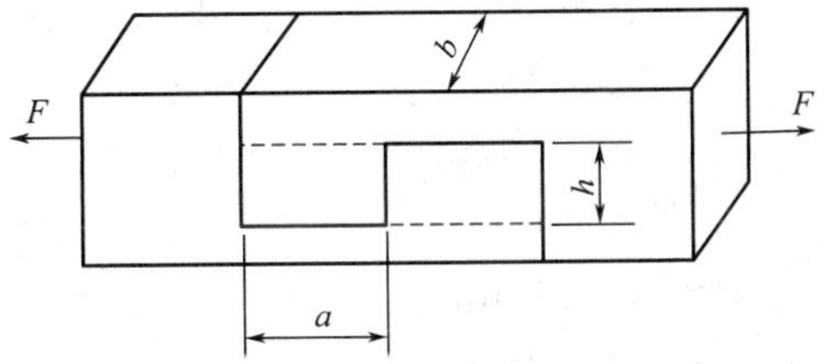

A. $\dfrac{h}{a}=\dfrac{[\tau]}{[\sigma_{bs}]}$

B. $\dfrac{h}{a}=\dfrac{[\sigma_{bs}]}{[\tau]}$

C. $\dfrac{h}{a}=\dfrac{[\tau]a}{[\sigma_{bs}]}$

D. $\dfrac{h}{a}=\dfrac{[\sigma_{bs}]a}{[\tau]}$

5-2-4. 钢板用两个铆钉固定在支座上，铆钉直径为d，在图示载荷作用下，铆钉的最大切应力是（　　）。(2013A61)

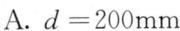

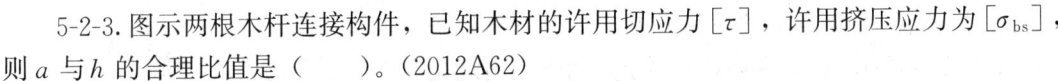

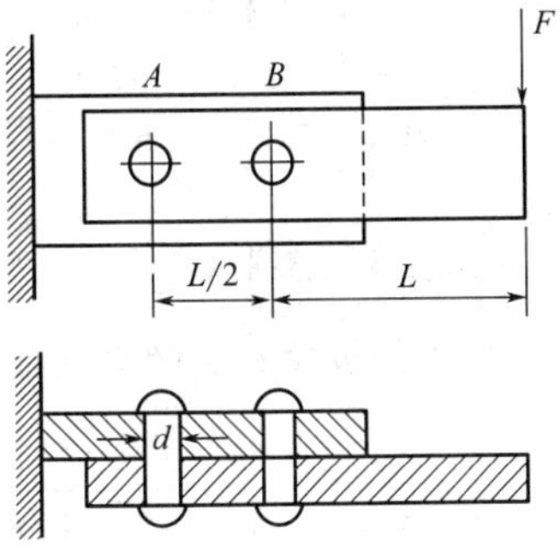

A. $\tau_{max}=\dfrac{4F}{\pi d^2}$

B. $\tau_{max}=\dfrac{8F}{\pi d^2}$

C. $\tau_{max}=\dfrac{12F}{\pi d^2}$

D. $\tau_{max}=\dfrac{2F}{\pi d^2}$

5-2-5. 螺钉承受轴向拉力 F，螺钉头与钢板之间的挤压应力是（　　）。(2013A62)

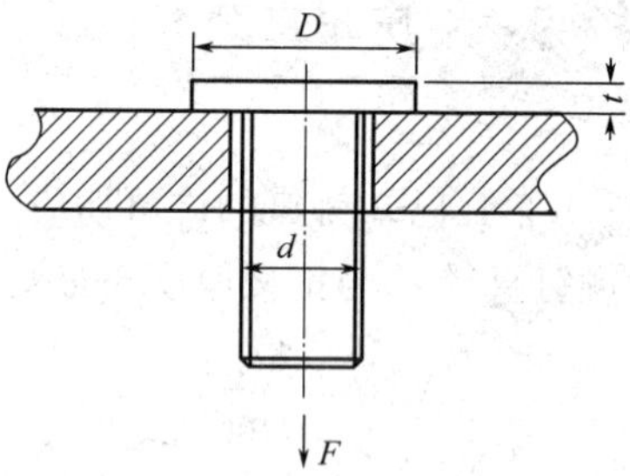

A. $\sigma_{bs}=\dfrac{4F}{\pi(D^2-d^2)}$

B. $\sigma_{bs}=\dfrac{F}{\pi dt}$

C. $\sigma_{bs}=\dfrac{4F}{\pi d^2}$

D. $\sigma_{bs}=\dfrac{4F}{\pi D^2}$

5-2-6. 冲床在岗板上冲一圆孔，圆孔直径 $d=100\text{mm}$，钢板的厚度 $t=10\text{mm}$，钢板的剪切强度极限 $\tau_b=300\text{MPa}$，需要的冲压力 F 是（　　）。(2014A62)

A. $F=300\pi\text{kN}$　　B. $F=3000\pi\text{kN}$　　C. $F=2500\pi\text{kN}$　　D. $F=7500\pi\text{kN}$

5-2-7. 螺钉受力如图，已知螺钉和钢板的材料相同，拉伸许用应力 $[\sigma]$ 是剪切许用应力 $[\tau]$ 的 2 倍，即 $[\sigma]=2[\tau]$，钢板厚度 t 是螺钉头高度 h 的 1.5 倍，则螺钉直径 d 的合理值是（　　）。(2014A63)

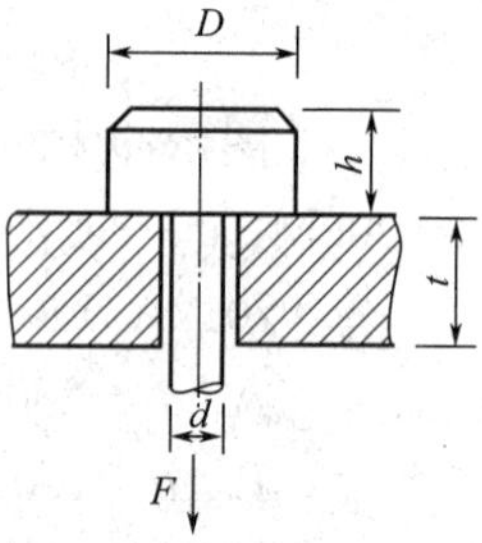

A. $d=2h$

B. $d=0.5h$

C. $d^2=2Dt$

D. $d^2=0.5Dt$

5-2-8. 直径 $d=0.5\text{m}$ 的圆截面立柱，固定在直径 $D=1\text{m}$ 的圆形混凝土基座上，圆柱的轴向压力 $F=1000\text{kN}$，混凝土的许用切应力 $[\tau]=1.5\text{Mpa}$，假设地基对混凝土板的支反力均匀分布，为使混凝土基座不被立柱压穿，混凝土基座所需的最小厚度 t 应是（　　）。(2018A61)

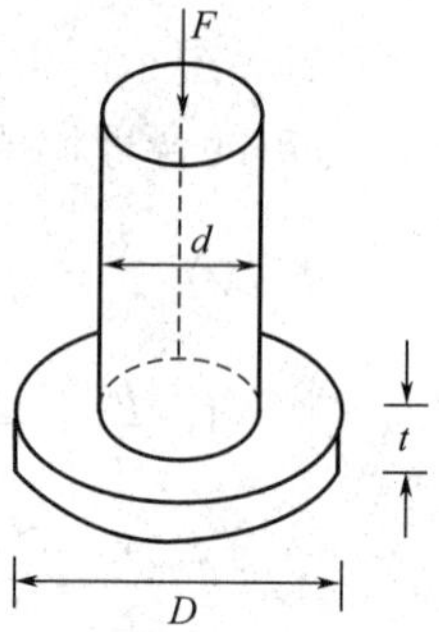

A. 159mm

B. 212mm

C. 318mm

D. 424mm

答　案

5-2-1.【答案】(B)

$$\tau=\frac{Q}{A_Q}=\frac{F}{\frac{\pi}{4}d^2}=\frac{4F}{\pi d^2}=[\tau],\ \sigma_{bs}=\frac{P_{bs}}{A_{bs}}=\frac{F}{dt}=[\sigma_{bs}],\ \frac{[\sigma_{bs}]}{[\tau]}=\frac{\pi d}{4t},\ \text{即}\ d=\frac{4t[\sigma_{bs}]}{\pi(\tau)}$$

5-2-2.【答案】(B)

圆孔钢板冲断时的剪切面是一个圆柱面，其面积为 πdt，冲断条件是 $\tau_{max}=\dfrac{F}{\pi dt}=\tau_b$，所以 $d=\dfrac{F}{\pi t\tau_b}=\dfrac{300\pi\times10^3}{\pi\times10\times300}=100\text{mm}$。

5-2-3.【答案】(A)

图示结构剪切面面积是 ab，挤压面面积是 hb，剪切强度条件：$\tau=\frac{F}{ab}=[\tau]$；挤压强度条件：$\sigma_{bs}=\frac{F}{hb}=[\sigma_{bs}]$，二者相除得到 $\frac{h}{a}=\frac{[\tau]}{[\sigma_{bs}]}$。

5-2-4.【答案】(C)

由于铆钉组的形心在 A、B 的中点，可把力 F 平移到铆钉群中心，并附加一力偶 $m=F\cdot\frac{5}{4}L$，在力偶矩的作用下，每个铆钉所受的力与其至铆钉组截面形心的距离呈正比，由合力矩定理得：$\sum F_{i2}r_i=M_e$，$2F_{A2}\cdot\frac{L}{4}=\frac{5FL}{4}$，$F_{A2}=\frac{5L}{2}$（↑），$F_{B2}=\frac{5L}{2}$（↓），$F_A=2F$（↑），

$F_B=3F$(↓)　$\tau_{max}=\frac{Q}{\frac{\pi}{4}d^2}=\frac{12F}{\pi d^2}$。

5-2-5.【答案】(A)

螺钉头与钢板之间的接触面是一个圆环面，则挤压面积和挤压应力分别为：$A_{bs}=\frac{\pi}{4}(D^2-d^2)$，$\sigma_{bs}=\frac{F_{bs}}{A_{bs}}=\frac{F}{\frac{\pi}{4}(D^2-d^2)}=\frac{4F}{\pi(D^2-d^2)}$

5-2-6.【答案】(A)

$F=\pi dt\tau_b=\pi\times100\times10\times300=300\pi\times10^3\text{N}=300\pi\text{kN}$。

5-2-7.【答案】(A)

螺钉受拉，横截面面积为 $\frac{\pi}{4}d^2$，由螺钉杆的拉伸强度条件，可得 $\sigma=\frac{F}{\frac{\pi}{4}d^2}=[\sigma]$，螺钉的内圆周面受剪，剪切面面积为 πdh，由螺钉帽的剪切强度条件可得 $\tau_0=\frac{F}{\pi dh}=[\tau]$，由 $[\sigma]=2[\tau]$ 可得 $\frac{4F}{\pi d^2}=\frac{2F}{\pi dh}$，$d=2h$。

5-2-8.【答案】(D)

圆孔钢板冲断时的剪切面是一个圆柱面，其面积为 πdt，冲断条件是 $\tau_{max}=\frac{F}{\pi dt}=\tau_b$，所以 $t=\frac{F}{\pi d\tau_b}=\frac{1000kN}{\pi\times0.5m\times1.5MPa}=\frac{1000\times10^3\text{N}}{\pi\times0.5\times10^3\text{mm}\times1.5\text{N/mm}^2}=424\text{mm}$。

第三节　扭转

一、考试大纲

扭矩和扭矩图；圆轴扭转切应力；切应力互等定理；圆轴扭转的强度条件；扭转角计

算及刚度条件。

二、知识要点

（一）扭转的力学模型

如图 5-3-1 所示：

① 受力特征：杆件两端受到一对力偶矩相等，转向相反，作用面与杆轴线相垂直的外力偶作用。

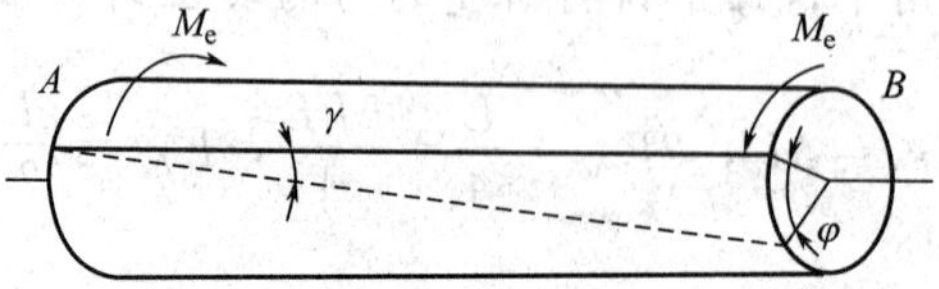

图 5-3-1

② 变形特征：杆件各横截面绕轴线作相对旋转，两横截面间相对转动的角度，称为扭转角，记作 φ 。

（二）外力偶矩

传动轴所传递的功率、转速与外力偶矩之间存在如下关系：

$$(T)_{\mathrm{N\cdot m}}=9.549\frac{\{P\}_{\mathrm{kW}}}{\{n\}_{\mathrm{r/min}}} \tag{5-3-1}$$

式中 P——传递功率（kW）；

n——转速（r/min）；

T——外力偶矩（N・m）。

（三）扭矩及扭矩图

1. 扭矩

如图 5-3-2 所示，受扭杆件横截面上产生的内力，是一个在横截面平面内的力偶，其力偶矩称为扭矩，用 T 表示，扭矩符号按右手螺旋法则确定，当力偶矢指向截面的外法线方向时，扭矩为正，反之为负。

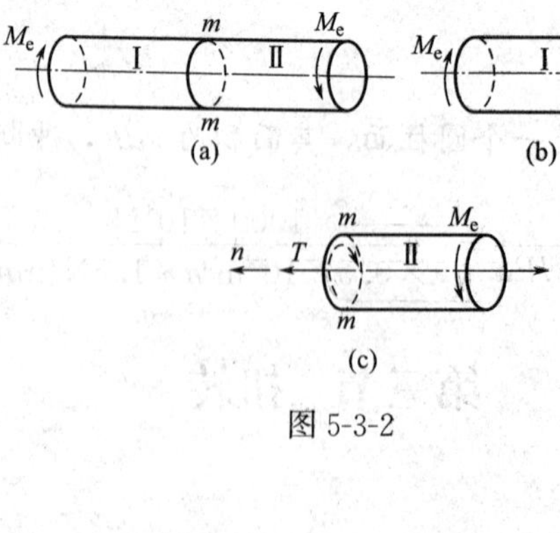

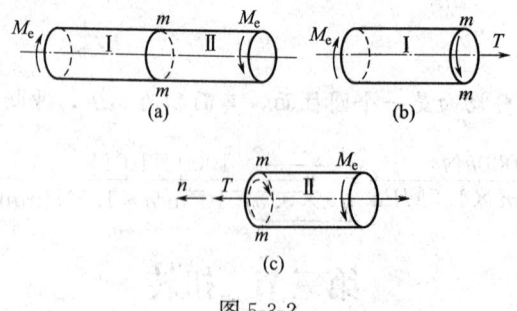

图 5-3-2

2. 扭矩计算

扭矩 T 在数值上等于该截面的左侧（或右侧）杆上所有外力偶矩的代数和，计算式如下：

$$T=\sum T_{(一侧)} \tag{5-3-2}$$

3.扭矩图

表示沿杆轴线各横截面上扭矩变化规律的图线，横坐标为横截面的位置，纵坐标为相应横截面上的扭矩。

【例 5-3-1】 已知传动轴如图（a）的转速为 $n=300\text{r/min}$，主动轮 A 的输入功率 $P=400\text{kW}$，三个从动轮的输出功率分别为 $P_B=120\text{kW}$，$P_C=120\text{kW}$，$P_D=160\text{kW}$，计算各传动轴的扭矩，并画出扭矩图。

解：（1）计算作用在各轮上的转矩 m

因为 A 的转向与轴的转向一致，而从动轮上的转矩是轴转动时受到的阻力，故从动轮 B、C、D 上的转矩方向与轴的转向相反，各轴的转矩计算如下：

$m_A=9.549\times\dfrac{N_k}{n}=9.549\times\dfrac{400}{300}=12.74\text{kN}\cdot\text{m}$，$m_B=m_C=3.82\text{kN}\cdot\text{m}$，$m_D=5.10\text{kN}\cdot\text{m}$。

（2）求各段轴的扭矩

先求 1-1 截面扭矩，从该截面切开，保留右段，并在截面上设出正扭矩 M_{T1}（如图 b 所示），由平衡条件 $\sum m_x=0$ 得到：$m_D-m_A-m_{T1}=0$，$m_{T1}=-m_A=-12.74\text{kN}\cdot\text{m}$，此时 M_{T1} 为负值，说明该截面的扭矩是负的，在 A、B 轮之间所有截面的扭矩都等于 -12.74kN，同理 $M_{T2}=-8.92\text{kN}\cdot\text{m}$，$M_{T3}=-5.10\text{kN}\cdot\text{m}$。

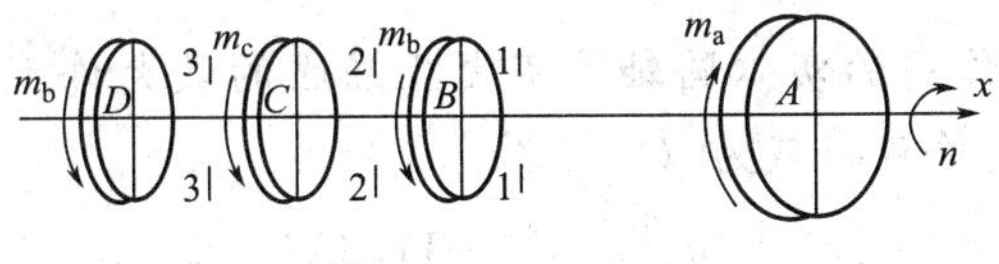

(a)

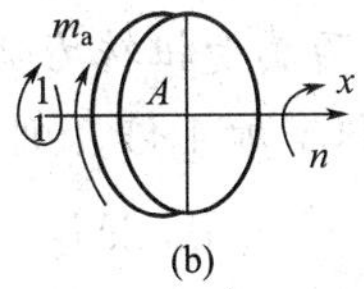

(b)

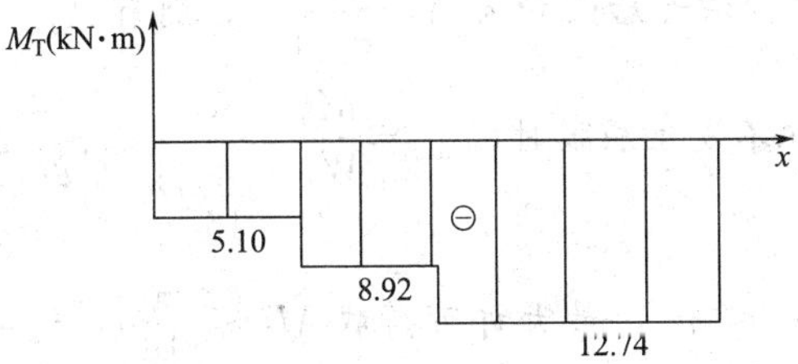

(c)

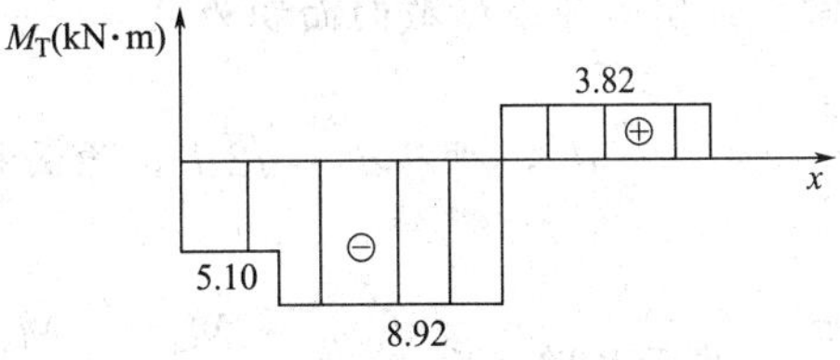

(d)

（四）圆轴扭转剪应力与强度条件

1.横截面上的剪应力

（1）剪应力分布规律

横截面上任一点的剪应力，其值与该点到圆心的距离成正比，垂直于该点所在的半径。

（2）剪应力计算公式

横截面上距圆心为 ρ 的任一点处剪应力 τ_p 为：

$$\tau_p=\frac{T}{I_p}\rho \tag{5-3-3}$$

横截面上最大剪应力 τ_{max}，发生在横截面边缘各点（$\rho=R$）处，其值为：

$$\tau_{max}=\frac{TR}{I_p}=\frac{T}{W_p} \tag{5-3-4}$$

式中 T——剪应力的点所在横截面上的扭矩；

I_P——截面的极惯性矩；

W_P——抗扭截面系数。

I_P、W_P 取值如下：

实心圆截面（直径为 d）：

$$I_P=\frac{\pi d^4}{32},W_P=\frac{\pi d^3}{16} \tag{5-3-5}$$

空心圆截面（外径为 D，内径为 d，$\alpha=d/D$）：

$$I_P=\frac{\pi D^4}{32}(1-\alpha^4),W_P=\frac{\pi D^3}{16}(1-\alpha^4) \tag{5-3-6}$$

2. 圆轴扭转时的强度条件

为保证圆轴扭转工作时，不致因强度不够而破坏，最大剪应力 τ_{max} 不得超过材料的许用剪应力 $[\tau]$，即

$$\tau_{max}=\frac{T_{max}}{W_P}\leqslant[\tau] \tag{5-3-7}$$

由上述强度条件，可进行受扭圆轴进行强度校核、截面设计以及确定许可载荷等三类问题的计算。

【例 5-3-2】 两端受扭转力偶矩作用的实心圆轴，不发生屈服的最大许可荷载为 M_0，若将其横截面面积增加 1 倍，则最大许可荷载为（　　）。

A. $\sqrt{2}M_0$　　B. $2M_0$　　C. $2\sqrt{2}M_0$　　D. $4M_0$

解：设实心原来横截面面积为 $A=\frac{\pi d^2}{4}$，增大后面积为 $A_1=\frac{\pi {d_1}^2}{4}$，则有 $A_1=2A$，即 $\frac{\pi {d_1}^2}{4}=2\times\frac{\pi}{4}d^2$，所以 $d_1=\sqrt{2}d$，原面积不发生屈服时，$\tau_{max}=\frac{M_0}{W_P}=\frac{M_0}{\frac{\pi}{16}d^3}\leqslant\tau_s$，$M_0\leqslant\frac{\pi}{16}d^3\tau_s$，将面积增大后，$\tau_{max1}=\frac{M_1}{W_{P1}}=\frac{M_1}{\frac{\pi}{16}{d_1}^3}\leqslant\tau_s$，最大许可荷载 $M_1\leqslant\frac{\pi}{16}{d_1}^3\tau_s=2\sqrt{2}\frac{\pi}{16}d^3\tau_s=2\sqrt{2}M_0$，选 C。

（五）圆轴扭转变形及刚度条件

1. 圆轴扭转变形

单位长度的扭转角 θ(rad/m)，即扭转角沿轴线的变化率计算公式如下：

$$\theta=\frac{d\varphi}{dx}=\frac{T}{GI_P} \tag{5-3-8}$$

扭转角 φ(rad)

$$\varphi=\int_l\theta dx=\int_l\frac{T}{GI_P}dx \tag{5-3-9}$$

对在长度 l 范围内，M_T、G、I_P 均为常量，则扭转角 φ 为：

$$\varphi=\frac{Tl}{GI_P} \tag{5-3-10}$$

式中　GI_P——表示圆轴抵抗扭转弹性变形的能力，称为圆轴抗扭刚度。

2. 圆轴扭转刚度条件

圆轴扭转产生的最大单位长度扭转角 θ_{max} 不超过某一规定的许用值 $[\theta]$（°/m），即

$$\theta_{max}=\frac{T_{max}}{GI_P}\times\frac{180°}{\pi}\leqslant[\theta] \tag{5-3-11}$$

式中　$[\theta]$——单位长度许用扭转角。

由刚度条件，可进行受扭圆轴刚度校核、截面设计以及许可载荷的确定等三类问题的计算。

【例 5-3-3】 已知传动轴为钢制实心轴，最大扭矩 $M_T=7.64$kN·m，材料的许可切应力 $[\tau]=30$MPa，切变模量 $G=80$GPa，许可转角 $[\theta]=0.3°/m$，试按强度理论和刚度条件设计轴径 d。

解： 根据强度条件公式得：$d\geqslant\sqrt[3]{\frac{16M_T}{\pi[\tau]}}=\sqrt[3]{\frac{16\times7.64\times10^6}{\pi\times30}}=109$mm；

根据刚度条件公式得：$d\geqslant\sqrt[4]{\frac{M_T\times32\times180}{G\pi^2[\theta]}}=\sqrt[3]{\frac{7.64\times10^6\times32\times180}{80\times10^3\times\pi^2\times0.3\times10^{-3}}}=117$mm；

两个直径中应选较大者，即实心直径不应小于 117mm。

历年真题

5-3-1. 图示受扭空心圆轴横截面上的切应力分布图中，正确的是（　　）。（2011A61）

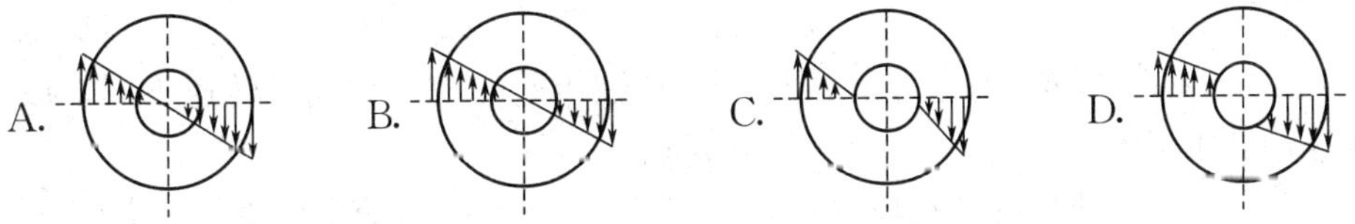

5-3-2. 圆轴受力如图，下面 4 个扭矩图中正确的是（　　）。（2012A63）

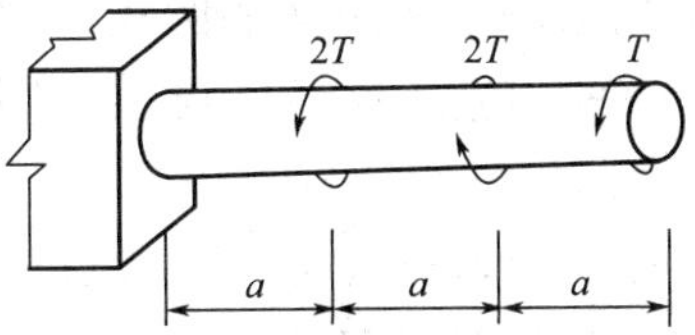

A.
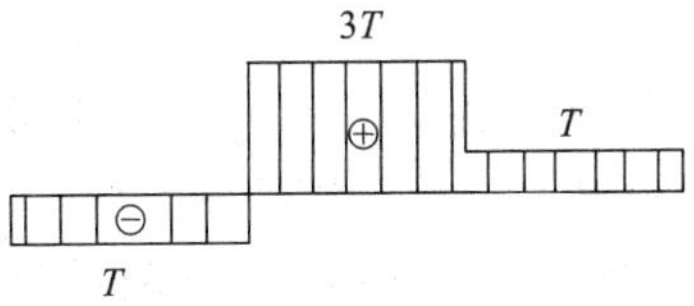

B.
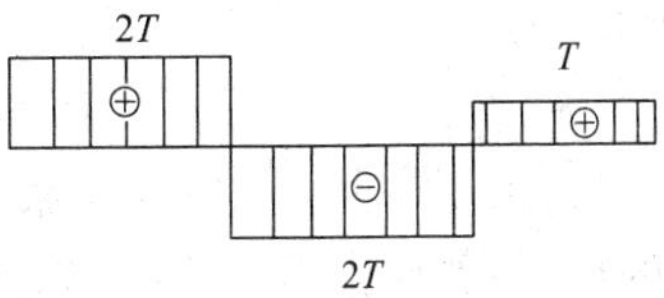

C. 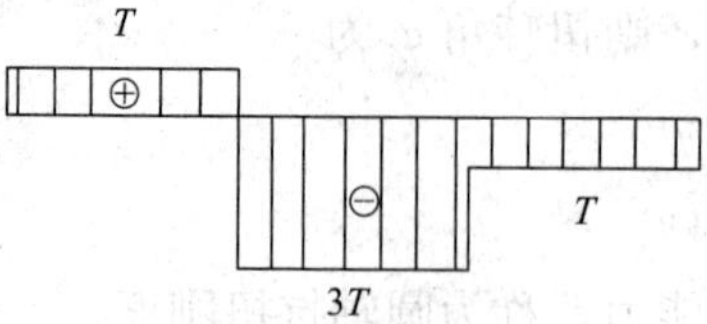

D. 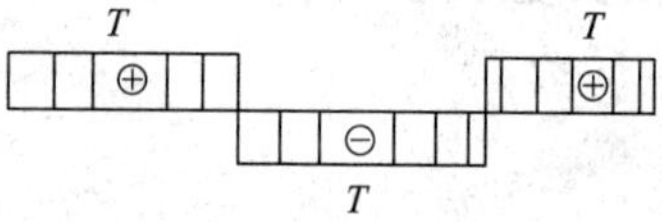

5-3-3. 直径为 d 的实心圆轴受扭，若使扭转角减小一般，圆轴的直径需变为（　　）。（2012A64）

A. $\sqrt[4]{2}d$　　B. $\sqrt[3]{2}d$　　C. $0.5d$　　D. $2d$

5-3-4. 圆轴直径为 d，切变模量为 G，在外力作用下发生扭转变形，现测得单位长度扭转角为 θ，圆轴的最大切应力是（　　）。（2013A63）

A. $\tau_{max}=\dfrac{16\theta G}{\pi d^3}$　　B. $\tau_{max}=\dfrac{\pi d^3\theta G}{16}$　　C. $\tau_{max}=\theta Gd$　　D. $\tau_{max}=\dfrac{d\theta G}{2}$

5-3-5. 图示两根圆轴，横截面面积相同，但分别为实心圆和空心圆，在相同的扭矩 T 作用下，两轴最大切应力的关系是（　　）。（2013A64）

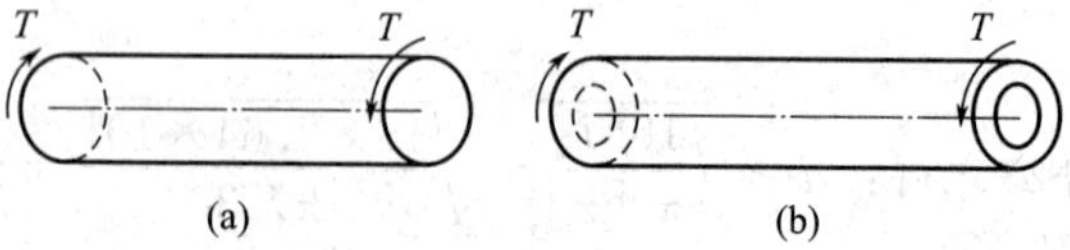

A. $\tau_a<\tau_b$　　B. $\tau_a=\tau_b$　　C. $\tau_a>\tau_b$　　D. 不能确定

5-3-6. 在一套转动系统中，有多根圆轴，假设所有圆轴传递的功率相同，但转速不同，各轴所承受的扭矩与其转速的关系是（　　）。（2014A65）

A. 转速快的轴扭矩大　　B. 转速慢的轴扭矩大

C. 各轴的扭矩相同　　D. 无法确定

5-3-7. 直径为 d 的实心圆轴受扭，在扭矩不变的情况下，为使扭转最大切应力减小一半，圆轴的直径应为（　　）。（2016A61）

A. $2d$　　B. $0.5d$　　C. $\sqrt{2}d$　　D. $\sqrt[3]{2}d$

5-3-8. 在一套传动系统中，假设所有圆轴传递的功率相同，转速不同，该系统的圆轴转速域其扭矩的关系是（　　）。（2016A62）

A. 转速快的轴扭矩大　　B. 转速慢的轴扭矩大

C. 全部轴的扭矩相同　　D. 无法确定

5-3-9. 冲床使用冲头在钢板的上冲直径为 d 的圆孔，钢板的厚度 $t=10$mm，钢板的剪切强度极限为 τ_b，冲头的挤压许可应力 $[\sigma_m]=2\tau_b$，钢板可冲圆孔的最小直径 d 是（　　）。（2017A62）

A. $d=80$mm　　B. $d=40$mm　　C. $d=20$mm　　D. $d=5$mm

5-3-10. 实心圆轴受扭，若将轴的直径减小一半，则扭转角是原来的（　　）。（2018A62）

A. 2 倍　　B. 4 倍　　C. 8 倍　　D. 16 倍

5-3-11. 图示圆轴的抗扭截面系数为 W_T，切变模量为 G，扭转变形后，圆轴表面 A 点处截取的单元体互相垂直的相邻边线改变了 γ 角，如图所示，圆轴承受的扭矩 T 是

（ ）。（2018A64）

A. $T=G\gamma W_T$

B. $T=\dfrac{G\gamma}{W_T}$

C. $T=\dfrac{\gamma}{G}W_T$

D. $T=\dfrac{W_T}{G\gamma}$

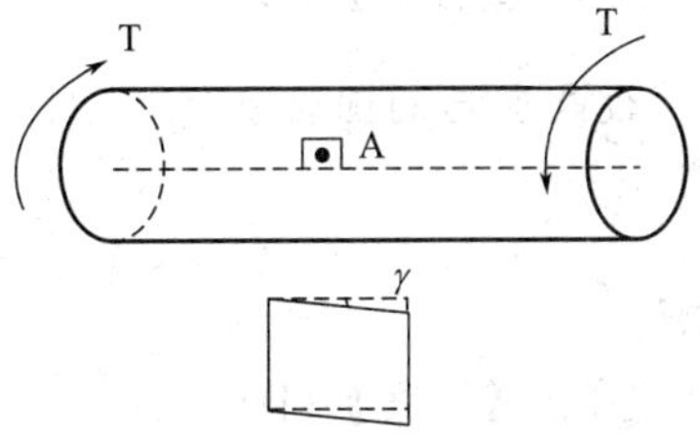

答 案

5-3-1.【答案】(B)

受扭空心圆轴横截面上的切应力分布与半径成正比，而且在空心圆内径中无应力，B正确。

5-3-2.【答案】(D)

由外力平衡可知，左端的反力偶为 T，方向是由外向内转，再由各段扭矩计算可知，左段扭矩为 $+T$，中段扭矩为 $-T$，右段扭矩为 $+T$，扭矩图需要标出正负号。

5-3-3.【答案】(A)

圆轴受扭构件转角公式为：$\theta=\dfrac{Tl}{GI_p}$，由 $\phi_1=\dfrac{\phi}{2}$，即 $\dfrac{T_1}{GI_{P1}}=\dfrac{1}{2}\dfrac{T_1}{GI_P}$，$I_{P1}=2I_P$，$\dfrac{\pi d_1^4}{32}=2\dfrac{\pi}{32}d^4$，$d_1=\sqrt[4]{2}d$ 。

5-3-4.【答案】(D)

圆轴的最大切应力 $\tau_{max}=\dfrac{T}{I_P}\dfrac{d}{2}$，圆轴的单位长度扭转角 $\theta=\dfrac{T}{GI_P}$，$\dfrac{T}{I_P}=\theta G$，$\tau_{max}=\theta G\dfrac{d}{2}$。

5-3-5.【答案】(C)

设实心圆直径为 d，空心圆外径为 D，空心圆内外径之比为 α，因两者横截面面积相同，所以 $\dfrac{\pi}{4}d^2=\dfrac{\pi}{4}D^2(1-\alpha^2)$，$d=D\sqrt{(1-\alpha^2)}$，所以 $\dfrac{\tau_a}{\tau_b}=\dfrac{\dfrac{T}{\dfrac{\pi d^3}{16}}}{\dfrac{T}{\dfrac{\pi D^3}{16}(1-\alpha^4)}}=\dfrac{D^3(1-\alpha^4)}{d^3}=\dfrac{(1+\alpha^2)}{\sqrt{1-\alpha^2}}>1$。

5-3-6.【答案】(B)

根据外力矩（即扭矩）与功率、转速的计算公式 $M(\text{kN}\cdot\text{m})=9.55\dfrac{P(\text{kW})}{n(\text{转}/\text{分})}$ 可知转速慢的轴扭矩大。

5-3-7.【答案】(D)

设改变后的圆轴直径为 d_1，则 $\tau_{\max,1}=\dfrac{M}{W_1}=\dfrac{M}{\dfrac{\pi d_1^3}{16}}=\dfrac{1}{2}\tau_{\max}=\dfrac{1}{2}\dfrac{M}{W}=\dfrac{1}{2}\dfrac{M}{\dfrac{\pi d^3}{16}}$，$d_1=\sqrt[3]{2}d$。

5-3-8.【答案】(B)

轴所传递功率、转速与外力偶矩（kN·m）的关系为：$m=9.55\dfrac{P(\text{kW})}{n(\text{r/min})}$。

5-3-9.【答案】(C)

钢板切应力：$\tau=\dfrac{F}{\pi d^2}$，$\tau\leqslant[\tau]$，钢板挤压应力 $\sigma=\dfrac{F}{\pi dt}$，$\sigma=[\sigma_m]$，联立得 $\pi d^2[\tau]=\pi d\cdot 2[\tau]$，解得 $d=2t=20\text{mm}$。

5-3-10.【答案】(D)

扭转角 φ 计算公式为 $\varphi=\dfrac{Tl}{GI_P}$，假设实心圆截面直径为 d，则 $I_P=\dfrac{\pi d^4}{32}$，直径变为原来的1/2，则 I_P 变为原来的1/16，因此扭转角 φ 变为原来的16倍。

5-3-11.【答案】(A)

剪切胡克定律：$\tau=G\gamma$；截面上的剪应力：$\tau=\dfrac{T}{W_T}$，联立得 $T=W_TG\gamma$。

第四节　截面的几何性质

一、考试大纲

静矩和形心；惯性矩和惯性积；平行移轴公式；形心主轴及形心主惯性矩概念。

二、知识要点

(一) 静矩与形心

如图5-4-1所示，设任意截面的面积为 A，从截面中某一坐标（z，y）处取一面积元素 dA，则分别将 $z\text{d}A$ 和 $y\text{d}A$ 称为该面积元素 dA 对于 y 轴和 z 轴的静矩，其积分形式如下：

$$\left.\begin{aligned}&\text{截面对 } z \text{ 轴的静矩}\\&S_z=\int_A y\,\text{d}A=Ay_c\\&\text{截面对 } y \text{ 轴的静矩}\\&S_y=\int_A z\,\text{d}A=Az_c\end{aligned}\right\}\qquad(5\text{-}4\text{-}1)$$

截面形心的位置坐标：

$$y_c=\frac{S_z}{A}=\frac{\int_A y\,dA}{A}$$
$$z_c=\frac{S_y}{A}=\frac{\int_A z\,dA}{A} \tag{5-4-2}$$

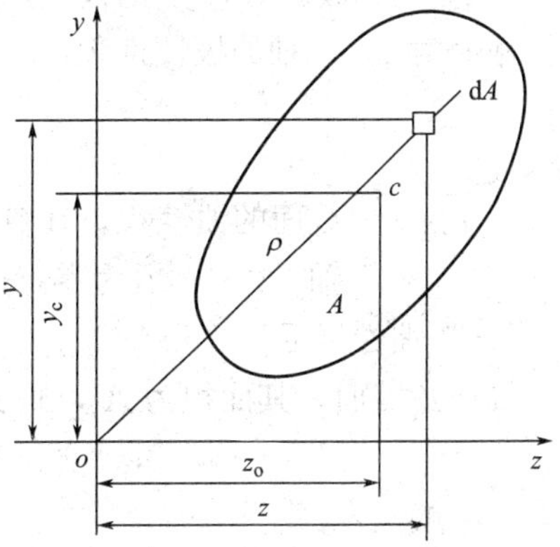

图 5-4-1

静矩的单位为 m^3 或 mm^3。若截面对某轴的静矩为零，则该轴必然通过截面的形心，反之亦成立，即若某轴通过截面的形心，则该截面对某轴的静矩为零。若截面有对称轴，则截面对对称轴的静矩为零，截面的形心在该对称轴上。

对于组合截面（由若干简单截面或标准型材截面所组成）对某一轴的静矩，等于其组成部分对同一轴的静矩的代数和，即

$$S_z=\sum_{i=1}^{n}(S_z)_i=\sum_{i=1}^{n}A_iy_i$$
$$S_y=\sum_{i=1}^{n}(S_y)_i=\sum_{i=1}^{n}A_iz_i \tag{5-4-3}$$

组合截面的形心坐标为：

$$y_c=\frac{\sum_{i=1}^{n}A_iy_i}{\sum_{i=1}^{n}A_i}$$
$$z_c=\frac{\sum_{i=1}^{n}A_iz_i}{\sum_{i=1}^{n}A_i} \tag{5-4-4}$$

（二）惯性矩 惯性积

如图 5-4-1 所示，对于 y 轴和 z 轴的惯性矩如下式：

截面对 z 轴的惯性矩
$$I_z=\int_A y^2\,dA=Ai_z^2$$
截面对 y 轴的惯性矩
$$I_y=\int_A z^2\,dA=Ai_y^2 \tag{5-4-5}$$

式中　I_y、I_z——称为截面对 y 轴和 z 轴的惯性矩，其量纲为长度的四次方。

截面对 O 点的极惯性矩：

$$I_P=\int_A \rho^2\,dA=I_z+I_y \tag{5-4-6}$$

式中　I_p——截面对 O 点的极惯性矩，其量纲为长度的四次方。

截面对 z、y 轴的极惯性积：

$$I_{zy}=\int_A zy\,\mathrm{d}A \tag{5-4-7}$$

式中　I_{zy}——截面的惯性积，其量纲为长度的四次方，若 z、y 轴有一个为截面的对称轴，则 I_{zy} 恒为零。

（三）惯性半径

设任意截面，其面积为 A，则：

$$\left.\begin{array}{l}\text{截面对 } z \text{ 轴的惯性半径}\\ i_z=\sqrt{\dfrac{I_z}{A}}\\ \text{截面对 } y \text{ 轴的惯性半径}\\ i_y=\sqrt{\dfrac{I_y}{A}}\end{array}\right\} \tag{5-4-8}$$

式中　i_y、i_z——截面对 y 轴和 z 轴的惯性半径，其量纲为长度的一次方。

（四）惯性矩和惯性积的平行移轴公式

如图 5-4-1 所示，设任意截面的面积为 A，形心为 C，截面对形心轴 z_c、y_c 的惯性矩和惯性积分别为 I_{zc}、I_{yc}、I_{zcyc}，设 z 轴与形心轴 z_c 平行，相距为 a，y 轴与形心轴 y_c 平行，相距为 b，则惯性矩、惯性积为惯性矩的平行移轴公式：

$$\left.\begin{array}{l}I_z=I_{zc}+Aa^2\\ I_y=I_{yc}+Ab^2\end{array}\right\} \tag{5-4-9}$$

惯性积的平行移轴公式：

$$I_{yz}=I_{zcyc}+Aab \tag{5-4-10}$$

在所有互相平行的惯性矩中，以形心轴的惯性矩最小。常用截面的几何性质见表 5-4-1。

常用截面的几何性质　　　　表 5-4-1

截面		A	I_z	i_z^2	I_y	i_y^2	I_P
矩形	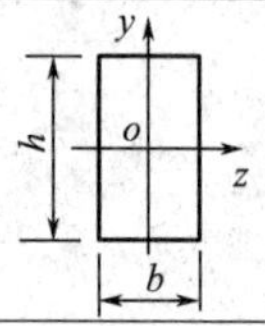	bh	$\frac{bh^3}{12}$	$\frac{h^2}{12}$	$\frac{hb^3}{12}$	$\frac{b^2}{12}$	
圆形	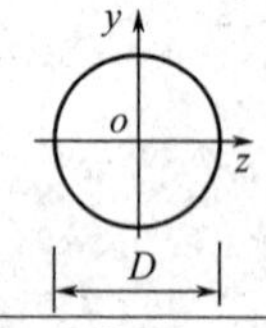	$\frac{\pi D^2}{4}$	$\frac{\pi D^4}{64}$	$\frac{D^2}{16}$	$\frac{\pi D^4}{64}$	$\frac{D^2}{16}$	$\frac{\pi D^4}{32}$
环形	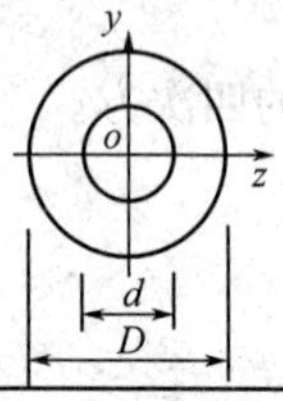	$\frac{\pi D^2}{4}\times(1-\alpha^2)$	$\frac{\pi D^4}{64}\times(1-\alpha^4)$	$\frac{D^2}{16}\times(1+\alpha^2)$	$\frac{\pi D^4}{64}\times(1-\alpha^4)$	$\frac{D^2}{16}\times(1+\alpha^2)$	$\frac{\pi D^4}{32}\times(1-\alpha^4)$

（五）形心主惯性轴与形心主惯性矩

截面对其惯性积等于零的一对坐标轴，称为主惯性轴，简称主轴。截面对于主惯性轴的惯性矩，称为主惯性矩。当一对主惯性轴的交点与截面的形心重合时，称为形心主惯性轴。截面对于形心主惯性轴的惯性矩，称为形心主惯性矩。通过截面形心的主惯性轴，称为形心主轴，对形心主轴的惯性矩称为形心主矩。

历年真题

5-4-1. 图示截面的抗弯截面模量 W_z 是（　　）。（2011A62）

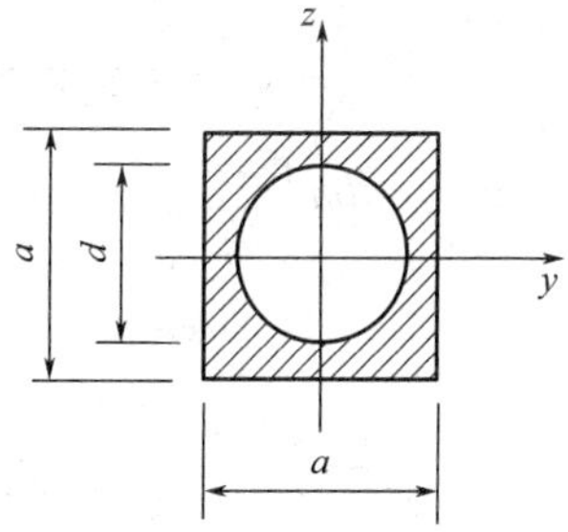

A. $W_z=\dfrac{\pi d^3}{32}-\dfrac{a^3}{6}$

B. $W_z=\dfrac{\pi d^3}{32}-\dfrac{a^4}{6d}$

C. $W_z=\dfrac{\pi d^3}{32}-\dfrac{a^3}{6d}$

D. $W_z=\dfrac{\pi d^4}{64}-\dfrac{a^4}{12}$

5-4-2. 图示空心截面对 z 轴的惯性矩 I_z 为（　　）。（2012A66）

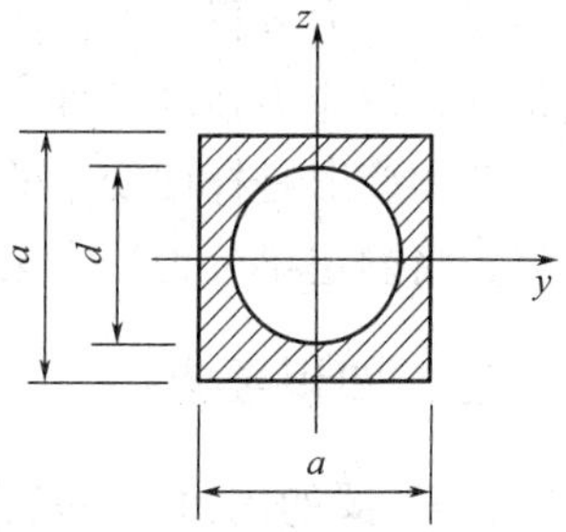

A. $I_z=\dfrac{\pi d^4}{32}-\dfrac{a^4}{12}$

B. $I_z=\dfrac{\pi d^4}{64}-\dfrac{a^4}{12}$

C. $I_z=\dfrac{\pi d^4}{32}+\dfrac{a^4}{12}$

D. $I_z=\dfrac{\pi d^4}{64}+\dfrac{a^4}{12}$

5-4-3. 图示截面对 z 轴的惯性矩 I_z 为（　　）。（2018A63）

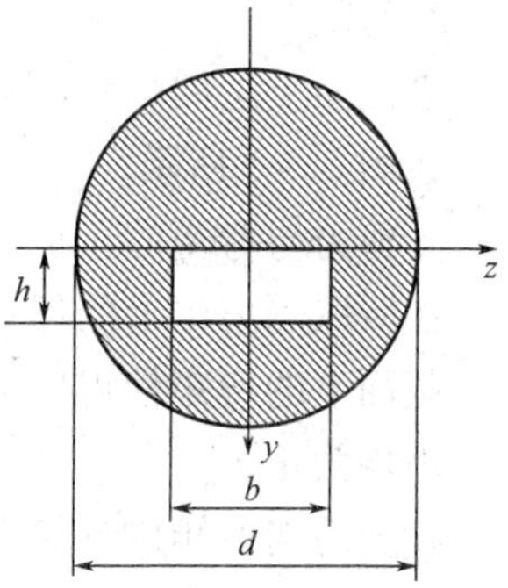

A. $I_z=\dfrac{\pi d^4}{64}-\dfrac{bh^3}{3}$

B. $I_z=\dfrac{\pi d^4}{64}-\dfrac{bh^3}{12}$

C. $I_z=\dfrac{\pi d^4}{32}-\dfrac{bh^3}{6}$

D. $I_z=\dfrac{\pi d^4}{64}-\dfrac{13bh^3}{12}$

答案

5-4-1.【答案】（B）

$$W_z=\frac{I_z}{y_{max}}=\frac{\frac{\pi}{64}d^4-\frac{a^4}{12}}{\frac{d}{2}}=\frac{\pi}{32}d^3-\frac{a^4}{6d}。$$

5-4-2.【答案】(B)

阴影部分截面对 z 轴的惯性矩＝圆形对 z 轴的惯性矩－正方形对 z 轴的惯性矩，则 $I_z=\frac{\pi d^4}{64}-\frac{a^4}{12}$。

5-4-3.【答案】(A)

圆形截面 I_z 为 $\frac{\pi d^4}{64}$，若将空白矩形沿 z 轴对称向上延伸，则整个空白矩形的 I_z 为 $\frac{b(2h)^3}{12}=\frac{2bh^3}{3}$，一半空白矩形的 I_z 则为 $\frac{2bh^3}{3}\times\frac{1}{2}=\frac{bh^3}{3}$，图示截面对 z 轴的惯性矩 I_z 为 $I_z=\frac{\pi d^4}{64}-\frac{bh^3}{3}$。

第五节　弯曲梁的内力

一、考试大纲

梁的内力方程；剪力图和弯矩图；分布载荷、剪力、弯矩之间的微分关系；正应力强度条件；切应力强度条件；梁的合理截面；弯曲中心概念；求梁变形的积分法、叠加法。

弯曲变形是杆件变形的基本形式之一，弯曲变形的主要构件是梁。根据梁支座约束的特点，将静定梁分为简支梁、悬臂梁和外伸梁三种。

二、知识要点

(一) 梁的内力——剪力和弯矩

1.剪力

横截面上切向分布内力的合力，作用线平行于横截面，用 V 表示。

2.弯矩

横截面上法向分布内力所形成的合力矩，作用面垂直于横截面的内力偶矩，用 M 表示，如图 5-5-1 所示。

3.剪力与弯矩的正负号规定

在所取隔离体上的任一点均产生顺时针方向转动（错动）趋势，此剪力为正，反之为负；截面上的弯矩使得所取隔离体下部受拉的弯矩为正，反之为负，图 5-5-1 所示的剪力和弯矩均为正。

4.剪力与弯矩的计算法则

横截面上的剪力 V，在数值上等于该截面左侧（或右侧）梁上所有竖向外力代数和，即

$$V=\sum y_{(一侧)} \tag{5-5-1}$$

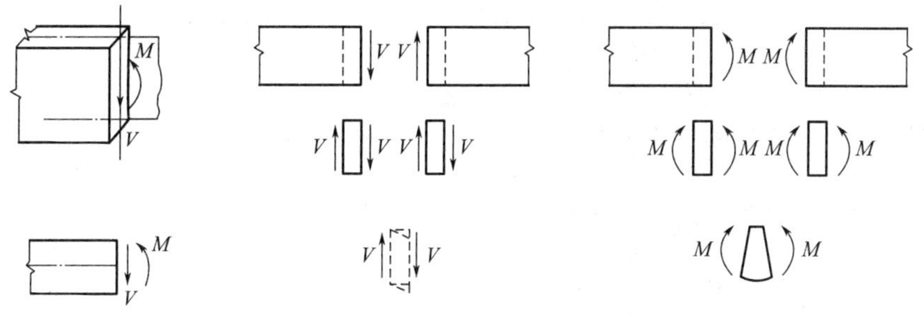

(a) (b)

图 5-5-1

对于截面左侧梁上向上的外力，右侧梁上向下（即左上右下）的外力将产生正的剪力，反之为负的剪力。

横截面上的弯矩 M，在数值上等于该截面左侧（或右侧）梁上所有外力对该截面形心之矩的代数和，即

$$M = \sum M_{0(\text{一侧})} \tag{5-5-2}$$

对于向上的横向外力，无论在截面的左侧或右侧，对截面形心 O 点的力矩均取正值；反之取负值，左侧梁上顺时针、右侧梁上逆时针（即左顺右逆）转向的外力偶将引起正弯矩，反之为负。

5. 剪力方程与弯矩方程

剪力方程指沿梁轴各横截面上剪力随截面位置变化的函数，即

$$V = V(x) \tag{5-5-3}$$

弯矩方程指沿梁轴各横截面上弯矩随截面位置变化的函数，即

$$M = M(x) \tag{5-5-4}$$

6. 剪力图与弯矩图

剪力图：沿梁轴各横截面上剪力随截面位置变化的图线。

弯矩图：沿梁轴各横截面上弯矩随截面位置变化的图线。

作图时，以 x 为横坐标表示横截面位置，以剪力 V 或弯矩 M 为纵坐标。

7. 载荷集度 $q(x)$ 与剪力 $V(x)$、弯矩 $M(x)$ 之间的微分关系

$$\frac{\mathrm{d}V(x)}{\mathrm{d}x} = q(x) \tag{5-5-5}$$

$$\frac{\mathrm{d}M(x)}{\mathrm{d}x} = V(x) \tag{5-5-6}$$

$$\frac{\mathrm{d}^2M(x)}{\mathrm{d}x^2} = q(x) \tag{5-5-7}$$

以梁左端为 x 轴的原点，向右为 x 轴的正方向，规定剪力图以向上为正轴，弯矩图向下为正轴，则几种荷载下剪力图与弯矩图之间的关系如表 5-5-1 所示。

快速作内力图的方法为：

① 分段（集中力、集中力偶、分布荷载的起点和终点处要分段）；

② 判断各段内力图形状（利用上表进行判断）；

梁在几种荷载下剪力图与弯矩图的特征 　　**表 5-5-1**

一段梁上的外力的情况	向下的均布荷载	无荷载	集中力 F，C	集中力偶 M_c，C
剪力图上的特征	由左至右向下倾斜的直线 ⊕ 或 ⊖	一般为水平直线 ⊕ 或 ⊖	在 C 处突变，突变方向为由左至右下台阶	在 C 处无变化
弯矩图上的特征	开口向上的抛物线的某段 或 或	一般为斜直线 或	在 C 处有尖角，尖角的指向与集中力方向相同 或 或	在 C 处突变，突变方向为由左至右下台阶
最大弯矩所在截面的可能位置	在 $F_S=0$ 的截面		在剪力突变的截面	在仅靠 C 点的某一侧的截面

③ 确定控制截面内力（割断分界处的截面）；

④ 画出内力图；

⑤ 校核内力图（突变截面与端面的内力）。

【例 5-5-1】 如图（a）所示，求静定梁的剪力图和弯矩图。

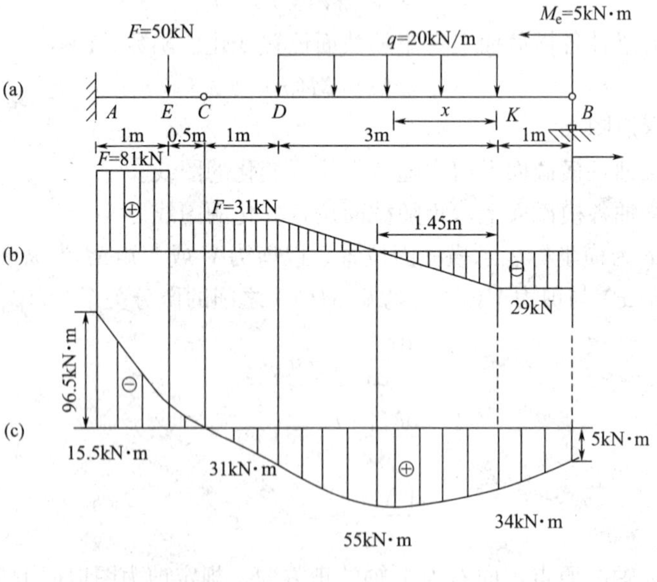

解：(1) 求梁的支反力

$F_A=81\text{kN}$，$F_B=29\text{kN}$，$M_{RA}=96.5\text{kN}\cdot\text{m}$；

(2) 绘制剪力图

AE 段：$F_{SA右}=F_{SE左}=F_A=81\text{kN}$；

ED 段：$F_{SE右}=F_{SD}=F_A-F=81-50=31kN$；

DK 段：$F_{SK}=-F_B=-29kN$；

KB 段：$F_{SB左}=-F_B=-29kN$；

求出 $F_S=0$ 的截面位置，设该截面距 K 为 x，于是在截面 x 上的剪力为零，即：

$F_{Sx}=-F_B+qx=0$，得到 $x=\dfrac{F_B}{q}=\dfrac{29\times10^3}{20\times10^3}=1.45m$，根据各段上的剪力，即可绘出剪力图，如图（b）所示。

（3）绘制弯矩图

因 AE、ED、KB 三段梁上 $q(x)=0$，故三段梁上的 M 图应为斜直线，则各段分界处的弯矩值为：

$M_A=-M_{RA}=-96.5kN\cdot m$；

$M_E=-M_{RA}+F_A\times1=[-96.5\times10^3+(81\times10^3)\times1]N\cdot m=-15.5kN\cdot m$；

$M_D=[-96.5\times10^3+(81\times10^3)\times2.5-(50\times10^3)\times1.5]N\cdot m=31kN\cdot m$；

$M_{B左}=M_e=5kN\cdot m$；

$M_K=F_B\times1+M_e=[(29\times10^3)\times1+5\times10^3]N\cdot m=34kN\cdot m$，显然在 ED 段的中间段铰 C 处的弯矩 $M_C=0kN\cdot m$；

DE 段：该段梁上 $q(x)$ 为负值，M 图为向下凸的二次抛物线，则在 $F_S=0$ 的截面上弯矩有极限值，即：

$M_{极值}=F_B\times2.45+M_e-\dfrac{q}{2}\times1.45^2=(29\times10^3)\times2.45+(5\times10^3)-\dfrac{20\times10^3}{2}\times1.45^2=55kN\cdot m$

根据以上各段分界处的弯矩值，可绘制出梁的弯矩图，如图（c）所示。

（二）弯曲正应力及正应力强度条件

1.纯弯曲

梁的横截面上只有弯矩 M 且弯矩为常数，剪力等于零。

2.平面假设、中性层、中性轴

平面假设：梁的横截面在变形前后均为平面，与轴线垂直。

中性层：梁弯曲时既不伸长，也不缩短，长度不变的一层。

中性轴：中性层与横截面的交线，即横截面上正应力为零的各点的连线，梁弯曲变形时横截面绕中性轴作相对转动。

中性轴的位置：当梁处于线弹性范围内，平面弯曲时中性轴必通过横截面的形心，且垂直于弯矩作用平面。

中性层的曲率：

$$\frac{1}{\rho}=\frac{M}{EI_z} \tag{5-5-8}$$

式中　ρ——弯曲变形后中性层（挠曲线）的曲率半径；

I_z——截面对 z 轴的惯性矩；

EI_z——梁截面的抗弯刚度。

3. 弯曲正应力、最大弯曲正应力

正应力分布规律：横截面上任一点处的正应力与该点到中性轴的距离成正比，且距中性轴等远处各点的正应力相等。

弯曲正应力：横截面上离中性轴为 y 点处的正应力计算公式为

$$\sigma=\frac{My}{I_z} \tag{5-5-9}$$

最大弯曲正应力：横截面上离中性轴 z 最远（$y=y_{max}$）的各点处正应力的计算公式为

$$\sigma_{max}=\frac{My_{max}}{I_z}=\frac{M}{I_z/y_{max}}=\frac{M}{W_z} \tag{5-5-10}$$

式中　W_z——抗弯截面系数，计算式为：$W_z=\dfrac{I_z}{y_{max}}$，各种形状的 W_z 计算图如图 5-5-2 及式（5-60）、式（5-61）、式（5-62）所示；

M——截面上的弯矩；

I_z——截面对中性轴的惯性矩；

y——计算点到中性轴的距离。

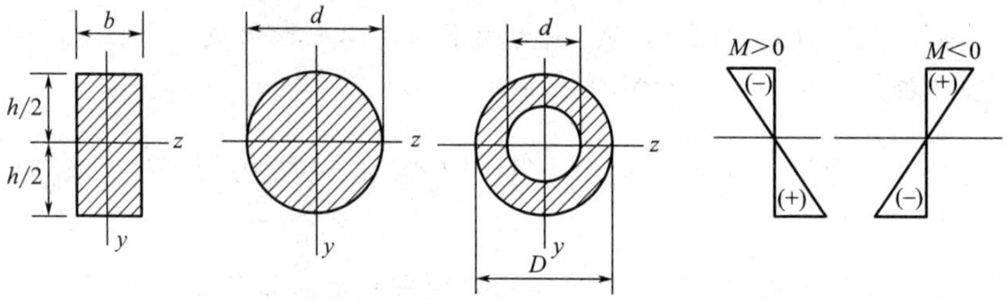

图 5-5-2

$$W_z=\frac{bh^2}{6} \tag{5-5-11}$$

$$W_z=\frac{\pi d^3}{32} \tag{5-5-12}$$

$$\alpha=\frac{d}{D}\quad W_z=\frac{\pi D^3}{32}(1-\alpha^4) \tag{5-5-13}$$

4. 弯曲正应力强度条件

强度条件：最大弯曲正应力 σ_{max} 不得超过材料的许用正应力 $[\sigma]$，即

$$\sigma_{max}=\frac{M_{max}}{W_z}\leqslant[\sigma] \tag{5-5-14}$$

此式仅适用于许用拉应力 $[\sigma_t]$ 与许用压应力 $[\sigma_c]$ 相同的梁，如不同，例如铸铁等脆性材料的许用压应力大于许用拉应力，则应按下式进行强度计算：

$$\sigma_{max,t}\leqslant[\sigma_t] \tag{5-5-15}$$

$$\sigma_{max,c}\leqslant[\sigma_c] \tag{5-5-16}$$

式中　$[\sigma_t]$——许用拉应力；

$[\sigma_c]$——许用压应力。

正应力强度条件可解决三个方面的问题，即：

① 强度校核：$\frac{M_{max}}{W_z} \leqslant [\sigma]$；

② 确定最小截面尺寸：$W_z \geqslant \frac{M_{max}}{[\sigma]}$，由 W_z 选择截面尺寸；

③ 确定许用载荷：$M_{max} \leqslant [\sigma]W_z$，由 M_{max} 确定许用载荷值。

（三）弯曲剪应力及弯曲剪应力强度条件

1. 矩形截面梁的弯曲剪应力

假设：横截面上各点处的剪应力与剪力或截面侧边平行，沿横截面宽度均匀分布。

弯曲剪应力计算公式：

$$\tau = \frac{VS_z^*}{I_z b} \tag{5-5-17}$$

式中　V——横截面上的剪力；

I_z——整个横截面对中性轴 z 的惯性矩；

S_z^*——距中性轴 y 处横线一侧的部分截面（面积为 A^*）对中性轴 z 的静矩；

b——y 处横截面的宽度。

剪应力分布：沿截面高度呈抛物线分布，最大剪应力在中性轴（$y=0$）处，其值为

$$\tau_{max} = \frac{3V}{2bh} = \frac{3V}{2A} \tag{5-5-18}$$

式中　A——横截面面积。

2. 其他常用截面梁最大弯曲剪应力

① 工字形截面，剪应力沿腹板高度呈抛物线分布，在中性轴（$y=0$）处，剪应力最大，其值为：

$$\tau = \frac{VS_{max}^*}{I_z d} \tag{5-5-19}$$

式中　d——腹板厚度，对于工字型钢 I_z/S_{max}^* 可从型钢表中查得。

② 圆形截面，最大剪应力：

$$\tau_{max} = \frac{4V_{max}}{3A} \tag{5-5-20}$$

式中　A——圆形截面面积，$A = \frac{\pi d^2}{4}$。

③ 环形截面，最大剪应力：

$$\tau_{max} = \frac{2V_{max}}{A} \tag{5-5-21}$$

式中　A——环形截面面积，$A = \pi R_0 t$。

3. 弯曲剪应力强度条件

强度条件：梁内的最大弯曲剪应力 τ_{max} 不得超过材料的许用剪应力 $[\tau]$，即

$$\tau_{max} = \frac{V_{max} S_{max}^*}{I_z b} \leqslant [\tau] \tag{5-5-22}$$

式中　V_{max}——全梁横截面最大剪力，

S_{max}^{*}——中性轴一侧的横截面部分面积对中性轴的静矩；

b——中性轴处截面宽度（厚度）；

I_z——整个横截面对中性轴的惯性矩。

剪应力的强度计算，同样有强度校核，截面设计以及许用载荷的确定三类问题。

（四）梁的合理截面形状

如图 5-5-3 所示，在截面面积 A 保持不变的条件下，梁的抗弯截面系数越大，承载能力越强，在一般截面中，W 与其高度的平方成正比，因此在设计时应尽可能使横截面面积分布在距中性轴较远处。对工字形、矩形和圆形三种形状的截面梁，工字形最为合理、矩形次之，圆形最差。抗拉与抗压强度相同的塑性材料梁，宜采用中性轴为对称轴的截面，抗拉强度低于抗压强度的脆性材料梁，宜中性轴偏于受拉一侧的非对称轴的截面。

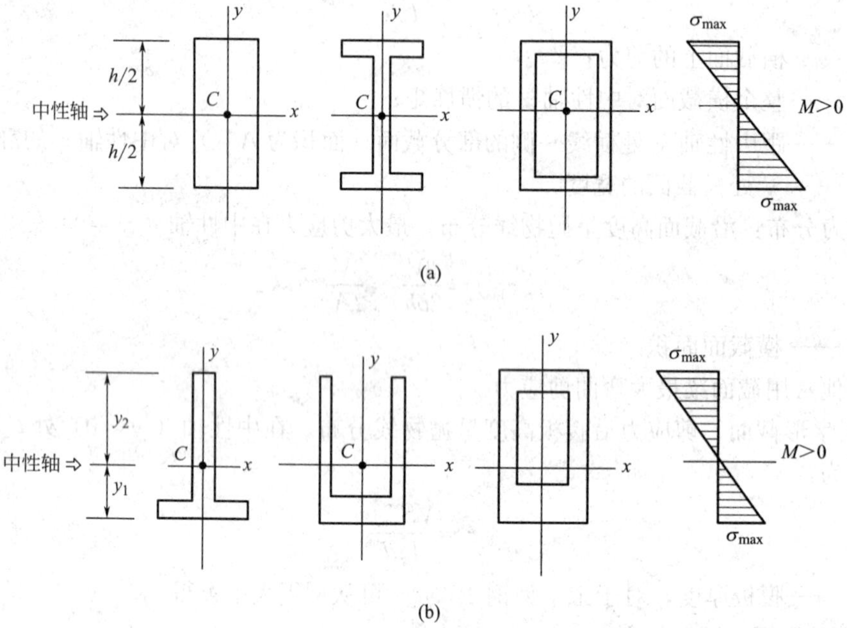

图 5-5-3

（五）弯曲中心

弯曲中心：薄壁梁在两个相互正交、形心主惯性平面内弯曲时，在横截面上相应两个剪应力的合力作用线的交点，称为弯曲中心，也称剪切中心，用 S 表示。

当梁上的横向力没有通过弯曲中心时，梁不仅发生弯曲变形，而且发生扭转变形。

弯曲中心的特征：

① 弯曲中心 S 的位置仅取决于横截面的形状与尺寸，与外力无关，几种薄壁截面的弯曲中心位置如图 5-5-4 所示；

② 若截面有一个对称轴，弯曲中心位于该对称轴上。

③ 若截面有两个对称轴，弯曲中心与形心重合。

④ T 形、L 形、十字形等由两个狭长矩形组成的截面，弯曲中心位于两个狭长矩形中线的交点。

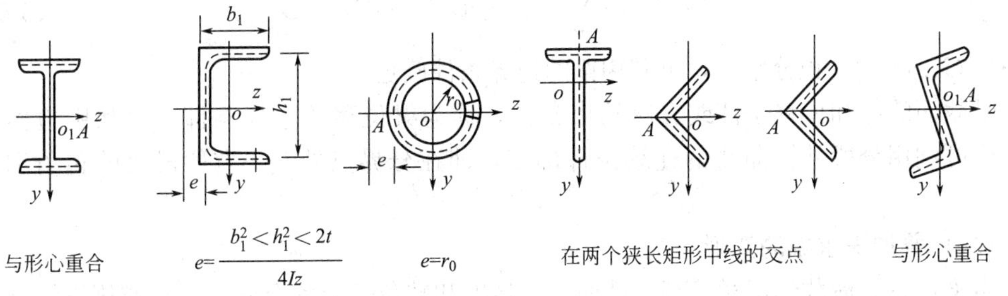

图 5-5-4

（六）弯曲变形

1. 梁的挠曲线、挠度与转角

（1）挠曲线

梁在平面弯曲变形后，梁的轴线由直线变为曲线，梁变形后的轴线，称为挠曲线。如图 5-5-5 所示，在平面弯曲条件下，挠曲线是一条位于形心主惯性平面内的一条平面曲线，即 $y=y(x)$。梁的变形用横截面的两个位移来度量，即挠度与转角。

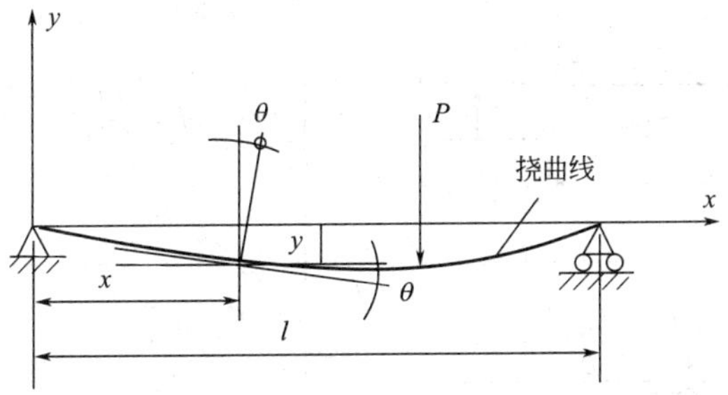

图 5-5-5

（2）挠度与转角

挠度：梁横截面的形心在垂直于梁轴线方向的线位移，称为挠度，用 y 表示，挠度向下为正。描述沿梁轴各横截面挠度的变化规律，称为梁的挠曲线方程，即 $y=y(x)$。

转角：横截面相对原始位置绕中性轴转过的角度（角位移），称为转角，用 θ 表示。小变形条件下梁的转角 θ 一般不超过 1°，自 x 轴顺时针转为正，反之为负。即

$$\theta \approx \tan\theta = \frac{\mathrm{d}y}{\mathrm{d}x} \tag{5-5-23}$$

2. 挠曲线近似微分方程

在弹性范围、小变形条件下挠曲线的近似微分方程如下：

$$\frac{\mathrm{d}^2 y}{\mathrm{d}x^2} = -\frac{M(x)}{EI_z} \tag{5-5-24}$$

（七）积分法求梁的变形

将挠曲线近似微分方程相继积分两次，得到梁的转角方程和挠度方程，即

$$\theta(x) = \frac{\mathrm{d}y}{\mathrm{d}x} = (-)\int \frac{m(x)}{EI}\mathrm{d}x + C \tag{5-5-25}$$

$$y(x)=(-)\iint\frac{M(x)}{EI}\mathrm{d}x\,\mathrm{d}x+Cx+D \tag{5-5-26}$$

式中　C、D——积分常数，可利用梁的边界条件确定。

梁截面的已知位移条件或支座约束条件，称为梁位移的边界条件，除利用边界条件外，还可利用分段处挠曲线的连续条件确定，即在分界点处左、右两段梁的转角和挠度相等。

（八）叠加法求梁的变形

当梁在各个荷载作用时，某一截面上的挠度和转角等于各个荷载单独作用下该截面的挠度和转角的代数和。

叠加法的要点：

简单载荷作用下的挠度与转角数值可查表 5-5-2 或工程计算手册；叠加原理适用于线性函数，其材料为线弹性材料，小变形，几何线性结构；叠加法宜用于求梁内指定截面的挠度与转角值，表 5-5-2 列出几种常用梁在各种简单载荷作用下的挠度和转角值。

几种常用梁在各种简单载荷作用下的变形　　　**表 5-5-2**

序号	支承和荷载作用情况	最大挠度	梁端转角
1	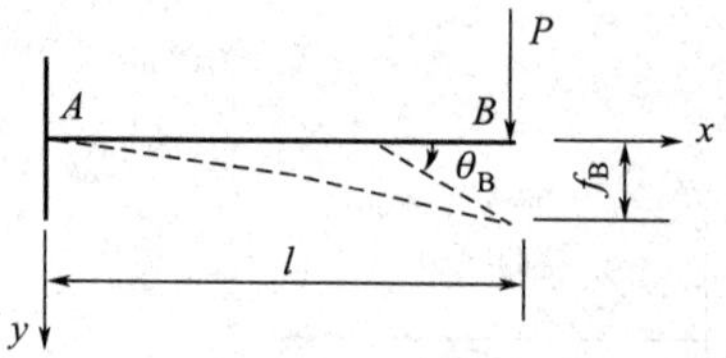	$f=\dfrac{Pl^3}{3EI}$	$\theta_B=\dfrac{Pl^2}{2EI}$
2	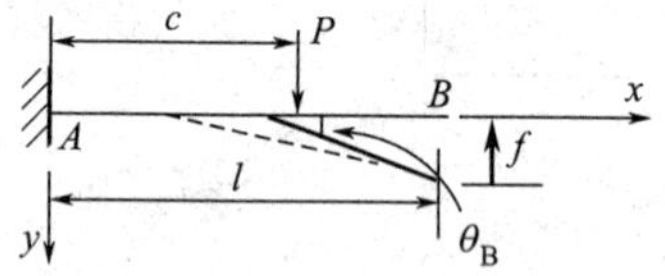	$f=\dfrac{Pc^2}{6EI}(3l-c)$	$\theta_B=\dfrac{Pc^2}{2EI}$
3	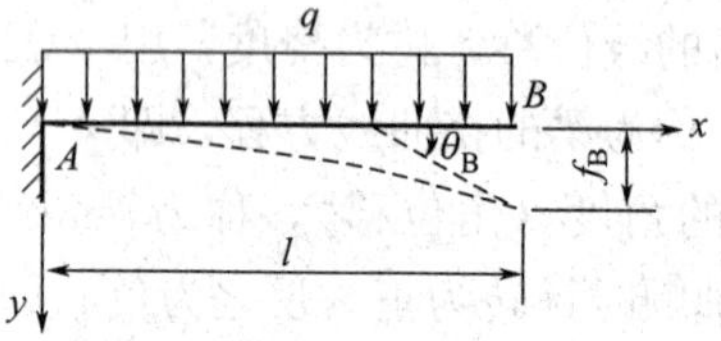	$f=\dfrac{ql^4}{8EI}$	$\theta_B=\dfrac{ql^3}{6EI}$
4	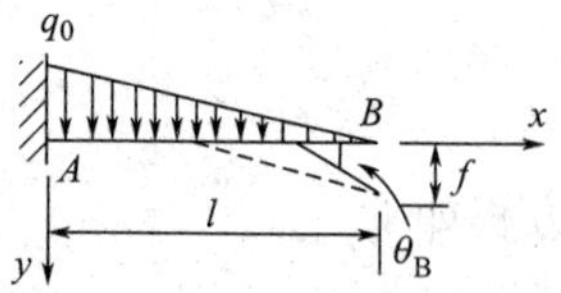	$f=\dfrac{q_0l^4}{30EI}$	$\theta_B=\dfrac{q_0l^3}{24EI}$
5	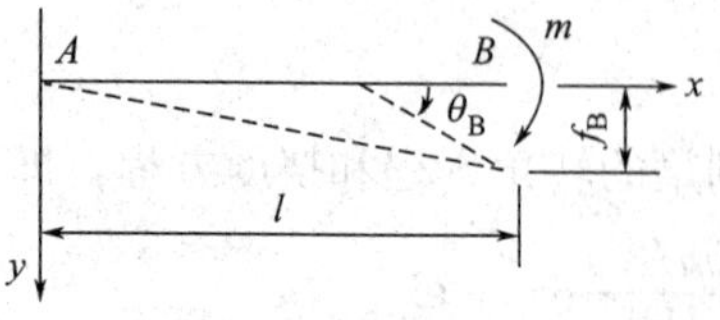	$f=\dfrac{M_0l^2}{2EI}$	$\theta_B=\dfrac{M_0l}{EI}$

续表

序号	支承和荷载作用情况	最大挠度	梁端转角
6	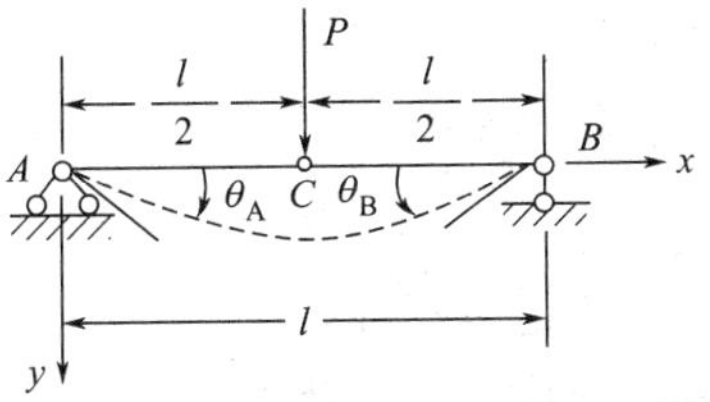	$f=\dfrac{Pl^3}{48EI}$	$\theta_A=-\theta_B=\dfrac{Pl^2}{16EI}$
7	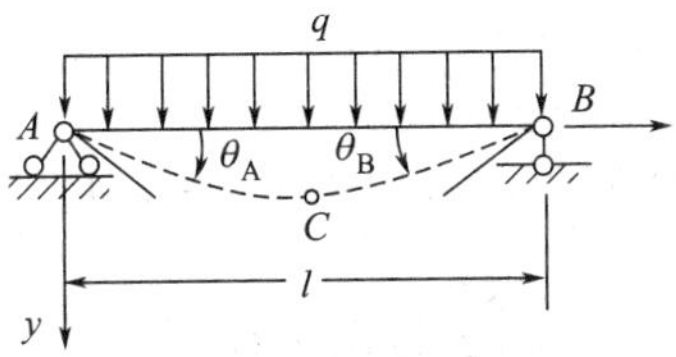	$f=\dfrac{5ql^4}{384EI}$	$\theta_A=-\theta_B=\dfrac{ql^3}{24EI}$

历年真题

5-5-1. 梁的弯矩图如图所示，最大值在 B 截面。在梁 A、B、C、D 四个截面中，剪力为零的截面是（　　）。(2011A63)

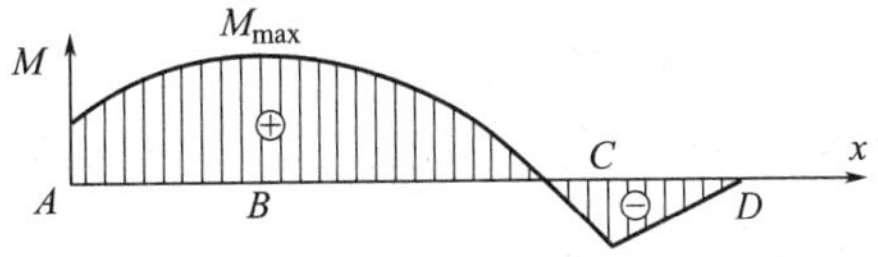

A. A 截面

B. B 截面

C. C 截面

D. D 截面

5-5-2. 图示悬臂梁 AB 由 3 根相同的矩形截面直杆胶合而成，材料的许可应力为 $[\sigma]$。若胶合面开裂，假设开裂后三根杆的挠曲线相同，接触面之间无摩擦力，则开裂后的梁承载能力是原来的（　　）。(2011A64)

A. 1/9　　B. 1/3　　C. 两者相同　　D. 3 倍

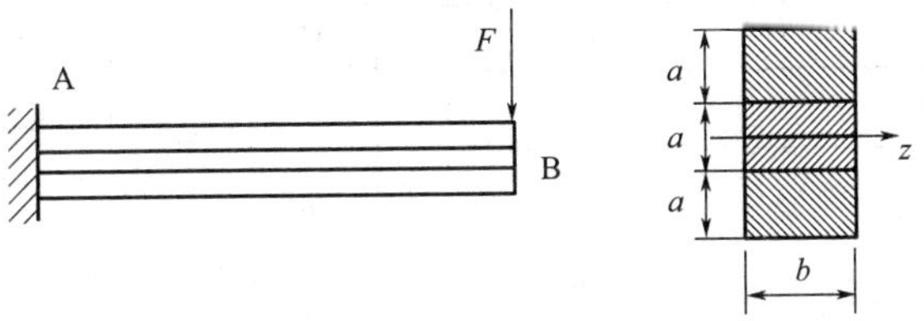

5-5-3. 梁的横截面是由狭长矩形构成的工字形截面，如图所示，z 轴为中性轴，截面上的剪力竖直向下，该截面上的最大切应力在（　　）。(2011A65)

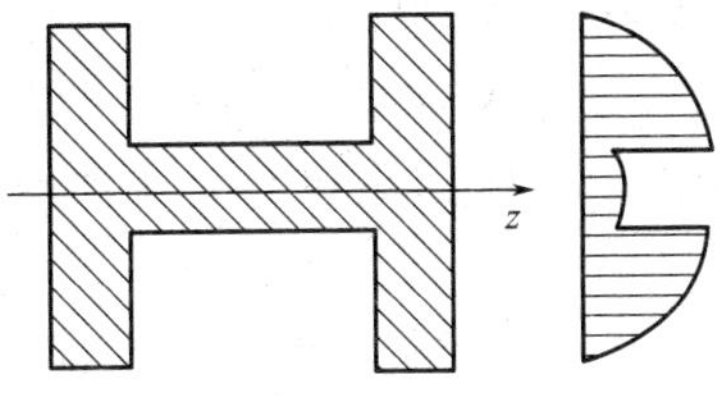

A. 腹板中性轴上

B. 腹板上下缘延长线与两侧翼缘相交处

C. 截面上下缘

D. 腹板上下缘

5-5-4. 矩形截面简支梁中点承受集中力 F，若 $h=2b$，分别采用图（a）、图（b）两种方式放置，图（a）梁的最大挠度是图（b）梁的（　　）。(2011A66)

A. 1/2　　B. 2 倍　　C. 4 倍　　D. 8 倍

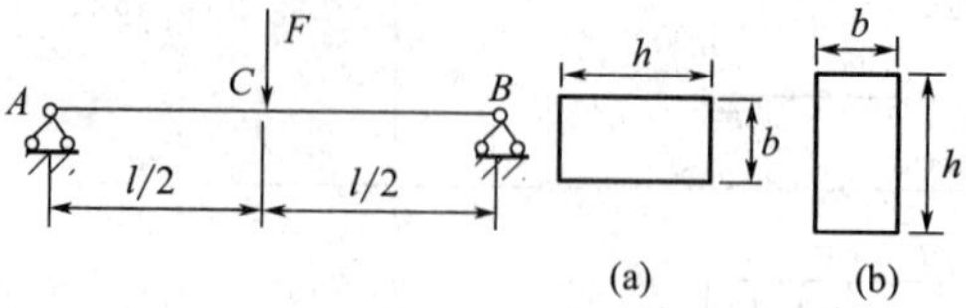

5-5-5. 梁 ABC 的弯矩如图所示，根据梁的弯矩图，可以断定该梁 B 点处（　　）。(2012A65)

A. 无外荷载　　B. 只有集中力偶

C. 只有集中力　　D. 有集中力和集中力偶

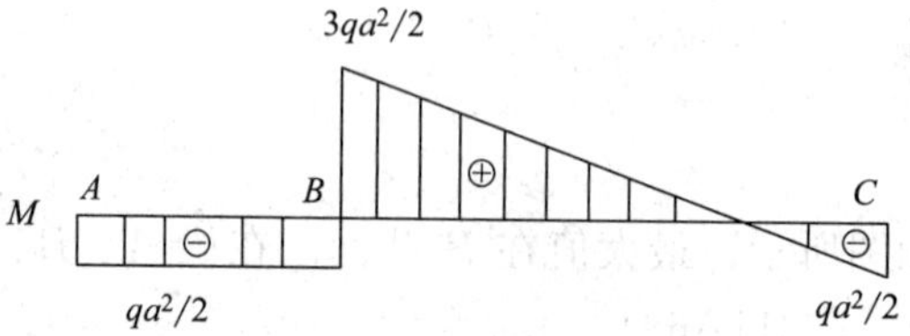

5-5-6. 两根矩形截面悬臂梁，弹性模量均为 E，横截面尺寸如图，两梁的载荷均为作用在自由端的集中力偶。已知两梁的最大挠度相同，则集中力偶 M_{e2} 是 M_{e1} 的（悬臂梁受自由端集中力偶 M 作用，自由端挠度为 $\frac{ML^2}{2EI}$）（　　）。(2012A67)

A. 8 倍　　B. 4 倍　　C. 2 倍　　D. 1 倍

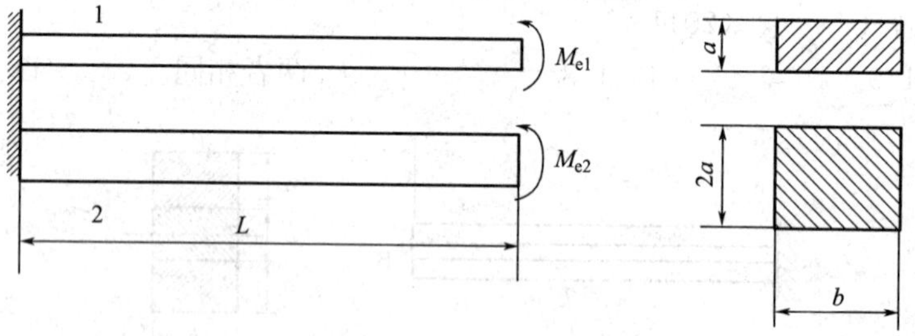

5-5-7. 图示等边角钢制成的悬臂梁 AB，c 点位截面形心，x' 为该梁曲线，y'、z' 为形心主轴。集中力 F 竖直向下，作用线过角钢两个狭长矩形边中线的交点，梁将发生以下变形（　　）。(2012A68)

A. $x'z'$ 平面内的平面弯曲

B. 扭矩和 $x'z'$ 平面内的平面弯曲

C. $x'y'$ 平面和 $x'z'$ 平面内的双向弯曲

D. 扭矩和 $x'y'$ 平面、$x'z'$ 平面内的双

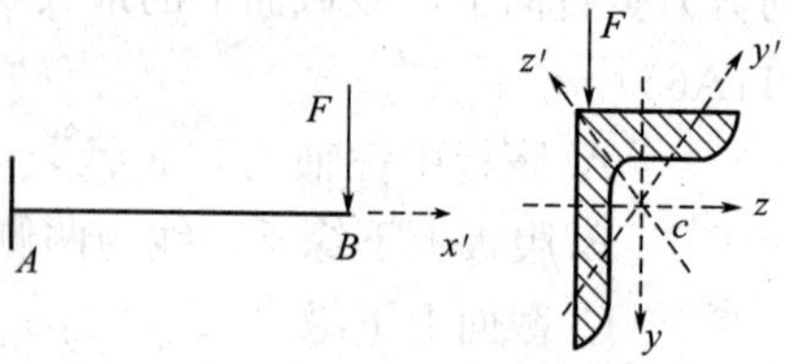

向弯曲

5-5-8. 简支梁 AC 的 A、C 截面为铰支端，已知的弯矩图如图所示，其中 AB 段位斜直线，BC 段位抛物线，以下关于梁上载荷的正确判断是（q 为分布载荷集度）（　　）。（2013A65）

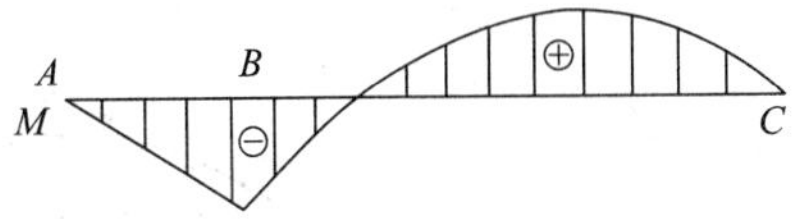

A. AB 段 $q=0$，BC 段 $q\neq0$，B 截面处有集中力

B. AB 段 $q\neq0$，BC 段 $q=0$，B 截面处有集中力

C. AB 段 $q=0$，BC 段 $q\neq0$，B 截面处有集中力偶

D. AB 段 $q\neq0$，BC 段 $q=0$，B 截面处有集中力偶

5-5-9. 悬臂梁的弯矩如图所示，根据梁的弯矩图，梁上的载荷的值为（　　）。（2013A66）

A. $F=6\text{kN}$，$\text{m}=10\text{kN}\cdot\text{m}$

B. $F=6\text{kN}$，$\text{m}=6\text{kN}\cdot\text{m}$

C. $F=4\text{kN}$，$\text{m}=4\text{kN}\cdot\text{m}$

D. $F=4\text{kN}$，$m=6\text{kN}\cdot\text{m}$

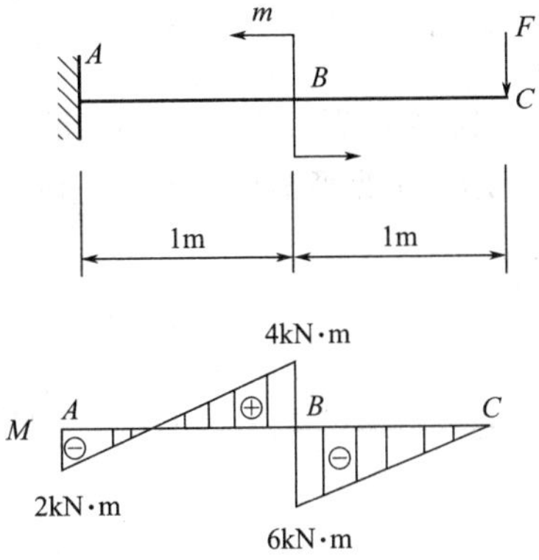

5-5-10. 承受均布载荷的简支梁如图（a）所示，现将两端的支座同时向梁中间移动 $l/8$，如图（b）所示，两根梁的中点（$l/2$ 处）弯矩之比 $\frac{M_a}{M_b}$ 为（　　）。（2013A67）

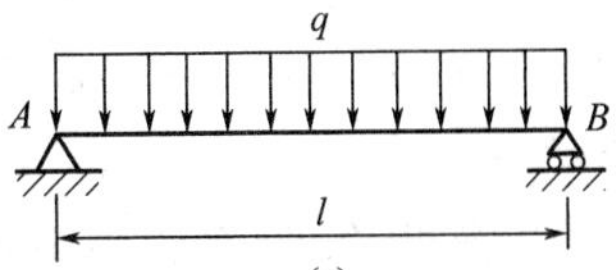

(a)

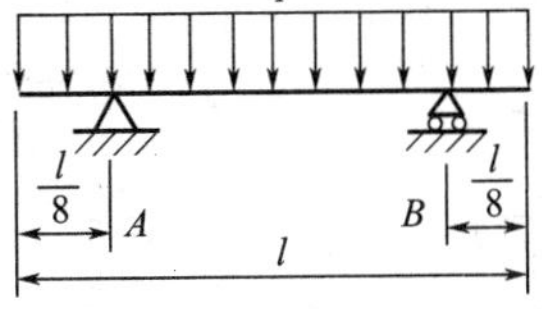

(b)

A. 16　　B. 4　　C. 2　　D. 1

5-5-11. 梁的弯矩图如图示，最大值在 B 截面，在梁的 A、B、C、D 四个截面中，剪力为零的截面是（　　）。(2014A66)

A. A 截面　　B. B 截面　　C. C 截面　　D. D 截面

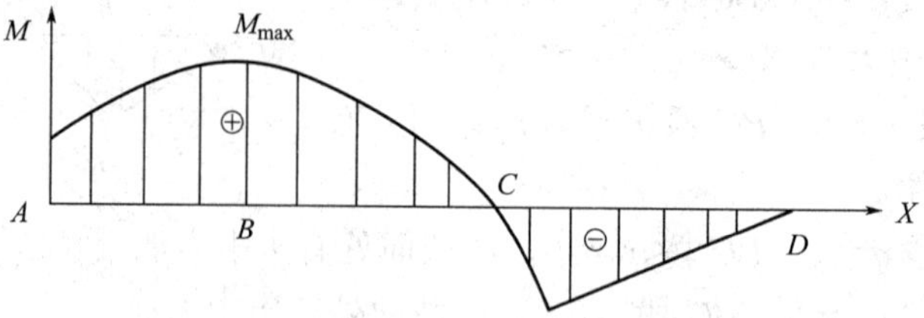

5-5-12. 梁的横截面可选用图示空心矩形、矩形、正方形和圆形四种之一，假设四种截面的面积相等，荷载作用方向铅垂向下，承载能力最大的截面是（　　）。(2014A68)

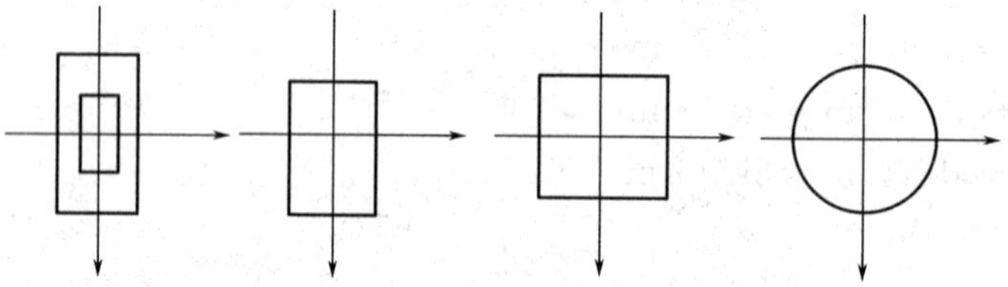

A. 空心矩形　　B. 实心矩形　　C. 正方形　　D. 圆形

5-5-13. 悬臂梁的弯矩如图所示，根据弯矩图可知梁上的载荷应为（　　）。(2016A64)

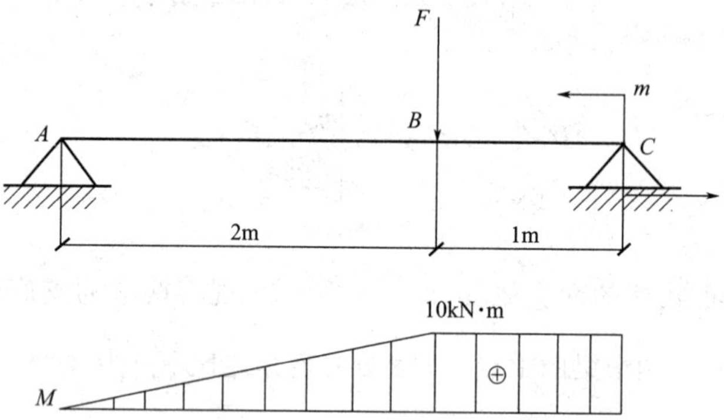

A. $F=10\text{kN}$，$m=10\text{kN}\cdot\text{m}$　　B. $F=5\text{kN}$，$m=10\text{kN}\cdot\text{m}$

C. $F=10\text{kN}$，$m=5\text{kN}\cdot\text{m}$　　D. $F=5\text{kN}$，$m=5\text{kN}\cdot\text{m}$

5-5-14. 简支梁 AB 的剪力图和弯矩图如图所示，该梁正确的受力图是（　　）。(2016A67)

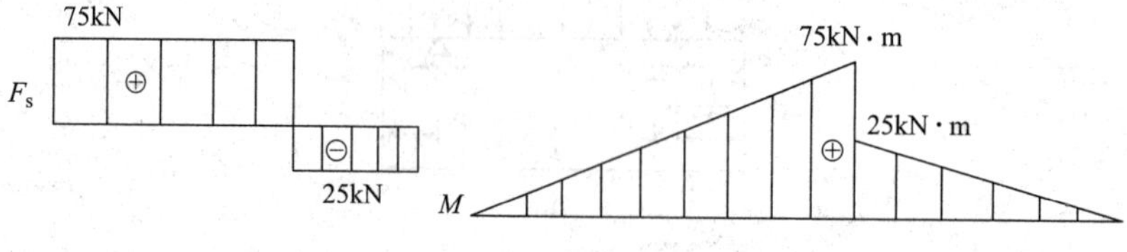

A.
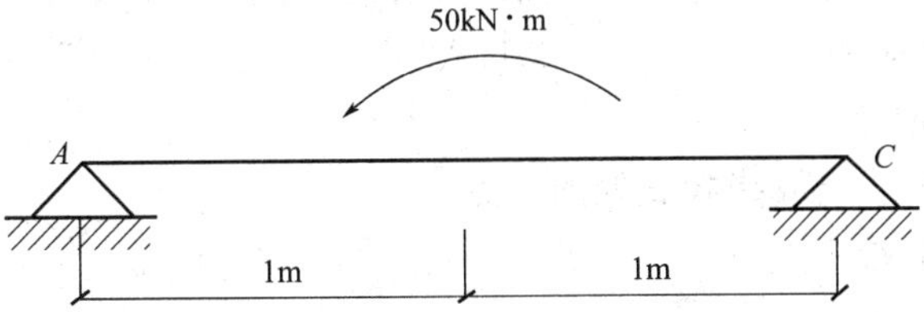

B.
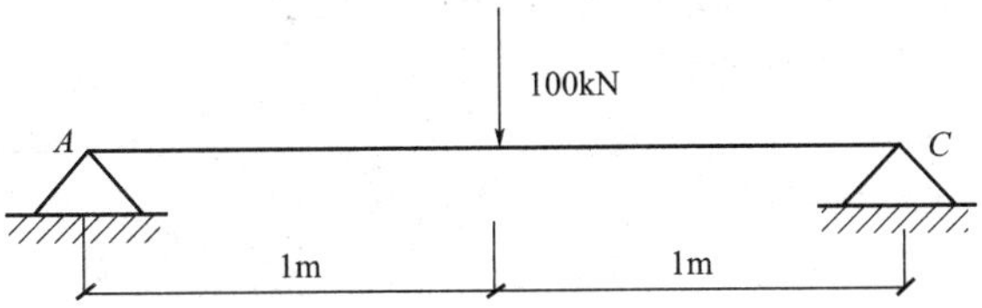

C.
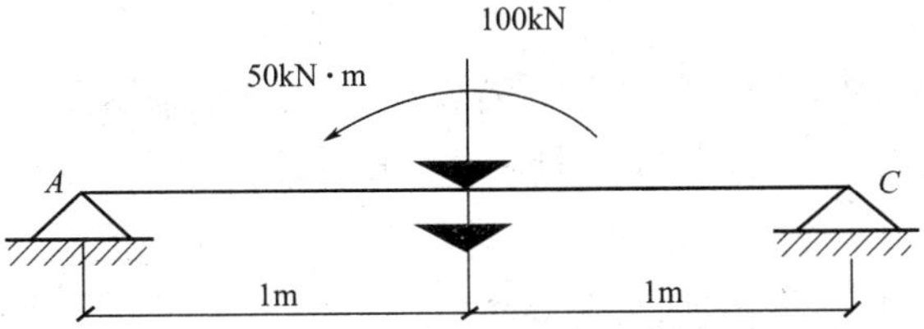

D.
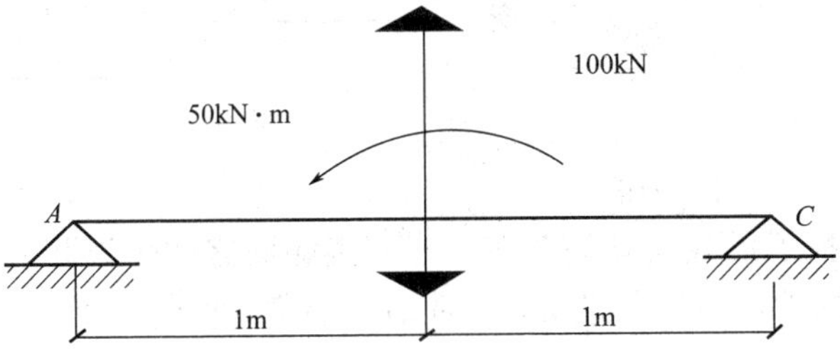

5-5-15. 矩形截面简支梁中点承受集中力 $F=100\text{kN}$，若 $h=200\text{mm}$，$b=100\text{mm}$，梁的最大弯曲正应力是（　　）。(2016A68)

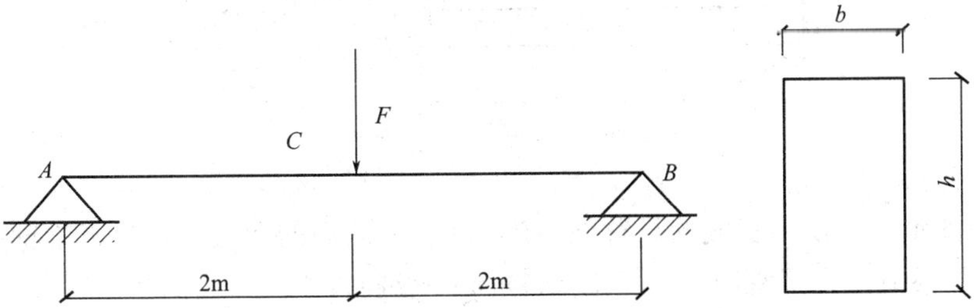

A. 75MPa　　B. 150MPa　　C. 300MPa　　D. 50MPa

5-5-16. 悬臂梁 AB 由三根相同的矩形截面直杆胶合而成，材料的许可应力为 $[\sigma]$，承载时若胶合面完全开裂，接触面之间无摩擦力，假设开裂后三根杆的该曲线相同，则开裂后的梁强度条件的承载能力是原来的（　　）。(2017A64)

A. 1/9　　B. 1/3　　C. 两者相同　　D. 3 倍

5-5-17. 梁的横截面为图示薄壁工字形。z 轴为截面中性轴。设截面上的剪力竖直向下，该截面上的最大弯曲切应力在（　　）。(2017A65)

A. 翼缘的中性轴处 4 点

B. 腹板上缘延长线与翼缘相交处的 2 点

C. 左侧翼缘的上端 1 点

D. 腹板上边缘 3 点

5-5-18. 图示悬臂梁自由端承受集中力偶 M_g 若梁的长度减少一半，梁的最大挠度是原来的（　　）。(2017A66)

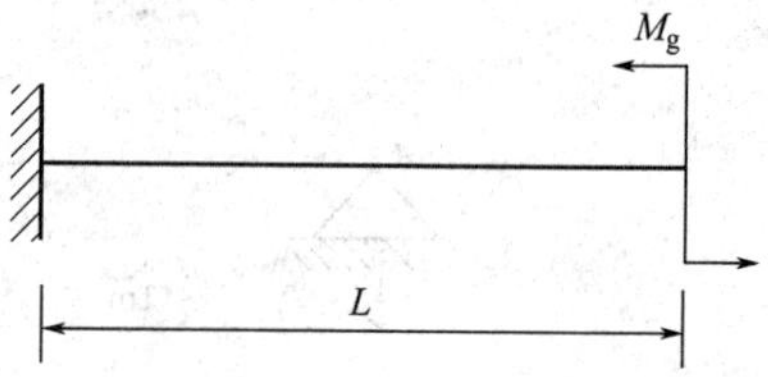

A. 1/2

B. 1/4

C. 1/8

D. 1/16

5-5-19. 矩形截面简支梁梁中承受集中力 F，若 $h=2b$，分别采用图（a)、图（b）两种方式放置，图（a）梁的最大挠度是图（b）的（　　）。(2017A67)

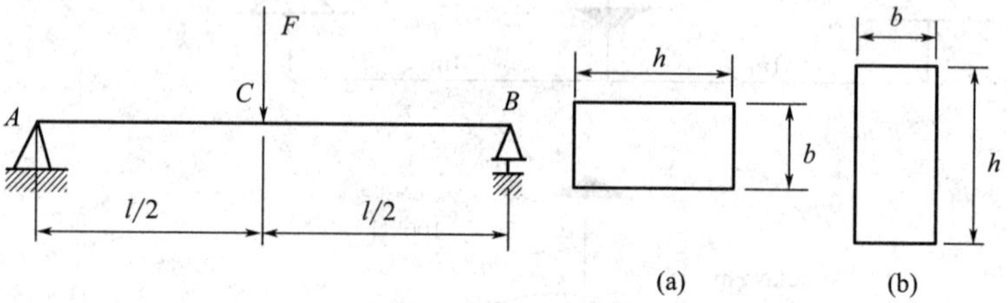

A. 0.5 倍　　B. 2 倍　　C. 4 倍　　D. 8 倍

5-5-20. 材料相同的两根矩形截面梁叠合在一起，接触面之间可以相对滑动且无摩擦力。设两根梁的自由端共同承担集中力偶 m，弯曲后两根梁的挠曲线相同，则上面梁承担的力偶矩是（　　）。(2018A65)

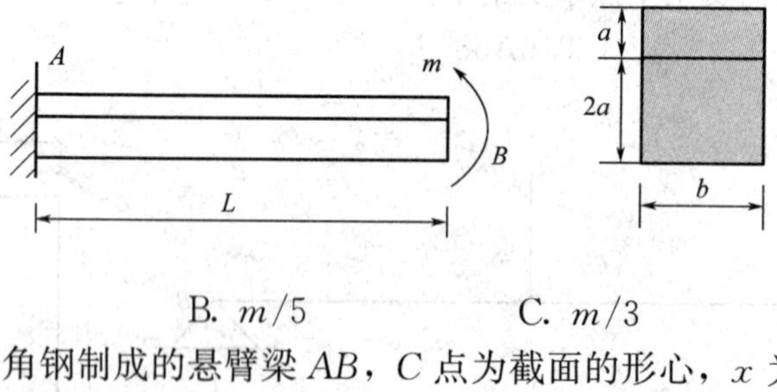

A. $m/9$　　B. $m/5$　　C. $m/3$　　D. $m/2$

5-5-21. 图示等边角钢制成的悬臂梁 AB，C 点为截面的形心，x 为该梁轴线，y'、z' 为形心主轴，集中力 F 竖直向下，作用线过形心，梁将发生以下变化（　　）。(2018A66)

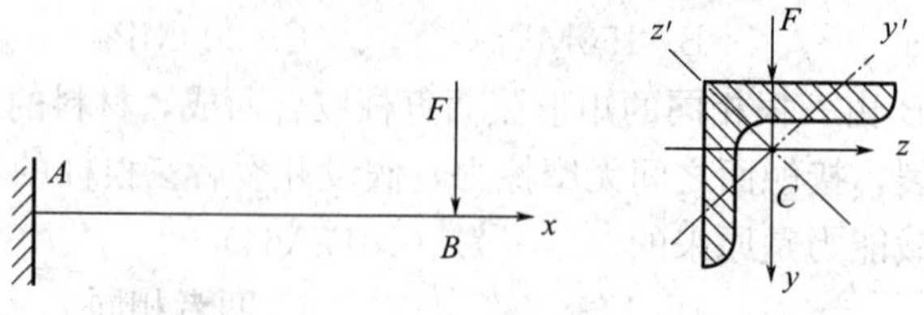

A. xy 平面内的平面弯曲

B. 扭转和 xy 平面内的平面弯曲

C. xy' 和 xz' 平面内的双向弯曲

D. 扭转及 xy' 和 xz' 平面内的双向弯曲

答 案

5-5-1.【答案】(B)

根据 $\frac{dM}{dx}=Q$ 可知，剪力为零的截面弯矩的导数为零，此时弯矩有极值。

5-5-2.【答案】(B)

开裂前：$\sigma_{max}=\frac{M}{W_z}=\frac{M}{\frac{b}{6}(3a)^2}=\frac{2M}{3ba^2}$；开裂后：$\sigma_{max}=\frac{\frac{M}{3}}{W_z}=\frac{\frac{M}{3}}{\frac{b}{6}(a)^2}=\frac{2M}{ba^2}$，开裂后最大正应力是原来的 3 倍，故梁承载力是原来的 1/3。

5-5-3.【答案】(B)

由矩形和工字形截面的切应力计算公式可知 $\tau=\frac{QS_z}{bI_z}$，切应力沿截面高度呈抛物线分布，由于腹板上截面宽度 b 突然加大，故 z 轴附近切应力突然减小。

5-5-4.【答案】(C)

承受集中力的简支梁的最大挠度 $f_c=\frac{Fl^3}{48EI}$，与惯性矩 I 成反比。$I_a=\frac{hb^3}{12}=\frac{b^4}{6}$，$I_b=\frac{bh^3}{12}=\frac{4b^4}{6}$，因图 (a) 梁 I_a 是图 (b) 梁 I_b 的 $\frac{1}{4}$，故图 (a) 梁的最大挠度是图 (b) 梁的 4 倍。

5-5-5.【答案】(D)

在 B 处弯矩有突变，说明此处有集中力；剪力有突变，说明有集中荷载，又因 AB 段的剪力为零，BC 段的剪力 $V=qa$，说明此处有集中力（见图解）。

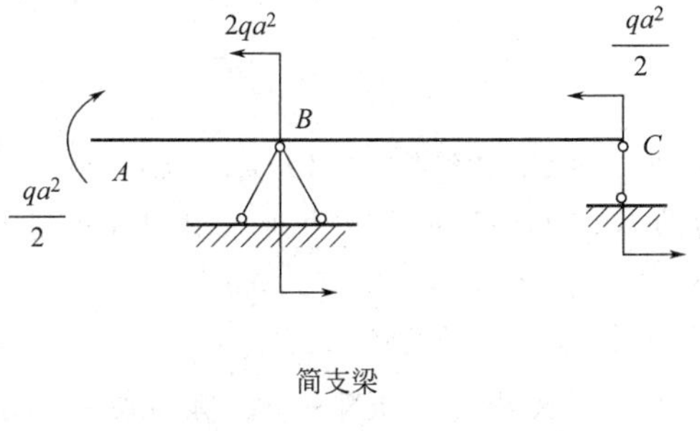

简支梁

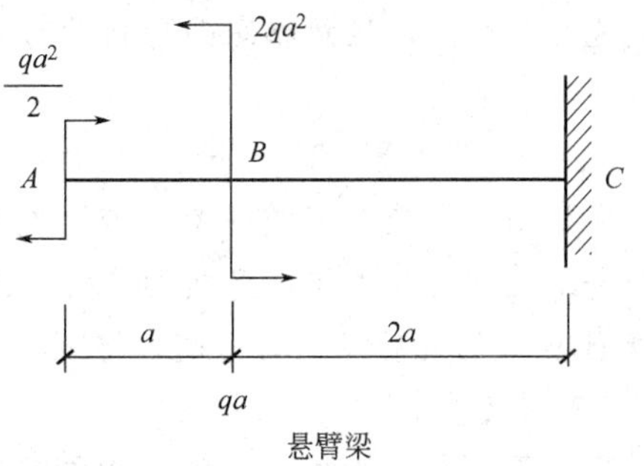

悬臂梁

5-5-6.【答案】(A)

根据矩形截面惯性矩公式知：$I_2=\frac{b(2a)^3}{12}=8\times\frac{ba^3}{12}=8I_1$，又因挠度相同，即 $f_1=$

f_2，所以 $\frac{M_{e1}L^2}{2EI_1}=\frac{M_{e2}L^2}{2EI_2}$，故 $\frac{M_2}{M_1}=\frac{I_2}{I_1}=8$。

5-5-7.【答案】(C)

若截面图形对通过某点的某一正交坐标轴的惯性积为零，则称这对坐标轴为图形在该点的主惯性轴，简称主轴，过截面形心的主惯性轴，称为形心主轴，图示截面的弯曲中心是两个狭长矩形边的中线交点，形心主轴是 y' 和 z'，故无扭转，而有沿两个形心主轴 y' 和 z' 方向的双向弯曲。

5-5-8.【答案】(A)

根据“零、平、斜”，“平、斜、剖”的规律，AB 段的斜直线，对应 AB 段 $q=0$；BC 段的抛物线，对应 BC 段 $q\neq0$，即应有 q。而 B 截面处有一个转折点，对应于一个集中力。

5-5-9.【答案】(A)

弯矩图中 B 截面的突变值为 10kN·m，集中力偶的大小即突变的大小，所以 $m=$ 10kN·m。

5-5-10.【答案】(C)

支座未移动前中点处弯矩 $M_a=-\frac{ql^2}{8}$，移动后的中点处弯矩为 $M_b=q\cdot\frac{l}{8}\cdot\frac{l}{16}-\frac{q}{8}(l-\frac{l}{8}\times2)=-\frac{ql^2}{16}$，$\frac{M_a}{M_b}=\frac{-\frac{ql^2}{8}}{-\frac{ql^2}{16}}=2$。

5-5-11.【答案】(B)

根据剪力和弯矩的微分关系 $\frac{\mathrm{d}M}{\mathrm{d}x}=Q$ 可知，弯矩的最大值发生在剪力为零的截面，即弯矩的导数为零。

5-5-12.【答案】(A)

由梁的正应力条件：$\sigma_{max}=\frac{M_{max}}{I_z}y_{max}=\frac{M_{max}}{W_z}\leqslant[\sigma]$，可知，梁的承载能力与梁横截面惯性矩的大小成正比，当外荷载产生的弯矩 M_{max} 不变的情况下，截面惯性矩 I_z 越大，其承载能力也越大，显然相同面积制成的梁，矩形比圆形好，空心矩形的惯性矩 M_{max} 最大，其承载能力最大。

5-5-13.【答案】(B)

弯矩图在支座 C 处有一个突变，突变大小即支座 C 处的弯矩值，$m=10$kN·m，弯矩图的斜率值即为剪力值，显然 BC 段截面剪力为零，AB 段截面剪力为 +5kN（顺时针），根据 B 点截面处的竖向力平衡，得到 $F=5$kN。

5-5-14.【答案】(C)

弯矩图在中间处突变，则构件中间有集中力偶，大小为 50kN·m；剪力图中间有突变，则说明构架中间有集中力，大小为 100kN，根据中间截面处的左右两侧剪力（顺时针方向）与集中荷载的平衡，则集中荷载数值向下。

5-5-15.【答案】(B)

构件的跨中弯矩：$M_z=\frac{Fl}{4}=\frac{4\times100}{4}=100\text{kN}\cdot\text{m}$，跨中截面的惯性矩为：$I_z=\frac{bh^3}{12}$，

则梁的最大弯曲正应力为：$\sigma_z=\frac{M_z\cdot\frac{h}{2}}{\frac{bh^3}{12}}=\frac{6\times100\times10^6}{100\times200^2}=150\text{MPa}$。

5-5-16.【答案】(B)

开裂前，由整体梁的强度条件 $\sigma_{max}=\frac{M}{W_z}\leqslant[\sigma]$ 可知，$M\leqslant[\sigma]W_Z=[\sigma]\frac{b(3a)^2}{6}=\frac{3}{2}ba^2[\sigma]$，

胶合面开裂后，每根梁承担总弯矩 M_1 的 1/3，由单根梁的强度条件 $\sigma_{max}=\frac{M_1}{W_{z1}}=\frac{\frac{M_1}{3}}{W_{z1}}=\frac{M_1}{3W_{z1}}\leqslant$

$[\sigma]$ 可知，$M_1\leqslant3[\sigma]W_{z1}=3[\sigma]\frac{ba^2}{6}=\frac{ba^2}{2}[\sigma]$，故开裂后每根梁的承载能力是原来的 1/3。

5-5-17.【答案】(B)

矩形截面切应力的分布是一个抛物线形状，最大切应力在中性轴 z 上，下图所示梁的横截面可以看作是一个中性轴附近梁的宽度 b 突然变大的矩形截面，根据弯曲切应力的计算公式：$\tau=\frac{QS_z^*}{bI_z}$，当 b 突然变大的情况下，中性轴附近的突然变小，切应力分布图沿 y 方向的分布如图所示，所以最大切应力应该在 2 点。

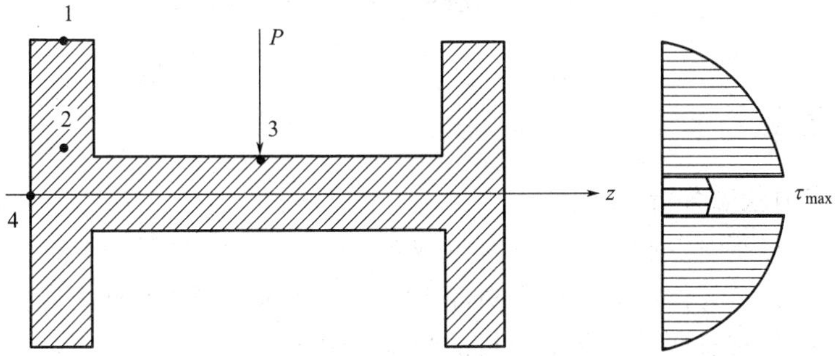

5-5-18.【答案】(B)

由悬臂梁的最大挠度计算公式 $f_{max}=\frac{MeL^2}{2EI}$ 可知 f_{max} 与 L^2 成正比，因此 $f_{max}=\frac{Me\left(\frac{L}{2}\right)^2}{2EI}=\frac{1}{4}f_{max}$。

5-5-19.【答案】(C)

由跨中受集中力 F 作用的简支梁最大挠度公式 $f_c=\frac{fl^3}{48EI}$ 可知：最大挠度与截面对中性轴的惯性矩呈反比，因此 $I_a=\frac{hb^3}{12}=\frac{b^3}{6}$，而 $I_b=\frac{bh^3}{12}=\frac{2b^3}{3}$，所以 $\frac{f_b}{f_a}=\frac{I_b}{I_a}=\frac{\frac{2b^3}{3}}{\frac{b^3}{6}}=4$。

5-5-20.【答案】(A)

设上、下端梁承担的力偶矩分别为 m_1、m_2，产生的变形分别为 $f_1=\dfrac{ml}{2E\cdot\dfrac{ba^3}{12}}$ 和 $f_2=\dfrac{ml^2}{2E\cdot\dfrac{b(2a)^3}{12}}=\dfrac{ml^2}{2E\cdot\dfrac{b\cdot 8a^3}{12}}$，由 $f_1=f_2$ 得 $f_1=f_2=\dfrac{ml^2}{2E\cdot\dfrac{ba^3}{12}}=\dfrac{ml^2}{2E\cdot\dfrac{b\cdot 8a^3}{12}}$，即 $\dfrac{m_1}{m_2}=\dfrac{1}{8}$，$m_1+m_2=m$，则上侧梁承担的力偶矩为 $\dfrac{1}{9}m$。

5-5-21.【答案】(D)

若截面图形对通过某点的某一正交坐标轴的惯性积为零，则称这对坐标轴为图形在该点的主惯性轴，简称主轴，过截面形心的主惯性轴，称为形心主轴，图示截面的弯曲中心是两个狭长矩形边的中线交点，形心主轴是 y' 和 z'，故无扭转，而有沿两个形心主轴 y' 和 z' 方向的双向弯曲。

第六节　应力状态与强度理论

一、考试大纲

平面应力状态分析的解析法和应力圆法；主应力和最大切应力；广义胡克定律；四个常用的强度理论。

二、知识要点

(一) 平面应力状态分析

应力状态：通过某一点的各个不同方位截面上的应力情况。

平面应力状态：单元体中只有两个对面上有应力作用，另一对面上应力为零。

求解平面应力状态有两种方法：解析法和应力圆法。

1.解析法

通过静力平衡方程求解点在各个方向上的应力。

主平面：最大主应力所在的截面称为主平面，主平面上的剪应力为零。

主应力：主平面上的最大或最小正应力，用 σ_1、σ_2 与 σ_3 表示。

根据主应力的数值，将应力状态分为三类：

① 单向应力状态：只有一个主应力不为零的应力状态。

② 二向应力状态：有二个主应力不为零的应力状态。

③ 三向应力状态：三个主应力均不为零的应力状态。

(1) 任意斜截面

正应力、剪应力的计算公式如下（图 5-6-1）：

$$\sigma_\alpha=\frac{\sigma_x+\sigma_y}{2}+\frac{\sigma_x-\sigma_y}{2}\cos 2\alpha-\tau_x\sin 2\alpha \tag{5-6-1}$$

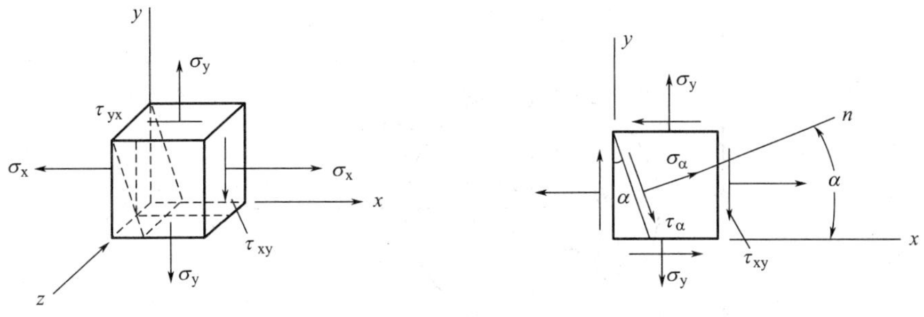

图 5-6-1

$$\tau_\alpha = \frac{\sigma_x - \sigma_y}{2}\sin 2\alpha + \tau_x \cos 2\alpha \tag{5-6-2}$$

式中 σ_x、σ_y ——正应力，以拉应力为正，压应力为负；

τ_x ——剪应力，使单元体顺时针转为正，反之为负；

α ——外法线 n 与 x 轴夹角，以 x 轴为始边，逆时针转为正，反之为负。

(2) 主应力及主平面

最大与最小主应力计算公式为：

$$\left.\begin{matrix}\sigma_{\max} \\ \sigma_{\min}\end{matrix}\right\} = \frac{\sigma_x + \sigma_y}{2} \pm \sqrt{\left(\frac{\sigma_x - \sigma_y}{2}\right)^2 + \tau_x^2} \tag{5-6-3}$$

主平面方位角 α_0 的计算公式为：

$$\tan 2\alpha_0 = \frac{-2\tau_{xy}}{\sigma_x - \sigma_y} \tag{5-6-4}$$

$2\alpha_0$ 在 $0 \sim 2\pi$ 之间可以有两个值，且相差 π。

(3) 剪应力及其作用面

最大与最小剪应力计算公式为：

$$\left.\begin{matrix}\tau_{\max} \\ \tau_{\min}\end{matrix}\right\} = \pm \sqrt{\left(\frac{\sigma_x - \sigma_y}{2}\right)^2 + \tau_x^2} \tag{5-6-5}$$

最大（最小）剪应力作用平面与主平面之间的夹角为 45°。

2.应力圆法

如图 5-6-2 所示，取横坐标为正应力 σ，纵坐标为剪应力 τ，选定比例尺，由已知（σ_x、τ_x）定 D 点，σ_y、τ_y 定 E 点，连接 D、E 直线，交 σ 坐标轴于 C，以 C 为圆心，CD 或 CE 为半径作圆，即得相应单元体的应力圆，称为应力圆或莫尔圆。

圆心 C 的坐标：$\left(\frac{\sigma_x + \sigma_y}{2}，0\right)$

半径： $R = \sqrt{\left(\frac{\sigma_x - \sigma_y}{2}\right)^2 + \tau_{xy}^2}$

如图 5-6-3 所示，任意斜截面上最大正应力、最大剪应力的计算公式如下：

$$\sigma_{\max} = \sigma_1 \tag{5-6-6}$$

$$\sigma_{\min} = \sigma_3 \tag{5-6-7}$$

最大剪应力与 σ_1、σ_3 均成 45°，与 σ_2 垂直，计算式为：

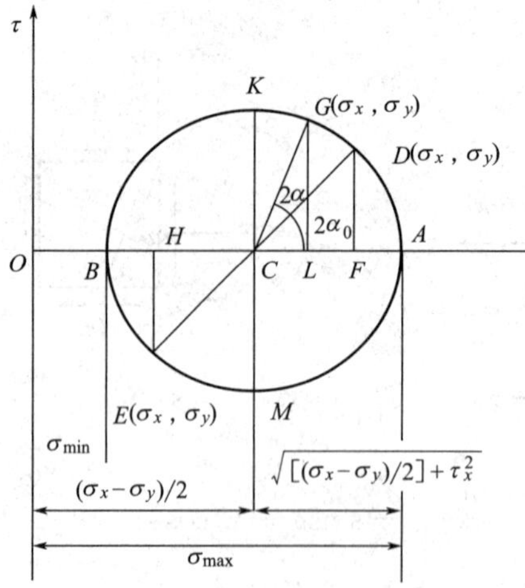

图 5-6-2

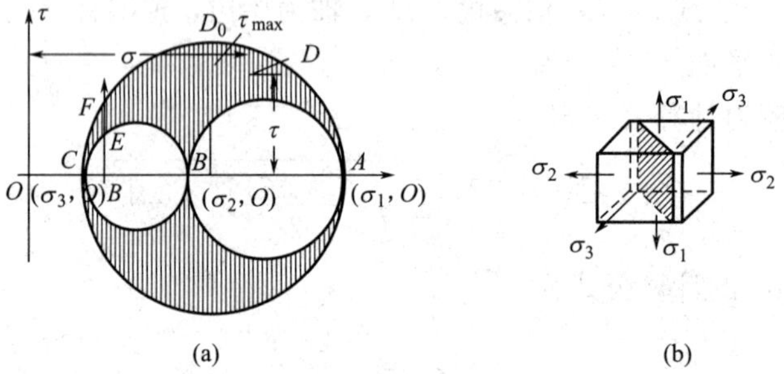

图 5-6-3

$$\tau_{\max}=\frac{\sigma_1-\sigma_3}{2} \tag{5-6-8}$$

（二）广义胡克定律

对各向同性材料，处于线弹性范围内，在小变形的条件下，材料处在复杂应力状态时，应力与应变之间存在如下关系，称为广义胡克定律，即：

$$\left.\begin{aligned}\varepsilon_x&=\frac{1}{E}[\sigma_x-\mu(\sigma_y+\sigma_z)]\gamma_{xy}=\frac{\tau_{xy}}{G}\\\varepsilon_y&=\frac{1}{E}[\sigma_y-\mu(\sigma_x+\sigma_z)]\gamma_{yz}=\frac{\tau_{yz}}{G}\\\varepsilon_z&=\frac{1}{E}[\sigma_z-\mu(\sigma_y+\sigma_x)]\gamma_{zx}=\frac{\tau_{zx}}{G}\end{aligned}\right\} \tag{5-6-9}$$

应力与应变关系：

$$\left.\begin{aligned}\varepsilon_x&=\frac{1}{E}[\sigma_x-\mu\sigma_y]\\\varepsilon_y&=\frac{1}{E}[\sigma_y-\mu\sigma_x]\gamma_{xy}=\frac{\tau_{xy}}{G}\\\varepsilon_z&=\frac{-\mu}{E}[\sigma_y+\sigma_x]\end{aligned}\right\} \tag{5-6-10}$$

（三）强度理论

强度理论是关于材料发生强度失效时的力学假说，对于复杂应力，需使用强度理论。

强度理论包括第一强度理论（最大拉应力理论）、第二强度理论（最大拉应变理论）、第三强度理论（塑性屈服强度理论）和第四强度理论（形状改变比能理论）。第一、第二强度理论适用于干脆性材料的断裂；第三、四强度理论适用于塑性屈服材料。四个常用的强度理论的强度条件，见表 5-6-1 所示。

四个常用强度理论的破坏条件与强度条件 **表 5-6-1**

类型	强度条件
第一强度理论	相当应力 $\sigma_{r1}=\sigma_1\leqslant[\sigma]$
第二强度理论	$\sigma_{r2}=\sigma_1-\mu(\sigma_2+\sigma_3)\leqslant[\sigma]$
第三强度理论	$\sigma_{r3}=\sigma_1-\sigma_3\leqslant[\sigma]$
第四强度理论	$\sigma_{r4}=\sqrt{\frac{1}{\sqrt{2}}[(\sigma_1-\sigma_2)^2+(\sigma_2-\sigma_3)^2+(\sigma_3-\sigma_1)^2]}\leqslant[\sigma]$

强度理论公式中 σ_1、σ_2、σ_3 均为主应力值，以拉应力为正，压应力为负，$[\sigma]$ 为单向拉伸材料的许用应力，若 $\sigma_x=\sigma$，$\sigma_y=0$，$\tau_x=\tau_y=\tau$，则第三，四强度理论的强度条件可变为：

$$\sigma_{r3}=\sqrt{\sigma^2+4\tau^2}\leqslant[\sigma] \tag{5-6-11}$$

$$\sigma_{r4}=\sqrt{\sigma^2+3\tau^2}\leqslant[\sigma] \tag{5-6-12}$$

对于抗拉与抗压强度不同的材料，例如岩石等，莫尔强度理论往往能给出较为满意的结果，其强度条件：

$$\sigma_m=\sigma_1-\frac{[\sigma_t]}{[\sigma_c]}\sigma_3\leqslant[\sigma_t] \tag{5-6-13}$$

式中 σ_m——摩尔强度理论的相当应力；

$[\sigma_t]$——单向拉伸材料的许用拉应力；

$[\sigma_c]$——单向压缩材料的许用压应力。

【例 5-6-1】 已知某点的应力状态如图（a）所示，试求该点的主应力大小及方向。

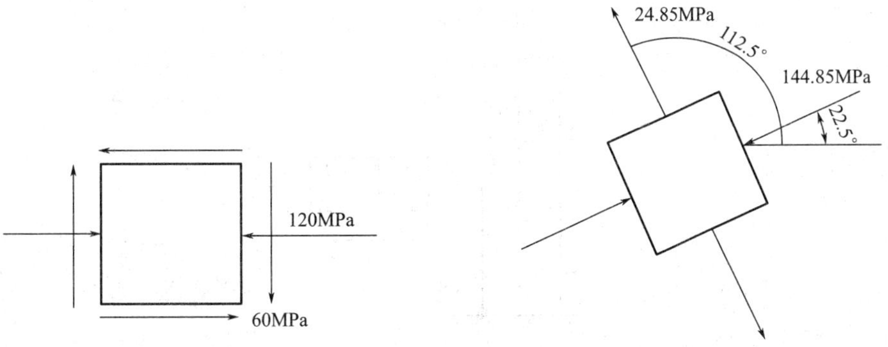

(a) (b)

解：

$$\left.\begin{matrix}\sigma_{max}\\ \sigma_{min}\end{matrix}\right\}=\frac{\sigma_x+\sigma_y}{2}\pm\sqrt{\left(\frac{\sigma_x-\sigma_y}{2}\right)^2+\tau_x^2}=\frac{-120+0}{2}\pm\sqrt{\left(\frac{-120-0}{2}\right)^2+60^2}=\left\{\begin{matrix}24.85\text{MPa}\\ -144.85\text{MPa}\end{matrix}\right.$$

$$\sigma_1=24.85\text{MPa}，\sigma_2=0\text{MPa}，\sigma_3=-144.85\text{MPa}$$

$$\tan 2\alpha_1=\frac{-2\tau_x}{\sigma_x-\sigma_y}=\frac{-2\times 60}{-120-0}=1，2\alpha_1=180°+45°=225°，$$

$\alpha_1=112.5°$，$\alpha_3=112.5°-90°=22.5°$，主应力方位图如图（b）所示。

历年真题

5-6-1. 在图示 xy 坐标系下，单元体的最大主应力 σ_1 大致指向（　　）。（2011A67）

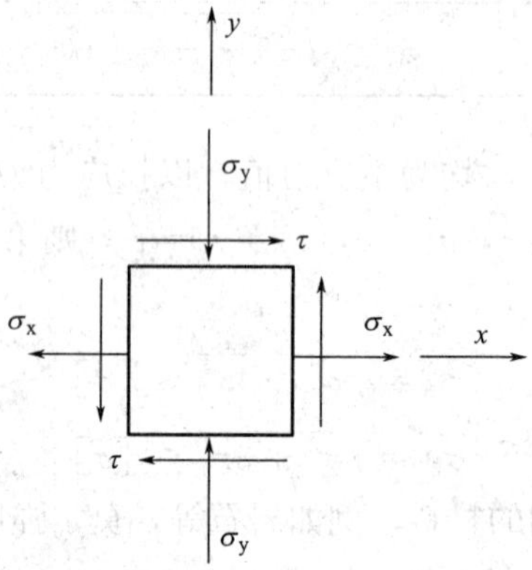

A. 第一象限，靠近 x 轴　　B. 第一象限，靠近 y 轴

C. 第二象限，靠近 x 轴　　D. 第二象限，靠近 y 轴

5-6-2. 图示变截面短杆，AB 段的压应力 σ_{AB} 与 BC 段的压应力 σ_{BC} 的关系是（　　）。（2011A68）

A. σ_{AB} 比 σ_{BC} 大 1/4　　B. σ_{AB} 比 σ_{BC} 小 1/4

C. σ_{AB} 比 σ_{BC} 的 2 倍　　D. σ_{AB} 比 σ_{BC} 的 1/2

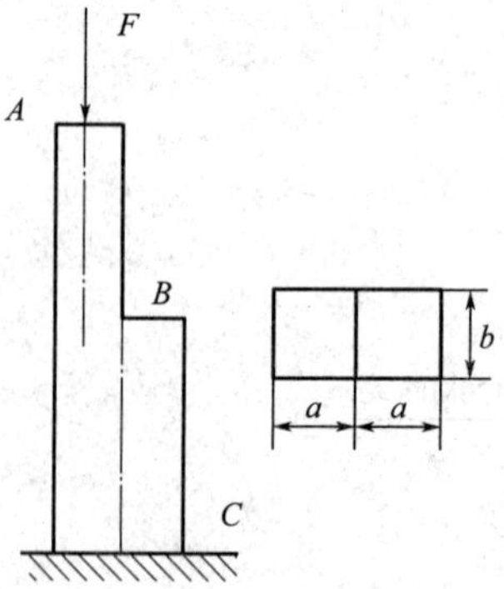

5-6-3. 图示圆轴，固定端外圆上 $y=0$ 点（图中 A 点）的单元体的应力状态是（　　）。（2011A69）

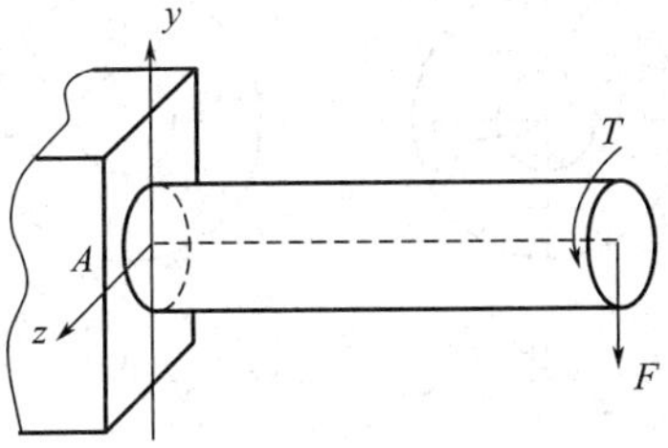

A. 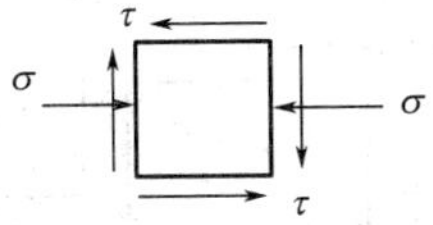

B. 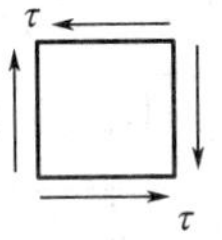

C. 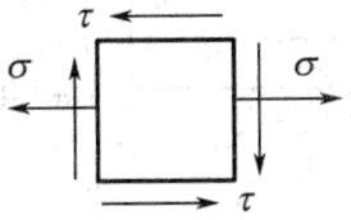

D. 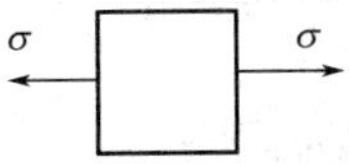

5-6-4. 图示单元体，法线与 x 轴夹角 $\alpha=45^{\circ}$ 的斜截面上切应力 τ_{α} 为（　　）。（2012A69）

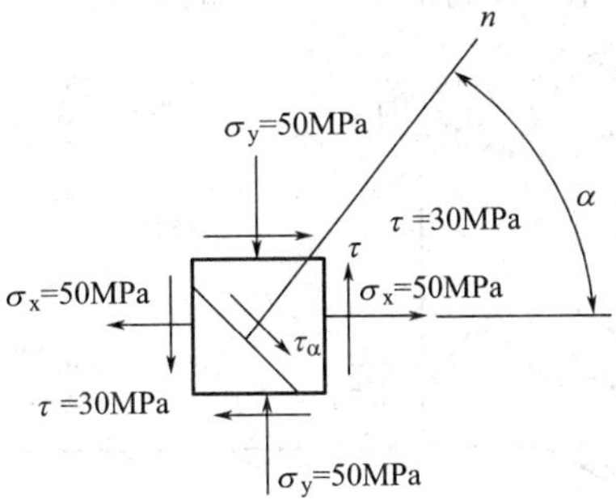

A. $\tau_{\alpha}=10\sqrt{2}$MPa　　B. $\tau_{\alpha}=50$MPa

C. $\tau_{\alpha}=60$MPa　　D. $\tau_{\alpha}=0$

5-6-5. 按照第三强度理论，图示两种应力状态的危险程度是（　　）。（2013A68）

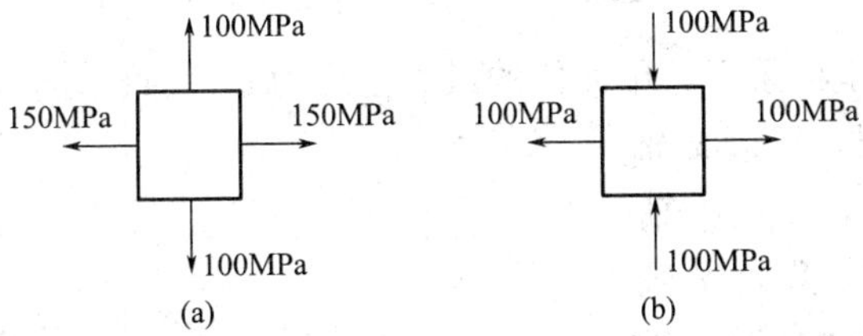

(a)　(b)

A. (a) 更危险　　B. (b) 更危险

C. 两者相同　　D. 无法判断

5-6-6. 图示受扭空心圆轴横截面上的切应力分布图，其中正确的是（　　）。（2014A64）

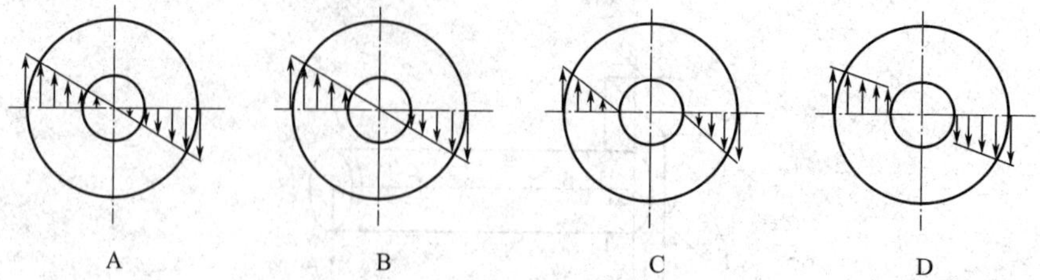

5-6-7. 按照第三强度理论，图示两种应力状态的危险程度是（　　）。（2014A69）

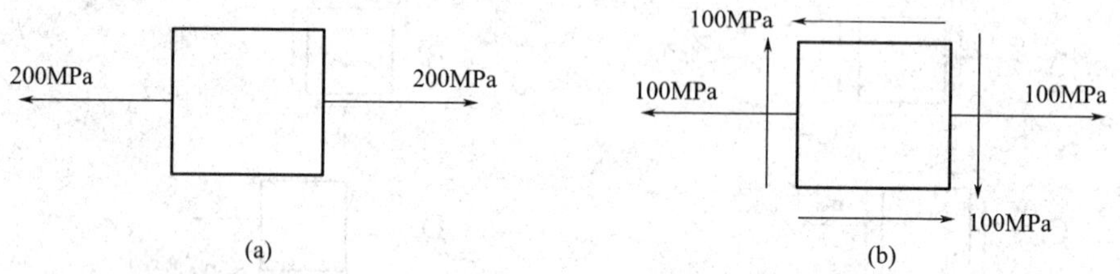

A. 无法判断　　B. 两者相同　　C.（a）更危险　　D.（b）更危险

5-6-8. 正方形截面 AB，力 F 作用在 xoy 平面内，与 x 轴的夹角 α，杆距离 B 端为 a 的横截面上最大正应力在 $\alpha=45°$ 时的值是 $\alpha=0°$ 时值的（　　）。（2014A70）

A. $\frac{7\sqrt{2}}{2}$ 倍　　B. $3\sqrt{2}$ 倍　　C. $\frac{5\sqrt{2}}{2}$ 倍　　D. $\sqrt{2}$ 倍

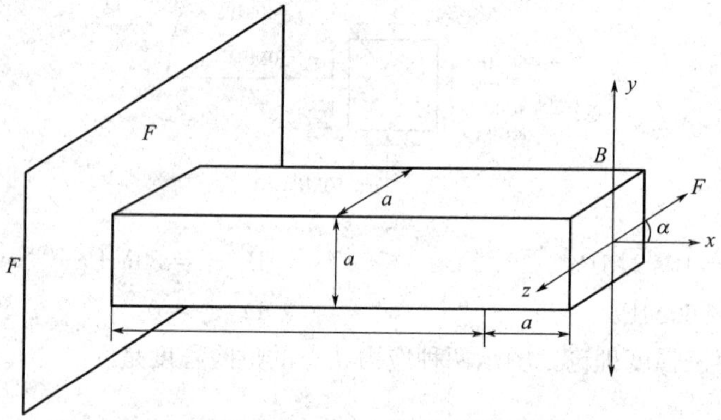

5-6-9. 在图示 xy 坐标系下，单元体的最大主应力 σ_1 大致指向（　　）。（2016A65）

A. 第一象限，靠近 x 轴

B. 第一象限，靠近 y 轴

C. 第二象限，靠近 x 轴

D. 第二象限，靠近 y 轴

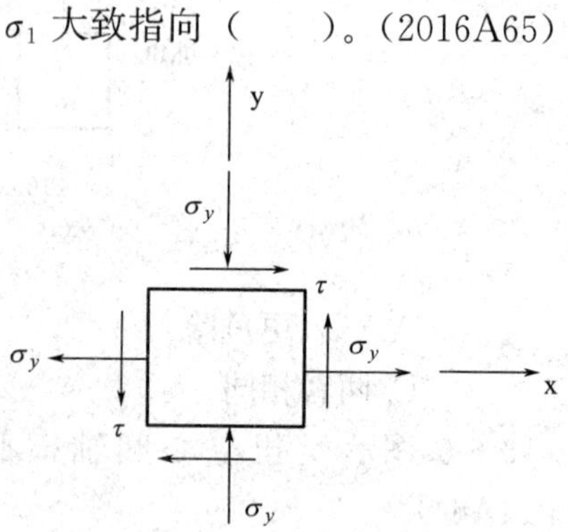

5-6-10. 图示直径为 d 的圆轴，承受轴向拉力 F 和扭矩 T。按第三强度理论，截面危险的相当应力 σ_{eq3} 为（　　）。（2018A67）

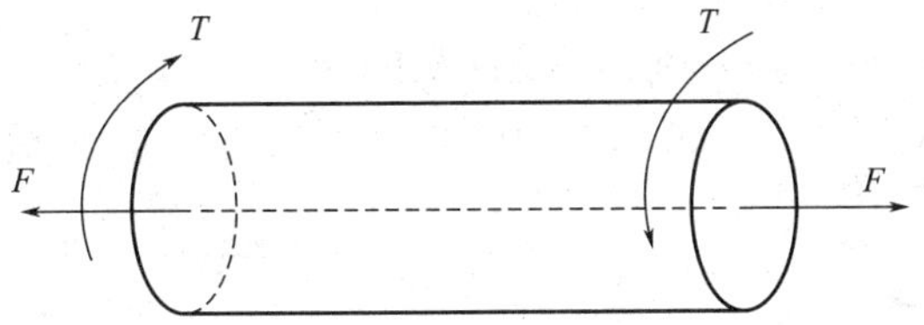

A. $\sigma_{eq3}=\dfrac{32}{\pi d^3}\sqrt{F^2+T^2}$

B. $\sigma_{eq3}=\dfrac{16}{\pi d^3}\sqrt{F^2+T^2}$

C. $\sigma_{eq3}=\sqrt{\left(\dfrac{4F}{\pi d^2}\right)^2+4\left(\dfrac{16T}{\pi d^3}\right)^2}$

D. $\sigma_{eq3}=\sqrt{\left(\dfrac{4F}{\pi d^2}\right)^2+4\left(\dfrac{32T}{\pi d^3}\right)^2}$

5-6-11. 在图示 4 种应力状态中，最大切应力 τ_{max} 数值最大的应力状态是（　　）。（2018A68）

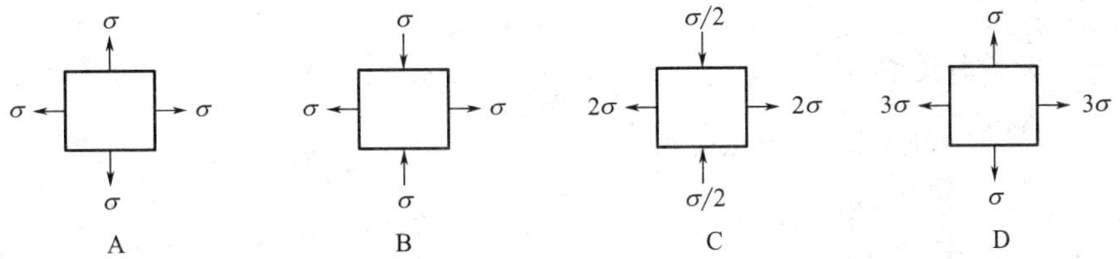

答　案

5-6-1.【答案】(A)

图示单元体的最大主应力 σ_1 的方向，可以看作是 σ_x 的方向（沿 x 轴）和纯剪切单元体的最大拉应力的主方向（在第一象限沿 45°向上），叠加后的合应力的指向。

5-6-2.【答案】(B)

AB 段是轴向受压，$\sigma_{AB}=\dfrac{F}{ab}$；$BC$ 段是偏心受压，$\sigma_{BC}=\dfrac{F}{2ab}+\dfrac{F\cdot\dfrac{a}{2}}{\dfrac{b}{6}(2a)^2}=\dfrac{5F}{4ab}$。

5-6-3.【答案】(B)

图示圆轴是弯扭组合变形，在固定端处既有弯曲正应力，又有扭转切应力。但是图中 A 点位于中性轴上，故没有弯曲正应力，只有切应力，属于纯剪切应力状态。

5-6-4.【答案】(B)

图示单元体 $\sigma_x=50\text{MPa}$，$\sigma_y=-50\text{MPa}$，$\tau_x=-30\text{MPa}$，$\alpha=45°$，故：$\tau_\alpha=\dfrac{\sigma_x-\sigma_y}{2}\sin2\alpha+\tau_x\cos2\alpha=\dfrac{50-(-50)}{2}\sin90°-30\cos90°=50\text{MPa}$。

5-6-5.【答案】（B）

图（a）中：$\sigma_{r3}=\sigma_1-\sigma_3=150-0=150\text{MPa}$；

图（b）中：$\sigma_{r3}=\sigma_1-\sigma_3=100-(-100)=200\text{MPa}$。显然图（b）中$\sigma_{r3}$更大，所以更危险。

5-6-6.【答案】（B）

$\tau_\rho=\rho\dfrac{T}{I_P}=\rho\dfrac{T}{\dfrac{\pi D^4(1-\alpha^4)}{32}}$，受扭空心圆轴横截面上的切应力分布应与其到圆心的距离正比，而在空心圆部分因没有材料，所以也不应有切应力，选 B。

5-6-7.【答案】（D）

图（a）中：$\sigma_1=200\text{MPa}$，$\sigma_2=0$，$\sigma_3=0$，$\sigma_{r3}^{b}=\sigma_1-\sigma_3=200\text{MPa}$；

图（b）中：

$\sigma_1=100/2+\sqrt{\left(\dfrac{100}{2}\right)+100^2}=161.8\text{MPa}$，$\sigma_2=0\text{MPa}$，$\sigma_3=100/2+\sqrt{\left(\dfrac{100}{2}\right)+100^2}=-61.8\text{MPa}$

$\sigma_{r3}^{b}=\sigma_1-\sigma_3=223.6\text{MPa}$，故图（b）更危险。

5-6-8.【答案】（A）

当 $\alpha=0°$ 时，杆是轴向受拉，$\sigma_{\max}^{0}=\dfrac{F_N}{A}=\dfrac{F}{a^2}$，当 $\alpha=45°$ 时，杆是轴向受拉与弯曲组合变形，$\sigma_{\max}^{45°}=\dfrac{F_N}{A}+\dfrac{M_z}{W_z}=\dfrac{\dfrac{\sqrt{2}}{2}F}{a^2}+\dfrac{\dfrac{\sqrt{2}}{2}Fa}{\dfrac{a^3}{6}}=\dfrac{7\sqrt{2}}{2}\dfrac{F}{a^2}$，得 $\dfrac{\sigma_{\max}^{45°}}{\sigma_{\max}^{0}}=\dfrac{\dfrac{7\sqrt{2}}{2}\dfrac{F}{a^2}}{\dfrac{F}{a^2}}=\dfrac{7\sqrt{2}}{2}$。

5-6-9.【答案】（A）

图示单元体的最大主应力 σ_1 的方向可以看作是 σ_x 的方向（沿 x 轴）和纯剪切单元体最大拉应力的主方向（在第一象限沿 45°上）叠加后的合应力的指向，故在第一象限更靠近 x 轴。

5-6-10.【答案】（C）

第三强度理论 $\sigma_{r3}=\sqrt{\sigma^2+4\tau^2}=\sqrt{\left(\dfrac{F}{\dfrac{\pi d^2}{4}}\right)^2+4\left(\dfrac{T}{\dfrac{\pi d^3}{16}}\right)^2}=\sqrt{\left(\dfrac{4F}{\pi d^2}\right)^2+4\left(\dfrac{16T}{\pi d^3}\right)^2}$。

5-6-11.【答案】（C）

A 项：$\tau=\dfrac{\sigma_1-\sigma_3}{2}=\dfrac{\sigma-\sigma}{2}=0$；

B 项：$\tau=\dfrac{\sigma_1-\sigma_3}{2}=\dfrac{\sigma-(-\sigma)}{2}=\sigma$；

C 项：$\tau=\dfrac{\sigma_1-\sigma_3}{2}=\dfrac{2\sigma-(-2\sigma)}{2}=2\sigma$；

D 项：$\tau=\dfrac{\sigma_1-\sigma_3}{2}=\dfrac{3\sigma-\sigma}{2}=\sigma$。

第七节　组合变形

一、考试大纲

拉（压)—弯组合、弯—扭组合情况下杆件的强度校核；斜弯曲。

二、知识要点

(一) 组合变形

外力作用下构件同时产生两种或两种以上的基本变形，称为组合变形。例如：斜弯曲、轴向拉伸（压缩）与弯曲的组合以及扭转与弯曲的组合等。求解组合变形问题的基本方法是叠加法，即先把组合变形分解为几个基本变形、分别考虑构件在每一种基本变形情况下的应力和变形、利用叠加原理进行叠加计算。

(二) 斜弯曲

相互垂直的两个平面弯曲的组合，称为斜弯曲，弯曲平面（总挠度曲线平面）与载荷平面不重合。其危险点为单向应力状态，最大正应力为两个方向平面弯曲正应力的代数和。

正应力强度条件，计算式如下：

$$\sigma_{\max}=\frac{M_{\text{zmax}}}{W_z}+\frac{M_{\text{ymax}}}{W_y}\leqslant[\sigma] \tag{5-7-1}$$

式中　M_{ymax}、M_{zmax}——危险截面上两个形心主惯性平面内的弯矩；

W_y、W_z——截面对 y 轴、z 轴的抗弯截面模量。

对于没有凸角的平面，需先确定中性轴的位置，其中性轴是一条过截面形心的斜线，设与 z 轴的夹角为β，其斜率为：

$$\tan\beta=\frac{I_zM_y}{I_yM_z} \tag{5-7-2}$$

式中　M_y、M_z——危险截面上两个形心主惯性平面内的弯矩；

I_y、I_z——危险截面对 y 轴、z 轴的惯性矩。

危险点位于距离中性轴最远的点，中性轴将截面分为受拉和受压区，弯曲时截面绕中性轴转动。若材料许用拉、压应力不同，应分别进行强度计算。其他截面形状的强度计算公式见表 5-7-1 所示。

各种类型横截面斜弯曲正应力计算公式　　表 5-7-1

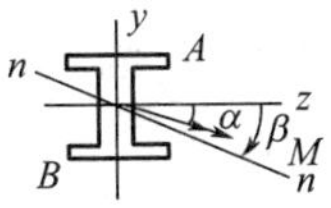	$\left.\begin{matrix}\sigma_{\text{maxt(A)}}\\ \sigma_{\text{maxc(B)}}\end{matrix}\right\}=\frac{M_{\text{zmax}}}{W_z}+\frac{M_{\text{ymax}}}{W_y}\leqslant[\sigma]$
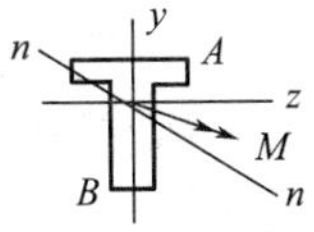	$\sigma_{\text{maxt(A)}}=\frac{M_z}{I_z}y_A+\frac{M_y}{I_y}z_A$ $\sigma_{\text{maxc(B)}}=\frac{M_z}{I_z}y_B+\frac{M_y}{I_y}z_B$

续表

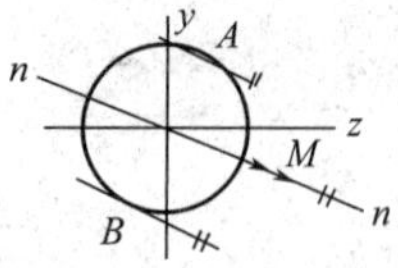	$\left.\begin{matrix}\sigma_{\max t(A)}\\\sigma_{\max c(B)}\end{matrix}\right\}=\dfrac{M_{\max}}{W}=\sqrt{\dfrac{M_z^2+M_y^2}{W}}=\dfrac{32\sqrt{M_z^2+M_y^2}}{\pi d_3}\leqslant[\sigma]$
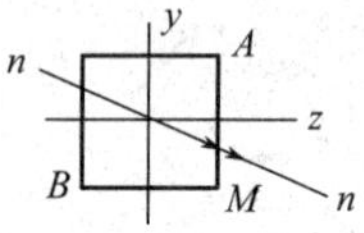	$\left.\begin{matrix}\sigma_{\max t(A)}\\\sigma_{\max c(B)}\end{matrix}\right\}=\dfrac{M_z+M_y}{W}=\dfrac{6(M_z+M_y)}{b^3}\leqslant[\sigma]$

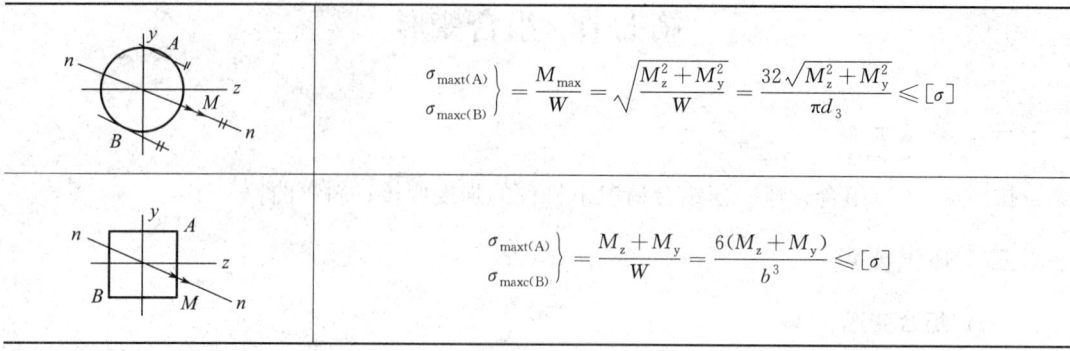

（三）轴向拉伸（压缩）与弯曲的组合

构件除作用有轴向力外，同时还作用有横向力，或作用于形心上的斜向力，或外力作用线虽平行于轴线，但不通过截面的形心，在这些情况下，构件将产生轴向拉伸（压缩）与弯曲的组合变形，简称为拉（压）弯组合变形。

强度条件如下：

$$\left.\begin{matrix}\sigma_{tmax}\\\sigma_{cmax}\end{matrix}\right\}=\frac{N}{A}\pm\frac{M_y}{W_y}\pm\frac{M_z}{W_z}\leqslant\left\{\begin{matrix}[\sigma_t]\\[\sigma_c]\end{matrix}\right. \tag{5-7-3}$$

式中　N、M_y、M_z——危险截面上的轴力、弯矩；

$[\sigma_t]$、$[\sigma_c]$——材料的许用拉应力、许用压应力。

危险点位于危险截面的上、下边缘，为单向应力状态。

对于有棱角的截面，危险点在凸角处，无凸角的截面，需确定中性轴的位置，对于偏心压缩构件，其中性轴为一条不通过截面形心的斜直线，在 y 轴和 z 轴上的截距为：

$$\left.\begin{matrix}\text{在 } z \text{ 轴上的截距：} a_z=-\dfrac{i_y^2}{z_p}\\\text{在 } y \text{ 轴上的截距：} a_y=-\dfrac{i_z^2}{y_p}\end{matrix}\right\} \tag{5-7-4}$$

式中　i_y、i_z——截面对 y 轴和 z 轴的惯性半径；

z_p、y_p——轴向力 p 的作用点距 y 轴和 z 轴的偏心距。

（四）弯曲与扭转的组合

弯扭组合：同时受到扭转与弯曲的联合作用，称为弯扭组合。

危险截面：最大弯矩（或最大轴力）和最大扭矩同时作用的截面。

危险点：弯曲正应力或拉压应力和扭转剪应力同时作用的点。

对于塑性材料，可采用第三或第四强度理论来建立强度条件，即：

$$\sigma_{r3}=\sigma_1-\sigma_3=\sqrt{\sigma^2+4\tau^2}\leqslant[\sigma] \tag{5-7-5}$$

$$\sigma_{r4}=\sqrt{\sigma^2+3\tau^2}\leqslant[\sigma] \tag{5-7-6}$$

式中　σ——危险点处的最大弯曲（或拉压）正应力；

τ——最大扭转剪应力。

圆截面杆，除承受弯扭组合外，还承受轴向拉（压），其强度条件为：

$$\sigma_{r3}=\frac{\sqrt{M^2+T^2}}{W}\leqslant[\sigma] \tag{5-7-7}$$

$$\sigma_{r4}=\frac{\sqrt{M^2+0.75T^2}}{W}\leqslant[\sigma] \tag{5-7-8}$$

式中　M——危险截面上的弯矩或合成弯矩，$M=\sqrt{M_y^2+M_z^2}$；

T——危险截面上的扭矩；

W——抗弯截面系数，$W=\frac{\pi d^3}{32}$。

【例 5-7-1】 一混凝土柱受力如图（a）所示，其中 $P=200$kN，$G=50$kN，$e=8$cm，已知许用压应力 $[\sigma_y]=10$MPa，要求柱横截面上不出现拉应力，试校核该柱的强度。

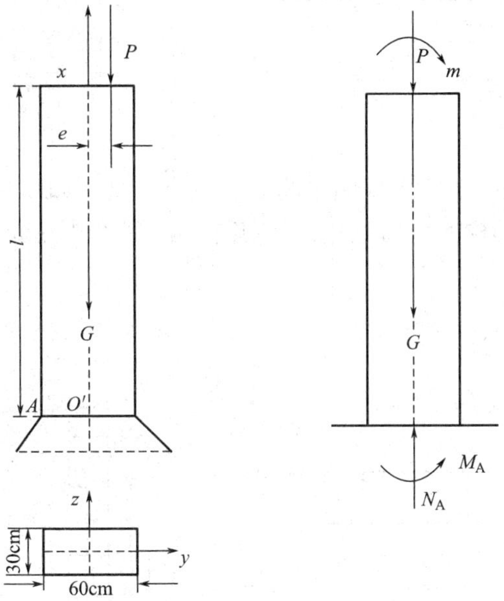

解： 经分析可知，柱与基础的连接面 A 处最危险。

（1）求柱的内力

轴力 $N_A=-(P+G)=-250$kN

弯曲 $M_A=Pe=200\times0.08=16$kN·m

（2）求最大最小正应力

$$\left.\begin{matrix}\sigma_{max}\\ \sigma_{min}\end{matrix}\right\}=\frac{-P+G}{A}\pm\frac{Pe}{W_z}=\frac{-250\times10^3}{0.3\times0.6}\pm\frac{16\times10^3}{0.3\times0.6^2/6}\approx\left\{\begin{matrix}-0.50\text{MPa}\\ -2.28\text{MPa}\end{matrix}\right.$$

（3）进行强度校核

$$\sigma_{max}=-0.50\text{MPa}<0,\ \sigma_{ymax}=|\sigma_{min}|=2.28\text{MPa}<[\sigma_y]=10\text{MPa}$$

满足该柱的强度条件。

历年真题

5-7-1. 两根杆粘合在一起，截面尺寸如图，杆 1 的弹性模量为 E_1，杆 2 的弹性模量为 E_2，且 $E_1=2E_2$。若轴向力 F 作用在截面形心，则杆件发生的变形是（　　）。(2013A69)

A. 拉伸和向上弯曲变形

B. 拉伸和向下弯曲变形

C. 弯曲变形

D. 拉伸变形

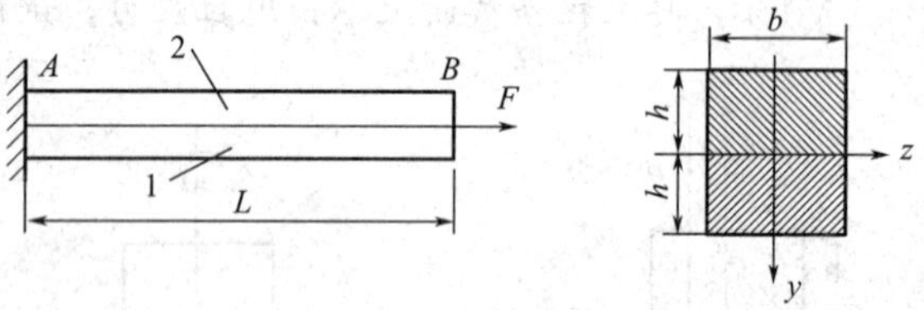

5-7-2. 图示矩形截面受压杆，杆的中间段右侧有一槽，如图（a）所示。若杆的左侧，即槽的对称位置也挖出同样的槽如图（b），则图（b）的最大压应力是图（a）最大压应力的（　　）。(2014A67)

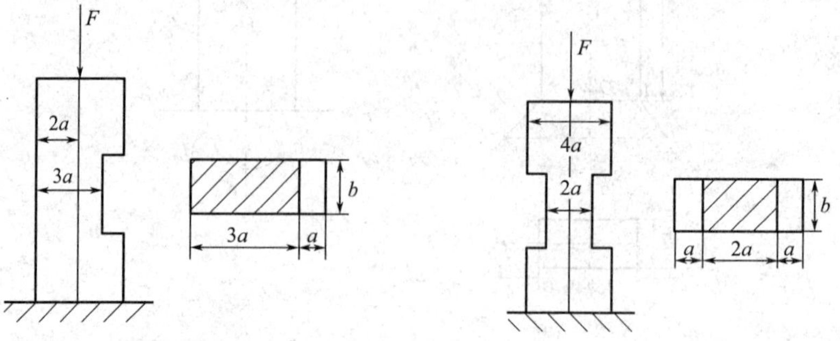

(a)　　(b)

A. $\frac{3}{4}$　　B. $\frac{4}{3}$

C. $\frac{3}{2}$　　D. $\frac{2}{3}$

5-7-3. 图示变截面杆，AB 段压应力 σ_{AB} 与 BC 段压应力 σ_{BC} 的关系是（　　）。(2016A66)

A. $\sigma_{AB}=1.25\sigma_{BC}$

B. $\sigma_{AB}=0.8\sigma_{BC}$

C. $\sigma_{AB}=2\sigma_{BC}$

D. $\sigma_{AB}=0.5\sigma_{BC}$

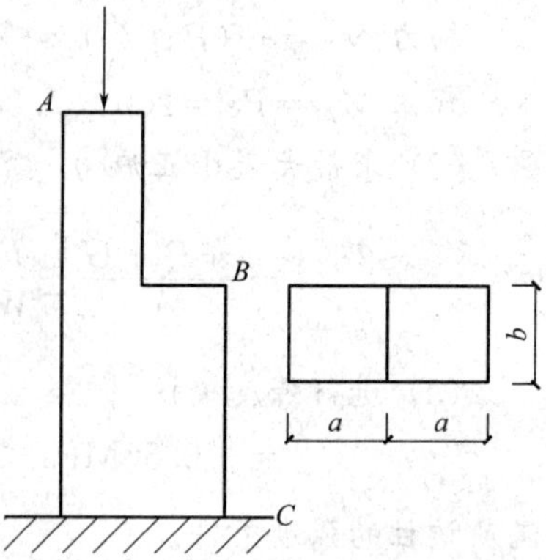

5-7-4. 图示槽形截面杆，一端固定，另端自由，作用在自由端角点的外力 F 与杆轴线平行，该杆件发生的变形是（　　）。(2016A69)

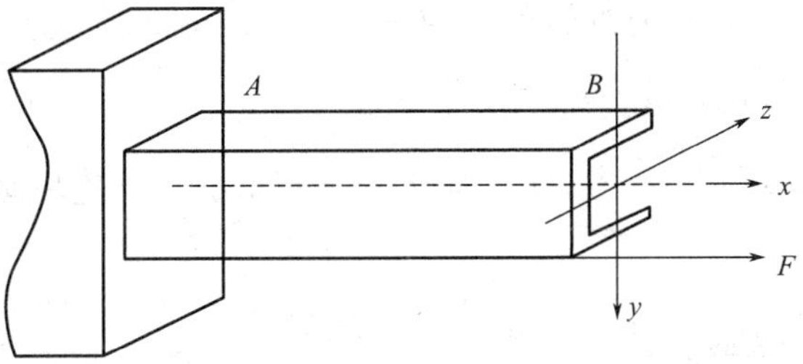

A. xy 平面和 xz 平面内的双向弯曲

B. 轴向拉伸及 xy 平面和 xz 平面内的双向弯曲

C. 轴向拉伸和 xy 平面内的平面弯曲

D. 轴向拉伸和 xz 平面内的平面弯曲

5-7-5. 图示 T 形截面杆，一端固定另一端自由，作用在自由段下缘的外力 F 与杆轴线平行，该杆将发生的变形是（　　）(2017A69)

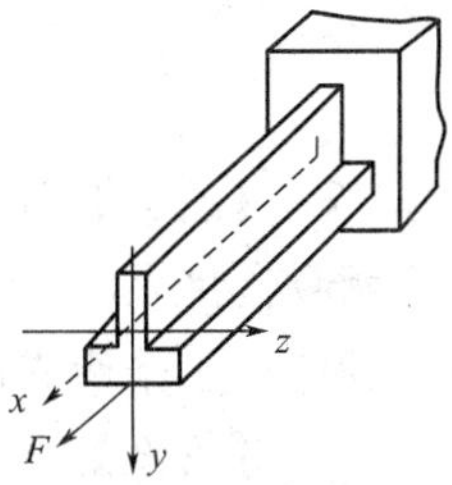

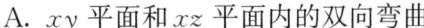

A. xy 平面和 xz 平面内的双向弯曲

B. 轴向拉伸和 xz 平面内的平面弯曲

C. 轴向拉伸和 xy 平面内的平面弯曲

D. 轴向拉伸

5-7-6. 图示圆轴固定端最上缘 A 点单元体的应力状态是（　　）。(2018A69)

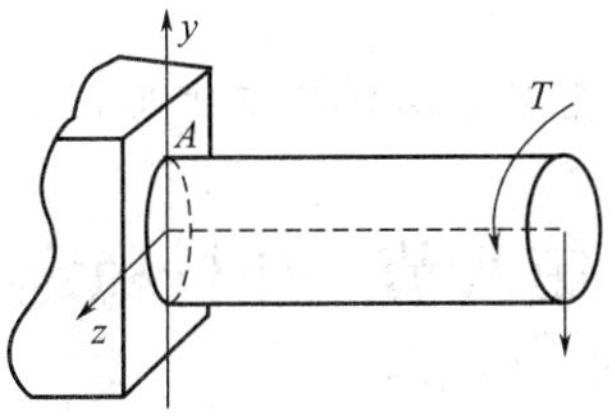

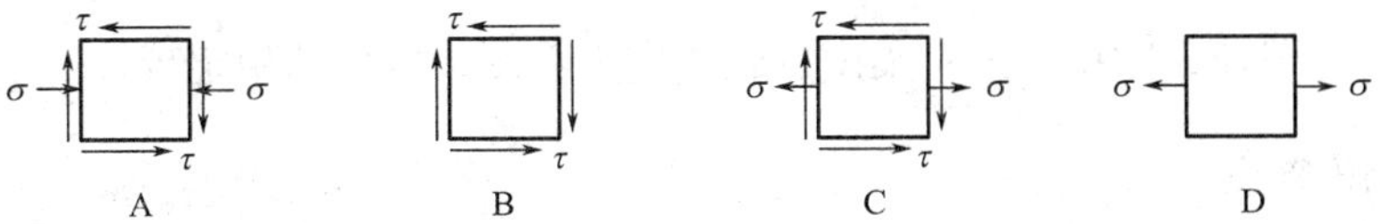

答　案

5-7-1.【答案】(B)

设杆 1 受力为 F_1，杆 2 受力为 F_2，二者所受轴力相同，都为 $F/2$，又因二者截面积相同，所以二者截面应力相同，由于 $E_1=2E_2$，$\varepsilon=\sigma/E$，$\Delta l=l\varepsilon$ 可知，杆 2 的伸缩量是杆 1 的 2 倍，因此杆件出现拉伸和向下弯曲变形。

5-7-2.【答案】(A)

图 (a) 所示为偏心受压，在中间段危险截面上，外力作用点 O 与被削弱的截面形心 C 之间的偏心距 $e=\frac{a}{2}$，产生的附加弯矩 $M=F\cdot\frac{a}{2}$，所以图 (a) 最大压应力 $\sigma_z=-\frac{F_N}{A_z}\frac{M_z}{W_z}=-\frac{F}{3ab}\frac{F\cdot\frac{a}{2}}{\frac{b}{6}(3a)^2}=-\frac{2F}{3ab}$，图 (b) 虽然截面面积小，但是轴向压缩，最大压应力为 $\sigma_b=-\frac{F_N}{A_b}\frac{M_z}{W_z}=-\frac{F}{2ab}$，$\frac{\sigma_b}{\sigma_z}=\frac{3}{4}$。

5-7-3.【答案】(B)

AB 段截面轴心受压，截面最大压应力为：$\sigma_{ABmax}=\frac{F}{ab}$，$BC$ 段截面偏心受压，偏心距为 $a/2$，截面最大压应力为：$\sigma_{BCmax}=\frac{F}{A}+\frac{M}{W}=\frac{F}{2ab}+\frac{F\cdot\frac{a}{2}}{\frac{b}{6}(2a)^2}=\frac{5F}{4ab}$，$\sigma_{AB}=0.8\sigma_{BC}$。

5-7-4.【答案】(B)

截面受拉力，杆件产生轴向拉伸，但 F 没有作用在槽形截面的弯心处，故截面将发生 xy 平面和 xz 平面内的双向弯曲。

5-7-5.【答案】(C)

偏向拉伸，而且对 y、x 轴都有偏心。把力平移到截面形心 O 点，要加两个附加力偶矩，该杆要发生轴向拉伸和 xy 平面内的平面双向弯曲。

5-7-6.【答案】(C)

图示圆轴是弯扭组合变形，在固定端处既有弯曲正应力，又有扭转切应力。

第八节 压杆稳定

一、考试大纲

压杆的临界载荷；欧拉公式；柔度；临界应力总图；压杆的稳定校核。

二、知识要点

(一) 细长压杆的临界力——欧拉公式

细长压杆的临界力 F_{cr} 的计算式如下：

$$F_{cr}=\frac{\pi^2 EI}{(\mu l)^2} \tag{5-8-1}$$

式中 E——材料的弹性模量；

I——横截面对中性轴的主惯性矩；

EI——压杆抗弯刚度；

μ ——长度系数，取值见表 5-8-1；

l ——压杆的相当长度或有效长度，即相当于两端铰支压杆的长度，或压杆挠曲线拐点间的距离。

几种常用细长压杆的长度系数　　　　**表 5-8-1**

支持(约束)方式	一端自由另一端固定	两端铰支	一端铰支另一端固定	两端固定
挠曲线形状	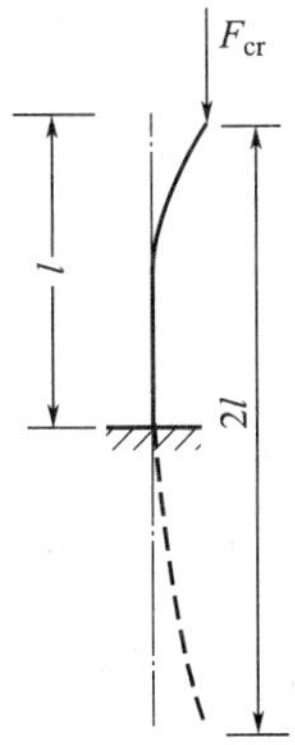		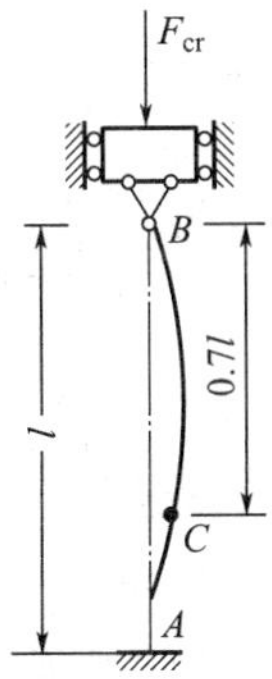 C 点——挠曲线拐点	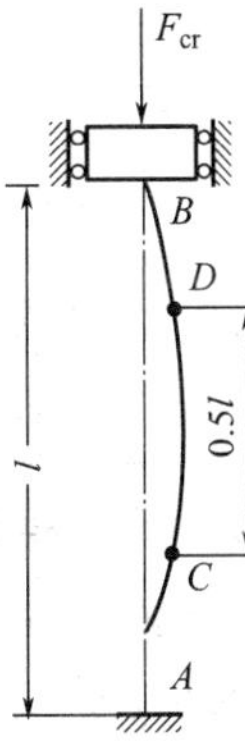 C、D 点——挠曲线拐点
μ	2	1	0.7	0.5

（二）欧拉临界应力 $\boldsymbol{\sigma}_{cr}$ 公式

$$\sigma_{cr}=\frac{\pi^2 E}{\lambda^2} \tag{5-8-2}$$

式中　λ ——压杆的柔度（或长细比），$\lambda=\frac{\mu l}{i}$，其中 i 为截面的惯性半径，$i=\sqrt{\frac{I}{A}}$，量纲为 L 。

（三）欧拉公式的适用范围

仅适用于杆内应力不超过材料的比例极限，即：

$$\sigma_{cr}=\frac{\pi^2 E}{\lambda^2}\leqslant\sigma_p$$

$$或\lambda\geqslant\pi\sqrt{\frac{E}{\sigma_p}}=\lambda_p \tag{5-8-3}$$

式中　λ_p ——与材料的弹性模量及比例极限 σ_p 有关。

压杆的分类：根据柔度大小，将压杆分为大柔度杆（细长杆）、中柔度杆（中长杆）和小柔度杆（粗短杆）三类。

当 $\lambda\geqslant\lambda_p$ 时，为大柔度杆（细长杆），其临界应力为 $\sigma_{cr}=\frac{\pi^2 E}{\lambda^2}$ ；当 $\lambda_0\leqslant\lambda\leqslant\lambda_p$ 时，为中柔度杆（中长杆），其临界应力为 $\sigma_{cr}=a-b\lambda$ ；当 $\lambda\leqslant\lambda_0$ 时，为小柔度杆（粗短杆）。

表示压杆临界应力 σ_{cr}（或极限应力 σ_u ）随柔度 λ 变化规律的图线，称为临界应力总图，如图 5-8-1 所示。

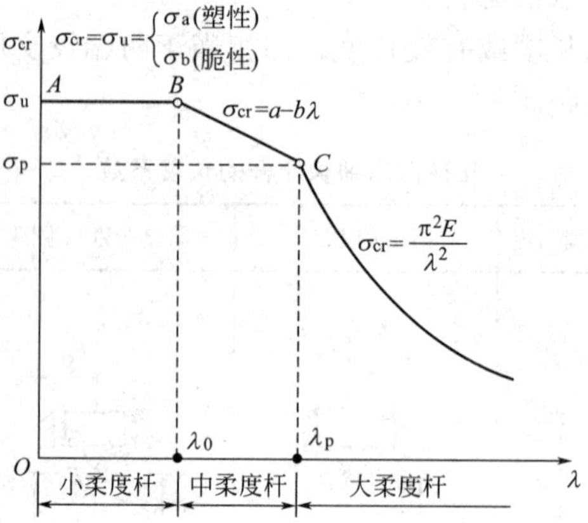

图 5-8-1

（四）压杆稳定条件与合理设计

1. 安全系数法

为保证压杆在轴向压力 P 作用下不致失稳，必须满足以下稳定条件：

$$P \leqslant \frac{P_{cr}}{[n_{st}]} \tag{5-8-4}$$

式中 $[n_{st}]$——规定的稳定安全系数；

P——压杆所受到的实际轴向压力；

P_{cr}——稳定许用压力。

2. 折减系数法

稳定条件为：

$$\sigma = \frac{P}{A} \leqslant [\sigma_{st}] = \varphi[\sigma] \tag{5-8-5}$$

式中 $[\sigma]$——强度许用应力；

A——压杆横截面面积；

φ——折减系数，可查表或有关设计规范、手册确定。

3. 提高压杆稳定性的措施

① 减小压杆长度 l 或增加压杆的中间增加支承。

② 合理选用截面材料：对大柔度杆，在弹性模量相同或相近的材料中，无需选用高强度钢；对中柔度杆和小柔度杆，应选用高强度钢。

③ 改善杆端约束，使长度系数 μ 减小。

④ 选择合理的截面尺寸：尽可能将材料分布在离截面形心较远的位置处，以增大惯性矩 I；尽可能使压杆在两个形心主惯性平面内有相等或相近的稳定性。

【例 5-8-1】 如图（a）所示，刚性水平梁由两根同样材料的细长杆支撑，杆 1 两端固定，截面变长为 a，杆 2 为圆截面杆，直径为 d，当 a、d 存在何种关系时，此结构设计最合理。

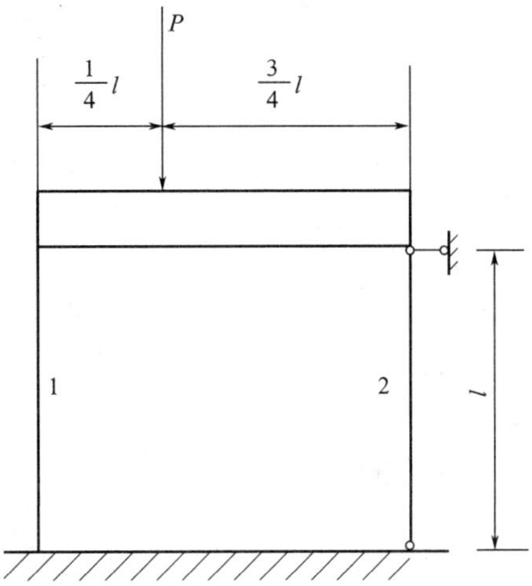

解： $\frac{P_{cr1}}{P_{cr2}}=\frac{\frac{\pi^2 E\frac{a^4}{12}}{(0.5l)^2}}{\frac{\pi^2 E\frac{\pi}{64}d^4}{l^2}}=\frac{64a^4}{3\pi d^4}$，$\frac{P_1}{P_2}=\frac{\frac{3}{4}P}{\frac{P}{4}}=3$，

令 $\frac{P_{cr1}}{P_{cr2}}=\frac{P_1}{P_2}$ 得 $\frac{64a^4}{3\pi d^4}=3$，即 $\frac{a}{d}=\sqrt[4]{\frac{9\pi}{64}}=0.815$，此时结构设计最合理。

历年真题

5-8-1. 一端固定一端自由的细长（大柔度）压杆，长为 L（图 a），当杆的长度减小一半时（图 b），其临界荷载 F_{cr} 比原来增加（　　）。(2011A70)

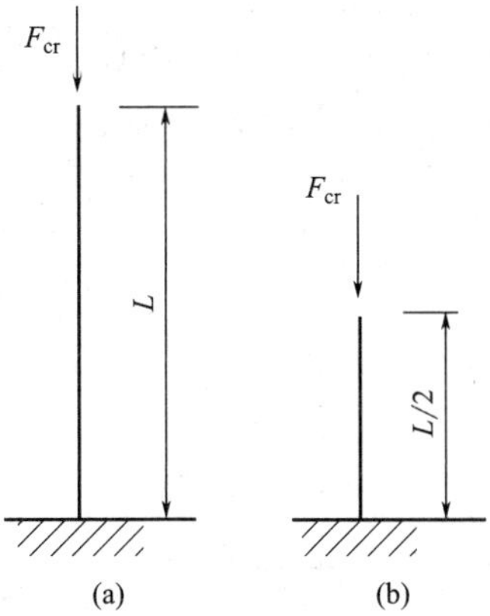

A. 4 倍　　B. 3 倍
C. 2 倍　　D. 1 倍

5-8-2. 图示矩形截面细长（大柔度）压杆，弹性模量为 E。该压杆的临界荷载 F_{cr} 为（　　）。(2012A70)

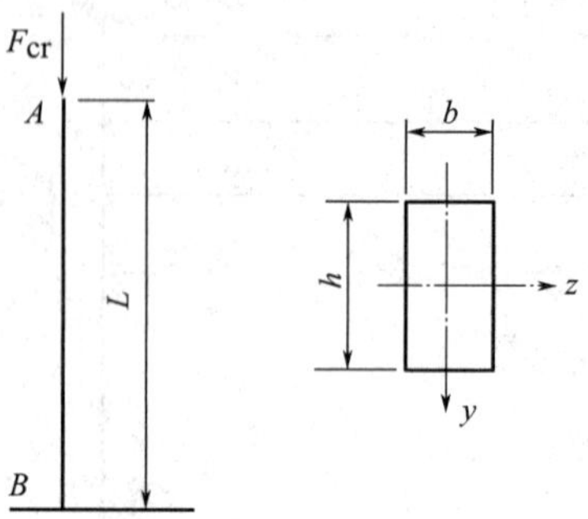

A. $F_{cr}=\frac{\pi^2 E}{L^2}\frac{bh^3}{12}$　　B. $F_{cr}=\frac{\pi^2 E}{L^2}\frac{hb^3}{12}$

C. $F_{cr}=\frac{\pi^2 E}{2L^2}\frac{bh^3}{12}$　　D. $F_{cr}=\frac{\pi^2 E}{2L^2}\frac{hb^3}{12}$

5-8-3. 图示细长压杆 AB 的 A 端自由，B 端固定在简支梁上，该杆的长度系数 μ 为（　　）。(2013A70)

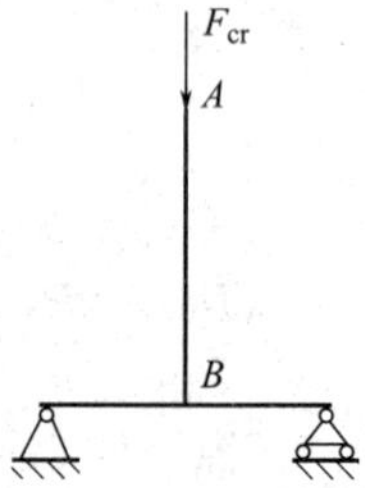

A. $\mu>2$

B. $2>\mu>1$

C. $1>\mu>0.7$

D. $0.7>\mu>0.5$

5-8-4. 两端铰支细长（大柔度）压杆，在下面铰链处增加一个扭簧弹性约束，如图所示，该压杆的长度系数 μ 的取值范围是（　　）。(2016A70)

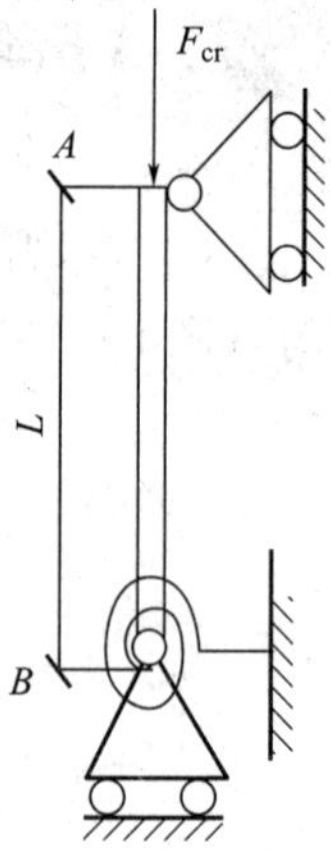

A. $0.7<\mu<1$

B. $2>\mu>1$

C. $0.5<\mu<0.7$

D. $\mu<0.5$

5-8-5. 一端固定另一端自由的长（大柔度）压杆，长为 L（图 a）。当杆的长度减小一半时。（图 b），其临界载荷是原来的（　　）。(2017A70)

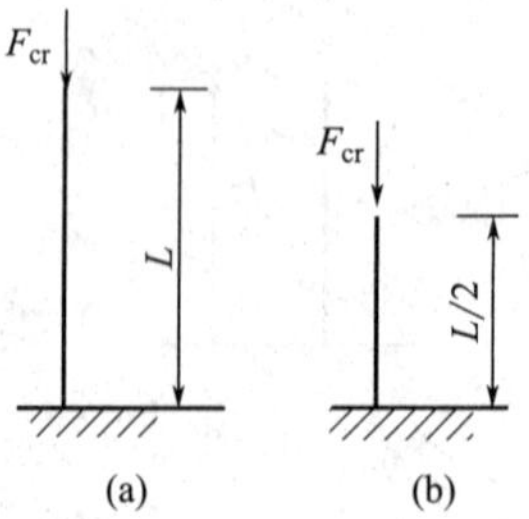

A. 4 倍　　B. 3 倍　　C. 2 倍　　D. 1 倍

5-8-6. 图示三根压杆均为细长杆（大柔度）压杆，且弯曲刚度均为 EI。三根压杆的临界荷载 F_{cr} 的关系为（　　）。(2018A70)

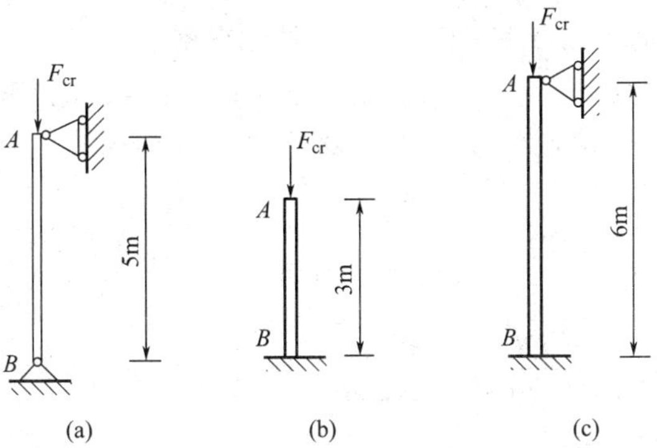

A. $F_{cra}>F_{crb}>F_{crc}$　　B. $F_{crb}>F_{cra}>F_{crc}$

C. $F_{crc}>F_{cra}>F_{crb}$　　D. $F_{crb}>F_{crc}>F_{cra}$

答　案

5-8-1.【答案】(B)

由压杆临界荷载公式 $F_{cr}=\dfrac{\pi^2EI}{(\mu l)^2}$ 可知，F_{cr} 与杆长 l^2 成反比，故杆长度为 $\dfrac{l}{2}$ 时，F_{cr} 是原来的 4 倍。

5-8-2.【答案】(D)

图示细长压杆，一端固定、一端自由时，杆件长度系数及惯性矩分别为 $\mu=2$，$I_{min}=I_y=\dfrac{hb^3}{12}$，根据欧拉公式得 $F_{cr}=\dfrac{\pi^2EI_{min}}{(\mu L)^2}=\dfrac{\pi^2E}{(2L)^2}\dfrac{hb^3}{12}$。

5-8-3.【答案】(A)

杆端约束越强，μ 越小，在两端固定（$\mu=0.5$），一端固定、一端铰支（$\mu=0.7$），两端铰支（$\mu=1$）和一端固定、一端自由（$\mu=2$）这四种杆端约束中，一端固定、一端自由的约束最弱，μ 最大，而图示细长压杆 AB 一端自由、一端固定在简支梁上，其杆端约束比一端固定、一端自由（$\mu=2$）时更弱，故 μ 比 2 更大。

5-8-4.【答案】(A)

考虑两种极限情况：假设弹簧的刚度为 0，即弹簧不存在，此时相当于压杆两端铰接，长度系数为 1；假设弹簧刚度无限大，相当于压杆一端为固定端，一端铰接，长度系数为 0.7，本题长度系数介于两者之间。

5-8-5.【答案】(A)

由一端固定另一端自由的细长压杆的临界力计算公式 $F_{cr}=\dfrac{\pi^2EI}{(2L)^2}$ 可知 F_{cr} 与 L^2 成正比，因此 $F_{cr1}=\dfrac{\pi^2EI}{\left(2\times\dfrac{L}{2}\right)^2}=4\dfrac{\pi^2EI}{(2l)^2}=4F_{cr}$。

5-8-6.【答案】(C)

细长压杆的临界力 F_{cr} 的计算式为：$F_{cr}=\frac{\pi^2 EI}{(\mu l)^2}$，式中，$E$——材料的弹性模量；$I$——横截面对中性轴的主惯性矩；$EI$——压杆抗弯刚度；$\mu$——长度系数，一端自由另一端固定 $\mu=2$、两端铰支 $\mu=1$、一端铰支另一端固定 $\mu=0.7$、两端固定 $\mu=0.5$；l——压杆的相当长度或有效长度，即相当于两端铰支压杆的长度，或压杆挠曲线拐点间的距离。

A 图：$F_{cr}=\frac{\pi^2 EI}{(\mu l)^2}=\frac{\pi^2 EI}{(1\times 5)^2}=\frac{\pi^2 EI}{25}$；B 图：$F_{cr}=\frac{\pi^2 EI}{(\mu l)^2}=\frac{\pi^2 EI}{(2\times 3)^2}=\frac{\pi^2 EI}{36}$；

C 图：$F_{cr}=\frac{\pi^2 EI}{(\mu l)^2}=\frac{\pi^2 EI}{(0.7\times 6)^2}=\frac{\pi^2 EI}{17.64}$，即：$F_{crc}>F_{cra}>F_{crb}$。

第六章

流体力学

第一节　流体的主要物理性质与流体静力学

一、考试大纲

流体的压缩性与膨胀性；流体的黏性与牛顿内摩擦定律；流体静压强及其特性；重力作用下静水压强的分布规律；作用于平面的液体总压力的计算。

二、知识要点

（一）流体和连续介质模型

流体包括液体和气体。

连续介质假说：流体力学主要研究流体的宏观机械运动，即大量分子统计平均的规律性，假设流体为连续介质，由连续分布的流体质点所组成，流体质点之间无空隙，流体完全充满所占空间。描述流体运动的宏观物理量，如密度、速度、压强、温度等都可以表示为空间和时间的连续函数，因此可利用数学分析中连续函数来解决问题。

（二）流体的主要物理性质——惯性、黏性和压缩性

1. 惯性

惯性是物体保持原有运动状态的性质，凡改变物体的运动状态，都必须克服惯性的作用。

质量是惯性大小的度量，单位体积的质量称为密度，以 ρ（kg/m^3）表示，对于均质流体有：

$$\rho=\frac{M}{V} \tag{6-1-1}$$

式中　M——质量（kg）；

　　　V——体积（m^3）。

流体密度随温度和压强的改变而改变，但变化很小，一般可视为常数，如水的密度为 $1000kg/m^3$、水银的密度为 $13600kg/m^3$、0℃，标准大气压下，气体的密度为 $1.29kg/m^3$。

单位体积内所具有的重量，称为容重，以 γ 表示，$\gamma=\rho g$（式中 g 为重力加速度）。

2. 黏性

黏性：流体在运动时，具有抵抗剪切变形速度的性质，由流体内部分子的黏聚力及分子运动的动量引起。

黏性的表现：当流体对其邻层产生相对位移而引起剪切变形时，在流层间将产生内摩擦力。

3. 牛顿内摩擦定律

流体剪应力 τ 为：

$$\tau=\mu\frac{du}{dy} \tag{6-1-2}$$

式中　μ——动力黏度（Pa·s）；

du——两流层间的速度差；

dy——两流层间的距离；

$\frac{du}{dy}$——速度在垂直于速度的方向上的变化率，也称为速度梯度。

运动黏性系数（运动黏度），记作 v（m^2/s 或 cm^2/s），计算式如下：

$$v=\frac{\mu}{\rho} \tag{6-1-3}$$

水的动力黏性系数 μ 随温度升高而减小，空气的动力黏性系数 μ 随温度升高而增大。

4. 流体的压缩性与热膨胀性

（1）流体的可压缩性

流体的可压缩性是指流体受压，体积缩小，密度增大，除去外力后能回原状的性质。

液体的压缩性用压缩系数 β 来表示，β 越大越易压缩，单位为 m^2/N，计算式如下：

$$\beta=-\frac{\frac{dV}{V}}{dp} \tag{6-1-4}$$

体积弹性系数 K 为 β 的倒数（N/m^2），计算式如下：

$$K=\frac{1}{\beta}=-\frac{dp}{\frac{dV}{V}}=\rho\frac{dp}{d\rho} \tag{6-1-5}$$

（2）流体的膨胀性

流体的膨胀性是指流体受热，温度升高，密度减小，温度下降后能恢复原状的性质。液体的膨胀性用膨胀系数 α 来表示，α 值越大，液体越易膨胀，计算式如下：

$$\alpha=-\frac{\frac{dV}{V}}{dT} \tag{6-1-6}$$

5. 气体的压缩性和膨胀性

气体具有显著的压缩性和膨胀性。理想气体状态方程为：

$$\frac{p}{\rho}=RT \tag{6-1-7}$$

式中 p——压强；

ρ——密度；

T——气体的热力学温度（K）；

R——气体常数，对空气为 287J/(kg·K)。

6. 表面张力特性

在流体自由液面的分子作用半径范围内，若分子引力大于斥力，在表面将产生张力，即为表面张力，可用表面张力系数 σ 恒量，单位为 N/m。

毛细现象：处在液体中的细管，在表面张力的作用下，液体将在毛细管中上升或下降。

对于水，毛细管的液面将上升，上升高度 $h=\dfrac{10.15}{d}$，d 为毛细管的直径；

对于水银，毛细管的液面将下降，下降高度 $h=\dfrac{29.8}{d}$，d 为毛细管的直径。

7. 汽化与空蚀

汽化：液体向空间扩散的过程。

凝结：汽化的逆过程，蒸汽凝结为液体，在液体中，汽化与凝结同时存在。

空蚀：在液体汽化处，将产生空泡，当空泡流入高压区时，会突然破裂溃灭，使液面承受较高的冲压，壁面破坏，与此同时产生的活泼气体，将引起化学腐蚀，引起壁面的空蚀。

【例 6-1-1】 与牛顿内摩擦定律直接有关的因素是（　　）。

A. 压强、速度和黏度　　B. 压强、黏度、剪切变形

C. 切应力、温度和速度　　D. 黏度、切应力与剪切变形速度

解： 液体内摩擦力又称黏性力，与其直接有关的因素为黏度、切应力与剪切变形速度，故选 D。

（三）作用在流体上的力——质量力和表面力

1. 质量力

作用在每一个流体质点上且与流体质点成正比的力，常见的有重力和惯性力。重力等于质量与重力加速度的乘积，惯性力等于质量与加速度的乘积，方向与加速度相反。

2. 表面力

作用在流体的表面，与作用的面积成正比的力，表面力可分为：垂直于作用面的压力和沿作用面切线方向的切力。

作用在单位面积上的表面力称为表面应力，例如压应力和切应力，计算式如下：

$$p=\lim_{\Delta A\to 0}\frac{\Delta P}{\Delta A} \tag{6-1-8}$$

$$\tau=\lim_{\Delta A\to 0}\frac{\Delta T}{\Delta A} \tag{6-1-9}$$

式中　p ——压强或压应力［N/m^2（Pa)］；

τ ——切应力［N/m^2（Pa)］。

在静止流体中，只有压强，没有切应力。流体静压强垂直于作用面，并指向作用面的内法线，同一点各方向的流体静压强大小相等。

（四）重力作用下静水压强的分布规律

1. 液面下某点处的静水压强基本方程

$$p=p_0+\gamma h=p_0+\rho gh \tag{6-1-10}$$

式中　p_0——液面压强；

γ ——液体重度，$\gamma=\rho g$；

ρ ——液体密度；

g ——重力加速度；

h ——某点在液面下的深度。

方程表明，静止液体中任一水平面上的各点压强均相等，即水平面是等压面。

2.绝对压强、相对压强、真空值

压强的大小，可从不同的基准算起，由于起算基准的不同，将压强分为绝对压强和相对压强两种。

绝对压强：以绝对真空为零点起算的压强，以 p_{abs} 表示；

相对压强：以当地大气压 p_a 为零点起算的压强，以 p 表示。

绝对压强与相对压强之间相差一个大气压，即

$$p = p_{abs} - p_a \tag{6-1-11}$$

大气压 p_a 随当地高程和气温变化而变化，国际上的规定的标准大气压，符号为 atm，1atm=101325Pa，工程上为便于计算，采用工程大气压，符号为 at，1at=98000Pa，亦有 $p_a = 98\text{kPa}$ 。

当某处的绝对压强小于大气压，相对压强为负值，这种状态用真空度来度量。真空度是指绝对压强不足当地大气压的差值，符号为 p_v ，即：

$$p_v = p_a - p_{abs} = -p \tag{6-1-12}$$

压强的计量单位常用的有：①应力：N/mm^2（MPa），kN/m^2（kPa）；②液柱：mH_2O，mmH_2O 或 mmHg；③大气压：采用工程大气压（at），一工程大气压相当于 $10mH_2O$，即

$$1mH_2O = 0.1 \text{个工程大气压} = 9.8\text{kPa}$$

3.位置水头、压强水头和测压管水头

如图 6-1-1 所示，液体静力学基本方程的另一种形式如下：

$$z + \frac{p}{\rho g} = \text{常数} \tag{6-1-13}$$

式中　z ——任一点在基准面以上的位置高度（基准面为任选的水平面）(m)，称为位置水头；

$p/\rho g$ ——测压管高度或压强水头 (m)；

$z + \dfrac{p}{\rho g}$ ——测压管水头 (m)。

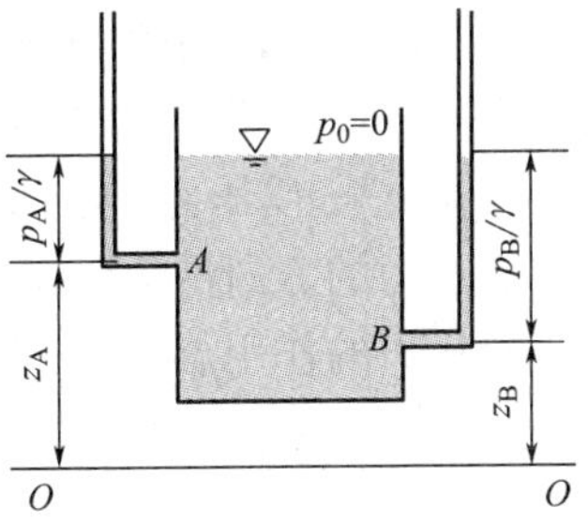

图 6-1-1

4.压强分布图

压强分布图是在受压面承压的一侧，以一定比例尺的矢量线段，表示压强大小和方向的图形，是液体静压强分布规律的几何图示，对于通气的开敞容器，液体的相对压强 $p = \rho g H = \gamma H$ ，沿水深直线分布，如图 6-1-2 所示。

（五）作用在平面上的液体总压力

工程上除要确定点压强之外，还需确定流体作用在受压面上的总压力，对于气体，因面上各点的压强相等，总压力的大小等于压强与受压面面积的乘积；对于液体，因不同高度处的压强不等，计算总压力需考虑压强的分布，实质是求受压面上分布力的合力。

平面静水总压力的计算公式如下：

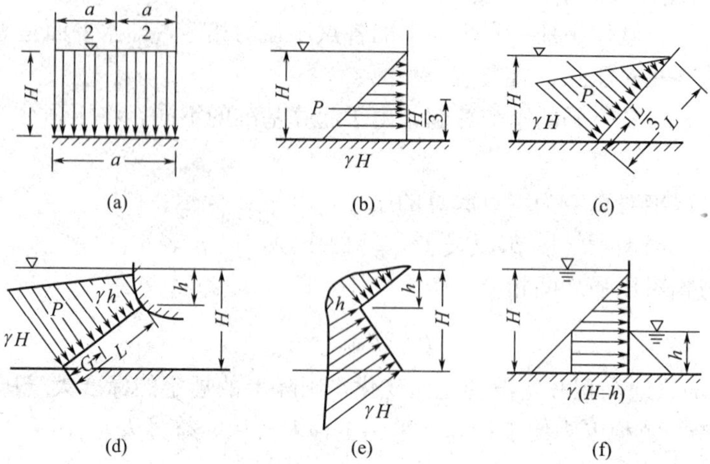

图 6-1-2

1. 解析法

如图 6-1-3 所示，设任意形状平面，面积为 A ，与水平面的夹角为 α ，则作用在 AB 平面上的液体总压力为：

$$P=\rho g h_{c} A=p_{c} A \tag{6-1-14}$$

式中 P ——全面积 A 上的静水总压；

ρ ——作用在受压面上的液体的密度；

h_c ——受压面形心 C 在液面（相对压强为零的自由表面）下的深度；

A ——受压面的面积；

p_c ——受压面形心的压强，一般用相对压强。

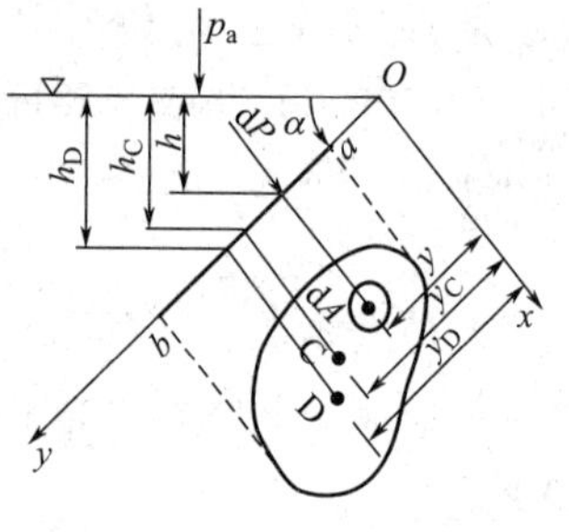

图 6-1-3

总压力的方向沿受压面的内法线方向。

总压力的作用点到 Ox 轴的距离 y_D ，计算公式如下：

$$y_{D}=y_{c}+\frac{I_{c}}{y_{c} A} \tag{6-1-15}$$

式中 y_D ——总压力的作用点到 Ox 轴的距离；

y_c ——受压形心到 Ox 轴的距离；

I_c ——受压面对平行 Ox 轴的形心轴的惯性矩，对于矩形，$I_c=\frac{bh^3}{12}$ ，对于圆形，$I_c=\frac{\pi d^4}{64}$ ；

A ——受压面的面积。

2. 图算法

利用图算法计算平面总压力的步骤为：先绘出压强分布图，总压力的大小等于压强分布图的面积 S ，乘以受压面的宽度 b ，即

$$P=Sb \tag{6-1-16}$$

式中 P ——总压力；

S ——压强分布图的面积；

b ——受压面的宽度。

总压力的作用线通过压强分布图的形心，作用线与受压面的交点，为总压力的作用点。

（六）作用在曲面上的液体总压力

实际的工程曲面，如圆形贮水池的壁面、圆管壁面、弧形闸门以及球形容器等，多为二向曲线或球面，作用在曲面上的总压力可分解为水平分力和铅垂分力，计算公式如下：

水平分力 P_x：

$$P_x = \gamma h_c A_x \tag{6-1-17}$$

式中 P_x ——总压力的水平分力；

γ ——液体重度；

h_c ——曲面在铅垂面上的投影面积 A_x 的形心点水深；

A_x ——曲面在铅垂面上的投影面积。

铅垂分力 P_z：

$$P_y = \gamma V \tag{6-1-18}$$

式中 P_z ——总压力铅垂分力；

γ ——液体重度；

V ——曲面到自由液面（或自由液面的延伸面）之间的铅垂柱体的体积，简称压力体体积。

总压力 P：

$$P = \sqrt{P_x^2 + P_z^2} \tag{6-1-19}$$

总压力作用线与水平面的夹角 θ 为：

$$\theta = \arctan \frac{P_z}{P_x} \tag{6-1-20}$$

【例 6-1-2】 设有一弧形闸门，如图所示，已知闸门宽度 $b=3\text{m}$，半径 $r=2.828\text{m}$，$\varphi=45°$，闸门转动轴 O 点距底面高度 $H=2\text{m}$，门轴 O 在水面延长线上，试求当闸门前水深 $h=2\text{m}$ 时，作用在闸门上的静水总压力。

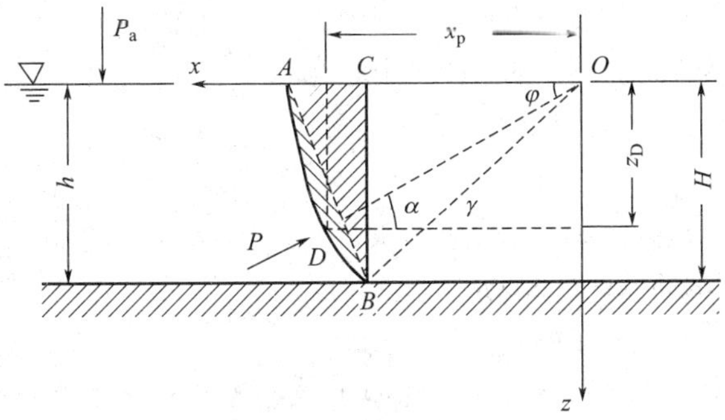

解： 水平分力为 $P_x = \gamma h_c A_x = 9.8\times10^3\times1/2\times2\times2\times3 = 58.8\text{kN}$

铅直分力为 $P_y = \gamma V = \gamma\left(\frac{\varphi}{360°}\pi r^2 - \frac{1}{2}hr\cos\varphi\right)b$

V 是图中阴影部分的体积，为虚压力体，P_z 方向向上，为浮力。

$$P_y = 9.8 \times 10^3 \left(\frac{45°}{360°} \times \pi \times 2.828^2 - \frac{1}{2} \times 2 \times 2.828 \times \cos 45° \right) \times 2 = 33.52\text{kN}$$

合力：$P = \sqrt{P_x^2 + P_z^2} = \sqrt{(58.8 \times 10^3)^2 + (33.52 \times 10^3)^2} = 67.68\text{kN}$

与水平线夹角：$\theta = \arctan \frac{P_x}{P_z} = \arctan \frac{33.52 \times 10^3}{58.8 \times 10^3} = 30°$。

（七）液体作用在潜体和浮体上的总压力

潜体：全部浸入液体中的物体。

浮体：部分浸入液体中的物体。

无论是潜体还是浮体，其总压力只有铅垂向上的浮力，大小等于所排开的液体重量，总压力表达式为：$P = -\rho g V$，作用线通过物体的几何中心。

历年真题

6-1-1. 空气的黏滞系数与水的黏滞系数分别随温度的降低而（　　）。（2011A71）

A. 降低、升高　　B. 降低、降低

C. 升高、降低　　D. 升高、升高

6-1-2. 重力和黏滞力分别属于（　　）。（2011A72）

A. 表面力、质量力　　B. 表面力、表面力

C. 质量力、表面力　　D. 质量力、质量力

6-1-3. 按连续介质概念，流体质点是（　　）。（2012A71）

A. 几何的点

B. 流体的分子

C. 流体内的固体颗粒

D. 几何尺寸在宏观上同流动特征尺度相比是微小量，又含有大量分子的微元体

6-1-4. 设 A、B 两处液体的密度分别为 ρ_A、ρ_B，由U形管连接，如图所示，已知水银密度为 ρ_m，1、2液面的高度差为 Δh，它们与 A、B 中心点的高度差分别为 h_1 与 h_2，则AB两中心点的压强差 $P_A - P_B$ 为（　　）。（2012A72）

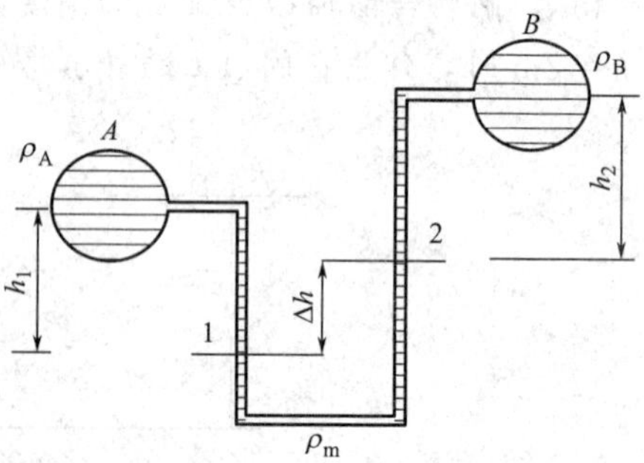

A. $(-h_1\rho_A + h_2\rho_B + \Delta h\rho_m)g$

B. $(h_1\rho_A - h_2\rho_B - \Delta h\rho_m)g$

C. $[-h_1\rho_A + h_2\rho_B + \Delta h(\rho_m - \rho_A)]g$

D. $[h_1\rho_A - h_2\rho_B - \Delta h(\rho_m - \rho_A)]g$

6-1-5. 如图水下有一半径为 $R = 0.1$m 的半球形侧盖，球心至水面距离 $H = 5$m，作用于半球盖上水平方向的静水压力是（　　）。（2014A71）

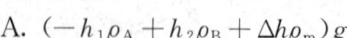

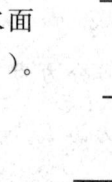

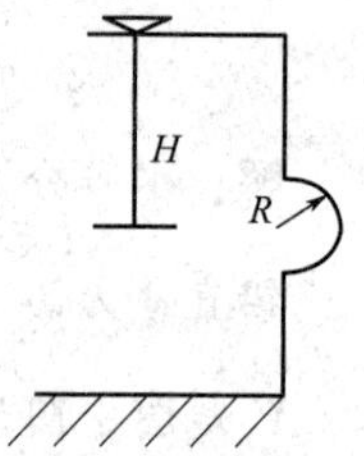

A. 0.98kN

B. 1.96kN

C. 0.77kN

D. 1.54kN

6-1-6. 密闭水箱如图所示，已知水深 $h=2\text{m}$，自由面上的压强 $p_0=88\text{kN/m}^2$，当地大气压为 $p_0=101\text{kN/m}^2$，则水箱底部 A 点的绝对压强与相对压强分别为（　　）。(2014A72)

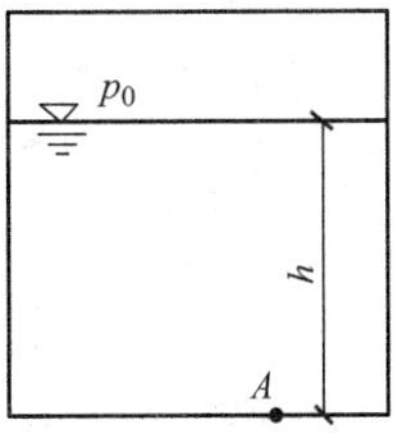

A. 107.6kN/m^2 和 -6.6kN/m^2

B. 107.6kN/m^2 和 6.6kN/m^2

C. 120.6kN/m^2 和 -6.6kN/m^2

D. 120.6kN/m^2 和 6.6kN/m^2

6-1-7. 标准大气压时的自由液面下 1m 处的绝对压强是（　　）。(2016A71)

A. 0.11MPa　　B. 0.12MPa

C. 0.15MPa　　D. 2.0MPa

6-1-8. 水的运动黏性系数随温度的升高而（　　）。(2017A71)

A. 增大　　B. 减小　　C. 不变　　D. 先减小然后增大

6-1-9. 密闭水箱如图所示，已知水深 $h=1\text{m}$，自由面上的压强 $p_0=90\text{kN/m}^2$，当地大气压 $p_a=101\text{kN/m}^2$，则水箱底部 A 点的真空度为（　　）。(2017A72)

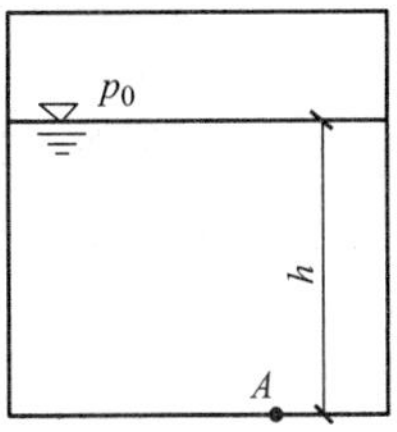

A. -1.2kN/m^2

B. 9.8kN/m^2

C. 1.2kN/m^2

D. -9.8kN/m^2

6-1-10. 压力表测出的压强是（　　）(2018A71)

A. 绝对压强　　B. 真空压强

C. 相对压强　　D. 实际压强

答　案

6-1-1.【答案】(A)

空气的黏滞系数随温度降低而降低，水的黏滞系数随温度降低而升高。

6-1-2.【答案】(C)

质量力是作用在每个流体质点上，大小与质量成正比的力；表面力是作用在所设流体的外表，大小与面积成正比的力。

6-1-3.【答案】(D)

由连续介质假设可知，认为流体是由微观上充分大而宏观上充分小的质点组成，质点之间没有空隙，连续地充满流体所占有的空间。

6-1-4.【答案】(A)

仅受重力作用的静止流体的等压面是水平面，绘制等压面 1-1 后。$p_A+\rho_A g h_1=p_B+\rho_B g h_2+\rho_m g\Delta h$，所以 $p_A-p_B=-\rho_A g h_1+\rho_B g h_2+\rho_m g\Delta h$。

6-1-5.【答案】(D)

流体静压强垂直于作用面，并指向作用面的内法线方向，在半球形侧盖上，水压力的方向垂直于球面，并且球面半径 $R=0.1\text{m}$ 与水深 H 相差较大，因此可忽略球面上水压力大小的不均匀，均看成球心处水压，即 $P=\rho_{水}gh=49\text{kPa}$，求曲面上的总压力时，一般是将其分为水平方向和铅垂方向的分力进行计算，由于半球上下对称，各质点处压力在垂直方向的分量相平衡，合力为 0，水平方向等效于作用在球面水平投影上的力，即作用在圆面上的力：$P=1000\times9.8\times5\times\pi\times0.1^2=1539\text{N}=1.54\text{kN}$。

6-1-6.【答案】(B)

A 点绝对压强：$p_A=p_0+\rho gh=88+1.0\times9.8\times2=107.6\text{kN/m}^2$，$A$ 点相对压强：$p_A=p'_A-p_z=107.6-101=6.6\text{kN/m}^2$。

6-1-7.【答案】(A)

一个标准大气压为：$p_0=101.325\text{kPa}$，则自由液面下 1m 处的绝对压强：$p=p_0+\rho gh=101.325+1\times10^3\times10\times1\times10^{-3}=0.111\text{MPa}$。

6-1-8.【答案】(B)

水的运动黏性系数随温度的升高而减少。

6-1-9.【答案】(C)

真空度 $p_v=p_a-p'=101-(90+9.8)=1.2\text{kN/m}^2$

6-1-10.【答案】(C)

压力表是在当地大气压的基础上量测气压的，所以压力表测出的为相对压强。

第二节　流体动力学基础

一、考试大纲

以流场为对象描述流动的概念；流体运动的总流分析；恒定总流连续性方程、能量方程和动量方程的运用。

二、知识要点

（一）描述流体运动的方法

1. 拉格朗日法和欧拉法

拉格朗日法把流体的运动看作是无数个质点运动的总和，以个别质点作为观察对象加以描述，将各个质点的运动汇总起来，就得到整个流动。

拉格朗日法的研究难度较大，通常采用较简便的欧拉法来描述流体的运动。

欧拉法是以流场为研究对象，观察流场中不同时刻各空间点上不同质点的运动参数随时间的变化情况，将各时刻的情况汇总起来，就构成了整个流动。

流场：由于欧拉法以流动空间为研究对象，每时刻各空间点都有确定的物理量，这样的空间区域称为流场，包括速度场、压强场、密度场等，表达式如下：

$$\begin{cases}u_x=u_x(x,y,z,t)\\u_y=u_y(x,y,z,t)\\u_z=u_z(x,y,z,t)\end{cases}\tag{6-2-1}$$

$$p=p(x, y, z, t)$$
$$\rho=\rho(x, y, z, t)$$

式中　x、y、z、t——欧拉变数。

2.流体质点加速度

在欧拉法中，流体质点加速度由两部分组成，即当地加速度和迁移加速度。

当地加速度：指由于时间过程而使空间点上的质点速度发生变化的加速度；

迁移加速度：指流动中质点位置移动而引起的速度变化所形成的加速度。

则任一流体质点在给定空间点上的加速度可以表示为：

$$\begin{cases} a_x=\dfrac{du_x}{dt}=\dfrac{\partial u_x}{\partial t}+u_x\dfrac{\partial u_x}{\partial x}+u_y\dfrac{\partial u_x}{\partial y}+u_z\dfrac{\partial u_x}{\partial z} \\ a_y=\dfrac{du_y}{dt}=\dfrac{\partial u_y}{\partial t}+u_x\dfrac{\partial u_y}{\partial x}+u_y\dfrac{\partial u_y}{\partial y}+u_z\dfrac{\partial u_y}{\partial z} \\ a_z=\dfrac{du_z}{dt}=\dfrac{\partial u_z}{\partial t}+u_x\dfrac{\partial u_z}{\partial x}+u_y\dfrac{\partial u_z}{\partial y}+u_z\dfrac{\partial u_z}{\partial z} \end{cases} \tag{6-2-2}$$

式中　$\dfrac{\partial u_x}{\partial t}$、$\dfrac{\partial u_y}{\partial t}$、$\dfrac{\partial u_z}{\partial t}$——当地加速度或时变加速度；

$u_x\dfrac{\partial u_x}{\partial x}+u_y\dfrac{\partial u_x}{\partial y}+u_z\dfrac{\partial u_x}{\partial z}$——迁移加速度。

（二）欧拉法的基本概念

迹线：流体质点在某一时段的运动轨迹，迹线上各点的切线表示同一质点在不同时刻的速度方向。

流线：流线是一条光滑的曲线，在某一固定时刻，曲线上任意质点的速度方向与该曲线相切，过空间某点在同一时刻只能作一条流线，流线不能转折，

一维、二维、三维流动：若空间点上的流动参数是一个空间坐标和时间变量的函数，这样的流动是一维流动；若空间点上的流动参数是两个空间坐标和时间变量的函数，这样的流动是二维流动；若空间点上的流动参数是三个空间坐标和时间变量的函数，这样的流动是三维流动。

恒定流与非恒定流：各空间点上的流动参数（速度、密度、压强）等不随时间变化的流动，称为恒定流，否则为非恒定流。

均匀流和非均匀流：某一时刻，各点流速不随位置而变的流动称为均匀流，反之为非均匀流。可将等直径管内的流动或各断面相应点流速相等的流动称为均匀流，变直径管道内的流动或相应点流速不相等的流动称为非均匀流。

渐变流、急变流：在非均匀流中，当流线接近于平行直线，即各流线的曲率很小，而且流线间的夹角也很小的流动称为渐变流。否则，为急变流。

流管：在流场中任取不与流线重合的封闭曲线，过曲线上各点作流线，所构成的管状表面称为流管。

流束：充满流体的流管称为流束。

过流断面：在流束上做出与流线正交的横断面，称为过流断面。

元流：过流断面无限小的流束，几何特征与流线相同。

总流：无限多元流的总和断面上各点的流动参数（流速、压强）一般不相同。

流量：单位时间内流过某一过流断面流体的体积，记作 Q，单位为 m^3/s。若通过的量以体积计量就是体积流量，简称流量 Q，若通过的量以质量计量就是质量流量 Q_m，若通过的量以重量计量就是重量流量 Q_G。三者关系为：$Q_m=\rho Q$，$Q_G=\gamma Q$。

断面平均流速：它是一个假想的流速，假设过流断面上各点的流速均等于 v，这时通过该断面的流量与实际流速通过该断面的流量相等，则把流速 v 就称作是断面平均流速，计算式为：$v=\dfrac{Q}{A}=\dfrac{1}{A}\int_A u\mathrm{d}A$。

【例 6-2-1】 恒定流是指（　　）。

A. 当地加速度 $\dfrac{\partial u}{\partial t}=0$　　B. 迁移加速度 $\dfrac{\partial u}{\partial S}=0$

C. 当地加速度 $\dfrac{\partial u}{\partial t}\neq 0$　　D. 迁移加速度 $\dfrac{\partial u}{\partial S}\neq 0$

解：选 A。

【例 6-2-2】 均匀流是指（　　）。

A. 当地加速度为 0　　B. 合加速度为零

C. 流线为平行直线　　D. 流线为平行曲线

解：选 C。

（三）恒定流连续性方程

1. 元流的连续性方程

$$\rho_1 u_1 \mathrm{d}A_1=\rho_2 u_2 \mathrm{d}A_2 \tag{6-2-3}$$

对于不可压缩的流体，$\rho_1=\rho_2=\rho$，则有：

$$u_1 \mathrm{d}A_1=u_2 \mathrm{d}A_2 \tag{6-2-4}$$

式中　ρ_1、ρ_2——流管中流体流入和流出的密度；

u_1、u_2——断面平均流速；

$\mathrm{d}A_1$、$\mathrm{d}A_2$——过流断面面积。

2. 总流的连续性方程

对元流积分即可得总流的连续性方程，即：

$$u_1 A_1=u_2 A_2 \tag{6-2-5}$$

此式表明，各断面的断面平均流速 u 与断面面积成反比。即流线疏的地方断面大、流速小、流线密的地方断面小，流速大。

（四）恒定流能量方程

1. 理想流体（无黏性流体）的元流能量方程——伯努利方程

理想流体：无黏性、无内摩擦力和能量损失。

$$z_1+\frac{p_1}{\rho g}+\frac{u_1^2}{2g}=z_2+\frac{p_2}{\rho g}+\frac{u_2^2}{2g} \tag{6-2-6}$$

式中　z_1、z_2——位置高程，物理意义表示单位重量流体所具有的位置势能；

u_1、u_2——断面流速，；

p_1、p_2——断面压强；

$\frac{p_1}{\rho g}$、$\frac{p_2}{\rho g}$——单位重量流体所具有的压能（测压管高度或压强水头）；

$\frac{u_1}{2g}$、$\frac{u_2}{2g}$——单位重量流体所具有的动能（流速水头）；

$z_1+\frac{p_1}{\rho g}$、$z_2+\frac{p_2}{\rho g}$——单位重量流体所具有的势能（测压管水头）；

$z+\frac{p}{\rho g}+\frac{u^2}{2g}$——单位重量流体所具有总的机械能，又称总水头。

利用元流能量方程，人们制造了可测量流体某处的流速 u 的仪器，即为毕托管。

流速表达式为：

$$u=\sqrt{2g\frac{(p'-p)}{\gamma}}=\sqrt{2gh_c} \tag{6-2-7}$$

式中 h_c——测速管与测压管之间的水头差。

2.实际流体（黏性流体）的元流能量方程——伯努利方程

实际流体：具有黏性、运动时产生流动阻力，克服阻力而做功，使流体的一部分机械能不可逆转的转化为热能而散失。

设 h'_w 为实际流体元流单位重量流体由过流断面 1 至过流断面 2 的机械能损失，称为元流的水头损失，根据能量守恒原理，得到实际流体元流的伯努利方程，即

$$z_1+\frac{p_1}{\rho g}+\frac{u_1^2}{2g}=z_2+\frac{p_2}{\rho g}+\frac{u_2^2}{2g}+h'_w \tag{6-2-8}$$

3.实际流体（黏性流体）总流的能量方程

设 $h_{w1\text{-}2}$ 为实际流体总流的水能损失，即

$$z_1+\frac{p_1}{\rho g}+\frac{\alpha_1 v_1^2}{2g}=z_2+\frac{p_2}{\rho g}+\frac{\alpha_2 v_2^2}{2g}+h_{w1-2} \tag{6-2-9}$$

式中 z_1、z_2——位置高程，物理意义表示总流过流断面上某点单位重量流体所具有的位置势能；

$\frac{p_1}{\rho g}$、$\frac{p_2}{\rho g}$——总流过流断面上某点单位重量流体所具有的压能（测压管高度或压强水头）；

$\frac{av_1^2}{2g}$、$\frac{av_2^2}{2g}$——总流过流断面上某点单位重量流体的平均动能（流速水头）；

$h_{w1\text{-}2}$——总流两断面间单位重量流体平均的机械能损失；

$z_1+\frac{p_1}{\rho g}$、$z_2+\frac{p_2}{\rho g}$——过流断面上单位重量流体的平均势能；

$z+\frac{p}{\rho g}+\frac{u^2}{2g}$——过流断面上单位重量流体的平均机械能。

实际流体的总水头是一条沿流下降的坡度线，总水头线的坡度称为水力坡度 J，计算式为：$J=\frac{h'_w}{L}$，L 为发生水头损失流段的流长。

$$J=\frac{dh_w}{dt}=-\frac{dH}{dt} \tag{6-2-10}$$

总水头 H 总是沿流减小的，即 $\frac{\mathrm{d}H}{\mathrm{d}t}$ 恒为负值，而水力坡度总是取正值，所以上式右端加一负号。

4. 总流伯努利方程的应用条件

流体为恒定流动，质量力只有重力，不可压缩流体，所取过流断面为渐变流断面，两断面间无机械能的输入和输出，无流量的汇入和汇出。

【例 6-2-3】 用一根直径 d 为 100mm 的管道从恒定水位的水箱引水，如图所示，若所需引水流量 Q 为 30L/s，水箱至管道出口的总水头损失 $h_w=3\text{m}$，水箱水面流速很小可忽略不计，试求水面至出口中心点的水头 H。

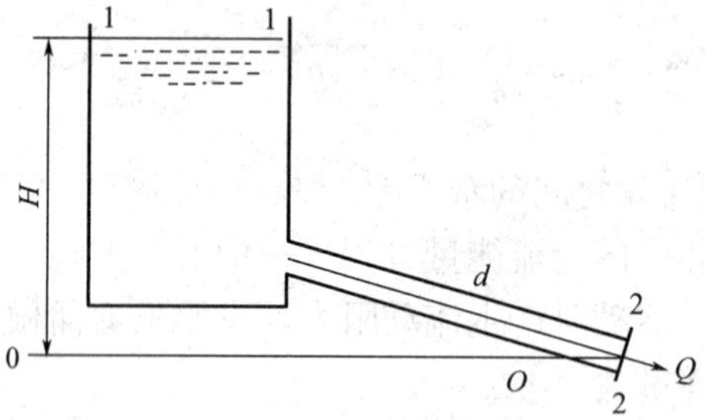

解： 选水箱水面为断面 1-1，管道出口断面为断面 2-2，过断面 2-2 中点取一水平面为基准面 0-0，对此二断面写能量方程

$$z_1+\frac{p_1}{\rho g}+\frac{u_1^2}{2g}=z_2+\frac{p_2}{\rho g}+\frac{u_2^2}{2g}+h_{\mathrm{w1-2}}$$

$$H+0+0=0+0+\frac{u_2^2}{2g}+h_{\mathrm{w1-2}}$$

因而断面均与大气相连，所以 $p_1=p_2=0$，水面流速等于 0，则有 $H=\frac{u_2^2}{2g}+h_{\mathrm{w1-2}}$

管道出口流速 $u_2=\frac{Q}{A_2}=\frac{Q}{\frac{\pi}{4}d^2}=3.82\text{m/s}$，所以水头 H 为 $H=\frac{3.82^2}{2\times 9.8}+3=3.74\text{m}$。

（五）恒定总流动量方程

流体像其他物体一样遵循动量定律，即动量对于时间的变化率等于作用于物体上各外力的矢量和，即 $\sum\vec{F}=\frac{\mathrm{d}\vec{k}}{\mathrm{d}t}$。恒定总流的动量方程（投影式）如下：

$$\left.\begin{aligned}\sum F_x&=\rho Q(\beta_2 v_{2x}-\beta_1 v_{1x})\\ \sum F_y&=\rho Q(\beta_2 v_{2y}-\beta_1 v_{1y})\\ \sum F_z&=\rho Q(\beta_2 v_{2z}-\beta_1 v_{1z})\end{aligned}\right\} \tag{6-2-11}$$

式中 $\sum F_x$、$\sum F_y$、$\sum F_z$——作用于控制体的各外力在相应坐标轴上投影的代数和；

ρ——流体密度；

Q——流量，$Q=v_1A_1=v_2A_2$，v_1、v_2 分别为进、出口流速，A_1、A_2 分别为进、出口的横断面积；

β_1、β_2——动量修正系数，与过流断面上的速度有关，速度分布较均匀的流动，取值为 1.02～1.05，通常取 1.0；

v_{2x}、v_{2y}、v_{2z}——出口断面平均流速在相应坐标轴上的投影；

v_{1x}、v_{1y}、v_{1z}——进口断面平均流速在相应坐标轴上的投影。

历年真题

6-2-1. 对某一非恒定流，以下对于流线和迹线的正确说法是（　　）。(2011A73)

A. 流线和迹线重合

B. 流线越密集，流速越小

C. 流线曲线上任意一点的速度矢量都与曲线相切

D. 流线可能存在折弯

6-2-2. 对某一流段，设其上、下游两断面 1-1、2-2 的断面面积分别为 A_1、A_2，断面流速分别为 v_1、v_2，两断面上任一点相对于选定基准面的高程分别为 Z_1、Z_2，相应断面同一选定点的压强分别为 p_1、p_2，两断面处的流体密度分别为 ρ_1、ρ_2，流体为不可压缩流体，两断面间的水头损失为 h_{1-2}，下列方程表述一定错误的是（　　）。(2011A74)

A. 连续性方程：$v_1A_1=v_2A_2$

B. 连续性方程：$\rho_1v_1A_1=\rho_2v_2A_2$

C. 恒定总流能量方程：$\dfrac{p_1}{\rho_1 g}+Z_1+\dfrac{v_1^2}{2g}=\dfrac{p_2}{\rho_2 g}+Z_2+\dfrac{v_2^2}{2g}$

D. 恒定总流能量方程：$\dfrac{p_1}{\rho_1 g}+Z_1+\dfrac{v_1^2}{2g}=\dfrac{p_2}{\rho_2 g}+Z_2+\dfrac{v_2^2}{2g}+h_{1-2}$

6-2-3. 下列不可压缩二维流动中，哪个满足连续方程？（　　）(2014A73)

A. $u_x=2x$，$u_y=2y$　　　B. $u_x=0$，$u_y=2xy$

C. $u_x=5x$，$u_y=-5y$　　　D. $u_x=2xy$，$u_y=-2xy$

6-2-4. 一直径 $d_1=0.2\text{m}$ 的圆管，突然扩大到直径为 $d_2=0.3\text{m}$，若 $v=9.55\text{m/s}$，则 v_2 与 Q 分别为（　　）。(2016A72)

A. 4.24m/s，0.3m³/s　　　B. 2.39m/s，0.3m³/s

C. 4.24m/s，0.5m³/s　　　D. 2.39m/s，0.5m³/s

6-2-5. 关于流线，错误的说法是（　　）。(2017A73)

A. 流线不能相交

B. 流线可以是一条直线，也可以是光滑的曲线，但不可能是折线

C. 在恒定流中，流线与迹线重合

D. 流线表示不同时刻的流动趋势

6-2-6. 两个水箱用两段不同直径的管道连接，如图所示，1-3 管段长 $l_1=10\text{m}$，直径 $d_1=200\text{mm}$，$\lambda_1=0.019$；3～6 管道长 $l_2=10\text{m}$，直径 $d_2=100\text{mm}$，$\lambda_2=0.018$，管道中的局部管件：1 为入口（$\varepsilon_1=0.5$）；2 和 5 为 90°弯头（$\varepsilon_2=\varepsilon_3=0.5$）；3 为渐缩管（$\varepsilon_3=0.024$）；4 为闸阀（$\varepsilon_4=0.5$）；6 为管道出口（$\varepsilon_6=1$）。若输送流量为 40L/s，求两水箱水面高度差（　　）。(2017A74)

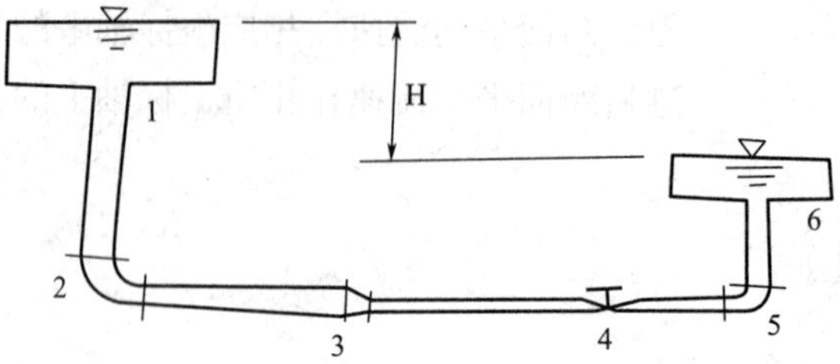

A. 3.501m

B. 4.312m

C. 5.204m

D. 6.123m

6-2-7. 有一变截面压力管道，测得流量为 15L/s，其中一截面的直径为 100mm，另一截面处的速度为 20m/s 的速度做层流运动，则此截面的直径为（　　）（2018A72）

A. 29mm　　B. 31mm　　C. 35mm　　D. 26mm

答　案

6-2-1.【答案】(C)

根据流线定义及性质以及非恒定流定义可得。

6-2-2.【答案】(C)

题中已给出两断面间有水头损失 h_{1-2}，而选项 C 中未计算 h_{1-2}，所以是错误的。

6-2-3.【答案】(C)

不可压缩二维流动的连续性方程：$\frac{\partial u}{\partial x}+\frac{\partial v}{\partial y}=0$。A 中，$\frac{\partial u}{\partial x}=2$，$\frac{\partial v}{\partial y}=2$，所以$\frac{\partial u}{\partial x}+\frac{\partial v}{\partial y}=4\neq 0$，流动不连续。B 中，$\frac{\partial u}{\partial x}=0$，$\frac{\partial v}{\partial y}=2x$，所以$\frac{\partial u}{\partial x}+\frac{\partial v}{\partial y}=2x\neq 0$，流动不连续，只有当 $x=0$ 时连续，一般情况下，是不连续的。C 中，$\frac{\partial u}{\partial x}=5$，$\frac{\partial v}{\partial y}=-5$，所以$\frac{\partial u}{\partial x}+\frac{\partial v}{\partial y}=0$，流动连续。D 中，$\frac{\partial u}{\partial x}=2y$，$\frac{\partial v}{\partial y}=-2x$，所以$\frac{\partial u}{\partial x}+\frac{\partial v}{\partial y}=2y-2x\neq 0$，流动不连续，只有当 $x=y$ 时，流动连续，一般情况下流动不连续。

6-2-4.【答案】(A)

圆管的流量：$Q=\frac{\pi d_1^2}{4}\cdot v_1=\frac{\pi\times 0.2^2}{4}\times 9.55=0.3\text{m}^3/\text{s}$，根据质量守恒定律 $A_1v_1=A_2v_2$，得到 $v_2=\frac{A_1v_1}{A_2}=\frac{0.3}{\frac{\pi d^2}{4}}=\frac{12}{\pi\times 0.3^2}=4.24\text{m/s}$。

6-2-5.【答案】(D)

流线表示同一时刻的流动趋势。

6-2-6.【答案】(C)

对两水箱水面写能量方程可得：$H=h_w=h_{w1}+h_{w2}$，

1～3 管段中的流速 $v_1=\dfrac{Q}{\dfrac{\pi}{4}d_1^2}=\dfrac{0.04}{\dfrac{\pi}{4}(0.2)^2}=1.27\text{m/s}$，

$$h_{w1}=\left(\lambda_1\frac{l_1}{d_1}+\sum\zeta_1\right)\frac{v_1^2}{2g}=\left(0.019\times\frac{10}{0.2}+0.5+0.5+0.024\right)\times\frac{1.27^2}{2\times9.8}=0.612\text{m};$$

4～6 管段中的流速 $v_2=\dfrac{Q}{\dfrac{\pi}{4}d_2^2}=\dfrac{0.04}{\dfrac{\pi}{4}(0.1)^2}=5.1\text{m/s}$，

$$h_{w2}=\left(\lambda_2\frac{l_2}{d_2}+\sum\zeta_2\right)\frac{v_2^2}{2g}=\left(0.018\times\frac{10}{0.1}+0.5+0.5+1\right)\times\frac{5.1^2}{2\times9.8}=5.042\text{m};$$

$H=h_w=h_{w1}+h_{w2}=0.162+5.042=5.204\text{m}$。

6-2-7.【答案】(D)

$Q=vA$，则 $v_2\pi\left(\dfrac{d_2}{2}\right)^2=Q$，即 $20\times\pi\left(\dfrac{d_2}{2}\right)^2=15\times10^{-3}$，解得 $d_2=31\text{mm}$。

第三节　流动阻力和能量损失

一、考试大纲

沿程阻力损失和局部阻力损失；实际流体的两种流态——层流和紊流；圆管中的层流运动；紊流运动的特征；减小阻力的措施。

二、知识要点

第二节中讨论了能量方程，但并未讨论能量方程中由于流动阻力所产生的能量损失。水、空气等都是有黏性的，将产生流动阻力。流体在固体壁面的约束下流动，在管流内的流体或明渠流要流动就必须克服阻力做功，由此产生能量损失。

由于流动有层流和紊流两种流态，不同流态的能量损失的规律是不同的。

(一) 流动阻力和水头损失的分类

根据流体流动的边界条件不同，将流动阻力分为沿程阻力和局部阻力、水头损失分为沿程水头损失和局部水头损失。

沿程阻力：当流体受边界限制做均匀流动（如断面大小、流动方向沿程不变的管流）时，流动阻力中只有沿流程不变的摩擦阻力，称为沿程阻力或摩擦阻力。

沿程水头损失：由于沿程阻力做功所引起的水头损失，称为沿程水头损失，以 h_f 表示，计算公式（达西公式）如下：

$$h_f=\lambda\frac{l}{d}\frac{v^2}{2g}\tag{6-3-1}$$

式中　l ——管长；

d ——管径；

v ——断面平均流速；

g ——重力加速度；

λ ——沿程阻力系数。

局部阻力：当流体经过边界急剧变化处，由于边界的改变引起断面流速的大小、方向、流速分布发生急剧变化，还有漩涡区的形成，这种集中发生在较短范围的阻力称为局部阻力。

局部水头损失：在局部阻力下产生的水头损失称为局部水头损失，以 h_j 也表示，计算公式如下：

$$h_j=\zeta\frac{v^2}{2g} \tag{6-3-2}$$

式中 ζ——局部阻力系数，由试验确定；

v——断面平均流速；

g——重力加速度。

（二）实际流体的两种流态——层流和紊流

雷诺经研究发现，水头损失与实际流体的流动状态有关，流动状态可分为层流和紊流。

层流：流体呈层状流动，各层质点互不掺杂，层流沿程水头损失与平均流速的一次方呈线性关系，即 $h_f\infty v^{1.0}$，层流一般发生在低流速、细管径、高黏性的流体流动中。

紊流：流体质点运动轨迹极不规则，各层质点相互混掺，紊流沿程水头损失与平均流速的 1.75～2.0 成正比，即 $h_f\infty v^{1.75\sim2.0}$，紊流发生在流速较快、断面较大、黏性较小的流体中。

层流和紊流的判别数——雷诺数。

流态除与流速的大小有关外，还与管径和流体的黏性有关，因此采用综合性的下临界雷诺数（习惯上称为临界雷诺数）Re 作为判别流态的无量纲数，计算式如下：

$$Re=\frac{v_c d}{\nu} \tag{6-3-3}$$

式中 v_c——临界流速；

d——管径；

ν——流体的运动黏性系数。

对于圆管流，当 $Re\leqslant2300$ 是层流状态，$Re>2300$ 是紊流状态。

对于非圆断面管流，采用水力半径 R 代替 d 进行判别：

$$R=\frac{A}{x} \tag{6-3-4}$$

式中 A——过流断面面积；

x——湿周；指过流断面上与流体相接触的那部分固体边界的长度。

因为对于圆管 $R=\frac{\pi r_0^2}{2\pi r_0}=\frac{r_0}{2}$，$4R=d$。对于其他形状的断面，若用 $d_{当}$ 代替 d 来计算雷诺数，临界值仍是 2300；若用 R 代替 d 计算雷诺数，临界值变为 $\frac{2300}{4}=575$。

【例 6-3-1】 内径 $d=6\text{mm}$ 的水管，水温 20℃，管中流量为 0.02L/s，试判别流态。若管中通过的是 $v=2.2\times10^{-6}\text{m}^2/\text{s}$ 的油，流量仍为 0.02L/s，流态如何？

解： 水温 20℃，查表得 $\nu=1.007\times10^{-6}\text{m}^2/\text{s}$

$$v=\frac{4Q}{\pi d^2}=\frac{4\times 0.02\times 10^{-3}}{\pi\times(6\times 10^{-3})}=0.707\text{m/s}$$

$Re=\frac{v_c d}{\nu}=\frac{0.707\times 6\times 10^{-3}}{1.007\times 10^{-6}}=4213>2300$，流动为紊流

若管中为油，则 $Re=\frac{v_c d}{\nu}=\frac{0.707\times 6\times 10^{-3}}{2.2\times 10^{-6}}=1928<2300$，流动为紊流。

（三）圆管中的层流运动

1.均匀流动方程式

均匀流动方程式是表示圆管均匀流沿程水头损失与剪应力之间的关系，关系方程如下：

$$\tau_0=\rho gR\frac{h_f}{l}=\rho gRJ=\rho g\frac{r}{2}J \tag{6-3-5}$$

式中　R——水力半径，$R=\frac{A}{x}$；

r——断面上任一点的半径；

J——水力坡度，$J=\frac{h_f}{l}$，h_f 为水头损失，l 为发生水头损失流段的流长。

2.圆管中的层流运动

当圆管内的流态为层流运动时，断面上各点的流速 u 为：

$$u=-\frac{\rho gJ}{4\mu}(r_0^2-r^2) \tag{6-3-6}$$

式中　ρ——密度；

g——重力加速度；

J——水力坡度，$J=\frac{h_f}{l}$，h_f 为水头损失，l 为发生水头损失流段的流长；

r——断面上任一点的半径；

r_0——水管半径；

μ——动力黏度。

当 $r=r_0$ 时，即在管轴处，出现最大流速，即：

$$u_{max}=\frac{\rho gJ}{4\mu}r_0^2 \tag{6-3-7}$$

流量

$$Q=\int_A \mu\,\mathrm{d}A=\int_0^{r_0}\frac{\rho gJ}{4\mu}(r_0^2-r^2)2\pi r\,\mathrm{d}r=\frac{\rho gJ}{8\mu}r_0^2 \tag{6-3-8}$$

平均流速

$$v=\frac{Q}{A}=\frac{\rho gJ}{8\mu}r_0^2=\frac{1}{2}u_{max} \tag{6-3-9}$$

沿程水头损失 h_f 为：

$$h_f=\lambda\frac{l}{d}\frac{v^2}{2g} \tag{6-3-10}$$

式中　λ——沿程阻力系数，$\lambda=\frac{64}{Re}$，此式只能在圆管层流中应用；

l ——流长；

d ——管内径；

v ——断面平均流速；

g ——重力加速度。

对于非圆管断面的管道，由于 $R=\frac{d}{4}$，则沿程水头损失 h_f 为：

$$h_f=\lambda\frac{l}{4R}\frac{v^2}{2g} \tag{6-3-11}$$

此式应用更为广泛。

（四）紊流运动

紊流中流体质点在运动中不断互相混杂，各点的流速、压强、浓度等运动要素随时间作无规则的变化，称为脉动现象。

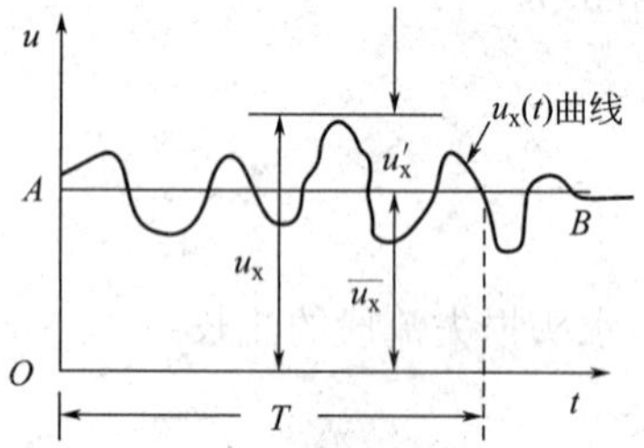

图 6-3-1

图 6-3-1 表示紊流中某点在 x 方向，速度 u_x 随时间 t 变化的曲线。看起来毫无规律，无从研究，但经深入分析发现，这种脉动是围绕某一平均值而发生变化，因此可以将紊流看作是两个流动的叠加。即时间平均流动和脉动的叠加。某点在某一瞬时 x 方向的速度 u_x 就等于时间平均速度 $\overline{u_x}$ 和该瞬时脉动流速 u'_x 的代数和。即：

$$u_x=\overline{u_x}+u'_x \tag{6-3-12}$$

紊流中的切应力除了由于黏性所产生的切应力外，由于质点互相掺混、动量的交换，还存在着紊流的附加切应力，又称为雷诺应力，紊流中切应力计算公式如下：

$$\tau=\tau_v+\tau_t \tag{6-3-13}$$

式中 τ_v ——由流体的黏性引起的切应力，$\tau_v=\mu\frac{du}{dy}$；

τ_t ——紊流附加切应力即雷诺应力，普朗特提出半经验公式，$\tau_t=\rho l^2\left(\frac{du_x}{dy}\right)^2$，$l$ 为混合长度，与质点到壁面的距离有关，即 $l=ky$，k 为卡门通用常数。

由紊流的半经验理论可以得到紊流核心区紊流流速分布公式，即

$$u=\frac{v_*}{k}\ln y+c \tag{6-3-14}$$

式中 v_* ——剪切速度，其大小为 $v_*=\sqrt{\frac{\tau_0}{\rho}}$；

y ——距壁面的距离。

此式中，紊流核心区流速的分布为对数分布，比层流均匀。

（五）紊流的沿程水头损失

层流与紊流的沿程水头损失计算公式一样，即：

$$h_f=\lambda\frac{l}{d}\frac{v^2}{2g} \tag{6-3-15}$$

但 λ 取值有所不同，层流中的 $\lambda=\frac{64}{Re}$，紊流中 λ 随紊流中的流区不同而不同。

尼古拉兹在实验室中对人工粗糙管（即管壁均匀地黏上一定粒径的沙子的圆管）测出 λ 与 Re 和 Δ/d 的变化规律，以后许多人又做了矩形渠道和工业管道的实验，总结出不少经验公式，其中考尔布鲁克根据大量工业管道的试验资料提出考尔布鲁克公式，即：

$$\frac{1}{\sqrt{\lambda}}=-2\lg\left(\frac{\Delta}{3.7d}+\frac{2.51}{Re\sqrt{\lambda}}\right) \tag{6-3-16}$$

为简化计算，莫迪在此基础上绘成曲线（图 6-3-2）称莫迪图。按图中曲线可将紊流区分成五个阻力区，即

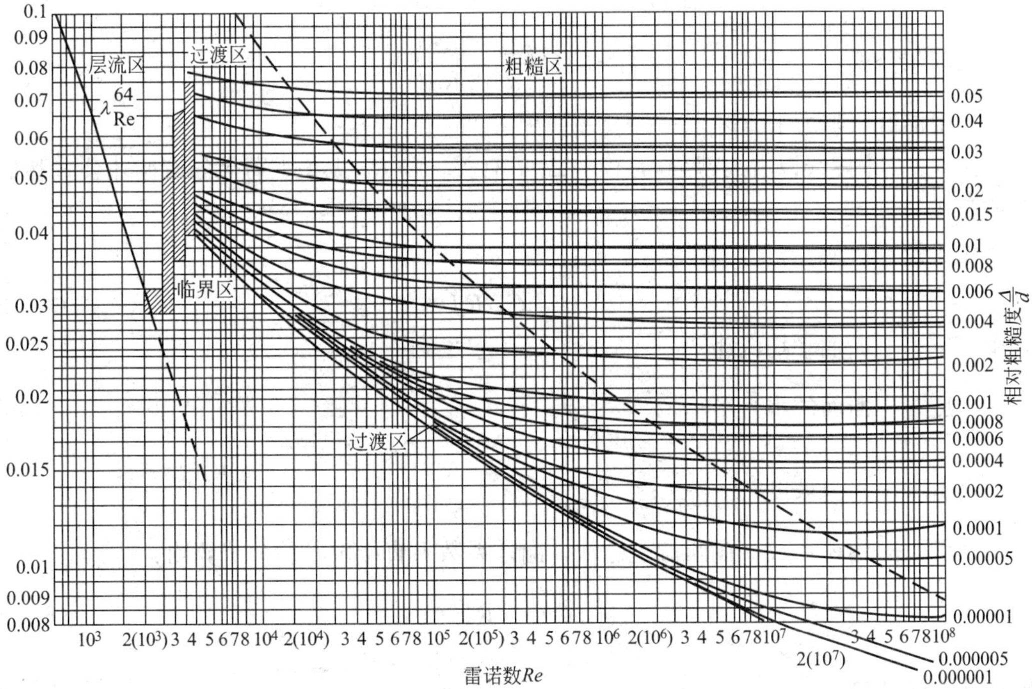

图 6-3-2

1. 层流区

$Re\leqslant2300$，沿程阻力系数 $\lambda=\frac{64}{Re}$。

2. 临界区（层流——紊流的过渡区）

$2300<Re<4000$，此区域由于数值不稳定，研究较少，图中仅用斜线表示。

3. 光滑区

$4000<Re<10^5$，管壁绝对粗糙度 $\Delta<0.4\delta$，$\delta=\frac{32.8d}{Re\sqrt{\lambda}}$，此区内粗糙突起高度被黏性底层所覆盖。对阻力系数 λ 没有影响，λ 仅与 Re 有关，常用的计算公式有伯拉休斯公式和尼古拉兹光滑管公式。

伯拉休斯公式：
$$\lambda = \frac{0.3164}{Re^{0.25}} \tag{6-3-17}$$

尼古拉兹光滑管公式：
$$\frac{1}{\sqrt{\lambda}} = 2\lg(Re\sqrt{\lambda}) - 0.8 \tag{6-3-18}$$

4. 紊流过渡区

由水力光滑区向水力粗糙去过渡，$0.4\delta < \Delta < 6\delta$，随 Re 增大，黏性底层厚度减小，粗糙突起高度开始发生影响，λ 与 Re 及 Δ/d 有关，常用的计算公式有柯列布洛克公式和阿尔特苏尔公式。

柯列布洛克公式：
$$\frac{1}{\sqrt{\lambda}} = -2\lg\left(\frac{\Delta}{3.7d} + \frac{2.51}{Re\sqrt{\lambda}}\right) \tag{6-3-19}$$

阿尔特苏尔公式：
$$\lambda = 0.11\left(\frac{\Delta}{d} + \frac{68}{Re}\right)^{0.25} \tag{6-3-20}$$

5. 粗糙区（阻力平方区）

图 6-3-2 中虚线以右的部分，λ 仅与 Δ/d 有关，与 Re 无关，著名的有谢才公式和尼古拉兹公式。

谢才公式：
$$v = C\sqrt{RJ} \tag{6-3-21}$$

式中 v ——断面平均流速；

R ——断面的水力半径，$R = \frac{A}{\chi}$；

J ——水力坡度，$J = \frac{h_f}{l}$；

C ——谢才系数，在紊流粗糙区，谢才系数可直接由经验公式算出：

曼宁公式：
$$C = \frac{1}{n}R^{1/6} \tag{6-3-22}$$

巴甫洛夫斯基公式：
$$C = \frac{1}{n}R^{y} \tag{6-3-23}$$

式中 R ——水力半径，单位为 m。

n ——边壁粗糙系数，综合反映壁面粗糙情况的无量纲数，可查表。

使用莫迪曲线求沿程阻力系数十分简便，查图的精度基本上能满足工程上的需要，但图中的 Δ 并非简单的粗糙突起高度，而是工业管道的当量粗糙度，即是指和工业管道同直径，且在紊流粗糙区大致相等的人工粗糙管的粗糙突起高度，常用管材的当量粗糙度见表 6-3-1。

常用管材的当量粗糙度 **表 6-3-1**

管材种类	当量粗糙度 Δ(mm)
铜或玻璃的无缝管	0.0015～0.01
涂有沥青的钢管	0.12～0.24
镀锌薄钢管	0.15

续表

管材种类	当量粗糙度Δ(mm)
一般状况的钢管	0.19
清洁的镀锌钢管	0.25
新的铸铁管	0.25～0.4
磨光的水泥管	0.35

（六）局部水头损失

主流脱离边壁，漩涡区的形成是造成局部水头损失的主要原因，计算公式如下：

$$h_j = \zeta \frac{v^2}{2g} \tag{6-3-24}$$

式中　v——ζ对应的断面平均流速；

ζ——局部水头损失系数，表6-3-2中列出了常见的几种局部阻力系数ζ值。

管路局部阻力系数ζ值　　**表6-3-2**

名称	简图	ζ值
断面突然扩大	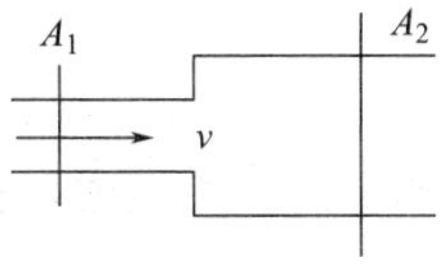	$h_j = \frac{(v_1 - v_2)^2}{2g}$ $\zeta = \left(1 - \frac{A_1}{A_2}\right)^2$
断面突然缩小	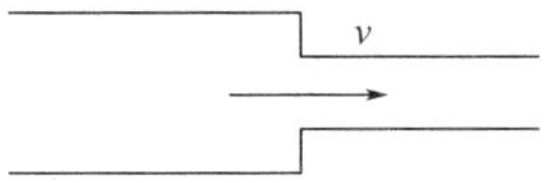	$\zeta = 0.5\left(1 - \frac{A_2}{A_1}\right)$

【例6-3-2】　设有一恒定均匀有压管流，管径$d=200$mm，绝对粗糙度$\Delta=0.2$mm，水的运动黏度$v=0.15\times10^{-6}\text{m}^2/\text{s}$，流量为5L/s，试求该管的沿程阻力系数$\lambda$及每米管长沿程损失$h_f$。

解：为判别流态，先求断面平均流速v

$$v = \frac{4Q}{\pi d^2} = \frac{4\times0.005}{\pi\times(0.2)^2} = 0.16\text{m/s}$$

$$Re = \frac{v_c d}{\nu} = \frac{0.16\times0.2}{0.15\times10^{-6}} = 21333 > 2300，流动为紊流。$$

设紊流处于水力光滑区，按伯拉休斯公式求沿程阻力系数：

$$\lambda = \frac{0.3164}{Re^{0.25}} = \frac{0.3164}{21333^{0.25}} = 0.026$$

验证是否在水力光滑区，为此先求黏性底层厚度：

$$\delta = \frac{32.8d}{Re\sqrt{\lambda}} = \frac{32.8\times0.2}{21333\sqrt{0.026}} = 1.95\text{mm}，0.4\delta = 0.4\times1.95 = 0.78\text{mm} > 0.2\text{mm}$$

是光滑区，假设正确。

$$h_j = \lambda\frac{L}{d}\frac{v^2}{2g} = 0.026\times\frac{1}{0.2}\times\frac{0.16^2}{19.6} = 1.7\times10^{-4}\text{m}。$$

（七）边界层的概念与绕流阻力

边界层的概念是德国力学家普朗特首先提出的，他指出在边界附近的某一流区，存在相当大的流速梯度，此区域内的黏性切应力无法忽略，边界附近的这一流体层就称为边界层。在边界层以外的区域，因流速梯度小，黏性作用可以忽略，可按理想流进行处理。边界层内存在层流和紊流两种流态，在边界层前部，由于厚度很大，速度梯度很大，流动受黏滞力控制，边界层内是层流，随流动距离的增长，边界层厚度增大，速度梯度逐渐减小，黏滞力影响减弱，在某一断面转变为紊流。

1. 平板上的边界层

伯拉休斯得到平板末端层流边界层的厚度公式，即

$$\delta = 5\frac{L}{\sqrt{Re_L}} \tag{6-3-25}$$

式中 L——平板长度；

$Re_L = \frac{u_0 L}{v}$——平板末端断面的雷诺数。

2. 曲面边界层及其分离

当流体不是流经平板，而是流向曲面物体时，可能产生边界层的分离。

3. 绕流阻力

绕流阻力是指物体受到绕其流过的流体所给予的阻力，包括摩擦阻力和压差阻力两部分。牛顿于1726年提出绕流阻力的计算公式，即：

$$D = C_D A\frac{\rho u_0^2}{2} \tag{6-3-26}$$

式中 D——绕流阻力；

ρ——流体密度；

u_0——受绕流物体扰动前来流的速度，$\frac{\rho u_0^2}{2}$为单位体积流体的动能；

A——绕流物体与来流速度垂直方向的迎流投影面积；

C_D——绕流阻力系数。

对于小雷诺数圆球绕流阻力，因雷诺数很小，其运动受黏性力支配，斯托克斯忽略质量力和迁移惯性力，得到绕流阻力计算公式，即

$$D = 3\pi\mu d v \tag{6-3-27}$$

式中 D——绕流阻力；

μ——流体动力黏度；

d——圆球颗粒直径；

v——颗粒与流体的相对流速。

用牛顿的阻力公式表示即为：

$$C_D = \frac{24}{Re} \tag{6-3-28}$$

式中 Re——雷诺数，$Re = \frac{u_0 d}{v}$。

（八）减小阻力的措施

减小阻力即减少能量损失，可大大节约能源，对于水泵、水轮机等水力机械来说，意味着机械效率的提高。

减小阻力的途径：一是改进流体外部边界，改善边壁对流动的影响；二是在流体内部投加极少量的添加剂，使其影响流体运动的内部结构来实现减阻。

添加剂减阻主要有高分子稀溶液减阻，此减阻技术目前已应用在一些民用和军工部门。

对于过渡区或粗糙区的紊流，要减小其沿程损失主要是减小管壁的粗糙度：可选择内壁光滑的管材（如用塑料管和复合管代替铸铁管和钢筋混凝土管道）；采用弹性的边界材料使边界充分柔顺（如对安放在另一管道中间的弹性软管进行的阻力试验，两管间的环形空间充满液体，比同样条件的刚性管道的沿程阻力小 35%）。环形空间内液体的黏性越大，软管的管壁越薄，减阻效果越好。

减小紊流局部阻力在于防止或推迟流体与壁面的分离，避免产生旋涡区或减小旋涡区的大小和强度，具体措施如下：

① 管道进口：平顺的管道进口能减小局部阻力系数 90%以上。

② 渐扩管和突扩管：扩散角大的渐扩管阻力系数较大，如图 6-3-3（a）所示，阻力系数约减小一半。突扩管如制成图 6-3-3（b）所示的台阶式，阻力系数也可能有所减小。

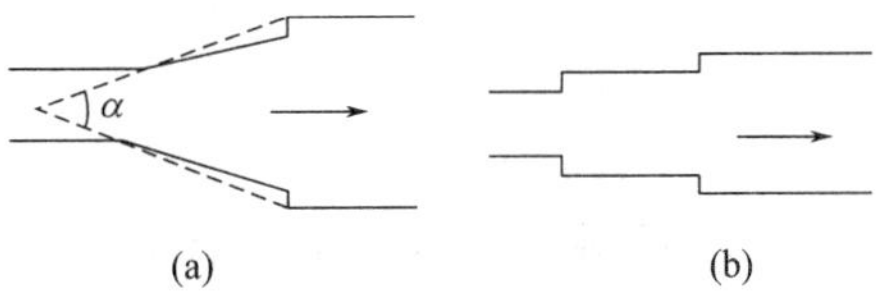

图 6-3-3

③ 弯管：弯管的阻力系数随曲率半径 R 的增大而减小，但 R 太大将使弯管长度增加较多，反而使阻力增大。

对于 90°的弯管，R 最好在（1～4）d 的范围内。

对于断面大的弯管，采用较小的 R/d，可在弯管内部布置一组导流叶片，以减小旋涡区和二次流，降低弯管的阻力系数。

④ 三通：尽可能减小支管和合流管之间的夹角，或将支管与合流管连接处的折角改缓，均可减小局部阻力系数。如图 6-3-4 所示的直角三通经切割折角后，阻力系数合流时减小 30%～50%，分流时 ζ_{3-1} 减小 20%～30%。而 ζ_{3-2} 影响不大。

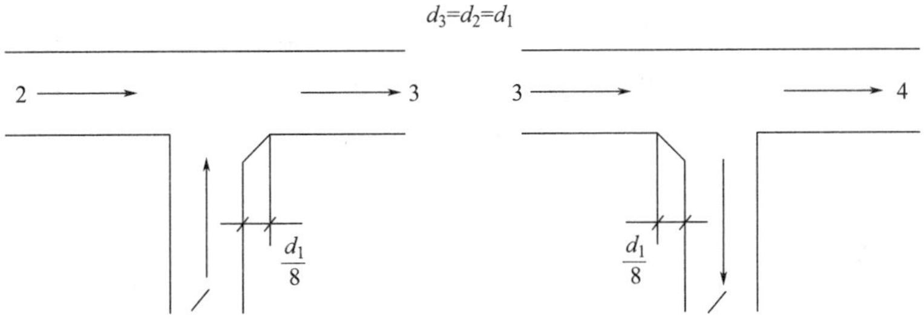

图 6-3-4

此外，还要注意局部阻力之间的衔接是否合理。如在既要转 90°、又要扩大断面的流动中，在直接连接的情况下，应先扩后弯而不是先弯后扩。

历年真题

6-3-1. 水流经过变直径圆管，管中流量不变，已知前段直径 $d_1=30\text{mm}$，雷诺数为 5000，后段直径 $d_2=60\text{mm}$，则后段圆管中的雷诺数为（　　）。(2011A75)

A. 5000　　B. 4000　　C. 2500　　D. 1250

6-3-2. 尼古拉斯实验的曲线图中，在以下哪个区域里，不同相对粗糙度的试验点，分别落在一些与横轴平行的直线上，阻力系数 λ 与雷诺数无关？（　　）(2012A74)

A. 层流区　　B. 临界过渡区　　C. 紊流光滑区　　D. 紊流粗糙区

6-3-3. 沿程水头损失 h_f（　　）。(2013A74)

A. 与流程长度成正比，与壁面切应力和水力半径成反比

B. 与流程长度和壁面切应力成正比，与水力半径成反比

C. 与水力半径成正比，与流程长度和壁面切应力成反比

D. 与壁面切应力成正比，与流程长度和水力半径成反比

6-3-4. 圆管层流中，下述错误的是（　　）。(2014A74)

A. 水头损失与雷诺数有关　　B. 水头损失与管长度有关

C. 水头损失与流速有关　　D. 水头损失与粗糙度有关

6-3-5. 直径为 20mm 的管流，平均流速为 9m/s，已知水的运动黏性系数 $v=0.0114\text{cm}^2/\text{s}$，则管中水流的流态和水流的流变转变的流速分别为（　　）。(2016A73)

A. 层流，19cm/s　　B. 层流，13cm/s

C. 紊流，19cm/s　　D. 紊流，13cm/s

6-3-6. 边界层分离现象的后果是（　　）。(2016A74)

A. 减小了液流与边壁的摩擦力　　B. 增大了液流与边壁的摩擦力

C. 增加了潜体运动的压差阻力　　D. 减小了潜体运动的压差阻力

6-3-7. 雷诺数的物理意义是（　　）。(2016A78)

A. 压力与黏性力之比　　B. 惯性力与黏性力之比

C. 重力与惯性力之比　　D. 重力与黏性力之比

6-3-8. 一直径为 50mm 的圆管，运动粘滞系数 $v=0.18\text{m}^2/\text{s}$、密度 $\rho=0.85\text{g/cm}^3$ 的油在管内以 $v=10\text{cm/s}$ 的速度做层流运动，则沿程损失系数是（　　）(2018A73)

A. 0.18　　B. 0.23　　C. 0.20　　D. 0.26

答　案

6-3-1.【答案】(C)

根据雷诺数公式 $Re=\dfrac{vd}{\nu}$ 及连续方程 $v_1A_1=v_2A_2$ 联立求得。

$$v_2=v_1\left(\frac{d_1}{d_2}\right)^2=v_1\left(\frac{30}{60}\right)^2=\frac{v_1}{4},\ Re_2=\frac{v_2d_2}{\nu}=\frac{\frac{v_1}{4}\times 2d_1}{\nu}=\frac{1}{2}Re_1=\frac{1}{2}\times 5000=2500。$$

6-3-2.【答案】(D)

雷诺数是判别流体状态的依据，由尼古拉兹阻力曲线图可知，在紊流粗糙区，阻力系数 λ 只与相对粗糙度有关，与雷诺数无关。

6-3-3.【答案】(B)

由均匀流基本方程知沿程损失

$h_f=\lambda\frac{l}{d}\frac{v^2}{2g}$，$\lambda=\frac{64}{Re}$，$Re=\frac{vd}{\nu}$，$R=\frac{A}{\chi}=\frac{\pi d^2}{4\chi}h_f=\frac{\tau L}{\rho gR}$，整理后即得到 $h_f=\frac{32\nu vl}{d^2g}$，则沿程水头损失与流程长度和壁面切应力成正比，与水力半径成反比。

6-3-4.【答案】(D)

根据尼古拉兹试验结果可知，圆管层流水头损失系数：$\lambda=\frac{64}{Re}$，水头损失的计算公式：$h_f=\lambda\frac{l}{d}\frac{v^2}{2g}$，层流水头损失与粗糙度无关。

6-3-5.【答案】(D)

根据雷诺数判断，$Re_k=\frac{v_k d}{\nu}=\frac{9\times0.02}{0.00000114}=157894>2300$，故管中水流的流态为紊流；当雷诺数 $Re_k=2300$ 时，水流流态转变的紊流流速为：$v_k=\frac{\nu Re_k}{d}=\frac{0.0114\times2300}{2}=13.11\text{cm/s}$。

6-3-6.【答案】(C)

当流体不是流经平板，而是流向曲面物体时，可能会产生边界层分离现象，绕流物体边界层分离后会形成尾流区，尾流区充斥着漩涡流体的负压力，使绕流体上下游形成压差阻力，从而增强了潜体运动的压差阻力。

6-3-7.【答案】(B)

雷诺数是惯性力和黏性力的比，雷诺数越大、流体流动中惯性力的作用所占的比重越大，黏性效应占的比重越小，通常用雷诺数区分层流和紊流。

6-3-8.【答案】(B)

由公式 $Re=\frac{vd}{v}$，$\lambda=\frac{64}{Re}$，可得沿程损失系数 $\lambda=0.23$。

第四节　孔口、管嘴出流、有压管道恒定流

一、考试大纲

孔口自由出流、孔口淹没出流；管嘴出流；有压管道恒定流；管道的串联和并联。

二、知识要点

(一) 孔口出流

孔口出流：流体经孔口流出的称为孔口出流。

自由出流：水由孔口流入大气的称为自由出流。

淹没出流：液体经孔口流入同一液体中，称为淹没出流。

1. 自由出流

收缩断面流速：

$$v_0=\varphi\sqrt{2gH_0} \tag{6-4-1}$$

孔口的流量：

$$Q=\mu A\sqrt{2gH_0} \tag{6-4-2}$$

式中 H_0——作用水头（包括流速水头在内）；

φ——孔口流速系数，$\varphi=\dfrac{1}{\sqrt{1+\zeta_c}}$，经实验测得，圆形小孔口 $\varphi=0.97\sim0.98$；

ζ_c——孔口局部阻力系数，由试验确定；

μ——孔口流速系数，$\mu=\varepsilon\varphi$，ε 为收缩系数，$\varepsilon=\dfrac{A_c}{A}$，$A_c$ 为收缩断面面积，A 为孔口断面面积，经实验测得，圆形小孔口 $\mu=0.60\sim0.62$。

孔口在器壁上的位置影响收缩的状况。如孔口的两边或一边同容器的壁或底重合时，顺壁面流向孔口的流线是直线，孔口的这一边就不发生收缩，称为非全部收缩。当孔口的边与相邻器壁相距小于三倍孔口尺寸时，邻壁将影响孔口的收缩，称为非完善收缩。

2. 淹没出流

孔口流量：

$$Q=\mu A\sqrt{2gH_0} \tag{6-4-3}$$

自由出流与淹没出流的孔口流量计算式形式完全一样，μ 值相同，H_0 的含义却不同，此时的 H_0 是孔口上下游断面总水头之差，当上、下游断面流速水头可不计时，为上下游液面高差。

（二）管嘴出流

在管口上对接长度为 3～4 倍孔径的短管，流体经短管流出，并在出口断面形成满管流，这样的流动称管嘴出流。管嘴有圆柱形、圆锥形和流线型等类型。

管嘴出口断面的平均流速：

$$v=\frac{1}{\sqrt{\alpha+\zeta_n}}\sqrt{2gH_0} \tag{6-4-4}$$

式中 v——管嘴出口断面的平均流速；

ζ_n——管嘴局部阻力系数，$\zeta_n=0.5$。

管嘴流量：

$$Q=\mu_n A\sqrt{2gH_0} \tag{6-4-5}$$

式中 H_0——作用水头；

μ_n——管嘴流速系数，取值为 0.82。

由实验可知，圆柱形外管嘴的流量系数 $\mu_n=0.82$，这样在作用水头、直径相同时，管嘴出流的流量比孔口要大 1.32 倍。孔口外接短管称为管嘴，增加了阻力，但流量不减，反而增加，这是收缩断面处真空的作用。要使圆柱形管嘴正常工作需满足 $l=(3\sim4)d$ 及 $H_0\leqslant 9\text{m}$ 的条件。

（三）有压管道恒定流

有压管流是输送液体和气体的主要方式，由于有压管流沿程具有一定的长度，其水头损失包括沿程损失和局部损失，工程上为简化计算，按两类水头损失在全部损失中所占比重的不同，将管道分为短管和长管。

短管：在水头损失中，沿程损失和局部损失都占相当比重，两者都不可忽略的管道，如水泵吸水管。

长管：水头损失以沿程损失为主，局部损失和流速水头的总和同沿程损失相比很小，可忽略不计，如城市室外给水管道。

有压管道恒定流的水力计算主要是确定管道中通过的流量；确定相应的水头；确定某断面的压强或压强沿管线的变化。根据布置不同，可分为简单管道和串并联管道。

1.短管自由出流

流速：

$$v=\varphi_c\sqrt{2gH_0} \tag{6-4-6}$$

式中　H_0——作用水头（包括流速水头在内）；

φ_c——短管的流速系数，$\varphi_c=\dfrac{1}{\sqrt{1+\zeta_c}}$。

短管的流量：

$$Q=\mu_c A\sqrt{2gH_0} \tag{6-4-7}$$

式中　A——短管过流断面面积；

$\varphi_c=\mu_c$——短管流量系数。

2.短管淹没出流

流速：

$$v=\varphi_c\sqrt{2gH_0} \tag{6-4-8}$$

短管的流量：

$$Q=\mu_c A\sqrt{2gH_0} \tag{6-4-9}$$

式中　A——短管过流断面面积；

H_0——孔口上下游断面总水头之差，当上、下游断面流速水头可不计时，为上下游液面高差。

$\varphi_c=\mu_c=\dfrac{1}{\sqrt{\zeta_c}}$——短管流量系数。

3.短管水力计算计算包括三类基本问题

① 已知作用水头、管道长度、直径、管材、局部阻碍组成，求流量；

② 已知流量、管道长度、直径、管材、局部阻碍的组成，求作用水头；

③ 已知流量、作用水头、管道长度、管材、局部阻碍的组成，求直径。

【例 6-4-1】 离心泵管道系统如图所示，已知水泵流量 $Q=25\text{m}^3/\text{h}$，吸水管长 $L_1=5\text{m}$，压水管长 $L_2=20\text{m}$，水泵提水高度 $z=18\text{m}$，最大允许的真空度不超过 $\dfrac{p_v}{\gamma}=6\text{mH}_2\text{O}$，试确定吸水管直径 d_a、压水管直径 d_p 和水泵允许的安装高度 h_s 以及水泵的总扬程 H。

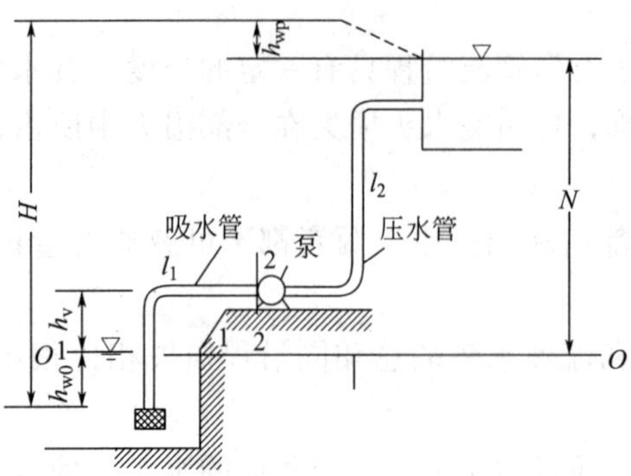

解：由给排水设计手册查的水泵吸水管允许的经济流速 $v_a=1\sim1.6\text{m/s}$，现采用 $v_a=1.6\text{m/s}$，则吸水管径 $d_a=\dfrac{4Q}{\pi v_a}=\dfrac{4\times25}{\pi\times1.6\times3600}=74\text{mm}$，选取标准管径 $d_a=75\text{mm}$，则相应的 $v_a=\dfrac{4\times25}{\pi\times0.075^2\times3600}=1.57\text{m/s}$。

对吸水池液面1-1及水泵入口断面2-2写能量方程，得到水泵吸水管最高点安装高程，即：$h_s=\dfrac{p_v}{\gamma}-\dfrac{a_2v_2^2}{2g}-h_{w1-2}$。

给水管粗糙系数 $n=0.0125$，用曼宁公式求谢才系数：

$C=\dfrac{1}{n}R^{\frac{1}{6}}=\dfrac{1}{0.0125}\times\left(\dfrac{0.075}{4}\right)^{\frac{1}{6}}=41.23\sqrt{\text{m}}/\text{s}$，沿程阻力系数 $\lambda=\dfrac{8g}{C^2}=\dfrac{8\times9.8}{41.23^2}=0.0461$。吸水管的局部阻力系数有滤水网底阀 $\zeta_1=8.5$，弯头 $\zeta_2=0.29$。水泵入口前的渐缩管 $\zeta_3=0.1$，将数据代入求安装高度，即 $h_s=6-\dfrac{1.57^2}{2\times9.8}-\left(0.0461\times\dfrac{5}{0.075}+8.5+0.29+0.1\right)\times\dfrac{1.57^2}{2\times9.8}=4.37\text{m}$。

如压水管选取相同的经济流速，可得相同的管径，即 $d_p=75\text{mm}$，$v_p=1.57\text{m/s}$，$\lambda=0.0461$。

压水管的局部阻力系数有两个弯头，一个出口即 $\zeta_{弯头}=0.29$，$\zeta_{出口}=1.0$。

压水管水头损失：$h_{wp}=\left(0.046\times\dfrac{20}{0.075}+2\times0.29+1\right)\times\dfrac{1.57^2}{2\times9.8}=1.74\text{m}$

吸水管水头损失：$h_{wa}=\left(0.0461\times\dfrac{5}{0.075}+8.5+0.29+1\right)\times\dfrac{1.57^2}{2\times9.8}=1.5\text{m}$

水泵总扬程：$H=z+h_w=h_w+h_{wp}+h_{wa}=18+1.74+1.5=21.24\text{m}$。

4. 有压长管中的恒定流

(1) 简单管道

管径不变，没有分支的管道称为简单管道。

简单长管的基本公式如下：

$$H=SQ^2 \tag{6-4-10}$$

式中 S——管道的阻抗（s^2/m^5），$S=S_0L$，$S_0=\dfrac{8\lambda}{\pi^2gd^5}$，$d$ 为管径；

H——水头损失；

Q——管道流量。

(2) 串联管道

串联管道中的总水头损失等于各管段水头损失之和，即：

$$H=\sum_{i=1}^{n}S_iQ_i^2 \tag{6-4-11}$$

式中 S_i——管段的阻抗，$S_i=a_il_i$。

（3）并联管道

两条或两条以上的管道在同一处分开，经一段距离后又在同一处汇合，这数条管道就称为并联管道，经过并联的任一条管线流动的水头损失都相等，即：

$$h_{f1}=h_{f2}=h_{f3}=\cdots=h_f \tag{6-4-12}$$

并联各管流量之比等于各管总阻抗平方根的反比，即：

$$\frac{Q_1}{Q_2}=\sqrt{\frac{S_2}{S_1}} \tag{6-4-13}$$

S 称为管道总阻抗：

$$h_w=SQ^2 \tag{6-4-14}$$

历年真题

6-4-1. 两孔口形状、尺寸相同，一个是自由出流，出流流量为 Q_1；另一个是淹没出流，出流流量为 Q_2。若自由出流和淹没出流的作用水头相等，则 Q_1 与 Q_2 的关系为（　　）。（2011A76）

A. $Q_1>Q_2$　　B. $Q_1=Q_2$　　C. $Q_1<Q_2$　　D. 不确定

6-4-2. 汇流水管如图所示，已知三部分水管的横截面积分别为 $A_1=0.01\text{m}^2$，$A_2=0.005\text{m}^2$，$A_3=0.01\text{m}^2$，入流速度 $v_1=4\text{m/s}$，$v_2=6\text{m/s}$，求出流的流速 v_3 为（　　）。（2012A73）

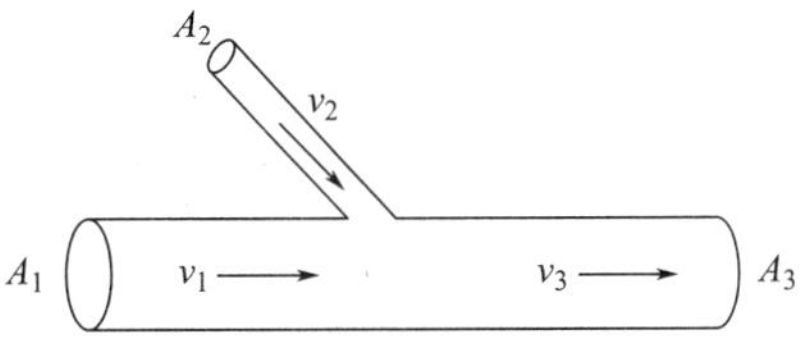

A. 8m/s

B. 6m/s

C. 7m/s

D. 5m/s

6-4-3. 正常工作条件下，若薄壁小孔口直径为 d_1，圆柱形管嘴的直径为 d_2，作用水头 H 相等，要使得孔口与管嘴的流量相等，则直径 d_1 与 d_2 的关系是（　　）。（2012A75）

A. $d_1>d_2$　　B. $d_1<d_2$

C. $d_1=d_2$　　D. 条件不足无法确定

6-4-4. 一水平放置的恒定变直径圆管流，不计水头损失，取两个截面标记为 1 和 2，当 $d_1>d_2$ 时，则两截面形心压强关系为（　　）。（2013A72）

A. $p_1<p_2$　　B. $p_1>p_2$

C. $p_1=p_2$　　D. 不能确定

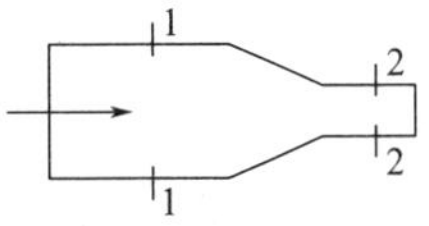

6-4-5. 水由喷嘴水平喷出，冲击在光滑平板上，如图所示，已知出口流速为 50m/s 喷射流量为 $0.2\text{m}^3/\text{s}$，不计阻力，则平板受到的冲击力为（　　）。（2013A73）

A. 5kN　　B. 10kN

C. 20kN　　D. 40kN

6-4-6. 并联长管的流动特征是（　　）。（2013A75）

A. 各分管流量相等

B. 总流量等于各分管的流量和，且各分管水头损失相等

C. 总流量等于各分管的流量和，且各分管水头损失不等

D. 各分管测压管水头损失不等于各分管的总能头差

6-4-7. 主干管的 A、B 间是由两条支管组成的一个并联管路，两支管的长度和管径分别为 $l_1=1800\text{m}$，$d_1=150\text{mm}$，$l_2=3000\text{m}$，$d_2=200\text{mm}$，两支管的沿程阻力系数 λ 均为 0.01，若主干管流量 $Q=39\text{L/s}$，两支管流量分别为（　　）。(2014A75)

A. $Q_1=12\text{L/s}$，$Q_2=27\text{L/s}$　　B. $Q_1=15\text{L/s}$，$Q_2=24\text{L/s}$

C. $Q_1=24\text{L/s}$，$Q_2=15\text{L/s}$　　D. $Q_1=27\text{L/s}$，$Q_2=12\text{L/s}$

6-4-8. 如图由大体积水箱供水，其水位恒定，水箱顶部压力表读数 19600Pa，水深 $H=2\text{m}$，水平管道长 $L=100\text{m}$，直径 $d=200\text{mm}$，沿程损失系数 0.02，忽略局部损失，则管道通过的流量是（　　）。(2016A75)

A. 83.8L/s　　B. 196.5L/s　　C. 59.3L/s　　D. 47.4L/s

6-4-9. 在长管水力计算中（　　）。(2017A75)

A. 只有速度水头可忽略不计

B. 只有局部水头损失可忽略不计

C. 速度水头和局部水头损失均可忽略不计

D. 量断面的测压管水头差并不等于两断面间的沿程水头损失

6-4-10. 圆柱形管嘴，直径为 0.04m，作用水头为 7.5m，则出水流量为（　　）(2018A74)

A. $0.008\text{m}^3/\text{s}$　　B. $0.023\text{m}^3/\text{s}$　　C. $0.020\text{m}^3/\text{s}$　　D. $0.013\text{m}^3/\text{s}$

6-4-11. 同一系统的孔口出流，有效作用水头 H 相同，则自由出流与淹没出流关系为（　　）(2018A75)

A. 流量系数不等，流量不等　　B. 流量系数不等，流量相等

C. 流量系数相等，流量不等　　D. 流量系数相等，流量相等

答　案

6-4-1.【答案】(B)

当自由出流孔口与淹没出流孔口的形状、尺寸相同，且作用水头相等时，则出流量应相等。

6-4-2.【答案】(C)

图示左边的管口为并联管，并联管流速相等，流量不等，用连续方程求解可得：

$Q_1+Q_2=Q_3$，即 $v_1A_1+v_2A_2=v_3A_3$，则 $v_3=\dfrac{v_1A_1+v_2A_2}{A_3}=\dfrac{4\times0.01+6\times0.005}{0.01}=7\text{m/s}$。

6-4-3.【答案】(A)

薄壁小孔口与圆柱形管嘴流量公式均可用，流量 $Q=\mu A\sqrt{2gH_0}$，根据面积 $A=\dfrac{\pi d^2}{4}$ 和题设两者的 $H_{01}=H_{02}$ 及 $Q_1=Q_2$ 均相等，代入公式 $Q=\mu A\sqrt{2gH_0}$，可得 $\mu_1 d_1^2=\mu_2 d_2^2$，而 $\mu_2>\mu_1(0.82>0.62)$，所以 $d_1>d_2$。

6-4-4.【答案】(B)

对断面 1-1、2-2 中点写能量方程：$Z_1+\frac{p_1}{\rho g}+\frac{\alpha_1 v_1^2}{2g}=Z_2+\frac{p_2}{\rho g}+\frac{\alpha_2 v_2^2}{2g}$，设管道水平，因为 $Z_1=Z_2$、$d_1>d_2$，所以 $v_1<v_2$，$p_1>p_2$。

6-4-5.【答案】(B)

根据伯努利方程，在流体中，总水头保持不变，$Q_{入}=Q_{出}$，$A_{入}=A_{出}$，$v_{入}=v_{出}=50\text{m/s}$ 由动量方程可得 $\sum F_x=\rho Qv=1000\times0.2\times50=10\text{kN}$。

6-4-6.【答案】(B)

由并联长管水头损失相等知：$h_{f1}=h_{f2}=h_{f3}=\cdots=h_f$，总流量 $Q=\sum_{i=1}^{n}Q_i$。

6-4-7.【答案】(B)

对于并联管路，沿程水头损失相等，即：$h_f=S_1L_1Q_1^2=S_2L_2Q_2^2$，$S=\frac{8\lambda}{d^2\pi^2 g}$ 可得：

$Q_1/Q_2=\sqrt{\frac{l_2}{l_1}\times\left(\frac{d_1}{d_2}\right)^5}=\sqrt{\frac{3000}{1800}\times\frac{0.15^5}{0.2^5}}=0.629$，由连续性可知：$Q=Q_1+Q_2$，上述两式子联立可得支管流量，因为 $Q_1=15\text{L/s}$，$Q_2=24\text{L/s}$，$Q=Q_1+Q_2=39\text{L/s}$，

$\frac{Q_1}{Q_2}=\sqrt{\frac{S_2}{S_1}}=\sqrt{\frac{8\lambda L_2}{\pi^2 gd_2^5}/\frac{8\lambda L_1}{\pi^2 gd_1^5}}=\sqrt{\frac{L_2d_1^5}{L_1d_2^5}}=\sqrt{\frac{3000}{1800}\cdot\frac{d_1^5}{d_2^5}}=\sqrt{\frac{3000}{1800}\cdot\left(\frac{0.15}{0.2}\right)^5}=0.629$，

即：$0.629Q_2+Q_1=39\text{L/s}$，$Q_1=15\text{L/s}$，$Q_2=24\text{L/s}$。

6-4-8.【答案】(A)

选上游水箱过流断面 1-1 和管道出口过流断面 2-2，水平细管中心线平面为基准面，其能量方程为：

$H+\frac{p}{\rho g}+0=0+0+\frac{\alpha_2 v_2^2}{2g}+h_{w1-2}$，$h_{w1-2}=\sum h_f+\sum h_m=\lambda\frac{L}{d}\frac{v_2^2}{2g}=0.02\times\frac{100v_2^2}{0.2\times2g}=\frac{10v_2^2}{2g}$，

将 $\alpha_2=1$ 代入上式得到 $v_2=2.67\text{m/s}$，进而流量 $Q=\frac{\pi v_2}{4}d^2=83.8\text{L/s}$。

6-4-9.【答案】(C)

在长管水力计算中，速度水头和局部损失可忽略不计。

6-4-10.【答案】(C)

公式 $Q=0.82A\sqrt{2gH_0}$，则 $Q=0.82\times\pi(\frac{0.04}{2})^2\times\sqrt{2\times10\times7.5}=0.013\text{m}^3/\text{s}$。

6-4-11.【答案】(C)

自由出流与淹没出流流量系数相同，其流量的大小受有效作用水头高度影响，当有效作用水头高度相同时，二者流量相等。

第五节 明渠恒定流

一、考试大纲

明渠均匀水流特性；产生均匀流的条件；明渠恒定非均匀流的流动状态；明渠恒定均

匀流的水平力计算。

二、知识要点

（一）明渠均匀水流的特性及形成条件

明渠均匀流是水深、断面平均流速、断面流速分布沿流程不变的具有自由液面的明渠水流。

1. 明渠均匀流特性（图 6-5-1）

水力坡度=水面坡度=河底坡度，即：

$$J=J_z=i,\ J=\frac{h_f}{l},\ J_z=\frac{(z_1+h_1)-(z_2+h_2)}{l},\ i=\frac{z_1-z_2}{l}$$

2. 形成明渠均匀流的条件

长而直的棱柱形渠道；底坡 $i>0$，且保持不变；渠道的粗糙情况沿程没有变化；渠中水流为恒定流，且沿程流量不变；断面形状及面积不变。

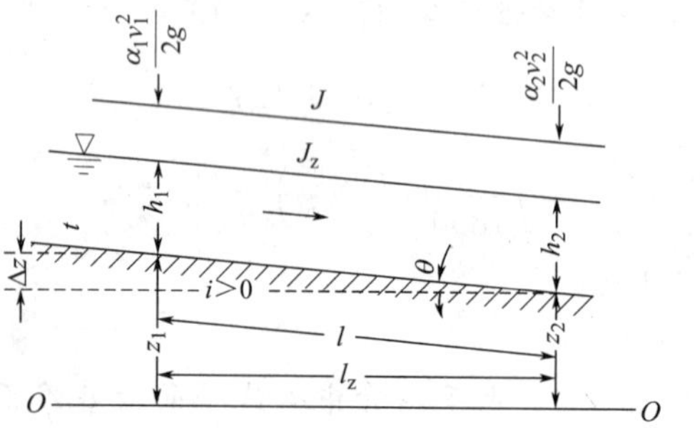

图 6-5-1

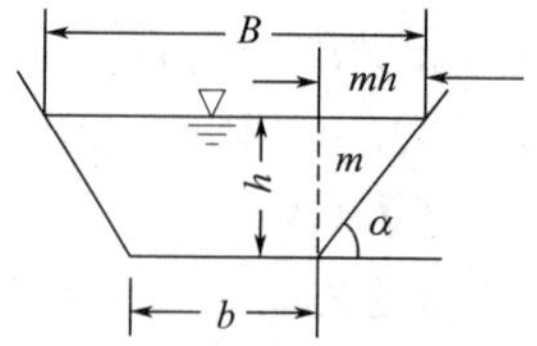

图 6-5-2

（二）过流断面的几何要素

明渠断面以梯形最具代表性，如图 6-5-2 所示，其几何要素如下：

b ——底宽；

h ——水深，均匀流的水深沿程不变，称为正常水深，习惯上以 h_0 表示；

m ——边坡系数，表示边坡倾斜程度的系数，$m=\frac{a}{h}=\cos\alpha$。

（三）明渠均匀流水力计算基本公式

明渠均匀流水力计算适用连续性方程和谢才公式：

$$Q=vA$$

$$v=C\sqrt{RJ}$$

在明渠均匀流中，$J=i$ 所以明渠均匀流基本公式如下：

$$v=C\sqrt{Ri} \tag{6-5-1}$$

$$Q=AC\sqrt{Ri} \tag{6-5-2}$$

式中　C ——谢才系数，按曼宁公式得 $C=\frac{1}{n}R^{\frac{1}{6}}$。

【例 6-5-1】 如图所示，梯形断面渠道，底宽 $b=3\text{m}$，边坡系数 $m=2.0$，渠道底坡

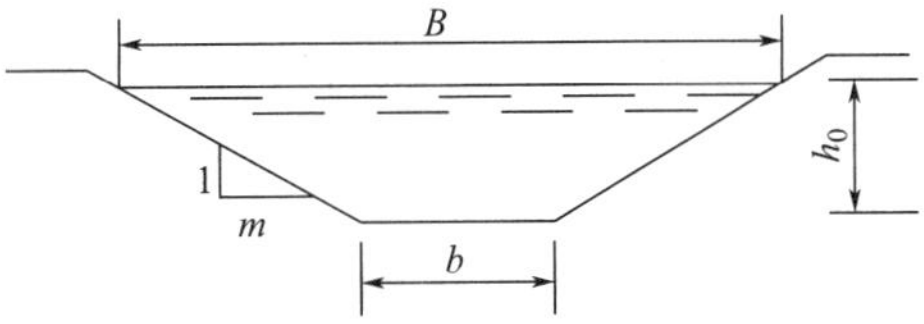

$i=0.0006$，粗糙系数 $n=0.025$，渠中水流作均匀流，水深为 2m，求通过的流量 Q。

解：对于梯形断面，过水断面面积 $A=(b+mh)h=(3+2\times2)\times2=14\text{m}^2$

湿周　　$\chi=b+2h\sqrt{1+m^2}=3+2\times2\sqrt{1+2^2}=11.94\text{m}$

水力半径　　$R=\dfrac{A}{\chi}=\dfrac{14}{11.94}=1.172\text{m}$

$Q=AC\sqrt{Ri}=A\times\dfrac{1}{n}\times R^{1/6}\times\sqrt{Ri}=\dfrac{1}{0.025}\times14\times1.172^{2/3}\times0.0006^{1/2}=15.25\text{m}^3/\text{s}$。

（四）明渠的水力最优断面和允许流速

1.明渠的水力最优断面

当过水断面面积 A、粗糙系数 n、底坡 i 一定时，通过流量 Q 或过水能力最大时的断面形状，即为水力最优断面，流量 Q 的表达式为：

$$Q=\frac{1}{n}AR^{2/3}i^{1/2}=\frac{1}{n}A^{5/3}\chi^{-2/3}i^{1/2} \tag{6-5-3}$$

式中　i——由地形条件确定；

n——粗糙系数，由渠道表面材料性质决定；

β——水力最佳宽深比，$\beta=\dfrac{b}{h}=2(\sqrt{1+m^2}-m)$；

R——水力半径，$R=\dfrac{A}{\chi}$，A 为渠道过水断面面积，χ 为湿周，即 A 一定，就必须使湿周 χ 最小，流量最大，这种湿周最小的断面，就称为水力最优断面。

当采用矩形断面时，若已知过水断面面积为 A，则矩形的水力最优断面 $b/h=2$。

当采用梯形断面时，若已知过水断面面积 A，边坡系数 m，则水力最佳的水力半径为：

$$R=\frac{[2(\sqrt{1+m^2}-m)h+mh]h}{2(\sqrt{1+m^2}-m)h+2h\sqrt{1+m^2}}=\frac{h}{2} \tag{6-5-4}$$

2.明渠的允许流速

明渠中过大的流速将引起渠道的冲刷，过小的流速将导致水中悬浮泥沙在渠中淤积，阻塞渠道，因此，再设计渠道饰，应使断面平均流速在允许范围内，即：

$$v_{max}>v>v_{min} \tag{6-5-5}$$

式中　v_{max}——渠道最大不冲刷流速（或最大允许流速）；

v_{min}——渠道的最小不淤积流速（或最小允许流速）。

（五）无压圆管均匀流的水力计算

无压圆管指不满流的圆管，在排水工程中被广泛使用。

对于长直的圆管，$i>0$ 且不变，粗糙系数保持沿程不变时，管中水流可以认为是明渠均匀流。

直径为 d，水深为 h 的圆形管道，过水断面面积 A 、湿周 χ 和水力半径 R 计算公式如下：

$$\left.\begin{aligned} A &= \frac{d^2}{8}(\theta - \sin\theta) \\ \chi &= \frac{1}{2}\theta d \\ R &= \frac{d}{4}\left(1 - \frac{\sin\theta}{\theta}\right) \end{aligned}\right\} \tag{6-5-6}$$

无压圆管均匀流水力计算的基本公式仍是：

$$Q = \frac{1}{n}AR^{2/3}i^{1/2} \tag{6-5-7}$$

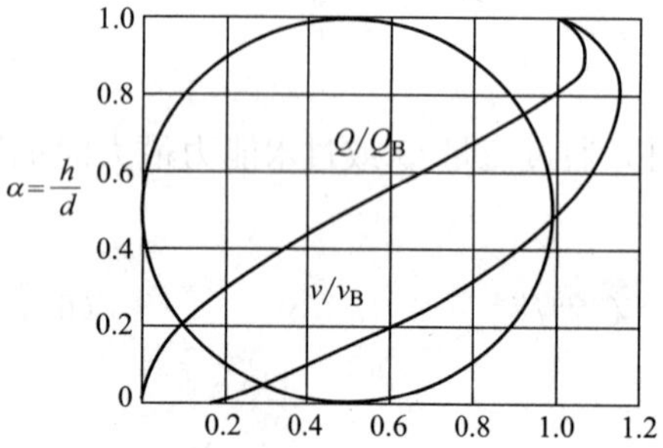

图 6-5-3

为避免繁琐的计算，可利用图 6-5-3 来计算充满度 $\alpha = \frac{h}{d}$，在进行排水管设计时，应首先确定充满度，再由 $\alpha = \frac{h}{d} = \sin^2\frac{\theta}{4}$，得到圆心角 θ，再由 d，θ 推出水力要素，进而利用谢才公式求解问题。

（六）明渠恒定非均匀流的流动状态

明渠非均匀流是不等深、不等速的流动。如渠道底坡或断面沿流发生改变；渠道中有桥、涵、堰等建筑物均是破坏均匀流和形成非均匀流的因素、天然河道中大都是非均匀流。

（1）渐变流和急变流

明渠非均匀流可分为渐变流（图 6-5-4a）和急变流（图 6-5-4b），过水断面和流速变化急剧的是急变流；变化缓慢的是渐变流。在急变流中局部阻力很突出，在渐变流中沿程阻力则占主要地位。

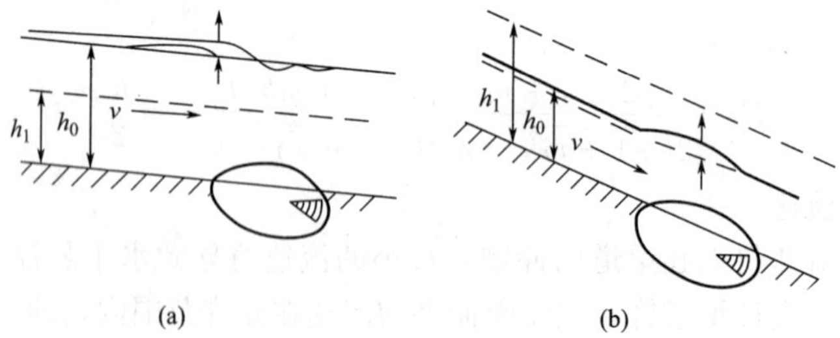

图 6-5-4

渐变流会出现壅水现象和降水现象。壅水现象：在河流或渠道中的水流遇到闸、坝等挡水建筑物时，上游水位壅高，水深沿流增加，流速逐渐减少的现象；降水现象：在河底坡度突然变陡的陡坡上游或河底高程突然下降的跌水上游，水深沿流不断减小，水面高程逐渐下降的现象。

急变流也会出现水跃和跌水两种水力现象。

1）水跃

水跃是明渠水流从急流状态（水深小于临界水深）过渡到缓流状态（水深大于临界水深）时，水面骤然跃起的现象。如图 6-5-5 所示闸下出流，靠近闸门一般是急流，下游河段多为缓流，水流在下泄过程中，将由急流状态过渡到缓流状态。在工程中常利用水跃作为一种消能措施，通过水跃后水流以缓流状态进入下游，不致对下游造成严重冲刷。

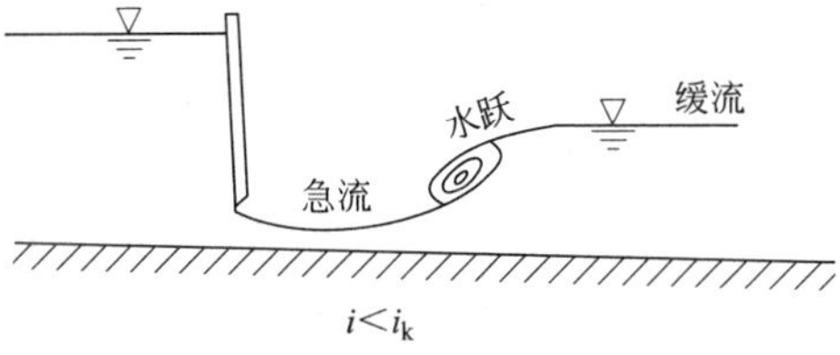

图 6-5-5

2）跌水

明渠水流由缓流转变为急流时将出现跌水，此时水面急剧降落，经过临界水深转变为急流。

（2）临界水深 h_c

临界水深可用于判别流体的流态，当水深大于临界水深，即 $h>h_c$，则为缓流；当水深小于临界水深，即 $h<h_c$，则为急流；当水深等于临界水深，即 $h=h_c$，则为临界流。

临界水深 h_c 计算公式如下：

$$h_c=\sqrt[3]{\frac{\alpha q^2}{g}} \tag{6-5-8}$$

式中　q ——单宽流量；

α ——动能修正系数，取 1～1.1。

（3）流态的判别

1）利用流速来判别

对于矩形断面，流速：

$$v_c=\sqrt{gh_c} \tag{6-5-9}$$

当 $v<v_c$ 时，流动为缓流；当 $v>v_c$ 时，流动为急流；当 $v=v_c$ 时，流动为临界流。

2）利用弗汝德数来判别

弗汝德数 F_r 为：

$$F_r^2=1-\frac{\alpha Q^2}{gA^3}B \tag{6-5-10}$$

当 $F_r<1$ 时，为缓流；当 $F_r>1$ 时，为急流；当 $F_r=1$ 时，为临界流。

3）临界底坡

临界底坡 i_k 为：

$$i_k=\frac{Q^2}{K_k^2} \tag{6-5-11}$$

式中　Q ——通过流量；

K_k——临界流时的流量模数，$K_k=C_kA_k\sqrt{R_k}$。

当$i>i_k$时，为急流；当$i<i_k$时，为缓流；当$i=i_k$时，为临界流。

历年真题

6-5-1. 水力最优断面是指当渠道的过流面面积A、粗糙系数n和渠道底坡i一定时，其（　　）。(2011A77)

A. 水力半径最小的断面形状　　B. 过流能力最大的断面形状

C. 湿周最大的断面形状　　D. 造价最低的断面形状

6-5-2. 下面对明渠均匀流的描述哪项是正确的？（　　）(2012A76)

A. 明渠均匀流必须是非恒定流

B. 明渠均匀流的粗糙系数可以沿程变化

C. 明渠均匀流可以有支流汇入或流出

D. 明渠均匀流必须是顺坡

6-5-3. 矩形水力最优断面的底宽是水深的（　　）。(2013A76)

A. 0.5倍　　B. 1倍　　C. 1.5倍　　D. 2倍

6-5-4. 一梯形断面明渠，水力半径$R=0.8$m，底坡$i=0.0006$，粗糙系数$n=0.05$，则输水流速为（　　）。(2014A76)

A. 0.42m/s　　B. 0.48m/s　　C. 0.6m/s　　D. 0.75m/s

6-5-5. 两条明渠过水断面面积相等，断面形状分别为（1）方形，边长为a；（2）矩形；底面宽为$2a$，水深为$0.5a$，它们的底坡与粗糙系数相同，则两者的均匀流量关系式为（　　）。(2016A76)

A. $Q_1>Q_2$　　B. $Q_1=Q_2$　　C. $Q_1<Q_2$　　D. 不能确定

6-5-6. 一梯形断面明渠，水力半径$R=1$m，低坡$i=0.0008$，粗糙系数$n=0.02$，则输水流速为（　　）(2018A76)

A. 1m/s　　B. 1.4m/s　　C. 2.2m/s　　D. 0.84m/s

答　案

6-5-1.【答案】(B)

根据水力最优断面定义可得。

6-5-2.【答案】(D)

水力坡度=水面坡度=河底坡度，是明渠均匀流的特性，产生明渠均匀流必须满足：渠中流量保持不变；渠道为长直棱柱体；必须发生在顺坡渠道上；渠壁粗糙系数沿程不变，没有局部损失，底坡不变、断面形状与面积不变。

6-5-3.【答案】(D)

水力最优断面是指面积一定而过水能力最大的明渠，此时明渠的阻力系数最小，水力半径最大，湿周最小，在相同的过水界面中，圆管最好；矩形水槽，宽深比为2∶1的最好；矩形管中，方管最好，矩形断面水力最佳宽深比 $\beta=2$，即 $b=2h$。

6-5-4.【答案】(A)

根据明渠水力计算基本公式：$v=C\sqrt{g}$，$C=\frac{1}{n}R^k$，$v=\frac{1}{0.05}(0.8)^k\sqrt{0.8\times0.0006}=0.42\text{m/s}$

6-5-5.【答案】(B)

明渠均匀流的流量计算公式为：$Q=CA\sqrt{Ri}$，i 为坡底系数，断面面积 $A=bh$，谢才系数 $C=\frac{1}{n}R^{\frac{1}{6}}$，$n$ 为粗糙系数。方形：$A=a^2$，湿周 $\chi=2a+0.5a\times2=3a$，水力半径 $R=\frac{A}{\chi}=\frac{a^2}{3a}=\frac{a}{3}$；矩形：$A=a^2$，湿周 $\chi=a+2a=3a$，水力半径 $R=\frac{A}{\chi}=\frac{a^2}{3a}=\frac{a}{3}$，两者 A 和 R 相同，故流量 Q 相等。

6-5-6.【答案】(B)

由谢才和曼宁公式为 $v=C\sqrt{RJ}$，$C=\frac{1}{n}R^{\frac{1}{6}}$，由此可得 $v=\frac{1}{0.02}\times1^{\frac{1}{6}}\times\sqrt{1\times0.0008}=1.4\text{m/s}$。

第六节　渗流、井和集水廊道

一、考试大纲

土壤的渗流特性；达西定律；井和集水廊道。

二、知识要点

(一) 渗流

流体在孔隙介质中的流动称为渗流。流体包括水、石油及天然气等；孔隙介质包括土壤、岩层等多孔介质和裂隙介质。

各向同性土壤：各个方向透水性能都一样的土壤。

重力水：重力作用下在土壤孔隙中存在的水。

饱和带水：饱和带中土壤孔隙全部为水所充满。

在工程问题中，需知道某一范围内渗流的平均效果，如平均渗流量、平均渗透压力等，因此在研究实际水流的渗流运动时，可引入简化的渗流模型来代替。

所谓渗流模型：是认为在渗流区内不存在土壤颗粒，且土壤孔隙全部被水所充满。这样整个渗流区就可以看成是被水所充满的连续流动。为使简化的渗流模型与真实的渗流相一致，须满足以下几个条件：(1) 对同一过水断面，模型的渗流量应等于真实的渗流量；(2) 作用于模型任意面积上的渗透压力应等于真实的渗透压力。

渗流模型中的流速和实际渗流中的流速不相等。则模型中渗流的平均流速为：

$$u=\frac{\Delta Q}{\Delta A} \tag{6-6-1}$$

孔隙中的真实流速为 u'，$u'=\dfrac{u}{n}$，u'比 u 大。

（二）渗流的达西定律

1856 年，达西通过试验研究，总结得出渗流能量损失与渗流速度之间的关系，即达西定律。达西定律的基本关系为：

$$Q=kAJ \tag{6-6-2}$$

式中 Q ——渗流量；

k ——渗透系数；

A ——圆筒横断面积；

J ——水力坡度，$J=\dfrac{h_w}{l}=\dfrac{H_1-H_2}{l}$，$H_1$、$H_2$ 为渗流上、下游断面的测压管水头。

达西定律的另一种表现形式，即渗流断面平均流速为：

$$v=\frac{Q}{A}=kJ \tag{6-6-3}$$

达西定律适用于层流状态下的紊流，其雷诺数 Re 的变化范围为 $Re=\dfrac{vd_{10}}{\nu}\leqslant 1\sim 10$。

（三）集水廊道

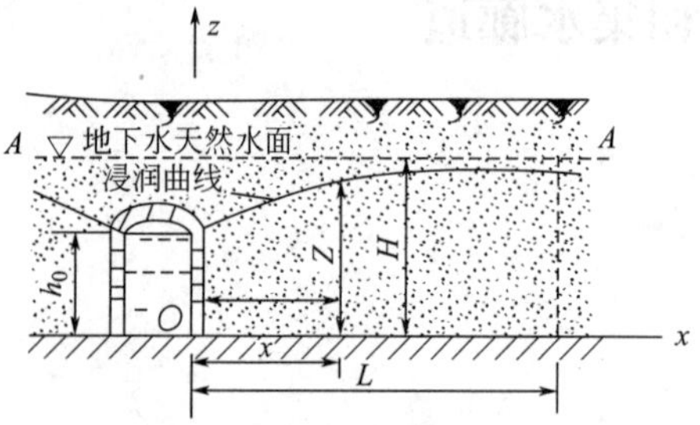

图 6-6-1

集水廊道是工程中用以采集地下水，又是排泄地下水降低附近地下水位的排水建筑物。当不透水层离地面较浅时，集水廊道往往埋设在不透水层面上，如图 6-6-1 所示。从这些建筑物中抽水，会使附近的天然地下水位降落，引起排泄地下水的作用。

集水廊道主要解决两类问题：一是求出每一侧面单位长度的出流量 q 和总流量 Q，二是求出地下水降落后各处的水位 z 值。

由裘布依公式可得浸润线方程，即：

$$z^2-h_0^2=\frac{2q}{k}x \tag{6-6-4}$$

式中 z ——从廊道底部算起的水面垂直高度，即地下水水位；

h ——廊道内水深；

q ——集水廊道一侧单位长度的渗流量，$q=\dfrac{k(H+h_0)}{2}\overline{J}$，浸润线的平均坡度 $\overline{J}=\dfrac{H-h_0}{L}$；

k ——渗透系数；

x ——距廊道侧壁的水平距离。

集水廊道两侧的总流量 Q，即：

$$Q=2qL_0 \tag{6-6-5}$$

式中　L_0——垂直于纸面的廊道纵向长度。

（四）潜水井

具有自由水面的地下水称为潜水，在潜水中修建的井称为潜水井，井底深达不透水层的井称为完全井。井底未达到不透水层的称为不完全井，如图 6-6-2 所示。

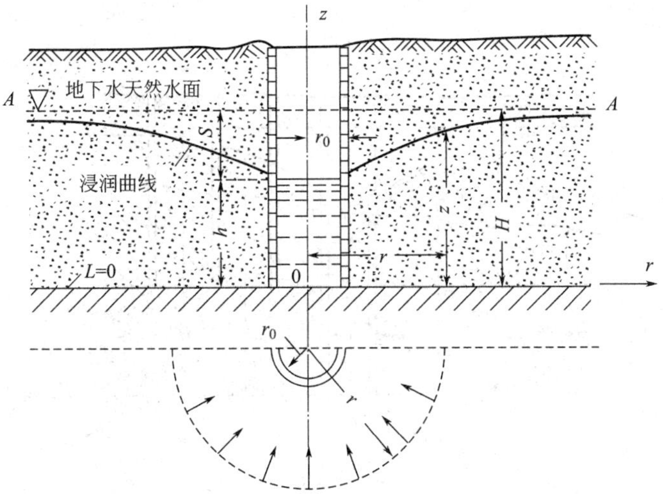

图 6-6-2

根据裘布依公式，则潜水井取水时井外地下水的浸润方程为：

$$z^2-h_0^2=\frac{0.73Q}{k}\lg\frac{r}{r_0} \tag{6-6-6}$$

式中　z——潜水井的浸润线水头；

h_0——井内水深；

r_0——实际井半径；

r——取以井中心为圆心的圆柱面的半径。

潜水井涌水量的计算公式如下：

$$Q=1.366\frac{k(H^2-h_0^2)}{\lg\frac{R}{r_0}} \tag{6-6-7}$$

式中　R——井的影响半径（m），由抽水试验测定，$R=3000S\sqrt{k}$，$S=H-h_0$ 为抽水深度（水位降深）（m），k 为渗流系数（m/s）。

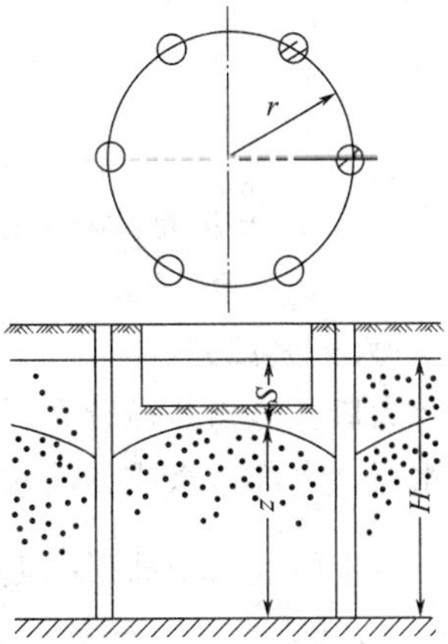

【例 6-6-1】　如图所示，某圆形基坑，在其周围布置了 6 口潜水完整井，各井距基坑中心点的距离 r 为 30m，含水层厚度 H 为 15m，渗透系数 $k=0.0008$m/s，井群影响半径 $R=300$m，若使基坑中心点水位下降 $s=5$m，求各井的抽水量。

解：$r_1=r_2=r_3=\cdots r_n=30$m，$Q=1.366\dfrac{0.0008\times(15^2-10^2)}{\lg300-1/6\lg(30^6)}=0.136\text{m}^3/\text{s}$

每口井抽出量为 $\frac{Q}{n}=\frac{0.136}{6}=0.0227m^3/s$。

（五）承压井

含水层位于两不透水层之间，含水层中的地下水所受的压强大于大气压，这样的井称为承压井，如图 6-6-3 所示。

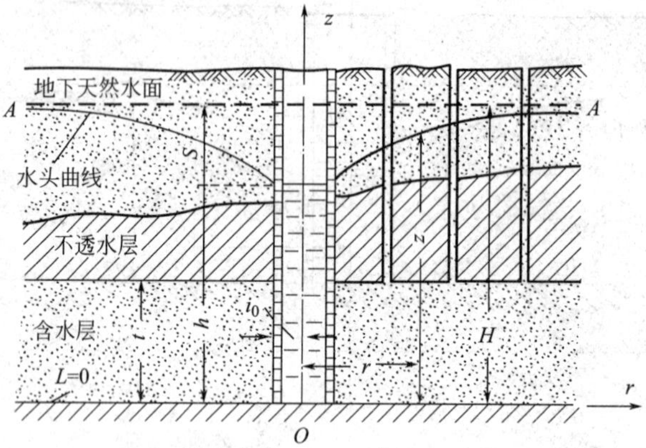

图 6-6-3

承压井的测压管水头曲线方程如下：

$$z-h_0=0.366\frac{Q}{tk}\ln\frac{r}{r_0} \tag{6-6-8}$$

式中　h_0——水深；

Q——自流井的涌水量；

r_0——实际井半径；

r——取以井中心为圆心的圆柱面的半径；

t——两不透水层间的距离。

自流井的出水量公式 Q 为：

$$Q=2.73\frac{ktS}{\ln\frac{R}{r_0}} \tag{6-6-9}$$

式中　R——井的影响半径（m），由抽水试验测定，$R=3000S\sqrt{k}$，$S=H-h_0$ 为抽水深度（水位降深）（m），k 为渗流系数（m/s）。

（六）大口井

大口井是指井径较大，汲取地下水的一种井，一般为不完全井，下部为含水量丰富的透水层，底部进水成为涌水量的重要部分。

对于层底为半球形的大口井，如图 6-6-4 所示，其流量 Q 为：$Q=\frac{2\pi kS}{\frac{1}{r_0}-\frac{1}{R}}$；对于层底为平底的大口井，如图 6-6-5 所示，其流量 Q 为：$Q=4\pi r_0S$。

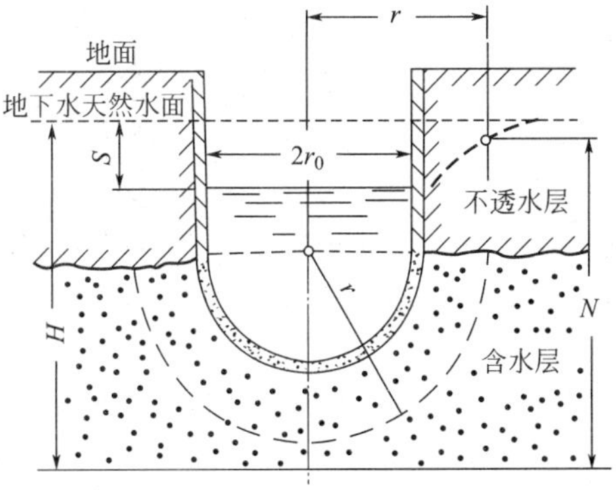

图 6-6-4

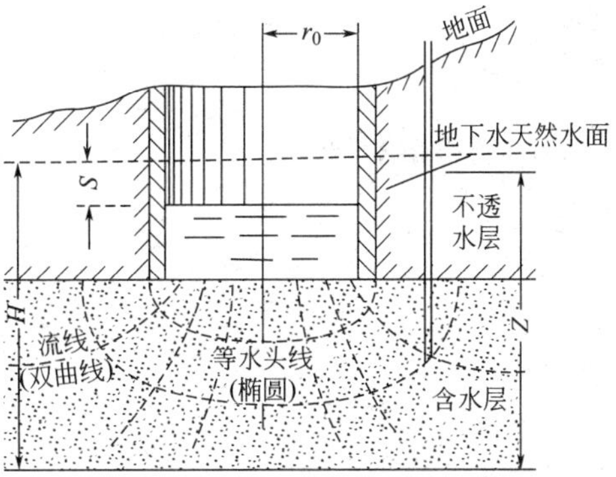

图 6-6-5

历年真题

6-6-1. 有一完整井，半径 $r_0=0.3\text{m}$，含水层厚度 $H=15\text{m}$，土壤渗透系数 $k=0.0005\text{m/s}$，抽水稳定后，井水深 $h=10\text{m}$，影响半径 $R=375\text{m}$，则由达西定律得出的井的抽水量 Q 为（其中计算系数为 1.366）（　　）。(2012A77)

A. $0.0276\text{m}^3/\text{s}$　　B. $0.0138\text{m}^3/\text{s}$　　C. $0.0414\text{m}^3/\text{s}$　　D. $0.0207\text{m}^3/\text{s}$

6-6-2. 渗流流速 v 与水力坡度 J 的关系是（　　）。(2013A77)

A. v 正比于 J　　B. v 反比于 J

C. v 正比于 J 的平方　　D. v 反比于 J 的平方

6-6-3. 地下水的浸润线是指（　　）。(2014A77)

A. 地下水的流线　　B. 地下水运动的轨迹

C. 无压地下水的自由水面线　　D. 土壤中干土与湿土的界限

6-6-4. 如图，均匀砂质土容器中，其渗透系数为 0.012cm/s，渗流流量为 $0.3\text{m}^3/\text{s}$，则渗流流速为（　　）。(2016A77)

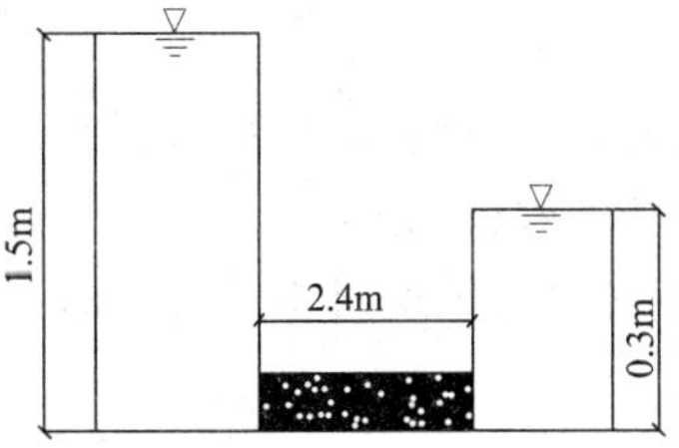

A. 0.003cm/s

B. 0.006cm/s

C. 0.009cm/s

D. 0.012cm/s

6-6-5. 矩形排水沟，底宽 5m，水深 3m，水力半径为（　　）。(2017A76)

A. 5m　　B. 3m　　C. 1.36m　　D. 0.94m

6-6-6. 潜水完整井抽水量大小与相关物理量的关系是（　　）。(2017A77)

A. 与井半径成正比　　B. 与井的影响半径成正比

C. 与含水量厚度成正比　　D. 与土体渗透系数成正比

6-6-7. 渗流达西定律适用于（　　）(2018A77)

A. 地下水渗流　　B. 砂质土壤渗流

C. 均匀土壤层渗流　　D. 地下水层流渗流

答　案

6-6-1.【答案】(A)

完全普通井流量公式，$Q=1.366\dfrac{k(H^2-h^2)}{\lg\dfrac{R}{r_0}}=1.366\times\dfrac{0.0005\times(15^2-10^2)}{\lg\dfrac{375}{0.3}}=0.0276\text{m}^3/\text{s}$。

6-6-2.【答案】(A)

由渗流达西公式知 $v=kJ$。

6-6-3.【答案】(C)

在土建工程中，渗流是指水灾地表以下土和岩层中的流动，所以渗流又称地下水流动，地下水面（包括无压水的自由表面和有压水的测压管水头面），可以采用排除法分析，地下水向廊道或向井中渗流，浸润曲线不是流线也不是迹线，与干土湿土无关，而是地下水的测压管水头线，即自由水面线，排水后到达恒定状态的水面称为动水面，动水面的水面线又称浸润线，浸润面是指土壤中天然无压地下水水面。

6-6-4.【答案】(B)

基本公式为：$v=\dfrac{Q}{A}=\dfrac{kAJ}{A}=kJ$，$J=\dfrac{H_1-H_2}{L}=\dfrac{1.5-0.3}{2.4}=0.5$，代入达西定律公式得到：$v=kJ=0.012\times0.5=0.006\text{cm/s}$。

6-6-5.【答案】(C)

矩形排水管水力半径 $R=\dfrac{A}{x}=\dfrac{5\times3}{5+2\times3}=1.36\text{m}$。

6-6-6.【答案】(D)

潜水完整井流量 $Q=1.36K=\dfrac{H^2-h^2}{\lg\dfrac{R}{r}}$，因此抽水流量与渗流系数 K 及含水层厚度 H 均相关，但与渗流系数 K 是一次方的正相关，应该是正比的关系。

6-6-7.【答案】(C)

达西定律适用于层流状态下的紊流。

第七节　相似原理和量纲分析

一、考试大纲

力学相似原理；相似准则；量纲分析法。

二、知识要点

（一）力学相似原理

要使模型和原型流动相似，如两个流动的对应点上的同名物理量（流速、压强和各种力）具有一定的比例关系，就要求模型和原型之间具有几何相似、运动相似和动力相似。

1. 几何相似

要求原型和模型的长度比尺一定，相应的夹角也相等，各对应长度具有同一长度比尺 λ_l、面积比尺 λ_A 和体积比尺 λ_V，即：

$$\lambda_l=\frac{l_p}{l_m},\ \lambda_A=\frac{A_p}{A_m}=\lambda_l^2,\ \lambda_V=\frac{V_p}{V_m}=\lambda_l^3$$

式中 λ_l、λ_A、λ_V——长度比尺、面积比尺、体积比尺；

l_p、A_p、V_p——原型长度、原型面积、原型体积；

l_m、A_m、V_m——原型长度、原型面积、原型体积。

2. 运动相似

指流体运动的速度场、加速度场、时间场相似。也就是指原型流动与模型流动两个流场各对应点的时间、速度和加速度具有同一比尺，即：

$$\lambda_t=\frac{t_p}{t_m},\ \lambda_v=\frac{v_p}{v_m},\ \lambda_a=\frac{a_p}{a_m}$$

3. 动力相似

原型和模型两流动各相应点流体质点所受的同名力方向相同，大小应具有同一比尺，即力的比尺一定，动力相似条件可以写为：

$$\frac{G_p}{G_m}=\frac{T_p}{T_m}=\frac{P_p}{P_m}=\frac{E_p}{E_m}=\lambda_F \tag{6-7-1}$$

式中 G_p、G_m——重力；

T_p、T_m——黏性压力；

P_p、P_m——压力；

E_p、E_m——弹性力；

S_p、S_m——表面张力。

以上这三种相似是相联系的：几何相似是运动相似和动力相似的前提和依据，动力相似是决定两个流动运动相似的主导因素，运动相似是几何相似和动力相似的结果。

（二）相似准则

在做模型试验时，只需主要作用力满足相似条件即可，在流动中起次要作用力的比尺将被忽略。要使两个流动动力相似，各项比尺需满足一定的约束关系，这种约束关系称为相似准则，如下：

1. 雷诺准则——黏性力为主的动力相似条件

黏性切力相似准则归结为雷诺数相等，即：

$$Re_p=Re_m \tag{6-7-2}$$

以比尺表示为：

$$\frac{\lambda_v\lambda_l}{\lambda_\nu}=1 \tag{6-7-3}$$

故当黏性力为主要作用力时，要动力相似必须原型和模型的雷诺数相等，此条件称为雷诺准则。

2. 佛汝德准则——重力为主的动力相似条件

佛汝德准则的物理意义为惯性力与重力之比，即：

$$\frac{v_{p}^{2}}{g_{p}l_{p}}=\frac{v_{m}^{2}}{g_{m}l_{m}} \tag{6-7-4}$$

式中　$\frac{v^2}{gl}$——称为佛汝德数 F_r，但目前多取它的平方根作为佛汝德数即 $F_r=\frac{v^2}{\sqrt{gl}}$。

以比尺表示为：

$$\frac{\lambda_r}{\sqrt{\lambda_g\lambda_l}}=1 \tag{6-7-5}$$

故当重力为主要作用力时，要动力相似必须原型和模型的佛汝德数相等，此条件称为佛汝德准则。

3. 欧拉准则——压力为主要作用力的动力相似条件

欧拉准则是指欧拉数相等，即：

$$\frac{p_p}{\rho_p v_p^2}=\frac{p_m}{\rho_m v_m^2} \tag{6-7-6}$$

式中　$Eu=\frac{p}{\rho v^2}$——称为欧拉数。

以比尺表示为：

$$\frac{\lambda_p}{\lambda_\rho\lambda_r^2}=1 \tag{6-7-7}$$

当压力为主要作用力时，要求原型和模型的欧拉数必须相等，才能满足动力相似条件，即是欧拉准则。

在实际流动中，压强差 Δp 往往由黏性力或重力所造成。满足 Re 或 F_r 相等时，Eu 也相等，所以在设计模型时，可先考虑 Re 或 F_r 的相等，Eu 仅处于从属地位。

除以上准则外，还有以表面张力为主要作用力的韦伯数相等；以弹性力为主（考虑流体的可压缩性）的马赫数相等。

（三）量纲分析

量纲分析方法是根据量纲和谐原理来推求各物理量之间关系的方法。

1. 量纲和量纲和谐原理

（1）量纲

量纲标志不同性质物理量的类别，其单位是量度各物理量数值大小的标准。如长度是量纲，而米、厘米、毫米等单位均属长度这一量纲。具有独立性的，不能从其他量纲导出的称为基本量纲。

在流体力学中常采用长度 $[L]$、时间 $[T]$、质量 $[M]$ 作为基本量纲。其他物理量的量纲可以由基本量纲导出，称为导出量纲。常见的物理量的量纲如下（除了基本量纲）：流速 $[u]=LT^{-1}$；流量——$[Q]=L^3T^{-1}$；密度——$[\rho]=ML^{-3}$；力——$[F]=MLT^{-2}$；压强 $[p]=ML^{-1}T^{-2}$；动力黏度——$[\mu]=ML^{-1}T^{-1}$；运动黏度——$[v]=L^2T^{-1}$。

（2）量纲和谐原理

正确反映客观规律的物理方程，其各项量纲都必须是一致的，或者说物理方程等号两边量纲必然相等，这就是量纲和谐原理。

量纲相同的量可以相加减、量纲不同的量不可以相加减，也不能相等，但可以相除。

2. 量纲分析法

在量纲和谐原理基础上发展起来的量纲分析法有两种：一种称瑞利法，适用于比较简单的问题；另一种是 π 定理，是一种具有普遍性的方法。

（1）瑞利法

瑞利法的基本原理是影响物理过程的主要因素之间的待定的函数关系，即：

$$f(x_1, x_2, x_3, \cdots, x_n)=0 \tag{6-7-8}$$

其中的一个物理量可表示为其他物理量的指数乘积，即：

$$y=kx_1^{a}\cdot kx_2^{b}\cdot kx_3^{c}, \cdots, kx_n^{q} \tag{6-7-9}$$

式中 k ——无量纲系数；

$x_1, x_2, x_3, \cdots, x_n$ ——待定系数。

再将上式用基本量纲表示：

$$[L^{a}T^{b}M^{c}]=[L^{a1}T^{b1}M^{c1}]a_1[L^{a2}T^{b2}M^{c2}]a_2\cdots[L^{an}T^{bn}M^{cn}]a_n \tag{6-7-10}$$

由量纲和谐原理可得

$[L]$ $\quad a=a_1a_1+a_2a_2+\cdots+a_na_n$；

$[T]$ $\quad b=b_1a_1+b_2a_2+\cdots+b_na_n$；

$[M]$ $\quad c=c_1a_1+c_2a_2+\cdots+c_na_n$。

（2）应用 π 定理进行量纲分析

量纲分析法的更为普遍的理论是 π 定理，基本内容为：任何一个物理过程，如包含有 n 个物理量，涉及 m 个基本量纲，则这个物理过程可由 n 个物理量组成的（$n-m$）个无量纲量所表达的关系式来描述。因这些无量纲量用 π 来表示，就把这个定理称为 π 定理。

设影响物理过程的 n 个物理量为 x_1，x_2，x_3，…，x_n，则这个物理过程可用一完整的函数关系式 $f(x_1, x_2, x_3, \cdots, x_n)=0$ 来表示。设这些物理量包含有 m 个基本量纲，则可将 n 个物理量组成（$n-m$）个 π，该物理过程可表示为

$$\phi(\pi_1, \pi_2, \pi_3, \cdots, \pi_{n-m})=0 \tag{6-7-11}$$

历年真题

6-7-1. 量纲和谐原理是指（ ）。（2012A78）

A. 量纲相同的量才可以乘除 　B. 基本量纲不能与导出量纲相运算

C. 物理方程式中各项的量纲必须相同 　D. 量纲不同的量才可以加减

6-7-2. 烟气在加热炉回热装置中流动，拟用空气介质进行实验，已知空气黏度 $v_{空气}=15\times10^{-6}m^2/s$，烟气的运动黏度 $v_{烟气}=60\times10^{-6}m^2/s$，烟气流速 $v_{空气}=3m/s$，如若实际与模型长度的比尺 $\lambda_L=5$，则模型空气的流速应为（ ）。（2013A78）

A. 3.75m/s 　B. 0.15m/s 　C. 2.4m/s 　D. 60m/s

6-7-3. 用同种流体，同一温度进行管道模型实验。按黏性力相似准则，已知模型管径 0.1m，模型流速 4m/s，若原型管径为 2m，则原型流速为（ ）。（2014A78）

A. 0.2m/s 　B. 2m/s 　C. 80m/s 　D. 8m/s

6-7-4. 合力 F，密度 ρ，长度 l，流速 v 组合的无量纲数是（ ）。（2017A78）

A. $\dfrac{F}{pvl}$ 　B. $\dfrac{F}{pv^2l}$ 　C. $\dfrac{F}{pv^2l^2}$ 　D. $\dfrac{F}{pvl^2}$

6-7-5. 几何相似、运动相似和动力相似的关系是（　　）（2018A78）

A. 运动相似和动力相似是几何相似的前提

B. 运动相似是几何相似和动力相似的表象

C. 只有运动相似，才能几何相似

D. 只有动力相似，才能几何相似

答　案

6-7-1.【答案】（C）

一个正确反映客观规律的物理方程中，各项的量纲是和谐的、相同的。

6-7-2.【答案】（A）

按雷诺模型得：$\frac{\lambda_p\lambda_l}{\lambda_v}=1$，所以流速比尺$\lambda_v=\frac{\lambda_p}{\lambda_l}$，按题设$\lambda_v=\frac{60\times10^{-6}}{15\times10^{-6}}=4$，长度比尺$\lambda_l=5$，所以流速比尺$\lambda_v=0.8$，$\lambda_v=\frac{v_{烟气}}{v_{空气}}$，$v_{空气}=\frac{v_{烟气}}{\lambda_v}=\frac{3}{0.8}=3.75\text{m/s}$。

6-7-3.【答案】（A）

黏性力相似准则以雷诺数相等，流体运动黏滞系数相同，$Re=\frac{vd}{\nu}$，$\frac{v_y d_y}{\nu_y}=\frac{v_m d_m}{\nu_m}$，$\nu_y=v_m\frac{d_m}{d_y}=4\times\frac{0.1}{2}=0.2\text{m/s}$。

6-7-4.【答案】（C）

无量纲即量纲为 1 的量，$\dim\frac{F}{\rho v^2 l^2}=\frac{\rho v^2 l^2}{\rho v^2 l^2}=1$。

6-7-5.【答案】（C）

几何相似是运动相似和动力相似的前提，运动相似是几何相似和动力相似的表现。

第七章

电气与信息

第一节　电磁学概念

一、考试大纲

电荷与电场；库仑定律；高斯定理；电流与磁场；安培环路定律；电磁感应定律；洛仑兹力。

二、知识要点

（一）库仑定律

库仑定律是描述静止点电荷之间的相互作用力的规律。

在真空中两个静止点电荷间的相互作用力与距离平方成反比，与电荷量大小的乘积成正比，作用力的方向在它们的连线上，同号电荷相斥，异号电荷相吸，计算式如下：

$$\boldsymbol{F}_{12}=-\boldsymbol{F}_{21}=\frac{1}{4\pi\varepsilon_0}\frac{q_1q_2}{r_{12}^3}\boldsymbol{r}_{12} \tag{7-1-1}$$

式中　$\boldsymbol{F}_{12}$——点电荷 2 作用于点电荷 1 上的力（N）；

$\boldsymbol{F}_{21}$——点电荷 1 作用于点电荷 2 上的力（N）；

r_{12}——点电荷 1 和 2 之间的距离（m）；

$\boldsymbol{r}_{12}$——点电荷 1 指向点电荷 2 的矢量（m）；

q_1q_2——点电荷 1 和 2 的电量（C），含正负；

ε_0——真空或空气的介电常数，大小为 $8.85\times10^{-12}\mathrm{C}^2/\mathrm{N}\cdot\mathrm{m}^2$。

（二）电场强度

电场：存在于电荷周围能传递电荷与电荷之间相互作用的物理场。

电场强度：表示电场的强弱和方向的物理量，置于电场中某点的试验电荷 q_0 将受到源电荷作用的电力 F 称为该点的场强，计算式如下：

$$\boldsymbol{E}=\frac{\boldsymbol{F}}{q_0}\ (\mathrm{N/C}) \tag{7-1-2}$$

若场源是电量为 q（含正负）的点电荷，则观察点 P 的电场强度为：

$$\boldsymbol{E}=\frac{q}{4\pi\varepsilon_0r^3}\vec{\boldsymbol{r}} \tag{7-1-3}$$

式中　$\boldsymbol{E}$——点电荷 q 产生的电场强度（N/C）；

r——点电荷 q 至观察点 P 的距离（m）；

$\vec{\boldsymbol{r}}$——点电荷 q 指向 P 的矢径（m）。

（三）高斯定理

静电场的基本方程之一，通过任意闭合曲面的电通量等于该闭合曲面所包围的所有电荷量的代数和与电常数之比，即：

$$\oint_A\boldsymbol{E}\cdot\mathrm{d}\boldsymbol{A}=\frac{1}{\varepsilon_0}\sum q \tag{7-1-4}$$

式中　$\boldsymbol{E}$——电场强度（N/C）；

$d\boldsymbol{A}$ ——面积元矢量，大小等于 dA（A 为封闭曲面），方向是 dA 的正法线方向（由内指向外）；

ε_0 ——真空介电常数；

$\sum q$——封闭曲面内电量代数和（C）。

（四）电场力做功

电荷从 a 点移至 b 点，电场力做的功为：

$$A_{ab}=\int_a^b \boldsymbol{F}\cdot d\boldsymbol{l}(J) \tag{7-1-5}$$

式中 $\boldsymbol{F}$ ——电场对电荷的作用力。

A_{ab} 的大小仅与试验电荷电量及 a、b 点的位置有关，与路径无关，静电场力是保守力。

由于静电场是保守力场，据此可定义两个描述静电场特性的、只与空间位置有关的标量函数，即：

电势：等于单位正电荷从该点经任意路径到无穷远处时电场力所做的功，单位伏特（V）。

电势差（或电压）：指电场中任意两点之间电势的差值，用字母 U 表示。

（五）磁感应强度，磁场强度，磁通

静止电荷产生静电场，运动电荷周围存在电场和磁场。

描写磁场的物理量为磁感应强度（又称磁通密度）$\boldsymbol{B}$，单位特斯拉（T），在各向同性磁介质中，定义辅助量磁场强度 $\boldsymbol{H}$（A/m），即：

$$\boldsymbol{H}=\frac{\boldsymbol{B}}{\mu} \tag{7-1-6}$$

式中 μ ——磁介质的相对磁导率，在空气中 $\mu=\mu_0=4\pi\times10^{-7}$H/m。

通过有限曲面 S 的磁通量 Φ_m（Wb）为

$$\Phi_m=\int_S B\cdot dS \tag{7-1-7}$$

（六）安培力

通电导线在磁场中受到的作用力称为安培力，即：

$$d\boldsymbol{F}=I\,d\boldsymbol{l}\times\boldsymbol{B} \tag{7-1-8}$$

式中 $I\,d\boldsymbol{l}$ ——电流元；

$\boldsymbol{B}$ ——磁感应强度。

任意形状导线在磁场中所受的安培力等于各电流元所受安培力之和（矢量和），即：

$$\boldsymbol{F}=\int_L d\boldsymbol{F}=\int I\,d\boldsymbol{l}\times\boldsymbol{B} \tag{7-1-9}$$

长为 l 的直线电流在匀强磁场 B 中所受安培力的计算公式如下，即：

$$\boldsymbol{F}=I\boldsymbol{l}\times\boldsymbol{B} \tag{7-1-10}$$

（七）安培环路定理

在稳恒磁场中，磁感应强度 B 沿任何闭合路径的线积分，等于这闭合路径所包围的各个电流之代数和，即：

$$\oint_L \boldsymbol{B}\cdot d\boldsymbol{l}=\mu_0\sum I \tag{7-1-11}$$

式中　B——磁感应强度；

μ_0——真空磁导率（H/m）；

$\sum I$——被闭合路径圈围的电流代数和（A）。

亦可表示成：

$$\oint_L \boldsymbol{H} \cdot dl = \sum I \tag{7-1-12}$$

式中　H——磁场强度。

按照安培环路定理，环路所包围电流之正负应服从右手螺旋法则。

（八）电磁感应定律

因磁通量变化产生感应电动势的现象，闭合电路的一部分导体在磁场里做切割磁感线的运动时，导体中就会产生电流，这种现象叫电磁感应现象。

法拉第电磁感应定律：不论任何原因，使通过回路面积的磁通量发生变化时，回路中产生的感应电动势与磁通量对时间的变化率成正比，即：

$$\delta = -\frac{\mathrm{d}\Phi}{\mathrm{d}t} \tag{7-1-13}$$

当感应回路为 N 匝串联时，有：

$$\delta = -N\frac{\mathrm{d}\Phi}{\mathrm{d}t} \tag{7-1-14}$$

式（7-1-13）及式（7-1-14）在应用时，需先在回路上任意规定一个绕行方向作为回路正方向，再根据右手螺旋法则确定回路面积的正法线方向。

历年真题

7-1-1. 点电荷 $+q$ 和点电荷 $-q$ 相距 30cm，那么，在由它们构成的静电场中（　　）。（2011A79）

A. 电场强度处处相等

B. 在两个点电荷连线的中点位置，电场力为 0

C. 电场方向总是从 $+q$ 指向 $-q$

D. 位于两个点电荷连线的中点位置，带负点的可移动体将向 $-q$ 处移动

7-1-2. 设流经图示电感元件的电流 $i=2\sin1000t$，若 $L=1\mathrm{mH}$，则电感电压（　　）。（2011A80）

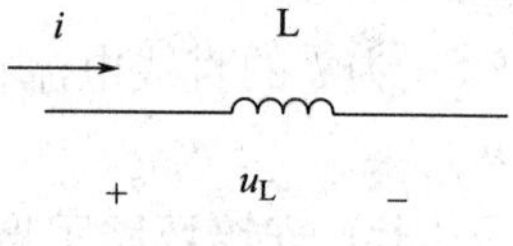

A. $u_L=2\sin1000t$

B. $u_L=-2\cos1000t$

C. u_L 的有效值 $U_L=2\mathrm{V}$

D. u_L 的有效值 $U_L=1.414\mathrm{V}$

7-1-3. 关于电场和磁场，下列说法中正确的是（　　）。（2012A79）

A. 静止的电荷周围有电场，运动的电荷周围有磁场

B. 静止的电荷周围有磁场，运动的电荷周围有磁场

C. 静止的电荷和运动的电荷周围都只有电场

D. 静止的电荷和运动的电荷周围都只有磁场

7-1-4. 在图示电路中，若 $u_1=5\text{V}$，$u_2=10\text{V}$，则 u_L 等于（　　）。(2012A80)

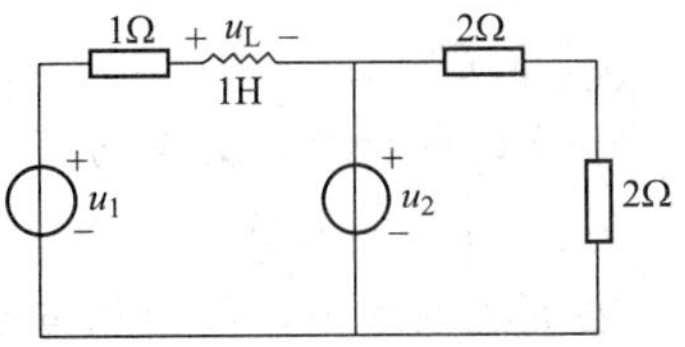

A. 5V

B. −5V

C. 2.5V

D. 0V

7-1-5. 在一个孤立静止的点电荷周围（　　）。(2013A79)

A. 存在磁场，它围绕电荷呈球面状分布

B. 存在磁场，它分布在从电荷所在处到无穷远处的整个空间中

C. 存在电场，它围绕电荷呈球面分布

D. 存在电场，它分布在从电荷所在处到无穷远处的整个空间中

7-1-6. 真空中有三个带电质点，其电荷分别为 q_1、q_2 和 q_3，其中，电荷 q_1 和 q_3 的质点位置固定，电荷为 q_2 的质点可以自由移动，当三个质点的空间分布如图所示，电荷为 q_2 的质点静止不动，此时如下关系成立的是（　　）。(2014A79)

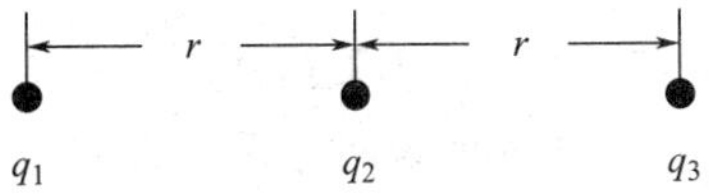

A. $q_1=q_2=2q_3$

B. $q_1=q_3=|q_2|$

C. $q_1=q_2=-q_3$

D. $q_2=q_3=-q_1$

7-1-7. 由图示长直导线上的电流产生的磁场（　　）。(2017A79)

A. 方向与电流流向相同

B. 方向与电流流向相反

C. 顺时针方向环绕长直导向（自上向下俯视）

D. 逆时针方向环绕长直导向（自上向下俯视）

7-1-8. 图中，中心环线半径为 r 的铁芯环路上有 N 匝线圈，线圈上流通的电流为 I，令此时环路上的磁场强度 H 处处相等，则 H 应为（　　）(2018A79)

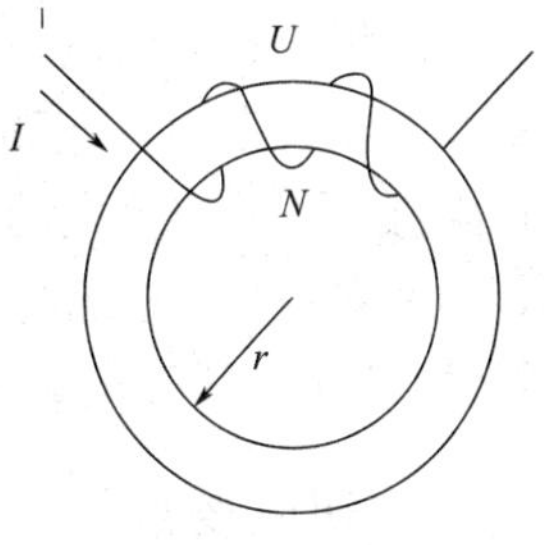

A. $\dfrac{NI}{r}$，顺时针方向

B. $\dfrac{NI}{2\pi r}$，顺时针方向

C. $\dfrac{NI}{r}$，逆时针方向

D. $\dfrac{NI}{2\pi r}$，逆时针方向

答　案

7-1-1.【答案】(B)

此题可以用电场强度的叠加定理分析，两个点电荷连线的中心位置电场强度为零。

7-1-2.【答案】（D）

电感电压与电流之间的关系是微分关系，即：$u=L\dfrac{\mathrm{d}i}{\mathrm{d}t}$。

7-1-3.【答案】（A）

静止的电荷产生静电场，运动电荷周围不仅存在电场，也存在磁场。

7-1-4.【答案】（D）

在直流电路中，线圈相当于一根导线，电阻很小近似为零，根据欧姆定律可知，加在其上的电压近似为零。

7-1-5.【答案】（D）

静止的电荷产生静电场，不会产生磁场，并且电场呈球形发散，其方向从正电荷指向负电荷，离电荷越远电场越小，运动的电荷产生磁场，磁场呈现环状，围绕电荷运动轨迹，满足右手定则。

7-1-6.【答案】（B）

点电荷平衡关系——库仑定律：$F_{12}=F_{23}\Rightarrow k\dfrac{q_1q_2}{x^2}=k\dfrac{q_2q_3}{x^2}$，$q_1=q_3$，A 项不满足受力平衡，根据电荷异性相吸，同性排斥的规律，C 项、D 项中 q_2 受力方向不满足图静止不动的要求。

7-1-7.【答案】（D）

电流与磁场的方向可以根据右手定则确定（右手拇指设为电流方向，则四指为磁场方向）。

7-1-8.【答案】（D）

$B=\dfrac{\varphi}{S}$，则 $H=\dfrac{NI}{2\pi r}$，根据右手定则可判定为顺时针方向。

第二节 电路知识

一、考试大纲

电路组成；电路的基本物理过程；理想电路元件及其约束关系；电路模型；欧姆定律；基尔霍夫定律；支路电流法；等效电源定理；迭加原理；正弦交流电的时间函数描述；阻抗；正弦交流电的相量描述；复数阻抗；交流电路稳态分析的相量法；交流电路功率；功率因数；三相配电电路及用电安全；电路暂态；R-C、R-L 电路暂态特性；电路频率特性；R-C、R-L 电路频率特性。

二、知识要点

（一）电路的组成、作用和基本物理量

电路是电流流通的路径，包括电源（提供电能）、负载（消耗电能）和中间环节（传输、分配和控制电能）。

电源：将非电能转化为电能的装置，如电池、发电机等。

负载：把电能转换成其他形式的能的装置，如电灯泡、扬声器等。

中间环节：传输、分配和控制电能的装置，如开关。

电路的作用：完成能量的转换和传输，实现信号的传递和处理。

电压：也称作电势差或电位差，指电场力将单位正电荷从高电位点移到另一低电位点所做的功，单位为伏特（V）。

电流：单位时间内通过导体横截面的电荷量，单位为安培（A），电流的大小称为电流强度。

电位差：指电路中某一点相对于参考点之间的电压，单位为伏特（V）。

电动势：表示电源特征的一个物理量，电源中非静电力对电荷做功的能力，称为电动势，在数值上等于非静电力把单位正电荷从电源低电位端 b 经电源内部移到高电位端 a 所做的功。

电功率：电压与电流的乘积即为电功率，计算值为正时表示电路在吸收功率，为负时表示该电路在发出功率，起电源作用。

（二）基本电路元件

电路元件需能正确反映电路的电源性质和负载性质。

1. 电源元件

电源的作用是满足负载要求的电压、电流和功率，可用电压源模型和电流源模型表示。

（1）电压源模型

电压源是一个理想元件，因为它能为外电路提供一定的能量，所以又叫有源元件。

电压源是电动势与电阻串联形成，电压源端电压的计算公式如下：

$$U=U_s-R_0I \tag{7-2-1}$$

式中 U_s——电动势；

R_0——电阻（Ω）。

当 $R_0=0$ 时，此电压源为理想电压源，它是从实际电源抽象出来的一种模型，在其两端总能保持一定的电压而不论流过的电流为多少。电压源具有两个基本的性质：第一，它的端电压定值 U 或是一定的时间函数 U（t）与流过的电流无关；第二，电压源自身电压是确定的，而流过它的电流是任意的。为减少电源内部的能量消耗，我们希望实际电压源的内阻越小越好。

（2）电流源模型

电流源模型由电流源与电源内阻并联组成，电流源输出电流的计算公式如下：

$$I=I_s-\frac{U}{R_0} \tag{7-2-2}$$

式中 I_s——电流源；

R_0——电源内阻（Ω）。

当 $R_0=\infty$时，此电流源为理想电流源，电流源具有两个基本的性质：第一，它提供的电流是定值或是一定的时间函数与两端的电压无关；第二，电流源自身电流是确定的，而它两端的电压是任意的。

（3）两种电源的等效变换

两种电源的外特性方程一致，它们对外电路的作用一样，即对外部负载等效，不对内部电路等效。变换后电流源 I_s 正方向与电源 U_s 的方向相反。

电压源与电流源的变换方法：电压源和电流源中电阻 R_0 的数值相同。

理想电压源与理想电流源的方向相反。

2.负载元件

（1）电阻元件

电阻元件指电路中消耗电能多少的元件，其端电压的大小与流过该电阻电流的比值成正比。

（2）电感元件

电感元件指反映储存磁场能量多少的元件，计算公式如下：

$$e_1=-\frac{d\psi}{dt} \tag{7-2-3}$$

当 $e_1=L=$常数时，称为线性电感；当 $e_1\neq$常数时，称为非线性电感。

（3）电容元件

它是反映储存电场能量多少的元件，计算公式如下：

$$i=\frac{dq}{dt}=\frac{dq}{du}\cdot\frac{du}{dt} \tag{7-2-4}$$

当 $\frac{dq}{du}=$常数时，称为线性电感；当 $\frac{dq}{du}\neq$常数时，称为非线性电感。

（三）欧姆定律

如图 7-2-1 所示，通过电阻的电流 I 与电阻两端的电压 U 成正比，计算式如下：

$$U=RI \tag{7-2-5}$$

式中　R——电阻（Ω）。

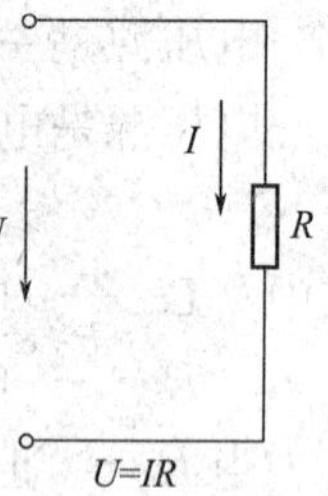

图 7-2-1

（四）基尔霍夫电流定律（KCL）

节点：三条或三条以上电路的汇集点。

支路：相邻两个节点之间的一段电路。

支路电流：支路上流经的电流。

基尔霍夫电流定律：用来处理节点电流关系的定律，流入节点电流为正，流出为负，即：

$$\sum I_{入}=\sum I_{出} \tag{7-2-6}$$

任一电路，任何时刻，任一节点电流的代数和为 0。

如图 7-2-2 所示，节点 a 的电流关系为 $I_1+I_3=I_2+I_4$，图 7-2-3（a）、图 7-2-3（b）中 $I_A+I_B+I_C=0$ 和 $I_E=I_B+I_C$。

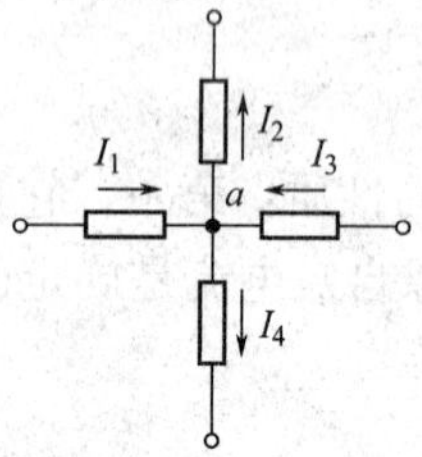

图 7-2-2

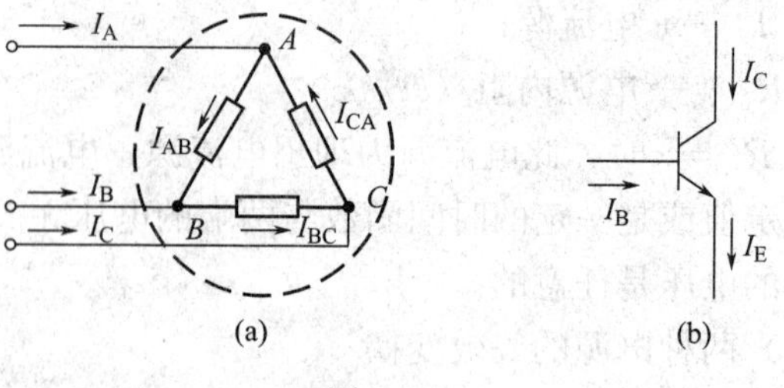

图 7-2-3

(五) 基尔霍夫电压定律

回路：从某一节点出发，经过若干条支路而不重复经过，最后回到原出发的节点，所经过的闭合路径。

基尔霍夫电压定律：任一电路，任意时刻，任一回路电压降的代数和为 0，即：

$$\sum U=0 \tag{7-2-7}$$

正方向与巡行方向一致的电压为电压降，取正号，不一致的则取负号；正方向与巡行方向一致的电动势为电压升，不一致取相反符号。

(六) 叠加原理

定义：如果有若干个独立电源同时作用于线性电路中，则各支路上的电压和电流等于各个独立电源单独作用时，在该支路上所产生的电压分量和电流分量的代数和。

所谓一个电源单独作用，是指除了该电源外，其他不作用的电源令其数值为 0，即不作用的电压源电压为 0（短路），不作用的电流源为 0（断路），仅适用于线性电路中的线性量。

对单个电源作用的响应求代数和时，需注意各电源单独作用时支路电流或电压的方向与原图是否一致，一致时取“＋”号，相反时取“－”号。

(七) 戴维南定理

任何一个有源二端网络都可以用一个等效电压源代替，等效电压源的电动势等于该有源二端网络的开路电压 U_{∞}； 内阻 R_0 等于该网络中所有电源除源（电压源短路，电流源开路，而电源内阻保留）后所得的无源二端网络的等效电阻。

(八) 支路电流法

若一个电路有 a 个节点、b 条支路，那么该电路的独立节点数和独立回路数分别为 $a-1$ 和 $b-1$。

支路电流法解题步骤如下：

第一步：确定电路中 b 条支路电流的名称及回路循环方向；

第二步：列出 $a-1$ 个独立节点电流方程；

第三步：列出 $b-a+1$ 个独立的回路电压方程；

第四步：联立 b 个方程解得各支路电流，进一步可求出各支路电压和功率。

(九) 正弦交流电路

1. 正弦交流电路的三要素

若电路中的电压、电流随时间按正弦规律变化，则此电路称为正弦交流电路，电网上输送的电能都是以正弦交流电工作的。

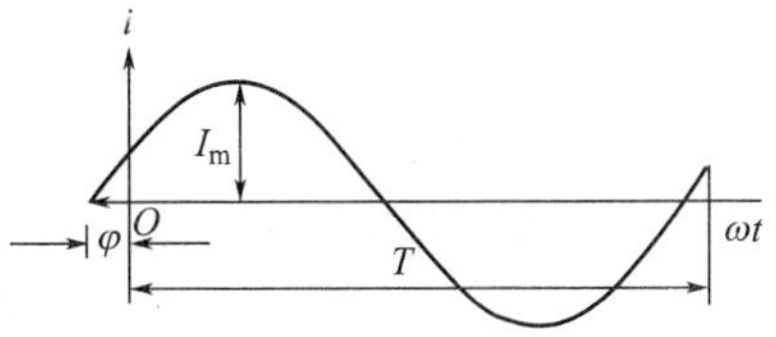

图 7-2-4

如图 7-2-4 所示，正弦交流电的瞬时形式可表示为：

$$i=I_{\mathrm{m}}\sin(\omega t+\varphi) \tag{7-2-8}$$

式中 I_{m}——正弦交流电流的幅值；

φ——正弦量在 $t=0$ 时刻的电角度，称为正弦量的初相位（角）。

ω——正弦交流电流的角频率，$\omega=\dfrac{2\pi}{T}=2\pi f$ (rad/s)，f 为正弦量的频率，单位

为赫兹（Hz）。

幅值、角频率和初相位，称为正弦量的三要素。

2. 正弦量的有效值

对同一元件分别通上直流电 I 和交流电 i，在一个周期 T 内产生的热量相等，则直流电流 I 的数值就称为交流电流 i 的有效值，计算公式如下：

$$I=\sqrt{\frac{1}{T}\int_0^T i^2\mathrm{d}t} \tag{7-2-9}$$

对于正弦交流电，$i=I_{\mathrm{m}}\sin(\omega t+\varphi)$ 代入上式得：

$$I=\frac{1}{\sqrt{2}}I_{\mathrm{m}} \tag{7-2-10}$$

3. 正弦交流电的复数表示法和相量表示法

（1）复数表示法

应用数学中复数表示矢量的方法，将电工技术中的正弦向量用复数表示。

若一个复数的模等于某正弦量的有效值或幅值，它的幅角等于某正弦量的初相位，那么这个复数就可以表示该正弦量。

以正弦电流 $i=I_{\mathrm{m}}\sin(\omega t+\varphi)$ 为例，它的代数式为

$$\dot{I}_{\mathrm{m}}=a+jb \tag{7-2-11}$$

极坐标式为：

$$\dot{I}_{\mathrm{m}}=I_{\mathrm{m}}\underline{/\varphi} \tag{7-2-12}$$

指数式为：

$$\dot{I}_{\mathrm{m}}=I_{\mathrm{m}}e^{j\varphi} \tag{7-2-13}$$

它们之间的关系为：

$$\left.\begin{aligned}a&=I\cos\varphi\\b&=I\sin\varphi\end{aligned}\right\} \tag{7-2-14}$$

和

$$\left.\begin{aligned}I&=\sqrt{a^2+b^2}\\\varphi&=\arctan\frac{b}{a}\end{aligned}\right\} \tag{7-2-15}$$

（2）相量表示法

将相量放至复平面坐标系里用有向线段表示，得到相量图。

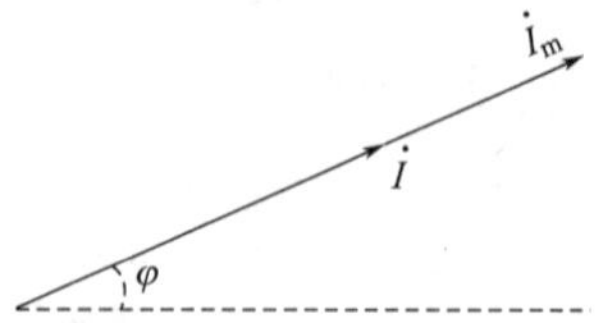

图 7-2-5

有向线段的长度为复数的模，即正弦量的有效值或幅值，有向线段与横轴的夹角为复数的幅角，即正弦量的初相，初相为正，则夹角在横轴上方，初相为负，则夹角在横轴下方。

如图 7-2-5 所示，当 $t=0$ 时，$i(t)=I_{\mathrm{m}}\sin\varphi$，相量式为 $\dot{I}_{\mathrm{m}}=I_{\mathrm{m}}\underline{/\varphi}$。

4. 电阻、电感和电容元件，单一参数的正弦交流电路（表 7-2-1）

电阻、电感和电容元件，单一参数的正弦交流电路　　**表 7-2-1**

电路参数	电阻 R	电感 L	电容 C
特征	消耗电能	产生磁通，储存磁场能量	积聚电荷，储存电场势能
定义式	$R=\frac{u_R}{i}$ 单位 $\Omega\left(\frac{V}{A}\right)$	$L=\frac{\varphi}{i}$ 单位 $H\left(\frac{Wb}{A}\right)$	$C=\frac{q}{u_c}$ 单位 $F\left(\frac{C}{V}\right)$
电路图	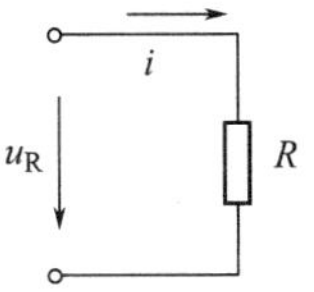	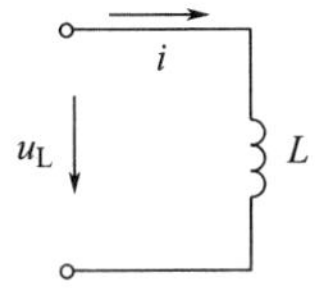	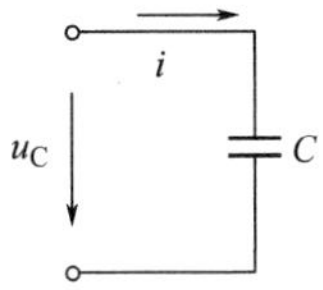
基本关系	$u_R=Ri$	$u_L=L\frac{di}{dt}$	$i=C\frac{du_C}{dt}$
阻抗	R	$X_L=\omega L=2\pi f$（感抗）	$X_c=\frac{1}{wC}=\frac{1}{2\pi fC}$（容抗）
瞬时关系	$i=\sqrt{2}I\sin\omega t$ $u_R=\sqrt{2}RI\sin\omega t$	$i=\sqrt{2}I\sin\omega t$ $u_L=\sqrt{2}X_LI\sin(\omega t+90°)$	$i=\sqrt{2}I\sin\omega t$ $u_C=\sqrt{2}X_CI\sin(\omega t-90°)$
幅值关系	$U_{Rm}=RI_m$	$U_{Lm}=X_LI_m$	$U_{Cm}=X_CI_m$
有效值关系	$U_R=RI$	$U_L=X_LI$	$U_C=X_CI$
相位关系	u_R 与 i 同相	u_L 超前 90°	u_C 滞后 90°
相量式关系	$\dot{U}_R=R\dot{I}$	$\dot{U}_L=jX_L\dot{I}$	$\dot{U}_C=-jX_C\dot{I}$
相量图	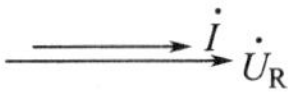		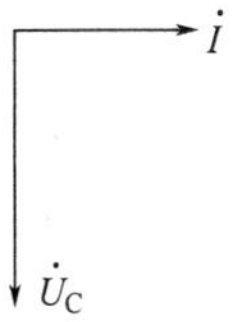
瞬时功率	$P_R=U_RI(1-\cos2\omega t)$	$P_L=U_LI\sin2\omega t$	$P_C=U_CI\sin2\omega t$
平均功率（有效功率）	$P_R=U_RI=I^2R=\frac{U_R^2}{R}$(W)	$P_L=0$	$P_C=0$
无功功率	$Q_R=0$	$Q_L=U_LI=I^2X_L=\frac{U_L^2}{X_L}$(Var)	$Q_C=U_CI=I^2X_C=\frac{U_C^2}{X_C}$(Var)
波形图	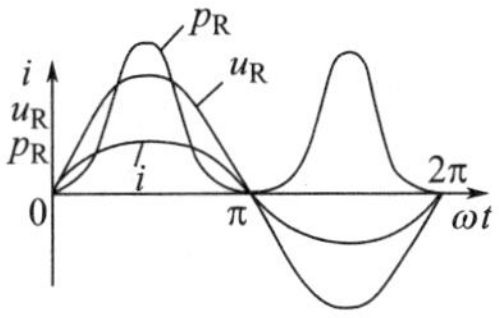	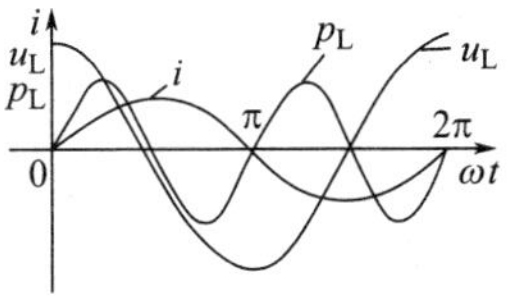	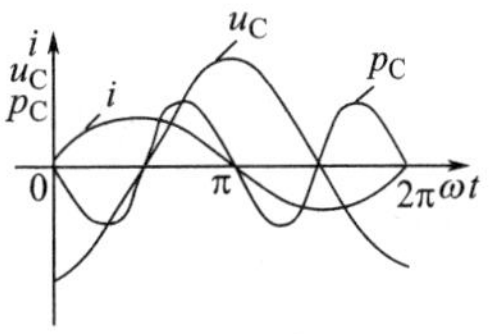

5. RLC 串联交流电路

(1) $u-i$ 关系

如图 7-2-6（a）所示，R、L、C 为串联电路，各元件流过相同电流 i，设 $i=$

$I_m \sin\omega t$，则总电压为

$$u = u_R + u_L + u_C \tag{7-2-16}$$

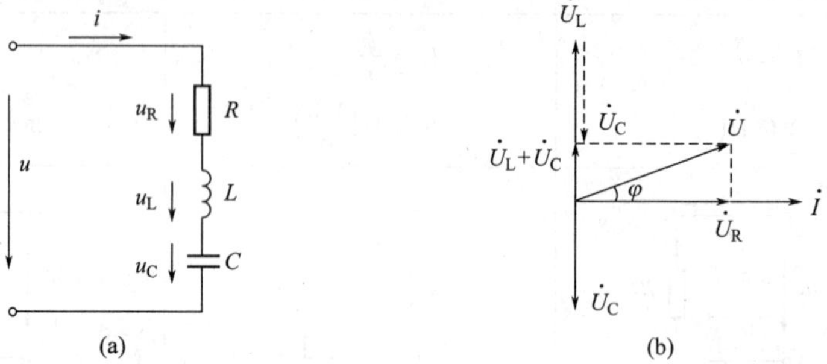

图 7-2-6

相量关系表示有：

$$\dot{U} = \dot{U}_R + \dot{U}_L + \dot{U}_C = [R + j(X_L - X_C)\dot{I}] = Z\dot{I} \tag{7-2-17}$$

式中　$Z = R + j(X_L - X_C) = |Z|\underline{/0^\circ}$ 称为电路的复阻抗，单位为欧姆（Ω），其模为：

$$|Z| = \sqrt{R^2 + (X_L - X_C)^2} = \sqrt{R^2 + X^2} \tag{7-2-18}$$

阻抗的幅角称为阻抗角，即：　$\varphi = \tan^{-1}\dfrac{X_L - X_C}{R} = \tan^{-1}\dfrac{X}{R}$　(7-2-19)

其中 X 称电抗，为感抗 X_L 与容抗 X_C 之差。

当 $X_L > X_C$，有 $U_L > U_C$，$Q_L > Q_C$，电路为感性电路，$\varphi>0$，电压超前于电流。

当 $X_L < X_C$，有 $U_L < U_C$，$Q_L < Q_C$，电路为容性电路，$\varphi<0$，电压滞后于电流。

当 $X_L = X_C$，有 $U_L = U_C$，$Q_L = Q_C$，电路中电容和电感的无功功率完全补偿，电路为阻性电路，$\varphi=0$，电压与电流同相，电路发生谐振。

（2）电路的功率

平均功率：

$$P = \frac{1}{T}\int_0^T ui\,\mathrm{d}t = UI\cos\varphi(\mathrm{W}) \tag{7-2-20}$$

无功功率：

$$Q = Q_L - Q_C = U_L I - U_C I = U_X I = UI\sin\varphi(\mathrm{Var}) \tag{7-2-21}$$

视在功率：

$$S = IU = \sqrt{P^2 + Q^2}(\mathrm{VA}) \tag{7-2-22}$$

S、P 和 Q 在数值上构成一个直角三角形，称为功率三角形，φ 角在功率三角形中称为功率因数角，即：$\varphi = \tan^{-1}\dfrac{Q_L - Q_C}{P} = \tan^{-1}\dfrac{U_L - U_C}{U_R} = \tan^{-1}\dfrac{X_L - XU_C}{R}$。

6. RL 和 C 并联电路

一台发电机或变压器的额定视在功率（额定电压与额定电流的乘积）为它们的容量，即：

$$P = S\cos\varphi \tag{7-2-23}$$

式中　$\cos\varphi$——交流电路功率因数，与电路（负载）的阻抗参数有关，数值越大，设备容量的利用率越高，功率损耗越小。

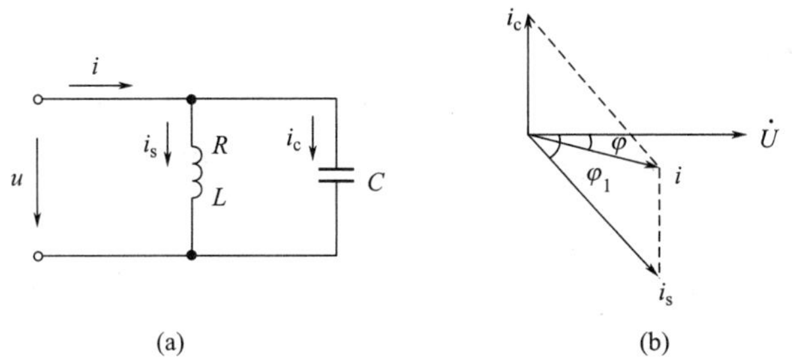

图 7-2-7

提高 $\cos\varphi$ 的方法：如图 7-2-7（b）所示，在 RL 上并联电容 C，设原 RL 感性负载的功率函数为 $\cos\varphi_1$，感性负载 $Z=R+jX_L-|Z|\underline{/\varphi_1}$，以电压 $\dot{U}=U\underline{/0°}$ 为参考相量，则感性负载上电流为：

$$\dot{I}_1=I_1\underline{/-\varphi_1}=\frac{U}{|Z|}\underline{/-\varphi_1} \tag{7-2-24}$$

流过电容的电流为：

$$\dot{I}_C=jI_C=j\frac{U}{X_C} \tag{7-2-25}$$

总电流为：

$$\dot{I}=\dot{I}_1+\dot{I}_C=I\underline{/-\varphi} \tag{7-2-26}$$

$$I=\sqrt{(I_1\cos\varphi_1)^2+(I_1\sin\varphi_1-I_C)^2} \tag{7-2-27}$$

$$\varphi=\tan^{-1}\frac{I_1\sin\varphi_1-I_C}{I_1\cos\varphi_1} \tag{7-2-28}$$

并上电容后，$\varphi<\varphi_1$，即 $\cos\varphi>\cos\varphi_1$，功率因数得到提高。

要使电路功率因数从 $\cos\varphi_1$ 提高到 $\cos\varphi$，应并联电容量为：

$$C=\frac{P}{\omega U^2}(\tan\varphi_1-\tan\varphi)(\mathrm{F}) \tag{7-2-29}$$

补偿的无功功率为：

$$Q_C=I_CU=P(\tan\varphi_1-\tan\varphi)(\mathrm{Var}) \tag{7-2-30}$$

7. 交流电路的频率特性

(1) RC 电路的频率特性

在交流电路中，当有电容或电感存在时，电阻的阻抗和导纳是频率的函数，这种函数关系就称为电路的频率特性。

滤波器主要通过容抗和感抗对不同频率的输入信号产生不同响应，让需要的某频率带的信号尽可能不衰减不失真地顺利通过，而最大幅度地抑制和衰减不需要的其他频率的信号。

1) RC 低通滤波器

如图 7-2-8 所示，RC 串联电路，其输出、输入电压是频率的函数，比值 $T(j\omega)$ 为电路的传递函数，即：

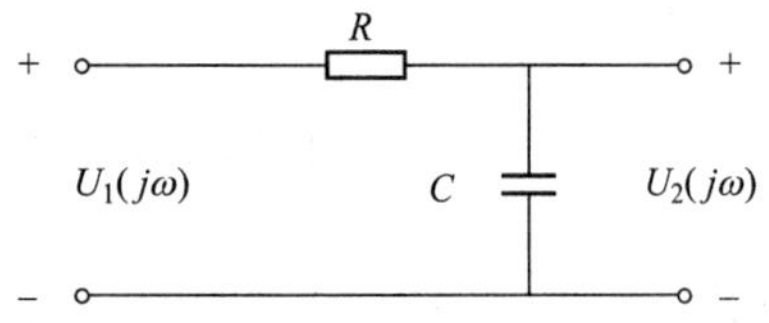

图 7-2-8

$$
\begin{aligned}
T(j\omega)&=\frac{U_2(j\omega)}{U_1(j\omega)}\\
&=\frac{1}{1+j\omega RC}=\frac{1}{\sqrt{1+(\omega RC)^2}}\underline{\big/-\arctan(\omega RC)}\\
&=\frac{1}{\sqrt{1+\left(\dfrac{\omega}{\omega_0}\right)^2}}=\underline{\Big/-\arctan\left(\frac{\omega}{\omega_0}\right)}\left(\text{令 }\omega_0=\frac{1}{RC}\right)\\
&=|T(j\omega)|\underline{/\varphi(\omega)}
\end{aligned}
\tag{7-2-31}
$$

式中　$T(j\omega)$——传递复数的幅值，$T(j\omega)=\dfrac{1}{\sqrt{1+\left(\dfrac{\omega}{\omega_0}\right)^2}}$；

$\varphi(\omega)$——传递函数的相位角，$\varphi(\omega)=-\arctan\left(\dfrac{\omega}{\omega_0}\right)$。

随 ω 变化的特性称为幅频特性，$\varphi(\omega)$ 随 ω 变化的特性称为相频特性，二者合起来称为频率特性。

当 $\omega=0$ 时，$|T(j\omega)|=1$，$\varphi(\omega)=0$；

当 $\omega=\infty$时，$|T(j\omega)|=0$，$\varphi(\omega)=-\dfrac{\pi}{2}$；

当 $\omega=\omega_0=\dfrac{1}{RC}$ 时，$|T(j\omega)|=\dfrac{1}{\sqrt{2}}=0.707$，$\varphi(\omega)=-\dfrac{\pi}{4}$。

$0\leqslant\omega\leqslant\omega_0$ 为通频带；当 $\omega<\omega_0$ 时，信号能顺利通过；当 $\omega>\omega_0$ 时，信号大幅衰减；$\omega=\omega_0$ 为信号允许衰减的最大值，此时称 ω_0 为截止频率。此滤波器允许低于 ω_0 频率的信号通过，抑制大于 ω_0 频率的信号，称为低通滤波器。

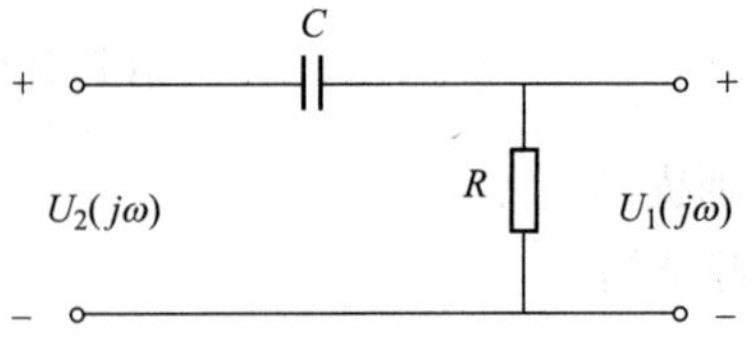

图 7-2-9

2) RC 高通滤波器

如图 7-2-9 所示，转移函数

$$
\begin{aligned}
T(j\omega)&=\frac{U_2(j\omega)}{U_1(j\omega)}\\
&=\frac{j\omega RC}{1+j\omega RC}=\frac{1}{1-j\omega RC}=\frac{1}{\sqrt{1+\left(\dfrac{1}{\omega RC}\right)^2}}=\underline{\Big/\arctan\frac{1}{\omega RC}}\\
&=\frac{1}{\sqrt{1+\left(\dfrac{\omega}{\omega_0}\right)^2}}=\underline{\Big/\arctan\frac{\omega_0}{\omega}}\\
&=|T(j\omega)|\underline{/\varphi(\omega)}\left(\text{令 }\omega_0=\frac{1}{RC}\right)
\end{aligned}
\tag{7-2-32}
$$

式中　$|T(j\omega)|$——幅频特性，$|T(j\omega)|=\dfrac{1}{\sqrt{1+\left(\dfrac{\omega}{\omega_0}\right)^2}}$；

$\varphi(\omega)$——相频特性，$\varphi(m)=\arctan\dfrac{\omega}{\omega_0}$。

当 $\omega=0$ 时，$|T(j\omega)|=0$，$\varphi(\omega)=\dfrac{\pi}{2}$；

当 $\omega=\infty$时，$|T(j\omega)|=1$，$\varphi(\omega)=0$；

当 $\omega=\omega_0=\dfrac{1}{RC}$ 时，$|T(j\omega)|=\dfrac{1}{\sqrt{2}}=0.707$，$\varphi(\omega)=\dfrac{\pi}{4}$。

当 $0<\omega<\omega_0$ 时，$|T(j\omega)|<0.707$，信号大幅衰减；当 $\omega>\omega_0$ 时，信号能顺利通过；当 $\omega=\omega_0$ 时的信号衰减是允许的最高值限，称 ω_0 为截止频率。此滤波器允许频率高于 ω_0 的信号顺利通过，抑制频率低于 ω_0 的信号，称此滤波器为高通滤波器。

(2) 谐振电路

若电路出现纯电阻性质，则电路出现谐振。

1) 串联谐振

R、L、C 串联电路中发生的谐振称为串联谐振，谐振频率为：

$$\omega=\omega_0=\frac{1}{\sqrt{LC}} \text{ 或 } f=f_0=\frac{1}{2\pi\sqrt{LC}} \tag{7-2-33}$$

串联电路谐振具有阻抗最小、电流最大的特点，阻抗值和电流值计算如下。

阻抗：

$$|Z|=\sqrt{R^2+(X_L-X_C)^2}=R \tag{7-2-34}$$

电流：

$$I=I_0=\frac{U}{R} \tag{7-2-35}$$

电路品质因数：

$$Q=\frac{U_C}{U}=\frac{U_L}{U}=\frac{\omega_0 L}{R}=\frac{1}{\omega_0 CR} \tag{7-2-36}$$

2) 并联谐振

并联电路中发生的谐振称为并联谐振，谐振频率为：

$$\omega=\omega_0\approx\frac{1}{\sqrt{LC}} \text{ 或 } f=f_0\approx\frac{1}{2\pi\sqrt{LC}} \tag{7-2-37}$$

并联电路谐振具有阻抗最大、电流最小的特点，阻抗值和电流值计算如下：

阻抗：

$$|Z_0|=\frac{L}{RC} \tag{7-2-38}$$

电流：

$$I=I_0=\frac{U}{|Z_0|} \tag{7-2-39}$$

电路的品质因数：

$$Q=\frac{I_0}{I_1}=\frac{I_C}{I_0}=\frac{2\pi f_0 L}{R}=\frac{\omega_0 L}{R}=\frac{1}{\omega_0 RC} \tag{7-2-40}$$

8. 三相交流电路

（1）三相交流电源

1）三相交流电源的表示法

三相交流电源是三相交流发电机产生的，三相发电机内部有三相定子绕组，其发出的三相电动势如下：

$$\left.\begin{aligned} e_A &= E_m \sin\omega t \\ e_B &= E_m \sin(\omega t - 120°) \\ e_C &= E_m \sin(\omega t + 120°) \end{aligned}\right\} \tag{7-2-41}$$

幅值相等，频率相等，相位互差 120°的电动势称为对称电动势，即：

$$\left.\begin{aligned} e_A + e_B + e_C = 0 \\ \dot{E}_A + \dot{E}_B + \dot{E}_C = 0 \end{aligned}\right\} \tag{7-2-42}$$

具有三相电动势性质的电源称为三相电源。

2）电源的相电压、线电压

中点（零点）：将三个绕组的末端联在一起，称为中点或零点，用 N 表示。

火线：将三个绕组的首端引出的三根导线。

中线：各相电动势的尾端公共线。

相电压：每根相线到中线间的电压称为相电压，用 u_A、u_B 和 u_C 表示，有效值记为"U_P"。线电压：两根相线间的电压称为线电压，用 u_{AB}、u_{BC} 和 u_{AC} 表示，有效值记为"U_P"。

（2）三相交流负载

1）三相负载星形联接

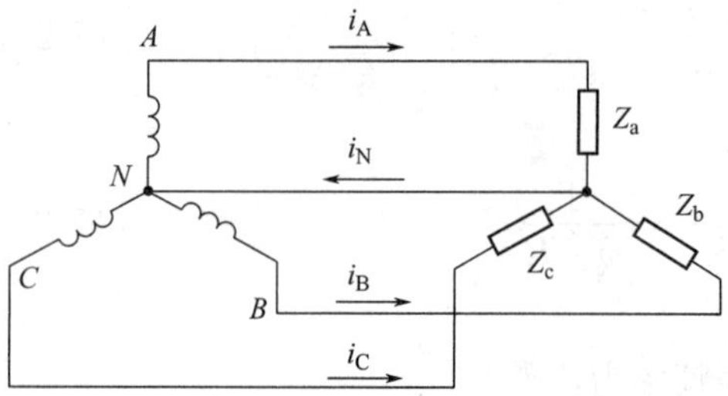

图 7-2-10

如图 7-2-10 所示，三相负载的末端联到中线，首端接到三根相线，这样的接法称为星形接法。

若忽略连接导线的阻抗，每相负载承受电源的相电压。当负载的额定电压为电源的相电压时，负载应接成星形连接。只要有中线存在，三相负载电压总是对称的，各相负载上流过的相电流等于电源线上的线电流。

设三相负载阻抗分别为 Z_a、Z_b 和 Z_c，以相电压 $\dot{U}_A = \dot{U}_P \angle 0°$ 为参考向量，则流过各相负载的电流分别为：

$$\begin{aligned} \dot{I}_A &= \frac{\dot{U}_P}{Z_a} = \frac{U_P}{|Z_a|} \angle -\varphi_a \\ \dot{I}_B &= \frac{\dot{U}_B}{Z_b} = \frac{U_P}{|Z_b|} \angle -120° - \varphi_b \\ \dot{I}_C &= \frac{\dot{U}_C}{Z_c} = \frac{U_P}{|Z_c|} \angle 120° - \varphi_c \end{aligned} \tag{7-2-43}$$

中线电流则为：

$$\dot{I}_N=\dot{I}_A+\dot{I}_B+\dot{I}_C \tag{7-2-44}$$

当三相负载对称时，即 $Z_a=Z_b=Z_c$，中线电流 $I_N=0$，当负载对称时，中线可省去。

当负载不对称时中线不能不接，也不能在中线上接入熔断器或闸刀开关，要保证联接牢靠。如果中线断开，会引起各相负载电压不对称，有的相电压超出负载额定电压，有的相电压则低于负载额定电压，不能正常工作。

2）三相负载三角形联接

如图 7-2-11 所示，负载的三角形联接，三相负载 Z_{ab}、Z_{bc}、Z_{ca} 首尾顺次相接成三角形，每相负载承受电源的线电压。当负载的额定电压等于电源线电压时，负载应接成三角形连接，不论负载是否对称，其各相电压总对称。

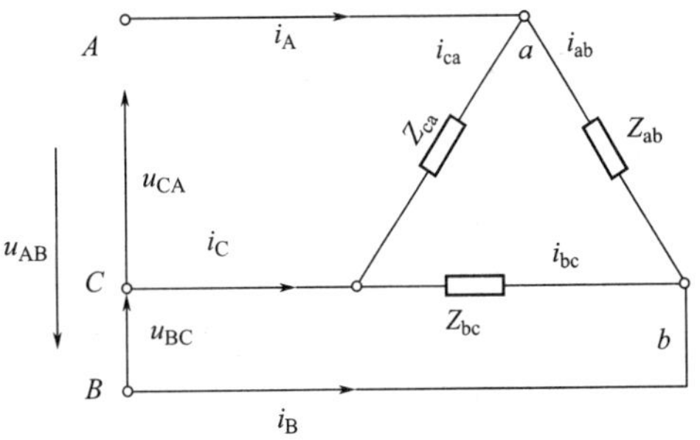

图 7-2-11

若已知每相负载 Z_{ab}、Z_{bc}、Z_{ca}，以线电压 $\dot{U}_{AB}=U_L\angle 0°$ 为参考相量，则流过各相负载的电流为：

$$\dot{I}_{ab}=\frac{\dot{U}_{AB}}{Z_{ab}}=\frac{U_L}{|Z_{ab}|}\angle -\varphi_{ab}$$

$$\dot{I}_{bc}=\frac{\dot{U}_{BC}}{Z_{bc}}=\frac{U_L}{|Z_{bc}|}\angle -\varphi_{bc}-120°$$

$$\dot{I}_{ca}=\frac{\dot{U}_{CA}}{Z_{ca}}=\frac{U_L}{|Z_{ca}|}\angle \varphi_{ca}+120°$$

三个线电流分别为：

$$\left.\begin{aligned}\dot{I}_A&=\dot{I}_{ab}-\dot{I}_{ca}\\\dot{I}_B&=\dot{I}_{bc}-\dot{I}_{ab}\\\dot{I}_C&=\dot{I}_{ca}-\dot{I}_{bc}\end{aligned}\right\} \tag{7-2-45}$$

若负载对称，即 $Z_{ab}=Z_{bc}=Z_{ca}=Z$，三相电流对称，大小相等，相位互差 120°。

对称负载三角形接法时三个相电流 $\dot{I}_P$ 对称，三个线电流 $\dot{I}_L$ 对称；$I_L=\sqrt{3}I_P$，相位上线电流滞后相应电流 30°，如 $\dot{I}_A$ 滞后 $\dot{I}_{ab}$30°，$\dot{I}_C$ 滞后 $\dot{I}_{ca}$30°，用相量综合表示为：

$$\dot{I}_L=\sqrt{3}\dot{I}_P\angle -30° \tag{7-2-46}$$

（3）三相功率

三相总有功功率为各相有功功率之和，即：

$$P=P_A+P_B+P_C \tag{7-2-47}$$

有功功率：

$$P=3P_P=3U_PI_P\cos\varphi=\sqrt{3}U_LI_L\cos\varphi \tag{7-2-48}$$

无功功率：

$$Q=3U_{\mathrm{P}}I_{\mathrm{P}}\sin\varphi=\sqrt{3}U_{\mathrm{L}}I_{\mathrm{L}}\sin\varphi \tag{7-2-49}$$

视在功率：

$$S=3U_{\mathrm{P}}I_{\mathrm{P}}=\sqrt{3}U_{\mathrm{L}}I_{\mathrm{L}} \tag{7-2-50}$$

式中　φ——各相负载上的电压与电流的相位差。

9.安全用电

人接触带电设备或由于绝缘损坏而使金属外壳带电的设备，触电会严重损伤心脏和神经系统，危及生命，超过50mA的电流流经人体就有生命危险，40～60Hz频率更危险。

为保护人身安全和保证电力设备的正常运行，应及时更换或修理绝缘损坏的导线，对电力设备采取接地或接零措施。

① 工作接地

将电力系统的中性点接地，称为工作接地。

工作接地可使人体触电电压从电源线电压降低到相电压，保护电器迅速切断故障设备。

② 保护接地

将电气设备在正常运行时不带电的金属外壳接地，一般用于中性点不接地的低压系统。

③ 保护接零

将电气设备的金属外壳接到零线（即中线）上，适用于中性点接地的低压系统。

10.RC和RL电路的暂态过程

电路从一种稳态向另一种稳态变化的过程，称为过渡过程，或称暂态过程。利用暂态过程的特性可改善波形或产生特定波形。

电路发生暂态过程的外因是电路发生换路，如电路接通或断开、短路、电压或电路参数改变；内因则是电路中含有储能元件，储存的能量不能跃变，积累和消耗需一定的时间，因此发生暂态过程。

根据电路储能元件的不同，分为RC电路响应和RL电路响应。每种响应分为三种基本响应方式，即：零输入相应、零状态响应和全响应。

（1）换路定则

换路定则用来确定电路暂态过程的电压、电流的初始值。

假定电路在 $t=0$ 时刻发生换路，以 $t=0_-$ 表示换路前的最后瞬间，$t=0_+$ 表示换路后的最初瞬间。

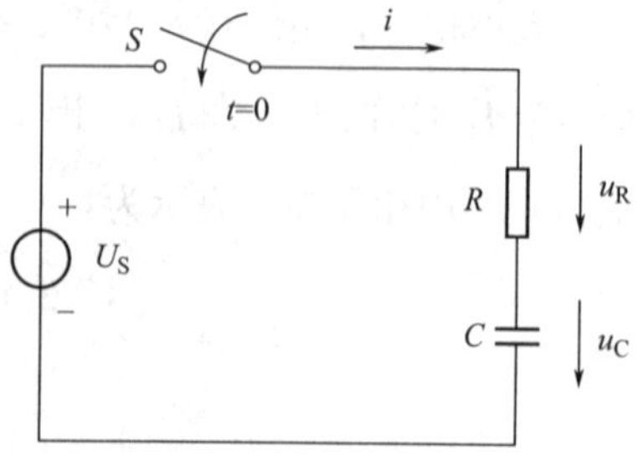

图 7-2-12

换路定则为：在换路发生的前后瞬间，电容上的电压和电感上的电流不能跃变，即：

$$\left.\begin{aligned}u_{\mathrm{C}}(0_-)&=u_{\mathrm{C}}(0_+)\\ i_{\mathrm{L}}(0_-)&=i_{\mathrm{L}}(0_+)\end{aligned}\right\} \tag{7-2-51}$$

1）RC一阶线性电路的响应

如图7-2-12所示，根据 $Ri+u_{\mathrm{C}}=U_{\mathrm{S}}$，即：

$$RC\frac{\mathrm{d}u_{\mathrm{C}}}{\mathrm{d}t}+u_{\mathrm{C}}=U_{\mathrm{S}} \tag{7-2-52}$$

$$u_{\mathrm{C}}(t)=u_{\mathrm{C}}(\infty)+[u_{\mathrm{C}}(0_+)-u_{\mathrm{C}}(\infty)]e^{-\frac{t}{\tau}} \tag{7-2-53}$$

电压和电流响应可表示为：

$$f(t)=f(\infty)+[f(0_+)-f(\infty)]e^{-\frac{t}{\tau}} \tag{7-2-54}$$

式中 $f(\infty)$——响应的稳态值，$u_C(\infty)=U_S$，$i(\infty)=0$，$u_R(\infty)=0$。

$f(0_+)$——响应的初始值。

τ——RC 电路的时间常数（s），$\tau=RC$，τ 越小，暂态过程越短，$\tau=\infty$时，暂态过程结束。

欲求 RC 电路的响应，只要确定 $f(\infty)$、$f(0_+)$ 和 τ 这三个要素，代入式（2-53）即可。这种求响应的方法仅适用于一阶线性电路，称为三要素法。

$i(t)$、$u_R(t)$ 计算式如下：

$$i(t)=C\frac{du_C}{dt}=\frac{1}{R}[u_C(\infty)-u_C(0_+)]e^{-\frac{t}{\tau}} \tag{7-2-55}$$

$$u_R(l)=Ri(\tau)=[u_C(\infty)-u_C(0_+)]e^{-\frac{t}{\tau}} \tag{7-2-56}$$

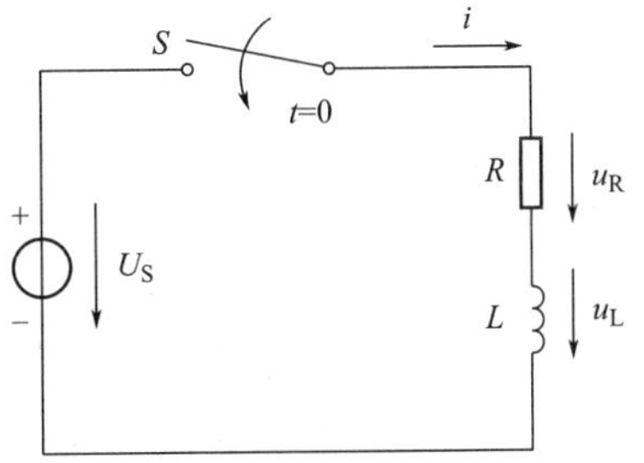

图 7-2-13

2）RL 一阶线性电路的响应

如图 7-2-13 所示，该电路中时间常数 $\tau=\dfrac{L}{R}$。

历年真题

7-2-1. 图示两电路相互等效，由图（b）可知，流经 10Ω 电阻的电流 $I_R=1$A，由此可求得流经图（a）电路中 10Ω 电阻的电流 I 等于（ ）。(2011A81)

A. 1A B. −1A C. −3A D. 3A

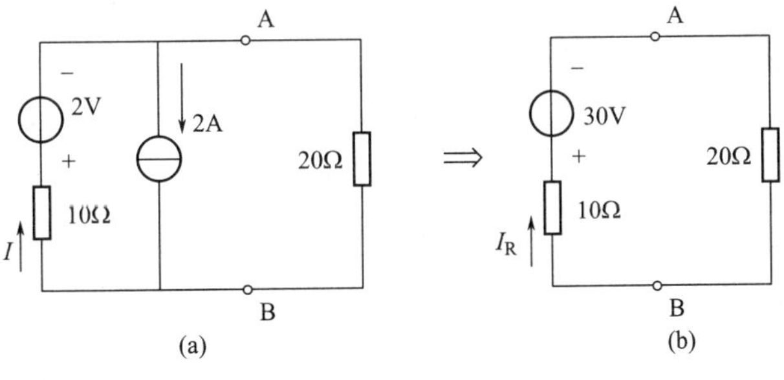

7-2-2. RLC 串联电路如图所示，在工频电压 $u(t)$ 的激励下，电路的阻抗等于（ ）。(2011A82)

A. $R+314L+314C$

B. $R+314L+1/314C$

C. $\sqrt{R^2+(314L-1/314C)^2}$

D. $\sqrt{R^2+(314L+1/314C)^2}$

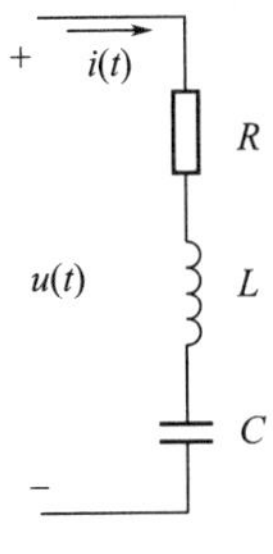

7-2-3. 图示电路中，开关 k 在 $t=0$ 时刻打开，此后，电流 i 的初始值

和稳态值分别为（　　）。（2011A84）

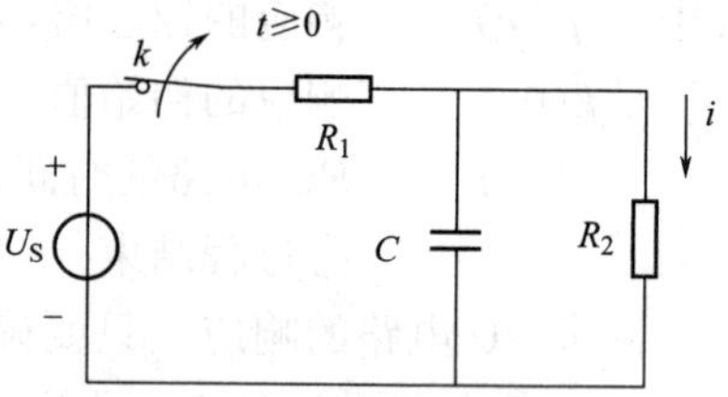

A. $\frac{U_S}{R_2}$ 和 0

B. $\frac{U_S}{R_1+R_2}$ 和 0

C. $\frac{U_S}{R_1}$ 和 $\frac{U_S}{R_1+R_2}$

D. $\frac{U_S}{R_1+R_2}$ 和 $\frac{U_S}{R_1+R_2}$

7-2-4. 电路如图所示，U_S 为独立电压源，若外电路不变，仅电阻 R 变化时，将会引起下述哪种变化（　　）。（2012A81）

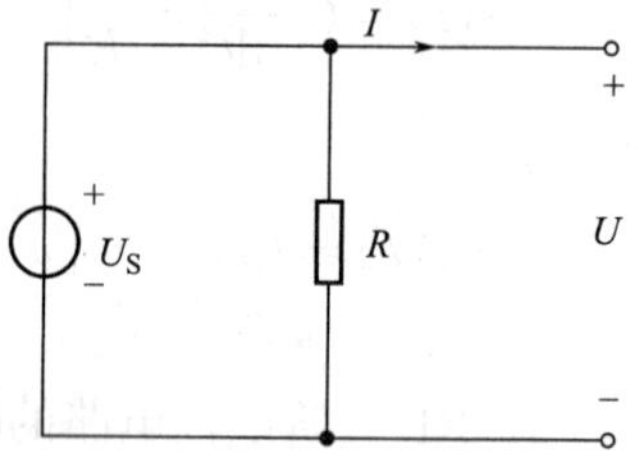

A. 端电压 U 的变化

B. 输出电流 I 的变化

C. 电阻 R 支路电流的变化

D. 上述三者同时变化

7-2-5. 在图（a）电路中有电流 I 时，可将图（a）等效为图（b），其中等效电压源电动势 E_S 和等效电源内阻 R_0 分别为（　　）。（2012A82）

A. -1V，5.143Ω　　　　B. 1V，5Ω

C. -1V，5Ω　　　　D. 1V，5.143Ω

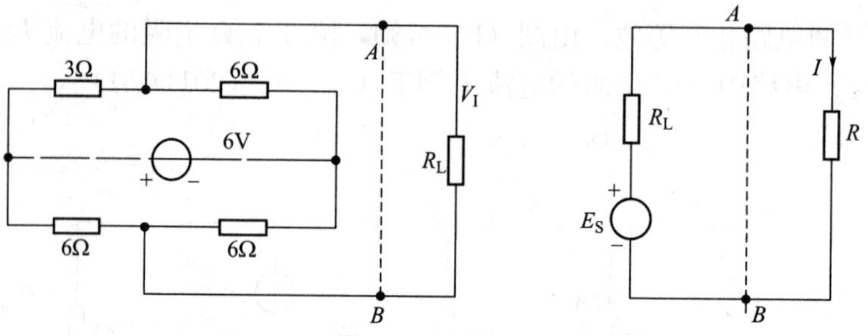

(a)　　(b)

7-2-6. 图示电路中，电容初始电压为零，开关在 $t=0$ 时闭合，则 $t\geqslant 0$ 时 $u(t)$ 为（　　）。（2012A84）

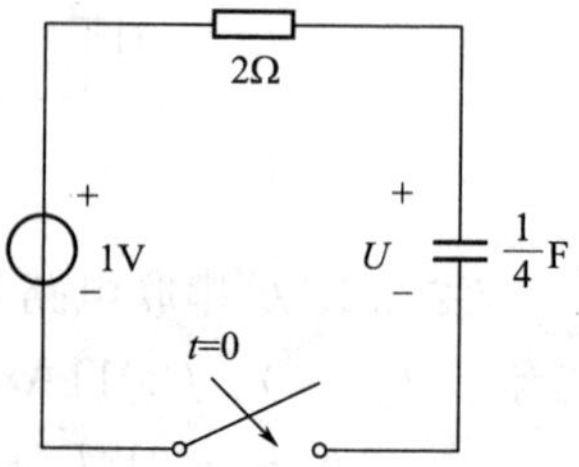

A. $(1-e^{-0.5t})$V

B. $(1+e^{-0.5t})$V

C. $(1-e^{-2t})$V

D. $(1+e^{-2t})$V

7-2-7. 如图所示，电路消耗电功率 2W，以下说法中正确的是（　　）。（2013A80）

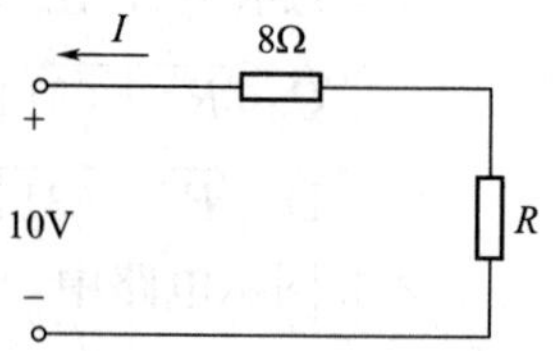

A. $(8+R)I^2=2$，$(8+R)I=10$

B. $(8+R)I^2=2$，$-(8+R)I=10$

C. $-(8+R)I^2=2$，$-(8+R)I=10$

D. $-(8+R)I^2=10$，$(8+R)I=10$

7-2-8. 电路如图所示，$a-b$ 端的开路电压 U_{abc} 为（　　）。(2013A81)

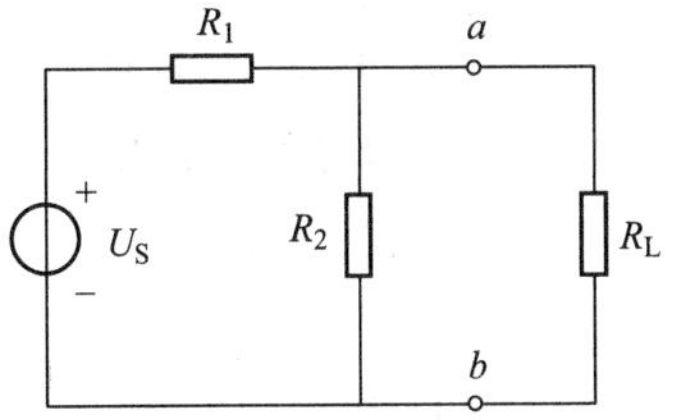

A. 0

B. $\dfrac{R_1}{R_1+R_2}U_S$

C. $\dfrac{R_2}{R_1+R_2}U_S$

D. $\dfrac{R_L\,||\,R_2}{R_1+R_2\,||\,R_L}U_S\left(R_2\,||\,R_L=\dfrac{R_L\cdot R_2}{R_2+R_L}\right)$

7-2-9. 在直流稳态电路中，电阻、电感、电容元件上的电压与电流大小的比值分别为（　　）。(2013A82)

A. R，0，0　　B. 0，0，∞　　C. R，∞，0　　D. R，0，∞

7-2-10. 已知图示三相电路中三相电源对称，$Z_1=z_1\angle-\varphi_1$，$Z_2=z_2\angle-\varphi_2$，$Z_3=z_3\angle-\varphi_3$，若 $U_{NN'}=0$，则 $z_1=z_2=z_3$ 且（　　）。(2013A84)

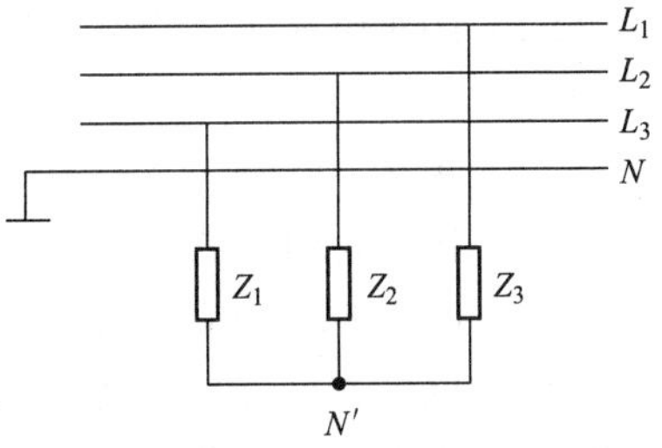

A. $\varphi_1=\varphi_2=\varphi_3$

B. $\varphi_1-\varphi_2=\varphi_2-\varphi_3=\varphi_3-\varphi_1=120°$

C. $\varphi_1-\varphi_2=\varphi_2-\varphi_3=\varphi_3-\varphi_1=-120°$

D. N' 必须被接地

7-2-11. 在图示电路中，$I_1=-4$A，$I_2=-3$A，则 $I_3=$（　　）。(2014A80)

A. −1A

B. 7A

C. −7A

D. 1A

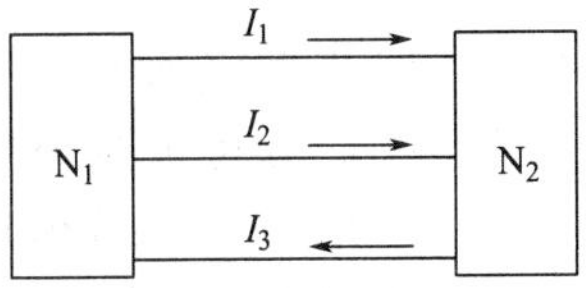

7-2-12. 已知电路如图所示，其中，响应电流 I 在电压源单独作用时的分量为（　　）。(2014A81)

A. 0.375A　　B. 0.25A　　C. 0.125A　　D. 0.1875A

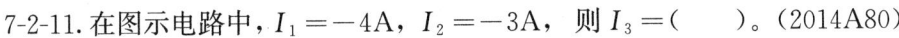

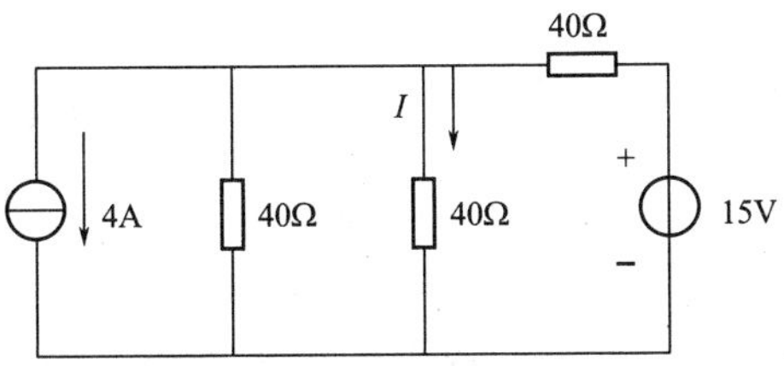

7-2-13. 设电阻元件 R，电感元件 L、电容元件 C 上的电压电流取关联方向，则如下关系成立的是（　　）。(2016A80)

A. $i_R=R\cdot U_R$　　B. $U_C=C\dfrac{d_{i_C}}{dt}$　　C. $i_C=C\dfrac{d_{u_C}}{dt}$　　D. $U_L=\dfrac{1}{L}\int i_C dt$

7-2-14. 用于求解图示电路的 4 个方程中，有一个错误方程，这个错误方程是（　　）。(2016A81)

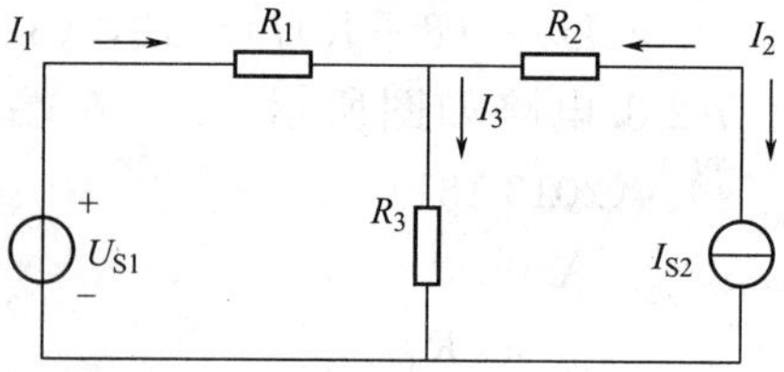

A. $I_1R_1+I_3R_3-U_{S1}=0$

B. $I_2R_2+I_3R_3=0$

C. $I_1+I_2-I_3=0$

D. $I_2=-I_{S2}$

7-2-15. 已知有效值为 10V 的正弦交流电压的相量图如图所示，则它的时间函数形式是（　　）。(2016A82)

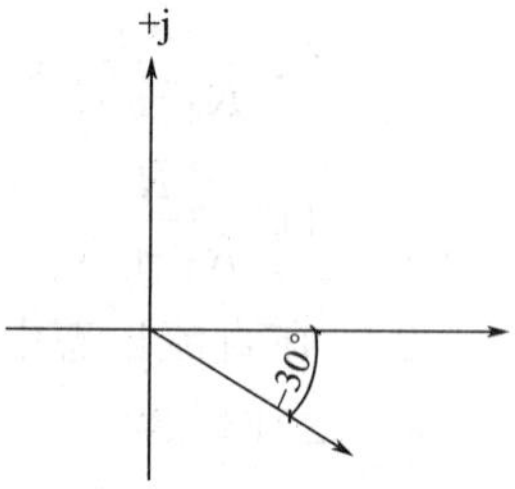

A. $u(t)=10\sqrt{2}\sin(\omega t-30°)\text{V}$

B. $u(t)=10\sin(\omega t-30°)\text{V}$

C. $u(t)=10\sqrt{2}\sin(-30°)\text{V}$

D. $u(t)=10\cos(-30°)+j10\sin(-30°)\text{V}$

7-2-16. 图示电路中，当端电压 $\dot{U}=100\angle 0°\text{V}$，$\dot{I}$ 等于（　　）。(2016A83)

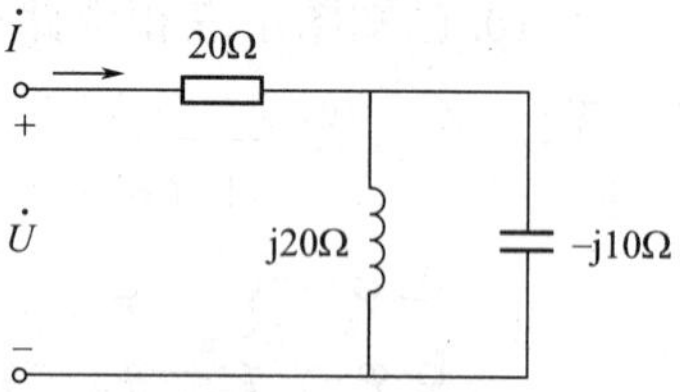

A. $3.5\angle -45°\text{A}$

B. $3.5\angle 45°\text{A}$

C. $4.5\angle -26.6°\text{A}$

D. $4.5\angle -26.6°\text{A}$

7-2-17. 在图示电路中，开关 S 闭合后（　　）。(2016A84)

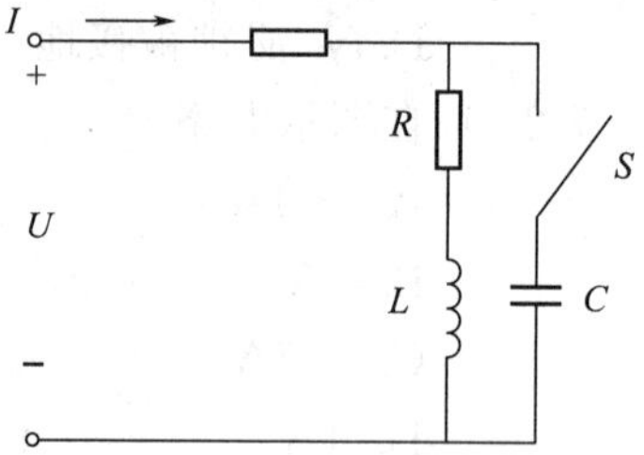

A. 电路的功率因数一定变大

B. 总电流减小时，电路的功率因数变大

C. 总电流减小时，感性负载的功率因数变大

D. 总电流减小时，一定出现过补偿现象

7-2-18. 已知电路如图所示，其中，电流 I 等于（　　）。(2017A80)

A. 0.1A　　B. 0.2A　　C. −0.1A　　D. −0.2A

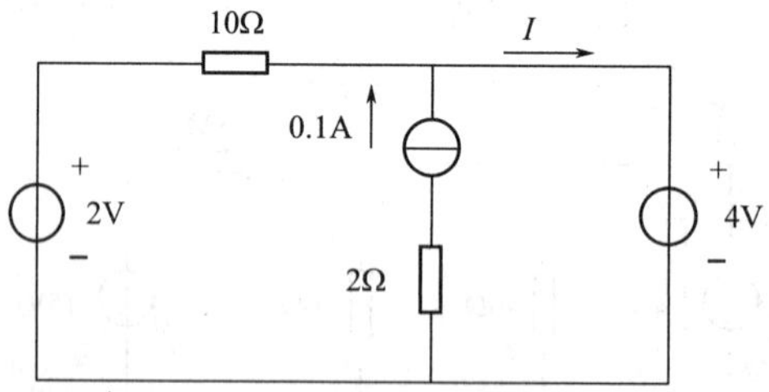

7-2-19. 已知电路如图所示，其中，响应电流 I 在电流单独作用时的分量（　　）。(2017A81)

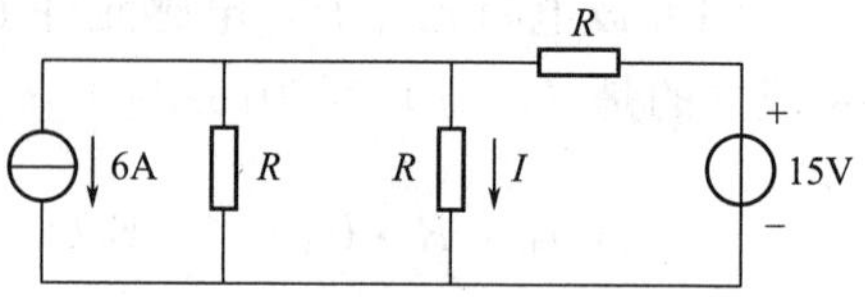

A. 因电阻 R 未知，而无法求出

B. 3A

C. 2A

D. −2A

7-2-20. 测得某交流电路的端电压 u 及电流 i 分别为 110V，1A，两者的相位差为 30°，则该电路的有功功率、无功功率和视在功率分别为（　　）。(2017A83)

A. 95.3W，55Var，110VA

B. 55W，95.3Var，110VA

C. 110W，110Var，110VA

D. 95.3W，55Var，150.3VA

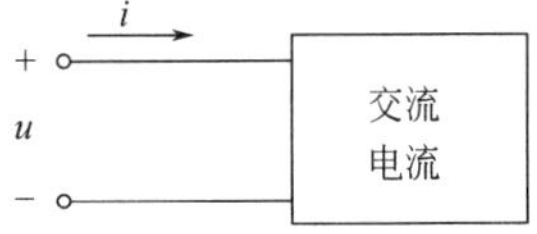

7-2-21. 已知电路如图所示，设开关在 $t=0$ 时刻断开，那么（　　）。(2017A84)

A. 电流 i_C 从 0 逐渐增长，再逐渐衰减为 0

B. 电压从 3V 逐渐衰减为 2V

C. 电压从 2V 逐渐增长到 3V

D. 时间常数 $\tau=4C$

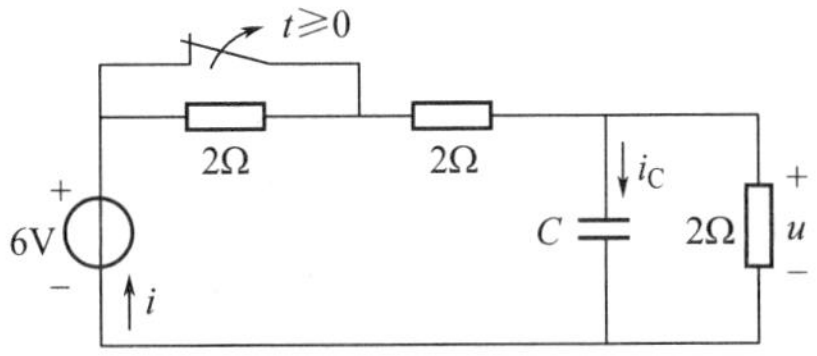

7-2-22. 在图示电路中，电压 U 等于（　　）(2018A80)

A. 0V　　B. 4V　　C. 6V　　D. −6V

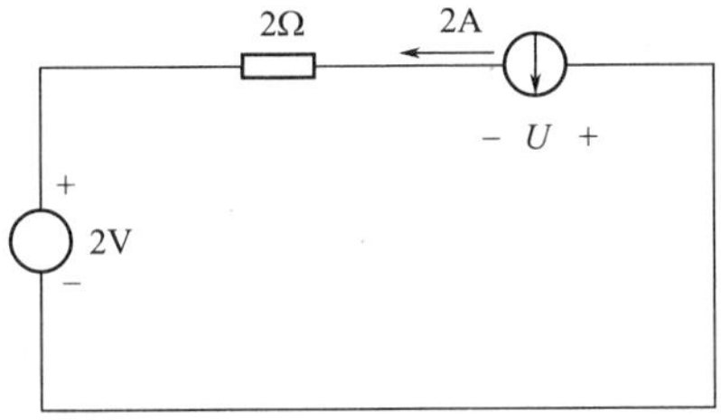

7-2-23. 对于图示电路，可以列写出 a、b、c、d，4 个结点 KCL 方程和①、②、③、④，4 个回路 KVL 方程，为求出其中 5 个未知电流 $I_1 \sim I_5$，正确的求解模型是（　　）(2018A81)

A. 任选 3 个 KCL 方程和 2 个 KVL 方程

B. 任选 3 个 KCL 方程和②、③回路的 2 个 KVL 方程

C. 任选 3 个 KCL 方程和①、④回路的 2 个 KVL 方程

D. 任选 4 个 KCL 方程和任意 1 个 KVL 方程

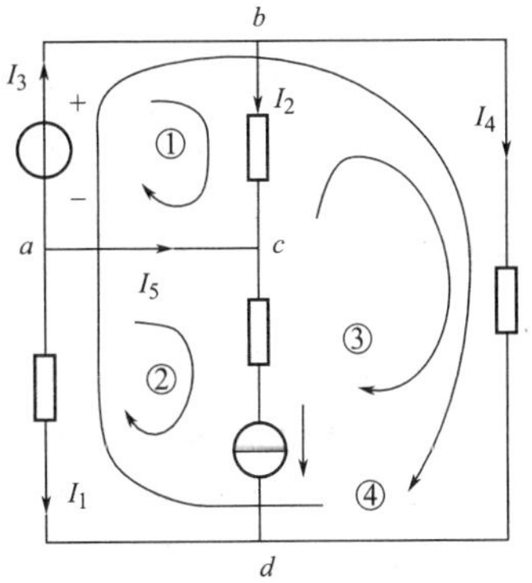

7-2-24. 已知交流电 $i(t)$ 的周期 $T=1\text{ms}$，有效值 $I=0.5\text{A}$，$t=0$ 时，$i=0.5\sqrt{2}\text{A}$，则它的时间函数描述形式是（　　）(2018A82)

A. $i(t)=0.5\sqrt{2}\sin 1000t\,\text{A}$　　B. $i(t)=0.5\sin 2000\pi t\,\text{A}$

C. $i(t)=0.5\sqrt{2}\sin(2000\pi t+90°)\text{A}$　　D. $i(t)=0.5\sqrt{2}\sin(1000\pi t+90°)\text{A}$

7-2-25. 图 (a) 滤波器的幅频特性如图 (b) 所示，当 $u_i=u_{i1}=10\sqrt{2}\sin 100tV$ 时，输出 $u_0=u_{01}$，当 $u_i=u_{i2}=10\sqrt{2}\sin 10^4 tV$ 时，输出 $u_0=u_{02}$，那么，可以算出（　　）(2018A83)

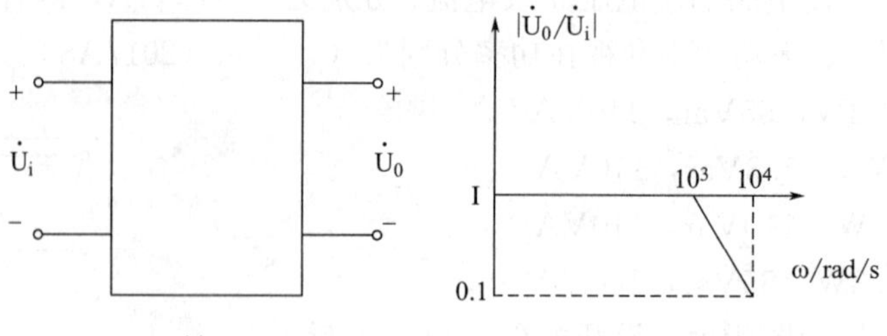

(a) (b)

A. $u_{01}=u_{02}=10V$

B. $u_{01}=10V$，u_{02} 不能确定，但小于 10V

C. $u_{01}<10V$，$u_{02}=0$

D. $u_{01}=10V$，$u_{02}=1V$

7-2-26. 图（a）所示功率因数补偿电路中，$C=C_1$ 时得到相量图如图（b）所示，$C=C_2$ 时得到相量图如图（c）所示，那么（　　）（2018A84）

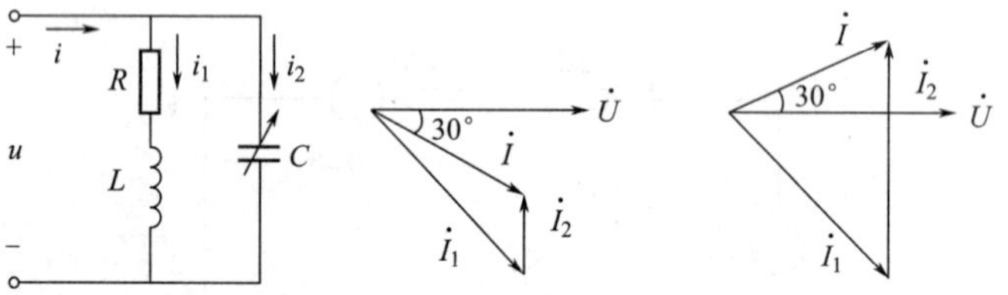

(a) (b) (c)

A. C_1 一定大于 C_2

B. $C_1=C_2$ 时，功率因数 $\lambda|_{C1}=-0.866$，$C=C_2$ 时，功率因数 $\lambda|_{C1}=0.866$，

C. 因为功率因数 $\lambda|_{C1}=\lambda|_{C2}$，所以采用两种方案均可

D. $C_1=C_2$ 时，电路出现过补偿，不可取

答　案

7-2-1.【答案】(A)

根据线性电路的戴维南定理，图（a）和图（b）电路等效指的是对外电路电压和电流相同，即电路中 20Ω 电阻的电流均为 1A，然后利用节电电流关系可知，流过图（a）电路 10Ω，电阻中的电流是 1A。

7-2-2.【答案】(C)

RLC 串联的交流电路中，阻抗的计算公式是 $Z=R+jX_L-X_C=R+j\omega L-j\frac{1}{\omega C}$，阻抗的模 $|Z|=\sqrt{R^2+\left(\omega L-\frac{1}{\omega C}\right)^2}$。

7-2-3.【答案】(B)

在暂态电路中电容电压符合换路定则 $U_C(t_{0+})=U_C(t_{0-})$，开关闭合以前 $U_C(t_{0-})=\frac{R_2}{R_1+R_2}U_S$，$I(0_+)=\frac{U_C(0_+)}{R_2}$。电路达到稳定后电容能量放光，电路中稳态电流 $I(\infty)=0$。

7-2-4.【答案】(C)

注意理想电压源和实际电压源的区别，该题是理想电压源 $U_S=U$，A 项，理想电压源 $U_S=U$，故端电压 U 不变。B 项，输出电流取决于外电路，由于外电路不变，则输出电流也不变。C 项，电阻 R 支路电流 $=\frac{U_S}{R}$，与电阻有关。

7-2-5.【答案】(B)

利用等效电压源定理判断，在求等效电压源电动势时，将 A、B 两点开路后，电压源的两上方电阻与两下方电阻均为串联连接方式。

7-2-6.【答案】(B)

对称三相交流电路中，任何时刻三相电流之和均为零。

7-2-7.【答案】(B)

电路的功率关系以及欧姆定律是在电路的电压电流的正方向一致时有效，图中 I 的方向与 10V 电压源方向相反，电阻是耗能元件，其吸收的功率为 $P=I^2R$，根据电路消耗电功率 2W 知 $(8+R)l^2=2$，根据基尔霍夫电压定律，任一点路，任意时刻，任意回路电压降的代数和为 0，即 $-(8+R)I=10$。

7-2-8.【答案】(C)

根据开路与短路，电阻串联分压关系，当电路中 a-b 开路时，电阻 R_1、R_2 相当于串联，串联后 U_S 在 R_2 上分压。

7-2-9.【答案】(D)

在直流电源作用下电感等效于短路，电容等效于开路。

7-2-10.【答案】(A)

电源为三相对称电源，且 $U_{NN'}=0$，电源中性点与负载中性点等电位，则流过负载 Z_1、Z_2、Z_3 的电流为三相对称交流，说明电路中负载为对称负载，则三相负载的阻抗相等条件成立。

7-2-11.【答案】(C)

节电电流关系的扩展应用（电荷连续）$\sum i=0$，$I_1+I_2-I_3=0$，所示 $I_3=-7$A。

7-2-12.【答案】(C)

叠加原理：对于线性电路，任何一条支路的电流或元件两端电压，都可以看成是由电路中各个电源（电压源与电流源）单独作用时，在该支路中所产生的电流的代数和，本题只考虑了电压源单独作用，那么除源就是保留电压源，除掉电流源，将电流源开路，简化为电阻串并联求电流的问题，$0.5\times 15/(40+20)=0.125$A。

7-2-13.【答案】(C)

电感公式 $u=\pm L\frac{di}{dt}$，电容公式 $i=\pm C\frac{du}{dt}$，本题取关联方向，取正。

7-2-14.【答案】(B)

考察 KCL、KVL，电流源由自身决定，电压由外电路决定。A 项，根据 KVL 定律，在任意瞬间，沿电路中的任意回路绕行一周，在该电路上电动势之和恒等于各电阻上的电压降之和，回路电压守恒，即 $I_1R_1+I_3R_3-U_{s1}=0$。B 项，I_2、I^3 方向相同，$I_2R_2+I_3R_3$ 不为零。C 项，流入节点电流等于流出节点电流。D 项，I_2、I_{s2} 二者方向相反，满

足 $I_2=-I_{s2}$。

7-2-15.【答案】(A)

由图可知，正弦交流电的三角函数：$u(t)=I_m\sin(\omega t+\varphi_i)$V，$\varphi_i=30°$，有效值为10V，则 $I_m=10\sqrt{2}$。

7-2-16.【答案】(B)

电感电容并联阻抗为$-j20$，与电阻元件串联，构成复阻抗Z，$Z=20\sqrt{2}\angle -45°$，电流i为U/Z，即$i=3.5\angle 45°$。

7-2-17.【答案】(B)

感性负载并联电容提高功率因数时，随着并联电容的增大，功率因数会增大，若电容选择的适当，则可以使$\varphi=0$，$\cos\varphi=1$，单丝电容过度补偿，回路总电流超前于电压，反而会使功率因数降低。B项，由于并联电容使得总电阻φ值减小为φ'，总功率因数增大，C项，电感自身的功率因素由电感量和阻抗决定，电流减小的过程中，自身功率因素并未发生改变。

7-2-18.【答案】(C)

设2V电压源电流为I'，则：$I=I'+0.1$，$10I'=2-4=-2$(V)，$I'=-0.2$(A)，$I=-0.2+0.1=-0.1$(A)

7-2-19.【答案】(D)

电流源单独作用时，15V的电压源做短路处理，$I=\frac{1}{3}\times(-6)=-2$(A)。

7-2-20.【答案】(A)

$P=UI\cos\varphi=110\times1\times\cos30°=95.3$(W)，$Q=UI\sin\varphi=110\times1\times\sin30°=55$(var)，$S=UI=110\times1=110$(VA)。

7-2-21.【答案】(B)

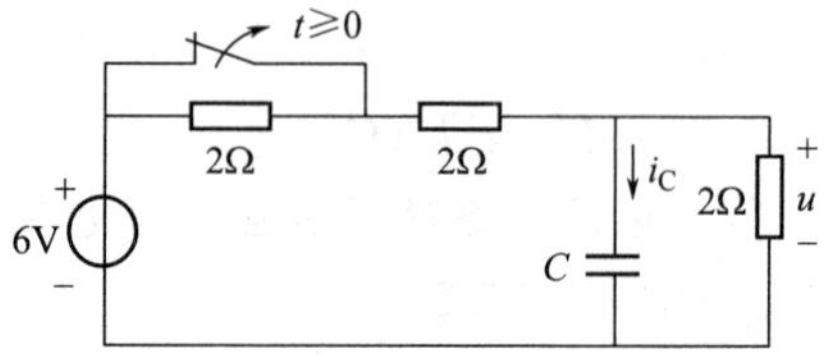

开关未动作前$u=U_{(10-)}$，在直流稳态电路电容为开路状态，$U_{(10-)}=\frac{1}{2}\times6=3$(V)，电容充电进入新的稳态时，$U_{(10)}=\frac{1}{3}\times6=2$(V)，因此换路电容电压逐步从3V衰减到2V。

7-2-22.【答案】(D)

由基尔霍夫电压定律可知，$2\times2+2+U=0$，则 $U=-6$V。

7-2-23.【答案】(C)

由图可知回路中只有①、④有电压源，故求解模型需要选择①、④回路KVL方程，由此可知答案为C。

7-2-24.【答案】(C)

$\omega=\frac{2\pi}{T}=\frac{2\pi}{0.001}=2000\pi$，则A、D选项错误，题干中，$t=0$时，$i=0.5\sqrt{2}$A，则只有选项C满足要求。

7-2-25.【答案】(A)

由题干中 u_{i1} 和 u_{i2} 可知，$u_{i1\max}=u_{i2\max}=10\sqrt{2}$ V，$u_{01}=u_{i1\max}/\sqrt{2}=10$V，$u_{02}=u_{i2\max}/\sqrt{2}=10$V。

7-2-26.【答案】(B)

由回路电流法，$\begin{cases} Ri_1+\omega Li_1-u=0 \\ \dfrac{1}{\omega C}i_2-u=0 \end{cases}$，$\dot{I}(b)<\dot{I}(c)$ 则 $c_1<c_2$，故 A、B、D 错误，又因 $\lambda=\cos\varphi=\cos30°\approx0.866$，则选 B。

第三节　变压器与电动机

一、考试大纲

理想变压器；变压器的电压变换、电流变换和阻抗变换原理；三相异步电动机接线、启动、反转及调速方法；三相异步电动机运行特性；简单继电——接触控制电路。

二、知识要点

(一) 变压器

变压器是一种常用的交流电气设备，其构造包括闭合铁芯和高压、低压绕组，绕组是变压器的电路部分，铁芯是变压器的磁路部分，可进行电压、电流和阻抗的变换。

电压变换：

$$\frac{U_1}{U_2}\approx\frac{N_1}{N_2}=K \tag{7-3-1}$$

式中　N_1——原边绕组匝数；

N_2——副边绕组匝数；

K——变压器的变化，原边绕组匝数与副边绕组匝数之比。

电流变换：

$$\frac{I_2}{I_1}\approx\frac{N_1}{N_2}=K \tag{7-3-2}$$

式中　I_1——原边绕组电流；

I_2——副边绕组电流；

K——变压器的变化，原边绕组电流与副边绕组电流之比。

阻抗变换：

$$Z_1=\left(\frac{N_1}{N_2}\right)^2 Z_L=K^2Z_L \tag{7-3-3}$$

当把阻抗的 Z_L 负载接到变压器副边，对电源而言，相当于接了一个阻抗为 $Z_1=K^2Z_L$ 的负载。

(二) 电动机

电动机是一种将电能转化为机械能的旋转机械，按电源种类不同分为交流电动机和直流电动机，交流电动机分为异步电动机和同步电动机，异步电动机按结构分为鼠笼电动机和绕线电动机。

1. 三相异步电动机

三相异步电动机的转速 n，取决于定子绕组以三相交流电后产生的旋转磁场的转速 n_0（同步转速），同步转速计算式如下：

$$n_0=\frac{60f_1}{P}(\text{转/分，r/min}) \tag{7-3-4}$$

式中 f_1——电源频率；

P——电动机的磁极对数。

异步电动机的转速 $n<n_0$，转差率 s 为 n 与 n_0 相差程度的量，即：

$$s=\frac{n_0-n}{n_0} \tag{7-3-5}$$

一般异步电动机在额定负载时的转差率为 1%～9%，在起动开始瞬间 $n=0$，$s=1$ 时最大。

表 7-3-1 为三相异步电动机的磁极对数与同步转速以及电动机转速（当 $s=3\%$）之间的关系。

P 与 n_0 及 n 的关系 **表 7-3-1**

P	1	2	3	4	5	6
n_0(r/min)	3000	2500	1000	750	600	500
n(r/min)	2910	1455	970	728	382	485

异步机的转向与旋转磁场的转向相同，要改变电动机转向，只需任意对调两根联接电源的导线即可。

2. 机械特性曲线和电磁转矩

（1）机械特性曲线

如图 7-3-1 所示，在一定的电源电压和转子电阻下，转速与电磁转矩的关系曲线 $n=f(T)$ 称为电动机的机械特性曲线。

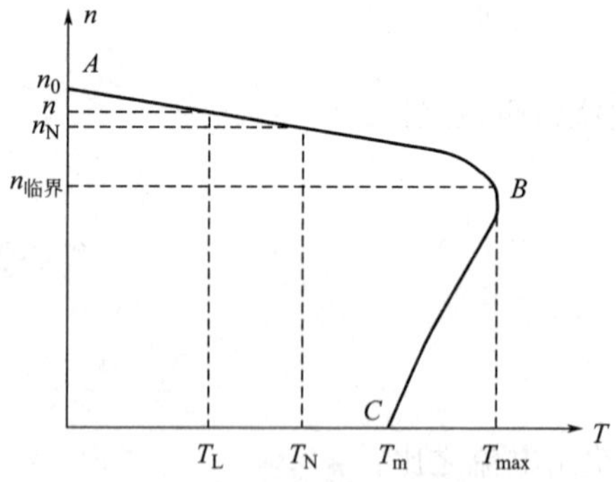

图 7-3-1

AB 段为电动机稳定工作段，当负载变动时，电动机能自动调节转速和转矩。当负载增大，电动机沿 AB 段下行时，降低转速（仍高于临界转速）而发生更大的电磁矩来满足负载，电动机仍能稳定工作。AB 段较平坦，电动机从空载到额定负载转速下降很少，即异步电动机的机械特性是硬特性。

BC 段为不稳定段，当负载转矩增大到超过电动机的最大转矩时，电动机转速下降超过临界转速，电磁转矩减小，直至电动停转发生堵转，长时间可导致电动机烧毁。

（2）电磁转矩

由旋转磁场的每极磁通与转子电流相互作用产生。

转矩与定子电压的平方成正比，与转子回路的电阻、感抗、转差率和电动机结构有关。

① 额定转矩 T_N ：电动机在额定负载时的转矩。

$$T_N = 9500 \frac{P_{2N}}{n_N}\text{（牛·米，N·m）} \tag{7-3-6}$$

式中　P_{2N} ——电动机的额定输出功率（KW）；

n_N ——电动机的额定转速（r/min）。

②负载转矩 T_L：电动机在实际负载下发出的实际转矩。

$$T_L = 9550 \frac{P_2}{n}\text{（牛·米，N·m）} \tag{7-3-7}$$

式中　P_2——电动机的实际输出功率（kW），

n ——电动机的实际转速（r/min）。

③ 最大转矩 T_{max}：电动机在实际负载下发出的实际转矩。

$$T_{max} = \lambda T_N\text{（牛·米，N·m）} \tag{7-3-8}$$

式中　λ ——电动机过载系数，一般为 1.8～2.2。

电动机发出最大转矩时对应的转速为临界转速 $n_{临界}$。

④ 起动转矩 T_{st}：

$$T_{st} = (1.0 \sim 2.2) T_N \tag{7-3-9}$$

3. 星形接法和三角形接法

鼠笼式异步电动机接线盒内有 6 根引出线，分别为 U_1、U_2、V_1、V_2、W_1 和 W_2，U_1 和 U_2 是定子第一相绕组的首末端，V_1 和 V_2、W_1 和 W_2 分别是第二相和第三相绕组的首末端。定子三相绕组的联接法有星形和三角形两种，见图 7-3-2。

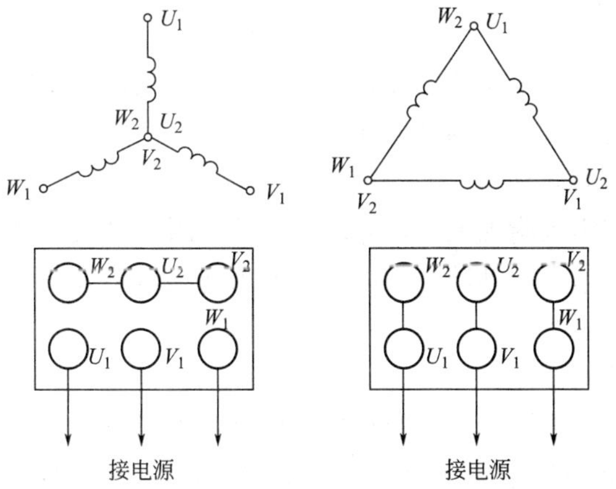

图 7-3-2

4. 功率、效率和功率因数

电动机的输入功率为：

$$P_1 = \sqrt{3} U_L I_L \cos\varphi \tag{7-3-10}$$

式中　U_L、I_L ——线电压、线电流；

$\cos\varphi$——电动机的功率因数。

电动机的输出功率 $P_2 < P_1$，其差值为电动机本身的功率损耗，包括铜损、铁损以及机械损耗，电动机的效率为：

$$\eta = \frac{P_2}{P_1} \tag{7-3-11}$$

一般为 72%～93%。电动机的功率因数在额定负载时为 0.7～0.9。轻载和空载时很低，为 0.2～0.3。

5.三相异步电动机

三相异步电动机根据其转子的结构分成鼠笼式和绕线式两种。鼠笼式异步电动机的起动方法有直接起动和降压起动两种。

（1）直接起动

给电动机加上额定电压直接起动，简单可靠，一般 20～30kW 以下的电动机可采用直接起动。

（2）降压起动

若电动机容量较大，直接起动引起电网电压降落增大，则需要采取降压起动，即起动时降低加在电动机定子绕组上的电压，减少起动电流，起动完毕后再恢复全压供电，常用的有星形——三角形换接起动和自耦降压起动。

① 星形-三角形（Y-△）换接起动

正常工作时采用的是三角形接法的，起动时接成星形，仅承受电源相电压，等到转速上升接近额定值时换接成三角形全压运行。

由于星形起动时的电压仅为三角形直接起动时的 $1/\sqrt{3}$，所以起动电流和起动转矩都下降至直接起动时的 1/3，仅适用于空载或轻载起动的情况。

② 自耦降压起动

适用于容量较大，起动不频繁的场合。与、利用三相自耦变压器来达到起动时降低定子绕组端电压，起动转矩随电压的降低而成平方降低，适用于空载或轻载起动。

（3）转子电路串电阻起动

起动时，转子电路串入附加电阻，起动完成后，附加电阻短接。加大转子电阻可减小转子电流、定子电流，增大起动转矩，适用于要求起动转矩大的生产机械，如卷扬机、超重机等。

6.三相异步电动机的调速

调速就是在同一负载下得到不同的转速，以满足生产要求。实现调速有 3 种途径：改变电源频率 f_1、改变极对数 P 或改变转差率 s。变频调速是一种性能最好的调速方法，但它需要专门装置，成本较高。变极调速是改变定子绕组接法来改变磁极对数，实现有级调速。变转差率调速设备简单、成本低但能量损耗大，广泛应用于起重设备。

7.三相异步电动机的制动

由于电动机转动具有惯性，当电源切断后，电动机会转动一段时间，为缩短工时，提高机器效率，一般要求电动机能快速停止工作，此时就需要对电动机进行制动，异步电动机制动方法有：能耗制动、反接制动和发电反馈制动。

（三）三相异步电动机的常用继电接触器控制

采用继电器、接触器、按钮等控制电器来实现对电动机的自动控制称为电动机的继电器、接触器控制。

1. 常用的控制电器

（1）闸刀开关

闸刀开关通常作电源开关，用于不带负载接通或断开电源。额定电压有 250V 和 500V 两种，额定电流为 10～500A。闸刀的极数有单极、双极和三极三种。

（2）组合开关

组合开关可作电源的引入开关，有单极、双极、三极和四极几种，额定电流有 10A、25A、60A、l00A 等。

（3）自动空气断路器

自动空气断路器又称自动开关，用于接通和断开主电路，具有短路、过载和失压等多种保护，安全可靠。

（4）按钮

靠外力来接通、断开控制电路，仅可流过小电流，外力消失后自行复位。

（5）交流接触器

接通和断开电动机或其他电气设备的主电路，其主触点流过大电流。

主要由电磁铁和触点两部分组成。电磁铁由铁芯和线圈组成，而铁芯又包括动铁芯和静铁芯两部分。触点分主触点和辅助触点，主触点通、断主电路，常开触点（未动作时是断开的）。辅助触点接在控制线路中，容量小，有常开和常闭（未动作时是接通的）之分。

当线圈通电，产生电磁吸力，使动铁芯吸合，同时带动金属桥片动作，使主触点闭合，接通主电路，同时常开辅助触点也闭合，常闭辅助触点打开。当线圈断电，吸力消失，依靠弹簧力使动铁芯释放，各触点恢复常态。

（6）热继电器

对电动机进行的长期过载保护，如图 7-3-3 所示。图中 1 为热元件，串接在主电路中，2 是双金属片。当主电路中电流超过允许值使双金属片受热，由于两层金属热膨胀系数不同，一段时间后双金属片向上弯曲而脱扣，板扣 3 在弹簧 4 的拉力下使接在控制线路中的常闭触点 5 断开，从而使控制线路失电，主电路断开。按下复位按钮 6 即可使热继电器复位。

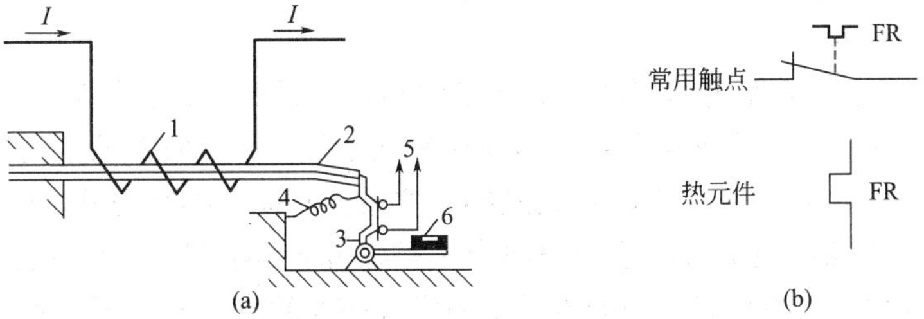

图 7-3-3

（7）熔断器

熔断器（保险丝）是最常用的简便有效的保护电器，熔体由电阻率较高的易融合金制成。

2. 三相鼠笼式异步电动机直接起动控制

（1）单向直接起动的控制电路

如图 7-3-4 所示，左边是单向直接起动的主电路，右边是控制电路。起动时先合上开关 Q，不带负荷接通电源，FU 是熔断器，起短路保护作用。

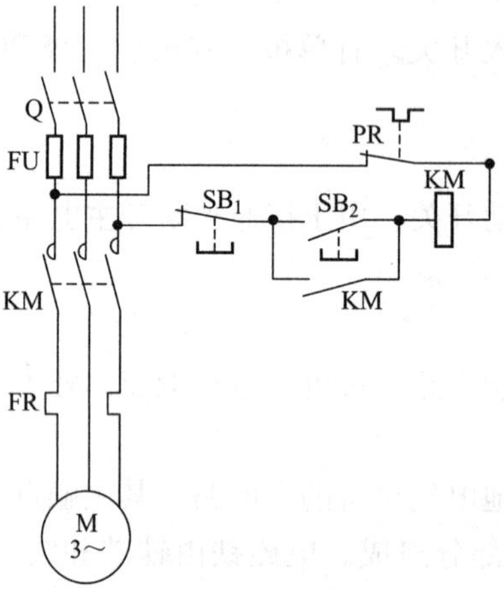

图 7-3-4

按下起动按钮 SB_2，

SB_2^+ → 接触器 KM 线圈通电 → {KM 主触点闭合，电动机 M 起动; KM 常开辅助触点闭合，自锁，M 连续运转}

松手后 SB_2 复位断开，由 KM 常开辅助触点闭合自锁。

停止时按停止按钮 SB_1，

SB_1^- → KM 线圈失电 → {KM 主触点打开，电动机 M 停转; KM 常开辅助触点打开，自锁打开; 为下次起动做好准备}

若运行时长期过载，热继电器 FR 的热元件受热弯曲脱扣使其常闭触点打开，控制线路断开，KM 线圈失电而使其主触点打开，主电路断电，起到了保护作用。

以上一套装置包括交流接触器和热继电器，称为磁力起动器。

（2）正反转控制

如图 7-3-5 所示，电路中运用两只交流接触器，一只用于正转控制，另一只用于反转控制。图 7-3-5a 中，在一个接触器线圈电路中串入了另一个接触器的常闭辅助触点，用来保护电动机正转（反转）时不能反转（正转），要改变转向，必须先停止运行。

图 7-3-5b 中电路的联锁保护是利用组合式按钮和接触器联锁触点的共同作用来实现的。组合按钮在按下时先断开常闭触点后接通常开触点的时间差，可以不必先停止工作而直接改变转向，给操作带来方便，但对电动机转子轴和减速箱的冲击较大。

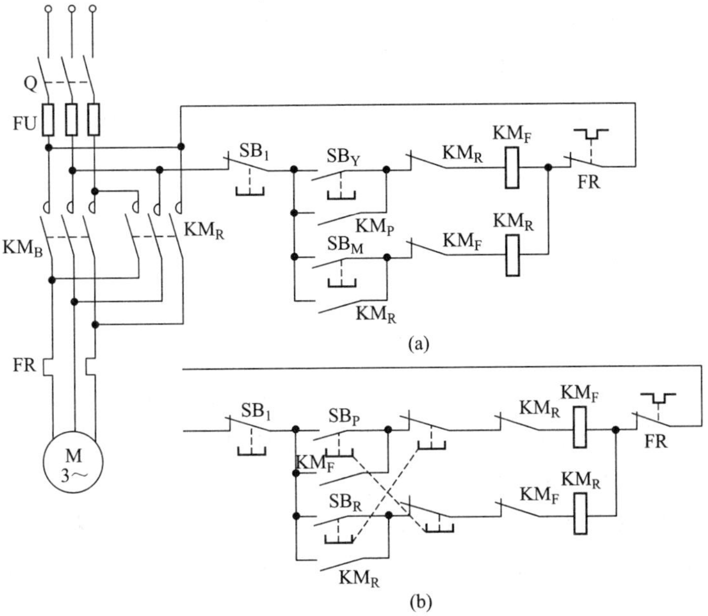

图 7-3-5

历年真题

7-3-1. 某三相电路中，三个线电流分别为 $\dot{i}_A=18\sin(314t+23°)$(A)，$\dot{i}_B=18\sin(314t-97°)$(A)，$\dot{i}_C=18\sin(314t+143°)$(A) 当 $t=10$s 时，三个电流之和为（　　）。(2012A83)

A. 18A　　B. 0A　　C. $18\sqrt{2}$ A　　D. $18\sqrt{3}$ A

7-3-2. 图示电路中，$u=10\sin(1000t+30°)$V，如果使用相量法求解图示电路中的电流 i。那么，如下步骤中存在错误的是（　　）。(2011A83)

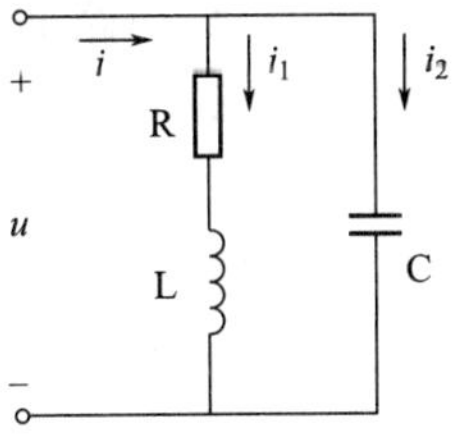

步骤 1：$\dot{I}_1-\dfrac{10}{R+j1000L}$；

步骤 2：$\dot{I}_2=10\cdot j1000C$；

步骤 3：$\dot{I}=\dot{I}_1+\dot{I}_2=I<\psi_1$；

步骤 4：$i=I\sqrt{2}\sin\psi_1$；

A. 仅步骤 1 和步骤 2 错　　B. 仅步骤 2 错

C. 步骤 1、步骤 2 和步骤 4 错　　D. 仅步骤 4 错

7-3-3. 有一容量为 10kVA 的单相变压器，电压为 3300/220V，变压器在额定状态下运行。在理想的情况下副边可接 40W、220V、功率因数 $\cos\varphi=0.44$ 的日光灯多少盏（　　）。(2012A85)

A. 110　　B. 200　　C. 250　　D. 125

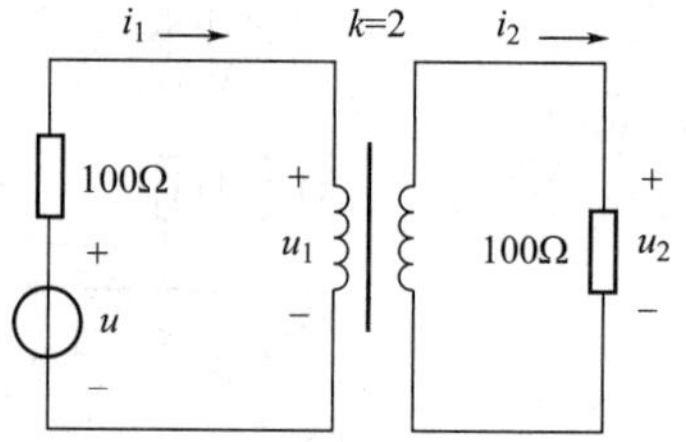

7-3-4. 图示电路中，设变压器为理想器件，若 $u=10\sqrt{2}\sin\omega tV$，则（　　）。(2013A85)

A. $U_1=\frac{1}{2}U$，$U_2=\frac{1}{4}U$

B. $I_1=0.01U$，$I_2=0$

C. $I_1=0.002U$，$I_2=0.004U$

D. $U_1=0$，$U_2=0$

7-3-5. 对于三相异步电动机而言，在满载起动情况下的最佳起动方案是（　　）。(2013A86)

A. Y—△起动方案，起动后，电动机以Y接方式运行

B. Y—△起动方案，起动后，电动机以△接方式运行

C. 自耦调压器降压起动

D. 绕线式电动机串转子电阻起动

7-3-6. 已知电流 $i(t)=0.1\sin(\omega t+10°)A$，电压 $u(t)=10\sin(\omega t-10°)V$，则如下表述中正确的是（　　）。(2014A82)

A. 电流 $i(t)$ 与电压 $u(t)$ 呈反相关系

B. $\dot{I}=0.1\angle 10°\text{A}$，$\dot{U}=10\angle -10°\text{V}$

C. $\dot{I}=70.7\angle 10°\text{mA}$，$\dot{U}=-7.07\angle 10°\text{ V}$

D. $\dot{I}=70.7\angle 10°\text{ mA}$，$\dot{U}=7.07\angle -10°\text{ V}$

7-3-7. 一交流电路有 R、L、C 串联而成，其中，$R=10\Omega$，$X_L=8\Omega$，$X_C=6\Omega$。通过该电路的电流为 10A，则该电路的有效功率、无功功率和视在功率分别为（　　）。(2014A83)

A. 1kW，1.6kVar，2.6kVA　　B. 1kW，200Var，1.2kVA

C. 100W，200Var，223.6VA　　D. 1kW，200Var，1.02kVA

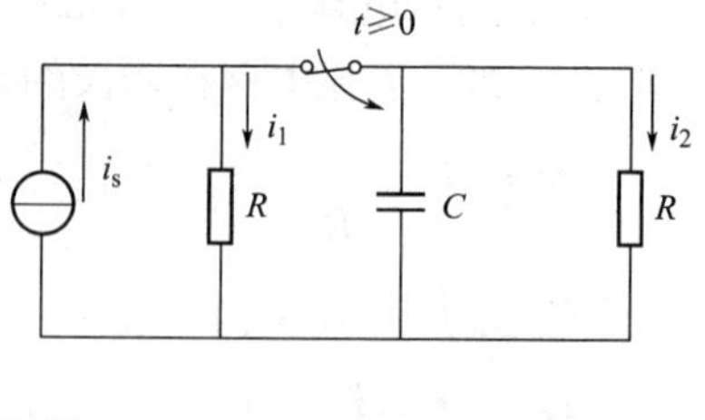

7-3-8. 已知电路如图所示，设开关在 $t=0$ 时刻断开，那么，如下表述中正确的是（　　）。(2014A84)

A. 电路的左右两侧均进入暂态过程

B. 电流 i_1 立即等于 i_s，电流 i_2 立即等于 0

C. 电流 i_2 由 $0.5i_s$ 逐渐衰减到 0

D. 在 $t=0$ 时刻，电流 i_2 发生了突变

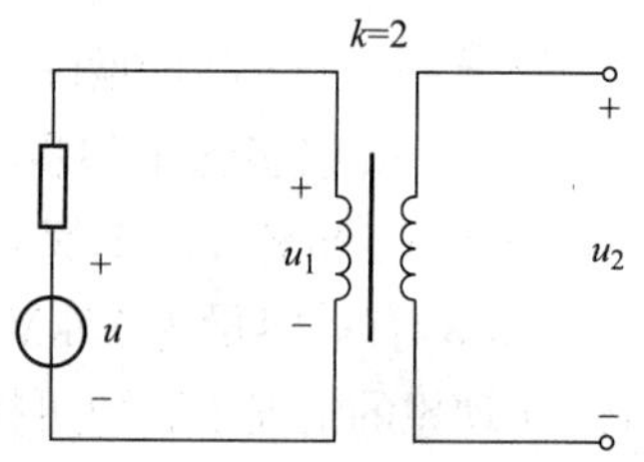

7-3-9. 图示变压器空载运行电路中，设变压器为理想器件，若 $u=\sqrt{2}U\sin\omega t$，则此时（　　）。(2014A85)

A. $U_1=\frac{\omega L\cdot U}{\sqrt{R^2+(\omega L)^2}}$，$U_2=0$

B. $u_1=u$，$U_2=\frac{1}{2}U_1$

C. $u_1\neq u$，$U_2=\frac{1}{2}U_1$

D. $u_1=u$，$U_2=2U_1$

7-3-10. 设某角接异步电动机全压起动时的起动电流 $I_{st}=30A$，启动转矩 $T_{st}=45N\cdot m$，若对此台电动机采用星三角降压启动方案，则启动电流和启动转矩分别为（　　）。(2014A86)

A. 17.32A，25.98N·m　　B. 10A，15N·m

C. 10A，25.98N·m　　D. 17.32A，15N·m

7-3-11. 图示变压器空载运行电路中，设变压器为理想器件，若 $u=\sqrt{2}U\sin\omega t$，则此时（　　）。(2016A85)

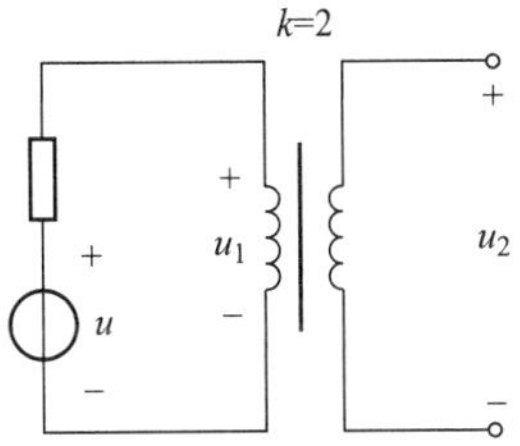

A. $\dfrac{U_2}{U_1}=2$　　B. $\dfrac{U}{U_2}=2$

C. $u_1=0$，$u_2=0$　　D. $\dfrac{U}{U_1}=2$

7-3-12. 设某角接三相异步电动机的全压起动转矩 $T_{st}=66N\cdot m$，若对其使用Y－△降压起动方案时，当分别带 10N·m、20N·m、30N·m、40N·m 的负载起动时，（　　）。(2016A86)

A. 均能正常起动

B. 均无法正常起动

C. 前两者能正常起动，后两者无法正常起动

D. 前三者能正常起动，后者无法正常起动

7-3-13. 图示变压器为理想变压器，且 $N_1=100$ 匝，若希望 $I_1=1A$ 时，$P_{R_2}=40W$，则 N_2 应为（　　）。(2017A85)

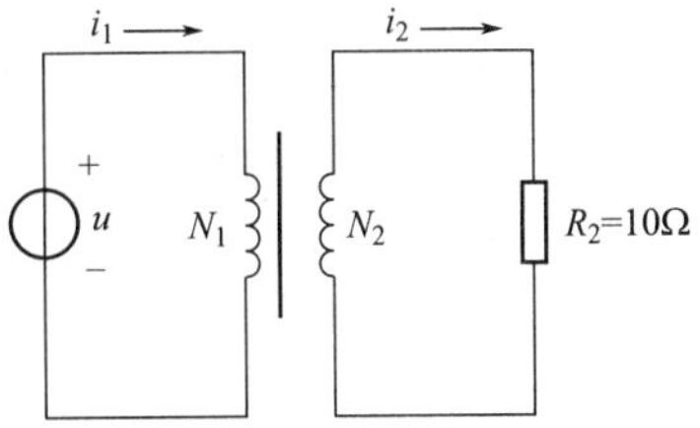

A. 50 匝

B. 200 匝

C. 25 匝

D. 400 匝

7-3-14. 为实现对电动机的过载保护，除了将热继电器元件串接在电动机的供电电路中外，还应将其（　　）。(2017A86)

A. 常开触点串接在控制电路中　　B. 常闭触点串接在控制电路中

C. 常开触点串接在主电路中　　D. 常闭触点串接在主电路中

7-3-15. 某单相理想变压器其一次线圈为 550 匝，有两个二次线圈，若希望一次电压为 100V 时，获得的二次电压分别为 10V 和 20V，那么，$N_2|_{10V}$ 和 $N_2|_{20V}$ 应分别为（　　）(2018A85)

A. 50 匝和 100 匝　　B. 100 匝和 50 匝

C. 55 匝和 110 匝　　D. 110 匝和 55 匝

7-3-16. 为实现对电动机的过载保护，除了将热继电器的常闭触点串接在电动机的控制电路中外，还应将其热元件（　　）(2018A86)

A. 也串接在控制电路中　　B. 再并接在控制电路中

C. 串接在主电路中　　D. 并接在主电路中

答　案

7-3-1.【答案】(B)

对称三相交流电路中，任何时刻三相电流之和均为零。

7-3-2.【答案】(C)

该电路是 RLC 混联的正弦交流电路，根据给定电压，将其写成复数为 $\dot{U}=U\angle 30^\circ=\frac{10}{\sqrt{2}}\angle 30^\circ$ V；电流 $\dot{I}=\dot{I}_1+\dot{I}_2=\frac{\dot{U}}{R+j\omega L}+\frac{\dot{U}}{-j\left(\frac{1}{\omega C}\right)}=I\angle\psi_t$。

7-3-3.【答案】(A)

变压器的额定功率用视在功率表示，它等于变压器初级绕组或次级电压额定值与电流额定值的乘积，$S_N=U_{1N}I_{1N}=U_{2N}I_{2N}$。值得注意的是，次级绕阻电压是变压器空载时的电压，$U_{2N}=U_{20}$。可以认为变压器初级端的功率因数与次级端的功率因数相同。由 $P=S\cos\varphi=N\times 40$ 得 $10000\times 0.44=N\times 40$，$N=110$(盏)。

7-3-4.【答案】(C)

变压器带负载运行时，一次侧和二次侧的电流和电压的关系为：$\frac{I_1}{I_2}=\frac{1}{K}$，$\frac{U_1}{U_2}=K$，则 $\frac{R_1}{R_2}=\frac{U_1/I_1}{U_2/I_2}=\frac{U_1}{U_2}\times\frac{I_2}{I_1}=K^2=4$，一次侧的等效电阻是二次侧电阻的 4 倍，因此一次侧的总电阻为电源内阻与折合阻抗串联为 50Ω，电流为 0.002U。

7-3-5.【答案】(D)

由于三相异步电动机起动时感应电动势尚未建立，定子电压全部加在内阻上，起动电流很大，未见效电动机起动电流，可以采用Y—△启动、自耦变压器降压起动、转子串电抗器起动、转子串电阻起动等方法。绕线式电动机串转子电阻方法适用于不同接线方式，并且绕可以起到限制起动电流、增加启动转矩以及调速的作用。

7-3-6.【答案】(D)

A 项中相位相差 20°，非反相关系；正弦交流电的相量描述用正弦量的有效值而非幅值，0.1A 是幅值，B 项错误，正弦量的初相位表示相量的初始角度，排除 C 项。

7-3-7.【答案】(D)

电路视在功率 S、无功功率 Q、有功功率 P 分别如下：

$S=UI=\sqrt{P^2+Q^2}=1.02\text{kVA}$，$P=I^2R=10^2\times 10=1\text{kW}$，$Q=I^2(X_L-X_C)=10^2\times(8-6)=200\text{Var}$。

7-3-8.【答案】(C)

暂态发生三要素：含有惯性元件；电路发生换路；电感电流或电容电压在换路前后有变化，电感电流不能突变，电容电压不能突变。A 项中左侧没有惯性元件；B 项中电流 i_2 逐渐衰减到 0，D 项中电容电压不能突变，电流 i_2 不会发生突变。

7-3-9.【答案】(C)

变压器的电压变化 $K=\frac{U_1}{U_2}=2$。变压器二次侧开路，一次侧施加额定电压，施加电压侧的电流就是变压器的空载电流，空载电流主要包含两部分，一部分是有功电流，用来产生变压器的铁芯损耗和极少量的线圈电阻损耗，另一部分是无功电流，用来建立交变的磁场，以便让变压器能正常工作。忽略线圈电阻和铁芯损耗及很小的空载磁电流的变压器称为理想变压器，又可理解为一次回路是闭合回路，电阻上有压降。

7-3-10.【B】

三相异步电动机，$\frac{I_{1r}}{I_{1a}}=\frac{1}{3}=10\text{A}$，$T_{str}=\frac{1}{3}T_{stA}=15\text{N}\cdot\text{m}$。

7-3-11.【答案】(B)

变压器空载运行时，原、副边电压之比等于匝数比，一次电流与二次电流的比喻匝数成反比，即：$U_1/U_2=N_1/N_2=k=2$，$I_1/I_2=N_2/N_1=1/k$，理想变压器空载运行时，二次侧电流 $I_2=0$，则 $I_1=0$，$u_1=u$，则满足 $\frac{U}{U_2}=2$。

7-3-12.【答案】(C)

三相异步鼠笼式电动机星接起动时，电机定子绕组因是星形接法，所以每族绕组所受的电压降低到运行电压的 $1/\sqrt{3}$，起动电流只是角接起动的 1/3，星接起动转矩与电源电压的平方呈正比，仅为全压起动转矩的 1/3，所以此种起动方式只工作在空载或轻载起动的场合，66/3=22。

7-3-13.【答案】(A)

根据理想变压器关系（如图所示），因为

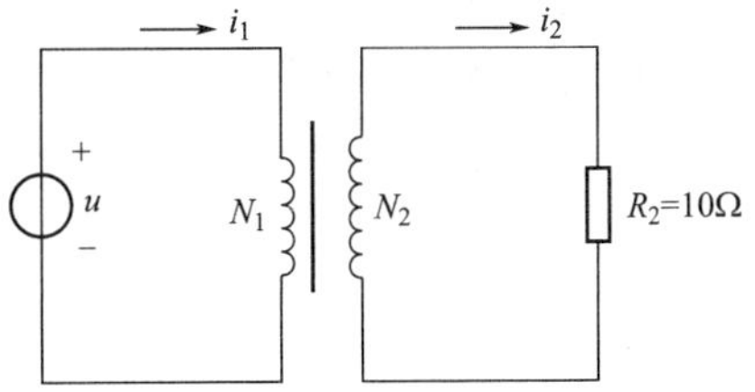

$I_2=\sqrt{\frac{P_2}{P_1}}=\sqrt{\frac{40}{10}}=2(\text{A})$，$K=\frac{I_2}{I_1}=2$，$N_2=\frac{N_1}{K}=\frac{100}{2}=50$（匝）。

7-3-14.【答案】(B)

实现对电动机的过载保护，除了将热继电器的热元件串联在电动机的主电路以外，还应将热继电器的动断触点串接在控制电路中。当电机过载时这个动断触点断开控制电路供电通路断开。

7-3-15.【答案】(B)

变压器 $\frac{n_1}{n_2}=\frac{u_1}{u_2}$，$\frac{u}{u_1}=\frac{100}{10}=10$，$\frac{u}{u_2}=\frac{100}{20}=5$，则 $n_1=\frac{550}{10}=55$，$n_2=\frac{550}{5}=110$。

7-3-16.【答案】(B)

实现对电动机的过载保护，应将其热元件串联在主电路中。

第四节　模拟电子技术

一、考试大纲

晶体二极管；极型晶体三极管；共射极放大电路；输入阻抗与输出阻抗；射极跟随器与阻抗变换；运算放大器；反相运算放大电路；同相运算放大电路；基于运算放大器的比

较器电路；二极管单相半波整流电路；二极管单相桥式整流电路。

二、知识要点

（一）半导体二极管及整流、滤波电路

半导体是一种导电性能介于导体和绝缘体之间的物质，在一定条件下，其导电能力可以转化，常用的半导体材料是硅和锗。

纯净的半导体称为本征半导体，导电性弱。在其中掺入少量杂质元素，形成杂质半导体，导电性能增强。若掺入 5 价元素（如磷）将产生大量自由电子，形成 N 型（电子型）半导体。若掺入 3 价元素（如硼），形成 P 型半导体。

在 P 型区、N 型区的边界面上会形成一个 PN 结。PN 结具有单向导电性，利用此特性可制成二极管、三极管等半导体器件。

不通电时，半导体内部由于 N 区、P 区的浓度差异，出现扩散，在 N 区和 P 区的交界面处出现一个空间电荷区，形成了 N 区高、P 区低的内电场，指向为由 N 区指向 P 区。

将一个 PN 结封装在一个外壳中，并引出两根电极引线，就成为半导体二极管。从 P 区引出的引线为正极（又称阳极），从 N 区引出的引线为负极（又称阴极）。把阳极电位高于阴极电位的情况称为二极管的正向偏置状态，简称“正偏”，反之为“反偏”。二极管加入正偏电源时，空间电荷区变薄，导电能力增加，反之导电能力减弱。

1. 二极管的伏安特性

二极管的伏安特性曲线如图 7-4-1 所示。

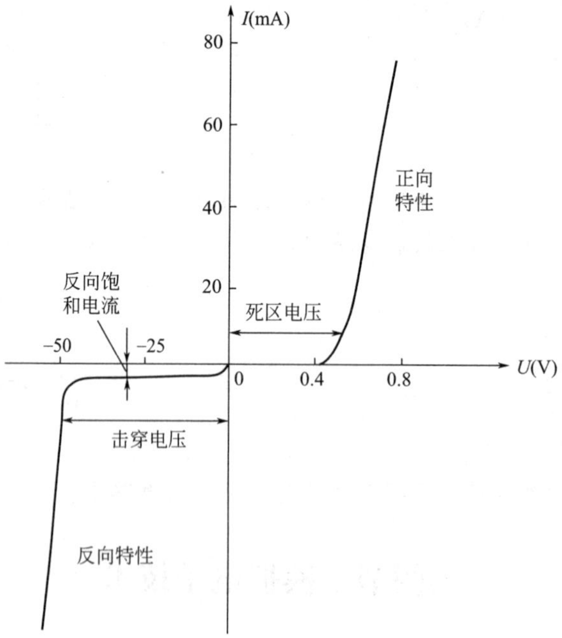

图 7-4-1

外加正向电压较小时二极管尚未导通，正向电流很小，几乎为零。当正向电压超过一定值时，正向电流快速增加，管子导通，该电压值称为死区电压。硅管的死区电

压约 0.5V，锗管约 0.2V。导通后管子正向压降很小，硅管约 0.6～0.7V，锗管约 0.2～0.3V。

当二极管外加反向电压很小，小于某一数值时，反向饱和电流很小，反向电流随温度的上升增长很快。当反向电压增加到一定值时，反向电流突然增大，这种现象称为反向击穿，此电压值称为二极管的反向击穿电压。管子发生电击穿时，只要 PN 结的耗散功率不超过最大允许耗散功率，管子就不会烧坏，反向电压撤销后管子仍能继续使用。若发生热击穿，管子便永久性损坏了。

2.二极管主要参数

（1）最大整流电流 I_{DM}

I_{DM} 指二极管长时间安全使用所允许通过的最大正向平均电流。与 PN 结的结面积和外界散热条件有关。

（2）反向工作峰值电压 U_{RWM}

二极管不被反向击穿而规定的最大反向工作电压，是反向击穿电压的（1/3～1/2）。

（3）反向电流 I_{RM}

I_{RM} 指二极管末被击穿时的反向电流值。I_{RM} 越小则二极管单向导电性越好，热稳定性越好。

（二）整流电路

整流的作用是将交流电压经变压器变换成大小合适的交流电压，常用的有单相半波整流电路和桥式全波整流电路。

（三）滤波电路

整流输出的电压虽然可以把交流电转化成直流电，但此时的直流电压为脉动电压，为了得到较平滑的直流电压，在整流电路中加入了滤波器。常用的滤波器有电容滤波器、电感电容滤波器和 π 形滤波器。

如图 7-4-2 所示，在负载两端并联一个电容器则形成一个简单的电容滤波器。主要根据电容器的端电压在电路状态改变时不能越变的原理制成，此电路简单，一般用于输出电压。

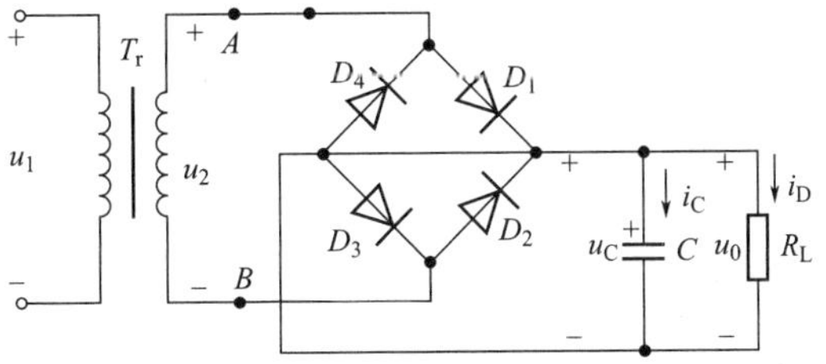

图 7-4-2

电感电容滤波器，即 LC 滤波器，主要在滤波电容之前串接一个铁芯电感线圈形成，当电流发生变化时，线圈中产生自感电动势阻碍电流变化，负载电流和负载电压变小，适用于电流较大，输出电压脉冲较小的情况。

π 形滤波器主要在 LC 滤波器的前面并联一滤波电容，其滤波效果比电感电容滤波器好，但整流二极管冲击电流大，适用于负载电流小，输出电压脉冲小的情况。

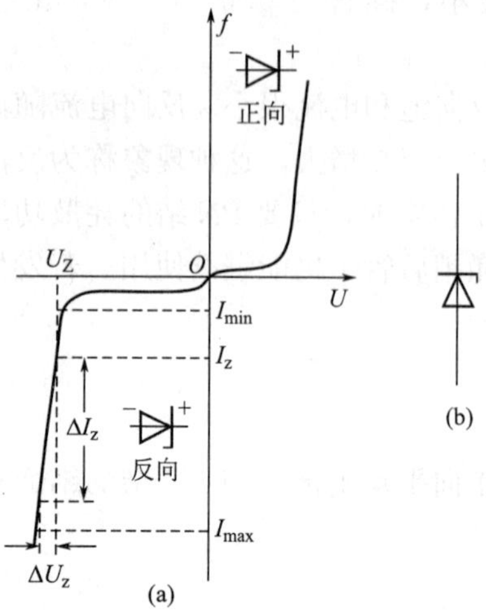

图 7-4-3

（四）稳压管

稳压管是一种特殊的二极管，其伏安特性与普通二极管类似，伏安特性曲线如图 7-4-3 所示。

稳压管工作在反向击穿状态，配以合适的电阻，在它两端可获得一个稳定的电压。稳压管由正向导通、反向截止和反向击穿三部分组成。普通二极管若发生反向击穿，一般就永久损坏了，稳压管只要反向电流和功率损耗不超过允许值，则不会发生热击穿而损坏。

（五）三极管及基本放大电路

1. 三极管

三极管（又称晶体三极管）是一种半导体材料，具有电流放大作用，是放大电路的核心器件。根据三极管的工作频率分为高频管和低频管，根据功率分为大功率管和小功率管，按材料性质分为硅管和锗管，按结构分为 NPN 型管和 PNP 型管。

如图 7-4-4 所示，晶体管内部有发射区（E 区）、基区（B 区）和集电区（C 区）；两个 PN 结——发射区与基区之间的发射结和基区与集电区之间的集电结；从三个区引出的三个电极——发射极（E 极）、基极（B 极）和集电极（C 极）。

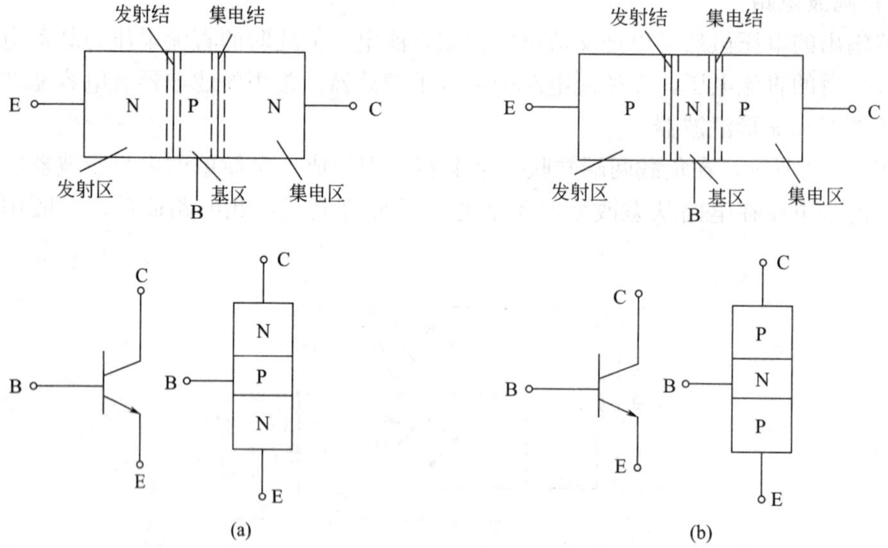

图 7-4-4

2. 晶体管的特性曲线

晶体管特性曲线显示的是三极管的极间电压与电极电流之间的相互关系，包括输入特性和输出特性曲线。

以共射接法的 NPN 型硅管为例说明其输入、输出特性曲线的特点。

（1）输入特性曲线

当管压降 U_{CE} 为定值时，输入电路中的基极电流 I_B 与基射电压 U_{BE} 之间具有如下关系：

$$I_B = f(U_{BE})\ |_{U_{CE=常数}} \tag{7-4-1}$$

如图 7-4-5 所示，锗管由于死区电压低，曲线更靠近纵轴。当 $U_{CE}=0$ 时，晶体管相当于两个二极管正向并联，其特性曲线与二极管的正向伏安特性曲线相似。当 $U_{CE}\geqslant 1V$，曲线右移，且对应于不同的 U_{CE} 值，曲线基本重合。

（2）输出特性曲线

当基极电流 I_B 为定值时，集电极电流 I_C 和集射电压 U_{CE} 之间具有如下关系：

$$I_C = f(U_{CE})\ |_{I_{B=常数}} \tag{7-4-2}$$

如图 7-4-6 所示，I_B 不同，曲线不同。

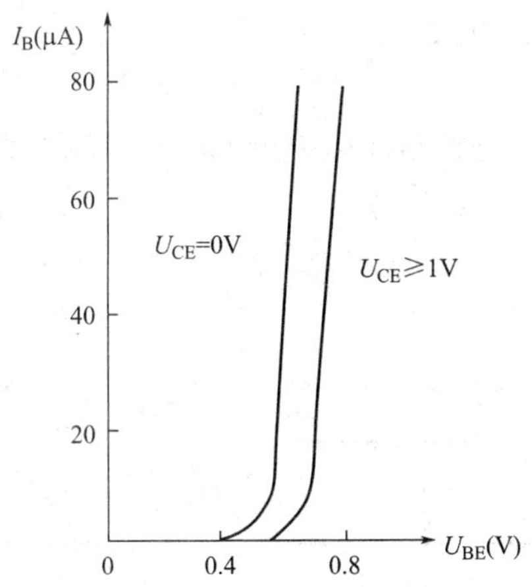

图 7-4-5

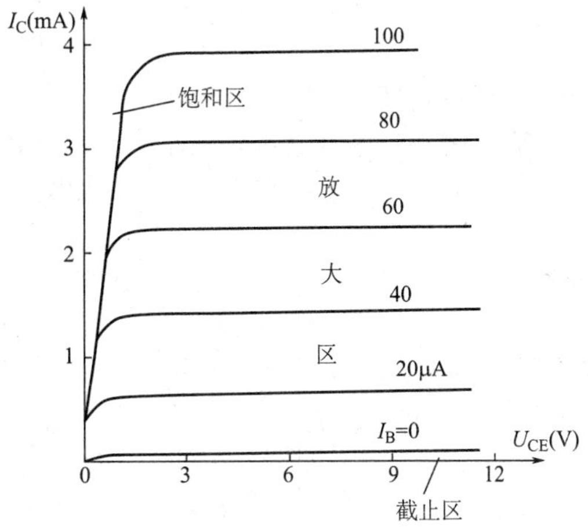

图 7-4-6

其输出特性曲线可分为截止区、放大区和饱和区。

1）截止区

$I_B=0$ 曲线以下的区域称为截止区。

截止区特征：发射结和集电结都反偏，各电极电流近似为零，管子相当于一个断开的开关。

截止条件：U_{BE} 小于死区电压，$U_{BE}\leqslant 0$。

2）饱和区

特性曲线左侧 U_{CE} 很小的区域为饱和区。$U_C < U_B$，集电结正偏，收集载流子的能力下降，I_C 不再受 I_B 控制，管子处于饱和导通状态。

饱和区特征：发射结和集电结都正偏，晶体管失去放大作用。

3）放大区

位于截止区和饱和区中间曲线平坦的区域。

放大区内 I_C 受 I_B 的控制而几乎不受 U_{CE} 的影响（曲线几乎水平）。I_C、I_B 具有如下关系：

$$\Delta I_C = \beta \Delta I_D \tag{7-4-3}$$

式中　β——电流放大系数。

放大区特性：发射结正偏，集电结反偏，晶体管表现出线性电流放大作用。

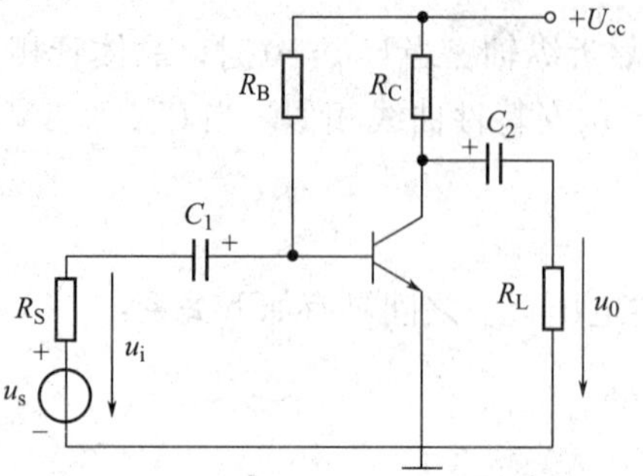

图 7-4-7

3. 基本放大电路

晶体管放大电路是将模拟信号进行放大的电路系统，对放大电路的基本要求是信号放大时不失真。晶体管在放大电路中有三种连接方式：共射接法、共集接法和共基接法。

（1）共射接法基本放大电路

如图 7-4-7 所示，需要放大的电压 u_{cc} 接在三极管的基极和发射极之间，改变基极电阻 R_B 的大小可调节基极电流 I_B，R_C 是集电极电阻，可将放大了的电流以电压形式输出。

1）静态分析

输入信号为零时电路的工作状态称为静态。静态分析是要确定放大电路的静态值 I_B、I_C、射极电压 U_{BC} 和射极电压 U_{CE}，如图 7-4-8 所示。

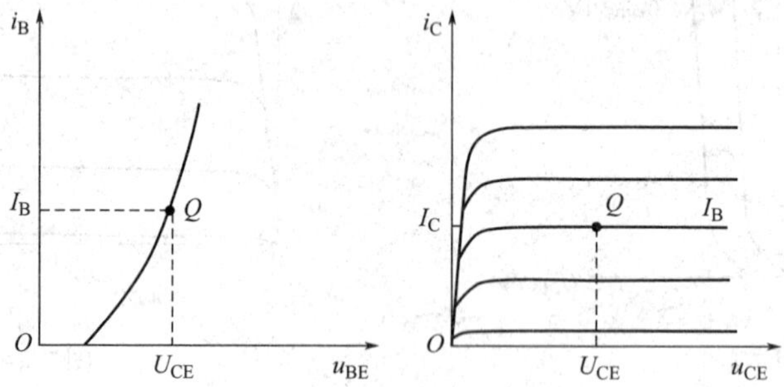

图 7-4-8

若不预先设置静态点（Q 点）或设置的 Q 点不合适，当有交流信号输入时，会使输出信号发生非线性失真。当信号的变化进入了截止区，会产生截止失真，当信号的变化进入了饱和区，则产生饱和失真。

2）静态工作点计算

静态分析应在直流通路（即直流量的路径）上进行。可由原电路将电容开路得到直流通路，即：

$$I_B=\frac{U_{CC}-U_{BE}}{R_B} \tag{7-4-4}$$

式中　U_{BE}——晶体管发射结的正向导通压降，硅管为 0.6～0.7V，锗管为 0.2～0.3V。

$$I_E=I_C=\beta I_B \tag{7-4-5}$$

$$U_{CE}=U_{CC}-I_CR_C \tag{7-4-6}$$

（2）分压式偏置共射放大电路

1）温度对晶体管参数和静态工作点的影响

当温度上升，β 上升、U_{BE} 下降，集电极静态电流 I_C 上升，静态工作点向上漂移。若漂移太高，会使信号变化范围落入饱和区，产生饱和失真；若静态工作点太低，会使信号变化范围落入截止区，产生截止失真。

为保持稳定的静态工作点，保证具有较好的放大效果，不引起非线性失真。其基极偏置电流 $I_B=\dfrac{U_{CC}-U_{BE}}{R_B}$，在电源电压 U_{CC} 和基极电阻 R_B 选定的情况下，I_B 固定不变。

分压式偏置共射放大电路，当温度变化或其他因素改变时，能自调整偏置电流而使静态工作点稳定。

2）静态工作点分析

图 7-4-9 是该电路的直流通路，从中可估算得到静态工作点：

$$V_B=\frac{U_{CC}R_{B2}}{R_{B1}+R_{B2}} \tag{7-4-7}$$

$$I_E=I_C=\frac{V_B-U_{BE}}{R_E} \tag{7-4-8}$$

$$I_B=\frac{I_C}{\beta} \tag{7-4-9}$$

$$U_{CE}=U_{CC}-I_C(R_C+R_E) \tag{7-4-10}$$

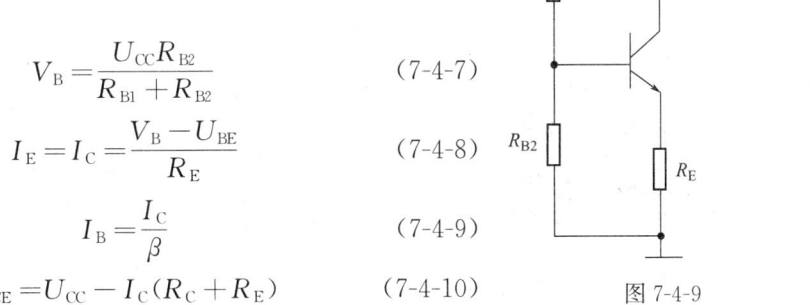

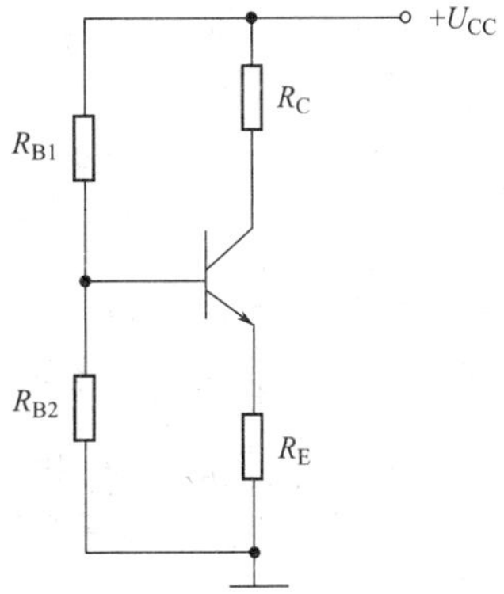

图 7-4-9

（3）共集放大电路（射极输出器）

如图 7-4-10 所示，共集放大电路能获得较高的电压放大倍数，但其输入电阻较小，输出电阻较大，常用作多级放大电路的中间级，以获得较高的电压放大倍数。它的微变等效电路有图 7-4-10c 和图 7-4-10d 两种画法。从图 7-4-10d 可明显看出，输入回路和输出回路以集电极为公共端，故称为共集放大电路。由于电路从射极输出，故又称为射极输出器。射极输出器具有较高的输入电阻和较低的输出电阻，可用作多级放大电路的输入极核输出极，以适应信号源或负载对放大电路的要求。

1）静态分析

$$I_B=\frac{U_{CC}-U_{BE}}{R_B+(1+\beta)R_E} \tag{7-4-11}$$

$$I_C=I_E=\beta I_B \tag{7-4-12}$$

$$U_{CE}=U_{CC}-I_CR_E \tag{7 4 13}$$

2）动态分析

$$r_i=R_B // [r_{be}+(1+\beta)(R_E // R_L)] \tag{7-4-14}$$

$$r_0=R_E // \frac{r_{be}+R_B // R_S}{(1+\beta)} \tag{7-4-15}$$

$$A_u\approx 1$$

$$A_{us}=\frac{r_i}{r_i+R_S}\cdot 1 \tag{7-4-16}$$

由于 $A_u\approx 1$，电路又称为电压跟随器。射极输出器虽然不放大电压，但它的输入电阻很高，输出电阻很低，适于作多级放大器的输入级和输出级。

运算放大器（简称运放器）是具有高开环放大倍数和深度负反馈的多级直耦式放大电路。

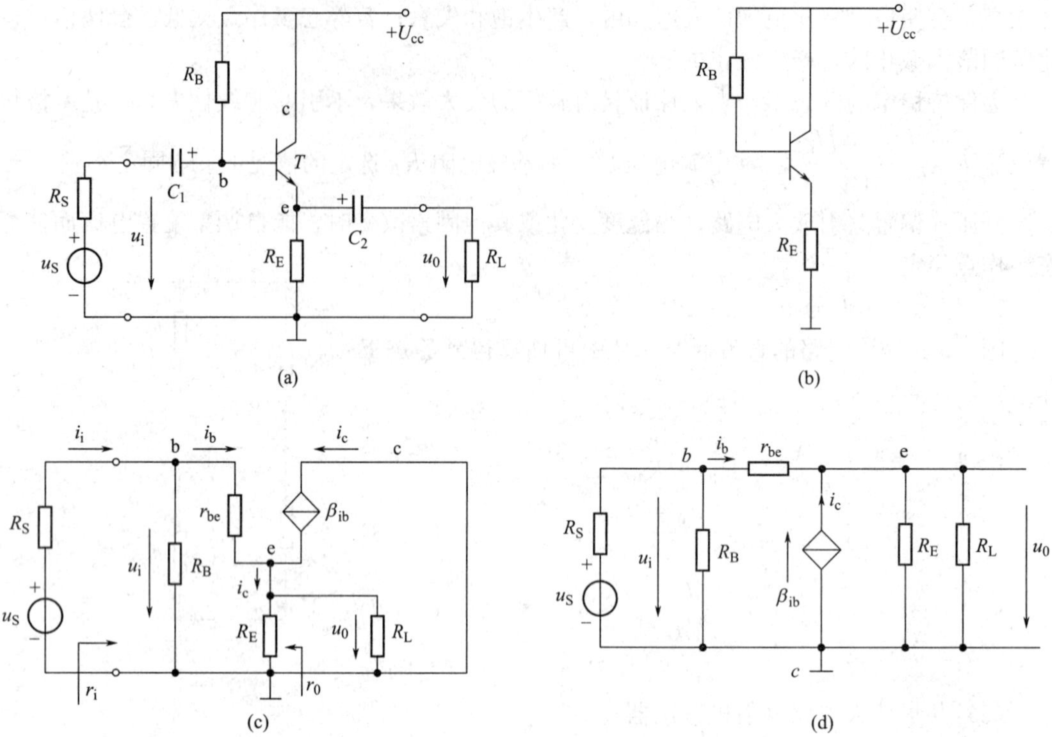

图 7-4-10

运放器的输入级要求有高的输入电阻和很强的抑制零漂能力，故采用差动放大电路。它有两个输入端：同相输入端和反相输入端。

中间级主要进行电压放大，要求电压放大倍数高，多由若干共射放大电路直接耦合而成。

输出级要求输出电阻低，负载能力强，能输出足够大的电压和电流，一般由互补对称电路组成大信号放大电路。

偏置电路为以上各级放大电路提供合适而稳定的静态工作点，一般由各种晶体管恒流源电路构成。

（六）理想运算放大器

将实际运放器理想化，可使分析过程大为简化。理想化的条件为：

① 开环差模电压放大倍数 $A_{u0}\to\infty$（所谓差模信号是指大小相等、极性相反的一对信号）。

② 差模输入电阻 $r_{id}\to\infty$；

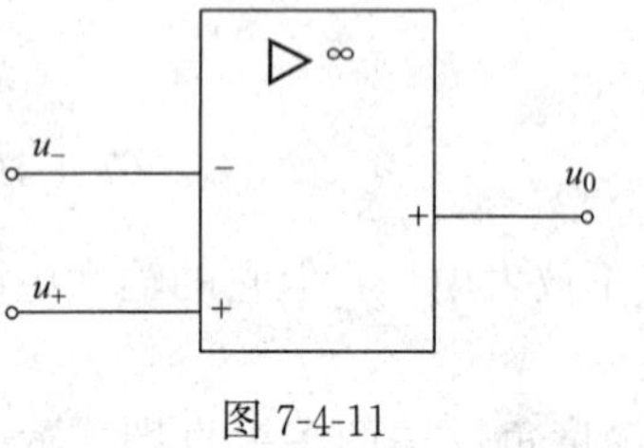

图 7-4-11

③ 开环输出电阻 $r_0\to 0$；

④ 共模抑制比 $K_{CMR}\to\infty$（所谓共模信号指大小相等、极性也相同的一对信号）。

实际运放器的以上指标都接近于理想值，这使得理想化分析引起的误差一般在工程允许范围内。

如图 7-4-11 所示是理想运放器的符号。它有两个输入端（反相输入端标以“—”，同相输入端标以“＋”）和一个输出端（标以“+”），“∞”表示开环电压放大倍数的理想化条件，符号中只标出了两个输入端。

由于 $r_i \to \infty$，可认为两个输入端的输入电流为零，当运放器工作在线性区，它是一个线性放大元件，有：

$$u_0 = A_{u0}(u_+ - u_-) \tag{7-4-17}$$

式中　A_{u0}——运放器开环电压放大倍数。

工作在线性区的理想运放器，有两条重要的分析依据：

（1）因为差模输入电阻 $r_{id}=\infty$，故理想运放器两个输入端的输入电流都等于零，即：

$$i_+ = i_- = 0 \tag{7-4-18}$$

相当于输入端断开，但并非真的断开，称为“虚断”。

（2）由于开环电压放大倍数 $A_{u0} \to \infty$，而输出电压是有限值，即：

$$u_+ = u_- \tag{7-4-19}$$

运放器两个输入端等电位，相当于短路，但又不是真正短路，称为“虚短”。

（七）运算放大器的线性应用——基本运算电路

1. 比例运算

（1）反相输入

如图 7-4-12 所示，通过 R_F 将输出电压反馈送回到反相输入端，使运放器工作在线性区。输入信号加在反相输入端，同相输入端通过平衡电阻 R_2 接地。

由 $u_+ = u_- = 0$，$i_1 = i_f$ 即 $\dfrac{u_i - u_-}{R_1} = \dfrac{u_- - u_0}{R_F}$，则：

$$u_0 = -\frac{R_F}{R_1} u_i \tag{7-4-20}$$

其闭环电压放大倍数为：

$$A_{uf} = -\frac{R_F}{R_1} \tag{7-4-21}$$

只要 R_1 和 R_F 的阻值足够精确和稳定，就可以保证比例运算的精度和稳定性。

当 $R_1 = R_F$，有 $u_0 = -u_1$。这时反相比例器可称为反相器，平衡电阻 $R_2 = R_1 // R_F$。输出电压与输入电压是反相比例运算关系。

（2）同相输入

如图 7-4-13 所示，输入信号加在同相输入端，可实现同相比例运算，即：

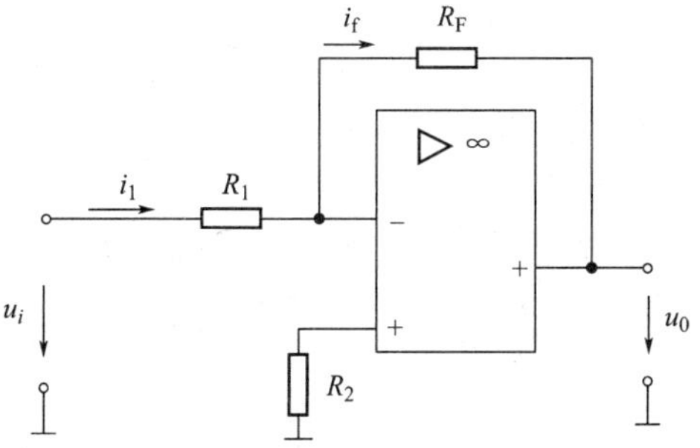

图 7-4-12

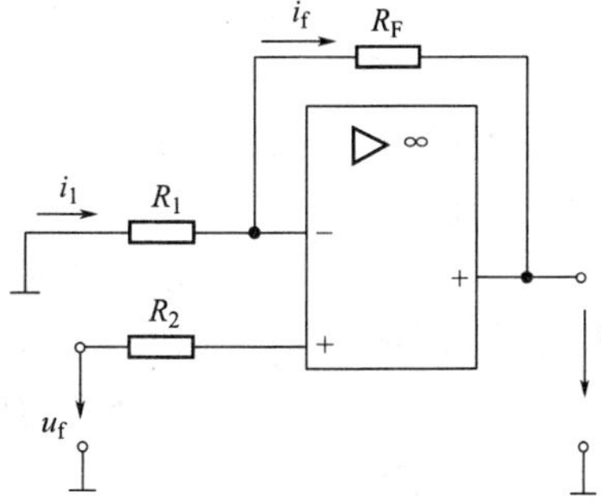

图 7-4-13

$$u_0=\left(1+\frac{R_F}{R_1}\right)u_+=\left(1+\frac{R_F}{R_1}\right)u_i \tag{7-4-22}$$

闭环电压放大倍数为：

$$A_{uf}=1+\frac{R_F}{R_1} \tag{7-4-23}$$

当 $R_1=\infty$或 $R_F=0$ 或二者兼备，就有 $u_0=u_i$， 这时电路可称为电压跟随器。平衡电阻 $R_2=R_1 /\!/ R_F$。

输出电压与输入电压是同相比例运算关系。

2.加法运算

（1）反相输入

如图 7-4-14 所示。根据叠加原理，电路的输出电压等于各输入电压单独作用时所得的各输出分量之和，而每个输入电压单独作用时，电路都是典型的反相比例运算器，即：

$$u_0=-\frac{R_F}{R_{11}}u_{i1}-\frac{R_F}{R_{12}}u_{i2}-\frac{R_F}{R_{13}}u_{i3} \tag{7-4-24}$$

当 $R_{11}=R_{12}=R_{13}=R$，则 $u_0=-\frac{R_F}{R}(u_{i1}+u_{i2}+u_{i3})$；

当 $R=R_F$，则 $u_0=-(u_{i1}+u_{i2}+u_{i3})$；

平衡电阻：$R_2=R_F /\!/ R_{11} /\!/ R_{12} /\!/ R_{13}$。

（2）同相输入

如图 7-4-15 所示，每个输入电压单独作用，电路都是一个同相比例运算器，即：

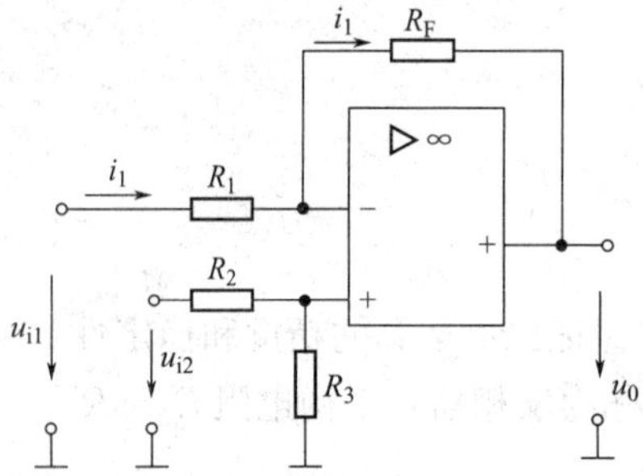

图 7-4-14

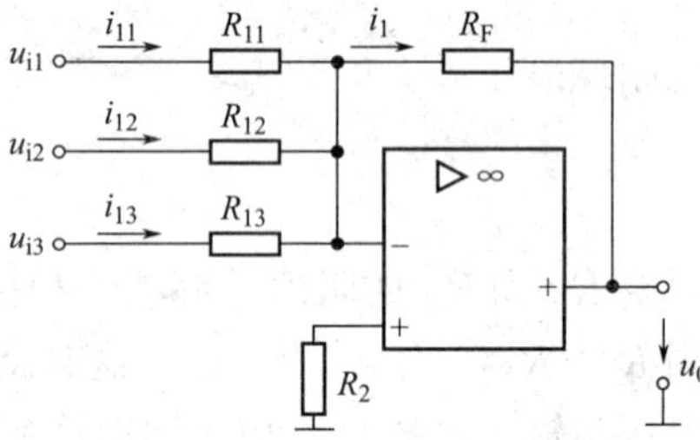

图 7-4-15

$$u_0=\left(1+\frac{R_F}{R}\right)\cdot\frac{R_2}{R_1+R_2}u_{i1}+\left(1+\frac{R_F}{R}\right)\cdot\frac{R_1}{R_1+R_2}u_{i2} \tag{7-4-25}$$

当 $R_1=R_2$，$R_F=R$，则 $u_0=u_{i1}+u_{i2}$；

有平衡关系：$R_1 /\!/ R_2=R /\!/ R_F$。

3.减法运算

如图 7-4-16 所示，两个输入端都有信号输入，构成差动运算电路，由叠加原理可得：

$$u_0=\left(1+\frac{R_F}{R_1}\right)\cdot\frac{R_3}{R_2+R_3}u_{i2}-\frac{R_F}{R_1}u_{i1} \tag{7-4-26}$$

当 $R_1=R_2$，$R_F=R_3$ 时，$u_0=-\frac{R_F}{R}(u_{i2}-u_{i1})$， 作为差动输入放大电路，其电压放大

倍数：

$$A_{uf}=\frac{u_0}{u_{i2}-u_{i1}}=\frac{R_F}{R_1}。$$

当 $R_F=R_1$，$R_2=R_3$，则 $u_0=u_{i2}-u_{i1}$。

输出电压是两个输入电压的差值，为减法运算。

4. 积分运算

如图 7-4-17 所示，根据反相输入有 $u_-=u_+=0$，$i_1=i_f=\frac{u_i}{R_1}$，而 $i_f=C_F\frac{du_c}{dt}$ 故：

$$u_0=-u_c=-\frac{1}{C_F}\int i_f dt=-\frac{1}{R_1C_F}\int u_i dt \tag{7-4-27}$$

该电路的输出电压与输入电压的积分成正比，且反向，R_1C_F 称为积分时间常数。

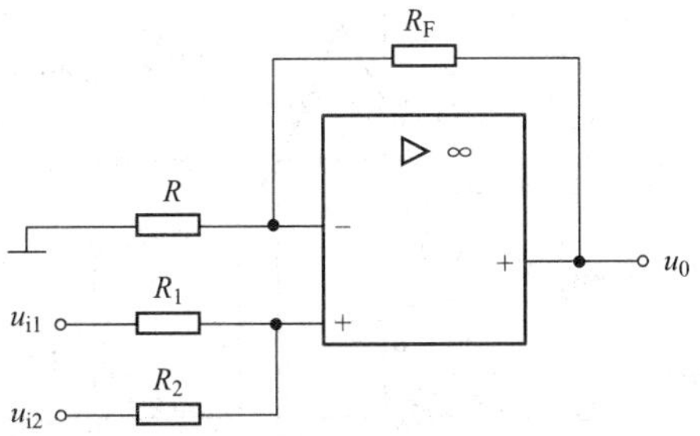

图 7-4-16

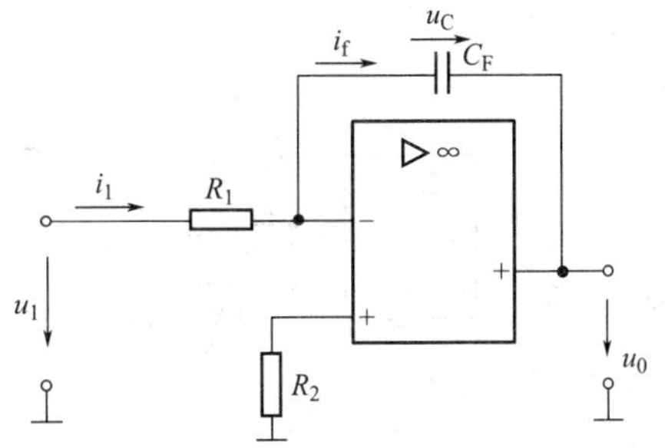

图 7-4-17

当 $u_i=U_i$ 为一常数（阶跃电压）时：

$$u_0=-\frac{U_i}{R_1C_F}t \tag{7-4-28}$$

(八) 运算放大器的非线性应用——电压比较器

电压比较器是用来比较输入电压和参考电压。

电压比较器有两个输入电压，一个是参考电压 U_R，另一个就是被比较的信号电压 u_i。当 u_i 与 U_R 的比较结果导致 $u_-<u_+$ 时，比较器输出正向饱和电压或高限定电压，称为高电平，记作 $U_{0(sat)}$ 或 U_{0H}；当 $u_->u_+$ 时，输出负向饱和电压或低限定电压，称为低电平，记作 $-U_{0(sat)}$ 或 U_{0H}；当 $-U_{0(sat)}=U_{0H}$ 时，电压比较器叫做过零比较器。

1. 同相输入电压比较器

如图 7-4-18（a）、（b）和（c）所示，对同相输入电压比较器，其要被比较的输入信号 u_i 加在同相输入端，而比较电压 U_R 加在反相输入端。

当 $u_i=U_R$，使 $u_-=u_+$，$U_T=U_R$，输出发生跳变；

当 $u_i>U_R$，使 $u_-<u_+$，输出高电压 $U_{0(sat)}$；

当 $u_i<U_R$，使 $u_->u_+$，输出低电压 $-U_{0(sat)}$。

2. 反相输入电压比较器，且有输出限幅

如图 7-4-19（a）所示，被比较电压信号加在反相输入端，标准电压 U_R 则加在同相输入端。

该电路的输出电压由两个背靠背连接的稳压管限幅，最高和最低输出将不超过稳压管

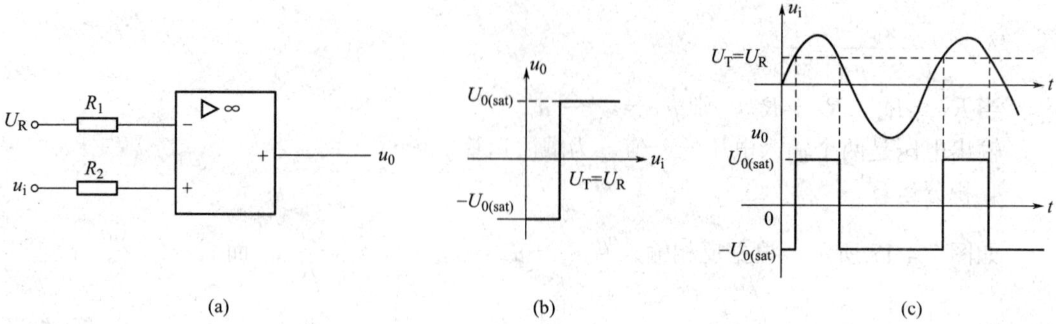

图 7-4-18

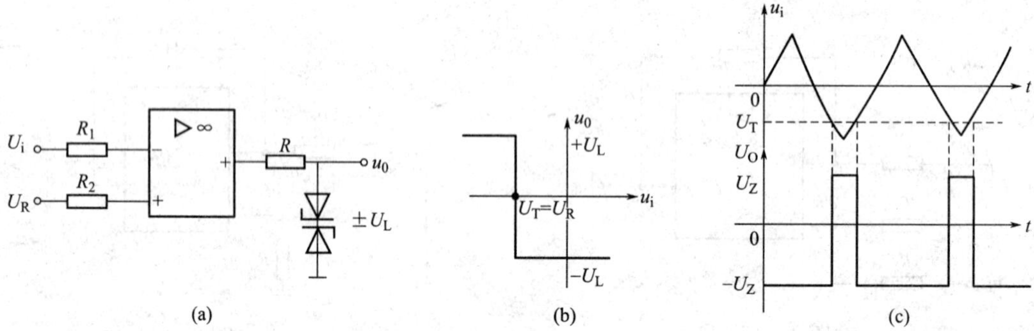

图 7-4-19

的稳定电压$\pm U_Z$，即

$$U_{OH}=U_Z, U_{OL}=-U_Z \tag{7-4-29}$$

令 $u_i=U_R$，有 $u_-=u_+$，即可求得门限电压 $U_T=U_R$

当 $u_i>U_T=U_R$，有 $u_->u_+$，输出低电平 $U_{OL}=-U_Z$；

当 $u_i<U_T=U_R$，有 $u_-<u_+$，输出低电平 $U_{OH}=+U_Z$。

图 7-4-19（b）和图 7-4-19（c）分别是该比较器的传输特性和输入、输出波形，设被比较的输入电压为三角波，其峰值超过 U_Z 值。

历年真题

7-4-1. 图（a）所示运算放大器的输出与输入之间的关系如图（b）所示，若 $u_i=2\sin\omega t$ mV，则 u_0 为（　　）。（2011A94）

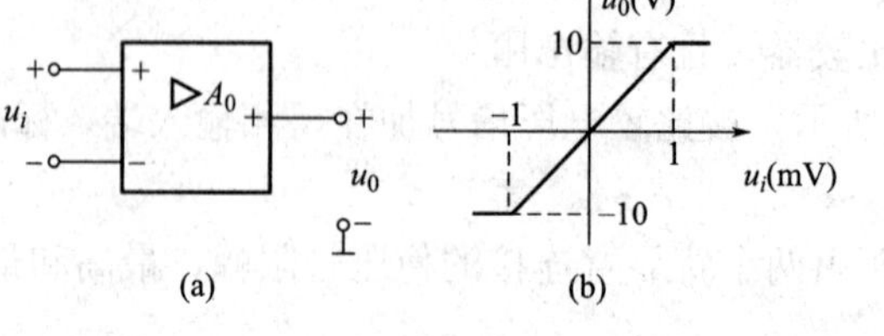

A. 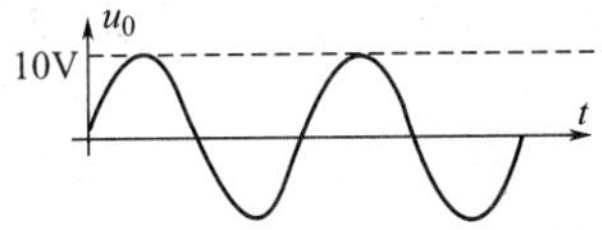

B. 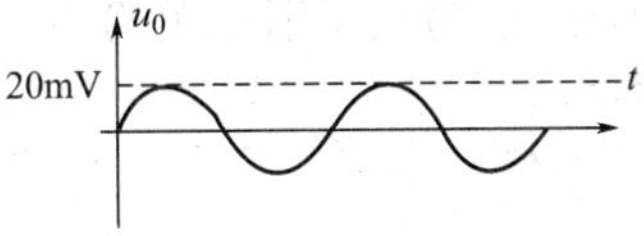

C. 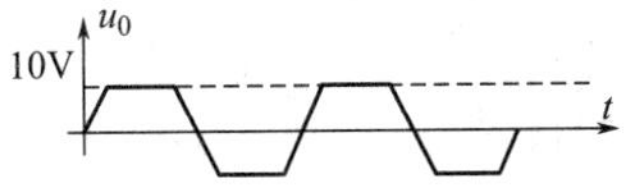

D. 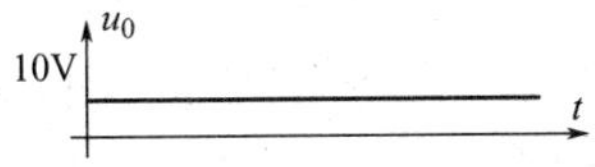

7-4-2. 图示电路中，$u_1=10\sin\omega t$， 二极管 D_2 因损坏而断开，这时输出电压的波形和输出电压的平均值为（　　）。(2011A93)

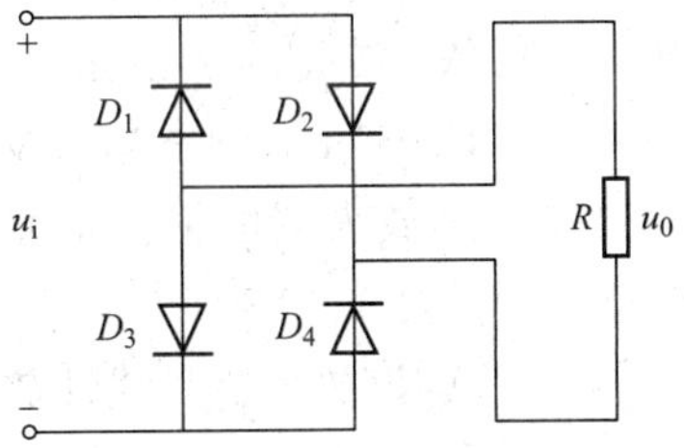

A. 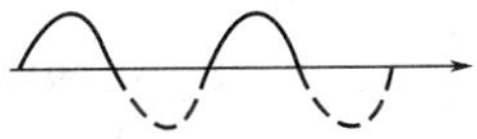 $U_0=0.45\text{V}$

B.  $U_0=-0.45\text{V}$

C.  $U_0=-3.18\text{V}$

D. 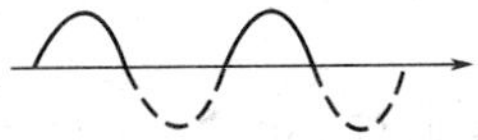 $U_0=3.18\text{V}$

7-4-3. 整流滤波电路如图所示，已知 $U_1=30\text{V}$，$U_0=12\text{V}$，$R=2\text{k}\Omega$，$R_L=4\text{k}\Omega$，稳压管的稳定电流 $I_{Z\max}=5\text{mA}$ 与 $I_{Z\max}=18\text{mA}$。通过稳压管的电流和通过二极管的平均电流分别为（　　）。(2012A86)

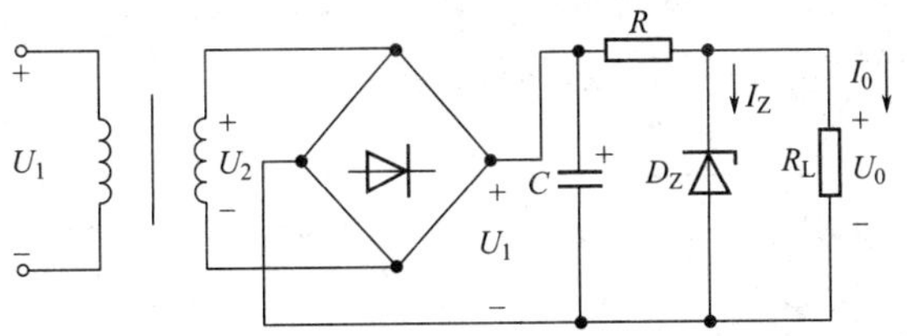

A. 5mA，2.5mA　　B. 8mA，8mA

C. 6mA，2.5mA　　D. 6mA，4.5mA

7-4-4. 晶体管非门电路如图所示，已知 $U_{CC}=15\text{V}$，$U_B=-9\text{V}$，$R_C=3\text{k}\Omega$，$R_B=20\text{k}\Omega$，$\beta=40$，当输入电压 $U_1=5\text{V}$ 时，要使晶体管饱和导通，R_X 的值不得大于：（设 $U_{BE}=0.7\text{V}$，集电极和发射极之间的饱和电压 $U_{CES}=0.3\text{V}$）（　　）。(2012A87)

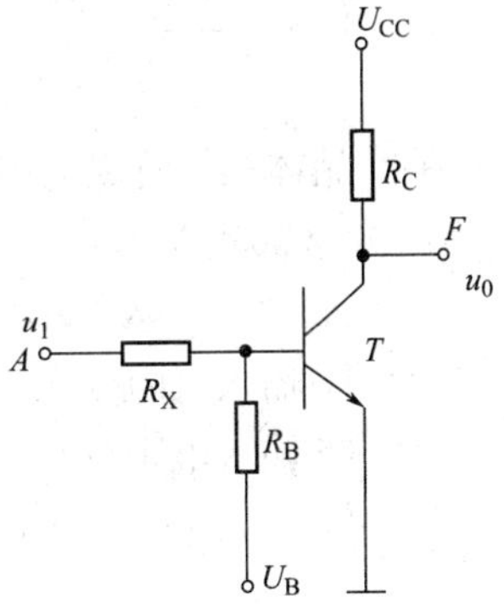

A. 7.1kΩ

B. 35kΩ

C. 3.55kΩ

D. 17.5kΩ

7-4-5. 图示为共发射极单管电压放大电路，估算静态点 I_B、I_C、V_{CE} 分别为（　　）。（2012A88）

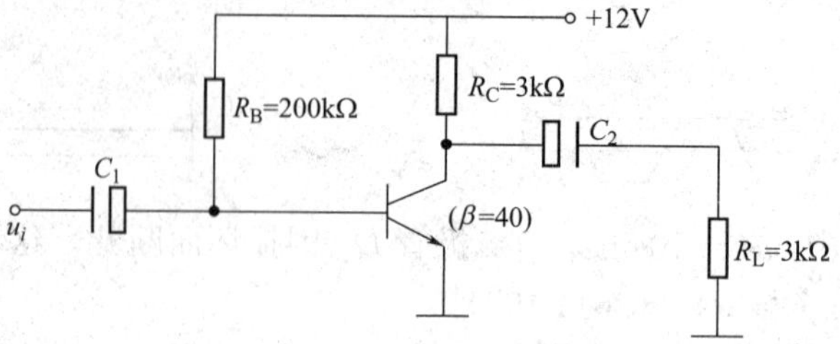

A. 57μA，2.28mA，5.16V　　B. 57μA，2.28mA，8V

C. 57μA，4mA，0V　　D. 30μA，2.8mA，3.5V

7-4-6. 某放大器的输入信号 $u_1(t)$ 和输出信号 $u_2(t)$ 如图所示，则（　　）。（2013A89）

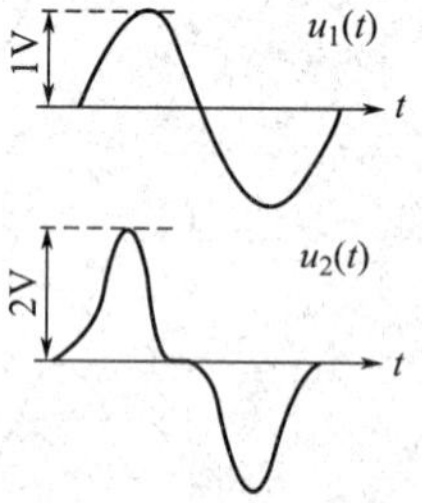

A. 该放大器是线性放大器

B. 该放大器放大倍数为 2

C. 该放大器出现了非线性失真

D. 该放大器出现了频率失真

7-4-7. 二极管应用电路如图所示，设二极管 D 为理想器件，$u_i = 10\sin\omega t$ V，则输出电压 u_0 的波形为（　　）。（2013A93）

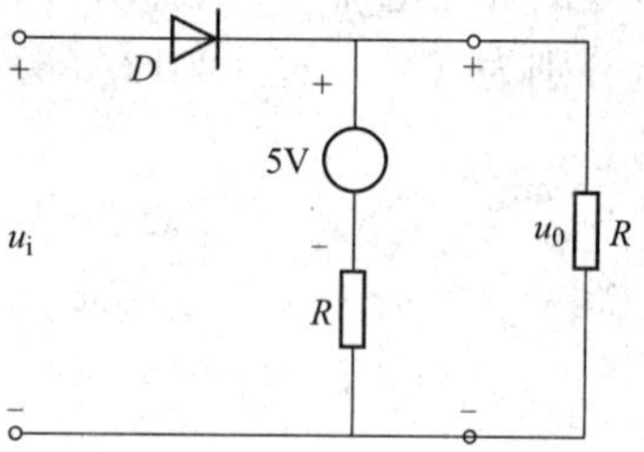

A. 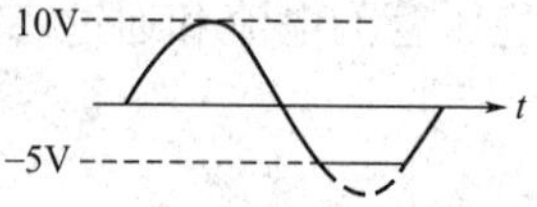

B. 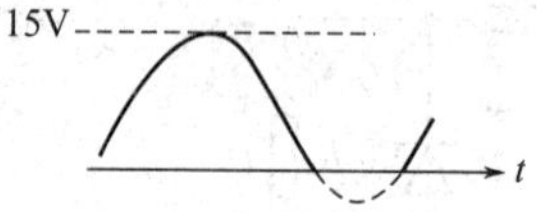

C. 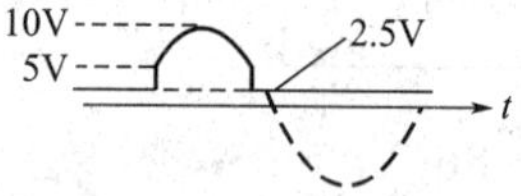

D. 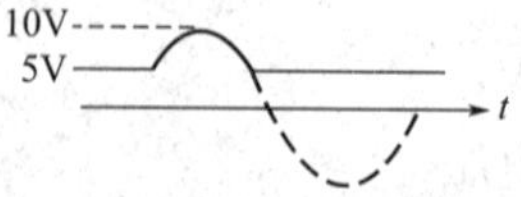

7-4-8. 晶体三极管放大电路如图所示，在进入电容 C_E 之后（　　）。（2013A94）

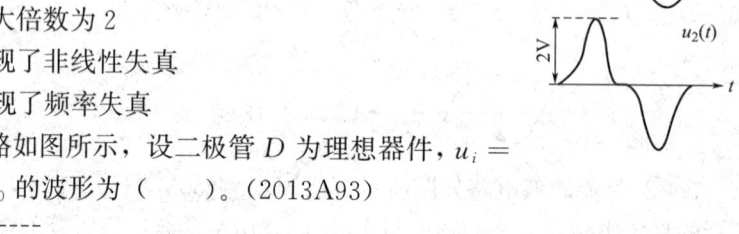

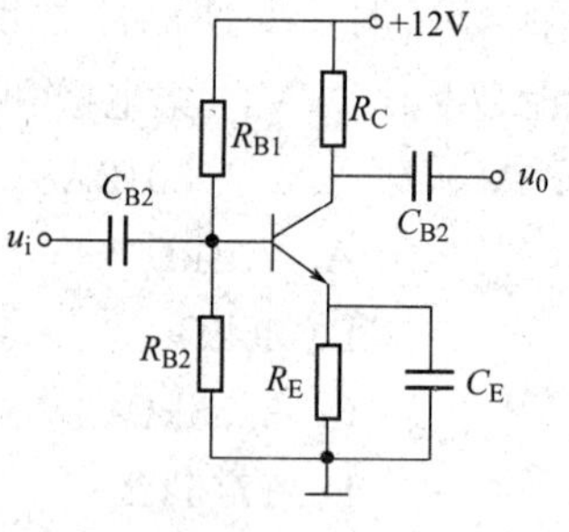

A. 放大倍数变小

B. 输入电阻变大

C. 输入电阻变小，放大倍数变大

D. 输入电阻变大，输出电阻变小，放大倍数变大

7-4-9. 运算放大器应用电路如图所示，设运算放大器输出电压的极限值为±11V，如果将 2V 电压接入电路的“A”端、电路的“B”端接地后，测得输出电压为－8V，那么，如果将 2V 电压接入电路的“B”端、电路的“A”端接地后，则该电路的输出电压 u_0 =（　　）。(2014A94)

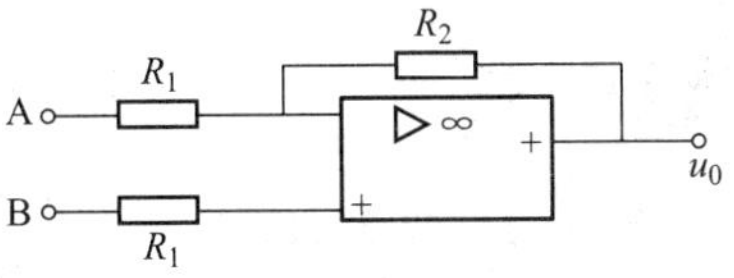

A. 8V

B. －8V

C. 10V

D. －10V

7-4-10. 运算放大器应用电路如图所示，设运算放大器输出电压的极限值为±11V，如果将－2.5V 电压接入电路的“A”端、电路的“B”端接地后，测得输出电压为 10V，那么，如果将－2.5V 电压接入电路的“B”端、电路的“A”端接地后，则该电路的输出电压 u_0 =（　　）。(2016A94)

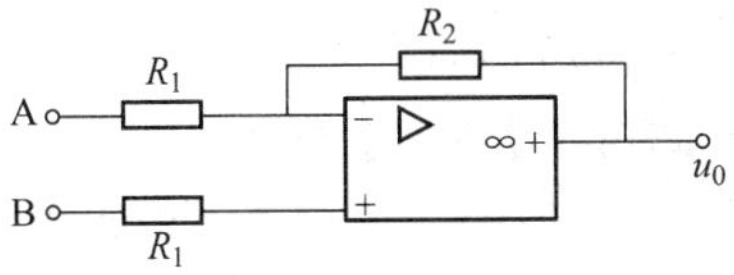

A. 10V

B. －10V

C. －11V

D. －12.5V

7-4-11. 图 (a) 所示电路中，运算放大器输出电压的极限值为 $\pm U_{OM}$，当输入电 u_{i1} = 1V，$u_{i2} = 2\sin at$ V 时，输出电压波形如图 (b) 所示，那么，如果 u_{i1} 从 1V 调至 1.5V，将会使输出电压的（　　）。(2017A94)

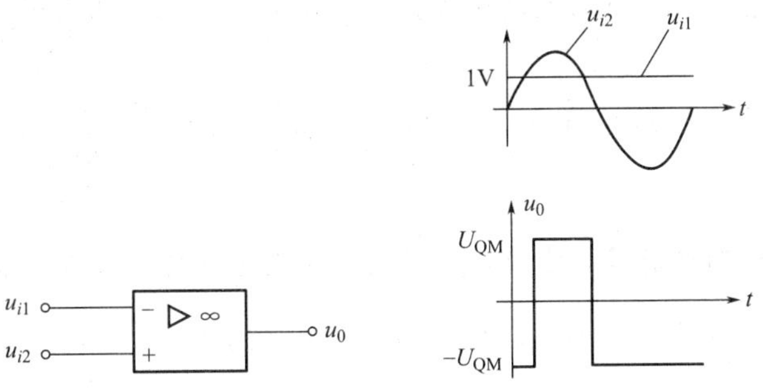

(a)　　　　(b)

A. 频率发生改变　　　　B. 幅度发生改变

C. 平均值升高　　　　D. 平均值降低

7-4-12. 二极管应用电路如图所示，图中，u_A = 1V，u_B = 5V，设二极管均为理想器件，则输出电压 u_F（　　）(2018A93)

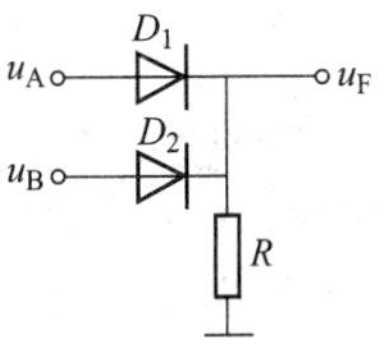

A. 等于 1V

B. 等于 5V

C. 等于 0V

D. 因 R 未知，无法确定

7-4-13. 运算放大器应用电路如图所示，其中 $C = 1\mu m$，$R = 1M\Omega$，$U_{oM} = \pm 10V$，若 u_1 = 1V，则 u_0（　　）(2018A94)

A. 等于0V

B. 等于1V

C. 等于10V

D. 在t<10s时，为−t，在t>10s后，为−10V

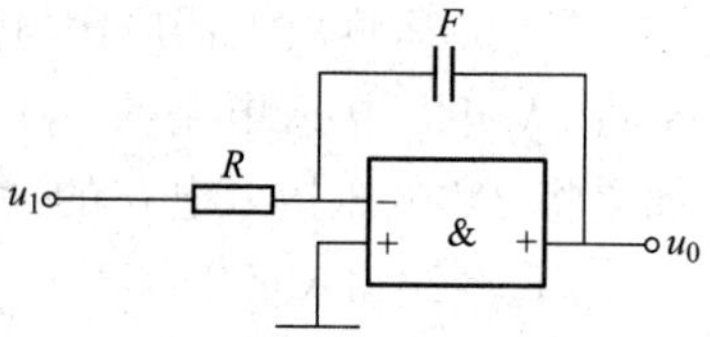

答案

7-4-1.【答案】(C)

由图可知，当信号$|u_i(t)|\leqslant 1V$，放大电路工作在线性工作区，$u_0(t)=10u_i(t)$，当信号$|u_i(t)|\geqslant 1V$时，放大电路工作在非线性工作区，$u_0(t)=\pm 10V$。

7-4-2.【答案】(C)

该电路为二极管的桥式整流电路，当D_2二极管断开时，电路变为半波整流电路，输入电压的交流有效值和输出直流电压的关系为$U_0=0.45U_i$，同时根据二极管的导通电流方向可得$U_0=-3.18V$。

7-4-3.【答案】(D)

该电路为直流稳压电源电路，对于输出的直流信号，电容在电路中可视为断路，桥式整流电路中的二极管通过电流平均值是电阻R中通过电流的一半；流过电阻R的电流为(30−12)/2000=9mA，二极管流过的平均电流为4.5mA，流过电阻R的电流为12/4000=3mA，则流过稳压二极管的电流为9−3=6mA。

7-4-4.【答案】(A)

根据晶体三极管工作状态的判断条件，当晶体管处于饱和状态时，基极电流与集电极电流的关系是：

$$I_B>I_{BS}=\frac{1}{\beta}I_{CS}=\frac{1}{\beta}\left(\frac{U_{CC}-U_{CES}}{R_C}\right)=\frac{15-0.3}{3000\times 40}，I_B=\frac{5-0.7}{R_X}-\frac{0.7-(-9)}{20\times 10^3}，R_X\leqslant 7.1k\Omega。$$

7-4-5.【答案】(A)

根据等效的直流通道计算，在直流等效电路中电容断路，可求出静态工作点：

$$I_B=\frac{V_{CC}-U_{BE}}{R_B}=\frac{12-0.7}{\times 10^3}=57\mu A，I_C=\beta I_B=40\times 57\times 10^{-3}=2.28mA，$$

$$V_{CE}=V_{CC}-I_CR_C=12-3\times 2.28=5.16V。$$

7-4-6.【答案】(D)

该放大器的输出信号$u_2(t)$中包含有基波和三次谐波信号，而输入信号中只包含有基波信号，该失真属于频率失真。

7-4-7.【答案】(D)

此题为二极管限幅电路，分析二极管电路首先要将电路模型线性化，将二极管断开后分析极性（对于理想二极管，若正向偏置将二极管短路，否则将二极管断路），最后按照线性电路理论确定输入和输出信号的关系，对于理想二极管，若阳极电压大于阴极电压，则二极管导通，若阳极电压小于阴极电压，则二极管截止。由题意知：二极管阴极电压为+5V，阳极电压为$u_i=10\sin\omega t$V，当$u_i<5V$，二极管截止，此时$u_0\times 5\times\frac{R}{R+R}=2.5V$，当$u_i>5V$，二极管导通，此时$u_0=u_i=10\sin\omega t$V。

7-4-8.【答案】(C)

根据三极管的微变等效电路分析可见，增加电容 C_E 以后发射极电阻被短路，放大倍数提高，输入电阻减小，输出电阻变大。

7-4-9.【答案】(C)

2V 接在 A 端、B 端接地，电路是反相运算放大器，$u_0=-\frac{R_2}{R_1}u_i$，$-8=\left(-\frac{R_2}{R_1}\right)\times 2$，$\frac{R_2}{R_1}=4$；2V 接在 B 端，A 端接地，电路是同相运算放大器，$u_0=\left(1+\frac{R_2}{R_1}\right)u_i=5\times 2=10$

7-4-10.【答案】(C)

当 A 接入电压，B 接地时，电路为反相运算放大电路，$u_0=-\frac{R_2}{R_1}u_\text{i}=-4$，即：$-10=\frac{R_2}{R_1}\times 2.5$，$\frac{R_2}{R_1}=4$，$B$ 接入电压，A 接地，为同相运算放大电路，$u_0=(1+R_2/R_1)u_i=(1+4)\times 2.5=12.5\text{V}$，运算输出电压极限值为 $\pm 11\text{V}$，所以 $u_0=-11\text{V}$。

7-4-11.【答案】(D)

波形分析如图所示，当 $u_{i1}<u_{i2}$ 时，$u_\text{O}=+u_\text{OM}$；当 $u_{i1}>u_{i2}$ 时，$u_\text{O}=-u_\text{OM}$，当 u_{i1} 升高到 1.5V 时，u_0 波形的正向面积减少，反向面积增加，电压平均值降低（如图中虚线波形所示）。

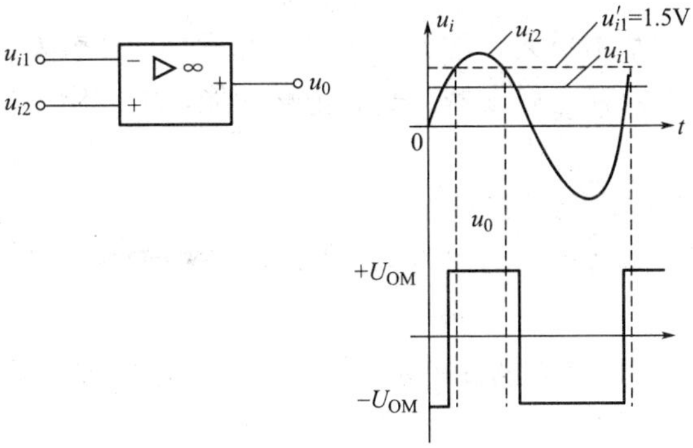

7-4-12.【答案】(C)

$\begin{cases}u_\text{F}<u_\text{A}\\u_\text{F}<u_\text{B}\end{cases}\Rightarrow\begin{cases}u_\text{F}<1\text{V}\\u_\text{F}<5\text{V}\end{cases}$，则 $u_\text{F}=0\text{V}$。

7-4-13.【答案】(D)

$u_0=-\frac{1}{R_c}\int_0^t u_1\text{d}t$，$t=10\text{s}$ 时，$u_0=-\frac{1}{1\times 10^{-6}\times 1\times 10^{-6}}\int_0^t u_1\text{d}t=-u_1 t$，$u_1=1\text{V}$ 时，$u_0=-t$，若不失真，则 $\text{t}>10\text{s}$ 后，$\text{u}_0=-10\text{V}$。

第五节　数字电子技术

一、考试大纲

与、或、非门的逻辑功能；简单组合逻辑电路；D 触发器；JK 触发器；数字寄存器；

脉冲计数器。

二、知识要点

（一）逻辑代数基础

逻辑代数又名开关代数、布尔代数，是研究数字电路的数学工具。逻辑代数中变量的取值只有“1”和“0”两个逻辑值。它们与二进制数中的符号“1”和“0”不同。它们不表示数值大小，只表示两种相反的逻辑状态，在电路中，则表示电位的高和低，脉冲信号的有和无等。逻辑代数应用于数字电路，研究的是数字电路的输出信号与输入信号之间的逻辑关系。

以二极管、三极管为开关元件，电流通过 PN 结流过的逻辑门电路称为双极型逻辑门电路。

门电路虽有双极型和单极型之分，它们的内部结构不同，但只要是同一种逻辑功能的门电路，它们的真值表、逻辑表达式和符号等是完全相同的。

数字电子电路分为组合逻辑电路（简称组合电路）和时序逻辑电路（简称时序电路）。

组合电路无记忆功能，其输出只与当时的输入信号有关而与电路的原状态无关。常用的组合电路有加法器，编码器，译码器，数据选择器和分配器等，基本上都由门电路构成，分析、设计简单。

（二）触发器

它是时序逻辑电路的基本单元，常见的有 R-S 触发器、D 触发器和 J-K 触发器，它们都是具有两个稳定状态的双稳态触发器。具有记忆功能，能存储一位二进制信号。

1. 触发器的分类

① 按组成电路的器件分为：ITL 型、CMOS 型

② 按触发器的逻辑功能分为 RS 触发器、JK 触发器、D 触发器、T 触发器、T′触发器

2. 基本 RS 触发器

基本触发器由两个与非门交叉耦合而成，如图 7-5-1 所示，表 7-5-1 是它的状态功能表。

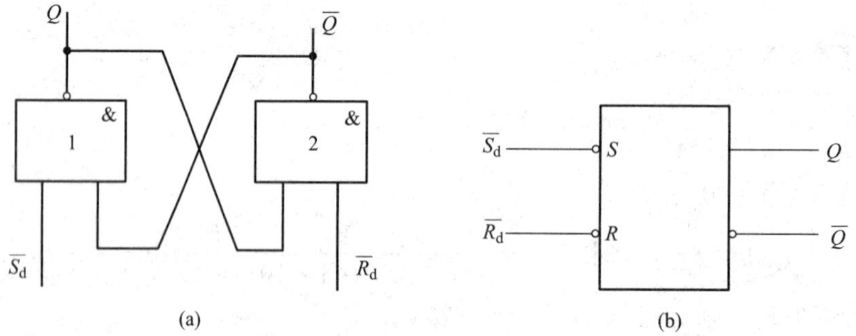

图 7-5-1

当 $\overline{R_d}=\overline{S_d}=1$，两个输入端都没有低电平信号输入，触发器保持初态：$Q^{n+1}=Q^n$（见表 7-5-1 第 4 行）；当 $\overline{S_d}=1$，$\overline{R_d}=0$，$\overline{R_d}$ 端有信号输入，使门 2 见 0 为 1，而门 1 全 1 为 0，触发器置 0：$Q^{n+1}=0$（表中第 3 行）；当 $\overline{S_d}=0$，$\overline{R_d}=1$，$\overline{S_d}$ 端有信号输入，使门 1 见

基本 RS 触发器的简化状态功能表 **表 7-5-1**

$\overline{S_d}$	$\overline{R_d}$	Q^{n+1}	功能
0	0	不定	不允许
0	1	1	置 1
1	0	0	置 0
1	1	Q^n	保持

0 为 1，而门 2 全 1 为 0，触发器置 1：$Q^{n+1}=1$（表中第 2 行）；当 $\overline{S_d}=0$，$\overline{R_d}=0$，即两个输入端同时加上低电平信号，则门 1 和门 2 次态都为 1，这既不是 1 状态又不是 0 状态（非定义状态），而且当两输出端低平信号同时消失时，无法确定触发器的新状态，要看门 1 和门 2 的翻转速度谁快谁慢。所以 $\overline{S_d}=\overline{R_d}=0$ 的输入状态是不允许有的（表中第一行）。基本 RS 触发器应遵守约束条件 $\overline{S_d}+\overline{R_d}=1$。

从状态功能表中看到，基本触发器具有置 0、置 1、保持三种功能。我们把具有这三种逻辑功能的触发器称为 RS 触发器，由于该触发器直接根据输入信号来改变输出端状态，而无输入时钟脉冲来协调变化的时间，故称基本触发器，或称为直接置位复位触发器，而 $\overline{S_d}$ 和 $\overline{R_d}$ 两个输入端则称为直接置 1 端和直接置 0 端。

要表示触发器的逻辑功能和状态转换，除了状态功能表外，还有一种波形图，如图 7-5-2 所示，图中设触发器初态为 0。在已知的 $\overline{R_d}$ 和 $\overline{S_d}$ 波形作用下根据基本 RS 触发器的状态功能表容易画出输出波形。特别注意当 $\overline{R_d}$ 和 $\overline{S_d}$ 同时为 0 时，$Q=\overline{Q}=1$，而该低电平输入信号同时消失时，出现状态不定的情况。

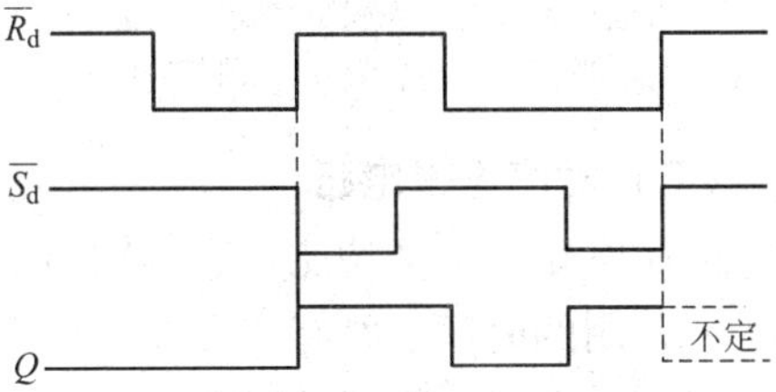

图 7-5-2

3. 时钟触发器

它是引入时钟来控制触发器的状态改变的时刻，或者作为同步信号来协调各触发器的状态改变。时钟触发器有 R、JK、D、T、T’等种类。

表 7-5-2 中介绍触发器的逻辑符号和波形图，是以同步式结构、高电平触发方式为例，对于其他电路结构和触发方式的逻辑符号。

触发器的简化状态功能表 **表 7-5-2**

内容	RS 触发器	JK 触发器	D 触发器
功能	置 0、置 1、保持	置 0、置 1、保持、翻转	置 0、置 1
逻辑符号	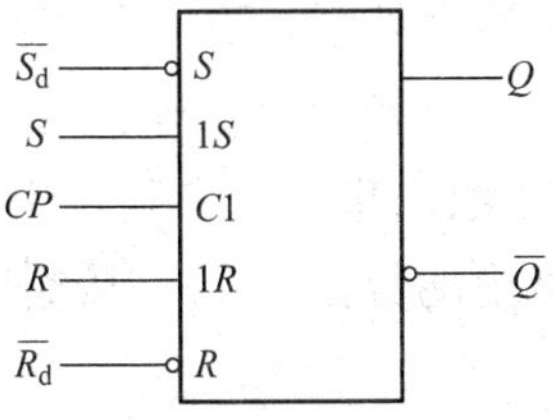 S—置1端 R—置0端	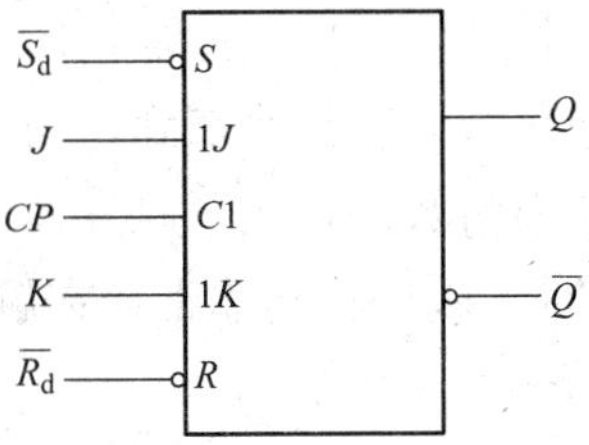 J—置1端 K—置0端	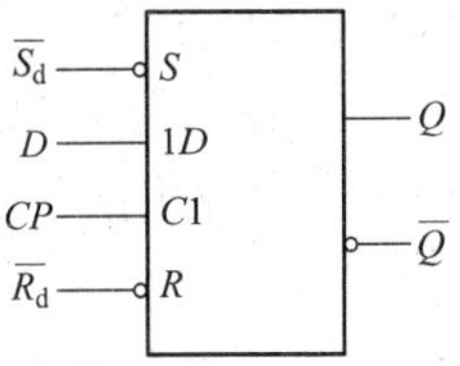

续表

<table>
<tr><th>内容</th><th>RS 触发器</th><th>JK 触发器</th><th>D 触发器</th></tr>
<tr><td>状态功能</td>
<td><table><tr><td>R</td><td>S</td><td>Q^{n+1}</td><td></td></tr><tr><td>0</td><td>0</td><td>Q^n</td><td>保持</td></tr><tr><td>0</td><td>1</td><td>1</td><td>置1</td></tr><tr><td>1</td><td>0</td><td>0</td><td>置0</td></tr><tr><td>1</td><td>1</td><td>不允许</td><td></td></tr></table></td>
<td><table><tr><td>J</td><td>K</td><td>Q^{n+1}</td><td></td></tr><tr><td>0</td><td>0</td><td>Q^n</td><td>保持</td></tr><tr><td>0</td><td>1</td><td>0</td><td>置1</td></tr><tr><td>1</td><td>0</td><td>1</td><td>置0</td></tr><tr><td>1</td><td>1</td><td>$\overline{Q^n}$</td><td>翻转</td></tr></table></td>
<td><table><tr><td>D</td><td>Q^{n+1}</td><td></td></tr><tr><td>0</td><td>0</td><td>置0</td></tr><tr><td>1</td><td>1</td><td>置1</td></tr></table></td></tr>
<tr><td>特性方程</td><td>$\begin{cases}Q^{n+1}=S+\overline{R}Q^n\\RS=0\end{cases}$</td><td>$Q^{n+1}=J\overline{Q^n}+\overline{K}Q^n$</td><td>$Q^{n+1}=D$</td></tr>
<tr><td>输入输出
波形</td><td>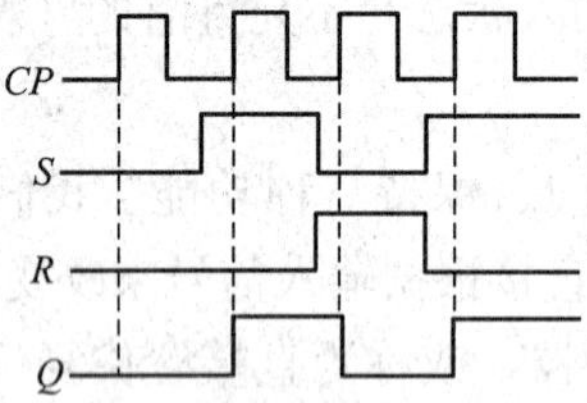
</td><td>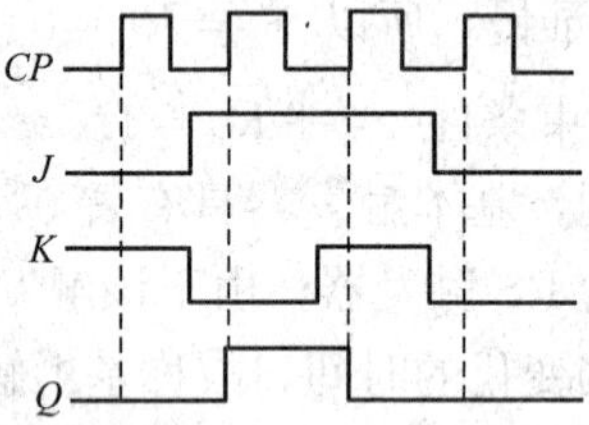
</td><td>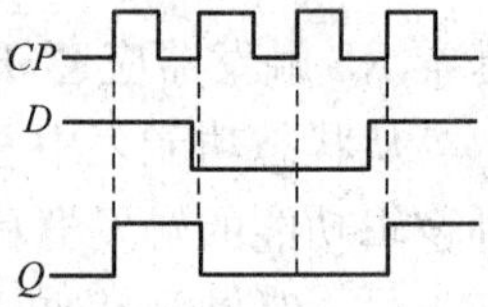
</td></tr>
</table>

注：1. $\overline{R_d}$ 和 $\overline{S_d}$ 为直接置位端和直接复位端，$\overline{R_d}$ 和 $\overline{S_d}$ 框外输入端处小○表示低电平有效。

2. 表中逻辑符号为同步式高电平触发。

3. 波形图中设初态为 0，高电平触发。

（三）时序逻辑电路

时序电路有记忆功能，它的输出不仅与当时的输入信号有关，而且与电路的原来状态有关。常用的时序电路有寄存器、计算器等集成电路产品。

下面介绍两种简单的时序电路：寄存器和脉冲计数器。

寄存器用来暂时存放参与运算的数据和运算结果，一个触发器只能寄存一位二进制数，要存多位数需用多个触发器。

寄存器存放数码的方式有并行和串行，并行为数码各位从对应位输入端同时输入到寄存器中，串行为数码从一个输入端逐位输入到寄存器中。取出数码的方式有并行和串行，并行中取出的数码各位在对应于各位的输出端上同时出现，串行中取出的数码仅在一个输出端逐位出现。

1. 数码寄存器

如图 7-5-3 所示，是一个四位数码寄存器，它只有寄存数码和清除原有数码的功能。设需要寄存二进制数 1011，同时分别输入到各输入端 $d_3 \sim d_0$，当寄存指令未来到，与非门 4～1 被封输出全为 1，使 $F_3 \sim F_{0_4}$ 个基本 RS 触发器全处于 0 态（事先清空），且输出端 $Q_3 \sim Q_0$ 全为 0。当寄存指令正脉冲来到，与非门 4～1 被打开，输出分别为 0100，使 $F_3 \sim F_0$ 输出为 1011，从而将数码存入了触发器内。当取出指令未来到，输出端 $Q_3 \sim Q_0$ 全为 0，而取出指令来到时，就可将刚才寄存在触发器内的数据 1011，从输出端 $Q_3 \sim Q_0$ 取出。

2. 移位寄存器

移位寄存器除能存放数码外，还能存储数据移位功能，它所寄存的数码可以在移位脉

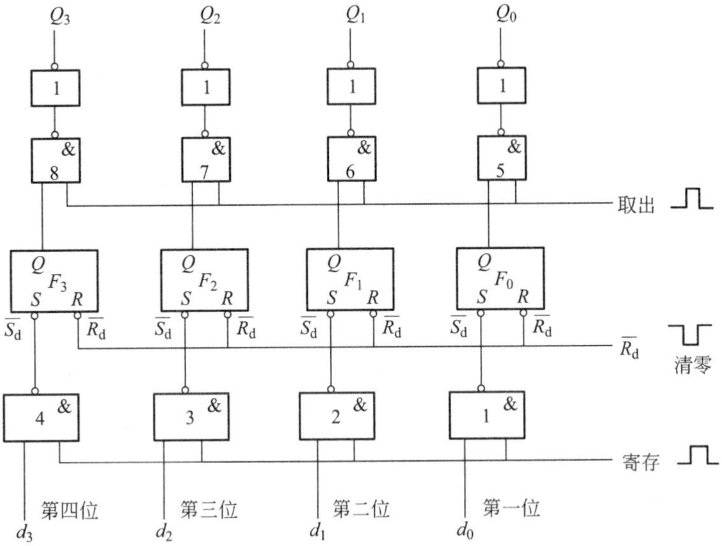

图 7-5-3

冲控制下依次进行移位（左移或右移），当来一个移位正脉冲时，触发器的状态便向右或向左移一位。其包括单向移位寄存器和双向移位寄存器。

3. 计数器

计数器能累计输入脉冲的数目，给出累计总数。种类多，可进行加法计数、减法计数或加减法兼有的可逆计数。按进制分为二进制计数器，十进制计数器，或任意 N 进制计数器；按电路结构分为 JK、D 等不同触发器类型的计数器；按计数脉冲的输入和各位触发器，时钟脉冲加入的方式分为异步式计数器和同步式计数器。

（1）异步二进制加法计数器

如图 7-5-4 所示，由三个 CP 上升沿 D 触发器构成的三位二进制计数器，计数脉冲加在低位触发器 F_0 的 cp 端，高位触发器的 cp 来自相邻低位触发器的 $\overline{Q}$ 输出端，各位触发器的状态变换与计数脉冲是异步的，故称之为异步式计算数器。

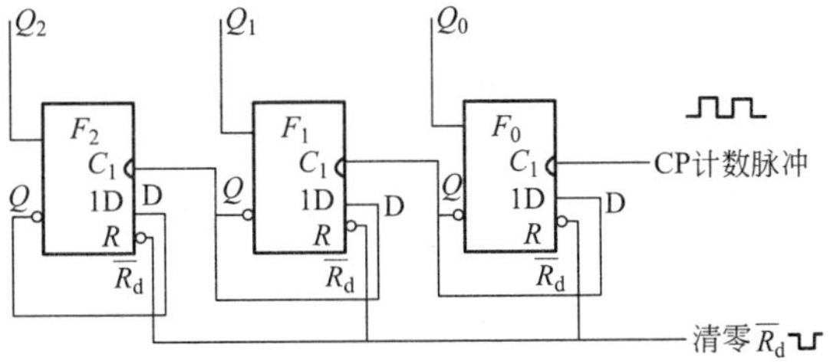

图 7-5-4

电路中各 D 触发器的输出口 $Q^{n+1}=D=\overline{Q^n}$，来一个 CP 上升沿就会触发翻转一次，具有计数功能。最低位 D 触发器，在每来一个计数脉冲上升沿时就翻转一次，而高位触发器的 CP 来自相邻低位的 $\overline{Q}$ 输出端，要在相邻低位的 $\overline{Q}$ 从 $0\rightarrow1$ 上升沿，也就是 Q 从 $1\rightarrow0$ 下降沿时触发翻转。电路翻转的真值见表 7-5-3。到第 8 个计数脉冲来到，电路产生一个进位，自身输出回归到 000 电路的工作波形见图 7-5-5。

电路的真值表 **表 7-5-3**

计数脉冲	Q_2	Q_1	Q_0
0	0	0	0
1	0	0	1
2	0	1	0
3	0	1	1
4	1	0	0
5	1	0	1
6	1	1	0
7	1	1	1
8	0	0	0

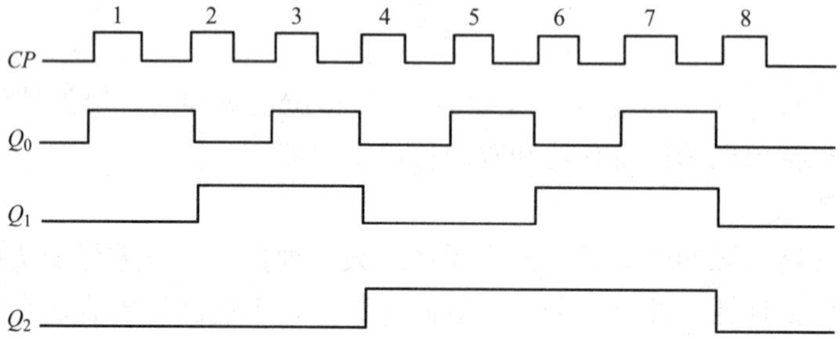

图 7-5-5

（2）同步二进制加法计数器

如图 7-5-6 所示，由主从 JK 触发器构成的三位二进制加法计数器，由于计数脉冲同时加在各位触发器的 CP 端，它们的状态变换和计数脉冲同步，故称为同步式计数器。

电路中各触发器 J、K 两端相连，都为 0 时，有保持功能，都为 1 时，有翻转功能。

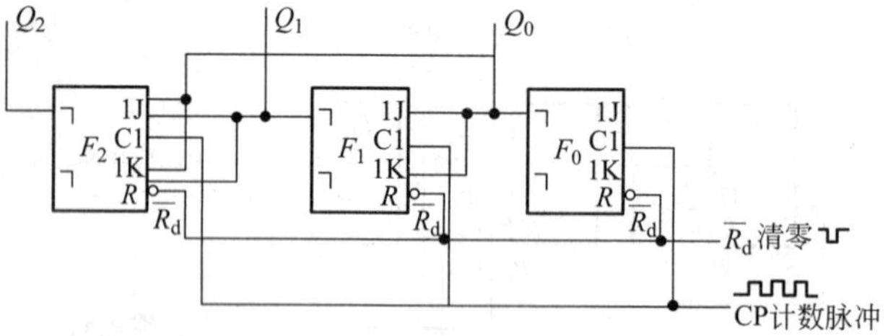

图 7-5-6

F_0：$J_0=K_0=1$(悬空)，$Q_0^{n+1}=\overline{Q_0^n}$，故 F_0 每来一个计数脉冲下降沿就翻转一次。

F_1：$J_1=K_1=Q_0^n$，当 $Q_0^n=0$，有 $Q_1^{n+1}=Q_1^n$，保持；

当 $Q_0^n=1$，有 $Q_1^{n+1}=\overline{Q_1^n}$，翻转。

F_2：$J_2=K_2=Q_1^nQ_0^n$，当 $Q_1^nQ_0^n=0$，有 $Q_2^{n+1}=Q2_1^n$，保持；

当 $Q_1^nQ_0^n=1$，有 $Q_2^{n+1}=\overline{Q_2^n}$， 翻转。

表 7-5-4 为该计数的真值表，图 7-5-7 为该计数器的工作波形。

电荷的真值　　表 7-5-4

计数脉冲	$J_2K_2=Q_1^nQ_0^n$	$J_1=K_1=Q_0^n$	$J_0=K_0=1$	Q_2^{n+1}	Q_1^{n+1}	Q_0^{n+1}
0				0	0	0
1	0	0	1	0	0	1
2	0	1	1	0	1	0
3	0	0	1	0	1	1
4	1	1	1	1	0	0
5	0	0	1	1	0	1
6	0	1	1	1	1	0
7	0	0	1	1	1	1
8	1	1	1	0	0	0

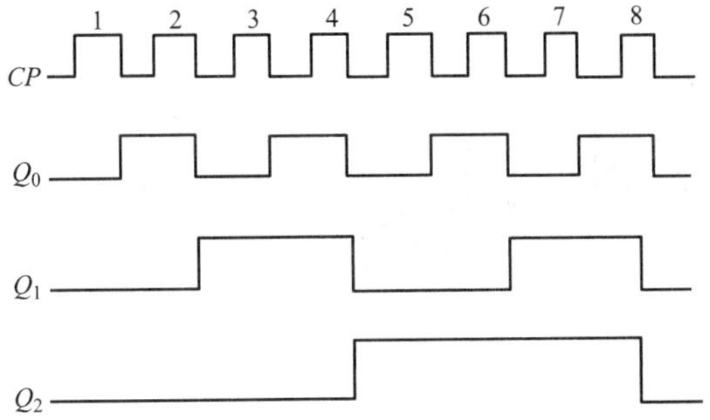

图 7-5-7

历年真题

7-5-1. 接触器的控制线圈如图（a）所示，动合触点如图（b）所示，动断触点（c）所示，当有额定电压接入线圈后（　　）。(2011A86)

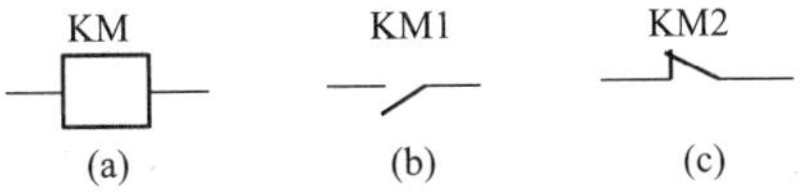

A. 接触点 KM1 和 KM2 因未接入电路均处于断开状态

B. KM1 闭合，KM2 不变

C. KM1 闭合，KM2 断开

D. KM1 不变，KM2 断开

7-5-2. JK 触发器及其输入信号波形图如图所示，那么，在 $t=t_1$ 时刻，输出 Q 分别为

（　　）。(2011A96)

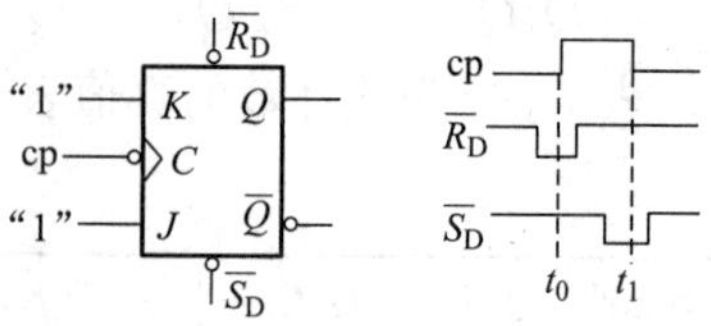

A. $Q(t_0)=1$，$Q(t_1)=0$

B. $Q(t_0)=0$，$Q(t_1)=1$

C. $Q(t_0)=0$，$Q(t_1)=0$

D. $Q(t_0)=1$，$Q(t_1)=1$

7-5-3. 图为三个二极管和电阻 R 组成的一个基本逻辑门电路，输入二极管的高电平和低电平分别是 3V 和 0V，电路的逻辑关系是（　　）。(2012A89)

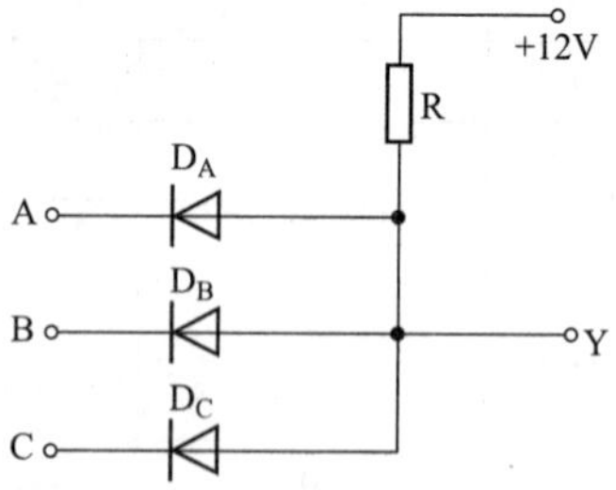

A. Y＝ABC

B. Y＝A＋B＋C

C. Y＝AB＋C

D. Y＝（A＋B）C

7-5-4. 由两个主从型 JK 触发器组成的逻辑电路如图（a）所示，设 Q_1、Q_2 的初始态是 0、0，已知输入信号 A 和脉冲信号 CP 的波形，如图（b）所示，当第二个 CP 脉冲作用后，Q_1、Q_2 将变更为（　　）。(2012A90)

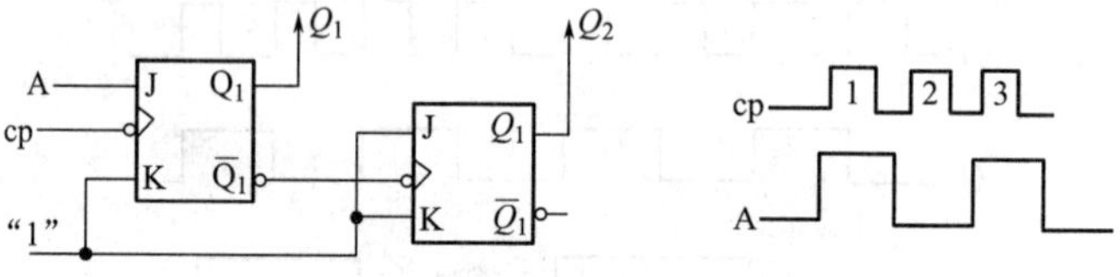

(a)　　(b)

A. 1、1　　B. 1、0

C. 0、1　　D. 保持 0、0 不变

7-5-5. 如图所示，复位信号 $\overline{R_D}$，信号 A 及时钟脉冲信号 CP 如图（b）所示，经分析可知，在第一个和第二个时钟脉冲的下降沿时刻，输出 Q 分别等于（　　）。（附：触发器的逻辑状态）(2013A95)

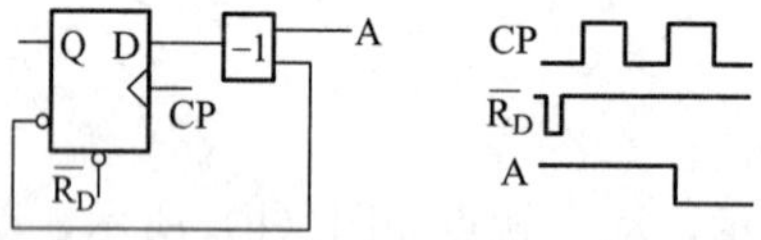

(a)　　(b)

D	Q_{n+1}
0	0
1	1

A. 0　0　　B. 0　1　　C. 1　0　　D. 1　1

7-5-6. 图（a）所示电路中，复位信号、数据输入及时钟脉冲信号如图（b）所示，经分析可知，在第一个和第二个时钟脉冲的下降沿过后，输出 Q 分别等于（　　）。（附：触发器的逻辑状态）(2013A96)

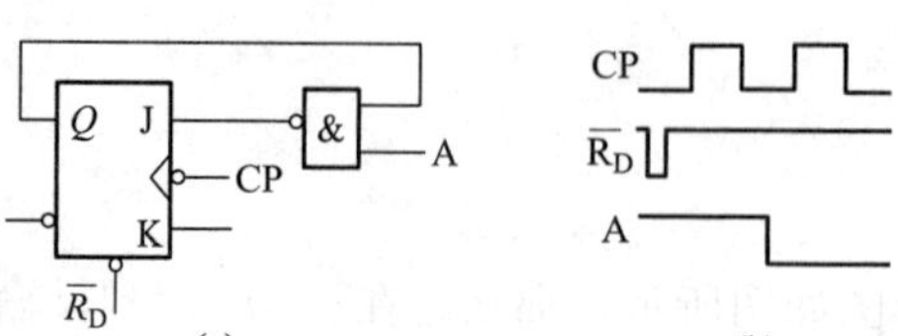

(a)　　(b)

J	K	Q_{n+1}
0	0	Q_n
0	1	0
1	0	1
1	1	$\overline{Q}_n$

A. 0　0　　　　B. 0　1　　　　C. 1　0　　　　D. 1　1

7-5-7. 图示逻辑门的输出 F_1、F_2 分别为（　　）。(2016A95)

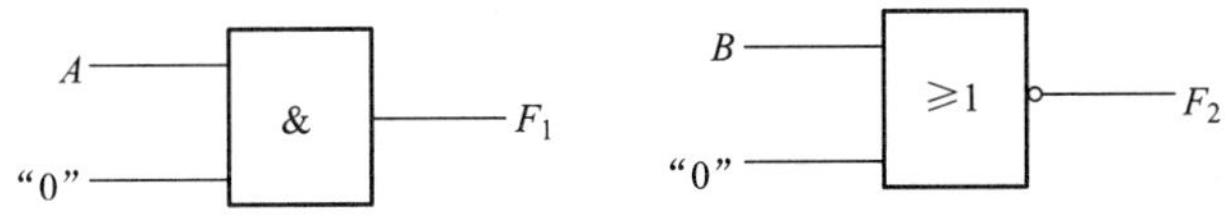

A. 0、$\overline{B}$　　　　B. 0、1　　　　C. A、$\overline{B}$　　　　D. A、1

7-5-8. 图（a）所示电路中，复位信号 $\overline{R_D}$、信号 A 及时中脉冲信号 CP 如图（b）所示，经分析可知，在第一个和第二个始终脉冲的下降沿时刻，输出 Q 先后等于（　　）。（附：触发器的逻辑状态）(2017A95)

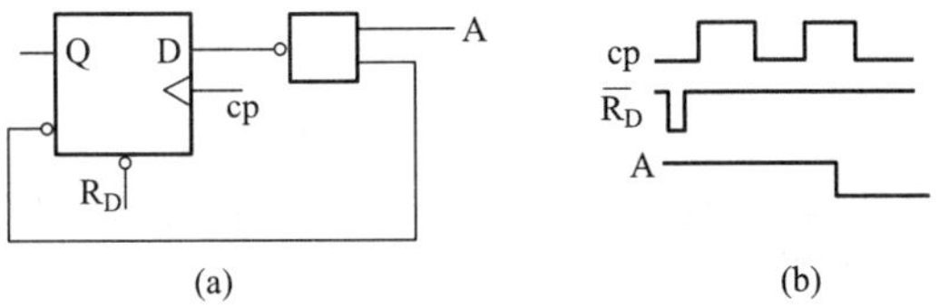

D	Q_{n+1}
0	0
1	1

A. 0　0　　　　B. 0　1　　　　C. 1　0　　　　D. 1　1

7-5-9. 图示时序逻辑电路是一个（　　）。（附：触发器的逻辑状态）(2017A96)

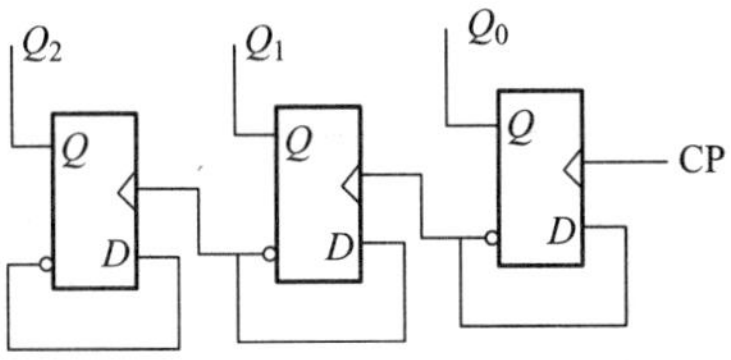

D	Q_{n+1}
0	0
1	1

A. 左移寄存器　　　　B. 右移寄存器

C. 异步三位二进制加法计数器　　　　D. 同步六进制计数器

7-5-10. 图（a）所示电路中，复位信号 $\overline{R_D}$、信号 A 及时钟脉冲信号 CP 如图图（b）所示，经分析可知，在第一个和第二个时钟脉冲的下降沿时刻，输出 Q 先后等于（　　）（附：触发器的逻辑状态）(2018A95)

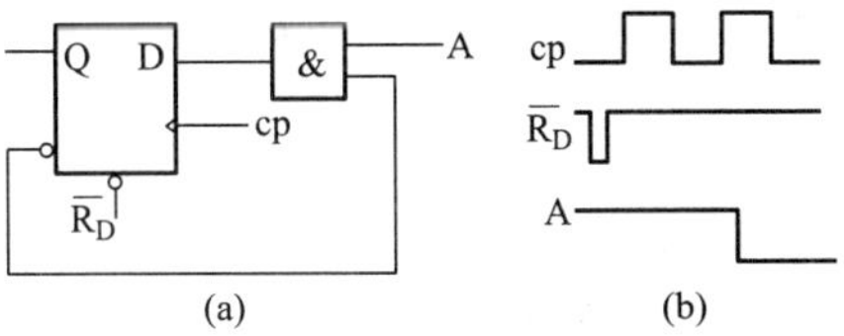

D	Q_{n+1}
0	0
1	1

A. 0　0　　　　B. 0　1　　　　C. 1　0　　　　D. 1 1

7-5-11. 图示时序逻辑电路是一个（　　）（附：触发器的逻辑状态）(2018A96)

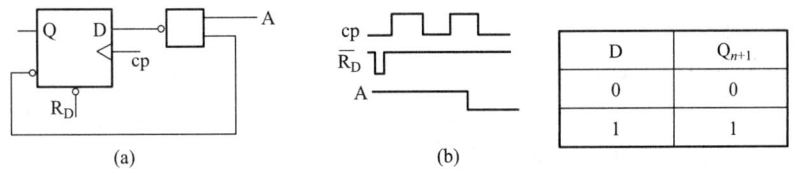

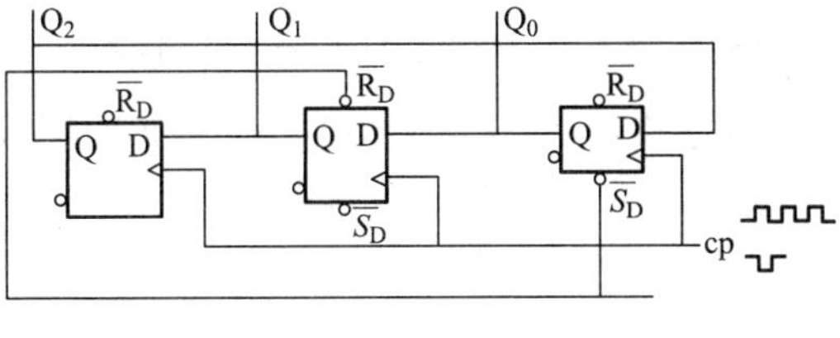

D	Q_{n+1}
0	0
1	1

A. 循环左移寄存器　　B. 循环右移寄存器
C. 三位同步二进制计数器　　D. 异步三位制计算器

答　案

7-5-1.【答案】(C)

在继电接触控器电路中，电器符号均表示电器没有动作的状态，当接触器线圈 KM 通电以后常开触点 KM1 闭合，常闭触点 KM2 断开。

7-5-2.【答案】(B)

图示电路是下降沿触发的 JK 触发器，$\overline{R_D}$ 是触发器的异步清零端，由触发器的逻辑功能分析即可得到答案。

7-5-3.【答案】(A)

首先确定在不同输入电压下三个二极管的工作状态，依此确定输出端的电位 U_Y，然后判断各电位之间的逻辑关系，当点电荷高于 2.4V 时视为逻辑状态“1”，电位低于“0.4V”时视为逻辑“0”状态，根据真值表关系，Y＝ABC。

7-5-4.【答案】(C)

该触发器为下降沿触发方式，即当时钟信号由高电平下降为低电平时刻输出端的状态可能发生改变，再结合 JK 触发器的特性方程 $Q_{n+1}=J\overline{Q_n}+\overline{K}Q_n$ 可得到结果。

cp	$J_1(A)$	K_1	Q_1	$\overline{Q_1}$	Q_2
	1	1	0	1	0
下降沿	1	1	1	0	1
下降沿	0	1	0	1	1
下降沿	1	1	1	0	0

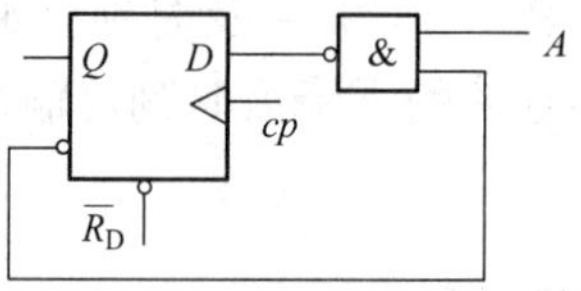

(a)

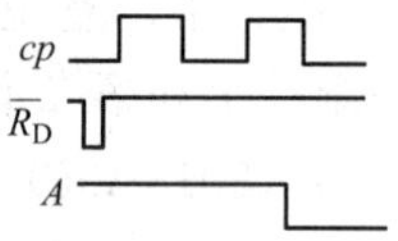

(b)

7-5-5.【答案】(B)

此电路是组合逻辑电路（异或门）与时序逻辑电路（D 触发器）的组合应用，电路的初始状态由复位信号 R_D 确定，输出状态在时钟脉冲信号 CP 的下降沿触发，在 CP 脉冲到来之前，R_D 已加了一个负脉冲，输出 Q＝0，根据 D 触发器的状态方程 $Q_{n+1}=D$ 及输入 $D=A\oplus\overline{Q}$，第一个下降沿到来时，$D=1\oplus0=0$，第二个下降沿到来时，$D=0\oplus1=1$。

7-5-6.【答案】(C)

此电路为下降沿触发，在 CP 脉冲到来之前，R_D 已加了一个负脉冲，输出 Q＝0，根据 JK 触发器的逻辑状态表及输入 $J=\overline{AQ}$ 及输入 $D=A\oplus\overline{Q}$，第一个下降沿到来时，$J=\overline{AQ}=1$，K＝1，JK 触发器处于翻转状态；第二个下降沿到来时，$J=\overline{AQ}=1$，K＝1，Q 置 0。

7-5-7.【答案】(A)

第一个图为与门运算，第二个图为或非门运算。与门运算：只要有一个输入为零，输出即为0，故本题与门运算输出为0；或非门运算：先进行或门运算，再进行非门运算，本题中先进行或门运算输出为B，再进行非门运算输出为$\overline{B}$。

7-5-8.【答案】(A)

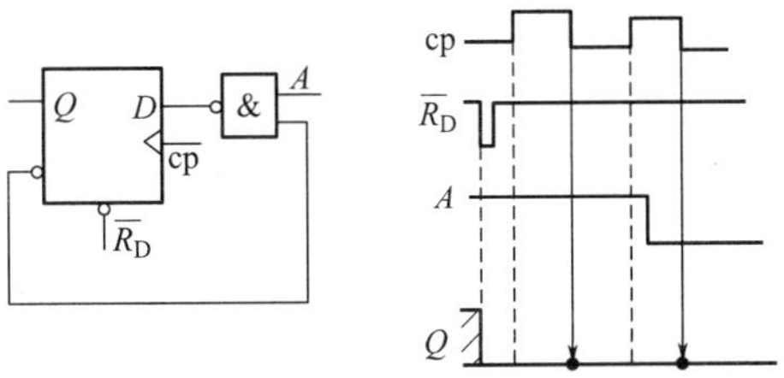

7-5-9.【答案】(C)

图示为三位的异步二进制加法计数器，波形图如图所示：

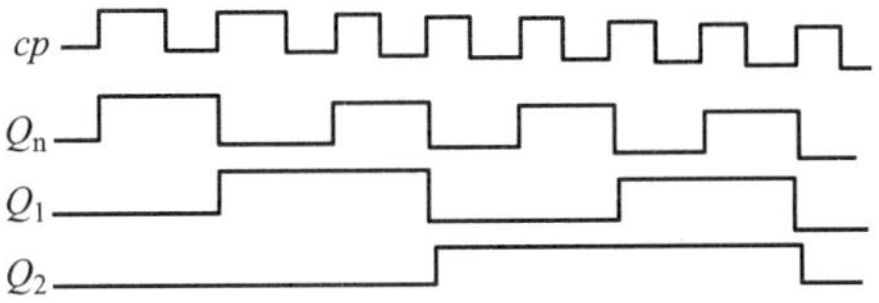

7-5-10.【答案】(C)

D→Q_{n+1}，Q=$A\overline{R_D}$，第一个下降沿1·1=1，第二个下降沿1·0=0，故选C。

7-5-11.【答案】(C)

由图可知，该逻辑电路为典型的三位同步二进制计数器，故C正确。

第八章

信息与信号技术

一、考试大纲

信号；信息；信号的分类；模拟信号与信息；模拟信号描述方法；模拟信号的频谱；模拟信号增强；模拟信号滤波；模拟信号变换；数字信号与信息；数字信号的逻辑编码与逻辑演算；数字信号的数值编码与数值运算。

二、知识要点

（一）信息与信号

信息：利用自己的感觉器官从客观世界获取，包括客观事物的存在形式和变化情况。

消息：信息的物理形式，如语言、文字、图像、声音、自然景物等，是传递信息的媒体。

信号：信息的表现形式，人们利用光、声、电等物理量运载信息。而载有信息的光、声、电等变化的物理量就称为信号。要注意的是，信号必须是一个物理量，这样才能被传输和处理；信号必须是变化的物理量，这样才能携带信息。

信息是借用于一定形式的信号进行传输和处理。例如，学校用铃声信号表示上课或下课时间到了，交通路口红绿灯光信号的变换传达给行人和车辆能否通行的信息，人体心电图波形告诉了人们心脏是否健康等。

有些教材把信息比喻成货物，用道路比喻消息、车是信号。

获取信息的途径：直接观测对象，如观测温度、压力等信号随时间变化情况；人与人之间的交流，如书籍、报刊用的是文字符号编码。

（二）信号的分类

信号分为时间信号和代码信号。时间信号：直接观测对象获取的信号是随时间不断变化的，称为时间信号。代码信号：人为生成并按照既定的编码规则对信息进行编码的信号是代码信号。

时间信号的分类：

- 时间信号
  - 确定信号
    - 连续信号
      - 周期信号
        - 正弦信号
        - 非正弦信号
      - 非周期信号
    - 离散信号
  - 随机信号

1. 确定信号与随机信号

确定信号：信号能表示为一个确定的时间函数表达式，对于给定的任意时刻，有确定的函数值与之对应，如正弦信号、指数信号等。

随机信号：信号是时间的随机函数，无法预知它的变化规律。

除实验室专用设备发出的有规律的信号外，大多数实际信号在一定程度上都是随机信号。

2. 连续信号和离散信号

连续信号：一个信号如果在某个时间区间内除有限个间断点外都有函数值信号，则称该信号在此区间内为连续信号。连续信号的自变量是连续取值的，而信号的取值，在值域内可以是连续的，也可以是跳变的。

模拟信号：如果信号的自变量时间和函数值都是连续取值的，则称信号为模拟信号，其图形是一条连续曲线。通常由原始时间信号转换而来的电信号都为模拟信号。

离散信号：如果信号在其定义域内，只在一些规定的时刻点上有函数值，而在这些规定的时刻点之外函数无定义，则称该信号为离散信号。离散信号的值域可以是连续的，也可以是不连续的。

抽样信号：按等时间间隔读取连续信号某一时刻的数值称为抽样信号，即时间离散、幅值连续，它是离散信号的一种。

采样定理：取采样频率为信号中最高谐波频率（被采样信号带宽）的 2 倍以上时，采样信号可以保持原始信号的全部信息。

数字信号：函数值只能取某些规定数值的离散信号则为数字信号。数字符号是以二进制代码 0 和 1 表示，时间和幅值均离散。

模拟信号具体、直观、便于了解，数字信号便于计算机处理，二者可相互转换，即模拟信号数字化。其过程为把时间、幅值均连续的模拟信号经等间距采样变成时间离散、幅值连续的抽样信号，经量化后转为量化信号，以二进制对量化信号的幅值进行编码得到数字信号。

从信息处理的角度讲，模拟信号转为数字信号，是对模拟信号进行编码；数字信号转为模拟信号，是对数字信号进行解码。

3. 周期信号与非周期信号

周期信号：按一定时间间隔重复变化的连续或离散信号，常见的有正弦信号。如一个连续信号 $f(t)$，若对所有 t 均有

$$f(t)=f(t+nT)\quad n=0,\ \pm 1,\ \pm 2,\ \cdots \tag{8-1-1}$$

则称 $f(t)$ 为连续周期信号，满足式（8-1-1）的 T 值称为 $f(t)$ 的周期。

非周期信号：不满足周期信号特性、不具有重复性的连续或离散信号，可以认为它具有趋于无穷大的周期，如非正弦信号。

（三）模拟信号

定义域和值域都是连续取值的信号为模拟信号，其图形是一条连续曲线，例如正弦信号和指数信号就是常用的模拟信号。

在时间域里，它的瞬间量值表示对象的状态信息，如某一时刻的温度，以及过程信息，如温度随时间的变化情况；在频率域里，它由诸多频率不同、大小不同、相位不同的信号叠加而成，具有自身特定的频谱结构。信息则被装载于频谱结构中，通过频域分析可提取相应的信息。

1. 模拟信号的描述

为了对信号进行分析研究，需要用数学方法表示和描述。描述模拟信号的数学模型主要有函数表达式和波形图。

常用的信号及其函数表达式如下。

① 直流信号：在全时间域上值恒定，即 $f(t)=A(-\infty<t<\infty)$。

② 正弦信号：$f(t)=A\sin(\omega t+\varphi)$。

③ 单位阶跃信号：函数在 $t<0$ 为 0，在 $t>0$ 为 1，即 $\varepsilon(t)=\begin{cases}1(t>0)\\0(t<0)\end{cases}$。

④ 斜坡函数：为一条斜线，即 $r(t)=\begin{cases}1(t\geqslant 0)\\0(t<0)\end{cases}$。

⑤ 实指数信号：$f(t)=Ae^{-\alpha t}(\alpha>0,\ t>0)$。

⑥ 复指数函数：$f(t)=Ae^{\alpha t}(\cos\omega t+j\sin\omega t)$。

2.模拟信号的时域处理

在信号的时域分析中，复杂信号可以通过简单信号的加、减、延时、反转、尺度展缩、微分、积分等运算确定。

（1）相加与相乘

设有信号 $f_1(t)=\varepsilon(t)$，$f_2(t)=-\varepsilon(t-t_0)$，两者之和 $f(t)=\varepsilon(t)-\varepsilon(t-t_0)$，两者之积 $f(t)=f_1(t)f_2(t)$ 在任意时刻的值等于两个信号在此时刻值的乘积。

（2）反转与延时

将信号 $f(t)$ 的自变量 t 换成 $-t$，得到信号 $f(-t)$，称为信号的反转。

将信号 $f(t)$ 的自变量 t 换成 $t\pm t_0$，得到信号 $f(t\pm t_0)$，相当于对原信号整体沿时间轴平移了 $\pm t_0$ 个单位，称为信号的延时。

（3）压缩与扩展

将信号 $f(t)$ 的自变量 t 换成 at，得到信号 $f(at)$，当 $0<a<1$ 时，原信号从原点向 t 轴扩展，当 $a>1$ 时，原信号从原点向 t 轴压缩，但其幅值不变。

（4）积分与微分

对于斜坡函数，其导数为阶跃函数，单位阶跃函数的积分为斜坡函数。

（5）单位冲激函数

单位冲激函数 $\delta(t)$ 可以看作是一个宽度无穷小，高度无穷大，面积为 1 的极窄矩形脉冲，为奇异函数，即 $\begin{cases}\delta(t)=0(t\neq 0)\\ \int_{-\infty}^{0}\delta(t)\mathrm{d}t=1\end{cases}$，$\delta(t)$ 表示在 $t=0$ 瞬间出现又立即消失的信号，$\int_{-\infty}^{\infty}\delta(t)=1$ 表示函数的面积，称为 $\delta(t)$ 的强度。

单位冲激脉冲的积分为单位阶跃信号，单位阶跃信号的导数为单位冲激信号。

3.模拟信号的频谱

根据欧拉公式：

$$\sin K\omega_0 t=\frac{\mathrm{e}^{iK\omega_0 t}-\mathrm{e}^{-jK\omega_0 t}}{2j}\tag{8-1-2}$$

$$\cos K\omega_0 t=\frac{\mathrm{e}^{iK\omega_0 t}+\mathrm{e}^{-jK\omega_0 t}}{2}\tag{8-1-3}$$

可把虚指数函数周期函数 $\mathrm{e}^{iK\omega_0 t}$ 作为基本信号，将任意周期和非周期信号利用博立叶级数和博立叶积分分解为一系列虚指数函数的和。

（1）周期信号的频谱图

通过傅立叶变换，将信号从时间域变换到了频率域，清楚地看到信号由哪些频率成分构成，各个频率分量所占的比重。为了更直观地表示不同信号的谐波组成情况，常画出周期信号各次谐波的分布图形，称为信号的频谱图。频谱图包括幅度频谱图和相位频谱图，前者描述各次谐波的幅度与频率的关系，后者描述各次谐波的初相位与频率的关系。

周期信号的频谱具有以下特点：

① 离散性，频谱图由频率离散的谱线构成，每个谱线代表一个谐波分量；

② 谐波性，谱中的谱线只能在基波频率的整数倍频率上出现；

③ 收敛性，频谱中各谱线的高度，随谐波次数的增高而逐渐减小，最终趋于无穷小。

（2）非周期信号的频谱图

周期信号的频谱是离散的，当周期 $T\rightarrow\infty$，其频谱中谱线间隔 w_0 趋于无穷小，谱线无限密集而成为连续频谱，同时谱线高度（即各频率分量的幅度）也趋下无穷小，但仍保持一定的比例关系，周期信号就变成非周期信号。

由傅立叶变换得到非周期函数的傅氏积分公式，即：

$$F(j\omega)=\int_{-\infty}^{\infty} f(t)\cdot \mathrm{e}^{-j\omega t}\,\mathrm{d}t \tag{8-1-4}$$

$$f(t)=\frac{1}{2\pi}\int_{-\infty}^{\infty} F(j\omega)\mathrm{e}^{j\omega t}\,\mathrm{d}\omega \tag{8-1-5}$$

式（8-1-5）将信号从时间函数变换为频率含数，称为傅立叶正变换，记作 $\delta[f(t)]=F(j\omega)$，$F(j\omega)$ 为信号 $f(t)$ 的频谱密度函数。

式（8-1-6）将信号从频率函数变换为时间函数，称为傅立叶反变换，记作 $\delta^{-1}[F(j\omega)]=f(t)$，$f(t)$ 是 $F(j\omega)$ 的原函数。

非周期信号的频谱图的特点：

① 连续性，非周期信号的频谱是连续的；

② 时间有限、频域无限，当信号在时域中持续的时间有限，则其频谱在频域内将无限延伸；

③ 信号的脉冲宽度越窄，则信号的带宽越宽。

4.模拟信号的增强

信号的放大包括信号幅度的放大，即电压放大和信号带载能力的放大，也即功率放大。二者均需保证信号放大前后是同一信号，信号的形状、频谱结构以及携带的信息一致。

5.模拟信号的滤波

一个模拟信号实际上是由不同频率的各项谐波分量组成，从信号中滤除部分谐波信号叫作滤波。滤波是从模拟信号中去除伪信息，提取有用信息。

模拟信号滤波分为低通滤波、高通滤波、带通滤波和带阻滤波。

低通滤波：允许低于某一频率的信号分量顺利通过而阻止高于此频率的信号分量通过。

高通滤波：允许高于某一频率的信号分量顺利通过而阻止低于该频率的信号分量通过。

带通滤波：允许某一频带范围内的信号分量顺利通过而此频带范围之外的信号分量都不能通过。

带阻滤波：与带通滤波相反，允许某一频带范围内的信号分量不能通过而此频带范围之外的信号分量都能通过。

6.模拟信号的变换

模拟信号的变换主要是将一种信号变换位另一种信号，包括信号的相加、相减、相乘、比例、微分和积分等。

7.模拟信号的识别

在混杂的、夹杂许多无用信号中把所需要的信号提取出来，称为信号的识别。可采用滤波器或增强有用信号自身强度获取有用频率。

（四）数字信号

定义域和值域都离散的信号为数字信号，或者函数值也离散的离散信号为数字信号。传递、加工和处理数字信号的电子电路称为数字电子电路。在数字电路中，重点研究的是输入信号和输出信号之间的逻辑关系。

数字信号采用适当长度的数字脉冲序列就可以对各种复杂的信息进行编码，同时借助数字计算机的强大处理能力实现信息的处理。

1.数字信号的数制和代码

（1）十进制数

在十进制中有 0～9 十个数码，每位上超过 9 的数就要向左邻字位进一位，即“逢十进一”，若向高位借一个 1，在相邻低位就当 10 使用，即“借一当十”。

例如：十进制数 108.34 可展开为：

$$(108.34)_{10}=1\times10^2+0\times10^1+8\times10^0+3\times10^{-1}+4\times10^{-2}$$

10^2，10^1，10^0，10^{-1}，10^{-2}，… 分别称作各位置的“权”，写成一般形式为：

$$(N)_{10}=\sum_i K_i10^i \tag{8-1-6}$$

（2）二进制数

在数字电路中应用最广泛的是二进制。二进制的基数为 2，只有 0 和 1 两个数码，低位向相邻高位“逢二进一”，相反则“借一当二”。

例如，二进制数 101.11 可展开为：

$$(101.11)_2=1\times2^2+0\times2^1+1\times10^0+1\times2^{-1}+1\times2^{-2}=(5.75)_{10}$$

其一般式为：

$$(N)_2=\sum_i K_i2^i \tag{8-1-7}$$

（3）十六进制数

十六进制数用 0～9、A、B、C、D、E、F 16 个数表示。

例如，十六进制数 $(2B.6F)_{16}$ 可展开为：

$$(2B.6F)_{16}=2\times16^1+11\times16^0+6\times16^{-1}+15\times16^{-2}=(43.43359)_{10}$$

其一般式为：

$$(N)_{16}=\sum_i K_i16^i \tag{8-1-8}$$

2.数制之间的转换

（1）二进制数转换成十进制数

只需将二进制数按权展开并按十进制相加，即可得到等值的十进制数。如：

$$(101.11)_2 = 1 \times 2^2 + 0 \times 2^1 + 1 \times 10^0 + 1 \times 2^{-1} + 1 \times 2^{-2} = (5.75)_{10}$$

（2）十进制数转换成二进制数

将十进制数的整数部分"除2取余，先得低位"，直到商为0，小数部分"乘2取整，先得高位"，即可转换成等值的二进制数。

如 $(25)_{10}$ 和 $(0.8125)_{10}$ 转换为二进制数：

$$
\begin{array}{l}
2 \underline{|25} \quad 1 \\
2 \underline{|12} \quad 0 \\
2 \underline{|6} \quad 0 \\
2 \underline{|3} \quad 1 \\
\quad 1
\end{array}
$$

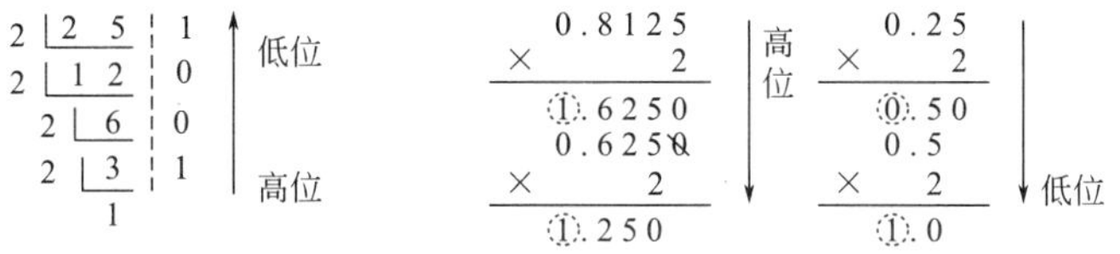

因此，$(25)_{10} = (11001)_2$，$(0.8125)_{10} = (0.1101)_2$。

（3）二进制数转换成十六进制数

把四位二进制数看作是一个整体，进位数为"逢十六进一"，从低位向高位将每4位二进制数分为一组，即可转换成等值的十六进制数。

如 $(0110\ 1010.1101\ 0010)_2$ 转换为十六进制数为：

$$(0110 \quad 1010 \quad . \quad 1101 \quad 0010)_2$$
$$\downarrow \qquad \downarrow \qquad \qquad \downarrow \qquad \downarrow$$
$$= (6 \qquad A \qquad . \qquad D \qquad 2)_{16}$$

（4）十六进制数转换成二进制数

把十六进制数转换成二进制数，只需将十六进制数的每一位用等值的4位二进制数代替。

如 $(8FB.C5)_{16}$ 转换为十六进制数为：

$$(8 \qquad F \qquad B \qquad . \qquad C \qquad 5)_2$$
$$\downarrow \qquad \downarrow \qquad \downarrow \qquad \qquad \downarrow \qquad \downarrow$$
$$= (1000 \quad 1111 \quad 1011 \quad . \quad 1100 \quad 0101)_{16}$$

3. 二进制编码

日常生活中，我们常用文字、符号或者数码表示特定的事物，这个过程就是编码。在数字系统中，需要编码的信号多种多样，为了便于记忆和处理，在编制代码时，需要遵循一定的规则，称为"码制"。

将十进制中0~9十个数码用二进制代码表示，就是二~十进制码，简称BCD码。最常用的是表8-1-1中所列8421 BCD码，还有5421码、5211码、2421码和余3码等。

8421 BCD码：用4位二进制代码表示十进制数的1个数。

常用 BCD 编码表

表 8-1-1

十进制数	有权码			无权码
	8421 码	5421 码	5211 码	余 3 码
0	0000	0000	0000	0011
1	0001	0001	0001	0100

续表

十进制数	有权码			无权码
	8421 码	5421 码	5211 码	余 3 码
2	0010	0010	0100	0101
3	0011	0011	0101	0110
4	0100	0100	0111	0111
5	0101	1000	1000	1000
6	0110	1001	1001	1001
7	0111	1010	1100	1010
8	1000	1011	1101	1011
9	1001	1100	1111	1100

4. 二进制运算

(1) 算数运算

1) 加、减运算

加法运算：和十进制的加法运算规则一样，从低位开始加，逢二进一。

减法运算：采用补码完成计算。

补码：最高位是符号位（正数为 0，负数为 1），正数的补码与原码相同，负数的补码则为将原码的数值逐位求反，然后将结果加 1 实现，即求反加一，如数 1010 的反码为 0101，补码就是反码加 1，即 $(1010)_{补码}=0101+0001=0110$。

求 $(+1010)_2-(0101)_2$，即先求出补码，再进行运算。它们的补码为：

$(+01001)_{补码}=0\ 1\ 0\ 0\ 1$（最高位 0 ↓ 符号位）　　$(-1001)_{补码}=1\ 1\ 0\ 0\ 1$（最高位 1 ↓ 符号位）

符号位 ↑

$(+1010)_2-(0101)_2=01001+11011=1\ 0\ 0100$

↓ 溢出　↓ 真值

2) 乘除运算

乘法与十进制乘法相同，即从右向左逐位操作。如：

$$(7\times 6)_{10}=(111)_2\times(110)_2=(101010)_2=(42)_2$$

二进程运算过程：

$$\begin{array}{r} 1\ 1\ 1 \\ \times\ 1\ 1\ 0 \\ \hline 0\ 0\ 0 \end{array}$$

除法与十进制除法相同，即从左向右逐位$\frac{111}{101010}$操作。如：

$$42 \div 6 = (42)_{10} \div (6)_{10} = (101010)_2 \div (110)_2 = (111)_2 = (7)_{10}$$

二进程运算过程：

$$\begin{array}{r} 0111 \\ 110\overline{)101010} \\ 110 \\ \hline 1001 \\ 110 \\ \hline 110 \\ 110 \\ \hline 0 \end{array}$$

(2) 逻辑运算

逻辑代数又名开关代数、布尔代数，是研究数字电路的数学工具。逻辑代数中变量的取值只有“1”和“0”两个逻辑值。它们与二进制数中的符号“1”和“0”不同，不表示数值大小，只表示两种相反的逻辑状态。在电路中，它们则表示电位的高和低，脉冲信号的有和无等。

1) “与”逻辑

当决定一个事件的各个条件全部具备时，这个事件才会发生，这样的因果关系称为与逻辑关系。例如在图 8-1-1 中，要使灯 F 亮，A 和 B 两个开关必须都合上，开关 A 和 B 是逻辑变量（输入变量），灯 F 是逻辑函数（输出变量）。则灯 F 和开关 A、B 的逻辑关系可写成如下逻辑表达式（简称逻辑式或表达式）：

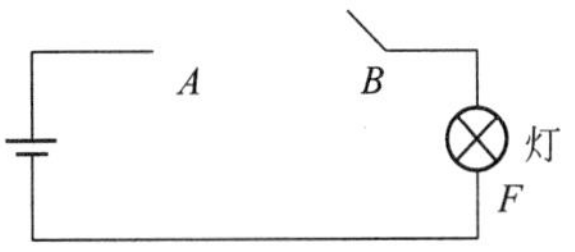

图 8-1-1

$$F = A \cdot B \tag{8-1-9}$$

也可用真值表表示，见表 8-1-2，逻辑表达式和真值表是逻辑函数的不同表现形式，

“与”逻辑真值 **表 8-1-2**

A	B	F
0	0	0
0	1	0
1	0	0
1	1	1

从真值表可看出与逻辑的运算法则：

$$\left.\begin{array}{l} 0 \cdot 0 = 0 \\ 0 \cdot 1 = 0 \\ 1 \cdot 0 = 0 \\ 1 \cdot 1 = 1 \end{array}\right\} \tag{8-1-10}$$

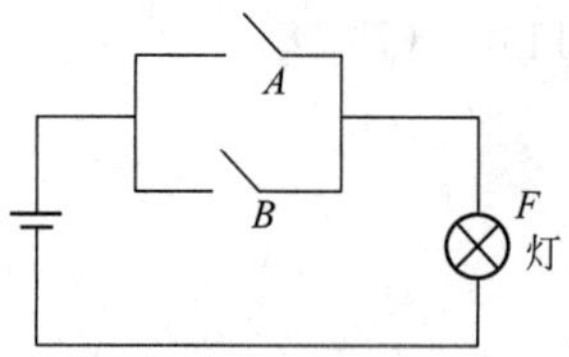

图 8-1-2

2）“或”逻辑

若决定一个事件的各个条件中，只要具备了1个或1个以上的条件，该事件就会发生，这样的因果关系称为或逻辑关系。如图 8-1-2 中，要使灯 F 亮，A 和 B 两个开关中只要1个合上，或者两个都合上就能实现。也就是说灯 F 和开关 A、B 符合或逻辑关系。其逻辑式见式（8-1-11），其真值表见表 8-1-3。

$$F=A \cdot B \tag{8-1-11}$$

“或”逻辑真值表 **表 8-1-3**

A	B	F
0	0	0
0	1	1
1	0	1
1	1	1

从该真值表可看出，或逻辑的运算法则为：

$$\left.\begin{array}{l}0+0=0\\0+1=1\\1+0=1\\1+1=1\end{array}\right\} \tag{8-1-12}$$

根据上面介绍的从真值表写出逻辑式的方法，从表 8-1-2 可写出或逻辑式为 $F=\overline{A}B+A\overline{B}+AB$。

3）非逻辑

若决定某事件的条件只有一个，当该条件成立时，事件不发生，当条件不成立时，事件就发生，那么该事件和条件之间就是非逻辑关系。如图 8-1-3 所示中，开关 A 合上灯 F 就暗，开关 A 打开则灯 F 就亮，开关 A 和灯 F 之间就是非逻辑关系。其逻辑关系见式（8-1-13），其真值表见表 8-1-4。

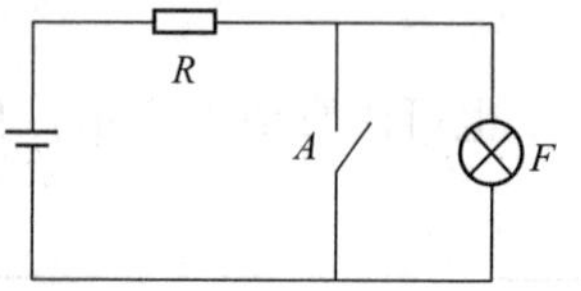

图 8-1-3

$$F=\overline{A} \tag{8-1-13}$$

“非”逻辑真值表 **表 8-1-4**

A	F
0	1
1	0

非逻辑的运算法则为：

$$\left.\begin{array}{l}\overline{0}=1\\\overline{1}=0\end{array}\right\} \tag{8-1-14}$$

(3) 逻辑代数的基本定律和公式

01 律： $0+A=A$　　　$1\cdot A=A$

$1+A=1$　　　$0\cdot A=0$

重叠律： $A+A=A$　　　$A\cdot A=A$

互补律： $A+\overline{A}=1$　　　$A\cdot\overline{A}=0$

交换律： $A+B=B+A$　　　$A\cdot B=B\cdot A$

结合律： $A+(B+C)=(A+B)+C$　　　$A\cdot(B\cdot C)=(A\cdot B)\cdot C$

分配律： $A\cdot(B+C)=AB+AC$　　　$A+(B\cdot C)=(A+B)+(A+C)$

反演律（摩根定律）：$\overline{A+B}=\overline{A}+\overline{B}$　　　$\overline{A\cdot B}=\overline{A}+\overline{B}$

否定律：$\overline{\overline{A}}=A$

吸收律： $A(A+B)=A$　　　$A+AB=A$

$A(\overline{A}+B)=AB$ 对偶 $A+\overline{A}B=A+B$

$AB+A\overline{B}=A$　　　$(A+B)(A+\overline{B})=A$

有关冗余项的公式：

$AB+\overline{A}C+BCD=AB+\overline{A}C$（$BCD$ 是冗余项）

(4) 逻辑门电路

常用门电路见表 8-1-5。

常用门电路　　　**表 8-1-5**

<table>
<tr><th>名称</th><th>逻辑功能</th><th>符号</th><th>逻辑表达式</th><th colspan="3">真值表</th><th>波形图</th></tr>
<tr><td rowspan="5">与门</td><td rowspan="5">与运算</td><td rowspan="5">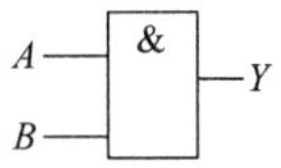</td><td rowspan="5">$Y=A\cdot B$</td><td>A</td><td>B</td><td>Y</td><td rowspan="5">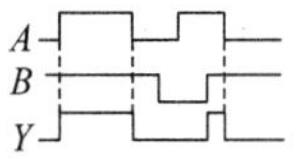</td></tr>
<tr><td>0</td><td>0</td><td>0</td></tr>
<tr><td>0</td><td>1</td><td>0</td></tr>
<tr><td>1</td><td>0</td><td>0</td></tr>
<tr><td>1</td><td>1</td><td>1</td></tr>
<tr><td rowspan="5">或门</td><td rowspan="5">或运算</td><td rowspan="5">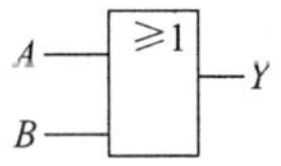</td><td rowspan="5">$Y=A+B$</td><td>A</td><td>B</td><td>Y</td><td rowspan="5">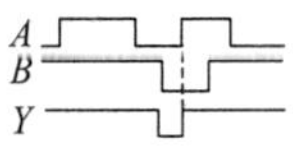</td></tr>
<tr><td>0</td><td>0</td><td>0</td></tr>
<tr><td>0</td><td>1</td><td>1</td></tr>
<tr><td>1</td><td>0</td><td>1</td></tr>
<tr><td>1</td><td>1</td><td>1</td></tr>
<tr><td rowspan="3">非门</td><td rowspan="3">非运算</td><td rowspan="3">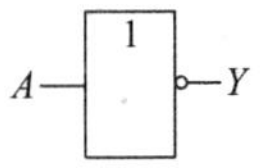</td><td rowspan="3">$Y=\overline{A}$</td><td>A</td><td colspan="2">Y</td><td rowspan="3">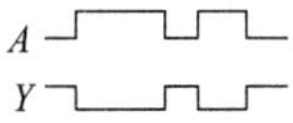</td></tr>
<tr><td>0</td><td colspan="2">1</td></tr>
<tr><td>1</td><td colspan="2">0</td></tr>
<tr><td rowspan="5">与非门</td><td rowspan="5">与非运算</td><td rowspan="5">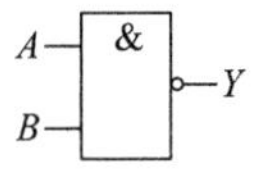</td><td rowspan="5">$Y=\overline{AB}$</td><td>A</td><td>B</td><td>Y</td><td rowspan="5">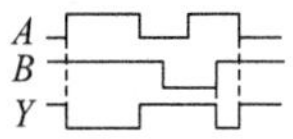</td></tr>
<tr><td>0</td><td>0</td><td>1</td></tr>
<tr><td>0</td><td>1</td><td>1</td></tr>
<tr><td>1</td><td>0</td><td>1</td></tr>
<tr><td>1</td><td>1</td><td>0</td></tr>
</table>

续表

名称	逻辑功能	符号	逻辑表达式	真值表			波形图
或非门	或非运算	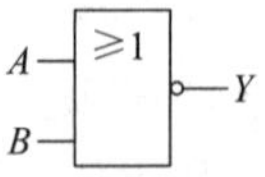	$Y=\overline{A+B}$	A	B	Y	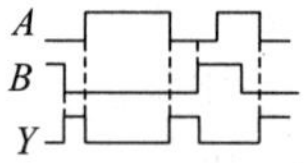
				0	0	0	
				0	1	1	
				1	0	1	
				1	1	0	
与或非门	与或非运算	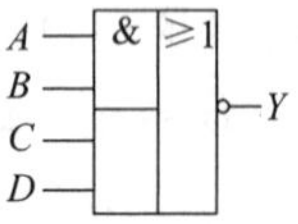	$Y=\overline{AB+CD}$				
异或门	异或运算	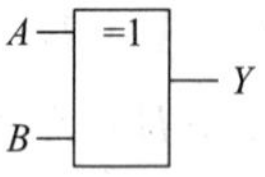	$Y=A\oplus B$ $=A\overline{B}+\overline{A}B$	A	B	Y	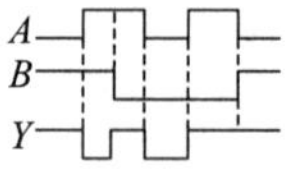
				0	0	0	
				0	1	1	
				1	0	1	
				1	1	0	
同或门	同或运算	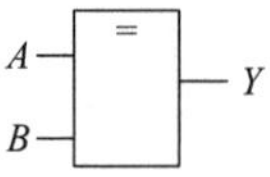	$Y=A\odot B$ $=\overline{A\oplus B}$ $=AB+\overline{A}\overline{B}$	A	B	Y	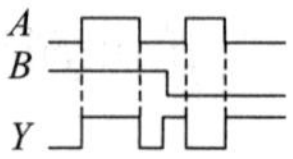
				0	0	1	
				0	1	0	
				1	0	0	
				1	1	1	

历年真题

8-1-1. 某空调器的温度设置为 25℃，当室温超过 25℃后，它便开始制冷。此时红色指示灯亮，并在显示屏上显示“正在制冷”字样，那么（　　）。(2011A87)

A.“红色指示灯亮”和“正在制冷”均是信息

B.“红色指示灯亮”和“正在制冷”均是信号

C.“红色指示灯亮”是信号，“正在制冷”是信息

D.“红色指示灯亮”是信息，“正在制冷”是信号

8-1-2. 如果一个 16 进制数和一个 8 进制数的数字信号相同，那么（　　）。(2011A88)

A. 这个 16 进制数和 8 进制数实际反映的数量相等

B. 这个 16 进制数 2 倍于 8 进制数

C. 这个 16 进制数比 8 进制数少 8

D. 这个 16 进制数与 8 进制数大小关系不定

8-1-3. 在以下关于信号的说法中，正确的是（　　）。(2011A89)

A. 代码信号是一串电压信号，故代码信号是一种模拟信号

B. 采样信号是时间上离散、数值上连续的信号

C. 采样信号是时间上连续、数值上离散的信号

D. 数字信号是直接反映数值大小的信号

8-1-4. 设周期信号 $u(t)=\sqrt{2}U_1\sin(\omega t+\psi_1)+\sqrt{2}U_3\sin(3\omega t+\psi_3)+\cdots$

$u_1(t)=\sqrt{2}U_1\sin(\omega t+\psi_1)+\sqrt{2}U_3\sin(3\omega t+\psi_3)$，$u_2(t)=\sqrt{2}U_1\sin(\omega t+\psi_1)+\sqrt{2}U_5\sin(5\omega t+\psi_5)$ 则（　　）。(2011A90)

A. $u_1(t)$ 较 $u_2(t)$ 更接近 $u(t)$

B. $u_2(t)$ 较 $u_1(t)$ 更接近 $u(t)$

C. $u_1(t)$ 与 $u_2(t)$ 接近 $u(t)$ 的程度相同

D. 无法做出三个电压之间的比较

8-1-5. 某模拟信号放大器输入域输出之间的关系如图所示，能够经该放大器得到 5 倍放大的输入信号 $u_i(t)$ 最大值一定（　　）。(2011A91)

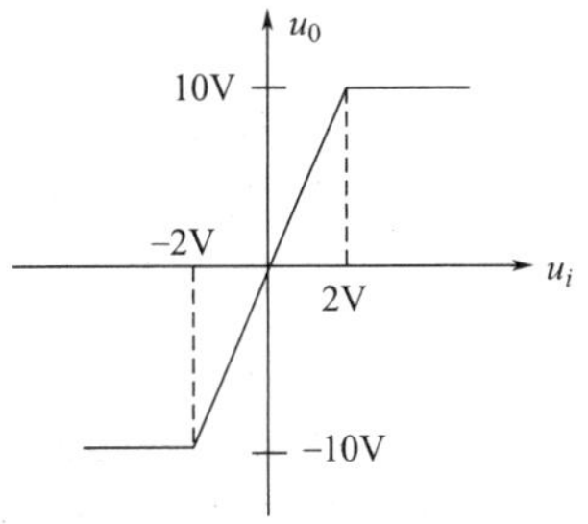

A. 小于 2V

B. 小于 10V 或等于 −10V

C. 等于 2V 或等于 −2V

D. 小于等于 2V 且大于等于 −2V

8-1-6. 逻辑函数 $F=\overline{\overline{AB}+\overline{BC}}$ 的化简结果是（　　）。(2011A92)

A. $F=AB+BC$　　B. $F=\overline{A}+\overline{B}+\overline{C}$

C. $F=A+B+C$　　D. $F=ABC$

8-1-7. 基本门如图（a）所示，其中，数字信号 A 由图（b）给出，那么，输出 F 为（　　）。(2011A95)

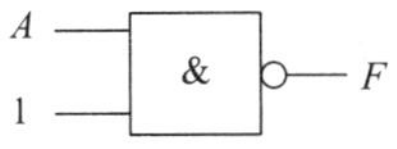

(a)

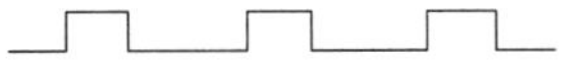
(b)

A. 1

B. 0

C. 

D. 

8-1-8. 图示为电报信号、温度信号、触发脉冲信号和高频脉冲信号的波形，其中是连续信号的是（　　）。(2012A91)

A. (a)、(c)、(d)　　B. (b)、(c)、(d)

C. (a)、(b)、(c)　　D. (a)、(b)、(d)

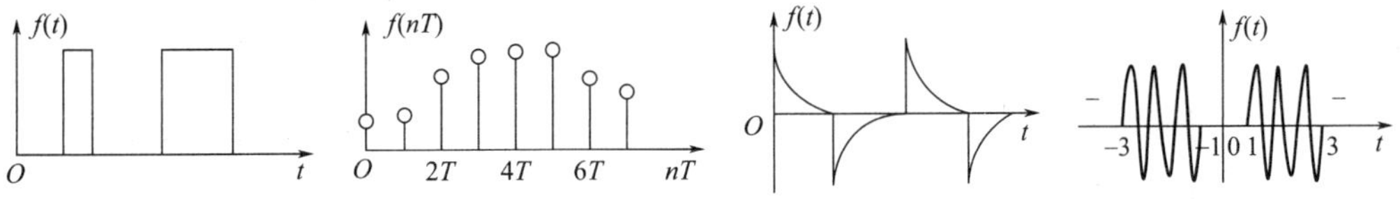

(a) 电报信号　　(b) 温度信号　　(c) 触发脉冲　　(d) 高频脉冲

8-1-9. 连续时间信号与通常所说的模拟信号的关系是（　　）。(2012A92)

A. 完全不同　　B. 同一个概念　　C. 不完全相同　　D. 无法回答

8-1-10. 单位冲激信号 $\delta(t)$ 是（　　）。（2012A93）

A. 奇函数　　B. 偶函数

C. 非奇非偶函数　　D. 奇异函数，无奇偶性

8-1-11. 单位阶跃信号 $\varepsilon(t)$ 是物理单位跃变现象，而单位 $\delta(t)$ 是物理量产生单位跃变的（　　）现象。（2012A84）

A. 速度　　B. 幅度　　C. 加速度　　D. 高度

8-1-12. 如图所示，周期为 T 的三角形波信号，在用傅氏级数分析周期信号时，以下关于系数 a_0、a_n 和 b_n 的判断，正确的是（　　）。（2012A95）

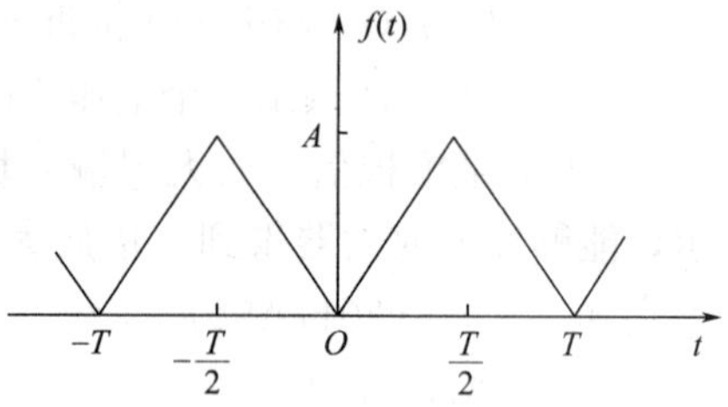

A. 该信号是奇函数且在一个周期的平均值为零，所以傅立叶系数 a_0、b_n 是零

B. 该信号是偶函数且在一个周期的平均值不为零，所以傅立叶系数 a_0、a_n 不是零

C. 该信号是奇函数且在一个周期的平均值不为零，所以傅立叶系数 a_0、b_n 不是零

D. 该信号是偶函数且在一个周期的平均值为零，所以傅立叶系数 a_0、b_n 是零

8-1-13. 关于信号与信息，如下几种说法，正确的是（　　）。（2013A87）

A. 电路处理并传输信号

B. 信号和信息是同一概念的两种表述形式

C. 用“1”和“0”组成的信息代码“1001”只能表示数量“5”

D. 信息是看得到，信号是看不到的

8-1-14. 图示非周期信号 $u(t)$ 的时域描述形式是（　　）：［$l(t)$ 是单位阶跃函数］。（2013A88）

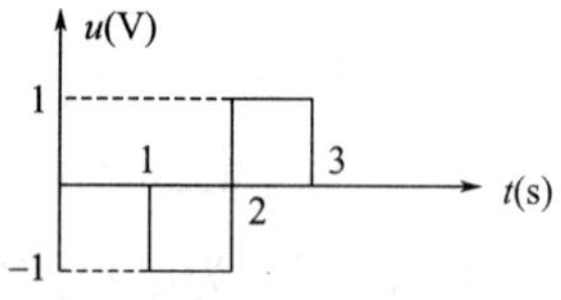

A. $u(t)=\begin{cases}1\text{V}, & t\leqslant 2\\ -1\text{V}, & t>2\end{cases}$

B. $u(t)=-l(t-1)+2l(t-2)-l(t-3)\text{V}$

C. $u(t)=l(t-1)-l(t-2)\text{V}$

D. $u(t)=-l(t+1)+l(t+2)-l(t+3)\text{V}$

8-1-15. 对逻辑表达式 $ABC+A\overline{BC}+B$ 的化简结果是（　　）。（2013A90）

A. AB　　B. $A+B$　　C. ABC　　D. $A\overline{BC}$

8-1-16. 已知数字信号 X 和数字信号 Y 的波形如如图所示，则数字信号 $F=\overline{XY}$ 的波形是（　　）。（2013A91）

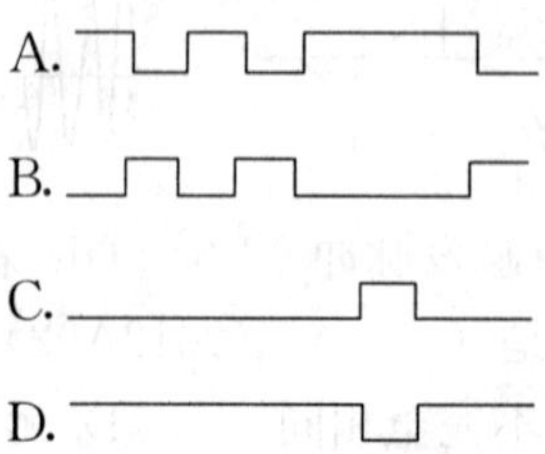

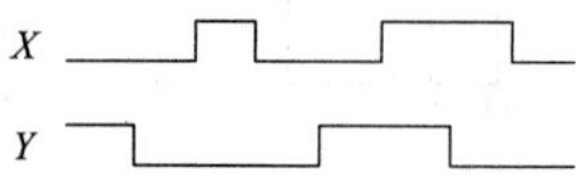

8-1-17. 十进制数字 32 的 BCD 码是（　　）。(2013A92)

A. 00110010　　B. 00100000　　C. 100000　　D. 00100011

8-1-18. 图示电路的任意一个输出端，在任意时刻都只出现 0V 或 5V 这两个电压值，（例如，在 $t=t_0$ 时刻获得的输出电压从上到下依次为 5V、0V、5V、0V），那么该电压的输出电压（　　）。(2014A87)

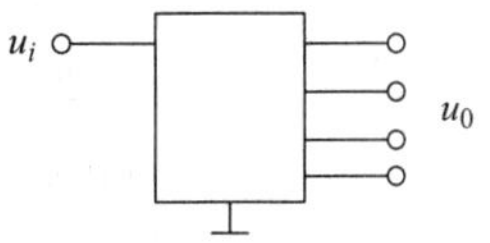

A. 是取值离散的连续时间信号

B. 是取值连续的离散时间信号

C. 是取值连续的连续时间信号

D. 是取值离散的离散时间信号

8-1-19. 非周期信号 $u(t)$ 如图所示，若利用单位阶跃函数 $\varepsilon(t)$ 将其写成时间函数表达式，则 $u(t)$ 等于（　　）。(2014A88)

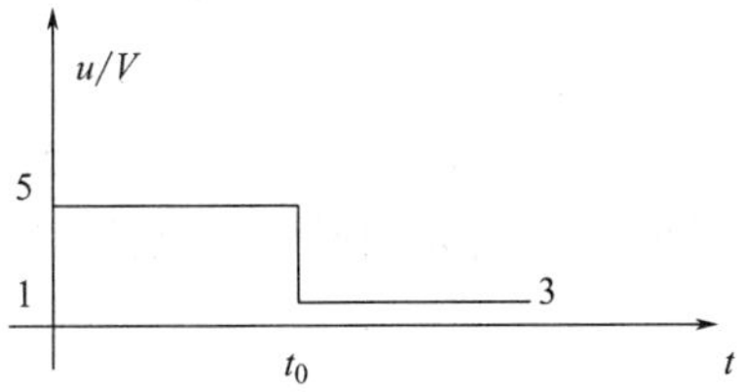

A. 5−1=4V　　B. $5\varepsilon(t)+\varepsilon(t-t_0)$V

C. $5\varepsilon(t)-4\varepsilon(t-t_0)V$　　D. $5\varepsilon(t)-4\varepsilon(t+t_0)$V

8-1-20. 模拟信号经线性放大器放大后，信号中被改变的量是（　　）。(2014A89)

A. 信号的频率　　B. 信号的幅值频谱

C. 信号的相位频谱　　D. 信号的幅值

8-1-21. 逻辑表达式 $(A+B)(A+C)$ 的化简结果是（　　）。(2014A90)

A. A　　B. $A^2+AB+AC+BC$

C. $A+BC$　　D. $(A+B)(A+C)$

8-1-22. 逻辑函数 $F=f(A, B, C)$ 的真值表如下所示，由此可知（　　）。(2014A92)

A. $F=\overline{A}(\overline{B}C+B\overline{C})+A(\overline{BC}+BC)$　　B. $F=\overline{B}C+B\overline{C}$

C. $F=\overline{BC}+BC$　　D. $F=\overline{A}+\overline{B}+\overline{BC}$

A	B	C	F
0	0	0	1
0	0	1	0
0	1	0	0
0	1	1	1
1	0	0	1
1	0	1	0
1	1	0	0
1	1	1	1

8-1-23. 图示电压信号 u_0 是（　　）。(2016A87)

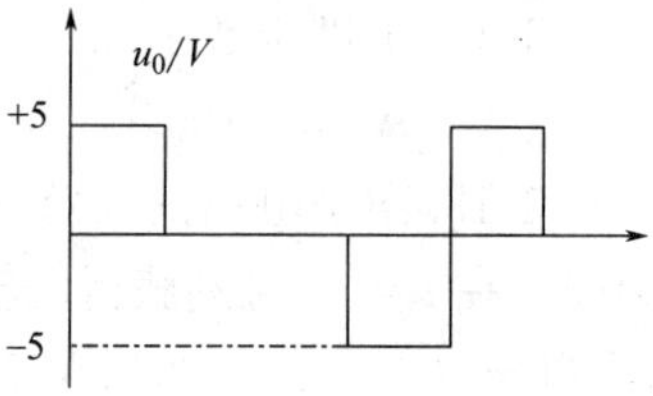

A. 二进制代码信号

B. 二值逻辑信号

C. 离散时间信号

D. 连续时间信号

8-1-24. 一个低频模拟信号 $u(t)$ 被一个高频的噪声信号污染后，能将这个噪声滤除的装置是（　　）。(2016A89)

A. 高频滤波器　　B. 低通滤波器

C. 带通滤波器　　D. 带阻滤波器

8-1-25. 对逻辑表达式 $(\overline{AB}+\overline{BC})$ 的化简结果是（　）。(2016A90)

A. $\overline{A}+\overline{B}+\overline{C}$　　B. $\overline{A}+2\overline{B}+\overline{C}$

C. $\overline{A+C}+B$　　D. $\overline{A}+\overline{C}$

8-1-26. 十进制数字 10 的 BCD 码为（　　）。(2016A92)

A. 00010000　　B. 00001010　　C. 1010　　D. 0010

8-1-27. 设周期信号 $u(t)$ 的幅值频谱如图所示，则该信号（　　）。(2017A88)

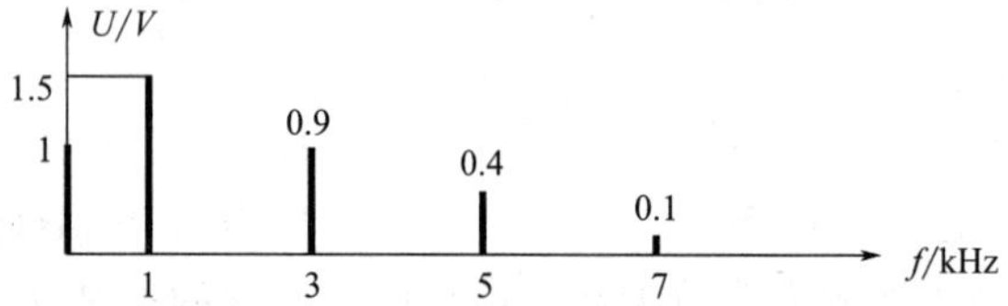

A. 是一个离散时间信号　　B. 是一个连续时间信号

C. 在任意瞬时均取正值　　D. 最大瞬时值为 1.5V

8-1-28. 设放大器的输入信号为 $u_1(t)$，输出信号为 $u_2(t)$，放大器的幅频特性如图所示，令 $u_1(t)=\sqrt{2}U_1\sin 2\pi ft$，且 $f>f_H$，则（　　）。(2017A89)

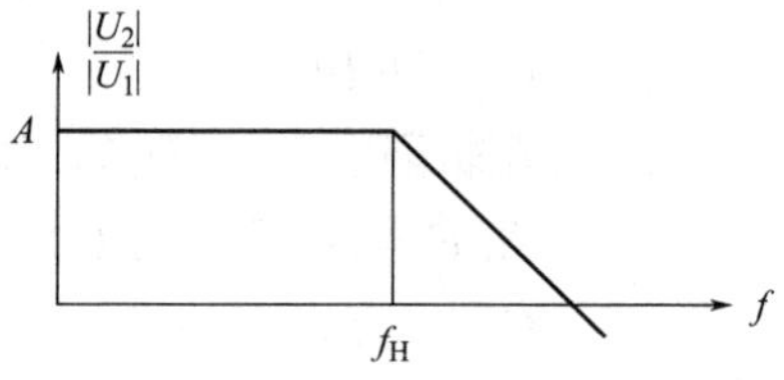

A. $u_2(t)$ 出现频率失真

B. $u_2(t)$ 的有效值 $U_2=AU_1$

C. $u_2(t)$ 的有效值 $U_2<AU_1$

D. $u_2(t)$ 的有效值 $U_2>AU_1$

8-1-29. 对逻辑表达式 $AC+DC+\overline{AD}C$ 的化简结果是（　　）。(2017A90)

A. C　　B. $A+D+C$　　C. $AC+DC$　　D. $\overline{A}+\overline{C}$

8-1-30. 已知数字信号 A 和数字信号 B 的波形如图所示，则数字信号为 $F=\overline{A+B}$ 的波形为（　　）。(2017A91)

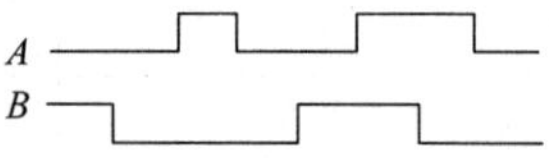

A.

B.

C.

D.

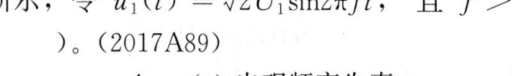

8-1-31. 十进制数字 88 的 BCD 码为（　　）。(2017A92)

A. 00010001　　B. 10001000　　C. 01100110　　D. 01000100

8-1-32. 某温度信号如图（a）所示，经温度传感器测量后得到图（b）波形，经采用后得到图（c）波形，再经保持器得到图（d）波形，那么（　　）(2018A87)

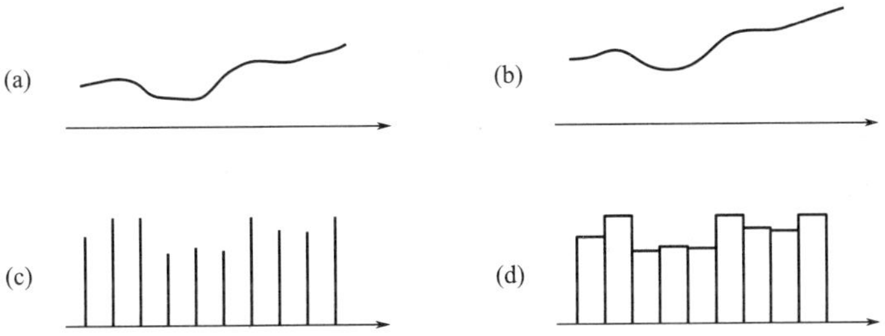

A. 图（b）是图（a）的模拟信号　　B. 图（a）是图（b）的模拟信号

C. 图（c）是图（b）的数字信号　　D. 图（d）是图（a）的模拟信号

8-1-33. 若某周期信号的一次谐波分量为 $5\sin 10^3 t$ V，则它的三次谐波分量可表示为（　　）(2018A88)

A. $U\sin 3\times 10^3 t$，$U>5$V　　B. $U\sin 3\times 10^3 t$，$U<5$V

C. $U\sin 10^6 t$，$U>5$V　　D. $U\sin 10^6 t$，$U<5$V

8-1-34. 设放大器的输入信号为 $u_1(t)$，输出信号为 $u_2(t)$，放大器的幅频特性如图所示，设 $u_1(t)=\sqrt{2}u_{11}\sin 2\pi ft+\cdots+\sqrt{2}u_{1n}\sin n2\pi f$，若希望 $u_2(t)$ 不出现频率失真，则应使放大器的（　　）(2018A89)

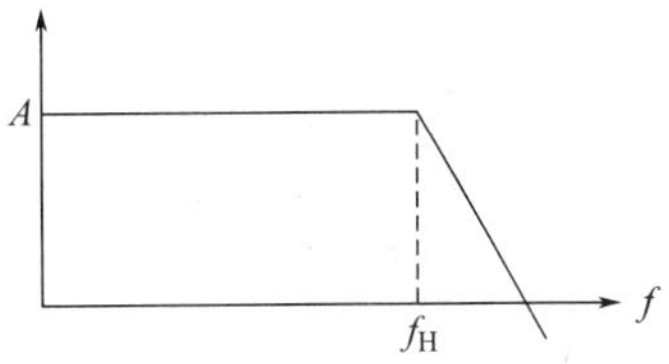

A. $f_H>f$

B. $f_H>nf$

C. $f_H<f$

D. $f_H<nf$

8-1-35. 对逻辑表达式 $\overline{AD+\overline{AD}}$ 的简化结果是（　　）(2018A90)

A. 0　　B. 1　　C. $\overline{A}D+A\overline{D}$　　D. $\overline{AD}+AD$

8-1-36. 已知数字信号 A 和数字信号 B 的波形如图所示，则数字信号 $F=\overline{A+B}$ 的波形为（　　）(2018A91)

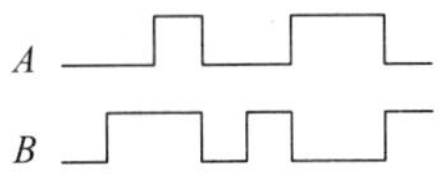

A. 

B. 

C. 

D. 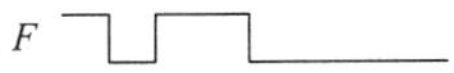

8-1-37. 十进制数字 16 的 BCD 码为（　　）(2018A92)

A. 00010000　　B. 00010110　　C. 00010100　　D. 00011110

答　案

8-1-1.【答案】(C)

信息一般是通过感官接收的关于客观事物的存在形式或变化情况。信号是消息的表现形式，是可以直接测到的物理现象（如电、光、声、电磁波等）。通常认为信号是信息的表现形式。

8-1-2.【答案】(A)

8进制和16进制都是数字电路中采用的数制，本质上都是二进制。在应用中根据数字信号的不同要求选取不同书写格式。

8-1-3.【答案】(B)

模拟信号是幅值随时间连续变化的时间信号，采样信号是时间离散、数值连续的信号，离散信号是指在某些不连续时间定义函数值的信号，数字信号是将幅值量化后并以二进制代码表示的离散信号。

8-1-4.【答案】(A)

题中给出的非正弦周期信号的傅里叶级数展开式，虽然信号中各次谐波的幅值常数是随频率的增加而减少，但是$u(t)$较$u_1(t)$和$u_2(t)$包含的谐波次数更多，包含的信息就更加完整。

8-1-5.【答案】(D)

由图可知，当信号$|u_i(t)|\leqslant 2V$时，放大电路工作在线性工作区，$u_0(t)=5u_i(t)$，当信号$|u_i(t)|\geqslant 2V$时，放大电路工作在非线性工作区，$u_0(t)=\pm 10V$。

8-1-6.【答案】(D)

由逻辑电路的基本关系变换可得结果，变换中用到了逻辑电路的摩根定理。

8-1-7.【答案】(D)

图（a）所示电路是与非门逻辑电路，$F=\overline{A}(A\cdot 1=A)$。

8-1-8.【答案】(A)

根据信号的取值在时间上是否连续，将信号分为连续信号和离散信号。在时间和频率上都是间断的，为离散信号。离散信号是对连续信号采样得到的信号。除个别不连续点外，若信号自所讨论的时间内的任意时间都有确定的函数值，则称此信号为时间连续信号，简称连续信号。

8-1-9.【答案】(C)

连续时间信号的时间一定是连续的，但是幅值不一定连续（存在有限个间断点）。模拟信号是幅值随时间连续变化的连续时间信号。

8-1-10.【答案】(B)

根据狄拉克定义，单位冲激信号$\delta(t)$只在t=0时才有定义：$\delta(t)=\delta(-t)$，所以是偶函数。

8-1-11.【答案】(C)

该电路为线性一阶电路，暂态过程依据公式$f(t)=f(\infty)+[f(t_{0+})-f(\infty)]e^{-t/\tau}$分析，这是三要素分析法。$f(t)$表示电路中任意电压和电流，其中$f(\infty)$是电量的稳态值，

$f(t_{0+})$ 表示初始值，τ 表示电路的时间常数，在阻容耦合电路中 $\tau=RC=0.5$，代入得到 $(1-e^{-2t})$V。

8-1-12.【答案】(B)

从信号的波形图可以看出，信号关于 y 轴对称，所以是偶函数。信号取值均大于 0，所以在一个周期的平均值不为零。傅里叶系数 a_0、a_n 分别表示信号的平均分量和谐波分量，三角波是高次谐波信号，所以傅里叶系数不为零。非正弦周期信号的傅里叶级数展开式为：$f(t)=a_0+[a_1\cos(\omega t)+b_1\sin(\omega t)]+[a_2\cos(2\omega t)+b_2\sin(2\omega t)]+\cdots$

8-1-13.【答案】(B)

电路能够处理并传输电信号，通信的目的是传送包含消息内容的信号，信号是一种特定的物理形式（声、光、电等），信息是受信者所要获得的有价值的消息。信号是信息的载体，二者不是同一概念。信号代码 1001 可以在不同的信息表示方法中代表不同的数量。特殊信号，如光信号，是能看见的。

8-1-14.【答案】(B)

信号可以用函数描述，此信号波形是伴有延时阶跃信号的叠加构成，$u(t)=-l(t-1)-l(t-3)$V。

8-1-15.【答案】(B)

根据逻辑函数的相关公式计算或者利用卡诺图可证明，$ABC+A\overline{BC}+B=A(BC+\overline{BC})+B=A+B$。

8-1-16.【答案】(D)

根据给定的 X、Y 波形，只有当 X、Y 都为 1 时，$F=\overline{XY}=0$，其余情况 F 均为 1。

8-1-17.【答案】(A)

BCD 码是用二进制数表示的十进制数，属于无权码。用 4 位二进制数表示 1 位十进制数中的 0～9 这 10 个数字，是一种二进制的数字编码形式，用二进制编码的十进制代码。如 3→0011，2→0010，所以 32 的 BCD 码为 00110010。

8-1-18.【答案】(A)

连续信号与离散信号：在自变量的整个连续区间内都有定义的信号是时间连续信号或连续时间信号。离散信号的特点是时间离散，幅值连续。数字信号的特点是时间幅值均离散。任意时刻，说明时间连续，数字 5、0 说明数值离散。

8-1-19.【答案】(C)

$f(t)=f_1(t)+f_1(t)=5\varepsilon(t)-4\varepsilon(t-t_0)$V。

8-1-20.【答案】(D)

线性放大器是指输出信号幅值与输入信号度成正比的放大器，因此，信号中被改变的量是信号的幅值。它与非线性放大器的区别是：线性放大器对于单一频率的信号输入，其输出没有其他额外的频率，而非线性放大器则通常含有输入频率信号的谐波信号。

8-1-21.【答案】(C)

$(A+B)(A+C)=A(A+C)+B(A+C)=A+AC+AB+BC=A(1+B+C)=A+BC$。

8-1-22.【答案】(C)

直接将真值代入验证四个选项或者 $F=\overline{ABC}+\overline{A}BC+A\overline{BC}+ABC=(\overline{A}+A)\overline{BC}+$

$(\overline{A}+A)BC=\overline{BC}+BC$。

8-1-23.【答案】(D)

在时间轴上是连续的，是连续时间信号。在数值轴上取 5，0，−5，在数值上是离散的。人为生成的并按照既定的编码规则用来对信息进行编码的信号是代码信号，数字信号是代码信号；把时间离散或数字离散或时间数值都离散的信号称为离散信号；时间数值都连续的信号称为连续信号。

8-1-24.【答案】(B)

A 项，低通滤波电路是指截止频率为 f_p，频率高于 f_p 的信号可以通过，而频率低于 f_p 的信号被衰减的滤波电路。B 项，低通滤波器是指低于 f_p 的信号可以通过，高于 f_p 的信号被刷件的滤波电路。C 项，带通滤波器是指低频段的截止频率为 f_{p1}，高频段的截止频率为 f_{p2}，频率在 f_{p1} 和 f_{p2} 之间的信号可以通过，低于 f_{p1} 或高于 f_{p2} 的信号被衰减的滤波电路。D 项，带阻滤波器是指频率低于 f_{p1} 和高于 f_{p2} 的信号可以通过，频率是 f_{p1} 到 f_{p2} 之间的信号被衰减的滤波电路，显然，去掉一个低频信号中的高频信号，要用低通滤波器。

8-1-25.【答案】(A)

根据反演定律：$\overline{AB}=\overline{A}+\overline{B}$，$\overline{BC}=\overline{B}+\overline{C}$，由 $\overline{B}+\overline{B}=\overline{B}$ 可知：$\overline{AB}+\overline{BC}=\overline{A}+\overline{B}+\overline{C}$。

8-1-26.【答案】(A)

BCD 码是将十进制的数以 8421 的形式展开呈二进制，例如：0=0000，即 $0\times2^0+0\times2^1+0\times2^2+0\times2^3=0$，1=0001，即 $1\times2^0+0\times2^1+0\times2^2+0\times2^3=1$，2=0010，即 $0\times2^0+1\times2^1+0\times2^2+0\times2^3=2$，故 10 的 BCD 码为 00010000。

8-1-27.【答案】(A)

本题给出的图形是周期信号的频谱图。频谐图是非正弦信号中不同正弦信号分量的幅值按频率变化排列的图形，其大小是表示各次谐波分量的幅值，用正值表示。例如本题目频谱图中出现的 1.5V 对应于 1kHz 的正弦信号分量的幅值，而不是这个周期信号的幅值。因此本题目中选择答案（C）或（D）都是错误的。周期信号的频谱是离散频谱并且是收敛的，可以判断这个信号一定是时间上的连续信号。

8-1-28.【答案】(B)

放大器的输入为正弦交流信号，但 $u_1(t)$ 的频率过高，超出了上限频率 f_H，放大倍数小于 A，因此输出信号 u_2 的有效值 $U_2<AU_1$。

8-1-29.【答案】(B)

$AC+DC+\overline{AD}\cdot C=(A+D+\overline{AD})\cdot C=(A+D+\overline{A}+\overline{D})\cdot C=1\cdot C=C$

8-1-30.【答案】(B)

此图所示 $\overline{A+B}=F$，F 是个或非关系，可以用“有 1 则 0”的口诀处理

8-1-31.【答案】(B)

8 位二进制数的 BCD 码，应该是 4 位二进制数表示 1 个十进制位，十进制数字 88 的 BCD 码应该为 10001000。

8-1-32.【答案】(C)

题中（a）、（b）为模拟信号、（c）、（d）为数字信号，则只有 C 项正确。

8-1-33.【答案】(C)

三次谐波则 $u=5\sqrt{3}>5\text{V}$，$\omega'=3\omega$，则选 C。

8-1-34.【答案】(B)

由图可知，当 $f_{\text{H}}<nf$ 时其放大倍数小于A，且放大倍数一直改变，此时输出信号与输入信号不再按线性规律变化，波形发生改变，频率失真，若希望不出现频率失真则需满足 $f_{\text{H}}>nf$，故答案为 B。

8-1-35.【答案】(A)

$\overline{AD+\overline{AD}}=\overline{AD}\cdot\overline{\overline{AD}}=\overline{AD}\cdot AD=0$

8-1-36.【答案】(A)

A+B=01101111，则 $\overline{A+B}=10010000$，故 A 正确。

8-1-37.【答案】(B)

BCD 码即用 4 位二进制数来表示 1 位十进制数中的 0～9 这 10 个数码，1 对应 0001，6 对应 0110，故答案为 B。

第九章

工程经济

第一节　资金的时间价值

一、考试大纲

资金时间价值的概念；利息及计算；实际利率和名义利率；现金流量及现金流量图；资金等值计算的常用公式及应用；复利系数表的应用。

二、知识要点

（一）资金时间价值的概念

资金的价值是随时间的变化而发生变化的，同一笔资金，若发生在不同时期，产生的实际价值量也不相等。资金经历一定时间的投资和再投资后，出现价值上的差别，称为资金的时间价值。资金的时间价值在资金的运动中产生，通过资金运动可以使资金增值。

例如，将现在的 1 元钱存入银行，如果银行存款年利率是 10%，那么一年后可得到 1.10 元，这 1 元钱经过一年的投资增加了 0.10 元，这就是货币的时间价值。

（二）衡量资金时间价值的尺度

1.利息

若将一笔资金（称为本金）存入银行，经过一段时间，除能获取本金以外，还能得到额外的报酬，称为利息。

利息（I）：资金所有者（债权人）因贷出货币或货币本金而从借款人（债务人）处获得的报酬。即利息＝目前应付（收）总金额－原来借（贷）款金额。

从债权人角度，贷款利息就是资本报酬；从债务人角度看，利息则是使用货币或货币资本所花费的代价，即资金成本。

计算利息的时间单位有年、季、月、周或日。

2.利率

利率（i）：单位时间内利息和本金的比率称为利率。设 p 为本金，I 为单位时间所得力的利息，即 $i=\frac{I}{p}\times 100\%$。

利率可按年、半年、季、月计算，称为年利、半年利率、季利、月利。

计算利息有单利、复利两种方法。

（1）单利法

单利是按某利率对原始本金计算利息，利息不计利息，计算公式为：

$$I=pin \tag{9-1-1}$$

式中　p ——本金；

i ——利率；

n ——计息期数。

本金与利息之和（F）为：$F=p(1+in)$。

单利没有考虑利息本身的时间价值，在工程中应用较少，一般用于时间少于一年的短期投资。

（2）复利法

复利是以某利率对各期期末的本利和来计算利息的方法，即每期计算的利息计入下期的本金，下期将按本利和的总额计息，逐期计算，资金时间价值一般都采用复利方式来计算。计算公式为：

$$F=p(1+i)^n \tag{9-1-2}$$

式中　F——n 期后的本金和；

p——本金；

i——利率；

n——计息期数。

3. 名义利率和实际利率

复利的计息期不一定总是一年，有可能是季度、月或日。当利息在一年内要复利几次时，给出的年利率叫作名义利率。即名义利率是周期利率与每年计息期数的乘积。

年实际利率是一年利息额与本金之比。

设名义利率为 r，一年中的计息期次数为 m，则每期的利率为 $\frac{r}{m}$，根据复利计算公式，则实际年利率为：

$$i=\left(1+\frac{r}{m}\right)^m-1 \tag{9-1-3}$$

式中　r——名义利率；

m——每年复利次数；

i——实际利率。

【例 9-1-1】 某企业存入银行 10 万元，存款期限为 5 年，年利率 4.14%，每半年计息一次，试问存款到期后的利息和复利本利和各自为多少？

解： 已知 $P=10$ 万元，$r=4.14\%$，$m=2$，$n=5$

$i=\left(1+\frac{r}{m}\right)^m-1=\left(1+\frac{4.14\%}{2}\right)^2-1=4.18\%$

$F=p(1+i)^n=10\times(1+4.18\%)^5=12.272$ 万元

$I=12.272-10=2.272$ 万元。

（三）现金流量及现金流量图

对同一系统，某一时刻流入系统的货币称为现金流入，流出系统的货币称为现金流出，现金流入和现金流出统称为现金流量，可用表格或图形表示。现金流入与现金流出之间的差值称为净现金流量。

现金流量有三个要素，即流向、大小和时间。

现金流量图：用一个数轴图来表示现金流入、现金流出及其与时间的对应关系。如图 9-1-1 所示，横轴为时间单位（年、季、月、周、日），0 点为计算期的起始时间。箭头向上为现金流入，向下为现金流出。垂直线的长短与现金流量的金额成正比，金额越大，

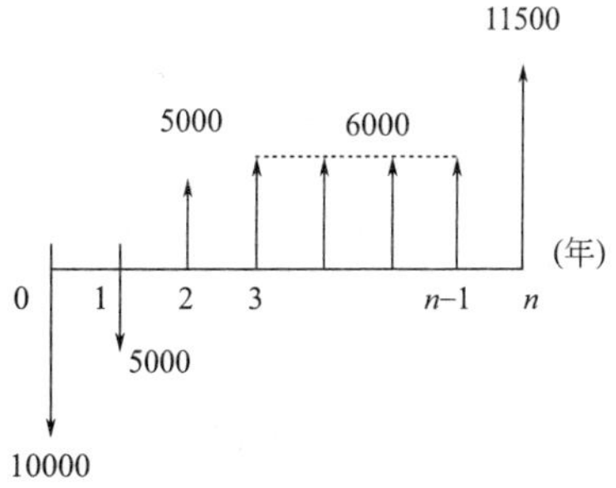

图 9-1-1

垂直线的长度越长，在箭头处需标出现金流量的数值。

（四）资金等值计算的常用公式及应用

在不同时间点上发生的资金，其绝对数额不等但它们的价值相等，则将此种资金金额的换算称为资金等值计算。

若把将来某一时间点的资金金额换算成该点之前的某一时刻点的等值金额，称为贴现（或折现）；计算中反应资金时间价值尺度的参数 i 称为贴现率（或折现率）。

1. 一次支付系列

（1）一次支付终值计算公式

$$F=p(1+i)^n \tag{9-1-4}$$

式中　F ——终值；

p ——现值或本金；

i ——利率；

n ——计息周期；

$(1+i)^n$ ——一次支付终值系数，用符号（F/p，i，n）表示，例如：（F/p，6%，3）表示每期利率为 6%，3 期复利终值的系数，可采用公式计算，也可查表。

【例 9-1-2】 某工程贷款 1000 万元，年复利率 10%，问 5 年后应偿还贷款的本利和是多少？

解： $F=p(1+i)^n=1000\times(1+10\%)^5=1000\times1.61051=161051$ 万元。

（2）一次支付现值的计算公式

现值是复利终值的对称概念，指已知每期利率为 i，n 期期末的终值 F，为取得终值 F，现在所需要的本金投入，即：

$$p=F(1+i)^{-n} \tag{9-1-5}$$

式中　F ——终值；

p ——现值或本金；

i ——利率；

n ——计息周期；

$(1+i)^{-n}$ ——一次支付现值系数，可采用公式计算，也可查表。

【例 9-1-3】 某公司希望所投资项目 5 年有 1000 万元资金，年复利率为 10%，试问现在需要一次投入多少钱？

解： $F=P(1+i)^{-n}=1000\times(1+10)^{-5}=1000\times0.6209=620.9$ 万元

2. 等额多次支付

等额多次支付是指分析系统中的现金流入和现金流出在多个时点上发生，其现金流量每期均发生，数额相等，有 4 个等值计算公式。

（1）等额支付终值计算公式

$$F=A\frac{(1+i)^n-1}{i} \tag{9-1-6}$$

式中　F ——终值；

i ——利率；

A ——等额资金；

n ——计息周期；

$\frac{(1+i)^n-1}{i}$ ——等额支付终值系数，用符号 $(F/A, i, n)$ 表示，可采用公式计算，也可查表。

【例 9-1-4】 若连续 6 年每年年末投资 1000 万元，年复利利率 $i=5\%$，问 6 年后可得本利和是多少？

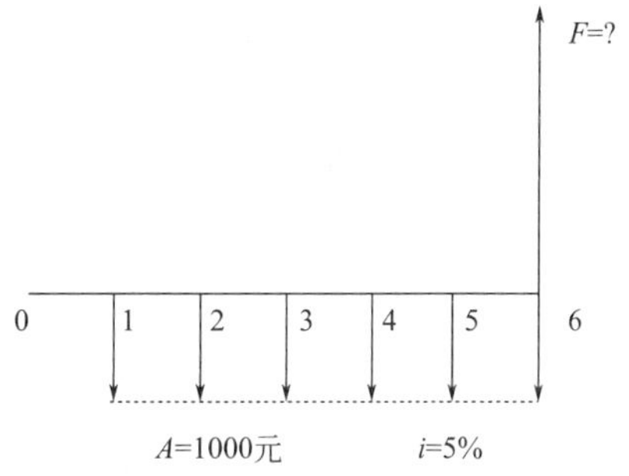

解：绘出现金流量图如图所示，6 年后本利和为

$F=A(F/A, i, n)=1000\times 6.802=6802$ 万元

也可按等额支付终值公式计算，即

$F=A\frac{(1+i)^n-1}{i}=1000\times\left[\frac{(1+5\%)^6-1}{5\%}\right]=6802$ 万元。

（2）等额支付偿债基金公式

$$A=F\frac{i}{(1+i)^n-1} \tag{9-1-7}$$

式中　F ——偿还债务；

i ——利率；

A ——等额资金；

n ——计息周期；

$\frac{i}{(1+i)^n-1}$ ——等额支付偿债基金系数，用符号 $(A/F, i, n)$ 表示，可采用公式计算，也可查表。

【例 9-1-5】 某公司在第 5 年末应偿还一笔 50 万元的债务，按年利率 4.14%计算，该公司从现在起连续 5 年每年年末应向银行存入多少资金，才能使其复利和正好偿清这笔债务？

解：已知 $F=50$ 万元，$i=4.14\%$，$n=5$，

$$A=F\frac{i}{(1+i)^n-1}=50\times\frac{4.14\%}{(1+4.14\%)-1}=9.206\text{ 万元}$$

（3）等额支付资金回收公式

若现在投资金额为 p，预计利率（年报酬率）i，要求今后 n 年内等额收回投资的本利和，则每年应收回的等额资金为：

$$A=p\frac{(1+i)^n}{(1+i)^n-1} \tag{9-1-8}$$

式中　$\frac{i(1+i)^n}{(1+i)^n-1}$ —— 等额资金回收系数，用符号 $(A/p, i, n)$ 表示，可采用公式计算，也可查表。

【例 9-1-6】 某企业从银行贷款 1000 万元，贷款年复利利率 $i=10\%$，问该企业今后 5 年每年从年终收入中提取固定资金用于还款，问该企业每年的还款额是多少？

解：绘出现金流量图如图所示，根据等额支付资金回收公式得

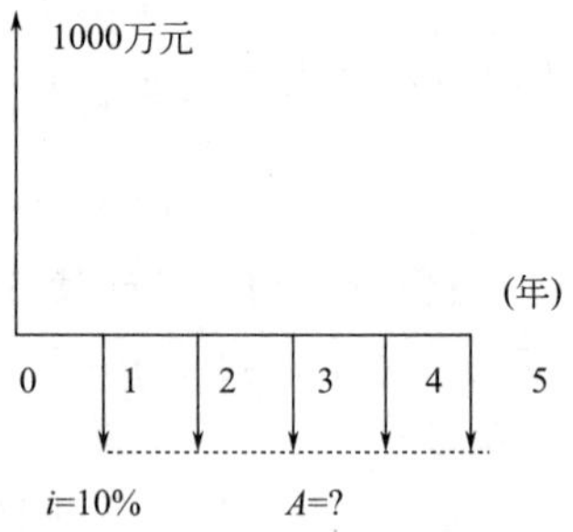

$$A=p\frac{(1+i)^n}{(1+i)^n-1}=1000\times\frac{10\%\times(1+10\%)^5}{(1+10\%)^5-1}=263.8\text{ 万元}$$

或按复利系数表得 $A=P(A/P,\ i,\ n)=1000\times0.2638=263.8$ 万元。

（4）等额支付现值公式

$$p=A\frac{(1+i)^n-1}{i(1+i)^n}\qquad(9\text{-}1\text{-}9)$$

式中 $\frac{(1+i)^n-1}{i(1+i)^n}$——等额支付现值系数，记作（$p/A$，$i$，$n$），可采用公式计算，也可查表。

【例 9-1-7】 某公司拟投资建设 1 个工业项目，希望建成后在 6 年内收回全部贷款的复本利和，预计项目每年可获利 100 万元，银行贷款的年利率为 5.76%，问该项目的总投资应该控制在多少范围以内？

解：已知 $A=100$ 万元，$i=5.76\%$，$n=6$

根据等额支付现值公式得 $p=A\frac{(1+i)^n-1}{i(1+i)^n}=100\times\frac{(1+5.76\%)^6-1}{5.76\%(1+5.76\%)^6}=495.46$ 万元。

历年真题

9-1-1. 某企业年初投资 5000 万元，拟 10 年内等额回收本利，若基准收益率为 8%，则每年末应回收的资金是（　　）。(2011A107)

A. 540.00 万元　　B. 1079.46 万元　　C. 745.15 万元　　D. 345.15 万元

9-1-2. 某项目拟发行 1 年期债券，在年名义利率相同的情况下，使年实际利率较高的复利计息期是（　　）。(2012A107)

A. 1 年　　B. 半年　　C. 1 季度　　D. 1 个月

9-1-3. 某企业向银行借款，按季度计息，年名义利率为 8%，则年实际利率为（　　）。(2013A107)

A. 8%　　B. 8.16%　　C. 8.24%　　D. 8.3%

9-1-4. 如现在投资 100 万元，预计年利率为 10%，分 5 年等额回收，每年可回收（　　）。(2014A107) [$E(A/P$，10%，5$)=0.2638$，$(A/F$，10%，5$)=0.1638$]

A. 16.38 万元　　B. 26.38 万元　　C. 62.09 万元　　D. 75.82 万元

9-1-5. 某企业拟购买 3 年期一次到期债券，打算 3 年后到期本利和为 300 万元，按季复利计息，年名义利率为 8%，则现在应购买债券（　　）。(2016A107)

A. 119.13 万元　　B. 236.55 万元　　C. 238.15 万元　　D. 282.70 万元

9-1-6. 某项目借款 2000 万元，借款期限 3 年，年利率为 6%，若每半年计复利一次，

则实际年利率会高出名义利率多少（　　）。(2017A107)

A. 0.16%　　B. 0.25%　　C. 0.09%　　D. 0.06%

9-1-7. 某企业准备5年后进行设备更新，到时所需资金估计为600万元，若存款利率为5%，从现在开始每年年末均等额存款，则每年应存款（　　）[已知：$(A/F,5\%,5)=0.18097$]（2018A107）

A. 78.65万元　　B. 108.58万元　　C. 120万元　　D. 165.77万元

答　案

9-1-1.【答案】(C)

按等额支付资金回收公式计算（已知P求A），

$A=P(A/P,i,n)=5000\times(A/P,8\%,10)=5000\times0.14903=745.15$万元。

9-1-2.【答案】(D)

若利率的时间单位为年，在一年内计息m次，则年名义利率为r，计算周期利率为$i=r/m$，实际利率i为：$i=\frac{1}{P}=\left(1+\frac{r}{m}\right)^m-1$，依据年实际利率的计算公式可知：年名义利率相同的情况下，一年内计息次数越多，年实际利率越高。

9-1-3.【答案】(C)

根据年名义利率求解年实际利率，其计算过程为：$i=\left(1+\frac{r}{m}\right)^m-1=\left(1+\frac{8\%}{4}\right)^4-1=8.24\%$。

9-1-4.【答案】(B)

根据等值计算公式可得：$A=P(A/P,10\%,5)=100\times0.2638=26.38$万元。

9-1-5.【答案】(B)

根据实际利率计算公式，可得资金的时间价值，计算公式如下：

$i=\left(1+\frac{r}{m}\right)^m-1=\left(1+\frac{8\%}{4}\right)^4-1=8.24\%$，$P=\frac{F}{(1+i)^n}=\frac{300}{(1+0.0824)^3}=236.569$万元。

9-1-6.【答案】(C)

年实际利率为：$i=\left[\left(1+\frac{r}{m}\right)^m-1\right]\times100\%-\left[\left(1+\frac{6\%}{2}\right)^2-1\right]\times100\%=6.09\%$，年实际利率高出名义利率：$6.09\%-6\%=12$万元。

9-1-7.【答案】(B)

套用等额多次支付公式，$A=F\frac{i}{(1+i)^n-1}=F\times(A/F,5\%,5)$。算得$A=600\times0.18097=108.58$万元。

第二节　财务效益与费用估算

一、考试大纲

项目的分类；项目计算期；财务效益与费用；营业收入；补贴收入；建设投资；建设

期利息；流动资金；总成本费用；经营成本；项目评价涉及的税费；总投资形成的资产。

二、知识要点

（一）项目的分类及项目计算期

1.项目分类

按项目目标，分为经营性项目和非经营性项目；按项目产品或服务，分为公共项目和非公共项目；按项目投资管理形式，分为政府投资项目和企业投资项目；按项目与企业原有资产的关系，分为新建项目和改扩建项目；按项目的融资主体，分为新设法人项目和既有法人项目。

2.项目计算期

项目计算期是指对项目进行财务分析所设定的期限，包括建设期和运营期。

（1）建设期

项目的建设期是指从项目资金正式投入开始到项目建成投产止所需要的时间。建设期应参照项目建设的合理工期或项目的建设进度计划合理确定。

建设期包括建设前期及施工期，建设前期由项目建议书、可行性研究、规划、设计、勘察、征地、拆迁、市政配套报批等阶段组成，工作内容多，难度大；施工期任务重，但工作内容较为单一。

（2）运营期

项目的运营期是指建设项目竣工投产到结束所经历的时间。

项目的运营期应根据行业特点、主要设施或设备的经济寿命期（或折旧年限）、产品寿命期、主要技术的寿命期等综合确定。

（二）财务效益与费用

财务效益与费用是指项目实施后所获得的收入和费用支出。收入包括营业收入、补贴收入和利润，支出包括建设投资、成本费用和税金。

1.营业收入

营业收入：销售产品或提供服务取得的收入，是项目财务效益的主体。

对于销售产品的项目，营业收入即为销售收入，销售收入＝产品销售量×产品单价。

2.补贴收入

项目运营期内得到的各种财政性补贴可作为财务收益，记作补贴收入。包括依据国家规定的补助定额（按销量和工作量等）计算的定额补贴和属于国家财政扶持领域的其他形式补助。

3.利润

营业利润＝营业收入－营业成本－营业税金及附加－销售费用－管理费用－财务费用－资产减值损失－公允价值变动损失（＋收益）＋投资收益（－损失）。

利润总额＝营业利润＋营业外收入－营业外支出。

净利润＝利润总额－所得税费用＝利润总额×（1－所得税率）。

4.建设投资

建设项目总投资包括建设投资、建设期借款利息和流动资金。

（1）建设投资的构成

建设投资主要包括固定资产投资、无形资产投资、递延资产投资和预备费。

固定资产投资包括：建筑工程费、设备购置费、安装工程费、土地征用及补偿费、勘察设计费、工程质量监理费和建设单位管理费。

无形资产投资包括：土地使用权、技术转让费和其他费用。

递延资产投资包括：生产职工培训费和开办费。

预备费包括：基本预备费和涨价预备费。

（2）建设期利息（Q）

建设期利息是指为建设项目所筹措的债务资金在建设期内发生并按照规定允许在投产后计入固定资产原值的利息，利息按年计算。

当借款在建设期各年年初发生时，建设期利息计算公式为：

$$Q=\sum[(P_{t-1}+A_i)i] \tag{9-2-1}$$

式中：P_{t-1}——按单利计算中建设期第 $t-1$ 年末借款累积，复利计算中建设期第 $t-1$ 年末借款本息累积；

t——年份；

A_t——建设期第 t 年借款额；

i——借款年利率。

当借款在建设期各年年内均衡发生时，建设期利息计算公式为：

$$Q=\sum\left[\left(P_{t-1}+\frac{A_i}{2}\right)i\right] \tag{9-2-2}$$

【例 9-2-1】 某新建项目，建设期为 3 年，共向银行借款 1300 万元，贷款时间为：第 1 年借款 300 万元，第 2 年借款 600 万元，第 3 年借款 400 万元，各年借款均在年内均衡发生，借款年利率为 6%，每年计息一次，建设期内按期支付利息。计算该项目的建设期利息。

解： 第 1 年应计利息 Q_1＝（300/2）×6%＝9 万元

第 2 年应计利息 Q_2＝（300＋9＋600/2）×6%＝36.54 万元

第 3 年应计利息 Q_3＝（300＋9＋600＋36.54＋400/2）×6%＝68.73 万元

建设期利息为＝9＋36.54＋68.73＝114.27 万元。

（3）流动资金

在项目投资经济分析中，流动资金是指在项目投产前预先垫付的，在投产后的生产经营过程中用于购买原材料、燃料动力、备品备件、支付工资和其他费用，以及被在产品、半成品、产成品等存货占用的周转资金。

在生产经营活动中，流动资金以现金及各种存款、存货、应收及预付款项等流动资产的形式存储，在整个寿命周期内，始终被占用并且周而复始地流动。

流动资金可采用扩大指标估算法和分项详细估算法进行估算。

① 扩大指标估算法。

参照同类企业流动资金占营业收入或经营成本的比例，计算公式为：

流动资金＝年营业收入额×营业收入资金率
＝年营业成本×经营成本资金率
＝单位产品占用流动资金额×年产量

② 分项详细估算法。

分项详细估算法是对流动资金和流动负债主要构成要素即存货、现金、应收账款、预付账款以及应付账款和预收账款等几项内容进行估算，计算公式为：

流动资金＝流动资产－流动负债

流动资产＝应收账款＋预付账款＋存款＋现金

流动负债＝应付账款＋预收账款

流动资金本年增加额＝本年流动资金－上年流动资金

5.成本费用

总成本费用：指在项目生产经营期内发生的为组织生产和销售应当发生的全部成本和费用。

（1）生产成本加期间费用估算法

总成本费用＝生产成本＋期间费用

生产成本＝直接材料费＋直接燃料和动力费＋直接工资和薪酬＋其他直接支出＋制造费用

期间费用＝管理费用＋财务费用＋营业费用

（2）生产要素估算法

总成本费用＝外购原材料、燃料及动力费＋工资或薪酬＋折旧费＋摊销费＋修理费＋利息支出＋其他费用

6.固定资产原值和折旧费

固定资产：使用期限超过一年，单位价值在规定标准以上，在使用过程中保持原有物质形态的资产。

固定资产原值：项目投产时按规定由投资形成的固定资产，包括工程费用、固定资产其他费用和工程建设其他费用。

固定资产折旧：固定资产在使用过程中会受到磨损，其价值损失通常是通过提取折旧的方式得以补偿。

固定资产残值：指固定资产报废时可以收回的残余价值。

固定资产净残值：指固定资产原值扣除清理费用后的余额。

折旧计算公式如下：

（1）年限平均法

$$\text{年折旧率}=\frac{1-\text{预计净残值率}}{\text{折旧年限}}\times 100\% \tag{9-2-3}$$

年折旧率＝固定资产原值×年折旧率

按此种方法计算，各年折旧率和年折旧额均相同。

【例 9-2-2】 某企业以 15 万元购入一种测试仪器，按规定使用年限为 10 年，残值率为 3%，求各年的折旧额。

解： 年折旧率$=\frac{1-3\%}{10}=9.7\%$

年折旧额＝15×9.7%＝1.455 万元。

（2）工作量法

工作量法分为两种，一是按照行程里程计算折旧，二是按照工作小时计算折旧，计算

公式如下。

① 按行程里程计算折旧：

$$单位里程折旧额=\frac{固定资产原值\times(1-预计净残值率)}{总行驶里程} \tag{9-2-4}$$

$$年折旧额=单位里程折旧额\times年行驶里程$$

② 按工作小时计算折旧：

$$每日工作小时折旧额=\frac{固定资产原值\times(1-预计净残值率)}{总工作小时} \tag{9-2-5}$$

$$年折旧率=每工作小时折旧额\times年工作小时$$

【例 9-2-3】 同上例，各年该测试仪器工作小时如表所示，用工作量法计算各年的折旧额。

年份	1	2	3	4	5	6	7	8	9	10	合计
工作小时	420	450	460	500	510	500	530	550	540	540	5000

解： 第 1 年折旧额＝（15－15×3%）×$\frac{420}{5000}$＝1.222 万元

第 2 年折旧额＝（15－15×3%）×$\frac{450}{5000}$＝1.310 万元，其余年份的折旧额同理。

（3）双倍余额递减法

$$年折旧率=\frac{2}{折旧年限}\times100\% \tag{9-2-6}$$

$$年折旧额=年初固定资产净值\times年折旧率$$

实行双倍余额递减法的，应在折旧年限到期前两年内，将固定资产净值扣除净现值后的净额平均摊销。

【例 9-2-4】 同上例，但用双倍余额递减法计算各年的折旧额。

解： 年折旧率＝$\frac{2}{10}$×100%＝20%

第 1 年折旧额＝15×20%＝3 万元

第 2 年折旧额＝（15－3）×20%＝2.4 万元

第 3 年折旧额＝15×20%＝3 万元

第 8 年折旧额＝15×（1－20%）^{7}×20%＝0.629 万元

第 9 年、第 10 年的折旧额＝（固定资产净值－预计残值）÷2＝［15×(1－20%)^8－15×3%］÷2＝1.033 万元。

（4）年数总和法

$$年折旧率=\frac{折旧年限-已使用年限}{折旧年限\times(折旧年限+1)\div2}\times100\% \tag{9-2-7}$$

$$年折旧额=(固定资产原值-预计净现值)\times年折旧率$$

【例 9-2-5】 同上例，但用年数总和法计算各年的折旧额。

解： 第 1 年折旧率＝$\frac{10-0}{10\times(10+1)\div2}$×100%＝18.18%

第 1 年折旧额＝（15－15×3%）×18.18%＝2.645 万元

$$\text{第 2 年折旧率}=\frac{10-1}{10\times(10+1)\div 2}\times 100\%=16.36\%$$

第 2 年折旧额＝（15－15×3%）×16.36%＝2.380 万元。

7.经营成本

经营成本是指建设项目总成本费用扣除折旧费、摊销费和财务费后剩余的全部费用。

经营成本计算公式如下：

经营成本＝外购原材料费＋外购燃料及动力费＋工资或薪酬＋修理费＋其他费用

经营成本与总成本费用的关系：

经营成本＝总成本费用－折旧费－摊销费－利息支出

8.项目税费

项目评价涉及的费用包括关税、增值税、营业税、资源税、消费税、所得税、城市维护建设税和教育费附加等，有些行业还涉及土地增值税。

（1）增值税

商品生产、商品流通和劳务服务等各个环节的增值额征收的一种流转税，流转税包括增值税、消费税和营业税。

（2）营业税

交通运输、建筑、邮电通信、服务等行业应按税法规定计算营业税。营业税是价内税，包含在营业收入之内。

（3）消费税

我国对部分消费品征收消费税。进口货物或产品时，应按税法规定计算消费税。

（4）土地增值税

按转让房地产取得的增值额征收的税种，房地产项目应按规定计算土地增值税。

（5）资源税

国家对开采特定矿产品或生产盐的单位或个人征收的税种。通常按矿产的产量计征。

（6）企业所得税

针对企业应纳税所得额征收的税种，项目评价中应注意按有关税法对所得税前扣除项目的要求，正确计算应纳税所得额，并采用适宜的税率计算企业所得税，同时注意正确使用有关的所得税优惠政策，并加以说明。

（7）城市维护建设税及教育费附加

以流转税额（包括增值税、营业税和消费税等）为基数进行计算，属于地方税种，应注意当地的规定。

（8）关税

以进出口应税货物为缴纳对象的税种。

（三）总投资形成的资产

总投资是指项目建设和投入运营所需要的全部投资，为建设投资、建设期利息和全部流动资金之和。它区别于目前国家考核项目的总投资，后者包括建设投资和30%的流动资金（又称铺底流动资金）。

总投资形成的资产包括固定资产、无形资产和其他资产。

1. 固定资产

使用期限超过一年，单位价值在规定标准以上，在使用过程中保持原有物质形态的资产。

其费用包括工程费用（建设工程费、设备购置费及安装工程费）、工程建设其他费用、预备费（基本预备费和涨价预备费）和建设期利息。

2. 无形资产

企业拥有或控制的没有实物形态的可辨认的非货币性资产。

其费用包括技术转让费或技术使用费（含专利权和非专利技术）、商标法和商誉等。

3. 其他资产

除流动资产、长期投资、固定资产、无形资产以外的其他资产。

其费用包括生产准备费、开办费、出国人员费、来华人员费、图纸资料翻译复制费、样品样机购置费和农业开荒费等。

总投资中的流动资金和流动负债共同构成流动资产。

历年真题

9-2-1. 建设项目评价中的总投资包括（　　）。(2011A108)

A. 建设投资和流动资金　　B. 建设投资和建设期利息

C. 建设投资、建设期利息和流动资金　　D. 固定资产投资和流动资产投资

9-2-2. 某建设工程建设期为 2 年。其中第一年向银行贷款总额为 1000 万元，第二年无贷款，贷款年利率为 6%，则该项目建设期利息为（　　）。(2012A108)

A. 30 万元　　B. 60 万元　　C. 61.8 万元　　D. 91.8 万元

9-2-3. 在下列选项中，应列入项目投资现金流量分析中的经营成本的是（　　）。(2013A108)

A. 外购原材料、燃料和动力费　　B. 设备折旧

C. 流动资金投资　　D. 利息支出

9-2-4. 某项目投资中有部分资金来源于银行贷款，该贷款在整个项目期间将等额偿还本息，项目预计年经营成本为 5000 万元，年折旧率和摊销费为 2000 万元，则该项目的年总成本费用应（　　）。(2014A108)

A. 等于 5000 万元　　B. 等于 7000 万元

C. 大于 7000 万元　　D. 在 5000 万元与 7000 万元之间

9-2-5. 在下列费用中，应列入项目建设投资的是（　　）。(2016A108)

A. 项目经营成本　　B. 流动资金　　C. 预备费　　D. 建设期利息

9-2-6. 某建设项目的建设期为 2 年，第一年贷款额为 400 万元，第二年贷款额 800 万元，贷款在年内均衡发生，贷款年利率为 6%。建设期内不支付利息，计算建设期贷款利息为（　　）。(2017A108)

A. 12 万元　　B. 48.72 万元　　C. 60 万元　　D. 60.72 万元

9-2-7. 某项目投资于邮电通信业，运营后的营业收入全部来源于对客户提供的电信服

务，则在估计该项目现金流时不包括（　　）（2018A108）

A. 企业所得税　　B. 增值税　　C. 城市维护建设税　D. 教育费附加

答　案

9-2-1.【答案】（C）

建设项目经济评价中的总投资由建设投资、建设期利息和流动资金组成。

9-2-2.【答案】（D）

根据建设期利息公式 $Q=\sum\left[P_{t=1}+\frac{A_t}{2}\cdot i\right]$ 计算可得：第一年贷款总额为 1000 万元，则 $Q_1=(1000/2)\times6\%=30$ 万元，$Q_2=(1000+30)\times6\%=61.8$ 万元，$Q=Q_1+Q_2=30+61.8=91.8$ 万元。

9-2-3.【答案】（A）

经营成本包括外购原材料、燃料和动力费、工资及福利费、修理费等，不包括折旧、摊销费和财务费用。流动资金投资不属于经营成本。

9-2-4.【答案】（C）

银行贷款利息属于财务费用，经营成本＝总成本费用－折旧费－摊销费－维简费－利息支出，即总费用应大于 7000 万元（5000 万元＋2000 万元）。

9-2-5.【答案】（C）

生产性建设项目总投资包括建设投资（含固定资产投资、无形资产投资、递延资产投资等）、建设期借款利息和铺底流动资金三部分。固定资产投资包括建设工程费、设备购置费、安装工程费、其他费用。其中其他费用：项目实施费用——可行性研究费用、其他有关费用，项目实施期间发生的费用——土地征用费、设计费、生产准备、职工培训。预备费：基本预备费、涨价预备费。预备费包含在项目建设投资的固定资产投资内。

9-2-6.【答案】（D）

第一年贷款利息：$400/2\times6\%=12$ 万元；第二年贷款利息：$(400+800/2+12)\times6\%=48.72$ 万元；建设期贷款利息：$12+48.72=60.72$ 万元。

9-2-7.【答案】（B）

邮电通信业主运营后的营业收入全部来源于对客户提供的电信服务，其项目投资现金流量不包括增值税。

第三节　资金来源与融资方案

一、考试大纲

资金筹措的主要方式；资金成本；债务偿还的主要方式。

二、知识要点

（一）资金来源

制订融资方案必须要有明确的资金来源，资金来源按融资主体分为内部资金来源和外部资金来源。相应的融资可以分为内部融资和外部融资两个方面。

内部融资：将作为融资主体的既有法人内部的资金转化为投资的过程。主要方式为：货币资金、资产变现、企业产权转让和直接使用非现金资产。

外部融资：外部资金来源渠道较多，应根据外部资金来源供应的可靠性、充足性以及融资成本、融资风险等，选择外部资金来源渠道。外部融资包括：中央和地方政府可用于项目建设的财政性资金；商业银行和政策性银行的信贷资金；证券市场的资金；非银行金融机构的资金；国际金融机构的信贷资金；外国政府提供的信贷资金、赠款等。

（二）资金筹措的主要方式

资金筹措方式是指项目获得资金的具体方式，按融资主体的不同，分为既有法人融资项目的资本金、新设法人融资项目的资本金；按融资性质，分为权益融资和债务融资。

1.既有法人项目资本金筹措

既有法人项目的资本金由既有法人负责筹集。可通过企业增资扩股、吸收新股东投资、发行股票、政府投资等方式筹措。

2.新设法人项目资本金筹措

新设法人项目的资本金由新设法人负责筹集。可通过股东直接投资、发行股票和政府投资等。

3.债务资金筹措

债务资金：指项目投资中以负债方式从金融机构、证券市场等取得的资金。

债务资金特点：使用上有时间限制，到期必须偿还；无论企业经营如何，需按息还本付息，造成企业财务负担；资金成本一般比权益资金低；不会分散投资者对企业的控制权。

目前，我国项目债务资金的来源和筹措方式有以下几种。

（1）商业银行贷款

商业银行的贷款分为短期贷款、中期贷款和长期贷款，国内商业银行贷款手续简单、成本较低，适用于有偿债能力的建设项目。

（2）政策性银行贷款

为了支持一些特殊的生产、贸易、基础设施建设项目，国家政策性银行可以提供政策性银行贷款，政策性银行贷款利率通常比商业银行贷款低，我国的政策性银行有国家开发银行、中国进出口银行和中国农业发展银行。

（3）出口信贷

出口信贷是指设备出口国政府为促进本国设备出口，鼓励本国银行向本国出口商或外国进口商提供的贷款，贷给本国出口商的称为卖方信贷，贷给外国进口商的称为买方信贷。出口信贷利率通常低于国际上商业银行的贷款利率，但需要支付一定的附加费用，如管理费、承诺费、信贷保险费等。

（4）外国政府贷款

外国政府贷款是一国政府向另一国政府提供的具有一定的援助或部分赠予性质的低息优惠贷款，目前我国可利用的外国贷款主要有：日本国际协力银行贷款、日本能源贷款等，项目使用外国政府贷款需要得到我国政府的安排和支持。

（5）国际金融机构贷款

国际金融机构贷款是国际金融组织按照章程向其成员国提供的各种贷款。目前与我国关系较为密切的国际金融组织有：世界银行、国际金融公司、欧洲复兴与开发银行、亚洲开发银行、美洲开发银行等全球性或地区性金融机构等。贷款利率低于商业银行贷款利率，但需支付某些附加费用，例如承诺费。

（6）银团贷款

银团贷款指多家银行组成一个集团，由一家或数家银行牵头，采用同一贷款协议，按照共同约定的贷款计划，向借款人提供贷款和贷款方式。使用银团贷款，除了贷款利率之外，借款人还要支付一些附加费用，包括管理费、安排费、代理费、承诺费、杂费等。

（7）股东借款

股东借款指公司股东对公司提供的贷款，对于借款公司来说，在法律上是一种负债。

4.准股本资金筹措

准股本资金筹措是一种既有资本金性质、又具有债务资金性质的资金。包括优先股股票和可转换债券。

（1）优先股股票

优先股股票是一种兼具资本金和债务资金性质的有价证券。优先股股东不参与公司经营管理，对公司无控制权。

相对于其他债务融资，优先股股票通常处于较后的受偿顺序，且股息在税后利润中支付。在项目评价中，优先股股票应视为项目资本金。

（2）可转换债券

可转换债券是一种可以在特定时间、按特定条件转换为普通股票的特殊企业债券，可转换债的债券持有人有权选择按照预先规定的条件将债权转换为发行人公司的股权。具有债权性、股权性和可转换性。

在项目评价中，可视为项目债务资金。

（三）资金成本分析

1.资金成本构成

资金成本是指项目筹集和使用资金所付出的代价，包括资金占用费和资金筹集费。

资金占用费：使用资金过程中发生的向资金提供者支付的代价，包括支付给股东的各种股利、借款利息、债券利息、优先股股息、普通股红利及权益收益等，具有经常性、定期支付的特点。

资金筹集费：指投资者在资金筹集过程中所发生的各种费用，包括银团贷款手续费、律师费、资信评估费、公证费、证券印刷费、发行股票、担保费、承诺费等，一般属于一次性费用，筹资次数越多，筹资成本越大。

资金成本以资金成本率来表示。资金成本率是指能使筹得的资金同筹资期及使用期发生的各种费用（包括向资金提供者支付的各种代价）等值时的收益率或贴现率，计算公式为：

$$\sum_{i=0}^{n}\frac{F_{t}-C_{t}}{(1+K)^{n}}=0 \tag{9-3-1}$$

式中　F_t——各年实际筹措资金流入额；

C_t——各年实际资金筹集费和对资金提供者的各种付款，包括贷款、债券等本金的偿还；

K——资金成本率；

n——资金占用期限。

当不考虑资金的时间价值，资金成本率为：$K=\frac{D}{I-C}=\frac{D}{I(1-f)}$，式中，$D$ 为资金占用费，I 为筹措资金总额，C 为资金筹集费，f 为筹资费率。

2. 权益资金成本分析

（1）优先股资金成本

优先股有固定的股息，优先股资金成本的计算公式为：

优先股资金成本＝优先股股息/（优先股发行价格－发行成本）

（2）普通股资金成本

普通股资金成本属于权益资金成本，估算比较困难，可采用资本资产定价模型法、税前债务成本加风险溢价法和股利增长模型法等方法进行估算。

① 采用资本资产定价模型法，计算公式为：

$$K_s=R_f+\beta(R_m-R_f) \tag{9-3-2}$$

式中　K_s——普通股资金成本；

R_f——社会无风险投资收益率；

β——项目的投资风险系数；

R_m——市场投资组合预期收益率。

② 采用税前债务成本加风险溢价法。以投资“风险越大，要求的报酬率越高”为原则，计算公式为：

$$K_s=K_b+RP_c \tag{9-3-3}$$

式中　K_s——普通股资金成本；

K_b——税前债务资金成本；

RP_c——投资者比债权人承担更大风险所要求的风险隘价，凭借经验估计。

③ 采用股利增长模型法。以股票投资收益率不断提高的思路来计算，普通股资金成本的计算公式为：

$$K_s-\frac{D_1}{P_0}+G \tag{9-3-4}$$

式中　K_s——普通股资金成本；

D_1——预期年股利额；

P_0——普通股市价；

G——股利期望增长率。

（3）银行借款资金成本

借贷、债券等的融资费用和利息支出均在缴纳所得税前支付，对于股权投资方，可以取得所得税抵减的好处，计算公式为：

所得税后资金成本＝所得税前资金成本×（1－所得税税率）

利息在所得税前支付，可少交一部分所得税，其资金成本计算式为：

$$K_e=R_e(1-T) \tag{9-3-5}$$

式中 K_e——借款成本；

R_e——借款利率；

T——所得税率。

若考虑筹资费用，资金成本计算式为：$K_e=R_e(1-T)/(1-f)$，式中，f 为筹资费率。

【例 9-3-1】 某项目从银行贷款 500 万元，年利率为 8%，在借款期间每年支付利息 2 次，所得税税率为 25%，手续费忽略不计，问该借款的资金成本是多少？

解： 将占有利率折算成实际利率，即

$$R_e=(1+\frac{r}{m})^m-1=(1+\frac{8\%}{2})^2-1=8.16\%$$

借款资金成本 $K_e=R_e(1-T)=8.16\%\times(1-25\%)=6.12\%$。

（4）债券成本

利息在所得税前支付，可少交一部分所得税，其债券成本的计算式为：

$$K_b=R_b(1-T)/[B(1-f_b)] \tag{9-3-6}$$

式中 K_b——债券成本；

R_e——债券每年实际利率；

B——债券每年发行总额；

f_b——债券筹资费用率。

（5）扣除通货膨胀影响的资金成本

借贷资金利息等通常包含通货膨胀因素的影响，这种影响既来自于近期实际通货膨胀，也来自于未来预期通货膨胀。扣除通货膨胀影响的资金成本可按下式计算：

$$\text{扣除通货膨胀影响的资金成本}=\frac{1+\text{未扣除通货膨胀影响的资金成本}}{1+\text{通货膨胀率}}-1 \tag{9-3-7}$$

（6）加权平均资金成本

项目融资方案的总体资金成本可以用加权平均资金成本来表示，将融资方案中各种融资的资金成本以该融资额占总融资额的比例为权数加权平均，即：

$$I=\sum_{t=1}^{n}i_tf_t \tag{9-3-8}$$

式中 I——加权平均资金成本；

i_t——第 t 种融资的资金成本；

f_t——第 t 种融资的融资金额占融资方案总融资金额的比例，有 $\sum f_t=1$

n——各种融资类型的数目。

【例 9-3-2】 某项目资金来源包括普通股、长期借款和短期借款，其融资金额分别为 500 万元、400 万元和 200 万元，资金成本分别为 15%、6%和 8%，试计算该项目的加权平均资金成本。

解： 该项目融资总金额为 500+400+200=1100 万元，其加权平均资金成本为：

$$\frac{500}{1100}\times15\%+\frac{400}{1100}\times6\%+\frac{200}{1100}\times8\%=10.45\%$$

借款资金成本 $K_e=R_e(1-T)=8.16\%\times(1-25\%)=6.12\%$。

（四）债务偿还的主要方式

1.等额还本付息方式

在指定还款期内，每年还本息的总额相同，还本息计算公式如下：

$$A=I_c\frac{i(1+i)^n}{(1+i)^n-1} \tag{9-3-9}$$

式中 A——每年还本付息额（等额年金）；

I_c——还款起始年年初的借款余额（含未支付的建设期利息）；

i——年利率；

n——预定的还款期；

$\frac{i(1+i)^n}{(1+i)^n-1}$——资金回收系数，可以自行计算或查复利系数表。

2.等额本金方式

在每年等额还本的同时，支付逐年相应减少的利息，还本利息计算公式如下：

$$A_t=\frac{I_c}{n}+I_c\left(1-\frac{t-1}{n}\right)i \tag{9-3-10}$$

式中 A_t——第 t 年还本付息额；

$\frac{I_c}{n}$——每年偿还本金额；

$I_c\left(1-\frac{t-1}{n}\right)i$——第 t 年支付利息额。

3.等额利息方式

每年支付相同的利息，不还本金，最后一期归还本金和利息。

4.气球方式

任意偿还本金，到期后全部还清。

5.一次偿付方式

最后一期偿还全部本金和利息。

6.偿债基金方式

每期偿还贷款利息，同时向银行存入一笔等额现金，到期末存款正好偿还贷款本金。

历年真题

9-3-1.新设法人融资方式，建设项目所需资金来源于（　　）。（2011A109）

A.资本金和权益资金　　B.资本金和注册资本

C.资本金和债务资金　　D.建设资金和债务资金

9-3-2.某公司向银行借款50000万元，期限为5年，年利率为10%，每年年末付息一次，到期一次还本，企业所得税率为25%。若不考虑筹资费用，该项借款的资金成本率是（　　）。（2013A109）

A.7.5%　　B.10%　　C.12.5%　　D.37.5%

9-3-3. 某公司向银行借款 2400 万元，期限为 6 年，年利率为 8%，每年年末付息一次，每年等额还本，到第 6 年末还完本息，请问该公司第 4 年年末应还的本息和是（　　）。(2016A109)

A. 432 万元　　B. 464 万元　　C. 496 万元　　D. 592 万元

9-3-4. 某公司发行普通股筹资 8000 万元，筹资费率为 3%，第一年股利率为 10%，以后每年增长 5%，所得税率为 25%，则普通股资金成本为（　　）。(2017A109)

A. 7.73%　　B. 10.31%　　C. 11.48%　　D. 15.31%

9-3-5. 某项目向银行借款 150 万元，期限为 5 年，年利率为 8%，每年年末等额还本付息一次（即等额本息法），到第 5 年末还完本息，则该公司第 2 年年末偿还的利息为（　　）[已知（A/P，8%，5）=0.2505]（2018A109）

A. 9.954 万元　　B. 12 万元　　C. 25.575 万元　　D. 37.575 万元

答　案

9-3-1.【答案】(C)

新设法人项目融资的资金来源包括项目资本金和债务资金，权益融资形成项目的资本金，债务融资形成项目的债务资金。

9-3-2.【答案】(A)

不考虑筹资费用的银行借款资金的成本公式为 $K_e=R_e$（1－T），则此项目的借款资金成本率为：$K_e=R_e$（1－T）=10%×（1－25%）=7.5%

9-3-3.【答案】(C)

第一年：400＋2400×8%＝592 万元；第二年：400＋2000×8%＝560 万元；第三年：400＋1600×8%＝528 万元；第四年：400＋1200×8%＝496 万元；第五年：400＋800×8%＝464 万元；第六年：400＋400×8%＝432 万元。

9-3-4.【答案】(D)

普通股资金成本为：$K_s=\frac{8000\times10\%}{8000\times(1-3\%)}+5\%=15.31\%$。

9-3-5.【答案】(A)

该公司第 2 年年末偿还的利息小于 150×8%＝12 万元，故只有 A 符合，亦或（150－150/5）×8%＝9.6 万元。

第四节　财务分析

一、考试大纲

财务评价的内容；盈利能力分析（财务净现值、财务内部收益率、项目投资回收期、总投资收益率、项目资本金净利润率）；偿债能力分析（利息备付率、偿债备付率、资产负债率）；财务生存能力分析；财务分析报表（项目投资现金流量表、项目资本金现金流量表、利润与利润分配表、财务计划现金流量表）；基准收益率。

二、知识要点

建设项目经济评价包括财务评价（或财务分析）和国民经济评价（或经济分析）。

（一）财务评价

财务分析：主要分析项目的生存能力。

财务评价：在现行会计准则、会计制度、税收法规和价格体系下，通过财务效益与费用的预测，编制财务报表，计算评价指标，进行财务盈利能力分析、偿债能力分析和财务生存能力分析，据以评价项目的财务可行性。

财务评价的内容：

① 在明确投资项目财务分析范围的基础上，根据项目性质和融资方式选取适宜的方法；

② 选取必要的基础数据进行财务效益与费用的确定、估算与分析；

③ 进行财务分析，即编制财务分析报表和计算财务分析指标，包括盈利能力分析、偿债能力分析和财务生存能力分析；

④ 应进行不确定性分析，包括盈亏平衡分析和敏感性分析，优化原设定的建设方案。

（二）盈利能力分析

盈利能力分析是项目财务分析的重要组成部分，可分为现金流量分析（动态分析）和静态分析，分为融资前分析和融资后分析。

1. 现金流量分析

现金流量分析考虑资金的时间价值，在项目计算期内，进行项目投资现金流量分析、项目资本现金流量分析和投资各方现金流量分析，各层次分析都应编制相应的现金流量表，并计算相应的指标，进而考察项目的盈利能力。

2. 静态分析

不考虑资金的时间价值，根据利润和利润分配表计算项目资本金利润率和总投资收益率指标。

3. 融资前分析

融资前分析以动态分析为主，静态分析为辅，以营业收入、建设投资、经营成本和流动资金的估算为基础，考察整个计算期内的现金流入和流出，编制项目投资现金流量表，利用资金的时间价值的原理进行折现，计算项目投资内部收益率和净现值等指标。

4. 融资后分析

融资后分析应以融资前分析和初步的融资方案为基础，考察项目在拟定融资条件下的盈利能力、偿债能力和财务生存能力，判断项目方案在融资条件下的可行性。

（三）经济评价分析指标

1. 项目投资净现值（NPV）

以折现率 i_c 计算的项目投资净现值，公式为：

$$NPV=\sum_{t=1}^{n}(CI-CO)_t(1+i_c)^{-t} \tag{9-4-1}$$

式中　CI ——现金流入量；

CO ——现金流出量；

$(CI-CO)_t$——第 t 年的净现金流量；

n——计算期年数；

i_c——折现率，$i_c=(1+i_1)(1+i_2)(1+i_3)-1$，$i_1$ 为机会成本与资金费用率中较大值，i_2 为风险贴补率，i_3 为通货膨胀率。

当项目投资财务净现值等于或大于零时，表明项目的盈利能力达到或超过了设定折现率所要求的盈利水平，该项目方案在财务上可考虑接受。

净现值指标有利于对投资额大、寿命长的方案的经济评价。

【例 9-4-1】 某项目寿命期为 8 年，各年的净现金流量如下表所示，基准投资收益率为 10%，试用净现值指标判断该项目方案在财务上的可行性？

年份	0	1	2	3	4	5	7	8
净现金流量/万元	−200	−200	140	140	140	140	140	140

解：$FNPV=-200-200(P/F，10\%，1)+140(P/A，10\%，7)\times(P/F，10\%，1)=273.80$ 万元

由于 FNPV>0，因此该方案在财务效果上可行。

2. 净年值

$$NAV=\left[\sum_{t=1}^{n}(CI-CO)_t\right](1+i_c)^{-t}\frac{i_c(1+i_c)^n}{(1+i_c)^n-1} \tag{9-4-2}$$

当 $NAV\geqslant 0$ 时，表示方案在经济上可行。

当方案的收益相同或收益难以直接计算时（如教育、环保、国防等项目时），进行方案比较可以采用该费用等值 AC 指标确定，$AC=\sum_{t=0}^{n}CO_t(1+i_c)^{-t}\frac{i_c(1+i_c)^n}{(1+i_c)^n-1}$，年度费用小的方案较优。若采用基准收益率计算费用的净现值，则为费用现值，费用现值小的方案较优。

3. 项目投资财务内部收益率

能使项目在整个计算期内各年净现金流量现值累计等于零时的折现率，它是考察项目盈利能力的相对量指标，计算式为：

$$\sum_{t=0}^{n}\left[(CI-CO)_t(1+IRR)^{-t}\right]=0 \tag{9-4-3}$$

式中　IRR——财务内部收益率。

可利用线性插值方法求 IRR 的近似解，计算步骤为：

① 作出现金流量图和现金流量表，列出净现值计算公式；

② 选择初始收益率代入净现值公式，当 $NPV>0$ 时，说明试算的收益率较小，应增大收益率，反之相反；

③ 当试算的两个净现值的绝对值较小，且符号相反时，可用下列公式计算：

$$IRR=i_1+\frac{NPV_1}{NPV_1+|NPV_2|}(i_2-i_1) \tag{9-4-4}$$

式中　i_1——试算较小的收益率；

NPV_1——用 i_1 计算的净现值，$NPV_1>0$；

i_2 ——试算较大的收益率；

NPV_2 ——用 i_2 计算的净现值，$NPV_2 < 0$。

当财务内部收益率（ IRR ）大于或等于所设定的判别基准（通常是基准收益率 i_c ）时，项目的盈利性能够满足要求，项目方案在财务上可考虑接受。

【例 9-4-2】 某项目的现金流量流如表所示，基准投资收益率为 15%，试用内部收益率指标判断该项目财务上的可行性？

年份	0	1	2	3	4	5
净现金流量/万元	−120	30	40	40	40	40

解： 项目方案的净现值为 $NPV=-120+30(P/F,\ i,\ 1)+40(P/A,\ i,\ 4)(P/F,\ i,\ 1)$

现分别设 $i_1=15\%$，$i_2=18\%$，计算相应的净现值 NPV_1、NPV_2 如下：

$NPV_1=-120+30\times0.8696+40\times2.8550\times0.8696=5.3963$ 万元

$NPV_2=-120+30\times0.8475+40\times2.6901\times0.8475=-3.3806$ 万元

$$IRR=i_1+\frac{NPV_1}{NPV_1+|NPV_2|}(i_2-i_1)=15\%+\frac{5.3963}{5.3963+3.3806}\times(18\%-15\%)=16.8\%$$

由于 $IRR=16.8\%>15\%$，所以从盈利的角度来看，该项目可取。

4. 差额内部收益率

用于互斥方案的排序和选优，表达式如下：

$$\sum_{t=0}^{n}[(CI-CO)_2-(CI-CO)_1]_t(1+\Delta IRR)^{-t}=0 \qquad (9\text{-}4\text{-}5)$$

式中 $(CI-CO)_1$——投资小的方案的年净现金流量；

$(CI-CO)_2$——投资大的方案的年净现金流量；

ΔIRR——差额投资内部收益率；

n——计算期。

5. 静态投资回收期（ P_t ）

静态投资回收期 P_t 是指在不考虑资金时间价值的基础上，以项目的净收益回收全部投资所需要的时间，一般以“年”为单位，项目投资回收期一般从建设年开始算起，计算式如下：

$$\sum_{t=0}^{P_t}(CI-CO)_t=0 \qquad (9\text{-}4\text{-}6)$$

式中 CI——现金流入量；

CO——出现金流量；

$(CI-CO)_t$——第 t 年的净现金流量。

通常按下式计算，即：

$$P_t=\text{累计净现金流量开始(出现正值的年份)}-1+\frac{\text{上年累计净现金流量的现金值}}{\text{当年净现金流量}} \qquad (9\text{-}4\text{-}7)$$

将项目投资回收期（P_t）与注定的基准参数（P_c）相比较，当 $P_t \leqslant P_c$ 时，项目投资在规定时间内可以回收，抗风险能力较强。

【例 9-4-3】 某项目的现金流量流如表所示，项目计算期 10 年，基准投资回收期 P_c＝6 年，试用投资回收期法判断该项目经济上的可行性？

该表为此项目投资及各年纯收入表

年份	0	1	2	3	4～10
净现金流量/万元	－50	－100	－300	275	300

解：该项目的累计现金流量表如下：

序号	0	1	2	3	4	5	6	7	8	9	10
净现金流量/万元	－50	－100	－300	275	300	300	300	300	300	300	300
累计净现金流量/万元	－50	－150	－450	－125	175	475	775	1075	1375	1675	1975

该项目的投资回收期为 $P_t = 4 - 1 + \frac{|-125|}{275} = 3.5$ 年 $< P_c$，所以该项目方案可取。

6. 总投资收益率

表示总投资的盈利水平，计算公式如下：

$$总投资收益率 = \frac{运营期内年平均息税前利润}{项目总投资} \times 100\% \tag{9-4-8}$$

运营期内年平均息税前利润是指企业支付利息和缴纳所得税之前的利润。

若总投资收益率高于同行业的总投资收益率，则该项目总投资收益率表示的盈利能力满足要求。

7. 项目资本金利用率

表示项目资本金的盈利水平，计算公式如下：

$$项目资本金利润率 = \frac{运营期内年平均净利润}{项目资本金} \times 100\% \tag{9-4-9}$$

若项目资本金利润率高于同行业的资本金利润率，则该项目资本金表示的盈利水平满足要求。

【例 9-4-4】 某项目的资本金为 2000 万元，建设投资为 4000 万元，需要投入流动资金 700 万元，项目建设获得银行贷款 3000 万元，年利率为 10%。项目一年建成并投产，预计达产期年利率总额为 800 万元，正常运营期每年支付银行利息 100 万元，所得税率为 25%，试计算该项目的总投资收益率和项目资本金净利润率。

解：该项目的总投资为：

总投资＝建设投资＋建设期利息＋流动资金＝4000＋3000×10%＋700＝5000 万元

息税前利润＝利润总额＋利息支出＝800＋100＝900 万元

总投资收益率＝利润总额×（1－所得税率）＝800×（1－25%）＝600 万元

项目资本金利润率＝600÷2000×100%＝30%。

（四）偿债能力分析

偿债能力分析是指企业用其资产偿还长期债务与短期债务的能力，可通过计算利息备付率、偿债备付率和资产负债率等指标，判断财务主体的偿债能力。

1.利息备付率

它从付息资金来源的充裕性角度反映支付债务利息的能力，计算式如下：

$$利息备付率=\frac{息税前利润}{应付利息额} \tag{9-4-10}$$

利息备付率分年计算，利息备付率高，说明利息支付的保障程度高，偿债风险小；利息备付率低1，表示没有足够资金支付利息，偿债风险很大，一般大于1小于2。

2.偿债备付率

从偿债资金来源的充裕性角度反映偿付债务本息的能力，计算式如下：

$$偿债备付率=\frac{息税前利润+折旧和摊旧-所得税}{应还本付息额} \tag{9-4-11}$$

偿债备付率分年计算，表示偿付债务本息的保证倍率，至少应大于1，一般不宜低于1.3，偿债备付率低，说明偿付债务本息的资金不充足，偿债风险大。当这一指标小于1时，表示可用于计算还本付息的资金不足以偿付当年债务。

3.资产负债率

$$资产负债率=(负债总额/资产总额)\times 100\% \tag{9-4-12}$$

资产负债率是评价企业负债水平的综合指标，适度的资产负债率既能表明企业投资人、债权人的风险较小、企业经营安全、稳健、有效，具有较强的筹资能力。

(五) 财务生存能力分析

1.财务生存能力分析的作用

财务生存能力分析是在项目运营期间，确保从各项目经济活动中得到足够的净现金流量。应根据财务计划现金流量表，综合考察项目计算期内的投融资活动和经营活动所产生的各种现金流入和现金流出，计算净现金流动和累计盈余资金，分析项目是否具有足够的净现金流量以维持项目的正常运营。

2.财务生存能力分析的方法

财务生存能力分析应结合偿债能力分析进行，从以下两个条件进行考虑：拥有足够的经营净现金流量是财务上可持续的基本条件；各年累计盈余资金不出现负值是财务上可持续的必要条件。

3.财务分析报表

财务分析报表包括各类现金流量表、利润与利润分配表、财务计划现金流量表、资产负债表和借款还本付息计算表。

(1) 现金流量表

反映项目计算期内各年现金收支的报表，用以计算各项动态和静态指标，主要进行项目的财务盈利能力分析，分为项目投资现金流量表、项目资本金现金流量表和投资各方现金流量表。

项目投资现金流量表：主要计算项目投资内部收益率及净现值等指标。

项目资本金现金流量表：主要计算项目资本金财务收益率等指标。

投资各方现金流量表：主要计算项目投资各方内部收益率。

(2) 现金资本金现金流量表

现金资本金现金流量分析属于融资后分析，主要以项目资本金的计算为基础，进行项目资本金现金流量分析，根据流量表中的计算指标，对项目权益投资者整体在该投资项目上的盈利能力进行评价。

（3）利润与利润分配表

反映项目计算期内各年营业收入、总成本费用、利润总额、所得税后利润的分配、计算总投资收益率记忆项目资本金净利润率等指标。

（4）财务计划现金流量表

反映项目计算期内各年经营活动、投资活动和筹措活动的现金流入和流出，用来计算各年的累计盈余资金。

（5）资产负债表

反映计算期期内各年年末资产、负债和所有者权益，以进行偿债能力的分析。

（6）借款还本付息计划表

用于计算利息备付率和偿债付备率指标，以及进行偿债能力分析。

历年真题

9-4-1. 财务生存能力分析中，财务生存的必要条件是（　　）。(2011A110)

A. 拥有足够的经营净现金流量

B. 各年累计盈余资金不出现负值

C. 适度的资产负债率

D. 项目资本金净利润率高于同行业的净利润率参考值

9-4-2. 对于某常规项目（*IRR* 唯一），当设定折现率为 12%，求得的净现值为 130 万元，当设定折现率为 14%时，求得的净现值为－50 万元，则该项目的内部收益率应是（　　）。(2012A110)

A. 11.56%　　B. 12.77%　　C. 13%　　D. 13.44%

9-4-3. 某项目初期（第 0 年年初）投资额为 5000 万元，此后从第二年年末开始每年有相同的净收益，收益期为 10 年，寿命期结束时的净残值为零，若基准收益率为 15%，则要使该投资方案的净现值为零，其年净收益应为（　　）[已知：$(P/A, 15\%, 10) = 5.0188$，$(P/F, 15\%, 1) = 0.8696$]。(2013A110)

A. 574.98 万元　　B. 866.31 万元　　C. 996.25 万元　　D. 1145.65 万元

9-4-4. 下列财务评价指标中，反应项目盈利能力的指标是（　　）。(2014A109)

A. 流动比率　　B. 利息备利率　　C. 投资回收期　　D. 资产负债率

9-4-5. 已知甲、乙为两个寿命相同的互斥项目，通过测算得出：甲、乙两项目的内部收益率分别为 18%和 14%，甲、乙两项目的净现值分别为 240 万元和 320 万元。假如基准收益率为 12%，则以下说法中正确的是（　　）。(2014A112)

A. 应选择甲项目　　B. 应选择乙项目

C. 应同时选择甲、乙两个项目　　D. 甲、乙两个项目均不应选择

9-4-6. 某项目动态投资回收期刚好等于项目计算期，则以下说法中正确的是（　　）。

（2016A110）

A. 该项目动态投资回收期小于基准回收期

B. 该项目净现值大于零

C. 该项目净现值小于零

D. 该项目内部收益率等于基准收益率

9-4-7. 某投资项目原始投资额为 200 万元，使用寿命为 10 年，预计净残值为零，已知该项目第 10 年的经营净现金流量为 25 万元，回收营运资金 20 万元，则该项目第 10 年的净现金流量为（　　）。（2017A110）

A. 20 万元　　B. 25 万元　　C. 45 万元　　D. 65 万元

9-4-8. 以下关于项目内部收益率指标的说法正确的是（　　）（2018A110）

A. 内部收益率属于静态评价指标

B. 项目内部收益率就是项目的基准收益率

C. 常规项目可能存在多个内部收益率

D. 计算内部收益率不必事先知道准确的基准收益率 i_c

答 案

9-4-1.【答案】（B）

在财务生存能力分析中，各年累计盈余资金不出现负值是财务生存的必要条件。

9-4-2.【答案】（D）

利用计算 IRR 的差值公式计算，$IRR = i_1 + \frac{NPV_1}{NPV_1 + |NPV_2|}(i_2 - i_1) = \frac{12\% + (14\% - 12\%) \times 130}{130 + |-50|} = 13.44\%$

9-4-3.【答案】（D）

根据题意：$NPV = -5000 + A(P/A, 15\%, 10)(P/F, 15\%, 1) = 0$，得到 $A = 5000 \div (5.0188 \times 0.8696) = 1145.65$ 万元。

9-4-4.【答案】（C）

技术方案的盈利能力是指分析和测算拟订技术方案计算期的盈利能力和盈利水平。包括财务内部收益率、财务净现值、资本金财务内部收益率、静态投资回收期、总投资收益率和资本金净利润率等。

9-4-5.【答案】（B）

方案经济比选可采用效益比选法，费用比选法和最低价格法。当比较方案的寿命一致时，通过计算各方案的净现值（NPV）来比较方案的优势的方法，选择净现值最大的方案为最优方案，计算各方案净现值时，采用的贴现率应该相同。本题中两个方案的内部收益率均大于基准收益率，但 NPV 甲小于 NPV 乙，所以选择净现值大的方案。

9-4-6.【答案】（D）

动态投资回收期是把投资项目各年的净现金流量按基准收益率折成现值之后，再来推算投资回收期，就是净现金流量累计现值等于零时的年份，此时，内部收益率等于基准收益率，不能判断净现值是否大于零。

9-4-7.【答案】(C)

回收营运资金为现金流入，故项目第 10 年的净现金流量为 25+20=45 万元。

9-4-8.【答案】(C)

内部收益率是一个动态指标，项目在整个计算期内净现金流量的现值之和等于零时的折现率，一般情况下，内部收益率大于等于基准收益率时，该项目是可行的。企业或行业或投资者以动态的观点所确定的、可接受的投资项目最低标准的收益水平，即选择特定的投资机会或投资方案必须达到的预期收益率。

第五节　经济费用效益分析

一、考试大纲

经济费用和效益；社会折现率；影子价格；影子汇率；影子工资；经济净现值；经济内部收益率；经济效益费用比。

二、知识要点

经济费用效益分析是把投资项目放到整个国民经济大系统中，从国家和社会的角度来考查项目，用影子价格、影子工资、影子汇率和社会折现率等经济参数，分析计算项目对国民经济的效益贡献，据以判断项目的经济合理性。

对具有垄断特征的项目、产出有公共产品特性的项目、外部效果显著的项目、资源开发项目、设计国家安全的项目和具有较多行政干预的项目应进行经济费用效益分析。

财务分析与经济费用效益分析的主要区别见表 9-5-1。

财务分析与经济费用效益分析的主要区别　　表 9-5-1

区别	经济费用效益分析	财务分析
目的	评价项目在宏观经济上的合理性	评价项目在财务上的可行性
出发点	国家	经营项目的企业
价格	影子价格	市场价格
费用与效益的范围	外部效果	直接费用、直接效益
折现率	社会折现率	财务基准折现率
汇率	影子汇率	官方汇率
指标	经济净现值 经济内部收益率	财务净现值 财务内部收益率

(一) 效益和费用的识别应遵循的原则

国民经济效益分为直接效益和间接效益，国民经济费用分为直接费用和间接费用。

项目经济费用和效益的识别应遵循以下原则：

① 增量分析原则，项目经济费用效益分析应按照“有无对比”增量分析原则，建立在增量效益和增量费用识别和计算的基础上，不考虑沉没成本和已实现的效益；

② 考虑关联效果原则；

③ 以本国居民作为分析对象的原则；

④ 剔出转移支付的原则。

(二) 国民经济评价参数

国民经济评价参数是国民经济评价的基本判据，对比选优化方案具有重要作用。国民经济评价的参数主要包括社会折现率、影子汇率和影子工资等。

1.社会折现率

用以衡量资金的时间价值，代表社会资金被占用应获得的最低收益率水平，是国民经济评价中经济内部收益率的基准值，是项目经济可行性和方案比选的主要判据。

社会折现率应根据国家的社会经济发展目标、发展战略、发展优先顺序、发展水平等因素综合确定，适当的折现率有利于合理分配建设资金，指导资金投向对国民经济贡献大的项目，调节资金供需关系，目前社会折现率取值为8%。

2.影子汇率

汇率是指两个国家不同货币之间的比价或交换比率。

影子汇率：反映外汇真实价值的汇率，主要依据一个国家或地区一段时期内进出口的结构和水平、外汇的机会成本及发展趋势、外汇供需状况等因素确定。

影子汇率通过影子汇率换算系数获得，影子汇率换算系数是影子汇率与国家外汇牌价的比值。工程项目投入物和产出物涉及进出口的，应采用影子汇率换算系数计算影子汇率。

3.影子工资

影子工资是项目使用劳动力资源而使社会为此付出的代价，建设项目国民经济评价中以影子工资来计算劳动力费用。

影子工资通过影子工资换算系数计算。影子工资换算系数是影子工资与项目财务评价中劳动力的工资和福利费的比值。

4.影子价格

影子价格是基于一定原则，能够反映投入物和产出物真实经济价值，反映市场供求状况，反映资源稀缺程度，使资源得到合理配置的价格。若某种资源数量稀缺，但有许多用途完全依靠于它，它的影子价格就高。项目主要投入物和产出物价格，都应采用影子价格。

确定影子价格时，对于投入物和产出物，首先要区分为市场定价货物、政府调控价格货物和特殊投入物三大类别，然后根据投入物和产出物对国民经济的影响分别处理。

① 工程项目外贸货物的影子价格按下述公式计算：

产出物的影子价格（出厂价格）＝离岸价（FOB）×影子汇率－国内运杂费－贸易费用

投入物的影子价格（到厂价格）＝到岸价（CIF）×影子汇率－国内运杂费＋贸易费用

② 工程项目非外贸货物的影子价格按下述公式计算：

产出物的影子价格（出厂价格）＝市场价格－国内运杂费

投入物的影子价格（到厂价格）＝市场价格＋国内运杂费

（三）国民经济费用评价指标

国民经济评价以盈利能力为主，评价指标包括经济内部收益率、经济净现值和经济效益费用比。

1. 经济内部收益率（$EIRR$）

经济内部收益率是项目对国民经济净贡献的相对指标，是项目在计算期内各年经济净效益流量的现值累计等于 0 时的折现率，计算公式为：

$$\sum_{i=0}^{n}(B-C)_t(1+EIRR)^{-t}=0 \tag{9-5-1}$$

式中 B——国民经济效益流量；

C——国民经济费用流量；

$B-C$——第 t 年的国民经济净效益流量；

n——项目计算期。

当经济内部收益率（$EIRR$）等于或大于社会折现率，认为项目对国民经济的净贡献达到或超过了要求的水平，此时项目是可以接受的。

2. 经济净现值（$ENPV$）

经济净现值是项目对国民经济净贡献的绝对指标，指用社会折现率将项目计算期内各年的净收益流量折算到建设初期的现值之和，计算公式为：

$$ENPV=\sum_{t=1}^{n}(B-C)_t(1+i_s)^{-t}=0 \tag{9-5-2}$$

式中 i_s——社会折现率。

当工程项目经济净现值（$ENPV$）等于或大于零表示项目符合社会折现率的社会盈余，该项目是可以考虑接受的。

3. 经济效益费用比（RBC）

经济效益费用比指项目在计算期内效益流量的现值与费用流量的现值之比，表达式为：

$$RBC=\frac{\sum_{t=1}^{n}B_t(1+i_s)^{-t}}{\sum_{t=1}^{n}C_t(1+i_s)^{-t}} \tag{9-5-3}$$

式中 B_t——第 t 期的经济效益；

C_t——第 t 期的经济费用。

若经济效益费用比（RBC）大于 1，说明社会所得到的效益大于该项目支出的费用，项目可以接受的。

历年真题

9-5-1. 交通运输部门拟修建一条公路，预计建设期为一年，建设期初投资为 100 万元，建成后投入使用，预计使用寿命为 10 年，每年将产生的效益为 20 万元，每年需投入保养

费 8000 元。若社会折现率为 10%，则该项目的效益费用比为（　　）。(2011A111)

A. 1.07　　B. 1.17　　C. 1.85　　D. 1.92

9-5-2. 下列财务评价指标时，反映项目偿债能力的指标是（　　）。(2012A111)

A. 投资回收期　　B. 利息备付率　　C. 财务净现值　　D. 总投资收益率

9-5-3. 以下关于项目经济费用收益分析的说法正确的是（　　）。(2013A111)

A. 经济费用效益分析应考虑沉没成本

B. 经济费用和效益的识别不适用“有无对比”的原则

C. 识别经济费用效益时应剔出项目的转移支付

D. 为了反映投入物和产出物的真实经济价值，经济费用效益分析不能使用市场价格

9-5-4. 某项目第一年年初投资 5000 万元，此后从第一年年末开始每年年末有相同的净收益，收益期为 10 年。寿命期结束时的净残值为 100 万元。若基准收益率为 12%，则要使该投资方案的净现值为零，其年净收益应为（　　）。已知 [P（A/P，12%，10）= 5.6500，P（P/F，12%，10）=0.3220]（2014A110）

A. 879.26 万元　　B. 884.96 万元　　C. 890.65 万元　　D. 1610 万元

9-5-5. 某项目要从国外进口一种原材料，原材料的 CIP（到岸价格）为 150 美元/t，美元的影子汇率为 6.5，进口费用为 240 元/t，请问这种原材料的影子价格是（　　）。(2016A111)

A. 735 元人民币　　B. 975 元人民币　　C. 1215 元人民币　　D. 1710 元人民币

9-5-6. 以下关于社会折现率的说法不正确的是（　　）。(2017A111)

A. 社会折现率可用作经济内部收益率的判别基准

B. 社会折现率可用作衡量资金时间经济价值

C. 社会折现率可用作不同年份之间资金价值转换的折现率

D. 社会折现率不能反映资金占用的机会成本

9-5-7. 影子价格是商品或生产要素的任何边际变化对国家的基本社会经济目标所做贡献的价值，因而影子价格是（　　）(2018A111)

A. 目标价格　　B. 反映市场供求状况和资源稀缺程度的价格

C. 计划价格　　D. 理论价格

答　案

9-5-1.【答案】(B)

分别计算效益流量的现值和费用流量的现值，二者的比值为项目的收益费用比，建设期一年，使用寿命 10 年，计算期共 11 年。

$B=20\times(P/A，10\%，10)=20\times6.144567106=122.891$ 万元。费用流量的现值为：

$0.8\times(P/A，10\%，10)\times(P/F，10\%，1)=0.8\times6.144567106\times0.9091+100=104.47$ 万元。

该项目的效益费用比为：$R_{BC}=B/C=122.891/104.47=1.17$。

9-5-2.【答案】(B)

利息备付率是指借款偿还期内的息税前利润与应付利息的比值，该指标从付息资金来源的充裕角度，反映偿付债务利息的保障程度和支付能力。

9-5-3.【答案】(C)

A、B、C 三项，项目经济费用和效益的识别应遵循以下原则：①增量分析原则，项目经济费用效益分析应按照"有无对比"增量分析原则，建立在增量效益和增量费用识别和计算的基础上，不考虑沉没成本和已实现的效益；②考虑关联效果原则；③以本国居民作为分析对象的原则；④剔出转移支付的原则。D 项，若货物或服务处于竞争性市场环境中，市场价格能反映支付意愿或机会成本，应采用市场价格作为计算项目投入物或产出物影子价格的依据。

9-5-4.【答案】(A)

财务净现值是指用一个预定的基准收益率（或设定的折现率）i_c，分别把整个计算期内各年所发生的净现值现金流量都折现到技术方案开始实施时的现值之和，计算公式为：$NPV=\sum_{t=0}^{n}(CI-CO)_t(1+i_c)^{-t}$，$(CI-CO)_t$ 为技术方案第 t 年的净现金流量；n 为技术方案计算期，根据已知，$F=100$，$NPV=0$，则 $=-5000+$（CI−CO）。

（p/A，12&，10）+100（p/F，12%，10）=0⇒（$CI-CO$）=879.26 万元。

9-5-5.【答案】(C)

进口产出的影子价格（到厂价）=到岸价（CIF）×影子汇率+进口费用=150×6.5+240=1215 元人民币。

9-5-6.【答案】(D)

社会折现率是用以衡量资金时间经济价值的重要参数，代表资金占用的机会成本，并且用作不同年份之间资金价值换算的折现率。

9-5-7.【答案】(D)

影子价格是基于一定原则，能够反映投入物和产出物真实经济价值，反映市场供求状况，反映资源稀缺程度，使资源得到合理配置的价格。若某种资源数量稀缺，但有许多用途完全依靠于它，它的影子价格就高。

第六节　不确定性分析

一、考试大纲

盈亏平衡分析（盈亏平衡点、盈亏平衡分析图）；敏感性分析（敏感度系数、临界点、敏感性分析图）。

二、知识要点

（一）不确定性分析及其作用

不确定性分析是项目经济评价中的一项重要内容，不确定性的直接后果是使方案经济效果的实际值与评价值相偏离，从而按评价值做出的经济决策带有风险。为了分析不确定性因素对经济评价指标的影响，应根据拟建项目的具体情况，分析各种外部条件发生变化或者测算数据误差对方案经济效果的影响程度，以估计项目可能承担不确定性的风险及其承受能力，确定投资项目在财务上或经济上的可靠性。

常用的不确定性分析有盈亏平衡分析、敏感性分析、概率分析等。

1. 盈亏平衡分析

它是在一定市场，生产能力及经营管理条件下，对产品产量、成本、利润之间的相互关系进行分析，在工程经济评价中，主要是找出投资项目的盈亏临界点，又称盈亏平衡点，它是企业盈利与亏损的转折点，盈亏平衡点越低，项目投产后盈利潜力越好，抗风险能力越高。反之，抗风险能力越差。

进行盈亏平衡分析时，可将总成本分为固定成本和变动成本。固定成本是指在一定的设计能力下其费用不受产量变动而变动，如企业的固定资产折旧等。变动成本是随产量增长而成正比例增长的成本，如材料消耗、直接人工费等。即：

总成本＝变动成本＋固定成本＝单位变动成本×产量＋固定成本

线性盈亏平衡分析的前提条件：

① 生产量等于销售量；

② 生产量变化，单位可变成本不变，从而使总成本费用是产量的线性函数；

③ 生产量变化，产品售价不变，从而使销售收入成为销售量的线性函数；

④ 只生产单一产品，或者生产多种产品，但可以换算成单一产品计算。

2. 盈亏平衡分析图

将产销量、成本、利润的关系反映在直角坐标系中，即成为基本的量本利图，如图 9-6-1 所示。

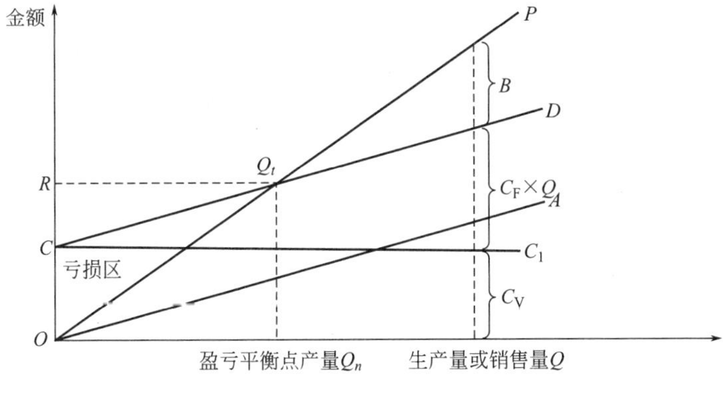

图 9-6-1

在图 9-6-1 中，纵坐标为销售收入和成本费用直线 $C-C_1$ 为固定成本 C_F，直线 OA 为变动成本，与产量成正比，CD 线为总成本线，OP 为销售收入。销售收入线 OP 与总成本线 CD 相交于 Q_1 点，称为盈亏平衡点。在盈亏平衡点处，项目总收入与总成本相等，既不盈利，也不亏损。盈亏平衡点右边，随销售量增加，销售收入超过总成本，项目盈利；反之，项目亏损。盈亏平衡点越低，项目盈利可能性越大，抗风险能力越强。

3. 降低盈亏平衡点的途径

产品须符合市场需求，具有较强的竞争力，确保产品畅销；降低固定成本，在机构设置上要精简，讲究效率，尽量控制管理人员工资、办公费；降低变动成本，降低原材料消费。

4. 盈亏平衡点计算公式

（1）用产销量表示的盈亏平衡点 $BEP(Q)$

$$BEP(Q)=\frac{\text{年固定总成本}}{\text{单位产品销售价格}-\text{单位产品可变成本}-\text{单位产品销售税金及附加}-\text{单位产品增值税}} \tag{9-6-1}$$

（2）用生产能力利用率表示的盈亏平衡点 BEP（Q）

$$BEP(\%)=\frac{\text{年固定总成本}}{\text{年销售收入}-\text{年可变成本}-\text{年销售税金及附加}-\text{年增值税}}\times 100\% \tag{9-6-2}$$

盈亏平衡点应按项目的正常年份计算，不能按计算期内的平均值计算。

【例 9-6-1】 某设计方案年产量为 12 万吨，已知每吨产品的销售价格为 675 元，每吨产品缴付的销售税金（含增值税）为 165 元，单位可变成本为 250 元，年总固定成本费用为 1500 万元，试求产量的盈亏平衡点、盈亏平衡点的生产能力利用率。

解： $BEP_{产量}=\dfrac{1500}{(675-250-165)}=5.77$ 万吨

$$BEP_{生产产能力利用}=\frac{1500}{(675\times12-250\times12-165\times12)}\times100\%=48.08\%。$$

5. 敏感性分析

敏感性分析是在确定性分析的基础上，通过计算主要不确定因素的变化对项目评价指标（如内部收益率、净现值等）的影响，确定评价指标对敏感因素的敏感程度和项目对其变化的承受能力。

敏感性分析有单因素敏感性分析和多因素敏感性分析两种。

单因素敏感性分析：这是对单一不确定因素变化的影响进行分析，即假设各不确定性因素之间相互独立，每次只考察一个因素，其他因素保持不变单因素敏感性分析是敏感性分析的基本方法。

（1）敏感性分析的步骤

1）确定分析指标

根据项目特点、研究阶段、实际需求情况和指标的重要程度确定。

2）选择需要分析的不确定性因素

影响项目经济评价指标的不确定性因素很多，对于一般投资项目来说，通常有以下几个影响因素：

① 项目投资，包括固定资产和流动资产；

② 项目寿命年限；

③ 经营成本，特别是变动成本；

④ 产品价格；

⑤ 产销量；

⑥ 项目建设年限、投产期限和产出水平及达产期限；

⑦ 基准折现率；

⑧ 外汇会率；

⑨ 项目寿命期末的资产残值。

3）确定分析指标

如内部收益率、净现值和投资回收期，通常财务分析及评价中的必选指标为财务内部收益率。

4）分析计算每个不确定性因素的波动程度对分析指标的变动结果

对每个因素的每一次变动及相应指标的变动结果用单因素敏感性分析表或单因素敏感性分析图的形式表示出来，以便于测定敏感因素。

5）确定敏感性因素

敏感性分析的目的在于寻求敏感因素，可以通过计算敏感度系数和临界点来确定，分析敏感因素数值变化对方案经济效果的影响程度。

① 敏感度系数。

表示项目评价指标对不确定因素变动的敏感程度，又称灵敏度，计算公式为：

$$\beta_{YF}=\frac{\Delta Y/Y}{\Delta F/F} \tag{9-6-3}$$

式中　β_{YF}——第 Y 个指标对第 F 个不确定性因素的敏感度系数；

$\Delta F/F$——不确定性因素 F 的变化率（%）；

$\Delta A/A$——不确定因素 F 发生 ΔF 的变化率（%）后，评价指标 A 相应的变化率。

$\beta_{YF}>0$，则评价指标与不确定因素同向变化；反之，反向变化。β_{YF} 的绝对值越大，表明评价指标 A 对不确定因素 F 越敏感，敏感系数越高。

② 临界点。

临界点是指项目允许不确定因素向不利方向变化的极限值。超过极限，项目的效益指标将不可行。若以某一不确定性因素达到某一变化率以后，其内部收益率等于基准收益率，则此变化率即为临界点。

对同一项目，临界点与其计算指标的初始值有关，随设定基准收益率的提高，临界点降低，在一定基准收益率下，临界点越低，此因素对项目评价指标的影响越大，项目对该因素越敏感。

（2）多因素敏感性分析

在两个或两个以上互相独立的不确定因素同时变化时，分析这些变化的因素对经济评价指标的影响程度和敏感程度。

敏感性分析是项目评价时经常用到的一种方法，它在一定程度上定量描述了不确定性因素的变化对项目投资效果的影响，有助于搞清项目对不确定的不利变动所能允许的风险程度，及早排除那些无足轻重的变动因素，同时针对敏感因素制定管理和应变对策，增加决策可靠性。

【例 9-6-2】 某项目以内部收益率作为项目评价指标，选取投资额、产品价格和主要原材料成本作为敏感性因素对项目进行敏感性分析，计算基本方案的内部收益率为 17.5%，当投资额增加 10%，内部收益率降为 14.5%，试计算其敏感性系数。

解： 投资额增加 10%，内部收益率的变化率为：$\Delta A=$（14.5%－17.5%）÷17.5%＝

-0.171，敏感性系数 $\beta_{YF}=\frac{\Delta Y/Y}{\Delta F/F}=-0.171\div 0.1=-1.71$。

历年真题

9-6-1. 建设项目经济评价有一整套指标体系，敏感性分析可选定其中一个或几个主要指标进行分析，最基本的分析指标是（　　）。(2011A112)

A. 财务净现值　　B. 内部收益率　　C. 投资回收期　　D. 偿债备付率

9-6-2. 某企业生产一种产品，年固定成本为 1000 万元，单位产品的可变成本为 300 元、售价为 500 元，则其盈亏平衡点的销售收入是（　　）。(2012A112)

A. 5 万元　　B. 600 万元　　C. 1500 万元　　D. 2500 万元

9-6-3. 某企业设计生产能力为年产某产品 40000t，在满负荷生产状态下，总成本为 30000 万元，其中固定成本为 10000 万元。若产品价格为 1 万元/t，则以生产能力利用率表示的盈亏平衡点（　　）。(2014A111)

A. 25%　　B. 35%　　C. 40%　　D. 50%

9-6-4. 某项目在进行敏感性分析时，得到以下结论：产品价格下降 10%，可使 $NPV=0$，经营成本上升 15%，可使 $NPV=0$，寿命期缩短 20%，可使 $NPV=0$，投资增加 25%，可使 $NPV=0$，则下列因素中，最敏感的是（　　）。(2017A112)

A. 产品价格　　B. 经营成本　　C. 寿命期　　D. 投资

9-6-5. 在对项目进行盈亏平衡分析时，各方案的盈亏平衡点生产能力利用率如下，则抗风险能力较强的是（　　）(2018A112)

A. 30%　　B. 60%　　C. 80%　　D. 90%

答　案

9-6-1.【答案】(B)

投资项目敏感性分析最基本的分析指标是内部收益率。

9-6-2.【答案】(D)

可先求出盈亏平衡产量，然后再乘以单位产品售价，即为盈亏平衡点销售收入。

$BEP(产量)=N*=\frac{C_F}{P-C_N}=\frac{1000\times 10^4}{500-300}=5\times 10^4$ 件，则盈亏平衡点销售收入＝销售单价×产量＝$500\times 5\times 10^4=2500$ 万元。

9-6-3.【答案】(D)

生产能力利用率表示的盈亏平衡点 BEP（%），是指盈亏平衡点产销量占技术方案正常产销量的比重，$BEP(\%)=\frac{C_F}{S_n-C_V-T}\times 100\%=\frac{10000}{1\times 40000-20000-0}\times 100\%=50\%$，其中，可变成本＝总成本－固定成本＝30000－10000＝20000 万元。

9-6-4.【答案】(A)

题目中影响因素中，产品价格变幅度较小就使得项目净现值为零，故该因素最敏感。

9-6-5.【答案】(A)

投资项目的盈亏临界点又称盈亏平衡点，它是企业盈利与亏损的转折点，盈亏平衡点越低，项目投产后盈利潜力越好，抗风险能力越高。反之，抗风险能力越差。

第七节　方案经济比选

一、考试大纲

方案比选的类型；方案经济比选的方法（效益比选法、费用比选法、最低价格法）；计算期不同的互斥方案的比选。

二、知识要点

（一）方案比选类型

建设项目的投资和项目可行性研究的过程是方案必选和择优的过程，对于项目群，在进行可行性研究和投资决策的过程中，需从技术和经济等多方面进行研究、论证，考虑每个项目的经济性以及项目群之间的相互关系，择优选择。

备选方案确定存在以下三种项目类型：

1.互斥型方案

方案之间互不相容，能够任选一个并且只能选择其中一个方案；一旦有一个方案被选中，则其他方案必须放弃。

2.独立型方案

方案之间彼此相容，只要条件允许，可以任意选择其中的一个方案，各方案可以共存，各方案之间可以进行在投资、经营成本和收益等方面进行相互叠加。

3.层混型方案

层混型方案主要由独立型方案和互斥型方案两种方案组成，高层次是一组独立型方案，每个独立方案又由若干互斥型方案实现。

（二）方案经济比选的方法

1.独立型方案的经济比选

独立型方案的比选与自身经济性有关。可采用净现值、净年值和内部收益率作为评价指标，当净现值$NPV(i_c)\geqslant 0$、内部收益率$IRR\geqslant i_c$或净年值$NAW\geqslant 0$时，方案在财务上可行。

2.层混型方案群的比选

实际工作中遇到较多，选择方法较复杂。它与独立型项目的选择一样，分为资金无约束和资金有约束两类。当资金无约束时，只要互斥型方案中净现值（或净年值）最大的方案加以组合即可。当资金有约束时，选择方法比较复杂，采用层混型方案群互斥组合法进行判断。

3.互斥型方案的比选

互斥型方案的比选分为方案的计算期相等和不等两种情况。

（1）方案的计算期相等

方案比选可选择效益比选法、费用比选法和最低价格法。

1）效益比选法

根据比选方案的净现值和净年值进行比较，净现值和净年值越大，方案越优；

根据差额投资内部收益率（ΔIRR）进行比较，互斥方案中，若两个方案的差额投资内部收益率大于基准收益率 i_c，则投资大的方案较优，互斥方案里不能直接用内部收益率 IRR 进行比较。

2）费用比选法

对于仅有或仅需计算费用现金流量的互斥方案，只需进行相对效果检验，费用现值最小者为相对最优方案。

3）最低价格法

在相同的产品方案中，按净现值为 0 来推算各备选方案的产品价格，价格最低为最优方案。

（2）计算期不同的情况

方案比选可选择净年值法、最小公倍数法和研究期法。

1）净年值法

净年值大于或等于零且净年值最大的方案为相对最优方案。无论是寿命期（计算期）相同的方案或不同的方案，均可用净年值进行比较。

2）最小公倍数法

此法取各备选方案计算期的最小公倍数作为共同的计算分析期，备选方案在共同的计算分析期内可能按原方案重复实施若干次。

例如，A 方案计算期为 10 年，B 方案计算期为 15 年，此时两个方案计算期的最小公倍数为 30 年。在此期间，A 方案重复两次，而 B 方案只重复一次。

3）研究期法

确定各方案共同的计算期，通常为各方案中最短的计算期，计算此计算期内的净现值，净现值越大，方案越优。

历年真题

9-7-1. 在项目无资金约束、寿命不同、产出不同的条件下，方案经济比选只能采用（　　）。（2011A113）

A. 净现值比较法　　B. 差额投资内部收益率法

C. 净年值法　　D. 费用年值法

9-7-2. 下列项目方案类型中，适于采用净现值法直接进行方案选优是（　　）。（2012A113）

A. 寿命期相同的独立方案　　B. 寿命期不同的独立方案

C. 寿命期相同的互斥方案　　D. 寿命期不同的互斥方案

9-7-3. 已知甲、乙为两个寿命期相同的互斥项目，其中乙项目投资大于甲项目，通过测算得出甲、乙两项目的内部收益率分别为 17% 和 14%，增量内部收益 ΔIRR（乙－甲）＝

13%，基准收益率为14%，以下说法中正确的是（ ）。(2013A112)

A. 应选用甲项目　　B. 应选用乙项目

C. 应同时选择甲、乙两个项目　　D. 甲、乙两项目均不应选择

9-7-4. 下列项目方案类型中，适于采用最小公倍数法进行方案比选的是（ ）。(2014A113)

A. 寿命期相同的互斥方案　　B. 寿命期不同的互斥方案

C. 寿命期相同的独立方案　　D. 寿命期不同的独立方案

9-7-5. 已知甲、乙为两个寿命相同的互斥项目，其中乙项目投资大于甲项目，通过测算得出甲、乙两项目的内部收益率分别为18%和14%，增量内部收益率ΔIRR（乙－甲）＝13%，基准收益率为11%，则以下说法中正确的是（ ）。(2016A112)

A. 应选择甲项目　　B. 应选择乙项目

C. 应同时选择甲、乙两个项目　　D. 甲、乙两个项目均不应选择

9-7-6. 现有两个寿命期相同的互斥投资方案A和B，B方案的投资额和净现值都大于A方案，A方案的内部收益率为14%，B方案的内部收益率为15%，差额的内部收益率为13%，则使A、B两方案优劣相等时的基准收益率应为（ ）。(2017A113)

A. 13%　　B. 14%

C. 15%　　D. 13%至15%之间

9-7-7. 甲、乙为两个互斥的投资方案。甲方案现时点投资25万元，此后从第一年年末开始，年运行成本为4万元，寿命期为20年，净残值为8万元；乙方案现时点的投资额为12万元，此后从第一年年末开始，年运行成本为6万元，寿命期也为20年，净残值6万元。若基准收益率为20%，则甲、乙方案费用现值分别为（ ）。［已知（p/A，20%，20）＝4.8696)，（p/F，20%，20）＝0.02608)(2018A113)

A. 50.80万元，－41.06万元　　B. 54.32万元，41.06万元

C. 44.27万元，41.06万元　　D. 50.80万元，44.27万元

答　案

9-7-1.【答案】(C)

净年值法既可以用于寿命期相同，也可用于寿命期不同的方案比选。

9-7-2.【答案】(C)

寿命期相同的互斥方案可直接采用净现值法选优，设备寿命期不同时可采用净年值法。

9-7-3.【答案】(A)

计算财务内部收益率，与基准收益率进行比较。若$FIRR \geqslant i_c$，则技术方案在经济上可以接受，若$FIRR < i_c$，则技术方案在经济上应予拒绝。两个寿命期相同的互斥项目的选用增量内部收益率指标，ΔIRR（乙－甲）为13%，小于基准投资收益率14%，应选择投资较小的方案，所以选择甲项目。

9-7-4.【答案】(B)

最小公倍数法又称方案重复法，是以各备选方案计算期的最小公倍数作为各方案的共

同计算期，假设各方案均在这样一个共同的计算期内重复进行，对各方案计算期内各年的净现金流量进行重复计算，直至与共同的计算期相等。故寿命期不同互斥方案适于采用最小公倍数法。

9-7-5.【答案】(B)

计算求得的差额内部收益率 ΔIRR 与基准投资收益率 i_0 相比较，当 $\Delta IRR > i_0$，则投资大的方案为优，当 $\Delta IRR < i_0$，则投资小的方案为优。

9-7-6.【答案】(A)

差额投资内部收益率是两个方案各年净现金流量差额的现值之和等于零时的折现率。差额内部收益率等于基准收益率时，两方案的净现值相等，即两方案的优劣相等。

9-7-7.【答案】(C)

甲方案的费用现值为 $p=25+4\times(p/A,20\%,20)-8\times(p/F,20\%,20)=44.27$ 万元，乙方案的费用现值为 $p=12+6\times(p/A,20\%,20)-6\times(p/F,20\%,20)=41.06$ 万元。

第八节　改扩建项目经济评价特点

一、考试大纲

改扩建项目经济评价特点。

二、知识要点

（一）改扩建项目的特点

改扩建项目是在企业原有基础之上建设的项目。具有如下特点：

① 不同程度利用了原有资产和资源，但不发生产权转移。

② 项目效益、费用和计算比新建项目复杂。

③ 建设期内企业项目建设与项目生产经营一般同时进行。

④ 项目的活动与原有企业既有某种程度的联系，又有一定的区别。既要考察项目给企业带来的效益，又要考察企业整体财务状况。

⑤ 费用多样，既包括新增成本费，还可能包括因改造引起的停产损失。

（二）改扩建项目的经济评价特点

① 需合理确定项目的计算期、原有资产利用、停产损失和沉没成本等问题；

② 需正确认识和估算“有项目”、“无项目”、“现状”、“新增”和“增量”五种状态；

③ 需根据项目的目的、项目和企业的分析结果和经济费用效益分析结果，结合风险分析结果和不确定性分析等指标综合确定投资方案；

④ 应明确项目的效益和费用范围；

⑤ 应分析改扩建项目对既有企业的贡献；

⑥ 采用建设项目的经济费用效益分析原理对改扩建项目的经济费用进行分析；

⑦ 财务分析按项目和企业两个方面进行分析，采用一般项目的财务分析原理和分析指标。

历年真题

9-8-1. 下列关于改扩建项目财务分析的说法中正确的是（　　）。(2016A113)

A. 应以财务生存能力分析为主　　B. 应以项目清偿能力分析为主

C. 应以企业层次为主进行财务分析　　D. 应遵循“有无对比”的原则

答　案

9-8-1.【答案】(D)

对于改扩建项目需要正确识别和估算“有项目”、“无项目”“现状”、“新增”、“增量”等5种状态下的资产、资源、效益和费用，“有无对比”是财务分析应遵循的基本原则。

第九节　价值工程

一、考试大纲

价值工程原理；实施步骤。

二、知识要点

(一) 价值工程的概念

价值工程具有以提高产品价值为目的、以功能分析为核心、以开发集体智慧为动力、以创新为手段等特点，以最低的寿命周期成本，可靠地实现产品的必要功能，注重产品或作业功能分析的有组织的技术经济活动。

价值工程中的功能：指价值工程分析对象能满足某种需求的一种属性，产品的功能指产品的用途和作用。

价值工程中的成本：指产品的寿命周期费用，即产品从研制、生产、销售、使用直至报废的整个时间内所发生的各项成本费用的总和。

价值工程中的价值：衡量产品是否“物美价廉”，是产品的功能与成本的比值，即：

$$价值(V)=功能(F)/成本(C) \qquad (9\text{-}9\text{-}1)$$

提高产品价值的途径有：功能不变，降低成本；成本不变，提高功能；功能提高的同时降低成本；功能提高的幅度比成本提高幅度大；功能稍有降低而成本大幅度下降。

(二) 价值工程的实施步骤

价值工程的实施步骤见表9-9-1。

价值工程的实施步骤　　表9-9-1

阶段	步骤	价值工程问题
准备阶段	选择对象	从企业生产经营活动中具有重大潜力及影响的产品挑出来
	组成价值工程工作小组	围绕选定的对象，思考需要做的准备工作
	制订工作计划	

续表

阶段	步骤	价值工程问题
分析阶段	收集情报	围绕选定的对象，收集开展价值工程的一切有用的情报资料
	功能分析	对功能下定义，进行功能分类和整理，弄清哪些是基本功能，哪些应该补充，哪些应该改进，哪些应该取消，从而回答了它是干什么的问题
	功能评价	
创新阶段	方案创新	以提高功能为中心，发挥专家的创造力，依靠集体智慧，尽量多地提出设想和方案
	方案评价	
	提案编写	
实施阶段	审批	将经过评选选出的最优方案呈报研究部门批准，并从全局角度审查方案的可行性
	实施与检查	经过上级批准的方案，组织小批量试生产，直至正式生产阶段为止
	成果鉴定	对价值工程的总投资和总成果进行对比，并进行总体评价

（三）价值工程的对象选择和情报收集

1. 价值工程对象选择的原则

（1）从重要性方面考虑

可选对国计民生、对企业生产经营目标影响大的产品、社会需求量大且竞争激烈的产品。

（2）从设计角度考虑

可选同类产品中技术指标差且设计落后的产品、投入小而收效快的产品和设计周期短的产品。

（3）从生产方面考虑

可选工艺复杂、工序多、原材料消耗高的产品。

（4）从营销角度考虑

可选市场前景好、需要扩大市场占有率的产品。

2. 价值工程对象选择的方法

（1）经验分析法

根据价值工程活动人员的经验，选定分析对象的定性分析方法。该方法简单易行，但参加人员必须对产品性能，设计、制造、成本等情况较熟悉。

（2）价值系数法

01 评分法（强制确定法）是将零件排列起来，一一进行重要性对比，重要的零件计 1 分，不重要的产品计 0 分，最后统计出各零件的累计得分数，在此基础上计算各产品的价值系数，即：

$$价值系数=\frac{功能系数}{成本系数} \tag{9-9-2}$$

$$功能系数=\frac{零件得分累计}{总分}$$

$$成本系数=\frac{零部件成本}{各零部件成本总和}$$

若价值系数小于 1，则认为该零件相对不重要且费用偏高，应作为价值分析的对象；

若价值系数大于 1，则认为较重要而成本偏低，是否需要提高费用视情况而定；

若价值系数接近或等于 1，则认为该零件重要性与成本适应，较为合理。

（3）ABC 分析法

将全部产品按成本比重分为 A、B、C 三类，规律如下：

① 若 A 类产品数占总数的 5%～10%，其成本费占总成本的 70%～75%（数量较少、但占总成本的比重较大），则此产品为价值工程活动的对象；

② 若 B 类产品数约占 20%，其成本约占总成本的 20%，该类产品是否选为对象，需根据具体情况决定。

③ 若 C 类产品数占总数的 70%～75%，其成本费占总成本的 5%～10%（数量较多、但占总成本的比重不大），一般不宜选作活动对象。

（四）功能分析

功能分析是价值工程的核心，在弄清各类功能之间关系的基础上适当调整各类功能的比重，使产品的功能结构更为合理，其内容包括功能定义和功能整理。

1. 功能定义

功能定义是对价值工程对象及其要素的功能所作的明确表述。

对功能定义的要求有：用词简单准确，通常用一个动宾词组来描述功能；表述要适当抽象，功能定义表述越抽象，创造更多更新方案的可能性就越大；尽可能定量化，尽量使用易于度量的词汇来表达功能的大小。

功能分类：按功能的重要程度分为基本功能和辅助功能；按功能的性质分为使用功能和美学功能；按目的和手段分为上位功能和下位功能；按总体和布局分为总体功能和局部功能；按功能的有用性分为必要功能和不必要功能。

2. 功能整理

功能整理是将已定义的功能按一定程序加以系统化，以明确各类功能间的相互联系，达到掌握必要功能、去除不必要功能。

功能整理的方法有功能分析系统技术（*FAST*）和编制功能卡片两种。

功能分析系统技术的主要步骤：

① 把已定义的功能填在功能卡片上，每项功能填写一张。

② 分出基本功能和辅助功能卡片。

③ 分析功能之间是并列关系还是上下关系。

④ 绘制功能系统图。

3. 功能评价及其方法

功能评价就是采取一定方法，对功能分析所确定的功能或功能区进行定量分析，用一个数值表示功能的大小或重要程度，以探讨功能的价值，确定价值工程的重点项目和经济指标。

功能评价常用的方法有功能评价系数法、功能成本法、最适区域法等。

历年真题

9-9-1. 某项目由 A、B、C、D 四个部分组成，当采用强制确定法进行价值工程对象选择时，它们的价值指数分别如下所示。其中不应作为价值工程分析对象的是（　　）。

（2012A114）

A. 0.7559 B. 1.0000 C. 1.2245 D. 1.5071

9-9-2. 下面关于价值工程的论述中正确的是（　　）。（2013A114）

A. 价值工程中的价值是指成本与功能的比值

B. 价值工程中价值是指产品消耗的必要劳动时间

C. 价值工程中成本是指寿命周期成本，包括产品在寿命期内发生的全部费用

D. 价值工程中的成本就是产品的生产成本，它随着产品功能的增加而提高

9-9-3. 某项目整体功能的目标成本为 10 万元，在进行功能评价时，得出某一功能 F^* 的功能评价系数为 0.3，若其成本改进期望为-5000 元（即降低 5000 元），则 F^* 的现实成本为（　　）。（2014A114）

A. 2.5 万元 B. 3 万元 C. 3.5 万元 D. 4 万元

9-9-4. 某工程设计有四个方案，在进行方案选择时计算得出：甲方案功能评价系数为 0.85，成本系数 0.92；乙方案功能评价系数 0.6，成本系数 0.7；丙方案功能评价系数为 0.94，成本系数为 0.88，丁方案功能评价系数为 0.67，成本系数为 0.82，则最优方案的价值系数为（　　）。（2016A114）

A. 0.924 B. 0.857 C. 1.068 D. 0.817

9-9-5. 某产品共有五项功能 F_1、F_2、F_3、F_4、F_5，用强制确定法确定零件功能评价系数时，其功能得分分别为 3、5、4、1、2，则 F_3 的功能评价系数为（　　）。（2017A114）

A. 0.20 B. 0.13 C. 0.27 D. 0.33

9-9-6. 某产品的实际成本为 10000 元，它由多个零部件组成，其中一个零部件的实际成本为 880 元，功能评价系数为 0.140，则该零部件的价格指数为（　　）（2018A114）

A. 0.628 B. 0.880 C. 1.400 D. 1.591

答　案

9-9-1.【答案】(B)

价值工程研究对象的选择，应选择对国际民生影响大的、需要量大的、正在研制并准备投放市场的、质量功能急需改进的、市场竞争激烈的、成本高利润低的、需提高市场占有率的、改善价值有较大潜力的产品等。价值指数等于 1 说明该部分的功能与其成本相适应。

9-9-2.【答案】(C)

价值工程中所述的“价值”是一个相对的概念，是指作为某种产品（或作业）所具有的功能与获得该功能的全部费用的比值。它是对象的比较价值，是作为评价事物有效程度的一种尺度。成本，即寿命周期成本。为实现物品功能耗费的成本，为实现物品功能耗费的成本，包括劳动占用和劳动消耗，是指产品的寿命周期的全部费用，是产品的科研、设计、试验、试制、生产、销售、使用、维修直到报废所花费用的总和。

9-9-3.【答案】(C)

某一功能的目标成本＝整体功能的目标成本×功能评价系数，某一功能的成本改进期

望值＝功能的目标成本－功能的现实成本，本题功能目标成本为10万元，$F*$目标成本＝10×0.3＝3万元，$F*$现实成本＝3－（－0.5）＝3.5万元。

9-9-4.【答案】(C)

价值系数等于功能评价系数与成本系数的比值，价值系数等于或接近于1，表明方案的重要性与成本适应，较为合理，甲方案价值系数：0.85/0.92＝0.924，与1相差7.6％；乙方案价值系数：0.6/0.7＝0.857，与1相差14.3％；丙方案价值系数：0.94/0.88＝1.068，与1相差6.8％；丁方案价值系数：0.67/0.82＝0.817，与1相差18.3％。

9-9-5.【答案】(C)

F_3的功能系数为：F_3＝4/（3＋5＋4＋1＋2）＝0.27。

9-9-6.【答案】(D)

价值系（指）数＝功能系数/成本系数，成本系数＝单个成本/总成本。价值指数＝0.140/（880/10000）＝1.591

第十章

计算机应用基础

第一节　计算机系统

一、考试大纲

计算机系统组成；计算机的发展；计算机的分类；计算机系统特点；计算机硬件系统组成；CPU；存储器；输入/输出设备及控制系统；总线；数模/模数转换；计算机软件系统组成；系统软件；操作系统；操作系统定义；操作系统特征；操作系统功能；操作系统分类；支撑软件；应用软件；计算机程序设计语言。

二、知识要点

（一）计算机系统

1. 计算机系统的组成

计算机系统是由计算机硬件系统和计算机软件系统组成。

2. 计算机的发展

1946年2月，世界上第一台电子计算机ENIAC在美国加州诞生，揭开了计算机时代的序幕。ENIAC由18000个电子管和86000个其他电子元件组成，有两个教室那么大，运算速度只有每秒300次，应用于当时的军事指挥中的弹道计算，无法存储程序。

到目前为止，计算机的发展共经历了四个时代。

（1）电子管计算机时代（1946～1959年）

第一代计算机的内部元件使用的是电子管，一部计算机内有几千个电子管，每个电子管都会散发大量的热量，运行时常出现电子管烧坏计算机死机的现象，主要用于科学研究和工程计算。

（2）晶体管计算机时代（1960～1964年）

计算机内部采用比电子管更先进、更小的晶体管，处理数据更迅速、更可靠。使用汇编语言、FORTRAN语言和COBOL语言，同时将磁盘、磁带作为辅助存储器，主要用于商业、大学教学和政府机关。

（3）中小规模集成电路计算机时代（1965～1970年）

集成电路是指在晶片上制作一个完整的电子电路，晶片较小，包含了几千个晶体管元件。体积小、价格低、可靠性高、计算速度快。

（4）大规模集成电路计算机时代（1971年至今）

此时的集成电路包含几十万到上亿个晶体管，面积仅有几个平方毫米，处理速度更快。1981年，美国IBM公司推出了个人计算机（Personal Computer），计算机开始应用于人类生活的各个方面。

3. 计算机的分类

① 按性能分为：巨型机、大型机、小型机和微型机。

② 按用途分：专用机和通用机。

③ 按原理分：数字机、模拟机和混合机。

④ 按硬件分：

服务器，指某些高性能的计算机，可通过网络对外提供服务；

工作站，属于一种高档计算机，拥有较强的信息处理能力；

台式机，属于微型计算机，用于家用和办公；

便携式计算机，分为商务型、时尚型、多媒体应用型和特殊设备；

手持设备，如 PDA、智能手机、NETBOOK 等。

4. 计算机系统的特点

① 使用单一的处理部件来完成计算、存储以及通信。

② 存储单元是定长的线性组织。

③ 存储单元为直接选址。

④ 使用低级机器语言，指令通过操作码完成操作。

⑤ 对计算机进行集中的顺序控制。

⑥ 采用二进制形式表示数据和指令。

⑦ 处理数据时将外存储器装入主存储器中。

5. 计算机系统的组成

计算机系统由硬件和软件两部分组成：硬件是指构成计算机系统的物理实体（或物理装置），如主板、机箱、键盘、显示器和打印机等；软件是指为运行、维护、管理和应用计算机所编制的所有程序的集合。

6. 硬件系统组成

计算机硬件包括输入设备、输出设备、存储器、控制器、运算器、中央处理器、计算机总线、数模/模数转换。

（1）输入设备

向计算机输入信息的设备称为输入设备。它们的主要功能是将人们熟悉的数字、图像、声音等信息转变为二进制信息输入计算机系统，供计算机系统进行识别和处理加工。如键盘、手写板、鼠标、触摸屏、数码相机、扫描仪、视频采集卡和数码摄像机等。

（2）输出设备

输出设备将计算机内部处理后的信息传递出来，如显示器、打印机、绘图仪等。

（3）存储器

计算机在处理数据的过程中或在处理数据之后把程序和数据存储起来的设备，分为内存储器和外存储器。

内存储器（简称内存）又称主存，是计算机临时存放数据的地方，可以由 CPU 直接访问。信息存入内存的过程称为写入，取出的过程称为读出。内存容量的计量单位是字节(B)。内部存储器按功能特征可分为只读存储器、随机存储器和高速缓冲存储器。

① 只读存储器（ROM）。CPU 对 ROM 中的数据只能读取，不能擦写。ROM 中存放的信息一般由计算机制造厂写入并经固化处理，用户无法修改。即使关机，ROM 中的数据也不会丢失。

② 随机存取存储器（RAM）。RAM 主要用来存放各种设备的输入、输出数据、指令和中间计算结果，其存储单元根据具体需要可以读出，也可以写入或刷新。RAM 是一个临时的存储单元，机器断电后，里而存储的数据将全部丢失。如果要进行长期保存，数据必须保存在外存（软盘、硬盘等）中。

③ 高速缓冲存储器（Cache）。简称为高速缓存，是计算机中读写速率最快的存储设备。cache 一般采用静态存储器（SRAM），它是由双稳态电路保存信息，因此不用进行周期性刷新，只要不断电，信息就不会丢失。

外存储器简称外存，也称辅助存储器，通常以磁介质和光介质的形式保存数据，不受断电的限制，可以长期保存数据。常见的外存有软盘，硬盘和光盘等。

（4）运算器

运算器是计算机的核心部件，对信息或数据进行加工和处理，由逻辑运算单元组成，在控制器的作用下完成各种算术运算、逻辑运算和其他操作。

（5）控制器

控制器是计算机的神经中枢和指挥中心，计算机的控制系统由控制器控制其全部功能，运算器和控制器称为中央处理器，主存、运算器和控制系统称为主机，将输入装置、输出装置和外存一起称为外围设备，外存既是输入设备又是输出设备。

（6）中央处理器（CPU）

中央处理器（CPU）主要是由控制器、运算器、外存器等组成，它是计算机的心脏，是速度最快的硬件设备。控制器规定计算机执行指令的顺序，并根据指令的信息控制计算机各部分协同动作。

（7）计算机总线

总线是芯片内部各单元电路之间、芯片与芯片之间、模块与模块之间、设备与设备之间甚至系统与系统之间传输信息的公共通路。系统总线是用于在 CPU、内存、外存和各种输入输出设备之间传输信息并协调它们工作的一种部件。通常将用于连接 CPU 和内存的总线称为 CPU 总线，主机各个部分通过总线连接，外部设备通过相应的接口电路再与总线相连接，从而形成计算机硬件系统，按所承担的功能（即传送信息的类别）分为数据总线、地址总线和控制总线，按总线的层次结构分为 CPU 总线、存储总线和外部总线。

（8）数模/模数转换

数据转换器是将数字信号转换成模拟信号的系统，主要采用低通滤波。模数转换器是将模拟信号转换成数字信号，是一个滤波、采样保持和编码的过程。模拟信号经带限滤波、采样保持电路，转变为阶梯形信号，通过编码器，使阶梯信号变为二进制码。

7. 软件系统组成

软件系统分为系统软件和应用软件。

系统软件是生成、准备和执行其他软件所需要的一组程序，包括操作系统、语言处理程序（汇编程序、解释程序和编译程序）、数据库管理系统、工具软件（诊断与维护程序、调试程序、编辑程序和装配链接程序）。

应用软件是针对某一个专门目的而开发的，如 Word、Excel、图形处理软件 Photoshop、财务管理系统、辅助教学软件以及用于各种科学计算的软件包等。

（二）操作系统

操作系统是用于协调和控制计算机各部分和谐工作的软件，是计算机所有软硬件的组织者和管理者。它可使计算机系统所有资源最大限度地发挥作用，为用户提供方便、有效和友善的服务界面。

操作系统是一个庞大的管理控制程序，包含五个方面内容，即进程与处理机管理、作业管理、存储管理、设备管理和文件管理。所有的操作系统都具有并发性、共享性、虚拟性和不确定性四个基本特征。

操作系统分为单用户操作系统、智能操作系统、实时操作系统、分时操作系统，网络操作系统和分布式操作系统等。

操作系统具有 CPU 管理功能、存储管理、设备管理、文件管理和用户接口等功能。

（三）计算机程序设计语言

计算机语言是人与计算机之间交流信息的媒介。计算机语言分为机器语言、汇编语言和高级语言。

1. 机器语言

机器语言是计算机唯一能接受和执行的语言，由二进制码 0 和 1 组成。编写程序执行效率高，但编写、测试、修改困难。

2. 汇编语育

汇编语言是一种能反映指令性能、用助记符表达的计算机语言，它是符号化了的机器语言。不同型号的计算机系统有不同的汇编语言，汇编语言执行速度快，占用内存小；但编写难度大，维护困难，属于一种低级语言。

3. 高级语言

高级语言是一种接近自然语言和数学表达式的一种计算机程序设计语言，是面向用户开发的语言。高级语言的一个语句通常对应若干条机器语言代码、具有较大的通用性，常用的高级语言有 C、C＋＋、Java、BASIC 等。C 语言是第一个使得系统级代码移植成为可能的编程语言；C＋＋是具有面向对象特性的 C 语言的继承者；汇编语言是第一个计算机语言；Pascal 语言是一种结构化编程；Java 是用于嵌入程序的可移植性“小 C＋＋”；C ♯是一种精确、简单、类型安全、面向对象的语言；FORTRAN 语言是世界上第一个被正式推广使用的高级语言。

历年真题

10-1-1. 计算机存储器中每一个存储单元都配置一个唯一的编号，这个编号就是（　　）。（2011A97）

A. 一种寄存标志　　B. 寄存器地址

C. 存储器的地址　　D. 输入/输出地址

10-1-2. 下面所列各种软件中，最靠近硬件一层的是（　　）。（2012A99）

A. 高级语言程序　　B. 操作系统

C. 用户低级语言程序　　D. 服务性程序

10-1-3. 在计算机的运算器上可以（　　）。（2013A97）

A. 直接解微分方程　　B. 直接进行微分运算

C. 直接进行积分运算　　D. 进行算数运算和逻辑运算

10-1-4. 总线中的控制总线传输的是（　　）。（2013A99）

A. 程序和数据　　B. 主存储器的地址码

C. 控制信息　　D. 用户输入的数据

10-1-5. 目前常用的计算机辅助设计软件是（　　）。(2013A100)

A. Microsoft Word　　B. Auto CAD

C. Visual BASIC　　D. Microsoft Access

10-1-6. 总线中的地址总线传输的是（　　）。(2014A97)

A. 程序和数据　　B. 主存储器的地址码或外围设备码

C. 控制信息　　D. 计算机的系统命令

10-1-7. 软件系统中，能够管理和控制计算机系统全部资源的软件是（　　）。(2014A98)

A. 应用软件　　B. 用户程序

C. 支撑软件　　D. 操作系统

10-1-8. 用高级语言编写的源程序，将其转换成能在计算机运行的程序是（　　）。(2014A99)

A. 翻译、连接、执行　　B. 编辑、编译、连接

C. 连接、翻译、执行　　D. 编程、编辑、执行

10-1-9. 计算机发展的人性化的一个重要方面是（　　）。(2016A97)

A. 计算机的价格要便宜

B. 计算机使用上的“傻瓜化”

C. 计算机使用不需要电能

D. 计算机不需要软件和硬件，自己会思考

10-1-10. 计算机存储器是按字节进行编译的，一个存储单元是（　　）。(2016A98)

A. 8 个字节　　B. 1 个字节

C. 16 个二进制数位　　D. 32 个二进制数位

10-1-11. 计算机的支撑软件是（　　）。(2016A100)

A. 计算机软件系统内的一个组成部分

B. 计算机硬件系统内的一个组成部分

C. 计算机应用软件内的一个组成部分

D. 计算机专用软件内的一个组成部分

10-1-12. 计算机系统的内存储器是（　　）。(2017A97)

A. 计算机软件系统的一个组成部分

B. 计算机硬件系统的一个组成部分

C. 隶属于外围设备的一个组成部分

D. 隶属于控制部件的一个组成部分

10-1-13. 根据冯、诺依曼结构原理，计算机的硬件由（　　）。(2017A98)

A. 运算器、寄存器、打印机组成

B. 寄存器、存储器、硬盘存储器组成

C. 运算器、控制器、存储器、I/O 设备组成

D. CPU、显示器、键盘组成

10-1-14. 微处理器与存储器以及外围设备之间的数据传送操作通过（　　）。

（2017A99）

A. 显示器和键盘进行　　B. 总线进行

C. 输入/输出设备进行　　D. 控制命令进行

10-1-15. 计算机按用途可分为（　　）（2018A97）

A. 专业计算器和通用计算器　　B. 专业计算器和数字计算器

C. 通用计算器和模拟计算器　　D. 数字计算器和现代计算器

10-1-16. 当前，微机所配备的内存储器大多是（　　）（2018A98）

A. 半导体存储器　　B. 磁介质存储器

C. 光线存储器　　D. 光电子存储器

10-1-17. 批处理操作系统的功能是将用户的一批作业有序排列起来（　　）（2018A99）

A. 在用户指令的指挥下、顺序地执行作业流

B. 计算机系统会自动地、顺序地执行作业流

C. 由专门的计算机程序员控制作业流的执行

D. 由微软提供的应用软件来控制作业流的执行

10-1-18. 杀毒软件应具有的功能是（　　）（2018A99）

A. 消除病毒　　B. 预防病毒

C. 检查病毒　　D. 检查并消除病毒

答　案

10-1-1.【答案】（C）

计算机存储单元是按一定顺序编号，这个编号被称为存储地址。

10-1-2.【答案】（B）

操作系统是用户与硬件交互的第一层系统软件，一切其他软件都要运行于操作系统之上，包括高级语言程序、用户低级语言程序、服务性程序。

10-1-3.【答案】（C）

是指在未来的数字信息时代，当前的数据通信网（俗称数据网、计算机网）将与电视网（含有线电视网）以及电信网三为一，并且合并的方向是传输、接收和处理全部实现数字化。

10-1-4.【答案】（C）

计算机的总线可以划分为数据总线、地址总线和控制总线，数据总线用来传输数据、地址总线用来传输地址、控制总线用来传输控制信息。控制信息包括 CPU 对内存和输入输出接口的读写信号，输入输出接口对 CPU 提出的中断请求或 DNA 请求信号，CPU 对这些输入输出接口回答与响应信号，输入输出接口的各种工作状态信号以及其他各种功能控制信号，控制总线来往于 CPU、内存和输入、输出设备之间。

10-1-5.【答案】（B）

Microsoft Word 是文字处理软件。Visual BASIC 简称 VB，是 Microsoft 公司推出的一种 Windows 应用程序开发工具。Microsoft Access 是小型数据库管理软件。Auto CAD

是专业绘图软件，主要用于工业设计中，广泛用于民用、军事等各个领域。CAD是计算机辅助设计，加上Auto，可以用于几乎所有与绘图有关的行业，比如建筑、机械、电子、天文、物理、化工等。

10-1-6.【答案】(B)

总线是计算机各种功能部件之间传送信息的公共通信干线，根据总线传送信息的类别，分为数据总线、地址总线和控制总线。数据总线用来传送程序或数据，地址总线用来传输主存储器地址码或外围设备码，控制总线用来传送控制信息。

10-1-7.【答案】(D)

计算机软件系统是指计算机运行时所需的各种程序、数据以及有关的文档。软件是计算机的灵魂，包括指挥、控制计算机各部分协调工作并完成各种功能的程序和数据。操作系统是控制其他程序运行，管理系统资源并为用户提供操作界面的系统软件的集合。操作系统管理计算机系统的全部硬件资源，包括软件资源及数据资源，控制程序运行，改善人机界面，为其他应用软件提供支持等，使计算机系统所有资源最大限度地发挥作用，为用户提供方便、有效、友善的服务界面。

10-1-8.【答案】(A)

程序设计语言编写的源程序转换到机器目标程序的方式有两种：解释方式和编译方式。编译方式下，首先通过一个对应于所用程序设计语言的编译程序（翻译）对源程序进行处理，经过对源程序的词法分析、语法分析、语意分析、代码生成和代码优化等阶段所处理的源程序转换为用二进制代码表示的目标程序，然后通过连接程序处理，使之构成一个可以连续执行的二进制文件。调用这个文件就能实现指定的功能。

10-1-9.【答案】(B)

未来计算机的发展将会更加人性化和智能化，人性化表现为计算机更加智能，能够感受使用者时刻变化的需求做出智能化的改变，即在使用上更加满足不同用户的不同需要。

10-1-10.【答案】(B)

一般以8进制作为一个存储单元，即一个字节。

10-1-11.【答案】(A)

计算机软件系统分为系统、支撑和应用三类，三者为并列关系。系统软件主要指控制和协调计算机及外部设备工作的软件。通常指操作系统，如Windows、linux、Dos、UNIX等。支撑软件是支援其他软件编写制作和维护的软件，如数据库、汇编语言汇编器、语言编译、连接器等，微软公司的Visual Studio. NET是目前微机普遍应用的支撑软件。应用软件使用各种程序设计语言编制的应用程序，分为通用应用软件和专用应用软件。

10-1-12.【答案】(B)

计算机硬件的组成包括输入/输出设备、存储器、运算器、控制器。内存储器是主机的一部分，属于计算机的硬件系统。

10-1-13.【答案】(C)

根据冯·诺依曼结构原理，计算机硬件是由运算器、控制器、存储器、I/O设备组成。

10-1-14.【答案】(B)

当要对存储器中的内容进行读写操作时，来自地址总线的存储器地址经地址译码器译码之后，选中指定的存储单元，而读写控制电路根据读写命令实施对存储器的存取操作，数据总线则用来传送写入内存储器或从内存储器读出的信息。

10-1-15.【答案】(A)

计算机按用途可分为通用计算机和专用计算机。专用计算机功能单一，可靠性高，结构简单，适应性差，但在特定用途下最有效、最经济、最快速，是其他计算机无法替代的，如军事系统、银行系统等属专用计算机。通用计算机是指各行业、各种工作环境都能使用的计算机，如个人计算机等。

10-1-16.【答案】(A)

微型计算机的存储器有磁芯存储器和半导体存储器，目前，微型机的内存都采用半导体存储器。

10-1-17.【答案】(B)

批处理操作系统是采用批量处理作业技术的操作系统，用户将一批作业提交给操作系统后就不再干预，由操作系统控制它们自动运行。

10-1-18.【答案】(D)

杀毒软件用于检查并消除病毒，起到防御作用，检查是前提，杀毒是目的，预防是核心。

第二节　信息表示

一、考试大纲

信息在计算机内的表示；二进制编码；数据单位；计算机内数值数据的表示；计算机内非数值数据的表示；信息及其主要特征。

二、知识要点

(一) 信息在计算机内的表示

计算机采用二进制，用 0 和 1 存储信息。

二进制代码，是用 0 和 1 表示，满 2 进 1 的代码语言。文字信息 1 声音信息和图像信息进入计算机和通信系统，就会被转换成“0”和“1”的数字组合，这种处理方法称为二进制编码，这种数字组合的结果称为数字信号。

数据的存储单位有位、字和字节等。

位 (bit)：计算中数据的最小单位，用 0 和 1 表示的一个二进制数。

字节 (Byte)：8 个二进制位构成 1 个字节。1 个字节可以储存 1 个英文字母或半个汉字。字节是存储空间的基本计量单位。

字符：以一个字节表示的信息称为一个字符，一个字符占一个字节的位置，一个中文占两个字节的位置。

字：由若干字节组成的一个存储单元，称为字，一个存储单元中存放一条指令或一个数字。

（二）计算机内数值数据的表示

信息是人们表示一定意义的符号的集合，可以是数字、文字、图形、动画、声音等 。数据是信息在计算机内部的表现形式，数据本身就是一种信息。

在计算机内，各种信息都是用二进制代码来表示的。二进制的书写一般比较长，而且容易出错。因此，除了二进制外。为了便于书写，计算机中还常常用到八进制和十六进制。

1. 各种进制的符号及书写规则

（1） 十进制

十进制由 0、1、2、3、4、5、6、7、8 和 9 ，共 10 个记数符号组成，十进制数的书写规则是将该数后面加 D 或在括号外加数字下标，例如 237.68D 或 $(231.68)_{10}$ 都是表示十进制的 237.68。

（2） 二进制

二进制由 0 和 12 个记数符号组成，二进制数的书写规则是将该数后面加 B 或在括号外加数字下标，例如（1011.101）或 1011.101B 都表示该数为二进制数。

（3） 八进制

八进制由 0、1、2、3、4、5、6 和 7，共 8 个记数符号组成，八进制的书写规则是将该数后面加（）或在括号外加数字下标，例如 132O 或 $(132)_8$ 都表示该数为八进制。

（4） 十六进制

十六进制由 0～9、A、B、C、D、E、F，共 16 个记数符号组成，其中，A～F 对应十进制的 10～15。十六进制的书写规则是将该数后面加 H 或在括号外加数字下标，例如 13D2H 或 $(13D2)_{16}$ 都表示该数为十六进制。

2. 权值

在任何进制中，一个数的每个位器都有一个权值。例如，十进制数 34958 的值为 $(34958)_{10}=3\times10^4+4\times10^3+9\times10^2+5\times10^1+8\times10^0$。

从右向左，每一位对应的权值分别为 10^0，10^1，10^2，10^3，10^4。

不同的进制由于其进位的基数不同，其权值也是不同的。例如，二进制数 10010 的值应为：$(100101)_2=1\times2^5+0\times2^4+0\times2^3+1\times2^2+0\times2^1+1\times2^0$。

从右向左，每一位对应的权值分别为 2^0，2^1，2^2，2^3，2^4，2^5。

3. 各种数制的相互转换

（1） 二进制转换为十进制

二进制转换为十进制的方法为按权展开求和，即将每位数码乘以各自的权值并累加。

（2） 十进制转换为二进制

在转换时，整数部分和小数部分应分别遵守不同的转换规则。可以将整数部分和小数部分分开，整数部分采用除 2 取余逆排法；小数部分采用乘 2 取整顺排法。

（3） 二进制转换为八或十八进制

因为 $2^3=8$，$2^4=16$，所以 3 位二进制数对应 1 位八进制数，4 位二进制数对应 1 位十六进制数。二进制数转换为八或十六进制数要比转换为十进制数容易得多，因此，常用八或十六进制数来表示二进制数。表 10-2-1 列出了它们之间的对应关系。

十进制、二进制、八进制和十六进制关系对照表 **表 10-2-1**

十进制	二进制	八进制	十六进制
0	0000	0	0
1	0001	1	1
2	0010	2	2
3	0011	3	3
4	0100	4	4
5	0101	5	5
6	0110	6	6
7	0111	7	7
8	1000	10	8
9	1001	11	9
10	1010	12	A
11	1011	13	B
12	1100	14	C
13	1101	15	D
14	1110	16	E
15	1111	17	F

将二进制数以小数点为中心分别向两边分组，转换成八（或十六）进制数，每 3（或 4）位为一组，不够位数在两边加 0 补足，然后将每组二进制数转换成八（或十六）进制数即可。

（4）八、十六进制转换为二进制

将每位八（或十六）进制数展开为 3（或 4）位二进制数，不够位数在左边加 0 补足。

注意：整数前的高位 0 和小数后的低位 0 可以取消。

实际上，十进制转换为二、八、十六进制可以借助于与二进制的转换，这种转换法方便，分组即可。例如，（D7）16＝（1101）（0111）＝（11010111）2 ＝27＋26＋24＋22＋20＝（215）10 。

（三）计算机内非数值数据的表示

计算机内除了有数值的信息之外，还有数字、字母、通用符号、控制符号等字符信息，还有逻辑信息、图形、图像、语言等信息，这些信息进入计算机都转成 0、1 表示的编码，称为非数值数据。表示方法如下：

1. 字符表示法

字符主要是指数字、字母、通用符号等，在计算机内他们都转换成计算机能够识别的十进制编码形式。字符编码方式有多种，国际上主要采用是 ASCII 码。ASCII 是美国信息互换标准代码（American Standard Code for Information Interchange）的缩写。ASCII 字符集用 7 位二进制码表示每个字符，可以表示 128 个不同的字符。

2. 多媒体数据在计算机内的表示

（1）音频信息表示法

当一系列空气压缩震动耳膜时，给大脑发送了一个信号，我们就感觉到了声音。声音是一种连续变化的模拟量，一个立体声系统通过把电信号发送到一个扬声器制造声音，这种信号是声波的模拟表示法。最常用的声音信号数字化方法是取样——量化——编码。模拟信号是随电压连续变化的。要数字化这种信号，需要周期性地测量信号的电压，记录合适的数值，这一过程称为采样。

要在计算机上表示音频信息。必须数字化声波，把它分割成离散的、便于管理的片段。方法之一是真正数字化声音的模拟表示法。也就是说，采集表示声波的电信号，用一系列离散的数值表示它。在过去几年中，出现了多种流行的音频信息格式，包括 WAV、AU、AIFF、VQF 和 MP3 等。

（2）位图的表示

位图，也叫栅格图、像素图和点阵图，它由像素构成。位图的优势是色彩变化丰富，通过编辑可以改变任何形状区域的色彩显示效果。相应地，要实现的效果越复杂，需要的像素就越多，图像文件就越大。常用的绘图软件有 adobe、painter、photo shop 等。

（3）矢量图

矢量图是指缩放不失真的图像。矢量图的好处是轮廓的形状容易修改和控制，常用的矢量绘制软件有 adobe illustrator、coreldraw 和 flash 等。

历年真题

10-2-1. 将二进制 11001 转换成相应的十进制数，其正确结果是（　　）。（2011A99）

A. 25　　B. 32　　C. 24　　D. 22

10-2-2. 图像中的像素实际上就是图像中的一个个光点，这光点（　　）。（2011A100）

A. 只能是彩色的，不能是黑白的　　B. 只能是黑白的，不能是彩色的

C. 既不能是彩色的，也不能是黑白的　　D. 可以是黑白的，也可以是彩色的

10-2-3. 将 $(11010010.01010100)_2$ 表示为 16 进制的数是（　　）。（2012A96）

A. $(D2.54)_H$　　B. $D2.54$　　C. $(D2.A8)_H$　　D. $(D2.54)_B$

10-2-4. 用二进制数表示的计算机语言称为（　　）。（2012A101）

A. 高级语言　　B. 汇编语言　　C. 机器语言　　D. 程序语言

10-2-5. 下面四个二进制数中，与十六进制数 AE 等值的一个是（　　）。（2012A102）

A. 10100111　　B. 10101110　　C. 10010111　　D. 11101010

10-2-6. 计算机中度量数据的最小单位是（　　）。（2013A101）

A. 数 0　　B. 位　　C. 字节　　D. 字

10-2-7. 在下面列出的四种码中，不能用于表示机器数的是（　　）。（2013A102）

A. 原码　　B. ASCII 码　　C. 反码　　D. 补码

10-2-8. 一幅图像的分辨率为 640×480 像素，表示该图像中（　　）。（2013A103）

A. 至少由 480 个像素组成　　B. 总共由 480 个像素组成

C. 每行由 640×480 个像素组成　　D. 每列由 480 个像素组成

10-2-9. 十进制的数 256.625 用十六进制表示是（　　）。（2014A100）

A. $110.B$　　B. $200.C$　　C. $100.A$　　D. $96.D$

10-2-10. 影响计算机图像质量的主要参数有（　　）。(2016A102)

A. 存储器的容量、图像文件的尺寸、文件保存格式

B. 处理器的调度、图像文件的尺寸、文件保存格式

C. 显卡的品质、图像文件的尺寸、文件保存格式

D. 分辨率、颜色深度、图像文件的尺寸、文件保存格式

10-2-11. 十进制的数 256.625，用八进制表示是（　　）。(2017A102)

A. 412.5　　B. 326.5　　C. 418.8　　D. 400.5

10-2-12. 计算机的信息数量的单位常用 KB、MB、GB、TB 表示，它们中表示信息数量最大的一个是（　　）。(2017A103)

A. KB　　B. MB　　C. GB　　D. TB

10-2-13. 目前，微机系统中普遍使用的字符信息编码是（　　）(2018A101)

A. BCD 编码　　B. ASCⅡ码　　C. EBCDIC 编码　　D. 汉字字符

答　案

10-2-1.【答案】(A)

二进制最后一位是 1，转换后则一定是十进制的奇数。

10-2-2.【答案】(A)

像素实际上就是图像中的一个个光点，光点可以是黑白的，也可以是彩色的。

10-2-3.【答案】(A)

三个触发器初始信号 $Q_2Q_1Q_0$ 为 101，三个触发器从左到右 D 端的输入信号为 110，则该电路在第一个脉冲上升沿过后，三个触发器的输出信号 $Q_2Q_1Q_0$ 为 110。

10-2-4.【答案】(C)

二进制数是计算机所能识别的，由 0 和 1 两个数组成，称为机器语言。

10-2-5.【答案】(B)

四位二进制数对应一位 16 进制数，A 表示 10，对应的二进制位 1010；E 表示 14，对应的二进制数为 1110。

10-2-6.【答案】(B)

位记为 bit，是计算机最小的存储单位，用 0 或 1 表示的一个二进制位数。字节是数据存储中常用的基本单位，8 位二进制构成一个字节。字是由若干字节组成一个存储单元，一个存储单元中存放一条指令或一个数据，常见的一个字有 32 位、64 位两种。

10-2-7.【答案】(B)

原码是机器数的一种简单的表示法，符号位 0 表示正号，1 表示负号，数值一般用二进制形式表示。机器数的反码可由原码得到，若机器数是正数，则反码与原码一样，若机器数是负数，则其反码是对它的原码（符号位除外）各位取反得到的。机器数的补码可由原码得到，若机器数是正数，补码与原码一样，若机器码是负数，则其补码是对它的原码（除符号位之外）各位取反，并在末位加 1 得到。ASCII 码是将人在键盘上敲入的字符（数字、字母、特殊符号）转换成机器能够识别的二进制数，并且每个字符唯一确定一个

ASCII码，形象地说，它是人与计算机交流时能够使用的键盘语言通过“翻译”转换成计算机能够识别的语言，使用指定的7位或8位二进制数组合表示128或256种可能的字符。

10-2-8.【答案】(D)

点阵中行数和列数的乘积称为图像的分辨率，若一个图像的点阵共有480行，每行640个点，则该图像的分辨率为640个×480个=307200个像素，每一条水平线上包含640个像素，共有480条，即扫描列数为640列，行数480行。

10-2-9.【答案】(C)

计算机中一般使用二进制表示数据，为方便人机交互，有时也使用八进制和十六进制。十六进制的特点是：由0～9、A～F组成，O～9对应O～9，A～F对应IO～15，借一当十六，逢十六进一。对于十进制数转换为R进制数，可采用除R取余法和乘以R取整法，本题中：$(256.625)_{10}=(100000000.101)_2=(100.A)_H$。

10-2-10.【答案】(D)

图像都是由一些排成行列的像素组成的，影响计算机图像质量的主要参数有分辨率（包括屏幕率、图像分辨率、像素分辨率）、颜色深度、图像文件的尺寸和文件保存格式。

10-2-11.【答案】(D)

先将进制数转换为（100000000+0.101=1000000000.101）而后三位三进制数对应于一位八进制数。

10-2-12.【答案】(D)

1KB为2^{10}=10241MB为2^{20}=1024KB，1GB为2^{30}=1024MB=1024×1024KB，1TB为24^0=1024GB=1024×1024MB。

10-2-13.【答案】(B)

ASCII（American Standard Code for Information Interchange，美国信息交换标准代码）是现今最通用的单字节编码系统，用二进制表示字母、数字、符号的一种编码标准。ASCII码有两种，使用7位二进制数的称为基本ASCII码；使用8位二进制数的称为扩展ASCII码，主要用于显示现代英语和其他西欧语言。

第三节　常用操作系统

一、考试大纲

Windows发展；进程和处理器管理；存储管理；文件管理；输入/输出管理；设备管理；网络服务。

二、知识要点

（一）Windows的发展

1983年，微软发布了第一个视窗操作系统软件Windows1.0，后相继出现了Windows2.0、3.0、3.1、3.11几个版本，Windows3.1应用最广泛，但它只能在英特尔CPU、DOS下运行。其特点是16位操作系统，使用图形用户界面，支持虚拟内存、多媒体、对象链接和嵌入技术，大多用于 286～486 微机，系统标准安装所需空间为 20MB 左右，没有实现多线程，速度慢。

1995 年，微软推出了 Windows95。它是一个 16/32 位混合编程的操作系统，用于 486-PⅡ级别的微机，可自行引导，所需空间为 80MB 左右。图形界面易操作，增加长文件名支持、抢占式多任务、多线程等新技术。与 DOS 具有良好的兼容性，但稳定性较差。

1998 年，微软推出 32 位的操作系统，大多用于 PⅡ～P4 级别的微机，所需空间为 150MB 左右。采用 FAT32 文件系统，系统性能提高。开始真正支持即插即用技术。集成了 IE 浏览器、拨号网络、邮件收发等功能，增加了对多种接口的支持，如 USB 接口、AGP、DVD 等。

2000 年，微软推出 Windows Me 操作系统软件。它是 Windows98 与 Windows2000 之间的一个过渡性产品，也是 Windows9X 内核的最后一个产品。

2000 年又推出 Windows2000 操作系统软件，以 NT 技术为核心，是一个纯 32 位的操作系统，所需空间为 IGB 左右。全面支持因特网服务、支持即插即用、移动目录服务、对称多处理器系统等技术。

2001 年，微软推出 Windows XP 操作系统软件，以 NT 技术为核心，是一个纯 32 位的操作系统，主要用于 PIN、P4 级别的个人微机系统或商业微机系统。Windows XP 标准安装所需空间为 1GB 左右。

（二）操作系统管理

1. 进程和处理器管理

进程和处理器管理是操作系统资源管理功能的一项重要内容，在一个允许多道程序同时执行的系统里，操作系统会根据一定的策略将处理器交替地分配给系统内运行的程序。一道等待运行的程序只有在获得处理后才能运行，一道程序在运行中若遇到突发事件，操作系统就要处理相应的事件，然后将处理器重新分配。

2. 存储管理

所有程序在执行时都存储在主存中。这些程序引用的数据也都存储在主存中，以便程序能够访问它们。可以把主存看作一个大块的连续空间，这个空间被分成了 8 位、16 位或 32 位的小组。主存中的每个字节或字有一个对应的地址，这个地址只是一个整数，唯一标识了内存中的一个特定部分。操作系统的存储管理就是负责把内存单元分配给需要内存的程序以便让它执行，在程序执行后将他占用的内存但愿回收以便重新利用。

3. 文件管理

操作系统要管理的另一个关键资源是二级存储设备，通常是磁盘。

在日常的计算中，磁盘上文件和目录的组织扮演关键角色。文件系统就像摆在桌上的卡片目录，提供了组织良好的信息访问方式。目录结构把文件组织在类和子类中。

4. 输入、输出管理

一般的输入设备是键盘、鼠标、扫描仪等。输出设备是显示器、打印机等。存储设备有内存储器，包括 RAM 只读存储器，ROM 随机存储器。内存条是 RAM。外存储器包括软盘、硬盘、光盘、U 盘、移动硬盘等。

5. 设备管理

设备管理器可改变硬件设备配置方式以及与计算机应用程序间的交互方式。借助设备管理器，可以为计算机上安装的各种硬件设备更新设备驱动程序，修改硬件设置并进行故障诊断。

操作系统的设备管理功能主要是分配和回收外部设备以及控制外部设备按用户程序的要求进行操作等。

6. 网络服务

计算机除了在计算领域扮演重要角色外，在通信领域有同样的地位。这种通信是通过计算机网络实现的。就像复杂的高速公路系统，用各种方式把公路连接在一起，从而使汽车能够从出发点到达目的地。计算机网络也构成了一种基础设施，使数据能够从源计算机传送到目标计算机。可利用 Email 等进行通信，Web 服务器为多个用户存储和管理文件，在客户和服务器间进行请求和响应。

历年真题

10-3-1. 操作系统作为一种系统软件，与其他软件明显不同的三个特征是（　　）。(2011A98)

A. 可操作性、可视性、公用性　　B. 并发性、共享性、随机性

C. 随机性、公用性、不可预测性　　D. 并发性、可操作性、脆弱性

10-3-2. 计算机系统中，存储器系统包括（　　）。(2011A102)

A. 寄存器组、外存储器和主存储器

B. 寄存器组、高速缓冲存储器和外存储器

C. 主存储器、高速缓冲存储器和外存储器

D. 主存储器、寄存器组和光盘存储器

10-3-3. 在计算机系统中，设备管理是（　　）。(2011A103)

A. 除 CPU 和内存储器以外的所有输入/输出设备的管理

B. 包括 CPU 和内存储器及所有输入/输出设备的管理

C. 除 CPU 外，包括内存储器及所有输入/输出设备的管理

D. 除内存储器外，包括 CPU 及所有输入/输出设备的管理

10-3-4. Windows 提供了两种十分有效的文件管理工具，它们是（　　）。(2011A104)

A. 集合和记录　　B. 批处理文件和目标文件

C. “我的电脑”和“资源管理器”　　D. “我的文档”、文件夹

10-3-5. 计算机系统内的系统总线是（　　）。(2012A97)

A. 计算机硬件系统的一个组成部分　　B. 计算机软件系统的一个组成部分

C. 计算机应用软件系统的一个组成部分　　D. 计算机系统软件的一个组成部分

10-3-6. 目前，人们常用的文字处理软件有（　　）。(2012A98)

A. Microsoft Word 和国产文字处理软件 WPS

B. Microsoft Excel 和 Auto CAD

C. Microsoft Access 和 Visual Foxpro

D. Visual BASIC 和 Visual C++

10-3-7. 操作系统中采用虚拟存储技术，实际上是为实现（　　）。(2012A100)

A. 在一个较小内存储空间上，运行一个较小的程序

B. 在一个较小内存储空间上，运行一个较大的程序

C. 在一个较大内存储空间上，运行一个较小的程序

D. 在一个较大内存储空间上，运行一个较大的程序

10-3-8. 下面四条有关进程特征的叙述，正确的一条是（　　）。(2013A104)

A. 静态性、并发性、共享性、同步性

B. 动态性、并发性、共享性、异步性

C. 静态性、并发性、独立性、同步性

D. 动态性、并发性、独立性、异步性

10-3-9. 操作系统的设备管理功能是对系统中的外围设备（　　）。(2013A105)

A. 提供相应的设备驱动程序，初始化程序和设备控制程序等

B. 直接进行操作

C. 通过人和计算机的操作系统随外围设备直接进行的操作

D. 既可以由用户干预，也可以直接进行操作

10-3-10. 可以这样认识进程，进程是（　　）。(2014A102)

A. 一段执行中的程序　　B. 一个名义上系统软件

C. 与程序等效的一个概念　　D. 一个存放在 ROM 中的程序

10-3-11. 操作系统中的文件管理是（　　）。(2014A103)

A. 对计算机的系统软件资源进行管理　　B. 对计算机的硬件资源进行管理

C. 对计算机用户进行管理　　D. 对计算机网络进行管理

10-3-12. 下面有关操作系统的描述中，错误的是（　　）。(2016A99)

A. 操作系统就是充当软、硬件资源的管理者和仲裁者的角色

B. 操作系统具体负责在各个程序之间，进行调度和实施时资源的分配

C. 操作系统保证系统中的各种软、硬件资源能够得以有效的、充分地利用

D. 操作系统仅能实现管理和使用好各种软件资源

10-3-13. 操作系统中的进程与处理器管理的主要功能是（　　）。(2016A101)

A. 实现程序的安装与使用

B. 提高主存储器的利用率

C. 使计算机系统中的软硬件资源得以充分利用

D. 优化外部设备的运行环境

10-3-14. 计算机操作系统中的设备管理是（　　）。(2016A103)

A. 微处理器 CPU 的管理

B. 内存储器的管理

C. 计算机系统中的所有外部设备的管理

D. 计算机系统中的所有硬件设备的管理

10-3-15. 操作系统的随机性指的是（　　）。(2017A100)

A. 操作系统的运行操作是多层次的

B. 操作系统与单个用户程序共同系统资源

C. 操作系统的运行是在一个随机的环境中进行的

D. 在计算机系统中同时存在多个操作系统，且同时进行操作

10-3-16. Windows 2000 以及以后更新的操作系统版本是（　　）。（2017A101）

A. 一个单用户单任务的操作系统

B. 一种多任务的操作系统

C. 一种不支持虚拟存储器管理的操作系统

D. 一种不适用于商业用户的重组系统

10-3-17. 在下列选项中，不属于 Windows 特点的是（　　）（2018A102）

A. 友好的图形用户界面　　B. 使用方便

C. 多用户单任务　　D. 系统稳定可靠

10-3-18. 操作系统中采用虚拟存储技术，是为对（　　）（2018A103）

A. 外存储空间的分配　　B. 外存储器进行变换

C. 内存储器的保护　　D. 内存储器容量的扩充

答　案

10-3-1.【答案】(B)

操作系统的特征有并发性、共享性和随机性。

10-3-2.【答案】(C)

存储器系统包括主存储器、高速缓冲存储器和外存储器。

10-3-3.【答案】(A)

设备管理是对 CPU 和内存储器之外的所有输入/输出设备的管理。

10-3-4.【答案】(C)

两种十分有效的文件管理工具是“我的电脑”和“资源管理器”。

10-3-5.【答案】(A)

系统总线又称为内总线。因为该总线是用来连接微机各功能部件而构成的一个完整微机系统的，所以称为系统总线。计算机系统内的系统总线是计算机硬件系统的一个组成部分它是 CPU、内存、输入、输出设备传递信息的公用通道。主机的各个部件通过总线相连接，外部设备通过相应的接口电路再与总线相连接，形成计算机硬件系统。

10-3-6.【答案】(A)

Microsoft Word 和国产文字处理软件 WPS 都是目前广泛使用的文字处理软件。

10-3-7.【答案】(B)

操作系统中的虚拟存储技术，是为了给用户提供更大的随机存取空间而采用的一种存储技术。它将内存与外存结合使用，好像有一个容量极大的内存储器，工作速度接近于主存，在整机形成多层次存储系统。

10-3-8.【答案】(D)

进程与程序不同，具有四个特征：动态性，进程是动态的，由系统创建，由调度执行；并发性，用户程序和操作系统的管理程序等，在它们的运行过程中，产生的进程在时间上是重叠的，它们同存在于内存储器中，并共同在系统中运行；独立性，进程是一个能

够独立运行的基本单位，同时也是系统中获得资源和独立调度的基本单位，进程根据其获得的资源情况可独立执行或暂停；异步性，由于进程之间的相互制约，使进程具有执行的间断性，各进程按各自独立的、不可预知的速度向前推进。

10-3-9.【答案】(C)

操作系统的设备管理功能是负责分配、回收外部设备，并控制设备的运行，是人与外部设备之间的接口。对于非存储型外部设备，如打印机、显示器等，它们可以直接作为一个设备分配给一个用户程序，在使用完毕后回收，以便给另一个需求的用户使用；对于存储型的外部设备，如磁带、磁盘等，则是提供存储空间给用户，用来存放文件和数据。

10-3-10.【答案】(A)

进程是操作系统结构的基础，是一次程序的执行，是一个程序及其数据在处理机上顺序执行时所发生的活动。进程是一个具有一定独立功能的程序关于某个数据集合的一次运行活动。它是操作系统动态执行的基本单元，在传统的操作系统中，进程既是基本的分配单元，也是基本的执行单元。

10-3-11.【答案】(A)

文件管理是对计算机的系统软件资源进行管理，主要任务是向计算机用户提供一种简便、统一的管理和使用文件的界面。其任务是把存储、检索、共享和保护文件的手段，提供给操作系统本身和用户，以达到方便用户和提高资源利用率的目的。

10-3-12.【答案】(D)

操作系统是控制其他程序运行、管理系统资源并为用户提供操作界面的系统软件的集合，其是一种管理电脑硬件与软件资源的程序，同时也是计算机系统的内核与基石。D项，计算机操作系统不仅能够管理和使用各种软件资源，而且能够统一调度软硬件资源。

10-3-13.【答案】(C)

进程与处理器管理是操作系统资源管理功能的一个重要内容，在一个允许多道程序同时执行的系统中，操作系统会根据一定的策略将处理器交替地分配给系统内等待运行的程序，充分利用计算机系统中的软硬件资源。

10-3-14.【答案】(C)

设备管理是除CPU和内存储器以外的所有输入输出设备的管理，主要功能是分配和回收外部设备以及控制外部设备按用户程序的要求进行操作。

10-3-15.【答案】(C)

操作系统的运行是在一个随机的环境中进行的，也就是说，人们不能对所运行的程序的行为以及硬件设备的情况做任何的假定，一个设备可能在任何时候向微处理器发出中断请求。人们也无法知道运行着的程序会在什么时候做了些什么事情，也无法确切地知道操作系统正处于什么样的状态之中，这就是随机性的含义。

10-3-16.【答案】(B)

多任务操作系统是指可以同时运行多个应用程序。如在操作系统下，在打开网页的同时还可以打开QQ进行聊天，可打开播放器看视频等。目前的操作系统都是多任务的操作系统。

10-3-17.【答案】(C)

Windows系统是一种图形化界面的“视窗”操作系统，用户可同时运行多个任务（如阅读文档的同时可以听音乐），也支持多个用户，属于多用户多任务系统。

10-3-18.【答案】（D）

虚拟存储技术是为了给用户提供更大的随机存取空间而采用的一种存储技术，将内存与外存有机地结合起来使用，从而得到一个容量很大的“内存”。

第四节 计算机网络

一、考试大纲

计算机与计算机网络；网络概念；网络功能；网络组成；网络分类；局域网；广域网；因特网；网络管理；网络安全；Windows 系统中的网络应用；信息安全；信息保密。

二、知识要点

（一）计算机与计算机网络

自从 1946 年世界上第一台电子计算机问世后，随着计算机技术的迅猛发展，计算机的应用逐渐渗透各个技术领域和社会的各个方面。从计算机与计算机之间的数据传送，乃至于无线广播、卫星通信等，均属于数据通信。

（二）网络概念

计算机网络是用通信线路和通信设备将地理位置上分散的具有独立功能的多个计算机系统互相联接，在网络软件的支持下实现彼此之间的数据通信和资源共享的系统。其发展大致可分为远程终端联机阶段、计算机网络阶段、计算机网络互联阶段和信息高速公路阶段四个阶段。

（三）网络功能

计算机网络主要有四个功能：数据通信，实现用户间的信息交换，软、硬件资源共享，提高计算机的可靠性、可用性和分布式处理。

1. 数据通信

数据通信是计算机网络最基本的功能之一。计算机网络提供的通信服务包括传真、电子邮件、远程登录和信息浏览等。

2. 资源共享

资源共享是计算机网络最本质的功能。资源是指计算机系统的软件、硬件和数据资源；共享是指网内用户均能享受网络中各个计算机系统的全部或部分资源。

3. 提高计算机的可靠性和可用性

网络中的每台计算机都可通过网络相互成为后备机。一旦某台计算机出现故障，它的任务可由其他计算机代为完成，从而提高了系统的可靠性。而当网络中某台计算机负担过重时，网络又可以将新的任务交给网中较空闲的计算机完成，均衡负荷，提高每台计算机的可用性。

4. 分布式处理

通过算法将大型的综合性问题，交给不同的计算机分别同时进行处理，用户可以根据需要合理选择网络资源，就近快速地进行处理。

（四）计算机网络组成

计算机网络的组成包括计算机、网络操作系统、传输介质及相应的应用软件。

从物理上分，计算机网络可分为资源子网和通信子网。资源子网负责全网的信息处理，包括主计算机、I/O设备、终端、网络协议、网络软件和数据库等。通信子网负责全网的网络通信，包括通信线路、网络连接设备、网络通信协议和通信控制软件等。

网络硬件是计算机网络系统的物质基础，包括计算机硬件和通信硬件。计算机硬件有主机、终端、外围设备等，通信硬件有进行数据传输的通信线路（双绞线、同轴电缆、光纤、微波信道、卫星等）、负责数据通信处理的通信处理机、将计算机与通信线路连接起来的网络接口板、实现数字信号与模拟信号转换的调制解凋器以及网络互联设备（中继器、网桥、路由器、网关）等。

网络软件包括网络操作系统和网络协议。

网络协议：实现计算机之间、网络之间相互识别并正确进行通信的一组标准规则，是计算机工作的基础，如FTP、HTTP、IP、TCP协议等。

网络操作系统：网络系统管理和通信控制软件的集合，负责整个网络软、硬件资源的管理和通信，如Windows 2000 Server、Windows XP。

（五）网络分类

按网络覆盖的地理范围和采用的传输技术将计算机网络分为广域网、局域网和城域网三类。

1. 广域网WAN

广域网又称远程网，研究远距离大范围的计算机网络。

广域网涉及的区域大，如城市、国家、洲之间的网络都是广域网。地理范围从几百千米到几千千米，如我国的电话交换网、公用数字数据网、公用分组交换数据网等都是广域网。

2. 局域网LAN

局域网又称局部网，研究有限范围内的计算机网络。

局域网一般在几十千米以内，由一些单位或部门单独组建，如一个学校、一个建筑物内。这种网络组网便利，传输效率高。我国应用较多的局域网有总线网、以太网、令牌环网和令牌总线网。

3. 城域网MAN

介于广域网与周域网之间的一种高速网络。

城域网设计的目标为10～100km范围内的大量企业、机关、公司的多个局域网互联的需求，以实现大量用户之间的数据、语音、图形与视频等多种信息的传输功能。

因特网又称互联网，是一组全球信息资源的总汇，是最大的一种网络，包括Web、WWW和万维网。它由许多小的网络（子网）互联形成一个逻辑网，以相互交流信息资源为目的，基于一些共同的协议，并通过许多路由器和公共互联网而成，是一个信息资源和资源共享的集合。

（六）网络协议

计算机网络各实体间进行资源共享、数据传输、控制数据交换等通信过程中所遵循的一组规则称为网络协议。

一般来说，网络协议由语法、语义和同步三个要素组成。

网络体系结构是指计算机网路各层次及其协议的集合，层次结构以垂直分层模型表示。

1. 开放系统互联网参考模型 OSI/RM

开放系统互联网参考模型 OSI/RM 是由国际标准化组织（ISO）于 1978 年提出，它将整个网络通信功能划分为七个层次，由低到高分别为物理层、数据链路层、网络层、传输层、会话层、表示层和应用层。OSI 参考模型包括七层功能及其对应的协议，每完成一个功能，应按相应协议进行通信。

2. TCP/IP 体系结构

TCP/IP 体系结构是运行在 Internet 上的一个网络通信协议，是一个协议集，包含 100 多个协议。TCP、IP 是其中两个最基本、最重要的协议，可用 TCP/IP 代表整个协议集。

TCP/IP 参考模型从下到上分为主机——网络层、互联层、传输层和应用层。

① 主机——网络层：包括各种物理网协议，如局域网的 Ethernet、Token Ring 等；

② 互联层：核心协议为 IP 协议，通过互联网传输数据报，实现基本数据单元的传送、选择传输路径。互联层还包括互联网控制报文协议 ICIP、正向地址解析协议 ARP 和反向地址解析协议 RARP。

③ 传输层：包括传输控制协议 TCP 和用户数据报协议 UDP。

④ 应用层：包括所有高层协议，即网络终端协议 Telnet、文件传输协议 FTP、简单邮件传输协议 SMTP、域名系统 DNS、简单网络管理协议 SNMP 和超文本传输协议 HTTP。Telnet、SMTP 和 FTP 依赖于 TCP 协议，SNMP、HTTP 依赖于 UDP 协议，DNS 则既依赖于 TCP 协议又依赖于 UDP 协议。

（七）IP 地址和域名

1. IP 地址

Internet 中的每一台主机都分配有一个独一无二的地址，称为 IP 地址。它由一个 32 位的二进制数组成，包括网络地址和收信主机地址，其表示方法是以 4 组 0～255 的数字，中间用“.”隔开，如 198.137.240.92 是美国白宫的 IP 地址。

Internet 网委会定义了五类地址，即 A、B、C、D、E，A 类地址有效网络数位 126 个，每个网络的主机数为 16777214，一般分配具有大量主机的网络使用；B 类地址有效网络数位 16348 个，网络主机数 65534，一般分配给等规模主机数的网络使用；C 类地址有效网络数位 2097154 个，网络主机数为 254，一般分配给小型的局域网使用。

2. 域名

域是指局域网或互联网所涵盖的范围中，某些计算机系网络设备的集合，域名为某一区域的名称，相对于地址，便于记忆，域名包括主机名称、机构名称及类别和地理名称。

主机名称，如提供 WWW 服务的主机，其主机名称为 FTP。WWW 是 World Wide Web 的缩写，中文意思为全球网络信息查询系统，简称环球网、万维网等。

机构名称指公司、政府的简称，如 sina——新浪；类别是指机构的性质，如公司——com，政府——gov，教育机构——edu。

地理名称指服务器主机的所在地，如中国——cn、英国——uk 等。

（八）网络管理

网络管理是通过某种方式对网络进行管理，使网络能正常高效地运行，当网络出现故障时能及时报告和处理，并协调、保持网络系统的高效运行等。网络管理包括配置管理、性能和记账管理、问题管理、操作管理和变化管理五部分。

网络管理的功能包括故障管理、计费管理、配置管理、性能管理和安全管理。

（九）网络安全

计算机常常受到各种病毒、黑客的攻击，易造成整个网络的瘫痪，其安全性能受到严重威胁。为保护计算机网络的安全，可采取如下措施：安装 Windows 系统补丁、启用 Windows 防火墙、用户账户安全设置、设置 TCP/IP 筛选、使用安全系数高的密码、升级软件、加密数据和备份数据。

（十）信息安全

信息是重要的资源，保证信息安全是所有系统必须考虑的问题。

信息安全包括五方面内容：保证信息的保密性、保证信息的完整性、保证信息的可用性、保证信息的可控性、保证信息的不可否认性。

可采用数据加密技术、密码技术，身份识别和认证技术、密钥管理技术、防火墙技术、防毒和杀毒技术、数字水印技术、入侵检测技术、公钥基础设施等保证信息的安全。

数据加密是保障信息秘密性和真实性的重要措施，是保护信息完整性的有效手段，也是抵抗计算机病毒破坏、防止计算机犯罪的可行方法。

（十一）信息加密

通过变换的方式将信息变成不同的、不可读的表示形式，这一过程称为加密；相反的过程称为解密。未经加密的信息表示形式称为明文，加密后的信息表示形式称为密文。加密和解密的基本过程是：发送方使用密钥（通常是一些字符或数字）将明文加密后发送出去，接收方使用相同的密钥进行解密。不掌握密钥的未授权者即使得到了密文也无法理解。常用的密码有凯撒密码、多字密码、变位密码、分组密码、公开密钥密码、密钥分发、数字签名、磁盘加密和网络加密等。

历年真题

10-4-1. 计算机病毒以多种手段入侵和攻击计算机信息系统，下面有一种不被使用的手段是（　　）。（2011A101）

A. 分布式攻击、恶意代码攻击

B. 恶意代码攻击、消息收集攻击

C. 删除操作系统文件、关闭计算机系统

D. 代码漏洞攻击、欺骗和会话劫持攻击

10-4-2. 一个典型的计算机网络主要由两大部分组成，即（　　）。（2011A105）

A. 网络硬件系统和网络软件系统　　B. 资源子网和网络硬件系统

C. 网络协议和网络软件系统　　D. 网络硬件系统和通信子网

10-4-3. 局域网是指将各种计算机网络设备互联在一起的通信网络，但其覆盖的地理范

围有限，通常（　　）。(2011A106)

A. 几十米之内　　B. 几百千米之内

C. 几千米之内　　D. 几十千米之内

10-4-4. 常用的信息加密技术有多种，下面所属四条中，不正确的一条是（　　）。(2011A103)

A. 传统加密技术、数字签名技术　　B. 对称加密技术

C. 密钥加密技术　　D. 专用 ASCII 码加密技术

10-4-5. 广域网又称为远程网，它所覆盖的地理范围一般（　　）。(2012A104)

A. 从几十米到几百米　　B. 从几百米到几千米

C. 从几千米到几百千米　　D. 从几十千米到几千千米

10-4-6. 我国专家把计算机网络定义为（　　）。(2012A105)

A. 通过计算机将一个用户的信息传送给另一个用户的系统

B. 由多台计算机、数据传输设备以及若干终端连接起来的多计算机系统

C. 将经过计算机储存、再生，加工处理的信息传输和发送的系统

D. 利用各种通信手段，把地理上分散的计算机连在一起，达到相互通信、共享软/硬件和数据等资源的系统

10-4-7. 在计算机网络中，常将实现通信功能的设备和软件称为（　　）。(2012A106)

A. 资源子网　　B. 通信子网　　C. 广域网　　D. 局域网

10-4-8. 现在全国都在开发三网合一的系统工程，即（　　）。(2013A97)

A. 将电信网、计算机网、通信网合为一体

B. 将电信网、计算机网、无线电视网合为一体

C. 将电信网、计算机网、有线电视网合为一体

D. 将电信网、计算机网、电话网合为一体

10-4-9. 联网中的每台计算机（　　）。(2013A106)

A. 在联网之前有自己独立的操作系统，联网后是网络中的某一个结点

B. 在联网之前有自己独立的操作系统，联网后它自己的操作系统倍屏蔽

C. 在联网之前没有自己独立的操作系统，联网后使用网络操作系统

D. 联网中的每台计算机有可以同时使用的多套操作系统

10-4-10. 下面有关信息加密技术的论述中，不正确的是（　　）。(2014A101)

A. 信息加密技术是为提高信息系统及数据的安全性和保密性的技术

B. 信息加密技术是防治数据信息被别人破译而采用的技术

C. 信息加密技术是网络安全的重要技术之一

D. 信息加密技术是为清除计算机病毒而采用的技术

10-4-11. 在计算机网络中，常将负责全网络信息处理的设备和软件称为（　　）。(2014A104)

A. 资源子网　　B. 通信子网　　C. 局域网　　D. 广域网

10-4-12. 若按采用的传输介质的不同，可将网络分为（　　）。(2014A105)

A. 双绞线网、同轴电缆网、光纤网、无线网

B. 基带网和宽带网

C. 电路交换类、报文交换类、分组交换类

D. 广播式网络、点到点式网络

10-4-13. 一个典型的计算机网络系统主要由（　　）。(2014A106)

A. 网络硬件系统和网络软件系统组成

B. 主机和网络软件系统组成

C. 网络操作系统和若干计算机组成

D. 网络协议和网络操作系统组成

10-4-14. 下面四个选项中，不属于数字签名技术的是（　　）。(2016A104)

A. 权限管理

B. 接收者能够核实发送者对报文的签名

C. 发送者事后不能对报文的签名进行抵赖

D. 接收者不能伪造对报文的签名

10-4-15. 实现计算机及网络化的最大好处是（　　）。(2016A105)

A. 存储容量增大　　B. 计算机运行速度加快

C. 节省大量人力资源　　D. 实现了资源共享

10-4-16. 校园网是提高学校教学、科研水平不可缺少的设施，它是属于（　　）。(2016A106)

A. 局域网　　B. 城域网　　C. 广域网　　D. 网际网

10-4-17. 下列选项中，不是计算机病毒特点的是（　　）。(2017A104)

A. 非授权执行性、复制性传播　　B. 感染性、寄生性

C. 潜伏性、破坏性、依附性　　D. 人机共患性、细菌传播性

10-4-18. 按计算机网络作用范围的大小，可将网络划分为（　　）。(2017A105)

A. X.25 网、ATM 网

B. 广域网、有线网、无线网

C. 局域网、城域网、广域网

D. 环型网、星型网、树型网、混合网

10-4-19. 下列选项中，不属于局域网拓扑结构的是（　　）。(2017A106)

A. 星型　　B. 互联型　　C. 环型　　D. 总线型

10-4-20. 通过网络传送邮件、发布新闻消息和进行数据交换是计算机网络的：（　　）(2018A104)

A. 共享软件资源功能　　B. 共享硬件资源功能

C. 增强系统处理功能　　D. 数据通信功能

10-4-21. 下列有关因特网提供服务的叙述中，有错误的一条是（　　）(2018A105)

A. 文件传输服务、远程登录服务

B. 信息搜索服务、WWW 服务

C. 信息搜索服务、电子邮件服务

D. 网络自动连接、网络自动管理

10-4-22. 若按网络传输技术的不同，可将网络分为（　　）(2018A106)

A. 广播式网络、点到点式网络

B. 双绞线网、同轴电缆网、光纤网、无线网

C. 基带网和宽带网

D. 电路交换类、报文交换类、分组交换类

答　案

10-4-1.【答案】(C)

删除操作系统文件，计算机将无法正常运行。

10-4-2.【答案】(A)

计算机网络主要是由网络硬件系统和网络软件系统两大部分组成。

10-4-3.【答案】(B)

局域网覆盖的地理范围通常在几千米之内。

10-4-4.【答案】(D)

传统加密技术、数字签名技术、对称加密技术和密钥加密技术都是常用的信息加密技术，而专用 ASCII 码加密技术不是常用的信息加密技术。

10-4-5.【答案】(D)

广域网又称远程网，它一般是在不同城市之间的 LAN（局域网）或者 MAN（城域网）网络互联，覆盖的地理范围一般从几十千米到几千千米。

10-4-6.【答案】(D)

我国专家把计算机网络定义为：利用各种通信手段，把地理上分散的计算机连在一起，达到相互通信、共享软/硬件和数据等资源的系统。

10-4-7.【答案】(B)

人们把计算机网络中实现网络通信功能的设备及其软件的集合称为网络的通信子网，而把网络中实现资源共享功能的设备及其软件的集合称为资源。

10-4-8.【答案】(C)

是指在未来的数字信息时代，当前的数据通信网（俗称数据网、计算机网）将与电视网（含有线电视网）以及电信网合为一体，并且合并的方向是传输、接收和处理全部实现数字化。

10-4-9.【A】

联网中的计算机都具有“独立功能”，即网络中的每台主机在没联网之前就有自己独立的操作系统，并且能够独立运行。联网以后，它本身是网络中的一个节点，可以平等地访问其他网络中的主机。

10-4-10.【答案】(D)

信息加密技术为提高信息系统及数据的安全性和保密性的技术，是防止数据信息被别人破译而采用的技术。信息加密技术是网络安全的重要技术之一，主要作用有：提高信息系统及数据的安全性和保密性，防止数据信息被别人破译，控制网络资源的访问。消除病毒的最佳办法是用杀毒软件对计算机进行全面查杀。

10-4-11.【答案】(A)

A 项，资源子网主要负责全网的信息处理，为网络用户提供网络服务和资源共享功能

等。它主要包括网络中所有的主计算机、I/O设备、终端，各种网络协议、网络软件和数据库等。B项，通信子网是指网络中实现网络通信功能的设备及其软件的集合。C项，局域网是指在某一区域内由多台计算机互联成的计算机组。D项，广域网又称远程网，通常跨接很大的物理范围，覆盖的范围从几十千米到几千千米，能连接多个城市或国家，或横跨几个洲并能提供远距离通信，形成国际性的远程网络。

10-4-12.【答案】(A)

网络的分类方式有：(1) 按地域范围划分，可分为局域网、城域网、广域网、互联网；(2) 按信息交换方式划分，可分为报文交换、分组交换、电路交换；(3) 按传输介质划分，可分为双绞线网、光纤网、同轴电缆网、无线网；(4) 按网络拓扑结构划分，可分为总线型、树形、环形、星状网；(5) 按传输信号划分，可分为基带网和宽带网；(6) 按网络适用范围划分，可分为公用网和专用网。

10-4-13.【答案】(A)

计算机系统由硬件和软件两大部分组成。其中，硬件是指构成计算机系统的物理实体(或物理装置)，如主板、机箱、键盘、显示器和打印机等。软件是指为运行、维护，管理和应用计算机所编制的所有程序的集合。

10-4-14.【答案】(A)

数字签名技术是将摘要信息用发送者的私钥加密，与原文一起传送给接收者，防止被人（例如接收者）进行伪造的一种数据加密的网络安全技术。其作用是保证信息传输的完整性，提供发送者的身份认证，防止交易中的抵赖发生。

10-4-15.【答案】(D)

计算机网络的功能主要有数据通信、资源共享、提高计算机系统的可靠性和分布式处理，其中资源共享包括硬件资源共享、软件资源共享和数据共享。

10-4-16.【答案】(A)

局域网LAN是指小区域（一个办公室、一栋大楼或一个校园）内的各种通信设备连在一起的网络，分布距离近，一般不超过几千米；数据传输速率高。广域网WAN又称为远程网，覆盖从几十千米到几千千米，传输速率低，错误率高。因特网是一个网际网，是一个联结了无数个小网而形成的大网。城域网MAN介于局域网与广域网之间。

10-4-17.【答案】(D)

计算机病毒特点包括：非授权执行性、复制传染依附性、寄生性、潜伏性、破坏性、隐蔽性、可触发性。

10-4-18.【答案】(C)

通常人们按照作用范围的大小，将计算机网络分为三类，即局域网、城域网和广域网。

10-4-19.【答案】(B)

常见的局域网拓扑结构分为星形网、环形网、总线网以及他们的混合型。

10-4-20.【答案】(D)

网络传送邮件、发布新闻消息和进行数据交换属于信息交流和传递，数据通信功能是通信技术和计算机技术相结合而产生的一种新的信息交流和传递方式。

10-4-21.【答案】(D)

因特网提供的基本服务包括：①远程登录服务（Telnet）；②文件传输服务（FTP）；③电子邮件服务（E-Mail）；④网络新闻服务（Usenet）；⑤名址服务（Finger、Whois、X. 500、Netfind）；⑥文档查询索引服务（Archie、WAIS）；⑦信息浏览服务（Gopher、WWW）；⑧其他信息服务（Talk、IRC、MUD）。

10-4-22.【答案】（A）

网络按其传输介质，可分为双绞线网、同轴电缆网、光纤网、无线网；按其传输技术，可以分为广播式网络、点到点式网络；按其线路上的传输信号，可分为基带网和宽带网。

第十一章

法律法规

第一节　中华人民共和国建筑法

一、考试大纲

总则；建筑许可；建筑工程发包与承包；建筑工程监理；建筑安全生产管理；建筑工程质量管理；法律责任。

二、知识要点

（一）总则

1. 立法宗旨和适用范围

为加强对建筑活动的监督管理，维护建筑市场秩序，保证建筑工程的质量和安全，促进建筑业健康发展，我国立法机关特制定建筑法。

在中华人民共和国境内从事建筑活动，实施对建筑活动的监督管理，应当遵守该法。

2. 建筑活动基本准则

建筑活动：指各类房屋建筑及其附属设施的建造和与其配套的线路、管道、设备的安装活动。

3. 统一的监督管理部门

国务院建设行政主管部门即国家住房与城乡建设部对全国的建筑活动实施统一监督管理。

（二）建筑许可

1. 建筑工程施工许可

建筑工程开工前，建设单位应当按照国家有关规定向工程所在地县级以上人民政府建设行政主管部门申请领取施工许可证；国务院建设行政主管部门确定的限额以下的小型工程除外。

2. 申请领取施工许可证应当具备下列条件：

① 已经办理该建筑工程用地批准手续；
② 在城市规划区的建筑工程，已经取得规划许可证；
③ 需要拆迁的，其拆迁进度符合施工要求；
④ 已经确定建筑施工企业；
⑤ 有满足施工需要的施工图纸及技术资料；
⑥ 有保证工程质量和安全的具体措施；
⑦ 建设资金已经落实；
⑧ 法律、行政法规规定的其他条件。

建设行政主管部门应当自收到申请之日起十五日内，对符合条件的申请颁发施工许可证。建设单位应当自领取施工许可证之日起三个月内开工。因故不能按期开工的，应当向发证机关申请延期；延期以两次为限，每次不超过三个月。既不开工又不申请延期或者超过延期时限的，施工许可证自行废止。

3.从业资格审查与证书

从事建筑活动的建筑施工企业、勘察单位、设计单位和工程监理单位，应当具备下列条件：

① 有符合国家规定的注册资本；

② 有与其从事的建筑活动相适应的具有法定执业资格的专业技术人员；

③ 有从事相关建筑活动所应有的技术装备；

④ 法律、行政法规规定的其他条件。

从事建筑活动的建筑施工企业、勘察单位、设计单位和工程监理单位，按照其拥有的注册资本、专业技术人员、技术装备和已完成的建筑工程业绩等资质条件，划分为不同的资质等级，经资质审查合格，取得相应等级的资质证书后，方可在其资质等级许可的范围内从事建筑活动。

从事建筑活动的专业技术人员，应当依法取得相应的执业资格证书，并在执业资格证书许可的范围内从事建筑活动。

（三）建筑工程发包与承包

1.基本要求

① 建筑工程发包与承包的招标投标活动，应当遵循公开、公正、平等竞争的原则，择优选择承包单位。

建筑工程的招标投标，本法没有规定的，适用有关招标投标法律的规定。

② 建筑工程的发包单位与承包单位应当依法订立书面合同，明确双方的权利和义务。发包单位和承包单位应当全面履行合同约定的义务。

不按照合同约定履行义务的，依法承担违约责任。

③ 建筑工程造价应当按照国家有关规定，由发包单位与承包单位在合同中约定。公开招标发包的，其造价的约定，须遵守招标投标法律的规定。

发包单位应当按照合同的约定，及时拨付工程款。

④ 发包单位及其工作人员在建筑工程发包中不得收受贿赂、回扣或者索取其他好处。承包单位及其工作人员不得利用向发包单位及其工作人员行贿、提供回扣或者给予其他好处等不正当手段承揽工程。

2.发包

建筑工程依法实行招标发包，对不适于招标发包的可以直接发包。

建筑工程实行公开招标的，发包单位应当依照法定程序和方式，发布招标公告，提供载有招标工程的主要技术要求、主要的合同条款、评标的标准和方法以及开标、评标、定标的程序等内容的招标文件。

建筑工程招标的开标、评标、定标由建设单位依法组织实施，并接受有关行政主管部门的监督。

提倡对建筑工程实行总承包，禁止将建筑工程肢解发包。

建筑工程的发包单位可以将建筑工程的勘察、设计、施工、设备采购一并发包给一个工程总承包单位，也可以将建筑工程勘察、设计、施工、设备采购的一项或者多项发包给一个工程总承包单位；但是，不得将应当由一个承包单位完成的建筑工程肢解成若干部分发包给几个承包单位。按照合同约定，建筑材料、建筑构配件和设备由工程承包单位采购的，发包单位不得指定承包单位购入用于工程的建筑材料、建筑构配件和设备或者指定生产厂、供应商。

3. 承包

（1）承办方主体资格

承包建筑工程的单位应当持有依法取得的资质证书，并在其资质等级许可的业务范围内承揽工程。

禁止建筑施工企业超越本企业资质等级许可的业务范围或者以任何形式用其他建筑施工企业的名义承揽工程。

禁止建筑施工企业以任何形式允许其他单位或者个人使用本企业的资质证书、营业执照，以本企业的名义承揽工程。

（2）联合共同承包

大型建筑工程或者结构复杂的建筑工程，可以由两个以上的承包单位联合共同承包。共同承包的各方对承包合同的履行承担连带责任。

两个以上不同资质等级的单位实行联合共同承包的，应当按照资质等级低的单位的业务许可范围承揽工程。

（3）分包与责任承担

建筑工程总承包单位可以将承包工程中的部分工程发包给具有相应资质条件的分包单位；但是，除总承包合同中约定的分包外，必须经建设单位认可。

施工总承包的，建筑工程主体结构的施工必须由总承包单位自行完成。

建筑工程总承包单位按照总承包合同的约定对建设单位负责；分包单位按照分包合同的约定对总承包单位负责。

总承包单位和分包单位就分包工程对建设单位承担连带责任。

禁止总承包单位将工程分包给不具备相应资质条件的单位。禁止分包单位将其承包的工程再分包。

（4）禁止转包和肢解分包

禁止承包单位将其承包的全部建筑工程转包给他人，禁止承包单位将其承包的全部建筑工程肢解以后以分包的名义分别转包给他人。

（四）建筑工程监理

1. 自愿监理与强制监理

国家推行建筑工程监理制度，国务院可以规定实行强制监理的建筑工程的范围。

2. 书面合同与书面通知

实行监理的建筑工程，由建设单位委托具有相应资质条件的工程监理单位监理。

建设单位与其委托的工程监理单位应当订立书面委托监理合同。

实施建筑工程监理前，建设单位应当将委托的工程监理单位、监理的内容及监理权限，书面通知被监理的建筑施工企业。

3. 工程监理单位及其人员的权利

建筑工程监理应当依照法律、行政法规及有关的技术标准、设计文件和建筑工程承包合同，对承包单位在施工质量、建设工期和建设资金使用等方面，代表建设单位实施监督。

工程监理人员认为工程施工不符合工程设计要求、施工技术标准和合同约定的，有权要求建筑施工企业改正。

工程监理人员发现工程设计不符合建筑工程质量标准或者合同约定的质量要求的，应当报告建设单位要求设计单位改正。

4.工程监理单位及其人员的义务

工程监理单位应当在其资质等级许可的监理范围内，承担工程监理业务。工程监理单位应当根据建设单位的委托，客观、公正地执行监理任务。

工程监理单位与被监理工程的承包单位以及建筑材料、建筑构配件和设备供应单位不得有隶属关系或者其他利害关系。

工程监理单位不得转让工程监理业务。

5.工程监理单位的违约责任与侵权责任

工程监理单位不按照委托监理合同的约定履行监理义务，对应当监督检查的项目不检查或者不按照规定检查，给建设单位造成损失的，应当承担相应的赔偿责任。

工程监理单位与承包单位串通，为承包单位谋取非法利益，给建设单位造成损失的，应当与承包单位承担连带赔偿责任。

（五）建筑安全生产管理

1.建筑安全生产预防制度

建筑工程安全生产管理必须坚持安全第一、预防为主的方针，建立健全安全生产的责任制度和群防群治制度。

建筑施工企业必须依法加强对建筑安全生产的管理，执行安全生产责任制度，采取有效措施，防止伤亡和其他安全生产事故的发生。建筑施工企业的法定代表人对本企业的安全生产负责。

建筑施工企业应当建立健全劳动安全生产教育培训制度，加强对职工安全生产的教育培训；未经安全生产教育培训的人员，不得上岗作业。

建筑施工企业必须为从事危险作业的职工办理意外伤害保险，支付保险费。

2.建筑工程设计与施工组织设计中的安全因素

建筑工程设计应当符合按照国家规定制定的建筑安全规程和技术规范，保证工程的安全性能。

建筑施工企业在编制施工组织设计时，应当根据建筑工程的特点制定相应的安全技术措施；对专业性较强的工程项目，应当编制专项安全施工组织设计，并采取安全技术措施。

3.建筑单位在安全方面的义务

建设单位应当向建筑施工企业提供与施工现场相关的地下管线资料，建筑施工企业应当采取措施加以保护。

4.施工现场安全制度

建筑施工企业应当在施工现场采取维护安全、防范危险、预防火灾等措施；有条件的，应当对施工现场实行封闭管理。

施工现场对毗邻的建筑物、构筑物和特殊作业环境可能造成损害的，建筑施工企业应当采取安全防护措施。

建筑施工企业应当遵守有关环境保护和安全生产的法律、法规的规定，采取控制和处理施工现场的各种粉尘、废气、废水、固体废物以及噪声、振动对环境的污染和危害的措施。施工现场安全由建筑施工企业负责。

实施施工总承包时，由总承包单位负责。分包单位向总承包单位负责，服从总承包单位对施工现场的安全生产管理。

建筑施工企业和作业人员在施工过程中，应当遵守有关安全生产的法律、法规和建筑行业安全规章、规程，不得违章指挥或者违章作业。

作业人员有权对影响人身健康的作业程序和作业条件提出改进意见，有权获得安全生产所需的防护用品。作业人员对危及生命安全和人身健康的行为有权提出批评、检举和控告。

房屋拆除应当由具备保证安全条件的建筑施工单位承担，由建筑施工单位负责人对安全负责。

施工中发生事故时，建筑施工企业应当采取紧急措施减少人员伤亡和事故损失，并按照国家有关规定及时向有关部门报告。

（六）建筑工程质量管理

1.建设单位的质量义务

建设单位不得以任何理由要求建筑设计单位或者建筑施工企业在工程设计或者施工作业中，违反法律、行政法规和建筑工程质量、安全标准，降低工程质量。

建筑设计单位和建筑施工企业对建设单位违反前款规定提出的降低工程质量的要求，应当予以拒绝。

2.勘察、设计单位的质量义务

建筑工程的勘察、设计单位必须对其勘察、设计的质量负责。勘察、设计文件应当符合有关法律、行政法规的规定和建筑工程质量、安全标准、建筑工程勘察、设计技术规范以及合同的约定。设计文件选用的建筑材料、建筑构配件和设备，应当注明其规格、型号、性能等技术指标，其质量要求必须符合国家规定的标准。

建筑设计单位对设计文件选用的建筑材料、建筑构配件和设备，不得指定生产厂、供应商。

3.建筑施工企业的质量义务

建筑施工企业对工程的施工质量负责。

建筑施工企业必须按照工程设计图纸和施工技术标准施工，不得偷工减料。工程设计的修改由原设计单位负责，建筑施工企业不得擅自修改工程设计。

建筑施工企业必须按照工程设计要求、施工技术标准和合同的约定，对建筑材料、建筑构配件和设备进行检验，不合格的不得使用。

（七）法律责任

1.建设单位的法律责任

未取得施工许可证或者开工报告未经批准擅自施工的，责令改正，对不符合开工条件的责令停止施工，可以处以罚款。

将工程发包给不具有相应资质条件的承包单位的，或者违反本法规定将建筑工程肢解发包的，责令改正，处以罚款。

涉及建筑主体或者承重结构变动的装修工程擅自施工的，责令改正，处以罚款；造成损失的，承担赔偿责任；构成犯罪的，依法追究刑事责任。

违法要求建筑设计单位或者建筑施工企业违反建筑工程质量、安全标准，降低工程质量的，责令改正，可以处以罚款；构成犯罪的，依法追究刑事责任。

在工程发包与承包中索贿、受贿、行贿，构成犯罪的，依法追究刑事责任；不构成犯罪的，分别处以罚款，没收贿赂的财物，对直接负责的主管人员和其他直接责任人员给予处分。

2.工程监理单位的法律责任

工程监理单位转让监理业务的，责令改正，没收违法所得，可以责令停业整顿，降低资质等级；情节严重的，吊销资质证书。

工程监理单位与建设单位或者建筑施工企业串通，弄虚作假、降低工程质量的，责令改正.处以罚款，降低资质等级或者吊销资质证书；有违法所得的，予以没收；造成损失的，承担连带赔偿责任；构成犯罪的，依法追究刑事责任。

3.承包单位的法律责任

超越本单位资质等级承揽工程的，责令停止违法行为，处以罚款，可以责令停业整顿，降低资质等级；情节严重的，吊销资质证书；有违法所得的，予以没收。

未取得资质证书承揽工程的，予以取缔，并处罚款；有违法所得的，予以没收。

以欺骗手段取得资质证书的，吊销资质证书，处以罚款；构成犯罪的，依法追究刑事责任。

4.设计单位的法律责任

建筑设计单位不按照建筑工程质量、安全标准进行设计的，责令改正，处以罚款；造成工程质量事故的，责令停业整顿，降低资质等级或者吊销资质证书，没收违法所得，并处罚款；造成损失的，承担赔偿责任；构成犯罪的，依法追究刑事责任。

5.建筑施工企业的法律责任

建筑施工企业转让、出借资质证书或者以其他方式允许他人以本企业的名义承揽工程的，责令改正，没收违法所得，并处罚款，可以责令停业整顿，降低资质等级；情节严重的，吊销资质证书。

对因该项承揽工程不符合规定的质量标准造成的损失，建筑施工企业与使用本企业名义的单位或者个人承担连带赔偿责任。

建筑施工企业对建筑安全事故隐患不采取措施予以消除的，责令改正，可以处以罚款；情节严重的，责令停业整顿，降低资质等级或者吊销资质证书；构成犯罪的，依法追究刑事责任。

建筑施工企业的管理人员违章指挥、强令职工冒险作业，因而发生重大伤亡事故或者造成其他严重后果的，依法追究刑事责任。

建筑施工企业在施工中偷工减料的，使用不合格的建筑材料、建筑构配件和设备的，或者有其他不按照工程设计图纸或者施工技术标准施工的行为的，责令改正，处以罚款；情节严重的，责令停业整顿，降低资质等级或者吊销资质证书；造成建筑工程质量不符合规定的质量标准的，负责返工、修理，并赔偿因此造成的损失；构成犯罪的，依法追究刑事责任。

建筑施工企业不履行保修义务或者拖延履行保修义务的，责令改正，可以处以罚款，并对在保修期内因屋顶、墙面渗漏、开裂等质量缺陷造成的损失，承担赔偿责任。

6. 加害人或违约者的民事赔偿责任

在建筑物的合理使用寿命内，因建筑工程质量不合格受到损害的，有权向责任者要求赔偿。

7. 政府部门及其工作人员的法律责任。

对不具备相应资质等级条件的单位颁发该等级资质证书的，由其上级机关责令收回所发的资质证书，对直接负责的主管人员和其他直接责任人员给予行政处分；构成犯罪的，依法追究刑事责任。

负责颁发建筑工程施工许可证的部门及其工作人员对不符合施工条件的建筑工程颁发施工许可证的，负责工程质量监督检查或者竣工验收的部门及其工作人员对不合格的建筑工程出具质量合格文件或者按合格工程验收的，由上级机关责令改正，对责任人员给予行政处分；构成犯罪的，依法追究刑事责任；造成损失的，由该部门承担相应的赔偿责任。

政府及其所属部门的工作人员违反本法规定，限定发包单位将招标发包的工程发包给指定的承包单位的，由上级机关责令改正；构成犯罪的，依法追究刑事责任。

8. 行政处罚权限的划分

建筑法规定的责令停止整顿、降低资质等级和吊销资质证书的行政处罚，由颁发资质证书的机关决定；其他行政处罚，由建设行政主管部门或者有关部门依照法律和国务院规定的职权范围决定。

依法被吊销资质证书的，由工商行政管理部门吊销其营业执照。

历年真题

11-1-1. 按照《中华人民共和国建筑法》规定，下列叙述正确的是（　　）。（2011A115）

A. 设计文件选用的建筑材料、建筑构配件和设备，不得注明其规格、型号

B. 设计文件选用的建筑材料、建筑构配件和设备，不得指定生产厂、供应商

C. 设计单位应按照建设单位提出的质量要求进行设计

D. 设计单位对施工过程中发现的质量问题应当按照监理单位的要求进行改正

11-1-2. 建设工程开工前，建设单位应当按照国家有关规定申请领取施工许可证，颁发施工许可证的单位应该是（　　）。（2012A115）

A. 县级以上人民政府建设行政主管部门

B. 工程所在地县级以上人民政府建设工程监督部门

C. 工程所在地省级以上人民政府建设行政主管部门

D. 工程所在地县级以上人民政府建设行政主管部门

11-1-3. 根据《建筑法》规定，某建设单位领导领取了施工许可证，下列情节中，可能不导致施工许可证废止的是（　　）。（2013A115）

A. 领取施工许可证之日起三个月内因故不能按期开工，也未申请延期

B. 领取施工许可证之日起按期开工后又中止施工

C. 向发证机关申请延期开工一次，延期之日起三个月内，因故仍不能按期开工，也未申请延期

D. 向发证机关申请延期开工两次，超过 6 个月因故不能按期开工，继续申请延期

11-1-4. 某建设项目甲建设单位与乙施工单位签订施工总承包合同后，乙施工单位经甲建设单位认可，将打桩工程分包给丙专业承包单位，丙专业承包单位又将劳务作业分包给丁劳务单位，由于丙专业承包单位从业人员责任心不强，导致该打桩工程部分出现了质量缺陷，对于该质量缺陷的责任承担，以下说明正确的是（　　）。(2013A120)

A. 乙单位和丙单位承担连带责任　　B. 丁单位和丙单位承担连带责任

C. 甲单位和丙单位承担全部责任　　D. 乙、丙、丁三单位共同承担责任

11-1-5. 根据《建筑法》规定，对从事建筑业的单位实行资质管理制度，将从事建筑活动的工程监理单位，划分为不同的资质等级，监理单位资质等级的划分条件可以不考虑（　　）。(2014A115)

A. 注册资本　　B. 法定代表人

C. 已完成的建筑工程业绩　　D. 专业技术人员

11-1-6. 根据《建筑法》规定，有关工程承发包的规定，下列理解错误的是（　　）。(2016A115)

A. 关于对建筑工程进行肢解发包的规定，属于禁止性规定

B. 可以将建筑工程的勘察、设计、施工、设备采购一并发包给一个工程总承包单位

C. 建筑工程实行直接发包的，发包单位可以将建筑工程发包给具有资质证书的承包单位

D. 提倡对建筑工程实行总承包

11-1-7. 根据《中华人民共和国建筑法》的规定，建设单位自领取施工许可证之日起应当最迟开工的法定时间是（　　）。(2011B13)

A. 一个月　　B. 三个月　　C. 六个月　　D. 九个月

11-1-8. 根据《建筑法》规定，施工企业可以将部分工程分包给其他具有相应资质的分包单位施工，下列情形中不违反有关承包的禁止性规定的是（　　）。(2017A115)

A. 建筑施工企业超越本企业资质等级许可的业务范围或者以任何形式用其他建筑施工企业的名义承揽工程

B. 承包单位将其承包的全部建筑工程转包给他人

C. 承包单位将其承包的全部建筑工程肢解以后以分包的名义分别转包给他人

D. 两个不同的资质等级的承包单位联合共同承包

11-1-9. 某工程项目甲建设单位委托乙监理单位对丙施工总承包单位进行监理，有关监理单位的行为符合规定的是（　　）(2018A115)

A. 在监理合同规定的范围内承揽监理业务

B. 按建设单位委托，客观公正执行监理任务

C. 与施工单位建立隶属关系或者其他利害关系

D. 将工程监理业务转让给具有相应资质的其他监理单位

11-1-10. 某工程项目进行公开招标，甲、乙两个施工单位组成联合体投标该项目，下列做法中不合法的是（　　）（2018A117）

A. 双方商定以一个投标人的身份共同投标

B. 要求双方至少一方应当具备承担招标项目的相应能力

C. 按照资质等级较低的单位确定资质等级

D. 联合体各方协商签订共同投标协议

答　案

11-1-1.【答案】(B)

根据《建筑法》规定，设计文件选用的建筑材料、建筑构配件和设备，不得指定生产厂、供应商。

11-1-2.【答案】(D)

参见《建筑法》第七条的规定：建筑工程开工前，建设单位应当按照国家有关规定向工程所在地县级以上人民政府建设行政主管部门申请领取施工许可证，但是，国务院建设行政主管部门确定的限额以下的小型工程除外，按照国务院规定的权限和程序批准开工报告的建筑工程，不再领取施工许可证。

11-1-3.【答案】(B)

参见《建筑法》第九条的规定：建设单位应当自领取施工许可证之日起三个月内开工，因故不能按期开工，应当向发证机关申请延期，延期以两次为限，每次不超过三个月，既不开工又不申请延期或者超过延期时限的，施工许可证自行废止。第十条规定，在建的建筑工程因故中止施工的，建设单位应当自中止施工之日起一个月内，向发证机关报告，并按照规定做好建筑工程的维护管理工作。建筑工程恢复施工时，应当向发证机关报告；中止施工满一年的工程恢复施工前，建设单位应当报发证机关核验施工许可证。第十一条规定，按照国务院有关规定批准开工报告的建筑工程，因故不能按期开工或者中止施工的，应当及时向批准机关报告情况。因故不能按期开工超过六个月的，应当重新办理开工报告的批准手续。

11-1-4.【答案】(A)

根据《建筑法》第二十九条的规定，建筑工程总承包单位按照总承包合同的约定对建设单位负责；分包单位按照分包合同的约定对总承包单位负责，总承包单位和分包单位就分包工程对建设单位承担连带责任。《建筑工程质量管理条例》第二十六条规定，建设工程实施总承包的，总承包单位应当对全部建设工程质量负责，第二十七条规定：总承包单位依法将建设工程分包给其他单位的，分包单位应当按照分包合同的约定对其分包的质量向总承包单位负责，总承包单位与分包单位对分包工程的质量承担连带责任。

11-1-5.【答案】(B)

根据《建筑法》第十三条规定，对从事建筑活动的建筑施工企业、勘察单位、设计单位和工程监理单位，按照其拥有的注册成本、专业技术人员、技术装备和已完成的建筑工程业绩等资质条件，划分为不同的资质等级，经资质审查合格，取得相应资质等级的资质证书后，方可在其资质等级许可的范围内从事建筑活动。

11-1-6.【答案】(C)

《建筑法》第二十四条规定，提倡对建筑工程实行总承包，禁止将建筑工程肢解发包。建筑工程的发包单位可以将建筑工程的勘察、设计、施工、设备采购的一项或者多项发包给一个工程总承包单位；但是，不得将应当由一个承包单位完成的建筑工程肢解成若干部分发包给几个承包单位。第二十二条规定，建筑工程实行招标发包的，发包单位应当将建筑工程发包给依法中标的承包单位。建筑工程实行直接发包的，发包单位应当将建筑工程发包给具有相应资质条件的承包单位。故C项理解有偏差，不是“可以”，应是“应当”。

11-1-7.【答案】(D)

《建筑法》第九条：建设单位应当自领取施工许可证之日起三个月内开工。因故不能按期开工的，应当向发证机关申请延期，延期以两次为限，每次不超过三个月。则建设单位自领取施工许可证之日起，申请过两次延期开工后，最迟开工时间为9个月。既不开工又不申请延期或者超过延期时限的，施工许可证自行废止。

11-1-8.【答案】(D)

《建筑法》第二十七条：大型建筑工程或者结构复杂的建筑工程，可以由两个以上的承包单位联合共同承包。共同承包的各方对承包合同的履行承担连带责任。两个以上不同资质等级的单位实行联合共同承包的，应当按照资质等级低的单位的业务许可范围承揽工程。

11-1-9.【答案】(D)

工程监理单位应当依法取得相应等级的资质证书，并在其资质等级许可的范围内承担工程监理业务，在监理合同约定的范围内，依照法律规定及有关技术标准和建设要求进行工作。监理单位与被监理工程的施工承包单位以及建筑材料、建筑构配件和设备供应单位有隶属关系或者其他利害关系的，不得承担该项建设工程的监理业务。监理合同是一种提供服务的合同，监理人不得转包或分包本合同项下的监理服务。

11-1-10.【答案】(D)

要求双方都具备承担招标项目的相应能力，按照资质等级较低的单位确定资质等级。

第二节 中华人民共和国安全生产法

一、考试大纲

总则；生产经营单位的安全生产保障；从业人员的权利和义务；安全生产的监督管理；生产安全事故的应急救援与调查处理。

二、知识要点

(一) 总则

安全生产的方针和基本准则有以下内容。

① 安全生产管理，坚持安全第一、预防为主的方针。

② 生产经营单位的主要负责人对本单位的安全生产工作全面负责。

③ 国务院和地方各级人民政府应当加强对安全生产工作的领导、支持、督促各有关

部门依法履行安全生产监督管理职责。

④ 国务院有关部门应当按照保障安全生产的要求，依法及时制定有关的国家标准或者行业标准，并根据科技进步和经济发展适时修订。

⑤ 各级人民政府及其有关部门应当采取多种形式，加强对有关安全生产的法律、法规和安全生产知识的宣传，提高职工的安全生产意识。

⑥ 生产经营单位必须执行依法制定的保障安全生产的国家标准或相关的行业标准。

⑦ 国家实行生产安全事故责任追究制度，依照安全生产法和有关法律、法规的规定，追究生产安全事故责任人员的法律责任。

（二）生产经营单位的安全生产保障

1. 安全生产职责

生产经营单位的主要负责人对本单位安全生产工作负有下列职责：

① 建立、健全本单位安全生产责任制；

② 组织制定本单位安全生产规章制度和操作规程；

③ 保证本单位安全生产投入的有效实施；

④ 督促、检查本单位的安全生产工作，及时消除生产安全事故隐患；

⑤ 组织制定并实施本单位的生产安全事故应急救援预案；

⑥ 及时、如实报告生产安全事故。

矿山、建筑施工单位和危险物品的生产、经营、销售、储存单位，应当设置安全生产管理机构或配备专职安全生产管理人员。

生产经营单位的特种作业人员必须按照国家有关规定经专门的安全作业培训，取得特种作业操作合格证书，方可上岗作业。

2. 安全检查和应急措施

生产经营单位的安全生产管理人员应当根据本单位的生产经营特点。对安全生产状况进行经常性检查；对检查中发现的安全问题，应当立即处理；不能处理的，应当及时报告本单位有关负责人。检查及处理情况应当记录在案。

生产经营单位发生重大生产安全事故时，单位的主要负责人应当立即组织抢救，并不得在事故调查处理期间擅离职守。

生产经营单位应当对从业人员进行安全生产教育和培训，保证从业人员具备必要的安全生产知识，熟悉有关的安全生产规章制度和安全操作规程，掌握本岗位的安全操作技能，未经安全生产教育和培训合格的从业人员，不得上岗作业。

（三）从业人员的权利和义务

生产经营单位与从业人员订立的劳动合同，应当载明有关保障从业人员劳动安全、防止职业危害的事项，以及依法为从业人员办理工伤保险的事项。

1. 从业人员的权利

① 生产经营单位的从业人员有权了解其作业场所和工作岗位存在的危险因素、防范措施及事故应急措施，有权对本单位的安全生产工作提出建议；

② 从业人员有权对本单位安全生产工作中存在的问题提出批评、检举、控告；有权拒绝违章指挥和强令冒险作业。

生产经营单位不得因从业人员对本单位安全生产工作提出批评、检举、控告或者拒绝违章指挥、强令冒险作业而降低其工资、福利等待遇或者解除与其订立的劳动合同；

③ 从业人员发现直接危及人身安全的紧急情况时，有权停止作业或者在采取可能的应急措施后撤离作业场所。生产经营单位不得因从业人员在上述紧急情况下停止作业或者采取紧急撤离措施而降低其工资、福利等待遇或者解除与其订立的劳动合同；

④ 因生产安全事故受到损害的从业人员，除依法享有工伤社会保险外，依照有关民事法律尚有获得赔偿的权利的，有权向本单位提出赔偿要求。

2.从业人员的义务

（1）执业人员在作业过程中，应当严格遵守本单位的安全生产规章制度和操作规程，服从管理，正确佩戴和使用劳动防护用品；

（2）从业人员应当接受安全生产教育和培训，掌握本职工作所需的安全生产知识，提高安全生产技能，增强事故预防和应急处理能力；

（3）从业人员发现事故隐患或者其他不安全因素，应当立即向现场安全生产管理人员或者本单位负责人报告；接到报告的人员应当及时予以处理。

（四）安全生产的监督管理

1.监督管理部门的职权和职责

负有安全生产监督管理职责的部门依法对生产经营单位执行有关安全生产的法律、法规和国家标准或者行业标准的情况进行监督检查，行使以下职权：

① 进入生产经营单位进行检查，调阅有关资料，向有关单位和人员了解情况；

② 对检查中发现的安全生产违法行为.当场予以纠正或者要求限期改正；对依法应当给予行政处罚的行为，依照安全生产法和其他有关法律、行政法规的规定作出行政处罚决定。

③ 对检查中发现的事故隐患，应当责令立即排除；重大事故隐患排除前或者排除过程中无法保证安全的，应当责令从危险区域内撤出作业人员，责令暂时停产停业或者停止使用；重大事故隐患排除后，经审查同意，方可恢复生产经营和使用。

④ 对有根据认为不符合保障安全生产的国家标准或者行业标准的设施、设备、器材予以查封或者扣押，并应当在十五日内依法作出处理决定。

2.负有安全生产监督管理职责的部门在监督检查过程中负有的职责

① 依照有关法律、法规的规定，对涉及安全生产的事项需要审查批准（包括批准、核准、许可、注册、认证、颁发证照等）或者验收的，必须严格依照有关法律、法规和国家标准或者行业标准规定的安全生产条件和程序进行审查；不符合有关法律、法规和国家标准或者行业标准规定的安全生产条件的，不得批准或者验收通过。

② 对未依法取得批准或者验收合格的单位擅自从事有关活动的，负责行政审批的部门发现或者接到举报后应当立即予以取缔，并依法予以处理。

③ 对已经依法取得批准的单位，负责行政审批的部门发现其不再具备安全生产条件的，应当撤销原批准。

④ 对涉及安全生产的事项进行审查、验收，不得收取费用；不得要求接受审查、验收的单位购买其指定品牌或者指定生产、销售单位的安全设备、器材或者其他产品。

⑤ 在监督检查中，应当互相配合，实行联合检查；确需分别进行检查的，应当互通情况，发现存在的安全问题应当由其他有关部门进行处理的，应当及时移送其他有关部门

并形成记录备查，接受移送的部门应当及时进行处理。

⑥ 应当建立举报制度。公开举报电话、信箱或者电子邮件地址，受理有关安全生产的举报；受理的举报事项经调查核实后，应当形成书面材料；需要落实整改措施的，报经有关负责人签字并督促落实。

3. 监督检查人员的职责

安全生产监督检查人员应当忠于职守，坚持原则，秉公执法。

安全生产监督检查人员执行监督检查任务时，必须出示有效的监督执法证件；对涉及被检查单位的技术秘密和业务秘密，应当为其保密。

安全生产监督检查人员应当将检查的时间、地点、内容、发现的问题及其处理情况，作出书面记录，并由检查人员和被检查单位的负责人签字；被检查单位的负责人拒绝签字的，检查人员应当将情况记录在案，并向负有安全生产监督管理职责的部门报告。

4. 生产经营单位的职责

生产经营单位对负有安全生产监督管理职责的部门的监督检查人员依法履行监督检查职责，应当予以配合，不得拒绝、阻挠。

5. 其他机关单位和人员的职责

① 监察机关依照行政监察法的规定，对负有安全生产监督管理职责的部门及其工作人员履行安全生产监督管理职责实施监察。

② 承担安全评价、认证、检测、检验的机构应当具备国家规定的资质条件，并对其作出的安全评价、认证、检测、检验的结果负责。

③ 任何单位或者个人对事故隐患或者安全生产违法行为，均有权向负有安全生产监督管理职责的部门报告或者举报。

④ 居民委员会、村民委员会发现其所在区域内的生产经营单位存在事故隐患或者安全生产违法行为时，应当向当地人民政府或者有关部门报告。

⑤ 新闻、出版、广播、电影、电视等单位有进行安全生产宣传教育的义务，有对违反安全生产法律、法规的行为进行舆论监督的权利。

（五）生产安全事故的应急救援与调查处理

1. 应急救援措施

① 县级以上地方各级人民政府应当组织有关部门制定本行政区域内特大生产安全事故应急救援预案，建立应急救援体系。

② 危险物品的生产、经营、储存单位以及矿山、建筑施工单位应当建立应急救援组织；生产经营规模较小，可以不建立应急救援组织的，应当指定兼职的应急救援人员。危险物品的生产、经营、储存单位以及矿山，建筑施工单位应当配备必要的应急救援器材、设备，并进行经常性维护、保养，保证正常运转。

③ 生产经营单位发生生产安全事故后，事故现场有关人员应当立即报告本单位负责人。单位负责人接到事故报告后，应当迅速采取有效措施，组织抢救，防止事故扩大，减少人员伤亡和财产损失，并按照国家有关规定立即如实报告当地负有安全生产监督管理职责的部门，不得隐瞒不报、谎报或者拖延不报。不得故意破坏事故现场、毁灭有关证据。

④ 负有安全生产监督管理职责的部门接到事故报告后，应当立即按照国家有关规定上报事故情况。负有安全生产监督管理职责的部门和有关地方人民政府对事故情况不得隐

瞒不报、谎报或者拖延不报。

⑤ 有关地方人民政府和负有安全生产监督管理职责的部门的负责人接到重大生产安全事故报告后，应当立即赶到事故现场，组织事故抢救。任何单位和个人都应当支持、配合事故抢救，并提供一切便利条件。

2. 事故的调查处理方式

事故调查处理应当按照实事求是、尊重科学的原则，及时、准确地查清事故原因，查明事故性质和责任，总结事故教训，提出整改措施，并对事故责任者提出处理意见。事故调查和处理的具体办法由国务院制定。

生产经营单位发生生产安全事故，经调查确定为责任事故的，除了应当查明事故单位的责任并依法予以追究外，还应当查明对安全生产的有关事项负有审查批准和监督职责的行政部门的责任，对有失职、渎职行为的，依照安全生产法第七十七条的规定追究法律责任，任何单位和个人不得阻挠和干涉对事故的依法调查处理。

县级以上地方各级人民政府负责安全生产监督管理的部门应当定期统计分析本行政区域内发生生产安全事故的情况，并定期向社会公布。

历年真题

11-2-1. 根据《安全生产法》的规定，生产经营单位主要负责人对本单位的安全生产负总责，某生产经营单位的主要负责人对本单位安全生产工作的职责是（　　）。(2012A116)

A. 建立、健全本单位安全生产责任制

B. 保证本单位安全生产投入的有效使用

C. 及时报告生产安全事故

D. 组织落实本单位安全生产规章制度和操作规程

11-2-2. 某施工单位一个有职工 185 人的三级施工资质的企业，根据《安全生产法》的规定，该企业下列行为中合法的是（　　）。(2013A116)

A. 只配备兼职的安全生产管理人员

B. 委托具有国家规定的相关专业技术资格的工程技术人员提供安全生产管理服务，由其负责承担保证安全生产的责任

C. 安全生产管理人员经企业考核后即任职

D. 设置安全生产管理机构

11-2-3. 某生产经营单位使用危险性较大的特种设备，根据《安全生产法》规定，该设备投入使用的条件不包括（　　）。(2014A116)

A. 该设备应由专业生产单位生产

B. 该设备应进行安全条件论证和安全评价

C. 该设备须经取得专业资质的检测、检验机构检测、检验合格

D. 该设备须取得安全使用证或者安全标志

11-2-4. 根据《安全生产法》规定，从业人员享有权利并承担义务，下列情形中属于从业人员履行义务的是（　　）。(2017A116)

A. 张某发现直接危及人身安全的紧急情况发生时停止作业撤离现场

B. 李某发现事故隐患或者其他不安全因素，立即向现场安全生产管理人员或者本单位负责人报告

C. 王某对本单位安全生产工作中存在的问题提出批评、检举、控告

D. 赵某对本单位的安全生产工作提出建议

11-2-5. 某施工企业取得了安全生产许可证后，在从事建筑施工活动中，被发现已经不具备安全生产条件，则正确的处理方法是（　　）(2018A116)

A. 由颁发安全生产许可证机关暂扣或吊销安全生产许可证

B. 由国务院建设行政主管部门责令整改

C. 由国务院安全管理部门责令停业整顿

D. 吊销安全生产许可证，5 年内不得从事施工活动

答　案

11-2-1.【答案】(A)

见《安全生产法》第十八条规定，生产经营单位的主要负责人对本单位的安全生产工作负有下列责任：①建立、健全本单位安全生产责任制；②组织制定本单位安全生产规章制度和操作规程；③组织制定并实施本单位安全生产和培训计划；④保证本单位安全生产投入的有效实施；⑤监督、检查本单位的安全生产工作，及时消除生产安全事故隐患；⑥组织制定并实施本单位的生产安全事故应急救援预案；⑦及时、如实报告生产安全事故。

11-2-2.【答案】(D)

见《安全生产法》第十九条，矿山、建筑施工单位和危险物品的生产、经营、存储单位，应当设置安全管理机构或者配备专职安全生产管理人员，所以 D 项正确。因为安全生产管理人员必须专职，不能兼职，所以 A 项错误。生产经营单位依照前款规定委托工程技术人员提供安全生产管理服务的，保证安全生产的责任仍由本单位负责。所以 B 项错误。第二十条规定，危险物品的生产、经营、储存单位以及矿山、建筑施工单位的主要负责人和安全生产管理人员，应当由有关主管部门对其安全生产知识和管理能力考核合格后方可任职，所以 C 项错误。

11-2-3.【答案】(B)

根据《安全生产法》第三十四条规定，生产经营单位使用的设计生命安全、危险性较大的特种设备，以及危险物品的容器、运输工具，必须按照国家有关规定，由专业生产单位生产，并取得专业资质的检测，检验机构检测、检验合格，取得安全使用证或者安全标志，方可投入使用。

11-2-4.【答案】(B)

选项属于义务，其他属于权利。

11-2-5.【答案】(D)

根据《安全生产法》第六十条规定，对已经依法取得批准的单位，负责行政审批的部门发现其不再具备安全生产条件的，应当撤销原批准。

第三节 中华人民共和国招标投标法

一、考试大纲

总则；招标；投标；开标；评标和中标；法律责任。

二、知识要点

（一）总则

1.立法宗旨

为了规范招标投标活动，保护国家利益、社会公共利益和招标投标活动当事人的合法权益，提高经济效益，保证项目质量，制定招标投标法。

2.适用范围

在中华人民共和国境内进行招标投标活动，适用招标投标法。在中华人民共和国境内进行下列工程建设项目包括项目的勘察、设计、施工、监理以及与工程建设有关的重要设备、材料等的采购，必须进行招标：

① 大型基础设施、公用事业等关系社会公共利益、公众安全的项目；

② 全部或者部分使用国有资金投资或者国家融资的项目；

③ 使用国际组织或者外国政府贷款、援助资金的项目。

前款所列项目的具体范围和规模标准，由国务院发展计划部门会同国务院有关部门制订，报国务院批准。

法律或者国务院对必须进行招标的其他项目的范围有规定的，依照其规定。

3.招标投标活动准则

任何单位和个人不得将依法必须进行招标的项目化整为零或者以其他任何方式规避招标。

招标投标活动应当遵循公开、公平、公正和诚实信用的原则。

依法必须进行招标的项目，其招标投标活动不受地区或者部门的限制，任何单位和个人不得违法限制或者排斥本地区、本系统以外的法人或者其他组织参加投标，不得以任何方式非法干涉招标投标活动。

（二）招标

招标人是依照招标投标法规定提出招标项目、进行招标的法人或者其他组织。

招标分为公开招标和邀请招标。

公开招标：招标人以招标公告的方式邀请不特定的法人或者其他组织投标。

邀请招标：招标人以投标邀请书的方式邀请特定的法人或者其他组织投标。

国务院发展计划部门确定的国家重点项目和省、自治区、直辖市人民政府确定的地方重点项目不适宜公开招标的，经国务院发展计划部门或者省、自治区、直辖市人民政府批准，可以进行邀请招标。

1.招标公告和投标邀请书

招标人采用公开招标方式的，应当发布招标公告。依法必须进行招标的项目的招标公告，应当通过国家指定报刊、信息网络或者其他媒介发布。招标公告应当载明招标人的名称和地址、招标项目的性质、数量、实施地点和时间以及获取招标文件的办法等事项。

招标人采用邀请招标方式的，应当向三个以上具备承担招标项目的能力、资信良好的特定的法人或者其他组织发出投标邀请书。

招标人有权自行选择招标代理机构，委托其办理招标事宜。任何单位和个人不得以任何方式为招标代理机构。

投标邀请书应当载明招标人的名称和地址、招标项目的性质、数量、实施地点和时间以及获取招标文件的办法等事项。

2. 招标代理机构

招标代理机构是依法设立、从事招标代理业务并提供相关服务的社会中介组织。招标代理机构应当具备下列条件：

① 有从事招标代理业务的营业场所和相应资金；

② 有能够编制招标文件和组织评标的相应专业力量；

③ 有符合招标投标法第三十七条第三款规定条件、可以作为评标委员会成员人选的技术、经济等方面的专家库。

从事工程建设项目招标代理业务的招标代理机构，其资格由国务院或者省、自治区、直辖市人民政府的建设行政主管部门认定。

具体办法由国务院建设行政主管部门会同国务院有关部门制定。

从事其他招标代理业务的招标代理机构，其资格认定的主管部门由国务院规定。

招标代理机构与行政机关和其他国家机关不得存在隶属关系或者其他利益关系。

依法必须进行招标的项目，招标人自行办理招标事宜的，应当向有关行政监督部门备案。

招标代理机构应当在招标人委托的范围内办理招标事宜，并遵守招标投标法关于招标人的规定。

3. 招标文件

招标人应当根据招标项目的特点和需要编制招标文件。

招标文件应当包括招标项目的技术要求、对投标人资格审查的标准、投标报价要求和评标标准等所有实质性要求和条件以及拟签订合同的主要条款。

招标文件不得要求或者标明特定的生产供应者以及含有倾向或者排斥潜在投标人的其他内容。

招标人不得向他人透露已获取招标文件的潜在投标人的名称、数量以及可能影响公平竞争的有关招标投标的其他情况。

（三）投标

1. 投标文件

投标人应当按照招标文件的要求编制投标文件，投标文件应当对招标文件提出的实质性要求和条件作出响应。

招标项目属于建设施工的，投标文件的内容应当包括拟派出的项目负责人与主要技术人员的简历、业绩和拟用于完成招标项目的机械设备等。

投标人应当在招标文件要求提交投标文件的截止时间前，将投标文件送达投标地点。

招标人收到投标文件后，应当签收保存，不得开启。投标人少于三个的，招标人应当依照本法重新招标。

在招标文件要求提交投标文件的截止时间后送达的投标文件，招标人应当拒收。

投标人在招标文件要求提交投标文件的截止时间前，可以补充、修改或者撤回已提交的投标文件，并书面通知招标人。

2.联合体共同投标

所谓联合体共同投标是指两个以上法人或者其他组织可以组成一个联合体，以一个投标人的身份共同投标。

联合体各方均应当具备承担招标项目的相应能力；国家有关规定或者招标文件对投标人资格条件有规定的，联合体各方均应当具备规定的相应资格条件。由同一专业的单位组成的联合体，按照资质等级较低的单位确定资质等级。

联合体各方应当签订共同投标协议，明确约定各方拟承担的工作和责任，并将共同投标协议连同投标文件一并提交招标人。联合体中标的，联合体各方应当共同与招标人签订合同，就中标项目向招标人承担连带责任。

招标人不得强制投标人组成联合作共同投标，不得限制投标人之间的竞争。

投标人不得相互串通投标报价，不得排挤其他投标人的公平竞争，损害招标人或者其他投标人的合法权益。

禁止投标人以向招标人或者评标委员会成员行贿的手段谋取中标。

投标人不得以低于成本的报价竞标，也不得以他人名义投标或者以其他方式弄虚作假，骗取中标。

（四）开标

开标应当在招标文件确定的提交投标文件截止时间的同一时间公开进行；开标地点应当为招标文件中预先确定的地点。

开标由招标人主持，邀请所有投标人参加。

开标时，由投标人或者其推选的代表检查投标文件的密封情况，也可以由招标人委托的公证机构检查并公证；经确认无误后，由工作人员当众拆封，宣读投标人名称、投标价格和投标文件的其他主要内容。

招标人在招标文件要求提交投标文件的截止时间前收到的所有投标文件，开标时都应当当众予以拆封、宣读。

开标过程应当记录，并存档备查。

（五）评标和中标

1.评标

评标由招标人依法组建的评标委员会负责。

依法必须进行招标的项目，其评标委员会由招标人的代表和有关技术、经济等方面的专家组成，成员人数为五人以上单数，其中技术、经济等方面的专家不得少于成员总数的三分之二。

上述专家应当从事相关领域工作满八年并具有高级职称或者具有同等专业水平，由招标人从国务院有关部门或者省、自治区、直辖市人民政府有关部门提供的专家名册或者招标代理机构的专家库内的相关专业的专家名单中确定。一般招标项目可以采取随机抽取方式，特殊招标项目可以由招标人直接确定。

与投标人有利害关系的人不得进入相关项目的评标委员会，已经进入的应当更换。

评标委员会成员的名单在中标结果确定前应当保密。

评标委员会可以要求投标人对投标文件中含义不明确的内容作必要的澄清或者说明，但是澄清或者说明不得超出投标文件的范围或者改变投标文件的实质性内容。

2. 中标

中标人的投标应当符合下列条件之一：

① 能够最大限度地满足招标文件中规定的各项综合评价标准；

② 能够满足招标文件的实质性要求，并且经评审的投标价格最低；但是投标价格低于成本的除外。

在确定中标人前，招标人不得与投标人就投标价格、投标方案等实质性内容进行谈判。

中标人确定后，招标人应当向中标人发出中标通知书，并同时将中标结果通知所有未中标的投标人。中标通知书对招标人和中标人具有法律效力。

招标人和中标人应当自中标通知书发出之日起三十日内。按照招标文件和中标人的投标文件订立书面合同。招标人和中标人不得再行订立背离合同实质性内容的其他协议。

招标文件要求中标人提交履约保证金的，中标人应当提交。

依法必须进行招标的项目，招标人应当自确定中标人之日起十五日内，向有关行政监督部门提交招标投标情况的书面报告。

（六）法律责任

1. 招标人的法律责任

违反招标投标法规定，必须进行招标的项目而不招标的，将必须进行招标的项目化整为零或者以其他任何方式规避招标的，责令限期改正，可以处项目合同金额千分之五以上千分之十以下的罚款；对全部或者部分使用国有资金的项目，可以暂停项目执行或者暂停资金拨付；对单位直接负责的主管人员和其他直接责任人员依法给予处分。

2. 投标人的法律责任

投标人相互串通投标或者与招标人串通投标的，投标人以向招标人或者评标委员会成员行贿的手段谋取中标的，中标无效，处中标项目金额千分之五以上千分之十以下的罚款，对单位直接负责的主管人员和其他直接责任人员处单位罚款数额百分之五以上百分之十以下的罚款；有违法所得的，并处没收违法所得；情节严重的，取消其一年至二年内参加依法必须进行招标的项目的招投标资格并予以公告，直至由工商行政管理机关吊销营业执照；构成犯罪的，依法追究刑事责任。给他人造成损失的，依法承担赔偿责任。

3. 中标人的法律责任

中标人将中标项目转让给他人的，将中标项目肢解后分别转让给他人的，违反本法规定将中标项目的部分主体、关键性工作分包给他人的，或者分包人再次分包的，转让、分包无效，处转让、分包项目金额千分之五以上千分之十以下的罚款，有违法所得的，并处没收违法所得；可以责令停业整顿。情节严重的，由工商行政管理机关吊销营业执照。

中标人不履行与招标人订立的合同的，履约保证金不予退还，给招标人造成的损失超过履约保证金数额的，处中标项目金额千分之五以上千分之十以下的罚款。

4. 招标代理机构的法律责任

招标代理机构违反招标投标法规定，泄露应当保密的与招标投标活动有关的情况和资料的，或者与招标人、投标人串通损害国家利益、社会公共利益或者他人合法权益的，处百万元以上二十五万元以下的罚款，对单位直接负责的主管人员和其他直接责任人员处单位罚款数额百分之五以上百分之十以下的罚款；有违法所得的，并处没收违法所得；情节严重的，暂停直至取消招标代理资格；构成犯罪的，依法追究刑事责任。

5. 评标委员会的法律责任

评标委员会成员收受投标人的财物或者其他好处的，评标委员会成员或者参加评标的有关工作人员向他人透露对投标文件的评审和比较、中标候选人的推荐以及与评标有关的其他情况的，给予警告，没收收受的财物，构成犯罪的，依法追究刑事责任。

历年真题

11-3-1. 根据《中华人民共和国招标投标法》的规定，招标人对已发出的招标文件进行必要的澄清或修改的，应该以书面形式通知所有招标文件收受人，通知的时间应当在招标文件要求提交投标文件截止时间至少（　　）。(2011A116)

A. 20 日前　　B. 15 日前　　C. 7 日前　　D. 5 日前

11-3-2. 按照《招标投标法》的规定，某建设工程依法必须进行招标，招标人委托了招标代理机构办理招标事宜，招标代理机构的行为合法的是（　　）。(2012A117)

A. 编制投标文件和组织评标

B. 在招标人委托的范围内办理招标事宜

C. 遵守《招标投标法》关于投标人的规定

D. 可以作为评标委员会成员参与评标

11-3-3. 下列属于《招标投标法》规定的招标方式是（　　）。(2013A117)

A. 公开招标和直接招标　　B. 公开招标和邀请招标

C. 公开招标和协议招标　　D. 公开招标和公开招标

11-3-4. 根据《招投标法》规定，某工程项目委托监理服务的招投标活动，应当遵循的原则是（　　）。(2014A117)

A. 公开、公平、公正、诚实信用

B. 公开、平等、自愿、公平、诚实信用

C. 公开、科学、独立、诚实信用

D. 全面、有效、合理、诚实信用

11-3-5. 某工程项目实行公开招标，招标人根据招标项目的特点和需要编制招标文件，其招标文件的内容不包括（　　）。(2016A117)

A. 招标项目的技术要求　　B. 对投标人资格审查的标准

C. 拟签订合同的时间　　D. 投标报价要求和评标标准

11-3-6. 根据《中华人民共和国招标投标法》的规定，依法必须进行招标的项目，自招标文件开始发出之日起至招标文件要求投标人提交投标文件截止之日起，最短不得少于

（　　）。（2011B14）

A. 10 天　　B. 15 天　　C. 30 天　　D. 45 天

11-3-7. 若投标人组成联合投标体进行投标，联合体的资质正确认定的是（　　）。（2012B16）

A. 以资质等级最低为基准

B. 以资质等级最高为基准

C. 以相关专业人数比例最高的单位资质等级为基准

D. 以投入资金比例最高的单位资质等级为基准

11-3-8. 有关评标方法的描述，错误的是（　　）。（2013B13）

A. 最低投标法适合没有特殊要求的招标项目

B. 综合评估法可用打分的方法或货币的方法评估各项标准

C. 最低投标价法通常带来恶性削价竞争，反而工程质量更为低落

D. 综合评估法适合没有特殊要求的招标项目

11-3-9. 下列不属于招标人必须具备的条件是（　　）。（2014B16）

A. 招标人须有法可依循的项目　　B. 招标人有充足的专业人才

C. 招标人有与项目相应的资金来源　　D. 招标人为法人或其他基本组织

11-3-10. 有关招标的叙述，错误的是（　　）。（2013B16）

A. 邀请招标，又称优先性招标

B. 邀请招标中，招标人应向三个以上的潜在投标人发出邀请

C. 国家重点项目应公开招标

D. 公开招标比较适合专业性较强的项目

11-3-11. 有关我国招投标的一般规定，下列理解错误的是（　　）。（2016B13）

A. 采用书面合同　　B. 禁止行贿受贿

C. 承包商必须有相应资格　　D. 可肢解分包

11-3-12. 某工程实行公开招标，招标文件规定，投标人提交投标文件截止时间为 3 月 22 日下午 5 点整，投标人 D 由于交通拥堵于 3 月 22 日下午 5 点 10 分送达投标文件，其后果是（　　）。（2017A117）

A. 投标保证金被没收　　B. 投标人拒收该投标文件

C. 投标人提交的投标文件有效　　D. 由评标委员会确定有废标

11-3-13. 下列有关开标流程的叙述正确的是（　　）。（2017B14）

A. 开标时间应定于提交投标文件后 15 日

B. 招标人应邀请最有竞争力的投标人参加开标

C. 开标时，由推选的代表确认每一投标文件为密封，由工作人员当场拆封

D. 投标文件拆封后即可立即进入评标程序

答　案

11-3-1.【答案】(B)

《招标投标法》第二十三条规定，招标人对已发出的招标文件进行必要的澄清或者修

改的，应当在招标文件要求提交投标文件截止时间至少十五日之前，以书面形式通知所有招标文件收受人。该澄清或者修改的内容为招标文件的组成部分。

11-3-2.【答案】(B)

见《招标投标法》第十五条，招标代理机构应该在招标人委托的范围内承担招标事宜，招标代理机构可以在其资格等级范围内承担下列招标事宜：①拟定招标方案，编制和出售招标文件、资格预审文件；②审查投标人资格；③编制标底；④组织投标人踏勘现场；⑤组织开标、评标，协助招标人定标；⑥草拟合同；⑦招标人委托的其他事项。

11-3-3.【答案】(B)

见《招标投标法》第十条，招标分为公开招标和邀请招标，公开指标是指招标人以招标公告的方式邀请不特定的法人或者其他组织投标；邀请招标是指招标人以投标邀请书的方式邀请特定的法人或者其他组织投标。

11-3-4.【答案】(A)

《招标投标法》第五条规定，招标活动应当遵循公开、公平、公正和诚实信用的原则。

11-3-5.【答案】(C)

招标文件包括：①投标邀请；②投标人须知（包括密封、签署、盖章要求等)；③投标人应当提交的资格、资信证明文件；④投标报价要求、投标文件编制要求和投标保证金交纳方式；⑤招标项目的技术规格、要求和数量，包括附件、图纸等；⑥合同主要条款及合同签订方式；⑦交货和提供服务的时间；⑧评标方法、评标标准和废标条款；⑨投标截止时间、开标时间及地点；⑩省级以上财政部门规定的其他事项。招标人应当在招标文件中规定并标明实质性要求和条件。

11-3-6.【答案】(B)

参见《招标投标法》第二十三条：招标人对已发出的招标文件进行必要的澄清或者修改的，应当在招标文件要求提交投标文件截止时间至少十五日前，以书面形式通知所有招标文件收受人，该澄清或者修改的内容为招标文件的组成部分。

11-3-7.【答案】(A)

参见《招标投标法》两个以上法人或者其他组织可以组成一个联合体，以一个投标人的身份共同投标。联合体各方应当具备承担招标项目的相应能力，国家有关规定或者招标文件对投标人资格条件有关规定的，联合体各方均应当具备规定的相应资格条件。由同一专业的单位组成的联合体，按照资质等级较低的单位确定资质等级。

联合体各方应当签订共同招标协议，明确各方拟承担的工作和责任，并将共同投标协议连同招标文件一并提交招标人。联合体中标的，联合体各方应当共同与招标人签订合同，就中标项目向招标人承担连带责任。招标人不得强制投标人组成联合体共同投标，不得限制投标人之间的竞争。

11-3-8.【答案】(D)

常见的评标方法主要有：专家评议法、最低投标价法、经评审的最低投标价法、综合评估法等。

专家评议法也称定性评议法或综合评议法，评标委员会根据预先确定的评审内容，如报价、工期、技术方案和质量等，对各投标文件共同分项进行定性的分析、比较，进行评议后，选择投标文件在各指标都比较优良者为候选中标人，也可以用表决的方式确定候选中标人。

最低投标价法，适用于简单商品、半成品、原材料，以及其他性能、质量相同或容易进行比较的货物招标，这些货物技术规格简单、技术性能和质量标准等级采用国家标准规范，仅以投标价格的合理性作为唯一尺度定标。

经评审的最低投标价法，以价格加其他因素评标的方法，一般做法是将报价以外的商务部分数量化，并以货币折算成价格，与报价一起计算，形成评标价，然后以此价格按高低排出顺序，能够满足招标文件的实质性要求，“评标价”最低的投标应当作为中选投标。经评审的最低投标价法一般适用于具有通用技术（性能标准）或者招标人对其技术、性能没有特殊要求的招标项目。

综合评估法：是将各个评审因素在同一基础或同一标准上进行量化，量化指标可以采取折算为货币的方法、打分的方法或者其他方法，使各招标文件具有可比性，对技术部分和商务部分的量化结果进行加权，计算出每一投标的综合评估法或者综合评估评分，以此确定中标人，最大限度地满足招标文件中规定的各项综合评价标准的投标，应当推荐为中标候选人。

11-3-9.【答案】(C)

参见《招标投标法》和《招标投标法实施条例》。依据《招标投标法》第八条：招标人是依照本法规定提出招标项目、进行招标的法人或者其他组织；依据《招标投标法实施条例》：招标投标法第十二条第二款规定的招标人具有编制招标文件和组织评标能力，具有与招标项目规模和复杂程度相适应的技术、经济等方面的专业人员；依据《招标法》第九条：招标项目按照国家有关规定需要履行项目审批手续的，应当先履行审批手续，取得批准。招标人应当有进行招标项目的相应资金或者资金来源已经落实，应当在招标文件中如实载明；依据《招标投标法》第八条：招标人是依照本法规定提出招标项目、进行招标的法人或其他组织。C项只提到“相应的资金来源”并不能说明其资金来源已经落实。

11-3-10.【答案】(D)

参见《招标投标法实施条例》招标分为：①邀请招标，又称有限竞争性招标，是指招标方选择若干供应商或承包商，向其发出投标邀请，由被邀请的供应商、承包商投标竞争，从中选定中标者的招标方式。邀请招标中，招标人应向3个以上的潜在投标人发出邀请。②公开招标，又称竞争性招标，是一种由招标人按照法定程序，在公开出版物上发布招标公告，有符合条件的供应商或承包商都可以平等参加投标竞争，从中择优选择中标者的招标方式。D项，专业性较强的项目，由于有资格承接的潜在投标人较少，或者需要在短时间内完成采购任务等，更适合采用邀请招标的方式。

11-3-11.【答案】(D)

《招标投标法》第五十九条规定，中标人应当按照合同约定履行义务，完成中标项目。中标人不得向他人转让中标项目，也不得将中标项目肢解后分别向他人转让。《建设工程质量管理条例》第七条规定，建设单位不得将建设工程肢解发包。

11-3-12.【答案】(B)

《招标投标法》第二十八条规定，投标人应当在招标文件要求提交投标文件的截止时间前，将投标文件送达投标地点。招标人收到投标文件后，应当签收保存，不得开启。投标人少于三个的，招标人应当依照本法重新招标。在招标文件要求提交投标文件的截止时间后送达的投标文件，招标人应当拒收。

11-3-13.【答案】(C)

A项，根据《招标投标法》第三十四条规定，开标应当在招标文件确定的提交投标文件截止时的同一时间公开进行。B项，第三十五条规定，开标由招标人主持，邀请所有投标人参加。C、D两项，第三十六条规定，开标时，由投标人或者其推选的代表检查投标文件的密封情况，也可以由招标人委托公证机构检查并公证；经确认无误后，由工作人员当众拆封，宣读投标人名称、投标价格和投标文件的其他主要内容。招标人在招标文件要求提交投标文件的截止时间前收到的所有投标文件，开标时都应当当众予以拆封、宣读。开标过程应当记录，并存档备查。

第四节　中华人民共和国合同法

一、考试大纲

一般规定；合同的订立；合同的效力；合同的履行；合同的变更和转让；合同的权利义务终止；违约责任；其他规定。

二、知识要点

(一) 一般规定

1. 立法宗旨

为了保护合同当事人的合法权益，维护社会经济秩序，促进社会主义现代化建设，立法机关制定了合同法。

2. 合同的定义

合同是指平等主体的自然人、法人、其他组织之间设立、变更、终止民事权利义务关系的协议。

3. 订立合同的准则

合同当事人的法律地位平等，一方不得将自己的意志强加给另一方。

当事人依法享有自愿订立合同的权利，任何单位和个人不得非法干预。

当事人应当遵循公平原则确定各方的权利和义务。

当事人行使权利、履行义务应当遵循诚实信用原则。

当事人订立、履行合同，应当遵守法律、行政法规，尊重社会公德，不得扰乱社会经济秩序，损害社会公共利益。

(二) 合同的订立

1. 当事人的条件

当事人订立合同，应当具有相应的民事权利能力和民事行为能力。当事人依法可以委托代理人订立合同。

2. 合同的形式

当事人订立合同，有书面形式、口头形式和其他形式。法律、行政法规规定采用书面形式的，应当采用书面形式。当事人约定采用书面形式的，应当采用书面形式。

3.要约和要约邀请

要约是希望和他人订立合同的意思表示，该意思表示应当符合下列规定：

① 内容具体确定；

② 表明经受要约人承诺，要约人即受该意思表示约束。

要约到达受要约人时生效。

要约的撤回，撤回要约的通知应当在要约到达受要约人之前或者与要约同时到达受要约人。

要约的撤销，撤销要约的通知应当在受要约人发出承诺通知之前到达受要约人。

要约邀请是希望他人向自己发出要约的意思表示。寄进的价目表、拍卖公告、招标公告、招股说明书、商业广告等为要约邀请。商业广告的内容符合要约规定的，视为要约。

4.承诺

承诺是受要约人同意要约的意思表示。

承诺应当在要约确定的期限内到达要约人。

受要约人超过承诺期限发出承诺的，除要约人及时通知受要约人该承诺有效的以外，为新要约。

承诺的内容应当与要约的内容一致，受要约人对要约的内容作出实质性变更的，为新要约。有关合同标的、数量、质量、价款或者报酬、履行期限、履行地点和方式、违约责任和解决争议方法等的变更，是对要约内容的实质性变更。

承诺对要约的内容作出非实质性变更的，除要约人及时表示反对或者要约表明承诺不得对要约的内容作出任何变更的以外，该承诺有效，合同的内容以承诺的内容为准。

5.合同的成立

当事人采用合同书形式订立合同的，自双方当事人签字或者盖章时合同成立。

当事人采用信件、数据电文等形式订立合同的，可以在合同成立之前要求签订确认书。签订确认书时合同成立。

法律、行政法规规定或者当事人约定采用书面形式订立合同，当事人未采用书面形式但一方已经履行主要义务，对方接受的，该合同成立。

采用合同书形式订立合同，在签字或者盖章之前，当事人一方已经履行主要义务，对方接受的，该合同成立。

6.格式条款

格式条款是当事人为了重复使用而预先拟定，并在订立合同时未与对方协商的条款。

采用格式条款订立合同的，提供格式条款的一方应当遵循公平原则确定当事人之间的权利和义务，并采取合理的方式提请对方注意免除或者限制其责任的条款，按照对方的要求，对该条款予以说明。

对格式条款的理解发生争议的，应当按照通常理解予以解释。对格式条款有两种以上解释的，应当作出不利于提供格式条款一方的解释。格式条款和非格式条款不一致的，应当采用非格式条款。

（三）合同的效力

1.合同的生效和失效

依法成立的合同，自成立时生效。

有下列情形之一的，合同无效：

① 一方以欺诈、胁迫的手段订立合同，损害国家利益；

② 恶意串通，损害国家、集体或者第三人利益；

③ 以合法形式掩盖非法目的；

④ 损害社会公共利益；

⑤ 违反法律、行政法规的强制性规定。

2.可变更、可撤销合同

下列合同，当事人一方有权请求人民法院或者仲裁机构变更或者撤销：

① 因重大误解订立的；

② 在订立合同时显失公平的。

一方以欺诈、胁迫的手段或者乘人之危，使对方在违背真实意思的情况下订立的合同，受损害方有权请求人民法院或者仲裁机构变更或者撤销。

当事人请求变更的，人民法院或者仲裁机构不得撤销。

(四) 合同的履行

1.合同的履行原则

对于约定明确的合同，当事人应当按照约定全面履行自己的义务。

当事人应当遵循诚实信用原则，根据合同的性质、目的和交易习惯履行通知、协助、保密等义务。

合同生效后，当事人就质量、价款或者报酬、履行地点等内容没有约定或者约定不明确的，可以协议补充；不能达成补充协议的，按照合同有关条款或者交易习惯确定。

仍不能确定的，适用下列规定：

① 质量要求不明确的，按照国家标准、行业标准履行；没有国家标准、行业标准的，按照通常标准或者符合合同目的的特定标准履行。

② 价款或者报酬不明确的，按照订立合同时履行地的市场价格履行；依法应当执行政府定价或者政府指导价的，按照规定履行。执行政府定价或者政府指导价的，在合同约定的交付期限内政府价格调整时，按照交付时的价格计价。逾期交付标的物的，遇价格上涨时，按照原价格执行；价格下降时，按照新价格执行。逾期提取标的物或者逾期付款的，遇价格上涨时，按照新价格执行；价格下降时，按照原价格执行。

③ 履行地点不明确，给付货币的，在接受货币一方所在地履行；交付不动产的，在不动产所在地履行；其他标的，在履行义务一方所在地履行。

④ 履行期限不明确的，债务人可以随时履行，债权人也可以随时要求履行，但应当给对方必要的准备时间。

⑤ 履行方式不明确的，按照有利于实现合同目的的方式履行。

⑥ 履行费用的负担不明确的，由履行义务一方负担。

2.涉及第三人的合同的履行

当事人约定由债务人向第三人履行债务的，债务人未向第三人履行债务或者履行债务不符合约定，应当向债权人承担违约责任。

当事人约定由第三人向债权人履行债务的，第三人不履行债务或者履行债务不符合约定，债务人应当向债权人承担违约责任。

当事人互负债务，没有先后履行顺序的，应当同时履行。一方在对方履行之前有权拒绝其履行要求。一方在对方履行债务不符合约定时，有权拒绝其相应的履行要求。

当事人互负债务，有先后履行顺序，先履行一方未履行的，后履行一方有权拒绝其履行要求。先履行一方履行债务不符合约定的，后履行一方有权拒绝其相应的履行要求。

3.合同的中止履行

应当先履行债务的当事人，有确切证据证明对方有下列情形之一的，可以中止履行：

① 经营状况严重恶化；

② 转移财产、抽逃资金，以逃避债务；

③ 丧失商业信誉；

④ 有丧失或者可能丧失履行债务能力的其他情形。

当事人没有确切证据中止履行的，应当承担违约责任。当事人依照上述规定中止履行的。应当及时通知对方。对方提供适当担保时，应当恢复履行。中止履行后，对方在合理期限内未恢复履行能力并且未提供适当担保的，中止履行的一方可以解除合同。

债权人分立、合并或者变更住所没有通知债务人，致使履行债务发生困难的，债务人可以中止履行或者将标的物提存。

4.合同的提前履行和部分履行

债权人可以拒绝债务人提前履行债务，但提前履行不损害债权人利益的除外。

债务人提前履行债务给债权人增加的费用，由债务人负担。债权人可以拒绝债务人部分履行债务，但部分履行不损害债权人利益的除外。

债务人部分履行债务给债权人增加的费用，由债务人负担。

5.代位权的行使

因债务人怠于行使其到期债权，对债权人造成损害的，债权人可以向人民法院请求以自己的名义代位行使债务人的债权，但该债权专属于债务人自身的除外。

代位权的行使范围以债权人的债权为限。债权人行使代位权的必要费用，由债务人负担。

6.撤销权的行使

因债务人放弃其到期债权或者无偿转让财产，对债权人造成损害的，债权人可以请求人民法院撤销债务人的行为。

债务人以明显不合理的低价转让财产，对债权人造成损害，并且受让人知道该情形的，债权人也可以请求人民法院撤销债务人的行为。

撤销权的行使范围以债权人的债权为限。

债权人行使撤销权的必要费用，由债务人负担。

撤销权自债权人知道或者应当知道撤销事由之日起一年内行使。自债务人的行为发生之日起五年内没有行使撤销权的，该撤销权消灭。

（五）合同的变更和转让

1.合同的变更

合同的变更是指合同内容的变更。

当事人协商一致，可以变更合同。

法律、行政法规规定变更合同应当办理批准、登记等手续的，依照其规定。

当事人对合同变更的内容约定不明确的，推定为未变更。

2.合同的转让

合同的转让是指合同主体的移转。

债权人可以将合同的权利全部或者部分转让给第三人，但有下列情形之一的除外：

① 根据合同性质不得转让；

② 按照当事人约定不得转让；

③ 依照法律规定不得转让。

3.债权让与

债权人转让权利的，应当通知债务人。未经通知，该转让对债务人不发生效力。

债务人接到债权转让通知时，债务人对让与人享有债权，并且债务人的债权先于转让的债权到期或者同时到期的，债务人可以向受让人主张抵销。

4.债务承担

债务人将合同的义务全部或者部分转移给第三人的，应当经债权人同意。新债务人应当承担与主债务有关的从债务，但该从债务专属于原债务人自身的除外。

（六）合同的权利义务终止

1.债务履行

通常情况下，合同的权利义务因债务人债务的履行而终止，合同的权利义务终止后，当事人应当遵循诚实信用原则，根据交易习惯履行通知，协助、保密等义务。

2.合同解除

有下列情形之一的，当事人可以解除合同：

① 因不可抗力致使不能实现合同目的；

② 在履行期限届满之前，当事人一方明确表示或者以自己的行为表明不履行主要债务；

③ 当事人一方迟延履行主要债务，经催告后在合理期限内仍未履行；

④ 当事人一方迟延履行债务或者有其他违约行为致使不能实现合同目的；

⑤ 法律规定的其他情形。

（七）违约责任

1.继续履行

当事人一方未支付价款或者报酬的，对方可以要求其支付价款或者报酬。当事人一方不履行非金钱债务或者履行非金钱债务不符合约定的，对方可以要求履行。

2.采取补救措施

质量不符合约定的，应当按照当事人的约定承担违约责任。对违约责任没有约定或者约定不明确，可以合理选择要求对方承担修理、更换、重作、退货、减少价款或者报酬等违约责任。

当事人一方不履行合同义务或者履行合同义务不符合约定的，在履行义务或者采取补救措施后，对方还有其他损失的，应当赔偿损失。

3.赔偿损失

当事人可以约定一方违约时应当根据违约情况向对方支付一定数额的违约金，也可以约定因违约产生的损失赔偿额的计算方法。

当事人可以依照《中华人民共和国担保法》约定一方向对方给付定金作为债权的担保。债务人履行债务后，定金应当抵作价款或者收回。给付定金的一方不履行约定的债务的，无权要求返还定金；收受定金的一方不履行约定的债务的，应当双倍返还定金。

当事人既约定违约金，又约定定金的，一方违约时，对方可以选择适用违约金或者定金条款。

4. 不可抗力

不可抗力是指不能预见、不能避免并不能克服的客观情况。

因不可抗力不能履行合同的，根据不可抗力的影响，部分或者全部免除责任，但法律另有规定的除外。当事人迟延履行后发生不可抗力的，不能免除责任。

当事人一方因不可抗力不能履行合同的，应当及时通知对方，以减轻可能给对方造成的损失，并应当在合理期限内提供证明。

5. 违约责任的承担

当事人一方违约后，对方应当采取适当措施防止损失的扩大；没有采取适当措施致使损失扩大的，不得就扩大的损失要求赔偿。

当事人因防止损失扩大而支出的合理费用，由违约方承担。

当事人双方都违反合同的，应当各自承担相应的责任。

当事人一方因第二人的原因造成违约的，应当向对方承担违约责任。

当事人一方和第三人之间的纠纷，依照法律规定或者按照约定解决。

（八）其他规定

1. 合同条款解释

当事人对合同条款的理解有争议的，应当按照合同所使用的词句、合同的有关条款、合同的目的、交易习惯以及诚实信用原则，确定该条款的真实意思。

2. 涉外合同的法律适用

涉外合同的当事人可以选择处理合同争议所适用的法律，但法律另有规定的除外。涉外合同的当事人没有选择的，适用与合同有最密切联系的国家的法律。

在中华人民共和国境内履行的中外合资经营企业合同，中外合作经营企业合同、中外合作勘探开发自然资源合同，适用中华人民共和国法律。

3. 特殊规定

因国际货物买卖合同和技术进出口合同争议提起诉讼或者申请仲裁的期限为四年，自当事人知道或者应当知道其权利受到侵害之日起计算。因其他合同争议提起诉讼或者申请仲裁的期限，依照有关法律的规定。

历年真题

11-4-1. 按照《中华人民共和国合同法》的规定，下列情形中，要约不失效的是（　　）。(2011A117)

A. 拒绝要约的通知到达要约人

B. 要约人依法撤销要约

C. 承诺期限届满，受要约人未作出承诺

D. 受要约人对要约的内容作出非实质性变更

11-4-2. 根据《合同法》规定的合同形式中不包括（　　）。(2012A118)

A. 书面形式　　B. 口头形式　　C. 特定形式　　D. 其他形式

11-4-3. 根据《合同法》规定，下列行为不属于要约邀请的是（　　）。(2013A118)

A. 某建设单位发布招标公告　　B. 某招标单位发出中标通知书

C. 某上市公司拟出招股说明书　　D. 某商场寄送的价目表

11-4-4. 某水泥厂以电子邮件的方式于 2008 年 3 月 5 日发出销售水泥的要约，要求 2008 年 3 月 6 日 18：00 前回复承诺。甲施工单位于 2008 年 3 月 6 日 16：00 对该要约发出承诺，由于网络原因，导致该电子邮件于 2008 年 3 月 6 日 20：00 到达水泥厂，此时水泥厂的水泥已经售完，下列关于对该承诺如何处理的说法，正确的是（　　）。(2016A118)

A. 张厂长说邮件未能按时到达，可以不予理会

B. 李厂长说邮件在期限内发出的，应该作为有效承诺，我们必须想办法给对方供应水泥

C. 王厂长说虽然邮件是在期限内发出的，但是到达晚了，可以认为是无效承诺

D. 赵厂长说我们及时通知对方，因该承诺到达已晚，不接受就是了

11-4-5. 某勘察设计咨询公司 A 与某事业单位合作的成果，其著作权、专利权、专有技术的归属，下列叙述正确的是（　　）。(2012B14)

A. 应归勘察设计咨询公司 A 所有　　B. 应为合作各方共有

C. 应为提供最多资金的企业所有　　D. 应为建设单位所有

11-4-6. 在订立合同时显失公平的合同，当事人可以请求人民法院撤销该合同，其行使撤销权的有效期限是（　　）。(2017A118)

A. 自知道或者应当知道撤销事由之日起五年内

B. 自撤销事由发生之日起一年内

C. 自知道或者应当知道撤销事由之日起一年内

D. 自撤销事由发生之日起五年内

11-4-7. 某学校与某建筑公司签订一份学生公寓建设合同，其中约定：采用总价格合同形式，工程全部费用于验收合格后一次付清，保修期限是六个月等等，而竣工验收时学校发现承重墙体有较多裂缝，但建筑公司认为不影响使用而拒绝修复，8 个月后，该学校公寓内承重墙倒塌而造成 1 人死亡、3 人受伤致残。基于法律规定，下列合同条款认定与后续处理选项正确的是（　　）。(2017B16)

A. 双方的质量期限条款无效，故建筑公司无需赔偿受害者

B. 事故发生时已超过合同质量期限条款，故建筑公司无需赔偿受害者

C. 双方的质量期限条款无效，建筑公司应当向受害者承担赔偿责任

D. 虽事故发生时已超过合同质量期限条款，但人命关天，故建筑公司必须赔偿死者而非伤者

11-4-8. 某建设工程总承包合同约定，材料价格按照市场价格履约，但具体价款没有明

确约定，结算时应当依据的价格是（　　）（2018A118）

A. 订立合同时履行地的市场价格　　B. 结算时买方所在地的市场价格

C. 订立合同时签约地的市场价格　　D. 结算工程所在地的市场价格

答　案

11-4-1.【答案】（D）

《合同法》第二十条规定有下列情形之一的，要约失效：

① 拒绝要约的通知到达要约人；

② 要约人依法撤销要约；

③ 承诺期限届满，受要约人未作出承诺；

④ 受要约人对要约的内容作出实质性变更。

11-4-2.【答案】（C）

参见《合同法》第十条规定，当事人订立合同有书面形式、口头形式和其他形式，法律、行政法规规定采用书面形式的，应该采用书面形式，当事人约定采用书面形式的，应当采用书面形式。

11-4-3.【答案】（B）

参见《合同法》第十五条规定，要约邀请是希望他人向自己发出要约的意思，寄送的价目表、拍卖公告、招标公告、招股说明书、商业广告等为要约邀请，商业广告的内容符合要约的规定视为要约。

11-4-4.【答案】（B）

参见《合同法》第十三条规定，当事人订立合同，采用要约承诺方式；第二十六条规定，承诺到达要约人时生效，承诺不需要通知的，根据交易习惯或者要约的要求作出承诺的行为时生效。本题中，施工单位在期限内对要约发出承诺，承诺已生效。

11-4-5.【答案】（B）

参见《专利法》第八条规定：两个以上单位或个人合作完成的发明创造、一个单位或个人接受其他单位或个人委托所完成的发明创造，除另有协议的除外，申请专利的权利属于完成或者共同完成的单位或个人；申请批准后，申请的单位或者个人为专利权人。

11-4-6.【答案】（C）

《合同法》第五十四条 下列合同，当事人一方有权请求人民法院或者仲裁机构变更或者撤销：（一）因重大误解订立的；（二）在订立合同时显失公平的。第五十五条 有下列情形之一的，撤销权消灭：（一）具有撤销权的当事人自知道或者应当知道撤销事由之日起一年内没有行使撤销权。

11-4-7.【答案】（D）

《建筑工程质量管理条例》第三十九条　建设工程实行质量保修制度，建设工程承包单位在向建设单位提交工程竣工验收报告时，应当向建设单位出具质量保修书。质量保修书应当明确建设工程的保修范围、保修期限和保修责任等。建设工程的保修期，自竣工验收合格之日起计算。国务院规定的保修年限没有最低这个限制词。

11-4-8.【答案】（C）

根据《建设工程质量管理条例》第四十条，在正常使用条件下，建设工程的最低保修期限为：①基础设施工程、房屋建筑的地基基础工程和主体结构工程，为设计文件规定的该工程的合理使用年限；②屋面防水工程、有防水要求的卫生间、房间和外墙面的防渗漏，为 5 年；③供热与供冷系统，为 2 个采暖期、供冷期；④电气管线、给排水管道、设备安装装修工程，为 2 年。其他项目的保修期限由发包方与承包方约定。建设工程的保修期，自竣工验收合格之日起计算。本案中，保修期限为 6 个月远低于国家规定的最低期限，双方的质量期限条款违反了国家强制性法律规定，因此是无效的。建筑公司应当向受害者承担损害赔偿责任。

第五节 中华人民共和国行政许可法

一、考试大纲

总则；行政许可的设定；行政许可的实施机关；行政许可的实施程序；行政许可的费用。

二、知识要点

（一）总则

1.立法宗旨和适用范围

为了规范行政许可的设定和实施，保护公民、法人和其他组织的合法权益，维护公共利益和社会秩序，保障和监督行政机关有效实施行政管理，根据宪法，立法机关制定了行政许可法。

行政许可的设定和实施，适用行政许可法。

有关行政机关对其他机关或者对其直接管理的事业单位的人事、财务、外事等事项的审批，不适用行政许可法。

2.行政许可的设定和实施准则

行政许可是指行政机关根据公民、法人或者其他组织的申请，经依法审查，准予其从事特定活动的行为。

设定和实施行政许可，应当依照法定的权限、范围、条件和程序，应当遵循公开、公平、公正的原则。

有关行政许可的规定应当公布；未经公布的，不得作为实施行政许可的依据。行政许可的实施和结果，除涉及国家秘密、商业秘密或者个人隐私的，应当公开。

符合法定条件、标准的，申请人有依法取得行政许可的平等权利，行政机关不得歧视。实施行政许可，应当遵循便民的原则，提高办事效率，提供优质服务。

3.行政许可的权益保护。

公民、法人或者其他组织对行政机关实施行政许可。享有陈述权、申辩权；有权依法申请行政复议或者提起行政诉讼；其合法权益因行政机关违法实施行政许可受到损害的，有权依法要求赔偿。

公民、法人或者其他组织依法取得的行政许可受法律保护，行政机关不得擅自改变已经生效的行政许可。

（二）行政许可的设定

1.行政许可的设定原则

应当遵循经济和社会发展规律，有利于发挥公民、法人或者其他组织的积极性、主动性，维护公共利益和社会秩序，促进经济、社会和生态环境协调发展。

2.行政许可的设定范围

下列事项可以设定行政许可：

① 直接涉及国家安全、公共安全、经济宏观调控、生态环境保护以及直接关系人身健康、生命财产安全等特定活动，需要按照法定条件予以批准的事项；

② 有限自然资源开发利用、公共资源配置以及直接关系公共利益的特定行业的市场准入等，需要赋予特定权利的事项；

③ 提供公众服务并且直接关系公共利益的职业、行业，需要确定具备特殊信誉、特殊条件或者特殊技能等资格、资质的事项；

④ 直接关系公共安全、人身健康、生命财产安全的重要设备、设施、产品、物品，需要按照技术标准，技术规范，通过检验、检测、检疫等方式进行审定的事项；

⑤ 企业或者其他组织的设立等，需要确定主体资格的事项；

⑥ 法律、行政法规规定可以设定行政许可的其他事项。

（三）行政许可的实施机关

① 具有行政许可权的行政机关在其法定职权范围内实施。

② 法律、法规授权的具有管理公共事务职能的组织，在法定授权范围内，以自己的名义实施行政许可，被授权的组织适用行政许可法有关行政机关的规定。

③ 行政机关在其法定职权范围内，依照法律、法规、规章的规定，可以委托其他行政机关实施行政许可。

（四）行政许可的实施程序

1.申请与受理

公民、法人或者其他组织从事特定活动，依法需要取得行政许可的，应当向行政机关提出申请。

申请书需要采用格式文本的，行政机关应当向申请人提供行政许可申请书格式文本，申请书格式文本中不得包含与申请行政许可事项没有直接关系的内容。

申请人可以委托代理人提出行政许可申请，但是，依法应当由申请人到行政机关办公场所提出行政许可申请的除外。

行政许可申请可以通过信函、电报、电传、传真，电子数据交换和电子邮件等方式提出。

2.审查与决定

行政机关应当对申请人提交的申请材料进行审查，申请人提交的申请材料齐全、符合法定形式，行政机关能够当场作出决定的，应当当场出书面的行政许可决定。

行政机关作出准予行政许可的决定，需要颁发行政许可证件的，应当向申请人颁发加盖本行政机关印章的下列行政许可证件：

① 许可证、执照或者其他许可证书；

② 资格证、资质证或者其他合格证书；

③ 行政机关的批准文件或者证明文件；

④ 法律、法规规定的其他行政许可证件。

行政机关作出的准予行政许可决定，应当予以公开，公众有权查阅。

3. 期限

除可以当场作出行政许可决定的外，行政机关应当自受理行政许可申请之日起二十日内作出行政许可决定。二十日内不能作出决定的，经本行政机关负责人批准，可以延长十日，并应当将延长期限的理由告知申请人，但是，法律、法规另有规定的，依照其规定。

行政许可采取统一办理或者联合办理、集中办理的，办理的时间不得超过四十五日；四十五日内不能办结的，经本级人民政府负责人批准，可以延长十五日，并应当将延长期限的理由告知申请人。

依法应当先经下级行政机关审查后报上级行政机关决定的行政许可，下级行政机关应当自其受理行政许可申请之日起二十日内审查完毕，但是，法律、法规另有规定的，依照其规定。

行政机关作出准予行政许可的决定，应当自作出决定之日起十日内向申请人颁发、送达行政许可证件，或者加贴标签、加盖检验、检测、检疫印章。

行政机关作出行政许可决定，依法需要听证、招标、拍卖、检验、检测、检疫、鉴定和专家评审的，所需时间不计算在本节规定的期限内。行政机关应当将所需时间书面告知申请人。

4. 听证

法律、法规、规章规定实施行政许可应当听证的事项，或者行政机关认为需要听证的其他涉及公共利益的重大行政许可事项，行政机关应当向社会公告，并举行听证。

（1）听证期限

行政许可直接涉及申请人与他人之间重大利益关系的，行政机关在作出行政许可决定前，应当告知申请人、利害关系人享有要求听证的权利；申请人、利害关系人在被告知听证权利之日起五日内提出听证申请的，行政机关应当在二十日内组织听证。

（2）听证费用

申请人、利害关系人不承担行政机关组织听证的费用。

（3）听证程序

听证按照下列程序进行：

① 行政机关应当于举行听证的七日前将举行听证的时间、地点通知申请人、利害关系人，必要时予以公告；

② 听证应当公开举行；

③ 行政机关应当指定审查该行政许可申请的工作人员以外的人员为听证主持人，申请人、利害关系人认为主持人与该行政许可事项有直接利害关系的，有权申请回避；

④ 举行听证时，审查该行政许可申请的工作人员应当提供审查意见的证据、理由，申请人、利害关系人可以提出证据，并进行申辩和质证；

听证应当制作笔录，听证笔录应当交听证参加人确认无误后签字或者盖章。行政机关应当根据听证笔录，作出行政许可决定。

5. 变更与延续

被许可人要求变更行政许可事项的，应当向作出行政许可决定的行政机关提出申请；符合法定条件、标准的，行政机关应当依法办理变更手续。

被许可人需要延续依法取得的行政许可的有效期的，应当在该行政许可有效期届满三十日前向作出行政许可决定的行政机关提出申请，但是，法律、法规、规章另有规定的，依照其规定。

6. 特别规定

实施行政许可法第十二条第二项所列事项的行政许可的，行政机关应当通过招标、拍卖等公平竞争的方式作出决定。但是，法律、行政法规另有规定的，依照其规定。

实施行政许可法第十二条第三项所列事项的行政许可，赋予公民特定资格，依法应当举行国家考试的，行政机关根据考试成绩和其他法定条件作出行政许可决定；赋予法人或者其他组织特定的资格、资质的，行政机关根据申请人的专业人员构成、技术条件、经营业绩和管理水平等的考核结果作出行政许可决定。但是，法律、行政法规另有规定的，依照其规定。

（五）行政许可的费用

行政机关实施行政许可和对行政许可事项进行监督检查，不得收取任何费用。但是，法律、行政法规另有规定的，依照其规定。

行政机关提供行政许可申请书格式文本，不得收费。

行政机关实施行政许可所需经费应当列入本行政机关的预算，由本级财政予以保障，按照批准的预算予以核拨。

行政机关实施行政许可，依照法律、行政法规收取费用的，应当按照公布的法定项目和标准收费；所收取的费用必须全部上缴国库，任何机关或者个人不得以任何形式截留、挪用、私分或者变相私分。

财政部门不得以任何形式向行政机关返还或者变相返还实施行政许可所收取的费用。

历年真题

11-5-1. 根据《行政许可法》的规定，下列可以设定行政许可的事项是（　　）。（2012A119）

A. 企业或者其他组织的设立等，需要确定主体资格的事项

B. 市场竞争机制能够有效调节的事项

C. 行业组织或者中介机构能够自律管理的事项

D. 公民、法人或者其他组织能够自主决定的事项

11-5-2. 根据《行政许可法》的规定，除可以当场作出行政许可决定之外，行政机关应当自受理行政许可之日起作出行政许可决定的时限是（　　）。（2013A119）

A. 5 日之内　　B. 7 日之内　　C. 15 日之内　　D. 20 日之内

11-5-3. 下列情形中，作出行政许可决定的行政机关或者其上级行政机关，应当依法办

理有关行政许可的注销手续的是（　　）。（2014A119）

A. 取得市场准入行政许可的被许可人擅自停业、歇业

B. 行政机关工作人员对直接关系生命财产安全的设施监督检查时，发现存在安全隐患的

C. 行政许可证件依法被吊销的

D. 被许可人未依法履行开发利用自然资源义务的

答　案

11-5-1.【答案】（A）

《行政许可法》第十二条第五款规定，可以设定行政许可的内容包括：①直接涉及国家安全、公共安全、经济宏观调控、生态环境保护以及直接关系人身健康、生命财产安全等特定活动，需要按照法定条件予以批准的事项；②有限资源开发利用、公共资源配置以及直接关系公共利益的特定行业的市场准入等，需要赋予特定权利的事项；③提供公共服务并且直接关系公共利益的职业、行业，需要确定具备特殊信誉、特殊条件或者特殊技能等资格、资质的事项；④直接关系公共安全、人身安全、生命财产安全的重要设备、设施、产品、物品，需要按照技术标注、技术规范，通过检验、检测、检疫等方式进行审定的事项；⑤企业或其他组织的设立等，需要确定主体资格的事项；⑥法律、行政法规规定可以设定行政许可的其他事项，第 13 条规定，本法规第 12 条所列事项，通过以下方式能够予以规范的，可以不设行政许可：a. 公民、法人或者其他组织能够自主决定的；b. 市场竞争机制能够有效调节的；c. 行业组织或者中介机构能够自律管理的；d. 行政机关采用事后监督等其他行政管理方式能够解决的。

11-5-2.【答案】（D）

《行政许可法》第四十二条，除可以当场作出行政许可的决定外，行政机关应当自受理行政许可申请之日起二十日内做出行政许可决定，二十日内不能做出决定的，经本行政机关负责人批准，可以延长十日，并应当将延长期限的理由告知申请人，但是法律、法规另有规定的，依照其规定。

11-5-3.【答案】（C）

根据《行政许可法》第十七条的规定，有下列情形之一的，行政机关应当依法办理有关行政许可的注销手续：行政许可的有效期届满未延续的；赋予公民特定资格的行政许可，该公民死亡或者丧失行为能力的；法人或者其他组织依法终止的；行政许可依法被撤销、撤回或者行政许可证件依法被吊销；因不可抗力导致行政许可事项无法实施的；法律、法规规定的应当注销行政许可的其他情形。

第六节　中华人民共和国节约能源法

一、考试大纲

总则；节能管理；合理使用与节约能源；节能技术进步；激励措施；法律责任。

二、知识要点

（一）总则

1. 立法宗旨

为了推动全社会节约能源。提高能源利用效率，保护和改善环境，促进经济社会全面协调可持续发展，制定节约能源法。

2. 节约能源的定义

能源是指煤炭、石油、天然气、生物质能和电力、热力以及其他直接或者通过加工、转换而取得有用能的各种资源。

节约能源（以下简称节能），是指加强用能管理，采取技术上可行、经济上合理以及环境和社会可以承受的措施，从能源生产到消费的各个环节，降低消耗、减少损失和污染物排放、制止浪费，有效、合理地利用能源。

3. 国家计划和政策导向

国家实施节约与开发并举、把节约放在首位的能源发展战略。

国家实行节能目标责任制和节能考核评价制度，将节能目标完成情况作为对地方人民政府及其负责人考核评价的内容。

国家实行有利于节能和环境保护的产业政策，限制发展高耗能、高污染行业，发展节能环保型产业。

国家鼓励、支持开发和利用新能源、可再生能源，鼓励、支持节能科学技术的研究、开发、示范和推广，促进节能技术创新与进步。

（二）节能管理

1. 标准规定

国务院标准化主管部门和国务院有关部门依法组织制定并适时修订有关节能的国家标准、行业标准，建立健全节能标准体系。

2. 国家监管职责

国家实行固定资产投资项目节能评估和审查制度。不符合强制性节能标准的项目，依法负责项目审批或者核准的机关不得批准或者核准建设；建设单位不得开工建设；已经建成的，不得投入生产、使用。具体办法由国务院管理节能工作的部门会同国务院有关部门制定。

国家对落后的耗能过高的用能产品、设备和生产工艺实行淘汰制度。淘汰的用能产品、设备、生产工艺的目录和实施办法，由国务院管理节能工作的部门会同国务院有关部门制定并公布。

国家禁止生产、进口、销售明令淘汰或者不符合强制性能源效率标准的用能产品、设备；禁止使用国家明令淘汰的用能设备、生产工艺。

国家对家用电器等使用面广、耗能量大的用能产品，实行能源效率标识管理。实行能源效率标识管理的产品目录和实施办法，由国务院管理节能工作的部门会同国务院产品质量监督部门制定并公布。

3. 生产消费者职责

生产者和进口商应当对列入国家能源效率标识管理产品目录的用能产品标注能源效率

标识，在产品包装物上或者说明书中予以说明，并按照规定报国务院产品质量监督部门和国务院管理节能工作的部门共同授权的机构备案。

生产者和进口商应当对其标注的能源效率标识及相关信息的准确性负责。禁止销售应当标注而未标注能源效率标识的产品，禁止伪造、冒用能源效率标识或者利用能源效率标识进行虚假宣传。

用能产品的生产者、销售者，可以根据自愿原则，按照国家有关节能产品认证的规定，向经国务院认证认可监督管理部门认可的从事节能产品认证的机构提出节能产品认证申请；经认证合格后，取得节能产品认证证书，可以在用能产品或者其包装物上使用节能产品认证标志，禁止使用伪造的节能产品认证标志或者冒用节能产品认证标志。

（三）合理使用与节约能源

1.一般规定

用能单位应当按照合理用能的原则，加强节能管理，制定并实施节能计划和节能技术措施，降低能源消耗。

用能单位应当建立节能目标责任制，对节能工作取得成绩的集体、个人给予奖励，定期开展节能教育和岗位节能培训。

用能单位应当建立能源消费统计和能源利用状况分析制度，对各类能源的消费实行分类计量和统计，并确保能源消费统计数据真实、完整。

能源生产经营单位不得向本单位职工无偿提供能源，任何单位不得对能源消费实行包费制。

2.工业节能

国务院和省、自治区、直辖市人民政府推进能源资源优化开发利用和合理配置，推进有利于节能的行业结构调整，优化用能结构和企业布局。

国家鼓励工业企业采用高效、节能的电动机、锅炉、窑炉、风机、泵类等设备，采用热电联产、余热余压利用、洁净煤以及先进的用能监测和控制等技术。

电网企业应当按照国务院有关部门制定的节能发电调度管理的规定，安排清洁、高效和符合规定的热电联产、利用余热余压发电的机组以及其他符合资源综合利用规定的发电机组与电网并网运行，上网电价执行国家有关规定。

3.建筑节能

（1）建筑节能要求

建筑工程的建设、设计、施工和监理单位应当遵守建筑节能标准，不符合建筑节能标准的建筑工程，建设主管部门不得批准开工建设；已经开工建设的，应当责令停止施工、限期改正；已经建成的，不得销售或者使用。

房地产开发企业在销售房屋时，应当向购买人明示所售房屋的节能措施、保温工程保修期等信息，在房屋买卖合同、质量保证书和使用说明书中载明，并对其真实性、准确性负责。

使用空调采暖、制冷的公共建筑应当实行室内湿度控制制度，具体办法由国务院建设主管部门制定。

国家采取措施，对实行集中供热的建筑分步骤实行供热分户计量、按照用热量收费的制度。新建建筑或者对既有建筑进行节能改造，应当按照规定安装用热计量装置、室内温度调控装置和供热系统调控装置。具体办法由国务院建设主管部门会同国务院有关部门制定。

（2）建筑节能管理

国务院建设主管部门负责全国建筑节能的监督管理工作，县级以上地方各级人民政府建设主管部门负责本行政区域内建筑节能的监督管理工作。

县级以上地方各级人民政府有关部门应当加强城市节约用电管理，严格控制公用设施和大型建筑物装饰性景观照明的能耗。

国家鼓励在新建建筑和既有建筑节能改造中使用新型墙体材料等节能建筑材料和节能设备，安装和使用太阳能等可再生能源利用系统。

4.交通运输节能

国务院有关交通运输主管部门按照各自的职责负责全国交通运输相关领域的节能监督管理工作，并会同国务院管理节能工作的部门分别制定相关领域的节能规划。

国家鼓励开发、生产、使用节能环保型汽车、摩托车、铁路机车车辆、船舶和其他交通运输工具，实行老旧交通运输工具的报废、更新制度，鼓励开发和推广应用交通运输工具使用的清估燃料、石油替代燃料。

5.公共机构节能

（1）公共机构节能规划

公共机构是指全部或者部分使用财政性资金的国家机关、事业单位和团体组织。公共机构应当厉行节约，杜绝浪费，带头使用节能产品、设备，提高能源利用效率。

国务院和县级以上地方各级人民政府管理机关事务工作的机构会同同级有关部门制定和组织实施本级公共机构节能规划，公共机构节能规划应当包括公共机构既有建筑节能改造计划。

（2）公共机构节能准则

① 公共机构应当制定年度节能目标和实施方案，加强能源消费计量和监测管理，向本级人民政府管理机关事务工作的机构报送上年度的能源消费状况报告。

② 公共机构应当加强本单位用能系统管理，保证用能系统的运行符合国家相关标准，并按照规定进行能源审计，并根据能源审计结果采取提高能源利用效率的措施。

③ 公共机构采购用能产品、设备，应当优先采购列入节能产品、设备政府采购名录中的产品、设备，禁止采购国家明令淘汰的用能产品、设备。

④ 节能产品，设备政府采购名录由省级以上人民政府的政府采购监督管理部门会同同级有关部门制定并公布。

（四）节能技术进步

国务院管理节能工作的部门会同国务院科技主管部门发布节能技术政策大纲，指导节能技术研究、开发和推广应用，制定并公布节能技术、节能产品的推广目录，引导用能单位和个人使用先进的节能技术、节能产品，组织实施重大节能科研项目、节能示范项目、重点节能工程。

县级以上各级人民政府应当把节能技术研究开发作为政府科技投入的重点领域，支持科研单位和企业开展节能技术应用研究，制定节能标准，开发节能共性和关键技术，促进节能技术创新与成果转化。

县级以上各级人民政府应当按照因地制宜、多能互补、综合利用、讲求效益的原则，加强农业和农村节能工作，增加对农业和农村节能技术、节能产品推广应用的资金投入。

农业、科技等有关主管部门应当支持、推广在农业生产、农产品加工储运等方面应用节能技术和节能产品，鼓励更新和淘汰高耗能的农业机械和渔业船舶。

国家鼓励、支持在农村大力发展沼气，推广生物质能、太阳能和风能等可再生能源利用技术，按照科学规划、有序开发的原则发展小型水力发电，推广节能型的农村住宅和炉灶等，鼓励利用非耕地种植能源植物，大力发展薪炭林等能源林。

（五）激励措施

1.财政补贴

中央财政和省级地方财政安排节能专项资金，支持节能技术研究开发、节能技术和产品的示范与推广、重点节能工程的实施、节能宣传培训、信息服务和表彰奖励等。

国家通过财政补贴支持节能照明器具等节能产品的推广和使用。

2.税收政策

国家实行有利于节约能源资源的税收政策，健全能源矿产资源有偿使用制度，促进能源资源的节约及其开采利用水平的提高。

国家运用税收等政策，鼓励先进节能技术、设备的进口，控制在生产过程中耗能高、污染重的产品的出口。

3.信贷支持

国家引导金融机构增加对节能项目的信贷支持，为符合条件的节能技术研究开发、节能产品生产以及节能技术改造等项目提供优惠贷款。

国家推动和引导社会有关方面加大对节能的资金投入，加快节能技术改造。

4.价格政策

国家实行有利于节能的价格政策，引导用能单位和个人节能。

国家运用财税、价格等政策，支持推广电力需求侧管理、合同能源管理、节能自愿协议等节能办法。

国家实行峰谷分时电价、季节性电价、可中断负荷电价制度，鼓励电力用户合理调整用电负荷；对钢铁、有色金属、建材、化工和其他主要耗能行业的企业，分淘汰、限制、允许和鼓励类实行差别电价政策。

5.表彰奖励

各级人民政府对在节能管理、节能科学技术研究和推广应用中有显著成绩以及检举严重浪费能源行为的单位和个人，给予表彰和奖励。

（六）法律责任

1.产能单位的法律责任

生产、进口、销售国家明令淘汰的用能产品、设备的，使用伪造的节能产品认证标志或者冒用节能产品认证标志的，依照《中华人民共和国产品质量法》的规定处罚。

生产、进口、销售不符合强制性能源效率标准的用能产品、设备的，由产品质量监督部门责令停止生产、进口、销售，没收违法生产、进口、销售的用能产品、设备和违法所得，并处违法所得一倍以上五倍以下罚款；情节严重的，由工商行政管理部门吊销营业执照。

生产单位超过单位产品能耗限额标准用能，情节严重，经限期治理逾期不治理或者没有达到治理要求的，可以由管理节能工作的部门提出意见，报请本级人民政府按照国务院规定的权限责令停业整顿或者关闭。

违反节约能源法规定，应当标注能源效率标识而未标注的，由产品质量监督部门责令改正，处三万元以上五万元以下罚款。

未办理能源效率标识备案，或者使用的能源效率标识不符合规定的，由产品质量监督部门责令限期改正；逾期不改正的，处一万元以上三万元以下罚款。

伪造、冒用能源效率标识或者利用能源效率标识进行虚假宣传的，由产品质量监督部门责令改正，处五万元以上十万元以下罚款；情节严重的，由工商行政管理部门吊销营业执照。

2. 用能单位的法律责任

使用国家明令淘汰的用能设备或者生产工艺的，由管理节能工作的部门责令停止使用，没收国家明令淘汰的用能设备；情节严重的，可以由管理节能工作的部门提出意见，报请本级人民政府按照国务院规定的权限责令停业整顿或者关闭。

用能单位未按照规定配备、使用能源计量器具的，由产品质量监督部门责令限期改正；逾期不改正的，处一万元以上五万元以下罚款。

违反节约能源法规定，无偿向本单位职工提供能源或者对能源消费实行包费制的，由管理节能工作的部门责令限期改正；逾期不改正的，处五万元以上二十万元以下罚款。

建设单位违反建筑节能标准的，由建设主管部门责令改正，处二十万元以上五十万元以下罚款。

设计单位、施工单位、监理单位违反建筑节能标准的，由建设主管部门责令改正，处十万元以上五十万元以下罚款；情节严重的，由颁发资质证书的部门降低资质等级或者吊销资质证书；造成损失的，依法承担赔偿责任。

房地产开发企业违反本法规定，在销售房屋时未向购买人明示所售房屋的节能措施、保温工程保修期等信息的，由建设主管部门责令限期改正，逾期不改正的，处三万元以上五万元以下罚款；对以上信息作虚假宣传的，由建设主管部门责令改正，处五万元以上二十万元以下罚款。

3. 重点用能单位的法律责任

重点用能单位未按照节约能源法规定报送能源利用状况报告或者报告内容不变的，由管理节能工作的部门责令限期改正；逾期不改正的，处一万元以上五万元以下罚款。

重点用能单位未按照节约能源法规定设立能源管理岗位，聘任能源管理负责人，并报管理节能工作的部门和有关部门备案的，由管理节能工作的部门责令改正；拒不改正的，处一万元以上三万元以下罚款。

4. 其他单位和个人的法律责任

从事节能咨询、设计、评估、检测、审计、认证等服务的机构提供虚假信息的，由管理节能工作的部门责令改正，没收违法所得，并处五万元以上十万元以下罚款。

公共机构采购用能产品、设备，未优先采购列入节能产品、设备政府采购名录中的产品、设备，或者采购国家明令淘汰的用能产品、设备的，由政府采购监督管理部门给予警告，可以并处罚款；对直接负责的主管人员和其他直接责任人员依法给予处分，并予通报。

国家工作人员在节能管理工作中滥用职权、玩忽职守、徇私舞弊，构成犯罪的，依法追究刑事责任；尚不构成犯罪的，依法给予处分。

历年真题

11-6-1. 根据《中华人民共和国节约能源法》规定，国家实施的能源发展战略是（　　）。（2011A118）

A. 限制发展高耗能、高污染行业，发展节能环保型产业

B. 节约与开发并举，把节约放在首位

C. 合理调整产业结构、企业结构、产品结构和能源消费结构

D. 开发和利用新能源、可再生能源

答　案

11-6-1.【答案】（B）

《中华人民共和国节约能源法》第四条规定，节约资源是我国的基本国策。国家实施节约与开发并举，把节约放在首位的能源发展战略。

第七节　中华人民共和国环境保护法

一、考试大纲

总则；环境监督管理；保护和改善环境；防治环境污染和其他公害；法律责任。

二、知识要点

（一）总则

1. 立法宗旨和适用范围

为保护和改善生活环境与生态环境，防治污染和其他公害，保障人体健康，促进社会主义现代化建设的发展，制定了《中华人民共和国环境保护法》。

本法所称环境，是指影响人类生存和发展的各种天然的和经过人工改造的自然因素的总体，包括大气、水、海洋、土地、矿藏、森林、草原、野生生物、自然遗迹、人文遗迹、自然保护区、风景名胜区、城市和乡村等。

环境保护法适用于中华人民共和国领域和中华人民共和国管辖的其他海域。

2. 国家环保规划

国家制定的环境保护规划必须纳入国民经济和社会发展计划，国家采取有利于环境保护的经济、技术政策和措施，使环境保护工作同经济建设和社会发展相协调。

国家鼓励环境保护科学教育事业的发展，加强环境保护科学技术的研究和开发，提高

环境保护科学技术水平，普及环境保护的科学知识。

对保护环境有显著成绩的单位和个人，由人民政府给予奖励。

3. 监督部门

国务院环境保护行政主管部门，对全同环境保护工作实施统一监督管理。

县级以上地方人民政府环境保护行政主管部门，对本辖区的环境保护工作实施统一监督管理。

国家海洋行政主管部门、港务监督、渔政渔港监督、军队环境保护部门和各级公安、交通、铁道、民航管理部门，依照有关法律的规定对环境污染防治实施监督管理。

县级以上人民政府的土地、矿产、林业、农业、水利行政主管部门，依照有关法律的规定对资源的保护实施监督管理。

一切单位和个人都有保护环境的义务，并有权对污染和破坏环境的单位和个人进行检举和控告。

（二）环境监督管理

1. 环境质量标准的制定

国务院环境保护行政主管部门制定国家环境质量标准，省、自治区、直辖市人民政府对国家环境质量标准中未作规定的项目，可以制定地方环境质量标准，并报国务院环境保护行政主管部门备案。

2. 环境监测制度

国务院环境保护行政主管部门建立监测制度，制定监测规范，会同有关部门组织监测网络，加强对环境监测和管理。

国务院和省、自治区、直辖市人民政府的环境保护行政主管部门，应当定期发布环境状况公报。

县级以上人民政府环境保护行政主管部门，应当会同有关部门对管辖范围内的环境状况进行调查和评价。

3. 环境污染报告制度

建设污染环境的项目，必须遵守国家有关建设项目环境保护管理的规定。

建设项目的环境影响报告书，必须对建设项目产生的污染和对环境的影响作出评价，规定防治措施，经项目主管部门预审并依照规定的程序报行政主管部门批准。

环境影响报告书经批准后，计划部门方可批准建设项目设计任务书。

（三）保护和改善环境

1. 政府的基本职责

地方各级人民政府，应当对本辖区的环境质量负责，采取措施改善环境质量。

开发利用自然资源，必须采取措施保护生态环境。

城乡建设应当结合当地自然环境的特点，保护植被、水域和自然景观，加强城市园林、绿地和风景名胜区的建设。

制定城市规划，应当确定保护和改善环境的目标和任务。

2. 对农业环境的保护

各级人民政府应当加强对农业环境的保护，防治土壤污染、土地沙化、盐渍化、贫瘠化、沼泽化、地面沉降和防治植被破坏、水土流失、水源枯竭、种源灭绝以及其他生态失调现象的发生和发展，推广植物病虫害的综合防治，合理使用化肥、农药及植物生长激素。

3.对海洋环境的保护

国务院和沿海地方各级人民政府应当加强对海洋环境的保护。

向海洋排放污染物、倾倒废弃物，进行海岸工程建设和海洋石油勘探开发，必须依照法律的规定，防止对海洋环境的污染损害。

4.对特殊区域环境的保护

在国务院、国务院有关主管部门和省、自治区、直辖市人民政府划定的风景名胜区、自然保护区和其他需要特别保护的区域内，不得建设污染环境的工业生产设施；建设其他设施，其污染物排放不得超过规定的排放标准。已经建成的设施，其污染物排放超过规定的排放标准的，限期治理。

各级人民政府对具有代表性的各种类型的自然生态系统区域，珍稀、濒危的野生动植物自然分布区域，重要的水源涵养区域，具有重大科学文化价值的地质构造、著名溶洞和化石分布区、冰川、火山、温泉等自然遗迹，以及人文遗迹、古树名木，应当采取措施加以保护，严禁破坏。

（四）防治环境污染和其他公害

1.排污企事业单位的基本要求

产生环境污染和其他公害的单位，必须把环境保护工作纳入计划，建立环境保护责任制度；采取有效措施，防治在生产建设或者其他活动中产生的废气、废水、废渣、粉尘、恶臭气体、放射性物质以及噪声、振动、电磁波辐射等对环境的污染和危害。

新建工业企业和现有工业企业的技术改造，应当采用资源利用率高、污染物排放量少的设备和工艺，采用经济合理的废弃物综合利用技术和污染物处理技术。

建设项目防治污染的设施，必须与主体工程同时设计、同时施工、同时投产使用。防治污染的设施必须经原审批环境影响报告书的环境保护行政主管部门验收合格后，该建设项目方可投入生产或者使用。

防治污染的设施不得擅自拆除或者闲置，确有必要拆除或者闲置的，必须征得所在地的环境保护行政主管部门同意。

排放污染物的企业事业单位，必须依照国务院环境保护行政主管部门的规定申报登记。

2.对排污超标企事业单位的处理

排放污染物超过国家或者地方规定的污染物排放标准的企业事业单位，依照国家规定缴纳超标准排污费，并负责治理。

水污染防治法另有规定的，依照水污染防治法的规定执行。

征收的超标准排污费必须用于污染的防治，不得挪作他用，具体使用办法由国务院规定。对造成环境严重污染的企业事业单位，限期治理。

中央或者省、自治区、直辖市人民政府直接管辖的企业事业单位的限期治理，由省、自治区、直辖市人民政府决定。市、县或者市、县以下人民政府管辖的企业事业单位的限期治理，由市、县人民政府决定，被限期治理的企业事业单位必须如期完成治理任务。

3.环保部门的报告义务

因发生事故或者其他突然性事件，造成或者可能造成污染事故的单位，必须立即采取措施处理，及时通报可能受到污染危害的单位和居民，并向当地环境保护行政主管部门和有关部门报告，接受调查处理。

县级以上地方人民政府环境保护行政主管部门，在环境受到严重污染威胁居民生命财产安全时，必须立即向当地人民政府报告，由人民政府采取有效措施，解除或者减轻危害。

（五）法律责任

1.排污企事业单位的法律责任

排污企事业单位有下列行为之一的，环境保护行政主管部门或者其他依照法律规定行使环境监督管理权的部门可以根据不同情节，给予警告或者处以罚款：

① 拒绝环境保护行政主管部门或者其他依照法律规定行使环境监督管理权的部门现场检查或者在被检查时弄虚作假的。

② 拒报或者谎报国务院环境保护行政主管部门规定的有关污染物排放申报事项的。

③ 不按国家规定缴纳超标准排污费的。

④ 引进不符合我国环境保护规定要求的技术和设备的。

⑤ 将产生严重污染的生产设备转移给没有污染防治能力的单位使用的。

建设项目的防治污染设施没有建成或者没有达到国家规定的要求，投入生产或者使用的，由批准该建设项目的环境影响报告书的环境保护行政主管部门责令停止生产或者使用，可以并处罚款。

未经环境保护行政主管部门同意，擅自拆除或者闲置防治污染的设施，污染物排放超过规定的排放标准的，由环境保护行政主管部门责令重新安装使用，并处罚款。

造成环境污染事故的企业事业单位，由环境保护行政主管部门或者其他依照法律规定行使环境监督管理权的部门根据所造成的危害后果处以罚款；情节较重的，对有关责任人员由其所在单位或者政府主管机关给予行政处分。

对经限期治理逾期未完成治理任务的企业事业单位，除依照国家规定加收超标准排污费外，可以根据所造成的危害后果处以罚款，或者责令停业、关闭。

造成重大环境污染事故，导致公私财产重大损失或者人身伤亡的严重后果的，对直接责任人员依法追究刑事责任。

造成土地、森林、草原、水、矿产、渔业、野生动植物等资源的破坏的，依照有关法律的规定承担法律责任。

2.环保监督管理人员的法律责任

环境保护监督管理人员滥用职权、玩忽职守、徇私舞弊的，由其所在单位或者上级主管机关给予行政处分；构成犯罪的，依法追究刑事责任。

当事人对行政处罚决定不服的，可以在接到处罚通知之日起十五日内，向作出处罚决定的机关的上一级机关申请复议；对复议决定不服的，可以在接到复议决定之日起十五日内，向人民法院起诉。

因环境污染损害赔偿提起诉讼的时效期间为三年。从当事人知道或者应当知道受到污染损害时起计算。

历年真题

11-7-1. 根据《中华人民共和国环境保护法》的规定，下列关于企业事业单位排放污染物的规定中，正确的是（　　）。(2011A119)

A. 排放污染物的企业事业单位，必须申报登记

B. 排放污染物超过标准的企业事业单位，或者缴纳超标准排污费，或者负责治理

C. 征收的超标准排污费必须用于该单位污染的治理，不得挪作他用

D. 对造成环境严重污染的企业事业单位，限期关闭

11-7-2. 根据《环境保护法》规定，下列关于建设项目中防治污染的设施的说法中，不正确的是（　　）。(2016A119)

A. 防治污染的设施，必须与主体工程同时设计、同时施工、同时投入使用

B. 防治污染的设施不得擅自拆除

C. 防治污染的设施不得擅自闲置

D. 防治污染的设施经建设行政主管部门验收合格后方可投入生产或者使用

11-7-3. 建设项目对环境可能造成轻度影响的，应当编制（　　）。(2013B14)

A. 环境影响报告书　　B. 环境影响报告表

C. 环境影响分析表　　D. 环境影响登记表

11-7-4. 某城市计划对本地城市建设进行全面规划，根据《环境保护法》的规定，下列城乡建设行为不符合《环境保护法》规定的是（　　）。(2018A119)

A. 加强在自然景观中修建人文景观　　B. 有效保护植被、水域

C. 加强城市园林、绿地园林　　D. 加强风景名胜区的建设

答　案

11-7-1.【答案】(A)

《环境保护法》第二十七条规定，排放污染物的企业事业单位，必须依照国务院环境保护行政主管部门的规定申报登记。

11-7-2.【答案】(D)

《环境保护法》第四十一条规定，建设项目防止污染的设施，应当与主体工程同时设计、同时施工、同时投产使用。防治污染的设施应当符合经批准的环境影响评价文件的要求，不得擅自拆除或者闲置。D 项描述错误。

11-7-3.【答案】(B)

参见《环境影响评价法》第三章（建设项目的环境影响评价）第十六条的规定：国家根据建设项目对环境的影响程度，对建设项目的环境影响评价实行分类管理。建设单位应当按照下列规定组织编制环境影响报告书、环境影响报告表或者环境影响登记表：

（一）可能造成重大环境影响的，应当编制环境影响报告书，对产生的环境影响进行

全面评价。

（二）可能造成轻度环境影响的，应当编制环境影响报告表，对产生的环境影响进行分析或者专项评价。

（三）对环境影响很小，不需要进行环境影响评价的，应当填报环境影响登记表。建设项目的环境影响评价分类管理目录，由国务院环境保护行政主管部门制定并公布。

1. 建设工程实行施工总承包的，由总承包单位对施工现场的安全生产负总责。

2. 总承包单位应当自行完成建设工程主体结构的施工。

3. 总承包单位依法将建设工程分包给其他单位的，分包合同中应明确各自的安全生产方面的权利、义务。总承包单位和分包单位对分包工程的安全生产承担连带责任。

4. 分包单位应当服从总承包单位的安全生产管理，分包单位不服从管理导致生产安全事故的，由分包单位承担主要责任。

11-7-4.【答案】（A）

在自然景观中修建人文景观会破坏自然景观，故不符合《环境保护法》。

第八节　建设工程勘察设计管理条例

一、考试大纲

总则；资质资格管理；建设工程勘察设计发包与承包；建设工程勘察设计文件的编制与实施；监督管理。

二、知识要点

（一）总则

1. 立法宗旨

为了加强对建设工程勘察、设计活动的管理，保证建设工程勘察、设计质量，保护人民生命和财产安全，国务院制定了《建设工程勘察设计管理条例》，从事建设工程勘察、设计活动，必须遵守本条例。

2. 建设工程勘察设计定义

建设工程勘察，是指根据建设工程的要求，查明、分析、评价建设场地的地质地理环境特征和岩土工程条件，编制建设工程勘察文件的活动。

建设工程设计，是指根据建设工程的要求，对建设工程所需的技术、经济、资源、环境等条件进行综合分析、论证，编制建设工程设计文件的活动。

3. 活动原则

从事建设工程勘察、设计活动，应当坚持先勘察、后设计、再施工的原则。

4. 政府管理

县级以上人民政府建设行政主管部门和交通、水利等有关部门应当依照本条例的规定，加强对建设工程勘察、设计活动的监督管理。

建设工程勘察、设计单位必须依法进行建设工程勘察、设计，严格执行工程建设强制性标准，并对建设工程勘察、设计的质量负责。

（二）资质资格管理

1.资质资格要求

建设工程勘察、设计单位应当在其资质等级许可的范围内承揽建设工程勘察、设计业务。

禁止建设工程勘察、设计单位超越其资质等级许可的范围或者以其他建设工程勘察、设计单位的名义承揽建设工程勘察、设计业务。

禁止建设工程勘察、设计单位允许其他单位或者个人以本单位的名义承揽建设工程勘察、设计业务。

建设工程勘察、设计注册执业人员和其他专业技术人员只能受聘于一个建设工程勘察、设计单位；未受聘于建设工程勘察、设计单位的，不得从事建设工程的勘察、设计活动。

建设工程勘察、设计单位资质证书和执业人员注册证书，由国务院建设行政主管部门统一制作。

未经注册的建设工程勘察、设计人员，不得以注册执业人员的名义从事建设工程勘察、设计活动。

2.资质资格的监督管理

国家对从事建设工程勘察、设计活动的单位，实行资质管理制度，具体办法由国务院建设行政主管部门会同国务院有关部门制定。国家对从事建设工程勘察、设计活动的专业技术人员，实行执业资格注册管理制度。

（三）建设工程勘察设计发包与承包

1.发包

建设工程勘察、设计发包依法实行招标发包或者直接发包。

建设工程勘察、设计实行招标发包的，应当依照《中华人民共和国招标投标法》的规定。

建设工程勘察、设计方案评标，应当以投标人的业绩、信誉和勘察、设计人员的能力以及勘察、设计方案的优劣为依据，进行综合评定。

建设工程勘察、设计的招标人应当在评标委员会推荐的候选方案中确定中标方案。但是，建设工程勘察、设计的招标人认为评标委员会推荐的候选方案不能最大限度满足招标文件规定的要求的，应当依法重新招标。

2.直接发包

下列建设工程的勘察、设计，经有关主管部门批准，可以直接发包：

（1）采用特定的专利或者专有技术的；

（2）建筑艺术造型有特殊要求的；

（3）国务院规定的其他建设工程的勘察、设计。

发包方不得将建设工程勘察、设计业务发包给不具有相应勘察、设计资质等级的建设工程勘察、设计单位。

发包方可以将整个建设工程的勘察、设计发包给一个勘察、设计单位；也可以将建设工程的勘察、设计分别发包给几个勘察、设计单位。

3.承包

承包方必须在建设工程勘察、设计资质证书规定的资质等级和业务范围内承揽建设工程的勘察、设计业务。

除建设工程主体部分的勘察、设计外，经发包方书面同意，承包方可以将建设工程其他部分的勘察、设计再分包给其他具有相应资质等级的建设工程勘察、设计单位。

建设工程勘察、设计单位不得将所承揽的建设工程勘察、设计转包。

（四）建设工程勘察设计文件的编制与实施

1.文件编制依据

编制建设工程勘察、设计文件，应当以下列规定为依据：

① 项目批准文件；

② 城市规划；

③ 工程建设强制性标准；

④ 国家规定的建设工程勘察、设计深度要求。铁路、交通、水利等专业建设工程，还应当以专业规划的要求为依据。

2.编制要求

编制建设工程勘察文件，应当真实、准确，满足建设工程规划、选址、设计、岩土治理和施工的需要。

编制方案设计文件，应当满足编制初步设计文件和控制概算的需要。

编制初步设计文件，应当满足编制施工招标文件、主要设备材料订货和编制施工图设计文件的需要。

编制施工图设计文件，应当满足设备材料采购、非标准设备制作和施工的需要，并注明建设工程合理使用年限。

设计文件中选用的材料、构配件、设备，应当注明其规格、型号、性能等技术指标，其质量要求必须符合国家规定的标准。除有特殊要求的建筑材料、专用设备和工艺生产线等外，设计单位不得指定生产厂、供应商。

3.文件的修改

建设单位、施工单位、监理单位不得修改建设工程勘察、设计文件；确需修改建设工程勘察、设计文件的，应当由原建设工程勘察、设计单位修改。经原建设工程勘察、设计单位书面同意，建设单位也可以委托其他具有相应资质的建设工程勘察、设计单位修改，修改单位对修改的勘察、设计文件承担相应责任。

施工单位、监理单位发现建设工程勘察、设计文件不符合工程建设强制性标准，合同约定的质量要求的，应当报告建设单位，建设单位有权要求建设工程勘察、设计单位对建设工程勘察、设计文件进行补充、修改。

建设工程勘察、设计文件内容需要作重大修改的，建设单位应当报经原审批机关批准后，方可修改。

4.文件的审定

建设工程勘察、设计文件中规定采用的新技术、新材料，可能影响建设工程质量和安全，又没有国家技术标准的，应当由国家认可的检测机构进行试验、论证，出具检测报告，并经国务院有关部门或者省、自治区、直辖市人民政府有关部门组织的建设工程技术专家委员会审定后，方可使用。

5. 文件的实施

建设工程勘察、设计单位应当在建设工程施工前，向施工单位和监理单位说明建设工程勘察、设计意图，解释建设工程勘察、设计文件，建设工程勘察、设计单位应当及时解决施工中出现的勘察、设计问题。

（五）监督管理

国务院建设行政主管部门对全国的建设工程勘察、设计活动实施统一监督管理。国务院铁路、交通、水利等有关部门按照国务院规定的职责分工，负责对全国的有关专业建设工程勘察、设计活动的监督管理。

县级以上地方人民政府建设行政主管部门对本行政区域内的建设工程勘察、设计活动实施监督管理。县级以上地方人民政府交通、水利等有关部门在各自的职责范围内，负责对本行政区域内的有关专业建设工程勘察、设计活动的监督管理。

建设工程勘察、设计单位在建设工程勘察、设计资质证书规定的业务范围内跨部门、跨地区承揽勘察、设计业务的，有关地方人民政府及其所属部门不得设置障碍，不得违反国家规定收取任何费用。

县级以上人民政府建设行政主管部门或者交通、水利等有关部门应当对施工图设计文件中涉及公共利益、公众安全、工程建设强制性标准的内容进行审查，施工图设计文件未经审查批准的，不得使用。

任何单位和个人对建设工程勘察、设计活动中的违法行为都有权检举、控告、投诉。

（六）罚则

未经注册，擅自以注册建设工程勘察、设计人员的名义从事建设工程勘察、设计活动的，责令停止违法行为，没收违法所得，处违法所得 2 倍以上 5 倍以下的罚款；情节严重的，可以责令停止执行业务或者吊销资格证书；给他人造成损失的，依法承担赔偿责任。

发包方将建设工程勘察、设计业务发包给不具有相应资质等级的建设工程勘察、设计单位的，责令改正，处 50 万元以上 100 万元以下的罚款。

建设工程勘察、设计单位将所承揽的建设工程勘察、设计转包的，责令改正，没收违法所得，处合同约定的勘察费、设计费 25%以上 50%以下的罚款，可以责令停业整顿，降低资质等级；情节严重的，吊销资质证书。

历年真题

11-8-1. 根据《建设工程勘察设计管理条例》的规定，建设工程勘察、设计方案的评标一般不考虑（　　）。（2011A120）

A. 投标人资质　　B. 勘察、设计方案的优劣

C. 设计人员的能力　　D. 投标人的业绩

答案

11-8-1.【答案】（A）

根据《建设工程勘察设计管理条例》第十四条的规定，建设工程勘察、设计方案评标，应当以投标人的业绩、信誉和勘察、设计人员的能力以及勘察、设计方案的优劣作为依据，进行综合评定。

第九节　建设工程质量管理条例

一、考试大纲

总则；建设单位的质量责任和义务；勘察设计单位的质量责任和义务；施工单位的质量责任和义务；工程监理单位的质量责任和义务；建设工程质量保修。

二、知识要点

（一）总则

1.立法宗旨和适用范围

为了加强对建设工程质量的管理，保证建设工程质量，保护人民生命和财产安全，根据《中华人民共和国建筑法》，制定《建设工程质量管理条例》。

凡在中华人民共和国境内从事建设工程的新建、扩建、改建等有关活动及实施对建设工程质量监督管理的，必须遵守本条例。

2.负责管理单位

建设单位、勘察单位、设计单位、施工单位、工程监理单位依法对建设工程质量负责，县级以上人民政府建设行政主管部门和其他有关部门应当加强对建设工程质量的监督管理。

3.质量管理准则

从事建设工程活动，必须严格执行基本建设程序，坚持先勘察、后设计、再施工的原则。县级以上人民政府及其有关部门不得超越权限审批建设项目或者擅自简化基本建设程序。

（二）建设单位的质量责任和义务

1.工程发包方面

建设单位应当将工程发包给具有相应资质等级的单位，建设单位不得将建设工程肢解发包。

建设单位应当依法对工程建设项目的勘察、设计、施工、监理以及与工程建设有关的重要设备、材料等的采购进行招标。

建设单位必须向有关的勘察、设计、施工、工程监理等单位提供与建设工程有关的原始资料，原始资料必须真实、准确、齐全。

建设工程发包单位不得迫使承包方以低于成本的价格竞标，不得任意压缩合理工期，不得明示或者暗示设计单位或者施工单位违反工程建设强制性标准，降低建设工程质量。

2.施工图设计文件方面

建设单位应当将施工图设计文件报县级以上人民政府建设行政主管部门或者其他有关部门审查。施工图设计文件审查的具体办法，由国务院建设行政主管部门会同国务院其他有关部门制定。

施工图设计文件未经审查批准的，不得使用。

3.监理方面

实行监理的建设工程，建设单位应当委托其有相应资质等级的工程监理单位进行监理，也可以委托具有工程监理相应资质等级并与被监理工程的施工承包单位没有隶属关系或者其他利害关系的该工程的设计单位进行监理。

下列建设工程必须实行监理：

① 国家重点建设工程；

② 大中型公用事业工程；

③ 成片开发建设的住宅小区工程；

④ 利用外国政府或者国际组织贷款、援助资金的工程；

⑤ 国家规定必须实行监理的其他工程。

4.竣工验收方面

建设单位收到建设工程竣工报告后，应当组织设计、施工、工程监理等有关单位进行竣工验收。

建设工程竣工验收应当具备下列条件：

① 完成建设工程设计和合同约定的各项内容；

② 有完整的技术档案和施工管理资料；

③ 有工程使用的主要建筑材料、建筑构配件和设备的进场试验报告；

④ 有勘察、设计、施工、工程监理等单位分别签署的质量合格文件；

⑤ 有施工单位签署的工程保修书。

建设工程经验收合格的，方可交付使用。

建设单位应当严格按照国家有关档案管理的规定，及时收集、整理建设项目各环节的文件资料，建立、健全建设项目档案，并在建设工程竣工验收后，及时向建设行政主管部门或者其他有关部门移交建设项目档案。

（三）勘察设计单位的质量责任和义务

从事建设工勘察、设计的单位应当依法取得相应等级的资质证书，并在其资质等级许可的范围内承揽工程。

禁止勘察、设计单位超越其资质等级许可的范围或者以其他勘察、设计单位的名义承揽工程。

禁止勘察、设计单位允许其他单位或者个人以本单位的名义承揽工程。勘察、设计单位不得转包或者违法分包所承揽的工程。

勘察、设计单位必须按照工程建设强制性标准进行勘察、设计，并对其勘察、设计的质量负责。

注册建筑师、注册结构工程师等注册执业人员应当在设计文件上签字，对设计文件负责。

勘察单位提供的地质、测量、水文等勘察成果必须真实、准确。

设计单位应当根据勘察成果文件进行建设工程设计，设计文件应当符合国家规定的设计深度要求，注明工程合理使用年限。设计单位在设计文件中选用的建筑材料、建筑构配件和设备，应当注明规格、型号、性能等技术指标，其质量要求必须符合国家规定的标准。

除有特殊要求的建筑材料、专用设备、工艺生产线等外，设计单位不得指定生产厂、供应商。

设计单位应当就审查合格的施工图设计文件向施工单位作出详细说明。

（四）施工单位的质量责任和义务

施工单位应当依法取得相应等级的资质证书，并在其资质等级许可的范围内承揽工程。

禁止施工单位超越本单位资质等级许可的业务范围或者以其他施工单位的名义承揽工程。

禁止施工单位允许其他单位或者个人以本单位的名义承揽工程，施工单位不得转包或者违法分包工程。

施工单位对建设工程的施工质量负责，施工单位应当建立质量责任制，确定工程项目的项目经理、技术负责人和施工管理负责人。

总承包单位应当对其承包的建设工程或者采购的设备的质量负责。

总承包单位依法将建设工程分包给其他单位的，分包单位应当按照分包合同的约定对其分包工程的质量向总承包单位负责，总承包单位与分包单位对分包工程的质量承担连带责任。

施工单位必须建立、健全施工质量的检验制度，严格工序管理，作好隐蔽工程的质量检查和记录。隐蔽工程在隐蔽前，施工单位应当通知建设单位和建设工程质量监督机构。

施工人员对涉及结构安全的试块、试件以及有关材料，应当在建设单位或者工程监理单位监督下现场取样，并送具有相应资质等级的质量检测单位进行检测。

施工单位对施工中出现质量问题的建设工程或者竣工验收不合格的建设工程，应当负责返修。

施工单位应当建立、健全教育培训制度，加强对职工的教育培训；未经教育培训或者考核不合格的人员，不得上岗作业。

（五）工程监理单位的质量责任和义务

工程监理单位应当依法取得相应等级的资质证书，并在其资质等级许可的范围内承担工程监理业务。

禁止工程监理单位超越本单位资质等级许可的范围或者以其他工程监理单位的名义承担工程监理业务，禁止工程监理单位允许其他单位或者个人以本单位的名义承担工程监理业务，工程监理单位不得转让工程监理业务。

工程监理单位与被监理工程的施工承包单位以及建筑材料、建筑构配件和设备供应单位有隶属关系或者其他利害关系的，不得承担该项建设工程的监理业务。

工程监理单位应当依照法律、法规以及有关技术标准、设计文件和建设工程承包合同，代表建设单位对施工质量实施监理，并对施工质量承担监理责任。

工程监理单位应当选派具备相应资格的总监理工程师和监理工程师进驻施工现场。未经监理工程师签字，建筑材料、建筑构配件和设备不得在工程上使用或者安装，施工单位不得进行下一道工序的施工。

未经总监理工程师签字，建设单位不拨付工程款，不进行竣工验收。

（六）建设工程质量保修

1. 质量保修制度

建设工程实行质量保修制度，建设工程承包单位在向建设单位提交工程竣工验收报告时，应当向建设单位出具质量保修书，质量保修书中应当明确建设工程的保修范围、保修期限和保修责任等。

2. 质量保修期限

在正常使用条件下，建设工程的最低保修期限为：

① 基础设施工程、房屋建筑的地基基础工程和主体结构工程。为设计文件规定的该工程的合理使用年限；

② 屋面防水工程、有防水要求的卫生间、房间和外墙面的防渗漏，为 5 年；

③ 供热与供冷系统，为 2 个采暖期、供冷期；

④ 电气管线、给排水管道、设备安装和装修工程，为 2 年。

其他项目的保修期限由发包方与承包方约定，建设工程的保修期，自竣工验收合格之日起计算。

（七）监督管理

国家实行建设工程质量监督管理制度。

建设单位应当自建设工程竣工验收合格之日起 15 日内，将建设工程竣工验收报告和规划、公安消防、环保等部门出具的认可文件或者准许使用文件根据建设行政主管部门或者其他有关部门备案。

建设行政主管部门或者其他有关部门发现建设单位在竣工验收过程中有违反国家有关建设工程质量管理规定行为的，责令停止使用，重新组织竣工验收。

历年真题

11-9-1. 根据《建设工程质量管理条例》的规定，施工图必须经过审查批准，否则不得使用，某建设单位投资的大型工程项目施工图设计已经完成，该施工图应该报审的管理部门是（　　）。（2012A120）

A. 县级以上人民政府建设行政主管部门

B. 县级以上人民政府工程设计主管部门

C. 县级以上政府规划部门

D. 工程监理单位

11-9-2. 某建筑工程项目完成施工后，施工单位提出工程竣工验收申请，根据《建设工程质量管理条例》规定，该建设工程竣工验收应当具备的条件不包括（　　）。（2014A120）

A. 有施工单位提交的工程质量保证金

B. 有工程使用的主要建筑材料、建筑构配件和设备的进场试验报告

C. 有勘察、设计、施工、工程监理等单位分别签署的质量合格文件

D. 有完整的技术档案和施工管理资料

11-9-3. 根据《建设工程质量管理条例》规定，监理单位代表建设单位对施工质量实施监理，并对施工质量承担监理责任，其监理的依据不包括（　　）。（2016A120）

A. 有关技术标准　　B. 设计文件

C. 工程承包合同　　D. 建设单位指令

11-9-4. 根据《建设工程质量管理条例》，下述关于在正常使用条件下建设工程的最低保修期限，表述错误的选项是（　　）。（2011B15）

A. 基础设施工程、房屋建筑的地基基础工程和主体结构工程，为设计文件规定的该工程的合理使用年限

B. 屋面防水工程、有防水要求的卫生间和外墙面的防渗漏：为 5 年

C. 供热与供冷系统：为一个采暖期、供冷期

D. 电气管线、给排水管道、设备安装和装修工程：为 2 年

11-9-5. 根据《建设工程质量管理条例》的规定，设计单位的质量责任（　　）。（2011B16）

A. 在初步设计文件中注明建设工程合理使用年限

B. 根据勘察成果文件进行建设工程设计

C. 满足业主提出的设计深度要求

D. 参与建设工程质量事故的处理

11-9-6. 根据《建设工程质量管理条例》第七至十七条的规定，建设单位的责任与义务具体是（　　）。（2012B15）

A. 向勘察、设计、施工、监理等单位提供有关的资料

B. 为求工程迅速完成而任意压缩工期

C. 肢解分包以加快发包速度

D. 为了进度而暗示承包商在施工过程中忽略工程强制性标准

11-9-7. 根据《建设工程质量管理条例》规定，下列有关建设工程质量保修的说法中，正确的是（　　）。（2017A119）

A. 建设工程的保修期，自工程移交之日起计算

B. 供冷系统在正常使用条件下，最低保修期限为 2 年

C. 功热系统在正常使用条件下，最低保修期限为 2 年采暖期

D. 建设工程承包单位向建设单位提交竣工结算资料时，应当出具质量保修书

11-9-8. 有关企业质量体系认证与产品质量认证的比较，下列错误的是（　　）。（2017B15）

A. 企业质量认证的证书与标记都不能在产品上使用，产品质量认证标志可用于产品

B. 国家对企业认证实行强制的原则，对产品认证实行自愿的原则

C. 企业质量体系认证依据的标准为《质量管理标准》，产品质量认证依据的标准为《产品标准》

D. 产品认证分为安全认证与合格认证，而企业认证则无此分别

答　案

11-9-1.【答案】(A)

根据《建设工程质量管理条例》第十一条的规定，建设单位应当将施工图设计文件报县级以上人民政府建设行政主管部门或者其他有关部门审查，施工图设计文件审查的具体办法，由国务院建设行政主管部门会同国务院其他有关部门制定。

11-9-2.【答案】(A)

根据《建设工程质量管理条例》第十六条规定，建设单位收到建设工程竣工报告后，应当组织设计、施工、工程监理等单位进行竣工验收，建设工程竣工验收应当具备下列条件：完成建设工程设计和合同约定的各项内容；有完整的技术档案和施工管理资料；有工程使用的主要建筑材料、建筑构配件和设备的进场试验报告；有勘察、设计、施工、工程监理等单位分别签署的质量合格文件；有施工单位签署的工程保修书。

11-9-3.【答案】(D)

《建设工程质量管理条例》第三十六条规定，工程监理单位应当依照法律、法规以及有关的技术标准、设计文件和建设承包合同，代表建设单位对施工质量实施监理，并对施工质量承担监理责任。

11-9-4.【答案】(C)

参见《建设工程质量管理条例》第四十条：在正常使用条件下，建设工程的最低保修期限为：

(一) 基础设施工程、房屋建筑的地基基础工程和主体结构工程，为设计文件规定的该工程的合理使用年限；

(二) 屋面防水工程、有防水要求的卫生间、房间和外墙面的防渗漏，为5年；

(三) 供热与供冷系统，为2个采暖期、供冷期；

(四) 电气管线、给排水管通、设备安装和装修工程，为2年。

其他项目的保修期限由发包方与承包方约定。建设工程的保修期，自竣工验收合格之日起计算。

11-9-5.【答案】(B)

参见《建设工程质量管理条例》第二十一条：设计单位应当根据勘察成果文件进行建设工程设计。

设计文件应当符合国家规定的设计深度要求，注明工程合理使用年限。

第二十二条：设计单位在设计文件中选用的建筑材料、建筑构配件和设备，应当注明规格、型号、性能等技术指标，其质量要求必须符合国家规定的标准。

除有特殊要求的建筑材料、专用设备、工艺生产线等外，设计单位不得指定生产厂、供应商。

第二十三条：设计单位应当就审查合格的施工图设计文件向施工单位作出详细说明。

第二十四条：设计单位应当参与工程质量事故分析，并对因设计造成的质量事故，提出相应的技术处理方案。

11-9-6.【答案】(A)

参见《建筑工程质量管理条例》。建设单位应当将工程发包给具有相应资质等级的单位。

建设单位不得将建设工程肢解发包。建设单位依法对工程建设项目的勘察、设计，监理以及与工程建设有关的重要设备、材料等的采购进行招标。

建设单位必须向有关的勘察、设计、施工、工程监理等单位提供与建设工程有关的原始资料。原始资料必须真实、准确、齐全。

建设工程发包单位不得迫使承包方以低于成本的价格竞标，不得任意压缩合理工期，建设单位不得明示或暗示设计单位或者施工单位违反工程建设强制性标准，降低工程质量。

建设单位应当将施工图设计文件报县级以上人民政府建设行政主管部门或者其他有关部门审查，施工图设计文件审查的具体办法，由国务院建设行政主管部门会同国务院其他部门制定。

施工图设计文件未经审查批准的，不得使用。

实行监理的建设工程，建设单位应当委托具有相应资质等级的工程监理单位进行监理，也可以委托具有工程监理相应资质等级并与被监理工程的施工承包单位没有隶属关系或者其他利害关系的该工程的设计单位进行监理。

下列建设工程必须实行监理：

（一）国家重点建设工程；

（二）大中型公用事业工程；

（三）成片开发建设的住宅小区工程；

（四）利用外国政府或者国际组织贷款、援助资金的工程；

（五）国家规定必须实行监理的其他工程。

建设单位在领取施工许可证或者开工报告前，应当按照国家有关规定办理工程质量监督手续。

按照合同约定，由建设单位采购建筑材料、建筑构配件和设备的，建设单位应当保证建筑材料、建筑构配件和设备符合设计文件和合同要求。

建设单位不得明示或者暗示施工单位使用不合格的建筑材料、建筑构配件和设备。

涉及建筑主体和承重结构变动的装修工程，建设单位应当在施工前委托原设计单位或者具有相应资质等级的设计单位提出设计方案，没有设计方案的，不得施工。

房屋建筑使用者在装修过程中，不得擅自变动房屋建筑主体和承重结构。

建设单位收到建设工程竣工报告后，应当组织设计、施工、工程监理等有关单位进行竣工验收。

建设工程竣工验收应当具备下列条件：

（一）完成建设工程设计和合同约定的各项内容；

（二）有完整的技术档案和施工管理资料；

（三）有工程使用的主要建筑材料、建筑构配件和设备的进场试验报告；

（四）有勘察、设计、施工、工程监理单位分别签署的质量合格文件；

（五）有施工单位签署的工程保修书。

建设工程经验收合格的，方可交付使用。

建设单位应当严格按照国家有关档案管理的规定，及时收集、整理建设项目各环节的文件资料，建立、健全建设项目档案，并在建设工程竣工验收后，及时向建设行政主管部门或者其他有关部门移交建设项目档案。

11-9-7.【答案】(D)

《建筑工程质量管理条例》第三十九条 建设工程实行质量保修制度，建设工程承包单位在向建设单位提交工程竣工验收报告时，应当向建设单位出具质量保修书。质量保修书应当明确建设工程的保修范围、保修期限和保修责任等。建设工程的保修期，自竣工验收合格之日起计算。国务院规定的保修年限没有最低这个限制词。

11-9-8.【答案】(B)

在我国，企业质量体系认证遵循自愿原则，任何单位或者个人都不得强制要求企业申请质量体系认证，但是对某些产品是要求强制性的认证制度的。《中华人民共和国认证认可条例》第二十八条规定，为了保护国家安全、防止欺诈行为、保护人体健康或者安全、保护动植物生命或者健康、保护环境，国家规定相关产品必须经过认证的，应当经过认证并标注认证标志后，方可出厂、销售、进口或者在其他经营活动中使用。

第十节 建设工程安全生产管理条例

一、考试大纲

总则；建设单位的安全责任；勘察设计工程监理及其他有关单位的安全责任；施工单位的安全责任；监督管理；生产安全事故的应急救援和调查处理。

二、知识要点

(一) 总则

1. 立法宗旨

为了加强建设工程安全生产监督管理，保障人民群众生命和财产安全，根据《中华人民共和国建筑法》《中华人民共和国安全生产法》，制定《建设工程安全生产管理条例》。

在中华人民共和国境内从事建设工程的新建、扩建、改建和拆除等有关活动及实施对建设工程安全生产的监督管理，必须遵守本条例。

2. 安全生产准则

建设工程安全生产管理，坚持安全第一、预防为主的方针。

建设单位、勘察单位、设计单位、施工单位、工程监理单位及其他与建设工程安全生产有关的单位，必须遵守安全生产法律、法规的规定，保证建设工程安全生产，依法承担建设工程安全生产责任。

3. 国家政策

国家鼓励建设工程安全生产的科学技术研究和先进技术的推广应用，推进建设工程安全生产的科学管理。

(二) 建设单位的安全责任

1. 建设单位应当及时提供相关资料

建设单位应当向施工单位提供施工现场及毗邻区域内供水、排水、供电、供气、供热、通信、广播电视等地下管线资料，气象和水文观测资料，相邻建筑物和构筑物、地下工程的有关资料，并保证资料的真实、准确、完整。

建设单位因建设工程需要，向有关部门或者单位查询前款规定的资料时，有关部门或者单位应当及时提供。

建设单位在申请领取施工许可证时，应当提供建设工程有关安全施工措施的资料。依法批准开工报告的建设工程，建设单位应当自开工报告批准之日起15日内，将保证安全施工的措施报送建设工程所在地的县级以上地方人民政府建设行政主管部门或者其他有关部门备案。

2. 建设单位应当依法确定施工费用

建设单位在编制工程概算时，应当确定建设工程安全作业环境及安全施工措施所需费用。

建设单位不得对勘察、设计、施工、工程监理等单位提出不符合建设工程安全生产法律、法规和强制性标准规定的要求，不得压缩合同约定的工期。

建设单位不得明示或者暗示施工单位购买、租赁、使用不符合安全施工要求的安全防护用具、机械设备、施工机具及配件、消防设施和器材。

建设单位应当在拆除工程施工15日前，将下列资料报送建设工程所在地的县级以上地方人民政府建设行政主管部门或者其他有关部门备案：

① 施工单位资质等级证明；

② 拟拆除建筑物、构筑物及可能危及毗邻建筑的说明；

③ 拆除施工组织方案；

④ 堆放、清除废弃物的措施。

实施爆破作业的，应当遵守国家有关民用爆炸物品管理的规定。

（三）勘察、设计、工程监理及其他有关单位的安全责任

1. 勘察单位的安全责任

勘察单位应当按照法律、法规和工程建设强制性标准进行勘察，提供的勘察文件应当真实、准确，满足建设工程安全生产的需要。

勘察单位在勘察作业时，应当严格执行操作规程，采取措施保证各类管线、设施和周边建筑物、构筑物的安全。

2. 设计单位的安全责任

设计单位应当按照法律、法规和工程建设强制性标准进行设计，防止因设计不合理导致生产安全事故的发生。

设计单位应当考虑施工安全操作和防护的需要，对涉及施工安全的重点部位和环节在设计文件中注明，并对防范生产安全事故提出指导意见。

采用新结构、新材料、新工艺的建设工程和特殊结构的建设工程，设计单位应当在设计中提出保障施工作业人员安全和预防生产安全事故的措施建议。

设计单位和注册建筑师等注册执业人员应当对其设计负责。

3. 工程监理单位的安全责任

工程监理单位应当审查施工组织设计中的安全技术措施或者专项施工方案是否符合工程建设强制性标准。

工程监理单位在实施监理过程中，发现存在安全事故隐患的，应当要求施工单位整改；情况严重的，应当要求施工单位暂时停止施工，并及时报告建设单位。施工单位拒不整改或者不停止施工的，工程监理单位应当及时向有关主管部门报告。

工程监理单位和监理工程师应当按照法律、法规和工程建设强制性标准实施监理，并对建设工程安全生产承担监理责任。

4.其他单位的安全责任

为建设工程提供机械设备和配件的单位，应当按照安全施工的要求配备齐全有效的保险、限位等安全设施和装置。

出租的机械设备和施工机具及配件，应当具有生产（制造）许可证、产品合格证。

出租单位应当对出租的机械设备和施工机具及配件的安全性能进行检测，在签订租赁协议时，应当出具检测合格证明，禁止出租检测不合格的机械设备和施工机具及配件。

在施工现场安装、拆卸施工超重机械和整体提升脚手架、模板等自升式架设设施，必须由具有相应资质的单位承担。

安装、拆卸施工起重机械和整体提升脚手架、模板等自升式架设设施，应当编制拆装方案、制定安全施工措施，并由专业技术人员现场监督。

施工起重机械和整体提升脚手架、模板等自升式架设设施安装完毕后，安装单位应当自检，出具自检合格证明，并向施工单位进行安全使用说明，办理验收手续并签字。

施工起重机械和整体提升脚手架、模板等自升式架设设施的使用达到国家规定的检验检测期限的，必须经具有专业资质的检验检测机构检测，经检测不合格的，不得继续使用。

检验检测机构对检测合格的施工起重机械和整体提升脚手架、模板等自升式架设设施，应当出具安全合格证明文件，并对检测结果负责。

（四）施工单位的安全责任

1.施工单位的条件要求

施工单位从事建设工程的新建、扩建、改建和拆除等活动，应当具备国家规定的注册资本、专业技术人员、技术装备和安全生产等条件，依法取得相应等级的资质证书，并在其资质等级许可的范围内承揽工程。

施工单位应当建立健全安全生产责任制度和安全生产教育培训制度，制定安全生产规章制度和操作规程，保证本单位安全生产条件所需资金的投入，对所承担的建设工程进行定期和专项安全检查，并做好安全检查记录。

施工单位的项目负责人应当由取得相应执业资格的人员担任，对建设工程项目的安全施工负责，落实安全生产责任制度、安全生产规章制度和操作规程，确保安全生产费用的有效使用，并根据工程的特点组织制定安全施工措施，消除安全事故隐患，及时、如实报告生产安全事故。

施工单位应当设立安全生产管理机构，配备专职安全生产管理人员。

2.承包工程方面的安全责任

建设工程实行施工总承包的，由总承包单位对施工现场的安全生产负总责。

总承包单位应当自行完成建设工程主体结构的施工，总承包单位依法将建设工程分包给其他单位的，分包合同中应当明确各自的安全生产方面的权利、义务，总承包单位和分包单位对分包工程的安全生产承担连带责任。

分包单位应当服从总承包单位的安全生产管理，分包单位不服从管理导致生产安全事故的，由分包单位承担主要责任。

3.危险性较大工程方面的安全责任

施工单位应当在施工组织设计中编制安全技术措施和施工现场临时用电方案，对下列达到一定规模的危险性较大的分部分项工程编制专项施工方案，并附具安全验算结果，经施工单位技术负责人、总监理工程师签字后实施，由专职安全生产管理人员进行现场监督：

① 基坑支护与降水工程；

② 土方开挖工程；

③ 模板工程；

④ 起重吊装工程；

⑤ 脚手架工程；

⑥ 拆除、爆破工程；

⑦ 国务院建设行政主管部门或者其他有关部门规定的其他危险性较大的工程。

对上述所列工程中涉及深基坑、地下暗挖工程、高大模板工程的专项施工方案，施工单位还应当组织专家进行论证、审查。

4.施工现场方面的安全责任

施工单位应当在施工现场入口处、施工起重机械、临时用电设施、脚手架、出入通道口、楼梯口、电梯井口、孔洞口、桥梁口、隧道口、基坑边沿、爆破物及有害危险气体和液体存放处等危险部位，设置明显的安全警示标志，安全警示标志必须符合国家标准。

施工单位应当根据不同施工阶段和周围环境及季节、气候的变化，在施工现场采取相应的安全施工措施。施工现场暂时停止施工的，施工单位应当做好现场防护，所需费用由责任方承担，或者按照合同约定执行。

施工单位应当将施工现场的办公、生活区与作业区分开设置，并保持安全距离；办公、生活区的选址应当符合安全性要求。职工的膳食、饮水、休息场所等应当符合卫生标准。施工单位不得在尚未竣工的建筑物内设置员工集体宿舍。

施工现场临时搭建的建筑物应当符合安全使用要求，施工现场使用的装配式活动房屋应当具有产品合格证。

施工单位应当遵守有关环境保护法律、法规的规定，在施工现场采取措施，防止或者减少粉尘、废气、废水、固体废物、噪声、振动和施工照明对人和环境的危害和污染。

在城市市区内的建设工程，施工单位应当对施工现场实行封闭围挡。

5.施工设备方面的安全责任

施工单位采购、租赁的安全防护用具、机械设备、施工机具及配件，应当具有生产（制造）许可证、产品合格证，并在进入施工现场前进行查验。

6.作业人员方面的安全责任

施工单位应当对管理人员和作业人员每年至少进行一次安全生产教育培训，其教育培训情况记入个人工作档案。安全生产教育培训考核不合格的人员，不得上岗。

施工单位应当向作业人员提供安全防护用具和安全防护服装，并书面告知危险岗位的操作规程和违章操作的危害。

作业人员有权对施工现场的作业条件、作业程序和作业方式中存在的安全问题提出批评、检举和控告，有权拒绝违章指挥和强令冒险作业。

作业人员应当遵守安全施工的强制性标准、规章制度和操作规程，正确使用安全防护用具、机械设备等。

施工单位应当为施工现场从事危险作业的人员办理意外伤害保险，意外伤害保险费由施工单位支付，实行施工总承包的，由总承包单位支付意外伤害保险费，意外伤害保险期限自建设工程开工之日起至竣工验收合格止。

（五）监督管理

国务院建设行政主管部门对全国的建设工程安全生产实施监督管理，国务院铁路、交通、水利等有关部门按照国务院规定的职责分工，负责有关专业建设工程安全生产的监督管理。

县级以上地方人民政府对本行政区域内建设工程安全生产工作实施综合监督管理。县级以上人民政府负有建设工程安全生产监督管理职责的部门在各自的职责范围内履行安全监督检查职责时，有权采取下列措施：

① 要求被检查单位提供有关建设工程安全生产的文件和资料；

② 进入被检查单位施工现场进行检查；

③ 纠正施工中违反安全生产要求的行为；

④ 对检查中发现的安全事故隐患，责令立即排除；重大安全事故隐患排除前或者排除过程中无法保证安全的，责令从危险区域内撤出作业人员或者暂时停止施工。

建设行政主管部门在审核发放施工许可证时，应当对建设工程是否有安全施工措施进行审查，对没有安全施工措施的，不得颁发施工许可证。

建设行政主管部门或者其他有关部门对建设工程是否有安全施工措施进行审查时，不得收取费用。

建设行政主管部门或者其他有关部门可以将施工现场的监督检查委托给建设工程安全监督机构具体实施。

（六）生产安全事故的应急救援和调查处理

1.应急救援预案

县级以上地方人民政府建设行政主管部门应当根据本级人民政府的要求，制定本行政区域内建设工程特大生产安全事故应急救援预案。

施工单位应当制定本单位生产安全事故应急救援预案，建立应急救援组织或者配备应急救援人员，配备必要的应急救援器材、设备，并定期组织演练。

施工单位应当根据建设工程施工的特点、范围，对施工现场易发生重大事故的部位、环节进行监控，制定施工现场生产安全事故应急救援预案。

实行施工总承包的，由总承包单位统一组织编制建设工程生产安全事故应急救援预案，工程总承包单位和分包单位按照应急救援预案，各自建立应急救援组织或者配备应急救援人员，配备救援器材、设备，并定期组织演练。

2.调查处理

施工单位发生生产安全事故，应当按照国家有关伤亡事故报告和调查处理的规定，及时、如实地向负责安全生产监督管理的部门、建设行政主管部门或者其他有关部门报告；特种设备发生事故的，还应当同时向特种设备安全监督管理部门报告。接到报告的部门应当按照国家有关规定，如实上报。

实行施工总承包的建设工程，由总承包单位负责上报事故。

发生生产安全事故后，施工单位应当采取措施防止事故扩大，保护事故现场。需要移动现场物品时，应当做出标记和书面记录，妥善保管有关证物。

建设工程生产安全事故的调查、对事故责任单位和责任人的处罚与处理，按照有关法律、法规的规定执行。

历年真题

11-10-1. 根据《建设工程安全生产管理条例》的规定，施工单位实施爆破、起重吊装等工程时，应当安排现场的监督人员是（　　）。(2016A116)

A. 项目管理技术人员　　B. 应急救援人员

C. 专职安全生产管理人员　　D. 专职质量管理人员

11-10-2. 有关建设单位的工程质量责任与义务，下列理解错误的是（　　）。(2016B14)

A. 可将一个工程的各部位分包给不同的设计或施工单位

B. 发包给具有相应资质登记的单位

C. 领取施工许可证或者开工报告之前，办理工程质量监督手续

D. 委托具有相应资质等级的工程监理单位进行监理

11-10-3. 设计单位的安全生产责任，不包含的是（　　）。(2012B13)

A. 在设计文件中注明安全的重点部位和环节

B. 对防范生产安全事故提出指导意见

C. 提出保障施工作业人员安全和预防生产安全事故的措施建议

D. 要求施工单位整改存在的安全事故隐患

11-10-4. 国家规定的安全生产责任制度中，对单位主要负责人、施工项目经理、专职人员与从业人员的共同规定是（　　）。(2016B15)

A. 报告生产安全事故　　B. 确定安全生产费用有效使用

C. 进行工伤事故统计、分析和报告　　D. 由有关部门考试合格

11-10-5. 某超高层建筑施工中，一个吊塔分包商的施工人员因没有佩戴安全带加上作业疏忽而从高处坠落死亡。按照我国《建筑工程安全生产管理条例》的规定，除工人本身的责任外，请问此意外的责任应（　　）。(2014B14)

A. 由分包商承担所有责任，总包商无需负责

B. 由总包商与分包商承担连带责任

C. 由总包商承担所有责任，分包商无需负责

D. 视分包合约的内容而定

11-10-6. 根据《建设工程安全生产管理条例》规定，建设单位确定建设工程安全作业

环境及安全施工措施所需费用的时间是（ ）。(2017A120)

A. 编制工程概算时　　B. 编制设计预算时

C. 编制施工预算时　　D. 编制投资估算时

11-10-7. 根据《建设工程安全生产管理条例》规定，施工单位主要负责人应当承担的责任是（ ）。(2018A120)

A. 落实安全生产责任制度、安全生产规章制度和操作规程

B. 保证本单位安全生产条件所需资金的投入

C. 确保安全生产费用的有效使用

D. 根据工程的特点组织特定安全施工措施

答 案

11-10-1.【答案】(A)

根据《建筑工程安全生产管理条例》第二十六条规定，施工单位应当在施工组织设计中编制安全技术措施和施工现场临时用电方案，对下列达到一定规模的危险性较大的分布分项工程编制专项施工方案，并附具安全验算结果，经施工单位技术负责人、总监理工程师签字后实施，由专职安全生产管理人员进行现场监督：①基坑支护与降水工程；②土方开挖工程；③模板工程；④起重吊装工程；⑤脚手架工程；⑥拆除、爆破工程；⑦国务院建设行政主管部门或者其他有关部门规定的其他危险性较大的工程。

11-10-2.【答案】(C)

A、B 两项，根据《建设工程质量管理条例》第七十八条规定，本条例所称肢解发包，是指建设单位将应当由一个承包单位完成的建设工程分解成若干部分发包给不同的承包单位的行为；第七条规定，建设单位应当将工程发包给具有相应资质等级的单位。建设单位不得将建设工程肢解发包。

C 项，第十三条规定，建设单位在领取施工许可证或者开工报告前，应当按照国家有关规定办理工程质量监督手续。

D 项，第十二条规定，实行监理的建设工程，建设单位应当委托具相应资质等级的工程监理单位进行监理，也可以委托具有工程监理相应资质等级并与被监理工程的施工承包单位没有隶属关系或者其他利害关系的该工程的设计单位进行监理。

11-10-3.【答案】(D)

参见《建设工程安全生产管理条例》第十三条：设计单位应当按照法律、法规和工程建设强制性标准进行设计，防止因设计不合理导致生产安全事故的发生。设计单位应当考虑施工安全操作和防护的需要，对涉及施工安全的重点部位和环节在设计文件中注明，并对防范生产安全事故提出指导意见。采用新结构、新材料、新工艺的建设工程和特殊结构的建设工程设计单位应当在设计中提出保障施工作业人员安全和预防生产安全事故的措施建议，设计单位和注册建筑师等注册执业人员应当对其设计负责。

11-10-4.【答案】(A)

A 项，安全生产责任制度相关法律规定，单位主要负责人、施工项目经理、专职人员与从业人员都有报告生产安全事故的责任。B、C 两项，确保安全生产费用有效使用、进

行工伤事故统计、分析和报告是单位负责人、项目经理的责任。D项，单位主要负责人、施工项目经理是单位的人事安排，不需要经过考试（项目经理至少是二级建造师），专职人员与从业人员需要通过考试合格后，持证上岗。

11-10-5.【答案】(B)

参见《建设工程安全生产管理条例》，建设工程实行施工总承包的，由总承包单位对施工现场的安全生产负总责；总承包单位应当自行完成建设工程主体结构的施工；总承包单位依法将建设工程分包给其他单位的，分包合同中应明确各自的安全生产方面的权利、义务，总承包和分包单位对分包工程的安全生产承担连带责任；分包单位不服从总承包单位的安全生产管理，分包单位不服从管理导致生产安全事故的，由分包单位承担主要责任。

11-10-6.【答案】(A)

《建设工程安全生产管理条例》第八条 建设单位在编制工程概算时，应当确定建设工程安全作业环境及安全施工措施所需的费用。

11-10-7.【答案】(B)

根据《建设工程安全生产管理条例》的有关规定，施工单位主要负责人在安全生产方面的主要职责包括：①建立健全安全生产责任制度和安全生产教育培训制度；②制定安全生产规章制度和操作规程；③保证本单位安全生产条件所需资金的投入；④对所承建的建设工程进行定期和专项安全检查，并做好安全检查记录。

执业资格考试丛书

全国注册岩土工程师基础考试培训教材及历年真题精讲（一本速成）（下册）

孙　超　主编

中国建筑工业出版社

总　目　录

(上册)

(下册)

下　册

第十二章

结构力学与结构设计

第一节 平面几何体系的组成

一、考试大纲

几何不变体系的组成规律及其应用。

二、知识要点

（一）名词

结构力学是研究杆件结构的强度、刚度和稳定性的一门学科。

1.几何组成分析

按机械运动和几何学的观点，对结构或体系的组成形式进行分析。

2.刚片

在结构平面体系几何组成分析中，由于不考虑材料的应变，因此可把一根杆件或已知不变的部分看作是一个刚体，此刚体称为刚片。

3.几何不变体系

在任何外力作用下，其形状和位置保持不变的体系，称为几何不变体系，如图 12-1-1 所示。

4.几何可变体系

如图 12-1-2 所示，在任何外力作用下，其形状和位置可以改变。

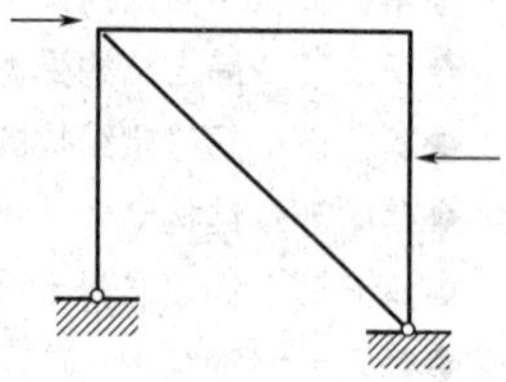

图 12-1-1

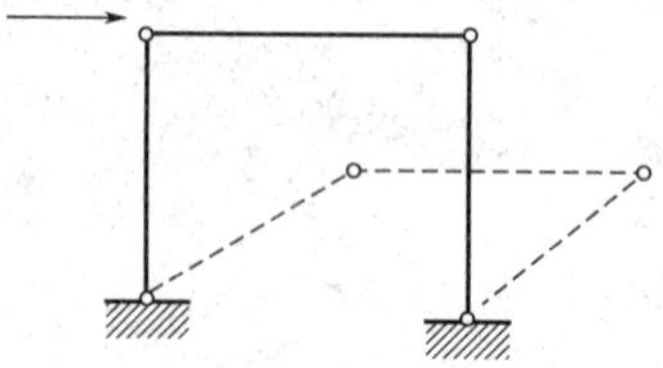

图 12-1-2

5.自由度

体系运动时，可以独立改变的几何参数的数目，即确定体系位置所需独立坐标的数目，如平面内一点 2 个自由度，平面内刚片 3 个自由度。

6.约束

如果体系有了自由度，必须消除，消除的办法是增加约束，约束有三种：链杆——1 个约束，单铰——2 个约束，刚结点——3 个约束。

（1）必要约束

如果在体系中增加一个约束，体系减少一个自由度，则此约束为必要约束。

（2）多余约束

不减少体系自由度的约束称为多于约束。如图 12-1-3 所示，链杆 1 为多余约束。

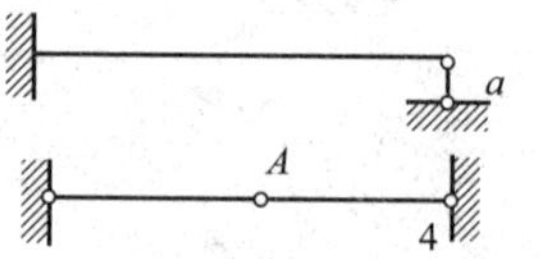

图 12-1-3

7. 等效作用

（1）虚铰

联结两刚片的两根不共线的链杆称为虚铰，其作用与实铰相同。平行链杆的交点在无限远处。

（2）等效刚片

一个内部几何不变的体系，可用一个刚片来代替。

（3）等效链杆

两端为铰的非直线形杆，可用一根连接两铰的直线链杆代替。

连接两个刚片的两根链杆与一个单铰可作等效代换；具有两个连接铰的刚片与一根链杆可作等效代换；具有三个连接铰的刚片与三根链杆可作等效代换；三根链杆汇交的Y形节点，必须有一杆视为刚片。

（二）几何组成分析

1. 几何不变体系组成的基本规则

① 两刚片规则：两个刚片用不共点的三根链杆连接，组成几何不变的体系，且无多余约束。

② 三刚片连接规则：三个刚片用不共线的三个铰相互连接，组成几何不变体系，且无多余约束。

③ 二元体规则：增减二元体（不共线两链杆铰结点）不改变原有体系的几何构造性质。

2. 可变体系

（1）常变体系

一个结构体系中，联结（约束）的数目少于约束其自由度所必需的数目；两刚片之间用三根等长且相互平行的链杆相连。

（2）瞬变体系

① 在刚片上增加二元体，若二元体的两杆共线，则为瞬变体系。

② 两刚片用汇交于一点的三个链杆相连，则为瞬变体系。

③ 三个刚片用共线的三个铰两两相连，则为瞬变体系。

④ 两刚片用三根链杆相连时，三根链杆完全平行但不等长时为瞬变体系。

历年真题

12-1-1. 对图示体系的几何组成，描述正确的是（　　）。（2011B22）

A. 常变体系

B. 瞬变体系

C. 无多余约束的几何不变体

D. 有多余约束的几何不变体

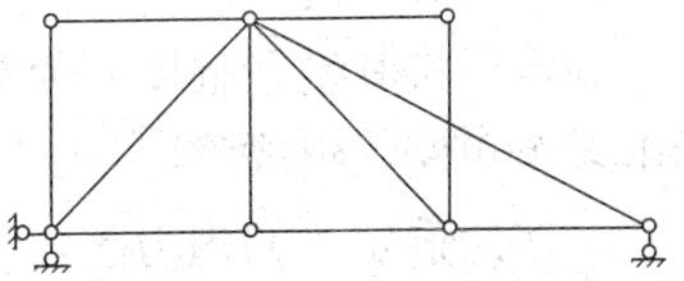

答 案

12-1-1.【答案】(D)

首先撤销二元体 1-2、9-10，然后分析 5-7-8，根据三刚片原则，构成刚体Ⅰ，在此基础上增加二元体 4-5、3-11，则构成一个大的刚体Ⅱ，此刚体由不共线的铰 A 和链杆与大地连接，组成几何不变且无多余约束的体系。

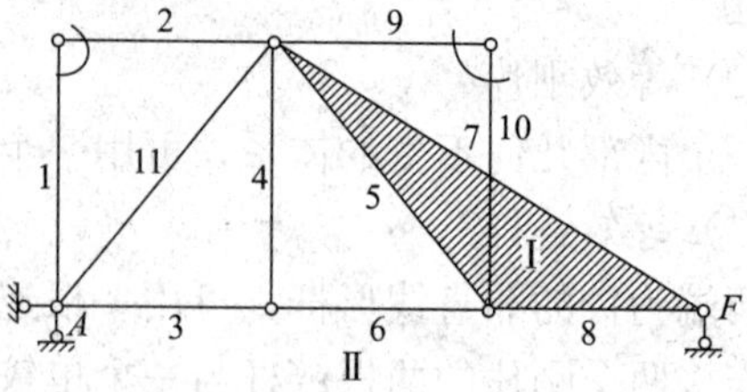

第二节　静定结构受力分析与位移计算

一、考试大纲

静定结构受力分析方法；反力；内力的计算与内力图的绘制；静定结构特性及其应用；广义力与广义位移；虚功原理；单位荷载法；荷载下静定结构的位移计算；图乘法；支座位移和温度变化引起的位移；互等定理及其应用。

二、知识要点

（一）静定结构受力分析方法

1. 静定结构

无多余约束的几何不变体系，称为静定结构。包括静定梁、静定平面桁架、静定平面刚架、含三铰拱、静定组合结构。

2. 受力分析方法

1）用截面法截取适当的隔离体，画受力图。

2）针对隔离体受力图，通过刚体的静力平衡条件建立平衡方程，求解未知反力。

（二）内力图绘制

对于梁和刚架需绘制其内力图，一般是先作弯矩图，再作剪力图和轴力图。

1. 作内力图的步骤

1）分段求取控制截面处的内力。

2）根据截面处内力与上部荷载之间的关系，判定图形的性质。

3）依次描点绘图。

2. 静定梁的内力图

静定梁按其复杂程度分为单跨静定梁和多跨静定梁，单跨静定梁较为简单，多跨静定梁由多个单跨梁组成。

3. 多跨静定梁的内力图

静定结构弯矩图的绘制，通常是根据叠加原理，将结构划分为一些梁段，利用简支梁的内力图叠加合成。

4. 三铰拱

拱结构的特点是杆轴为曲线且在竖向荷载作用下能产生水平推力。拱与梁的区别主要在于竖向荷载作用下是否产生水平推力。

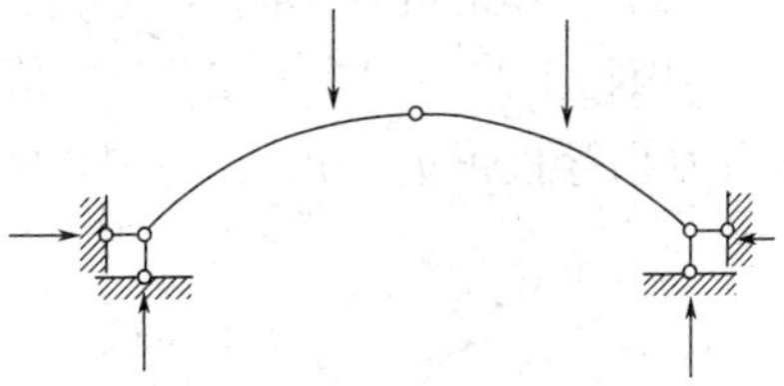

图 12-2-1

（1）支座反力

当三铰拱为平拱（即两支座在同一水平线上，如图 12-2-1 所示）且承受竖向荷载作用情况下，其支座反力为：

$$V_A = V_A^0, V_B = V_B^0, H = \frac{M_C^0}{f}$$

其中，V_A^0、V_B^0、M_C^0 分别为其等代梁在相应位置的反力，反力计算公式只与拱的三个铰的位置有关，与拱轴形状无关。

（2）内力计算公式

任一截面内力的计算公式为：

$$M_k = M_k^0 - H_{yk} \tag{12-2-1}$$

$$V_k = V_k^0 \cos\varphi_k - H\sin\varphi_k \tag{12-2-2}$$

$$N_k = V_k^0 \sin\varphi_k + H\cos\varphi_k \tag{12-2-3}$$

式中　V_k^0、M_k^0——等代梁相应截面的内力。

内力与拱三个铰的位置、拱轴形状以及荷载有关，由于拱有水平推力，使得拱上任一截面的弯矩比相应简支梁对应截面弯矩要小得多。

（3）合理拱轴的定义

在一定荷载作用下，使拱处于无弯矩状态（各截面弯矩、剪力均为零，只受轴力）的轴线称为拱的合理轴线，其位置确定如下：

$$y_k = \frac{M_k^0}{H} \tag{12-2-4}$$

（三）静定平面桁架的内力计算

1. 桁架

静定桁架是由若干根直杆在其两端用铰联结而成的静定结构。静定桁架按其几何组成可分为简单桁架、联合桁架和复杂桁架，由于荷载仅作用在杆与杆相连的铰接点，故杆件仅承受一对等值而反向的轴向力，称为二力杆。

内力为零的杆称为零杆。

2. 静定桁架的内力解法

（1）节点法

依次（使未知力不超过两个）截取节点为隔离体，应用平面汇交力系的平衡方程求取杆件内力，在受力分析中，常遇到如下四种平面汇交力系平衡的特殊情况。

① L 形结点（图 12-2-2a），成 L 形汇交的两杆结点上若无荷载作用，则这两杆皆为零杆。

② T 形结点（图 12-2-2b），成 T 形汇交的三杆结点上若无荷载作用，则非共线的一杆必为零杆，而共线的两杆内力相等且正负号相同（同为拉力或压力）。

③ X 形结点（图 12-2-2c），成 X 形汇交的四杆结点上若无荷载作用，则彼此共线的两

杆内力相等且正负号相同（同为拉力或压力）。

④ K 形结点（图 12-2-2d），成 K 形汇交的四杆结点上若无荷载作用，则非共线的两杆内力相等且正负号相反（一杆为拉力而另一杆为压力）。

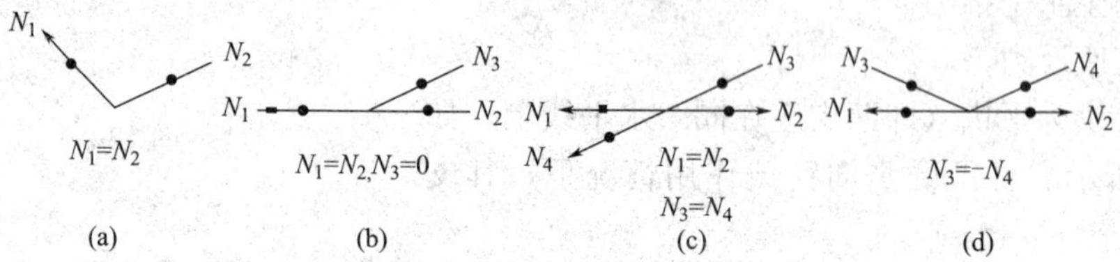

图 12-2-2

（2）截面法

截取两个或多于两个结点部分为隔离体，应用平面一般力系的平衡方程求解截断杆的内力，该法可分为力矩点法和力投影法。

① 力矩点法：利用杆件相交的特点建立力矩平衡方程求解桁架内力。

② 力投影法：利用投影轴建立力的投影平衡方程求解桁架的内力。

③ 组合结构：结构中，部分杆件以承受弯曲为主；部分杆件只承受拉压，这类结构称为组合结构。对于组合结构的受力分析，一般是先求出反力，然后按照其几何组成逆顺序拆开隔离体，求出各个二力杆的轴力，再计算受弯杆件的内力。

（四）静定结构特性和应用

1）满足平衡条件的解答是唯一的；

2）温度作用、支座移动作用等非荷载因素作用时，结构不产生内力；

3）结构的某一局部（几何不变）上受一自相平衡的力系作用时，只在此局部内产生内力，其余部分内力为零；

4）结构的某一几何不变部分上荷载作等效变化时，该局部上的内力有变化，其余部分内力不变。

（五）静定结构位移

结构位移计算的目的：满足结构的刚度要求；为解超净定结构以及结构动力计算等打下基础。

1. 概念

位移计算的理论基础是虚功原理。

（1）广义力和广义位移

凡是做功的力称为广义力，如集中力偶、一对等值反向共线的集中力，与其相应的位移称为广义位移，如广义力为力矩，则与其相应的广义位移称为角位移。

（2）刚体系的虚功原理

虚功是指做功的力与其所乘的相应位移。相应位移为力的作用点沿力方向上的位移。

刚体系处于平衡的必要和充分条件是：对于符合刚体系约束情况的任意微小虚位移，刚体系上所有外力做的虚功总和等于零。

2. 各种结构位移计算理论

（1）单位荷载法

由于荷载作用，使结构产生内力和变形，杆轴线出现应变，利用虚功原理可推得杆的位移计算公式，即：

$$\Delta=\sum\int\overline{M}\mathrm{d}\theta+\sum\int\overline{Q}\mathrm{d}v+\sum\int\overline{N}\mathrm{d}u-\sum\overline{R}c \tag{12-2-5}$$

式中定积分的运算可用图乘法代替，此公式适用于静定结构、超静定结构的位移计算。

（2）图乘法

图乘法应用的条件：

1）各杆件的杆轴为直线；

2）各杆段的 EI 为常数；

3）每个杆段的 $\overline{M}$ 图和 M_p 图中至少有一个是直线图形。

计算梁和刚架的位移时，当满足上述条件时，则有：

$$\int\frac{\overline{M}M_\mathrm{P}}{EI}\mathrm{d}_\mathrm{s}=\frac{\omega_\mathrm{P}y_\mathrm{c}}{EI} \tag{12-2-6}$$

式中　ω_P——杆段 M_P 图的面积；

y_c——M_P 图形心位置所对应的 M_i 图中的竖标。

当 ω_P 与 y_c 均在弯矩图基线的同一侧时，$\omega_\mathrm{P}y_\mathrm{c}$ 为正值，反之为负值。鉴于 i，k 的任意互换性和多个图形分段，位移计算公式可写成：

$$\Delta=\sum\frac{\omega y_\mathrm{c}}{EI} \tag{12-2-7}$$

应用图乘法时需注意以下几点：

① 必须符合前述条件；

② 竖标只能取自直线图形；

③ 若 A_ω 与 y_c 在杆件同侧，图乘取正号，异侧取符号。

应用图乘法求梁和刚架位移时，需确定杆段 M_P 图的面积及其形心位置。图 12-2-3 所示为几种常见的简单弯矩图的面积及其形心位置。对于较为复杂的弯矩图可分解为某几种简单弯矩图相叠加。

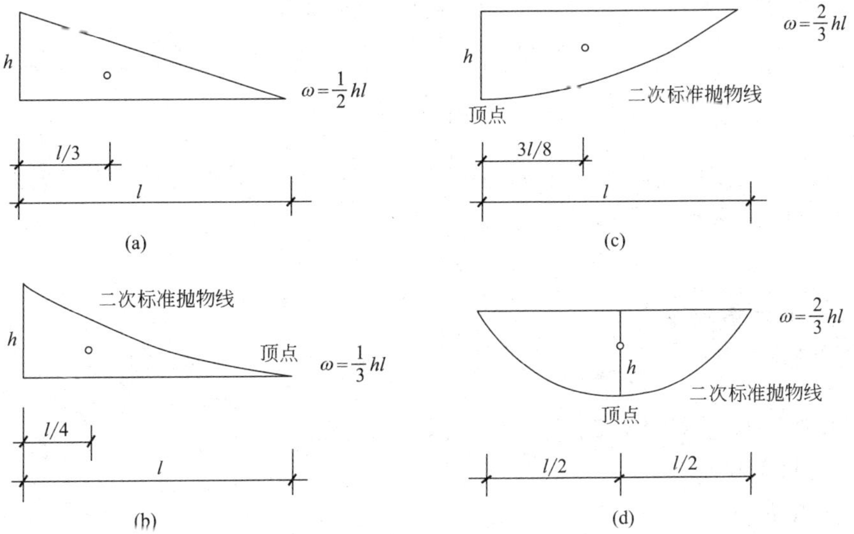

图 12-2-3

（3）线弹性体系的互等定理

1）位移互等定理。第一单位力引起的与第二单位力相应的位移，等于第二单位力引起的与第一单位力相应的位移（图 12-2-4），即：

$$\delta_{iK}=\delta_{Kj} \tag{12-2-8}$$

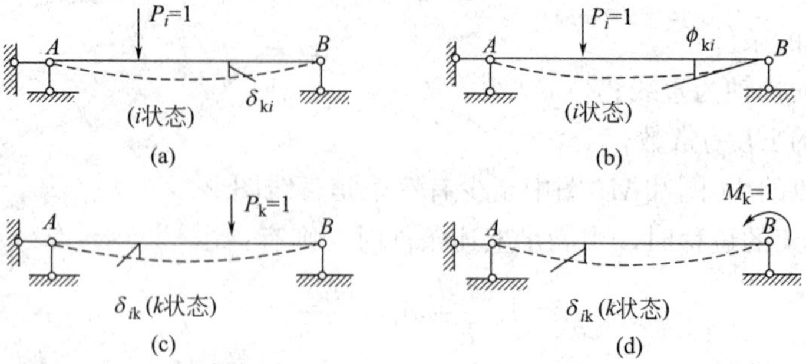

图 12-2-4

2）反力互等定理。如图 12-2-5 所示，第一约束的单位位移引起第二约束的反力，等于第二约束的单位位移引起第一约束的反力，即：

$$r_{Ki}=r_{iK} \tag{12-2-9}$$

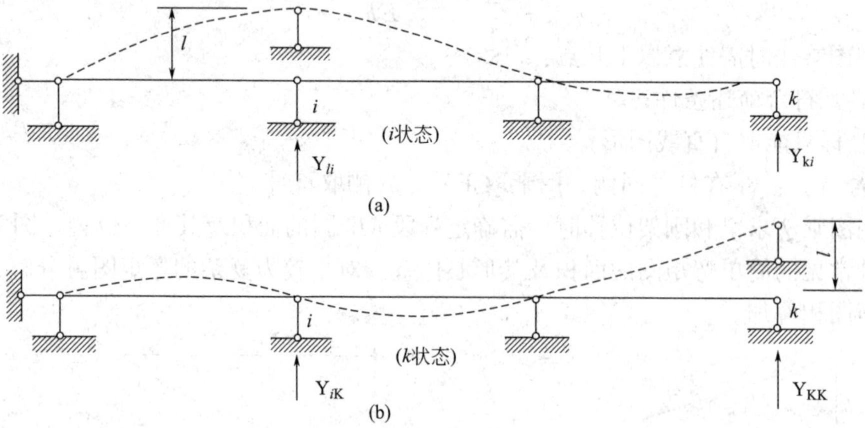

图 12-2-5

3）功的互等定理。第一状态的外力在第二状态的位移上所做的功等于第二状态的外力在第一状态的位移上所做的功，即：$W_{12}=W_{21}$。

历年真题

12-2-1. 如图所示结构，B 点处的支座反力 R_B 为（　　）。(2011B24)

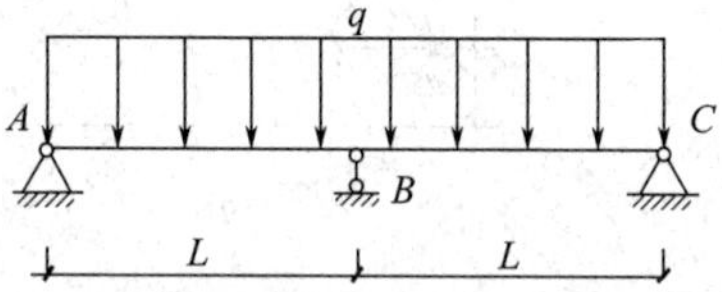

A. $R_B=ql$

B. $R_B=0.75ql$

C. $R_B = 1.25ql$

D. $R_B = 1.5ql$

12-2-2. 图示结构，结点 C 点的弯矩是（　　）。(2012B22)

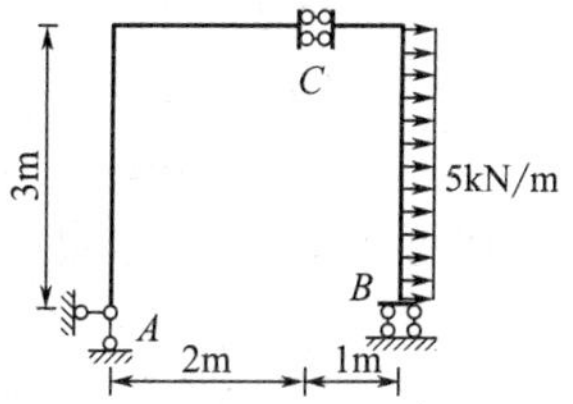

A. 30kN·m，上侧受拉

B. 30kN·m，下侧受拉

C. 45kN·m，上侧受拉

D. 45kN·m，下侧受拉

12-2-3. 图示结构，EI＝常数，结点 C 处的弹性支撑刚度系数 $k=3EI/L^3$，B 点的竖向位移为（　　）。(2012B23)

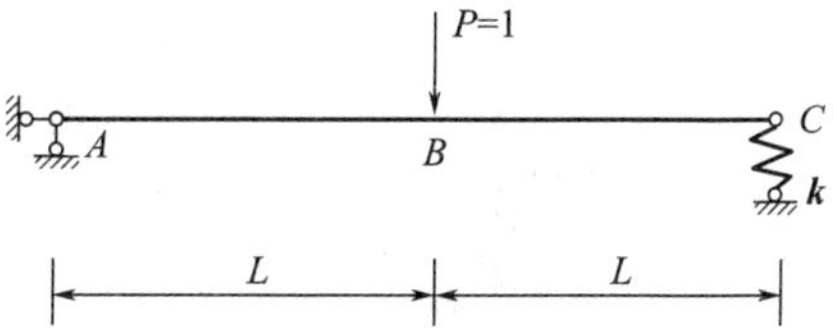

A. $L^3/2EI$

B. $L^3/3EI$

C. $L^3/4EI$

D. $L^3/6EI$

12-2-4. 图示结构，EA＝常数，线膨胀系数为 α，若环境温度降低 t℃，则两个铰支座 A、B 的水平支座反力大小为（　　）。(2012B24)

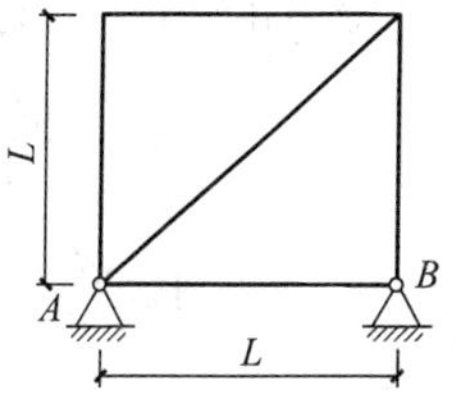

A. αtEA　　B. $\alpha t\dfrac{EA}{2}$

C. $2\alpha tEA/L$　　D. $\alpha tEA/L$

12-2-5. 图示静定三铰拱，拉杆 AB 的轴力等于（　　）。(2013B22)

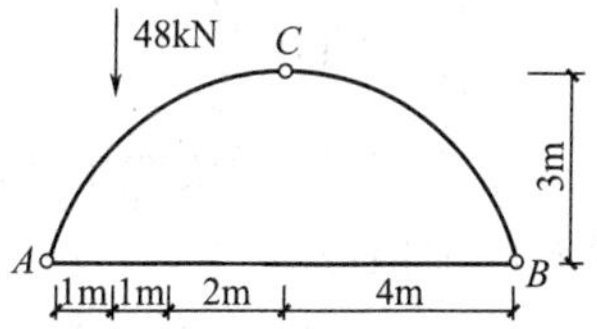

A. 6kN

B. 8kN

C. 10kN

D. 12kN

12-2-6. 图示梁 AB，EI 为常数，固支端 A 发生顺时针的支座转动 θ，由此引起的 B 端转角为（　　）。(2013B23)

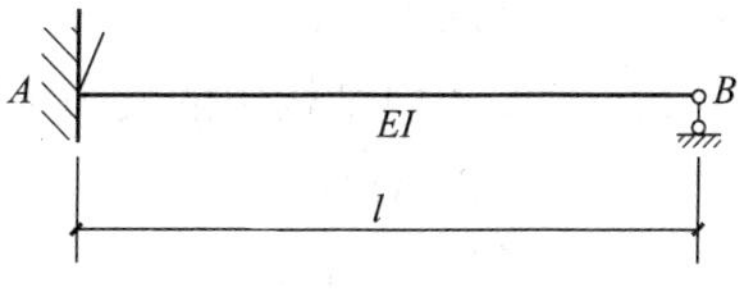

A. θ，顺时针

B. θ，逆时针

C. $1/2\theta$，顺时针

D. $1/2\theta$，逆时针

12-2-7. 图式桁架 a 杆轴力为（　　）。(2014B23)

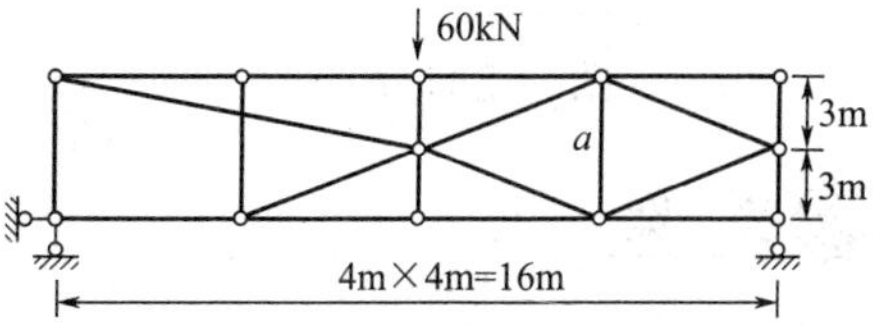

A. 15kN

B. 20kN

C. 25kN

D. 30kN

12-2-8. 图示对称结构 C 点的水平位移 $\Delta_{CH}=\Delta(\rightarrow)$，若 AC 杆 EI 增大一倍，BC 杆

EI 不变，则 Δ_{CH} 变为（　　）。(2016B22)

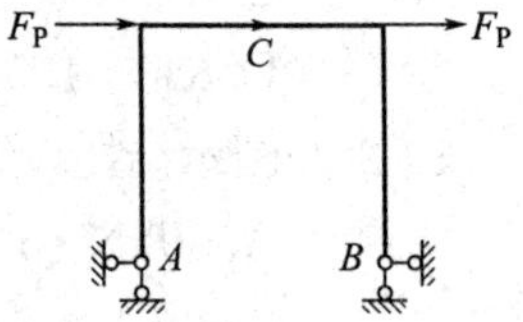

A. 2Δ

B. 1.5Δ

C. 0.5Δ

D. 0.75Δ

12-2-9. 图式结构 M_{BA} 值的大小为（　　）。(2016B24)

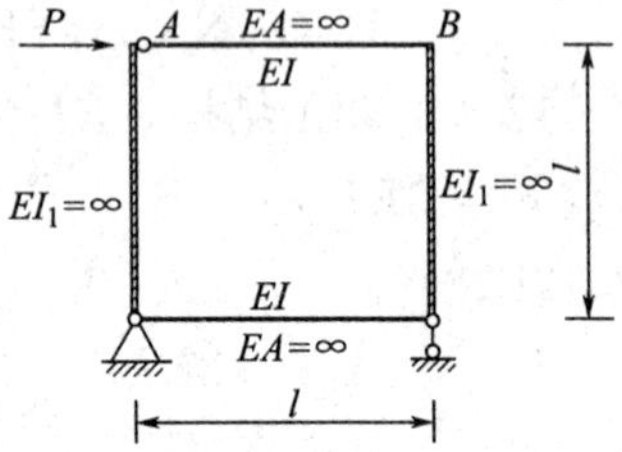

A. $\frac{1}{2}Pl$

B. $\frac{1}{3}Pl$

C. $\frac{1}{4}Pl$

D. $\frac{1}{5}Pl$

12-2-10. 图示对称结构 $M_{AD}=ql^2/36$（左拉），$F_{NAD}=-5ql/12$（压），则 M_{BC} 为（以下侧受拉为正）（　　）。(2017B22)

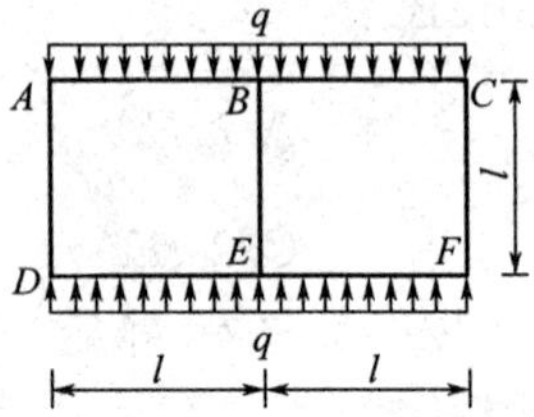

A. $-\frac{ql^2}{6}$

B. $\frac{ql^2}{6}$

C. $-\frac{ql^2}{9}$

D. $\frac{ql^2}{9}$

12-2-11. 图示梁的抗弯刚度 EI，长度为 l，欲使梁中点 C 弯矩为零，则弹性支座刚度 k 的取值应为（　　）。(2017B24)

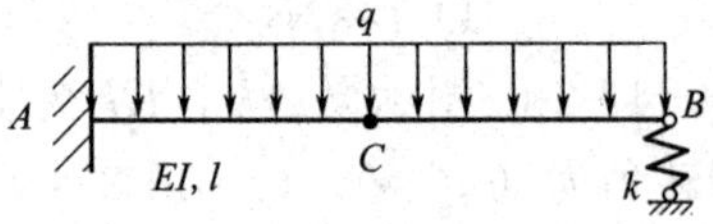

A. $3EI/l^3$

B. $6EI/l^3$

C. $9EI/l^3$

D. $12EI/l^3$

12-2-12. 图内结构中的反力 FH 为（　　）(2018B22)

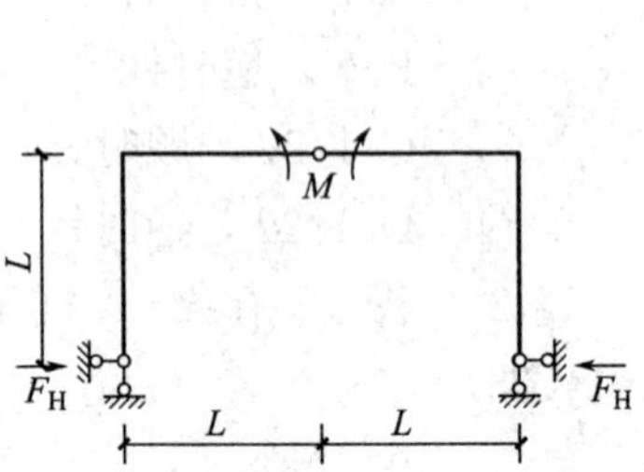

A. M/L

B. $-M/L$

C. $2M/L$

D. $-2M/L$

答　案

12-2-1.【答案】(B)

该结构为对称结构，荷载为对称荷载，可简化为半结构，可得 B 点两侧剪力（绕杆顺时针为正）分别为 $-5ql/8$(左) 和 $5ql/8$(右)，所以 B 点的支座反力为：$5ql/8+5ql/8=$

1.25ql 。

12-2-2.【答案】(D)

取整体分析，求支座反力：

$\sum X=0$，$F_{Ax}=5\times3=15kN$，竖向无荷载 $F_{Ax}=F_{Ey}=0$；取 ABC 杆分析：$\sum M_c=0$，$M_c=15\times3=45kN\cdot m$（下部受拉）。

12-2-3.【答案】(C)

C 点的刚性位移由几何关系可知：

$\Delta_1=\frac{1}{2}\times\frac{F_{CR}}{k}=\frac{1}{2}\times\frac{\frac{1}{2}}{k}=\frac{1}{4}\times\frac{l^3}{3EI}=\frac{l^3}{12EI}$，$C$ 点的弹性位移由图乘法可知：

$\Delta_2=\frac{1}{EI}\times(\frac{1}{2}\times l\times\frac{l}{2}\times\frac{2}{3}\times\frac{l}{2})\times2=\frac{l^3}{6EI}$，则 C 点总位移为：

$\Delta=\Delta_1+\Delta_2=\frac{l^3}{12EI}+\frac{l^3}{6}=\frac{l^3}{4EI}$。

12-2-4.【答案】(B)

1 杆、2 杆属于零杆可以去掉，去掉后 3 杆、4 杆属于零杆可以去掉，对剩下结构进行分析：设 AB 处有水平向右的支反力，大小为 X_1，根据力法，有 $\delta_{11}=\frac{L}{EA}$，$\Delta_{1t}=-\alpha tL/2$ 代入力法方程 $\delta_{11}X_1+\Delta_{1t}=0$，得到 $X_1=\alpha tEA/2$。

12-2-5.【答案】(B)

取整体分析：

$\sum M_B=0$，$F_{Ay}\cdot8-48\times7=0$，$F_{Ay}=42kN$；$\sum Y=0$，$F_{By}=48-42=6kN$；

$\sum X=0$，$F_{Bx}=0kN$；取右边分析：$\sum M_C=0$，$N\cdot3-6\times4=0$，$N_{AB}=8kN$（拉）。

12-2-6.【答案】(D)

用位移法，假定 B 点为固定端，则 A 点发生转角 θ，B 点形常数为 $2i(i=\frac{EI}{l})$，B 点发生转角，B 点形常数为 $4i$。列 B 点弯矩平衡方程：$M_{BA}=4i\theta_B+2i\theta=0$，得 $\theta_B=-\frac{1}{2}\theta$。

12-2-7.【答案】(D)

取整体分析，反力 $F_{Ay}=F_{Ey}=\frac{60}{2}=30kN$。找出所有零杆，由 L 结点知 KL、LF 为零杆，同理 IB、BG、CG、AB、BC、CD、DE 均为零杆。

取 E 结点分析：$N_{EF}=-30kN$(压)

取 F 结点分析：$\sum X=0$，$N_{FK}=N_{FD}$，$\sum Y=0$，$2N_{FD}\cdot\frac{3}{5}=30kN$，$N_{FD}=25kN$(拉)

取 D 结点分析：$\sum Y=0$，$N_{DG}=25kN$（拉），$\sum Y=0$，$N_a=2\times25\times\frac{3}{5}=30kN$（压）

12-2-8.【答案】(D)

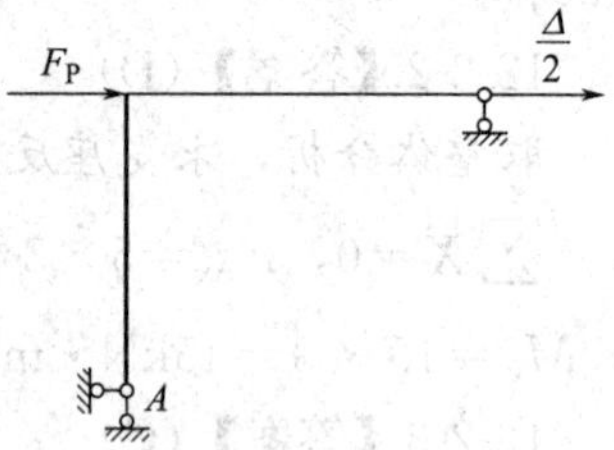

正对称结构在反对称荷载作用下只有反对称力和反对称位移，取半结构，C 处只有竖向的支撑链杆，如图所示。根据单位荷载法，AC 杆 EI 增大一倍，左侧半结构的水平位移为原来的一半，即 $\frac{\Delta}{4}$；BC 杆 EI 不变，右侧半结构的水平位移不变仍为 $\frac{\Delta}{2}$。故总的水平位移为：$\Delta_{CH}=\frac{\Delta}{4}+\frac{\Delta}{2}=\frac{3\Delta}{4}=0.75\Delta$。

12-2-9.【答案】(D)

根据平衡条件求出支座反力，AB 杆的抗剪刚度为 $3i/l^2$，与 AB 杆平行的杆的抗剪刚度为 $12i/l^2$。竖向的力 P 按抗剪刚度分配，故 AB 杆 A 处的剪力大小为 $P/5$，$M_{BA}=Pl/5$。

12-2-10.【答案】(C)

此结构为正对称结构，BE 杆上无弯矩，$M_{BC}=M_{BA}$，由 A 节点弯矩平衡条件得 $M_{AB}=-ql^2/36$（上拉），由 AB 杆受力平衡可得 $M_{BA}=-(-ql^2/36-ql^2/2+5ql^2/12)=ql^2/9$（上拉），由 B 节点弯矩平衡条件可得 $M_{BC}=-ql^2/9$。

12-2-11.【答案】(B)

利用力法求解超静定结构，在弹簧处用竖直向上的未知力 X 代替，假设刚度为 k，力法基本方程为：$\delta_{11}X+\Delta_{1p}=-X/k$，$\delta_{11}=\frac{l^2}{3EI}$，$\Delta_{1p}=-\frac{ql^4}{8EI}$，解得 $X=\frac{3ql^4}{8(l^3+3kEI)}$。根据 C 处的弯矩为 0，取 BC 段受力分析可得 B 处的弹性反力为 $\frac{ql}{4}$，即 $\frac{3ql^4}{8(l^3+3kEI)}=\frac{ql}{4}$，$k=\frac{6EI}{l^3}$。

12-2-12.【答案】(B)

根据结构的对称性，支座没有竖向力，以左或右部分为研究对象，根据力矩平衡可得 B 正确。

第三节　超静定结构的受力分析

一、考试大纲

超静定次数；力法基本体系；力法方程及其意义；等截面直杆刚度方程；位移法基本未知量；基本体系基本方程及其意义；等截面直杆的转动刚度；力矩分配系数与传递系数；单结点的力矩分配；对称性利用；超静定结构位移；超静定结构特性。

二、知识要点

（一）超静定次数的确定

超静定结构的几何特性：具有几何不变性，且有多余约束。静力特性：未知力数大于独立平衡方程数，仅依靠静力平衡方程不能确定或不能完全确定。

去掉超静定结构的多余约束，使其成为静定结构，则去掉多余约束的个数即为该结构的超静定次数。

（二）力法

1. 基本原理

力法是分析超静定结构的最基本的方法，它把超静定结构化为静定结构来计算，力法基本未知量的个数就是结构多余约束数。

去掉多余约束代之以多余力，得力法的基本体系，然后让基本体系在受力方面和变形方面与原结构完全一样，从中建立力法方程，进而解出多余力。把超静定结构化为静定结构来计算，按静定结构计算内力和位移。

2. 解题思路

根据基本结构在原有外力及多余力的共同作用下，在去掉多余约束处沿多余力方向的位移应与原结构相应的位移相同的条件，建立力法方程，解方程即可求得各多余力。去掉多余约束的方式，有如下几种：

① 去掉支座的一根支杆或切断一根链杆相当于去掉一个约束；

② 去掉一个铰支座或一个简单铰相当于去掉两个约束；

③ 去掉一个固定支座或将刚性联结切断相当于去掉三个约束；

④ 将固定支座改为铰支座或将刚性联结改为铰联结相当于去掉一个约束。

将多余力视为基本结构的荷载，则可作基本结构内力图，原结构的位移计算亦可在基本结构上进行。

3. 力法典型方程

图 12-3-1（a）为三次超静定结构，在荷载作用下结构产生变形如图中虚线所示。去掉 B 支座的三个多余联系，并相应地用三个未知力 X_1、X_2、X_3 表示，其基本结构如图 12-3-1（b）所示，其位移条件为：

$$\Delta_1 = 0$$
$$\Delta_2 = 0$$
$$\Delta_3 = 0$$

二次超静定结构的力法方程为：

$$\left.\begin{aligned}\Delta_1 &= \delta_{11}X_1 + \delta_{12}X_2 + \delta_{13}X_3 + \Delta_{1P} \\ \Delta_2 &= \delta_{21}X_1 + \delta_{22}X_2 + \delta_{23}X_3 + \Delta_{2P} \\ \Delta_3 &= \delta_{31}X_1 + \delta_{32}X_2 + \delta_{33}X_3 + \Delta_{3P}\end{aligned}\right\}$$

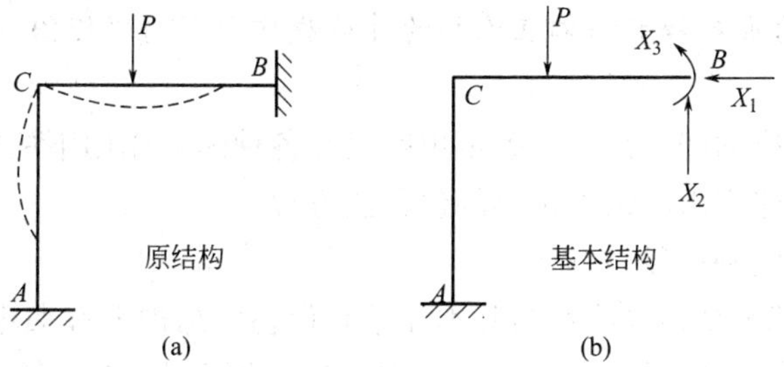

图 12-3-1

4. n 次超静定问题的力法典型方程

对于 n 次超静定结构，有 n 个多余未知力，相应也有 n 个位移条件，可写出 n 个方程，即：

$$\left.\begin{aligned}\delta_{11}X_1+\delta_{12}X_2+\delta_{13}X_3+\Delta_{1P}=0\\ \delta_{21}X_1+\delta_{22}X_2+\delta_{23}X_3+\Delta_{2P}=0\\ \delta_{31}X_1+\delta_{32}X_2+\delta_{33}X_3+\Delta_{3P}=0\end{aligned}\right\}$$

在主对角线上的系数 δ_{11}、δ_{22}、…、δ_{ii} 、…、δ_{nn} 称为主系数，主系数 δ_{ii} 均为正值，且不为零。在主对角线两侧的系数称为副系数，其值可正，可负，也可为零。根据位移互等理，有 $\delta_{ik}=\delta_{ki}$ ，公式中 Δ_{ip} 称为自由项（或称荷载项）。

5. 对称性的利用

1）对称结构在对称荷载作用下，只产生对称的未知力，反对称的未知力等于零；

2）对称结构在反对称荷载作用下，只产生反对称未知力，对称未知力为零。

【例 12-3-1】 求图 12-3-2 所示刚架 B 点的转角 φ_B 。

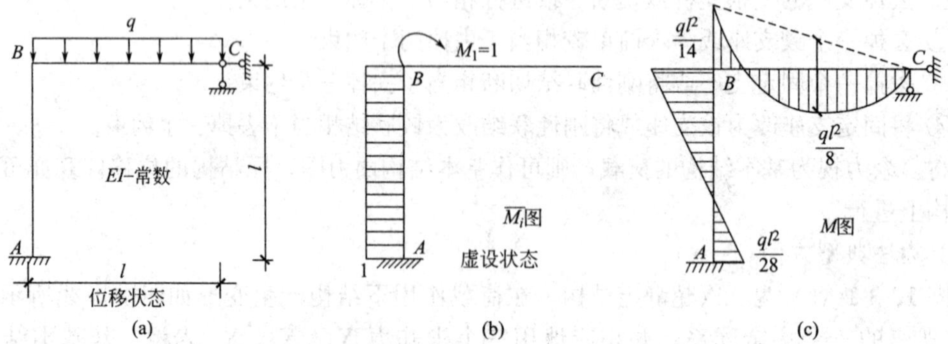

图 12-3-2

解： 可选原结构的任一基本结构，建立相应的虚设状态。为了利用图形相乘法求 B 截面的角位移，作实际位移状态的弯矩图，如图 12-3-2（c）所示。单位力偶 $M_1=1$ 作用在基本结构上的 $\overline{M}_i$ 图，如图 12-3-2（b）所示。图乘后得 B 截面的角位移为：

$$\Delta_{ip}=\varphi_B=\Sigma\int\frac{\overline{M}_iM\mathrm{d}s}{EI}=\frac{1}{EI}\left(\frac{1}{2}\times l\times\frac{ql^2}{14}\times1-\frac{1}{2}\times l\times\frac{ql^2}{28}\times1\right)$$

$$=\frac{ql^3}{56EI}\ (\downarrow)$$

注意公式中 M 为原超静定结构在已知的外荷载作用下的弯矩图（或弯矩方程）。

（三）位移法

位移分析中应解决的问题是：①确定单跨梁在各种因素作用下的杆端力；②确定结构独立的结点位移；③建立求解结点位移的位移法方程。

1. 位移法求解的两种途径

1）用位移法的基本结构（或称为基本体系）代替原结构求解来建立位移法方程。

2）直接在原结构上利用转角位移方程写出各杆的杆端弯矩和剪力，然后应用平衡条件来建立位移法方程。

2. 基本结构法

（1）位移法的基本结构与基本来知量

一般情况下，结构有多少个刚结点就有多少个角位移。

原结构形式如图 12-3-3（a）所示，在其上加一附加刚臂（约束 1）和附加链杆（约束 2）形成一个两端固定杆和一个一端固定、另一端铰支的组合体，形成如图 12-3-3（b）所示的一个新结构体系。

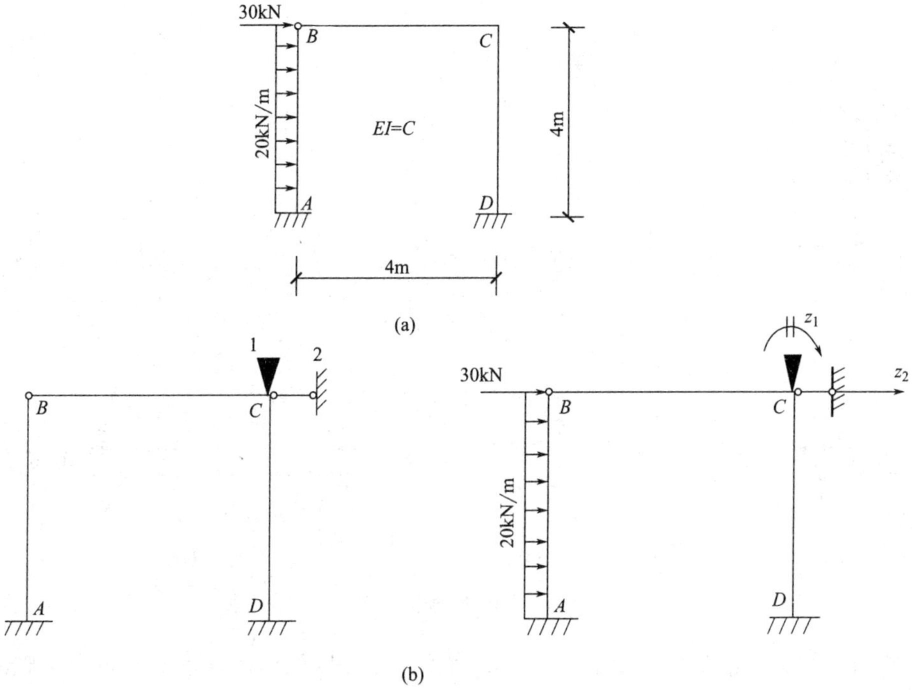

图 12-3-3

图 12-3-3（b）就是 12-3-3（a）的基本结构，设原结构结点 C 处的转角为 z_1（用表示转角），节点 C 处的水平位移为 z_2（用表示转角），将外荷载和结点 C 的位移，一起加在基本结构上，z_1、z_2 相当于支座移动。这样，基本结构上受的荷载，除原结构上的荷载外，尚有广义荷载 z_1 和 z_3。基本结构虽然和原结构不相同，但基本结构在荷载和广义荷载作用下，其内力状态、变形状态和原结构完全相同。即附加约束中的约束力为零。

位移法方程：根据附加约束中约束力为 0 的条件建立位移法方程，即：

$$r_{11}z_1+r_{12}z_2+R_{1p}=0$$
$$r_{21}z_1+r_{22}z_2+R_{2p}=0$$

（2）计算系数和自由项

r_{11}、r_{12}、R_{1p}、R_{2p} 的计算都是在超静定结构上进行，直接计算将很繁琐。为此，根据杆端弯矩公式和荷载作用下的固端附表可绘出 $\overline{M_1}$、$\overline{M_2}$、M_p 图（图 12-3-4），然后应用隔离体平衡条件计算系数和自由项（图 12-3-5）。

$$r_{11}=7i\text{、}r_{12}=r_{21}=-1.5i\text{、}r_{22}=\frac{15i}{16}\text{，}R_{1p}=-60\text{kN、}R_{2p}=0$$

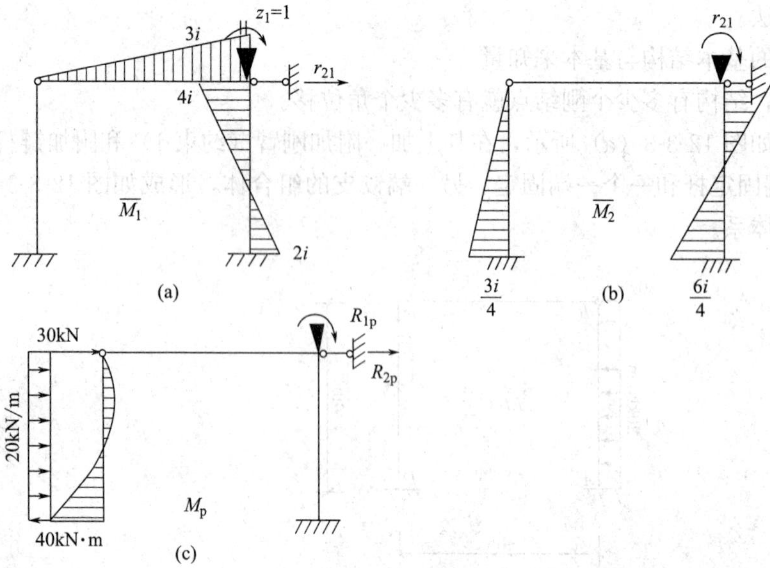

图 12-3-4

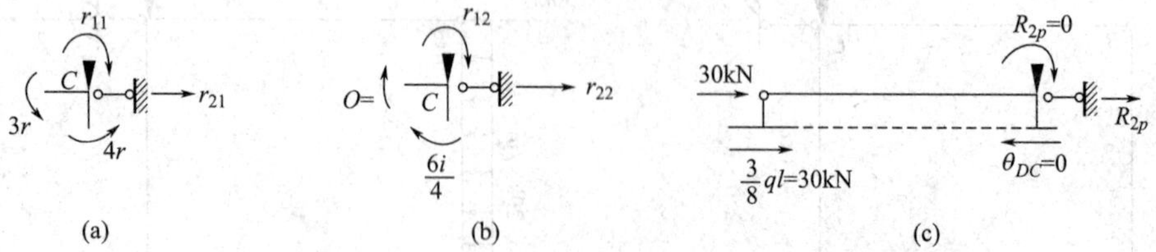

图 12-3-5

计算附加刚臂中的约束力只需取结点隔离体，而计算附加链杆中的约束力，则需截取层隔离体进行计算，例如计算 R_{2p}、r_{22}，解位移法方程求得 $z_1=\dfrac{480}{23i}$，$z_2=\dfrac{2240}{23i}$ 。

绘内力图：应用叠加法公式绘制 M 图，$M=\overline{M}_1 z_1+\overline{M}_2 z_2$，或者应用杆端弯矩公式，求杆端弯矩，然后再绘制弯矩图（图 12-3-6）。

3. 杆端平衡法

（1）用直接平衡法建立位移法方程

① 两端刚结或固定的等直杆（图 12-3-7）。

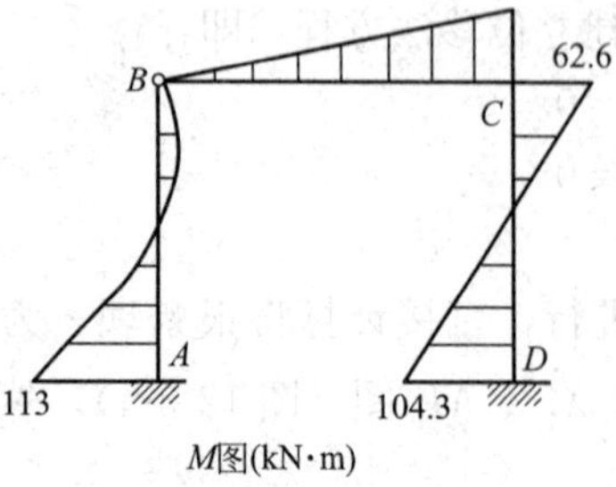

图 12-3-6

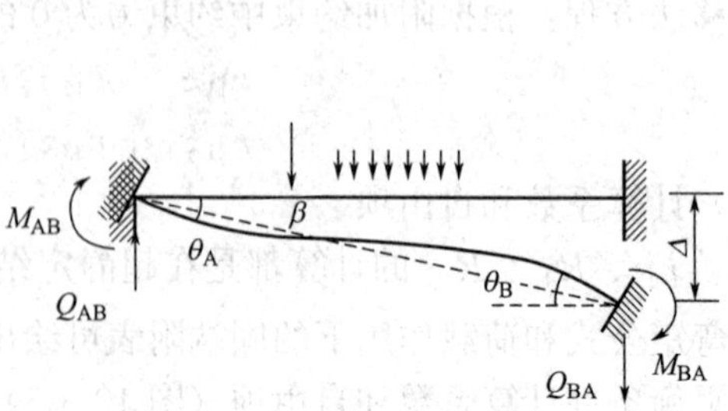

图 12-3-7

$$M_{AB}=4i\varphi_A+2i\varphi_B-\frac{6i}{l}\Delta+M_{AB}^g$$

$$M_{BA}=2i\varphi_A+4i\varphi_B-\frac{6i}{l}\Delta+M_{BA}^g$$

$$V_{AB}=-\frac{6i}{l}\varphi_A-\frac{6i}{l}\varphi_B+\frac{12i}{l^2}\Delta_{AB}+V_{AB}^g$$

$$V_{BA}=-\frac{6i}{l}\varphi_A-\frac{6i}{l}\varphi_B+\frac{12i}{l^2}\Delta_{AB}+V_{BA}^g \tag{12-3-1}$$

② 一端铰结或铰支的等直杆（图 12-3-8）。

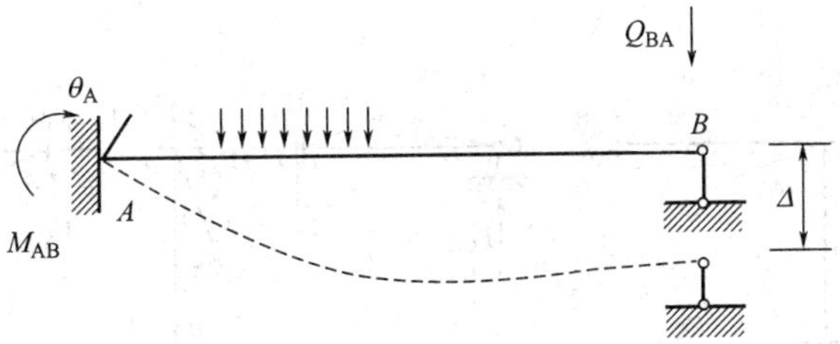

图 12-3-8

$$M_{AB}=3i\varphi_A-\frac{3i}{l}\Delta_{AB}+M_{AB}^g$$

$$M_{BA}=0$$

$$V_{AB}=-\frac{3i}{l}\varphi_A+\frac{3i}{l^2}\Delta_{AB}+V_{AB}^g$$

$$V_{BA}=-\frac{3i}{l}\varphi_A+\frac{3i}{l^2}\Delta_{AB}+V_{BA}^g \tag{12-3-2}$$

③ 一端固定，另一端为定向支座（图 12-3-9）。

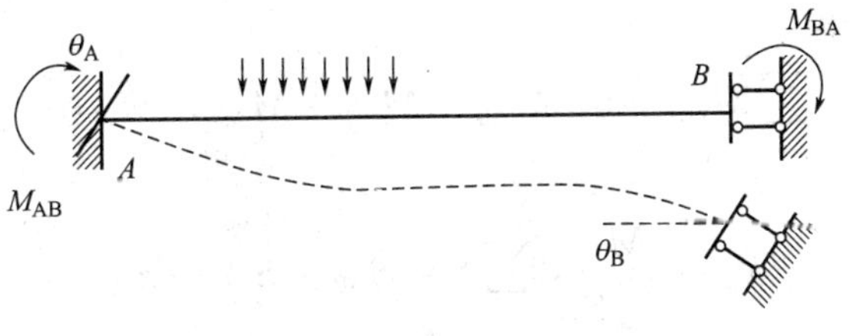

图 12-3-9

$$\begin{aligned}M_{AB}&=i\varphi_A+M_{AB}^g\\M_{BA}&=-i\varphi_A+M_{BA}^g\\V_{AB}&=V_{AB}^g\end{aligned} \tag{12-3-3}$$

M_{AB}^g、M_{BA}^g 和 V_{AB}^g、V_{BA}^g 分别表示杆端 A、杆端 B 的固端弯矩和固端剪力。其中符号规定：顺时针方向的弯矩为正，反之为负；剪力符号仍沿用以前的规定。杆端位移的符号，沿顺时针方向的角位移为正，反之为负；相对线位移 Δ，则接位移后的杆端连线与杆件原轴线所形成的夹角 $\psi=\frac{\Delta}{l}$，沿顺时针方向者为正，反之为负。

（四）弯矩分配法

弯矩分配法是基于位移法的逐步逼近精确解的近似方法。

力矩分配法
- 理论基础：位移
- 计算对象：杆端弯矩
- 计算方法：逐渐逼近精确解的方法
- 适用范围：连续梁和无侧移刚架

1. 力矩分配系数

如图 12-3-10a 所示，此刚架由等截面直杆组成，在刚结点 A 处，附加一外力矩 M，此时刚结点 A 将发生一定的角位移，计作 φ_A。

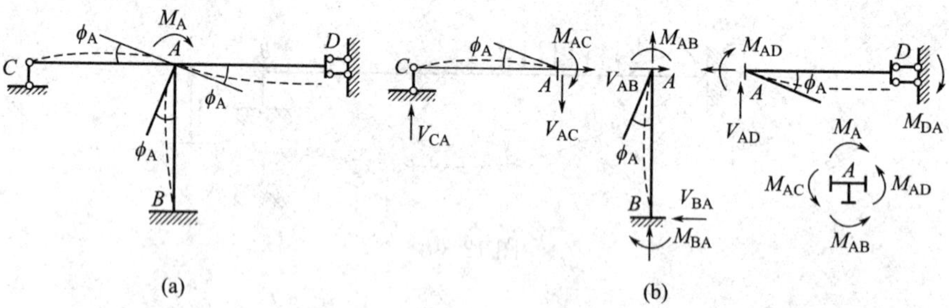

图 12-3-10

如图 12-2-5b 所示，将非转动端称为远端，转动端称为近端，则近端弯矩的计算公式如下：

$$\begin{cases} M_{AB}=4i_{AB}\varphi_A=S_{AB}\varphi_A \\ M_{AC}=4i_{AC}\varphi_A=S_{AC}\varphi_A \\ M_{AD}=4i_{AD}\varphi_A=S_{AD}\varphi_A \end{cases} \tag{12-3-4}$$

式中　S——杆件的转动刚度（系数），与杆件线刚度 i 和远端支承情况有关。

结点 A 平衡，可得：

$$\sum M_{(A)}=0\text{，}M_{AB}+M_{AC}+M_{AD}-M=0 \tag{12-3-5}$$

解得

$$\phi_A=\frac{M}{\sum S}\text{，}\sum S=S_{AB}+S_{AC}+S_{AD} \tag{12-3-6}$$

式中　$\sum S$——结点 A 的转动总刚度，于是有

$$\begin{cases} M_{AB}=\dfrac{S_{AB}}{\sum S}M_A=\mu_{AB}\cdot M \\ M_{AC}=\dfrac{S_{AC}}{\sum S}M_A=\mu_{AC}\cdot M \\ M_{AD}=\dfrac{S_{AD}}{\sum S}M_A=\mu_{AD}\cdot M \end{cases} \tag{12-3-7}$$

$$\mu_{Ai}=\frac{S_{Ai}}{IS}$$

式中 μ_{Ai}——力矩分配系数，$\Sigma\mu=1$。

2. 力矩传递系数

相应各杆远端弯矩（称为传递弯矩）

$$M_{BA}=2i_{AB}\varphi_A=\frac{1}{2}M_{AB}=C_{AB}M_{AB} \tag{12-3-8}$$

$$M_{CA}=0=C_{AC}M_{AC} \tag{12-3-9}$$

$$M_{DA}=-i_{AD}\varphi_A=-1\cdot M_{AD}=C_{AD}M_{AD} \tag{12-3-10}$$

或

$$M_{kA}=C_{Ak}M_{Ak} \tag{12-3-11}$$

式中 C_{Ak}——力矩传递系数。当远端为固支时 $C=\frac{1}{2}$；为铰支时，$C=0$；为定向支座，$C=-1$。

3. 运用

【例 12-3-2】 如图 12-3-11 所示，在结点 A 上受有一力偶荷载，利用力矩分配法绘出弯矩图。

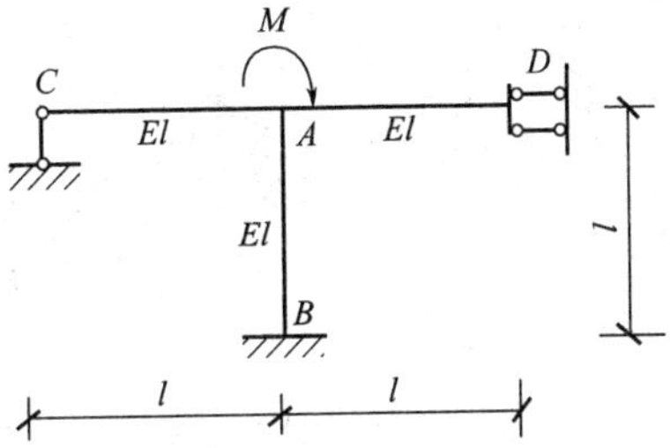

图 12-3-11

解：(1) 计算分配系数

因为 $S_{AC}=\frac{3EI}{l}$，$S_{AB}=\frac{4EI}{l}$，$S_{AD}=\frac{EI}{l}$，所以

$\mu_{AC}=\frac{S_{AC}}{S_A}=\frac{3}{8}$，$\mu_{AD}=\frac{1}{8}$，$\mu_{AB}=\frac{4}{8}$

(2) 传递系数

$C_{AC}=0$，$C_{AD}=-1$，$C_{AB}=\frac{1}{2}$

(3) 计算分配弯矩

$M_{AC}=M\times\mu_{AC}=\frac{3}{8}M$，$M_{AD}=M\times\mu_{AD}=\frac{1}{8}M$，$M_{AB}=M\times\mu_{AB}=\frac{4}{8}M$

(4) 计算传递弯矩

$M_{CA}=M\times\mu_{AC}\times C_{AC}=0$，$M_{DA}=M\times\mu_{AD}\times M_{AD}=-\frac{1}{8}M$，$M_{BA}=M\times\mu_{AB}\times C_{AB}=\frac{1}{4}M$。

【例 12-3-3】 求图 12-3-12 所示连续梁端弯矩图。

解：(1) 固定状态（图 12-3-13）

$M_{1A}^F=ql^2/8=150$，$M_{12}^F=-ql^2/12=-100$，$M_{21}^F=ql^2/12=100$，$M_1^u=M_{1A}^F+M_{12}^F=50$，$M_2^u=M_{21}^F+M_{2B}^F=100$

(2) 放松结点 2（节点 1 固定）

$S_{21}=4i$，$S_{2B}=3i$，$\mu_{21}=0.575$，$\mu_{2B}=0.429$

(3) 放松结点 1（结点 2 固定）

$S_{12}=4i$，$S_{1A}=3i$，$\mu_{12}=0.571$，$\mu_{1A}=0.429$。

(4) 作剪力图，求反力（图 12-3-14）

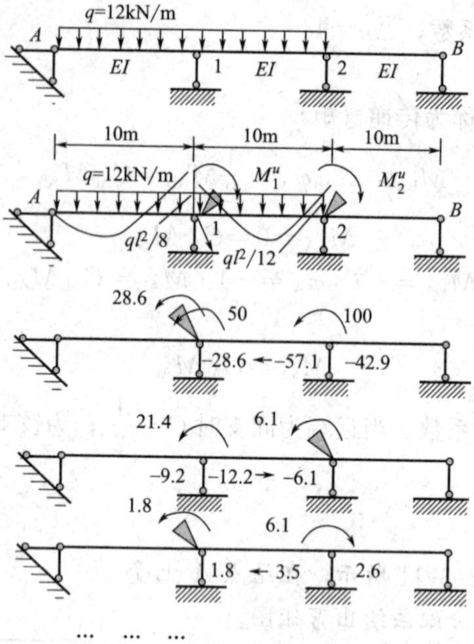

图 12-3-12

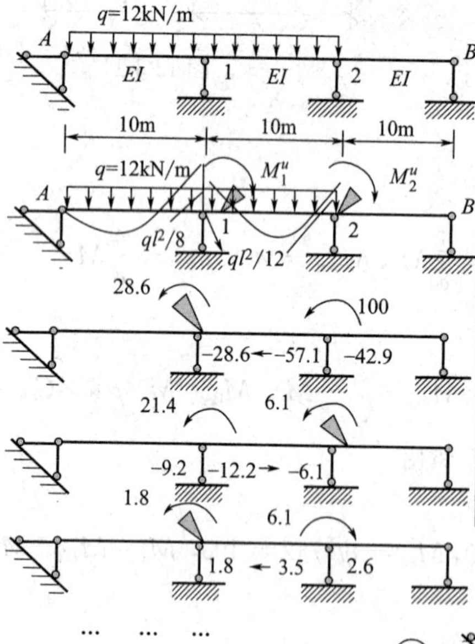

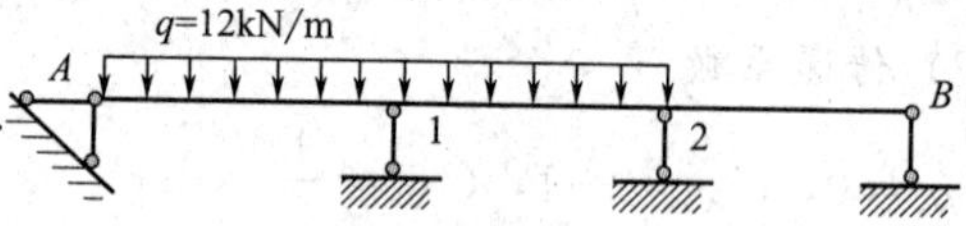

μ		0.429	0.571	0.571	0.429	
M^F	0	150	−100	100	0	0
分配传递			−28.6 ←	−57.1	−42.9 →	0
	0 ←	−9.2	−12.2 →	−6.1		
			1.8 ←	3.5	2.6 →	0
		−0.8	−1.0			
M	0	140	−140	40.3	−40.3	0

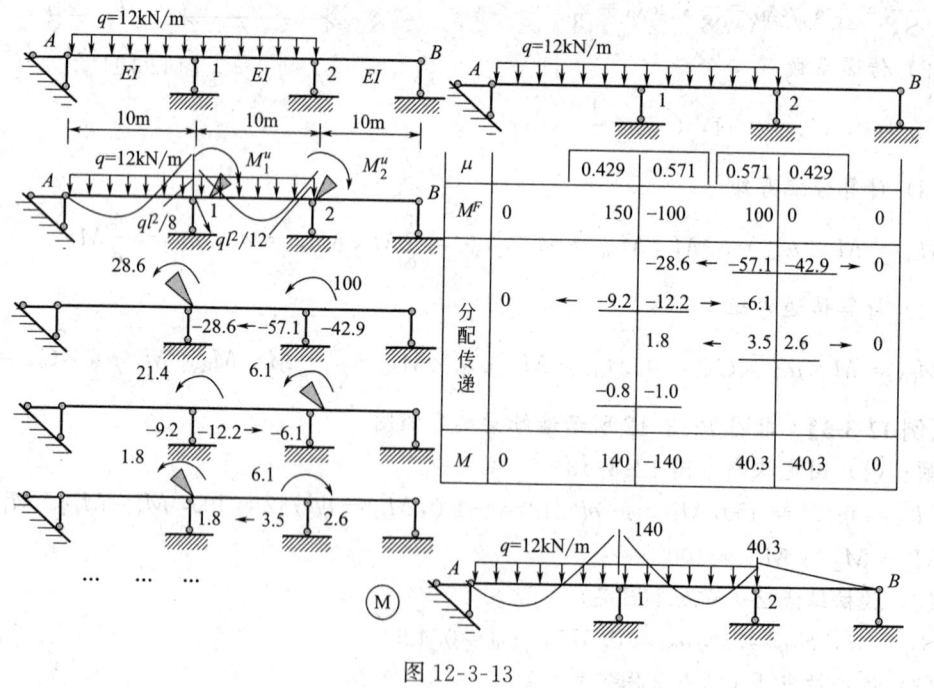

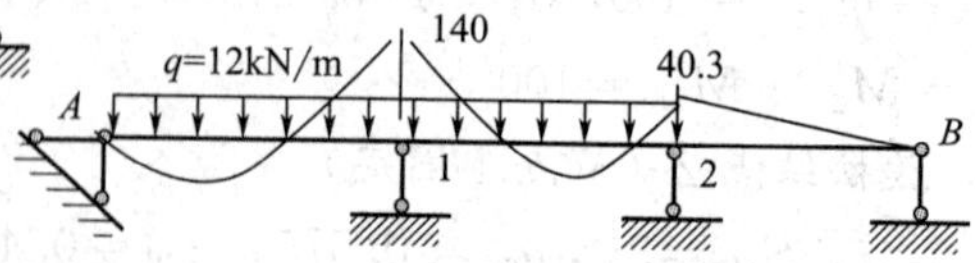

图 12-3-13

$\sum M_A=0$，$Q_{1A}\times 10+140+12\times 10\times 5=0$，$Q_{1A}=-74$

$\sum F_y=0$，$Q_{A1}=46$，$\sum F_y=0$，$R_1=74+69.97=143.97\text{kN}(\uparrow)$

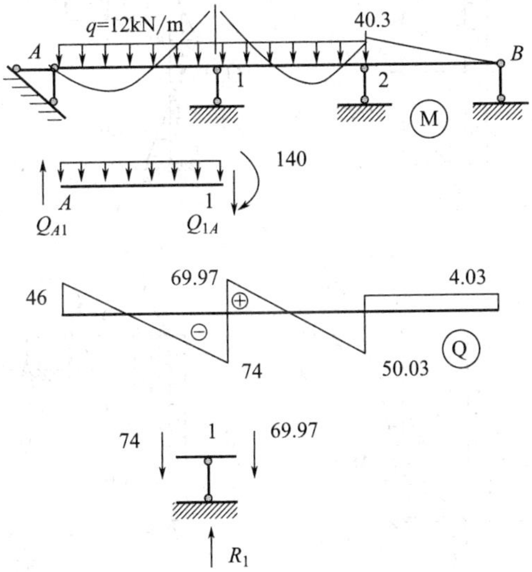

图 12-3-14

（五）对称性的利用

1. 对称结构的条件

① 结构的几何图形对称

② 结构约束对称。

③ 结构杆件的刚度对称。

2. 结构利用对称性进行简化计算的依据

① 对称结构在对称荷载作用下，形成的内力、位移对称，非对称部分的内力、位移为 0。

② 对称结构在反对称荷载的作用下，形成的内力、位移分布为反对称，对称部分的内力、位移为 0。

【例 12-3-4】 如图 12-3-15a 所示，试利用结构的对称性采用位移法计算刚架的最后弯矩。

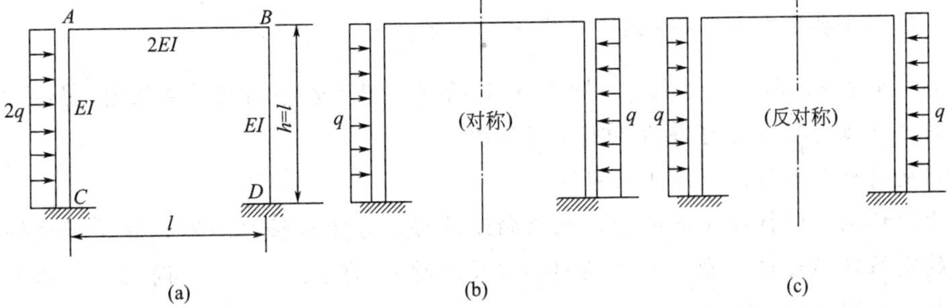

图 12-3-15（一）

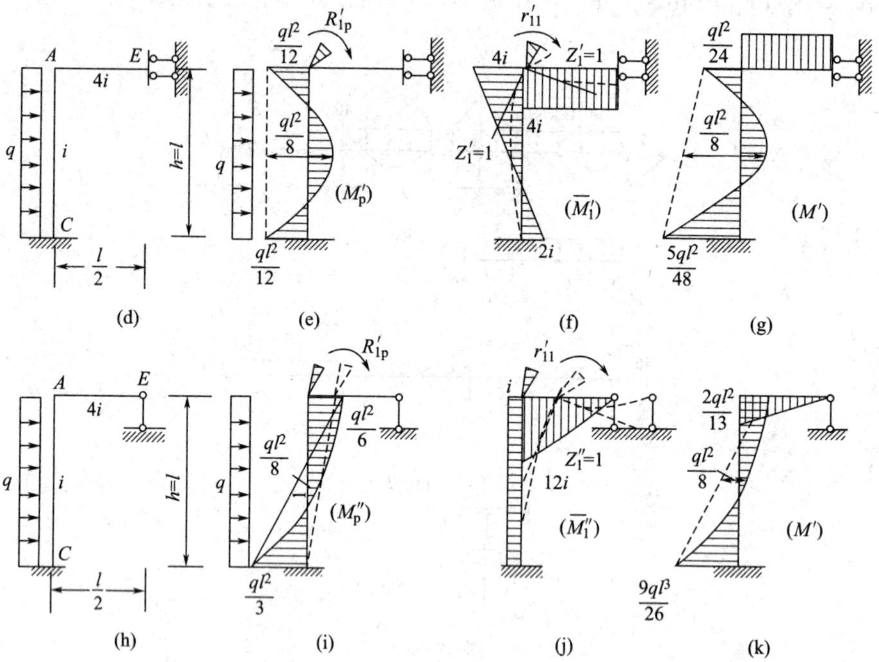

图 12-3-15（二）

解：由于结构所受荷载不对称，将其分解为对称和反对称两部分，如图 12-3-15b 和 c 所示。

（1）对称荷载作用下

处于对称轴上的横梁中点截面，无角位移和水平线位移，剪力为零；处于对称轴两侧对称结点 A 、B 处，角位移等值对称，即：$\varphi_B=-\varphi_A$ 。因此，可取半边刚架进行计算，如图 12-3-10d 所示。

此时，刚架只有一个刚结点，无线位移，相应的位移法典型方程为：$r'_{11}Z'_1+R'_{1P}=0$。

由荷载和单位位移所产生的弯矩图，得荷载弯矩图和单位弯矩网，如图 12-3-15e 和 f 所示。由于结点力矩平衡，得 $r'_{11}=4i_{AC}+i_{AE}=4i+4i=8i$ ，$R'_{1P}=\dfrac{ql^2}{12}$（注：此时横梁 AE 的线刚度为 $i_{AE}=\dfrac{2EI}{0.5l}=4i$ ）。

代入位移法典型方程，得：$8iZ'_1+\dfrac{gl^2}{12}=0$，$Z'_1=-\dfrac{ql^2}{96i}$（↶）。

根据叠加原理，由 $M'=\overline{M'_1}Z'_1+M'_P$ 得对称荷载作用下左半刚架的弯矩图，如图 12-3-15g 所示。同理根据对称条件可得右半刚架弯矩图。

（2）反对称荷载作用（图 12-3-15c）

处于对称轴上的横梁中点截面，无竖向线位移，弯矩和轴力为零；处于对称轴两侧位置对称的刚结点 A 、B ，角位移等值同向（反对称），即：$\varphi_B=\varphi_A$ 。因此，可取半边刚架进行计算，如图 12-3-15h 所示。

刚架只有一个刚结点 A ，只有一个角位移、相应的位移法典型方程为：$r''_{11}Z''_1+R''_{1P}=$

0。由荷载、单位位移产生的弯矩图，可查表求得，如图 12-3-15i、图 12-3-15j 所示。根据结点的力矩平衡条件，得：$r''_{11}=i_{AC}+3i_{AE}=i+3\times4i=13i$，$R''_{1P}=-\dfrac{ql^2}{6}$，代入位移法典型方程，得 $13iZ''_1-\dfrac{ql^2}{6}=0$，$Z''_1=\dfrac{ql^2}{78}$（↻）。

按照叠加原理，由式 $M''=\overline{M''_1}Z''_1+M''_P$，便可作出在反对称荷载作用下左半刚架的弯矩图，如图 12-3-15k 所示。同理可得右半刚架的弯矩图，

最后，将对称荷载、反对称荷载作用下所产生的弯矩图进行叠加，即得刚架在原非对称荷载作用下所产生的弯矩图，如图 12-3-16 所示。

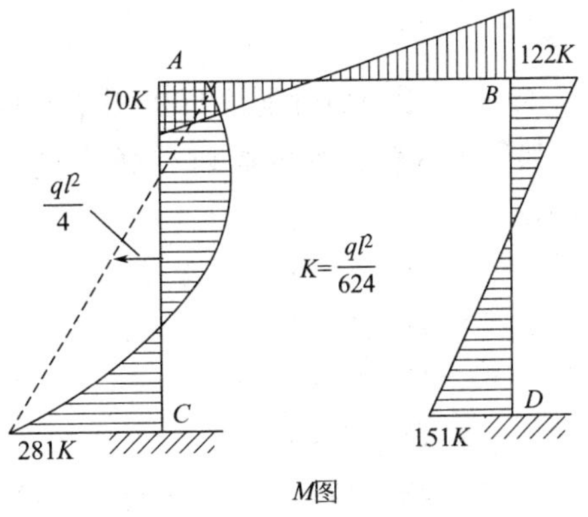

图 12-3-16

历年真题

12-3-1. 对图（1）、（2）、（3）、（4）中，关于 BC 杆中轴力的描述正确的是（　　）。(2011B23)

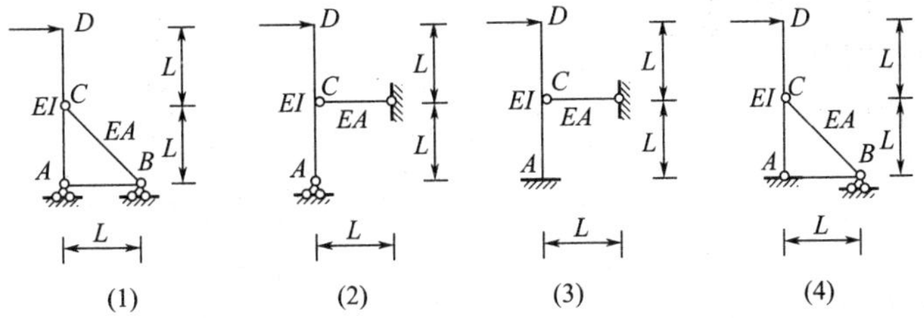

A. $|N1|=|N2|$　　B. $|N2|<|N3|$

C. $|N1|>|N2|$　　D. $|N3|=|N4|$

12-3-2. 如图所示的拱结构，其超静定次数为（　　）。(2011B25)

A. 1

B. 2

C. 3

D. 4

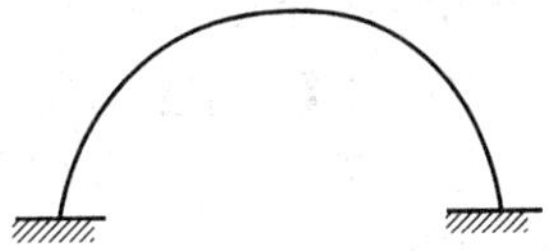

12-3-3. 如图所示结构中，各杆件 EI 均相同，则节点 A 处 AB 杆的弯矩分配系数 μ_{AB} 为（　　）。(2011B26)

A. $\dfrac{1}{3}$

B. $\dfrac{3}{8}$

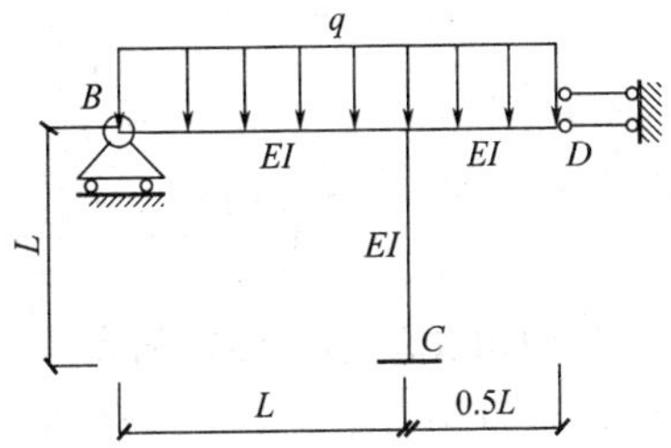

C. 0.3

D. $\frac{4}{9}$

12-3-4. 用力矩分配法分析图示结构，先锁住节点 B，然后再放松，则传递到 C 支点的力矩为（　　）。(2013B24)

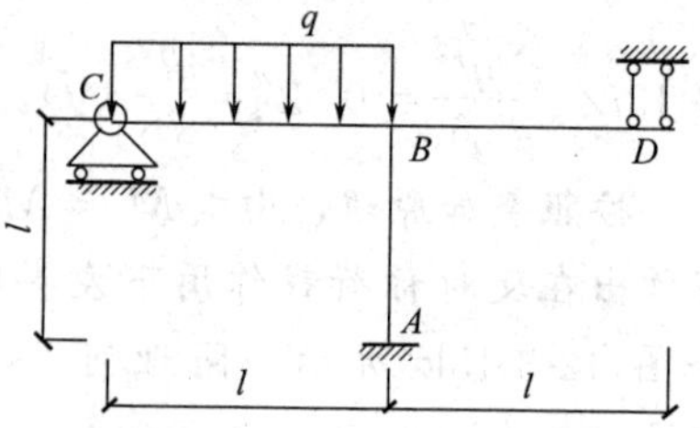

A. $ql^2/27$

B. $ql^2/54$

C. $ql^2/23$

D. $ql^2/46$

12-3-5. 图示结构 EI = 常数，在给定荷载的作用下，水平反力 H_A 为（　　）。(2017B23)

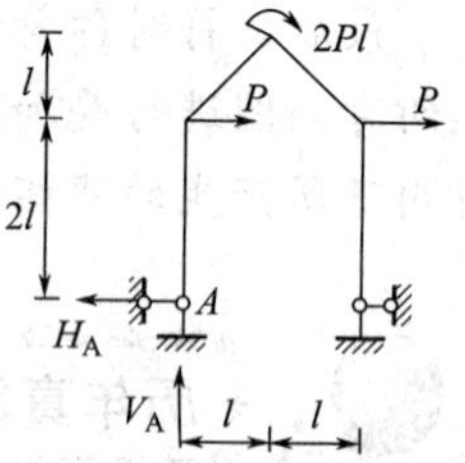

A. P

B. $2P$

C. $3P$

D. $4P$

12-3-6. 图示两桁架温度均匀降低 t℃，则温度引起的结构内力为（　　）(2018B24)

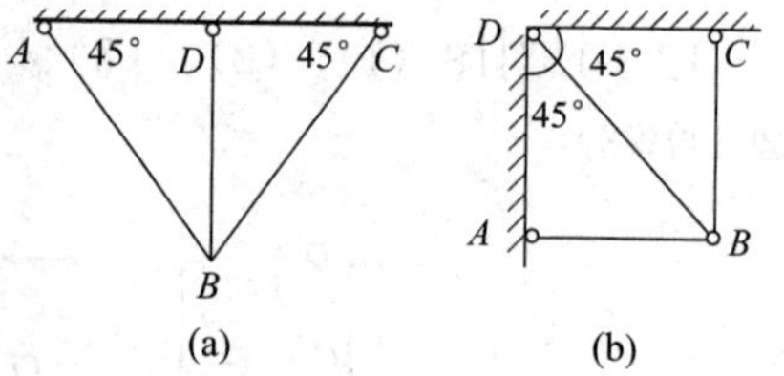

A. (a) 无，(b) 有

B. (a) 有，(b) 无

C. 两者均有

D. 两者均无

答　案

12-3-1.【答案】(B)

图 (1)、图 (2)、图 (3)、图 (4) 中，BC 杆均为二力杆，图 (1)、图 (2) 为静定结构，可直接用平衡条件求解，即：$\sum M_A=0$，$|N_1|=2\sqrt{2}P$，$|N_2|=2P$。图 (3)、图 (4) 为超静定结构，约束增强，杆 BC 承担的轴力减小，$|N_2|>|N_3|$，图 (4) 中杆 BC 轴力的水平分量等于图 (3) 中杆 BC 的轴力，所以 $|N_3|<|N_4|$。

12-3-2.【答案】(C)

撤掉其中一个固定支座，此拱结构仍有一个固定支座，为几何不变体系，属于静定结构，因此超静定次数为 3。

12-3-3.【答案】(A)

$$\mu_{AB}=\frac{S_{AB}}{\sum\limits_{A} S}=\frac{3\frac{EI}{L}}{3\frac{EI}{L}+4\frac{EI}{L}+\frac{EI}{0.5L}}=\frac{1}{3}$$

转动刚度汇总：远端固定　$S=4i$　远端简支　$S=3i$

远端滑动　$S=i$　　远端自由　$S=0$

12-3-4.【答案】(A)

先求结点 B 的转动刚度：$S_{BC}=i$，$S_{BA}=S_{BD}=4i$（与 BD 杆轴不平行的滑动支座当作是固定端支座），分配系数：

$$\mu_{BA}=\mu_{BD}=\frac{4i}{4i+i+4i}=\frac{4}{9}，\mu_{BC}=\frac{i}{4i+i+4i}=\frac{1}{9}$$

固端弯矩：$M_{BC}^{F}=\frac{1}{3}ql^2$；分配弯矩：$M_{BC}^{F}=-\frac{1}{3}ql^2\times\frac{1}{9}=-\frac{1}{27}ql^2$；传递系数为：$C_{CB}=-1$，$M_{CB}=-\frac{1}{27}ql^2\times(-1)=\frac{1}{27}ql^2$。

12-3-5.【答案】(A)

图示结构为反对称荷载作用下的对称结构，其轴力、弯矩反对称，剪力图正对称，而支座处的水平反力即为竖杆的剪力，由剪力图对称可得两支座水平反力相等，因此 $H_A=P$。

12-3-6.【答案】(A)

图（b）为等比例收缩，故无内力。

第四节　结构动力特性与动力反应

一、考试大纲

单自由度体系；自振周期；频率；振幅与最大动内力；阻尼对振动的影响。

二、知识要点

(一) 概念

1. 结构动力计算的特点和目的

动力荷载指荷载的大小、方向和作用位置随时间迅速变化。若荷载随时间变化缓慢，引起结构质量的加速度很小，由此所产生的惯性力与荷载相比可以忽略不计，则可将其作为静荷载处理。只有当荷载随时间变化较快，并且所产生的惯性力不容忽视时，才将其视为动荷载进行分析计算。

2. 动荷载分类

动荷载分类按时间可分为周期荷载、冲击荷载、突加荷载和随机荷载。

3. 动力自由度

在结构振动时，确定结构的全部质点在任一时刻的位置所需的独立几何参数的数目称为结构振动自由度。

运动问题通常也称振动问题，分为两大类：自由振动和强迫振动。自由振动主要考查结构的动力特性，即自振频率、周期、振型等。强迫振动主要考查结构的动力计算，即动力内力、动力位移。

本节的重点是一个自由体系的动力特征和动力计算。

(二) 单自由度体系自由的振动方程

1. 刚度法

如图 12-4-1 所示为单自由度体系，取质量为隔离体。

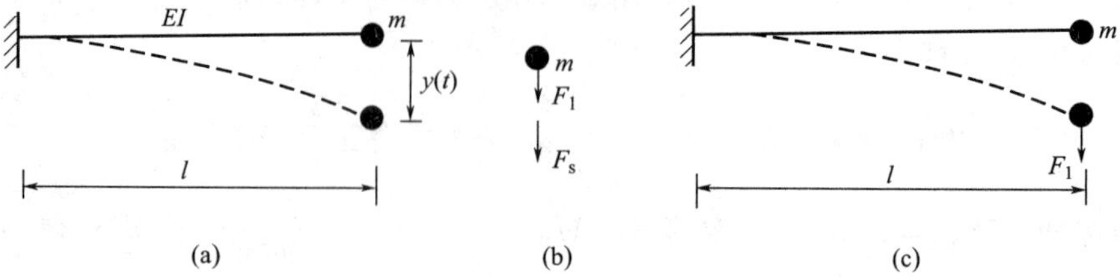

图 12-4-1

其上作用荷载有作用力为：动力荷载 $F(t)$；弹性恢复力 $F_s(t)=-k_{11}y(t)$，其中负号表明弹性力与质点的位移方向相反，k_{11} 为刚度系数。

惯性力：$F_1(t)=-m\ddot{y}(t)$，负号表示与质量加速度 $\ddot{y}(t)$ 方向相反。

根据达朗贝尔原理，有平衡方程：

$$F_s(t)+F_1(t)=0 \tag{12-4-1}$$

或

$$m\ddot{y}(t)+k_{11}y(t)=0 \tag{12-4-2}$$

2. 柔度法

设质量 m 在单位力作用下的位移为 f_{11}，则动位移

$$y(t)=-M\ddot{y}\cdot f_{11} \text{ 或 } m\ddot{y}+\frac{1}{f_{11}}y=0 \tag{12-4-3}$$

式中　f_{11}——柔度系数，$f_{11}=\dfrac{1}{k_{11}}$。

让 $\omega=\sqrt{\dfrac{k_{11}}{m}}=\sqrt{\dfrac{1}{mf_{11}}}$，$\omega$ 为体系的自振频率。解式（12-4-3），可得

$$y(t)=A\sin(\omega t+\varphi) \tag{12-4-4}$$

式中　$A=\sqrt{y_0^2+\left(\dfrac{v_0}{m}\right)^2}$，$\varphi=\tan^{-1}\left(\dfrac{y_0\omega}{v_0}\right)$。

其中：y_0，v_0 分别是质量 m 的初位移和初速度，A 为质点 m 的振幅，φ 为初相角。

（三）受迫振动

在简谐荷载作用下，无阻尼的单自由度体系的受迫振动。

动平衡方程为：

$$m\ddot{y}(t)+k_{11}y(t)=P\sin\theta t \tag{12-4-5}$$

其稳态解为：

$$y(t)=A\sin\theta t \tag{12-4-6}$$

$$A=\mu y_j-\mu\frac{P}{m\omega^2} \tag{12-4-7}$$

动力系数为

$$\mu=\frac{1}{1-\beta^2} \tag{12-4-8}$$

共振时 $\mu=\infty$。

如图 12-4-2a 所示的单自由度体系，基础水平方向简谐振动 $u(t)=U\sin\theta t$ 引起质点处振幅，不考虑阻尼。

质点 m 在某一瞬时的位移如图 12-4-2a 所示，它由两部分组成。一是随基础一起发生位移 $u(t)$；二是相对位移 $y(t)$，则弹性力 $S(t)=-k_{11}y(t)$，

惯性力 $I(t)=-m[\ddot{u}(t)+\ddot{y}(t)]$，以质点为隔离体（图 12-4-2b），得动平衡方程为

$$-m[\ddot{u}(t)+\ddot{y}(t)]-k_{11}y(t)=0$$

或

$$m\ddot{y}(t)+k_{11}y(t)=-m\ddot{u}(t) \qquad (12\text{-}4\text{-}9)$$

联立得

$$m\ddot{y}(t)+k_{11}y(t)=mU\theta^2\sin\theta t \qquad (12\text{-}4\text{-}10)$$

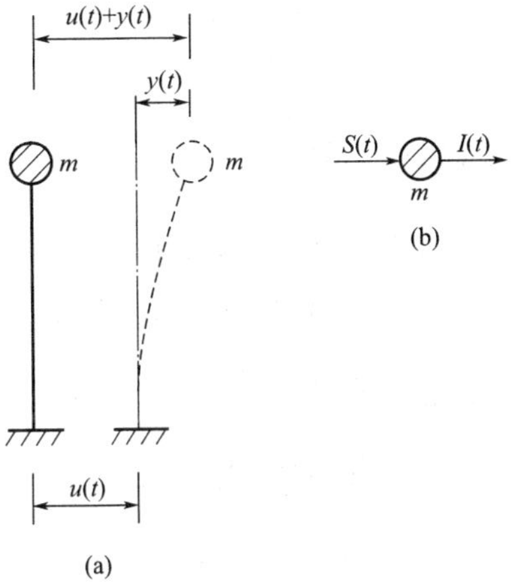

图 12-4-2

质点 m 相对于基础的位移幅值 y° 为：$y^{\circ}=\mu\dfrac{mU\theta^2}{m\omega^2}=\mu\beta^2U$

则质点 m 总的位移值为：

$$A=U+\mu\beta^2U=\mu U \qquad (12\text{-}4\text{-}11)$$

此时 $\beta=\dfrac{\theta}{\omega}$，$\omega=\sqrt{\dfrac{1}{mf_{11}}}=\sqrt{\dfrac{k_{11}}{m}}$，当 θ 不变，k_{11} 越小或 f_{11} 越大，ω 越小，β 越大，μ 值越小。

历年真题

12-4-1. 如图所示结构，若不计柱质量，则其自振频率为（　　）。(2011B27)

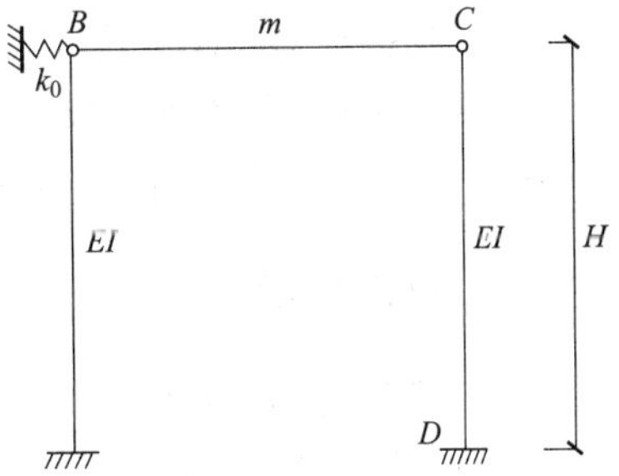

A. $w=\sqrt{\dfrac{3EI/H^2+k_0}{m}}$

B. $w=\sqrt{\dfrac{6EI/H^3+k_0}{m}}$

C. $w=\sqrt{\dfrac{3EI/H^2+2k_0}{m}}$

D. $w=\sqrt{\dfrac{6EI/H^2+2k_0}{m}}$

12-4-2. 图式结构中，若要使其自振频率 w 增大，可以（　　）。(2016B23)

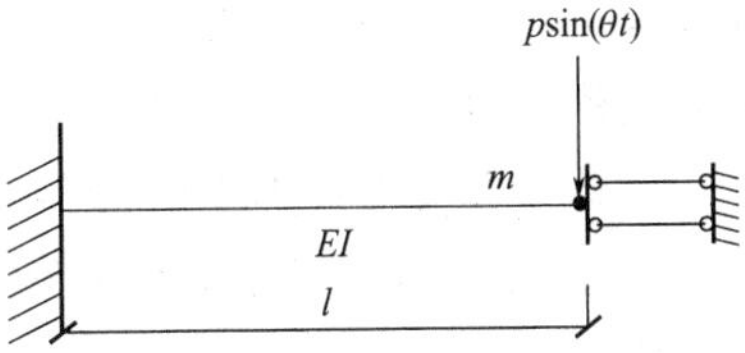

A. 增大 P

B. 增大 m

C. 增大 EI

D. 增大 I

12-4-3. 单自由度体系受简谐荷载作用 $m\ddot{y}+c\dot{y}+ky=F\sin\theta t$，当简谐荷载频率等于结构自振频率，即 $\theta=\omega=\sqrt{k/m}$ 时，与外荷载平衡的力是：（　　）（2018B23）

A. 惯性力　　B. 阻尼力

C. 弹性力　　D. 弹性力＋惯性力

答　案

12-4-1.【答案】（B）

把结构简化为单质点体系，体系抗侧刚度 k 为各抗侧刚度之和，再加上弹簧的刚度。则：$k=\dfrac{3(EI\times 2)}{H^3}+k_0$，单自由度体系：$\omega=\sqrt{\dfrac{6EI/H^3+k_0}{m}}$。

12-4-2.【答案】（C）

根据柔度法求解体系的自振频率，图示超静定结构的柔度为：$\delta=\dfrac{Pl^3}{12EI}$。根据自振频率的公式 $\omega=\sqrt{\dfrac{1}{m\delta}}$，得 $\omega=\sqrt{\dfrac{12EI}{Pml^3}}$，故只有增大 EI，才会使自振频率增大。

12-4-3.【答案】（C）

由题意可知，外荷载作用下主要是阻尼力平衡。

第五节　钢筋混凝土结构

一、考试大纲

材料性能；钢筋；混凝土；基本设计原则；结构功能；极限状态及其设计表达式；可靠度承载能力极限状态计算；受弯构件；受扭构件；受压构件；受拉构件；冲切；局压；疲劳；正常使用极限状态验算；抗裂；裂缝；挠度；预应力混凝土；轴拉构件；受弯构件；单层厂房组成与布置；柱；基础多层及高层房屋；结构体系及布置；剪力墙结构；框—剪结构、框—筒结构设计要点；抗震设计一般规定；构造要求。

二、知识要点

（一）钢筋混凝土结构

由钢筋和混凝土组成的结构称为钢筋混凝土结构。混凝土抗压强度高，抗拉强度低（混凝土的抗拉强度一般仅为抗压强度的 1/10 左右）。钢筋的抗压和抗拉能力都很强。将钢筋和混凝土两种材料结合在一起共同工作，利用混凝土抗压，利用钢筋抗拉，则能使两种材料各尽其能、相得益彰，组成性能良好的结构构件。

钢筋与混凝土两种不同材料之所以能共同工作主要有如下的原因：

① 混凝土和钢筋之间有良好的黏结性能，两者能可靠地结合在一起，共同受力，共同变形。

② 混凝土和钢筋两种材料的温度线膨胀系数很接近（混凝土为 $1.0\times10^{-5}\sim1.5\times$

10^{-5}，钢筋为 1.2×10^{-5}），避免温度变化时产生较大的温度应力破坏二者之间的黏结力。

③ 混凝土包裹在钢筋的外部，可使钢筋免于腐蚀或高温软化。可使两者可靠地结合在一起，从而保证外荷载的作用下，钢筋与相邻混凝土能相互作用、协调变形、共同受力。

（二）材料性能

1. 钢筋

（1）钢筋的分类

建筑中常用的钢材分为四类：热轧钢筋、冷拉钢筋、钢丝和热处理钢筋。

热轧钢筋按其强度由低到高分为：HPB300、HRB335、HRB400 和 RRB400。

冷拉钢筋和冷拔钢筋是通过对某些等级的热轧钢筋进行冷加工而成。

热处理钢筋是对某些特定型号的热轧钢筋处理而形成。

钢丝是由热轧钢筋经冷拔而成，根据原材料不同分为低冷拔碳钢丝和碳素钢丝，钢丝可刻痕（刻痕钢丝）和铰成钢绞线。

根据钢筋的力学性能将钢筋分为软钢（指有明显屈服台阶的钢筋——热轧钢筋、冷拉钢筋）和硬钢（指无明显屈服台阶的钢筋——钢丝、热处理钢筋），

（2）钢筋的力学性能指标

钢筋的力学性能指标有极限抗拉强度、屈服强度、伸长率、冷弯性能。

1）极限抗拉强度

对于硬钢极限抗拉强度作为强度标准值取值；对于软钢有一个最低限制的要求，如 HPB300 级的钢筋不小于 462MPa。

2）屈服强度

对于软钢作为强度标准值取值的依据，并有最小限值得要求，如 HPB300 级钢筋不小于 300MPa；对于硬钢一般取残余应变为 0.2%时所对应的应力值作为假定的屈服强度，称为“条件屈服强度”或“条件屈服点”，用 $\sigma_{0.2}$ 表示。

3）伸长率

衡量钢筋塑性性能的一个指标，伸长率越大，塑性越好。

伸长率用 δ 表示。我国以往用钢筋式样拉断后断口两侧的残留应变（用百分率表示）作为伸长率，即：

$$\delta=\frac{l'-l}{l}\times100\% \tag{12-5-1}$$

式中 l——钢筋拉伸试验试件的应变量测标距；

l'——试件经拉断并重新拼合后测得的标距，即产生残余伸长的标距。

上述伸长率只能反映颈缩区域的残留变形大小，与钢筋拉断时的应变状态相去甚远，且各类钢筋对颈缩的反应不同，加上端口拼接的测量误差，难以真实地反映钢筋的塑性，因此引进均匀伸长率（δ_{gt}）作为钢筋塑性指标。

$$\delta_{gt}=\frac{l'-l}{l}+\frac{\delta_b^0}{E_s} \tag{12-5-2}$$

式中 δ_b^0——实测钢筋拉断强度，

E_s——钢筋的弹性模量。

4）冷弯性能

它是检验钢筋塑性的一种方法。为使钢筋在弯折加工时不致断裂，应进行冷弯试验，并保证满足规定的指标。冷弯试验如图 12-5-1 所示，图中 D 为弯心直径，α 为冷弯角度。冷弯试验的合格标准为在规定的 D 和 α 下冷弯后的钢筋应无裂纹、鳞落或断裂现象。

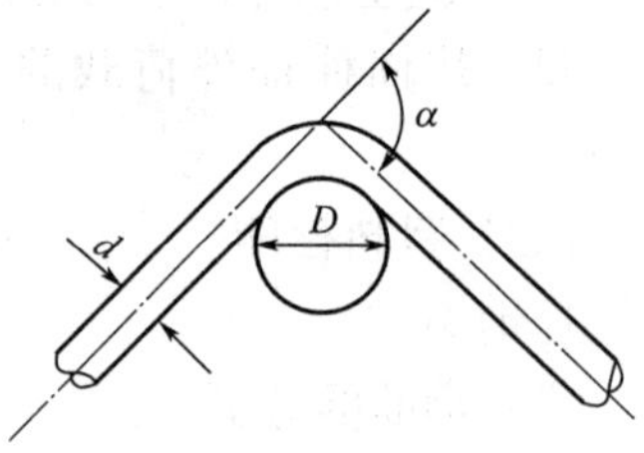

图 12-5-1

（3）混凝土结构对钢筋性能的要求

1）强度高

强度系指钢筋的屈服强度和极限强度。

2）塑性好

钢筋混凝土结构要求钢筋在断裂前有足够的变形，能给人以破坏的预兆。因此，钢筋的塑性应保证钢筋的伸长率和冷弯性能合格。

3）可焊性能好

在很多情况下，钢筋和钢筋之间的连接需通过焊接。因此，要求在一定的工艺条件下钢筋焊接后不产生裂纹及过大的变形，保证焊接后的接头性能良好。

4）与混凝土的粘结锚固性能好

为使钢筋的强度能够充分被利用和保证钢筋与混凝土共同工作，二者之间应有足够的粘结力。

2. 混凝土

混凝土是由水泥、水、砂石和外加剂、外掺料等按一定比例配制，经搅拌、成型、振捣、养护凝固、硬化而成的复合固体建筑材料。混凝土强度等级一般可划分为：C15、C20、C25、C30、C35、C40、C45、C50、C55、C60、C65、C70、C75、C80，C 后面的数字为混凝土立方体抗压强度的标准值，单位 N/mm^2。

选用混凝土时应遵循以下原则：

素混凝土结构的混凝土强度等级不应低于 C15；钢筋混凝土结构的混凝土强度等级不应低于 C20；采用强度等级 400MPa 及以上钢筋时，混凝土强度等级不应低于 C25，预应力混凝土结构的混凝土强度等级不宜低于 C40，且不应低于 C30。

承受重复荷载的钢筋混凝土构件，混凝土强度等级不应低于 C30。

（1）混凝土的强度

1）混凝土的强度等级——立方体抗压强度 $f_{cu,k}$

我国采用边长为 150mm 的立方体作为混凝土抗压强度的标准尺寸试件，在 28d 龄期用标准试验方法测得的具有 95%保证率的抗压强度。

2）轴心抗压强度 f_{ck}

轴心抗压强度采用棱柱体试件测试，我国通常采用 150mm × 150mm × 300mm 或 150mm × 150mm × 450mm 的棱柱体试件，其制作和实验条件与立方体抗压强度相同，与立方体抗压强度之间可以相互换算。

3）抗拉强度 f_{tk}

混凝土轴心抗拉强度 f_{tk} 采用 100mm × 100mm × 500mm 的棱柱体试件，两端设有对称的螺纹钢筋，在实验机上受拉来测定。

4）复杂受力状态下的混凝土强度

混凝土结构和构件通常受到轴力、剪力、弯矩和扭矩的不同组合作用，一般处于双向和三向受力状态。

双向受压强度比单向受压强度最多可提高 20%。

当有剪应力 τ 时，混凝土的抗压、抗拉强度均降低。当有压应力 σ 时，若 $\sigma \leqslant 0.6f_c$（混凝土轴心抗压强度值）时，抗剪强度随 σ 增大而增大，当 $\sigma > 0.6f_c$ 时，抗剪强度随 σ 增大而下降，当 σ 近似等于 f_c 时，抗剪强度小于纯剪强度。当出现拉应力时，抗剪强度降低。

三向受压混凝土试件三向受压，变行受到制约，形成约束混凝土，强度有较大的增长。

（2）混凝土的变形

混凝土的变形可分为在荷载下的受力变形和与受力无关的体积变形。它涉及混凝土在单调、短期加荷作用下的变形性能、混凝土在重复荷载下的变行性能、混凝土在荷载长期作用下的变形性能以及混凝土自身的收缩和膨胀。

1）一次加荷下的应力—应变关系

混凝土的应力—应变曲线（σ-ε）是混凝土力学性能的一个重要方面，如图 12-5-2 可知，混凝土棱柱体应力应变曲线分为三个阶段：第Ⅰ阶段，即从开始加载至 A 点（$0.3f_{ck} \sim 0.4f_{ck}$），由于试件应力较小，混凝土的变形主要是骨料和水泥结晶体的弹性变形，应力—应变关系接近直线，A 点成为比例极限点；第Ⅱ阶段，从 A 点至 B 点，临界点 B 点相应的应力可作为混凝土长期受压强度的依据（一般取为 $0.8f_{ck}$）；第三阶段，试件中所积蓄的弹性应变能始终保持大于裂缝发展所需的能量，形成裂缝快速发展的不稳定状态直至 C 点，应力达到最高点 f_{ck}，f_{ck} 相应的应变称为峰值应变 ε_0。在此以后，裂缝迅速发展，结构内部的整体性受到愈来愈严重的破坏，当曲线下降到拐点 D 后，应力应变曲线有凸向水平发展，在拐点之后曲率达到最大点 E 点成为收敛点。E 点以后裂缝宽度已经很宽，结构的内聚力几乎耗尽，已经失去结构意义。

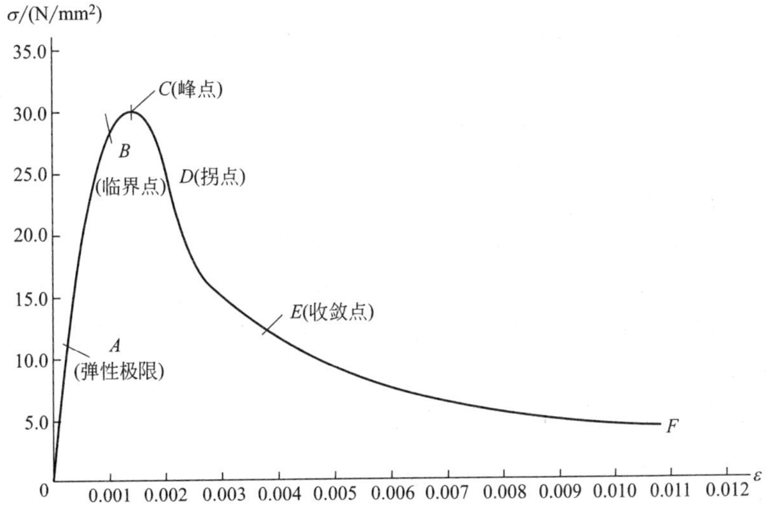

图 12-5-2　混凝土应力—应变曲线

2）混凝土的徐变

混凝土在荷载的长期作用下，其变形随时间而不断增长的现象，称为徐变。

影响徐变的主要因素有混凝土的组成、配比、骨料的刚度、养护条件、使用条件、持续应力的大小、加荷龄期等。骨料的刚度越大，徐变越小；水灰比越小，徐变越小；养护温湿度越高、时间越长、徐变越小；为减小徐变，应合理控制影响徐变的各种因素，不要过早的拆除模板支柱琥珀施加长期荷载。

当持续应力$\sigma_c \leqslant 0.5f_c$时，徐变与持续应力呈线性关系，称为线性徐变；$\sigma_c=(0.5\sim 0.8)f_c$时，徐变与持续应力呈非线性关系，徐变收敛；当$\sigma_c \geqslant 0.8f_c$时，持续受压，则徐变不收敛，混凝土破坏。一般认为线性徐变是混凝土的软质凝胶体产生粘性流动的结果；非线性徐变是微裂缝随时间发展的结果。

徐变会使结构构件的挠度（变形）增大，引起预应力损失，在长期高应力作用下，甚至会导致破坏，但徐变有利于结构构件产生内（应）力重分布，降低结构的受力（如制作不均匀沉降），减小大体积混凝土内的温度应力，受拉徐变可延缓收缩裂缝的出现。

（3）混凝土收缩

混凝土在水中硬化时体积会膨胀，但其值较小，对混凝土影响不大。

混凝土在空气中硬化时体积会缩小，这种现象称为混凝土的收缩。

收缩是混凝土在不受外力情况下体积变化产生的变形，当这种自发的变形受到外部（支座）或内部（钢筋）的约束时，将使混凝土中产生拉应力，甚至引起混凝土的开裂，混凝土收缩会使预应力混凝土构件产生预应力损失。

混凝土收缩主要出现在早期，以后逐渐减慢，第一个月的收缩应变可完成50%左右，两个月可完成75%左右，一年以后逐渐趋于稳定，最终收缩量约为$(2\sim 5)\times 10^{-4}$。对于一般混凝土可取3×10^{-4}。

水泥强度越高，表面积对体积比越大，环境温度越高，收缩值加大。

3.粘结与锚固

（1）粘结力的组成

粘结力：指钢筋和混凝土接触界面上沿钢筋纵向的抗剪能力，也就是分布在界面上的纵向剪应力。

锚固：通过在钢筋一定长度上粘结应力的积累，或某种构造措施，将钢筋“锚固”在混凝土中，保证钢筋和混凝土的共同工作，使两种材料正常、充分的发挥作用。

钢筋与混凝土之间的粘结应力：

① 混凝土凝结时，水泥胶的化学作用使钢筋和混凝土在接触面上产生胶结力；

② 由于混凝土凝结、收缩，握裹住钢筋，在发生相互滑动时产生摩阻力；

③ 钢筋表面粗糙不平或变形钢筋凸起的肋纹与混凝土之间形成咬合力。

（2）影响粘结强度的因素

① 水泥性能好、骨料强度高、配比得当、振捣密实，养护良好的混凝土对粘结力和锚固有利。

② 变形钢筋比光面钢筋对粘结力有利。

③ 钢筋保护层厚度、钢筋的净间距不能过小，应取保护层厚度$c \geqslant$钢筋直径d，以

防止发生劈裂裂缝。

④ 钢筋锚固区有横向压力时有利于粘结强度的增加。

⑤ 反复荷载所产生的应力愈多，则粘结力遭受的损害愈严重。

（三）基本设计原则

《混凝土结构设计规范》GB 50010—2010（以下简称"《混规》"）规定，对建筑物和构筑物作结构设计时，应满足安全性、适用性及耐久性的要求，并且具有一定的可靠度。

1. 结构功能和设计使用年限

（1）安全性

要求结构能承受在正常施工和正常使用时可能出现的各种作用；在偶然事件发生时及发生后，结构仍应能保持必需的整体稳定性，不致倒塌。

（2）适用性

要求结构在正常使用时具有良好的工作性能，其变形、裂缝等性能在规定的范围内。

（3）耐久性

要求结构在正常维护的条件下具有足够的耐久性。

结构在规定的时间内（在设计基准期内）、规定的条件下完成预定功能的能力，称为结构的可靠性。结构设计使用年限见表 12-5-1。

结构设计使用年限表 **表 12-5-1**

类型	设计使用年限(年)	示例
1	5	临时性结构
2	25	易于替换的结构构件
3	50	普通房屋和构筑物
4	100	纪念性建筑和特别重要的建筑结构

2. 极限状态及其设计表达式

整个结构或结构的一部分超过某一特定状态就不能满足设计规定的某一功能要求，此特定状态称为该功能的极限状态。极限状态实质上是区分结构可靠与失效的界限。

（1）结构的极限状态

极限状态分为两类，即承载能力极限状态和正常使用极限状态，分别规定有明确的标志和现值。

1）承载能力极限状态

结构或构件达到最大承载力、出现疲劳破坏、发生不适于继续承载的变形或因局部破坏而引发的连续倒塌。

当结构或构件出现下列状态之一时，即认为超过了承载能力极限状态：

① 整个结构或构件的一部分作为刚体失去平衡（如倾覆等）；

② 结构构件或连接因材料强度被超过而破坏（包括疲劳破坏），或因过度的塑性变形而不适于继续承载；

③ 结构转变为机动体系；

④ 结构或结构构件丧失稳定（如失稳等）。

2）正常使用极限状态

结构或构件达到正常使用的某项规定限值或耐久性能的某种规定的状态。

当结构或构件出现下列状态之一时，即认定超过了正常极限状态：

① 影响正常使用或外观的变形；

② 影响正常使用或耐久性能的局部损坏（包括裂缝、钢筋腐蚀）；

③ 影响正常使用的振动；

④ 影响正常使用的其他特定状态，如基础出现过大的沉降。

（2）极限状态设计表达式

1）承载能力极限状态

对于承载能力极限状态，结构构件应按考虑荷载效应的基本组合或偶然组合，采用下列极限状态设计表达式：

$$\gamma_0 S \leqslant R \tag{12-5-3}$$

$$R = R(f_c, f_s, a_k \cdots\cdots) \tag{12-5-4}$$

式中 γ_0——结构重要性系数；对安全等级为一级或设计使用年限为100年及以上的结构构件，不应小于1.1；对安全等级为二级或设计使用年限为50年的结构构件，不应小于1.0；对安全等级为三级或设计使用年限为5年及以下的结构构件，不应小于0.9；

S——荷载效应设计值，分别表示为设计轴力、设计弯矩、设计剪力、设计扭矩等，按《混规》的规定进行计算；

R——结构构件的承载力设计值；

R（·）——结构构件的承载力函数；

f_c、f_s——混凝土、钢筋的强度设计值；

a_k——几何尺寸的标准值。

2）荷载效应组合的设计值 S

① 由可变荷载效应控制的组合

$$S = \sum_{j=1}^{m} \gamma_{G_j} S_{G_j k} + \gamma_{Q_1} \gamma_{L_1} S_{Q_1 k} + \sum_{i=2}^{n} \gamma_{Q_i} \gamma_{L_i} \psi_{c_i} S_{Q_i k} \tag{12-5-5}$$

② 由永久荷载效应控制的组合

$$S = \sum_{j=1}^{m} \gamma_{G_j} S_{G_j k} + \sum_{i=1}^{n} \gamma_{Q_i} \gamma_{L_i} \psi_{c_i} S_{Q_i k} \tag{12-5-6}$$

式中 S_{G_j}——按第 j 个永久荷载的标准值 G_{jk} 计算的荷载效应值；

$S_{Q_i k}$——按第 i 个可变荷载的标准值 Q_{ik} 计算的荷载效应值，其中 $S_{Q_i k}$ 为诸可变荷载效应中起控制作用者；

γ_{G_j}——第 j 个永久荷载分项系数，应按《混规》第3.2.4条采用；

γ_{Q1}、γ_{Q_i}——第1个和其他第 i 个可变荷载分项系数，其中 γ_{Q_1} 为主导可变荷载 Q_1 的分项系数，一般情况下可采用1.4（对工业建筑楼面，当楼面活荷载标准值 $\geqslant 4\text{kN/m}^2$ 时，可采用1.3）；

ψ_{c_i}——第 i 个可变荷载的组合值系数；

γ_{L_i}——第 i 个可变荷载考虑设计使用年限的调整系数，其中 γ_{L_1} 为主导可变荷载 Q_1 考虑设计使用年限的调整系数。

③ 正常使用极限状态

对于正常使用极限状态，应根据不同的设计要求，采用荷载的标准组合、频遇组合或准永久组合，并应按下式进行设计：

$$S_d \leqslant C \tag{12-5-7}$$

式中 C——结构或结构构件达到正常使用要求的规定限值，例如变形、裂缝、振幅等。

荷载标准组合的效应设计值 S_d 应按下式进行计算：

$$S_d = \sum_{j=1}^{m} S_{G_j k} + S_{Q_1 k} + \sum_{i=2}^{n} \psi_{c_i} S_{Q_i k} \tag{12-5-8}$$

荷载频遇组合的效应设计值 S_d 应按下式进行计算：

$$S_d = \sum_{j=1}^{m} S_{G_j k} + \psi_{f_1} S_{Q_1 k} + \sum_{i=2}^{n} \psi_{q_i} S_{Q_i k} \tag{12-5-9}$$

荷载准永久组合的效应设计值 S_d 应按下式进行计算：

$$S_d = \sum_{j=1}^{m} S_{G_j k} + \sum_{i=1}^{n} \psi_{q_i} S_{Q_i k} \tag{12-5-10}$$

3. 挠度验算

钢筋混凝土受弯构件的最大挠度应按荷载的准永久组合，预应力混凝土受弯构件的最大挠度应按荷载的标准组合，并均应考虑荷载长期作用的影响进行计算，其计算值不应超过《混规》中表 3.4.3 规定的限值。

4. 裂缝验算

结构构件正截面的受力裂缝控制等级分为三级，等级划分及要求应符合下列规定。

一级——严格要求不出现裂缝的构件，按荷载效应标准组合计算时，构件受拉边缘混凝土不出现拉应力。

二级——一般要求不出现裂缝的构件，按荷载效应标准组合计算时，构件受拉边缘混凝土拉应力不应大于混凝土抗拉强度的标准值。

三级——允许出现裂缝的构件：对钢筋混凝土构件，按荷载准永久组合并考虑长期作用影响计算时，构件的最大裂缝宽度不应超过《混规》规定的最大裂缝宽度限值。对预应力混凝土构件，应按荷载标准组合并考虑长期作用的影响计算时，构件最大裂缝宽度不应超过《混规》规定的最大裂缝宽度限值。

5. 耐久性规定

混凝土结构应根据使用年限和环境类别进行耐久性设计。

混凝土的环境类别应按下表 12-5-2 要求划分。

混凝土结构的环境类别 **表 12-5-2**

环境类别	条件
Ⅰ	室内干燥环境；无侵蚀性静水浸没环境
Ⅱa	室内潮湿环境；非严寒和非寒冷地区的露天环境； 非严寒和非寒冷地区与无侵蚀性的水或土壤直接接触的环境； 严寒和寒冷地区的冰冻线以下与无侵蚀性的水或土壤直接接触的环境
Ⅱb	干湿交替环境；水位频繁变动环境；严寒和寒冷地区的露天环境； 严寒和寒冷地区冰冻线以上与无侵蚀性的水或土壤直接接触的环境

续表

环境类别	条件
Ⅲa	严寒和寒冷地区冬季水位变动区环境；受除冰盐影响环境；海风环境
Ⅲb	盐渍土环境；受除冰盐作用环境；海岸环境
Ⅳ	海水环境
Ⅴ	受人为或自然地侵蚀性物质影响的环境

注：1. 室内潮湿环境是指构件表面经常处于结露或湿润状态的环境。
2. 严寒和寒冷地区的划分应符合现行国家标准《民用建筑热工设计规范》GB 50176 的有关规定。
3. 海岸环境和海风环境宜根据当地情况，考虑主导风向及结构所处迎风、背风部位等因素的影响，由调查研究和工程经验确定。
4. 除冰盐影响环境是指受到除冰盐盐雾影响环境，受除冰盐作用的环境是指除冰盐溶液溅射的环境以及使用除冰盐地区的洗车房、停车楼等建筑。
5. 暴露的环境是指混凝土结构表面所处的环境。

（四）承载能力极限状态计算

1. 受弯构件

指截面上通常有弯矩和剪力共同作用而轴力可以忽略不计的构件。

梁和板是典型的受弯构件。

（1）正截面受弯承载力计算

1）配筋率对构件破坏特征的影响

构件的破坏特征取决于配筋率、混凝土的强度等级、截面形式等诸多因素，但以配筋率对构件破坏特征的影响最为明显。

① 当构件的配筋率低于某一定值时，构件不但承载能力很低，而且只要其一开裂，裂缝就急速开展，构件立即发生破坏，这种破坏称为少筋破坏，见图 12-5-3a。

② 当构件的配筋率不是太低也不是太高时，构件的破坏首先是由于受拉区纵向钢筋屈服，然后受压区混凝土被压碎，钢筋和混凝土的强度构得到充分利用，这种破坏称为适筋破坏，见图 12-5-3b。

③ 当构件的配筋率超过某一定值时，构件的破坏特征又发生质的变化。构件的破坏时由于受压区的混凝土被压碎而引起，受拉区纵向受力钢筋不屈服，这种破坏称为超筋破坏，见图 12-5-3c。

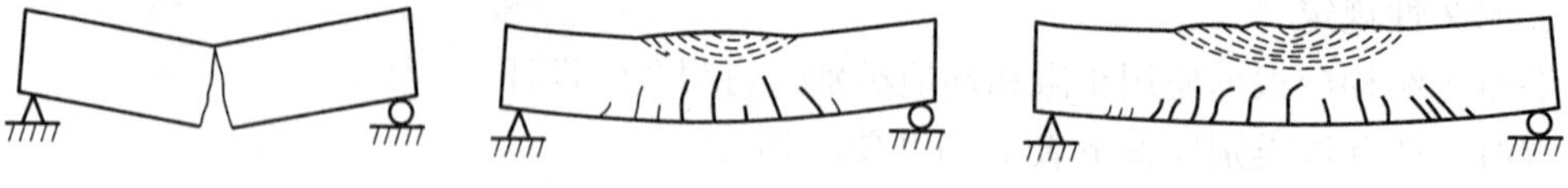

图 12-5-3　混凝土受弯构件破坏特征

2）单筋矩形截面承载力的计算

单筋矩形截面计算简图如图 12-5-4b 所示。

① 基本计算公式

$$\alpha_1 f_c bx = f_y A_s \tag{12-5-11}$$

$$M \leqslant M_u = \alpha_1 f_c bx\left(h_0 - \frac{x}{2}\right) \tag{12-5-12}$$

$$M \leqslant M_u = f_y A_s (h_0 - \frac{x}{2}) \tag{12-5-13}$$

式中　M ——弯矩设计值；

f_c ——混凝土轴心抗压强度设计值；

f_y ——钢筋的抗拉强度设计值；

M_u ——正截面受弯承载力设计值；

A_s ——受拉区纵向钢筋的截面面积；

b ——截面宽度；

x ——混凝土受压区高度；

h_0 ——截面有效高度；

α_1 ——曲线应力图形最大应力 σ_0 与混凝土抗压强度 f_c 的比值。

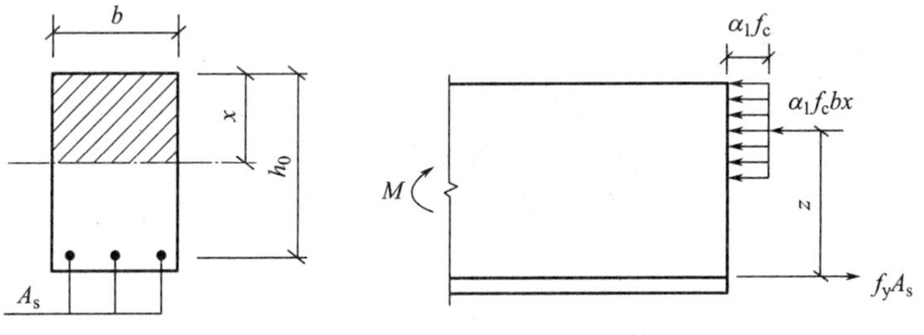

图 12-5-4

② 适用条件

a. $\rho = \frac{A_s}{bh_0} \geqslant \rho_{min}$，以免设计成少筋构件，$\rho_{min}$ 原则上可根据钢筋混凝土受弯构件的破坏等于同截面素混凝土构件破坏弯矩的条件确定。

b. $\rho \leqslant \rho_{max}$，以免设计成超筋构件。

3）双筋矩形截面计算

① 基本公式。

双筋矩形截面承载力计算应力图形如图 12-5-5 所示：

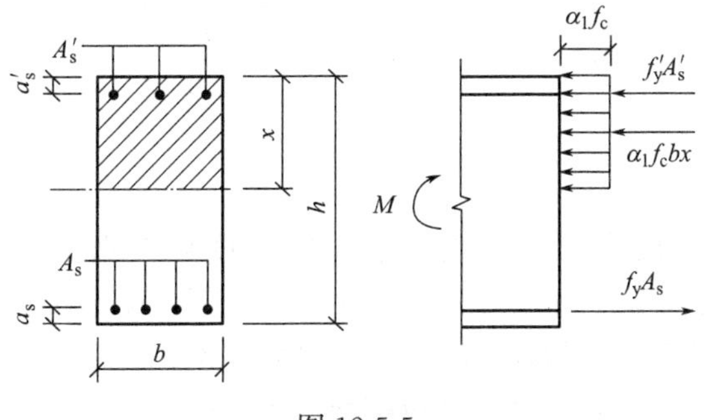

图 12-5-5

双筋矩形截面承载力基本计算公式为：

$$\sum X = 0 \quad \alpha_1 f_c bx + f'_y A'_s = f_y A_s \tag{12-5-14}$$

$$\sum M=0 \quad M \leqslant M_u=\alpha_1 f_c bx(h_0-\frac{x}{2})+f'_y A'_s(h_0-a'_s) \tag{12-5-15}$$

式中 f'_y——钢筋抗压强度设计值；

A'_s——受压钢筋截面面积；

a'_s——受压钢筋合力点至受压区边缘的距离。

② 适用条件。

为防止超筋破坏：应满足 $x \leqslant \xi_b h_0$ 或 $x \geqslant 2a'_s$，$A_s \geqslant \rho_{min} bh$ 。当出现 $x<2a'_s$《混规》建议这时令 $x=2a'_s$，对 A'_s 取矩得

$$M=f_y A_s(h_0-a'_s) \tag{12-5-16}$$

得到 $A_s=\dfrac{M}{f_y(h_0-a'_s)}$，然后与不考虑 A'_s 按单筋矩形截面计算的 A_s 比较，取较小值。

③ 计算公式应用。

【钢筋截面面积选择】

a. 已知截面的弯矩设计值 M，截面尺寸 $b \times h$ ，钢筋种类和混凝土的强度等级，要求确定受拉钢筋截面面积 A_s 和受压钢筋截面面积 A'_s 。

由于给定的条件从数学上来说缺少条件，为了求解，可以假定受压区高度等于其界限高度，即

$$x=\xi_b \times h_0 \tag{12-5-17}$$

相应的代入式（12-5-15）和式（12-5-17）

可得：

$$A'_s=\frac{M-\alpha_1 f_c bx(b_0-\frac{x}{2})}{f'_y(h_0-a'_s)} \tag{12-5-18}$$

由式（12-5-14）和式（12-5-15），可得

$$A_s=\frac{f'_y A'_s+\alpha_1 f_c bx}{f_y} \tag{12-5-19}$$

b. 已知截面的弯矩设计值 M，截面尺寸 $b \times h$ ，钢筋种类和混凝土的强度等级及受压钢筋截面面积 A'_s，求受拉钢筋截面面积 A_s 。

由上部的推导过程可得出：

$$x=h_0-\sqrt{h_0^2-2[\frac{M-f'_y A'_s(h_0-a'_s)}{\alpha_1 f_c b}]} \tag{12-5-20}$$

及

$$A_s=\frac{f'_y A'_s+\alpha_1 f_c bx}{f_y} \tag{12-5-21}$$

应当注意的是，求出受压区高度以后，要验算是否满足 $x \leqslant \xi_b h_0$ 或 $x \geqslant 2a'_s$，$A_s \geqslant \rho_{min} bh$ 。如果不满足 $A_s \geqslant \rho_{min} bh$ ，说明给定的受压钢、钢筋面积太小，这时应按第一种情况，即按式（12-5-18）和式（12-5-19）分别求出 A'_s 和 A_s 。如果不满足 $x \leqslant \xi_b h_0$ 或 $x \geqslant 2a'_s$，应按式（12-5-16）计算受拉钢筋截面面积。

【面积校核】

承载力校核时，截面的弯矩设计值 M，截面尺寸 $b \times h$ ，钢筋的种类、混凝土强度等级、受拉钢筋的截面面积 A_s 和受压钢筋的截面面积 A'_s 都是已知的，要求确定截面能否抵

抗给的弯矩设计值，先按式（12-3-4）计算受压区高度 x

$$x=\frac{f_{y}A_{s}-f'_{y}A'_{s}}{\alpha_{1}f_{c}b} \tag{12-5-22}$$

如果 x 能满足 $x\leqslant\xi_{b}h_{0}$ 或 $x\geqslant 2a'_{s}$，$A_{s}\geqslant\rho_{min}bh$ 。则由式（12-5-15）可知其能够抵抗的弯矩为：

$$M_{u}=f'_{y}A'_{s}(h_{0}-a'_{s})+\alpha_{1}f_{c}bx(h_{0}-\frac{x}{2})$$

如果 $x\leqslant 2a'_{s}$，由式（12-5-16）可知 $M_{u}=f_{y}A_{s}(h_{0}-a'_{s})$

如果 $x>\xi_{b}h_{0}$，只能取 $x=\xi_{b}h_{0}$ 计算，则：

$$M_{u}=f'_{y}A'_{s}(h_{0}-a'_{s})+\alpha_{1}f_{c}b\xi_{b}h_{0}(h_{0}-\frac{\xi_{b}h_{0}}{2})$$

截面能够抵抗的弯矩 M_{u} 求出后，将 M_{u} 与截面的弯矩设计值相比较。如果 $M\leqslant M_{u}$，则截面的承载力足够；反之，则不够，可采取加大截面或混凝土强度等级来解决。

4）T 形截面计算

① 两类 T 形截面的差别。

按照构件破坏时，中性轴位置的不同，T 形界面可分为两类：

第一类 T 形截面：中性轴在翼缘内，如图 12-5-6 所示。

第二类 T 形截面：中性轴在梁肋内，如图 12-5-7 所示。

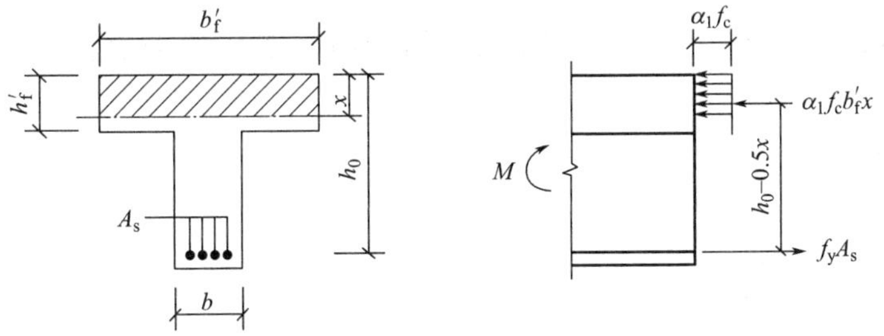

图 12-5-6

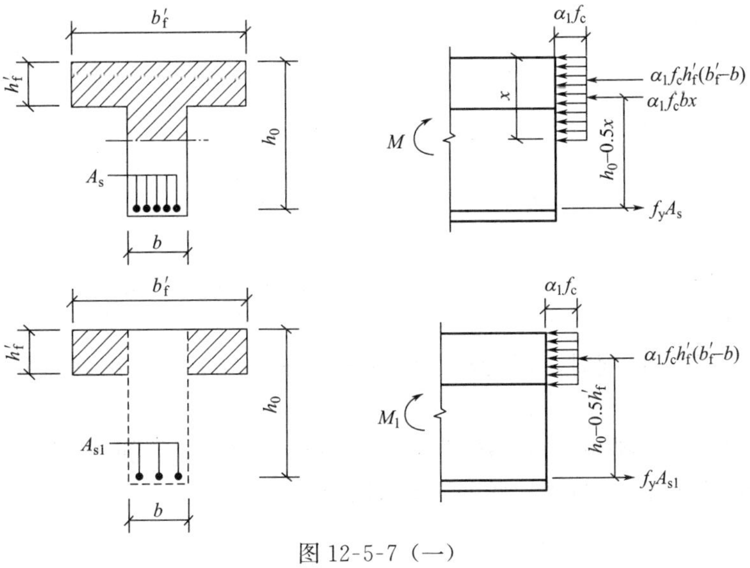

图 12-5-7（一）

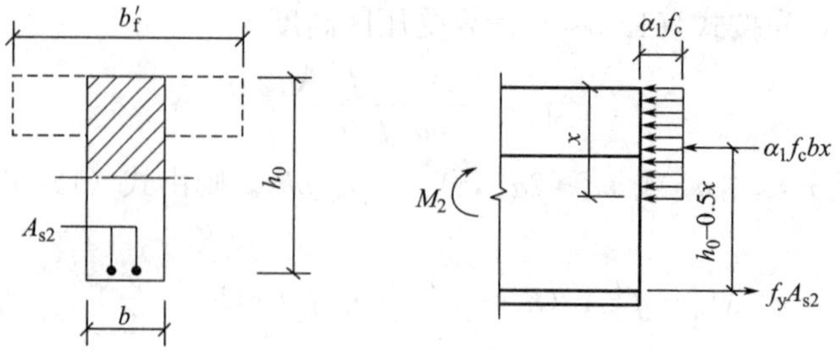

图 12-5-7（二）

当中性轴恰好位于翼缘下边缘时，为两类 T 形梁的界限情况，此时 $x=h'_f$，根据平衡条件得

$$A_s f_y = \alpha_1 f_c b'_f h'_f$$

$$M \leqslant M_u = \alpha_1 f_c b'_f h'_f \left(h_0 - \frac{h'_f}{2}\right)$$

在判别 T 形截面类型时，会出现以下两种情况。

若弯矩设计值已知当 $M \leqslant f_c b'_f h'_f (h_0 - \frac{h'_f}{2})$ 即 $x \leqslant h'_f$ 时为第一类 T 形截面；当如果 $M > \alpha_1 f_c b'_f h'_f (h_0 - \frac{h'_f}{2})$ 即 $x > h'_f$ 时为第二类 T 形截面。

若 A_s 已知，当 $A_s f_y \leqslant f_c b'_f h'_f$ 即 $x \leqslant h'_f$ 时为第一类 T 形截面；当 $A_s f_y > f_c b'_f h'_f$ 即 $x > h'_f$ 时为第二类 T 形截面。

②基本公式。

a. 第一类 T 形截面

$$\alpha_1 f_c b'_f x = A_s f_y$$

$$M \leqslant M_u = \alpha_1 f_c b'_f x (h_0 - \frac{x}{2})$$

适用条件：(a) $\rho \leqslant \rho_{max}$ 或 $x \leqslant \xi_b h_0$；(b) $\rho > \rho_{min}$ 。

b. 第二类 T 形截面

$$A_s f_y = \alpha_1 f_c [(b'_f - b)h'_f + bx]$$

$$M = \alpha_1 f_c [(b'_f - b)h'_f (h_0 - \frac{h'_f}{2}) + bx(h_0 - \frac{x}{2})]$$

适用条件 ：(a) $\rho \leqslant \rho_{max}$ 或 $x \leqslant \xi_b h_0$；(b) $\rho > \rho_{min}$ 。

5）受弯构件斜截面承载力计算

在荷载作用下，受弯构件不仅在各个截面上引起弯矩，还会产生剪力，在弯曲正应力和剪应力共同作用下，受弯构件将产生与轴线斜交的主拉应力和主压应力。当主拉应力超过混凝土的抗拉强度时，混凝土便沿垂直于主拉应力方向出现裂缝，造成斜截面破坏。

为保证受弯构件不破坏，通常在其内部布置一定数量的箍筋和弯起钢筋。

① 仅配置箍筋的受弯构件斜截面受剪承载力 V_{cs} 的计算。

a. 对于矩形、T 形及工字形截面一般受弯构件，计算式如下：

$$V \leqslant V_{cs}=0.7f_tbh_0+f_{yv}\frac{A_s}{s}h_0 \tag{12-5-23}$$

b. 承受以集中荷载为主的矩形梁。

当集中荷载对计算截面所产生的剪力值占该截面总剪力值的 75%以上时，计算式如下：

$$V \leqslant V_{cs}=\frac{1.75}{\lambda+1}f_tbh_0+f_{yv}\frac{A_{sv}}{s}h_0 \tag{12-5-24}$$

式中　$\lambda=\frac{a}{h_0}$，$\lambda<1.5$ 时取 $\lambda=1.5$；$\lambda>3$ 时取 $\lambda=3$，a 取集中荷载作用点至支座截面或节点边缘的距离。

② 同时配有箍筋和弯起钢筋的斜截面受剪承载力 V_{cs} 的计算。

a. 对于矩形、T 形及工字形截面一般受弯构件，计算式如下：

$$V \leqslant V_{cs}=0.7f_tbh_0+f_{yv}\frac{A_s}{s}h_0+0.8f_{yv}A_{sb}\sin\alpha_s \tag{12-5-25}$$

适用条件：

当 $\frac{h_w}{b}\leqslant 4.0$ 时，$V\leqslant 0.25\beta_cf_cbh_0$　　β_c 为混凝土强度影响系数。

当 $\frac{h_w}{b}\geqslant 6.0$ 时，$V\leqslant 0.25\beta_cf_cbh_0$　　$\leqslant C50$ $\beta_c=1.0$，$=C80$ $\beta_c=0.8$ 其他插值。

b. 承受以集中荷载为主的矩形梁，计算式如下：

$$V \leqslant V_{cs}=\frac{1.75}{\lambda+1}f_tbh_0+f_{yv}\frac{A_{sv}}{s}h_0+0.8f_yA_{sb}\sin\alpha_s \tag{12-5-26}$$

2. 受扭构件

（1）对于矩形截面纯扭构件的受扭承载力

计算公式如下：

$$T \leqslant 0.35f_tW_t+1.2\sqrt{\xi}\frac{f_{yv}A_{st1}A_{cor}}{s} \tag{12-5-27}$$

$$\xi=\frac{f_yA_{stl}s}{f_{yv}A_{st1}u_{cor}} \tag{12-5-28}$$

式中　f_t——混凝土抗拉强度；

W_t——截面受扭塑性抵抗矩；

A_{stl}——纵筋面积；

A_{st1}——受扭计算中沿截面周边所配置的全部纵向钢筋截面面积。

（2）对于矩形截面弯、剪、扭构件的承载力

计算公式如下：

1）在剪力和扭矩共同作用下

① 剪扭构件的受剪承载力，计算式为：

$$V \leqslant (1.5-\beta_t)(0.7f_tbh_0+0.05N_{p0})+f_{yv}\frac{A_{sv}}{s}h_0 \tag{12-5-29}$$

② 剪扭构件的受扭承载力，计算式为：

$$T \leqslant \beta_t(0.35f_t + 0.05\frac{N_{p0}}{A_0})W_t + 1.2\sqrt{\xi}\frac{f_{yv}A_{st1}A_{cor}}{s} \tag{12-5-30}$$

受扭承载力降低系数：

$$\beta_t = \frac{1.5}{1 + 0.5\frac{VW_t}{Tbh_0}} \tag{12-5-31}$$

$\beta_t < 0.5$ 时，取 $\beta_t = 0.5$；$\beta_t > 1.0$ 时，取 $\beta_t = 1.0$。

2）集中荷载作用下

$$V \leqslant (1.5 - \beta)(\frac{1.75}{\lambda + 1}f_t bh_0 + 0.05N_{p0}) + f_{yv}\frac{A_{sv}}{s}h_0 \tag{12-5-32}$$

$$\beta_t = \frac{1.5}{1 + 0.2(\lambda + 1)\frac{VW_t}{Tbh_0}} \tag{12-5-33}$$

为防止受扭超筋破坏，构件截面应符合下列条件：

当 $\frac{h_w}{b} \leqslant 4$ 时，$\frac{V}{bh_0} + \frac{T}{0.8W_t} \leqslant 0.25\beta_c f_c$；

当 $\frac{h_w}{b} = 6$ 时，$\frac{V}{bh_0} + \frac{T}{0.8W_t} \leqslant 0.2\beta_c f_c$；

当 $4 < \frac{h_w}{b} < 6$ 时，按线性内插法确定。

当 $\frac{V}{bh_0} + \frac{T}{W_t} \leqslant 0.7f_t + 0.05\frac{N_{p0}}{bh_0}$ 时，可不进行构件受剪扭承载力计算，只按构造要求配置钢筋，满足最小配筋率即可。

对于弯剪扭构件：

当 $T \leqslant 0.175f_tW_t$ 或 $T \leqslant 0.175\alpha_h f_t W_t$ 时，可仅验算受弯构件的正截面受弯承载力和斜截面受剪承载力；

当 $V \leqslant 0.35f_tbh_0$ 或 $V \leqslant 0.875f_tbh_0/(\lambda + 1)$ 时，可仅计算受弯构件的正截面受弯承载力和纯扭构件的受扭承载力。

3. 受压构件

（1）受压构件正截面计算

1）轴心受压构件

如图 12-5-8 所示，当矩形截面对称配有普通箍筋柱时，计算式如下：

$$N \leqslant 0.9 \times \varphi(f_cA + f'_yA'_s) \tag{12-5-34}$$

式中 φ——构件稳定系数。

当纵向钢筋配筋率大于 3%时，A 为 $A - A'_s$。

当配有螺旋箍筋柱时，计算式如下：

$$N \leqslant 0.9 \times (f_cA_{cor} + 2\alpha f_{yv}A_{ss0} + f'_yA'_s) \tag{12-5-35}$$

式中 α——间接钢筋对混凝土约束的折减系数。

适用条件：

① $N = f_cA_{cor} + 2f_yA_{ss0} + f'_yA'_s \leqslant 1.5\varphi(f_cA + f'_yA'_s)$

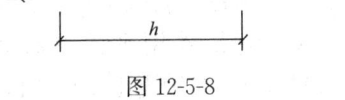

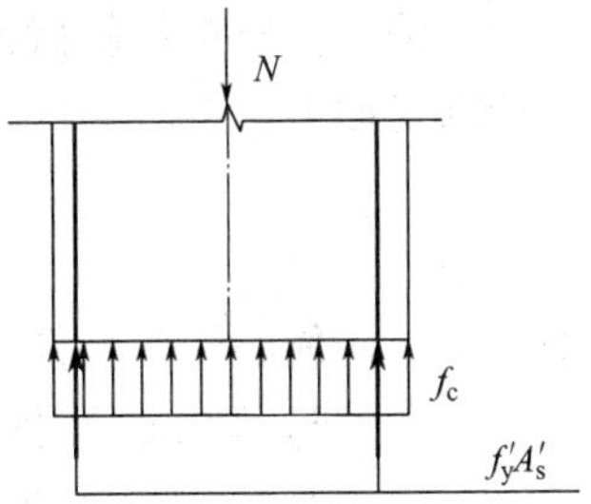

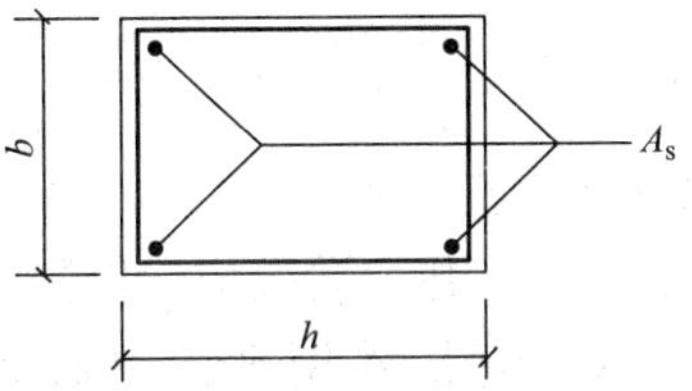

图 12-5-8

② 属于下列情况之一者，不考虑螺旋箍筋的作用而按普通箍筋柱计算其承载力：

a. 当 $l_0/d > 12$ 时；

b. 当 $N = f_c A_{cor} + 2\alpha f_{yv} A_{ss0} + f'_y A'_s < 0.9\varphi(f_c A + f'_y A'_s)$；

c. 当 $A_{ss0} < 0.25A'_s$ 时。

2）偏心受压构件

矩形截面偏心受压构件承载力，计算式如下：

$$N \leqslant \alpha_1 f_c bx + f'_y A'_s - \sigma_s A_s \tag{12-5-36}$$

$$Ne \leqslant \alpha_1 f_c bx\left(h_0 - \frac{x}{2}\right) + f'_y A'_s(h_0 - a'_s) \tag{12-5-37}$$

$$e = e_i + \frac{h}{2} - a \tag{12-5-38}$$

$$e_i = e_0 + e_a \tag{12-5-39}$$

式中　e——轴向力作用点至纵向受拉普通钢筋合力点的距离；

σ_s——受拉边或受压较小边的纵向普通钢筋的应力；

e_i——初始偏心距；

a——纵向受拉普通钢筋合力点至截面近边缘的距离；

e_0——轴向压力对截面重心的偏心距，取为 M/N；

e_a——附加偏心距。取 20mm 和偏心方向截面尺寸的 1/30 两者中的较大值。

当 $\xi \leqslant \xi_b$ 时，构件为大偏心受压构件，取 σ_s 为 f_y，ξ 为相对受压区高度，取 $\xi = x/h_0$；

当 $\xi > \xi_b$ 时，构件为小偏心受压构件，$\sigma_s = \dfrac{f_y(\xi - \beta_1)}{\xi_b - \beta_1}$，应满足 $f'_y \leqslant \sigma_s \leqslant f_y$。

3）矩形截面非对称配筋的小偏心受压构件

当 $N > f_c bh$ 时，计算式如下：

$$Ne' \leqslant f_c bh\left(h'_0 - \frac{h}{2}\right) + f'_y A_s(h'_0 - a_s) \tag{12-5-40}$$

$$e' = \frac{h}{2} - a' - (e_0 - e_a) \tag{12-5-41}$$

式中　e'——轴向压力作用点至受压区纵向普通钢筋合力点的距离；

h'_0——纵向受压钢筋合力点至截面远边的距离。

4）矩形截面对称配筋（$A'_s = A_s$）的钢筋混凝土小偏心受压构件

纵向普通钢筋截面面积计算式如下：

$$A'_s = \frac{Ne - \xi(1 - 0.5\xi)\alpha_1 f_c bh_0^2}{f'_y(h_0 - a'_s)} \tag{12-5-42}$$

$$\xi = \frac{N - \xi_b \alpha_1 f_c bh_0}{\dfrac{Ne - 0.43\alpha_1 f_c bh_0^2}{(\beta_1 - \xi_b)(h_0 - a'_s)} + \alpha_1 f_c bh_0} + \xi_b \tag{12-5-43}$$

（2）偏心受压构件斜截面的承载力计算

计算式如下：

$$V \leqslant \frac{1.75}{1+\lambda} f_t b h_0 + f_{yv} \frac{A_{sv}}{s} h_0 + 0.07N \qquad (12\text{-}5\text{-}44)$$

式中　λ ——偏心受压构件计算截面的剪跨比；

N ——与剪力设计值 V 相应的轴向压力设计值，当 $N > 0.3 f_c A$ 时，取 $N = 0.3 f_c A$，A 为构件的截面面积。

当 $V \leqslant \frac{1.75}{\lambda+1} f_t b h_0 + 0.07N$ 时，可不进行斜截面受剪承载力计算，而仅需根据构造要求配置箍筋。

（3）考虑二阶效应后控制截面的弯矩设计值 M

对于弯矩作用平面内截面对称的偏心受压构件，当同一主轴方向的杆端弯矩比 $M_1/M_2 \leqslant 0.9$ 且轴压比 $\leqslant 0.9$ 时，若构件长细比满足式（12-5-45）要求时，可不考虑二阶效应。

$$l_c/i \leqslant 34 - 12(M_1/M_2) \qquad (12\text{-}5\text{-}45)$$

式中　M_1、M_2——组合弯矩设计值，绝对值较大端为 M_2，绝对值较小端为 M_1，当构件按单曲率弯曲时，M_1/M_2 取正值，否则取负值；

l_c ——构件计算长度，可近似取偏心受压构件相应主轴方向上，下支撑点之间的距离；

i ——偏心方向的截面回转半径。

当不满足公式（12-4-45）的要求时，应按下列公式计算：

$$M = C_m \eta_{ns} M_2 \qquad (12\text{-}5\text{-}46)$$

$$C_m = 0.7 + 0.3 M_1/M_2 \qquad (12\text{-}5\text{-}47)$$

$$\eta_{ns} = 1 + \frac{1}{1300(M_2/N + e_a)/h_0} \left(\frac{l_c}{h}\right)^2 \zeta_c \qquad (12\text{-}5\text{-}48)$$

$$\zeta_c = 0.5 f_c A/N \qquad (12\text{-}5\text{-}49)$$

当 $C_m \eta_{ns} < 1.0$ 时取 1.0；对剪力墙及核心筒墙，$C_m \eta_{ns} = 1.0$。

式中　C_m ——构件端截面偏心距调节系数，当小于 0.7 时取 0.7；

η_{ns} ——弯矩增大系数；

N ——与弯矩设计值 M_2 相应的轴向压力设计值；

e_a ——附加偏心距，应取 20mm 和偏心方向截面最大尺寸的 1/30 两者中的较大值；

ζ_c ——截面曲率修正系数，当计算值大于 1.0 时取 1.0；

h ——截面高度，对环形截面取外径，对圆形截面取直径；

h_0 ——截面有效高度，对环形截面取 $h_0 = r_2 + r_s$，对圆形截面取 $h_0 = r + r_s$，其中 r_2 为环形截面的外径，r_s 为纵向钢筋重心所在圆周的半径，r 为圆形截面的半径；

A ——构件截面面积。

4. 受拉构件

构件受拉破坏有两种形式：轴心受拉破坏和偏心受拉破坏。

（1）轴心受拉构件

承载力计算公式：

$$N \leqslant f_y A_s \tag{12-5-50}$$

式中　N——轴向拉力设计值；

f_y——钢筋的抗拉强度设计值；

A_s——纵向受拉钢筋截面面积。

（2）偏心受拉构件

1）偏心受拉构件正截面承载力计算

偏心受拉构件分为大偏心受拉和小偏心受拉，当轴向力 N 作用在钢筋 A_s 合力点及 A'_s 的合力点范围以外时，属于大偏心受拉；当轴向力作用在钢筋 A_s 合力点及 A'_s 合力点范围以内时，属于小偏心受拉。

① 大偏心受拉构件矩形截面的承载力计算。

截面混凝土在靠近轴向力的一侧受拉，远离轴向力的一侧受压，随 N 值增大，混凝土开裂，但截面裂缝不会贯通，始终存在受压区，若受拉一侧的钢筋配置适当，随 N 值增大至受拉侧钢筋屈服时，裂缝的延伸使受压区面积减小，压应力增大，直至受压侧混凝土被压碎而破坏；若受拉侧的钢筋配置过多，而受压侧的钢筋配置过少，可能导致受压一侧的混凝土先被压碎，而受拉一侧的钢筋并未屈服，是一种脆性破坏。

图 12-5-9 表示矩形截面大偏心受拉构件的受力情况。构件破坏时，钢筋 A_s 及 A'_s 的应力都达到屈服强度，受压区混凝土用弯曲抗压强度设计值。

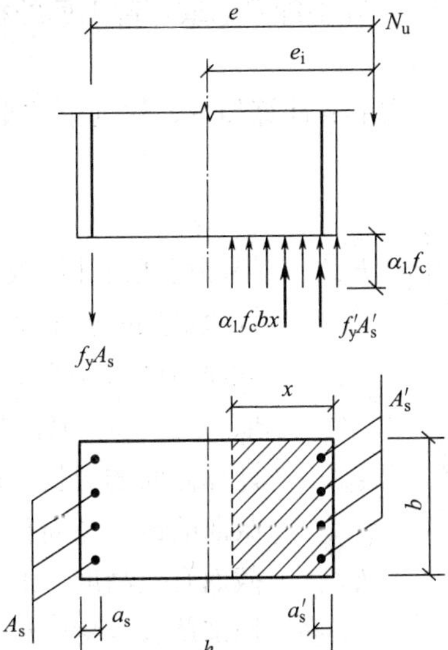

图 12-5-9

计算式如下：

$$N = f_y A_s - f'_y A'_s - \alpha_1 f_c bx \tag{12-5-51}$$

$$Ne = \alpha_1 f_c bx\left(h_0 - \frac{x}{2}\right) + f'_y A'_s (h_0 - a'_s) \tag{12-5-52}$$

式中　$e = e_0 - \dfrac{h}{2} + a_s$

适用条件：

a. 混凝土受压区高度应符合 $x \leqslant x_b$；

b. 如计算中考虑普通受压钢筋，尚应符合 $x \geqslant 2a'$；

c. 若 $x < 2a'$，取 $x = 2a'$。

② 小偏心受拉构件正截面的承载力计算。

在小偏心拉力作用下，临破坏前，一般情况截面全部裂通，拉力完全由钢筋承担。

此时不考虑混凝土的受拉情况，假定构件 A_s 及 A'_s 的应力都达到屈服强度。计算式如下：

$$Ne' = f_y A_s (h'_0 - a_s) \tag{12-5-53}$$

$$Ne = f_y A'_s (h_0 - a'_s) \tag{12-5-54}$$

式中　$e=\frac{h}{2}-e_0-a_s$，$e'=e_0+\frac{h}{2}-a'_s$。

当对称配筋时，为了达到内外力平衡，有如下规定：

$$A'_s=A_s=\frac{Ne'}{f_y(h'_0-a_s)} \tag{12-5-55}$$

$$e'=e_0+\frac{h}{2}-a'_s \tag{12-5-56}$$

2）偏心受拉构件斜截面的承载力计算

轴向拉力 N 的存在，斜裂缝将提前出现，在小偏心受拉的情况下甚至形成贯通全截面的斜裂缝，使斜截面受剪承载力降低。当剪力较大时，应对斜截面的受剪承载力进行计算，即：

$$V\leqslant\frac{1.75}{\lambda+1}f_tbh_0+f_{yv}\frac{A_{sv}}{s}h_0-0.2N \tag{12-5-57}$$

式中　λ 为计算截面的剪跨比，N 为与剪力设计值 V 相应的轴向拉力设计值。当上式右侧计算值小于 $f_{yv}\frac{A_{sv}}{s}h_0$ 时，应取 $f_{yv}\frac{A_{sv}}{s}h_0$，且 $f_{yv}\frac{A_{sv}}{s}h_0$，不得小于 $0.36f_tbh_0$。

5. 抗冲切承载力计算

① 冲切破坏面取局部荷载或集中反力作用面积周边以 45°角倾斜的椎体斜面。

② 在不配箍筋或弯起钢筋的板的受冲切承载力计算公式如下：

$$F_l\leqslant 0.7\beta_h f_t\eta u_m h_0 \tag{12-5-58}$$

式中 η 计算如下，取其中较小的计算值

$$\eta_1=0.4+1.2/\beta_s \tag{12-5-59}$$

$$\eta_2=0.5+\alpha_s h_0/4u_m \tag{12-5-60}$$

式中　F_l——局部荷载设计值或集中反力设计值，板柱节点，取柱所承受的轴向压力设计值的层间差值减去柱顶冲切破坏椎体范围内板所承受的荷载设计值；

β_h——截面高度影响系数，当 $h\leqslant$800mm 时，取 $\beta_h=1.0$，当 $h\geqslant$2000mm 时，取 $\beta_h=0.9$，其间按线性内插法取用；

u_m——计算截面的周长，取距离局部荷载或集中反力作用面积周边 $h_0/2$ 处板垂直截面的最不利周长；

h_0——截面有效高度，取两个配筋方向的截面有效高度平均值；

η_1——局部荷载或集中反力作用面积形状的影响系数；

η_2——计算截面周长与板截面有效高度之比的影响系数；

β_s——局部荷载或集中反力作用面积为矩形时的长边与短边尺寸的比值，β_s 不宜大于 4，当 $\beta_s<2$ 时，取 $\beta_s=2$，对圆形冲切面，取 $\beta_s=2$；

α_s——柱位置影响系数，中柱取 $\alpha_s=40$，边柱取 $\alpha_s=30$，角柱取 $\alpha_s=20$。

③ 在局部荷载或集中反力作用下，当公式 12-5-58 不能满足，且板厚受到限制不能再增高时，可配置箍筋或弯起钢筋此时，受冲切截面应符合下列要求：

$$F_l\leqslant 1.2f_t\eta u_m h_0 \tag{12-5-61}$$

a. 配置箍筋时受冲切承载力：

$$F_l \leqslant 0.5 f_t \eta u_m h_0 + 0.8 f_{yv} A_{svu} \tag{12-5-62}$$

b. 配置弯起钢筋时受冲切承载力：

$$F_l \leqslant 0.5 f_t \eta u_m h_0 + 0.8 f_y A_{sbu} \sin\alpha \tag{12-5-63}$$

式中　A_{svu}、A_{sbu}——与呈 45°冲切破坏锥体截面相交的全部箍筋和全部弯起钢筋的截面面积；

α——弯起钢筋与板底面的夹角。

c. 对配置抗冲切钢筋的冲切破坏锥体以外的截面，尚应按式 12-5-58 进行受冲切承载力计算，此时，u_m 应取配置抗冲切钢筋的冲切破坏锥体以外 $0.5h_0$ 处的最不利周长。

6. 局部抗压承载力计算

① 配置间接钢筋的混凝土构件，其局部受压区的截面尺寸应符合下列要求：

$$F_l \leqslant 1.35 \beta_c \beta_l f_c A_{ln} \tag{12-5-64}$$

$$\beta_l = \sqrt{A_b / A_l} \tag{12-5-65}$$

式中　F_l——局部受压面上作用的局部荷载或局部压力设计值；

f_c——混凝土轴心抗压强度设计值；

β_l——混凝土局部受压时的强度提高系数；

A_l——混凝土局部受压面积；

A_{ln}——混凝土局部受压净面积，对后张法构件，应在混凝土局部受压面积中扣除孔道、凹槽部分的面积；

A_b——局部受压的计算底面积。

② 局部受压的计算底面积 A_b，可由局部受压面积与计算底面积按同心、对称的原则确定；对常用情况，可按规范图取用。

③ 间接钢筋应配置在规范规定的高度 h 分为：方格网式钢筋，不应少于 4 片；螺旋式钢筋，不应少于 4 圈。柱接头，h 尚不应小于 $15d$，d 为柱的纵向钢筋直径。

（五）正常使用极限状态设计

1. 设计要求

设计任何建筑物和构筑物时，必须使其满足下列各项预定的功能要求。

① 安全性：即结构构件能承受在正常施工和正常使用时可能出现的各种作用，以及在偶然事件发生时及发生后，仍能保持必需的整体稳定性。

② 适用性：即在正常使用时，结构构件具有良好的工作性能，不出现过大的变形和过宽的裂缝。

③ 耐久性：即在正常的维护下，结构构件具有足够的耐久性能，不发生锈蚀和风化现象。

2. 裂缝宽度验算

裂缝按其形成的原因可分两大类：一类是由荷载引起的裂缝；另一类是由变形因素（非荷载）引起的裂缝，如由材料收缩、温度变化、混凝土碳化以及不均匀沉降等原因引起的裂缝。

基本公式：

$$\omega_{max} \leqslant \omega_{min} \tag{12-5-66}$$

$$\omega_{max}=\alpha_{cr}\psi\frac{\sigma_s}{E_s}(1.9c_s+0.08\frac{d_{eq}}{\rho_{te}}) \tag{12-5-67}$$

$$\psi=1.1-\frac{0.65f_{tk}}{\rho_{te}\sigma_s} \tag{12-5-68}$$

$$\rho_{te}=\frac{A_s+A_p}{A_{te}} \tag{12-5-69}$$

式中 d_{eq}——纵向受拉钢筋的等效直径（mm）；对无粘结后张构件，仅为受拉区纵向受拉普通钢筋的等效直径（mm）；

ψ——裂缝间纵向受拉钢筋应变不均匀系数；当 $\psi<0.2$ 时，取 $\psi=0.2$；当 $\psi>1.0$ 时，取 $\psi=1.0$；对直接承受重复荷载的构件，取 $\psi=1.0$；

α_{cr}——构件受力特征系数，按表 12-5-3；

σ_s——按荷载准永久组合计算的钢筋混凝土构件纵向受拉普通钢筋应力或按标准组合计算的预应力混凝土构件纵向受拉钢筋等效应力；

E_s——钢筋的弹性模量，按《混规》表 4.2.5 采用；

c_s——最外层纵向受拉钢筋外边缘至受拉区底边的距离（mm）：当 $c_s<20$ 时，取 $c_s=20$；当 $c_s>65$ 时，取 $c_s=65$；

ρ_{te}——按有效受拉混凝土截面面积计算的纵向受拉钢筋配筋率；取无粘结后张构件，仅取纵向受拉普通钢筋计算配筋率；在最大裂缝宽度计算中，当 $\rho_{te}<0.01$ 时，取 $\rho_{te}=0.01$；

A_{te}——有效受拉混凝土截面面积：对轴心受拉构件，取构件截面面积；对受弯、偏心受压和偏心受拉构件，取 $A_{te}=0.5bh+(b_f-b)h_f$，此处，b_f、h_f 为受拉翼缘的宽度、高度；

A_s——受拉区纵向普通钢筋截面面积；

A_p——受拉区纵向预应力钢筋截面面积。

注：1. 对承受吊车荷载但不需作疲劳验算的受弯构件，可将计算求得的最大裂缝宽度乘以系数 0.85；

2. 对 $e_0/h_0\leqslant 0.55$ 的偏心受压构件，可不验算裂缝宽度。

$\sigma_s=\dfrac{N_q}{A_s}$（轴心受拉构件）；$\sigma_s=\dfrac{N_q e'}{A_s(h_0-a'_s)}$（偏心受拉构件）；$\sigma_s=\dfrac{M_q}{0.87h_0A_s}$（受弯构件）；$\sigma_s=\dfrac{N_q(e-z)}{A_s z}$（偏心受压构件）

$$z=[0.87-0.12(1-\gamma'_f)(\frac{h_0}{e})^2]h_0 \tag{12-5-70}$$

$$e=\eta_s e_0+y_s \tag{12-5-71}$$

$$\gamma'_f=\frac{(b'_f-b)h'_f}{bh_0} \tag{12-5-72}$$

$$\eta_s=1+\frac{1}{4000e_0/h_0}(\frac{l_0}{h})^2 \tag{12-5-73}$$

式中 γ'_f——受压翼缘截面面积与腹板有效截面面积的比值；

e——为轴向压力作用点至受拉普通钢筋合力点的距离；

z——纵向受拉普通钢筋合力点至截面受压区合力点的距离，且不大于 $0.87h_0$；

η_s——使用阶段的轴向压力偏心距增大系数，当 l_0/h 不大于 14 时，取 1.0；

b'_f、h'_f——分别为受压区翼缘的宽度、高度；在公式中，当 h'_f 大于 $0.2h_0$ 时，取 $0.2h_0$。

构件受力特征系数表　　　**表 12-5-3**

类型	α_{cr}	
	钢筋混凝土构件	预应力混凝土构件
受弯、偏心受压	1.9	1.5
偏心受拉	2.4	—
轴心受拉	2.7	2.2

3. 变形验算

变形验算主要指受弯构件的挠度验算。因此，本节对受弯构件的挠度验算方法进行介绍。

在等截面构件中，可假定各同号弯矩区段内的刚度相等，并取用该区段内最大弯矩处的刚度。当计算跨度内的支座截面刚度不大于跨中截面刚度的 2 倍或不小于跨中截面刚度的 1/2 时，该跨也可按等刚度构件进行计算，其构件刚度可取跨中最大弯矩截面的刚度。

(1) 基本公式

承受均布荷载的简支弹性梁，其跨中挠度为：

$$v=\frac{5M_k l_0^2}{48EI} \tag{12-5-74}$$

式中　EI——均质弹性材料梁的抗弯刚度。

钢筋混凝土受弯构件的抗弯刚度不再是常量 EI，而是变量 B，得 $v=\dfrac{5M_k l_0^2}{48B}$。

由此可见，钢筋混凝土受弯构件的变形计算问题实质上是如何确定其抗弯刚度的问题。

截面受弯构件考虑荷载长期作用影响的刚度 B 可按下列计算：

① 采用荷载标准组合时：

$$B=\frac{M_k}{M_q(\theta-1)+M_k}B_s \tag{12-5-75}$$

② 采用荷载准永久组合时：

$$B=\frac{B_s}{\theta} \tag{12-5-76}$$

式中　M_k——按荷载的标准组合计算的弯矩，取计算区段内的最大弯矩值；

M_q——按荷载的准永久组合计算的弯矩，取计算区段内的最大弯矩值；

B_s——按荷载准永久组合计算的钢筋混凝土受弯构件或按标准组合计算的预应力混凝土受弯构件的短期刚度。

B_s 按下式计算：

$$B_s=\frac{E_s A_s h_0^2}{1.15\psi+0.2+\dfrac{6\alpha_E\rho}{1+3.5\gamma'_f}} \tag{12-5-77}$$

式中　ψ——裂缝间纵向受拉普通钢筋应变不均匀系数，按式（12-5-67）确定；

α_E——钢筋弹性模量与混凝土弹性模量的比值，即 E_s/E_c；

ρ——纵向受拉钢筋配筋率，对钢筋混凝土受弯构件，取为 $A_s/(bh_0)$；

γ'_f——受压翼缘截面面积与腹板有效截面面积的比值。

考虑荷载长期作用对挠度增大的影响系数 θ 可按下列规定取用：钢筋混凝土受弯构件，当 $\rho'=0$ 时，取 $\theta=2.0$；当 $\rho'=\rho$ 时，取 $\theta=1.6$；当 ρ' 为中间数值时，θ 按线性内插法取用。此处，$\rho'=A'_s/(bh_0)$，$\rho=A_s/(bh_0)$。

（2）挠度验算公式

挠度验算公式为：$v_{max}\leqslant[v]$

（3）提高刚度与减小挠度的方法

① B_s 与梁宽 b 成正比，与梁有效高度 h_0 的三次方成正比。

② 当 $\rho=A_s/(bh_0)=0.01\sim0.02$ 时，提高混凝土强度对 B_s 增大不多；当 $\rho\leqslant0.005$ 时，效果大为提高。

③ B_s 将随 $\alpha_E\rho$ 的增大近似线性增大。

（六）预应力混凝土

1. 预应力混凝土的分类

（1）根据制作、设计和施工的特点，预应力混凝土可以有不同的分类

1）先张法与后张法

先张法是制作预应力混凝土构件时，先张拉预应力钢筋后浇灌混凝土的一种方法；而后张法是先浇灌混凝土，待混凝土达到规定强度后再张拉预应力钢筋的一种预加应力方法。

2）全预应力和部分预应力

全预应力：在使用荷载作用下，构件截面混凝土不出现拉应力，即为全截面受压。部分预应力是在使用荷载作用下，构件截面混凝土允许出现拉应力或开裂，即只有部分截面受压。

3）有粘结预应力与无粘结预应力

有粘结预应力：指沿预应力筋全长其周围均与混凝土粘结、握裹在一起的预应力混凝土结构。先张预应力结构及预留孔道穿筋压浆的后张预应力结构均属此类。

无粘结预应力：指预应力筋伸缩、滑动自由，不与周围混凝土粘结的预应力混凝土结构。这种结构的预应力筋表面涂有防锈材料，外套防老化的塑料管，防止与混凝土粘结。

无粘结预应力混凝土结构通常与后张预应力工艺相结合。

（2）预应力混凝土的材料

1）钢筋

预应力混凝土结构中的钢筋包括预应力钢筋和非预应力钢筋。

非预应力钢筋的选用与钢筋混凝土结构中的钢筋相同。

预应力钢筋宜采用预应力钢丝、钢绞线和预应力螺纹钢筋。

2）混凝土

预应力混凝土结构的混凝土强度等级不应低于C30，且不宜低于C40。

2. 预应力混凝土构件设计的一般规定

张拉控制应力：指张拉预应力钢筋时，张拉设备的测力仪表所指示的总张拉力除以预应力钢筋截面面积得出的拉应力值，以 σ_{con} 表示。σ_{con} 是施工时张拉预应力钢筋的依据，其取值应适当。当构件截面尺寸及配筋量一定时，σ_{con} 越大，在构件受拉区建立的混凝土余压应力也越大，则构件使用时的抗裂度也越高。但是，若 σ_{con} 过大，则会产生如下问题：①个别钢筋可能被拉断；②施工阶段可能会引起构件某些部位受到拉力甚至开裂，还可能使后张法构件端部混凝土产生局部受压破坏；③使开裂荷载与破坏荷载相近，一旦开裂，将很快破坏，即可能产生无预兆的脆性破坏。另外，σ_{con} 过大，还会增大预应力钢筋的松弛损失。综上所述，对 σ_{con} 应规定上限值，同时，为了保证构件中建立必要的有效预应力，σ_{con} 也不能过小，即 σ_{con} 也应有下限（表 12-5-4）。

张拉控制应力限值　　**表 12-5-4**

钢筋种类	张拉控制限值
消除应力钢丝、钢绞线	$\sigma_{con} \leqslant 0.75 f_{ptk}$
中强度预应力钢丝	$\sigma_{con} \leqslant 0.75 f_{ptk}$
预应力螺纹钢筋	$\sigma_{con} \leqslant 0.75 f_{ptk}$

3. 预应力损失

预应力损失包括：预应力钢筋与管道壁之间的摩擦 σ_{l1}，锚具变形、钢筋回缩和接缝压缩 σ_{l2}，预应力钢筋与台座之间的温差 σ_{l3}，混凝土的弹性压缩 σ_{l4}，预应力钢筋的应力松弛 σ_{l5}，混凝土的收缩和徐变 σ_{l6}，此外，还应考虑预应力筋与锚圈口之间的摩擦、台座的弹性变形等引起的预应力损失。

当计算求得的预应力总损失值（表 12-5-5）小于下列数值时，应按下列数值取用：

先张法构件　　100N/ mm^2

后张法构件　　80N/ mm^2

各阶段预应力损失值的组合　　**表 12-5-5**

预应力损失值的组合	先张法构件	后张法构件
混凝土预压前(第一批)的损失	$\sigma_{l1}+\sigma_{l2}+\sigma_{l3}+\sigma_{l4}$	$\sigma_{l1}+\sigma_{l2}$
混凝土预压后(第二批)的损失	σ_{l5}	$\sigma_{l4}+\sigma_{l5}+\sigma_{l6}$

4. 先张法构件预应力钢筋的预应力传递长度 l_{tr} 计算

由于粘结应力非均匀分布，则 l_{tr} 范围内钢筋与混凝土的预应力本应为曲线变化，为简单起见，《混规》近似按线性变化规律考虑，并规定先张法构件预应力钢筋的预应力传递长度 l_{tr} 应按公式（12-5-78）计算：

$$l_{tr}=\alpha\frac{\sigma_{pe}}{f'_{tk}}d \tag{12-5-78}$$

当采用骤然放松预应力钢筋的施工工艺时，因构件端部一定长度范围内预应力钢筋与混凝土之间的粘结力被破坏，因此 l_{tr} 的起点应从距离构件末端 $0.25l_{tr}$ 处开始计算。

5. 预应力混凝土轴心受拉构件的计算和验算

为保证预应力混凝土轴心受拉构件的可靠度，除要进行构件使用阶段的承载力计算和裂缝控制验算外，还应进行使用阶段（制作、运输、安装）的承载力验算，以及后张法构件端部混凝土的局部受压验算。

（1）使用阶段正截面承载力计算

1）使用阶段正截面抗拉能力

$$N \leqslant N_u = f_y A_s + f_{py} A_p \tag{12-5-79}$$

式中 f_{py}——预应力钢筋强度设计值；

A_p——预应力钢筋截面面积。

2）使用阶段裂缝控制验算

预应力混凝土轴心受拉构件，应按所处环境类别和结构类别选用相应的裂缝控制等级，并按下列规定进行混凝土拉应力或正截面裂缝宽度验算。由于属正常使用极限状态的验算，因为须采用荷载效应的标准组合或准永久组合，且材料强度采用标准值。

① 一级——严格要求不出现裂缝的构件。

在荷载效应标准组合下应符合下列要求：

$$\sigma_{ck} - \sigma_{pc} \leqslant 0 \tag{12-5-80}$$

即要求在荷载效应的标准组合下，克服了有效预压应力后，使构件截面混凝土不出现拉应力。

② 二级——一般要求不出现裂缝的构件。

在荷载效应的标准组合下应符合下列规定：

$$\sigma_{ck} - \sigma_{pc} \leqslant f_{tk} \tag{12-5-81}$$

即要求在荷载效应的标准组合下，克服了混凝土有效预压应力后，构件截面混凝土可以出现拉应力但不能开裂。

③ 三级——允许出现裂缝的构件。

按荷载效应的标准组合并考虑长期作用影响计算的最大裂缝宽度，应符合下列规定：

$$\omega_{max} \leqslant \omega_{min} \tag{12-5-82}$$

对环境类别为Ⅱa 类的预应力混凝土构件，在荷载准永久组合下，受拉边缘应力尚应符合下列规定：

$$\sigma_{cq} - \sigma_{pc} \leqslant f_{tk} \tag{12-5-83}$$

式中 σ_{ck}、σ_{cq}——荷载标准组合、准永久组合下抗裂验算边缘的混凝土法向应力；

σ_{pc}——扣除全部预应力损失后在抗裂验算边缘混凝土的预压应力；

f_{tk}——混凝土轴心抗拉强度标准值；

ω_{max}——按荷载的标准组合或准永久组合并考虑长期作用影响计算的最大裂缝宽度；

ω_{min}——最大裂缝宽度限值。

④ 裂缝宽度验算：裂缝控制等级为三级预应力混凝土轴心受拉构件需进行下列裂缝宽度验算，最大裂缝宽度允许值 0.2mm。

3）施工阶段承载力验算

放松预应力钢筋时的混凝土抗压能力验算：

$$\sigma_{cc} \leqslant 0.8 f'_{ck} \tag{12-5-84}$$

式中 σ_{cc}——施工阶段构件计算截面混凝土的最大法向压应力；

f'_{ck}——与各施工阶段混凝土立方体抗压强度相应的抗压强度标准值，按线性内插法查表确定。

6.预应力混凝土受弯构件的设计计算

与轴心受拉构件不同，预应力混凝土受弯构件中，沿构件长度方向，预应力钢筋的布置可以分为直线型或曲线型。

（1）受弯计算

正截面抗弯能力验算。

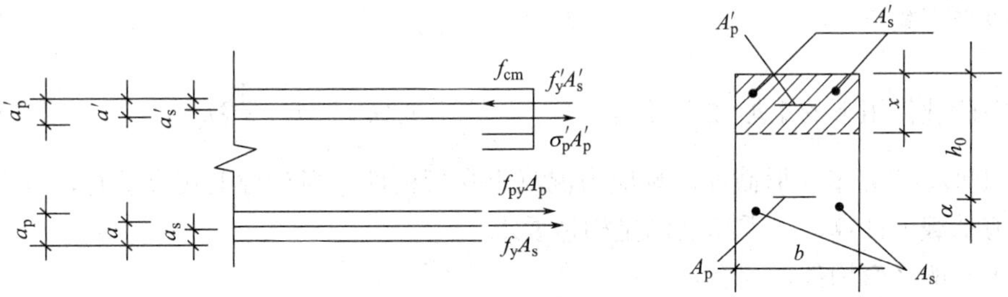

图 12-5-10

如图 12-5-10 所示，对于矩形截面或翼缘位于受拉区 T 形截面受弯构件，计算式如下：

$$\alpha_1 f_c bx = f_y A_s - f'_y A'_s + f_{py} A_p + (\sigma'_{p0} - f'_{py}) A'_p \tag{12-5-85}$$

$$M = \alpha_1 f_c bx (h_0 - \frac{x}{2}) + f'_y A'_s (h_0 - a'_s) - (\sigma'_{p0} - f'_{py}) A'_p (h_0 - \alpha'_p) \tag{12-5-86}$$

混凝土受拉区高度应符合下列规定：

$$x \leqslant \xi_b h_0 \tag{12-5-87}$$

$$x \geqslant 2a' \tag{12-5-88}$$

式中 σ'_{p0}——受压区纵向预应力钢筋 A'_p 合力点处混凝土法向应力等于零时的预应力钢筋应力；

a'——受压区全部纵向钢筋合力点至截面受压边缘的距离；

ξ_b——相对界限受压区高度，按 $\xi_b = \dfrac{\beta_1}{1 + 0.002/\varepsilon_{cu} + (f_{py} - \sigma_{p0})/(E_s \varepsilon_{cu})}$ 计算。

（2）斜截面承载力计算

与普通混凝土受弯构件类似，预应力混凝土受弯构件也包括斜截面受剪承载力的计算。

矩形、T 形和工字型截面的受弯构件，其受剪截面应符合的条件同普通钢筋混凝土梁。

① 仅配有箍筋预应力受弯构件，计算式如下：

$$V \leqslant V_{cs} + V_p \tag{12-5-89}$$

$$V_{cs}=0.7f_tbh_0+1.25f_{yv}\frac{A_{sv}}{s}h_0 \tag{12-5-90}$$

$$V_p=0.05N_{p0} \tag{12-5-91}$$

② 配有箍筋和弯起钢筋受弯构件，计算式如下：

$$V\leqslant V_{cs}+V_p+0.8f_yA_{sb}\sin\alpha_s+0.8f_{py}A_{pb}\sin\alpha_p \tag{12-5-92}$$

$$V_p=0.05N_{p0} \tag{12-5-93}$$

式中　V——构件斜截面上最大剪力设计值；

V_{cs}——构件斜截面上混凝土和箍筋的抗剪承载力。

V_{cs} 按下式计算：

一般受弯梁　$$V_{cs}=0.7f_tbh_0+f_{yv}\frac{A_{sv}}{s}h_0 \tag{12-5-94}$$

集中荷载作用下的矩形独立梁　$$V_{cs}=\frac{1.75}{\lambda+1}f_tbh_0+f_{yv}\frac{A_{sv}}{s}h_0 \tag{12-5-95}$$

③ 矩形、T形和I形截面的预应力混凝土受弯构件，当符合上式要求时，可不进行斜截面抗剪承载力计算，仅需箍筋满足构造要求。

对于一般受弯构件，则有：

$$V_{cs}\leqslant 0.7f_tbh_0+0.05N_{p0} \tag{12-5-96}$$

对于集中荷载作用下的矩形截面独立梁，则有：

$$V_{cs}\leqslant\frac{1.75}{\lambda+1}f_tbh_0+0.05N_{p0} \tag{12-5-97}$$

（3）使用阶段抗裂与裂缝宽度验算

1）正截面裂缝控制验算

对预应力混凝土受弯构件，应按所处环境类别和结构类别选用相应的裂缝控制等级，并进行受拉边缘法向应力或裂缝宽度验算。

① 一级——严格要求不允许出现裂缝的构件。

在荷载效应的标准组合下应符合下列规定：

$$\sigma_{sk}-\sigma_{pc}\leqslant 0 \tag{12-5-98}$$

② 二级——一般要求不出现裂缝的构件。

在荷载效应的标准组合下应符合下列规定：

$$\sigma_{sc}-\sigma_{pc}\leqslant f_{tk} \tag{12-5-99}$$

在荷载效应的准永久组合下宜符合下列规定：

$$\sigma_{cq}-\sigma_{pc}\leqslant 0 \tag{12-5-100}$$

③ 三级——允许出现裂缝的构件。

按荷载效应的标准组合并考虑长期作用影响计算的最大裂缝宽度，应符合下列规定：

$$\omega_{max}\leqslant\omega_{min} \tag{12-5-101}$$

2）斜截面抗裂度验算

当预应力混凝土受弯构件内的主拉应力过大时，会产生与主拉应力方向垂直的斜裂缝，因此为了避免斜裂缝的出现，应对斜截面上的混凝土主拉应力进行验算，同时按裂缝控制等级不同予以区别对待；过大的主压应力，将导致混凝土抗拉强度过大的降低和裂缝过早的出现，因而也应限制主压应力值。验算公式如下：

① 混凝土主拉应力。

a. 一级——严格要求不出现裂缝的构件，应符合下列规定：

$$\sigma_{tp} \leqslant 0.85 f_{tk} \tag{12-5-102}$$

b. 二级——一般要求不出现裂缝的构件，应符合下列规定：

$$\sigma_{tp} \leqslant 0.95 f_{tk} \tag{12-5-103}$$

② 混凝土主压应力。

对严格要求和一般要求不出现裂缝的构件，均应符合下列规定：

$$\sigma_{cp} \leqslant 0.6 f_{tk} \tag{12-5-104}$$

式中　σ_{tp}、σ_{cp}——混凝土的主拉应力、主压应力。

（4）挠度验算

与普通混凝土受弯构件不同，预应力混凝土受弯构件的挠度由两部分组成。一部分是外荷载产生的向下挠度；另一部分是预应力产生的向上变形，称为反拱。

在等截面构件中，可假定各同号弯矩区段内的刚度相等，并取用该区段内最大弯矩处的刚度。当计算跨度内的支座截面刚度不大于跨中截面刚度的两倍或不小于跨中截面刚度的 1/2 时，该跨也可按等刚度构件进行计算，其构件可取跨中最大弯矩截面的刚度。

对重要的或特殊的预应力混凝土受弯构件的长期反拱值，可根据专门的试验分析确定或采用合理的收缩、徐变计算方法分析确定；对恒载较小的构件，应考虑反拱过大对使用的不利影响。

（5）施工阶段验算

1）施工阶段的验算要求

① 施加预应力时，所需的混凝土立方体抗压强度应经计算确定，但不宜低于设计混凝土强度值的 75%。

② 对制作、运输及安装等施工阶段预拉区允许出现拉应力的构件或预压时全截面受压的构件，在预加应力、自重及施工荷载作用下（必要时应考虑动力系数）截面边缘的混凝土法向应力宜符合下列规定：

$$\sigma_{ct} \leqslant f'_{tk} \tag{12-5-105}$$

$$\sigma_{cc} \leqslant 0.8 f'_{ck} \tag{12-5-106}$$

2）预拉区不允许出现裂缝的构件

① 荷载作用下受拉区允许出现裂缝的构件，为避免裂缝整体贯通，在预拉区不应有裂缝存在。

② 受重复荷载作用需作疲劳计算的吊车梁，预拉区应按不允许出现裂缝的条件设计。

③ 对预拉区有较大翼缘的构件，翼缘部分一旦开裂，钢筋应力将有较大增长，裂缝过宽、不易控制，预拉区应按不允许出现裂缝条件设计。

（七）单层厂房

1. 组成与布置

（1）结构组成

1）屋盖结构

单层厂房的屋盖结构域分为无檩体系和有檩体系两种。

无檩体系由大型屋面板、天窗架、屋架和屋盖支撑组成，屋盖刚度大，整体性好，构件数量少，种类多，较为常用。

有檩体系由小型屋面板（或瓦材）、檩条、天窗架、屋架和屋盖支撑组成。构造和荷载传递复杂，整体性和刚度差，适于中、小型厂房。

2）横向排架

横向排架由横梁（屋架或屋面梁）、横向柱列和基础组成，是厂房的基本承重结构。

3）纵向排架

纵向排架由纵向柱列、连系梁、吊车梁、柱间支撑和基础组成。

4）围护结构

围护结构包括纵墙和横墙（山墙）及由墙梁、抗风柱（有时还有抗风梁及抗风桁架）和基础梁等组成的墙架，它们主要承受墙体和构件的自重以及作用在墙上的风荷载。

（2）结构布置

1）单层厂房平面布置

单层厂房平面布置：柱网满足生产工艺要求，应符合统一模数，厂房跨度可选用 9m、12m、15m、18m、24m、30m、36m 等，柱距可选为 6m、9m 和 12m。厂房应按《混规》要求设置变形缝。单层厂房除非有特殊要求，一般不设沉降缝。在地震区应按防震缝的要求做伸缩缝。变形缝一般设置双排架。

2）屋盖结构布置

优先采用无檩体系，选用预应力大型屋面板；有檩屋盖，檩条常用 T 型、Γ 型或轻型钢檩条，檩条应布置在屋架节点上，有天窗架时，一般从两端头第一柱间开始布置，有抽柱时应沿纵向布置托架。

3）支撑系统布置

支撑系统可加强厂房整体刚度、稳定性、传递风荷载与吊车水平荷载。支撑系统分为屋盖支撑和柱间支撑。屋盖支撑包括上、下弦横向水平支撑、纵向水平支撑、纵向水平系杆、天窗架支撑等。柱间支撑一般应布置在温度区段的中间。

4）围护结构布置

厂房檐口标高≤8m、跨度≤12m 时，抗风柱可用砖壁柱，一般用钢筋混凝土抗风柱。圈梁、过梁、联系梁和基础梁应综合考虑，尽可能一梁多用。

2. 排架计算

排架计算主要包括确定计算简图、计算各项荷载、求出备控制截面的内力值、内力组合，求出各控制截面的最不利内力。

3. 柱

（1）截面形式和尺寸

厂房柱常用的截面形式有：当 $h\leqslant500$mm，为矩形截面柱；$h=600\sim800$mm，为矩形或 I 形截面柱；当 $h=900\sim1200$mm 时，为 I 形截面柱；当 $h=1300\sim1500$mm 时，为 I 形截面柱或双肢柱；当 $h>1600$mm，应为双肢柱。

柱的截面尺寸由计算确定，且应符合表 12-5-6 的规定。

6m柱距单层厂房矩形、工字形柱截面尺寸限值 **表 12-5-6**

柱的类型	b	h		
		$Q \leqslant 10t$	$10t < Q < 30t$	$30t < Q < 50t$
有吊车厂房下柱	$\geqslant H_l/22$	$\geqslant H_l/14$	$\geqslant H_l/12$	$\geqslant H_l/10$
露天吊车柱	$\geqslant H_l/25$	$\geqslant H_l/10$	$\geqslant H_l/8$	$\geqslant H_l/7$
单跨无吊车厂房柱	$\geqslant H/30$	$\geqslant 0.06H$		
多跨无吊车厂房柱	$\geqslant H/30$	$\geqslant H/20$		
仅承受风荷载与自重的山墙抗风柱	$\geqslant H_b/40$	$\geqslant H_b/25$		
同时承受由连系梁传来山墙重的山墙抗风柱	$\geqslant H_b/30$	$\geqslant H_b/25$		

注：H_l ——下柱高度（牛腿顶面算至基础顶面）；H ——柱全高（上柱顶面算至基础顶面）；H_b ——从基础顶至柱平面外（宽度）方向支承点的高度；Q ——吊车起重量。

（2）截面配筋计算

① 柱的计算长度 l_0 根据规范确定，应符合表 12-5-7 的要求：

排架柱计算长度 l_0 **表 12-5-7**

柱的类型		排架方向	垂直排架方向	
			有柱间支撑	无柱间支撑
无吊车厂房柱	单跨 两跨及多跨	$1.5H$ $1.25H$	$1.0H$ $1.0H$	$1.2H$ $1.2H$
有吊车厂房柱	上柱 下柱	$2.0H_u$ $1.0H_l$	$1.25H_u$ $0.8H_l$	$1.2H_u$ $1.0H_l$
露天吊车柱和栈桥柱		$2.0H_l$	$1.0H_l$	—

注：H 为从基顶算起的柱全高；H_l 为下柱高度；H_u 为上柱高度。

② 根据柱子计算长度、截面尺寸、各控制截面最不利组合内力 M 、N 及 V ，即可按偏心受压构件进行截面配筋计算。

③ 运输及吊装验算：构件采用平卧浇制时，采用平吊，平吊验算不满足要求时，可采用翻身吊验算。

④ 牛腿：长牛腿按悬臂梁设计，短牛腿按变高截面深梁设计。

4. 柱下单独基础设计

在选定了地基持力层和基础埋置深度后，单独基础的设计主要有确定基础底面尺寸，基础高度，底板配筋和构造处理等。

（八）多层及高层房屋

1. 结构体系及布置

多层和高层结构的差别主要是层数和高度，《高层建筑混凝土结构技术规程》规定 10 层及 10 层以上，或房屋高度大于 28m 的住宅建筑结构，以及房屋高度大于 24m 的其他高层民用建筑混凝土结构为高层建筑结构。

随建筑物高度的不断增加，水平荷载（风荷载和地震作用）对结构将产生越来越大的影响，结构内力、结构侧向位移明显增大。

多层和高层建筑结构体系大约可分为四大类型：框架结构、剪力墙结构、框架-剪力内墙结构和筒体结构。

（1）框架结构体系

由梁、柱构件通过结点刚性连接组成的结构称为框架。框架结构是多层房屋的主要结构形式，也是高层建筑的基本单元。

按框架构件的组成分为梁板式结构和无梁式结构；按框架的施工方法分为现浇整体式框架、装配式框架、半现浇框架和装配整体式框架；按承重结构分为全框架、内框架等类型。

框架结构的特点在于“刚节点”，框架结构的优点是：强度高、自重轻、整体性和抗震性能好，在建筑上的最大优点是它不依靠砖墙承重，建筑平面布置灵活，可以获得较大的使用空间。

（2）剪力墙结构体系

利用建筑物的墙体作为承受竖向荷载、抵抗水平荷载的结构，称为剪力墙结构。

剪力墙结构的优点是整体性好、刚度大，在水平荷载作用下侧向变形小，承载力要求也容易满足，房间内无梁柱外露，但剪力墙的间距不能太大，平面布置不灵活，不能满足公共建筑的使用要求，结构自重较大。

剪力墙结构适用于较小开间的住宅及旅店建筑，高层建筑。

（3）框架-剪力墙及框架筒体结构体系

框架结构侧向刚度差，抵抗水平荷载能力差，地震作用下易变形，而剪力墙结构则相反，抗侧力刚度、强度大，但限制了使用空间。把两者结合起来，取长补短，在框架中设置一些剪力墙，就成了框架-剪力墙结构。

框架筒体结构从受力和变形性能来看，它与框架-剪力墙结构相同，可统称为框架-剪力墙体系，在公共建筑和办公楼等建筑中得到广泛应用。

（4）筒中筒结构体系

由核心筒和框筒组成，适用于商务办公楼，有较大的环形空间，内外筒比例合理，竖向布置均匀，结构双向刚度较大。

2.结构布置原则

高层建筑结构体系确定后，要特别重视建筑体型和结构总体布置，使建筑物具有良好的造型和合理的传力途径。

建筑体型是指建筑的平面和立面，结构总体布置是指结构构件的平面布置和竖向布置。建筑体型和结构总体布置对结构的抗震性能起决定性的作用。

（1）房屋的适用高度和高宽比

《高层建筑混凝土结构技术规程》（以下简称“《高规》”）规定，钢筋混凝土高层建筑结构的最大适用高度和高宽比分为A级和B级。

1）最大适用高度

《高规》规定了各种结构体系的最大适用高度。

房屋高度：指室外地面到主要屋面板板顶的高度，不包括局部突出的电梯机房、水箱和构架等高度。

A级高度的高层建筑是指常规的、一般的高层建筑，是与现行国家《混规》《高规》各项设计规定和要求相适应的最大高度，也是目前数量最多、应用最广泛的建筑（表12-5-8）。

A级高度钢筋混凝土高层建筑的最大适用高度　　表12-5-8

<table>
<tr><th rowspan="3" colspan="2">结构体系</th><th rowspan="3">非抗震设计</th><th colspan="5">抗震设防烈度</th></tr>
<tr><th rowspan="2">6度</th><th rowspan="2">7度</th><th colspan="2">8度</th><th rowspan="2">9度</th></tr>
<tr><th>0.20g</th><th>0.30g</th></tr>
<tr><td colspan="2">框架</td><td>70</td><td>60</td><td>50</td><td>40</td><td>35</td><td>—</td></tr>
<tr><td colspan="2">框架-剪力墙</td><td>150</td><td>130</td><td>120</td><td>100</td><td>80</td><td>50</td></tr>
<tr><td rowspan="2">剪力墙</td><td>全部落度剪力墙</td><td>150</td><td>140</td><td>120</td><td>100</td><td>80</td><td>60</td></tr>
<tr><td>部分落地剪力墙</td><td>130</td><td>120</td><td>100</td><td>80</td><td>50</td><td>不应采用</td></tr>
<tr><td rowspan="2">筒体</td><td>框架-剪力墙</td><td>160</td><td>150</td><td>130</td><td>100</td><td>90</td><td>70</td></tr>
<tr><td>筒中筒</td><td>200</td><td>180</td><td>150</td><td>120</td><td>100</td><td>80</td></tr>
<tr><td colspan="2">板柱-剪力墙</td><td>110</td><td>80</td><td>70</td><td>55</td><td>40</td><td>不应采用</td></tr>
</table>

注：1. 表中框架不包括异形柱框架。
2. 部分框支剪力墙结构指地面以上有部分框支剪力墙的剪力墙结构。
3. 甲类建筑，6度、7度、8度时宜按本地区抗震设防烈度提高一度后符合本表要求，9度时应专门研究。
4. 框架结构、板柱剪力墙结构以及9度抗震设防的表列其他结构，当房屋高度超过本表数值时，结构设计应有可靠依据，并采取有效的加强措施。

B级高度的高层建筑是指更高的，因而对设计有更严格要求的建筑。

平面和竖向均不规则的高层建筑结构，其最大适用高度宜适当降低，一般降低10%左右。

2）房屋高宽比

高层建筑的高宽比，是对房屋的结构刚度、整体稳定、承载能力和经济合理性的宏观控制。即使房屋高度不变，地震倾覆力矩在结构竖向构件中引起的压力和拉力，也会随着房屋高宽比的加大而增大，结构侧移也随之增大（表12-5-9）。

钢筋混凝土高层建筑结构适用的最大高宽比　　表12-5-9

<table>
<tr><th rowspan="2">结构体系</th><th rowspan="2">非抗震设计</th><th colspan="3">抗震设防烈度</th></tr>
<tr><th>6度、7度</th><th>8度</th><th>9度</th></tr>
<tr><td>框架</td><td>5</td><td>4</td><td>3</td><td>—</td></tr>
<tr><td>板柱-剪力墙</td><td>6</td><td>5</td><td>4</td><td>—</td></tr>
<tr><td>框架-剪力墙、剪力墙</td><td>7</td><td>6</td><td>5</td><td>4</td></tr>
<tr><td>框架-核心筒</td><td>8</td><td>7</td><td>6</td><td>4</td></tr>
<tr><td>筒中筒</td><td>8</td><td>8</td><td>7</td><td>5</td></tr>
</table>

（2）结构平面与竖向布置要求

建筑设计应符合抗震概念设计要求，不应采用严重不规则的设计方案。

规则的建筑结构体现在体型（平面和立面）规则，结构平面布置均匀、对称并具有较好的抗扭刚度；结构竖向布置均匀，结构的刚度、承载力和质量分布均匀，没有明显的、实质的不连续（突变）。

1）结构平面布置要求

① 结构布置的一般原则

须考虑有利于抵抗水平和竖向荷载，受力明确，传力直接，力求均匀对称，减小扭矩的影响。在地震作用下，建筑平面要力求简单规则，风力作用下则可适当放宽。

除平面形状外，各部分尺寸都有一定的要求。平面过于狭长的建筑物在地震作用时由于两端地震波输入有相位差而容易产生不规则振动，产生较大的震害。长矩形平面的尺寸目前一般在 70～80m。

框架筒体结构和筒中筒结构更应选取双向对称的规则平面，如矩形、正方形、正多边形、圆形，当采用矩形平面时，L/B 不宜大于 2（表 12-5-10）。

平面尺寸及突出部位尺寸的比值限制 **表 12-5-10**

设防烈度	L/B	l/B_{max}	l/b
6 度、7 度	≤6.0	≤0.35	≤2.0
8 度、9 度	≤5.0	≤0.30	≤1.5

② 平面有较长的外伸时，外伸段容易产生局部振动而引起凹角处破坏。外伸部分 l/b 有限制在，但在实际工程设计中最好控制 l/b 不大于 1。

③ 角部重叠和细腰形的平面图形，在中央部位形成狭窄部分，在地震中容易产生震害，尤其在凹角部位，因为应力集中容易使楼板开裂、破坏。这些部位应采用加大楼板厚度，增加板内钢筋，设置集中配筋的边梁。

④ 结构平面布置应减少扭转的影响。

⑤ 当楼板过于狭长、有较大的凹入和开洞而使楼板有过大削弱时，应在设计中考虑楼板变形产生的不利影响。有效楼板宽度不宜小于该层楼面宽度的 50%；楼板开洞总面积不宜超过楼面面积的 30%；在扣除凹入和开洞后，楼板任意方向的最小净宽度不宜小于 5m，且开洞后每一边的楼板净宽度不应小于 2m。

2）结构竖向布置要求

① 正常设计的高层建筑下部楼层的侧向刚度宜大于上部楼层的侧向刚度，否则变形会集中于刚度小的下部楼层而形成结构软弱层。高层建筑的竖向体型宜规则、均匀，避免有过大的外挑和内敛。结构的侧向刚度宜下大上小，均匀变化，不应采用竖向布置严重不规则的结构。

② A 级高度高层建筑的楼层抗侧力结构的层间受剪承载力不宜小于其相邻上一层受剪承载力的 80%，不应小于其相邻上一层受剪承载力的 65%；B 级高度高层建筑的楼层抗侧力结构的层间受剪承载力不应小于其相邻上一层受剪承载力的 75%。楼层抗侧力结构层间受剪承载力是指所考虑的水平地震方向上，该层全部柱、剪力墙、斜撑的受剪承载力之和。

③ 抗震设计时，当结构上部楼层收紧部位到室外地面的高度 H_1 与房屋高度 H 之比大于 0.2 时，上部楼层收进后的水平尺寸 B_1 不宜小于下部楼层水平尺寸 B 的 75%；当上部结构楼层相对于下部结构楼层外挑时，上部楼层的水平尺寸 B_1 不宜大于下部楼层水平

尺寸 B 的1.1倍，且水平外挑尺寸 a 不宜大于4m。

④ 抗震设计的建筑，其楼层侧向刚度不宜小于相邻上部楼层侧向刚度的70%或其上相邻三层侧向刚度平均值的80%。

⑤ 高层建筑，楼层质量沿高度宜均匀分布，楼层质量不宜大于相邻下部楼层质量的1.5倍。

⑥ 高层建筑宜设地下室。

（3）防震缝、伸缩缝和沉降缝的设置

在房屋建筑的总体布置中，为消除结构不规则、收缩和温度应力、不均匀沉降对结构的有害影响，可以用防震缝、伸缩缝将房屋分成若干独立的部分。

为防止建筑物在地震中相碰，防震缝应根据抗震设防烈度、结构材料种类、结构类型、结构单元的高度和高差以及可能的地震扭转效应的情况留有足够的宽度，其两侧的上部结构应完全断开。

防震缝净宽度原则上应大于两侧结构允许的水平地震位移之和。

防震缝的最小宽度应符合下列要求：

① 框架结构（包括设置少量抗震墙的框架结构）房屋，高度不超过15m时，不应小于100mm；超过15 m时，6度、7度、8度和9度分别每增加高度5m、4m、3m和2m，宜加宽20mm。

② 框架剪力墙结构房屋不应小于本款①项规定数值的70%，剪力墙结构房屋不应小于本款①项规定数值的50%，且二者均不宜小于100mm。

③ 防震缝两侧结构体系和房屋高度不同时，防震缝的宽度应按不利的结构类型和较低的房屋高度确定。

④ 当相邻结构的基础存在较大沉降差时，宜增大防震缝的宽度。

⑤ 防震缝宜沿房屋全高设置；地下室、基础可不设，但在与上部防震缝对应处应加强构造和连接。

⑥ 结构单元之间或主楼与裙房之间如无可靠措施，不应采用牛腿托梁设置防震缝。

防震缝的最大间距见表12-5-11。

防震缝的最大间距　　　　**表12-5-11**

结构体系	施工方法	最大间距(m)
框架结构	现浇	55
剪力墙结构	现浇	45

注：1. 框架剪力墙的伸缩缝间距可根据结构的具体布置情况取表中框架结构与剪力墙结构之间的数值。
2. 当屋面无保温或隔热措施、混凝土的收缩较大或室内结构因施工外露时间较长时，伸缩缝间距应适当减小。
3. 位于气候干燥地区、夏季炎热且暴雨频繁地区的结构，伸缩缝间距宜适当减小。

当采用下列构造措施和施工措施减少温度和混凝土收缩对结构的影响时，可适当放宽伸缩缝的间距。

① 顶层、底层、山墙和纵墙开间等温度变化影响较大的部位提高配筋率；

② 顶层加强保温隔热措施，外墙设置外保温层；

③ 每30～40m间距留出施工后浇带，带宽800～1000mm，钢筋采用搭接接头，后浇

带混凝土宜在45d后浇灌；

④ 采用收缩小的水泥、减少水泥用量、在混凝土中加入适宜的外加剂。

⑤ 提高每层楼板的构造配筋率或采用部分预应力结构。

3. 剪力墙结构设计

（1）剪力墙布置

剪力墙是主要抗侧力构件，合理布置剪力墙是结构具有良好的整体抗震性能的基础。

剪力墙结构中剪力墙结构宜沿主轴方向或其他方向双向布置，形成空间结构。抗震设计的剪力墙应避免仅单向有墙的结构形式，并宜使两个方向抗侧刚度接近，即两个方向的自振周期宜接近。

剪力墙的抗侧刚度及承载力均较大，为了充分发挥剪力墙的作用，减轻结构重量增大剪力墙结构的可利用空间，墙不宜布置太密，使结构具有适宜的侧向刚度。

剪力墙洞口的布置方式：

① 剪力墙的门窗洞口宜上下对齐、成列布置，形成明确的墙肢和连梁，宜避免造成墙肢宽度相差悬殊的洞口设置；

② 抗震设计时，一、二、三级抗震等级剪力墙的底部加强部位不宜采用上下洞口不对齐的错洞墙；

③ 具有不规则洞口剪力墙的内力和位移计算可按弹性平面有限元方法得到的应力进行配筋，即可不考虑混凝土的抗拉作用，并加强构造措施。

（2）剪力墙的截面尺寸

剪力墙厚度，抗震等级一、二级不应小于160mm且不宜小于层高或无支长度的1/20，三、四级不应小于140mm且不宜小于层高或无支长度的1/25。无端柱或翼墙时，一、二级不宜小于层高或无支长度的1/16，二、四级不宜小于层高或无支长度的1/20。

底部加强部位的墙厚，抗震等级一、二级不应小于200mm且不宜小于层高或无支长度的1/16；二、四级不应小于160mm且不宜小于层高或无支长度的1/20。无端柱或翼墙时，一、二级不宜小于层高或无支长度的1/12，三、四级不宜小于层高或无支长度的1/16。

非抗震设计的剪力墙厚度不宜小于160mm。

（3）剪力墙结构的计算

1）剪力墙的分类及受力特点

高层建筑中应用的剪力墙结构实际上是一种悬臂型结构，它的受力情况将随洞口的大小形状和位置的不同而变化。在通常矩形洞口且位置接近横向尺度中部的情况下，其受力特点主要取决于洞口的大小，据此可将剪力墙分为不同的类型，每种类型有不同的力学特性，因而所采用的力学计算模型和计算方法也不同。

① 整截面墙，指没有洞口的实体墙或洞口很小，且孔洞净距及孔洞至墙边距离大于孔洞长边尺寸时，可忽略洞口的影响，作为整体墙考虑。

② 整体小开口墙，指洞口稍大且成列布置的墙，截面上法向应力偏离直线分布，相当于整体弯矩直线分布应力和墙肢局部弯曲应力的叠加。

③ 联肢墙，其洞口更大且成列布置，使连梁刚度比墙肢刚度小很多，连梁中部有反弯点，各墙肢单独作用比较显著，可看成是若干单肢剪力墙由连梁联结起来的剪

力墙。

2）剪力墙结构的计算方法

高层剪力墙结构可以采用平面抗侧力结构的空间协同工作分析方法进行内力与位移计算。此时开口较大的联肢墙按壁式框架考虑；实体墙、整截面墙和整体小开口墙按其等效刚度作为单片墙考虑。

布置较复杂的剪力墙宜按薄壁杆件系统进行三维空间分析，此时剪力墙肢作为开口空间薄壁杆件考虑，连梁作为空间杆件考虑。

剪力墙结构也可以采用连续化方法、有限条分法等方法计算。

计算剪力墙的内力与位移时，可以考虑纵、横墙的共同作用。总墙的一部分可以作为横墙的有效翼缘，横墙的一部分也可以作为纵墙的有效翼缘。每一侧有效翼缘的宽度可取翼缘厚度的 6 倍、墙间距的一半和总高度的 1/20 中的最小值，且不大于至洞口边缘的距离。

3）剪力墙分类判别式

单片剪力墙的抗侧刚度以及内力和位移在工程设计中通常是根据它的受力状态不同，采用不同的简化方法进行计算。

剪力墙的受力状态取决于开洞的形状、大小和分布。根据不同开口墙受力特点和截面应力分布情况，根据整体系数 α 值和 I_n/I 的大小，将剪力墙分成整体小开口墙、联肢墙和壁式框架等类型。

① 当剪力墙无洞口或虽有洞口但洞口面积与墙面面积之比小于 0.16，且孔洞净距及孔洞边至墙边距离大于孔洞长边尺寸时，按整截面墙计算。

② 当 $\alpha<1$ 时，可不考虑连梁的约束作用，各墙肢分别按独立的悬臂墙计算。

③ 当 $1\leqslant\alpha<10$ 时，按联肢墙计算。

④ 当 $\alpha\geqslant10$，且 $I_n/I\leqslant\zeta$ 时，按整体小开口墙计算。

⑤ 当 $\alpha\geqslant10$，且 $I_n/I>\zeta$ 时，按壁式框架计算。

4）剪力墙截面设计

剪力墙墙肢截面承载力计算应进行斜截面抗剪、偏心受压或偏心受拉、平面外竖向荷载轴心受压承载力计算。集中荷载作用时应进行局部受压承载力计算。

4. 框架-剪力墙结构设计

（1）框架剪力墙结构的结构布置

框架剪力墙结构中，剪力墙是主要的抗侧力构件，布置适量的剪力墙是其基本特点。采用这种结构时应在两个主轴方向都布置剪力墙，形成双向抗侧力体系。

框架剪力墙中剪力墙的布置原则：首先，剪力墙的数量要适当；其次，剪力墙布置应与建筑使用要求相结合，在进行建筑初步设计时就要考虑剪力墙合理布置，既不影响使用，又要满足结构的受力要求。每个方向剪力墙的布置均应尽量符合“分散、均匀、周边、对称”四准则。

1）框架-剪力墙结构的计算

① 框架-剪力墙结构计算的基本原则

框架与剪力墙通过刚性楼板连接而相互作用、共同作用，对结构产生不同于框架和剪力墙的变形，由于变形协调作用，框架和剪力墙的荷载和剪力分配沿高度不断调整。因此，框架-剪力墙结构的计算中应考虑剪力墙和框架两种类型结构的不同受力特点，按协同工作条件进行内力、位移分析，不宜将楼层剪力简单地按某一比例在框架和剪力墙之间分配。

② 框架-剪力墙结构的计算方法

a. 简化的计算方法。

在竖向荷载作用下，按受荷面积计算出每榀框架和每榀剪力墙的竖向荷载，分别计算内力。

在水平荷载作用下，因为框架与剪力墙的性质不同，不能直接把水平剪力按抗侧刚度比例分配到每榀结构上，而是必须采用协同工作方法计算得到侧移和各自的内力，框架与剪力墙、框架与筒体的受力、变形性能是相同的，近似计算方法也相同。

框架-剪力墙结构近似计算方法为：需要将结构分解成结构单元，它适用于比较规则的结构，而且只能计算平移时的剪力分配，若有扭转，需单独进行计算，再将两部分进行叠加，这种方法概念清楚，计算结果的规律性较好。

框架-剪力墙近似计算方法是将所有的墙肢集合成总剪力墙，将墙肢间的连梁以及墙肢与框架之间的连梁集合成总连梁，将所有的框架集合成总框架。

b. 框架剪力的调整。

在地震作用下，结构进入弹塑性状态后会产生内力重分布，框架承受的地震力增加。因此，抗震设计时，框架-剪力墙结构计算所得的框架各层总剪力 V_f（即各框架柱剪力之和），应调整。

规则建筑中的楼层按下列方法调整框架总剪力：

(a) $V_f \geqslant 0.2V_0$ 的楼层不必调整，V_f 可按计算值采用；

(b) $V_f < 0.2V_0$ 的楼层，设计时 V_f 取 $1.5V_{max,f}$ 和 $0.2V_0$ 的较小值，V_0 为地震作用产生的结构底部总剪力，$V_{max,f}$ 为各层框架部分所承担总剪力中的最大值；

(c) 当屋面突出部分采用框架-剪力墙结构时，其总剪力取本层框架部分计算值的1.5倍；

(d) 按振型分解反应谱法计算时，调整在振型组合之后进行；

(e) 各层框架总剪力调整后，按调整前后的比例调整各柱和梁的剪力和端部弯矩，柱轴向力不调整。

2) 框架-剪力墙结构的截面设计

框架-剪力墙结构中截面设计分别与框架结构和剪力墙结构相同。剪力墙一般与梁柱连在一起，形成带边框剪力墙。

周边有梁柱的现浇剪力墙，当两者可靠连接时，其截面一般按剪力墙结构的截面设计方法，当梁与墙整体现浇时，不必对梁进行专门的截面设计，按构造配筋即可。

(九) 抗震设计要点

1. 一般规定

(1) 地震烈度

1) 地震烈度

地震烈度：某一地区地表和各类建筑物遭受某一次地震影响的平均强烈程度，用于判定宏观的地震影响和建筑物破坏程度。

2）影响深度

地震烈度与震级、震源深度、震中距、地质条件等因素有关。

3）基本烈度、抗震设防烈度

① 基本烈度

一个地区在一定时期（50年）内一般场地条件下可能遭遇超越概率为10%的地震烈度。它是一个地区进行抗震设防的依据。

② 抗震设防烈度

按国家规定的权限批准作为一个地区抗震设防依据的地震烈度。一般情况，取50年内超越概率10%的地震烈度。

（2）抗震设防要求（三水准抗震设防要求）

第一水准：当遭遇低于本地区抗震设防烈度的多遇地震影响时，主体结构不受损坏或不需修理可继续使用。

第二水准：当遭受相当于本地区抗震设防烈度的地震影响时，可能损坏，但经一般性修理或不需要修理仍可继续使用。

第三水准：当遭受高于本地区抗震设防烈度预估的罕遇地震影响时，不致倒塌或发生危及生命的严重破坏。

上述三个水准设防目标可简单概述为："小震不坏，中震可修，大震不倒"。

（3）建筑物重要性分类与设防标准

按建筑物使用功能的重要性可分为以下几类。

① 特殊设防类（甲类）：指使用上有特殊设施，涉及国家公共安全的重大建筑工程和地震时可能发生严重次生灾害等特别重大灾害后果，需要进行特殊设防的建筑，简称甲类。

② 重点设防类（乙类）：指地震时使用功能不能中断或需要尽快恢复的生命线相关建筑，以及地震时可能导致大量人员伤亡等重大灾害后果，需要提高设防标准的建筑，简称乙类。

③ 标准设防类（丙类）：指大量的除（1）、（2）、（4）款以外按标准要求进行设防的建筑，简称丙类。

④ 适度设防类（丁类）：指使用人员稀少且震损不致产生次生灾害，允许在一定条件下适度降低要求的建筑，简称丁类。

（4）抗震设计概念

1）建筑场地选择

选择建筑场地时，应根据工程需要，掌握地震活动情况和工程地质的有关资料，对建筑场地作出综合评价要求。

① 宜选择对建筑抗震有利的地段，如开阔平坦的坚硬场地土或密实均匀的中硬场地土等地段。

② 对不利地段应提出避开要求。当无法避开时，应采取有效的抗震措施。

③ 对危险地段，严禁建造甲、乙类的建筑，不应建造丙类建筑。

有利、不利、危险地段的划分见表12-5-12。

有利、不利、危险地段的划分 表 12-5-12

地段类别	地质、地形、地貌
有利地段	稳定基岩、坚硬土、开阔平坦密实均匀的中硬土等
不利地段	软弱土、液化土，条状突出的山嘴，高耸孤立的山丘，陡坡，陡坎，河岸和边坡边缘，平面分布上成因、岩性、状态明显不均匀的土层，高含水量的可塑黄土，地表存在结构性裂缝等
危险地段	地震时可能发生滑坡、崩塌、地陷、地裂、泥石流等及发震断带上可能发生地表错位的部位

2）地基和基础设计要求

① 同一结构单元的基础不宜设置在性质截然不同的地基上；

② 同一结构单元不宜部分采用天然基础，部分采用桩基；

③ 地基为软弱黏性土、液化土、新近填土或严重不均匀土时，应根据地震时地基不均匀沉降和其他不利影响，并采取相应的措施。

3）建筑形体及其构件布置的规则性

建筑设计应重视其平面、立面和竖向剖面的规则性对抗震性能及经济合理性的影响。宜优先选择规则的形体。平面不规则的类型见表 12-5-13，竖向不规则的类型见表 12-5-14。

平面不规则的类型 表 12-5-13

不规则类型	定义和参数指标
扭转不规则	在规定的水平力作用下，楼层的最大弹性水平位移（或层间位移），大于该楼层两端弹性水平位移（或层间位移）平均值的 1.2 倍
凹凸不规则	平面凹进的尺寸，大于相应投影方向总尺寸的 30%
楼板局部不连续	楼板的尺寸和平面刚度急剧变化，例如，有效楼板宽度小于该层楼板典型宽度的 50%，或开洞面积大于该层楼面面积的 30%，或较大的楼层错层

竖向不规则的类型 表 12-5-14

不规则类型	定义和参数指标
侧向不规则	该层的侧向刚度小于相邻上一层的 70%，或小于其上相邻三个楼层侧向刚度平均值的 80%；除顶层或出屋面小建筑外，局部收进的水平向尺寸大于相邻下一层的 25%
竖向抗侧力构件不连续	竖向抗侧力构件（柱、抗震墙、抗震支撑）的内力由水平转换构件（梁、桁架等）向下传递
楼层承载力突变	抗侧力结构的层间抗剪承载力小于相邻上一楼层的 80%

4）设置多道防线

在建筑抗震设计时设置多道防线是抗震概念设计的一个重要组成部分。

在建筑抗震设计中，可以利用多种手段实现设置多道防线的目的。例如：采用超静定结构、有目的地设置人工塑性铰、利用框架的填充墙、设置耗能元件或耗能装置等。但各种灵活多样的设计手法中应该注意的原则是：①不同的设防阶段应使结构周期有明显差别，以避共振；②最后一道防线要具备一定的强度和足够的变形潜力。

5）注意非结构因素

为了防止附加震害，减少损失，应处理好非承重结构构件与主体结构之间的如下关系

① 附着于楼、屋面结构上的非结构构件，以及楼梯间的非承重墙体，应与主体结构

有可靠的连接或锚固，避免地震时倒塌伤人或砸坏重要设备；

② 框架结构的围护墙和隔墙，应估计其设备对结构抗震的不利影响，避免不合理设置而导致主体结构的破坏；

③ 幕墙、装饰贴面与主体结构应有可靠连接，避免地震时脱落伤人；

④ 安装在建筑上的附属机械、电气设备系统的支座，应符合地震时使用功能的要求，且不应导致相关部件的损坏。

2. 构造要求

参见《建筑抗震设计规范》GB 50011—2010 第六章相关章节。

历年真题

12-5-1. 关于抗震设计，下列叙述中不正确的（　　）。(2011B28)

A. 基本烈度在结构使用年限内的超越概率是 10%

B. 乙类建筑的地震作用应符合本地区设防烈度的要求，其抗震措施应符合本地区设防烈度提高一度的要求

C. 应保证框架结构的塑形铰有足够的转动能力和耗能能力，并保证塑性铰首先发生在梁上，而不是柱上

D. 应保证结构具有多道防线，防止出现连续倒塌的状况

12-5-2. 关于钢筋混凝土梁，下列叙述中不正确的是（　　）。(2011B29)

A. 少筋梁受弯时，钢筋应力过早出现屈服点而引起梁的少筋破坏，因此不安全

B. 钢筋和混凝土之间的粘结力随混凝土的抗拉强度提高而增大

C. 利用塑形调幅法进行钢筋混凝土连续梁设计时，梁承载力比按弹性设计大，梁中裂缝宽度也大

D. 受剪破坏时，若剪跨比 $\lambda > 3$ 时，一般不会发生斜压破坏

12-5-3. 高层建筑结构体系适用高度按从小到大进行排序，排列正确的是（　　）。(2011B30)

A. 框架结构，剪力墙结构，筒体结构

B. 框架结构，筒体结构，框架-剪力墙结构

C. 剪力墙结构，筒体结构，框架-剪力墙结构

D. 剪力墙结构，框架结构，框架-剪力墙结构

12-5-4. 钢筋混凝土结构抗震设计时，要求“强柱弱梁”是为了防止（　　）。(2012B25)

A. 梁支座处发生剪切破坏，从而造成结构倒塌

B. 柱较早进入受弯屈服，从而造成结构倒塌

C. 柱出现失稳破坏，从而造成结构倒塌

D. 柱出现剪切破坏，从而造成结构倒塌

12-5-5. 关于预应力钢筋混凝土轴心受拉构件的描述，下列说法不正确的是（　　）。

（2012B26）

A. 即使张拉控制应力、材料强度等级、混凝土截面尺寸以及预应力钢筋和截面面积相同，后张法构件的有效预压应力值也比先张法高

B. 对预应力钢筋超张拉，可减少预应力钢筋的损失

C. 施加预应力不仅能提高构件抗裂度，也能提高其极限承载能力

D. 构件在使用阶段会始终处于受压状态，发挥了混凝土受压性能

12-5-6. 关于钢筋混凝土单层厂房结构布置与功能，下面说法不正确的是（　　）。（2012B27）

A. 支撑体系分为屋盖支撑和柱间支撑，主要作用是加强厂房结构的整体性和刚度，保证构件稳定性，并传递水平荷载

B. 屋盖分为有檩体系和无檩体系，起到承重和维护双重作用

C. 抗风柱与圈梁形成框架，提高了机构整体性，共同抗结构所遭受的风荷载

D. 排架结构、刚架结构和折板结构等均适用于单层厂房

12-5-7. 若钢筋混凝土双筋矩形截面受弯构件的正截面受压区高度小于受压钢筋保护层厚度，表明（　　）。（2013B25）

A. 仅受拉钢筋未达到屈服

B. 仅受压钢筋未达到屈服

C. 受压钢筋和受拉钢筋均达到屈服

D. 受压钢筋和受拉钢筋均未达到屈服

12-5-8. 关于钢筋混凝土简支梁挠度验算的描述，不正确的是（　　）。（2013B26）

A. 作用荷载应取其标准值

B. 材料强度应取其标准值

C. 对带裂缝受力阶段的弯曲刚度按截面平均应变符合平截面的假定计算

D. 对带裂缝受力阶段的弯曲刚度按截面开裂处应变符合平截面的假定计算

12-5-9. 下列哪种情况是钢筋混凝土适筋梁达到承载能力极限状态时不具有的（　　）。（2014B25）

A. 受压混凝土被压溃　　B. 受拉钢筋达到其屈服强度

C. 受拉区混凝土裂缝多而细　　D. 受压区高度小于界限受压区高度

12-5-10. 提高钢筋混凝土矩形截面受弯构件的弯曲刚度最有效的措施是（　　）。（2014B26）

A. 增加构件的截面的有效高度　　B. 增加受拉钢筋的配筋率

C. 增加构件截面的宽度　　D. 提高混凝土强度等级

12-5-11. 钢筋混凝土排架结构中承受和传递横向水平荷载的构件是（　　）。（2014B27）

A. 吊车梁和柱间支撑　　B. 吊车梁和山墙

C. 柱间支撑和山墙　　D. 排架柱

12-5-12. 钢筋混凝土受扭构件随受扭箍筋配筋率的增加，将发生的受扭破坏形态是（　　）。（2016B25）

A. 少筋破坏　　B. 适筋破坏

C. 超筋破坏　　D. 部分超筋破坏或超筋破坏

12-5-13. 与钢筋混凝土框架-剪力墙结构相比，钢筋混凝土筒体结构所特有的规律是（　）。(2016B27)

A. 弯曲型变形与剪切型变形叠加　　B. 剪力滞后

C. 是双重抗侧力体系　　D. 水平荷载作用下是延性破坏

12-5-14. 关于混凝土局部受压强度，下列描述中正确的是（　）。(2017B25)

A. 不小于非局部受压强度　　B. 一定比非局部受压时强度要大

C. 与局部受压时强度相同　　D. 一定比非局部受压时强度要小

12-5-15. 关于钢筋混凝土受弯构件正截面即将开裂时的描述，下列哪个不正确（　）。(2017B26)

A. 截面受压区混凝土应力沿截面高度呈线性分布

B. 截面受拉区混凝土应力沿截面高度近似均匀分布

C. 受拉钢筋应力很小，远未达其屈服强度

D. 受压区高度约为截面高度的 1/3

12-5-16. 承受水平荷载的钢筋混凝土框架剪力墙结构中，框架和剪力墙协同工作，但两者之间（　）。(2017B27)

A. 只在上部楼层，框架部分拉住剪力墙部分，使其变形减小

B. 只在下部楼层，框架部分拉住剪力墙部分，使其变形减小

C. 只在中间楼层，框架部分拉住剪力墙部分，使其变形减小

D. 在所有楼层，框架部分拉住剪力墙部分，使其变形减小

12-5-17. 对于双筋矩形截面钢筋混凝土受弯构件，为使配置 HRB335 级受压钢筋达到其屈服强度，应满足下列哪种条件（　）。(2018B25)

A. 仅需截面受压高度 $\geqslant 2a_s^1$（$2a_s^1$ 为受压钢筋合力点到截面受压边缘的距离）

B. 仅需截面受压高度 $\leqslant 2a_s^1$

C. 仅需截面受压高度 $\geqslant 2a_s^1$，且箍筋满足一定的要求

D. 仅需截面受压高度 $\leqslant 2a_s^1$，且箍筋满足一定的要求

12-5-18. 一个钢筋混凝土矩形截面偏心受压短柱，当作用的轴向荷载 N 和弯矩 M 分别为 3000kN 和 350kN·m，该构件纵向受拉钢筋达到屈服同时，受压区混凝土也被压溃。试问下列哪组轴向荷载 N 和弯矩 M 作用下该柱一定处于安全状态（　）。(2018B26)

A. N=3200kN，M=350kN·m

B. N=2800kN，M=350kN·m

C. N=0kN，M=300kN·m

D. N=3000kN，M=300kN·m

12-5-19. 下面关于钢筋混凝土剪力墙结构中边缘构件的说法中正确的是（　）。(2018B27)

A. 仅当作用的水平荷载较大时，剪力墙才设置边缘构件

B. 剪力墙若设置边缘构件，必须为约束边缘构件

C. 所有剪力墙都需设置边缘构件

D. 剪力墙只需设置构造边缘构件即可

12-5-20. 图中所示工形截面简支梁的跨度、截面尺寸和约束条件均相同，根据弯矩图（$|M_1|>|M_2|$）可判断整体稳定性最好的是（　　）。（2018B29）

A.
M_1
M_1
B.
M_1
M_2
C.
M_1
M_1
D.
M_1
M_2

答　案

12-5-1.【答案】（A）

50 年内超越概率约为 10%的地震烈度为多遇地震，比基本烈度约低一半，50 年内超越概率约为 63%的地震烈度为设防地震（基本烈度），50 年内超越概率为 2%～3%的地震烈度为罕遇地震，因此是 50 年而非使用年限内，A 选项错误。B 项，乙类建筑的地震作用应符合本地区设防烈度的要求，其抗震措施应符合本地区设防烈度提高一度的要求。对于 C 选项遵循抗震设计原则“强梁弱柱、强剪弱弯、强结点弱构件”。D 项，抗震设计中，应保证结构具有多道防线，防止出现连续倒塌的状况。

12-5-2.【答案】（C）

A 项，设计中要避免少筋梁和超筋梁，会发生脆性破坏，应采用适筋梁，属于塑形破坏，破坏前具有明显征兆，设置横向加筋肋是提高钢结构工字形截面压弯构件腹板的局部稳定性。

B 项，光圆钢筋及变形钢筋的粘结强度均随混凝土强度等级的提高而提高。

C 项，弯矩调幅法是在弹性弯矩的基础上，根据需要适当调整某些截面弯矩值。通常对那些弯矩绝对值较大的截面进行弯矩调整，然后按调整后的内力进行截面设计和配筋构造，是一种适用的设计方法，内力重新分布后，使弹性计算中弯矩最大截面内力减小，弯矩较小截面的内力增大，因此采用调幅法设计的梁受力更加合理，梁中裂缝宽度较小。

D 项，剪跨比 $\lambda>3$ 时，往往发生斜拉破坏，剪跨比 $1\leqslant\lambda\leqslant3$ 时，多发生剪压破坏，剪跨比 $\lambda<1$ 时，常发生斜压破坏。

12-5-3.【答案】（A）

框架结构，剪力墙结构，筒体结构的侧向刚度依次增大，抵御地震作用的能力逐渐增强，因此适用高度逐渐加大，A 项正确。

12-5-4.【答案】（B）

“强柱弱梁”指的是节点处梁端实际受弯承载力和柱端实际受弯承载力之间满足：$\sum M_{cy}^{a}>\sum M_{cy}^{b}$，为了防止柱先于梁进入受弯屈服，从而造成结构的倒塌。

12-5-5.【答案】（C）

预应力混凝土结构的原理是指在外荷载作用到构件之前，预先用某种方法，在构件上（主要是受拉区）施加压力，当构件承受由外荷载产生的拉力时，首先抵消混凝土中已有的预压力，随荷载增加，混凝土受拉，出现裂缝，延缓了构件裂缝的出现和开展，但不能提高其承载能力，构件的承载能力取决于钢筋配筋面积的大小，与是否施加预应力无关，而施加的预压应力仅能提高构件的抗裂度。

12-5-6.【答案】（D）

A 项，单层厂房支撑系统可分为屋盖支撑和柱间支撑两大类，主要是用于加强厂房的整体刚度和稳定性，并传递风荷载及吊车水平荷载。B 项，屋盖结构分为有檩屋盖体系和无檩屋盖体系，起到承重和维护的双重作用。C 项，抗风柱是指设置在砖混结构房屋中两端山墙内，抵抗水平风荷载的钢筋混凝土构造柱，其能够与圈梁形成整体框架，共同抵抗结构所遭受的风荷载。D 项，单层厂房一般可用排架结构和刚架结构。

12-5-7.【答案】(B)

题中情况发生在受弯构件临界破坏时刻。受弯构件破坏的情况包括适筋破坏（受拉钢筋屈服）和超筋破坏（受压钢筋屈服但受拉钢筋未屈服）。当正截面受压区高度低于受压钢筋混凝土保护层厚度时，表明受压钢筋未屈服。所以正确情况为第一种情况，即受拉钢筋屈服，受压钢筋未屈服。

12-5-8.【答案】(D)

钢筋混凝土简支梁挠度验算，作用荷载和材料强度均采用标准值，对带裂缝受力阶段的截面弯曲刚度按截面平均应变符合平截面的假定计算，故 D 项错误。

12-5-9.【答案】(C)

当正截面混凝土受压区高度 $x \leqslant \xi_b h_0$，$p=\dfrac{A}{bh_0} \geqslant p_{\min}$ 时，构件纵向受拉钢筋先达到屈服，然后受压区混凝土被压碎，呈塑性破坏，有明显的塑性变形和裂缝预示，这种破坏形态是适筋破坏。

12-5-10.【答案】(A)

由弯曲刚度公式：$B_x=\dfrac{E_s A_s h_0^2}{1.15\psi+0.2+\dfrac{6\alpha_E\rho}{1+3.5\gamma_f}}$，可知刚度与 h_0 的二次方成正比，因此最有效的措施是增加构件的截面有效高度。

12-5-11.【答案】(D)

吊车梁承受吊车横向水平制动力，并传递纵向水平制动力；柱间支撑是为保证建筑结构整体稳定、提高侧向刚度和传递纵向水平力而在相邻两柱之间设置的连系杆件。山墙又称为外横墙，横墙是指沿建筑物短轴方向布置的墙；承受和传递横向水平荷载的构件是排架柱。

12-5-12.【答案】(D)

钢筋混凝土受扭构件的破坏形态包括：受扭少筋破坏、受扭适筋破坏、受扭部分超筋破坏和受扭超筋破坏。当 ρ_{tl}、ρ_{sv}（箍筋配筋率）之中的一个值太大，ζ 值过大或过小，受压面混凝土压坏时，钢筋混凝土受扭构件将发生部分超筋破坏；当 ρ_{tl}、ρ_{sv} 均太大，受压面混凝土压坏时，钢筋混凝土受扭构件将发生超筋破坏。故随受扭箍筋配筋率的增加将发生的受扭破坏形态是部分超筋破坏或超筋破坏。

12-5-13.【答案】(B)

框架-剪力墙结构是在框架结构的基础上加入了部分剪力墙，使剪力墙和柱子共同承受水平和竖向荷载。而且一般以剪力墙承受大部分水平力作用。筒体结构其实就是特殊的框架剪力墙结构，一般是结构中间是一圈封闭的剪力墙，通过水平构件与外围的一圈柱子连接，其共同的特点是双重抗侧力体系、弯曲型变形与剪切型变形叠加、水平荷载作用下是延性破坏，与钢筋混凝土框架-剪力墙结构相比，钢筋混凝土筒体结构所特有的规律是剪力滞后。

12-5-14.【答案】(A)

根据《混凝土结构设计规范》GB5000—2010（2015 年版）第 6.6.1 条规定，混凝土局部受压承载力计算公式中多了一项混凝土局部受压时的强度提高系数 β_l，且 $\beta_l \geqslant 1$，即混凝土局部受压强度不小于非局部受压时的强度。

12-5-15.【答案】(B)

对于钢筋混凝土受弯构件，在弯矩增加到 M_{cr} 时（下标 cr 表示裂缝 crack），受拉区边缘纤维的应变值即将到达混凝土受弯时的极限拉应变实验值 ε_{tu}，截面遂处于即将开裂状态，受压区边缘纤维应变量测值还很小，故受压区混凝土基本上处于弹性工作阶段，受压区应力图形接近三角形呈线性分布，而受拉区应力图形则呈曲线分布。

12-5-16.【答案】(A)

在框架-剪力墙结构中，框架和剪力墙同时承受竖向荷载和侧向力。当侧向力单独作用于剪力墙结构时，结构侧向位移呈弯曲型，当侧向力单独作用于框架结构时，结构侧移曲线呈剪切型，当侧向作用于框剪结构时，结构侧移曲线呈弯剪型。在结构底部，框架结构层间水平位移较大，剪力墙结构的层间水平位移较小，剪力墙发挥了较大的作用，框架结构的水平位移受到剪力墙结构的“牵约”；而在结构的顶部，框架构层间位移较小，剪力墙结构层间水平位移较大，剪力墙的水平位移受到框架结构的“拖住”。

12-5-17.【答案】(C)

双筋矩形截面钢筋混凝土受弯构件，受压钢筋屈服时，除受压区高度 $x \geqslant 2a_s^1$ 外，箍筋还需满足一定的要求，故 C 项正确。

12-5-18.【答案】(D)

当作用的轴向荷载 N 和弯矩 M 超过 3000kN 和 350kN · m，构件一定不安全，故 A 项错误。轴向荷载 $N=0$kN，弯矩 $M=300$kN · m 或 $N=2800$kN，$M=350$kN · m 时，构件产生转动，故 B 项、C 项错，则 D 项正确。

12-5-19.【答案】(C)

边缘构件为剪力墙结构的基本抗震构造措施，所有剪力墙都需设置边缘构件，故 C 项正确。

12-5-20.【答案】(D)

选项 D 受压区面积最小，应力最小，稳定性最好。

第六节　钢结构

一、考试大纲

钢材性能：基本性能；结构钢种类；轴心受力构件；受弯构件；拉弯和压弯构件的计算和构造；焊缝连接；普通螺栓和高强螺栓连接；构件间的连接。

二、知识要点

(一) 基本性能

钢材的主要机械性能（也称力学性能）包括抗拉强度、屈服强度、伸长率、冲击韧性和冷弯性能五项指标。前三项根据抗拉试验测定，后两项根据冲击试验，冷弯试验测定。

抗拉强度：钢材断裂前能够承受的最大应力，它表示钢材应力达到屈服强度后安全储备的大小。

屈服强度：确定钢材强度设计值的主要指标。

伸长率：表示钢材塑性性能的指标。

冲击韧性：将标准试件在摆锤式冲击试验机上冲断时所消耗的冲击功，它反映钢材在冲击荷载和三轴应力作用下抵抗脆性破坏的能力。

冷弯性能：钢材在冷加工产生塑性变形时，对出现裂纹的抵抗能力，是判别钢材塑性变形能力和显示钢材内部缺陷的综合指标。

钢材的破坏形式有塑性破坏和脆性破坏两种。

塑性破坏：指构件的应力超过屈服点，并达到极限强度后，构件产生很大的变形和明显的“颈缩”现象。破坏后的断口呈纤维状，色泽发暗；其特点为破坏前有明显的预兆，破坏常可以预防和避免；破坏前有很大塑性变形，导致内力重分布，对构件有利。

脆性破坏：指构件破坏前构件变形很小，平均应力亦小（一般都小于屈服点），破坏前没有任何征兆。破坏是突然发生的，断口平直或呈有光泽的晶粒状。其特点为在构件的缺口、裂缝处应力集中而引起破坏，后果严重，损失较大，应努力防止脆性破坏。

（二）各种因素对钢材主要性能的影响

1.化学成分

在碳素结构钢中，碳是仅次于铁的主要元素，它直接影响钢材的强度、塑性韧性和可焊性等。碳含量增加，钢的强度提高而塑性、韧性和疲劳强度下降，同时恶化钢的可焊性和抗腐蚀性。尽管碳是使钢材获得足够强度的主要元素，但在钢结构中采用的碳素结构钢，对含碳量要加以限制，一般不应超过0.22%，在焊接结构中还应低于0.20%。

硫和磷（特别是硫）是钢中的有害成分，它们降低钢材的塑性、韧性、可焊性和疲劳强度。在高温时，硫使钢变脆称之热脆，在低温时，磷使钢变脆，称之冷脆。一般硫、磷的含量应不超过0.045%，但是，磷可提高钢材的强度和抗锈性，可使用的高磷钢，磷含量可达0.12%，这时应减少钢材中的含碳量，以保持一定的塑性和韧性。

氧和氮都是钢中的有害杂质。氧的作用和硫类似，使钢热脆；氮的作用和磷类似，使钢冷脆。

硅和锰是钢中的有益元素，他们都是炼钢的脱氧剂。它们使钢材的强度提高，含量适宜时对塑性和韧性无显著的不良影响。在碳素结构钢中，硅的含量应不大于0.3%，锰的含量为0.3%～0.8%。对于低合金高强度结构钢，锰的含量可达1.0%～1.6%，硅的含量可达0.55%。

钒和钛是钢中的合金元素，能提高钢的强度和抗腐蚀性能，又不显著降低钢的塑性。

2.冶金缺陷

钢材常见的冶金缺陷包括偏析、非金属杂质、气孔、裂纹及分层等。冶金缺陷对钢材性能的影响，不仅表现在结构或构件受力时，也表现在加工制作过程中。

3.钢材硬化

冷拉、冷弯、冲孔、机械剪切等冷加工使钢材产生很大塑性变形，提高了钢的屈服点，降低了钢的塑性和韧性，这种现象称为冷作硬化。

4. 温度影响

钢材性能随温度改变而有所变化，总的趋势是温度升高，钢材强度降低，应变增大；反之，温度降低，钢材强度会略有增加，同时钢材会因塑性和韧性降低而变脆。

5. 反复荷载作用

钢材在反复荷载作用下，结构的抗力和性能都会发生重要变化，甚至发生疲劳破坏。在直接、连续反复的动力荷载作用下，钢材的强度将降低，即低于一次静力荷载作用下的拉伸试验的极限强度，这种现象称为钢材的疲劳。

（三）钢材性能

1. 结构钢的种类

钢结构所用的钢材仅为普通碳素钢和普通低合金钢两类。

- 结构钢
  - 碳素结构钢
    - 普通碳素钢
      - 甲类钢
      - 乙类钢
      - 特类钢
    - 优质碳素钢
  - 合金结构钢
    - 低合金钢
      - 普通低合金钢
      - 优质低合金钢
      - 高级优质低合金钢
    - 合金钢
    - 弹簧钢
    - 轴承钢

2. 选用钢材的原则

既能保证结构能安全使用，又能最大程度的节约钢材。

在一般结构中不轻易地选用优质钢材，重要结构不选用质量差的钢材。承重结构所使用的钢材宜采用 Q235 钢、Q345 钢、Q390 钢、Q235 钢和 Q420 钢，其质量应符合相关规范的要求。

（四）构件

1. 轴心受力构件

（1）强度和刚度的计算

1）强度计算

轴心受拉构件的强度计算为：

$$\sigma=\frac{N}{A_n}\leqslant f \tag{12-6-1}$$

式中 N——轴心拉力设计值；

A_n——构件的净截面积；

f——钢材抗拉强度设计值。

2）刚度验算

对桁架、支撑等构件，应按允许长细比控制，计算式为：

$$\lambda_{max}=\left(\frac{l_0}{i}\right)_{max}\leqslant[\lambda] \tag{12-6-2}$$

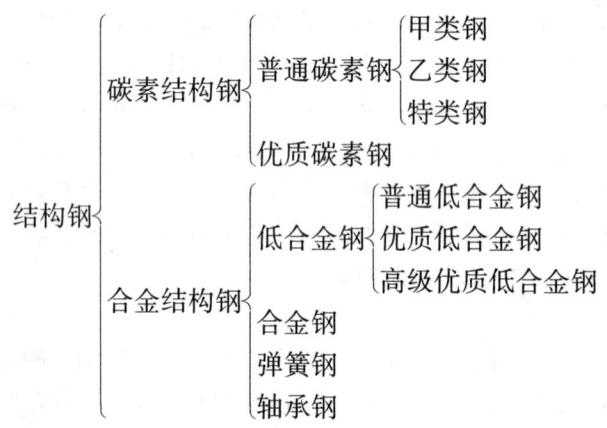

式中 λ_{max} ——两主轴方向长细比的较大值。

λ ——受拉构件的允许长细比。

（2）实腹式轴心受压构件

钢结构轴心受压构件控制条件是整体稳定性，计算式为：

$$\frac{N}{\varphi A} \leqslant f \tag{12-6-3}$$

式中 N ——轴心抗压设计值；

A ——构件的毛截面积；

φ ——轴心受压构件的稳定系数（取截面两主轴稳定系数较小者），应根据构件的长细比、钢材屈服强度和截面分类，按《钢结构设计规范》GB 50017 附录采用；

f ——钢材的抗压强度设计值。

（3）格构式轴心受压构件

格构式构件按所用缀材不同分为缀板式和缀条式两种。

格构式构件与实腹式构件在设计计算上的主要区别在于格构式构件绕虚轴的整体稳定性必须考虑剪切变形的影响；除整体稳定性外，对格构式构件尚须验算分肢稳定性；其缀材应进行计算。

2.受弯构件（梁）

设计梁时应满足安全适用、用料节约、制造省工、安装方便的要求。

（1）强度计算

1）抗弯强度

在主平面内受弯的实腹构件，其抗弯强度计算式为：

$$\frac{M_x}{\gamma_x W_{nx}} + \frac{M_y}{\gamma_y W_{ny}} \leqslant f \tag{12-6-4}$$

式中 M_x、M_y ——同一截面处绕 x 轴和 y 轴的弯矩；

W_{nx}、W_{ny} ——对 x 轴和 y 轴的净截面模量；

γ_x、γ_y ——沿 x 轴、y 轴的截面塑性发展系数。

2）抗剪强度

$$\tau = \frac{VS}{It_w} \leqslant f_v \tag{12-6-5}$$

式中 V ——计算截面沿腹板平面作用的剪力；

S ——计算剪应力处以上毛截面对中和轴的面积矩；

I ——截面惯性矩；

t_w ——腹板厚度；

f_v ——钢材的抗剪强度设计值。

3）局部抗压

当梁上翼缘沿腹板平面未设置支撑加劲肋的集中荷载时，按下式进行局部抗压强度计算：

$$\sigma_c = \frac{\psi F}{t_w l_z} \leqslant f \tag{12-6-6}$$

式中　F——集中荷载，对动力荷载应考虑动力系数；

ψ——集中荷载增大系数，对重级工作制吊车梁 $\psi=1.35$，对其他 $\psi=1.0$；

l_z——集中荷载按 45°扩散在腹板计算高度上边缘的假定分布系数，根据支座尺寸确定。

（2）整体稳定计算

当符合下列情况的一种时，可不进行梁的整体稳定性计算。

① 有铺板（各种钢筋混凝土板和钢板）密铺在梁的受压翼缘上并与其牢固相连，能阻止梁受压翼缘的侧向位移时。

② H 形钢或工字形截面简支梁受压翼缘的自由长度 l_1 与其宽度 b_1 之比低于表 12-6-1 规定时，可不进行梁的整体稳定性计算。

H 形钢或工字形截面简支梁不需计算整体稳定性的最大 l_1/b_1 值　　表 12-6-1

钢号	跨中无侧向支承点的梁		跨中受压翼缘有侧向支承点的梁（不论荷载作用于何处）
	荷载作用在上翼缘	荷载作用在下翼缘	
Q235	13.0	20.0	16.0
Q345	10.5	16.5	13.0
Q390	10.0	15.5	12.5
Q420	9.5	15.0	12.0

③ 当箱型截面无铺板，但其截面满足 $h/b_0\leqslant6$，$l_1/b_0\leqslant95\sqrt{235/f_y}$ 时，可不进行梁的整体稳定性计算。其中 h 为梁高，b_0 为两腹板间的距离。

④ 当不满足以上情况时，在最大刚度主平面内，整体稳定性计算式为：

$$\frac{M_x}{\varphi_b W_x}\leqslant f \tag{12-6-7}$$

在两个主平面内受弯的 H 形钢截面或工字形截面构件，其整体稳定性计算式为：

$$\frac{M_x}{\varphi_b W_x}+\frac{M_y}{\gamma_y W_y}\leqslant f \tag{12-6-8}$$

式中　M_x、M_y——分别为绕强轴（x 轴）、弱轴（y 轴）作用的最大弯矩；

W_x、W_y——分别为按受压纤维确定的对 x 轴、y 轴的毛截面模量；

φ_b——绕强轴弯曲所确定的梁整体稳定系数（$\varphi_b>0.6$ 时应修正）。

3. 拉弯和压弯构件

（1）拉弯构件的强度、刚度和局部稳定性

1）强度验算

$$\frac{N}{A_n}\pm\frac{M_x}{\gamma_x W_{nx}}\pm\frac{M_y}{\gamma_y W_{ny}}\leqslant f \tag{12-6-9}$$

当构件直接承受动力荷载或格构式构件绕虚轴弯曲时，$\gamma_x=\gamma_y=1.0$。

2）刚度验算

按式（12-6-2）进行验算，当弯矩很大时，应同受弯构件一样验算挠度。

3）局部稳定性验算

对型钢截面不必验算局部稳定性，对于组合截面的受压翼缘，应按照相关规范控制宽厚比。

(2) 实腹式压弯构件的强度、刚度和稳定性

1) 强度与刚度验算

强度验算与拉弯构件相同；刚度验算与轴心受压构件相同，即控制长细比。

2) 整体稳定性验算

对于弯曲作用平面内的稳定性，计算式为：

$$\frac{N}{\varphi_x A}+\frac{\beta_{mx}M_x}{\gamma_x W_{1x}\left(1-0.8\dfrac{N}{N'_{Ex}}\right)}\leqslant f \tag{12-6-10}$$

对于单轴对称截面，当弯矩作用在对称平面内且使较大翼缘受压时，除应按上式计算外，还应进行以下计算：

$$\left|\frac{N}{A}-\frac{\beta_{mx}M_x}{\gamma_x W_{2x}\left(1-1.25\dfrac{N}{N'_{Ex}}\right)}\right|\leqslant f \tag{12-6-11}$$

弯矩作用平面外的稳定性，计算式为：

$$\frac{N}{\varphi_y A}+\eta\frac{\beta_{tx}M_x}{\varphi_b W_{1x}}\leqslant f \tag{12-6-12}$$

式中 φ_x、φ_y——弯矩作用平面内和平面外的轴心受压稳定性系数；

φ_b——均匀弯曲受弯构件的整体稳定系数；

N、M_x——所计算构件范围内的轴心压力和最大弯矩；

N_{Ex}——欧拉临界力，$N_{Ex}=\pi^2 EA/\lambda_x^2$；$W_{1x}$、$W_{2x}$ 弯矩作用平面内较大和较小压力（或受拉）纤维的截面抵抗矩；

β_{mx}、β_{tx}——等效弯矩系数。当两端纯弯矩作用且中间无横向荷载对，或无端弯矩但有均布荷载作用时，$\beta_{mx}=1.0$，$\beta_{tx}=1.0$。

3) 局部稳定性验算

对压弯构件的翼缘和腹板采用控制宽（或高）厚比的方法来保证局部稳定性。计算式为：

$$\frac{b_1}{t}\leqslant 15\sqrt{\frac{235}{f_y}} \tag{12-6-13}$$

当 $0\leqslant\alpha_0\leqslant 1.6$ 时，

$$\frac{h_0}{t_w}\leqslant(16\alpha_0+0.5\lambda+25)\sqrt{\frac{235}{f_y}} \tag{12-6-14}$$

当 $1.6<\alpha_0\leqslant 2.0$ 时，

$$\frac{h_0}{t_w}\leqslant(48\alpha_0+0.5\lambda-26.2)\sqrt{\frac{235}{f_y}} \tag{12-6-15}$$

式中 α_0——应力梯度系数，$\alpha_0=(\sigma_{max}-\sigma_{min})/\sigma_{max}$；$\sigma_{max}$、$\sigma_{min}$ 分别为腹板计算高度边缘的最大和最小应力，压应力取正值，拉应力取负值；

λ——构件在弯矩作用平面内的长细比，当 $\lambda<30$ 时，取 $\lambda=30$；当 $\lambda>100$，取 $\lambda=100$。

(3) 格构式压弯构件的验算

1) 强度与刚度验算

与实腹式压弯构件相同，但对虚轴要采用换算长细比。

2）整体稳定性验算

绕实轴（y 轴）弯曲时，与实腹式压弯构件相同，弯矩作用平面为 x 轴所在平面。但公式中各符号的下标 x 换成 y，y 换成 x，式中绕虚轴（x 轴）的轴心受压稳定性系数 φ_x 应由换算长细比 λ_{0x} 查表而得，φ_b 取 1.0。

绕虚轴（x 轴）弯曲时，计算公式为：

$$\frac{N}{\varphi_x A}+\frac{\beta_{mx}M_x}{W_{1x}(1-\varphi_x N/N'_{Ex})}\leqslant f \tag{12-6-16}$$

式中 $W_{1x}=I_x/y_0$——由 x 轴到压力较大分肢轴线或肢板边缘的距离，取二者中较大者；

N_{Ex}——由换算长细比 λ_{0x} 确定。

绕虚轴弯曲时，不必计算弯矩作用平面外的整体稳定性，但应对分肢的稳定性进行验算。

（五）钢结构的连接

连接方法有焊接、铆接和螺栓连接（普通螺栓连接和高强度螺栓连接）。

1. 焊接连接

一般通过电弧产生热量使焊条和焊件局部融化，然后冷却凝结成焊缝，使焊件连接成一体。

焊接方法有电弧焊、电阻焊和气焊。连接形式有平接、搭接和顶接。焊缝的形式有对接直缝、对接斜缝、角焊缝（端缝）和角焊缝（侧缝）。

（1）对接焊缝的构造和计算

对接焊缝的焊件常需做成坡口，坡口形式与焊件厚度有关，无明显应力集中，利于承受动力荷载。

对接焊缝的构造处理：

① 为防止融化金属流淌，必要时可在坡口下加垫板；

② 在焊缝的起灭弧处，常会出现弧坑等缺陷，故焊接时可设置引弧板和引出板，焊后将它们割除；

③ 在对接焊缝的拼接处，当焊件的宽度不同或厚度相差 4mm 以上时，应分别在宽度方向或厚度方向从一侧或两侧做成坡度不大于 1：2.5 的斜角，以使截面过渡和缓，减小应力集中。

对于轴心受力的正对接焊缝，计算式如下：

$$\sigma=\frac{N}{l_w t}\leqslant f_t^w \text{ 或 } f_c^w \tag{12-6-17}$$

式中 N——焊缝承受的轴心拉力或压力；

l_w——焊缝计算长度，无引弧板时按变际长度减去 $2t$；

t——连接件的较小厚度，在 T 型接头中为腹板的厚度；

f_t^w、f_c^w——对接焊缝的抗拉、抗压强度设计值。

（2）角焊缝的构造和计算

角焊缝按截面形式分为直角角焊缝和斜角角焊缝。

角焊缝的构造包括焊角尺寸、焊缝长度和减小焊缝应力集中的措施。

1）焊角尺寸

角焊缝的焊角尺寸是指焊缝根脚至焊缝外边的尺寸。

2）角焊缝计算长度

为使焊缝具有一定的承载能力，侧面角焊缝和正面角焊缝的计算长度均不得小于 $8h_f$ 和 40mm，不能大于 $60h_f$ 。

3）减小角焊缝应力集中的措施

当构件端部仅有两边侧缝连接时，为避免应力传递过分弯折而导致构件应力不均，每侧缝长度应满足要求，在搭接连接中，搭接长度不得小于焊件较小厚度的 5 倍或 25mm。直接承受动力荷载的结构，角焊缝表面应做成直线形或凹形。在次要构件或次要焊接连接中，可采用间断角焊接。

正面角焊缝，当力垂直于焊缝方向（端缝）时：

$$\sigma_f = \frac{N}{h_e \sum l_w} \leqslant \beta_f f_f^w \tag{12-6-18}$$

侧面角焊缝，当力平行于焊缝长度方向（侧缝）时：

$$\tau_f = \frac{N}{h_e \sum l_w} \leqslant f_f^w \tag{12-6-19}$$

在其他内力或各种内力综合作用下的 σ_f 和 τ_f 共同作用处：

$$\sqrt{\left(\frac{\sigma_f}{\beta_f}\right)^2 + \tau_f^2} \leqslant f_f^w \tag{12-6-20}$$

式中　h_e——角焊缝的有效厚度，对于直角角焊缝等于 $0.7h_f$，h_f 为较小焊脚尺寸；

$\sum l_w$——角焊缝的计算长度，对每条焊缝取实际长度减去 $2h_f$；

f_f^w——角焊缝的强度设计值；

σ_f——按焊缝有效截面（$h_e \sum l_w$）计算，垂直于焊缝长度方向的应力；

τ_f——按焊缝有效截面（$h_e \sum l_w$）计算，沿焊缝长度方向的剪应力；

β_f——正面角焊缝的强度设计值增大系数，对承受静力荷载或间接承受动力荷载的结构中的角焊缝 $\beta_f = 1.22$，对直接承受动力荷载的结构中的角焊缝 $\beta_f = 1.0$。

2. 普通螺栓和高强螺栓连接

普通螺栓的分类见表 12-6-2。

普通螺栓的分类　　　　**表 12-6-2**

	精制螺栓	粗制螺栓
代号	A 级和 B 级	C 级
强度等级	5.6 级和 8.8 级	4.6 级和 4.8 级
加工方式	车床上经过切削而成	单个零件上一次冲成
加工精度	螺杆与栓孔直径之差为 0.25～0.5mm	螺杆与栓孔直径之差为 1.5～3mm
抗剪性能	好	较差

续表

	精制螺栓	粗制螺栓
经济性能	价格高	价格经济
用途	构件精度很高的结构，在钢结构中很少采用，已被高强度螺栓代替	沿螺栓杆轴受拉的连接，次要的抗剪连接，安装的临时固定。

（1）普通螺栓连接计算

普通螺栓连接可分为受剪连接和受拉连接。

受剪连接依靠螺杆受剪和孔壁承压传力，可能发生螺杆剪断、孔壁挤压破坏、连接板净截面被拉或压坏、连接板端部剪坏和螺杆受弯破坏。

受拉连接考虑到可能存在撬力而产生附加拉力，将螺栓的抗拉强度设计值 f_t^b 取为80％的钢材抗拉强度设计值 f ，即 $f_t^b=0.8f$ 。

1）受剪连接

每个螺栓的承载力设计值应取抗剪和抗压承载力设计值中的较小值。

抗剪承载力设计值：

$$N_v^b=n_v\frac{\pi d^2}{4}f_v^b \tag{12-6-21}$$

抗压承载力设计值：

$$N_c^b=df_c^b\sum t \tag{12-6-22}$$

式中　n_v——受剪面数目；

d——螺栓杆直径；

$\sum t$——在不同受力方向中一个受力方向承压构件总厚度的较小值；

f_v^b、f_c^b——分别为螺栓的抗剪和抗压强度设计值。

2）受拉连接

$$N_t^b=\frac{\pi d_e^2}{4}f_t^b \tag{12-6-23}$$

式中　d_e——螺栓在螺纹处的有效直径；

f_t^b——螺栓的抗拉强度设计值。

（2）高强度螺栓连接

高强度螺栓连接分为摩擦型高强度螺栓连接和承压型高强度螺栓连接。

摩擦型高强度螺栓连接：只靠被连接板件的摩擦力传力，以摩擦力被克服作为承载力的极限状态。

承压型高强度螺栓连接：靠摩擦力传力，摩擦被克服后依靠栓杆抗剪和承压传力，以栓杆剪切或孔壁承压破坏作为抗剪的极限状态。

1）摩擦型高强度螺栓

每个螺栓的承载力设计值计算为：

$$N_v^b=0.9n_f\mu P \tag{12-6-24}$$

式中　n_f——传力摩擦面数目；

μ——摩擦面的抗滑移系数；

P——一个高强度螺栓的预拉力。

在螺栓杆轴方向的受拉连接中，每个螺栓的承载力设计值计算为：

$$N_t^b = 0.8P \tag{12-6-25}$$

当高强度螺栓同时承受摩擦面间的剪力和螺栓杆轴方向的外拉力时，每个螺栓的承载力设计值计算为：

$$\frac{N_v}{N_v^b} + \frac{N_t}{N_t^b} \leqslant 1 \tag{12-6-26}$$

式中　N_v、N_t——分别为某个高强度螺栓所承受的剪力和拉力；

N_t^b、N_v^b——分别为一个高强度螺栓的抗拉、抗剪承载力设计值。

2）承压型高强度螺栓

① 在抗剪连接中，在杆轴方向的受拉连接中，每个承压型连接的高强度螺栓的承载力设计值的计算方法与普通螺栓相同，但当剪切面在螺纹处时，其抗剪承载力设计值应按螺纹处的有效面积计算。

② 同时承受剪力和杆轴方向拉力的承压型高强度螺栓，每个螺栓的承载力设计值计算为：

$$\sqrt{\left(\frac{N_v}{N_v^b}\right)^2 + \left(\frac{N_t}{N_t^b}\right)^2} \leqslant 1 \tag{12-6-27}$$

$$N_v \leqslant \frac{N_c^b}{1.2} \tag{12-6-28}$$

式中　N_c^b——一个高强度螺栓的抗压承载力设计值。

3. 构件间的连接

（1）梁与柱的连接

梁支承于柱顶的连接：梁的反力通过柱的顶板传给柱子，顶部连接部分称为柱头；顶板一般取 16～20mm 厚，与柱用焊接相连；梁与顶板用普通螺栓相连。

梁支承于柱侧的铰接连接：多用于多层框架中的横梁与柱子的连接。

框架结构的梁柱节点，多采用刚性连接。

（2）柱与基础的连接

柱与基础为保证柱脚与基础能形成刚性连接，锚栓不宜固定在底板上且不宜穿过底板。

（3）主梁与次梁的连接

主梁与次梁之间一般设计成铰接。

历年真题

12-6-1. 关于钢结构构件，下列说法中正确的是（　　）。（2011B31）

A. 轴心受压构件的长细比相同，则整体稳定系数相同

B. 轴线受拉构件的对接焊缝连接必须采用一级焊缝

C. 提高钢材的强度，则钢构件尺寸必然减少从而节约钢材

D. 受弯构件满足强度要求即可，不需验算整体稳定

12-6-2. 影响焊接钢构疲劳强度的主要因素是（　　）。(2012B28)

A. 应力比　　B. 应力幅

C. 计算部位的最大拉应力　　D. 强度等级

12-6-3. 提高钢结构工字形截面压弯构件腹板局部稳定性的有效措施是（　　）。(2012B29)

A. 限制翼缘板最大厚度　　B. 限制腹板最大厚度

C. 设置横向加筋肋　　D. 限制腹板高厚比

12-6-4. 与普通螺栓连接抗剪承载力无关的是（　　）。(2012B30)

A. 螺栓的抗剪强度　　B. 连接板的孔壁抗压强度

C. 连接板件间的摩擦系数　　D. 螺栓受剪的数量

12-6-5. 结构钢材的主要力学性能指标包括（　　）。(2013B28)

A. 屈服强度、抗拉强度和伸长度

B. 可焊性和耐候性

C. 碳、硫和磷含量

D. 冲击韧性和屈强比

12-6-6. 设计螺栓连接的槽钢柱间支撑时，应计算支撑构件的（　　）。(2013B29)

A. 净截面惯性矩　　B. 净截面面积

C. 净截面扭转惯性矩　　D. 净截面扇形惯性矩

12-6-7. 计算拉力和剪力同时作用的高强度螺栓承压型连接时，螺栓的（　　）。(2013B30)

A. 抗剪承载力设计值取 $N_v^b = 0.9 n_f \mu P$

B. 抗拉承载力设计值取 $N_t^b = 0.8P$

C. 承压承载力设计值取 $N_v^b = d\sum t f_c^b$

D. 预拉力设计值应进行折减

12-6-8. 建筑钢结构经常采用的钢材牌号是 Q345，其中 345 表示的是（　　）。(2014B28)

A. 抗拉强度　　B. 弹性模量

C. 屈服强度　　D. 合金含量

12-6-9. 设计一悬臂钢梁，最合理的截面形式是（　　）。(2014B29)

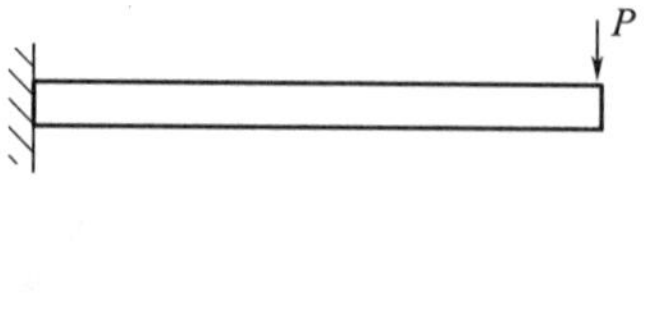

A. 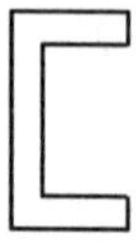　　B. 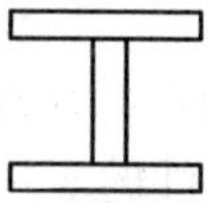

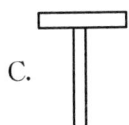

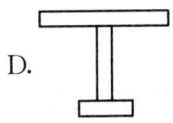

12-6-10. 钢框架柱拼接不常用的是（　　）。(2014B30)

A. 全部采用坡口焊接　　B. 全部采用高强度螺栓

C. 翼缘用焊缝而腹板用高强度螺栓　　D. 翼缘用高强度螺栓而腹板用焊缝

12-6-11. 结构钢材牌号 Q345C 和 Q345D 的主要区别是（　　）。(2016B28)

A. 抗拉强度不同　　B. 冲击韧性不同

C. 含碳量不同　　D. 冷弯角不同

12-6-12. 钢结构轴心受拉构件的刚度设计指标是（　　）。(2016B29)

A. 荷载标准值产生的轴向变形　　B. 荷载标准值产生的挠度

C. 构件的长细比　　D. 构件的自振频率

12-6-13. 计算图示强度螺栓摩擦型连接节点时，假设螺栓 A 所受的拉力为（　　）。(2016B30)

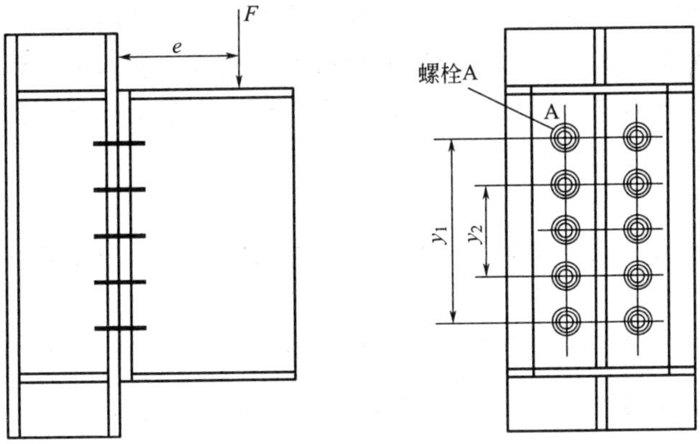

A. $\dfrac{Fey_1}{5.5y_1^2+y_2^2}$　　B. $\dfrac{Fey_1}{2y_1^2+2y_2^2}$

C. $\dfrac{F}{10}$　　D. $\dfrac{F}{5}$

12-6-14. 结构钢材冶炼和轧制过程中可提高强度的方法是（　　）。(2017B28)

A. 降低含碳量　　B. 镀锌或镀铝　　C. 热处理　　D. 减少脱氧剂

12-6-15. 设计起重量为 $Q=100\text{t}$ 的钢结构焊接工形截面吊车梁且应力变化的循环次数 $n\geqslant 5\times10^6$ 次时，截面塑性发展系数是（　　）。(2017B29)

A. 1.05　　B. 1.2　　C. 1.15　　D. 1.0

12-6-16. 焊接 T 形截面构件中，腹板和翼缘相交处的纵向焊接残余应力为（　　）。(2017B30)

A. 压应力　　B. 拉应力　　C. 剪应力　　D. 零

12-6-17. 设计我国东北地区露天运行的钢结构焊接吊车梁时宜选用的钢材牌号为（　　）。(2018B28)

A. Q235A　　B. Q345B　　C. Q235B　　D. Q345C

12-6-18. 计算拉力和剪力同时作用的普通螺栓连接时，螺栓（　　）。(2018B30)

A. 抗剪承载力设计值取 $N_v^b=0.9n_f\mu P$

B. 承压承载力设计值取 $N_c^b=d\sum tf_c^b$

C. 抗拉承载力设计值取 $N_t^b=0.8P$

D. 预拉力设计值应进行折减

答　案

12-6-1.【答案】(C)

轴向受压构件的稳定系数与构件的长细比、钢材屈服强度和截面分类有关，A 项错误。在需要进行疲劳计算的轴心受拉构件中对接焊缝必选采用一级焊缝，B 项错误。当受弯梁满足一定条件件可不计算梁的整体稳定性，D 项错误。

12-6-2.【答案】(B)

焊接残余应力和应力集中产生的焊缝熔合线表面缺陷处及焊缝内部缺陷处的裂缝，其扩展速率主要受控于应力幅值。A 项，应力比是指对试件循环加载时的最小荷载与最大载荷之比。B 项，应力幅是指每次应力循环中的最大拉应力（取正值）和最小拉应力或压应力之差。D 项，强度等级是指结构件强度的技术指标，它是指标准试件在压力作用下直到破坏时单位面积上所能承受的最大应力。

12-6-3.【答案】(C)

设置横向加筋肋是提高钢结构工字形截面压弯构件腹板局部稳定性的最有效措施。

12-6-4.【答案】(C)

在普通螺栓的受剪连接中，每个螺栓的承载力设计值应取抗剪和抗压承载力设计值中的较小者，抗剪承载力设计值：$N_v^b=n_v\dfrac{\pi d^2}{4}f_v^b$，抗压承载力设计值：$N_c^b=dfc_v^b\sum t$ 。式中，n_v 为受剪面数目；d 为螺栓杆直径；$\sum t$ 为在不同受力方向中一个受力方向承压构件总厚度的较小值；f_v^b，f_c^b 分别为螺栓的抗剪和抗压强度设计值，因此，螺栓连接抗剪承载力与连接板间的摩擦系数无关。

12-6-5.【答案】(A)

钢材的主要力学性能指标有抗拉强度、屈服强度、伸长率、冷弯性能和冲击韧性，故选 A。B 项，可焊性和耐候性是钢材的工艺性能。C 项，碳、硫、磷含量是钢材的化学组成。D 项，冲击韧性实际意义是表征材料的脆性倾向；屈强比是材料屈服强度与抗拉强度的比值。

12-6-6.【答案】(B)

柱间支撑一般按轴心受拉设计，不考虑受压性能，由受拉强度公式 $\sigma=N/A_n\leqslant f$ 可知，计算支撑构件时应算其净截面面积，选 B。

12-6-7.【答案】(C)

高强度螺栓分为摩擦型与承压型两种。A 项，一个高强度螺栓的抗剪承载力设计值取 $N_v^b=Kn_f\mu P$ ，对于普通钢结构构件，K 取 0.9；对于冷弯薄壁型钢构件，K 取 0.8。B

项，一个高强度螺栓的抗拉承载力设计值取 $N_t^b=\frac{\pi d^2}{4}f_t^b$。C 项，一个普通螺栓的承载力设计值取 $N_c^b=d\sum tf_c^b$，承压型高强度螺栓的承压承载力设计值同普通螺栓相同。D 项，需要控制预拉力的多位高强度摩擦型桩。

12-6-8.【答案】(C)

低合金高强度结构钢分为 8 个牌号，即 Q345、Q390、Q420、Q460、Q500、Q550、Q620 和 Q690。低合金高强度结构钢的牌号由三部分组成：①代表屈服点的汉语拼音字母 Q；②屈服点数值（MPa）；③质量等级符号 A、B、C、D、E 等。

12-6-9.【答案】(B)

当受压翼缘的自由长度与其宽度之比不超过规定的数值时，可不计算梁的整体稳定性，故增加整体稳定性的最有效办法是在跨中设置侧向支承和加大受压翼缘板的宽度。悬臂梁受竖向荷载作用上部受拉下部受压，应增大受压翼缘宽度，选项中工字形截面受压翼缘最宽，故选 B。

12-6-10.【答案】(D)

框架柱安装拼接接头的拼接方法包括：①高强螺栓和焊接组合节点；②全焊缝节点；③全高强度螺栓节点。采用高强度螺栓和焊缝组合节点时，腹板应采用高强度螺栓连接，翼缘板应采用单面 V 形坡口加衬垫全焊透焊缝连接；采用全焊缝节点时，翼缘板应采用单面 V 形坡口加衬垫全焊透焊缝，腹板宜采用 K 形坡口双面部分焊透焊缝。

12-6-11.【答案】(B)

结构钢材牌号中的“Q”是汉字“屈服”的汉语拼音的第一个字母，表示屈服强度，后面的“345”则是屈服强度的具体数值。最后的字母是指该强度级别的钢的质量等级符号，一般分为 A、B、C、D、E 等级别（越往后级别越高），主要区别是冲击功的要求不同，即冲击韧性不同。

12-6-12.【答案】(C)

为防止制作、运输安装和使用中出现刚度不足现象，对于桁架、支撑等受拉构件应验算其长细比，故钢结构轴心受拉构件的刚度设计指标是构件的长细比。

12 6-13.【答案】(B)

高强螺栓摩擦型螺栓群在弯矩作用下所受拉力的计算公式为：$N=\frac{My_1}{\sum y_i^2}$，中和轴位于中间位置，本题中，$\sum y_i^2=2\times\sum y'^2_i=2\times[2\times(\frac{y_2}{2})^2+2\times(\frac{y_1}{2})^2]=y_1^2+y_2^2$，$y_1'=\frac{y_1}{2}$，弯矩 $M=Fe$，$N=\frac{My_1'}{\sum y'^2_i}=\frac{fey_1}{2y_1^2+2y_2^2}$。

12-6-14.【答案】(A)

热处理是将钢在固态下加热到预定的温度，并在该温度下保持一段时间，然后以一定的速度冷却下来的一种热加工工艺。热处理的作用和目的：①其目的是改变钢的内部组织结构，以改善钢的性能；②通过适当的热处理可以显著提高钢的机械性能，延长机器零件的使用寿命；③热处理工艺不但可以强化金属材料充分挖掘材料性能潜力、降低结构重量、节省材料和能源，而且能够提高机械产质量、大幅度延长机器零件的使用寿命，做到一个顶几个甚至十几个；④恰当的热处理工艺可以消除炼、焊等热加工工艺造成的各种缺陷，细化粒、消除偏析、降低内应力，使钢的组织和性能更加均匀。

12-6-15.【答案】(D)

《钢结构设计规范》GB 50017—2003 第 6.1.1 条规定，直接承受动力荷载重复作用的钢结构构件，当应力变化的循环次数 $n \geqslant 5 \times 104$ 次时，应进行疲劳计算；第 4.1.1 条规定，对需要计算疲劳的梁，其截面塑性发展系数宜取 1.0。

12-6-16.【答案】(B)

T 形接头的应力分布较对接接头复杂，如题解图所示为 T 形接头不开坡口角焊缝纵向残余应力分布的情况，由该图可知，当翼板厚度与腹板高度之比较小时，腹板中的纵向残余应力分布相似于板边堆焊，如 (a) 所示，比值较大时与等宽板对接焊情况相似，如图 (b) 所示，腹板和翼缘相交处的纵向焊接残余应力为拉应力。

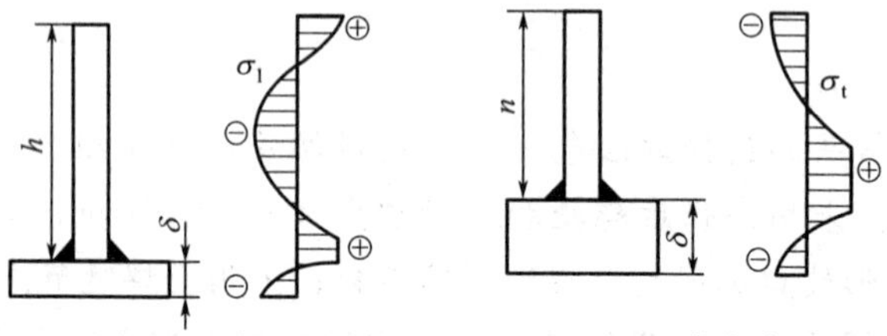

(a) δ/h较小时　　(b) δ/h较大时

12-6-17.【答案】(C)

题干中为东北地区露天运行，需考虑温度对冲击韧性的影响，满足低温下的冲击值质量等级才会标定为 C、D，选项中只有 D 的质量等级为 C，故答案为 D。

12-6-18.【答案】(D)

承压承载力设计值计算公式为 $N_c^b = d\sum t f_c^b$，故 B 正确。

第七节　砌体结构

一、考试大纲

材料性能：块材；砂浆；砌体；基本设计原则；设计表达式；承载力；受压；局压；混合结构房屋设计；结构布置；静力计算；构造；房屋部件；圈梁；过梁；墙梁；挑梁；抗震设计一般规定；构造要求。

二、知识要点

(一) 砌体

砌体是把块材（砖石、混凝土砌块、土块等）用灰浆（砂浆、黏土等）通过人工砌筑而形成的一种建筑材料。如果用砌体作为结构的材料，这种结构就是砌体结构。

（二）材料

1. 块材

包括人工砖石（烧结普通砖、烧结多孔砖、蒸压灰砂砖、蒸压粉煤灰砖、混凝土砌块、粉煤灰砌块）和天然石材。

烧结普通砖：由黏土、页岩、煤矸石或粉煤灰为主要原料，经焙烧而成的实心或孔洞率小于规定值且外形符合规定的砖，分为烧结黏土砖、烧结页岩砖、烧结煤矸石砖和烧结粉煤灰砖等。

标准实心黏土砖：240mm×115mm×53mm。

烧结多孔砖：由黏土、页岩、煤矸石为主要原料，经焙烧而成的空心或孔的尺寸小但数量多，主要用于承重部分的砖。

蒸压灰砂砖：由石英砂和熟石灰为主要制作原料，在蒸压斧中的蒸汽压下凝固的实心砖。

粉煤灰砖：由粉煤灰、石灰为主要制作原料，掺加适量的石膏和集料，经坯料制备、压制而成、高压蒸汽养护而制成的实心砖。

砌块：用普通混凝土或轻混凝土以及硅酸盐材料制作的实心或空心块体。按尺寸分为小型、中型和大型三种。

天然石材：重天然石（包括花岗岩、砂岩、石灰岩等），强度高、抗冻性和抗气性高，可用于基础砌体和重要房屋的贴面层。

块体材料的强度登记用符号 MU 表示，强度等级按准试验方法所得到的抗压极限强度平均值确定。

烧结普通砖、烧结多孔砖等的强度等级：MU30、MU25、MU20、MU15、MU10。

蒸压灰砂砖、粉煤灰砖的强度等级：MU25、MU20、MU15、MU10。

砌块的强度等级：MU20、MU15、MU10、MU7.5、MU5.0。

石材的强度等级：MU100、MU80、MU60、MU50、MU40、MU30、MU20。

2. 砂浆

砂浆的作用：将砌体内的块体连成整体，并因抹平块体表面而促使应力的分布较为均匀；砂浆填满块体间的缝隙，减少了砌体的透气性，因而提高了砌体的隔热性能（采暖房屋）和抗冻性。

按标准方法，采用 70.7mm×70.7mm×70.7mm 的砂浆立方体一组试块（每组试块为 6 块）养护 28d 后加压测得的抗压强度平均值。

砂浆的强度等级：M15、M10、M7.5、M5、M2.5。

当验算施工阶段砂浆尚未硬化的新砌砌体强度时，可按砂浆强度为 0 来确定。

3. 砌体

砌体分为无筋砌体、配筋砌体和组合砌体。

（1）无筋砌体

除了块材和砂浆构成的砌体外，不加其他抗拉强度较高的材料，如钢筋、竹筋、木等，无筋砌体房屋的抗震和抗不均匀沉陷的能力很差。

（2）配筋砌体

在灰缝或水泥粉刷中配置钢筋以增强砌体本身的抗压、抗拉、抗剪强度的砌体，分为横向配筋砌体和竖向配筋砌体。

（3）组合砌体

在构件受拉和受压区用钢筋混凝土（或钢筋砂浆）代替一部分砌体原有面积并与原砌体共同工作砌体。可提高砌体抗弯、抗压和抗剪能力。

（三）基本设计原则

砌体结构按承载能力极限状态设计时，表达式为：

$$\gamma_0(1.2S_{Gk}+1.4\gamma_L S_{Q1k}+\gamma_L\sum_{i=2}^{n}\gamma_{Qi}\psi_{ci}S_{Qik})\leqslant R(f,a_k,\cdots) \tag{12-7-1}$$

$$\gamma_0(1.35S_{Gk}+1.4\gamma_L\sum_{i=1}^{n}\psi_{ci}S_{Qik})\leqslant R(f,a_k,\cdots) \tag{12-7-2}$$

式中 γ_0——结构重要性系数；

λ_L——结构构件的抗力模型不定性系数；

S_{GK}——永久荷载标准值的效应；

S_{Q1k}——在基本组合中起控制作用的一个可变荷载标准值的效应；

$R(\cdot)$——结构构件的抗力函数；

λ_{Qi}——分别为第一个和第 i 个可变荷载分项系数，一般取 1.4；

ψ_{ci}——第 i 个可变荷载的组合系数，一般情况下应取 0.7；

f——砌体的强度标准值，$f=f_k/\lambda_f$；其中 f_k 为砌体的强度标准值，$f_k=f_m-1.645\sigma_f$；λ_f 为砌体结构的材料性能分项系数，一般情况下取 1.6；f_m 砌体的强度平均值；σ_f 砌体的强度标准差；a_k——几何参数标准值。

当砌体结构作为一个刚体，需验算整体稳定性时，例如倾覆、滑移等，应按下列规定进行计算：

$$\gamma_0(1.2S_{G2k}+1.4\gamma_L S_{Q1k}+\gamma_L\sum_{i=2}^{n}S_{Qik})\leqslant 0.8S_{G1k} \tag{12-7-3}$$

$$\gamma_0(1.35S_{G2k}+1.4\gamma_L\sum_{i=1}^{n}\psi_{ci}S_{Qik})\leqslant 0.8S_{G1k} \tag{12-7-4}$$

式中 S_{G1k}——起有利作用的永久荷载标准值；

S_{G2k}——起不利作用的永久荷载标准值。

（四）砌体墙柱的承载力计算

（1）无筋砌体墙、柱的承载力

对无筋砌体墙、柱的承载力计算符合下列规定：

$$N\leqslant\varphi fA \tag{12-7-5}$$

式中 N——轴向力设计值；

φ——高厚比 β 和轴向力的偏心距 e 对受压构件承载的影响系数；

A——截面面积；

f——砌体的抗压强度设计值。

（2）构件高厚比

对矩形截面：

$$\beta=\gamma_\beta\frac{H_0}{h} \tag{12-7-6}$$

对 T 形截面：

$$\beta=\gamma_{\beta}\frac{H_{0}}{h_{\mathrm{T}}} \tag{12-7-7}$$

式中　γ_{β}——不同砌体材料的高厚比修正系数，按表 12-7-1 采用；

H_0——受压构件计算高度；

h——矩形截面轴向力偏心方向的边长，当轴心受压时为截面较小边长；

h_{T}——T 形截面的折算厚度，可近似按 $3.5i$ 计算，i 为截面回转半径。

高厚比修正系数 γ_{β}　　表 12-7-1

砌体材料类别	γ_{β}
烧结普通砖、烧结多孔砖	1.0
混凝土普通砖、混凝土多孔砖、混凝土及轻集料混凝土砌块	1.1
蒸压灰沙普通砖、蒸压粉煤灰普通砖、细料石	1.2
粗料石、毛石	1.5

注：对灌孔混凝土砌块砌体，γ_{β} 取 1.0。

（3）计算高度

受压构件的计算高度 H_0，应根据房屋类别和和构件支承条件等按表 12-7-2 采用。表中的构件高度 H，应按下列规定采用：

① 在房屋底层，为楼板顶面到构件下端支点的距离。下端支点的位置，可取在基础顶面。当埋置较深且有刚性地坪时，可取室外地面下 500mm 处；

② 在房屋其他层，为楼板或其他水平支点间的距离；

③ 对于无壁柱的山墙，可取层高加山墙尖高度的 1/2，对于带壁柱的山墙可取壁柱处的山墙高度。

受压构件的计算高度 H_0　　表 12-7-2

<table>
<tr><th colspan="3" rowspan="2">房屋类别</th><th colspan="2">柱</th><th colspan="3">带壁柱墙或周边拉接的墙</th></tr>
<tr><th>排架方向</th><th>垂直排架方向</th><th>$s>2H$</th><th>$2H\geqslant s>H$</th><th>$s\leqslant H$</th></tr>
<tr><td rowspan="3">有吊车的单层房屋</td><td rowspan="2">变截面柱上段</td><td>弹性方案</td><td>$2.5H_{u}$</td><td>$1.25H_{u}$</td><td colspan="3">$2.5H_{u}$</td></tr>
<tr><td>刚性、刚弹性方案</td><td>$2.0H_{u}$</td><td>$1.25H_{u}$</td><td colspan="3">$2.0H_{u}$</td></tr>
<tr><td colspan="2">变截面柱下段</td><td>$1.0H_{l}$</td><td>$0.8H_{l}$</td><td colspan="3">$1.0H_{l}$</td></tr>
<tr><td rowspan="5">无吊车的单层和多层房屋</td><td rowspan="2">单跨</td><td>弹性方案</td><td>$1.5H$</td><td>$1.0H$</td><td colspan="3">$1.5H$</td></tr>
<tr><td>刚弹性方案</td><td>$1.2H$</td><td>$1.0H$</td><td colspan="3">$1.2H$</td></tr>
<tr><td rowspan="2">多跨</td><td>弹性方案</td><td>$1.25H$</td><td>$1.0H$</td><td colspan="3">$1.25H$</td></tr>
<tr><td>刚弹性方案</td><td>$1.10H$</td><td>$1.0H$</td><td colspan="3">$1.1H$</td></tr>
<tr><td colspan="2">刚性方案</td><td>$1.0H$</td><td>$1.0H$</td><td>$1.0H$</td><td>$0.4s+0.2H$</td><td>$0.6s$</td></tr>
</table>

注：1. 表中 H_{u} 为变截面柱的上段高度；H_{l} 为变截面柱的下段高度；

2. 对于上端为自由端的构件，$H_0=2H$；

3. 独立砖柱，当无柱间支撑时，柱在垂直排架方向的 H_0 应按表中数值乘以 1.25 后采用；

4. s 为房屋横墙间距；

5. 自承重墙的计算高度应根据周边支承或拉接条件确定。

（4）矩形截面单向偏心受压构件承载力影响系数的确定

矩形截面单向偏心受压构件承载力影响系数可查《砌体结构设计规范》GB 50003—2011 附录 D。轴向力的偏心距 e 按内力设计值计算，并不应超过 $0.6y$，y 为截面重心到轴向力所在偏心方向截面边缘的距离。

（5）局部受压承载力

荷载作用于砌体部分截面上的受压，称为砌体局部受压。砌体局部受压计算可详见《砌体结构设计规范》GB 50003—2011 第五章。

（五）混合结构房屋设计

混合结构房屋一般指屋盖、楼盖等水平构件采用钢筋混凝土材料或使用木制材料，墙体、柱子等竖向构件使用砌体材料，混合结构房屋的设计包括承重墙的布置、静力计算、墙、柱子设计。

1. 结构布置

（1）纵墙承重体系

纵墙作为结构承重体系，主要承受屋盖、楼盖的荷载。这类房屋屋（楼）面荷载的主要传递路线为：屋（楼）面荷载→纵墙→基础→地基。房屋的横向刚度比横向承重体系差。

（2）横墙承重体系

楼（屋）面荷载主要由横墙承受，这类房屋荷载的主要传递路线为：屋（楼）面荷载→横墙→基础→地基。此种体系适用于横墙间距较密的多层住宅、宿舍等。

（3）纵横墙承重体系

屋（楼）面荷载一部分由纵墙承重，另一部分由横墙承重，成为纵横墙承重体系。在多层房屋中一般采用此种结构形式。

2. 静力计算

房屋在水平荷载作用下抵抗侧移的能力取决于横墙间距 S 和屋（楼）盖刚度。

房屋的空间性能影响系数：$\eta=\dfrac{u_s}{u_p}=1-\dfrac{1}{chks}$。$u_s$ 为考虑空间工作时外荷载作用下房屋排架水平位移的最大值；u_p 为在外荷载作用下平面排架的水平位移；k 为弹性系数，取决于屋盖刚度；S 为横向间距。

根据房屋的空间性能影响系数将静力方案分为以下三种类型：

（1）刚性方案（$\eta<0.33$）

楼（屋）盖——墙、柱的不动铰支座。

（2）弹性方案（$\eta>0.77$）

楼（屋）盖——墙、柱的滚动铰支座。

（3）刚弹性方案（$0.33\leqslant\eta\leqslant0.77$）

楼（屋）盖——墙、柱的弹性支座。

房屋静力计算方案的确定，主要根据相邻横墙间距 s 及屋盖或楼盖的类别进行，可按表 12-7-3 来判别。

房屋的静力计算方案 表 12-7-3

	屋盖或楼盖类别	刚性方案	刚弹性方案	弹性方案
1	整体式、装配整体式和装配式无檩体系钢筋混凝土屋盖或钢筋混凝土楼盖	$s<32$	$32\leqslant s\leqslant72$	$s>72$

续表

	屋盖或楼盖类别	刚性方案	刚弹性方案	弹性方案
2	装配式有檩体系钢筋混凝土屋盖、轻钢屋盖和有密铺望板的木屋盖或木楼盖	$s<20$	$20\leqslant s\leqslant 48$	$s>48$
3	冷摊瓦木屋盖和石棉水泥瓦轻钢屋盖	$s<16$	$16\leqslant s\leqslant 36$	$s>36$

注：1. 表中 s 为横墙间距，单位为 m。
2. 对无山墙或伸缩缝处无横墙的房屋，应按弹性方案房屋考虑。
3. 刚性和弹性方案房屋的横墙应符合下列要求：横墙中开有洞门时，洞口的水平截面面积不应超过横墙全截面面积的 50%；横墙的厚度不宜小于 180mm。

单层房屋的横墙长度不宜小于其高度，多层房屋的横墙长度不宜小于 $H/2$（H 为横墙总高度）。

当横墙不能同时符合上述要求时，应对横墙的刚度进行验算。

3. 墙和柱的构造

混合结构房屋结构布置确定后，墙体的厚度应满足保温、隔音、高厚比、承载力的要求以及其他构造要求。

(1) 墙和柱的允许高厚比

墙、柱高厚比的限值称为允许高厚比［β］。［β］取值见表 12-7-4。

墙、柱的允许高厚比［β］　　　　**表 12-7-4**

砌体类型	砂浆强度等级	墙	柱
无筋砌体	M2.5	22	15
	M5.0 或 Mb5.0、Ms5.0	24	16
	≥M7.5 或 Mb7.5、Ms7.5	26	17
配筋砌块砌体	—	30	21

注：1. 毛石墙、柱的允许高度比应按表中数值降低 20%。
2. 带有混凝土或砂浆面层的组合砖砌体构件的允许高厚比，可按表中数值提高 20%，但不得大于 28。
3. 验算施工阶段砂浆尚未硬化的新砌砌体高厚比时，允许高厚比对墙取 14，对柱取 11。

(2) 墙、柱的一般构造要求

墙、柱应满足上述高厚比验算的要求。

(3) 耐久性

设计使用年限为 50 年时，地面以下或防潮层以下的砌体、潮湿房间的墙，应符合表 12-7-5 规定。

材料最低强度等级　　　　**表 12-7-5**

潮湿程度	烧结普通砖	混凝土普通砖、蒸压普通砖	混凝土砌块	石材	水泥砂浆
稍潮湿的	MU15	MU20	MU7.5	MU30	MU5
很潮湿的	MU20	MU20	MU10	MU30	MU7.5
含饱和水的	MU20	MU25	MU15	MU40	MU10

注：1. 在冻胀地区，地面以下或防潮层以下的砌体，不宜采用多孔砖；如采用时，孔洞应用不低于 M10 的水泥砂浆预洗灌实。当采用混凝土空心砌块时，其孔洞应采用强度等级不低于 C20 的混凝土预先灌实。
2. 对安全等级为一级或设计使用年限大于 50 年的房屋，表中材料强度等级应至少提高一级。

（4）构造要求

① 室内地面以下，室外散水坡顶面以上的砌体内应铺设防潮层。防潮层材料一般采用防水水泥砂浆。

② 承重独立砖柱的截面尺寸不应小于 240mm×370mm。毛石墙厚度不宜小于 350mm，毛料石柱截面较小边长不宜小于 400mm。当有振动荷载时，墙、柱不宜采用毛石砌体。

③ 跨度大于 6m 的屋架，跨度大于 4.8m 的砖砌体、4.2m 的砌块和料石砌体以及 3.9m 的毛石砌体的梁，其支承面下的砌体应设置混凝土或钢筋混凝土垫块，当墙中设有圈梁时，垫块与圈梁宜浇成整体。

④ 预制钢筋混凝土板的支承长度，在墙上≥100mm；在钢筋混凝土圈梁上≥80mm。

⑤ 山墙处的壁柱宜砌至山墙顶部。风压较大的地区，檩条应与山墙锚固，屋盖不宜挑出山墙。

⑥ 混凝土中型空心砌块房屋，宜在外墙转角处、楼梯间四角的砌体孔洞内设置不少于 1 根直径为 12 的竖向钢筋，并用 C20 细石混凝土灌实。钢筋接头应绑扎或焊接，绑扎接头搭接长度不得小于 35 倍的钢筋直径。

（六）房屋部件

1. 圈梁

（1）圈梁的设置

圈梁：在砌体结构房屋中，沿外墙四周及内墙水平方向设置连续封闭的钢筋混凝土梁或钢筋砖梁，可现浇也可预制。圈梁的宽度宜与墙厚相同，当墙厚 $h>240$mm 时，其宽度不宜小于 $2h/3$，其高度应等于每皮砖厚度的倍数，并不小于 120mm。

（2）圈梁的作用

① 增强房屋的空间刚度和整体性，加强纵横墙的联系。

② 防止由于地基不均匀沉降或较大振动荷载等对房屋引起的不利影响。可抑制墙体裂缝的出现或减小裂缝的宽度，减弱较大振动荷载对墙体产生的不利影响。

③ 过门窗洞口的圈梁，若配筋不少于过梁时，可兼作过梁。

④ 圈梁宜连续设在同一水平面上，并形成封闭状；当圈梁被门窗洞口截断时，应在洞口上部增设相同截面的附加圈梁。附加圈梁与圈梁的搭接长度≥两者中到中垂直距离的两倍，且不得小于 1m。

2. 过梁

（1）过梁的设置和作用

过梁：砌体结构房屋墙体门窗洞上常用的构件，用来承受洞口顶面以上砌体的自重及上层楼盖梁板传来的荷载。

过梁可采用砖砌过梁和钢筋混凝土过梁。砖砌过梁分为砖砌平拱过梁和钢筋砖过梁。

（2）砌体过梁计算

1）砖砌平拱

跨中按正截面抗弯承载力验算，并采用沿齿缝截面的弯曲抗拉强度设计值。支座边截面按抗剪承载力计算，但一般均能满足，可不计算。

2）钢筋砖过梁

抗弯承载力计算公式为：

$$M \leqslant 0.85 h_0 f_y A_s \tag{12-7-8}$$

式中　h——过梁的截面计算高度，取过梁底面以上的墙体高度，但不大于 $l_n/3$，当考虑梁、板传来的荷载时，则按梁、板下的高度计算。

3. 墙梁

墙梁：由支承墙体的钢筋混凝土托梁及其以上计算高度范围内的墙体所组成的组合构件。通常墙梁的最大刚度平面在水平方向，主要承担水平风荷载。

墙梁可分为承重墙梁和非承重墙梁。

非承重墙梁：只承受托梁和它顶面以上墙体自重的墙梁。

承重墙梁：除承受托梁和它顶面以上墙体自重，还承受由屋盖和楼盖传来荷载的梁。

墙梁的荷载包括：

① 竖向自重荷载——墙板自重和墙梁自重；

② 水平方向风荷载；

③ 荷载组合；

④ 竖向荷载+水平风荷载（迎风）

⑤ 竖向荷载+水平风荷载（背风）。

墙梁的验算包括正应力验算、剪应力验算、整体稳定性验算和刚度验算。

（1）正应力验算

$$\sigma = \frac{M_x}{W_{efnx}} + \frac{M_y}{W_{efny}} + \frac{B}{W_w} \leqslant f \tag{12-7-9}$$

式中　W_{efnx}——对主轴 x 的有效净截面抵抗拒；

W_{efny}——对主轴 y 的有效净截面抵抗拒；

W_w——截面的毛截面抵抗矩。

（2）剪应力验算

$$\tau_x = \frac{3V_{x\max}}{4b_0 t} \leqslant f_v \tau_y = \frac{3V_{y\max}}{2h_0 t} \leqslant f_v \tag{12-7-10}$$

式中　f_v——钢材的抗剪设计强度；

$V_{x\max}$、$V_{y\max}$——墙梁在 x，y 方向承担的剪力最大值；

b_0，h_0——墙梁沿 x，y 方向的计算高度；

t——墙梁壁厚。

（3）整体稳定性验算

对于单侧挂墙板的墙梁在背风风载时，需计算其整体稳定性，即：

$$\frac{M_x}{\varphi_{bx} W_{efx}} + \frac{M_y}{W_{efx}} + \frac{B}{W_w} \leqslant f \tag{12-7-11}$$

式中　φ_{bx}——单向弯矩 M 作用下墙梁的整体稳定系数。

（4）刚度验算

分别验算墙梁在竖向和水平方向的最大挠度均不大于墙梁的容许挠度，即：

$$\omega_{\max} \leqslant [\omega] \tag{12-7-12}$$

式中　$[\omega]$——墙梁的容许挠度。

4. 挑梁

挑梁是指一端嵌入墙内，一端挑出墙外用以支撑雨篷、悬挑外廊、阳台、挑檐以及悬挑楼梯等的钢筋混凝土梁。

挑梁的验算包括：抗倾覆验算、挑梁下砌体局部受压承载力验算、挑梁内钢筋混凝土梁的正截面受弯、斜截面受剪承载力的计算。

（1）抗倾覆验算

$$M_{0v} \leqslant M_r = 0.8G_r(l_2 - x_0) \tag{12-7-13}$$

式中 M_{0v}——挑梁的荷载设计值对计算倾覆点产生的倾覆力矩；

M_r——挑梁的抗倾覆力矩设计值；

G_r——挑梁的抗倾覆荷载；

l_2——G_r 作用点至墙外边缘的距离。

（2）挑梁下砌体局部受压承载力验算

$$N_l \leqslant \eta\gamma f A_l \tag{12-7-14}$$

式中 N_l——挑梁下的支撑压力，可取 $N_l = 2R$；

A_l——挑梁下砌体局部受压面积，$A_l = 1.2bh_b$，b 为挑梁的截面宽度，h_b 为挑梁的截面高度；

η——梁端底面压应力图形的完整系数，取 0.7；

γ——砌体局部抗压强度提高系数。

（3）钢筋混凝土的承载力验算

挑梁的最大弯矩设计值 M_{max}、最大剪力设计值 V_{max} 的验算满足式（12-7-15）和式（12-7-16），即：

$$M_{max} = M_{0v} \tag{12-7-15}$$

$$V_{max} = V_0 \tag{12-7-16}$$

式中 V_0——挑梁的荷载设计值在挑梁墙外边缘处截面产生的剪力。

（七）砌体结构抗震设计要点

（1）多层砌体结构房屋的总层数和总高度的规定

① 房屋的层数和总高度不应超过表 12-7-6 的规定。

多层砌体房屋的层数和总高度限值（m） **表 12-7-6**

房屋类别		最小墙厚度(mm)	设防烈度和设计基本地震加速度											
			6		7				8				9	
			0.05g		0.10g		0.15g		0.20g		0.30g		0.40g	
			高度	层数	高度	层数	高度	层数	高度	层数	高度	层数	高度	层数
多层砌体房屋	普通砖	240	21	7	21	7	21	7	18	6	15	5	12	4
	多孔砖	240	21	7	18	6	18	6	18	6	15	5	9	3
	多孔砖	190	21	7	15	5	15	5	15	5	12	4	—	—
	混凝土砌块	190	21	7	18	6	18	6	18	6	15	5	9	3

续表

房屋类别		最小墙厚度(mm)	设防烈度和设计基本地震加速度											
			6		7				8				9	
			0.05g		0.10g		0.15g		0.20g		0.30g		0.40g	
			高度	层数	高度	层数	高度	层数	高度	层数	高度	层数	高度	层数
底部框架-抗震墙砌体房屋	普通砖 多孔砖	240	22	7	22	7	19	6	16	5	—	—	—	—
	多孔砖	190	22	7	19	6	16	5	13	4	—	—	—	—
	混凝土砌块	190	22	7	22	7	19	6	16	5	—	—	—	—

注：1. 房屋的总高度指室外地面到主要屋面板板顶或檐口的高度，半地下室从地下室室内地面算起，全地下室和嵌固条件好的半地下室应允许从室外地面算起；对带阁楼的坡屋面应算到山尖墙的 1/2 高度处。

2. 室内外高差大于 0.6m 时，房屋总高度应允许比表中的数据适当增加，但增加量应少于 1.0m。

3. 乙类的多层砌体房屋仍按本地区设防烈度查表，其层数应减少一层且总高度应降低 3m，不应采用底部框架-抗震墙砌体房屋。

② 各层横墙较少的多层砌体房屋，总高度应比表 12-7-6 中的规定降低 3m，层数相应减少一层；各层横墙很少的多层砌体房屋，还应再减少一层；

注：横墙较少是指同一楼层内开间大于 4.2m 的房间占该层总面积的 40%以上；其中，开间不大于 4.2m 的房间占该层总面积不到 20%，且开间大于 4.8m 的房间占该层总面积的 50%以上为横墙很少。

③ 抗震设防烈度为 6 度、7 度时，横墙较少的丙类多层砌体房屋，当按现行国家规范《建筑抗震设计规范》规定采取加强措施并满足抗震承载力要求时，其高度和层数应允许仍按表 12-7-6 中规定采用。

④ 采用蒸压灰沙普通砖和蒸压粉煤灰普通砖的砌体房屋，当砌体的抗剪强度仅达到普通黏土砖砌体的 70%时，房屋的层数应比普通砖房屋减少一层，总高度应减少 3m；当砌体的抗剪强度达到普通黏土砖砌体的取值时，房屋层数和总高度的要求同普通砖房屋。

⑤ 多层砌体结构房屋的层高不应超过 3.6m；当使用功能却有需要时，采用约束砌体等加强措施的普通砖房屋，层高不应超过 3.9m；底部框架-抗震墙砌体房屋的底部，层高不应超过 4.5m；当底层采用约束砌体抗震墙时，底层的层高不应超过 4.2m。

（2）多层砌体房屋总高度与总宽度的最大比值

多层砌体房层最大高宽比见表 12-7-7。

多层砌体房屋最大高宽比　　**表 12-7-7**

烈度	6	7	8	9
最大高宽比	2.5	2.5	2.0	1.5

注：1. 单面走廊房屋的总宽度不包括走廊宽度。

2. 建筑平面接近正方形时，其高度比宜适当减小。

历年真题

12-7-1. 砌体的局部受压，下列说法中错误的是（　　）。(2011B32)

A. 砌体的中心局部受压强度在周围砌体的约束下可提高

B. 梁端支承处局部受压面积上的应力是不均匀的

C. 增设梁垫或加大梁端截面宽度，可提高砌体的局部受压承载力

D. 梁端上部砌体传下来的压力，对梁端局部受压承载力不利

12-7-2. 关于砌体房屋的空间工作性能，下列说法中正确的是（　　）。(2011B33)

A. 横墙间距愈大，空间工作性能愈好

B. 现浇钢筋混凝土屋（楼）盖的房屋，其空间工作性能比木屋（楼）盖的房屋好

C. 多层砌体结构中，横墙承重体系比纵墙承重体系的空间刚度小

D. 墙的高厚比与房屋的空间刚度无关

12-7-3. 施工阶段的新砌体，砂浆尚未硬化时，砌体的抗压强度（　　）。(2012B31)

A. 按砂浆强度为零计算

B. 按零计算

C. 按设计强度的 30%采用

D. 按设计强度的 50%采用

12-7-4. 对于跨度较大的梁，应在其支撑处的砌体上设置混凝土圈梁或混凝土垫块，且当墙中设有圈梁时垫块与圈梁宜浇成整体，对砖砌体而言，现行规范规定的梁跨度限值是（　　）。(2012B32)

A. 6.0m　　B. 4.8m　　C. 4.2m　　D. 3.9m

12-7-5. 考虑抗震设防时，多层砌体房屋在墙体中设置圈梁的目的是（　　）。(2012B33)

A. 提高墙体的抗剪承载能力

B. 增加房屋楼（屋）盖的水平刚度

C. 减少墙体的允许高厚比

D. 提高砌体的抗压强度

12-7-6. 砌体的抗拉强度主要取决于（　　）。(2013B31)

A. 块材的抗拉强度　　B. 砂浆的抗拉强度

C. 灰缝厚度　　D. 块材的整齐程度

12-7-7. 在相同荷载、相同材料、相同几何条件，用弹性方案、刚弹性方案、刚性方案计算砌体结构的柱（墙）底端弯矩，结果分别为 $M_{弹}$、$M_{刚弹}$ 和 $M_{刚}$，三者的关系是（　　）。(2013B32)

A. $M_{刚弹} > M_{刚} > M_{弹}$　　B. $M_{弹} < M_{刚弹} < M_{刚}$

C. $M_{弹} > M_{刚弹} > M_{刚}$　　D. $M_{刚弹} < M_{刚} < M_{弹}$

12-7-8. 如图所示砖砌体中的过梁（尺寸单位为 mm），作用在过梁上的荷载为（　　）。（过梁自重不计）(2013B33)

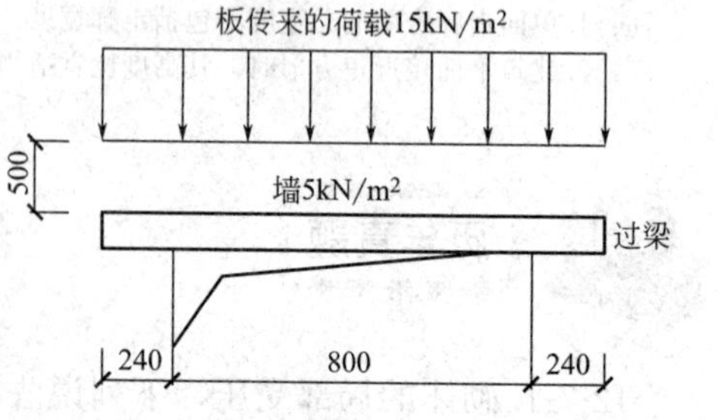

A. 20kN/m

B. 18kN/m

C. 17.5kN/m

D. 2.5kN/m

12-7-9. 下列哪种情况对抗震不利（　　）。(2014B31)

A. 楼梯间设在房屋尽端

B. 采用纵横墙混合承重的结构布置方案

C. 纵横墙布置均匀对称

D. 高宽比为 1∶2

12-7-10. 对多层砌体房屋进行承载力验算时，“墙在每层高度范围内可近似视作两端铰支的竖向构件”所适用的荷载是（　　）。(2014B32)

A. 风荷载　　B. 水平地震作用　　C. 竖向荷载　　D. 永久荷载

12-7-11. 砌体局部受压强度的提高，是因为（　　）。(2014B33)

A. 局部砌体处于三向受力状态

B. 非局部受压砌体有起拱作用而卸载

C. 非局部受压面积提供侧压力和力的扩散的综合影响

D. 非局部受压砌体参与受力

12-7-12. 多层砖砌体房屋钢筋混凝土构造柱的说法，正确的是（　　）。(2016B31)

A. 设置构造柱是为了加强砌体构件抵抗地震作用时的承载力

B. 设置构造柱是为了提高墙体的延性、加强房屋的抗震能力

C. 构造柱必须在房屋每个开间的四个转角处设置

D. 设置构造柱后砌体墙体的抗侧刚度有很大的提高

12-7-13. 砌体结构房屋，当梁跨度大到一定程度时，在梁支承处宜加设壁柱。对砌块砌体而言，现行规范规定的该跨度限值是（　　）。(2016B32)

A. 4.8m　　B. 6.0m　　C. 7.2m　　D. 9m

12-7-14. 影响砌体结构房屋空间工作性能的主要因素是下面哪一项（　　）。(2016B33)

A. 房屋结构所用块材和砂浆的强度等级

B. 外纵墙的高厚比和门窗洞口的开设是否超过规定

C. 圈梁和构造柱的设置是否满足规范的要求

D. 房屋屋盖、楼盖的类别和横墙的距离

12-7-15. 下列物体结构抗震设计的概念，正确的是（　　）。(2017B31)

A. 6 度设防，多层砌体结构既不需做承载力抗震验算，也不需考虑抗震构造措施

B. 6 度设防，多层砌体结构不需做承载力抗震验算，但需要满足抗震构造措施

C. 8 度设防，多层砌体结构需进行薄弱处抗震弹性变形验算

D. 8 度设防，多层砌体结构需进行薄弱处抗震弹塑性变形验算

12-7-16. 设计多层砌体房屋时，受工程地质条件的影响，预期房屋中部的沉降比两端大，为防止地基不均匀沉降对房屋的影响，最宜采取的措施的是（　　）。(2017B32)

A. 设置构造柱　　B. 在檐口处设置圈梁

C. 在基础顶面设置圈梁　　D. 采用配筋砌体结构

12-7-17. 砌体局部承载力验算时，局部抗压强度提高系数 γ 受到限制的原因是（　　）。(2017B33)

A. 防止构件失稳破坏　　B. 防止砌体发生劈裂破坏

C. 防止局压面积以外的砌体破坏　　D. 防止砌体过早发生局压破坏

12-7-18. 抗震设防烈度 8 度，设计地震基本加速度为 0.2g 的地区，对普通砖砌体多层房屋的总高度、总层数和层高的限值是（　　）。(2018B31)

A. 总高 15m，总层数 5 层，层高 3m

B. 总高 18m，总层数 6 层，层高 3m

C. 总高 18m，总层数 6 层，层高 3.6m

D. 总高 21m，总层数 7 层，层高 3.6m

12-7-19. 多层砖砌体房屋，顶部墙体有八字缝的产生，较低层则没有，估计产生这类裂缝的原因是（　　）。(2018B32)

A. 墙体承载力不足　　B. 墙承受较大的局部压力

C. 房屋有过大的不均匀沉降　　D. 温差和墙体干缩

12-7-20. 下列有关墙梁的说法中，正确的是（　　）。(2018B33)

A. 托梁在施工阶段的承载力不需要验算

B. 墙梁的受力机制相当于“有拉杆的拱”

C. 墙梁墙体中可无约束地开洞

D. 墙体两侧的翼墙对墙梁的受力没有什么影响

答　案

12-7-1.【答案】(D)

梁端设置刚性垫块，能有效地分散梁端的集中力，是防止砌体局部受压破坏的最重要构造措施，C 正确。砌体在局部压应力作用下，一方面压应力向四周扩散，另一方面没有直接承受压力的部分像套箍一样约束其横向变形，使该砌体处于三向受压的应力状态，从而使局部受压强度高于砌体的抗压强度，A 正确，D 错误。砌体的局部受压，视局部压应力分布是否均匀可分为：均匀局部受压和不均匀局部受压，后者常指梁端支承处砌体的局部受压，B 正确。

12-7-2.【答案】(B)

横墙承重体系由于横墙数量多，侧向刚度较大，整体性好，横墙承重方案主要适用于房间大小固定、横墙间距较小的多层住宅、宿舍和旅馆等，纵向承重体系，由于横墙较少，跨度较大，横向刚度较差，主要用于较大空间的房屋，如单层厂房车间、仓库及教学楼等，因此 A、C 错误。墙的高厚比越大，则构件越细长，其稳定性就越差，因此影响空间刚度，D 错误。

12-7-3.【答案】(A)

施工阶段的新砌体，砂浆尚未硬化时，砌体的抗压强度按砂浆强度为零计算。

12-7-4.【答案】(B)

跨度大于 6m 的屋架和跨度大于下列数值的梁，应在支承处的砌体上设置混凝土或钢筋混凝土垫块；当墙中设有圈梁时，垫块与圈梁宜浇成整体，规定的跨梁限度值为：对砖砌体为 4.8m，对砌块和料石砌体为 4.2m，对毛石砌体为 3.9m。

12-7-5.【答案】(B)

圈梁是指沿建筑物外墙四周及部分内横墙设置的连续封闭的梁。抗震设防时，设置圈梁的目的包括：①增强房屋的整体刚度；②增加建筑物的整体性；③提高砖石砌体的抗剪、抗拉强度；④防止由于地基的不均匀沉降、地震或其他较大振动荷载对房屋引起的不利影响。

12-7-6.【答案】(B)

砌体的抗压强度主要取决于块体的抗压强度，砌体的受拉、受弯和受剪破坏一般发生在砂浆和块体的连接面上，主要取决于砂浆的抗拉强度。

12-7-7.【答案】(C)

在混合结构房屋中，纵墙、横墙（包括山墙）、楼屋盖和基础等组成空间受力体系，共同承受作用在结构上的各种垂直荷载和水平荷载。混合结构房屋进行静力计算时，根据房屋的空间工作性能可划分为弹性方案、刚性方案和刚弹性方案。弹性方案房屋在荷载作用下，墙柱内力可按有侧移的平面排架计算，要考虑水平位移；刚性方案房屋在荷载作用下，墙柱内力可按顶端有不动铰支座的竖向构件进行计算，不考虑水平位移，刚弹性计算方案介于弹性方案和刚性方案之间。故有 $M_{弹} > M_{刚弹} > M_{刚}$。

12-7-8.【答案】(C)

对砖和小型砌块砌体，过梁上的荷载：当梁、板下的墙体高度 $h_w < l_n$ 时，计入梁、板传来荷载，否则不考虑。此处 $h_w = 500\text{mm} < l_n = 1800\text{mm}$，计入梁板传来 $q_1 = 15\text{kN/m}$；当 $h_w < l_n/3$ 时，应按墙体的均布自重采用，否则按高度为 $l_n/3$ 墙体的均布自重采用。此处 $h_w = 500\text{mm} < l_n/3 = 1800/3 = 600\text{mm}$。按 $q_2 = 0.5 \times 5 = 2.5\text{kN/m}$。故过梁上最终的均布荷载为：$q = q_1 + q_2 = 15 + 2.5 = 17.5\text{kN/m}$。

12-7-9.【答案】(A)

应优先采用横墙承重方案或纵横墙共同承重的结构体系；纵横墙的布置宜均匀、对称；楼梯间不宜设置在房屋尽端或转角处等，避免或减少扭转效。

房屋最大高宽比要求：

烈度	6	7	8	9
最大宽高比	2.5	2.5	2	1.5

12-7-10.【答案】(C)

多层房屋在竖向荷载作用下，墙、柱在每层高度范围内可近似视作两端铰支的竖向构件，在水平荷载作用下，墙、柱可视作竖向连续梁，故选 C。

12-7-11.【答案】(C)

砌体局部受压强度的提高采用局部抗压强度提高系数表示，即：$\gamma = 1 + 0.35\sqrt{\dfrac{A_0}{A_l} - 1}$，第一项为局压面积本身砌体的抗压强度；第二项为非局压面积所提供的侧压力影响；此外，局压工作的实质是力的扩散的影响。

12-7-12.【答案】(B)

A、B 两项，构造柱能够从竖向加强楼层间墙体的连接，与圈梁一起构成空间骨架，从而加强建筑物的整体刚度，提高墙体的抗变形能力和抗剪承载力，但不能提高竖向承载力。C 项，构造柱并不一定必须设置在四个转角处，应根据规定设置。D 项，设置构造柱之后抗侧刚度会有一定提高，并非有很大提高。

12-7-13.【答案】(A)

当梁跨度大于或等于下列数值时，其支撑处宜加设壁柱，或采取其他加强措施：①对 240mm 厚的砖墙 6m；②对 180mm 厚的砖墙 4.8m；③对砌块、料石墙为 4.8m。

12-7-14.【答案】(D)

影响砌体结构房屋空间工作性能的因素很多，但主要是房屋屋盖、楼盖的类别和横墙的刚度和间距。其中，屋盖或楼盖类别与砌体结构房屋的横墙间距最大间距限值有关，即楼（屋）盖结构的整体性不同，横墙的最大间距限值要求也不同；横墙的最大间距可确定房屋的静力计算方案，且直接影响砌体结构房屋的抗震性能：抗震设防烈度越高，横墙的最大间距的限值越小。

12-7-15.【答案】(B)

《建筑抗震设计规范》GB50011—2010（2016 年版）第 5.1.6 条规定，6 度时的建筑（不规则建筑及建造于Ⅳ类场地上较高的高层建筑除外），以及土房屋和木结构房屋等，应符合有关的抗震措施要求，但应允许不进行截面抗震验算。C、D 两项判断根据是《建筑抗震设计规范》第 5.5.2 条第 1 款列出了必须进行罕遇地震作用下弹塑性变形验算的结构，其中不包括多层砌体结构。

12-7-16.【答案】(B)

圈梁作用包括：①提高楼盖的水平刚度；②增强纵、横墙的连接，提高房屋的整体性；③减轻地基不均匀沉降对房屋的影响；④减小墙体的自由长度，提高墙体的稳定性。B、C 两项，设置在基础顶面部位和檐口部位的圈梁对抵抗不均匀沉降作用最为有效。当房屋两端沉降较中部为大时，檐口部位的圈梁作用较大；当房屋中部沉降较两端为大时，位于基础顶面部位的圈梁作用较大。

12-7-17.【答案】(B)

砌体局部抗压强度提高系数与局部受压面积 A1 和影响砌体局部抗压强度的计算面积 A0 有关。砌体的局部抗压强度主要取决于砌体原有的轴心抗强度和周围砌体对局部受压区的约束程度。当 A0/A1 不大时，随着压力的增大，砌体会由于纵向裂缝的发展而破坏。当 A0/A1 较大时，压力增大到一定数值时，砌体沿竖向突然发生劈裂破坏，这种破坏工程中应避免。当块材强度较低时，还会出现局部受压面积下砌体表面的压碎破坏。

12-7-18.【答案】(C)

根据《建筑抗震设计规范》GB50011—2010（2016 年版）规定，抗震设防烈度 8 度，设计地震基本加速度为 0.2g，普通砖砌体多层房屋总高 18m，总层数 6 层，层高 3.6m，故 C 正确。

12-7-19.【答案】(D)

选项 A、B、C 均会导致墙体产生贯通裂缝，只有温差和墙体干缩才会只在墙体顶部产生八字缝，故 D 正确。

12-7-20.【答案】(B)

墙梁是指由钢筋混凝土托梁和梁上计算高度范围内的砌体墙组成的组合受力构件，其受力机制为“有拉杆的拱”，故 B 正确。

第十三章

工程测量

第一节　测量基本概念

一、考试大纲

地球的形状和大小；地面点位的确定；测量工作基本概念

二、知识要点

（一）测量学

测量学是研究地球的形状、大小，以及确定地面点位的科学。包括测定和测设两个方面。

测定：通过各种测量工作，把地球表面的形状和大小缩绘成地形图或得到相应的数字信息，供国防工程及国民经济建设的规划、设计、管理和科学研究使用。

测设：把图纸上规划设计好的建筑物、构筑物的位置在地面上标定出来，作为施工依据。

（二）地球的形状和大小

由于地球自转运动，地球上任一点都要受到离心力和地球引力的双重作用，这两个力的合力称为重力，重力的方向线称为铅垂线，铅垂线是测量工作的基准线。静止的水面称为水准面，水准面受重力影响而形成，是一个处处与重力方向垂直的连续曲面，并且是一个重力场的等位面。与水准面相切的平面称为水平面。水面可高可低，因此符合上述的水准面有无数个，其中与平均海水面吻合并向大陆、岛屿延伸而形成的封闭曲面，称为大地水准面，大地水准面是测量工作的基准面，由大地水准面所包围的地球形体称为大地球体。

地球内部质量分布不均，大地水准面为一个不规则的、复杂的曲面。选用一个非常接近大地水准面、可用数学公式表示的几何形体来代表地球的总形状，称为旋转椭球体。它以地球自转轴 PP_1 为短轴，椭圆 PEP_1Q 绕 PP_1 旋转而成，椭圆长轴旋转形成的平面与地球赤道平面相重合，称为旋转椭球面，椭圆的长半径 a 和短半径 b ，扁率 f 为：

$$f=\frac{a-b}{a} \tag{13-1-1}$$

目前已知 $a=6378137\text{m}$、$b=6356752\text{m}$ 则 $f=\frac{1}{298.257}$。

由于扁率 f 很小，可以把地球当作圆球看待，其半径 R 为：$R=(2a+b)/3\approx 6371\text{km}$。

（三）地面点位的确定

地面点的位置可用此点的平面坐标和该点的高程确定。

1.平面坐标的确定

（1）高斯平面直角坐标系

它是采用高斯横椭圆柱的投影方法建立的平面直角坐标系，将球面坐标与平面坐标相关联的坐标系统。主要将地球按经线划分成带，称为投影带，投影带是从首子午线（经度为0°）起，每隔经度6°划为一带（称为6°带），自西向东将整个地球均分为60个带。带号从首子午线开始，用阿拉伯数字表示，位于各带中央的子午线称为该带的中央子午线，任意带中央子午线的经度：

$$L_0 = 6°N - 3° \tag{13-1-2}$$

式中　N——投影代号。

在大比例尺测图中，要求投影变形更小，可用3°带或1.5°带，3°带中央子午线在奇数时与6°带的中央子午线重合，则3°带中央子午线的经度为：

$$L_0 = 3°N' \tag{13-1-3}$$

式中　N'——3°带的投影代号。

在高斯平面直角坐标系中，以每一带的中央子午线的投影为直角坐标系的纵轴 x，向北为正，向南为负；以赤道投影为直角坐标系的横轴 y，向东为正，向西为负。两轴交点为坐标原点。由于我国位于北半球，因此 x 坐标值均为正值，y 坐标则可正可负，为避免出现负值，则将每一带的坐标原点向西移500km，即横坐标值加500km，并在坐标值前加上带号，设 A、B 点位于第20带，其横坐标的自然值为 y'_A=56103m，y'_B=−56103m，通用值为：

$$y_A = 2056103\text{m}，y'_B = 20443897\text{m}$$。

（2）地理坐标

在大区域内确定地面点的位置，以球面坐标系统来表示，用经度、纬度来表示地面点在球面上的位置，称为地理坐标。

球面上某点的天文经度 λ 是过该点的子午面与首子午面所夹的二面角，自首子午面向东0°～180°称为东经，向西0°～180°为西经，纬度从赤道起向北0°～90°为北纬，向南0°～90°为南纬，例如北京市中心的天文地理坐标为东经116°24′，北纬39°54′。

（3）独立平面直角坐标系

测量上采用的平面直角坐标系与数学上的基本相同，但坐标轴互换，象限顺序相反，顺时针依次为Ⅰ、Ⅱ、Ⅲ、Ⅳ象限，规定向北、向东为正，向西、向南为负。

方位角以坐标轴北方向为起始方向，顺时针量到直线的水平角。

2.地面点的高程

地面点到大地水准面的铅垂距离称为绝对高程（简称高程，又称海拔）。

目前，我国采用的是“1985国家高程基准”，它是根据青岛验潮站1952～1979年验潮资料计算确定的平均海水面，于1987年由国家测绘局颁布的作为我国统一的测量高程基准。

在局部地区，有时需要假定一个高程起算面（水准面），地面点到该水准面的铅垂距离称为假定高程或相对高程。如图13-1-1所示，A、B 点的相对高程分别为 H'_A、H'_B。

建筑工地常以建筑物地面层的设计地坪为高程零点，其他部位的高程均相对于地坪而言，称为标高，属于相对高程。

地面点的高程和点的平面坐标构成局部地区点位的三维（空间）坐标和地形立体模型。

如图13-1-1所示，地面上两点间绝对高程或相对高程之差称为高差，用 h 表示，图中 A、B 两点间的高差为

$$h_{AB}=H_B-H_A=H'_B-H'_A \tag{13-1-4}$$

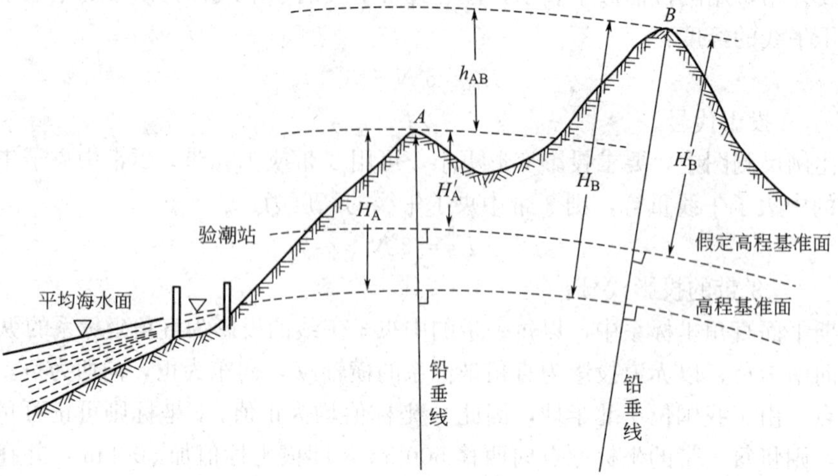

图 13-1-1

（四）测量工作基本概念

1. 测量工作的基本原则

地球表面的外形是复杂多样的，在测量工作中，一般将其分为两类：地面上的山岭、沟谷等高低起伏的形态称为地貌；地面上由人工建造的固定附着物，例如房屋、道路、桥梁、界址等称为地物；地物和地貌总称为地形。

为防止测量误差，要求测量工作遵循布局上“由整体到局部”、精度上“从高级到低级”、次序上“先控制后细部”的原则。

进行测量时，首先要用较严密的方法和较精密的仪器，遵循“先控制后细部”的测量原则，测定测区内若干个具有控制意义的控制点的平面，作为测绘地形图或施工放样的依据，以保证测区的整体精度，称为控制测量。然后在每个控制点上，以较低的（满足要求）精度施测其周围的局部地形细部或放样需要施工的点位，称为细部测量。

2. 基本观测量

水平角度、水平距离和高差是测量工作的基本观测量，它是确定地面点位置的基本要素。

历年真题

13-1-1. 测量工作的基准面是（　　）。（2011B8）

A. 旋转椭球面　　B. 水平面

C. 大地水准面　　D. 水准面

13-1-2. 测量学中高斯平面直角坐标系，X 轴、Y 轴的定义（　　）。（2012B8）

A. X 轴正向为东，Y 轴正向为北

B. X 轴正向为西，Y 轴正向为南

C. X 轴正向为南，Y 轴正向为东

D. X 轴正向为北，Y 轴正向为东

答　案

13-1-1.【答案】(C)

大地水准面是指与平均海水面重合并延伸到大陆内部的水准面，在测量工作中，均以大地水准面为依据。因地球表面起伏不平和地球内部质量分布不匀，故大地水准面是一个略有起伏的不规则曲面。该面包围的形体近似于一个旋转椭球，称为“大地体”，用来表示地球的物理形态。

13-1-2.【答案】(D)

以中央子午线和赤道投影后的交点 O 作为坐标原点，以中央子午线的投影为纵坐标轴，规定 X 轴向北为正，以赤道的投影为横坐标轴 Y，规定 Y 轴向东为正，从而构成高斯平面直角坐标系。

第二节　水准测量

一、考试大纲

水准测量原理；水准仪的构造、使用和检验校正；水准测量方法及成果整理

二、知识要点

(一) 水准测量原理

水准测量是利用水准仪提供一条水平视线，借助水准尺测定地面两点间的高差，从而由已知点的高程及测得的高差求得待测点的高程。

如图 13-2-1 所示，设已知 A 点高程为 H_A ，待测点 B 的高程为 H_B 。在 A 、B 两点之间安置一架水准仪，在两点上分别竖立水准尺，利用水准仪望远镜提供的水平视线，分别读取 A 点水准尺上的读数为 a ，B 点水准尺上的读数为 b ，则 A 、B 两点的高差为：

$$h_{AB}=a-b \tag{13-2-1}$$

水准测量方向从 A 点向 B 点进行，称 A 尺上的读数 a 为后视读数，B 尺上的读数为前视读数，则 B 点的高程 H_B 为：

$$H_B=H_A+h_{AB} \tag{13-2-2}$$

(二) 水准仪的构造

水准仪按精度分为 DS_{05}、DS_1、DS_2、DS_3、DS_{10} 几个等级。“D”和“S”是“大地”和“水准仪”的汉语拼音的第一个字母，0.5、1、2、3、10 代表该仪器的精度，即每公里往、返高差水准测量的中误差，以毫米计。如：DS_3，表示该级水准测量每公里往、返测高差精度可达±3mm。

水准仪由测量望远镜、水准器和基座三个主要部分组成。

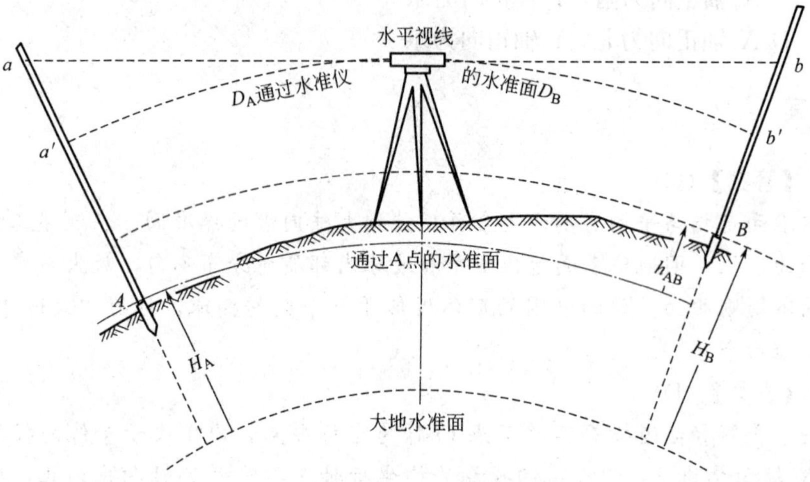

图 13-2-1

1. 望远镜

望远镜的作用是使观测者看清不同距离的目标，并提供一条照准目标的视线。

望远镜主要由物镜、镜筒、调焦透镜、十字丝分划板和目镜等部件构成。物镜、调焦透镜和目镜采用复合透镜组。物镜固定在物镜筒的前端，调焦透镜通过调焦螺旋可沿光轴在镜筒内前后移动。十字丝分划板是安装在物镜和目镜之间的一块平板玻璃，上面刻有相互垂直的细线，称为十字丝。中间横的一条称为中丝（或横丝），与中丝平行的上、下两根短丝称为视距丝，用来测量距离。十字丝分划板通过压环安装在分划板座上，套入物镜筒后再通过校正螺钉与镜筒固连。

物镜中心与十字丝中心交点的连线称为视准轴，视准轴是水准测量中用来读数的视线。

2. 水准器

水准器是用来标志视准轴是否水平或仪器竖轴是否铅直的装置。水准器分为管水准器和圆水准器。

(1) 管水准器

也称水准管，是纵向内壁琢磨成圆弧形的玻璃管，管内装满乙醇和乙醚的混合液，加热关闭冷却后，在管内形成一个气泡，水准管圆弧中点称为水准管的零点。

通过零点与圆弧相切的直线 LL 称为水准管轴。

当气泡中心与零点重合时，称气泡居中，这时水准管轴处于水平位置；若气泡不居中，则水准管轴处于倾斜位置。

水准管圆弧形表面上 2mm 弧长所对的圆心角 τ 称为水准管分划值，为气泡每移动一格时水准管轴所倾斜的角度，即：

$$\tau=\frac{2}{R}\rho \tag{13-2-3}$$

式中　R ——水准管的圆弧半径（mm）。

水准管分划值的大小反映了仪器整平精度的高低。水准管半径越大，分划值越小，灵敏度（整平仪器的精度）越高。

（2）圆水准器

圆水准器是一个圆柱形玻璃盒，其顶面内壁为球面，球面中央有一个圆圈，其圆心称为圆水准器的零点。通过零点所作球面的法线称为圆水准轴。当气泡居中时，圆水准轴就处于铅直位置。

3. 基座

基座主要由轴座、角螺旋和连接板组成。仪器上部通过竖轴插入轴座内，由基座承托，整个仪器用连接螺旋与三脚架连接，调节脚螺旋可使圆气泡居中。

（三）水准仪的使用

在安置水准仪之前，应放好仪器的三脚架，调节架腿长短使架头高度适中，目估使架头大致水平，拧紧架腿伸缩螺旋，然后将水准仪用连接螺旋安装在三脚架上，安装时，应用手扶住仪器，以防仪器从架头上滑落。

用水准仪进行水准测量的操作程序为：粗平——瞄准——精平——读数

1. 粗平

粗平即粗略地定平仪器，调节仪器脚螺旋使圆水准器气泡居中，以达到水准仪的竖轴铅直，视线大致水平的目的。

2. 瞄准

瞄准是通过望远镜筒外的缺口和准星瞄准水准尺，进行目镜和物镜调焦，使十字丝和水准尺像十分清晰。若目标影像与十字丝有相互移动的现象，说明目标影响没有落在十字丝平面上，称为视差。为消除视差，应在十字丝清晰的情况下继续调整物镜对光螺旋。

3. 精平

调节微倾螺旋，使符合水准器气泡居中，即让目镜左边观察窗内的符合水准器的气泡两个半边影像完全吻合，这时视准轴处于精确水平位置。每次在水准尺上读数之前都应进行精平。

4. 读数

水准仪精平后，立即用十字丝的中横丝在水准尺上读数。读数按由小到大的方向，先用十字丝横丝估读出毫米数，再读米、分米、厘米数。

（四）水准测量方法

1. 水准测量的布设方法

我们将用水准测量的方法测定的高程控制点，称为水准点，水准点记为 *BMA* 。在水准点间进行水准测量所经过的路线，称为水准路线。相邻两水准点间的路线称为测段。

在一般的工程测量中，水准路线的布设形式主要有三种：附合水准路线、闭合水准路线和支水准路线。

（1）附合水准路线

从已知高程的水准点 *BMA* 出发，沿待定高程的水准点 1、2、3 进行水准测量，最后符合到另一已知高程的水准点 *BMB* 所构成的水准路线，称为符合水准路线，如图 13-2-2 所示。

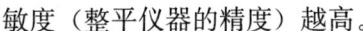

（2）闭合水准路线

从已知高程的水准点 BMA 出发，沿各待定高程的水准点 1、2、3、4 进行水准测量，最后又回到原出发点 BMA 的环形路线，称为闭合水准路线，如图 13-2-3 所示。

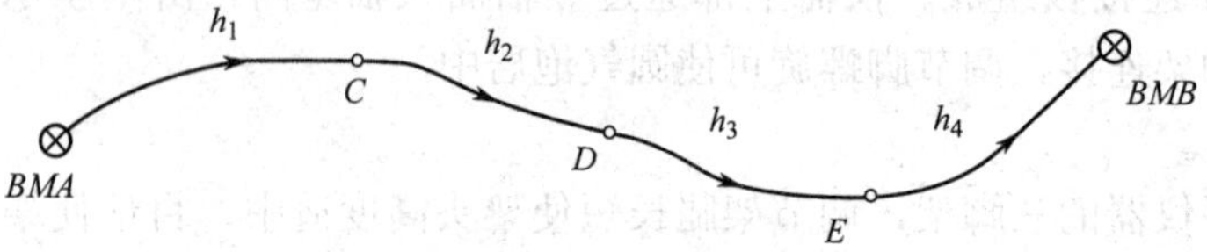

图 13-2-2

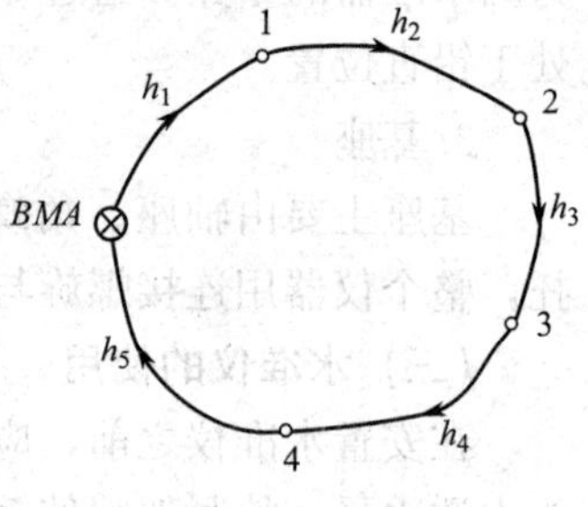

图 13-2-3

（3）支水准路线

从已知高程的水准点 BMA 出发，沿待定高程的水准点 1 进行水准测量，这种既不闭合又不附和的水准路线，称为支水准路线。支水准路线要进行往返测量，以资检核，如图 13-2-4 所示。

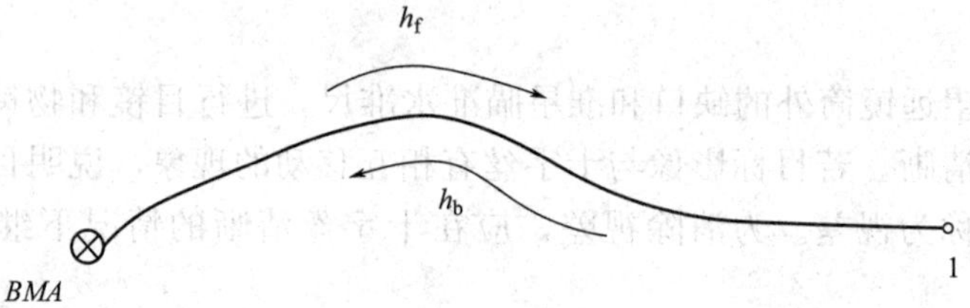

图 13-2-4

2. 水准测量的施测方法

当已知高程的水准点距欲测高程点较远或高差较大时，不能安置一次仪器即可测得两点间的高差。此时，在两点间需加设若干个立足点，分段设站，连续进行观测。

加设的这些立尺点并不需要测定其高程，它们只起到传递高程的作用，称为转点。

在每一测站的水准测量中，为能及时发现观测中的错误，通常采用变动仪器高法或双面尺法进行观测，以检查高差测定中可能发生的错误。

（1）变动仪器高法

在同一测站上用两次不同的仪器高度，测得两次高差进行检核。即测得第一次高差后，改变仪器高度（大于 10cm），再测一次高差，两次所测得的高差之差应不超过容许值，则认为符合要求，取其平均值作为该测站的最后结果，否则应重测。

（2）双面尺法

仪器的高度不变，而分别对双面水准尺的黑面和红面进行观测。这样可以利用前、后视的黑面和红面读数，分别算出两个高差。如果测出的数值不超过固定的限差，取其平均值作为该测站的最后结果，否则需重测。

（五）水准测量的成果整理

包括测量记录、计算的复核，高差闭合差的计算和检核，高差的改正和各点高程的计算。

1. 高差闭合差计算

（1）闭合水准路线

从一个水准点出发，沿线测量各待定点，最后又回到原来的水准点上。因路线的起点和终点相同，因此，路线的高差总和应等于零，即$\sum h_{理}=0$。设闭合路线观测的高差总和为$\sum h_{测}$，则高差闭合差为：

$$f_h=\sum h_{测} \tag{13-2-4}$$

（2）附合水准路线

从一个水准点出发，沿线测量各待定点，最后闭合到另一个水准点上。作为起、终点的水准点的高程$H_{始}$，$H_{终}$是已知的，故起、终点间的高差总和为$\sum h_{理}=H_{终}-H_{始}$。附合路线测得的高差总和$\sum h_{测}$与理论值的差数即为高差闭合差：

$$f_h=\sum h_{测}-(H_{终}-H_{始}) \tag{13-2-5}$$

（3）支水准路线

从一个水准点出发，沿线测量各待定点（不得超过两点），应进行往返测量。由于往返观测的方向相反，因此，往测高差总和$\sum h_{往}$与返测高差总和$\sum h_{返}$两者的绝对值应相等，符号相反。即往、返测得高差的代数和应等于零，其往、返测的高差闭合差为：

$$f_h=\sum h_{往}+\sum h_{返} \tag{13-2-6}$$

普通水准测量的允许高差闭合差一般规定为：

$$f_{h允}=\pm 40\sqrt{L}\,(\text{mm}) \tag{13-2-7}$$

式中 L ——水准路线长度（km）。

山丘地区，当每公里路线中安置水准仪的测站数超过16站时，允许高差闭合差为：

$$f_{h允}=\pm 12\sqrt{n}\,(\text{mm}) \tag{13-2-8}$$

式中 n ——水准路线中总测站数。

2. 高差闭合差调整

高差闭合差的调整是按距离或测站数成正比并反符号分配到各测段高差中。

第i测段高差改正数v_i按下式计算：

$$v_i=-\frac{f_n}{n}n_i \text{ 或 } v_i=-\frac{f_h}{L}L_i \tag{13-2-9}$$

式中 n ——水准路线中总的测站数；

n_i ——第i段测站数；

L ——路线总长；

n ——第i段路线长。

将改正后的高差加在相应测段的高差观测值上得到改正后高差，即可从起始水准点高差加上改正后高差逐点推算所求点高程。

（六）水准仪的检验和校正

1. 水准仪的轴线及其应满足的条件

如图13-2-5所示，图中CC_1为视准轴，LL_1为水准管轴，$L'L'_1$为圆水准轴，VV_1为仪器旋转轴（纵轴）。

进行水准测量时，水准仪应满足下列条件：

① 圆水准轴平行于纵轴（$L'//V$）；

② 横丝垂直于纵轴；

③ 水准管轴平行于视准轴（$L//C$）。

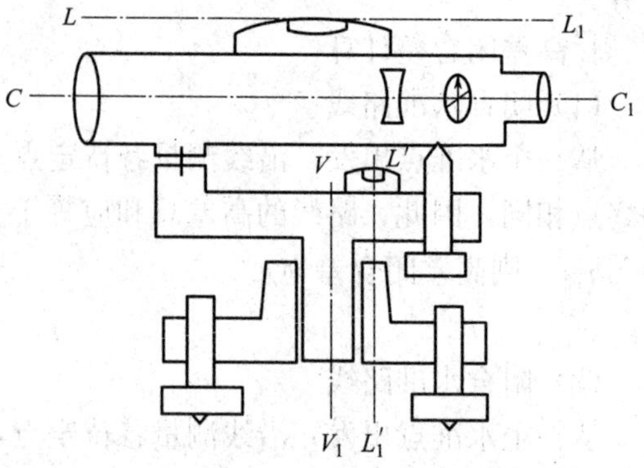

图 13-2-5

2. 水准仪的检验和校正

（1）圆水准器的检验和校正——使圆水准轴平行于纵轴（$L'//V$）

检验：旋转脚螺旋，使圆水准气泡居中。将仪器绕纵轴旋转 180°，若气泡偏离，则需校正。

校正：转动脚螺旋，使气泡向圆水准中心移动偏距的一半，用改针调整圆水准器校正螺钉，使气泡居中；反复几次，直至气泡在任何位置都居中。

（2）十字丝的检验和校正——使横丝垂直于仪器的纵轴

检验：整平仪器后，用十字丝交点瞄准一个明显目标点 P，制紧制动螺旋，转动微动螺旋，若 P 点偏离横丝，则校正。

校正：取下目镜处金属护盖，放松十字丝环的四个固定螺钉。微微转动十字丝，使横丝水平，反复调整直至满足要求；拧紧固定螺钉，旋上护盖。

（3）水准管轴平行于视准轴的检验和校正——使水准管轴平行于视准轴（$L // C$）

检验：如图 13-2-6 所示，在平坦地面上选定相距 60～80m 的 A、B 两点（打木桩或安放尺垫），竖立水准尺。先将水准仪安置于 A、B 的中点 C，精平仪器后分别读取 A、B 点上水准尺读数 a'_1、b'_1；改变水准仪高度 10cm 以上，再重读两尺的度数 a''_1、b''_1，前后两次分别计算高差，高差之差如果不大于 3mm，则取其平均数，作为 A、B 两点间的正确高差：

$$h_1 = [(a'_1 - b'_1) + (a''_1 - b''_1)]/2 \tag{13-2-10}$$

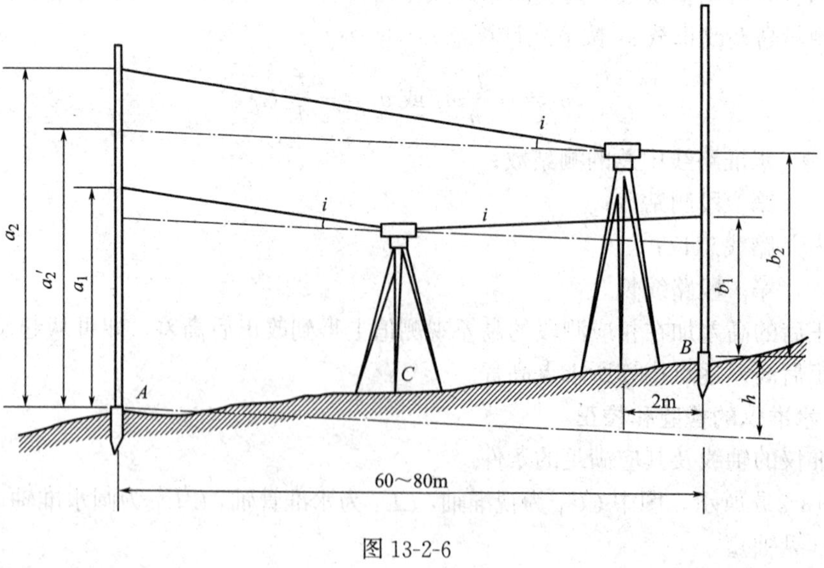

图 13-2-6

将水准仪搬到与 B 点相距约 2m 处，精平仪器后分别读取 A 、B 点水准尺读数 a_2、b_2，又测得高差 $h_2=a_2-b_2$。如果 $h_2=h_1$，则说明水准管轴平行于视准轴，否则，应进行校正。

校正的方法有下面两种：

① 校正水准管，转动轻微螺旋，使十字丝交点对准 a_2，这时如果气泡不居中，用校正针拨动水准管的校正螺钉使气泡居中。

② 校正十字丝。

（七）水准测量的误差

水准测量出现误差的原因主要有三个方面，即：仪器误差、观测误差和外界条件的影响。

1. 仪器误差

（1）仪器校正后的残余误差

水准仪经校正后，仍存在有视准轴不平行水准管轴的残余误差，在测量中，使前、后视距离相等，在高差计算中就可消除该项误差的影响。

（2）水准尺误差

包括水准尺长度刻划误差、长度变化和零点误差等。零点误差在成对使用水准尺时，可采取设置偶数测站的方法来消除。

2. 观测误差

（1）水准气泡居中误差

（2）读数误差

（3）视差

视差对水准尺读数会产生较大误差。操作中应仔细进行目镜和物镜调焦，避免出现视差。

（4）水准尺倾斜

水准尺倾斜会使读数增大，其误差大小与尺倾斜的角度和读数大小有关。

3. 外界条件影响

（1）地球曲率的影响

水准测量中，当前、后视距相等时，通过高差计算可消除该误差对高差的影响。

（2）大气折光影响

由于地面上空气密度不均匀，使光线发生折射。因而造成实际读数不是水平视线的读数。可用前、后视相等的方法来抵消和限制。

（3）阳光和风的影响

当强烈的日光照射水准仪时，仪器各部分受热不均匀而引起变形，特别是水准气泡因强烈日照射而缩短，使观测产生误差，所以应撑伞保护仪器，避免在大风天气进行水准测量。

（4）仪器下沉

用双面尺法进行测站检核时，采用“后、前、前、后”的观测顺序，可减小其误差，此外，应选择坚实的地面作测站，并将脚架踏实。

（5）尺垫下沉

仪器搬站时，尺垫下沉会使后视读数比应读数增大。所以转点应选在坚实地面并使尺垫踏实。

历年真题

13-2-1. DS_3 型微倾式水准仪主要组成部分（　　）。(2012B9)

A. 物镜、水准器、基座

B. 望远镜、水准器、基座

C. 望远镜、三脚架、基座

D. 仪器箱、照准器、三脚架

13-2-2. 水准测量实际工作中，计算出每个测站的高差后，需要进行计算检核，如果 $\sum h=\sum a-\sum b$ 算式成立，则说明（　　）。(2016B8)

A. 各测站高差计算正确

B. 前、后视读数正确

C. 高程计算正确

D. 水准测量成果合格

13-2-3. 进行三、四等水准测量，通常是使用双面水准尺，对于三等水准测量红、黑面最高差之差的限差是（　　）。(2017B11)

A. 3mm　　B. 5mm　　C. 2mm　　D. 4mm

13-2-4. 进行三、四等水准测量，视线长度和前后视距差都有一定的要求，对于四等水准测量的前后视距差极限差是（　　）。(2018B9)

A. 10m　　B. 5m　　C. 8m　　D. 12m

13-2-5. 微倾式水准仪轴线之间应满足相应的几何条件，其中满足的主要条件是下列哪项（　　）。(2018B11)

A. 圆水准器轴平行于仪器竖轴　　B. 十字丝横丝垂直于仪器竖轴

C. 视准轴平行于水准管轴　　D. 水准管轴垂直于圆水准器轴

答　案

13-2-1.【答案】(B)

我国的水准仪系列标准分为 DS_{05}、DS_1、DS3 和 DS_{10} 四个等级。D 是大地测量仪器的代号；S 是水准仪的代号，均取“大”和“水”两个字汉语拼音的首字母；数字 05、1、3、10 代表该仪器的精度，即每公里往返测量高差中数的中误差值（以 mm 计）。微倾式水准仪主要由望远镜、水准器和基座三个部分组成。

13-2-2.【答案】(A)

A 项，在水准测量中，$\sum h=\sum a-\sum b$，$\sum h$ 为观测计算的每一站的高差之和，$\sum a$、$\sum b$ 分别为观测的后视读数之和和前视读数之和，计算校核可说明各站的高差值的计算正确。B 项，再次测量读数可以检验前、后视读数是否正确。C 项，计算校核检验的是高差与高程值无关。D 项，水准测量的成果是否合格，需要检验高差闭合差 f_h 是否在规定允许误差范围内。

13-2-3.【答案】(A)

三等水准测量红、黑面所测高差之差的限差为3mm，其技术要求如下：

等级	视线长(m)	前后视距离差(m)	前后视距离累计差(m)	红、黑面读数差(m)	红、黑面所测高差之差(m)
三等	≤65	≤3	≤6	≤2	≤3
四等	≤80	≤5	≤10	≤3	≤5

13-2-4.【答案】(B)

四等前后视距差不超过5m。

13-2-5.【答案】(C)

主要条件是视准轴与水准管轴平行，提供一条水平直线。

第三节 角度测量

一、考试大纲

经纬仪的构造、使用和检验校正；水平角观测；垂直角观测

二、知识要点

经纬仪分为光学经纬仪和电学经纬仪，光学经纬仪根据光学元件实现对角度的测量，电学经纬仪是通过度盘获取电信号，根据电信号转换成角度的测角仪器，可采用光电扫描度盘自动计数、自动显示系统，实现读数的自动化和数字化。

(一) 光学经纬仪的构造

经纬仪按其精度划分为DJ_1、DJ_2、DJ_6等级别，D、J分别为“大地测量”和“经纬仪”的汉字拼音的第一个字母，1、2、6分别为该经纬仪一测回方向观测中误差的秒数。光学经纬仪由照准部、水平度盘和基座三部分组成。

照准部：是基座上方能够转动部分的总称，包括望远镜、竖直度盘、水准器和读数设备等。

水平度盘：由光学玻璃制成的精密刻度盘，分划从0°～360°，按顺时针注记，每格为1°或30’。

基座：位于仪器底部，由一固定螺旋将其与照准部连接在一起，包括轴座、脚螺旋和连接板。图13-3-1所示为属于DJ_6级的J6型光学经纬仪的外形及外部各构件名称。

(二) 经纬仪的使用

经纬仪的安置包括对中、整平、瞄准和读数，具体操作方法如下。

1. 对中、整平

目的：使测点中心与仪器数轴中心在同一铅垂线上；使水平度盘处于水平位置。

方法：有垂球对中和光学对点器对中两种，由于垂球对中精度较低，且使用不便，工程测量中一般采用光学对点器对中。

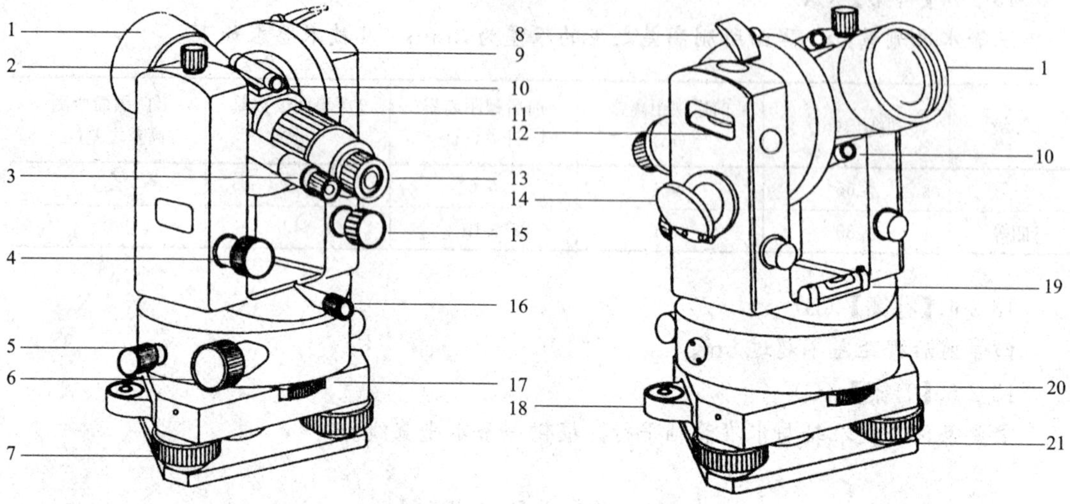

图 13-3-1

1—望远镜物镜；2—望远镜制动螺旋；3—度盘读数镜；4—望远镜微动螺旋；5—水平制动螺旋；6—水平微动螺旋；7—脚螺旋；8—竖盘水准管观察镜；9—竖盘；10—瞄准器；11—物镜调焦环；12—竖盘水准管；13—望远镜目镜；14—度盘照明镜；15—竖盘水准管微动螺旋；16—光学对中器；17—水平度盘位置变换轮；18—圆水准器；19—平盘水准管；20—基座；21—基座底板

步骤：

① 安置仪器：高度适中，使测点在视场内；

② 强制对中：调节三脚架，使光学对点器中心与测点重合；

③ 粗略整平：调节三脚架，使圆水准气泡居中；

④ 精确整平：调节脚螺旋，使长水准气泡居中；

⑤ 精确对中：移动基座，精确对中（只能前后、左右移动，不能旋转）；

⑥ 重复④、⑤两步，直到完全对中、整平。

2. 调焦、瞄准

目的：使视准轴对准观测目标的中心。

方法：

① 调节目镜调焦螺旋，使十字丝清晰；

② 利用粗瞄器，粗略瞄准目标，固定制动螺旋；

③ 调节物镜调焦使目标成像清晰，观察目标像与十字丝之间是否有相对移动，若存在视差，则需重新进行物镜调焦，直至注意消除视差；

④ 调节制动、微动螺旋，精确瞄准。

3. 读数

打开反光镜，使读数窗光线均匀；调焦使读数窗分划清晰（注意消除视差）；按不同的测微器直接读取水平、竖直度盘上的读数（度、分、秒，秒为估读且为 6 的倍数）。

（三）水平角和垂直角观测原理

1. 水平角观测原理

如图 13-3-2 所示，A，B，C 为地面上任意三点，将三点沿铅垂线方向投影到水平面

H 上，得到相应的 A_1、B_1、C_1 点，则水平线 B_1A_1 与 B_1C_1 的夹角 β 即为地面 BA 与 BC 两方向线间的水平角。

为测定水平角，可在角顶的铅垂线上安置一架经纬仪，通过望远镜分别瞄准高低不同的目标 A 和 C，其在水平度盘上相应读数为 a 和 c，则水平角 β 即为两个读数之差。即 $\beta=c-a$。

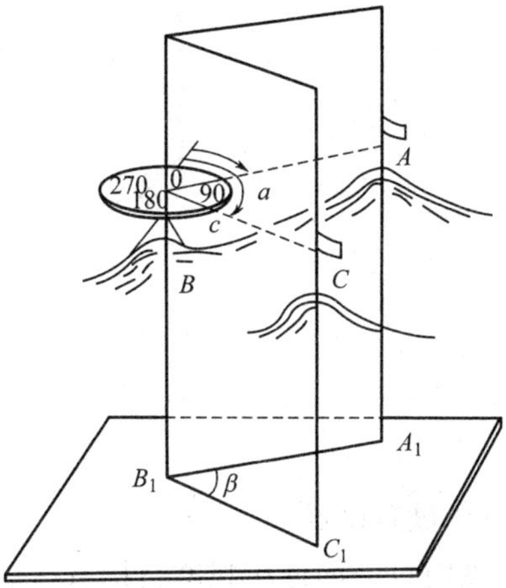

图 13-3-2

常用的水平角观测方法有测回法和方向观测法两种。

(1) 测回法

如图 13-3-3 所示，在测站点 O 处需测出 OM、ON 两方向间的水平角 β，步骤如下：

① 安置仪器于 O 点，对中整平；

② 盘左位置（竖盘在望远镜左边）瞄准左目标 M 的读数 $c_{左}$；

③ 松开照准部制动螺旋，瞄准右目标 N，得读数 $a_{左}$，则半测回角值为：

$$\beta_{左}=a_{左}-c_{左} \tag{13-3-1}$$

④ 倒转望远镜成盘右位置（竖盘在望远镜右边），瞄右目标 N，得读数 $a_{右}$，瞄准左目标 M，得读数 $c_{右}$，则盘右半测回角值为：

$$\beta_{右}=a_{右}-c_{右} \tag{13-3-2}$$

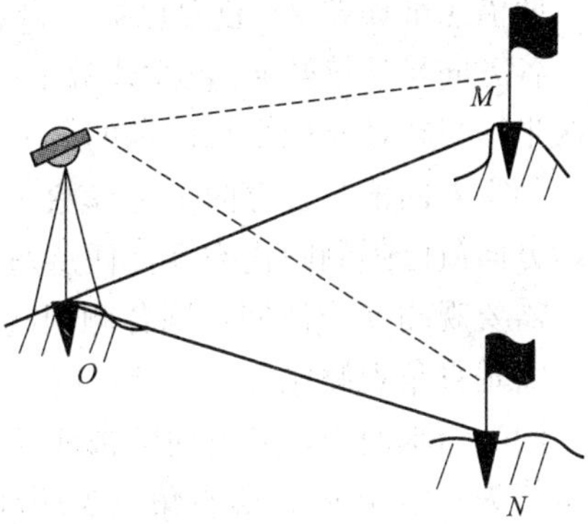

图 13-3-3

盘左、盘右数值之差应满足规定的限差要求，不满足应重测。

用盘左、盘右两个位置观测水平角，可以抵消仪器误差对测角的影响，同时可作为观测中有无错误的检核，取盘左、盘右角值的平均值作为一测回观测的结果：

$$\beta=(\beta_{左}+\beta_{右})/2 \tag{13-3-3}$$

(2) 方向观测法

在一个测站上需要观测 2 个或 2 个以上的角度时，可采用方向观测法，也称全圆测回法。两个相邻方向的方向值之差即为该两方向间的水平角。

如图 13-3-4 所示，设 O 为测站点，A、B、C、D 为观测点。

① 在测站点 O 安置经纬仪，在 A、B、C、D 观测目标处竖观测标志。

② 盘左位置。

选择一个明显的目标 A 作为起始方向，瞄准零方向 A，将水平度盘读数安置在大于 0°处，读取水平度盘读数；顺时针方向依次瞄准 B、C、D 各目标，分别读取水平度盘读数；为了校核，再次瞄准零方向 A，称为半测回归零，读取水平度盘读数。

零方向 A 的两次读数之差的绝对值，称为半测回归零差。若归零差超限，应重新观测。

上述称为上半测回。

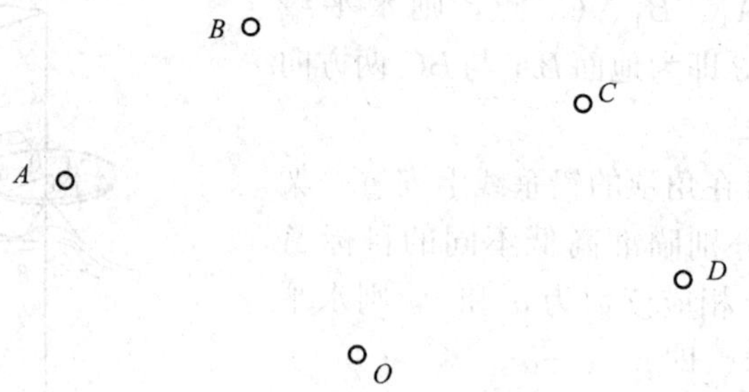

图 13-3-4

③ 盘右位置。

逆时针方向依次找准目标 A、D、C、B、A，并将水平度盘读数由下向上计入观测表中，称为下半测回。上、下两个半测回合称为一测回。

④ 数据整理与计算。

两倍照准误差 2＝盘左读数－盘右读数（180°）。

各方向平均读数＝[盘左读数＋(盘右读数±180°)]/2，起始方向 A 有两个平均读数，再次平均写在该测回平均读数的最上方，并以圆括号标明。

归零方向值＝各方向平均读数－起始方向平均读数（圆括号内的值），此时该测回的起始方向值已强制归化为零，任意两方向间的水平角等于对应的归零方向值之差。

需要观测 n 个测回，则各测回起始方向仍按照 $180°/n$ 的差值配置水平度盘读数。

2.垂直角观测原理

同一铅垂面内，某方向的视线与水平线的夹角称为垂直角 α（又称竖直角、高度角），其角值为 0°～±90°。竖直角只需照准目标读取竖盘读数即可。竖直角观测步骤如下：

① 将仪器安置在测站点上，盘左精确瞄准目标，使十字丝的中丝与目标相切。旋转竖盘指标水准管微动螺旋，使竖直指标水准管气泡居中，读取竖盘读数 L。

② 盘右精确瞄准原目标。旋转竖盘指标水准管微动螺旋，使竖盘指标水准管气泡居中。读取竖盘读数 R，一测回观测结束。

③ 根据竖盘注记形式确定竖直角计算公式。

设盘左垂直角为 $\alpha_{左}$，瞄准目标时的竖盘读数为 L；盘右垂直角为 $\alpha_{右}$，瞄准目标时的竖盘读数为 R，则垂直角的计算公式如下。

竖盘为逆时针注记：

$$\alpha_{左}=L-90° \tag{13-3-4}$$

$$\alpha_{右}=270°-R \tag{13-3-5}$$

竖盘为顺时针注记：

$$\left.\begin{aligned}\alpha_{左}&=90°-L\\ \alpha_{右}&=R-270°\end{aligned}\right\} \tag{13-3-6}$$

则一测回竖直角 α 为：$\alpha=\dfrac{\alpha_L+\alpha_R}{2}$。

当竖盘水准管气泡居中，望远镜的视线水平时（垂直角为零），竖盘读数应为 90°的整倍数。但是，由于竖盘水准管与竖盘读数指标的关系不正确，使视线水平时的读数与应有读数有一个小的角度差 x，称为竖盘指标差。

由于指标差的存在，则计算垂直角时的读数应改为：

盘左读数： $\alpha = L - 90° - x$ (13-3-7)

盘右读数： $\alpha = 270° - R + x$ (13-3-8)

取盘左、盘右测得垂直角的平均值可以消除竖盘指标差的影响，即：

$$\alpha = \frac{1}{2}(\alpha_{左} + \alpha_{右}) \tag{13-3-9}$$

竖盘指标差的计算公式：

$$x = \frac{1}{2}(\alpha_{左} - \alpha_{右}) \tag{13-3-10}$$

（四）经纬仪的轴线及其应满足的条件

如图 13-3-5 所示：VV_1 为纵轴，LL_1 为平盘水准管轴，$L'L'_1$为圆水准轴，HH_1 为横轴，CC_1 为视准轴。

经纬仪轴线应满足如下条件：

① 水准管轴应垂直于纵轴（$L \perp V$）；

② 圆水准轴应平行于纵轴（$L' /\!/ V$）；

③ 视准轴应垂直于横轴（$C \perp H$）；

④ 横轴应垂直于纵轴（$H \perp V$）；

⑤ 十字丝纵丝应垂直于横轴；

⑥ 竖盘指标差应小于规定的数值。

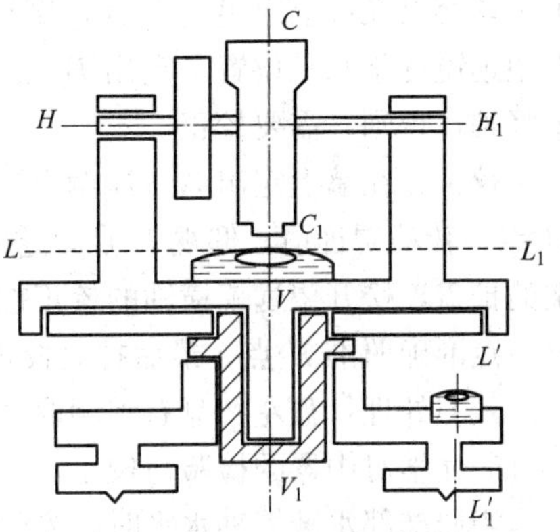

图 13-3-5

经纬仪应满足上述条件，在使用经纬仪前应进行检验，如上述条件不满足，则需要进行校正。

1. $L \perp V$ 的检验与校正

检验：首先利用圆水准器粗略整平仪器，然后转动照准部使水准管平行于任意两个脚螺旋的连线方向，调节这两个脚螺旋使水准管气泡居中，再将仪器旋转 180°，若水准管气泡仍居中，说明水准管轴与竖轴不垂直，需要校正。

校正：在检验的基础上，用脚螺旋使气泡退回偏差的一半；用校正针拨动水准管校正螺钉，使气泡退回偏差的另一半。

残差处理：若仪器处在相差 180°的两个位置有气泡偏差，则将脚螺旋退回偏差的一半，达到竖轴铅直。

2. 十字丝竖丝垂直横轴的检验与校正

检验：首先整平仪器，用十字丝交点精确瞄准一明显的点状目标，然后制动照准部和望远镜，转动望远镜微动螺旋使望远镜横轴作微小俯仰，若目标始终在竖丝上移动，说明条件满足，否则需要校正。

校正：校正时，先打开望远镜端护盖，松开十字丝环的四个固定螺钉，按竖丝偏离的反方向微微转动十字丝环，使目标点在望远镜上下俯仰时始终在十字丝纵丝上移动为止，最后旋紧固定螺钉拧紧，旋上护盖。

残差处理：每次均用十字丝中央交点瞄准目标。

3. $C \perp H$ 的检验与校正

检验：在平坦场地相距约 100m 的 A、B 两点中央 O 处安置经纬仪，在 A 点设置一瞄准标志，在 B 点横放一根刻有毫米分划的直尺，使直尺垂直于视线 OB，A 点的标志、B 点横放的直尺应与仪器大致同高。用盘左位置瞄准 A 点，制动照准部，然后纵轴转望远镜，在 B 点尺上读得 B_1，用盘右位置再瞄准 A 点，制动照准部，然后纵转望远镜，再在 B 点尺上读得 B_2，若 B_1 与 B_2 两读数相同，说明视准轴垂直于横轴，否则应校正。

校正：保持盘右位置，在直尺上定出一点 B_3，使 $B_2B_3=B_2B_1/4$，OB_3 便与横轴垂直，打开望远镜目镜端护盖，用校正针先松十字丝上、下十字丝校正螺钉，再拨动左右两个校正螺钉，一松一紧，左右移动十字丝分划板，直至十字丝交点与 B_3 重合。

残差处理：盘左、盘右观测取平均值作为结果。

4. $H \perp V$ 的检验与校正

检验：在与目标 M（如墙上某点）距离约 30m、仰角约大于 30°处安置经纬仪，整平仪器。盘左位置，瞄准墙面上一明显目标 P，固定照准部，将望远镜置于水平位置，根据十字丝交点在墙上定出一点 A，倒转望远镜成盘右位置，瞄准 P 点后，固定照准部，再将望远镜置于水平位置，定出 B 点。若 A、B 两点重合，说明横轴是水平的，横轴垂直于竖轴，否则，需要校正。

校正：在墙上定出 A、B 两点连线的中点 M，仍以盘右位置转动水平微动螺旋，照准 M 点，转动望远镜，仰视 P 点，这时十字丝交点必然偏离 P 点，设为 P' 点。打开仪器支架的护盖，松开望远镜横轴的校正螺钉，转动偏心轴承，升高或降低横轴的一端，使十字丝交点准确照准 P 点，最后拧紧校正螺钉。

残差处理：盘左、盘右观测取平均值作为结果。

5. 光学对中器的检验与校正

当照准部水准管轴水平时，光学对中器的视线经棱镜折射后成铅垂方向，且与竖轴重合。

检验：整平经纬仪后，用对中器中心在地上标一点 O_1；照准部旋转 180°，再标出 O_2；若 O_1 与 O_2 不重合，则应校正。

校正：调节对中器的校正螺钉，使对中器中心刻划线对准 O_1O_2 连线的中点。

历年真题

13-3-1. 经纬仪有四条主要轴线，当竖轴铅垂，视准轴垂直于横轴时，但横轴不水平，这时望远镜绕横轴旋转时，则视准轴的轨迹是（　　）。(2016B9)

A. 一个圆锥面　　B. 一个倾斜面

C. 一个竖直面　　D. 一个不规则曲面

13-3-2. 已知直线 AB 方位角 $\alpha_{AB}=60°30'18''$，$\angle BAC=90°22'12''$，若 $\angle BAC$ 为左角，则直线 AC 的方位角 α_{AC} 等于（　　）。(2013B11)

A. 150°52′30″　　B. 28°51′54″　　C. 89°37′48″　　D. 119°29′42″

13-3-3. 经纬仪的操作步骤是（　　）。(2014B8)

A. 整平、对中、瞄准、读数　　　B. 对中、瞄准、精平、读数

C. 对中、整平、瞄准、读数　　　D. 整平、瞄准、读数、记录

13-3-4. 测量中的竖直角是指在同一竖直面内，某一方向线与下列何项之间的夹角（　　）。（2017B8）

A. 纵坐标轴　　B. 仪器横轴　　C. 正北方向　　D. 水平线

13-3-5. 经纬仪观测水平角时，若照准同一竖直面内不同高度的两个目标点，分别读取水平盘读数，此时两个目标点的水平度盘读数理论上应该是（　　）。（2018B8）

A. 相同的　　　B. 不相同的

C. 不一定相同　　　D. 在特殊情况下相同

答案

13-3-1.【答案】(A)

横轴和竖轴相互垂直成 90°，若竖轴铅垂，视准轴垂直于横轴，但横轴不处于水平位置，会给测量带来误差，称为横轴倾斜误差。假定横、竖轴垂直度为 i，即当仪器竖轴铅垂时，横轴相对水平位置倾斜 i^0，望远镜绕横轴旋转时，视准轴扫出的将不是铅垂面，而是圆锥面。

13-3-2.【答案】(A)

在平面直角坐标系统内，以平行于 x 轴的方向为基准方向，于某边的一个端点，从基准方向顺时针转至该边的水平角（0°～360°）称为坐标方位角。方位角又称坐标方位角，表示直线的方向，$\alpha_{AC}=\alpha_{AB}+\angle BAC=90°22'12''+60°60'18''=150°52'30''$。

13-3-3.【答案】(C)

经纬仪的操作步骤：①架设仪器：将经纬仪放置在架头上，使架头大致水平，旋紧连接螺旋。②对中：使经纬仪与测站点位于同一铅垂线上。可以移动脚架、旋转脚螺旋使对中标志准确对准测站点的中心。③整平：使仪器竖轴铅垂，水平度盘水平。④瞄准：目镜调焦使十字丝清晰，粗瞄目标，物镜调焦使目标清晰，注意消除视差，精瞄目标。⑤读数。

13-3-4.【答案】(D)

水平角是指测站点至两观测目标点分别连线在平面上投影后的夹角。竖直角是指在同一竖直面内，倾斜视线与水平线间所夹的锐角。

13-3-5.【答案】(A)

水平读数为投影读数，在照准直面内与高度无关。

第四节　距离测量和三角高程测量

一、考试大纲

卷尺量距；视距测量；光电测距

二、知识要点

距离测量是确定地面点位时的基本测量工作之一。常用的距离测量方法有钢尺量距、

视距测量和电磁波测距（表 13-4-1）。

距离测量方法种类　　表 13-4-1

方法	钢尺量距	视距测量	电磁波测距
使用工具	卷起的钢尺	经纬仪或水准仪	专门仪器
原理	用钢尺沿地面丈量，属于直接测量	利用几何光学原理测距，属于间接测距	按仪器所发射即接受光波或微波的传播速度及时间测距，属间接测距
优点	工具简单，适用于平坦地面测距	能克服地形障碍，工作方便，适用于近距离测量（200m 以内）	仪器先进，工作轻便，测距精度高，测程远，一般用于高精度的远距离测量
缺点	易受地形限制	测距精度较低，一般低于直接测量	仪器昂贵

（一）钢尺量距

钢尺尺长有 20m、30m、50m 等几种，钢尺可以放在圆形的尺壳内，也可以放在金属的尺架上，基本分划为 mm、dm 和 m，相应分划处有数字注记，以尺的前端刻线作为起点。

丈量的工具有标杆、测钎、垂球等，精密量距时还需要有弹簧秤和温度计等。

1. 直线定线

当地面上两点之间的距离较远时，用卷尺一次不能量完，此时，需要在直线方向上标定若干点，使它们在同一直线上，此项工作称为直线定线。一般情况下，可用标杆目测定线，对于较远距离，需用经纬仪来定线。

2. 距离丈量

丈量的相对误差为：

$$K=\frac{|D_{往}-D_{返}|}{D_{平均}}=\frac{1}{M} \tag{13-4-1}$$

在平坦地面，钢尺量距的相对误差一般应不大于 1/3000，在量距困难地区，相对误差不应大于 1/1000。当量距的相对误差没有超过上述精度时，可取往、返丈量的平均值作为结果。

3. 钢卷尺长度检定和尺长方程式

钢尺两端点刻画线间的标准长度称为钢尺的实际长度，尺面刻注的长度称为名义长度。

钢尺由于其制造误差、经常使用中的变形以及丈量时温度和拉力的不同的影响，使得其实际长度往往不等于名义长度，因此丈量前需对钢尺进行检定，求出其标准拉力和标准温度下的实际长度。

钢尺检定后，应给出尺长随温度变化的函数式，即为尺长方程式：

$$l=l_0+\Delta l+\alpha l_0(t-t_0) \tag{13-4-2}$$

式中　l——钢尺实际长度（m）；

　　l_0——钢尺名义长度（m）；

Δl——尺长改正值（mm）；

α——钢的膨胀系数［mm/（m·℃）］其值为0.0115～0.0125mm/（m·℃）；

t_0——丈量时的温度，又称标准温度（℃），一般取20℃；

t——丈量时的温度（℃）。

（二）钢卷尺量距的成果整理

钢尺量距时，由于钢尺长度有误差，并且量距时的温度与标准温度不同，对于量距结果应进行尺长改正、温度改正、高差改正等。

1.尺长改正

$$\Delta l_d = l\frac{\Delta l}{l_0} \tag{13-4-3}$$

2.温度改正

$$\Delta l_t = l\alpha(t-t_0) \tag{13-4-4}$$

3.高差改正

在倾斜地面沿地面丈量时，用水准仪测得两端点的高差h，则可算得该段距离的高差改正值。如果沿线的地面倾斜不是同一坡度，应分段测定高差，分段进行改正。

$$\Delta l_h = -\frac{h^2}{2l} \tag{13-4-5}$$

改正后的水平距离为：

$$D = l + \Delta l_d + \Delta l_t + \Delta l_h \tag{13-4-6}$$

钢尺量距的误差来源主要有：尺长本身的误差、温度变化的误差、拉力误差、丈量本身的误差、钢尺垂曲的误差、钢尺不水平的误差及定线误差等。

（三）视距测量

视距测量是一种光学间接测距方法，利用十字丝平面上的视距丝及水准尺，根据光学原理，测定两点间的水平距离和高差，其测定距离的相对精度为1/300，广泛应用于地形测量中。

1.视距水平时的水平距离和高差公式

$$D = kl \tag{13-4-7}$$

$$h = i - \nu \tag{13-4-8}$$

式中　k——视距常数，通常取100；

l——尺间隔，上、下视距丝读数之差；

i——仪器高；

ν——中丝读数。

2.视距倾斜时的水平距离和高差公式

$$D = kl\cos^2\alpha \tag{13-4-9}$$

$$h = D\tan\alpha + i - \nu \tag{13-4-10}$$

式中　α——视线在中丝读数为v时的竖直角。

【例13-4-1】　设测站点A的高程H_A=110.37m，仪器高i=1.43m，在视线大致水平的情况下，用竖直微动螺旋使上丝读数a=1.400m，此时下丝读数b=1.948m，严格使视线水平，读得中丝读数为ν=1.68m。计算A到B点的平距D及B点的高程H_B。

解：$D=100(b-a)=100\times(1.948-1.400)=54.8\text{m}$；

$h_{AB}=i-\nu=1.43-1.68=-0.25\text{m}$；$H_{AB}=H_A+h_{AB}=110.37-0.25=110.12\text{m}$。

（四）电磁波测距

它是利用电磁波作为载波传输信号以测量两点间距离的一种方法。

光电测距的基本原理：利用光在空气中的传播速度 C，测定它在两点间的传播时间 t，以计算两点间的距离 S，即：

$$S=\frac{1}{2}Ct \tag{13-4-11}$$

式中 C——光在空气中的传播速度，$C=\frac{C_0}{n}$，C_0 为电磁波在真空中的传播速度，$C_0=299792458\pm1.2\text{m/s}$，$n$ 为大气折射率。

脉冲法测距：直接测量仪器间断发射的脉冲信号在所测距离上往返传播的时间，代入上式计算出距离，这类仪器受脉冲宽度和电子计数器时间分辨率的限制，测距精度较低。

相位式测距：为进一步提高光电测距的精度，须采用精度更高的相位式测距。

采用周期为 T 的高频电振荡对测距仪的发射光源进行连续的振幅调制，使光强随电振荡的频率而周期性地明暗变化。根据相位差间接计算出传播时间，从而计算距离。

设信号频率为 f（每秒振荡次数），则其周期 $1/f$［每振荡一次的时间（s）］，则调制光的波长为：

$$S=\frac{\lambda}{2}\left(N+\frac{\Delta\varphi}{2\pi}\right) \tag{13-4-12}$$

式中 f——调制信号的频率；

N——调制信号变化 N 个周期；

$\Delta\varphi$——不足一个周期的相位差；

λ——调制光的波长。

测程即测距仪一次所能测得最远距离测距仪按测程分类：

① 短程测距仪——测程小于 3km；

② 中程测距仪——测程 3～15km；

③ 远程测距仪——测程 10～60km；

④ 超远程测距仪——测程 60km 以上。

测距仪按结构形式分为组合式、整体式和分离式。

电磁波测距仪的标称精度的计算公式如下：

$$m_D=\pm(A+BD) \tag{13-4-13}$$

式中 A——固定误差（mm）；

B——比例误差系数（mm/km）；

C——所测距离（km）；

m_D——测距中误差；

BD——比例误差，也可写成 Cppm，表示 1km 比例误差 C（mm），ppm 即 10^{-6}，如某仪器标称精度为 $\pm$（3mm＋3ppm），观测距离为 2500m，则测距中误差：$m_D=\pm(3\text{mm}+3\times10^{-6}\times2500000\text{mm})=\pm10.5\text{mm}$

（五）电子全站仪

电子全站仪是由电子经纬仪、光电测距仪和电子记录器组成的，可实现自动测角、自动测距、自动计算和自动记录的一种多功能高效率的地面测量仪器，可进行空间的数据采集与更新，实现测绘的数字化，其优势在于数据处理的快速与准确。可计算出放样点的方位角与该点到测距点的距离。

它可以同时进行角度（水平角、垂直角）测量和距离（斜距、平距、高差）测量，由于只要一次安置仪器便可以完成在该测站上所有的测量工作，故被称为“全站仪”。电子全站仪已广泛用于控制测量、细部测量、施工放样、变形观测等方面的测量作业中。

电子全站仪能够显示测点的角度（方向值）、距离、高差或三维坐标；拥有较大容量的内部存储器，以数据文件形式存储于已知点和观测点的点号、编码和三维坐标，拥有后方交会、放样、偏心等高级测量功能，可与计算机进行连接，实现全站仪与计算机之间的数据通信。

（六）直线定向

确定地面上两点间的平面位置关系，包括确定两点间的水平距离、确定直线的方向。

1.标准方向

（1）真子午线方向

通过地球表面某点的真子午线的切线方向称为该点的真子午线。某点真子午线方向可用天文测量、陀螺经纬仪测量的方法测出，通常用指向北极星的方向来表示近似的真子午线方向。

不同真子午线上各点的真子午线不同，并且收敛于南、北极，两真子午线方向间的夹角称为子午线收敛角。

（2）磁子午线方向

通过地球表面上某点的磁子午线的切线方向，称为该点的磁子午线方向。磁针在地球磁场的作用下，自由静止时其轴线指示的方向即为磁子午线方向，磁子午线方向可用罗盘仪测定。

不同磁子午线上各点的磁子午线方向不同，收敛于南、北极，真子午线与磁子午线之间的夹角 δ 称为磁偏角，磁子午线北端在真子午线以东为东偏，符号为正，以西为西偏，符号为负。

（3）坐标纵轴方向

我国采用高斯平面直角坐标系，其每一投影带中央子午线的投影为坐标纵轴方向，采用坐标纵轴方向作为标准方向，同一坐标系任意点的坐标轴方向都是平行的。如采用假定坐标系，则用假定的坐标轴作为标准方向。

2.表示直线方向的方法——方位角或象限角

由标准方向的北端起，顺时针量至某直线的水平夹角，称为该直线的方位角。角值在0°～360°之间。根据标准方向的不同，方位角又分为真方位角、磁方位角和坐标方位角三种。

真方位角：若以真子午线方向为标准方向，称为真方位角，采用天文量测和陀螺经纬仪量测。

磁方位角：若以磁子午线方向为标准方向，称为磁方位角，利用罗盘测定。

坐标方位角：若以坐标轴方向为标准方向，称为坐标方位角。

（1）真方位角与磁方位角之间的关系

由于在磁南、北极与地球的南、北极并不重合，因此，过地面上某点的真子午线方向与磁子午线方向常不重合，两者之间的夹角称为磁偏角 δ，则真方位角与磁方位角具有如下关系：

$$A_{真}=A_{磁}+\delta \tag{13-4-14}$$

式中 δ——东偏取正值，西偏取负值。

（2）真方位角与坐标方位角之间的关系

$$A_{真}=\alpha+\gamma \tag{13-4-15}$$

式中 α——坐标方位角；

γ——真子午线与子午线收敛角，简称子午线收敛角，在中央子午线以东地区，各点的坐标纵轴偏在真子午线的东侧取正值，偏在真子午线的西侧取负值。

（3）坐标方位角与磁方位角之间的关系

$$\alpha=A_{真}+\delta-\gamma \tag{13-4-16}$$

（4）正、反坐标方位角

若规定直线的一端量得的方位角为正方位角，则从另一端量得的方位角为反方位角，正、反方位角相差 180°，即：

$$\alpha_{12}=\alpha_{21}+180° \tag{13-4-17}$$

（5）象限角与坐标方位角的关系

直线与标准方向所夹的锐角称为象限角，以标准方向的指北端或指南端开始向东或向西计量，取值为 0°～90°，在角值前加相应的象限名称，如北东 20°。

象限Ⅰ，北东 $R=\alpha$；象限Ⅱ，南东 $R=180°-\alpha$；

象限Ⅲ，南西 $R=\alpha-180°$；象限Ⅳ，北西 $R=360°-\alpha$；

（6）坐标方位角的推算

通过已知边的方位角推测未知边的方位角，即：

$$\alpha_{前}=\alpha_{后}\mp180°\pm\beta \tag{13-4-18}$$

式中 β——为左角时取正号，减 180°；为右角时，取负号，加 180°。

历年真题

13-4-1. 用视距测量方法测量 A、B 两点高差，通过观测得尺间隔 1＝0.365m，竖直角 $\alpha=3°15'00''$，仪器高 $i=1.460$m，中丝读数 2.379m，则 A、B 两点间高差 H_{AB} 为（　）。（2012B10）

A. 1.15m　　B. 1.14m　　C. 1.16m　　D. 1.51m

13-4-2. 某双频测距仪设置的第一个调制频率为 15MHz，其光尺长度为 10m，设置的第二个调制频率为 150kHz，它的光尺长度为 1000m，若测距仪的测向精度为 1∶1000，则测距仪精度可达到（　）。（2013B10）

A. 1cm　　B. 100cm　　C. 1m　　D. 10cm

13-4-3. 用视距测量方法求 A、B 两点距离，通过观测得尺间隔 $l=0.386\text{m}$，竖直角 $\alpha=6°42'$，则 A、B 两点间水平距离为（　　）。(2014B9)

A. 38.1m　　B. 38.3m　　C. 38.6m　　D. 37.9m

13-4-4. 精度量距时，对钢尺量距的结果需要进行下列何项改正，才能达到距离测量精度要求（　　）。(2017B9)

A. 尺长改正、温度改正和倾斜改正　　B. 尺长改正、拉力改正和温度改正

C. 温度改正、读数改正和拉力改正　　D. 定线改正、倾斜改正和温度改正

答　案

13-4-1.【答案】(A)

距离测量及直线定向，视距测量是利用经纬仪、水准仪的望远镜内十字丝分划板上的视距丝在视距尺（水准尺）上读数，根据光学和几何学原理，同时测定仪器到地面点的水平距离和高差的一种方法。水平距离：$D=kl\cos^2\alpha$，高差：$h=D\tan\alpha+i-v$，式中 k——视距乘常数，取 100；α——竖直角；i——仪器中心与地面测站点竖向距离；v——目标尺中丝读数，代入已知条件得到：

$D=100\times0.365\times\cos^2(3°15')=36.3827\text{m}$，$h_{AB}=36.3827(3°15')+1.460-2.397=1.147\text{m}$。

13-4-2.【答案】(A)

光电测距仪的精度，通常用标称精度来表示：$m_D=\pm(A+BD)$，式中 A 为固定误差，B 为比例误差，D 为被测距离，因此尺精度为：$0+10\times1/1000=1\text{cm}$。

13-4-3.【答案】(A)

视距测量是利用经纬仪、水准仪的望远镜内十字丝分划板上的视距丝在视距尺（水准尺）上读数，根据光学和几何学原理，同时测定仪器到地面点的水平距离和高差的一种方法。水平距离：$D=kl\cos^2\alpha=100\times0.386\cos^2(6°42')=38.1\text{m}$。

13-4-4.【答案】(A)

钢尺量距一般分为一般量距和精密量距。钢尺精密量距的三项改正数分别为尺长改正、温度改正和倾斜改正。

第五节　测量误差基本知识

一、考试大纲

测量误差分类与特性；评定精度的标准；观测值的精度评定；误差传播定律

二、知识要点

(一) 测量误差分类与特性

误差指观测值与真值之间的差值，误差产生的原因主要有：测量仪器的构造不完善、观测者感觉器官的鉴别能力有限、外界环境与气象条件不稳定均可导致观测出现误差。

观测成果的精确程度简称为精度，观测精度取决于观测时所处的条件，依据观测条件

来区分观测值，可分为等精度观测和非等精度观测。

等精度观测：具有同样技术的人，利用同等精度的仪器，在同样外界条件下进行的观测，即观测条件相同的各次观测。

非等精度观测：观测条件不同的各次观测。

观测值与真实值之间的差值称为观测误差，也叫做真误差。

观测值与平均观测值之差称为最或是误差。

平均观测值称为最或是值，又称似真值。

在同样的观测条件下，观测误差可分为粗差、系统误差和偶然误差三类。

1. 粗差

由于观测者的粗心或各种干扰造成的特别大的误差称为粗差。如瞄错目标、读错大数等，粗差有时也称错误。

错误可以避免，包含有错误的观测值应舍弃，并重新进行观测。为防止错误的发生和提高观测成果的精度，在测量工作中，一般需要进行多于必要的观测，称为多余观测。

2. 系统误差

在相同的观测条件下，对某量进行了多次观测，若误差出现的大小和符号均相同或按一定的规律变化，这种误差称为系统误差，主要是由于仪器设备制造的不完善，系统误差具有累积性，对测量成果影响较大。

控制系统误差有三种方法：严格检验与校正仪器；选用对称观测的方法和程序加以抵消或削弱；找出产生系统误差的原因和规律。

3. 偶然误差

在相同的观测条件下，对某量进行了多次观测，若误差的符号和大小均呈现偶然性，即从表面上看误差的大小和符号没有规律性，这种误差称为偶然误差。偶然误差不能消除，只能通过改善观测条件加以控制。如观测者的估读误差、照准误差，不断变化着的温度、风力等外界环境的改变所引起的误差。

偶然误差的特性：

① 在一定观测条件下的有限次观测中，偶然误差的绝对值不超过一定的限值，即有界性；

② 绝对值较小的误差出现的频率大，绝对值较大的误差出现的频率小，即集中性；

③ 绝对值相等的正、负误差出现的频率大致相等，即对称性；

④ 当观测次数无限增大时，偶然误差的平均值的极限为零，即抵偿性。

（二）评定精度的标准

1. 中误差

在等精度观测条件下，对某一真值为 X 的物理量观测 n 次，观测值为 l_i（$i=1，2，\cdots，n$），真误差 $\Delta_i=l_i-X$，则中误差 m 为：

$$m=\pm\sqrt{\frac{\Delta_1^2+\Delta_2^2+\cdots+\Delta_n^2}{n}}=\pm\sqrt{\frac{[\Delta\Delta]}{n}} \tag{13-5-1}$$

2. 相对误差

相对误差 K 是绝对误差的绝对值与观测值 D 之比，通常以分子为 1 的分式表示：

$$K=\frac{|m|}{D}=\frac{1}{\frac{D}{|m|}} \tag{13-5-2}$$

当 m 为中误差时，上式 K 为相对中误差。

距离量测中的往返丈量相对误差：

$$K=\frac{|D_{往}-D_{返}|}{D_{平均}}=\frac{1}{\frac{D_{平均}}{|D_{往}-D_{返}|}} \tag{13-5-3}$$

3. 容许误差

以 2 倍或 3 倍中误差为容许误差。偶然误差的绝对值大于 2 倍中误差的约占误差总数的 5%，而大于 3 倍中误差的仅占误差总数 3‰，即：

$$\Delta_{允}=2m 或 3m \tag{13-5-4}$$

（三）观测值的精度评定

1. 算术平均值

在相同的观测条件下，对某个未知量进行 n 次观测，其观测值分别为 l_1，l_2，…，l_n 将这些观测值取算术平均值 $\bar{x}$，作为该量的最可靠的数值，称为最或是值：

$$\bar{x}=\frac{l_1+l_2+\cdots+l_n}{n}=\frac{[l]}{n} \tag{13-5-5}$$

2. 观测值中误差

$$m=\pm\sqrt{\frac{[vv]}{n-1}} \tag{13-5-6}$$

3. 算数平均值中误差

$$M=\pm\frac{m}{\sqrt{n}} \tag{13-5-7}$$

【例 13-5-1】 用经纬仪测量某角度 6 个测回，观测值如下，求观测值中误差、算数平均值及其中误差。

测回	观测值
1	36°50′30″
2	36°50′26″
3	36°50′28″
4	36°50′24″
5	36°50′25″
6	36°50′23″

解： 1）计算各角度观测的和，计算算数平均值 x。

$l=36°50'30''+36°50'26''+36°50'28''+36°50'24''+36°50'25''+36°50'23''=221°02'36''$

$$x=\frac{l}{n}=\frac{221°02'36''}{6}=36°50'26''$$

2）计算观测值的改正值 $\nu_i=x-l_i$，检核 $[\nu]=0$。

$\nu_1=x-l_1=36°50'26''-36°50'30''=-4''$；$\nu_2=x-l_2=36°50'26''-36°50'26''=0''$

$\nu_3=x-l_3=36°50'26''-36°50'28''=-2''$；$\nu_4=x-l_4=36°50'26''-36°50'24''=+2''$

$\nu_5=x-l_5=36°50'26''-36°50'25''=+1''$；$\nu_6=x-l_6=36°50'26''-36°50'23''=+3''$

$[\nu]=-4+0-2+2+1+3=0$

3）计算观测值中误差 m、算数平均值中误差 M。

$[\nu\nu]=(-4)^2+(0)^2+(-2)^2+(+2)^2+(+1)^2+(+3)^2=16+0+4+4+1+9=34$

$$m=\pm\sqrt{\frac{[vv]}{n-1}}=\pm\sqrt{\frac{34}{6-1}}=\pm2.6''$$

$$M=\pm\frac{m}{\sqrt{n}}=\pm\frac{2.6''}{\sqrt{6}}=\pm1.1''$$

（四）误差传播定律

在实际测量工作中，有一些需要知道的量是根据一些间接观测值用一定的数学公式（函数关系）计算而得的，阐述观测值中误差与观测值函数中误差之间关系的定律，称为误差传播定律。

1. 一般函数的中误差

设一般多元函数：

$$Z=f(x_1,x_2,\cdots,x_n) \tag{13-5-8}$$

式中，x_1，x_2，…，x_n 为独立变量，其中误差分别为 m_1，m_2，…m_n，则函数 Z 的中误差为：

$$m_z=\pm\sqrt{\left(\frac{\partial f}{\partial x_1}\right)^2m_1^2+\left(\frac{\partial f}{\partial x_2}\right)^2m_2^2+\cdots\left(\frac{\partial f}{\partial x_n}\right)^2m_n^2} \tag{13-5-9}$$

2. 线性函数和、倍函数的中误差

设线性函数：

$$Z=k_1x_1+k_2x_2+\cdots+k_nx_n \tag{13-5-10}$$

式中，k_1，k_2，…，k_n 为任意常数，x_1，x_2，…，x_n 为独立变量，其中误差分别为 m_1，m_2，…，m_n。则线性函数的中误差为：

$$m_z=\pm\sqrt{k_1^2m_1^2+k_2^2m_2^2+\cdots+k_n^2m_n^2} \tag{13-5-11}$$

如果某线性函数只有一个自变量：

$$Z=kx \tag{13-5-12}$$

则成为倍函数，其中误差为：

$$m_z=km_x \tag{13-5-13}$$

3. 和差函数的中误差

设有和差函数：

$$Z=x_1\pm x_2\pm\cdots\pm x_n \tag{13-5-14}$$

式中，x_1，…，x_n 为独立变量，其中误差为 m_1，…，m_n。则和差函数的中误差为：

$$m_z=\pm\sqrt{m_1^2+m_2^2+\cdots+m_n^2} \tag{13-5-15}$$

若和差函数各变量精度相同，则 $m_1=m_2=\cdots m_n=m$，因此，等精度自变量的和差函数的中误差为：

$$m_z = \pm m\sqrt{n} \tag{13-5-16}$$

(五) 误差传播定律的应用

① 钢尺量距的中误差 m_D 与距离 D 的平方根成正比：$m_D=\mu\sqrt{D}$（$\mu=m/\sqrt{l}$），m 为丈量一尺段的中误差，l 为一尺段长。

② 水平角观测误差，一测回角值误差：$m_\beta=m\sqrt{2}$；半测回角值中误差：$m'_\beta=m_\beta\sqrt{2}$；盘左盘右角值之差的中误差：$m_{\Delta\beta}=m'_\beta\sqrt{2}$；盘左盘右角值之差的允许误差：$m_{允}=2m_{\Delta\beta}$ 或 $3m_{\Delta\beta}$，m 为一测回方向观测值中误差。

③ 高差中误差：$m_h=m\sqrt{2}$；两次高差之差的中误差：$m_{\Delta h}=m_h\sqrt{2}$；两次高差之差的允许误差：$m_{\Delta h允许}=2m_h\sqrt{2}$ 或 $3m_h\sqrt{2}$，m 为前尺或后尺读数中误差；

④ 路线水准测量高差总和的中误差：$m_{\Sigma h}=m_h\sqrt{n}=m_d\sqrt{2n}=m\sqrt{L}$，$m_d$ 为前尺或后尺的读数中误差，n 为测站数，m 为水准路线单位长度的高差中误差，L 为水准路线长度（km）。

【例 13-5-2】 在 1∶500 地形图上量得 A、B 两点间的距离 $d=234.5$mm，中误差 $m_d=\pm0.1$mm。求 A、B 两点间的实地水平距离及其中误差 m_D。

解： $D=Md=500\times\dfrac{234.5}{1000}=117.25$m

$m_D=Mm_d=500\times\dfrac{0.1}{1000}=0.05$m，则距离的结果可写为 $D=117.25\text{m}\pm0.05\text{m}$。

【例 13-5-3】 对一个三角形观测了其中 α、β 两个角，测角中误差分别为 $m_\alpha=\pm3''$，$m_\beta=\pm4''$。按公式 $\gamma=180°-\alpha-\beta$ 求得另一个角 γ，则角 γ 的中误差 m_γ 为多少。

解： $m_\gamma=\pm\sqrt{m_\alpha^2+m_\beta^2}=\pm\sqrt{3^2+4^2}=\pm5''$。

【例 13-5-4】 $h=D\tan\alpha$，观测值 $D=120.25\text{m}\pm0.05\text{m}$，$\alpha=12°47'00''\pm30''$，求 h 的中误差 m_h。

解： $\left(\dfrac{\partial h}{\partial D}\right)=\tan\alpha\left(\dfrac{\partial h}{\partial \alpha}\right)=D\sec^2\alpha$

$$m_h=\pm\sqrt{\left(\frac{\partial h}{\partial D}\right)^2 m_D^2+\left(\frac{\partial h}{\partial \alpha}\right)^2 m_\alpha^2}=\pm\sqrt{\tan^2\alpha m_D^2+(D\sec^2\alpha)^2\left(\frac{m''_\alpha}{\rho''}\right)^2}$$

$$=\pm\sqrt{\tan^2 12°47'00''\times0.05^2+(120.25\times\sec^2 12°47'00'')^2\left(\frac{30''}{206265''}\right)^2}$$

$$=\pm0.02\text{m}。$$

【例 13-5-5】 图根水准测量中，已知每次读水准尺的中误差为 $m_i=\pm2$mm，假定视距平均长度为 50m。若以 3 倍中误差为容许误差，试求在测段长度为 L（km）的水准路线上，图根水准测量往返测得高差闭合差的容许值。

解： 每测站的高差为 $h=a-b$；

每测站的高差中误差为 $m_h=\pm\sqrt{2}m_i=\pm2\sqrt{2}$mm；

因视距平均长度为 50m，每千米可观测 10 个测站，Lkm 共观测 $10L$ 个测站，则 Lkm 高差之和为 $\sum h=h_1+h_2+\cdots h_{10L}$；

Lkm 高差之和的中误差为 $m_{\Sigma}=\sqrt{10L m_{h}}=\pm 4\sqrt{5L}$ mm；

往返高差闭合差为 $f_{h}=\sum h_{往}+\sum h_{返}$；

高差闭合差的中误差为 $m_{fh}=\sqrt{2}m_{\Sigma}=4\sqrt{10L}$ mm；

以 3 倍中误差为容许中误差，则高差闭合差的容许值为：

$f_{h容}=3m_{fh}=\pm 12\sqrt{10L}\approx 38\sqrt{L}$ mm。

历年真题

13-5-1. 测量误差来源有三类，下面表述完全正确的是（　　）。(2011B9)

A. 偶然误差、系统误差、外界环境的影响

B. 偶然误差、观测误差、外界环境的影响

C. 偶然误差、系统误差、观测误差

D. 仪器误差、观测误差、系统误差

13-5-2.“从整体到局部，先控制后碎部”是测量工作应遵循的原则，遵循这个原则的目的包括下列何项（　　）。(2013B8)

A. 防止测量误差的积累　　B. 提高观测精度

C. 防止观测值误差积累　　D. 提高控制点测量精度

13-5-3. 测量误差按其性质的不同分为两类，它们是（　　）。(2014B10)

A. 仪器误差和读数误差　　B. 观测误差和计算误差

C. 系统误差和偶然误差　　D. 仪器误差和操作误差

13-5-4. 设在三角形 A、B、C 中，直接观测了 $\angle A$ 和 $\angle B$，$m_{A}=\pm 4''$、$m_{B}=\pm 5''$，由 $\angle A$ 和 $\angle B$ 计算 $\angle C$，则 $\angle C$ 的中误差 m_{C} 为（　　）。(2016B10)

A. $\pm 9''$　　B. $\pm 6.4''$　　C. $\pm 3''$　　D. $\pm 4.5''$

13-5-5. 有一长方形水池，独立地观测得其边长 $a=30.000\pm 0.004$m，$b=25.000\pm 0.003$m，则该水池的面积 s 及面积测量的精度 m_{s} 为（　　）。(2017B10)

A. $750\text{m}^2\pm 0.134\text{m}^2$　　B. $750\text{m}^2\pm 0.084\text{m}^2$

C. $750\text{m}^2\pm 0.025\text{m}^2$　　D. $750\text{m}^2\pm 0.142\text{m}^2$

答　案

13-5-1.【答案】(A)

测量误差来源有三类：仪器误差、外界环境影响、观测误差。系统误差是指在相同条件下，多次测量同一量时，误差的绝对值和符号保持恒定或遵循一定规律变化的误差。偶然（随机）误差是指在相同条件下进行多次测量，每次测量结果出现无规则的随机性变化的误差。

13-5-2.【答案】(A)

任何测量工作都存在误差，如果从一点开始逐步测量，误差就会渐渐积累，最后会达到不可容忍的程度。所以在测绘上，讲究在测区内先选取一部分具有控制意义的点，采用

较高精度的测量手段测取这部分点的坐标，然后以这些点为基础，对测区进行测量，这样使得精度有了保障，并且测区精度分布均匀，也就是从整体到局部，整体控制，局部测量，而控制测量的精度，也是先高精度、后低精度，逐级布设。

13-5-3.【答案】(C)

测量误差按性质分主要为系统误差和偶然误差。系统误差是指在相同的观测条件下，对某一量进行一系列的观测，误差在大小、符号上表现出系统性，或者在观测过程中按一定的规律变化。偶然误差是指在相同的观测条件下，对某一量进行一系列的观测，误差在大小、符号上都表现出偶然性，即从单个误差来看，没有任何规律性，但就大量的误差的总体而言，又具有一定的统计规律。

13-5-4.【答案】(B)

和函数的中误差计算传播规律为：

$Z=x_1+x_2+\cdots x_n$，$m_z=\sqrt{(m_1^2+m_2^2+\cdots m_n^2)}$，因为 $360°-\angle C=\angle A+\angle B$，360°为常数，$360°-\angle C$ 的中误差为：$m_c=\pm\sqrt{(m_A^2+m_B^2)}=\pm 6.4''$。

13-5-5.【答案】(A)

阐述观测值中误差与观测值的函数中误差关系的定律，称为误差传播定律。

计算函数中误差的一般形式为：$m_z=\pm\sqrt{\left(\frac{\partial f}{\partial x_1}\right)^2+\left(\frac{\partial f}{\partial x_2}\right)^2 m_2^2+\cdots+\left(\frac{\partial f}{\partial x_n}\right)^2 m_n^2}$。

则误差：$m_A=\pm\sqrt{(b)^2\times m_a^2+a^2\times m_b^2}=\pm\sqrt{25^2\times 0.004^2+30^2\times 0.003^2}=\pm 0.134\text{m}^2$。

第六节　控制测量

一、考试大纲

平面控制网的定位与定向；导线测量；交会定点；高程控制测量。

二、知识要点

测绘工作应遵循“从整体体到局部”“从高级到低级”“先控制后碎步”的原则。

无论是测绘地形图还是各种工程的施工测量，必须先建立控制网，然后再通过控制点进行碎部测量或具体的施工测设。

在测区内所选定的若干控制点（具有全局控制意义的点）相互联结所构成的具有一定形状的几何图形，称为控制网，建立并测定控制点平面位置和高程的工作，称为控制测量。根据控制测量的内容不同，控制测量分为平面控制测量和高程控制测量。

（一）平面控制网的定位和定向

如图 13-6-1 所示，利用高斯分带投影的方法建立平面直角坐标系，中央子午线的方向为 X 轴，与之相垂直的方向为 Y 轴，1、2 两点的平面直角坐标分别为（x_1，y_1）和（x_2，y_2）则两点间的水平距离为：

$$D_{1,2}=\sqrt{(x_2-x_1)^2+(y_2-y_1)^2} \tag{13-6-1}$$

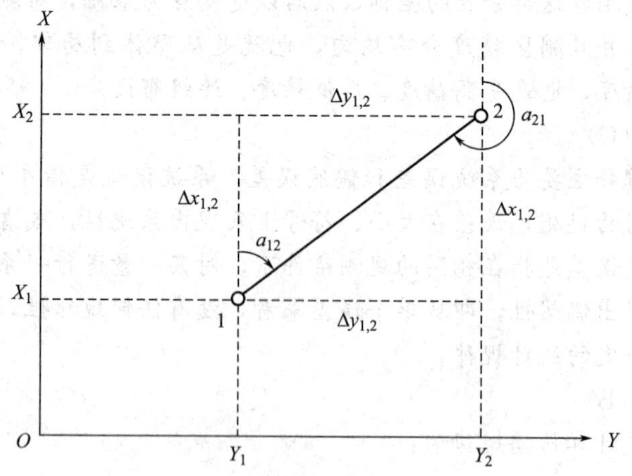

图 13-6-1

在平面直角坐标系统内，以平行于 X 轴的方向为基准方向，于某边的一个端点，从基准方向顺时针转至该边的水平角（0°～360°）称为坐标方位角（又称方向角），可按下式计算：

$$\alpha_{2,1}=\alpha_{1,2}\pm 180° \tag{13-6-2}$$

式中　$\alpha_{2,1}$、$\alpha_{1,2}$——为 1、2 两点间的正、反坐标方位角。

建立平面控制网的经典方法有导线测量和三角测量。

导线：测区内相邻控制点连成直线而构成的折线。

导线点：导线的各个控制点。

导线测量：测定各导线边的长度和各转折角值，根据起算点坐标和起始边的坐标方位角，推算各导线边的坐标方位角，从而求算各导线点坐标的测量过程。

1. 导线的布设形式

① 闭合导线：起止于同一已知点和已知方位角的导线。

② 附合导线：布设在两已知点之间的导线。

③ 支导线：从一个已知点和已知方向的导线出发，既不附和到另一已知点，又不回到原起始点的导线。

2. 导线测量外业

包括踏勘选点、建立标志、角度测量、边长测量。

（1）踏勘选点及建立标志

现场踏勘选点时，应注意下列各点：

① 点位应选在土质坚实处，便于保存标志和安置仪器；

② 相邻导线点间通视良好，地势较为平坦，便于测角和量距；

③ 等级导线点应便于加密低等级点时应用，图根点应选在视野开阔、便于测图的地方；

④ 导线各边的长度应大致相等，并应尽量避免由长边突然转到短边，相邻长边之比不应超过 3 倍；

⑤ 导线点应分布均匀、密度合理，便于控制整个测区。

导线点应分等级统一编号，以便于测量资料的管理。对于每一个导线点的位置，应量出导线点与附近固定且明显地物点的距离，并绘制草图，注明尺寸，称为点之记。

可建立临时性标志和永久性标志。

临时性标志：导线点位置选定后，要在每一点上打一个木桩，在桩顶钉一小钉，作为点的标准，也可在水泥地面上用红漆划一圆，圆内点一小点，作为临时标志。

永久性标志：需要长期保存的导线点应埋设混凝土桩，桩顶嵌入带“十”字的金属标志，作为永久性标志。

（2）导线边长测量

导线边长的丈量一般选择用检定过的钢尺丈量，对于一、二、三级导线，应按钢尺量距的精密方法丈量，采用往返丈量，相对误差不应大于1/3000。最终结果需经尺长改正、温度改正、高差改正或倾斜改正。

（3）导线转折角测量

导线的转折角是在导线点上由相邻两导线边构成的水平角。用测回法施测导线左角（位于导线前进方向左侧的角）或右角（位于导线前进方向右侧的角）。

一般在附和导线中测量导线左角，在闭合导线中均测右角。

3.导线测量内业

在外业基础上，根据起算数据，对所测数据进行平差，解算各导线边的坐标方位角及坐标增量，求取导线点的坐标。

（1）闭合导线计算

如图13-6-2所示为某一闭合导线的略图，已知点A的坐标（x_A，y_A），边的坐标方位角，需计算导线点1、2、3、4点的坐标。

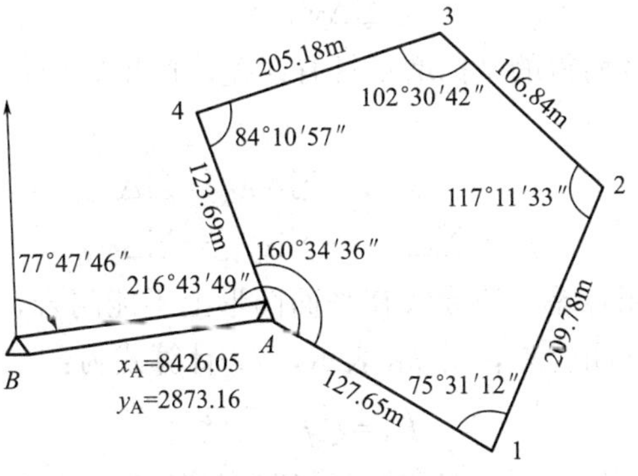

图13-6-2

1）角度闭合差（方位角闭合差）的调整

n边形内角之和应为$(n-2)\times180°$。因此，闭合导线内角β_1、β_2、…、β_n之和为：

$$\sum\beta_{理}=(n-2)\times180° \tag{13-6-3}$$

由于误差造成角之和不等于理论值，将实测的内角和与理论的内角和之差称为角度闭合差，即：

$$f_\beta=\sum\beta_{测}-\sum\beta_{理} \tag{13-6-4}$$

各等级导线有相应的导线角度闭合差容许值$f_{\beta容}$，若$f_\beta>f_{\beta容}$，需重新测定，若

$|f_β|\leqslant|f_{β容}|$，可将角度闭合差按“反其符号，平均分配”的原则，将各个观测角度进行改正，将角度闭合差反符号平均分配到各观测角上，即：

$$v_i=\frac{-f_β}{n} \tag{13-6-5}$$

$$β_{改正后}=β_{测}+v_β \tag{13-6-6}$$

改正后角度观测值之和应等于多边形内角之和的理论值，并以此进行计算的检核。

2）坐标方位角推算

可根据起始边的坐标方位角及观测的导线转折角（左角或右角）来推算未知边的坐标方位角。

右角：

$$α_{前}=α_{后}+180°-β_{右} \tag{13-6-7}$$

左角：

$$α_{前}=α_{后}+β_{左}-180° \tag{13-6-8}$$

坐标方位角的角值范围为 0～360°，无负值或大于 360°的值。若计算值大于 360°则减 360°，若计算值为负值，则加 360°。

3）坐标增量计算与增量闭合差调整

由边长丈量值和推算的方位角可求得坐标增量，即各点间坐标增量的计算式为：

$$\begin{aligned}Δx&=D\cos α\\Δy&=D\sin α\end{aligned} \tag{13-6-9}$$

闭合导线各边纵、横坐标增量代数和应分别等于零，即：

$$\begin{aligned}\sum Δx_{理}&=0\\\sum Δy_{理}&=0\end{aligned} \tag{13-6-10}$$

由边长、方位角推算而得的坐标增量具有误差，产生纵坐标增量闭合差 f_x 和横坐标增量闭合差 f_y，即：

$$\begin{aligned}f_x&=\sum Δx_{测}-\sum Δx_{理}=\sum Δx_{测}\\f_y&=\sum Δy_{测}-\sum Δy_{理}=\sum Δy_{测}\end{aligned} \tag{13-6-11}$$

由于存在坐标增量闭合差，使导线在平面图形上不能闭合，出现了一个“缺口”，该缺口的长度称为导线全长闭合差，用 f_D 表示，f_D 计算式为：

$$f_D=\sqrt{f_x^2+f_y^2} \tag{13-6-12}$$

导线全长闭合差 f_D 的大小仅仅反映了导线测量的绝对精度，不能用来衡量导线测量整体精度，因此，引入计算导线全长的相对闭合差（T），其含义为导线全长闭合差 f_D 与各导线边长之和 $\sum D$ 之比，并以分子为 1 的分式表示，即：

$$T=\frac{f_D}{\sum D}=\frac{1}{\frac{\sum D}{f_D}} \tag{13-6-13}$$

T 越小，导线测量精度越高，若 T 超过容许值，说明成果不合格，必要时重测，可将坐标增量闭合差 f_x、f_y 按照“反其符号，按边长为比例分配”的原则，将各边纵、横坐标增量进行改正，即：

$$\nu_x=\left(\frac{-f_x}{\sum D}\right)D,\nu_y=\left(\frac{-f_y}{\sum D}\right)D \tag{13-6-14}$$

改正后的坐标增量为：

$$\Delta x=\Delta x'+\nu_x,\Delta y=\Delta y'+\nu_y \tag{13-6-15}$$

4）导线点坐标推算

坐标增量经过闭合差调整后，得到各计算点的坐标，即：

$$x_{i+1}=x_i+\Delta x_{i(i+1)},y_{i+1}=y_i+\Delta y_{i(i+1)} \tag{13-6-16}$$

最后推算得到的起点坐标，其值应与原有数值相等，以此作为检核的依据。

（2）附合导线计算

附合导线计算的步骤与闭合导线完全相同。由于导线的形状、起始点和起始方位角位置分布的不同，仅是在计算导线角度闭合差和坐标增量闭合差时有所差别。

1）角度闭合差（方位角闭合差）计算

右角：

$$\sum\beta_{理}=\alpha_{始}-\alpha_{终}+n\times180° \tag{13-6-17}$$

左角：

$$\sum\beta_{理}=\alpha_{终}-\alpha_{始}+n\times180° \tag{13-6-18}$$

$$f_\beta=\sum\beta_{测}-\sum\beta_{理} \tag{13-6-19}$$

$$\nu_\beta=-\frac{f_\beta}{n} \tag{13-6-20}$$

2）坐标增量闭合差计算

$$\begin{aligned}\sum\Delta x_{理}&=x_{终}-x_{始}\\\sum\Delta y_{理}&=y_{终}-y_{始}\end{aligned} \tag{13-6-21}$$

$$\begin{aligned}f_x&=\sum\Delta x_{测}-\sum\Delta x_{理}=\sum\Delta x_{测}-(x_{终}-x_{始})\\f_y&=\sum\Delta y_{测}-\sum\Delta y_{理}=\sum\Delta y_{测}-(y_{终}-y_{始})\end{aligned} \tag{13-6-22}$$

f_x、f_y 分配原则与闭合导线相同。

4.交会定点的计算

当控制点数量不能满足工程建设需要时，可用交会的方法加以控制，交会方法有测角交会和测距交会，测角交会包括前方交会、侧方交会和后方交会。

（1）前方交会的计算

如图 13-6-3 所示，从相邻的两个已知点 A、B 向待定点 P 观测水平角 α、β，以计算待定点 P 的坐标，称为前方交会。则待定点 P 的坐标为：

$$x_P=\frac{x_A\cot\beta+x_B\cot\alpha+(y_B-y_A)}{\cot\alpha+\cot\beta}$$

$$y_P=\frac{y_A\cot\beta+y_B\cot\alpha-(x_B-x_A)}{\cot\alpha+\cot\beta} \tag{13-6-23}$$

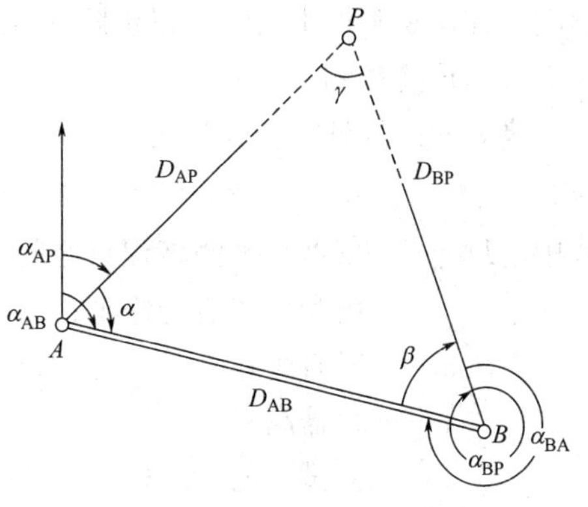

图 13-6-3

（2）测边交会的计算

如图 13-6-4 所示，从两个已知点 A、B 向待定点 P 测量边长 D_{AP}、D_{BP}，以计算待定点 P 的坐标，称为测边交会。则待定点 P 的坐标为：

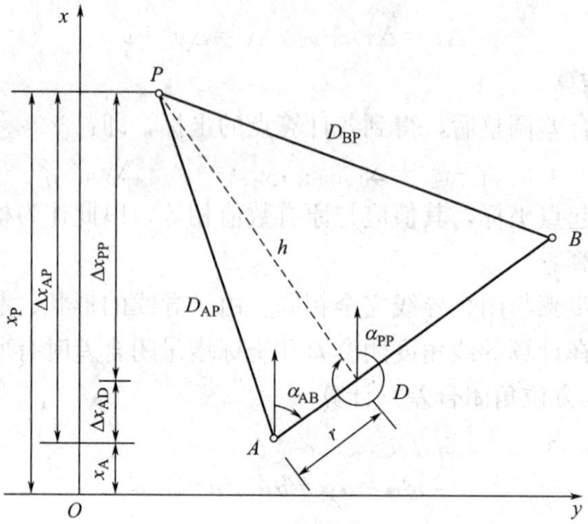

图 13-6-4

$$r=\frac{D_{AB}^2+D_{AP}^2-D_{BP}^2}{D_{AB}^2}, h=\sqrt{D_{AB}^2-r^2} \tag{13-6-24}$$

$$x_P=x_A+r\cos\alpha_{AB}+h\sin\alpha_{AB}$$
$$y_P=y_A+r\sin\alpha_{AB}-h\cos\alpha_{AB} \tag{13-6-25}$$

（二）高程控制测量

小地区高程控制测量首先布设三等或四等水准网，以满足地形图测绘和工程建设需要。三角高程测量主要用于非平坦地区。三、四等水准路线一般沿道路布设，尽量避开土质松软地段。水准点间的距离一般为 2～4km，在城市建筑区为 1～2km。水准点应选在地基稳固能长久保存和便于观测的地点。三、四等水准测量与普通水准测量方法基本相同，精度要求比普通水准高，在测量中应严格按其技术要求进行。三等水准测量采用双面尺法的观测，顺序为后黑——前黑——前红——后红。四等水准测量采用双面尺法的观测，顺序为后黑——后红——前黑——前红。后前前后的顺序可以消除或削弱水准仪下沉的误差影响，往返观测取平均值可以消除或削去水准尺下沉的误差影响。

1. 三角高程测量

高差 h_{AB} 的计算公式为：

$$h_{AB}=D_{AB}\tan\alpha+i-\nu \tag{13-6-26}$$

式中 D_{AB}——仪器与被测高程点之间的水平距离，当其大于 400m 时，高差需作地球曲率和大气折光修正；

α——竖直角；

i——仪器高；

ν——测试点的标志标高。

采用电磁波测距仪测量时，高差 h_{AB} 的计算公式可以写为：

$$h_{AB}=D'_{AB}\sin\alpha+\frac{1}{2R}(D'_{AB}\cos\alpha)^2+i-v \quad (13\text{-}6\text{-}27)$$

式中 D'_{AB}——测距仪测得的斜距；

R——地球半径；

$\frac{1}{2R}(D'_{AB}\cos\alpha)^2$——大气折光对高差的影响。

2. 图根控制测量

直接为测图建立的控制网，称为图根控制网。

历年真题

13-6-1. 在测量坐标计算中，已知某边 AB 长 $D_{AB}=78.000$m，该边坐标方位角 $\alpha_{AB}=320°10'40''$，则该边的坐标增量为（ ）。(2011B10)

A. $\Delta X_{AB}=+60$m；$\Delta Y_{AB}=-50$m

B. $\Delta X_{AB}=-50$m；$\Delta Y_{AB}=+60$m

C. $\Delta X_{AB}=-49.952$m；$\Delta Y_{AB}=+59.907$m

D. $\Delta X_{AB}=+59.907$m；$\Delta Y_{AB}=-49.952$m

13-6-2. 图根平面控制可以采用图根导线测量，对于图根导线作为首级控制时，其方位角闭合差应符合下列规定（ ）。(2014B11)

A. 小于 $40''\sqrt{n}$　B. 小于 $45''\sqrt{n}$　C. 小于 $50''\sqrt{n}$　D. 小于 $60''\sqrt{n}$

13-6-3. 导线测量的外业工作在踏勘选点工作完成后，然后需要进行下列何项工作？（ ）(2016B11)

A. 水平角测量和竖直角测量　B. 方位角测量和距离测量

C. 高程测量和边长测量　D. 水平角测量和边长测量

答 案

13-6-1.【答案】(D)

已知边长丈量值和坐标方位角可求坐标增量。

$\Delta X=D\cos\alpha$，$\Delta Y=D\sin\alpha$，代入 $D=78.000$m，$\alpha=320°10'40''$，得

$\Delta X=+59.907$m，$\Delta Y=-49.952$m

13-6-2.【答案】(A)

图根导线测量的主要技术要求应符合下表的规定，图根导线测量宜选用 6″级仪器测回测定水平角，由表可知，图根导线测量作为首级控制时，方位角闭合差应小于 $40''\sqrt{n}$。

图根导线测量的主要技术要求

导线长度/m	相对闭合差	测角中误差(″)		方位角闭合差(″)	
		一般	首级控制	一般	首级控制
$\leqslant \alpha M$	$\leqslant 1/2000\alpha$	30	20	$60\sqrt{n}$	$40\sqrt{n}$

13-6-3.【答案】（D）

导线测量的外业工作包括：踏勘选点、建立标志、导线边长测量、导线转折角（水平角）测量和导线连接测量等。

第七节　地形图测绘

一、考试大纲

地形图基本知识；地物平面图测绘；等高线地形图测绘。

二、知识要点

（一）地形图基本知识

平面图：将地面上各种地物的平面位置按一定比例尺，用规定的符号和线条缩绘在图纸上，并注有代表性的高程点。

地形图：按一定的比例尺描绘地物和地貌的正射投影图。

地物：地面上有明显轮廓的自然形成或人工构筑的物体，如河流、湖泊、房屋、道路等。

地貌：地面上高低起伏形态，如山岭、谷地、陡崖等。

1. 地形图的比例尺

地形图上任意一段长度与地面上相应线段的实际水平长度之比，称为地形图比例尺。分为数字比例尺和图示比例尺。

（1）数字比例尺

数字比例尺是用分子为 1，分母为整数的分数表示，即：

$$\frac{l}{L}=\frac{1}{M} \tag{13-7-1}$$

式中　M——地形图比例尺的分母，M 值越小，比例尺越大。

某种比例尺地形图上 0.1mm 所对应的实地投影长度，称为这种比例尺地形图的最大精度，或称为这种地形图的比例尺精度。计算式为：$0.1\text{mm}\times M$，其中，l 为地形图上某线段的长度；L 为实地相应的投影长度。

（2）图示比例尺

直线比例尺是最常见的图示比例尺。用一定长度的线段表示图上的长度，且按它所对应的实地长度进行注记。

地形图按比例尺分类可分为以下几种：

① 大比例尺地形图——1∶500、1∶1000、1∶2000、1∶5000；

② 中比例尺地形图——1∶1 万、1∶2.5 万、1∶5 万、1∶10 万；

③ 小比例尺地形图——1∶20 万、1∶50 万、1∶100 万。

2. 地形图图式

地形图图式是由国家测绘局统一制定的地物、地貌符号的总称，地形图图式分为：地物符号、地貌符号和注记符号。

（1）地物符号

地物符号分为比例符号、非比例符号和半比例符号。

1）比例符号

当地物的轮廓尺寸较大时，常按测图的比例尺将其形状大小缩绘到图纸上，绘出的符号称为比例符号，如一般的房屋、简易房屋等符号。

2）非比例符号

无法按比例绘在图上的地物。

3）半比例符号

长度依比例，宽度不依比例。

（2）地貌符号

等高线是常见的地貌符号。等高线是指地面上高程相等的相邻点所连接而成的闭合曲线。但对梯田、峭壁、冲沟等特殊的地貌，不便用等高线表示时，可根据地形图图式绘制相应的符号。

（3）地物注记

用文字、数字或特定的符号对地物加以说明或补充，称为地物注记，如房屋的结构和层数、地名、路名、单位名、等高线高程和散点高程以及河流的水深、流速等。

（4）等高线

地面上高程相等的相邻点所连接而成的一条闭合曲线。相邻等高线之间的高差，称为等高距，用 h 表示，同一幅地形图上，各处等高距相同。

相邻等高线之间的水平距离称为等高线平距，以 d 表示，h 与 d 的比值为地面坡度 i，以百分率表示，向上为正，向下为负，即：

$$i=\frac{h}{d} \tag{13-7-2}$$

1）典型地貌的等高线

① 山头和洼地。

山头与洼地的等高线都是一组闭合曲线，但它们的高程注记不同。内圈等高线的高程注记大于外圈者为山头；反之，小于外圈者为洼地。

也可以用坡线表示山头或洼地，示坡线是垂直于等高线的短线，泳衣指示坡度下降的方向。

② 山脊和山谷。

山的最高部分为山顶，有尖顶、圆顶、平顶等形态，尖峭的山顶叫山峰。山顶向一个方向延伸的凸出棱部分称为山脊。山脊的最高点连线称为山脊线。山脊等高线表现为一组凸向低处的曲线。

相邻山脊之间的凹部是山谷。山谷中最低点的连线称为山谷线，山谷等高线表现为一组凸向高处的曲线。

在山脊线上，雨水会以山脊线为分界线而流向山脊的两侧，所以山脊线又称为分水线。在山谷中，雨水由两侧山坡汇集到谷底，然后沿山谷线流出，所以山谷线又称为集水线。山脊线和山谷线称为地性线。

③ 鞍部。

鞍部是相邻两山头之间呈马鞍形的低凹部位。它的左右两侧的等高线是对称的两组山脊线和两组山谷线。鞍部等高线的特点是在一圈大的闭合曲线内，套有两组小的闭合曲线。

④ 陡崖和悬崖。

陡崖是坡度在70°以上或为90°的陡峭崖壁，若用等高线表示将非常密集或重合为一条线，可采用陡崖符号表示。

悬崖是上部突出、下部凹进的陡崖。上部的等高线投影到水平面时，与下部的等高线相交，下部凹进的等高线用虚线表示。

2）等高线的分类

① 首曲线（又称基本等高线）：即按基本等高距测绘的等高线。

② 计曲线（又称加粗等高线）：每隔四条首曲线加粗描绘的一根等高线。

③ 间曲线（又称半距等高线）：是按1/2基本等高距测绘的等高线，以便显示首曲线不能显示的地貌特征。

④ 助曲线：如采用了间曲线仍不能表示较小的地貌特征时，则应当在首曲线和间曲线之间加绘助曲线。其等高距为基本等高距的1/4，一般用短虚线表示。

3）等高线特性

① 同一条等高线上各点的高程相等。

② 等高线是一条闭合曲线，不能中断，如果不在同一幅图内闭合，则必在相邻的其他图幅内闭合。

③ 等高线只有在绝壁或悬崖处才会重合或相交。

④ 等高线与山脊线、山谷线正交。

⑤ 在同一幅地形图上的等高距相同。因此，等高线平距大（等高线疏），表示地面坡度小（地形平坦）；等高线平距小（等高线密），表示地面坡度大（地形陡峻）。

3.地形图分幅和编号

地形图的分幅分为两类：一类是按经纬线分幅的梯形分幅法，用于中、小比例尺的国家基本图的分幅；另一类是按坐标格网分幅的矩形分幅法，用于城市大比例尺图的分幅。

地形图按矩形分幅时常用的编号方法为图幅西南角坐标编号法，以每幅图的图幅西南角坐标值x、y的千米数作为该图幅的编号，如西南角：$x=3052.3$km，$y=5230.5$km，则其编号为：3052.3－5230.5。

4.图廓

它是地形图的边界线，分为内、外图廓。内图廓线即为地形图分幅时的坐标格网经纬线。外图廓线是距内图廓线以外一定距离绘制的加粗平行线，仅起装饰作用。

5.图名、图号、接图表

图名：本幅图的名称，以所在图幅内最著名的地名、厂矿企业和村庄的名称命名。

图号：根据地形图分幅和编号方法编定的，并把图名、图号标注在图廓上方的中央。

接图表：用于说明本幅图与相邻图幅的关系，供索取相邻图幅时用，绘注在图廓左上方。

（二）地物平面图测绘

使用地物符号将地物的平面位置描绘成图，称为地物平面图。描绘地物的仪器为平板仪，大比例尺一般用小平板仪。平板仪是在野外直接测绘地形图的一种仪器，可同时测定地面点的平面位置和高程。

如图 13-7-1 所示，采用极坐标法测定地物点时，平板经过对点、整平、定向后，将照准仪的直尺靠于图上的测站点 a，瞄准屋角 1，按直尺边画出方向线。同时用测距仪或卷尺量出控制点 A 至地物点 1 的水平距离，按测图比例尺在方向线上从 a 点量取这段距离，在图纸上得到地物点 1 的位置。按照同样的方法测绘其他房角点 2、3 等。通过全站仪可以对数据进行采集，利用它与计算机之间的接口，将数据信息输入计算机内部，由计算机进行绘图、管理和输出。

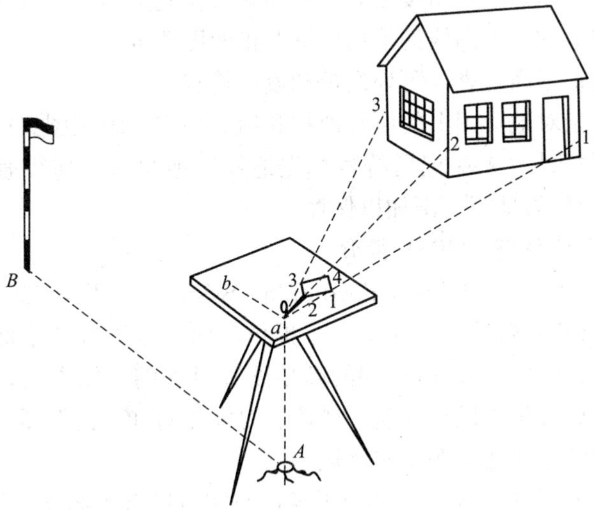

图 13-7-1

地物点应选在地物轮廓线的转折点，称为地物特征点。地物点测定方法有极坐标法、方向交汇法、距离交汇法、直角坐标法、方向距离交汇法。地物描绘应按碎部点相连接而成或用图式规定的符号表示。

地貌点应选在地貌特征点上。地貌点的测定，其平面位置与地物平面图测绘方法相同，可用视距法测定其高程，注记于点位旁。

（三）高程点的测定

在平坦地区的地物平面图上，主要是表示出地物平面位置的相互关系，但地面各处仍有一定的高差，因此还需要在平面图上加测某些离散点高程，称为高程注记点（简称高程点）。

根据图根控制点高程，用水准测量的方法测定高程点的高程或用经纬仪加测距仪测定。

（四）等高线地形图测绘

1. 碎部点的选择

碎部点的正确选择是保证成图质量和提高测图效率的关键。应选在地物和地貌特征点上。地物特征点就是地物轮廓的方向变化点；地貌特征点就是坡度变化点。地性线（山脊线、山谷线）是地貌形态的骨架，必须认真测绘。地面平坦或坡度无明显变化的地区，应保证碎部点有一定的密度。

2. 等高线勾绘

在地形图上，为能详尽地表示地貌的变化情况，又不使等高线过密而影响地形图的清晰，等高线必须按规定的间隔进行勾绘，称为基本等高距。

对于不能用等高线表示的地形，例如悬崖、峭壁、土坎、土堆、冲沟等，应用地形图图式所规定的符号表示。

勾绘等高线时，先根据同一地性线上两相邻点之高差，按等坡度的平距与高差成正比的关系，内插出两点间能通过的各等高线的位置，然后将高程相同的点对照地形变化连成等高线。

3. 地形图的拼接、检查与整饰

地形图的拼接：在相邻图幅衔接处的地物和地貌应完全吻合，当误差符合接边限差要求时，取相邻图幅的地物和等高线的平均位置改正两图即可。

地形图的检查包括图面检查、野外巡视和设站检查。

地形图的整饰是指对地形图上的所有地物和地貌均应按国家图式的规定绘制，整饰的次序是先图框内后图框外，先注记后符号，先地物后地貌（等高线通过注记和地物应断开），整饰后的地形图作为地形原图加以保存。

（五）全球卫星定位系统（GPS）简介

全球卫星定位系统 GPS（Global Positioning System），于 1973 年由美国组织研制，1993 年全部建成。GPS 最初是为海陆空三军提供实时、全天候和全球性的导航服务。随着 GPS 定位技术的高度自动化及所达到的高精度和巨大的应用潜力，引起了广大测绘科技界的极大兴趣，现已应用于民用导航、测速、时间比对和大地测量、工程勘测、地壳监测、航空与卫星遥感、地籍测量等众多领域。

GPS 全球卫星定位系统主要由三部分组成：空间卫星组成部分、若干地面站组成的控制部分和以接收机为主体的广大用户部分。

空间卫星部分：由 24GPS 卫星组成，平均分布在 6 个轨道面内，主要接收地面注入站发送的导航电文和其他信号，向广大用户发送 GPS 导航定位信号，并用电文的形式提供卫星自身的概略位置，以便用户接收使用。

地面监控部分：负责监控全球定位系统的工作，包括主控站（1 个）、监控站（5 个）和注入站（3 个）。主要调整卫星的运行轨道，监控每个卫星的使用状况，统一卫星的时间，收集有关信息并对其处理等。

用户部分：包括 GPS 接收机硬件、数据处理软件和微处理机及其终端设备等。主要功能是跟踪接收 GPS 卫星发射的信号进行交换、放大和处理。

全球卫星定位系统具有用途广泛、自动化程度高、观测速度快、定位精度高、经费节省和效益高的应用特点。

GPS 具有绝对定位和相对定位两种定位原理。

绝对定位：利用 GPS 确定用户接收机线在 WGS-84 坐标系中的绝对位置，广泛应用于导航和大地测量中的单位定位。

相对定位：用两条接收机分别安置在基线两端，并同步观测相同的 GPS 卫星，以确定基线端点在世界地球坐标系中的相对位置，广泛应用于大地测量、精密工程测量和地球动力学的研究。

GPS 应用于控制测量、工程变形监测、海洋测绘、交通运输和军事工程等方面。

历年真题

13-7-1. 地形图是按一定比例、用规定的符号表示下列哪一项的正射投影图（　　）。(2012B11)

A. 地物的平面位置　　B. 地物地貌的平面位置和高程

C. 地貌高程位置　　D. 地面高低状态

13-7-2. 某城镇需测绘地形图，要求在图上能反映地面上 0.2m 的精度，则采用的测图比例尺不得小于（　　）。(2018B10)

A. 1∶500　　B. 1∶1000　　C. 1∶2000　　D. 1∶100

13-7-3. 同一张地形图上等高距是相等的，则地形图上陡坡的等高线是（　　）。(2018B12)

A. 汇合的　　B. 密集的　　C. 相交的　　D. 稀疏的

答　案

13-7-1.【答案】(B)

地形图指的是地表起伏形态和地物位置、形状在水平面上的投影图。具体来讲，将地面上的地物和地貌按水平投影的方法（沿铅垂线方向投影到水平面上），并按一定的比例尺缩绘到图纸上，这种图称为地形图。只有地物、不表示地面起伏的图称为平面图。地形图上的每个点位需要的三个基本要素：方位、距离和高程。同时这三个基本要素还必须有起始方向、坐标原点和高程零点作依据。

13-7-2.【答案】(B)

四等前后视距差不超过 5m。

13-7-3.【答案】(B)

地形图中的等高线越密、坡度越陡，等高线越舒、坡度越缓。

第八节　地形图应用

一、考试大纲

地形图应用的基本知识；建筑设计中的地形图应用；城市规划中的地形图应用

二、知识要点

地形图主要用于地质勘探、矿山开采、城市用地分析、城市规划和工程建设。

（一）地形图应用的基本内容

1. 确定点的平面坐标

如图 13-8-1 所示，求 A 点坐标，可通过 A 点作坐标格网的平行线 mn、pq，按图的

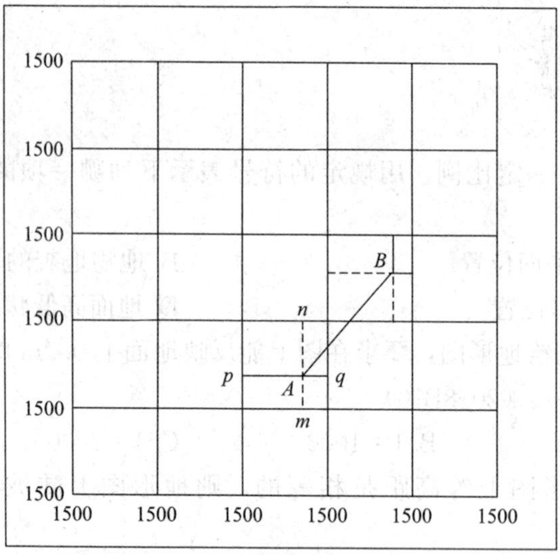

图 13-8-1

比例尺量出 mA 和 pA 的长度，

则

$$x_A = x_0 + mA$$
$$y_A = y_0 + pA \tag{13-8-1}$$

式中　x_0、y_0——该点所在方格西南角点的坐标（图中，$x_0 = 500\text{mm}$、$y_0 = 1200\text{mm}$）。

考虑图纸伸缩影响，需量出该点所在方格的实际长宽 mn、pq。若 mn 和 pq 不等于坐标格网的理论长度 l（一般为图上 10cm），则 A 点的坐标应按下式计算：

$$x_A = x_0 + \frac{l}{mn} mA$$
$$y_A = y_0 + \frac{l}{pq} pA \tag{13-8-2}$$

2. 确定两点间的水平距离

确定图上 A、B 两点间的水平距离 D，已知 A（x_A、y_A）、B（x_B、y_B），则 A、B 两点间的水平距离 D 为：

$$D_{AB} = \sqrt{(x_B - x_A)^2 + (y_B - y_A)^2} \tag{13-8-3}$$

3. 确定直线的坐标方位角

如图 13-8-1 所示，求直线 AB 的方位角，已知 A（x_A、y_A）、B（x_B、y_B），则 AB 边方位角为：

$$\alpha_{AB} = \arctan\left(\frac{y_B - y_A}{x_B - x_A}\right) \tag{13-8-4}$$

4. 确定点的高程

等高线上点的高程，等于该等高线的高程；不在等高线上点的高程，用内插方法求得。

5. 确定两点间的坡度

已知相邻两点间的水平距离 D 和高差 h 后，则两点间的地面坡度（i）的计算公式如下，一般用百分率表示：

$$i=\tan\alpha=\frac{h}{D} \tag{13-8-5}$$

式中　α——地面两点连线相对于水平线的倾角。

（二）工程建设中的地形图应用

1. 绘制地形断面图

在进行道路、隧道、管线等工程设计时，往往需要了解两点之间的地面起伏情况，这时，可根据等高线地形图来绘制断面图。

如图 13-8-2（a）所示，在地形图上作 A、B 点的连线，与各等高线相交，各交点的高程即各等高线的高程，而各交点与 A 点或 B 点的水平距离可在图上用比例尺量得。作地形断面图时，先在毫米方格纸上画出两条相互垂直的轴线（图 13-8-2b），以横轴 Ad 表示平距，以纵轴 AH 表示高程。在地形图上量取 A 点至各交点及地形特征点 a 和 b 的平距，并把它们分别转绘在横轴上，以相应的高程作为纵坐标，得到各交点在断面上的位置。连接这些点，即得到 AB 方向上的地形断面图。

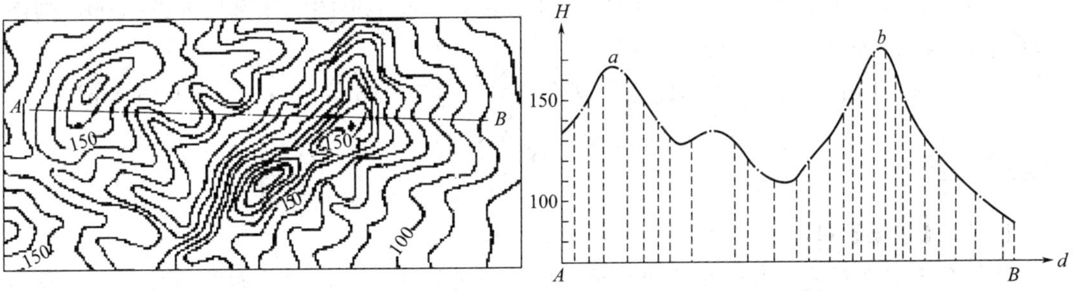

图 13-8-2

2. 确定汇水范围

汇水面积是指降雨时有多大面积的雨水汇集起来，并通过桥涵排泄出去。汇水范围的边界线是由一系列的分水线连接而成的山脊线通过鞍部用虚线连接起来，可得到汇水范围。

3. 确定填挖边界线和土方量计算

① 在地形图上绘方格网。

② 计算场地的设计高程。

③ 绘制设计等高线，求各方格顶点的设计高程。

④ 确定填、挖方边界。

⑤ 计算挖、填方高度。

⑥ 计算填、挖方量。

（三）地形图在城市规划中的应用

1. 地形图在城市用地地形分析中的应用

根据城市各项建设对地形的要求，应进行如下的地形分析：在地形图上标明分水线

(山脊线)、集水线（山谷线）和地面流水方向；划分不同坡度的地段；特殊地段包括冲沟、坎地、沼泽地等的调查与分析。

2. 地形图在建筑设计中的应用

充分结合地形确定建筑群体的布置方案；考虑服务半径与服务高差进行服务性建筑的布置，在山地或丘陵地结合风向与地形的关系考虑建筑分区和布置；根据地貌的坡度和坡向，密切结合建筑布置形式和朝向，确定合理的建筑日照间距。

历年真题

13-8-1. 在比例尺为 1∶2000 的地形图上丈量得某地块的图上面积为 250cm^2；则该地块的实际面积为（　　）。(2011B11)

A. 0.25km^2　　B. 0.5km^2　　C. 25km^2　　D. 150 亩

13-8-2. 同一张地形图上等高距是相等的，则地形图上陡坡的等高线是（　　）。(2012B12)

A. 汇合的　　B. 密集的　　C. 相交的　　D. 稀疏的

13-8-3. 由地形图上测得某草坪面积为 632mm^2，若此地形图的比例尺为 1∶500，则该草坪实地面积 S 为（　　）。(2017B12)

A. 316m^2　　B. 31.6m^2　　C. 158m^2　　D. 15.8m^2

答　案

13-8-1.【答案】(D)

比例尺是图上距离与实际距离的比值，它是距离的换算。该题是面积的计算，实际面积＝图上面积÷比例尺的平方。1 亩＝666.7m^2，代入计算实际面积＝250÷(1/2000)^2＝100000m^2＝150 亩。

13-8-2.【答案】(B)

地形图指的是地表起伏形态和地物位置、形状在水平面上的投影图。具体来讲，将地面上的地物和地貌按水平投影的方法（沿铅垂线方向投影到水平面上），并按一定的比例尺缩绘到图纸上，这种图称为地形图。等高线是地面上高程相等的各相邻点所连成的闭合曲线。用等高线来表示地面高低起伏的地图，称为等高线地形图，在等高线地形图中，根据等高线不同的弯曲形态，就可以看出地表形态的一般状况。表示时可不闭合，但应表示至基本等高线间隔较小、地貌倾斜相同的地方为止。等高线呈封闭状时，等高线高度是外低内高，表示为凸地形（如山峰、山地、丘顶等），等高线高度是外高内低，表示的是凹地形（如盆地、洼地等）。等高线向高处弯曲的部分表示为山谷，等高线向低处凸出处为山脊。数条高程不同的等高线相交一处时为陡崖，并在图上绘有陡崖图例。由一对表示山谷与一对表示山脊的等高线组成的地形部位为鞍部。等高线密集的地方表示该处坡度较陡，等高线稀疏的地方表示该处坡度较缓。等高距是指地形图上相邻两条等高线的高差，大小随地图比例尺的大小而确定。

13-8-3.【答案】(C)

地形图的比例尺是指图上任一线段的长度与其相对应地面上的实际水平长度之比。此地形图的比例尺为 1∶500，则该草坪的实际面积为：$S=632\times500\times10^{-3}\times500\times10^{-3}=158\text{m}^2$。

第九节　建筑工程测量

一、考试大纲

建筑工程控制测量；施工放样测量；建筑安装测量；建筑工程变形观测

二、知识要点

(一) 建筑工程控制测量

施工测量必须遵循“先控制后碎部”的原则，因此施工以前，在建筑场地上要建立统一的施工控制网。在勘测阶段所建立的测图控制网，可在施工测量放样时使用。

建立施工控制网，将图纸上设计的建筑物、构筑物的平面位置和高程，按照设计要求，以一定的精度测设到实地上，据此施工，称为施工放样。竣工运营阶段需测绘竣工图和监测建筑物稳定性，称为变形观测。

1.建筑工程平面控制网

一般有建筑基线、建筑方格网、导线网和多边形网等多种形式。

建筑方格网应根据建筑设计总平面图上的建筑物（构筑物）及各种管线的布置情况并结合现场地形拟定。设计时先选定建筑方格网的主轴线，后设计其他方格点。方格网可设计成方形或矩形，当场区面积较大时，可布设成两级，首级采用“+”、“口”等形式，然后加密方格网。

当建筑面积不大，结构又不复杂，只需布置成一条或几条基线作为平面控制，称为建筑基线，建筑基线应靠近建筑物并与其主要轴线平行，可布设成三点直线形、三点直角形、四点丁字形和五点十字形，基线点数不少于 3 个。

当建立方格困难时，常用导线网作为施工测量的平面控制网。

2.建筑工程高程控制网

建筑场地上的高程控制采用水准网，水准点应布设在场地平整范围以外土质坚实的地方，并埋设成永久性标志。

首级控制为基础，布设成闭合、附和水准路线的加密控制。加密点的密度应尽可能满足安置一次仪器即可测设出所需的高程点的要求，其点可埋设成临时标志，也可在方格网点桩面上中心点旁边设置一个突出的半球形标志。

一般建筑场地高程控制采用四等水准测量，但对于大型连续生产的车间、下水管道或建筑物间高差关系要求严格的建筑物场地，需采用三等水准测量。为测设方便和减小误差，在建筑物内部或附近专门设置±0 水准点。注意设计中各建筑物的±0 水准点的高程不一定相等。

（二）施工放样测量

1.测设已知的水平距离

（1）钢尺法

根据钢尺的尺长改正值、地面倾斜（两端的高差），场地温度进行改正，按设计的水平长度 D 和三项改正求出在实地应量的长度 D'，即：

$$D'=D-\Delta l_{d}-\Delta l_{t}-\Delta l_{h} \tag{13-9-1}$$

（2）测距仪法

测设时，在 A 点安置仪器，按施测时的气温、气压在仪器上设置改正值，瞄准 AC 方向，指挥棱镜前后移动，测得设计所指定的数值，即可定出 B 点。

2.测设已知数值的水平角

按已知的水平角值和地面上已有的一个已知方向，把该角的另一个方向测设到地面上，测设方法采用多测回修正法。

如图 13-9-1 所示，在 A 点安置经纬仪，欲测设出 β 角，则先在地面上定出 C_1 点；多次测回法较精确测出$\angle BAC_1=\beta_1$，测定的 β_1 与给定的预测设的 β 角相差 $\Delta\beta$，根据 AC_1 的长度和 $\Delta\beta$ 可计算出垂直距离 C_1C，$C_1C=AC_1\tan\Delta\beta=AC_1\times\frac{\Delta\beta}{\rho''}$。

3.测设已知高程

（1）在地面测设已知高程

如图 13-9-2 所示，已知 A 点高程为 H_A，通过引测在 B 点标定出已知高程为 H_B 的位置。

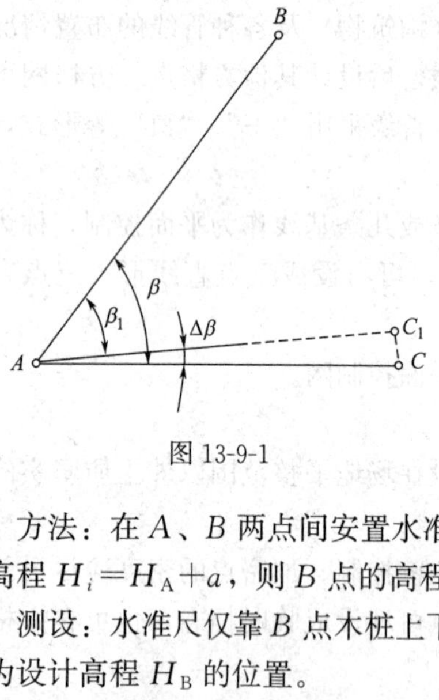

图 13-9-1

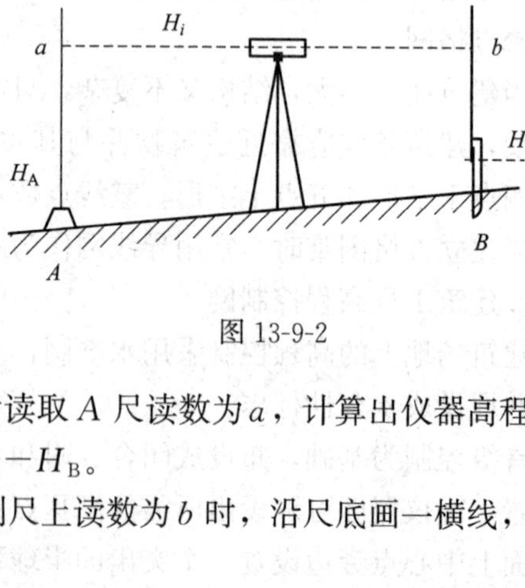

图 13-9-2

方法：在 A、B 两点间安置水准仪，精平后读取 A 尺读数为 a，计算出仪器高程的视线高程 $H_i=H_A+a$，则 B 点的高程应为 $b=H_i-H_B$。

测设：水准尺仅靠 B 点木桩上下移动，直到尺上读数为 b 时，沿尺底画一横线，此线即为设计高程 H_B 的位置。

（2）在顶板测设已知高程

如图 13-9-3 所示，已知 A 点高程为 H_A，B 点待测设高程 H_B 的位置。

由 $H_B=H_A+a+b$，可知 B 点应有的标尺读数为 $b=H_B-(H_A+a)$。

测设：将水准尺倒立并靠近 B 点木桩上下移动，指导尺上读数为 b 时，在尺底画出设

计高程 H_B 的位置。

（3）在基坑中测设已知高程

当测设的高程点与水准点之间的高差很大时，可用悬挂钢尺的方法进行测设。如图 13-9-4 所示，已知水准点 A 的高程为 H_A，B 点为待测设高程。

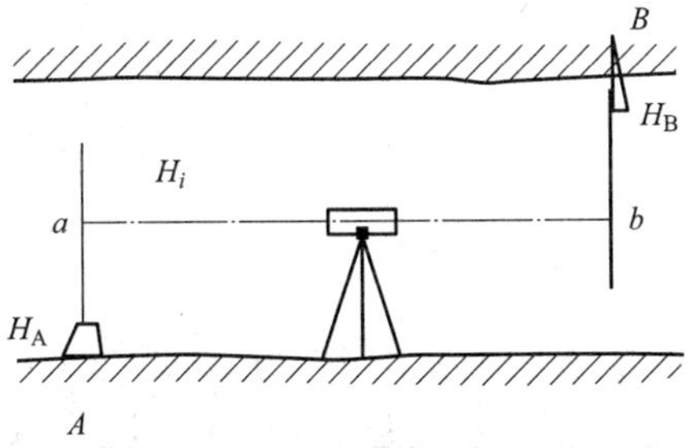

图 13-9-3

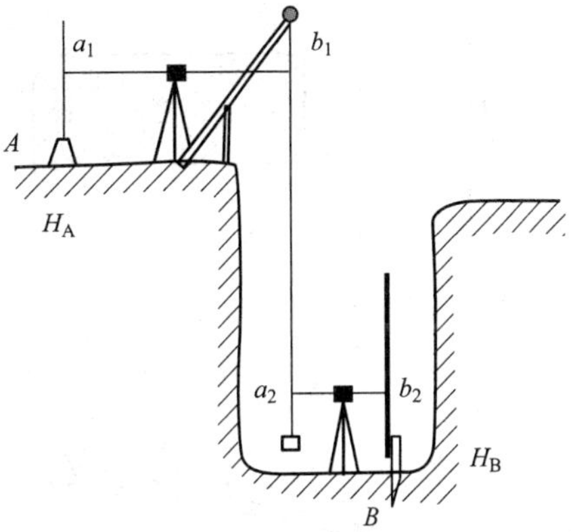

图 13-9-4

钢尺悬挂在支架上，零端向下并挂一重物，由 $H_B-H_A=(a_1-b_1)+(a_2-b_2)$ 得 $b_2=a_2+(a_1-b_1)-h_{AB}$，在地面和基坑中安置水准仪，对 A 点尺上读数为 a_1，对钢尺的读数为 b_1；在坑内放仪器时对钢尺读数为 a_2，当 B 点尺上的读数为 b_2 时，在尺底画出设计高程 H_B 的标志线。

（4）测设平面点位

点的平面位置测设：根据已知点和待测设点的坐标，反算出测设数据，利用上述测设水平角和平距的方法标定出设计点位。

1）直角坐标法

适用条件：已有建筑基线或建筑方格网。如图 13-9-5 所示，根据控制点 A 和待测点 1、2 的坐标，反算 Δx_{A1}，Δy_{A1}，Δx_{12}，在 A 点安置经纬仪，照准 C 点，测设平距 Δy_{A1} 定出 $1'$点，安置经纬仪于 $1'$点，盘左照准 C 点，转 90°给出视线方向，分别测设平距 Δx_{A1}、Δx_1 定 1、2 两点。同理，盘右再定 1、2 两点，取 1、2 两点中点即为所求点。

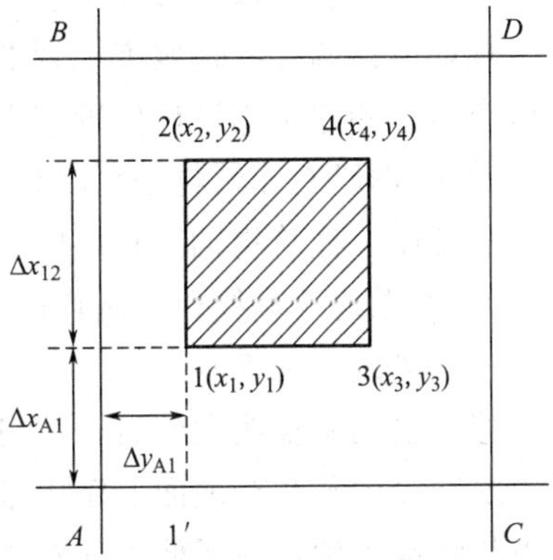

图 13-9-5

2）极坐标法测设点位

它是测设点位最常用的方法。如图 13-9-6 所示，根据已知点 A、B 和测设点 1、2 坐标，反算测设数据 D_1、β_1、D_2、β_2。

经纬仪安置在 A 点，测设水平角 β_1、β_2，定出 1、2 点方向，沿此方向测设平距 D_1、D_2，则可在地面测设出 1、2 两点。

3）角度变会法

当不便量距或测设点位远离控制点时，采用角度交会法。如图 13-9-7 所示，根据控制

点 A、B 和测设点 1、2 坐标，反算测设数据 β_{A1}、β_{A2}、β_{B1}、β_{B2}，将经纬仪安置在 A 点，定出 $A1$、$A2$ 方向线，并在其方向线上的 1、2 两点附近分别打上两个木桩，桩上钉小钉以表示此方向，并用细线拉紧。在 B 点，同法定出 $B1$、$B2$ 方向线，根据 $A1$、$B1$、$A2$、$B2$ 方向线分别交出 1、2 两点。

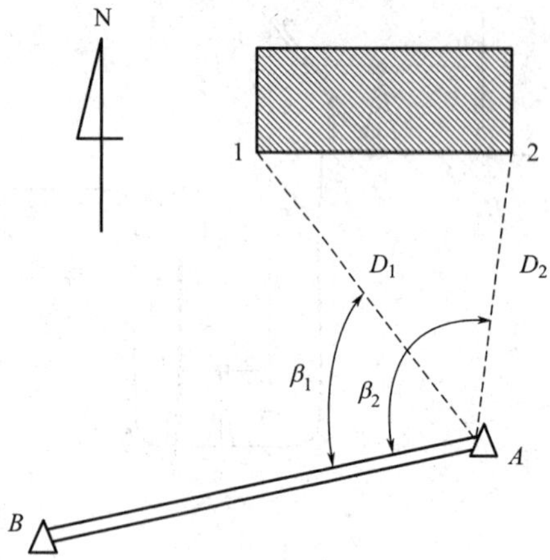

图 13-9-6

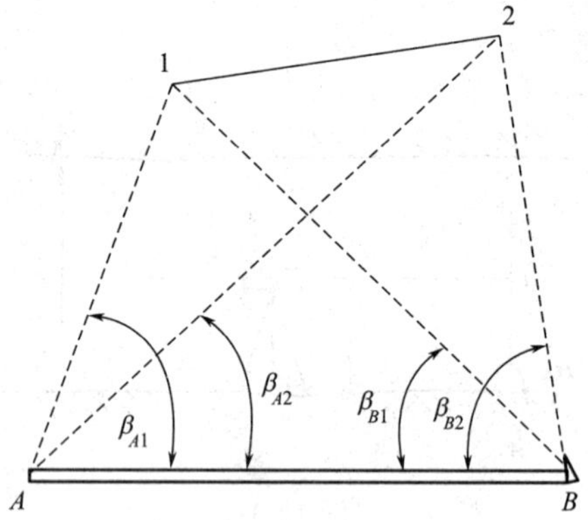

图 13-9-7

4）距离交会法

从两个控制点 A、B 向同一待测设点 P 测量距离 D_1、D_2，相交处即为测设的点位 P。

（5）测设建筑物轴线

对于民用建筑物的施工测量，首先应根据总平面图把建筑物的墙轴线交点标定在地面上，根据这些交点进行详细放样。建筑物轴线常用的测设方法有以下几种。

1）根据规划道路红线测设建筑物轴线

规划道路的红线是城市规划部门所测设的城市道路规划用地与单位用地的界址线，靠近城市道路的建筑物设计位置应以城市规划道路红线为依据。

2）根据已有建筑物关系测设建筑物轴线

测设设计建筑物轴线时，应根据原有建筑物来定位。

3）依据建筑基线、控制点的坐标系建筑方格网定位。

（6）测设施工控制桩

建筑物的主轴线测好后，即可详细测设建筑物各轴线的交点位置，并设置交点中心桩。沿轴线用石灰在地面上撒出基槽开挖边线，以便进行开挖施工，由于基槽开挖后，各交点桩将被挖掉，为了便于在施工中恢复各轴线位置，还需把各轴线延长到基槽外安全地点，设置控制桩或龙门板，并做好标志。

（7）建筑物基础施工放线

1）基槽开挖边线放线

在基础开挖前，按照基础详图上的基槽宽度和上口放坡的尺寸，由中心桩两边各量出开挖边线尺寸，并作好标记；然后在基槽两端的标记之间拉一细线，沿着细线在地面用白灰撒出基槽边线，按此边线施工。

2）基坑超平

为控制基槽开挖深度，当基槽开挖接近槽底时，在基槽壁上自拐角开始，每隔3～5m测设一根比槽底设计高程高0.3～0.5m的水平桩，作为挖槽深度、修平槽底和打基础垫层的依据。

基础施工包括垫层和基础墙的施工。

垫层测设包括垫层中线及标高的测设，基础墙测设包括基础墙标高、墙体轴线的测设。

（8）平面控制点的垂直投影

将地坪层的平面控制点沿铅垂线方向逐层向下测设，使在建造中的各层都有与地坪层在平面位置上完全相同的控制网，进而测设该层面上建筑物的细部（墙、柱、电梯井等结构物）。

（9）高层建筑施工测量

高层建筑施工测量的主要任务是将建筑物的基础轴线准确地向高层引测，并保证各层相应的轴线位于同一竖直面内，要控制与检核轴线向上投测的竖向偏差每层不超过5mm，全楼累计误差不大于20mm，在高层建筑施工中，要由下层楼面向上层传递高程，以使上层楼板、门窗口、室内装修等工程的标高符合设计要求。

1）经纬仪投测法

高层建筑物的平面控制网和主轴线是根据复核后的红线桩或平面控制坐标点来测设的，平面网的控制轴线应包括建筑物的主要轴线，间距宜为30～50m，并组成封闭图形，其量距精度要求较高，且向上投测的次数越多，对距离测设的精度要求就越高，一般不得低于1/10000，测角精度不低于20″。

高层建筑物的基础工程完工后，需用经纬仪将建筑物的主轴线（或中心轴线）精确地投测到建筑物底部侧面，并设标志，以供下一步施工与向上投测使用。

2）铅垂仪投测法

为把建筑物轴线投测到各层楼面上，根据梁、柱的结构尺寸，投测点距轴线500～800mm为宜，每条轴线至少需要两个投测点，其连线应严格平行于原轴线，为使激光束能从底层直接打到顶层，在各层楼面地投测点处需要预留孔洞或利用通风道、垃圾道以及电梯升降道等。

（10）高程传递

建筑施工中，要从地坪层测设的一米标高线逐层向上（下）传递高程，使上（下）层的楼板、窗台、梁、柱等在施工时符合设计标高，高程传递的方法有以下几种。

1）钢卷尺垂直丈量法

在标高精度要求较高时，可用钢尺沿某一墙角自±0.00m标高处起向上直接丈量，把高程传递上去。然后根据由下面传递上来的高程立皮数杆，作为该层墙身砌筑和安装门窗、过梁及室内装修、地坪抹灰等控制标高的依据。

2）全站仪天顶测距法

高层建筑中的垂准孔（或电梯井等）为光电测距提供了一条从底层至顶层的垂直通道，利用此通道在底层架设全站仪，将望远镜指向天顶，在各层的垂直通道上安置反射棱镜，即可测得仪器横轴至棱镜横轴的垂直距离，加仪器高，减棱镜常数，即可算得高差，再用水准仪测设该层一米标高线。

（三）建筑安装测量

1. 柱子安装测量

柱子起吊前的准备：投测柱列轴线、柱身侧面标出中心线、柱长检查与杯底标高测定。

吊装时，为使柱子牛腿顶面或柱顶面的高程符合设计高程，应使柱身上的±0 线与杯口内壁标志的±0 线吻合，注意杯底找平。使柱身上三个侧面中心线与相应杯口上的柱轴线吻合。为使柱身铅直，应将两台经纬仪安置在距离约为 1.5 倍柱高的纵横轴线附近，同时校正柱身铅直，先瞄准柱子根部的中心线之后望远镜仰视，使柱子上部中心线吻合在十字丝交点上。

同截面的柱子，可把经纬仪安置在轴线一侧校正几根柱子的铅直；变截面柱子的上、下部中心线不在同一铅垂线上，须将经纬仪逐一安置在各自的有关纵向或横向柱轴线上校正柱子的铅直。经纬仪安置时应保证水平度盘水准管气泡居中。

2. 吊车梁安装测量

安装前先弹出吊车梁顶面中心线和两端中心线，要将吊车轨道中心线投到牛腿面上，吊装时，使吊车梁端中心线与牛腿面上的中心线对齐，吊装完成后，应检查吊车梁面的标高是否满足要求，然后在梁下垫铁调整梁面的标高，使其满足设计要求，在检查梁面标高的同时，还要在柱子上测设比梁面高整分米的标高线，以作检查之用。

3. 吊车轨道安装测量

安装吊车轨道前，必须对梁上的中心线进行检测，此检测多用平行线法。吊车轨道按中心线就位后，再将水准仪安置在吊车梁上，水准尺直接放在轨道面上，根据柱子上的标高线，每隔 3m 检测一点轨面标高，并与其设计标高比较，需满足误差要求，还要检查两吊车轨道间的跨距，满足误差要求。

（四）建筑工程变形观测

为保证建筑物在施工、使用和运行中的安全，以及为建筑设计积累资料，通常需要对建筑物（构筑物）及其周边环境的稳定性进行观测，这种观测称为建筑物的变形观测。必建筑工程的变形观测包括沉降观测、倾斜观测、位移观测及裂缝观测。

1. 沉降观测

（1）水准点和沉降观测点的布设

作为建筑物沉降观测的水准点一定要有足够的稳定性，同时为了保证水准点高程的正确性和便于相互检核，水准点一般不少于 3 个，选择其中最稳定的一个点作为水准基点，水准点必须埋设在沉降范围以外，埋设在原状土层（至少在冻土层以下 0.5m）或基岩上，水准点与观测点之间的距离应适中，通常距离为 60～100m 为宜。

在进行变形观测的建筑物上，应埋设沉降观测点。观测点的数量和位置应能全面反映建筑物的沉降情况。建筑物四角、沉降缝两侧、柱子基础、设备基础、基础形状改变处、地质条件变化处应设点，还需沿建筑物外墙每隔 10～15m 布设一点，或每隔 2～3 根柱子的柱基上布设一点。观测点的位置选择应便于立水准尺、观测能够长期保存和不容易受到破坏。一般沿建筑外围均匀布设，在荷载有变化的部位、平面形状改变处、沉降缝两侧、有代表性的支柱和基础上，应加设沉降观测点。

(2) 沉降观测的一般规定

1) 观测周期

待观测点埋设稳定后，且在建筑物（构筑物）主体开工前，应进行第一次观测。在建筑物主体施工过程中，一般为每筑 1～2 层观测一次，对于工业建筑，浇筑基础、回填土、安装柱子和屋架、砌筑墙体以及吊车安装等分项施工时要进行沉降观测。封楼或竣工后，一般每月观测一次，如沉降速度减缓，可改为 2～3 个月观测一次，直到沉降量不超 1mm，观测才可停止。

2) 观测方法和仪器的要求

对于多层建筑物的沉降观测，可采用 S_3 级水准仪用普通水准测量方法进行，对于精密设备及其厂房、高层建筑物的沉降观测，则应采用 S_1 级精密水准仪，用二等水准测量，为保证测量精度，观测时视线长度一般不超过 50m，前、后视距要尽量相等。

3) 观测成果的整理

定期用水准仪测定基准点与沉降观测点之间的高差，算得沉降观测点在一定日期的高程，此即沉降观测的成果，绘制相应的沉降量、荷载、时间等关系曲线。

2. 倾斜观测

建筑物的倾斜观测可以在利用精密水准仪进行沉降观测的基础上，计算一段时期基础两端点的沉降量之差，再根据两点间的距离 L，计算基础的倾斜度 i：

$$i=\frac{\Delta h}{L} \tag{13-9-2}$$

根据建筑物的宽度 L 和高度 H，可计算出建筑物顶部的倾斜位移 Δ：

$$\Delta=\frac{\Delta h}{L}H=iH \tag{13-9-3}$$

建筑物位移观测一般有三种方法。

(1) 悬挂垂球法

本方法适用于建筑物内部有垂直通道时，从顶部穿过垂直通道挂下大垂球，根据上、下应在同一平面位置的点，直接在底层测定倾斜位移值 Δ，有垂准仪时，可以用它代替大垂球。

(2) 经纬仪垂直投影法

用经纬仪作垂直投影以测定建筑物的倾斜，其原理和方法同装配式建筑的柱子校正和高层建筑的平面控制点的垂直投影。

(3) 差异沉降量法

同基础倾斜观测，当建筑物高度为 H，则倾斜量为 $\Delta=\frac{\Delta h}{L}H=iH$。

3. 位移观测

建筑的位移是指其接近地面部分的平面位置的改变，往往与不均匀沉降、横向挤压等有关。观测时，先在位移方向的垂直方向上建立一条基准线，如图 13-9-8 所示，A、B 为控制

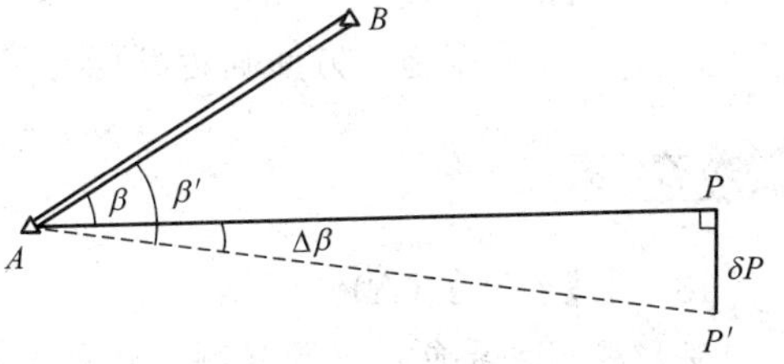

图 13-9-8

点，P 为观测点，只要测定观测点 P 与基准线 $\Delta\beta$，当测站到观测点的距离为 D 时，其位移量可按下式计算：

$$\Delta = D\frac{\Delta\beta''}{\rho''} \tag{13-9-4}$$

4. 裂缝观测

包括裂缝所在的位置、长度、走向和宽度等，可采用钢尺、游标卡尺或近景摄影测量等方法。

（五）竣工测量和竣工总平面图的绘制

竣工测量成果是验收和评价工程按图施工的基本依据，也是工程交付使用后进行管理、维修、改建和扩建的依据。

工业建筑或大型民用建筑竣工后，应编制竣工总平面图，为建筑物的使用、管理、维修、扩建或改建等提供图纸资料和数据。在建筑施工时，由于施工误差或设计更改，使竣工后建筑物的某些部位与原设计不完全相符。竣工图是根据施工过程中各阶段验收资料和竣工后的实测资料绘制的，能全面、准确地反映建筑物施工后的实际情况。

历年真题

13-9-1. 下述测量工作不属于变形测量的是（　　）。(2011B12)

A. 竣工测量　　B. 位移测量　　C. 倾斜观测　　D. 挠度观测

13-9-2. 施工控制网一般采用建筑方格网，对于建筑方格的首级控制技术要求应符合《工程测量规范》的要求，其主要技术要求为（　　）。(2013B12)

A. 边长 100m～300m，测角中误差为 5″、边长相对中误差为 1/30000

B. 边长 150m～350m，测角中误差为 8″边长相对中误差为 1/10000

C. 边长 100m～300m，测角中误差为 6″边长相对中误差为 1/20000

D. 边长 800m～2000m，测角中误差为 7″边长相对中误差为 1/15000

13-9-3. 沉降观测的基准点是观测建筑物垂直变形值的基准，为了相互校核并防止由于个别基准点的高程变动造成差错，沉降观测布设基准点一般不能少于（　　）。(2014B12)

A. 2 个　　B. 3 个　　C. 4 个　　D. 5 个

13-9-4. 建筑场地高程测量，为了便于建（构）筑物的内部测设，在建（构）筑物内设±0 点，一般情况下建（构）筑物的室内地坪高程作为±0，因此各个建（构）筑物的±0 应该是（　　）。(2016B12)

A. 同一高程　　B. 根据地形确定高程

C. 依据施工方便确定高程　　D. 不是同一高程

答　案

13-9-1.【答案】(A)

变形观测主要包括沉降观测、位移观测、挠度观测、转动观测和振动观测等。竣工测量则是指在建筑物和构筑物竣工验收时，为获得工程建成后的各建筑物和构筑物以及地下管网的平面位置和高程等资料而进行的测量工作。

13-9-2.【答案】(A)

建筑方格网是指各边组成正方形或矩形且与拟建的建（构）筑物主要轴线平行的施工控制网。在布置时，应先选定建筑方格网的主轴线，然后在全面布置方格网，可布置成正方形或矩形。其主要技术要求为：①边长 100～300m；②测角中误差为±5″时，边长相对中误差为 1/30000；③测角中误差为±8″时，边长相对中误差为 1/20000。

13-9-3.【答案】(B)

建筑物的沉降观测是根据基准点进行的。基准点是变形监测的基准，点位要具有更高的稳定性，须建立在变形区以外的稳定区域。基准点的平面控制点位，一般要有强制归心装置。基准点布设应符合几点要求：①一个测区的基准点不应少于 3 个；②当基准点远离变形体或不便直接观测变形观测点时，可布设工作基点，其点位应稳固，便于监测；③变形观测点应选择在能反映变形体变形特征又便于监测的位置。

13-9-4.【答案】(D)

将建（构）筑物的室内地坪高程作为±0，说明采用的是相对高程。由于地势起伏或地基基础埋深不同，每个建筑物的绝对高程值不一定相同，即使每层楼每个房间采用不同的室内地坪高程作为±0 都有可能不相同，即各个建（构）筑物的±0 不是同一高程。

第十四章

土木工程材料

第一节　材料的基本性质

一、考试大纲

材料的化学组成；矿物组成及其对材料性质的影响；材料的微观结构及其对材料性质的影响；原子结构；离子键；金属键；共价键和范德华力；晶体与无定形体（玻璃体）；材料的宏观结构及其对材料性质的影响；建筑材料的基本性质；密度；表观密度与堆积密度；孔隙与孔隙率；亲水性与憎水性；吸水性与吸湿性；耐水性；抗渗性；抗冻性；导热性强度与变形性能；脆性与韧性。

二、知识要点

（一）材料的物理性质

1. 密度

密度指材料在绝对密实状态下单位体积的质量，符号为 ρ，计算式如下：

$$\rho=\frac{m}{V} \tag{14-1-1}$$

式中　ρ——材料密度（g/cm^3）；

m——材料在干燥状态下的质量（g）；

V——干燥材料在绝对密实状态下的体积（cm^3），不含孔隙体积，将材料磨细、烘干，用李氏瓶测定。

2. 材料的表观密度

材料的表观密度指材料在自然状态下单位体积的质量，与材料的含水条件有关。试件吸水饱和后，用排水法测定其体积，符号为 ρ_0，计算式如下：

$$\rho_0=\frac{m}{V_0} \tag{14-1-2}$$

式中　ρ_0——材料的表观密度（g/cm^3、kg/m^3）；

V_0——材料在自然状态下的体积（包含内部孔隙体积）（cm^3、m^3）；

m——材料的质量（g、kg）。

3. 材料的堆积密度

材料的堆积密度指材料在堆积状态下单位体积的质量，符号为 ρ_0'，计算式如下：

$$\rho_0'=\frac{m}{V_0'} \tag{14-1-3}$$

式中　ρ_0'——材料的堆积密度（kg/m^3）；

V_0'——材料在堆积状态下的体积（m^3）；

m——材料的质量（kg）。

（二）材料的孔隙率与空隙率

1. 材料的孔隙率

材料的孔隙率指材料中孔隙体积占总体积的比例，反映材料的密实程度，孔隙率大，则密实度小，计算式如下：

$$P=\frac{V_{孔}}{V_0}=\frac{V_0-V}{V_0}=1-\frac{\rho_0}{\rho} \tag{14-1-4}$$

材料的密实度：固体体积占总体积的比例，密实度 $D=1-P$。

2. 材料的空隙率

材料的空隙率指散粒材料在某堆积体积中，颗粒之间的空隙体积占总体积的比例，计算式如下：

$$P'=\frac{V_{空}}{V_0'}=\frac{V_0'-V_0}{V_0'}=1-\frac{\rho_0'}{\rho_0} \tag{14-1-5}$$

（三）材料的亲水性与憎水性

材料与水接触时能被水润湿的性质称为亲水性；不能被水润湿的性质称为憎水性。

材料被水湿润的情况可用润湿边角 θ 表示。材料、水和空气的交点处，沿水滴表面的切线与固体接触面所成的夹角 θ，称为润湿边角，如图 14-1-1 所示。当润湿边角 $\theta\leqslant90°$ 时，水分子之间的内聚力小于材料表面分子之间的相互吸引力，称为亲水性材料，如砖、混凝土、木材等；当润湿边角 $\theta>90°$时，水分子之间的内聚力大于水分子与材料表面分子之间的相互吸引力，称为憎水性材料，如沥青、石蜡等。

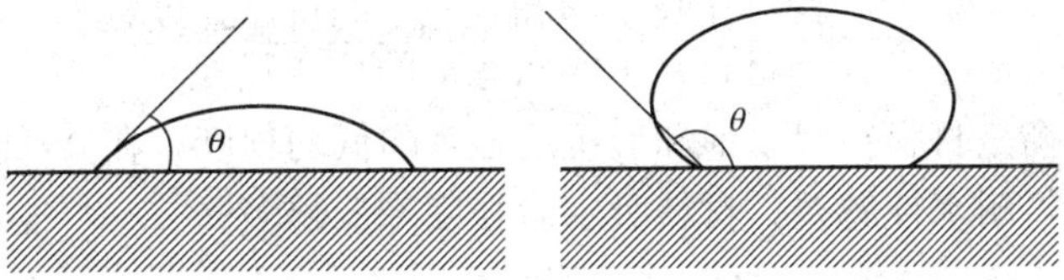

(a) 憎水材料　　(b) 亲水材料

图 14-1-1

（四）材料的吸水性与吸湿性

材料的吸水性、吸湿性可造成材料本身的性质发生破坏，如材料自重增大、强度降低、耐水性减弱。

1. 材料的吸水性

材料的吸水性指材料在水中吸收水分的性质。

吸水性大小以吸水率表示。材料吸水率是指材料在吸水情况下，材料最大吸水质量占材料烘干时的质量之比，计算公式为：

$$\omega_{\mathrm{m}}=\frac{m_1-m}{m}\times100\% \tag{14-1-6}$$

式中　ω_{m}——质量吸水率；

m_1——材料吸水至恒量时的质量（g）；

m——材料在干燥时的质量（g）。

孔隙率越大、孔隙越连通，吸水率越大。

2. 材料的吸湿性

材料的吸湿性指材料在潮湿空气中吸收水分的性质。材料的吸湿性用含水率表示，含水率指材料内部所含水的质量占材料干质量的百分率，计算式如下：

$$\omega=\frac{m_{湿}-m}{m}\times 100\% \tag{14-1-7}$$

式中 ω——含水率；

$m_{湿}$——材料吸水至恒量时的质量（g）；

m——材料在干燥时的质量（g）。

材料的吸湿性与空气的湿度和环境温度有关。材料不断吸收又不断释放水分，最后与空气湿度达到平衡，材料中所含水分与空气的湿度相平衡时的含水率，称为平衡含水率。

（五）材料的抗渗性与耐水性

1.材料的抗渗性（或不透水性）

材料的抗渗性指材料抵抗压力水渗透的性质，通常用渗透系数表示，渗透系数是指一定厚度的材料，在单位压力水头作用下，在单位时间内透过单位面积的水量。

渗透系数越大，材料渗透的水量越多，抗渗性愈差。

2.材料的耐水性

材料的耐水性指材料长期在饱和水作用下不破坏，其强度也不显著降低的性质，用软化系数来表示，计算式如下：

$$K=\frac{材料在吸水饱和状态下的抗压强度}{材料在干燥状态下的抗压强度} \tag{14-1-8}$$

软化系数用来衡量材料在浸水饱和后抗压强度降低的程度，在 0～1 之间变化。

软化系数越小，耐水性越差，材料吸水后强度降低越多。

工程上，通常将 $K\geqslant 0.85$ 的材料称为耐水性材料。

（六）材料的抗冻性

材料的抗冻性指材料在吸水饱和状态下，能经受多次冻融循环作用而不破坏，也不严重降低强度的性质。

材料的抗冻性用抗冻等级表示。抗冻等级是以规定的试件、在规定的试验条件下，经过若干次的冻融循环，测得其强度降低不超过规定值，并无明显损坏和剥落时所能经受的冻融循环次数来确定。

材料的抗冻性与材料中孔隙被水填充的程度和水结冰后对孔壁形成的压力差有关。

材料抗冻性常用来检测材料的耐久性，抗冻性良好的材料，能够较好地抵抗大气温度的变化、干湿交替等风化作用。

（七）材料的导热性

当材料两侧存在温度差时，热量将由温度高的一侧，通过材料传递到温度低的一侧，材料的这种传导热量的能力，称为导热性，其大小采用导热系数来衡量。

材料导热系数越大、导热性越好；导热系数越小，绝热性能越好。绝大多数建筑材料的导热系数介于 0.023～3.49W/(m·K) 之间，通常把导热系数小于 0.23W/(m·K) 的材料称为绝热材料。

影响材料导热系数的因素有分子结构、孔隙率及孔隙特征、材料的温度等，材料的孔隙率较大时，导热系数较小，若材料的孔隙贯通，导热系数增大，潮湿材料的导热系数比同等干燥材料的导热系数大。

（八）材料的强度与硬度

1. 材料的强度

材料的强度指材料在外力作用下抵抗破坏的能力（不破坏时能承受的最大应力），称为材料的强度。

根据外力的作用形式，材料强度分为抗压强度、抗拉强度、抗弯强度及抗剪强度等，均已以材料受外力破坏时单位面积上所承受的力的大小来表示。

材料的强度通过静力试验进行测定，总称为静力强度（包括抗压强度、抗拉强度、抗弯强度及抗剪强度）。材料的静力强度通过标准试件的破坏试验而测得。

比强度是按单位质量计算的材料强度，材料的强度与其表观密度之比称为比强度，是衡量材料轻质高强的重要指标，用于对不同材料之间的强度进行比较，优质的结构材料，必须具有较高的比强度。

2. 硬度

材料的硬度是材料表面的坚硬程度，是抵抗其他硬物刻划、压入其表面的能力。通常用刻划法，回弹法和压入法测定材料的硬度。

材料的硬度愈大，强度愈高，耐磨性越强，但不易加工。

（九）材料的弹性与塑性

材料的弹性指在外力作用下材料产生变形，当外力去除后能完全恢复到原始形状的性质。

材料可恢复的变形称为弹性变形，其大小与外力成正比，此时应力与应变的比值称为材料的弹性模量。弹性模量亦称刚度，可用来衡量材料抵抗变形的能力。

材料在外力作用下产生不可恢复的变形称为材料的塑性变形。

当材料在外力作用下，同时出现弹性变形和塑性变形，卸载后，弹性变形恢复，塑性变形不能消失（如混凝土），此种材料称为弹—塑性材料。

有的材料在应力水平较低时，变形特征主要表现为弹性，而应力水平较高时，主要为塑性，例如钢材。

（十）材料的脆性与韧性

1. 脆性材料

当外力达到一定限度后，材料突然破坏，而破坏时并与明显的塑性变形的性质，称为材料的脆性。

特点：破坏时，变形小；抗压强度高而抗拉、抗折强度低。

脆性材料：大部分无机非金属材料，如天然石材，烧结普通砖、陶瓷、玻璃、普通混凝土砂浆等。

2. 韧性材料

材料在冲击或振动荷载作用下，能吸收较大的能量，同时产生较大的变形而不破坏的性质称为韧性，具有这种性质的材料称为韧性材料，如木材、低碳钢、玻璃钢。

（十一）材料的耐久性

材料的耐久性是指用于建筑物的材料，在环境的多种因素作用下不变质、不破坏，长久的保持其使用性能的性质。

耐久性是材料的一种综合性质，诸如抗冻性、抗风化形、抗老化性、耐腐蚀性等。

材料的使用环境产生的破坏作用可分为三类：物理作用（干湿变化、冷热变化等）、化学作用（酸、碱、盐、紫外线等）、生物作用（虫蛀、霉菌腐朽等）。

评价土木工程材料的耐久性，常用的指标有：耐水性、抗渗性、抗冻性、耐候性、耐化学腐蚀性等。

历年真题

14-1-1. 材料吸水率越大，则（　　）。（2011B1）

A. 强度越低　B. 含水率越低　C. 孔隙率越大　D. 毛细孔越多

14-1-2. 具以下哪种微观结构或性质的材料不属于晶体（　　）。（2012B1）

A. 结构单元在三维空间规律性排列

B. 非固定熔点

C. 材料的任一部分都具有相同的性质

D. 在适当的环境中能自发形成封闭的几何多面体

14-1-3. 某种多孔材料密度 $2.4g/cm^3$，表观密度 $1.8g/cm^3$，该多孔材料的孔隙率（　　）。（2012B2）

A. 20%　B. 25%　C. 30%　D. 35%

14-1-4. 两种元素化合形成离子化合物，其阴离子将（　　）。（2013B1）

A. 获得电子　B. 失去电子

C. 既不获得电子也不失去电子　D. 与别的阴离子共用自由电子

14-1-5. 在组成一定时，为了使材料的导热系数降低，应（　　）。（2013B2）

A. 提高材料的孔隙率　B. 提高材料的含水量

C. 增加开口的比例　D. 提高材料的密实度

14-1-6. 弹性体受拉应力时，所受应力与纵向应变之比称为（　　）。（2014B1）

A. 弹性模量　B. 泊松比　C. 体积模量　D. 剪切模量

14-1-7. 材料在绝对密实状态下，单位体积的质量称为（　　）。（2014B2）

A. 密度　B. 表观密度　C. 密实度　D. 堆积密度

14-1-8. 材料的孔隙率低，则其（　　）。（2016B1）

A. 密度增大而强度提高　B. 表观密度增大而强度提高

C. 密度降低而强度降低　D. 表观密度减小而强度降低

14-1-9. 密度为 $2.6g/cm^3$ 的岩石具有 10% 的孔隙率，其表观密度为（　　）。（2016B2）

A. $2340g/cm^3$　B. $2860g/cm^3$　C. $2600g/cm^3$　D. 2364g/cm

14-1-10. 土木工程中使用的大量无机物非金属材料，叙述错误的是（　　）。（2017B1）

A. 亲水性材料　B. 脆性材料

C. 主要用于承压构件　D. 完全弹性材料

14-1-11. 材料孔隙中可能存在三种介质：水、空气、冰，其导热能力顺序为（　　）。

（2017B2）

A. 水>冰>空气　　B. 冰>水>空气

C. 空气>水>冰　　D. 空气>冰>水

14-1-12. 脆性材料的断裂强度取决于（　　）。（2018B1）

A. 材料中的最大裂纹长度　　B. 材料中的最小裂纹长度

C. 材料中的裂纹数量　　D. 材料中的裂纹密度

14-1-13. 一般来说，同一组成、不同表观密度的无机非金属材料，表观密度大者的（　　）。（2018B2）

A. 强度高　　B. 强度低　　C. 孔隙率大　　D. 空隙率大

答　案

14-1-1.【答案】（D）

如果材料具有较多细微连通孔隙的材料，其吸水率较大，而具有粗大孔隙的材料，虽水分容易渗入，但也仅能润湿孔壁表面，不易在孔内存留，其吸水率并不高，致密材料和仅有闭口孔隙的材料是不吸水的。

14-1-2.【答案】（B）

晶体排列规则，各向同性，在适当的环境中能自发形成封闭的几何多面体，有一定的熔点。B项，晶体具有确定的熔点，且多具良好的导电性与导热性，这是其与非晶体的主要差异。A项，晶体中原子或分子的排列具有三维空间的周期性，隔一定的距离重复出现。C项，晶体具有均匀性和各向异性，即晶体内部各个部分的宏观性质是相同的，但晶体在不同的方向上具有不同的物理性质。D项，晶体具有自限性，即在适当的环境中能自发地形成封闭的几何多面体。

14-1-3.【答案】（B）

材料的孔隙率 $n=\frac{V_{孔}}{V_0}=1-\frac{\rho_0}{\rho}=1-\frac{1.8}{2.4}=25\%$。

14-1-4.【答案】（A）

阳离子和阴离子通过静电作用形成离子键而构成的化合物称为离子化合物。两个元素化合成离子化合物，发生了电子转移，即获得电子的形成阴离子，失去电子的形成阳离子，既不失去也不得到电子的不显电性。

14-1-5.【答案】（A）

导热性是指材料传导热量的性质，表征导热性的指标是导热系数。导热系数的物理意义是指厚度为1m的材料，当温度改变1K时，在1s时间内通过$1m^2$面积的热量。当组成一定时，通过提高材料的孔隙率、减少材料的含水率、减小开口大孔的比例和减小材料的密实度，可以使材料的导热系数降低。因此，只有A项符合题意。

14-1-6.【答案】（A）

在弹性状态下，材料的应力与应变之间是线性变化，其比值为弹性模量，它是衡量材料抵抗变形能力的指标，又称刚度，弹性模量越大，材料越不易变形。泊松比指材料横向应变与纵向应变的比值的绝对值，剪切模量是构件在剪切变形时切应力与切应变的比值，体积模量用来反映材料的宏观特性，即物体的体应变与平均应力（某一点三个主应力的平均值）之间的关系的一个物理量。

14-1-7.【答案】(A)

A 项，材料在绝对密实状态下，单位体积的质量称为密度。B 项，材料在自然状态（不含开口孔）下，单位体积的质量称为表观密度。C 项，材料中固体体积占自然状态体积的百分比称为密实度。D 项，散粒材料或粉状材料在自然堆积状态下，单位体积的质量称为堆积密度。

14-1-8.【答案】(B)

由密度公式 $\rho=m/V$ 可知，V 为绝对密实下的体积，数值不变，m 不变，当其孔隙率降低时，密度不变，表观密度 $\rho_0=m/V_0$，V_0 为材料在自然状态下的体积，孔隙率降低则 V_0 减小，ρ_0 增大，强度提高。

14-1-9.【答案】(A)

考察材料的密度 $\rho=m/V$，孔隙率：$P=1-\rho_0/\rho$，表观密度 $\rho_0=(1-P)\rho=(1-10\%)\times2.6=2.34\text{g/cm}^3=2340\text{kg/m}^3$。

14-1-10.【答案】(D)

材料在外力作用下产生变形，当外力除去后，变形能完全消失的性质称为弹性，材料的这种可恢复的变形称为弹性变形。当外力除去后，有一部分变形不能恢复，这种性质称为材料的塑性，材料的这种不能恢复的变形称为塑性变形。D 项，完全的弹性材料是没有的，大部分固体材料在受力不大时，表现为弹性变形，当外力达一定值时，则出现塑性变形。

14-1-11.【答案】(B)

材料传导热量的性质称为导热性。表征导热性的指标是导热系数。导热系数越小，表示材料越不容易导热。冰的导热系数为 2.22，水的导热系数为 0.58，空气的导热系数在 0.01～0.03 之间，所以其导热能力为：冰＞水＞空气。一般情况下，导热能力为：固体＞液体＞气体。

14-1-12.【答案】(A)

断裂强度是指材料发生断裂时的拉力与断裂横截面的比值，即应力。裂缝贯通是指材料发生断裂，裂缝越长，断裂所需要的力就越小。

14-1-13.【答案】(A)

一般材料的密度越大，颗粒间越致密、强度越高、孔隙率越小。

第二节 气硬性无机胶凝材料

一、考试大纲

无机胶凝材料：气硬性胶凝材料；石膏和石灰技术性质与应用。

二、知识要点

建筑中常用的石膏材料有建筑石膏、高强石膏和硬石膏水泥等。

胶凝材料：凡能在物理、化学作用下，从浆体变为坚固的石块体，并能胶结其他材料而具有一定的机械强度的物质，统称为胶凝材料。胶凝材料分为有机胶凝材料和无机胶凝材料。

无机胶凝材料按硬化条件不同可分为气硬性和水硬性两类。气硬性胶凝材料一般只适用于地上或干燥环境，不适宜用于潮湿环境，更不能用于水中。

气硬性胶凝材料：只能在空气中硬化，并且只能在空气中保持和继续发展其强度（如石膏、石灰、水玻璃等）。

水硬性胶凝材料：拌和水后既可以在空气中硬化也可以在水中硬化，并保持其发展强度（如各种水泥）。

（一）石膏胶凝材料的原料

其原料主要有天然二水石膏、硬石膏和工业副产品石膏。天然二水石膏（$CaSO_4 \cdot 2H_2O$）又称生石膏或软石膏，二水石膏经煅烧、磨细可得 β 型半水石膏，即建筑石膏。

建筑石膏主要是对二水石膏进行热处理，脱水形成半水石膏，为吸热反应，即：

$$CaSO_4 \cdot 2H_2O \xrightarrow{107\sim170^\circ C} CaSO_4 \cdot \frac{1}{2}H_2O + 1\frac{1}{2}H_2O$$

建筑石膏加水后，溶解、水化生成二水石膏，即：

$$CaSO_4 \cdot \frac{1}{2}H_2O + 1\frac{1}{2}H_2O \longrightarrow CaSO_4 \cdot 2H_2O$$

在这个过程中浆体中的游离水分逐渐减少，二水石膏胶体微粒不断增多，浆体逐渐失去可塑性，称为“凝结”；此后，胶体微粒逐渐凝聚成晶体，晶体慢慢长大，交错共生，使浆体产生强度，称为“硬化”。在建筑石膏的凝结硬化过程中，浆体开始失去流动性为初凝，完全失去可塑性为终凝。

（二）建筑石膏胶凝材料的特性与应用

建筑石膏的主要特性有以下几点。

① 凝结硬化快。建筑石膏初凝时间一般为几分钟至十几分钟，终凝时间在 30min 以内，大约 7d 左右材料能完全硬化。

② 硬化体的孔隙率高。硬化后在内部形成大量孔隙，孔隙率可达 50%～60%，与水泥相比强度较低、表观密度小、吸湿性增强、导热性降低、吸声性提高。

③ 尺寸稳定，装饰性好。石膏制品质地洁白细腻，凝固时体积略有膨胀、无裂纹，是一种较好的室内饰面材料。

④ 防火性好。建筑石膏在遇火灾时，二水石膏中的结晶水蒸发，吸收热量，在表面形成蒸汽幕和脱水物隔热层，不产生有害气体，抗火性能优良。

⑤ 耐水性和抗冻性差。建筑石膏硬化后有很强的吸湿性，在潮湿条件下，晶粒间的结合力减弱，强度下降。吸水后受冻后，会因孔隙中水分结冰膨胀而破坏。

石膏胶凝材料的用途非常广泛，主要用于石膏制品（如生产纸面石膏板、石膏块体、石膏空心条板）和抹面灰浆，也可以掺入防水剂配制成各种胶粘剂。

（三）石灰胶凝材料

1. 石灰

石灰，是建筑石灰的简称，是在建筑上使用最早的矿物胶凝材料之一。

石灰包括生石灰、消石灰、水硬性石灰。

石灰是一种气硬性胶凝材料，以碳酸钙为主要原料，将石灰石煅烧，碳酸钙将分解成为生石灰（主要成分是氧化钙），煅烧反应式如下：

$$CaCO_3 \xrightarrow{900℃} CaO + CO_2 \uparrow$$

石灰在煅烧过程中，往往由于石灰石原料的尺寸过大或窑中温度不均等原因，使得石灰中含有未烧透的内核，这种石灰即称为“欠火石灰”。欠火石灰的未消化残渣含量高，有效氧化钙和氧化镁含量降低，使其缺乏粘结力；另一种情况是由于烧制的温度过高或时间过长，使石灰表面出现裂缝或玻璃状的外壳，体积收缩，颜色呈灰黑色，块体密度大，消化缓慢，称为“过火石灰”。过火石灰颜色较深，密度较大，可导致结构表面出现鼓包、隆起、起皮、剥落或产生裂缝，为消除过火石灰，石灰浆应在池中“陈伏”一周以上。“陈伏”期间，石灰浆表面应保有一定水分，与空气隔绝，以免碳化。

2.石灰的消化和硬化

(1) 石灰的消化

烧制成的生石灰，在使用时必须加水使其“消化”成为“消石灰”，这一过程称为“熟化”，故消石灰亦称“熟石灰”，反应方程式如下：

$$CaO + H_2O \longrightarrow Ca(OH)_2 + 64.9kJ/mol$$

块状生石灰与水相遇，即迅速水化、崩解成高度分散的氢氧化钙细粒，并放出大量的热，体积膨胀，质纯且煅烧良好的石灰体积增大约1～2.5倍。

(2) 石灰的硬化

石灰的硬化包括干燥和碳酸化两部分。

1）石灰浆的干燥硬化

石灰浆体干燥过程中，由于水分蒸发形成网状孔隙，致使滞留在孔隙中的自由水由于表面张力的作用而产生毛细管压力，使石灰粒子更加密实，此时获得“附加强度”。此外，由于水分蒸发，引起 $Ca(OH)_2$ 溶液过饱和而结晶析出，并产生“结晶强度”。但从溶液中析出的 $Ca(OH)_2$ 数量极少，因此强度增长不显著，其反应如下：

$$Ca(OH)_2 + nH_2O \xrightarrow{晶化} Ca(OH)_2 \cdot nH_2O$$

2）硬化石灰浆的碳化（碳化作用）

氢氧化钙与空气中的二氧化碳作用生成碳酸钙晶体，为熟石灰的“碳化”。石灰浆体经碳化后获得的最终强度，称为“碳化强度”，其化学反应式为：

$$Ca(OH)_2 + CO_2 + nH_2O \xrightarrow{碳化} CaCO_3 + (n+1)H_2O$$

该反应主要发生在与空气接触的表面，当浆体表面生成一层 $CaCO_3$ 薄膜后，碳化进程减慢，同时内部的水分不易蒸发，导致石灰的硬化速度随时间增长逐渐减慢。

石灰浆在凝结硬化过程中收缩极大且容易发生开裂，不能单独使用，必须掺入一些骨料，最常用的是砂子。

3.石灰的应用

(1) 石灰砂浆

主要用于地面以上部分的砌筑工程，并可用于抹面等装饰工程。

(2) 加固软土地基

在软土地基中打入生石灰桩，可利用生石灰吸水产生膨胀对桩周土壤起到挤密作用，利用生石灰和黏土矿物间产生的胶凝反应使周围的土固结，从而达到提高地基承载力的目的。

（3）形成垫层

石灰和黏土按一定比例拌合制成石灰土或与黏土、砂石、炉渣制成三合土，形成垫层。

（4）用于路桥工程

在道路工程中，随着半刚性基层在高等级路面中的应用，石灰稳定土、石灰粉煤灰及其稳定碎石等广泛用于路面基层。在桥梁工程中，石灰砂浆、石灰水泥砂浆、石灰粉煤灰砂浆广泛应用于圬工砌体。

（5）无熟料水泥和硅酸盐制品

石灰与活性混合材料（粉煤灰、烧黏土、煤矸石、高炉矿渣等）混合，并掺入适量石膏，磨细后可制成无熟料水泥，也可将石灰与含二氧化硅的材料加水混合，经成型、养护制成硅酸盐制品。

（6）磨制生石灰粉

生石灰粉是块状生石灰磨细形成，在使用前先经加水消化成石灰浆。

历年真题

14-2-1. 在三合土中，不同材料组分间可发生的反应为（　　）与土作用，生成了不溶性的水化硅酸钙和水化铝酸钙。(2011B2)

A. $3CaO \cdot SiO_2$　　B. $2CaO \cdot SiO_2$　　C. $CaSO_4 \cdot 2H_2O$　　D. CaO

答　案

14-2-1.【答案】(D)

三合土按生石灰粉 CaO［或消石灰粉 $Ca(OH)_2$］：黏土：砂子（或碎石、炉渣）=1：2：3 的比例来配制。它们主要用于建筑物的基础、路面或地面的垫层，也就是说用于与水接触的环境，这与其气硬性相矛盾。这可能是三合土和灰土在强力夯打之下，密实度大大提高，黏土中的少量活性 SiO_2 和活性 Al_2O_3 与石灰粉水化产物作用，生成了水硬性的水化硅酸钙和水化铝酸钙，从而有一定耐水性。

第三节　水泥

一、考试大纲

水硬性胶凝材料：水泥的组成；水化与凝结硬化机理；水泥的性能与应用。

二、知识要点

（一）水泥的概念

凡细磨材料（粉末状），加入适量水后，称为塑性浆体，既能在空气中硬化，又能在水中硬化，并能将砂、石等材料牢固地胶结在一起的水硬性胶凝材料，统称为水泥。

水泥的种类很多，按用途即性能可分为通用水泥、专用水泥及特性水泥。

通用水泥：如硅酸盐水泥、普通硅酸盐水泥、矿渣硅酸盐水泥、火山灰质硅酸盐水泥、粉煤灰硅酸盐水泥等。

专用水泥：如油田水泥、砌筑水泥等。

特性水泥：如快硬性硅酸盐水泥、低热矿渣硅酸盐水泥、膨胀硫酸铝酸盐水泥等。

硅酸盐水泥（国外称作波特兰水泥）：以硅酸盐水泥熟料、0～5%的石灰石或粒化高炉矿渣、适量石膏磨细制成的水硬性胶凝材料。

硅酸盐水泥分为两种类型：不掺加混合材料的称为Ⅰ型硅酸盐水泥，代号为P·Ⅰ；在硅酸盐水泥粉磨时掺加不超过水泥质量5%的石灰石或粒化高炉矿渣混合材料的硅酸盐水泥称为Ⅱ型硅酸盐水泥，代号为P·Ⅱ。

普通硅酸盐水泥是指凡由硅酸盐水泥熟料，再加入6%～15%混合材料及适量石膏，经磨细制成的水硬性胶凝材料，简称普通水泥，代号为P·O。

矿渣硅酸盐水泥（矿渣水泥）：凡由硅酸盐水泥熟料和粒化高炉矿渣掺量20%～70%、适量石膏磨细制成的水硬性胶凝材料称为矿渣硅酸盐水泥，代号P·S。

火山灰质硅酸盐水泥（火山灰水泥）：凡由硅酸盐水泥熟料和火山灰质混合材料掺量20%～40%，适量石膏磨细制成的水硬性胶凝材料称为火山灰质硅酸盐水泥，代号P·P。

粉煤灰硅酸盐水泥（粉煤灰水泥）：凡由硅酸盐水泥熟料和粉煤灰掺量20%～40%，适量石膏磨细制成的水硬性胶凝材料称为粉煤灰酸盐水泥，代号P·F。

复合硅酸盐水泥（复合水泥），掺两种或两种以上混合料，总掺量20%～50%，代号P·C。

（二）硅酸盐水泥的生产工艺

硅酸盐水泥的生产工艺主要可概括为三个阶段，即：生料制备、熟料煅烧与水泥粉磨，简称二磨一烧。

1.生料的配制和磨细

以石灰石、黏土和铁矿粉为主要原料（有时需要加入校正原料），将其按一定比例配合、磨细，制得具有适当化学成分、质量均匀的生料，称为水泥生料的制备。

2.熟料煅烧

将生料在水泥窑内经1450℃高温煅烧至部分熔融，得到以硅酸钙为主要成分的硅酸盐水泥熟料，称为熟料煅烧。

3.水泥粉磨

将熟料加适量石膏、混合材料共同磨细成粉状的水泥，即得到硅酸盐水泥。

（三）硅酸盐水泥的技术性质和技术标准

国家标准规定，水泥的性质主要有化学性质和物理性质。化学性质包括水泥内部所含的氧化镁含量、三氧化硫含量、烧失量、不溶物等。物理性质主要有细度、标准稠度用水量、凝结时间、体积安定性和强度与强度等级、水化热等。

1.体积安定性

指水泥在凝结硬化过程中体积变化是否均匀的性质。

体积安定性不良是指水泥硬化后，产生不均匀的体积变化，在建筑内部形成破坏力，水泥硬化后体积发生不均匀膨胀，严重的可导致水泥石开裂，翘曲，造成建筑物开裂，坍塌等事故，安定性不良的水泥为废品水泥，严禁在工程中使用。

引起水泥安定性不良的原因主要有：水泥熟料中含有过多的游离氧化钙和游离氧化镁或石膏掺量过多。

国家规定，体积安定性问题可采用试饼法或雷氏法测定。氧化镁造成的体积安定性不良，必须用压蒸法检测，石膏造成的安定性不良则需要更长时间在温水中浸泡才能发现，两种原因引起的体积安定性不良都不易快速检验，所以国家标准规定，硅酸盐水泥熟料中MgO的含量不得超过5%，若经压蒸试验水泥的安定性合格，允许放宽到6.0%；三氧化硫含量不得超过3.5%，以保证水泥的安定性合格。

2.凝结时间

凝结时间是指从加入水泥时至水泥浆失去可塑性所需的时间。

凝结时间分为初凝与终凝时间。

初凝时间：指自加水时起至水泥浆开始失去塑性，流动性降低所需的时间。

终凝时间：指自加水时起至水泥浆完全失去塑性并开始有一定初始结构强度所需的时间。

硅酸盐水泥的初凝时间不得早于45min，以保证有足够的时间在初凝之前完成混凝土搅拌、浇筑、成型等各工序的操作。终凝时间不得迟于6.5h，否则将延长施工进度模板的周转期。

3.细度

细度是指水泥磨细的程度和水泥分散度的指标。通常采用筛分析法或比表面积法（勃氏法）测定。水泥颗粒越细，其表面积越大，与水反应时接触的面积也越大，水化反应速度就越快，凝结硬化速度越快，早期强度越高，析水量减少。

4.水泥的标准稠度用量

水泥的标准稠度用水量=(用水量/水泥用量)×100%。

不同的水泥品种，标准稠度用水量各不相同，一般在24%～33%之间。

5.强度及强度等级

强度是水泥力学性质的一项重要指标，是确定水泥强度等级的依据。水泥的强度越高，其胶结的能力越强。

根据水泥强度等级值，将硅酸盐水泥共分为：42.5、42.5R、52.5、52.5R、62.5和62.5R六个强度等级。与硅酸盐水泥相比，普通硅酸盐水泥的强度等级为：32.5、32.5R、42.5、42.5R、52.5和52.5R六个强度等级。根据3d强度大小，水泥又分为普通型和早强型（或称R型）两种型号。表14-3-1是国家标准规定的各个强度等级水泥强度指标（摘自《通用硅酸盐水泥》GB 175—2007）。

6.水化热

水泥与水发生水化反应所释放出的热量称为水化热。

在混凝土冬期施工中，水化热有利于水泥的凝结、硬化和防止混凝土受冻，在大体积混凝土中应选择低热水泥。

各强度等级水泥的各龄期强度　　表 14-3-1

项目	强度等级	抗压强度(MPa)		抗折强度(MPa)	
		3d	28d	3d	28d
硅酸盐水泥	42.5	17.0	42.5	3.5	6.5
	42.5R	22.0	42.5	4.0	6.5
	52.5	23.0	52.5	4.0	7.0
	52.5R	27.0	52.5	5.0	7.0
	62.5	28.0	62.5	5.0	8.0
	62.5R	32.0	62.5	5.5	8.0
普通水泥	32.5	11.0	32.5	2.5	5.5
	32.5R	16.0	32.5	3.5	5.5
	42.5	16.0	42.5	3.5	6.5
	42.5R	21.0	42.5	4.0	6.5
	52.5	22.0	52.5	4.0	7.0
	52.5R	26.0	52.5	5.0	7.0

（四）硅酸盐水泥的化学成分和矿物组成

1. 化学成分

硅酸盐水泥的化学成分主要有石灰石原料分解出的氧化钙（CaO，简写为 C）、黏土原料分解出的二氧化硅（SiO_2，简写为 S）、氧化铝（Al_2O_3，简写为 A）和氧化铁（Fe_2O_3，简写为 F）。

2. 硅酸盐水泥熟料矿物组成

（1）矿物组成

将配置好的水泥“生料”在立窑或旋转窑中进行高温煅烧，在煅烧的过程中，生料中的四种氧化物相互化合，生成以硅酸盐为主要成分的硅酸盐水泥“熟料”，它是由多种矿物组成的结晶细小（通常为 30～60μm）的结合体。硅酸盐水泥熟料主要由以下四种矿物组成：

硅酸三钙 $3CaO \cdot SiO_2$，简写为 C_3S；

硅酸二钙 $2CaO \cdot SiO_2$，简写为 C_2S；

铝酸三钙 $3CaO \cdot Al_2O_3$，简写为 C_3A；

铁铝酸四钙 $4CaO \cdot Al_2O_3 \cdot Fe_2O_3$，简写为 C_4AF。

硅酸三钙与水反应速度快，凝结硬化快，水化生成物的早期与后期强度都较高，一般硅酸三钙颗粒在 28d 内就可以水化 70%左右，水化放热多，能迅速发挥强度。

硅酸二钙与水反应的速度比硅酸三钙慢，凝结硬化慢，早期强度低，28d 内水化量少，水化放热也少，但后期强度增进相当高。

铝酸三钙与水反应的速度相当快，凝结硬化也很快，因此，铝酸三钙是影响硅酸盐水泥早期强度及凝结快慢的主要矿物。在水泥中加入石膏主要是为了限制它的快速水化，铝酸三钙水化放热量多，而且快。

铁铝酸四钙与水反应也比较迅速，但强度较低，水化放热量并不多。

3.硅酸盐水泥的水化

水泥颗粒与水接触，其表面的熟料矿物立即与水发生水解及化合作用，生成各种水化物并放出热量，此过程称为硅酸盐水泥的水化，水化反应如下：

（1）硅酸三钙（C_3S）

$$3CaO \cdot SiO_2 + nH_2O \longrightarrow xCaO \cdot 2SiO_2 \cdot yH_2O + (3-x)Ca(OH)_2$$

（水化硅酸钙凝胶）（氢氧化钙晶体）

（2）硅酸二钙（C_2S）

$$2CaO \cdot SiO_2 + mH_2O \rightarrow xCaO \cdot SiO_2 \cdot yH_2O + (2-x)Ca(OH)_2$$

（水化硅酸钙凝胶）（氢氧化钙晶体）

（3）铝酸三钙（C_3A）

在纯水中：

$$3CaO \cdot Al_2O_3 + H_2O \rightarrow C_4AH_{13}、C_4AH_{19}、C_3AH_6\cdots$$

（水化铝酸钙）

在石膏溶液中：

$$3CaO \cdot Al_2O_3 + Ca(OH)_2 + H_2O \longrightarrow C_4AH_{13}$$

$$C_4AH_{13} + CaSO_4 \cdot 2H_2O + Al_2O_3 + H_2O \longrightarrow 3CaO \cdot Al_2O_3 \cdot 3CaSO_4 \cdot 32H_2O$$

[三硫型水化铝酸钙（钙矾石）]

当石膏耗尽后：

$$C_4AH_{13} + AFt \longrightarrow 3CaO \cdot Al_2O_3 \cdot CaSO_4 \cdot 12H_2O$$

（单硫型水化铝酸钙）

（4）铁铝酸四钙（C_4AF）

C_4AF的水化过程及水化生成物与铝酸三钙极为相似，水化物有三硫型水化硫铁铝酸钙和单硫型水化硫铁铝酸钙。

4.硅酸盐水泥的凝结和硬化

水泥加水拌合后，由于水泥的水化作用，水泥浆体逐渐变稠失去流动性和可塑性而未具有强度的过程，称为水泥的“凝结”；随后产生强度逐渐发展成为坚硬的人造石的过程称为水泥的“硬化”。

（1）凝结硬化过程

水泥颗粒与水接触后，很快就发生化学反应，生成相应的水化产物，组成水泥-水-水化产物混合体系，这一阶段称作初期反应期，生成的产物迅速扩散，逐渐形成水化产物的饱和溶液，并在水泥颗粒表面或周围析出，形成水化物膜层，使得水化反应进行较缓慢，这一阶段称作诱导期，这期间，水泥颗粒仍然分散，水泥浆还保持有良好的可塑性，随着水化的继续进行，水化产物不断生成并析出，自由水分逐渐减少，水化产物颗粒相互接触并粘结在一起形成网架结构，使水泥浆体逐渐变稠，失去可塑性，这一阶段称作凝结期，水化反应进一步进行，水化产物不断生成、长大并填充毛细孔，使整个体系更加紧密，水泥浆体逐渐硬化，强度随时间不断增长，这一阶段称作硬化期。水泥的硬化期可以延续至很长时间，但28d基本表现出大部分强度。水泥的水化过程是由颗粒表面逐渐深入到颗粒内部的。在最初几天，由于水化产物增加迅速，因而强度增加很快；随着水化反应的不断进行，水化产物增加的速度逐渐变慢，使得强度增长速度变缓。

（2）石膏的缓凝作用

用于水泥中的石膏主要是二水石膏或无水石膏，石膏的缓凝作用主要是控制 C_3A 的水化反应速度。水泥中的铝酸三钙 C_3A 水化速度极快。在很短的时间内即生成大量薄片状水化铝酸钙，呈松散多孔结构，这些水化物分散在水泥浆体中，使水泥很快失去流动性而凝结。加入石膏后，石膏可与 C_3A 生成难溶于水的钙矾石，其溶解度很小，呈稳定的针状晶体析出，它的迁移比较困难，生成后凝聚在水泥颗粒表面形成水化薄膜，封闭了水泥的表面，阻止水分子及离子的扩散，从而延缓了水泥颗粒特别是 C_3A 的水化速度。另外，生成的钙矾石由于是难溶的晶体，“加固”了结构，有利于提高水泥的早期强度。

5. 硅酸盐水泥的腐蚀与防止

硅酸盐水泥加水硬化而形成的水泥石，正常使用情况下，耐久性较好，但若其遇到某些侵蚀性介质（如侵蚀性液体或气体），则水泥石会逐渐遭受侵蚀，引起强度降低，严重的可导致水泥石破坏，这种现象称为水泥石的侵蚀。

（1）引起水泥石侵蚀的原因

水泥石内的成分能溶于水或与其他物质发生化学反应，生成易溶于水或体积膨胀或松软的新物质，是水泥石遭受侵蚀；水泥石内部有较多的毛细孔通道，造成侵蚀性介质（淡水、酸、硫酸盐与镁盐溶液等）易进入其内部。

（2）防止侵蚀的措施

① 根据环境特点，合理选择水泥品种；

② 提高水泥石的密实度，降低孔隙率；

③ 在水泥石表面设置保护层。

（五）掺混合材料的水泥

凡在硅酸盐水泥熟料中，掺入一定量的混合材料和适量石膏共同磨细制成的水硬性胶凝材料，均属于掺混合材料的硅酸盐水泥。

常用的混合材料有活性混合材料和非活性混合材料。

活性混合材料是一种矿物材料，磨细的活性混合材料本身不具有水硬性，但与水泥或灰（或石膏、石灰）拌合在一起，加水后既能在水中硬化，也能在空气中硬化，常用的活性材料有粒化高炉矿渣、火山灰质混合材料和粉煤灰。

非活性混合材料是指经磨细后加入水泥中不具有或只具有微弱的化学活性，在水泥水化中基本不参加化学反应，仅能起提高产量、调节水泥强度等级、节约水泥熟料的作用，如石灰石、石英砂、黏土等。

我国硅酸盐类水泥主要分为：矿渣硅酸盐水泥、火山灰质硅酸盐水泥、粉煤灰硅酸盐水泥和复合硅酸盐水泥，以及掺入少量混合材料的普通硅酸盐水泥。

1. 普通硅酸盐水泥

由硅酸盐水泥熟料、6%～20%混合材料、适量石膏磨细制成的水硬性胶凝材料称为普通硅酸盐水泥（简称普通水泥），代号 P·O。

掺活性混合材料时，最大掺量不得超过 15%，其中允许用不超过水泥质量 5%的窑灰或不超过水泥质量 10%的非活性混合材料来代替，掺入活性混合材料时，最大掺量不得超过水泥质量的 10%。

普通硅酸盐水泥强度等级分为 42.5、42.5R、52.5、52.5R、62.5、62.5R 六个强度等级，与硅酸盐水泥的性质基本相同，但略有差别，表现在早期强度低，耐腐蚀性略有提高，耐热性稍好，水化热略低，抗冻性，耐磨性，抗氧化性略有降低。

2.矿渣硅酸盐水泥

由硅酸盐水泥熟料、粒化高炉矿渣和适量石膏磨细制成的水硬性胶凝材料称为矿渣硅酸盐水泥（简称矿渣水泥），代号P·S。水泥中粒化高炉矿渣的掺量按质量百分比记为20%～70%。允许用石灰石、窑灰、粉煤灰和火山灰质混合材料中的一种或材料代替粒状高炉矿渣，代替量不得超过水泥质量的8%，替代后水泥中的粒化高炉矿渣含量不得少于20%。

和普通水泥相比，矿渣水泥的早期强度较低，但后期强度增长较快，一般28d后矿渣水泥的强度将赶上，甚至超过硅酸盐水泥的强度；水化热较低，抗溶出性、抗硫酸盐侵蚀能力高、抗碳化能力较差、水泥泌水性较大、干缩性比较大。

3.火山灰质硅酸盐水泥

凡由硅酸盐水泥熟料和火山灰质混合材料、适量石膏共同磨细制成的水硬性胶凝材料称为火山灰质硅酸盐水泥（简称火山灰水泥），代号P·P。

水泥中火山灰质混合材料掺量按水泥质量百分比计为20%～50%。与矿渣水泥有相似的特点，但其硬化过程中的干缩现象更显著。

4.粉煤灰硅酸盐水泥

凡由硅酸盐水泥熟料和粉煤灰、适量石膏共同磨细制成的水硬性胶凝材料称为粉煤灰硅酸盐水泥（简称粉煤灰水泥），代号为P·F。

水泥中粉煤灰掺量按质量百分比记为20%～40%。干缩比较小、抗裂性较好，和易性较好。

5.复合硅酸盐水泥

凡由硅酸盐水泥熟料两种或两种以上规定的混合材料、适量石膏磨细制成的水硬性胶凝材料称为复合硅酸盐水泥（简称复合水泥）。

硅酸盐水泥、普通水泥、矿碴水泥、火山灰水泥、粉煤灰水泥和复合水泥是在土木建筑工程中广泛使用的六大品种水泥（俗称通用水泥），在工程中必须根据工程的特点及所处的环境，合埋地选用水泥，其主要技术特性及使用情况分别如表14-3-2和表14-3-3所示。

通用水泥主要技术特性　　表14-3-2

名称	硅酸盐水泥		普通硅酸盐水泥	矿渣硅酸盐水泥	火山灰质硅酸盐水泥	粉煤灰硅酸盐水泥
简称	硅酸盐水泥		普通水泥	矿渣水泥	火山灰水泥	粉煤灰水泥
	Ⅰ型	Ⅱ型				
代号	P·Ⅰ	P·Ⅱ	P·O	P·S	P·P	P·F
密度(g/cm^3)	3.00～3.15		3.00～3.15	2.80～3.10	2.80～3.10	2.80～3.10
堆积密度(kg/cm^3)	1000～1600		1000～1600	1000～1200	900～1000	900～1000
强度等级	42.5、42.5R 52.5、52.5R 62.5、62.5R					

续表

名称		硅酸盐水泥	普通硅酸盐水泥	矿渣硅酸盐水泥	火山灰质硅酸盐水泥	粉煤灰硅酸盐水泥
特性	硬化	快	较快	慢	慢	慢
	早期强度	高	较高	低	低	低
	水化热	高	高	低	低	低
	抗冻性	好	好	差	差	差
	耐热性	差	较差	好	较差	较差
	干缩性	小	小	较大	较大	较小
	抗渗性	较好	较好	差	较好	较好
	耐蚀性	较差	较差	较强	除混合材料含 Al_2O_3 较多者抗硫酸腐蚀性较弱外，以一般均较强	
	泌水性	较小	较小	明显	小	小

通用水泥的选用 表 14-3-3

	混凝土工程特点及所处环境条件		优先选用	可以选用	不宜选用
普通混凝土	1	在一般气候环境中的混凝土	普通水泥	矿渣水泥、火山灰水泥、粉煤灰水泥、复合水泥	
	2	在干燥环境中的混凝土	普通水泥	矿渣水泥	火山灰水泥、粉煤灰水泥
	3	在高湿度环境中或长期处于水中的混凝土	矿渣水泥、火山灰水泥、粉煤灰水泥、复合水泥	普通水泥	
	4	厚大体积的混凝土	矿渣水泥、火山灰水泥、粉煤灰水泥、复合水泥	普通水泥	硅酸盐水泥
有特殊要求的混凝土	1	要求快硬，高强（>C40)的混凝土	硅酸盐水泥	普通水泥	矿渣水泥、火山灰水泥、粉煤灰水泥、复合水泥
	2	严寒地区的露天混凝土，寒冷地区处于水位升降范围内的混凝土	普通水泥	矿渣水泥(强度等级>32.5)	火山灰水泥、粉煤灰水泥
	3	严寒地区处于水位升降范围内的混凝土	普通水泥(强度等级>42.5)		火山灰水泥、矿渣水泥、粉煤灰水泥、复合水泥
	4	有抗渗要求的混凝土	普通水泥、火山灰水泥		矿渣水泥
	5	有耐磨要求的混凝土	硅酸盐水泥、普通水泥	矿渣水泥(强度等级>32.5)	火山灰水泥、粉煤灰水泥
	6	受侵蚀性介质作用的混凝土	矿渣水泥、火山灰水泥、粉煤灰水泥、复合水泥		硅酸盐水泥、普通水泥

（六）特种水泥

1. 白色和彩色硅酸盐水泥

以适当成分的生料烧至部分熔融，形成以硅酸钙为主要成分，氧化铁含量很少的硅酸盐水泥熟料，再加入适量石膏，共同磨细制成的水硬性胶凝材料称为白色硅酸盐水泥，简称白水泥。生产时原料的铁含量应严加控制，在煅烧、粉磨及运输时应防止有色物质进入。

彩色硅酸盐水泥的生产目前多采用染色法制成硅酸盐水泥熟料（白水泥熟料或普通水泥熟料），适量石膏和碱性颜料共同磨细而成，也可将颜料直接与水泥混合而成。主要用于建筑物内外表面，如墙面、台阶和地面等的装饰。

2. 快硬硅酸盐水泥

以硅酸盐水泥熟料和适量石膏磨细制成，以 3d 抗压强度表示强度等级的水硬性胶凝材料称为快硬性硅酸盐水泥（简称快硬水泥）。

主要矿物成分有硅酸三钙、铝酸三钙，为加快硬化速度，可适量增加石膏的掺量和提高水泥的磨细程度，早期强度高、水化放热量大、耐腐蚀性差、抗冻性，抗渗性强，适用于紧急抢修工程、冬期施工的混凝土工程，不宜用于大体积混凝土工程和耐腐蚀要求高的工程。

3. 膨胀水泥及自应力水泥

膨胀水泥是指硬化过程中不产生收缩，具有一定膨胀性能的水泥。

膨胀水泥主要比一般水泥多了一种膨胀组分。在凝结硬化过程中，膨胀组分使水泥产生一定量的膨胀值，常用的膨胀组分是在水化后能形成膨胀性产物水化硫铝酸钙的材料。

按膨胀值的大小，膨胀水泥可分为补偿收缩水泥和自应力水泥。补偿收缩水泥膨胀率较小，大致可以补偿水泥在凝结硬化过程中产生的收缩，因此又叫无收缩水泥，可防止水泥产生收缩裂缝；自应力水泥的膨胀值较大，在限制膨胀的条件下（如有配筋时），由于水泥石的膨胀作用，使混凝土产生压应力，从而达到预应力的目的，这种靠水泥自身水化产生膨胀来张拉钢筋达到的预应力称为自应力，混凝土中所产生的压应力数值即为自应力值。

膨胀水泥主要用于配置水泥砂浆、结构加固与修补、防水混凝土、构件的接缝与管道接头。自应力水泥主要用于制造自应力钢筋（钢丝网）混凝土压力管等。

4. 抗硫酸盐硅酸盐水泥

以适当成分的生料烧至部分熔融，形成以硅酸钙为主的特定矿物组成的熟料，加入适量石膏，磨细制成的具有一定抗硫酸盐侵蚀性能的水硬性胶凝材料称为抗硫酸盐硅酸盐水泥（简称抗硫酸盐水泥）。

历年真题

14-3-1. 水泥混凝土遭受最严重的化学腐蚀为（　　）。（2011B3）

A. 溶出型腐蚀　　B. 一般酸腐蚀　　C. 镁盐腐蚀　　D. 硫酸盐腐蚀

14-3-2. 我国颁布的硅酸盐水泥标准中，符号“P·C”代表（　　）。（2012B3）

A. 普通硅酸盐水泥　　B. 硅酸盐水泥

C. 粉煤灰硅酸盐水泥　　D. 复合硅酸盐水泥

14-3-3. 水泥颗粒的大小通常用水泥的细度来表征，水泥细度指（　）。（2013B3）

A. 单位质量水泥占有体积　　B. 单位体积水泥的颗粒总表面积

C. 单位质量水泥颗粒总表面积　　D. 单位颗粒表面积的水泥质量

14-3-4. 普通硅酸盐水泥的水化反应为放热反应，并且有两个典型的放热峰，其中第二个放热峰对应（　）。（2014B3）

A. 硅酸三钙的水化　　B. 硅酸二钙的水化

C. 铁铝酸四钙的水化　　D. 铝酸三钙的水化

14-3-5. 水泥中不同矿化物水化速率有较大差别，因此可以通过其在水泥中的相对含量来满足不同工程队水泥水化速率与凝结时间的要求。早强水泥水化速度快，因此以下矿物含量较高的是（　）。（2016B3）

A. 石膏　　B. 铁铝酸四钙　　C. 硅酸三钙　　D. 硅酸二钙

14-3-6. 硬化水泥浆体中的孔隙可分为水化硅酸钙凝胶的层间孔隙，毛细孔隙和气孔，其中对材料耐久性产生主要影响的是毛细孔隙，其尺寸的数量级为（　）。（2017B3）

A. 1nm　　B. 1μm　　C. 1mm　　D. 1cm

14-3-7. 水泥中掺入的活性混合材料能够与水泥水化产生的氢氧化钙发生反应，生成水化硅酸钙等水化产物，该反应被称为（　）。（2018B3）

A. 火山灰反应　　B. 沉淀反应　　C. 碳化反应　　D. 钙矾石延迟生成反应

答　案

14-3-1.【答案】(D)

硫酸盐与水泥石中的 Ca（OH）$_2$ 发生置换反应，生成硫酸钙。硫酸钙与水泥石中的水化铝酸钙作用会生成高硫型水化硫铝酸钙（钙矾石），生成的高硫型水化硫铝酸钙晶体比原有水化铝酸钙体积增大 1～1.5 倍，硫酸盐浓度高时还会在孔隙中直接结晶成二水石膏，比 Ca（OH）$_2$ 的体积增大 1.2 倍以上。由此引起水泥石内部膨胀，致使结构胀裂、强度下降而遭到破坏。因为，生成的高硫型水化硫铝酸钙晶体呈针状，又形象地称为“水泥杆菌”，其腐蚀性最大。

14-3-2.【答案】(D)

我国颁布的硅酸盐水泥标准中，硅酸盐水泥分两种类型，不掺加混合材料的称为Ⅰ型硅酸盐水泥，代号 P.Ⅰ；掺加不超过水泥质量 5%的石灰石或粒化高炉矿渣混合材料的称为Ⅱ型硅酸盐水泥，代号 P.Ⅱ。符号“PC”代表复合硅酸盐水泥，简称复合水泥。

14-3-3.【答案】(B)

水泥细度是指水泥的粗细程度，颗粒越细，比表面积越大，国家标准规定，水泥的细度用比表面积表示，即单位质量的表面积。

14-3-4.【答案】(A)

普通硅酸盐水泥的水化按照其成分分为硅酸三钙的水化，硅酸二钙的水化，铝酸三钙的水化，铁铝酸四钙的水化，反应最快的是铝酸三钙，对应第一个放热峰，其次是硅酸三钙，对应第二个放热峰。

14-3-5.【答案】(B)

若提高水泥中的硅酸三钙、铝酸三钙的含量，能够缩短水泥的凝结时间，提高其早期强度。

14-3-6.【答案】(A)

毛细孔尺寸为10～1000nm，水化硅酸钙凝胶的层间孔隙尺寸为1～5nm；气孔尺寸为几毫米。

14-3-7.【答案】(A)

混合材料里的活性成分与水泥水化产物氢氧化钙反应后，生成水化硅酸钙，称为火山灰反应。

第四节　混凝土

一、考试大纲

原材料技术要求；拌合物的和易性及影响因素；强度性能与变形性能；耐久性；抗渗性、抗冻性、碱-骨料反应；混凝土外加剂与配合比设计。

二、知识要点

（一）基本概念

混凝土是由胶凝材料、粗细集料和水（或不加水）按适当的比例配合、拌制，再经硬化形成的人工石材。

混凝土按表观密度分为普通混凝土（表观密度为2100～2500kg/m^3）、轻混凝土（表观密度小于1950kg/m^3）和重混凝土（表观密度在2600kg/m^3以上）。

按生产和施工方法分为商品混凝土（又称预拌混凝土）、泵送混凝土、喷射混凝土、压力灌浆混凝土（又称预填骨料混凝土）、挤压混凝土、离心混凝土、真空吸水混凝土、碾压混凝土、热拌混凝土等。

按混凝土强度分为低强混凝土、高强混凝土和超高强混凝土。

混凝土具有原材料来源广泛、资源丰富、造价低廉；可塑性良好；配制灵活，适应性好；抗压强度较高等优势，在当代建筑工程应用最广、用量最大的混凝土为普通混凝土。

（二）普通混凝土组成材料

普通混凝土主要是由水泥、粗细骨料、水、必要时还掺入一定量的掺合料和外加剂。

混凝土中的砂、石是骨料，对混凝土起骨架作用，水泥和水形成水泥浆体，包裹在粗细骨料的表面并填充骨料之间的空隙，在混凝土拌合物中，水泥浆起润滑作用，赋予混凝土拌合物的流动性，便于施工；混凝土硬化后起胶结作用，将骨料胶结成整体。

混凝土生产的基本工艺过程：

按配合比称量各组成材料——混合搅拌均匀——运输——浇筑——振捣——养护。

1. 水泥

水泥是混凝土中的胶凝材料，普通混凝土通过水泥将砂、骨料等固化成为具有一定强度的整体。

（1）水泥品种的选择

配置普通混凝土的水泥一般有硅酸盐水泥、矿渣硅酸盐水泥、火山灰硅酸盐水泥和粉煤灰硅酸盐水泥，必要时也可加入快硬性硅酸盐水泥和其他水泥。

（2）水泥强度等级的选择

选用水泥强度等级应与要求配制的混凝土等级相适应。如用高强度等级水泥配制低强度等级混凝土，从强度考虑，少量水泥就能满足要求，但为满足和易性和耐久性的要求，就要额外增加水泥用量，造成水泥的浪费。如用低强度水泥配制高强度混凝土，一方面会加大水泥用量造成浪费，另一方面需要减少用水量以保证混凝土的强度，给施工造成困难。

一般以水泥强度等级（MPa 为单位）为混凝土强度等级的 1.1～1.6 倍为宜，配制强度等级较高的混凝土时，以水泥强度等级（MPa 为单位）为混凝土强度等级的 0.7～1.2 倍为宜。

2. 骨料

骨料总体积占混凝土体积的 60%～80%。骨料分为细骨料（包括各种砂：如河砂、海砂和山砂，粒径在 0.16～5mm 之间）和粗骨料（包括各种石：如碎石、卵石，粒径≥5mm）。

（1）细骨料

混凝土用细骨料一般是采用粒径小于 4.75mm 的级配良好、质地坚硬、颗粒洁净的天然砂，也可采用加工的机器砂。配制时，对细骨料的品质有以下几方面的要求。

1）砂的颗粒级配和细度模数

颗粒级配：骨料中不同粒径的分布情况即骨料大小颗粒的搭配情况。级配良好的骨料，其空隙率和总表面积均最小。

砂的粗细程度：骨料不同粒径的颗粒混在一起的平均粗细程度。相同重量的骨料，粒径小，总表面积大；粒径大，总表面积小，因而大的粒径的骨料所需水泥浆的量少。

砂的粗细程度以细度模数表示，通常用筛分析法进行测定。砂筛分析法是用一套孔径为 4.75mm、2.36mm、1.18mm、0.600mm、0.300mm 及 0.150mm 的标准筛，将 500g 干砂由粗到细依次过筛，计算出各筛上的分计筛余百分率 a_1、a_2、a_3、a_4、a_5、a_6（各筛上的筛余量占砂样质量的百分率）与累计筛余百分率 A_1、A_2、A_3、A_4、A_5、A_6（各个筛与比该筛粗的所有筛的分计筛余百分率之和）

$$\text{细度模数 } M_x=\frac{(A_2+A_3+A_4+A_5+A_6)-5A_1}{100-A_1}$$

砂的粗细程度按细度模数分为四级，见表 14-4-1。

砂的细度模数 **表 14-4-1**

种类	粗砂	中砂	细砂	特细沙
M_x	3.7～3.1	3.0～2.3	2.2～1.6	1.5～0.7

普通混凝土用砂的细度模数范围一般在 3.7～1.6，其中采用中砂较为合适。

砂的细度模数只反映砂的粗细程度，而不能反映颗粒的级配情况，细度模数相同而级配不同的砂可以配制出性质不同的混凝土。配制混凝土时，必须同时考虑砂的细度模数及砂的级配。

2）有害物质含量

有害物质包括草根、树叶、树枝、塑料、炉渣、煤块、硫化物、硫酸盐、有机质、云母、轻物质、氯盐含量等，其含量须符合规范规定。

砂中的含泥量、石粉含量和泥块含量可在骨料表面形成包裹层，妨碍骨料与水泥石粘附，或以松散的颗粒存在，增大骨料表面积，因而增加需水量，特别是黏土颗粒，体积不稳定，干燥时收缩，潮湿时膨胀，对混凝土有很大的破坏作用。

云母呈薄片状，表面光滑，且极易沿节理裂开，与水泥石的粘附性极差，对混凝土拌合物的和易性和硬化后混凝土的抗冻性、抗渗性都有不利的影响。

有机质含量（如动植物的腐殖质、腐殖土等）将延缓水泥的硬化过程，降低混凝土的强度。

若天然砂中的硫化物和硫酸盐含量过多，将在已硬化的混凝土中与水化铝酸钙发生反应，生成水化铝酸钙晶体，体积膨胀，在混凝土内发生破坏作用。

（2）粗骨料

普通混凝土常用的粗骨料有卵石和碎石两种。在自然条件作用下形成，粒径大于 5mm 的岩石颗粒称为卵石。天然岩石和卵石经破碎、筛分得到的粒径大于 5mm 的颗粒，称为碎石或碎卵石。

骨料颗粒形状近似球状或立方体形且表面光滑时，对混凝土流动性有利，但表面光滑时与水泥石粘结较差，对配制流动性要求高的混凝土宜选用卵石，对强度要求高的混凝土宜选用碎石。

石子必须限制其针、片状颗粒含量。

针状颗粒：长度大于该颗粒所属粒径平均粒径（该粒级上、下限粒径的平均值）的 2.4 倍者。

片状颗粒：厚度小于平均粒径的 0.4 倍。

粗骨料中公称粒径的上限称为该骨料的最大粒径。

新拌混凝土随最大粒径的增加，单位用水量相应减少，在固定用水量和水灰比的条件下，加大粒径可获得较好的和易性，提高混凝土强度。

一般混凝土应尽量选用大粒径的粗骨料。

粗骨料应具有良好的颗粒级配，以减少空隙率，增强密实性，从而节约水泥，保证混凝土的和易性和强度。

粗骨料的颗粒级配可采用单粒级配、连续级配或二者联合使用。特殊情况下，通过试验证明混凝土无离析现象时，可采用单粒级。当连续级配不能配合成满意的混合料时，可掺加单粒级骨料配合。连续级配矿质混合料的优点是所配制的新拌混凝土较为密实，有优良的工作性，不易产生离析。

（3）粗骨料强度

① 强度

碎石用岩石的立方体抗压强度或压碎指标表示，卵石的强度用压碎指标表示。

② 坚固性

坚固性是反映碎石或卵石在气候、环境变化或其他物理因素作用下抵抗碎裂的能力。石子的坚固性采用硫酸钠溶液浸渍法进行检验，试样经 5 次循环后，其质量损失应符合规定。

③ 有害物质含量

粗骨料中有害物质会影响混凝土的性能，如黏土、淤泥、硫酸盐及硫化物和有机物等。国家标准中对混凝土用碎石或卵石中有害物质含量作了明确的限定。若在骨料中发现有颗粒状硫酸盐或硫化物杂质时，需做专门试验以满足混凝土耐久性要求。

3. 水

混凝土拌合用水水源，可分为饮用水、地表水、地下水、海水以及经过适当处理或处置后的工业废水、符合国家标准的生活用水等，都可以用来拌制混凝土，不需进行检验。用于拌制和养护混凝土的水，应不含有影响混凝土正常凝结核硬化的有害杂质，如油质、糖类等。

地表水和地下水常含有较多的有机质和矿物盐类，如果用于混凝土，则必须先进行检验。海水因含有大量氯盐，只允许用来拌制素混凝土，不得用于拌制钢筋混凝土、预应力混凝土和有装饰面要求的混凝土。

4. 外加剂

外加剂是指拌制混凝土过程中掺入，用以改善混凝土性质的物质，掺量不大于水泥质量的 5%，且不需要考虑体积或质量变化的外加材料。

常用的外加剂有减水剂、早强剂、缓凝剂、速凝剂、引气剂、防水剂、防冻剂、膨胀剂等。

各种外加剂名称、主要功能及组成材料见表 14-4-2。

外加剂名称、主要功能及组成材料 **表 14-4-2**

外加剂类型	主要功能	材料
普通减水剂	①在混凝土和易性及强度不变的条件下，可节省水泥 5%～10%； ②在保证混凝土工作及水泥用量不变的条件下，可减少用水量 10%左右，混凝土强度提高 10%左右； ③在保持混凝土用水量及水泥用量不变条件下，可增大混凝土流动性	①木质磺酸盐类（木钙、木镁、木钠）； ②腐殖酸类； ③烤胶类
高效减水剂	①在保证混凝土工作性及水泥用量不变的条件下，减少用水量 15%左右，混凝土强度提高 20%左右； ②在保持混凝土用水量及水泥用量不变的条件下，可大幅度提高混凝土掺合物流动性； ③可节省水泥 10%～20%	①多环芳香族磺酸盐类（萘系磺化物与甲醛酸合的盐类）； ②水溶性树脂磺酸盐类（磺化三聚氰胺树脂、磺化古玛隆树脂）
引气剂及引气减水剂	①提高混凝土耐久性和抗渗性； ②提高混凝土拌合物和易性，减少混凝土泌水离析； ③引起减水剂还有减水剂的功能	①松香树脂类（松香热聚物、松香皂）烷基苯磺酸盐类（烷基苯磺酸盐、烷基苯酚聚氧乙烯醚）； ②脂肪醇磺酸盐类（脂肪醇聚氧乙烯醚、脂肪醇聚氧乙烯磺酸钠）

续表

外加剂类型	主要功能	材料
早强剂及早强减水剂	①提高混凝土的早期强度； ②缩短混凝土的蒸氧时间； ③早强减水剂还有减水作用	①氯盐类（氯化钙、氯化钠）； ②硫酸盐类（硫酸钠、硫代硫酸钠）； ③有机胺类（三乙醇胺、三异丙醇胺）
缓凝及缓凝减水剂	①延缓混凝土的缓凝时间； ②降低水泥初期水化热； ③缓凝减水剂含有减水剂的功能	①糖类（糖钙）； ②木质素磺酸盐类（木钙、木钙木镁）； ③羟基羧酸及其盐类（柠檬酸、酒石酸钾钠）； ④无机盐类（锌盐、硼酸盐、磷酸盐）
膨胀剂	使混凝土体积在水化、硬化过程中产生一定膨胀，减少混凝土干缩裂缝，提高抗裂性和抗渗性能	①硫铝酸钙类（明矾石、CSA 膨胀剂）； ②氧化钙类（石灰膨胀剂）； ③氧化镁类（氧化镁）； ④金属类（铁屑）； ⑤复合类（氧化钙、硫铝酸剂）

各种混凝土工程对外加剂的选择，见表 14-4-3。

外加剂的选择　　　　**表 14-4-3**

序号	工程项目	选用目的	选用剂型
1	自然条件下的混凝土工程和构件	改善工作性，提高早期强度，节约水泥	各种减水剂，常用木质素类
2	太阳直射下施工	缓凝	缓凝减水剂，常用糖蜜剂
3	大体积混凝土	减少水化钠	缓凝剂、缓凝减水剂
4	冬期施工	早强、防寒、抗冻	早强减水剂、早强剂、抗冻剂
5	流态混凝土	提高流动性	非引气型减水剂，常用 FDN、UNF
6	泵送混凝土	减少坍落损失	泵送剂、引气剂、缓凝减水剂，常用 FDNP、UNF-5
7	高强混凝土	C50 以上混凝土	高效减水剂、非引气减水剂、密实剂
8	灌浆、补强、填缝	防止混凝土收缩	膨胀剂
9	蒸养混凝土	缩短蒸养时间	非引气高效减水剂、早强减水剂
10	预制构件	缩短生产周期，提高模具周转率	高效减水剂、早强减水剂
11	滑模工程	夏季宜缓凝	普通减水剂木质素类或糖蜜类
		冬季宜早强	高效减水剂或早强减水剂
12	大模板工程	提高和易性，1d 强度能拆模	高效减水剂或早强减水剂
13	钢筋密集的构造物	提高和易性，利于浇筑	普通减水剂、高效减水剂
14	耐冻融混凝土	提高耐久性	引气高效减水剂
15	灌注桩基础	改善和易性	普通减水剂、高效减水剂
16	商品混凝土	节约水泥，保证运输后的和易性	普通减水剂、缓凝型减水剂

（三）新拌混凝土的和易性

1. 和易性的概念

新拌混凝土：将水泥、砂、石加水拌和的尚未凝固时的拌合物。

和易性：混凝土硬化前在拌和、运输、浇筑、振捣过程中，不发生分层、离析、泌水等现象，获得质量均匀、成型密实混凝土的性质。和易性是一项综合技术性质，包括流动性、粘聚性和保水性三方面含义。

流动性：混凝土拌合物在自重或机械振捣作用下能产生流动并均匀密实地填满模板的性能。

粘聚性：混凝土拌合物在施工过程中，其组成材料之间有一定的粘聚力，不发生分层和离析的现象。

保水性：混凝土拌合物在施工过程中具有一定的保水能力，不致产生严重的泌水现象。

和易性的测定方法：测定混凝土拌合物的流动性，综合直观观察评定其和易性，混凝土流动性用坍落度和维勃稠度来表示。

坍落度适用于测定骨料粒径不大于 40mm，坍落度不小于 10mm 的混凝土拌合物。按坍落度大小，将混凝土分为低塑性混凝土、塑性混凝土、流动性混凝土和大流动性混凝土。

坍落度小于 10mm 的干硬度混凝土拌合物的流动性用维勃稠度表示，单位 s。维勃稠度试验适用于骨料最大粒径不超过 40mm，维勃稠度在 5～30s 之间的混凝土拌合物。根据维勃稠度将混凝土分为四级，即：超干硬性混凝土、特干硬性混凝土、干硬性混凝土和半干硬性混凝土。

2. 影响和易性的主要因素

（1）水泥浆的水量和水灰比的影响

混凝土中用水量与水泥用量的比例，无论是水泥浆数量的影响还是水灰比的影响，实际上都是用水量的影响，影响新拌混凝土和易性的决定因素是单位体积混凝土用水量的多少。

固定用水量定则：骨料一定，单位用水量一定，单位水泥用量增减不超过 50～100kg，坍落度基本保持不变。

固定单位用水量，变化水灰比，既满足和易性要求，又满足强度要求。

（2）砂率的影响

砂率：细骨料含量占骨料总量的百分比。

应在用水量和水泥用量不变的情况下选取可使用拌合物获得所要求的流动性即良好粘聚性和保水性的合理砂率。

（3）组成材料性质的影响

1）水泥

主要是水泥的品种和水泥细度的影响。

2）骨料

级配好、表面光滑的骨料和易性好；粒径大的骨料流动性好。

3）外加剂

加入减水剂和引气剂可明显提高拌合物的流动性，引气剂可有效改善粘聚性和保水性。

4）温度和时间的影响

拌合物流动性随温度升高而降低，拌合物流动性随时间延长而降低。

（四）普通混凝土的配合比设计

普通混凝土配合比是指混凝土中组成材料相互之间的配合比例。

混凝土配合比表示方法，有下列两种：

① 单位用量表示法。以 $1m^3$ 混凝土中各种材料的用量表示，例如水泥：水：细骨料：粗骨料＝330kg：150kg：726kg：1364kg。

② 相对用量表示法。以水泥的质量为 1，并按“水泥：细骨料：粗骨料：水灰比”的顺序排列表示，例如 1：2.14：3.81：W/C＝0.45。

确定混凝土配合比设计中的基本参数有以下内容。

（1）混凝土配制强度的确定 $f_{cu,0}$

混凝土配制强度应按下式计算：

$$f_{cu,0}=f_{cu,k}+1.645\sigma \tag{14-4-1}$$

式中　$f_{cu,0}$——混凝土配制强度（MPa）；

$f_{cu,k}$——混凝土立方体抗压强度标准值（MPa）；

σ——由施工单位质量管理水平确定的混凝土强度标准差（MPa）。

（2）确定水灰比（W/C）

$$\frac{W}{C}=\frac{\alpha_a f_{ce}}{f_{cu,0}+\alpha_a\alpha_b f_{ce}} \tag{14-4-2}$$

式中　α_a、α_b——回归系数；

f_{ce}——水泥的实际强度值（MPa）；

（3）确定水泥用量（m_{c0}）

$$m_{c0}=\frac{m_{w0}}{\frac{W}{C}} \tag{14-4-3}$$

计算所得的水泥用量应符合有关规定。

（4）砂率、粗集料和细集料计算见有关教科书

（5）计算单位粗、细骨料用量

1）质量法

假定混凝土拌和物的表观密度为一固定值，混凝土拌和物各组成材料的单位用量之和即为其表观密度，在砂率值为已知的条件下，粗、细骨料的单位可用下式计算，即：

$$\begin{cases} m_{co}+m_{go}+m_{so}+m_{wo}=+m_{cp} \\ \beta_s=\dfrac{m_{so}}{m_{go}+m_{so}}\times100\% \end{cases} \tag{14-4-4}$$

式中　m_{co}、m_{go}、m_{so}、m_{wo}——每立方米混凝土中的水泥、粗骨料、细骨料和水的用量（kg）；

β_s——混凝土的砂率（%）；

m_{cp}——每立方米混凝土拌和物的湿表观密度（kg/cm^3）。

2）体积法

假定混凝土拌和物的体积等于各组分材料的绝对体积与混凝土拌和物所含空气体积之和，在砂率已知的情况下，单位粗、细骨料的用量计算如下：

$$\begin{cases}\dfrac{m_{co}}{\rho_c}+\dfrac{m_{go}}{\rho_g}+\dfrac{m_{so}}{\rho_s}+\dfrac{m_{wo}}{\rho_w}+0.01\alpha=1\\ \beta_s=\dfrac{m_{so}}{m_{go}+m_{so}}\times100\%\end{cases} \tag{14-4-5}$$

式中 ρ_c——水泥密度（kg/cm^3），可取 $2900\sim3100kg/cm^3$；

ρ_w——水的密度（kg/cm^3），可取 $1000kg/cm^3$；

ρ_g、ρ_s——粗、细骨料的表观密度（kg/cm^3）；

α——混凝土的含气量百分数，不使用引气型外加剂时，值为 1。

3）混凝土配合比的试配、调整与确定

前面计算得出的配合比，配成的混凝土不一定与原设计要求完全相同。因此必须检验其和易性，并加以调整，使之符合要求，根据拌和物实测的表观密度，计算出调整后的配合比，据此复合强度。

4）混凝土施工配合比换算

混凝土实验室配合比计算用料是以干燥集料为基准的，实际工地使用的集料常含有一定量的水分，因此需要根据工地石子和砂的实际含水率进行换算，施工配合比每立方米混凝土中各材料用量为

$$\begin{aligned}m_c'&=m_c\\ m_s'&=m_s(1+a)\\ m_g'&=m_g(1+b)\\ m_w'&=m_w-m_s\times a-m_g\times b\end{aligned} \tag{14-4-6}$$

式中 a——工地砂子含水率（%）；

b——工地石子含水率（%）。

（五）混凝土的强度

强度是硬化混凝土壤重要的技术性质之一，混凝土强度与混凝土的其他性能有着密切关系。混凝土强度也是工程施工中控制和评价混凝土质量的主要指标。

混凝土强度包括立方体抗压强度、轴心抗压强度、抗拉强度、抗弯强度和抗剪强度等，其中以立方体抗压强度值为最大。

1. 混凝土立方体抗压强度与强度等级

按照《普通混凝土力学性能试验方法标准》规定，制作边长为 150mm 的立方体标准试件，在标准养护条件（温度 20±3℃，相对湿度大于 95%）下，养护至 28d 龄期，用标准试验方法测得的抗压强度值，即为混凝土立方体抗压强度，以 f_{cu} 表示，单位为 MPa，计算式如下：

$$f_{cu}=\frac{F}{A} \tag{14-4-7}$$

式中 f_{cu}——立方体抗压强度（MPa）；

F——试件破坏荷载（N）；

A——试件承压面积（mm^2）。

在实际施工过程中，允许采用非标准尺寸的试件，但应将其抗压强度换算为标准试件时的抗压强度，换算系数见表 14-4-4。非标准试件的最小尺寸应根据所用粗骨料的最大粒径确定。

混凝土立方体试件边长与强度换算系数　　表 14-4-4

试件边长(mm)	抗压强度换算系数
100	0.95
150	1.00
200	1.05

混凝土试件尺寸越大，测得的抗压强度越小，主要是由于测试时产生的环箍效应及试件存在缺陷的概率不同所致。

(1) 立方体抗压强度标准值（$f_{cu,k}$）

指用标准方法制作并养护的边长为 150mm 的立方体试件，在 28d 龄期，用标准试验方法测得的具有 95%保证率的抗压强度，以 MPa 计，用 $f_{cu,k}$ 表示。

(2) 强度等级

采用符号"C"与立方体抗压强度标准值（以 N/mm^2 计）表示。

普通混凝土按立方体强度标准值划分为 C7.5、C10、C15、C20、C25、C30、C35、C40、C45、C50、C55、C60 等 12 个等级。

2. 混凝土的轴心抗压强度（f_{cp}）

混凝土轴心抗压强度又称棱柱体抗压强度。

根据《普通混凝土力学性能试验方法标准》GB/T 50081 的规定，混凝土轴心抗压强度是以 150mm×150mm×300mm 的棱柱体作为标准试件，测定其轴心抗压强度，在立方体抗压强度为 10～55MPa 的范围内，轴心抗压强度与立方体抗压强度之比约为 0.7～0.8。

钢筋混凝土受压构件大部分为棱柱体或圆柱体。为了使所测混凝土的强度能接近于混凝土结构的实际受力情况，规定在钢筋混凝土结构设计中计算轴心受压构件时，均需用混凝土的轴心抗压强度作为依据。

3. 混凝土的抗拉强度（f_{tf}）

混凝土抗拉强度值较低，通常为抗压强度的 1/10～1/20，这个比值随混凝土抗压强度等的增高而降低，在普通钢筋混凝土结构设计中虽不考虑混凝土承受拉应力，但抗拉强度对混凝土的抗裂性起着重要作用，有时也用抗拉强度间接衡量混凝土与钢筋的粘结强度，或用于预测混凝土构件由于干缩或温缩受约束引起的裂缝。

规范规定：采用 150mm×150mm×150mm 的立方体作为标准试件，在立方体试件（或圆柱体）中心平面内用圆弧形垫条施加两个方向相反、均匀分布的压应力，当压力增大至一定程度时试件就沿此平面劈裂破坏，这样测得的强度称为立方体劈裂抗拉强度。

4. 影响混凝土强度的因素

(1) 水泥强度等级和水灰比

水泥强度等级和水灰比是影响混凝土强度最主要的因素，也是决定性因素。

在水泥品种、强度等级相同的条件下，水灰比越小，水泥石的强度越高，与集料表面的粘结力也越强，混凝土的强度也越高。水灰比越大，多余的水多，当混凝土硬化后，多余的水分就残留在混凝土中形成水泡或蒸发后形成气泡，大大减少了混凝土抵抗荷载的实际有效断面，而且可能在孔隙周围产生应力集中，使混凝土强度降低。

在原材料一定的条件下，混凝土 28 天龄期的抗压强度与水泥实际强度及水灰比之间存在如下的经验公式：

$$f_{cu}=\alpha_a f_{ce}\left(\frac{C}{W}-\alpha_b\right) \tag{14-4-8}$$

式中 α_a、α_b——回归系数，与集料的品种、水泥品种等因素有关，可通过实验求得；《普通混凝土配合比设计规程》JGJ 55—2011 规定，对碎石混凝土 α_a 为 0.53，α_b 为 0.20；对卵石混凝土 α_a 为 0.49，α_b 为 0.13。

（2）骨料的影响

骨料强度比水泥石高，不直接影响混凝土强度，但骨料本身强度降低，配制混凝土的强度也降低。骨料表面粗糙与水泥石粘结力大，混凝土强度高，但随着水灰比增大，强度降低。

（3）温度和湿度

混凝土强度是在一定的温度、湿度条件下，通过水泥水化发展的。在 4～40℃范围内，温度高，水泥水化速度加快，则强度增长较快。反之，随温度的降低，水泥水化速度减慢，混凝土强度发展也就迟缓。当温度低于 0℃时，水泥水化基本停止，并且因水结冰膨胀，而使混凝土强度降低。

混凝土浇筑后，必须保持一定时间的潮湿，若湿度不够，导致失水，会严重影响强度，使混凝土结构疏松，产生干缩裂缝，不但使混凝土强度下降，还影响耐久性。一般在混凝土浇筑后的 12h 内进行覆盖，等具有一定强度时应注意洒水养护，对硅酸盐水泥、普通硅酸盐水泥和矿渣硅酸盐水泥浇水养护日期不得少于 7d；使用火山灰质硅酸盐水泥、粉煤灰质硅酸盐水泥或掺用缓凝型浇水养护日期不得少于 14d，当平均气温低于 5℃时，混凝土表面不便浇水时，应刷涂保护层（如薄膜养生液）或用塑料膜覆盖，以防止混凝土内水分蒸发。

（4）龄期

正常养护条件下，混凝土的强度随龄期的增长而不断发展，在最初 7～14d 内发展最快，28d 接近最大值，以后增长缓慢，甚至可以延续数十年之久，但要有一定的温度与湿度。可根据混凝土的早期强度大致估计其 28d 的强度。在标准养护条件下，混凝土强度与其龄期的常用对数大致成正比，即：

$$\frac{f_n}{f_{28}}=\frac{\lg n}{\lg 28} \tag{14-4-9}$$

式中 f_n——n 天混凝土抗压强度（MPa）；

f_{28}——28 天混凝土抗压强度（MPa）；

n——养护龄期（d），$n\geqslant 3$.

通过上式：由所测混凝土的早期强度，估算其 28d 龄期；由混凝土的 28d 强度，推算 28d 前混凝土达到某一强度所需要养护的天数。

（5）制备方法对混凝土强度的影响

机械搅拌的混凝土一般比人工搅拌的更均匀、更密实，强度更高。

混凝土的搅拌时间越短，拌合越不充分，则其强度越低。但若搅拌时间过长，可能会导致混凝土中骨料受损，影响混凝土耐久性、出现分层离析，降低混凝土强度。

(6) 实验条件对混凝土强度的影响

试验中加荷速度越快，测得的强度越大。

(7) 提高混凝土强度的技术措施

1) 采用高强度水泥和特种水泥

为提高混凝土的强度可采用高强度等级水泥，对于抢修工程、严寒的冬期施工以及其他要求早强的结构物，可采用特种水泥配制的混凝土。

2) 采用低水灰比和浆集比

采用低的水灰比，可以减少混凝土中的游离水，从而减少混凝土中的空隙，提高混凝土的密实度和强度。另一方面降低浆集比，减少薄水泥浆层的厚度，充分发挥骨料的骨架作用，对混凝土的强度也有一定的帮助。

3) 掺加外加剂

在混凝土中掺入外加剂，可改善混凝土的技术性质。掺早强剂，可提高混凝土的早期强度；掺加减水剂，在不改变流动性的条件下，可减少水灰比，从而提高混凝土的强度。

4) 采用湿热养护——蒸汽养护、蒸压养护

蒸汽养护：指浇筑好的混凝土构件经1～3h预养后，在90%以上的相对湿度、60℃以上的温度的饱和蒸汽中进行养护，以加速混凝土强度的发展。

普通水泥混凝土经蒸汽养护后，其早期强度提高较快，一般经过24h的蒸汽养护，混凝土的强度能达到设计强度的70%，但对其后期强度增长有影响，所以普通水泥混凝土养护温度不宜太高，时间不宜太长，一般养护温度为60～80℃，恒温养护时间为5～8h为宜。

蒸压养护：将浇筑成型的混凝土构件静置8～10h，放入蒸压釜内，通入高压（≥8个大气压)、高温（≥175℃）饱和蒸汽进行养护。在高温、高压的蒸汽养护条件下，水泥水化时析出的氢氧化钙不仅能充分与活性氧化硅结合，而且能与结晶状态的氧化硅结合生成含水硅酸盐结晶，从而加速水泥的水化和硬化，提高了混凝土的强度。

5) 采用机械拌合振捣

混凝土拌和物在强力搅拌和振捣作用下，水泥浆的凝聚结构暂时受到破坏，降低了水泥浆的粘度和集料间的摩阻力，使拌和物能够更好的充满模型并均匀密实，从而使混凝土强度得到提高。

(六) 硬化混凝土的变形性能

硬化后水泥混凝土的变形，包括非荷载作用下的化学变形、干湿变形和温度变形以及荷载作用下的弹-塑性变形和徐变。

1. 非荷载作用变形

混凝土凝结硬化以后，由于各种原因产生的裂缝会加速混凝土性能的劣化。引起混凝土非荷载作用产生裂缝最常见的因素是混凝土的收缩。混凝土收缩主要有以下几种。

(1) 化学减缩

混凝土拌合物由于水化产物的体积比反应物质的总体积要小，因而产生收缩，称为化学收缩，这种收缩随龄期增长而增加，40d以后渐趋稳定，化学收缩时不能恢复的，一般

对结构没有什么影响。

（2）温度变形

主要表现为湿胀变形，混凝土在干燥空气中硬化时，随着水分的逐渐蒸发，体积也将逐渐发生收缩，常引起混凝土开裂。

冷缩的大小与混凝土的热膨胀系数、用水量、水泥品种、细度、骨料种类和养护条件有关。因此，降低混凝土内部温度升高，提高混凝土抗拉强度，使用热膨胀系数小的骨料，均有利于减少冷缩和防止混凝土开裂。

（3）干湿变形

指混凝土停止养护后，在不饱和的空气中失去内部毛细孔和凝胶孔的吸附水而发生的不可逆收缩，它不同于干温交替引起的可逆收缩。在大多数土木工程中，引起收缩的主要原因是失去毛细孔和凝胶孔的吸附水。

2. 荷载作用下的变形

弹性变形是指施加于材料立即出现、荷载卸除后即消失的变形。

水泥混凝土是一种复合材料，在持续增加的荷载作用有卸荷后，其变形未能恢复到原点。在应力-应变关系曲线上任一点的应力与应变的比值称为混凝土在该应力下的弹性模量，但混凝土在短期荷载作用下，并非线性关系，故弹性模量有三种表示方法：初始切线弹性模量、切线弹性模量和割线弹性模量。混凝土弹性模量随强度的提高而增大，二者存在密切的关系。通常当混凝土强度等级在C10～C60时，其弹性模量在（1.75～3.60×10^4MPa）之间。

混凝土的弹性模量与试件的含水状态有关，一般潮湿状态混凝土的弹性模量偏高。引气混凝土的弹性模量要比普通混凝土低20%～30%。早期养护温度较低时，混凝土的弹性模量较大，采用蒸汽养护时，其弹性模量比在标准养护时要小。

3. 徐变

混凝土在持续荷载的作用下，随时间增长的变形称为徐变。

混凝土的徐变变形在早期增长较快，然后逐渐减慢，一般要2～3年才可能基本趋于稳定。

混凝土的徐变变形与许多因素有关：混凝土水灰比大，龄期短，徐变量大；荷载作用时间内大气湿度小，徐变大；荷载应力大，徐变大；混凝土水泥用量多时，徐变量大；混凝土弹性模量小，徐变大。

混凝土不论是受压、受拉或受弯时，均会产生徐变现象。

混凝土的徐变会造成预应力钢筋混凝土中预应力损失。徐变还可能引起结构的位移或不均匀沉降，影响结构稳定性。混凝土在长期荷载作用下，其变形与持续时间的关系如图14-4-1所示。

混凝土在荷载作用下，立即产生瞬时的弹性变形，随受荷时间的延长出现徐变变形，此时以塑性变形为主。混凝土在长期荷载作用下持续一定时间后，若卸去荷载，部分变形可以瞬时恢复，有一小部分变形将在若干天内逐渐恢复，称为徐变恢复，剩余部分为不能恢复的变形称为残余变形。

（七）混凝土的耐久性

混凝土的耐久性指混凝土在使用过程中，抵抗周围环境介质作用保持其质量和使用质

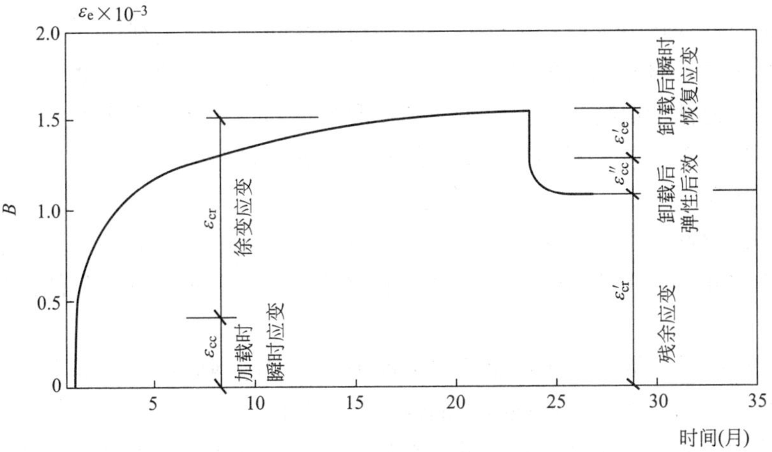

图 14-4-1

量的能力。

1. 混凝土的抗渗性

混凝土抵抗压力水（油、液体）渗透的能力，称为抗渗性。

它是决定混凝土耐久性最主要的因素，若混凝土的抗渗性差，造成周围水等液体物质易渗入内部，当遇到负温条件或环境水中含有侵蚀性物质时，混凝土易被冻坏或侵蚀破坏。对钢筋混凝土可能引起内部钢筋锈蚀，表面混凝土开裂、剥落。

水灰比越小，混凝土越密实，抗渗性越好。可增大混凝土的密实度来提高其抗渗性。

采用适宜的原材料及良好的生产、浇筑与养护操作，当水泥用量为 300～350kg/m^3、水灰比 0.45～0.55，制备出 28d 抗压强度为 35～40MPa 的混凝土，在大多数环境条件下可以呈现足够低的渗透性和良好的耐久性能。

2. 混凝土抗冻性

在吸水饱和状态下，混凝土能够经受多次冻融循环而不破坏，也不显著降低其强度的性能，称为混凝土的抗冻性。

受冻融破坏的原因是混凝土内的水结冰后发生体积膨胀，产生膨胀压力，当这种膨胀力超过混凝土的抗拉强度时，会使混凝土发生微细裂缝。在反复冻融作用下，混凝土内部的微细裂缝逐渐增多、扩大，导致混凝土强度降低直至破坏。

提高混凝土抗冻性的关键是增大其密实度，或者在混凝土中掺入引气剂或引气型减水剂，可以显著改善混凝土抗冻性。

混凝土抗冻性用抗冻等级来表示。按照《普通混凝土长期性能和耐久性能试验方法》GB/T 50082—2009 规定，混凝土抗冻等级的测定，是以 100mm×100mm×400mm 棱柱体混凝土试件，经过 28d 龄期的养护，在水饱和后，进行快冻法冻融循环试验（－18℃，＋5℃），以同时满足相对动弹性模量损失率不超过 40％，质量损失率不超过 5％时，即可停止试验。此时的循环次数即为混凝土的抗冻等级，混凝土的抗冻等级分别为 F10、F15、F25、F50、Fl00、F150、F200、F250 和 F300 共 9 个等级，其中数字即表示混凝土能承受的最大冻融循环次数，这种方法称为慢冻法。

3. 混凝土抗侵蚀性

当混凝土所处的环境水有侵蚀性时，必须对侵蚀问题予以重视。

环境侵蚀主要是对水泥石的侵蚀，如淡水侵蚀、硫酸盐侵蚀、酸碱侵蚀等。

混凝土的抗侵蚀性取决于水泥的抗蚀性及混凝土的密实度。密实性好及具有封闭孔隙的混凝土，环境水不易侵入混凝土内部，故其抗侵蚀性较好。

4. 混凝土碳化

混凝土的碳化性：指大气中的二氧化碳（CO_2）在存在于水的条件下与水泥水化产物氢氧化钙［$Ca(OH)_2$］发生反应，生成碳酸钙（$CaCO_3$）和水，从而降低混凝土中碱度的现象。

由于碱度的降低，混凝土中的钢筋失去保护膜，引起钢筋锈蚀；混凝土表面出现碳化收缩，导致微裂缝的产生，降低混凝土的强度和耐久性。

混凝土碳化主要受水泥品种和掺量、水灰比、环境条件、外加剂、集料种类等因素的影响，提高混凝土抗碳化的主要措施有降低水灰比、使用减水剂、在混凝土表面刷涂料或水泥砂浆抹面等。

5. 碱-集料反应

碱-集料反应：一般指混凝土内水泥中的碱性氧化物与骨料中活性二氧化硅发生化学反应，生成碱-硅酸盐凝胶，并吸水产生膨胀压力，造成混凝土开裂。

碱-集料反应应引起的混凝土结构的破坏程度，比其他耐久性破坏发展的更快，后果更为严重，碱-集料反应一旦发生，很难加以控制，一般不到两年就会使结构出现明显的开裂。

防止混凝土发生碱-集料反应重在预防，主要措施是：选用含碱量低的水泥；不使用碱活性大的骨料；选用不含碱或含碱低的化学外加剂；通过各种措施，控制混凝土的总含碱量不大于 $3kg/m^3$。

提高混凝土的耐久性应注意合理选择水泥品种，选用良好的砂石材料，改善集料的级配，采用减水剂或加气剂，改善混凝土的施工操作方法，提高混凝土的密实度。

历年真题

14-4-1. 大体积混凝土施工时，一般不掺（　　）。(2011B4)

A. 速凝剂　　B. 缓凝剂　　C. 减水剂　　D. 防水剂

14-4-2. 对于混凝土强度受到其材料组成、养护条件及试验方法的影响，其中试验方法的影响主要体现在（　　）。(2012B4)

A. 试验设备的选择　　B. 试验地点的选择

C. 试件尺寸的选择　　D. 温湿环境的选择

14-4-3. 混凝土中添加减水剂能够在保持相同坍落度的前提下，大幅减小其用水量，因此能够提高混凝土的（　　）。(2012B5)

A. 流动性　　B. 强度　　C. 粘聚性　　D. 捣实性

14-4-4. 混凝土强度是在标准情况下达到标准养护龄期后测量得到，如实际工程中混凝

土的环境温度比标准温度降低了 10℃，则混凝土最终强度与标准强度相比（　　）。(2013B4)

A. 一定较低　　B. 一定较高　　C. 不能确定　　D. 相同

14-4-5. 在寒冷地区混凝土冻融发生破坏时，如果表面有盐类作用，其破坏程度（　　）。(2013B5)

A. 会减轻　　B. 会加重

C. 与有无盐类无关　　D. 视盐类浓度而定

14-4-6. 混凝土材料在单向受压条件下的应力-应变曲线呈明显的非线性特征，在外部应力达到抗压强度 30%左右时，图线发生弯曲，这时应力-应变关系的非线性主要是由于（　　）。(2014B4)

A. 材料出现贯穿裂缝　　B. 骨料被压碎

C. 界面过渡区裂缝的增长　　D. 材料中孔隙被压缩

14-4-7. 混凝土的干燥收缩和徐变规律相似，而且最终变形量也相互接近，原因是两者有相同的微观机理，均为（　　）。(2016B4)

A. 毛细孔排水　　B. 过渡区的变形

C. 骨料的吸水　　D. 凝胶孔水分的移动

14-4-8. 描述混凝土用砂粗细程度的指标是：（　　）。(2016B5)

A. 细度模数　　B. 级配曲线　　C. 最大粒径　　D. 最小粒径

14-4-9. 从工程角度，混凝土中钢筋防锈的最经济有效措施是（　　）。(2017B4)

A. 使用高效减水剂　　B. 使用环氧树脂涂刷钢筋表面

C. 使用不锈钢钢筋　　D. 增加混凝土保护层厚度

14-4-10. 我国使用立方体试件来测定混凝土的抗压强度，其标准立方体试件的边长为（　　）。(2017B5)

A. 100mm　　B. 125mm　　C. 150mm　　D. 200mm

14-4-11. 混凝土的碱-骨料反应是内部碱性孔隙溶液和骨料中的活性成分发生了反应，因此以下措施中对于控制工程中碱-骨料反应最为有效的是（　　）。(2018B4)

A. 控制环境温度　　B. 控制环境湿度

C. 降低混凝土含碱量　　D. 改善骨料级配

14-4-12. 根据混凝土的劈裂强度可推断出其（　　）。(2018B5)

A. 抗压强度　　B. 抗剪强度　　C. 抗拉强度　　D. 弹性模量

答　案

14-4-1.【答案】(A)

大体积混凝土的裂缝主要由温度变形引起。由于混凝土中的胶凝材料在凝结硬化过程中水泥水化产生大量水化热积聚而导致混凝土内部温升较快，加上混凝土结构本身体积厚大，热量不易散发，造成内胀外缩，使混凝土外表产生很大的拉应力而致开裂。

因此对于大体积混凝土而言，控制温度是关键。加入速凝剂后，加快了水泥中的化学反应，使水泥混凝土迅速凝结，则释放出大量的热量，迅速升温，导致内外温差立即升高，从而加快了混凝土的开裂，显然速凝剂是不可取的。

缓凝剂：能延缓混凝土冻结时间，而不显著影响混凝土后期强度的外加剂，对水泥的正常水化起阻碍作用，从而导致缓凝。可用于大体积混凝土、炎热气候条件下施工的混凝土、大面积浇筑的混凝土及其他需要延缓凝结时间的混凝土。

减水剂：在混凝土组成材料种类和用量不变的情况下，往混凝土中掺入减水剂，混凝土拌合物的流动性将显著提高。减水剂掺入混凝土的主要作用是减水，不同系列的减水剂的减水率差异较大，部分减水剂兼有早强、缓凝和引气等作用。

防水剂：指能降低混凝土在静水压力下的透水性的外加剂，可用于工业与民用建筑的屋面、地下室等有防水抗渗要求的混凝土工程。

14-4-2.【答案】（B）

混凝土构件尺寸越大，测得的抗压强度值越小，故对试件尺寸的选择影响最大。

14-4-3.【答案】（B）

在保持坍落度不变的情况下，使用减水剂可减少用水量10%～15%，混凝土强度可提高10%～20%，特别是早期强度提高，更显著。A项，混凝土流动性是指混凝土搅拌物在本身自重或机械捣作用下产生流动，能均匀密实流满模板的性能，反映了混凝土搅拌物的稀稠程度及充满模板的能力，是坍落度指标反映出的一种性能。C项，粘聚性也是由坍落度反映出的和易性中的一种性能。D项，捣实性是指混凝土拌合物易于捣实、排出所有被携带空气的性能。

14-4-4.【答案】（D）

混凝土的养护温度越低，其强度发展越慢，所以当实际工程混凝土的环境温度低于标准氧化温度时，在相同的龄期时，混凝土的实际强度比标准强度低，但是一定的时间后，混凝土的最终强度会达到标准养护下的强度，故选D。

14-4-5.【答案】（B）

对于道路工程还存在盐冻破坏问题。为防止冰雪冻滑影响行驶和引发交通事故，常常在冰雪路面撒除冰盐（NaCl、$CaCl_2$）等。因为盐能降低水的冰点，达到自动融化冰雪的目的。但除冰盐会使混凝土的饱水程度、膨胀压力、渗透压力提高，加大冰冻的破坏力，在干燥时盐会在孔中结晶，产生结晶压力，二者相互作用，使混凝土路面剥蚀，并且氯离子能渗透到混凝土内部引起钢筋腐蚀。因此，盐冻比纯水结冰的破坏力大。盐冻破坏已成为北美、北欧等国家混凝土路桥破坏的最主要原因。

14-4-6.【答案】（B）

考察的是混凝土的加载破坏过程，混凝土材料在单向受压条件下的应力-应变曲线表现出明显的非线性特征。在外部应力达到抗压强度的30%左右前，混凝土的变形主要是骨料和水泥结晶体受力产生的弹性变形，而水泥胶体的黏性流动以及初始微裂缝变化的影响一般很小，所以应力-应变关系接近直线；当外部应力达到抗压强度的30%左右时，混凝土内部界面过渡区的裂缝增长，进入裂缝稳定扩展阶段，曲线发生弯曲；当外部应力达到抗压强度的90%左右时，试件中所积蓄的弹性应变能保持大于裂缝发展所需要的能量，从而形成裂缝快速发展的不稳定状态，出现贯穿裂缝；当外部应力达到峰值应力，即材料的抗压强度之后，骨料被压碎。

14-4-7.【答案】（D）

混凝土干燥收缩时，先失去自由水，继续干燥时，毛细水蒸发，使毛细孔中产生负压压缩，继续干燥则使吸附水蒸发，进而引起胶体失水收缩，混凝土徐变时，水泥石中的凝胶体产生黏性流动，向毛细孔中迁移，或者凝胶体中的吸附水或结晶水向内部毛细孔迁移渗透，可见，这两种现象都是由于凝胶孔水分的迁移导致。

14-4-8.【答案】(A)

考虑混凝土用砂时，用细度模数 M_x 表示粗细，根据 M_x 的大小将砂分为粗、中、细、特细等四级，M_x 越大，砂越粗，M_x 越小，砂越细。

14-4-9.【答案】(A)

混凝土中钢筋防锈的措施包括增加保护层厚度、涂刷防锈漆、掺加防锈剂、使用高效减水剂，然而混凝土中钢筋具有一层碱性保护膜，在碱性介质中不致腐蚀，保证混凝土的密实性，故从工程角度，一般使用高效减水剂是最为经济的措施。

14-4-10.【答案】(C)

据《混凝土结构设计规范》GB5000—2010（2015 年版）第 4.1.1 条，混凝土强度等级应按立方体抗压强度标准值确定。立方体抗压强度标准值系指按标准方法制作、养护的边长为 150mm 的立方体试件，在 28d 或设计规定龄期以标准试验方法测得的具有 95%保证率的抗压强度值。

14-4-11.【答案】(B)

碱-骨料反应是指混凝土中的碱与碱骨料之间发生反应，反应产物或骨料自身吸水膨胀，引起混凝土开裂、破坏。水泥中的含碱量以 Na_2O 和 K_2O 的数值表示，若要形成低碱水泥，且反应使用活性骨料，则水泥中碱含量不得大于 0.6%。

14-4-12.【答案】(B)

混凝土抗拉强度测定应采用轴拉试件，一般采用 8 字形或棱柱体试件直接测定，但此方法难以避免夹具附近局部破坏、且外力作用线与试件轴心方向较难一致等缺点，因此目前极少采用，现在测定混凝土的抗拉强度常采用劈裂抗拉试验。

第五节　沥青及改性沥青

一、考试大纲

沥青及改性沥青：组成、性质和应用。

二、知识要点

沥青是由极其复杂的高分子碳氢化合物和这些碳氢化合物的非金属（氧、硫、氮）的衍生物所组成的混合物。沥青在常温下一般呈固态、半固态，也有少数品种的沥青呈黏性液体状态，可溶于二氧化碳、四氯化碳、三氯甲烷和苯等有机溶剂，颜色为黑褐色或褐色。

沥青材料的品种很多，按其在自然界获得的方式不同，可分为地沥青和焦油沥青两大类。

地沥青：指地下原油演变或加工而得到的沥青，可以分为天然沥青和石油沥青。

天然沥青：指由于地壳运动使地下石油上升到地壳表层聚集或渗入岩石空隙中，再经过一定的地质年代，轻质成分挥发后的残留物经氧化形成的产物。

一般存在于岩石裂缝中、地面上或形成湖泊，如著名的特立尼达湖沥青。

焦油沥青：各种有机物（煤、页岩、木材料）干馏加工得到的焦油，经再加工而得到的一种沥青材料。按其加工的有机物不同，可分为煤沥青、木沥青和泥炭沥青。

目前在工程中最常用的沥青是石油沥青和煤沥青两大类。

不同的工程对沥青的性能要求不同，往往在石油加工厂制备的沥青不一定能够全面满足要求，因此通常加入如矿物掺合料、树脂等对沥青进行改性。

（一）石油沥青的组成

石油沥青：由多种极其复杂的碳氢化合物及其非金属（氧、硫、氮）的衍生物组成的混合物。

化学组成主要是碳和氢，其次是氧、硫、氮等，另外还含有一些金属元素如镍、铁、锰等。

将沥青分为不同组分的化学分析方法称为组分分析法，石油沥青的组分分析法是将石油沥青分离为油分、树脂和沥青质三个组分。油分为淡黄色液体，赋予沥青以流动性；树脂是黄色到黑褐色的半固体，赋予沥青以黏性和塑性；地沥青质为黑色固体，是决定石油沥青热稳定性与黏性的重要组成。

（二）石油沥青的技术性质

1. 粘性（稠度）

粘性：指沥青在外力作用下抵抗变形的能力，反映沥青内部材料阻碍其相对流动的特性。

粘稠沥青的粘性用针入度表示，沥青的针入度是指在规定温度（25℃）下，以规定质量（100g）的标准针，在规定时间（5s）内贯入试样中的深度（按 0.1mm 计）。

针入度值越小，粘度越大。

2. 塑性

塑性：指沥青在外力作用下发生变形而不被破坏的能力，是沥青内聚力的度量。

通常用延度来表示沥青的塑性。用延度仪来测量。延度是将沥青试样制成“8”字形的标准试模（中间最小截面为 $1cm^2$），放入延度仪 25℃的水中，以 5cm/min 的速度拉伸至拉断，拉断时的长度（cm）称为延度。延度越大，塑性越好。

沥青的塑性与沥青的流变特性、交替结构和化学组分等有密切关系，沥青中的树脂含量多，油分及沥青质含量适当，则塑性较大。塑性好的沥青不易产生裂缝。

3. 温度稳定性

温度稳定性：指沥青的粘滞性和延性随温度升高而变化的性能。

当温度升高时，沥青由固态或半固态逐渐软化呈粘流状态，当温度降低时由粘流状态转变为半固态或固态，甚至变脆。

温度稳定性高的沥青，使用时不易因夏季高温而软化，也不易因冬季低温而变脆。

温度稳定性由软化点来表示，用环球法测定。将沥青试样置于规定的铜环内（内径 18.9mm），试件上置一个规定质量的钢球，在水或甘油中以规定的温速逐渐升温，试件受热软化下垂，测得与底板接触时的温度（℃）即为软化点。软化点越高，表示沥青的耐热性越好，即温度稳定性越好。

针入度、延度、软化点是评价粘稠石油沥青最常用的经验指标，所以统称为“三大指标”。

4.大气稳定性（抗老化性）

沥青在加热或长时间加热过程中，会发生轻质馏分挥发、氧化、裂化、聚合等一系列物理机化学变化，使沥青的化学组分及性质相应的发生变化，这种性质称为沥青的热稳定性。

在大气因素作用下，沥青抵抗老化的性能称为大气稳定性（耐久性），采用蒸发试验（163℃，5h）测定。其指标为蒸发损失率和蒸发后的针入度比（蒸发后针入度与原针入度之比）。蒸发损失百分数越小、蒸发后针入度越大，则沥青的大气稳定性越好，老化越慢，使用寿命越长。

老化现象指沥青在阳光、氧气、水分等因素的综合作用下，逐渐失去流动性、塑性而变硬、变脆的现象，其实质是在大气综合作用下，沥青中低分子组分向高分子组分转化，即油分和树脂逐渐减少、地沥青类逐渐增多的一种递变的结果。

粘稠石油沥青分为道路石油沥青（多用于道路工程、车间地坪及地下防水工程）、建筑石油沥青（多用于屋面与地下防水工程，用作建筑物的防腐蚀材料）和普通石油沥青三个品种，每种又分为若干牌号。牌号主要依据针入度来划分，但延度与软化点等也需符合规定。同一品种中，牌号越小则针入度越小（粘性越大），延度越小（塑性越差），软化点越高（温度稳定性越好）。应根据工程性质、气候条件及工作环境来选择沥青的品种与牌号。在满足使用要求的前提下，应尽量选用牌号较大者。

（三）煤沥青

煤沥青：炼焦厂或煤气厂的副产品。烟煤在干馏过程中的挥发物质经冷凝形成黑色黏性液体称为煤焦油，煤焦油经分馏加工以后，所得残渣即煤沥青。

与石油沥青相比，煤沥青的温度稳定性较低、耐气候性较差、老化进程较石油沥青快、与矿质集料的表面粘附力强、但煤沥青的强度低、防水性差。

（四）改性石油沥青

改性沥青是指掺橡胶、树脂、高分子聚合物、磨细的橡胶粉或其他填料等外加剂，或采取对沥青进行轻度氧化等工艺措施，使沥青或沥青混合料能得以改善而制成的沥青结合料。

改性沥青的目的：使沥青具有高温稳定性、低温抗裂性、耐疲劳性，改善沥青的粘附性，提高沥青的抗老化性。

通常在沥青中加入橡胶、树脂、高分子聚合物、磨细的橡胶粉、矿物填充物等材料，使沥青的性能得到改善从而制成各种满足需要的沥青材料。

① 在沥青中加入一定数量的矿物填料（如石灰石粉、滑石粉、硅藻土等），可提高沥青的耐热性（软化点）和黏性、降低沥青的温度敏感性、减少沥青的耗用量。

② 橡胶是沥青的一种重要的改性材料，使用最多的橡胶是丁苯橡胶（SBR）和氯丁橡胶（CR）。它与石油沥青具有很好的混溶性，能使沥青兼具橡胶的很多优点，如低温柔性、高温变形小，提高了材料的强度、延伸率和耐老化性。

③ 树脂改性沥青可以提高沥青的温度稳定性、增加沥青的耐热性、粘结性和不透气

性等，有利于提高沥青的强度，但由于石油沥青和一些树脂的相溶性较差，因此可用于石油沥青改性的树脂品种较少，常用的树脂为酚醛树脂、天然松香等。

（五）沥青的应用

沥青的使用方法很多，可作为涂层材料，也可配成各种防水材料制品。

1.乳化沥青

它是沥青微粒分散在有乳化剂的水中形成的乳胶体。可刷涂或喷涂在物体表面上作为防潮或防水层，粘贴玻璃纤维毡片作屋面防水层；或用于拌制冷用沥青浆体和沥青混凝土。

2.冷底子油

它是一种沥青涂料，主要是将建筑石油沥青（30%～40%）与汽油或其他有机溶剂相溶形成。黏度小、渗透性好。将其刷涂或喷到混凝土、木材等材料表面后，即逐渐渗入毛细孔隙中，溶剂挥发后形成一层牢固的沥青膜，与基层牢固粘结。

3.建筑防水沥青嵌缝沥青

它以沥青为材料，加入改性材料、稀释剂及填充料混合制成的冷用膏状材料，简称油膏。

主要用于屋面、墙面、沟和槽的防水嵌缝材料。

4.橡胶沥青防水涂料

它以沥青为材料，加入改性材料橡胶、稀释剂及其他助剂制成的黏稠材料。

5.沥青防水卷材

浸渍卷材——用原纸或玻璃布、石棉布、棉麻品等胎料浸渍石油沥青制成的卷状材料。

辊压卷材——将石棉、橡胶粉等掺入沥青材料中，经碾压制成的卷材材料。

浸渍卷材包括油纸和油毡，它是我国目前建筑工程中常用的柔性防水材料。

油纸——用软化点沥青浸渍原纸而成，油质分 200、350 两个标号，多用于防水层下层。

油毡——用软化点沥青浸渍原纸，然后用高软化点沥青涂盖，再撒上一层滑石粉或云母片制成，分为 200、350 和 500 三个标号，多用于防水层的面层。

6.沥青砂浆和沥青混凝土

沥青砂浆：由沥青、矿质粉料和砂组成。

沥青混凝土：由沥青、矿质材料、砂和碎石或卵石组成的材料。

历年真题

14-5-1.沥青老化后，其组成变化规律为（　　）。（2011B7）

A.油分增多　　B.树脂增多　　C.地沥青质增多　　D.沥青碳增多

14-5-2.下列几种矿物粉料中，适合做沥青的矿物填充料的是（　　）。（2016B6）

A.石灰石粉　　B.石英砂粉　　C.花岗岩粉　　D.滑石粉

14-5-3.石油沥青的针入度指标反映了石油沥青的（　　）。（2017B7）

A. 粘滞性　　B. 温度敏感性　　C. 塑性　　D. 大气稳定性

答　案

14-5-1.【答案】(D)

沥青在热、阳光、氧气和水分等因素的长期作用下，石油沥青中低分子组分向高分子组分转化，即沥青中油分和树脂相对含量减少，地沥青质和沥青碳逐渐增多，从而使石油沥青的塑性降低，黏度提高，逐渐变得硬脆，失去使用功能，这个过程称为老化。大致转化过程为：油质——树脂——沥青质——沥青碳、似碳物。

14-5-2.【答案】(D)

在石油沥青中加入某些矿物填充等改性材料，得到改性石油沥青，进而生成各种防水制品，其中，加入的粉状矿物填充材料，如滑石粉，可提高沥青的黏性耐热性，减小沥青对温度的敏感性。

14-5-3.【答案】(A)

石油沥青的主要技术性质有以下四点：①粘滞性，表示沥青抵抗变形或阻滞塑性流动的能力，由针入度表征。②温度稳定性，是指沥青的粘性和塑性随温度变化而改变的程度，由软化点表征。③塑性，是指沥青受到外力作用时，产生变形而不破坏，当外力撤销，能保持所获得的变形的能力。④大气稳定性，是指石油沥青在温度、阳光、空气和水的长期综合作用下，保持性能稳定的能力。

第六节　建筑钢材

一、考试大纲

组成、组分与性能的关系；加工处理及其对钢材性能的影响；建筑钢材的种类与选用。

二、知识要点

（一）钢材中的化学成分对钢材技术性能的影响

建筑钢材是指在建筑工程中使用的各种钢材，主要包括钢结构所用的各种型材（如圆钢、角钢、工字钢、槽钢和钢管）、钢板和用于钢筋混凝土中的各种钢筋、钢丝等，是土建工程中应用最广泛的金属材料。

1. 碳

碳是钢材中除铁之外含量最多的元素，建筑钢材中的含碳量不大于 0.8%，在此范围内，随含碳量的增加，钢的硬度和抗拉强度升高，塑性指标伸长率、断面收缩率和冲击韧度显著降低。碳还可显著降低钢材的焊接性，增加钢的冷脆性和时效敏感性，降低抗大气腐蚀性。

2. 硫

硫是钢中的有害元素，含量稍有增加，就会使钢材显著变脆，降低机械性能，在热加工过程中易断裂。

3.磷

磷是有害元素，引起冷脆性，使材料的塑性、韧性、可焊性、冷弯性能变差，但可提高钢材的抗磨性及耐腐蚀性。

4.氧、氮

氧和氮是钢中的有害元素，随着钢材内氧含量的增加，钢材力学温度提高，塑性及疲劳强度降低，容易造成钢材的热脆性。

氮对碳钢的影响与碳、磷相似，可使钢材的强度增高、塑性、冲击韧性显著降低。

5.硅、锰

硅和锰是在炼钢时为了脱氧去硫而有意加入的元素。硅可提高强度，对塑性和韧性没有明显影响。但含硅量超过1%时，可使其冷脆性增加，可焊性变差。

锰可起到脱氧去硫的目的，能消除钢的热脆性，改善热加工性能，提高钢的强度、硬度及耐磨性。但其含量不得大于1%，否则可降低塑性及韧性，可焊性变差。

6.铝、钛、钒、铌

以上元素均是炼钢时的强脱氧剂，适量加入钢内可改善钢的组织，细化晶粒，显著提高强度，改善韧性。

（二）钢的分类

1.按化学成分分类

按化学成分的不同可分为碳素钢、合金钢。

（1）碳素钢

含碳量低于2%的铁碳合金，除铁外，还含有极少量的硅、锰、硫、磷等元素。碳素钢按含碳量又可以分为以下几种。

① 低碳钢：含碳量小于0.25%；

② 中碳钢：含碳量为0.25%～0.6%；

③ 高碳铜：含碳量大于0.6%。

（2）合金钢

指在炼钢过程中，有针对性地加入一种或多种能改善钢材性能的合金元素（如硅、锰、钛、钡、铌、铬等），使钢材具有特殊的力学性质。按合金元素含量可分为以下几种。

① 低合金钢：合金元素总含量小于5%；

② 中合金钢：合金元素总含量为（5～10）%；

③ 高合金钢：合金元素总含量大于10%。

2.按钢中有害杂质含量分类

① 普通钢：磷含量不大于0.045%，硫含量不大于0.050%。

② 优质钢：磷含量不大于0.035%，硫含量不大于0.035%。

③ 高级优质钢：磷含量不大于0.025%，硫含量不大于0.025%。

④ 特级优质钢：磷含量不大于0.025%，硫含量不大于0.015%。

3.按脱氧程度分类

① 沸腾钢：是脱氧不充分的钢，钢液中含氧量较高，在浇筑及钢液冷却时，有大量

的一氧化碳气体溢出，钢液呈激烈沸腾状，塑性好、有利于冲压、成本低、产量高，可用于一般的建筑结构中。

② 镇静钢：磷含量不大于 0.035%，硫含量不大于 0.035%。

③ 半镇静钢：磷含量不大于 0.025%，硫含量不大于 0.025%。

④ 特殊钢：磷含量不大于 0.025%，硫含量不大于 0.015%。

4. 按用途分类

① 结构钢：用于建筑结构、机械制造等，一般为低、中碳钢。

② 工具钢：用于各种工具、量具及模具，一般为高碳钢。

③ 特殊钢：具有各种特殊物理化学性能的钢材，如不锈钢、磁铁钢等，一般为合金钢。

5. 按质量分类

分为铸造钢、轧压钢和冷拔钢。

（三）钢材的技术性质

钢材的基本技术性质包括屈服强度、抗拉强度、伸长率、冲击韧性、冷弯性能和硬度等。

1. 抗拉强度

抗拉性能是建筑钢材最主要的技术性能，可以用低碳钢受拉时应力-应变曲线进行阐明，如图 14-6-1 所示，可分为四个阶段：

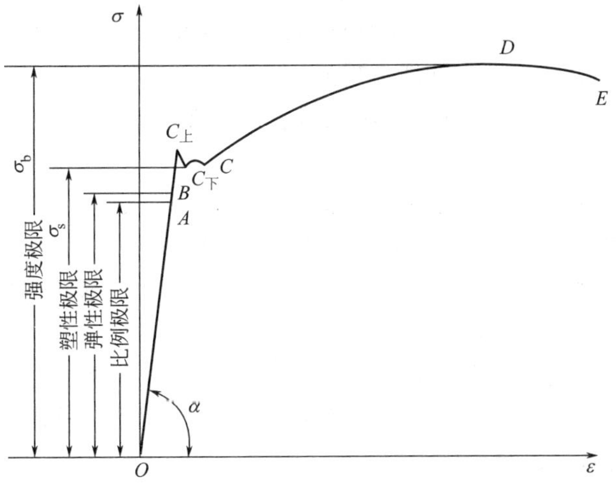

图 14-6-1

（1）弹性阶段（*OB* 段）

应力与应变成正比，卸去荷载，试件能恢复原来的长度，*B* 点对应的应力为弹性极限，用 σ_p 表示。应力与应变之比为常数，称为弹性模量，用 *E* 表示。

（2）屈服阶段（*BC* 段）

当荷载增大，试件应力超过 σ_p 时，应变增加的速率大于应力增长速率，应力与应变不再成正比例关系，开始产生塑性变形。最高点 $C_{上}$ 称为屈服上限，$C_{下}$ 称为屈服下限。变形迅速增加，已不满足使用要求。

（3）强化阶段（CD 段）

试件过屈服点后，重新建立了新的平衡，又恢复了抵抗外力的能力。最高点 D 对应的应力称为抗拉强度，用 σ_b 表示。屈服应力与抗拉强度的比值 σ_s/σ_b 称为屈强比，σ_s/σ_b 越大，结构可靠度越大，结构越安全，屈强比过小，则会造成钢材有效利用率降低。

（4）颈缩阶段（DE 段）

当钢材强化达到最高点 D 点以后，在试件薄弱处的截面出现“颈缩现象”。由于试件断面急剧缩小，塑性变形迅速增加，拉力也随之下降，最后发生断裂。

伸长率：设试件拉断后的标距为 l_1，原始标距为 l_0，则将标距的伸长值（l_1-l_0）与原始标距（l_0）的比值称为伸长率 δ，即：

$$\delta=\frac{l_1-l_0}{l_0}\times100\% \tag{14-6-1}$$

伸长率越大，钢材的塑性越好，可避免结构过早破坏，安全性增强。

通常钢材拉伸试件取 $l_0=5d_0$ 或 $l_0=10d_0$，其中 d_0 为试件的初始直径或厚度，其伸长率分别以 δ_5 或 δ_{10} 表示，对于同一钢材，δ_5 大于 δ_{10}。

2. 冲击韧性

冲击韧性：钢材在瞬间动荷载作用下，抵抗破坏的能力。

钢材的冲击韧性用冲击韧性值 α_k（J/cm^2）表示，通过标准试件的弯曲冲击韧性试验确定，钢材的冲击韧性试验是采用中间开有 V 形缺口的标准弯曲试件，置于冲击试验机的支架上，并使缺口置于受拉一侧，冲击韧性的指标以冲断试件所需能量的多少来表示，用 α_k 表示。α_k 越大，钢材抵抗冲击的能力越强。

钢材的冲击韧性对钢的化学成分、组织状态、冶炼质量、冷加工与时效状态，以及环境温度等都较为敏感。

温度对冲击韧性有重大影响，当温度降到一定程度时，冲击韧性大幅度下降而使钢材呈脆性，这一现象称为冷脆性，这一温度称为脆性临界温度。

随时间的延长，钢材机械强度提供，塑性和韧性降低的现象称为时效。

3. 耐疲劳性

疲劳破坏：指钢材在交变应力作用下，在远低于其抗拉强度时会突然发生断裂。疲劳破坏的危险应力用疲劳强度表示，指疲劳试验时试件在交变应力作用下，在规定的周期基数内不发生断裂所能承受的最大应力。

4. 硬度

硬度表示钢材表面局部体积内抵抗外物压入产生塑性变形的能力，钢材硬度值越高，金属产生塑性变形越困难。测定钢材硬度的方法有布氏硬度、洛氏硬度和维氏硬度。

5. 冷弯性能

冷弯性能：指钢材在常温条件下承受规定弯曲程度的弯曲变形能力，并且能显示缺陷的一种工艺性能，是钢材重要的工艺性能。

钢材的冷弯性能是以试验时的弯曲角度和弯心直径来表示，弯曲角度越大，弯心直径越小，其冷弯性能越高。用于揭示钢材内部是否存在组织的不均匀、内应力、夹杂物、未溶物和微裂缝等缺陷，可反映钢材的冶金质量和焊接质量。

6. 焊接性能

建筑工程中，需要钢材具有良好的焊接性能，保证焊接质量。

常用的焊接方式：钢结构采用电弧焊，钢筋采用电渣压力焊。

（四）钢材的冷加工强化与时效处理

冷加工强化：是指对常温条件下的钢材进行冷拉、冷拔或冷轧，使出现塑性变形，提高屈服强度，降低钢材的塑性和韧性，以提高钢材的强度、节约钢材。

钢筋冷拉：是指对常温条件下的钢筋进行张拉，张拉至应力超过屈服应力、但远小于抗拉强度时再卸荷的施工方法。

冷拔：是指将光圆钢筋进行强力拉拔，使其通过截面小于钢筋截面积的拔丝模孔，径向挤压缩小而纵向伸长。

冷轧：是将圆钢在轧钢机上轧成断面按一定规律变化的钢筋，以提高钢筋的强度、增加钢筋与混凝土间的握裹力。

时效处理：是指钢材经冷加工后，随时间的延长钢筋强度进一步提高的处理过程。包括自然时效和人工时效。

自然时效：是指经冷拉后的钢筋在常温下存放 15～20d。

人工时效：是指经冷拉后的钢筋加热到 100～200℃并保持一定时间。

（五）建筑钢材的标准与选用

建筑工程用钢有钢结构用钢和钢筋混凝土结构用钢两类，二者所用的原料多为碳素钢和低合金钢。

1. 建筑钢材的主要钢种

1）碳素结构钢的牌号及其表示方法

《优质碳素结构钢》GB/T 699—2015 规定，我国碳素结构钢按照屈服点的数值分为五个牌号，即：Q195、Q215、Q235、Q255 和 Q275。各牌号钢按硫、磷含量分为 A、B、C、D 四个质量等级。

碳素结构钢的牌号表示方法为：钢的牌号由 2 代表屈服点的字母、屈服点数值、质量等级和脱氧程度等四部分按顺序组成。

Q 屈服点数值——质量等级——脱氧程度

Q195	A	F（沸腾刚）
Q215	B	b（半镇静刚）
Q235	C	Z（镇静刚）
Q255	D	TZ（特殊镇静刚）

如 Q235-A、F 表示屈服点为 235MPa 的 A 级沸腾钢。对于镇静钢或特殊镇静钢，其表示牌号的符号“Z”与“TZ”可省略。

2）碳素结构钢的技术要求

根据标准规定，碳素结构钢的力学性质见表 14-6-1。

随钢号的增大，含碳量增加，强度和硬度提高，屈服点、抗拉强度增强、而塑性、韧性及伸长率降低。

碳素结构钢的力学性能 **表 14-6-1**

牌号	质量等级	拉伸试验													温度(℃)	V形冲击功(纵向)/J
		屈服点(N/mm²)						抗拉强度(N/mm²)	伸长率							
		钢材厚度(直径)(mm)							钢材厚度(直径)(mm)							
		≤16	>16~40	>40~60	>60~100	>100~150	>150		≤16	>16~40	>40~60	>60~100	>100~150	>150		
		不小于							不小于							
Q195	—	195	185	—	—	—	—	315~430	33	32	—	—	—	—	—	
Q215	A	215	205	195	185	175	165	335~450	31	30	29	28	27	26	—	—
	B														20	27
Q235	A	235	225	215	205	195	185	375~550	26	25	24	23	22	21	—	27
	B														20	
	C														—	
	D														20	
Q255	A	255	245	235	225	215	205	410~550	24	23	22	21	20	19	—	—
	B														20	27
Q275	—	275	265	255	245	235	225	490~630	20	19	18	17	16	15	—	—

3）影响建筑钢材力学性质的主要因素

牌号越大，其含碳量和含锰量愈高，屈服点、抗拉强度增强，伸长率降低。

4）碳素结构钢的应用

① Q195、Q215 号钢塑性高，易于冷弯和焊接，但其强度低，故多用于受荷载较小及焊接构件。

② Q235 号钢具有较高的强度和良好的塑性、韧性，易于焊接，且经焊接及气割后力学性质稳定，有利于冷热加工，故广泛应用于桥梁构件及钢筋混凝土结构中，是目前应用最广泛的钢种。

③ Q255、Q275 号钢的屈服强度较高，但塑性、韧性和焊接性较差，可用于钢筋混凝土结构中配筋及钢结构的构件和螺栓。

2. 低合金高强度结构钢

在碳素结构钢的基础上加入总量小于 5%的合金元素（常用的合金元素有硅、锰、钛、钡、铬、镍和铜等）而形成的钢种。

低合金高强度结构钢的含碳量较低是为了使钢材具有良好的加工性能（如焊接性等）。合金元素的加入，使钢材具有较高的强度、较好的塑性、韧性和可焊性，广泛用于大跨度、承受动荷载和冲击荷载作用的结构中。

3. 钢结构用钢及钢筋混凝土用钢材

(1) 钢结构用钢

型钢：钢板按成型方法分为热轧型钢和冷弯型钢，热轧型钢常用的有角钢、工字钢、槽钢、T 型钢、H 型钢、Z 型钢，厚度有厚有薄。厚的可用于焊接，薄的可用于屋面或墙面的围护结构。冷弯型钢板是通过将钢板冷弯或模压形成，有角钢、槽钢等开口薄壁型钢及方形、矩形等空心薄壁型钢，可用于轻型钢结构。

钢板：用光面轧辊轧制而形成的扁平钢材，呈现平板状态的钢材。薄钢板（一般为有机涂层钢板、镀锌钢板、防腐钢板等）经冷压或冷轧后形成波形、双曲形、V 形的钢材称为压型钢板，主要用于围护结构、楼板、屋面等。

（2）钢筋混凝土用钢材

1）热轧钢筋

热轧钢筋主要用于钢筋混凝土结构中，根据其横截面形状分为光圆钢筋和带肋钢筋，带肋钢筋又有月牙肋和等高肋两种。

钢筋混凝土结构对热轧钢筋的要求是：力学性质较高，具有一定的塑性、韧性、冷弯性能和焊接性。光圆钢筋的强度较低，但塑性及焊接性能好，便于冷加工，广泛应用于普通钢筋混凝土中的非预应力钢筋；热轧带肋钢筋的强度较高，塑性及焊接性能也较好，广泛用作大、中型钢筋混凝土结构的受力钢筋以及预应力钢筋。

2）冷轧带肋钢筋

冷轧带肋钢筋是将热轧圆盘条经过冷轧或冷拔减径后在其表面冷轧成三面有月牙肋的钢筋，共有 5 个牌号：CRB550、CRB650、CRB800、CRB970、CRB1170，其中 CRB550 为普通混凝土用钢筋，其他牌号为预应力混凝土用钢筋。

3）冷拔低碳钢丝

冷拔低碳钢丝是用 6～8mm 的碳素结构 Q235 或 Q215 盘条，通过拔丝机进行多次强力拉拔而成。冷拔低碳钢丝分为甲 、乙两级，甲级钢丝主要用作非预应力筋，乙级钢丝用于焊接网、焊接骨架、箍筋和构造钢筋等。

冷拔低碳钢丝由于经过反复拉拔强化，强度大为提高，但塑性显著降低，脆性随之增大，并且加工时受到原材料质量和工艺的影响较大，常有强度和塑性离散性较大的情况，故使用时应注意分析。

4）预应力筋——预应力钢丝及钢绞线

除冷轧带肋钢筋 CRB650、CRB800、CRB970、CRB1170 等之外，常用的预应力筋还有钢丝、钢绞线、螺纹钢筋等。

预应力钢丝：是用优质碳素结构钢经冷拔等工艺处理制成，按加工状态分为冷拉钢丝和消除应力钢丝，消除应力钢丝按松弛性能分为低松弛级钢丝和普通松弛级钢丝；钢丝按外形分为光圆钢丝、螺旋肋钢丝、刻痕钢丝。

钢绞线：预应力钢绞线是用 2 根、3 根和 7 根圆形断面的高强度钢丝捻制而成，按结构分为 5 类，其代号如下。

① 用 2 根钢丝捻制的钢绞线：1×2；

② 用 3 根钢丝捻制的钢绞线：1×3；

③ 用 7 根钢丝捻制的钢绞线：1×7。

预应力钢绞线主要用于大跨度、大负荷的桥梁、电杆、轨枕、屋架、大跨度吊车梁等，安全可靠，节约钢材，且不需要冷拉、焊接接头等加工，广泛应用于土木工程中。

（六）建筑钢材的防护

1. 钢材的防腐蚀

建筑钢材在使用中，与周围环境介质接触，由于环境介质的作用，其中的铁与介质可能发生化学反应，逐步被破坏，导致钢材腐蚀，轻者使钢材性能下降，重者导致结构破坏，造成工程损失。

根据锈蚀作用的机理，钢材的锈蚀可以分为化学锈蚀和电化学锈蚀两种。

钢结构的防锈通常是采用表面刷漆的方法。混凝土配筋的防锈措施主要是提高混凝土的密实度、保证具有足够厚度的混凝土保护层、限制氯盐外加剂的掺加量和保证混凝土一定的碱含量等，还可掺用阻锈剂。

2. 钢材防火

裸露的、未做表面防火处理的钢结构，耐火极限仅为15min左右，当温度升高到500℃时，钢材的强度会迅速降低，严重时可导致结构垮塌等危害。钢结构防火的主要方法是涂敷导热系数小、附着力强、无毒、质轻、易于施工的防火隔热涂层，如STI-A、LG等防火涂料。

历年真题

14-6-1. 钢材的冷加工对钢材的力学性能会有影响，下列说法不正确的是（　　）。（2011B5）

A. 冷拉后钢材塑性和韧性降低

B. 冷拉后钢材抗拉强度与抗压强度均提高

C. 冷拔后钢材抗拉强度与抗压强度均提高

D. 钢筋冷拉并经过时效处理后屈服强度与抗拉强度均能明显提高

14-6-2. 当含碳量为0.8%时，钢材的晶体组织全部是（　　）。（2012B6）

A. 珠光体　　B. 渗碳体　　C. 铁素体　　D. 奥氏体

14-6-3. 衡量钢材塑性变形能力的技术指标是（　　）。（2013B6）

A. 屈服强度　　B. 抗拉强度　　C. 断后伸长率　　D. 冲击韧性

14-6-4. 从工程角度，混凝土中钢筋防锈的最经济措施是（　　）。（2014B5）

A. 使用高效减水剂　　B. 使用钢筋阻锈剂

C. 使用不锈钢钢筋　　D. 增加混凝土保护层厚度

14-6-5. 钢材牌号（如Q390）中的数值表示钢材的（　　）。（2014B7）

A. 抗拉强度　　B. 弹性模量　　C. 屈服强度　　D. 疲劳强度

14-6-6. 衡量钢材塑性高低的技术指标为（　　）。（2016B7）

A. 屈服强度　　B. 抗拉强度　　C. 断后伸长率　　D. 冲击韧性

14-6-7. 衡量钢材均匀变形时的塑性变形能力的技术指标为（　　）。（2018B6）

A. 冷弯性能　　B. 抗拉强度　　C. 伸长率　　D. 冲击韧性

答　案

14-6-1.【答案】（B）

冷加工指冷拉、冷拔或冷轧。冷加工可以提高钢材的屈服点，使塑性、韧性和弹性模量下降，但抗拉强度不变，经时效处理的钢材，屈服点进一步提高，抗拉强度也有增长，塑性、韧性继续下降，还可使冷加工产生的内应力消除，使弹性模量恢复。

冷拔工艺比纯拉伸作用强烈，钢筋不仅受拉，而且受到挤压。依靠机械使钢筋塑性变形时其位错交互作用的增强、位错密度提高和变形抗力增大，很快导致金属强度和硬度的提高。D 项，时效处理是指钢材经固溶处理、冷塑性变形或铸造、锻造后，在较高温或室温下放置使其变形，形状和尺寸随时间而变化的热处理工艺，其目的是消除内应力，使工件保持正常的形状。

14-6-2.【答案】(A)

A 项，珠光体是铁素体和渗碳体间形成的层状机械混合物，性能介于铁素体和渗碳体之间，建筑钢材的含碳量小于 0.8%，基本组织为铁素体和珠光体。含碳量增大时，铁素体相应减少，强度提高，塑性、韧性下降。B 项，渗碳体是铁碳合金按亚稳定平衡系统凝固和冷却转变时析出的 Fe_3C 型化合物。C 项，铁素体具有体心立方晶格，又称 α 固溶体；D 项，奥氏体又称沃斯田铁或 γ-Fe，是钢铁的一种显微组织，属于无磁性固溶体。

14-6-3.【答案】(B)

断后伸长率是指金属材料受外力（拉力）作用断裂时，试件伸长的长度与原来长度的百分比，是衡量钢材塑性变形能力的技术指标。A、B 两项，屈服强度和抗压强度是钢材的强度指标。D 项，冲击韧性是钢材的一种动力性能指标。

14-6-4.【答案】(D)

钢材防锈的方法有：采用耐候钢、金属、非金属覆盖，而混凝土用钢筋具有一层碱性保护膜，故混凝土防锈一般采用保证混凝土的密实度及钢筋外侧的保护层厚度。

14-6-5.【答案】(B)

考察钢材标准及选用，常用钢材分为 Q235、Q345、Q390 及 Q420，其中 Q 代表的屈服强度的第一个字母，后面的数字代表的是屈服强度的数值大小（MPa）。

14-6-6.【答案】(B)

钢材的断后伸长率 δ 表示钢材的塑性变形能力，其数值越大，塑性越强。A 项，屈服强度 f_y 是指应力-应变曲线开始产生塑性流动时对应的应力，它是衡量钢材的承载能力和确定钢材强度设计值的重要指标。B 项，抗拉强度 f_u 是指应力-应变曲线最高点对应的应力，它是钢材的最大抗拉强度。D 项，冲击韧性是指钢材抵抗冲击荷载的能力。

14-6-7.【答案】(B)

冷弯性能是指钢材在常温下承受弯曲变形的能力；抗拉强度是强度指标；冲击韧性是材料抵抗冲击荷载的能力；伸长率是指材料变形的能力。

第七节　木材

一、考试大纲

组成、性能与应用。

二、知识要点

木材具有下列主要的优良特性：

① 木材比强度高，属轻质高强材料；

② 弹性和韧性好，能承受较大的冲击荷载和振动作用；

③ 导热系数小，具有良好的保温隔热性能；

④ 木材具有美丽的天然纹理，可用作室内装饰；

⑤ 耐久性好；

⑥ 材质较软，易于进行锯、刨、雕刻等加工，可制作成各种造型、线型、花饰的构件与制品，安装施工方便。

当然，木材也具有一定缺点，如各向异性，胀缩变形大、易腐、易燃、天然疵病多等。

（一）木材的物理与力学性能

1. 含水量

（1）水的分类

木材中的水可分为吸附水与自由水两部分。

吸附水：水分在木材中首先被吸入细胞壁中而形成，是影响木材强度与胀缩的主要原因素。

自由水：水分在木材中构成吸附水并达到饱和状态，即木材的纤维饱和点之后，水分开始存于细胞腔与细胞间隙中，构成自由水。它不影响木材强度与胀缩，仅影响其表观密度、抗腐蚀性与可燃性。

（2）纤维饱和点

对于在干燥空气中的湿木材，首先是自由水的蒸发，当自由水恰好蒸发完毕而吸附水尚处于饱和时的状态，即为纤维饱和点。

当含水率大于纤维饱和点含水率时，含水率变化对木材强度与体积无影响。当含水率小于纤维饱和点含水率时，含水量变化对木材强度与体积有影响，因此纤维饱和点是一个临界含水率。

（3）平衡含水率

指木材与环境空气水分交换达到平衡时的含水率。

2. 湿胀与干缩

湿胀与干缩主要发生在含水率小于纤维饱和点含水率的范围内。

干湿变化引起的胀缩变化，弦向最大，径向次之，纵向最小。

3. 强度

木材的强度表现出各向异性；顺纹抗拉强度最大，顺纹抗弯强度次之，顺纹抗压强度再次，其他强度较低。

4. 影响木材强度的因素

（1）含水量

当木材含水率在饱和点以上时，木材的强度不发生变化。当木材的含水率在纤维饱和点以下时，随木材含水率降低，即吸附水减少，细胞壁趋于紧密，木材强度增大；反之，则强度减小。

（2）负荷时间

木材抵抗荷载作用的能力与荷载的持续时间长短有关。木材在长期荷载作用下不发生破坏的最大强度，称为持久强度。木材的持久强度比其极限强度小得多，一般为极限强度的50%～60%。

（3）温度

木材的强度随环境温度的升高而降低。

（4）疵病

疵病是指木材的缺陷。木材在生长、采伐、保存过程中，在其内部和外部产生包括木节、斜纹、腐朽和虫害等缺陷，统称为疵病。疵病可使木材的物理力学性质发生变化。

（二）木材的应用

1. 木材在结构工程中的应用

在结构上，木材主要用于构架和屋顶，如梁、柱、椽、望板、斗拱等。另外，木材在建筑工程中还常用作混凝土模板及木桩等。

2. 木材在装饰工程中的应用

在国内外，木材历来被广泛用于建筑室内装修与装饰，它给人以自然美的享受，还能使室内空间产生温暖与亲切感。在古建筑中，木材更是用作细木装修的重要材料，这是一种工艺要求极高的艺术装饰。

木材在使用中应注意保持干燥通风，在木材表面涂料覆盖，隔水、隔汽或者采用化学防腐剂对木材进行处理。

历年真题

14-7-1. 木材在生长、采伐、储运、加工和使用过程中会产生一些缺陷，这些缺陷会降低木材的力学性能，其中对下述木材强度影响最大的是（　　）。（2011B6）

A. 顺纹抗压强度　　B. 顺纹抗拉强度

C. 横纹抗压强度　　D. 顺纹抗剪强度

14-7-2. 将木材破碎浸泡，研磨成浆，加入一定量胶粘剂，经热压成型，干燥处理而制成的人造板材，称之为（　　）。（2012B7）

A. 胶合板　　B. 纤维板　　C. 刨花板　　D. 大芯板

14-7-3. 下列木材中适宜做装饰材料的是（　　）。（2017B6）

A. 松木　　B. 杉木　　C. 水曲柳　　D. 柏木

答　案

14-7-1.【答案】（B）

木材在生长、采伐及保存过程中，会产生内部和外部的缺陷，这些缺陷统称为疵病，木材的疵病主要有木节、斜纹、腐朽及虫害、裂纹、腐朽等。木材顺纹方向上的抗拉强度、抗压强度最大，横纹方向最小；顺纹的抗剪强度最小，而横纹最大；木材的横纹方向变形较大，顺纹方向的变形基本可以忽略。木材的特性是顺纹方向容易开裂，完整性好的木材，强度特征最好的为顺纹抗拉强度，若生长过程中出现缺陷，很容易因尖点作用使其顺纹抗拉强度急剧降低，故影响作用最大的为顺纹抗拉强度。

14-7-2.【答案】(B)

A项，胶合板是由木段旋切成单板或由木方刨切成薄木，再用胶粘剂胶合而成的三层或多层的人造板。B项，纤维板是以木质纤维或其他植物素纤维为原料，经破碎、浸泡、研磨成浆，然后经热压成型、干燥等工序制成的一种人造板材。C项，刨花板是木材或其他木质纤维素材料制成的碎料，施加胶粘剂后在热力和压力作用下胶合成的人造板。D项，大芯板是由两片单板中间胶压拼接木板而成的人造板。

14-7-3.【答案】(C)

木材的分类：①针叶树木（松、杉、柏、银杏）；②阔叶树材（柳、樟、榆）；③棕榈、竹。其中，针叶树木主要用作承重构件和装修材料，阔叶树材适用于室内装饰、家具和胶合板等。

第八节　石材

一、考试大纲

石材的组成、性能与应用

二、知识要点

（一）天然石材

天然石材是指从天然岩石中开采出来，经加工或未加工的石材，分为花岗岩与大理石两大类型。

（二）岩石的形成和分类

岩石是各种矿物的集合体，按形成条件，分为岩浆岩、沉积岩和变质岩三类。

1. 岩浆岩

岩浆岩又称火成岩，是由于地壳发生运动，压力失去平衡，岩浆上升，冷凝形成。根据冷却条件的不同，岩浆岩又分为深成岩、喷出岩和火山岩三种。

深成岩：是岩浆缓慢且较均匀地冷却而形成的岩石。特点是矿物全部结晶且晶粒较粗，呈致密的块状构造，抗压强度高，吸水率小，表观密度大，抗冻性、耐磨性、耐水性好。

工程中常用的深成岩有花岗岩、辉长岩、闪长岩。

花岗岩的品质取决于矿物组分和结构。品质优良的花岗岩，其结晶颗粒细而均匀，石英含量极为丰富，云母含量相对较少。它具有构造紧密均匀、质地坚硬、耐磨、耐酸、耐久、外观稳重大方等优点，是一种高级的建筑饰面材料。

喷出岩：是岩浆喷出地表后迅速冷却形成的岩石。特点是大部分结晶不完全，多呈细小结晶（隐晶质）或玻璃质结构。当岩层较厚时，结构与深成岩相似；岩层较薄时，因冷却快，且岩浆中气体由于压力降低而膨胀，故成多孔结构。

工程中常用的喷出岩有玄武岩、辉绿岩、安山岩等。

火山岩：是当火山爆发时，岩浆喷到空中，经急速冷却后落下而形成的岩石。特点是表观密度小，呈多孔玻璃质结构。

工程中常用的火山岩有火山灰、浮石、火山凝灰岩等。

2. 沉积岩（火成岩）

（1）沉积岩的形成和种类

沉积岩指露出地表的各种岩石（火成岩、变质岩等），经自然风化、风力搬运、沉积而形成的岩石。呈层状，外观多层理并含有动植物化石，与岩浆岩相比，表观密度较小、密实性差、吸水率较大、强度较低、耐水性较差。

（2）建筑中常用的沉积岩

建筑工程中常用的沉积岩有石灰岩、砂岩等。

石灰岩以 $CaCO_3$ 为主，矿物成分主要为方解石，常含有白云石、石英等，呈灰白色、浅灰色，有时因含杂质而呈现深灰、灰黑等颜色，结构类型多样。当其内含有较多的氧化硅时称为硅质石灰岩。坚硬，强度高，耐久性好。

3. 变质岩

（1）变质岩的形成和种类

地壳中的岩浆岩或沉积岩由于岩浆活动和构造运动的影响，受地壳内部高温、高压作用，使原岩在固定状态下发生再结晶作用，致使其矿物组分、结构构造乃至化学成分发生部分或全部的改变所形成的新岩石。

沉积岩变质后结构较原岩致密，性能变好；岩浆岩变质后，不如原岩坚实，性能变差。

（2）建筑中常用的变质岩

建筑中常用的变质岩有大理岩、石英岩等。

大理岩的主要矿物成分是方解石或白云石，经变质后，结晶颗粒直接结合呈整体块状构造，抗压强度高、质地紧密、硬度不大，比花岗岩易于雕琢磨光。纯大理石为白色，在我国常称汉白玉，分布较少。一般常含有氧化铁等，使大理石呈各色斑驳纹理，是一种高级的室内饰面材料。

（三）建筑上常用的石板及其性质

在建筑上常用的石板有大理石板、花岗石板等。

1. 天然大理石

大理石属变质岩，由石灰岩或白云岩变质而成。主要矿物成分为方解石或白云石，是碳酸盐类岩石。

大理石有以下性能与应用特点：

（1）硬度中等，耐磨性不及花岗岩；

（2）耐酸腐蚀性差；

（3）耐久性次于花岗岩；

（4）可用作饰面材料与地面材料，但主要用于室内，不宜用于室外。因为大气酸雨对大理石有腐蚀作用，生成易溶解的石膏，使大理石表面粗糙多孔。

2. 天然花岗石

花岗石是典型的火成岩，其矿物组成主要为长石、石英及云母等。其化学成分随产地不同而有所区别，但各种花岗石的 SiO_2 含量均很高，一般为（65～75）%，故花岗石属酸性岩石。花岗石板材质地坚硬密实，抗压强度高，具有优异的耐磨性及良好的化学稳定性，不易风化变质，耐久性好。但由于花岗石中含有石英，在高温下发生晶型转变，产生体积膨胀，因此花岗石不耐火。

花岗岩有以下性能与应用特点：

① 耐久性好，孔隙率小，吸水率小，耐风化；

② 强度高，硬度大，耐磨性好；

③ 耐酸腐蚀性高；

④ 耐火性差，花岗岩中的石英在 573～870℃会发生相变膨胀，导致花岗岩开裂破坏；

⑤ 用作饰面材料与地面材料，既可用于室内，也可用于室外。

历年真题

14-8-1. 地表岩石经长期风化、破碎后，在外力作用下搬运、堆积，再经胶结、压实等再造作用而形成的岩石称为（　　）。(2014B6)

A. 变质岩　　B. 沉积岩　　C. 岩浆岩　　D. 火成岩

答　案

14-8-1.【答案】(B)

B 项，岩石按成因分为岩浆岩、沉积岩和变质岩。其中，沉积岩是由原岩（即岩浆岩、变质岩和早期形成的沉积岩）经风化剥蚀作用而形成的岩石碎屑、溶液析出物或有机质等，经流水、风、冰川等作用搬运到陆地低洼处或海洋中沉积。在温度不高、压力不大的条件下，经长期压密、胶结、重结晶等复杂的地质过程而形成的。A 项，变质岩是地壳中的原岩由于地壳运动、岩浆活动等，改变了原来岩石的结构、构造甚至矿物成分，形成的一种新的岩石；C、D 两项，岩浆岩又称火成岩，是由地壳下面的岩浆沿地壳薄弱地带上升侵入地壳或喷出地表后冷凝而成的。

第九节　黏土

一、考试大纲

黏土的组成、性质及应用。

二、知识要点

土是固体颗粒、水与空气的混合物，属于三相体系。土体颗粒之间相互联结形成土骨架。当土骨架中的孔隙全部被水充满时，称为饱和土；当土骨架中的孔隙未被水充满含有空气时，称为非饱和土；三相并存，称为湿土。

（一）土的物理性质

1. 直接指标

（1）土的密度 ρ 与重度 γ

$$\gamma=\rho g \tag{14-9-1}$$

式中　ρ——单位体积土的质量。

（2）土粒比重 G_s：土粒的质量与4℃时同体积纯水的质量之比。

（3）土的含水率 ω：土中水的质量与干燥土粒质量之比。

2. 间接指标

① 土的孔隙比 e：土中孔隙体积与土粒体积之比。

② 土的孔隙率 n：土中孔隙体积与土的总体积之比。

③ 土的饱和度 S：土中孔隙体积被水填充的百分数。干土的饱和度为0，饱和土的饱和度为100%。

④ 土的干密度 ρ_d 与干重度 γ_d：这是评定土密度程度的指标。两个参数越大，则土越密实，反之越疏松。

（二）无黏性土的相对密实度、黏性土的稠度与土的压实性

1. 无黏性土的相对密实度 D_r

$$D_r=\frac{e_{max}-e_0}{e_{max}-e_{min}} \tag{14-9-2}$$

式中　e_{max}、e_0、e_{min}——分别为无黏性土最松状态、天然状态、最密状态的孔隙比。

在工程上，用 D_r 划分土的状态：$0<D_r\leqslant1/3$ 为疏松的；$1/3<D_r\leqslant2/3$ 为中密的；$2/3<D_r\leqslant1$ 密实的。

2. 黏性土的稠度

其指黏性土的干湿程度，或在某一含水率下抵抗外力作用而变形的能力，是黏性土最主要的物理状态指标。

在黏性土的状态转变过程中，有三种界限含水率或稠度界限：

液限（ω_L）——流态 ⟶ 可塑状态塑转变的界限含水率；

塑限（ω_p）——可塑态 ⟶ 半固态转变的界限含水率；

缩限（ω_s）——半固态 ⟶ 固态转变的界限含水率；

3. 土的压实性

影响压实性的因素有以下几点。

① 含水率：当含水率较小时，土的干密度随含水率增大而提高；当含水率等于最优含水率时，干密度达到最大值；达到最优含水率后，干密度随含水率的增加反而降低。

② 击数。

③ 土类与级配：含水率相同时，黏性土的粘粒含量越高或塑性指标越大，则越难以压实；对同一类土，级配良好，则易于压实，反之则不易压实。

④ 粗粒含量：粗粒含量过大，则表明土的级配不佳，不易压实。

历年真题

14-9-1. 土的塑性指标越高，土的（　　）。（2013B7）

A. 黏聚性越高　　B. 黏聚性越低　　C. 内摩擦角越大　　D. 粒度越粗

14-9-2. 土的性能指标中，一部分可通过试验直接测定，其余需要由试验数据换算得到。下列指标中，需要换算得到的是（　　）。（2018B7）

A. 土的密度　　B. 土粒密度　　C. 土的含水率　　D. 土的孔隙率

答　案

14-9-1.【答案】(A)

土的塑性指标越高，土的颗粒直径就越小，表面吸附能力就越大，土的黏聚力就越高，而土的内摩擦角跟土的颗粒级配有关，跟土的密实度有关。

14-9-2.【答案】(D)

土的基本试验指标有：土的密度、土粒比重（或称土粒相对密度）和土的含水量。换算指标有：孔隙比、孔隙率、饱和度、饱和密度和干密度。

第十五章

土木工程施工与管理

第一节　土石方工程与桩基础工程

一、考试大纲

土方工程的准备与辅助工作；机械化施工；爆破工程；预制桩、灌注桩施工；地基加固处理技术

二、知识要点

（一）土方工程施工内容及要求

1. 土方工程施工内容

包括一切土的挖掘、填筑、运输等过程以及排水降水、土壁支撑等准备工作和辅助工作。常见的土方工程施工内容有以下内容。

① 场地平整：包括障碍物拆除、场地清理、确定场地设计标高、计算挖填土方量、合理进行土方平衡调配等。

② 沟槽、基坑开挖（竖井、隧道、修筑路基、堤坝）：包括测量放线、施工排水降水、土方边坡和支护结构等。

③ 土方回填与压实：包括土料选择、运输、填土压实的方法及密实度检验等。

2. 土方工程施工要求

① 挖填土方量少、工期短、费用省。

② 因地制宜编制合理的施工方案，预防流砂、管涌、塌方等事故发生，确保安全。

③ 要求标高、断面控制准确。

④ 土体有足够的强度和稳定性。

⑤ 应尽可能采用先进的施工工艺、施工组织和机械化施工。

（二）土的工程分类与性质

1. 土的分类

在土方工程施工中，根据土的开挖难易程度，将土分为松软土、普通土、坚土、砂砾坚土、软石、次坚石、坚石、特坚石等八类。前四类为一般土，后四类为岩石，见表 15-1-1。

土的分类　　**表 15-1-1**

土的分类	土的名称	开挖方法及机具
一类土（松软土）	砂、种植土、淤泥等	机械：直接开挖 人工：锹、锄
二类土（普通土）	湿黄土、夹卵石的砂等	机械：直接开挖 人工：锹、锄，辅以镐
三类土（坚土）	密实黏土、干黄土等	机械：直接开挖 人工：锹、锄，辅以撬杠
四类土（砂砾坚土）	含碎石黏土、天然砂等	机械：直接开挖 人工：镐、撬杠辅以楔子大锤

续表

土的分类	土的名称	开挖方法及机具
五类土(软石)	中等密实页岩等	用镐、撬杠、大锤破碎 再用机械或人工开挖
六类土(次坚石)	泥岩、砂岩、页岩等	用爆破方法破碎,再用机械或人工开挖
七类土(坚石)	大理石、坚实的砾岩等	用爆破方法破碎,再用机械或人工开挖
八类土(特坚石)	石英岩、坚实的花岗岩等	用爆破方法破碎,再用机械或人工开挖

2.土的基本性质

(1) 土的质量密度

天然密度：指土在天然状态下单位体积的质量。它影响土的承载力、土压力及边坡的稳定性。

干密度：指单位体积土中固体颗粒的质量，它是用以检验土压实质量的控制指标。

不同类的土，其最大干密度不同，同类的土在不同的状态下（含水量、压实程度）其密度也不同。

(2) 土的含水率

土的含水率即土中水与固体颗粒间的质量比，以百分数表示，即：

$$\omega = \frac{m_w}{m_s} \times 100\% \tag{15-1-1}$$

式中　ω——土的含水率；

m_w——土中水的质量；

m_s——土颗粒的质量。

含水率影响土方施工方法的选择、边坡的稳定和回填土的质量。回填土则需要有最佳含水率方能夯压密实，获得最大干密度。如果土的含水率超过25%～30%，则机械化施工就困难，容易打滑、陷车。

(3) 土的可松性

自然状态下的土经开挖体积因松散而增加的性质，经回填压实后仍不能恢复其原来的体积，用最初可松性系数和最后可松性系数表示。

① 最初可松性系数（K_s）：土经开挖后松散的体积与土在自然状态下的体积之比，即：

$$K_s = \frac{V_2}{V_1} \tag{15-1-2}$$

式中　V_1——土在自然状态下的体积；

V_2——土经开挖后呈松散状态下的体积。

② 最后可松性系数（K'_s）：土经回填压实后的体积与土在天然状态下的体积之比，即：

$$K'_s = \frac{V_3}{V_1} \tag{15-1-3}$$

式中　V_1——土在自然状态下的体积；

V_3——土经回填压实后的体积。

土的可松性对土方的平衡调配、基坑开挖留弃土方量、运输工具数量计算等有直接影响。

（4）土的渗透性

其指水流通过土中孔隙的难易程度。地下水在土中的渗流速度 V 与土的渗透系数 K 和水头梯度 I 有关，地下水在土中的渗流速度可按达西公式计算，即：

$$v = KI \tag{15-1-4}$$

式中　v——渗流速度（m/d）；

K——土的渗透系数（m/d）；

I——水力坡度，$I = h/L$，h 为渗流路径两端点之间的水位差，L 为渗流路径。

渗透系数 K 值将直接影响降水方案和涌水量计算的准确性。

3. 土石方工程的准备与辅助工作

（1）土石方施工前应做好的准备工作

① 三通一平：路通、水通、电通、场地平整。

② 排除地面水。

③ 材料、机具及土方机械的进场。

④ 测量、放线。

⑤ 做好土方工程的辅助工作，如边坡稳定、基坑（槽）支护、降低地下水等。

（2）土方边坡与支护结构

开挖基坑时，当挖深不大，且敞露时间不长时，可直立壁开挖。

当挖深超过一定限度则需放坡开挖，放坡的边坡可做成直线形、折线形或踏步形，如图 15-1-1 所示。取决于土质种类、开挖方法、挖土深度、施工工期、地下水水位、地面超载大小等。

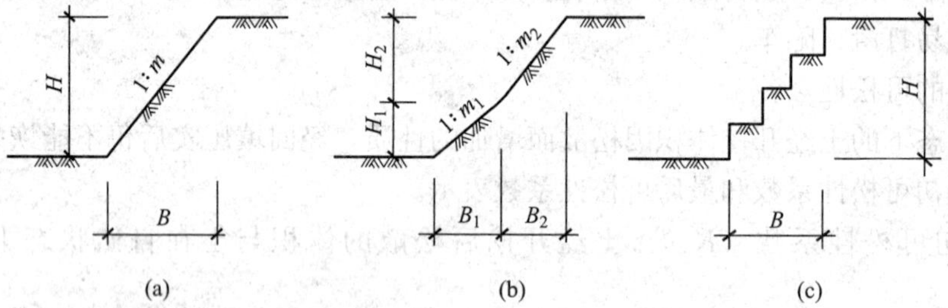

图 15-1-1　土方放坡

（a）直线形；（b）折线形；（c）踏步形

土方边坡高度与边坡宽度之比称为土方边坡坡度，即：土方边坡坡度 $= \dfrac{H}{B} = \dfrac{1}{B/H} = \dfrac{1}{m}$，$m$ 为坡度系数。

土方放坡坡度的留设应考虑土质、开挖深度、施工工期、地下水水位、坡顶荷载及气候条件等。

当地下水水位低于基底，在湿度正常的土层中开挖基坑或管沟，如敞露时间不长，在一定限度内可挖成直壁不加支撑。

施工中除了正确确定边坡，还需进行护坡，以防边坡发生滑动，特别要注意及时排除雨水、地面水，防止坡顶集中堆荷及振动，必要时采用钢丝网细石混凝土（或砂浆）护坡面层等措施，对于永久性土方工程，则应做好永久性加固措施。

临时性放坡边坡应符合表 15-1-2 规定的坡度值。

临时性放坡边坡坡度值 **表 15-1-2**

土的类别		边坡值(高：宽)
一般性黏土	砂土(不包含细砂、粉砂)	1：1.25～1：1.50
	硬	1：0.75～1：1.00
	硬塑	1：1.00～1：1.25
	软	1：1.50 或更缓
碎石类土	充填坚硬、硬塑黏性土	1：0.50～1：1.00
	充填砂土	1：1.00～1：1.50

注：1. 设计有要求时，应符合设计标准；
2. 如采用降水或其他加固措施，可不受本表限制，但应计算复核；
3. 开挖深度，对软土不应超过 4m，对硬土不应超过 8m。

（3）土壁支撑

土壁稳定主要依靠土体的内摩阻力和粘聚力来实现，一旦土体失去平衡，土壁坍塌。

造成土壁坍塌的原因主要有三个方面，即：边坡过陡或土质差，基坑开挖深度大；地下水渗入基坑，土体抗剪能力下降；基坑上边缘有静荷载或动荷载。

开挖基坑时，采用放坡开挖较经济，但在建筑稠密地区，或有地下水渗入基坑时往往不能实现，通常需增设基坑的支护结构，用来挡土、挡水并保护周围环境，减少对相邻设施的不利影响。

常用的支护结构形式包括重力式支护结构和板式支护结构。

1）横撑式支撑

市政工程施工时，常需在地下铺设管沟，因此往往也需要开挖沟槽。开挖较窄的沟槽，多用横撑式土壁支撑。对于较宽的沟槽，采用横撑式支撑不适应，土壁支护可采用类似于基坑的支护方法。

横撑式土壁支撑采用的挡土板主要有两种形式，即：水平挡土板和垂直挡土板。水平挡土板又分为间断式挡土板和连续式挡土板。

湿度小的黏性土挖深＜3m，可采用断续式水平挡土板支撑。

松散、湿度大的土壤可用连续式水平挡土板支撑，挖深可达 5m。

松散和湿度很高的土可用垂直挡土板支撑，挖土深度不限。

2）重力式支护结构

① 深层搅拌水泥土桩

主要是通过搅拌桩机将水泥与土进行搅拌，形成柱状水泥加固土（搅拌桩），由此形成重力式支护结构，起到挡土和隔水的作用。适用于 4～6m 深的基坑。

② 高压旋喷桩

以高压旋转的喷嘴将水泥浆喷入土层与土体混合，形成连续搭接的水泥土加固体。施工占地少，振动小，噪声较低，但容易污染环境，成本较高，对于特殊的不能使喷出浆液凝固的土质不宜采用。

③ 土钉墙

天然土体通过钻孔、插筋、注浆来设置土钉并与喷射混凝土面板相结合，形成类似重力式挡墙的土钉墙，以抵抗墙后的土压力，保持开挖面的稳定。土钉墙适用于土质较好的地区，当地下水位高于基坑底面时，应采取降水或截水措施。

3）板式支护结构由挡墙系统和支撑系统组成

其中挡墙的主要形式包括：

① 钢板桩

钢板桩之间通过锁口相互连接，形成一道连续的挡墙。种类包括直线型、U 形和 Z 形等。具有强度高、施工简便、抗弯能力好、耐久性强、可重复使用等优点，适用于软土地基和地下水位较高、水量较多的基坑支护。但钢板桩一次用钢量多，支护刚度小，挡水效果有局限。

② 钻孔灌注桩

通过机械或人工方法在桩位成孔，向孔内灌注混凝土形成桩，进而排列形成挡墙。柱列式钻孔灌注桩是最常用的排桩支护，布置形式包括桩与桩有一定间距的疏排布置形式和桩与桩相切的密排布置形式。钻孔灌注桩作为支护具有较好的刚度，但需采取措施提高防水性能和柱间连接的可靠性，适用于地下水位较低、复杂的地质环境。

③ 地下连续墙

借助施工机械在地下挖掘狭长深槽，在槽内吊放入钢筋笼并浇筑混凝土，形成钢筋混凝土墙段，墙段连接形成地下连续墙。该法支护刚度大、强度高、抗渗性好、对环境影响小，可挡土、承重、截水、防渗，可在狭窄场地施工，适用于大面积、有地下水的深基坑施工。

（4）施工排水

开挖基坑时，流入坑内的地下水和地面水如不及时排走，会使施工条件恶化、土壁塌方、影响地基承载力。施工排水分为明沟排水和人工降水两类。

1）明沟排水

采用截、疏、抽的方法，截住水流，疏干积水，在基坑开挖过程中，在坑底设置集水井，并沿坑底的周围或中央开挖排水沟，使水流入集水井中，然后用水泵抽走，此种方法称为集水井降水。

2）人工降水

在基坑开挖前，先在基坑周围埋设一定数量的滤水管，利用抽水设备从中抽水，使地下水位降落到坑底以下，直到施工完毕。人工降水分为：轻型井点、电渗井点、管井井点及深水泵等。

① 轻型井点

沿基坑周边以一定的间距埋入井点管（下端为虑管），在地面上用水平铺设的集水总管将各井管连接起来，在一定位置设置真空泵和离心泵，开动真空泵和离心泵，地下水在真空吸力的作用下经滤管进入井管，然后经集水总管排出，从而降低地下水位。

轻型井点一般适用于粉细砂、粉土、粉质黏土等渗透系数较小的弱含水层中降水。降水深度单层小于 6m，双层小于 12m。

② 电渗井点

在黏性土和粉质黏土中进行基坑开挖施工，由于土的渗透系数较小，为加速土中水分流出，可采用电渗井点法。

一般与轻型井点结合使用，利用轻型井点本身作为阴极，以金属棒（钢筋、钢管、铝棒等）作为阳极，通入直流电（采用直流发电机或直流电焊机）后，带有负电荷的土粒即向阳极移动（即电泳作用），带有正电荷的水则向阴极方向集中移动，产生电渗现象。

电渗井点适用于饱和黏土、淤泥和淤泥质黏土。

③ 管井井点

对于渗透系数为 20～200m/d 且地下水丰富的土层、砂层，用明排易造成土颗粒大量流失，引起边坡塌方，用轻型井点难以满足排降水的要求，此时可采用管井降水。

管井井点是沿基坑每隔一定距离设置一个管井，或在坑内降水时每一定范围设置一个管井，每个管井单独用一台水泵不断抽取管井内的水来降低地下水位。

管井井点具有排水量大、排水效果好、设备简单、易于维护等特点，降水深度为 3～5m。

④ 深水泵

对于渗透系数较大、涌水量大、降水较深的砂类土，以及用其他井点降水不易解决的深层降水，可采用深井井点系统。

深井井点降水是在深基坑的周围埋置深于基底的井管，使地下水通过设置在井管内的潜水泵将地下水抽出，降低地下水。

适用于渗透系数大（10～250m/d）、土质为砂土、地下水丰富、降水深、面积大、时间长的情况，对在有流砂和重复挖填土方区使用，效果尤佳。

（5）填土压实

对填土的要求：

① 含水量大的黏土、淤泥土、冻土、膨胀性土、有机物含量大于 8%的土、硫酸盐含量大于 5%的土，均不能用作填土；

② 应水平分层填土、分层夯实，每层的厚度根据土的种类及压实机械而定；

③ 采用两种透水性不同的土料时，应分别分层填筑，透水性较小的土宜在上层；

④ 各种土不得混杂使用。

（6）压实方法

① 碾压法：利用机械滚轮的压力压实土壤，使之达到所需的密实度，适用于大面积填筑。碾压机械有平足碾和羊足碾。压实时，行驶速度不宜过快。

② 夯实法：利用夯锤下落的冲击力来夯实土壤，此法主要用于小面积回填土。常用夯实法有人工夯实法（如木夯、石夯等）和机械夯实法（夯实机械，如夯锤、内燃夯土机、蛙式打夯机等）。

③ 振动压实法：将振动压实机置于土层表面，借助振动机使压实机械振动，土颗粒

发生相对位移而达到紧密状态。此方法用于振实非黏性土效果较好。

(7) 影响填土压实质量的因素

① 压实功的影响：填土压实后的重度与压实机械在其上所施加的功有一定的关系。

② 含水率的影响：干燥的土，由于颗粒之间的摩阻力较大，填土不易被压实；含水率较大的土，由于土颗粒间的孔隙全部被水填充而呈饱和状态，土也不能被压实；最佳含水率的土，土颗粒之间的摩阻力由于水的润滑作用而减小，土易被压实。

③ 铺土厚度的影响：土在压实功作用下，其应力随深度增加而减小，其影响深度与压实机械、土的性质和土的含水率有关。铺土厚度应小于压实机械压土时的作用深度，最优铺土厚度可使土方压实机械的功耗费量小，且土被压得更密实。

(三) 机械化施工

1. 推土机

推土机操纵灵活、运转方便、所需工作面较小，多用于场地清理和平整、开挖深度不大的基坑，填平沟坑，以及配合铲运机工作。推运距离宜在 100m 以内，以运距 50m 左右经济效果最好。

2. 铲运机

铲运机可综合完成挖土、运土、卸土和平土的全部土方施工工序，分自行式铲运机和拖式铲运机两种，目前多为油压操纵。常用于大面积的场地平整、填筑堤坝和路基、在开阔地带开挖长度大的大型基坑。适用运距为 600～1500m，当运距为 200～350m 时效率最高。

3. 挖土机

单斗挖土机目前多为液压传动，分为正铲、反铲和抓铲等，其行走装置有履带式和轮胎式等。

正铲挖土机适合开挖停机面以上的土方，需汽车配合运土。反铲挖土机用以挖掘停机面以下的土方，主要用于开挖基坑、沟槽等，亦需汽车配合运土。抓铲挖土机宜用于开挖沟槽、基坑和装卸粒状材料，于水下亦可抓土。

机械选择主要取决于施工对象特点、地下水位高低和土壤含水量。

(四) 爆破工程

开挖岩石多用爆破方法。此外，开挖冻土、清除障碍物和拆除旧有的建筑物和构筑物以及近年来在拆除支护结构的混凝土结构支撑方面亦多用爆破。

爆破是利用炸药爆炸时产生的极高的压力和大量的热能来破坏周围介质。爆破施工费用低、速度快，但有一定的危险性，需谨慎做好防护工作。

爆破施工包括打孔、装药、填塞、引爆和清理。打孔多用风镐，药孔布置由设计确定。药量由计算确定。要使炸药发生爆炸，必须用起爆炸药引爆。

起爆方法有：火花起爆法、电力起爆法和导爆（传爆线）法。前两种方法用雷管引爆炸药，后一种是用雷管引爆导爆索，由导爆索直接引爆炸药。

拆除爆破又名“控制爆破”，是通过一定的技术措施，严格控制爆炸能量和爆破规模，使爆破的声响、振动、破坏区域以及破碎物的散坍范围，控制在规定限度内的一种爆破技术。它在城市和工厂的发展过程中，对已有房屋或构筑物的改建、拆除提供了安全有效的方法。拆除爆破需考虑的因素很多，包括爆破体的集合形状和材质，使用的炸药、药量、炮眼布置及装药方式，覆盖物和防护措施及周围环境等。其中炸药及装药量是最主要的因素。拆除爆破所用的炸药，要求爆速小但威力大；药卷的临界直径小（小于临界直径时，炸药就不能传爆），以便使用微量炸药。装药量的计算根据炸药的性能来确定。一般拆除爆破采取“多钻眼，少装药”的办法。

(五) 桩基础工程

按桩的施工方法，桩分为预制桩和灌注桩两类。

1. 预制打入桩施工

预制桩常用的有混凝土方桩、预应力混凝土管桩和钢管桩。打入法是最常用的沉桩方法。

(1) 打桩设备——桩锤和桩架

桩棰有落锤、蒸汽锤、柴油锤和液压锤。目前应用最多的是柴油锤。柴油锤是利用燃油爆炸推动活塞往复运动而锤击打桩，活塞重量从几百千克到数吨。

用锤击沉桩，为防止桩受冲击应力过大而损坏，宜用重锤轻击。如用轻锤重打，锤击功大部分被桩身吸收，桩不易打入，且桩头易打碎。锤重与桩重应有一定的比值，或控制锤击应力，以防把桩打坏。

桩架是支持桩身和桩锤，在沉桩过程中引导桩的方向，并使桩锤能沿着要求的方向冲击的打桩设备。常用桩架有多能桩架和腰带式桩架，多用后者。履带式桩架以履带式起重机为底盘，增设了立柱和斜撑用以打桩。

(2) 打桩

打桩前应做好下列准备工作：清除妨碍施工的地上和地下的障碍物；平整施工场地；定位放线。

打桩时应注意下列一些问题。

1) 打桩顺序

应根据地形、土质和桩布置的密度决定。逐排打桩时，打桩的推进方向应逐排改变，以免土朝一个方向受到挤压，导致土挤压不均匀。并且对同一排桩而言，必要时可采用间隔跳打方式进行。大面积打桩时，可先从中间打，逐渐向四周推进；也可采取分段打设，以减小对桩的挤压。

2) 打桩方法

在桩架就位后即可吊桩，垂直对准桩位中心，缓缓放下插入土中，位置要准确。

在桩顶扣好桩帽或桩箍，使桩稳定后，即可除去吊钩，起锤轻压并轻击数锤，随即观察桩身与桩帽，桩锤等是否在同一轴线，接着可正常施打。

在沉桩过程中，要经常注意桩身有无位移和倾斜现象，如发现问题，应及早纠正。为防止击碎桩顶，除用桩帽外，如桩顶不平，还需用麻袋或厚纸垫平，落锤高度不宜大于1m。如用送桩法将桩顶打入土中时，桩与送桩的纵轴线应尽量在同一直线上。拔出送桩后，桩孔应及时回填。

沉桩到接近设计要求时，即需进行观察，看是否满足贯入度或沉桩标高的要求。如达到设计要求，即作好沉桩记录，并将桩架移至新桩位施工。

3) 打桩的质量控制

打桩的质量视打入后的偏差是否在允许范围之内，最后贯入度与沉桩标高是否满足设计要求以及桩顶、桩身是否打坏而定。

桩的垂直偏差应控制在1%之内，平面位置的偏差，除上面盖有基础梁的桩和桩数为1～2根或单排桩基中的桩外，一般为1/2～1个桩的直径或边长。

摩擦桩的入土深度控制以标高为主，贯入度作参考；端承桩的入土深度控制以贯入度为主，标高作参考。

2.灌注桩施工

具有施工时无振动、无挤土、噪声小、宜在城市建筑物密集地区使用等优点，在施工中应用广泛。

根据成孔工艺的不同，灌注桩可以分为干作业成孔灌注桩、泥浆护壁成孔灌注桩、套管成孔灌注桩等。

（1）干作业成孔灌注桩

适用于地下水位较低，无需护壁即可直接取土成孔的土质，可采用螺旋钻机成孔、洛阳铲挖机和人工挖孔等成孔方式。

螺旋钻机成孔灌注桩是利用动力旋转钻杆，使钻头的螺旋叶片旋转削土，土块沿螺旋叶片上升排出孔外。施工时，要根据实际情况，确定相应的钻进转速及钻压：在软塑土层，含水量大时，可用疏纹叶片钻杆，以便较快地钻进；在可塑或硬塑黏土中，或含水量较小的砂土中应用密纹叶片钻杆，缓慢均匀地钻进。

钢筋笼应一次绑扎完成，放入孔内之后再次测量孔内虚土厚度。混凝土应随浇随振，每次浇筑高度不得大于1.5m。

（2）泥浆护壁成孔灌注桩

用泥浆保护孔壁，防止孔壁坍塌。通常在孔内注入高塑性黏土或膨润土和水拌合的泥浆，或利用钻削下来的黏性土与水混合形成泥浆保护孔壁。

对不论地下水位高或低的土层皆适用，多用于含水量高的软土地区。成孔机械有回转钻机、潜水钻机、冲击钻等，其中以回转钻机最多。

回转钻机：由动力装置带动钻机回转装置转动，从而带动有钻头的钻杆转动，由钻头切削土壤。根据泥浆循环方式不同，分为正循环回转钻机和反循环回转钻机。

正循环回转钻机成孔是由空心钻杆内部通入泥浆或高压水，从钻杆底部喷出，携带钻下的土渣沿孔壁向上流动，由孔口将土渣带出流入泥浆池。

反循环回转钻机成孔是泥浆或清水由钻杆与孔壁间的环状间隙流入钻孔，然后由吸泥泵等在钻杆内形成真空，使之携带钻下的土渣由钻杆内腔返回地面而流向泥浆池。反循环工艺的泥浆上流的速度较高，能携带较大的土渣。

钻进过程中，如发现排出的泥浆中不断出现气泡，或泥浆突然消失，表示有孔壁坍陷迹象。其主要原因是土质松散，泥浆护壁不好，护筒周围未用黏土紧密填封以及护筒内水位不高。钻进中如出现缩颈、孔壁坍陷时，首先应保持孔内水位并加大泥浆比重以稳孔护壁。如孔壁坍陷严重，应立即回填黏土，待孔壁稳定后再钻。

（3）套管成孔灌注桩

利用锤击打桩法或振动打桩法，将带有钢筋混凝土桩靴（有称桩尖）或带有活瓣式桩靴的钢套管沉入土中，然后灌注混凝土并拔管而成。

通常分为锤击灌注桩和振动灌注桩。前者多用于一般黏性土、淤泥质土、砂土和人工填土地基，后者除以上范围，还可用于稍密及中密的碎石土地基。

锤击灌注桩施工时，用桩架吊起钢套管，对准预先设在桩位处的预制钢筋混凝土桩靴。套管与桩靴连接处要垫以麻、草绳，以防止地下水渗入管内，缓缓放下套管，套入桩靴压进土中。套管上端扣上桩帽，检查套管与桩锤是否在同一垂直线上。先用低锤轻击，观察后如无偏移，再正常施打，直至符合设计要求的贯入度或沉入标高，并检查管内有无泥浆或水进入，即可浇筑混凝土。套管内混凝土应尽量灌满，然后均匀拔管。桩锤冲击频率，视锤的类型而定。

为提高桩的质量和承载能力，常采用复打扩大灌注桩。

套管灌注桩施工时常易发生断桩、缩颈、桩靴进水或进泥及吊脚桩等问题，施工中应加强检查并及时处理。

（六）地基加固处理技术

当地基的强度不足或土的压缩性较大，不能满足建筑物对地基的要求时，需针对不同情况，对地基进行加固处理。

地基加固处理又可称为土质稳定。有以下几方面作用：提高地基土的抗剪强度；降低软弱土的压缩性，减少基础的沉降和不均匀沉降；改善土的透水性，起到截水防渗作用；改善土的动力特性，防止液化作用。

地基处理大致分为土质改良：是指用机械（力学）、化学、电、热等手段增加地基土的密度，或使地基土固结，此方法是尽可能利用原有地基；土的置换：是将软土层换填为良质土；土的补强：是采用薄膜、绳网、板桩等约束地基土，或者在土中放入抗拉强度高的补强材料形成复合地基，以加强和改善地基土的剪切特性。

地基加固处理的方法分为换土垫层、碾压夯实、排水固结、振动挤密、化学加固。各种方法在具体选用时，应从地基条件、处理的指标及范围、工程费用、工作进度、材料来源及当地环境等多方面进行考虑。

历年真题

15-1-1. 关于土方填筑与压实，下列表述正确的是（　　）。(2011B17)

A. 夯实法多用于大面积填土工程

B. 碾压法多用于建筑物基坑土方回填

C. 振动压实法主要用于非黏性土的压实

D. 有机质含量为8%（质量分数）的土，仅用于无压实要求的填方

15-1-2. 压实松土时，应采用（　　）。(2013B17)

A. 先用轻碾后用重碾　　B. 先振动碾压后停振碾压

C. 先压中间后压两边　　D. 先快速后慢速

15-1-3. 在锤击沉桩施工中，如发现桩锤经常回弹大，桩下沉量小，说明（　　）。(2014B17)

A. 桩锤太重　　B. 桩锤太轻　　C. 落距小　　D. 落距大

15-1-4. 灌注桩的承载能力与施工方法有关，其承载能力由低到高的顺序依次为

（　　）。（2016B17）

A. 钻孔桩、复打沉管桩、单打沉管桩、反插沉管桩

B. 钻孔桩、单打沉管桩、复打沉管桩、反插沉管桩

C. 钻孔桩、单打沉管桩、反插沉管桩、复打沉管桩

D. 单打沉管桩、反插沉管桩、复打沉管桩、钻孔桩

15-1-5. 在沉桩前进行现场定位放线时，需设置的水准点应不少于（　　）。（2017B17）

A. 1个　　B. 2个　　C. 3个　　D. 4个

15-1-6. 最适用于在狭窄的现场施工的成孔方式是（　　）。（2018B17）

A. 沉管成孔　　B. 泥浆护壁钻孔　　C. 人工挖孔　　D. 螺旋钻成孔

答　案

15-1-1.【答案】（C）

土方的填筑与压实。填土的压方法有碾压、夯实和振动压实等几种，碾压适用于大面积填土工程，夯实法主要用于小面积填土，可以夯实黏性土或非黏性土。振动压实主要用于压实非黏性土。土料的选用与处理，有机质含量大于8％（质量分数）的土，仅用于无压实要求的填方。

15-1-2.【答案】（A）

A项，松土碾压宜先用轻碾压实，再用重碾压实，可避免土层强烈起伏，效果较好。B项，摊沥青路的时候，因停碾压只是表层压实，应先停碾压后振动碾压。C项，对于直线段路基，为了更好地压出路拱，避免出现反横坡，应先压两侧和边缘再压中间。D项，压实松土时应先慢后快，先把土体稳定了再重压和快压，增加密实度。

15-1-3.【答案】（B）

考察锤击桩的施工工艺，在锤击沉桩施工中，为防止受冲击应力过大而损坏，宜用重锤轻击，桩锤对桩头的冲击力小，回弹小，桩头不易损坏，大部分能量用于克服桩身与土的摩阻力和桩尖阻力上，桩能较快地沉入土中；如用轻锤重打，虽然桩锤对桩头的冲击力较大但回弹也大，锤击能量大部分被桩身吸收，桩不易打入，且桩头易打碎。

15-1-4.【答案】（C）

根据灌注桩的施工方法不同，可将灌注桩分为钻孔灌注桩、挖孔灌注桩、沉管灌注桩和爆扩灌注桩。其中，钻孔灌注桩的承载能力较低，沉降量也较大；沉管灌注桩根据承载力的要求不同，可分别采用单打法、复打法和反插法，其承载力由低到高的次序依次为：单打沉管桩、反插沉管桩、复打沉管桩。

15-1-5.【答案】（A）

桩基施工的标高控制应遵照设计要求进行，每根桩的桩顶、桩端均需作标高记录，因此，施工区附近应设置不受沉桩影响的水准点，一般要求不少于2点，该水准点应在整个施工过程中予以保护，不使其受损坏。

15-1-6.【答案】（C）

本题题干中所给的关键词为“场地狭窄”。沉管成孔、泥浆护壁钻孔、螺旋钻成孔都

需要大中型机械进场，不符合所给“场地狭窄”条件。只有人工挖孔桩不需要大中型机械进场。

第二节　混凝土、预应力混凝土工程与砌体工程

一、考试大纲

钢筋工程；模板工程；混凝土工程；钢筋混凝土预制构件制作；混凝土冬、雨期施工；预应力混凝土施工。

二、知识要点

(一) 钢筋工程

钢筋一般在钢筋加工车间或工地钢筋棚内加工，运至现场绑扎或焊接。

钢筋的加工过程一般包括冷拉、冷拔、调直、剪切、镦头、弯曲成型、绑扎、焊接等，取决于成品种类。

1. 钢筋冷拉与冷拔

钢筋冷拉：在常温下对钢筋进行强力拉伸，使其拉应力超过钢筋的屈服强度，经时效反应提高强度的一种方法。使钢筋产生塑性变形，以达到调直钢筋、提高强度、节约钢材的目的，对焊接接长的钢筋亦考验了焊接接头的质量。

冷拔：使 $\phi6 \sim \phi8$ 的光圆钢筋通过钨合金的拔丝模进行强力冷拔。钢筋通过拔丝模时，受到拉伸与压缩兼有的作用，使钢筋内部晶格变形而产生塑性变形，因而抗拉强度提高，塑性降低，成硬钢性质。光圆钢筋经冷拔后称“冷拔低碳钢丝”。

钢筋冷拔的工艺过程：轧头→剥壳→通过润滑剂进入拔丝模。如钢筋需连接则在冷拔前用对焊连接。

影响冷拔低碳钢丝质量的主要因素是原材料的质量和冷拔总压缩率。每次冷拔的压缩率不宜太大，否则拔丝机的功率要大，拔丝模易损耗，且易断丝。

2. 钢筋连接

(1) 钢筋绑扎

绑扎是钢筋连接的主要手段之一。钢筋绑扎时，钢筋交叉点用钢丝扎牢；板和墙的钢筋网，除外围两行钢筋的相交点全部扎牢外，中间部分交叉点可相隔交错扎牢，保证受力钢筋位置不产生偏移；梁和柱的箍筋应与受力钢筋垂直设置，弯钩叠合处应沿受力钢筋方向错开设置。受拉钢筋和受压钢筋接头的搭接长度及接头位置应符合施工质量验收规范的规定。

(2) 焊接连接

分为压焊和熔焊。压焊包括闪光对焊、电阻点焊和气压焊，熔焊包括电弧焊和电渣压力焊。钢筋与预埋件 T 形接头的焊接应采用埋弧压力焊，也可用电弧焊或穿孔塞焊，但焊接电流不宜过大，以防烧伤钢筋。

1) 闪光对焊

闪光对焊广泛用于钢筋纵向连接及预应力钢筋与螺钉端杆的焊接。热轧钢筋的焊接宜

优先用闪光对焊，不可能时才用电弧焊。

钢筋闪光对焊：利用对焊机使两段钢筋接触，通过低电压的强电流，待钢筋被加热到一定温度变软后，进行轴向加压顶锻，形成对焊接头。

2）电渣压力焊

电渣压力焊：利用弧焊机使焊条与焊件之间产生高温电弧，从而使焊条和电弧燃烧范围内的焊件融化，待其凝固便形成焊缝或接头。

3）气压焊

气压焊接钢筋：利用乙炔-氧混合气体燃烧的高温火焰对已有初始压力的两根钢筋端面接合处加热，使钢筋端部产生塑性变形，并促使钢筋端面的金属原子互相扩散，当钢筋加热至约1250～1350℃时进行加压，使钢筋内的原子得以再结晶而焊接在一起。

4）电阻点焊

电阻点焊主要用于小直径钢筋的交叉连接。其工作原理是：钢筋交叉点焊时，接触点只有一点，接触电阻较大，在接触的瞬间，电流产生的全部热量都集中在一点上，因而使金属受热熔化，同时在电极加压下使焊点金属得到焊合。电阻点焊的生产效率高、节约材料，可用于钢筋网片、钢筋骨架等的焊接。

（3）机械连接

1）钢筋挤压连接

钢筋挤压连接也称为钢筋套筒冷压连接，适用于竖向、横向及其他方向的较大直径变形钢筋的连接。连接时将需变形钢筋插入特制钢套筒内，利用液压驱动的挤压机进行径向或轴向挤压，使钢套筒产生塑性变形，紧紧咬住变形钢筋实现连接。钢筋挤压连接的工艺参数主要是压接顺序、压接力和压接道数。

钢筋挤压连接与焊接相比，具有节省电能、不受钢筋可焊性好坏影响，不受气候影响、无明火、施工简便和接头可靠度高等特点。

2）螺纹连接

螺纹连接：将所连钢筋的两端套成锥形或直行丝扣，将带内丝的套管用扭力扳手按一定力矩值把两根钢筋连接起来，通过钢筋与套筒内丝扣的机械咬合达到连接的目的。

螺纹套管施工速度快，不受气候影响，质量稳定，应用广泛。

（二）模板工程

模板：新浇混凝土成型用的模型，要求它能保证结构和构件的形状、尺寸的准确；有足够的强度、刚度和稳定性；装拆方便，可多次周转使用；接缝严密，不漏浆。

模板系统包括模板、支撑和紧固件。

模板目前用的有散装散拆的木模板、定型组合模板和大型工具式的大模板、爬模、滑升模板、隧道模、台模（飞模、桌模）、永久式模板等。

1.木模板

木模板主要由拼板和支撑件组成。

拼板由一些板条用拼条钉拼而成，板条厚度一般为25～50mm，宽度不宜超过200mm，以保证干缩时模板的缝隙均匀，浇水后易于密缝。但梁的底模板板条宽度不限制，以免漏浆。

拼板的拼条一般平放，但梁的侧模板拼条则应立放。拼条的间距取决于新浇混凝土的侧压力和板条的厚度，多为400～500mm。

2.定型组合模板

定型组合模板：一种工具式模板，它由具有一定模数的很少类型的板块、角模、支撑和连接件组成，用它可拼出多种尺寸和几何形状，以适应多种类型建筑物和梁、柱、板、墙、基础等施工的需要，也可用它拼成大模板，爬模。

施工时可在现场直接组装，亦可预拼成大块模板或构件模板，用起重机吊运装拆。组合模板的板块由边框、面板和纵横肋构成，有钢模板和钢框胶合板（胶合木板、竹胶板）模板，其中以组合钢模板为主。

板块的模数尺寸关系到模板的使用范围，是设计定型组合钢模板的基本问题之一。组合钢模板采用模数制设计，通用模板的宽度模数以50mm进级，长度模数以150mm进级（长度超过900mm时，以300mm进级），设计时应以数理统计方法确定结构各种尺寸使用的频率，充分考虑我国的模数制，并使最大尺寸板块的重量便于工人手工安装，目前我国应用的板块长度为1500mm、1200mm、900mm等。板块的宽度为600mm、300mm、250mm、200mm、150mm、100mm等。进行配板设计时，如出现不足50mm的空缺，则用木方补缺，用钉子或螺栓将木方与板块边框上的孔洞连接。

为便于板块之间的连接，边框上有连接孔，边框不论长向和短向，其孔距都为150mm，以便横竖都能拼接。孔形取决于连接件。板块的连接件有钩头螺栓、U形卡、L形插销、紧固螺栓（拉杆）。

支承件包括支撑墙模板的支撑梁（多用钢管和冷弯薄壁型钢）和斜撑，支承梁、板模板的支撑桁架和顶撑等。

对于墙模板，用紧固螺栓拉固主梁（钢管或轻型槽钢焊接的组合梁），主梁支撑次梁（钢管、空腹矩形管和冷弯薄壁型钢），次梁支撑板块。次梁位置布置得合理能增加板块的承载能力，次梁的位置以板块的挠度和弯矩最小为原则，根据计算确定。

梁、板的支撑有梁托架、立撑桁架和顶撑，还可用有功能门架式的脚手架来支撑。梁托架可用钢管或角钢制作。支撑桁架的种类很多，如跨度小、荷重轻，可用上弦为角钢、腹杆和下弦杆为钢筋焊成的钢筋桁架，否则可用由角钢、扁铁和钢管焊成的整榀式桁架或由两个半榀桁架组成的拼装式桁架，还有可调节跨度的伸缩式桁架，使用更加方便。

顶撑皆采用不同直径的钢套管，通过套管的抽拉可以调整到各种高度。近年来发展的模板快拆体系则在顶撑顶部设置早拆柱头，可使楼板混凝土浇筑后模板下落提早拆除，而顶撑仍撑在楼板底面。对整体式多层房屋，分层支模时，上层支撑应对准下层支撑，并铺设垫板。

用定型组合模板宜进行配板设计，由于同一面积的模板可用不同规格的板块和角模组成不同的配板方案，配板设计就是从中找出最佳的组配方案，以取得最好的经济效益。

3.爬升模板

爬升模板简称爬模，国外也称跳模。它由爬升模板、爬架（亦有无爬架的爬模）和爬升设备三部分组成，是施工剪力墙体系和筒体体系的钢筋混凝土结构高层建筑的一种有效的模板体系。

由于模板能自爬，不需起重运输机械吊运，减少了高层建筑施工中起重运输机械的吊运工作量，能避免大模板受大风影响而停止工作。自爬模板上悬挂有脚手架，省去了结构施工阶段的外脚手架，减少起重机械的数量、加快施工速度，经济效益好。

4. 大模板

大模板为一大尺寸的工具式模板，一般是一块墙面用一块大模板。

大模板由面板、加劲肋、支撑桁架、顶升机构等组成。面板多为钢板或胶合板，亦可用小钢模组拼。加劲肋多用槽钢或角钢。支撑桁架用槽钢和角钢组成。

大模板之间的连接，内墙相对的两块平模，是用穿墙螺栓拉紧，顶部用卡具固定外墙的内外模板连接，多是在外模板的竖向加劲肋上焊一槽钢横梁，用其将外模板悬挂在内模板上。

5. 滑升模板

宜用于浇筑剪力墙体系或筒体体系的高层建筑以及高耸的筒仓、竖井、电视塔、烟囱等构筑物。

滑升模板施工，是在地面上沿建筑物或构筑物底部的墙、柱、梁等构件的周边组装高1.2m左右的模板，随着向模板内不断地分层浇筑混凝土，用液压千斤顶沿支承杆不断地向上滑升模板，直至需要的高度为止。在滑升过程中最好不要调整模板，否则就要停滑后调整模板，影响滑升速度。

滑升模板由模板系统、操作平台系统和液压滑升系统三部分组成。

（三）混凝土工程

混凝土工程包括混凝土制备、运输、浇筑捣实和养护等施工过程，各个施工过程相互联系和影响，任何施工过程处理不当都会影响混凝土工程的最终质量。近年来混凝土外加剂发展很快，它们的应用影响了混凝土的性能和施工工艺。此外，自动化、机械化的发展和新的施工机械和施工工艺的应用，也大大改变了混凝土工程的施工面貌。

1. 混凝土制备

混凝土的施工配合比，应保证结构设计对混凝土强度等级及施工对混凝土和易性的要求，并应符合节约水泥、合理使用材料的原则。有时还需满足抗渗性、抗冻性的要求。

混凝土制备之前按式（15-2-1）确定混凝土的施工配置强度，以达到95%的保证率。

$$f_{cu,0}=f_{cu,k}+1.645\sigma \tag{15-2-1}$$

式中 $f_{cu,0}$——混凝土的施工配制强度（MPa）；

$f_{cu,k}$——设计的混凝土强度标准值（MPa）；

σ——施工单位的混凝土强度标准差（MPa）。

混凝土制备宜用混凝土搅拌机，用商品混凝土更能保证制备的质量。商品混凝土近年来在我国发展较快，在工程项目施工中得到较为广泛的应用。

2. 混凝土的搅拌

1）混凝土搅拌机的选择

混凝土搅拌机按搅拌原理可分为自落式搅拌机和强制式搅拌机。

自落式搅拌机宜用于搅拌塑性混凝土，强制式搅拌机宜用于搅拌干硬性混凝土和轻集骨料混凝土。

2）混凝土搅拌制度的确定

搅拌制度即搅拌时间、投料顺序和进料容量。

搅拌时间：指自原材料全部投入搅拌筒时起，到开始卸料时止所经历的时间。它与搅拌质量密切相关。随搅拌机类型和混凝土和易性的不同而变化。在一定范围内随搅拌时间的延长而强度提高，但过长时间的搅拌既不经济也不合理。因为搅拌时间过长，不坚硬的粗集料，在大容量搅拌机中会因脱角、破碎等而影响混凝土质量。因此，混凝土的搅拌时间应符合现行《混凝土结构工程施工质量验收规范》的有关规定。

3.混凝土运输

对混凝土拌合物运输的基本要求是：不产生离析现象、保证规定的坍落度和在混凝土初凝之前能有充分时间进行浇筑和振捣。

运输混凝土的工具要不吸水、不漏浆，且运输时间有一定限制。如需进行长距离运输，可选用混凝土搅拌运输车。

混凝土运输工作分为地面运输、垂直运输和楼面运输三种情况。

混凝土地面运输，如采用预拌（商品）混凝土运输距离较远时，我国多用混凝土搅拌运输车。

混凝土垂直运输，我国多用塔式起重机、混凝土泵、快速提升斗和井架。用塔式起重机时，混凝土多放在吊斗中，这样可直接进行浇筑。

混凝土楼面运输，我国以双轮手推车为主，亦可用机动灵活的小型机动翻斗车。如用混凝土泵则用布料机布料。

混凝土搅拌运输车为长距离运输混凝土的有效工具，它有一个搅拌筒放在汽车底盘上，在中心混凝土搅拌站装入混凝土后，由于搅拌筒内有两条螺旋状叶片，在运输过程中搅拌筒可进行慢速转动进行拌合，以防止混凝土离析，运至浇筑地点，搅拌筒反转即可迅速卸出混凝土。

混凝土泵是一种有效的混凝土运输和浇筑工具，它以泵为动力，沿管道输送混凝土，可以一次完成水平及垂直运输，将混凝土直接输送到浇筑地点，是发展较快的一种混凝土运输方法。

4.混凝土浇筑、捣实和养护

浇筑前应检查模板、支架、钢筋和预埋件的正确性。由于混凝土工程属于隐蔽工程，因而对混凝土量大的工程、重要工程或重点部位的浇筑，以及其他施工中坍落度选用值等重大问题，均应随时填写施工记录。

（1）混凝土浇筑应注意的问题

1）防止离析

浇筑混凝土时，混凝土拌和物由料斗、漏斗、混凝土输送管、运输车内卸出时，如自由倾落高度过大，由于粗骨料在重力作用下，克服粘着力的下落动能大，下落速度较砂浆快，因而可能形成混凝土离析。为此，混凝土自高处倾落的自由高度不应超过 2m，在竖向结构中限制自由倾落高度不宜超过 3m。否则应由串筒、斜槽、溜管或振动溜管等下料。

2）正确留置施工缝

施工缝是结构中的薄弱环节，因而宜留在结构剪力较小的部位，同时又要照顾到施工的方便。

由于混凝土的抗拉强度约为其抗压强度的 1/10，因而施工缝柱子宜留在基础顶面、梁或吊车梁牛腿的下面、吊车梁的上面、无梁楼盖柱帽的下面。单向板应留在平行于板短边的任何位置。有主次梁楼盖宜顺着次梁方向浇筑，应留在次梁跨度的中间1/3跨度范围内。楼梯应留在楼梯长度中间1/3长度范围内。墙可留在门洞口过梁跨中1/3范围内，也可留在纵横墙的交接处。双向受力的楼板、大体积混凝土结构、拱、薄壳、多层框架等及其他结构复杂的结构，应按设计要求留置施工缝。

（2）各种结构的混凝土浇筑方法

1）现浇多层钢筋混凝土框架结构的浇筑

浇筑柱子时，一个施工段内的每排柱子应由外向内对称地浇筑，不要由一端向另一端推进，预防柱子模板逐渐受推倾斜而导致误差积累难以纠正。在一般情况下，梁和板同时浇筑，从一端开始向前推进。只有当梁的高度大于1 m时才允许将梁单独浇筑，此时的施工缝留在楼板板面下20～30mm处。为保证捣实质量混凝土应分层浇筑，每层厚度应符合有关规定。

2）大体积钢筋混凝土结构浇筑

一般分为全面分层、分段分层和斜面分层三种。

全面分层法要求的混凝土浇筑强度较大。根据结构物的具体体积、捣实方法和混凝土的供应能力，可通过计算选择浇筑方案。

3）水下浇筑混凝土

水下或泥浆中浇筑混凝土，目前多用导管法。

（3）混凝土的密实成型

混凝土拌和物浇筑之后，需经密实成型才能赋予混凝土制品或结构一定的外形和内部结构。另外，强度、抗冻性、抗渗性、耐久性等皆与密实成型的好坏有关。在建筑施工中，多借助于机械振动、挤压、离心等方式使混凝土拌和物密实成型。

振动机械按其工作方式分为内部振动器、表面振动器、外部振动器和振动台。

内部振动器又称插入式振动器，其振动棒体在电动机带动下高速转动而产生高频微幅的振动，多用于振实梁、柱、墙、厚板和大体积混凝土结构等。

表面振动器又称平板振动器，它在混凝土表面进行振捣，适用于楼板、地面等薄型构件。

外部振动器又称附着式振动器，它固定在模板的外部，通过模板将振动传给混凝土拌和物，宜于振捣断面小且钢筋密的构件。

振动台是混凝土制品厂中的固定生产设备，用于振实预制构件。

（4）混凝土养护

指混凝土的自然养护。自然养护分洒水养护和喷涂薄膜养生液养护两种。洒水养护即用草帘等将混凝土覆盖，经常洒水使其保持湿润，养护时间长短取决于水泥品种。喷涂薄膜养生液养护适用于不易洒水养护的高耸构筑物和大面积混凝土结构。它是将过氯乙烯树脂塑料溶液用喷枪喷涂在混凝土表面上，溶液挥发后在混凝土表面形成一层塑料薄膜，将混凝土与空气隔绝，阻止其中水分的蒸发，以保证水化作用的正常进行。

浇筑这种结构首先要划分施工层和施工段，施工层一般按结构层划分，而每一施工层如何划分施工段，则要考虑工序数量、技术要求、结构特点等。要做到当模板工在第一施工层安装完模板，准备转移到第二施工层的第一施工段上时，下面第一施工层的第一施工段所浇筑的混凝土强度应达到允许工人在上面操作的强度。

（5）混凝土质量检查

混凝土质量检查包括拌制和浇筑过程中的质量检查和养护后的质量检查。

在拌制和浇筑过程中，对组成材料的质量每一工作班至少检查两次；拌制和浇筑地点坍落度的检查每一工作班至少两次；如混凝土配合比有变动时，应及时检查；对混凝土搅拌时间应随时检查。

对于预拌（商品）混凝土，应在商定的交货地点进行坍落度检查。

混凝土养护后的检查，主要指抗压强度检查，如设计上有特殊要求时，还需对其抗冻性、抗渗性等进行检查。

混凝土的抗压强度是根据15cm边长的标准立方体试块在标准条件下（20±3℃的温度和相对湿度90%以上）养护28d的抗压强度来确定。评定强度质量的试块，应在浇筑处或制备处随机抽样制成，不得挑选。

混凝土强度应分批验收。同一验收批的混凝土应有强度等级相同，龄期相同以及生产工艺和配合比基本相同的混凝土组成。按单位工程的验收项目划分验收批，每个验收项目应按现行国家标准确定。同一验收批的混凝土强度，应将同批内全部标准试件的强度代表值评定。

（6）混凝土冬、雨期施工

1）混凝土冬期施工

混凝土所以能凝结、硬化并获得强度，是由于水泥和水进行水化作用的结果。水化作用的速度在一定湿度条件下主要取决于温度，温度愈高，强度增长也愈快，反之则慢。现行《混凝土结构工程施工及验收规范》规定，凡根据当地多年气温资料室外日平均气温连续五天稳定低于0℃时，就应采取冬期施工的技术措施进行混凝土施工。从混凝土强度增长情况看，混凝土在0℃环境下养护，其强度增长很慢。而且在日平均气温低于0℃时，最低气温已低于0℃，混凝土也有可能受冻。

受冻的混凝土在解冻后，其强度虽能继续增长，但已不能达到原设计的强度等级。试验证明，混凝土遭受冻结带来的危害，与遭冻的时间早晚、水灰比等有关，遭冻时间愈早，水灰比愈大，则强度损失愈多，反之则损失少。

混凝土冬期施工还需注意拆模不当带来的冻害。混凝土构件拆模后表面急剧降温，由于内外温差较大会产生较大的温度应力，亦会使表面产生裂纹，在冬期施工中亦应力求避免这种冻害。

混凝土冬期施工方法有：蓄热法、掺外加剂法、蒸汽养护法和电热法。

2）混凝土雨期施工

雨期的降雨量超过年降雨量的50%以上，雨量大而集中。混凝土雨期施工要采取防雨及排水等技术措施，防止混凝土含水量过多，确保施工正常进行。

雨期施工工作面不宜过大，应逐段、逐片分期施工。对大体积混凝土应通过采取掺外加剂、控制水泥单方用量、选用合理砂率等措施，防止混凝土坍落度偏大、降温不好形成收缩裂缝而影响质量。

（7）钢筋混凝土预制构件制作

预制构件中少部分构件（大构件如柱子、桩、屋架等）在现场制作，大部分中小构件（如板、梁等）都在预制厂制作。

在现场制作构件，为节约场地和底模多平卧叠浇，即利用已预制好的构件作底模沿构件两侧安装侧模板，再浇筑上层构件。

上层构件的模板安装和混凝土浇筑，需待下层构件的混凝土强度达到 $5N/mm^2$ 后方可进行。构件之间还应涂抹隔离剂。

在预制厂制作构件，有三种工艺方案：台座法、机组流水法、传送带流水法。大型工厂大批量生产定型构件多用后者。

（8）预应力混凝土施工

预应力混凝土施工工艺有：先张法、后张法、后张自锚法和电热法。

1）先张法

在浇筑混凝土构件之前，张拉预应力筋，将其临时锚固在台座或钢模上，然后浇筑混凝土构件，待混凝土达到一定强度（一般不低于混凝土强度标准值的75%），并使预应力筋与混凝土之间有足够粘结力时，放松预应力筋，预应力筋弹性回缩，借助混凝土与预应力筋之间的粘结，对混凝土施加预压应力。

用台座法施工时，预应力筋的张拉、锚固，混凝土构件的浇筑、养护和预应力筋的放松等工序皆在台座上进行，预应力筋的张拉力由台座承受。

先张法多数用于预应力混凝土工厂中，在台座上生产中小型构件。

台座由台面、横梁和承力结构等组成。根据承力结构的不同，台座分为墩式台座、槽式台座和桩式台座。生产板形构件多用墩式台座；生产梁、屋架等构件多用槽式台座。

设计台座时要进行抗倾覆稳定性和强度验算。

先张法中钢丝用的锚固夹具有圆锥齿板式夹具、圆锥三槽式夹具和墩头夹具。钢筋的锚固夹具有：螺钉端杆锚具、墩头锚和销片夹具等。

为减少由于松弛等原因造成的预应力损失，先张法张拉预应力筋时都要进行超张拉。

常用的张拉程序为

$$0 \rightarrow 105\%\sigma_{con} \xrightarrow{\text{持荷 2min}} \sigma_{con} \text{ 或 } 0 \rightarrow 103\%\sigma_{con} \tag{15-2-2}$$

式中　σ_{con}——预应力筋的张拉控制应力。

先张拉预应力混凝土构件进行湿热养护时，应采取正确的养护制度，以减少由于温差引起的预应力损失。

混凝土强度要达到不小于混凝土标准强度的75%后，才可放松预应力筋。放松过早会由于预应力筋回缩而引起较大的预应力损失。

2）后张法

后张法是先浇灌混凝土，待混凝土达到规定强度后再张拉预应力钢筋的一种预加应力法。

后张法的施工工序：孔留钢筋孔道——浇筑混凝土——混凝土养护——穿入钢筋——张拉钢筋（不低于规定设计强度的70%）——用锚具锚固钢筋——混凝土受预压。

后张法构件依靠其两端的锚具传递预应力。

后张拉法施工工艺有孔道留设、预应力筋张拉和孔道灌浆三部分。

① 孔道留设

孔道留设是后张法构件制作中的关键工艺之一。

孔道直径取决于预应力筋和锚具。孔道留设方法有钢管抽芯法、胶管抽芯法和预埋波纹管法，预埋波纹管法多用于曲线形孔道。

钢管抽芯法：预先将钢管埋设在模板内孔道位置处，在混凝土浇筑过程中和浇筑之后，每间隔一段时间慢慢转动钢管，使之不与混凝土粘结，待混凝土初凝后、终凝前抽出钢管，即形成孔道。

胶管抽芯法：胶管有五层或七层夹布胶管和钢丝网胶管两种。前者质软，用间距不大于0.5m的钢筋井字架固定位置，浇筑混凝土前，先往胶管内充入0.6～0.8MPa的压缩空气或压力水，待浇筑的混凝土初凝后，放出压缩空气或压力水，管径缩小而与混凝土脱离，便于抽出。后者质硬，具有一定弹性，留孔的方法与钢管一样，只是浇筑混凝土后不需转动，由于其具有一定的弹性，抽出时在拉力作用下断面缩小易于拔出。

预埋波纹管法：波纹管为特制的带波纹的金属管，与混凝土有良好的粘结力。波纹管不再抽出，用间距不大于1m的钢筋井字架予以固定。

为适应大柱网整体现浇楼盖结构的需要，国内外都发展了后张无粘结预应力混凝土工艺。它是在浇灌混凝土之前，把涂有防腐油脂或防腐沥青涂料层、表面裹了一层高压聚乙烯塑料外包层的钢丝束或钢绞线先行绑扎，埋置在混凝土构件内，待混凝土达到设计规定的强度后，用张拉机具对其进行张拉和锚固。这种体系是借助两端的锚具传递预应力，不需预留孔道，不必灌浆，施工简单，张拉时摩阻力较小，预应力筋易弯成曲线形状，适用于曲线配筋的结构。

无粘结顶应力束在平板中一般为双向曲线配置，因此铺设顺序很重要。一般是根据双向钢丝束交点的标高差，绘制钢丝束的铺设顺序图，钢丝束波峰低的底层钢丝束先行铺设，然后依次铺设波峰高的上层钢丝束，以避免钢丝束之间的相互穿插。张拉一般采用$0\rightarrow 103\%\sigma_{con}$进行锚固，并采用两端同时张拉。其张拉顺序，应根据其铺设顺序，先铺设的先张拉，后铺设的后张拉。施工时为降低摩阻损失值，宜采用多次反复张拉工艺。

② 预应力筋张拉

张拉预应力筋时，构件混凝土的强度应按设计规定进行张拉。

③ 孔道灌浆

孔道灌浆的目的是使钢材处于水泥浆的弱碱环境之中以防止受侵蚀；使预应力筋与结构混凝土之间产生粘结力；填充孔道的空间以防止积水和冻水。

（四）砌体工程与砌块墙的施工

砌体工程指普通黏土砖、承重黏土空心砖、蒸压灰砂砖、粉煤灰砖、各种中小型砌块和石材的砌筑。

砌体工程包括材料运输、脚手架搭设、砌筑和勾缝等。

1.准备工作

（1）砌筑材料准备

砌筑砂浆应符合设计规定、有良好的保水性能、拌和均匀。

生石灰熟化要用网过滤，熟化时间不少于7d，严禁使用脱水硬化的石灰膏。

常温下砌筑砖砌体时，对黏土砖要提前浇水湿润，含水率宜为10%～15%。过多浇水会产生堕灰而使砖砌体走样或滑动。灰砂砖、粉煤灰砖的自然含水率已满足要求，砌筑前一般不浇水湿润。

（2）脚手架

对脚手架的基本要求是：脚手架所使用的材料与加工质量必须符合规定要求，不得使用不合格品；脚手架应坚固、稳定；搭拆简单，搬运方便，能多次周转使用；认真处理好地基，确保地基具有足够大的承载力；严格控制使用荷载，保证有较大的安全储备；要有可靠的安全防护措施。

脚手架按使用材料分为木制脚手架、竹质脚手架和金属脚手架；按构造形式分为多立杆式、框组式、吊式、挂式、挑式、爬升式、工具式脚手架；按搭设方式分为外脚手架和里脚手架。

（3）砌体材料运输

主要利用井架、龙门架、塔式起重机和施工电梯。施工电梯是高层施工不可缺少的设备，人、货两用。

2.砌块墙的施工工艺

（1）砖砌体施工

砌筑砖墙通常包括抄平、放线、摆砖（脚）、立皮数杆、盘角、挂准线、铺灰砌砖、勾缝等工序。

① 抄平放线：砌筑砖墙前，先在基础面或楼面上按标准的水准点定出各层的标高，并用水泥砂浆或C15细石混凝土找平。底层墙身以龙门板上轴线定位钉为标志拉上麻线，沿麻线吊挂垂球将轴线放到基础面上，据此弹出纵横墙边线，定出门窗洞位置。轴线的引测是放线的关键。

② 摆砖样：根据弹好的构造柱及门窗洞口位置线，按选定的组砌方法进行摆砖样，按山丁檐跑方式排砖，借助灰缝调整砖的模数，尽可能少砍砖。

③ 立皮数杆：控制墙体竖向尺寸及各部位构件标高，保证水平灰缝厚度均匀，砖皮水平。

④ 盘角、挂线：墙身砌砖前先在墙角砌上几皮，称为盘角。盘角是确定墙面横平竖直的主要依据，一般根据皮数杆先砌墙角，后拉准线砌中间墙身。在盘角之间拉上准线，称为挂线。

⑤ 砌筑：实心砖砌体的砌筑形式有一顺一顶、三顺一顶、梅花顶（在同一皮内顶顺间砌）。采用“三一”（即一铲灰、一块砖、一挤柔）砌砖法砌筑。

⑥ 勾缝：清水外墙面勾缝应加浆勾缝，用1∶1水泥浆勾缝。内墙面可原浆勾缝，随砌随勾，使灰缝光滑密实。

（2）砖砌体的质量要求

砖墙砌筑应达到横平竖直、砂浆饱满、上下错缝、内外搭砌、接搓牢固等质量要求。

① 横平竖直：水平缝平整顺直、立缝竖直排匀。水平灰缝的厚度应该不小于8mm，也不大于12mm，适宜厚度为10mm。

② 砂浆饱满：砌体水平灰缝的砂浆饱满度不得小于80%，竖缝要刮浆适宜，多孔砖的竖缝应加浆填灌，不得出现透明缝、瞎缝和假缝，严禁用水冲浆灌缝。

砖砌体的水平放缝厚度和竖向灰缝宽度一般规定为10mm，不应小于8mm，也不应大于 12mm。过厚的水平灰缝容易使砖块浮滑，墙身侧倾，过薄的水平灰缝会影响砌体之间的粘结能力。

③ 上下错缝：是指砖砌体上下两皮砖的竖缝应当错开，以避免“通天缝”。

④ 内外搭砌、接槎牢固：砖砌体的转角处和纵横墙交接处应同时砌筑，严禁无可靠措施的内外墙分砌施工，对不能同时砌筑而又必须留置的临时间断处应砌成斜槎，斜槎水平投影长度不应小于高度的 2/3。

在抗震设防烈度为 8 度或 8 度以上地区，对不能同时砌筑而又必须留置的临时间断处应砌成斜槎，以保证接槎部位的砂浆饱满，斜槎的水平投影不应小于高度的 2/3。多孔砖砌体的斜槎长高比不应小于 1/2，斜搓高度不得超过每步脚手架的高度。

非抗震设防及抗震设防为 6 度、7 度地区的临时间断处，不能预留斜搓时，除转角处外，可留直搓，但直搓需做成凸搓，并加设拉结筋。每 120mm 墙厚应放置 $\phi6$ 的拉结钢筋（120mm 厚墙放置 $2\phi6$），间距墙高度不应超过 500mm，对于非抗震设防地区，埋入长度从留槎处算起每边均不应小于 500mm。

对抗震设防烈度为 6 度、7 度的地区，不应小于 1000mm，拉结钢筋末端应有 90°弯钩。砖砌体接槎时，必须将接槎处的表面清理干净浇水湿润。

砖石工程的冬期施工应该以采用掺盐砂浆法为主。掺入盐类的水泥砂浆、水泥混合砂浆或微沫砂浆称为掺盐砂浆，可降低砂浆冰点，在一定负温度条件下能起抗冻作用，砂浆使用时的温度不应低于+5℃。

（3）中小型砌块的施工

中、小型砌块墙体系采用中、小型砌块或与水泥混合砂浆砌成。中型砌块墙种类有粉煤灰硅酸盐砌块墙、煤矸石空心砌块墙、混凝土空心砌块墙等。砌块墙具有大量利用工业废料，节约水泥，生产工艺简单，施工方便，工效高，施工速度快，适应性强，造价低等优点。

良好的错缝和搭接施工是保证砌块建筑整体性的重要措施。上、下皮砌块间的错缝搭接长度一般为砌块长度 1/2，不能小于砌块高度的 1/3，否则应用钢筋网片搭接补强。钢筋网片是由 3 根 $\phi4$ 长度为 600mm 的短钢筋焊接而成。转角及纵横墙交接处均需互相搭接，以保证墙体互相拉结牢固。纵、横墙不能采用刚性砌合时，可采用柔性拉结，柔性拉结条用 $\phi4$ 或 $\phi6$ 钢筋焊成网片补强，每两皮砌块拉一道。

对于混凝土空心砌块，注意使其孔洞在转角处和纵、横墙交接处，上下对准贯通并插入 $\phi8\sim\phi12$ 的钢筋，插筋要埋置于基础中，在孔内浇筑混凝土或构造小柱，增加建筑物的刚度，利于抗震。

排列砌块时应注意以下问题：

① 尽量采用主规格砌块，减少砌块种类，在图中标明砌块编号、嵌砖和过梁；

② 对于混凝土空心砌块，上下皮砌块壁、肋、孔垂直对齐，以提高砌体强度；

③ 拼缝错开，承重墙无通缝，非承重部分超过二皮通缝时，应加放联结钢筋网片；

④ 当构件与砌块布置位置有矛盾时，应满足构件布置，砌块布置应从±0.00 开始，绘制相应的排列图；

⑤ 尽量不嵌砖，必须嵌砖处尽可能分散对称使墙体受力均匀。

历年真题

15-2-1. 按规定以不超过 20t 的同级别、同直径的钢筋为一验收批：从每批中抽取两根钢筋；每根取两个试样分别进行拉伸和冷弯，该钢筋是（　　）。(2011B18)

A. 热轧钢筋　　B. 冷拉钢筋　　C. 冷拔钢筋　　D. 碳素钢筋

15-2-2. 既可用于水平混凝土构件，也可用于垂直混凝土构件的模板是（　　）。(2011B19)

A. 爬升模版　　B. 压型钢板反永久性模板

C. 组合钢模板　　D. 大模板

15-2-3. 某悬挑长度为 1.5m，强度等级为 C30 的现浇阳台板，当可以拆除其底模时，混凝土立方体抗压强度至少应达（　　）。(2012B18)

A. $15N/mm^2$　　B. $22.5N/mm^2$　　C. $21N/mm^2$　　D. $30N/mm^2$

15-2-4. 混凝土施工缝宜留置在（　　）。(2013B18)

A. 结构受剪力较小且便于施工的位置　　B. 遇雨停工处

C. 结构受弯矩较小且便于施工的位置　　D. 结构受力复杂处

15-2-5. 冬期施工时，混凝土的搅拌时间应比常温搅拌时间（　　）。(2014B18)

A. 缩短 25%　　B. 缩短 30%　　C. 延长 50%　　D. 延长 75%

15-2-6. 影响混凝土受冻临界强度的因素是（　　）。(2016B18)

A. 水泥品种　　B. 骨料粒径　　C. 水灰比　　D. 构件尺寸

15-2-7. 现浇框架结构中，厚度为 150mm 的多跨连续预应力混凝土楼板，其预应力施工宜采用（　　）。(2017B18)

A. 先张法　　B. 铺设无粘结预应力筋的后张法

C. 预埋螺旋管留孔道的后张法　　D. 钢管抽芯预留孔道的后张法

15-2-8. 采用钢管抽芯法留设孔道时，抽管时间宜为混凝土（　　）。(2018B18)

A. 初凝前　　B. 初凝后，终凝前

C. 终凝后　　D. 达到设计强度的 30%

答　案

15-2-1.【答案】(B)

冷拉钢筋应由不大于 20t 的同级别、同直径冷拉钢筋组成一个验收批，每批中抽取 2 根钢筋，每根取 2 个试样分别进行拉力和冷弯试验。冷拔钢筋：①甲级钢丝的力学性能应逐盘检验，从每盘铜丝上任一端截去不少于 500mm 后，再取两个试样，分别作拉力和 180°反复弯曲试验，并按其抗拉强度确定该盘钢丝的组别。②乙级钢丝的力学性能可分批抽样检验。以同一直径的铜丝 5t 为一批，从中任取三盘，每盘各截取两个试样，分别作拉力和反复弯曲试验；如有一个试验不合格，应在未取过试样的钢丝盘中，另取双倍数量的试样，再做各项试验，如仍有一个试样不合格，则应对该批钢丝逐盘检验，合格者方能使用。碳素钢筋：普通碳素结构钢应成批验收，每批由同一牌号、同一炉罐号、同一等级、同一品种、同一尺寸、同一交货状态组成。每批重量不得大于60t。普通碳素结构钢每批钢材规定的检验项目有：化学分析、拉伸、冷弯、常温冲击和低温冲击等五个项目。热轧钢筋：每批由同一厂别、同一炉罐号、同一规格、同一交货状态、同一进场时间的钢筋组成。热轧光圆钢筋、低碳铜热轧圆盘条余热处理钢筋每批数量不得大于60t，冷轧带肋钢筋每批数量不得大于50t。每批钢筋取试件一组。

15-2-2.【答案】(C)

爬升模板是施工剪力墙和筒体结构的混凝土建筑和桥墩、桥塔等的一种有效的模板体系。压型钢板永久性模板是在施工时起模板作用而在浇筑混凝土后又是结构本身组成部分之一的预制模板。大模板是在建筑、桥梁及地下工程中广泛应用，它是一种大尺寸的工具式模板，如建筑工程中一面墙用一块大模板。组合钢模板可以拼出多种尺寸和几何形状，它由具有一定模数的很少类型的板块、角模、支撑和连接件组成，可以拼出多种尺寸和几何形状，以适应多类建筑物的梁、板、柱、墙等施工需要。

15-2-3.【答案】(D)

钢筋混凝土工程与预应力混凝土工程，混凝土墙、梁、柱浇筑的模板的拆除时间是根据混凝土强度确定的，不同的情况拆模时间不同，底模及支架拆除的时的混凝土强度应符合下列要求：①板：当跨度≤2m时，强度≥50%，当2m<跨度≤8m时，强度≥75%；当跨度>2m，强度>100%；②梁：当跨度<8m时，强度≥75%，当跨度>8m对，强度≥100%；③悬壁构件：与跨度无关，均必须达到≥100%。悬臂构件拆除底模时，其混凝土立方体抗压强度至少应达到设计要求的标准值的100%，再根据题干可得30N/mm^2。

15-2-4.【答案】(A)

混凝土结构多要求整体浇筑，若因技术或组织上的原因不能连续浇筑，且停顿时间有可能超过混凝土的初凝时间时，则应事先在适当位置留置施工缝，防止混凝土因温度变化产生裂缝现象。施工缝是结构中的薄弱环节，因而宜留置在结构剪力较小且施工方便的位置。

15-2-5.【答案】(C)

考察混凝土冬期施工的工艺要求，混凝土的搅拌时间应较正常温度搅拌时间延长50%，且骨料中不得带有冰雪及冰团，使其传热均匀。若砂、石已经加热，搅拌时为防治水泥的假凝现象，应先使水和砂石搅拌一定时间后再加入水泥。

15-2-6.【答案】(A)

混凝土临界强度是指混凝土遭受冻害，后期强度损失在5%以内的预养护强度值。普通硅酸盐水泥配置的混凝土，其临界强度定为混凝土标准强度的30%；矿渣硅酸盐水泥配置的混凝土为40%，则影响混凝土受冻临界强度的首要因素是水泥品种。

15-2-7.【答案】(D)

A项，先张法需要有固定的台座，适合生产预制构件，不适合现浇结构。C、D两项，预埋螺旋管留孔需要后穿入钢绞线，钢管抽芯留孔需要抽芯并后穿入钢绞线，都需要一定的操作空间，因此不适合现浇楼板施工。B项，后张无粘结预应力混凝土施工方法是将无粘结预应力筋像普通布筋一样先铺设在支好的模板内，然后浇筑混凝土，待混凝土达到设计规定强度后进行张拉锚固的施工方法。无粘结预应力筋施工无需预留孔道与灌浆，施工简便，预应力筋易弯成所需的曲线形状，主要用于现浇混凝土结构。

15-2-8.【答案】(B)

钢管抽芯法留设孔道为后张法施工，采用钢管抽芯法留设孔道时，在混凝土处于流态（初凝前）时，容易抽出，但此时抽出会容易塌孔。在浇筑的混凝土处于固态（终凝后）时抽出，成孔质量最好，但此时钢管已经不能抽出，要保证既能抽出钢管，又能保证成孔率，抽管时间应选择在混凝土处于塑性状态时，即初凝后终凝前，故答案选 B。

第三节　结构吊装工程

一、考试大纲

起重安装机械与液压提升工艺；单层与多层房屋结构吊装。

二、知识要点

（一）起重安装机械

结构吊装工程常用的起重安装机械有桅杆式起重机、自行杆式起重机和塔式起重机。

1. 桅杆式起重机

桅杆式起重机制作方便、装卸方便，起重较大，能用于其他起重机械不能安装的一些特殊、大型构件或设备，缺点是：起重半径小、移动困难，需拉设较多的缆风绳。

其包括独脚扒杆、人字扒杆、悬臂扒杆和牵缆式扒杆。

2. 自行杆式起重机

(1) 履带式起重机

由行走装置、回转机构、机身及起重臂组成，采用链式履带的行走装置，使对地面的平均压力大为减少，装在底盘上的回转机构可使机身回转 360°，机身内部有动力装置、卷扬机及操纵系统，操作灵活，使用方便，起重杆可分节接长，在平坦的道路上可负重行走，是一种多功能、移动式的吊装机械。缺点是行走速度慢，对路面的破坏性大，长距离转移需要平板拖车运输，稳定性较差，未经验算的不得超负荷吊装。

(2) 汽车式起重机

它是把起重机构安装在通用或专用汽车底盘上的全回转起重机。广泛用于构件装卸和结构吊装。灵活性好、转移迅速、对道路无损伤。

起重杆采用高强度钢板做成筒形结构，吊臂可自动逐节伸缩，设有各种限位和报警装置。起重机动力由汽车发动机供给。吊重时必须使用支腿，不能负荷行驶。

(3) 轮胎起重机

它是一种使用专用底盘的轮式起重机，横向稳定性好，能全回转作业，且在允许载荷下能负载行走。行使速度慢，不宜长距离行驶，常用于作业地点相对固定而作业量较大的吊装作业。

3. 塔式起重机

塔式起重机的起重臂安装在塔身的顶部，形成“T”形的工作空间，具有较高的起重高度、工作幅度和起重能力，起重臂可回转 360°，在多层、高层结构的吊装和垂直运输中应用最广。

（1）轨行塔式起重机

它是应用最广泛的一种起重机，能负荷行走，同时完成水平和垂直运输，且能在直线和曲线轨道上运行，使用安全、生产效率高。适用于工业与民用建筑的吊装或材料仓库的装卸等工作，常用的有 QT_1-2、QT_1-6 型。QT_1-6 型塔式起重机是轨道式上旋转塔式起重机，起重量为 2～6t，幅度 8.5～20m，起重高度 40.5～26.5m，轨距 3.8m，起重机借助本身机构能够转弯行驶，按需要增减塔身互换节架，缺点是需要铺设轨道，占用施工场地过大，塔架高度和起重重量较固定式小。

（2）爬升式塔式起重机

它是一种安装在建筑物内部（电梯井或特设开间）的结构上，借助爬升机构，随建筑物增高而爬升的起重机械。一般每隔 2 层楼爬升一次。主要用于高层建筑施工。塔身短、不需要铺设轨道，不占用施工场地，宜用于施工现场狭窄的高层建筑工程，缺点是全部荷载由建筑物承受，拆除时需要在屋面架设辅助起重设施。

（3）附着式塔式起重机

在建筑物外部布置，塔身借助顶升系统向上接高，每隔 14～20m 采用附着式支架装置，将塔身固定在建筑物上。适用于与塔身高度适应的高层建筑施工，可在建筑物内作为爬升塔式起重机使用或作为轨道式起重机使用。

（二）钢筋混凝土单层工业厂房结构吊装

1.构件吊装前的准备工作

① 场地清理与道路铺设；

② 吊装前对所有构件进行全面质量复查；

③ 钢筋混凝土杯形基础的准备工作，杯口顶面标线与标底找平；

④ 组织好构件运输和构件的堆放；

⑤ 构件吊装时的临时加固。

2.构件吊装工艺

装配式单层工业厂房的结构安装构件主要有柱子、吊车梁、基础梁、连系梁、屋架、天窗架、屋面板及支撑等。

构件的吊装工艺包括绑扎、起吊、对位、临时固定、校正和最后固定等工序。

构件吊装时，钢丝绳与水平方向的夹角应大于 45°。

（1）柱的吊装

1）柱的绑扎

绑扎柱的工具主要有吊索、卡环和横吊桥等。

柱的绑扎方法、绑扎位置和绑扎点数，应根据柱的形状、长度、截面、配筋、起吊方法和起重机性能等确定。常用的绑扎方法有：一点绑扎斜吊法、一点绑扎直吊法、两点绑扎斜吊法、两点绑扎直吊法。

当柱子的宽面抗弯能力满足吊装要求时，可采用斜吊绑扎法，否则采用直吊绑扎法。

2）柱的起吊

用单机吊装时，按柱在吊升过程中柱身运动特点分为旋转法、滑行法。

旋转法：采用此法吊装柱子时，柱的平面布置宜使柱脚靠近基础，柱子的绑扎点、柱脚中心和杯口中心三点位于起重机的同一起重半径的圆弧上。圆心为起重机的回转中心，半径为圆心到绑扎点的距离。

滑行法：柱吊升时，起重机只升钩，起重臂不转动，使柱顶随起重钩的上升而上升，柱脚随柱顶的上升而滑行，直至柱子直立后，吊离地面，并旋转至基础杯口上方，插入杯口。

3）柱的对位和临时固定

柱子对位是将柱子插入杯口并对准安装准线的一道工序。柱脚插入杯口后，先进行悬空对位，用八只楔块从柱的四边插入杯口，并用撬棍撬动柱脚使柱子的安装中心线对准杯口的安装中心线，使柱身基本保持直立，即可落钩将柱脚放到杯底，并复查对线。

临时固定是用楔子等将已对位的柱子作临时性固定的一道程序。

4）柱的校正

柱子校正是对已临时固定的柱子进行全面检查（平面位置、标高、垂直度等）及校正的一道程序。柱子校正包括平面位置、标高和垂直度的校正。对重型柱或偏斜值较大的则用千斤顶、缆风绳、管桩支撑等方法校正。

5）柱的最后固定

在钢筋混凝土柱的底部四周与基础杯口的空隙之间，浇筑细石混凝土，捣固密实，作为最后固定，其强度等级应比原构件的混凝土强度等级提高两级，细石混凝土的浇筑应分两次进行。

（2）吊车梁的吊装

吊车梁的吊装应在柱子杯口第二次浇筑的细石混凝土强度达到设计强度的75%以后进行。吊车梁绑扎时，两根吊索要等长，绑扎点对称布置，吊钩应对准重心，以使吊车梁起吊后构件能基本保持水平。吊车梁就位时应缓慢落下，争取使吊车梁中心线与支承面的中心线能一次对准，使两端搁置长度相等，在屋盖结构构件校正和最后固定时进行吊车梁的校正。吊车梁的校正主要包括标高校正、垂直度校正和平面位置校正。标高校正主要取决于柱子牛腿的标高，平面位置的校正主要包括直线度和两吊车梁之间的距离。

（3）屋架的吊装

工业厂房的钢筋混凝土屋架，在现场平卧叠浇。吊装的施工顺序是：绑扎、扶直就位、

吊升、对位与临时固定、校正、最后固定。

1）绑扎

屋架的绑扎点应选在上弦节点处或其附近，左右对称，绑扎中心必须高于屋架重心，使屋架起吊后基本保持水平，不晃动、不倾翻。吊索与水平线的夹角不宜小于45°，以免屋架承受过大的横向压力，必要时可采用横吊梁。

2）扶直就位

吊装前将平卧预制的屋架翻身扶直，扶直屋架有两种方法，正向扶直：即起重机位于屋架下弦一边，吊钩对准屋架的上弦中心，收紧吊钩，轻轻起臂使屋架脱模，升钩、起臂，使屋架以下弦为轴缓缓转为直立状。反向扶直：起重机位于屋架上弦一边，吊钩对准上弦中心，升钩、降臂，使屋架绕下弦转动而直立。

屋架扶直后，立即排放就位，一般靠柱边斜向排放，或以3～5榀为一组平行于柱边

纵向排放。

3）吊升、对位与临时固定

屋架的吊升是将屋架吊离地面约 500mm，然后将屋架转至安装位置下方，再将屋架吊升至柱顶上方约 300mm 后，缓缓放至柱顶进行对位。

屋架对位应以建筑物的定位轴线为准。屋架对位后立即进行临时固定。

4）校正、最后固定

屋架垂直度的检查与校正方法是在屋架上弦安装三个卡尺，一个安装在屋架上弦中点附近，另两个安装在屋架两端。校正屋架的垂直偏差，符合相关规定无误差后，用电焊焊牢最后固定。

（三）结构吊装方案

在拟定单层工业厂房结构安装方案时，应着重解决起重机的选择、结构安装方法、起重机的开行路线和构件的平面布置等。

单层工业厂房的结构吊装方法有分件吊装法和综合吊装法。

1. 起重机类型的选择

起重机的选择主要包括起重机的类型和型号。一般中小型厂房多选择履带式等自行式起重机；当厂房的高度和跨度较大时，可选择塔式起重机吊装屋盖结构；在缺乏自行式起重机或受到地形的限制，自行式起重机难以到达的地方，可选择桅杆式起重机。

2. 起重机型号的选择

起重机型号选择取决于起重机的三个工作参数，即：载质量 Q 、起重高度 H 、起重半径 R ，需满足结构吊装要求。

（1）载质量 Q

载质量 Q 须大于所吊装构件的质量与索具质量之和，即：

$$Q \geqslant Q_1 + Q_2 \tag{15-3-1}$$

式中　Q_1——构件质量（t）；

Q_2——索具质量（t）；

（2）起重高度 H

起重高度 H（从停机面算起至吊钩中心）须满足构件的吊装高度要求，即：

$$H \geqslant h_1 + h_2 + h_3 + h_4 \tag{15-3-2}$$

式中　h_1——安装支座表面高度（m）；

h_2——安装空隙，一般不小于 0.3m；

h_3——绑扎点至所吊构件底面的距离（m）；

h_4——索具高度（m），自绑扎点至吊钩中心距离。

（3）起重半径 R

当起重机可以不受任何限制开到构件的安装位置附近吊装构件时，对起重半径没有什么要求。但当起重机受到限制不能直接开到构件吊装位置附近去吊装构件时，就需根据起重重量、起重高度、起重半径三个参数，查阅起重机的性能表或性能曲线来选择起重机的型号及起重臂的长度。

3. 起重机台数的确定

起重机的数量根据工程量、工期要求和起重机的台班产量定额计算，计算公式如下：

$$N=\frac{1}{TCK}\sum\frac{Q_i}{P_i} \tag{15-3-3}$$

式中 N ——起重机台数；

T ——工期；

C ——每天工作班数；

K ——时间利用系数，0.8～0.9；

Q_i ——每种构件的安装工程量（件或 t）；

P_i ——起重机相应的产量定额（件 / 台班或 t / 台班）。

4. 结构吊装方法

（1）分件吊装法

起重机每开行一次，仅吊装一种或几种构件，通常分三次开行吊装完全部构件。

第一次开行：吊装全部柱子，并完成校正和最后固定工作。

第二次开行：吊装全部吊车梁、连系梁及柱间支撑。

第三次开行：依次按节间吊装屋架、天窗架、屋面板及屋面支撑等。

分件吊装的优点是构件可分批进场，更换吊具少，吊装速度快；缺点是起重机开行路线长，不能为后续工作提供工作面。

（2）综合吊装法

将多层房屋划分为若干施工层，起重机在每一施工层只开行一次。起重机在厂房内一次开行中就吊装完一个节间内的全部构件。先吊装完一个节间柱子，再吊装这个节间的吊车梁、连系梁、屋架和屋面板等构件，一个节间的全部构件吊装完后，起重机移至下一个节间进行吊装，直至整个厂房结构吊装完毕。

5. 现场预制构件的平面布置和吊装前的构件堆放

单层厂房现场预制构件的平面布置是一项重要工作，布置合理可避免构件在场内的二次搬运，充分发挥起重机械的效率。

需要在现场预制的构件主要是柱子、屋架和吊车梁，其他构件可在构件厂或场外制作。

① 现场预制构件的平面布置：柱子有斜向布置和纵向布置两种；屋架一般在跨内平卧叠浇预制，每叠 3～4 榀，布置方式有斜向布置，正、反斜向布置和正、反纵向布置三种，斜向布置便于屋架的扶直就位，宜优先采用，当现场受限时，方可考虑其他两种形式。吊车梁可靠近柱子基础顺纵轴线或略作倾斜布置，也可插在柱子之间预制。

② 吊装前构件的堆放：构件应按吊装顺序及编号进行就位或集中堆放。梁式构件叠放 2～3 层，大型屋面板不超过 6～8 层。

（四）多层房屋结构吊装

多层装配式框架结构，按构件吊装顺序不同分为分件吊装法和综合吊装法。

1. 分件吊装法

按其流水方式不同分为分层分段流水吊装法和分层大流水吊装法。

分层分段流水吊装法：将多层房屋划分为若干个施工层，并将每一施工层再划分为若干个施工段，以便流水作业，起重机在某一施工段内作数次往返开行，每次开行，吊装该段内的某一种构件，直至吊完该施工段的全部构件，依次转入后续施工段。

优点：构件供应与布置较方便，每次吊同类型的构件，安装效率较高，吊装、校正、焊接的工序之间易于配合。

缺点：起重机开行路线长，临时固定设备较多。

分层大流水吊装法：每个施工层不再划分施工段，按一个楼层组织各工序的流水。只适用于面积不大的房屋建筑物。

2. 综合吊装法

以一个节间或若干个节间为一个施工段，以房屋的全高为一个施工层来组织各工序的流水。起重机把一个施工段的构件吊装至房屋的全高，然后转移到下一个施工段。

适用情况：采用履带式（轮胎式）起重机跨内开行安装结构；采用塔式起重机不能布置在房屋外侧进行吊装；房屋宽度大、构架重，只有把起重机布置在跨内才能满足吊装的要求。

（五）结构构件的吊装

1. 框架结构构件的吊装

多层装配式框架结构由柱、主梁、次梁、楼板组成。吊装过程中，需注意处理好柱子的绑扎和校正以及柱接头和梁、柱接头。

2. 墙板结构构件的吊装

装配式大型墙板的吊装方法主要有储存吊装法和直接吊装法。

储存吊装法：将构件从生产场地或构件预制厂运入吊装机械工作半径范围内储存。

直接吊装法：随运随吊。

历年真题

15-3-1. 在柱子吊装时，采用斜吊绑扎法的条件是（　　）。(2013B19)

A. 柱平卧起吊时抗弯承载力满足要求

B. 柱平卧起吊时抗弯承载力不满足要求

C. 柱混凝土强度达到设计强度的 50%

D. 柱身较长，一点绑扎抗弯承载力不满足要求

15-3-2. 对平面呈板式的六层钢筋混凝土预制结构吊装时，宜使用（　　）。(2016B19)

A. 人字桅杆式起重机　　B. 履带式起重机

C. 轨道式塔式起重机　　D. 附着式塔式起重机

15-3-3. 下列选项中，不是选用履带式起重机时要考虑的因素是（　　）。(2017B19)

A. 起重量　　B. 起重动力设备　　C. 起重高度　　D. 起重半径

答　案

15-3-1.【答案】(A)

在柱子吊装施工时，根据起吊后柱身是否垂直，可分为斜吊法和直吊法，相应的绑扎方法有斜吊绑扎法和直吊绑扎法。两种绑扎方法的应用有以下三种情况：①当柱平卧起吊

时，可采用斜吊绑扎法；②当柱平卧起吊的抗弯强度不足时，吊装前需将柱翻身后再绑扎起吊，此时应采用直吊绑扎法；③当柱较长、需采用两点起吊时，也可采用斜吊法和直吊绑扎法。

15-3-2.【答案】(C)

A项，人字桅杆式起重机将构件起吊后活动范围小，一般仅用于安装重型构件或作为辅助设备以吊装厂房屋盖体系上的轻型构件。B项，履带式起重机在单层工业厂房装配式结构吊装中得到了广泛的应用，不适宜超负荷吊装。C项，轨道式塔式起重机能负荷行走，能同时完成水平运输和垂直运输，且能在直线和曲线轨道上运行，使用安全，生产效率高。D项，附着式塔式起重机紧靠拟建的建筑物布置，适用于高层建筑施工。本题中，平面呈板式的六层钢筋混凝土预制结构吊装时需要较大的起重高度和起重重量，则更适宜使用轨道式塔式起重机。

15-3-3.【答案】(B)

履带式起重机的技术性能主要包括三个参数：起重重量Q、起重半径R和起重高度H。在选用时，主要考虑的是起重机的稳定问题，防止发生倾覆。

第四节　施工组织设计

一、考试大纲

施工组织设计分类；施工方案；进度计划；平面图；措施。

二、知识要点

（一）施工组织设计的任务及作用

施工组织设计的任务是：拟定工程施工方案，安排施工进度，进行现场布置；把设计和施工、技术、经济、企业的全局活动、施工中的各单位、各工种、各部门、各阶段以及各项目之间的关系更好地协调起来，做到人尽其力、物尽其用，优质、安全、低能、高效地完成工程施工任务，取得最好的经济效益和社会效益。

施工组织设计的作用是：施工准备工作的重要组成部分，又是做好施工准备工作的主要依据和重要保证；对拟建工程施工全过程实行科学管理的重要手段，是编制施工预算和施工计划的主要依据，是建筑企业合理组织施工和加强项目管理的重要措施；是检查工程施工进度、质量、成本三大目标的依据，是建设单位与施工单位之间履行合同、处理关系的主要依据。

（二）施工组织设计的分类

按编制对象可分为：施工组织总设计、单位工程施工组织设计、施工方案。

1. 施工组织总设计

以一个建筑群或一个施工项目为编制对象，用以指导整个建筑群或施工项目施工全过程的各项施工活动的技术、经济和组织的综合性文件。

可确定拟建工程的施工期限、施工顺序、主要施工方法、各种临时设施的需要量及现场总的布置方案等，并提出各种技术物资资源的需要量，为施工准备创造条件。

施工组织总设计应在扩大初步设计批准后，依据扩大初步设计文件和现场施工条件，由建设总承包单位组织编制，是施工单位编制年施工计划和单位工程施工组织设计的依据。

2.单位工程施工组织设计

以一个单位工程（一个建筑物或构筑物、一个竣工系统）为对象，用以指导其施工全过程的各项施工活动的技术、经济和组织的综合性文件。

在施工组织总设计和施工单位总的施工部署的指导下，具体地安排人力、物力和建筑安装工作，是施工单位编制作业计划和制定季度施工计划的重要依据。

单位工程施工设计是在施工图设计完成后，以施工图为依据，由工程项目主管工程师负责编制。

3.施工方案——分部（分项）工程施工设计

以某些特别重要的和复杂的或者缺乏施工经验的分部（分项）工程（如复杂的基础工程、特大构件的吊装工程、大量土石方工程等）或冬、雨期施工等为对象编制的专门的、更为详尽的施工活动的技术经济文件。

施工组织设计的内容一般包括：

① 施工准备工作计划（熟悉、审查图纸、进行调查研究）；

② 计算工作量；

③ 选择施工方案和施工方法；

④ 编制施工进度计划；

⑤ 编制材料、构件、加工品需要量计划；

⑥ 确定临时供水、供电、供热管线；

⑦ 编制运输计划；

⑧ 编制施工准备工作计划；

⑨ 设计施工现场平面布置图；

⑩ 主要技术组织实施；

⑪ 主要技术经济指标。

（三）施工组织设计的编制

① 总包单位负责编制施工组织设计或者分阶段施工组织设计；分包单位负责编制分包工程的施工组织设计。

② 对结构复杂、施工难度大以及采用新工艺和新项目的工程项目，要进行专门性的研究。

③ 充分发挥各职能部门的作用，充分利用施工企业的技术素质和管理素质。

④ 施工组织设计方案提出后，组织讨论、研究，修改形成正式文件，送主管部门审批。

（四）施工方案

选择合理的施工方案是单位工程施工组织设计的核心，包括选择施工方法和施工机械、施工段划分、工程开展顺序和流水施工安排等。

1.确定施工程序

应遵循“先地下、后地上；先土建、后设备；先主体、后围护；先结构、后装修”的原则。

确定各施工过程的先后顺序，应考虑：施工工艺要求，施工方法和施工机械要求，施工组织要求，施工质量要求，当地的气候条件及安全技术要求。

2. 选择施工方法和施工机械

在选择施工方法和施工机械时，应考虑：施工方法的技术先进性与经济合理性的统一；施工机械的适用性与多用性的兼顾，尽可能充分发挥施工机械的效率和利用程度；施工单位的技术特点和施工习惯，以及现有机械可能利用的情况。

3. 施工方案的经济比较

进行比较时，需从实际的施工条件出发，使最终选定的施工方案需技术先进、施工合理、设备可取、投资费用和成本上是经济。

（五）施工进度计划

它是以施工方案为基础，根据规定工期和技术物资的供应条件，遵循各施工过程合理的工艺顺序，统筹安排各项施工活动进行编制。它的任务是为各施工过程指明一个确定的施工日期，即时间计划，并以此为依据确定施工作业所必需的劳动力和各种技术物资的供应计划。

施工进度计划通常采用横道图（水平图表）或网络图来表达。

编制施工进度计划有助于领导部门抓住关键、统筹全局；有利于施工企业合理布置人力、物力、正确指导施工生产活动的顺利进行；有利于工人群众明确目标，更好地发挥主动精神；有利于施工企业内部及时配合，协同作战。

编制施工计划的步骤如下：

① 划分施工项目并列出工程项目一览表；

② 计算工程量；

③ 计算劳动量和机械台班数；

④ 确定施工期限；

⑤ 确定开竣工时间和相互搭接关系；

⑥ 编制初始的施工进度计划；

⑦ 进度计划的检查与优化调整。

（六）施工平面图

施工平面图是对施工活动在空间上的安排与布置，它要表明工程施工所需的施工机械、加工场地、材料、加工半成品和构件堆放场地及临时运输道路、临时供水、供电、供热管网及其他临时设施等的合理布置。

1. 施工平面图内容

① 地上和地下的一切房屋、构筑物及其他设施的位置和尺寸；

② 移动式起重机的开行路线、井架位置；

③ 各种材料（包括水暖电卫）、半成品、构件以及工业设备等的仓库和堆场；

④ 测量放线标桩、地形等高线、土方取弃场地；

⑤ 场内施工道路以及与场外交通的连接；

⑥ 临时给水排水管线、供电线路、蒸汽及压缩空气管道等；

⑦ 安全、防火设施的位置。

2.施工平面图的设计步骤

① 决定起重机械的位置；

② 确定搅拌站、仓库和材料、构件堆场的位置；

③ 布置运输道路；

④ 布置管理、生活及文化福利等临时设施；

⑤ 布置水电管网。

对于大型建筑工程、施工期限较长或施工场地较为狭小的工程，需按不同施工阶段分别设计几张施工平面图，在施工平面图的设计中，应优先考虑大型起重机械设备的位置。

（七）施工措施

技术组织措施是施工企业施工技术财务计划的重要组成部分，通过进行施工作业交底、明确施工技术要求和质量标准、预防可能发生的工程质量事故和生产安全事故等方面实行具体的施工措施，以全面完成任务。

从具体的工程建筑、结构特征、施工条件、技术要求和安全生产等基础上进行考虑，拟定技术组织措施。

技术组织措施包括：保证工程质量措施、保证施工安全措施、保证施工进度措施、冬雨期施工措施、降低工程成本措施、提高劳动生产率措施、节约材料措施和环保措施。

历年真题

施工组织总设计的编制，需要进行：① 编制资源需求量计划；② 编制施工总进度计划；③ 拟定施工方案等多项工作。仅就上述三项工作而言，其正确的顺序为（　　）（2018B20）

A. ①-②-③　　B. ②-③-①　　C. ③-①-②　　D. ③-②-①

答　案

【答案】（D）

施工组织总设计中以下顺序不可颠倒，先拟定施工方案，然后编制施工总进度计划，再编制资源需求量计划，最后编制施工平面布置图。

第五节　流水施工原则

一、考试大纲

节奏专业流水；非节奏专业流水；一般的搭接施工。

二、知识要点

（一）流水施工特点及分类

它是将拟建工程在平面上划分为若干个工程量基本相等的施工段落，并使每个施工过程都由相应的专业队依次在同一时间内、不同空间上完成其施工任务，达到有节奏均衡施工。

流水施工的优点：施工质量及劳动生产率高，降低工程成本，缩短工期，施工机械和劳动力得到合理、充分地利用，综合效益好。

根据使用对象的不同，可分为分项工程、分部工程、单位工程、建筑群体流水施工。

流水施工按流水节拍的特征分为节奏流水和非节奏流水。节奏流水分为固定节拍流水和成倍节拍流水。

（二）流水施工参数

1. 施工过程数（n）

施工过程：在组织流水施工时，用以表达流水施工在工艺上开展层次的有关过程。

施工过程数：组织流水施工的工序个数。

2. 施工段数（m）

施工段：把拟建里程在平面上划分为若干个劳动量大致相等的施工段落。

施工段数目：施工段的数目。

每一个施工段在某一段时间内只供一个施工过程的工作队使用。在划分施工段时，应考虑以下几点：

① 施工段的分界与施工对象的结构界限（如温度缝、沉降缝或单元等）尽量取得一致；

② 各施工段上所消耗的劳动量尽可能相近；

③ 每个施工段应满足专业工种对工作面的要求；

④ 当房屋有层间关系，分段又分层时，应使各工作队能够连续施工，$m_{\min} \geqslant n$。

3. 技术间歇（S）

由于材料性质或施工工艺的要求，需要考虑的合理工艺的等待时间，如养护、干燥等，用 S 表示。

4. 流水节拍（t_i）

指每个专业工作队在各施工段上完成各自施工所需的持续时间，用 t_i 表示。

流水节拍的确定，应考虑施工队组人数应满足该施工过程的劳动组合要求、工作面的大小、机械台班的产量复核、各种材料的储备及供应、施工技术及工艺要求，计算公式如下：

$$t_i = \frac{Q_i}{S_i R_i N} = \frac{P_i}{R_i N} \tag{15-5-1}$$

式中 Q_i ——某施工过程在某施工段上的工程量；

S_i ——某专业工种或机械的产量定额；

R_i ——某专业工作队人数或机械台数；

N ——某专业工作队或机械的工作班次；

P_i ——某施工过程在某施工段上的劳动量。

5. 流水步距（$K_{j,j+1}$）

在流水施工过程中，相邻两个专业工作队先后进入第一施工段开始施工的时间间隔，用 $K_{j,j+1}$ 表示，安排时需考虑：施工面是否允许；有无工作队的连续要求，相邻专业工作队实现最大限度地、合理地搭接。

（三）节奏专业流水

根据流水节拍的特征，将施工过程分为节奏流水施工过程或非节奏流水施工过程两种。

节奏流水施工过程：在各施工段上的持续时间相等。

非节奏流水施工过程：在各施工段上的持续时间不相等。

节奏流水作业：参与流水作业的施工过程都是节奏流水施工过程。

非节奏流水作业：参与流水作业的施工过程都是非节奏流水施工过程。

1.固定节拍专业流水

固定节拍专业流水：施工过程的流水节拍相等，等于施工过程间的流水步距，即：

$$T=(n-1)K+mt_i=(m+n-1)K=(m+n-1)t_i \tag{15-5-2}$$

当有技术间歇时，其流水施工工期为：

$$T=(m+n-1)t_i+\sum S \tag{15-5-3}$$

式中　m——施工段数；

n——施工过程数；

t_i——某施工过程在某施工段上的流水节拍；

S——技术间歇。

2.成倍节拍专业流水

在节奏专业流水中，若各施工过程的流水节拍互成倍数，则可组织成倍节拍专业流水，根据工期分为一般成倍节拍流水和加快成倍节拍流水。

（1）一般成倍节拍流水

若工期能满足规定要求，且各施工过程在工艺上和组织上均合理，则可组成一般成倍节拍流水，此施工过程的流水步距为：

$$K_{j,j+1}=\begin{cases}t_j（当\ t_j\leqslant t_{j+1}）\\ mt_j-(m-1)t_{j+1}（当\ t_j>t_{j+1}）\end{cases} \tag{15-5-4}$$

一般成倍节拍流水的施工工期为：

$$T=\sum_{j=1}^{n-1}K_{j,j+1}+m\cdot t_n+\sum S \tag{15-5-5}$$

（2）加快成倍节拍流水

若按一般成倍节拍流水安排施工活动不能满足规定工期的要求，则可采取增加施工队数的方式，组织加快成倍节拍流水，每个施工过程所需专业工作队数目（b_j）为：

$$b_j=\frac{t_j}{t_{\min}} \tag{15-5-6}$$

式中　t_j——某施工过程的流水节拍；

$t_{\min}$——所有流水节拍的最大公约数。

任何两个相邻专业工作队间的流水步距均等于所有节拍的最大公约数，即：

$$K_{j,j+1}=t_{\min} \tag{15-5-7}$$

加快成倍节拍流水的施工工期为：

$$T=(m+N-1)\cdot t_{\min}+\sum S \tag{15-5-8}$$

式中　N ——专业工作队总数。

（四）非节奏专业流水

非节奏专业流水：若干非节奏流水施工过程所组成的专业流水。

非节奏专业流水具有的特点：各施工过程的流水节拍随施工段的不同而改变、不同施工过程之间的流水节拍有很大差异。

组织非节奏专业流水施工的基本要求：必须保证每一个施工段上的工艺顺序是合理的；每一个施工过程在各施工段上的施工是连续的，即工作队一旦投入施工是不间断的，同时各个施工过程之间的施工时间为最大程度的搭接，能满足流水施工的要求，部分施工段允许出现暂时的空闲，即暂时没有工作队投入施工。

非节奏专业流水施工的工期为：

$$T=\sum K_{i-j}+\sum t_n \tag{15-5-9}$$

式中　K_{i-j} ——相邻两个施工过程间的流水步距；

$\sum t_n$——最后一个施工过程在各施工段上流水节拍的总和。

非节奏专业流水施工的组织方法：先用“累加错位相减取大值”的方法求出各 K_{i-j} ，利用式（15-5-9）求取非节奏专业流水施工的工期 T ，绘制进度图表。

【例 15-5-1】 某工程有三个施工过程，划分四个施工段，各施工过程在各施工段上的流水节拍均不同，如表 15-5-1，要求将此非节奏流水施工过程组成专业流水，计算非节奏专业流水的施工工期。

施工段及施工过程　　**表 15-5-1**

施工过程＼施工段	①	②	③	④
Ⅰ	3	3	2	2
Ⅱ	4	2	3	4
Ⅲ	2	3	4	3

解：（1）计算每个施工过程在各施工段上流水节拍的累加值，即：

Ⅰ：3，6，8，10；Ⅱ：4，6，9，13；Ⅲ：2，5，9，12

（2）错位相减

Ⅰ与Ⅱ过程求 K_{1-2}

```
    3，6，8，10
—)    4，6， 9， 13
   3  2  2   1  —13
```

$K_{1-2}=\max\{3，2，2，1，-13\}=3$；

Ⅱ与Ⅲ过程求 K_{2-3}

```
    4，6，9，13
—)    5，5， 9， 12
   4  4  4   4  —12
```

$K_{2-3}=\max\{4，4，4，4，-12\}=4$。

（3）计算Ⅲ过程在各施工段上流水节拍的总和：$\sum t_3=2+3+4+3=12$

（4）计算非节奏专业流水施工工期：$T=\sum K_{i-j}+\sum t_n=3+4+12=19$

（5）绘制非节奏专业流水进度计划图，水平图表见 15-5-1，垂直图表见 15-5-2。

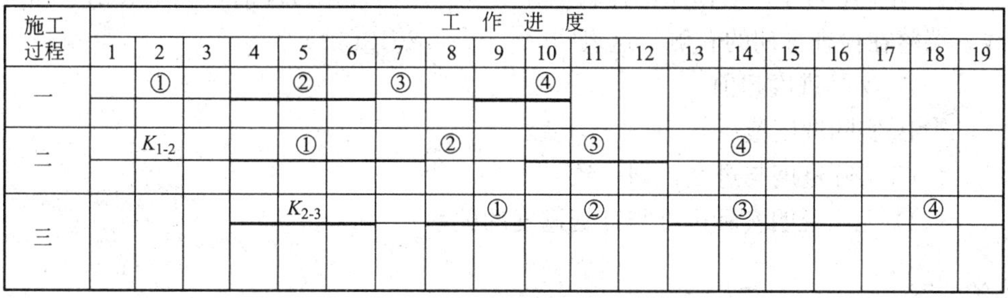

图 15-5-1

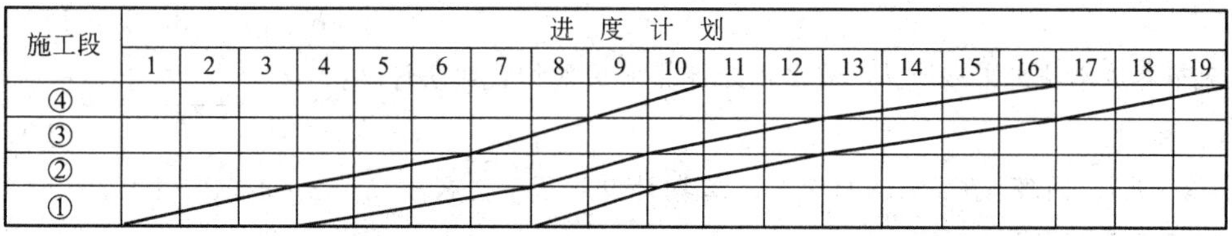

图 15-5-2

（五）一般搭接施工

施工过程要求连续，能充分利用工作空间，缩短单位工程的工期。不需计算相邻施工过程之间的流水步距，但需调节好非主导施工过程的间断时间。

常见搭接施工有施工段无层间关系的搭接施工、施工段有层间关系的搭接施工。

施工段无层间关系的搭接施工：每一施工过程在某一施工段的开始时间，取决于前一施工过程在该施工段作业的结束时间，以及本施工过程在前一施工段作业的结束时间。

施工段有层间关系的搭接施工：不仅取决于前一施工过程在该施工段作业的结束时间，还受楼板层的条件约束。

历年真题

15-5-1. 某工程各施工段上的流水节拍见下表，则该工程的工期是（　　）。(2011B20)

n m	一	二	三
A	3	2	2
B	4	4	3
C	5	4	4

A. 13 天　　B. 17 天　　C. 20 天　　D. 21 天

15-5-2. 流水施工的时间参数不包括（　　）。(2012B21)

A. 总工期　　B. 流水节拍流水步距

C. 组织和技术间歇时间　　D. 平行搭接时间

15-5-3. 当采用匀速进展横道图比较工作实际进度与计划进度时，如果表示实际进度的横道线右端落在检查日期的右侧，这表明（　　）(2018B21)

A. 实际进度超前

B. 实际进度拖后

C. 实际进度与进度计划一致

D. 无法说明实际进度与计划进度的关系

答　案

15-5-1.【答案】(C)

无节奏流水施工工期计算：流水步距计算采用累加数列法计算：
$$\begin{array}{lcccc} K_{A,B}: & 3 & 5 & 7 & \\ - & & 4 & 8 & 11 \\ \hline & 3 & 1 & -1 & -11 \end{array}$$，

$K_{A,B}=3$（天），同理：$K_{B,C}=4$（天），工期计算：$T=\sum K+tn=3+4+5+4+4=20$（天）

15-5-2.【答案】(A)

流水施工原理，流水施工为工程项目组织实施的一种管理形式，是由固定组织的工人在若干个工作性质相同的施工环境中依次连续工作的一种施工组织方法。时间参数：在组织流水施工时，用以表达流水施工在时间排序上的参数，称为时间参数。时间参数主要包括流水节拍、流水步距、平行搭接时间、技术间歇时间、组织间歇时间、工期等。

流水节拍：在组织流水施工时，每个专业工作队在各个施工段上完成相应的施工任务所需的工作持续时间，它是流水施工的基本参数之一。

流水步距：在组织流水施工时，相邻两个专业工作队在保证施工顺序、满足连续施工、最大限度地搭接和保证工程质量要求的条件下，相继投入施工的最小时间间隔。流水步距不包括搭接时间和间歇时间，它是流水施工的基本参数之一。

平行搭接时间：在组织流水施工时，有时为了缩短工期，在工作面允许的条件下，如果前一个专业工作队完成部分施工任务后，能够提前为后一个专业工作队提供工作面，后者提前进入前一个施工段，两者在同一施工段上平行搭接施工，这个搭接的时间称为平行搭接时间。

技术间歇时间：是指流水施工中某些施工过程完成后需要有合理的工艺间歇（等待）时间。技术间歇时间与材料的性质和施工方法有关。如设备基础，在浇筑混凝土后必须经过一定的养护时间，使基础达到一定强度才能进行设备安装，又如设备涂刷底漆后，必须经过一定的干燥时间，才能涂面漆等。

组织间歇时间：组织间歇时间是指流水施工中某些施工过程完成后要有必要的检查验收或施工过程准备时间，如一些隐蔽工程的检查、焊缝检验等。

工期：工期是指为完成一项工程任务或一个流水组施工所需的全部工作时间。

15-5-3.【答案】(A)

匀速进展横道图，实际进度的横道线右端落在检查日期的右侧，说明检查当天实际工作已经超前。

第六节　网络计划技术

一、考试大纲

双代号网络图；单代号网络图；网络计划优化。

二、知识要点

（一）网络计划及网络图

网路计划的优点：明确反映各工作之间的相互制约关系；通过计算可确定关键工作和关键线路；能确定某些工作的机动时间；利于用计算机对网络计划进行调整和优化；在实施过程中能进行有效的控制和调整。

网络图：由箭线和节点组成，表示工作流程的有向、有序的网状图形。分为双代号网络图和单代号网络图。

（二）双代号网络图

工作（活动）：是网络图的组成部分，根据计划编制的粗细不同，可分为一项简单的工作，一个复杂的施工过程或一项工程任务。需要消耗时间和资源，或只消耗时间不消耗资源，用实箭杆“→”表示。箭头方向表示工作的前进方向和路线。

虚工作：也称虚工序或虚箭杆，是双代号网络图中特有的，用来表示含混不清的逻辑关系。既不消耗资源又不消耗时间，用虚箭杆“┄→”表示。

事件（节点）表示工作的开始和结束的瞬间，不需要消耗时间和资源，用圆圈表示，分为起点节点、中间节点和终点节点。箭线出发的事件叫工作的起点事件，箭头指向的事件叫工作的终点事件。

线路：在网络图中，顺箭头方向从起点节点到终点节点的一系列节点和箭线组成的可通路称为线路。

关键线路：任何一个网络图中至少有一条最长的线路，这种线路是如期完成工程计划的关键所在，连接各关键工序，称为关键线路。

逻辑关系：表示工作之间的先后顺序关系，包括工艺关系和组织关系。生产性工作之间由工艺技术决定的，非生产性工作之间由程序决定的先后顺序叫工艺关系。工作之间由于组织安排或资源调配需要而规定的先后顺序关系叫组织关系。

双代号网络计划是以箭线、节点的编号表示工作的网络图，工作之间的逻辑关系包括工艺和组织关系。

紧前工作：几个相互衔接的工作中就某个工作来讲，紧挨在它前面的工作称为紧前工作。

紧后工作：几个相互衔接的工作中就某个工作来讲，紧挨在它后面的工作称为紧后工作。

1. 网络图的绘制方法

① 在一个网络图中只允许有一个起点节点和一个终点节点；

② 网络图中不允许出现循环闭合回路；

③ 网络图中不允许出现双向箭头或无箭头的连线；

④ 严禁在网络图中出现没有箭尾节点的箭线和没有箭头节点的箭线；

⑤ 不允许出现同样编号的事件或工作；

⑥ 宜避免箭线交叉，当交叉不可避免时，可采用过桥法、断线法和指向法表示；

⑦ 节点的编号应由小指向大。

2. 双代号网络图的时间参数计算

计算网络图时间参数的目的：确定关键线路，计算非关键线路上的富裕时间，确定总工期。

确定各项工作和各个事件的时间参数，为网络计划的执行、调整和优化提供必要的时间依据。

其标注形式有四时标注法和六时标注法两种，如图 15-6-1 所示。

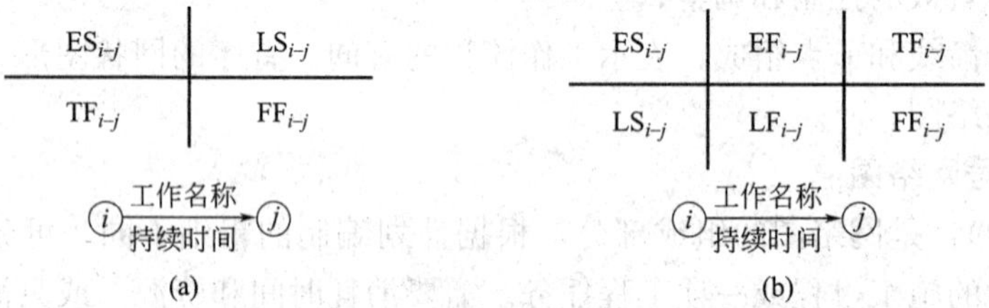

图 15-6-1

（1）工作最早开始时间 T_{i-j}^{ES}

其是指在所有紧前工作全部完成后，本工作开始的最早时刻，以 ES 表示。

以起点节点 i 为箭尾节点的工作 $i-j$，如未规定其最早开始时间，其值为零。其他工作 $i-j$ 的最早开始时间 ES_{i-j} 可计算为：

$$ES_{i-j}=\max_{h}\{ES_{h-i}+D_{h-i}\} \tag{15-6-1}$$

式中 ES_{h-i} ——工作 $i-j$ 的紧前工作 $h-i$ 的最早开始时间；

D_{h-i} ——工作 $i-j$ 的紧前工作 $h-i$ 的持续时间。

工作 $i-j$ 的最早开始时间 ES_{i-j} 应从网络图的起点节点开始，顺着箭线方向依次逐项计算。

（2）工作的最早完成时间 EF_{i-j}

其是指在所有紧前工作全部完成后，本工作完成的最早时刻，以 EF 表示。

工作 $i-j$ 的最早完成时间 EF_{i-j} 为：

$$EF_{i-j}=ES_{i-j}+D_{i-j} \tag{15-6-2}$$

（3）网络计划的计算工期 T_c

工期：指完成一项任务所需要的时间，用符号 T 表示，在网络图中，工期一般分为计算工期 T_c、要求工期 T_r 和计划工期 T_p。

计算工期 T_c 的计算公式如下：

$$T_c=\max_{i}\{EF_{i-j}\} \tag{15-6-3}$$

式中 EF_{i-j} ——以终点节点（$j=n$）为箭头节点的工作 $i-n$ 的最早完成时间。

网络计划的计划工期应按下列情况分别确定：①当已规定了要求工期 T_r 时，$T_p \leqslant T_r$；②当未规定要求工期时，$T_p \leqslant T_c$。

(4) 工作的最迟完成时间 LF_{i-j}

其是指在不影响整个任务按期完成的前提下，本工作必须完成的最迟时刻，用 LF 表示。

以终点节点（$j=n$）为箭头节点的工作的最迟完成时间应按网络计划的计算工期 T_p 确定，即：

$$LF_{i-j}=T_p \tag{15-6-4}$$

其他工作 $i-j$ 的最迟完成时间 LF_{i-j} 可计算为

$$LF_{i-j}=\min_k\{LF_{i-j}-D_{j-k}\} \tag{15-6-5}$$

式中 LF_{i-j} ——工作 $i-j$ 的紧后工作 $j-k$ 的最迟完成时间；

D_{j-k} ——工作 $i-j$ 的紧后工作 $j-k$ 的持续时间。

工作 $i-j$ 的最迟完成时间 LF_{i-j} 应从网络图的终点节点出发，逆着箭线方向依次逐项计算。

(5) 工作的最迟开始时间 LS_{i-j}

其是指在不影响整个任务按期完成的前提下，本工作必须开始的最迟时间，用符号 LS 表示。

工作 $i-j$ 的最迟开始时间 LS_{i-j} 可计算为

$$LS_{i-j}=LF_{i-j}-D_{i-j}=\min_k\{LF_{i-j}-D_{j-k}\}-D_{i-j}=\min_k LS_{j-k}-D_{i-j} \tag{15-6-6}$$

(6) 工作的总时差 TF_{i-j}

其是指在不影响总工期的前提下，本工作可以利用的机动时间，用符号 TF 表示。

工作 $i-j$ 的总时差 TF_{i-j} 可计算为：

$$TF_{i-j}=LS_{i-j}-ES_{i-j}=LF_{i-j}-EF_{i-j} \tag{15-6-7}$$

(7) 工作的自由时差 FF_{i-j}

其是指在不影响其紧后工作最早开始时间的前提下，本工作可以利用的机动时间，用符号 FF 表示。

工作 $i-j$ 的自由时差 FF_{i-j} 可计算为：

$$FF_{i-j}=\min ES_{j-k}-ES_{i-j}-D_{i-j}=\min ES_{j-k}-EF_{i-j} \tag{15-6-8}$$

式中 ES_{j-k} ——工作 $i-j$ 的紧后工作 $j-k$ 的最早开始时间。

关键工序：$TF_{i-j}=FF_{i-j}=0$ 为关键工序。

(三) 单代号网络图

单代号网络计划是以节点来表示工作的编号、工作名称、持续时间，箭线表示工作之间的逻辑关系，包括工艺和组织关系的网络图。

节点：表示工作，消耗时间、资源和成本，用圆圈或方框表示，一个节点表示一项工作。

箭线：表示紧邻工作之间的逻辑关系。表示事件，容易绘制、没有虚箭线、便于修改，不占用时间，不消耗资源。

代号：一项工作有一个代号，不得重号。

绘制网络图所遵守的规则与双代号网络图一致，节点及时间的表示形式如图 15-6-2 所示。

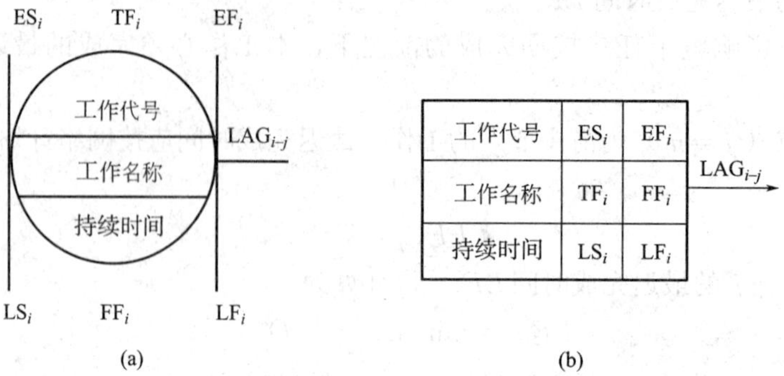

图 15-6-2

1. 单代号网络图时间参数计算

（1）工作最早开始时间 ES_i

起点节点的最早开始时间 ES_i 如无规定，可为 0。其他工作 i 的最早开始时间 ES_i 为：

$$ES_i = \max_h\{ES_h + D_h\} \tag{15-6-9}$$

式中　ES_h ——工作 i 的紧前工作 h 的最早开始时间；

　　D_h ——工作 i 的紧前工作 h 的持续时间。

（2）工作的最早完成时间 EF_i

工作 i 的最早完成时间 EF_i 为：

$$EF_i = ES_i + D_i \tag{15-6-10}$$

（3）网络计划的计算工期 T_c

$$T_c = EF_n \tag{15-6-11}$$

式中　EF_n ——终点节点 n 的最早完成时间。

网络计划的计划工期应按下列情况分别确定：①当已规定了要求工期 T_r 时，$T_p \leqslant T_r$；②当未规定要求工期时，$T_p \leqslant T_c$。

（4）工作的最迟完成时间 LF_i

终点节点所代表的工作 n 的最迟完成时间 LF_n，即：

$$LF_n = T_p \tag{15-6-12}$$

其他工作 i 的最迟完成时间 LF_i 可计算为

$$LF_i = \min_j\{LF_j - D_j\} \tag{15-6-13}$$

式中　LF_j ——工作 i 的紧后工作 j 的最迟完成时间；

　　D_j ——工作 i 的紧后工作 j 的持续时间。

工作 i 的最迟完成时间 LF_i 应从网络图的终点节点出发，逆着箭线方向依次逐项计算。

（5）工作的最迟开始时间 LS_i

工作 i 的最迟开始时间 LS_i 可计算为

$$LS_i = LF_i - D_i \tag{15-6-14}$$

（6）工作的总时差 TF_i

$$TF_i = LS_i - ES_i = LF_i - EF_i \tag{15-6-15}$$

（7）时间间隔 LAG_{i-j}

相邻两工作 i 和 j 之间的时间间隔 LAG_{i-j} 为：

$$LAG_{i-j} = ES_j - EF_i \tag{15-6-16}$$

式中　ES_j ——工作 i 的紧后工作 j 的最早开始时间。

（8）工作的自由时差 FF_i

工作 i 的自由时差 FF_i 为：

$$FF_i = \min_i\{LAG_{i-j}\} \tag{15-6-17}$$

关键工作：在网络图中，总时差为零或最小值的工作。

（四）网络计划的优化

在满足既定约束的条件下（总工期、优先关系、搭接关系、资源的高峰等），按某一目标，利用时差对网络计划进行不断的检查、评价、调整和完善，以寻求最优的网络计划方案，包括工期优化、费用优化和资源优化（资源有限——工期最短；工期固定——资源均衡）。

1. 工期优化

工期优化是在网络计划的计算工期不满足要求工期时，通过压缩计算工期以达到要求工期目标，或在一定约束条件下使工期最短的过程。

当计算工期大于要求工期时，可通过压缩关键工作的持续时间满足工期要求，按下列步骤进行：

① 计算并找出网络计划中的计算工期、关键线路及关键工作；

② 按要求工期计算应缩短的持续时间；

③ 确定各关键工作能缩短的持续时间；

④ 选择相应的关键工作，调整持续时间，并重新计算网络计划的计算工期；

⑤ 若计算工期仍超过要求，则重复以上步骤，直到满足工期要求或工期已不能再缩短为止；

⑥ 当所有关键工作的持续时间都已达到其能缩短的极限而工期仍不满足要求时，应遵照规定对就对计划的原技术、组织方案进行调整或对要求工期重新审定。

工期优化的注意事项：不能将关键工作压缩为非关键工作；在优化过程中出现多条关键线路时，必须把各条关键线路上的工作出现时间压缩为同一数值，否则，不能有效地将工期压缩。

在选择应缩短持续时间的关键工作时，应首先缩短：持续时间对质量和安全影响不大的工作，有充足备用资源的工作，持续时间所需增加的费用最少的工作。

2. 资源优化

资源优化是通过改变工作的开始时间，使资源按时间的分布符合优化目标。如在资源有限时可使工期最短，工期一定时可使资源均衡。

（1）“资源有限，工期最短”优化

该优化是通过调整计划安排，以满足资源限制条件，并使工期增加最少的过程。

按以下步骤调整工作的最早开始时间：

① 计算网络计划每个“时间单位”的资源需用量；

② 从计划开始日期起，逐日检查每个“时间单位”资源需用量是否超过资源限量，若在整个工期内，每个“时间单位”均能满足资源限量的要求，可行的优化方案就编制完成，否则必须进行计划调整；

③ 从前往后逐一分析超过资源限量的时段（每个“时间单位”的资源需要量相同的时间区域），依据它确定新的安排顺序。调整时须选择工期延长值 $\Delta D_{m-n,\ i-j}=EF_{m-n}-LS_{i-j}$（将 $i-j$ 工作放在 $m-n$ 工作之后）为最小的方案进行；

④ 当最早完成时间或最小值和最迟开始时间或最大值同属于一个工作时，应找出最早完成时间，最迟开始时间，分别组成两个顺序方案，再从中选取较小者进行调整；

⑤ 绘制调整后的网络计划，重复以上步骤，工期最短者为最佳方案。

（2）“工期固定，资源均衡”优化

网络计划的资源用量虽然没有超过供应量，但分布不均衡，如出现短时间的高峰或低谷，需要优化资源，使之均衡，在工期固定的情况下，使资源的需要量大致均衡。

工期固定，资源优化是指调整计划安排，在工期不变的条件下，使资源需要量尽可能均衡的过程，力求使每个“时间单位”的资源需要量接近于平均值。

利用时差降低资源高峰值，获取资源消耗量尽可能均衡的优化方案，步骤如下：

① 计算网络计划每个“时间单位”的资源需用量；

② 确定削峰目标，其值等于每个“时间单位”资源需用量的最大值减一个单位量；

③ 找出高峰时段的最后时间 T_h 及有关工作的最早开始时间 ES_{i-j}（或 ES_i）和总时差 TF_{i-j}（或 TF_i）；

④ 按下列公式计算有关工作的时间差值 ΔT_{i-j} 或 ΔT_i。

对双代号网络计划：$\Delta T_{i-j}=TF_{i-j}-(T_h-ES_{i-j})$

对单代号网络计划：$\Delta T_i=TF_i-(T_h-ES_i)$

优先以时间差值最大的工作 $i-j$ 或工作 i 作为调整对象，令 $T_h=ES_{i-j}$ 或 $T_h=ES_i$

⑤ 若峰值不能再减少，即求得资源均衡优化方案，否则重复以上步骤。

3. 费用优化

费用优化又叫作工期-成本优化，在一定的范围内，工程的施工费用随着工期的变化而变化，在工期与费用之间存在着最优的平衡点，即成本低、工期短。

费用优化就是寻求最低成本时的最优工期及其相应的进度计划，或按要求工期寻求最低成本及其相应进度计划的过程。

工程的成本包括工程直接费和间接费。在一定的时间范围内，工程直接费随工期的增加而减少，间接费随工期的增加而增加。

它是寻求最低成本时的最短工期安排，又称时间成本优化，优化步骤如下。

① 绘制工作正常持续时间下的网络计划，确定关键线路并计算工期。计算工程总直接费，其值等于组成该工程的全部工作的直接费总和。

② 计算各工作直接费的费用率 ΔC_{i-j}^{D}

$$\Delta C_{i-j}^{D}=\frac{C_{i-j}^{C}-C_{i-j}^{N}}{D_{i-j}^{N}-D_{i-j}^{C}} \tag{15-6-18}$$

式中　D_{i-j}^{N} ——工作 $i-j$ 的正常持续时间；

D_{i-j}^{C} ——工作 $i-j$ 的最短持续时间；

C_{i-j}^{C} ——工作 $i-j$ 的最短时间直接费；

C_{i-j}^{N} ——工作 $i-j$ 的正常时间直接费。

③ 确定间接费的费用率 ΔC_{i-j}^{I} 。

④ 找出网络计划中的关键线路，并计算出计算工期。

⑤ 在网络计划中找出直接费用率（或组合直接费用率）最低的一项关键工作或一组关键工作作为缩短持续时间的对象。

⑥ 缩短找出的一项关键工作或一组关键工作的持续时间，不能将关键线路变成非关键线路，缩短后的持续时间不小于最短持续时间。

⑦ 计算相应的费用增加值。

⑧ 考虑工期变化带来的间接费及其他损益，在此基础上计算总费用

$$C_{t}^{T}=C_{t+\Delta T}^{T}+\Delta TC_{i-j}^{D}-\Delta TC_{i-j}^{I} \tag{15-6-19}$$

式中　C_{t}^{T} ——将工期缩至 t 时的总费用；

$C_{t+\Delta T}^{T}$ ——前一次的总费用；

ΔT ——工期缩短值。

⑨ 重复以上⑤、⑥、⑦、⑧步骤直到总费用不能再降低为止。

历年真题

15-6-1. 某工作 A 持续时间 5 天，最早可能开始时间为 3 天，该工作有三个紧后工作 B、C、D 持续时间分别是 4、3、6 天，最迟完成时间分别是 15、16、18 天，则工作 A 的总时差是（　　）。(2011B21)

A. 3 天　　B. 4 天　　C. 5 天　　D. 6 天

15-6-2. 与工程网络计划相比，横道图进度计划的方法的缺点是不能（　　）。(2012B19)

A. 直观表示计划中工作的持续时间　　B. 确定实施计划所需要的资源数量

C. 直观表示计划完成所需要的时间　　D. 确定计划中的关键工作和时差

15-6-3. 下列关于网络计划的工期优化的表述不正确的是（　　）。(2012B20)

A. 一般通过压缩关键工作来实现

B. 可将关键工作压缩为非关键工作

C. 应优先压缩对成本、质量和安全影响小的工作

D. 当优化过程中出现多条关键线路时，必须同时压缩各关键线路的时间

15-6-4. 下列关于单代号网络图表述正确的是（　　）。(2013B21)

A. 箭线表示工作及其进行的方向，节点表示工作之间的逻辑关系

B. 节点表示工作，箭线表示工作进行的方向

C. 节点表示工作，箭线表示工作之间的逻辑关系

D. 箭线表示工作及其进行的方向，节点表示工作的开始或结束

15-6-5. 某项工作有三项紧后工作，其持续时间分别为 4、5、6 天，其最迟完成时间分别为第 18、16、14 天末，本工作的最迟完成时间是第几天末（　　）。(2014B19)

A. 14　　B. 11　　C. 8　　D. 6

15-6-6. 进行网络计划“资源有限，工期最短”优化时，前提条件不包括（　　）。(2014B20)

A. 任何工作不得中断

B. 网络计划一经确定，在优化过程中不得改变各工作的持续时间

C. 各工作每天的资源需要量为常数，而且是合理的

D. 在优化过程中不改变计划的逻辑关系

15-6-7. 在双代号时标网络计划中，若某项目工作的箭线上没有波形线，则说明该工作（　　）。(2016B20)

A. 为关键工作　　B. 自由时差为0

C. 总时差等于自由时差　　D. 自由时差不超过总时差

15-6-8. 在进行网络计划的工期-费用优化时，如果被压缩对象的直接费用率等于工程间接费用率时（　　）。(2017B20)

A. 应压缩关键工作的持续时间　　B. 应压缩非关键工作的持续时间

C. 停止压缩关键工作的持续时间　　D. 停止压缩非关键工作的持续时间

15-6-9. 以下关于工程网络计划中的关键工作的说法中不正确的是（　　）(2018B19)

A. 总时差为0的工作为关键工作

B. 关键路线上不能有虚工作

C. 关键路线上的工作，其总持续时间为最长

D. 关键线路上的工作都是关键工作

答　案

15-6-1.【答案】(A)

工作B、C、D持续时间分别是4、3、6天，最迟完成时间分别是15、16、18天，工作B、C、D最迟开始时间11、13、12天，工作A持续时间5天，则工作A最迟开始时间是6天，总时差等于最迟开始时间－最早开始时间＝最迟完成时间－最早完成时间；工作A最早可能开始时间为3天，则总时差为3天。

15-6-2.【答案】(D)

横道图进度计划的优点：它是一种简单、运用最广泛的传统的进度计划方法；用于小型项目或大型项目的子项目上，或用于计算资源需要量和概要预示进度，也可用于其他计划技术的表示结果；最大优点是简洁性；表达方式较直观，易看懂计划编制的意图。缺点：工序（工作）之间的逻辑关系可以设法表达，但不易表达清楚；适用于手工编制计划；没有通过严谨的进度计划时间参数计算，不能确定计划的关键工作、关键线路与时差；计划调整只能用手工方式进行，其工作量较大；难以适应大的进度计划系统。

15-6-3.【答案】(B)

网络计划的优化原则，工期优化也称时间优化，当初始网络计划的计算工期大于要求工期时，通过压缩关键线路上工作的持续时间或调整工作关系，以满足工期要求的过程。工期优化是压缩计算工期，以达到要求工期目标，或在一定约束条件下使工期最短的过

程；工期优化一般通过压缩关键工作的持续时间来达到优化目标；在优化过程中，要注意不能将关键工作压缩成非关键工作，但关键工作可以不经压缩而变成非关键工作。D项，在优化过程中，当出现多条关键线路，必须将各条关键线路的持续时间压缩同一数值，应将它们的直接费用率之和的最小值作为压缩对象。

15-6-4.【答案】(C)

单代号网络图以节点表示工作，以箭线表示工作之间的逻辑关系。

15-6-5.【答案】(C)

最迟开始时间：三项工作的最迟开始时间分别为18－4＝14，16－5＝11，14－6＝8，最迟开始时间取三项工作的最小值。

15-6-6.【答案】(A)

网络计划的优化原则，资源有限、工期最短的优化是指在满足资源限制条件下，寻求工期最短的施工计划，前提条件共4条，B、C、D正确，A的正确描述为除规定可中断的工作外，一般不允许中断工作，应保持连续性。

15-6-7.【答案】(B)

B项，在双代号时标网络计划中，某项工作的箭线上没有波形线说明该工作的自由时差为0。A项，非关键工作的自由时差也可能为0。C、D两项，波形线的定义只是该工作的自由时差，和总时差没有关系。

15-6-8.【答案】(C)

首先，压缩非关键工作并不能缩短总工期，只会使成本增加，因此直接排除B、D两项。间接费与工作持续时间呈线性关系，直接费与工作持续时间是线性关系，从图中可见，当工期从压缩至最佳工期（直接费与间接费相等）时，总成本是降低的。从最佳工期继续压缩时，间接费按比例下降，而直接费并非按比例升，直接费的增加快于间接费的降低，工程总成本呈上升趋势，故应停止压缩关键工作成本。

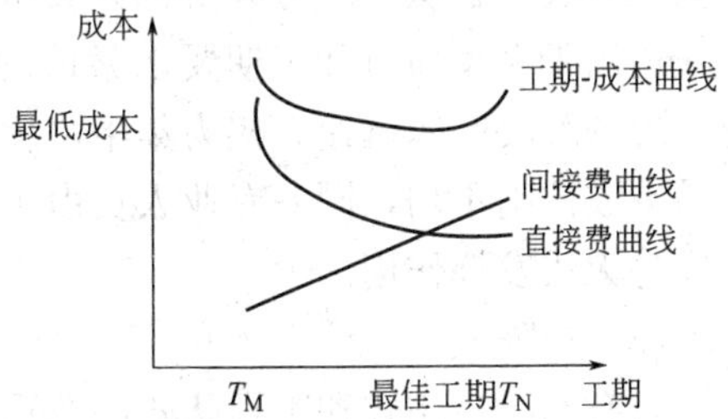

15-6-9.【答案】(C)

虚工作只是代表工作之间的逻辑关系，起到联系、区分和断路的作用，并不占用时间以及资源，因此关键线路是可以有虚工作。

第七节 施工管理

一、考试大纲

现场施工管理的内容及组织形式；进度、技术、全面质量管理；竣工验收。

二、知识要点

(一) 现场施工管理的内容及组织形式

1. 现场施工管理的内容

施工管理是指建筑产品（项目）施工全过程（从施工准备开始到施工验收、保修回访为止）的组织和管理，对保证施工的顺利进行具有重要作用。包括设置现场组织机构、签订内部承包合同、落实施工任务、开工准备和经常性的准备工作、施工现场的平面布置图、施工现场的计划管理、安全管理、质量管理、成本管理、技术管理、料具管理、机械管理、劳动管理、文明和环境管理以及内业资料的管理等。

2. 施工管理的组织形式——部门控制式、工程队式和矩阵式

（1）部门控制式

它是按照职能原则建立的项目管理组织，不打乱企业现行建制，项目中标或确定项目承包后，即由企业把项目委托给企业内某一专业部门或施工队组建项目管理组织机构，由单一部门的领导负责组织项目的实施，项目竣工交付使用后，恢复原部门或施工队建制。

优点：利用公司下属的原有专业队伍承建项目，可迅速组建施工项目管理组织机构；人员熟悉，职能专一，业务熟练，关系简单，便于协调、工作效率高。

缺点：不适用于大型项目管理的需要，不利于精简机构。

适用于小型施工项目，不适应大型复杂项目或者涉及多个部门的项目，具有较大的局限性。

（2）工程队式

它是完全按照对象原则组织的项目管理机构，企业职能部门处于服从地位，由公司任命项目经理，由项目经理从其他部门抽调或招聘相应人才组成项目管理班子，然后抽调施工队伍组成工程队，所有人员都只服从项目经理的领导。

适用于大型项目和工期要求紧迫的项目，或者要求多工种、多部门密切配合的项目。施工现场解决问题迅速，权力集中，决策及时，有利于提高工作效率，易于协调关系，但容易造成忙闲不均，同一专业人员由于分散在不同项目上，相互交流困难，专业职能部门的优势无法发挥作用。

（3）矩阵式

具有部门控制式和工程队式的双重优点，将职能原则和项目原则结合融为一体，发挥职能部门的纵向优势和项目组织的横向优势，形成纵向职能机构和横向项目机构相交叉的“矩阵”型组织形式。纵向职能部门负责人对所有项目中的本专业人才均负有领导责任，能通过对人员的及时调配，以尽可能少的人力实现管理多个项目的高效率。但在双重领导下，若组织成员过于受控于职能部门，将削弱其在项目上的凝聚力，影响项目组织的发挥。

适用于在大型综合施工企业或多工种、多部门、多技术配合的项目中，在不同的施工阶段，对不同人员有不同的数量和搭配要求，宜采用矩阵式项目组织形式。

（二）施工进度管理

1. 进度管理

工程项目进度控制的基本原理：可以概括为三大系统的相互作用，即由进度计划系统、进度监测系统、进度调整系统共同构成了进度控制的过程。

施工进度控制主要是准、及时、全面、系统地收集、整理、分析进度计划执行过程中的有关资料，明确反映施工进度状况，进行必要的检查和监督；通过施工进度计划的执行

情况，为计划的调整及进度控制提供必要的依据。

2.影响施工进度的因素

包括：相关单位进度的影响、设计变更因素的影响、材料物资供应进度的影响、资金供应紧张、施工条件恶劣、技术落后、施工组织不当和其他不可预见事件的发生。

3.进度偏差的影响性分析

（1）当进度偏差发生在关键线路上

当进度偏差发生在关键线路上，必然会引起后期整个计划工期的相应延长，则肯定会影响工期，此时应对原进度进行及时的调整，可以改变工作之间的逻辑关系、缩短关键线路上各关键工作的持续时间。

（2）当进度偏差发生在非关键线路上

① 工作进度滞后天数已超过其总时差，计划工期的相应延长。

② 工作进度滞后已超出其自由时差而未超过其总时差，只引起后续工作最早开工时间的拖延，而对整个计划工期并无影响。

③ 工作进度滞后天数未超过其自由时差，则对后续工作的最早开工时间和整个计划工期均无影响。

进度计划的调整方法：改变某些后续工作之间的逻辑关系，缩短某些后续工作的持续时间。

若偏差值小于或等于工作的自由时差，则进度计划不会受到影响；若偏差值大于工作的自由时差，但小于或等于工作的总时差，则紧后工作的最早开始时间会受到影响，但工期不会受到影响；若偏差值大于工作的总时差，则肯定会影响到工期。

（三）技术管理

技术管理是对施工生产中一系列技术活动和技术工作进行计划、组织、指挥、调节和控制。以保证有组织、有计划地进行施工，并不断提高科学技术和管理水平。

技术管理的任务：正确贯彻执行国家各项技术政策和法令，认真执行国家和有关主管部门制定的技术规范、规程和规定；科学组织各项技术工作，建立正常的生产技术秩序；充分发挥各级技术人员和工人群众的积极作用，推动技术进步；加强技术教育，不断提高企业的技术素质和经济效益。

技术管理的三个环节：施工前各项技术准备工作；施工中的贯彻、执行、监督和检查；施工后的验收总结和提高。

技术管理的五个条件：合格的人员、先进的技术装备、严格的技术要求、科学的管理制度、科学的试验条件。

技术管理制度：施工图纸的学习和会审制度；方案指定和技术交底制度；材料检验制度；计量管理制度；施工图翻样与加工订货制度；工程质量检查及验收制度；设计变更和技术核定制度；技术档案和技术资料管理制度。

（四）全面质量管理

目前各施工企业的质量管理都纳入了ISO质量保证体系，大型企业一般都通过了质量保证体系的认证。

它是企业为了保证和提高产品质量，综合运用的一套质量管理体系、手段和方法而进行的系统管理活动。它要求企业全体职工和所有部门参加，综合运用现代科学和管理技术成果，控制影响质量全过程的各种因素，并以研制、生产和提供用户满意的产品和服务为主要目标。全面质量管理在保证和提高工程质量、提高工效和降低成本方面，比传统的质量管理方法有着显著的成效。

其特点为：质量和质量管理的概念是广义的；预防与检查相结合以预防为主；实行从计划、勘察设计、施工直到使用过程的全面质量管理；企业各部门全体人员共同参加质量管理；采用科学的管理方法，尊重客观实际，用数据说话；不仅要达到质量标准，还要满足用户的需要；在管理过程中不断总结提高，实行标准化、制度化。

全面质量管理的实施：要有明确的质量目标和质量计划；按质量管理工作的 PDCA 循环组织质量管理的全部活动；要建立专职的质量管理部门；建立质量责任制；开展质量管理小组活动；建立高效率的质量信息反馈系统，实现质量管理业务的标准化等。

（五）竣工验收

竣工验收是由项目验收主体及交工主体等组成的验收机构，以批准的项目设计文件、国家颁布的施工验收规范和质量检验标准为依据，按照一定的程序和手续，在项目建成后，对项目总体质量和使用功能进行检验、评价、鉴定和认证的活动。

工程项目竣工验收的交工主体是施工单位，验收主体是项目法人，竣工验收的客体应是设计文件规定、施工合同约定的特定工程对象。建设项目的竣工验收，要有建设单位、生产使用单位、施工单位、设计单位以及与建设项目有关的建设银行、统计局、物资成套设备部门、环境保护、消防、卫生防疫、劳动保护、工会等单位参加。

凡列入固定资产投资计划的建设项目或单项工程，按照设计文件规定的内容和施工图纸的要求全部建成或分期建成，具备投产和使用条件的，都要及时组织验收。

它是建设全过程的最后一个程序，是建设投资成果转入生产或使用的标志，是全面考核基本建设成果、检验设计和施工质量的重要环节，是建设单位会同施工单位、设计单位（国家主管部门代表）汇报建设项目按批准的设计内容建成后的工程质量、造价、形成的生产能力和综合效益等全面情况及交付新增固定资产的过程。对促进建设项目及时投入生产，发挥投资效果，总结建设经验等具有重要作用。

竣工验收的依据：上级主管部门批准的计划任务书、初步设计或扩大初步设计、施工图纸和说明书、设备技术说明书、设计变更通知书、招标投标文件和经济合同、施工过程中的设计修改签证、现行施工技术验收标准及规范，以及主管部门的有关审批、修改、调整意见、外资工程应依据我国有关规定提交竣工验收文件等。

竣工验收的条件：生产性工程和辅助公用设施，已按设计建成，能满足生产要求；主要工艺设备已安装配套，经联动负荷试车合格，安全生产和环境保护符合要求，已形成生产能力，能够生产出设计文件中所规定的产品；生产性建设项目中的职工宿舍和其他必要的生活福利设施以及生产准备工作，能适应投产初期的需要；非生产性建设项目，土建工程及房屋建筑附属的给水排水、采暖通风、电气、煤气及电梯已安装完毕，室外的各种管线已施工完毕，可以向用户供水、供电、供暖、供煤气，具备正常的使用条件。

竣工验收的组织：根据建设项目的重要性、规模大小和隶属关系而定。竣工验收的组织形式有验收委员会、验收领导小组或验收小组等。

历年真题

15-7-1. 某土方工程总挖方量为 10000m^3，预算单价 45 元/m^3，该工程总预算为 45 万，计划用 25 天完成，每天 400m^3，开工后第 7 天早晨刚上班时，经业主复核的挖方量为 2000m^3，承包商实际付出累计 12 万元，应用挣值法（赢得值法）对项目进展进行评估，下列哪项评估结论不正确？（　　）。(2013B20)

A. 进度偏差＝－1.8 万元，因此工期拖延

B. 进度偏差＝1.8 万元，因此工期超前

C. 费用偏差＝－3 万元，因此费用超支

D. 工期拖后 1 天

15-7-2. 有关施工过程质量验收的内容正确的是（　　）。(2014B21)

A. 检验批可根据施工及质量控制和专业验收需要按楼层、施工段、变形缝等进行划分

B. 一个或若干个分项目工程构成检验批

C. 主控项目可以有不符合要求的检验结果

D. 分部工程是在所含分项验收基础上的简单相加

15-7-3. 施工单位的计划系统中，下列哪类计划是编制各种资源需要量计划和施工准备工作计划的依据（　　）。(2016B21)

A. 施工准备工作计划　　B. 工程年度计划

C. 单位工程施工进度计划　　D. 分部分项工程进度计划

15-7-4. 检验批验收的项目包括（　　）。(2017B21)

A. 主控项目和一般项目　　B. 主控项目和合格项目

C. 主控项目和允许偏差项目　　D. 优良项目和合格项目

答　案

15-7-1.【答案】(A)

采用赢得值法计算。A、B 两项，已完工作预算费用 (BCWP)＝已完成工作量×预算单价＝2000×45＝90000（元）；计划工作预算费用 (BCWS)＝计划工作量×预算单价＝400×6×45＝108000（元）；进度偏差 (SV)＝已完工作预算费用 (BCWP)－计划工作预算费用 (BCWS)＝90000－108000＝－18000（元）＝－1.8（万元）：当进度偏差为负值时，表示进度延误，即实际进度落后于计划进度。C 项，费用偏差 (CV)＝已完成的工作预算费用 (BCWP)－已完工作实际费用 (ACWP)＝90000－120000＝－30000（元）＝－3（万元）；当费用偏差 (CV) 为负值时，超出预算费用。D 项，该工程每日预算费用为：45/25＝1.8（万元），即工期拖后 1 天。

15-7-2.【答案】(A)

A 项，检验批可根据施工及质量控制和专业验收需要按楼层、施工段、变形进行划

分，更能反映有关施工过程的质量状况。B项，分项工程可由一个或若干个检验批组成。C项，根据质量验收规定，主控项目的验收必须严格要求，不允许有不符合要求的检验结果。D项，分部工程所含的各分项工程性质不同，不是在所含分项验收基础上的简单相加。

15-7-3.【答案】（C）

C、D两项，单位工程施工进度计划是编制各种资源需要量计划和施工准备工作计划的依据，分部分项工程进度计划包含在单位工程施工进度计划之内。A项，施工准备计划没有具体到各种资源量的分配和施工资金的到位。B项，工程年度计划是管理层进行效率管理、绩效考核的依据，与工程本身的具体进度无太大关系。

15-7-4.【答案】（A）

根据《建筑工程施工质量验收统一标准》GB 50300—2013第3.0.6条第3款规定，检验批的质量应按主控项目和一般项目验收。

第十六章

岩体力学与岩体工程

第一节　岩石的基本物理、力学性能及其试验方法

一、考试大纲

岩石的物理力学性能指标及其试验方法；岩石的强度特性、变形特性和强度理论。

二、知识要点

岩石是经过地质作用而形成的一种或多种矿物的集合体，按成因分为岩浆岩、沉积岩和变质岩。岩浆岩具有较高的力学强度和均质性；沉积岩具有层理构造，在不同方向具有不同的力学性质；变质岩的力学性质与原岩及自身的变质程度有关。

结构面：岩体在各种构造运动及风化等次生作用后，在岩体内部存在的各种不同的地质界面。

岩体：指一定范围内的天然岩石或由结构面（不连续面）和结构体（岩石）两种单元组成的地质体。岩体具有微观裂隙、层理、片理或断层等宏观不连续面，因此可以认为岩体是不连续介质，同时具有各向异性和非均质性。

岩石是构成岩体的基本单元。

（一）基本概念

1.岩石的基本构成

岩石的基本构成包括岩石的矿物成分和岩石结构两项。

构成岩石的矿物主要有：正长石、斜长石、石英、黑云母、白云母、角闪石、辉石、橄榄石、方解石、白云石、高岭石、赤铁矿等组成，矿物成分及含量将影响岩石的力学性能。

岩石的抗风化能力与矿物的化学成分、结晶特征及其形成条件有关，通常将矿物抗风化能力分为非常稳定、稳定、较稳定和不稳定四类。

基性和超基性岩石非常容易风化，它由易风化的橄榄石、辉石及基性斜长石组成。

酸性岩石的抗风化能力比基性岩石高，它主要由较难风化的石英、钾长石、酸性斜长石及少量暗色矿物（多为黑云母）组成。

沉积岩稳定性最强，它主要由风化产物组成，多数为原来岩石中较难风化的碎屑物或在风化和沉积中新生成的化学沉积物构成。

新鲜岩石的力学性质主要取决于岩石的矿物成分和颗粒之间的连接。

2.岩石的结构

岩石的结构是指岩石中矿物（及岩屑）颗粒的大小、形状和排列方式及微结构面发育情况与粒间连接方式等反应在岩石构成上的特征，岩石的结构特征，尤其是矿物颗粒间连接及微结构面的发育特征对岩块的力学性质影响最大。

（1）结晶连接

岩石中矿物通过结晶相互嵌合在一起，如岩浆岩、大部分变质岩及部分沉积岩。它通过共用原子或离子使不同晶粒紧密接触，强度较高。晶粒越细、越均匀、玻璃质越少，岩石强度越高。在岩浆岩和变质岩中，等粒结构比非等粒结构强度大，抗风化能力强；斑状

结构中，细粒基质比玻璃基质强度高。

（2）胶结连接

颗粒之间通过胶结物连接在一起，其强度主要取决于胶结物的性质及类型，铁质、硅质胶结的岩石强度较高，钙质次之，泥质胶结强度最低。从胶结类型来看，基底式胶结的岩块强度最高，孔隙式胶结的次之，接触式胶结的最低。

（3）岩石中的微结构面

指存在于矿物颗粒内部或之间的微小弱面或缺陷，如矿物解理、晶格缺陷、晶粒边界、晶粒孔隙、微裂隙、微层面、片理面、片麻理面等，微结构面的存在将大大降低岩石的强度，还往往导致岩石的物理力学性质复杂化。

3.岩石按地质成因分类

按地质成因分为岩浆岩、沉积岩和变质岩。

（1）岩浆岩

岩浆冷凝后形成的岩石，分为侵入岩和喷出岩，侵入岩按冷凝时地质环境的不同，分为深成侵入岩和浅成侵入岩。深成侵入岩岩性较均一，块状结构，颗粒均匀、致密坚硬、孔隙少、透水性弱、力学强度高，但其不易风化，风化层厚度较大。

浅成侵入岩：岩性均一，岩体常呈镶嵌式结构，细粒岩石强度比深成岩高，抗风化能力强，斑状岩石则差一些。

喷出岩：火山喷出的熔岩流冷凝而成，岩性不均一，含有较多的玻璃及气孔，杏仁构造，各向异性，连续性差，透水性强。

（2）沉积岩

岩石经风化、剥蚀、搬运、沉积，胶结和成岩作用后形成的岩石，按形成条件，分为火山碎屑岩、沉积碎屑岩、黏土岩、化学岩和生物化学岩。

主要矿物为黏土矿物、碳酸盐和残余的石英长石等，具有层理构造、各向异性。

（3）变质岩

在已有岩石基础上，经变质混合作用和重结晶作用后形成的岩石，结构连接紧密，孔隙较小，抗水能力强，强度较高；对于变质岩中的片理及片麻理，岩石之间的连接减弱，强度降低，表现出各向异性。

（二）岩石的基本物理性能指标及其试验方法

1.岩石的质量指标

包括岩石的密度、岩石的重度和岩石的相对密度。

（1）密度 ρ（g/cm^3）

指岩石试件的质量与试件的体积之比。

① 天然密度：岩石在天然状态下，单位体积内岩石的质量，即：

$$\rho=\frac{m}{V} \tag{16-1-1}$$

式中 m——岩石试件的总质量；

V——岩石试件的总体积。

② 干密度：岩石在烘干状态下岩石单位体积的质量，即：

$$\rho_d = \frac{m_s}{V} \tag{16-1-2}$$

式中　m_s——岩石试件中固体的质量；

　　　V——岩石试件的总体积。

③ 饱和密度：岩石孔隙全部被水充满时单位体积的质量，即：

$$\rho_{sat} = \frac{m_s + V_V \rho_w}{V} \tag{16-1-3}$$

式中　V_V——孔隙的体积；

　　　ρ_w——水的密度。

密度试验通常采用称重法，即先测定标准试件的尺寸，然后放在精度为 0.01g 的天平上称重，计算密度参数，饱和密度可采用 48h 浸水法或抽真空法使岩石试件饱和，干密度是把试件先放入 105～110℃烘箱中，将岩石烘干至恒重（一般为 24h），再将试件放入干燥器内冷却至重温，最后称取试件的质量。

（2）岩石的重度 γ（kN/m^3）

岩石单位体积的重量（包括岩石孔隙的体积），即：

$$\gamma = \frac{W}{V} \tag{16-1-4}$$

式中　W——岩石的重量；

　　　V——岩石的体积。

岩石重度越大、力学性能越好。

（3）岩石的相对密度 d_s

相对密度等于岩石固体部分实体体积（不包括孔隙体积）的质量与同体积 4℃时水的重度 γ_w 之比，即：

$$d_s = \frac{W_s}{V_s \cdot \gamma_w} \tag{16-1-5}$$

式中　W_s——绝对干燥时体积为 V 的岩石重量；

　　　V_s——岩石的实体体积；

　　　γ_w——水的重度，在 4℃时为 $10kN/m^3$。

岩石的相对密度采用比重瓶法测出：首先将岩石粉碎，使岩粉通过筛网筛选（直径为 0.16mm），烘干至恒重，称出一定量的岩粉，将岩粉倒入已注入一定量煤油（或纯水）的比重瓶内，摇晃比重瓶将岩粉中的空气排出，静止 4h 后，读出其刻度，即加入岩粉后的增量，同时量测液体温度，计算岩石的相对密度。矿物的相对密度越大，则岩石的相对密度也越大。

2. 岩石的孔隙性——反应岩石孔隙发育程度的指标

（1）岩石的孔隙比 e

指岩石中各种孔隙和裂隙的体积总和与岩石内固体部分实体体积之比，即：

$$e = \frac{V_V}{V_s} \tag{16-1-6}$$

式中　V_V——孔隙体积；

V_s ——岩石固体体积。

（2）岩石的孔隙率 n

指岩石中各种孔隙和裂隙的体积总和与岩石总体积之比，即：

$$n = \frac{V_V}{V} \tag{16-1-7}$$

式中 V_V ——孔隙体积；

V ——岩石总体积。

岩石孔隙率越大、孔隙越多、细微裂隙越多、透水性和塑性变形增大，岩石抗压强度越低。

孔隙比 e 与孔隙率 n 之间的关系为：$e = \frac{n}{1-n}$ 。

3. 岩石的水理性质

岩石的水理性质是指岩石在水溶液作用下表现出来的性质，主要有吸水性、软化性、渗透性和抗冻性。

（1）岩石的吸水性

岩石吸水性是指岩石在一定条件下吸收水分的能力，常用吸水率、饱和吸水率和饱水吸水率表示。

岩石吸水率是指岩石试件在大气压力和室温条件下自由吸入水的质量与岩石干质量之比，用百分数表示，即：

$$w = \frac{m_w}{m_s} \tag{16-1-8}$$

式中 m_w ——岩石孔隙中含水的质量；

m_s ——岩石固体质量。

（2）岩石的透水性

指岩石在一定的水力梯度或压力差作用下，岩石能被水透过的性质，即：

$$q_x = k\frac{\mathrm{d}h}{\mathrm{d}x}A \tag{16-1-9}$$

式中 q_x ——沿 x 方向水的流量（m^3/s）；

h ——水头高度；

A ——垂直于 x 方向的截面面积；

k ——岩石的渗透系数。

渗透系数：表征岩石透水性的重要指标，取决于岩石中空隙的数量、规模及连通情况等，计算公式如下：

$$k = \frac{QL\gamma_w}{pA} \tag{16-1-10}$$

式中 Q ——单位时间内通过试样的水量（m^3）；

L ——试验长度（m）；

A ——试验的断面面积（m^2）；

p ——试件两端的压力差（kPa）；

γ_w ——水的重度，在4℃时为10kN/m³。

渗透系数通过径向渗透试验测取，采用钻有同一轴孔的岩芯，使空心圆柱体试件能够产生径向流动，当液体表面作用有恒定的压力时，液体沿岩石内部裂隙网流动，水由内向外渗出，得到渗透系数，即：

$$k=\frac{Q\gamma_w}{2\pi Lp}\ln\frac{R_2}{R_1} \tag{16-1-11}$$

式中 Q ——内孔渗出或注入的流量（m³）；

L ——内孔长度（m）；

A ——试验的断面面积（m²）；

R_1、R_2 ——试样内外径（m）；

γ_w ——水的重度，在4℃时为10kN/m³。

由于岩体中存在不连续面，因此岩体渗透系数远大于岩石的渗透系数。

（3）岩石的软化性

指岩石进水饱和后强度降低的性能，岩石的软化程度用软化系数表示。

软化系数：指岩石饱和单轴抗压强度与干燥状态下的单轴抗压强度之比，即：

$$\eta=\frac{\sigma_{csat}}{\sigma_{cd}} \tag{16-1-12}$$

式中 σ_{csat} ——岩石饱和单轴抗压强度；

σ_{cd} ——岩石干燥状态下的单轴抗压强度。

η 小于1，η 越小，岩石软化性能愈强，岩石的软化性取决于岩石的矿物组成与空隙性。当岩石中含有较多的亲水性和可溶性矿物，且含大开空隙较多时，岩石的软化性强，软化系数小。一般认为，当 $\eta<0.75$ 时，岩石的软化性强、工程性质较差；当 $\eta>0.75$ 时，岩石软化性弱、抗水、抗风化性、抗冻性强。

（4）岩石的崩解性

岩石的崩解性：指岩石与水相互作用时失去黏结性，并变成完全丧失强度的松散物质的性能，一般用岩石的耐崩解性指数表示。

耐崩解性指数是通过对岩石试件进行烘干，浸水循环试验所得的指标。反映岩石抵抗风化作用的能力。试验时将经过烘干的试块（约重500g，分成10份），放入一个带有筛孔的圆筒体，使该圆筒在水槽中以20r/min的速度，连续旋转10min，然后将留在圆筒内的岩块取出再次烘干称量，如此反复进行两次，按下式计算岩石的耐崩解性指数，用百分率表示，即：

$$I_{d2}=\frac{m_r}{m_s} \tag{16-1-13}$$

式中 I_{d2} ——经两次循环试验得到的岩石耐崩解性指数；

m_r ——残留在圆筒内试块的烘干质量；

m_s ——试验前岩石试块的烘干质量。

甘布尔对岩石的耐崩解性进行分级，可对岩石的抗风化特性作定性的分析。耐崩解性指数与岩石的成岩地质年代无明显关系，而与岩石的密度呈正比，与岩石的含水量呈反比。

（5）岩石的膨胀性

岩石的膨胀性：指岩石浸水后体积增大的性质。某些含有黏土矿物成分的岩石，经水化作用后在黏土矿物的晶格内部或细分散颗粒的周围生成结合水溶剂（水化膜），并且在相邻近的颗粒间产生楔劈效应，当楔劈作用力大于结构联结力，岩石显示膨胀性。

岩石膨胀性通常以岩石的自由膨胀率、侧向约束膨胀率和膨胀压力来表示。

①岩石自由膨胀率

易崩解的岩石在天然状态下不受任何约束，岩石浸水后自由膨胀（径向和轴向）变形量与试件原尺寸之比。即：

$$V_{\mathrm{H}}=\frac{\Delta H}{H};V_{\mathrm{D}}=\frac{\Delta D}{D} \tag{16-1-14}$$

式中　ΔH、ΔD——浸水后岩石试件的轴向、横向膨胀变形量；

　　　H、D——岩石试件试验前的高度、直径。

② 岩石的侧向约束膨胀率

指岩石试件在有侧限条件下，轴向受有荷载时，浸水后产生的轴向变形与试件原高度的比值，用百分率表示，即：

$$V_{\mathrm{HP}}=\frac{\Delta H_1}{H} \tag{16-1-15}$$

式中　ΔH_1——有侧向约束条件下所测得的轴向膨胀变形量。

③ 膨胀压力

指岩石试件浸水后，使试件保持原有体积所施加的最大压力。

（三）岩石力学性质及其试验方法

岩石力学性质包含变形规律和强度特征。

岩石的变形规律：指岩石在各种荷载作用下的变形规律，包括岩石的弹性变形、塑性变形、黏性流动和破坏规律。

岩石的强度：指岩石试件在荷载作用下开始破坏时的最大应力及应力与破坏之间的关系，反映了岩石抵抗破坏的能力和破坏规律。

1. 岩石常规室内力学性质试验的内容

（1）弹性波传播速度测试

测定时，把声源和接收器放在岩块试件的两端，一个为反射探头发射超声波，另一个为接收探头接收经试件传播过来的超声波，根据声波在试件中的传播时间和试件长度，可以获得纵波、横波在岩石中的传播速度，计算岩石的动弹性模量和动泊松比。

弹性波在岩石中的传播速度越快，岩石越致密、完整性越好。

（2）单轴抗压试验

测定岩石的应力与应变关系曲线、单轴抗压强度及残余强度，了解岩石的变形特性和强度大小，确定岩石的弹性模量、泊松比。

（3）三轴抗压试验

测量岩石在三向压应力作用下的应力与应变关系曲线和三轴抗压强度及残余强度，确定岩石的强度参数（如峰值黏聚力和内摩擦角、残余黏聚力和内摩擦角）。

（4）单轴拉伸试验

测量岩石的单轴抗拉强度。

（5）劈裂试验（或称巴西试验）

是在圆柱体试样的直径方向上，施加相对的线性载荷，使试样沿直径方向上破坏，以此来测量岩石的抗拉强度。

（6）剪切试验

标准岩石试样在有正应力的条件下，剪切面受剪力作用二是试样剪断破坏，以此来确定岩石的剪切强度。

2.岩石的单轴压缩试验

岩石在轴向压力下产生轴向压缩、横向膨胀，最后导致破坏的试验称为岩石的单向压缩试验。

一般情况下，试验使用普通压力机或万能材料试验机，为了获取岩石的全应力与应变关系曲线，则使用刚性试验机或电液伺服控制的刚性试验机。在加载过程中，配备荷载传感器、位移计、二次仪表和记录仪器（如应变仪、函数记录仪等）。

试件的轴向应力 σ_y 、轴向应变 ε_y 、径向应变 ε_x 的计算公式如下：

$$\sigma_y=\frac{P}{A},\varepsilon_x=\frac{\Delta D}{D},\varepsilon_y=\frac{\Delta H}{H} \tag{16-1-16}$$

式中 D、H ——试件的直径和高度；

σ_y ——试件的轴向应力；

ε_y ——轴向应变；

ε_x ——径向应变；

P ——试件所受的轴向荷载；

ΔH ——轴向变形；

ΔD ——径向变形。

岩石单轴抗压强度 σ_c 是指岩石试件在单向受压至破坏时，单位面积上所承受的最大压应力，即：

$$\sigma_c=\frac{4P_{\max}}{\pi D^2} \tag{16-1-17}$$

式中 $P_{\max}$ ——在无侧限条件下，试件破坏时的最大轴向荷载。

进行岩石单轴抗压试验时，在应力达到岩石峰值抗压强度的瞬间，试件易产生“爆裂”，造成岩石试件爆裂的主要原因是试验机的刚度小于岩石试件的刚度，因此为克服爆裂产生，可以提高试验机的刚度，改变峰值前后的加载方式。

岩石应力—应变曲线既有峰前段曲线，还有峰后段曲线，当岩石应力超过了岩石的极限强度以后，岩石并没有完全失去承载能力，仍然具有一定的强度，随塑性变形的增大，强度逐渐减小，最终达到岩石的残余强度。岩石的应力—应变曲线以峰值强度为界，划分为前后两个区，分别为峰前区和峰后区。

（1）岩体变形曲线类型及其特征

峰前区岩石应力—应变关系曲线，如图 16-1-1 所示：

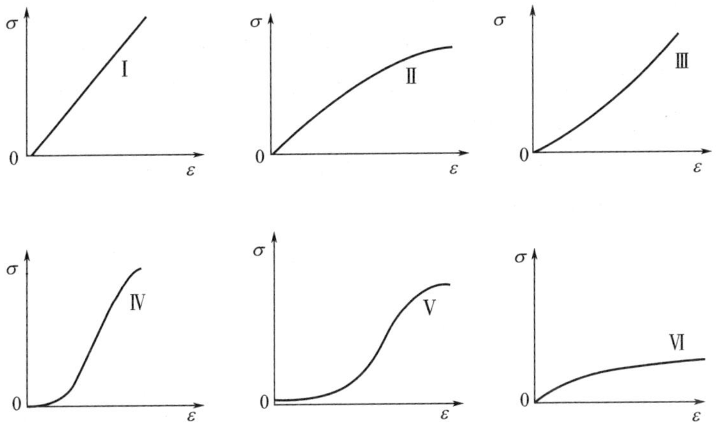

图 16-1-1

① 直线型（弹脆性）：此类为一通过原点的直线，以弹性变形为主，岩性均匀且结构面不发育或结构面分布均匀的岩体，如玄武岩、石英岩等坚硬的岩石。

② 上凸型（弹塑性）：初期呈直线，末期出现非线性屈服，结构面发育且有泥质填充，较坚硬而少裂隙的岩石具有此曲线特征，如石灰岩、凝灰岩等。

③ 上凹形（塑弹性）：开始呈凹线，后期为直线，没有明显的屈服，坚硬有裂隙的岩石，层状及节理岩体多呈此类曲线，如花岗岩、砂岩。

④ 复合型（塑弹塑性）：曲线呈阶地或 S 形，结构面发育不均匀或岩性不均匀的岩体具有此类曲线特征，如片理岩、片麻岩。

⑤ 复合型（塑弹黏性）：呈中部较陡的 S 形，某些压缩性较高的岩石，如垂直片理加载的片岩具有此类曲线。

⑥ 复合型（弹黏塑性）：初期为直线，随后出现不断增长的塑性变形和蠕变，蒸发岩基软岩具有此类曲线特征。

法默将岩石峰值前的应力—应变曲线划分为准弹性、半弹性和非弹性三个阶段。

① 准弹性：应力应变曲线近似呈直线，具有弹脆性，细粒致密块状岩石具有此类曲线特征，如无气孔构造的喷出岩、浅成岩浆岩、变质岩等。

② 半弹性：曲线斜率随应力增大而减小，其岩石多为孔隙率低、黏聚力大的粗粒岩浆岩和细粒致密的沉积岩。

③ 非弹性：应力应变曲线呈 S 形，黏聚力低、孔隙率大的软弱岩石，如泥岩、页岩和千枚岩具有此类曲线特征。

Wawersik 根据岩石的全应力—应变关系曲线，把岩石的破坏划分为以下两种类型。

① 第Ⅰ类岩石（稳定断裂传播型）：这类岩石峰后段曲线的斜率为负值，峰后所储存的应变能不能使破裂继续发展，只有再增加外功才能使试件进一步破坏，承载能力相应降低，具有残余强度，岩石破坏可以控制，属于稳定型破坏。

② 第Ⅱ类岩石（非稳定断裂传播型）：这类岩石峰后段曲线的斜率为正值，脆性较大。在峰后段，即使外力不对试件做功，试件中所储存的能量也能使断裂继续发展，导致整个试件破坏。岩石的破坏无法控制，属于非稳定型破坏。

（2）循环荷载作用下岩石的变形特征

当在同一荷载下，对岩石加、卸荷载时，如果卸荷点的应力低于岩石的弹性极限，卸荷曲线基本上沿加荷曲线回到原点，出现弹性恢复，多数岩石的大部分弹性变形在卸荷后能很快恢复，小部分需经一段时间后才能恢复，此种现象为弹性后效。

如果卸荷点的应力高于弹性极限，则卸荷曲线偏离原加荷曲线，曲线不回到原点，变形既有弹性变形、又有塑性变形。

在反复加、卸荷的条件下，其应力—应变曲线如图 16-1-2 所示。

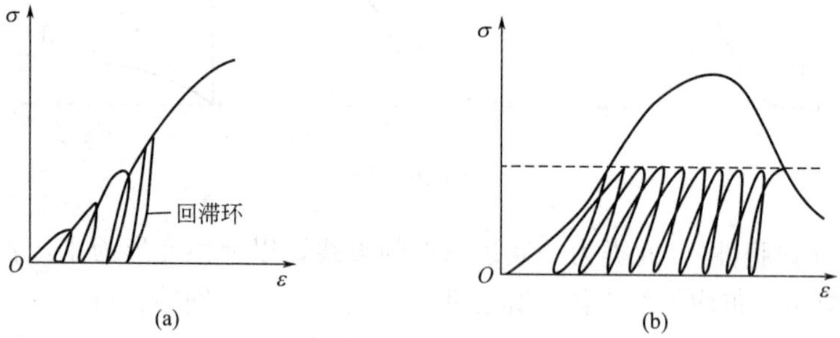

图 16-1-2

逐级一次循环加载时，其应力—应变曲线的外包线与连续加载条件下的曲线基本一致（图 16-1-2a），此时加、卸荷过程并未改变岩石变形的基本习性，这种现象称为岩石记忆。

加载曲线与卸载曲线围成的环带，称为回滞带。

如图 16-1-2b 所示，每次加、卸载曲线都形成一个回滞带，这些回滞带随着加、卸载的次数增加而越来越窄，越来越近，残余变形逐次增加，岩块的总变形等于各循环产生的残余变形之和，即累积变形。

岩块的破坏产生在反复加、卸荷曲线与应力—应变全过程曲线的交点处，将此时循环加、卸荷试验所给的应力，称为疲劳强度。它是一个比岩块单轴抗压强度低且与循环持续时间等因素有关的值。

3. 在单向压缩荷载作用下试件的破坏形态

岩石在单向压缩应力作用下的主要破坏形态有：圆锥形破坏和柱状劈裂破坏。

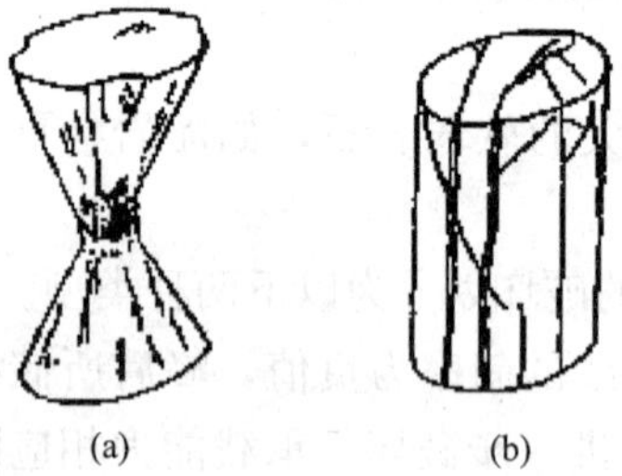

图 16-1-3

（1）圆锥形破坏

当试件两端面与试验机承压板之间的摩擦力增大以后，会出现圆锥形的破坏，破坏形态如图 16-1-3a 所示，试验加压时，与承压板接触的两个三角区域内为压应力，其他区域为拉应力。在无侧限的条件下，由于侧向的部分岩石可以自由地向外变形、剥离，使试件出现圆锥形破坏形态。

（2）柱状劈裂破坏

若试件采用有效方法消除岩石试件两端的摩擦力以后，试件会出现柱状的劈裂破坏形态，试件在破坏时，出现平行于试件轴线的垂直裂缝，试件丧失抵抗外力的能力。

4. 岩石的破坏

根据岩石的变形、破坏特征，将其全应力—应变关系曲线分成 6 个阶段。

① 弹性变形阶段：此时应力缓慢增大，曲线朝上凹，岩石试件内部原有裂隙逐渐压缩闭合产生非线性变形，当荷载卸至零时，此部分变形全部恢复。

② 线弹性变形阶段：曲线近似于直线，应力与应变呈线性关系，试件结构无明显变化。

③ 塑性变形阶段：曲线开始从直线偏离，出现较小的非线性变形。除去荷载时，这部分变形能完全恢复，出现不可逆变形。此时试件内部出现一些孤立的平行于最大主应力方向的微裂隙，随应力增大，微裂纹增加，岩石开始破坏，岩石产生不可逆的线性变形。

④ 非线性变形增大段：岩石非线性变形继续增大，岩石内部裂纹形成速度加快，密度增大，出现最大应力，岩石达到最大承载能力。

⑤ 强度降低阶段：随变形增加，岩石承载能力下降，岩石出现应变软化，岩石内部微裂纹逐渐贯通，并形成宏观裂纹，强度降低。

⑥ 强度保持不变阶段：岩石沿宏观破裂面开始滑动，变形继续增大，当岩石强度不降低，稳定不变的强度即为残余强度。

5. 岩石破坏过程的体积变形

岩石在压应力作用下出现体积变形，表现出先缩后胀。

开始阶段，岩石处于弹性变形，体积随应力的增大而逐渐收缩，达到最小之后，出现横向应变速度大于轴向应变速度，体积又开始增大，随塑性变形的发展，体积增大越来越明显。

岩石体积增大（或膨胀）的现象称为扩容或剪胀，一般认为只是裂隙开始出现或迅速扩展的标志，它是岩石材料的特有属性。

6. 岩石变形参数的确定

包括变形模量和泊松比。

对于弹性变形，其变形模量（又称弹性模量）是指单轴压缩条件下，轴向应力与轴向应变的比值，即：$E=\dfrac{\sigma_y}{\varepsilon_y}$。

对于非线性弹性岩石的模量，可采用切线模量、割线模量和平均模量进行描述，如图 16-1-4 所示。

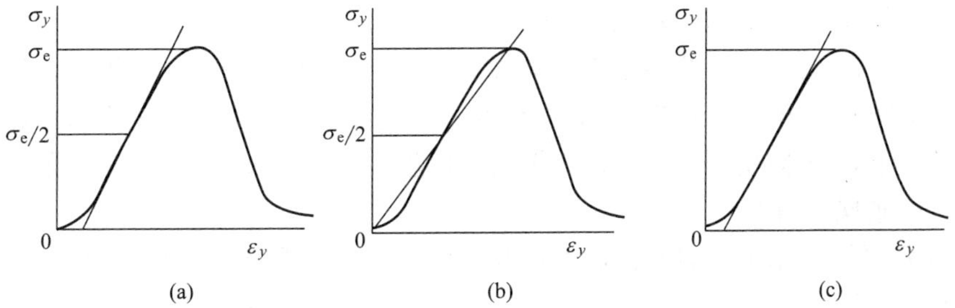

图 16-1-4

① 切线模量：应力水平等于 1/2 抗压强度时的切线斜率，即：$E=\left(\frac{d\sigma_y}{d\varepsilon_y}\right)_{\sigma_y=\frac{1}{2}\sigma_c}$ 。

② 割线模量：应力水平等于 1/2 抗压强度时的割线斜率，即：$E=\left(\frac{d\sigma_y}{d\varepsilon_y}\right)_{\sigma_y=\frac{1}{2}\sigma_c}$ 。

③ 平均模量：应力—应变关系曲线中峰前段近似于直线段的平均斜率。

岩石的泊松比可用应力—应变曲线直线段的平均斜率表示。

岩石的变形模量与泊松比一般具有各向异性，当垂直于层理、片理等微结构面方向加载时，变形模量最小，而平行于微结构面方向加载时，变形模量最大。

岩石的剪切模量（G）、弹性抗力系数（K）、拉梅常数（λ）和体积模量（K_V）等均可用来表示岩石的变形性质，与变形模量和泊松比之间存在如下的换算关系，即：

$$G=\frac{E}{2(1+\mu)} \tag{16-1-18}$$

$$\lambda=\frac{E\mu}{(1+\mu)(1-2\mu)} \tag{16-1-19}$$

$$K_V=\frac{E}{3(1-2\mu)} \tag{16-1-20}$$

$$K=\frac{E}{3(1+\mu)R_0} \tag{16-1-21}$$

式中　R_0——地下洞室半径。

7.岩石的三向压缩试验

地层中的岩石绝大多数处在三向压应力的状态下，三向压缩试验根据围压状态的不同，分为常规三轴试验和真三轴试验。

（1）常规三轴试验

在三轴室内对试件施加三向压应力，采用试验机对圆柱形试件施加轴向荷载，通过液体对试件施加围压，试件内的应力状态满足 $\sigma_1>\sigma_2=\sigma_3$。

根据大理岩和花岗岩在三向压缩条件下的应力—应变曲线，如图 16-1-5 所示，可得：

由图可见：

① 单向应力状态下，试件在变形不大时出现脆性破坏，表现出岩石的脆性特征。

② 随围压增加，岩石在破坏前的总应变随之增大，塑性变形量增大，当围压增大到一定值以后，岩石出现塑性流动，变形和破坏性质随应力的改变而变。

③ 初始阶段，岩石的应力——应变曲线近似呈直线，呈现弹性变形特征，当主应力差超过一定数值化后，岩石出现塑性变形。

④ 当围压较小时，岩石的体积变形与单向压缩条件下的变形规律相似，随压应力增大，体积逐渐减小，出现塑性变形后，试件体积迅速发展、扩大，表现出剪胀特性。在三向压缩的情况下，剪胀随围压增大而减弱，围压超过了某个值后，由于围压限制了试件的横向变形，剪胀现象消失。

⑤ 随围压的继续增加，岩石由脆性逐渐变为延性，表现出明显的塑性流动特征。

（2）真三轴压缩试验

真三轴试验是指在试件输入三维压应力，试件内的应力状态满足 $\sigma_1>\sigma_2>\sigma_3>0$，

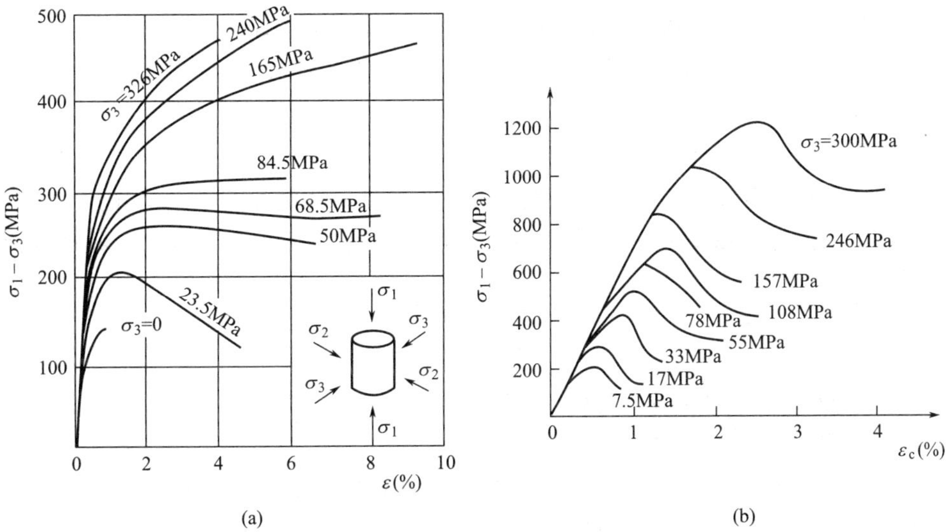

图 16-1-5

以模拟实际岩石的受压状态，但其设备复杂、试验难度大，所以目前还没有定型的试验设备。

(3) 三轴抗压强度

指岩石在三向压缩荷载作用下，达到破坏时所能承受的最大应力。岩石的三轴抗压强度随围压的增加而增加，当围压增大到一定程度以后，正应力越大，岩石的强度会接近无限大，在地球深部的岩石不会发生破坏。

根据试验中岩石的正应力与切应力的关系，可得到极限莫尔应力圆和包络线，当莫尔圆与包络线相切时，岩石处于破坏状态；相离时，岩石处于弹性状态。

岩块在三轴压缩条件下，可发生脆性劈裂、剪切和塑性流动三种破坏形式，破坏程度与岩石自身性质、围压大小有关，随围压增加，岩块从脆性劈裂破坏逐渐向塑性流动发展，破坏前的应变逐渐增大。

8. 岩石抗拉强度测试

抗拉强度：岩石在达到破坏时所能承受的最大拉应力。通常采用间接方法获得抗拉强度，即劈裂试验，它沿着圆饼状试件的径向进行加载，使之劈裂，测出抗拉强度，计算公式如下：

$$\sigma_t = \frac{2P_{max}}{\pi Dl} \tag{16-1-22}$$

式中 P_{max}——劈裂时的最大荷载；

D、l——试件的直径和厚度。

劈裂试验获得的抗拉强度并非是岩石的单轴抗拉强度。

岩石抗拉强度远小于它的抗压强度，试件破坏之前，首先被拉坏，破裂面上的应力为拉—压应力，试件破坏是在压应力作用下的拉裂破坏。

9. 剪切试验

在剪切荷载作用下，岩块抵抗剪切破坏的最大剪应力称为剪切强度。剪切试验是为了获取岩石的剪切强度，包括直剪试验和变角板剪切试验。

直剪试验：在直剪仪内进行，分别在不同的法向正应力（σ）下进行直剪试验，得到不同的抗剪强度（τ），根据σ-τ曲线得到岩块的抗剪强度参数c、φ。

10. 点荷载试验

它可利用现场取得的任何岩样加工直接进行试验，所用设备与劈裂试验设备类似，但其施加的荷载不同，劈裂试验施加的是线荷载、点荷载试验施加的是点荷载。

点荷载试验获得的强度指标可用于岩石分级，亦可代替单轴抗压强度，其强度指标 I_s（MPa）取值如下：

$$I_s = \frac{P}{D^2} \tag{16-1-23}$$

式中 P ——试件破坏时的最大荷载；

D ——荷载与施加点之间的距离。

国际岩石力学学会将直径为 5cm 的圆柱体试件径向加载，点荷载试验的强度指标值 $I_{s(50)}$ 作为标准试验值，与 I_s 之间的关系如下：

$$I_{s(50)} = kI_s \tag{16-1-24}$$

式中 k ——修正系数，$k=0.2717+0.01454D(D\leqslant 55\text{mm})$ 或 $k=0.754+0.0058D(D>55\text{mm})$。

岩石的点荷载强度指标与岩石的抗拉强度（σ_t）、单轴抗压强度（σ_c）具有如下关系：

$$\sigma_t = 0.96P/D^2 \tag{16-1-25}$$

$$\sigma_c = 22.82I_{s(50)}^{0.75} \tag{16-1-26}$$

（四）岩石的流变性

岩石的流变性是指岩石应力或应变随时间而发生变化的性质。

流体在流动过程中会显示出一种抗流动的特性，称为粘性，其大小用粘性系数表示。

岩石流变性的测定方法有蠕变试验和应力松弛试验两种。

蠕变：当应力保持恒定时，应变随时间增长而增大的现象。岩石的蠕变分为稳定蠕变与不稳定蠕变两类。

应力松弛：当应力保持恒定时，应力随时间延长而降低的现象。

弹性后效：加载或卸载时，弹性变形滞后于应力的现象，属于岩石流变性的一种表现。在蠕变试验过程的卸载阶段可以观察到这种现象。

蠕变试验：在岩石试件上加一恒定荷载，观测其变形随时间的发展情况，得到蠕变试验曲线。

1. 稳定蠕变

岩石在较小的恒定力作用下，变形随时间增加到一定程度后就趋于稳定，不再随时间增加而变化，应保持为一个常数。稳定蠕变一般不会导致岩体的整体失稳。

2. 非稳定蠕变

岩石承受的恒定荷载较大，当岩石应力超过某一界限值时，变形随时间的增大而增大，其变形速率逐渐增大，最终导致岩体出现整体失稳破坏。

当荷载超过某一临界值时，蠕变的发展将使岩石变形不断增长，直到破坏，其发展过程可分为三个阶段：

（1）过渡蠕变阶段

加载瞬间有一个弹性变形，后期变形快速增长，若在该阶段内卸载，会出现瞬间的弹性恢复，以及后续变形。

（2）等速蠕变阶段

变形速度恒定，若卸载会出现瞬间的弹性变形、弹性后效和不可恢复的永久变形。

（3）加速蠕变阶段

岩石内裂隙迅速发展，变形加大直至破坏。

岩石蠕变发展的阶段性规律可进行岩石破坏的预测和预报。

蠕变理论模型：常用的模型有弹性模型、粘性模型和组合模型。

弹性模型：属于线弹性，完全服从胡克定律，其应力—应变呈正比，此模型可用刚度为 G 的弹簧来表示。

粘性模型：此模型完全服从牛顿粘性定律，其应力与应变速率成正比，可用充满粘性液体的圆筒形容器内的有孔活塞（称为缓冲壶）表示。

组合模型：将弹性模型和粘性模型用各种不同方式组合形成。包括马克斯韦尔（Maxwell）模型、伏埃特（Voigt）模型、广义马克斯韦尔模型、广义伏埃特（Voigt）模型和鲍格斯（Burgers）模型。

马克斯韦尔（Maxwell）模型：此模型用弹性模型和粘性模型串联形成，当应力骤然施加并保持为常数时，变形以常速率不断发展。

伏埃特（Voigt）模型——又称凯尔文模型：它是由弹性和粘性模型并联而成，当骤然施加应力时，应变速率随时间递减，当时间增加到一定数值时，应变趋于零。

广义马克斯韦尔模型：该模型由伏埃特（Voigt）模型与粘性单元串联而成，应变开始以指数增长，逐渐趋于常速率。

广义伏埃特（Voigt）模型：该模型由伏埃特模型与弹性单元串联而成，初始有瞬时应变，随后应变以指数递减，速率增长，最终应变速率趋于零。

鲍格斯（Burgers）模型：该模型由伏埃特模型与马克斯韦尔模型串联而成，蠕变曲线上开始有瞬时变形，然后曲线以指数递减的速率增长，最后趋于不变速率增长。

（五）影响岩石力学性质的主要因素

影响岩石力学性质主要包括岩石自身性质和试验方法，如岩石的矿物成分、结晶程度、颗粒大小、颗粒联结及胶结情况、密度、层理和裂隙的特性和方向、风化程度和含水量情况、试件大小、尺寸、形状、试件加工情况、加载速率和温度等。

1. 矿物组成

矿物硬度越大，岩石的弹性越明显，强度越高。化学性质不稳定的矿物，具有易变性和溶解性，含有这些矿物的岩石，其力学性质随时间发生变化，含有黏土矿物的岩石，遇水易发生膨胀和软化，强度降低很大。

不同矿物组成的岩石具有不同的抗压强度，相同矿物组成的岩石，其强度也受到颗粒大小、连接胶结情况的影响。如石英的颗粒在岩石中互相连接成骨架，随石英含量的增加，岩石的强度增大，而在花岗岩中石英颗粒是分散的，未组成骨架，随石英含量的增加，但其强度变化不大。

2.岩石的结构、构造

岩石的结构对岩石力学性质的影响主要表现在结构的差异上，粒状结构中，等粒结构比非等粒结构强度高，在等粒结构中，细粒结构比粗粒结构强度高。

块状构造的岩石多具有各向同性的特征，而层状构造的岩石多具有各向异性的特征。

3.结晶程度

结晶岩石比非结晶岩石的强度高，细粒结晶的岩石比粗粒结晶的岩石强度高。

4.胶结物

胶结情况和胶结物的种类对沉积岩的强度有较大影响。硅质胶结的岩石强度很高，石灰质胶结的岩石强度较低，泥质胶结的岩石强度最低。

5.埋藏深度

埋藏在深部的岩石，由于其孔隙率小、受压大，其强度比接近地表的岩石强度高。

6.风化程度

风化对岩石强度影响极大，风化作用破坏了岩石颗粒间的联结作用和晶粒本身，风化越强，强度越低。

7.岩石密度

岩石密度越大，强度越大。

8.岩石的含水情况

水对岩石的力学性质的影响与岩石的孔隙性和水理性（吸水性、软化性、崩解性、膨胀性和抗冻性）有关，水对岩石的力学性质的影响主要体现在以下5个方面。

① 连结作用：束缚在矿物表面的水分子通过其吸引力将矿物颗粒拉近，起连结作用。

② 润滑作用：由可溶盐、胶体矿物连结的岩石，当水浸润时，可溶盐溶解，胶体水解，导致矿物颗粒间的连结力减弱，内聚力降低，水起到润滑的作用。

③ 孔隙水压力作用：对于孔隙或裂隙中含有自由水的岩石，当其突然受荷载作用水来不及排出时，会产生很高的孔隙水压力，减小了颗粒之间的压应力，从而降低了岩石的抗剪强度。

④ 溶蚀—潜蚀作用：水在岩石中渗透的过程中，可将可溶物质带走，有时将岩石中的小颗粒冲走（潜蚀），从而使岩石的强度降低，变形增大。

⑤ 水楔作用。

水对岩石的抗压强度有很大的影响，当水侵入岩石时，水顺着裂隙进入岩石内部，弱化了岩石颗粒间的联系，造成岩石强度降低，降低程度取决于岩石孔隙和裂隙的发育情况、组成岩石的矿物成分的亲水性和含水量、水的物理化学性质等。

9.试件尺寸和形状

圆柱形试件的强度高于棱柱形试件的强度，这是由于后者产生应力集中的缘故。在棱柱形试件中，截面为六角形试件的强度高于四角形、四角形高于三角形，此种影响称为形态效应，试件尺寸越大，强度越低，反之越高，此现象为尺寸效应。

10.加载速率

加载速度对岩石的变形性质和强度指标有明显的影响：加载速率越快，岩石的强度和弹性模量越大，强度指标越高。国际岩石力学学会（ISRM）建议的加载速率为0.5～1MPa/s，一般从试验开始至岩石试件破坏的时间为5～10min。

11. 温度

一般随温度升高，岩石延性增大，屈服点降低，强度降低，但在常温至 100℃的范围内，影响不明显，只有温度很高时，才会显现。

12. 围压

岩石的脆性和塑性并非是岩石的固有性质，而与岩石的受力状态有关，其脆性和塑性可以相互转换。单向压应力作用下表现为脆性的岩石，在三向应力状态下具有延性性质，其强度得到提高。

（六）岩石的强度准则

强度准则：岩石破坏时所需满足的条件，它是判断岩石应力与应变状态是否安全的准则。包括莫尔（Mohr）强度准则、库伦（Coulomb）强度准则、Hoek-Brown 强度准则和格里菲斯（Griffith）强度准则。

1. 莫尔准则

莫尔（Mohr，1900 年）通过对脆性材料进行大量的压剪破坏试验和分析之后，提出莫尔强度理论。该理论认为：岩石不是在简单的应力状态下发生破坏，而是在不同的正应力和剪应力组合作用下，当岩石某个特定的面上作用的正应力与剪应力达到一定的数值时，随即发生破坏。

根据莫尔强度理论的基本思想，莫尔准则可以用 $\sigma-\tau$ 直角坐标系下的一组极限应力圆的包络线来描述，因此，莫尔准则曲线的确定方法为：①在 $\sigma-\tau$ 平面上，作一组不同应力状态下（包括单轴抗拉和单向抗压）的极限应力圆；②找出各应力圆上的破坏点；③用光滑曲线连接各破坏点，这条光滑曲线就是极限莫尔应力圆的包络线，即莫尔准则曲线。

莫尔包络线的特征：在正应力较小的范围内，曲线斜率较陡，在较大的正应力作用下，斜率趋于缓慢，在确定包络线的形状时，应满足下列要求。

① 选择的曲线为单调曲线；

② 曲线对称于 σ 轴，表示岩石在各种应力的极限强度情况下在共轭方向上的破坏状况；

③ 在 σ 从 $0\sim\infty$ 的全部变化范围内，应满足 $\mathrm{d}|\tau|/\mathrm{d}\sigma\geqslant0$，此导数随 σ 的增加而减小。

包络线可分为两种类型：

① 开放型——如砂岩、石灰岩和花岗岩等构造致密的岩石；

② 收缩型——多出现在孔隙率较高、比较疏松、压缩性较大的岩石中，如煤、黏土质页岩等。

在包络线上的所有点都反映材料破坏时的剪应力（即抗剪强度）与正应力的关系，称作莫尔强度准则，即

$$\tau_f=f(\sigma) \tag{16-1-27}$$

莫尔强度准则认为材料破坏形态及破坏面上的剪应力与该面上的法向应力有关，材料的破坏属于压剪破坏，在受拉区为拉剪破坏。

2. 库仑（Coulomb）准则

1）岩石破坏主要为剪切破坏；

2）岩石抗剪切能力主要由两部分组成（岩石本身的内聚力、剪切面上法应力产生的内摩擦力）；

3）强度准则形式——直线型：

$$|\tau| = c + \sigma\tan\varphi \tag{16-1-28}$$

式中 c——岩石的黏聚力；

φ——内摩擦角，取决于剪切面的粗糙程度，与岩石的颗粒组成有关；

τ——剪切面上的剪应力（剪切强度）；

σ——剪切面上的正应力。

利用主应力表示的库仑准则为：

$$\sigma_1 = \frac{2c\cos\varphi}{1-\sin\varphi} + \frac{1+\sin\varphi}{1-\sin\varphi}\sigma_3 \tag{16-1-29}$$

破裂面与主平面之间的夹角 α 为：

$$\alpha = 45° + \frac{\varphi}{2} \tag{16-1-30}$$

破裂面与最大主应力 σ_1 之间的夹角 θ 为：

$$\theta = 45° - \frac{\varphi}{2} \tag{16-1-31}$$

单轴抗压强度：$\sigma_c = \sigma_1 = \dfrac{2c\cos\varphi}{1-\sin\varphi}$。

库仑准则的应用：

① 判断岩石在某一应力状态下是否破坏（用应力圆）；

② 预测破坏面的方向（与最大主平面成 $\alpha = 45° + \dfrac{\varphi}{2}$），X 形节理锐角平分线方向为最大主应力方向；

③ 进行岩石强度的计算。

库仑准则的评价：

① 是最简单的强度准则，是莫尔强度理论的一个特例；

② 不仅适用于岩石的压剪破坏，也适用于结构面的压剪破坏；

③ 不适用于受拉破坏。

3. Hoek-Brown 强度准则

$$\sigma_1 = \sigma_3 + (m_i\sigma_c\sigma_3 + \sigma_c^2)^{\frac{1}{2}} \tag{16-1-32}$$

式中 σ_c——岩石的单轴抗压强度；

m_i——材料常数，可查表。

单轴抗压强度：$\sigma_c = \sigma_1$；

单轴抗拉强度：$\sigma_t = \sigma_3 = \dfrac{\sigma_c}{2}(m_i - \sqrt{m_i^2 + 4})$。

该准则为非线性强度准则，同时可以考虑岩石的剪切破坏和拉裂破坏，可用于任何应力条件下的强度计算。

4.格里菲斯（Griffith）强度准则

它是根据试验观察到的物理现象建立并推导出的理论性强度准则。基本假设为：物体内随即分布许多裂隙；所有裂隙都张开、贯通、独立；裂隙断面呈扁平椭圆状态；在任何应力状态下，裂隙尖端产生拉应力集中，导致裂隙沿某个有利方向进一步扩展；最终在本质上都是拉应力引起的岩石破坏，以下为一维格里菲斯强度准则和二维格里菲斯准则。

（1）一维格里菲斯准则

该准则认为脆性材料的抗拉强度由大量看不见的微小裂隙所控制。从单个裂隙的开裂条件开始研究，当微裂隙扩展形成新的表面，引起材料破坏时，系统中的表面能将增加，系统的总能量减少，据此，得到一维条件下的强度准则，即：

$$\sigma=\sqrt{\frac{2E\gamma_{s}}{\pi a}} \tag{16-1-33}$$

式中　γ_s——材料的表面比能；

　　　E——材料的弹性模量。

此准则适用于一维加载的理想脆性材料（不考虑尖端部分的塑性变形），只能预计应力集中引起裂缝开展的点，不能涉及其发展的传播轨迹，裂缝的开裂方向与最大主应力方向垂直。

（2）二维格里菲斯准则

将问题简化为二维空间的弹性体内的一个扁椭圆形的微裂隙，设微裂隙的短轴与最大主应力方向成β角，则平面状态下的强度准则为：

$$\begin{aligned}&\sigma_1+3\sigma_3\geqslant 0\text{ 时},(\sigma_1-\sigma_3)^2=8\sigma_t(\sigma_1+\sigma_3)\\&\sigma_1+3\sigma_3<0\text{ 时},\sigma_3=-\sigma_t\end{aligned} \tag{16-1-34}$$

由准则可知，在压应力作用下，最大拉应力发生在与x轴成δ角的方位上，δ为：

$$\delta=2\beta-\frac{\pi}{2} \tag{16-1-35}$$

微裂隙扩展的方向与孔壁最大主应力方向垂直，在单轴压缩时，$\sigma_3=0$，σ_1的极限值为单轴抗压强度，即：$\sigma_c=8\sigma_t$，其岩石的脆性度比实际岩石小。

无论何种应力状态，材料因裂纹尖端附近达到极限拉应力而断裂，材料的破坏机理与应力状态无关，都是拉伸破坏。

格里菲斯准则的优点及不足如下。

优点：

① 岩石抗压强度为抗拉强度的8倍，反映了岩石的真实情况；

② 证明了岩石在任何应力状态下都是由于拉伸引起的破坏，即材料的破坏机理都是拉伸破坏；

③ 指出微裂隙延伸方向与最大主应力方向斜交，最终与最大主应力方向一致。

不足：

① 仅适用于脆性岩石，对一般岩石莫尔强度准则适用性远大于格里菲斯准则；

② 对裂隙被压闭合，抗剪强度增高的解释不够；

③ 格里菲斯准则是岩石微裂隙扩展的条件，并非宏观破坏；

④ 没有考虑众多微裂隙的相互作用，只能作为单个二维裂隙开裂的条件，不能作为

岩石的强度准则。

⑤ 在垂直压应力作用下，二维裂隙可能会闭合，裂隙面上可能会出现剪切力和法向力，即会出现摩擦，格里菲斯没有考虑这种情况。

⑥ 给出的 σ_c/σ_t 比实际小。

⑦ 只给出了裂隙开裂的方向，没有给出后续的扩展方向。

历年真题

16-1-1. 岩石试样单向压缩试验应力—应变曲线的 3 个阶段（如下图）*OA*，*AB*、*BC* 分别是（　　）。（2011B34）

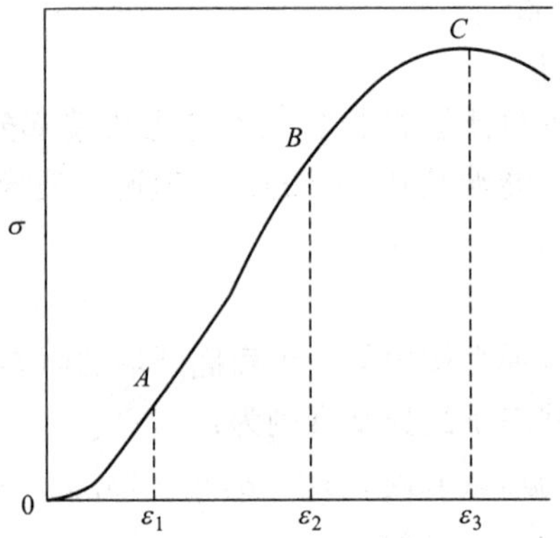

A. 弹性阶段、压密阶段、塑性阶段

B. 弹性阶段、弹塑性阶段、塑性阶段

C. 压密阶段、弹性阶段、弹塑性阶段

D. 压密阶段、弹性阶段、塑性阶段

16-1-2. 能用于估算和判断岩石抗拉和抗压强度，各项异性和风化程度的力学指标是（　　）。（2012B34）

A. 点载荷强度　B. 三轴抗压强度　C. RQD　D. 模量比

16-1-3. 能直接给出岩石的弹性模量和弹性抗力系数的现场试验是（　　）。（2013B34）

A. 承压板法试验　B. 狭缝法试验

C. 钻孔环向加压法试验　D. 双轴压缩法试验

16-1-4. 最有利于化学风化的气候条件是（　　）。（2013B47）

A. 干热　B. 湿热　C. 寒冷　D. 冷热交替

16-1-5. 下列哪种模量可以代表岩石的弹性模量和变形模量（　　）。（2014B34）

A. 切线模量和卸载模量　B. 平均模量和卸载模量

C. 切线模量和割线模量　D. 初始模量和平均模量

16-1-6. 下列哪种现象可以代表岩石进入破坏状态（　　）。（2016B34）

A. 体积变小　B. 体积增大　C. 应力变小　D. 应变增大

16-1-7. 按照库伦—莫尔强度理论，若岩石强度曲线是一条直线，则岩石破坏时破裂面

与最大主应力面的夹角为（　　）。（2017B34）

A. 45°　　B. $45°-\frac{\varphi}{2}$　　C. $45°+\frac{\varphi}{2}$　　D. 60°

16-1-8. 下列岩石中，最容易遇水软化的是（　　）。（2017B41）

A. 黏土岩　　B. 石英砂岩　　C. 石灰岩　　D. 白云岩

16-1-9. 在描述岩石蠕变理论模型中，用弹性模型与粘性模型进行并联时，能描述出哪种蠕变阶段（　　）。（2018B34）

A. 瞬时变形　　B. 初期蠕变　　C. 等速蠕变　　D. 加速蠕变

16-1-10. 在地下某深度对含有地下水的较完整岩体进行应力量测，应选择下列哪种测试方法（　　）。（2018B35）

A. 孔壁应变法　　B. 孔径变形法　　C. 孔底应变法　　D. 表面应变法

16-1-11. 下列岩石中，最容易遇水软化的是（　　）。（2018B41）

A. 白云岩　　B. 泥质岩　　C. 石灰岩　　D. 硅质页岩

16-1-12. 通过压水试验，可以确定地下岩土的（　　）。（2018B49）

A. 含水性　　B. 给水性　　C. 透水性　　D. 吸水性

答　案

16-1-1.【答案】（D）

OA 段为压密阶段。应力—应变曲线呈上凹型，应变随应力的增加而减少。形成这一特性的主要原因是存在于岩石内的微裂隙在外力作用下发生闭合所致。*AB* 段为弹性阶段，这一阶段应力—应变曲线基本呈直线。若在这一阶段卸荷，应变可恢复。*BC* 段为塑性阶段，当应力值超出屈服应力之后，随应力增大曲线呈下凹状，应变明显增大。塑性阶段，岩石将产生不可逆的塑性变形。

16-1-2.【答案】（A）

点载荷强度可作为岩石强度分类及其岩体风化分类的指标，也可以用在评价岩石强度的各向异性，预估单轴抗压强度和抗拉强度等指标，RQD 主要反映岩石完整程度，即裂隙在该地段地层中的发育程度；模量比用于进行完整岩块分类。

16-1-3.【答案】（C）

C 项，钻孔径向加压法试验主要测得岩体变形、钻孔变形，获得岩体的弹性模量和变形模量；岩石弹性抗力系数是指使围岩产生单位长度的径向位移（向围岩内方向）所需单位面积上的径向压力，通过此试验也可直接测出弹性抗力系数。A 项，用于斤顶通过承压板向半无限岩体表面施力，测量岩体变形与压力，按布西涅斯克的各向同性半无限弹性表面局部受力公式计算岩体的变形参数；B 项，狭缝法是指在岩体上凿一狭缝，将压力钢枕放入，再用水泥砂浆填实并养护到一定强度后，对钢枕加压，当测得岩体表面中线上某点的位移时，求得岩体的杨氏弹性模量；D 项，双轴压缩法试验可测岩石的泊松比。

16-1-4.【答案】（B）

化学风化是地壳表面岩石在水及水溶液的作用下发生化学分解的作用。主要有溶解、水化、水解、氧化和碳酸化等。湿润的环境中，主要以化学风化为主，随温度升高化学风化作用逐渐加强；干燥环境，主要以物理风化为主，随温度升高物理风化作用逐渐加强。

16-1-5.【答案】(C)

在国标工程岩体试验方法标准中，弹性模量是用应力—应变直线段的斜率来表示，该值被称作平均模量；割线模量 E_{50} 是指岩石峰值应力的一半时的应力、应变之比，代表了岩石的变形模量。

16-1-6.【答案】(B)

岩石破坏时，岩石内部会产生很多裂隙，体积会增大，工程上将体积增大作为岩石破坏的标准。

16-1-7.【答案】(C)

16-1-8.【答案】(C)

16-1-9.【答案】(C)

由弹性和粘性模型并联而成的模型为凯尔文模型，当骤然施加应力时，应变速率随时间递减，当时间增加到一定数值时，应变趋于零。开尔文模型与蠕变前期十分相似。

16-1-10.【答案】(A)

采用孔壁应变法进行应力测量，具有安装简便、可靠、防水、防潮和成功率高等优势。

16-1-11.【答案】(B)

沉积岩主要含有黏土矿物，遇水易软化。

16-1-12.【答案】(C)

压水试验是岩石地区判断裂隙发育和透水性的原位水文试验方法。

第二节 岩体工程分类

一、考试大纲

工程岩体分级的目的和原则；《工程岩体分级标准》GB/T 50218-2014 简介。

二、知识要点

（一）工程岩体分类的目的与原则

1. 岩体工程分类法的基本目的

通过分类，概括地反映各类工程岩体的质量好坏，预测可能出现的岩体力学问题。为工程设计、支护衬砌、建筑物选型和施工方法选择等提供参数和依据；为岩石工程建设的勘察、设计、施工和编制定额提供必要的基本依据；便于施工方法的总结、交流、推广，便于行业内技术改革和管理。

2. 工程岩体分类的原则

1）确定分级的目的和使用对象。

2）分类是定量的，以便技术计算和制定定额。

3）分类的级数合适，一般分为五级。

4）工程岩体分类方法及步骤应简单明了，便于记忆和应用。

5）每个分类因素都是独立的，有明确的物理意义。

3.工程岩体分类的影响因素

（1）岩石材料的质量

它是反映岩石物理力学性质的依据，也是工程岩体分类的基础。主要表现在岩石的强度和变形性质，包括岩石的抗拉、抗压、抗剪和弹性参数及其他指标，目前普遍使用的指标是室内单轴抗压强度，利用点荷载试验求得，即：$\sigma_c=24I_s$。

（2）岩体的完整性

岩体完整性的定量指标是表示岩体工程性质的参数。目前可以用结构面特征的统计结果（包括节理组数、节理间距、节理体积裂隙率、结构面粗糙状况、充填物状况）和岩体的弹性波（纵波）的速度来定量地反映结构面的影响因素。

（3）水的影响

水对岩体质量的影响主要有两个方面，可使岩石即结构面充填物质的物理力学性质恶化；沿岩体结构面形成渗透，影响岩体的稳定性。

（4）地应力环境

地应力对于工程岩体来说是个独立的因素，对于地下工程的影响非常大，由于地应力测量工作量大、方法较复杂，难以确定其对工程的影响，只能在综合因素中反映，如纵波波速和位移量。

（5）工程类别等综合因素

考虑岩石质量、结构面、水和地应力等因素来综合反映工程的稳定性。

（二）工程岩体代表性分类系统

1.按岩石质量指标 *RQD* 分类

迪尔（1964 年）根据金刚石钻进的岩芯采取率，提出用 *RQD* 值来评价岩体质量的优劣。*RQD* 是大于 10cm 的岩芯累计长度与钻孔进尺长度之比的百分数，即：

$$RQD=\frac{\sum l}{L}\times 100\% \qquad (16\text{-}2\text{-}1)$$

式中 l ——长度大于 10cm 的岩芯单节长度；

L ——同一岩层中的钻孔长度。

RQD 是一种比岩芯采集率更好的指标，它反映了岩体完整性的好坏，被广泛应用于岩土工程。根据它与岩体质量之间的关系，将岩体分为 5 级，见表 16-2-1。

按 *RQD* 大小的岩体工程分级　　**表 16-2-1**

等级	*RQD*(%)	工程分级	等级	*RQD*(%)	工程分级
Ⅰ	90～100	好的	Ⅳ	25～50	差的
Ⅱ	75～90	较好的	Ⅴ	0～25	极差的
Ⅲ	50～75	较差的			

2.以弹性波（纵波）速度分类

弹性波在均质、各向同性及完整岩石中的传播速度与其在岩体中的传播速度不同，若岩体中存在结构面，会降低弹性波的传播速度及传播能量，弹性波的变化程度可反映岩体的结构特征和完整性。

3. 岩体地质力学分类（*RMR* 分类）

该法是由比尼卫斯基（Bieniawski）在 1973 年提出并经多次修改，逐渐趋于完善的一种综合分类方法。他根据完整岩块的强度、*RQD* 值、节理间距、节理条件和地下水等 5 类参数对节理岩体进行分类，分类标准见表 16-2-2。

岩体分类 **表 16-2-2**

1	完整岩石的强度(MPa)	点荷载强度	＞10	4～10	2～4	1～2	此低值区最好采用单轴抗压强度		
		单轴抗压强度	＞250	100～250	50～100	25～50	5～25	1～5	＜1
	评分		15	12	7	4	2	1	0
2	*RQD* 值(%)		90～100	75～90	50～75	25～50	＜25		
	评分		20	17	13	8	3		
3	节理间距(cm)		＞200	60～200	20～60	6～20	＜6		
	评分		20	15	10	8	5		
4	节理状态		裂开面很粗糙，节理不连通，未张开，两壁岩石未风化	裂开面稍粗糙，裂开宽度小于1mm，两壁轻度风化	裂开面稍粗糙，裂开宽度小于1mm，两壁高度风化	裂开面夹泥，厚度小于5mm，节理连通	裂开面夹泥厚度大于5mm或裂开宽度大于5mm，节理连通		
	评分		30	25	20	10	0		
5	地下水状况	隧洞中每10m长段涌水量(L/min)	0	＜10	10～25	25～125	＞125		
		节理水压力/大主应力	0	0～0.1	0.1～0.2	0.2～0.5	＞0.5		
		隧洞干燥程度	干燥	稍潮湿	潮湿	滴水	涌水		
	评分		15	10	7	4	0		

RMR 分类系统对每一参数均按照表 16-2-2 给出评分值。然后将各个参数的评分值相加，得到岩体的总评分值。总评分值确定后须按节理方位的不同作出适当修正（表 16-2-3），表 16-2-4 列出了各种不同总评分值的岩体类别、岩性描述及地下开挖体不加支护而能保持稳定的时间和岩体强度参数，表 16-2-5 给出了隧洞未支护跨度的稳定时间与 RMR 指标的关系。

按节理产状修正评分值 **表 16-2-3**

节理走向和倾向		非常有利	有利	一般	不利	非常不利
评分修正值	隧道	0	−2	−5	−10	−12
	地基	0	−2	−7	−15	−25
	边坡	0	−5	−25	−50	−60

RMR 岩体分类级别的含义　　　　**表 16-2-4**

分类级别	Ⅰ	Ⅱ	Ⅲ	Ⅳ	Ⅴ
质量描述	非常好的岩体	好岩体	一般岩体	差岩体	非常差的岩体
评分值	100～81	80～61	60～41	40～21	<20
平均稳定时间	5m 跨度 10 年	4m 跨度 6 个月	3m 跨度 1 星期	1m 跨度 5h	0.5m 跨度 10min
岩体黏聚力(kPa)	>300	200～300	150～200	100～150	<100
岩体内摩擦角(°)	>45	40～45	35～40	30～35	<30

节理走向和倾角对隧道开挖的影响　　　　**表 16-2-5**

走向垂直于隧道轴线				走向平行于隧道轴线		倾角 0～20° 无论什么走向
沿倾向掘进		反倾向掘进				
倾角 45°～90°	倾角 20°～45°	倾角 45°～90°	倾角 20°～45°	倾角 45°～90°	倾角 20°～45°	
非常有利	有利	一般	不利	非常有利	一般	不利

4. *Q* 分类

巴顿（Barton，1974 年）等人在分析了 212 个隧道实例的基础上提出用岩体质量指标 *Q* 对岩体进行分类，*Q* 定义如下：

$$Q=\frac{RQD}{J_n}\times\frac{J_r}{J_a}\times\frac{J_w}{SRF}\tag{16-2-2}$$

式中　RQD——岩石质量指标；

J_n——节理组数；

J_r——节理粗糙度系数；

J_a——节理蚀变系数；

J_w——节理水折减系数；

SRF——应力折减系数。

式中 6 个参数的组合，反映了岩体质量的 3 个方面，即 $\frac{RQD}{J_n}$、$\frac{J_n}{J_a}$、$\frac{J_w}{SRF}$ 分别表示为岩体的完整性、结构面（节理）的形态，填充物特征及其次生变化程度、水与其他应力存在时对岩体质量的影响。

分类时，将这 6 个参数的实测资料，求取岩体质量指标 *Q* 值，以 *Q* 值为依据将岩体分为 9 类。*Q* 分类方法考虑的地质因素较全面，而且把定性分析与定量分析结合起来，因此，是目前比较好的分类方法，且软、硬岩体均适用。

另外，Bieniawski 在大量实测统计的基础上，发现 *Q* 值与 *RMR* 值具有如下统计关系：

$$RMR=9\ln Q+44\tag{16-2-3}$$

（三）我国工程岩体分级标准

岩体分级的基本方法有以下几种。

1. 根据岩体基本质量指标 *BQ* 进行分类

BQ 计算式如下：

$$BQ = 90 + 3R_c + 250K_V \tag{16-2-4}$$

式中 R_c——岩体单轴饱和抗压强度（MPa）；

K_V——岩体完整性指数。

① R_c 计算公式：

$$R_c = 22.82 I_{s(50)}^{0.75} \tag{16-2-5}$$

式中 $I_{s(50)}^{0.75}$——直径为 50mm 的圆柱形试件径向加压时的点荷载强度。

当 $R_c > 90K_V + 30$ 时，$R_c = 90K_V + 30$；当 $K_V > 0.04R_c + 0.4$ 时，$K_V = 0.04R_c + 0.4$。

R_c 可定性划分岩石的坚硬程度，见表 16-2-6。

R_c 数值与岩石的坚硬程度表 **表 16-2-6**

R_c	>60	60～30	30～15	15～5	<5
坚硬程度	硬质岩		软质岩		
	坚硬岩	较坚硬岩	较软岩	软岩	极软岩

② K_V 计算公式：

$$K_V = \frac{v_{pm}^2}{v_{pr}^2} \tag{16-2-6}$$

式中 v_{pm}——岩体的纵波速度；

v_{pr}——岩石的纵波速度。

若没有进行弹性波波速测试，可利用岩体体积节理数 J_V（条/m^3）表示，可选择有代表性的露头或开挖面，对不同的工程地质岩组进行节理裂隙统计，J_V 计算式如下：

$$J_V = S_1 + S_2 + \cdots + S_n + S_k \tag{16-2-7}$$

式中 S_n——第 n 组节理每米长测线上的条数；

S_k——每立方米岩体非成组节理条数。

J_V、K_V 与岩体完整性关系见表 16-2-7。

J_V、K_V 与岩体完整性关系表 **表 16-2-7**

J_V	<3	3～10	10～20	20～35	>35
K_V	>0.75	0.75～0.55	0.55～0.35	0.35～0.15	<0.15
完整程度	完整	较完整	较破碎	破碎	极破碎

根据实际工程，计算岩体基本质量指标的修正值［BQ］，即：

$$[BQ] = BQ - 100(K_1 + K_2 + K_3) \tag{16-2-8}$$

式中 K_1——地下水影响修正系数，可查表；

K_2——主要软弱结构面产状影响修正系数，可查表；

K_3——初始应力状态影响修正系数，可查表。

根据 BQ 和［BQ］可对岩体的基本质量进行分级，见表 16-2-8

岩体的基本质量分级　　表 16-2-8

基本质量分级	岩体基本质量的定性特征	岩体基本质量指标(*BQ*)
Ⅰ	坚硬岩,岩体完整	>550
Ⅱ	坚硬岩,岩体较完整 较坚硬岩,岩体完整	550～451
Ⅲ	坚硬岩,岩体较破碎 较坚硬岩,岩体较完整 较软岩,岩体完整	450～351
Ⅳ	坚硬岩,岩体破碎 较坚硬岩,岩体较破碎～破碎 较软岩,岩体较完整～较破碎 软岩,岩体完整～较完整	350～251
Ⅴ	较软岩,岩体破碎 软岩,岩体较破碎～破碎 全部极软岩及全部极破碎岩	≤250

2. 地下工程岩体自稳能力的确定

地下工程岩体自稳能力的确定见表 16-2-9。

地下工程岩体自稳能力　　表 16-2-9

岩体级别	自稳能力
Ⅰ	跨度小于 20m,可长期稳定,偶有掉块,无塌方
Ⅱ	跨度 10～20m,可基本稳定,局部可发生掉块或小塌方跨度小于 10m,可长期稳定,偶有掉块
Ⅲ	跨度 10～20m,可稳定数日至一个月,可发生小至中塌方跨度 5～10m,可稳定数月,可发生局部块体位移及小至中塌方跨度小于 5m,可基本稳定
Ⅳ	跨度大于 5m,一般无自稳能力,数日至数月内可发生松动变形、小塌方、进而发展为中至大塌方。埋深小时,以拱部松动破坏为主;埋深大时,有明显塑性流动变形和挤压破坏跨度小于 5m,可稳定数日至一个月
Ⅴ	无自稳能力

注:小塌方指塌方高度小于 3m 或塌方体积小于 $30m^3$;
中塌方指塌方高度 3～6m 或塌方体积 30～$100m^3$;
大塌方指塌方高度大于 6m 或塌方体积大于 $100m^3$。

3. 地基岩体基岩承载力基本值的确定

地基岩体基岩承载力基本值的确定见表 16-2-10。

基岩承载力基本值　　表 16-2-10

岩体级别	Ⅰ	Ⅱ	Ⅲ	Ⅳ	Ⅴ
基岩承载力基本值	>7.0	7.0～4.0	4.0～2.0	2.0～0.5	<0.5

第三节　岩体的初始地应力状态

一、考试大纲

初始应力的基本概念;量测方法简介;主要分布规律。

二、知识要点

（一）基本概念

岩体的初始应力：岩体在天然状态下所存在的内在应力。

原岩应力：未受到工程扰动的原岩体应力，地下洞室的开挖，实际上就是原岩应力释放的过程，原岩应力释放造成围岩变形甚至破坏，因此在选择洞室轴线和断面形状时，通常将洞室轴线与最大水平主应力的方向一致，以使围岩处于一个比较有利的应力分部状态。

强大的原岩应力将导致岩体出现岩爆。

岩爆：对于坚硬完整的岩体，若天然应力很高，聚集着大量的能量，在地下洞室开挖过程中，围岩应力较大的部位被挤压到超过岩石的弹性限度，积聚的能量会突然释放出来，先是撕裂声，随即就是爆炸声，石片飞散，体积大者就地坠落，体积小者，则弹射出来，这就是岩爆现象。

次生应力（或诱发应力）：开挖区，影响范围以内的原岩应力平衡状态被破坏后的岩体地应力状态。

自重应力场：由岩体自重产生的应力场。

构造应力场：由岩体地质构造运动所产生的应力场。

自重应力：由地心引力引起的应力，自重应力 σ_z 的计算公式为：$\sigma_z = \sum_{i=1}^{n} \gamma_i H_i$ ，γ_i 、H_i 为计算点深度处上覆各层岩体重度和厚度。

岩体的水平应力 σ_x 、σ_y ：$\sigma_x = \sigma_y = \lambda \sigma_z$，$\lambda = \frac{\mu}{1-\mu}$ ，μ 为泊松比，取值为 0.10～0.35，通常 λ 自重应力场中的取值为 0.10～0.54，主要在 0.25～0.43 之间。

构造应力：地层中由于过去地质构造运动产生和现在正在活动与变化的应力。此力分布特殊，往往决定着构造体系的形成和发展，造成地层的垂直应力与水平应力之间无明确的比例关系，它包括古构造应力、新构造应力和封闭应力。

古构造应力（或构造残余应力）：地层经历过地质史上的地质构造运动作用，地层具有断裂、褶曲、层间错动等构造现象，在地层内部存在着构造上的残余应力，称为古构造应力。

新构造应力：某些地层经受过或正在承受新构造运动的作用，在新构造运动中，引起地层断裂、褶曲、层间错动等的应力，它是引起当今构造地震应力和最新地壳变形的应力源。

封闭应力：岩石在生成、风化和构造运动之后，由于构造和热力原因，在非均匀变形作用下，被封闭在岩体组织结构内的应力。

（二）地应力的影响因素

地应力是存在于地层中的未受扰动的天然应力，也称岩体初始应力。地壳深层岩体地应力分布复杂多变，造成这种现象的根本原因在于地应力的多来源性和多因素影响，但主要的还是地质构造、地形地貌、剥蚀作用、岩石力学性质、地质条件、水及岩体温度等几方面。

1. 地质构造

地质构造主要影响地应力的分布和传递。

1）在静应力场中，断裂构造对地应力大小和方向的影响是局部的；

2）在同一构造单元体内地应力的大小和方向均较一致，而靠近断裂或其他分离面附近地应力的大小和方向才有较大的变化；

3）在活动断层附近和地震地区，地应力大小和方向都有较大的变化；

4）地质构造面与地应力的关系：一般在水平面内，最大主应力的方向常垂直于构造线。

2. 地形地貌和剥蚀作用

地形的起伏可影响一定深度范围内的岩体自重应力，山谷谷底应力集中大。均质岩层，凹口应力集中比较规则，非均质岩层的岩体应力随岩性变化而变化。

水平地表附近的地应力，其主应力几乎与地表平行，在深处呈静水压力状态；斜坡局部上凸位置应力逐渐减小，下凹位置应力增大。

剥蚀可以造成巨大的水平应力，由构造作用于由剥蚀作用产生的水平应力区别在于：有构造作用产生的水平应力具有明显的方向性，而由剥蚀作用产生的水平力不具有方向性。

3. 岩石力学性质对地应力的影响

弹性模量较大的岩体有利于地应力积累，易发生地震和岩爆。塑性岩体易产生变形，不利于应力积累，在软硬相交和互层的情况下，会因变形不均匀而产生附加应力。

4. 地质条件对自重应力的影响

褶曲两翼，自重应力增大，褶曲中部，自重应力降低；向斜两翼应力降低，向斜核部应力增大。

断层两侧的岩块出现应力传递，使上大下小的楔体产生了卸荷作用，致使地应力降低；而下大上小的楔体出现加荷作用，地应力升高。

山峰处地应力低、沟谷处地应力高。

5. 水对地应力的影响

地下水对岩体地应力的大小有显著的影响，岩体中有节理、裂隙等不连通层面，这些裂隙里边含水，地下水的存在使岩石孔隙中产生孔隙水压力，孔隙水压力与岩石骨架的应力共同组成岩体的地应力。

6. 温度对地应力的影响

温度对地应力的影响主要体现在地温梯度和岩体局部温度两个方面。地温梯度可产生地温应力，岩体温度应力是压应力，随深度增加而增加。岩体的温度应力场为静压力场，可与自重应力场进行代数叠加，若岩体局部冷热不均，就会产生收缩、膨胀，导致岩体内部形成应力。

（三）地壳浅部地应力的变化规律

1）地应力是个非稳定应力场。岩体中原始应力绝大部分是以水平应力为主的三向不等压的空间应力场。其大小和方向与空间、时间的变化情况有关，属于非稳定应力场。

2）实测垂直应力 σ_z 基本等于上覆岩层重力 γH 。

3）水平应力普遍大于垂直应力。

4）原岩应力场为三向不等的压应力场。原岩应力一般处于三轴压应力状态，受地表地形地貌、山川河流和构造影响，分布复杂；受构造、岩层倾角或局部不均质的影响，主应力的方向将稍微偏离铅垂或水平方向。

（四）原岩应力的现场实测方法

原岩应力的现场实测方法包括应力解除法、孔径变形法、孔壁应变法、应力恢复法和水压致裂法。

1.应力解除法

它是目前岩体应力测量中最成熟、应用最广泛的方法，可测量洞室周围浅部和岩体深部的应力。

基本原理：岩体在应力作用下产生变形（或应变），当需测定岩体中某点的应力状态时，可将该点一定范围内的岩体与基岩分离，使该点岩体上所受的应力被解除，该单元体将产生弹性恢复的应变值或变形值，通过一定的量测元件和仪器量测出应力解除后的变形值，即可由此确定应力、应变或位移之间的关系计算原岩应力。

应力解除法的测量步骤如下：

1）在测试地点打大孔；

2）从大孔孔底打同心小孔；

3）在小孔中央位置安装测量探头；

4）用薄壁钻头延伸大孔，使小孔周围岩芯实现应力解除；

5）将岩芯与探头一并取回，进行围压率定和温度标定试验。

6）数据修正和处理，计算地应力值。

根据传感元件的类型和测量部位的不同分为孔径变形法、孔壁应变法和孔底应变法。

2.孔径变形法

孔径变形法是通过测量应力解除过程中钻孔直径的变化，而计算出垂直于钻孔轴线的平面内的应力状态，并可通过三个互不平行的钻孔的测量，确定一点的三维应力状态。

此法要求在能取得完整岩芯的岩体中进行，一般至少要能取出达到大孔直径 2 倍长度的岩芯。圆孔孔径的变化量为：

$$\Delta d=\frac{(1-\mu^2)}{E}d[(\sigma_x+\sigma_y)+2(\sigma_x-\sigma_y)\cos2\theta+4\tau_{xy}\sin2\theta] \tag{16-3-1}$$

式中 Δd——测量孔直径的变化量，与圆孔截面上孔壁的径向位移有关；

σ_x、σ_y、τ_{xy}——待确定的与钻孔垂直截面上的原岩应力分量。

由式（16-43）可知，为测定一点的空间应力状态，至少需有 3 个不同方向上孔径变化的测量值且 3 个钻孔要尽可能交汇于一点，才能解出 3 个未知数的值。

3.孔壁应变法

孔壁应变法是在一个钻孔中通过对孔壁应变的测量，即可完全确定岩体的 6 个空间应力分量，成本低、工作量小、速度快、精度高。但要求岩体完整性好，为弹性体，对应变片的粘贴技术要求较高，需防潮，为减轻应变片的粘贴难度，目前已开发出一些称之为三轴应变计的专用传感元件。

4.应力恢复法

在地下巷道洞壁上布置一对或若干对测点，每对测点间的距离依据所使用的引伸仪的尺寸而定，在两测点间的中线处，用金刚石锯切割一道狭缝槽，用扁千斤顶塞入狭缝槽内，并用混凝土填充狭缝槽，使扁千斤顶与洞壁岩体紧密胶结在一起，对扁千斤顶泵入高压油，通过扁千斤顶对狭缝两壁岩体加压，使岩壁之间的距离减小至最初的间距，此时扁千斤顶对岩壁施加的压力即为要测岩土的环向应力。

当槽壁不是岩体的主应力作用面，在挖槽前的槽壁上存在剪应力，剪应力产生的作用在应力恢复过程中并没有考虑进去，将引起误差。若应力恢复时岩体的应力应变关系与应力解除前不完全相同，也会产生误差。

5. 水压致裂法

水压致裂法是把高压水泵入到由栓塞隔开的试段中。当钻孔试段中的水压升高时，钻孔孔壁的环向压应力降低，并在某些点出现拉应力，随着泵入的水压力不断升高，钻孔孔壁的拉应力也逐渐增大，当钻孔中水压力引起的孔壁拉应力达到孔壁岩石抗拉强度时，就在孔壁裂隙形成拉裂，如人为的降低水压，孔壁拉裂隙将闭合，若再次泵入高压水流，则拉裂隙将再次张开，根据孔壁岩石压裂时的流体压力和重新张开时的流体压力，可换算出该试验段的水平地应力。

水压致裂沿最小阻力路径发展，无论垂直主应力的大小如何，钻孔壁上完整岩石的初始水压裂缝总是垂直于最小水平主应力方向。

水压致裂法适用于测量钻孔铅垂、自重应力不是最小主应力、岩体中原生裂隙不发育，渗透性弱的岩体。水压致裂法的特点：不需要套心，不受测量深度的限制，不需要使用应变计或变形记，施测范围大，不需要知道岩体的弹性模量。但它只能测出钻孔横截面方向的水平应力，无法确定一点的空间应力状态，主应力方向难确定。

历年真题

16-3-1. 岩体初始地应力主要包括（　　）。(2012B35)

A. 自重应力和温度应力　　B. 构造应力和渗流荷载

C. 自重应力和成岩引起　　D. 构造应力和自重应力

16-3-2. 已知均质各项异性岩体呈水平层状分布，其水平向与垂直向的弹模比为 1∶2，岩石的泊松比为 0.3，岩石的容重为 γ，问深度 h 处的自重应力状态是（　　）。(2013B35)

A. $\sigma_x=\sigma_y=0.25\sigma_z$　　B. $\sigma_x=\sigma_y=0.5\sigma_z$

C. $\sigma_x=\sigma_y=1.0\sigma_z$　　D. $\sigma_x=\sigma_y=1.25\sigma_z$

16-3-3. 关于地应力的分布特征，海姆假说认为（　　）。(2014B35)

A. 构造应力为静力压力状态

B. 地应力为静力压力状态

C. 地表浅部的自重应力为静水压力状态

D. 地表深部的自重应力为静水压力状态

16-3-4. 在均质各向同性的岩体内开挖一圆形洞室，当水平应力与垂向应力的比值为多少时，在围岩内会出现拉应力（　　）。(2016B35)

A. 1∶4　　B. 1∶3　　C. 1∶2　　D. 1∶1

答　案

16-3-1.【答案】(D)

初始应力一般是指地壳岩体处在未经人为扰动的天然状态下所具有的内应力，主要是在重力和构造运动综合作用下形成的应力，有时也包括在岩体的物理、化学变化及岩浆侵入等作用下形成的应力。对于岩体工程来说，主要考虑自重应力和构造应力，二者叠加起来构成岩体的初始应力场。

16-3-2.【答案】(A)

岩体的水平应力 $\sigma_x=\sigma_y=\lambda\sigma_z$，其中 $\lambda=\dfrac{\mu}{1-\mu}$，又由于弹模比 2∶1，则 $\sigma_x=\sigma_y=0.5\dfrac{\mu}{1-\mu}\sigma_z=0.25\sigma_z$。

16-3-3.【答案】(D)

海姆假说是解释岩体中初始应力状态的一种假说，由瑞士地质学家海姆于 1878 年提出。他在观察了高山隧洞的岩体情况之后指出：深隧洞岩体在各方向具有很大的应力，这些应力大小与上覆岩石质量有关，且在各方向近于相等，即岩体深处的应力分布符合静水压力状态。而浅部岩体受构造应力影响往往表现出跟静水压力不同的受力特征。

16-3-4.【答案】(B)

围岩出现拉应力即在某一角度上的正应力大于零，根据围岩在角度为 $\theta_1=\pi$ 的正应力计算公式：$\sigma_{\theta 1}=-\sigma_x+3\sigma_y>0$，即 $\sigma_x:\sigma_y=1:3$。

第四节　岩体力学在边坡工程中的应用

一、考试大纲

边坡的应力分布；变形和破坏特征；影响边坡稳定性的主要因素；边坡稳定性评价的平面问题；边坡治理的工程措施。

二、知识要点

(一) 基本概念

斜坡：倾斜的地面称为坡或斜坡。

边坡：露天矿及在水利、水电工程中开挖所形成的斜坡称为边坡。在铁路、公路建筑施工中所形成的路堤斜坡称为路堤边坡，开挖路堑所形成的斜坡称为路堑边坡。

边坡与坡顶面相交的部位称为坡肩，与坡底面相交的部位称为坡趾或坡脚，坡面与水平面的夹角称为坡面角或边坡角，坡肩与坡脚间的高差为坡高。

边坡按成因可分为自然边坡和人工边坡。

自然边坡：包括天然形成的山坡和谷坡，它是在地壳隆起或下陷过程中逐渐形成的。

人工边坡：由于人工活动形成的边坡，其几何参数可人为控制。

（二）岩质边坡

岩质边坡的特点：岩体结构复杂、断层、节理、裂隙互相切割、块体极不规则，其稳定性与岩体的结构、容重、强度、边坡坡度、高度、岩坡表面和顶部所受荷载、边坡的渗水性能、地下水位的高低等有关。

若岩坡内具有软弱结构面，在应力作用下岩体平衡遭到破坏，可导致大部分岩坡在丧失稳定性时出现滑动，其滑动面可能有三种：一种是沿着岩体软弱岩层滑动，另一种是沿着岩体中的结构面滑动；当这两种软弱面不存在时，也可能在岩体中滑动，岩体应力包括岩体重量、渗透压力、地质构造应力、地震惯性力、风力及温度应力等。

若岩体内的软弱结构面夹有粘土或泥质填充物，此类岩体遇水浸泡后，结构物中的软弱结构面将被软化，造成强度降低，岩坡沿着结构面发生滑动。

软弱岩层：主要是黏土页岩、凝灰岩、泥灰岩、云母片岩、滑石片岩以及含有岩盐或石膏成分的岩层，这类岩层遇水浸泡后易软化，强度大大降低，形成软弱层。

结构面：指沉积作用的层面、假整合面、不整合面，火成岩侵入结构面以及冷缩结构面，变质作用的片理、构造作用的断裂结构面等。

进行岩质边坡的稳定性分析时，应研究岩体中的应力场和各种结构面的组合关系。

（三）岩质边坡地应力分布特征

1）边坡面附近的主应力迹线发生明显偏转，表现为最大主应力与坡面近于平行，最小主应力与坡面近于正交，向坡体内逐渐恢复初始应力状态。

2）由于应力的重分布，在坡面附近产生应力集中带，不同部位其应力状态是不同的，在坡脚附近，平行坡面的切向应力显著升高，两垂直坡面的径向应力显著降低，由于应力差大，于是就形成了最大剪应力增高带，最易发生剪切破坏。在坡肩附近，在一定条件下坡面径向应力和坡顶切向应力可转化为拉应力，形成一拉应力带。边坡愈陡，则此带范围愈大，因此，坡肩附近最易拉裂破坏。

3）在坡面上各处的径向应力为零，因此坡面岩体仅处于双向应力状态，向坡内逐渐转为三向应力状态。

4）由于主应力偏转，坡体内的最大剪应力迹线也发生变化，由原来的直线变为凹向坡面的弧线。

5）在坡顶和坡面岩体中的主应力部分为拉应力，其分布受变形模量和泊松比控制，泊松比越大；坡面和坡顶处的拉应力区也越大，坡底则与之相反。

（四）边坡岩体的变形与破坏

岩质边坡的变形是指坡体只产生局部的位移和微破裂，岩块只出现微量的角变化，无明显的剪切位移或滚动，不致引起整体失稳。

岩质边坡的破坏是指坡体内形成贯通性的破坏面，坡体以一定的速度出现较大的位移。

1. 边坡岩体的变形

边坡岩体的变形可划分为卸荷回弹和蠕动。

（1）卸荷回弹

成坡前边坡岩体在天然应力作用下早已固结，在成坡过程中，由于荷重不断减少，边坡岩体在减荷方向（临空面）必然产生伸长变形，即卸荷回弹。天然应力越大，则向临空面方向的回弹变形量也越大。如果这种变形超过了岩体的抗变形能力时，将会产生一系列的张性结构面。如坡顶近于铅直的拉裂面，坡体内与坡面近于平行的压致拉裂面，坡底近于水平的缓倾角拉裂面等。由层状岩体组成的边坡，由于各层岩性的差异，变形程度不同，因而会出现差异回弹破裂，这些变形多为局部变形，一般不会引起边坡岩体的整体失稳。

边坡形成初始阶段，坡体内将出现一系列与坡面近于平行的陡倾张裂隙，使边坡岩体向临空方向张开，此过程即为松弛张裂。产生的张裂除可由应力重分布产生，亦可沿原有陡倾裂隙发育形成。

裂隙略呈弧形弯曲，仅有张开而无明显相对滑移，张开度及分布密度由坡面向深处逐渐减弱，处于稳定破裂期或减速蠕变阶段，当坡体应力不增加且结构强度不下降时，变形不会继续发展，坡体将保持稳定，松弛张裂包括如下几种类型：

① 回弹裂隙。边坡形成后，由于侧应力减弱，岩体向临空方向回弹，原来被压紧的裂缝张开，越靠近坡体顶面，裂隙张开度越大，向深处或向坡里张开度逐渐减小。

② 坡面、坡顶张力带裂隙。在较陡边坡的坡面、坡顶拉应力区中，抗拉强度弱的岩体以及具有与边坡走向近于平行的陡立软弱面的坡体，产生张裂隙，主要分布在陡坡前缘，不会向坡体内部延伸。

③ 坡脚应力集中带的张裂隙。当坡脚应力集中带应力超过此处岩体或与坡面平行的软弱面的抗拉强度时，将产生与坡面近于平行的张拉裂隙。从坡面向坡体内、下逐渐稀疏、变弱。当坡体内有缓倾角软弱面时，在平行于坡面的最大主应力作用下产生平行坡面的剪应力，造成被分割的岩体沿软弱面向外滑移，张裂隙向上逐渐尖灭或分支。

（2）蠕动

边坡岩体中的应力对于人类工程活动的有限时间来说，可以认为是保持不变的。在这种近似不变的应力作用下，边坡岩体的变形也会随时间不断增加，这种变形称为蠕变变形。当边坡内的应力未超过岩体的长期强度时，则这种变形引起的破坏是局部的，反之，这种变形将导致边坡岩体的整体失稳。当然这种破裂失稳是经过局部破裂逐渐产生的，几乎所有的岩体边坡失稳都要经历这种逐渐变形破坏过程。研究表明，边坡蠕变变形的影响范围是很大的，某些地区可达数米至数百米、数千米长。

边坡岩体经松动后，在重力作用下将向临空方向进行长期的缓慢变形。它由岩石的粒间滑动（塑性变形）或岩石裂纹微错在长期应力作用下，岩石内部的一种缓慢的调整性变形，当坡体中由自重应力引起的剪应力与岩体长期抗剪强度相比很低时，坡体减速蠕动，当坡体应力值接近或超过岩体的长期抗剪强度时，坡体进入加速蠕动。按岩体蠕动的特征，分为表层蠕动和深层蠕动两种。

① 表层蠕动。

边坡上部岩体在长期重力作用下，发生向临空方向的缓慢变形，形成一个剪变带，岩体位移由坡面向内逐渐降低甚至消失。在松散岩体及土质边坡中，这类蠕动十分明显。软弱面愈密集，倾角愈陡且走向近平行于坡面时，表层蠕动更明显，使松动裂隙张开向纵深发展。

在重力作用下，由坡面蠕动所产生的岩体变形与构造变形有所区别。前者常沿软弱面两侧拉开并出现张裂，层面上侧向边坡下滑动，层面下侧向上滑动，其变形分布有一定深度，而构造变形不具此性质。经过重力长期作用形成的蠕动坡体具有较低的稳定性。

② 深层蠕动。

它主要发育在边坡下部或坡体内部，按形成机制分为软弱基座蠕动和坡体蠕动。

软弱基座蠕动：坡体基座产状较缓且具有一定的相对软弱岩层，在坡体上覆岩层自重应力作用下，造成基座部分向临空方向蠕动，并引起上覆坡体变形与解体。当上覆岩层具有一定柔性时，软弱面会出现揉曲，脆性层中将产生张拉裂隙，当上覆岩层整体呈脆性时，岩体产生不均匀沉降，岩体破裂。

当软弱基座塑性较大时，坡脚将向临空方向蠕动和挤出；当软弱基座具有一定脆性时，将通过密集的张拉破裂使软弱层错位变形，二者产生的变形均由坡面向深处扩展。

坡体蠕动：坡体沿缓倾角的软弱结构面，向临空方向缓慢移动的现象。在卸荷裂隙发育且有缓倾角软弱面的坡体中比较普遍，通常在蠕滑型裂隙基础上发育而成。

坡体蠕动的坡体需有缓倾角软弱结构面和发育着的陡倾裂隙。

缓倾角软弱面（如夹泥）的抗滑性能差，在坡体重力作用下易产生缓慢变形，坡体发生轻微转动，在应力集中的转折处先发生破坏，继续遭到破坏，形成次一级剪切面，并伴有架空现象，进一步发展后形成连续滑面，当滑面上的下滑力超过抗滑力时，坡体坍塌破坏。

2. 边坡岩体的破坏

当边坡岩体内出现与外界贯通的破坏面以后，被分割的岩体将以一定的加速度脱离母体，边坡岩体发生破坏，崩塌和滑坡是其中的两种边坡破坏形式。

由于崩塌形成的岩堆给后侧坡角以侧向压力，再次发生崩塌的突破处将上移，造成崩塌在边坡上逐次后退，规模逐渐变小。

剥落是组成边坡的岩石具有薄层状或页片状结构面（如页岩、片岩、强烈风化的片劈理发育的粉砂岩），这些岩石的性质软弱、结构面密集，在长期风化作用下，岩体呈片状破裂，受雨水冲刷和其他外营力作用，边坡表部岩体呈片层状沿边坡坡表面剥落，规模小、速度慢。

（1）滑坡分类

根据滑坡岩土体的组成、滑动幅度、力学性质、滑体形态、滑体规模、滑体厚度及发展阶段，将滑坡分为表16-4-1中几类。

滑坡分类　　　　**表16-4-1**

划分依据	名称类型	特征说明
按滑坡面通过的岩层情况分	同类土滑坡	发生在层理部明显的均质黏性土或黄土中，滑动面均匀光滑
	顺层滑坡	沿岩层面或裂隙面滑动，或沿坡积体与岩基交界面及岩基间不整合面等滑动，大部分在顺倾向的山坡上
	切层滑坡	滑动面与岩层面相切，常沿顺向山外的一组断裂面发生，滑坡床多呈折线状，多分布在逆倾向岩层的滑坡上

续表

划分依据	名称类型	特征说明
按滑坡体厚度分	浅层滑坡	滑坡体厚度在 6m 以内
	中层滑坡	滑坡体厚度在 6～20m
	深层滑坡	滑坡体厚度超过 20m
按引起滑动的力学性质分	推移式滑坡	上部岩层滑动挤压下部产生变形，滑动速度较快，多具楔形环谷外貌，滑体表面波状起伏，多见于有堆积物分布的倾斜地段
	牵引式滑坡	下部先滑动上部失去支撑而变形滑动，一般速度较慢，多具上小下大的塔式外貌，横向张开裂隙发育，滑体表面多呈阶梯状或陡坎状，常形成沼泽地
按形成原因分	工程滑坡	由于施工开挖引起的滑坡，它包括：工程新滑坡，由于山体开挖形成的滑坡；工程复活古滑坡，久已存在的滑坡，由于山体开挖引起重新活动
	自然滑坡	由于自然地质作用形成的滑坡。它包括：老滑坡：坡体上有高大的树木，残留部分环谷、断壁擦痕；新滑坡：外貌清新，断壁新鲜
按发生后的活动性质分	活滑坡	发生后仍在活动的滑坡。后壁及两侧有新鲜擦痕，体内有开裂、鼓起或前缘有挤出等变形迹象，其上偶有旧房遗址，幼小树木歪斜生长
	死滑坡	发生滑坡后已稳定，并已停止发展，一般情况下不可能重新活动，坡体上植被较茂盛，常有居民点
按滑坡体体积分	小型滑坡	＜5000m
	中型滑坡	5000～50000m
	大型滑坡	50000～100000m
	巨型滑坡	＞100000m

（2）岩质边坡的破坏类型

霍克将岩质边坡的破坏划分为平面滑动、楔形状滑动、圆弧形滑动和倾倒破坏四类，见表 16-4-2。

岩质边坡的破坏分类 **表 16-4-2**

类型	亚类	示意图	主要特征	
平面滑动	单平面滑动		滑动面倾向与边坡面基本一致，并存在走向与边坡垂直或接近垂直的切割面，滑动面的倾角小于边坡角且大于其摩擦角	一个滑动面，常见于倾斜层状岩体边坡中
	同向双平面滑动			一个滑动面和一个接近铅直的张裂缝，常见于倾斜层状岩体边坡中
				两个倾向相同的滑动面，下面一个为主滑面
	多平面滑动			三个或三个以上滑动面，常可分为两组，其中一组为主滑动面

续表

类型	亚类	示意图	主要特征
楔形状滑动		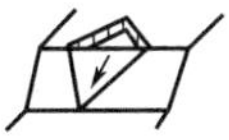	两个倾向相反的滑动面，其交线倾向与坡向相同，倾角小于坡角且大于滑动面的摩擦角，常见于坚硬块状岩体边坡中
圆弧滑动			滑动面近似圆弧形，常见于强烈破碎、剧风化岩体或软弱岩体边坡中
倾倒破坏			岩体被结构面切割成一系列倾向于坡向相反的陡立柱状或板状体，当为软岩时，岩柱向坡面产生弯曲；为硬岩时，岩柱被横向结构面切割成岩块，并向坡面翻倒

平面滑动是一部分岩体在重力作用下沿某一软弱面（层面、断层、裂隙）的滑动，滑动面倾角大于该平面的内摩擦角。

楔形滑动是岩体沿两组（或两组以上）软弱面滑动，在挖方工程中，如果两个不连续面的交线出露，则楔形岩体失去支撑产生滑动。

圆弧滑动的滑动面通常呈弧形状，此滑动一般产生于非成层的均质岩体中。

岩坡的滑动过程一般分为三个阶段，即：蠕动变形阶段、滑动破坏阶段和逐渐稳定阶段。

蠕动变形阶段：坡面、坡顶出现拉张裂缝并逐渐加长、加宽，滑坡前缘有时出现挤出现象，地下水有时会发出响。

滑动破坏阶段：滑坡后缘迅速下陷，岩体迅速下滑，造成极大危害。

逐渐稳定阶段：疏松滑体逐渐压密，滑体上的草木逐渐生长，地下水渗出由浑变清。

（五）边坡稳定性影响因素

影响岩体边坡变形破坏的因素主要有：岩性、岩体结构、水的作用、风化作用、地震、天然应力、地形地貌及人为因素等。

1. 岩性

这是决定岩体边坡稳定性的物质基础。一般来说，构成边坡的岩体越坚硬，又不存在产生块体滑移的几何边界条件时，边坡不易破坏，反之则容易破坏而稳定性差。

2. 岩体结构

岩体结构及结构面的发育特征是岩体边坡破坏的控制因素。首先，岩体结构控制边坡的破坏形式及其稳定程度，如坚硬块状岩体，不仅稳定性好，而且其破坏形式往往是沿特定的结构面产生的块体滑移，又如散体状结构岩体（如剧风化和强烈破碎岩体）往往产生圆弧形破坏，且其边坡稳定性往往较差；其次，结构面的发育程度及其组合关系往往是边坡块体滑移破坏的几何边界条件，如平面滑动和楔形体滑动都是被结构面切割的岩块沿某个或某几个结构面产生的滑动形式。

（1）水的作用

水的渗入使岩土的质量增大，进而使滑动面的滑动力增大；其次，在水的作用下岩土被软化而抗剪强度降低；另外，地下水的渗入对岩体产生动水压力和静水压力，这些都会对岩体边坡的稳定性产生不利影响。

（2）风化作用

风化作用使岩体内裂隙增多、扩大，透水性增强，抗剪强度降低。

（3）地形地貌

边坡的地形、坡高及坡度直接影响坡内的应力分布特征，进而影响边坡的变形破坏形式及边坡的稳定性。

（4）地震

因地震波的传播而产生的地震惯性力直接作用于边坡岩体，加速边坡破坏，地震对边坡稳定性的影响，是因为水平地震力使法向压力削减和下滑力增强，促使边坡易于滑动。

（5）天然应力

边坡岩体中的天然应力特别是水平天然应力的大小，直接影响边坡拉应力及剪应力的分布范围与大小。在水平天然应力大的地区开挖边坡时，由于拉应力及剪应力的作用，常直接引起边坡变形破坏。

（6）人为因素

边坡的不合理设计、爆破、开挖或加载，大量生产生活用水的渗入等都能造成边坡的变形破坏，甚至整体失稳。

（六）边坡稳定性评价方法

边坡稳定性分析是确定边坡是否处于稳定状态，是否需要进一步加固治理，防止发生破坏的重要手段。

进行岩质边坡稳定性分析时，应首先查明岩坡可能发生的滑动类型，根据滑动类型确定相应的分析方法。平面分析中，常把滑动面简化为圆弧、平面和折面，把岩体看作刚体，按莫尔—库仑强度准则，对指定的滑动面进行稳定验算。

目前用于岩质边坡稳定性分析的方法分为定性分析法和定量分析法。

定性分析法：是在工程地质勘察工作的基础上，对边坡岩体变形破坏可能性及破坏形式而进行的初步判断，包括工程类比法和图解法（赤平极射投影法、实体比例投影法、摩擦圆法等）。

定量分析法：是在定性分析的基础上，应用一定的计算方法对边坡岩体进行稳定性计算机定量的评价，主要分析方法有极限平衡法、极限分析法（有限元法、离散元法等）及可靠度分析法（蒙特卡洛法和随机有限元法）等。

极限平衡法只考虑滑动面上的极限平衡状态，不考虑岩体变形，假设岩体为刚体，根据滑体或滑体分块的静力平衡原理，分析边坡各种破坏模式下的受力状态，利用边坡滑体上的抗滑力、下滑力评价边坡稳定性。

极限平衡法分为Fellenius法、Bishop法、Janbu法、Sarma法、楔形体法、平面破坏计算法和传递系数法等。

极限平衡法基本原理为：假设边坡由均质介质构成，抗剪强度服从库仑准则；假设可能发生的滑动破坏面为圆弧形，对每个圆弧所对应的安全系数进行计算，其中最小的为最危险滑动面；将滑动体分为 N 个垂直条块，假设每条快间不存在相互作用力；各圆弧面上的安全系数 F_s 可根据公式计算得出，根据 F_s 对滑动面的稳定性作出判断。

1.滑动面上岩体的抗剪强度符合库仑准则

其公式为：

$$\tau = c + \sigma \tan\varphi \tag{16-4-1}$$

式中　τ——作用于滑动面上的剪应力；

c——滑动面上的黏聚力；

φ——滑动面上的内摩擦角；

σ——作用于滑动面上的法向应力。

2.计算安全系数（F_s）

它是最危险滑动面作用的最大抗滑力（或力矩）与下滑力（或力矩）的比值，即：

$$F_s = \frac{\text{抗滑力(或抗滑力矩)}}{\text{下滑力(下滑力矩)}} \tag{16-4-2}$$

若 $F_s > 1$，滑动面稳定；$F_s < 1$，滑动面不稳定；$F_s = 1$，滑动面处于极限平衡状态。

（1）岩坡圆弧法稳定分析

对均质的及没有断裂面的岩坡，常发生圆弧滑动。

思路：假定滑动面为圆弧面，滑体为刚体，分析滑动面上的滑动力（或滑动力矩 M_s）和抗滑力（或抗滑力矩 M_R），计算岩坡稳定安全系数，进行边坡稳定性的判别。

采用条分法对圆弧滑面进行划分，即把岩石均分为多个条形进行计算，分析过程如下。

如图 16-4-1 所示，把滑体分为 n 条，对于第 i 条岩条滑弧上，法向力 N_i 和切向力 T_i 为：

$$N_i = W_i \cos\theta_i, T_i = W_i \sin\theta_i \tag{16-4-3}$$

抗滑力：$R_i = c_i l_i + N_i \tan\varphi_i$，作用方向与岩体滑动方向相反；

下滑力：$T_i = W_i \sin\theta_i$；

抗滑力矩：$(M_R)_i = (c_i l_i + N_i \tan\varphi_i)R$；

下滑力矩：$M_s = T_i R = W_i \sin\theta_i R$。

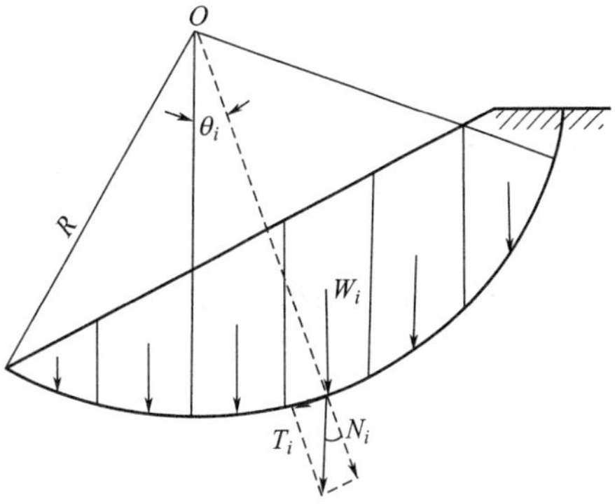

图 16-4-1

对每一条岩条进行类似分析，可得到总的抗滑力、抗滑力矩、下滑力和下滑力矩，由此得出整个滑动面的安全系数为：

$$F_s = \frac{\sum_{i=1}^{n} c_i l_i + N_i \tan\varphi_i}{\sum_{i=1}^{n} T_i} = \frac{\sum_{i=1}^{n} (c_i l_i + N_i \tan\varphi_i) R}{\sum_{i=1}^{n} T_i R} \tag{16-4-4}$$

若坡体含水，则应确定岩体的有效压力 N'_i，$N'_i = N_i - u l_i$，u 为静水压力，则安全系数为：

$$F_s = \frac{\sum_{i=1}^{n} c_i l_i + N'_i \tan\varphi_i}{\sum_{i=1}^{n} T'_i} \tag{16-4-5}$$

由于圆心和滑动面是任意假定的，因此要假定多个圆心和相应的滑动面进行计算，找出其中最小的安全系数，即为真正的安全系数，对应的圆心和滑动面为最危险滑心和滑动面。

根据圆弧法的大量计算结果，有人绘制了坡高与坡角的关系曲线，如图 16-4-2 所示，在这个曲线图上，横轴表示坡角 α，纵轴表示坡高系数 H'，H_{90} 表示为坡顶张裂缝的最大深度。

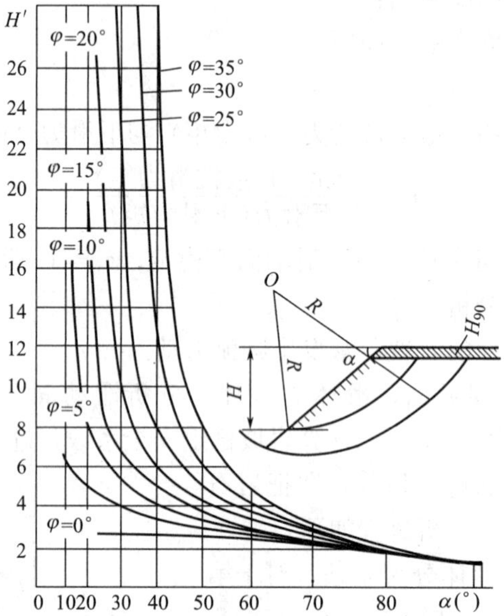

图 16-4-2

此曲线中坡高与坡角的计算关系如下：

$$H = H' \cdot H_{90} \tag{16-4-6}$$

$$H_{90} = \frac{2c}{\gamma}\tan\left(45° + \frac{\varphi}{2}\right) \tag{16-4-7}$$

式中　H——实际坡高；

H'——坡高系数；

γ、c、φ——岩体重度、黏聚力和内摩擦角。

由曲线定坡高或坡角的方法计算：

① 已知 γ、c、φ，根据公式（16-4-7）求出 H_{90}；

② 若已知坡角 α，在曲线上求得坡高系数 H'，根据公式（16-49）求得实际坡高 H；

③ 若已知坡高 H，根据公式（16-4-6）求得坡高系数 H'。

（2）平面滑动岩坡稳定分析

岩坡产生平面滑动的一般条件包括：

① 滑动面的走向与坡面平行或近于平行（在 ±20° 之内）；

② 滑动面的倾角 i 小于坡面的倾角 β，即 $i < \beta$；

③ 滑动面倾角 β 大于滑面摩擦角 φ，即 $\beta > \varphi$；

④ 岩体必须被分离；

⑤ 滑动面于张裂隙平行、张裂隙垂直；

⑥ 几个力均作用于重心处。

1）滑体沿单个滑面滑动时的稳定分析。

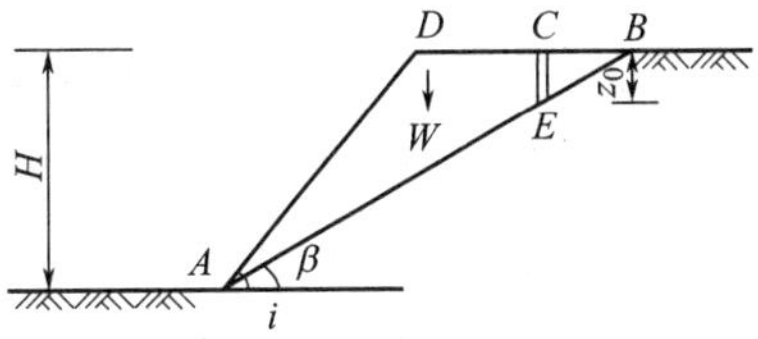

图 16-4-3

如图 16-4-3 所示，岩坡坡顶水平，坡角为 i，坡内具有倾角为 β 的软弱面 AB，产生破坏下滑楔体 ABD，ABD 重力 $W=\frac{\gamma H^2}{2}\cdot\frac{\sin(i-\beta)}{\sin i\sin\beta}$，则此边坡的安全系数 F_s 为：

$$F_s=\frac{总抗滑力}{总下滑力}=\frac{\frac{cH}{\sin\beta}+W\cos\beta\tan\varphi}{W\sin\beta} \tag{16-4-8}$$

顺层滑动的滑体一般不是 ABD 楔体，而是 $AECD$ 楔体。EBC 楔体保留原地不动，滑体滑动时，在滑体后部产生张拉应力，在滑体后缘出现张拉裂缝，张拉裂缝的极限深度为：

$$z_0=\frac{2c}{\gamma}\tan\left(45°+\frac{\varphi}{2}\right) \tag{16-4-9}$$

2）滑体沿多个滑面滑动时的稳定分析。

当滑动面由多个结构面组成时，滑动面成为不规则曲面，无法使用极限平衡法进行分析，目前我国铁路部门与工民建等部门习惯采用传递系数、国外采用萨尔玛法进行分析。

传递系数法适用于任意形状的滑面，需求出作用于预应力锚索桩上的土压力或滑坡推力。

传递系数法所做的假定如下：

① 滑坡体不可压缩并作整体下滑，不考虑条块之间的挤压变形；

② 条块之间只传递推力不传递拉力，不出现条块之间的拉裂；

③ 块间作用力以集中力表示，它的作用线平行于前一块的滑面方向，且作用在界面的中点；

④ 顺滑坡主轴取单位长度（一般为 1.0m）宽的岩土体作为计算的基本断面，不考虑条块两侧的摩擦力。

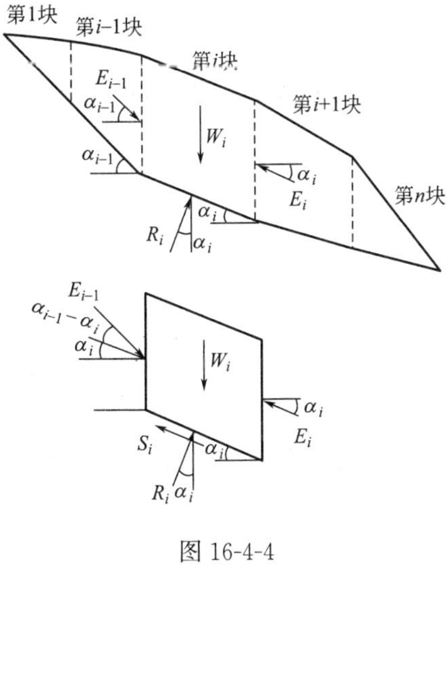

图 16-4-4

如图 16-4-4 所示，第 i 条块的剩余下滑力（即该部分的滑坡推力）E_i 为：

$$E_i=W_i\sin\alpha_i-W_i\cos\alpha_i\tan\varphi_i-c_il_i+\psi_iE_{i-1} \tag{16-4-10}$$

式中　E_{i-1}——第 $i-1$ 条块的剩余下滑力；

W_i——第 i 块滑体重力；

α_i——第 i 块滑体的滑面倾角；

φ_i——第 i 块滑体滑面上岩土的内摩擦角；

l_i——第 i 块滑体的滑面长度；

ψ_i——传递系数，$\psi_i=\cos(\alpha_{i-1}-\alpha_i)-\sin(\alpha_{i-1}-\alpha_i)\tan\varphi_i$。

计算时从上往下逐块计算，如果最后一块的

E_i，若：$E_i>0$，则滑坡体不稳定；$E_i=0$，则滑极限平衡；$E_i<0$，则滑坡体稳定。

安全系数 F 一般采用加大自重下滑力来计算：

$E_i=FW_i\sin\alpha_i-W_i\cos\alpha_i\tan\varphi_i-c_il_i+\psi_iE_{i-1}$，$F=1.05\sim1.25$。

注意：若计算断面中有逆坡，则倾角 α_i 为负值，则 $W_i\sin\alpha_i$ 也是负值，因此 $W_i\sin\alpha_i$ 变成了抗滑力，在计算滑坡推力时，$W_i\sin\alpha_i$ 项就不需要乘以安全系数了。

（3）楔形滑动岩坡稳定分析

岩体内的滑动结构软弱面走向与坡顶线相切，分离的楔形体沿着两个这样的平面的交线发生错动。

设滑动面 j、s 的内摩擦角为 φ_j、φ_s，两滑面的交线的倾角为 β_s，交线的法线与滑动面之间的夹角为 w_s、w_j，则楔形体对滑动的安全系数为：

$$F_s=\frac{\sin\theta}{\sin\dfrac{\xi}{2}}\cdot\frac{\tan\varphi_j}{\tan\beta_s} \tag{16-4-11}$$

式中　ξ——两个滑动面之间的夹角，$\xi=w_j+w_s$；

θ——滑动面底部水平面与此夹角的交线之间的角度（自底部水平逆时针转向算起），$\theta=90°-w_j/2+w_s/2$。

（七）岩质边坡的加固与治理

1.边坡整治的原则

1）以防为主，辅以治理；

2）坚持以工程地质条件为依据；

3）安全性；

4）技术经济合理性；

5）实施的可能性；

6）重视社会人文因素；

7）重视环保绿化；

8）可以绕壁时应尽量绕壁等。

2.整治措施

（1）坡面防护

包括抹面防护、锤面防护、喷砂浆和喷混凝土防护、勾缝和灌浆、作护面墙、干砌片石防护和浆砌片护坡等。

（2）支挡工程

采用抗滑挡土墙、抗滑桩，锚杆加固防护，锚杆加固是防治岩质边坡滑坡和崩塌的有效措施。

（3）边坡植物防护

在边坡上种草、铺草皮、种树、土工网植草、喷混植生植物、植生基质喷射防护等。

（4）边坡综合防护技术

将边坡加固、边坡水土保持和生态恢复综合在一起进行边坡防护。可采用三维植被网结合植被护坡技术。

（5）边坡排水

采用疏、堵、绿、补等措施，有效地疏导进入边坡的地表水和地下水，设置跌水槽、急流槽、截水沟、排水沟等排水措施。

“堵”就是要堵住已损毁的圬工、砌体的孔隙和裂缝等处的渗漏水，同时还需要降低地下水位，防止地下水位升高渗入边坡。

“绿”就是在边坡种植低矮灌木类植物，通过绿化植物的根系来固土护坡。

“补”就是要及时填补边坡缺土。

（6）减荷反压措施

减荷在于降低坡体下滑力，将滑坡体后缘的岩土体削去一部分或将较陡的边坡减缓。

反压是将减荷削下的土石堆于边坡或滑体前缘的阻滑部位。

在实际中要结合具体情况，因地制宜，灵活应用，将工程防护中的一种或几种措施和植物防护中的一种或几种措施结合起来，才能发挥其花钱少、见效快、防治效果好的优点。

历年真题

16-4-1. 天然应力场下，边坡形成后，边坡面附近的主应力迹线发生明细的偏转，最小主应力方向与坡面的关系表现为（　　）。（2011B51）

A. 近于平行　　B. 近于正交　　C. 近于斜交　　D. 无规律

16-4-2. 下列影响岩体边坡稳定性的各种因素中，影响最小的因素是（　　）。（2011B56）

A. 岩体边坡的形状　　B. 岩体内温度场

C. 岩石的物理力学特性　　D. 岩体内地下水运动

16-4-3. 下列关于均匀岩质边坡应力分布的描述中，哪一个是错误的（　　）。（2012B51）

A. 愈接近于临空面，最大主应力方向愈接近平行于临空面，最小主应力方向接近垂直于临空面

B. 坡面附近出现应力集中，最人主应力方向垂直于坡角，最小主应力方向垂直于坡面。

C. 临空面附近为单向应力状态，向内过渡为三向应力状态

D. 最大剪应力迹线为凹向临空面的弧形曲线。

16-4-4. 岩石边坡内某一结构面上的最大、最小应力分别为 σ_1、σ_3，当有地下水压力 P 作用时，其应力状态莫尔圆该用下列哪个图表示（　　）。（2012B52）

A.

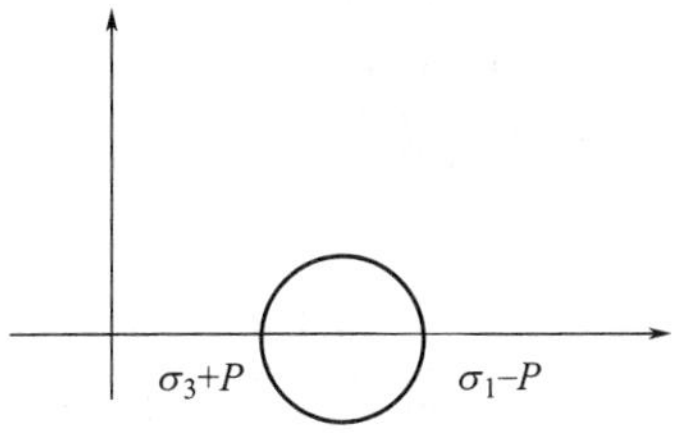

B.

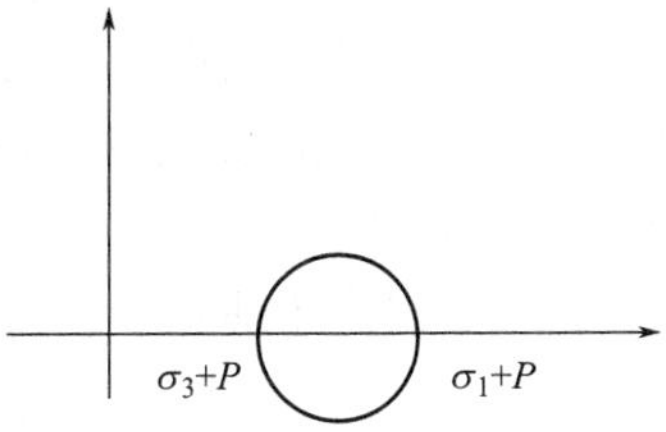

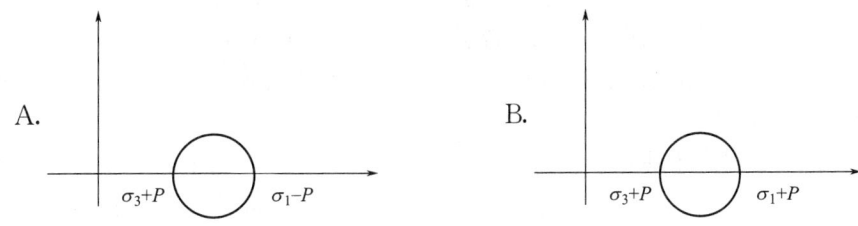

C. 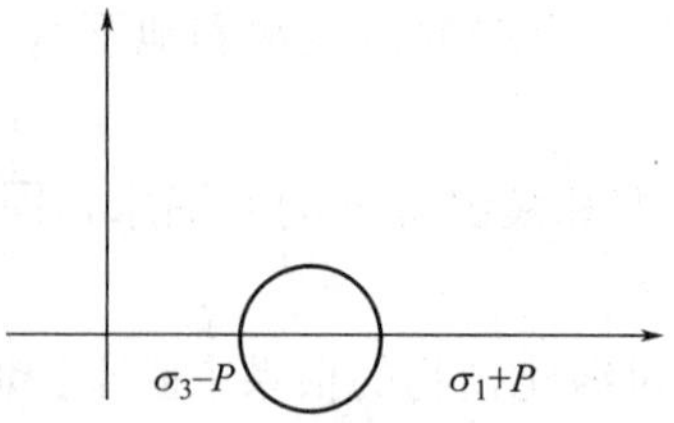

D. 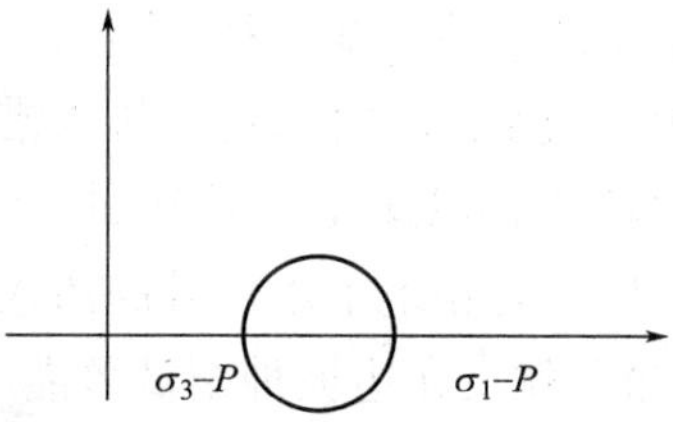

16-4-5. 已知岩石容重为 γ，滑面黏聚力 c，内摩擦角 φ，当岩坡按单一平面滑动时，其滑动体后部可能出现的张裂缝的深度为（　　）。(2013B51)

A. $H=(2c/\gamma)\tan(45°-\varphi/2)$　　B. $H=(2c/\gamma)\tan(45°+\varphi/2)$

C. $H=(c/2\gamma)\tan(45°-\varphi/2)$　　D. $H=(c/2\gamma)\tan(45°+\varphi/2)$

16-4-6. 工程开挖形成边坡后，由于卸荷作用，边坡的应力将重新分布，边坡周边迹线发生明显偏转，在愈靠近临空面的位置，对于其主应力分布特征，下列各项中正确的是（　　）。(2013B52)

A. σ_1 越接近平行于临空面，σ_2 则与之趋于正交

B. σ_1 越接近平行于临空面，σ_3 则与之趋于正交

C. σ_2 越接近平行于临空面，σ_3 则与之趋于正交

D. σ_3 越接近平行于临空面，σ_1 则与之趋于正交

16-4-7. 以下岩体结构条件，不利于边坡稳定的情况是（　　）。(2014B45)

A. 软弱结构面和坡面倾向相同，软弱结构面倾角小于坡角

B. 软弱结构面和坡面倾向相同，软弱结构面倾角大于坡角

C. 软弱结构面和坡面倾向相反，软弱结构面倾角小于坡角

D. 软弱结构面和坡面倾向相反，软弱结构面倾角小于坡角

16-4-8. 岩质边坡发生曲折破坏时，一般是在下列哪种情况下（　　）。(2014B51)

A. 岩层倾角大于坡面倾角　　B. 岩层倾角小于坡面倾角

C. 岩层倾角与坡面倾角相等　　D. 岩层是直立岩层

16-4-9. 对数百米坡倾的岩石高边坡进行工程加固时，下列措施中哪种是经济可行的（　　）。(2014B52)

A. 锚杆和锚索　　B. 灌浆和排水　　C. 挡墙和抗滑桩　　D. 削坡减载

16-4-10. 在高应力条件下的岩石边坡开挖，最容易出现的破坏现象是（　　）。(2016B51)

A. 岩层弯曲　　B. 岩层错动　　C. 岩层倾倒　　D. 岩层断裂

16-4-11. 排水对提高边坡的稳定性具有重要作用，主要是因为（　　）。(2016B52)

A. 增大抗滑力　　B. 减小下滑力

C. 提高岩土体的抗剪强度　　D. 增大抗滑力，减小下滑力

16-4-12. 地震条件下的岩石边坡失稳，下列哪种现象最为普遍（　　）。(2018B51)

A. 开裂与崩塌　　B. 岩层倾倒　　C. 坡体下滑　　D. 坡体错落

16-4-13. 通过设置挡墙、抗滑桩、锚杆（锁）支护措施，可改善斜坡力学平衡原因是（　　）。(2018B52)

A. 提高了地基承载力　　B. 提高了岩土体的抗剪强度

C. 减小了斜坡下滑力　　D. 增大了斜坡抗滑力

答　案

16-4-1.【答案】(B)

无论在什么样的天然应力下，斜坡岩体的主应力迹线发生明显的偏转，越靠近边坡，最小主应力方向与坡面的关系为近乎正交，最大主应力越接近平行于斜坡临空面。

16-4-2.【答案】(B)

影响岩体边坡稳定性的内在因素：包括地貌条件、岩石性质、岩体结构与地质构造等。外在因素：包括水文地质条件、风化作用，水的作用、地震和人为因素等。B项，岩体内温度场对于边坡稳定性影响不大，其主要是对于岩体内部水的状态有影响。

16-4-3.【答案】(D)

边坡内的应力分布有如下特征：①无论在何种天然应力场下，边坡面附近的主应力迹线均明显偏转，表现为最大主应力与坡面接近于平行，最小主应力与坡面接近于正交，向坡体内逐渐恢复初始应力状态。②由于应力的重分布，在坡面附近产生应力集中带，不同部位的应力状态是不同的。在坡脚附近，平行坡面的切向应力显著升高，而垂直坡面的径向应力显著降低。由于应力差大，形成了最大剪应力增高带，最易发生剪切破坏；在坡肩附近，在一定条件下坡面径向应力和坡顶切向应力可转化为拉应力，形成拉应力带，边坡愈陡，此带范围越大。因此，坡肩附近最易拉裂破坏。③在坡面上各处的径向应力为零，因此坡面岩体仅处于双向应力状态，向坡内逐渐转为三向应力状态。④由于主应力偏转，坡体内的最大剪应力迹线也发生变化，由原来的直线变为凹向坡面的弧线。

16-4-4.【答案】(D)

由于岩石中存在孔隙水压力，使真正作用在岩石上的围压值 σ_3 减小。根据岩石在三向压缩应力作用下的特点，随围压减小，它所对应的极限主应力 σ_1 也减小。若用莫尔极限应力圆来表示，由于孔隙压力的存在使得极限应力圆整体向左侧移动，如D项所示。

16-4-5.【答案】(B)

在实际的观察中，顺层滑动的滑体一般都不是 ABD 楔形体，而是 $AECD$ 楔形体。EBC 楔形体则保持不动。这说明当滑动面上楔形体滑动时。靠近滑体的后部产生张拉力，产生后缘裂缝 CE，其极限深度是 $H=(2c/\gamma)\ \tan(45°+\alpha/2)$。

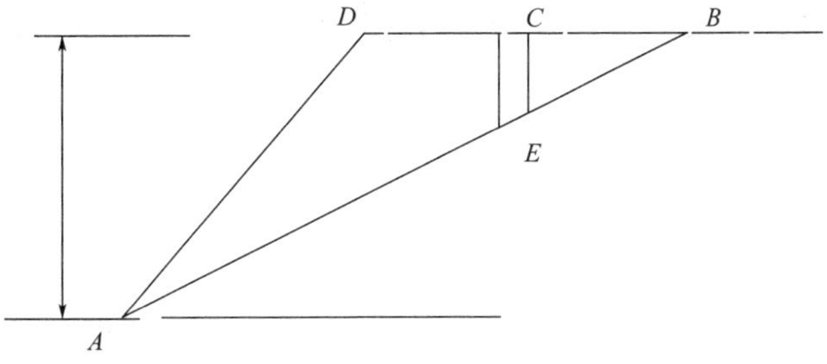

16-4-6.【答案】(B)

工程开挖形成边坡后，坡体应力将重新分布，边坡周围的主应力迹线发生明显偏转。其总的特征包括：①愈靠近临空面，最大主应力（σ_1）愈接近平行临空面，数值愈大；

②愈靠近临空面，最小主应力（σ_3）愈接近垂直临空面，数值愈小。

16-4-7.【答案】（A）

在多种边坡情况的稳定性中，反倾边坡较顺倾边坡（即软弱结构面和坡面倾向相同）稳定，结构面倾角大于边坡倾角情况较结构面倾角小于边坡倾角稳定。若软弱结构面和坡面倾向相同，软弱结构面倾角小于坡角，非常容易产生顺层滑坡。

16-4-8.【答案】（C）

当岩层成层状沿坡面分布时，由于岩层本身的重力作用，或由于裂隙水的冰胀作用，增加了岩层之间的张拉应力，使坡面岩层曲折，导致岩层破坏，岩块沿坡向下崩落。根据曲折破坏的特点，只有岩层平行于坡面分布时，即岩层倾角与坡面倾角相同，才会发生曲折破坏。

16-4-9.【答案】（A）

A 项，锚杆（索）是一种受拉结构体系，其直接在滑面上产生抗滑阻力，增大抗滑摩擦阻力，使结构面处于压紧状态，以提高岩体的整体性，从而从根本上改善岩体的力学性能，有效地控制岩体的位移，促使其稳定，达到整治顺层、滑坡及危岩石的目的，适用于加固高陡边坡；B 项，灌浆的目的在于提高岩体的完整性，不能完全改变边坡的下滑趋势，排水有利于边坡的稳定，但只能作为辅助措施；C 项，挡墙和抗滑桩原则上仅适用于高度有限的缓倾斜边坡；D 项，削坡减荷，既可减小下滑力，又可消除可能引起斜坡破坏（即岩崩和滑坡）的不稳定或潜在不稳定的部分，但对于高边坡而言，全部采用削坡减荷成本高，不经济。

16-4-10.【答案】（D）

在高应力作用下，开挖岩石边坡时，高地应力突然释放，最容易导致岩层断裂。

16-4-11.【答案】（C）

排水对提高边坡的稳定性具有重要作用，边坡排水后，直接提高了岩土体的抗剪强度，进而增大了抗滑力和抗滑力矩。

16-4-12.【答案】（C）

据《岩土工程勘察规范》GB 50021—2001（2009 年版）第 5.8.3 条。

16-4-13.【答案】（A）

增大了斜坡的抗滑动能力。

第五节　岩体力学在岩基工程中的应用

一、考试大纲

岩基的基本概念；岩基的破坏模式；基础下岩体的应力和应变；岩基浅基础、岩基深基础的承载力计算。

二、知识要点

（一）岩基的基本概念

直接承受建筑物荷载的那部分地质体称为地基。岩土体作为建筑物的地基称为地基土；若岩体作为建筑物的地基则称为岩基。对于一般的工业级民用建筑物，由于建筑物荷载较小，而岩基强度高、刚度大，出现变形或破坏的可能性小，但对于工程地质性质较差的岩体或建筑物荷载较大，有时则可能会因地基岩体强度不足或变形过量而破坏。

岩石按强度划分见表 16-5-1。

岩石强度分类　　**表 16-5-1**

类别	亚类	强度(MPa)	代表性岩石
坚硬岩石	极硬岩石	>60	花岗岩、花岗片麻岩、闪长岩、玄武岩、石灰岩、石英砂岩、石英岩、大理岩、硅质砾岩
	次硬岩石	30～60	
软弱岩石	次软岩石	5～30	黏土岩、页岩、千枚岩、绿泥石片岩、云母片岩
	极软岩石	<5	

硬质岩石的颗粒内部是刚性连接（结合），颗粒间的结晶连接非常牢固。

软弱岩石的连接为结晶连接、胶体连接或水胶连接，其连接的牢固程度比硬质岩石差。在外部荷载作用下，变形比硬质岩石大。

在选择岩基时，一般应满足下列要求。

1）岩基需要有足够的承载能力，以保证在上部建筑物荷载作用下不发生破裂或蠕变破坏。

2）外荷载作用下，由岩石的弹性变形和软弱夹层的非弹性压缩产生的岩石沉降应满足建筑物安全与正常使用的要求。

3）需对岩基中的不良地质现象进行评价，必要时采取加固措施。

4）确保由交错结构面形成的岩石块体在外荷载作用下不会发生滑动破坏，即地基岩石块体满足稳定性的要求。须评价建（构）筑物在施工过程中产生的不良工程地质现象，以及这些现象对邻近建（构）筑物的影响，并应具有相应的处理措施。

5）对建（构）筑物有潜在威胁或直接危害的不良地质现象地段，一般不允许选作建筑场地，因特殊需要必须使用这类场地时，应采取可靠的整治措施。

岩基工程应根据使用要求，地形地质条件合理布置，保证主体建筑在较好的地基上，使地基条件与上部结构的要求相适应。

（二）岩基内应力分布

集中荷载、线荷载作用下的岩基内应力。

1.集中荷载

如图 16-5-1 所示，布辛涅斯克用弹性理论推导出半无限体垂直边界面上的方程，即：

$$\sigma_x = \frac{P}{2\pi}\left[\frac{3x^2z}{r^5} - (1-2\mu)\frac{1}{r(r+z)}\right] \quad (16\text{-}5\text{-}1)$$

$$\sigma_z = \frac{3P}{2\pi z^2}\cos^5\theta = \frac{P}{2\pi}\cdot\frac{3z^3}{r^5} \quad (16\text{-}5\text{-}2)$$

$$\tau_{xz} = \frac{3Px}{2\pi z^3}\cos^5\theta = \frac{P}{2\pi}\cdot\frac{3xz^2}{r^5} \quad (16\text{-}5\text{-}3)$$

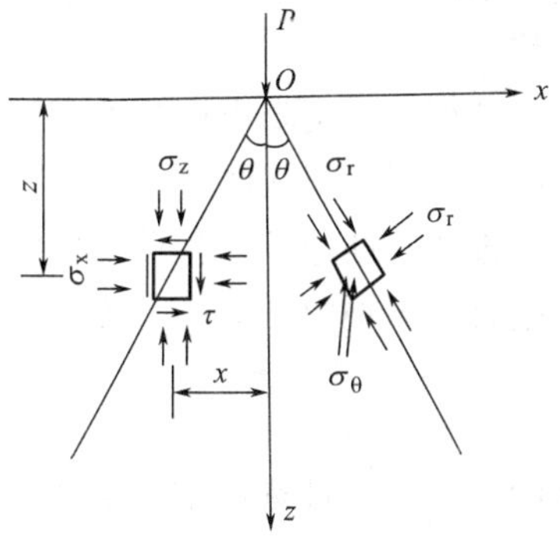

图 16-5-1

$$\sigma_r = \frac{3P}{2\pi z^3}\cos^3\theta \tag{16-5-4}$$

$$\sigma_\theta = \frac{P}{2\pi z^2}(1-2\mu)(1-\cos\theta) - \sin^2\theta\cos\theta \tag{16-5-5}$$

式中　σ_x ——在深度 z 处被 θ 所确定的点的水平径向应力；

P ——垂直于边界沿 Oz 轴作用的力；

x ——研究点到 Oz 轴的距离；

z ——从半无限体界面算起的深度；

μ ——泊松比；

r ——研究点到原点的距离；

σ_z ——在深度 z 处被 θ 所确定的点的垂直应力；

τ_{xz} ——在垂直平面和水平面上的剪应力；

σ_θ ——中间主应力（在矢径方向上）；

σ_r ——最小主应力（在通过矢径的垂直面上）。

2. 线性荷载

二维空间下，如图 16-5-2 所示，岩基内一点的应力为：

$$\sigma_x = \frac{2P}{\pi z}\sin^2\theta\cos^2\theta \tag{16-5-6}$$

$$\sigma_z = \frac{3P}{\pi z}\cos^4\theta \tag{16-5-7}$$

$$\tau_{xz} = \frac{2P}{\pi z}\sin\theta\cos^3\theta \tag{16-5-8}$$

$$\sigma_r = \frac{2P}{\pi z}\cos^2\theta \tag{16-5-9}$$

$$\sigma_t = 0 \tag{16-5-10}$$

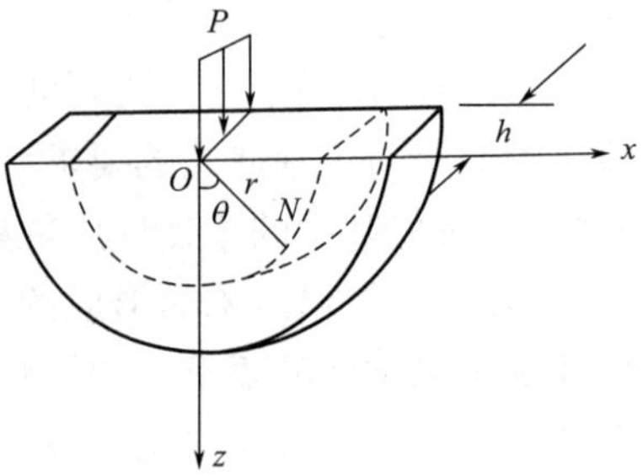

图 16-5-2

（三）岩基上基础的沉降

它主要是由于岩层承载后出现变形引起，对一般中小型工程，沉降变形较小；对重型结构或巨大结构，产生的变形较大，岩基的变形有两个方面的影响，一是绝对位移或下沉量使基础沉降，改变原设计水准要求；二是岩基变形各点不一，造成结构上各点间的相对位移。

计算基础沉降可用弹性理论解法，对于几何形状、材料性质和荷载分布都是不均匀的基础，可用有限元法进行分析。

按弹性理论求解各种基础沉降，可采用布辛涅斯克解来求。若半无限体表面上作用有一垂直的集中力 P，则半无限体表面处的沉降量 s 为：

$$s = \frac{P(1-\mu^2)}{\pi E r} \tag{16-5-11}$$

式中　r ——计算点至集中荷载 P 处之间的距离；

E、μ ——岩基的变形模量和泊松比。

1. 圆形基础的沉降

如图 16-5-3 所示，当圆形基础为柔性时，若其上作用有均布荷载 p，且基底接触面上

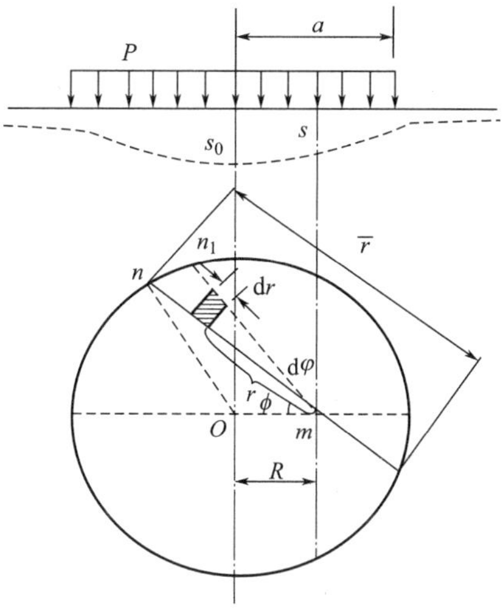

图 16-5-3

没有任何摩擦力，则基底反力均匀分布并等于 p，此时圆形基础地面中心的沉降量为：

$$s_0=\frac{2P(1-\mu^2)}{\pi Ea} \tag{16-5-12}$$

当 $R=a$ 时，基础边缘的沉降量为：

$$s_a=\frac{4P(1-\mu^2)}{\pi E} \tag{16-5-13}$$

若圆形柔性基础其上部作用有均布荷载，其中心沉降量与边缘沉降量之比 $\frac{s_0}{s_a}=1.57$，基础中心沉降量是边缘沉降量的 1.57 倍。

对于圆形刚性基础，如图 16-5-4 所示，当其中心作用有集中荷载 P，则基底的沉降为一个下降漏斗，则受荷面以外各点的沉降量为：

$$s_R=\frac{P(1-\mu^2)}{\pi Ea}\arcsin\frac{a}{R} \tag{16-5-14}$$

2.矩形基础的沉降

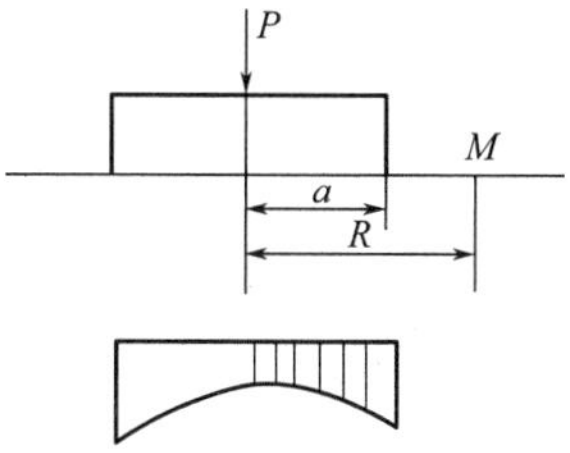

图 16-5-4

对于矩形绝对刚性基础，受中心荷载 P 时，基础底面各点沉降量相等，其大小为：

$$s=\frac{bP(1-\mu^2)}{E}K_{\text{const}} \tag{16-5-15}$$

式中　a、b——分别为基础的长和宽。

对于矩形柔性基础，受中心荷载 P 时，基础底面各点的沉降量均不同，则基底中心的沉降量为：

$$s_0=\frac{bP(1-\mu^2)}{E}K_0 \tag{16-5-16}$$

对于矩形柔性基础，受均布荷载作用时，基底角点的沉降量为：

$$s_c=\frac{bP(1-\mu^2)}{E}K_c \tag{16-5-17}$$

式中　K_0、K_c、K_{const}——各种基础的沉降系数，可查表；

a、b——分别为基础的长和宽。

对于边长为 a 的方形刚性基础，其中心处的沉降量为：

$$s=0.88a\frac{P(1-\mu^2)}{E} \tag{16-5-18}$$

对于边长为 a 的方形柔性基础，其中心处的沉降量为：

$$s_0=1.12a\frac{P(1-\mu^2)}{E} \tag{16-5-19}$$

对于边长为 a 的方形柔性基础，角点处的沉降量为：

$$s_c=0.56a\frac{P(1-\mu^2)}{E} \tag{16-5-20}$$

则方形柔性基础底面中心的沉降量为边角沉降量的 2 倍。

对于边长为 a 的条形刚性基础，其沉降量为：

$$s=2.72a\frac{P(1-\mu^2)}{E} \tag{16-5-21}$$

（四）岩基的破坏模式

岩体由岩块、节理裂隙及其充填物组成，并受一定的地应力作用。在荷载作用下，岩基会发生开裂、压碎、劈裂、冲切和剪切等破坏方式，如图 16-5-5 所示。

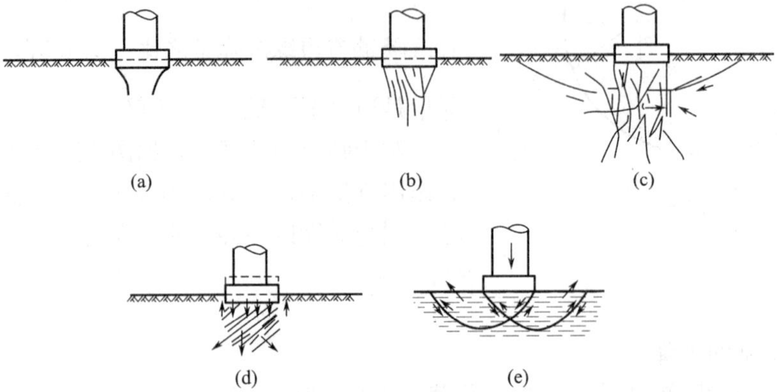

图 16-5-5

开裂：在较均质岩体、坚硬岩体中出现，应力水平较小。假如岩体是比较完整的，加载初期属于弹性的荷载——变形关系，其具体形式属于基础的变形特性。当达到某一荷载时，裂缝开始出现，继续加载，裂缝扩展。

压碎：应力水平较大，在更大的荷载作用下，上边的裂缝会合并并交汇，最后，开裂成很多片状和楔形块，并在荷载进一步增加时被压屈和压碎，压碎范围近似呈三角形。

劈裂：由于剪胀，使受载面下的开裂和破碎岩石的区域进一步向外扩展，最后产生辐射状的裂缝网，其中有一条裂缝可能最后扩展到自由表面，致使基脚附近的地面变形，发生破坏。

冲压破坏：对于多孔的岩石，如某些白垩系，脆性砂岩和熔渣玄武岩，可能会遭受孔隙骨架的破坏。在胶结很差的沉积岩中，岩石在尚未出现开裂和楔入的应力状态下，就可能由于上述原因而引起不可恢复的沉降。

剪切破坏：软弱地基中过大的荷载会使地基发生剪切破坏。

（五）岩基的承载能力

地基岩体的承载力指作为地基的岩体受荷后不会因产生破坏而丧失稳定，变形量不超过容许值时的承载能力。

岩基承载力特征值是指静载试验测定的岩基变形曲线线性变形段内规定的变形所对应的压力值，其大小与岩体自身物质组成、结构构造、岩体的风化破碎程度、岩体物理力学性质、建筑物的基础类型与尺寸、荷载大小与作用方式等因素有关。

地基岩体强度高、抗变形能力强，承载力远高于土体，但由于岩体中存在的各种结构面导致其结构不均一，岩体强度弱化，承载力降低，易使岩基发生不均匀沉降，引起应力集中，造成岩体破坏，沿某些软弱结构面或夹层发生剪切滑移等。

《建筑地基基础设计规范》GB 50007—2011 规定，对于完整、较完整、较破碎的岩石地基承载力特征值可按规范附录 H 岩石地基荷载试验方法确定；对破碎、极破碎的岩石，可根据平板载荷试验确定；对完整、较完整和较破碎的岩石，可根据室内饱和单轴抗压强度计算。

1. 岩基载荷试验

载荷试验采用的载荷板为圆柱形刚性承压板，直径为 300mm。当岩石埋藏深度较大时，可采用钢筋混凝土桩，但在桩周需采取相应措施以消除桩身与土之间的摩擦力。

加载方式采用单循环加载，荷载逐级递增直至破坏，然后分级卸载。

加载时，第一级加载值应为预估设计荷载的 1/5，以后每级应为预估设计荷载的 1/10。

沉降量测读应在加载后立即进行，以后每 10min 读一次数，连续三次读数之差均不大于 0.01mm，可视为达到稳定标准，可施加下一级荷载。

加载过程中出现下述现象之一时，即可终止加载：

1）沉降量读数不断变化，在 24h 内，沉降速率有增大的趋势；

2）压力加不上或勉强加上，不能保持稳定（若限于加载能力，荷载也应增加到不少于设计要求的两倍）。

卸载时，每级卸载为加载时的 2 倍，如为奇数，第一级可为 3 倍。每级卸载后，隔 10min 测读一次，测读三次后可卸下一级荷载。全部卸载后，当测读到半小时回弹量小于 0.01mm 时，即认为达到稳定。

岩基承载力特征值 f_a 确定方法如下：

1）p—s 曲线起始直线段的终点为比例界限。符合终止加载条件的前一级荷载为极限荷载。将极限荷载除以安全系数 3，所得值与对应于比例界限的荷载相比较，取小值。

2）每个场地载荷试验的数量不应少于 3 个，取最小值作为岩基承载力特征值。

3）岩基承载力特征值不需要进行基础埋深和宽度的修正。

荷载分级施加，同时量测沉降值，荷载应增加到不少于设计要求的 2 倍。由试验结果绘制的荷载与沉降关系曲线确定比例界限和极限荷载，曲线上起始直线段的终点为比例极限，符合终止加载条件的前一级荷载即为极限荷载。

对于破碎、极破碎的岩基承载力特征值，可根据地区经验取值，无地区经验时，可根据适合土层的平板载荷试验确定。

2. 按室内单轴抗压强度确定地基承载力

《建筑地基基础设计规范》GB50007—2011 规定，对于完整、较完整、较破碎的岩石地基的承载力特征值 f_a，可根据室内饱和单轴抗压强度按下式进行计算：

$$f_a=\psi_r f_{rk} \tag{16-5-22}$$

式中　f_{rk}——岩石饱和单轴抗压强度标准值（kPa），可按规范附录 J 选取。进行试验的岩样数量 n 不应少于 6 个，并进行饱和处理，$f_{rk}=\psi f_{rm}$，ψ 为统计修正系数，$\psi=1-\left(\frac{1.704}{\sqrt{n}}+\frac{4.678}{n^2}\right)\delta$，$\delta$ 为变异系数，f_{rm} 为岩石饱和单轴抗压强度平均值（kPa）；

ψ_r ——折减系数，根据岩体完整程度以及结构面的间距、宽度、产状和组合，由地区经验确定，无经验时，对完整岩体可取0.5，对较完整岩体可取0.2～0.5，对较破碎岩体可取0.1～0.2。

3.岩基承载力的理论计算方法

（1）由岩体强度确定岩基极限承载力

古德曼根据图16-5-6所示的基脚岩体破坏模式给出岩基极限承载力 q_f 的计算公式，即：

$$q_f=\sigma_c(N_p+1) \tag{16-5-23}$$

式中 $N_p=\tan^2\left(45°+\frac{\varphi}{2}\right)$。

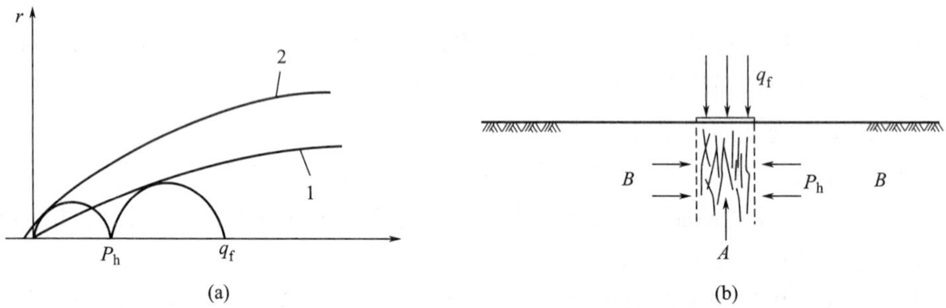

图16-5-6

（2）极限平衡理论确定岩基的极限承载力

设在半无限体上作用着宽度为 b 的条形均布荷载 q_f，假设破坏面由两个互相垂直的平面组成，忽略平行于纸面的端部阻力，在承载平面上不存在剪力，采用平均体积力，则基岩的承载力为：

$$q_f=0.5\gamma bN_r+cN_c+qN_q \tag{16-5-24}$$

式中 N_r、N_c、N_q ——承载力系数。

$$N_r=\tan^6\left(45°+\frac{\varphi}{2}\right)-1 \tag{16-5-25}$$

$$N_c=5\tan^4\left(45°+\frac{\varphi}{2}\right) \tag{16-5-26}$$

当 $\varphi=0\sim45°$ 时，对于方形或圆形截面：

$$N_c=\tan^4\left(45°+\frac{\varphi}{2}\right) \tag{16-5-27}$$

$$N_q=\tan^6\left(45°+\frac{\varphi}{2}\right)-1 \tag{16-5-28}$$

4.坝基岩体的抗滑稳定分析

在确定岩基的强度与稳定性之间的关系时，应首先查明岩基中的各种结构面及岩体中软弱夹层的位置、方向、性质及其在滑移中所起的作用。

当岩基受到水平方向荷载作用后，由于岩体中存在节理以及软弱夹层，地基中的一部分岩体将沿着软弱夹层产生水平的剪切滑动。

大坝主要有两种失稳形式：当岩基中的岩体强度远大于坝体混凝土强度，同时岩体坚固完整且无显著的软弱结构面时，在大坝与岩基接触处将出现表层滑动破坏；当岩基内部存在节理、裂隙、软弱夹层或存在着其他不利于稳定的结构面时，岩基容易产生深层滑动；此外，坝基还存在混合滑动的破坏形式。

目前评价岩体的抗滑稳定，主要采用稳定系数法进行分析。

（1）表层滑动稳定性计算

考虑坝基剪应力的变化幅度时，其安全系数为：

$$F_s=\frac{c_0\gamma A+f_0V}{H} \tag{16-5-29}$$

式中　c_0、f_0——接触面上的黏聚力、摩擦系数；

γ——平均剪应力与下游坝址最大剪应力之比，$\gamma=\frac{\tau_m}{\tau_{max}}$，一般取 0.5；

A——底面积；

V——垂直作用力之和，包括坝基水压力；

H——水平力之和。

（2）深层滑动稳定性计算

① 单斜滑移面倾向下游时，如图 16-5-7a 所示：

$$F_s=\frac{f_0(V\cos\alpha-U-H\sin\alpha)+cL}{H\cos\alpha+V\sin\alpha};$$

② 单斜滑移面倾向上游时，如图 16-5-7b 所示：

$$F_s=\frac{f_0(V\cos\alpha-U+H\sin\alpha)+cL}{H\cos\alpha-V\sin\alpha};$$

③ 双斜滑移面时，如图 16-5-7c 所示：

$$F_s=\frac{f_2[R\sin(\varphi+\beta)+V_2\cos\beta]}{R\cos(\alpha+\beta)-V_2\sin\beta};$$

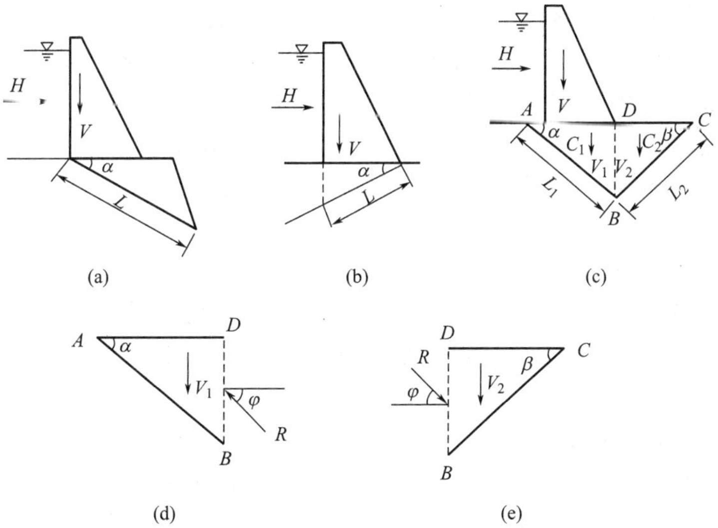

图 16-5-7

其中，f_1、f_2 为 AB 和 BC 滑面上的摩擦系数，φ 为岩石内摩擦角，R 为支撑滑体下滑的抗力，计算式如下：

$$R=\frac{H(\cos\alpha+f_1\sin\alpha)+(V_1+V_2)(\sin\alpha+f_1\cos\alpha)}{\cos(\varphi-\alpha)-f_1\sin(\varphi-\alpha)}$$

5. 岩基加固

（1）岩基加固的原则

① 地基岩体应具有一定的弹性模量和足够的强度，有较少的拉应力和应力集中现象。

② 基础与地基之间应结合紧密，有足够的抗剪强度。

③ 坝基要有足够的抗渗能力。

（2）岩基加固的方法

① 岩基中破碎断层采用挖、掏、填的方法处理。

② 通过灌浆提高岩基的整体性和承载能力。

③ 增加基础开挖深度或采用锚杆等支护来提高岩体的强度。

④ 对于坝基应假设防渗帷幕。

⑤ 软弱地段进行开挖回填或“搭桥”跨越。

历年真题

16-5-1. 下列各项中不是岩基极限承载力的是（　　）。(2011B52)

A. 通过理论计算得出的岩基承载力值

B. 通过室内试验和理论计算后得出的岩基承载力值

C. 按有关规范规定的标准测试方法测定的基本值并经统计处理后的承载力值

D. 通过现场试验测出的岩基实际承载力值

16-5-2. 岩基上的浅基础的极限承载力主要取决于（　　）。(2011B57)

A. 基础尺寸及形状　　　　B. 地下水位

C. 岩石的力学特性与岩体的完整性　　　　D. 基础埋深

16-5-3. 不属于岩基破坏形式的是（　　）。(2012B53)

A. 沉降　　B. 开裂　　C. 滑移　　D. 倾斜

16-5-4. 验算岩基抗滑稳定性时，下列哪一种滑移面不在假定范围之内（　　）。(2013B53)

A. 圆滑弧面　　　　B. 水平滑面

C. 单斜滑面　　　　D. 双斜滑面

16-5-5. 在垂直荷载作用下，均质岩基内附应力的影响深度一般情况是（　　）。(2014B53)

A. 1 倍的岩基宽度　　　　B. 2 倍的岩基宽度

C. 3 倍的岩基宽度　　　　D. 4 倍的岩基宽度

16-5-6. 对一水平的均质岩基，其上作用三角形分布的垂直外荷载，下列所述的岩基内附加应力分布中，哪一个叙述是不正确的？（　　）。(2016B53)

A. 垂直应力分布均为压应力

B. 水平应力分布均为压应力

C. 水平应力分布既有压应力又有拉应力

D. 剪应力既有正值又有负值

16-5-7. 在均质各向同性的岩体开挖地下洞室，当洞室的宽高比在 1.5～2 时，从围岩应力有利的角度，应该选择何种形状的洞室（　　）。(2017B35)

A. 圆形　　B. 椭圆形　　C. 矩形　　D. 城门洞形

16-5-8. 利用锚杆加固岩质边坡时，锚杆的锚固段不应小于（　　）。(2017B52)

A. 2m　　B. 3m　　C. 5m　　D. 8m

16-5-9. 在确定岩基极限承载力时，从理论上看，下列哪一项是核心指标（　　）。(2017B53)

A. 基岩深度　　B. 基岩形状　　C. 荷载方向　　D. 抗剪强度

16-5-10. 某岩基作用有垂向荷载，岩基的容量 $\gamma=25KN/m^3$，$c=50kPa$，$\varphi=35°$，当条形基础的宽度为 2m，且无附加压力时，其极限承载力是（　　）。(2018B53)

A. 2675kPa　　B. 3590kPa　　C. 4636kPa　　D. 5965kPa

答　案

16-5-1.【答案】(B)

岩基极限承载力的确定方法有：现场试验测出的岩基实际承载力值；通过理论计算得出岩基承载力；按有关规范规定的标准方法测定的基本值并经统计处理后的承载力值。

16-5-2.【答案】(C)

岩基上的浅基础的极限承载力受岩体自身物质组成、结构构造、岩体的风化破碎程度、物理力学性质的影响，而且还会受到建筑物的基础类型与尺寸、荷载大小与作用方式等因素的影响。

16-5-3.【答案】(D)

岩基的主要破坏形式有开裂、压碎、劈裂、冲切和剪切。A 项，岩基的冲压破坏的模式多发生于多孔洞或多孔隙的脆性岩石中，如钙质或石膏质胶结的脆性砂岩、熔结胶结的火山岩、溶蚀严重或溶孔密布的可溶岩类等，这些岩体在外荷载作用下会遭受孔隙骨架破坏而引起不可恢复的沉降。D 项，倾倒是反倾边坡的破坏形式。

16-5-4.【答案】(A)

地基是指直接承受建筑物荷载的那部分地质体。若岩体作为建筑物的地基则称为地基岩体，简称基岩。当基岩受到水平方向荷载作用后，由于岩体中存在节理及软弱夹层，因而增加了基岩的滑动可能性；通常情况下，岩基的破坏是由于存在软弱夹层，使得一部分岩体在软弱夹层产生水平剪切滑动。滑移面类型通常有水平滑面、单斜滑面和双斜滑面。A 项，由于岩性地基不含有厚泥质岩土层和风化、裂隙等弱性岩层，即使有风化、裂隙等弱性岩层，在地基处理时会改变岩基的性状，在岩性地基中也不会出现圆弧滑面。

16-5-5.【答案】(C)

根据《建筑地基基础设计规范》GB 50007—2011 第 5.3.8 条规定，当无相邻荷载的影响，基础宽度在 1～30m 范围内时，基础中点的地基变形计算深度可按简化公式 $Z_n=b(2.5-0.4\ln b)$ 进行计算，当 $Z_n=b$ 时，求得：$Z_n=b=e=2.718$m。此时均质岩基内附加应力的影响深度为 2.718m，这与实践经验不符合。当 $Z_n=2b$ 时，代入公式可求得：$b=7.39$m，此时均质岩基内附加应力的影响深度度 $Z_n=2b=14.78$m，符合工程实践经验。当 $Z_n=3b$ 或 $Z_n=4b$ 时，代入公式无意义，故不符合。综上所述，在垂直荷载作用下，均质岩基内附加应力的影响深度一般情况下是 2 倍的岩基宽度。

16-5-6.【答案】(B)

B、C 两项，水平均质岩基上作用呈三角形分布的垂直荷载外，其水平方向上既有拉应力也有压应力；A 项，其垂直方向上只有压应力；D 项，其产生的剪应力既有正值也有负值。

16-5-7.【答案】(B)

洞室的角点或急转弯处应力集中最大，如正方形或矩形。当岩体中水平与竖直方向上的天然应力相差不大时，以圆形洞室围岩应力分布最均匀，围岩稳定性最好。当岩体中水平与竖直方向上天然应力相差较大时，则应尽量使洞室长轴平行于最大天然应力的作用方向。综上，椭圆形最为合适。

16-5-8.【答案】(B)

土层锚杆的锚固段长度不应小于 4.0m，并不宜大于 10.0m；岩石锚杆的锚固段长度不应小于 3.0m，且不宜大于 45D 和 6.5m，预应力锚索不宜大于 55D 和 8.0m。

16-5-9.【答案】(D)

岩基承载能力的确定方法有三种：规范法、试验确定法和理论计算法。岩基浅基础承载力理论计算方法，一般多根据基础下的岩体的极限平衡条件推出，但是由于基础下岩体性质及其构造复杂多变，破坏模式多种多样，造成其承载力计算的困难，目前尚无通用的计算公式。常见到的、比较简易的两种方法为：①按压缩张裂破坏模式近似计算岩基承载力；②按楔体剪切滑移模式近似计算岩基承载力。这两种方法都以抗剪强度为核心指标。

16-5-10.【答案】(C)

则基岩的承载力为：$q_f=0.5\gamma bN_r+cN_c+qN_q$，$N_r$、$N_c$、$N_q$ 为承载力系数。

$N_r=\tan^6\left(45°+\frac{\varphi}{2}\right)-1$，$N_c=5\tan^4\left(45°+\frac{\varphi}{2}\right)$，因为无附加压力，所以岩基承载力为：

$$q_f=0.5\gamma bN_r+cN_c+qN_q=0.5\times25\times2\times\left[\tan^6\left(45°+\frac{35°}{2}\right)-1\right]+50\times5\times\tan^4\left(45°+\frac{35°}{2}\right)$$
$$=4636\text{kPa}$$

第十七章

工程地质

第一节　岩石的成因和分类

一、考试大纲

主要造岩矿物；火成岩、沉积岩、变质岩的成因及其分类；常见岩石的成分、结构及其他主要特征。

二、知识要点

（一）主要造岩矿物

1.矿物的基本概念

矿物是在各种地质作用下形成的具有相对固定化学成分和物理性质的均质物体。

岩石是在各种地质作用下，按一定方式结合而成的矿物结合体，它是构成地壳及地幔的主要物质。

岩石的特征及其工程性质，在很大程度上取决于它的矿物成分、性质及其在各种因素影响下的变化。已被发现的矿物有三千多种，而最主要的造岩矿物只有三十多种。

2.矿物的分类

矿物按生成条件可分为原生矿物和次生矿物。

原生矿物：岩浆在冷凝过程中形成的矿物，如石英、长石、云母等。

次生矿物：由原生矿物经过化学风化作用后所形成的新矿物，如三氧化二铝、黏土矿物、碳酸盐等。

3.矿物的物理力学性质

矿物的物理力学性质主要有形状、颜色、条痕、光泽、硬度、解理、断口等。

1）形状：指矿物的外表形态。结晶体大都呈规则的几何形状，非结晶体则呈不规则的形状。

2）颜色：指矿物新鲜表面呈现的颜色，如赤铁矿、黄铁矿，矿物的颜色有自色、他色和假色之分。

3）条痕：矿物粉末的颜色称为条痕，通常是用条痕板观察矿物在其上划出的痕迹的颜色。

4）光泽：指矿物表面反射光线时表现的特点。可分为金属光泽和非金属光泽。造岩矿物绝大多数属非金属光泽。非金属光泽又分为玻璃光泽、金刚光泽、珍珠光泽、丝绢光泽、油脂光泽、蜡状光泽、土状光泽等。

5）硬度：指矿物抵抗外力刻划、压入、研磨的程度。根据高硬度矿物可以刻划低硬度矿物的原理，德国摩氏选择了10种标准矿物，将硬度分为10级，制成摩氏硬度计，硬度由低到高的顺序为：滑石、石膏、方解石、萤石、磷灰石、正长石、石英、黄玉、刚玉、金刚石。

在野外工作中，可用指甲（2～2.5度）、玻璃（5.5～6度）、钢刀（6～7度）大致测定矿物的相对硬度。

6）解理：在力的作用下，矿物晶体按一定方向破裂并产生光滑平面的性质，称为解理。按解理产生的难易程度，将解理分为最完全解理、完全解理、中等解理、不完全解理和极不完全解理（无解理）。

7）断口：矿物受力破裂后所出现的没有一定方向的不规则断开面，称为断口。根据断口形状，分为贝壳状、参差状、锯齿状和平坦状断口等。

最常见的主要造岩矿物及其物理性质，见表 17-1-1。

最主要造岩矿物特征表　　**表 17-1-1**

矿物	条痕	形状	颜色	光泽	硬度	解理	比重	其他特征
石英	无	块状 柱状	无色 乳白色	玻璃 油脂	7	无	2.6～2.7	晶面有平行条纹，贝壳状断口
正长石	白色	短柱状 板状	玫瑰色 肉红色	玻璃	6	完全	2.3～2.6	两组晶面正交
斜长石	白色	柱状 板状	灰白色	玻璃	6	完全	2.6～2.8	两组晶面斜交，晶面有条纹
辉石	白色 褐色	短柱状	深褐色 黑色	玻璃	5～6	完全	2.9～3.6	—
角闪石	灰白	针状 长柱状	深绿色 黑色	玻璃	5.5～6	完全	2.8～3.6	—
方解石	白色	菱形六面体	乳白色	玻璃	3	三组完全	2.6～2.8	滴稀盐酸气泡
云母	白色 黑色	薄片状	银白色 黑色	珍珠 玻璃	2～3	极完全	2.7～3.2	透明至半透明，薄片具有弹性
绿泥石	绿色	鳞片状	草绿色	珍珠 玻璃	2～2.5	完全	2.6～2.9	半透明，鳞片，无弹性
高岭石	白色	鳞片状	白色 淡黄色	暗淡	1	无	2.5～2.6	土状断口吸水膨胀滑黏
石膏	白色	纤维状 板状	白色	玻璃 丝绢	2	完全	2.2～2.4	易溶解于水产生大量硫酸根

（二）岩浆岩、沉积岩、变质岩的成因及其分类

岩石按成因可分为三大类：岩浆岩（火成岩）、沉积岩和变质岩。

1. 岩浆岩

岩浆岩又称火成岩，是地下深处的岩浆侵入地壳或喷出地表冷凝而形成的岩石。

岩浆形成于地壳深部或上地幔中，主要由两部分组成：一部分是以硅酸盐熔浆为主题，一部分是挥发组分，主要是水蒸气和其他气态物质，前者是在一定条件下凝固后形成各种岩浆岩，后者是在岩浆上升、压力减小时从岩浆中逸出形成的水溶液，对成矿起很重要的作用。

岩浆的化学成分若以氧化物表示，其主要成分是：SiO_2、MgO、NaO、CO_2、H_2O 等。

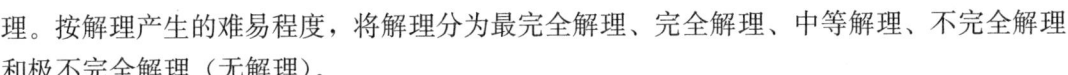

根据岩浆冷凝时地质环境的不同，将岩浆岩分为喷出岩、浅成岩、深成岩三类。

（1）喷出岩（火山岩）

岩浆喷出地表后冷凝形成的岩浆岩称为喷出岩。

根据岩浆中 SiO_2 的含量，将岩浆岩可以分为酸性岩、中性岩、基性岩和超基性岩四类。根据岩浆岩侵入地层的情况，将岩浆岩分为深成侵入岩和浅成侵入岩，具体分类见表 17-1-2。

岩浆岩分类简表 **表 17-1-2**

颜色				浅色(浅灰、浅红、肉红色)→(深灰、深红、黑色)				
化学成分：SiO_2				酸性 ＞65%	中性 65%～52%		基性 52%～45%	超基性 ＜45%
主要矿物成分				含正长石	含斜长石		不含长石	
成因		结构	构造	石英 云母 角闪石	角闪石 黑云母 辉石	角闪石 辉石 黑云母	辉石 角闪石 橄榄石	辉石 橄榄石
侵入岩	深成岩	等粒	块状	花岗岩	正长岩	闪长岩	辉长岩	橄榄岩
	浅成岩	斑状	块状	花岗斑岩	正长斑岩	玢岩	辉绿岩	
喷出岩		斑状、隐晶质或玻璃质	流纹、气孔状或杏仁状	流纹岩	粗面岩	安山岩	玄武岩	

（2）火成岩的矿物组成

以硅酸盐为主，最多的为长石、石英、黑云母、角闪石、辉石、橄榄石，占火成岩矿物总量的99%。其中颜色较浅的称为浅色矿物，以二氧化硅和钾、钠的硅铝酸盐为主，称为硅铝矿物，如石英，长石；颜色较深的，称暗色矿物，以含铁镁的硅酸盐为主，称为铁镁矿物，如黑云母、角闪石、辉石和橄榄石。

（3）火成岩的结构和构造

结构：岩石中矿物颗粒本身的特点（结晶程度、晶粒大小、晶粒形状）及颗粒之间的相互关系所反映出来的岩石构成的特征。

按结晶程度分：全晶质结构，如花岗岩；半晶质结构（又称玻璃质），如流纹岩；非晶质结构，如黑曜岩。

全晶质结构：岩石全部由结晶的矿物颗粒组成。其中同一种矿物的结晶颗粒大小近似者，称为等粒结构；如结晶颗粒大小悬殊，则称为似斑状结构。

半晶质结构：岩石由结晶的矿物颗粒和部分未结晶的玻璃质组成，结晶的矿物如颗粒粗大，晶形完好，就称为斑状结构。

非晶质结构：又称为玻璃质结构。岩石全部由熔岩冷凝的玻璃质组成。

按晶粒大小分：显晶质结构和隐晶质结构。显晶质根据颗粒大小又分为粗粒结构、中粒结构和细粒结构。

按晶粒相对大小分：等粒结构、斑状结构和似斑状结构。

按晶体形状分：自形晶、半形晶和他行晶。

（4）火成岩的构造

构造：组成岩石的矿物集合体的形状、大小、排列和空间分布等所反映出来的岩石构成的特征。

其包括块状构造、流纹构造、流动构造、气孔构造和杏仁构造。

2.沉积岩

暴露在地壳表部的岩石，在地球发展过程中，不可避免的遭受到各种外力作用的剥蚀破坏，经过破坏而形成的碎屑物质在原地或经过搬运沉积下来，再经过复杂的成岩作用而形成岩石，这些由外力作用所形成的岩石就是沉积岩。

（1）沉积岩的组成

根据物质组成的不同，沉积岩一般分为碎屑物质、黏土矿物和化学沉积矿物三类。

① 碎屑物质：包括岩石碎屑和矿物碎屑，在矿物碎屑中最常见的是化学性质稳定的石英碎屑，长石碎屑、白云母、石榴子石、火山灰等。

② 黏土矿物：主要由黏土矿物及其他矿物的黏土粒组成的岩石，如泥岩、页岩、高岭石等。

③ 化学沉积矿物：主要由方解石、白云石等碳酸盐类的矿物及部分有机质组成的岩石，如石灰岩、白云岩、贝壳、泥炭等。

（2）沉积岩的结构及构造

沉积岩的结构是指沉积岩组成物质的形状、大小和结晶程度，分为碎屑结构（包括碎屑物质和胶结物质，胶结成分为硅质、钙质、铁质、泥质）、泥质结构、化学结构和生物结构。

沉积岩在沉积过程中，或在沉积岩形成后的各种作用影响下，其各种物质成分形成特有的空间分布和排列方式，称为沉积岩的构造，包括层理构造和层面构造。

层理构造：沉积岩在沉积过程中，由于气候、季节的周期变化，造成沉积物在垂直方向上出现成分、颜色、结构的不同，出现层状构造。常见的有水平层理、波状层理和斜层理。

层面构造：在沉积岩层面上保留的一些自然作用的痕迹，常见的有波痕、干裂、盐类的晶体印痕和假象、雨痕、生物痕迹、结核和生物化石（如三叶虫、树叶）。

（3）沉积岩的分类

沉积岩的分类简表见表 17-1-3。

沉积岩分类简表 **表 17-1-3**

<table>
<tr><th colspan="2">分类名称</th><th>物质来源</th><th>沉积作用</th><th>结构特征</th><th>构造特征</th></tr>
<tr><td rowspan="2">碎屑岩</td><td>砾岩、角砾岩、砂岩</td><td>物理风化作用形成的碎屑</td><td rowspan="2">机械沉积作用为主</td><td rowspan="2">碎屑结构</td><td rowspan="2">层理构造
多孔构造</td></tr>
<tr><td>火山集块岩、火山角砾岩、凝灰岩</td><td>火山喷发的碎屑</td></tr>
<tr><td>黏土岩</td><td>泥岩、页岩</td><td>化学风化作用形成的黏土矿物</td><td>机械沉积胶体沉积</td><td>泥质结构</td><td>层理构造</td></tr>
</table>

续表

分类名称		物质来源	沉积作用	结构特征	构造特征
化学及生物化学岩	石灰岩、泥灰岩油页岩、硅藻岩硅质岩	母岩经化学分解生成的溶液和胶体溶液；生物化学作用形成的矿物和生物遗体	化学沉积、胶体沉积和生物沉积	化学结构 生物结构	层理构造 致密构造

注：1. 砾岩和角砾岩由50%以上大于2mm的粗大碎屑胶结而或。由浑圆状砾石胶结而成的称砾岩，由棱角状砾石胶结而成的称角砾岩。
2. 砂岩由50%以上粒径介于2～0.5mm的砂粒胶结而成。按砂粒粒径的大小，可分为粗粒砂岩（2～0.5mm），中粒砂岩（0.5～0.25mm）和细粒砂岩（0.25～0.05mm）。
3. 粉砂岩由粒径介于0.05～0.005mm的粉粒胶结而成。
4. 泥状结构直径小于0.005mm。

3. 变质岩

地壳中的原岩（包括岩浆岩、沉积岩和已经生成的变质岩），由于地壳运动和岩浆活动等作用，造成岩体的物理和化学条件发生改变，形成一种新的岩石称为变质岩。

变质岩不仅具有自身独特的特点，而且还保存着原岩的某些特征。

（1）变质岩的变质类型

动力变质作用：岩层由于受到构造运动所产生的强应力的作用，可以使岩石及其组成矿物发生变形、破碎，并伴有一定程度的重结晶，形成的岩石主要有断层角砾岩、碎裂岩和糜棱岩。

接触变质作用：由于岩浆活动，在侵入体的围岩的接触带，产生变质作用，通常形成于地壳浅部的低压、高温处。分为热接触变质作用和接触变质作用。

区域变质作用：在广大面积内所发生的变质作用，主要分为区域高温变质作用、区域动力热流变质作用、埋藏变质作用和洋底变质作用。

区域混合岩化作用：是区域变质作用的进一步发展，使变质岩向混合岩浆转化，其成因包括重熔和再生两种。

（2）变质岩的矿物

包括石英、长石、云母、角闪石、辉石、磁铁矿、方解石及白云石，在变质中形成的新矿物，包括石榴子石、蓝闪石、绢云母、绿泥石、红柱石、阳起石、透闪石、滑石、硅灰石、蛇纹石及石墨等。

（3）变质岩的结构及构造

包括变晶结构、碎裂结构和变余结构。

变晶结构：岩石在固定状态下发生重结晶形成的结构，包括粒状变晶结构、斑状变晶结构、鳞片状变晶结构和角岩结构。

碎裂结构：在动力变质作用下，岩石变形、破坏形成带棱角的结构，又称糜棱结构。

变余结构：变质岩石中保留的原来岩石的结构，如变余斑状结构、变余砾结构。

变质岩的构造：主要是块状构造和片理构造。

块状构造：岩石中全是晶粒矿物，分布均匀，无定向排列，呈致密块状构造，如大理岩和石英岩。

片理构造：指岩石中矿物定向排列所显示的构造，是变质岩中最常见、最带有特征性的构造，包括以下几种。

① 片麻状构造：岩石主要由较粗的粒状矿物（如石英、长石）组成，但又有一定数量的柱状、片状矿物（如角闪石、黑云母、白云母）在粒状矿物中定向排列且不均匀分布，形成连续条带状构造。

② 片状构造：岩石主要由粒度较粗的柱状或片状矿物（如云母、绿泥石、滑石、石墨等）组成，它们平行排列，形成连续的片理构造，片理面常微有波状起伏，如云母片岩等。

③ 板状构造：重结晶作用不明显，颗粒细密，光泽微弱，沿片理面裂开则成厚度一致的板状，如板岩。

④ 千枚状构造：片理薄，颗粒细密，沿片理面有绢云母出现，呈丝绢光泽，容易裂开呈千枚状，如千枚岩。

⑤ 条带状构造：由浅色粒状矿物和暗色片状、柱状矿物定向交替排列形成的构造。混合岩常具有此构造。

⑥ 眼球状构造：是指定向排列的片、柱状矿物中，局部夹有刚性较大的凸镜或扁豆状的矿物团块的现象。

（4）变质岩的分类

变质岩的分类简表，见表 17-1-4。

变质岩分类简表　　　　**表 17-1-4**

岩类	构造	岩石名称	主要其矿物成分
块状岩	块状构造	大理岩	方解石，白云石
		石英岩	石英、绢云母、白云母
		蛇纹岩	蛇纹石、滑石、绿泥石、方解石
片理状岩	片麻状构造	片麻岩	长石、石英、云母、角闪石、石榴子石
	片状构造	片岩	云母、石英、角闪石、滑石、绢云母、绿泥石、方解石
	千枚状构造	千枚岩	绢云母、石英、绿泥石
	板状构造	板岩	黏土矿物、绢云母、石英、绿泥石、黑云母、白云母

历年真题

17-1-1. 以下属于岩体原生结构面的一组是（　　）。(2011B42)

①沉积间断面、②卸荷裂隙、③层间错动面、④侵入体与围岩的接触面、⑤风化裂隙、⑥绿泥岩片岩夹层。

A. ①、③、⑤　　B. ①、④、⑥　　C. ②、③、⑥　　D. ②、④、⑤

17-1-2. 沉积岩层中缺一地层，但上下两套岩层产状一致，则二者沉积岩层的接触关系是（　　）。(2011B48)

A. 角度不整合接触　　B. 沉积接触

C. 假整合接触　　D. 整合接触

17-1-3. 在花岗岩类岩石中不含有的矿物是（　　）。(2011B49)

A. 黑云母　　B. 长石　　C. 石英　　D. 方解石

17-1-4. 沉积岩通常具有（　　）。(2012B41)

A. 层理结构　　B. 片理结构　　C. 流纹结构　　D. 气孔结构

17-1-5. 与深成岩浆岩相比，浅成岩浆岩的（　　）。(2013B41)

A. 颜色相对较浅　　B. 颜色相对较深

C. 颗粒相对较粗　　D. 颗粒相对较细

17-1-6. 陆地地表分布最多的岩石是（　　）。(2013B42)

A. 岩浆岩　　B. 沉积岩　　C. 变质岩　　D. 石灰岩

17-1-7. 石灰岩经热变质重结晶后变成（　　）。(2014B41)

A. 白云岩　　B. 大理岩　　C. 辉绿岩　　D. 板岩

17-1-8. 一种岩石，具有如下特征：灰色、结构细腻、硬度比钥匙大比玻璃小，滴盐酸不起泡但其粉末滴盐酸微弱起泡，这种岩石是（　　）。(2016B41)

A. 白云岩　　B. 石灰岩　　C. 石英岩　　D. 玄武岩

17-1-9. 下列构造中，不属于沉积岩的构造是（　　）。(2018B42)

A. 片理　　B. 结核　　C. 斜层理　　D. 波痕

17-1-10. 岩浆岩和沉积岩之间最常见的接触关系是（　　）。(2018B43)

A. 侵入接触　　B. 沉积接触　　C. 不整合接触　　D. 断层接触

17-1-11. 黏土矿物产生于（　　）。(2018B46)

A. 岩浆作用　　B. 风化作用　　C. 沉积作用　　D. 变质作用

答　案

17-1-1.【答案】(B)

按成因，结构面分为：沉积或成岩过程中产生的层面、夹层、冷凝节理等原生结构面，构造作用下形成的断层、节理等构造结构面，变质作用下所产生的片理、片麻理等变质结构面，外营力作用下形成的风化裂隙、卸荷裂隙等次生结构面。

17-1-2.【答案】(C)

C 项，平行不整合，即假整合，是指上、下两套地层的产状平行或基本一致，但有明显的沉积间断。A 项，角度不整合是指上、下两套地层的产状不一致以一定的角度相交，两套地层的时代不连续，两者之间有代表长期风化剥蚀与沉积间断的剥蚀面存在。B 项，沉积接触又称冷接触，是火成岩侵入体遭受风化剥蚀后，又被新沉积岩层所覆盖的接触关系。D 项，整合接触是指当地壳处于相对稳定下降形成连续沉积的岩层，老岩层沉积在下，新岩层在上，不缺失岩层。

17-1-3.【答案】(D)

它是火成岩的一种，在地壳上分布最广，是岩浆在地壳深处逐渐冷却凝结成的结晶岩体，主要成分是石英、长石和云母等暗色矿物组成。石英含量为 20%～40%，碱性长石约占长石总量的 2/3 以上，碱性长石为各种钾长石和钠长石，斜长石主要为钠长石暗色矿物主要为黑云母，含少量角闪石。故选择 D。

17-1-4.【答案】(A)

沉积岩具有明显的层理结构，层理是指由于季节气候的变化和沉积环境的改变使沉积物在颗粒大小、形状、颜色和成分上发生变化，而显示成层的现象。变质岩具有片理结构，而岩浆岩具有典型的流纹结构和气孔结构。

17-1-5.【答案】(D)

浅成岩是岩浆在地下，侵入地壳内部 3～1.5km 深度之间形成的火成岩，一般为细粒、隐晶质和斑状结构。深成岩是岩浆侵入地壳深层 3km 以下，缓慢冷却而成，一般为全晶质粗粒结构。

17-1-6.【答案】(B)

沉积岩是组成地球岩石圈的主要岩石之一（另外两种是岩浆岩和变质岩），是在地表不太深的地方，将其他岩石的风化产物和一些火山喷发物，经过水流或冰川的搬运、沉积、成岩作用形成。地球有70%的岩石是沉积岩。A 项，岩浆岩由来自于地球内部的熔融物质，在不同地质条件下冷凝固结而成。C 项，变质岩是指原有岩石经变质作用而形成的岩石，变质岩占地壳体积的 27.4%。D 项，石灰岩主要是在浅海的环境下形成，多形成石林和溶洞，为沉积岩的一种。

17-1-7.【答案】(B)

B 项，石灰岩经过区域变质作用或接触热变质后，形成大理岩；遇中性岩浆岩，发生反应，形成矽卡岩；成岩后，由于变质作用而发生硅化，形成硅化石灰岩；在碳酸钙沉淀过程中，被白云石交代而成，通常分布不连续，在灰岩层中呈透镜体状或斑块状的白云岩。C 项，辉绿岩是一种基性浅成侵入岩，主要由辉石和基性长石组成。D 项，板岩具有板桩结构，基本没有重结晶的岩石，是一种变质岩。

17-1-8.【答案】(A)

白云岩是一种以白云石为主要组分的碳酸盐岩，常混入方解石、黏土矿物、石膏等杂质。外貌与石灰岩相似，呈灰色或灰白色，滴稀盐酸（浓度为 5%）会极缓慢地微弱发泡或不发泡，研成粉末后滴稀盐酸会发泡。

17-1-9.【答案】(A)

片理属于变质岩构造。

17-1-10.【答案】(A)

岩浆岩与沉积岩之间的接触关系包括侵入接触和沉积接触，侵入接触是岩浆岩上升侵入于围岩之中，经冷凝后形成的接触关系。沉积接触是岩浆岩遭受风化剥蚀后，又被新沉积岩层所覆盖的接触关系，侵入接触更常见。

17-1-11.【答案】(B)

黏土矿物主要是原岩经过风化作用形成的碎屑物质和黏土矿物。

第二节　地质构造和地史概念

一、考试大纲

褶皱形态和分类；断层形态和分类；地层的各种接触关系；大地构造概念；地史演变

概况和地质年代表。

二、知识要点

地壳在内、外力地质作用下，不断运动演变，形成了各种构造形态，如褶皱、断层等，称为地质构造。

为描述地质构造的空间位置，一般采用走向、倾向和倾角来表示，称为产状三要素，如图 17-2-1 所示。

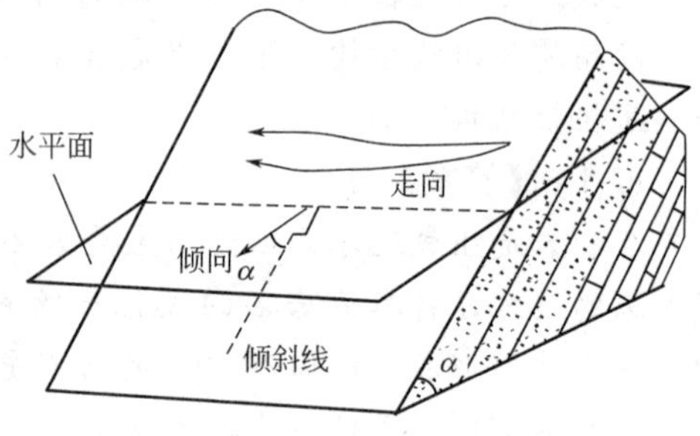

图 17-2-1

走向：岩层层面与任一假想水平面的交线称为走向线，走向线两端延伸的方向称为岩层的走向，它表示岩层在空间的水平延伸方向。

倾向：层面上与走向线垂直并沿斜面向坡下所引的

直线在水平面上的投影所指的方向称为岩层的倾向，与走向正交。

倾角：层面上的倾斜线和它在水平面上投影的夹角。

走向、倾向和倾角可用地质罗盘测得，常用的记录格式为倾向∠倾角，如：150∠60°表示倾向为 150（即南偏东 30°），倾角为 60°。

（一）褶皱形态和分类

组成地壳的岩层在构造运动的作用下，改变了原岩的产状，使岩层形成一系列波状弯曲，称为褶皱。

褶皱的一个弯曲称为褶曲，是褶皱的基本单元。褶曲要素是指褶曲的各个组成部分和确定其几何形态的要素，包括：核部、翼、轴面、轴、枢纽及转折端，如图 17-2-2 所示。

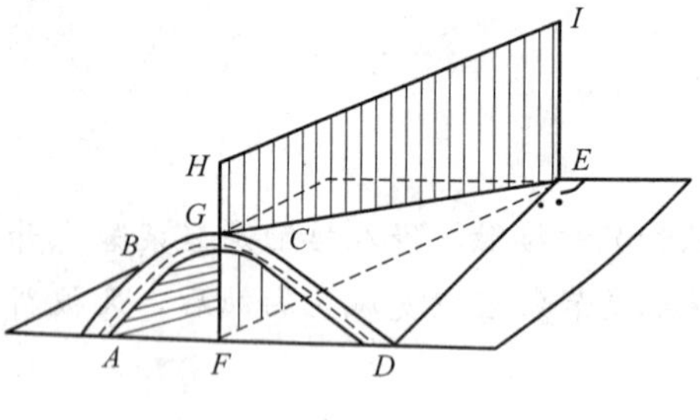

图 17-2-2

核部：褶曲的中心部分。通常指褶曲两侧同一岩层之间的部分。

翼：指褶曲核部两侧的岩层，一个褶曲具有两个翼。

轴面：平分褶曲两翼的假想对称面，轴面可以是简单的平面，也可以是复杂的曲面；其产状可以是直立的、倾斜的或是水平的，轴面的形态和产状可以反映褶曲的横剖面的形态。

轴：轴面与水平面的交线。因此，轴永远是水平的，它可以是水平的直线或水平的曲线，轴向代表褶曲延伸的方向，轴的长度可以反映映褶曲的规模。

枢纽：轴面与褶曲同一岩层层面的交线。枢纽可以是水平的、倾斜的或波状起伏的。表示褶曲在其延伸方向上的产状变化。

转折端：褶曲两翼汇合的部分，即从褶曲的一翼转到另一翼的过渡部分。

（二）褶曲的类型

褶曲的基本类型是背斜与向斜两种（图 17-2-3）。

背斜：背斜是核部由较老的岩层组成，冀部由较新的岩层组成，新岩层对称重复出现在老岩层的两侧，向上凸起弯曲。

向斜：向斜是核部由新岩层组成，翼部由老岩层组成，老岩层对称重复出现在新岩层的两侧，向下凹曲。

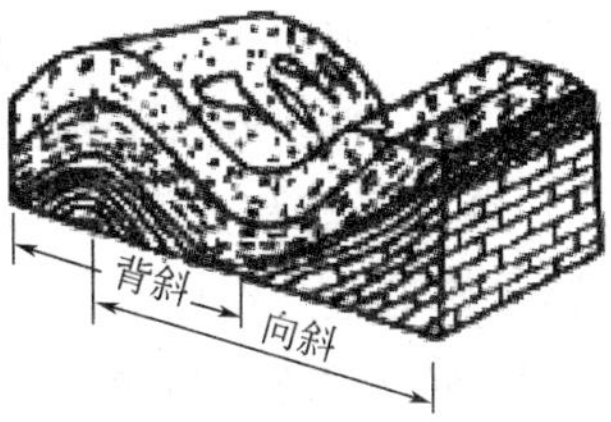

(a)

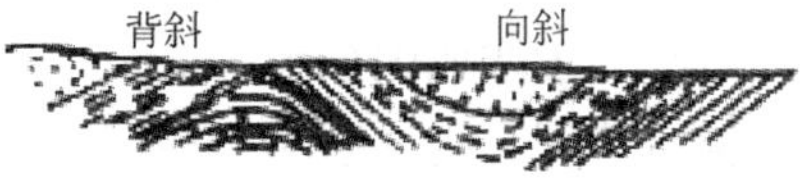

(b)

图 17-2-3

1. 按褶曲横剖面的形态分类

按褶曲横剖面的形态，可将褶曲分为直立褶曲、倾斜褶曲、倒转褶曲和平卧褶曲，如图 17-2-4 所示。

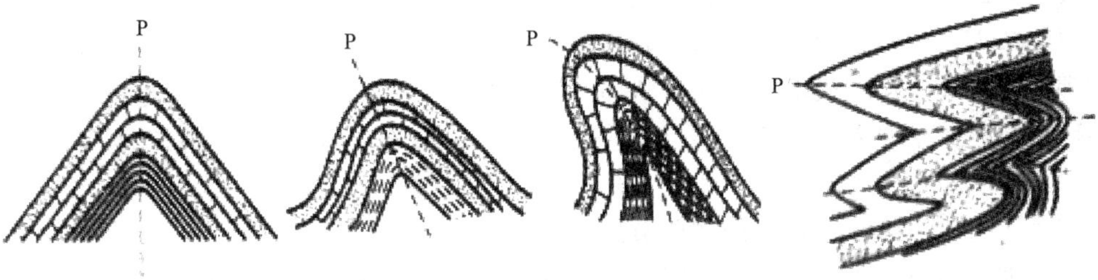

图 17-2-4

直立褶曲：轴面直立，两翼向不同的方向倾斜，两翼倾角相同，两翼对称，也称对称褶曲。

倾斜褶曲：轴面倾斜，两翼向不同的方向倾斜。两翼倾角不等，两翼不对称，也称不对称褶曲。

倒转褶曲：轴面倾角更大，两翼向同一方向倾斜，其中一翼岩层发生倒转，另一翼岩层正常。

平卧褶曲：轴面水平或近于水平，两翼岩层的产状也近于水平，一翼层位正常，另一翼层位发生倒转。

2. 按褶曲纵剖面的形态分类

按褶曲纵剖面的形态，可将褶曲分为水平褶曲和倾伏褶曲，如图 17-2-5 和图 17-2-6 所示。

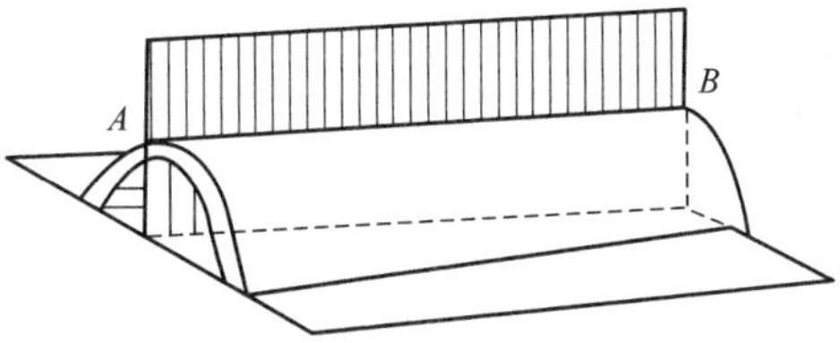

图 17-2-5

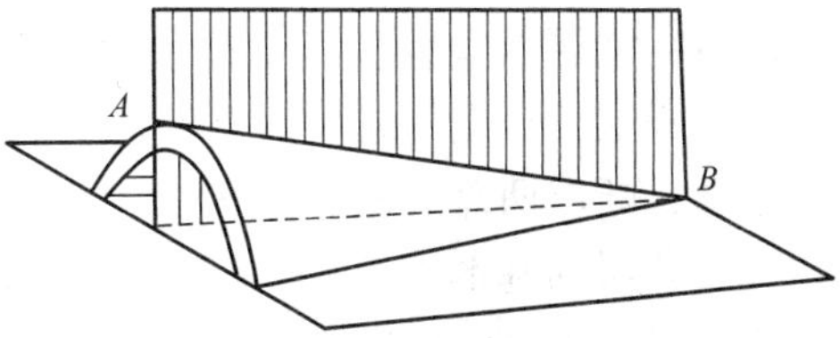

图 17-2-6

水平褶曲：枢纽近于水平的褶曲。

倾伏褶曲：枢纽倾伏的褶曲，枢纽与其在水平面上投影的夹角称为倾伏角。

（三）断层形态和分类

岩体受构造应力作用，在岩体内部出现变形，产生了许多断裂面，使岩石完整性受到破坏，形成断裂构造。断裂构造分为节理和断层两种。

1. 节理

节理也称裂隙，是沿断裂面两侧的岩层未发生位移或仅有微小错动的断裂构造。

（1）节理按成因分为构造节理和非构造节理

构造节理：指岩层在构造运动作用下形成于岩石中的节理，常常成组成群地出现。

在褶皱的岩体中，有时还存在一种极微细的密集裂缝，称为劈理，主要发育在强烈褶皱的软弱岩层中，对工程不利。

非构造节理：指岩石在外力地质作用下，如火山、山崩、地滑、岩溶塌陷、冰川活动以及人工爆破等作用产生的节理，分为原生节理和风化节理。

原生节理：岩浆岩形成时，由于岩浆冷凝收缩产生张拉应力而引起的断裂面。这种原生节理常把岩浆岩切割成块状体或柱状体。

风化节理：主要发育在岩体靠近地表的部分，分布零乱，没有规律性，岩石多成碎块。

（2）按力学成因分为张节理和剪节理

张节理：岩石在张应力作用下形成的节理。其特征为节理产状不稳定、多具有张开的裂口，节理面粗糙不平、呈弯曲形状、节理间距较大、分布不均匀、常呈平行或雁行式出现。

剪节理：岩石在剪切应力（亦称扭应力）作用下产生的节理，一般产生于与压应力呈45°角左右的平面上。其特征为产状比较稳定、常具有紧闭的裂口、节理面光滑平直、在节理面上常具有擦痕，镜面、节理间距较小、常呈等间距均匀分布、密集成带，呈两组交叉形式出现，即“X”节理。

2. 断层

岩块沿破裂面产生明显位移的断裂构造称为断层。

（1）断层要素

断层要素包括断层面、断层线、断盘和位移。

断层面：岩层或岩体断开后，两侧岩体沿破裂面发生显著位移，这个破裂面称为断层面，可以是平面，也可以是弯曲或波状起伏的面。其产状为走向、倾向和倾角。

断层线：断层面与地面的交线，表示断层的延伸方向，直线、曲线或波状弯曲的线。

断盘：断层面发生显著位移的岩块称为断盘，分为上盘和下盘。如果断层面是倾斜的，位于断层面以上的岩块叫上盘，位于断层面之下的称为下盘。

位移：断层两盘的相对位移。

（2）断层的基本类型

① 根据断层两盘相对错动的情况，分成正断层、逆断层、平推断层三种，如图17-2-7所示。

正断层：上盘沿断层面相对下降，下盘相对上升的断层，断层面倾角较陡，常大

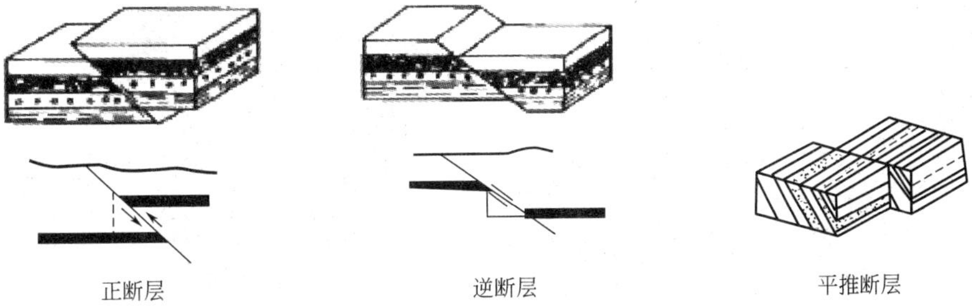

图 17-2-7

于 45°。

逆断层：上盘沿断层面相对上升，下盘相对下降的断层，一般由于岩体受到水平方向强烈挤压力作用而成。

平推断层：断层两盘沿断层面在水平方向发生相对位移的断层。

② 根据断层的力学性质分类。

张性断层：正断层多属于张性断层，断层面较粗糙、断层带内有角砾岩、矿脉等填充物。

压性断层：由压应力挤压产生，逆断层多属于压性断层。

扭性断层：由扭应力作用产生，平推断层多属于扭性断层。

张扭性断层：具有张性断层及扭性断层双重力学性质，如平移逆断层。

压扭性断层：具有压性断层及扭性断层的力学性质，如平移正断层。

③ 根据断层走向与两盘岩层产状的关系分类。

走向断层：断层走向与岩层走向一致。

倾向断层：断层走向与岩层走向垂直。

斜交断层：断层走向与岩层走向斜交。

顺层断层：断层与岩层面大致平行。

④ 根据断层走向与褶曲轴的关系分类。

纵断层：断层的走向与褶曲的轴向一致。

横断层：断层的走向与褶曲的轴向直交。

斜断层：断层的走向与褶曲的轴向斜交。

（3）断层的组合形式

断层的形成和分布，不是孤立的现象。各构造之间以一定的排列形式有规律地组合在一起，形成不同形式的断层带，如阶状断层（图 17-2-8）、地堑、地垒（图 17-2-9）和迭瓦式构造（图 17-2-10）等。

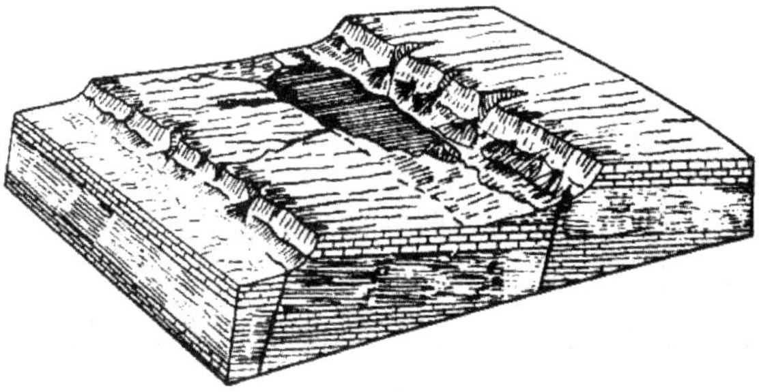

图 17-2-8

（四）地层的各种接触关系

地壳下降引起沉积，上升引起剥

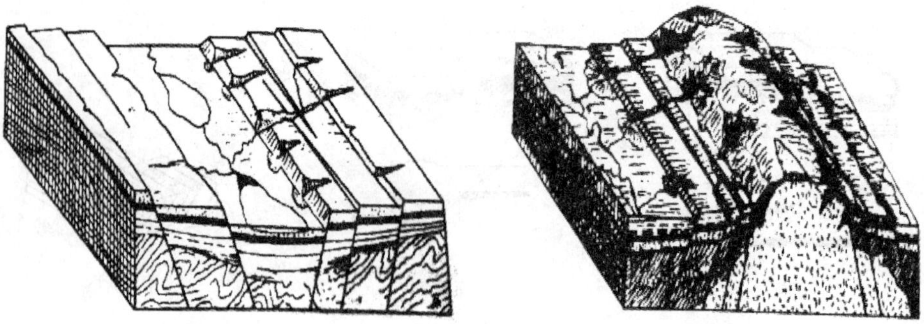

图 17-2-9

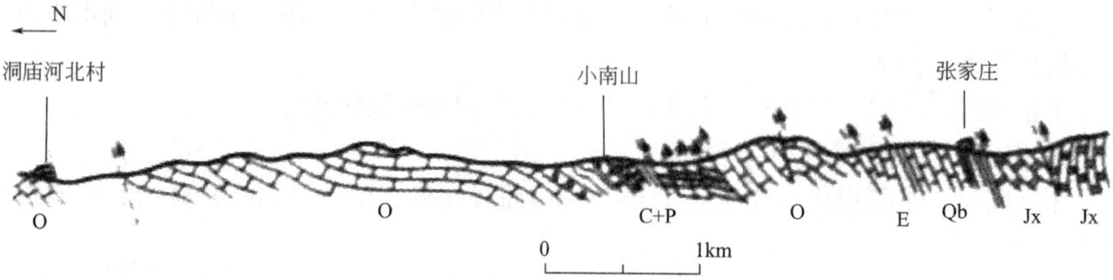

图 17-2-10

蚀，不同成因、不同形成年代的岩层，在经所了各种构造运动的作用后可能会重叠在一起，它们之间会有各种接触关系。根据岩层之间的不同接触关系，可以判别岩层的相对地质年代。

1. 沉积岩之间的接触关系

（1）整合接触

当地壳处于相对稳定下降的情况下，形成连续沉积的岩层，老岩层在上，新岩层在下，不缺失岩层，这种接触关系称为整合接触（图 17-2-11a）。

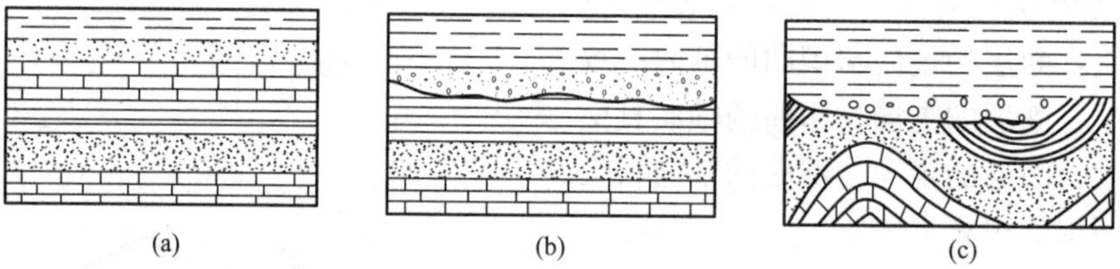

图 17-2-11

（2）不整合接触

由于构造运动，往往使沉积过程发生间断，形成年代不相连续的岩层，这种接触关系称为不整合接触。

按不整合面上下岩层之间的产状及其所反映的构造运动，分为平行不整合和角度不整合两种。

平行不整合：不整合面上下 2 套岩层的产状彼此平行，但不是连续沉积的（即发生过沉积间断），2 套岩层的岩性和其中的化石群也有显著的不同，不整合面上往往保存着古侵蚀面的痕迹（图 17-2-11b）。

平行不整合的形成过程可表示为：地壳下降，接受沉积；地壳隆起，遭受剥蚀；地壳再次下降，重新接受沉积。

角度不整合：不整合面上下 2 套岩层呈角度相交，上覆岩层覆盖于倾斜岩层侵蚀面之上，岩层时代是不连续的，产状不一致，岩性与古生物特征是突变的，不整合面上也往往保存着古侵蚀面（图 17-2-11c）。

2.沉积岩与岩浆岩之间的接触关系

（1）侵入接触

岩浆上升侵入于围岩之中，使围岩发生变质，岩浆体比沉积岩层的形成年代晚，如图 17-2-12a 所示。

（2）沉积接触

岩浆岩形成后经长期风化剥蚀，在剥蚀面上被新的岩层所覆盖而形成的沉积岩层，岩浆体比沉积岩层的形成年代早，如图 17-2-12b 所示。

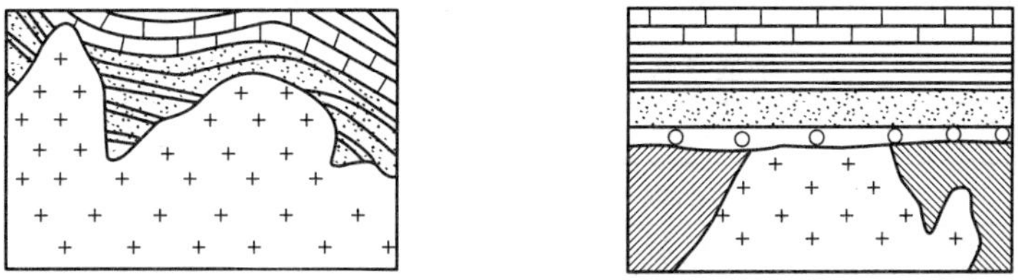

(a)　　　　(b)

图 17-2-12

（五）大地构造的基本概念

地壳在发展过程中会出现地壳下降，大陆被海水淹没；地壳上升，沧海变为桑田。把由内部原因引起的和导致地壳构造改变的地壳运动变形称为大地构造运动，根据构造变形的强度以及地貌景观的特征，把构造运动分为造陆运动和造山运动。

地槽：是指地壳上的强烈活动地带。构造运动强烈，升降运动幅度、速度大，沉积层厚度巨大，沉积作用、岩浆作用、构造运动和变质作用都十分强烈。

地台：在地壳上的相对稳定地区，大多是不规则的圆形，其直径往往达数百甚至数千千米。垂直运动速度缓慢、幅度小，沉积作用广泛而较均一，岩浆作用、构造运动和变质作用都比较微弱。

（六）地质力学的理论

以地质力学的观点研究地质构造，它认为：地壳的构造以水平运动为主，垂直运动由水平运动引起。在水平运动的挤压、拉张作用下，形成各种构造结构面。

构造体系：同一时期，经过一次运动或按同一方式断续经过几次构造运动产生的构造形迹，这样的一个整体称为构造体系。

构造体系分为：纬向构造体系、经向构造体系和扭转构造体系。

（七）板块理论

板块构造的基本思想：地球表面的硬壳——岩石圈，相对于软流圈来说是刚性的，其下面是粘滞性很低的软流圈。岩石圈并非是整体的一块，它具有侧向的不均一性，被许多活动带如大洋中脊、海沟、转换断层、地缝合线、大陆裂谷等分割成大大小小的块体，称为“板块”。

岩石圈板块是活动的，围绕一个旋转扩张轴活动，并以水平运动占主导地位，可以发生几千千米的大规模水平位移，在漂移的过程中，板块或拉张裂开，或碰撞压缩焊结，或平移错动。将全球岩石圈分为 6 大板块，即：太平洋板块、欧亚板块、印度洋板块、非洲板块、美洲板块和南极洲板块。

岩石圈板块获得边界分为拉张型边界（大洋中脊）、挤压型边界（孤岛—海沟）、剪切型边界（转换断层）。

(八) 地史演变概况和地质年代表

地球形成至今已有 60 亿年历史，期间经历各种变化。将整个地球历史分为若干个发展阶段，每个时间段称为地质年代。

划分地质年代和地层单位的主要依据，是地壳运动和生物演变。

一般把地壳形成后的发展分成五个“代”。每个代包含若干个“纪”，每个纪分为若干个“世”及“期”。每个地质年代都有相应的地层，见表 17-2-1。

地质年代单位与相对应的地层单位表 **表 17-2-1**

使用范围	国际性	全国性或大区域性	地方性
地质年代单位	代、纪、世	（世）期	时(时代、时期)
地层单位	界、系、统	（统）阶期	群组段（带）

1. 地史演变概况

(1) 太古代（Ar）

大致距今 20.5 亿～36.5 亿年，是地质发展史中最古老、最重要的时期。地壳超活跃，岩石圈迅速增厚，形成原始的硅铝质大陆地壳。水圈出现，无原始生命。

(2) 元古代（Pt）

大致距今 6 亿～20.5 亿年，分为早元古代和晚元古代。出现状态的古陆核，未出现稳定的地台区与活动的地槽区，海洋中出现原核藻类，出现无壳后生动物。

(3) 古生代（Pz）

距今 2.25 亿～6 亿年，分为下古生代和上古生代。下古生代又分成寒武纪（∈）、奥陶纪（O）、志留纪（S）三个纪；上古生代分成泥盆纪（D）、石炭纪（C）、二叠纪（P）三个纪。

① 寒武纪（∈）。

距今 5 亿～6 亿年，地台区相对平静，以升降运动为主。

出现带硬体动物无脊椎动物（如节肢动物三叶虫）。

② 奥陶纪（O）。

距今 4.4 亿～5 亿年，地壳的升降运动较为普遍，陆区增大，海区缩小。

出现海生无脊椎动物，如笔石、三叶虫、腕足类、鹦鹉螺类、腹足类、苔藓动物、珊瑚等。

③ 志留纪（S）。

距今 4 亿～4.4 亿年，产生强烈的地壳运动，即加里东运动。局部出现淡化海湾或咸化泻湖。

出现最早的陆生植物。脊椎动物的无颌类进一步发展，到中期出现有颌的棘鱼类。

④ 泥盆纪（D）。

距今 3.5 亿～4 亿年，地壳运动比较平静，海区明显缩小，陆区面积扩大。

陆生生物发展迅速。笔石、三叶虫、鹦鹉螺类大为衰退，腕足类和珊瑚类以及菊石类发展迅速。

⑤ 石炭纪（C）。

距今 2.7 亿～3.5 亿年，海域一度缩小，陆地面积扩大。地槽消失，全球完整的联合大陆形成。

海生无脊椎动物得到更新。植物地理分区清晰。

⑥ 二叠纪（P）。

距今 2.25 亿～2.7 亿年，是全球构造运动相当活跃的时期之一。海西运动频繁形成高峻山系，全球气候转暖。

陆生植物、两栖类、原始爬行类和昆虫发展迅速。

（4）中生代（Mz）

距今 0.7 亿～2.25 亿年，中生代分成三叠纪（T）、侏罗纪（J）、白垩纪（K）。

① 三叠纪（T）。

此时期主要的地壳活动为印支运动，出现地台型的浅海、滨海泻湖或海湾沉积。大陆开始漂移，大西洋与印度洋开始扩张。

无脊椎动物大量减少。裸子植物大量增加。两栖类繁荣，出现了真正的龟类。

② 侏罗纪（J）。

侏罗纪的地壳运动主要在环太平洋区和特提斯海区两处发生。泛大陆继续解体，各大洋发生断裂，形成明显的轮廓。软体动物空前繁荣，菊石更盛，箭石与海胆也占重要地位。恐龙迅速发展。哺乳类也有所发展。出现真骨鱼类和鸟类。

③ 白垩纪（K）。

全球性海侵扩大，全球性气温高于现在。

出现高等被子植物，动物界有胎盘类迅速发展，成为新生代的主宰动物。

但在白垩纪末期与新生代初期之间，生物发生突变现象，整个生物界中约有半数以上的属或 75%以上的物种绝灭，特别是大型脊椎动物、漂浮生活的微体生物，几乎无一幸免。

（5）新生代（Kz）

距今 0.7 亿年起至今。新生代分成第三纪（R）和第四纪（Q）。

① 第三纪（R）。

早第三纪时，海水面积急剧缩小。各大陆轮廓大致出现。经历印支运动、燕山运动和喜马拉雅运动三个较大的构造旋回。

温度较高，藏类植物很少，被子植物增加，海生出现无脊椎动物，如孔虫和双壳类，脊椎动物中出现鲨类。

② 第四纪（Q）。

第四纪时期是距今最近的地质年代，地壳运动属于新构造运动阶段。

第四纪的生物界有几个明显的特点：与现代生物界相似、哺乳类动物在极短时间内演化极速、人类出现。

历年真题

17-2-1. 某一地区出露的彼此平行的地层系列为 O_1、O_2、C_2、C_3，则 O_2 于 C_2 之间的接触关系 W 为（　　）。（2012B43）

A. 整合接触　　B. 沉积接触　　C. 假整合接触　　D. 角度不整合

17-2-2. 上盘相对下降，下盘相对上升的断层是（　　）。（2014B42）

A. 正断层　　B. 逆断层　　C. 平移断层　　D. 阶梯断层

17-2-3. 下面几种现象中，能够作为活断层的标志是（　　）。（2014B47）

A. 强烈破碎的断裂带　　B. 两侧地层有牵引现象的断层

C. 河流凸岸内凹　　D. 全新世沉积物被错断

17-2-4. 具有交错层理的岩石通常是（　　）。（2016B42）

A. 砂岩　　B. 页岩　　C. 碎石条带石灰岩　　D. 流纹岩

17-2-5. 地质图上表现为中间新、两侧变老的对称分布地层，这种构造通常是（　　）。（2016B44）

A. 向斜　　B. 背斜　　C. 正断层　　D. 逆断层

17-2-6. 在荒漠地区，风化作用主要表现为（　　）。（2016B47）

A. 被风吹走　　B. 重结晶　　C. 机械破碎　　D. 化学分解

答　案

17-2-1.【答案】(C)

假整合接触又称平行不整合，是指上下地层产状基本一致，但有明显的沉积间断，并缺失某些地质时代的地层。C 项，O_2 于 C_2 之间有志留纪和泥盆纪的地层缺失，因此属于平行不整合。

17-2-2.【答案】(A)

断层形成后，上盘相对下降，下盘相对上升的断层称正断层，主要受到拉张力和重力作用。逆断层与之相反。平移断层作用的应力是来自两盘相对位移划分的，两盘顺断层面走向滑动，而无上下垂直移动。断层阶地是由断裂作用形成的阶梯状地形，假阶地的一种。断裂作用使地面在断裂带一侧下降，另一侧相对上升而成为阶地。

17-2-3.【答案】(D)

活断层是指现今仍在活动着的断层，或是近期曾有过活动，不久的将来可能活动的断层。后一种情况也可称为潜在活断层。活断层的标志包括：①地质：保留在最新沉积物中的地层错开（需注意与地表滑坡产生的地层错断的区别）；松散、未胶结的断层破碎带；强震过程中沿断裂带常出现地震断层陡坎和地裂缝。②地貌：两种截然不同的地貌单元直线相接；沉积物厚度有显著差别；河流、沟谷方向发生明显变化；一系列的河谷向一个方向同步错移。滑坡、崩塌和泥石流等工程动力地质现象常呈线形密集分布。

17-2-4.【答案】(B)

B项，页岩以黏土矿物为主，泥状结构，大部分有明显的薄层理，呈页片状，具有层理结构。A项，砂岩由50%以上的砂粒胶结而成，呈沙状结构。C项，石灰岩属于沉积岩，无层理结构，有碎屑结构和晶粒结构两种。D项，流纹岩属于火山喷出岩，呈流纹状，斑晶结构。

17-2-5.【答案】(A)

A、B两项，背斜是岩层向上拱起弯曲，核部的岩层时代较老，两侧的岩层时代较新；向斜是岩层向下凹陷弯曲，核部的岩层时代较新，两侧的岩层时代较老。C、D两项，下盘相对上升、上盘相对下降的断层为正断层；上盘相对上升、下盘相对下降的断层为逆断层。

17-2-6.【答案】(C)

在荒漠地区，由于气候炎热干燥的原因，风化作用中的化学风化作用较弱，物理风化作用主要表现为颗粒之间的相互碰撞、摩擦，导致颗粒变碎、变小。被风吹走只是形式，吹走之后与地面岩石的碰撞、破碎才是荒漠地区风化的主要原因。

第三节 地貌和第四纪地质

一、考试大纲

各种地貌形态的特征和成因；第四纪分期。

二、知识要点

地貌是地壳表面各种不同成因、不同类型、不同规模的起伏形态，地貌单元主要包括剥蚀地貌、山麓斜坡堆积地貌、河流地貌、湖积与海岸地貌、冰川地貌和风成地貌等。

第四纪是地球发展的最新阶段，最突出的特点是发生过大规模的冰川活动、第四纪堆积物广泛覆盖、人类出现。

(一) 主要地貌形态的特征与成因

1.构造、剥蚀地貌

受地质构造作用形成，有不同程度的破坏，包括山地、丘陵、剥蚀残山、剥蚀准平原、构造平原。

(1) 山地

包括桌状山和方山、单面山、褶皱山、断块山。

① 桌状山和方山：山顶周围被陡崖围成形状似桌面的方形山体，常发育在近于水平或倾斜的软硬之间，倾角小于5°。

② 单面山：单斜构造产生，沿岩层走向延伸，两坡不对称，由较坚硬的岩石组成，剥蚀坡较陡。当岩层倾角较大时，顺层坡和剥蚀坡的坡度大致相等。山脊高凸，形似猪的脊背，又称猪背岭，山脊多为较坚硬岩石组成，走向平直。

③ 褶皱山：地表岩层受垂直或水平方向的构造作用形成的岩层弯曲的褶皱构造山地，

背斜成山，向斜成谷。

④ 断块山：又称断层收纳断层山，因地壳断裂上升而形成，常见的有地垒式断块山，易形成高原、山岳和丘陵，断块山地的麓地带发育断崖层、断面三角面。

山地按绝对高程分为：极高山（>5000m）、高山（3500～5000m）、中山（1000～3500m）和低山（500～1000m）。

（2）丘陵

经长期剥蚀切割，外貌起伏和缓，绝对高度在500m以内，相对高度小于200m。

（3）剥蚀残山

低山承受长期剥蚀，大部分山地被夷成平原，个别地段形成较坚硬的残丘，称剥蚀残山。

（4）剥蚀平原

剥蚀平原是在地壳上升微弱、地表岩层高差不大的条件下，经外力的长期剥蚀夷平所形成，其特点是地形面与岩层面不一致，上覆堆积物很薄，基岩常裸露于地表，在低洼地段有时覆盖有厚度稍大的残积物、坡积物和洪积物等。

（5）构造平原

由构造上升作用大于剥蚀作用，根据其绝对标高分为洼地、平原和高原。

洼地：位于海面以下平展的内陆低地，如荒漠或半荒漠地区的内陆盆地。

平原：绝对标高在200m以下的平展地带。

高原：绝对标高在200m以上的顶面平坦高地。

（6）断裂谷及断陷盆地

断裂谷是沿断层破碎带发育的沟谷，一般较深，两岸陡峭，走向平直，呈峡谷状。

断陷盆地是由断层所围成的盆地，呈菱形、长条形、楔形。

2.山麓斜坡堆积地貌

山麓斜坡堆积地貌包括：洪积扇、坡积裙、山前平原、山间凹地、倒石堆、坡面泥流。

洪积扇：山区河流自山谷流入平原后，流速减低，形成分散的漫流，流水挟带的碎屑物质开始堆积，形成由顶端（山谷出口处）向边缘缓慢倾斜的扇形地貌。

倒石堆：沿斜坡崩塌的物体在坡度较缓的坡麓地带，堆积成的半锥形体，其规模大小不等，倒石堆的平面形状多呈半圆形或三角形，多个倒石堆可连成条带状。倒石堆的碎屑物质大小混杂、松散多孔、无层理、无分选性、岩块上有撞砸刻痕。

坡面泥流：泥流是斜坡上厚层风化的土石（如黄土、红土）被水浸润饱和后，在重力作用下向斜坡下部流动的现象。

坡积裙：由山坡上的水流将风化碎屑物质携带到山坡下，并围绕坡脚堆积，形成的裙状地貌。

山前平原：山前区是山区和平原的过渡地带，一般是河流冲刷和沉积很活跃的地区，汛期到来时洪水冲刷，在山前堆积了大量的洪积物；汛期过后，常年流水的河流中冲积物增加。

山间凹地：由环绕的山地包围形成的堆积盆地，山间凹地由周围的山前平原继续扩大所组成，凹地边缘颗粒粗大，一般呈三角形，凹地中心，颗粒逐渐变细，地下水位浅，有时形成大片沼泽洼地。

3.流水地貌

（1）河流地貌

由河流作用形成的地貌，称为河流地貌。

河流所经过的槽状地形称为河谷，它是在流域地质构造的基础上，经河流的长期侵蚀、搬运和堆积作用逐渐形成和发展起来的一种地貌。其地貌单元主要有：河床、河漫滩、牛轭湖和阶地。

河床：河谷中枯水期水流所占据的谷底部分称为河床。按形态分为顺直河床、弯曲河床、汊河型河床和游荡型河床。在河床中形成的各种地貌，如岩槛、壶穴、深槽、心滩、边滩和河嘴等。

① 岩槛：是横卧于河床上的坚硬岩石经河流侵蚀形成的陡坎，若岩槛的高度大于水深时，会形成瀑布，如黄河壶口瀑布。

② 壶穴：它是河水携带砂砾在垂直涡流的作用下，不断磨蚀床底形成的圆坑。

③ 深槽：多发育在河床的凹岸，水流缓慢，可形成漩涡，河床底部基岩可裸露，水深不一，几米到几十米高，如长江西陵峡、湖北黄石至武穴、江西马当等处的深槽水深可达 40～50m。

④ 心滩与江心洲：形成于河床中被河道包围的砂质或砂砾堆积体，在枯水期出露水面，在洪水期可被淹没，当心滩增大或加高，并长期露出水面，即使在洪水期也不能淹没，由此形成江心洲。

⑤ 河漫滩：经常受洪水淹没的浅滩称为河漫滩，由河流横向环流作用形成。河漫滩的堆积物，下层是河床相冲积物粗砂和砾石，上部是河漫滩相细砂和黏土，构成河漫滩的二元结构。

⑥ 牛轭湖：在平原地区流淌的河流，河曲发育，随流水对河面的冲刷与侵蚀，河流愈来愈曲，最后导致河流自然截弯取直，河水由取直部位径直流去，原来弯曲的河道被废弃，形成湖泊，因这种湖泊的形状恰似牛轭，故称为牛轭湖。

⑦ 阶地：河流阶地是在地壳的构造运动与河流的侵蚀、堆积作用的综合作用下形成的。由于构造运动和河流地质过程的复杂性、河流阶地的类型是多种多样的，一般可以将其分成三种主要类型：侵蚀阶地、堆积阶地、基座阶地。阶地级数从下往上依次排列，分别为一级阶地、二级阶地等。阶地越高，形成的时代越老。

（2）流水堆积地貌

在暴雨或大量积雪消融时，所形成的瞬时洪流称暂时性水流。暂时性水流形成的侵蚀地形是侵蚀沟，沟床中的水流堆积物称冲沟堆积物。沉积于沟口的沉积称洪积物。

侵蚀沟中被侵蚀破坏的碎屑物质，洪水期被搬运出沟口后，由于水流分散，坡度急剧减小，流速降低，这些碎屑物质遂堆积于沟口，形成一种半圆冲出锥堆积物称为冲出锥。

洪积扇：暴雨季节，由山间洪流携带大量碎屑物质，在山沟沟口处，由于坡降大，堆积形成的扇形堆积体或锥状堆积体，物质分选性差。

① 冲积平原：是河流沉积作用形成的一种大型平坦的组合地貌，在河流的下游水流没有上游急速，在上游寝室了大量泥沙到了下游后因流速不能携带流沙，导致下游泥沙沉积，尤其当河流发生水浸时，泥沙在河的两岸沉积，形成冲积平原。冲积平原分为山前平

原、中部平原和滨海平原三部分。

山前平原：从山区到平原的过渡带，成因上属于冲积—洪积型。当河流流出山口到平原后，河床坡降急剧减小，水流呈扇形散开，河道分汊，水流厚度减小。

中部平原：是冲积平原的主要部分，其沉积物主要是冲积物，夹有湖积物及风成堆积物，以汊道式的游荡型河流为主，众多的河流甚至几个水系组成一个冲积平原。

滨海平原：成因上属于冲积—海积平原。其沉积物颗粒更细，沼泽面积大，并伴有周期性海水入侵。在滨海地区有典型的海岸带的沉积及残留的地貌，如海岸砂堤（贝壳堤），以及泻湖、海湾等。

② 河口三角洲：河流入海时，因流速减低，所携带的大量泥沙，在河口段淤积延伸，填海造陆，洪水时漫流淤积，逐渐形成扇面状的堆积体。水浅、地基承载力低，常为软土地基。

③ 河间地块：河谷间隔开的广阔地段，称为分水岭，如高峻的山脊，高低水流之间的地形界线，此分水岭叫做河间地块。

④ 水系地貌：由一条干流与众多的支流构成一个水流运行系统，即水系，按水系的排列形式分为树枝状水系、格状水系、平形状水系、放射状水系、环状水系、向心状水系、扇状水系、倒钩状水系、辫状水系和羽状水系。

4.岩溶地貌

可溶性岩层在岩溶作用下，形成的一系列独特地貌。其地貌形态主要有：溶沟、石芽、石林、岩溶漏斗、落水洞、干谷、半干谷及盲谷、峰丛、峰林、孤峰、溶蚀洼地与坡立谷、溶洞、伏流、暗河和岩溶泉、溶隙、溶孔。

（1）溶沟、石芽

石芽是发育于灰岩表面的小型石质突起，而石芽之间的凹槽就是溶沟。

（2）石林、岩溶漏斗

石林：由众多密集的锥状、锥柱状或柱状、塔状的灰岩柱体组成，远观似一片森林，由此得名。

岩溶漏斗：在岩溶强烈发育区，地表经常出现的一种漏斗式的凹地称为岩溶漏斗，其平面形态为圆或椭圆状，直径数米至数十米，深度数米至十余米。

岩溶漏斗的成因有两类：一类是地表水沿着节理或断层的交叉点逐渐溶蚀形成，漏斗壁比较缓，底部没有粗大的角砾石；另一类是溶洞顶板崩塌而成的塌陷漏斗，漏斗壁较陡，底部有粗大的角砾堆积。

（3）落水洞

落水洞是地表岩溶与地下岩溶的过渡形式，是地表水流入地下的不规则、近于直立或倾斜的通道。落水洞是地下水沿灰岩的节理、断层等溶蚀形成，特点是窄、深、弯曲、形态各异。

（4）干谷及盲谷

干谷：当地表水沿着落水洞、溶蚀漏斗转入地下，又无水源补给，留下了高于地下水位的干涸谷称为干谷。

盲谷：当河流的下游被石灰岩陡崖或山体所挡，河水就从陡崖底部或山脚的落水洞潜入地下而从地表消失，变为地下河，其地表的谷地就称为盲谷。

(5) 峰丛、峰林、孤峰

峰丛、峰林、孤峰及溶丘又可总称为峰林地形，它们是岩溶地区的主要正地形。

峰丛：分布在岩溶地区的山体部位，由一系列高低起伏的山峰连接而成，峰与峰之间常形成“U”形的马鞍地形，其基部相连，在峰丛之间可发育溶蚀洼地、漏斗或落水洞。

峰林：是成群的山体基部分离得石灰岩山群，与峰丛的最大区别在于山峰的基部被第四纪沉积物覆盖而成分离状态。

孤峰：是岩溶区的孤立石灰岩峰。

(6) 溶蚀洼地与坡立谷

溶蚀洼地是与峰丛、峰林基本同期形成的一种低洼的岩溶地貌，在峰丛或峰林之间呈封闭或半封闭状。平面形态为圆形或椭圆形，长轴常沿构造线而发育，面积可达数十平方公里。

坡立谷又称“溶蚀平原”。它是由溶蚀洼地进一步发育而成的，它的出现标志着该地区岩溶发育已经进入后期阶段。坡立谷面积较大，底部平坦，周围时常发育有峰林地形，其延长方向多与构造线一致。

(7) 溶洞

溶洞是地下岩溶地貌的主要形态。是地下水流沿可溶性岩层的各种构造面（如层面、断裂面、节理裂隙面）进行溶蚀及侵蚀作用所形成的地下洞穴。

溶洞的大小形态多种多样，在地下水垂直循环带上可形成裂隙状溶洞，有袋状、扁平状、弯状、锥状、倾斜状及阶梯状等。

溶洞内常有石钟乳、石笋、石柱和人类化石。

(8) 伏流、暗河

伏流与暗河通称为地下河系，是岩溶地区的重要水源。

暗河：地下水汇集而成的地下河道，它具有一定范围的地下汇水流域，暗河有出口，无入口。

伏流：具有明显进口和出口的地下河流，或者为地面河潜入地下的潜伏段。它常常形成于地壳上升、河流下切、河床纵向坡降较大的地方。

(9) 岩溶泉

岩溶洞穴出口处形成泉，按成因分为暂时性泉、周期性泉和涌泉等。泉口出口处，常有泉水沉积的碳酸盐类物质称为石灰华又称泉钙华。

(10) 溶隙、溶孔

溶隙及溶孔主要发育在虹吸管式循环亚带及深循环带，呈细缝状及蜂窝状，其直径从数毫米到数厘米，也有较大的，似小溶洞。其形成受岩性、构造裂隙影响很大。溶隙及溶孔常为次生方解石所充填。

5. 冰川地貌

冰川地貌分为冰川剥蚀地貌、冰碛地貌和冰水地貌。

(1) 冰蚀地貌

冰川在运动过程中，以自身的动力和冻结其中的砾石对冰床表面和两侧基岩所产生的破坏作用称为冰川的剥蚀作用，包括冰斗、角峰、刃脊、冰窖、冰蚀谷、悬谷、羊背石。

① 冰斗。

冰斗是在冰川发展初期阶段，冰雪利用自然洼地，塑造的斗状地面形态。冰斗位于雪线以上，冰蚀作用以冰冻风化作用为主，在冰川冰的刨蚀作用下，使雪蚀洼地的底部不断加深，而两侧和后壁不断后退变陡、变高。

当冰斗进一步扩展，或谷地源头数个冰斗汇合时，冰坎消失或变得不明显，其底部平坦，出口与冰川谷相连，这种地貌称为冰窖。

② 刃脊、角峰。

刃脊：它是由两个冰斗或两个冰川谷的侧壁不断后退，使其之间的山脊或分水岭变得非常尖锐，就形成了刃脊。

角峰：若有2个以上的冰斗围绕一座山峰同时发育时，随着冰斗的后退，将形成尖锐的山峰，即角峰。

③ 冰蚀谷。

冰蚀谷，又称冰川槽谷、U形谷等。它是由山谷冰川沿先前谷地改造形成的线性谷地，一般起源于冰期前河流切割谷地或线性构造负地形。冰川运动速度越快、厚度越大，其刨蚀作用就越强。

④ 悬谷。

支冰蚀谷高悬于主冰蚀谷的谷坡上，称为悬谷。悬谷与主谷之间的高差取决于两谷地的冰川刨蚀作用的强弱，刨蚀能力越强，高差越大。

⑤ 冰川三角面、羊背石。

冰川运动过程中，由于冰川所携带的岩石碎块不断地对槽谷两侧的岩壁进行锉磨、刨蚀，使两壁小山脊形成一系列的冰川三角面或冰溜面。

羊背石：它是由冰蚀作用形成的石质小丘，特别在大陆冰川区，石质小丘常成群分布，犹如羊群伏在地面，故称羊背石，羊背石表面常留下一些擦痕和磨光面。

羊背石平面形状为椭圆形，长轴方向与冰川运动方向平行，两边坡度不对称，朝向冰川上源面坡度平缓，表面光滑，另一面则呈陡坎，陡坎处岩石有压裂破碎的现象。

（2）冰碛地貌

冰碛物是指冰川搬运并堆积形成的各种物质的总称。分类复杂，多种多样，缺乏分选性。冰碛物往往是巨砾、角砾、砾石、砂、粉砂和黏土的混合堆积，分为基碛、侧碛和终碛。

① 基碛及基碛地形。

当冰川融化以后，表碛、内碛均降落到冰床上，与底碛共同构成覆盖在冰川谷底部的基碛，厚度一般不超过数米。

由基碛组成的地形称为基碛地形，常见的基碛地形有：冰碛丘陵，冰川消融后，原来随冰川运行的物质形成高低起伏的形态，分布零乱；鼓丘，由含黏土较高的停积型冰碛所构成的椭圆形丘陵，长轴方向平行于冰流方向。

② 侧碛及侧碛堤。

随冰川退却，原来聚集于冰川两侧边缘的大量碎屑物质，出露地表，形成了于冰川流向平行的长条状冰碛堤。

③ 终碛。

当冰川补给于与消融处于相对平衡时，冰川末端的位置比较稳定，冰川携带物不断运至末端，围绕冰舌的前端堆积下来并形成垄岗状或堤状的冰碛。

6.冰水堆积地貌

冰雪融化后形成的水流称为冰水。冰水流出冰川以后，在冰川外围堆积起来，其主要地貌为冰水扇、冰水冲积平原、冰砾阜、蛇形丘及锅穴等。

（1）冰水扇冲积平原

在大陆冰川作用区，当冰水流出后，由于地形变得开阔和坡度变缓，冰水携带来的大量碎屑物质就在终碛堤的前缘沉积，并向外扩展，形成扇状地形，称为冰水扇。若是多个冰水扇侧向连接就形成了冰水冲积平原。

（2）冰砾阜

冰川消融后，冰面溪沉积物坠落冰床上形成的丘状地形，常分布在山岳冰川或大陆冰川的边缘部位。

（3）蛇形丘

冰底沉积形成的蜿蜒曲折、高低起伏的垄状地形，延伸方向大致与冰川一致，主要由经过分选的砾石和砂组成，偶尔含有冰碛物的透镜体。

（4）锅穴

冰川后退时，一些没有融化的冰块被埋藏在冰水沉积物中成为死冰，当气候变暖，这些死冰完全融化，在冰水沉积物中出现空洞而致使上面的沉积物发生塌陷，形成下陷的坑，称为锅穴。

7.冻土地貌

在冻土区，由于融冻作用导致土体或岩体破坏扰动和移动，所形成的一系列地质、地貌现象称为冻土地貌。包括石海、石河、石冰川、石环、石圈、石带、冻胀丘、冰河丘、冻土阶地、热岩溶及构造土。

（1）石海

在平坦而排水较好的山顶或山坡上，经冰冻风化形成的大小石块，直接覆盖在基岩面上，这种平坦山顶上布满石块的地形称为石海。

（2）石河

在不太陡的山坡和凹地中，大量的风化产物在重力作用下向低洼沟谷移动聚集形成带状的岩屑堆积地貌，称为石河。

（3）石冰川

当冰川退缩后，聚集石冰斗和 U 型谷中的冰碛物，在冻融作用下，顺谷地下移，形成石冰川。

（4）石环、石圈和石带

石环：以细粒土和碎石为中心，周围有大砾石围成的圆环形冻土地貌。

石圈：斜坡上发育的石环，在重力作用下，形成椭圆形，其前端由大石块构成，这种石环称为石圈。

石带：在陡峻的山坡上，石圈前端分开，空隙内经冻融分选形成的最大石块，形成石带。

（5）冻胀丘和冰核丘

在多年冻土区，冻土中的物质成分和水分的分布不均匀，在含水较多的细粒土中容易形成分凝冰，随分凝冰的长大和体积膨胀，使地表鼓起形成冻胀丘。

冰核丘：若冻胀丘的中心完全被冰体占据，则称为冰核丘。

（6）冻土阶地

由冰川风化和泥流作用产生，多发生在冻结的山丘和丘陵上部，表面可达数百米，坡高几米至数十米。

（7）热岩溶

温度升高，地下冰融化造成地面塌陷形成洼地，积水成湖，大大小小的热岩溶湖星罗棋布。

（8）构造土

在河滩、湖滩、坡角等地下水丰富地区，一些砾石层的上部，由于冻融的分选作用，使冻土层中的砾石被摊到地表并排列成几何形状的次生构造，称为构造土。

8.风成地貌

在干旱气候区，地表植被覆盖少，基岩或第四纪沉积物裸露，在风蚀作用下可形成各种风蚀地貌。分为风蚀洼地、风蚀湖、风蚀穴、风蚀壁龛、风蚀蘑菇、风蚀柱、风蚀谷、风蚀城、风蚀垄槽。

（1）风蚀地貌

风蚀地貌形态主要见于风蚀区，有时沙漠中也有一定数量存在，包括以下几种。

① 风蚀石窝：风沙对岩石表面吹蚀和旋转磨蚀，在陡壁上雕刻成无数大小不等的凹坑，直径长约 20cm，深约 10～15cm，或聚或散，使岩石具有蜂窝状外貌。

② 风蚀柱：垂直裂隙发达的基岩，风蚀后，切割成破碎的孤立状石柱。

③ 风蚀垄槽：又称雅丹地貌，只发育在干涸的湖泊或河床上，由沙及沙黏土堆积层组成，结构疏松。

④ 风蚀洼地：平坦的基岩地面，经过长期的风蚀作用可形成大小不等的洼地，平面呈圆形或椭圆形，顺风向延伸，小型风蚀洼地，直径数十米，深仅 1m，大的如南非的风蚀洼地面积达 $300km^2$，深 7～10m。

⑤ 风蚀谷：由基岩组成的丘陵或台地，受暴雨冲刷后开始产生沟谷，后经过长期的风蚀，扩大为风蚀谷。

⑥ 风蚀残丘：残丘的形状，受到岩性及产状的影响，由软硬相间、产状水平的岩层所形成的残丘，多成为顶平而四周壁立的丘陵，远望如城堡，又称风城。

（2）风积地貌

风积地貌形态主要形态包括沙地、沙丘和沙垄。

① 沙丘。

是具有一定形态的堆积体，尤以新月形沙丘最为典型。新月形沙丘是平面形态呈新月形，两侧前端有顺风向伸出的沙角（翼），两沙角之间为一马蹄形洼地，纵坡面两坡不对称，迎风面坡凸而缓，背风坡坡凹而陡。

② 沙垄。

沿一个方向延伸的沙堆积物，分为纵向沙垄和横向沙垄，具有地带性，仅出现于沙漠区；

沙丘和沙垄很少个别出现，往往成群分布，并处于流动、半固定或固定状态。沙丘不限于干旱区和半干旱区，在海滨、湖岸沙滩或古河床风口地段也可形成，但以干旱区最为常见。

③ 荒漠地貌。

荒漠是干旱地区特有的地貌组合，根据荒漠地貌特征和地表物质的组成，分为岩漠、砾漠、沙漠和泥漠。

9.黄土地貌

黄土是灰黄色、棕黄色的，由风力搬运堆积未经次生扰动的，无层理，质地均一，疏松多孔，富含碳酸钙的土状堆积物，主要分布在干旱、半干旱地区。按主导的地质营力分为黄土堆积地貌、黄土侵蚀地貌、黄土潜蚀地貌和黄土重力地貌。

(1) 黄土堆积地貌

① 黄土高原：分布在新构造运动上升区，是由黄土堆积形成的高而平坦的地面，受水流切割，形成黄土塬、黄土梁、黄土峁等。

黄土塬：是黄土高原现代沟谷侵蚀切割，保存下来的大型平坦地貌，面积可达上千平方米，有长条状、不规则状。

黄土梁：现代河谷切割形成的平行长条状平顶岭岗，几百米至几千米长，宽仅为几十米至几百米，黄土梁顶面平坦。

黄土峁：顶部浑圆、斜坡较陡的近圆丘状黄土高地，长宽相近，形态似盾。

② 黄土平原：分布于新构造下降区，如渭河平原，是由黄土堆积形成的低平原，只在局部倾斜地面上发育沟谷系统，但无梁、峁发育。

(2) 黄土侵蚀地貌

其包括大型的河谷与小型的冲沟。

黄土区大型河谷地貌，是长期发展的结果，其形成发展与一般侵蚀河谷发展相似。

黄土冲沟的发展过程，与一般正常流水冲沟发展相似，但由于黄土质地疏松，常伴以重力、潜蚀作用，故黄土冲沟系统发展较快，并具有某些黄土区特有的冲沟形态，如沟壁经常发生崩塌，纵剖面形成阶地状悬沟。

(3) 黄土潜蚀地貌

由于地表水局部集中，沿黄土裂隙下渗、发生潜蚀而产生的一系列黄土潜蚀地貌。

黄土碟：平缓黄土地面的蝶形凹地，深数米，直径 10～20m，主要由于地表水下渗浸湿黄土后，在重力作用下黄土发生压缩或沉陷而使地面陷落而形成。

黄土陷穴：黄土区地表的穴状洼地，它向下延伸可达 10～20m，常发育在地表水容易汇集的沟间地或者谷坡上部和梁峁的边缘地带，由于地表水下渗进行潜蚀作用使黄土陷落而成，陷穴按形态分为竖井状陷穴和漏斗状陷穴，若陷穴成串分布，称串珠状陷穴。进一步发展会变成黄土陷沟。

黄土井：黄土陷穴向下发展，形成深度大于宽度若干倍的陷阱。

黄土柱：分布在沟边的柱状黄土地，它是由流水沿黄土垂直节理潜蚀和崩塌共同作用下形成的，是黄土陡坡经塌陷残留的黄土部分。

黄土桥：在黄土陷穴区崩塌之后，残余的洞顶即构成黄土桥。

10. 海岸地貌

根据海岸地貌的形成过程和特征，可分为海岸侵蚀地貌和海岸堆积地貌。

（1）海岸侵蚀地貌

它是由海水侵蚀作用形成，主要发育在基岩的岩石中，其类型有海蚀穴、海蚀凹槽、海蚀崖、海蚀柱、海蚀蘑菇、波切台等。

① 海蚀穴：形成于海平面附近深度大于宽度的洞穴，受海水侵蚀的方向、岩石的均一性以及节理的影响。

② 海蚀崖：在海蚀的过程中，海岸线后退，海岸崩塌形成的悬崖峭壁。

③ 波切台：沿着平均海平面向陆地延伸并向海洋方向缓倾斜的基岩台地。

（2）海岸堆积地貌

在沙、泥质海岸，海水对海岸和海底进行改造并将沉积物搬运到合适的部位沉积下来形成。其类型有海滩、沙坝和沙堤、潟湖、沙咀及海滨平原。

① 沙滩：由滨海沉积物构成的向海缓倾斜的滩地，主要发育在潮间带，其上界为波浪作用所能达到的地方，下界延伸到海面以下的破浪之处。

② 沙坝：由破浪冲掏海底泥沙形成

③ 潟湖：被沙嘴、沙堤、障壁岛隔离或半隔离的部分海面称为潟湖。

④ 沙咀：它是一种一端连接陆地，一端深入海中的泥沙堆积体。当岸流顺着海岸流动，在海岸拐角的地方，岸流流入大海，海水变深，流速降低，形成沙咀。

（二）第四纪地质

第四纪的特点是：在短暂的地质时期内发生过多次急剧的寒暖气候变化和大规模冰川活动；人类及其物质文明的形成发展，显著的地壳运动，广泛堆积陆相沉积物。

按第四纪的生物演变和气候变化，分为四个时期，即：早更新世、中更新世、晚更新世和全新世。

1. 早更新世

地层成因复杂，有河湖相堆积、洞穴堆积、冰川堆积、海相堆积和火山喷发堆积。红土（网纹红土）分布广泛。

2. 中更新世

地层以洞穴堆积为主河湖相堆积相对减少，土状堆积广泛发育，在太行山东麓及东北地区皆有火山岩分布。

3. 晚更新世

河流相及河湖相沉积广泛的发育，马兰黄土分布很广，差不多在红色土分布地区它皆覆盖其上。

4. 全新世

中国的全新世堆积分布极广，几乎遍及整个地面，形成地表最上部的一层。其沉积类型多种多样，分属于海相和陆相。河流堆积和斜坡堆积分布很广，黑土发育广泛。

中国第四纪沉积物有海相陆相、海陆过渡相、构造成因、火山成因和人工堆积等系列。

历年真题

17-3-1. 以下不属于河流地质作用的地貌是（ ）。（2011B41）

A. 潟湖　　B. 牛轭湖

C. 基座阶地　　D. 冲积平原

17-3-2. 下列哪个地貌现象和地壳上升作用直接相关（ ）。（2012B44）

A. 牛轭湖　　B. 洪积扇

C. 滑坡阶地　　D. 基座阶地

17-3-3. 某种沉积物的组成砾石的成分复杂，有明显磨圆。具有上述特点的沉积物可能是（ ）。（2012B47）

A. 残积物　　B. 坡积物

C. 浅海沉积物　　D. 河流中上游冲积质

17-3-4. 湿陷性黄土的形成年代主要有（ ）。（2013B43）

A. N、Q_1　　B. Q_1、Q_2　　C. Q_2、Q_3　　D. Q_3、Q_4

17-3-5. 洪积扇发育的一个必要条件是（ ）。（2013B44）

A. 物理风化为主的山区　　B. 化学风化为主的山区

C. 常年湿润的山区　　D. 常年少雨的山区

17-3-6. 河流下游的地质作用主要表现为（ ）（2013B45）

A. 下蚀和沉积　　B. 侧蚀和沉积　　C. 溯源侵蚀　　D. 裁弯取直

17-3-7. 形成蘑菇石的主要地质营力是（ ）。（2014B43）

A. 冰川　　B. 风　　C. 海浪　　D. 地下水

17-3-8. 典型冰川谷的剖面形态是（ ）。（2016B45）

A. U 形　　B. V 形　　C. 蛇形　　D. 笔直

17-3-9. 与年代地层“纪”相应的岩石地层单位是（ ）。（2017B42）

A. 代　　B. 系　　C. 统　　D. 层

17-3-10. 河流冲积物二元结构与河流的下列作用有关的是（ ）。（2017B43）

A. 河流的截弯取直　　B. 河流的溯源侵蚀

C. 河床的竖向侵蚀　　D. 河床的侧向迁移

17-3-11. 在相同的岩性和水文地质条件下，有利于溶洞发育的构造条件是（ ）。（2017B46）

A. 气孔状构造　　B. 层理构造　　C. 褶皱构造　　D. 断裂构造

17-3-12. 下列现象中，不是滑坡造成的是（ ）。（2017B47）

A. 双沟同源地貌　　B. 直线形分布的泉水

C. 马刀树　　D. 醉汉林

17-3-13. 距离现代河床越高的古阶地的特点是（ ）。（2018B44）

A. 结构越粗　　B. 结构越细　　C. 年代越新　　D. 年代越老

答案

17-3-1.【答案】(A)

泻湖是海岸带被沙嘴、沙坝或珊瑚分割而与外海相分离的局部海水水域。C项，基座阶地多分布于河流中下游，是在谷地展宽并发生堆积，后期下切深度超过冲积层而进入基岩的情况下形成。阶地上部是冲积物，下部是基岩。B项，在平原地区流淌的河流，河曲发育，随流水对河面的冲刷与侵蚀，河流愈来愈曲，最后河流自然截弯取直，河水由取直部位径直流去，原来弯曲的河道被废弃，形成湖泊，因这种湖泊的形状恰似牛轭，故称之为牛轭湖。D项，冲积平原是由河流沉积作用形成的平原地貌。在河流的下游，由于水流没有上游般急速，而下游的地势一般都比较平坦。

17-3-2.【答案】(D)

D项，基座阶地多分布于河流中下游，是在谷地展宽并发生堆积，后期下切深度超过冲积层而进入基岩的情况下形成的。基座阶地与地壳上升作用相关。A项，牛轭湖是当河流弯曲得十分厉害，一旦截弯取直，由原来弯曲的河道淤塞而形成的地貌。B项，洪积扇是由山间洪流携带大量碎屑物质，在山沟沟口处，由于坡降突然变化而堆积起来，形成的扇形堆积体或锥状堆积体。C项，滑坡阶地是指河谷两侧或坡麓地带堆积的形态很像阶地的滑坡体。滑坡阶地的物质来自谷坡上的岩石阶地，是由间歇性地壳运动与河流下切形成的。

17-3-3.【答案】(D)

D项，河流中上游水流较急，冲积质磨圆度好，且其成分复杂，故该沉积物可能是河流中上游冲积质。A项，残积物中的碎屑物质大小不均，棱角明照，无分选、无层理。B项，坡积物的颗粒分选性及磨圆度差，一般无层理或层理不清楚，组成物质上部多为较粗的岩石碎屑，靠近坡角常为细粒粉质黏土和黏土组成，并夹有大小不等的岩块。C项，海洋沉积物主要来源于大陆，其次是火山物质、生物和宇宙物质。海洋沉积物是复杂多样的，包括岩块、砾石、砂、泥质物、珊瑚、生物贝壳碎片等碳酸盐沉积物，其中以碎屑沉积物为主，并常夹杂着动物和植物残骸。

17-3-4.【答案】(D)

黄土在整个第四纪的各个世中均有堆积，而各世中黄土由于堆积年代长短不一，上覆土层厚度不一，其工程性质不一。一般湿陷性黄土（全新世早期～晚更新期 Q_3）与新近堆积黄土（全新世近期 Q_4）具有湿陷性。而比上两者堆积时代更老的黄土，通常不具湿陷性。

17-3-5.【答案】(A)

洪积扇发育的必要条件包括：①降雨量少，有暂时性山区洪流；②地形上存在山麓谷口，可作为洪积地区；③山地基岩物理风化作用激烈，提供了大量粗粒碎屑物。D项属于A项的范畴。

17-3-6.【答案】(B)

河流从上游到下游，水量越来越大，所携带的物质越来越多，但流速越来越慢，沉积和侧蚀作用逐渐超过搬运作用，成为河流的主要地质作用。河流水对地表的侵蚀作用是多方面的，除了不断地使河流加宽、加深外，还对沟谷、河谷的源头产生侵蚀作用，不断地使河流源头向上移动，使谷地延长，这种侵蚀作用称为溯源侵蚀，它可以在河流全程任何地段发生，其速度也可以很快。在河流上游由于河床的纵比降和流水速度大，因此下蚀作用也比较强，这样使河谷的加深速度快于拓宽速度，从而形成在横断面上呈“V”字形的河谷，又称“V形谷”。截弯取直多发生在弯曲型河流当中。

17-3-7.【答案】(B)

蘑菇石是一种发育在水平节理和裂隙上的孤立突起的岩石。因其受风蚀作用后形成基部小。上部大的蘑菇形状，又称风蚀蘑菇。蘑菇石的形成原因主要是距地面一定高度的气流含沙量少，磨蚀作用弱，而近地面处的气流含沙量多，磨蚀作用强，因此下部就被磨蚀得越来越细小，从而形成类似蘑菇一样形状的岩石。

17-3-8.【答案】(A)

由于冰川的底蚀和侧蚀作用很强烈，使幽谷两壁陡立，横剖面呈“U”字形，且具有明显的冰川擦痕及磨光面等特征。

17-3-9.【答案】(B)

根据地层形成顺序、岩性变化特征、生物演化阶段、构造运动性质及古地理环境等综合因素，把地质历史划分为隐生宙和显生宙两个大阶段。宙以下分为代，隐生宙分为太古代和元古代；显生宙分为古生代、中生代和新生代。代以下分纪，纪以下分世，依此类推。相应每个时代单位宙、代、纪、世、期，形成的地层单位为宇、界、系、统、阶，如古生代形成的地层称为古生界。代（界）、纪（系）、世（统）是国际统一规定的时代名称和地层划分单位。

17-3-10.【答案】(B)

经常受洪水淹没的浅滩称为河漫滩，是河流横向环流作用形成的。平原区河流河漫滩发且宽广，常在河床两侧凸岸分布。山区河流比较狭窄，河漫滩的宽度较小。河漫滩的堆积物，下层是河床相冲积物粗砂和砾石，上部是河漫滩相细砂和黏土，构成了河漫滩的二元结构。

17-3-11.【答案】(D)

溶洞为地下岩溶地貌的主要形态，是地下水流沿可溶性岩层的各种构造面（如层面、断裂面、节理裂隙面）进行溶蚀及侵蚀作用所形成的地下洞穴。在形成初期，岩溶作用以溶蚀为主。而断裂构造最有利于水的流动循环，可加剧溶蚀。

17-3-12.【答案】(D)

溶洞为地下岩溶地貌的主要形态，是地下水流沿可溶性岩层的各种构造面（如层面、断裂面、节理裂隙面）进行溶蚀及侵蚀作用所形成的地下洞穴。在形成初期，岩溶作用以溶蚀为主。而断裂构造最有利于水的流动循环，可加剧溶蚀。

17-3-13.【答案】(D)

阶地越高、年代越老。

第四节　岩体结构和稳定性分析

一、考试大纲

岩体结构面和结构体的类型和特征；赤平极射投影等结构面的图示方法；根据结构面

和临空面的关系进行稳定分析。

二、知识要点

（一）岩体结构面及结构体的类型和特征

岩体：由各种岩块体所组成的自然地质体。岩体具有不连续性、非均匀性、各向异性。

工程岩体：与工程有关的岩体。组成岩体的岩块称为结构体。

结构面：将岩体分割成岩块的不连续界面称为结构面，包括各种地质界面，如层面、层理、节理、断层、软弱夹层等结构面。

岩体结构：结构面和结构体的组合关系称为岩体结构，其组合类型称为岩体结构类型。

1. 结构面的类型和特征

按地质成因，结构面分为原生结构面、构造结构面、次生结构面三类。

（1）原生结构面

它是成岩时形成的结构面，如沉积结构面、火成结构面和变质结构面。

沉积结构面：沉积过程中形成的地质界面，如层面、层理、沉积间断面和沉积软弱夹层等。抗剪强度低。

火成结构面：是岩浆岩形成过程中形成的各种结构面，如原生节理、流纹面、流层、流线、与围岩的接触面、火山岩中的凝灰岩夹层等。

变质结构面：指变质岩形成时产生的结构面，如片麻理、片理、板理。

（2）构造结构面

在构造应力作用下，岩体中形成的断裂面、错动面（带）、破碎带。包括劈理、节理、断层面、层间错动面等。

（3）次生结构面

岩体中由卸荷、风化、地下水等次生作用形成或受其改造的结构面，如卸荷裂隙、风化裂隙、风化夹层和泥化夹层等。风化带上部的风化裂隙发育，往深部渐减。

2. 结构面的特征

包括结构面的规模、形态、连通性、张开度和充填物的性质，以及其密集程度均对结构面的物理力学性质有很大影响。

（1）结构面的规模

中国科学院地质研究所将结构面的规模分为五级。

一级结构面：直接影响工程区域稳定性的区域断裂破碎带，选址应避开此处。

二级结构面：延展性较好，贯穿整个工程或在一定范围内切断整个岩体的结构面，如断层、层间错动带、软弱夹层等。

三级结构面：控制岩体的破坏和滑移机理，一般是工程岩体稳定的控制性因素及边界条件，如小断层、风化夹层等。

四级结构面：能将岩体切割成各种形状和大小的结构体，如节理、片理、劈理等，是岩体结构研究的重点。

五级结构面：延展性极差的微小裂隙，影响岩块的力学性质。

（2）结构面的形态

各种结构面的平整度、光滑度是不同的。有平直的（如层理、片理、劈理）、波状起伏的（如波痕的层面、揉曲片理、冷凝形成的舒缓结构面）、锯齿状或不规则的结构面。平滑结构面的强度高。

通常用起伏度和粗糙度反映结构面的形态特征，根据粗糙度可将结构面分为极粗糙、粗糙、一般、光滑和镜面五个等级，结构面的抗剪强度随粗糙度的减小而减小。

（3）结构面的密集程度

反映岩体的完整情况，以线密度（条/m）或结构面的间距表示，见表 17-4-1。

节理发育程度分级　　**表 17-4-1**

分　级	Ⅰ	Ⅱ	Ⅲ	Ⅳ
节理间距(m)	＞2	0.5～2.1	0.1～0.5	＜0.1
节理发育程度	不发育	较发育	发育	极发育
岩体完整性	完整	块状	碎裂	破碎

（4）结构面的连通性

它是指在某一定空间范围内的岩体中，结构面在走向、倾向方向的连通程度。根据其在岩体中的连通情况，可分为非贯通的、半贯通的和贯通的。结构的连通程度影响结构面的抗剪强度和剪切破坏性质。

（5）结构面的张开度和充填情况

结构面的张开度是指结构面的两壁间隔距离，可分为 4 级：①闭合的：张开度小于 0.2mm；②微张的：张开度在 0.2～1.0mm；③张开的：张开度在 1.0～5.0mm；④宽张的：张开度大于 5.0mm。

闭合的结构面的力学性质取决于结构面两壁的岩石性质和结构面粗糙程度。

微张的结构面，因其两壁岩石之间常常多处保持点接触，抗剪强度比张开的结构面大。

张开的和宽张的结构面，抗剪强度则主要取决于充填物的成分和厚度：一般充填物为黏土时，强度要比充填物为砂质时的更低；而充填物为砂质者，强度又比充填物为砾质者更低。

结构面内常见的填充物及其相对强度的次序为：钙质≥角砾质≥砂质≥石膏质≥含水蚀变矿物≥黏土。结构面经胶结后强度提高，抗水性能增强，充填物厚度不同，结构面的变形和强度也不同。

软弱夹层：是指在坚硬的岩层中夹有强度低、泥质或炭质含量高、遇水易软化、延伸较长和厚度较薄的软弱岩层，以及断层破碎带、层间错动带或裂隙充填的泥质岩层等。如黏土岩、松散的泥灰岩、石膏层、炭质条带和斑脱岩。

软弱夹层的特性：其物理力学特性与物质组成、颗粒大小、含水量和起伏度有关，可分为四类，即软弱夹层、碎块夹层、碎屑夹层和泥化夹层。

泥化夹层：黏土岩类岩石经一系列地质作用变成塑泥的过程称为泥化，天然含水量小于塑限，具有结构松散、粘粒含量高、含水量大、密度小、强度低、变形大等特点。它是软弱夹层中性质最差的一类，对岩体的抗滑稳定性常起控制作用。

张性结构面多粗糙、起伏、抗剪强度较高；剪性结构面多光滑、平直、抗剪强度低。

结构面的变形分为脆性破坏变形和塑性破坏变形。

3. 结构体的类型和岩体结构特征

（1）结构体的类型

由数组结构面切割而成的岩石块体，称为结构体。

岩体中结构体的形状和大小多种多样，一般分为：柱状、块状、板状、楔形、菱形和锥形六种基本形态。当岩体强烈变形破碎时，也可形成片状、碎块状、鳞片状等。

结构体的大小，可用体积裂隙数 J_V 进行判断。J_V 表示岩体单位体积通过的总裂隙数（裂隙数/m^3），结构体的分类见表 17-4-2。

结构体块度（大小）分类 **表 17-4-2**

块度描述	巨型块体	大型块体	中型块体	小型块体	碎块体
体积裂隙数	＜1	1～3	3～10	10～30	＞30

（2）岩体结构特征

岩体结构是指岩体中结构面与结构体的组合方式。基本类型为整体块状结构、层状结构、碎裂结构和散体结构。

岩体的工程地质性质取决于岩体结构类型、特征及岩石的性质，即：

① 整体块状结构岩体。

组成颗粒均匀致密，如花岗岩、闪长岩、石英岩和大理岩等。

② 层状结构岩体。

沉积岩的特有结构，由于沉积物质成分的变换或间断，表现出软硬互层各向异性和横向渗透性较大的特性。

③ 碎裂结构。

由构造破坏和风化作用形成，一般含有多组密集结构面的岩体，岩体常被分割成碎块状。

④ 散体结构。

散体结构岩体节理、裂隙发育，岩体破碎，岩石手捏即碎，可按碎石土类研究。

（二）赤平极射投影等结构面的图示方法

赤平极射投影是表示物体的几何要素或点、直线、平面的空间方向和它们之间的角距关系的一种平面投影。它以一个球体作为投影工具（称投影球），以球心作通过球心且垂直投影平面的直线与投影球面的交点，称为球极。依人们描述地球的习惯用语，就称投影平面为赤道平面，其相应的两个球极，上部为北极，下部为南极。作赤平投影时，将物体的几何要素置于球心，由球心射线将所有的点、线、面自球心开始投影于球面，就得到了点、直线、平面的球面投影，再以投影球的南极或北极为发射点，将点、直线、平面投影（点或线）投影于赤道平面上，这种投影就称为赤平极射投影，由此得到的点、直线、平面在赤道平面上的投影图就称为赤平极射投影图。

为了便于作图和量度方位角，可利用吴氏投影网（简称吴氏网），如图 17-4-1。

赤平极射投影的应用详见以下内容。

已知结构面产状走向为 $NE30°$，倾向 SE，倾角 50°，求作投影。作图步骤如下：

① 将透明纸蒙在选好的吴氏网格上，在透明纸上作一与投影网相同的圆并以同样半径画圆，标出东西南北。并在透明纸上按网格度数标出结构面的走向点 A（$NE30°$），及倾向点 G（SE120°），则 AC 的方向即为结构面的走向。

② 转动透明纸使 A 点与网格上 N 重合，G 点与网格 E 点重合。连接 OG 并延与至 Q，然后在 OG、OQ 上按倾角大小（50°）找出 B、P 点。将 B 点经线联结 ABC 弧，则 ABC 弧为所求结构面的投影。OP、QB 为其倾角。OP 也为该结构面的法线（图 17-4-2）。

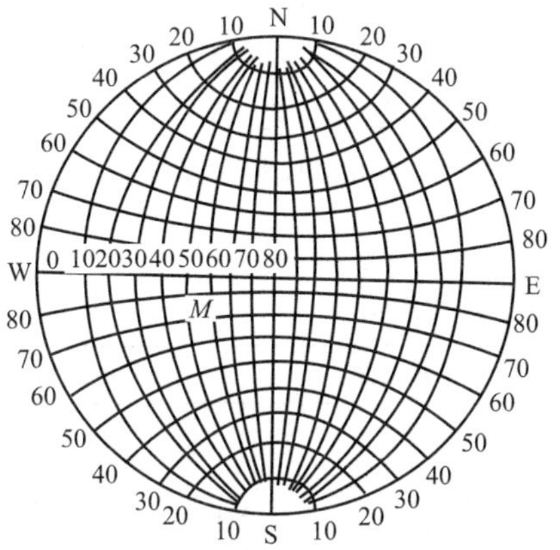

图 17-4-1

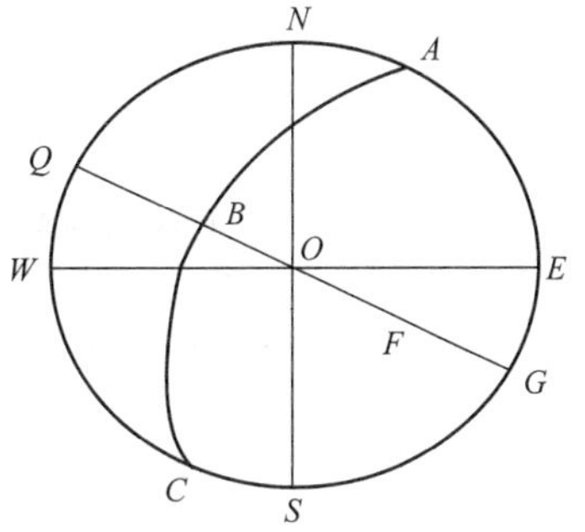

图 17-4-2

（三）根据结构面和临空面的关系进行稳定性分析

典型问题是岩质边坡稳定性问题，按边坡岩体内结构面组数的多少，将岩质边坡分为一组结构面（图 17-4-3）、两组结构面、三组结构面边坡。

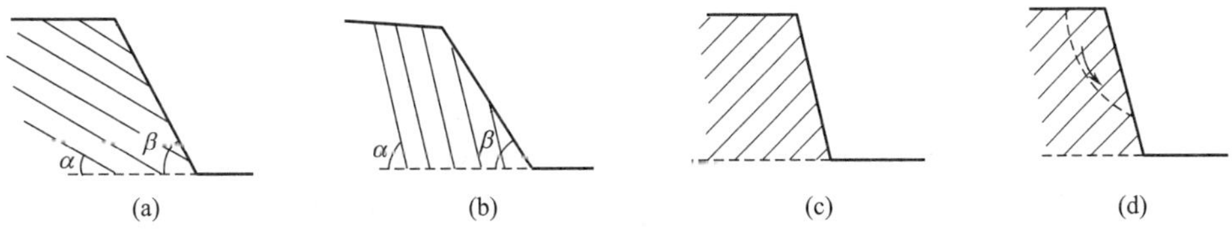

图 17-4-3　一组结构面发育的边坡稳定情况

（a）顺向坡，$\alpha<\beta$；（b）顺向坡，$\alpha>\beta$；（c）、（d）逆向坡

1. 一组结构面边坡

（1）顺向坡

软弱结构面的走向倾向于边坡面的走向，倾向大致平行或比较接近，按结构面的倾角于坡角的大小关系分为两种情况：

① 当结构面的倾角小鱼坡角时，这时极易形成有临空面的滑体，产生顺层滑动；

② 当结构面倾角大于坡角时，这时软弱结构面延伸至坡脚以下，不能形成滑出的临空面，所以比较稳定。

（2）逆向坡

软弱结构面与边坡面的走向大致相同，但倾向相反，即结构面倾向坡内，这种情况的结构面是稳定的，一般不会形成滑坡，仅在有切层的结构面发育时，才有可能形成折线破裂滑动面或崩塌倾倒破坏。

（3）斜交坡

软弱结构面与边坡走向成斜交关系时，一般情况下交角越小对边坡稳定的影响越明显。当交角＜40°时可按平行于边坡走向考虑；当交角＞40°时可稳定性较好；当接近于90°直交时，称为横向坡，对稳定有利。

2. 两组结构面边坡

边坡岩体上发育有两组或更多的软弱结构面时，它们互相交错切割，可形成各种形状的滑移体，通常两组结构面的交线，即为滑体的滑动方向，但若一组结构面产状陡倾，则只起切割作用，而由较平缓的结构面构成滑动面，若两组结构面都陡倾，往往由另一组顺坡向产状平缓的结构面构成滑动面，形成槽形体、棱形体状的滑动破坏（表17-4-3、表17-4-4）。

两组结构面走向与边坡走向一致时的稳定情况　　　　表 17-4-3

结构面与边坡关系		平面图	剖面图	赤平投影图	边坡稳定情况
两组内倾			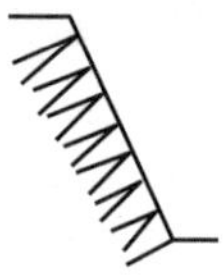	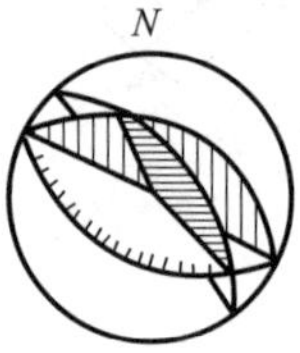	较稳定，坚硬岩层滑动可能性较小
两组外倾	$\beta<\alpha$		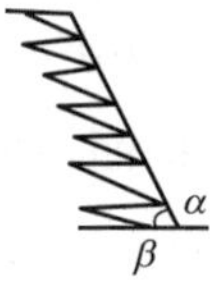	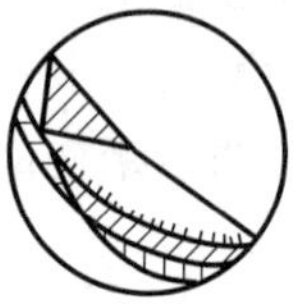	不稳定、较破碎易滑动
	$\beta>\alpha$	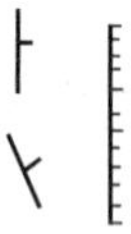	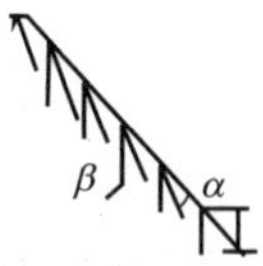		较稳定、可能产生深层滑动
一组外倾	$\beta<\alpha$		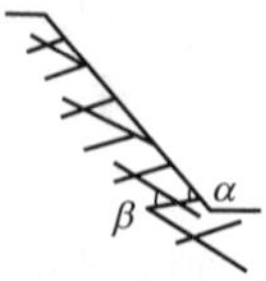	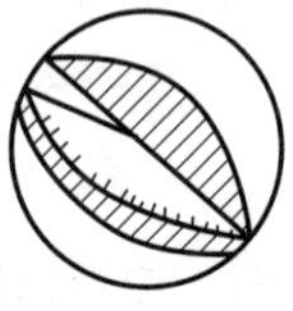	不稳定、较易滑动
	$\beta>\alpha$			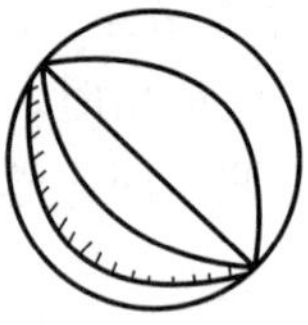	可能产生深层滑动，内斜结构面倾角越小越易滑动

两组结构面走向与边坡斜交的稳定情况 **表 17-4-4**

编号	结构面与边坡关系	平面图	立面示意图	赤平投影图	边坡稳定情况
1	结构面交线内侧	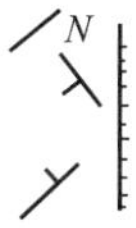	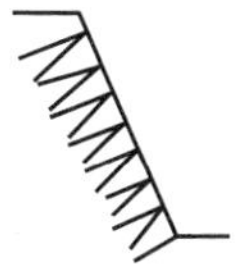	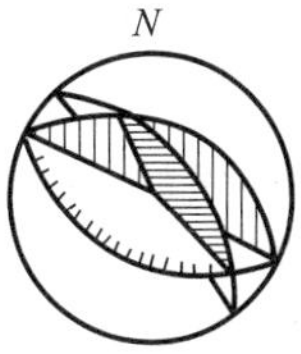	稳定，滑动可能性小
2	结构面交线外倾倾角大于坡角	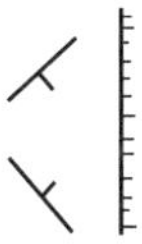	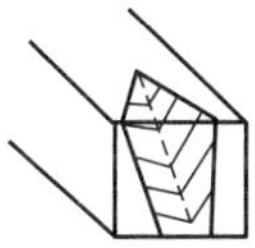		无滑动临空面，滑动可能性较小
3	结构面交线外倾倾角小于坡角		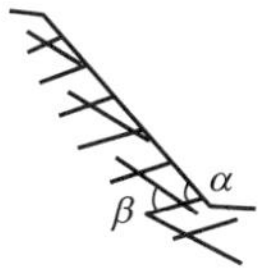		不稳定、可能沿交线方向滑动

历年真题

17-4-1. 张性裂缝通常具有以下特征（　　）。(2014B44)

A. 平行成组出现　　B. 裂缝面平直光滑

C. 裂缝面曲折粗糙　　D. 裂缝面闭合

17-4-2. 以下岩体结构条件，不利于边坡稳定的情况是（　　）。(2014B45)

A. 软弱结构面和坡面倾向相同，软弱结构面倾角小于坡角

B. 软弱结构面和坡面倾向相同，软弱结构面倾角大于坡角

C. 软弱结构面和坡面倾向相反，软弱结构面倾角小于坡角

D. 软弱结构面和坡面倾向相反，软弱结构面倾角大于坡角

17-4-3. 一个产状接近水平的结构面在赤平面上的投影圆弧的位置（　　）。(2016B46)

A. 位于大圆和直径中间　　B. 靠近直径

C. 靠近大圆　　D. 不知道

17-4-4. 在构造结构面中，充填以下何种物质成分时的抗剪强度最高（　　）。(2017B44)

A. 泥质　　B. 砂质　　C. 钙质　　D. 硅质

17-4-5. 岩体剪切裂隙通常具有以下特性（　　）。(2017B45)

A. 裂隙面倾角较大　　B. 裂隙面曲折

C. 平行成组出现　　D. 发育在褶皱的转折端

17-4-6. 对岩石边坡，从岩石层面与坡面的关系上，下列哪种边坡形式最易滑动（　　）。（2017B51）

A. 顺向边坡，且坡面陡于岩层面　　B. 顺向边坡，岩层面陡于坡面
C. 反向边坡，且坡面较陡　　D. 斜交边坡，且岩层较陡

17-4-7. 地球岩体中的主要结构面类型是（　　）。（2018B45）

A. 剪裂隙　　B. 张裂隙
C. 层间裂隙　　D. 风化裂隙

答　案

17-4-1.【答案】（C）

张裂隙是岩体受拉破坏后产生的破裂面，拉裂面一般粗糙不平，呈现张开状态。裂隙短而弯曲，裂隙面粗糙不平，无擦痕，张裂隙多开口，一般易被矿脉充填，“开口缕”即为张裂隙的一种，张裂隙有时呈不规则的树枝状、各种网络状，有时也构成放射状或同心圆状组合形式。

17-4-2.【答案】（A）

在多种边坡情况的稳定性中，反倾边坡较顺倾边坡（即软弱结构面和坡面倾向相同）稳定，结构面倾角大于边坡倾角情况较结构面倾角小于边坡倾角稳定。若软弱结构面和坡面倾向相同，软弱结构面倾角小于坡角，非常容易产生顺层滑坡。

17-4-3.【答案】（C）

在赤平极射投影图中，越靠近圆的边缘说明结构面的倾角越小，越接近水平，越靠近圆的直径说明结构面的倾角越大，越接近垂直。

17-4-4.【答案】（D）

构造结构面中填充物影响结构的抗剪强度，结构面间常见的充填物质成分有黏土质、砂质、角砾质、钙质及石膏质沉淀物和含水蚀变矿物等，其相对强度的次序为：钙质≥角砾质＞砂质≥石膏质＞含水蚀变矿物≥黏土。结构面经胶结后强度会提高，其中以铁或硅质胶结的强度最高，泥质、易溶盐类胶结的强度低，抗水性差。

17-4-5.【答案】（C）

剪切裂隙是指在地质应力作用下，剪应力达或超过岩石抗剪强度时发生的两组共轭剪切的破裂面。它的主要特征有：一般延伸较长、裂隙面比较平直光滑、有时因剪切滑动而留下擦痕。“X”形裂隙发育良好时，可将岩石切割成菱形、棋盘格式岩块或岩柱，若只发育一组剪裂隙，则裂隙会相互平行延伸，剪裂隙排列往往具等距性。故剪切裂隙一般平行成组出现。

17-4-6.【答案】（A）

岩体结构类型、结构面产状及其与坡面的关系是岩体边坡稳定性的控制因素。根据结构与坡面的相互关系，层状岩质边坡分为：水平层状岩质边坡、顺倾向层状岩质边坡和反倾向层状岩质边坡。其中顺倾向层状岩质边坡又分为：①结构面倾角 α＜坡角 β，产生顺层滑坡，稳定性最差，最常见；②结构面倾角 α＞坡角 β 比较稳定。同时顺向边坡的稳定性较反向坡要差，故 A 项边坡稳定性最差，最容易发生滑动。

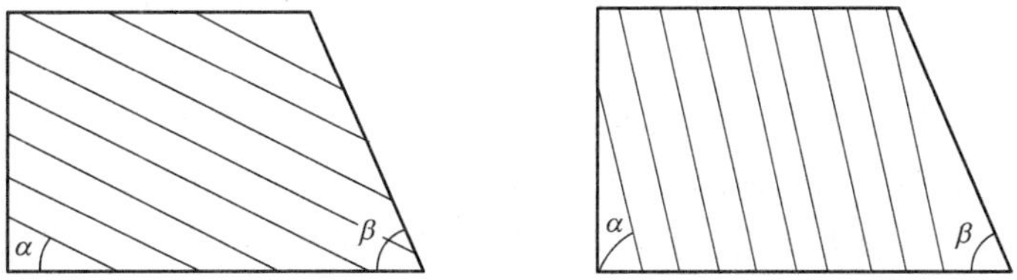

顺向坡

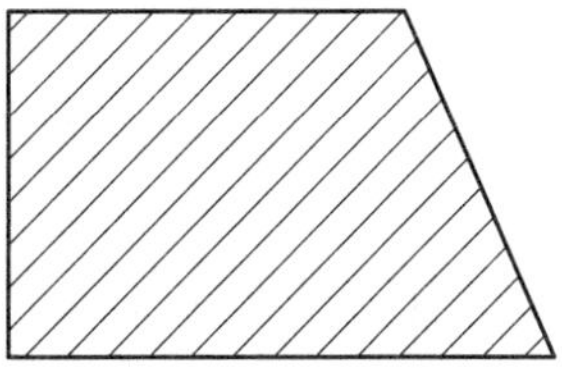

逆向坡

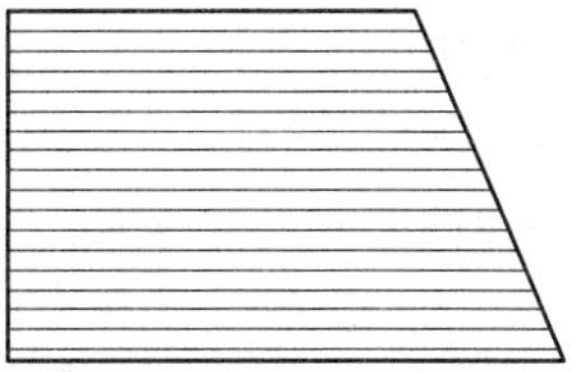

水平坡

17-4-7.【答案】(A)

岩体中剪性结构面的数量最多。

第五节　动力地质

一、考试大纲

地震的震级、烈度、近震、远震及地震波的传播等基本概念、断裂活动和地震的关系活动断裂的分类和识别及对工程的影响、岩石的风化、流水、海洋、湖泊、风的侵蚀、搬运和沉积作用、滑坡、崩塌、岩溶、土洞、塌陷、泥石流、活动砂丘等不良地质现象的成因、发育过程和规律及其对工程的影响。

二、知识要点

(一) 地震

地震是地球的内力作用使地壳产生的振动，是一种自然现象。

震源：地壳或地幔中发生振动的地方。

震中：震源在地面上的垂直投影。

震源深度：震中到震源的距离。

1. 地震波及其传播

地震波：地震发生时，震源区积聚的能量，以弹性波的形式释放出来，向四面八方辐射传播。分为体波和面波。

体波：地震时通过地壳岩体在介质内部传播的纵波和横波。

纵波（P 波）：又称疏密波，振幅小、周期短、传播速度快。

横波（S 波）：又称剪切波，其特征是质点振动方向和震波射线方向垂直，振幅大、周期长、传播速度慢。

纵波速度大于横波，发生地震时，总是纵波首先到达地震台，横波随后到达，震源距离和震中距离越大，横波到达的时间越晚，二者之间的时差也越大。

面波（L 波）：体波到达地面后激发的次生波，只在地球表面传播。面波的传播速度最慢，但其周期最长、振幅最大。因此，是地震引起地面破坏的主要力量。

地震发生时，由震源发出的地震波传至地表岩土体，迫使其振动，由于表层岩土体对不同周期的地震波有选择放大作用，并以某种周期的波选择放大得特别明显、突出，此种周期称为卓越周期，卓越周期的实质是波的共振。

2. 震级和烈度

地震震级和地震烈度是地震强度的两种表示方法。

震级：表示地震释放能量的多少。一次地震只有一个震级，震级越大，发生地震时从震源释放出来的弹性波能量就越大。

震级的计算方法，震级等于在震中距为 100km 时，用地震仪所记录到的最大振幅值以 μm 为单位的对数值，表达式如下：

$$M = \lg A \tag{17-5-1}$$

式中　M——震级；

A——地震波最大振幅（μm）。

地震烈度：指地震对地面和建筑物的影响或破坏程度。

震级越大，震中区烈度越大，而且同一次地震，离震中区越近烈度越大，烈度除和震级大小震中距离有关之外，还和震源深度、震区地质构造，以及房屋结构等因素有关。震级相同的地震，震源浅者对地表的破坏性更大，深源地震虽然通常震级很大，但地表烈度往往很小。

地震基本烈度：某一地区在今后的一定期限内（在我国一般为 100 年或 50 年），可能遭遇的地震影响的最大烈度。

设计烈度：对基本烈度进行的地质地形条件及建筑物的重要性按抗震设计规范作出的调整，调整后的烈度称为设计烈度。

近震：距震中小于 1000km 的地震。

远震：距震中大于 1000km 的地震。

世界地震主要集中分布在环太平洋地震带、阿尔卑斯-喜马拉雅地震带、洋脊和裂谷地震带及转换断层地震带上。

（二）断裂活动与地震的关系

1. 全新活动断裂与地震的关系

全新活动断裂往往是强烈地震的发源地。

根据对我国大陆地区发生 6 级以上强震构造背景的研究，强震一般发生在深大活动断裂带及由活动断裂带形成、控制的新断陷盆地内；许多破坏性地震的形成都与当地主要断裂的走向一致；曾经发生过的多次强烈地震的大断裂，大都切过震源破裂位置的深大断裂。

2. 活动断裂的分类和识别及对工程的影响

活动断层：指现今仍在活动着的断层，或是近期曾有活动，不久的将来可能活动的断层。

根据断裂的地震工程性质，可以分为以下类型。

① 全新活动断裂：在全新世地质时期（一万年）内有过较强烈的地震活动或近期正在活动。在将来（今后一百年）可能继续活动的断裂。

② 发震断裂：全新活动断裂中，近期（近 500 年来）伴有地震活动，且震级不小于 5 级的震源所在的断裂；或在未来 100 年内，可能发生大于 5 级地震的断裂。

3.活断层的识别标志

活断层：错断晚更新世 Q_3 以来的地层。判别方法如下：

① 活断层的断层带一般都由未胶结的松散破碎物组成；

② 伴随有强烈地震发生的活断层，强震过程中沿断裂带常出现地震断层陡坎及地裂缝；

③ 两种截然不同的地貌单元直线相接的部位，一侧为断陷区、另一侧为隆起区，如高原与盆地突转处，并有平直的新鲜的断层陡崖、断层三角面等；

④ 走滑型的断层，会使一系列的河流、河谷向一个方向同步错动，同时常有山脊、山谷、阶地和冲积扇的错开；

⑤ 在活动断裂在地貌上若为深切的直线形河谷，晚更新世以来形成的阶地发生错位，同一阶地的高程在断层两侧明显不同；

⑥ 在活动断裂带上滑坡、崩塌和泥石流常呈线形密集分布；

⑦ 活动断裂带上常有串珠状泉水、沼泽、湖泊、火山、残丘、洼地，呈定向断续线状分布的盐碱地、芦苇地、跌水、植被；

⑧ 在活动断层深部，常含有氡、氦、硼和溴等；

⑨ 沿活断层带具有重力和磁场异常等。

我国使用密集的地震台网，测定地震震中位置观测活断层的位置、断层两盘的相对活动性、震源参数等，来实现微震监测。

采用重复精密水准测量和三角测量获取地形变形数据，来判断无震的蠕滑断层或突发的地震断层的活动性。

活断层对工程建筑物的影响主要为：由于活断层的地面错动直接损害跨越该断层修建的建筑物，有些活断层错动时附近有伴生的地面变形，则会影响到邻近的建筑；伴随有地震发生的活断层，强烈的地震对较大范围内建筑物的损害。

（三）岩石的风化

岩石的风化是指岩石在各种风化营力作用下（包括太阳能、地表与地下水、空气及生物等），发生的物理和化学变化过程。风化作用使岩石、矿物在物理性状或化学组分上发生变化，使其强度降低或发生崩解，形成与原来岩石有差异的新的物质组合。

风化作用分为物理风化作用、化学风化作用、生物风化作用。

物理风化作用：由于温度变化、水的冻融、盐类结晶、植物根劈等力的作用下，引起岩石的机械破碎，而不伴随有化学成分和矿物成分明显变化的现象。使岩石的结构遭到破坏，强度降低。由温度变化引起的岩石在原地发生的机械破坏作用。常见的物理风化作用方式有温差风化、冰劈作用、盐类作用和潮解作用以及黏土质岩石因干湿变化产生龟裂等。物理风化的结果是使岩石崩解成岩块和岩屑。

化学风化：岩石在水、氧及有机体等作用下所发生的一系列化学变化的过程，引起岩石结构构造、矿物成分和化学成分的变化。

化学作用主要有溶解作用、水化作用、水解作用、碳酸化作用和氧化作用。

生物风化作用：由于生物的生命活动及其分解或分泌物质对岩石所引起的破坏作用。

各种风化作用的综合结果，是形成风化壳，由表及里，风化逐渐减弱。

1. 风化作用的影响因素

包括岩石性质、气候、地质构造和地形。

岩石性质：包括矿物成分、结构和构造，岩石的风化程度主要取决于矿物的风化能力。

气候：主要影响因素是降雨量和气温，雨量充沛、气温较高、植物繁茂的地方，化学作用强烈。

地质构造：在构造变动强烈地区、褶皱核部、断层破碎带及侵入岩接触带，裂隙发育处，风化作用强烈。

地形：地形起伏大、陡峭、切割深的地区，岩石以物理风化为主；地形起伏小的缓坡地带，化学风化占主导。

2. 岩石风化程度

根据岩石的颜色、矿物程度、破碎程度、强度的变化可判断岩石的风化强弱。

根据岩石的颜色与光泽、结构与构造、矿物成分、破碎程度及强度可将岩石风化分为未风化、轻微风化、中等风化、严重风化和极严重风化五级。

3. 残积物

残积物是地表岩石经风化作用残留于原地未经搬运的松散堆积物。物质组成包括：物理风化形成的碎屑物、化学风化形成的难溶物和生物风化形成的土壤。

特点：碎屑物大小不均、棱角明显、无分选、无层理，成分与基岩有密切联系，风化程度上部深、下部浅，空隙发育、结构疏松、强度低、稳定性差。

风化壳：残积物不连续覆盖在地壳基岩上的薄薄一层。风化壳从上到下分为土壤层、黏土矿物为主的残积层、角砾状碎屑残积物和基岩。

（四）河流的地质作用

河流：陆地表面河谷内具有固定水道的常年性流水。

洗刷作用：大气降水或冰雪融化后，在倾斜的坡地上，形成面（片）状水流，沿整个山坡坡面漫流，把覆盖在坡面上的风化破碎物质冲洗到山坡坡下部，此过程即为冲刷作用。

坡积物：片流侵蚀及搬运的物质，一部分直接或间接地流入江河，另一部分在缓坡或坡角处堆积下来，形成坡积物。

坡积裙：坡积物围绕坡地边缘分布，形成似衣裙的花边，即为坡积裙。

冲刷作用：地表水流逐渐向低洼沟槽中汇集，水量增大，携带的泥沙石块增多，侵蚀能力增强，造成沟槽向深处下切，沟槽变宽，此过程即为冲刷作用。

冲沟：冲刷作用使地面进一步遭受破坏，产生冲沟。

洪积层：集中暴雨或积雪大量融化后形成洪流，流出洪口时，其坡度减小、水流散开、动能降低，造成大量泥沙石块沉积，形成洪积层。

河流的地质作用包括侵蚀、搬运和沉积作用。

1. 河流的侵蚀作用

河流的侵蚀作用以机械侵蚀作用为主，化学溶蚀作用为辅。按侵蚀作用的方向，河流侵蚀作用分为下蚀作用和侧蚀作用。

（1）下蚀作用

只要河床具有一定坡度，水在重力作用下，便沿河床流动，并产生一定的动能，河流的活力与水量和流速的平方成正比。河流的流速不但受河床坡度和水量的影响，而且受河谷宽窄变化的影响。同样水量的河流，当进入狭窄河段时，流速增加，从而提高河流的活力，而进入宽阔河段时，则水流分散，河速降低，削弱河流的活力。由于重力作用，河水及其携带的碎屑物质不停地从高处向低处运动，并对河谷产生破坏，从而降低河床，加深河谷。河流在水流作用下垂直向下切割岩石，使河道不断加深的过程称为河流的垂直侵蚀作用，也称下蚀作用。

向源侵蚀：下蚀作用在河流的源头表现为河谷不断向分水岭方向扩展延伸，使河流增长。

河流袭夺现象：当某一条河流向源侵蚀，切断另一条河流上游，使水汇入的现象。

（2）侧蚀作用

河水及其携带的碎屑物对河床两侧或河谷谷坡的破坏，造成河谷展宽，河床弯曲。

在河流的任一河段其下蚀和侧蚀作用都是同时进行的，在河流纵比降较小的弯道河段，侧蚀作用占主要地位，在河流纵比降较大的直道河段中，下蚀作用占主要地位。

河水进入弯道河段后，水流受惯性离心力的影响，主流线逐渐向凹岸偏移，至河弯顶部，主流线已紧靠凹岸，使弯顶的凹岸受流水强烈冲蚀，经反复冲蚀，致使凹岸侵蚀与凸岸堆积不断向下游扩展，使河曲不断加大，随河曲弯曲度的不断增大，使相邻河弯愈加靠近，使两个河湾的陆地形成曲颈状。在洪水期，由于水量突然加大，侵蚀能力突然增强，水流会冲溃曲颈直接流入下一河弯，这一现象称为河流的截弯取直，被遗弃的弯曲河段演变为牛轭湖。

2.河流的搬运作用

河流在其自身流动过程中，将地面流水及大量碎屑物质不停地输送到洼地、湖泊和海洋。

按其搬运方式分为机械搬运、化学搬运两类。对于地面流水，上游水急、颗粒较大，推运、跃运和悬运三者共存，中下游则以跃运和悬运为主。对于地下水，主要为化学搬运，化学搬运的成分和数量，取决于地下水渗流区的岩石性质和风化程度。

推运：颗粒在水流冲击作用下，沿河床滚动或滑动。

跃运：颗粒在水流冲击作用下，跳跃前进。

悬运：较小的颗粒在流水中呈悬浮状态向下游搬运，搬运的物质数量最大。

3.河流的沉积作用

当河流的水动力状态发生改变，河水搬运能力下降，致使搬运物堆积下来的作用过程。河流的沉积物称为冲积层。

冲积物具有分选性、层理清晰、磨圆度较好，搬运距离越远，碎屑物的分选性、磨圆度越好。

（五）海洋的地质作用

海水运动的主要形式有：海浪、潮汐、洋流和浊流。

海浪：它是海洋中波浪现象的总称，指海水在外力作用下，由于水质点离开平衡位置作周期性运动，从而向一定方向传播而形成的起伏扩展的波状现象。

潮汐：由月球和太阳的引潮力作用引起的海面周期性升降的现象，主要作用于外滨海地区。

洋流：指海洋中沿固定方向以相对稳定的速度流动的水体，主要发生在大洋水体表层，向深部逐渐降低。

浊流：是海洋中载有大量悬浮物质的高密度水下重力流，主要由泥沙搅和的水团在清澈的海水中运动的风浪、地震等作用引起，被认为是海底峡谷形成的原因。

1.海洋的剥蚀作用

海洋的剥蚀作用是指由海浪、海水的溶解作用和海洋生物的活动等因素引起的海岸及海底岩石的破坏作用，简称海蚀作用。分为机械剥蚀、化学剥蚀和生物剥蚀。

（1）机械剥蚀

由海水运动引起，动力以波浪为主，主要发生在滨海环境及海水运动所能影响到的海底部分。包括冲蚀作用和磨蚀作用两种方式。

（2）化学剥蚀

因海水含较多的二氧化碳等溶剂，可对海岸及部分海底岩石进行溶蚀。

（3）生物剥蚀

由海洋生物的生命活动引起，生活在滨海区的生物因海水运动剧烈，出现钻孔生物，通过分泌某些溶剂来溶蚀岩石或用壳刺钻凿岩石，形成一些孔道和凹坑，以便于其生存和固着。以致破坏岸边岩石。

2.海洋的搬运作用

海洋的搬运作用是指海水利用自身营力，引起的物质迁移，分为化学搬运和机械搬运两种。

海浪是海水搬运的主要动力，进入海中的物质，由波浪进行淘洗，使细粒物质处于悬浮状态，随底流及洋流作用流向深海，较粗的物质留在浅水区域，如此循环往复，可发生分选作用及磨细作用。

潮流可使大量碎屑处于悬浮状，退潮时急流把它们带回海中。

洋流具有远程搬运的特点，搬运能力微弱。

浊流具有强大的搬运能力，动力大、紊流强，包括砾石及岩块等搬运物，可搬运上千公里。

3.海水的沉积作用

海洋沉积物主要来源于大陆，其次是火山物质、生物和宇宙物质。从本质上说，沉积作用是海水地质作用的主要方式。

海洋沉积物在温热气候条件下清澈的浅海区域会形成珊瑚礁堆积。

滨海地带常有浅海生物残壳和陆地生物活动的遗迹。

（六）湖水的地质作用

湖水的运动方式有湖浪、潮流和浊流等。

湖浪是由风或不均匀的气压作用引起，波长仅数米，波高为几个至数十个厘米，对湖岸的冲击力较弱，不易产生明显的湖蚀地形，对湖底影响微弱。

潮流主要由风引起，有些潮流受湖泊注入和排出水流的定向水流控制，其流速一般仅为数厘米每秒，所产生的动能较弱。

浊流是一种载有砾石、泥沙等大量悬浮物质的高密度水下重力流。呈整体悬浮搬运，它在水下呈束状或面状以较高速度向水深处流动，动能较大，对湖泊的沉积作用有重要影响。

湖水的运动是较微弱和缓慢的，多处于较宁静的状态。

湖水地质作用分为剥蚀、搬运和沉积作用。剥蚀作用较弱，沉积作用占主导。

1.湖水的剥蚀和搬运作用

湖泊的剥蚀作用包括机械冲蚀、磨蚀和化学溶蚀等方式，其中以机械剥蚀作用为主。湖蚀作用主要是由波浪运动引起，波浪越大，湖蚀作用越强，主要发生在湖岸带。大湖的湖岸在湖浪的冲击和磨蚀作用下可形成湖蚀洞穴、湖蚀凹槽和湖蚀崖等地形，湖蚀的产物以及由入湖河流等各种外力带来的物质（主要是碎屑物）被湖流、岸流、浊流等动力向湖心方向搬运，并在适当部位沉积下来。

2.湖水的沉积作用

湖泊的沉积作用按其方式可分为机械的、化学的和生物等几种。湖泊沉积作用的方式受气候制约，不同气候条件下，沉积方式有一定的差异，并反映在沉积作用和沉积物的特点上。

气候潮湿地区，湖水的沉积作用既有机械、化学沉积，也有大量的生物沉积；在干旱地区的湖积物中，生物沉积较少，同时由于蒸发量大于补给量，盐类沉积物增多。

（七）风的地质作用

风是改造地表面貌的一种地质营力，是大气运动的一种表现形式。当大气压力不平衡时产生风。

1.风的侵蚀作用

气流在运动时，以机械的方式破坏地表。这种因风力而产生的剥蚀作用叫风蚀作用。

风蚀作用包括吹蚀和磨蚀两种方式。吹蚀是借风力的吹打将地表的尘土物质吹走；磨蚀是风力携带的砂粒对地表产生摩擦。

风蚀作用可产生许多奇形怪状的风蚀地形，如石榴、风蚀柱、石蘑菇、蜂窝石、风棱石、风蚀洞、风蚀残丘、风蚀洼地、风蚀谷和风城等。

2.风的搬运作用

风是大气的运动，是一种流体运动，属机械搬运，风的搬运有三种方式，即悬移、跃移和蠕移。

悬移：细小的尘土颗粒被悬浮在大气中搬运。

跃移：那些较大、较重而圆的颗粒，则沿地面以跃移的方式前进；那些较小的跳动的砂粒，其轨迹是抛物线形，在离地面时作较陡的上跃，然后以缓斜的方向呈10°～16°的角度下落在地面。

蠕移：是由砂粒对地面的冲击得到能量前进的，以扁平颗粒为主。风速低时，砂粒时进时停，移动距离小；风速大时，整个表面的砂粒在缓缓地向前蠕动。

在其他条件相同的情况下，风速增大，搬运量增大。

风搬运的特点之一是具有分选性，搬运过程中，颗粒被磨圆、磨细、磨光。

3.风的沉积作用

风的沉积作用与其剥蚀作用和搬运作用一样，只以机械方式，堆积在干燥和半干燥或荒漠区。

风积物主要有风成沙和风成黄土。

荒漠地区按地面的物质组成，分为岩漠、砾漠、沙漠和泥漠。

（八）崩塌

崩塌是岩质斜坡破坏的一种形式，斜坡前缘的部分岩体被陡倾角的破裂面分割，突然脱离母体，翻滚而下，岩块相互撞击破碎，最后堆积于坡脚形成岩堆，称为崩塌。其规模悬殊，从大规模的山崩直至小型块石坠落。

危岩：崩塌的垂直位移大于水平位移，具有崩塌前兆的不稳定岩体。

崩塌的运动形式有脱离母岩的岩块或土体以自由落体的方式发生坠落，或脱离岩体的母岩顺坡滚动而崩落。

崩塌的形成条件与诱发因素有以下几种。

1. 地形地貌

崩塌多发生在坡度大于 55°、高度大于 30m、坡面凹凸不平的陡峻斜坡上。

2. 地层岩性

坚硬岩石组成的斜坡前缘卸荷裂隙可导致崩塌，软硬岩性互层的陡坡可产生局部崩塌。

3. 构造条件

各种构造面，如节理、裂隙面、岩层界面、断层等，对坡体的切割、分离，为崩塌的形成提供脱离母体（山体）的边界条件。

4. 自然因素

地震：地震引起坡体晃动，破坏坡体平衡，从而诱发崩塌，一般烈度大于 7 度以上的地震都会诱发大量崩塌。

融雪、降雨：特别是大雨、暴雨和长时间的连续降雨，使地表水渗入坡体，软化岩、土及其中软弱面，产生孔隙水压力等，从而诱发崩塌。

地表水的冲刷、浸泡：河流等地表水体不断地冲刷坡角或浸泡坡脚、削弱坡体支撑或软化岩、土，降低坡体强度，也可诱发崩塌。

植物的根劈作用和人类活动：采掘矿产资源、开挖边坡、强烈的机械振动等。

（九）滑坡

滑坡：斜坡上的岩土体在重力作用下失去原有的稳定状态，沿着斜坡内某些滑动面（或滑动带）作整体向下滑动的现象。

1. 滑坡的构造形态

如图 17-5-1 所示，为一个比较典型的滑坡，滑坡主要由滑坡体、滑动面、滑坡壁、滑坡周界、滑坡裂隙、滑坡舌、滑坡鼓丘、滑坡床等几部分构造形态要素组成。

滑坡体：斜坡内沿滑动面向下滑动的那部分岩土体。滑动体呈直线或折线形。滑坡体的表面起伏不平，裂隙纵横；原有树木倾斜或倒伏，形成马刀树、醉汉林。

滑坡周界：滑坡体与周围不动岩土体的分界线。

滑动带（面）：滑坡体沿其滑动的面称为滑动面。滑动面近于圆弧形。滑坡体底部产生剪切、揉皱的，厚数厘米至数米的地带称为滑动带。

滑坡床（滑床）：有些滑坡的滑动面不止一个，在最后滑动面以下稳定的岩土体称为

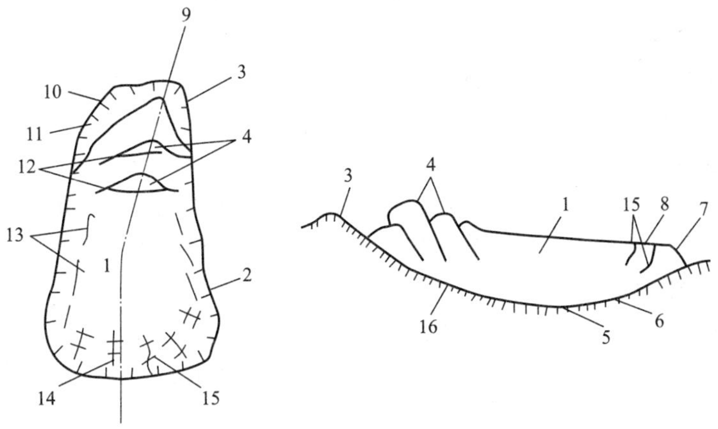

图 17-5-1

1—滑坡体；2—滑坡周界；3—滑坡壁；4—滑坡台阶；5—滑动面；6—滑动带；7—滑坡舌；8—滑坡鼓丘；9—滑坡主轴；10—封闭洼地；11—剪切裂隙；12—拉张裂隙；13—羽状裂隙；14—扇状裂隙；15—鼓胀裂隙；16—滑坡床

滑坡床。

滑坡壁（滑坡后壁）：滑坡体滑落后，滑坡后部和斜部未动部分之间形成的一个陡度较大的陡壁称为滑坡后壁。滑坡后壁实际上是滑动面在上部的露头，滑坡后壁左右呈弧形向前伸展呈“圈椅”状，平面上多呈椅状。

滑坡台阶：滑坡体滑落后，形成阶梯状的地面称为滑坡台地。滑坡台地的台面往往向着滑坡后壁倾斜。滑坡台地前缘比较陡的破裂壁称为滑坡台坎。

滑坡裂缝：滑坡体在滑动过程中，由于滑坡体各部分的移动速度不均匀，在滑体内部或表面所产生的裂缝。按受力状况分为拉张裂缝、剪切裂缝、鼓胀裂缝、扇形张裂缝等。

滑坡舌：滑坡体的前部如舌状向前伸出的部分称为滑坡舌。

滑坡鼓丘：滑坡体在向前滑动的过程中，如果受到阻碍，就会形成隆起的小丘，称为滑坡鼓丘。

主滑线（滑坡主轴）：滑坡体滑移速度最快的纵轴线，可以是直线，亦可是折线。

2. 滑坡的形成条件

包括地貌条件、岩石性质，岩体结构与地质构造、水文地质条件，风化作用，水的作用，地震及人为因素等。

（1）地形

斜坡的存在，使滑动面能在斜坡前缘临空出露，这是滑坡产生的先决条件。坡度愈陡，坡高愈大则稳定性越差。山区河流的凹岸易被流水冲刷和淘蚀。在黄土地区高阶地前缘坡角被地表水和地下水浸润，易形成滑坡。

（2）岩性

滑坡主要发生在易亲水软化的土层中和一些软岩中，例如黏质土、黄土，软岩有页岩、泥岩、裂隙黏土以及古老的泥质变质岩系（千枚岩、片岩等）都是易滑地层岩组。

（3）构造

斜坡内的一些层面、节理、断层、片理等软弱面若与斜坡坡面倾斜近于一致，此斜坡的岩土体容易失稳成滑坡。同向缓倾边坡的稳定性较反向坡差，同向缓倾坡中，结构面的倾角越陡，稳定性越好。

当倾向不利的结构面走向和坡面平行时，整个坡面都具有临空自由滑动的条件，对边坡的稳定性最为不利。

（4）水文地质作用

水的作用可使岩土软化、强度降低，可使岩土体加速风化。若为地表水作用还可以使坡脚侵蚀冲刷，地下水位上升可使岩土体软化、增大水利梯度等。

1）水的软化作用

对岩质斜坡，当岩体或其中的软弱夹层亲水性较强，浸水后岩石和岩体结构遭到破坏，抗剪强度降低，影响斜坡的稳定。对于土质斜坡，遇水后软化明显，尤其是黏性土和黄土斜坡。

2）水的冲刷作用

河谷岸坡因水流冲刷而使斜坡变高、变陡，不利于斜坡的稳定。冲刷还可使坡脚和滑动面临空，易导致滑动。

（5）地震

地震首先将岩土体结构破坏，可使粉砂层液化，从而降低岩土体抗剪强度；地震波在岩土体内传递，使岩土体承受地震惯性力，增加滑坡体的下滑力，促进滑坡的产生。

（6）人为因素

人工开挖边坡或在斜坡上部加载，改变了斜坡的外形和应力状态，增大了滑体的下滑力，减小了斜坡的支撑力，从而引发滑坡，铁路遇公路沿线发生的滑坡多与人工挖边坡有关。

3.滑坡发育过程及规律

（1）蠕动变形阶段

斜坡内部某一部分因抗剪强度小于剪切力而首先变形，产生微小的移动，变形进一步发展，直至坡面出现断续的拉张裂缝，随拉张裂缝的出现，渗水作用加强，变形进一步发展，后缘拉张，裂缝加宽，两侧剪切裂缝也相继出现。

（2）滑动破坏阶段

滑坡在整体往下滑动的时候，滑坡后缘迅速下陷，滑坡壁越露越高，滑坡体分裂成数块，并在地面形成梯状地形，随滑坡体向前移动，滑坡体向前伸出，形成滑坡舌。

滑体上的树林形成“醉汉林”，水管、渠道等被剪断，各种建筑物严重变形以致倒塌。发育在河谷岸坡的滑坡，或者堵塞河流，或者迫使河流弯曲转向。

如果滑带土的抗剪强度变化不大，则滑坡不会急剧下滑，在滑动过程中若滑带土的抗剪强度快速速降低，滑体就会以几米至几十米的速度下滑，常伴有巨响并产生大的气浪。

（3）压密稳定阶段

由于滑坡体在滑动过程中具有动能，所以滑坡体能越过平衡位置，滑到更远的地方，在自重作用下，滑坡体上松散的岩土逐渐压密，地表的各种裂缝逐渐被填充，滑动带附近岩土的强度由于压密固结又重新增加，提高整个滑坡的稳定性。

当滑坡坡面变缓、滑坡前缘无渗水、滑坡表面植被重新生长的时候，滑坡稳定，滑坡的压密阶段可能持续几年甚至更长时间。

(十)岩溶与土洞

岩溶，也称喀斯特，它是由可溶性岩层，如碳酸盐类岩层受水的化学和物理作用产生的沟槽、裂隙和空洞以及由于空洞顶板塌落使地表产生陷穴、洼地等特殊的地貌形态和水文地质作用的总称。岩溶常见的形态有溶沟、溶槽、溶洞、暗河、落水洞、干谷、盲谷、石芽、漏斗、溶蚀洼地、坡立谷、溶蚀平原、落水洞（井）、天生桥等。

在质纯的石灰岩中岩溶易发育，而非岩溶地区不会发生岩溶，在可溶岩与非可溶岩相间区岩溶呈带状分布。

土洞：是由于地表水和地下水对上层土的溶蚀和冲刷而产生空洞，空洞扩展，导致地表陷落的地质现象。

岩溶与土洞可造成岩石结构破坏、地表突然塌陷、地下水循环改变等。

1.岩溶

岩溶的形成须具备可溶性的岩石（如碳酸盐、硫酸盐和氯化岩类岩石）而且是透水的岩石，具有侵蚀能力、循环流动的水流之间的相互作用，不断对岩石进行溶蚀等形成。

2.岩溶的发育规律

(1) 岩溶发育随深度的变化性

岩溶化程度随深度的增加而逐渐减弱。

(2) 岩溶发育的不均一性

所谓不均一性，是指岩溶发育的速度、程度及其空间分布的不均一性。岩溶的发育受到延性、地质构造和岩溶水循环交替的控制。

(3) 岩溶发育的阶段性与多带性

岩溶的发育是一个缓慢的地质过程，和其他自然现象一样，必有其发生、发展和消亡的过程。在岩溶发育条件长期稳定的条件下，它要经过幼年、青年、中年期到老年期，完成一个岩溶的发育旋回。每个阶段都有相应的岩溶形态类型。实际上，岩溶的发育大多是旋回的，且有些旋回在时间上有重叠。

(4) 岩溶的成层性

岩溶成层的原因在于作为岩溶排泄基准面的河流，因地壳构造运动在上升——稳定——再上升的交替变化过程中，河流地质作用相应地产生下蚀——旁蚀——再下蚀的交替变化，由此岩溶水的运动产生垂直——水平——再垂直的变化，溶洞也就是具有垂直的管道和水平的溶洞交互出现，从而形成相互叠置的成层溶洞。

岩溶发育具有垂直分带的特征，大体可分为：

① 垂直岩溶发育带，或称包气带，位于地表以下，地下水位以上。常发育有大量的漏斗、竖井和落水洞等。

② 水平与垂直岩溶发育的交替带，或称过渡带，位于地下水最低水位和最高水位之间，在本带形成的岩溶通道是水平与垂直的交替。

③ 水平岩溶发育带，或称饱水带，位于最低地下水位之下，常发育有溶洞、地下湖泊、地下暗河等。

④ 深部岩溶发育带，本带内地下水的流动方向取决于地质构造和深循环水。其岩溶形态一般为蜂窝状小洞或溶孔。

（5）岩溶发育的地带性

不同气候带内，岩溶发育各具有不同的形态和特征。我国岩溶类型主要有热带、亚热带、温带三大类。

3.岩溶对工程的影响

在水库地区发生岩溶现象，易发生水库渗漏；在覆盖型岩溶区，下伏石芽、落水洞等易造成地基不均匀下沉，建筑物产生倾斜、裂缝；有溶洞、暗河时，易产生地面塌陷；在裸漏型岩溶区，有可能使基础岩体沿倾向临空面的软弱结构面产生滑动，造成建筑物破坏；岩溶区土体强度较低，造成地基承载力不足。

4.土洞与潜蚀

土洞是岩溶地区可溶性岩层的上覆土层在地下水冲蚀或地下水潜蚀作用下形成的洞穴。进一步发育形成地表塌陷。土洞按其产生的条件，有多种成因机制，即：潜蚀机制、溶蚀机制、真空吸蚀机制和气爆机制，以潜蚀机制最为普遍。

亲水性强抗水性差的黏性土地段易形成土洞，当土洞发展到一定程度，上部土层发生塌陷，破坏地表原来形态，危害建筑物的安全和使用。

产生的地面塌陷的地段第四系覆盖层厚度较小，一般小于10m，碳酸盐岩中的岩溶洞隙、强烈的地下水径流、岩溶地区河谷地带的低阶地处，其上部覆盖较薄的松散砂土和粉土，容易产生地面塌陷。

土洞的形成主要是潜蚀作用。潜蚀是指地下水流在土体中进行溶蚀和冲刷的作用。如果土体内不含有可溶成分，则地下水流仅将细小颗粒从大颗粒间的孔隙中带走，这种现象我们称之为机械潜蚀。

如果土体内含有可溶成分，例如黄土，含碳酸盐、硫酸盐或氯化物的砂质土和黏质土等，地下水流先将土中可溶成分溶解，而后将细小颗粒从大颗粒间的孔隙中带走，因而这种具有溶滤作用的潜蚀称之为溶滤潜蚀。

（十一）泥石流

泥石流是山区特有的一种突发性的地质灾害现象，它常发生于山区小流域，是一种饱含大量泥沙石块和巨砾的固液两相流体，呈黏性层流或稀性紊流等运动状态，是地质、地貌、水文、气相、植被等自然因素和人为因素综合作用的结果。具有发生突然、历时短暂、大范围冲淤、破坏力极强的特点。

泥石流的形成条件，概括起来包括以下三个方面：地表大量失稳的松散固体物质、充足的水源条件和特定的地貌条件。

1.松散固体物质

有大量固体物质，强烈的地壳运动、冰川活动、风化和剥蚀作用岩石破碎，形成大量松散堆积物，通过崩塌、滑坡等方式坠入沟槽中，与湍急的水流汇合，形成泥石流。

2.有合适的地形条件

泥石流的产生，一般要求沟床有较大的纵比降，沟谷横断面较狭窄，以有利于松散的固体物质与水流的迅速混合，转化为泥石流。

3.水源条件

短时间内有充沛的水量补给。以使松散堆积物充分湿润后借助有利的集水条件，形成强大的水动力条件。地表径流主要有暴雨、冰雪融化、高山湖泊、水库溃决等。

泥石流可以产生明显的剥蚀、搬运、沉积等作用。泥石流流域内区可分为侵蚀区、流速区和堆积区，其堆积物常呈现大小石块混杂、层次不明显、分选性差的特点。

（十二）活动沙丘

沙丘是在风力作用下由砂粒堆积扩大、加高形成的圆丘状地形。沙丘形成后就成为风砂流的障碍物，风力把迎风面的砂粒带走，并在背风面堆积下来，使沙丘顺风向前移动，其移动方式可为一线前进式和来回摆动式。

沙丘的移动速度与风向频率及风速的平方成正比，与沙丘高度成反比；与沙丘间距呈正比；在地面平坦地区、含水量小的地区，沙丘移动速度快。

常见的沙丘有新月形沙丘、纵向沙丘和角锥状沙丘等。

新月形沙丘：是一种平面上呈弯月形，两侧有顺风向延伸且向内弯曲的翼角的沙丘。其排列方向与风向垂直，可单个存在，一般高度为数米至数十米，其迎风面较缓，背风面较陡。

由于沙丘的砂粒是松散的，在风的作用下经常移动，因此沙丘的作用结果常常危及耕地与人类居住的建筑物。

风沙易对道路工程产生舌状沙埋、片状沙埋和综合沙埋。

（十三）地面沉降

地面沉降是指在自然因素影响下形成的地表垂直下降的现象，导致地面沉降的自然因素主要有构造升降运动以及地震、火山活动等，人为因素主要是指地下水和油气资源以及局部性增加荷载。

地面沉降可使地面标高损失，继而造成雨季地表积水，防泄洪能力下降；沿海城市低地面积扩大、海堤高度下降而引起海水倒灌；海港建筑物破坏，装卸能力降低；地面运输线和地下管道扭曲断裂；城市建筑物基础下沉脱空开裂；桥梁净空减小，影响通航；深井井管上升，井台破坏，城市供水及排水系统失效；农村低洼 地区洪涝积水，使农作物减产。

地面沉降发生须具备两个条件：一是城市或工业区的供水水源以汲取地下水为主，超量开采使水位逐年下降，形成既深又大的降落漏斗；二是地层以松软沉积物为主，具有较高的压缩性。

历年真题

17-5-1. 以下与地震相关的叙述中正确的是（　　）。(2011B44)

A. 地震主要是由火山活动和陷落引起的

B. 地震波中传播最慢的是面波

C. 地震震级是地震对地面和建筑物的影响或者破坏程度

D. 地震烈度是表示地震能量大小的量度

17-5-2. 在斜坡将要发生暴动的时候，由于拉力的作用滑坡的后部产生一些张开的弧形裂缝，此种裂缝称为（　　）。(2011B50)

A. 鼓胀裂缝　　B. 扇形裂缝　　C. 剪切裂缝　　D. 拉张裂缝

17-5-3. 下列地质条件中，对风化作用影响最大的因素是（　　）。(2014B46)

A. 岩石中的断裂发育情况　　B. 岩石的硬度

C. 岩石的强度　　D. 岩石的形成时代

17-5-4. 群发性盐溶地面塌陷通常与下列哪项条件有关（　　）。(2018B47)

A. 地震　　B. 煤矿无序开采

C. 过度开采承压水　　D. 潜水位大幅度下降

答　案

17-5-1.【答案】(B)

A 项，地球上板块与板块之间相互挤压碰撞，造成板块边沿及板块内部产生错动和破裂，是引起地面震动（即地震）的主要原因。B 项沿地面传播的地震波称为面波，面波传播速度小于横波，横波小于纵波。C 项，震级是地震大小的一种度量，根据地震释放能量的多少来划分，是地震能量大小的量度。D 项，为衡量地震破坏程度，引出地震烈度，表示地震对地面和建筑物的破坏程度。

17-5-2.【答案】(D)

根据受力状况不同，滑坡裂缝可以分为四种：拉张裂缝、鼓胀裂缝、扇形裂缝、剪切裂缝。拉张裂缝，是指在斜坡将要发生滑动的时候，由于拉力作用，在滑体后部产生一些张口的弧形裂缝，与滑坡后壁相重合的拉张裂缝称为主裂缝。鼓胀裂缝，指滑坡体在下滑过程中，若滑坡受阻或上部滑动较下部快，则滑坡下部会向上鼓起并开裂，裂缝通常为张口的，其排列方向与滑动方向垂直。扇形裂缝，指滑坡体向下滑动时，滑坡舌向两侧扩散形成放射状的张开裂缝。剪切裂缝，指滑坡体两侧和相邻的不动岩土体发生相对位移时会产生剪切作用或者滑坡体中央部分较两侧滑动较快而产生剪切作用，都会形成大体上和滑动方向平行的裂缝。

17-5-3.【答案】(A)

风化作用是指使岩石、矿物在物理性状或化学组分上发生变化，使其强度降低或发生崩解，形成与原来岩石有差异的新的物质组合的过程。岩石的风化速度，风化的深度和厚度与下列因素有关：①岩石的性质；②断裂的发育程度；③水文地质动态条件；④周围环境、气候条件；⑤现代物理地质作用等。其中岩体断裂发育情况的影响最为显著。

17-5-4.【答案】(D)

主要为潜蚀作用引起，上层覆盖土内土颗粒被地下水的垂直运动带入下部溶洞，形成岩溶地区地面塌陷，此种塌陷规模大、危害大。

第六节　地下水

一、考试大纲

渗透定律、地下水的赋存、补给、径流、排泄规律、地下水埋藏分类、地下水对工程的各种作用和影响、地下水向集水构筑物运动的计算、地下水的化学成分和化学性质、水对建筑材料腐蚀性的判别。

二、知识要点

（一）地下水及含水层

地下水：赋存在地壳表面以下岩土空隙（如岩石裂隙、溶穴、土孔隙等）中的水，有气态、液态和固态三种形式。

根据岩土中水的物理力学性质可将地下水分为：气态水、结合水、毛细水、重力水、固态水、结晶水和结构水。

气态水：即水蒸气，它和空气一起分布于包气带岩石空隙中。

吸着水：被分子吸附在岩土颗粒周围形成的极薄的水膜，分为强结合水和弱结合水。强结合水的密度比普通水大一倍左右，抗剪切，不传递静水压力，在－78℃时不结冰，在外界压力作用下，吸着水不移动，超过105℃时，可将吸着水排出，黏性土仅含吸着水时呈固态。弱结合水又称薄膜水，受分子力的作用包围在吸着水外面的一层薄膜，厚度大于吸着水，可以变形，抗剪强度小，蒸发时可溢出地表。

毛细水：由毛细力作用而充满岩石毛细空隙中的水称为毛细水。当毛细力大于重力时，毛细管上升，能传递静水压力，可垂直上下运动。

重力水：岩石空隙中全部被充满、在重力作用下运动的液态水称为重力水。可传递静水压力，能产生浮托力、孔隙水压力，重力水具有溶解能力，对岩土产生化学潜蚀，导致土体成分及结构破坏。

固态水：以固体冰形式存在于岩石空隙中的水称为固态水。常压下当岩土体温度低于0℃时，岩土孔隙中的液态水将凝结成固态水，在土中起胶结作用，形成冻土，土体强度大大提高。

含水层：能够给出并透过相当数量重力水的岩层或土层。

（二）岩土的水理性质

岩土的水理性质主要有含水性、给水性和透水性。

1. 岩土的含水性

岩土含水的性质叫含水性，以岩土能容纳和保持水分多少来表示，采用的参数为容水度和持水度。

（1）容水度（饱和含水量）

岩土空隙完全被水充满时的含水量称为容水度，用容积表示时即为：岩土空隙中所能容纳的最大的水的体积与岩土体积之比，以小数或百分数表示。

（2）持水度（最大分子含水量）

在重力作用下，岩石能够保持住的水分，主要指结合水、部分孔角毛细水或悬挂毛细水。岩土颗粒的结合水达到最大数值时的含水量称为持水度（最大分子含水量），一般指在重力作用下，岩土仍能保持的水的体积与岩土体积之比。

2. 岩土的给水度

给水度：饱水岩土在重力作用下排出的水的体积与岩土体积之比，在数值上等于容水度减去持水度，松散岩石的给水度见表17-6-1。

砾石及砂性土的给水度 **表 17-6-1**

名称	给水度	名称	给水度
砾石	0.30～0.35	细砂	0.15～0.20
粗砂	0.25～0.30	粉细砂	0.10～0.15
中砂	0.20～0.25		

3. 岩土的透水性

透水性：指岩石可以被水透过的性能，用渗透系数表示，空隙愈小，透水性越差。在空隙透水、空隙大小相等时，孔隙度越大，透水性愈好。

（三）地下水运动的基本定律

地下水在岩石空隙中的运动称为渗流（渗透），发生渗流的区域称为渗流场。

地下水在岩土空隙中的运动极其复杂，在工程实践中，通常采用假想的水流来代替真实的地下水，这种假想的水流（如密度、黏滞性等）和真实的地下水相同，但它充满了既包括含水层空隙的空间，也包括岩石颗粒所占据的空间，同时，这种假想的水流运动时，在任意岩石体积内所受的阻力等于真实水流所受的阻力，通过任一断面的流量及任一点的压力或水头均和实际的水流相同，这种假想的水流称为渗流。

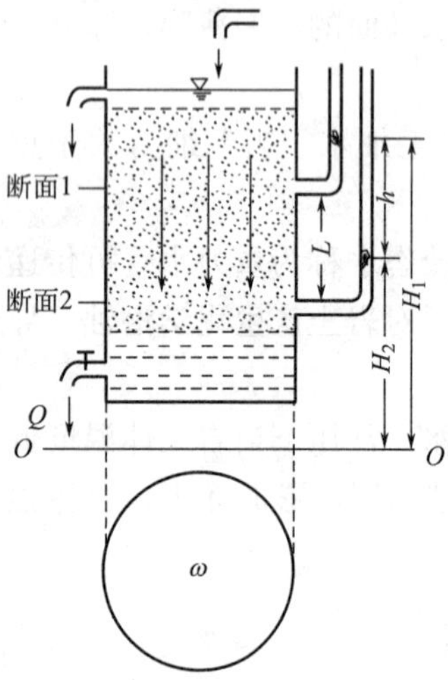

图 17-6-1

水体运动时，水的质点作有秩序、互不混杂地流动，称作层流运动。水质点作无秩序、互相混杂地流动，称为紊流运动。

水体流动过程中，各个运动要素（水位、流速、流向等）不随时间改变时，称作稳定流。运动要素随时间变化的水流运动，称作非稳定流。

1856 年，法国 H. Darcy 在装满砂的圆筒中进行实验（图 17-6-1），得到如下关系式：

$$Q = Kw\frac{h}{L} = KwI \tag{17-6-1}$$

式中 Q ——渗透流量（出口处流量，即为通过砂柱各断面的流量）；

w ——过水断面（在实验中相当于砂柱横断面的面积）；

h ——水头损失（$h = H_1 - H_2$，即上、下游过水断面的水头差）；

L ——渗透路径（上、下游过水断面的距离）；

I ——水力梯度（相当于 h/L，即水头差除以渗流路径）；

K ——渗透系数（m/d）。

上式即为达西公式。

达西定律也可用另一种形式表示：

$$v = KI \tag{17-6-2}$$

式中 v ——渗透速度，其余各项意义同前。

非线性渗透定律：当地下水在宽大的空隙中以相当快的速度运动时，将呈现紊流运

动，其渗透速度为

$$v = KI^{1/2} \tag{17-6-3}$$

式中 v——渗透速度，其余各项意义同前。

（四）地下水的赋存与补、径、排规律

岩石中的空隙是地下水储存场所和运动通道。岩石中的空隙根据成因可分为三类：松散沉积物中的孔隙，坚硬岩石中的裂隙和可溶岩石中的溶穴。按岩层的空隙类型分为：孔隙水、裂隙水和岩溶水。

地表以上一定深度处，岩石中的空隙被重力水所充满，形成地下水面。地下水面以上部分称为包气带；地下水面以下部分称为饱水带。包气带自上而下可分为土壤水带、中间带和毛细水带。饱水带岩石空隙全为液态水所充满，其水体连续分布，能够传递静水压力，在水头差的作用下，可以发生连续运动。

含水层：能够透过并给出相当数量水的岩层，因此含水层应是空隙发育的具有良好给水性和强透水性的岩层，如各种砂土、砾石等。

隔水层：不能透过并给出水或只能透过与给出极少数量水的岩层，因此隔水层具有良好的持水性，如黏土、页岩和片岩等。

按地下水的埋藏条件可将地下水划分为包气带水、潜水及承压水，见表 17-6-2。

地下水分类表 **表 17-6-2**

含水介质 类型 埋藏条件	孔隙水	裂隙水	岩溶水
包气带水	土壤水，局部黏性土隔水层上季节性存在的重力水（上层滞水）过路悬留毛细水及重力水	裂隙岩层浅部季节性存在的重力水及毛细水	裸露岩溶化岩层上部岩溶通道中季节性存在的重力水
潜水	各类松散沉积物浅部的水	裸露于地表的各类裂隙岩层中的水	裸露于地表的岩溶化岩层中的水
承压水	山间盆地及平原松散沉积物深部的水	组成构造盆地、向斜构造成单斜断块的被掩覆的各类裂隙岩层中的水	组成构造盆地、向斜构造或单斜断块的被掩覆的岩溶化岩层中的水

包气带水：处于地表面以下、潜水位以上的包气带岩土层中，依靠大气降水和地表水补给，受气候影响，季节变化明显，旱季雨量小，雨季水量多。

潜水：潜水是埋藏在地表以下、第一个稳定隔水层以上、具有自由水面的重力水。一般埋藏在第四纪松散沉积物的孔隙及坚硬基岩风化壳的裂隙、溶洞内。潜水没有隔水顶板，潜水面有一个自由水面，称为潜水面。从潜水面到地面的距离为潜水埋藏深度。潜水面到隔水底板的距离为潜水含水层的厚度。潜水的水量、水位、水质等动态变化与气象水文因素的关系密切，因此，潜水动态变化具有明显的季节性。潜水在重力作用下，始终是由高水位向低水位不断地运动。

潜水的水力梯度：在流动方向上，取任意两点的水位高差，除以此两点间在平面上的实际距离。

承压水：是埋藏并充满两个稳定隔水层之间的含水层中的重力水。承压含水层上部的隔水层（弱透水层）称为隔水顶板，下部的隔水层（弱透水层）称作隔水底板。隔水顶板与隔水底板之间的距离为承压含水层的厚度。

承压水可明显分为补给区、承压区和排泄区。承压水的水位、水质、水量及水温受水文气象因素的影响较小。

最适宜形成承压水的构造是向斜盆地和单斜构造。

上层滞水：是存在于包气带中局部隔水层或弱透水层之上的重力水。上层滞水的形成是在大面积透水的水平或缓倾斜岩层中，有相对隔水层，降水或其他方式补给的地下水向下部渗透过程中，因受隔水层的阻隔而滞留、聚集于隔水层之上，形成上层滞水。

1. 地下水的补、径、排

补给：含水层或含水系统从外界获得水量的作用。补给除了获得水量，还获得一定盐量或热量，从而使含水层或含水系统的水化学与水温发生变化。

（1）地下水的补给

地下水的补给来源主要有大气降水、地表水、凝结水、含水层之间的补给和人工补给。

大气降水包括雨、雪、雹，在很多情况下大气降水是地下水的主要补给方式。当大气降水降落到地表后，一部分变为地表径流，另一部分蒸发重新回到大气圈，剩下一部分渗入地下成为地下水。

补给地下水的地表水包括江、河、湖、海、水库、池塘、水田等。

地表水对地下水的补给强度主要受岩层透水性的影响，同时也取决于地表水水位与地下水水位的高差，以及供水的延续时间、河水流量、河水的含泥沙量。地表水作与地下水联系范围的大小等因素。

凝结水的补给，空气的饱和湿度随温度降低，温度降到一定程度，饱和湿度和绝对湿度相等，温度继续下降，超过饱和湿度的那部分水汽便凝结成液态水。尽管凝结水的补给量不多，但对于沙漠干旱地区，凝结水也是地下水的主要来源之一。

人工补给是通过人为地将地表水自流或用压力引入含水层，以增加地下水的补给量。

地下水的其他补给来源还有：岩浆侵入过程中分离出的水汽冷凝而成的“原生水”；沉积岩形成过程中封闭并保存在岩层中的“埋藏水”（封存水）等。

（2）地下水的排泄

地下水的排泄：含水层失去水量的过程称为排泄。在排泄过程中，水量、水质及水位都会随排泄过程发生变化。地下水通过泉，向河流排泄以及蒸发等形式向外界排泄。

泉是地下水的天然露头，是地下水的重要排泄方式之一。

根据补给泉的含水层的性质，可将泉分为：上升泉及下降泉两大类。上升泉由承压含水层补给。下降泉由潜水或上层滞水补给。

根据泉水的出露原因，下降泉可分为侵蚀泉、接触泉与溢流泉。上升泉可分为侵蚀（上升）泉、断层泉及接触带泉。

蒸发是水由液态转化为气态的过程。潜水可通过土壤蒸发、植物蒸发而消耗。干旱气候条件下的松散沉积物构成的平原与盆地中，蒸发往往成为地下水的一种主要的排泄方式。

此外，地下水的排泄方式还有人工排泄、不同含水层之间的排泄等。

（3）地下水的径流

地下水由补给区向排泄区流动的过程称作径流。

影响地下水径流的方向、速度、类型、径流量的因素主要有：含水层的空隙性；地下水的埋藏条件；补给量；地形；地下水的化学成分；人为因素。含水层的补给条件越好、透水性越强、则径流条件越好。

当建筑物的基础位于粉土、砂土、碎石土和节理裂隙发育的岩石地基上，可按地下水位的100%计算浮托力；若基础位于节理裂隙不发育的岩石地基上，可按地下水位的50%计算浮托力，若基础位于黏性土地基上时，浮托力应根据实际经验考虑。

（五）地下水间取水构筑物运动的计算

地下取水构筑物分水平取水构筑物和垂直取水构筑物。水平取水构筑物有渗渠、沟，渗水管等；垂直取水构筑物有管井、大口井等。

按揭露地下水的类型分为潜水井和承压井。

按井所揭露含水层的程度和进水条件可分为完整井和非完整井。可组合成潜水完整井、潜水非完整井、承压水完整井和承压水非完整井四种。

抽水井抽水前，井中水位与含水层中水位齐平。当从井中以定流量抽水时，井中水位逐渐下降，形成一个向外扩展的降落漏斗。

对于地下水向取水井的稳定流运动，可根据裘布依理论进行求解。

1.承压水完整井涌水量计算

承压水完整井的稳定流裘布依公式：

$$Q=2.73\frac{kMS_w}{\lg\dfrac{R}{r_w}} \tag{17-6-4}$$

或：

$$H_0-h_w=S_w=\frac{Q}{2\pi kM}\lg\frac{R}{r_w} \tag{17-6-5}$$

式中 S_w——井中水位降深；

Q——抽水井流量；

M——含水层厚度；

k——含水层渗透系数；

r_w——抽水井的半径；

R——影响半径。

2.潜水完整井涌水量计算

$$Q=1.366\frac{(2H_0-S_w)S_w}{\lg\dfrac{R}{r_w}} \tag{17-6-6}$$

或

$$H_0^2-h_w^2=(2H_0-S_w)S_w=\frac{Q}{\pi K}\lg\frac{R}{r_w} \tag{17-6-7}$$

（六）地下水的化学成分和化学性质

1.地下水的化学成分

地下水中的化学成分主要以气体、离子及分子形式存在。到目前为止，地下水中已经发现的有70多种元素。

地下水中溶解的气体有 N_2、O_2、CO_2、H_2S、CH_4 及 Rn（氡）等。尤以前三种气体为主。

地下水中的阳离子主要有 H^+、Na^+、K^+、NH_4^+、Ca^{2+}、Mg^{2+}、Fe^{3+} 及 Fe^{2+} 等，阴离子主要有：OH^-、Cl^-、SO_4^{2-}、NO_2^{1-}、NO_3^{1-}、HCO_3^-、CO_3^{2-} 及 PO_4^{3-} 等，但一般情况下在地下水化学成分中占主要地位的是以下几种离子：Na^+（K^+），Ca^{2+}、Mg^{2+}、Cl^-、SO_4^{2-} 及 HCO_3^- 离子。

除此之外，地下水中还有少量的微量元素、胶体、有机质和微生物等物质。

2. 地下水化学成分的性质

（1）总矿化度

地下水的总矿化度：地下水中所含的各种离子、分子与化合物的总量称为总矿化度。以克/升表示，地下水的总矿化度通常是以水样在 105～110℃时蒸干后所得的干枯残余物的总量来表示。地下水按矿化度可分为淡水（矿化度<1）、微咸水（矿化度 1～3）、咸水（矿化度 3～10）、盐水（矿化度 10～50）和卤水（矿化度>50）。

（2）酸碱度

地下水酸碱度：用氢离子浓度或 pH 值来衡量。

pH 值是水中氢离子浓度以 10 为底的负对数值，即：

$$pH=-\lg[H^+]$$

当 $[H^+]$ 为 10^{-7} 时，pH=7，水呈中性；当 $[H^+]$ 大于 10^{-7} 时，pH<7，水呈酸性；$[H^+]$ 小于 10^{-7} 时，pH>7，水呈碱性。根据 pH 值的大小，将地下水可以划分为表 17-6-3 中五种类型。

按 pH 值划分的水的类型　　表 17-6-3

水的类型	pH 值
强酸性水	<5
弱酸性水	5～6.4
中性水	6.5～8
弱碱性水	8～10
强碱性水	>10

（3）硬度

地下水硬度，指地下水中钙镁离子的含量。硬度可分为总硬度、暂时硬度和永久硬度。地下水中 Ca^{2+} 和 Mg^{2+} 的含量超出一定指标时，将在锅炉中形成水垢，水垢不易传热，浪费燃料，甚至会因传热不均而引起爆炸。

总硬度：地下水中的含 Ca^{2+}、Mg^{2+} 离子的总量。

暂时硬度：将水加热沸腾，使水中失去了一部分 Ca^{2+}、Mg^{2+} 的量叫作暂时硬度。仍留在水中的 Ca^{2+}、Mg^{2+} 含量为永久硬度。

硬度的大小，可用毫克当量/升或德国度（H°）来计算，我国一般采用德国度（H°）进行表示。一个德国度相当于 1L 水中含有 10mgCaO 或 7.2mgMgO。地下水按硬度可分为以下 5 类，见表 17-6-4。

地下水硬度表 **表 17-6-4**

水的类别	硬度	
	mgN/L	H°
极软水	<1.5	<4.2
软水	1.5~3.0	4.2~8.4
微软水	3.0~6.0	8.4~16.8
硬水	6.0~9.0	16.8~25.2
极硬水	>9.0	>25.2

（七）地下水对建筑材料腐蚀性的判别

1. 腐蚀类型

硅酸盐水泥遇水硬化，形成 $Ca(OH)_2$、水化硅酸钙 $CaOSiO_2 \cdot 12H_2O$、水化铝酸钙 $CaOAl_2O_3 \cdot 6H_2O$ 等，由于地下水含有多种化学成分，会对这些物质造成强烈的腐蚀，根据地下水对建筑材料腐蚀的情况，可将建筑物的腐蚀类型分为三种，即：结晶类腐蚀、分解类腐蚀和结晶分解复合类腐蚀。

（1）结晶类腐蚀

若地下水中 SO_4^{2-} 离子含量超过规定值，SO_4^{2-} 离子将与混凝土中的 $Ca(OH)_2$ 反应，生成二水石膏结晶体 $CaSO_4 \cdot 2H_2O$，再与水化铝酸钙发生化学反应，生成水化硫铝酸钙（又称为水泥杆菌）。由于水泥杆菌结合了周边大量的结晶水，造成体积快速增大，约为原体积的 221.86%，产生很强的内应力，从而使混凝土的结构遭受巨大破坏。

（2）分解类腐蚀

地下水中含有的 CO_2 将与混凝土中的 $Ca(OH)_2$ 发生化学反应，生成碳酸钙沉淀，反应方程式如下：

$$Ca(OH)_2 + CO_2 = CaCO_3 \downarrow + H_2O$$

由于 $CaCO_3$ 不溶于水，可填充混凝土的孔隙，在混凝土周围形成一层保护膜，防止 $Ca(OH)_2$ 的分解，当地下水中 CO_2 超过一定含量以后，超量的 CO_2 将再与 $CaCO_3$ 反应，生成重碳酸钙 $Ca(HCO_3)_2$，并溶于水，反应方程式如下：

$$CaCO_3 + CO_2 \Leftrightarrow Ca^+ + 2HCO_3^-$$

上述反应可逆：随 CO_2 含量增加，平衡遭到破坏，反应向右进行，固体 $CaCO_3$ 继续分解；随 CO_2 含量减少，反应向左移动，固体 $CaCO_3$ 沉淀析出。若 CO_2 和 HCO_3^- 的浓度平衡时，反应停止。因此，当地下水中 CO_2 的含量超过平衡时所需的数量时；混凝土中的 $CaCO_3$ 就被溶解而受腐蚀，此腐蚀过程称为分解类腐蚀。超过平衡浓度的 CO_2 叫侵蚀性 CO_2；地下水中侵蚀性 CO_2 越多，对混凝土的腐蚀越强。地下水流量、流速都很大时，CO_2 易补充，平衡很难建立，腐蚀加快。HCO_3^- 离子含量越高，对混凝土腐蚀性越弱。地下水的酸度过大，对混凝土的分解腐蚀越强烈。

（3）结晶分解复合类腐蚀

当地下水中 NH_4^+、NO_3^-、Cl^- 和 Mg^{2+} 离子的含量超过一定值以后，将与混凝土中的 $Ca(OH)_2$ 发生反应，反应的方程式如下：

$$MgSO_4 + Ca(OH)_2 = Mg(OH)_2 + CaSO_4 \text{（石膏）}$$

$$MgCl_2 + Ca(OH)_2 = Mg(OH)_2 + CaCl_2$$

$Ca(OH)_2$ 与镁盐作用的生成物中，除 $Mg(OH)_2$ 不易溶解外，$CaCl_2$ 则易溶于水，并随之流失；硬石膏 $CaSO_4$ 一方面与混凝土中的水化铝酸钙反应生成水泥杆菌：

$$3CaO \cdot Al_2O_3 \cdot 6H_2O + 3CaSO_4 + 25H_2O = 3CaO \cdot Al_2O_3 \cdot 3CaSO_4 \cdot 31H_2O$$

另一方面，硬石膏遇水后生成二水石膏：$CaSO_4 + 2H_2O \Leftrightarrow CaSO_4 \cdot 2H_2O$
二水石膏在结晶时，体积膨胀，破坏混凝土的结构。

2. 腐蚀性评价标准

将 SO_4^{2-} 离子的含量归为结晶类腐蚀性的评价指标；将侵蚀性 CO_2、HCO_3^- 离子和 pH 值归为分解类腐蚀性的评价指标；将 Mg^{2+}、NH_4^+、Cl^-、SO_4^{2-}、NO_3^- 离子的含量归为结晶分解类腐蚀性的评价指标。同时，在评价地下水对建筑结构材料的腐蚀性时必须结合建筑场地所属的环境类别等进行综合判定，混凝土场地的环境类别、腐蚀性评价标准见表 17-6-5。

混凝土腐蚀的场地环境类别 **表 17-6-5**

<table>
<tr><th>环境类别</th><th>气候区</th><th colspan="2">土层特性</th><th>干湿交替</th><th>冰冻区(段)</th></tr>
<tr><td>Ⅰ</td><td>高寒区
干旱区
半干旱区</td><td>直接临水，强透水土层中的地下水，或湿润的强透水土层</td><td>有</td><td rowspan="3">混凝土不论在地面或地下，无干湿交替作用时，其腐蚀强度比有干湿交替作用时相对降低</td><td rowspan="3">混凝土不论在地面或地下，当受潮或浸水时，并处于严重冰冻区(段)、冰冻区段、或微冰冻区(段)</td></tr>
<tr><td rowspan="2">Ⅱ</td><td>高寒区
干旱区
半干旱区</td><td>弱透水土层中的地下水，或湿润的强透水土层</td><td>有</td></tr>
<tr><td>湿润区
半湿润区</td><td>直接临水，强透水土层中的地下水，或湿润的强透水土层</td><td>有</td></tr>
<tr><td>Ⅲ</td><td>各气候区</td><td>弱透水土层</td><td colspan="2">无</td><td>不冻区(段)</td></tr>
<tr><td>备注</td><td colspan="5">当竖井、隧道、水坝等工程的混凝土结构一面与水(地下水或地表水)接触，另一方面又暴露在大气中时，其场地环境分类应划分为Ⅰ类</td></tr>
</table>

地下水对建筑材料腐蚀性评价标准见表 17-6-6～表 17-6-8。

分解类腐蚀评价标准表 **表 17-6-6**

腐蚀等级	SO_4^{2-} 在水中含量(mg/L)		
	Ⅰ类环境	Ⅱ类环境	Ⅲ类环境
无腐蚀性	<250	<500	<1500
弱腐蚀性	250～500	500～1500	1500～3000
中腐蚀性	500～1500	1500～3000	3000～6000
强腐蚀性	>1500	>3000	>6000

结晶类腐蚀评价标准表　　表 17-6-7

腐蚀等级	pH 值		侵蚀性 CO_2(mg/L)		HCO_3^- (mmol/L)
	A	B	A	B	A
无腐蚀性	>6.5	>5.0	<15	<30	>1.0
弱腐蚀性	6.5～5.0	5.0～4.00	15～30	15～30	1.0～0.5
中腐蚀性	5.0～4.0	4.0～3.5	30～60	60～100	<0.5
强腐蚀性	<4.0	<3.5	>60	>100	—
备注	A—直接临水，或强透水土层中的地下水，或湿润的强透水土层 B—弱透水土层的地下水或湿润的弱透水土层				

结晶分解复合类腐蚀评价标准表　　表 17-6-8

腐蚀等级	Ⅰ类环境		Ⅱ类环境		Ⅲ类环境	
	Mg^{2+} NH_4^+	Cl^{1-}、SO_4^{2-}、NO_3^-	Mg^{2+} NH_4^+	Cl^{1-}、SO_4^{2-}、NO_3^-	Mg^{2+} NH_4^+	Cl^{1-}、SO_4^{2-}、NO_3^-
	mg/L					
无腐蚀性	<1000	<3000	<2000	<5000	<3000	<1000
弱腐蚀性	1000～2000	3000～5000	2000～3000	5000～8000	3000～4000	10000～20000
中腐蚀性	2000～3000	5000～8000	3000～4000	8000～10000	4000～5000	20000～30000
强腐蚀性	>3000	>8000	>4000	>10000	>5000	>30000

(八) 地下水对建筑工程的影响

降低地下水会使软土地基产生固结沉降；不合理的地下水流动会诱发某些土层出现流砂现象和机械潜蚀；地下水对位于水位以下的岩石、土层和建筑物基础产生浮托作用；某些地下水对钢筋混凝土基础会产生腐蚀。

1. 地下水位下降引起软土地基沉降

在沿海软土层中进行深基础施工时，往往需要人工降低地下水位。若降水不当，会使周围地基土层产生固结沉降，轻者造成邻近建筑物或地下管线的不均匀沉降；重者使建筑物基础下的土体颗粒流失，甚至掏空，导致建筑物开裂和危及安全使用。

2. 动水压力产生流砂和潜蚀

流砂是一种不良的工程地质现象，在松散细颗粒土被地下水饱和后，在动水压力作用下产生的悬浮流动现象。在建筑物深基础工程和地下建筑工程的施工中所遇到的流砂现象主要有轻微流砂、中等流砂和严重流砂。严重流砂的冒出速度会迅速增加，基坑底部成为流动状态，施工受阻，在沉井施工中，沉井会突然下沉，无法控制，甚至发生重大事故。

3. 地下水的浮托作用

当建筑物基础底面位于地下水位以下时，地下水对基础底面产生静水压力，即产生浮托力。地下水不仅对建筑物基础产生浮托力，同样对其水位以下的岩石、土体产生浮托力。

4. 承压水对基坑的作用

当深基坑下部有承压含水层时，必须分析承压水头是否会冲毁基坑底部的黏性土层，通常用压力平衡概念进行验算。

5. 地下水对钢筋混凝土的腐蚀

地下水对混凝土建筑物的腐蚀是一项复杂的物理化学过程，在一定的工程地质与水文地质条件下，对建筑材料的耐久性影响很大，分为结晶类腐蚀、分解类腐蚀和结晶分解复合类腐蚀。

历年真题

17-6-1. 以下关于地下水的化学性质等方面的表述，正确的是（　　）。(2011B45)

A. 地下水的酸碱度是由水中 HCO_3^- 离子的浓度决定的

B. 地下水中各种离子、分子、化合物（不含气体）的总和称为总矿化度

C. 水的硬度是由水中 Na^+、K^+ 离子的含量决定

D. 根据各种化学腐蚀所起的破坏作用，将侵蚀性 CO_2、HCO_3^- 和 PH 值归纳为结晶类腐蚀性的评价指标

17-6-2. 下列物质中，最可能构成隔水层的是（　　）。(2012B48)

A. 页岩　　B. 断层破碎带　　C. 石灰岩　　D. 玄武岩

17-6-3. 每升地下水中以下（　　）成分的总量，称为地下水的总矿物质。(2013B49)

A. 各种离子、分子和化合物　　B. 所有离子

C. 所有阳离子　　D. Ca^{2+}、Mg^{2+} 离子

17-6-4. 下列地层中，能够形成含水层的是（　　）。(2014B48)

A. 红黏土层　　B. 黄土层　　C. 河床沉积　　D. 牛轭湖沉积

17-6-5. 地下水按其埋藏条件可分为（　　）。(2014B49)

A. 包气带水，潜水和承压水三大类

B. 上层滞水，潜水和承压水三大类

C. 孔隙水，裂隙水和岩溶水三大类

D. 结合水，毛细管水和重力水三大类

17-6-6. 下列条件中不是岩溶发育的必需条件是（　　）。(2016B48)

A. 岩石具有可溶性　　B. 岩体中具有透水结构面

C. 具有溶蚀能力的地下水　　D. 岩石具有软化性

17-6-7. 存在于干湿交替作用时，侵蚀性地下水对混凝土的腐蚀强度比无干湿交替作用时（　　）。(2016B49)

A. 相对较低　　B. 相对较高　　C. 不变　　D. 不一定

17-6-8. 每升地下水中以下成分的总量，称为地下水的总矿物度（　　）。(2017B48)

A. 各种离子、分子与化合物　　B. 所有离子

C. 所有阳离子　　D. Ca^{2+}、Mg^{2+} 离子

17-6-9. 利用指示剂或示踪剂来测定地下水流速时，要求钻孔附近的地下水流符合下述

条件（　　）。（2017B49）

A. 水力坡度较大　　B. 水力坡度较小

C. 呈层流运动的稳定流　　D. 腐蚀性较弱

17-6-10. 粉质黏土层的渗透系数一般在（　　）。（2018B48）

A. 1cm/s 左右　　B. 10^{-2}cm/s 左右

C. 10^{-4}cm/s 左右　　D. 10^{-6}cm/s 左右

答　案

17-6-1.【答案】(D)

地下水的酸碱度又称 pH 值、地下水氢离子浓度，是衡量地下水酸碱性的指标。pH=7 为中性水，pH>7 为碱性水，pH<7 为酸性水。水的矿化度又叫做水的含盐量，是表示水中所含盐类的数量。由于水中的各种盐类一般是以离子的形式存在，所以水的矿化度也可以表示为水中各种阳离子的量和阴离子的量之和。水的总硬度指水中钙、镁离子的总浓度。D 项，根据各种化学腐蚀所起的破坏作用，将侵蚀 CO_2、HCO_3^- 离子和 pH 值归纳为分解类腐蚀性的评价指标。

17-6-2.【答案】(A)

隔水层是指不能给出并透过水的岩层和土层，或者这些岩土层能透过水的数量是微不足道。A 项，页岩以黏土矿物为主，泥状结构，大部分有明显的薄层理，呈页片状。与水作用易软化，透水性很小，常作为隔水层。B、D 两项，断层破裂带和玄武岩一般孔隙裂隙较多，透水性强。C 项，石灰岩具有一定的吸水性，随水的作用而发生渗透，不能达到隔水的效果。

17-6-3.【答案】(A)

水的矿化度又叫做水的含盐量，是表示水中所含盐类的数量。由于水中的各种盐类一般是以离子形式存在，所以水的矿化度也可以表示为水中所含各种离子、分子与化合物的总量，单位（g/L），通常以水烘干后所得的残渣来确定。

17-6-4.【答案】(C)

在正常水力梯度下，饱水、透水并能给出一定水量的岩土层称为含水层。含水层的形成必须具备以下条件：①有较大且连通的空隙，与隔水层组合形成储水空间，以便地下水汇集不致流失；②要有充分的补水来源。A、D 两项，红黏土、牛轭湖沉积物空隙细小，是隔水层。B 项，由于黄土是垂直裂隙发育，不易形成储水空间。C 项河床沉积物颗粒粗大，孔隙较大，富含水，可以形成含水层。

17-6-5.【答案】(A)

A 项，地下水按埋藏条件分为包气带水、潜水和承压水。包气带水是指存在于地表面与潜水面之间包气带中的地下水；潜水是指饱水带中第一个具有自由表面的含水层中的地下水；承压水是指充满于两个稳定的隔水层（弱透水层）之间的含水层中的地下水。B 项，上层滞水是包气带中隔水层之上的局部包水带。C 项，地下水按照岩土空隙类型分为裂隙水、孔隙水和岩溶水。D 项，结合水、毛细管水、重力水是地下水存在的形式。

17-6-6.【答案】(D)

岩溶形成的条件包括：具有可溶性的岩石、可溶岩具有透水性、具有溶蚀能力的地下水以及循环交替的水流。D项，岩石具有软化性不是岩溶发育的必备条件。

17-6-7.【答案】(C)

在荒漠地区，由于气候炎热干燥原因，风化作用中的化学风化作用较弱，物理风化作用主要表现为颗粒之间的相互碰撞、摩擦，从而导致颗粒变碎、变小。被风吹走只是形式，吹走之后与地面岩石的碰撞、破碎才是荒漠地区风化的主要原因。

17-6-8.【答案】(A)

17-6-9.【答案】(C)

利用指示剂或示踪剂来测定现场地下水流速时，要求钻孔附近的地下水流为稳定流，且为层流运动。

17-6-10.【答案】(D)

粉质黏土的渗透系数较小，仅次于黏土，大约为 10^{-6}cm/s。

第七节　岩土工程勘察

一、考试大纲

勘察分级；各类岩土工程勘察基本要求；勘探；取样；土工参数的统计分析；地基土的岩土工程评价；原位测试技术；载荷试验；十字板剪切试验；静力触探试验；圆锥动力触探试验；标准贯入试验；旁压试验；扁铲侧胀试验。

二、知识要点

(一) 勘察等级

按《岩土工程勘察规范》GB50021—2001规定，岩土工程勘察的等级是由工程重要性等级、场地等级、地基的复杂程度三项因素决定的。

1. 工程重要性等级

根据工程的规模和特征，以及由于岩土工程问题造成工程破坏或影响正常使用的后果，分为三个工程重要性等级，见表17-7-1。

工程重要性等级　　表17-7-1

工程重要性等级	破坏后果	工程类型
一级	很严重	重要工程
二级	严重	一般工程
三级	不严重	次要工程

(1) 场地复杂程度等级

场地复杂程度主要根据建筑抗震稳定性、不良地质现象发育情况、地质环境破坏程度、地形地貌和地下水条件等五个因素进行判定，划分为三个等级，见表17-7-2。

场地复杂程度等级　　　　表 17-7-2

场地条件＼等级	一级	二级	三级
建筑抗震稳定性	危险	不利	有利（或地震设防烈度≤6 度）
不良地质现象发育情况	强烈发育	一般发育	不发育
地质环境破坏程度	已经或可能强烈破坏	已经或可能受到一般破坏	基本未受破坏
地形地貌条件	复杂	较复杂	简单

注：一、二级场地条件中只要符合其中任一条件者即可。

（2）地基复杂程度

根据地基的复杂程度，可按下列规定划分为三个地基等级。

一级地基：符合下列条件之一者即为一级地基（复杂地基）。

① 岩土种类多，很不均匀，性质变化大，需特殊处理；

② 严重湿陷、膨胀、盐渍、污染的特殊性岩土，以及其他情况复杂，需专门处理的岩土。

二级地基：符合下列条件之一者即为二级地基（中等复杂地基）。

① 岩土种类多，不均匀，性质变化大；

② 除上述规定之外的特殊性岩土。

三级地基（简单地基）：

① 岩土种类单一，均匀，性质变化不大；

② 无特殊性岩土。

（3）岩土工程勘察等级

根据以上三种因素的分级，可按下列规定划分岩土工程勘察的等级。

① 甲级：在工程重要性、场地复杂程度和地基复杂程度等级中，有一项或多项为一级；

② 乙级：除勘察等级为甲级和丙级以外的勘察项目；

③ 丙级：工程重要性、场地复杂程度和地基复杂程度等级均为三级。

注：建筑在岩质地基上的一级工程，当场地复杂程度等级和地基复杂程度等级均为三级时，岩土工程勘察等级可定为乙级。

（二）各类岩土工程勘察基本要求

岩土工程勘察阶段可划分为可行性研究勘察、初步勘察和详细勘察三个阶段。对于场地条件复杂或有特殊要求的工程，宜进行施工勘察。在某些情况下，可合并勘察阶段，或直接进行详细勘察，下面介绍对各类岩土工程勘察的基本要求。

1. 房屋建筑和构筑物

应明确建筑物的荷载、结构特点、对变形的要求和有关功能上的特殊要求，一般包括下列几项内容：

① 查明场地和地基的稳定性、地层结构、持力层和下卧层的工程特性、土的应力历史和地下水条件以及不良地质作用等；

② 提供满足设计施工所需的岩土参数，确定地基承载力，预测地基变形性状；

③ 提出地基基础、基坑支护、工程降水和地基处理设计与施工方案的建议；

④ 提出对建筑物有影响的不良地质作用的防治方案建议；

⑤ 对于抗震设防烈度≥6 度的场地，进行场地与地基的地震效应评价。

2. 岸边工程

对于港口工程、造船和修船水工建筑物以及取水构筑物等的岩土工程勘察，应涵盖下列内容：

① 地貌特征和地貌单元交界处的复杂地层；

② 高灵敏软土、层状构造土、混合土等特殊土和基本质量等级为Ⅴ级岩体的分布和工程特性；

③ 岸边滑坡、崩塌、冲刷、淤积、潜蚀、沙丘等不良地质作用。

3. 边坡工程

边坡工程的岩土工程勘察应符合如下规定：

① 地貌形态：当存在滑坡、危岩和崩塌、泥石流等不良地质作用时，应符合《勘察规范》第 5 章的要求；

② 岩土的类型、成因、工程特性，覆盖层厚度，基岩面的形态和坡度；

③ 岩体主要结构面的类型、产状、延展情况、闭合程度、充填物、充水状况、力学属性和组合关系，主要结构面与临空面关系，是否存在外倾结构面；

④ 地下水的类型、水位、水压、水量、补给和动态变化，岩土的透水性、地下水的出露情况；

⑤ 地区气象条件（特别是雨期、暴雨强度）、汇水面积、坡面植被，地表水对坡面、坡脚的冲刷情况；

⑥ 岩土的物理力学性质和软弱结构面的抗剪强度。

（三）基坑工程

基坑工程的岩土工程勘察应符合如下规定：

① 初步勘察时应根据岩土工程条件，初步判定开挖可能发生的问题和需要采取的支护措施；详细勘察时应针对基坑工程设计的要求进行勘察；施工阶段必要时尚应进行补充勘察。

② 基坑工程的勘察深度宜为开挖深度的 2～3 倍，在此深度内遇到坚硬黏性土、碎石土和岩层，可根据岩土类别和支护设计要求减少深度。勘察的平面范围宜超出开挖边界外开挖深度的 2～3 倍。在深厚软土区，勘察深度和范围应适当扩大。在开挖边界外，勘察手段以调查为研究、搜集已有资料为主，复杂场地和斜坡场地应布置适量的勘探点。

③ 当场地水文地质条件复杂，在基坑开挖过程中需对地下水进行控制（降水或隔渗），且已有资料不能满足要求时，应进行专门的水文地质勘察。

④ 当基坑开挖可能产生流沙、流土、管涌等渗透性破坏时，应有针对性地进行勘察，分析评价其产生的可能性及对工程的影响。当基坑开挖过程中有渗流时，地下水的渗流作用宜通过渗流计算确定。

（四）桩基础

桩基础的岩土工程勘察应符合如下规定：

① 查明场地各层岩土的类型、深度、分布、工程特性和变化规律；

② 当采用基岩作为桩的持力层时，应探明基岩的岩性、构造、岩面变化、风化程度，

确定其坚硬程度、完整程度和基本质量等级，判定有无洞穴、临空面、破碎岩体或软弱岩层；

③ 查明水文地质条件，评价地下水对桩基设计和施工的影响，判定水质对建筑材料的腐蚀性；

④ 查明不良地质作用，可液化土层和特殊性岩土的分布及其对桩基的危害程度，并提出防治措施的建议；

⑤ 评价成桩可能性，论证桩的施工条件及其对环境的影响。

（五）地基处理

地基处理的岩土工程勘察应符合如下规定：

① 针对可能采用的地基处理方案，提供地基处理设计和施工所需的岩土特性参数；

② 预测所选地基处理方法对环境和邻近建筑物的影响；

③ 提出地基处理方案的建议；

④ 当场地条件复杂且缺乏成功经验时，应在施工现场对拟选方案进行试验或对比试验，检验方案的设计参数和处理效果；

⑤ 在地基处理施工期间，应进行施工质量和施工对周围环境和邻近工程设施影响的监测。

（六）勘探

岩土工程勘探是用于查明地表下岩土体、地下水即及不良地质作用的基本特性和空间分布的技术手段。常用的手段有坑探、钻探及地球物理勘探三类。

1. 坑探

坑探是由地表向深部挖掘坑槽或坑洞，供勘查人员直接观察地质现象或进行试验。常用的坑探工程有探槽、试坑、浅井、竖井、平硐和石门，其特点及适用条件见表 17-7-3。

坑探工程特点及适用条件　　**表 17-7-3**

名称	特点	适用条件
探槽	在地表深度小于 3～5m 的长条形槽子	剥除地表覆土，揭露基岩、划分地层岩性、研究断层破碎带；探查残积层的厚度和物质，结构
试坑	从地表向下，铅直的、深度小于 3～5m 的圆形或方形小坑	局部剥除覆土。揭露基岩，做载荷试验、渗水试验，取原状土样
浅井	从地表向下，铅直的、深度 5～15m 的圆形或方形井	确定覆盖层及风化层的岩性及厚度，做载荷试验，取原状土样
竖井	形状与浅井相同，但深度大于 15m，有时需要支护	了解覆盖层的厚度和性质，风化壳分带、软弱夹层分布、断层破碎带及岩溶发育情况、滑坡体结构及滑动面等，布置在地形较平坦、岩层又较缓倾的地段
平硐	在地面有出口的水平坑道，深度较大，有时需要支护	调查斜坡地质结构，查明河谷地段的地层岩性、软弱夹层、破碎带、风化岩层等；做原围岩体力学试验及地应力测量，取样；布置在地形较陡的山坡地段
石门	不出露地面与竖井相连的水平坑道，石门垂直岩层走向，平巷平行岩层走向	了解河底地质结构，做试验等

2.钻探

钻探是利用钻探设备在地下形成钻孔，并从钻孔中取出岩土进行鉴别和划分地层。是岩土工程勘察最常用的一类勘探手段。

1）岩土工程钻探要求

① 土层是岩土工程钻探的主要对象，应可靠地鉴定土层名称，准确判定分层深度，正确鉴别土层天然的结构、密度和湿度状态。

② 岩芯采取率要求较高。一般岩石不应低于80%，破碎岩石不应低于65%。对工程建筑至关重要需重点查明的软弱夹层、断层破碎带、滑坡的滑动带等地质体和地质现象，为保证获得较高的岩芯采取率，应采用相应的钻进方法。

③ 钻孔水文地质观测和水文地质试验是岩土工程钻探的重要内容，借以了解岩土的含水性，发现含水层并确定其水位（水头）和涌水量大小，掌握各含水层之间的水力联系，测定岩土的渗透系数等。

④ 在钻进过程中，为了研究岩土的工程性质，经常需要采取岩土样。

2）常用钻探方法

我国岩土工程钻探常用的方法有冲击类钻探、回转钻探、振动钻探和冲洗钻探等。

回转钻探：通过钻杆将旋转力矩传递至孔底钻头，同时施加一定的轴向压力实现钻进。产生旋转力矩的动力源可以使人力或机械，轴向压力则依靠钻机的加压系统以及钻具自重。根据钻头的类型和功能，回转钻探可分为螺旋钻探、无岩钻探和岩芯钻探。螺旋钻探适用于黏性土，无芯钻探多适用于土类和岩石，岩芯钻探适用于土类和岩石。

冲击类钻探：利用钻具自重或重锤，冲击破碎孔底岩土，实现钻进。根据冲击方式和钻头类型，冲击类钻探可分为冲击钻探和锤击钻探。冲击钻探适用于密实的土类，对卵石、碎石、漂石、块石尤为适宜。锤击钻探适用多种土类。

振动钻探：通过钻杆将振动器激发的高速振动传递至孔底管状钻头周围的土中，使土的抗剪强度急剧下降，适用于黏性土、粉土、沙土即粒径较小的碎石土，但其对孔底的扰动大，往往影响高质量土样的采取。

冲洗钻探：通过高压射水破坏孔底土层实现钻进，土层被破坏后由水流冲出地面，主要适用于砂土、粉土和不太坚硬的黏性土。

目前，国内岩土工程钻探正逐渐朝着全液压驱动、仪表控制和钻探与测试相结合的方向发展。

3.地球物理勘探

地球物理勘探简称物探，用于工程方面的物探方法称为工程物探。物探是以研究地下物理场（如电场、磁场、重力场）为基础的勘探方法，对获取的数据及绘制的曲线进行分析解释，可划分地层、判定地质构造、水文地质条件及各种不良地质现象。

从勘探方法上来说，物探属于间接的勘探方法，由于岩土的空间分布于地球物理场的差异并不都具有对应关系，因而物探多作为辅助手段配合其他勘探方法使用。物探具有“透视性”，可简便快捷的获取地下信息，成本低、效率高，但其具有多解性，无其他方法配合易发生误判。

物探方法主要有直流电法、交流电法、地震勘探、磁法勘探、重力勘探、声测量、放射性勘探、测井等，勘察普遍应用的是电阻率法和地震勘探法等。

（七）取样

取样是在现场勘探的过程中，利用一定的技术手段，采取能满足各种特定质量要求的岩石、土及地下水试样。按取样的方法和目的，可对扰动土样分为四个等级，见表 17-7-4。

土样质量等级划分 **表 17-7-4**

级别	扰动程度	试验内容
Ⅰ	不扰动	土类定名、含水率、密度、强度试验、固结试验
Ⅱ	轻微扰动	土类定名、含水率、密度
Ⅲ	显著扰动	土类定名、含水率
Ⅳ	完全扰动	土类起名

不扰动土：是指原位应力状态虽已改变，但土的结构、密度、含水率变化很小，可满足试验要求。

1. 钻孔取土器及其适用条件

（1）贯入式取土器

一般适用于采取相对较软的均匀细粒土。贯入式取土器取样时，采用击入或压入的方法将取土器贯入土中。分为敞口取土器和活塞取土器，敞口取土器按取样管壁厚度分为厚壁、薄壁和束节式三种，活塞取土器分为固定活塞、水压固定活塞、自由活塞等几种，是我国主要使用的取土器类型。

（2）回转式取土器

回转式取土器的分为单动和双动两类。

回转式取土器可采取较坚硬、密实的土类和软岩的样品。

单动型取土器适用于软塑～坚硬状态的黏性土和粉土、粉细砂土，土样质量 1～2 级。

双动型取土器适用于硬塑～坚硬状态的黏性土、中砂、粗砂、砾砂、碎石土及软岩，土样质量亦为 1～2 级。

2. 取样要求

在钻孔中采取Ⅰ、Ⅱ级土样时，应满足下列要求：

① 在软土、砂土中宜采用泥浆护壁；如使用套管，应保持管内水位等于或稍高于地下水位，取样位置应低于套管底三倍孔径的距离；

② 采用冲洗、冲击、振动等方式钻进时，应在预计取样位置 1m 以上改用回转钻进；

③ 下放取土器前应仔细清孔，清除扰动土，孔底残留浮土厚度不应大于取土器废土段长度（活塞取土器除外）；

④ 采用土试样宜用快速静力连续压入法；

⑤ Ⅰ、Ⅱ、Ⅲ级土样应妥善密封，防止湿度变化，严防暴晒与冰冻，在运输中应避免扰动，保存时间不宜超过三周，对于振动液化和水分离析的土样宜就近进行试验。

3. 土工参数的统计分析

由于岩土体的非均质性和各向异性以及参数测定方法，条件与工程原型之间的差异等种种原因，岩土参数是随机变量，变异性较大。岩土的物理力学指标，应按场地的工程地质单元和层位分别统计，按《岩土工程勘察规范 》的要求计算相应的平均值、标准差和变异系数，确定各参数的标准值和设计值。

由于土的不均匀性，对同一工程地质单元（土层）取的土样，用相同方法测定的数据通常是离散的，并以一定的规律分布，可以用频率分布直方图和分布密度函数来表示数据分布的离散程度。

（八）地基土的岩土工程评价

1.地基变形及沉降预测

根据建筑物结构特性和使用要求，地基变形量大小或不均匀变形应限制在地基变形允许值之内，以保证建筑物的安全和正常使用。

2.地基强度及承载力确定

地基强度：指地基在建筑物荷重作用下抵抗破坏的能力。

地基承载力：地基在同时满足变形和强度的条件下，单位面积所能承受的最大荷载，分为地基承载力基本值、地基承载力标准值和地基承载力设计值三种。

3.特殊性土的评价

（1）湿陷性黄土——湿陷性的判定

主要利用现场采集的不扰动土试样，通过室内浸水压缩试验求湿陷系数，判定黄土是否具有湿陷性和自重湿陷性。

黄土的湿陷系数 δ_s 的计算公式如下：

$$\delta_s=\frac{h_p-h_p'}{h_0} \tag{17-7-1}$$

式中 h_p——保持天然湿度和结构的土试样，加压至一定压力时下沉稳定后的高度；

h_p'——上述加压稳定后的土试样，在浸水作用下，下沉稳定后的高度；

h_0——土样试样原始高度。

当 $\delta_s \geqslant 0.015$ 时，为湿陷性黄土，否则为非湿陷性黄土。当自重湿陷量≤7cm 时，为非自重湿陷性黄土场地，否则为自重湿陷性黄土场地。当基底压力大于 300kPa 时，宜按实际压力测定的湿陷系数值判定黄土湿陷性。

地基湿陷程度，可根据基底下各土层累计的总湿陷量和计算自重湿陷量确定。

当含水量增大，土的抗剪强度降低，承载力下降。

黄土地基存在湿陷和压缩两种不同性质的变形。对于湿陷性黄土，主要计算地基受水浸湿后的湿陷变形。新近堆积黄土不但计算湿陷变形，也计算压缩变形。黄土地基变形的计算有地基规范建议的分层总和法，地基固结沉降计算法和采用变形模量计算法。

（2）湿陷性土

除湿陷性黄土外，还包括湿陷性碎石土、湿陷性砂土等。无法进行室内湿陷性试验时，应采用现场载荷试验确定其湿陷性。在 200kPa 压力下浸水载荷试验的附加湿陷量，与承压板宽度之比，等于或大于 0.023 的土，为湿陷性土。

（3）红黏土

原生红黏土：棕红或褐黄，覆盖于碳酸盐岩系之上，液限≥50%的土。

次生红黏土：指原生红黏土经搬运、沉积仍保留其基本特征，其液限>45%的黏土。

（4）软土

软土是指天然孔隙比≥1.0，且天然含水率>液限的细颗粒土，淤泥、淤泥质土、泥炭、泥炭质土均为软土。

（5）混合土

混合土：由细粒土和粗粒土组成，缺乏中间粒径的土。

粗粒混合土：指碎石土中粒径＜0.075mm 的细粒土质量，超过总质量的 25%的土；

细粒混合土：指粉土或黏性土中粒径＞2mm 的粗粒土质量，超过总质量的 25%的土。

（6）填土

填土是指人类活动而堆积的土，根据填土物质组成和堆填方式，分为以下几种。

① 素填土：指天然土经人工扰动和搬运堆填形成，不含杂质或含杂质很少，一般由碎石土，砂土、粉土和黏性土等一种或几种材料组成的土；

② 杂填土：含有大量建筑垃圾、工业废料或生活垃圾等杂物的土；

③ 冲填土：是人为的用水力充填方式而沉积的土；

④ 压实填土：按一定标准控制材料成分、密度、含水量，分层压实或夯实而成。

（7）风化岩和残积土

风化岩：是指岩石在风化作用下，其结构、成分和性质发生不同程度变异的岩石。

残积土：指已完全风化成土而未经搬运的土。

污染土：由于致污物质入侵而改变了土体的物理力学性状的土。

历年真题

17-7-1. 为施工图设计提供依据所对应的勘察阶段为（　　）。（2011B46）

A. 可行性研究勘察　　B. 初步勘察

C. 详细勘察　　D. 施工勘察

17-7-2. 岩土工程勘察等级分为（　　）。（2012B49）

A. 2 级　　B. 3 级　　C. 4 级　　D. 5 级

17-7-3. 若需对土样进行颗粒分析试验和含水量试验，则土样的扰动程度最差到（　　）。（2018B50）

A. 不扰动土　　B. 轻微扰动土　　C. 显著扰动土　　D. 完全扰动土

答　案

17-7-1.【答案】（C）

经过选址勘察和初步勘察之后，场地工程地质条件已基本查明，详勘任务就在于针对具体建筑物地基或具体的地质问题，为进行施工图设计和施工提供设计计算参数和可靠依据。

17-7-2.【答案】（B）

参见《岩土工程勘察规范》GB 50021—2001 中 3.1.4 条，根据工程重要性等级、场地复杂程度等级和地基复杂程度等级，可按下列条件划分岩土工程勘察等级：甲级指在工程重要性、场地复杂程度和地基复杂程度等级中，有一项或多项为一级；乙级为甲级和丙级以外的勘察项目；丙级指在工程重要性、场地复杂程度和地基复杂程度等级均为三级。

注：建筑在岩质地基上的一级工程，当场地复杂程度和地基复杂程度等级均为三级时，岩土工程勘察等级可定为乙级。

17-7-3.【答案】(A)

如表所示：

级别	扰动程度	试验目的
Ⅰ	不扰动	土类定名、含水率、密度、压缩变形、抗剪强度
Ⅱ	轻微扰动	土类定名、含水率、密度
Ⅲ	显著扰动	土类定名、含水率
Ⅳ	完全扰动	土类定名

测定土样含水率，最差的为显著扰动。

第八节　原位测试技术

土体原位测试一般是指在岩土工程勘察现场，在不扰动或基本不扰动土层的情况下对土层进行测试，以获得所测土层的物理力学性质指标及划分土层的一种土工勘测技术。

一、考试大纲

原位测试包括载荷试验、十字板剪切试验、静力触探试验、圆锥动力触探试验、标准贯入试验、旁压试验及扁铲侧胀试验等。

二、知识要点

(一) 载荷试验

1. 基本原理

载荷试验是在保持地基土的天然状态下，在一定面积的承压板上向地基土逐级施加荷载，并观测每级荷载下地基土的变形特性，从而评定地基的承载力，计算地基的变形模量，并预测实体基础的沉降量。

载荷试验包括平板载荷试验和螺旋板载荷试验。

平板载荷试验是用一定尺寸的承压板施加竖向荷载，同时观测承压板沉降，测定岩土体承载力与变形特性。分为浅层平板载荷试验（适用于浅层土）和深层平板载荷试验（适用于埋深大于或等于 3m 和地下水位以上的地基土）。

螺旋板载荷试验是将螺旋板旋入地下预定深度，通过传力杆向螺旋板施加竖向荷载，同时测量螺旋板的沉降量，获取岩土体的承载力与变形指标，适用于深层地基土或地下水位以下的地基土。

2. 试验装置

包括承压板、加荷装置及沉降观测装置。

承压板为方形或圆形；加荷装置由压力源、载荷台架或反力架组成，采用重物加荷或油压千斤顶两种加荷方式；沉降观测装置有百分表、沉降传感器和水准仪等。

3.载荷试验的基本技术要求

载荷试验的承压板，一般用刚性的方形或圆形板，根据土的软硬或岩体裂隙密度选用合适的尺寸，土的浅层平板载荷试验承压板面积不应小于 $0.25m^2$，对于软土和粒径较大的填土不应小于 $0.5m^2$，土的深层平板载荷试验承压板面积宜选用 $0.5m^2$，岩石载荷试验承压板的面积不宜小于 $0.27m^2$。

载荷试验过程中出现下列现象之一时，即可认为土体已达到极限状态，应终止试验：

① 承压板周围的土体有明显的侧向挤出，周边岩土出现明显隆起或径向裂缝持续发展；

② 在某级荷载下 24h 内，沉降速率不能达到相对稳定标准；

③ 本级荷载的沉降量大于前级荷载沉降量的 5 倍，荷载与沉降曲线出现明显陡降；

④ 总沉降量与承压板直径（或宽度）之比超过 0.06。

4.载荷试验资料的应用

根据载荷试验成果分析要求，应绘制 $s\sim t$ 关系曲线以及 $p\sim s$ 曲线，根据 $p\sim s$ 曲线拐点，必要时结合 s-lgt 曲线特征，确定比例界限压力和极限压力。当 $p\sim s$ 呈缓变曲线时，可取对应于某一相对沉降值（即 s/d，d 为承压板直径）的压力评定地基土的承载力，同时还可确定主要成果为在一定压力下的 $s\sim t$ 关系曲线以及 $p\sim s$ 曲线。可确定地基土的临塑荷载 p_0、极限荷载 p_L，为评定地基土的承载力提供依据；估算地基土的变形模量 E_0 和基床反力系数 K_s。

当建筑物基底附加压力小于或等于 p_0 时，地基土的强度满足要求，沉降较小；当基底附加压力大于 p_0、小于 p_L 时，地基不会发生整体破坏，但建筑物沉降量较大。

（二）十字板剪切试验

十字板剪切试验可用于测定饱和软黏性土（$\varphi=0$）的不排水抗剪强度和灵敏度。

十字板剪切试验包括钻孔十字板剪切试验和贯入电测十字板剪切试验，所用的仪器有：开口钢环式、轻便式和电测式和电测式。其基本原理都是：施加一定的扭转力矩，将土体剪坏，测定土体对抵抗扭剪的最大力矩，通过换算得到土体抗剪强度值（假定 $\varphi=0$）。

十字板剪切试验被认为是一种较为有效的、可靠的现场测试方法，与钻探取样室内试验相比，土体扰动小、试验简便。

但在有些情况下所测得的抗剪强度在地基不排水稳定分析中偏于不安全，对于不均匀土层，特别是夹有薄层粉细砂或粉土的软黏性土，有较大的误差。

野外十字板剪切试验的仪器为十字板剪切仪，即：开口钢环式、轻便式和电测式，电测式应用广泛。

适用于测定饱和软黏性土（$\varphi=0$）的不排水抗剪强度和灵敏度，以测定原位应力条件下软黏土的不排水抗剪强度、估算软黏性土的灵敏度、估算饱和软黏土的地基允许承载力、预估桩的极限端阻力和极限侧摩擦阻力。

（三）静力触探试验

静力触探试验适用于软土，一般黏性土、粉土、砂土和含少量碎石的土。静力触探可根据工程需要采用单桥探头、双桥探头或带孔隙水压力量测的单、双桥探头，可测定比贯入阻力、锥尖阻力、侧壁摩阻力和贯入时的孔隙水压力。

用静力将一定规格和形状的金属探头以一定的速率压入土层中，利用探头内的力传感器，通过电子量测仪表将探头的贯入阻力记录下来，以了解土层的工程性质。

优点是连续、快速、精确，可在现场直接测得各土层的贯入阻力指标，掌握各土层原始状态下有关的物理力学性质。

静力触探仪主要由贯入装置（包括反力装置，其基本功能是控制等速压贯入）、传动系统（液压和机械的两种）和量测系统（包括探头、电缆和电阻应变仪）等组成。

其成果主要有（p_s-h）比贯入阻力—深度关系曲线、（q_c-h）锥尖阻力—深度关系曲线、（f_s-h）侧摩阻力—深度关系曲线和（R_f-h）摩阻比。

根据静力触探资料，利用地区经验，可进行力学分层，估算土的塑性状态或密实度、强度、压缩性、地基承载力、单桩承载力、沉桩阻力，进行液化判别等。根据孔压消散曲线可估算土的固结系数和渗透系数。

（四）圆锥动力触探试验

利用一定的锤击动能，将一定规格的探头打入土中，根据每打入一定深度的锤击数（或能量）来判定土的性质，并对土进行粗略的力学分层，对地基土作出工程地质评价等的一种原位测试方法，以打入土中一定距离所需的锤击数来表示土的阻力。

圆锥动力触探试验的类型可分为轻型、重型和超重型三种，其规格和适用土类见表 17-8-1。

圆锥动力触探试验规格和适用土类　　表 17-8-1

类型		轻型	重型	超重型
落距	锤的质量(kg)	10	63.5	120
	落距(cm)	50	76	100
探头	直径(mm)	40	74	74
	锥角(°)	60	60	60
探杆直径(mm)		25	42	50～60
指标		贯入 30cm 的读数 N_{10}	贯入 10cm 的读数 $N_{63.5}$	贯入 30cm 的读数 N_{10}
主要适用岩土		浅部的填土、砂土、粉土、黏性土	砂土、中密以下的碎石土、极软岩	密实和很密的碎石土、软岩、极软岩

优点是设备简单、操作方便、工效较高、适应性广，能连续贯入。对难以取样的砂土、粉土、碎石类土等，动力触探可达到要求。

缺点是不能采样，不能对土进行直接鉴别描述，试验误差较大，再现性差。

适用于强风化、全风化的硬质岩石、各种软质岩石及各类土。

主要成果是锤击数和随深度变化的关系曲线，根据圆锥动力触探试验指标和地区经验，可进行力学分层，评定土的均匀性和物理性质（状态、密实度）、土的强度、变形参数、评定天然土的地基承载力、单桩承载力，查明土洞、滑动面、软硬土层界面，检测地基加固与改良的处理效果等。

（五）标准贯入试验

标准贯入试验适用于砂土、粉土和一般黏性土。

利用规定重量的穿心锤从恒定的高度上自由下落，将一定规格的探头打入土中，根据贯入的难易程度判别土的性质。

标准贯入试验设备应符合表17-8-2的规定。

标准贯入试验设备规定 **表17-8-2**

落锤		锤的质量(kg)	63.5
		落距(cm)	76
贯入器	对开管	长度(mm)	＞500
		外径(mm)	51
		内径(mm)	35
	管靴	长度(mm)	50～76
		刃口角度(°)	18～20
		刃口单刃厚度(mm)	1.6
钻杆		直径(mm)	42
		相对弯曲	＜1/1000

可用于砂土、粉土和一般黏性土，最适用于$N=2\sim50$击的土层。

标准贯入试验成果N可直接标在工程地质剖面图上，也可绘制单孔标准贯入基数N与深度关系曲线或直方图，利用标准贯入锤击数N值，可对砂土、粉土、黏性土的物理状态，土的强度、变形参数、地基承载力、单桩承载力，砂土和粉土的液化，成桩的可能性等作出评价。

（六）旁压试验

旁压试验适用于黏性土、粉土、砂土、碎石土、残积土、极软岩和软岩等。

旁压仪分为预钻式、自钻式和压入式三种。

通过旁压器在竖直的孔内加压，使旁压膜膨胀，并由旁压膜（或护套）将压力传给周围土体（或软岩），使其产生变形直至破坏，并通过量测装置测出施加的压力和土变形之间的关系，绘制应力—应变（或钻孔体积增量或径向位移）关系曲线。

根据初始压力、临塑压力、极限压力和旁压模量，结合地区经验可评定地基承载力和变形参数。根据自钻式旁压试验的旁压曲线，还可测求土的原委水平应力、静止侧压力系数和不排水抗剪强度等。

（七）扁铲侧胀试验

扁铲侧胀试验适用于软土、一般黏性土、粉土、黄土和松散～中密的砂土。

用静力（有时也用锤击动力）把一扁铲形探头贯入土中，达试验深度后，利用气压使扁铲侧面的圆形钢膜向外扩张进行试验。

扁铲形探头的尺寸为长230～240mm、宽94～96mm、厚14～16mm。铲前缘刃角为12°～16°，在扁铲的一侧面为一直径60mm的钢膜。探头可与静力触探的探杆或钻杆连接。

优点是精度高、设备轻便、测试时间短，但其精度受成孔质量影响较大。

根据扁铲侧胀试验指标和地区经验，可判别土类，确定黏性土的状态、静止侧压力系数和水平基床系数等。

历年真题

17-8-1. 以下关于原位测试的表述中不正确的是（　　）。（2011B47）

A. 扁铲侧胀试验适用于碎石土、极软岩、软岩

B. 载荷试验可用于测定承压板下应力主要影响范围内的承载力和变形模量

C. 静力触探试验可测定土体的比贯入阻力、锥尖阻力、侧壁摩阻力和贯入时的孔隙水压力

D. 圆锥动力触探试验的类型可分为轻型、重型和超重型三种。

17-8-2. 确定地基土的承载力的方法中，下列哪个原位测试方法的结果最可靠（　　）。（2012B50）

A. 载荷试验　　B. 标准贯入试验

C. 轻型动力触探试验　　D. 旁压试验

17-8-3. 十字板剪切试验最适用的土是（　　）。（2013B50）

A. 硬黏土　　B. 软黏土

C. 砂砾石　　D. 风化破碎岩石

17-8-4. 为取得原状土样，可采取下列哪种方法（　　）。（2014B50）

A. 标准贯入器　　B. 洛阳铲

C. 厚壁敞口取土器　　D. 探槽中刻取块状土样

17-8-5. 标准贯入试验适用的地层是（　　）。（2017B50）

A. 弱风化至强风化岩石　　B. 砂土、粉土和一般黏性土

C. 卵砾石和碎石类　　D. 软土和淤泥

答　案

17-8-1.【答案】(A)

扁铲侧胀试验最适宜在软弱、松散土中进行，随着土的坚硬程度或密实程度的增加，适宜性渐差。当采用加强型薄膜叶片，也可用于密实的砂土，故选择 A。B 项，载荷试验用于地表浅层地基和地下水位以上的地层，即承压板下应力主要影响范围内的地层性质，包括承载力和变形模量等力学性质。C 项，静力触探试验可测量探头阻力，测定土的力学特性，包括比贯入阻力、锥尖阻力、侧壁摩擦力等，在锥头上附加孔隙水压力测量装置可用于测量孔隙水压力的增长和消散。D 项，圆锥动力触探试验的类型分为轻型、重型和超重型。

17-8-2.【答案】(A)

用原位测试法求地基承载力是岩土工程界历来推崇的最可靠方法，尤以载荷试验效果最好，在全国甚至全世界都通用。静探、动探、旁压试验等间接法求地基承载力则具有地区经验特色。载荷测试的主要优点是对地基土不产生扰动，利用其成果确定的地基土承载

力最可靠、最具代表性，可直接用于工程设计。其成果还可用于预估建筑物的沉降量。缺点：载荷测试周期长、成本高，因而影响其普遍应用。

17-8-3.【答案】(B)

十字板剪切试验是一种用十字板测定软黏性土抗剪强度的原位试验。将十字板头由钻孔压入孔底软土中，以均匀的速度转动，通过一定的测量系统，测得其转动时所需的力矩，直至土体破坏，计算出土的抗剪强度。最适用的土层是灵敏度小于10的均质饱和软黏土。对于不均匀土层，特别适用于夹有薄层粉细砂或粉土的软黏土。

17-8-4.【答案】(D)

A、B、C三项，取土器的扰动会使得土样发生变化；无论何种取土器都有一定的壁厚、长度和面积，在压入过程中对土体有一定的扰动。对土体扰动程度的评定有三种情况：①采用薄壁取土器所采得的土试样定为不扰动或轻微扰动；②对于采用中厚壁或厚壁取土器所采得的土试样定为轻微扰动或显著扰动；③对于采用标准贯入器、螺纹钻头或岩芯钻头所采得的黏性土、粉土、砂土和软岩的试样皆定为显著扰动或完全扰动。D项，在场地直接采用人工或机械的探槽能够直接观测地基岩土体情况，并能够刻取高质量原状土样进行实验分析。

17-8-5.【答案】(B)

标准贯入试验是利用规定重量的穿心锤从恒定的高度上自由下落，将一定规格的探头打入土中，根据贯入的难易程度判别土的性质。标准贯入试验可用于砂土、粉土和一般黏性土，最适用于$N=2\sim50$击的土层。

第十八章

土力学与基础工程

第一节　土的组成和物理性质

一、考试大纲

土的三相组成和三相比例指标；土的矿物组成和颗粒级配；土的结构；黏性土的界限含水率；塑性指数；液性指数；砂土的相对密实度；土的最佳含水量和最大干密度；土的工程分类。

二、知识要点

土是连续、坚固的岩石在风化作用下形成的大小悬殊的颗粒，经过不同的搬运方式，在各种自然环境中生成的沉积物。一般情况下，土体由固体颗粒（固相）、水（液相）和气体（气相）三部分组成的，称为土的三相组成，三相物质的质量和体积比例不同，土的性质也不同。

（一）土的固相

土的固相构成土的骨架，其大小和形状、矿物成分及其组成情况是决定土物理力学性质跟的重要因素。

1. 土的矿物成分

土的矿物成分主要取决于母岩的成分及其所经受的风化作用，土的矿物成分主要包括原生矿物和次生矿物。

原生矿物：岩浆在冷凝过程中形成的矿物，如石英、长石、云母等。

次生矿物：由原生矿物经化学风化作用后形成新的矿物，如黏土矿物、碳酸盐等。

2. 土的颗粒级配

天然土体土粒大小变化悬殊，大的有几十厘米，小的只有千分之几毫米，形状也不一样，有块状、片状。土粒的大小称为粒度。在工程中，粒度不同、矿物成分也不同，土的工程性质也不同，工程上常用不同粒径颗粒的相对含量来描述土的颗粒组成情况，称为土的颗粒级配。

（1）土的粒组划分

工程上常把大小相近的土粒合并为组，称为粒组。

我国按界限粒径 200mm、20mm、2mm、0.05mm 和 0.005mm 把土粒分为六组，即漂石（块石）、卵石、圆粒、砂砾、粉粒和黏粒。

（2）土的级配及其表示方法

土中各粒组的相对含量，以各粒组干土质量的百分比表示，称为土的颗粒级配。

工程中常用不均匀系数 C_u 和曲率系数 C_c 来反映土颗粒级配的不均匀程度。

不均匀系数
$$C_u = \frac{d_{60}}{d_{10}} \tag{18-1-1}$$

曲率系数
$$C_c = \frac{d_{30}^2}{d_{60}d_{10}} \tag{18-1-2}$$

式中　d_{10}、d_{30}、d_{60}——分别相当于累计百分含量为 10%、30%和 60%的粒径，d_{10} 称为

有效粒径，d_{60} 称为限制粒径。

不均匀系数 C_u 反映了大小不同粒组的分布情况，曲率系数 C_c 描述了级配曲线整体形态，表示是否有某粒组缺失的情况。

工程上对土的级配是否良好可按以下规定判断：

对级配连续的土：$C_u>5$ 级配良好，$C_u<5$ 级配不良；C_u 越大，粒组分布范围较广，但若 C_u 过大，可能缺失中间粒径，属不连续级配，故需同时用曲率系数 C_c 来评价，当满足 $C_u>5$ 且 $C_c=1\sim3$ 时，为级配良好，否则为级配不良。

（3）粒度成分测定方法

粗粒土采用筛分法，细粒土（粒径小于 0.075mm）采用沉降分析法。

筛分法：用一套不同孔径的标准筛子把各种粒组分离出来。

沉降分析法：根据土粒在悬液中沉降的速度与粒径的平方成正比的司笃克斯公式来确定各粒组相对含量的方法。

【例 18-1-1】 下列矿物不属于黏土矿物的是（　　）。

A. 高岭石　　B. 长石　　C. 蒙脱石　　D. 伊利石

解： 选 B。

（二）土的液相

土的液相是指存在于土孔隙中的水。根据水与土相互作用程度的强弱，可将土中水分为结合水和自由水两大类。

结合水：指处于土颗粒表面水膜中的水，受到表面引力的控制而不服从静水力学规律，冰点低于零度。

结合水分为强结合水和弱结合水。

强结合水：在最靠近土颗粒表面处，水分子和水化离子排列非常紧密，以致其密度大于 1，并有过冷现象（即温度降到零度以下不发生冻结的现象）。

弱结合水：指在距土粒表面较远地方的结合水，由于引力降低，水分子排列不如强结合水紧密，从较厚水膜或浓度较低处缓慢地迁移到较薄的水膜或浓度较高处，可从一个土粒周围迁移到另一个土粒的周围，这种运动与重力无关，不能传递静水压力。

自由水包括毛细水和重力水。

毛细水：是受到水与空气交界面处表面张力的作用、存在于地下水位以上的透水层中的自由水。土的毛细现象是指土中水灾表面张力的作用下，沿着细的孔隙向上及其他方向移动的现象。

重力水在重力或压力差作用下能在土中渗流，对土颗粒和结构物都有浮力作用，在土力学计算中应当考虑这种渗流及浮力的作用力。

（三）土的气相

土的气相是指充填在土孔隙中的气体，包括与大气连通的气体和与大气不连通的气体，与大气连通的气体，其成分与空气相似，对土的工程性质影响不大，在外力作用下，这种气体会很快从孔隙中挤出；与大气不连通的密闭气体对土的工程性质影响较大，在压力作用下这种气体可被压缩或溶解于水中，压力减小时，气泡则会恢复原状或重新游离出来。

（四）土的三相比例指标

土的物理性质直接反映土的松密、软硬等物理状态，也间接反映土的工程性质，而土的松密和软硬状态主要取决于土的三相各自在数量上所占的比例。

土的三相物质在体积和质量上的比例关系称为三相比例指标。

推导土的三相比例指标时，可以把土中本来交错分布的固体颗粒、水和气体三相分别集中起来，构成理想的三相关系图。

设土样体积 V 为土中空气体积 V_u、水体积 V_w 和土粒的体积 V_s 之和；土样的质量 m 为土中空气质量 m_a、水质量 m_w 和土粒质量 m_s 之和；由于空气的质量可以忽略，故土样的质量 m 可用水和土粒质量之和（m_w+m_s）表示。

三相比例指标可分为两类，一类是试验指标，另一类是换算指标。

1.试验指标

通过试验测定的指标称为试验指标，有土体密度、土粒比重和土体含水率。

（1）土体密度 ρ

土体密度指单位体积土的质量，单位 g/cm³，设土体积为 V，质量为 m，则土体密度 ρ 为：

$$\rho=\frac{m}{V} \tag{18-1-3}$$

土密度常用环刀法测定，一般土的密度为 1.60～2.20g/cm³。当用国际单位制计算重力 W 时，由土的质量产生单位体积的重力称为重力密度 γ，简称重度，单位 kN/m³，即：

$$\gamma=\frac{W}{V} \tag{18-1-4}$$

$$\gamma=\rho g \approx 10\rho \tag{18-1-5}$$

对天然土求得的密度称为天然密度或湿密度，相应的重度称为天然重度或湿重度。

（2）土粒比重 G_s

土粒比重指土粒质量与同体积 4℃时纯水的质量之比，即：

$$G_s=\frac{m_s}{V_s\rho_{w1}} \tag{18-1-6}$$

土粒比重采用比重瓶法测定，在数值上等于土粒密度（g/cm³），无量纲，主要取决于土矿物成分，不同土类的土粒比重变化幅度并不大，在有经验的地区可按经验值选用。

（3）土体含水量 ω

土体含水量指土中水的质量 m_w 与固体（土粒）质量 m_s 之比，即：

$$\omega=\frac{m_w}{m_s}\times 100\% \tag{18-1-7}$$

一般采用烘干法测定，它是描述土的干湿程度的重要指标，常以百分数表示。土的天然含水量变化范围很大，从干砂的含水量近于零到蒙脱土的含水量可达百分之几百。

2.换算指标

除上述三个试验指标之外，还有一些指标可通过计算求得，称为换算指标。包括土的干密度（干重度）、饱和密度（饱和重度）、有效重度、孔隙比、孔隙率和饱和度。

（1）干密度 ρ_d

干密度指土的颗粒质量 m_s 与土的总体积 V 之比，单位 g/cm^3，即：

$$\rho_d = \frac{m_s}{V} \tag{18-1-8}$$

土的干密度越大，土越密实，强度越高，水稳定性也好。

干密度常用作填土密实度的施工控制指标。

（2）土的饱和密度 ρ_{sat}

土的饱和密度指土的孔隙中全部为水所充满时的密度，即全部充满孔隙水的质量 m_w 与固体质量 m_s 之和与土的总体积 V 之比，单位 g/cm^3，即：

$$\rho_{sat} = \frac{m_w + V_v \rho_w}{V} \tag{18-1-9}$$

当用干密度或饱和密度计算重力时，也应乘以 10 变换为干重度或饱和重度。

（3）土的有效重度 γ'

当土浸没在水中时，土的颗粒受到水的浮力作用，单位土体积中土粒的重力扣除同体积水的重力后，称为浮重度，即：

$$\gamma' = \frac{W_s - V_s \gamma_w}{V} = \gamma_{sat} - \gamma_w \tag{18-1-10}$$

式中　γ_w——水的重度，纯水在 4℃时的重度等于 9.81kN/m^3，在工程上常取为 10kN/m^3。

（4）土的孔隙比 e

土的孔隙比指孔隙体积 V_v 与土粒体积 V_s 之比，以小数计，即：

$$e = \frac{V_v}{V_s} \tag{18-1-11}$$

用来评价土的紧密程度，或从孔隙比的变化推算土的压密程度，是土的一个重要的物理性指标。

（5）土的孔隙率 n

土的孔隙率指孔隙体积 V_v 与土总体积 V 之比，即：

$$n = \frac{V_v}{V} \tag{18-1-12}$$

（6）土的饱和度 S_r

土的饱和度指孔隙中水体积 V_w 与孔隙体积 V_v 之比，常用百分数表示，即：

$$S_r = \frac{V_w}{V_v} \tag{18-1-13}$$

土的三相比例指标换算公式见表 18-1-1。

土的三相比例指标换算公式　　表 18-1-1

换算指标	用试验指标计算的公式	用其他指标计算的公式
孔隙比 e	$e = \frac{G_s(1+w)\gamma_w}{\gamma} - 1$	$e = \frac{G_s \gamma_w}{\gamma_d} - 1$ $e = \frac{w G_s}{S_r}$

续表

换算指标	用试验指标计算的公式	用其他指标计算的公式
饱和重度 γ_{sat}	$\gamma_{sat}=\dfrac{\gamma G_s w}{G_s(1+w)}+\gamma_w$	$\gamma_{sat}=\dfrac{G_s+e}{1+e}\gamma_w$ $\gamma_{sat}=\gamma'+\gamma_w$
饱和度 S_r	$S_r=\dfrac{\gamma G_s w}{G_s(1+w)\gamma_w-\gamma}$	$S_r=\dfrac{wG_s}{e}$
干重度 γ_d	$\gamma_d=\dfrac{\gamma}{1+w}$	$\gamma_d=\dfrac{G_s}{1+e}\gamma_w$
孔隙率 n	$n=1-\dfrac{\gamma}{G_s(1+w)\gamma_w}$	$n=\dfrac{e}{1+e}$
有效重度 γ'	$\gamma'=\dfrac{\gamma(G_s-1)}{G_s(1+w)}$	$\gamma'=\gamma_{sat}-\gamma_w$

【例 18-1-2】 下列哪一个物理指标不是由试验直接测出的？（　　）

A. 比重　　B. 含水量　　C. 孔隙比　　D. 密度

解： 选 C。

（五）黏性土的界限含水率

1. 黏性土的状态

黏性土与砂土的重要区别在于是否具有可塑性，可塑性是指具有可塑状态性质的土，在外力作用下，可塑成任何形状而不产生裂缝，外力去掉后，仍可保持原状。

含水量对黏性土的工程性质有很大影响，随含水量的增大，土成泥浆、黏滞流动的液体，施加剪力时，泥浆连续变形，土的抗剪强度降低；当含水量减少，黏滞流动的特点渐渐消失，出现塑性；含水量继续减少时，土体可塑性逐渐消失，逐渐变为半固体状态。

2. 界限含水率

界限含水率：指黏性土从一种状态变到另一种状态的分界含水率。

液限 ω_L：土由可塑状态变到流动状态的界限含水率。

塑限 ω_P：土由半固态变化到可塑状态的界限含水率。

缩限 ω_s：土由半固体状态不断蒸发水分，体积逐渐缩小，直到体积不再缩小时土的界限含水率。

3. 塑性指数

塑性指数：液限与塑限之差，以符号 I_P 表示，习惯上用不带“%”的百分数表示。

$$I_P=\omega_L-\omega_P \tag{18-1-14}$$

I_P 越大，土的可塑性越好。

4. 液性指数

液性指数 I_L：表示土的天然含水量与分界含水量之间相对关系的指标。

$$I_L=\frac{\omega-\omega_P}{I_P}=\frac{\omega-\omega_P}{\omega_L-\omega_P} \tag{18-1-15}$$

一般用小数表示，液性指数越大，土越软；液性指数大于 1 的土处于流动状态，小于 0 的土则处于坚硬状态。

根据 I_L 大小，将黏性土的状态分为表 18-1-2 中的几类。

按塑性指数值确定黏性土状态　　　　表 18-1-2

I_L 值	$I_L \leqslant 0$	$0 < I_L \leqslant 0.25$	$0.25 < I_L \leqslant 0.75$	$0.75 < I_L \leqslant 1.0$	$1.0 < I_L$
状态	坚硬	硬塑	可塑	软塑	流塑

（六）砂土（无黏性土）的密实度

影响砂、卵石等无黏性土工程性质的主要因素是密实度。

土颗粒排列越紧密，结构越稳定，压缩变形小，强度大，是良好的天然地基；反之，密实度小，呈疏松状态时，如饱和的粉细砂，其结构常处于不稳定状态，对工程不利。因此在工程中，对无黏性土，需达到一定的密实度。

1. 相对密实度

用孔隙比 e 进行判断时，e 越大，土中孔隙大，土疏松，但由于土的形状和级配对孔隙比有极大影响，而孔隙比未能考虑级配，因此在工程中常引入相对密实度的概念。

将砂土处于最密实状态时的孔隙比称为最小孔隙比 e_{min}，处于最疏松状态时的孔隙比称为最大孔隙比 e_{max}。当土颗粒粒径较均匀时，$e_{max}-e_{min}$ 差值很小，当土粒径不均匀时，$e_{max}-e_{min}$ 差值很大，因此利用砂土的最大、最小孔隙比与所处状态的天然孔隙比 e 进行比较，能综合反映土粒级配、土粒形状和结构等因素，该指标称为相对密实度 D_r，即：

$$D_r=\frac{e_{max}-e}{e_{max}-e_{min}} \tag{18-1-16}$$

当 $D_r=1$，即 $e=e_{min}$ 时，砂土处于最紧密状态；当 $D_r=0$，即 $e=e_{max}$ 时，砂土处于最疏松状态。根据砂土的相对密实度将砂土分为三种密实状态，见表 18-1-3。

砂土密实度划分标准　　　　表 18-1-3

密实度	密实	中密	松散
相对密实度	1.0～0.67	0.67～0.33	0.33～0

2. 标准贯入试验

测定砂土密实度，目前常用标准贯入试验。将带有刃口的厚壁管状的标准贯入器，在规定的锤重（63.5kg）和落距（76cm）的条件下击入土中，测定贯入量为 30cm 所需要的锤击次数 N，称为标准贯入锤击数，用标准贯入垂击数来确定砂土层的密实度，见表 18-1-4。

砂土层的密实度　　　　表 18-1-4

密实度	松散	稍密	中密	密实
锤击数 N	$\leqslant 10$	$10 < N \leqslant 15$	$15 < N \leqslant 30$	>30

【例 18-1-3】 不可以用来判断砂土密度的指标是（　　）。

A. D_r　　B. ρ_d　　C. N　　D. G_s

解： 选 D。

（七）土的压实性

土的压实性指土体通过振动、夯实和碾压等方法调整土粒排列，增加土体密实度的性质。

广泛应用于填方工程，如路基、堤坝、飞机跑道、平整场地修建建筑物以及开挖基坑后回填土等，这些填土都要经过压实，以减少沉降量，降低透水性，提高强度。

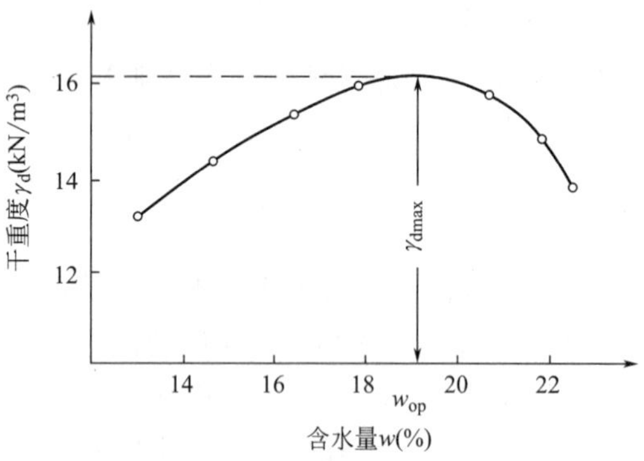

图 18-1-1

土体含水量是影响填土压实性的主要因素之一。

由土的压实试验可获得土的击实曲线，它是研究土的压实特性的基本关系图，由图 18-1-1 可知，击实曲线有一峰值，此处的土体干密度最大，称为最大干密度 ρ_{dmax}，其相应的含水率称为最佳含水率（或最优含水率），在一定的击实功作用下，只有当压实土粒为最佳含水率时，土才能被击实至最大的干密度，从而达到最大的压实效果。

最优含水率与压实能量有关，对同一种土，人力夯实时，因能量小，要求土粒之间有较多的水分使其更为润滑，因此，最优含水率较大而得到的最大干重度却较小；当用机械夯实时，压实能量较大，所以当填土压实程度不足时，可用大的压实能量补夯，以达到所要求的密实度。

含水量较低时，水被土颗粒吸附在土粒表面，土颗粒因无毛细管作用而互相联结很弱，土粒在受到夯击等冲击作用下容易分散而很难获得较高的密实度。

含水量较高时，土中多余水分在夯击时很难快速排出，在土孔隙中形成水团，削弱了土颗粒间的联结，使土粒润滑而变得易于移动，夯击或碾压时容易出现类似弹性变形的“橡皮土”现象，失去夯击效果。

【例 18-1-4】 同一种土的压实效果和下列哪些因素有关？（　　）

①土的粒组数量　②压实能量　③限制粒径　④界限粒径

A. ①②　　B. ②③　　C. ②④　　D. ③④

解： 选 B，土的压实能量越大，土的最优含水率越小，最大干重度越大；最优含水率压实时，干重度最大。

（八）土的工程分类

土的工程分类是岩土工程勘测与设计的前提，一个正确的设计必须建立在对土的正确评价的基础上。

作为建筑地基的土分为六类，即岩石、碎石土、砂土、粉土、黏性土和人工填土。

1. 岩石

岩石指颗粒间牢固联结，呈整体或具有节理裂隙的岩体，作为建筑地基，除应确定岩石的地质名称外，还可根据岩石的坚硬程度、风化程度和完整程度进行分类。

按成因分为岩浆岩、沉积岩和变质岩；按岩石的饱和单轴抗压强度分为坚硬岩、较硬岩、较软岩、软岩和极软岩；按风化程度分为未风化、微风化、中风化、强风化和全风化；按软化系数分为软化岩石和不软化岩石。

2.碎石土

碎石土指粒径大于2mm的颗粒含量超过总质量的50%的土，根据粒组含量及颗粒形状可分为漂石、块石、卵石、碎石、圆砾和角砾。

碎石土的密实度，可根据重型圆锥动力触探锤击数分为松散、稍密、中密和密实。

3.砂土

砂土指粒径大于2mm的颗粒含量不超过总质量的50%，且粒径大于0.075mm的颗粒含量超过总质量的50%的土。

根据粒组含量分为砾砂、粗砂、中砂、细砂和粉砂。

4.粉土

粉土指粒径大于0.075mm的颗粒含量不超过总质量的50%，且塑性指数 $I_P \leqslant 10$ 的土。

粉土是介于砂土和黏性土之间，根据黏粒含量可将粉土分为砂质粉土和黏质粉土。

5.黏性土

黏性土 指塑性指数 $I_P > 10$ 的土。根据塑性指数大小，黏性土可分为粉质黏土和黏土，当 $10 < I_P \leqslant 17$ 时为粉质黏土，当 $I_P > 17$ 时为黏土。

6.人工填土

人工填土根据其组成和成因，分为素填土、压实填土、杂填土和冲填土。

历年真题

18-1-1.某饱和土样的天然含水率 $w_0 = 20\%$，土粒比重 $G_s = 2.75$，该土样的孔隙比为(　　)。(2011B35)

A. 0.44　　B. 0.55　　C. 0.62　　D. 0.71

18-1-2.关于土的灵敏度，下面说法正确的是(　　)。(2012B36)

A. 灵敏度越大，表明土的结构性越强

B. 灵敏度越小，表明土的结构性越强

C. 灵敏度越大，表明土的强度越高

D. 灵敏度越小，表明土的强度越高

18-1-3.某饱和土体，土粒比重 $G_s = 2.70$，含水率（含水量）$\omega = 30\%$，取水的重度 $\gamma_w = 10\text{kN/m}^3$，则该土的饱和重度为(　　)。(2012B37)

A. 19.4kN/m^3　　B. 20.2kN/m^3　　C. 20.8kN/m^3　　D. 21.2kN/m^3

18-1-4.某土样液限 $\omega_L = 24.3\%$，塑限 $\omega_p = 15.4\%$，含水量 $\omega = 20.7\%$，可以得到其塑性指数为(　　)。(2013B36)

A. $I_P = 0.089$　　B. $I_P = 8.9$　　C. $I_P = 0.053$　　D. $I_P = 5.3$

18-1-5. 某土样液限 $\omega_L=25.8\%$，塑限 $\omega_P=16.1\%$，含水率（含水量）$\omega=13.9\%$，可以得到其液性指数 I_L 为（　　）。(2014B36)

A. $I_L=0.097$　　B. $I_L=1.23$　　C. $I_L=0.23$　　D. $I_L=-0.23$

18-1-6. 关于土的塑性指数，下面说法正确的是（　　）。(2016B36)

A. 可以作为黏性土工程分类的依据之一

B. 可以作为砂土工程分类的依据之一

C. 可以反映黏性土的软硬情况

D. 可以反映砂土的软硬情况

18-1-7. 计算砂土相对密度 D_r 的公式是（　　）。(2017B36)

A. $D_r=\dfrac{e_{max}-e}{e_{max}-e_{min}}$　　B. $D_r=\dfrac{e-e_{min}}{e_{max}-e_{min}}$　　C. $D_r=\dfrac{\rho_{dmax}}{\rho_d}$　　D. $D_r=\dfrac{\rho_d}{\rho_{dmax}}$

18-1 8. 关于上的密实程度，下面说法正确的是（　　）。(2018B36)

A. 同一种土，土的空隙比越大，表明土越密实

B. 同一种土，土的干密度越大，表明土越密实

C. 同一种土，土的相对密度越小，表明土越密实

D. 同一种土，标准贯入试验的锤击数越小，表明土越密实

答　案

18-1-1.【答案】(B)

$e=\dfrac{\omega G_s}{S_r}$，$S_r=100\%$。

18-1-2.【答案】(A)

天然状态下的黏性土由于地质历史作用常具有一定的结构性。土体受外力扰动以后，结构遭受破坏，土强度降低，压缩性提高。工程上常用灵敏度来衡量黏性土结构性对强度的影响。根据灵敏度可以将黏性土分为低灵敏度、中灵敏度和高灵敏度。土的灵敏度越大，其结构性越强，受扰动后土的强度降低就越明显。

18-1-3.【答案】(A)

$e=\dfrac{wG_s}{S_r}=2.7\times0.3=0.81$，$\gamma_{sat}=\dfrac{G_s+e}{1+e}\gamma_w=\dfrac{2.7\times10+0.81\times10}{1.81}=19.4\text{kN/m}^3$

18-1-4.【答案】(B)

$I_P=w_L-w_p=24.3-15.4=8.9$。

18-1-5.【答案】(D)

$I_L=\dfrac{w-w_p}{w_L-w_p}=\dfrac{13.9\%-16.1\%}{25.8\%-16.1\%}=-0.23$

18-1-6.【答案】(A)

A、B 两项，土的塑性指数是指黏性土的液限与塑限之差，反映土在可塑状态下的含水率范围，可作为黏性土分类的指标。C 项，液性指数可反映黏性土的软硬情况。D 项，砂土没有塑性指数。

18-1-7.【答案】(A)

$D_r=\dfrac{e_{max}-e}{e_{max}-e_{min}}$。

18-1-8.【答案】(B)

孔隙比是指土中空隙体积与土体体积之比，孔隙比越大、空隙越大、越不密实；土体相对密度越大、越密实；标准贯入试验适用于砂土、粉土和一般黏性土，主要是利用规定重量的穿心锤从恒定的高度上自由下落，将一定规格的探头打入土中，根据贯入的难易程度判别土的性质，锤击数越少，土体越疏松。

第二节　土中应力分布及计算

一、考试大纲

土的自重应力；基础底面压力；基底附加压力；土中附加应力。

二、知识要点

土中应力包括自重应力和附加应力，自重应力一般是自土形成之日起就在土中产生。附加应力是指由于外荷载（如建筑荷载、车量荷载、土中水的渗流力、地震作用等）的作用，在土中产生的应力增量。

（一）土的自重应力

1. 均质土的自重应力

如图 18-2-1 所示，若土体是均质的半无限体，重度为 γ，土体在自身重力作用下任一数值切面都是对称面，土体在地表以下深度 z 处土的自重应力为：

$$\sigma_{cz}=\frac{W}{F}=\frac{\gamma zF}{F}=\gamma z \tag{18-2-1}$$

式中　γ——土的重度（kN/m^3）；

　　F——土柱体的截面积（m^2）。

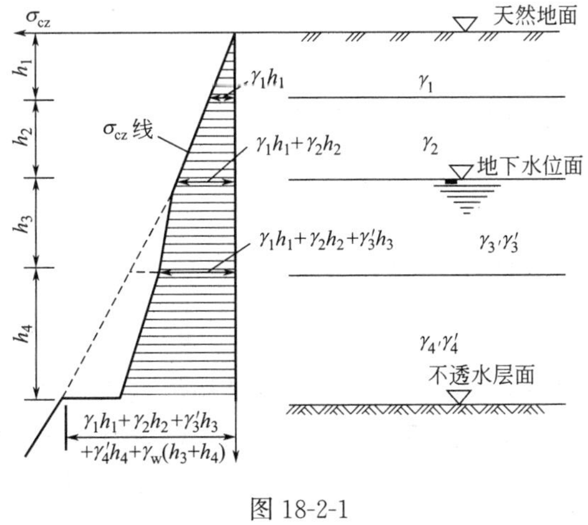

图 18-2-1

自重应力沿平面均匀分布，随深度 z 线性增加，呈三角形分布。

2. 成层地基土的自重应力

当地基为成层土体时，设各土层的厚度为 h，重度为 γ_i，则深度 z 处土的自重应力为：

$$\sigma_{cz}=\gamma_1 h_1+\gamma_2 h_2+\cdots+\gamma_n h_n=\sum_{i=1}^{n}\gamma_i h_i \tag{18-2-2}$$

式中 n——从天然地面到深度 z 处的土层数。

3. 土层中有地下水时的自重应力

计算地下水位以下土的自重应力时，应根据土的性质确定是否需要考虑水的浮力作用。通常认为砂性土应该考虑浮力作用。黏性土则视其物理状态而定。一般认为：若水下黏性土的液性指数 $I_L\geqslant 1$，则土处于流动状态，土颗粒之间存在大量自由水，此时可认为土体受到水的浮力作用；若 $I_L\leqslant 0$，则土处于固体状态，土中自由水受到土颗粒间结合水膜的阻碍不能传递静水压力，故认为土体不受水的浮力作用；若 $0<I_L<1$，土处于塑性状态，土颗粒是否受到水的浮力作用就较难确定，一般在实践中按不利状态考虑。

若地下水位以下的土受到水的浮力作用，则水下部分土的重度按有效重度 γ' 计算，其计算方法同成层土的情况。

4. 水平向自重应力

土的水平向自重应力 σ_{cx}、σ_{cy} 的计算如下：

$$\sigma_{cx}=\sigma_{cy}=K_0\sigma_{cz} \tag{18-2-3}$$

式中 K_0——侧压力系数，也称静止土压力系数；K_0 值可通过室内试验测定。

【例 18-2-1】 计算自重应力时，地下水位以下的土应取何种重度（　　）。

A. 浮重度　　B. 饱和重度　　C. 天然重度　　D. 干重度

解： 选 A。

【例 18-2-2】 成层土中竖向自重应力沿深度的分布为（　　）。

A. 折线增大　　B. 折线减小　　C. 斜线增大　　D. 斜线减小

解： 选 A。同种土中自重应力直线分布，不同种土中重度不同，直线斜率不同，在土层面出现拐点，因此成折线。

（二）基础底面压力

建筑物荷载通过基础传递给地基的压力称基底压力。

（1）中心荷载作用时，基底压力的计算式如下：

$$p_k=\frac{F_k+G}{A} \tag{18-2-4}$$

（2）偏心荷载作用时，基底压力的计算式如下：

$$\begin{matrix}p_{max}\\p_{min}\end{matrix}=\frac{F_k+G}{A}\pm\frac{M_k}{W} \tag{18-2-5}$$

式中 F_k——相应于荷载效应标准组合时，上部结构传至基础顶面的竖向荷载（kN）；

G——基础及其上填土的总重（kN），$G=\gamma_G Ad$，其中 γ_G 为基础和填土的平均重度，一般取 $\gamma_G=20\text{kN/m}^3$，地下水位以下取有效重度，d 为基础埋置深度；

A——基础底面积（m^2）；

M_k——相应于荷载效应标准组合时，作用在基础底面的力矩，$M_k=(F_k+G_k)\,e$，

e 为偏心距；

W——基础底面的抗弯截面模量；$W=\dfrac{bl^2}{6}$，l、b 为基底平面的长边与短边尺寸。

将 W 的表达式代入（18-2-5）式得：

$$\begin{matrix} p_{\max} \\ p_{\min} \end{matrix}=\frac{(F+G)}{lb}\left(1\pm\frac{6e}{l}\right) \tag{18-2-6}$$

当偏心距 $e>l/6$ 时，$p_{\max}$ 计算式如下：

$$p_{\mathrm{kmax}}=\frac{2(F_{\mathrm{k}}+G_{\mathrm{k}})}{3ba} \tag{18-2-7}$$

式中　b——垂直于力矩作用方向的基础底边长；

a——合力作用点至基础底面最大压力边缘的距离，$a=\dfrac{l}{2}-e$。

（三）基底附加压力

基底附加压力为修建建筑物在基底处所引起的应力增量，即接触压力与自重应力之差，即：

$$p_0=p_{\mathrm{k}}-\sigma_{\mathrm{c}}=p_{\mathrm{k}}-\gamma_{\mathrm{m}}d \tag{18-2-8}$$

式中　p_{k}——相应于荷载效应标准组合时基础底面的平均压力（kPa）；

p_0——基底附加应力；

σ_{c}——基底处自重应力；

γ_{m}——埋深范围内土的加权重度；地下水位以下取有效重度计算，$\gamma_{\mathrm{m}}=\sum\gamma_i h_i/d$；

d——基础埋置深度（m）。

（四）土中附加应力

1. 集中力作用下土中应力计算

在均匀、各向同性的半无限弹性体表面作用一竖向集中力 P 时，离此力作用点竖向距离为 z、径向距离为 r 处的竖向附加应力 σ_z 为：

$$\sigma_z=K\frac{P}{z^2} \tag{18-2-9}$$

式中　K——应力系数，由比值 r/z 确定。

2. 均布荷载作用时的土中应力计算

（1）圆形面积上作用均布荷载时

$$\sigma_z=\alpha_{\mathrm{c}}p \tag{18-2-10}$$

式中　α_{c}——应力系数；它是$\dfrac{r}{R}$及$\dfrac{z}{R}$的函数，可将其制成表格形式，R 为圆面积的半径（m），r 为应力计算点 M 到 z 轴的水平距离（m）。

（2）矩形面积均布荷载作用时

1）矩形面积中点 O 下土中竖向应力 σ_z 计算

$$\sigma_z=\frac{3z^3}{2\pi}\int_{\frac{l}{2}}^{\frac{l}{2}}\int_{\frac{b}{2}}^{\frac{b}{2}}\frac{d\eta d\xi}{(\sqrt{\xi^2+\eta^2+z^2})^5}=\alpha_0 p \tag{18-2-11}$$

式中　α_0——应力系数，是 $n=\dfrac{l}{b}$ 和 $m=\dfrac{z}{b}$ 的函数，可查表。

2）矩形面积角点下土中竖向应力 σ_z 计算

$$\sigma_z = \alpha_a p \tag{18-2-12}$$

式中　α_a——应力系数，是 $n=\dfrac{l}{b}$ 和 $m=\dfrac{z}{b}$ 的函数，可查表。

3）矩形面积均布荷载作用时，土中任意点的竖向应力 σ_z 计算——采用角点法计算

对于非角点下的土中竖向应力，可先将矩形面积按计算点位置分成若干小矩形，如图 18-2-2 所示。在计算出小矩形面积角点下土中竖向应力后，再采用叠加原理求出计算点的竖向应力 σ_z 值，即：

$$\sigma_z = \sum \sigma_{zi} = \sigma_{z(aeAh)} + \sigma_{z(ebfA)} + \sigma_{z(hAgd)} + \sigma_{z(Afcg)} \tag{18-2-13}$$

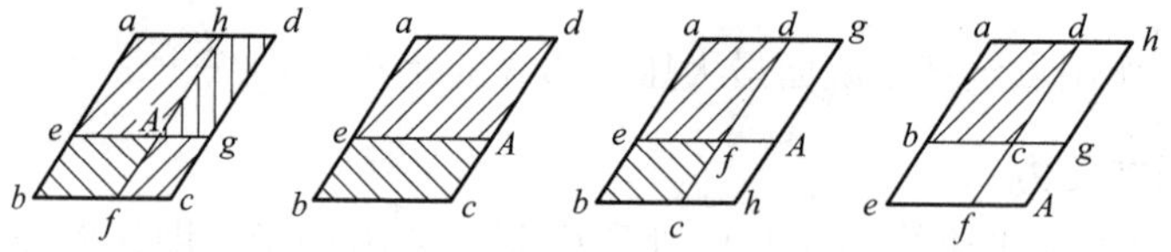

图 18-2-2

（3）矩形面积上作用三角形分布荷载时土中竖向应力计算

当计算荷载为零的角点下的竖向应力值 σ_{z1}，可将坐标原点取在荷载为零的角点上；计算荷载最大值的角点下的竖向应力值 σ_{z2}，则将坐标原点取在荷载最大值的角点上，计算式如下：

$$\sigma_{z1} = \alpha_{t1} p \tag{18-2-14}$$

$$\sigma_{z2} = \alpha_{t2} p \tag{18-2-15}$$

式中　α_{t1}、α_{t2}——应力系数，是 $m=\dfrac{z}{b}$，$n=\dfrac{l}{b}$ 的函数。

（4）均布条形分布荷载下土中应力计算

1）竖向应力计算

如图 18-2-3 所示，在土体表面作用有宽度为 b 的均布条形荷载 p 时。土中任一点的竖向应力 σ_z 的计算如下：

$$\sigma_z = \frac{p}{\pi}\left[\left(\arctan\frac{1-2n'}{2m} + \arctan\frac{1+2n'}{2m}\right) - \frac{4m(4n'^2-4m^2-1)}{(4n'^2+4m^2-1)^2+16m^2}\right] = \alpha_u p \tag{18-2-16}$$

式中　α_u——应力系数，是 $n'=\dfrac{x}{b}$ 及 $m=\dfrac{z}{b}$ 的函数。

2）土中任一点的主应力

土中任一点的最大、最小主应力 σ_1、σ_3 的计算公式如下：

$$\left.\begin{matrix}\sigma_1\\ \sigma_3\end{matrix}\right\} = \frac{p}{\pi}\left[(\beta_1-\beta_2) \pm \sin(\beta_1-\beta_2)\right] \tag{18-2-17}$$

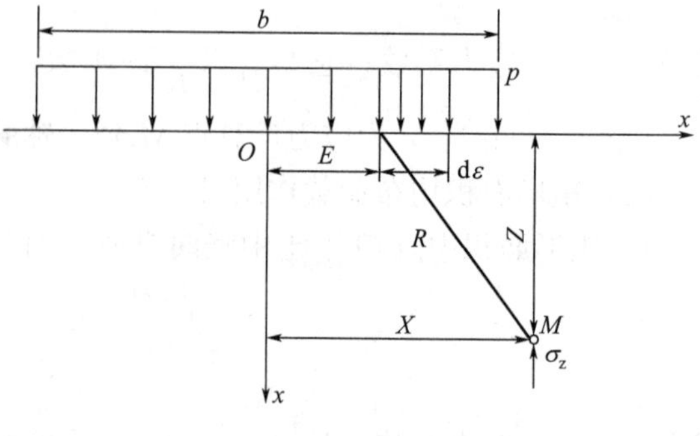

图 18-2-3

式中　β_1、β_2——计算点到荷载宽度边缘的两条连线与垂直方向的夹角。

3. 成层地基中附加应力的分布规律

1）σ_z 既分布在荷载面积之下，又分布在荷载面积外相当大的范围之下

2）荷载分布范围内任一点沿垂线的 σ_z 的大小随深度增加而减小

3）基底中心点下轴线处的 σ_z 最大，离其越远越小

4）对于非均质的双层地基

① 上软下硬土层。

通常为基岩埋藏较浅，表层为可压缩的土层。土层中的附加应力值比均质土层时有所增大，即土中存在应力集中现象。

② 上硬下软土层。

当土层出现上硬下软情况时，则往往出现应力扩散现象。坚硬土层下存在软弱下卧层时，土中应力扩散的现象将随坚硬土层厚度的增大而更加显著。

双层地基中应力集中和扩散的概念有着重要工程意义。特别是在软土地区，表面有一层硬壳层，由于应力扩散作用，可以减少地基的沉降，故在设计中基础应尽量浅埋，并在施工中采取保护措施，以免浅层土的结构遭受破坏。

【例 18-2-3】 地基附加应力沿深度的分布是（　　）。

A. 逐渐增大，曲线变化　　　　B. 逐渐减小，曲线变化

C. 逐渐减小，直线变化　　　　D. 均匀分布

解： 选 B。

历年真题

18-2-1. 某方形基础底面尺寸为 6m×6m，埋深为 2.0m，其上作用中心荷载 $P=1600$kN，基础埋深范围内为粉质黏土，重度 $r=18.6$kN/m^3，饱和重度 $r_{sat}=19.0$kN/m^3，地下水位在地表下 1.0m，水的重度 $r_w=10$kN/m^3。求基底中心点下 3m 处土中的竖向附加应力。（基础及其上填方的重度取为 $r_0=20$kN/m^3）（　　）。（2011B36）

A. 18.3kPa　　B. 32.8kPa　　C. 40.0kPa　　D. 45.1kPa

18-2-2. 关于土的自重应力，下列说法正确的是（　　）。（2013B35）

A. 土的自重应力只发生竖直方向上，在水平方向没有自重应力

B. 均质饱和地基的自重应力为 $\gamma_{sat}h$，其中 γ_{sat} 为饱和重度，h 为计算位置到地表的距离

C. 表面水平的半无限空间弹性地基，土的自重应力计算与土的模量没有关系

D. 表面水平的半无限空间弹性地基，自重应力过大也会导致地基土的破坏

18-2-3. 关于附加应力，下列说法正确的是（　　）。（2014B37）

A. 土中的附加应力会引起地基的压缩，但不会引起地基的失稳

B. 土中的附加应力除了与基础底面压力有关外，还与基础埋深等有关

C. 土中的附加应力主要发生在竖直方向，水平方向上则没有附加应力

D. 土中的附加应力一般小于土的自重应力

18-2-4. 在相同的地基上，甲、乙两条形基础的埋深相等，基底附加压力相等，基础甲的宽度为基础乙的 2 倍，在基础中心以下相同深度 Z（$Z>0$）处基础甲的附加应力 σ_A 与基础乙的附加应力 σ_B 相比（　）。（2016B37）

A. $\sigma_A>\sigma_B$，且 $\sigma_A>2\sigma_B$

B. $\sigma_A>\sigma_B$，且 $\sigma_A<2\sigma_B$

C. $\sigma_A>\sigma_B$，且 $\sigma_A=2\sigma_B$

D. $\sigma_A>\sigma_B$，且 σ_A 与 $2\sigma_B$ 的关系尚要根据深度 Z 与基础宽度的比值确定

18-2-5. 软弱下卧层验算公式 $P_z+P_{cz}\leqslant f_{az}$，其中 P_{cz} 为软弱下卧层顶面处土的自重应力值，下列说法正确的是（　）。（2018B55）

A. P_{cz} 的计算应当从地表算起　　B. P_{cz} 的计算应当从基础顶面算起

C. P_{cz} 的计算应当从基础底面算起　　D. P_{cz} 的计算应当从地下水位算起

答　案

18-2-1.【答案】（C）

地面（或基底）作用竖向集中力 P 时，离此力作用点竖向距离为 z，径向距离为 γ 处的竖向附加应力 σ_z 为：$\sigma_z=\alpha\dfrac{Q}{z^2}$，$\alpha=\dfrac{3}{2\pi\left[1+\left(\dfrac{r}{z}\right)^2\right]^{\frac{5}{2}}}$，其中 $r=0$，$z=3$，则 $\alpha=\dfrac{3}{2\pi}$，

$\sigma_z=\dfrac{3}{2\pi}\times\dfrac{1600}{9}=39.78\text{kPa}\approx40\text{kPa}$。

18-2-2.【答案】（C）

A 项，土的自重应力指土的自身有效重力在土体中引起的应力。地面以下深度 z 处的土体因自身重量产生的应力可取该水平截面上单位面积的土柱体的重力，对于均匀土自重应力与深度成正比，对于成层土为各层土的自重应力之和。B 项，若土层位于地下水位以下，则应以地下水位面作为分层界面，界面下土层应扣除浮力影响。若土体为表面水平的半无限空间弹性地基，土的自重压力随深度成线性增加，成三角形分布。D 项，地基的变形破坏是由于附加应力引起，附加应力＝总应力-自重应力，当自重应力变大时，附加应力不变，不会导致地基发生破坏。

18-2-3.【答案】（B）

B 项，土中附加应力与基础底面压力、基础埋深等有关；基础埋深增大，附加应力减小。A 项，附加应力是由于修建建筑物以后在地基内新增加的应力，是使地基发生变形、引起建筑物沉降的主要原因。C 项，土中附加应力既出现在竖直方向，又出现在水平方向。D 项，当上部荷载过大时，土中附加应力将大于土的自重应力。

18-2-4.【答案】（D）

由于甲、乙两条形基础的埋深相等，且基底附加压力相等、基础甲的宽度为基础乙的 2 倍，则基础甲的基地附加应力比基础乙的基地附加应力大。基底的附加应力不是线性变化的，而是与深度和基础的宽度的比值密切相关。

18-2-5.【答案】（A）

p_{cz} 为软弱下卧层顶面处的自重应力，从天然地面开始算起。

第三节　土的压缩性与地基沉降

一、考试大纲

压缩试验；压缩曲线；压缩系数；压缩指数；回弹指数；压缩模量；载荷试验；变形模量；高压固结试验；土的应力历史；先期固结压力；超固结比；正常固结土；超固结土；欠固结土；沉降计算的弹性理论法；分层总和法；有效应力原理；一维固结理论；固结系数；固结度。

二、知识要点

(一) 土的压缩试验与压缩性指标

1. 室内压缩试验

土在压力作用下体积缩小的性质称为土的压缩性。常采用室内压缩试验来测定土的压缩性指标。

该试验是在压缩仪（或固结仪中）完成的。试验时，先用金属环刀取土，然后将土样连同环刀一起放入压缩仪内，上下各盖一块透水石，以便土样受压后能自由排水，透水石上面再施加垂直荷载。由于土样受到环刀、压缩容器的约束，在压缩过程中只能发生竖向变形，不可能产生侧向变形。

设土样的初始高度为 H_0，初始孔隙比为 e_0，根据压缩过程中土样变形与土的三相指标的关系，可导出试验过程孔隙比 e 与压缩量 ΔH 的关系，即：

$$e = e_0 - \frac{\Delta H}{H_0}(1 + e_0) \tag{18-3-1}$$

2. 压缩性指标

评价土体压缩性通常有如下指标：

(1) 压缩系数 a

如图 18-3-1 所示，根据常规压缩试验 $e-p$ 曲线，设压力由 p_1 增至 p_2，相应的孔隙比由 e_1 减小到 e_2，则压缩系数为：

$$a = \tan\alpha = \frac{\Delta e}{\Delta p} = \frac{e_1 - e_2}{p_2 - p_1} \tag{18-3-2}$$

式中　a——压缩系数（MPa^{-1}）；压缩系数越大，土的压缩性越高。

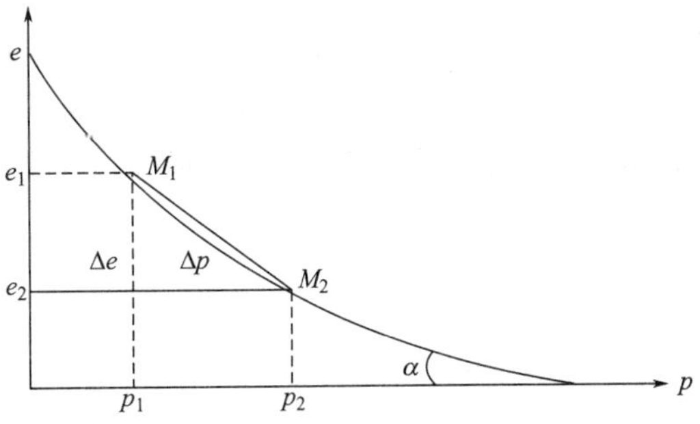

图 18-3-1

压缩系数 a 值与土所受的荷载大小有关。

工程中一般采用 100～200kPa 压力区间内对应的压缩系数 a_{1-2} 来评价土的压缩性，即：$a_{1-2} < 0.1MPa^{-1}$，属低压缩性土；$0.1MPa^{-1} \leqslant a_{1-2} < 0.5MPa^{-1}$，属中压缩性土；$a_{1-2} \geqslant 0.5MPa^{-1}$，属高压缩性土。

（2）压缩模量 E_s

压缩模量 E_s 是指土体在完全侧限条件下，竖向附加应力 Δp（如从 p_1 增至 p_2）与相应的应变增量 Δe 的比值，即：

$$E_s=\frac{\Delta p}{\Delta \varepsilon}=\frac{\Delta p}{\Delta H/H_1}=\frac{\Delta p}{\Delta e/1+e_1}=\frac{1+e_1}{a_{1-2}} \tag{18-3-3}$$

式中 E_s——侧限压缩模量（MPa）；

ΔH——应力增量 Δp 内的土样压缩量（mm）；

H_1——荷载为 p_1 时对应的土样高度（mm）。

压缩系数 a 与压缩模量 E_s 之间的关系：

$$E_s=\frac{1+e_1}{a} \tag{18-3-4}$$

【例 18-3-1】 下面关于压缩模量的叙述错误的是（　　）。

A. 压缩模量是通过室内试验测得的　　B. 压缩模量随压力的大小而变化

C. 压缩模量反映土的压缩性　　D. 压缩模量与变形模量无关

解： 选 D。

（3）压缩指数 C_c

采用 $e-\lg p$ 曲线（图 18-3-2），它的后段接近直线，其斜率即为压缩指数 C_c，无量纲，计算式如下：

$$C_c=\frac{e_1-e_2}{\lg p_2-\lg p_1}=\frac{e_1-e_2}{\lg\dfrac{p_2}{p_1}} \tag{18-3-5}$$

压缩指数 $C5_c$ 也可用来确定土体压缩性的大小，在压力较大时为常数，不随压力变化而发生。C_c 值越大，土压缩性越高，一般认为 $C_c<2$ 时，为低压缩性土；$C_c=0.2\sim0.4$ 时，为中压缩性土；$C_c>0.4$ 时，为高压缩性土。

（4）回弹指数 C_e

如图 18-3-3 所示，在进行室内试验过程中，当压力加到某一数值后，逐级卸载，土样发生回弹，土体膨胀，孔隙比增大，若测得回弹稳定后的孔隙比，则可绘制相应的孔隙比与压力的关系曲线，称为回弹曲线。若重新逐级加压，则可测得土的再压缩曲线，将卸载段和再压缩段的平均斜率称为回弹指数（或再压缩指数）C_e。通常 $C_e \ll C_c$，一般黏性土的 $C_e\approx(0.1\sim0.2)C_c$。

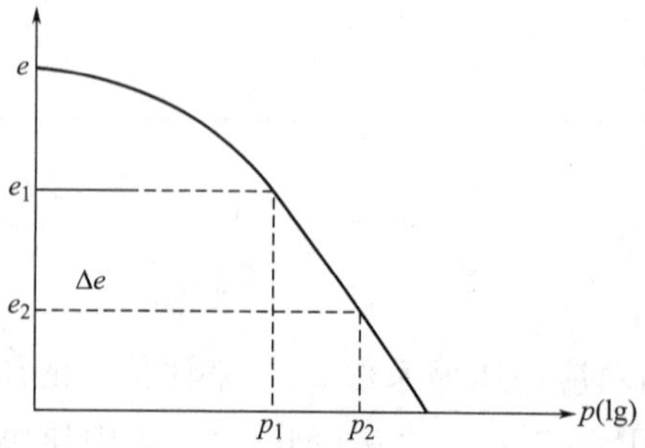

图 18-3-2

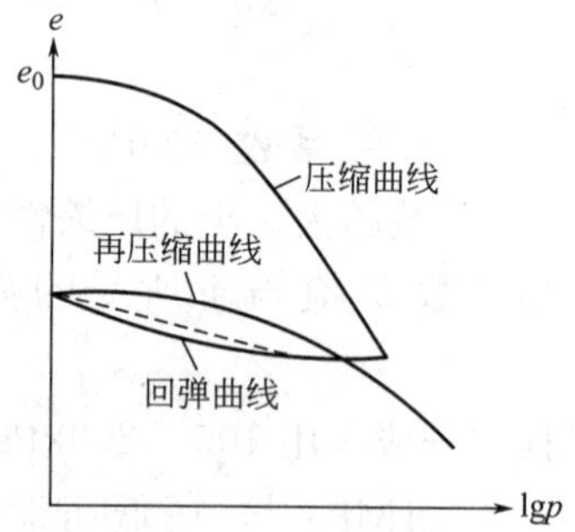

图 18-3-3

（5）弹性模量

弹性模量指正应力 σ 与弹性正应变 ε_d 的比值。一般采用三轴仪进行三轴重复压缩试验，得到的应力-应变曲线上的初始切线模量 E_i 或再加荷模量 E_r 作为弹性模量。

（6）变形模量 E_0

由现场静载实验确定，变形模量 E_0 与压缩模量 E_s 之间存在如下关系：

$$E_0=(1-\frac{2\mu^2}{1-\mu})E_s \tag{18-3-6}$$

式中　μ——土的泊松比。粉土、砂石类土：$\mu=0.15\sim0.25$；粉质黏土：$\mu=0.25\sim0.35$；黏土：$\mu=0.25\sim0.42$。

（二）地基沉降计算

地基最终沉降量是指地基土在建筑荷载作用下，不断产生压缩，直至压缩稳定时地表的沉降量。包括地基最终沉降量（即基础沉降量）及任意时刻的沉降量。

地基最终沉降量：指地基土在建筑荷载作用下，不断产生压缩，直至压缩稳定时地基表面的沉降量。

计算地基沉降量的方法主要是分层总和法（《建筑地基基础设计规范》GB 5007—2011 推荐的方法）。

1. 分层总和法

（1）基本假设

假定地基土为直线变形体，外荷载作用下的变形只发生在有限厚度的范围内（即压缩层），将压缩层厚度内的地基土分为若干层，分别求出各分层地基的应力，利用土的应力—应变关系式求出各分层的变形量，总和就是地基的最终沉降量。

（2）计算步骤

① 地基土分层。

从基础底面开始将地基土分为若干薄层，分层原则：天然土层分界面；地下水面；厚度 $h_i\leqslant0.4b$（b 为基底宽度）。

② 计算基底压力 p 和附加压力。

③ 计算各分层层面处的自重应力和附加应力，并绘制分布曲线。

④ 确定地基沉降计算深度（或压缩层厚度），按应力比法确定。

应力比：对于一般土取地基附加应力小于或等于自重应力的 20%（$\sigma_z/\sigma_c\leqslant0.2$）深度处作为沉降计算深度的限值；对于软土等高压缩性土，取地基附加应力小于或等于自重应力的 10%（$\sigma_z\leqslant0.1\sigma_c$）深度处作为沉降计算深度的限值。

⑤ 计算各分层土的平均自重应力和平均附加应力。

⑥ 在压缩层内计算各分层土的压缩量 Δs_i：

$$\Delta s_i=\frac{\Delta e_i}{1+e_{1i}}H_i=\frac{e_{1i}-e_{2i}}{1+e_{1i}}H_i=\frac{\Delta p_i}{E_{si}}H_i \tag{18-3-7}$$

式中　H_i——第 i 分层土的厚度；

e_{1i}——对应于第 i 分层土上、下层面自重应力值的平均值 $p_{1i}=\frac{\sigma_{c(i-1)}+\sigma_{ci}}{2}$ 从土的压缩曲线上得到的孔隙比；

e_{2i}——对应于第 i 分层土自重应力平均值 p_{1i} 与上、下层面附加应力值的平均值 $\Delta p_i=\dfrac{\sigma_{z(i-1)}+\sigma_{zi}}{2}$之和 $p_{2i}=p_{1i}+\Delta p_i$ 从土的压缩曲线上得到的孔隙比。

⑦ 计算基础最终沉降量 s。

$$s=\sum_{i=1}^{n}\Delta s_i \tag{18-3-8}$$

式中　n——沉降计算深度范围内的分层数。

【例 18-3-2】 用分层总和法计算一般地基最终沉降量时，用附加应力与自重应力之比确定压缩层深度，一般其值应小于或等于（　　）。

A. 0.2　　B. 0.1　　C. 0.5　　D. 0.4

解： 选 A。一般土取 0.2，软土可取 0.1，附加应力与自重应力之比的值越小，意味着压缩层计算深度越深。

2.“规范”法计算最终沉降量

它是一种简化并经修正了的分层总和法，其关键在于引入了平均附加应力系数的概念，并在总结了大量实践经验的基础上，重新规定了地基沉降计算深度的标准及地基沉降计算经验系数。

计算步骤如下：

① 分层按各自然土层划分，求各层沉降量：

$$\Delta s_i'=\frac{p_0}{E_{si}}(z_i\overline{\alpha_i}-z_{i-1}\overline{\alpha_{i-1}}) \tag{18-3-9}$$

② 确定计算深度，在无相邻基础影响时，选取原则如下：

$$z_n=b(2.5\sim 0.4\ln b) \tag{18-3-10}$$

式中　b——基底宽度，在 1～50m 之间；

$\ln b$——b 的自然对数。

③ 试算计算深度，若有相邻基础影响，先根据经验假定计算深度为 z_n，求出其沉降量，再按基底宽度 b 选取计算厚度 Δz，求其沉降量 $\Delta s_n'$，即：

$$\Delta s_n'\leqslant 0.025\sum_{i=1}^{n}\Delta s_i' \tag{18-3-11}$$

④ 求总沉降量。

$$\begin{aligned}s&=\psi_s s'\\&=\psi_s\sum_{i=1}^{n}\frac{p_0}{E_{si}}(z_i\overline{\alpha_i}-z_{i-1}\overline{\alpha}_{i-1})\end{aligned} \tag{18-3-12}$$

式中　s——地基最终变形量（mm）；

s'——按规范分层总和法计算出的地基变形量（mm）；

ψ_s——沉降计算经验系数，根据地区沉降观测资料及经验确定，可查表。

n——地基变形计算深度范围内所划分的土层数；

p_0——对应于荷载效应准永久组合时的基础底面处的附加应力（kPa）；

E_{si}——基础底面下第 i 层土的压缩模量，按实际应力范围取值（MPa）；

z_i、z_{i-1}——分别为基础底面至第 i 层土、第 i-1 层土底面的距离（m）；

$\overline{\alpha}_i$、$\overline{\alpha}_{i-1}$——分别为基础底面计算点至第 i 层土、第 $i-1$ 层土底面范围内的平均附加应力系数，查相应表。

3. 弹性理论方法计算最终沉降量

$$s=\frac{pb\omega(1-\mu^2)}{E_0} \tag{18-3-13}$$

式中　p——基础底面的平均压力；

b——矩形基础的宽度或圆形基础的直径；

μ、E_0——土的泊松比、变形模量；

ω——沉降影响系数，与基础刚度、形状和计算点的位置有关，可查表。

（三）地基最终沉降量的组成

在荷载作用下，黏性土地基沉降量随时间的变化经历着三个不同的发展阶段，导致总沉降量 s 由瞬时沉降、固结沉降和次固结沉降三部分组成，即：

$$s=s_d+s_c+s_s \tag{18-3-14}$$

式中　s_d——瞬时沉降（不排水沉降）；

s_c——固结沉降（主固结沉降）；

s_s——次固结沉降。

瞬时沉降：加荷瞬间土孔隙中水分来不及排出，孔隙体积尚未变化，地基土在荷载作用下仅发生剪切变形时的地基沉降。

固结沉降：荷载作用下，随土孔隙水分逐渐挤出，孔隙体积相应减少，土体逐渐压密而产生的沉降，通常采用分层总和法计算。

次固结沉降：土中孔隙水已消散，有效应力增长至基本不变后，沉降仍随时间而缓慢增长所引起的沉降。

【例 18-3-3】 引起建筑物沉降的主要原因是（　　）。

A. 土体自重应力　　　　B. 基底压力的作用

C. 附加应力的影响　　　　D. 建筑物和土体重量的影响

解： 选 C。

（四）地基变形与时间的关系

碎石土和砂土的压缩性小、渗透性大，其变形所经历的时间很短，可以认为在外荷载施加完毕时，其固结变形基本完成。对于黏性土，完成固结所需的时间就比较长，在深厚饱和软黏土中，其固结变形需要几年甚至几十年才能完成。

工程中一般只考虑黏性土和粉土的变形与时间的关系。

地基变形与时间的关系可由土的固结理论确定，包括饱和土的有效应力原理和渗透固结机理。

1. 饱和土的有效应力原理

作用于饱和土体内某截面上总的正应力 σ 由两部分组成：一部分为孔隙水压力 u，另一部分为有效应力 σ'，三者关系如下：

$$\sigma=\sigma'+u \tag{18-3-15}$$

上式称为饱和土的有效应力公式，加上有效应力在土中的作用，可以进一步表述成如下的有效应力原理：

① 饱和土体内任一平面上受到的总应力等于有效应力与孔隙水压力之和；

② 土的强度的变化和变形只取决于土中有效应力的变化。

2. 土的应力历史

土的应力历史指土层在地质历史发展过程中所形成的先期应力状态以及这个状态对土层强度与变形的影响。

（1）先期固结压力

土层在历史上承受过的最大固结压力，称为先期固结压力，用 p_c 表示，可根据室内压缩试验 $e-\lg p$ 曲线确定或卡萨格兰德 1936 年提出的经验作图法确定。

（2）土的固结状态

根据先期固结压力与目前自重应力的相对关系，将土层的天然固结状态划分为三种，即正常固结土、超固结土和欠固结土。采用超固结比 OCR 反映土层的天然固结状态，即：

$$OCR=\frac{p_c}{\sigma_c} \tag{18-3-16}$$

式中　σ_c——土层自重应力（kPa）。

天然土层按如下方法划分为正常固结土、超固结土和欠固结土：

正常固结土	$p_c=\sigma_c$	$OCR=1.0$
超固结土	$p_c>\sigma_c$	$OCR>1.0$
欠固结土	$p_c<\sigma_c$	$OCR<1.0$

超固结土可能是由于地面上升或河流冲刷将其上部的一部分土体剥蚀掉，或古冰川下的土层曾经受过冰荷载的压缩，后来由于气候转暖、冰川融化以致使上覆压力减小。

正常固结土是指土层在历史上最大固结压力作用下压缩稳定，但沉积后土层厚度无大变化，以后也没有受过其他荷载的继续作用。

欠固结土是土层逐渐沉积到现在地面，但没有达到固结稳定状态，如新近的沉积土、人工填土等。

（五）渗透固结

饱和黏土在外荷载作用下，土的压缩固结是土中孔隙水逐渐被排出，孔隙体积逐渐缩小、土粒逐渐被挤密，即孔隙水压力消散、有效应力逐渐增长的过程，此过程即为渗透固结。

土层在固结过程中，t 时刻土层各点土骨架承担的有效应力图面积与起始超孔隙水压力（或附加应力）图面积之比，称为 t 时刻土层的固结度，用 U_t 表示，即

$$U_t=\frac{\text{有效应力图面积}}{\text{起始超孔隙水压力图面积}}=1-\frac{t\text{ 时刻超孔隙水压力图面积}}{\text{起始超孔隙水压力图面积}} \tag{18-3-17}$$

土层的变形取决于土中有效应力，故土层的固结度又可表述为土层在固结过程中任一时刻的压缩量 s_t 与最终压缩量 s_c 之比，即

$$U_t=\frac{s_t}{s_c} \tag{18-3-18}$$

当土层为单面排水，起始孔隙水压力为矩形分布时，固结度的计算式为：

$$U_0=1-\frac{8}{\pi^2}e^{-\frac{\pi^2}{4}T_v} \tag{18-3-19}$$

式中　T_v——时间因数，$T_v=\dfrac{C_v t}{H^2}$；

C_v——固结系数（m^2/s），$C_v=\dfrac{k(1+e)}{a\gamma_w}=\dfrac{kE_s}{\gamma_w}$；

k——渗透系数；

a——压缩系数；

e——孔隙比；

γ_w——水的重度；

E_s——压缩模量；

t——时间；

H——孔隙水最大渗径，单面排水 H 为土层厚度，双面排水为 1/2 土层厚度。

必要时须预估建筑物在施工和使用期间的地基变形值，以便预留建筑物有关部分之间的净空，考虑连接方法和施工顺序。

【例 18-3-4】 某单面排水、厚度 5m 的饱和黏土地基，$C_v=15m^2/$，当固结度为 90%时，时间因数 $T_v=0.85$，达到此固结度所需时间为（　　）。

A. 0.35 年　　B. 1.4 年　　C. 0.7 年　　D. 2.8 年

解： 选 B。根据公式计算得出。

历年真题

18-3-1. 某饱和黏土层厚 5m，其上为砂层，底部为不透水的岩层。在荷载作用下黏土层中的附加应力分布呈倒梯形，$\sigma_{z0}=400kPa$，$\sigma_{z1}=200kPa$。已知，荷载作用半年后土层中的孔隙水压力呈三角形分布，见图中阴影，则此时黏土层平均固结度为（　　）。(2011B37)

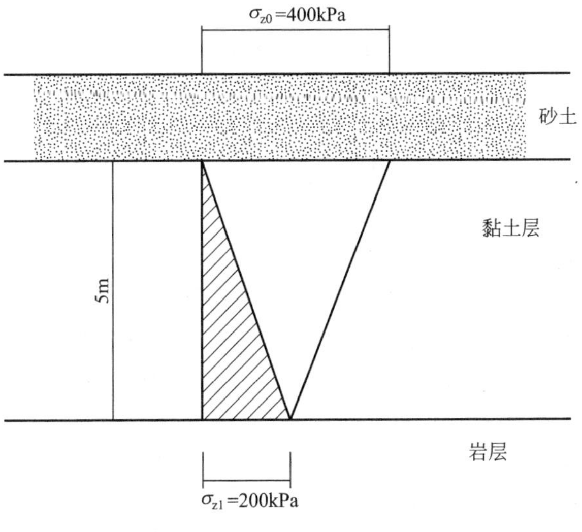

A. 10%　　B. 15%　　C. 33%　　D. 67%

18-3-2. 关于分层总和法计算沉降的基本假定，下列说法正确的是（　　）。（2012B38）

A. 假定土层只发生侧向变形，没有竖向变形

B. 假定土层只发生竖向变形，没有侧向变形

C. 假定土层只存在竖向附加应力，不存在水平附加应力

D. 假定土层只存在水平附加应力，不存在竖向附加应力

18-3-3. 下面哪一种措施无助于减小建筑物的沉降差？（　　）（2012B56）

A. 先修高的、重的建筑物，后修矮的、轻的建筑物

B. 进行地基处理

C. 采用桩基

D. 建筑物建成后在周边均匀堆土

18-3-4. 关于有效应力原理，下列说法正确的是（　　）。（2013B38）

A. 土中的自重应力属于有效应力

B. 土中的自重应力属于总应力

C. 地基土层的水位上升不会引起有效应力的变化

D. 地基土层的水位下降不会引起有效应力的变化

18-3-5. 下面哪一种措施无助于减少不均匀沉降对建筑物的危害？（　　）（2013B56）

A. 增大建筑物的长高比　　B. 增强结构的整体刚度

C. 设置沉降缝　　D. 采用轻型结构

18-3-6. 饱和土中总应力为 200kPa，孔隙水压力为 50kPa，孔隙率 0.5，那么土中的有效应力为（　　）。（2014B38）

A. 100kPa　　B. 25kPa　　C. 150kPa　　D. 175kPa

18-3-7. 先修高的、重的建筑物、后修矮的、轻的建筑物，能够到达下面哪一种效果？（　　）（2014B56）

A. 减小建筑物的沉降量

B. 减小建筑物的沉降差

C. 改善建筑物抗震性能

D. 减小建筑物以下土层的附加应力分布

18-3-8. 下面哪一个可以作为固结系数的单位？（　　）（2016B38）

A. 年/m　　B. m^2/年　　C. 年　　D. m /年

18-3-9. 下列哪种措施有利于减轻不均匀沉降的危害？（　　）。（2016B56）

A. 建筑物采用较大的长高比　　B. 复杂的建筑物平面形状设计

C. 增强上部结构的整体刚度　　D. 增大相邻建筑物的高差

18-3-10. 利用土的侧限压缩试验不能得到的指标是（　　）。（2017B37）

A. 压缩系数　　B. 侧限变形模量　　C. 体积压缩系数　　D. 泊松比

18-3-11. 已知甲土的压缩系数为 0.1MPa^{-1}，乙土的压缩系数为 0.6MPa^{-1}，关于两种土的压缩性的比较，下面说法正确的是（　　）。（2018B37）

A. 甲土比乙土的压缩性大

B. 甲土比乙土的压缩性小

C. 不能判断，需要补充两种土的泊松比

D. 不能判断，需要补充土体的强度指标

答　案

18-3-1.【答案】(D)

地基的固结度是指地基的固结程度，它是地基在一定压力下，经某段时间产生的变形量 S_t 与地基最终变形量 S 的比值，土层平均固结度是指土层孔隙水应力平均消散程度，即：平均固结度＝有效应力面积/起始超孔隙水压力面积＝1－t 时刻超孔隙水压力面积/起始超孔隙水压力面积。本题中，t 时刻，即半年后的超孔隙水压力面积（阴影部分三角形面积）与起始超孔隙水压力面积（梯形面积）之比为 1/3，所以 $U_t=1-1/3=0.667=67\%$。

18-3-2.【答案】(B)

土的压缩与地基沉降，按分层总和法计算地基的最终沉降量的基本假设为：

① 地基土为均质、各向同性的半无限空间体。

② 地基土在竖向附加应力作用下只产生竖向压缩变形，不发生侧向膨胀变形。

③ 采用基底中心点下的附加应力计算地基变形量。

④ 沉降计算深度，根据附加应力扩散随深度而减小，可确定地基压缩层的范围。

18-3-3.【答案】(D)

减少建筑物地基不均匀沉降的一般措施：

建筑措施：保证勘察报告的真实性和可靠性；房屋体形力求简单，设置沉降缝，保持相邻建筑物基础间的净距，控制建筑物的标高。

结构措施：加强上部结构的刚度，减少基底附加压力，加强基础刚度。地基基础设计应控制变形值，必须进行基础最终沉降量和偏心距的验算，基础最终沉降量应当控制在《地基基础设计规范》GB 50007—2011 规定的限值以下，不能满足建筑物沉降变形控制要求时，必须采取技术措施，如打预制钢筋混凝土短桩等。

施工措施：在施工过程中如果发现地基土质过硬或过软，不符合要求，或发现空洞、枯井、暗渠等存在，应本着使建筑物各部位沉降尽量一致以减小地基不均匀沉降的原则进行局部处理。

当建筑物存在有高、低和重、轻不同部分时，应先施工高、重部分，使其有一定的沉降后再施工低、轻部分，或先施工主体房屋，再施工附属房屋，这样可以减少一部分沉降差。小、轻型建筑物周围，不宜堆放大量的建筑材料和土方等重物，以免地面堆载而引起建筑物产生附加沉降。

18-3-4.【答案】(A)

有效应力原理：控制饱和土体体积变形和强度变化的不是土体承担的总应力 σ，而是总应力 σ 与孔隙水压力 u 之差，即土骨架承受的应力 σ'，$\sigma'=\sigma-u$。土体的自重应力是指土体重力引起的应力，属于有效应力，不属于总应力。地下水变化时，孔隙水压力会发生变化，进一步引起有效应力的变化。

18-3-5.【答案】(A)

防止和减轻不均匀沉降，常用的方法有：

(1) 对地基某一深度内或局部进行人工处理；(2) 采用桩基或其他深基础方案；(3) 在

建筑设计、结构设计和施工方面采取某些工程措施：①建筑措施，建筑物的体形系指建筑物的平面和立面形状，设置沉降缝，内外纵墙避免中断、转折，缩小横墙间距，以增强整体刚度。②结构措施，如减轻建筑物自重选用轻型结构。A 项，增大建筑物的长高比会降低结构的整体刚度，不利于减少建筑物的不均匀沉降。

18-3-6.【答案】(C)

饱和土的有效应力原理主要包括：①饱和土体内任一平面上受到的总应力等于有效应力与孔隙水压力之和；②土的强度的变化和变形只取决于土中有效应力的变化。依据有效应力的公式，该土中的有效应力为 $\sigma'=\sigma-u=200-50=150\text{kPa}$。

18-3-7.【答案】(B)

B 项，组织施工程序，应先建高、重部分，后建低、轻部分，先主体后附属建筑，以控制不均匀沉降。先修高的、重的建筑物，基础将产生较大的沉降量，再修矮的、轻的建筑物，则后者将产生较小的沉降量，对前者的影响也较小，从而减少两者的沉降差。A、C、D 三项，两者施工顺序的不同，对建筑物沉降量、建筑物的抗震性能及建筑物以下土层的附加应力分布无明显影响。

18-3-8.【答案】(B)

土的固结系数 $C_v=T_vH^2/t$，式中 T_v 为无量纲数，H_2 的单位为 m^2；t 的单位为年，则固结系数的单位为 m^2/年。

18-3-9.【答案】(C)

减少不均匀沉降的方法有：尽量使建筑物体形力求简单；合理设置纵横墙和纵横比；设置沉降缝；控制相邻建筑物基础间的净距；采用较小的长高比；增强上部结构的整体刚度等等。

18-3-10.【答案】(D)

侧限压缩试验又称固结试验，土的固结试验是通过测定土样在各级垂直荷载作用下产生的变形，计算各级荷载下相应的孔隙比，用以确定土的压缩系数和压模量等。泊松比是指材料在单向受拉或受压时，横向正应变与轴向正应变的绝对值的比值，又称横向变形系数，它是反映材料横向变形的弹性常数，不能通过固结实验得出。

18-3-11.【答案】(B)

压缩系数计算公式为：$a=\dfrac{e_1-e_2}{p_1-p_2}$，同一荷载变化量下，压缩系数越大，孔隙比变化越大，土样越容易被压缩，压缩性越大。

第四节　土的抗剪强度

土的抗剪强度是指土体抵抗剪切破坏的极限能力。当土体受到荷载作用下，土中各点将产生剪应力。若土中某点由外力所产生的剪应力达到土的抗剪强度时，在剪切面两侧的土体将产生相对位移而出现滑动破坏，该剪切面也称为滑动面或者破坏面。随着荷载的继续增加，土体中的剪应力达到抗剪强度的区域（也即塑性区）越来越大，最后各滑动面连成整体，土体将发生整体剪切破坏而丧失稳定性。土的强度问题实质上就是土的抗剪强度问题。

一、考试大纲

土中一点的应力状态；库仑定律；土的极限平衡条件；内摩擦角；黏聚力；直剪试验及其适用条件；三轴试验；总应力法；有效应力法。

二、知识要点

(一) 土抗剪强度测定方法

土的抗剪强度是决定建筑物地基和土工建筑物稳定性的关键因素，常用的室内测定方法有：直接剪切试验、三轴剪切试验和无侧限抗压强度试验，现场原位测试有十字板剪切试验等。

直剪试验分为快剪、固结快剪、慢剪三种排水条件下的试验。

若施工速度快可用快剪指标；加荷速率慢、排水条件好、地基透水性较小，选用慢剪；若介于二者之间，选用固结快剪。

三轴试验分为不固结不排水剪试验（UU 试验）、固结不排水剪试验（CU 试验）和固结排水剪试验（CD 试验）。

用于分析地基的长期稳定性可用 CU 试验的有效抗剪强度指标 c'、φ'，对分析短期稳定宜采用 UU 试验指标。

无侧限抗压强度试验：仅适用于测定饱和黏性土的不排水抗剪强度，其值为无侧限抗压强度值的一半。

十字板剪切试验：属原位测试，是按不排水剪切条件求得的数值，接近无侧限抗压强度试验方法，适用于饱和软黏土。

(二) 抗剪强度的库仑定律

1776 年，库仑根据砂土剪切试验，提出砂土和黏性土的抗剪强度计算式，即：

黏性土：
$$\tau_f = c + \sigma\tan\varphi \qquad (18\text{-}4\text{-}1)$$

无黏性土：
$$\tau_f = \sigma\tan\varphi \qquad (18\text{-}4\text{-}2)$$

式中 τ_f——土的抗剪强度（kPa）；

σ——剪切滑动面上的法向应力（kPa）；

c——土的黏聚力（kPa）；

φ——土的内摩擦角（°）。

上式称为土的抗剪强度表达式，又称库仑定律，是目前研究土的抗剪强度的基本定律。

其中 c、φ 称为土的抗剪强度指标。

(三) 土的强度理论与极限平衡条件

1. 土中一点的应力状态

设某一土体单元上有大、小主应力分别为 σ_1 和 σ_3，设正应力 σ 为土体单元内与大主应力 σ_1 作用平面成 α 角平面上的正应力，τ 为剪应力，则根据材料力学可计算得出，即：

$$\sigma = \frac{1}{2}(\sigma_1 + \sigma_3) + \frac{1}{2}(\sigma_1 - \sigma_3)\cos2\alpha \qquad (18\text{-}4\text{-}3)$$

$$\tau=\frac{1}{2}(\sigma_1-\sigma_3)\sin2\alpha \tag{18-4-4}$$

上述关系也可用$\tau-\sigma$坐标系中直径为（$\sigma_1-\sigma_3$）、圆心坐标为（$\frac{\sigma_1+\sigma_3}{2}$，0）的摩尔应力图上一点的坐标大小来表示，如图 18-4-1 中的 A 点。

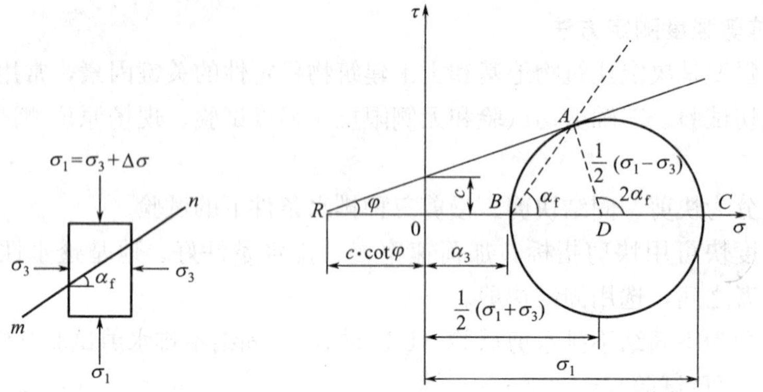

图 18-4-1

2. 摩尔—库仑强度理论

当土体中某点的任一平面上的剪应力达到土的抗剪强度时，认为该点已发生剪切破坏，该点处于极限平衡状态。土的这种强度理论称为摩尔—库仑强度理论。

【例 18-4-1】 通过直剪试验得到的土体抗剪强度线与水平线的夹角为（　　）。

A. 内摩擦角　　B. 有效内摩擦角　　C. 黏聚力　　D. 有效黏聚力

解： 选 A。抗剪强度线与水平线的夹角为土的内摩擦角 φ。

3. 土中应力与土的平衡状态

如图 18-4-2 所示，将抗剪强度包线与摩尔应力图画在同一张坐标图上，观察应力圆与抗剪强度包线之间的位置变化，随土中应力的改变，应力圆与强度包线之间的位置关系将发生三种变化情况，土中也将出现相应的三种平衡状态：

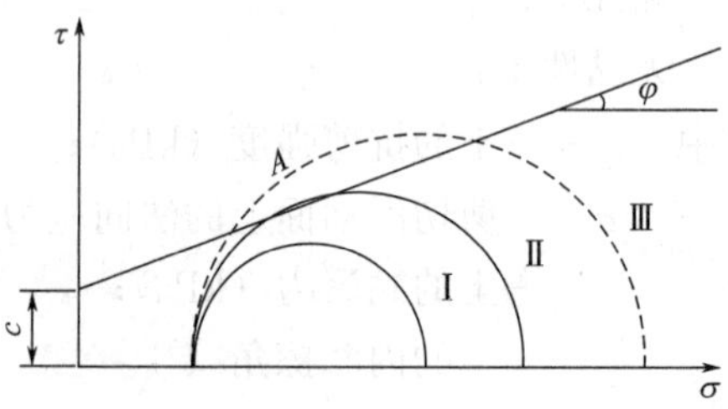

图 18-4-2

① 当整个摩尔应力圆位于抗剪强度包线的下方时（圆Ⅰ），莫尔应力圆与抗剪强度线相离，表明该点在任意平面上的剪应力均小于土的抗剪强度，因此该点不会发生剪切破坏，处于弹性状态。

② 当摩尔应力圆与抗剪强度包线相切时（圆Ⅱ），说明在相切点所代表的平面上，剪应力正好等于土的抗剪强度，即该点处于极限平衡状态，此时的应力圆称为极限应力圆。

③ 当摩尔应力圆与抗剪强度包线相割时（圆Ⅲ），说明该点某些平面上的剪应力已超过了土的抗剪强度，事实上该应力圆所代表的应力状态是不存在的，因为在此之前，该点早已沿某平面剪切破坏了。

（四）土的极限平衡条件

根据极限应力圆与抗剪强度包线之间的几何关系，就可以建立土的极限平衡条件。

如图 18-4-3 所示，设土中某点剪切破坏时的破裂面与大主应力的作用面成 α 角，该点处于极限平衡状态时的摩尔圆与抗剪强度包线相切于 A 点，将抗剪强度线延长与 σ 轴相交于 B 点，由直角三角形 ABO_1 可知：$\sin\varphi=\dfrac{AO_1}{BO_1}$，$\overline{AO_1}=\dfrac{1}{2}(\sigma_1-\sigma_3)$，$\overline{BO_1}=c\cot\varphi+\dfrac{1}{2}(\sigma_1+\sigma_3)$，$\sin\varphi=\dfrac{\sigma_1-\sigma_3}{2c\cot\varphi+\sigma_1+\sigma_3}$。化简并通过三角函数间的变换关系，可得如下形式的极限平衡条件：

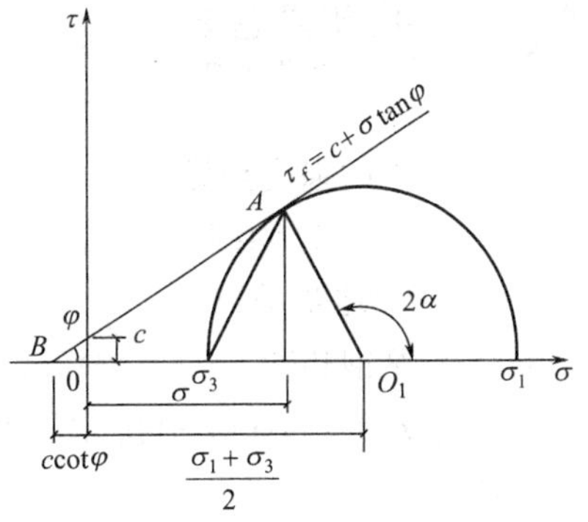

图 18-4-3

$$\sigma_1=\sigma_3\tan^2\left(45^\circ+\frac{\varphi}{2}\right)+2c\tan\left(45^\circ+\frac{\varphi}{2}\right) \tag{18-4-5}$$

或

$$\sigma_3=\sigma_1\tan^2\left(45^\circ-\frac{\varphi}{2}\right)-2c\tan\left(45^\circ-\frac{\varphi}{2}\right) \tag{18-4-6}$$

由直角三角形 ABO_1 外角与内角的关系可知：

$$2\alpha=90^\circ+\varphi$$

故

$$\alpha=45^\circ+\frac{\varphi}{2} \tag{18-4-7}$$

即破裂面与大主应力的作用面成 $\left(45^\circ+\dfrac{\varphi}{2}\right)$ 的夹角。

土体剪切破坏时的破裂面不是发生在最大剪应力 τ_{max} 的作用面（$\alpha=45^\circ$）上，而是发生在与大主应力的作用面成 $\alpha=45^\circ+\dfrac{\varphi}{2}$ 的平面上。

（五）土的极限平衡条件的应用

用来评判土中某点的平衡状态，计算土体处于极限平衡状态时所能承受的最大主应力 σ_{1f}，最小主应力 σ_{3f}，再通过比较计算值与实际值即可评判该点的平衡状态：

① 当 $\sigma_1<\sigma_{1f}$ 或 $\sigma_3>\sigma_{3f}$ 时，土体中该点处于稳定平衡状态；

② 当 $\sigma_1=\sigma_{1f}$ 或 $\sigma_3=\sigma_{3f}$ 时，土体中该点处于极限平衡状态；

③ 当 $\sigma_1>\sigma_{1f}$ 或 $\sigma_3<\sigma_{3f}$ 时，土体中该点处于破坏状态。

【例 18-4-2】 某内摩擦角为 20°的土样发生剪切破坏时，破坏面与最小主应力面的夹角为（　　）。

A. 55°　　B. 35°　　C. 70°　　D. 110°

解： 选 B，破坏面与最小主应力面的夹角为 $45^\circ-\varphi/2$。

【例 18-4-3】 某土样内摩擦角为 34°，若 $\sigma_3=100$kPa，则达到极限平衡时的 σ_1 为（　　）。

A. 353.8kPa　　B. 402.7kPa　　C. 291.6kPa　　D. 376.9kPa

解： 选 A。

历年真题

18-4-1. 土的强度指标 c、φ 涉及下面的哪一种情况（　　）。(2017B38)

A. 一维固结　　B. 地基土的渗流

C. 地基承载力　　D. 黏性土的压密

18-4-2. 某饱和砂土（$c'=0$）试样进行 CU 试验，已知：围压 $\sigma_3=200\text{kPa}$，土样破坏时的轴向应力 $\sigma_{1f}=400\text{kPa}$，孔隙水压力 $u_f=100\text{kPa}$，则该土样的有效内摩擦角 φ' 为（　　）。(2011B38)

A. 20°　　B. 25°　　C. 30°　　D. 35°

18-4-3. 直剪试验中快剪的试验结果最适用于下列哪种地基？（　　）(2012B39)

A. 快速加荷排水条件良好的地基　　B. 快速加荷排水条件不良的地基

C. 慢速加荷排水条件良好的地基　　D. 慢速加荷排水条件不良的地基

18-4-4. 下面哪一种试验不能测试土的强度指标？（　　）(2018B38)

A. 三轴试验　　B. 直剪试验　　C. 十字板剪切试验　　D. 载荷试验

答　案

18-4-1.【答案】(C)

土的内摩擦角与黏聚力是土抗剪强度的两个力学指标。地基破坏主要是由于基础下持力层抗剪强度不够，土体产生剪切破坏，因而土的抗剪强度理论是研究和确定地基承载力的理论基础。在实际工程中与土的抗剪强度有关的工程问题主要有三类：建筑物地基承载力问题、土压力问题、构筑物稳定性问题。

18-4-2.【答案】(C)

固结不排水试验（CU 试验），根据题意，总应力圆的中心为（300，0），半径为 100，有效应力圆的中心为（200，0）。$c'=0$，从原点引切线，画图得有效内摩擦角 $\varphi'=30°$。

18-4-3.【答案】(B)

直接剪切试验方法可分为快剪（不排水剪）、慢剪（排水剪）及固结快剪（固结不排水剪）等。若加荷速率快、排水条件良好，可选用快剪；反之，加荷速率慢，排水条件较好，地基土透水性较小，选用慢剪。若介于二者之间，选用固结快剪。

快剪试验是在对试样施加竖向压力后，立即以 0.8mm/min 的剪切速率快速施加水剪应力使试样剪切破坏。一般从加荷到土样剪坏只用 3～5min。由于剪切速率较快，可认为对于渗透系数小于 10^{-6}cm/s 的黏性土在剪切过程中试样没有排水固结，近似模拟了“不排水剪切”过程，得到的抗剪强度指标用 c_q 和 φ_q 表示。

固结快剪是在对试样施加竖向压力后，让试样充分排水固结，待沉降稳定后，再以 0.8mm/min 的剪切速率快速施加水平剪应力使试样剪切破坏。固结快剪试验近似模拟了固结不排水剪切过程，它也只适用于渗透系数小于 10^{-6}cm/s 的黏性土，得到的抗剪强度指标用用 c_{cq} 和 φ_{cq} 表示。

慢剪试样是在对试样施加竖向压力后，让试样充分排水固结，待沉降稳定后，以小于0.02mm/min的剪切速率施加水平剪应力直至试样剪切破坏，使试样在受剪过程中一直充分排水和产生体积变形，模拟了固结排水剪切过程，得到的抗剪强度指标用 c_s 和 φ_s 表示。

18-4-4.【答案】(D)

土的强度指标是指黏聚力 c 和内摩擦角 φ，直剪试验、三轴试验和十字板剪切试验均可得到。载荷试验是在保持地基土的天然状态下，在一定面积的承压板上向地基土逐级施加荷载，并观测每级荷载下地基土的变形特性，从而评定地基的承载力，计算地基的变形模量，并预测实体基础的沉降量。

第五节　特殊性土

由于成土环境的不同，会造成具有不同性质的特殊性土，包括软土、湿陷性黄土、红黏土、膨胀土、盐渍土、冻土以及山区土等。

一、考试大纲

软土；黄土；膨胀土；红黏土；盐渍土；冻土；填土；可液化土。

二、知识要点

(一) 软土

软土是指在静水或缓慢流水环境中沉积的软塑到流塑状态的饱和黏性土。

软土特点：①含水量高，孔隙比大于1.0，天然含水量大于液限，包括淤泥和淤泥质土；②压缩性高；③抗剪强度低；④透水性小；⑤具有触变性和流变性。

(二) 黄土

黄土是一种产生于第四纪地质历史时期干旱条件下的沉积物，内部物质成分、外部形态与同时期的其他沉积物不同。颜色较杂乱，主要以黄为主，有灰黄、褐黄等；含有大量粉粒，含量一般在55%以上；具有肉眼可见的大孔隙，孔隙比在1.0左右；富含碳酸盐类；无层理，垂直节理发育；具有湿陷性和易溶性、易冲刷性等特点。

1. 黄土湿陷机理

湿陷性：黄土浸水后在外荷载或自重作用下发生下沉，是黄土特有的一种性质。湿陷性黄土分为自重湿陷性和非自重湿陷性两类。

自重湿陷性黄土：在上覆土的自重应力下受水浸湿发生显著附加下沉的湿陷性黄土。

非自重湿陷性黄土：在上覆土自重压力下受水浸失不发生显著附加下沉的湿陷性黄土。

黄土湿陷的机理：黄土受水浸湿时，结合水膜增厚楔入颗粒之间，可溶性盐类溶解、软化，骨架强度降低，在上覆土层自重压力或附加压力共同作用下，土体结构迅速破坏，土粒滑向大孔隙，粒间孔隙减少，造成黄土湿陷。

黄土中胶结物含量大，黏粒含量多，黄土结构越致密，湿陷性降低，力学性质得到改善；结构疏松、强度降低、湿陷性强。黄土如以难溶的碳酸钙为主，则湿陷性弱；若以石膏及易溶盐为主，则湿陷性强。

天然孔隙比越大或天然含水率越小则湿陷性越强。在天然孔隙比和含水率不变的情况下，压力增大，黄土湿陷量增加，当压力超过某一数值后，继续增加压力，湿陷量减少。

2. 黄土湿陷性评价

黄土湿陷性评价主要包括三个方面的内容：一是查明黄土在一定压力下浸水后是否具有湿陷性；二是判别场地的湿陷类型，属于自重湿陷性黄土还是非自重湿陷性黄土；三是判别湿陷性黄土地基的湿陷等级，即强度程度。

对于黄土地基湿陷性的评价标准，各国不尽相同，在此仅介绍我国相关规定的标准。

黄土的湿陷量与所受的压力大小有关，黄土的湿陷性应利用现场采集的不扰动土试样，按室内压缩试验在一定压力下测定的湿陷性系数 δ_{wp} 大小来判定，计算式如下：

$$\delta_{wp}=\frac{h_p-h'_p}{h_0} \tag{18-5-1}$$

式中 h_p——保持天然的湿度和结构的土样，加压至一定压力时，下沉稳定后的高度（mm）；

h'_p——上述加压稳定后的土样，在浸水（饱和）作用下，附加下沉稳定后的高度（mm）；

h_0——土样的原始高度（mm）。

当 $\delta_{wp}<0.015$ 时，应定为非湿陷性黄土；当 $\delta_{wp}\geqslant0.015$ 时，应定为湿陷性黄土。

3. 黄土地基的工程措施

在湿陷性黄土的地区进行建设，地基应满足承载力、湿陷变形、压缩变形和稳定性的要求，针对黄土地基湿陷性的特点和工程要求，采取以地基处理为主的综合措施，以防止地基塌陷，保证建筑物安全和正常使用，包括以下三个方面：①地基处理，以消除产生湿陷性的内在原因；②防水和排水，以防止产生引起湿陷的外界条件；③采取结构措施，以改善建筑物对不均匀沉降的适应性和抵抗的能力。

（1）地基处理

目前对于湿陷性黄土常用的地基处理方法详见表 18-5-1。

湿陷性黄土地基处理方法 **表 18-5-1**

序号	处理方法	适用范围	处理厚度
1	垫层法	地下水位以上局部或整片处理	1～3m
2	夯实法	$S_r<60\%$的湿陷性土	强夯法 3～6m 重锤夯实法 1～2m
3	挤密法	地下水位以上局部或整片处理	5～15
4	桩基	基础荷载大，有可靠持力层	不限
5	预浸水法	湿陷程度很严重的自重失陷性黄土	可消除地面以下 6m 以内深部土的失陷性，上部尚需采用垫层法处理
6	单液硅化或碱液加固法	一般用于加固地下水位以上的已有建筑物地基	≤10m 单液硅化法可达 20m

（2）防水措施

尽量选择具有排水畅通或利于场地排水的地形条件，建筑物周围必须设置具有一定宽度的混凝土散水，以便排泄屋面水。

施工场地应平整，做好临时性防洪、排水措施。

（3）结构措施

① 加强建筑物的整体性和空间刚度。

② 选择适宜的结构和基础形式。单层工业厂房宜采用铰接排架；多层厂房和民用建筑不宜用内框架结构。

③ 加强砌体和构件的刚度。

④ 预留适应沉降的净空。

（三）膨胀土

膨胀土是土中黏粒成分主要由强亲水性的矿物组成，同时具有显著吸水膨胀和失水开裂的变形特性，其自由膨胀率大于等于40%的黏性土。

膨胀土在我国分布广泛，呈岛状分布，以黄河流域及其以南地区较多，根据现有资料，膨胀土在广西、云南、贵州、湖北、河北、河南、四川、安徽、山东、陕西、江苏和广东等地均有不同范围的分布。

膨胀土的工程特性及对工程的危害有以下几种。

（1）胀缩性

膨胀土吸水后体积膨胀，使上部建物隆起，膨胀土失水体积收缩，造成土体开裂，建筑物下沉。

土中蒙脱石含量越多，初始含水率越低，密实越高，其膨胀量与膨胀力越大。

（2）崩解性

膨胀土浸水后体积膨胀，发生崩解。

（3）多裂隙性

膨胀土中主要有垂直裂隙、水平裂隙和斜交裂隙。破坏土体完整性，造成边坡塌滑。

（4）超固结性

膨胀土天然孔隙比小，密实度大，初始结构强度高。

（5）风化特性

膨胀土对气候影响因素很敏感，极易产生风化破坏作用。

（6）强度衰减性

膨胀土具有峰值强度极高，残余强度极低的特性。

（四）红黏土

1.红黏土的成因及其分布

红黏土是碳酸盐岩系的岩石，在气候变化大和潮湿的环境下经红土化作用，形成并覆盖下基岩上，呈棕红、褐黄等色的高塑性黏土。其特征是液限大于或等于50%，在垂直方向的湿度分布规律呈现上部小下部大的特点，失水后有较大的收缩性，土中裂隙发育。

红黏土通常强度高，压缩性低，因受基岩起伏影响，厚度不均匀，土质下硬上软，具有明显的胀缩性。已形成的红黏土经坡积、洪积再搬运后仍保留着黏土的基本特征，且液限大于45%的称为次生红黏土。我国红黏土主要分布于云贵高原、南岭山脉南北及湘西、鄂西丘陵山地等。

红土化作用是碳酸盐系岩石在湿热气候环境条件下，逐渐由岩石演变成土的过程。红黏土搬运、沉积后仍保留其基本特征，液限大于45%的土，称为次生红黏土。

2.红黏土的物理力学性质

红黏土具有两大特点：一是土的天然含水量、孔隙比、饱和度以及液性指数、塑性指数都很高。含水量几乎与液限相等，天然含水量 $\omega=20\%\sim75\%$。液限在50%以上，塑限在30%以上。液性指数较小，仅为0.1～0.4。大多数呈坚硬与硬塑状态。饱和度 $S_r>85\%$，常处于饱和状态。天然孔隙比很大，$e=1.1\sim1.7$。黏粒含量高，小于0.005mm颗粒含量达50%～70%。红黏土含水量虽高，但土体一般仍处于硬塑或坚硬状态，具有较高的强度和较低的压缩性。孔隙比相同时，它的承载力为软黏土的2～3倍。因此，从土的性质来说，红黏土是建筑物较好的地基，但也存在下列一些问题：

① 有些地区的红黏土受水浸湿后体积膨胀，干燥失水后体积收缩而具有膨胀性。

② 红黏土厚度分布不均，其厚度与下卧基岩面的状态和风化深度有关。

③ 红黏土沿深度自上而下含水量增加，土质有由硬至软的明显变化。

④ 红黏土地区的岩溶现象一般较为发育。

工程建设中，应充分利用红黏土上硬下软的分布特性，基础尽量浅埋。红黏土的厚度随下卧基岩起伏而变化，常引起不均匀沉降。对不均匀地基宜作地基处理，宜采用改变基宽，调整相邻地段地基压力，增减基础埋深，使基底下可压缩土层厚度相对均匀。

基坑开挖时宜采取保温保湿措施，防止失水干缩。

（五）盐渍土

盐渍土：土中易溶盐含量超过0.3%的土。其成因主要取决于盐源、迁移和积聚三方面。

盐渍土按所含盐的性质和盐渍化进行分类。按含盐的成分分为氯盐、硫酸盐和碳酸盐。按盐渍化程度分为弱盐渍土、中盐渍土、强盐渍土和过盐渍土。

盐渍土地基的盐胀性包括结晶膨胀和非结晶膨胀。

我国盐渍土主要分布在西北干旱地区的新疆、青海、西藏北部、甘肃、宁夏、内蒙古等地势低洼的盆地和平原中，其次分布在华北平原、松辽平原等地。另外在滨海地区的辽东湾，渤海湾，莱州湾、杭州湾以及包括台湾在内的诸岛屿沿岸，也有相当面积的盐渍土存在。

（六）冻土

1.冻土的特征及分布

冻土：温度等于或低于零摄氏度，土中水分结冰，含有固态冰的土。冻土按其冻结时间长短可分为瞬时冻土、季节性冻土和多年冻土。

瞬时冻土：冻结时间小于1个月，一般为数天或几个小时（夜间冻结），冻结深度从几毫米至几十毫米。

季节冻土：冻结时间等于或大于1个月，冻结深度从几十毫米至1～2m，它是每年冬季发生的周期性冻土。

多年冻土：冻结时间为连续3年或3年以上。多年冻土在我国主要分布在青藏高原和东北大小兴安岭，在东部和西部地区一些高山顶部也有分布。多年冻土占我国总面积的

20%以上，占世界多年冻土总面积的10%。

2.冻土的物理力学性能

（1）冻土的物理性质

1）总含水量

冻土的总含水量：冻土中的所有冰的质量与土骨架质量之比和未冻水的质量与土骨架质量之比的和。

在负温条件下，冻土中仍有一部分水不冻结，称为未冻水。未冻水的含量与土的性质和负温度有关。

2）冻土的含冰量

因为冻土中含有未冻水，所以冻土的寒冰量不等于融化时的含水量，衡量冻土中含冰量的指标有相对含冰量、质量含冰量和体积含冰量。

（2）冻土的力学性质

土体冻胀常以冻胀量、冻胀强度（冻胀率）、冻胀力和冻结力等指标来衡量。

1）冻胀量

对于无地下水源补给的，冻胀量等于冻结深度范围内的自由水在冻结时的体积；对于有地下水源补给的，冻胀量与冻胀时间有关，应根据现场测试确定。

2）冻胀强度（冻胀率）

单位冻结深度的冻胀量称为冻胀强度或冻胀率。

3）冻胀力

土的冻胀力：土在冻结时由于体积膨胀对基础产生的作用力。

冻胀力按其作用方向可分为作用在基础底面的法向冻胀力和作用在侧面的切向冻胀力。冻胀力的大小除与土的性质、土温、水文地质条件和冻结速度有密切关系外，还与基础埋深、材料和侧面的粗糙程度有关。在无水源补给的封闭系统中，冻胀力一般不大；如为有水源补给的敞开系统，冻胀力可能成倍增加。

法向冻胀力一般都很大，非建筑物自重所能抵消的，一般要求基础埋置在冻结深度以下，或采取消除的措施。

切向冻胀力可在建筑物使用条件下通过现场或室内试验求得，也可查表。

4）冻结力

冻结力：冻土与基础表面通过冰晶胶结在一起的胶结力。

冻结力的作用方向总是与外荷的总作用方向相反。在冻土的融化层回冻期间，冻结力起抗冻胀的锚固作用；当季节融化层融化时，位于多年冻土中的基础侧面则相应产生方向向上的冻结力，它又起了抗基础下沉的承载作用。影响冻结力的因素很多，除了温度与含水量外，还与基础材料表面粗糙度有关，表面粗糙度高，冻结力也越大。所以，在多年冻土地基设计中应考虑冻结力的作用。

【例 18-5-1】 膨胀土的膨胀、冻土的冻胀和盐渍土的盐胀，这三种现象中哪一种现象与土体中黏土矿物成分与含量关系最密切？（　　）

A.膨胀土的膨胀　　B.冻土的冻胀　　C.盐渍土的盐胀

解：选A。冻土的冻胀是由于土中的水分结冰和融解导致体积的变化，与土中含水量关系最为密切。盐渍土的盐胀是由于盐浓度结晶或大量吸附阳离子导致水膜增大引起的，膨胀土的膨胀是由于土中的黏性土具有吸水膨胀和失水收缩的性能。

（七）可液化土

土体液化机理：饱和的疏松粉、细砂土在振动作用下突然破坏而呈现液态的现象，砂土在振动作用下有颗粒移动和变密的趋势，对应力的承受由砂土骨架转向水，由于粉、细砂土的渗透性不良，孔隙水压力急剧上升。当达到总应力值时，有效正应力下降到 0，颗粒悬浮在水中，砂土体即发生振动液化，完全丧失强度和承载能力。

地基液化的条件：土的相对密实度 $Dr<70\%$，平均粒径为 0.05～0.09mm 的粉、细砂或粉土，上覆土层厚度较小且处于地下水位以下，呈饱和状态，遇到大、中地震等情况。

历年真题

18-5-1. 软土基坑开挖到底时，不正确的操作事项是（　　）。(2011B53)

A. 通常在坑底面欠挖保留 200mm 厚的土层，待垫层施工时再铲除

B. 为满足坑底挖深标高，先超挖 200mm 厚的土层，再用挖出的土回填至坑底标高

C. 如坑底不慎扰动，应将扰动土挖出，并用砂、碎石回填夯实

D. 如采用坑内降水的基坑，则开挖到底时应继续保持降水

18-5-2. 饱和砂土在振动下液化，主要原因是（　　）。(2013B39)

A. 振动中颗粒流失

B. 振动中孔压升高，导致土的强度丧失

C. 振动中总应力大大增加，超过了土的抗剪强度

D. 在振动中孔隙水流动加剧，引起管涌破坏

18-5-3. 关于湿陷性黄土，下列说法不正确的是（　　）。(2014B39)

A. 湿陷性黄土地基遇水后会发生很大的沉降

B. 湿陷性特指黄土，其他种类的土不具有湿陷性

C. 湿陷性黄土的湿陷变形与所受到的应力也有关系

D. 将湿陷性黄土加密到一定密度后就可以消除其湿陷性

18-5-4. 关于膨胀土，下列说法不正确的是（　　）。(2016B39)

A. 膨胀土遇水膨胀，失水收缩，两种情况的变形量都比较大

B. 膨胀土遇水膨胀量比较大，失水收缩的变形量则比较小，一般可以忽略

C. 对地基预浸水可以消除膨胀土的膨胀性

D. 反复进水—失水后可以消除膨胀土的膨胀性

18-5-5. 关于黄土的湿陷性判断，下列哪个陈述是正确的？（　　）(2016B50)

A. 只能通过现场载荷试验

B. 不能通过现场载荷试验

C. 可以采用原状土样做室内湿陷性试验

D. 可以采用同样密度的扰动土样做室内试验

18-5-6. 湿陷性黄土的形成年代主要是（　　）。（2013B43）

A. N、Q_1　　B. Q_1、Q_2　　C. Q_2、Q_3　　D. Q_3、Q_4

18-5-7. 下面哪一项不属于盐渍土的主要特点？（　　）（2017B39）

A. 溶陷性　　B. 盐胀性

C. 腐蚀性　　D. 遇水膨胀，失水收缩

答　案

18-5-1.【答案】（B）

基坑土方开挖应严格按设计要求进行，不得超挖。基坑周边堆载不得超过设计规定。土方开挖完成后应立即施工垫层，对基坑进行封闭，防止水浸和暴露，并应及时进行地下结构施工。

18-5-2.【答案】（B）

砂土液化机制：饱和的疏松粉、细砂土在振动作用下突然破坏而呈现液态的现象，砂土在振动作用下有颗粒移动和变密的趋势，对应力的承受由砂土骨架转向水，由于粉、细砂土的渗透性不良，孔隙水压力急剧上升。当达到总应力值时，有效正应力下降到 0，颗粒悬浮在水中，砂土体即发生振动液化，完全丧失强度和承载能力。

18-5-3.【答案】（B）

湿陷性不特指黄土，有些杂填土也具有湿陷性。湿陷性土是指土体在一定压力下浸水后产生附加沉降，湿陷系数大于或等于 0.015，湿陷性是黄土最主要的工程特性。A 项，湿陷性黄土浸水后在外荷载或自重的作用下会发生较大下沉。C 项，天然孔隙比和含水率不变时，压力增大，黄土湿陷量增加，当压力超过某一数值，继续增加压力，湿陷量反而减少。D 项，天然孔隙比越大或天然含水率越小，湿陷性越强。

18-5-4.【答案】（B）

A、B 两项，膨胀土遇水膨胀，失水收缩，两种情况的变形量都比较大，所以失水收缩的变形量不能忽略不计。C 项，预浸水法是在施工前用人工方法增加地基土的含水量，使膨胀土层全部或部分膨胀，并维持高含水量，从而消除或减少膨胀变形量。D 项，反复浸水一失水可看作干一湿循环过程，会使膨胀土内部裂隙和微观结构发生改变，进而从工程特性上减弱甚至消除膨胀土的膨胀特性，以改良膨胀土。

18-5-5.【答案】（C）

A、B、C 三项，对黄土的湿陷性判断，可采用现场载荷试验，也可利用现场采集的不扰动土样，通过室内浸水试验得到结果。D 项，不能采用同样密度的扰动土样进行试验，这是因为已经改变了湿陷性黄土的结构。

18-5-6.【答案】（D）

黄土在整个第四纪的各个世中均有堆积，而各世中黄土由于堆积年代长短不一，上覆土层厚度不一，其工程性质不一。一般湿陷性黄土（全新世早期～晚更新期 Q_3）与新近堆积黄土（全新世近期 Q_4）具有湿陷性。而比上两者堆积时代更老的黄土，通常不具湿陷性。

18-5-7.【答案】（D）

盐渍土的工程特性有以下三点：①溶陷性，盐渍土浸水后由于土中易溶盐的溶解，在自重压力作用下产生沉陷现象；②盐胀性，硫酸盐沉淀结晶时体积增大，失水时体积减小，致使土体结构破坏而疏松，碳酸盐渍土中 $NaCO_3$ 含量超过 0.5%时，也具有明显的盐胀性；③腐蚀性，硫酸盐渍土具有较强的腐蚀性，氯渍土、碳酸盐渍土也有不同程度的腐蚀性。D 项，遇水膨胀，失水收缩是膨胀土的特性。

第六节 土压力

一、考试大纲

静止土压力、主动土压力、被动土压力；朗金土压力理论；库仑土压力理论。

二、知识要点

挡土墙是防止土体坍塌的构筑物，广泛用于房屋建筑、水利、铁路以及公路和桥梁工程，如支撑建筑物周围填土的挡土墙、地下室侧墙、桥台以及贮藏粒状材料的挡墙。

挡土墙的结构形式可分为重力式、悬臂式和扶壁式，通常用块石、砖、素混凝土及钢筋混凝土等材料建成。

挡土墙的土压力是指挡土墙后填土因自重或外荷载作用对墙背产生的侧向压力。

（一）土压力的分类

作用在挡土结构上的土压力，按挡土结构的位移方向、大小及土体所处的三种极限平衡状态，可将土压力分为静止土压力、主动土压力和被动土压力三种。

1. 静止土压力

静止土压力是指挡土墙静止不动，墙后土体处于弹性平衡状态时，作用在挡土墙背上的土压力，用 E_0 表示。

2. 主动土压力

主动土压力是指挡土墙在土压力作用下向离开土体的方向位移至墙后土体达到极限平衡状态时，作用在墙背上的土压力，用 E_a 表示。

3. 被动土压力

被动土压力是指挡土墙在荷载作用下向土体方向偏移至墙后土体达到极限平衡状态时，作用在墙背上的土压力，用 E_p 表示。

4. 三种土压力的相互关系

如图 18-6-1 所示，产生被动土压力所需要的位移量比产生主动土压力所需的位移量要大得多，在相同的墙高和填土条件下，主动土压力小于静止土压力小于被动土压力，即：$E_a<E_0<E_p$。

（二）静止土压力计算

如图 18-6-2 所示，在土体表面下任意深度 z 处取一微小单元体，其上作用着竖向自重应力和侧压力，这个侧压力的反作用力就是静止土压力，z 处的静止土压力强度 p_0 可按下式计算：

$$p_0=K_0\gamma z \tag{18-6-1}$$

式中　K_0——静止土压力系数，其值可用室内或原位试验确定，一般黏性土可取 0.5～0.70，砂土可取 0.35～0.50；可也按公式近似计算，即 $K_0=1-\sin\varphi'$，φ' 为土的有效内摩擦角；

γ——土体重度（kN/m^3）。

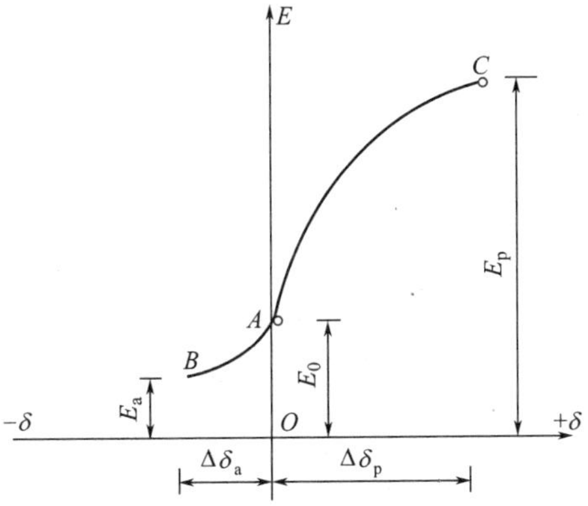

图 18-6-1

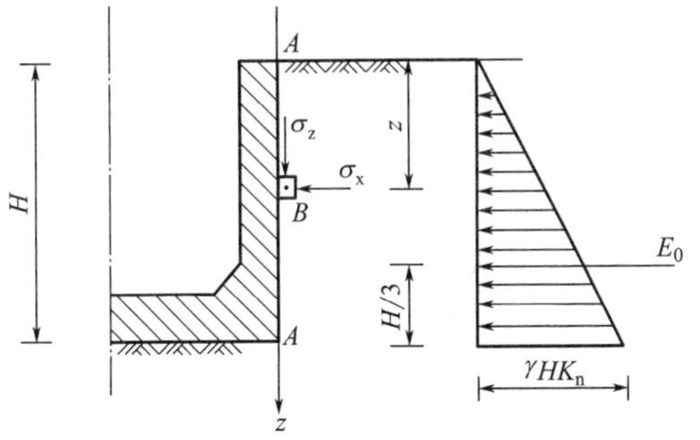

图 18-6-2

静止土压力沿挡土墙竖向为三角形分布，若取单位挡土结构长度，则静止土压力 E_0 为：

$$E_0=\frac{1}{2}\gamma h^2 K_0 \tag{18-6-2}$$

式中　h——挡土结构高度（m）。

静止土压力的合力作用点在距墙底$\frac{h}{3}$高度处。

（三）朗金土压力理论

1. 基本假设与适用条件

假定挡土墙背垂直、光滑，填土面水平，土体为均匀各向同性体。

朗金根据墙后土体处于极限平衡状态，应用极限平衡条件，推导出了主动土压力和被动土压力的计算公式。

2. 朗金主动土压力计算

根据土的强度理论，当挡上墙后地表面下深度 z 处的应力状态处于极限平衡状态时，主动土压力强度 σ_a 可按如下公式计算：

无黏性土：
$$\sigma_a=\gamma z K_a \tag{18-6-3}$$

黏性土：
$$\sigma_a=\gamma z K_a-2c\sqrt{K_a} \tag{18-6-4}$$

式中　c——填土的黏聚力；

K_a——主动土压力系数，$K_a=\tan^2\left(45°-\frac{\varphi}{2}\right)$。

土压力合力的计算公式为：

$$E_a=\frac{1}{2}\gamma h^2 K_a \tag{18-6-5}$$

土压力合力作用点在距墙底$\frac{1}{3}h$ 高度处（图 18-6-3）。

如图 18-6-4 所示，黏性土中由于土压力强度为土体自重引起的强度 $\gamma z K_a$，去除黏聚力效应 $2c\sqrt{K_a}$，由于填土不可能产生对墙背的拉力，因此应去除 z_0 临界深度范围内的土压力，z_0 的计算公式如下：

$$z_0=\frac{2c}{\gamma\sqrt{K_a}} \tag{18-6-6}$$

主动土压力合力的作用点通过三角形的形心，作用在离墙底$\frac{h-z_0}{3}$高度处。

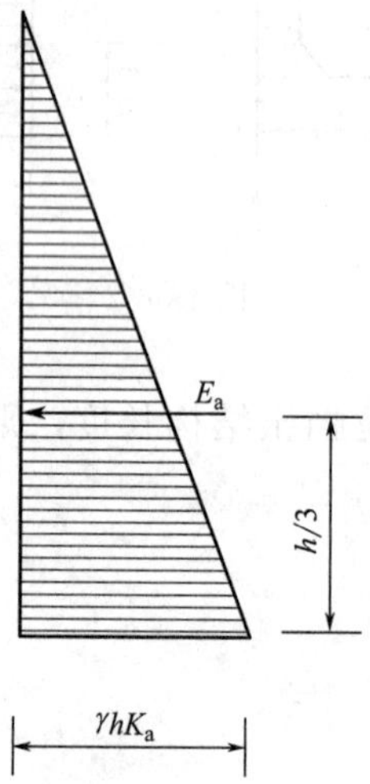

图 18-6-3

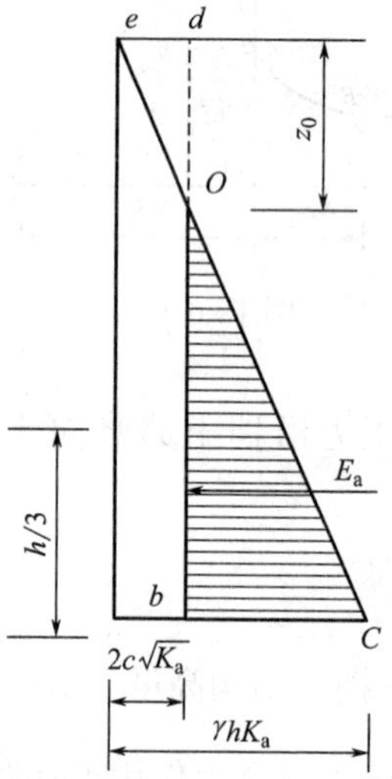

图 18-6-4

3. 朗金被动土压力

被动土压力强度 σ_p 的计算公式如下：

无黏性土：
$$\sigma_p=\gamma z K_p \tag{18-6-7}$$

黏性土：
$$\sigma_p=\gamma z K_p+2c\sqrt{K_p} \tag{18-6-8}$$

被动土压力 E_p 的计算如下：

无黏性土：
$$E_p=\frac{1}{2}\gamma H^2 K_p \tag{18-6-9}$$

黏性土：
$$E_p=\frac{1}{2}\gamma H^2 K_p+2cH^2\sqrt{K_p} \tag{18-6-10}$$

式中　K_p——被动土压力系数；$K_p=\tan^2\left(45°+\frac{\varphi}{2}\right)$。

无黏性土的被动土压力强度呈三角形分布，黏性土中的被动土压力强度呈梯形分布。作用在单位长度挡土墙上的被动土压力合力的作用线通过土压力强度分布图的形心。

（四）库仑土压力理论

库仑土压力理论是根据墙后土体处于极限平衡状态并形成一滑动楔体，从楔体的静力平衡条件得出土压力。其基本假设是：①墙后填土是理想的散粒体（黏聚力 $c=0$）；②滑动破裂面为通过墙踵的平面。

此理论适用于砂土或碎石土填料的挡土墙计算，可考虑墙背倾斜、填土面倾斜以及墙背与填土间的摩擦等多种因素的影响。

1. 库仑主动土压力

如图 18-6-5（a）所示，设挡土墙高 h，墙背俯斜，与垂线的夹角为 ε，墙后土体为无黏性土（$c=0$），土体表面与水平线夹角为 β，墙背与土体的摩擦角为 δ。挡土墙在土压力作用下将向远离主体的方向位移（平移或转动），最后土体处于极限平衡状态，墙后土体将形成一滑动土楔，其滑裂面为平面 BC，滑裂面与水平面成 θ 角。

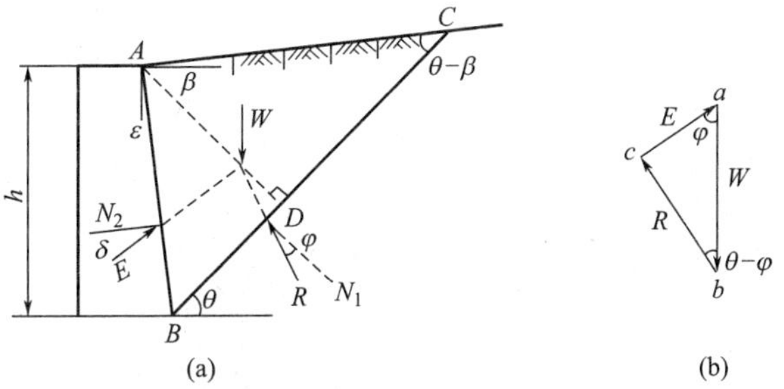

图 18-6-5

沿挡土墙长度方向一般取 1m 进行分析，并取滑动土楔 ABC 为隔离体。作用在滑动土楔上的力有土楔体的自重 W、滑裂面 BC 上的反力 R 和墙背面对土楔的反力 E（土体作用在墙背上的土压力与 E 大小相等方向相反）。在三力作用下，滑动土楔处于静力平衡，构成封闭的力矢三角形，进而可推出库仑主动土压力的大小，即：

$$E_{\mathrm{a}}=\frac{1}{2}\gamma h^{2}K_{\mathrm{a}} \tag{18-6-11}$$

式中　K_{a}——库仑主动土压力系数，计算式如下：

$$K_{\mathrm{a}}=\frac{\cos^{2}(\varphi-\varepsilon)}{\cos^{2}\varepsilon\cos(\varepsilon+\delta)\left[1+\sqrt{\dfrac{\sin(\varphi+\delta)\sin(\varphi-\beta)}{\cos(\varepsilon+\delta)\cos(\varepsilon-\beta)}}\right]^{2}} \tag{18-6-12}$$

库仑主动土压力强度分布图为三角形，E_{a} 的作用方向与墙背法线逆时针成 δ 角，作用点在距墙底 $h/3$ 高度处。

2. 库仑被动土压力

$$E_{\mathrm{p}}=\frac{1}{2}\gamma h^{2}K_{\mathrm{p}} \tag{18-6-13}$$

式中　K_{p}——库仑被动土压力系数，计算式如下：

$$K_{\mathrm{p}}=\frac{\cos^{2}(\varphi+\varepsilon)}{\cos^{2}\varepsilon\cos(\varepsilon-\delta)\left[1-\sqrt{\dfrac{\sin(\varphi+\delta)\sin(\varphi+\beta)}{\cos(\varepsilon-\delta)\cos(\varepsilon-\beta)}}\right]^{2}} \tag{18-6-14}$$

当墙背垂直（$\varepsilon=0$）、光滑（$\delta=0$）、土体表面水平（$\beta=0$）时，库仑的被动土压力公式与朗金的被动土压力计算公式一样。

历年真题

18-6-1. 对于图示挡土墙，墙背倾角为 δ，墙后填土与挡土墙的摩擦角为 α，墙后填土中水压力的方向与水平面的夹角 γ 为（　　）。（2012B40）

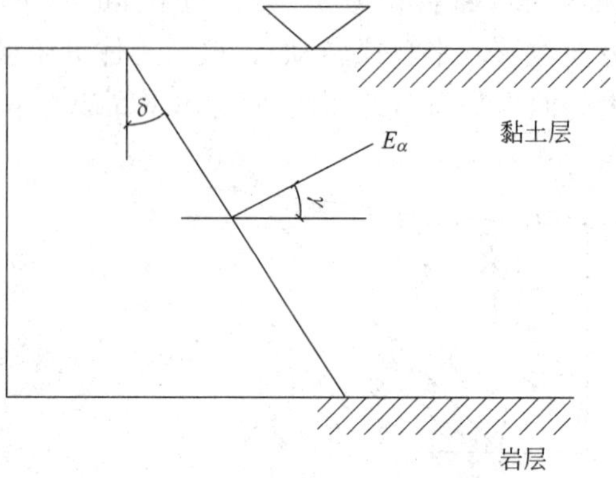

A. $\alpha+\delta$　　B. $90°-(\alpha+\delta)$　　C. δ　　D. α

18-6-2. 如果其他条件保持不变，墙后填土的下列哪些指标的变化，会引起挡土墙的主动土压力增大？（　　）（2013B40）

A. 填土的内摩擦角减小　　B. 填土的重度减小

C. 填土的压缩模量减小　　D. 填土的黏聚力增大

18-6-3. 直立光滑挡土墙后双层填土，其主动土压力分布为两段平行线，如下图所示，其中 $c_1=c_2=0$，选择两层土参数的正确关系（　　）。（2018B39）

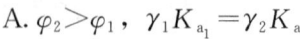

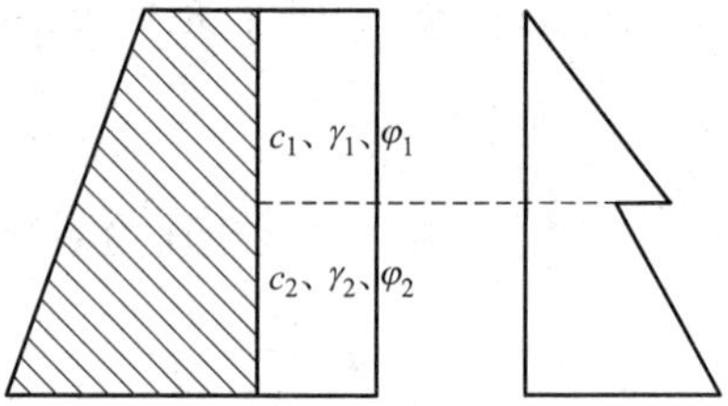

A. $\varphi_2>\varphi_1$，$\gamma_1K_{a_1}=\gamma_2K_{a_2}$

B. $\varphi_2<\varphi_1$，$\gamma_1K_{a_1}=\gamma_2K_{a_2}$

C. $\varphi_2<\varphi_1$，$\gamma_1=\gamma_2$

D. $\varphi_2>\varphi_1$，$\gamma_1=\gamma_2$

18-6-4. 基坑工程中的悬臂式护坡桩受到的主要荷载是（　　）。（2018B56）

A. 竖向荷载，方向向下　　B. 竖向荷载，方向向上

C. 水平荷载，方向向上　　D. 复合受力

答　案

18-6-1.【答案】(C)

库仑土压力理论，设挡土墙高为 h，墙背倾斜，与垂线的夹角为 α，墙后土体为无黏性土（$c=0$），土体表面与水平线夹角为 β，墙背与土体的摩擦角为 δ，水压力与墙后填土与墙背之间的摩擦角无关，水在各个方向传递的压强相等，都是 $p_w=\gamma_w h_w$，合力为 $E_w=0.5\gamma_w h_w^2$，则墙后填土中水压力合力方向垂直于墙背，则它与水平面的夹角为 δ。

18-6-2.【答案】（A）

挡土墙向外移动，使墙后土体的应力状态达到主动极限平衡状态时，填土作用在墙背的土压力。挡土墙向背离填土方向移动的适当距离，使墙后土中的应力状态达到主动极限平衡状态时，墙背所受到的土压力称为主动土压力。求解主动土压力时，通过土的抗剪强度、剪切角和极限平衡条件相联系，最常用的是朗肯和库伦两个古典土压力理论。

朗肯理论是以半无限弹性体内的应力状态并结合极限平衡条件来推导土压力计算公式。假定墙背垂直而光滑，墙后土体表面水平并延伸至无穷远，则任意深度 z 处的土压力为：

$P_a=\gamma z K_a-2cK_a^{0.5}$。A 项，内摩擦角 φ 减小，会引起挡土墙的主动土压力增大。B、D 项，填土重度 γ 的减小与黏聚力 c 增大都会引起挡土墙的主动土压力减小。C 项，主动土压力与填土的压缩模量没有关系。

18-6-3.【答案】（A）

第一层土底部主动土压力分别为：$p_{a1}=\gamma_1 z_1 K_{a_1}$，$p_{a2}=\gamma_1 z_1 K_{a_2}$，由于 $p_{a1}>p_{a2}$，所以 $\varphi_1<\varphi_2$，由于两条直线平行，斜率相等，有 $\gamma_1\tan^2\left(45°-\frac{\varphi_1}{2}\right)=\gamma_2\tan^2\left(45°-\frac{\varphi_2}{2}\right)$，即 $\gamma_1 K_{a1}=\gamma_2 K_{a2}$。

18-6-4.【答案】（C）

悬臂式护坡桩属于水平支档结构，主要承受水平荷载，如基坑外侧的水压力、土压力。

第七节　边坡稳定

土坡滑动一般系指土坡在一定范围内整体沿某一滑动面向下和向外滑动而丧失其稳定性。

一、考试大纲

土坡滑动失稳的机理；均质土坡的稳定分析；土坡稳定分析的条分法。

二、知识要点

（一）土坡滑动失稳的影响因素

1. 土坡作用力发生变化

在坡顶堆放材料或建造建筑物使坡顶受荷，或因打桩、车辆行驶、爆破、地震等引起振动而改变土体原来的平衡状态。

2. 土体抗剪强度降低

土体受到雨水、雪等影响，土体内含水量或孔隙水压力增加，有效应力降低，导致土体抗剪强度降低，抗滑力减小。

3. 静水压力的作用

土内由剪切或张拉产生垂直裂缝，雨水或地面水流入缝隙，土坡产生侧向推力而使土坡滑动。

4. 地下水的渗流作用

当土坡中有地下水渗流且动水压力与滑动方向相同时，也会导致土坡滑动。

土坡稳定性分析属于土力学中的稳定问题，也是工程中非常重要而实际的问题。本节主要介绍简单土坡的稳定性分析方法。所谓简单土坡是指土坡的坡度不变，顶面和底面水平，且土质均匀，无地下水。

（二）无黏性土土坡稳定分析

如图 18-7-1 所示，土坡高 H，坡角 β，土重度 γ，土的抗剪强度 $\tau_f=\sigma\tan\varphi$。若假定滑动面是通过坡脚 A 的平面 AC，AC 的倾角为 α，则可计算滑动土体 ABC 沿 AC 面上滑动的稳定安全系数 K 值。

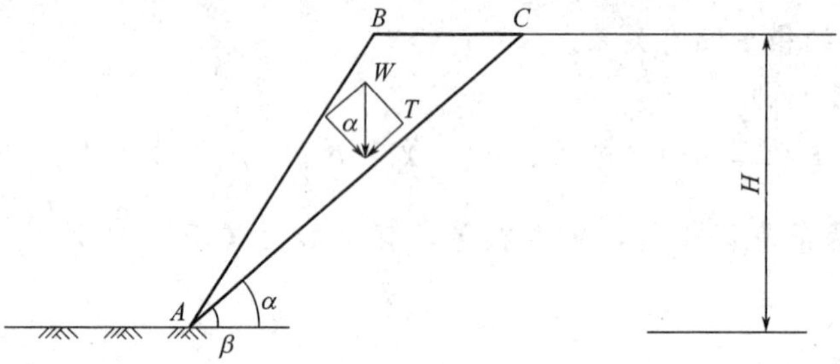

图 18-7-1

滑动土体 ABC 自重为：$W=\gamma$（ΔABC），W 垂直于坡面和平行于坡面的分力分别为 N、T，抗滑力 T_f 的计算如下：

$$N=W\cos\alpha \qquad T_f=N\tan\varphi=W\cos\alpha\tan\varphi$$
$$T=W\sin\alpha$$

土坡的滑动稳定安全系数 K 为：

$$K=\frac{T_f}{T}=\frac{W\cos\alpha\tan\varphi}{W\sin\alpha}=\frac{\tan\varphi}{\tan\alpha} \tag{18-7-1}$$

K 随倾角 α 而变化，当 $\alpha=\beta$ 时滑动稳定安全系数最小。据此，砂性土坡的滑动稳定安全系数可取为：

$$K=\frac{\tan\varphi}{\tan\beta} \tag{18-7-2}$$

当 $\beta=\varphi$ 时，$K=1$，即抗滑力等于下滑力，土坡处于极限平衡状态。

土坡稳定的极限坡角等于砂土的内摩擦角 φ，此坡角称为自然休止角。无黏性土坡的稳定性与坡高无关，仅取决于坡角 β，只要 $\beta<\varphi$，土坡就是稳定的。为了保证土坡有足够的安全储备，可取 $K=1.1\sim1.5$。

（三）均质黏性土土坡的稳定分析

土坡失稳前一般在坡顶产生张拉裂缝，继而沿着某一曲面产生整体滑动，同时发生变形。在垂直于纸面方向，滑坡将延伸至一定范围，为曲面。为简化，在稳定分析中通常作为平面问题处理，而且假定滑动面为圆筒面。

黏性土土坡稳定分析的条分法为瑞典工程师 W·费兰纽斯所提出，既可以分析简单土坡，也可以分析非简单土坡。

1. 条分法的基本原理

滑动土体连同顶面上的荷载 W 在滑动面上的分力为滑动力，而沿滑动面上由土的抗剪强度产生的力为抗滑力。滑动力与抗滑力对圆心取矩。若总抗滑力矩大于滑动力矩，则土坡稳定。因滑动面为曲面，为简化计算，分析时将滑动土体沿横向分成若干小土条，每条的滑动面近似取为平面。逐条计算滑动力矩和抗滑力矩，最后叠加，即得总的抗滑力矩和滑动力矩，两者之比称为安全系数 K。根据建筑等级、土的性质及地区经验等因素综合考虑，K 取 1.1～1.5。按经验，危险滑弧面的两端点距坡顶和坡角点各 $0.1nH$（n 为坡度、H 为坡高），其滑弧中心在此两点连线的垂直平分线上，故可在此线上取若干点作为滑弧圆心，按上述方法分别计算相应的稳定安全系数，即可求得最小的安全系数。工程中要求最小安全系数 $K_{\min} \geqslant 1.1 \sim 1.5$，视工程重要性而定。

2. 稳定数法

泰勒提出土坡稳定分析中共有 5 个计算参数，即土的重度 γ、土坡高度 H、坡角 β 以及土的抗剪强度指标 c、φ，若知道其中 4 个参数就可以求出第 5 个参数。为简化计算，泰勒把 3 个参数 c、γ、H 组成一个新的参数 N，称为稳定因数，即：

$$N_s = \frac{\gamma H}{c} \tag{18-7-2}$$

通过大量计算可以得到 N_s 与 φ 及 β 间的关系，绘制泰勒稳定因数曲线，进而计算出土坡的稳定安全系数。

【例 18-7-1】 已知一简单土坡，土坡高度 $H=8\text{m}$，坡角 $\beta=45°$，土的性质为：$\gamma=19.4\text{kN/m}^3$，$c=25\text{kPa}$，$\varphi=10°$。试用泰勒的稳定因数曲线计算土坡的稳定安全系数。

解： 当 $\varphi=10°$，$\beta=45°$时，查曲线可得 $N_s=9.2$。计算此时滑动面上所需的黏聚力 c_1 为：

$c_1=\dfrac{\gamma H}{N_s}=\dfrac{19.4\times 8}{9.2}=16.9\text{kPa}$，土坡稳定安全系数 K 为：$K=\dfrac{c}{c_1}=\dfrac{25}{16.9}=1.48$。

(1) 滑动面通过坡角时，滑动面为坡角圆；

(2) 滑动面通过坡面并切于坚硬土层时，滑动面为坡面圆；

(3) 滑动面通过坡角以外，且滑弧圆心位于坡面中点垂直线上，滑动面称为中点圆。

历年真题

18-7-1. 对于下图的均质堤坝，上下游的边坡坡度相等。稳定渗流时哪一段边坡的安全系数最大（　　）。(2014B40 题)

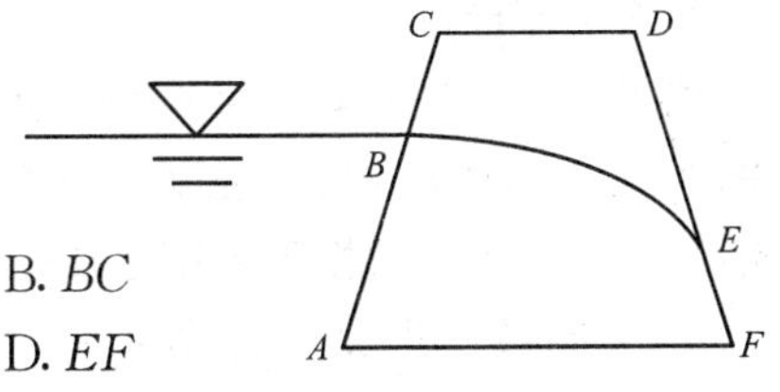

A. AB　　B. BC

C. DE　　D. EF

18-7-2. 无水情况下的均质无黏性土边坡，不考虑摩擦角随应力的变化，滑动面形式一般为（　　）。(2016B40 题)

A. 深层圆弧滑动　　B. 深层对数螺旋形滑动

C. 表面浅层滑动　　　　D. 深层折线形滑动

答　案

18-7-1.【答案】(A)

上游水位不变，在稳定渗流状态下，对 AB 段，水压力方向与边坡的下滑力相反，对边坡稳定起着有利作用。而对 EF 段，渗透水压力方向与边坡下滑力相同，加剧了边坡的失稳。故本题中，堤坝在稳定状态下（即不考虑边坡位移变化），安全系数 K 有：$K_{AB}>K_{BC}=K_{DE}>K_{EF}$。

18-7-2.【答案】(C)

黏性土的滑动面为深层圆弧滑动，无黏性土的滑动面为表面浅层滑动，岩石边坡一般为深层折线滑动。

第八节　地基承载力

地基承载力是指地基土单位面积上所能承受的荷载。建筑地基在荷载作用下往往由于承载力不足而产生剪切破坏，通常把地基土单位面积上所能承受的最大荷载称为极限荷载或极限承载力。

一、考试大纲

地基破坏的过程；地基破坏形式；临塑荷载；临界荷载；地基极限承载力；斯肯普顿公式；太沙基公式；汉森公式。

二、知识要点

（一）地基破坏的过程

通过载荷试验可得到土体的荷载 p 与沉降 s 的 $p-s$ 曲线，将地基的变形发展破坏的过程分为如下三个阶段：

1. 线性变形阶段

如图 18-8-1 所示，当荷载较小时，基底压力 p 与沉降 s 基本呈直线关系（Oa 段），属线性变形阶段，相应于 a 点的荷载称为比例界限 p_{cr}。

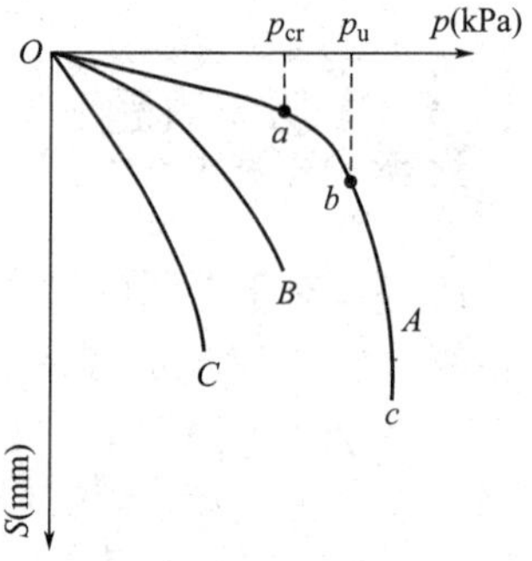

图 18-8-1

2. 塑性变形阶段

如图 18-8-1 所示，当荷载增加到某一数值时，基础边缘处的剪应力达到土的抗剪强度，土体发生剪切破坏。随着荷载继续增加，土中塑性区范围逐步扩大，土体开始向周围挤出，$p-s$ 曲线不再保持直线关系（ab 段），属于弹塑性变形阶段，相应于 b 点的荷载称为极限荷载 p_u。

3. 完全破坏阶段

当荷载超过极限荷载后，荷载板急剧下沉，即使不增加荷载，沉降也不能稳定，地基进入了破坏阶段。土中形成连续滑动面，土从载荷板四周挤出、隆起，基础急剧下沉或向一侧倾斜，地基发生整体剪切破坏，$p-s$ 曲线陡直下降（bc 段），称为完全破坏阶段。

（二）地基破坏形式

地基剪切破坏模式主要有三种：整体剪切破坏、刺入剪切破坏和局部剪切破坏，如图18-2-2所示。

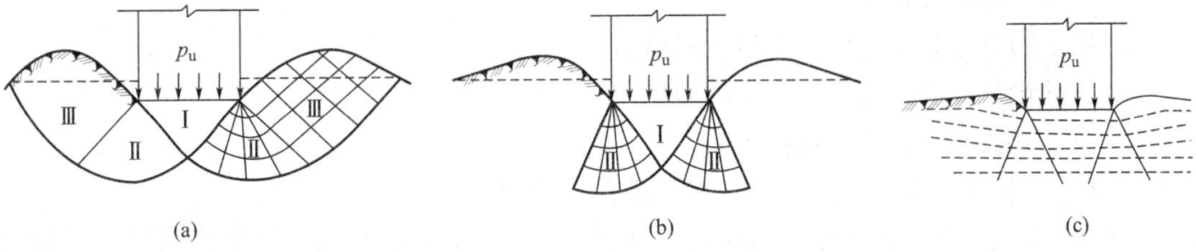

图 18-8-2

1. 整体剪切破坏

随荷载增加，从地基到地面有轮廓分明的连续剪切滑动面，相邻基础的土体有明显的隆起，可使上部结构随基础发生突然倾斜，造成灾难性破坏。

2. 局部剪切破坏

随荷载增加，紧靠基础的土层出现轮廓分明的剪切滑动面，滑动面不露出地表，在地基内某一深度处终止。基础竖向下沉显著，基础周边地表有隆起现象。只有产生大于基础宽度过半的下沉量时，滑动面才会露出地表。任何情况下，建筑物均不会发生灾难性倾倒，基础总是下沉，深埋于地基之中。

3. 刺入剪切破坏

随荷载增加，基础下土层发生压缩变形，基础随之下沉。当荷载继续增加时，基础周围附近土体发生竖向剪切破坏，使基础刺入土中，而基础两边的土体并没有移动，没有明显的比例界限和极限荷载。

地基的破坏形式主要与土体的压缩性有关，对于密实砂土和坚硬黏土将出现整体剪切破坏，而对于压缩性比较大的松砂和软黏土，将可能出现局部剪切或刺入剪切破坏。

此外，破坏形式还与基础埋深、加荷速率等因素有关。当基础埋深较浅、荷载快速施加时，将趋向于发生整体剪切破坏；若基础埋深较大，无论是砂性土地基还是黏性土地基，最常见的破坏形态是局部剪切破坏。

【例 18-8-1】 若地基表面产生较大隆起，基础发生严重倾斜，则地基的破坏形式为（　　）。

A. 局部剪切破坏　　B. 整体剪切破坏　　C. 刺入剪切破坏　　D. 冲剪破坏

解： 选 B。

（三）临塑荷载、界限荷载、极限荷载、破坏荷载

临塑荷载 p_{cr}：地基中刚要出现塑性剪切区的临界荷载。

塑性荷载：地基中发生任一大小塑性区时，其相应的荷载。

如基底宽度为 b，塑性区开展深度为 $b/4$ 或 $b/3$ 时，相应的荷载为 $p_{\frac{1}{4}}$、$p_{\frac{1}{3}}$ 称为界限荷载。

极限荷载 p_u：使地基发生失稳破坏前的那级荷载。

破坏荷载：地基发生失稳破坏的荷载。

（四）地基承载力的确定方法

确定地基承载力的方法主要有：

① 按《建筑地基基础设计规范》（GB 50007—2011）规定确定地基承载力；

② 按载荷试验确定地基承载力；

③ 按土的抗剪强度指标计算地基承载力；

④ 按理论计算公式确定地基承载力；

⑤ 按当地建筑经验确定地基承载力。

1. 按《建筑地基基础设计规范》确定地基承载力

当基础宽度大于 3m 或埋置深度大于 0.5m 时，从荷载试验或其他原位测试、经验值等方法确定的地基承载力特征值，尚应按下式修正：

$$f_a = f_{ak} + \eta_b \gamma (b-3) + \eta_d \gamma_m (d-0.5) \tag{18-8-1}$$

式中 f_a——修正后的地基承载力特征值（kPa）；

f_{ak}——地基承载力特征值（kPa），按规范的原则确定；

η_b、η_d——分别为基础宽度和埋深的地基承载力修正系数，根据基底下土的类别查表 18-8-1。

γ——基础底面以下土的重度（kN/m^3），地下水位以下取浮重度；

b——基础底面宽度（m），当基宽小于 3m 按 3m 取值，大于 6m 按 6m 取值；

γ_m——基础底面以上土的加权平均重度（kN/m^3），地下水位以下取有效重度；

d——基础埋置深度（m）。

基础宽度与深度的承载力修正系数　　表 18-8-1

土的类别		η_b	η_d
淤泥和淤泥质土	$f_{ak}<50$kPa	0	1.0
	$f_{ak}\geqslant50$kPa	0	1.1
人工地基 e 或 I_L 大于 0.85 的黏性土 $e\geqslant0.85$ 或 $S_r>0.5$ 的粉性土		0	1.1
红黏土	含水比 $\alpha_w>0.8$	0	1.2
	含水比 $\alpha_w\leqslant0.8$	0.15	1.4
e 及 I_L 均小于 0.85 的黏性土		0.3	1.6
$e<0.85$ 及 $S_r\leqslant0.5$ 的粉性土		0.5	2.2
粉砂、细砂(不包括很湿与饱和时的稍密状态)		2.0	3.0
中砂、粗砂、砾砂和碎石土		3.0	4.4

注：1. 强风化的岩石可参照所风化的相应土类取值；

2. 含水比 $\alpha_w=\frac{\omega_0}{\omega_L}$，$\omega_0$、$\omega_L$，分别为土的天然含水量和液限。

基础埋置深度一般自室外地面标高算起，在填方整平地区，可自填土地面标高处算起。但填土在上部结构施工后完成时，应从天然地面标高处算起。对于地下室，如采用箱形基础或筏板基础时，基础埋置深度自室内地面标高处算起。当采用独立基础或条形基础时，应从室外地面标高处算起。

2. 按土的抗剪强度指标计算地基承载力

当荷载偏心距 e 小于或等于 0.033 的基础地面宽度（即：$e \leqslant 0.033l$，l 指的是弯矩作用方向的基础底面尺寸）时，可按下式计算地基土承载力特征值：

$$f_a = M_b \gamma b + M_d \gamma_m d + M_c c_k \tag{18-8-2}$$

式中　f_a——由土的抗剪强度指标确定的地基承载力特征（kPa）；

M_b、M_d、M_c——承载力系数，根据基底下一倍短边宽深度内上的内摩擦角标准值 φ_k 按《建筑地基基础设计规范》GB 50007—2011 确定；

b——基础底面宽度；$b>6$m 时按 6m 计，对于砂土 $b<3$m 时按 3m 计；

c_k——基底下一倍基宽深度范围内的黏聚力标准值（kPa）；

d、γ、γ_m——同前。

采用上式确定地基承载力设计值时，必须进行地基的变形验算。

公式中使用的抗剪强度指标 c_k 和 φ_k，对一级建筑物应采用不固结不排水三轴压缩试验的结果，其他情况推荐采用不固结快剪试验结果。当考虑实际工程中有可能使地基产生一定的固结度时，也可以采用固结快剪的指标。

3. 按载荷试验确定地基承载力

载荷试验是在现场试坑中设计基底标高处的天然土层上设置载荷板，在其上施加垂直荷载，测定载荷板上的压力与变形的关系，由《建筑地基基础设计规范》GB 50007—2011 附录的方法确定该土层的地基承载力特征值 f_{ak}。

（1）浅层平板载荷试验

① 地基土浅层平板载荷试验可适用于确定浅部地基土层的承压板下应力主要影响范围内的承载力和变形参数，承压板面积不应小于 0.25m^2，对于软土不应小于 0.5m^2。

② 试验基坑宽度不应小于承压板宽度或直径的 3 倍。应保持试验土层的原状结构和天然湿度。宜在拟试压表面用粗砂或中砂层找平，其厚度不超过 20mm。

③ 加荷分级不应少于 8 级。最大加载量不应小于设计要求的 2 倍。

④ 每级加载后，按间隔 10min、10min、10min、15min、15min，以后为隔半小时测读一次沉降量。当在连续 2h 内，每小时的沉降量小于 0.1mm 时，则认为已趋稳定，可加下一级荷载。

⑤ 当出现下列情况之一时，即可终止加载：

承压板周围的土明显地侧向挤出；沉降量 s 急骤增大，荷载～沉降（p～s）曲线出现陡降段；在某一级荷载下，24h 内沉降速率不能达到稳定标准；沉降量与承压板宽度或直径之比大于或等于 0.06。

当满足前三种情况之一时，其对应的前一级荷载定为极限荷载。

当 p～s 曲线上有比例界限时，取该比例界限所对应的荷载值；当极限荷载小于对应比例界限的荷载值的 2 倍时，取极限荷载值的一半；当不能按上述二款要求确定时，压板面积为 0.25～0.50m^2 时，可 $s/d=0.01$～0.015 所对应的荷载，但其值不应大于最大加载量的一半。

同一土层参加统计的试验点不应少于 3 点，各试验实测值的极差不得超过其平均值的 30%，取此平均值作为该土层的地基承载力特征值 f_{ak}。

（2）深层平板载荷试验

深层平板载荷试验可适用于确定深部地基土层及大直径桩桩端土层在承压板下应力主要影响范围内的承载力和变形参数。

深层平板载荷试验的承压板采用直径为 0.8m 的刚性板，紧靠承压板周围外侧的土层高度应不少于 80cm。

加荷等级可按预估极限承载力的 1/10～1/15 分级施加。每级加荷后，第一个小时内按间隔 10min、10min、10min、15min、15min，以后为每隔半小时测读一次沉降。当在连续 2h 内，每小时的沉降量小于 0.1mm 时，则认为已趋稳定，可加下一级荷载。

当出现下列情况之一时，可终止加载：

沉降量 s 急骤增大，荷载～沉降（p～s）曲线上有可判定极限承载力的陡降段，且沉降量超过 $0.04d$（d 为承压板直径）；在某级荷载下，24h 内沉降速率不能达到稳定；本级沉降量大于前一级沉降量的 5 倍；当持力层土层坚硬，沉降量很小时，最大加载量不小于设计要求的 2 倍。

承载力特征值的确定应符合下列规定：

当 p～s 曲线上有比例界限时，取该比例界限所对应的荷载值；满足前三款终止加载条件之一时，其对应的前一级荷载定为极限荷载，当该值小于对应比例界限的荷载值的 2 倍时，取极限荷载值的一半；不能按上述二款要求确定时，可取 $s/d=0.01$～0.015 所对应的荷载值，但其值应大于最大加载量的一半。

同一土层参加统计的试验点不应少于 3 点，当试验实测值的极差不超过平均值的 30% 时，取此平均值作为该土层的地基承载力特征值 f_{ak}。

4. 按当地建筑经验确定地基承载力

公路桥涵地基与基础设计规范中采用了按经验值确定地基承载力的方法，即根据土层性质直接由规范承载力表查得相应的地基容许承载力值。

5. 按理论公式确定地基承载力

（1）斯肯普顿地基极限承载力公式

对于饱和软黏土地基（$\varphi=0$），在条形荷载作用下的极限承载力公式为：

$$p_u=(\pi+2)c+q=5.14c+q=5.14c+\gamma_m d \tag{18-8-3}$$

对于矩形基础，地基极限承载力公式为：

$$p_u=5c\left(1+\frac{b}{5l}\right)\left(1+\frac{d}{5b}\right)+\gamma_0 d \tag{18-8-4}$$

式中 c——地基土黏聚力（kPa）；取基底以下 $0.707b$ 深度范围内的平均值，考虑饱和黏性土与粉土在不排水条件下的短期承载力时，黏聚力应采用土的不排水抗剪强度 c_u；

b、l、d——分别为基础的宽度、长度和埋深（m）；

γ_m——基础埋置深度 d 范围内土的加权平均重度（kN/m^3）。

工程实践表明，此公式计算软土地基承载力与实际情况比较接近，安全系数可取 1.0～1.30。

(2) 太沙基地基极限承载力公式

1943 年太沙基提出了条形基础的极限荷载公式，从实用角度认为，当基础的长宽比 $l/b \geqslant 5$ 及基础的埋置深度 $d \leqslant b$ 时，可视为条形基础。

对于条形基础，太沙基极限承载力公式为：

$$p_u = \frac{1}{2}\gamma b N_\gamma + qN_q + cN_c \tag{18-8-5}$$

式中 N_γ、N_q、N_c——承载力系数，无量纲，仅与土的内摩擦角 φ 有关，可查表。

对于圆形基础，太沙基极限承载力公式为：

$$p_u = 0.6\gamma R N_\gamma + qN_q + 1.2cN_c \tag{18-8-6}$$

式中 R——圆形基础的半径。

对于方形基础，太沙基极限承载力公式为：

$$p_u = 0.4\gamma b N_\gamma + qN_q + 1.2cN_c \tag{18-8-7}$$

上述三式只适用于地基土是整体剪切破坏的情况，即地基土较密实，$p-s$ 曲线无明显转折点，破坏前沉降不大。对于松软土质，地基破坏是局部剪切破坏，其所受的极限荷载较小，太沙基建议在此时可采用较小的 c、φ 值代入上式计算，即：

$$\tan\varphi' = \frac{2}{3}\tan\varphi,\ c' = \frac{2}{3}c \tag{18-8-8}$$

【例 18-8-2】 在 $c=15\text{kPa}$，$\gamma=18\text{kN/m}^3$，$\varphi=15°$（$N_\tau=1.8$，$N_q=4.45$，$N_c=12.9$）的地基表面有一个宽度为 3m 的条形均布荷载，对于整体剪切破坏的情况，按太沙基承载力公式计算的极限承载力为（ ）。

A. 80.7kPa B. 80.7kPa C. 242.1kPa D. 50.8kPa

解： 选 C。根据太沙基承载力公式计算求得。

(3) 汉森地基承载力公式

汉森提出对于均质地基，在中心倾斜荷载作用下，不同基础形状及不同埋置深度的极限承载力计算公式为：

$$p_u = \frac{1}{2}\gamma b N_\gamma i_\gamma s_\gamma d_\gamma g_\gamma b_\gamma + qN_q i_q s_q d_q g_q b_q + cN_c i_c s_c d_c g_c b_c \tag{18-8-9}$$

式中 N_γ、N_q、N_c——承载力系数；

g_γ、g_q、g_c——地面倾斜系数；

s_γ、s_q、s_c——基础形状系数；

i_γ、i_q、i_c——荷载倾斜系数；

b_γ、b_q、b_c——基础倾斜系数；

d_γ、d_q、d_c——深度系数。

历年真题

18-8-1. 某条形基础宽 10m，埋深 2m，埋深范围内土的重度 $r_0=18\text{kN/m}^3$，$\varphi=22°$，$c=10\text{kPa}$；地下水位于基底；地基持力层的饱和重度 $r_{sat}=20\text{kN/m}^3$，$\varphi=20°$，$c=$

12kPa，按太沙基理论求得地基发生整体剪切破坏时的地基极限承载力为（　　）。（2011B39）

（$\varphi=20°$时，承载力系数$N_r=5.0$，$N_q=7.42$，$N_c=17.6$。当$\varphi=22°$时，承载力系数$N_r=6.5$，$N_q=9.17$，$N_c=20.2$）

A. 728.32kPa　B. 897.52kPa　C. 978.32kPa　D. 1147.52kPa

18-8-2. 某地基土的临塑荷载P_{cr}，临界荷载$P_{1/4}$、$P_{1/3}$及极限荷载P_u间的数值大小关系是（　　）。（2011B40）

A. $P_{cr}<P_{1/4}<P_{1/3}<P_u$　B. $P_{cr}<P_u<P_{1/3}<P_{1/4}$

C. $P_{1/3}<P_{1/4}<P_{cr}<P_u$　D. $P_{1/4}<P_{1/3}<P_{cr}<P_u$

18-8-3. 确定地基土的承载力的方法中，下列哪个原位测试方法的结果最可靠？（　　）（2012B50）

A. 载荷试验　B. 标准贯入试验

C. 轻型动力触探试验　D. 旁压试验

18-8-4. 关于地基承载力特征值的宽度修正式$\eta_b\gamma(b-3)$，下面说法不正确的是（　　）。（2012B55）

A. $\eta_b\gamma(b-3)$的最大值为$3\eta_b\gamma$

B. $\eta_b\gamma(b-3)$总是大于或等于0，不能为负数

C. η_b可能等于0

D. γ取基底以上土的重度，地下水以下取浮重度

18-8-5. 关于地基承载力特征值的深度修正式$\eta_d\gamma_m(d-0.5)$，下面说法不正确的是（　　）。（2013B55）

A. $\eta_d\gamma_m(d-0.5)$的最大值$5.5\eta_d\gamma_m$

B. $\eta_d\gamma_m(d-0.5)$总是大于或等于0，不能为负值

C. η_d总是大于或等于1

D. γ_m取基底以上土的重度，地下水以下取浮重度

18-8-6. 对于相同的场她，下面哪种情况可以提高地基承载力并减少沉降？（　　）（2014B55）

A. 加大基础埋深，并加做一层地下室

B. 基底压力p（kPa）不变，加大基础宽度

C. 建筑物建成后抽取地下水

D. 建筑物建成后，填高室外地坪

18-8-7. 下面哪一关于地基承载力的计算中假定基底存在刚性核（　　）。（2017B40）

A. 临塑荷载的计算

B. 临界荷载的计算

C. 太沙基关于极限承载力的计算

D. 普朗德尔-瑞斯纳关于极限承载力的计算

18-8-8. 下列哪种情况不能提高地基的承载能力？（　　）（2017B55）

A. 加大基础宽度　B. 增加基础埋深

C. 降低地下水　D. 增加基底材料的强度

18-8-9. 地基极限承载力计算公式 $P_m=\frac{1}{2}\gamma BN_\gamma+qN_q+cN_c$ 中，系数 N_c 主要取决于（　　）。(2018B40)

A. 土的黏聚力 c　　B. 土的内摩擦角 φ

C. 基础两侧荷载 q　　D. 基底以下土的重度 γ

答　案

18-8-1.【答案】(A)

根据太沙基地基极限承载力公式，当 $\varphi=20°$ 时，承载力系数 $N_r=5.0$，$N_q=7.42$，$q=\gamma_0 d=18\times2=36\text{kN/m}^2$，$P_u=cNc+qN_q+(1/2)\ rbN_r=12\times17.6+18\times2\times7.42+(1/2)\times10\times10\times5=728.32$。

18-8-2.【答案】(A)

临塑荷载指基础边缘地基中刚要出现塑性区时基底单位面积上所承担的荷载，它相当于地基从压缩阶段过渡到剪切阶段时的界限荷载。使地基中塑性开展区达到一定深度或范围，但未与地面贯通，地基仍有一定的强度，能够满足建筑物的强度变形要求的荷载，地基中塑性复形区的最大深度达到基础宽度的 n 倍（$n=1/3$ 或 $1/4$）时，作用于基础底面的荷载，被称为临界荷载。极限荷载是指整个地基处理处于极限平衡状态时所承受的荷载，设计时绝不允许建筑物荷载达到极限荷载。

18-8-3.【答案】(A)

用原位测试法求地基承载力是岩土工程界历来推崇的最可靠方法，尤以载荷试验效果最好，静探、动探、旁压试验等间接法求地基承载力则具有地区经验特色。载荷测试的主要优点是对地基土不产生扰动，利用其成果确定的地基土承载力最可靠、最具代表性，可直接用于工程设计。其成果还可用于预估建筑物的沉降量。其缺点是载荷测试周期长、成本高，因而影响其普遍应用。

18-8-4.【答案】(D)

地基承载力特征值是指由载荷试验确定的地基土压力变形曲线线性变形段内规定的变形所对应的压力值，其最大值为比例界限值。影响地基承载力的主要因素有地基土的成因与堆积年代、地基土的物理力学性质、基础的形式与尺寸、基础埋深及施工速度等。当基础宽度大于 3m 或埋置深度大于 0.5m 时，从载荷试验或其他原位测试、经验值等方法确定的地基承载力值，需按下式修正：$f_a=f_{ak}+\eta_b\gamma(b-3)+\eta_d\gamma_m(d-0.5)$，式中，$f_a$——修正后的地基承载力特征值（kPa）；$f_{ak}$——地基承载力特征值（kPa），$\eta_b$、$\eta_d$——基础宽度和埋深的地基承载力修正系数；$\gamma$——基底以上土的重度，地下水以下取浮重度；$b$——基础底面宽度（m）大于 6m 按 6m 取值；γ_m——基础底面以上土的加权平均重度（kN/m^3），地下水位以下取浮重度；d——基础埋置深度（m）。

18-8-5.【答案】(A)

A 项，因为每类土的 γ_m 和 η_d 不同，所以不能确定 $\eta_d\gamma_m(d-0.5)$ 的最大值是否为 $5.5\eta_d\gamma_m$。

18-8-6.【答案】(A)

A 项，增大基础埋深可减小基底附加应力，进而减小基础沉降；由地基承载力特征值计算公式 $f_a=f_{ak}+\eta_b\gamma(b-3)+\eta_d\gamma_m(d-0.5)$ 可知，埋深 d 值增大，可适当提高地基承载力。B 项，加大基础宽度可提高地基承载力，但当基础宽度过大时，基础的沉降量会增加。C 项，抽取地下水会减小孔隙水压力，进而增大土体的有效应力，增大基础沉降量。D 项，提高室外地坪，增大了基底附加应力，进而会增大基础沉降量。

18-8-7.【答案】(C)

地基极限承载力是土力学研究的一个经典课题，其中太沙基理论是基于极限平衡方法。在该理论中考虑了地基土的自重，基于以下三条假定：①基础底面完全粗糙；②基底以上两侧土体当作均布荷载（不考虑基底以上两侧土体的抗剪度影响）；③地基中滑动土体分为三角形压密区（弹性核）、朗肯被动区以及对数螺旋线过渡区。在该假定的基础上，可以从弹性核的静力平衡条件求得太沙基极限承载力公式。

18-8-8.【答案】(A)

由 $f_a=f_{ak}+\eta_b\gamma(b-3)+\eta_d\gamma_m(d-0.5)$ 可知，降低地下水能增加地基土的有效重度，增加基础材料的强度并不能提高地基承载力。

18-8-9.【答案】(B)

N_r、N_q、N_c 均为地基承载力系数，可查表，与土体的内摩擦角有关。

第九节　浅基础

建筑物由地上结构和地下结构两部分组成，地基作为支撑建筑物的地层，如为自然状态则为天然地基，若经过人工处理则为人工地基。

一、考试大纲

浅基础类型；刚性基础；独立基础；条形基础；筏板基础；箱形基础；基础埋置深度；基础平面尺寸确定；地基承载力确定；深宽修正；下卧层验算；地基沉降验算；减少不均匀沉降损害的措施；地基、基础与上部结构共同工作的概念；浅基础的结构设计。

二、知识要点

（一）浅基础的类型

浅基础根据形状和大小可分成独立基础、条形基础（包括十字交叉条形基础）、筏板基础、箱形基础、壳体基础及岩层锚杆基础。根据基础所用材料的性能分为无筋扩展基础和扩展基础。

1. 无筋扩展基础

无筋扩展基础：由砖、块石、毛石、素混凝土、三合土和灰土等材料组成的墙下条形基础或柱下独立基础，适用于多层民用建筑和轻型厂房。

无筋扩展基础具有较好的抗压性能，但抗拉、抗剪强度较低，基础需要有非常大的截面抗弯刚度，受荷后基础不允许挠曲变形和开裂。因此设计时要求基础应具有一定的材料强度和质量，并限制台阶的宽高比、控制建筑物的层高和一定的地基承载力。

2. 扩展基础

钢筋混凝土扩展基础主要指墙下条形基础、柱下单独基础、柱下条形基础、十字交叉条形基础、筏形基础和箱形基础等。

扩展基础抗剪能力、抗弯能力、耐久性和抗冻性好，构造形式多样，可满足不同的建筑和结构功能要求，能与上部结构结合成整体共同工作。

（1）独立基础

独立基础是整个或局部结构物下的无筋或配筋的单个基础，主要指柱下基础，包括现浇台阶形基础、现浇锥形基础和预制柱的杯口形基础等。

（2）钢筋混凝土条形基础

钢筋混凝土条形基础指基础长度远远大于其宽度的一种基础形式，按上部结构形式分为墙下钢筋混凝土条形基础、柱下钢筋混凝土条形基础和十字交叉钢筋混凝土条形基础等。

（3）筏板基础

当荷载很大且地基软弱，采用交叉梁条形基础不能满足要求时，可采用筏板基础，即用钢筋混凝土做成的连续整片基础，俗称“满堂红”。

筏板基础在构造上好像一块倒置的楼盖，分为平板式和梁板式两种类型。

筏板基础由于基底面积大，故可以减小基底压力，比十字交叉条形基础有更大的整体刚度，有利于调整地基的不均匀沉降，较能适应上部结构荷载分布的变化。

（4）箱形基础

由钢筋混凝土底板、顶板和纵横内外隔墙形成的一个刚度极大的箱体形基础。

它比筏板基础具有更大的抗弯刚度，可视为绝对刚性基础。为了加大箱形基础的底板刚度，也可采用“套箱式”的箱形基础。

（5）壳体基础

由正圆锥形及其组合形式构成的壳体基础，可用于一般工业与民用建筑柱基和筒形的构筑物（如烟囱、水塔、料仓、中小型高炉等）基础。

这种基础使径向内力转变以压应力为主，比一般梁、板式的钢筋混凝土基础减少混凝土用量50%左右，节约钢筋30%以上，具有良好的经济效果。

（6）岩层锚杆基础

适用于直接建在基岩上的柱基，以及承受拉力或水平力较大的建（构）筑物基础。

（二）基础的埋置深度

持力层：直接支撑基础的土层，其下的各土层称为下卧层。

基础的埋置深度：基础底面到天然地面的垂直距离。选择合适的基础埋置深度关系到建筑物的安全和正常使用、地基的可靠性、基础施工的难易程度、施工的工期长短以及工程造价的高低等。

① 基础埋置深度，应符合下列要求：

a. 建筑物的用途，有无地下室、设备基础和地下设施，基础的类型和构造条件；

b. 作用在地基上的荷载大小和性质；

c. 工程地质和水文地质条件；

d. 相邻建筑物基础对埋深的影响；

e. 地基土冻胀和融陷的影响。

② 在满足地基稳定和变形要求的前提下，当上层地基的承载力大于下层土时，宜利用上层土作持力层。除岩石基础外埋深不宜小于 0.5m。

③ 高层建筑基础的埋置深度应满足地基承载力、变形和稳定性要求。位于岩石地基上的高层建筑，其基础埋深应满足抗滑稳定性要求。

④ 在抗震设防区，除岩石地基外，天然地基上的箱形和筏形基础的埋置深度不宜小于建筑物高度的 1/15；桩箱或桩筏基础的埋置深度（不计桩长）不宜小于建筑物高度的 1/18。

⑤ 基础宜埋置在地下水位以上，当必须埋在地下水位以下时，应采取地基土在施工时不受扰动的措施。若基础埋置在易风化的岩层上，施工时应在基坑开挖后立即铺筑垫层。

⑥ 当存在相邻建筑物时，新建建筑物的基础埋深不宜大于原有建筑基础。当埋深大于原有建筑基础时，两基础间应保持一定净距，其数值应根据建筑荷载大小、基础形式和土质情况确定。

⑦ 季节性冻土地区基础埋置深度宜大于场地冻结深度。对于深厚季节冻土地区，当建筑基础底面土层为不冻胀、弱冻胀、冻胀土时，基础埋置深度可以小于场地冻结深度，基底允许冻土层最大厚度应根据当地经验确定，没有地区经验时可按《建筑地基基础设计规范》GB 50007—2011 附录 G 查取。此时，基础最小埋深 $d_{\min}$ 可按下式计算：

$$d_{\min}=Z_{\mathrm{d}}-h_{\max} \tag{18-9-1}$$

式中 Z_{d}——场地冻结深度（m）；

$h_{\max}$——基础底面下允许冻土层的最大厚度（m）。

（三）确定基础底面尺寸

首先应满足地基承载力要求，包括持力层土的承载力计算和软弱下卧层的验算，其次，对部分建（构）筑物，仍需考虑地基变形的影响，验算建（构）筑物的变形特征值，并对基础底面尺寸作必要的调整。

当仅在单向存在偏心且偏心距 $e\leqslant\dfrac{l}{6}$ 时，基础边缘的最大、最小压力设计值分别为：

$$p_{\substack{\max\\ \min}}=\frac{F_{\mathrm{k}}+G_{\mathrm{k}}}{A}\left(1\pm\frac{6e}{l}\right) \tag{18-9-2}$$

1. 承载力验算

地基承载力的验算公式为：

$$\begin{cases}p_{\mathrm{k}}\leqslant f_{\mathrm{a}}\\ p_{\max}\leqslant 1.2f_{\mathrm{a}}\end{cases} \tag{18-9-3}$$

式中 p_{k}——相应于荷载效应标准组合时，基础底面的平均压力值。

2. 基底尺寸的初步确定

（1）基础为轴心受压

按下式计算基底面积：

$$A\geqslant\frac{F_{\mathrm{k}}}{f_{\mathrm{a}}-\gamma_{\mathrm{G}}d} \tag{18-9-4}$$

式中　F_k——相应于作用的标准组合时，上部结构传至基础顶面的竖向力值（kN）；

A——基础底面面积（m^2）；

γ_G——基础及回填土的平均重度，地下水位以上可取 $20kN/m^3$，地下水位以下取 $10kN/m^3$；

f_a——修正后的地基承载力特征值（kPa）；

d——基础平均埋深（m）。

通常取条形基础宽度 $b \geqslant \frac{N}{f_a - \gamma_G d}$，这里 N 为条形基础单位长度的荷载（kN/m）。

（2）基础为偏心受压

① 先按轴心受压情况即式（18-9-4）预估基础面积 A_0；

② 根据偏心距的大小，将预估面积适当增大，一般可按增大10%～40%基础面积的形式进行，即：

$$A = (1.1 \sim 1.4)A_0 \tag{18-9-5}$$

对矩形基础可按 A 初步选择相应的基础底面长度 l 和宽度 b，一般取 $l/b = 1.2 \sim 2.0$。

③ 计算基底的平均压力和边缘最大压力，并按式（18-9-5）验算，如满足要求则可按上面的计算结果确定基底的尺寸，否则应重复前面的步骤对基底尺寸作进一步调整。

（3）验算软弱下卧层的承载力

当地基压缩层范围内存在软弱下卧层时，验算公式如下：

$$p_z + p_{cz} \leqslant f_{az} \tag{18-9-6}$$

式中　p_z——软弱下卧层顶面处的附加压力值（kPa）；

p_{cz}——软弱下卧层顶而处土的自重压力值（kPa）；

f_{az}——软弱下卧层顶面处经深度修正后地基承载力特征值（kPa）。

当上层土与下卧土层的压缩模量比值大于或等于3时，对条形基础和矩形基础，式（18-9-6）中的 p_z 值可按下列公式简化计算：

条形基础

$$p_z = \frac{b(p_k - p_c)}{b + 2z\tan\theta} \tag{18-9-7}$$

矩形基础

$$p_z = \frac{lb(p_k - p_c)}{(b + 2z\tan\theta)(l + 2z\tan\theta)} \tag{18-9-8}$$

式中　p_k——相应于荷载效应标准组合时，基础底面的平均压力值（kPa）；

b——矩形基础和条形基础底边的宽度（m）；

l——矩形基础底边的长度（m）；

p_c——基础底处土的自重压力值（kPa）；$p_c = \gamma_m d$；

z——基础底面至软弱下卧层顶面的距离（m）；

θ——地基压力扩散线与垂直方向的夹角，可按表18-9-1采用。

地基压力扩散角 θ　　　　**表 18-9-1**

E_{s1}/E_{s2}	z/b	
	0.25	0.50
3	6°	23°

续表

E_{s1}/E_{s2}	z/b	
	0.25	0.50
5	10°	25°
10	20°	30°

注：1. E_{s1} 为上层土压缩模量，E_{s2} 为下层土压缩模量；

2. $z<0.25b$ 时一般取 $\theta=0°$，必要时，宜由试验确定，$z>0.25b$ 时 θ 值不变。

【例 18-9-1】 对软弱下卧层的承载力特征值 f_{ak} 修正为 f_a 时（　　）。

A. 仅需作深度修正　　B. 仅需作宽度修正

C. 需作宽度和深度修正　　D. 仅当基础宽度大于 3m 时才需作宽度修正

解： 选 A。根据太沙基承载力公式计算求得。

（四）地基的变形特征及变形验算

地基变形特征一般分为沉降量、沉降差、倾斜和局部倾斜。

沉降量：基础中心点的沉降量。

沉降差：相邻单独基础沉降量的差值。

倾斜：基础倾斜方向两端点的沉降差与其距离的比值。

局部倾斜：砌体承重结构沿纵向 6～10m 内基础两点的沉降差与其距离的比值。

《建筑地基基础设计规范》GB 50007—2011 按不同建筑物的地基变形特征，要求：建筑物的地基变形计算值不应大于地基变形允许值，即

$$s \leqslant [s] \tag{18-9-9}$$

式中 s——地基变形计算值，可分为沉降量、沉降差、倾斜和局部倾斜等；

$[s]$——地基变形允许值，可查《建筑地基基础设计规范》GB 50007—2011。

建筑物是否应进行地基的变形验算，需根据地基基础的设计等级以及长期荷载作用下地基变形对上部结构的影响程度来决定，具体可参见《建筑地基基础设计规范》GB 50007—2011 的规定。

【例 18-9-2】 框架结构地基变形的主要特征是（　　）。

A. 沉降量　　B. 沉降差　　C. 倾斜　　D. 局部倾斜

解： 选 B。框架结构整体刚度低。

（五）地基稳定性计算

① 地基稳定性可采用圆弧滑动面法进行验算。

$$M_R/M_S \geqslant 1.2 \tag{18-9-10}$$

式中 M_S——滑动力矩（kN·m）；

M_R——抗滑力矩（kN·m）。

② 位于稳定土坡坡顶上的建筑，应满足的要求：

条形基础

$$a \geqslant 3.5b - \frac{d}{\tan\beta} \tag{18-9-11}$$

矩形基础

$$a \geqslant 2.5b - \frac{d}{\tan\beta} \tag{18-9-12}$$

式中 a——基础底面外边缘线至坡顶的水平距离（m）；

b——垂直于坡顶边缘线的基础底面边长（m）；

d——基础埋置深度（m）；

β——边坡坡角（°）。

当垂直于坡顶边缘线的基础底面边长小于或等于 3m 时，其基础底面外边缘线至坡顶的水平距离除满足式（18-9-11）、式（18-9-12）要求外，且应大于 2.5m。

③ 当基础底面外边缘线至坡顶的水平距离不满足式（18-9-11）、式（18-9-12）的要求时，可根据基底平均压力按公式（18-9-12）确定基础距坡顶边缘的距离和基础埋深。

④ 当边坡坡角大于 45°、坡高大于 8m 时，尚应按式（18-9-12）验算坡体稳定性。

⑤ 建筑物基础存在浮力作用时应进行抗浮稳定性验算

a. 对于简单的浮力作用，基础抗浮稳定性应满足：

$$\frac{G_k}{N_{w,k}} \geqslant k_w \tag{18-9-13}$$

式中 G_k——建筑物自重及压重之和（kN）；

$N_{w,k}$——浮力作用值（kN）；

k_w——抗浮稳定安全系数，一般情况下可取 1.05。

b. 抗浮稳定性不满足设计要求时，可采用增加压重或设置抗浮构件等措施。抗浮稳定性局部不满足要求时，可采用增加结构刚度的措施。

（六）浅基础的结构设计

1. 扩展基础

（1）无筋扩展基础结构的设计原则

在进行无筋扩展基础（图 18-9-1）设计时必须使基础主要承受压应力，保证基础内产生的拉应力、剪应力不超过材料强度设计值。设计中通过对基础的外伸宽度与基础高度的比值进行验算来实现。

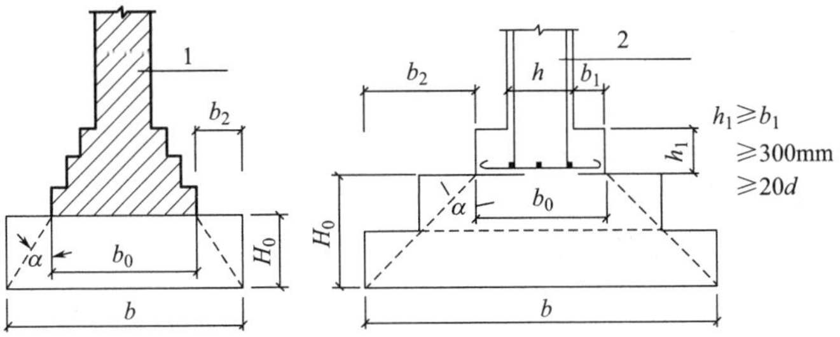

图 18-9-1

（2）无筋扩展基础的设计计算步骤

① 初步选定基础高度 H_0；

② 根据地基承载力条件初步确定基础宽度 b；

③ 验算基础的宽度：

$$b \leqslant b_0 + 2H_0 \tan\alpha \tag{18-9-14}$$

式中 H_0、b_0、b_2——基础的高度、顶面砌体宽度和外伸长度，如图 18-9-1 所示；

$\tan\alpha$——基础台阶宽高比的允许值，α 称为刚性角，$\tan\alpha=[b_2/H_0]$ 可按《建筑地基基础设计规范》GB 50007—2011 选用。

如验算符合要求，则可采用原先选定的基础宽度和高度，否则应调整基础高度重新验算，直至满足要求为止。

（3）扩展基础构造及配筋计算

1）扩展基础的构造，应符合的要求

① 锥形基础的边缘高度不宜小于 200mm，且两个方向的坡度不宜大于 1∶3；阶梯形基础的每阶高度，宜为 300～500mm。

② 垫层的厚度不宜小于 70mm，垫层混凝土强度等级不宜低于 C10。

③ 扩展基础受力钢筋最小配筋率不应小于 0.15%，底板受力钢筋的最小直径不宜小于 10mm，间距不宜大于 200mm，也不宜小于 100mm。墙下钢筋混凝土条形基础纵向分布钢筋的直径不宜小于 8mm，间距不宜大于 300mm；每延米分布钢筋的面积应不小于受力钢筋面积的 15%。有垫层时钢筋保护层的厚度不应小于 40mm，无垫层时不应小于 70mm。

④ 混凝土强度等级不应低于 C20。

⑤ 当柱下钢筋混凝土独立基础的边长和墙下钢筋混凝土条形基础的宽度大于或等于 2.5m 时，底板受力钢筋的长度可取边长或宽度的 0.9 倍，并宜交错布置。

⑥ 钢筋混凝土条形基础底板在 T 形及十字形交接处，底板横向受力钢筋仅沿一个主要受力方向通长布置，另一方向的横向受力钢筋可布置到主要受力方向底板宽度 1/4 处。在拐角处底板横向受力钢筋应沿两个方向布置。

2）扩展基础的计算

① 扩展基础的基础底面积，应按前述方法确定。在条形基础相交处，不应重复计入基础面积。

② 扩展基础的计算应符合下列规定：

a. 对柱下独立基础，当冲切破坏锥体落在基础底面以内时，应验算柱与基础交接处以及基础变阶处的受冲切承载力；

b. 对基础底面积及尺寸小于或等于柱宽加两倍基础有效高度的柱下独立基础，以及墙下条形基础，应验算柱（墙）与基础交接处的基础受剪切承载力；

c. 基础底板的配筋应按抗弯计算确定；

d. 当基础的混凝土强度等级小于柱的混凝土强度等级时，尚应验算柱下基础顶面的局部受压承载力。

3）扩展基础的验算

① 验算柱下独立基础的受冲切承载力。

② 当基础底面短边尺寸小于或等于柱宽加两倍基础有效高度时，验算柱与基础交接处截面受剪承载力。

③ 对墙下条形基础底板，应验算墙与基础底板交接处截面受剪承载力。

④ 在轴心荷载或单向偏心荷载作用下，当台阶的宽高比小于或等于 2.5 和偏心距小

于或等于 1/6 基础宽度时，简化计算柱下矩形独立基础任意截面的底板弯矩。

⑤ 基础底板应进行配筋计算，满足最小配筋率和构造的要求。

⑥ 当柱下独立柱基底面长短边之比 ω 在大于或等于 2、小于或等于 3 的范围内时，基础底板采用短向钢筋布置方法。

⑦ 进行墙下条形基础的受弯计算和配筋。

2. 柱下条形基础

在钢筋混凝土框架结构中，当地基软弱而荷载较大时，若采用扩展基础，可能因基础底面积很大而造成基础边缘互相接近甚至重叠，为增加基础的整体性并方便施工，可将同一排的柱基础连通成为柱下钢筋混凝土条形基础，若仅是相邻柱相连，又称为联合基础或双柱联合基础。

（1）柱下条形基础的构造

① 柱下条形基础梁的高度宜为柱距的 1/4～1/8。翼板厚度不应小于 200mm。当翼板厚度大于 250mm 时，宜采用变厚度翼板，其顶面坡度宜小于或等于 1∶3。

② 条形基础的端部宜向外伸出，其长度宜为第一跨距的 0.25 倍。

③ 现浇柱与条形基础梁的交接处，基础梁的平面尺寸应大于柱的平面尺寸，且柱的边缘至基础梁边缘的距离不得小于 50mm。

④ 条形基础梁顶部和底部的纵向受力钢筋除应满足计算要求外，顶部钢筋应按计算配筋 全部贯通，底部通长钢筋不应少于底部受力钢筋截面总面积的 1/3。

⑤ 柱下条形基础的混凝土强度等级不应低于 C20。

（2）柱下条形基础的一般设计步骤

① 按地基承载力设计值计算所需的条形基础底面积 A，进而确定底板宽度 b。

② 按墙下条形基础设计方法确定翼板厚度及横向钢筋的配筋。

③ 根据柱下条形基础的计算条件，选用简化法或弹性地基梁法计算其纵向内力，再根据纵向内力计算结果，按一般钢筋混凝土受弯构件进行基础纵向截面验算与配筋计算，同时应满足设计构造要求。

【例 18-9-3】 柱下条形基础底端部向外伸出的长度宜为第一跨跨距的（　　）。

A. 1/3　　　B. 1/2　　　C. 1/4　　　D. 1/5

解： 选 C。

3. 筏板基础

筏板基础成片覆盖在建筑物地基上，平面连续，易于满足软弱地基承载力的要求，减少地基的附加应力和不均匀沉降，增强建筑物的整体抗震性能，但抗弯刚度有限，无力调整过大的沉降差异，经济指标较高。

① 筏板基础的平面尺寸，应根据地基土的承载力、上部结构的布置及荷载分布等按规范确定。对单幢建筑物，地基土比较均匀时，基础底面形心宜与结构竖向永久荷载重心重合。无法重合时，在荷载效应准永久组合下，偏心距 e 宜满足：

$$e \leqslant 0.1W/A \tag{18-9-15}$$

式中　W——与偏心距方向一致的基础底面边缘抵抗矩；

A——基础底面积。

筏板基础的混凝土强度等级不应低于 C30。

② 梁板式筏基底板应满足正截面抗弯承载力、抗冲切承载力、抗剪切承载力的计算要求。当底板区格为矩形双向板时，底板厚度与最大双向板格的短边净跨之比不应小于1/14，且板厚不应小于400mm。

地下室底层柱、剪力墙与梁板式筏基的基础梁连接的构造应符合下列要求：

a. 柱、墙的边缘至基础梁边缘的距离不应小于50mm；

b. 当交叉基础梁的宽度小于柱截面的边长时，交叉基础梁连接处应设置八字角，柱角与八字角之间的净距不宜小于50mm；

c. 单向基础梁与柱的连接，基础梁与剪力墙的连接，可参见相关规范。

③ 平板式筏基的板厚应满足抗冲切承载力的要求，计算时应考虑作用在冲切临界面重心上的不平衡弯矩产生的附加剪力。

a. 平板式筏基内筒下的板厚应满足抗冲切承载力的要求。

b. 平板式筏板应满足抗冲切承载力、抗剪承载力的要求。

c. 当筏板的厚度大于2000mm时，宜在板厚中间部位设置直径不小于12mm、间距不大于300mm的双向钢筋网。

④ 当地基土比较均匀，地基压缩层范围内无软弱土层或可液化土层，上部结构刚度较好，柱网和荷载较均匀，相邻柱荷载及柱间距的变化不超过20%，且梁板式筏基梁的高跨比或平板式筏基板的厚跨比不小于1/6时，筏形基础可仅考虑局部弯曲作用。

4. 箱形基础

箱形基础是由底板、顶板、外侧墙及一定数量纵横较均匀布置的内隔墙构成的整体刚度很好的箱式结构，承受上部结构传来的荷载和不均匀地基反力引起的整体弯曲和局部弯曲。

（1）基底反力计算

基底反力按《高层建筑箱形基础设计与施工规程》JGJPDF 6—1980进行计算。

（2）基础内力分析

1）框架结构中的箱形基础

箱基的内力应同时考虑整体弯曲和局部弯曲作用，采用基底反力系数法确定。局部弯曲形成的弯矩应乘以0.8后叠加到整体弯曲的弯矩中。

2）现浇剪力墙体系中的箱形基础

箱基的顶板和底板内力仅按局部弯曲计算。钢筋应满足计算，纵、横方向支座钢筋应具有连通性，跨中钢筋按实际配筋率全部连通。

【例 18-9-4】 当基础需要浅埋，而基础底面积又较大时应选用（　　）。

A. 混凝土基础　　B. 毛石基础　　C. 砖基础　　D. 钢筋混凝土基础

解： 选D。混凝土基础刚度大，允许刚性角（台阶宽高比）大。

（七）地基基础与上部结构相互作用的概念

通常建筑结构设计是把上部结构、基础与地基三者作为彼此离散独立结构单元进行力学分析的，稍加推敲即可发现有不合理之处。地基、基础和上部结构沿接触点分离后，虽然满足静力平衡条件，却完全忽略了三者间受荷前后的变形离散性。事实上，地基、基础和上部结构三者之间是相互联系成整体来承担荷载而发生变形的，三者都将按各自的刚度对变形产生相互制约，从而使整个体系的内力（包括柱脚和基底反力）和变形（包括地基变形）发生变化。

按地基、基础和上部结构共同作用的原则进行整体的相互作用分析是相当复杂的，现简单分析一下它们之间的相互关系。

1. 上部结构刚度与基础受力的关系

基础作为一种结构形式具有一定的刚度，上部结构的刚度大小决定了它对不均匀沉降引起的附加应力的敏感性，刚度越大，敏感性越大，对不均匀沉降的适应性越小。

在上部结构、基础与地基的共同作用中，有重要影响的是“上部结构＋基础与地基”之间的刚度比，称为“相对刚度”。当相对刚度为零，即所谓的“结构绝对柔性”上部结构不会对地基变形产生影响。在实际工程中，属于绝对柔性的建筑结构是没有的，而以屋架—柱—基础为承重体系的木结构和排架结构与之接近。结构相对刚度无穷大，即所谓的“结构绝对刚性”上部结构和基础总体有弯曲趋势，在实际工程中，体形简单，长高比很小，采用框架、剪力墙或筒体结构的高层建筑及烟囱、水塔等高耸结构物基本属于这种情况，所以也称为“刚性结构”。上部结构与基础刚度之比越大，对地基受力和变形的调整能力越强，地基变形越均匀。

2. 地基条件对基础受力的影响

地基条件的变化，将对基础变形产生影响。当地基条件为中部硬、两边软时，基础变形曲线呈现凸状；当地基中部软、两边硬时，基础变形曲线呈现凹状。地基压缩性是否均匀，也直接影响基础的受力和变形，因此进行基础设计时，应尽量避开不均匀地基。

【例 18-9-5】 地基、基础与上部结构共同工作是指三者之间应满足（　　）。

A. 静力平衡条件　　B. 动力平衡条件

C. 变形协调条件　　D. 静力平衡和变形协调条件

解： 选 D。根据太沙基承载力公式计算求得。

（八）减少不均匀沉降损害的措施

1. 建筑措施

（1）建筑物体形力求简单

建筑物体形系指其平面形状和立面轮廓。

平面形状复杂的建筑物，在纵、横单元交叉处基础密集，地基中各单元荷载产生的附加应力相互叠加，使该处的局部沉降量增加。同时，此类建筑物整体刚度差，刚度不对称，当地基出现不均匀沉降时，容易产生扭曲应力，造成建筑物开裂。

建筑物高低变化太大，地基各部分所受的荷载大小不一，容易造成建筑物开裂。

（2）控制建筑物长高比及合理布置纵、横墙

当砌体承重房屋长高比较小时，建筑物的整体刚度好，能较好地防止不均匀沉降的危害。合理布置纵、横墙，是增强砌体承重结构整体刚度的重要措施之一。当遇地基不良时，应尽量使内、外纵墙都贯通，缩小横墙间距，可有效改善房屋的整体性，增强不均匀沉降的能力。

（3）设置沉降缝

当地基极不均匀，且建筑物平面形状复杂或长度太长、高差悬殊等情况不可避免时，可在建筑物的特定部位设置沉降缝。根据经验，沉降缝可选择在下列部位：

① 平面形状复杂的建筑物的转折部位；

② 建筑物的高度或荷载突变处；

③ 长高比较大的建筑物的适当位置；

④ 地基土压缩性显著变化处；

⑤ 建筑结构（基础）类型不同处；

⑥ 分期建造房屋的交界处。

沉降缝缝内一般不能填塞，并需具有一定宽度，以防止缝两侧单元发生互倾沉降时造成单元结构间的挤压破坏。

（4）控制相邻建筑物基础的间距

为避免相邻建筑物影响的损害，建造在软弱地基上的建筑物之间要有一定的净距。

（5）调整建筑物的局部标高

由于沉降会改变建筑物的原有标高，严重时将影响建筑物的正常使用，甚至导致管道等设备的损害。设计时可采用下列措施调整建筑物的局部标高：

① 根据预估沉降，适当提高室内地坪和地下设施的标高；

② 将相互联系的建筑物的各部分（包括设备）中预估沉降较大者的标高适当提高；

③ 建筑物与设备之间应留有足够的净空；

④ 有管道穿过建筑物时，应留有足够尺寸的孔洞，或采用柔性管道接头。

2. 结构措施

（1）减轻建筑物自重

减少沉降量首先从减轻建筑物自重开始，措施如下：

① 减轻墙体重量；

② 选用轻型结构；

③ 减少基础和回填土体重量。

（2）设置圈梁

对于砌体承重结构，不均匀沉降的损害突出地表现为墙体的开裂，工程实践中常在基础顶部附近、门窗顶部楼层处设置圈梁，每道圈梁应尽量贯通外墙、承重内纵墙及主要内横墙，并在平面内形成闭合的网状系统。

（3）减少或调整基底附加压力

1）减小基底压力

除减轻建筑物自重外，还可设置地下室，用挖出的土重去补偿一部分甚至全部的建筑物自重，以减小沉降量。

2）改变基底尺寸

按照沉降控制要求，选择和调整基础底面尺寸。

（4）增强上部结构刚度或采用非敏感性结构

3. 施工措施

合理安排施工顺序，注意某些施工方法，也能减小或调整不均匀沉降。

当拟建的相邻建筑物之间轻（低）重（高）悬殊时，一般应按先重后轻的程序施工；有时还需要在重的建筑物竣工一段时间后再建造轻的邻近建筑物。

当高层建筑物的主、群楼下有地下室时，可在主、群楼相交的裙楼一侧适当位置设置施工后浇带，同样以先主楼后裙楼的顺序施工。

细粒土尤其是淤泥及淤泥质土的结构性很强，施工时应尽可能保持地基土的原状结构。开挖基槽时，可暂不挖到基底标高，保留约200mm，等基坑内基础砌筑或浇筑时再挖，如基槽已扰动，可先挖去扰动部分，再用砂、碎石等回填处理。

历年真题

18-9-1. 确定常规浅基础埋置深度时，一般可不考虑的因素是（　　）。(2011B58)

A. 土的类别与土层分布　　B. 基础类型

C. 地下水位　　D. 基础平面形状

18-9-2. 扩展基础的抗弯验算主要用于下列哪一项设计内容？（　　）(2012B54)

A. 控制基础高度　　B. 控制基础宽度

C. 控制基础长度　　D. 控制基础配筋

18-9-3. 无筋扩展基础需要验算下面哪一项？（　　）(2013B54)

A. 冲切验算　　B. 抗弯验算　　C. 斜截面抗剪验算　　D. 刚性角

18-9-4. 如果无筋扩展基础不能满足刚性角的要求，可以采取以下哪种措施？（　　）(2014B54)

A. 增大基础高度　　B. 减小基础高度

C. 减小基础宽度　　D. 减小基础埋深

18-9-5. 如果扩展基础的冲切验算结果不能满足要求，可以采取以下哪种措施？（　　）(2016B54)

A. 降低混凝土强度等级　　B. 加大基础底板的配筋

C. 增大基础的高度　　D. 减小基础宽度

18-9-6. 在相同的砂土地基上，甲、乙两基础的底面均为正方形，且埋深相同，基础甲的面积为基础乙的2倍，根据载荷试验得到的承载力进行深度和宽度修正后有（　　）。(2016B55)

A. 基础甲的承载力大于基础乙

B. 基础乙的承载力大于基础甲

C. 两个基础的承载力相等

D. 根据基础宽度不同，基础甲的承载力可能大于或等于基础乙的承载力，但不会小于基础乙的承载力

18-9-7. 在保证安全可靠的前提下，浅基础埋深设计时应考虑（　　）。(2017B54)

A. 尽量浅埋　　B. 尽量埋在地下水位以下

C. 尽量埋在冻结深度以上　　D. 尽量采用人工地基

18-9-8. 季节性冻土的设计冻深 z_d 与标准冻深 z_0 相比，有（　　）。(2018B54)

A. $z_d \geqslant z_0$

B. $z_d \leqslant z_0$

C. $z_d = z_0$

D. 两者之间不存在大或小关系，需要根据影响系数具体计算确定

答案

18-9-1.【答案】(D)

基础埋置深度的选择应考虑与建筑物有关的条件，包括建筑的用途，有无地下室、设备基础和地下设施，以及基础的类型和构造条件，工程地质条件，水文地质条件，地基冻融条件，场地环境条件，作用在地基上的荷载大小和性质。

18-9-2.【答案】(D)

扩展基础是指用钢筋混凝土建造的基础抗弯能力强，不受刚性角限制。基础截面的设计验算内容主要包括抗冲切验算和抗弯验算，由抗冲切验算确定合理的基础高度，由抗弯验算确定基础底板的双向配筋。A 项，基础的高度主要由抗剪验算决定。B、C 项，基础的尺寸，包括宽度和长度，主要是在确定基础类型和埋深后，根据地基土的承载力、外荷载、地基变形和稳定性验算得到的。

18-9-3.【答案】(D)

无筋扩展基础是由砖、毛石、混凝土或毛石混凝土、灰土和三合土等材料组成的墙下条形基础或柱下独立基础。无筋扩展基础适用于多层民用建筑和轻型厂房。无筋扩展基础的材料都具有较好的抗压性能，但抗拉、抗剪强度却不高。设计时，通过控制材料强度等级和台阶高宽比（刚性角）来确定截面尺寸，而无须进行内力和截面强度计算。

18-9-4.【答案】(A)

刚性角 α 是基础台阶宽高比的允许值，可用 $\tan\alpha = b/h$ 表示，式中，b 为基础挑出墙外宽度；h 为基础放宽部分高度。当无筋扩展基础不能满足刚性角的要求时，为满足 $\alpha < \alpha_{max}$，可采取增大基础高度和减小基础挑出长度来调整。

18-9-5.【答案】(C)

C、D 两项，扩展基础应满足抗冲切验算的要求，当不能满足时，应增加基础的高度，或者增加基础的宽度。A、B 两项，降低混凝土强度等级和加大基础底板的配筋会影响基础底板的抗弯能力，不能提高其抗冲切能力。

18-9-6.【答案】(D)

地基承载力的修正公式为：$f_a = f_{ak} + \eta_b \gamma (b-3) + \eta_d \gamma_m (d-0.5)$。本题中基础甲的面积为基础乙的 2 倍，则基础甲的基础宽度为基础乙的基础宽度的 $\sqrt{2}$ 倍（基础宽度大于 6m 时按 6m 计算），故当基础乙的宽度大于 6m 时，甲、乙两基础的基础宽度均取 6m，此时地基承载力相同；当基础乙的宽度小于 6m 时，基础甲的地基承载力大于基础乙的地基承载力。

18-9-7.【答案】(A)

一般埋深小于 5m 的称为浅基础，大于 5m 的称为深基础。地基作为支承建筑物的地层，如为自然状态则为天然地基，若经过人工处理则为人工地基。B 项，基础宜埋置在地下水位以上，当必须埋在地下水位以下时，应采取地基土在施工时不受扰动的措施。C 项，季节性冻土地区基础埋置深度宜大于场地冻结深度。D 项，一般应优先选择天然地基上的浅基础，条件不允许时，可比较天然地基上的深基础和人工地基上的浅基础两方案，选定其一，必要时才选人工地基上的浅基础。

18-9-8.【答案】(D)

根据《建筑地基基础设计规范》GB 50007—2011 第 5.1.7 条规定，场地设计冻深 z_d 计算式为：$z_d = z_0 \cdot \psi_{zs} \cdot \psi_{zw} \cdot \psi_{ze}$，式中 z_0 为标准冻结深度；ψ_{zs}、ψ_{zw}、ψ_{ze} 土的类别对冻结深度的影响系数，三者相乘可大于 1，也可小于等于 1。

第十节　深基础

一、考试大纲

深基础类型；桩与桩基础类型；单桩的荷载传递特性；单桩竖向承载力的确定方法；群桩效应；群桩基础的承载力；群桩的沉降计算；桩基础设计。

二、知识要点

(一) 深基础的类型

当建筑物的较高，荷载较大，浅层地基强度及变形无法满足工程要求时，此时需要利用深层地基土作为持力层，相应的基础形式采用深基础。深基础主要有桩基础、沉井基础、墩基础和地下连续墙等几种类型。其中以桩基础的历史最为悠久，应用最为广泛。

1. 桩基础

桩基础是通过承台把若干根桩的顶部联结成整体，共同承受动静荷载的一种深基础。一般对下述情况可考虑选用桩基础：

① 地基的上层土质太差而下层土质较好；或地基软硬不均或荷载不均，不能满足上部结构对不均匀变形的影响；

② 地基软弱，不合适采用地基加固措施；或地基土性特殊，如存在可液化土层、自重湿陷性黄土、膨胀土及季节性冻土等；

③ 除承受较大垂直荷载外，尚有较大偏心荷载、水平荷载、动力或周期性荷载作用；

④ 上部结构对基础的不均匀沉降相当敏感；或建筑物受到大面积地面超载的影响；

⑤ 需要长期保存、具有重要历史意义的建筑物；

⑥ 水上基础，施工水位较高或河床冲刷较大，采用浅基础施工困难或不能保证基础安全时。

2. 沉井基础

沉井基础是一种带刃脚的井筒状构造物。它是利用人工或机械清除井内土石，借助自重或添加压重措施克服井壁摩阻力逐节下沉至设计标高，再浇筑混凝土封底并填塞井孔，成为建筑物的基础。

在旧房改建加固工程中，由于周围建筑物密集，不能采用大开挖，无条件选用地下连续墙时，可采用开口沉井方案。

沉井按施工方法分为一般沉井和浮运沉井；按制造沉井的材料分为混凝土沉井、钢筋混凝土沉井、竹筋混凝土沉井和钢沉井；按沉井的平面形状分为圆形沉井、矩形沉井和圆端形沉井；按井孔的布置方式分为单孔沉井、双孔沉井及多孔沉井；按沉井的立面形状分为柱形沉井、阶梯形沉井和锥形沉井。

沉井一般由井壁、刃脚、隔墙、井孔、凹槽、封底和顶板等组成。

沉井基础施工一般可以分为旱地施工、水中筑岛及浮运沉井三种。

旱地沉井施工顺序为：清整场地、制作第一节沉井、拆模及抽垫、除土下沉、接高沉井、设置井顶防水围堰、基底检验和处理、沉井封底、井孔填充和顶板浇筑。

3. 地下连续墙

它是利用专门的成槽机械在地下成槽，在槽中安放钢筋笼（网）后以导管法浇灌水下混凝土，形成一个单元墙段，再按顺序完成所有墙段，并以特定方式连接组成一道完整的现浇地下连续墙体。

每槽段的连接可采用接头管法、接头箱法、钢板接头法及隔板式接头方法。

地下连续墙具有挡土、防渗兼作主体承重结构等多种功能；能在沉井作业、板桩支护等难以实施的环境中进行无噪声、无振动施工；能通过各种地层进入基岩，深度可达 50m 以上而不必采取降低地下水的措施，因此可在密集建筑群中施工，尤其适用于二层以上地下室的建筑物，可配合“逆筑法”施工。

（二）桩与桩基础的类别

1. 桩的作用

① 把上部结构的垂直荷载和水平荷载传到持力层，同时又是抗震液化的重要措施。

② 抵抗上拔力和倾覆力。如地下水位以下的筏基或箱基受上浮力的作用，各种塔架如输电线路转角铁塔、电视广播发号塔等均承受倾覆力。

③ 通过桩体排土和打桩振动的共同作用，挤密松散的无黏性土。

④ 扩展式基础、箱基、筏基等基础的持力层土质不太好，或者下卧层有高压缩性土，采用桩基可以控制沉降。

⑤ 可以提高机器设备基础下的基础刚度，从而控制振动的振幅和系统的自振频率。

⑥ 如果桥墩有潜在的冲刷危险，采用桩基并深入冲刷线以下，可以提高安全度。

2. 桩的分类

（1）按施工工艺分类

桩按施工工艺可分为预制桩和灌注桩两大类。

1）预制桩

预制桩桩体可以在施工现场或工厂预制，然后运至桩位处，再经锤击、振动、静压或旋入等方式就位。预制桩可以是木桩、钢桩、钢筋混凝土桩。

预制桩的施工工艺包括制桩与沉桩两部分。沉桩工艺又随沉桩机械而变，主要有锤击式、静压式和振动式三种。

2）灌注桩

灌注桩施工时直接在所设计的桩位处成孔，在孔内下放钢筋笼，浇筑混凝土。其横截面呈圆形，可以做成大直径和扩底桩。

灌注桩根据成孔方法不同分为沉管灌注桩、钻孔灌注桩和挖孔灌注桩。

保证灌注桩的关键在于桩身的成型及混凝土的质量。

（2）按承载性状分类

根据竖向荷载下桩土相互作用特点，达到承载力极限状态时，桩侧与桩端阻力的发挥程度与分担荷载的比例，将桩分为摩擦型桩和端承型桩。

1）摩擦型桩

摩擦型桩：在竖向极限荷载作用下，桩顶极限荷载全部或绝大部分主要由桩侧摩阻力承担。根据桩侧阻力分担荷载的比例，分为摩擦桩和端承摩擦桩两类。

摩擦桩：桩顶极限荷载绝大部分由桩侧阻力承担，桩端阻力可忽略不计。例如：桩长径比很大，桩顶荷载只通过桩身压缩产生的桩侧阻力传递给桩周土，桩端土层分担的荷载很小；桩端下无较坚实的持力层；桩底残留虚土或沉渣的灌注桩；桩端出现脱空的打入桩等。

端承摩擦桩：桩顶荷载由桩侧阻力和桩端阻力共同承担，但大部分由桩侧阻力承受。在摩擦型桩这类桩所占比例很大。

2）端承型桩

端承型桩是在竖向极限荷载作用下，桩顶荷载全部或主要由桩端阻力承受，桩侧阻力相对桩端阻力可忽略不计的桩。根据桩端阻力分担荷载的比例分为摩擦端承桩和端承桩两类。

摩擦端承桩：桩顶极限荷载由桩侧阻力和桩端阻力共同承担，但桩端阻力分担荷载较大。通常桩端进入中密以上的砂土、碎石类土、微化岩层。

端承桩：桩顶荷载绝大部分由桩端阻力承受，桩侧阻力可忽略不计的桩。桩的长径比较小（一般小于 10）。桩端设置在密实砂层、碎石类土、微风化岩层及新鲜基岩中。

3. 桩基础的类型

桩基础可以采用单根桩的形式承受和传递上部结构的荷载，这种独立基础称为单桩基础。由 2 根或 2 根以上桩数组成的桩基础称为群桩基础，群桩基础中的单桩称为基桩。

桩基础由设置于土中的桩和承接上部结构的承台两部分组成。按承台位置分为高承台桩基和低承台桩基。低桩承台的承台底面位于地面以下，受力性能好，具有较强的抵抗水平荷载的能力；高承台桩基的承台底面位于地面以上，且常处于水下，水平受力性能差，但可避免水下施工及节省基础材料，多用于桥梁及港口工程。

（三）单桩竖向承载力

1. 单桩竖向极限承载力

单桩承载力是指单桩在竖向荷载作用下，不丧失稳定性、不产生过大变形时的承载能力。单桩在竖向荷载作用下到达破坏状态前或出现不适于继续承载的变形时所对应的最大荷载，称为单桩竖向极限承载力。

确定单桩竖向极限承载力的方法主要有静载荷试验法、经验参数法和静力触探法等。

（1）桩身承载力

按桩身混凝土强度确定单桩竖向承载力时，可将桩视为轴心受压杆件，根据桩材按《混凝土结构设计规范（2015 年版）》GB 50010—2010 等混凝土或钢结构规范计算。对于钢筋混凝土桩：

$$N \leqslant \varphi(A_p f_c \psi_c + f'_y A_g) \tag{18-10-1}$$

式中　N——单桩竖向承载力设计值（kN）；

f_c——混凝土轴心抗压强度设计值（kPa）；

A_p——桩身横截面积（m^2）；

f'_y——纵向钢筋抗压强度设计值（kPa）；

A_g——纵向钢筋的横截面面积（m^2）；

φ——桩的稳定系数；对于低承台桩基，考虑土的侧向约束可取1.0；但穿过很厚软黏土层和可液化土层的端承桩或高承台桩基，其值应小于1.0；

ψ_c——基桩成桩工艺系数；混凝土预制桩、预应力混凝土空心桩$\psi_c=0.85$；干作业非挤土灌注桩$\psi_c=0.90$；泥浆护壁和套管护壁非挤土灌注桩、部分挤土灌注桩、挤土灌注桩$\psi_c=0.7\sim0.8$；软土地区挤土灌注桩$\psi_c=0.6$。

（2）单桩竖向承载力特征值的规定

1）初步设计时单桩竖向承载力特征值可按下式进行估算：

$$R_a=q_{pa}A_p+u_p\sum q_{sia}l_i \tag{18-10-2}$$

式中 A_p——桩底端横截面面积（m^2）；

R_a——单桩竖向承载力特征值（kN）；

q_{pa}、q_{sia}——桩端端阻力特征值、桩侧阻力特征值（kPa）；

u_p——桩身周边长度（m）；

l_i——第i层岩土的厚度（m）。

当桩端嵌入完整及较完整的硬质岩中，当桩长较短且入岩较浅时，可按下式估算单桩竖向承载力特征值：

$$R_a=q_{pa}A_p \tag{18-10-3}$$

式中 q_{pa}——桩端岩石承载力特征值（kPa）。

2）按静载荷试验确定单桩承载力

根据静载荷试验确定单桩竖向承载力特征值时，在同一条件下的试桩数量，不宜少于总桩数的1%且不应少于3根。

当桩端持力层为密实砂卵石或其他承载力类似的土层时，对单桩竖向承载力很高的大直径端承型桩，可采用深层平板载荷试验确定，试验方法应符合《建筑地基基础设计规范》GB 50007—2011附录D的规定；

地基基础设计等级为丙级的建筑物，可采用静力触探及标贯试验参数结合工程经验确定；

挤土桩宜设置桩后隔一段时间开始静载荷试验，对于预制桩，打入砂土中后7d，如果为黏性土，根据土体强度的实际情况确定，一般不少于15d，对于饱和黏性土不得少于25天。

① 加载方式与稳定判断。

根据《建筑地基基础设计规范》GB 50007—2011：每级加载量宜为预估极限荷载的1/5～1/8（且不小于8级）。每级荷载作用下，桩顶沉降量每1h不超过0.1mm，认为达到稳定，可进行下一级荷载的施加，当出现下列情况之一时，应终止加载。

a. 当荷载-沉降曲线上有可判断极限承载力的陡降段，且桩顶总沉降量超过40mm。

b. $\Delta s_{n+1}/\Delta s_n=2$，且经24h尚未达到稳定，$\Delta s_{n+1}$、$\Delta s_n$分别为第$n+1$、$n$级荷载的沉降增量。

c. 25m以上的非嵌岩桩，$Q-s$曲线呈缓变形时，桩顶总沉降量大于60～80mm。

d. 在特殊条件下，可根据具体要求加载至桩顶，总沉降量大于100mm，桩底支撑在坚硬岩（土）层时，桩的沉降量很小时，最大加载量不应小于设计荷载的2倍。

卸载观测：每级卸载值为加载值的2倍。卸载后每隔15min测读一次，读两次后，隔半小时再读一次，即可卸下一级荷载。全部卸载后，隔 3～4h 再测读一次。

② 单桩极限承载力的确定。

a. 作荷载-沉降曲线和其他辅助分析所需的曲线；

b. 当陡降段明显时，取相应于陡降段起点的荷载值；

c. 当出现《建筑地基基础设计规范》GB 50007—2011 附录 Q. 0. 8 第 2 款的情况时，取前一级荷载值。

d. 当 $Q-s$ 曲线处缓变形时，取桩顶总沉降量 $s=40$mm 所对应的荷载值。当桩长大于 40m 时，宜考虑桩身的弹性压缩。按上述方法判断有困难时，可结合其他辅助分析方法综合判定。对桩基沉降有特殊要求的，应根据具体情况确定。

e. 参加统计的试桩，当满足其极差不超过平均自的 30%时，可取其平均值作为单桩极限承载力。极差超过平均值的 30%时，宜增加试桩数量并分析离散过大的原因，结合工程具体确定，对于桩数为 3 根及 3 根以下的柱下桩基取最小值。

f. 将单桩竖向极限承载力除以安全系数 2，为单桩竖向承载力特征值 R_a。

3）根据原位测试确定单桩承载力

可采用静力触探及标准贯入试验参数确定。

4）根据岩石饱和单轴抗压强度确定单桩承载力

嵌岩灌注桩按端承桩设计，要求桩底以下 3 倍桩径范围内无软弱夹层、断裂带、洞隙分布，在桩端应力扩散范围内无岩体临空面。其端承力按嵌岩深度及施工条件确定，可查相应规范。

5）经验法确定单桩承载力

若工程较小，附近有条件类似的成功桩基础，可借鉴其单桩承载力数值。

2. 群桩承载力

① 对于端承桩基和桩数少于 3 根的非端承桩基，群桩的竖向承载力为各单桩承载力之和。

② 对于桩的中心距小于 6 倍（摩擦桩）桩径，而桩数超过 3 根的桩基，可视作一假想的实体深基础进行验算，并计算桩基中单桩所承受的外力和校核单桩承载力。

【例 18-10-1】 单向偏心受压群桩基础，单桩的几何尺寸均相同，对称行列式排列，每根桩桩顶所承受的竖向力可能是（　　）。

①都不相同　②各行相同，各列不同　③各行不同，各列相同　④对角线方向对称的桩相同

A. ①④　　B. ②③　　C. ②④　　D. ③④

解：选 B。偏心方向各桩受力不同。

（四）桩基设计

1. 设计原则

建筑桩基采用以概率理论为基础的极限状态设计方法，以可靠指标度量桩基的可靠度，以分项系数的极限状态设计进行计算。

桩基极限状态分为承载能力极限状态和正常使用极限状态。

① 极限承载能力状态：桩基达到最大承载能力或整体失稳或发生不适于继续承载的变形。

② 正常使用极限状态：桩基达到建筑物正常使用所规定的变形限制或达到耐久性要求的某项限制。

2. 桩基设计

(1) 收集设计资料

设计桩基之前必须充分掌握设计原始资料，包括建筑类型、荷载、工程地质资料、材料来源及施工技术设备等情况，并尽量了解当地使用桩基的经验。

1) 工程地质勘察资料

其包括土层物理力学性质指标、地下水位、试桩资料或邻近类似桩基工程资料、液化土层信息等。

2) 建筑物情况

其包括建筑物平面布置图、结构类型、安全等级、变形要求和抗震设防烈度等。

3) 建筑环境条件与施工条件

其包括相邻建筑物情况、地下管线与构筑物分布、施工机械设备条件及周围环境对施工的要求等。

(2) 确定桩型、桩长

桩基设计时，首先应根据建筑物的结构类型、荷载情况、地层条件、施工能力及环境限制（噪声、振动）等因素，选择预制桩或灌注桩的类别，确定桩的截面尺寸、桩长和桩端持力层等。

桩长主要取决于桩端持力层的选择。

(3) 桩基持力层的选择

桩端最好进入坚硬土层或岩层，采用嵌岩桩或端承桩。当坚硬土层埋藏很深时，宜采用摩擦型桩基，桩端应尽量选择压缩性低而承载力高的较硬土层作为桩基持力层。

桩端进入持力层的深度，对于黏性土、粉土不宜小于 $2d$，砂土不宜小于 $1.5d$，碎石类土不宜小于 $1d$。

当存在软弱下卧层时，桩端以下硬持力层厚度不宜小于 $3d$。

对于嵌入倾斜的完整和较完整岩的全断面深度不宜小于 $0.4d$，且不小于 0.5m；倾斜度大于 30%的中风化岩，宜根据倾斜度及岩石完整性适当加大嵌岩深度。对于嵌入平整、完整的坚硬岩和较硬岩的深度不宜小于 $0.2d$，且不应小于 0.2m。

(4) 桩截面的选择

桩的截面（桩径或桩的边长）主要根据上部结构荷载大小、楼层数、现场施工条件及经济指标等初步确定，一般若建筑物楼层高、荷载大，宜采用大直径桩，并验算其截面的抗压强度（按钢筋混凝土轴心受压构件验算）。

(5) 确定桩数及桩位布置

初步估定桩数时，先不考虑群桩效应，根据单桩竖向承载力特征值 R，桩数 n 可按下列公式初步确定。

轴心荷载：
$$n \geqslant \frac{F_k + G_k}{R} \tag{18-10-4}$$

偏心荷载：
$$n \geqslant (1.1 \sim 1.2)\frac{F_k + G_k}{R} \tag{18-10-5}$$

式中 F_k——荷载效应标准组合下，作用在承台上的轴向压力设计值；

G_k——桩基承台及上覆填土的自重。

桩的中心矩若过大，承台体积增加，造价提高；间距过小，桩的承载能力不能发挥，且给施工造成困难，一般桩的最小中心矩应符合表 18-10-1 的规定，对于大面积桩群，尤其是挤土桩，桩的最小中心矩还应按表列数值适当加大。

桩的最小中心矩 **表 18-10-1**

土类与成桩工艺		桩排数≥3,桩数≥9 的摩擦型桩基	其他情况
非挤土灌注桩		3.0d	2.5d
部分挤土灌注桩		3.5d	3.0d
挤土桩	穿越非饱和土、饱和非黏性土	4.0d	3.5d
	穿越饱和黏性土	4.5d	4.0d
沉管夯扩、钻孔挤扩桩	穿越非饱和土、饱和非黏性土	2.2D 且 4.0d	2.0D 且 3.5d
	穿越饱和黏性土	2.5D 且 4.5d	2.2D 且 4.0d
钻、挖孔及扩底灌注桩		2D 且 D+2.0m(当 D>2m)	1.5D 且 D+1.5m(当 D>2m)

注：d 为圆桩设计直径或方桩设计边长，D 为扩大端设计直径。

桩在平面内可布置成方形（或矩形）、三角形和梅花形。条形基础下的桩，可采用单排或双排布置，也可采用不等距布置。

【例 18-10-2】 布置桩位时，宜使（ ）。

A. 桩基承载力合力点与永久荷载合力作用点重合

B. 桩基承载力合力点与可变荷载合力作用点重合

C. 桩基承载力合力点与所有荷载合力作用点重合

D. 桩基承载力合力点与准永久荷载合力作用点重合

解：选 A。减小永久荷载作用下的荷载偏心作用。

（6）桩身截面强度设计

预制桩的混凝土强度等级宜大于或等于 C30，采用静压法沉桩时，可适当降低，但不宜小于 C20。预应力桩的混凝土强度等级宜大于或等于 C40。预制桩的主筋（纵向）应按计算确定，并根据断面的大小及形状选用 4～8 根直径为 14～25mm 的钢筋。最小配筋率 ρ_{min} 宜大于或等于 0.8%。箍筋直径可取 6～8mm，间距小于或等于 200mm。

灌注桩的混凝土强度等级一般应大于或等于 C15，对甲级建筑桩基，主筋为 6～10 根 ϕ12～14，ρ_{min} 宜大于或等于 0.2%，锚入承台 30d_g（主筋直径），伸入桩身长度大于或等于 10d，且不小于承台下软弱土层层底深度；对乙级建筑桩基，主筋为 4～8 根 ϕ10～12，锚入承台 30d_g，伸入桩身长度大于或等于 5d；对丙级建筑桩基可不配构造钢筋。

（7）桩基受力验算

1）中心荷载下

单桩受力：
$$Q_k=\frac{F_k+G_k}{n} \tag{18-10-6}$$

设计要求：
$$Q_k\leqslant R_a \tag{18-10-7}$$

2）偏心荷载下

各桩受力：
$$Q_{ik}=\frac{F_k+G_k}{n}\pm\frac{M_{xk}y_i}{\sum y_i^2}+\frac{M_{yk}x_i}{\sum x_i^2} \tag{18-10-8}$$

设计要求：
$$Q_{ik\max}\leqslant 1.2R_a \tag{18-10-9}$$

式中 R_a——单桩竖向承载力特征值（kN）；

Q_{ik}——相应于作用的标准组合时，偏心竖向力作用下第 i 根桩的竖向力（kN）；

M_{xk}、M_{yk}——相应于作用的标准组合时，作用于承台底面通过桩群形心的 x、y 轴的力矩（kN·m）；

x_i、y_i——桩 i 至桩群 x_i、y_i 形心的 y、x 轴线的距离（m）。

（8）桩基承台构造要求

桩基承台构造除应满足抗冲切、抗剪切、抗弯承载力和上部结构要求，尚应符合下列要求：

① 柱下独立桩基承台的最小宽度大于或等于 500mm，边桩中心至承台边缘的距离大于或等于桩的直径或边长，且桩的外边缘至承台边缘的距离大于或等于 150mm。对于墙下条形承台梁，桩的外边缘至承台梁边缘的距离大于或等于 75mm，承台的最小厚度大于或等于 300mm。

② 高层建筑平板式和梁板式筏形承台的最小厚度大于或等于 400mm，墙下布桩的剪力墙结构筏形承台的最小厚度大于或等于 200mm。

③ 高层建筑箱形承台的构造应符合《高层建筑箱形基础设计与施工规程》JGJPDF 6—1980 的规定。

④ 柱下独立桩基承台纵向受力钢筋应通长配置，对四桩以上（含四桩）承台宜按双向均匀布置，对三桩的三角形承台应按三向板带均匀布置。

⑤ 纵向钢筋锚固长度自边桩内侧（当为圆桩时，应将其直径乘以 0.8 等效为方桩）算起，不应小于 $35d$（d 为钢筋直径）；当不满足时应将纵向钢筋向上弯折，此时水平段的长度大于或等于 $25d$，弯折段长度大于或等于 $10d$。承台纵向受力钢筋的直径大于或等于 12mm，间距小于或等于 200mm。柱下独立桩基承台的最小配筋率大于或等于 0.15%。

⑥ 承台混凝土强度等级不应低于 C20，纵向钢筋的混凝土保护层厚度不应小于 70mm，当有混凝土垫层时不应小于 40mm。

（9）承台内力计算

① 柱下多桩矩形承台，其计算截面应取在柱边喝承台高度变化处（杯口外侧或台阶边缘），按下式计算：

$$\left.\begin{aligned}M_x&=\sum N_iy_i\\M_y&=\sum N_ix_i\end{aligned}\right\} \tag{18-10-10}$$

式中 M_x、M_y——垂直 x、y 轴方向计算截面处弯矩设计值；

x_i、y_i——垂直 y 轴和 x 轴方向自桩轴线到相应计算截面的距离；

N_i——扣除承台和承台上土自重设计值后 i 桩竖向净反力设计值，当不考虑承台效应时，则为 i 桩竖向总反力设计值。

② 柱下三桩三角形承台，计算截面应取在柱边，并按下式计算：

等边三桩承台：

$$M=\frac{N_{\max}}{3}\left(s-\frac{\sqrt{3}}{4}c\right) \tag{18-10-11}$$

式中　M——由承台形心至承台边缘距离范围内的弯矩设计值；

$N_{\max}$——扣除承台和其上填土自重后的三桩中相应于荷载效应基本组合时的最大单桩竖向力设计值；

s——桩距；

c——方桩边长，圆柱时 $c=0.866d$，d 为圆柱直径。

等腰三桩承台：

$$M_1=\frac{N_{\max}}{3}\left(s-\frac{0.75}{\sqrt{4-\alpha^2}}c_1\right) \tag{18-10-12}$$

$$M_2=\frac{N_{\max}}{3}\left(\alpha s-\frac{0.75}{\sqrt{4-\alpha^2}}c_2\right) \tag{18-10-13}$$

式中　M_1、M_2——分别为由承台形心到承台两腰和底边的距离范围内板带的弯矩设计值；

α——短向桩距与长向桩距之比；当 α 小于 0.5 时，应按变截面的两桩承台设计；

s——长向桩距；

c_1、c_2——分别为垂直于、平行于承台底边的柱截面边长。

（10）沉降验算

对下列建筑物的桩基应进行沉降计算：

① 地基基础设计等级为甲级的建筑物桩基。

② 体形复杂、荷载不均匀或桩端以下存在软弱土层的设计等级为乙级的建筑物桩基。

③ 摩擦型桩基。

④ 嵌岩桩、设计等级为丙级的建筑物桩基、对沉降物特殊要求的条形基础下不超过两排桩的桩基、吊车工作级别 A5 及 A5 以下的单层工业厂房桩基（桩端下位密实土层），可不进行沉降验算。

⑤ 当有可靠地区经验时，对地质条件不复杂、荷载均匀、对沉降物特殊要求的端承型桩基也可不进行沉降验算。

⑥ 桩基础的沉降应符合相关规范要求。

（五）桩的负摩阻力

桩土之间相对位移的方向决定了桩侧摩阻力的方向，当桩周土层相对于桩侧向下位移时，桩侧摩阻力向下，称为负摩阻力。通常在下列情况下应考虑桩侧负摩阻力的作用：

① 在软土地区，大范围地下水位下降，使桩周土中有效应力增大，导致桩侧土层沉降。

② 桩侧地面承受局部较大的长期荷载，或地面大面积堆载（包括填土）时。

③ 桩穿越较厚松散填土、自重湿陷性黄土、欠固结土、液化土层进入相对较硬土层时。

④ 冻土地区，由于温度升高而引起桩侧土的融陷。

要确定桩侧负摩阻力的大小，首先需确定产生负摩阻力的深度及强度大小。

土的沉降自上而下逐渐减小，桩的沉降近似为常量，故在某深度处有一桩土沉降相同的点，称为中性点，该点桩的轴向压力最大。

在中线点上部土层内，桩周土相对于桩侧向下位移，桩侧摩阻力朝下，为负摩阻力；在中性点下侧，桩截面相对于桩周土向下位移，桩侧摩阻力朝上，为正摩阻力。

中性点位置应按照桩周土层沉降与桩的沉降相等的条件确定，也可参照表 18-10-2 确定：

中性点深度比 l_n/l **表 18-10-2**

持力层土类	黏性土、粉土	中密以上砂	砾石、卵石	基岩
l_n/l	0.5～0.6	0.7～0.8	0.9	1.0

注：1. l_0 为桩周软弱土层下限深度；
2. 当桩穿越自重湿陷性黄土时，l_n 按表列值增大 10%（持力层为基岩者除外）；
3. 当桩周土层固结与桩基固结沉降同时完成时取 $l_n=0$；
4. 当桩周土层计算沉降量小于 20mm 时，应按表列值乘以 0.4～0.8 折减。

历年真题

18-10-1. 群桩的竖向承载力不能按各单桩承载力之和进行计算的是（　）。(2011B54)

A. 桩数少于 3 根的端承桩　　B. 桩数少于 3 根的非端承桩

C. 桩数大于 3 根的端承桩　　D. 桩数大于 3 根的摩擦桩

18-10-2. 均质土中等截面抗压桩的桩身轴力分布规律是（　）。(2011B59)

A. 从桩顶到桩端逐渐减小

B. 从桩顶到桩端逐渐增大

C. 从桩顶到桩端均匀分布

D. 桩身中部最大，桩顶与桩端处变小

18-10-3. 下面哪种情况对桩的竖向承载力有利？（　）(2012B57)

A. 建筑物建成后在桩基附近堆土

B. 桩基周围的饱和土层发生固结沉降

C. 桥梁桩基周围发生淤积

D. 桩基施工完成后在桩周边注浆

18-10-4. 下面哪种方法不能用于测试单桩竖向承载力？（　）(2013B57)

A. 载荷试验　　B. 静力触探

C. 标准贯入试验　　D. 十字板剪切试验

18-10-5. 对混凝土灌注桩进行载荷试验，从成桩到开始试验的间歇时间为（　）。(2014B57)

A. 7d　　B. 15d

C. 25d　　D. 桩身混凝土达设计强度

18-10-6. 下面哪种情况下的群桩效应比较突出？（　）(2016B57)

A. 间距较小的端承桩　　B. 间距较大的端承桩

C. 间距较小的摩擦桩　　D. 间距较大的摩擦桩

18-10-7. 断桩现象最容易发生在下面哪种桩？（　　）（2017B56）

A. 预制桩　　B. 灌注桩　　C. 旋喷桩　　D. 水泥土桩

18-10-8. 均质地基，承台上承受均布荷载，正常工作状态下面哪根桩的受力最大？（　　）（2017B57）

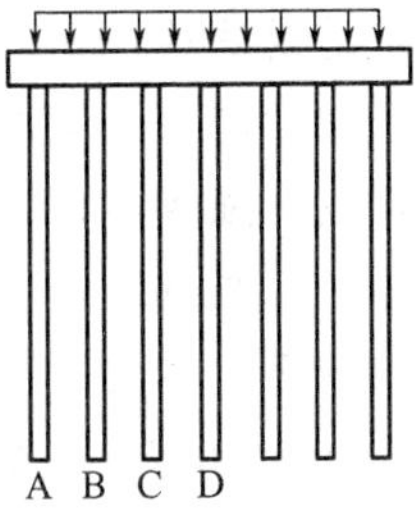

A. 桩 A

B. 桩 B

C. 桩 C

D. 桩 D

18-10-9. 均质地基，承台上承受均布荷载，正常工作状态下下面哪根桩的受力最小？（　　）（2018B57）

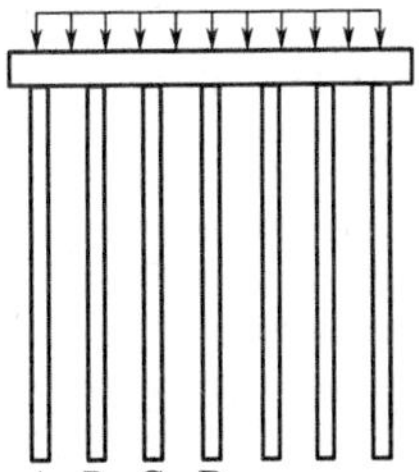

A. 桩 A

B. 桩 B

C. 桩 C

D. 桩 D

答　案

18-10-1.【答案】（D）

在高层建筑基础设计时不能不考虑的就是群桩效应，群桩效应指群桩基础受竖向荷载后，由于承台、桩、土的相互作用使其桩侧阻力、桩端阻力、沉降等性状发生变化而与单桩明显不同，承载力往往不等于各单桩承载力之和这一现象。对于端承桩基和桩数不超过 3 根的非端承桩基，由于桩群、土、承台地作用甚微，因而基桩承载力可不考虑群桩效应，群桩的竖向承载力等于各单桩之和。桩数超过 3 根的非端承桩基群桩的竖向承载力往往不等于各单桩承载力之和。

18-10-2.【答案】（A）

均质土中等截面抗压桩中，主要考虑桩侧摩阻力，抗压桩桩侧摩阻力是从上部开始发挥并向下传递，随深度增加，桩身轴力不断减小的。

18-10-3.【答案】（D）

桩基施工完成后在周边注浆可以提高桩与土之间的表面摩擦力。利用压力将水泥浆液注入桩侧，水泥浆液挤压、密实或劈裂桩周土体，对桩周土体进行渗透、充填和挤压，使桩身与桩周土的胶结力提高，从而提高桩侧阻力。

18-10-4.【答案】（D）

D 项，十字板剪切实验是一种通过对插入地基土中的规定形状和尺寸的十字板头施加扭矩，使十字扳头在土体中等速扭转形成圆柱状破坏面，通过换算、评定地基土不排水抗剪强度的现场实验，不能用于测试单桩竖向承载力。A 项，载荷试验是在一定面积的承压板上向地基逐级施加荷载，并观测每级荷载下地基的变形特性，从而评价地基的承载力、计算地基的变形模量并预测实体基础的沉降量。B 项，静力触探压力装置将有触探头的触探杆压入试验土层，通过量测系统测土的贯入阻力，可确定土的某些基本物理力学特性。C 项，标准贯入试验是动力触探的一种，是在现场测定砂或黏性土的地基承载力的一种方法。

18-10-5.【答案】(D)

根据《建筑基桩检测技术规范》JGJ 106—2014 第 3.2.5 条规定，当采用低应变法或声波透射法检测时，受检桩混凝土强度不应低于设计强度的 70%，且不应低于 15MPa；当采用钻芯法检测时，受检桩的混凝土龄期应达到 28d，或受检桩同条件养护试件强度应达到设计强度要求。承载力检测前的休止时间，除应满足上一条规定外，当无成熟的地区经验时，应满足：①对于砂类土，不应少于 7d；②对于粉土，应少于 10d；③对于非饱和的黏性土，不应少于 15d；④对于饱和的黏性土，不应少于 25d。

18-10-6.【答案】(C)

对于端承桩和桩数少于 3 根的非端承桩，不考虑群桩效应；对于桩的中心距小于 6 倍（摩擦桩）桩径，而桩数超过 3 根的桩基，则需考虑群桩效应。故间距较小的摩擦桩群桩效应比较突出。

18-10-7.【答案】(B)

断桩是指钻孔灌注桩在灌注混凝土的过程中，泥浆或砂砾进入水泥混凝土，把灌注的混凝土隔开并形成上下两段，造成混凝土变质或截面积受损，从而使桩不能满足受力要求。

18-10-8.【答案】(A)

与刚性扩展基础下基底反力的分布有关，刚性基础具有非常大的抗弯刚度，受荷载后基础不挠曲，因此，原来是平面的基地，沉降后仍保持平面。如基础的荷载合力通过基地形心，刚性基础将使基底各点同步均匀下沉，则中心荷载或均布荷载作用下刚性基础基底反力的分布反力是边缘大、中间小。桩土之间的相互作用是造成角桩分担荷载最多的主要原因。

18-10-9.【答案】(D)

刚性承台底面土反力呈马鞍形，外围桩反力大于内侧桩反力。

第十一节　地基处理

一、考试大纲

地基处理目的；地基处理方法分类；地基处理方案选择；各种地基处理方法的加固机理、设计计算、施工方法和质量检验。

二、知识要点

（一）软弱地基的特征

软弱地基主要是指由淤泥、冲填土、杂填土或其他高压缩性土构成的地基。

软土：指天然孔隙比大于或等于 1.0，且天然含水率大于液限的细粒土，包括淤泥、淤泥质土、泥炭、泥炭质土。软土具有如下的工程特性：

(1) 具有显著的结构性

特别是滨海地区的软土，一旦受到扰动，其絮状结构受到破坏，土的强度显著降低，甚至呈流动状态。

（2）具有较明显的流动性

软土在不变的剪应力的作用下，将连续产生缓慢的剪切变形，并可能导致抗剪强度的衰减。

（3）压缩性较高

（4）透水性差

（5）具有不均匀性

软土中常夹有厚薄不等的粉土、粉砂、细砂等。

（二）地基处理方法分类及应用范围

地基处理主要是改善地基土的工程性质，包括改善地基土的变形特性和渗透性，提高其抗剪强度和抗液化能力，使其满足工程建设的要求。

根据地基处理方法的原理，目前常用的软弱地基处理方法如下：

（1）换填垫层法

以砂石、素土、灰土和矿渣等强度较高的材料，置换地基表层软弱土，提高持力层承载力，扩散应力，减少沉降量。

换填垫层法适用于处理暗沟、暗塘等软弱地基。

处理方法主要有砂石垫层、素土垫层、灰土垫层和矿渣垫层。

对砂垫层的设计，既要求有足够的厚度以置换可能被剪切破坏的软弱土层，又要求有足够大的宽度以防止砂垫层向两侧挤出。

1）垫层厚度的确定

垫层厚度 z 应根据需要置换软弱土的深度或垫层底部下卧土层的承载力确定，并符合下式要求：

$$p_z + p_{cz} \leqslant f_z \tag{18-11-1}$$

垫层底面处的附加压力值 p_z 可按压力扩散角 θ 进行简化计算：

条形基础：
$$p_z = \frac{b(p_k - p_c)}{b + 2z\tan\theta} \tag{18-11-2}$$

矩形基础：
$$p_z = \frac{bl(p_k - p_c)}{(b + 2z\tan\theta)(l + 2z\tan\theta)} \tag{18-11-3}$$

一般可根据垫层的承载力确定出基础宽度，再根据下卧土层的承载力确定出垫层的厚度。可先假设一个垫层的厚度，一般为1.0～1.5m，不宜大于3m，小于0.5m，然后按式（18-11-1）进行验算，直至满足要求为止。

2）垫层宽度的确定

垫层的底面宽度应以满足基础底面应力扩散和防止垫层向两侧挤出为原则进行设计，一般按下式计算或根据当地经验确定：

$$b' \geqslant b + 2z\tan\theta \tag{18-11-4}$$

垫层顶面每边宜比基础底面大0.3m，或从垫层底面两侧向上按当地开挖基坑经验的要求放坡，整片垫层的宽度可根据施工的要求适当加宽。

3）垫层承载力的确定

宜通过现场试验确定，当无试验资料时，可按经验取值，并应验算下卧层的承载力。

4）沉降计算

对重要建筑或垫层下存在软弱下卧层的建筑，还应进行地基变形计算。

建筑物基础沉降等于垫层自身的变形量 s_1 与下卧土层的变形量 s_2 之和。

（2）排水预压法

在地基中增设竖向排水体，加速地基的固结和强度增长，提高地基的稳定性；加速沉降发展，是地基沉降提前完成。

适用于处理饱和软弱土层；对于渗透性极低的泥炭土，需慎重对待。

预压法包括堆载预压法和真空预压法，适用于处理淤泥质土、淤泥和冲填土等饱和黏性土地基。

对堆载预压工程，预压荷载应分级逐渐施加，确保每级荷载下地基的稳定性；对真空预压工程，可一次连续抽真空至最大压力。

处理方法有：天然地基预压、砂井预压、塑料排水带预压、真空预压和降水预压。

【例 18-11-1】 为缩短排水固结处理地基的工期，最有效的措施是（　　）。

A. 用高能量机械压实　　　　B. 加大地面预压荷重

C. 减小地面预压荷重　　　　D. 设置水平向排水砂层

解：选 D。使排水渠道畅通。

（3）强夯法

利用压实原理，通过机械碾压夯实，利用强大的夯击能，迫使深层土液化和动力固结，使土体密实，改善地基土抵抗振动液化的能力和消除黄土的湿陷性。

用于处理碎石土、砂土、低饱和度的粉土与黏性土、湿陷性黄土、素填土和杂填土等地基。

强夯法加固效果好、速度快、节省材料且用途广泛。其缺点是施工时的噪声和振动大，且影响邻近建筑物，在建筑物的稠密地区不宜使用。

处理方法有重锤夯实、机械碾压、振动夯实和强夯。

（4）振冲法

采用一定的技术措施，通过振动或挤密，使土体的孔隙减少，强度提高；必要时，在振动挤密的过程中，回填砂、砾石、灰土、素土等，与地基土组成复合地基，从而提高地基的承载力，减少沉降量。

振冲法适用于处理砂土、粉土、粉质黏土、素填土和杂填土等地基。

处理方法有振冲挤密桩、灰土挤密桩、砂石桩、石灰桩和爆破桩。

（5）粉煤灰碎石桩法（CFG 桩）

粉煤灰碎石桩是在碎石桩基础上加进一些石屑、粉煤灰和少量水泥，加水拌和，用振动沉管打桩机或其他成桩机具制成的一种具有一定黏结强度的桩。桩和桩间土通过褥垫层形成复合地基。

适用于处理黏性土、粉土、砂土和已自重固结的素填土等地基。对淤泥质土应按地区经验或通过现场试验确定其适用性。

水泥粉煤灰碎石桩应选择承载力相对较高的土层作为桩端持力层。

（6）夯实水泥土桩法

利用沉管、冲击、人工洛阳铲、螺旋钻等方法成孔，回填水泥和土的拌和料，分层夯实形成坚硬的水泥土柱体，并挤密桩间土，通过褥垫层与原地基土形成复合地基。

适用于处理地下水位以上的粉土、素填土、杂填土、黏性土等地基。处理深度不宜超过10m。

(7) 碎（砂）石桩法

碎石桩和砂桩总称为碎（砂）石桩，又称粗颗粒土桩，是指用振动、冲击或水冲等方式在软弱地基中成孔后，再将碎石或砂挤压入已成的孔中，形成大直径的碎（砂）石所构成的密实桩体。

碎（砂）石桩法适用于挤密松散砂土、粉土、黏性土、素填土、杂填土等地基。对饱和黏土地基上对变形控制要求不严的工程也可采用砂石桩置换处理。碎（砂）石桩法也可用于处理可液化地基。

(8) 石灰桩

石灰桩是指采用机械或人工在地基中成孔，然后灌入生右灰或按一定比例加粉煤灰、炉渣、火山灰等掺和料及少量外加剂进行振密或夯实形成的桩体。石灰桩与经改良的桩周土共同组成石灰桩复合地基以支承上部建筑物。

适用于处理饱和黏性土、淤泥、淤泥质土、素填土和杂填土等地基；用于地下水位以上的土层时，宜增加掺和料的含水量并减少生石灰用量，或采取土层浸水等措施。

(9) 灰土挤密桩法和土挤密桩法

土（或灰土）桩挤密法是利用打入钢套管（或振动沉管、炸药爆破）在地基中成孔，通过挤压作用，使地基土得到加密，然后在孔中分层填入素土（或灰土、粉煤灰加石灰）后夯实而成土桩（或灰土桩、双灰桩）。由于它们属于柔性桩，与桩间土共同组成复合地基。

灰土挤密桩法和土挤密桩法适用于处理地下水位以上的湿陷性黄土、素填土和杂填土等地基。

(10) 化学加固法

凡将化学溶剂或胶结剂灌入土中，使土胶结以提高地基强度，减小沉降量的方法统称化学加固法。

1) 单液硅化法和碱液法

适用于处理地下水位以上渗透系数为0.10～2.00m/d的湿陷性黄土等地基。在自重湿陷性黄土场地，当采用碱液法时，应通过试验确定其适用性。对于下列建（构）筑物，宜采用单液硅化法或碱液法：

① 沉降不均匀的既有建（构）筑物和设备基础；

② 地基受水浸湿引起湿陷，需要立即阻止湿陷继续发展的建（构）筑物或设备基础；

③ 拟建的设备基础和构筑物。

2) 高压喷射注浆法

用钻机钻至所需深度后，用高压脉冲泵通过安装在钻杆下端的特殊喷射装置向四周土体喷射化学浆液，强力冲击破坏土体，使浆液与土搅拌混合，经过凝结固化，便在土中形成固结体。注浆形式有旋转喷射、定向喷射和摆动喷射。

高压喷射注浆法适用于处理淤泥、淤泥质土、流塑、软塑或可塑黏性土、粉土、砂土、黄土、素填土和碎石土等地基。

3) 深层搅拌法

利用水泥作固化剂，通过特制的深层搅拌机械，在地基深部就地将软黏土和水泥或石灰强制搅拌，使软黏土硬结成具有整体性、水稳定性和足够强度的地基土。

确定地基处理方法宜按下列步骤进行：

① 根据结构类型、荷载大小及使用要求，结合地形、地貌、地层结构、土质条件、地下水特征、环境情况和相邻建筑的影响等因素进行综合分析，初步选出几种可供考虑的地基处理方案。

② 对初步选出的各种地基处理方案，分别从加固原理、试用范围、预期处理效果、耗用材料、施工机械、工期要求和对环境的影响等几方面进行技术经济分析和对比，选择最佳的地基处理方法。

③ 对已选定的地基处理方法，宜按建筑物地基基础设计等级和场地复杂程度，在有代表性的场地上进行相应的现场试验或试验性施工，并进行必要的测试，以检验设计参数和处理效果。如达不到设计要求时，应查明原因，修改设计参数或调整地基处理方法。

【例 18-11-2】 下列地基处理方法中，不宜在城市中采用的是（　　）。

A. 换土垫层　　B. 碾压夯实　　C. 挤密振冲　　D. 强夯法

解：选 D。强夯法振动太强烈。

（三）基础托换法

托换法是对原有建筑物的加固、增层或扩建，以及因受修建地下工程、新建工程或深基坑开挖影响对原有建筑物的地基处理和基础加固的技术总称。

根据原有建筑物的地基基础等情况，可采用一种或多种托换法，进行综合加固处理，包括桩式托换法、灌浆托换法、基础加固法。

（1）桩式托换法

桩式托换法指采用桩进行基础托换方法的总称。这种方法是在基础结构的下部或两侧设置各类桩（包括静压桩、锚杆静压桩、预制桩、打入桩和树根桩等），在桩上搁置托梁或承台系统，或直接与基础锚固，来支撑被托换的墙或柱基。

（2）灌浆托换法

灌浆托换法利用气压或液压将各种无机或有机化学浆液注入土中，使地基土固化，起到提高地基土的强度、消除湿陷性或防渗堵漏作用的一种加固方法。

建筑工程中用于基础托换的灌浆液主要有硅化加固法、水泥硅化法和碱液加固法。

（3）基础加固法

基础加固法适用于对建筑物基础支撑能力不足的既有建筑物的基础加固。

当基础由于机械损伤、不均匀沉降或冻胀等原因引起开裂或损坏时，可采用灌浆法加固基础。灌浆材料主要有水泥或环氧树脂等。

历年真题

18-11-1. 预压固结的地基处理工程中，对缩短工期更有效的措施是（　　）。（2011B55）

A. 设置水平向排水砂层　　B. 加大地面预压荷载

C. 减少地面预压荷载　　D. 用高能量机械压实

18-11-2. 砂桩复合地基提高天然地基承载力的机理是（　　）。(2011B60)

A. 置换作用与排水作用　　B. 挤密作用与排水作用

C. 预压作用与挤密作用　　D. 置换作用与挤密作用

18-11-3. 挤密桩的桩孔中，下面哪一种材料不能作为填料？（　　）(2012B59)

A. 黄土　　B. 膨胀土　　C. 水泥土　　D. 碎石

18-11-4. 关于预压加固法，下面哪种情况有助于减小达到相同固结度所需要的时间？（　　）(2012B60)

A. 增大上部荷载　　B. 减小上部荷载　　C. 增大井径比　　D. 减小井径比

18-11-5. 对软土地基采用真空预压法进行加固后，下面哪一项指标会增大？（　　）(2013B58)

A. 压缩系数　　B. 抗剪强度　　C. 渗透系数　　D. 孔隙比

18-11-6. 挤密桩的桩孔中，下面哪一种可以作为填料？（　　）(2013B59)

A. 黄土　　B. 膨胀土

C. 含有有机质的土　　D. 含有冰屑的黏性土

18-11-7. 关于堆载预压法加固地基，下面说法正确的是（　　）。(2013B60)

A. 砂井除了加速固结的作用外，还作为复合地基提高地基的承载力

B. 在砂井长度相等的情况下，较大的砂井直径和较小的砂井间距都能加速地基的固结

C. 堆载预压时控制堆载预压的速度目的是为了让地基发生充分的蠕变变形

D. 为了防止预压时地基失稳，堆载预压通常要求预压载荷小于基础底面的设计压力

18-11-8. 对软土地基采用真空预压进行加固后，下面哪一项指标会减小？（　　）(2014B58)

A. 压缩系数　　B. 抗剪强度　　C. 饱和度　　D. 土的重度

18-11-9. 复合地基中桩的直径为 0.36m，桩的间距（中心距）为 1.2m，当桩按梅花形（等边三角形）布置时，面积置换率为（　　）。(2014B59)

A. 12.25　　B. 0.082　　C. 0.286　　D. 0.164

18-11-10. 采用堆载预压法加固地基时，如果计算表明在规定时间内达不到要求的固结度，加快固结进程时，不宜采取下面哪种措施？（　　）(2014B60)

A. 加快堆载速率　　B. 加大砂井直径　　C. 减少砂井间距　　D. 减少井径

18-11-11. 在进行地基处理时，淤泥和淤泥质土的浅层处理宜采用下面哪种方法？（　　）(2016B58)

A. 换土垫层法　　B. 砂石桩挤密法

C. 强夯法　　D. 振冲挤密法

18-11-12. 复合地基中桩的直径为 0.36m，桩的间距（中心距）为 1.2m，当桩按正方形布置时，面积置换率为（　　）。(2016B59)

A. 0.142　　B. 0.035　　C. 0.265　　D. 0.070

18-11-13. 采用真空预压法加固地基时，计算表明在规定时间内达不到要求的固结度，加快固结进程时，下面哪种措施是正确的？（　　）(2016B60)

A. 增加预压荷载　　B. 减小预压荷载

C. 减少井半径　　D. 将真空预压改为堆载预压

18-11-14. 经过深层搅拌法处理后的地基属于（　　）。(2012B58)

A. 天然地基　　B. 人工地基

C. 桩基础　　D. 其他深基础

18-11-15. 下面哪一种属于深层挤密法？（　　）(2017B58)

A. 振冲法　　B. 深层搅拌法

C. 机械压密法　　D. 高压喷射注浆法

18-11-16. 已知复合地基中桩的面积置换率为 0.15，桩土应力比为 5，复合地基承受的上部荷载为 P (kN)，其中由桩间土承受的荷载大小为（　　）。(2017B59)

A. 0.47P　　B. 0.53P　　C. 0.09P　　D. 0.10P

18-11-17. 下面哪一种土工合成材料不能作为加筋材料？（　　）(2017B60)

A. 土工格栅　　B. 有纺布　　C. 无纺布　　D. 土工膜

18-11-18. 下列地基中，最适于使用振冲法处理的是（　　）。(2018B58)

A. 饱和黏性土　　B. 松散砂土　　C. 中密砂土　　D. 密实砂土

18-11-19. 已知复合地基中桩的面积置换率为 0.15，桩土应力比为 5，基底压力 P (kPa) 其中桩的应力为（　　）。(2018B59)

A. 3.13P　　B. 0.63P　　C. 0.47P　　D. 1.53P

18-11-20. 下列哪一种土工合成材料可以作为防渗材料？（　　）(2018B60)

A. 土工格栅　　B. 有纺布

C. 无纺布　　D. 土工合成材料黏土衬垫

答　案

18-11-1.【答案】(A)

预压法应采用分层分级施加荷载，从而控制加荷速率、避免地基发生破坏，达到地基强度提高的效果。为缩短加固时间，加快加固进程，一般通过加大砂井直径、增加砂井数量（即减小砂井间距）或减小井径比来实现。B、C 两项，通过加大地面预压荷载虽然能够加速固结，但是效果不明显。D 项，用高能量机械压实和设置水平向排水砂层，都能够加速固结，缩短工期，但影响固结的主要因素是水分，后者缩短工期的效果更显著。

18-11-2.【答案】(D)

砂桩地基主要适用于挤密松散砂土、素填土和杂填土等地基，砂桩对松散土的加固是使地基挤密，对黏性土加固原理是置换，在地基中形成密实度高、直径大的桩体，

18-11-3.【答案】(B)

挤密桩法是软土地基加固处理的方法之一，在湿陷性黄土地区使用较广。采用冲击或振动方法，把圆柱形钢质桩管打入原地基，拔出后形成桩孔，进而进行素土，灰土、石灰土、水泥土等物料的回填和夯实，形成增大直径的桩体，并同原地基一起形成复合地基。特点在于不取土、挤压原地基成孔、回填物科时，夯实物料进一步扩孔。膨胀土的矿物成分主要是次生黏土矿物（蒙脱石和伊利石），其活性较高，具有较高的亲水性，失水时土

体收缩，甚至出现干裂，遇水膨胀隆起，不能作为挤密桩桩孔的填料。

18-11-4.【答案】(D)

固结度是指饱和土层或土样在某一级荷载下的固结过程中，某一时刻孔隙水压力的平均消散值或压缩量与初始孔隙水压力或最终压缩量的比值，以百分率表示，用来表征土的固结程度。井径比是竖井等效影响直径与竖井直径的比值，减小井径比可以增加砂井的有效排水直径，加大排水量，加快固结。

18-11-5.【答案】(B)

真空预压法是在软土地基中设置竖向塑料排水带或砂井，上铺砂层，再覆盖薄膜封闭，抽气使膜内排水带、砂层等处于部分真空状态，排除土中的水分，使土预先固结以减少地基后期沉降的一种地基处理方法。真空预压是通过覆盖于地面的密封膜下抽真空，在膜内外形成气压差，使黏土层产生固结压力。即在总应力不变的情况下，通过减小孔隙水压力来增加有效应力的方法。采用真空预压法加固土体后，土体抗剪强度增大，地基承载力提高，压缩模量增大，压缩系数减小。

18-11-6.【答案】(A)

挤密桩是把带有管塞、活门或锥头的钢管压入或打入地下挤密土层成孔，再往孔内投放灰土、砂石等填料形成的桩。地基处理挤密桩法是软土地基加固处理的方法之一，通常在湿陷性黄土地区使用较广。用冲击或振动方法，把圆柱形钢质桩管打入原地基，拔出后形成桩孔，进行素土，灰土、石灰土、水泥土等物料的回填和夯实，形成增大直径的桩体，并同原地基一起形成复合地基。其特点在于不取土，挤压原地基成孔，回填物料时，夯实物料进一步扩孔。膨胀土吸水后产生膨胀，不宜用于挤密桩，挤密桩土料，不应含有机物料，不应使用淤泥质土、盐渍土和冻土等。B项，挤密桩成孔宜在地基土接近最优含率时进行，含水率低时应对处理范围内的土层加湿，所以不能应用膨胀土。C项，挤密桩所用土的质量应符合设计要求，用水泥改良的土的有机质含量不应大于2%，用石灰改良的土的有机质含量不应大于5%；D项，冰屑融化会影响含水率和强度，所有含有冰屑的黏性土不能使用。

18-11-7.【答案】(B)

堆载预压法加固地基是指在软土层中按一定距离打入管井，井中灌入透水性良好的砂，形成排水“砂井”，在堆载预压下，加速地基排水固结，提高地基承载能力的施工方法。A项，软土层中按一定距离打入管井，井中灌入透水性良好的砂，形成排水“砂井”，在堆载预压下，加速地基排水固结，提高地基承载能力，但砂井不参与承压。B项，砂井间距的选取依据井径比，较大的砂井直径可以加大土体中水的排出量，加快固结；较小的砂井间距可以增加砂井的有效排水直径，加大排水量，加快固结。C项，堆载预压时控制堆载速度的目的是排水固结，让地基稳定。D项，当天然地基土的强度满足预压荷载下地基的稳定性要求时，可一次性加载，否则应分级逐渐加载，待前期预压荷载下地基土的强度增长满足下一级荷载下地基的稳定性要求时方可加载；堆载预压通常要求预压荷载大于基础底面的设计压力。

18-11-8.【答案】(A)

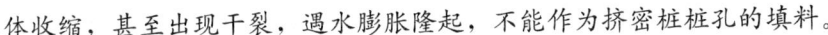

真空预压是指通过覆盖于地面的密封膜下抽真空，使膜内外形成气压差，使黏土层产生固结压力，即在总应力不变的情况下，通过减小孔隙水压力来增加有效应力的方法。对

软土地基进行真空预压法加固，孔隙水和封闭气泡排出，孔隙、孔隙比、压缩系数和渗透系数减小，黏聚力、土的重度和抗剪强度增加；因为软土地基接近饱和，即使固结中饱和度有变化，其变化程度也很小。

18-11-9.【答案】(B)

复合地基中，一根桩和它所承担的桩间土体为一个复合单元。在这一复合体单元中，桩的断面面积和复合土体单元面积之比，成为面积置换率。$m=\frac{d^2}{d_e^2}$，式中，m 为桩土面积置换率；d 为桩身平均直径（m）；d_e 为一根桩分担的处理地基面积的等效圆直径，等边三角形布桩 $d_e=1.05s$，正方形布桩 $d_e=1.13s$，矩形布桩 $d_e=1.13\sqrt{s_1s_2}$，s、s_1、s_2 分别为桩间距、纵向桩间距、横向桩间距。所以，该复合地基的面积置换率为：$m=\frac{d^2}{d_e^2}=\frac{0.36^2}{(1.05\times1.2)^2}=0.082$。

18-11-10.【答案】(A)

A 项，加快堆载速率有可能造成土体因加载速率过快发生结构破坏，故不宜采用。B 项，加大砂井直径可以加大固结排水的量，可以加快固结进程。C 项，减少砂井间距，在一定范围内人为地增加土层固结排水通道，加快固结过程。D 项，减小井径比可以增加砂井的有效排水直径，加大排水量，加快固结。

18-11-11.【答案】(A)

A 项，浅层淤泥质土的地基处理常用换土垫层法，且较为经济。B 项，砂石桩挤密法适用于较深的地基处理。C 项，淤泥质软土（淤泥和淤泥质土的统称）由于土的高含水量，通常作为饱和软黏土进行考虑，而强夯法在饱和黏土中使用效果不易掌握，故不宜采用。D 项，振冲挤密法是利用振冲器和水冲过程，使砂土结构重新排列挤密而不必另加砂石填料的方法，仅适用于处理松砂地基。

18-11-12.【答案】(D)

已知桩的横截面积 $S_1=\pi d^2/A$，桩的影响范围 $S_2=l^2$，则面积置换率 $n=S_1/S_2=\pi d^2/4l^2=0.070$。

18-11-13.【答案】(C)

C 项，减小井径比可以增加砂井的有效排水直径，加大排水量，加快固结。A 项，加快堆载速度和增加预压荷载会造成土体结构破坏，故不宜采用。B 项，减小预压荷载显然是无法加快固结进程的。D 项，将真空预压法改为堆载预压会浪费更多时间，不宜采用。

18-11-14.【答案】(B)

深层搅拌法处理地基是通过特制的深层搅拌机械，在地基中就地将软黏土（含水量超过液限、无侧限抗压强度低于 0.005MPa）和固化剂（多数用水泥浆）强制拌和，使软黏土硬结成具有整体性、水稳性和足够强度的地基土。人工地基是指在天然地基的承载力不能够承受基础传递的全部荷载的情况下，经人工处理土体后的地基。因此，经深层搅拌法处理后的地基属于人工地基。

18-11-15.【答案】(A)

常用的地基处理方法有：①换填法；②排预压法；③碾压、夯实法；④强夯法；⑤深层挤密法；⑥化学加固法。在我国技术上较为成熟的深层挤密法有：①土和灰土挤密桩法；②振动水冲法；③砂石法。B、D 两项，均属于化学加固法。C 项，属于碾压、夯实法。

18-11-16.【答案】(B)

土承受的荷载为土的受力面积与总有效面积之比乘以外荷载的大小，由于桩土应力比为 5，即桩的有效面积为 $5\times0.15=0.75$，土的有效面积为 $1-0.15=0.85$，则土所承受的荷载为 $P_1=\dfrac{0.85}{0.85+0.75}\times P=0.53P$。

18-11-17.【答案】(D)

土工合成材料是指工程建设中应用的与土、岩石或其他材料接触的聚合物材料（含天然的）的总称包括土工织物、土工膜、土工复合材料、土工特种材料。土工织物是指具有透水性的土工合成材料。按照制造方法不同可分为有纺土工织物（由纤维纱或长丝按一定方向排列机织）、无纺土工织物（由短纤维或长丝随机或定向排列制成的薄絮垫，经机械结合、热粘合或化学粘合而成）。土工膜是指由聚合物制成的相对不透水膜，不作为加筋材料。用作加筋材料的土工合成材料按不同的结构需求可分为：土工格栅、土工织物、土工带和土工格室等。

18-11-18.【答案】(B)

饱和软黏土地基，如对地基变形控制不严格，可采用砂石桩置换处理，松散砂土最适宜用振冲法处理。

18-11-19.【答案】(A)

$f_{桩}A_{桩}+f_{土}A_{土}=pA$，$\dfrac{f_{桩}}{f_{土}}=5$，$\dfrac{A_{桩}}{A_{土}}=0.15$，解得 $f_{桩}=3.13p$。

18-11-20.【答案】(D)

A、B、C 项属于加筋材料，具有透水、过滤作用。D 项为防渗材料。

第十九章

职业法规

第一节　职业法规概述

一、考试大纲

我国有关基本建设、建筑、房地产、城市规划、环保等方面的法律法规体系。

二、知识要点

（一）建设法规分类

根据《中华人民共和国立法法》的规定，我国建设法规体系由建设法律、建设行政法规、建设部门规章、地方性建设法规和地方性建设规章五个层次组成。①建设法律指由全国人民代表大会及其常委会制定颁行的属于国务院建设行政主管部门主管业务范围的各项法律，是建设法规体系的核心和基础。如《中华人民共和国合同法》（以下简称《合同法》）等。②建设行政法规的名称常以“条例”、“办法”、“规定”、“规章”等名称出现。如《建设工程勘察设计合同条例》等。③建设部门规章指由国务院建设行政主管部门或其与国务院其他相关部门联合制定颁行的法规，如《工程建设项目报建管理办法》等。④地方性建设法规指由省、自治区、直辖市人民代表大会及其常委会结合本地区实际情况制定颁行的或经其批准颁行的由下级人大或其常委会制定的，只能在本区域有效的建设方面的法规。⑤地方性建设规章指由省、自治区、直辖市人民政府制定颁行的或经其批准颁行的由其所在城市人民政府制定的建设方面的规章。

在我国，“法规”一词主要有三种含义，即：行政法规、地方性法规和广义的“法规”。

行政法规：国务院为领导和管理国家各项行政工作，根据宪法和法律，并且按照《行政法规制定程序暂行条例》的规定而制定的政治、经济、教育、科技、文化、外事等各类法规的总称，在我国法律体系中的地位仅次于宪法和法律。

地方性法规：地方立法机关制定或认可，其效力不能及于全国，而只能在本行政区域内有效，其效力低于宪法、法律和行政法规。

广义的“法规”：泛指国家权力机关和行政机关依法制定的各种规范性文件，本章所指的法规即为广义的“法规”。

（二）职业法规的体系

职业法规的体系可以分为：效力体系、逻辑顺序体系和时间顺序体系。

效力体系：由我国各类国家机关依法制定的、具有不同法律效力的各种类别的规范性法律文件的有机整体。

职业法规的排序为：宪法的有关规定、法律、行政法规、地方性法规、行政规章、地方性规章、司法解释等。

逻辑顺序体系：指规定和调整职业主体、职业内容、职业客体等各种法律关系要素的法律制度的总称。包括建设规划法律制度、土地管理法律制度、环境保护法律制度、投资法律制度、房地产管理法律制度，招标投标法律制度、合同法律制度、建筑法律制度等。

时间顺序体系：指依照各种规范性法律文件的通过和施行时间的先后次序而编排，并删除已明令废止的一部分法律文件的职业法规体系。

历年真题

19-1-1.《工程建设项目报建管理办法》属于我国建设法规体系的（　　）（2018B13）

A. 法律　　B. 行政法规

C. 部门规章　　D. 地方性规章

答 案

19-1-1.【答案】(C)

根据《中华人民共和国立法法》的规定，我国建设法规体系由建设法律、建设行政法规、建设部门规章、地方性建设法规和地方性建设规章五个层次组成。①建设法律指由全国人民代表大会及其常委会制定颁行的属于国务院建设行政主管部门主管业务范围的各项法律，是建设法规体系的核心和基础。如《中华人民共和国合同法》（以下简称《合同法》）等。②建设行政法规的名称常以“条例”、“办法”、“规定”、“规章”等名称出现。如《建设工程勘察设计合同条例》等。③建设部门规章指由国务院建设行政主管部门或其与国务院其他相关部门联合制定颁行的法规，如《工程建设项目报建管理办法》等。④地方性建设法规指由省、自治区、直辖市人民代表大会及其常委会结合本地区实际情况制定颁行的或经其批准颁行的由下级人大或其常委会制定的，只能在本区域有效的建设方面的法规。⑤地方性建设规章指由省、自治区、直辖市人民政府制定颁行的或经其批准颁行的由其所在城市人民政府制定的建设方面的规章。答案为C。

第二节 设计文件编制的有关规定

一、考试大纲

建设工程勘察、设计文件编制依据等。

二、知识要点

（一）编制建设工程勘察、设计文件、应当以下列规定为依据：

① 项目批准文件；

② 城市规划；

③ 工程建设强制性标准；

④ 国家规定的建设工程勘察、设计深度要求。

编制的建设工程勘察文件，应当真实、准确，满足建设工程规划、选址、设计、岩土治理和施工需要。

（二）城市建筑设计阶段划分

分为方案设计、初步设计阶段和施工图阶段。

1. 前期准备

制定可行性研究报告；规划局指定用地位置、界限、核发的《建设用地规划许可证》；有关的政策、法令、规范、标准、气象资料、地质条件、地理环境；提供相应的市政设施；建设单位的使用及设计要求。

2. 方案设计

应满足编制初步设计文件的需要，应满足方案审批或报批的需要。

3. 初步设计

以业主及有关部门的方案批准为依据，应满足编制施工图设计文件的需要，应满足初步设计审批的需要。

4. 编制施工图设计文件

应满足设备材料采购、非标准设备制作和施工的需要。

施工图文件应标明建设工程合理使用年限；选用的材料、设备、构配件应注明其规格、型号、性能，其质量应符合国家标准。

除有特殊要求的建筑材料、构配件、专用设备和工艺生产线之外，设计单位不得指定生产厂家和供应商。

建设单位、施工单位、监理单位不得修改建设工程勘察、设计文件，确实需要修改的，应由原建设工程勘察、设计单位修改，经原建设工程勘察、设计单位书面同意，建设单位也可以委托其他具有相应资质的建设工程勘察、设计单位修改，并对其负责。

历年真题

19-2-1. 下列国家标准的编制工作顺序，正确的是（　　）。(2013B15)

A. 准备、征求意见、送审、报批　　B. 征求意见、准备、送书报批

C. 征求意见、报批、准备、送审　　D. 准备、送审、征求意见、报批

答　案

19-2-1.【答案】(A)

参见《标准化工化工作导则》第 2 部分：标准制定程序，国家标准的编制工作分为九个阶段，即：预研、立项、起草、征求意见、审查、批准、出版、复审、废止。

第三节　职业法规分论

一、考试大纲

城乡规划法、环境保护法、土地管理法、城市房地产管理法等法规。

二、知识要点

(一) 城乡规划法

1. 城乡规划原则

制定和实施城乡规划，应当遵循城乡统筹、合理布局、节约土地、集约发展和先规划后建设的原则，改善生态环境，促进资源、能源节约和综合利用，保护耕地等自然资源和历史文化遗产，保持地方特色、民族特色和传统风貌，防止污染和其他公害，并符合区域人口发展、国防建设、防灾减灾和公共卫生、公共安全的需要。在规划区内进行建设活动，应当遵守土地管理、自然资源和环境保护等法律、法规的规定。

2. 城乡规划的制定

① 城镇体系规划的制定；

② 城市、镇总体规划的制定；

③ 人民代表大会的审议和规划公告程序；

④ 乡规划和村庄规划的制定；

⑤ 控制性和修建性详细规划的制定；

⑥ 城乡规划具体编制工作主体的条件和基础资料。

城乡规划组织编制机关应委托具有相应资质等级的单位承担城乡规划的具体编制工作。

未取得建设工程规划许可证或未按照建设工程规划许可证的规定进行建设的，由县级以上地方人民政府城乡规划主管部门责令停止建设；尚可采取改正措施消除对规划实施的影响的，限期改正，处建设工程造价5%以上10%以下的罚款；无法采取改正措施消除影响的，限期拆除，不能拆除的，没收实物或者违法收入，可以并处建设工程造价10%以下的罚款。

在乡、村庄规划区内未依法取得乡村建设规划许可证或者未按照乡村建设规划许可证的规定进行建设的，由乡、镇人民政府责令停止建设、限期改正；逾期可以拆除。

(二) 环境保护法

1. 环境保护法的体系

主要由《宪法》中有关环境保护的主要条款、环境保护基本法、环境要素保护法、环境污染分类防治法、特殊区域环境保护法、有毒有害物质污染控制法等六部法律体系组成。

2. 建设项目设计阶段的环境保护要求

建设项目需要配套建设的环境保护设施，必须与主体工程同时设计、同时施工、同时投产使用。

(1) 项目建议书阶段

应根据建设项目的性质、规模、建设地区的环境现状等有关资料，对建设项目建成投产后可能造成的环境影响进行简要说明。

(2) 可行性研究阶段

在可行性研究报告书中，应有环境保护的专门论述。

(3) 初步设计阶段

初步设计阶段需有环境保护篇（章），包括环境影响报告书（表）及其审批意见所确定的各项环境保护措施。

（4）施工图设计阶段

建设项目环境保护设施的施工图设计，须按已批准的初步设计文件及其环境保护所确定的各种措施和要求进行。

建设项目的选址或选线，须全面考虑建设地区的自然环境和社会环境，制定最佳的规划设计方案。

（5）环境保护设施的试运行与竣工验收

建设项目试生产期间，建设单位应当对环境保护设施运行情况和建设项目对环境的影响进行监测。

建设项目竣工后，建设单位应当向审批该建设项目环境影响报告书、环境影响报告表或者环境影响登记表的环境保护行政主管部门，申请该建设项目需要配套建设的环境保护设施竣工验收。

违反环境保护法规定，试生产建设项目配套建设的环境保护设施未与主体工程同时投入试运行的，由审批该建设项目环境影响文件的环境保护行政主管部门责令限期改正；逾期不改正的，责令停止试生产，可处5万元以下的罚款。

建设项目需要配套建设的环境保护设施未建成、未经验收或者经验收不合格，主体工程正式投入生产或者使用的，由审批该建设项目环境影响文件的环境保护行政主管部门责令停止生产或使用，可处10万元以下的罚款。

从事建设项目环境影响评价工作的单位，在环境影响评价工作中弄虚作假的，由国务院环境保护行政主管部门吊销资格证书，并处所收费用1倍以上3倍以下的罚款。

环境保护行政主管部门的工作人员徇私舞弊、滥用职权、玩忽职守，构成犯罪的，依法追究刑事责任，尚不构成犯罪的，依法给予行政处分。

（三）土地管理法

为加强土地管理，维护土地的社会主义公有制，保护、开发土地资源，合理利用土地，切实保护耕地，促进社会经济的可持续发展，制定了土地管理法。

国家编制土地利用总体规划，规定土地用途，将土地分为农用地、建设用地和未利用地。严格限制农用地转为建设用地，控制建设用地总量，对耕地实行特殊保护。

国务院土地行政主管部门统一负责全国土地的管理和监督工作。

县级以上地方人民政府土地行政主管部门的设置及其职责，由省、自治区、直辖市人民政府根据国务院有关规定确定。

国家保护耕地，严格控制耕地转为非耕地。

非农业建设必须节约使用土地，可以利用荒地的，不得占用耕地；可以利用劣地的，不得占用好地。

禁止占用耕地建窑、建坟或者擅自在耕地上建房、挖砂、采石、采矿、取土等，禁止占用基本农田发展林果业和挖塘养鱼。

禁止任何单位和个人闲置、荒芜耕地。开垦未利用的土地，必须经过科学论证和评估，在土地利用总体规划划定的可开垦的区域内，经依法批准后进行。

禁止毁坏森林、草原开垦耕地，禁止围湖造田和侵占江河滩地。

（四）城市房地产管理法

为加强对城市房地产的管理，维护房地产市场秩序，保障房地产权利人的合法权益，促进房地产业的健康发展，制定城市房地产管理法。

房地产开发，是指在依法取得国有土地使用权的土地上进行基础设施、房屋建设的行为。房屋，是指土地上的房屋等建筑物及构筑物，房地产交易，包括房地产转让、房地产抵押和房屋租赁。

房地产权利人的合法权益受法律保护，任何单位和个人不得侵犯。

1.城市房地产开发

（1）房地产开发须遵行的原则

房地产开发必须严格执行城市规划，按照经济效益、社会效益、环境效益相统一的原则，实行全面规划、合理布局、综合开发、配套建设。

（2）房地产开发项目的设计、动工和竣工

房地产开发项目的设计、施工，必须符合国家的有关标准和规范。以出让方式取得国有土地使用权进行房地产开发的，必须按照国有土地使用权出让合同约定的土地用途、动工开发期限开发土地。超过出让合同约定的动工开发日期满一年来动工开发的，可以征收相当于国有土地使用权出让金20%以下的土地闲置费；满两年未动工开发的。可以无偿收回国有土地使用权；但是，因不可抗力或者政府、政府有关部门的行为或者动工开发必需的前期工作造成动工开发迟延的除外。房地产开发项目竣工，经验收合格后，方可交付使用。

设立房地产开发企业，应当具备下列条件：

① 有自己的名称和组织机构；

② 有固定的经营场所；

③ 有符合国务院规定的注册资本；

④ 有足够的专业技术人员；

⑤ 法律、行政法规规定的其他条件。

房地产开发企业，应当向工商行政管理部门申请设立登记。工商行政管理部门对符合法定条件的，应当予以登记，发营业执照；对不符合法定条件的，不予登记。设立有限责任公司、股份有限公司，从事房地产开发经营的，应当执行公司法的有关规定。房地产开发企业在领取营业执照后的一个月内，应当到登记机关所在地的县级以上地方人民政府规定的部门备案。房地产开发企业的注册资本与投资总额的比例应当符合国家有关规定。房地产开发企业分期开发房地产的，分期投资额应当与项目规模相适应，并按照国有土地使用权出让合同的约定，按期投入资金，用于项目建设。

2.房地产开发程序

（1）项目建议书

房地产开发项目建议书应由城市综合开发主管部门根据城市分区规划或控制性详细规划组织编制，应阐明项目的性质、规模、期限、资金来源、指标、拆迁、经营方式的等内容。

（2）可行性研究

对项目的背景、建设条件、进度、投资估算及财务效益分析等内容进行可行性研究。

（3）建设用地规划许可证

在城市规划内建设需由持有国家批准建设项目的有关文件，由城市建设部门核定其建设用地的地理位置和界限，提供规划设计条件，核发建设用地规划许可证。

（4）土地使用权证书

土地所有权为全民所有制和劳动群众集体所有制。国家可将国有土地使用权在一定年限内出让给土地使用权者，由土地使用权者向国家支付土地使用权出让金，土地使用权出让是一种国家行为，只有国家才能以土地所有者的身份出让土地。

城市规划区集体所有的土地，需依法征用转为国有土地后，方可实施土地出让。可采用拍卖、招标或协议的方式。以出让方式取得土地使用权的土地，超出合同约定的动工开发日期，而未动工开发的可以征收相当于土地出让金的20%以下的土地闲置费，满两年未动工的，可以无偿收回土地使用出让权。

土地使用年限：居住用地70年；工业、教育、科技、文化、体育用地50年；商业、旅游、娱乐用地40年；综合或其他用地50年。

（5）拆迁安置

（6）组织勘察、设计工作，办理建设工程规划许可证

（7）土地开发，进行房屋建设的前期准备、平整场地、实现水通、电通、路通的“三通一平”

（8）施工招、投标

（9）申领开工许可证，进入施工安装阶段

申领开工许可证的条件：①已经办理工程用地批准手续；②已经取得规划许可证；③拆迁进度符合施工要求；④已定好施工企业；⑤有满足施工需要的工程图纸，施工设计文件已按规定进行审查；⑥有保证工程质量的安全措施，已办理质量监督手续；⑦资金已落实；⑧已委托监理；⑨法律规定的其他措施。

建筑法规定，开工许可证的有效期是3个月，逾期作废，可延期两次，每次3个月。

办理商品房预售许可证，此时房地产开发商应具有：建设用地规划许可证、国有土地使用证、建设工程规划许可证、建设工程开工证、商品房销售许可证。

房地产转让和抵押时，房屋的所有权和该房屋占用范围内的国有土地使用权同时转让、抵押，房地产转让、抵押，当事人应当依法办理权属登记。

权属登记：以出让或者划拨方式取得国有土地使用权的，应当向县级以上地方人民政府土地管理部门申请登记，经县级以上地方人民政府土地管理部门核实，由同级人民政府颁发国有土地使用权证书。

变更登记：房地产转让或者变更时，应当向县级以上地方人民政府房产管理部门申请房产变更登记，并凭变更后的房屋所有权证书向同级人民政府土地管理部门申请土地使用权变更登记，经其核实，由同级人民政府更换或者更改国有土地使用权证书。

经省、自治区、直辖市人民政府确定，县级以上地方人民政府由一个部门统一负责房产管理和土地管理工作的，可以制作、颁发统一的房地产权证书，将房屋的所有权和该房屋占用范围内的国有土地使用权的确认和变更，分别载入房地产权证书。

不符合房地产开发企业必备条件，未取得营业执照擅自从事房地产开发业务的，由县级以上人民政府工商行政管理部门责令停止房地产开发业务活动，没收违法所得，可以并处罚款。

房产管理部门、土地管理部门工作人员利用职务上的便利，索取他人财物，或者非法收受他人财物为他人谋取利益，构成犯罪的，依法追究刑事责任；不构成犯罪的，给予行政处分。

（五）注册建筑师

注册建筑师是指依法取得注册建筑师证书并从事房屋建筑设计及相关业务的人员，分为一级注册建筑师和二级注册建筑师。

国务院建设行政主管部门、人事行政主管部门和省、自治区、直辖市人民政府建设行政主管部门、人事行政主管部门依照条例规定对注册建筑师的考试、注册和执业实施指导和监督。

注册建筑师的权利：

① 执业权：注册建筑师有权以注册建筑师的名义执行注册建筑师业务。

② 排他权：非注册建筑师不得以注册建筑师的名义执行注册建筑师业务。

③ 高规格房屋设计权：国家规定的一定跨度、跨径和高度以上的房屋建筑，应当由注册建筑师进行设计。

④ 修改设计图纸权：任何单位和个人修改注册建筑师的设计图纸，应当征得该注册建筑师同意；但是，因特殊情况不能征得该注册建筑师同意的除外。

注册建筑师的义务：

① 遵守法律、法规和职业道德，维护社会公共利益。

② 保证建筑设计的质量，并在其负责的设计图纸上签字。

③ 保守在执业中知悉的单位和个人的秘密。

④ 不得同时受聘于两个以上建筑设计单位执行业务。

⑤ 不得准许他人以本人名义执行业务。

以不正当手段取得注册建筑师考试合格资格或者注册建筑师证书的，由全国或省级注册建筑师管理委员会取消考试合格资格或者吊销注册建筑师证书；对负有直接责任的主管人员和其他直接责任人员，依法给予行政处分。

未经注册擅自以注册建筑师名义从事注册建筑师业务的，由县级以上人民政府建设行政主管部门责令停止违法活动，没收违法所得，并可以处以违法所得 5 倍以下的罚款；造成损失的，应当承担赔偿责任。

因建筑设计质量不合格发生重大责任事故，造成重大损失的，对该建筑设计负有直接责任的注册建筑师，由县级以上人民政府建设行政主管部门责令停止执行业务；情节严重的，由全国或省级注册建筑师管理委员会吊销注册建筑师证书。

未经注册建筑师同意擅自修改其设计图纸的，由县级以上人民政府建设行政主管部门责令纠正；造成损失的，应当承担赔偿责任。

违反注册建筑师条例，构成犯罪的，依法追究刑事责任。

历年真题

19-3-1 下列非我国城乡规划的要求的是（　　）。(2014B15)

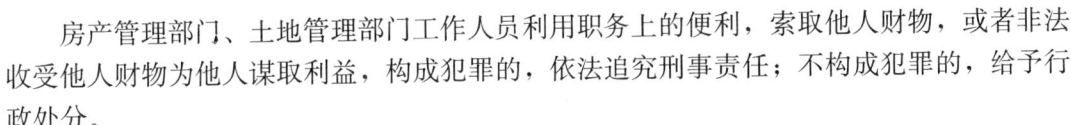

A. 优先规划城市
B. 利用现有条件
C. 优先安排基础设施
D. 保护历史传统文化

19-3-2. 土地使用权人可对下列房产进行转让的是（　　）。(2017B13)

A. 依法收回使用权的土地
B. 共有的房地产却未经所有人书面同意
C. 办理登记但尚未领取所有权证书
D. 获得土地使用权证书并已支付所有土地使用权出让金

19-3-3.《城乡规划法》对城镇总体规划没有以定额指标进行要求的是（　　）。(2018B14)

A. 用水量
B. 人口
C. 生活用地
D. 公共绿地

19-3-4. 下列有关项目选址意见书的叙述，正确的是（　　）。(2018B15)

A. 内容包含建设项目基本情况，规划选址的主要依据、选址用地范围与具体规划要求
B. 以划拨方式提供国有土体使用权的建设项目，建设单位应向人民政府行政主管部门申请核发选址意见书
C. 由城市规划行政主管部门审批项目选址意见书
D. 大、中型限额以上的项目，由项目所在地县、市人民政府核发选址意见书

19-3-5. 我国城乡规划的原则不包含（　　）。(2018B16)

A. 关注民生
B. 可持续发展
C. 城乡统筹
D. 公平、公正、公开

答　案

19-3-1.【答案】(A)

参见《中华人民共和国城乡规划法》，依据本法第二条，城乡规划包括城镇体系规划、城市规划、镇规划、乡规划和村庄规划。依据本法第三十条城市新区的开发和建设，应当合理确定建设规模和地方特色；依据本法第二十九条城市的建设和发展，应当优先安排基础设施以及公共服务设施的建设，妥善处理新区开发与旧区改建的关系，统筹兼顾城市务工人员生活和周边农村经济社会发展、村民生产与生活的需要；依据本法第四条制定和实施城乡规划，应当遵循城乡统筹、合理布局、节约土地、集约发展和先规划后建设的原则，改善生态环境，促进资源、能源节约和综合利用，保护耕地等自然资源和历史文化遗产，保持地方特色、民族特色和传统风貌，防止污染和其他公害，并符合区域人口发展、国防建设、防灾减灾和公共卫生、公共安全的需要。

19-3-2.【答案】(D)

根据《中华人民共和国城市房地产管理法》(2009年修订）第三十九条规定，以出让方式取得土地使用权的，转让房地产时，应当符合下列条件：①按照出让合同约定已经支付全部土地使用权出让金，并取得土地使用权证书。②按照出让合同约定进行投资开发，属于房屋建设工程的，完成开发投资总额的百分之二十五以上，属于成片开发土地的，形

成工业用地或者其他建设用地条件。③转让房地产时房屋已经建成的，还应当持有房屋所有权证书。

19-3-3.【答案】(A)

城市规划定额指标包括城市人口规模的划分和规划期人口的计算、生活居住用地指标、道路分类和宽度、城市公共建筑用地、城市公共绿地。没有用水量要求，故选择A。

19-3-4.【答案】(A)

选址意见书包括建设项目基本情况和规划选址主要依据，其中选址主要依据包括建设项目选址、用地范围和具体规划要求。《中华人民共和国城乡规划法》第三十六条规定：按照国家规定需要有关部门批准或者核准的建设项目，以划拨方式提供国有土地使用权的，建设单位在报送有关部门批准或者核准前，应当向城乡规划主管部门申请核、选址意见书。故只有A正确。

19-3-5.【答案】(D)

城乡规划的原则为：①城乡规划要为社会、经济、文化综合发展服务。②城乡规划必须从实际出发、因地制宜。③城乡规划应当贯彻建设节约型社会的要求，处理好人口、资源、环境的关系。④城乡规划应当贯彻建设人居环境的要求，构建环境友好型城市。⑤城乡规划应当贯彻城乡统筹、建设和谐社会的原则。对于本题没有直接的选项，根据原文综合分析，不包含D选项。

第四节　技术标准规范体系

一、考试大纲

技术标准规范体系。

二、知识要点

(一) 分类

我国的技术标准规范体系分为：标准、规范（规程）、定额等种类。

(二) 标准

我国工程建设标准主要包括工程建设的勘察、设计、施工及验收等的质量标准；有关制图、模数、符号、度量单位等的标准；建筑材料、设备的试验、检验和评定方法的标准；以及安全、环保等方面的标准。

标准有国家标准和行业标准之分，各自又分为强制性和推荐性两种。

工程建设强制性标准：指直接涉及工程质量、安全、卫生及环境保护等方面的工程建设标准强制性条文，由国务院建设行政主管部门会同国务院有关行政主管部门确定；建设项目规划审查机构应当对工程建设规划执行强制性标准的情况进行监督；建筑安全监督管理机构应当对工程建设施工阶段执行是施工安全的强制性标准的情况进行监督；工程质量监督机构应当对工程建设施工、监理、验收等阶段执行的强制性标准的情况进行监督。

工程建设标准批准部门应定期对项日规划审查机构、建筑安全监督管理机构及工程质量监督机构进行检查，对监督不利的单位及个人，给予通报批评，建议相关部门进行处理。

工程建设标准批准部门可以采用重点检查、抽查和专项检查的监督方式。

强制性标准检查得到内容：

① 有关工程技术人员是否熟悉、掌握强制性标准；

② 工程项目的规划、勘察、设计、施工、验收等是否符合强制性标准；

③ 工程项目采用的材料、设备、是否符合强制性标准；

④ 工程项目的安全、质量是否符合强制性标准；

⑤ 工程中采用的导则、指南、手册、计算机软件的内容是否符合强制性标准。

勘察、设计单位违反工程建设强制性标准进行勘察、设计的，责令改正，并处以 10 万元以上，30 万元以下的罚款。

建设单位有下列行为之一的，处以 20 万元以上 50 万元以下的罚款：

① 明示或暗示施工单位使用不合格的建设材料、建筑构配件和设备的；

② 明示或暗示设计单位违反工程建设强制性标准，降低工程质量的。

施工单位违反工程建设强制性标准，责令改正，处合同价 2%以上 4%以下的罚款，造成工程质量不符合规定的，负责返工、修理，并赔偿因此造成的损失，情节严重的，责令停业整顿，降低资质等级或吊销资质证书。

工程监理单位违反工程建设强制性标准，对不合格的建设工程、建筑材料、构配件及设备按照合格签字的，责令改正，处 50 万元以上 100 万元以下的罚款，降低资质等级或吊销资质证书，没收违法所得，造成损失的承担连带赔偿。

第五节　工程监理的有关规定

一、考试大纲

施工监理的范围等。

二、知识要点

监理应当依据建设法律、行政法规和技术标准、设计文件和建筑工程承包合同，对承包单位在施工质量、建设工期和建设资金使用方面，代表业主实施监督。

工程监理人员认为工程施工不符合工程设计要求、施工技术标准及合同约定的，有权要求施工单位改正。

国务院实行强制监理的工程有：国家重点工程、大中型公益事业工程、住宅小区、三资工程等。

建设监理以守法、诚信、公正、科学作为建设监理的原则。

施工监理的范围：依据建设单位与监理单位签订的建设监理合同文本中所涉及的范围。施工阶段是从施工前准备、开工审批手续、分包审查、材料设备厂家选定、施工进度、施工质量及工程造价控制到竣工结算、缺损责任认定和工程保修的全过程。

第六节　勘察设计人员职业道德

一、考试大纲

工程设计人员的职业道德与行为准则。

二、知识要点

（一）职业道德建设的主要任务

① 运用多种形式深化职业理想、职业道德、职业纪律、职业技能教育，从整体上提高职工队伍的理想道德、组织纪律、技术技能和服务水平。

② 健全和完善职业道德规范。要形成一套覆盖建设系统各行业、工种、岗位的职业道德规范体系，并力求持之以恒地贯彻执行。

③ 建立健全管理规章制度。具体表现为：修订和完善各级领导干部、关键部门、关键工种和关键岗位的廉政建设制度，公开办事制度，检查、考核、奖惩制度，建立健全包括舆论监督、社会监督和群众监督在内的监督网络，形成有效的约束、监督和激励机制，使职业道德建设卓有成效地开展下去。

（二）工程设计人员职业道德准则

① 坚持质量第一，以精心设计为荣，以粗制滥造为耻。

② 设计人员和设计单位必须严把各工序质量关。

③ 设计单位及其法定代表人要致力于在单位内部形成一整套严密的质量保证体系，克服重产值、轻质量的倾向。

④ 坚持正确的建设方针、政策和原则，珍惜土地、能源、资金和材料，不为收取回扣、介绍费等而选用价高质次的材料、设备。

⑤ 设计工作的基本原则就是要遵守国家的法律、法规，贯彻执行国家经济建设的方针、政策和建设程序。

⑥ 设计人员要认真做好每一个方案，兼顾各方面因素，力求使方案具备技术先进性、设计合理性、施工配套性和使用安全性。

⑦ 在设计工作中，要尽量珍惜国家或业主的资金，充分考虑资源的综合利用，节约能源，保护环境，节约用地和原材料。

⑧ 抵制“回扣风”，杜绝“豆腐渣工程”。

⑨ 努力学习新技术、新工艺，树立平等正派的优良学风，反对文人相轻的陋习，不断繁荣设计创作。

⑩ 打好设计业务基础，善于学习，善于采用最新技术，密切关注本专业和跨专业技术材料设备的发展动态，跟上科学发展的步伐。

⑪ 确立竞争观念，提高服务意识，信守设计合同，维护单位信誉。

⑫ 增强团队意识，搞好团结协作，一切从大局出发，甘当配角，提倡奉献。

⑬ 营造尊重他人知识产权的良好氛围，鼓励创新，公平竞争，通过合法途径，利用他人成果，工程设计人员在自己的设计中，可以借鉴他人的设计图纸和工作成果，

但是一定要比例适度，一定要注明出处，一定要依法付酬，反对剽窃，反对专业封锁。

⑭ 严格按照资质等级承揽任务，不搞违法设计。

⑮ 服从单位法定代表人和内部机构的管理，形成遵纪守法的优良道德，摆正单位与个人的相互关系，克服某些不良倾向。

参考文献

[1] 同济大学数学系.高等数学：第六版 上册 [M].北京：高等教育出版社，2007.

[2] 同济大学数学系.高等数学：第六版 下册 [M].北京：高等教育出版社，2007.

[3] 闫厉.线性代数 [M].北京：科学出版社，2010.

[4] 刘伟，谢俊来，雷艳，等.概率论与数理统计 [M].北京：科学出版社，2010.

[5] 赵近芳.大学物理学：第4版 上 [M].北京：北京邮电大学出版社，2014.

[6] 赵近芳.大学物理学：第4版 下 [M].北京：北京邮电大学出版社，2014.

[7] 曹瑞军.大学化学 [M].北京：高等教育出版社，2005.

[8] 谢传锋，王琪.理论力学 [M].北京：高等教育出版社，2009.

[9] 苏明，马莉英.工程力学 [M].长春：吉林大学出版社，1993.

[10] 邹建奇，姜浩，段文峰.建筑力学 [M].北京：北京大学出版社，2010.

[11] 邹建奇，崔亚平.材料力学 [M].北京：清华大学出版社，2007.

[12] 李廉锟.结构力学：第5版 上册 [M].北京：高等教育出版社，2010.

[13] 李廉锟.结构力学：第5版 下册 [M].北京：高等教育出版社，2010.

[14] 刘鹤年.流体力学：第二版 [M].北京：中国建筑工业出版社，2004.

[15] 赵明华.土力学与基础工程：第3版 [M].武汉：武汉理工大学出版社，2010.

[16] 李智毅，唐辉明.岩土工程勘察 [M].武汉：中国地质大学出版社，2000.

[17] 宋春青，邱维理，张振春.地质学基础：第四版 [M].北京：高等教育出版社，2010.

[18] 袁聚云，钱建国，张宏鸣等.土质学与土力学：第四版 [M].北京：人民交通出版社，2009.

[19] 刘佑荣，唐辉明.岩体力学 [M].北京：化学工业出版社，2009.

[20] 郭靳时，金菊顺，庄新玲.混凝土结构基本原理 [M].武汉：武汉理工大学出版社，2011.

[21] 张文春，李伟东.土木工程测量 [M].北京：中国建筑工业出版社，2002.

[22] 章至洁，韩宝平，张月华.水文地质学基础 [M].北京：中国矿业大学出版社，1995.

[23] 薛禹群，吴吉春.地下水动力学：第三版 [M].北京：地质出版社，2010.

[24] 赵明华.基础工程 [M].北京：高等教育出版社，2011.

[25] 田明中，程捷.第四纪地质学与地貌学 [M].北京：地质出版社，2009.

[26] 伍必庆.道路建筑材料 [M].北京：人民交通出版社，2007.

[27] 潘懋，李铁锋.灾害地质学：第2版 [M].北京：北京大学出版社，2012.

[28] 曹纬浚.注册岩土工程师执业资格考试基础考试复习教程：第七版 [M].北京：人民交通出版社，2013.

[29] 天津大学土木工程系.全国注册岩土工程师执业资格考试应试指导基础部分：上 [M].天津：天津大学出版社，2003.

[30] 天津大学土木工程系.全国注册岩土工程师执业资格考试应试指导基础部分：下 [M].天津：天津大学出版社，2003.

[31] 同济大学.注册岩土工程师基础考试复习教程 [M].北京：中国建筑工业出版社，2010.